生命科学名著

分子生物学

（原书第五版）

Molecular Biology (5th Edition)

〔美〕Robert F. Weaver 著

郑用琏 马 纪 李玉花 罗 杰等 译

科学出版社

北 京

图字：01-2012-5583 号

内 容 简 介

分子生物学是生命科学发展过程中诞生的一门实验性极强的新兴学科。美国著名分子生物学家 Robert F. Weaver 遵循这一学科发展的特点，于 1999 年出版了 *Molecular Biology* 一书。全书以原始研究论文为基础，通过对实验的设计、对结果的分析而逐步展开对分子生物学理论的讲述，文字通俗流畅，叙述由浅入深。随着学科的迅速发展，几经修订再版的《分子生物学》第五版共有导论，分子生物学方法，原核生物的转录，真核生物的转录，转录后加工，翻译，DNA 复制、重组和转座，以及基因组等 8 个部分共 25 章的内容，书后还附有术语表。每一章节都以提出科学问题、展开研究过程开始，以提供思考习题、推荐阅读文献结束。

书中理论讲述逻辑严密，实验过程提炼清晰，特色鲜明、内容详尽，图文并茂，易读易记，是一本生命科学相关专业的研究生，以及从事该方面科研、教学工作的人员不可多得的优秀参考书。

Robert F. Weaver
Molecular Biology，Fifth Edition
ISBN：0-07-352532-4

图书在版编目（CIP）数据

分子生物学：第 5 版/（美）韦弗（Weaver，R. F.）著；郑用琏等译．—北京：科学出版社，2013.3
（生命科学名著）
书名原文：Molecular Biology，5th edition
ISBN 978-7-03-036853-9

Ⅰ.①分… Ⅱ.①韦…②郑… Ⅲ.①分子生物学 Ⅳ.①Q7

中国版本图书馆 CIP 数据核字（2013）第 039939 号

责任编辑：岳漫宇 李 悦 刘 晶/责任校对：陈玉凤
责任印制：赵 博/封面设计：北京美光制版有限公司

科学出版社 出版
北京东黄城根北街 16 号
邮政编码：100717
http://www.sciencep.com
三河市春园印刷有限公司印刷
科学出版社发行 各地新华书店经销
*
2013 年 3 月第 一 版 开本：787×1092 1/16
2024 年 10 月第二十七次印刷 印张：59
字数：1 360 000

定价：160.00 元
（如有印装质量问题，我社负责调换）

《分子生物学》（原书第五版）
译校人员名单

（按姓氏汉语拼音排序）

兰海燕　李玉花　罗　杰　马　纪

马正海　肖海林　解莉楠　徐启江

许志茹　岳　兵　张富春　郑用琏

周　波

作 者 简 介

Robert F. Weaver 出生于美国堪萨斯州的首府托皮卡市，在弗吉尼亚州的阿灵顿地区长大。1964 年在俄亥俄州的乌斯勒学院获得化学学士学位。1969 年在杜克大学获得生物化学专业博士学位，此后他在加州大学旧金山分校从事了两年的博士后研究工作，师从 Willam J. Rutter 教授研究真核生物 RNA 聚合酶的结构。

1971　他受聘于堪萨斯大学，任生物化学助理教授，后晋升为副教授，并于 1981 年任教授。自 1984 年以来，他一直担任生物化学系的系主任，1995 年开始担任文理学院副院长。

文理学院管辖 14 个不同的系和研究中心，Weaver 教授分管科学和数学系。作为一位分子生物学教授，他主讲分子生物学概论和癌症分子生物学两门课程，并指导本科生和研究生在实验室进行感染鳞翅目幼虫的杆状病毒分子生物学方面的研究工作。

Weaver 教授的研究受到美国国立卫生研究所、美国国家科学基金和美国癌症协会的资助，发表了多篇科学论文。并且他还与同事一道合著了两本遗传学教科书，为《美国国家地理杂志》撰写过两篇分子生物学方面的文章。作为美国癌症协会的研究人员，他在欧洲的两个实验室（瑞士的苏黎世和英国的牛津）分别进行了一年的访问研究。

译者序

分子生物学是在分子水平上研究基因的结构和功能的科学，是生命科学发展过程中诞生的一门新兴学科，随着生物技术发展的日新月异，分子生物学的理论也得以迅速发展与不断完善。分子生物学作为一门实验性很强的学科，它的每一个结论、每一个概念都是源自研究者对大量科学实验结果的总结与提升。Robert F. Weaver 博士的 *Molecular Biology* 一书从始至终贯穿了分子生物学这一学科的发展规律。正如作者本人在序言中所开宗明义地表明了他撰写的初衷："I really wanted a textbook that presented the concepts of molecular biology, along with the experiments that led to those concepts..."（译文：我希望有一本教科书在给出分子生学概念的同时，能介绍得出这些概念的实验过程。）也正是基于这一不同于其他分子生物学教材的特点，中国科学院推荐这本名著为中国科学院研究生教学用书，科学出版社于2000 年以影印版的方式第一次出版发行了 *Molecular Biology*（第二版）。在科学出版社编辑的倡导下，译者以导读版的形式将作者 2005 年撰著的 *Molecular Biology* 第三版编译出版，2009 年在科学出版社的推荐下，译者又全文翻译了该书的第四版，为我国高校和科研院所的广大师生对"分子生物学"的教与学提供了一本有价值的参考书。时隔三年，*Molecular Biology* 的第五版又再版问世。

第五版 *Molecular Biology* 不仅及时增添了学科发展的最新成果与进展，而且对全书的图示与图解进行了更加清晰、更为明了的设计与阐释。全书突显的最大特色是对分子生物学每一结论的介绍都是通过对实验的设计、对结果的分析而逐步展开的。全书以原始研究论文为基础，文字通俗流畅，叙述由浅入深，每一章节都以提出科学问题、展开研究过程开始，以一问接一问，层层递进的引导式叙述，带领我们进入一个个令人赞叹、引人入胜的分子生物学领域。每一章的结束作者都提供了思考习题和推荐阅读的文献，很适合学生的阅读与理解，更利于知识的巩固与提高。凡是认真学过 *Molecular Biology* 英文教材或中文译本的同学，普遍感到从中受益的不仅是准确地掌握了分子生物学的基本理论和学科前沿，更为重要的是得到了开展分子生物学理论研究的方法，并因此获得了思维、逻辑与分析的启迪和创新能力的提升。

正因为 *Molecular Biology* 第五版的理论讲述逻辑严密，实验过程提炼清晰，结论归纳严谨准确，译者唯恐有失作者高超的写作功底，精彩的逻辑推理……因此，我们在该书第四版主要译者的基础上，又组织了华中农业大学生命科学技术学院、新疆大学生命科学与技术学院和东北林业大学生命科学学院的一直以 *Molecular Biology* 为教学参考书并长期从事分子生物学教学工作的教师，以及学成归国的博士参加了第五版的翻译工作，而且多数译者都有在参与编译第三版和第四版时通读原著全文或精读部分章节的经历与感悟。特别是当 *Molecular Biology* 第五版初译稿完成后，我们又将原书复印本和译稿草本分发给在读研究生，征求意见，查找疏漏，更臻完善。

然而由于译者水平有限，时间仓促，不乏错误之处，恳望读者建议指正。

郑用琏　马　纪　李玉花　罗　杰

2013 年 1 月

序　言

在研究生阶段，令我最为兴奋的教育经历是在“分子生物学导论”的课程学习过程中，老师没有指定教材，而是让我们直接阅读文献。这对我来说虽然具有挑战性，但无论是在学习科学的结论，还是在理解得出这些科学结论的实验证据方面，都使我感到异常满足。

当我开始自己讲授分子生物学课程时，我也采用了这种讲授策略，并设法降低难度使之更适用于本科生。我在文章中挑选最为重要的实验在课堂上重点讲述，并利用手绘有卡通图片及图表的透明胶片来进行讲解。

这种方法很好，而且学生也很喜欢，但我还是希望有一本教科书在给出分子生物学概念的同时，能介绍得出这些概念的实验过程，并且清楚地向学生解释实验和概念之间的关系。最终我意识到获得这种书的最好办法是自己来编写。我曾经成功地参与编写过一本遗传学导论的教科书，在那本书中我尽量采取了从实验入手的思路进行编写。这一经历也给了我勇气去尝试自己写一本书，并将这一思路作为本书的一个创新性探索。

章节安排

本书开头的 4 章，对大多数学生来讲是个预习。第 1 章是遗传学发展简史，第 2 章讨论 DNA 的结构和化学性质，第 3 章是基因表达概述，第 4 章介绍基因克隆的具体细节。这些内容是大多数分子生物学学生在遗传学导论课程中已经学习过的，但分子生物学学生仍然需要掌握这些概念，也需要知识更新。我在课堂上不专门讲授这几章，而是建议学生如果需要可以参考。与后面的内容相比较，这几章在写作上主要介绍基础知识。

第 5 章介绍了几种分子生物学常用的技术。要想在一章中涵盖本书所描述的所有技术是不可能的，所以我试图概括最普遍的，或少数情况下书中其他地方没有提及的最有价值的技术。我在讲课时，没有按书的内容讲第 5 章，而是在以后的章节中当首次遇到某个技术时才让学生查阅，这样做可使学生避免对接二连三的技术感到厌倦。我也意识到在这些技术中包含着一些十分复杂的概念，学生只有在获得更多分子生物学的研究实践后才能有更深刻的理解和感悟。

第 6～9 章介绍细菌的转录。第 6 章介绍基本的转录装置，包括启动子、终止子、RNA 聚合酶，展示转录是如何启动、延伸和终止的。第 7 章介绍在三种不同操纵子中转录的调控，第 8 章介绍细菌和噬菌体如何在同一个时间控制多个基因的转录，比如它们常常通过提供不同的 σ 因子来控制这一转录过程。第 9 章讨论细菌的 DNA 结合蛋白（多数为螺旋-转角-螺旋蛋白）与其靶 DNA 的相互作用。

第 10～13 章描述真核生物的转录调控。其中，第 10 章涉及三种真核生物 RNA 聚合酶及其所识别的启动子。第 11 章介绍与三种 RNA 聚合酶协同作用的通用转录因子，指出 TATA 盒-结合蛋白的一致性规律，它们参与所有三种聚合酶的转录。第 12 章解释基因-特异性转录因子或激活因子的功能，也介绍几种代表性激活因子的结构，显示它们如何与其靶 DNA 相互作用。第 13 章描述真核生物染色质的结构，显示激活物如何与组蛋白相互作用激活或抑制转录。

第 14～16 章介绍真核生物的转录后加工。其中，第 14 章是关于 RNA 剪接的，第 15 章描述加帽和多腺苷酸化，第 16 章系统介绍神奇的“其他转录后事件”，包括 rRNA 和 tRNA 加工、反式剪接和 RNA 编辑。本章对四种基因表达的转录后调控也进行了讨论：①RNA 干涉；②调节 mRNA 的稳定性（以转铁蛋白受体基因为引发例子）；③miRNA 实施的调控；④piwi 互作 RNA（piRNA）调控精细胞中的转座。

第 17～19 章描述在细菌和真核生物中的翻译过程。其中，第 17 章涉及翻译的起始，包括翻译起始的控制。第 18 章讲述多肽是如何延伸的，重点是在细菌中的延伸。第 19 章介绍翻译过程中核糖体和 tRNA 这两个关键因子的结构和功能。

第 20～23 章阐述 DNA 复制、重组和移位的机制。其中，第 20 章介绍 DNA 复制和修复的基本机制，以及复制过程的有关蛋白质（包括 DNA 聚合酶等）。第 21 章详述在细菌和真核生物中 DNA 复制的起始、延伸和终止步骤。第 22 和 23 章描述细胞中自然发生的 DNA 重排。第 22 章讨论同源重组，第 23 章涉及移位。

第 24 章和第 25 章介绍基因组学、蛋白质组学和生物信息学的概念。第 24 章以一个古老的基因图位克隆故事开始，故事涉及利用人类基因组信息（或其他基因组），对亨廷顿病基因采用较为漫长、枯燥而且相对简单的图位克隆策略进行定位的过程。第 25 章介绍功能基因组学（转录组学）、蛋白质组学和生物信息学。

第五版新增内容

第五版最大的变化是将上一版中的第 24 章（基因组学、蛋白质组学和生物信息学）一分为二。第 24 章是第四版中的最长的一章，而且所涉及的领域发展很快，因此有必要分开。在新的一版中，第 24 章主要涉及经典基因组学内容：基因组测序和比较。该章增加了人类和黑猩猩基因组相似性比较、人类和亲缘关系更近的尼鲁特人基因组的比较，以及最新的微生物基因组研究中有关合成生物学的结果。着重介绍了 Craig Venter 及同事利用合成生物学方法构建新的支原体的进展。

第 25 章介绍了与基因组学有关的内容：功能基因组学、蛋白质组学和生物信息学。这一章新增加的内容包括：ChIP-芯片和利用下一代测序技术的 ChIP-测序技术的应用；测定蛋白质序列的碰撞诱导解离质谱，以及利用同位素编码的亲和标签（ICAT）和细胞培养物中氨基酸的稳定同位素标记（SILAC）做质谱定量分析。定量质谱分析还促进了比较蛋白质组学的发展，使物种间大规模的蛋白质浓度的比较成为可能。

第五版除导论部分外的其他各章都进行了更新，补充了新信息。以下是几个重点。

- 第 5 章：介绍高通量（下一代）DNA 测序技术。该技术的发展使基因组学领域发生了革命性变化。考虑到运用范围较广，染色质免疫沉淀（ChIP）和酵母双杂交分析这两部分内容也被安排在这一章。此外，利用从 ^{3}H、^{14}C、^{35}S 和 ^{32}P 发出的 β 电子的低能量的磷屏成像技术也被加入这一章。
- 第 6 章：增加了对荧光共振能量转移-激光交替激发（FRET-ALEX）技术的介绍，以及如何利用这些技术解释：①σ 循环的随机释放模型；②转录终止的蜷缩模型。另外，本章还加入了细菌延伸复合物的结构，以及碱基加入的两步模型等内容。
- 第 7 章：介绍了枯草芽孢杆菌 *glmS* 基因的核糖开关，其终产物通过降解自身 mRNA 关闭基因表达。此外也介绍了哺乳动物中锤头状核酶类似的核糖开关机制。
- 第 8 章：增加了枯草芽孢杆菌孢子发生中控制转录的抗 σ 因子和抗-抗 σ 因子的概念。
- 第 9 章：强调了蛋白质结构的动态变化，指出特定的晶体结构仅代表一定范围不同构象的一种。
- 第 10 章：介绍了 Roger Kornberg 及同事的研究成果，他们发现 RNA 聚合酶Ⅱ的触发环结构是特异转录的关键，以及转录酶是如何区分核糖核苷酸和脱氧核糖核苷酸的。本章还介绍了核心启动子和近侧启动子的概念，核心启动子包括 TFIIB 识别元件、TATA 框、起始子、下游启动子元件、下游核心元件及十基序元件的的任意组合，近侧启动子包括上游启动子元件。
- 第 11 章：介绍了与大多数真核生物Ⅱ类预起始复合体结合的核心 TAF，并介绍了 TAF 新的命名（RAF1－TAF13），以替代以前基于分子质量的比较混淆的命名（如：$TAF_{II}250$）。本章还描述了 TFIIB 在转录起始位点确定中的重要作用，并介绍了古菌中 TFIIB 的类似物转录因子 B 的类似作用机制。

- 第 12 章：介绍了染色体构型捕获（3C）技术并利用这种方法检测增强子和启动子间形成的 DNA 环。本章还介绍了在配子体发生中的印记现象，并以小鼠 *Igf2*/*H19* 基因为例解释了甲基化在印记的作用。本章还对转录因子的概念做了介绍，许多基因的转录受转录因子的调控。最后还完善和更新了增强子体的概念。
- 第 13 章：增加了一个总结组蛋白体内修饰所有种类的表格；回顾了 30 nm 纤丝的两个模型——中空螺线管和双起始双螺旋；给出了染色质结构与其核小体重复长度有关的证据。本章还介绍了组蛋白甲基化可作为转录起始和延伸的标志，并强调了组蛋白修饰在组蛋白-DNA 和核小体-核小体相互作用，以及招募组蛋白修饰和染色质重建蛋白中的作用。
- 第 14 章：介绍了在剪接过程中与 mRNA 结合的外显子连接复合体（EJC），EJC 通过促进 mRNA 与核糖体的结合而激活转录。本章还介绍了剪接中的外显子界定和内含子界定模式，以及如何通过实验加以区分。研究表明，高等真核生物主要采用外显子界定系统，而低等真核生物采用内含子界定系统。
- 第 15 章：论述了 CPSF 复合体中的一个亚基（CPSF-73）在多腺苷酸化信号之前对前体 mRNA 进行剪接。本章还介绍了 RNA 聚合酶的最大亚基 CTD 内的 Ser2、Ser5 和 Ser7 可被磷酸化，并且 Ser7 磷酸化可通过对 mRNA 3′端的加工调控一些基因（如：U2 snRNA）的表达。
- 第 16 章：证实了前体 tRNA 3′端的切除仅需要一个酶——tRNA 3′加工内切核酸酶（3′-tRNAase）的参与；指出秀丽隐杆线虫中反式剪接的绝对优势；介绍了双链 siRNA 中过客链去除的模型-通过 Ago2 切除；介绍了与精细胞转座激活有关的 Piwi 互作 RNA 和乒乓模型、植物 RNA 聚合酶Ⅳ和Ⅴ，以及它们在基因沉默中的作用。本章还扩展了有关 miRNA 的内容，指出成百上千的基因受 miRNA 调控，miRNA 基因的突变一般是致死的。16 章还对 miRNA 产生的两种途径，以及参与 mRNA 降解及翻译抑制过程的 P 小体做了介绍。
- 第 17 章：更新了有关真核生物病毒内部核糖体进入序列的内容。一些病毒切割 eIF4G，留下被称为 p100 的 C 端。脊髓灰质炎病毒直接与 p100 结合，然后进入核糖体，但肝炎病毒 C（HCV）的 IRES 直接与 eIF3 结合，而肝炎病毒 A（HVA）的 IRES 更直接地与核糖体结合。本章还完善了对 eIF4G 降解对哺乳动物 mRNA 翻译影响的模型的描述，不同的细胞类型对 eIF4G 降解的反应不一致。最后，本章还介绍了首轮翻译的概念，指出与随后的翻译过程相比，首轮翻译需要不同的起始因子。
- 第 18 章：介绍了超级摇摆的概念，当 U 在摇摆位置时可以识别以任意 4 个碱基结尾的密码子，并给出了实验证据。本章还包括了非进行性降解的内容，并用密码子偏爱的现象来解释翻译效率不高的原因。最后，本章解释了稀有密码子延迟翻译对蛋白质折叠的影响。
- 第 19 章：本章加入了有关核糖体与各种延伸因子复合物晶体结构的最新结果。其中一个是氨酰 tRNA 与 EF-Tu 复合体的结构，氨酰 tRNA 弯曲了 30°形成 A/T 结构状态，该状态对准确翻译非常重要，也有利于 GTP 水解使 EF-Tu 从核糖体上解离。另外一个包含 EG-G-GDP 的晶体结果表明，核糖体处于移位后的 E/E 和 P/P 态，而非移位前的杂合的 A/P 和 P/E 态。本章还提供了两个非常好的有关翻译起始、延伸和终止的视频网络链接。最后，还对 RF1 两个关键部位和 RF2 在终止密码子识别及肽链从 tRNA 上释放中的作用从晶体结构上做了解析。
- 第 20 章：此章用实验证据介绍了有争议的结论：大肠杆菌两条 DNA 链的复制是不连续的。本章还介绍了一个通过其大结构域被募集到双链断裂处的染色质重建蛋白 ALC1。ALC1 的大结构域特异性地结合多聚（ADP-核糖），它由多聚（ADP-核糖）聚合酶（PARP-1）在DNA损伤位点催化形成。

- 第21章：本章通过二聚体结合DNA模板的共结晶体结构图证明了β钳确实环绕着DNA，并且DNA与水平线呈20°倾斜穿过β钳。此外，本章还更新了图21.17polⅢ的组装模型，该图展示了一个γ亚基和两个τ亚基通过C端结构域与核心酶结合的实验结果。明确了γ和τ亚基由同一个基因编码，但前者缺少C端结构域。本章还另外介绍了在哺乳动物中的6种被称为庇护蛋白的端粒结合蛋白，以及它们在端粒保护、不恰当修复和细胞周期阻滞中的作用。
- 第22章：增加了一个图片（图22.3），展示了RecBCD途径Holliday连接体解离时不同的切口方式是如何得到不同的重组产物（交换重组或非交换重组）的。
- 第23章：报道了P-M系统中piRNA在生殖细胞中以转座子为靶标，抑制其转座。类似的，piRNA在I-R系统中也同样行使抑制子的功能。

补充说明

学生用网站：www.mhhe.com/weaver5e

该《分子生物学》教学网站可以帮助学生学习和复习各章节内容，可获得以下信息：

- 数字图片
- 小测验
- PPT课件
- 习题答案
- 问题
- 网络链接

教师用网站：www.mhhe.com/weaver5e

该网站为教师和学生提供了丰富的教学和学习资源。教师可从以下内容受益：

- 试题库及EZ在线考试软件 

- 各章复习题答案
- PPT教学课件
- PPT图片
- McGraw－Hill展示中心

McGraw－Hill展示中心

无论何时何地何种方式都可获得你需要的教学材料！ARIS展示中心是一个在线数字式图书馆，资源有图片、艺术品、幻灯片、模拟动画以及其他媒体类型的材料，可用于创建个性化的讲座、可视化增强的考试或测验、必修课程的网页或有吸引力的印刷辅助材料。

致　谢

在编写这本参考书的过程中，许多编辑和审稿人给了最大的帮助。他们的建议大大增加了这本书的准确性和可读性。但他们没有义务对书中仍然存在的任何错误和模糊之处负责，对此，我应负全部的责任。我衷心感谢以下人员的帮助。

第五部审稿人

Aimee Bernard
University of Colorado – Denver

Brian Freeman
University of Illinois, Urbana – Champaign

Dennis Bogyo
Valdosta State University

Donna Hazelwood
Dakota State University

Margaret Ritchey
centre College

Nemat Kayhani
University of Florida

Nicole Bournias – Bardiabasis
california State University, San Bernardino

Ruhul Kuddus
Utah Valley University

Tao Weitao
University of Texas at San Antonio

第四部审稿人

Dr. David Asch
Youngstown State University

Chrisine E. Bezotte
Elmira College

Mark Bolyard
Southern Illinois University, Edwardsville

Diane Caporale
University of Wisconsin, Stevens Point

Jianguo Chen
Claflin University

Chi – Lien Cheng
Department of Biological Sciences, University of Iowa

Mary Ellard – Ivey
Pacific Lutheran University

Olukemi Fadayomi
Ferris State Universiry, Big Rapids, Michigan

Charles Giardina
University of Connecticut

Eli V. Hestermann
Furman University

Dr. Dorothy Hutter
Monmorth University

Cheryl Ingram – Smith
Clemson University

Dr. Cynthia Keler
Delaware Valley College

Jack Kennell
Saint Louis Universiry

Charles H. Mallery
College of Arts and Sciences, University of Miami

Jon L. Milhon
Azusa Pacific University

Hao Nguyen
California State University, Sacramento

Thomas Peterson
Iowa State University

Ed Stellwag
East Carolina University

Katherine M. Walstrom
New College of Florida

Cornelius A. watson
Roosevelt University

Fadi Zaher
Gateway Technical College

第三部审稿人

David Asch
Youngstown State University

Gerard Barcak
University of Maryland School of Medicine

Bonnie Baxter
Hobart &William Smith Colleges

André Bédard
McMaster University

Felix Breden
Simon Fraser University

Laura Bull
UCSF Liver Center Laboratory

James Ellis
Developmental Biology Program, Hospital for Sick Children, Toronto, Ontario

Robert Helling
The University of Michigan

David Hinkle
University of Rochester
Robert Leamnson
University of Massachusetts at Dartmouth

David Mullin
Tulane University
Marie Pizzorno
Bucknell University
Michael Reagan
College of St. Benedict/
St. John's University
Rodney Scott
Wheaton College

第二部审稿人
Mark Bolyard
Southern Illinois University
M. Suzanne Bradshaw
University of Cincinnati
Anne Britt
University of California, Davis
Robert Brunner
University of California,
Berkeley
Caroline J. Decker
Washington State University
Jeffery DeJong
University of Texas, Dallas
Stephen J. D'Surney
University of Mississippi
John S. Graham
Bowling Green State
University
Ann Grens
Indiana University
Ulla M. Hansen
Boston University
Laszlo Hanzely
Northern Illinois University
Robert B. Helling
University of Michigan
Martinez J. Hewlett
University of Arizona
David C. Hinkle
University of Rochester
Barbara C. Hoopes
Colgate University
Richaard B. Imberski
University of Maryland
Cheryl Ingram-Smith
Pennsylvania State
University
Alan Kelly
University of Oregon
Robert N. Leamnson
University of Massachusetts,
Dartmouth
Karen A. Malatesta
Princeton University
Robert P. Metzger
San Diego State University
David A. Mullin
Tulane University
Brian K. Murray
Brigham Young University
Michael A. Palladino
Monmouth University
James G. Patton
Vanderbilt University
Martha Peterson
University of Kentucky
Marie Pizzorno
Bucknell University
Florence Schming
University of Delaware
Zhaomin Yang
Auburn University

第一部审稿人
Kevin L. Anderson
Mississippi State University
Rodney P. Anderson
Ohio Northern University
Prakash H. Bhuta
Eastern Washington
University
Dennis Bogyo
Valdosta State University
Richard Crawford
Trinity College
Christopher A. Cullis
Case Western Reserve
University
Beth De Stasio
Lawrence University
R. Paul Evans
Brigham Youg University
Edward R. Fliss
Missouri Baptist College
Michael A. Goldman
San Francisco State
University
Robert Gregerson
Lyon College
Eileen Gregory
Rollins College
Barbara A. Hamkalo
University of California, Irvine
Mark L. Hammond
Campbell University
Terry L. Helser
State University of New
York, Oneonta
Carolyn Herman
Southwestern College
Andrew S. Hopkins
Alverno College
Carolyn Jones
Vincennes University
Teh－Hui Kao
Pennsylvania State
University
Mary Evelyn B. Kelley
Wayne State University
Harry van Keulen
Cleveland State University
Leo Kretzner
University of South Dakota
Charles J. Kunert
Concordia University
Robert N. Leamnson
University of Massachusetts,
Dartmouth

James D. Liberatos
Louisiana Tech University
Cran Lucas
Louisiana State University
James J. McGivern
Gannon University
James E. Miller
Delaware Valley College
Robert V. Miller
Oklahoma State University
Georage S. Mourad
Indiana University-Purdue University

David A. Mullin
Tulane University
James R. Pierce
Texas A&M University, Kingsville
Joel B. Piperberg
Millersville University
John E. Rebers
Northern Michigan University
Florence Schmieg
University of Delaware
Brian R. Shmaefsky
Kingwood College

Paul Keith Small
Eureka College
David J. Stanton
Saginaw Valley State University
Francis X. Steiner
Hillsdale College
Amy Cheng Vollmer
Swarthmore College
Dan Weeks
University of Iowa
David B. wing
New Mexico Institute of Mining & Technology

分子生物学实验技术目录

实验技术	章	实验技术	章
斑点印迹	5	基因表达系列分析（SAGE）	24
表达序列标签（EST）	24	酵母双杂交分析	14
表达载体	4	酵母双杂交筛选	14
表位附加	10	酵母人工染色体基因克隆	24
报告基因转录分析	5	接头扫描突变	10
cDNA 克隆	4	聚合酶链式反应（PCR）	4
超速离心	2	菌落杂交	4
DMS 足迹法	5	可变串联重复数（VNTR）	24
DNase 足迹	5	快速扩增 cDNA 末端（RACE）	4
DNA 测序（Sanger 法）	5	连缀转录	5
DNA 测序（自动）	5	离子交换层析	5
DNA -蛋白质交联	6	磷屏成像	5
DNA 分型	5	滤膜结合分析（DNA - protein 相互作用）	5
DNA 解旋酶分析	20	氯化铯密度梯度超离心	20
DNA 微阵列	24	M13 噬菌体载体基因克隆	4
DNA 芯片	24	脉冲标记	16
DNA 指纹	5	脉冲场凝胶电泳（PFGE）	5
定点突变	5	免疫沉淀	5
蛋白质指纹	3	免疫印迹（Western 印迹）	5
蛋白质足迹	21	末端填充	5
等电聚焦	5	Northern 印迹	5
等位基因特异的 RNAi	18	鸟枪测序法	24
电泳检测 DNA 弯曲	7	黏粒载体基因克隆	4
Far Western 印迹	15	凝胶电泳（DNA）	5
反转录 PCR（RT - PCR）	4	凝胶电泳（蛋白质）	5
辐射杂交作图	24	凝胶过滤层析	5
复制平板法	4	凝胶阻滞分析	5
放射自显影	5	羟基自由基探测	18
杆状病毒表达载体	4	敲除小鼠	5
功能性 SELEX	5	切口平移	4
寡核苷酸探针设计	4	亲和标记	6
寡核苷酸指导的 RNA 降解	14	亲和层析	4
活性胶分析	13	RNA - RNA 交联（与补骨脂）	14
合成致死筛选	14		

实验技术	章	实验技术	章
RNA-RNA 交联（与 4-硫尿嘧啶）	14	通过蛋白质微测序设计探针	18
RNA 干涉（RNAi）	16	图位克隆	24
RNA 解旋酶分析	17	外显子捕获法	24
RNA 酶作图（RNA）酶保护分析	5	微卫星	24
R 环	4	无 G 盒转录	5
染色质免疫沉淀技术（ChIP）	13	X 射线晶体学	9
SDS-PAGE（蛋白质）	5	限制性片段长度多态性（RFLP）	24
SELEX（指数级富集配体系统进行技术）	5	限制性图谱	5
		序列标签位点（STS）	24
Southern 印迹	5	细菌人工染色体基因克隆	24
S1 图谱定位	5	液体闪烁计数	5
筛选	4	引物延伸	5
失控转录	5	荧光原位杂交（FISH）	5
实时定量 PCR	4	原位杂交	5
双向凝胶电泳	5	趾纹分析	17
噬菌斑杂交	4	转化	2
噬菌粒载体基因克隆	4	杂交	2
λ 噬菌体载体基因克隆	4	植物载体基因克隆	4
噬菌体展示	24	指纹（蛋白质）	21
停流装置动力学实验	8	质粒载体基因克隆	4
拓扑异构酶分析	20	足迹（蛋白质）	21

简要目录

第Ⅰ部分　导论

1　分子生物学简史
2　基因的分子特性
3　基因功能简介

第Ⅱ部分　分子生物学方法

4　分子克隆方法
5　研究基因及基因活性的分子工具

第Ⅲ部分　原核生物的转录

6　细菌的转录机制
7　操纵子：细菌转录的精细调控
8　细菌转录机制的主要转换模式
9　细菌中DNA-蛋白质的相互作用

第Ⅳ部分　真核生物的转录

10　真核生物的RNA聚合酶及其启动子
11　真核生物中的通用转录因子
12　真核生物的转录激活因子
13　染色质结构及其对基因转录的影响

第Ⅴ部分　转录后加工

14　RNA加工Ⅰ：剪接
15　RNA加工Ⅱ：加帽和多腺苷酸化
16　其他RNA加工事件及基因表达的转录后调控

第Ⅵ部分　翻译

17　翻译机制Ⅰ：起始
18　翻译机制Ⅱ：延伸与终止
19　核糖体和转运RNA

第Ⅶ部分　DNA复制、重组和转座

20　DNA复制、损伤与修复
21　DNA复制Ⅱ：详细机制
22　同源重组
23　转座

第Ⅷ部分　基因组

24　基因组学Ⅰ：全基因组测序
25　基因组学Ⅱ：功能基因组学、蛋白质组学和生物信息学

目　录

译者序
序言
致谢
分子生物学实验技术目录

第Ⅰ部分　导　论

第1章　分子生物学简史 …… 1
1.1　传递遗传学 …… 1
孟德尔的遗传定律 …… 1
遗传的染色体理论 …… 2
遗传重组和遗传定位 …… 4
重组的物理学证据 …… 4
1.2　分子遗传学 …… 4
DNA的发现 …… 5
基因和蛋白质之间的关系 …… 5
基因的行为 …… 6
1.3　生命的三个域 …… 8
第2章　基因的分子特性 …… 11
2.1　遗传物质的特性 …… 11
细菌转化 …… 11
多核苷酸的化学本质 …… 14
2.2　DNA结构 …… 16
实验背景 …… 16
双螺旋 …… 18
2.3　RNA基因 …… 20
2.4　核酸的物理化学性质 …… 20
DNA结构的多样性 …… 21
不同大小和形状的DNA …… 24
第3章　基因功能简介 …… 28
3.1　储存信息 …… 28
基因表达的总体过程 …… 28
蛋白质结构 …… 29
蛋白质功能 …… 32
信使RNA的发现 …… 34
转录 …… 35
翻译 …… 37
3.2　复制 …… 42
3.3　突变 …… 42
镰状细胞贫血病 …… 42

第Ⅱ部分　分子生物学方法

第4章　分子克隆方法 …… 46
4.1　基因克隆 …… 46
限制性内切核酸酶的作用 …… 47
载体 …… 49
用特异性探针鉴定目的克隆 …… 55
cDNA克隆 …… 56
cDNA末端快速扩增 …… 58
4.2　聚合酶链反应 …… 58
标准PCR …… 58
用反转录酶PCR进行cDNA克隆 …… 60
实时定量PCR …… 61
4.3　表达克隆基因的方法 …… 61
表达载体 …… 62
其他真核载体 …… 68
利用Ti质粒将基因导入植物 …… 68
第5章　研究基因和基因活性的分子工具 …… 72
5.1　分子的分离 …… 72
凝胶电泳 …… 72
双向凝胶电泳 …… 75
离子交换层析 …… 76
凝胶过滤层析 …… 76
亲和层析 …… 77
5.2　示踪标记 …… 77
放射自显影 …… 78
磷屏成像 …… 79
液体闪烁计数器 …… 79
非放射性示踪 …… 79
5.3　核酸杂交的应用 …… 80
Southern印迹：鉴定特异DNA片段 …… 80
DNA指纹和DNA分型 …… 81
DNA指纹和DNA分型在法医学中的应用 …… 82
原位杂交：基因在染色体中的定位 …… 84

免疫印迹（Western 印迹） …………………… 84
5.4 DNA 测序和物理图 ………………………… 85
Sanger 链末端终止测序法 …………………… 85
自动化 DNA 测序 ……………………………… 87
高通量测序 ……………………………………… 88
限制图 …………………………………………… 90
5.5 基于克隆基因的蛋白质工程：定点诱变 … 92
5.6 图谱定位与转录物定量 …………………… 94
Northern 印迹 ………………………………… 94
S1 核酸酶作图…………………………………… 94
引物延伸法 ……………………………………… 97
截断转录和无 G 盒转录………………………… 98
5.7 测定体内转录速率 ………………………… 99
细胞核连缀转录 ………………………………… 99
报告基因转录 ………………………………… 100
测定体内蛋白质积累 ………………………… 101
5.8 分析 DNA-蛋白质相互作用 …………… 101
滤膜结合 ……………………………………… 102
凝胶阻滞 ……………………………………… 103
DNA 酶足迹 ………………………………… 104
DMS 足迹法和其他足迹法 ………………… 104
染色质免疫沉淀（ChIP） …………………… 105
5.9 蛋白质-蛋白质相互作用研究 …………… 107
5.10 寻找与其他分子相互作用的 RNA 序列 ……………………………………… 108
SELEX ……………………………………… 108
功能 SELEX ………………………………… 109
5.11 基因敲除和转基因 ……………………… 109
基因敲除小鼠 ………………………………… 109
转基因小鼠 …………………………………… 112

第Ⅲ部分 原核生物的转录

第 6 章 细菌的转录机制 …………………… 117
6.1 RNA 聚合酶的结构 ……………………… 117
σ 亚基是一种特异性因子 …………………… 118
6.2 启动子 …………………………………… 118
RNA 聚合酶与启动子的结合 ……………… 119
启动子结构 …………………………………… 121
6.3 转录起始 ………………………………… 122
σ 因子促进转录起始…………………………… 123
σ 因子的再利用………………………………… 124
σ 循环的随机模型……………………………… 124
启动子处 DNA 的局部解链…………………… 128
启动子清除 …………………………………… 130
σ 因子的结构和功能…………………………… 134
α 亚基在 UP 元件识别中的功能 …………… 138
6.4 延伸 ……………………………………… 140
核心酶在延伸过程中的作用 ………………… 140
延伸复合体的结构 …………………………… 142
6.5 转录的终止 ……………………………… 150
Rho 非依赖型终止 …………………………… 151
Rho 依赖型终止 ……………………………… 154
第 7 章 操纵子：细菌转录的精细调控 ……… 163
7.1 *lac* 操纵子 ……………………………… 163
lac 操纵子的负调控 ………………………… 164
操纵子的发现 ………………………………… 166
阻遏物与操纵基因间的相互作用 …………… 168
阻遏机制 ……………………………………… 169
lac 操纵子的正调控 ………………………… 173
CAP 的作用机制 ……………………………… 174
7.2 *ara* 操纵子 ……………………………… 178
ara 操纵子的阻遏环………………………… 178
ara 操纵子阻遏环的证据…………………… 179
araC 的自主调节 …………………………… 181
7.3 *trp* 操纵子 ……………………………… 182
色氨酸在 *trp* 操纵子负调控中的作用……… 182
衰减作用对 *trp* 操纵子的调控……………… 183
衰减作用的失效 ……………………………… 184
7.4 核糖开关…………………………………… 185
第 8 章 细菌转录机制的主要转换模式 ……… 193
8.1 σ 因子的转换……………………………… 193
噬菌体感染 …………………………………… 193
孢子形成 ……………………………………… 195
拥有多启动子的基因 ………………………… 197
其他 σ 因子的转换 …………………………… 198
抗 σ 因子 ……………………………………… 199
8.2 T7 噬菌体所编码的 RNA 聚合酶 ……… 199
8.3 λ 噬菌体对 *E. coli* 的感染 ……………… 200
λ 噬菌体的裂解繁殖…………………………… 201
溶源态的建立 ………………………………… 207
溶源期 *cI* 基因的自我调节 ………………… 209
被 λ 噬菌体感染后寄主命运的决定：裂解或溶源 ……………………………………… 213
溶源菌的诱导 ………………………………… 214
第 9 章 细菌中 DNA-蛋白质的相互作用 …… 219
9.1 λ 阻遏物家族……………………………… 219
利用定点突变探测结合的专一性 …………… 220
λ 阻遏物-操纵基因相互作用的高分辨率分析 ……………………………………… 225

434 噬菌体阻遏物-操纵基因相互作用的高分辨率分析 …… 228
9.2 *trp* 阻遏物 …… 230
色氨酸的作用 …… 230
9.3 对蛋白质- DNA 相互作用的一般性认识 …… 231
四个不同碱基对的氢键形成能力 …… 231
多聚 DNA 结合蛋白的重要性 …… 232
9.4 DNA 结合蛋白：远程作用 …… 232
Gal 操纵子 …… 233
重复的 λ 操纵基因 …… 233
增强子 …… 234

第Ⅳ部分 真核生物的转录

第 10 章 真核生物的 RNA 聚合酶及其启动子 …… 240
10.1 真核生物 RNA 聚合酶的多种形式 …… 240
三类细胞核聚合酶的分离 …… 240
三类 RNA 聚合酶的作用 …… 241
RNA 聚合酶亚基结构 …… 244
10.2 启动子 …… 256
Ⅱ类启动子 …… 256
Ⅰ类启动子 …… 260
Ⅲ类启动子 …… 261
10.3 增强子与沉默子 …… 265
增强子 …… 265
沉默子 …… 267
第 11 章 真核生物中的通用转录因子 …… 273
11.1 Ⅱ类因子 …… 273
Ⅱ类预起始复合物 …… 273
TFIID 的结构和功能 …… 276
TFIIB 的结构和功能 …… 287
TFIIH 的结构和功能 …… 289
中介物复合体和 RNA 聚合酶Ⅱ全酶 …… 296
延伸因子 …… 296
11.2 Ⅰ类因子 …… 300
核心结合因子 …… 300
UPE 结合因子 …… 301
SL1 的结构和功能 …… 302
11.3 Ⅲ类因子 …… 304
TFIIIA …… 304
TFIIIB 和 TFIIIC …… 304
TBP 的作用 …… 308
第 12 章 真核生物的转录激活因子 …… 316
12.1 激活因子的类型 …… 316
DNA 结合域 …… 316
转录激活域 …… 317
12.2 激活因子 DNA 结合模体的结构 …… 317
锌指结构 …… 318
GAL4 蛋白 …… 319
细胞核受体 …… 320
同源异型域 …… 322
亮氨酸拉链和螺旋-环-螺旋域 …… 323
12.3 激活因子各功能域的独立性 …… 325
12.4 激活因子的功能 …… 326
TFIID 的募集作用 …… 326
聚合酶全酶的募集 …… 327
12.5 激活因子间的相互作用 …… 331
二聚化作用 …… 331
远程作用 …… 331
转录工厂 …… 336
复合增强子 …… 338
结构转录因子 …… 339
增强体 …… 340
绝缘子 …… 341
12.6 转录因子的调控 …… 346
辅激活因子 …… 346
激活因子的泛素化 …… 349
激活因子的 SUMO 修饰 …… 350
激活因子的乙酰化 …… 351
信号转导途径 …… 352
第 13 章 染色质结构及其对基因转录的影响 …… 359
13.1 染色质结构 …… 359
组蛋白 …… 359
核小体 …… 360
30nm 纤丝 …… 363
染色质折叠的更高级结构 …… 366
13.2 染色质结构与基因活性 …… 367
组蛋白对Ⅱ类基因转录的影响 …… 367
核小体定位 …… 370
组蛋白乙酰化 …… 375
组蛋白去乙酰化 …… 377
染色质重建 …… 380
异染色质与沉默 …… 387
核小体与转录的延伸 …… 392

第Ⅴ部分 转录后加工

第 14 章 RNA 加工Ⅰ：剪接 …… 401
14.1 断裂基因 …… 401
有关断裂基因的证据 …… 402
RNA 剪接 …… 403

剪接信号 ………………………………… 404
剪接对基因表达的影响 ………………… 405
14.2 细胞核前体 mRNA 的剪接机制 ……… 406
分支中间体 ……………………………… 406
分支点信号 ……………………………… 408
剪接体 …………………………………… 409
剪接体的组装及功能 …………………… 420
定向、剪接位点的选择及选择性剪接 …… 424
剪接的调控 ……………………………… 435
14.3 RNA 的自剪接 ……………………… 438
Ⅰ型内含子 ……………………………… 438
Ⅱ型内含子 ……………………………… 442
第 15 章 RNA 加工Ⅱ：加帽和多腺苷酸化 … 448
15.1 加帽 ………………………………… 448
帽的结构 ………………………………… 448
帽的合成 ………………………………… 450
帽的功能 ………………………………… 452
15.2 多腺苷酸化 ………………………… 454
poly（A） ……………………………… 454
poly（A）的功能 ……………………… 455
多腺苷酸化的基本机制 ………………… 457
多腺苷酸化信号 ………………………… 458
前体 mRNA 的剪切和多腺苷酸化 ……… 461
poly（A）聚合酶 ……………………… 468
poly（A）的更新 ……………………… 468
15.3 mRNA 加工事件的协同运作 ………… 470
Rpb1 的 CTD 与 mRNA 加工蛋白的结合 ………………………………… 470
RNA 加工蛋白与 CTD 结合的变化与CTD 磷酸化相关 ………………………… 471
存在一个 CTD 密码？ ………………… 473
转录终止与 mRNA 3′端加工的偶联 ……… 476
终止的机制 ……………………………… 477
多腺苷酸尾在 mRNA 转运中的作用 …… 480
第 16 章 其他 RNA 加工事件及基因表达的转录后调控 ………………………… 486
16.1 核糖体 RNA 的加工 ………………… 486
真核生物 rRNA 的加工 ………………… 486
细菌 rRNA 的加工 ……………………… 489
16.2 转运 RNA 的加工 …………………… 490
切开多顺反子前体物 …………………… 490
成熟 5′端的形成 ………………………… 490
成熟 3′端的形成 ………………………… 491
16.3 反式剪接 …………………………… 492
反式剪接机制 …………………………… 492
16.4 RNA 编辑 …………………………… 494
编辑的机制 ……………………………… 495
核苷酸去氨基化编辑 …………………… 498
16.5 基因表达的转录后调控：mRNA 稳定性 ………………………………… 499
酪蛋白 mRNA 的稳定性 ……………… 499
转铁蛋白受体 mRNA 的稳定性 ………… 500
16.6 基因表达的转录后调控：RNA 干扰 … 505
RNAi 的机制 …………………………… 505
siRNA 的扩增 …………………………… 512
RNAi 机制在异染色质形成和芳同论的中的作用 ………………………………… 512
16.7 Piwi 互作 RNA 与转座子调控 ……… 518
16.8 基因表达的转录后调控：microRNA … 520
miRNA 引起的翻译沉默 ……………… 520
miRNA 引起的翻译激活 ……………… 525
16.9 翻译的抑制、mRNA 降解及 P-体 …… 529
P-体（加工体） ………………………… 529
P-体中的 mRNA 降解 ………………… 529
P-体中的抑制解除 ……………………… 532
其他小 RNA …………………………… 536

第Ⅵ部分 翻译

第 17 章 翻译机制Ⅰ：起始 ……………… 543
17.1 细菌中翻译的起始 ………………… 543
tRNA 负载 ……………………………… 543
核糖体的解离 …………………………… 544
30S 起始复合物的形成 ………………… 546
70S 起始复合物的形成 ………………… 552
细菌中的翻译起始总结 ………………… 553
17.2 真核生物翻译的起始 ……………… 554
起始的扫描模型 ………………………… 554
真核生物的起始因子 …………………… 558
17.3 翻译起始的调控 …………………… 566
细菌的翻译调控 ………………………… 566
真核生物的翻译调控 …………………… 570
第 18 章 翻译机制Ⅱ：延伸与终止 ……… 583
18.1 多肽链合成及 mRNA 翻译的方向 …… 583
18.2 遗传密码子 ………………………… 584
非重叠性密码子 ………………………… 584
密码中无间隔 …………………………… 585
三联密码 ………………………………… 586
破译密码 ………………………………… 587
密码子与反密码子间的异常碱基配对 …… 588
（几乎）通用的密码 …………………… 590

18.3 延伸机制 591
延伸概述 591
核糖体的 3-位点模型 593
延伸步骤 2：肽键的形成 601
延伸步骤 3：移位 603
G 蛋白和翻译 606
EF-Tu 和 EF-G 的结构 607
18.4 终止 608
终止密码子 608
终止密码子的抑制 610
释放因子 611
异常终止的处理 612
18.5 翻译后 617
新生蛋白质的折叠 617
核糖体从 mRNA 的释放 619
第 19 章 核糖体和转运 RNA 627
19.1 核糖体 627
70S 核糖体的精细结构 627
核糖体的组成 631
30S 亚基的精细结构 632
50S 亚基的精细结构 637
核糖体结构与翻译的机制 641
多聚核糖体 647
19.2 转运 RNA 648
tRNA 的发现 648
tRNA 的结构 649

第Ⅶ部分 DNA 复制、重组和转座

第 20 章 DNA 复制、损伤与修复 662
20.1 DNA 复制的一般特征 662
半保留复制 662
至少是半不连续复制 664
DNA 合成的引发 667
双向复制 668
滚环复制 671
20.2 DNA 复制的酶学 672
E. coli 的三种 DNA 聚合酶 672
复制的忠实性 676
真核生物的多种 DNA 聚合酶 676
链的解离 677
单链 DNA 结合蛋白 678
拓扑异构酶 679
20.3 DNA 损伤与修复 683
紫外线辐射引起的 DNA 损伤 684
γ 射线及 X 射线引起的 DNA 损伤 684
直接消除 DNA 损伤 685
切除修复 686
真核生物的双链断裂修复 691
错配修复 694
人类细胞错配修复系统的失效 695
DNA 损伤的非修复处理 695
第 21 章 DNA 复制Ⅱ：详细机制 706
21.1 复制的起始 706
E. coli 的 DNA 复制引发 706
真核生物 DNA 复制的引发 708
21.2 延伸 712
复制的速度 712
Pol Ⅲ全酶与复制的持续性 713
21.3 复制的终止 723
解连环：解开子代 DNA 723
真核生物 DNA 复制的终止 724
第 22 章 同源重组 739
22.1 同源重组的 RecBCD 途径 739
22.2 RecBCD 途径的实验证据 741
RecA 741
RecBCD 745
RuvA 和 RuvB 746
RuvC 750
22.3 减数分裂重组 751
减数分裂重组的机制：综述 751
双链 DNA 断裂 752
DSB 处单链末端的生成 757
22.4 基因转换 758
第 23 章 转座 762
23.1 细菌转座子 762
细菌转座子的发现 762
插入序列：最简单的细菌转座子 763
更复杂的转座子 764
转座的机制 764
23.2 真核生物的转座子 766
P 元件 768
23.3 免疫球蛋白基因的重排 769
重组信号 771
重组酶 772
V (D) J 重组机制 773
23.4 反转录转座子 774
反转录病毒 775
反转录转座子 778

第Ⅷ部分　基因组

第 24 章　基因组学Ⅰ：全基因组测序 ………… 788

24.1　图位克隆：基因组学介绍 ………………… 788

图位克隆的传统手段 ……………………… 788

鉴定与人类疾病相关的突变基因 ………… 791

24.2　基因组测序技术 ………………………… 794

人类基因组计划 …………………………… 797

用于大规模基因组计划的载体 …………… 797

逐步克隆策略 ……………………………… 798

鸟枪法测序 ………………………………… 802

测序的标准 ………………………………… 803

24.3　基因组测序的研究和比较 ……………… 803

人类基因组测序 …………………………… 803

个体基因组学 ……………………………… 807

其他脊椎动物基因组 ……………………… 808

最小的基因组 ……………………………… 811

生命条形码 ………………………………… 813

第 25 章　基因组学Ⅱ：功能基因组学、蛋白质组学和生物信息学 …………………… 818

25.1　功能基因组学：基因组的基因表达 …… 818

转录组学 …………………………………… 819

基因组功能图表 …………………………… 828

单核苷酸多态性：药物基因组学 ………… 839

25.2　蛋白质组学 ……………………………… 841

蛋白质分离 ………………………………… 842

蛋白质分析 ………………………………… 842

定量蛋白质组学 …………………………… 843

蛋白质的相互作用 ………………………… 845

25.3　生物信息学 ……………………………… 849

从哺乳动物基因组中发现调控基序 ……… 849

学会使用数据库 …………………………… 851

分子生物学专业词汇表 …………………… 857

索引 ………………………………………… 905

教师反馈表

第1章 分子生物学简史

豌豆花。花色（紫色和白色）是孟德尔在他的经典豌豆遗传学实验中所研究的性状之一。© *shape 'n' colour/Alamy*，*RF.*

什么是分子生物学？这个术语有多种定义。广义的定义是在分子水平上解释生物学现象，但这种定义难以与生物化学相区分。另一个更为严格，因而也更为适用的定义是指在分子水平上研究基因的结构和功能，本书将从分子水平上解释基因及其活性。

分子生物学源于遗传学和生物化学。本章从19世纪中期孟德尔所做的最早的遗传学实验开始，回顾这一交叉学科的早期发展史。在第2和第3章将充实这一简要发展轮廓。由于早期的遗传学家还不知道基因的分子本质，根据定义，对基因的早期研究不能归入分子生物学或分子遗传学，基于它是研究遗传性状从亲本向子代的传递，我们也称之为传递遗传学(transmission genetics)。实际上，直到1944年当基因的化学组成搞清楚后，将基因作为分子进行研究才成为可能，分子生物学也得以诞生。

1.1 传递遗传学

1865年，孟德尔（Gregor Mendel）（图1.1）发表了他对豌豆7个性状遗传的研究结果。在孟德尔的研究之前，科学家认为遗传是双亲的每一性状在子代中以混合的方式发生的，但孟德尔推断遗传是微粒式的（particulate），即每个亲本将颗粒或者遗传单位传给子代。我们现在称这些颗粒为**基因**（gene）。通过仔细统计具有一定**表型**（phenotype）或可观察特征（如黄色种子、白色花朵等）的后代植株数，孟德尔得出了一些重要结论。phenotype一词源于相同的希腊语词根 *phenomenon*，意思是外表。因此，高秆豌豆呈现出高秆表型或高秆外表。表型一词也指一个有机体的所有可观察特征。

图1.1 格雷戈尔·孟德尔（*Source*：© Pixtal/age Fotostock RF.）

孟德尔的遗传定律

孟德尔观察到一个基因能以不同的形式存在，即**等位基因**（allele）。例如，豌豆种子有黄色或绿色，控制种子颜色的一个等位基因产生黄色种子，另一个则产生绿色种子。此外，相对于**隐性**（recessive）等位基因，另一个等位基因是**显性的**（dominant）。孟德尔证明了决定黄色种子的等位基因是显性的，用绿豌豆与黄豌豆杂交时，子一代（first filial generation）（F_1）种子全部为黄色，但是让这些子一代（F_1）黄豌豆自交时，又出现一些绿豌豆。在子二代（F_2）中黄色种子与绿色种子的比例非常接近3∶1。

*Filial*一词来源于拉丁文*filius*（儿子）和*filia*（女儿）。因此，F_1代包含了亲本所有后代的信息，子二代（F_2）是F_1个体的后代。

孟德尔相信，尽管绿色等位基因不影响F_1种子的颜色，但它一定被保存在F_1代个体中了。其解释是：至少对他所研究的性状而言，每个亲本植株携带该基因的两个拷贝，即亲本是**二倍体**（diploid）。根据这一概念，**纯合子**（homozygote）具有两个拷贝的相同等位基因，如两个黄色等位基因，或两个绿色等位基因。**杂合子**（heterozygote）的每个等位基因只有一个拷贝。父本和母本在第一次杂交之前都是纯合子，所产生的F_1代豌豆都是杂合子。此外，孟德尔推断生殖细胞中的基因只含一个拷贝，即生殖细胞是**单倍体**（haploid）。因此，纯合子产生只含一种等位基因的生殖细胞或**配子**（gamete），而杂合子可产生含任一等位基因的两种配子。

让黄豌豆与绿豌豆杂交，黄色亲本贡献带有黄色基因的配子，绿色亲本贡献带有绿色基因的配子。所有F_1代豌豆都有一个黄色等位基因和一个绿色等位基因，它们根本没有丢失绿色基因，但因为黄色是显性基因，因而所有种子都显黄色。当这些杂合豌豆自交时，由于产生了相同数目的黄色配子和绿色配子，从而使绿色表型得以重现。

现在来分析一下上述过程是怎样发生的。假设有两个袋子，每个袋子里装有相同数目的黄色和绿色弹子。如果每次从一个袋子里取出一颗弹子，同时从另一个袋子里也取出一颗弹子配成一对。可得出以下结果：1/4为黄/黄，1/4为绿/绿，余下的1/2为黄/绿。豌豆的黄色和绿色等位基因以相同方式进行配对。黄色是显性基因，你可以发现1/4的子代（绿/绿）是绿色，其余3/4为黄色，因为它们至少有一个黄色等位基因。因此，在子二代（F_2）黄豌豆与绿豌豆的比例是3∶1。

孟德尔通过对7个不同性状的研究还发现这些基因是相互独立发挥作用的。因此，两对等位基因组合（如黄色或绿色豌豆与饱满或皱缩豌豆，其中黄色和饱满是显性，绿色和皱缩是隐性）所产生黄色/饱满、黄色/皱缩、绿色/饱满、绿色/皱缩的比率分别为9∶3∶3∶1。服从孟德尔所发现的简单规律的遗传学称为**孟德尔遗传**（Mendelian inheritance）。

小结 基因以不同形式或等位基因存在。一对等位基因中，一个等位基因以显性方式抑制另一个等位基因。因此，杂合子含有两个不同等位基因，通常表现由显性等位基因决定的性状，隐性等位基因并没有丢失，因为当它与另一个隐性等位基因配对成纯合子时便可发挥其对表型的作用。

遗传的染色体理论

孟德尔研究的价值在当时未受到其他科学家的理解和重视，直到1900年，三位植物学家各自独立的研究都得出了与孟德尔相似的结论后，人们才重新发现孟德尔研究的价值。1900年之后，许多遗传学家都接受了基因的颗粒特性，遗传学也开始发展起来。对染色体性质的深入了解促使遗传学家更容易接受孟德尔理论，染色体理论始于19世纪后半叶。孟德尔推测配子只携带每对基因的一个等位基因。如果染色体携带基因，那么在配子中基因的数目应该减半，事实确实如此。因此，每条染色体就是承载基因的独立的物理实体。

染色体携带基因的观点就是遗传的**染色体理论**（chromosome theory of inheritance），这是从遗传学角度思考问题的新的重要基础。基因不再是非实体的因子，而是在细胞核中可见的物质。但是一些遗传学家，特别是摩尔根

(Thomas Hunt Morgan)（图 1.2），对这一观点却持怀疑态度。有意思的是 1910 年摩尔根本人却为染色体学说提供了第一个决定性的证据。

图 1.2 托马斯·亨特·摩尔根
(*Source*: National Library of Medicine.)

摩尔根以果蝇（*Drosophila melanogaster*）为实验材料。果蝇具有个体小、世代周期短、后代数量多等优点，在许多方面比豌豆更适合进行遗传学研究。将红眼果蝇（显性）与白眼果蝇（隐性）杂交后，大部分 F_1 代是红眼的。用 F_1 代的雄性红眼与其红眼姐妹杂交后，产生约 1/4 的雄性白眼，但没有雌性白眼。换言之，眼色表型是**性连锁的**（sex-linked），在这个实验中眼色随性别一起传递。为什么会这样呢?

我们现在知道，性别和眼色一起传递是因为控制这些性状的基因都位于同一条 X 染色体上。大部分染色体被称为**常染色体**（autosome），在个体中成对出现，但 X 染色体是一种**性染色体**（sex chromosome）。雌果蝇有两条 X 染色体，而雄果蝇只有一条。当初摩尔根是不情愿得出这一结论的，直到同年他在另外两个表型（残翅和黄体色）中也观察到相同的性连锁现象，这才足以说服他承认遗传的染色体理论的正确性。

在结束这个话题之前，还需指出两点。第一，每个基因在染色体上都有其位置或**基因座**（locus）。图 1.3 是假想的染色体及其三个基因 *A*、*B*、*C* 的位置。第二，像人类这样的二倍体生物，所有染色体（性染色体除外）通常是双份的，这意味着大部分基因是具有两个拷贝的。如果这两个拷贝是相同的等位基因，则生物体是**纯合的**（homozygous），否则是**杂合的**（heterozygous）。图 1.3（b）显示二倍体染色体在（*Aa*）基因座有不同等位基因，在另外两个基因座（*BB* 和 *cc*）有相同的等位基因，其**基因型**（geno type）或等位基因构成是 *AaBBcc*。该生物的两条染色体在座位 *A* 有两个不同的等位基因（*A* 和 *a*），所以在 A 座位是杂合的（希腊文：*hetero* 意思是“不同”），在 *B* 座位有两个相同的显性等位基因 *B*，所以在 *B* 座位是显性纯合的（希腊文：*homo*，意思是“相同”）。两条染色体的 *C* 座位有相同隐性等位基因 *c*，因此在 *C* 座位是隐性纯合的。最后，由于 *A* 相对于 *a* 是显性的，所以该个体在 *A* 和 *B* 座位上决定了显性表型，在 *C* 座位决定了隐性表型。

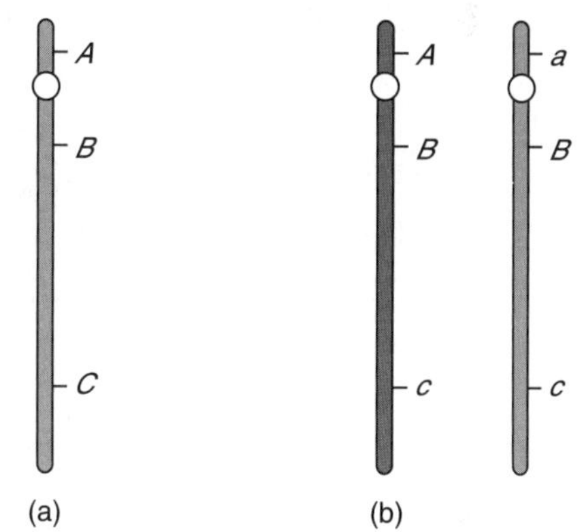

图 1.3 基因在染色体上的位置。（**a**）染色体示意图，给出了三个基因的座位 *A*、*B* 和 *C*；（**b**）双倍体成对染色体示意图，显示了三个基因 *A*、*B* 和 *C* 各自的座位，以及在每个座位的基因型（*A* 或 *a*；*B* 或 *b*；*C* 或 *c*）。

讨论果蝇的表型变异使我们有机会介绍另一个重要的遗传学概念：**野生型**（wild-type）和**突变型**（mutant），野生型表型是最普通（至少是普遍接受）的标准表型。为避免认为野生个体自然就是野生型的错觉，有些遗传学家喜欢用**标准型**（standard type）。在果蝇中，红眼和全翅是野生型。白眼（white，*w*）和残翅（miniature，*m*）基因是突变基因，导致了白眼和残翅果蝇的突变型。突变的等位基因通常是隐性的，以上所举仅是两个例子，不能一概而论。

遗传重组和遗传定位

在遗传实验中位于不同染色体上的基因独立遗传，而位于同一染色体上的基因［如残翅（*m*）和白眼（*w*）］表现出连锁。但是，在同一染色体上的基因通常并不表现完全的**遗传连锁**(genetic linkage)。这一现象是摩尔根在检测性连锁基因的行为时发现的。例如，*m* 和 *w* 都在 X 染色体上，但是它们的后代中只有 65.5%保留连锁，其他后代则出现了在其亲本中不存在的新的等位基因组合，将此称为**重组体**（recombinant）。

重组体是如何产生的呢？答案在 1910 年就有了。对减数分裂（meiosis）（配子形成）的显微观察发现，**同源染色体**（homologous chromosome）（携带相同基因，或相同基因的等位基因）之间发生了**交换**（crossing），导致了两个同源染色体之间的基因交换。在上例的卵子形成过程中，带有 *m* 和 *w* 等位基因的 X 染色体与另一个带有红眼正常翅等位基因的 X 染色体发生交换（图 1.4）。由于产生了等位基因的新组合，所以我们称这一过程为**重组**（recombination）。

图 1.4 果蝇中的重组。显示雌果蝇的两条 X 染色体。其中一条（红色）携带两个野生型基因，(m^+) 产生正常翅和 (w^+) 产生红眼。另一条（蓝色）携带两个突变基因，残翅（*m*）和白眼（*w*）。卵形成过程中，如交叉直线所示两条染色体的两个基因之间发生重组或交换。结果产生两条重组染色体，一个是 m^+w，另一个是 mw^+。

摩尔根推测基因在染色体上呈线性排列，就像用线穿起来的珠子。基于他对重组事件的认识，摩尔根认为，同一染色体上的两个基因相隔越远，它们被重组的可能性就越大。因为相隔远的基因之间会有更大的空间发生交换。A. H. Sturtevant 拓展了这个假设，认为一条染色体上两个基因相隔的距离与它们之间的重组率有一定的数学关系。Sturtevant 收集了果蝇重组的数据来支持其假设，并建立了至今仍在使用的**遗传作图**（genetic mapping）技术的基本原理。简单地讲，如果两个基因座重组的频率是 1%，则定义它们相距一个**厘摩**（centimorgan）（以摩尔根命名）。到 20 世纪 30 年代，该原理已被应用于其他**真核生物**（eukaryote）（含有细胞核的生物），包括链孢霉、豌豆、玉米甚至人的研究中。这些规则也适用于遗传物质不局限在细胞核中的**原核生物**(prokaryote)。

重组的物理学证据

Barbara McClintok（图 1. 5）和 Harriet Creighton 在 1931 年提供了重组的直接物理学证据。通过对玉米染色体的显微观察，他们检测到特定染色体上两个易于鉴别的特征（一端有节，另一端是长的、伸展的）间的重组，而且这种物理重组也能从遗传学上检测到。由此建立了染色体的一个区段与某个基因相对应的直接关系。不久，Curt Stern 在果蝇中也观察到同样的现象。因此，在动植物中都能对重组做出物理学和遗传学上的检测。McClintock 之后又做出了杰出的研究，她发现了玉米中的转座子——可移动的遗传元件（第 23 章）。

图 1.5 Barbara McClintock。
(*Source*：Bettmann Archive/Corbis.)

小结 遗传的染色体理论指出，基因在染色体上呈线性分布。有些性状可共遗传的原因是控制这些性状的基因位于同一条染色体上。然而，在减数分裂期间两条同源染色体之间的重组可使亲代的等位基因重新组合而产生非亲代类型的重组。同一染色体上的两个基因相距越远，产生重组的可能性就越大。

1.2 分子遗传学

通过以上讨论我们了解到关于基因传递、染色体上基因定位的重要内容，但这些结果没有告诉我们基因是由什么构成的，是怎样发挥作用的。这些问题属于分子遗传学领域，该领域也植根于孟德尔时代。

DNA 的发现

1869 年，Friedrich Miescher（图 1.6）在细胞核中发现了一种混合物，并将其称为核素（nuclein）。核素的主要成分是**脱氧核糖核酸**（deoxyribonucleic acid，DNA）。到 19 世纪末，化学家已经知道了 DNA 及其相关化合物**核糖核酸**（ribonucleic acid，RNA）的一般结构。两者都是长的聚合物，即由小分子化合物核苷酸组成的链状结构。每个核苷酸由一个糖基、一个磷酸基团和一个碱基组成。糖基间彼此通过磷酸二酯键相互连接而形成核苷酸链。

图 1.6 Friedrich Miescher。
（*Source*：National Library of Medicine.）

基因的组成 随着遗传的染色体理论被广泛接受，遗传学家一致认为染色体一定是由某种多聚物组成的，这样才能符合其作为成串基因的角色，但这种多聚物是什么呢？有三种选择：DNA、RNA 和蛋白质。蛋白质是 Miescher 所发现核素中的另一种主要成分，是由**氨基酸**（amino acid）通过**肽键**（peptide bond）连接而成的链，单个蛋白质链称为**多肽**（polypeptide）。

1944 年，Oswald Avery（图 1.7）及同事在 Frederick Griffith 的细菌遗传性状转移实验的基础上，证明 DNA 就是携带遗传物质的多聚物（见第 2 章）。他们研究的遗传性状是**毒性**（virulence），是一种能引起致死性感染的能力。将死亡的毒性细胞与活的无毒性（非致死性的）细胞混合就能简单地实现毒性的转化。这种能使受体细胞由无毒性转变成有毒性的物质很可能就是毒性基因，因为受体细胞可将这种性状传递给后代。

图 1.7 Oswald Avery。
（*Source*：National Academy of Sciences.）

有待进一步阐明的是在死的毒性细胞中转化物质的化学本质。Avery 等用几种化学和生物化学方法对转化物质进行了分析，结果表明其性质是 DNA，而不是 RNA 或蛋白质。

基因和蛋白质之间的关系

分子遗传学的另一个重要问题是基因是如何发挥作用的？为了能追根求源地回答这个问题，我们需要追溯到 1902 年。这一年，Archibald Garrod 注意到人类尿黑酸症（alcaptonuria）似乎是一种孟德尔隐性性状，可能由一个缺陷或突变的基因引起。此外，其主要症状是患者尿液里有黑色素沉积，Garrod 认为这是由某条生化途径中某种中间产物的不正常积累所致。

此时，生物化学家已经证实所有生物体内都发生着不计其数的、由称之为**酶**（enzyme）的蛋白质所加速或催化的化学反应。许多化学反应是按顺序进行的，即一个产物是下一个反应的起始物或底物。这种反应过程被称为**途径**（pathway），反应途径内的产物或底物被称为**中间产物**（intermediate）。Garrod 认为尿黑酸症患者体内的某种中间产物积累到了异常高的水平，因为将其正常地转化为下一产物的酶缺失了。结合尿黑酸症是孟德尔隐性性状，Garrod提出了“一个缺陷的基因导致一个缺陷的酶”的假说。换言之：一个基因负责产生一种酶。

Garrod的结论有部分是推测的，其实他并不知道哪个缺陷的酶与尿黑酸症有关。证明基因与酶之间关系的课题留给了George Beadle和Tatum（图1.8）。他们以粉色面包霉菌（*Neurospora*）为实验材料，其优点是不受自然突变限制，且可以使用**诱变剂**（mutagen）引入突变，然后观察这些突变在生化途径中的效果。他们诱变获得了很多粉色面包霉菌的突变体，然后对这些缺陷型的分析可追踪到生化途径的某个具体步骤上，由此再推论到某个酶的缺陷（见第3章）。通过加入该缺陷酶在正常情况下产生的中间产物，然后观察突变体恢复正常生长的结果来完成上述推论。通过疏通阻塞的地方，可以确定酶在代谢反应途径中的位置。他们的遗传学实验证明了，一个缺陷型只涉及单个基因的突变，缺陷基因造成了缺陷（或缺失）酶。换句话说，一个基因产生一种酶。这就是“一个基因/一个酶”假说。但是，由于至少三个方面的原因，该假说是不完全正确的：①一个酶可以由多条多肽链组成，而一个基因携带的信息只能合成一条多肽链；②很多基因携带着产生多肽的信息，而多肽不都是酶；③正如我们将会看到的，有些基因的产物不是多肽而是RNA。对这个假说的现代叙述应该是：大多数基因携带有产生一条多肽的信息。该假说对原核生物和低等真核生物是正确的，但对高等真核生物（如人）来说，还必须被限定在某些条件下，正如我们将要在第14章讨论的，高等真核生物中一个基因能通过选择性剪接机制产生不同的多肽。

(a) (b)

图1.8 (a) George Beadle；(b) E. L. Tatum。
[（*Source*：(*a*，*b*) AP/Wide World Photos.）]

基因的行为

现在让我们再回到还搁在手上的问题：基因如何发挥作用？这其实并不是一个单一的问题，因为基因不止做一件事情。首先，它们被忠实地复制；其次，它们指导RNA和蛋白质的产生；第三，它们积累突变进而得以进化。让我们简要地了解一下基因的这三种行为。

基因怎样被复制 首先，DNA是如何被忠实地复制的？回答这个问题前，我们需要知道DNA分子在染色体上的一般结构。1953年，沃森（James Watson）和克里克（Francis Crick）（图1.9）通过其他实验室的化学和物理学实验数据，主要是来自Rosalind Franklin和Maurice Wilkins的X射线衍射数据（图1.10），建立模型并提供了答案。

图1.9 詹姆斯·沃森（左）和弗朗西斯·克里克。
（*Source*：© A. Barrington Brown/Photo Researchers，Inc.）

沃森和克里克提出DNA是一种**双螺旋**（double helix）——两条DNA链相互缠绕。更重要的是，每条链的碱基都位于螺旋的内部，一条链上的碱基以一种非常专一的方式与另一条链上的碱基配对。DNA中只有4种不同的碱基：腺嘌呤、鸟嘌呤、胞嘧啶和胸腺嘧啶，它们分别缩写成A、G、C、T。无论在哪一条链的任何地方发现一个A，在另一条链上就总会

(a) (b)

图 1.10 (a) Rosalind Franklin；(b) Maurice Wilkins。[*Source*：(*a*) From *The Double Helix* by James D. Watson，1968，Atheneum Press，NY. © Cold Spring Harbor Laboratory Archives. (*b*) Courtesy Professor M. H. F. Wilkins，Biophysics Dept. King's College，London.]

有一个 T；无论在哪一条链的任何地方发现一个 G，在另一条链上就总会有一个 C，就是说这两条链是互补的。如果我们知道一条链的碱基顺序，就自然会知道另一条链的碱基顺序，这种互补性使 DNA 能够被忠实地复制。两条链分离时，酶利用旧链作为模板，再根据沃森-克里克碱基配对原则（A 与 T、G 与 C）形成新的互补链，这种复制被称为**半保留复制**(semiconservative replication)，因为亲代双螺旋中的两条链被分别保留在每个子代双螺旋中。1958 年，Matthew Meselson 和 Franklin Stahl（图 1.11）在细菌中证明了 DNA 复制遵循半保留方式（见第 20 章）。

(a) (b)

图 1.11 (a) Matthew Meselson；(b) Franklin Stahl。[*Source*：(*a*) Courtesy Dr. Matthew Meselson. (*b*) Cold Spring Harbor Laboratory Archives.]

基因如何指导多肽的产生 基因表达(gene expression）是细胞合成基因产物（一条 RNA 或多肽）的过程。分别称为**转录**（transcription）和**翻译**（translation）的两个步骤是 DNA 基因指导产生多肽所必需的。在转录步骤中，被称为 RNA 聚合酶的一种酶生产出 DNA 双链中一条链的副本；该副本不是 DNA，而是它的近亲——RNA。在翻译步骤中，这个 RNA（messenger RNA，mRNA）携带遗传指令到达细胞内一种称为**核糖体**（ribosome）的蛋白质加工厂中。核糖体“阅读”mRNA 上的**遗传密码**（genetic code）并根据它的指令生产出蛋白质。

实际上，核糖体已经含有 RNA 分子，称为**核糖体 RNA**（ribosomal RNA，rRNA）。克里克起初认为是位于核糖体上的这个 RNA 携带了来自基因的信息。根据这一理论，每个核糖体只能生产一种蛋白质——由其 rRNA 编码的蛋白质。François Jacob 和 Sydney Brenner（图 1.12）则有不同的观点：认为核糖体是非特异性的翻译机器，它可根据造访核糖体的 mRNA 的指令生产出无限数目的不同蛋白质，实验已证明这一观点是正确的（见第 3 章）。

(a) (b)

图 1.12 (a) François Jacob；(b) Sydney Brenner。[*Source*：(*a*，*b*) Cold Spring Harbor Laboratory Archives.]

遗传密码的本质是什么？在 20 世纪 60 年代早期，Marshall Nirenberg 和 Gobind Khorana（图 1.13）就各自采用不同的方法破译了遗传密码（第 18 章）。他们发现三个碱基组成一个密码，称为**密码子**（codon），代表一个氨基酸。在 64 个可能的三联体密码子中，有 61 个编码氨基酸，其他 3 个是终止信号。核糖体每扫描 mRNA 上的 3 个碱基，就将相应的氨基酸送到正在延长的多肽链上并连接起来。当它们到达终止密码子时，就释放出完整的多肽链。

基因如何积聚突变 基因以多种方式发生改变。最简单的是由一个碱基变为另一个碱

图 1.13 Gobind Khorana（左）和 Marshall Nirenberg。（*Source*：Corbis/Bettmann Archive.）

基。例如，如果一个基因中某个密码子是 GAG（编码谷氨酸），变为 GTG 后，就成了另一个氨基酸缬氨酸的密码子，由该突变基因产生的蛋白质在原本应是谷氨酸的位置变成了缬氨酸。这可能是数百个氨基酸中的一个变化，但它能产生严重的影响。实际上，这种特殊的改变已经在人血红蛋白的一个基因中发生，导致了我们称为镰状细胞贫血病的遗传紊乱。

发生大片段 DNA 的缺失或插入，基因还会遭受更严重的改变。DNA 片段甚至能从一个基因座转移到另一个基因座。DNA 变化越剧烈，有关基因就越有可能完全失活。

基因克隆 自 20 世纪 70 年代以来，遗传学家学会了分离基因，并把它们置入新的生物体内，通过一套被称为**基因克隆**（gene cloning）的技术来扩增基因。克隆的基因不仅给分子生物学家提供了大量的研究材料，还可以被诱导产生相应的蛋白质产物。有些产物（如人胰岛素或凝血因子）都是非常有用的。克隆的基因还能被移植到植物、动物（包括人类）中。这些移植的基因能改变受体生物的性状，因此，它们可以为农业和治疗人类遗传疾病提供强有力的工具。我们将在第 4 章详细研究基因克隆。

小结 所有细胞的基因都是由排列在双螺旋上的 DNA 构成的。这种结构解释了基因是怎样参与其三种主要活动的：复制、携带信息和积累突变。基因中两条 DNA 链的互补特性可以使它们通过分离并作为模板，组装两条新的互补链而被忠实地复制。基因中的核苷酸序列就是携带合成 RNA 信息的遗传密码。将信息携带到蛋白质的合成场所核糖体内的 RNA 大部分是 mRNA。最终的结果是根据基因指令生产一条新的多肽链。碱基序列的改变可产生突变，突变可以导致基因的多肽链产物中氨基酸序列的改变。基因可以被克隆，从而使分子生物学家能够获得大量的基因的克隆产物。

1.3 生命的三个域

20 世纪早期，科学家把所有生物分为两界：动物界和植物界。细菌被认为是植物，这就是为什么我们仍然把小肠内的细菌称为肠菌群（flora）。但是到 20 世纪中期以后，这种分类系统被放弃而采用五界分类系统（five-kingdom system），在植物和动物之外还包括细菌、真菌和原生生物。

在 20 世纪 70 年代后期，Carl Woese（图 1.14）对许多不同生物的 rRNA 基因进行了测序研究，并得出一个惊人的结论：一类被划分为细菌的生物，其 rRNA 基因与真核生物的相似性高于典型的细菌，如大肠杆菌。因此，Woese 将这些生物命名为古菌（*archaebacteria*），以区别于真正的细菌或真细菌（*eubacteria*）。然而，随着越来越多的分子证据的积累，可以清楚地看出除了表面的相似之外，古菌并

图 1.14 Carl Woese。（*Source*：Courtesy U. of Ⅲ at Urbana Champaign.）

不是真正的细菌，它们代表了一个截然不同的生命领域，所以 Woese 将它们的名字改为古菌。现在我们按三个**生命域**（domain of life）：**细菌**（bacteria）、**真核生物**（eukaryota）和**古菌**（archaea）。与细菌一样，古菌是**原核生物**（prokaryote）——无细胞核生物，但是它们的分子生物学实际上较细菌更接近于真核生物。

古菌生活在地球最恶劣的地区。有些是**嗜热生物**（thermaophile）（“好热生物”），它们生活在看似不能忍受的温度——超过 100℃ 的深海地热出口附近，或生活在像黄石国家公园的高温温泉中。有些是**嗜盐生物**（halophile）（“好盐生物”），它们能够忍受使其他生命脱水或致死的高盐浓度。还有些是**甲烷细菌**（methanogen）（“甲烷生产者”），它们生活在牛胃中，这就是为什么牛是甲烷的一个重要来源。

本书将主要涉及前两个生命域，因为它们被研究得最多。但是在第 11 章我们将学习古菌转录的有趣细节。在第 24 章我们将了解到詹氏甲烷球菌（*Methanococcus jannaschii*），它（一种古菌）是第一批被完成基因组测序的生物之一。

小结　生物被划分为三个域：细菌、真核生物和古菌。尽管表面上古菌与细菌类似，但其分子生物学特性与真核生物更为相似。

以上总结归纳了分子生物学发展的主要大事记。表 1.1 回顾了其中的一些里程碑。尽管分子生物学是一门非常年轻的学科，但却有着异常丰富的历史。分子生物学家现在正以爆炸性的速度，为这门学科增加新的知识。确实，分子生物学的发展速度和它的技术威力使许多评论家称其为一场革命。由于在接下来的几十年中，医学和农业上的一些最重大的变化可能依赖于分子生物学家的基因操作，所以这场革命将以不同方式触及到每个人的生活。因此，你正要开始学习的这门课程不仅令人神往、精致优美而且具有实践的重要性。哈佛大学荣誉退休化学教授 F. H. Westheimer 说得好：“近 40 年最伟大的知识革命可能已在生物学中发生了。今天，一个不懂得点分子生物学知识的人能被认为是受过教育的人吗?”很高兴，学完这门课程后你们将懂得的远不止一点。

表 1.1　分子生物学年代记事

1859 年	Charles Darwin	出版《物种起源》
1865 年	Gregor Mendel	提出分离和独立分配定理
1869 年	Friedrich Miescher	发现 DNA
1900 年	Hugo de Vries、Carl Correns、Erich von Tschermak	孟德尔定理再次被发现
1902 年	Archibald Garrod	首次提出一种人类疾病的遗传学起因
1902 年	Walter Sutton，Theodor Boveri	提出染色体理论
1910 年、1916 年	Thomas Hunt Morgan、Calvin Bridges	证明基因在染色体上
1913 年	A. H. Sturtevant	构建遗传图
1927 年	H. J. Muller	用 X 射线引入突变
1931 年	Harriet Creighton、Barbara McClintock	获得重组的物理证据
1941 年	George Beedle、E. L. Tatum	提出一个基因/一个酶假说
1944 年	Oswald Avery、Colin Mcleod、Maclyn McCarty	证明基因由 DNA 组成
1953 年	James Watson、Francis Crick、Rosalind Frankin、Maurice Willkins	确定 DNA 结构
1958 年	Matthew Meselson、Franklin Stahl	证明 DNA 的半保留复制
1961 年	Sydney Brenner、François Jacob、Matthew Meselson	发现信使 RNA
1966 年	Marshall Nirenberg、Gobind Khorana	完成遗传密码的破译
1970 年	Hamilton Smith	发现限制性内切核酸酶在专一位点切割 DNA，使切一接 DNA 变得容易，促进了 DNA 克隆
1972 年	Paul Berg	获得第一个体外重组 DNA
1973 年	Herb Boyer、Stanly Cohen	第一次用质粒克隆 DNA

1977 年	Frederick Sanger	找出测定 DNA 碱基序列的方法，并测定出 ΦX174 病毒的完整基因组序列
1977 年	Phillip Sharp、Richard Roberts 等	发现基因中有间断（内含子）
1993 年	Victor Ambros 及同事	发现细胞 miRNA 通过对 mRNA 的碱基配对可降低基因的表达
1995 年	Craig Venter、Hamilton Smith	测定了流感嗜血杆菌（*Haemophilus influenzae*）和生殖道支原体（*Mycoplasma genitalium*）两个细菌的基因组碱基序列，对自由生活有机体基因组的第一次测定
1996 年	众多研究者	测定酿酒酵母（*Saccharomyces cerevisiae*）基因组，对真核生物基因组的第一次测定
1997 年	Ian Wilmut 及同事	从成年绵羊体细胞获得克隆羊（多莉）
1998 年	Andrew Fire 及同事	发现 RNAi 通过降解含有与入侵双链 RNA 相同序列的 mRNA 而发挥作用
2003 年	众多研究者	报道完成人类基因组序列测序
2005 年	众多研究者	报道我们最近的亲戚——黑猩猩的基因组草图
2007 年	Craig Venter 及同事	利用传统测序法获得第一个人类个体（Craig Venter）的序列
2008 年	Jian Wang 及同事	利用“下一代”测序获得第一个亚洲人（中国汉族人）的序列
2008 年	David Bentley 及同事	利用单分子测序获得第一个非洲人（尼日利亚人）的序列

总结

基因以被称为等位基因的几种不同的形式存在。在杂合子中，隐性等位基因会被显性等位基因遮盖，但并没有丢失，在携带有两个隐性等位基因的纯合子中会被再次表达。

基因在染色体上呈线性分布。因此，位于同一条染色体上的基因所控制的性状可被同时遗传。然而，在减数分裂期，两条同源染色体之间会发生重组，由此产生携带非亲代重组等位基因的配子。在同一条染色体上的两个基因相距越远，产生这种重组的可能性就越大。

大多数基因是由排列在双螺旋上的双链 DNA 组成的。其中一条链与另一条链互补，这意味着忠实的基因复制需要两条链分离并获得互补的搭档。典型基因中，碱基的线性序列携带合成蛋白质的信息。

产生基因产物的过程称为基因表达，以转录和翻译两个步骤实现。在转录中，RNA 聚合酶合成 mRNA，它是基因遗传信息的拷贝。在翻译中，核糖体“阅读”mRNA，并根据其指令合成蛋白质。因此，基因序列的一个改变（突变），便可能引起蛋白质产物中的相应改变。

所有生物可划归为三个域：细菌、真核生物和古菌。尽管表面上古菌与细菌类似，但其分子生物学特性与真核生物更相似。

翻译　马　纪　校对　张富春　郑用琏

推荐阅读文献

Creighton, H. B., and B. McClintock. 1931. A correlation of cytological and genetical crossing-over in *Zea mays*. *Proceedings of the National Academy of Sciences* 17: 492-497.

Mirsky, A. E. 1968. The discovery of DNA. *Scientific American* 218 (June): 78-88.

Morgan, T. H. 1910. Sex-limited inheritance in *Drosophila*. *Science* 32: 120-122.

Sturtevant, A. H. 1913. The linear arrangement of six sex-linked factors in *Drosophila*, as shown by their mode of association. *Journal of Experimental Zoology* 14: 43-59.

第2章　基因的分子特性

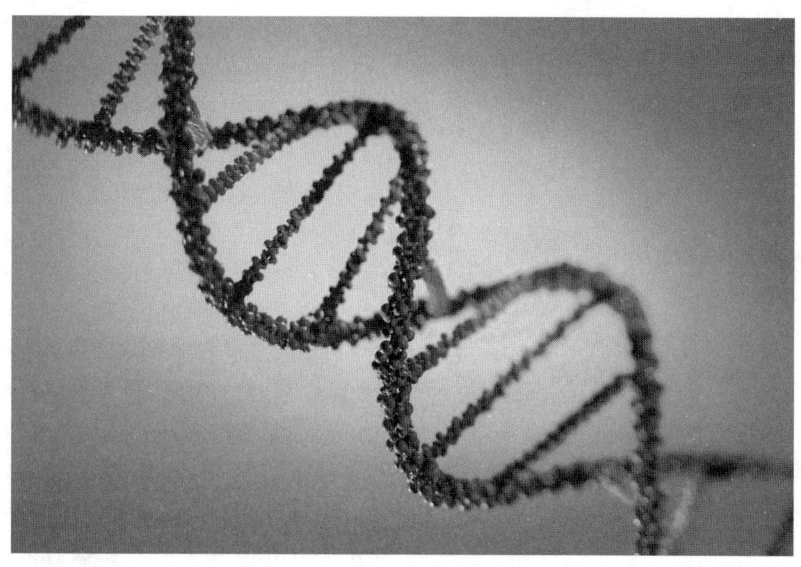

DNA 结构的计算机模拟。© *Comstock Images/Jupiter RF*.

在开始详细学习基因的结构与活性及这些概念背后的实验证据之前，我们需要对将要面临的科学探求有一个较为完整的概述。为此在第 2 章和第 3 章我们将丰富第 1 章中的分子生物学发展简史。本章开篇将首先讨论基因的分子行为。

2.1　遗传物质的特性

最终揭示基因化学本质的研究始于 1869 年德国的图宾根。Friedrich Miescher 从外科手术绷带上的脓细胞（白细胞）中分离出细胞核(nuclei)。他发现细胞核中有一种新的含磷物质，并将其命名为核素（nuclein)。核素大部分是**染色质**（chromatin)，是一种脱氧核糖核酸（DNA）与染色体蛋白的混合物。

到 19 世纪末，已从细胞的核酸与蛋白质混合物中分离出 DNA 和 RNA，从而有可能对核酸进行详细的化学分析（nucleic acid 一词及其缩写 DNA 和 RNA 直接源于 Miescher 的术语 nuclein）。从 20 世纪 30 年代开始，P. Levene 和 W. Jacobs 等已经证明 RNA 由 1 个糖（核糖）加 4 个含氮碱基组成，而 DNA 则含有 1 个不同的糖（脱氧核糖）和 4 个碱基。他们发现每个碱基偶联一个糖-磷酸盐，形成一个核苷酸（nucleotide)。在本章稍后部分我们将回到 DNA 和 RNA 的化学结构。首先，让我们来了解证明基因是由 DNA（有时是 RNA）组成的证据。

细菌转化

1928 年 Frederick Griffith 以其肺炎链球菌（*Streptococcus pneumoniae*）**转化**（transformation）实验奠定了 DNA 是遗传物质的基础。野生型肺炎链球菌是一种球形细胞，它由称为荚膜（capsule）的黏液外壳所包裹，细胞形成大而亮的菌落，特征为光滑型（S）［图 2.1 (a)］。这些细胞是**有毒的**（virulent)，也就是将其注射到小鼠体内可引起致命性感染。肺炎链球菌的某种突变株丧失了形成荚膜的能力，形成小而粗糙（R）的菌落［图 2.1 (b)］。更

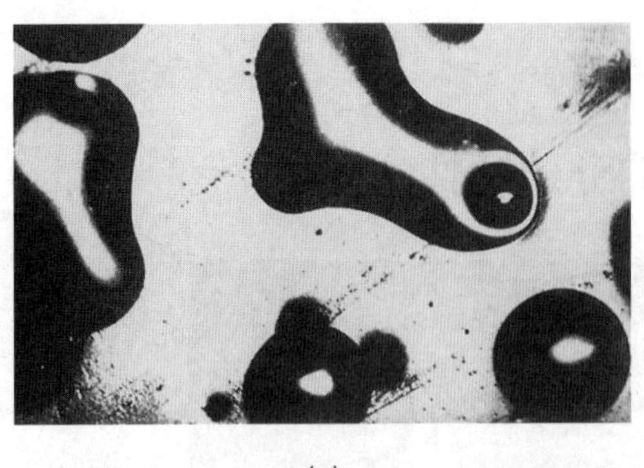

(a)

(b)

图 2.1 肺炎双球菌的变体。(a) 大而亮的菌落光滑(S)且具毒性;**(b)** 小而有斑点的菌落粗糙(R)且无毒性。[*Source*:(*a*,*b*)Harriet Ephrussi-Taylor.]

为重要的是,它是**无毒的**(avirulent),由于它没有保护性外壳,所以在它繁殖到足够产生任何危害之前,就被宿主的白细胞所吞噬了。

Griffith 研究的关键发现是,热杀死的肺炎链球菌毒性菌落能够使无毒细胞**转化**(transform)成毒性细胞。热杀死的毒性菌或活的无毒菌自身都不能引起致命性感染,但是混合到一起却是致死性的,这表明毒性特征以某种方式从死细胞传递到了活的无毒细胞。图 2.2 说明了这种转化现象。转化不是瞬时的,一旦无毒菌被赋予产生荚膜杀死宿主的能力,就将其作为遗传特性传给后代。换句话说,在转化时无毒细胞通过某种方式从毒性细胞中获得了基因。这意味着死菌中的转化物质可能就是毒性基因。接下来的问题是转化物的化学本质是什么?

DNA 是转化物质 1944 年,Oswald Avery、Colin MacLeod 和 Maclyn McCarty 采用与 Griffith 相似的转化实验证明了来自毒性细胞的转化物质的化学本质。首先,他们用有

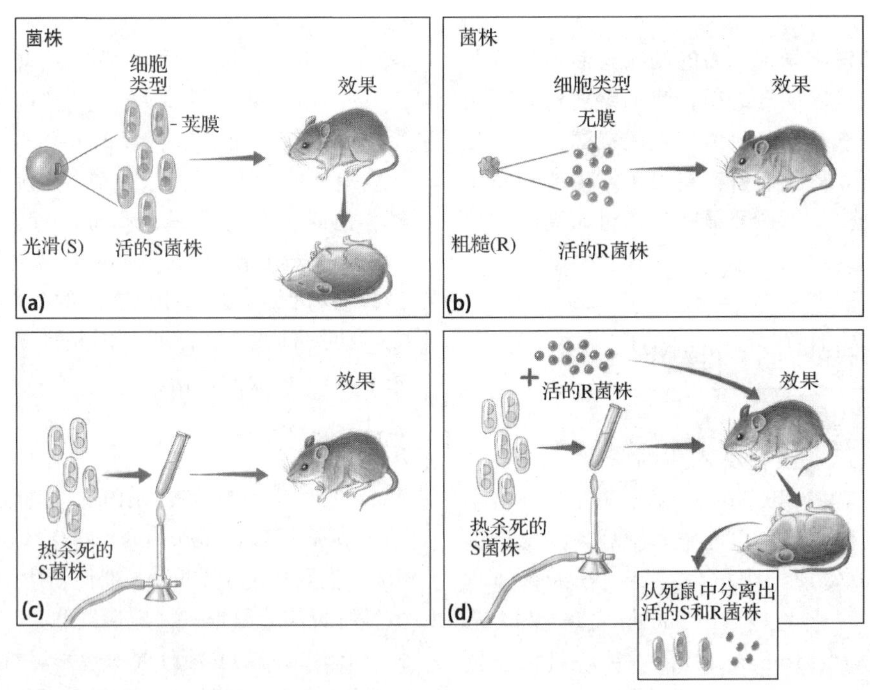

图 2.2 Griffith 的转化实验。(a) 有毒性的肺炎双球菌株 S 杀死了宿主;**(b)** 无毒性的菌株 R 不能成功感染宿主,所以小鼠存活;**(c)** 加热杀死的 S 菌株不能感染宿主;**(d)** R 菌株和加热杀死的 S 菌株的混合物杀死了小鼠。死的毒性菌(S)将无毒菌(R)转化成毒性菌(S)。

机溶剂去除提取物中的蛋白质，发现提取物仍然能转化。接下来，用各种酶消化提取物。降解蛋白质的胰蛋白酶和糜蛋白酶对转化都无影响，降解RNA的核糖核酸酶也没有影响。这些实验排除了蛋白质和RNA是转化物。另外，Avery及同事发现分解DNA的脱氧核糖核酸酶（DNase）破坏了毒性细胞提取物的转化能力，这些结果提示DNA是转化物质。

直接的物理化学分析结果支持了纯化的转化物是DNA的假设。Avery及同事使用了如下分析工具。

1. *超速离心法* 在超速离心机中离心分离转化物并估计其大小。具有转化活性的物质很快被沉降（快速移向离心管底部），这提示了其具有很高的分子质量，即DNA的特征。

2. *电泳* 将转化物放入电场中观察其移动速度。转化的活性物具有相对较高的迁移率——这也是DNA的特点，因为它有高的电荷/质量比。

3. *紫外吸收分光光度法* 将转化物溶液置于分光光度计中，鉴定它对哪种紫外线吸收最强。结果表明，其吸收光谱与DNA的吸收光谱匹配，即最强的吸收波长是260nm，而蛋白质的最大吸收波长为280nm。

4. *元素的化学分析* 获得转化物的氮/磷比均值为1.67，这正是富含这两种元素的DNA的预计值，远远低于蛋白质的预计值。蛋白质氮多磷少，微量蛋白质的污染都会提高氮/磷比例。

进一步的确认 这些发现应该已经确定了基因的特性，但其影响力仍然甚微。因为源自早期化学分析的错误概念认为DNA是一段四核苷酸的单一重复序列，如ACTG-ACTG-ACTG等，这使许多遗传学家认为DNA不可能是遗传物质。而且，在转化物中还存在有蛋白质污染的可能，以及转化是否由控制R和S之外的其他基因所完成，甚至细菌的基因与高等生物的基因是否一样等问题的争论未决。

的确，到1953年沃森和克里克发表DNA结构的双螺旋模型时，绝大多数遗传学家都接受了基因由DNA构成的观点。那么其间发生了什么事件呢？一件事是1950年Erwin Chargaff研究表明，在DNA中并没有像以前的研究结果所提示的那样，真正地发现碱基之间的等比例关系，DNA中的碱基组成在物种之间是不同的。实际上，对基因而言这正是所期望的，基因在物种之间是不同的。此外，Rollin Hotchkiss精炼和扩展了Avery的发现。他将转化物纯化到仅有0.02%的蛋白质的程度，但仍能改变细菌细胞的遗传特性，并且后续实验表明这种高纯度的DNA仍能传递R和S之外的其他遗传性状。

1952年，A. D. Hershey和Martha Chase最终以另外一个实验进一步增加了基因由DNA组成的证据。该实验涉及能感染大肠杆菌的T2**细菌噬菌体**（bacteriophage，细菌的病毒）（图2.3）。在感染期间，噬菌体基因进入宿主细胞，指导新噬菌体颗粒的合成。噬菌体仅由蛋白质和DNA组成，问题是基因是存在于蛋白质中还是DNA中？Hershey-Chase的实验回答了这个问题。他们发现噬菌体感染时，大部分DNA连同少量蛋白质进入细菌中，大量的蛋白质外壳留在了外面（图2.4）。由于DNA是进入宿主细胞的主要成分，因此它可能含有基因。当然，这个结论还不具有说服力，随着DNA一起进入细胞的那些少量蛋白质也可能携带基因。但是将此前的结果放在一起分析，该研究有助于使遗传学家相信遗传物质是DNA而非蛋白质。

Hershey-Chase实验依赖于DNA和蛋白质上不同的放射性同位素标记。用磷-32（^{32}P）标

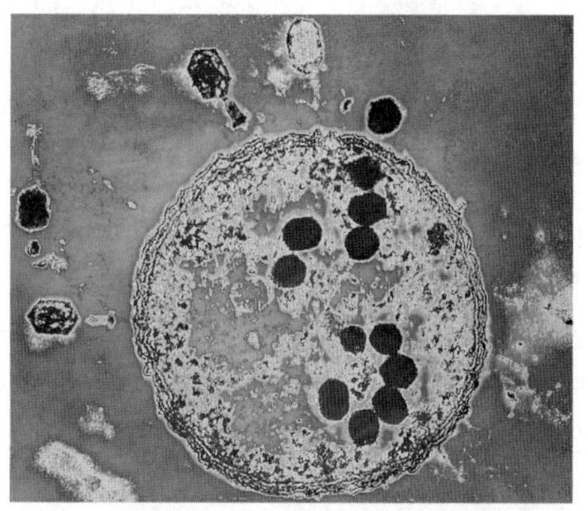

图2.3 T2噬菌体感染大肠杆菌细胞的透射电镜伪色照片。左上方噬菌体颗粒好像正准备将其DNA注入宿主细胞内。另一个T2噬菌体已经感染了细胞，并且子代噬菌体颗粒正在组装，已经可以看出子代噬菌体的头部在宿主细胞内呈黑色多角形。（*Source*：© Lee Simon/Photo Researchers，Inc.）

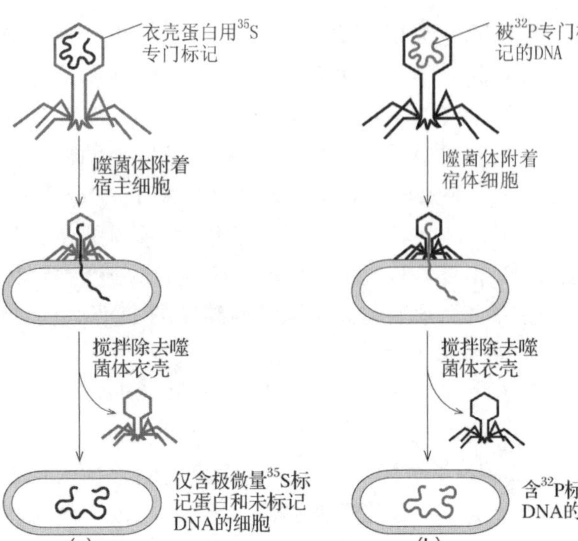

图 2.4　Hershey-Chase 实验。T2 噬菌体含有的基因使它能够在大肠杆菌中复制。由于噬菌体仅仅由 DNA 和蛋白质组成，它的基因肯定是由这些物质中的一种构成的。为了发现它的基因是由哪种物质组成的，Hershey 和 Chase 做了两部分实验。在第一部分 **(a)** 中，他们用硫-35（^{35}S）（红色）标记噬菌体的蛋白质，DNA 不标记（黑色）。在第二部分 **(b)** 中，他们用磷-32（^{32}P）（红色）标记噬菌体 DNA，蛋白质不标记（黑色）。由于噬菌体基因必须进入细胞，实验者们通过对感染细胞中的标记类型进行推断进而揭示基因的特性。大部分标记的蛋白质留在外面，通过搅拌使得标记的蛋白质脱离细胞（a），而大部分标记的 DNA 进入了感染的细胞中（b）。结论是这种噬菌体的基因是由 DNA 构成的。

记 DNA，用硫-35（^{35}S）标记蛋白质。这样选择是因为 DNA 富含磷而噬菌体蛋白不含磷，蛋白质含硫而 DNA 不含硫。

Hershey 和 Chase 将标记过的噬菌体通过尾部吸附到细菌上，并将其基因注入宿主。接着，用搅拌器剧烈混合除去噬菌体的空外壳。他们知道基因肯定进入细胞了，问题是什么东西进去了？是^{32}P 标记的 DNA 还是^{35}S 标记的蛋白质？正如我们已经看到的，是 DNA！因此，一般来说，基因是由 DNA 组成的。此外，在本章后面将看到，其他实验显示某些病毒基因由 RNA 组成。

小结　涉及细菌和一种细菌噬菌体的理化实验显示，它们的基因由 DNA 组成。

多核苷酸的化学本质

到 20 世纪 40 年代中期，生物化学家知道了 DNA 和 RNA 的基本化学结构。当他们将 DNA 分解成相应的组分时，发现这些组分包括含氮的**碱基**（base）、**磷酸**（phosphoric acid）和**脱氧核糖**（deoxyribose）（故命名为脱氧核糖核酸）。同样地，RNA 由碱基、磷酸和一种不同的糖［**核糖**（ribose）］组成。在 DNA 中发现的 4 种碱基是**腺嘌呤**［adenine（A）］、**胞嘧啶**［cytocine（C）］、**鸟嘌呤**［guanine（G）］和**胸腺嘧啶**［thymine（T）］。RNA 中的碱基除了**尿嘧啶**［uracil（U）］代替胸腺嘧啶外，其他碱基都相同。这些碱基的结构如图 2.5 所示，腺嘌呤和鸟嘌呤与母体分子嘌呤有关。因此，我们称这些化合物为**嘌呤**（purine）。另外两个碱基像嘧啶，故称为**嘧啶**（pyrimidine）。这些结构组成了遗传学的基础。

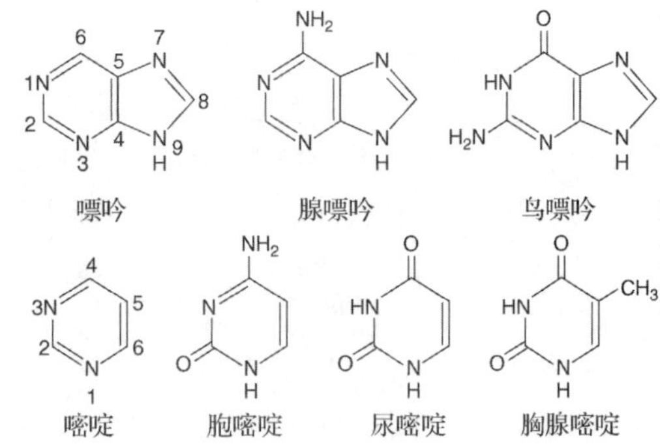

图 2.5　DNA 和 RNA 的碱基。左边是在 DNA 和 RNA 中不存在的嘌呤和嘧啶的碱基母图，在此列出是为了与其他 5 个碱基进行比较。

图 2.6 描绘了核酸中糖的结构。注意，它们只在第 2′位上有区别。核糖有一个羟基，而脱氧核糖缺少氧只有一个氢（H），用竖线表示，因此命名为脱氧核糖。RNA 和 DNA 中的

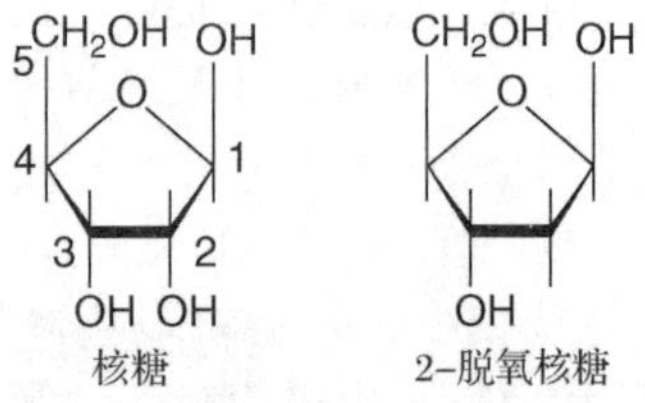

图 2.6　核酸的糖。注意：存在于核糖第 2 位上的羟基及它在脱氧核糖第 2 位的缺失。

碱基和糖连接在一起形成的单位被称为**核苷**（nucleoside）（图 2.7）。核苷的名称来源于相应的碱基。

由于胸腺嘧啶在 RNA 中不常见，其核苷“脱氧”名称也常是约定俗成的，因此其脱氧核苷就简称为胸苷（thymidine）。在核苷中糖的碳原子编号（图 2.7）很重要。注意，由于普通的数字用于碱基，所以糖中的碳原子是用带“′”的数字表示。例如，碱基连接在糖的 1′位，在脱氧核苷中 2′位是脱氧的。DNA 和 RNA 中的糖通过其 3′和 5′位连接。

图 2.5 中的结构采用了有机化学的速写法，为简便起见，省去了某些原子。图 2.6 和图 2.7 则稍有不同，其中，带自由端的直线表示末端有氢原子的 C—H 键。图 2.8 展示了腺嘌呤和脱氧核糖的缩写图及包括每个原子的结构详图。

DNA 和 RNA 的基本组成单位是**核苷酸**（nucleotide），由核苷通过磷酯键与磷酸基团连接而成（图 2.9）。酯是由醇（带有羟基）与酸形成的有机复合物。在核苷酸里，醇基是糖的 5′羟基，酸是磷酸，这就是为什么我们称其为磷酸酯（phosphoester）。图 2.9 也显示了 4 个 DNA 前体物之一的脱氧腺苷-5′-三磷酸（dATP）的结构。在合成 DNA 时，两个磷酸基团从 dATP 中移走，剩下脱氧腺苷-5′-一磷酸（dAMP）。DNA 的其他 3 个核苷酸（dCMP、dGMP 和 dTMP）具有类似的结构和名称。

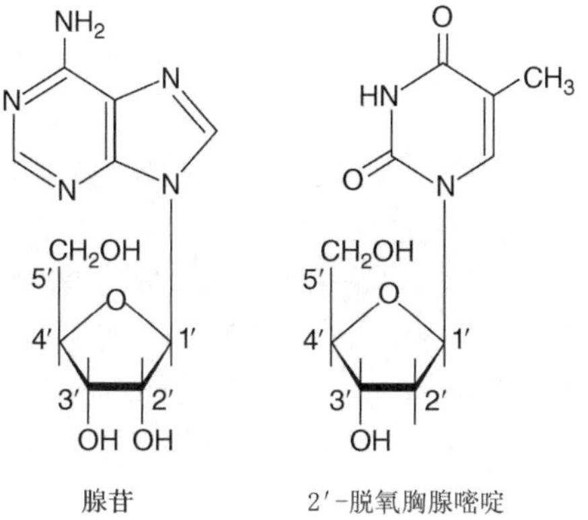

图 2.7 核苷的两个例子。

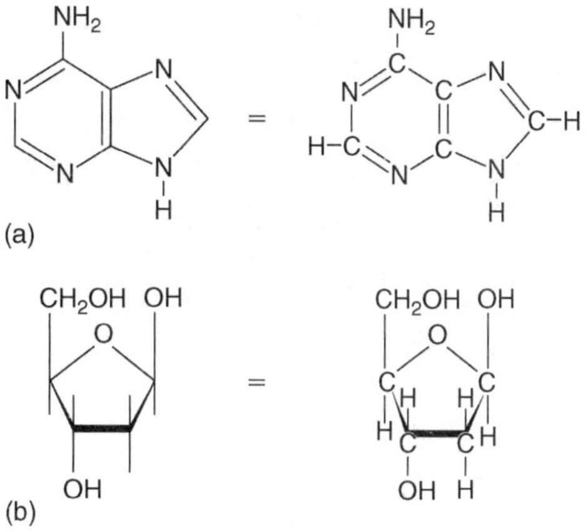

图 2.8 腺嘌呤和脱氧核糖的结构。注意：左边的结构图中没有标出大部分或全部碳原子及某些氢原子。在右边的结构图中这些碳原子及氢原子分别用红色和蓝色标出。

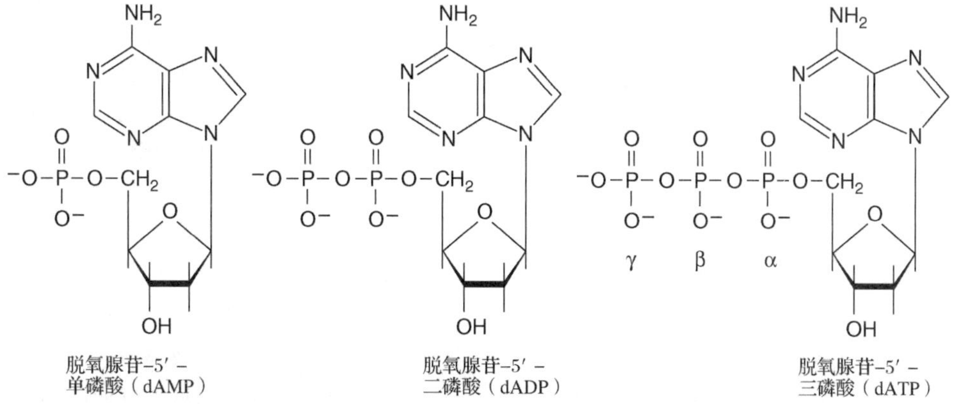

图 2.9 三种核苷酸。脱氧腺苷的 5′-核苷酸是通过 5′羟基的磷酸化而形成的，加上一个磷酸后形成脱氧腺苷-5′-磷酸（dAMP）。再加一个磷酸形成脱氧腺苷-5′-二磷酸（dADP）。加三个磷酸（标记为 γ、β、α）形成脱氧腺苷-5′-三磷酸（dATP）。

碱基	核苷（RNA）	脱氧核苷（DNA）
腺嘌呤	腺嘌呤核苷	脱氧腺苷
鸟嘌呤	鸟嘌呤核苷	脱氧鸟苷
胞嘧啶	胞嘧啶核苷	脱氧胞嘧啶核苷
尿嘧啶	尿嘧啶核苷	不常见
胸腺嘧啶	不常见	（脱氧）胸腺嘧啶核苷

我们将在第 20 和第 21 章详细讨论 DNA 的合成。现在请注意在 DNA 和 RNA 中将核苷酸连接在一起的键的结构（图 2.10）。这些键叫做**磷酸二酯键**（phosphodiester bond），将磷酸与两个糖连接在一起，一个与糖的 5′基团相连，另一个与糖的 3′基团相连。注意，相对于前面图中的位置，这张图中的碱基被旋转了，这与它们在 DNA 和 RNA 中的几何学结构更接近。还要注意，这个**三核苷酸**（trinucleotide）或者三个核苷酸串，具有极性：分子顶部有一个游离的 5′磷酸基，称为 **5′端**（5′-end），底部有一个游离的 3′羟基，称为 **3′端**（3′-end）。

图 2.11 介绍一种表示核苷酸和 DNA 链的速写方法。用垂直线表示脱氧核糖，碱基连接在顶端的 1′位，磷酸二酯键通过 3′（中间）和 5′（底部）位连接相邻的核苷酸。

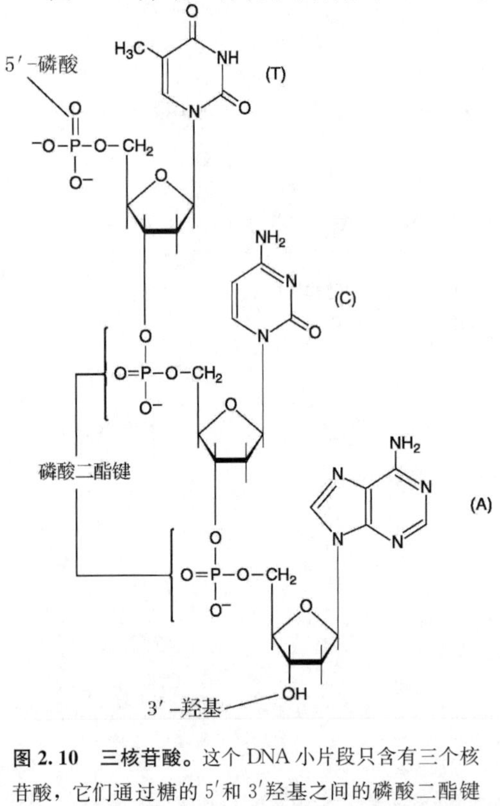

图 2.10 三核苷酸。这个 DNA 小片段只含有三个核苷酸，它们通过糖的 5′和 3′羟基之间的磷酸二酯键（红色）相互连接，其 5′端在顶部，有一个自由的 5′磷酸基，3′端在底部，有一个自由的 3′羟基。这个 DNA 的序列可读成 5′pdTpdCpdA3′，通常被简写成 TCA。

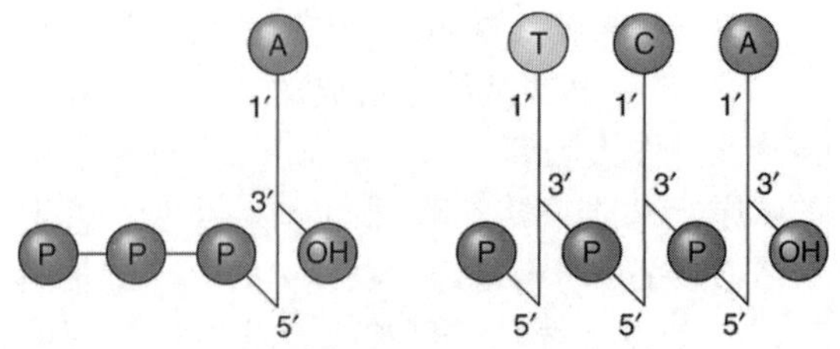

(a) dATP (b) DNA链

图 2.11 DNA 的速写注释。（**a**）dATP 核苷。突出 DNA 组成模块的 4 个特征：①脱氧核糖用垂直黑线表示；②糖的 1′位置连接的是腺嘌呤碱基（A）；③糖的 3′位连接一个羟基（OH）；④糖的 5′位连接一个三磷酸基团。（**b**）一条短的 DNA 链。与图 2.10 中相同的三核苷酸在这里用速写法表示。注意 5′端磷酸、磷酸二酯键和 3′端羟基（OH）。习惯上这一小段 DNA 从左到右，从 5′端到 3′端开始写。

小结 DNA 和 RNA 是链状分子，由称之为核苷酸的基本单位组成。核苷酸包含一个碱基和一个磷酸基团，碱基连接在糖（在 RNA 中为核糖，在 DNA 中为脱氧核糖）的 1′位。磷酸通过磷酸二酯键与 DNA 或 RNA 链中糖的 5′和 3′羟基连接。

2.2 DNA 结构

以上介绍的所有关于 DNA 和 RNA 的知识是到 20 世纪 40 年代末才获知的，那时 DNA 是遗传物质也变得清楚了，因此它处于生命研究的最核心位置。然而，DNA 的三维结构还是未知，许多研究者致力于揭示该结构。

实验背景

加州理工学院的理论化学家 Linus Pauling 是众多对 DNA 结构感兴趣的科学家之一，他在化学键及蛋白质 α 螺旋结构的研究方面闻名遐迩。实际上，通过氢键聚合而形成的 α 螺旋为沃森和克里克提出 DNA 双螺旋模型奠定了知识基础。另一个小组是伦敦国王学院的 Maurice Wilkins、Rosalind Franklin 及同事。他们利用 X 射线衍射技术分析 DNA 的三维结构。最后，沃森和克里克也加入到这场竞赛中。沃森当时只有 20 岁出头，但已获得印地安那大学的博士学位，在英国剑桥大学卡文迪什实验室研究 DNA。在那里他遇见了 35 岁的物理学家克里克。当时克里克正在接受转为分子生物学家的培训。沃森和克里克没有亲自做实验，他们的策略是利用其他研究小组的数据构建 DNA 模型。

Erwin Chargaff 是另一位非常重要的贡献者。我们已经看到他 1950 年的论文是怎样证明 DNA 是遗传物质的，但是论文中还有另一个更为重要的信息。Chargaff 对不同来源的 DNA 碱基组成的研究发现，嘌呤的含量总是大体与嘧啶的含量相等，即腺嘌呤与胞嘧啶的量大体相等，鸟嘌呤与胸腺嘧啶也是如此。这些被称为 **Chargaff 规则**（Chargaff's rule）的发现为沃森和克里克的模型奠定了宝贵的基础。表 2.1 展示了 Chargaff 的数据。从中你会发现一些数据略微偏离"规则"，这是由于一些碱基的回收不完全所致，但整体模式是清晰明了的。

或许揭示 DNA 结构之谜最关键的一幕是 Franklin 于 1952 年拍摄的一张 DNA 的 X 射线衍射照片，即 Wilkins 和沃森于 1953 年 1 月 30 日在伦敦共享的那张照片。X 射线技术操作如下：实验者制备非常浓而黏稠的 DNA 溶液，然后用一根针挑出 DNA 拉成纤维状。这种纤维不是单个的分子，而是一整束 DNA 分子，从溶液中拽出而迫使它们并肩整齐排列。如果周围空气中的相对湿度恰当，这束纤维足以像晶体那样以可分析阐释的方式衍射 X 射线。实际上在 Franklin 的照片中（图 2.12），衍射图非常简单，它只是一系列的点排列成 X 形状，表明 DNA 结构本身也一定非常简单。相反，像蛋白质那样复杂不规则的分子所产生的 X 射线衍射图很复杂，会有许多斑点，很像用散弹猎枪射击后的表面。由于 DNA 分子非常大，只有具备规则、重复的结构，它才可能有简单的 X 射线衍射照片。而对一条细长分子所能推测的最简单重复形状就是像瓶塞钻（corkscrew）一样的螺旋结构或螺旋（helix）。

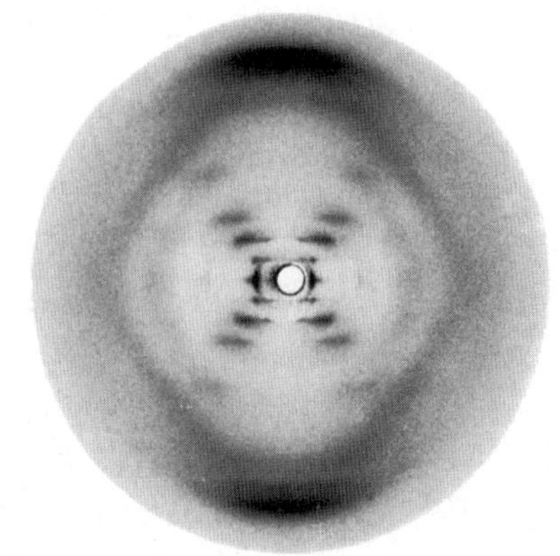

图 2.12 Franklin 的 DNA X 射线衍射图。图像的规则性图案表明 DNA 是一个螺旋。在 X 射线图形顶端和底部的每条带纹间的距离给出了每个螺旋元件（碱基对）间的间距为 3.32Å。图像中相邻条带间的间隔给出了螺旋一个完整重复单元的距离（一个螺距的长度）为 33.2Å。（*Source*：Courtesy Professor M. H. F. Wllkins，Biophysics Dept. King's College，London.）

表 2.1 每摩尔磷酸中 DNA 的摩尔碱基组成

	人类						禽结核杆菌	牛				
	精子		胸腺	肝癌	酵母			胸腺			脾	
	#1	#2			#1	#2		#1	#2	#3	#1	#2
A：	0.29	0.27	0.28	0.27	0.24	0.30	0.12	0.26	0.28	0.30	0.25	0.26
T：	0.31	0.30	0.28	0.27	0.25	0.29	0.11	0.25	0.24	0.25	0.24	0.24
G：	0.18	0.17	0.19	0.18	0.14	0.18	0.28	0.21	0.24	0.22	0.20	0.21
C：	0.18	0.18	0.16	0.15	0.13	0.15	0.26	0.16	0.18	0.17	0.15	0.17
回收率：	0.96	0.92	0.91	0.87	0.76	0.92	0.77	0.88	0.94	0.94	0.84	0.88

Source：E. Chargaff "Chemical Specificity of Nucleic Acids and Mechanism of Their Enzymatic Degradation." *Experientia* 6：206，1950.

双螺旋

Franklin 的 X 射线研究有力地提示了 DNA 是一种螺旋。不仅如此，它还提供了有关螺旋形状和大小的重要信息。具体地讲，在 X 图形的一条臂上相邻条带的间隔与螺旋中一个重复单元的距离（33.2Å）成反比，X 图形顶端与底部间的距离与螺旋上每一元件（**碱基对**，base pair）之间的距离（3.32Å）成反比（见第 9 章 Bragg 规则解释这种反比关系）。然而，虽然 Franklin 的衍射图显示了 DNA 的很多信息，但也带来一个悖论：DNA 是规则的、有重复结构的螺旋，而它要行使其遗传功能，就应该是不规则的碱基顺序。

沃森和克里克想出了一种模式，既能解决这个矛盾，同时又能满足 Chargaff 规则，即 DNA 必须是个**双螺旋**（double helix），糖-磷酸骨架在外面，碱基在里面。此外，碱基必须是配对的，一条链上的嘌呤总是与另一条链上的嘧啶匹配。基于这种原则螺旋就均匀了，不会产生两个大的嘌呤配对的膨胀区或两个小的嘧啶配对的收缩区。沃森曾开玩笑地讲述他想到双螺旋的原因："我已经决定建立双链模型。Francis 不得不同意。虽然他是物理学家，但也知道重要的生物学目标是成对出现的"。

但是 Chargaff 规则还不止这些，由其判断腺嘌呤与胸腺嘧啶等量，同样鸟嘌呤和胞嘧啶也是等量的，这与沃森和克里克的研究结果非常吻合，通过氢键结合的 A-T 碱基对的形状与 G-C 碱基对几乎完全相同（图 2.13）。所以，

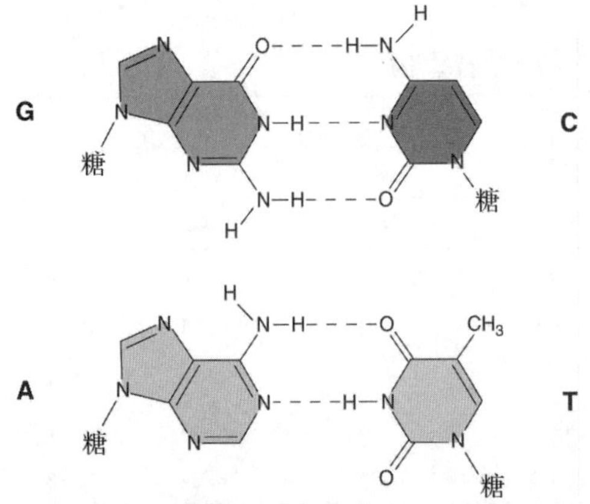

图 2.13 DNA 的碱基对。G-C 碱基对通过三个氢键连接在一起（虚线），与通过两个氢键连接在一起的 A-T 碱基对有几乎完全相同的形状。

沃森和克里克推测腺嘌呤必须总是与胸腺嘧啶配对，鸟嘌呤必须总是与胞嘧啶配对。这样，双链 DNA 将是均匀的，由形状非常相似的碱基对组成，不必考虑任一 DNA 单链本身未能预知的序列。这是他们决定性的洞察，也是 DNA 结构的关键。

双螺旋结构经常被画成扭曲的梯子，在图 2.14 中以三种方法表示。梯子弯曲的两边代表两条 DNA 链的糖-磷酸骨架，横档代表碱基对。碱基对之间的距离是 3.32Å，完整的螺旋重复单位距离（螺距）约 33.2Å，意味着螺旋每旋一周有 10 个碱基对（bp）。（1Å 是 1/10 000 000 000 m或 1/10 nm）箭头表示这两条链是**反向平行的**（antiparrallel）。如果一条链从上到下具有 5′→3′极性，那么另一条链从上到下必定具有 3′→5′极性。在溶液中，DNA 的结构与此非常类似，但螺旋每一圈约含 10.4 个碱基对。

沃森和克里克在 *Nature* 杂志上发表了 DNA 模型的轮廓图，背面是 Wilkins 和 Franklin 及同事关于 X 射线衍射数据的论文。沃森-克里克论文是简洁的经典——只有 900 个字，还不到一页，投稿后不到一个月就迅速发表了。实际上，克里克本想清楚地阐述模型的生物学含义，但沃森不太同意。他们斟酌了一句在科学文献中最伟大的含糊句子，"我们已经注意到我们所提出的特殊碱基配对规则直接提示了遗传物质可能的复制机制"。

正如这句意味深长的话所预示的，沃森-克里克模型确实提示了一种 DNA 复制机制。因为两条链是**互补**（complement）的，可以被分开，然后各自作为模板产生一条新的互补链。图 2.15 示意性地显示了这一过程是怎样完成的。注意这种叫做半保留复制的机制是怎样保证两条子代 DNA 链与母链完全相同，并确保细胞分裂时基因的整体性。1958 年，Matthew Meselson 和 Franklin Stahl 证明这确实是 DNA 的复制方式（见第 20 章）。

小结 DNA 分子是一种双链螺旋，糖-磷酸骨架位于螺旋的外面，碱基对位于螺旋的内部。碱基以特殊的方式配对：腺嘌呤（A）与胸腺嘧啶（T）配对，鸟嘌呤（G）与胞嘧啶（C）配对。DNA 的复制是半保留的，以每条链为模板合成一条互补链。

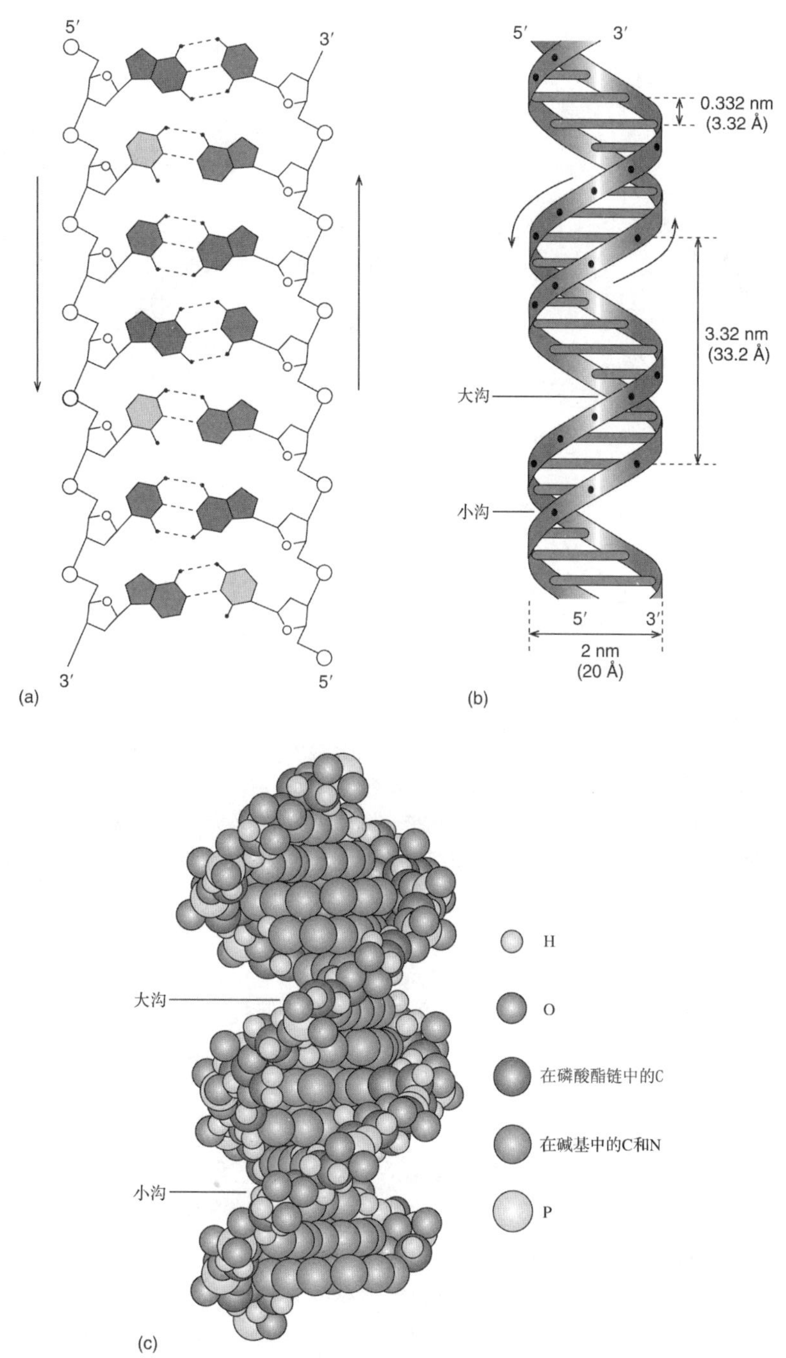

图 2.14　DNA 结构的三种模型。(a) 将螺旋拉直以展示中间的碱基配对。每种碱基用不同颜色表示，糖-磷酸骨架用黑色表示。注意 G-C 碱基对中有三个氢键，而 A-T 碱基对中有两个氢键。每一条链旁边的垂直箭头表示 5′→3′方向，两条 DNA 链反向平行。左边的链从上到下，由 5′→3′方向延伸；右边的链从下到上，由 5′→3′方向延伸。脱氧核糖环（用 O 代表氧的白色五角形）同样显示两条链的方向相反：右边链中的脱氧核糖环与左边的呈反向关系。**(b)** 双链螺旋像一个扭曲的梯子，梯子的两边代表两条 DNA 链的糖-磷酸骨架，横档代表碱基对。两条链旁边弯曲的箭头指出每条链从 5′→3′的方向，进一步阐明两条链反向平行。**(c)** 空间填充模型。糖一磷酸骨架由深灰色、红色、浅灰色和黄色小球串起来，碱基对是蓝色小球组成的水平平面。注意大小沟在（b）和（c）中均已指出。

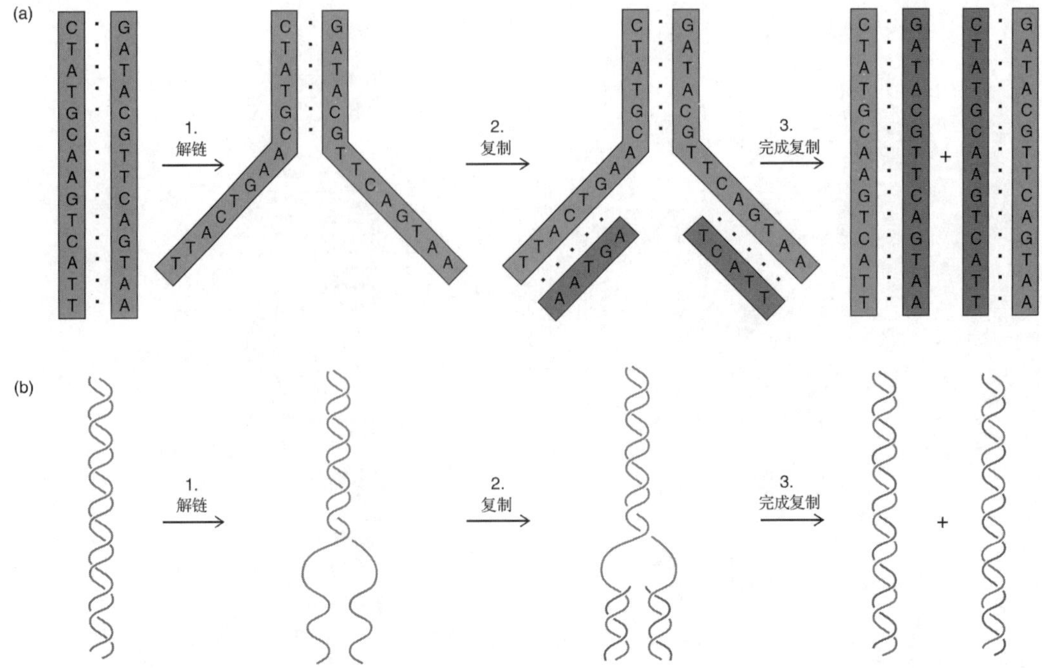

图 2.15 DNA 的复制。(a) 为简化起见，两条 DNA 母链用平行线表示。步骤 1：复制时母链分离或解旋。步骤 2：与分开的母链互补的碱基聚合成新链。步骤 3：随着母链的完全分离及新链的完成，复制结束。最终结果是产生了与母链完全相同的两条 DNA 双链。因此，每条子代双链有一条母链（蓝色）和一条新链（粉红色）。由于每条子代双链只保留了一条母链，因此这种复制机制被称为半保留复制。**(b)** 对相同过程更为形象的描述。双链螺旋中显示的曲线代替了平行线。请再次注意两条子代双螺旋的产生，每个都有一条母链（蓝色）和一条新链（粉红色）。

2.3 RNA 基因

Hershey 和 Chase 所研究的遗传系统是噬菌体，它是一种细菌病毒。病毒颗粒本身其实只是基因的包装，它自己没有生命，没有代谢活动，是无活性的。但是当病毒感染宿主细胞时，就好像活过来了。宿主细胞突然间开始制造病毒蛋白，然后病毒基因被复制，新制造的基因与病毒外壳蛋白一起组装成子代病毒颗粒。由于在宿主体外它是无活力的颗粒，进入宿主体内却是生命样的东西，所以病毒很难分类。有些科学家称其为“活物质”或“生物体”（organism）。有些科学家倾向用一个更能描述病毒的低于生命状态（less-then-living status）的词：“感染元”（infectious agent）。

所有真正的生物和一些病毒都含有 DNA 基因。但是有些病毒，包括几种噬菌体、植物和动物病毒（如艾滋病病毒 HIV），具有 RNA 基因。有时病毒 RNA 基因是双链的，但通常都是单链的。

我们已经提到在分子生物学研究中一个利用病毒的著名实例，在以后的章节中将会看到更多的例子。实际上，没有病毒，分子生物学领域会出现无法估计的乏味。

小结 某些病毒所含的基因是由 RNA 而非 DNA 组成。

2.4 核酸的物理化学性质

DNA 和 RNA 分子可以具有几种不同的结构，让我们来认识一下这些结构，以及在促使两条链先分离再结合条件下的 DNA 的特性。

DNA 结构的多样性

由沃森和克里克提出的 DNA 结构（图 2.14）表示的是在非常高的相对湿度（92%）下所形成的纤维束状的 DNA 钠盐的结构，被称为 **B 型** DNA。虽然它可能与细胞中大多数 DNA 的构型接近，但并不是双链核酸的唯一构象。如果将 DNA 纤维周围的相对湿度降到 75%，则 DNA 钠盐呈现 **A 型** [图 2.16 (a)]，它在许多方面不同于 B 型 [图 2.16 (b)]。最明显的是碱基对的平面不再垂直于螺旋轴，而是偏离水平面 20°。此外，A 型螺旋每个螺距包含 10.7 个碱基对而非 B 型螺旋晶体结构中的 10 个碱基对，每个螺距只有 24.6Å 而不是 33.2Å。这意味着螺旋一圈的斜度或距离仅有 24.6Å 而不是 B-DNA 中的 33.2Å。具有一条 DNA 链和一条 RNA 链的杂合多核苷酸链在溶液中呈 A 型结构，与双链 RNA 构象相同。表 2.2 给出了 A 型和 B 型 DNA，以及将在下一段讨论的左手螺旋 Z 型 DNA 的螺旋参数。

A 型和 B 型 DNA 都是右手螺旋：无论从顶端还是底端看，螺旋是顺时针方向。1979 年，Alexander Rich 及同事发现 DNA 并不总是右手螺旋的，含有交替的嘌呤和嘧啶（如多聚 [dG－dC] · 多聚 [dG－dC]）：

－GCGCGCGC－

－CGCGCGCG－

的 DNA 双链可存在于伸展的左手螺旋中。由于从侧面看这种 DNA 的骨架呈 Z 字形，所以常被称为 Z-DNA。图 2.16 (c) 是 Z-DNA 结构，其螺旋参数见表 2.2。尽管 Z-DNA 是 Rich 在研究模式化合物多聚 [dG-dC] · [dG-dC] 时发现的，但这种结构好像并不只是一种实验室现象。有证据显示活细胞中也含有少部分 Z-DNA。此外，Keji Zhao 及同事在 2001 年发现，至少有一种基因的激活需要调节序列转变成 Z－DNA。

小结 在细胞中，DNA 可能以常见的 B 构型存在，其碱基对是水平的。小部分 DNA 可能呈现伸展的 Z-DNA 的左手螺旋（至少在真核细胞中）。RNA-DNA 杂合链呈现出第三种螺旋，称之为 A 构型，其碱基对与水平面倾斜。

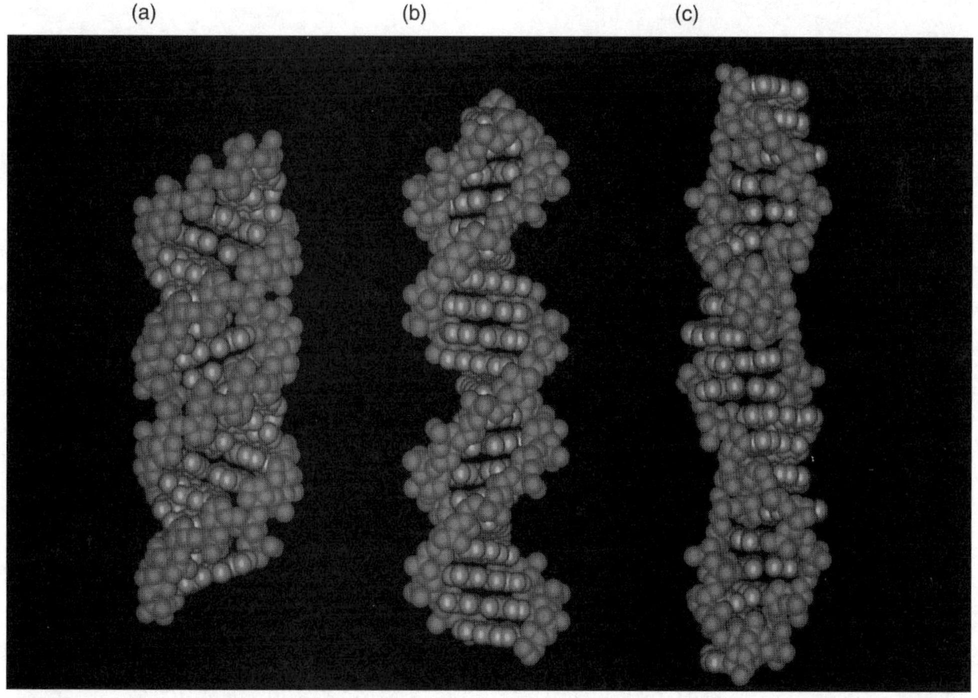

图 2.16 A-DNA、B-DNA 和 Z-DNA 的计算机模型。(a) A-DNA。注意其碱基对（蓝色）在上部和底部附近的大沟中从右向左的倾斜特别清楚。还请注意右手螺旋由糖-磷酸骨架（红色）显示。**(b)** B-DNA。注意熟悉的右手螺旋，大致水平的碱基对。**(c)** Z-DNA。注意是左手螺旋。这些 DNA 的碱基对数目都相同，强调了这三种结构在致密度上的不同。

表 2.2 构象

构象	斜度/Å	每圈的碱基数	碱基对偏离水平的斜度
A	24.6	10.7	+19
B	33.2	～10	−1.2
Z	45.6	12	−9

DNA 双螺旋两条链的分离 虽然一种生物的 DNA 中 G/C 和 A/T 的比例是固定的，但是在不同 DNA 中 GC 的含量（G+C 的百分比）变化相当大。表 2.3 列出了几种生物和病毒 DNA 中 GC 的含量，变化范围为 22%～73%。这些差异反映了 DNA 物理性质的不同。

表 2.3 不同 DNA 的 G+C 相对含量

DNA 来源	(G+C) 百分比/%
盘基网柄菌 *Dictyostelium*（黏液菌）	22
化脓性链球菌 *Streptococcus pyogenes*	34
疫苗病毒 Vaccina virus	36
蜡状芽孢杆菌 *Bacillus cereus*	37
巨大芽孢杆菌 *B. megaterium*	38
流感嗜血杆菌 *Haemophilus influenzae*	39
酿酒酵母菌 *Saccharomyces cerevisiae*	39
小牛胸腺 Calf thymus	40
大鼠肝 Rat liver	40
公牛精子 Bull sperm	41
肺炎链球菌 *Streptococcus pneumoniae*	42
小麦胚 Wheat germ	43
雏鸡肝 Chicken liver	43
小鼠脾 Mouse spleen	44
鲑鱼精子 Salmon sperm	44
枯草芽孢杆菌 *B. subtilis*	44
T1 噬菌体 T1 bacteriaphage	46
大肠杆菌 *Escherichia coli*	51
T7 噬菌体 T7 bacteriaphage	51
T3 噬菌体 T3 bacteriaphage	53
粉色链孢菌 *Neurospora crassa*	54
绿脓杆菌 *Pseudomonas aeruginosa*	68
滕黄八叠球菌 *Sarcina lutea*	72
溶壁微球菌 *Micrococcus lysodeikticus*	72
疱疹病毒 Herpes simplex virus	72
草分枝杆菌 *Mycobacterium phlei*	73

Source：From Davidson，The Biochemistry of the Nucleic Acids，8th ed. revised by Adams et al. Lippencott.

当 DNA 溶液被充分加热时，结合两条链的非共价力被削弱直至最后被打断。此时两条链在 **DNA 变性**（DNA denaturation）或 **DNA 熔解**（DNA melting）的过程中分离。使 DNA 链的一半完成变性时的温度称为**熔解温度**（melting temperature）或 T_m。图 2.17 是肺炎链球菌 DNA 的熔解曲线。链分离或熔解的量可通过 DNA 溶液在 260nm 处的光吸收来检测。由于碱基的电子结构使核酸能吸收这个波长的光，当两条 DNA 链结合时，碱基的紧密堆积会淬灭一些吸收度。而当 DNA 链分离时，这种淬灭作用消失，吸光率升高 30%～40%，这种现象称为**增色转换（效应）**（hyperchromic shift）。曲线的急剧上升表明，温度达到 T_m 之前两条链结合很紧，到达 T_m 之后则迅速分离。

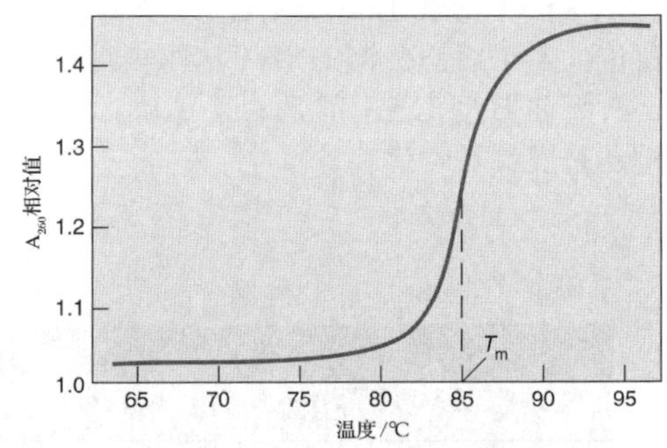

图 2.17 肺炎链球菌（*Streptococcus pneumoniae*）DNA 的变性曲线。加热 DNA，其变性程度以 260nm 处光吸收度的上升来检测。变性温度规定为完全熔解温度的一半或 T_m。这条 DNA 的 T_m 值约为 85 ℃。（Adapted from P. Doty，*The Harvey Lectures* 55：121，1961.）

DNA 链的 GC 含量对其 T_m 值有显著影响。如图 2.18 所示，DNA 的 GC 含量越高，其 T_m 值就越高。为什么会这样呢？回忆使两条 DNA 链聚合的结合力之一是氢键，再回想 G-C 有三个氢键，而 A-T 只有两个氢键。因此，富含 GC 的 DNA 双链比富含 AT 的 DNA 双链结合得更紧密。想想两对拥抱的蜈蚣，一对各有 200 条腿，另一对各有 300 条腿，显然后一对更难被分开。

加热并非 DNA 变性的唯一方法，二甲基亚砜、甲酰胺等有机溶剂或高 pH 都可破坏 DNA 链之间的氢键，促使其变性。降低 DNA 溶液的盐浓度，可移除那些屏蔽两条链之间负

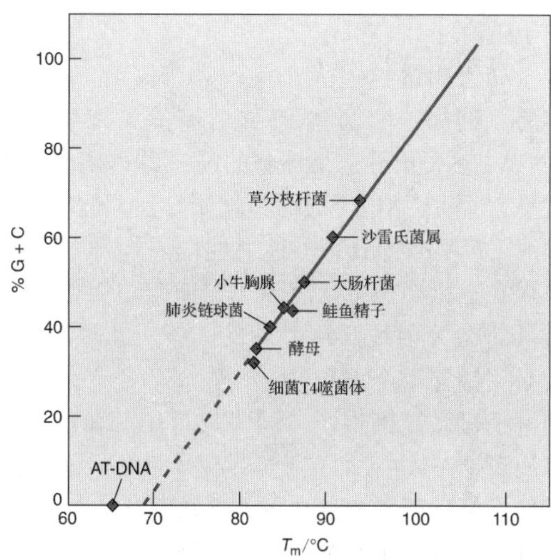

图 2.18　DNA 溶解温度与 GC 含量之间的关系。AT-DNA 是指人工合成的全部由 A 和 T 组成的 DNA（GC 含量=0）。（Adapted from P. Doty，*The Harvey Lectures* 55：121，1961.）

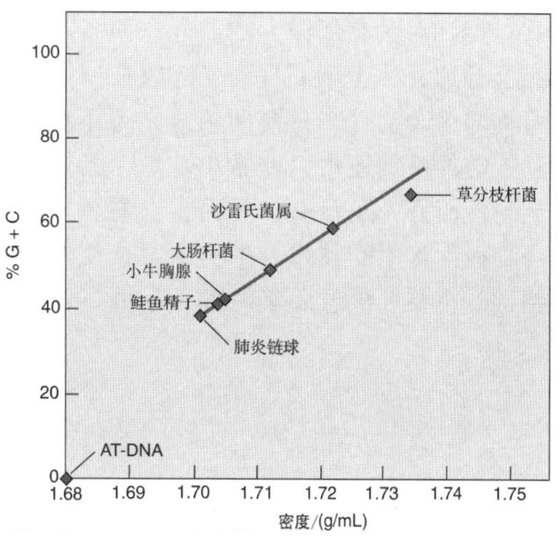

图 2.19　不同来源的 DNA 中 GC 含量与密度的关系。AT-DNA 是指人工合成的纯 A+T 组成的 DNA，其 GC 含量为零。（Adapted from P. Doty，*The Harvey Lectures* 55：121，1961.）

电荷的离子，也有助于变性。在很低的离子强度下，这些负电荷的互斥力很强，足以使 DNA 在相对低的温度下变性。

DNA 的 GC 含量还影响其密度。图 2.19 显示用 CsCl 溶液密度梯度离心时（见第 20 章）GC 含量与密度之间的线性关系。这种密度依赖于碱基组成的关系，其部分原因的确是真实存在的，即 A-T 碱基对的摩尔体积较 G-C 碱基对要大。但部分原因也可能是 CsCl 密度方法产生的假象，即 G-C 碱基对与 CsCl 结合的倾向性比 A-T 碱基对更强，从而使它的密度测量值会高于其实际密度。

小结　天然 DNA 中 GC 含量在低于 25%和接近 75%之间变化，这对 DNA 的物理性质有十分明显的影响，特别是它的熔解温度和密度，都随 GC 含量呈线性增加。DNA 的熔解温度（T_m）是指有一半的双链分子解离或变性时的温度。低离子强度、高 pH 和有机溶剂都能促进 DNA 变性。

解离的 DNA 链的再结合　一旦 DNA 双链分离，在适当条件下它们可再次结合，这一过程称为退火（annealing）或复性（renaturation）。多个因素可影响复性效率，最重要的三个因素如下。

1. 温度　DNA 复性的最佳温度是比其 T_m 值低约 25℃。该温度足以低至不会启动变性，但也足以高至使 DNA 分子迅速扩散，并且可削弱错配序列间的瞬时键合及短的链内碱基配对的区域，这也提示了变性后迅速冷却可防止复性。实际上，使变性 DNA 保持变性状态的常用方法是将热的 DNA 溶液迅速插入冰水中，该方法称为淬火（quenching）。

2. DNA 浓度　溶液中 DNA 的浓度也很重要。在合理的范围内，浓度越高，两条互补链在给定时间内就越有可能相遇。换句话说，浓度越高，复性越快。

3. 复性时间　显然，复性时间越长，复性越多。

小结　分离的 DNA 链可以被引导进行复性或退火。多种因素影响复性，其中有温度、DNA 浓度和复性时间。

两种不同多核苷酸链的杂交　迄今为止，我们只是将两条分开的 DNA 链简单地再结合在一起，但是还有其他可能性。例如，一条 DNA 链与一条 RNA 链也可结合形成双螺旋。如果将基因的两条链分开，其中一条与其互补的 RNA 链放在一起，就会发生这种情况（图 2.20）。我们不再将其称为退火，而称为**杂交**（hybridization），因为两种不同的核酸一起形成**杂合链**（hybrid）。杂交的两条链不一定必须像

DNA与RNA具有那样大的差异，两条不同的具有互补或几乎互补的DNA链放在一起，仍然可称之为杂交——只要两条链来源不同。两条互补链的差别还可以非常小，如一条链可能有放射性而另一条没有。后面将会看到，杂交是一种极为有用的技术。事实上，杂交对分子生物学的重要性再怎么夸大都不为过。

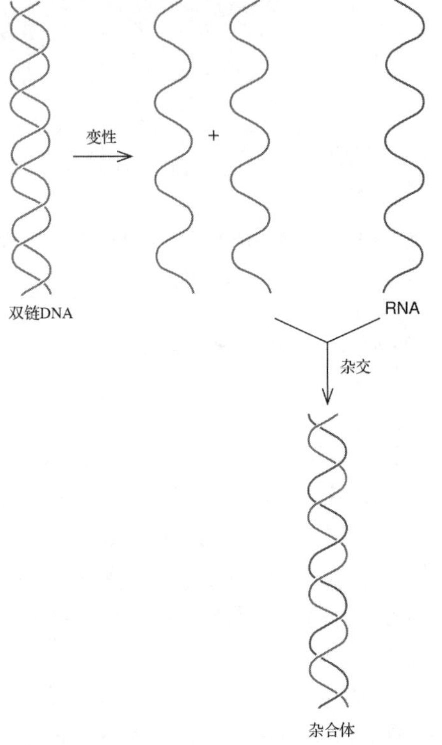

图 2.20 DNA与RNA的杂交。首先将左上角的DNA变性，分开两条DNA单链（蓝色）。然后，将其与RNA链混合，该RNA链只与其中一条DNA链互补。杂交反应在相对较高的温度下进行，这有利于DNA－RNA杂交双链的形成。杂合链中有一条DNA链（蓝色）和一条RNA链（红色）。

不同大小和形状的DNA

表2.4显示了几种生物的单倍体基因组和病毒的大小。有三种方法可表示基因组大小：分子质量、碱基对数目和长度。当然，这些指标是相关的。我们已经知道怎样将碱基对数目转化为长度，因为每一圈螺旋约有10.4个碱基对，长为33.2Å。而将碱基对数转化为分子质量，只需乘以660即可，该数字是一对核苷酸的平均分子质量。

如何测量这些大小呢？对于短的DNA很容易。例如，噬菌体PM2含有一条双链环状DNA。怎么知道它是环状的呢？最直接的方法就是“看”。用电子显微镜就能看到，但首先必须对DNA进行处理，使其能阻止电子穿透并呈现在显微图像上，就像骨骼能阻止X射线穿透从而在X射线照片上显现一样。最通常的做法是用铂等重金属包裹DNA。将DNA放在一个电子显微镜网格上，同时从很小的角度用小金属弹轰击，从而使金属堆积在DNA周围，就像栅栏后面堆积的白雪，旋转网格上的DNA使其四周都被遮蔽。此时，在电子显微镜中金属会阻止电子的穿透，进而使DNA以较暗背景下的光带形式显现出来。翻转图像产生如图2.21的照片，这是PM2 DNA两种形式的电子显微照片：开环的（左下）和**超螺旋**（supercoil）的（右上），超螺旋的DNA自身盘绕很像一条扭曲的橡皮筋。利用这种图片就可以测定DNA的长度了，如果在同一张图中含有已知长度的标准DNA，则会使测定更为精确。DNA的大小还可用凝胶电泳估计，这个话题我们将在第5章讨论。

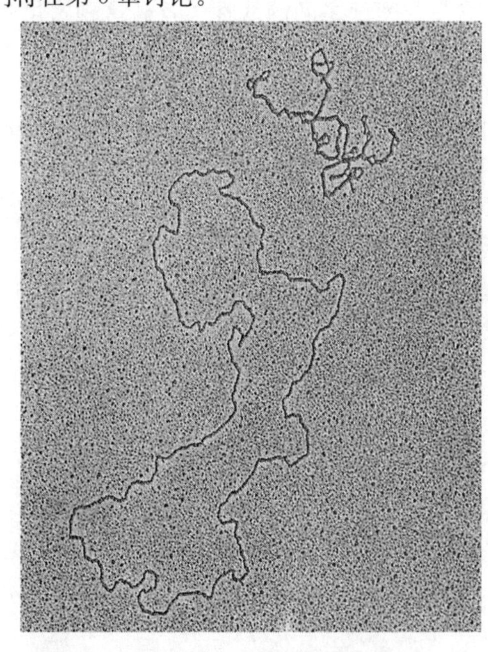

图 2.21 噬菌体PM2 DNA的电子显微照片。左下方是开环形式，右上方是超螺旋形式。（*Source*：© Jack Griffith.）

表 2.4 各种大小的 DNA

来源	相对分子质量	碱基对/bp	长度
亚细胞遗传系统			
SV40（哺乳动物病毒）	3.5×10^6	5226	1.7μm
噬菌体 ΦX174（双链形式）	3.2×10^6	5386	1.8μm
噬菌体 λ	3.3×10^7	4.85×10^4	13μm
噬菌体 T2 或 T4	1.3×10^8	2×10^5	50μm
人类线粒体	9.5×10^6	16 596	5μm
细菌			
嗜血杆菌 *Haemophilus influenzae*	1.2×10^9	1.83×10^6	620μm
大肠杆菌 *Escherichia coli*	3.2×10^9	4.64×10^6	1.6mm
沙门氏菌 *Salmonella typhimurium*	8×10^9	1.1×10^7	3.8mm
真核生物（单倍体细胞核的含量）			
酵母 *Saccharomyces cerevisiae*	7.9×10^9	1.2×10^7	4.1mm
红色面包霉 *Neurospora crassa*	约 1.9×10^{10}	约 2.7×10^7	约 9.2mm
黑腹果蝇 *Drosophila melanogaster*	约 1.2×10^{11}	约 1.8×10^8	约 6.0cm
小鼠 *Mus musculus*	约 1.5×10^{12}	约 2.2×10^9	约 750cm
人类 *Homo sapiens*	约 2.3×10^{12}	约 3.2×10^9	约 1.1m
玉米 *Zea mays*	约 4.4×10^{12}	约 6.6×10^9	约 2.2m
蛙 *Rana pipiens*	约 1.4×10^{13}	约 2.3×10^{10}	约 7.7m
百合 *Lilium longiflorum*	约 2×10^{14}	约 3×10^{11}	约 100m

小结 天然 DNA 的大小在几千碱基到数亿碱基之间变化。小 DNA 的片段大小可直接用电子显微镜检测，这个技术也可揭示 DNA 是环状的、线性的，还是超螺旋的。

DNA 大小与遗传容量之间的关系 在一个给定的 DNA 中有多少个基因？仅从 DNA 大小是不可能回答的，因为我们不知道一条给定的 DNA 中有多少序列用于基因和基因间的间隔，或基因内的间隔序列。但是我们可以估计一条 DNA 能够容纳基因的上限数目。我们先假定要讨论的基因是编码蛋白质的。在第 3 章和其他章节将会看到许多基因只编码 RNA，在这里暂不考虑这种情况。我们还要假定一个普通蛋白质的分子质量约为 40kDa，这代表多少个氨基酸呢？氨基酸的分子质量不同，但平均约为 110Da。为简化计算，假设平均为 110，意味着普通蛋白质含有 40 000/110 或大约 364 个氨基酸。因为每个氨基酸需要 3bp 的 DNA 编码，含有 364 个氨基酸的蛋白质需要一条长约 1092bp 的基因。

表 2.4 中列出了几种 DNA。大肠杆菌染色体有 4.6×10^6 bp，所以可编码约 4200 个普通蛋白质。侵染大肠杆菌的λ噬菌体只有 4.85×10^4 bp，只能编码约 44 个蛋白质。表 2.4 中最小的双链 DNA 是 ΦX174，只有 5375bp，原则上只够编码 5 个蛋白质，但噬菌体可通过基因重叠的方式挤出一些额外信息。

DNA 的含量与 C 值悖论 你可能会预测像脊椎动物那样复杂的生物体要比酵母那样简单的生物体需要更多的基因，因此它们应当有更高的 **C 值**（C-value），即每个单倍体细胞的 DNA 含量。大体上，这种预测是正确的。小鼠和人类单倍体细胞的 DNA 量是酵母单倍体细胞的 100 多倍，而酵母细胞的 DNA 比更简单的大肠杆菌多 5 倍。然而，生物体的物理复杂性与其细胞中 DNA 含量间的对应关系并不完美。以青蛙为例，你不会认为两栖动物的 C 值比人类高，然而，青蛙每个细胞的 DNA 含量是人类的 7 倍。甚至更为夸张的是百合花每个细胞所含的 DNA 比人类细胞多 100 倍！

这种令人困惑的情况称为 **C 值悖论**（C-value paradox）。当我们来看同一类群内的生物时，情况就变得更难以解释了。例如，有些两栖动物的 C 值比其他两栖动物高 100 倍；而显花植物的 C 值变化更大。这是否意味着某种高等植物的基因要比另一种高等植物多出 100 倍呢？这简直难以置信。问题是那些额外的基因有什么用途？为什么我们看不到这些生物在物理复杂性上的巨大差异？对这种 C 值悖论较为合理的解释是，具有很高 C 值的生物体只是具有大量多余的、非编码的 DNA。这些额外 DNA 的功能，如果有的话，仍然是个谜。

实际上，甚至哺乳动物的 DNA 也远远多于编码基因的需要。将我们的简单规则（用碱基对数除以 1090）用于人类基因组，可得到最大基因数约为 300 万的估计值，这个数目太高了。

实际上，完成的人类基因组草图提示只有 20 000～25 000个基因，这意味着人类细胞含有的 DNA 要比看似所需要的多 100 倍。在真核生物基因中，多数额外的 DNA 都是在间隔序列（intervening sequence）中（第 14 章），其余的则在基因之外的非编码区内。

小结 在细胞或病毒中，DNA 含量与基因数目间有粗略的相关性。然而，这种相关性在几个亲缘关系很近的生物中被打破了，其单倍体细胞的 DNA 含量（C 值）变化很大。C 值悖论在某些生物或许可以通过额外非编码 DNA 而不是额外基因来解释。

总结

所有真正生物的基因都是由 DNA 构成的；某些病毒的基因由 RNA 构成。DNA 和 RNA 是由称之为核苷酸的亚单位组成的链状分子。DNA 具有双链螺旋结构，以其糖-磷酸骨架在外侧，碱基对在内部。碱基以特殊的方式配对：腺嘌呤（A）对胸腺嘧啶（T），鸟嘌呤（G）对胞嘧啶（C）。当 DNA 复制时，母链分开，并分别作为模板合成一条新的互补链。

天然 DNA 的 G+C 含量为 22%～73%，其多少对 DNA 的物理性质，特别是其熔解温度产生重要影响。DNA 的熔解温度（T_m）是指一半双链分子解离或变性时的温度。分离的两条 DNA 链可以被复性或退火。在称为杂交的过程中，不同来源的多核苷酸互补链（RNA 或 DNA）能形成双螺旋。天然 DNA 的长度变化很大。小的 DNA 分子的大小可通过电子显微镜测定。

在细胞或病毒中，DNA 含量与基因数目间有粗略的相关性。但是，在若干亲缘关系很近的生物中这种相关性不成立，在这些生物中每个单倍体细胞的 DNA 含量（C 值）变化很大。在某些生物中这种 C 值悖论或许可以用额外非编码 DNA 来解释。

复习题

1. 比较 Avery 及同事，以及 Hershey 和 Chase 证明 DNA 是遗传物质所采用的实验方法的异同。

2. 绘制脱氧核苷单磷酸的一般结构，详细显示糖的结构，标出碱基和磷酸连接的位置，标出脱氧的位置。

3. 画出连接两个核苷酸的磷酸二酯键的结构。清楚显示参与磷酸二酯键的中两个糖的位置。

4. 哪种 DNA 嘌呤与另一条 DNA 链上的配对碱基形成三个氢键？哪种形成两个氢键？哪种 DNA 嘧啶与其配对碱基形成三个氢键？哪种形成两个氢键？

5. 下图是两个碱基对的轮廓图，其中 *a*、*b*、*c* 和 *d* 表示碱基。说明这些碱基的具体名称是什么？

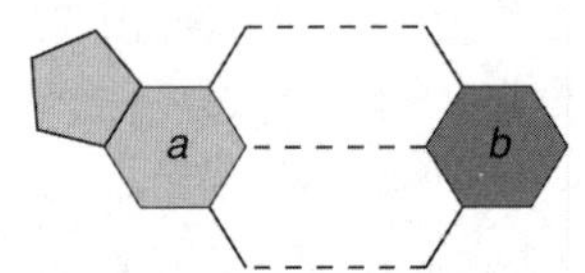

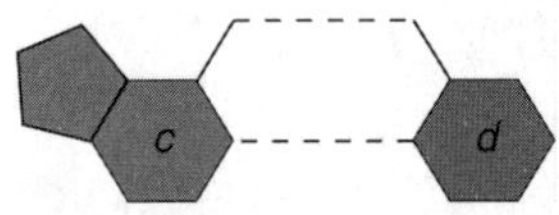

6. 绘制一条典型的 DNA 熔解曲线图，标出坐标轴并指出熔解温度。

7. 图示 DNA 的 GC 含量与其熔解温度间的关系，并解释这种关系。

8. 图示说明核酸分子杂交的原理。

分析题

1. 人类单纯疱疹 Ⅰ 型病毒基因组双链 DNA 的分子质量约为 1.0×10^5 kDa。

(a) 这个病毒有多少个碱基对？(b) 有多少个完整的双螺旋？(c) DNA 的长度是多少微米？

2. 假设基因不重叠，一个含有 12 000bp 的 DNA 基因组能编码多少个大小均等的蛋白质？

翻译　马　纪　校对　张富春　郑用琏

推荐阅读文献

Adams, R. L. P, R. H. Burdon, A. M. Campbell, and R. M. S. Smellie, eds. 1976. *Davidson's The Biochemistry of the Nucleic Acids*, 8th ed. The structure of DNA, chapter 5. New York: Academic Press.

Aevery, O. T., C. M. McLeod, and M. McCarty. 1944. Studies on the chemical nature of the substance-inducing transformation of pneumococcal types. *Journal of Experimental Medicine* 79: 137-158.

Chargaff, E. 1950. Chemical specificity of the nucleic acids and their enzymatic degradation. *Experientia* 6: 201-209.

Dickerson, R. E. 1983. The DNA helix and how it reads. *Scientific American* 249 (December): 94-111.

Hershey, A. D., and M. Chase. 1952. Independent functions of viral protein and nucleic acid in growth of bacteriophage. *Journal of General Physiology* 36: 39-56.

Watson, J. D., and F. H. C. Crick. 1953. Genetical implications of the structure of deoxyribonucleic acid. *Nature* 171: 964-967.

Watson, J. D., and F. H. C. Crick. 1953. Molecular structure of the nucleic acids: A structure for deoxyribose nucleic acid. *Nature* 171: 737-738.

第3章　基因功能简介

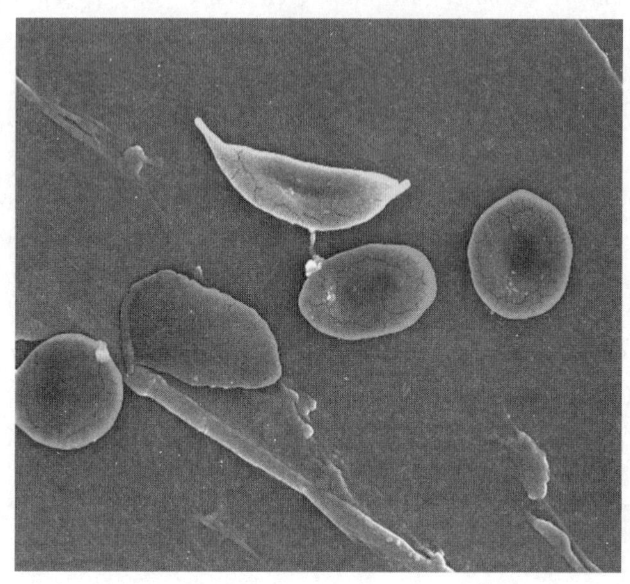

镰状细胞贫血病患者的红细胞，显示其中一个明显的镰状状细胞（上中部）。© *Courtesy Centers for Disease Control and Prevention*.

正如我们在第 1 章所学过的，基因参与以下三种主要活动。

1. 基因是个信息库，它携带合成生命关键分子 RNA 的信息。RNA 的碱基序列直接取决于基因的碱基序列，而大多数 RNA 又作为模板指导合成另一种关键的细胞分子蛋白质。以 DNA 为蓝图产生 RNA 和蛋白质的过程叫做基因表达。第 6～第 19 章将讨论基因表达的各方面内容。

2. 基因可被复制。这种复制是非常忠实的，所以遗传信息能够基本不变地代代相传。我们将在第 20 章和第 21 章讨论基因的复制。

3. 基因可接受偶然的改变或突变，使生物体得以进化。有时这些变化包括重组，即染色体之间或一条染色体上不同位点之间的 DNA 交换。重组还包括基因组中 DNA 片段（转座子）从一个位置转移到另一个位置。我们将在第 22 章和第 23 章讨论重组和可转座元件。

本章简单介绍基因的这三种特性，并提供一些有助于后面各章深入学习的背景知识。

3.1　储存信息

我们先对基因表达的过程做简要概述，然后介绍蛋白质的结构及基因表达的两个步骤。

基因表达的总体过程

从 DNA 基因的信息到蛋白质的合成是一个两步过程。第一步是合成与 DNA 的一条链互补的 RNA，称为**转录**（transcription）。第二步称为**翻译**（translation），RNA 的信息用于合成多肽。这种含有信息的 RNA 称为**信使 RNA**（messenger RNA，mRNA），表示它像信使一样携带来自基因的信息到细胞的蛋白质加工厂。

与 DNA 和 RNA 一样，蛋白质也是多聚物——长的链状分子。蛋白质链中的单体称为氨基酸。DNA 与蛋白质的信息关系为：DNA 基因的三个核苷酸代表蛋白质的一个氨基酸。

图 3.1 总结了蛋白质编码基因的表达过程及关于 DNA 链的术语。注意，mRNA 与上方

的 DNA 链（蓝色）有相同的序列（除了 U 代替 T）。mRNA 含有合成多肽的信息，所以我们说它“编码”（code for，或 encode）多肽。这里 mRNA 编码 Met-Ser-Asn-Ala。在这条 mRNA上甲硫氨酸的**密码子**（codon）为 AUG，丝氨酸、天冬酰胺和丙氨酸的密码子分别为 AGU、AAC 和 GCG。

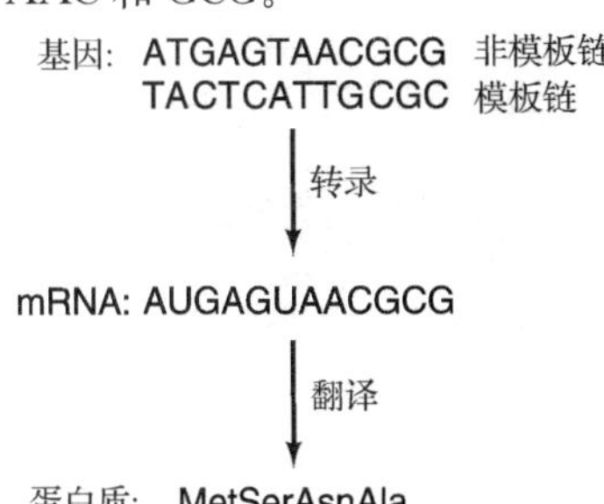

图 3.1　基因表达概要。第一步转录，模板链（黑色）转录成 mRNA。注意，非模板链（蓝色）与 mRNA 有相同的序列（除 T-U 变化之外）。第二步，mRNA 被翻译成蛋白质（绿色）。这个小“基因”只有 12 个碱基对，编码 4 个氨基酸（四肽）。真实的基因要大得多。

由于下方的 DNA 链与 mRNA 互补，以其为模板合成 mRNA，因此称这条链为**模板链**（template strand）或转录链，而上方这条链则为**非模板链**（nontemplate strand）或非转录链。由于非模板链与相应的 mRNA 在本质上有相同的编码特征，许多遗传学家又称它为编码链（coding strand），与它相对的另一条链为非编码链（anticoding strand）。同样，由于上方链与 mRNA 意义相同，也称为正义链（sense strand），下方的链称为反义链（antisense strand）。但是遗传学家使用的“编码链”和“正义链”却是完全相反的情况。为避免混乱，本书用模板链和非模板链两个术语。

蛋白质结构

为了理解基因的表达，并且大多数基因的终产物是蛋白质，我们先简单了解一下蛋白质的性质。像核酸一样，蛋白质是由亚单位组成的链状多聚物。在 DNA 和 RNA 中，单体是核苷酸，而蛋白质的单体是**氨基酸**。DNA 只有 4 种核苷酸，而蛋白质却有 20 种不同的氨基酸。这些化合物的结构如图 3.2 所示。每个氨基酸都有一个氨基（$—NH_3^+$）、一个羧基（$—COO^-$）、一个氢原子（H）和一个侧链。两个氨基酸的唯一差异在于它们的侧链不同。因此，蛋白质正是由于氨基酸不同侧链的排列，而被赋予了独一无二的特性。蛋白质中氨基酸通过**肽键**（peptide bond）连接在一起（图 3.3），因此氨基酸链又被称为**多肽**（polypeptide）。一个蛋白质可由一个或多个多肽组成。像 DNA 链一样，多肽链具有极性。图 3.3 右边所示的二肽（dipeptide）（两个氨基酸连接在一起）的左端有一个自由的氨基，称为**氨基端**（amino terminus）或 **N 端**（N-terminus）；右端有一个自由的羧基，称为**羧基端**（carboxyl terminus）或 **C 端**（C-terminus）。

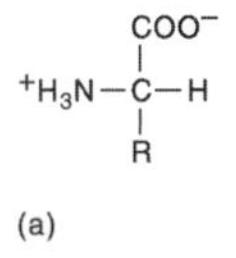

(a)

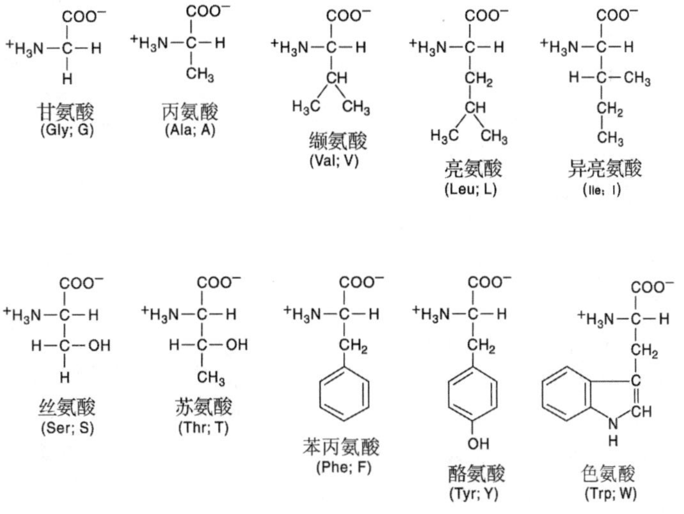

甘氨酸 (Gly; G)　丙氨酸 (Ala; A)　缬氨酸 (Val; V)　亮氨酸 (Leu; L)　异亮氨酸 (Ile; I)

丝氨酸 (Ser; S)　苏氨酸 (Thr; T)　苯丙氨酸 (Phe; F)　酪氨酸 (Tyr; Y)　色氨酸 (Trp; W)

图3.2　氨基酸的结构。（**a**）氨基酸的一般结构。含有一个氨基（$—NH_3^+$，红色）和一个羧基（$—COO^-$，蓝色），因此得名。其他两个位置被一个氢原子（H）和一个侧链（R，绿色）所占据。（**b**）20种不同的氨基酸各有一种不同侧链，这里将它们全部列出。括号中是3字母和单字母缩写。

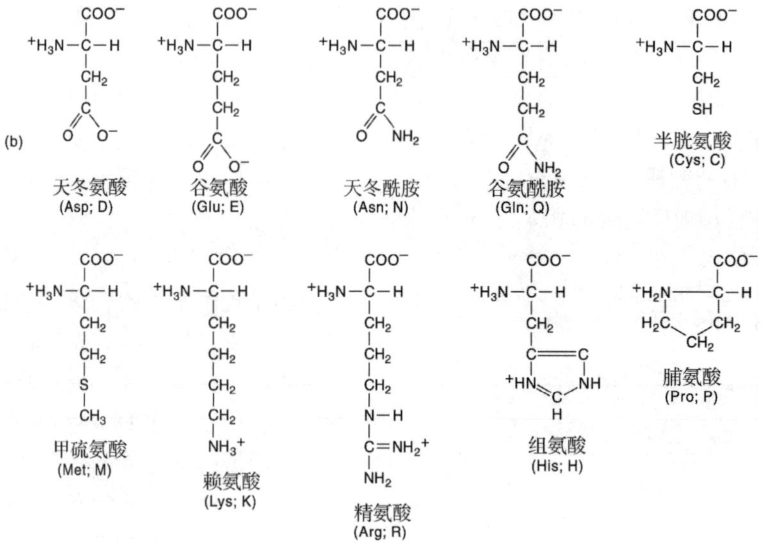

(b)

天冬氨酸 (Asp; D) 谷氨酸 (Glu; E) 天冬酰胺 (Asn; N) 谷氨酰胺 (Gln; Q) 半胱氨酸 (Cys; C)

甲硫氨酸 (Met; M) 赖氨酸 (Lys; K) 精氨酸 (Arg; R) 组氨酸 (His; H) 脯氨酸 (Pro; P)

图 3.2（续）

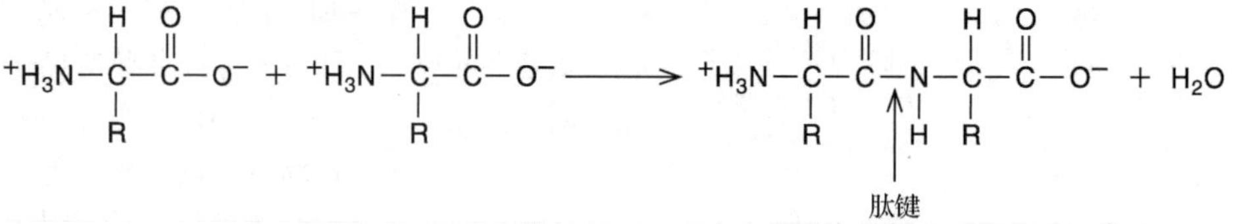

$$^{+}H_3N-CHR-COO^{-} + {}^{+}H_3N-CHR-COO^{-} \longrightarrow {}^{+}H_3N-CHR-CO-NH-CHR-COO^{-} + H_2O$$

肽键

图 3.3 肽键的形成。有侧链 R 和 R′的两个氨基酸通过第一个氨基酸的羧基与第二个氨基酸的氨基形成一个二肽，两个氨基酸通过肽键连接，并产生一分子水。

氨基酸的线性顺序组成了蛋白质的**初级结构**（primary structure）。氨基酸之间相互作用的方式形成了蛋白质的**二级结构**（secondary structure）。α螺旋（α-helix）是一种常见的二级结构，它由相邻氨基酸间的氢键结合而形成（图 3.4）。另一种常见二级结构是β折叠（β-pleated sheet）（图 3.5），伸展的蛋白质链通过氢键作用一段接一段连接形成片状外观。丝蛋白富含β折叠结构。第三种二级结构只是一个转角，在蛋白质中起连接α螺旋和β折叠的作用。

多肽的三维空间形状称为**三级结构**（tertiary structure）。图 3.6 显示肌红蛋白（myoglobin）是如何折叠成三级结构的。它的二级结构元件很明显，特别是几个α螺旋。注意其大致的球形结构，多数多肽都具有这种形状，称为珠蛋白（globular）。

图 3.7 是蛋白质结构的丝带模型，这是乙酸胍甲基转移酶（guanidinoacetate methyltransferase，GAMT）的三维结构。可以清楚地看到三种二级结构：α螺旋，用螺旋形丝带表示；β折叠，用并排的扁平箭头表示；结构元件之间的转角用细绳表示。图 3.7 中的球

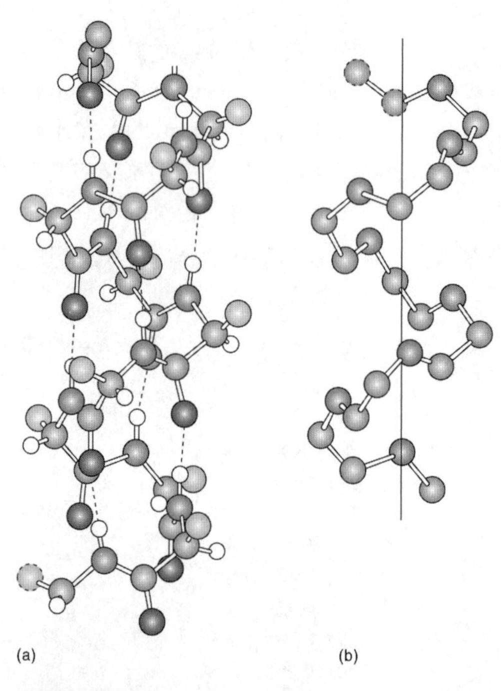

图 3.4 蛋白质二级结构示例：α螺旋。(a) 显示氨基酸在螺旋中的位置，螺旋骨架用灰色和蓝色表示。虚线表示附近氨基酸上的氢原子和氧原子间的氢键。小白球表示氢原子。**(b)** α螺旋的简化表示。只显示螺旋骨架中的原子。

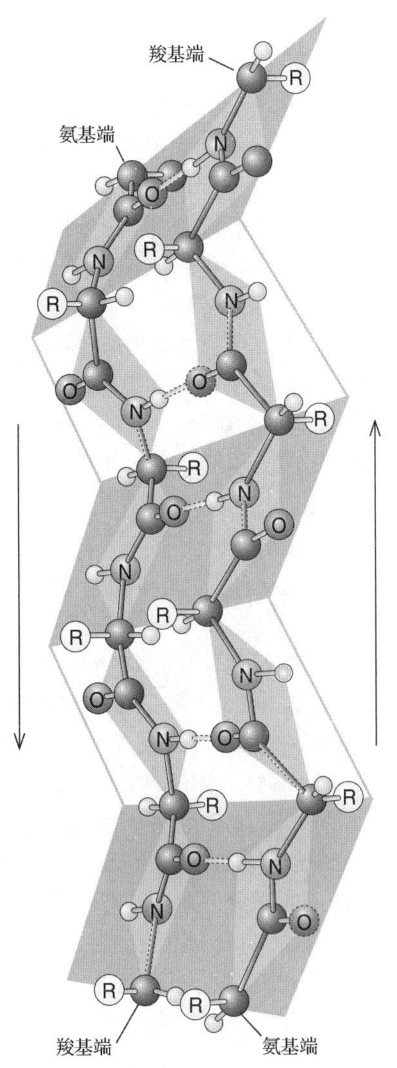

图 3.5　反向平行的 β 折叠。两条多肽链通过其间的氢键（虚线）并肩排列。绿色和白色平面显示 β 片是折叠状的。两条链反向平行，上方为一条链的 N 端与另一条链的 C 端。箭头表示两条 β-链以相反方向从 N 端到 C 端。平行 β 折叠也存在，其 β 链按相同方向延伸。

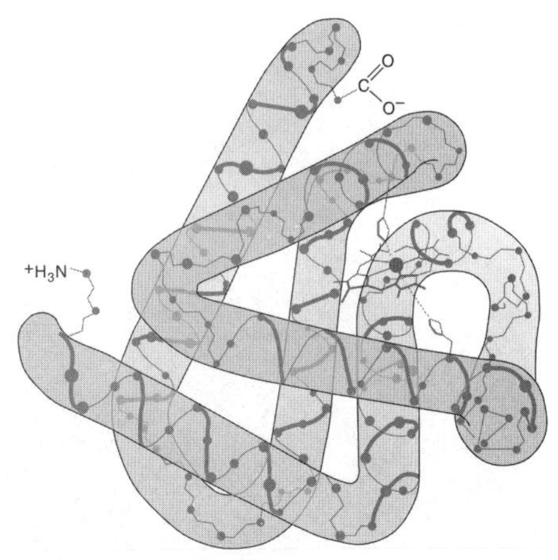

图 3.6　肌红蛋白的三级结构。α 螺旋用绿松色螺锥表示。整个分子像一根香肠，盘旋成大致的椭圆形或球形。血红素基团以红色显示，结合蛋白质中的两个组氨酸（绿松色多边形）。

棍表示有两个小分子结合在蛋白质上。这是一个立体图，你可以用立体镜或"魔术眼"技术观察这个三维图。

肌红蛋白和 GAMT 都是单一的、大致的球状结构，有些蛋白质含有一个以上的紧密结构区域，这种区域叫做**结构域**（domain）。抗体（白细胞抵御感染时所产生的蛋白质）为结构域提供了一个很好的例子。IgG 型抗体 4 条多肽链中的任一条都含有球状域（图 3.8）。在第 9 章学习蛋白质与 DNA 结合时，我们将看到结构域含有共同的结构功能**模体**（motif）。例如，叫做锌指（zinc finger）的指状模体参与结合 DNA。图 3.8 也描述了蛋白质的最高结构——**四级结构**（quaternary structure）。四级结构是复杂蛋白质中两条以上多肽链组合的方式。

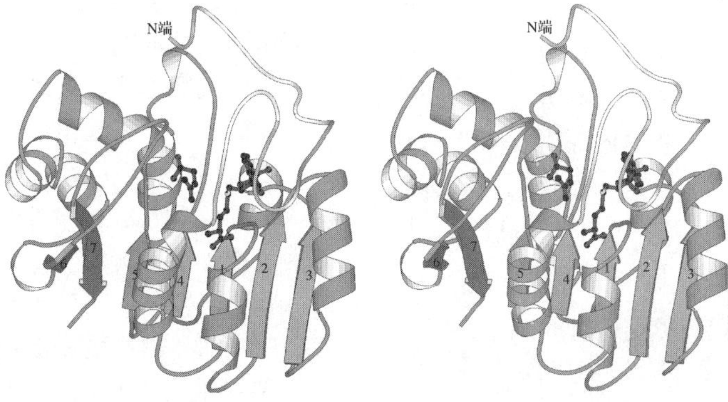

图 3.7　乙酸胍甲基转移酶（GAMT）的三级结构。二级结构元件包括 α 螺旋（螺旋形丝带）、β 折叠（编号的平面箭头）、转角（细绳）。两个结合的分子（球和棒）是乙酸胍（左）和 *S*-腺苷甲硫氨酸（右），前者是酶的一个底物，后者是产物抑制剂。（*Source*：Reprinted with permission from Fusao Takusagawa，University of Kansas.）

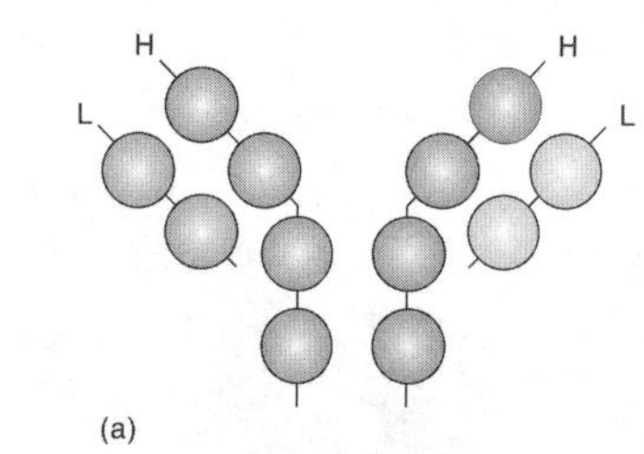

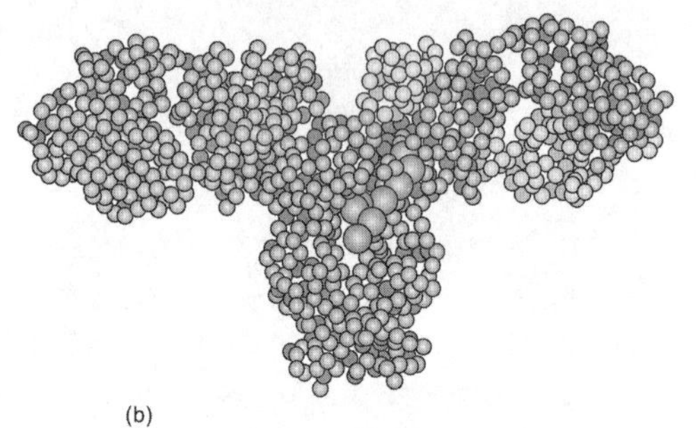

图 3.8 免疫珠蛋白的球状结构域。(a) 组成免疫珠蛋白的 4 条多肽示意图：两条轻链（L）和两条重链（H）。轻链各含有两个球形区域，重链各含有 4 个球形域。**(b)** 免疫珠蛋白的空间填充模型。颜色与（a）图相对应。因此，两个 H 链以粉色和蓝色表示；L 链用绿色和黄色表示。黏附在蛋白质上的糖复合物用灰色表示。注意每个多肽的球状域，同时请注意 4 条多肽如何结合形成蛋白质的四级结构。

长期以来，人们设想蛋白质的氨基酸顺序决定了它的所有高级结构，就像本书中字母的线性顺序决定了文字、句子和段落结构。但这种类比过于简单，大部分蛋白质离开其正常生活的细胞环境就不能正确折叠，这时除了蛋白质之外还需要一些细胞因子，在多肽合成期也必须经常发生折叠。

是什么作用力维持了蛋白质的正确形态？有些是共价键，但大部分是非共价键。多肽内和多肽间的主要共价键是半胱氨酸之间的二硫键（S—S），非共价键主要是疏水键和氢键。疏水性氨基酸集结在多肽的内部，或多肽间的结合面，以便避免与水接触［疏水（hydrophobic）即怕水的意思］。疏水作用在蛋白质的三级结构和四级结构中起主要作用。

小结 蛋白质是通过肽键连接起来的氨基酸的多聚物。在多肽中氨基酸序列（初级结构）决定分子的局部形态（二级结构）、整体结构（三级结构），以及与其他多肽间的相互作用（四级结构）。

蛋白质功能

为什么蛋白质如此重要？因为有些蛋白质帮助细胞维持形状及其完整性，有些作为激素（hormone）介导细胞间的信号转导。例如，胰腺分泌的胰岛素是肝细胞和肌肉细胞从血液中吸收葡萄糖的信号。蛋白质还能结合并运输物质，血红蛋白（hemoglobin）将氧从肺部传送到身体外周，肌红蛋白将氧储存在肌肉组织中以备使用。蛋白质也能控制基因的活动，其作为酶催化数百种生命所必需的化学反应。因此，不同的蛋白质使不同细胞具有不同的功能：胰腺的胰岛细胞产生胰岛素，而红细胞产生血红蛋白。类似地，不同生物制造不同的蛋白质：鸟儿制造羽毛蛋白，哺乳动物制造毛发蛋白。然而，这只是使一种生物不同于另一种生物的部分原因，这种差别往往比你所预期的细微得多，我们将在第 24 章和第 25 章了解此现象。

基因与蛋白质之间的关系 关于基因-蛋白质关系的知识要回溯到 1902 年，当时一位名叫 Archibald Garrod 的医生注意到，人类尿黑酸症（alcaptonuria）好像是由单个隐性基因引起的。幸运的是孟德尔的工作在两年前已被重新发现，并为 Garrod 的观察提供了理论背景。尿黑酸症患者分泌过多的尿黑酸（homogenetisic acid），使尿液颜色呈黑色。Garrod 分析，这种病是由于一种缺陷的代谢途径所产生的化合物不正常积累所致。在代谢途径的某个地方发生阻塞，导致中间代谢产物尿黑酸不正常积累到很高水平，就像一座大坝使水积聚一样。几年之后，Garrod 提出该问题源于苯丙氨酸降解途径的缺陷（图 3.9）。

当时代谢途径已被研究了多年并知道是由酶控制的，一个酶催化一个步骤，因此尿黑酸症患者可能携带了一个缺陷型的酶。又因为该病以简单的孟德尔规律遗传，Garrod 推断某个基因可能控制该酶的产生。如果该基因是缺陷的，就会产生一个缺陷的酶。这提示在基因与蛋白质之间存在着很重要的联系。

在 20 世纪 40 年代，George Beadle 和 Tatum 用普通的面包霉——粉色链孢菌（*Neurospora crassa*）做了进一步研究。他们先用 X 射线或放射线照射链孢菌的子囊（形成孢子的

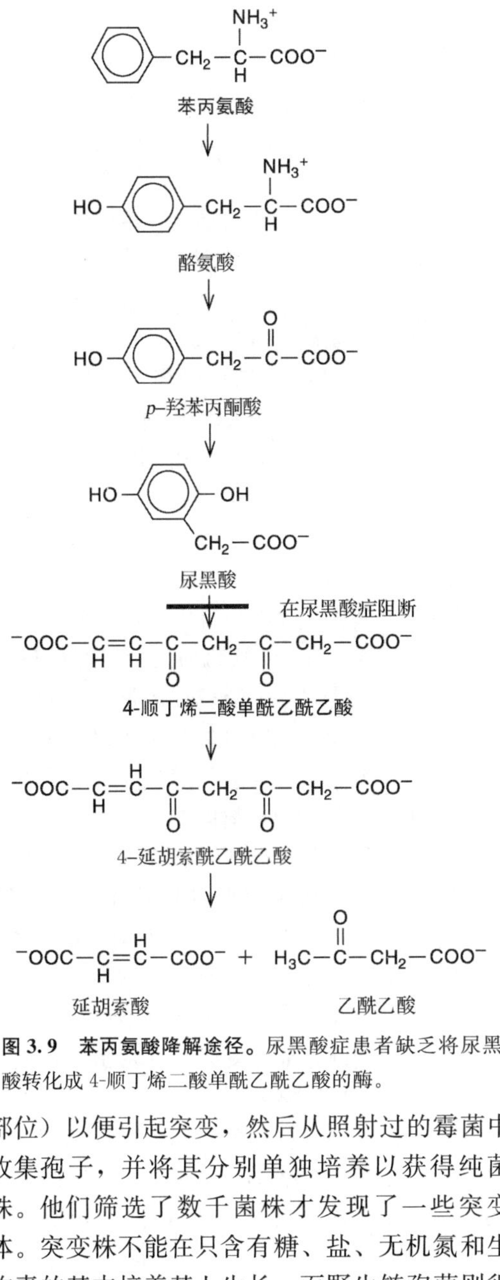

苯丙氨酸 → 酪氨酸 → p-羟苯丙酮酸 → 尿黑酸 → (在尿黑酸症阻断) → 4-顺丁烯二酸单酰乙酰乙酸 → 4-延胡索酰乙酰乙酸 → 延胡索酸 + 乙酰乙酸

图 3.9 苯丙氨酸降解途径。尿黑酸症患者缺乏将尿黑酸转化成 4-顺丁烯二酸单酰乙酰乙酸的酶。

部位）以便引起突变，然后从照射过的霉菌中收集孢子，并将其分别单独培养以获得纯菌株。他们筛选了数千菌株才发现了一些突变体。突变株不能在只含有糖、盐、无机氮和生物素的基本培养基上生长，而野生链孢菌则很容易生长。突变株生长需添加一些额外的物质，如维生素。

接下来，Beadle 和 Tatum 对这些突变株进行了生化和遗传分析。通过每次将不同成分添加到突变体培养物中，他们追踪到了该生化缺陷。泛酸维生素合成的最后一步是将该分子中的泛酸（pantoate）和 β-丙氨酸结合在一起（图 3.10）。“泛酸盐缺失”突变体能在含泛酸盐的培养基中生长，而不能在只含泛酸或 β-丙氨酸的培养基生长。这证明在生化反应途径的最后一步（步骤 3）泛酸盐合成受阻，所以催化该步骤的酶一定是缺陷性的。

遗传分析更直接。链孢菌是一种子囊菌（*ascomycete*），在被称为子囊（*ascus*）的子实体中，它的两种不同交配型的细胞核融合，并经减数分裂产生 8 个单倍体囊孢子。因此，突变株可与相反交配型的野生型菌株杂交，产生 8 个孢子（图 3.11）。如果突变体表型源自单基因突变，那么其中 4 个孢子应该是突变体，4 个是野生型。Beadle 和 Tatum 收集了孢子并分别进行培养，检测所得霉菌的表型。果然，他们发现 8 个孢子中，有 4 个产生了突变的霉菌，证明突变表型是由单个基因控制的。这种情况可反复发生，由此研究人员得出结论：生化反应途径中的每个酶都是由一个基因控制的。

随后的研究表明许多酶含有一个以上多肽链，并且每个多肽是由一个基因编码的。这就是**一个基因/一个多肽**假说。如第 1 章所提到的，该假说还需要修正，以便解释只编码 RNA 的基因，如 tRNA 和 rRNA 基因。数十年来，人们一直认为这类基因的数量很小，不超过 100 个。但是，已经目睹了 21 世纪在非编码 RNA 发现方面的爆炸式增长，目前仅在人类中就发现了数千种。其中一些 RNA 也许没有任何功能，不符合人们对基因产物的定义，但是也有许多具有可证明的重要功能。因

HCHO 步骤1 → 2H⁺ 步骤2 → 泛酸 + β-丙氨酸，ATP 步骤3 → 泛酸+AMP+PPi

图 3.10 泛酸合成途径。最后一步（第 3 步），在 Beadle 和 Tatum 的一种突变体中，由泛酸（蓝色）和 β-丙氨酸（红色）形成泛酸盐这一步被阻断了。催化该反应的酶一定是缺陷性的。

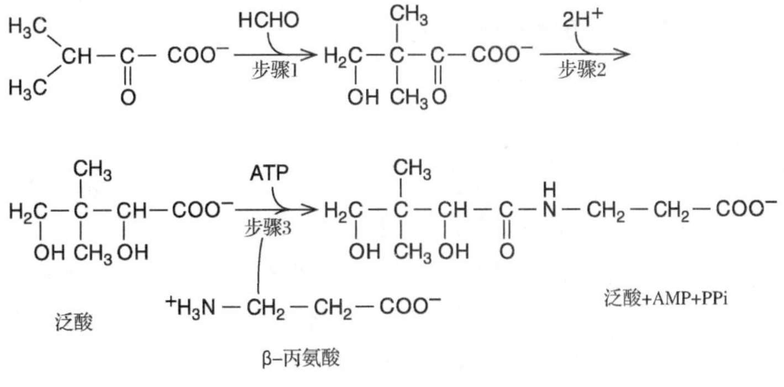

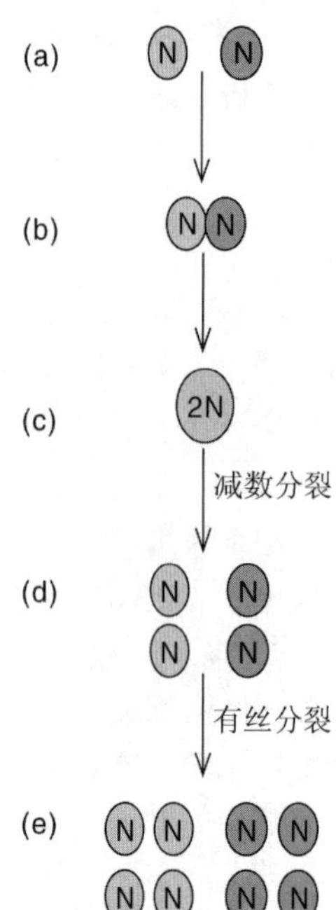

图 3.11　粉色链孢菌孢子的形成。（**a**）两个单倍体核子，野生型（黄色）和突变体（蓝色）在霉菌未成熟的子实体中汇聚。（**b**）两个核子开始融合。（**c**）融合完成，双倍体核子（绿色）形成。一套单倍染色体来自野生型，一套来自突变体。（**d**）减数分裂发生，产生 4 个单倍体核子。如果突变体的表型由单基因控制，则这些孢子会中有两个含突变体（蓝色）等位基因，两个含野生型（黄色）等位基因。（**e**）最后，发生有丝分裂，产生 8 个单倍体核子，每个都将成为一个囊孢子。其中 4 个含突变（蓝色）等位基因，4 个含野生型（黄色）等位基因。如果突变的表型由多基因控制，结果将更复杂。

此，“基因”一词的定义已经变得更复杂、更具争议了。我们现在认识了重叠基因（overlapping gene）、基因内基因（gene-within-gene）、片段化基因（fragmented gene）及可能更异乎寻常的基因。在本书后面将讨论这些复杂性，在本章的剩余部分，我们将讨论“传统”基因，即编码蛋白质基因的表达。

小结　大多数基因含有合成一条多肽的信息。

信使 RNA 的发现

在沃森和克里克的 DNA 模型发表后的几年里，mRNA 将遗传信息从基因带到核糖体的概念分阶段建立了起来。1958 年，克里克本人提出 RNA 是遗传信息的中间载体。他的假设部分是基于 DNA 位于真核细胞的细胞核，而蛋白质在细胞质中合成这一事实，就意味着有某种东西携带信息从一处转到了另一处。克里克注意到核糖体含有 RNA，并提出这种核糖体 RNA（rRNA）是信息的载体。但 rRNA 是核糖体的组成部分，不可能离开核糖体。因此，克里克的假设暗示每个核糖体以其自己的 rRNA 可以一遍又一遍地重复生产同一种蛋白质。

Francois Jacob 及同事提出了另一种假设，认为是非特异性的核糖体翻译一种叫做信使（messenger）的不稳定 RNA。信使是独立的 RNA，可将遗传信息从基因带到核糖体。1961 年，Jacob 与 Sydney Brenner 和 Matthew Meselson 一起发表了关于信使假说的证据。研究所采用的噬菌体（T2）与 Hershey 和 Chase 十几年前揭示基因由 DNA 组成（第 2 章）所用的噬菌体一样。实验的前提是：噬菌体 T2 感染大肠杆菌，使宿主由合成细菌蛋白转而合成噬菌体蛋白。如果克里克的假设正确，那么对合成噬菌体蛋白的转换应伴随产生装配有噬菌体特异性 RNA 的新核糖体。

为了区分新旧核糖体，研究者用重同位素 ^{15}N 和 ^{13}C 标记未感染细胞的核糖体，使“老”核糖体变重。然后，用 T2 噬菌体感染这些细胞并同时将它们转移到含有轻同位素 ^{14}N 和 ^{12}C 的培养基中。因此，在噬菌体感染后所产生的任何“新”核糖体都会变轻，并在密度梯度离心时与老的重核糖体分开。

Brenner 及同事还用 ^{32}P 标记感染细胞，以便标记所合成的噬菌体 RNA，然后他们提出问题：放射性标记的噬菌体 RNA 与新的还是老的核糖体结合？

图 3.12 显示噬菌体 RNA 在老核糖体上，而其 RNA 在感染之前就产生了。很明显，“老” rRNA 不能携带噬菌体的遗传信息。展开来讲，它也极不可能携带宿主的遗传信息。因此，核糖体是不变的，由其合成的多肽的性质取决于与其结合的 mRNA，这种关系就像 DVD 机与 DVD。音乐（多肽）的内容依赖于 DVD（mRNA），而非机器（核糖体）。

其他研究者也已鉴定出一种更好的信使：一组与核糖体瞬时结合的不稳定 RNA。有趣的是，在 T2 噬菌体感染细胞中，这种 RNA 的

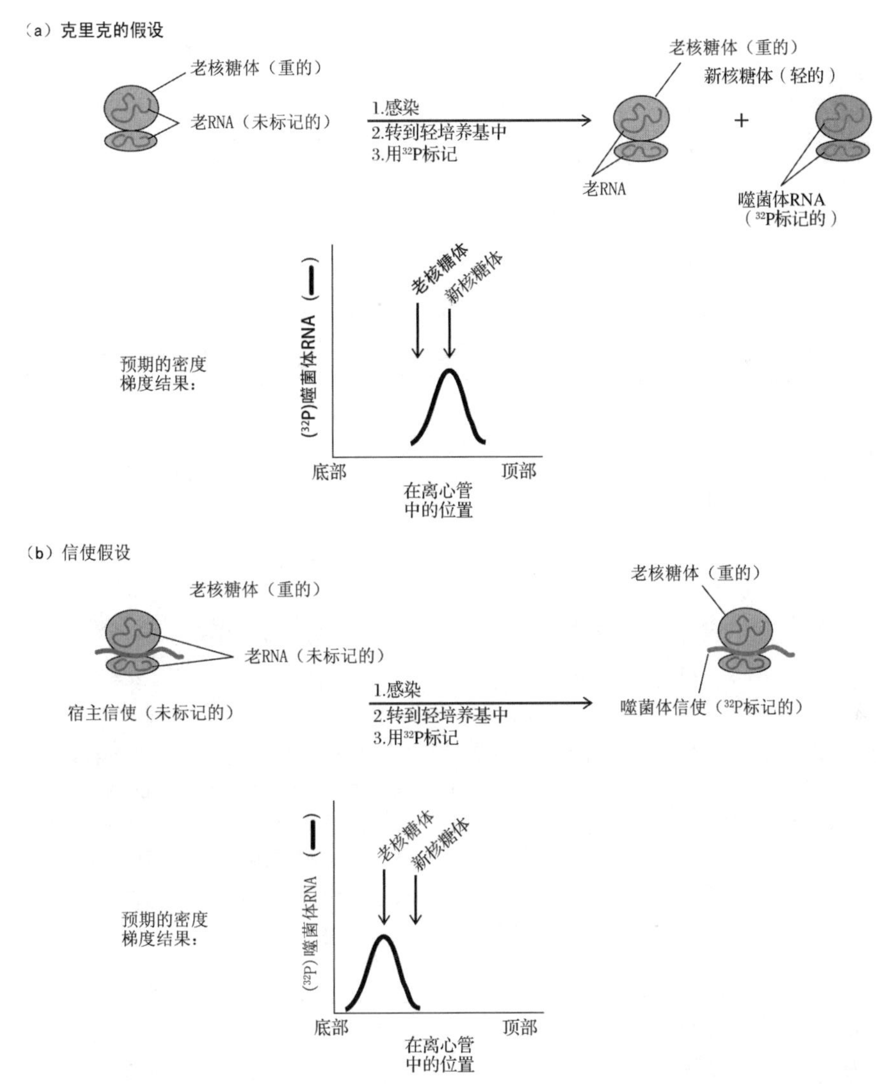

图 3.12 信使假说的实验证明。用碳和氮的重同位素标记细菌细胞，得到大肠杆菌的重核糖体。然后用T2噬菌体感染细菌，并同时将其转移到含碳和氮正常同位素的“轻”培养基中培养。“轻”培养基中还加有^{32}P，以便标记噬菌体RNA。(a) 克里克认为核糖体RNA携带合成蛋白质的信息。如果是这样，在噬菌体感染之后，就会产生带有噬菌体特异性核糖体RNA的完整新核糖体。那么，^{32}P标记的新RNA将与新的、轻核糖体（粉色）一起移动。(b) Jacob及同事提出有一个信使RNA携带遗传信息到核糖体。根据这个假设，噬菌体感染会产生新的被^{32}P标记的噬菌体特异性信使RNA（绿色）。这些信使会跟老的、重核糖体（蓝色）结合。因此，在密度梯度中放射性标记会跟老的、重核糖体一起移动。这正是实际发生的情况。

碱基组成与噬菌体DNA非常相似，而与细菌的DNA和RNA完全不同。这正是我们对噬菌体**信使RNA**（mRNA）所期望的，而这也正是实际情况。此外，与宿主rRNA不同，宿主mRNA碱基的组成与其DNA相似。这进一步支持了mRNA而非rRNA是信息分子的假设。

小结 信使RNA将遗传信息从基因带到合成多肽的核糖体上。

转录

如所预期，转录遵循与DNA复制相同的碱基配对原则：DNA中的T、G、C、A分别与RNA产物中的A、C、G、U配对（注意RNA中出现的尿嘧啶代替了DNA中的胸腺嘧啶）。这种碱基配对模式保证了RNA转录物是基因的忠实拷贝（图3.13）。

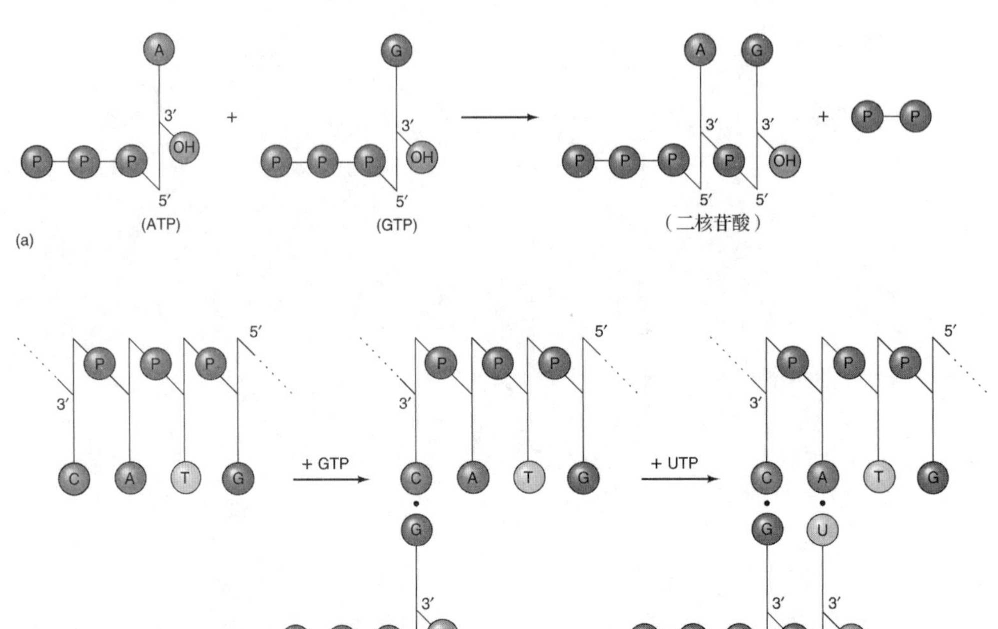

图 3.13　合成 RNA。(a) 在 RNA 合成中磷酸二酯键的形成。ATP 与 GTP 连接形成了二核苷酸。离鸟嘌呤核苷酸最近的磷原子留在磷酸二酯键中，其余两个磷作为副产物焦磷酸被去除。**(b)** 在 DNA 模板上 RNA 的合成。上方的 DNA 模板链含有序列 3′-dC-dA-dT-dG-5′，并向两个方向延伸，如虚线所示。要开始 RNA 合成，GTP 与 DNA 模板的 dC 核苷酸形成碱基对。接着，UTP 提供一个尿嘧啶核苷酸与 DNA 模板上的 dA 碱基配对，并与 GTP 形成磷酸二酯键，由此产生二核苷酸 GU。以同样方式，每一步有一个新核苷酸加入延伸的 RNA 链上，直到转录完成。未显示副产物焦磷酸。

当然，像转录这样高度定向的化学反应不可能通过自身完成——它们是由酶催化的。指导转录的酶称为 **RNA 聚合酶**（RNA polymerase）。图 3.14 是大肠杆菌 RNA 聚合酶的工作示意图。转录有三个阶段：起始、延伸和终止。以下是细菌转录的三个阶段。

1. *起始*（initiation）　首先，酶识别一段叫做**启动子**（promoter）的区域，启动子就位于基因的“上游”。聚合酶紧紧地结合在启动子上并引起启动子内两条 DNA 链局部至少有 12bp 解链或分离。接着，聚合酶开始合成 RNA 链，其作用底物是 4 种**核糖核苷三磷酸**（ribonucleoside triphosphate）：ATP、GTP、CTP 和 UTP。起始底物通常是嘌呤核苷酸。当第一个核苷酸到位后，聚合酶会把第二个核苷酸与第一个连在一起，形成 RNA 链中的初始磷酸二酯键。在聚合酶离开启动子开始延伸之前会连上几个核苷酸。

2. *延伸*（elongation）　在转录的延伸阶段，RNA 聚合酶指导核糖核苷酸连续从 5′→3′ 方向（从 RNA 的 5′端到 3′端）加入到延伸的 RNA 链上。此时，RNA 聚合酶沿 DNA **模板**（template）移动，解链 DNA 的“泡”随其移动。这一解链区使 DNA 模板的碱基逐个暴露出来，并与新加入的核苷酸配对。转录机器通过之后，两条 DNA 链又彼此相互缠绕，重新形成双螺旋。由此可以看出转录与 DNA 复制的两个基本不同点：①RNA 聚合酶在转录时只生成一条 RNA 链，意思是它在给定的基因中只复制一条 DNA 链（但另一条链可能会在另一个基因中被转录）。因此说转录是**不对称的**（asymmetrical）。这与半保留的 DNA 复制相反，其两条 DNA 都被复制。②在转录中，DNA 的解链是有限的和短暂的，只发生足够长度的链分离以便聚合酶“阅读”DNA 模板。而在复制过程中两条 DNA 母链永久性地分开。

3. *终止*（termination）　如同启动子作为转录的起始信号一样，基因末端叫做**终止子**

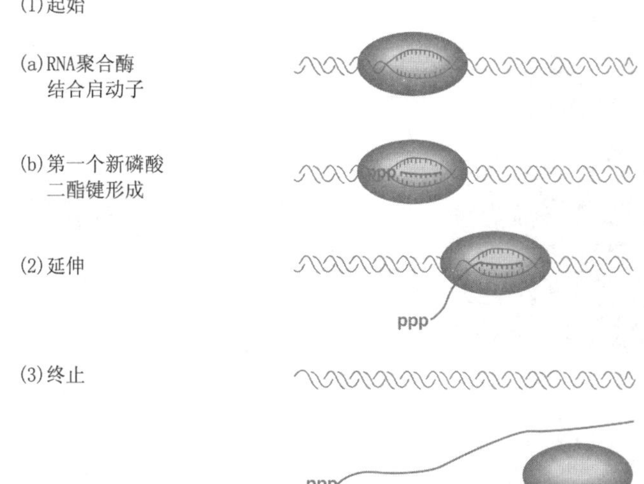

图 3.14 转录。(1a) 起始的第一阶段，RNA 聚合酶（红色）紧密地结合在启动子上并“融化”一小段 DNA。**(1b)** 在起始的第二阶段，聚合酶通过磷酸二酯键将新生 RNA（蓝色）的几个最早的核苷酸连一起。第一个核苷酸保留其三磷酸基团（ppp）。**(2)** 延伸过程中，DNA 的解链泡随着聚合酶移动，使聚合酶“阅读”DNA 模板链的碱基并合成互补 RNA。**(3)** 当聚合酶到达终止信号时终止发生，引起 RNA 和聚合酶脱离 DNA 模板。

（terminator）的区域发出终止信号。终止子与 RNA 聚合酶联合作用，松开 RNA 产物与 DNA 模板的结合，结果使 RNA 脱离 RNA 聚合酶和 DNA，从而停止转录。

最后，需要强调说明一些惯例：RNA 序列通常是从 5′端到 3′端的，即从左到右。因为 RNA 是沿 5′→3′方向合成的，而且我们还将看到，mRNA 也是沿着 5′→3′方向翻译的。因此，由于核糖体从 5′→3′方向阅读信息，因而从 5′→3′书写 RNA 是合适的，以便我们能够像读句子一样读它。

基因同样习惯性地按它们从左到右的转录顺序书写。这种从一端到另一端的转录“流程”产生了“上游”一词，指 DNA 靠近转录起始位置的区域（基因按习惯性书写时，靠近左端）。同样，我们说基因一般位于启动子的下游。书写基因时，还习惯性地将其非模板链写在上方。

小结 转录以起始、延伸和终止三个步骤发生。起始包括 RNA 聚合酶结合到启动子上、局部解链及形成最初的磷酸二酯键。在延伸过程中，RNA 聚合酶沿着 5′→3′方向将核糖核苷酸连接在一起延伸 RNA。最后，在终止时，聚合酶和 RNA 产物脱离 DNA 模板。

翻译

翻译的机制同样复杂而令人着迷，我们将在以后的章节讨论其细节。现在让我们简要地看一下在翻译中起关键作用的两种物质：核糖体和转运 RNA。

核糖体：合成蛋白质的机器 图 3.15 是大肠杆菌核糖体的大概形状及其 50S 和 30S 两个亚基。50S 和 30S 的数字是指两个亚基的**沉降系数**（sedimentation coefficient）。沉降系数是溶液在超速离心时颗粒沉降速度的测量值。50S 亚基因其较大的沉降系数在离心力作用下朝离心管底部移动得较快。沉降系数是颗粒质量和形状的函数。重颗粒比轻颗粒沉降得快，球状颗粒比长形或扁平颗粒移动得快，就像跳伞运动员下降时，手脚缩拢要比手脚伸开下降得快一样。50S 亚基的质量约为 30S 的 2 倍，两者合在一起组成 70S 的核糖体。注意数字不是直接相加的，沉降系数与颗粒质量不成比例，基本上是颗粒质量的 2/3 次方。

每个核糖体都含有 RNA 和蛋白质。30S 亚基由一分子的沉降系数为 16S 的**核糖体 RNA**（ribosomal RNA，rRNA）加上 21 个核糖体蛋白组成。50S 亚基由 2 个 rRNA（23S+5S）和

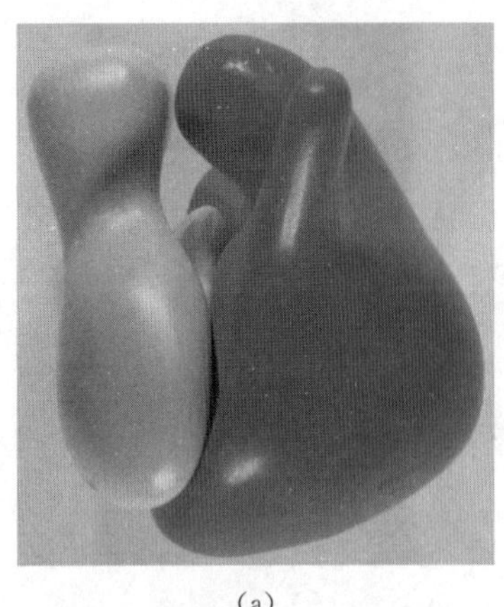

(a)

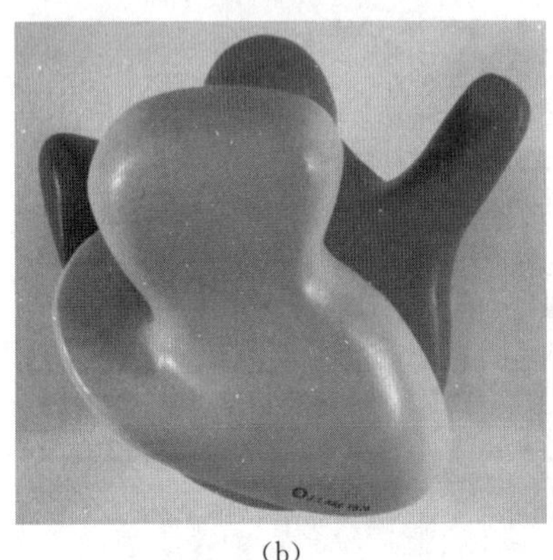

(b)

图 3.15　大肠杆菌核糖体的结构。(a) 70S 核糖体的侧面观，30S 颗粒（黄色）和 50S 颗粒（红色）配合在一起。 **(b)** 将（a）中的 70S 核糖体旋转 90°。30S 颗粒（黄色）在前面，50S 颗粒（红色）在后面。[*Source*: Lake, J. Ribosome structure determined by electron microcopy of *Escherichia coli* small subunits, large subunits, and monomeric ribosomes. *J. Mol. Biol.* 105 (1976), p. 155, fig. 14, by permission of Academic Press.]

34 个核糖体蛋白组成（图 3.16）。所有这些核糖体蛋白自身当然是基因的产物，因此核糖体由数十个不同的基因产生。真核生物的核糖体甚至更复杂，有一个以上的 rRNA 和更多的蛋白质。

注意，rRNA 参与蛋白质的合成但不编码蛋白质，除了对转录物的修饰外，转录是 rRNA 基因表达的唯一步骤，这些 RNA 不会发生翻译。

小结　核糖体是细胞的蛋白质工厂。细菌含有 70S 的核糖体，由 50S 和 30S 两个亚基组成。每个亚基都含有 rRNA 和多种蛋白质。

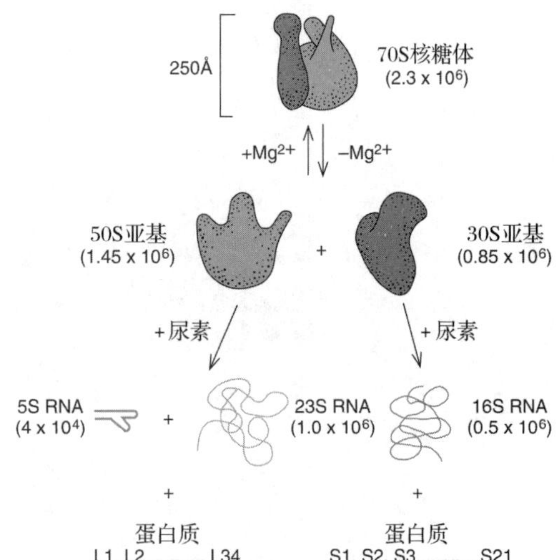

图 3.16　大肠杆菌核糖体的组成。上方的箭头表示去除镁离子时 70S 核糖体解离成两个亚基。下面的箭头表示在蛋白质变性剂尿素的作用下每个亚基解离成 RNA 和蛋白质。在圆括号中给出了核糖体及其组分的分子质量（M_r，道尔顿）。

转运 RNA：适配器分子　对于分子生物学家来说，转录的机制很容易预测。RNA 也遵循同样的碱基配对原则。根据这些原则，RNA 聚合酶合成其转录基因的复本。但什么规则控制核糖体将 mRNA 翻译成蛋白质呢？这是一个真正的翻译问题，核酸语言必须被转换成蛋白质语言。

在有大量实验证据支持之前，克里克在 1958 年的一篇论文中就提出了该问题的答案。克里克推定所需要的是某种适配器分子，它既能识别 RNA 语言中的核苷酸，又能识别蛋白质语言中的氨基酸。他是对的。他甚至注意到一种未知功能的小分子 RNA 有可能起适配器作用。他又对了！虽然他在这篇文章中也有一些错误的猜测，但无损其重要性。基于这些猜测的创新性，克里克的想法启发了进一步的研究（有些研究来自克里克自己的实验室），并最终破解了翻译之谜。

翻译中的适配器分子实际上是一种既能识别 RNA 又能识别氨基酸的小分子 RNA，被称为**转运 RNA**（transfer RNA，tRNA）。图 3.17 显示 tRNA 识别苯丙氨酸（Phe）的示意图。在第 19 章我们将详细讨论 tRNA 的结构和功能。现在，我们用三叶草模型（cloverleaf model）（尽管与 tRNA 真实形状的相似性有限）

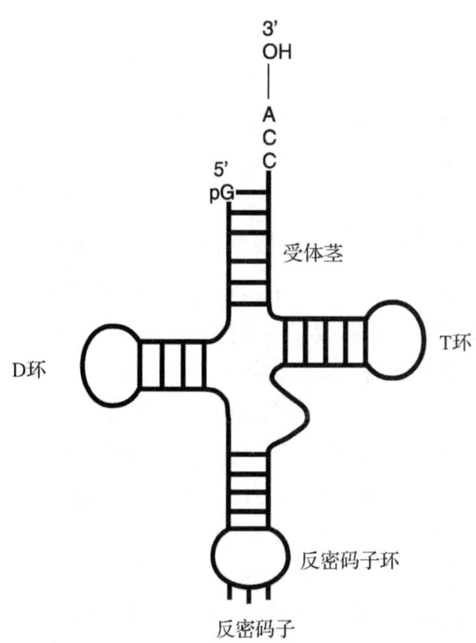

图 3.17 酵母 tRNA^{Phe}的三叶草形结构。顶端是受体茎（红色），此处氨基酸与 3′端腺苷酸结合。左边是二氢尿嘧啶环（D 环，蓝色），至少含有一个二氢尿嘧啶碱基；底端是含有反密码子的反密码子环（绿色）。T 环（右边，灰色）含有几乎不变的 TψC 序列。每个环都被与其同一颜色的碱基配对臂所限定。

来显示 tRNA 分子具有两个“作用末端”。一端在模型的上部，结合氨基酸。因为这是苯丙氨酸特异性 tRNA（RNA^{Phe}），只有苯丙氨酸可以结合，苯丙氨酰 tRNA 合成酶催化这一反应。这类酶的一般叫法是**氨酰 tRNA 合成酶**（aminoacyl-tRNA synthetase）。

另一端在模型的底部，含有一个三碱基序列与 mRNA 的三碱基互补配对。mRNA 上的这种三联体称为**密码子**（codon），其在 tRNA 上的互补体称为**反密码子**（anticodon）。本例中，mRNA密码子已经吸引了带有苯丙氨酸 tRNA 的反密码子，即该密码子告诉核糖体将一个苯丙氨酸插入正在延伸的多肽中。由核糖体介导的密码子与反密码子间的识别，像任何其他双链核酸一样，也服从沃森-克里克原则，至少在前两个碱基对完全遵守，第三个碱基允许有一定的自由度，见第 18 章。

从图 3.18 明显看出，UUC 是苯丙氨酸的密码子，这意味着**遗传密码**（genetic code）是三个字母的。我们按以下方法预测可能的 3bp 密码子的数目：从 4 个不同碱基中一次取出 3 个的排列数为 $4^3=64$，但是只有 20 个氨基酸。难道一些密码子没有被利用？实际上，3 个密码子（UAG、UAA、UGA）编码终止信号，而其他密码子编码特定氨基酸。这意味着大部分氨基酸有一个以上的密码子，因此说遗传密码是**简并的**（degenerate）。第 18 章全面介绍了密码系统及其被破译过程。

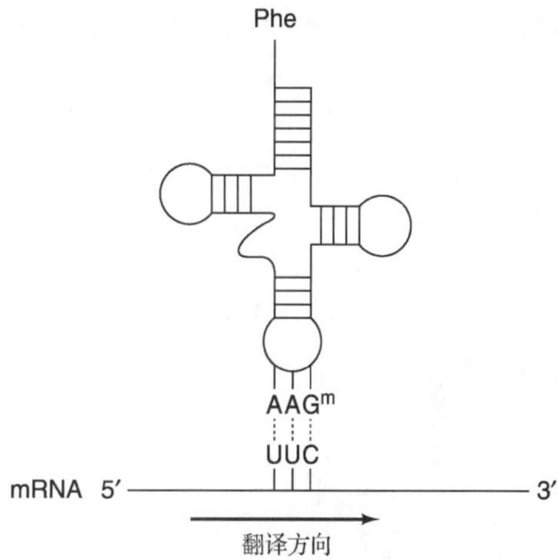

图 3.18 密码子-反密码子识别。mRNA 上的密码子与 tRNA 上相应反密码子之间的识别也遵循适用于其他核酸的沃森-克里克规则。这里 tRNA^{Phe}上的 3′AAG^{m}5′反密码子（蓝色）识别出 mRNA 上的苯丙氨酸密码子 5′UUC3′（红色）。G^m 表示甲基化的 G，它可以正常地进行碱基配对。注意：tRNA 相对于正常习惯（5′→3′）从左到右来说，它是反向的（3′→5′），从而使反密码子以正确的方向（3′→5′，从左到右）与密码子配对。记住，DNA 的两条链反向平行，这适用于任何双链多核苷酸，包括小至 3bp 的密码子-反密码子配对。

小结 tRNA 的两个重要位点使其既能识别氨基酸又能识别核苷酸。一个位点共价结合一个氨基酸，另一个位点则含有与 mRNA 的 3bp 密码子配对的反密码子。因此，tRNA 能够作为克里克假设的适配器，并且是翻译机制的关键所在。

蛋白质合成的起始 我们刚才看到有三个密码子终止翻译，一个密码子（AUG）通常启动翻译。这两个过程的机制很不相同。在第 18 章将看到，三个终止密码子与蛋白质因子相互作用，而起始密码子是与一个特殊的氨酰 tR-

NA相互作用。在真核生物中是甲硫氨酰 tRNA（tRNA加载了甲硫氨酸），而在细菌中是其衍生物——*N*-甲酰甲硫氨酰 tRNA，即在甲硫氨酰tRNA的甲硫氨酸的氨基上连接了一个甲酰基。

AUG 密码子不只位于 mRNA 的起始位置，也出现在 mRNA 的中间。当 AUG 位于起始位置时，它作为起始密码子，位于中间位置时，就编码甲硫氨酸，区别在于所处的位置。细菌 mRNA 有一段特殊序列，以其发现者命名为 **ShineDalgarno 序列**，刚好位于起始 AUG 的上游。Shine－Dalgarno 序列把核糖体吸引到附近的 AUG 上使翻译起始。相反，真核细胞没有 Shine-Dalgarno 序列，而是在其 mRNA 的 5′端有一个特殊的甲基化核苷酸，叫做**帽**（cap）。帽结合蛋白 eIF4E 结合到帽上帮助 mRNA 吸引核糖体。我们将在第 17 章详细讨论这一现象。

小结 AUG 通常是起始密码子，它与内部 AUG 的区别在于所处的位置不同。在细菌 mRNA 的起始端附近有 Shine-Dalgarno 核糖体结合序列，而在真核 mRNA 的 5′端有帽结构。

翻译的延伸 在翻译起始阶段的末期，起始氨酰 tRNA 结合在核糖体上的 **P 位点**（P site）。核糖体需要给起始氨基酸一次加入一个氨基酸从而开始延伸阶段。在第 18 章将详细研究该过程。在大肠杆菌中延伸的总体过程如图 3.19 所示。延伸始于第二个氨酰 tRNA 与核糖体上 **A 位点**（A site）的结合，该过程需要**延伸因子**（elongation factor）EF-Tu。EF 代表“延伸因子”，能量由 GTP 提供。

接着，在两个氨基酸之间必须形成肽键。核糖体大亚基含有一种酶，叫做**肽基转移酶**（pep-

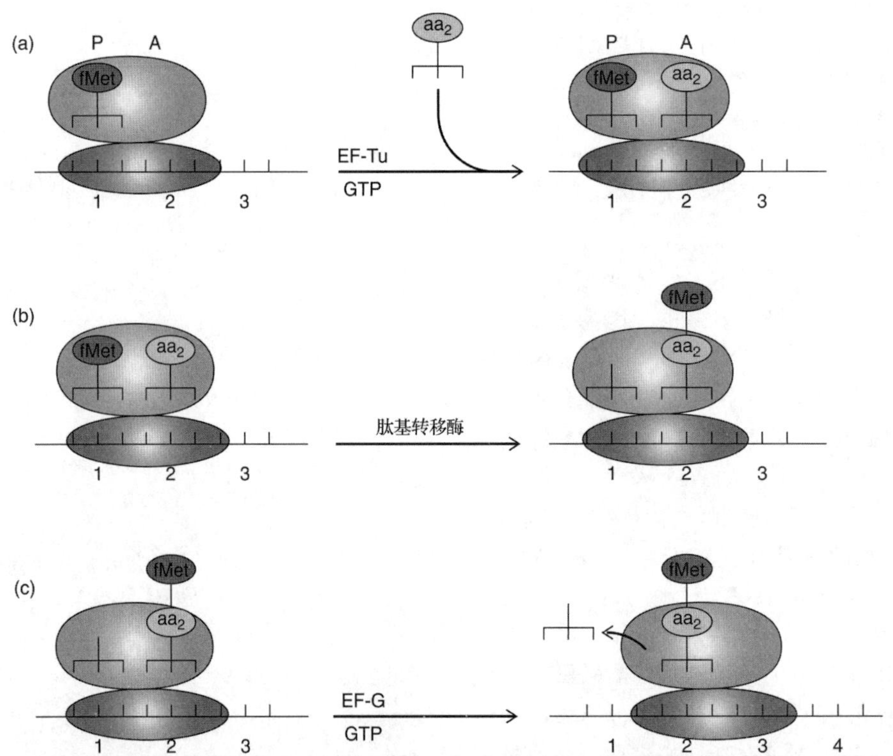

图 3.19 翻译延伸概要。（**a**）EF-Tu 在 GTP 的帮助下将第二个氨酰 tRNA 移动到 A 位点（按照惯例，P 位点和 A 位点如上方图所示分别标在核糖体的左半边和右半边）。（**b**）肽基转移酶是 50S 亚基中大 rRNA 的主要部分，在 fMet 和第二个氨酰 tRNA 之间形成肽键。由此在 A 位点产生一个二肽基 tRNA。（**c**）EF-G 在 GTP 的帮助下，将 mRNA 在核糖体上移动一个密码子长度，使密码子 2 与氨酰 tRNA 一起到达 P 位点，密码子 3 到达 A 位点。EF-G 同样使去氨酰 tRNA 离开 P 位点移入 E 位点（未显示），并从那里被排出。A 位点现在可以接受另一个氨酰 tRNA 开始下一轮延伸了。

tidyl transferase)，使 P 位点的氨基酸或肽［在本例是甲酰甲硫氨酰（fMet）］与 A 位点的氨酰 tRNA 的氨基酸部分形成肽键，结果在 A 位点产生一个二肽基 tRNA。二肽由 fMet 加第二个仍与其 tRNA 结合的氨基酸形成。大核糖体 RNA 含有肽基转移酶的活性中心。

延伸的第三个阶段是**移位**（translocation），mRNA 在核糖体上移动一个密码子的长度。二肽基 tRNA 从 A 位点移至 P 位点，去氨酰 tRNA 从 P 位点移至 **E 位点**（E site），由此提供一个离开核糖体的出口。移位需要另一个延伸因子 EF-G 和 GTP。

小结 翻译延伸包括三个步骤：①第二个氨酰 tRNA 移至 A 位点；②P 位点的氨基酸与 A 位点的第二个氨酰 tRNA 形成肽键；③mRNA 在核糖体上移动一个密码子的长度，将新形成的肽酰—tRNA 带到 P 位点。

翻译的终止和 mRNA 的结构 三个不同的密码子（UAG、UAA、UGA）引起翻译的终止。叫做**释放因子**（release factors）的蛋白质因子识别这些**终止密码子**（termination codon 或 stop codon），使翻译在停止的同时释放多肽链。从基因编码区一端的起始密码子到另一端的终止密码子为一个**可读框**（open reading frame，ORF）。之所以称为“开放”，是因为不含内部终止密码子，不会打断相应 mRNA 的翻译。“可读框”是指核糖体能以三种不同方式或“框”阅读 mRNA，采用哪种框取决于它从哪里开始。

图 3.20 显示了可读框的概念。这个小基因（比期望发现的任何基因都短）含有一个起始密码子（ATG）和一个终止密码子（TAG）（记住，这些 DNA 密码子会被转录成有相应密码子 AUG 和 UAG 的 mRNA）。在它们中间（包括这些密码子）有短的可读框能被翻译成五肽（含有 5 个氨基酸的肽）：fMet-Gly-Tyr-Arg-Pro。理论上，翻译也可从上游 4 个核苷酸处的另一个 AUG 开始，但是注意，此时翻译在另一个可读框进行，密码子也不同了，即 AUG CAU GGG AUA UAG。在这个可读框翻译之后产生四肽：fMet—His—Gly—Ile。第三个可读框没有起始密码子。天然 mRNA 可能具有一个以上的可读框，但通常使用最长的。

图 3.20 也显示该基因的转录和翻译在不同的地方开始和终止。转录开始于第一个 G，而翻译则始于下游 9bp 的起始密码子（AUG）处。因此，该基因的 mRNA 有一个 9bp 的**前导区**（leader），也叫做 **5′-非翻译区**（5′-untranslated region），或 **5′-UTR**。与之相似，在 mRNA 末端终止密码子和转录终止位点之间的

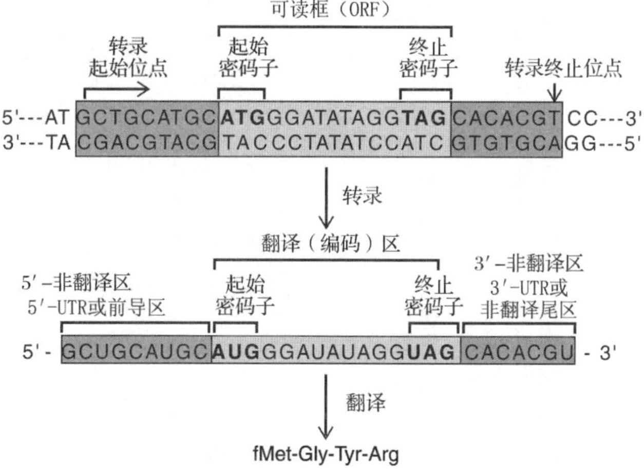

图 3.20 简化的基因和 mRNA 结构。上方是一个简化的基因，始于转录起始位点，止于转录终止位点。中间是翻译的起始密码子和终止密码子，由它们界定可被翻译产生多肽的可读框（本例是一条非常短的只有 4 个氨基酸的多肽）。基因被转录产生一条具有编码区的 mRNA，始于起始密码子，止于终止密码子，这是基因中的可读框的 RNA 对等序列。mRNA中起始密码子上游的一段是引导序列，或 5′非翻译区，终止密码子下游的一段是尾随序列，或 3′非翻译区。注意，该基因还有一个可读框，在上游向前第 4 个碱基处开始，它编码另外一个四肽。还要注意这个阅读框相对于另一个阅读框向左移动了 1bp。

存在一个**尾随序列**（trailer），也叫做**3′-非翻译区**（3′-untranslated region），或**3′-UTR**。在真核基因中，转录终止位点可能在下游很远处，但mRNA可以在终止密码子的下游剪切，一串A［poly（A）］会被加到mRNA的3′端，这时尾随序列是终止密码子和poly（A）之间的一段RNA。

小结 翻译在终止密码子（UAG、UAA或UGA）处结束。可读框包括翻译起始密码子、编码区和终止密码子。mRNA 5′端与起始密码子间的片段叫做前导区或5′-UTR，3′端［或poly（A）］与终止密码子间的片段叫做尾随序列或3′-UTR。

3.2 复制

基因的第二个特征是忠实地复制。沃森-克里克模型（第2章）设想DNA复制时新DNA链的合成遵循正常的A-T、G-C碱基配对原则。这一原则很关键，因为DNA复制机器必须能够区别配对的好坏，DNA复制模型还显示两条母链分离，各自作为子链的模板，称为**半保留复制**（semiconservative replication），因为每个子代双链螺旋中有一条母链和一条新链［图3.21（a）］。换句话说，在每个子代双螺旋中都“保留”一条母链，但这不是唯一的可能性。另一种可能机制［图3.21（b）］是**保留性复制**（conservative replication），两条母链不分开，以某种方式产生一个含有两条完整新链的子代螺旋。还有一种可能是**分散性复制**（dispersive replication），DNA变成片段，复制后新老DNA共存于同一条链中［图3.21（c）］。如第1章所提到的，Matthew Meselson和Franklin Stahl证明DNA的确是半保留复制，第20章将展示这一实验证据。

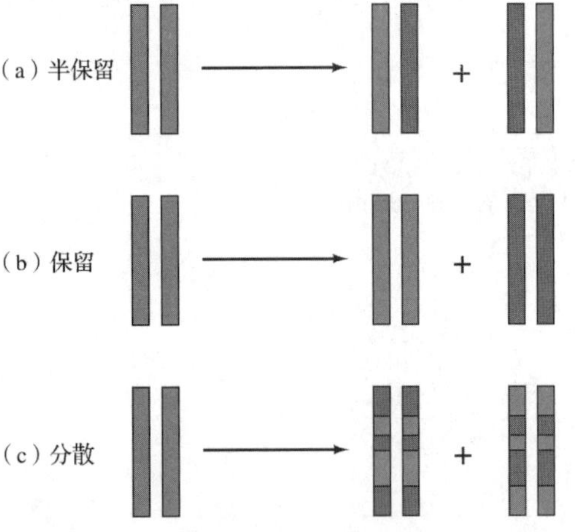

图3.21 DNA复制的三种假说。（a） 半保留复制（也见图2.15）产生两个子代双链DNA，每个含有一条老链（蓝绿色）和一条新链（红色）。**（b）** 保留复制产生两条子代双链DNA，一个有两条老链（蓝绿色），另一个有两条新链（红色）。**（c）** 分散复制产生两条子代双链DNA，双链都是老DNA和新DNA的混合物。

3.3 突变

基因的第三个特征是积累变化或突变。通过这一过程，生命本身可以发生变化，因为突变对进化至关重要。由于大部分基因是编码多肽的核苷酸串，而多肽又是氨基酸串，那么就很容易看出DNA中发生变化的结果。如果基因中某个核苷酸改变了，很可能那个基因蛋白质产物中的某个氨基酸将会发生相应改变。由于遗传密码的简并性，有时一个核苷酸的改变不会影响其蛋白质。例如，密码子由AAA突变为AAG，两者都编码赖氨酸，所以检测不到，这种无危害的变化称为**沉默突变**（silent mutation）。更常见的是基因中核苷酸的改变会导致蛋白质中氨基酸的相应改变。如果氨基酸的变化是**保守的**（conservative）（如亮氨酸变成异亮氨酸），则可能无害。如果新氨基酸与老氨基酸差别很大，这种改变则经常会削弱或破坏蛋白质的功能。

镰状细胞贫血病

由一个缺陷基因所引起疾病的典型例子是**镰状细胞贫血病**（sickle cell disease），一种真正的遗传紊乱。纯合子患者的血液富含氧时，其红细胞外观正常。正常红细胞的形状是双凹的圆盘状（biconcave disc），即从上下两面看圆盘都是凹的。然而，当这种人做运动，或以其他方式耗尽血液中的氧时，其红细胞会迅速变成镰状形或月牙形（图3.22），这会产生严

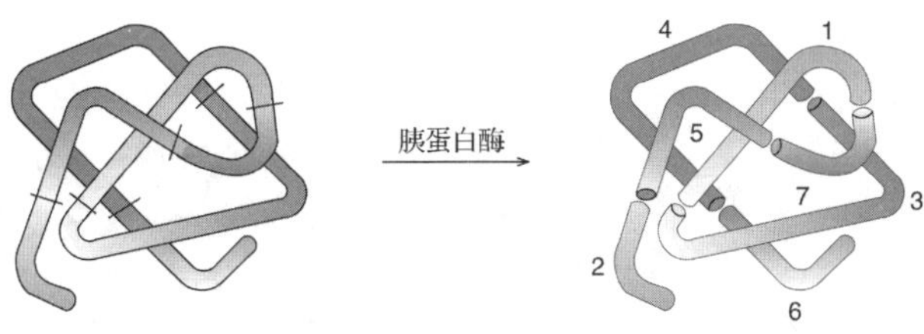

(a) 将蛋白质切割成肽段

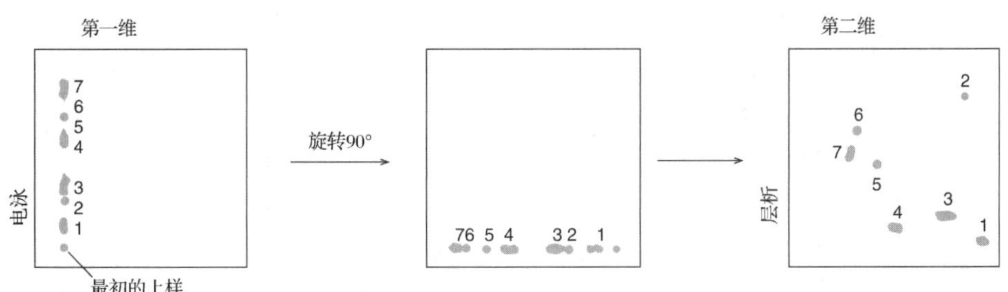

(b) 肽的二维分离

图 3.22　指纹分析蛋白质。(a) 一个假想蛋白质，有 6 个胰蛋白酶敏感位点（斜线表示）。用胰蛋白酶消化后，释放出 7 个肽段。**(b)** 这些胰蛋白酶肽段在第一向电泳中部分分开，然后旋转电泳纸 90°，在第二个方向的另一种溶剂中再用层析法完全分开。

重的后果。镰状形细胞不能穿过细微的毛细管，而使毛细管堵塞和撑破，身体供血不足，引起内出血和疼痛。此外，镰状形细胞非常脆弱，容易破裂，使患者贫血。不进行治疗的话，镰状细胞贫血病患者会有致命危险。

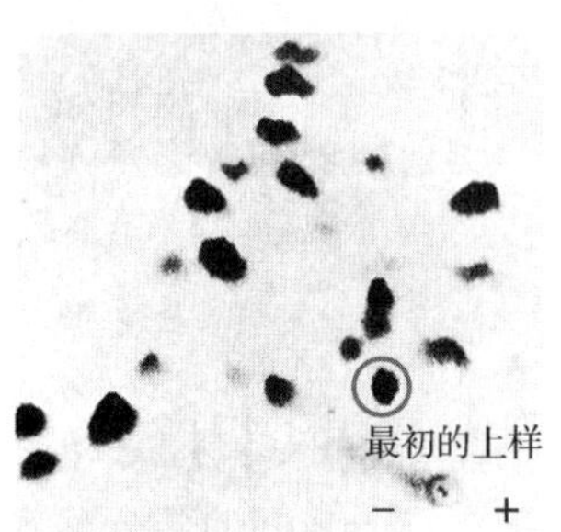

血红蛋白A

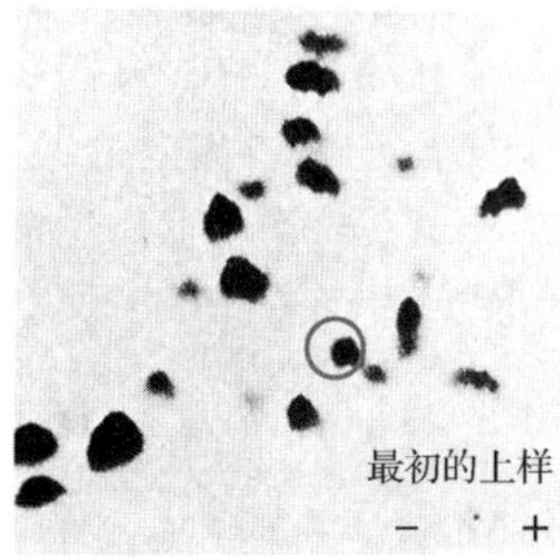

血红蛋白S

图 3.23　血红蛋白 A 和血红蛋白 S 的指纹。 除了一个肽（圈住的）之外，两者的指纹相同。该肽在 HbS 中向左上方移动了。(*Source*: Dr. Corrado Baglioni.)

当 Ingram 比较 HbA 和 HbS 的指纹时，发现所有斑点都一致，只有一个点例外（图 3.23），该点在 HbS 指纹与 HbA 指纹有不同的迁移率，表明其氨基酸组成发生了改变。Ingram 检测了这两个点中两条肽链的氨基酸序列，发现它们是位于两个蛋白质起始处的氨基端肽，并且只有一个氨基酸不相同。HbA 第 6 位的谷氨酸在 HbS 中变成了缬氨酸（图 3.24）。这是两个蛋白质的唯一差别，但已足以引起蛋白质行为的极度紊乱。

是什么导致红细胞变为镰状形的呢？问题出在红细胞中红色的、运输氧的**血红蛋白**（hemoglobin）。正常血红蛋白在普通生理条件下是可溶性的，但是镰状细胞的血红蛋白在血液的氧含量下降时会沉淀，形成长的、纤维状的聚积物，从而使红细胞扭曲成镰状形。

正常血红蛋白（HbA）与镰状细胞血红蛋白（HbS）之间有什么差异呢？1957 年 Vernon Ingram 回答了这个问题，他利用 Frederick Sanger 发明的**蛋白质测序**（protein sequencing）方法测定了两种蛋白质的部分氨基酸序列。Ingram 重点研究了这两种蛋白质的 β-珠蛋白。β-珠蛋白是四聚体（4-链）血红蛋白的两种多肽链之一。先用一种选择性切割肽键的酶，将两条多肽切成片段。这些片段称为肽（peptide），能被叫做**指纹**（fingerprinting）的二维技术分离开（图 3.22）。用纸电泳做第一维分离，然后把纸旋转 90°做纸层析，在第二维方向进一步分离，肽在纸上呈斑点状。不同的蛋白质，因其氨基酸组成不同而产生不同分布的斑点，这些分布形状被恰当地叫做“指纹”。

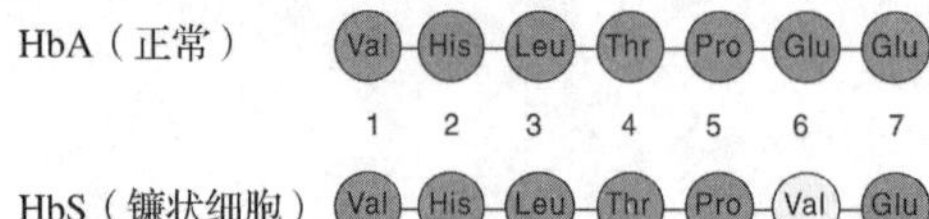

图 3.24 正常细胞和镰状形细胞 β-珠蛋白的氨基端肽序列。数字表示成熟蛋白质中相应氨基酸的位置。唯一区别是第 6 位由 HbS 的缬氨酸（Val）取代了 HbA 的谷氨酸（Glu）。

知道遗传密码后（第 18 章），我们要问 β-珠蛋白基因发生了什么变化导致了 Ingram 所检测到的蛋白质产物发生改变？谷氨酸（Glu）的 2 个密码子是 GAA 和 GAG；缬氨酸（Val）4 个密码子中的 2 个是 GUA 和 GUG。如果 HbA 基因中谷氨酸密码子 GAG 突变成 GTG，使 mRNA 变成 GUG，那么插入到 HbS 中的就是缬氨酸了，同样也可以认为是 GAA→GTA。注意，按照惯例，一般表示的 DNA 链都是与 mRNA 有相同意义的（非模板链）。实际上，相反链（模板链）CAC 在 mRNA 中被转录成 GUG。图 3.25 总结了突变及其结果，我们可以看到基因如何变化引起产物的改变。

镰状细胞贫血病在中非血统的人群中非常普遍。为什么这种有害突变能够成功地在这一人群中传播呢？可以这样解释：虽然纯合子是致死性的，但杂合子没有，它们的正常等位基因可产生足够的产物保持血细胞不变成镰状形。而且，杂合子在中非还有一个优势：非洲疟疾猖獗，HbS 能够帮助人类抵抗疟疾寄生虫的复制。

小结 镰状细胞贫血病是一种人类遗传病，源于 β-珠蛋白基因的单碱基改变。改变的碱基引起 β-珠蛋白的一个位置插入了一个错误的氨基酸。在低氧条件下改变的蛋白质导致了红细胞的变形。这个疾病阐明了一个基本的遗传学概念，即基因的变化可引起其蛋白质产物的相应变化。

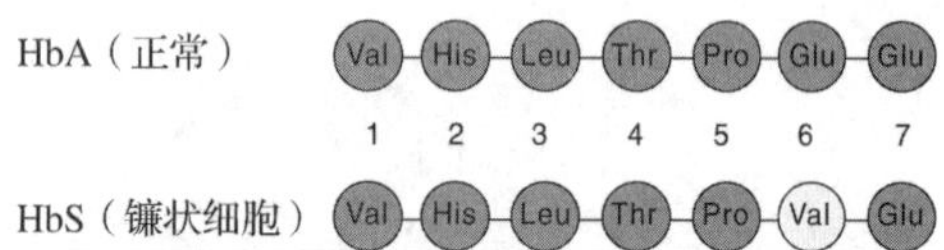

图 3.25 镰状细胞突变及其后果。正常基因非模板链的第 6 个密码子 GAG 变成了 GTG，导致镰状形细胞 β-珠蛋白 mRNA 上的第 6 位密码子从 GAG 变成了 GUG，进而导致镰状形细胞 β-珠蛋白第 6 位氨基酸由谷氨酸变成了缬氨酸。

总结

基因的三个主要功能是信息储存、复制和积累突变。蛋白质或多肽是通过肽键连接而成的氨基酸多聚物。大部分基因含有合成一条多肽的信息，并在一个两步的过程中表达：转录或基因 mRNA 拷贝的合成，接下来将这个信息分子翻译成蛋白质。翻译在叫做核糖体的结构中进行，核糖体是细胞的蛋白质工厂。翻译还需要叫做转运 RNA（tRNA）的适配器分子，它既能识别 mRNA 的遗传密码，也能识别 mRNA 编码的氨基酸。

翻译延伸包括三个步骤：①氨酰 tRNA 到 A 位点的移动；②P 位点的氨基酸与 A 位点的氨酰 tRNA 形成肽键；③mRNA 在核糖体上移动一个密码子的长度，将新形成的肽酰-tRNA 带到 P 位点。翻译在终止密码子（UAG、UAA 或 UGA）处结束。RNA 或 DNA 的一个包括翻译起始密码子、编码区、终止密码子的区域称为可读框。位于 5′端和起始密码子之间的 mRNA 片段叫做前导区或 5′-UTR，3′端［或 poly(A)］与终止密码子之间的部分称为尾随序列或 3′-UTR。

DNA 以半保留方式复制，母链分离，各自作为模板合成新的互补链。基因中的变化或突变常能引起多肽产物中相应位置上的变化。镰状细胞贫血病就是这类突变产生危害的一个例子。

复习题

1. 图示氨基酸的一般结构。
2. 图示肽键的结构。
3. 用简图比较蛋白质的 α 螺旋和反向平行 β 折叠结构。为简化起见，只显示蛋白质的骨架原子。

4. 蛋白质的一级、二级、三级、四级结构各是什么意思？

5. 基于尿黑酸病，Garrod 对蛋白质与基因之间的关系有何预见？

6. 叙述 Beadle 和 Tatum 的实验方法，证明蛋白质与基因间的关系。

7. 基因表达的两个主要步骤是什么？

8. 叙述 Jacob 及同事证明 mRNA 存在的实验并给出结果。

9. 转录的三个步骤是什么？用图分别说明。

10. 大肠杆菌核糖体有哪些 rRNA？每种 rRNA 分别属于哪个核糖体亚基？

11. 图示 tRNA 是的三叶草形结构图，指出连接氨基酸的位置和反密码子的位置。

12. tRNA 是如何行使 mRNA 的 3bp 密码子与蛋白质氨基酸之间的适配器功能的？

13. 解释基因中单碱基变化怎样导致 mRNA 翻译的提前终止。

14. 解释基因中部的单碱基缺失如何改变其可读框。

15. 解释基因的单碱基变化怎样导致其产物中单个氨基酸的变化，举例说明。

分析题

1. 这是一个细菌基因的部分序列：

5′GTATCGTATGCATGCATCGTGAC3′

3′CATAGCATACGTACGTAGCACTG5′

模板链在下部。(a) 假设转录始于模板链的第一个 T 并延续到末端，所产生的 mRNA 的序列是什么？(b) 找出该 mRNA 的起始密码子。(c) 模板链的第一个 G 变成 C 会对翻译有影响吗？如果有，是什么影响？(d) 模板链的第二个 T 变成 G 会对翻译有影响吗？如果有，是什么影响？(e) 模板链的最后一个 T 变成 C 会对翻译有影响吗？如果有，是什么影响？（提示：不需要知道遗传密码来回答这些问题，只需要知道本章给出的起始密码子和终止密码子）。

2. 假设你用粉色链孢菌做类似于 Beadle 和 Tatum 的遗传学实验，分离得到一个泛酸盐缺陷型突变体，它不能合成泛酸盐，需要提供泛酸才能生长。请问这一现象是因为泛酸途径的哪个步骤被阻断了？

翻译　马　纪　校对　张富春　罗　杰

推荐阅读文献

Beadle, G. W., and E. L. Tatum. 1941. Genetic control of biochemical reactions in *Neurospora*. *Proceedings of the National Academy of Sciences* 27: 499-506.

Brenner, S., F. Jacob, and M. Meselson. 1961. An unstable intermediate carrying information from genes to ribosomes for protein synthesis. *Nature* 190: 576-581.

Crick, F. H. C. 1958. On protein synthesis. *Symposium of the Society for Experimental Biology* 12: 138-163.

Meselson, M., and F. W. Stahl. 1958. The replication of DNA in *Escherichia coli*. *Proceedings of the National Academy of sciences* 44: 671-682.

第4章　分子克隆方法

培养皿中细菌的特写，细菌尤其是大肠杆菌是进行基因克隆的最适生物。
© *Glowimages/Getty RF*.

在回顾了基因的基本结构和功能之后，就可以更详细地学习分子生物学了，重点是分子生物学家为阐明基因的结构和功能所做的实验。为此，我们需稍作停留，先介绍一些分子生物学的主要实验技术。因为在开始阶段就介绍所有实验是不现实的，所以我们先在第4章和第5章中介绍一些常用技术，其他技术将根据需要，穿插在书中有关章节加以介绍。我们先从使分子生物学发生革命性变化的基因克隆技术开始。

设想你是一位1972年的遗传学家，想从分子水平研究真核基因的功能。例如，你对人生长素（*hGH*）基因的结构和功能感兴趣，那么该基因的序列是什么？其启动子是怎样的？*RNA*聚合酶如何与该基因相互作用？基因发生了什么变化导致垂体功能减退性侏儒症（*hypopituitary dwarfism*）？

回答上述问题之前，你必须纯化出足够多（约1*mg*）的基因进行研究。1*mg*听起来不多，但是想象一下，要从人的全部*DNA*中纯化出来，这个量就惊人了。试想一下，一个hGH基因的*DNA*量远低于人的基因组总量的百万分之一，即使你能设法收集到这么大的量，也不知怎样从其余*DNA*中分离出你的目的基因，总之你会身陷困境。

基因克隆技术完美地解决了这个问题。通过将真核基因与小的细菌*DNA*或噬菌体*DNA*连接起来，并将这些重组分子转入细菌宿主细胞，就可大量生产高纯度的目的基因了。在本章我们将学习怎样在细菌和真核细胞中克隆基因。

4.1　基因克隆

克隆实验的一个产物就是一个**克隆**（clone），它是一组相同的细胞或组织。我们知道有些植物只需经过简单地扦插枝条就可以被克隆（希腊语，*Klon*是枝条的意思），而有些则通过从植物中分离出单个细胞长成完整的植株而被克隆，甚至脊椎动物也可被克隆。John Gurdon将单一蛙胚的细胞核移植到多个去核的卵中得到了同一青蛙的多个克隆。1997年，名为多莉（Dolly）的绵羊在苏格兰克隆诞生，用的是成年母羊的乳腺上皮细胞和去核卵细胞。同卵双胞胎则是一种自然克隆。

基因克隆实验的一般程序是，先将外源基因放入细菌细胞中，然后分离出单个细胞，从每个单细胞培养出菌落（colony）。菌落里的每个细胞都相同，且都含有这个外源基因。因此，只要保证外源基因能够复制，就可通过克隆其细菌宿主而克隆该基因了。Stanley Cohen、Herber Boyer 及同事在 1973 年进行了首例克隆实验。

限制性内切核酸酶的作用

Cohen 和 Boyer 的出色实验计划依赖于极具价值的**限制性内切核酸酶**（restriction endonu-clease）。Stewart Linn 和 Werner Arber 在 20 世纪 60 年代后期从大肠杆菌中发现了限制性内切核酸酶。这类酶的命名是基于它们能将外源 DNA（如病毒 DNA）切碎而阻止其入侵，因此"限制了"病毒的宿主范围。此外，它们在外源基因的内部切割，而不是从其两端逐步吃掉，所以叫做内切核酸酶（endonuclease）（希腊语：*endo* 内部的）而不是外切核酸酶（exonuclease）（希腊语：*exo* 外部的）。Linn 和 Arber 希望他们的酶能在专一位点切割 DNA，就像精细打磨的分子刀一样来切削 DNA 片段。遗憾的是这些特殊的酶未能实现这一愿望。

然而，由 Hamilton Smith 从流感嗜血杆菌（*Haemophilus influenzae*）Rd 菌株中分离出的一种酶，在切割 DNA 时具有特异性。该酶被命名为 *Hind* Ⅱ（发音为 Hin－dee－two），前三个字母取自产生该酶的微生物的拉丁名，头一个字母是属名的第一个字母，后面两个字母是种名的前两个字母（由 <u>*Haemophilus in*</u>-*fluenzae* 得 *Hin*）。另外，有时还包括菌株名，如"d"来自 Rd 菌株。如果菌株仅产生一种限制酶，名字末端用罗马字母Ⅰ表示，如果不止一种，则分别以罗马数字Ⅱ、Ⅲ表示，依次类推。

Hind Ⅱ识别如下序列：

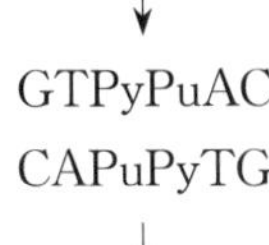

并在箭头所示位点切割 DNA 双链。Py 表示嘧啶 T 或 C，Pu 表示嘌呤 A 或 G，而且只要这一序列出现，*Hind* Ⅱ就切开 DNA。令分子生物学家高兴的是，*Hind* Ⅱ仅仅是数百个具有各自特异性切割序列的限制性内切核酸酶（简称限制酶，译者注）中的一个。表 4.1 中列出了一些常用限制酶的来源及其识别序列。注意，其中有些酶的识别序列仅为 4bp 而不是更常见的 6bp，因此它们切割频率相对较高。因为 4bp 序列平均每 $4^4=256$ bp 就会出现一次，而 6bp 的序列在 $4^6=4096$bp 才出现一次。因此，6bp 的酶可将 DNA 切割成平均长度约 4000bp——**4 千碱基**（4kb）（kilobase）的片段。有些限制酶，如 *Not* Ⅰ识别 8bp 序列，其切割频率更低（每 $4^8\approx 65\ 000$bp 切割一次），因此称这些酶为**稀切酶**（rare cutter）。实际上，*Not* Ⅰ在哺乳动物 DNA 中的实际切割频率比预期的更低，因其识别序列包含两拷贝的稀有二核苷酸 CG。还需注意，*Sma* Ⅰ和 *Xma* Ⅰ的识别序列相同，但切割位点不同，我们称这类可识别相同序列中不同位点的酶为**异裂酶**（heteroschizomer）（希腊文 *hetero* 意思是不同，*schizo* 意思是切割）或**新裂酶**（neoschizomer）（希腊文 *neo* 意思是新的）。将识别相同序列中相同位点的酶叫做**同裂酶**（isoschizomer）（希腊文 *iso* 意思是相等）。

表 4.1　部分限制性内切核酸酶的识别序列及作用位点

名称	识别序列*
Alu Ⅰ	AG↓CT
*Bam*H Ⅰ	G↓GATCC
Bgl Ⅱ	A↓GATCT
Cla Ⅰ	AT↓CGAT
*Eco*R Ⅰ	G↓AATTC
Hae Ⅲ	GG↓CC
Hind Ⅱ	GTPy↓PuAC
Hind Ⅲ	A↓AGCTT
Hpa Ⅱ	C↓CGG
Kpn Ⅰ	GGTAC↓C
Mbo Ⅰ	↓GATC
Pst Ⅰ	CTGCA↓G
Pvu Ⅰ	CGAT↓CG
Sal Ⅰ	G↓TCGAC
Sma Ⅰ	CCC↓GGG
Xma Ⅰ	C↓CCGGG
Not Ⅰ	GC↓GGCCGC

*只显示 5′→3′（左到右）的一条 DNA 链，但限制性内切核酸酶实际切割双链 DNA，如文中的 *Eco*R Ⅰ，箭头所指的是每个酶的切割位点。

限制酶的主要优点在于其在相同位点重复性切割 DNA 的能力，这一特性是分析基因及其表达的实验技术的基础。但这不是唯一的优点，许多限制酶在两条 DNA 链上产生交错切口（表 4.1 中偏离序列中心切割位点的酶），使 DNA 产生单链凸出末端或**黏性末端**（sticky end），这种黏性末端可使两个不同的 DNA 分子按照碱基互补配对连接在一起。例如，*EcoR* Ⅰ（发音 Eeko R－1 或 Echo R－1）酶切所产生的黏性末端之间的互补序列：

```
       ↓
5′---GAATTC---3′     ---G3′        5′AATTC---
3′---CTTAAG---5′  →  ---CTTAA5′  +      3′G---
          ↑
```

还需注意，*Eco*RⅠ在片段的 5′端切割，产生 4 碱基的凸出末端。*Pst* Ⅰ在其识别序列的 3′端切割，产生 3′黏性末端。而 *Sma* Ⅰ在其识别序列的正中切割，产生无碱基凸出的平末端（blunt end）。

限制酶之所以产生交错切口，是因为其识别序列多呈二重对称性，即识别序列旋转 180°后还是同样的。例如，想象一下翻转刚才所提到的 *Eco*RⅠ的识别序列：

```
       ↓
5′---GAATTC---3′
3′---CTTAAG---5′
          ↑
```

你会看到，翻转后的序列看起来还是一样。这些序列向前读和向后读都一样。因此，*Eco*RⅠ可以在顶链左侧的 G 和 A 之间切割，也可以在底链右侧的 G 和 A 之间切割，如垂直箭头所示。

具有二重对称性的序列也被称为**回文结构**（palindrome）。在普通语言中，回文就是正读和倒读都一样的句子。如拿破仑的悼词："Able was I ere I saw Elba"；或一种赘疣疗方："Straw? No, too stupid a fad; I put soot on warts"；或对意大利食品偏爱的一种表述："Go hang a salami! I'm a lasagna hog."。正读和倒读 DNA 回文结构的结果也一样，但必须在两个方向都按 5′→3′方向阅读。也就是说，读顶链时要从左向右，而读底链时要从右向左。

有关限制酶的最后问题是：如果能切割入侵病毒的 DNA，它们为什么不破坏宿主细胞自身的 DNA？答案是：几乎所有限制酶都有对应的甲基化酶，后者能识别相同的位点并对其进行甲基化。限制性酶和甲基化酶统称为**限制-修饰系统**（restriction-modification system），或称为 **R-M 系统**。被甲基化之后，DNA 的酶切位点就被保护了起来，宿主细胞中甲基化的 DNA 就不会受到损伤。但是 DNA 复制时怎么办？新合成的 DNA 链尚未被甲基化，是否容易被切割呢？图 4.1 解释了 DNA 在复制过程中怎样继续受到保护。细胞 DNA 每次复制时，子代双链之一是新合成的未被甲基化的链，而另一条链是已经被甲基化的母链，这种半甲基化（hemimethylation）状态足以保护 DNA 双链不被多数限制酶所酶切，因而甲基化酶有时间寻找甲基化位点并将另一条链甲基化，产生完全甲基化的双链 DNA。

Cohen 和 Boyer 在其克隆实验中（图 4.2）充分利用了限制酶产生黏性末端这一特点。他们用 *Eco*RⅠ分别酶切两个不同的 DNA。这两个 DNA 都是**质粒**（plasmid），即一类独立于寄主菌染色体之外的小型环状 DNA。其中一个质粒是 pSC101，带有四环素抗性基因；另一

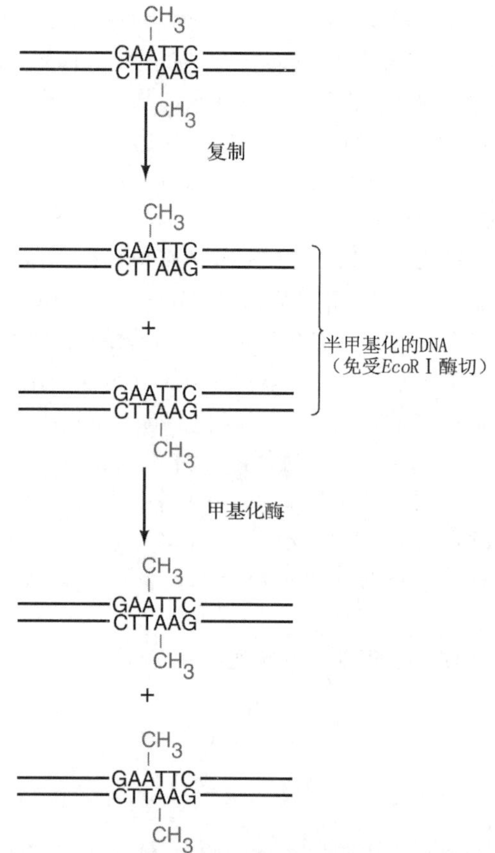

图 4.1 DNA 复制后保持对限制性内切核酸酶的抗性。我们以 *Eco*RⅠ位点开始，其在双链 DNA 上都是甲基化的（红色）。复制后，每个子代 DNA 双链中的母链仍保持甲基化状态，而新合成的那条链尚未甲基化。在这种半甲基化 DNA 中的一条甲基化的链已经足以防止 *Eco*RⅠ的降解。很快，甲基化酶在 *Eco*RⅠ位点识别出未甲基化的链并对其甲基化，形成完全甲基化的 DNA。

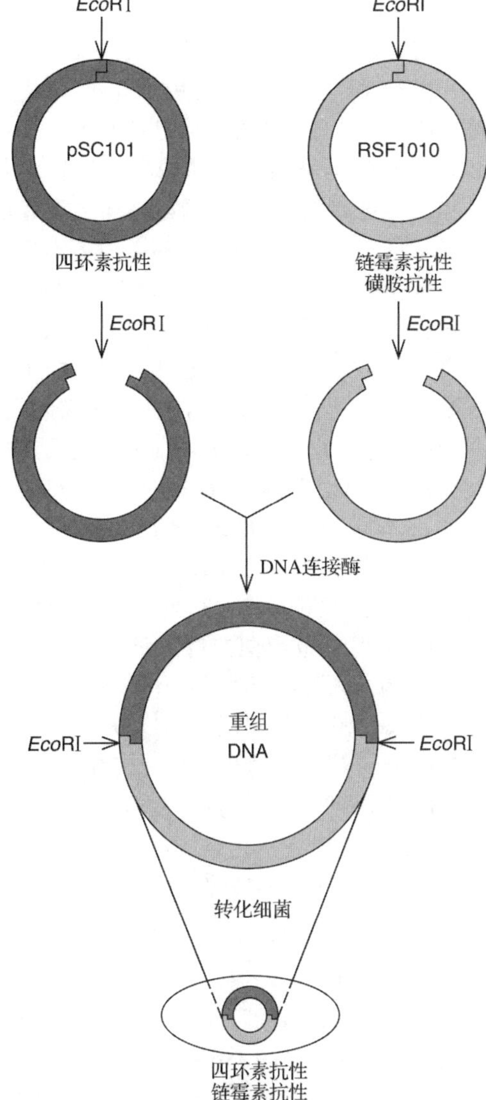

图 4.2 首次体外重组 DNA 的克隆实验。 Boyer 和 Cohen 用限制性内切核酸酶 *Eco*R Ⅰ 处理两种质粒 pSC101 和 RSF1010，产生两条具有相同黏性末端的线性 DNA，在体外可用 DNA 连接酶将它们连接起来。研究人员通过转化将重组 DNA 再次导入大肠杆菌细胞，筛选对四环素和链霉素都有抗性的克隆，即携带有重组质粒的克隆。

个是 RSF1010，具有抗链霉素和磺胺类药物的特性。两个质粒都仅有一个 *Eco*R Ⅰ **限制位点** (restriction site)，用 *Eco*R Ⅰ 切割时变成带有相同黏性末端的线状分子，这些黏性末端彼此通过碱基配对至少能暂时连接在一起。当然，同一 DNA 分子黏性末端碱基配对也会使 DNA 分子重新闭合成环状。最后，**DNA 连接酶** (DNA ligase) 在两条 DNA 链末端间形成共价键，完成将两个 DNA 分子共价连接的任务。

该实验期望获得重组 DNA，即将原来独立的两段 DNA 连接在一起。虽然重组质粒在数量上可能远远少于切开后又重新自连接的原质粒，但很容易筛选。连接产物重组质粒转化细菌细胞后赋予宿主两种抗性，即 pSC101 的四环素抗性和 RSF1010 的链霉素抗性。自然界有丰富的 DNA 重组现象，与其他大多数重组不同，该重组的 DNA 不是在细胞内自然形成的，而是分子生物学家在试管中连接起来的。

小结 限制性内切核酸酶识别 DNA 分子中的特异序列，并在双链上进行切割，这种切割具有很强的特异性。同时，由于在双链上产生的切口多是交错的，限制酶产生的黏性末端有助于将两个 DNA 连接起来，在体外形成重组 DNA。

载体

Cohen 和 Boyer 实验中所采用的两个质粒都能在大肠杆菌中进行自我复制，因此两者都可作为携带者使重组 DNA 进行复制。基因克隆实验都需要这种**载体** (vector)，典型的基因克隆实验只需一种载体，外加一段依赖于载体进行复制的外源 DNA。外源 DNA 没有**复制起点** (origin of replication) (即 DNA 从此处开始复制的位点)，必须将其置于带有复制起点的载体中，否则将无法进行复制。自 20 世纪 70 年代中期以来，已开发出多种载体，主要分为两大类：质粒 (plasmid) 和噬菌体 (phage)。重组 DNA 都必须先经转化导入细菌细胞 (第 2 章)。传统的做法是将细胞在高浓度钙盐溶液中孵育，使细胞膜出现裂隙，然后将这些可透过的细胞与重组 DNA 混合，使 DNA 进入有裂缝的细胞。另一种方法是利用高电压将 DNA 压入细胞，这一过程叫做**电转化** (electroperation)。

质粒载体 在克隆技术发展的早期阶段，Boyer 及同事开发了一系列非常流行的载体，即 pBR 载体系列。如今，在 pBR 质粒之外有了更多的选择。其中一种虽然有点过时，但是有用的载体系列是 pUC 系列。该系列是基于 pBR322 开发的，其中 40%的 DNA 已被删除。

此外，pUC载体具有众多限制酶酶切位点，集中在一个叫做**多克隆位点**（multiple cloning site，MCS）的小区域内。pUC载体含有氨苄青霉素抗性基因，用于筛选接受了质粒拷贝的细菌。另外，它们具有一些遗传元件，可提供方便筛选重组DNA克隆的方法。

pUC载体的多克隆位点位于编码β-半乳糖苷酶氨基端部分（α-肽）的DNA序列内（叫做*lacZ′*），而用于pUC载体的宿主菌带有编码β-半乳糖苷酶羧基部分（ω-肽）的基因。由这些不完整基因产生的β-半乳糖苷酶片段自身都不具有生物活性，但是它们可以在细菌体内通过**α-互补**（α-complementation）而具有活性。换句话说，这两个不完整基因的产物可结合形成有活性的β-半乳糖苷酶。因此，当pUC18转化带有部分半乳糖苷酶基因的细菌细胞时，可以产生有活性的β-半乳糖苷酶。如果将这些克隆在含有半乳糖苷酶指示物的平板培养基上培养，那么转有pUC质粒的克隆就会改变颜色。指示剂常用X-gal，它是一种合成的无色半乳糖苷，当β-半乳糖苷酶切割X-gal时，会释放半乳糖和一种蓝色染料，后者可将细菌菌落染成蓝色。

相反，通过在多克隆位点插入一段外源基因而打断质粒的这部分β-半乳糖苷酶基因，通常会使该基因失活，不能产生与宿主菌的β-半乳糖苷酶片段互补的产物，使X-gal保持无色。因此，挑选重组克隆很简单，只需挑选白色菌落即可。注意，这是个一步过程，我们可同时挑选既能在氨苄青霉素培养基上生长，又能在X-gal存在时为白色的克隆。构建多克隆位点时已细致地保存了β-半乳糖苷酶基因的可读框，因此即使该基因被18个密码子所阻断，仍可产生有功能的蛋白质。但是更大插入片段的进一步阻断通常会破坏β-半乳糖苷酶基因的功能。

即使利用颜色筛选，插入pUC载体的克隆也会有假阳性发生，即无插入片段的白色菌落。如果在载体与插入片段连接前，载体末端被核酸酶稍微“咬掉”一点，这种情况就会发生。如果这些轻微降解的载体在连接这一步自身闭合，*lacZ′*基因就足以产生白色菌落了，因此要使用纯DNA和无核酸酶活性的酶。

对于无颜色筛选标记的载体，自连接现象是个大问题，因为更难区分含有插入片段和无插入片段的菌落了。即便使用pUC或其相关载体，我们也希望减少载体自连接现象。一种比较好的方法是采用碱性磷酸酯酶来处理载体，除去自连接所需的5′-磷酸基团。没有这些磷酸基团，载体就不能自连接，但不影响与含有5′-磷酸基的外源插入片段连接。图4.3（b）显示了这一过程，注意，由于只是插入片段有磷酸基，因此在连接产物中还存在两个切口（未形成的磷酸二酯键），但这不成问题，这些切口可以在重组质粒进入细菌细胞后被宿主体内的DNA连接酶封闭。多克隆位点还允许用两种不同的酶（如*Eco*RⅠ和*Bam*HⅠ）切割载体，然后将一端为*Eco*RⅠ末端，另一端为*Bam*HⅠ末端的DNA片段克隆到载体上。这种克隆方式叫做**定向克隆**（directional cloning），因为插入片段只能以一个方向连接到载体上（插入片段的*Eco*RⅠ和*Bam*HⅠ末端必须与载体上的对应末端相匹配）。明确插入片段的方向很有益处，这一点将在本章的后面进行讨论。定向克隆在防止载体自连接方面也有优势，因为其两个限制性酶切位点无互补性。

小结 pBR322和pUC质粒都属于第一代质粒克隆载体。后者有氨苄青霉素抗性基因和一个打断β-半乳糖苷酶部分基因的多克隆位点。筛选既具有氨卞青霉素抗性、又不产生活性β-半乳糖苷酶使指示剂X-gal变蓝的菌落即可。多克隆位点也使在两个不同的限制性酶切位点间定向克隆外源基因变得很方便。

噬菌体载体 细菌噬菌体是将细菌DNA从一个细胞转至另一个细胞的天然载体。因此，改造噬菌体使其对所有类型的DNA做同样的事就是自然而然的了。噬菌体载体有一个天然优点：它们感染细胞的效率要比质粒转化细胞的效率高，所以噬菌体载体的克隆产量通常较高。噬菌体载体的重组克隆不是细胞群落，而是**噬菌斑**（plaque）（噬菌体在宿主菌平板上清出的一个孔）。噬菌斑是由一个噬菌体侵染一个细胞后产生的子代噬菌体杀死细胞，从该细胞中裂出，再感染并裂解周围的细胞而

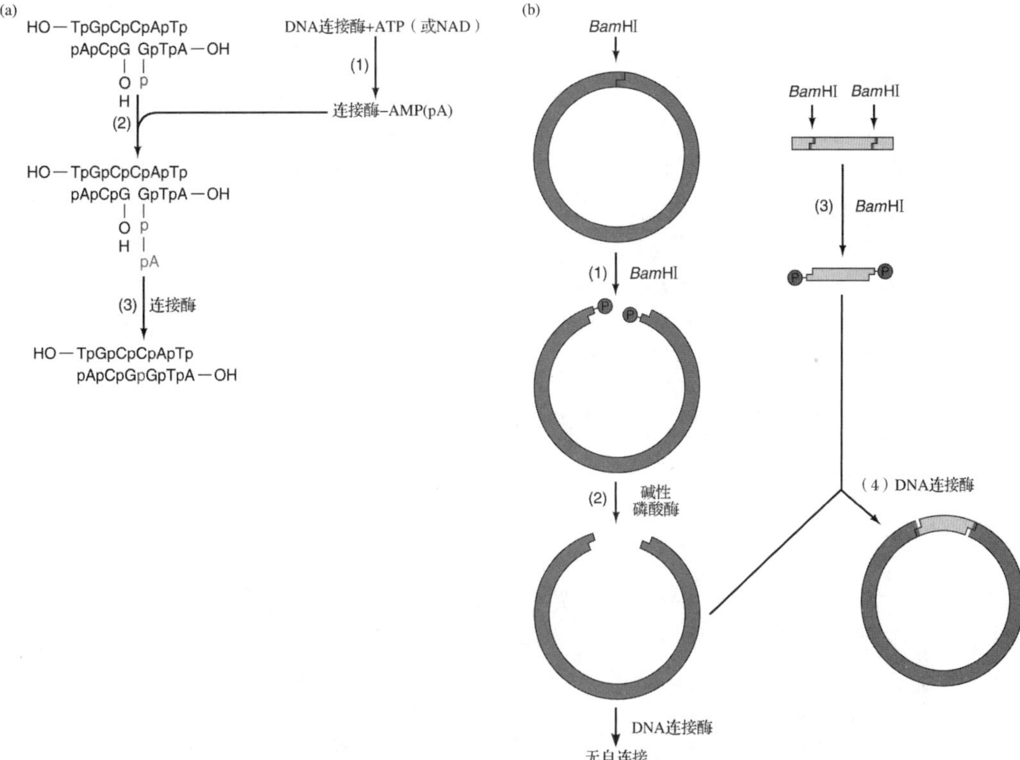

图 4.3 载体与插入片段的连接。(a) DNA 连接酶的机制。步骤 1：DNA 连接酶与 AMP 供体反应。供体可以是 ATP 或 NAD（烟酰胺腺嘌呤二核苷酸），这取决于连接酶的类型。反应生成活性酶（ligase-AMP）。步骤 2：活性酶将 AMP（蓝色）供给双链 DNA 的下方链切口处的 5′端自由磷酸基，在切口的一边形成高能二磷酸基。步骤 3：以磷酸基团间键断裂所产生的能量形成磷酸二酯键封闭 DNA 的切口。该反应可以在 DNA 双链上发生，因此两个独立的 DNA 也可以被 DNA 连接酶连接起来。**(b)** 碱性磷酸酶防止载体自连接。步骤 1：用 *Bam*HⅠ酶切载体（蓝色，左上方），产生带有 5′磷酸的黏性末端。步骤 2：用碱性磷酸酶去除磷酸基团使载体不能自连接。步骤 3：也用 *Bam*HⅠ酶切插入片段（黄色，右上方），产生带磷酸基的黏性末端。步骤 4：最后将载体和插入片段连接在一起。插入片段的磷酸基可以形成两个磷酸二酯键（红色）同时留下两个未形成的键或切口。一旦 DNA 转化到细菌细胞中，这些切口就可连接起来。

形成。该过程一直持续到肉眼可见的噬菌斑出现。由于形成一个噬菌斑的所有噬菌体都来源于同一噬菌体，所以在遗传上是相同的一个克隆。

λ噬菌体载体 Fred Blattner 及同事通过改造著名的 λ 噬菌体而构建了第一个噬菌体载体（第 8 章）。他们移去 λ 噬菌体 DNA 的中间区域，保留了其复制所必需的基因。所移去的噬菌体基因可用外源 DNA 代替。Blattner 以神话中在冥河摆渡的船夫 Charon 的名字将其命名为 **Charon 噬菌体**（Charon phage）。就像 Charon 将灵魂送到阴间一样，Charon 噬菌体携带外源 DNA 进入细菌细胞。船夫 Charon 发音为“Karen”，而噬菌体 Charon 通常发音为“sharon”。对 λ 载体如 Charon 4，更一般的术语是**替换载体**（replacement vector），因为 λ DNA 被部分移去而由外源 DNA 替代了。

与质粒载体相比，λ 噬菌体载体的一个明显优点是可容纳更大的外源 DNA。例如，Charon 4 可接受最大为 20kb 的外源 DNA，这是 λ 噬菌体头部容量的极限。相比之下，传统的质粒载体如果整合这么大的 DNA 片段就无法复制了。什么时候需要这么大的容量呢？构建**基因组文库**（genomic library）时，一般用 λ 噬菌体替代载体。如克隆人类全基因组，无疑需要很多克隆。若每个克隆的插入片段越大，则所需克隆的总数就越少。实际上，已经构建了人类和其他物种的基因组文库，λ 替换载体是用于这一目的的常用载体。

除了高容量这一优点，有些 λ 噬菌体载体还具有对插入片段有最小长度要求的优点。图 4.4 显示了具有这一要求的原因：为使 Charon 4 载体准备接受插入片段，用 *Eco*R Ⅰ 切割 Charon 4。该酶在靠近噬菌体 DNA 中部的三个位点切割，产生两个“臂”及两个“填充”片段。然后，通过凝胶电泳或超速离心纯化两个臂，丢弃填充片段。最后将两臂与插入片段连接起来，这样插入片段就替代了那些丢弃的填充片段。

初看上去，未接收插入片段的两个臂也能连接起来。这种情况确有发生，但不会形成克隆。因为两臂组成的 DNA 太小，不会被包裹到噬菌体中。体外包裹噬菌体需要将重组 DNA 与组成噬菌体颗粒所需要的各种物质混合。现在可以购买克隆试剂盒，其中带有纯化的 λ 臂和包裹提取物。该提取物对拟包裹 DNA 的大小有严格要求，除 λ 臂外，DNA 大小必须至少为 12kb，但最大不超过 20kb。

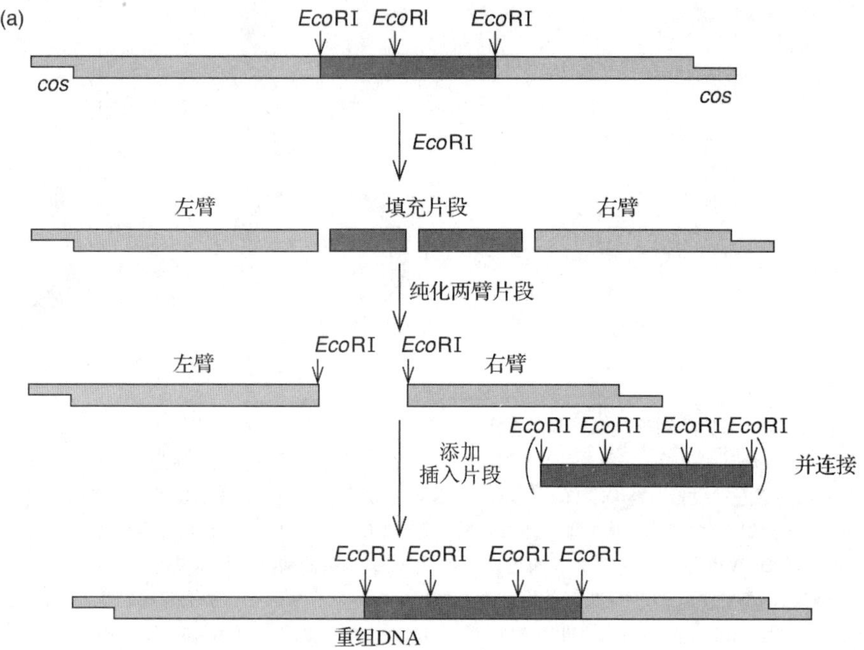

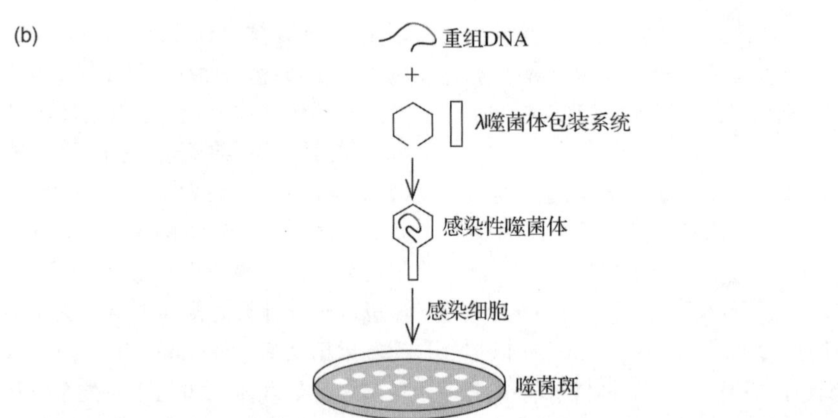

图 4.4 Charon 4 载体克隆。(a) 形成重组 DNA。用 *Eco*R Ⅰ 酶切载体（黄色和蓝色），去掉其间的片段（蓝色）留下两臂，然后将不完全消化的插入片段（红色）与两臂连接。末端延伸出 12 个碱基的黏端（*cos* 位点），其大小在这里被放大了。**(b)** 包裹和克隆重组 DNA。将（a）中的重组 DNA 与体外包裹提取物混合，其中包括 λ 噬菌体的头部、尾部及所有将重组 DNA 包装成功能性噬菌体颗粒所需的因子。最后将噬菌体颗粒在大肠杆菌平板上涂板，收集所产生的噬菌斑。

虽然每个克隆都含有至少 12kb 的外源 DNA，但是所构建的文库不应浪费空间去克隆那些无意义的 DNA。认识到这一点很重要，因为即使每个克隆中含有 12～20kb 的外源 DNA，文库也至少需要 50 万个克隆才能保证每个人类基因至少出现一次。如果用 pBR322 或 pUC 质粒载体构建人类基因组文库，会更加困难，因为细菌会选择性地吸收小的质粒并进行繁殖，所以多数克隆只含有几千个碱基或几百个碱基的插入片段，这样就可能需要数百万个克隆才能完成人类基因组文库的构建。

由于 *Eco*RⅠ产生平均长度约 4kb 的酶切片段，而 λ 噬菌体载体不接受小于 12kb 的插入片段，因此不能用 *Eco*RⅠ完全酶切外源 DNA，否则片段会因为太小而不能用于克隆。此外，*Eco*RⅠ及大部分限制酶在多数真核基因中部切割一次或多次，所以完全酶切只能得到多数基因的片段。采用 *Eco*RⅠ不完全酶切（用低浓度酶或短作用时间，或同时采用这两种方法）可减小这一问题的发生概率。如果 *Eco*RⅠ每次只在第 4 或第 5 个位点酶切，则产生平均长度 16～20kb 的片段，这个大小刚好是 λ 噬菌体载体可接受的，也足以包括大多数真核基因的完整长度。如果想要更随机的片段，可使用机械方法（如超声波破碎法）将 DNA 切到适合克隆的大小。

基因组文库非常方便，一旦构建成功，就可用以研究任何一个感兴趣的基因。唯一的问题是没有目录帮助查找具体的克隆，因此需要利用一定的探针来显示哪个克隆含有目的基因。理想的探针应当是带有标记的核酸分子，其序列与目的基因匹配，然后做**噬菌斑杂交**（plaque hybridization）实验，使文库中的每个噬菌体 DNA 都与标记探针杂交，能够形成标记杂交体 DNA 的噬菌斑就是要挑选的。

在第 2 章，我们已经提到过杂交反应，在第 5 章将再次讨论。图 4.5 是噬菌斑的杂交原理。在几个培养皿中培养了数以千计的噬菌斑（为简洁起见这里只显示几个），然后用滤膜[由 DNA 结合材料如**硝化纤维**（nitrocellulose）或涂层尼龙膜制成]与培养皿表面接触，使每个噬菌斑的部分噬菌体 DNA 转移到滤膜上。DNA 经碱变性后与标记探针杂交，在加入探针之前，先将滤膜用非特异性 DNA 或蛋白液饱和，目的是阻止非特异性探针与之结合。当标记探针遇到互补片段（只能是来自目的克隆的 DNA）时便与其杂交，标记该 DNA 斑点，然后用 X 射线检测标记的斑点，X 射线上的小黑点显示含目的基因的噬菌斑在原始培养皿中的位置信息。实际情况下，原始平板可能挤满了噬菌斑，不可能准确挑出需要的那一个，可从对应位置挑出几个噬菌斑，以很低的噬菌斑密度再涂板一次，然后重复上述杂交过程，找出阳性克隆。

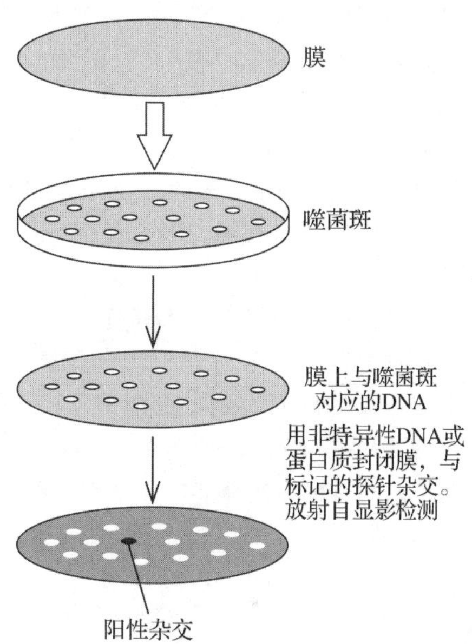

图 4.5　噬菌斑杂交法挑选阳性基因组克隆。用一块尼龙膜或类似介质轻触培养板的表面，其上含有来自图 4.4 的 Charon4 噬菌斑。从每个噬菌斑上自然释放噬菌体 DNA 黏附在膜上。对 DNA 碱变性，用标记的探针与膜杂交探测目的基因，然后利用 X 射线显示标记的位置。靠近膜中部的一个噬菌斑被杂交，如胶片上黑点所示。

我们已经介绍了用 λ 噬菌体载体作为基因组克隆的工具，而其他类型的 λ 载体在构建 cDNA 文库中也十分有用，将在本章的后面学习。

黏粒　另一种专门用于克隆大片段 DNA 的载体称为**黏粒**（cosmid）。黏粒既有质粒的特点又有噬菌体的特点。它有 λ 噬菌体 DNA 的 ***cos* 位点**（或黏性末端），可将 DNA 包裹进入噬菌体头部（由此得“cosmid”名字的“cos”部分），还带有质粒的复制起点，可以像质粒一样在细菌体内复制（得其名字的“mid”部分）。

由于除了 *cos* 位点以外，λ 噬菌体几乎所有的基因都被剔除了，因此黏粒载体可以容纳更大的插入片段（40～50kb）。一旦插入片段到位，重组黏粒就在体外被包装成噬菌体颗粒。这些颗粒不能以噬菌体形式复制，因为黏粒载体几乎没有噬菌体 DNA，但依然具有感染性，可携带其重组 DNA 进入细菌细胞。一旦进入，由于含有质粒的复制起点，DNA 就能像质粒一样复制了。

M13 噬菌体载体 还有一类用作克隆载体的噬菌体是丝状噬菌体 M13（长的细丝状）。Joachim Messing 及同事给这种噬菌体的 DNA 加上了与 pUC 载体家族相同的 β-半乳糖苷酶基因片段和多克隆位点。实际上，先构建的是 M13 载体，然后才将有用的多克隆位点直接转到 pUC 质粒上。

M13 载体的主要优点在于其基因组是单链 DNA，因此克隆的外源片段以单链形式回收。我们将在本章的后面看到，单链 DNA 有利于定点突变（site-directed mutagenesis），通过定点突变可以向基因引入特异的、预定的改变。

图 4.6 显示的是如何将一段双链 DNA 克隆到 M13 中获得单链 DNA 的过程。噬菌体颗粒自身的 DNA 是单链的，感染大肠杆菌细胞后，单链 DNA 就转变成双链复制型（replicative form，RF）DNA，双链 RF 噬菌体 DNA 可用于克隆。用一个或两个限制酶在多克隆位点酶切后，带有互补末端的外源 DNA 就可插入。然后用这一重组 DNA 转化宿主细胞，产生携带单链重组 DNA 的子代噬菌体。含噬菌体 DNA 的噬菌体颗粒从转化的细胞中分泌出来，并可以从培养基中收集。

噬菌粒 另一种产生单链 DNA 的载体也已开发出来。它们也像黏粒一样既有噬菌体，又有质粒的性质，因此被叫做**噬菌粒**（phagemid）。常用的一种噬菌粒的商品名叫做 pBluescript（pBS）（图 4.7）。像 pUC 载体一样，pBluescript 有一个位于 *lacZ'* 基因中的多克隆位点。含插入片段的 pBluescript 可用 X-gal 进行蓝白斑法筛选。同时该载体还有一个与 M13 相关的单链噬菌体 f1 的复制起点，这意味着含

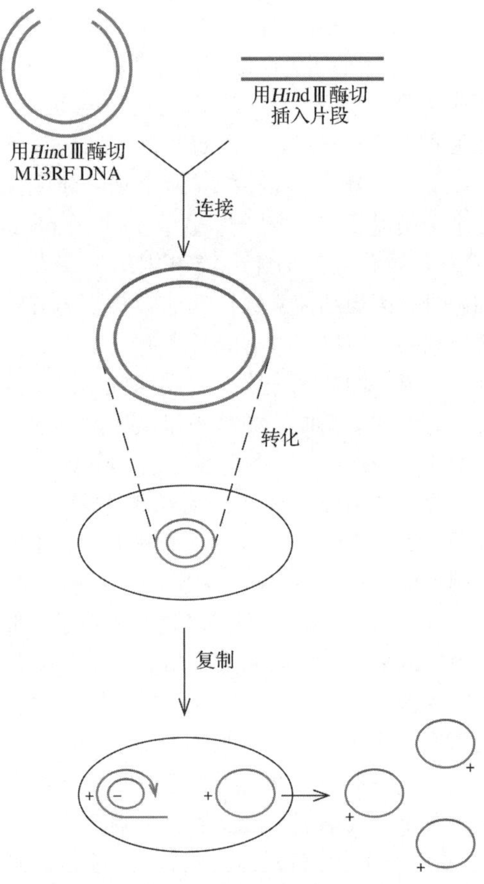

图 4.6 通过 M13 噬菌体克隆获得单链 DNA。 被 *Hind*Ⅲ酶切过的外源 DNA（红色）被插入双链噬菌体 DNA 的 *Hind*Ⅲ位点。所产生的重组 DNA 用于转化大肠杆菌细胞。转化后，DNA 在细胞内复制，产生大量单链 DNA 产物。按照惯例，DNA 产物叫做正链（+），模板 DNA 是负链（−）。

有重组噬菌粒的宿主细胞如果被提供 DNA 复制机器的 f1 辅助噬菌体感染，就会产生并包裹单链噬菌粒 DNA。此类载体的另一个优点是多克隆位点的两侧是两个不同噬菌体的 RNA 聚合酶启动子。比如，pBS 的多克隆位点一侧是 T3 启动子，另一侧是 T7 启动子。该特点可用于分离双链重组噬菌粒 DNA，并用任一种噬菌体 RNA 聚合酶进行体外转录，产生对应于插入片段的任意一条链的纯 RNA 转录物。

小结 有两类噬菌体载体作为克隆载体非常流行。第一类是 λ 噬菌体载体，从中去除了非必需基因，为插入片段腾出空间。有些工程噬菌体能容纳最大 20kb 的插入片段，因此有利于构建基因组文库，而每个克隆都含有较大片段的基因组 DNA，对基因组文库

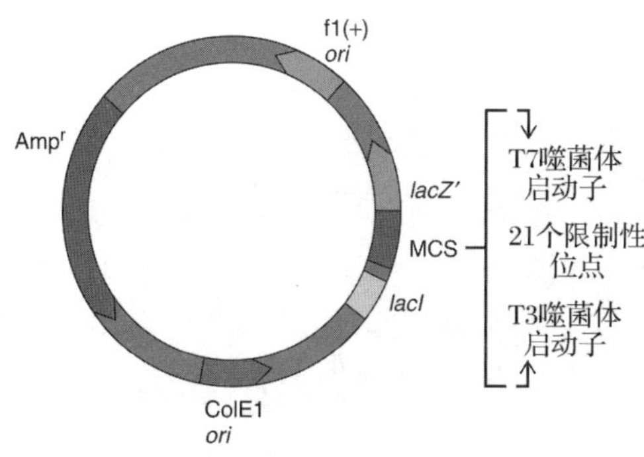

图 4.7 pBluescript 载体。该质粒基于 pBR322 构建，保留其氨苄青霉素抗性基因（绿色）和复制起点（紫色）。此外，该质粒还具有 f1 噬菌体的复制起点（橙色）。因此，如果细胞被 f1 辅助噬菌体感染而获得复制机器，载体的单链 DNA 拷贝就可包裹成子代噬菌体颗粒。多克隆位点（MCS）在两个噬菌体启动子（T7 和 T3）间有 21 个唯一的限制性位点。因此，任何 DNA 插入片段都可在体外转录，并依据所提供的噬菌体 RNA 聚合酶的种类产生任意一条链的 RNA 拷贝。MCS 位于大肠杆菌的 *lacZ′* 基因中（蓝色）。所以，当加入诱导物 IPTG 抵抗 *lac* Ⅰ基因所表达的阻遏物时，未重组质粒产生 β-半乳糖苷酶的 N 端片段。因此，当加入 X-gal 指示剂时含未重组质粒的菌落显示蓝色。相反，含有重组质粒的菌落，其外源基因在 MCS 中打断了 *LacZ′* 基因，不会产生有功能的 β-半乳糖苷酶，菌落保持白色。

很重要。黏粒载体能容纳的插入片段更大，可达 50kb，因此也是构建基因组文库的首选载体。第二类噬菌体载体由 M13 噬菌体组成。这类载体有方便的多克隆位点，更有利的是还可产生单链重组 DNA，这一特点可用于 DNA 测序及定点突变。一类叫做噬菌粒的质粒，也已经被改造成可在其辅助噬菌体存在的条件下产生单链 DNA。

真核载体及大容量载体 这类载体可将基因克隆至真核细胞。在本章后面将介绍几种可在真核细胞中表达基因的蛋白质产物的载体，还要介绍几种根据农杆菌（*Agrobacterium tumefaciens*）Ti 质粒设计的载体，这些载体用于将外源基因导入植物细胞。在第 24 章，将探讨用于克隆大片段 DNA（数十万个碱基对）的**酵母人工染色体**（yeast artificial chromosome，YAC）和**细菌人工染色体**（bacterial artificial chromosome，BAC）。

用特异性探针鉴定目的克隆

从大量无关克隆中鉴定目的克隆时，探针（特异性地与靶分子结合的分子）是非常必要的。广泛使用的探针有两类：多核苷酸（或寡核苷酸）和抗体。我们先介绍核酸探针，再介绍抗体探针。

多核苷酸探针 探查目的基因时，可利用已经克隆的其他生物的同源基因。这两个基因的序列要有足够的相似性以便杂交。如果相似性较低，就得降低杂交条件的**严谨性**（stringency），以便杂交反应能承受探针与克隆基因间一定程度的碱基错配。

有多种方法控制杂交的严谨性。高温、高浓度有机溶剂及低盐浓度都可促使 DNA 双螺旋中两条链的分离。因此，可以调整这些条件直至只有完全匹配的两条 DNA 链才能形成双螺旋，这就是高严谨性。放松这些条件（如降低温度）可降低杂交的严谨性，允许有少量错配的两条 DNA 链杂交。

没有同源 DNA 时该用什么探针呢？如果知道该基因的蛋白质产物的至少一段序列也有办法。我们实验室在克隆植物毒素蓖麻蛋白（ricin）的基因时就遇到了类似情况。所幸蓖麻毒素的两条多肽链的全部氨基酸序列都是已知的，因此可以分析氨基酸序列，利用遗传密码简并性推出这些氨基酸可能编码的一系列核酸序列，然后化学合成这些核酸序列并作为探针通过杂交找到蓖麻毒素基因。这种方案是利用由几个核苷酸序列组成的一系列探针，因此称为**寡核苷酸**（oligonucleotide）探针。利用多个寡核苷酸探针是因为遗传密码是简并的，多数氨基酸由一个以上的三联体密码子编码。

幸运的是，其中一条蓖麻毒素的多肽包含氨基酸序列 Trp-Met-Phe-Lys-Asn-Glu，这为我们省去了许多不便。其中，前 2 个氨基酸各有 1 个密码子，随后的 3 个各有 2 个密码子，第 6 个氨基酸为我们提供了 2 个额外碱基，其简并性只发生在第 3 个碱基上。所以只需要合成 8 种 17 碱基的寡核苷酸（17mer）就可以确保获得该段氨基酸的准确编码序列。这个简并序列表示如下：

U G U

UGG AUG UUC AAA AAC GA

Trp Met Phe Lys Asn Glu

利用这 8 个 17 碱基（UGGAUGUUCAAAA-ACGA、UGGAUGUUUAAAAACGA 等）的混合物，我们很快找出了几个蓖麻毒素的特异性克隆。有了这些准确序列就可以合成探针了。

解题

问题

这是蛋白质的一段氨基酸序列，其基因是你要克隆的：

Arg-Leu-Met-Glu-Trp-lie-Cys-Pro-Met-Leu

a. 什么样的 5 个氨基酸序列可以给出简并性最小的 17 碱基探针（包括其后密码子的 2 个碱基）?

b. 要合成多少个不同的 17 碱基才能保证探针与克隆基因的相应序列完全匹配?

c. 如果从最优探针（在 *a*. 中所选的氨基酸）右移两个密码子处开始探针，那么需要合成多少种不同的 17 碱基?

答案

a. 首先参照遗传密码表（第 18 章）确定上述序列中每种氨基酸的编码简并性，结果如下：

6 6 1 2 1 3 2 4 1 6

Arg-Leu-Met-Glu-Trp-Ile-Cys-Pro-Met-Leu

每个氨基酸上方的数字表示该氨基酸的简并性。换句话说，精氨酸有 6 个密码子、亮氨酸 6 个、甲硫氨酸 1 个等。现在的任务是找出 5 个连续的简并性最低的氨基酸。我们很快就看出最优组合是 Met-Glu-Trp-Ile-Cys。

b. 为找出需合成多少个不同的 17 碱基，将氨基酸的简并数相乘即可。对于已选的 5 个氨基酸来说，共有 1×2×1×3×2=12 种。注意，可以选用 Pro 的前两个碱基（CC）而对简并性没有任何影响，因为编码 Pro 的 4 种简并性均出现在密码子的第三个碱基上（CCU、CCA、CCC、CCG）。因此探针可以有 17 个碱基而不是所选 5 个氨基酸所对应的 15 个碱基。

c. 如果将所选氨基酸向右移两位，也就是以 Trp 开头，那么所需的组合数是：1×3×2×4×1=24 种。也就是说共需要制备 24 种探针，而不是 12 种。

小结 特定克隆可使用与之相结合的寡核苷酸探针进行筛选。知道了某个基因产物的氨基酸序列，就可设计一系列编码氨基酸部分序列的寡核苷酸探针。这是筛选特定克隆的最快速和最准确的一种方法。

cDNA 克隆

cDNA［**互补 DNA**（complementary DNA）或**拷贝 DNA**（copy DNA）］是一段 RNA（通常是 mRNA）的 DNA 拷贝。有时我们要构建 **cDNA 文库**（cDNA library），即特定细胞类型在特定时间内全部 mRNA 的一组克隆。这种文库包含数十万个不同的克隆。若想获得一个具体的 cDNA——只含有一个 mRNA 的 DNA 拷贝的克隆，可根据研究目的采取不同的技术。

图 4.8 是一种简单但十分有效的构建 cDNA 文库的方法。任何 cDNA 克隆方法的关键环节都是以 mRNA 为模板利用**反转录酶**（reverse transcriptase）（RNA 依赖性 DNA 聚合酶）合成cDNA。反转录酶与所有 DNA 聚合酶类似，没有引物时不能起始 DNA 合成。可利用大多数真核生物 mRNA 3′端的 polyA 尾，以 oligo（dT）作为引物。oligo（dT）与 poly（A）互补，以 mRNA 为模板引发 DNA 的合成。

mRNA 被复制产生一条单链 DNA（“第一链”）后，将被**核糖核酸酶 H**（RNase H）部分降解。该酶降解 RNA－DNA 杂交链中的 RNA 链，而我们恰好需要消化掉与第一链 cDNA 碱基配对的 RNA。残留的 RNA 片段作为引物以第一链为模板合成“第二链”。这一阶段要依赖图 4.9 所示的**切口平移**（nick translation）反应。结果产生在第二链的 5′端带有小段 RNA 的双链cDNA。

切口平移就是同时进行切口（单链 DNA 断裂位点）前 DNA 的移除和切口后 DNA 的合成，就像铺路机一样，铲掉前面的老路同时在后面铺设新路。最终结果是按 5′→3′方向移动或平移切口。用于切口平移的酶是大肠杆菌的

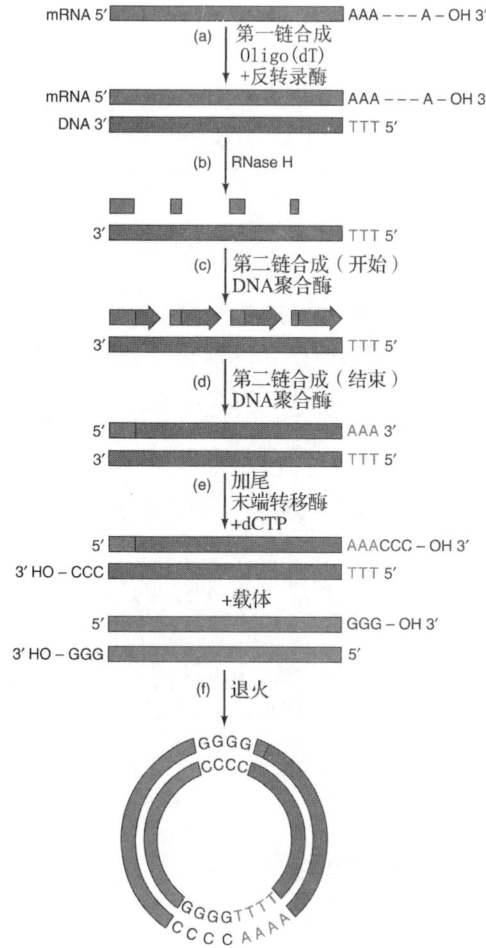

图 4.8　cDNA 文库的构建。(a) 以 oligo (dT) 为引物，反转录酶作用，复制 mRNA（蓝色），产生与 mRNA 模板杂交的 cDNA（红色）。(b) 用 RNaseH 部分消化 mRNA，形成一系列与 cDNA 第一链碱基配对的 RNA 引物。(c) 用大肠杆菌 DNA 聚合酶 I 依据 RNA 引物合成 cDNA 第二链。(d) cDNA 第二链从最左边的引物（蓝色）开始延长，一路延伸到 3′端的 oligo (dA)，后者与 cDNA 第一链的 oligo (dT) 引物相对应。(e) 给双链 DNA 添加黏性末端，加入末端转移酶和 oligo (dC)。(f) 将 cDNA 的 oligo (dC) 与适当载体（紫色）的互补 oligo (dG) 末端退火。然后重组 DNA 用于转化细菌细胞，细胞中的酶连接残留的切口并以 DNA 取代剩余的 RNA。

DNA 聚合酶 I，它具有 5′→3′外切酶活性，随着酶向前移动降解切口前面的 DNA。

接下来，将 cDNA 连接到载体上。对于限制酶切割的基因组 DNA 片段来说，这比较容易，但 cDNA 不产生黏性末端。虽然效率很低，平末端也可以连接，但最好能获得黏性末端的高效连接。用**末端脱氧核苷酰转移酶**（terminal deoxynucleotidyl transferase）（简称**末端转移酶** terminal transferase）和某种脱氧核苷三磷酸可以在 cDNA 上创建黏性末端，本例采用的是 dCTP。转移酶每次将一个 dCMP 加到 cDNA 的 3′端。用同样的方法也可将 oligo (dG) 末端加到载体上。将 cDNA 末端的 oligo (dC) 与载体末端的 oligo (dG) 退火，使 cDNA 和载体连成可直接用于转化的重组 DNA。两个寡核苷酸尾部的碱基配对很强，在转化前不需要连接。被转化细胞的 DNA 连接酶最后会起连接作用，同时 DNA 聚合酶 I 会去除所有残留的 RNA 代之以 DNA。

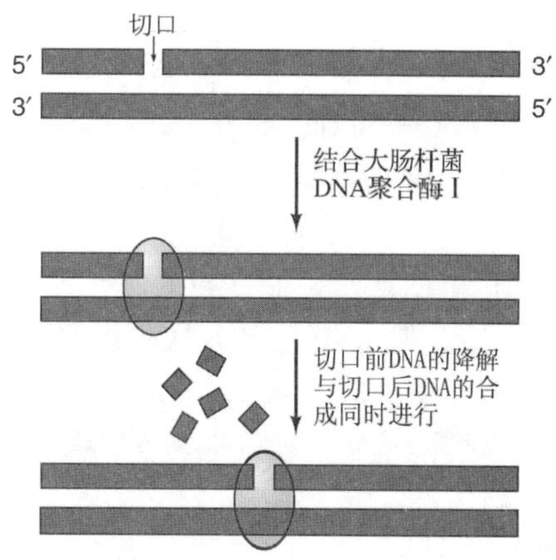

图 4.9　切口平移。以普通双链 DNA 为例，但其原理也适用于任何 RNA-DNA 杂交链。以双链 DNA 的顶部链有切口开始，大肠杆菌 DNA 聚合酶 I 结合到切口上，以 5′→3′方向延伸 DNA 片段（从左到右）。同时，其 5′→3′外切核酸酶活性降解右侧的 DNA 片段，为后面产生的片段腾出空位。红色小方块表示外切核酸酶降解 DNA 后释放的核苷酸。

哪种载体可用于 cDNA 连接呢？有多种选择，主要取决于检测阳性克隆（带有目的 cDNA 的克隆）的方法。质粒或噬菌粒载体（如 pUC 或 pBS）都可以用，这时阳性克隆要用**菌落杂交**（colony hybridization）来鉴定，该方法与前面介绍过的噬菌斑杂交类似。还可以用 λ 噬菌体，如 λgt11，其 cDNA 置于 *lac* 启动子之下，克隆基因的转录和翻译都可以进行。阳性克隆的鉴定还可利用抗体直接筛选克隆基因的蛋白质产物，稍后将详细讨论这种方法。也可以用寡核苷酸探针与重组噬菌体 DNA 杂交。

cDNA 末端快速扩增

实验中常常得到一些非全长的 cDNA，可能是反转录酶因为某种原因未能将 cDNA 扩增至末端。通过 **cDNA 末端快速扩增**（rapid amplification of cDNA end，**RACE**）可将缺失的 cDNA 补齐。图 4.10 是 5′-RACE 技术的原理，用于扩增 cDNA 的 5′端（这是常见的问题），与之相似的 3′-RACE 技术用于填补缺失的 cDNA 3′端。

做 5′-RACE 实验时，先制备含有目的 mRNA 的 RNA 和 5′端缺失的 cDNA。不完整

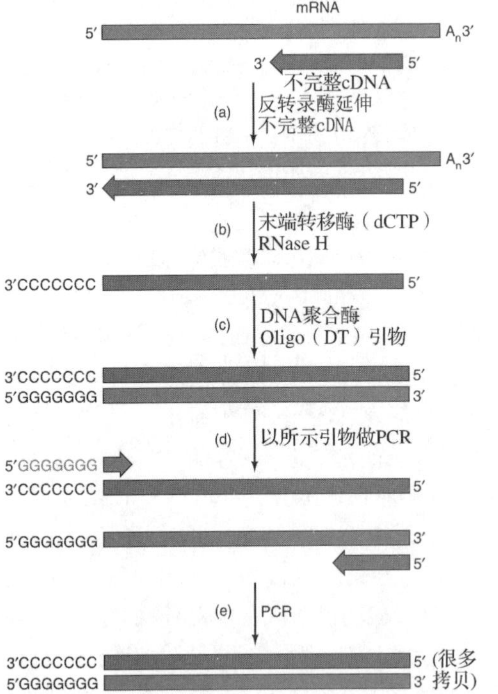

图 4.10 RACE 实验填充 cDNA 的 5′端。(a) 将不完整 cDNA（红色）或 cDNA 的寡核苷酸片段与 mRNA（绿色）杂交，并用反转录酶将 cDNA 延伸至 mRNA 的 5′端。**(b)** 用末端转移酶和 dCTP 将 C 添加到延长的 cDNA 的 3′端。同样，用 RNaseH 降解 mRNA。**(c)** 用 oligo（dG）引物和 DNA 聚合酶Ⅰ合成 cDNA 第二链（蓝色）。**(d)** 和 **(e)** 进行 PCR，以 oligo（dG）为正向引物，与 cDNA 的 3′端杂交的寡核苷酸为反向引物。产物就是延伸到 mRNA 5′端的 cDNA。可用类似的实验（3′-RACE）朝 3′方向延伸 cDNA，此时无须用末端转移酶给 cDNA 的 3′端加尾，因为 mRNA 已经有 poly（A）了，因此反向引物应该是 oligo（dT）。

的 cDNA 链与 mRNA 退火后，用反转录酶复制 mRNA 的其余部分，然后用末端转移酶和 dCTP 给完整的 cDNA 加上 oligo（dC）尾。接下来，用 oligo（dG）引发第二链的合成，该步骤产生一个双链 cDNA。此双链 cDNA 即可用于 PCR 扩增，其引物是 oligo（dG）和 3′端特异性寡核苷酸。

小结 构建 cDNA 文库时，可以分次合成 cDNA 的两条链。以细胞的 mRNA 为模板合成第一链，然后用第一链为模板合成第二链。反转录酶合成第一链，大肠杆菌 DNA 聚合酶Ⅰ合成第二链。可以给双链 cDNA 加上寡核苷酸尾以便与克隆载体上的尾部碱基互补配对，然后用这些重组 DNA 转化细菌。目的克隆可用放射性标记的 DNA 探针进行菌落杂交而鉴定，若使用表达载体（如 λgt11）则以抗体为探针。不完整的 cDNA 可用 5′-RACE 或 3′-RACE 的方法得到全长。

4.2 聚合酶链反应

现在我们已经知道如何克隆由限制酶或机械切割所产生的 DNA 片段了，也学习了 cDNA 克隆的经典技术。但一种较新的、称为**聚合酶链反应**（polymerase chain reaction，**PCR**）的技术也可产生 DNA 片段用于克隆，尤其适用于 cDNA 克隆。

标准 PCR

PCR 技术是由 Kary Mullis 及同事在 20 世纪 80 年代发明的。如图 4.11 所示，该技术使用 DNA 聚合酶合成选定 DNA 区域的拷贝。他们计划扩增 DNA 的 X 片段，通过加入很短的 DNA 为引物与 X 两端的 DNA 序列杂交而引发 X 区域的 DNA 合成。X 两条链的拷贝及最初的 DNA 链又可作为下一轮反应的模板。通过这种方式，所选 DNA 片段的数量每经过一轮就成倍递增，达到初始量的百万倍，直至足够用于电泳检测。

起初，工作人员必须在每次循环后加入新

鲜的DNA聚合酶，因为标准DNA聚合酶不耐高温（超过90℃），而每一轮复制前都需要高温打开DNA双链。现在有了专门的热稳定性DNA聚合酶，其中一种叫做***Taq*聚合酶**（Taq polymerase），源于热喷泉中的嗜热水生菌（*Thermus aquaticus*）。实验时只需将*Taq*聚合酶与引物和DNA模板在试管中混合，密封试管，然后放入**热循环仪**（thermal cycler）中即可。热循环仪被设定在3个不同温度之间反复循环：首先是高温（约95℃）使DNA解链，然后是相对较低的温度（约50℃）使引物与模板DNA退火，最后是中等温度（约72℃）使DNA合成。每次循环只需几分钟，通常不到20个循环就可产生大量所需扩增的DNA。PCR如此强有力的扩增能力，甚至还帮助产生了如《侏罗纪公园》（*Jurassic Park*）等多部科幻小说（见知识窗4.1）。

小结 PCR用于扩增两个预设位点之间的DNA片段，与这两个位点互补的寡核苷酸可作为两位点间DNA拷贝合成的引物。每一轮PCR都使被扩增DNA的拷贝数加倍，直到合成大量的DNA片段。

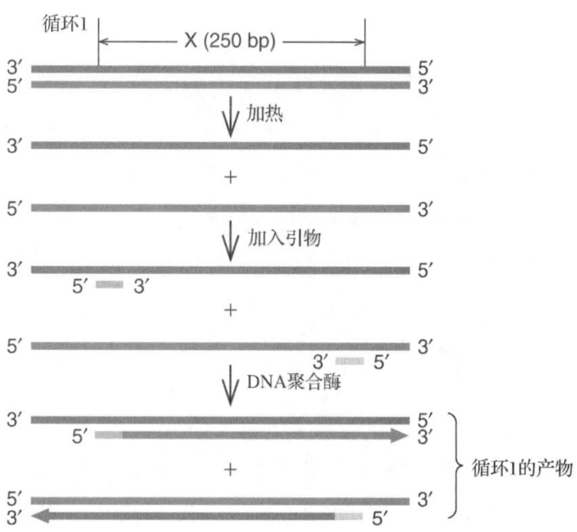

图4.11 通过聚合酶链反应扩增DNA。以DNA双链（顶部）开始，加热使其双链（红色和蓝色）分离。然后加入短的单链DNA引物（紫色和黄色），引物分别与待扩增区（X，250bp）的两端序列互补。它们与分离的DNA链的合适位点杂交。一种特殊的热稳定性的DNA聚合酶利用这些引物开始合成互补的DNA链。箭头代表新合成的DNA，复制在箭头尖处已经停止。在循环1结束时，产生两个包含待扩增区的DNA双链。但是我们仅以一条双链开始。所有DNA链和引物的5′→3′方向在图上标出。同样的原理也适用于随后的每个循环。

知识窗4.1

侏罗纪公园：不只是幻想？

在Michael Crichton的《侏罗纪公园》一书及同名电影中，描述了一位科学家和一位企业家合作制造出活恐龙的神奇故事。他们的策略是分离恐龙DNA，但不是直接从恐龙残骸中分离。他们发现侏罗纪时期的吸血昆虫吸了恐龙血之后又被树的分泌液包埋变成琥珀，从而保存了这些昆虫。他们认为，既然血液中有包含DNA的白细胞，昆虫肠道的内含物中就应该含有被吸过血的恐龙的DNA。接下来是用PCR扩增恐龙DNA，将得到的DNA片段连接在一起，然后将这些DNA置于卵细胞中，瞧啊！一个小恐龙就孵化出来了！

这一设想听起来很荒谬，确实，某些现实问题使这种设想还完全停留在科幻领域。但让人震惊的是这个故事中的某些部分已经出现在科学文献中了。1993年6月，《侏罗纪公园》在电影院上映的同一个月，*Nature*杂志的一篇文章介绍了对一种灭绝象鼻虫基因进行PCR扩增和部分基因测序的结果，这种昆虫在黎巴嫩的琥珀里已经包埋了1.2亿～1.35亿年。这一研究把我们带回了白垩纪，虽然没有侏罗纪那么远古，但白垩纪也是恐龙的世界。如果这种研究可行的话，也许真能找到肠道中含有恐龙DNA的保存下来的吸血昆虫。进一步讲，得到的DNA有可能仍然足够完整，可作为PCR扩增的模板。毕竟，PCR技术有能力将单一DNA分子扩增到我们期望的任何程度。

那么制造恐龙的道路上还有什么障碍呢？先不考虑用裸DNA制造脊椎动物这一未知领域，我们首先得考虑PCR技术自身的限制，其中之一是PCR扩增DNA片段的大小是有限的，至多40kb。这样的长度大约只是整个恐龙基因组的十万分之一，这就意味着我们得将至少十万个 PCR 片段一段一段连接起来才能重建整个基因组，而这样做的前提是我们要对恐龙 DNA 的序列有足够的认识才能在开始时为所有这些片段设计好 PCR 引物。

但是如果我们设法让 PCR 扩增片段远不止 40 000bp 会怎么样呢？如果 PCR 可以扩增整个染色体，一次可扩增高达几亿个碱基对呢？即便如此，我们还会面临 DNA 是一种遗传上不稳定的分子这一事实，就算是在琥珀里的昆虫体内也不能指望全长染色体能保存几百万年。PCR 之所以能扩增相对较短的片段是因为引物只需要找到一个在这一短长度上完整的分子就可以了，而要找到一个完整无断裂的染色体，哪怕是一段无断裂的百万碱基 DNA 片段，都是不可能的。

这些因素给少数已公布的用 PCR 扩增远古时代 DNA 的例子增添了相当的不确定性。很多科学家认为像 DNA 这种容易断裂的分子能够保存数百万年根本不可信。他们认为恐龙 DNA 很久以前就分解为核苷酸了，根本不能用作 PCR 扩增的模板。实际上，所有超过 10 万年的远古 DNA 都是一样的，包括原来认为可能是例外的保存在琥珀中的 DNA。

另外，PCR 仪确实扩增了远古昆虫样品的某种 DNA。如果这不是远古昆虫的 DNA，又是什么呢？这涉及 PCR 方法的第二个限制，也是其最大优点：它的极高灵敏度。正如我们已经看到的，PCR 能扩增单一 DNA 分子，如果这是我们想要扩增的 DNA 就再好不过了。然而，它也能捕获样品中极微量，甚至是单个分子的污染 DNA，并对其扩增，而不是扩增我们想要的 DNA。

有鉴于此，检测白垩纪象鼻虫 DNA 的研究者应先完成对白垩纪象鼻虫 DNA 的所有 PCR 扩增和测序，然后再研究用来与白垩纪象鼻虫 DNA 做比较的现代昆虫 DNA。这样才可避免在扩增所谓灭绝象鼻虫基因时，扩增的是先前对现代昆虫 DNA 实验时所留下的污染。但是 DNA 无处不在，尤其是在分子生物学实验室，想消除每一个遗留的 DNA 分子是极困难的。

此外，在昆虫肠道内的恐龙 DNA 会被该昆虫的 DNA 严重污染，更不用说来自肠道细菌的 DNA 了。而且，谁敢说这个昆虫死在树脂里之前只吸了一种恐龙的血呢？如果它吸了两种恐龙的血，PCR 会将这两种恐龙的 DNA 一起扩增，这样就没有办法把这两种 DNA 分开了。

换句话说，就如想象的能看到一个活生生的恐龙那么让人兴奋一样，我们已经拥有了创造一个真实侏罗纪公园的工具。但是，现实问题使这一理想几乎不可能实现。

从更为现实的角度来看，PCR 技术已经使我们可以对灭绝生物与其现存近亲的基因序列进行比较。由此催生了一个令人振奋的新领域，植物学家 Michael Clegg 称之为“分子古生物学”(molecular paleontology)。

用反转录酶 PCR 进行 cDNA 克隆

如果想克隆一段已知 mRNA 序列的 cDNA，可使用叫做**反转录酶 PCR**（reverse transcriptase PCR，**RT-PCR**）的方法，如图 4.12 所示。RT-PCR 与刚才介绍的 PCR 技术的主要区别在于它是从 mRNA 而不是双链 DNA 开始的。因此，需先将 mRNA 反转录成 DNA，这一步由反转录酶和反向引物完成。先将 mRNA 反转录成单链 DNA，然后用正向引物将单链 DNA 转换成双链 DNA。再用常规 PCR 技术扩增足量的 cDNA 用于克隆。甚至还可在设计引物时含有限制性位点，以便在 cDNA 末端添加限制酶酶切位点。本例中，一个引物带有 *Bam*HⅠ位点，另一个带有 *Hind*Ⅲ位点（在末端添加几个保护性核苷酸可使限制酶有效地切割）。因此，PCR 产物是两个末端都带有酶切位点的 cDNA。用这两个限制酶切割 PCR 产物产生黏性末端就可与所选载体进行连接了。如果设计两个不同的黏性末端就可进行定向克隆，cDNA 在载体上只能是两种可能方向中的一个。这对于将 cDNA 克隆到表达载体上非常有用，因为 cDNA 必须与驱动其转录的启动子方向一致。有必要提醒的是，cDNA 本身不能包含其末端所添加的限制酶酶切位点。否则，限制酶在 cDNA 内部和末端都进行切割，产物将毫无用处。

小结 RT-PCR可以单链mRNA为模板合成cDNA，此时需已知mRNA序列以便设计引物。可在PCR引物上设计限制酶酶切位点，使cDNA的末端含有这些酶切位点，这样有利于酶切cDNA并将其连接到载体上。

实时定量PCR

实时定量PCR（real-time PCR）是一种在DNA扩增时（即实时）对其定量的方法。图4.13是实时定量PCR的原理。两个DNA链分离后，不仅与两端的引物还与**报告探针**（report probe）一起退火。报告探针是荧光标记的并与一条DNA链部分互补的寡核苷酸。其5′端有荧光标签（F），3′端有荧光淬灭标签（Q）。在PCR延伸这一步，DNA聚合酶延伸正向引物，然后遇到报告探针。此时，聚合酶开始降解报告探针，以便在该区域合成新的DNA。随着报告探针的降解，荧光探针与淬灭探针分离，荧光强度迅速增加。整个过程在荧光仪中进行，可以检测标签的荧光强度，以此作为对PCR反应过程的度量。有足够的报告探针与新合成的DNA链退火，因此荧光强度随着每一轮扩增而增加。

遗憾的是“real-time”和“reverse transcriptase”都简写为“RT”，因此在文献中看到“RT-PCR”时需要看上下文搞清楚是哪一种PCR。也可以做实时反转录PCR，从RNA而不是双链DNA开始，这种方法可以简写为**“实时反转录PCR”**（real-time RT-PCR）。

小结 实时定量PCR通过检测杂交到与正向引物互补的那条链的报告探针的降解而跟踪PCR过程。探针降解时荧光标签与淬灭标签分离，荧光强度增加，其强度可在荧光仪中实时检测。

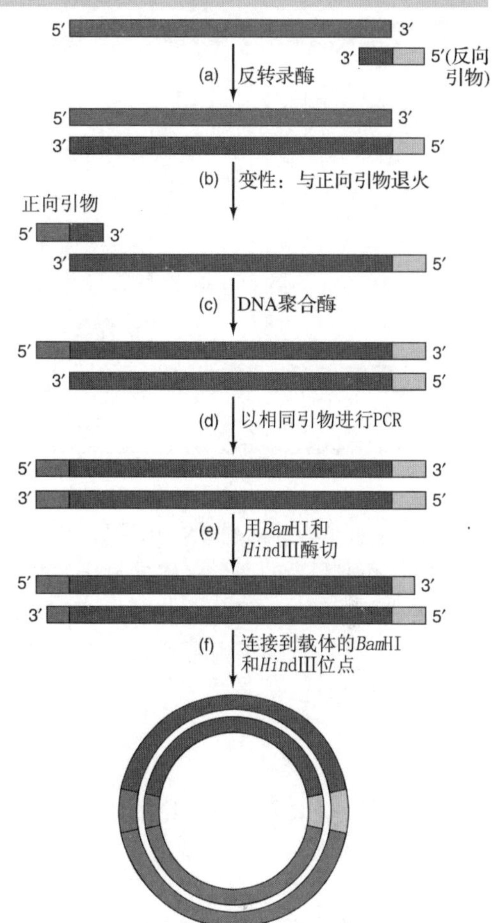

图4.12 利用RT-PCR克隆单链cDNA。（**a**）用5′端带有*Hind*Ⅲ位点（黄色）的反向引物（红色）在反转录酶催化下合成cDNA第一链。（**b**）将DNA-RNA杂交链变性后，与5′端带有*Bam*HⅠ位点的正向引物退火。（c）在DNA聚合酶Ⅰ催化下，正向引物起始cDNA第二链合成。（**d**）用相同的引物继续PCR，扩增双链cDNA。（**e**）用*Bam*HⅠ和*Hind*Ⅲ酶切cDNA产生黏性末端。（**f**）把cDNA连接到适当载体（紫色）的*Bam*HⅠ和*Hind*Ⅲ位点上，最后用重组cDNA转化细胞获得克隆。

4.3 表达克隆基因的方法

为什么要克隆基因？本章开始讲到，因为克隆基因可以使我们获得大量特定的DNA序列以便进行详细研究。因此，基因本身就是基因克隆的有价值产物。克隆基因的另一个目的是生产大量的基因产物，既可用于研究，也可创造利润。

如果目的是利用细菌，生产所克隆真核生物基因（尤其是高等真核生物基因）的蛋白质产物时，可能利用其cDNA比利用直接从基因组中切出的基因效果要好。因为大多数高等真核生物的基因都含有叫做内含子（第14章）的间隔，而细菌对此无法处理。真核细胞通常

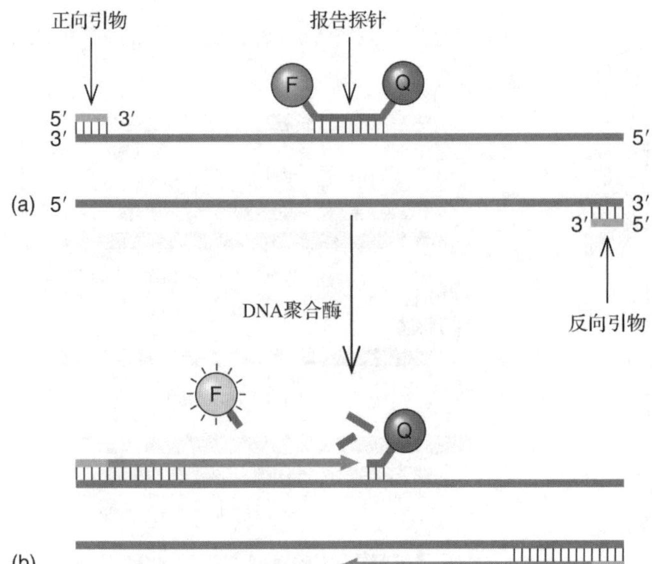

图 4.13　实时 PCR。(a) 正向和反向引物（紫色）与两条分开的 DNA 链（蓝色）退火，报告探针与顶链退火。报告探针的 5′端有一个荧光标签（F），3′端有一个淬灭标签（Q）。**(b)** DNA 聚合酶已延伸引物，新合成的 DNA 用绿色表示。为了复制顶链，DNA 聚合酶还降解了部分报告探针，使荧光标签与淬灭标签分离而发出其正常荧光（黄色）。复制的 DNA 链越多，观察到的荧光也越多。

能转录这些间隔，形成前体 mRNA，然后把它们剪掉，并把剩余的部分（即外显子）拼接起来形成成熟mRNA。因此，作为 mRNA 拷贝的 cDNA，已经剔除了内含子，可以在细菌细胞中正确表达。

表达载体

到现在为止，我们所讨论的载体主要用于克隆的第一阶段，先将外源 DNA 导入细菌并使其复制。大多数情况下，这一过程很有效，克隆载体在大肠杆菌中稳定生长并产生大量的重组 DNA。有些克隆载体还可作为**表达载体**（expression vector）生产克隆基因的蛋白质产物。例如，pUC 和 pBS 载体将插入的 DNA 置于多克隆位点上游的 *lac* 启动子控制之下。如果插入的 DNA 恰好与其所打断的 *lacZ′*基因在同一个可读框内，那么将产生一个**融合蛋白**（fusion protein）。其氨基端是 β-半乳糖苷酶的部分蛋白质序列，羧基端则是插入 DNA 所编码的蛋白质序列（图 4.14）。

如果对所克隆基因的高效表达有兴趣，则专用表达载体的效果通常会更好。典型的细菌表达载体含有基因有效表达所必需的两个元件：一个强启动子和一个靠近起始密码子 ATG 的核糖体结合位点。

可诱导型表达载体　表达载体的主要功能是生产基因的产物，产物越多越好。因此，表达载体通常都配以强启动子，其理论基础是产生的 mRNA 越多，蛋白质产物也越多。

使克隆的基因保持抑制状态，直到需要时才表达是有益的。原因之一是，在细菌中产生大量的真核蛋白可能有毒害作用。即使这些蛋白质并不是真正有毒的，但是当其积累量巨大时就会干扰细菌的生长。不管何种情况，如果所克隆的基因持续处于开启状态，那么含有该基因的细菌将永远不会长到足够的浓度来生产有实际意义总量的蛋白质。在细菌中过高表达时，出现的另一个问题是表达的蛋白质会形成叫做**包涵体**（inclusion body）的不溶性聚合体。因此，将所克隆的基因置于可诱导启动子的下游有助于使其处于关闭状态。

lac 启动子在一定程度上是可诱导的，在被人工诱导物——硫代半乳糖苷（IPTG）激活前是关闭的。但 *lac* 阻遏物的抑制作用不完全（有漏缝），在无诱导物条件下也能检测到克隆基因的表达产物。一种解决办法是在自身携带 *lac* Ⅰ（阻遏物）基因的质粒或噬菌粒中表达基因，如 pBS（见图 4.7）。载体产生的阻遏物使所克隆的基因被关闭直到被 IPTG 诱导（关于 *lac* 启动子见第 7 章）。

但是 *lac* 启动子并不是太强，因此许多载体都设计了一个杂合的 ***trc* 启动子**（*trc* promoter）。该启动子结合了 *trp*（色氨酸操纵子）启动子的强启动能力和 *lac* 启动子的可诱导性。由于−35 框的存在，*trp* 启动子比 *lac* 启动子强得多（第 6 章）。于是，分子生物学家将 *trp*

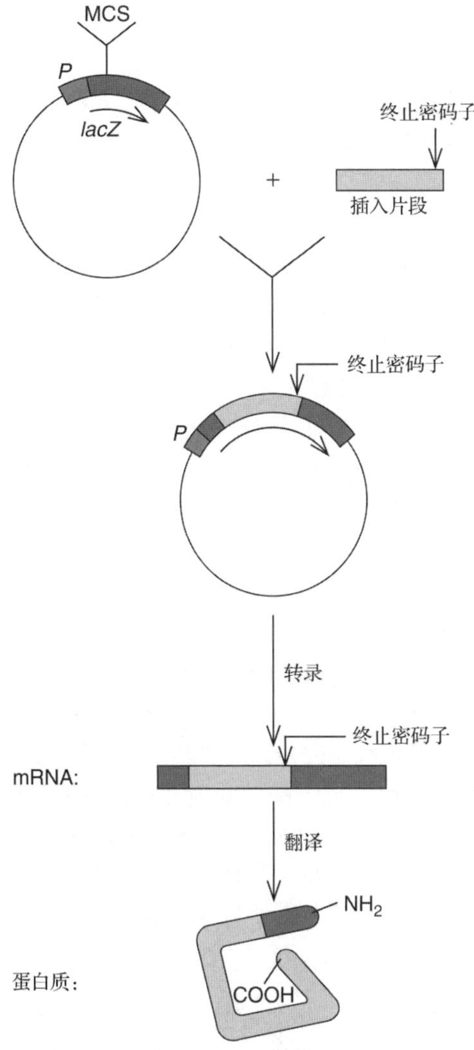

图 4.14 通过 pUC 质粒克隆获得融合蛋白。将外源 DNA（黄色）插入多克隆位点（MCS）。从 *lac* 启动子（紫色）处开始的转录产生了杂合的 mRNA：从几个 *LacZ'* 密码子开始，转到插入序列，然后又回到 *LacZ'*（红色）。该 mRNA 被翻译成融合蛋白，其起始部分（氨基端）是几个 β-半乳糖苷酶的氨基酸，接着是插入的氨基酸序列组成的融合蛋白。因为插入序列含有翻译终止密码子，所以其余的 *LacZ'* 密码子不翻译。

启动子的－35 框与 *lac* 启动子的－10 框结合起来，同时加上了 *lac* 操纵基因（第 7 章）。*trp* 启动子的－35 框使杂合启动子很强，*lac* 操纵基因使其可被 IPTG 诱导。

阿拉伯糖操纵子（*ara*）的启动子 P_{BAD}，可对转录进行精确调控。该启动子受阿拉伯糖诱导（第 7 章），因此在没有阿拉伯糖时不发生转录，当添加到培养基中的阿拉伯糖越来越多时，转录就会越来越强。图 4.15 以实验说明了这一现象。把绿色荧光蛋白基因克隆到一个 P_{BAD} 载体中，其表达随着阿拉伯糖浓度的升高而被诱导。缺乏阿拉伯糖时，无绿色荧光蛋白出现，阿拉伯糖浓度从 0.0004%开始，蛋白质产量逐步升高。

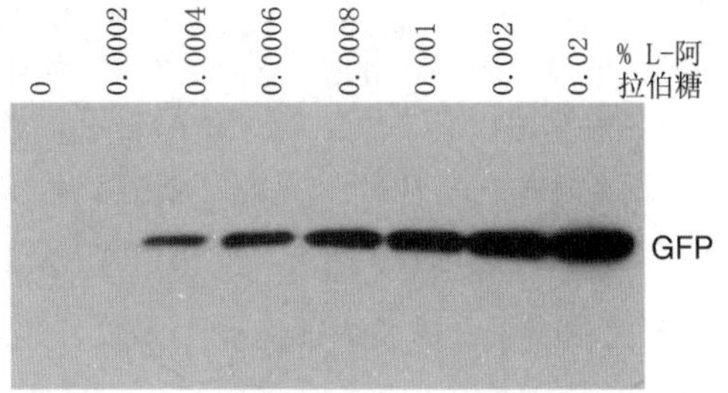

图 4.15 P_{BAD} 载体的使用。将绿色荧光蛋白（GFP）基因克隆到载体的 P_{BAD} 启动子下游。启动子活性受不断增加的阿拉伯糖浓度诱导。GFP 的合成可以通过电泳监测，将图上方所示不同浓度的阿拉伯糖诱导细胞的提取物做电泳，然后将蛋白质产物印迹到膜上，用抗 GFP 抗体检测 GFP（免疫印迹，第 5 章）。（*Source*：Copyright 2003 Invitrogen Corporation. All Rights Reserved. Used with permission.）

另一种策略是使用严谨调控的启动子，如 λ 噬菌体启动子 P_L。带有该启动子-操纵基因系统的表达载体，被克隆到含有温度敏感型 λ 阻遏物基因（*cI*857）的宿主细胞中。只要这些细胞保持在相对较低的温度下（32℃），阻遏物就能发挥功能，基因不表达。当温度升至非允许水平（42℃）时，温度敏感型阻遏物不再起作用，对克隆基因的抑制被解除。

为确保目的基因受到严谨调控和高诱导表达，常用的方法是将其置于含 T7 噬菌体启动子的质粒中，然后将该质粒导入含有严谨调控 T7 RNA 聚合酶基因的细胞中。例如，在细胞中可将 T7 RNA 聚合酶基因置于修饰过的 *lac* 启动子之下，同时该细胞也携带 *lac* 阻遏物基因。因此，T7 RNA 聚合酶基因受到强烈抑制，直到有 *lac* 诱导物。只要没有 T7 RNA 聚合酶，目的基因就不能转录。因为 T7 启动子绝对需要它自己的聚合酶。一旦加入 *lac* 诱导物，细胞就开始合成 T7 聚合酶，目的基因开始转录。由于产生了大量 T7 聚合酶，目的基因被高水平转录，产生出大量的蛋白质产物。

小结 设计表达载体，用于生产所克隆基因的蛋白质产物时，一般力求其最大量表达。为此，表达载体需包含强的细菌或噬菌体启动子和细菌核糖体结合位点，该位点在所克隆的真核基因中是缺失的。大多数克隆载体（译者注：应为表达载体）都是可诱导的，由此可避免外源产物提前过量表达对细菌宿主细胞产生的毒害作用。

产生融合蛋白的表达载体 大多数表达载体都产生融合蛋白。乍一看这似乎不利，因为没有产生插入基因的天然产物。然而，融合蛋白上的额外氨基酸在纯化蛋白质产物方面是非常有用的。

我们来看一下商品名为 pTrcHis 的寡聚组氨酸表达载体（图 4.16）。这种载体的多克隆位点上游有一个短序列，编码 6 个串联的组氨酸。在这种载体上所表达的蛋白质都是氨基端带有 6 个组氨酸的融合蛋白。为什么要把 6 个组氨酸加到蛋白质上呢？因为这种寡聚组氨酸区对镍（Ni^{2+}）等二价金属离子具有很高的亲和性。带有这段区域的蛋白质可以利用镍**亲和柱层析法**（affinity chromatography）进行纯化。该方法的独到之处在于其简便和快速。当细菌产生融合蛋白后，只需裂解菌体，把细菌粗提液加到镍亲和柱上，洗脱未结合到柱上的蛋白质，然后用组氨酸或组氨酸类似物咪唑来释放融合蛋白即可。此方法仅需一步就可获得很纯的融合蛋白。天然蛋白鲜有寡聚组氨酸区，因而与柱子结合的基本上只有融合蛋白。

如果这个寡聚组氨酸标签干扰蛋白质的活性怎么办？载体的设计者很周到地提供了去除标签的方法。在多克隆位点前有一段肠激酶（一种蛋白酶，不是真正的激酶）所识别的氨基酸编码区。肠激酶可以将融合蛋白切成寡聚组氨酸标签和目的蛋白两部分。由肠激酶所识别的位点非常稀有，存在于任意给定蛋白质中的概率可以忽略不计。因此，切开寡聚组氨酸标签时目的蛋白部分不会被酶切。肠激酶切开的蛋白质可再次通过镍柱将寡聚组氨酸片段与目的蛋白分离开。

λ 噬菌体也可作为表达载体的基础，为此而专门设计的载体有 λgt11，该载体（图 4.17）带有 *lac* 调控区，后接 *lacZ* 基因。多克隆位点位于 *lacZ* 基因内部，因此插入基因的产物是带有 λ-半乳糖苷酶先导区的融合蛋白。

λgt11 是构建和筛选 cDNA 文库的常用载体。在前面所讲的筛选实例中，对目的 DNA 序列是用带标记的寡核苷酸或多核苷酸探针检测的，而 λgt11 可直接筛选表达目的蛋白的克隆。实验所需的主要成分是用 λgt11 构建的 cDNA 文库和目的蛋白的抗血清。

图 4.18 显示其工作原理。将带有各种 cDNA 插入片段的 λ 噬菌体涂平板培养，每个克隆所释放的蛋白质被印迹到支持介质如纤维素膜上，然后用抗血清检测。与特定噬菌斑的蛋白质结合的抗体可用标记的葡萄球菌（*Staphylococcus aureus*）蛋白 A 检测。该蛋白质与抗体紧密结合，并标记纤维素膜上的相应斑点。通过放射自显影或磷光图像检测（第 5 章）该标记，最后将相应的噬菌斑从原始平板中挑出。注意检测的是融合蛋白而不是目的蛋白本身。而且，能否克隆出全长 cDNA 关系并不大。抗血清是抗体的混合物，可与蛋白质的不同部位反应。所以，即使是部分基因也可以反应，只要它同 β-半乳糖苷酶的编码区在相同的方向和可读框融合表达即可。

即使得到部分 cDNA 也是有价值的，可以通过 RACE 技术获得全长 cDNA。融合蛋白上的 β-半乳糖苷酶标签有助于融合蛋白在细菌细胞中的稳定，还可利用含有 β-半乳糖苷酶抗体的亲和层析柱很容易地进行纯化。

小结 表达载体常常生产融合蛋白，其中一部分来自载体的编码序列，另一部分是来自克隆基因本身的序列。许多融合蛋白都具有可利用亲和层析进行简单分离的巨大优点。λgt11 载体产生的融合蛋白可用特异性抗血清在噬菌斑中进行检测。

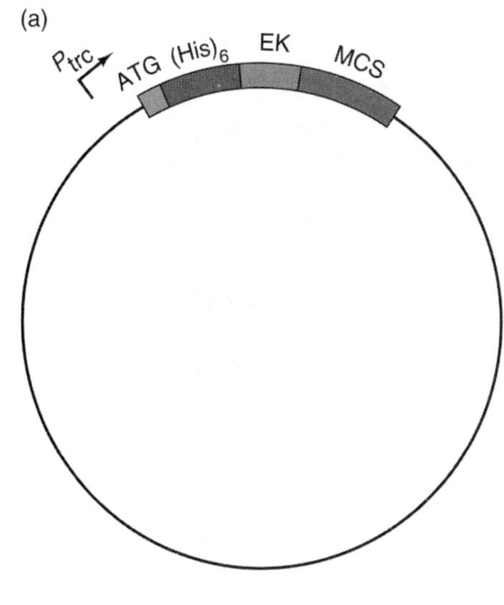

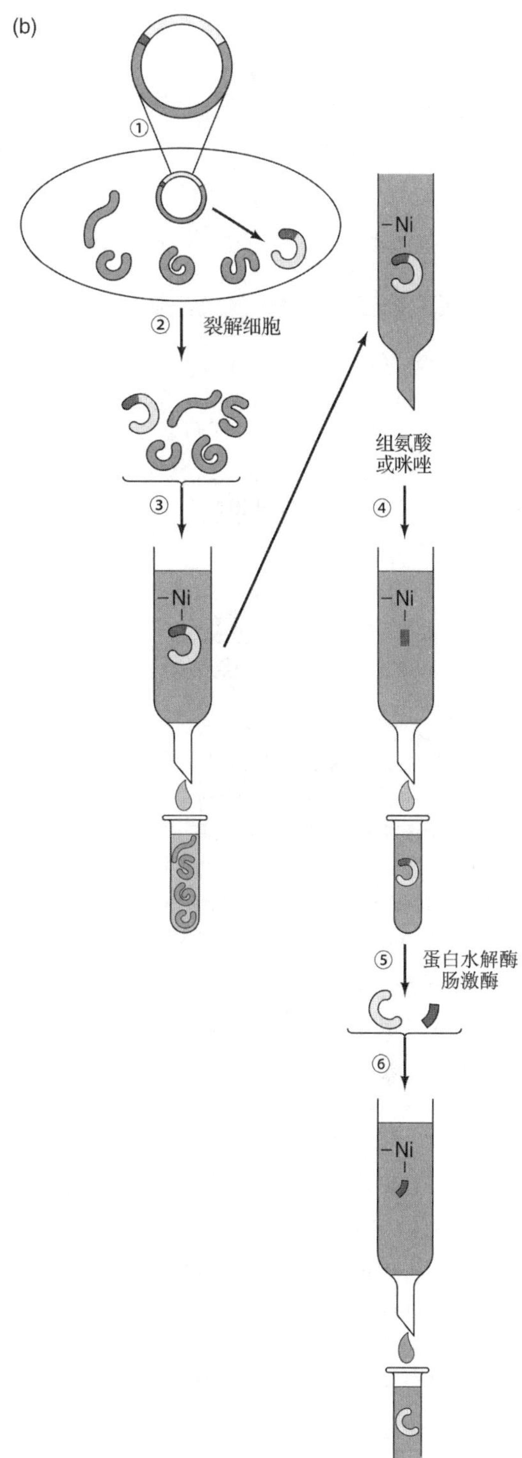

图 4.16　寡聚组氨酸表达载体的使用。(a) 普通寡聚组氨酸表达载体图。紧接在 ATG 起始密码子（绿色）之后是编码连续 6 个组氨酸的编码区［（His）6］，随后是蛋白质水解酶肠激酶（EK）识别位点的编码区（橙色），最后是载体的多克隆位点（MCS，蓝色）。通常载体有三种形式，三种不同的可读框中都有 MCS。选择载体时，使插入基因相对于寡聚组氨酸是正确的可读框。**(b)** 使用载体。①将目的基因（黄色）插入与寡聚组氨酸编码区（红色）一致的可读框，用重组载体转化细菌细胞。细胞产生融合蛋白（黄色和红色）及其他细菌蛋白（绿色）。②裂解细胞释放蛋白质混合物。③将蛋白质混合物加到只结合融合蛋白的镍亲和层析柱上。④用组氨酸或其同系物咪唑从柱上洗脱融合蛋白，两者同寡聚组氨酸竞争与镍的结合。⑤用肠激酶切割融合蛋白。⑥将切过的蛋白质再过一遍镍柱，使目的蛋白与寡聚组氨酸分离。

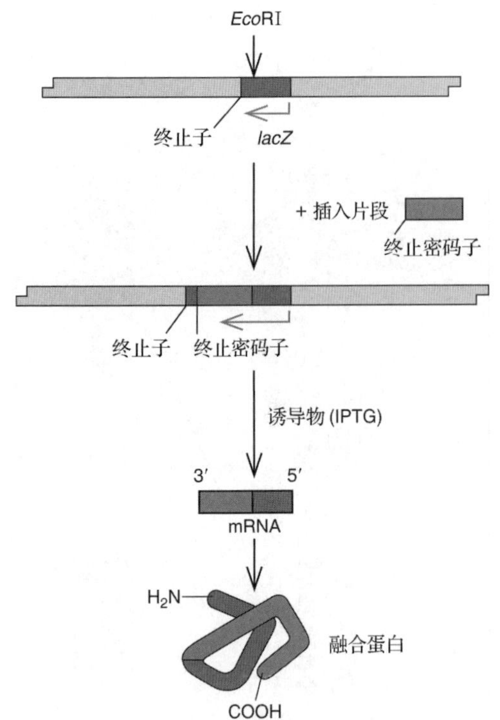

图 4.17 在 λgt11 中合成融合蛋白。待表达基因（绿色）插入靠近 *lacZ* 编码区末端的 *Eco*RⅠ位点，而 *lacZ* 编码区紧接转录终止子的上游。因此，*lac* 基因在 IPTG 诱导下产生融合 mRNA，其中包含大部分 β-半乳糖苷酶编码区和紧接其下游的插入编码区。该 mRNA 在宿主细胞中翻译合成融合蛋白。

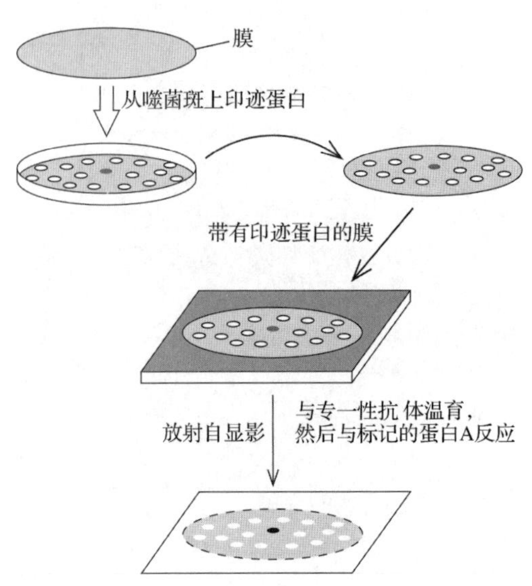

图 4.18 通过抗体筛选检测阳性 λgt11 克隆。用滤膜印迹培养皿中噬菌斑的蛋白质，其中一个克隆（红色）产生了含有融合蛋白的噬菌斑，融合蛋白包含 β-半乳糖苷酶和目的蛋白的一部分。带有蛋白印迹的滤膜与抗目的蛋白的抗体一起孵育，然后用葡萄球菌蛋白 A 标记，该蛋白质与大多数抗体都能结合。因此，它只能与斑点上阳性克隆相对应的抗原－抗体复合物结合。与滤膜接触的感光胶片的黑点指示阳性克隆的位置。

真核表达系统 真核基因在细菌细胞中并没有真正“到家”，即使它们能在细菌载体的控制下表达。一个原因是大肠杆菌细胞有时把克隆的真核基因的蛋白质产物看做外来者而加以去除，另一个原因是细菌不进行真核生物那样的翻译后修饰。例如，在真核细胞中通常要糖基化的蛋白质在细菌中却表达成一个裸蛋白。这会影响蛋白质的活性或稳定性，或至少影响它对抗体的反应原性。更严重的问题是细菌细胞的内环境不像真核细胞那样有利于蛋白质正确折叠。结果常常是产生错误折叠的无活性基因产物，这就意味着克隆基因在细菌中常常以惊人的水平表达，但所形成的产物却是一些被称为包涵体的高度难溶的无活性颗粒。包涵体蛋白没有用途，除非能重新折叠并恢复其活性。幸运的是，包涵体蛋白的复性通常是可行的。这样的话，包涵体反而成了优势，通过简单的离心就能将其与其他几乎所有蛋白质分离开。

为避免克隆基因与其宿主之间可能的不相容性，可在真核细胞中表达基因。其中，初始克隆一般在大肠杆菌中完成，用的是既能在细菌也能在真核细胞中复制的**穿梭载体**（shuttle vector)，然后将重组 DNA 转入所选的真核细胞中。真核细胞酵母很适合这一目的，与细菌一样它也有生长速度快、易于培养的优点，但它又是真核细胞，具有蛋白质折叠和糖基化(加糖）等真核细胞的特征。此外，将克隆基因与编码酵母信号肽的序列连接，可使基因产物分泌到培养基中，这对目的蛋白的纯化非常方便。只需通过离心除去酵母细胞，就可在培养基中留下分泌的相对较纯的基因产物。

酵母表达载体是以正常存在于酵母细胞中的 2μ 质粒（2-micron plasmid）为基础构建的。该质粒提供载体在酵母中复制所必需的复制起点。细菌-酵母穿梭载体也含有 pBR322 的复制起点，能在大肠杆菌中复制。此外，酵母表达载体还必须含有一个强的酵母启动子。

另一个十分成功的真核载体来自**杆状病毒**(baculovirus)，一种感染苜蓿环纹夜蛾幼虫的病毒。该病毒有一个非常大的环形 DNA 基因组，长约 130kb。主要病毒结构蛋白是多角体蛋白，可在感染细胞中大量合成。据估计，当一只毛虫因感染杆状病毒而死亡时，多角体蛋白可达虫体干重的 10%。如此巨大的蛋白量表明多角体蛋白基因一定非常活跃，而这显然要归功于该基因强大的启动子。Max Summers 小组和 Lois Miller 小组利用多角体蛋白启动子分别在 1983 年和 1984 年首次成功地开发出相关的载体。从那时起，利用该启动子和其他病毒启动子构建了许多杆状病毒载体。

在最佳条件下，杆状病毒载体能产生多达 0.5g/L 克隆基因的蛋白质，确实是非常大的产量。图 4.19 是典型杆状病毒表达系统的工作原理。首先，目的基因被克隆到带有多角体蛋白启动子的载体上（多角体蛋白的编码区已从载体上删除，但不影响病毒复制，因为病毒在培养细胞间的传递不需要多角体蛋白）。在多数该类载体上，紧接启动子的下游存在唯一的 *Bam*HⅠ位点，因此可用 *Bam*HⅠ切割。带有 *Bam*HⅠ黏端的片段可插入载体，把克隆基因置于多角体蛋白启动子之下。重组质粒（载体+插入片段）与删除了病毒复制基因和多角体蛋白基因的野生型病毒 DNA 混合，然后用混合物转染培养的昆虫细胞。

由于载体与多角体蛋白基因的侧翼区有广泛的同源性，因而在转染细胞中会发生重组，由此将克隆基因转移到病毒 DNA 中并仍然受多角体蛋白启动子的控制。现在这一重组病毒可用来感染细胞了，当细胞进入感染末期时，多角体蛋白启动子处于最活跃状态，此时就可收获目的蛋白了。而随重组载体一同进入靶细胞的非重组病毒 DNA，由于缺少仅由载体才能提供的必需基因，不会形成有感染性的病毒。

注意，对真核细胞采用**转染**（transfect）这一术语，而不是用于细菌的**转化**（transform）。作这一区别是因为在真核细胞中转化有另一层意思，表示正常细胞转变成癌细胞。为避免与此混淆，使用转染表示将新的 DNA 引入真核细胞中。

至少可以用两种方法完成动物细胞的转染。①在磷酸缓冲液中将细胞与 DNA 混合，然后添加钙盐溶液以形成磷酸钙沉淀。细胞可吸收这些含有 DNA 的磷酸钙结晶。②将 DNA

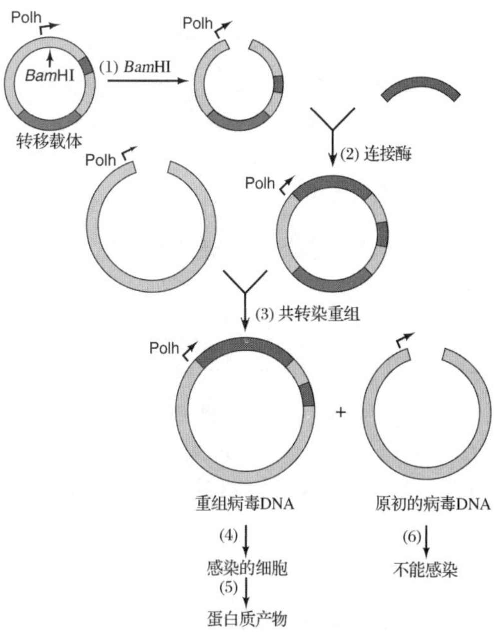

图 4.19　在杆状病毒内表达外源基因。首先，将要表达的基因（红色）插入杆状病毒转移载体中。转移载体含有强大的多角体蛋白启动子（Polh），两侧的 DNA 序列（黄色）是通常围绕多角体蛋白的基因，包括病毒复制所必需的基因（绿色）。多角体蛋白自身的编码区在该载体中去除了。细菌载体序列是蓝色的。紧接在启动子下游有一个 *Bam*HⅠ限制酶位点，可用于切开载体［步骤（**a**）］，以便连接［步骤（**b**）］外源基因（红色）。在［步骤（**c**）］将重组转移载体与已切掉重要基因的线性病毒 DNA 混合并转染昆虫细胞，这个过程叫做共转染。两个 DNA 在这里未按比例画出，病毒 DNA 实际上几乎是转移载体的 15 倍。在细胞内，两个 DNA 通过双交换重组使目的基因和重要基因一起插入病毒 DNA，结果形成多角体蛋白启动子调控下的目的基因的重组病毒 DNA。最后，在［步骤（**d**）］和（**e**），用重组病毒感染细胞并收集细胞所产生的蛋白质产物。注意原初的病毒 DNA 是线性的且缺失重要基因，所以不能感染细胞（**f**）。利用这种感染性的缺失可自动筛选重组病毒，它们是唯一可以感染细胞的部分。

与脂质混合，形成**脂质体**（liposome），即内裹 DNA 溶液的小泡，然后将脂质体与细胞膜融合，把 DNA 送入细胞。植物细胞转染通常用**轰击法**（biolistic），即用 DNA 包被小金属颗粒的表面，然后将其射入细胞内。

小结　外源基因能够在真核细胞中表达。真核表达系统在生产真核蛋白方面比原核表达系统更有优势，其中两个最重要的优点是：①真核细胞合成的真核蛋白易于正确地折叠，因而是可溶的，而非集结成不溶性的包涵体；②真核细胞产生的真核蛋白能以真核的修饰方式进行修饰（磷酸化和糖基化等）。

其他真核载体

一些著名的真核载体是用于其他目的而非外源基因的表达。例如，酵母人工染色体（yeast artificial chromosome，YAC）、细菌人工染色体（bacterial artificial chromosome，BAC）、P1噬菌体人工染色体（phage artificial chromosome，PAC）都能接受大片段的外源DNA，用于像人类基因组计划等大规模测序项目，在这些研究中克隆大片段DNA特别重要。我们将在第24章的基因组部分讨论人工染色体。另一个重要的真核载体是Ti质粒，它能把外源基因导入植物细胞并确保它们在细胞中进行复制。

利用Ti质粒将基因导入植物

利用能在植物细胞中复制的载体可把基因导入植物。普通的细菌载体不能用作这一目的，因为植物细胞不识别细菌的启动子和复制起点。含有 **T-DNA** 的质粒可用作这一目的，该片段来自 **Ti**（肿瘤诱导的）质粒。

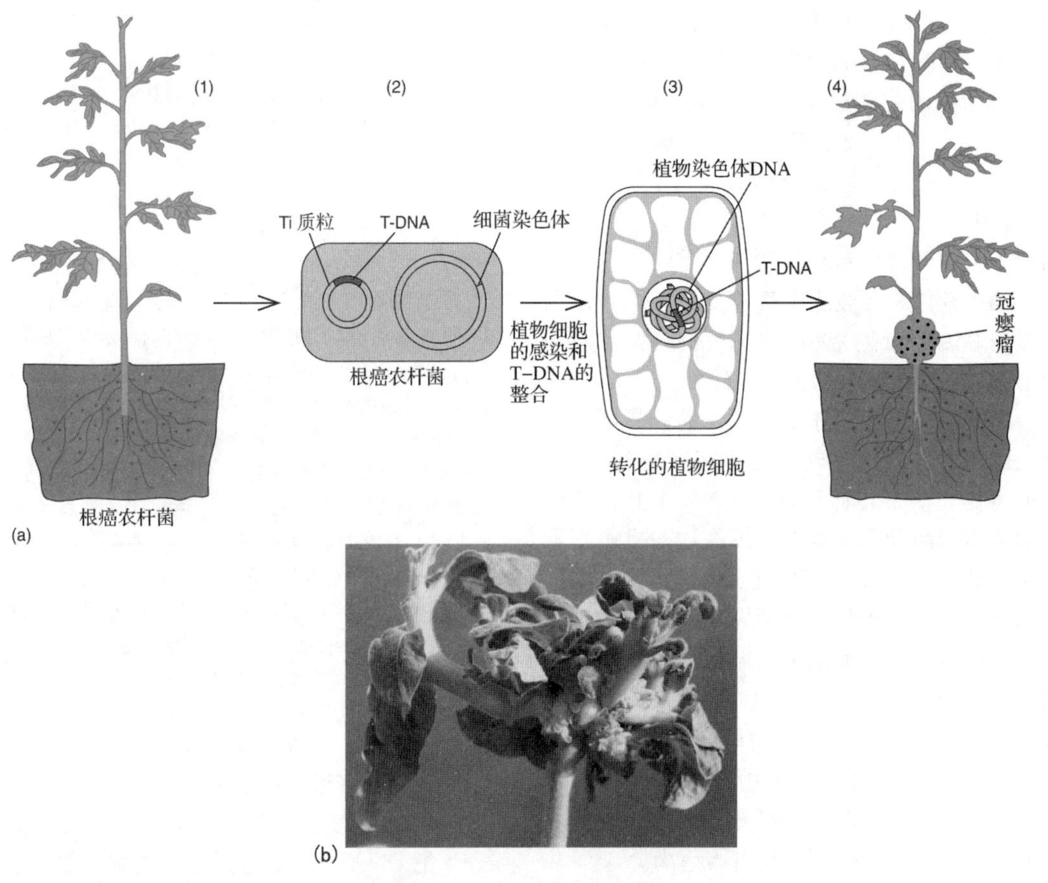

图4.20　冠瘿瘤。(a) 冠瘿的形成。①农杆菌细胞进入植物的伤口，通常在生长冠或根茎接合处。②农杆菌除了含有很大的细菌染色体外还含有Ti质粒。Ti质粒具有一个片段（T-DNA，红色），该片段能促进被感染植物中肿瘤的形成。③农杆菌将其Ti质粒转到植物细胞中，Ti质粒上的T-DNA整合到植物基因组上。④T-DNA上的基因指导冠瘿形成，后者滋养侵入的农杆菌。**(b)** 切除烟草植株顶部并接种根癌农杆菌所形成的冠瘿瘤照片。这种冠瘿瘤是畸胎瘤，可产生正常组织和肿瘤组织。(*Source*：(*b*) Dr. Robert Turgeon and Dr. B. Gillian Turgeon，Cornell University.）

Ti 质粒存在于根癌农杆菌（*Agrobacterium tumefaciens*），在双子叶植物中引起叫做**冠瘿瘤**（crown gall）的肿瘤（图 4.20）。根癌农杆菌感染植物时，将自己的 Ti 质粒转移到宿主细胞中，并通过 T-DNA 整合到植物 DNA 中，引起植物细胞的异常增殖而产生冠瘿瘤。这对于入侵的细菌很有利，因为 T-DNA 含有编码合成**冠瘿碱**（opine）酶的基因，这种冠瘿碱对植物没有价值，但是农杆菌含有分解冠瘿碱的酶，可将其作为专有能源。

编码合成冠瘿碱的酶（如甘露碱合成酶）的 T-DNA 基因都具有强启动子。利用这个特性可将 T-DNA 连到一个小质粒上，然后把外源基因置于其中一个启动子之下。图 4.21 简述了将外源基因转入烟草获得**转基因植株**（transgenic plant）的过程。从烟草叶片上打下一个小圆片（直径约 7mm），然后将其置于营养培养基中，烟草组织就会沿圆片的边缘生长。接着，向培养基中添加带有重组 Ti 质粒的农杆菌，这些农杆菌就会感染生长的烟草细胞并将克隆的基因导入其中。

当烟草组织沿边缘长出根以后就被转移到诱导生芽的培养基中。这些小苗会长成完整的烟草植株，其细胞中含有外源基因。该基因能赋予植株新的特性，如抗虫、抗旱、抗病等。

迄今为止，在植物基因工程中最可贺的成功之一是“Flavr Savr”番茄的培育。Calgene 公司的遗传学家把果实成熟期软化基因的反义拷贝导入了番茄。反义基因的 RNA 产物与正常 mRNA 互补杂交，阻断了该基因的表达，使番茄在成熟时不至太软，因而可在植株上自然成熟而无需提早采摘后再人工催熟。

其他植物分子生物学家也在其他方面取得了突破，包括：①赋予植物除草剂抗性；②插入病毒衣壳蛋白基因赋予番茄抗病毒性状；③使玉米和棉花产生抗细菌肽；④将萤火虫的荧光素酶基因插入番茄中，这个实验尽管没有实用价值，但的确产生了使植物在黑暗中发光的有趣效果。

小结 生物学家利用植物表达载体，如 Ti 质粒，将所克隆的基因转入植物中，产生了性状改变的转基因生物体。

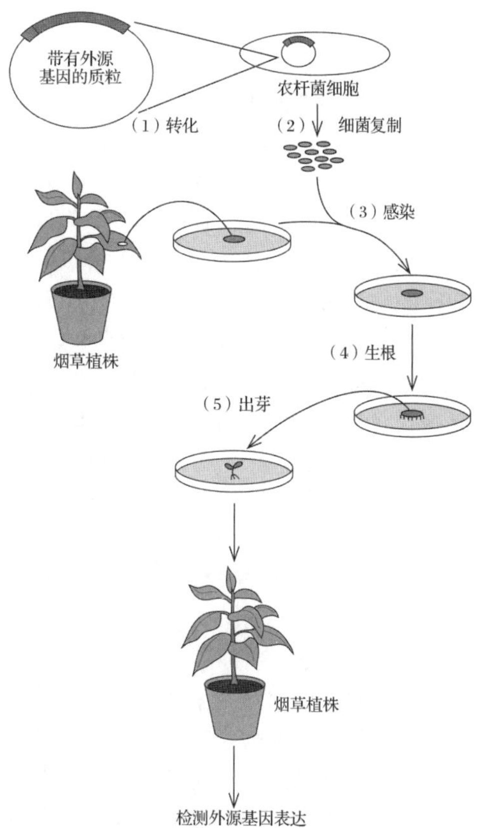

图 4.21 用 T-DNA 质粒将基因导入烟草植株。 **(a)** 构建质粒，将外源基因（红色）置于甘露碱合成酶启动子（蓝色）之下。用该质粒转化农杆菌细胞。**(b)** 转化的细菌细胞重复分裂。**(c)** 从烟草叶片上取一个小圆片与转化的农杆菌在营养培养基上共培养。这些细胞感染叶片组织，将带有外源基因的质粒转入细胞，外源基因整合到植物基因组上。**(d)** 圆盘状的烟草叶片组织向周围的培养基中生根。**(e)** 将其中的一个根移植到另一种培养基中，形成嫩芽。小苗生长成转基因烟草，通过外源基因的表达进行检测。

总结

克隆基因时，须先将其插入载体，由载体把基因带到宿主细胞中并确保它能在细胞中复制。外源基因的插入一般是通过用相同的限制酶切割载体和待插入 DNA 片段，产生相同的黏性末端来完成的。在细菌中用于克隆的载体主要有质粒和噬菌体两种。

在质粒克隆载体中有 pBR322 和 pUC 质粒。用 pUC 质粒和 pBS 噬菌粒进行筛选更容易些。这些载体带有氨苄青霉素抗性基因和一个多克隆位点，该位点打断了编码不完整 β-半乳糖苷酶的基因，该基因的产物很容易通过颜色进行筛选。目的克隆具有氨苄抗性，但不能产生有活性的β-半乳糖苷酶。

有两种很流行的噬菌体克隆载体。首先是λ噬菌体，其非必需基因被剔除了，以便给插入的外源片段腾出空间，有些工程噬菌体能容纳长达20kb的插入片段。黏粒是噬菌体与质粒载体的交叉载体，可容纳50kb大片段的插入，这种特性在构建基因组文库时非常有用。第二类噬菌体载体是M13噬菌体，其优点是具有多克隆位点，可产生单链重组DNA，以用于DNA测序和定点突变。噬菌粒质粒具有单链DNA噬菌体的复制起点，可以产生自身的单链拷贝。

表达载体被设计用于尽可能大规模地生产克隆基因的蛋白质产物。为优化表达，细菌表达载体具有强的细菌启动子和细菌核糖体结合位点，该位点在克隆的真核基因中是缺失的。大多数克隆载体是可诱导的，以避免外源产物的不成熟过量合成而产生的对宿主菌的毒害作用。表达载体经常会产生融合蛋白，很容易被快速分离出来。真核表达系统的优点是蛋白质产物通常可溶，且能以真核细胞的修饰方式被修饰。

用Ti质粒等植物载体也可将克隆基因转入植物，这种方法能改变植物的特性。

复习题

1. 参考表4.1，确定分别由下列限制性酶所产生的凸出端（如果有的话）的长度及其性质（是5′端还是3′端）：

a. *Alu* Ⅰ　b. *Bgl* Ⅱ　c. *Cla* Ⅰ　d. *Kpn* Ⅰ

e. *Mbo* Ⅰ　f. *Pvu* Ⅰ　g. *Not* Ⅰ

2. 为什么需要把DNA连接到载体上进行克隆？

3. 叙述将DNA片段克隆到pUC18载体的*Pst* Ⅰ和*Bam*H Ⅰ酶切位点的过程，如何筛选含有插入片段的克隆？

4. 叙述将DNA片段克隆到Charon 4载体*Eco*R Ⅰ酶切位点的过程。

5. 要克隆一个1kb的cDNA，适用本章所讨论的哪些载体？不适用哪些？为什么？

6. 构建一个DNA片段平均长度约45kb的基因组文库，本章所讨论的哪种载体最合适？为什么？

7. 构建一个DNA片段平均长度大于100kb的文库，本章所讨论的哪些载体最合适？为什么？

8. 利用噬菌体载体构建了一个cDNA文库。叙述如何从文库中筛选目的基因。叙述使用寡核苷酸探针和抗体探针的方法。

9. 如何从M13噬菌体载体上获得克隆的单链DNA？如果是噬菌粒载体上的呢？

10. 图示构建cDNA文库的方法。

11. 图示切口平移的过程。

12. 简述用PCR扩增一段给定DNA片段的方法。

13. 反转录PCR（RT-PCR）与常规PCR的区别是什么？RT-PCR用于什么目的？

14. 叙述产生一端带有寡聚组氨酸融合蛋白的载体的用途。给出其蛋白质的纯化流程，并说明寡聚组氨酸标签的优点。

15. λ插入载体和λ替换型载体有什么区别？各自的优点是什么？

16. 叙述如何利用杆状病毒系统表达克隆基因。杆状病毒系统相对于细菌表达系统的优点是什么？

17. 用何种载体可将基因转入植物（如烟草）中？图示你的方法。

分析题

1. 以下是待克隆基因的部分氨基酸序列：

Pro-Arg-Tyr-Met-Cys-Trp-Ile-Leu-Met-Ser

a. 选用哪5个氨基酸可得到简并性最小的14碱基探针用于在文库中探查目的基因？注意，由于第5个密码子的简并性，不要用其最后一个碱基。

b. 共需要多少个不同的14碱基才能保证探针与克隆基因中相应序列的完全匹配？

c. 如果从所选探针（a中）向左移一个氨基酸处开始探针，那么需要合成多少种14碱基？用遗传密码确定简并数。

2. 把一个新的病毒基因组DNA克隆到pUC18载体中。将转化子在含有X-gal的氨卞青霉素培养皿上涂板，当检测每个质粒（蓝色和白色）中插入片段的大小时，惊奇地发现蓝色菌落的质粒含有约 60bp 非常小的插入片段，而来自白色克隆的质粒却未含任何插入片段，请解释这些结果。

翻译　马　纪　校对　张富春　罗　杰

推荐阅读文献

Gapecchi, N. R. 1994. Targeted gene replacement. *Scientific American* 270 (March): 52-59.

Chilton, M. -D. 1983. A vector for introducing new genes into plants. *Scientific American* 248 (June): 50-59.

Cohen, S. 1975. The manipulation of genes. *Scientific American* 233 (July): 24-33.

Cohen, S., A. Chang, H. Boyer, and R. Helling. 1973. Construction of biologically functional bacterial plasmids in vitro. *proceedings of the National Academy of Sciences* 70: 3240-3044.

Gasser, C. S., and R. T. Fraley. 1992. Transgenic crops. *Scientific American* 266 (June): 62-69.

Gilbert, W., and L. Villa-Komaroff. 1980. Useful proteins from recombinant bacteria. *Scientific American* 242 (April): 74-94.

Nathans, D., and H. O. Smith. 1975. Restriction endonucleases in the analysis and restructuring of DNA molecules. *Annual Review of Biochemistry* 44: 273-293.

Sambrook, J., and D. Russell. 2001. *Molecular Cloning: A Laboratory Manual*, 3rd ed. Plainview, NY: Cold Spring Harbor Laboratory Press.

Watson, J. D., J. Tooze, and D. T. Kurtz. 1983. *Recombinant DNA: A Short Course*. New York: W. H. Freeman.

第5章　研究基因和基因活性的分子工具

两个科学家在查看凝胶电泳的放射自显影结果。
© *Image Source/Getty RF*

在本章我们将了解分子生物学家研究基因结构和功能最常用的技术。这些技术大多以克隆基因开始，很多会用到凝胶电泳的方法，也有些要用到示踪标记物及核酸杂交法。在上一章我们已经学习了基因克隆技术，现在来简要了解一下分子生物学研究的三大支撑技术：凝胶电泳的分子分离、标记示踪和杂交。

5.1　分子的分离

凝胶电泳

在分子生物研究中分离蛋白质与核酸是最

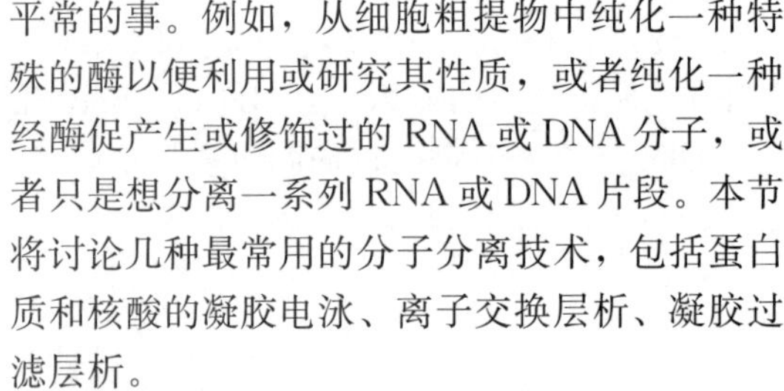

平常的事。例如，从细胞粗提物中纯化一种特殊的酶以便利用或研究其性质，或者纯化一种经酶促产生或修饰过的RNA或DNA分子，或者只是想分离一系列RNA或DNA片段。本节将讨论几种最常用的分子分离技术，包括蛋白质和核酸的凝胶电泳、离子交换层析、凝胶过滤层析。

凝胶电泳（gel electrophoresis）可用于核酸和蛋白质的分离。首先从DNA的凝胶电泳开始介绍。在该技术中，要先制备一个带槽的凝胶（图5.1）。方法是将加热的（液体）琼脂糖溶液倒进一个插有“梳子”的浅盒子里。待胶凝固后拔去梳子留下长方形的小孔或槽。向

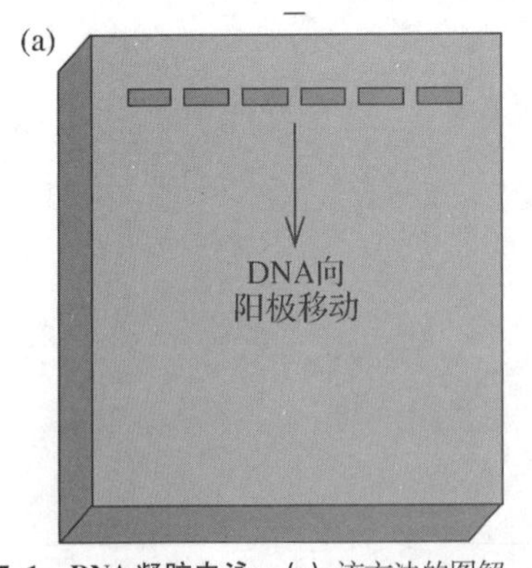

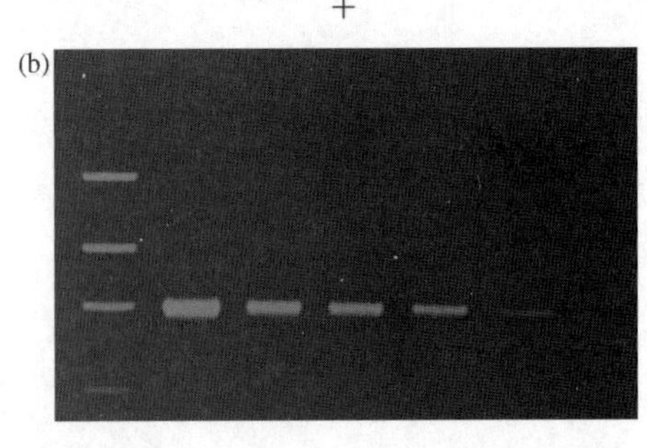

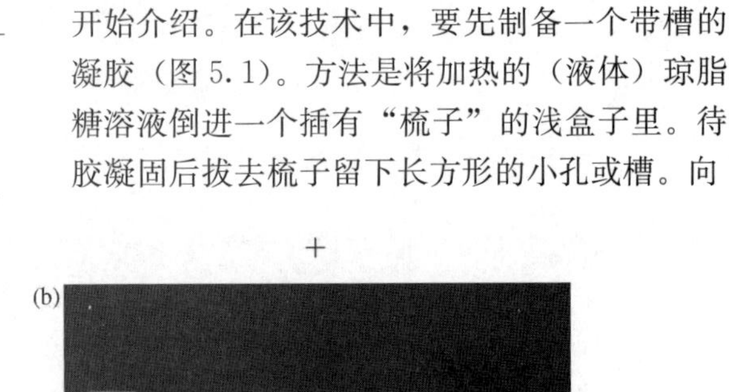

图5.1　DNA凝胶电泳。(a) 该方法的图解，这是琼脂糖（从海藻中分离的物质，主要成分是琼脂）制备的水平凝胶。琼脂在高温下熔化，冷却后形成凝胶。凝胶熔化时插入一把“梳子”，冷却后拔出梳子形成狭缝或槽（橙色部分），然后将DNA加入槽中，在凝胶中通入电流。由于DNA是酸性的，在中性pH下带负电荷，所以会朝阳极（正极）电泳或移动。**(b)** 凝胶电泳后的照片，DNA片段显示为明亮的条带。DNA与在紫外光下发橙色荧光的染料结合，但是本张照片中的条带显示为粉红色。[*Source*：(*b*) Reproduced with permission from Life Technologies，Inc.]

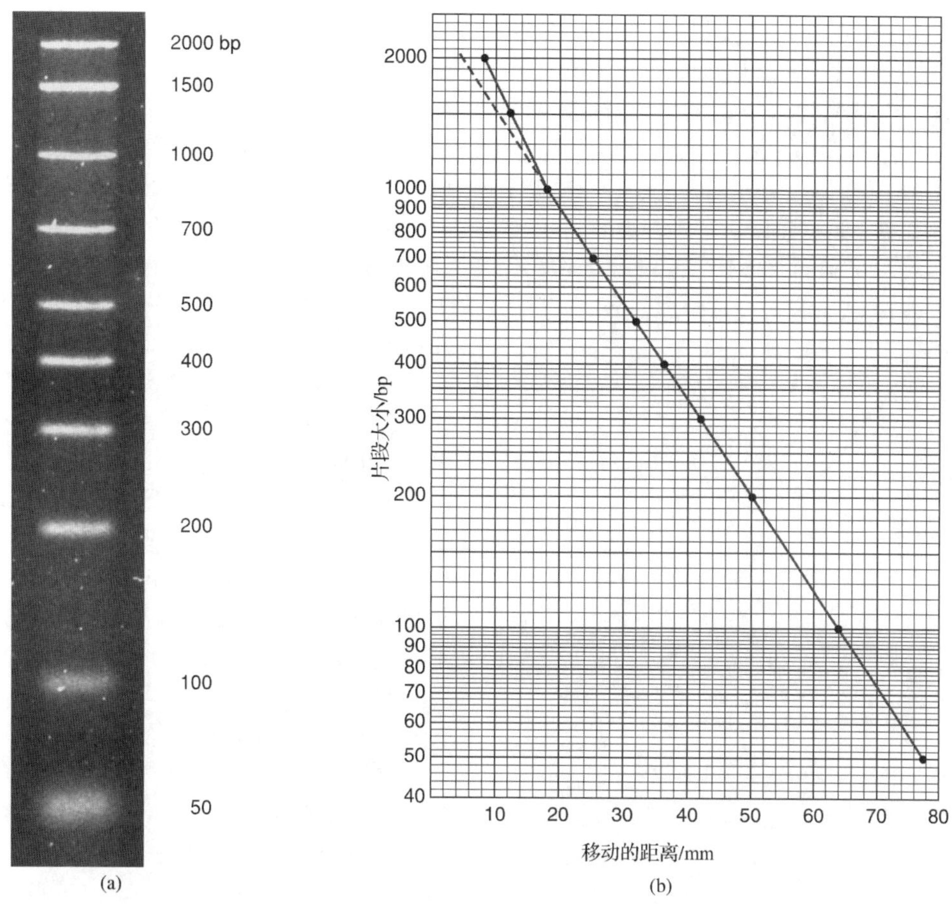

图 5.2 DNA 片段大小的凝胶电泳分析。(a) 商业上制备的 DNA 片段电泳后的着色凝胶照片，在彩色照片中应该显橙色的条带在黑白照片中经橙色滤镜过滤后显白色。条带大小（bp）在右侧给出。图已被放大，故条带的迁移距离比实际看上去要大些。**(b)** DNA 片段的迁移距离与其碱基对大小的曲线图。纵轴是对数的而不是线性的，DNA 片段电泳的淌度（迁移率）与其大小的对数成反比。但要注意大片段 DNA 会偏离这种比例，显示为实线（实际结果）与虚线（理论结果）的差异，说明常规电泳在检测非常大的 DNA 时具有局限性。[*Source*：(*a*) Courtesy Bio-Rad Laboratories.]

胶孔中加入少许 DNA，在中性 pH 下，接通电源使电流通过凝胶。DNA 因骨架上的磷酸而带负电荷，因此向凝胶另一端的阳极（正极）迁移。凝胶能够分离不同大小 DNA 片段的秘密在于摩擦力。小分子 DNA 由于与溶剂和凝胶分子间的摩擦力小，因此迁移较快；而大分子 DNA 受到的摩擦力相对较大，因此迁移较慢。电流根据 DNA 片段的大小将它们分离开，最大的靠近凝胶顶端，而最小的靠近凝胶底部。最后用荧光染料对 DNA 染色并将凝胶置于紫外灯下检测。图 5.2 显示了用这种方法对已知大小的噬菌体 DNA 片段分析的结果。将片段的迁移距离与其分子质量（或碱基对的数目）的对数值作图。任何未知大小的 DNA 都能与标准 DNA 片段同时电泳，只要其落在标准 DNA 片段的范围之内，就能估测其大小。例如，图 5.2 中一个迁移率为 20mm 的 DNA，其片段大小约为 910bp。同样，也可用此方法对不同大小的 RNA 片段进行电泳。

解题

问题 1

下面是 0.3～1.2kb 大小不等的双链 DNA 片段的电泳结果图。请根据图示回答下列问题：

a. 迁移到 16mm 处的 DNA 片段的大小是多少？

b. 0.5kb DNA 片段的迁移距离约为多少？

答案

a. 从 x 轴的 16mm 处画一条垂直虚线与实验

线相交，再从交点处画一条水平虚线与 y 轴相交，这条线与 y 轴的交点是 0.9kb，说明在实验中迁移 16mm 的 DNA 片段的大小是 0.9kb（900bp）。

b. 从 y 轴的 0.5kb 点处画一条水平虚线与实验线相交，再从交点画一条垂直虚线与 x 轴相交，该线与 x 轴的交点是 28mm，说明在实验中 0.5kb DNA 片段的迁移距离是 28mm。

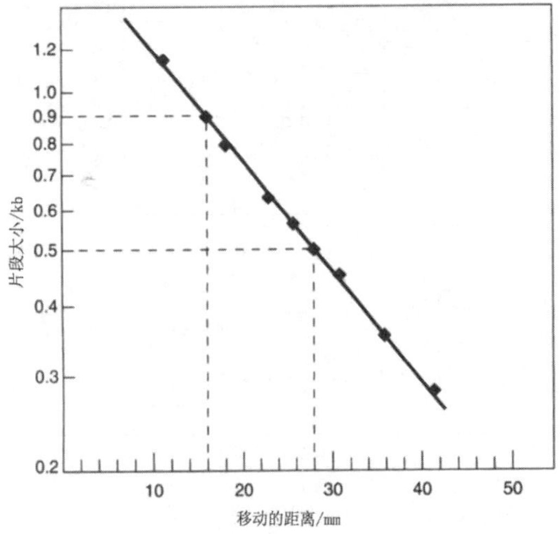

用凝胶电泳检测大分子 DNA 需要特殊的技术。一个原因是如果 DNA 太大，其大小的对数值与迁移的距离会严重偏离线性关系，图 5.2（b）的左上部即出现了偏离的迹象。另一个原因是双链 DNA 是细长的刚性棒状结构，越长就越脆弱。实际上，大分子 DNA 即使在温和条件下也很容易断裂，如在烧杯中搅拌或移液操作等产生的剪切力都足以将其打断。形象地说，可以把 DNA 想象成生的意大利面条，假如只有 1～2cm，动作粗放点不会损伤它，但是如果较长，断裂就是不可避免的了。

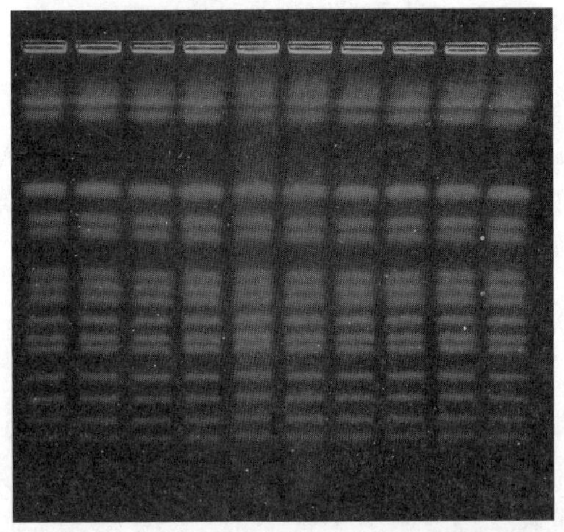

图 5.3 酵母染色体的脉冲场电泳。相同的酵母染色体在 10 个平行泳道中电泳，用溴化乙锭染色。各个条带显示染色体大小从 0.2Mb（底部）到 2.2Mb（顶部）。凝胶的原大小为 13cm 宽、12.5cm 长。（*Source*：Courtesy Bio-Rad Laboratories/CHEF-DR (R) Ⅱ pulsed-field electrophoresis systems.）

尽管有很多困难，分子生物学家还是开发了一种新的凝胶电泳技术，该技术可分离长达几百万个碱基对（megabase，Mb）的 DNA 分子，且能保证其大小的对数值与迁移率的相对线性关系。这种方法不采用恒定电流而是脉冲电流：正向的是相对较长的电脉冲，反向或侧向的是短脉冲。这种**脉冲场凝胶电泳**（pulsed-field gel electrophoresis，**PFGE**）对于测定像酵母染色体这样大的 DNA 非常有用。图 5.3 显示的是脉冲场凝胶电泳分离酵母染色体的结果，16 条可见条带代表含有 0.2～2.2Mb 碱基对的染色体。

电泳也常用于蛋白质的分离，只是其凝胶介质通常由聚丙烯酰胺制成，因此称为**聚丙烯酰胺凝胶电泳**（polyacrylamide gel electrophoresis，**PAGE**）。为了确定某种复杂蛋白质的多肽组成，必须处理蛋白质，以便多肽链或亚基能独立地电泳移动。通常利用去垢剂**十二烷基磺酸钠**（sodium dodecyl sulfate，**SDS**）处理蛋白质，使各个亚基**变性**（denature），不再相互结合。SDS 有两个附加优点：①使所有多肽的表面都覆盖上负电荷，从而在电泳时都会往阳极泳动；②遮蔽蛋白质亚基的原有电荷，使各亚基在电泳时按分子质量大小而不是原有电荷迁移。小分子多肽容易穿过凝胶上的小孔，因而迁移得较快，而大分子多肽则相对较慢。研究者也经常用还原剂打开亚基间的共价键。

图 5.4 显示的是用 SDS-PAGE 对一组多肽链的分离结果，每个多肽链都结合了一种染料，以便在电泳时能看到。通常的做法是在电泳后用染料如考马斯亮蓝对所有多肽进行染色。

小结 通过凝胶电泳可把各种分子质量的 DNA、RNA 和蛋白质分离开来。在核酸电泳中，常用的凝胶是琼脂糖；而在蛋白质电泳中，常用的是聚丙烯酰胺。SDS-PAGE 通常是根据分子质量的大小分离多肽的。

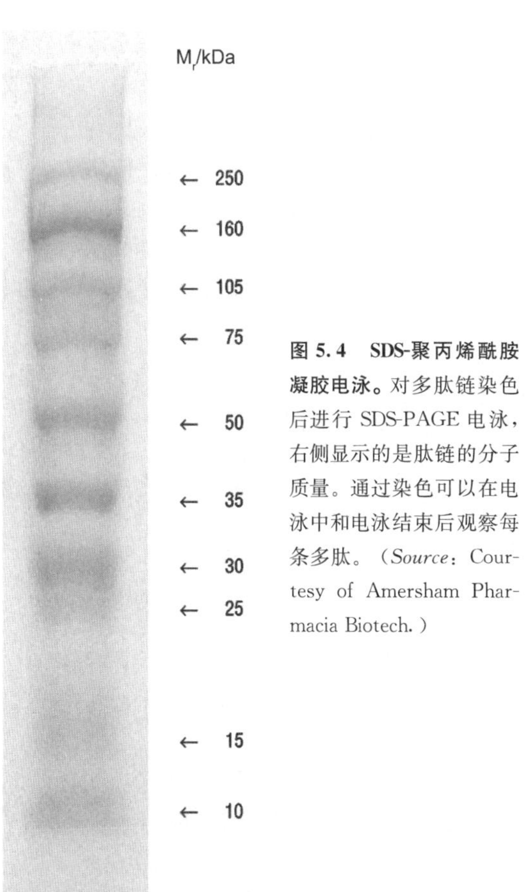

图 5.4 SDS-聚丙烯酰胺凝胶电泳。对多肽链染色后进行 SDS-PAGE 电泳，右侧显示的是肽链的分子质量。通过染色可以在电泳中和电泳结束后观察每条多肽。（*Source*：Courtesy of Amersham Pharmacia Biotech.）

为了提高一维 SDS-PAGE 的分辨率，分子生物学家开发了二维的方法。在第 19 章介绍的一种简单方法中，可以先在一个 pH 和凝胶浓度下进行单向非变性（无 SDS）凝胶电泳，然后在另一个 pH 和凝胶浓度下进行第二向电泳。由于蛋白质所带的净电荷随溶液 pH 的变化而变化，因此在不同 pH 下电泳的迁移率不同。在不同聚丙烯酰胺浓度下，根据其分子质量大小，蛋白质也会以不同的迁移速率电泳。但是由于缺乏去垢剂，不能将组成复杂的蛋白质的各个肽链分开，因此用这种方法不能分析单个多肽。

双向凝胶电泳

SDS-PAGE 能很好地分离多肽，但有时多肽混合物非常复杂，需要用更好的方法把它们分离开。例如，我们需要把某一特定时间、某种特定细胞中成千上万条多肽分离开，目前这在蛋白质组学（分子生物学的一个分支）研究中是经常要做的，蛋白质组学的相关内容学我们将在第 24 章中讨论。

另一种常用的更有效的方法是**双向凝胶电泳**（two-dimensional gel electrophoresis）——它所涉及的内容比其名字所包含的更多一些。第一步，蛋白质混合物在一个细的管状凝胶中电泳，凝胶中含有一种两性电解质（ampholyte)，可在毛细管的两端之间形成 pH 梯度。带负电荷的蛋白质分子在管状凝胶中朝阳极迁移，到达其**等电点**（isoelectric point)，即蛋白质的净电荷为 0 的 pH。由于没有净电荷，蛋白质不再向阳极或阴极迁移，这一步叫做**等电聚焦**（isoelectric focusing)，使蛋白质在凝胶中相应的等电点处聚集。

第二步，将管中的凝胶取出，置于平板凝胶的顶端进行常规的 SDS-PAGE。这时，经等电聚焦初步分离的蛋白质将根据其大小通过 SDS-PAGE 进一步分离。图 5.5 显示在有或无安息香酸条件下生长的大肠杆菌总蛋白的双向电泳结果。将无安息香酸条件下的大肠杆菌蛋白用红色荧光染料 Cy3 染色，将有安息香酸条

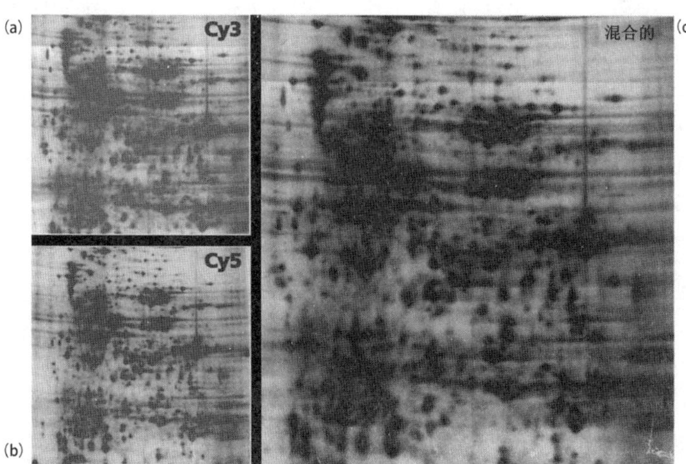

图 5.5 双向凝胶电泳。在有或无安息香酸条件下培养 *E. coli*，然后用红色荧光染料 Cy3 对无安息香酸条件下培养的 *E. coli* 细胞裂解液染色，蛋白质被染成红色；用蓝色荧光染料 Cy5 对有安息香酸条件下培养的 *E. coli* 细胞裂解液染色，蛋白质被染成蓝色；最后进行双向凝胶电泳。**(a)** 无安息香酸条件下细胞中的蛋白质，**(b)** 有安息香酸条件下细胞中的蛋白质；**(c)** 两组蛋白的混合物。在（c）图中，只在无安息香酸条件下积累的蛋白质显红色荧光，只在有安息香酸条件下积累的蛋白质显蓝色荧光，在两种情况下都积累的蛋白质既显红色又显蓝色，所以最后呈蓝紫色或黑色。（*Source*：Courtesy of Amersham Pharmacia Biotech.）

件下大肠杆菌蛋白用蓝色荧光染料 Cy5 染色。从两组蛋白质各自的及混合的双向凝胶电泳图可以比较两种条件下哪些蛋白质含量更丰富，哪些蛋白质在两种条件下均占优势。

小结 双向凝胶电泳通过第一向等电聚焦和第二向 SDS-PAGE 能达到很好地分离多肽的效果。

离子交换层析

层析（chromatography）最早是指在纸上［**纸层析**（paper chromatography）］将有色物质分离后形成的图案。目前有多种不同的层析技术用来分离生物物质。**离子交换层析**（ion-exchange chromatography）是利用树脂分离携带不同电荷的物质。例如，DEAE-Sephadex 层析用的是带正电荷的二乙氨乙基（diethylaminoethyl，DEAE）离子交换树脂，其正电荷基团吸引包括蛋白质在内的带负电荷的物质，所带负电荷越多，结合就越牢固。

我们将在第 10 章，以 DEAE-Sephadex 层析为例，介绍如何利用离子交换层析分离三种形式的 RNA 聚合酶。首先，制备 DEAE-Sephadex 悬浮液并装柱，当树脂沉积后加入含 RNA 聚合酶的细胞粗提物。最后，通过逐渐升高洗脱液的盐离子强度（或盐溶液浓度），将结合在树脂上的物质**洗脱**（elute）下来或除去。设置盐浓度梯度的目的是用盐溶液中的阴离子与蛋白质竞争在树脂上的离子结合位点，从而将蛋白质逐一洗脱下来。这就是为什么将其称为离子交换层析的原因。

随着洗脱缓冲液离子强度的升高，用组分收集器（fraction collector）收集洗脱液。该装置工作时，每次将一个试管置于层析柱下收集一定体积的溶液，然后移到旁边，置入下一个试管并收集组分。最后，分析每个洗脱组分中目的物质的含量。如果目的物质是一种酶，需要分析各洗脱组分中该酶的特殊活性。另外，检测每组洗脱液的离子强度，有助于确定洗脱目的蛋白所需要的盐浓度。

也可以用带负电荷的交换树脂分离带正电荷的物质，包括蛋白质。例如，常用磷酸纤维素进行阳离子交换层析分离蛋白质。注意，蛋白质不一定必须带有净正电荷才能与磷酸纤维素等阳离子交换树脂结合。大多数蛋白质带净负电荷，但是，某蛋白如果有一个显著的正电荷中心，则仍能结合到阳离子交换树脂上。图 5.6 是假定用离子交换层析法分离酶的两种构象的实验结果。

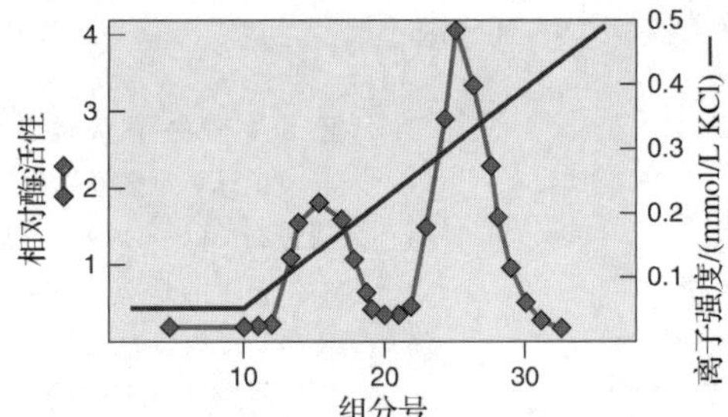

图 5.6 离子交换层析。先将细胞提取液加样到离子交换柱上，提取液含有两种不同构象的酶，然后不断增加洗脱缓冲液的离子强度，同时收集组分（本例共收集了 32 个）。分析每个组分的酶活性（曲线）和离子浓度（直线）并作图。酶的两种构象被清楚地分离开了。

小结 离子交换层析可根据所带电荷的多少分离蛋白质等物质。DEAE-Sephadex 等带正电荷的树脂常被用在阴离子交换层析中，而磷酸纤维素等带负电荷的树脂常被用在阳离子交换层析中。

凝胶过滤层析

蛋白质的标准生化分离通常需要一个以上的步骤，但是宝贵的蛋白质在每一步都会有损失，因此尽量减少分离步骤十分重要。一种实现这一目的的办法是，制订一个使每步分离都能利用目的蛋白的不同性质的实验策略。如果第一步用的是阴离子交换层析，第二步是阳离子交换层析，那么第三步则应该根据电荷以外的其他特性来分离蛋白质，蛋白质大小显然是该步的选择。

凝胶过滤层析（gel filtration chromatography）是一种基于分子自身大小（physical dimension）进行分离的方法。凝胶过滤介质（如 Sephadex）是大小不同的多孔小珠，好比“威浮球”的带孔空心塑料球。将层析柱充满带孔的微型塑料球后，当不同大小的分子通过层析柱时，小分子很容易进入威浮球的小孔内（小珠子的微孔），因此流过柱子的速度较慢。

而大分子不能进入珠子内部，因而快速流过柱子，出现在**外水体积**（void volume）即珠子周围的缓冲液体积，不包括珠子内的液体。中等大小的分子选择性地进入一些孔径大小适合的珠子，因此迁移率居中。这样，大分子首先从柱中流出，小分子最后流出。具有不同大小的各类树脂可用来分离不同大小的分子。图 5.7 显示了该方法的原理。

小结 凝胶过滤层析柱以多孔树脂填充，使小分子物质进入树脂孔而大分子不能进入。这样，小分子物质通过柱子的速率慢，而大分子物质则会相对较快地流出层析柱。

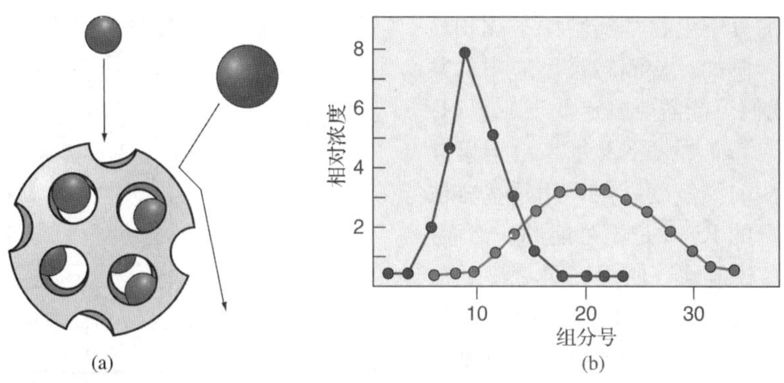

图 5.7 凝胶过滤层析。(a) 原理。以树脂珠代表多孔“威浮球”（黄色）。大分子（蓝色）不能进入珠子，因此它们被局限在树脂珠外相对小的外水体积中，从柱中快速洗出。而小分子（红色）能进入树脂孔，需要较大的洗脱液体积及较长的时间才能从柱中洗出。**(b)** 实验结果。将（a）中的大小分子混合物加到柱子上，用缓冲液洗脱。收集组分并分析每个组分中大分子（左峰）与小分子（右峰）的浓度。和预期的一样，大分子早于小分子洗脱出来。

亲和层析

最有效的分离技术之一是**亲和层析**（affinity chromatography）。其中的树脂含有与目的分子有很强专一性的亲和试剂。例如，树脂可偶合能够识别特殊蛋白的抗体或含有酶底物的无活性同系物。在后一种情况下，酶与同系物紧密结合但不发生反应。当杂蛋白因为与亲和试剂无（或很弱）亲和性而流过柱子后，再用能与目的分子竞争结合的亲和试剂溶液从柱子上洗脱出目的分子。比如，可以用酶的同系物溶液进行洗脱，因溶液中的同系物能与树脂上的同系物竞争对酶的结合，从而使酶从柱上被洗脱下来。

亲和层析的效果取决于树脂上的亲和试剂与待纯化分子间结合的专一性。因此，设计一个一步纯化蛋白的亲和层析方案是可能的，因为该蛋白是细胞中唯一能与亲和试剂结合的物质。在第 4 章我们已看到一个很好的例子：用镍柱纯化带有寡聚组氨酸的蛋白质。由于细胞中所有的其他蛋白都是天然的，都不带寡聚组氨酸标签，所以带标签的蛋白质就是唯一能结合亲和试剂镍的蛋白质。然后用镍溶液洗脱蛋白质，得到蛋白质-镍混合物，再用组氨酸同系物咪唑（imidazole）结合到镍柱上，干扰亲和试剂与目的蛋白的结合。

当要纯化的目的分子（即带有寡聚组氨酸标签的蛋白）是唯一与亲和树脂结合的蛋白质时，甚至都无需层析柱了，只需简单地将树脂与细胞提取物混合，离心沉淀树脂，弃去上清液留下沉淀在离心管底部的目的蛋白与树脂，然后用缓冲液（如果用的是镍树脂，则用咪唑溶液）洗涤沉淀后，目的蛋白就可以从树脂中释放出来。然后离心，再次沉淀树脂，这一次目的蛋白存在于上清中，可收集保存。这个方法比传统的层析法更简单快捷。

小结 亲和层析是一种利用与目的分子有很强专一亲和性的试剂进行分离的纯化技术。目的分子与偶联有亲和试剂的层析柱结合，而所有或绝大多数其他分子因不能与之结合而流出柱子，然后用干扰这种特异性结合的溶液将目的分子从柱上洗脱下来。

5.2 示踪标记

直到近期，“标记”与“放射性”实际上仍然是同义词，因为放射性示踪已经使用了数十年且容易检测。放射性示踪可以检测到极微量的物质，这对于分子生物学研究来讲十分重要，因为在典型的分子生物学实验中被测物质的含量通常极微。例如，检测转录反应中的某种 RNA 产物，我们可能需要测定低于 1pg（1g 的兆分之一或 10^{-12}g）的 RNA 量。由于紫外吸收或染色等方法的灵敏度有限，用这些方法直接检测如此微量的 RNA 是不可能的。然而，如果该 RNA 具有放射性，使用高灵敏度的放射性检测装置就能很容易地对微量 RNA 进行检测了。现在，我们来学习一下分子生物学家偏爱的检测放射性示踪物的几种方法：放射自显影、磷屏成像及液体闪烁计数。

放射自显影

放射自显影（autoradiography）是使用照相感光乳剂检测放射性复合物的一种方法。分子生物学家偏爱的感光乳剂是 X 射线胶片。如图 5.8 所示，通过凝胶电泳分离放射性标记的 DNA 片段，然后让凝胶与 X 射线胶片接触并一起置于暗室中数小时甚至数天。从 DNA 条带发出的放射性就像可见光一样使 X 射线胶片曝光。胶片冲洗之后，与凝胶上的 DNA 条带对应的黑色条带就显现出来。实际上是 DNA 条带给自己拍了照，这就是为什么将这种技术称为放射自显影。

采用**增感屏**（intensifying screen）可提高放射性自显影的灵敏度，至少对 ^{32}P 灵敏度的提高有帮助。它是一种涂有荧光复合物的屏板，荧光复合物在低温时能被 β 电子激发（β 电子是分子生物学常用的放射性同位素 ^{3}H、^{14}C、^{35}S 和 ^{32}P 等发出的放射性射线）。因此，照相底片的一面放上具有放射性的凝胶（或其他介质），另一面放上增感屏，β 电子就可直接曝光底片。若没有增感屏，则大多数 β 电子会直接穿过底片而丢失。当这些高能电子撞击增感屏时可产生荧光，这种荧光能被底片检测到。

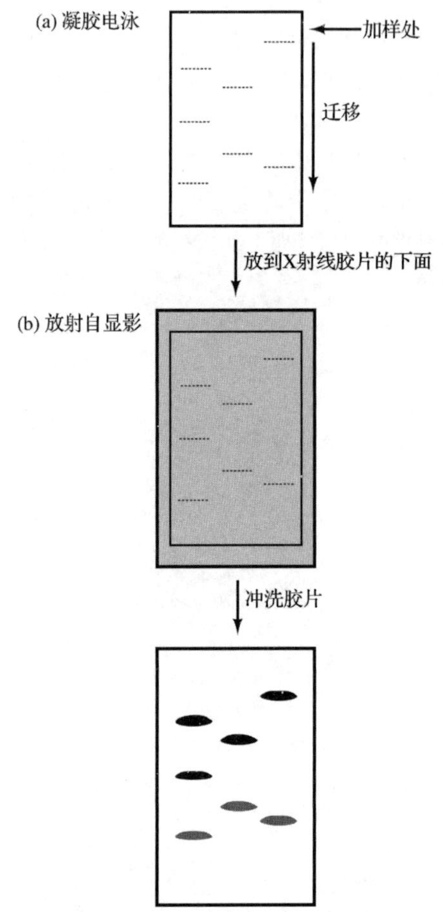

图 5.8　放射自显影。(a) 凝胶电泳。在凝胶的三个平行泳道电泳放射性 DNA 片段，根据 DNA 片段大小采用琼脂糖或聚丙烯酰胺凝胶。在这一步，DNA 是看不到的，在这里用虚线表示它们的位置。**(b)** 放射自显影。将 X 射线胶片铺在凝胶上并放置数小时，如果放射性比较弱可延长至几天。最后冲洗底片观察哪些地方经射线曝光，由此显示 DNA 条带在凝胶上的位置。本例中，大的且迁移缓慢的条带放射性最强，因此在放射自显影中相应的条带最黑。

怎样对一个 DNA 片段的放射性进行精确定量呢？可以通过观察放射自显影胶片上条带的亮度进行粗测，也可以使用**光密度计**（densitometer）扫描放射自显影图片，进行较精确的测定。这种装置能使光束穿过样品（放射自显影照片），然后检测样品的光吸收。如果条带很黑就会吸收大量的光线，则光密度计会记录一个高的光吸收峰（图 5.9）；如果条带比较弱，则大部分光会透过条带，光密度计记录到小的光吸收峰。通过测量每个峰的面积就可估算出每个条带的放射性。当然，这仍是间接检测放射性的方法，要想精确读出每个条带的放射性，可以用磷屏成像仪扫描凝胶或对 DNA 进行液体闪烁计数。

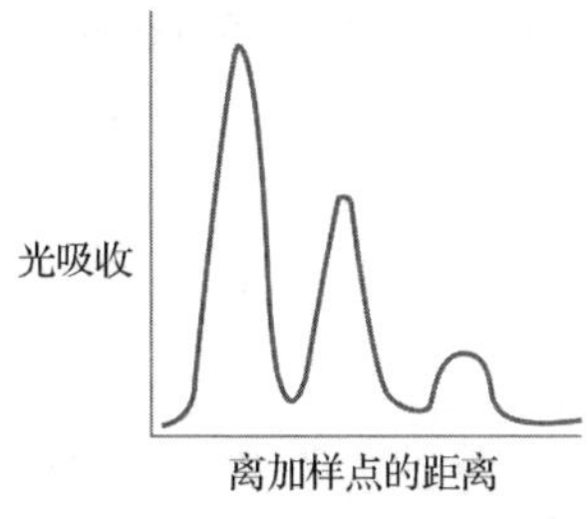

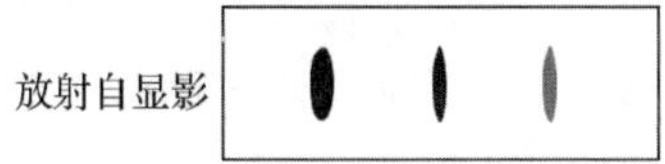

图 5.9 光密度计。光密度扫描图下方是相应的放射自显影图。注意三个扫描峰的面积与放射自显影图中相应条带的黑色程度成正比。

磷屏成像

磷屏成像（phosphorimaging）在多个方面胜过常规的放射自显影，最主要的原因是它能更精确地定量放射性。它对放射性的感应比 X 射线更成比例。常规放射自显影的 50 000 **dpm**（disintegration per minute，**每分钟蜕变量**）条带看上去可能并不比 10 000dpm 的条带黑，因为感光胶片在 10 000dpm 已经饱和。而**磷屏成像仪**（phosphorimager）是在电子水平对放射性进行的检测与分析，所以 10 000dpm 与 50 000dpm的区别是很明显的。该技术的工作原理是这样的：从放射性样品（如一块带有与标记性探针杂交的 RNA 条带的印迹膜）开始，将其放到一个吸收 β 电子的磷屏成像板上。β 电子激发板上的分子，这些分子就一直保持激发状态直到磷屏成像仪用光束扫描成像板。此时，成像板捕获的 β 电子被释放出来并被检测仪所监控。计算机将检测到的能量转换成如图 5.10 所示的图像。这是模拟的彩色图像，由黄色到黑色等不同颜色分别代表不同程度的放射性从最低（黄色）到最高（黑色）。

液体闪烁计数器

液体闪烁计数（liquid scintillation counting）利用的是样品放射性所发出的射线产生能被光电倍增管检测到的可见光光子的原理。

图 5.10 RNA 印迹膜的假色磷屏成像扫描。RNA 印迹膜经放射性同位素探针杂交后，洗去未杂交的探针，将印迹膜置于磷屏成像仪的扫描板上。扫描板收集结合在 RNA 上的放射性探针发出的 β 电子的能量，当激光扫描时放出能量。计算机将这些能量转换成图像，放射强度按照以下颜色递增：黄色（最低）<紫色<紫红色<淡蓝<绿色<深蓝<黑色（最强）。（*Source*：© Jay Freis/Image Bank/Getty.）

为此，将放射性样品（如从凝胶上切下的一个条带）放到含有**闪烁液**（scintillation fluid）的小瓶中，闪烁液含有化合物**氟石**（fluor），被放射线轰击后可发出荧光，从而将非可见的放射线转换成可见光。液体闪烁计数仪将小瓶降到带有光电倍增管的暗室中，光电倍增管检测由放射线激发荧光物所发出的光，仪器计数光的突发或**闪烁**（scintillation），单位是**每分钟的次数**（counts per minute，**cpm**）。但这与每分钟的蜕变不一样，因为液体闪烁计数不是100%有效的。分子生物学家常用的放射性同位素是 ^{32}P，由其发出的 β 电子的能量极高，甚至不需要荧光就能产生光子，可用液体闪烁计数器直接计数，虽然比用闪烁液时的效率要低一些。

小结 分子生物学实验中的微量物质通常用标记示踪物来检测。如果示踪物是放射性的，可通过 X 射线放射自显影、磷屏成像或液体闪烁计数法检测。

非放射性示踪

正如我们在本节前面所指出的，放射性示踪的最大优点是它的灵敏性。而现在非放射性示踪的灵敏度已经可与放射性的灵敏度相媲美了。非放射性示踪有显著的优势，因为放射性同位素具有潜在的危害健康的问题，使用时必须非常小心。而且放射性示踪产生放射性废物，处置这些废物日益困难且很昂贵。非放射性示踪怎样与放射性示踪的灵敏度竞争呢？答案是利用酶的倍增效应（multiplier effect）。将酶偶联到用于检测目的分子的探针上，酶将产生众多的产物分子从而将检测信号放大。若酶的产物是化学发光的（chemiluminescent）（如萤火虫尾部的光），则效果会更好。因为每个分子都发出许多光子，从而将信号再次扩大。图 5.11 是一种化学发光示踪物的原理，发出的光可以通过 X 射线放射自显影或磷屏成像检测。

为避免磷屏成像或 X 射线胶片的花费，也可以使用能发生颜色变化而不是形成化学发光物的酶底物。这些**发色底物**（chromogenic substrate）产生与酶的位置相对应的有色条带，即与目的分子的位置相对应。颜色的亮度与目的分子的含量直接相关，所以也是一种定量方法。

小结 现在已经有非常灵敏的非放射性示踪了。利用化学发光示踪可以像放射性那样通过放射自显影或磷屏成像来检测，而产生有色产物的示踪物可通过直接观察其出现的有色斑点进行检测。

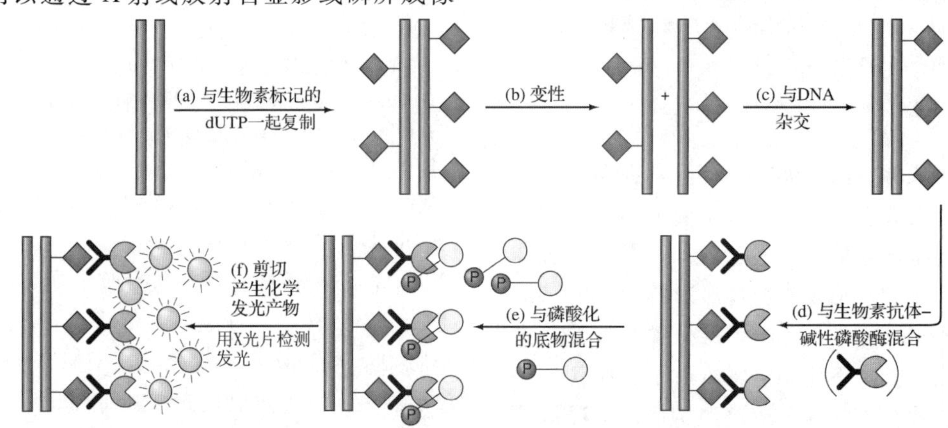

图 5.11 用非放射性探针检测核酸。这类技术通常是间接的，通过与标记的探针杂交检测目的核酸，而对探针的检测又依赖其产生有色或发光物质的能力。在本例中实施了以下操作步骤。(**a**) 在带有生物素标签（菱形）的 dUTP 存在时复制探针 DNA，合成生物素标记的探针 DNA。(**b**) 探针变性。(**c**) 将探针与待检测的 DNA（粉红色）杂交。(**d**) 将杂交产物与含有生物素抗体和碱性磷酸酶（缺口圆与叉）的双功能试剂混合。生物素抗体特异地与探针上的生物素紧密结合。(**e**) 加入一种磷酸化的复合物，一旦其磷酸基被去除就转变为化学发光物质。(**f**) 附着在探针上的碱性磷酸酶将磷酸基团从底物上切除，使之成为化学发光物质（发射光）。化学发光物质发出的光可用 X 射线胶片检测。

5.3 核酸杂交的应用

杂交现象，即一条核酸单链和另一条互补单链形成双螺旋的能力，是现代分子生物学的主干技术之一。我们在第 4 章接触过噬菌斑及菌落杂交，这里我们进一步介绍几个杂交技术的例子。

Southern 印迹：鉴定特异 DNA 片段

许多真核基因都是亲缘关系较近的基因家族的一部分。那么，怎样确定某个特定基因家族的成员数目呢？如果已经克隆到了这个基因家族的一个基因，甚至是“部分”cDNA，那么就能估算出这个数目。

首先用限制酶切割从生物体提取的基因组 DNA。最好用 *Eco*RⅠ或者 *Hin*dⅢ等识别 6bp 的限制酶。这些酶会产生数千个平均大小约 4000bp 的基因组 DNA 片段。然后，在琼脂糖凝胶上电泳分离这些片段（图 5.12）。这些条带，如果用染色显示，将是数千个条带组成的模糊条纹，无法区分（简洁起见，图 5.12 只显示了几个条带）。最后，用标记的探针与这些条带进行杂交，就可以看到其中有多少含有目的基因的编码序列。当然，在此之前要先把这些条带转移到一个便于杂交的介质上。

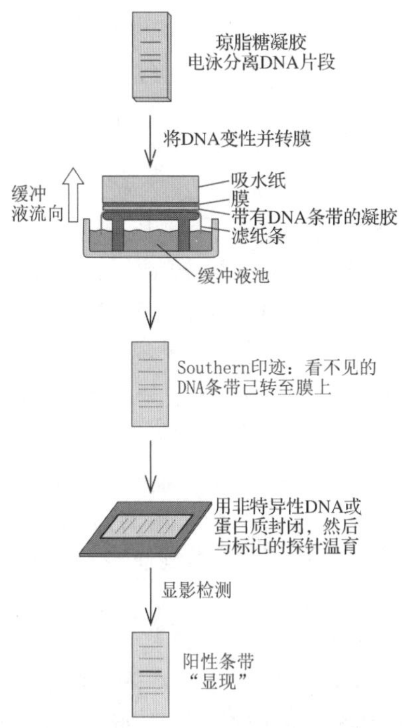

图 5.12 Southern 印迹。首先，在琼脂糖凝胶上对 DNA 片段进行电泳。接着，对 DNA 进行碱变性，将单链 DNA 从凝胶（黄色）上转移到硝酸纤维素膜或类似材料（红色）上。可用两种方法完成这一步：扩散法，如图中所显示的，DNA 随着缓冲液通过凝胶；另一种是电泳法（未显示）。接下来，将标记的探针与印迹膜杂交，通过放射自显影或磷屏成像检测被标记的条带。

Edward Southern 是这一技术的创始人，如图 5.12 所示的那样，他将琼脂糖凝胶上的 DNA 片段通过扩散法转移或者印迹到硝酸纤维膜上，因此这一过程被叫做 **Southern 印迹**（Southern blotting）。现在多采用电转移法将 DNA 条带从凝胶转移到膜上。在转膜印迹之前，将 DNA 片段碱变性产生单链 DNA，以便与硝酸纤维膜结合，形成 Southern 印迹。现在已有比硝酸纤维素膜更好的介质可供使用，如尼龙膜介质比硝酸纤维膜的柔韧性更强。接下来，在带标记的 DNA 前体物存在的条件下，加入 DNA 聚合酶对克隆的 DNA 进行标记，再将标记的探针变性并与 Southern 印迹膜杂交。当探针遇到与之互补的 DNA 序列时，就杂交形成被标记的条带，与之相对应的 DNA 片段含有目的基因。最后，通过 X 射线放射性自显影或磷屏成像就可看见被标记的条带了。

如果只看到一个条带，解释起来相对简单，可能只有一个基因含有与 cDNA 探针互补的序列。一个基因（如组蛋白基因或核糖体 RNA 基因）可能多次重复串联，在基因的每个拷贝中只有一个限制酶位点，这会得到一条很黑的条带。如果看到的是多个条带，则可能有多个基因与探针相匹配，但是很难准确判断到底有多少个。当一个基因中含有一个以上酶切位点时也可以形成多个条带，使用短探针可减小这一问题，如以 100～200bp 的 cDNA 限制酶酶切片段作为探针。一个平均约每 4000bp 切割一次的限制酶，不会在与小探针杂交基因的 100～200bp 区域内切割。如果用短探针杂交后仍得到大量条带，这可能代表的是一个基因家族，其家族成员的序列与探针杂交的区域相似或者完全相同。

小结 标记的 DNA（或 RNA）探针可用于与 Southern 印迹膜上序列相同或相近 DNA 的杂交。根据与短探针杂交的条带数，可以估计出在一个生物中紧密相关基因的数目。

DNA 指纹和 DNA 分型

Southern 印迹技术不仅是一种研究工具，还被广泛应用于法医实验室，以鉴别在犯罪现场留下的血迹或其他含 DNA 物质的个体。这种 **DNA 分型**（DNA typing）源自 1985 年 Alec Jeffreys 及同事的一次发现。当时他们正在研究人类血液中 α-珠蛋白基因的一个 DNA 片段，发现其中含有一段数次碱基重复的序列，这种重复的 DNA 叫做**小卫星**（minisatellite）。更有趣的是，他们还在人类基因组的其他位置也发现了类似的小卫星序列，而且同样有数次重复。这一看似简单的发现，产生了一个影响深远的结果，因为不同个体基本序列的重复方式不一样。实际上，这种差异是足够大的，任意两个个体具有完全相同的重复方式的概率只能是随机的，这就意味着这些重复方式就像指纹一样，因此把它们叫做 **DNA 指纹**（DNA fingerprint）。

DNA 指纹实际上就是一个 Southern 印迹。为获得 DNA 指纹，研究者首先用限制酶（如

*Hae*Ⅲ）切割所研究的DNA，选用*Hae*Ⅲ是因为在Jeffreys发现的这种重复序列中不含*Hae*Ⅲ酶切位点。如图5.13（a）所示，这表明*Hae*Ⅲ在小卫星区域的两边切割，而不在其内部切割。在本例中，DNA有3组重复区域，分别含有4个、3个、2个重复，酶切后会出现包含这些重复序列的3个大小不等的片段。将这些片段电泳、变性、印迹，然后用一个标记的

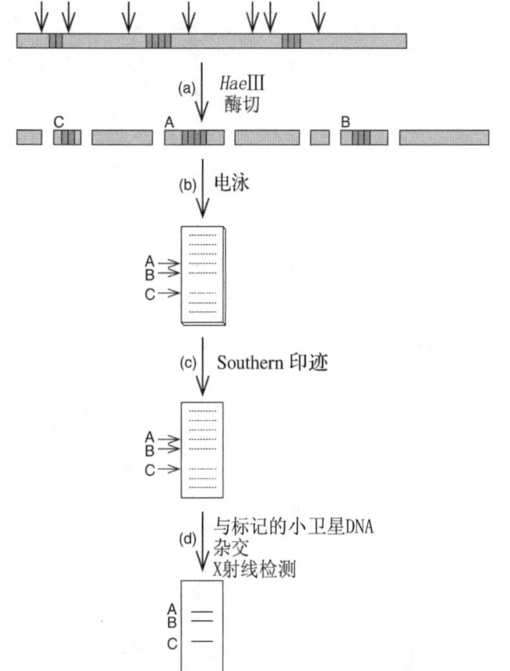

图5.13 DNA指纹技术。(a) 首先，用限制酶切割DNA。本例中*Hae*Ⅲ酶在7个位点切割DNA（箭头所示），产生8个片段，仅3个片段（按大小标记为A、B、C）含有微卫星DNA，用蓝色盒表示。其他片段含不相关DNA序列。**(b)** 电泳（a）中的片段，使其按大小分离开。所有8个片段都在凝胶中，但是看不见，用虚线表示。**(c)** 将DNA片段变性并进行Southern印迹。**(d)** 将Southern印迹膜上的DNA片段与带有若干个小卫星拷贝的放射性DNA杂交。探针与带有小卫星的3个片段结合，不与其他几个片段结合。最后，用X射线检测3个标记的条带。

小卫星DNA与该印迹杂交，杂交后用X射线放射自显影或磷屏成像检测标记的条带。本例中有3个条带被标记，所以在胶片上会出现3个黑色条带［图5.13（d）］。

真实的动物基因组要比该例中的DNA片段复杂得多，因此含有与探针反应的微卫星序列的片段会远远多于3个。图5.14是几个无关人员及一对同卵双生子的DNA指纹。正如我们前面所说的，图中任意两个个体之间重复片段的差异非常大，除非他们是同卵双生子，这种复杂性使DNA指纹成为一种非常有力的鉴定技术。

DNA指纹和DNA分型在法医学中的应用

DNA指纹的一个宝贵特征是，虽然几乎所有个体都有不同的图谱（pattern），但是部分图谱（几组条带）是按照孟德尔定律遗传的。所以，DNA指纹可用于建立亲子关系。英格兰的一桩移民案很好地诠释了这一技术的威力。有一个出生在英格兰的加纳男孩返回加纳与其父亲一起生活，当他想返回英国与母亲一起生活时，英国当局质疑他是那位妇人的儿子还是侄子。来自血型基因的信息十分模糊，但是这个男孩的DNA指纹证实了他们之间的确是母子关系。

除了亲子鉴定外，DNA指纹技术还可用于罪犯鉴定，因为理论上每个人的DNA指纹都是独特的，就像传统意义上的指纹。因此，如果罪犯把他的细胞（如血液、精液、头发等）留在犯罪现场，通过这些细胞的DNA就可以确认他。然而，正如图5.14中所示，DNA指纹含有数百个条带，非常复杂，有些条带混在一起难以辨别。

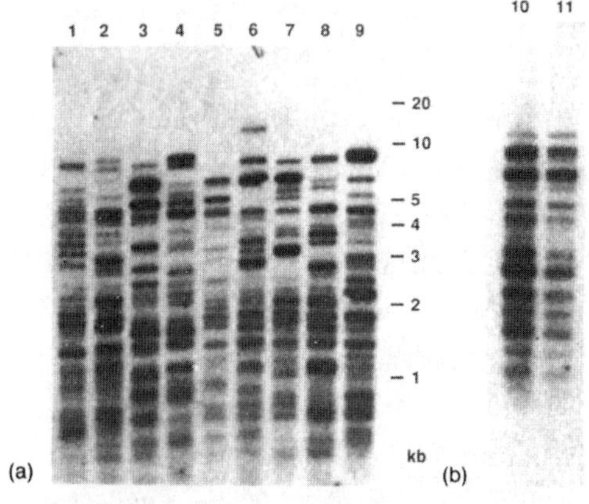

图5.14 DNA指纹。(a) 9个泳道中的DNA样品来自9个不相关的白人受试者。注意，没有两个完全一样的图谱，特别是在上端部分。**(b)** 两条泳道中的DNA来自同卵双生者，所以图谱相同（虽然10道的DNA的量比11道的多）。［*Source*：G. Vassart et al.，A sequence in M13 phage detects hypervariable minisatellites in human and animal DNA. *Science* 235 (6 Feb 1987) p. 683，f. 1. © AAAS.］

为解决这一问题，法医学家开发了新的探针，这些探针是与单一的、在个体中有很大变异的DNA位点杂交，而不是像标准DNA指纹那样与所有的DNA位点都杂交。每个探针产生非常简单的样式，只有一个或几个条带。这就是**限制性片段长度多态性**（restriction fragment length polymorphyism，**RFLP**）的一个例子，此方法将在第24章详细介绍。能够产生RFLP是由于指定位点的限制性片段的大小在个体间有差异。当然，单个探针本身不能像具有众多条带的完整DNA指纹那样作为一个有力的鉴定工具，但是用4～5个探针的组合就可提供足够多的不同条带用于鉴定了。有时我们仍把这种分析方法叫做DNA指纹，但实际上更具体的术语是**DNA分型**（DNA typing）。

讲一个早期的关于DNA分型的戏剧性故事：有一个人趁一对夫妇熟睡时将他们杀死在一辆敞篷卡车中，40min后他又返回案发地强奸了那名妇女。这一行为不仅加重了犯罪，也给法医学家提供了证明罪犯的方法。法医学家从他留下的精细胞中提取了DNA并进行DNA分型，结果表明其DNA分型图谱与嫌疑人的完全匹配，这一证据帮助陪审团裁定了被告有罪。图5.15是用DNA分型鉴定另一个强奸嫌疑人的例子，嫌疑人的DNA分型图谱很明显与遗留精液中的DNA相匹配。这是单一探针杂交产生的结果，其他探针同样也提供了与精子DNA匹配的样式。

DNA分型的另一个优点是其高度的灵敏性，只需要几滴血液或精液就足以完成一次检测。但是有时法医学家得处理甚至更少的样品，如被受害者扯下的一根头发。虽然这根头发本身不足以做DNA分型，但是如果它带有毛囊细胞就有用了，从这些细胞中挑选的DNA片段可以通过PCR扩增，然后进行分型。

尽管DNA分型具有精确性，但是在法庭上还是受到了有力地挑战，最著名的就是1995年洛杉矶的Simpson案件。被告辩护律师把焦点集中在两个有关DNA分型的问题上。首先是由于DNA分型的灵敏度非常高，操作时必须十分小心才能得到有意义的结果。二是对得到的数据进行分析所使用的统计学方法一直有争议。第二个问题的核心是围绕应用乘法定则（product rule）确定DNA分型结果是否能唯一地鉴定嫌疑人的问题。比如用某个探针从普通人群的100个人中探测某个人的给定等位基因（在这个例子中是一系列条带），该探针与指定的某个人相匹配的概率是1%或10^{-2}，如果我们用5个探针，并且5个等位基因都与嫌疑人匹配，那么这种匹配的概率就是每个探针匹配

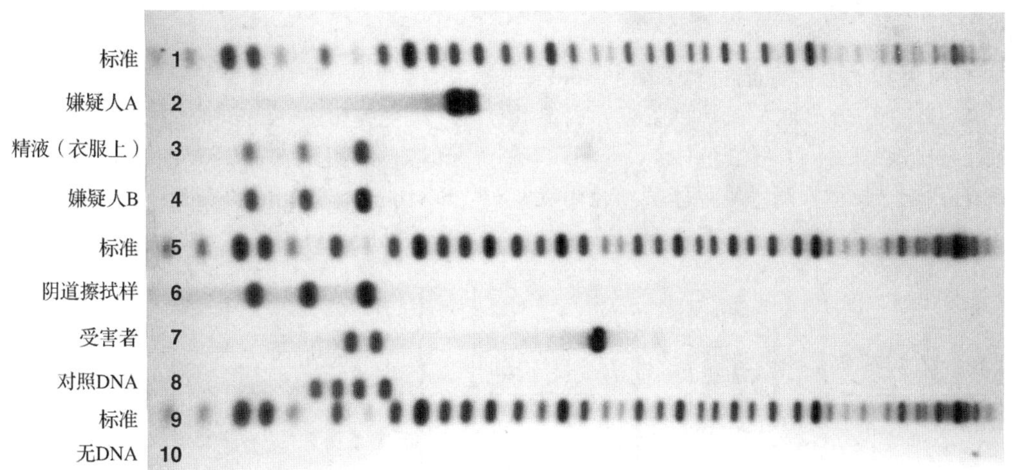

图5.15　利用DNA分型辅助鉴定强奸犯。两名嫌疑人被指控袭击和强奸一位年轻妇女，对嫌疑人和受害者的多个DNA样本进行了分析。泳道1、5和9是已知的标准DNA，泳道2是嫌疑人A的血细胞DNA，泳道3是受害人衣服上残留的精液样本DNA，泳道4是嫌疑人B的血细胞DNA，泳道6是受害人阴道擦拭样本的DNA（也有微量受害者自身的DNA），泳道7是受害者的血细胞DNA，泳道8是DNA阳性对照，泳道10是无DNA的阴性对照。以这些证据为基础，嫌疑人B被判有罪。注意泳道4的DNA片段与泳道3受害者衣服上的精液样本和泳道6阴道拭擦样本的DNA一致。（*Source*：Courtesy Lifecodes Corporation，Stamford，CT.）

概率的乘积，即 $(10^{-2})^5$ 或 10^{-10}。因为现在地球人口不到 10^{10}（100 亿）人，这就意味着 DNA 分型从统计学上排除了嫌疑人之外的其他任何人。而原告用了更保守的估计，考虑到一些少数民族与某些探针可能有更高的匹配概率。况且，大于百万分之一的概率还是经常可获得的，因此 DNA 分型在法庭上还是相当有说服力的。当然，DNA 分型不只用于鉴定罪犯，它同样可用于排除嫌疑人（图 5.15 中嫌疑人 A）。

小结 现代 DNA 分型技术使用一组 DNA 探针，鉴定动物个体包括人的可变位点。作为一种取证工具，它可以用于亲子鉴定、罪犯鉴定及排除无辜人员的嫌疑。

原位杂交：基因在染色体中的定位

本章已经介绍了利用探针鉴定 Southern 印迹膜上的条带是否含有目的基因的方法。标记的探针还可与染色体杂交用于鉴定哪个染色体含有目的基因。**原位杂交**（*in situ* hybridization）的原理是将细胞中的染色体展开，将 DNA 部分变性以产生能与探针杂交的单链区域。染色体被染色、杂交后，用 X 射线检测展开的染色体上被标记的基因。染色的目的是为了能看清并辨认出不同的染色体，而感光底片的黑点可以定位标记的探针，从而显示与此探针杂交的基因。

也可用其他方法标记探针。图 5.16 是利用二硝基酚标记的 DNA 探针将肌糖原磷酸化酶基因定位在人的 11 号染色体上，这种二硝基酚可用荧光抗体检测。染色体被碘化丙啶复染色发出红色荧光，在这种背景下，11 号染色体上探针抗体的黄色荧光很容易被看到，这种技术也叫做**荧光原位杂交**（fluorescence *in situ* hybridization，**FISH**）。

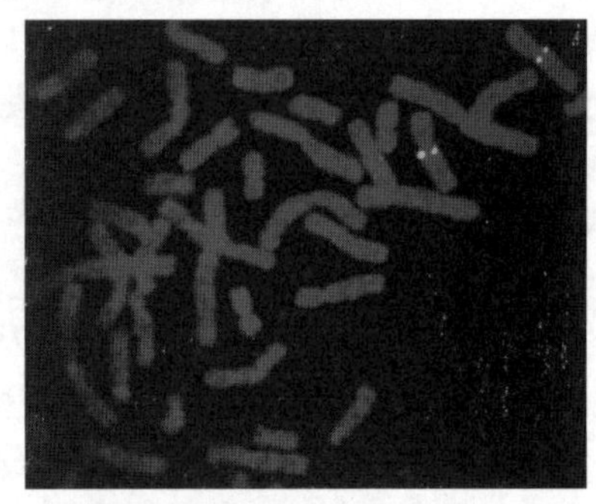

图 5.16 利用染色体荧光探针原位杂交寻找基因。 人肌糖元磷酸化酶基因的特异性 DNA 探针与二硝基酚偶联。将展开的人染色体部分变性暴露出单链 DNA 区域以便探针杂交。间接检测 DNP 标记探针杂交位点的方法如下：兔抗 DNP 的抗体与探针上的 DNP 结合，联有异硫氰酸荧光素（FITC）的羊抗兔抗体再与兔抗体结合，FITC 发黄色荧光。探针与染色体的杂交位点显示亮的黄色荧光斑点，背景是被荧光染料碘化丙啶染色的红色染色体。分析表明肌糖元磷酸化酶基因位于 11 号染色体上。[*Source*：Courtesy Dr. David Ward，*Science* 247 (5 Jan 1990) cover. © AAAS.]

小结 将标记的探针与整个染色体杂交可定位基因或其他特定的 DNA 序列，这种技术叫做原位杂交。如果探针是用荧光标记的，那么这种技术就叫做荧光原位杂交。

免疫印迹（Western 印迹）

免疫印迹（immunoblot）（也叫做 **Western 印迹**，沿用了 Southern 的命名系统）采用与 Southern 印迹相同的实验模式：将分子电泳后印迹到膜上再做鉴定。但是免疫印迹针对的是

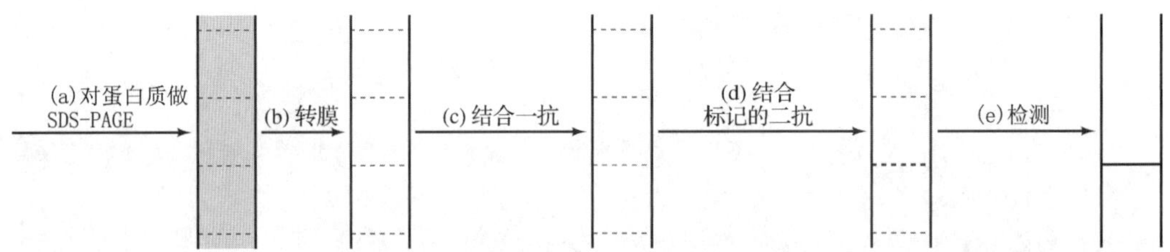

图 5.17 免疫印迹（Western 印迹）。(a) 从 SDS-PAGE 分离蛋白质混合物开始。**(b)** 分离开的蛋白质（虚线表示）被印迹到膜上。**(c)** 用原初抗体探测膜上的目的蛋白质，这里抗体与其中一个蛋白发生了反应（红色），但是目前还不能检测该反应。**(d)** 用标记的第二抗体（或蛋白 A）检测一抗进而检测目的蛋白。这里二抗结合到一抗上，条带的颜色由红色变为紫色，但是反应还是不能检测。**(e)** 最后，检测标记的条带，如果是放射性标记的用 X 射线或磷屏成像仪，如果是非放射性标记的可用图 5.11 所示的方法检测。

蛋白质电泳而不是核酸。我们已经看到 Southern 印迹膜上的 DNA，是通过与标记的寡核苷酸或多核苷酸探针杂交后来鉴定的。而杂交作用只适用于核酸，如何对印迹的蛋白质做鉴定呢？需要采用对特定蛋白质的专一性抗体（或抗血清）。该抗体与印迹膜上的目的蛋白结合，然后用标记的第二抗体（如羊抗体，其能识别所有 IgG 类的兔抗体），或标记的 IgG 结合蛋白（如蛋白 A）与已经结合上的一抗结合再度标记带有目的蛋白的条带（根据抗体是免疫系统的产物而产生了"免疫印迹"这一术语）。免疫印迹可以帮助我们鉴定混合物中是否存在某种特殊蛋白，也能对该蛋白进行粗略的定量分析。

为什么要如此麻烦使用第二抗体或蛋白 A，而不直接用标记的原初抗体呢？主要原因是这需要一一标记不同的抗体以便用于各个不同的免疫印迹膜。使用不标记的原初抗体，并购买与任何一抗都能结合并可检测的标记好的二抗或蛋白 A，会更简单和便宜些。图 5.17 给出了对特定蛋白质制备和探测免疫印迹膜的过程。

小结 可以在复合物中利用免疫印迹（或 Western 印迹）对蛋白质进行检测和定量。先对蛋白质电泳，然后将其转到膜上并与特异性抗体进行反应，而特异性抗体可用标记的第二抗体或蛋白 A 检测。

5.4 DNA 测序和物理图

1975 年，Frederick Sanger 及同事，以及 Alan Maxam 和 Walter Gilbert 分别研究出两种不同的方法准确地测定了克隆的 DNA 片段中的碱基序列。这一激动人心的重大突破使分子生物学发生了革命，Sanger 和 Gilbert 也因此获得了 1980 年的诺贝尔化学奖。这两种方法使分子生物学家能够确定数千种基因，以及许多完整基因组，包括人类基因组的几乎 3 亿个碱基对的碱基顺序。现代 DNA 测序技术源于 Sanger 法，以下对该方法作一介绍。

Sanger 链末端终止测序法（Sanger chain-termination sequencing method）

用 Sanger 最初的方法测序一段 DNA 序列的原理见图 5.18。在应用上，该过程不再手动操作了，在下一节将介绍该技术是如何自动操作的。最初的测序方法首先需要将 DNA 克隆到载体中，如 M13 噬菌体载体或者噬菌粒，以便产生单链 DNA。现在可以从双链 DNA 开始了，通过简单的加热即可产生单链 DNA 用于测序。然后将一段长约 20bp 的寡核苷酸引物与单链 DNA 杂交。该引物设计成能与载体多克隆位点相邻的一段序列杂交，并且其 3′端朝向多克隆位点处的插入片段。

用 DNA 聚合酶Ⅰ的 Klenow 片段（第 20 章）延伸引物，合成与插入片段互补的 DNA。Sanger 法的关键在于 DNA 合成反应分别在 4 个试管中独立进行，且每管各有一种不同的链终止剂。链终止剂是一种**双脱氧核苷酸**（dideoxy nucleotide），如**双脱氧 ATP**（ddATP）。这种终止剂不仅像正常的 DNA 前体物那样在 2′位脱氧，同时在 3′位也是脱氧的。由于缺乏必需的 3′-羟基，不能形成磷酸二酯键，一旦双脱氧核苷酸掺入延长的 DNA 链上，DNA 合成就会终止，因此称其为链终止剂。

双脱氧核苷酸本身根本不允许 DNA 合成，所以必须加入过量的脱氧核苷酸和足够的双脱氧核苷酸以便随机终止 DNA 链的延伸。DNA 延长的随机停止，意味着有的 DNA 链终止得早些，有的则晚些。每个试管中各有一种双脱氧核苷酸：试管 1 是 ddATP，因此终止全部发生在 A 处；试管 2 是 ddCTP，终止全部发生在 C 处，其他两个试管依此类推。同时，每个试管中都有放射性 dATP，这样 DNA 产物就具有放射性了。

结果每个管中都产生了一系列长度不等的片段。在试管 1 中全部片段都以 A 结尾；试管 2 中全部以 C 结尾；试管 3 中以 G 结尾；试管 4 中以 T 结尾。接下来，将全部 4 组反应产物在变性条件下在高分辨率聚丙烯酰胺凝胶的平行泳道内电泳。由于是在变性条件下电泳，故

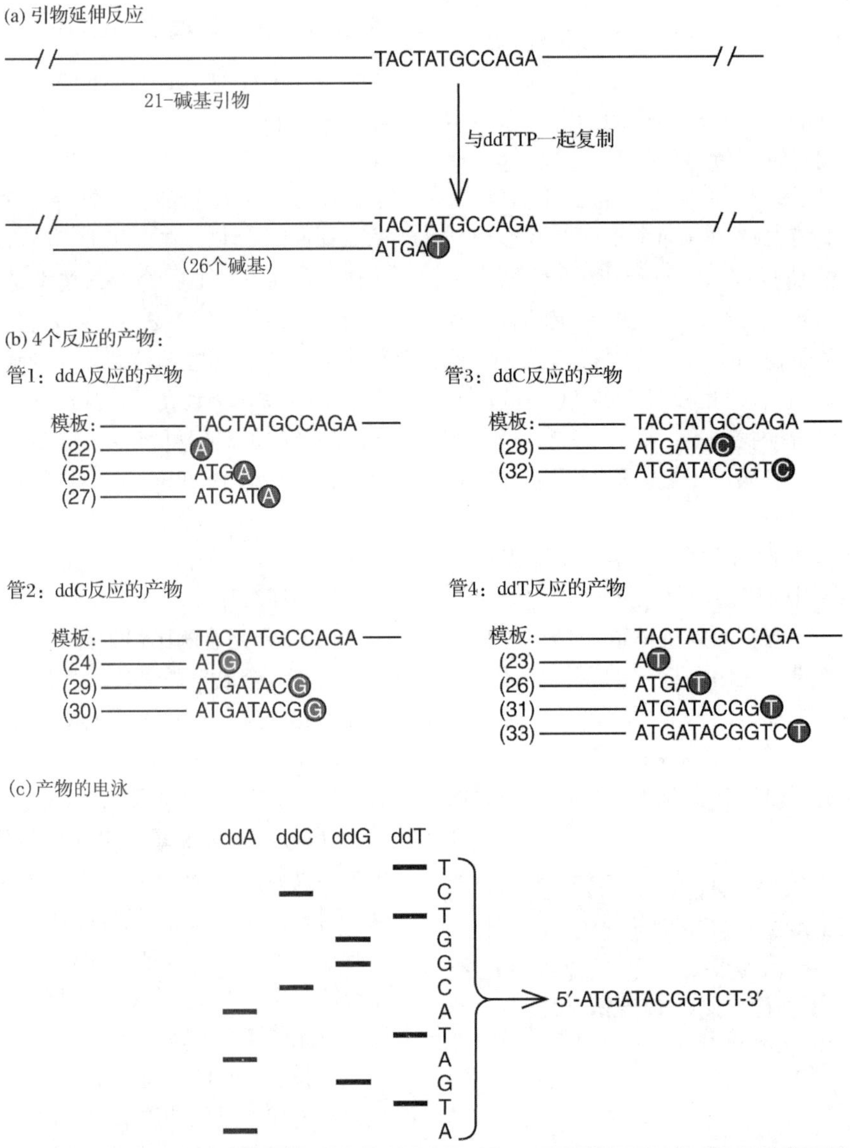

(a) 引物延伸反应

TACTATGCCAGA

21-碱基引物

与ddTTP一起复制

TACTATGCCAGA
ATGAT

(26个碱基)

(b) 4个反应的产物：

管1：ddA反应的产物

模板：TACTATGCCAGA
(22) A
(25) ATGA
(27) ATGATA

管3：ddC反应的产物

模板：TACTATGCCAGA
(28) ATGATAC
(32) ATGATACGGTC

管2：ddG反应的产物

模板：TACTATGCCAGA
(24) ATG
(29) ATGATACG
(30) ATGATACGG

管4：ddT反应的产物

模板：TACTATGCCAGA
(23) AT
(26) ATGAT
(31) ATGATACGGT
(33) ATGATACGGTCT

(c) 产物的电泳

ddA ddC ddG ddT

T C T G G C A T A G T A

5′-ATGATACGGTCT-3′

图 5.18 DNA 测序的 Sanger 双脱氧法。(a) 引物延伸（复制）反应。本例中，用 21nt 的引物与待测序的单链 DNA 杂交，然后与 DNA 聚合酶的 Klenow 片段和 dNTP 底物混合进行复制。每管中含有一种双脱氧 NTP，会在一定的碱基之后终止复制，这里用的是 ddTTP，使反应终止在第二个 dTTP 上。**(b)** 4 个反应的产物。顶部显示的是模板链，下面是各种产物。每个产物都从 21nt 的引物开始，在 3′端延伸一个或多个核苷酸，最后一个核苷酸总是终止反应的双脱氧核苷酸（带圈的）。每个产物的长度在片段左端的括号中给出，22～33 个碱基不等。**(c)** 产物的电泳。4 个反应的产物分别加到高分辨率凝胶的平行泳道中，按大小电泳分离开。从底部开始，找出最短的片段（A 泳道的 22nt）、次短的片段（T 泳道的 23 碱基），依次延长就可以读出 DNA 产物的序列。当然这是模板链的互补序列。

所有 DNA 都是单链的。最后进行放射自显影显现 DNA 片段，在 X 射线胶片上以平行条带出现。

图 5.18（c）是一张测序胶片的示意图。序列阅读是从胶片底部的第一个条带开始读起。在这里，第一个条带在 A 泳道，所以可知该短片段以 A 结尾。现在移到下一个稍长的片段，即胶片上向上一步。凝胶电泳具有极高的分辨率，仅一个碱基之差的片段都能被分离开，至少在片段变得比现在这个片段更长之前。下一个片段比第一个多一个碱基，出现在 T 泳道，所以是以 T 结尾。因此，我们就得到了序列 AT。按照这种方法接着读，从下向上

就会获得一个完整的序列，如图 5. 18（c）右侧所示。刚开始时，读到的只是载体多克隆位点的部分序列，但是很快 DNA 链就会延伸至插入序列及未知区域。有经验的测序者从一张胶片中可连续读出几百个碱基序列。

图 5.19 是一张典型的测序胶片。最短的片段（在最底部）位于 C 泳道，之后连续 6 个条带均位于 A 泳道，所以该序列以 CAAAAAA 开始。很容易从这张胶片上读出更多的碱基顺序，自己试一下。

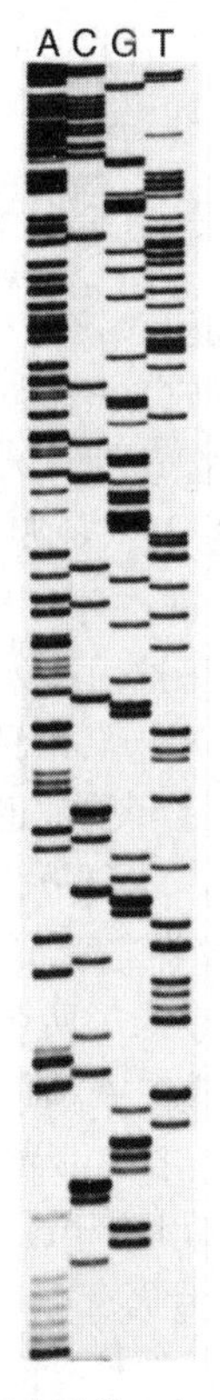

图 5.19　典型的测序胶片。序列从 CAAAAAACGG 开始，由下到上可以读出整个序列。（*Source*：Courtesy Life Technologies，Inc. Gaithersburg，MD.）

自动化 DNA 测序

上述这种“手动”测序技术十分有效，但是仍然相对较慢。如果要测定非常大的 DNA，如人类基因组的 3 亿个碱基对，就需要快速自动化的测序方法。事实上，DNA 自动化测序技术已经使用了多年。图 5.20（a）是一种自动化测序技术，其工作原理仍基于 Sanger 的链终止法。所使用的双脱氧核苷酸与手动法一样，只有一个重要不同，即所用的引物，或更通俗地说，4 组反应中的双脱氧核苷酸分别用不同的荧光分子标记，每个试管的产物在光激发下会发出不同颜色的荧光。

在延伸反应和链终止完成后，将全部 4 组反应物混合，在一个短的细柱内的同一泳道进行凝胶电泳［图 5.20（b）］。凝胶底部附近有一个分析器，可用激光束激发所通过反应混合

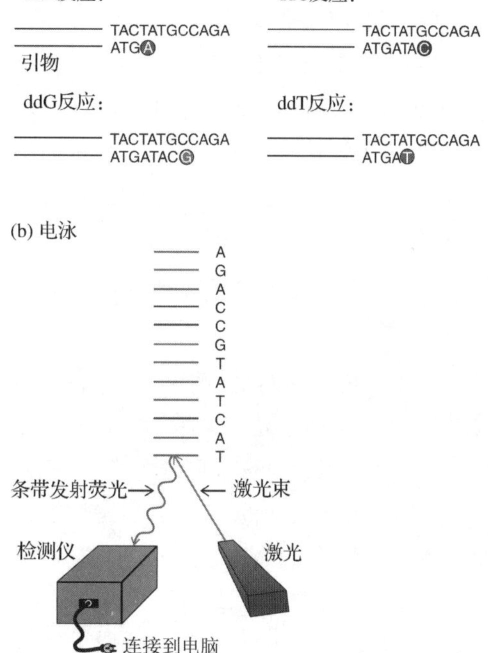

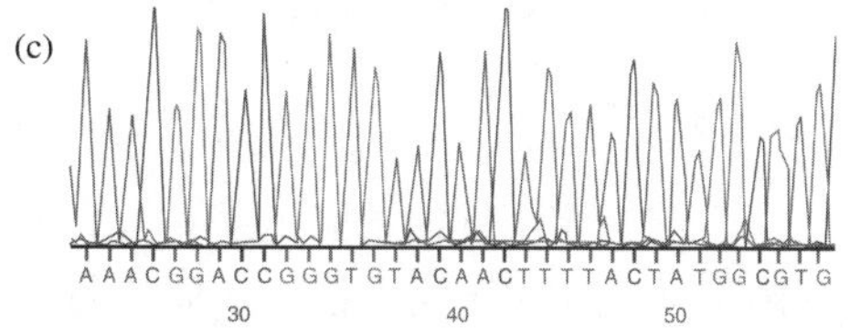

图 5.20　自动化的 DNA 测序。（a）引物延伸反应与手动测序一样，只是在每个反应中引物用不同的荧光分子标记，发出不同颜色的荧光。每个反应只显示了一个产物，但实际上就像手工测序一样所有可能的产物都有。**（b）**条带的电泳和检测。通过电泳分离各种大小的引物延伸产物。根据引起终止反应的碱基类型的颜色表示条带（即绿色是以 ddA 结束的，蓝色是以 ddC 结束的等）。激光扫描仪扫描每个条带时，激发其荧光标签，检测仪分析所激发光的颜色。这些信息被转化成碱基序列并存储在计算机中。**（c）**DNA 自动化测序结果的输出。每种颜色的峰图的高度表示条带通过激光束时产生的荧光强度。图（a）中标签的颜色、图（b）中条带的颜色和图（c）中所选峰的颜色，是为了方便，可能和实际并不一致。

液的荧光素寡核苷酸，然后用电子装置检测每条寡核苷酸所发出的荧光颜色，同时将信息传输到电脑中，通过设定的程序将颜色信息转化成碱基序列。如果电脑“看到”蓝色，就意味着该寡核苷酸来自双脱氧C反应，因此以C结尾（实际是ddC），绿色指示A、橙色G、红色T。计算机打印出所检测的每个荧光条带的图谱，用不同颜色表示碱基［图5.20（c）］，并将碱基序列储存起来备用。

现在，**自动测序仪**（automated sequencer或**sequenator**）可以很简单地打印出序列，或直接将其输入计算机进行分析。大型基因组计划使用多台96道甚至384道测序仪同时运行以获得数百万甚至上亿个碱基序列（见第24章）。一台384道测序仪运行3h就可产生200 000nt的序列。

小结 Sanger DNA测序法采用双脱氧核苷酸终止DNA合成，产生一系列DNA片段，其大小可通过电泳检测。每个片段的最后一个碱基都是已知的，因为已经知道每个反应由哪种双脱氧核苷酸终止。将这些片段按照大小排列，每个片段比下一个片段多一个碱基（已知的），就可以知道这段DNA的碱基顺序了。

高通量测序

一旦已知一个生物的基因组序列，非常快速的测序技术就可用于同种任一个体基因组的测序了。这些**高通量DNA测序**（high-throughput DNA sequencing）［也叫做**下一代测序**（next-generation sequencing）］技术通常产生相对短的序列，或从测序装置的一次运行所获得的连续序列。Sanger测序一般产生500碱基以上的长序列，而高通量测序一般产生25～35个碱基或200～300个碱基，取决于具体的方法。这些相对较短的序列碎片使拼接很困难，但是如果已经有参考序列的话，这就不成问题了，以参考序列为引导就可把所测序列拼接起来。

20世纪90年代报道了一种高通量测序方法，即**焦磷酸测序**（pyrosequencing）。该技术具有速度和准确性上的巨大优势，且不需要电泳。经2005年的改进，一家叫做454生命科学（454 Life Sciences）的公司推出了一种商业自动化测序仪，每运行4.5h就可读出2000万个碱基。

焦磷酸测序的原理是允许DNA聚合酶（通常是DNA聚合酶Ⅰ的Klenow片段，见第20章）复制待测序的DNA，并实时地在每个核苷酸掺入时进行测序。每个核苷酸的掺入会释放一个焦磷酸（PPi），将焦磷酸与光的产生偶联起来就可对其进行定量测定。反应程序如下：

1）延长的DNA片段（$dNMP_n$）＋dNTP $\xrightarrow{\text{DNA 聚合酶}}$ $dNMP_{n+1}$＋PPi

2）PPi＋腺苷磷硫酸 $\xrightarrow{\text{ATP 硫酸化酶}}$ ATP＋硫

3）ATP＋萤光素＋O_2 $\xrightarrow{\text{萤光素酶}}$ AMP＋PPi＋氧化萤光素＋CO_2＋光

焦磷酸测序是自动的，因此，仪器装置给DNA聚合酶依次送入4种脱氧核苷酸，如按dA、dG、dC和dT的顺序。在一个固相系统，DNA及DNA聚合酶被固定到固体介质（如树脂珠）上。反应试剂包括各种dNTP，它们在每个dNMP被掺入之后就被迅速洗脱了。如果掺入了一个dAMP，就释放出一个PPi，这个PPi引起一束光，仪器检测到这束光并定量为一个峰。如果连续掺入了两个dAMP，光峰将为2倍高度，这种线性关系最多可达8个连续掺入的dAMP。8个之后，光强与掺入核苷酸数的比值降低，分析起来就困难了。此外，如果dAMP未掺入，但仍有一个小峰出现，则可能是dATP试剂被其他核苷酸污染了。

在液体系统中，DNA和DNA聚合酶存在于溶液中，而不是固定到珠子上，因此必须有一个系统在下一个dNTP掺入前去除每个dNTP。这个任务通常由腺苷三磷酸双磷酸酶（apyrase）完成，该酶实施一个dNTP的两步降解反应。

$$\text{dNTP} \xrightarrow[\text{双磷酸酶}]{\text{腺苷三磷酸}} \text{dNDP} \xrightarrow[\text{双磷酸酶}]{\text{腺苷三磷酸}} \text{dNMP}$$

该dNTP的去除可以非常快速地加入dNTP而无需在两次掺入之间进行清洗。

由每个脱氧核苷酸掺入所产生的光激发了电荷耦合元件（charge-coupled device，CCD）照相机，该相机将信号发送给计算机，由计算

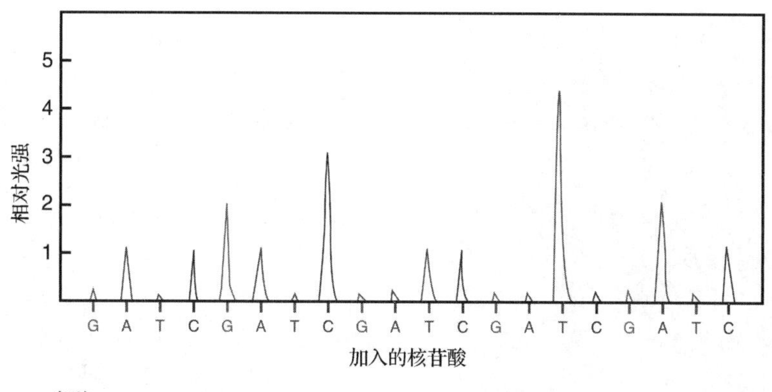

图 5.21　假设的热解图。在一次焦磷酸测序中，加入每种 dNTP 所产生的光记录为一个峰。未掺入的核苷酸仅产生很小量的光。单一核苷酸的掺入产生的相对光强为 1，并排掺入 2、3、4 个相同核苷酸时，产生的相对光强分别为 2、3、4。因此，加入这一寡核苷酸的碱基序列就可以确定了，在底部显示为 ACGGACCCTCTTTTAAC。

机产生一个热解图（pyrogram），如图 5.21 所示。从峰的高度容易看出并排掺入 1、2、3 或 4 个核苷酸的差异。也很容易区别掺入核苷酸和未掺入核苷酸，未掺入时只显示一个小尖头。计算机将峰系列转换成序列。

焦磷酸测序的一个不足之处是对给定 DNA 的每次阅读只能进行 200～300nt，之后序列的准确性就不可接受性地降低了。在液相系统中，准确性的降低源于样品被重复加入反应试剂所引起的稀释、抑制性产物的积累及有些链不可避免地比大多数链的延伸要快一些。随着链的增加，这些非同步的链延伸积累至一定程度后，测序程序就很难解读了。在固体系统中，不会产生前两个问题，因为在每个核苷酸加入之前都有一个清洗过程，但最后一个问题仍然限制了长读序（read）的准确性。焦磷酸测序在进行长片段测序方面的缺陷限制了该方法在新的大基因组测序上的应用，因为具有超过 250nt 重复片段的高度重复 DNA 没有可使短读序正确排列的唯一区域。

但同时，焦磷酸测序的速度和经济性使其成为一个强有力的对已知基因组进行重测序的工具。例如，在测定某一个体的部分基因以便检测引起疾病的突变方面就很有效。在这种情况下，可以在已知的正常序列中加入核苷酸来加速这一过程。通过正常核苷酸不能在一个特定位点掺入，可快速检测出突变。焦磷酸测序在一种叫做染色质免疫沉淀测序（ChIPSeq）（第 24 章）的方法中也非常有用，ChIPSeq 可用于鉴定转录因子的结合位点。

每个焦磷酸测序反应本身运行很快，该技术在速度方面的巨大优势还在于它能平行批量进行。例如，可在 96 孔微量板上同时进行 96 个不同的反应。每个孔发出的光可被聚焦到 CCD 照相机的芯片上，所以照相机可以同时跟踪全部 96 个反应。整个过程是全自动的，所以所需人力很少。

由 Illumina 公司开发的另一个高通量测序方法是将短的 DNA 片段固定到固体表面，然后在固体表面的小斑块（patch）中扩增各个 DNA，然后加入荧光标记的链终止核苷酸，一次延伸一个核苷酸，对所有斑块中的 DNA 同时进行测序。每次循环中添加的核苷酸都含有所有 4 种链终止核苷酸，每个循环之后，用连接到显微镜上的 CCD 照相机扫描固体表面，检测添加到每个斑块的荧光标签的颜色，该颜色可指示刚加入核苷酸的成分。荧光标签和链终止基团（3′-叠氮基）很容易被化学去除，所以该过程可一遍一遍地重复，直到整个 DNA 片段（平均约 35nt）都被测序。因此，DNA 的很多斑块可以同步分析，测序仪在 72h 内可以测序 1～2Mb。图 5.22 显示了照相机在具有较低斑块密度的视野中所看到的彩色斑块图。重叠斑块会干扰分析，所以被自动剔除了。

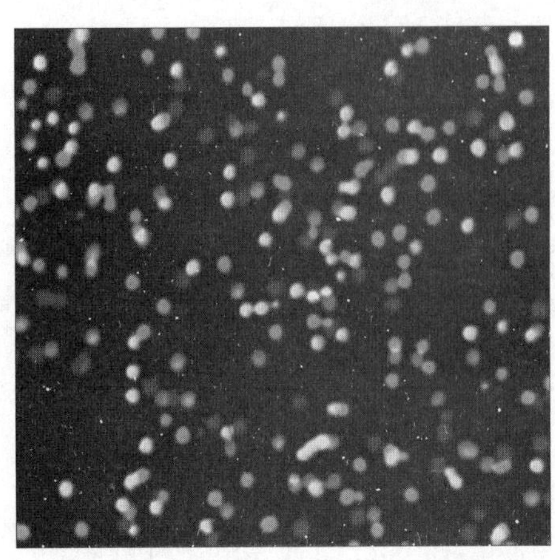

图 5.22 Illumina 基因组分析仪（GA1）中多簇延伸的 DNA 链的影像。 照相机实际上利用 4 种滤光镜独立检测每种颜色，因此，所有颜色不会在相同时间到达照相机。这是一张激发的影像，4 种颜色中的小斑块都进行了人工加色和组合，所以可近似为在测序的某一时刻肉眼所见。重叠的斑块由于会给出混乱的结果所以都删去了。（*Source*：Reprinted by permission from Macmillan Publishers Ltd：*Nature*，456，53-59，6 November 2008. Bentley et al，Accurate whole human genome sequencing using reversible terminator chemistry. © 2008.）

小结 如果某一物种的某一个体的基因组已经测序，那么就可以用高通量测序非常快速地进行基因组测序。在焦磷酸测序中，核苷酸是一个一个地添加，核苷酸的掺入可通过所释放的焦磷酸进行检测。焦磷酸可引起一串反应至发出光。在自动测序仪器里可同时进行许多反应。由 Illumina 公司开发的另一种方法利用所扩增的短小 DNA 片段，扩增反应是在紧密排列在支持物表面的微小斑块里进行的。通过添加荧光链终止核苷酸，对这些 DNA 片段进行测序，不同的荧光颜色表明了它们的成分。颜色可通过安装有 CCD 照相机的显微镜观察。每一轮 DNA 延伸之后，荧光和链终止基团被去除，这一过程重复进行，最后获得整个片段的序列。

限制图

在对大的 DNA 片段测序之前，一般要初步绘制一张图谱，对 DNA 分子上的标记进行定位。这些标记不是基因而是一小段 DNA 序列，如限制酶的酶切位点。这种基于物理性质的图谱很自然地叫做**物理图**（physical map）[如果仅以限制酶切位点作为标记，则叫做**限制图**（restriction map）]。

图 5.23 以一个简单的例子介绍了限制图作图的过程。我们从一个 1.6kb（1600bp）的 *Hind* Ⅲ酶切片段［图 5.23（a）］开始。用另一个限制酶 *Bam*HⅠ酶切该片段后得到两条长度分别为 1.2kb 和 0.4kb 的片段，其大小可通过电泳测定，如图 5.23（a）所示。电泳结果表明，*Bam*HⅠ从 1.6kb *Hind* Ⅲ片段的一端切掉 0.4kb，另一端切掉 1.2kb。

现在，假设把 1.6kb *Hind*Ⅲ片段克隆到一个假定质粒载体的 *Hind* Ⅲ位点［图 5.23（b）］。由于不是定向克隆，该片段可能以两种方向插入载体：*Bam*HⅠ酶切位点在右侧（图 5.23 的左边），或 *Bam*HⅠ酶切位点在左侧（图 5.23 的右边）。那么，对于给定的克隆如何确定片段的插入方向呢？为了回答这个问题，先在载体中确定一个相对于 *Hind*Ⅲ克隆位点为非对称的限制性位点。在本例中，*Eco*RⅠ位点距 *Hind*Ⅲ位点仅 0.3kb。这表明如果用 *Bam*HⅠ和 *Eco*RⅠ酶切左图中的 DNA 克隆，将会得到大小分别为 3.6kb 和 0.7kb 的两个片段。如果同样用这两种酶切割右图中的克隆，那么会得到 2.8kb 和 1.5kb 两个片段。如图 5.23 底部所示，通过电泳测定酶切片段的大小就能很容易地区别这两种可能性。通常需从几个不同的克隆分别提取 DNA，每个克隆的 DNA 均用这两种酶进行切割，然后将这些酶切片段在并排的泳道中电泳，同时留出一个泳道给已知大小的标准 DNA。平均来讲，每个方向的重组克隆各占一半。

这些例子比较简单，但是可用相同的逻辑推理来解决更复杂的图谱问题。有时这种方法有助于标记一段限制性片段（放射性或非放射性标记），并与另一个限制酶切片段的 Southern 印迹杂交从而鉴定片段间的相互关系。以图 5.24 所示的线状 DNA 为例，在不使用杂交技术的情况下我们也能推测出酶切位点的顺序，但是这并不容易。通过几个杂交我们可以获得以下信息：如果将 *Eco*RⅠ酶切片段做 Southern 印迹，然后与标记的 *Bam*HⅠ-A 探针杂交，则 *Eco*RⅠ-A 和 *Eco*RⅠ-C 都会被标记，表明 *Bam*HⅠ-A 片段与这两个 *Eco*RⅠ片段有重叠区。如果将该印迹膜与 *Bam*HⅠ-B 杂交，则 *Eco*RⅠ-A 和 *Eco*RⅠ-D 都会被标记，表明 *Bam*HⅠ-B 与 *Eco*RⅠ-A 和 *Eco*RⅠ-D 有重叠。最终通过杂交发现除了 *Bam*HⅠ-A 和 *Bam*HⅠ-B 以外没有别的 *Bam*HⅠ片段与 *Eco*RⅠ-A 杂交，所以 *Bam*HⅠ-A 和 *Bam*HⅠ-B 一定是相邻的。用这种方法，我们可以拼出整个 30kb 片段的物理图。

小结 物理图是DNA分子上的物理"坐标"（如限制酶切位点等）的空间排列顺序。绘制限制图（对限制性位点作图）的一个主要策略是用两种或两种以上的限制酶分别酶切所研究的DNA，然后测定每个酶切片段的大小，再用另一种限制酶切割这些酶切片段，用凝胶电泳分别测定第二次酶切片段的大小。由此至少可确定一些识别位点与其他识别位点的相对位置。还可以显著地改进上述过程，做法是对某些酶切片段做Southern印迹，然后与被标记的另一种酶的酶切片段杂交，这一方法可以显示两个酶切片段之间是否有重叠。

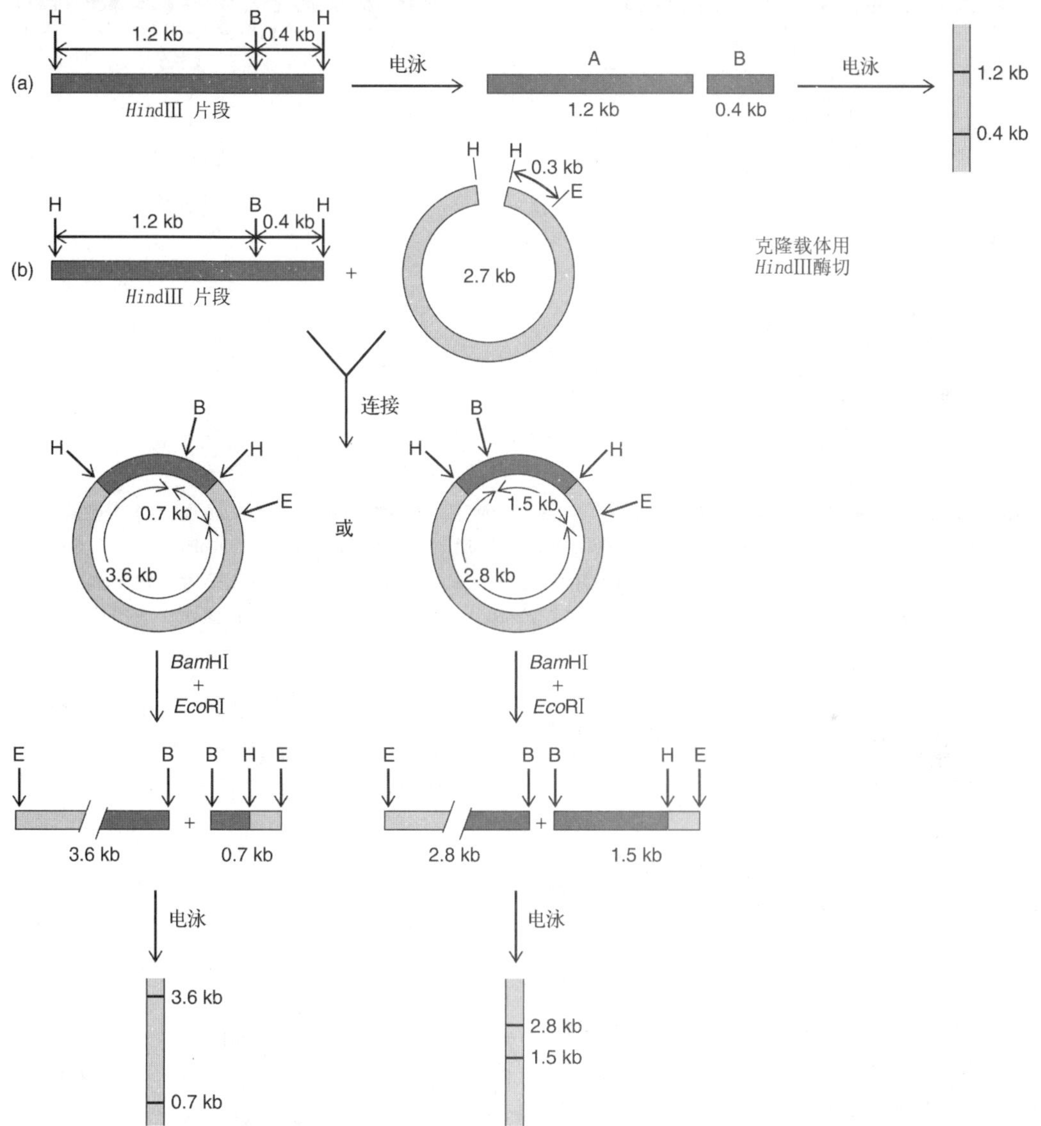

图5.23 简单的限制酶酶切图谱实验。(a) 确定*Bam*HⅠ的位点。用*Bam*HⅠ切割1.6kb的*Hind*Ⅲ片段得到两个片段，其大小经电泳检测分别为1.2kb和0.4kb，表明*Bam*HⅠ切割一次，*Hind*Ⅲ片段的一端是1.2kb，另一端是0.4kb。**(b)** 确定克隆载体中*Hind*Ⅲ片段的方向。1.6kb的*Hind*Ⅲ片段可按两种方向插入克隆载体：①*Bam*HⅠ位点靠近载体的*Eco*RⅠ位点；②*Bam*HⅠ位点远离载体的*Eco*RⅠ位点。为确定具体方向，同时用*Eco*RⅠ和*Bam*HⅠ酶切DNA，电泳检测产物大小。小片段（0.7kb）表明两个位点接近（左图），长片段（1.5kb）说明两个位点较远（右图）。

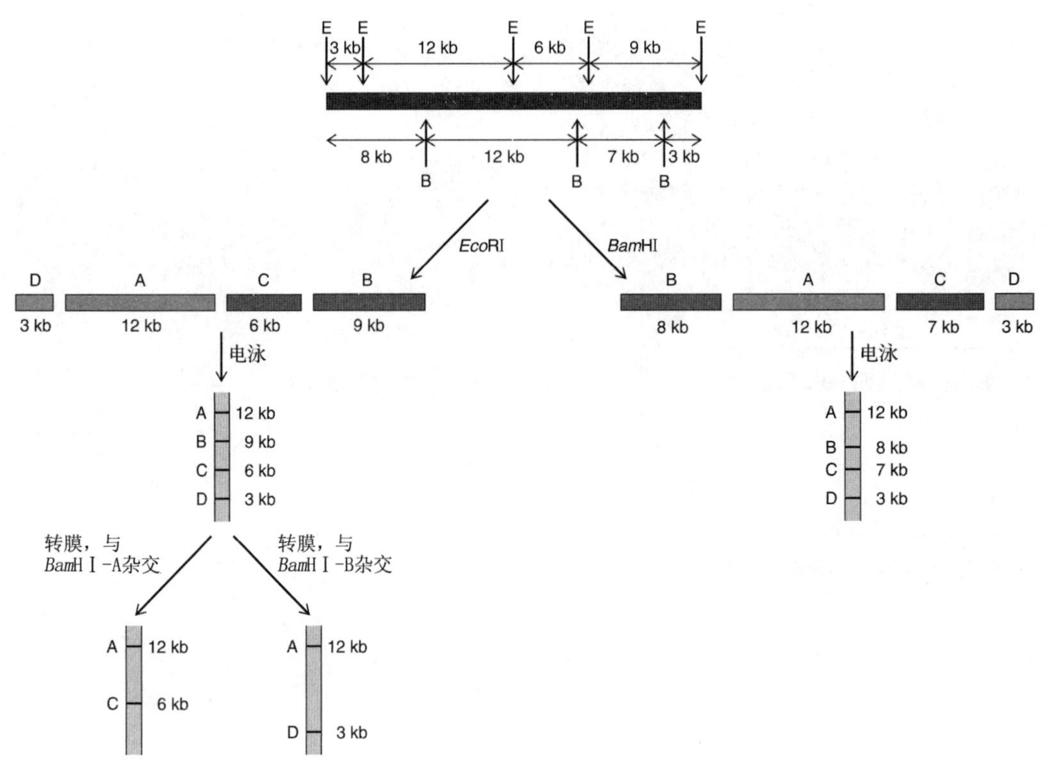

图 5.24　用 Southern 印迹绘制限制图。绘制一个 30kb 片段的图谱，它被 *Eco*RⅠ（E）和 *Bam*HⅠ（B）分别酶切 3 次。为有助于绘图，先用 *Eco*RⅠ酶切，电泳 4 个酶切片段（*Eco*RⅠ-A、*Eco*RⅠ-B、*Eco*RⅠ-C、*Eco*RⅠ-D），然后 Southern 印迹并与标记的克隆的 *Bam*HⅠ-A 和 *Bam*HⅠ-B 片段杂交。左下方显示的结果说明 *Bam*HⅠ-A 片段与 *Eco*RⅠ-A 和-C 重叠，*Bam*HⅠ-B 片段与 *Eco*RⅠ-D 重叠。这些信息辅以 *Eco*RⅠ片段的 *Bam*HⅠ酶切结果（反之亦然）可拼接出完整的酶切图谱。

5.5　基于克隆基因的蛋白质工程：定点诱变

生化学家习惯用化学的方法改变所研究蛋白质的某些氨基酸，以便观察这些改变对蛋白质活性的影响。但是，化学试剂作为蛋白质操作的工具太粗板了，很难保证只有一个或一类氨基酸发生改变。克隆基因则能使这类研究更精确，使我们可对蛋白质进行显微操作。通过改变基因中的特定碱基，就能改变该基因蛋白质产物中相应位点的氨基酸，然后观察这些改变对蛋白质功能的影响。

假设已经克隆了一个基因，想改变该基因的一个密码子。具体来讲，这个基因编码的氨基酸序列包含一个酪氨酸，而酪氨酸含有一个酚基：

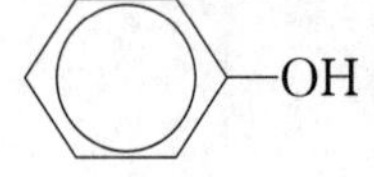

为了研究这个酚基的重要性，将酪氨酸的密码子变成苯丙氨酸的密码子。苯丙氨酸与酪氨酸类似，但是其所含基团是苯基：

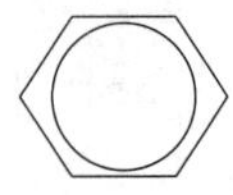

如果酪氨酸的酚基对蛋白质的活性很重要，那么用苯丙氨酸的苯环代替酚基时，蛋白质的活性就会减弱。

在本例中假设要将密码子 TAC（Tyr）替换成 TTC（Phe），怎样做这个**定点诱变**（site-directed mutagenesis）呢？图 5.25 介绍了一种常用的基于 PCR 的定点诱变技术。先从克隆一个含有酪氨酸密码子（TAC）的基因开始。DNA 上的 CH_3 符号表示该 DNA 分子与来自大多数*E. coli*菌株的 DNA 一样，在 5′-GATC-3′序列上发生了甲基化。这段甲基化的序列恰好是限制酶 *Dpn*Ⅰ的识别位点，这一点将在后面发挥作用。图 5.25 只显示了两个甲基化的

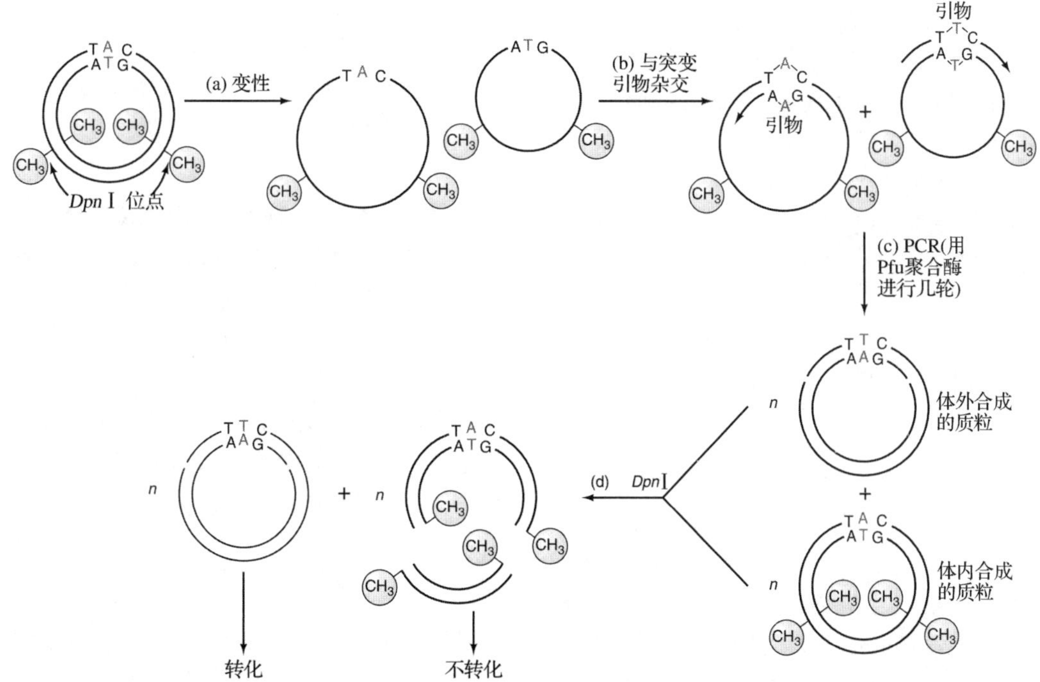

图 5.25 基于 PCR 的定点诱变。从含有酪氨酸密码子 TAC 基因的质粒开始，其中，TAC 将被突变为苯丙氨酸密码子 TTC。因此，原来的 A-T 碱基对要变为 T-A 碱基对。该质粒是从正常的*E. coli*菌株分离的，它能对 GATC 序列的 A 甲基化（$-CH_3$ 表示）。**(a)** 加热使质粒双链分离。本来质粒的两条链相互缠绕不能完全分开，为简单起见，在这里显示为完全分离。**(b)** 用含 TTC 或其反向互补密码子 GAA 的突变引物与单链 DNA 杂交，每条引物的突变碱基用红色表示。**(c)** 用突变引物进行几轮（约 8 个）PCR 反应，扩增密码子突变的质粒。用高保真的热稳定性 DNA 聚合酶（如 Pfu 聚合酶），可尽量降低质粒扩增中出现的错误。**(d)** 用 *Dpn* Ⅰ 处理 PCR 反应中的 DNA 以消化甲基化的野生 DNA，而 PCR 产物是体外合成的，没有发生甲基化，所以不会被降解。最后，用处理过的 DNA 转化 *E. coli*，理论上只有突变的 DNA 能够转化。对几个克隆的质粒进行测序以检测转化的情况。

Dpn Ⅰ 位点，而实际上有很多，在一段随机 DNA 序列中大约每 250bp 就会出现一个 GATC。

第一步是将 DNA 热变性，第二步是将突变引物与 DNA 杂交。其中一个 25bp 的寡核苷酸引物（25mer）序列如下：3′-CGAGTCTGCCAAAGCATGTATAGTA-5′。

引物设计成与基因的一段非模板链序列一致，只是将中间的 ATG 三联体密码子换成了 AAG，改变的碱基用下划线标出，另一个引物是互补的 25mer。两个引物都含有替换的碱基以便改变目标密码子。第三步是用这对引物进行几轮 PCR 扩增 DNA 片段，整合我们想要获得的突变碱基。我们只进行几轮 PCR 循环以减少在 DNA 复制中出现的其他偶然性突变。为同一目的，使用高保真的 Pfu DNA 聚合酶。这种酶是从古菌 *Pyrococcus furiosus*（拉丁名：*furious fireball*）中纯化得到的，该菌生活在海底火山口附近的沸水中。Pfu DNA 聚合酶对其所合成的 DNA 具有校正功能，因此很少出错。另一种与之相似的酶叫做 vent 聚合酶（vent polymerase），来自另一种超耐热古菌（极嗜热）。

得到突变 DNA 后，需要将其与剩余的野生型 DNA 分开或者将后者降解。前面提到的野生型 DNA 甲基化在这里就派上了用场。*Dpn* Ⅰ 酶只对甲基化的 GATC 位点进行切割。由于野生型 DNA 有甲基化而体外合成的突变型 DNA 没有甲基化，所以 *Dpn* Ⅰ 酶只切割野生型 DNA。一旦被酶切，野生型 DNA 就不能再转化到*E. coli*中，只有突变型 DNA 可以转化。也可对多个克隆进行测序，以确保是突变型而不是原来的野生型序列，一般情况下都是突变型的。

小结 利用克隆的基因我们可以随意引入突变，从而改变蛋白质产物的氨基酸序列。可以利用双链 DNA、两条互补的突变引物和 PCR 得到突变 DNA。只需用 *Dpn* Ⅰ 消化 PCR 产物就可除去几乎所有的野生型 DNA，这样就可以用突变的 DNA 转化宿主细胞了。

5.6 图谱定位与转录物定量

分子生物学经常讨论的一个主题是对转录物的图谱定位（定位转录的起始和终止位点）及其定量（测定在某一时刻有多少转录物）。分子生物学家利用多种技术进行转录图谱的定位和定量，本书将介绍其中的几种。

测定某一时刻产生了多少转录物的最简单方法是标记转录物。在体内或体外将标记的核苷酸掺入转录物中，然后电泳，通过放射自显影检测凝胶上的转录条带。实际上已经用这种方法在体内和体外都做过转录物的分析。但是在体内只有当所研究的转录物相当丰富且电泳时容易与其他 RNA 分开时，该方法才有效果。tRNA 和 5S rRNA 都满足以上两个条件，它们在体内的合成情况已经用简单的电泳进行了跟踪检测（第 10 章）。而在体外，这种直接方法只适合具有明确转录终止子的转录物，这样才能呈现分离开的 RNA 条带，否则就会因具有不同 3′端的 RNA 片段，而出现无法区分的弥散带型。在原核生物转录中这种情况时有发生，但在真核生物中很少见，因此常需求助其他虽不直接但更专一的方法。

有几种常用技术用于转录物的 5′端定位，其中一种还能对 3′端进行定位，有些方法还能定量分析细胞在特定时刻基因的转录物。这些方法依赖于核酸的杂交能力，以便从数千个 RNA 中检测出某种 RNA。

Northern 印迹

假设你克隆到一个 cDNA（RNA 的 DNA 拷贝），想知道相应的基因（基因 X）在生物体 Y 的各个不同组织中的表达活性怎样。有多种方法可以回答这个问题，但是，这里介绍的方法还能回答该基因产生的 mRNA 的大小。

首先提取所研究生物不同组织的总 RNA，然后用琼脂糖凝胶电泳分离 RNA 并印迹到一个合适的介质上。鉴于与之类似的 DNA 印迹叫做 Southern 印迹，所以很自然地将 RNA 印迹叫做 **Northern 印迹**（Northern blot）。

接下来，将 Northern 印迹膜与标记的 cDNA 探针杂交。印迹膜上与探针互补的 mRNA 出现在哪里，杂交就在哪里发生，所产生的带标记的条带可用 X 射线检测。如果与未知 RNA 相邻的泳道上有已知大小的标准 RNA，就可以知道与探针杂交“发亮”的 RNA 条带的分子质量大小。

同时，Northern 印迹还告诉我们 X 基因转录物的丰度，条带所含 RNA 越多，与之结合的探针就越多，曝光后胶片上的条带就越黑。通过密度计测量条带的吸光度可定量条带的黑度，或用磷屏成像法直接定量条带上标记的量。图 5.26 是大鼠 8 种不同组织 RNA 的 Northern 印迹，用探针与印迹膜杂交来寻找编码糖代谢相关的 G3PDH（3-磷酸苷油醛脱氢酶）的基因。很明显，该基因的转录物在心脏和骨骼肌最丰富，而在肺部最少。

小结 Northern 印迹与 Southern 印迹类似，但是它所含的是电泳分离的 RNA 而不是 DNA，印迹上的 RNA 可通过与标记的探针杂交进行检测，条带的亮度显示其中特异性 RNA 的相对量。

S1 核酸酶作图

S1 核酸酶作图（S1 mapping）技术用于定位 RNA 的 3′端和 5′端及定量细胞中给定时间的特定 RNA。其原理是标记一个仅能与目的 RNA 杂交的单链 DNA 探针，探针必须跨转录物的起始或终止区。在探针与转录物杂交后，加入只降解单链 DNA 和 RNA 的 **S1 核酸酶**（S1 nuclease）。这样，探针与转录物杂交部分受到保护而免于降解。杂交部分的大小可通过电泳检测，并且受保护的范围能告诉我们转录

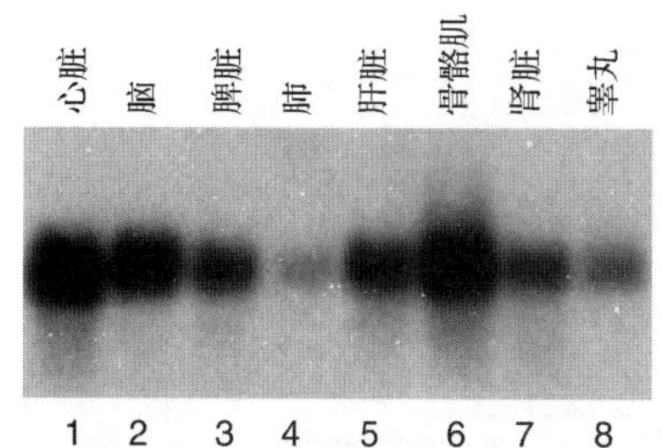

图 5.26 Northern 印迹膜。从大鼠不同组织（在图的上部标出）分离出细胞质 mRNA，然后取各种组织的等量 RNA 进行电泳，再进行 Northern 印迹。将印迹膜上的 RNA 与标记的大鼠 3-磷酸甘油醛脱氢酶（G3PDH）基因探针杂交，然后杂交膜与 X 射线胶片曝光。条带表示 G3PDH 的 mRNA，其亮度指示每种组织中该 mRNA 的表达量。（*Source*：Courtesy Clontech.）

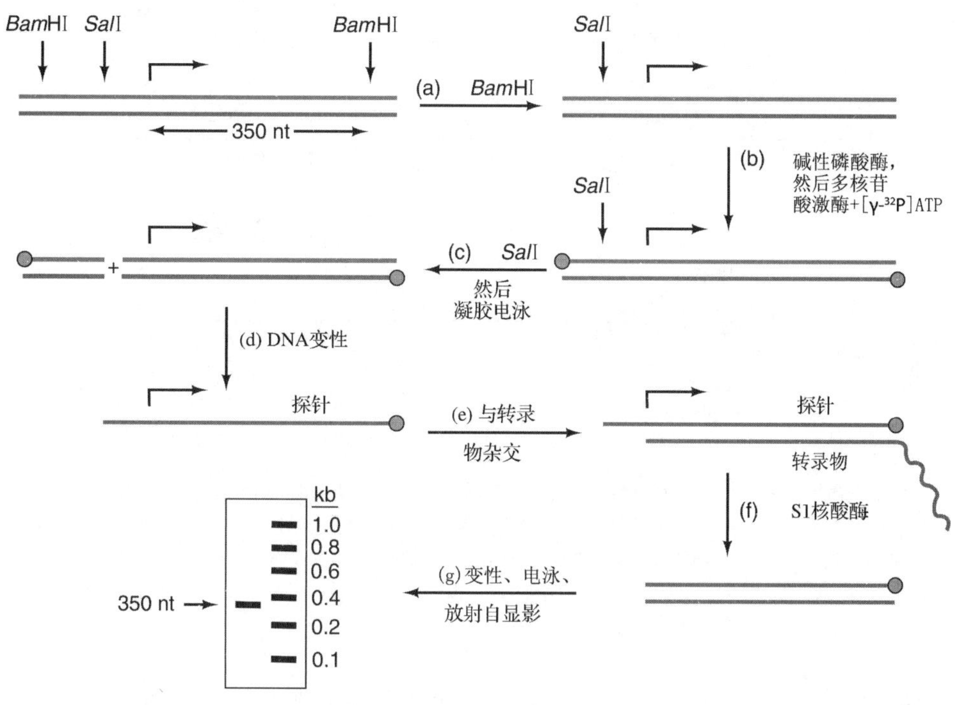

图 5.27 S1 核酸酶作图法定位转录产物的 5′端。从克隆的带有几个已知限制酶位点的双链 DNA 开始。现在确切的转录起始位点还不知道，通过 S1 图谱法要确定的位置先标记为↱。已知转录起点两侧有 *Bam*H Ⅰ位点，一个 *Sal* Ⅰ 位点在起始位点上游。步骤(**a**)，*Bam*H Ⅰ 酶切产生 *Bam*H Ⅰ 片段如图右上方所示。步骤(**b**)，除去该片段 5′端羟基上未标记的磷酸基，然后用多核苷酸激酶和[γ-^{32}P]ATP标记 5′端，圆圈表示标记的末端。步骤(**c**)，用 *Sal* Ⅰ 酶切，电泳分离切出的两个片段，除去左端的标记。步骤(**d**)，将此双链 DNA 变性产生单链探针与(**e**) 中的转录物杂交。步骤(**f**)，用 S1 核酸酶处理杂交产物，消化杂交体中左端的单链 DNA 和右端的单链 RNA。步骤(**g**)，将杂交体变性，电泳检测被保护探针的长度，在另一泳道加入已知大小的 DNA 片段作为标准。受保护探针的长度指示了转录起始位点的位置。本实验中，转录起始位点位于探针中被标记的 *Bam*H Ⅰ 位点上游 350bp 处。

起始和终止的位置。图 5.27 详细显示了如何用 S1 定位转录起始位点。首先，用^{32}P- 磷酸标记 DNA 探针的 5′端。通常，DNA 的 5′端含有非放射性磷酸基，在添加放射性磷酸之前需要用碱性磷酸酶将其去除，然后用多核苷酸激酶将[γ-^{32}P]ATP 的磷酸基团转移到 DNA 链起始端的 5′羟基上。

在本例中，*Bam*H Ⅰ 片段的两端均被标记，可产生两个标记的单链探针。但是这样会干扰分析，因此左端的标记必须去除，用另一种限制酶 *Sal* Ⅰ 再切一次 DNA，然后凝胶电泳将短的左侧片段与作为探针的长片段分开。此时，双链 DNA 仅在一端被标记，可在变性后产生一个带标记的单链探针。下一步，DNA 探针与含有目的 RNA 的细胞 RNA 混合液杂交，探针与互补转录物的杂交会在左侧留下一个单链的 DNA 尾，右侧留下单链的 RNA 尾。接下来用 S1 核酸酶处理，特异性地降解单链 DNA 或

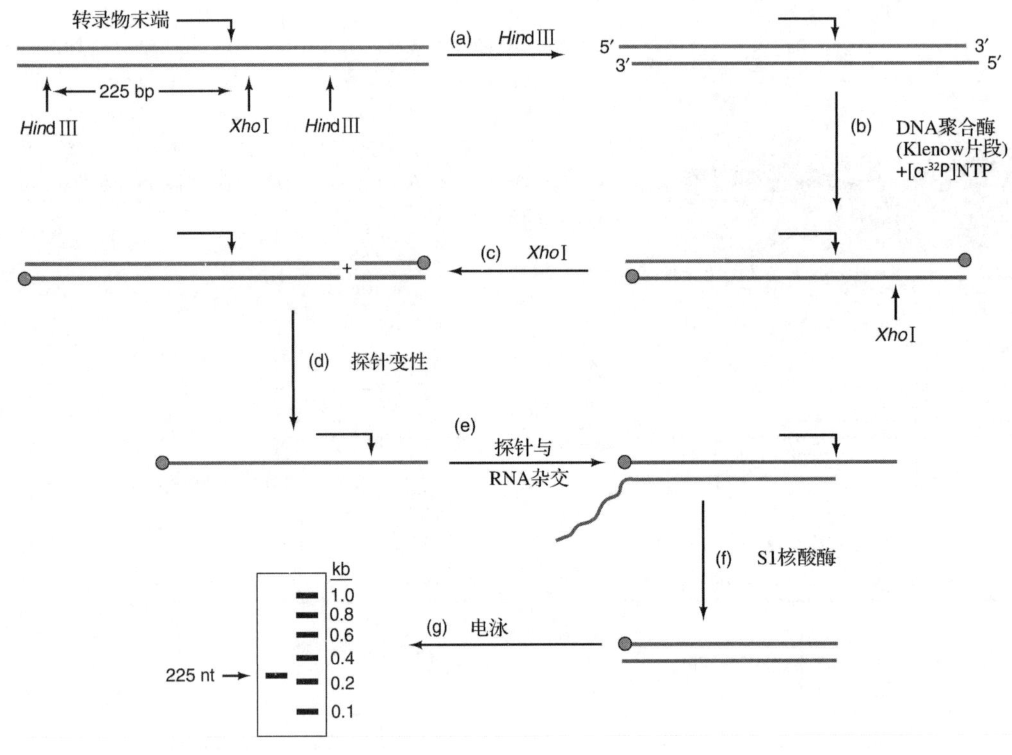

图 5.28 S1 核酸酶作图定位转录物的 3′端。原理与 5′端定位类似，不同的是在 3′端而不是 5′端标记探针（详见图 5.29）。步骤(**a**)，用 *Hin*dⅢ 酶切，然后在步骤(**b**) 标记酶切片段的 3′端，圆圈表示标记的末端。在步骤(**c**) 用 **Xho**Ⅰ 酶切，凝胶纯化左端标记的片段。步骤(**d**) 探针变性，在步骤(**e**) 与 RNA 杂交。步骤(**f**) 用 S1 酶去除探针（和单链 RNA）的未保护区。最后，步骤(**g**) 电泳带标记的被保护探针，检测其大小，本实验是 225nt，表明转录物的 3′端位于探针左侧标记的 *Hin*dⅢ 位点下游 225bp 处。

RNA，使双链多核苷酸包括 RNA-DNA 杂交体保留完整。这样，与转录物杂交的 DNA 探针部分包括末端标记就被保护起来。最后，探针受保护部分的长度可通过高分辨率的凝胶电泳并与标准 DNA 比较而确定。由于探针右端的定位已经确切知道（标记的 *Bam*HⅠ位点），受保护部分探针的长度会自动告诉我们探针左端，即转录起始位点的位置。在该例中受保护探针长 350nt，因此转录起始位点位于标记的 *Bam*HⅠ位点上游 350bp 处。

也可用 S1 定位技术定位转录物的 3′端。如图 5.28 所示，将 3′端标记的探针与目的 RNA 杂交，其他步骤均与前面所讲的 5′端定位相同。但是 3′端标记与 5′端标记不同，因为 5′端标记所用的多核苷酸激酶不能使核酸分子的 3′羟基磷酸化。标记 3′端的一种方法是**末端补平法**（end-filling），如图 5.29 所示。用产生 3′端缺损的限制酶切割 DNA 分子，缺损的 3′端可在体外延伸到与 5′端齐平。如果在末端补平反应中使用有标记的核苷酸，那么 DNA 的 3′端就可标记上。

S1 图谱定位不仅用于转录物末端的定位，还能确定转录物的浓度。假设探针是过量的，那么放射自显影条带的强度就与保护探针的转录物的浓度呈正比，转录物越多，受保护的探针就越多，放射自显影条带就越强。因此，只要知道与目的转录物相对应的条带，其强度就可用于测定转录物的浓度。

从 S1 图谱定位衍生出来的一种重要的技术称为 **RNA 酶作图**（RNase mapping），也叫 **RNA 酶保护分析**（RNase protection assay）。该方法与 S1 核酸酶作图类似，同样能提供特定转录物 5′端和 3′端定位及其浓度方面的信息。但是该方法使用 RNA 探针，因此被 RNase 而不是 S1 核酸酶降解。这种技术很流行，因为 RNA 探针（riboprobe）的制备相对

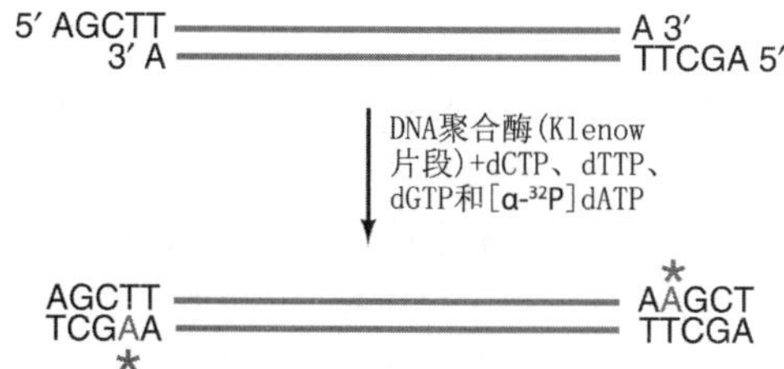

图 5.29　末端补齐法标记 DNA 3′端。顶部的 DNA 片段用 *Hind*Ⅲ酶切产生，如图所示两端均有 5′突出端，可用 Klenow 片段（见第 20 章）DNA 聚合酶填充补齐。这个酶优于完整的 DNA 聚合酶之处在于它缺乏正常的 5′→3′外切酶活性，而这一活性会使 5′黏性末端在填补之前被降解。末端补齐反应以 4 种核苷酸为底物，其中 dATP 带有标记，这样 DNA 末端就会被标记。若要标记更强，可以用一种以上带标记的核苷酸。

容易，可在体外用纯化的噬菌体 RNA 聚合酶对重组质粒或噬菌粒进行转录获得。RNA 探针的另一个优势是通过向体外转录反应中加入一种带标记的核苷酸，就能被标记成极高的活性，产生均一标记的而不是末端标记的探针。探针的专一性越高，检测微量转录物的灵敏度就越高。

小结　在 S1 核酸酶作图技术中，利用标记的 DNA 探针探测转录物的 5′端或 3′端。探针与转录物的杂交保护了部分探针免受专门降解单链多核苷酸的 S1 核酸酶的降解。转录物所保护探针部分的长度可定位转录物的末端。由于被转录物保护探针的量与转录物浓度成正比，S1 核酸酶作图也可作为定量方法。RNA 酶作图是 S1 核酸酶作图方法的衍生，它利用的是 RNA 探针和 RNase，而不是 DNA 探针和 S1 核酸酶。

引物延伸法

S1 核酸酶作图已经应用在一些经典实验中，我们将在后面几章介绍，它是转录物 3′端定位的最好方法，但也存在不足之处。例如，S1 核酸酶在 RNA-DNA 杂合体的末端，甚至在 RNA-DNA 杂合体中富 A-T 区瞬时解链时会发生切割反应；有时 S1 核酸酶不能完全降解单链部分，使转录物看起来比其实际长度稍长。若要对核酸末端的定位精确到单个核苷酸，那么上述这些缺点就很严重了。另一种叫做**引物延伸**（primer extension）的方法可以把 5′端（不是 3′端）精确定位到单个核苷酸水平。

图 5.30 给出了引物延伸法的工作原理。第一步是转录，通常在体内自然发生。只需简单地收集包含目的转录物的细胞 RNA 粗提液，转录物的序列已知，5′端有待定位。接着，将标记的约 18nt 的寡核苷酸（引物）与细胞 RNA 杂交。注意，就像 S1 核酸酶作图的特异性来自探针与目的转录物的互补性一样，该方法的特异性也基于引物与目的转录物的互补。原则上，该引物（或 S1 探针）能够从众多不相关的 RNA 中挑出我们想要定位的转录物。

下一步，用反转录酶将寡核苷酸引物向目的转录物的 5′端延伸。如第 4 章所述，反转录酶是一种逆向进行转录反应的酶，即以 RNA 为模板复制 DNA。因此，该酶正好适合我们要求它做的工作：合成待定位 RNA 的 DNA 拷贝。引物延伸反应完成后，将 RNA-DNA 杂合体变性并将标记的 DNA 与标准 DNA 分子在高分辨率凝胶（如 DNA 测序凝胶）上电泳。实际上，很方便用引物延伸反应的引物和克隆的 DNA 模板一起进行一系列测序反应，然后以测序反应的产物作为标准。在本例中，测序反应产物与 A 泳道的一个条带共迁移，表明转录物的 5′端碱基对应序列 TTCGACTGACAGT 中的第 2 个 A（有下划线的），这是对转录起始位点十分精确的定位。

如同 S1 核酸酶作图技术，引物延伸法也能估算某种转录物的含量。转录物含量越高，与之杂交的标记引物就越多，因此合成的带标记的反转录物也就越多。标记的反转录物越多，电泳凝胶的放射自显影条带就越黑。

小结　用引物延伸法可以定位转录物的 5′端，做法是将寡核苷酸引物与目的 RNA 杂交，在反转录酶作用下向转录物的 5′端延伸引物，最后电泳测定反转录物的大小。通过这种方法所获得的信号强度可反映转录物的含量。

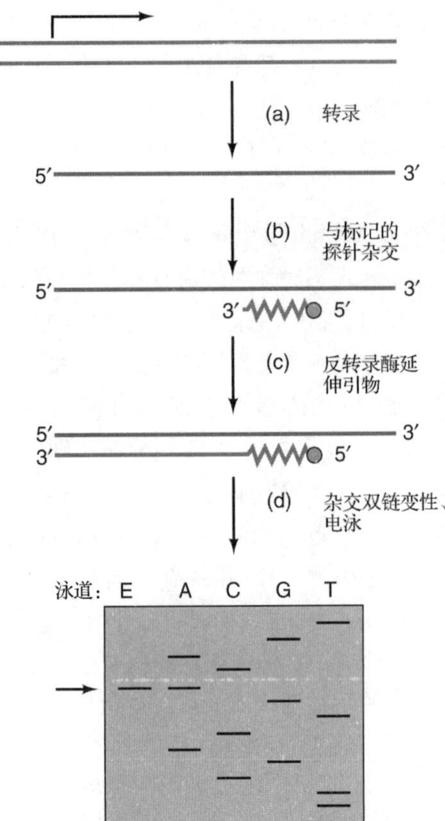

图 5.30 引物延伸法。(a) 细胞内自然发生转录，因此从获得细胞 RNA 开始。**(b)** 已知转录物的部分序列，合成并标记一段 DNA 寡核苷酸引物，它与推测的 5′端不太远的区域互补。将这段引物与转录物杂交，它应该特异性地与该转录物而非其他序列杂交。**(c)** 用反转录酶合成与转录物互补的 DNA 链，将引物一直延伸到 RNA 的 5′端。如果引物自身未被标记或希望对延伸引物引入额外的标记，则可在这一步加入标记的核苷酸。**(d)** 将杂交体变性并电泳标记的延伸引物（泳道 E）。在其他泳道（泳道 A、C、G、T）以相同的引物及转录区 DNA 进行测序反应作为标准。理论上这样可以指出转录起始位点的精确碱基，本例中延伸引物（箭头所指）与 A 泳道的一个 DNA 片段共迁移。因为在引物延伸反应和所有的测序反应中使用的引物相同，说明转录物的 5′端与 TTCGACTG<u>A</u>CAGT 序列中间的 A（加下划线的）相对应。

截断转录和无 G 盒转录

如果想要突变一个基因的启动子，观察突变对转录的精确性和效率的影响，必须有一种方便的分析方法以提供两个方面的信息：①转录是否精确（如引物延伸法或其他实验已经定位的转录起始位点）；②这种精确转录的量有多少。可以采用 S1 核酸酶作图或引物延伸法，但是这两种方法相对复杂。一种更简单的称为**截断转录**（run-off transcription）的方法能很快给出答案。

图 5.31 给出了截断转录的原理。先从一个含有待转录基因的 DNA 片段开始，然后用一种限制性内切核酸酶在转录区的中间切割。接着，用标记的核苷酸在体外转录这个切断的基因，这样转录产物就会被标记。由于切割发生在基因的中间，因此聚合酶到达此片段末端后就会“跑脱”（run off），所以这种方法叫做截断转录。现在可以测定截断转录物的长度了。

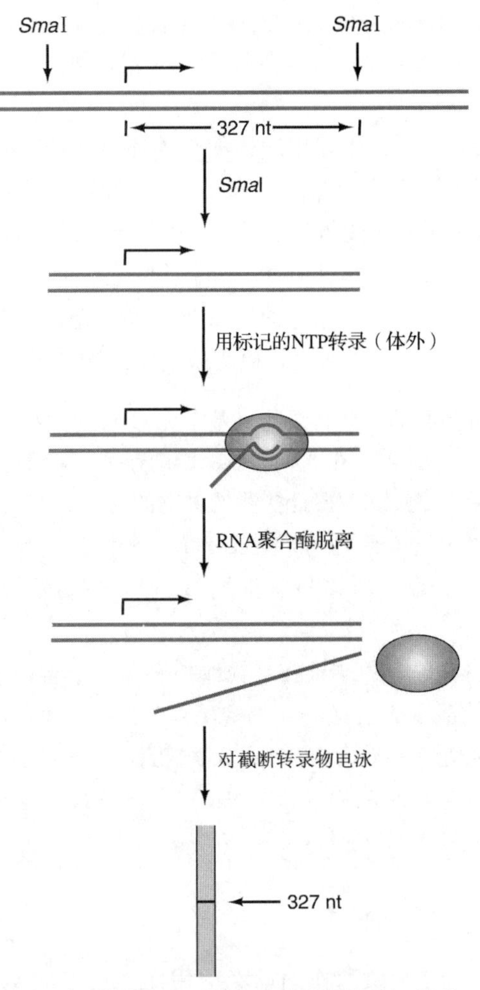

图 5.31 截断转录。从酶切克隆的基因开始，该基因的转录待测定。对该截短的基因进行体外转录。当 RNA 聚合酶（椭圆形）到达截短基因的末端时脱落下来，释放截断转录物，其大小（本例是 327nt）可通过凝胶电泳测定，与转录起始位点和截短基因 3′端已知酶切位点（本例是 *Sma*I位点）间的距离相对应。基因的转录活性越高，产生的 327nt 片段的信号越强。

因为事先准确地知道限制酶酶切位点的位置（本例中是 *Sma*I位点），因此截断转录物的长度（本例中是 327bp）就证实了转录起始位点是在 *Sma*I位点上游 327bp 处。

注意，S1 图谱定位和引物延伸法很适合在体内定位转录物，相比之下截断转录依赖于体外转录，因此它只适合用于在体外能被精确转录的基因，因而不能给出细胞转录物浓度的信息，是测定体外转录效率的好方法。产生的转录物越多，截断转录物的信号就越强。实际上截断转录作为定量方法是最有用的。用 S1 图谱定位或引物延伸法鉴定出生理的转录起始位点后，就可以在体外应用截断转录了。

一种从截断转录衍生出来的精确定量体外转录的技术叫做**无 G 盒转录**（G-less cassette transcription）（图 5.32）。该方法不对基因实施酶切，而是将无 G 盒，或非模板链上一段缺少 G 的核苷酸直接插入启动子的下游。模板在体外转录时用 CTP、ATP、UTP，其中一种碱基是标记的，但无 GTP。因此转录会在无 G 盒末端第一个需要 G 的地方停下来，产生大小可预测的中断转录物（基于无 G 盒的大小，通常是几百个碱基对）。电泳转录物，放射自显影检测基因的转录活性。启动子越强，产生的中断转录物就越多，放射自显影相应的条带就越强。

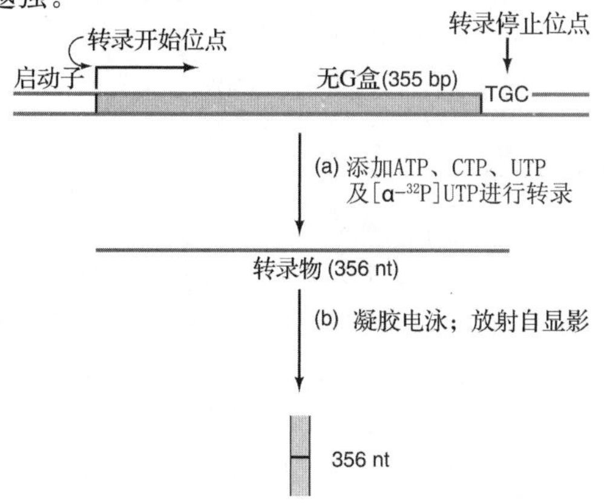

图 5.32 无 G 盒转录。(a) 在体外无 GTP 条件下转录无 G 盒（粉色）模板，无 G 盒区插入启动子的下游。该区含 355bp，非模板链不含 G，紧接其后的是 TGC，所以转录在 G 之前停止，产生 356nt 的转录物。**(b)** 电泳标记的转录物，放射自显影测定的信号强度，表明该盒的转录强度。

小结 截断转录是一种精确而有效的检测体外转录的方法。基因在中间被切开后，在体外用标记的寡核苷酸进行转录，RNA 聚合酶在末端跑脱，释放出不完整的转录物。截断转录物的大小可定位转录的起始位点，转录物的量反映了转录的效率。在无 G 盒转录中，将启动子与非模板链缺失一串 G 的双链 DNA 融合，然后在无 GTP 的条件下进行体外转录。转录在无 G 盒的末端停止，产生在电泳凝胶上大小可预测的条带。

5.7 测定体内转录速率

引物延伸、S1 核酸酶作图和 Northern 印迹都可用来测定特定时刻细胞中某一特定转录物的浓度，但却不一定能告诉我们转录物的合成效率，因为转录物的浓度不但取决于其合成速率，还取决于其降解速率。可以使用其他方法检测转录效率，如核连缀转录分析和报告基因表达等。

细胞核连缀转录

该分析［图 5.33（a）］的思路是从细胞中分离出细胞核，然后在体外继续进行体内已经开始的转录。这种在分离的细胞核中持续进行的转录叫做**连缀转录**（run-on transcription），因为在体内已经启动转录的 RNA 聚合酶在体外仍然“连续”或继续延伸相同的 RNA 链。通常以标记的核苷酸为底物进行连缀反应，从而使产物带上标记。在分离的细胞核中一般不会起始新的 RNA 的合成，因此可以坚信分离的细胞核中发生的任何转录都只是体内已经起始转录的延续，所以连缀反应产生的转录物不但能揭示转录的效率，而且还能告诉我们哪些基因在体内发生了转录。为了消除体外新 RNA 链起始合成的可能性，可添加阴离子多糖肝素，它能与游离的 RNA 聚合酶结合而阻止转录的再起始。

一旦产生了带标记的连缀转录物就必须进行鉴定，因为转录物很少完整，其大小没有意义。最容易的鉴定方法是**斑点杂交**（dot blotting）［图 5.33（b）］。将已知样品 DNA 变性后点在膜上，

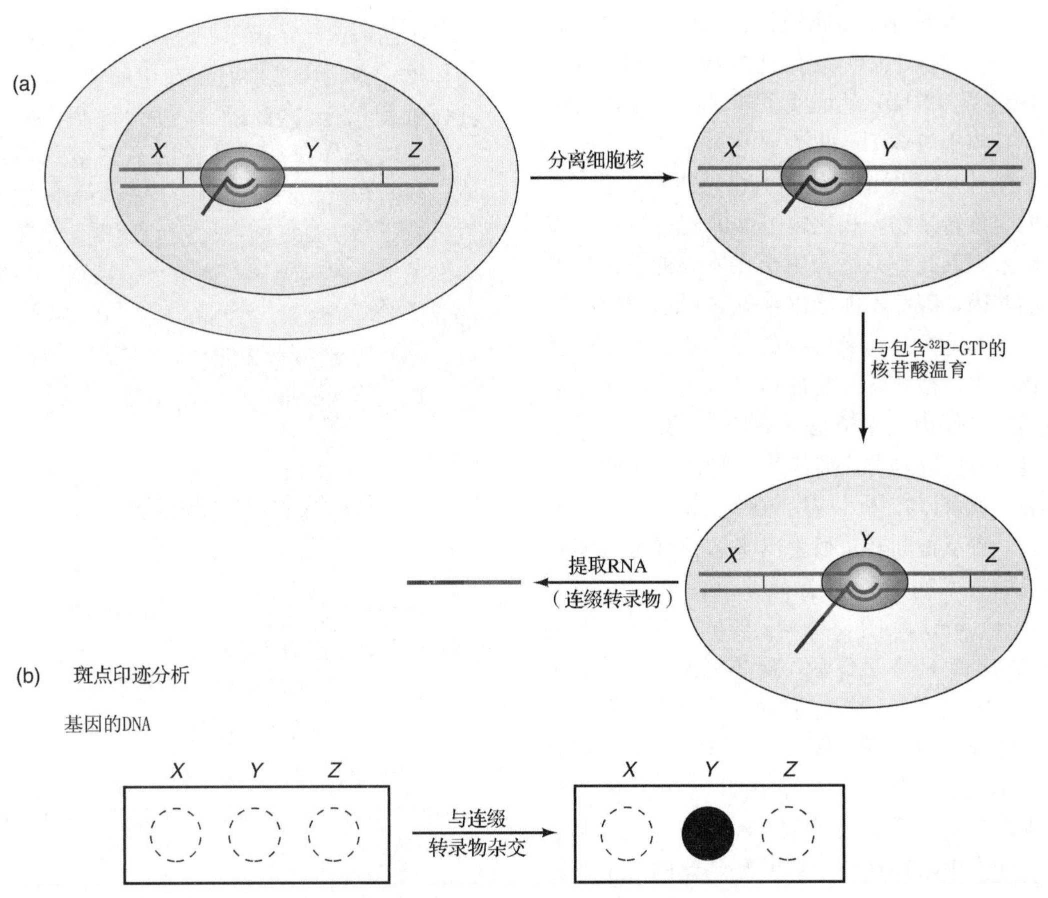

图 5.33 核连缀转录实验。(a) 连缀转录反应。从正在进行 *Y* 基因转录的细胞开始。RNA 聚合酶（小椭圆）正合成 *Y* 基因的转录物（蓝色）。从细胞中分离细胞核并与核苷酸共孵育，使转录继续进行。在延续反应中也加入一种标记的核苷酸从而标记连缀转录物（红色）。最后提取标记的连缀转录物。**(b)** 斑点杂交分析。将基因 *X*、*Y* 和 *Z* 的单链 DNA 分别点在硝化纤维素膜或其他合适的介质上与标记的连缀转录物杂交。因为 *Y* 基因是在连缀反应中转录的，其转录物被标记，因而 *Y* 基因的斑点也是被标记的。*Y* 基因的转录活性越高，标记的信号就越强。由于 *X* 基因和 *Z* 基因没有活性，所以不会产生带标记的 *X* 和 *Z* 转录物，因此 *X* 和 *Z* 基因的斑点不被标记。

然后将这个**斑点膜**（dot blot）与标记的连缀转录物 RNA 杂交，通过与之杂交的 DNA 就可鉴定出该 RNA。特定基因的相对活性与连缀转录物和该基因 DNA 的杂交程度成比例。另外，可以改变连续反应的条件检测对转录物的影响。例如，添加 RNA 聚合酶抑制剂观察某一特定基因的转录是否被抑制，如果是的话，就可以鉴定出负责该基因转录的 RNA 聚合酶。

小结 核连缀转录是一种确定哪些基因在特定细胞中有活性的方法，做法是让这些基因的转录在细胞核分离后继续进行，通过与斑点膜上的已知 DNA 杂交来鉴定特异性转录物。连缀转录分析也可用于检测核转录条件的变化对核转录的影响。

报告基因转录

另一种测定体内转录的方法是，将一个替换性的报告基因置于特异启动子的控制下，然后检测该报告基因转录物的积累。设想要研究一个真核启动子的结构，一种方法是对含有该启动子的 DNA 区域做突变，然后将突变的 DNA 导入细胞，检测突变对启动子活性的影响。可以用 S1 图谱定位或引物延伸分析来检测，也可用报告基因替换天然基因，然后分析报告基因产物的活性。

为什么要用这种方法呢？主要原因是精心选择的报告基因的产物分析起来十分方便，比 S1 图谱定位或引物延伸方便得多。最常用的报告基因是 *LacZ*，其产物 β-半乳糖苷酶可通过发色底物 X-gal 被剪切时变成蓝色来检测。另一种广泛使用的报告基因是细菌中编码**氯霉素乙酰转移酶**（chloramphenicol acetyl transferase，**CAT**）的 *cat* 基因。大多数细菌的生长都受氯霉素（chloramphenicol，CAM）抑制，它能阻断蛋白质合成中的一个关键步骤（第 18 章）。

有些细菌产生了一种逃避氯霉素抑制的方法，即对氯霉素乙酰化以阻断其活性，执行这种乙酰化作用的酶就是 CAT。但是真核生物对氯霉素不敏感，所以不需要 CAT。因此，真核细胞中 CAT 活性的本底水平为零，这就意味着如果将 *cat* 基因导入真核细胞并置于真核启动子之下，那么观察到的任何 CAT 活性都是由导入的该基因所产生的。

怎样测定 *cat* 转染细胞中的 CAT 活性呢？最常用的方法是将转染细胞的提取物与放射性标记的氯霉素和乙酰基供体（乙酰辅酶 A）混合，然后使用薄层层析技术从乙酰化产物中分离氯霉素。乙酰化产物浓度越高，说明细胞提取物中 CAT 的活性越高，进而说明启动子的活性也越高。图 5.34 显示了这一过程。

[薄层层析利用粘贴到塑料板上的吸附性物质（如硅胶）所形成的薄层，将要分离的物质点在薄层板底部的位置上，然后将薄层板放入小室中，小室位于底部含有溶剂的浅槽中。当溶剂向上扩散时，分离物也向上移动，但其移动性取决于其与吸附物和溶剂的相对亲和性。]

另一种标准的报告基因是从萤火虫分离的**荧光素酶**（luciferase）基因。荧光素酶与荧光素和 ATP 混合后将荧光素转化为一种能发光的化学发光物质，这就是萤火虫发光的秘密。发出的光很容易被 X 射线或闪烁计数仪检测，所以这种酶很适合做报告基因。

虽然基因产物来自包括转录和翻译的两步过程，但是在该实验中我们假定报告基因的产物量是对转录速率（单位时间内 RNA 链起始的数量）及启动子活性的测定。通常，我们假定翻译速率在不同的重组子 DNA 中不会改变，只要我们只操作这一个启动子。因为启动子位于编码区之外，其变化不会影响 mRNA 自身的结构，因而也不会影响翻译。不过，也可专门对基因的转录区进行突变，然后用报告基因检测这些改变对翻译的影响。因此，根据基因突变的不同区域，报告基因也可以检测基因转录或翻译速率的变化。

小结 为了测定启动子的活性，可以将启动子与一个报告基因连接，如编码 β-半乳糖苷酶、CAT、荧光素酶的基因，通过易于分析的报告基因产物来检测启动子的活性。报告基因也可被用来检测影响基因翻译的区域发生变化后翻译效率的变化。

测定体内蛋白质积累

基因的活性也可以通过检测基因的终产物——蛋白质的积累来测定。常用的两种方法是**免疫印迹法**（Western blotting）和免疫沉淀法。免疫印迹法在本章前面已介绍过。

免疫沉淀法（immunopricipitation）从在细胞内标记蛋白质开始，做法是用标记的氨基酸（典型的是 [^{35}S] 甲硫氨酸）培养细胞。然后将标记的细胞匀浆，特殊标记的蛋白质结合到直接抗该蛋白质的特异性抗体或抗血清上。抗体-蛋白复合物与第二抗体或蛋白 A 共沉淀，后者偶合了树脂磁珠可在低速离心下沉淀。沉淀的蛋白质电泳后通过放射自显影检测。注意，虽然沉淀中也有抗体和其他试剂，但由于未被标记，所以检测不到。蛋白质条带上的标记越多，该蛋白质在体内的积累也越多。

小结 通过检测基因的蛋白质产物的积累可量化基因的表达，免疫印迹和免疫沉淀是完成这一任务的常用方法。

5.8 分析 DNA-蛋白质相互作用

分子生物学的另一个永恒主题是研究 DNA-蛋白质的相互作用。我们已经讨论过 RNA 聚合酶与启动子的相互作用，还会遇到更多这样的例子。因而需要一些方法来量化这些相互作用，从而检测 DNA 与给定蛋白质相互作用的确切部位。这里介绍两种检测蛋白质-DNA 结合的方法，并给出三个确定 DNA 的哪些碱基与蛋白质相互作用的具体例子。

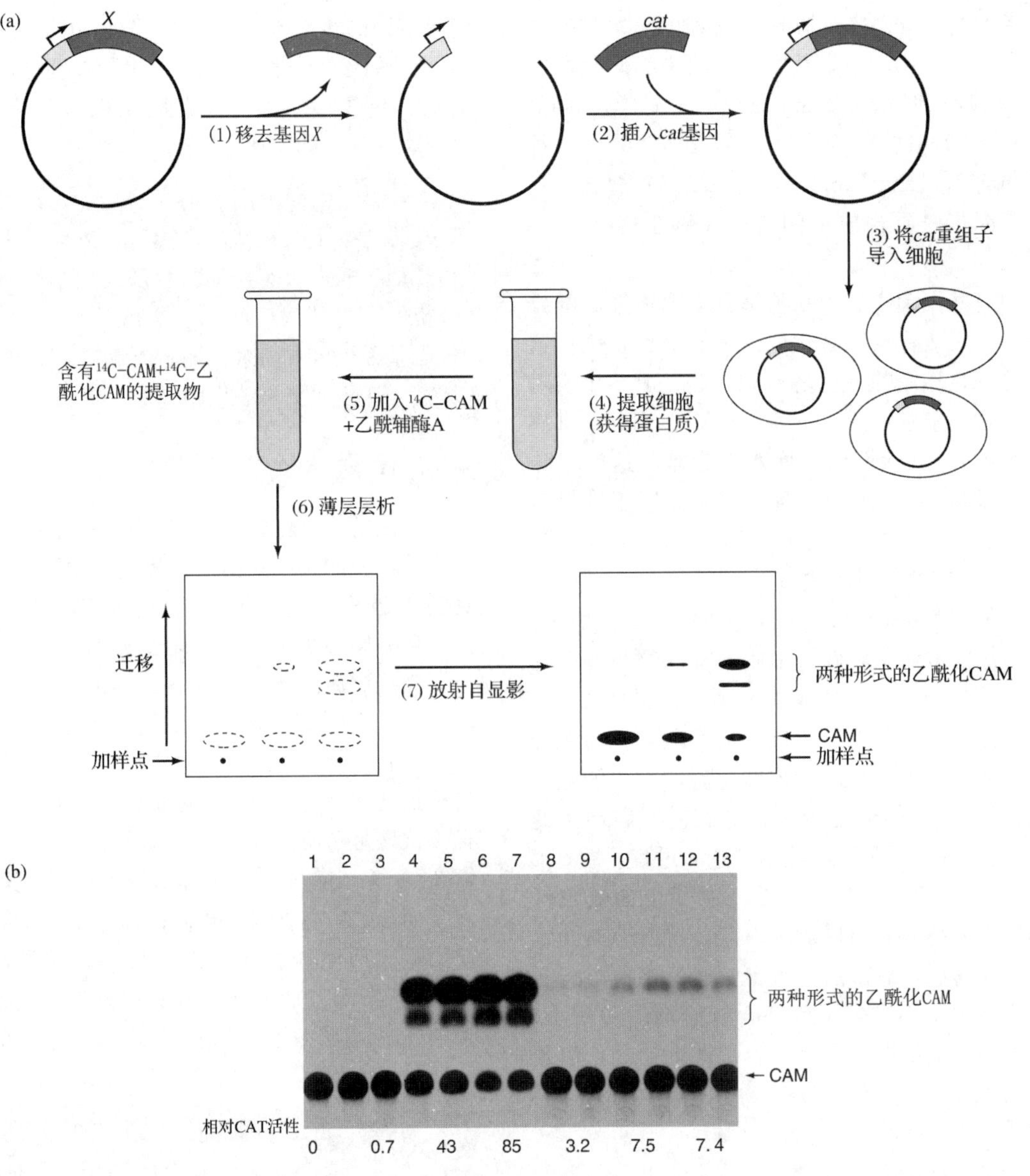

图 5.34 报告基因的使用。(a) 方法概要。步骤 1：从质粒开始，该质粒含有基因 *X*（蓝色）且该基因在自己的启动子（黄色）控制下，用限制酶切除基因 *X* 的编码区。步骤 2：将细菌的 *cat* 基因插入到 *X* 基因的启动子控制之下。步骤 3：将构建的重组子转入真核细胞。步骤 4：一段时间后提取细胞内的可溶性蛋白。步骤 5：开始对 CAT 分析，加入^{14}C-CAM 和乙酰基供体乙酰辅酶 A。步骤 6：做薄层层析分离乙酰化和未乙酰化的氯霉素。步骤 7：最后，对薄层进行放射自显影观察 CAM 及其乙酰化的衍生物。这里可见 CAM 靠近放射自显影图的底部，两种乙酰化 CAM 因其高迁移率而靠近顶部。**(b)** 实际的实验结果。同样，原来的 CAM 靠近放射自显影的底部，两种乙酰化 CAM 靠近顶部。将薄层层析结果中有放射性的斑点刮下进行液体闪烁计数，得到 CAT 活性值列于图的底部（重复泳道的平均值）。泳道 1 是无细胞提取液的阴性对照。缩略语：CAM＝氯霉素；CAT＝氯霉素乙酰转移酶。[*Source*：(*b*) Qin，Liu，and Weaver. Studies on the control region of the *p10* gene of the *Autographa californica* nuclear polyhedrosis virus. *J. General Virology* 70 (1989) f. 2，p. 1276. Society for General Microbiology，Reading，England.]

滤膜结合

硝化纤维素（nitrocellulose）滤膜用于过滤除菌已经几十年了。分子生物学界传说是有人意外地发现 DNA 可以结合到硝化纤维素滤膜上，因为用这种方法制备 DNA 时发现 DNA

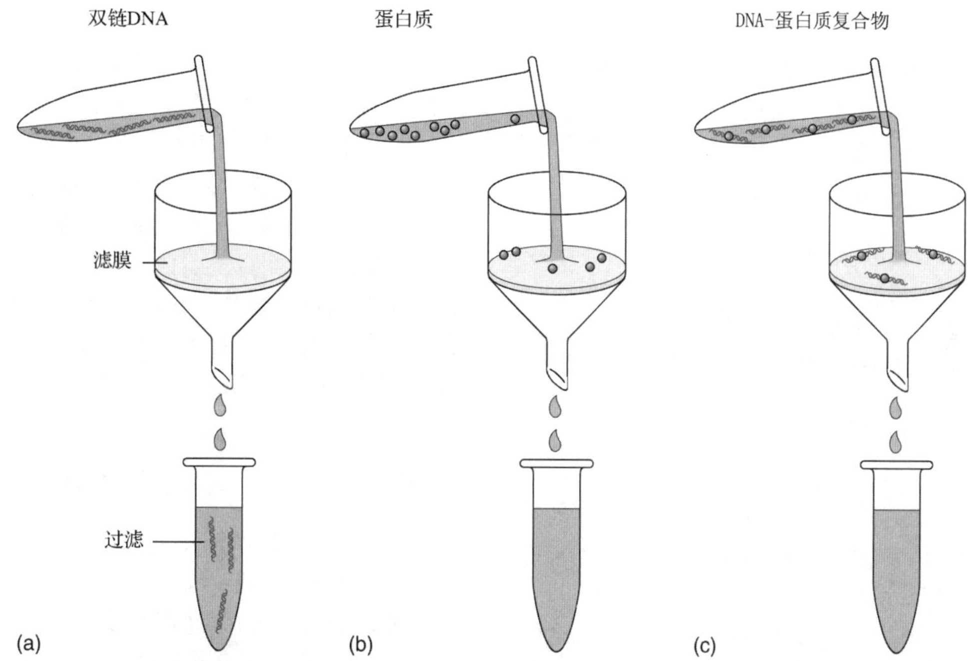

图 5.35　硝化纤维素滤膜结合分析。(a) 双链 DNA。末端标记的双链 DNA（双螺旋形）通过硝化纤维素滤膜，用液体闪烁计数器检测膜上和滤液中的放射性。膜上没有放射性，说明双链 DNA 不能结合硝化纤维素膜。但是单链 DNA 可紧密结合在滤膜上。**(b)** 蛋白质。标记蛋白质（小球）并流过硝化纤维素滤膜，蛋白质结合在滤膜上。**(c)** 双链 DNA-蛋白质混合物。末端标记的双链 DNA 与未标记蛋白质（绿色）混合，形成 DNA-蛋白质复合物，然后流过硝化纤维素滤膜。由于与蛋白质的结合，标记的双链 DNA 结合在硝化纤维素滤膜上，由此为分析 DNA 与蛋白质的结合提供了一种方便的分析方法。

丢失了。这个故事的真假并不重要，重要的是硝化纤维素膜的确能在一定条件下结合 DNA。单链 DNA 容易结合到硝化纤维上，而双链 DNA 自身却不能。另外，蛋白质也能结合到硝化纤维上，如果蛋白质结合了双链 DNA，那么这个 DNA-蛋白质复合物就能结合在硝化纤维上，这是图 5.35 所示的分析方法的基础。

在图 5.35（a）中，将标记的双链 DNA 倒入硝化纤维滤膜，分别对滤液（通过滤膜的物质）和滤膜吸附物中的标记量进行检测，结果显示所有被标记的物质都穿过滤膜进入滤液中，证明双链 DNA 不能结合在滤膜上。图 5.35（b）为过滤标记的蛋白质溶液，所有的蛋白质都结合在滤膜上，证明蛋白质自身与滤膜结合。图 5.35（c）中双链 DNA 又被标记，但这次它跟与之结合的蛋白质混合在一起。由于蛋白质能与滤膜结合，所以 DNA-蛋白质复合物也能结合，因而是在滤膜上而不是滤液中有放射性。因此，滤膜结合是一种直接检测 DNA-蛋白质相互作用的方法。

小结　滤膜结合作为检测 DNA-蛋白质相互作用的方法是基于双链 DNA 自身不能结合硝化纤维素滤膜或类似介质，而 DNA-蛋白质复合物可以结合这一性质。因此，可以标记双链 DNA，将其与某种蛋白质混合，通过检测滞留在滤膜上的标记量分析 DNA 与蛋白质之间的相互作用。

凝胶阻滞

另一种检测 DNA-蛋白质相互作用的方法是基于小分子 DNA 在凝胶电泳中的迁移率比它与蛋白质结合后的迁移率要快得多这一性质。因此，将一个短的双链 DNA 片段标记后与某种蛋白质混合并进行凝胶电泳，然后对电泳凝胶进行放射自显影，检测标记物。图 5.36 显示的是三个不同样品的电泳迁移率。泳道 1 是裸 DNA，因为体积小，所以迁移率很高。在本章前面讲过 DNA 电泳图的顶部习惯性地作为起始位置，因此高迁移率的 DNA 出现在凝胶的底部。泳道 2 是结合了蛋白质的 DNA，

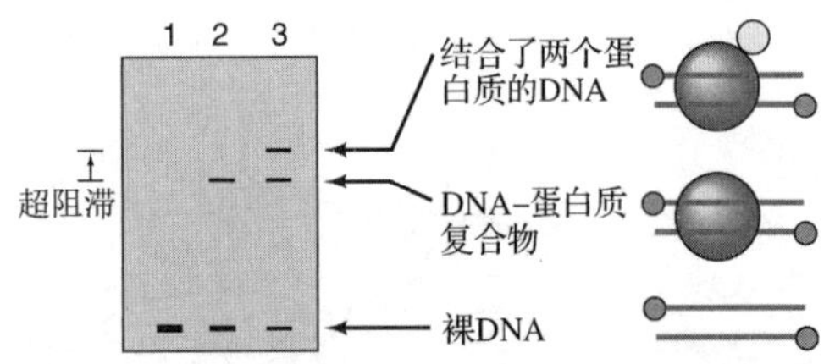

图 5.36　凝胶阻滞实验。 对纯标记的 DNA 或 DNA-蛋白质复合物进行凝胶电泳，然后放射自显影检测 DNA 及其复合物。泳道 1 显示裸 DNA 的高迁移率。泳道 2 显示蛋白质结合 DNA 后迁移受阻滞。泳道 3 显示 DNA-蛋白质复合物再结合第二个蛋白质后的超阻滞现象。DNA 两端的小圆点代表末端标记物。

其迁移率大大降低。这就是该技术名称的来源：**凝胶阻滞分析**（gel mobility shift assay）或**电泳阻滞分析**（electrophoretic mobility shift assay，EMSA）。泳道 3 是同样的 DNA 结合了两个蛋白质的电泳结果，因为结合在 DNA 上的蛋白质分子质量更大，迁移率进一步降低，这叫做**超阻滞**（supershift）。该蛋白质可能是另一种 DNA 结合蛋白，也可能是与第一个蛋白质结合的第二个蛋白质，甚至还可以是与第一个蛋白质特异性结合的抗体。

小结　凝胶迁移阻滞分析通过将小分子的 DNA 与蛋白质结合降低了 DNA 分子的电泳迁移率来分析 DNA 与蛋白质的相互作用。

DNA 酶足迹

足迹法是检测蛋白质与 DNA 相互作用的方法，它能确定 DNA 上的靶位点，甚至是参与蛋白质结合的碱基。足迹法有多种，以下三种使用较多：DNase 足迹法、硫酸二甲酯（DMS）足迹法和**羟基自由基足迹法**（hydroxyl radical footpringting）。**DNase 足迹法**（DNase footpringting）（图 5.37）是基于蛋白质与 DNA 结合后覆盖了结合位点使其免受 DNase 降解的方法。在这个意义上，蛋白质将其“足迹”就留在了 DNA 上。足迹实验的第一步是对 DNA 进行末端标记。双链的任意一条链都可被标记，但每次实验只能标记一条。接着是蛋白质与 DNA 结合，然后用 DNase Ⅰ 在温和条件下（很少量的 DNase Ⅰ）处理 DNA-蛋白质复合物，使每个 DNA 分子平均仅被切割一次。接下来，将蛋白质从 DNA 上除去，分离出 DNA 链，所得 DNA 片段在高分辨率的聚丙烯酰胺凝胶上电泳，在旁边泳道加入标准 DNA（图上未给出）。当然，DNA 的另一端也会产生片段，但是因为没有标记因此检测不到。电泳时，通常将一个无蛋白质的 DNA 做对照，并且设一个以上蛋白质浓度，足迹区域 DNA 条带的逐渐消失说明 DNA 受保护的程度依赖于蛋白质浓度。足迹代表了被蛋白质保护的 DNA 区域，因而也指示了蛋白质结合的部位。

DMS 足迹法和其他足迹法

DNase 足迹法给出了蛋白质在 DNA 上定位的很好思路，然而 DNase 是一种大分子，对于探究结合位点的详细情况来说太过钝拙，即在蛋白质和 DNA 相互作用的区域可能会出现缺口，但 DNase Ⅰ 不能进入而无法检测。此外，DNA 结合蛋白经常干扰结合区域的 DNA，这些干扰作用很有意义，但是一般不能用 DNase 足迹法来检测，因为蛋白质使 DNase Ⅰ 不能接近。而更细致的足迹法需要一种更小的分子以便进入 DNA-蛋白质复合物的隐蔽处和缝隙里，从而揭示这种相互作用的细节。**硫酸二甲酯**（dimethyl sulfate，DMS）可很好地完成这一任务。

DMS 足迹法如图 5.38 所示。与 DNase 足迹法一样，DMS 足迹法从末端标记的 DNA 与蛋白质结合开始。复合物经 DMS 温和甲基化，使每个 DNA 分子平均只发生一次甲基化。然后去除蛋白质，DNA 用六氢吡啶处理，去除甲基化的嘌呤，形成脱嘌呤位点（无碱基的脱氧核糖核苷酸），并在这些脱嘌呤位点处断裂 DNA。最后电泳 DNA 片段，凝胶放射自显影检测被标记的 DNA 条带。每个条带的两端连接着因甲基化而未被蛋白质保护的碱基。在本例中随着更多的蛋白质的加入，有三个条带逐渐消失。在高浓度下，实际上只有一个条带是显著的。这说明与蛋白质的结合干扰了 DNA 的双螺旋结构，从而导致相应条带的碱基对甲基化更敏感。

除 DNase Ⅰ 和 DMS 外，其他能断裂被结合蛋白所保护区域之外的 DNA 分子的试剂，也

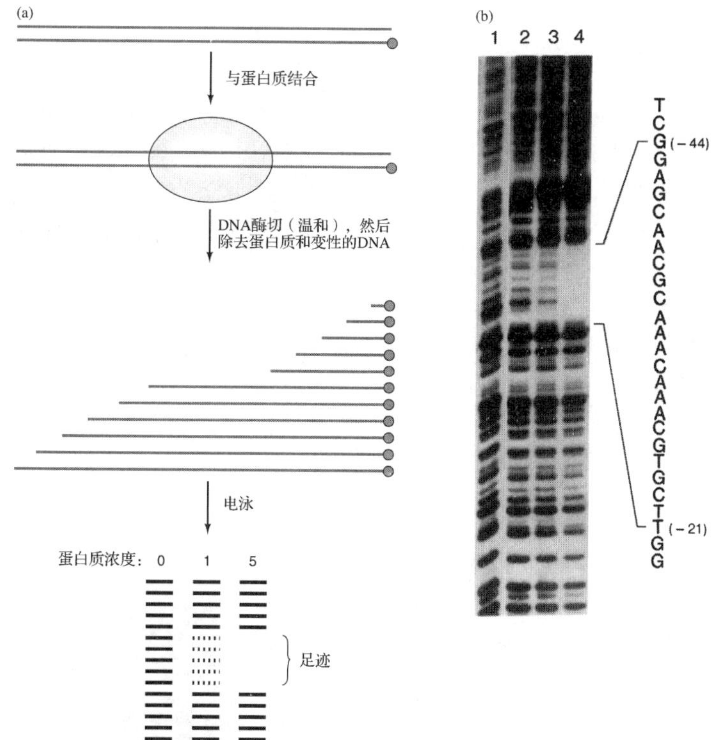

图 5.37 DNA 酶足迹实验。(a) 方法概要。以一端带标记（小圆点）的双链 DNA 开始。接着将一个蛋白质与其结合。然后在温和条件下用 DNaseⅠ处理 DNA-蛋白质复合物，以便对每分子 DNA 约引入一个切口。除去蛋白质，变性 DNA，产生末端标记的片段如图中部所示。注意，除蛋白质结合区域外，DNase 以规则的间隔切割 DNA。最后，将标记的片段进行电泳及放射自显影检测。3 个泳道分别代表结合了 0、1、5 个单位蛋白质的 DNA。没有蛋白质的泳道显示出片段的正常梯形，有 1 个单位蛋白质的泳道显示部分被保护，有 5 个单位蛋白质的泳道显示中部完全被保护。被保护的区域就叫做足迹，显示的是蛋白质结合 DNA 的部位。通常还要在平行泳道中对相同的 DNA 进行测序反应，指出蛋白质结合的位点。**(b)** 实际的实验结果。泳道 1～4 分别是结合了 0pmol、10pmol、18pmol、90pmol 蛋白质的 DNA（1pmol=10^{-12} mol）。先前已经通过标准的双脱氧测序法获得 DNA 的序列。[*Source*：(*b*) Ho et al., Bacteriophage lambda protein cII binds promoters on the opposite face of the DNA helix from RNA polymerase. *Nature* 304 (25 Aug 1983) p. 705, f. 3, © Macmillan Magazines Ltd.]

常被用于在蛋白质-DNA 复合物中形成足迹。例如，含有铜或铁有机金属的复合物，通过产生**羟基自由基**（hydroxyl radical）来攻击并打断 DNA 链。

小结 足迹法是寻找 DNA 结合蛋白的靶 DNA 序列或结合位点的一种方法。DNase 足迹法的操作步骤是先将蛋白质与其靶 DNA（末端带有标记）结合，然后用 DNase 处理 DNA-蛋白质复合物。当对所得 DNA 片段进行电泳时，在蛋白质结合部位呈现出缺口或“足迹”，这是蛋白质保护 DNA 免受降解的结果。硫酸二甲酯（DMS）足迹法遵循类似的原理，除了用 DNA 甲基化试剂硫酸二甲酯代替 DNase 攻击 DNA-蛋白质复合物外，DNA 在甲基化位点被打断，标记的 DNA 片段在电泳上显示的未甲基化（或超甲基化）位点表明了 DNA 与蛋白质结合的部位。羟基自由基足迹法利用含有铜或铁有机金属的复合物产生羟基自由基来打断 DNA 链。

染色质免疫沉淀（ChIP）

染色质免疫沉淀法（chromatin immunoprecipitation，**ChIP**）是一种研究某种蛋白质是否与染色质上某种基因结合的方法，染色质是 DNA-蛋白质复合物，是活细胞内 DNA 存在的天然状态（第 13 章）。图 5.39 是该方法的示意图。首先从细胞中分离出染色质，加入甲醛，使DNA与与之结合的蛋白质之间形成共价键。然后超声裂解染色质，产生短的与蛋白质交联的双链DNA片段。接下来制备细胞提取液，将蛋白质-DNA复合物与抗目的蛋白的抗体进行免疫沉淀，如本章前面所述。由此沉淀下来该蛋白质及与其结合的DNA。要检测该DNA是否含有目的基因，可以用该基因的特殊引物对免疫沉淀物进行PCR（第4章）扩增该基因。如果存在该基因，就会获得预期大小的DNA片段，并且在凝胶电泳时可检测到相应的条带。

小结 染色质免疫沉淀在体内染色质中检测特定的DNA-蛋白质相互作用。该方法利用抗体来沉淀与DNA复合的特定蛋白质，然后用PCR确定该蛋白质是否与邻近的某个基因结合。

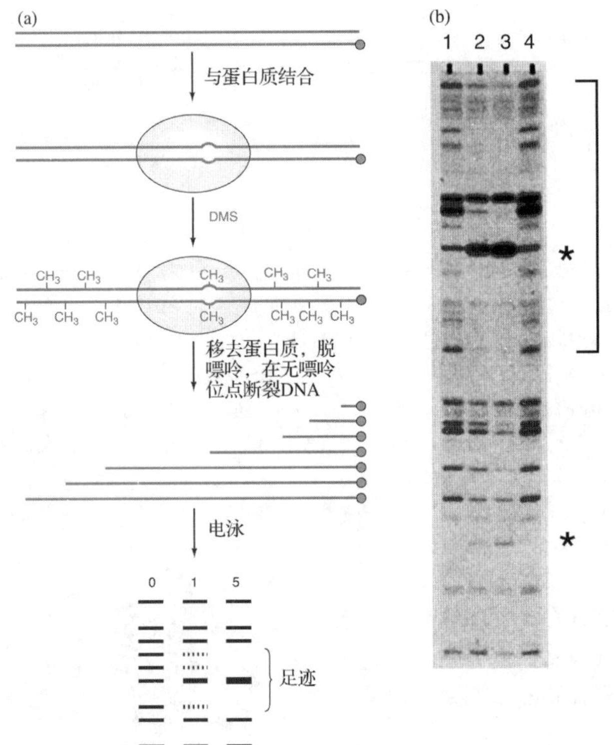

图5.38 硫酸二甲酯（DMS）足迹法。(a) 方法概要。与DNA酶足迹法相同，以末端标记的DNA开始，然后与蛋白质（椭圆）结合。在本例中，蛋白质与DNA结合后引起双链DNA的某个区域融解，形成一些“小泡”。用DMS甲基化DNA，使DNA的某些碱基带上甲基基团（CH_3）。甲基化在温和条件下进行，使每个DNA分子平均仅有一个碱基甲基化（这里为方便起见将所有7处甲基化都标在一条链上）。然后用六氢吡啶从DNA上除去甲基化的嘌呤，接着在这些脱嘌呤位点处断裂DNA，由此产生图中间所示的带标记的DNA片段。片段经电泳后放射自显影，结果显示在图底部。有3个位点被蛋白质保护未被甲基化，但有一个位点对甲基化却更敏感了（较黑的条带），因为蛋白质结合后在此位点发生了解旋。**(b)** 实际的电泳结果。泳道1和泳道4没有蛋白质，泳道2和泳道3结合这个DNA区域的蛋白质浓度逐渐增加。括号内是一个显著的足迹区域。星号指蛋白质结合后产生的甲基化敏感区域。[*Source*: (*b*) Learned et al., Human rRNA transcription is modulated by the coordinate binding of two factors to an upstream control element. *Cell* 45 (20 June 1986) p. 849, f. 2a. Reprinted by permission of Elsevier Science.]

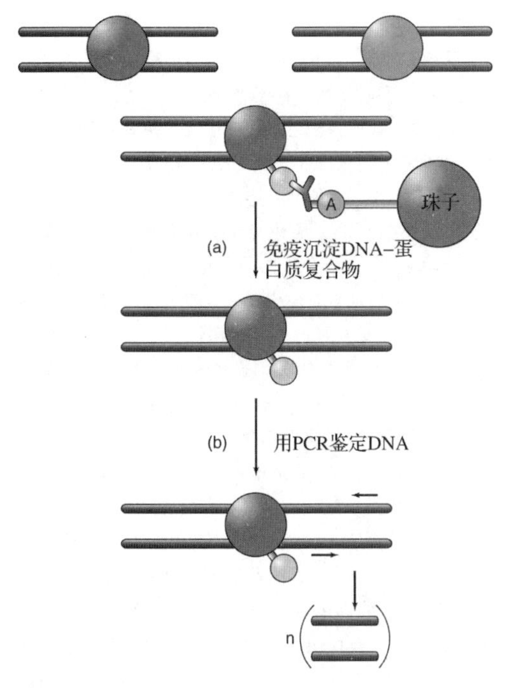

图 5.39　染色质免疫沉淀。染色质已经用甲醛交联并裂解成短片段。(**a**) 免疫沉淀步骤。抗体（红色）已结合到一个抗原表位（黄色）上，该表位连接到一个目的蛋白上（紫色），该蛋白质又与双链 DNA（蓝色）上的特定位点结合。抗体与葡萄球菌蛋白 A（或 G）结合，蛋白 A 与一个大珠偶联以便通过离心进行纯化。大珠甚至可以是磁性的，以便免疫复合物可以用磁铁直接拽到试管的底部。抗体不会与未附加抗原表位的其他蛋白质（绿色和橙色）结合。(**b**) 鉴定免疫沉淀中的 DNA。利用目的 DNA 的特异性引物进行 PCR，扩增部分 DNA。出现预期大小的 DNA 表明该蛋白质确实与目的 DNA 结合（引物不扩增蛋白质结合的准确序列，而是目的基因的邻近区域）。

5.9　蛋白质-蛋白质相互作用研究

蛋白质-蛋白质相互作用在分子生物学中也是非常重要的，有很多方法可以进行这方面的研究。本章前面介绍的免疫沉淀法是其中之一：如果蛋白（X）的专一抗体使蛋白 X 和蛋白 Y 一起沉淀，而该抗体本身对蛋白 Y 没有亲和性，那么很有可能蛋白 Y 与蛋白 X 是结合的。

另一个广泛使用的方法叫做酵母双杂交分析（yeast two-hybrid assay）。图 5.40 是酵母双杂交这一十分灵敏技术的示意图，该技术的目的在于检测两个蛋白质之间的结合，甚至是瞬间结合。酵母双杂交实验基于两个将在第 12 章介绍的特性：①典型的转录激活因子具有 DNA 结合域和转录激活域；②这两个功能域具有独自的活性。为分析蛋白 X 和 Y 的结合，可以让这两个蛋白质在酵母中以融合蛋白表达，见图 5.40（b）。蛋白 X 与 DNA 结合域融合、蛋白 Y 与转录激活域融合。如果蛋白 X 和蛋白 Y 相互作用，就会将 DNA 结合域和转录激活域拉到一起，激活报告基因的转录（一般是 *lacZ*）。

人们甚至可以利用酵母双杂交系统“钓”出与已知蛋白（Z）相互作用的未知蛋白。按照图 5.40（c）所示的筛选程序，先制备与转录激活域的编码区融合的 cDNA 文库，然后在酵母细胞中表达这些杂合基因，同时还一起表达编码 DNA 结合域 Z 的杂合基因。实践中，每个酵母细胞只表达一个不同的融合蛋白（如 AD-A、AD-B、AD-C 等），同时还表达 BD-Z 融合蛋白。为简便起见，这里将所有融合蛋白都画在一起。可以看到，AD-D 结合了 BD-Z，激活了转录，但其他融合蛋白由于不能与 BD-Z 相互作用，所以不能激活基因转录。一旦筛选到激活转录的克隆，就可以提取携带 AD-D 杂合基因的质粒，通过测序 D 序列即可获知它编码的是什么蛋白质。由于酵母双杂交分析是间接的，可能会有假阳性出现，因此，以此获得的蛋白质-蛋白质相互作用还必须用直接的方法加以验证，如免疫沉淀。

小结　有多种方法可以研究蛋白质-蛋白质相互作用，包括免疫沉淀法和酵母双杂交分析。在后一种方法中，有三种质粒要转入酵母细胞。第一个编码由蛋白 X 和 DNA 结合域组成的杂合蛋白。第二个编码由蛋白 Y 和转录激活域组成的杂合蛋白。第三个具有连接了报告基因（如 *lacZ*）的启动子-增强子区。增强子与蛋白 X 的 DNA 结合域相

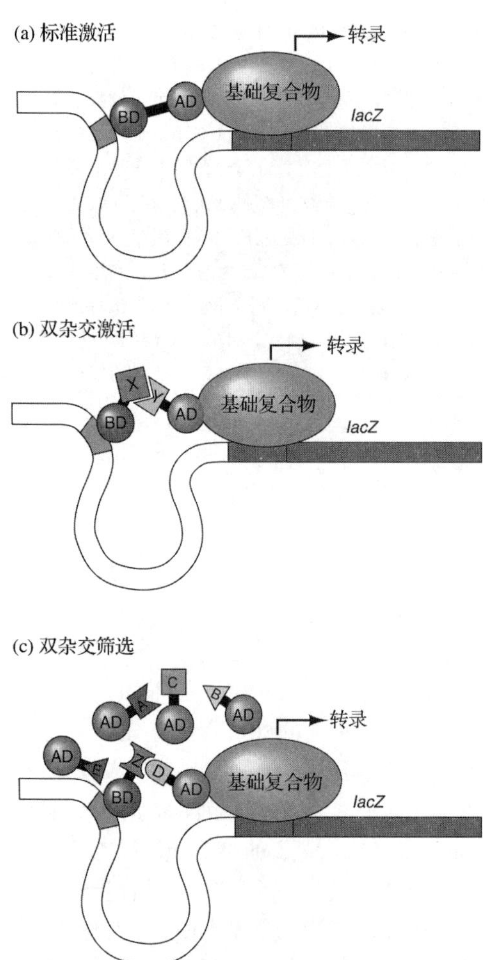

图 5.40 酵母双杂交原理。(a) 转录激活的标准模型。激活因子的 DNA 结合域（BD，红色）结合增强子（粉色），激活域（AD，绿色）与基本复合体（橙色）相互作用，招募它到启动子（红褐色）上，由此激活转录。**(b)** 蛋白质-蛋白质相互作用的双杂交实验。将蛋白 X（X，蓝绿色）连接到 DNA 结合域，形成杂合蛋白。将另一个蛋白（Y，黄色）连接到激活域，形成第二个杂合蛋白。将编码这两个杂合蛋白的质粒同时转化酵母细胞，此酵母细胞具有合适的启动子、增强子及报告基因（如 *lacZ*，紫色）。两个杂合蛋白可以结合在一起发挥激活因子作用。激活的转录产生大量报告基因的产物，利用显色法可进行检测，如用 X-gal 。一种杂合蛋白提供 DNA 结合域，另一种提供转录激活域，激活因子的这两部分通过蛋白 X 和蛋白 Y 的相互作用而结合在一起。如果蛋白 X 和蛋白 Y 无相互作用关系，则无激活因子形成，也就不能激活报告基因。GAL4 蛋白的 DNA 结合域和转录激活域常用于酵母双杂交实验。但也有其他的，如 Abovich 和 Rosbash 使用的系统。**(c)** 双杂交筛选与蛋白 Z 相互作用的蛋白质。用两种质粒转化酵母细胞，一种编码 DNA 结合域（红色）及与之偶联的“诱饵”蛋白（Z，蓝绿色）。另一种是包含许多 cDNA 及与之偶联的转录激活域编码区，其中的每一个都编码激活域（绿色）和一个未知 cDNA 产物（“靶”蛋白）。每个酵母细胞只能用其中一种质粒转化，但为便于说明，图中把不同质粒表达的产物放在一起显示。一个靶蛋白（D，黄色）与诱饵蛋白 Z 相互作用，将 DNA 结合域和转录激活域拉到一起，使它们激活报告基因。现在实验人员可以从这个阳性克隆提取质粒，获得这个靶蛋白的相关信息。

互作用。如果 X 和 Y 相互作用，就可将转录激活因子的这两部分拉到一起，从而激活报告基因，产生能够催化颜色反应的产物。例如，用 X-gal 可使酵母细胞变成蓝色。

5.10 寻找与其他分子相互作用的 RNA 序列

SELEX

指数式富集的配体系统进化（systematic evolution of ligands by exponential enrichment，SELEX）最初研发出来是用于寻找与特殊分子结合的短 RNA 序列（**适配子**，aptamer）的一种方法。图 5.41 显示了经典 SELEX 的过程。首先，PCR 扩增合成 DNA 的混合物，这些 DNA 具有不变的两端区域（红色）和随机的中间区域（蓝色），该随机区域理论上可以编码超过 10^{15} 个不同的 RNA 序列。在第一步中，用噬菌体 T7 RNA 聚合酶体外转录这些 DNA，T7 RNA 聚合酶识别混合物中每个 DNA 不变区上游的 T7 启动子。在接下来的步骤中，利用亲和柱层析筛选适配子，树脂中结合了靶分子。选出的 RNA 是结合到树脂上的，然后用含有靶分子的溶液洗脱。将选出的 RNA 反转录成双链 DNA，用 DNA 常规区末端特异性引物再次进行 PCR。

一轮 SELEX 所产生的一群分子只是部分富集了适配子，所以这一过程要重复多次以便产生高度富集的适配子。SELEX 已经被广泛应用于寻找与蛋白质结合的 RNA 序列，尤其在天文数字般巨大的起始 RNA 序列中寻找几个适配子时极为有效。

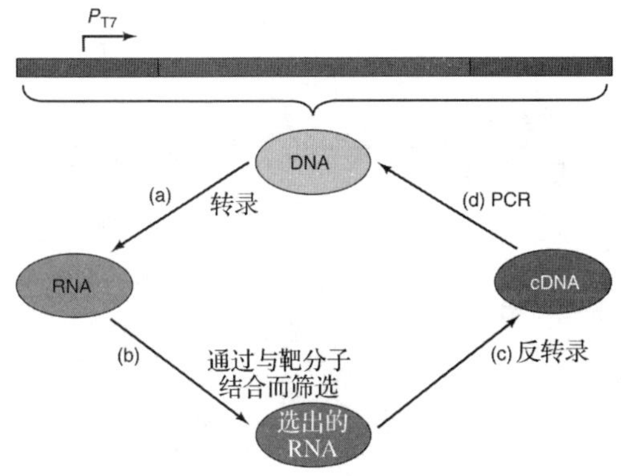

图 5.41　SELEX。从一个庞杂的 DNA 复合物（顶部）开始，其序列结构为中间部分随机、两侧固定。(**a**) 将 DNA 库转录成 RNA 库，RNA 的中间也是随机序列，两侧是固定序列。(**b**) 通过带有靶分子的亲和层析筛选适配子。(**c**) 反转录 RNA 产生 cDNA 库。(**d**) PCR 扩增 cDNA，引物与 DNA 两端的固定序列互补，将这个循环重复几次以便富集库中的适配子。

功能 SELEX

功能 SELEX（functional SELEX）在从起始序列的"大海"中捞出几个"针"（RNA 序列）方面与经典的 SELEX 很相似，但不是寻找与其他分子结合的适配子，而是寻找具有一定功能的 RNA 序列。对于简单的结合，筛选比较容易，只需要亲和层析即可。但是基于功能的筛选则很复杂，在设计筛选步骤中需要有创造性。例如，最早的功能 SELEX 程序用于检测核酶（具有酶活性的 RNA），这种核酶活性可改变 RNA 自身使其能够被扩增。简单的例子是核酶可以给自己的末端添加核苷酸。利用这一活性，研究者给核酶提供序列已知的寡聚核苷酸，而核酶可将该标签添加给自身。一旦加上标签，核酶就很容易用标签互补的 PCR 引物扩增了。

随机 RNA 序列库中也许没有高活性的 RNA，这一问题可通过在突变条件下进行扩增而克服，由此产生很多具有弱活性的变异体，其中有些分子的活性可能比其原来的要高，几轮筛选和突变之后就可产生具有很强酶活性的 RNA。

小结　SELEX 是一种寻找与其他分子，包括蛋白质相互作用的 RNA 序列的方法。通过亲和层析筛选与靶分子作用的 RNA，然后将其转换成双链 DNA 并进行 PCR 扩增。这个程序经过几轮后，与靶分子结合的 RNA 序列就被极大地富集了。功能 SELEX 是该方法的衍生，其中期望的功能以某种方式改变 RNA 使其能够被扩大。如果期望的功能是具有酶活性的，可在扩增步骤引入突变以产生具有更高活性的变异体。

5.11　基因敲除和转基因

在第 5 章中我们所讨论的大部分技术都是关于研究基因的结构和活性的，然而这些技术经常遗留下一个重大问题：所研究基因的功能，即在有机体的生命活动中该基因起什么作用？通常，能够最好地回答这一问题的方法是观察在生物体中精心设计了删除和插入基因后所发生的情况。我们现在有了在多种生物体内靶向干扰基因的方法。例如，我们可以在小鼠体内干扰基因，并把这种小鼠叫做**敲除小鼠**（knockout mice）。我们还给生物体添加外源基因或转基因。例如，给小鼠添加基因，从而获得转基因小鼠，以下分别对这些技术进行介绍。

基因敲除小鼠

图 5.42 解释了一种构建基因敲除小鼠的方法。首先克隆一段含有待敲除的小鼠基因的 DNA，然后用新霉素抗性基因插入其中，断开这一靶基因，在克隆基因的其他部位（靶基因之外）引入一个胸苷激酶基因（*tk*）。这两个额外基因将用于后面剔除未发生定向敲除的克隆子。

接下来，将构建的小鼠 DNA 与褐色小鼠的胚胎干细胞（EM 细胞）混合。这些干细胞可以分化成任何类型的小鼠细胞。在其中一小部分细胞中，被断开的基因通过某种途径进入细胞核，并与细胞中同源的野生型靶基因之间发生同源重组，从而使断开的靶基因进入小鼠基因组，并移去胸苷激酶基因（*tk*）。遗憾的是发生这种重组的概率非常小，许多干细胞不发

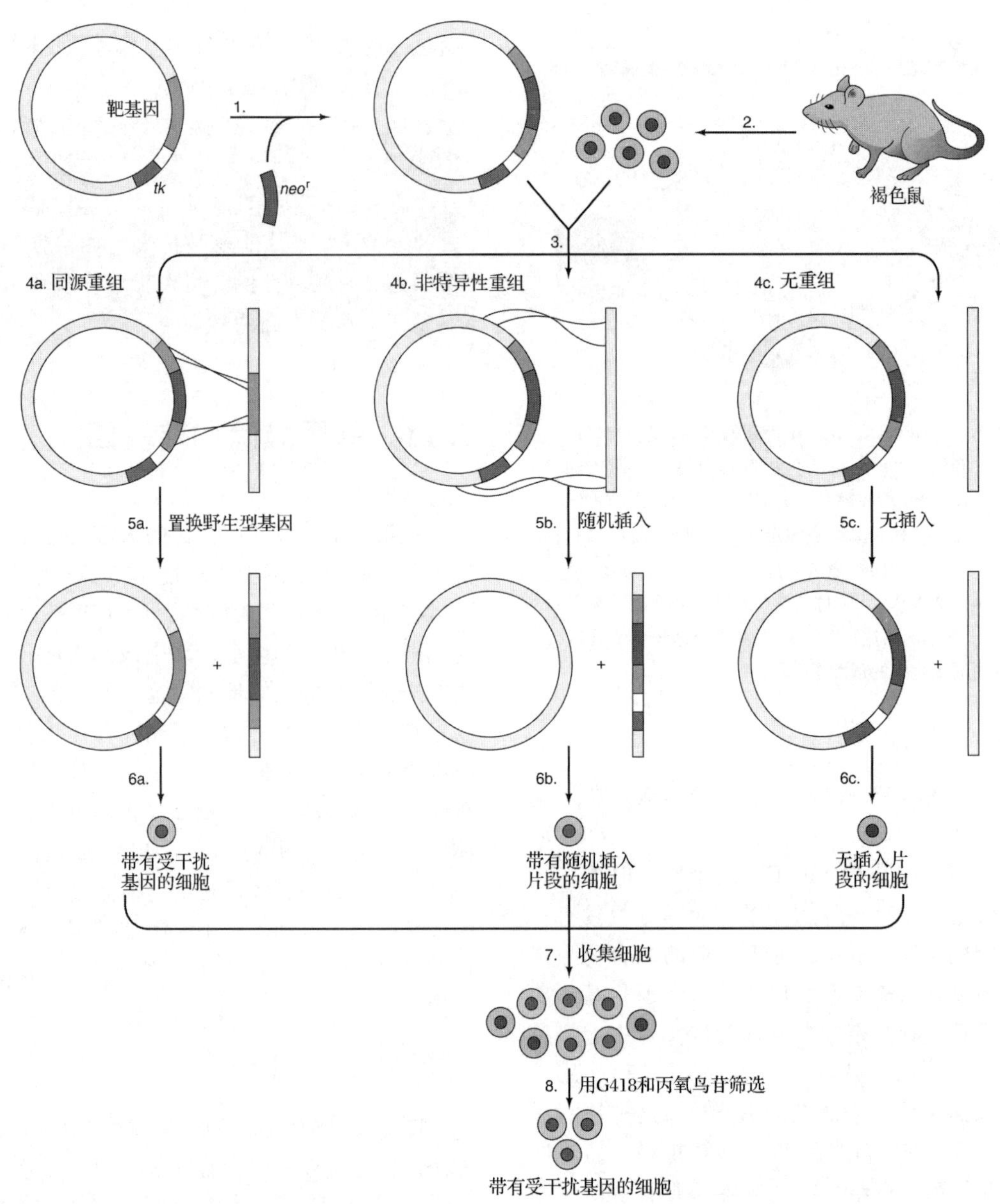

图 5.42　构建基因敲除小鼠：第一阶段，构建带有干扰基因的干细胞。1. 从含有待敲除基因（靶基因）和胸苷激酶基因（tk^{+}）的质粒开始。将新霉素抗性基因（红色）插入靶基因内部断开靶基因。**2.** 收集褐色小鼠的胚胎干细胞。**3.** 用含有断开靶基因的质粒转染胚胎干细胞。**4** 和 **5.** 转染后产生三种结果：**4a.** 质粒上被断开的靶基因与同源的野生型靶基因发生同源重组，使染色体的野生型靶基因被质粒的断开靶基因取代（**5a**）；**4b.** 与细胞基因组的非同源序列发生非特异性重组，使断开的靶基因和 *tk* 基因随机插入细胞的基因组（**5b**）；**4c.** 未发生重组，断开的靶基因没有与基因组整合（**5c**）。**6.** 由这三种情况产生的细胞分别用不同颜色的表示：同源重组产生带有断开的靶基因（**6a**）的细胞（红色）；非同源重组产生带有随机插入的断开靶基因与 tk^{+} 基因（**6b**）的细胞（蓝色）；非重组产生没有断开靶基因（**6c**）整合的细胞（棕色）。**7.** 收集转化的细胞含有全部三种细胞（红色、蓝色、棕色）。**8.** 在含有新霉素类似物 G418 和丙氧鸟苷的培养基中培养细胞。G418 可杀死无新霉素抗性的细胞，即未发生重组的细胞（棕色）。丙氧鸟苷杀死含 *tk* 基因的细胞，即发生非特异性重组的细胞（蓝色），最后只留下发生同源重组的细胞（红色），因而含有断开的靶基因。

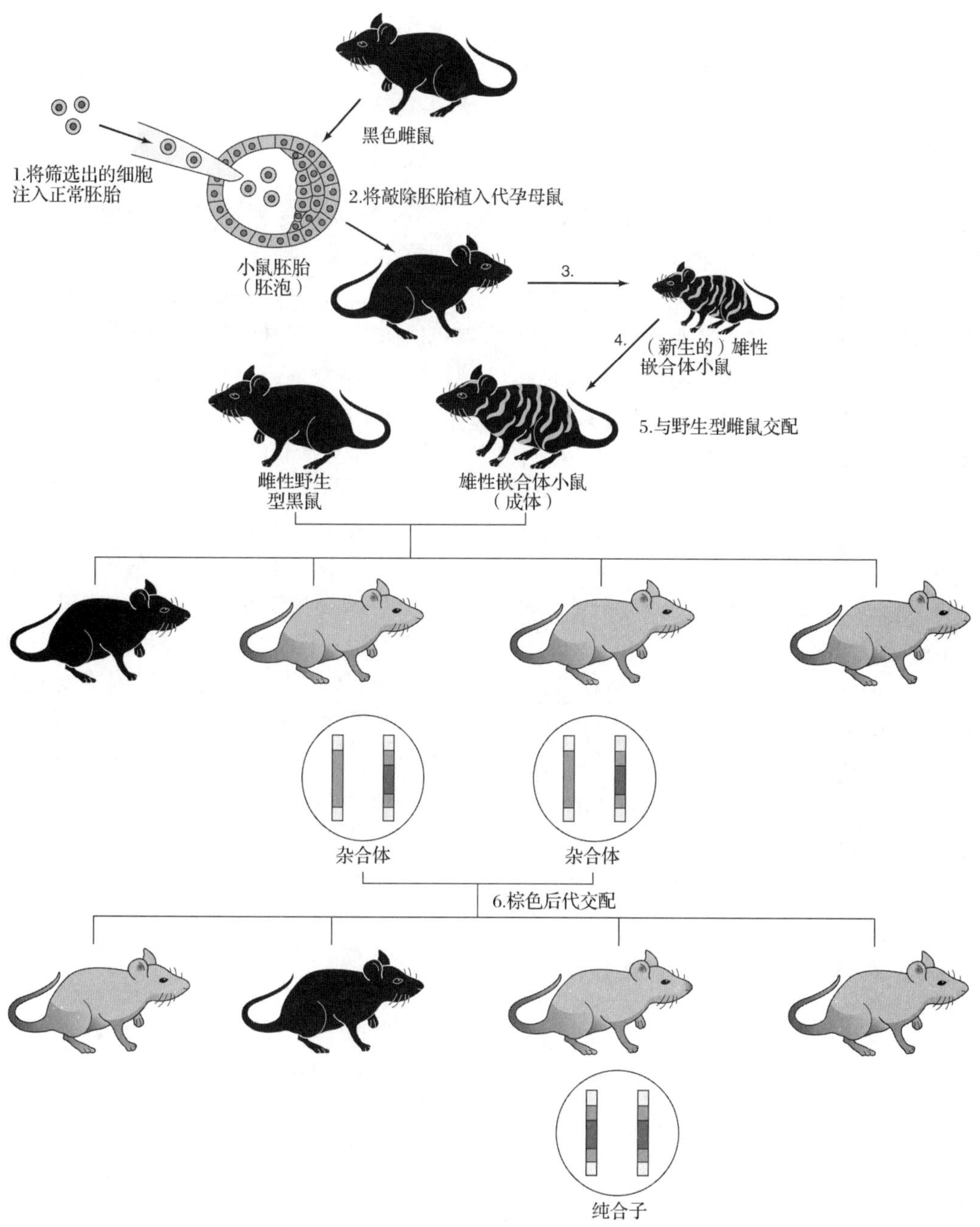

图 5.43 构建基因敲除小鼠：第二阶段，将断开基因置入动物体内。1. 将含有断开基因（见图 5.40）的细胞注射到黑鼠的囊胚期胚泡中。**2.** 将这个混合胚胎植入代孕母鼠的子宫中。**3.** 代孕母鼠产下嵌合体小鼠，依据其黑色和棕色皮毛可以鉴定（回想一下，这些改变的细胞来自棕色鼠，被置于黑色鼠的胚胎中）。**4.** 让嵌合体小鼠（雄性）成熟。**5.** 将其与野生型雌性黑鼠交配，丢弃来源于野生型胚胎的黑色后代，只有棕色小鼠来自转基因移植的细胞。**6.** 选择一对均含有断开基因（通过 Southern 印记法检测）的雌雄棕色小鼠并让它们交配，再用 Southern 印记检测棕色后代的 DNA。这一次找到了断开基因的纯合体，即基因敲除小鼠。现在观察这只小鼠以确定靶基因敲除所造成的影响。

生重组因此不受靶基因被断开的干扰。还有一些干细胞会发生非特异性重组，被断开的基因随机插入到基因组中而没有替换相应的野生型基因。

那么如何剔除未发生同源重组的细胞呢？该是先前引入的额外基因发挥作用的时候了。未发生重组的细胞没有新霉素抗性基因，因此在含有新霉素衍生物 G418 的培养基上培养细胞就可以将其剔除。而发生了非特异性重组的细胞，*tk* 基因随断开靶基因一同进入细胞的基因组中，用一种能杀死 tk^{+} 细胞的药物 gangcyclovir 杀死这些细胞（我们用的干细胞是 tk^{-}）。用这两种药物处理后，剩下的就是发生了同源重组的工程细胞了，而且是含有断开基因的杂合子细胞。

下一个任务是将这些断开的靶基因导入完整的小鼠体内（图 5.43）。做法是将得到的工程干细胞注射到最终要发育成黑鼠的胚泡中。由于 ES 细胞可分化成任何类型的小鼠细胞，因此工程干细胞也可以像正常胚泡细胞一样，形成胚胎并能植入代孕母鼠，最终生出嵌合体小鼠。通过花斑体色可以鉴别嵌合体小鼠，黑色条纹来自原初的黑鼠胚胎，棕色条纹来自移植的工程细胞。

为了获得真正的杂合体小鼠而不是嵌合体，待嵌合体小鼠成熟后将其与黑鼠交配。由于褐色（鼠灰色）是显性性状，所以子代中自然有褐色小鼠。实际上，所有由工程干细胞的配子发育成的子代小鼠都是褐色的。由于工程干细胞是敲除基因的杂合子，所以只有一半的褐色小鼠携带有断开基因。Southern 印迹显示在我们的实验中有两只褐色小鼠携带断开的基因。将它们交配后在子代小鼠中检测 DNA，寻找基因敲除的纯合子小鼠。在本例中，交配后得到了一只基因敲除的纯合子小鼠。现在的任务是观察其表型。表型经常并不显著（你能看出吗?），但是无论显著与否都是非常有指导意义的。

有时基因敲除是致死性的，受影响的小鼠胎儿在出生前就已死亡。还有一些基因敲除表现出中间效应。例如，肿瘤抑制基因 *p53*，缺失此基因的人极易患上某些癌症。*p53* 基因敲除小鼠能够正常发育，但是在幼年期就会受肿瘤之苦。

转基因小鼠

分子生物学家主要采用两种方法得到转基因小鼠。在第一种方法中，他们直接将克隆的外源基因注射到精子的细胞核中，此时精细胞和卵细胞刚授精，精卵细胞的核尚未融合。由此允许外源 DNA 自行插入胚胎细胞的 DNA 中，通常以成串的重复基因形式插入。这种插入是在胚胎发育的很早期发生的，但是即使只有一两个胚胎细胞发生了分裂，在产生的成年个体中就会有一些细胞不含转入基因，这一个体就是嵌合体。因此，接下来的步骤是将嵌合体与野生型小鼠杂交，挑选带有转基因的鼠仔。带有转入基因意味着它们是从带有转基因的精子或卵子分化而来的，因此它们体内的每一个细胞都含有转入基因。这些就是真正的转基因鼠了。注意，它们所携带的转入基因可以来自任何个体，甚至是另一个小鼠。

第二种方法是将外源 DNA 注射到胚胎干细胞中，产生转基因 ES 细胞。正如在前面一节所介绍的，这些 ES 细胞可以像正常胚胎细胞一样发育。因此，如果转基因 ES 细胞与早期正常小鼠胚胎混合，它们就开始分化，并伴有正常胚胎细胞，结果产生嵌合体，其中一些细胞含有转基因，另一些则没有。至此以后的步骤与第一种方法相同：将嵌合体与野生型小鼠杂交，挑选真正的转基因鼠仔，其所有细胞中都含有转基因。

小结 为探寻某个基因的功能，分子生物学家可实施对小鼠相应基因的靶向敲除，然后观察突变对基因敲除小鼠的影响。我们还可以构造转基因小鼠，使其携带另一个生物的基因，观察这个转入基因对小鼠的影响。这些技术也可以在小鼠以外的很多生物中采用。

总结

蛋白质与核酸纯化的方法在分子生物学中

是至关重要的。通过凝胶电泳可以分离各种大小不同的DNA、RNA和蛋白质。核酸电泳最常用的凝胶是琼脂糖，蛋白质电泳一般选用聚丙烯酰胺凝胶。SDS-聚丙烯酰胺凝胶电泳（SDS-PAGE）可以通过分子的大小分离多肽。利用双向电泳可高分辨率地分离多肽，第一向是等点聚焦，第二向是SDS-PAGE。

离子交换层析根据所带的电荷分离蛋白质等物质。带正电荷的树脂，如DEAE-葡聚糖，用于阴离子交换层析；而带负电荷的树脂，如磷酸纤维素，用于阳离子交换层析。凝胶过滤层析利用填满了多孔树脂的柱子使小分子物质进入而将大分子排除在外，因此小分子物质流速缓慢而大分子物质则相对快速地通过柱子。亲和层析是一种有效的分离技术，利用了对目的分子专一性很强的亲和试剂。目的分子结合到偶合了亲和试剂的柱子上，其他所有或大多数分子不与柱子结合而直接流过柱子，然后可以用打断专一性结合的溶液将目的分子洗脱下来。

在分子生物学实验中，检测微量物质通常需要使用常标记的示踪剂。如果示踪剂是放射性的，则可通过X射线或磷屏成像技术进行放射自显影检测，或用液体闪烁计数仪检测。现在也有非常灵敏的非放射性标记的示踪剂，它们能产生光（化学发光）或有色斑点。

标记的DNA或RNA探针，能与Southern印迹膜上相同的或非常相似的序列杂交。现代DNA分型技术使用Southern印迹和一组DNA探针，检测动物个体包括人类中的变异位点。作为一种取证工具，DNA指纹可以用于亲子鉴定、鉴别罪犯或排除嫌疑人。

标记的探针可与整个染色体杂交以便对基因或其他特异性DNA序列进行定位，这种杂交的方式称为原位杂交，如果探针是荧光标记的，则该技术称为荧光原位杂交（FISH）。复合物中的蛋白质可以用免疫印迹（或Western印迹）探测和定量。将蛋白质电泳后印迹到膜上，然后用专一性抗体来探测，而专一性抗体可用被标记的第二抗体或蛋白A来检测。

Sanger DNA测序法利用双脱氧核苷酸终止DNA的合成，产生一系列大小不一的DNA片段，其大小可通过电泳检测。每个片段的最后一个碱基是已知的，因为用于终止每种反应的双脱氧核苷酸是已知的。因此将片段按大小排列，每个片段比下一个多一个碱基（碱基已知），就能获得DNA的碱基序列。

物理图描述了DNA分子的物理“路标”，如限制酶位点的空间排列顺序。通过Southern印迹法可显著地完善限制图，即将一种酶切片段进行Southern印迹，然后与另一种限制性内切核酸酶产生的被标记的酶切片段进行杂交，这样就能知道两个不同限制酶酶切片段之间的重叠情况。

利用克隆的基因可以很方便地通过定点诱变引入突变，从而改变蛋白质产物的氨基酸序列。突变的DNA可以通过双链DNA、两条互补的突变引物通过PCR的方法产生。野生型DNA可用*Dpn* Ⅰ酶切去除，这样得到的克隆都是由突变的而不是野生型DNA转化的。

Northern印迹与Southern印迹类似，但它电泳所分离的是RNA而不是DNA。印迹膜上的RNA可通过与标记探针杂交来检测。条带的亮度表示每个条带中特异RNA的相对含量，条带的位置说明该特异RNA的大小。

S1核酸酶作图时，标记的DNA探针用于检测转录物3′端或5′端。探针与转录物杂交使探针的杂交部分免受S1核酸酶的消化，该酶特异性地降解单链多核苷酸。相对于探针一个末端已知的定位，探针被保护部分的长度就能定位转录物的末端。由于受转录物保护的探针量与转录物的浓度成正比，所以S1核酸酶作图法也可作为一种定量方法使用。RNA酶作图法源自S1核酸酶作图，不同的是它用RNA探针和RNA酶取代了DNA探针和S1核酸酶。

用引物延伸法可以定位转录物的5′端，做法是用一个寡核苷酸引物与目的RNA杂交，用反转录酶向转录物的5′端延伸引物，凝胶电泳确定反转录物的大小，由此得到的信号强度可作为转录物含量的测定指标。

截断转录是一种检测体外转录效率和精确性的方法。将基因从中部截断，并用标记的核苷酸进行体外转录。RNA 聚合酶脱离末端，释放不完整的转录物。根据截断转录物的大小可定位转录的起始位点，转录物的量反映了转录的效率。无 G 盒转录也能产生一段大小可预测的、被截断的转录产物，但它是将一个无 G 盒置于启动子下游并在缺少 GTP 条件下转录形成的。核连缀转录是一种确定哪些基因在特定细胞中有活性的方法，具体做法是让这些基因在分离的细胞核里继续转录。特异的转录物可通过与已知 DNA 的斑点杂交来确定。利用连缀转录分析也可测定分析不同条件对细胞核转录的影响。

核连缀转录是一种确定哪些基因在特定细胞中有活性的方法，具体做法是让这些基因的转录在分离细胞核后继续进行，通过与斑点膜上的已知 DNA 的杂交来鉴定特异性转录物。连缀转录分析也可用于检测核转录条件的变化对核转录的影响。

为了测定启动子的活性，可以将启动子和报告基因连接，如β-半乳糖苷酶、CAT 或荧光素酶，通过易于分析的报告基因产物来显示启动子的活性。报告基因也可用于检测影响基因翻译的区域发生变化后翻译效率的变化。基因表达也可以量化，做法是通过用免疫印迹或免疫沉淀来检测蛋白质产物的积累。

通过检测基因的蛋白质产物的积累可量化基因的表达，免疫印迹和免疫沉淀是完成这一任务的常用方法。

滤膜结合作为检测蛋白质-DNA 相互作用的方法，是基于双链 DNA 自身不能与硝化纤维素滤膜或类似介质结合，而蛋白质-DNA 复合物可以与之结合的这一性质。因此，可以标记双链 DNA，将其与某种蛋白质混合，通过检测滞留在滤膜上的标记量，分析 DNA 与蛋白质之间的相互作用。

足迹法是寻找 DNA 结合蛋白的靶 DNA 序列或结合位点的一种方法。DNase 足迹法的操作步骤是先将蛋白质与其靶 DNA（末端带有标记）结合，然后用 DNase 处理 DNA-蛋白质复合物。当对所得 DNA 片段进行电泳时，在蛋白质结合部位呈现出缺口或“足迹”，这是蛋白质保护 DNA 免受降解的结果。硫酸二甲酯（DMS）足迹法遵循类似的原理，但以 DNA 甲基化试剂硫酸二甲酯代替 DNase 攻击 DNA-蛋白质复合物。DNA 在甲基化位点被打断，标记的 DNA 片段在电泳上显示的未甲基化（或超甲基化）位点表明了 DNA 与蛋白质结合的部位。羟基自由基足迹法利用含有铜或铁有机金属的复合物产生的羟基自由基打断 DNA 链。

染色质免疫共沉淀在体内染色质中检测特定的 DNA-蛋白质相互作用。该方法利用抗体来沉淀与 DNA 复合的特定蛋白质，然后用 PCR 确定该蛋白质是否与邻近的某个基因结合。

有多种方法可以研究蛋白质-蛋白质相互作用，包括免疫沉淀法和酵母双杂交分析。在后一种方法中，有三种质粒要同时转入酵母细胞。第一个编码由蛋白 X 和 DNA 结合域所组成的杂合蛋白。第二个编码由蛋白 Y 和转录激活域所组成的杂合蛋白。第三个具有连接了报告基因（如 *lacZ*）的启动子-增强子区。增强子与蛋白 X 的 DNA 结合域相互作用。如果蛋白 X 和蛋白 Y 相互作用，就可将转录激活因子的这两部分拉到一起，从而激活报告基因，产生能够催化颜色反应的产物。例如，用 X-gal 可使酵母细胞变成蓝色。

SELEX 是一种寻找与其他分子，包括蛋白质相互作用的 RNA 序列的方法。通过亲和层析筛选与靶分子作用的 RNA，然后将其转换成双链 DNA 并进行 PCR 扩增。这个程序经过几轮后，就极大地富集了与靶分子结合的 RNA 序列。功能 SELEX 是该方法的衍生，其中期望的功能以某种方式改变 RNA 使其能够被扩增。如果期望的功能是酶活性的，可在扩增步骤引入突变以产生具有更高活性的变异体。

为探寻某个基因的功能，分子生物学家可实施对小鼠相应基因的靶向敲除，然后观察突变对基因敲除小鼠的影响。我们还可以构造转基因小鼠，使其携带另一个生物的基因，观察这个转入基因对小鼠的影响。这些技术也可以在小鼠以外的很多生物中采用。

复习题

1. 绘图说明 DNA 电泳的原理，大致表示出 150bp、600bp 和 1200bp DNA 片段相对的电泳迁移率。

2. 什么是 SDS？它在 SDS-PAGE 中的作用是什么？

3. 比较 SDS-PAGE 与蛋白质现代双向凝胶电泳的异同。

4. 描述离子交换层析的原理。用曲线图说明用这种方法怎样分离三种不同的蛋白质。

5. 描述凝胶过滤层析的原理。用曲线图说明用这种方法怎样分离三种不同的蛋白质，并指出图中最大与最小的蛋白质。

6. 比较放射自显影与磷屏成像原理的异同，哪种方法能提供更量化的信息？

7. 描述用非放射性方法检测电泳凝胶中的特定核酸片段。

8. 图解 Southern 印迹和探针检测目的 DNA 的过程，并比较与 Northern 印迹法的异同。

9. 简述以微卫星 DNA 为探针的 DNA 指纹技术，并将该方法与现代法医 DNA 分型技术中利用探针检测单一可变 DNA 位点的方法做一比较。

10. 从 Northern 印迹膜可以获得哪类信息？

11. 描述荧光原位杂交（FISH），什么时候使用这种方法而不用 Southern 印迹？

12. 绘制一个假想的 Sanger 测序法的放射自显影图，并给出正确的 DNA 序列。

13. 说明如何将手动的 DNA 测序法自动化。

14. 说明如何通过限制图判断连接到载体上的一个限制酶位点上的限制性片段的方向。请用不同于书中的片段长度。

15. 解释定点突变的原理？叙述实施这个过程的方法。

16. 比较 S1 图谱法与引物延伸法测定 mRNA 的 5′端的异同，哪种方法还可用来测定 mRNA 的 3′端，另一种方法为什么不行？

17. 什么是截断转录，为什么这种方法不能像 S1 图谱法和引物延伸法一样用于检测体内转录物？

18 怎样标记双链 DNA 的 5′端和 3′端？

19. 阐述核连缀转录分析，说明其与截断转录分析的不同。

20. 斑点杂交与 Southern 印迹法有什么不同？

21. 阐述使用报告基因检测启动子活性的原理。

22. 阐述如何利用滤膜结合分析测定 DNA 对蛋白质的结合。

23. 比较分析 DNA-蛋白质相互作用的凝胶阻滞实验和 DNase 足迹法之间的异同。DNase 足迹法提供了哪些凝胶阻滞实验不能提供的信息。

24. 比较 DMS 足迹法与 DNase 足迹法的异同。为什么前者比后者更精确？

25. 阐述 ChIP 分析法检测蛋白 X 和基因 Y 结合的原理。给出阳性结果的例子。

26. 阐述利用酵母双杂交分析法研究两个已知蛋白质相互作用的原理。

27. 阐述利用酵母双杂交筛选与已知蛋白相互作用的未知蛋白的原理。

28. 阐述构建基因敲除小鼠的方法，说明胸苷激酶基因和新霉素抗性基因在这个过程中的重要性。基因敲除小鼠能提供哪些信息？

29. 叙述构建转基因小鼠的方法。

分析题

1. 对一些 DNA 片段进行了琼脂糖凝胶电泳并获得了图 5.2 所显示的结果。

(a) 迁移 25mm 片段的大小是多少？

(b) 200bp 的片段迁移了多远？

2. 设计一个 Southern 印迹实验，检测嵌合体小鼠的 DNA 是否插入了新霉素抗性基因。可以选择靶基因和新霉素抗性基因上的任何一个限制酶位点，展示成功插入和没有成功插入抗性基因的结果。

3. 在 DNase 足迹实验中模板链或非模板

链都可以被标记。在图 5.37（a）中模板链是标记的，那么图 5.37（b）中哪条链是被标记的？你是怎么知道的？

4. 构想一个有 12 个峰的热裂解图，并写出相应的 DNA 序列。

翻译 马 纪 校对 张富春 岳 兵

推荐阅读文献

Galas，D. J. and A. Schmitz. 1978. DNase footprinting：A simple method for the detection of protein-DNA binding specificity. *Nucleic Acids Research* 5：3157-3170.

Lichter，P. 1990. High resolution mapping of human chromosome 11 by in situ hybridization with cosmid clones. *Science* 247：64-69.

Sambrook，J.，and D. W. Russell. 2001. *Molecular Cloning*：*A Laboratory Manual*，3rd ed. Plainview，NY：Cold Spring Harbor Laboratory Press.

第6章 细菌的转录机制

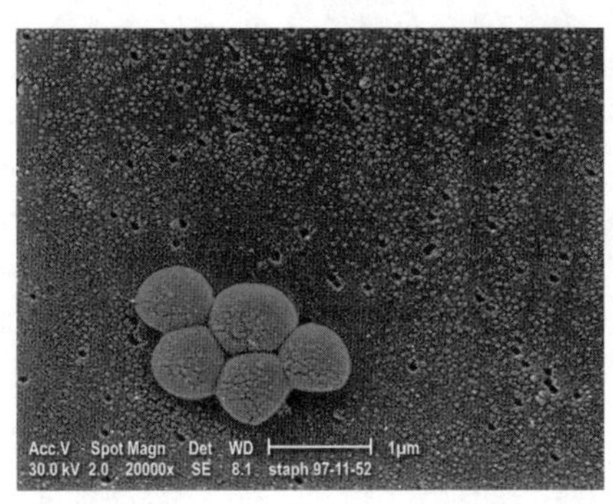

金黄色葡萄球菌（*Staphylococcus aureus*）细胞的彩色扫描电子显微镜图像。*Centers for Disease Control and Prevention*

在第3章我们已经了解到转录是基因表达的第一步。确实，转录是许多基因表达的关键调控点。第6～9章将详细阐述细菌基因的转录及其调控机制，本章主要侧重于转录的基本机制，包括催化转录的RNA聚合酶，以及RNA聚合酶与DNA间的相互作用。当RNA聚合酶锚定到启动子上（与基因相邻的RNA聚合酶结合的特异位点）时，就意味着相互作用的开始，且随着RNA链的延伸而持续，当RNA聚合酶到达终止子即终止位点时，相互作用结束，并释放合成的转录物。

6.1 RNA聚合酶的结构

早在1960～1961年，相继在动物、植物和细菌中发现了RNA聚合酶。而且，正如所预期的那样，对细菌RNA聚合酶的研究最为详尽。到1969年，*E. coli* RNA聚合酶的多肽组分利用第5章讲述的SDS-PAGE已确定。

图6.1是Richard Burgess、Andrew Travers及同事分离*E. coli* RNA聚合酶亚基的SDS-PAGE实验结果。该酶包含两个大亚基：β和β′，分子质量分别为150kDa和160kDa，在该实验中，这两个大亚基未被很好地分离开，但在随后的实验中获得了明确的分离鉴定。此外，该酶还包含σ（sigma）亚基和α亚基，分子质量分别为70kDa和40kDa，在SDS-PAGE上可观察到这两个亚基的存在。本实验未能检测到分子质量为10kDa的ω亚基，但对相同的*E. coli* RNA聚合酶样品进行尿素-聚丙烯酰胺凝胶电泳时，检测到了该亚基的存在。与其他亚基相反，ω亚基并不是细胞生活力所必需的，在体外也不影响酶活性。虽然不是必需亚基，但ω亚基可能在酶的组装过程中起作用。用星号标注的多肽是酶的污染物。**RNA聚合酶全酶**（RNA polymerase holoenzyme）由β′亚基、β亚基、σ因子、α亚基和ω亚基组成，即2分子α亚基和各1分子其他亚基。

当Burgess、Travers及同事利用阴离子树脂磷酸纤维素对RNA聚合酶全酶进行离子交换层析（第5章）处理时，检测到三个蛋白质峰，标注为A、B、C。用SDS-PAGE分析这些蛋白质峰时发现，σ因子与全酶的其余组分，即**核心聚合酶**（core polymerase）相分离，泳道2的结果表明，蛋白质峰A的成分含有σ因子、多肽污染物及少量的β′亚基；泳道3为峰B包含的多肽，其中包括全酶；泳道4为峰C包含的组分，包括核心聚合酶，明显缺失了σ因子；泳道5是从样品中进一步纯化σ因子的结果，已去除了大部分污染物质。

接着，研究者测试了RNA聚合酶全酶中

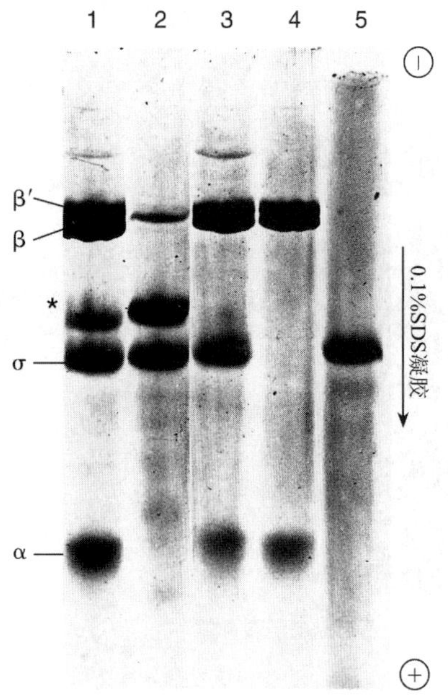

图 6.1　磷酸纤维素层析法分离 *E. coli* RNA 核心聚合酶与 σ 因子。Burgess、Travers 及同事对 *E. coli* RNA 聚合酶全酶进行磷酸纤维素层析分析，产生 A、B、C 三个蛋白质峰。然后，研究者对全酶（泳道 1)、峰 A、峰 B 和峰 C（泳道 2～4）及纯化的 σ 因子（泳道 5）进行 SDS-PAGE 分析。峰 A 包含 σ 因子及一些污染物（星号标注为最明显的污染物）；峰 B 包含全酶；峰 C 包含功能性核心酶（亚基 α、β 和 β′)。[*Source*：Burgess et al. "Factor Stimulating Transcription by RNA Polymerase". *Nature* 221（4 January 1969）p. 44，fig. 3. © Macmillan Magazines Ltd.]

核心聚合酶与 σ 因子的 RNA 聚合酶活性。结果表明，两者的分离可引发酶活性的显著改变（表 6.1）。在体外，全酶对 T4 噬菌体完整的 DNA 具有很高的转录活性，而核心酶的转录活性却很低。此外，核心聚合酶仍然保持聚合 RNA 的基本功能，能高效地转录具有切口的模板（带有单链断口的 DNA）（切口 DNA 的转录是在实验室中的人为现象，无生物学意义）。

表 6.1　核心酶与全酶转录 DNA 的能力

DNA 模板	相对转录活性	
	核心酶	全酶
T4（天然，完整）	0.5	33.0
小牛胸腺（天然，切口）	14.2	32.8

σ 因子是一种特异性因子

将 σ 因子重新结合到核心酶上时，又恢复了其转录完整 T4 噬菌体 DNA 的活性。更有意义的是，Ekkehard Bautz 及同事发现，全酶只能转录某一类特定的 T4 噬菌体基因（极早期基因），但核心酶不具有这样的专一性。

核心酶不仅不加选择地转录 T4 噬菌体的基因，而且还转录 DNA 的两条链。Bautz 及同事利用 RNA 聚合酶全酶或核心酶转录的标记产物与天然 T4 噬菌体的 RNA 分子杂交，然后检测杂交分子对 RNase 的抗性来证明这一点，即获得两条互补配对的 RNA 分子，从而形成对 RNase 有抗性的双链 RNA。由于天然 T4 RNA 是**非对称**（asymmetrically）转录（在任意给定的区域内，只有一条 DNA 链被转录）的产物，不应该与体外正确转录形成的 T4 RNA 杂交，因为该 RNA 也是以非对称方式转录的，与真正的 T4 RNA 相同，不能互补。Bautz 及同事以 RNA 聚合酶全酶体外转录形成的 T4 RNA 为研究对象，确实观察到了这种现象。然而，如果在体外 T4 RNA 是以对称方式合成的，则会有一半的体外转录产物与体内 RNA 互补，可发生杂交而获得对 RNase 的抗性。事实上，Bautz 及同事发现，确实有 30% 由核心聚合酶在体外转录形成的标记 RNA 与天然 T4 RNA 杂交而获得 RNase 抗性，这说明，在体外核心酶以非正常的方式转录 DNA 的双链。

很显然，全酶失去 σ 因子后，核心酶只具有基本的 RNA 合成能力，而不具有特异性。重新结合 σ 因子后又恢复其特异性。实际上，在明了这一特性后，才将该因子命名为 σ 因子，选用 σ 或希腊字母 s 来表示特异性。

小结　RNA 聚合酶是转录过程中的关键因子。*E. coli* 的 RNA 聚合酶由核心酶和 σ 因子组成，核心酶是基本的转录装置，σ 因子指导核心酶转录特异的基因。

6.2　启动子

在表 6.1 提及的 T4 DNA 转录实验中，为什么核心聚合酶具有转录切口 DNA 的能力，而不能是转录完整的 DNA？这是因为 DNA 分子上的少数切口（nick）或间隙（gap）为 RNA 聚合酶，甚至是核心酶提供了理想的转录起始位点。但这类转录起始必定是非特异性的。在完整的 T4 DNA 中几乎没有切口或间隙，核心聚合酶很难遇到这种人为的起始位点，因此对其只有微弱的转录。如果 σ 因子存在，RNA 聚合酶全酶就能识别天然 T4 DNA 上真正的聚合酶结合位点，并在该位点起始转录。聚合酶结合的位点被称为**启动子**（promoter）。在启动子处起始的体外转录是特异的，如同在体内发生的转录一样。所以，σ 因子的作用就是指导聚合酶在特异的启动子处起始 DNA 的转录。本节我们将学习细菌聚合酶与启动子间的相互作用及这些启动子的结构。

RNA 聚合酶与启动子的结合

σ 因子如何改变核心酶对启动子结合的行为方式？David Hinkle 和 Michael Chamberlin 用硝化纤维素滤膜结合实验（第 5 章）回答了这个问题。为检测全酶及核心酶与 DNA 结合的紧密程度，他们从 *E. coli* 细胞中分离出这些酶，并与 ^{3}H 标记的 T7 噬菌体 DNA 结合，该 DNA 的早期启动子可被 *E. coli* 聚合酶所识别。加入过量未标记的 T7 噬菌体 DNA，以便使从标记的 T7 DNA 解离的聚合酶与未标记的 T7 DNA 结合的概率远高于标记的 DNA。在反应不同时间后，将混合物通过硝化纤维素滤膜。只有仍与聚合酶结合的标记 DNA 可结合在膜上。因此，该实验可测定聚合酶-DNA 复合物的解离速率。当最后一个聚合酶（可能是最紧密结合的）从标记的 DNA 上解离下来，标记的 DNA 不再与滤膜结合，滤膜的放射信号就减弱。

图 6.2 为实验结果。显然，RNA 聚合酶全酶与 T7 DNA 的结合能力较核心酶与 T7 DNA 的结合更紧密。事实上，全酶解离的半衰期（$t_{1/2}$）为 30～60h，即经过 30～60h 后，只有一半的聚合酶-DNA 复合物解离，表明聚合酶全酶与 DNA 的结合确实十分紧密。相比之下，核心聚合酶解离的 $t_{1/2}$ 小于 1min，相对于聚合酶全酶而言，核心酶与 DNA 的结合要松散得多。因此，σ 因子至少可以利用某些特定 DNA 位点促进聚合酶与 DNA 的紧密结合。

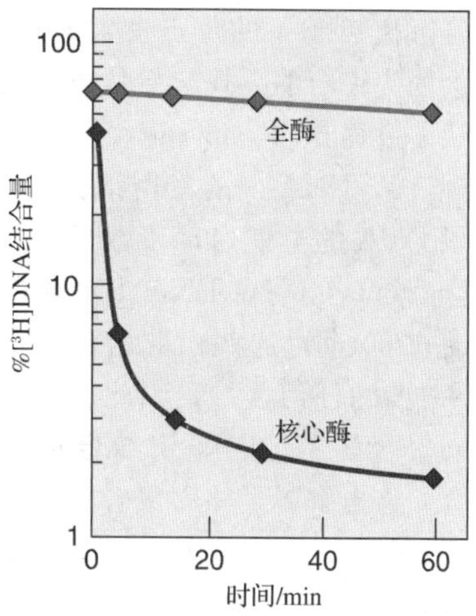

图 6.2 σ 因子促进 RNA 聚合酶与启动子间的紧密结合。 Hinkle 和 Chamberlin 使 ^{3}H 标记的 T7 DNA 与 *E. coli* RNA 核心聚合酶（蓝色）或全酶（红色）结合，然后加入过量的未标记的 T7 DNA。这样，从标记 DNA 上脱离下来的聚合酶就可能再与未标记的 T7 DNA 结合。将反应了不同时间的混合物通过硝化纤维素滤膜，检测标记 T7 DNA-聚合酶复合物的解离（随着最后一个聚合酶的解离，标记 DNA 不再与滤膜结合，滤膜的放射性随之消失）。相对于核心酶与 T7 DNA 的解离速率（蓝色）而言，全酶与 T7 DNA 的解离速率（红色）要慢得多，表明全酶与 T7 DNA 结合得更为紧密。（*Source*：Hinckle，D. C.，and Chamberlin，M. J. "Studies of the Binding of *Escherichia coli* RNA Polymerase to DNA"，*Journal of Molecular Biology*，Vol. 70，157-185，1972.）

在解离实验中，Hinkle 和 Chamberlin 转换了实验程序，先使聚合酶与未标记的 DNA 结合，然后加入过量的标记 DNA，最后，在不同时间内将混合物通过硝化纤维素滤膜。这一过程测定了最初（和最松散结合）的聚合酶解离情况，因为新解离的聚合酶能与游离的标记 DNA 结合，从而使标记 DNA 结合到滤膜上。此分析揭示，全酶与核心酶一样，在 DNA 上都有松散的结合位点。

至此，全酶在 T7 DNA 上存在两类结合位点：紧密结合位点和松散结合位点。而核心聚合酶只能与 DNA 松散结合。因为 Bautz 等已经证明是全酶而不是核心酶识别启动子，由此推测紧密结合位点可能就是启动子，而松散结合位点则是 DNA 的其他部分。Chamberlin 及同事的研究也表明，全酶与 T7 DNA 的紧密结合复合体在添加核苷酸时能立即起始转录，强化了紧密结合位点确实是启动子的结论。如果聚合酶与远离启动子的位点发生了紧密结合，那么就会因为聚合酶寻找起始位点而发生转录滞后现象。进而，Chamberlin 及同事用滴定法分析发现，T7 DNA 上的紧密结合位点只有 8 个，与该 DNA 的早期启动子数目相近。相比之下，全酶与核心酶在 DNA 上的松散结合位点大约有 1300 个，这些松散结合位点确实出现在 DNA 上的任何区域，因此也就没有特异性。核心聚合酶不能与紧密结合位点（启动子）结合，这也解释了核心聚合酶不能特异地起始 DNA 转录的原因，因为起始转录需要与启动子的紧密结合。

Hinkle 和 Chamberlin 也检测了温度对全酶与 T7 DNA 结合的影响，他们发现，提高温度能显著增强两者间的紧密结合。图 6.3 显示，25℃时的解离速率明显高于 37℃时的解离速率，15℃时的解离速率更高。因为高温可促

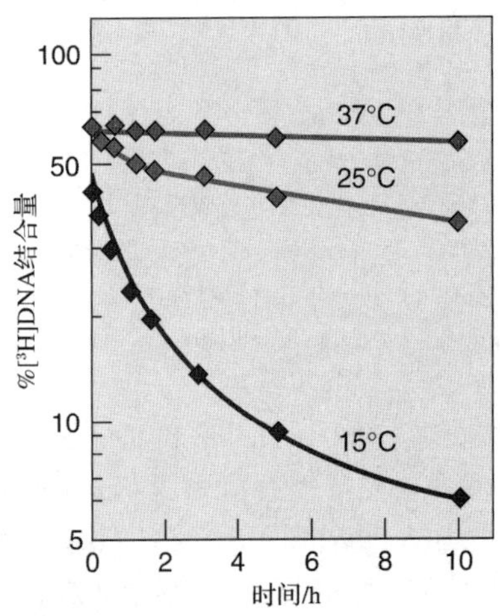

图 6.3 温度对全酶-T7 DNA 复合体解离的影响。 Hinkle 和 Chamberlin 先使 *E. coli* RNA 聚合酶全酶与 ^{3}H 标记的 T7 DNA 在 37℃（红色）、25℃（绿色）、15℃（蓝色）条件下结合以形成复合体。然后，加入未标记的 T7 DNA，使之与解离的聚合酶发生竞争性结合；在不同时间取样并进行硝化纤维素滤膜处理以监测聚合酶—标记 T7 DNA 复合体的解离情况。37℃条件下形成的复合体比 25℃条件下形成的复合体稳定得多，而后者又比在 15℃条件下形成的复合体稳定，说明较高温度有利于 RNA 聚合酶全酶与 T7 DNA 的紧密结合。（*Source*：Hinckle，D. C.，and Chamberlin，M. J. "Studies of the Binding of *Escherichia coli* RNA Polymerase to DNA." *Journal of Molecular Biology*，Vol. 70，157-185，1972）

进 DNA 解链（解链，第 2 章），这一发现与紧密结合涉及 DNA 局部解链的观点一致。本章后半部分将介绍这一假设的直接证据。

Hinkle 和 Chamberlin 将有关聚合酶与 DNA 之间相互作用的研究发现总结为以下假说（图 6.4）：RNA 聚合酶全酶先与 DNA 进行松散结合，可能一开始就结合在启动子上，或沿 DNA 链扫描直到发现启动子。全酶与启动子松散结合形成的复合体称为**闭合启动子复合体**（closed promoter complex），因为 DNA 依然保持着闭合的双链形式。然后，全酶使启动子内的一小段区域解链而形成**开放启动子复合体**（open promoter complex），之所以称为开放启动子复合体，是因为该开放复合体的形成依赖于 DNA 的解旋。

由聚合酶在闭合启动子复合体中的松散结合转变为在开放启动子复合体中的紧密结合需要 σ 因子的参与，并导致转录的开始。现在，我们可以领悟 σ 因子在决定转录特异性中是如何发挥功能的：σ 因子选择能与 RNA 聚合酶紧密结合的启动子。如此，与启动子相邻的基因将被转录。

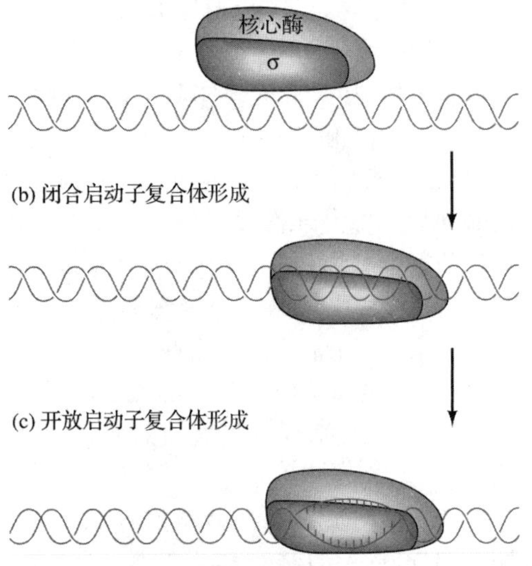

图 6.4 RNA 聚合酶与启动子结合。（**a**）RNA 聚合酶全酶与 DNA 进行松散结合与再结合，并寻找启动子；（**b**）全酶找到启动子并与之松散结合，形成闭合启动子复合体；（**c**）全酶的紧密结合使 DNA 局部解链，形成开放启动子复合体。

小结 σ因子通过引起RNA全酶与启动子的紧密结合而引发转录的起始。这种紧密结合依赖于DNA局部解链而形成开放启动子复合体，这一事件由σ因子促进。因此，σ因子能选择将被转录的基因。

启动子结构

细菌启动子具有怎样的特性使RNA聚合酶与之结合？David Pribnow对*E. coli*和噬菌体的多个启动子加以比较后，发现了一个共有区域，其中心位于转录起始点上游约10bp处，长度为6～7bp，该序列最初被称为“Pribnow框”（Pribnow box），现在常称为**−10框**（−10 box）。Mark Ptashne及同事注意到还存在另一个短序列，其中心位于转录起始点上游约35bp处，被称为**−35框**（−35 box）。分析数千个启动子后发现，每个框都存在典型或**共有序列**（consensus sequence）（图6.5）。

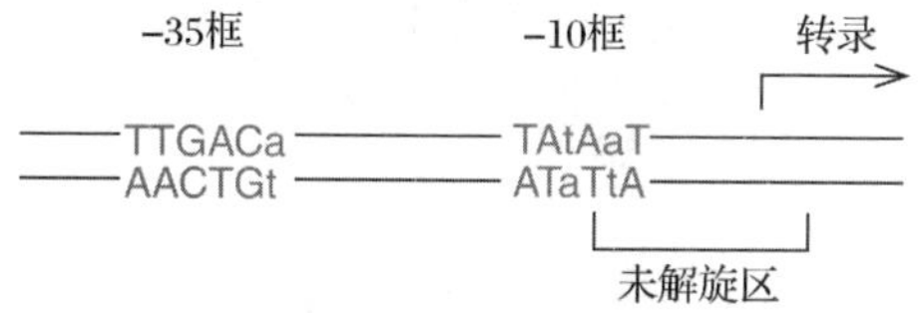

图6.5 细菌启动子。在一个典型的*E. coli*启动子中，分别标注了相对于转录起始点的−10框、−35框及未解链区域的位置。大写字母表示该位置碱基在已研究的启动子中出现的频率大于50%；小写字母表示该位置碱基在已研究的启动子中出现的频率等于或小于50%。

这些共有序列仅代表一种概率。在图6.5中，大写字母碱基表示在该位置出现的频率较高，小写字母碱基表示在该位置也经常出现，但频率比大写字母碱基低。这种概率表示很难找到与共有序列完全匹配的−10框与−35框。然而，完全匹配序列往往出现在极强启动子中，这些启动子异常活跃地启动转录。事实上，破坏与共有序列匹配率的突变趋向于**下降突变**（down mutation），即突变使启动子的活性减弱而导致转录减少。使启动子序列更接近于共有序列的突变则会使启动子的功能增强，这种突变称为**上升突变**（up mutation）。启动子元件之间的距离也十分重要，使−10框与−35框异常靠近或远离的删除或插突变都是有害的。在第10章中，我们将了解到真核生物的启动子也有共有序列，其中之一类似于−10框。

除了称为**核心启动子元件**（core promoter element）的−10框与−35框外，有些极强启动子在更远的上游还存在额外一个元件，称为**UP元件**（UP element）。*E. coli*细胞有7个编码rRNA的基因（*rrn* gene），当快速生长需要大量rRNA时，这7个基因自身能导致在细胞内发生大量的转录。很显然，驱动这些基因转录的启动子非常强大，启动子的上游元件可以部分解释这一事件。图6.6显示了其中一个启动子*rrnB* P1的结构。核心启动子（蓝色）上游−40～−60处有一个UP元件（红色）。我们之所以认为UP元件是一个真正的启动子元件，是因为该元件可被RNA聚合酶自身所识别，仅在RNA聚合酶存在的情况下，UP元件能将*rrnB* P1基因的转录效率提高30倍。因此，我们断定UP元件是一个启动子元件。

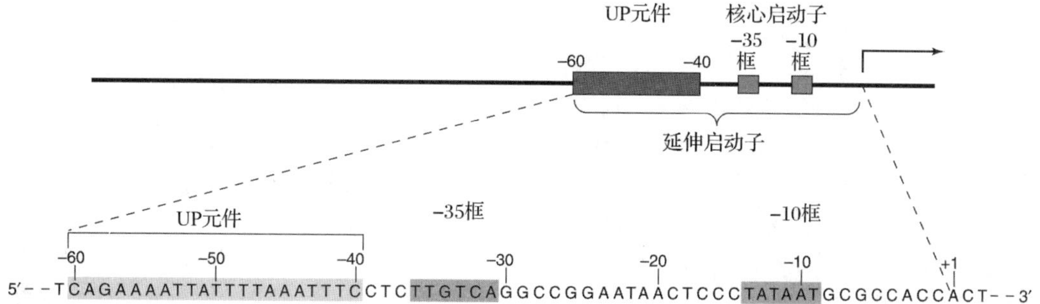

图6.6 *rrnB* P1启动子。核心启动子（−10框与−35框，蓝色）和上游是UP元件（红色）在图上方标出；示意图下方以相同的颜色标出了这些元件的全部碱基序列（非模板链）。（*Source*：Adapted from Ross et al. “A third recognition element in bacterial promoters：DNA binding by the alpha subunit of RNA polymerase”. *Science* 262：1407，1993.）

该启动子还涉及－60与－150间的3个Fis位点，它们是转录激活蛋白Fis的结合位点。这些位点自身不与RNA聚合酶结合，所以不是典型的启动子元件，而是一类被称为**增强子**（enhancer）的转录激活DNA元件。第9章将详细讨论细菌增强子。

E. coli rrn 启动子也能被一对小分子所调节，即**起始NTP**（iNTP）和**预警素**（alarmone）鸟苷-5′-二磷酸-3′-二磷酸（ppGpp）。大量iNTP的存在表明核苷酸的浓度很高，有利于合成大量的rRNA。相应地，iNTP能稳定开放启动子复合体而促进转录。

此外，当细胞发生氨基酸饥饿时，蛋白质的合成不会轻易发生，对核糖体（和rRNA）的需求量也随之减少。核糖体位点是氨酰tRNA的正常结合位点，当空载tRNA与核糖体位点结合后，核糖体对氨基酸缺乏十分敏感。在这些情况下，核糖体相关蛋白RelA接收“预警”，催化合成“预警素”ppGpp。预警素可破坏寿命较短的开放启动子复合体的稳定性，从而抑制转录。

蛋白质DskA也发挥重要功能。与RNA聚合酶结合后，DskA将 *rrn* 开放启动子的寿命降低到能够对iNTP和ppGpp浓度改变做出反应的水平。因此，DskA蛋白是iNTP和ppGpp调节 *rrn* 转录所必需的。事实上，在DskA缺失突变体中，*rrn* 的转录确实对iNTP和ppGpp不敏感。

小结 细菌启动子包含两个区域，其中心分别位于转录起始位点上游－10 bp和－35 bp处。在 *E. coli* 中，这两个区域或多或少分别与两个共有序列TATAAT和TTGACA相似。一般来讲，启动子区域内的这些序列与共有序列越相似，启动子起始转录的能力就越强。某些极强启动子在核心启动子上游还有一个额外元件（UP元件），使启动子对RNA聚合酶具有更强的吸引力。由 *rrn* 启动子处起始的转录受iNTP浓度的正调控，受ppGpp的负调控。

6.3 转录起始

在1980年之前，普遍认为当RNA聚合酶催化形成第一个磷酸二酯键，最初的两个核苷酸加入到生长的RNA链后，转录的起始就结束了。Agamemnon Carpousis和Jay Gralla的研究指出，转录起始实际上比这更复杂。研究者将 *E. coli* RNA聚合酶与含 *E. coli lac* 突变启动子 *lac* UV5的DNA一起温育，同时加入肝素（heparin）。肝素是一种带负电荷的多糖，可与DNA竞争游离

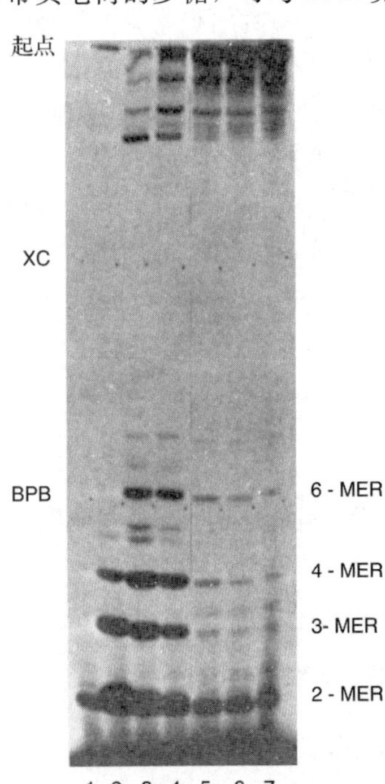

图6.7 RNA聚合酶结合在启动子上合成短的寡核苷酸片段。 Carpousis和Gralla利用RNA聚合酶在体外合成^{32}P标记的RNA，反应体系包含携带 *lac* UV5启动子的DNA模板、可结合游离RNA聚合酶的肝素、[^{32}P] ATP、不同浓度的其他三种核苷酸（CTP、GTP和UTP）。通过聚丙烯酰胺凝胶电泳和放射自显影检测标记的RNA产物。泳道1：不含DNA的对照；泳道2：只有ATP；泳道3～7：ATP及相邻泳道浓度以2倍递增的CTP、GTP和UTP，即从泳道3的25 μmol/L到泳道7的400 μmol/L。二聚体到六聚体的位置在图右侧标出。两种标记染料溴酚蓝（BPB）和二甲苯（XC）的位置在图左侧标出。泳道1中出现的二聚体可能是标记ATP中的污染物，该污染物同样出现在泳道2～7中。[*Source*：Carpousis A. J. and Gralla J. D. Cycling of ribonucleic acid polymerase to produce oligonucleotides during initiation in vitro at the *Lac* UV5 promoter. *Biochemistry* 19 (8 Jul 1980) p. 3249, f. 2 © American Chemical Society]

的 RNA 聚合酶。转录循环结束后，肝素阻止释放出的 RNA 聚合酶与 DNA 重新结合。用标记的 ATP 标记 RNA 产物，然后电泳 RNA 产物，测定其大小，发现存在一些很小的寡核苷酸，其大小从二聚体到六聚体（2～6nt），如图 6.7 所示。这些寡核苷酸序列与预期的 *lac* 启动子转录的起始序列相一致。而且，当 Carpousis 和 Gralla 测定这些寡核苷酸的数量并与 RNA 聚合酶的数量比较时发现，每个 RNA 聚合酶对应于多个寡核苷酸。由于肝素阻止游离 RNA 聚合酶与 DNA 的再结合，因此，该结果提示 RNA 聚合酶甚至在没有离开启动子时，就产生了很多小的**中断转录物**（abortive transcript）。其他研究者也证实了这一结果，并发现了长度可达 9 nt 或 10 nt 的中断转录物。

至此，我们已经了解到转录起始过程比最初设想的要复杂得多。如图 6.8 所示，转录起始通常可分为 4 个步骤：①闭合启动子复合体形成；②闭合启动子复合体向开放启动子复合体转换；③在**起始转录复合体**（initial transcribing complex）中，RNA 聚合酶聚合最初几个核苷酸（可达 10 nt）时，仍停留在启动子处；④**启动子清除**（promoter clearance）。此时转录物达到足够长度并与 DNA 模板形成稳定的杂合体，有助于稳定转录复合体，RNA 聚合酶转变成延伸构象，释放 σ 因子，移出启动子区域而进入转录的延伸阶段。本节将详尽阐述转录起始过程。

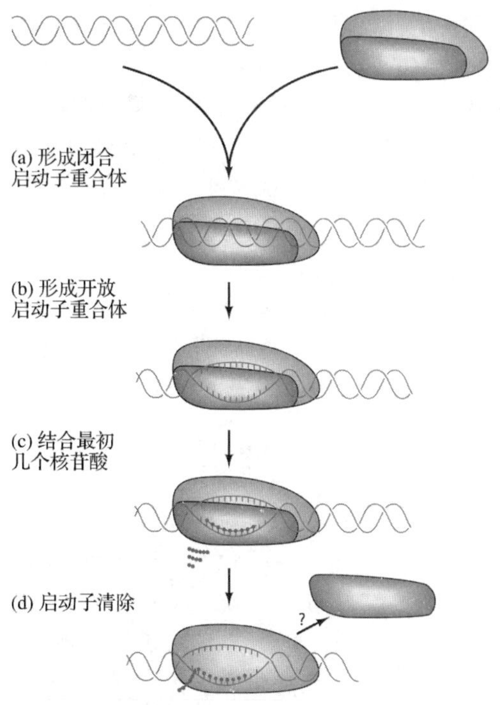

图 6.8 转录起始阶段。(a) RNA 聚合酶结合在 DNA 上形成闭合启动子复合体；**(b)** σ 因子促使聚合酶由闭合启动子复合体转变为开放启动子复合体；**(c)** 聚合酶合成 9～10nt 的初生 RNA 产物，图左侧为一些中断转录物；**(d)** 聚合酶的启动子清除，进入转录延伸阶段，σ 因子在此时或进入延伸阶段以后被释放。

σ 因子促进转录起始

由于 σ 因子指导 RNA 聚合酶与启动子的紧密结合，将酶置于起始转录的位置即位于基因的起始端。所以，我们预想 σ 因子促进转录起始。为验证这一点，Travers 和 Burgess 利用 RNA 合成时加入的第一个核苷酸保留其携带的三个磷酸基团（α、β 和 γ），而 RNA 链中其他核苷酸只保留其 α-磷酸（第 3 章），在逐渐增加 σ 亚基浓度的条件下，与 RNA 聚合酶的核心酶共同温育，进行了两组独立实验。在一组反应中，被标记的核苷酸是 [^{14}C] ATP，在整条 RNA 链中均有掺入，因此可用于检测 RNA 链转录的起始和延伸；在另一组反应中，被标记的核苷酸是 [γ-^{32}P] ATP 或 [γ-^{32}P] GTP，该标记核苷酸只出现在 RNA 链的第一个位置处，用于检测转录的起始（研究者之所以使用 ATP 或 GTP，是因为转录起始的第一个碱基通常是嘌呤核苷酸，且 ATP 比 GTP 更为常见）。如图 6.9 所示，研究结果表明，σ 因子同时促进了 ^{14}C 和 γ-^{32}P 标记核苷酸的掺入，表明 σ 因子既促进转录起始，又促进转录延伸。然而，起始是转录的限速步骤（起始新 RNA 链的合成比延伸 RNA 要花费更长时间）。因此，σ 因子促进链的延伸实际上是通过促进转录起始而实现的，即为核心酶提供了更多用于延伸的起始 RNA 链。

Travers 和 Burgess 通过证明 σ 因子并没有真正加速 RNA 链的生长速率而证实了这一点，即在保持 RNA 链的数目不变的情况下，证明 σ 因子并不影响 RNA 链的长度。其方法是，先使一定量的转灵起始事件发生而获得恒定数目的 RNA 链，然后用抗生素利福平（rifa-

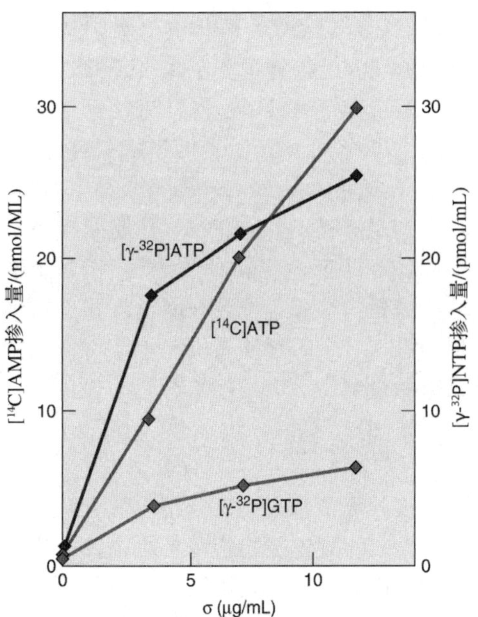

图 6.9 σ 因子似乎既能促进转录起始，又能促进转录延伸。 Travers 和 Burgess 在向反应混合体系中分别添加 [^{14}C] ATP（红色）、[γ-^{32}P] ATP（蓝色）或 [γ-^{32}P] GTP（绿色）的条件下，通过逐渐增加 σ 因子的量，使 *E. coli* RNA 核心酶在体外转录 T4 DNA。[14C] ATP 的掺入量表明，RNA 大量合成或延伸；γ-^{32}P 标记核苷酸的量可测定转录起始。由于所有的浓度曲线都是上升的，所以该实验结果表明，σ 因子既促进转录起始，又促进转录延伸。(*Source*：Adapted from Travers，A. A. and R. R. Burgess，"Cyclic re-use of the RNA polymerase sigma factor." *Nature* 222：537-540，1969.)

mpicin）阻断其他所有链的转录起始。利福平阻断细菌的转录起始，但不能阻断转录延伸。然后用超速离心法检测 σ 因子存在与不存在时所转录 RNA 的长度。结果表明，不管 σ 因子存在与否，RNA 链的长度没有差别。如果 σ 因子确实促进 RNA 链的延伸，那么在存在 σ 因子时，RNA 链将会变得更长。因此，σ 因子不能促进 RNA 链的延伸，而以往实验中 σ 因子所表现出的促进转录延伸的表象只是促进转录起始的间接效应而已。

小结 σ 因子促进转录的起始，而不是延伸。

σ 因子的再利用

在 1969 年的同一篇论文中，Travers 和 Burgess 证明 σ 因子可被再循环利用。该实验的关键是在低离子强度下进行转录反应，因为低离子强度可防止 RNA 核心聚合酶在基因的终点处与 DNA 模板解离，从而导致转录起始（通过检测 RNA 中 γ-^{32}P 标记嘌呤核苷酸掺入的量而测定转录的起始事件）缓慢停止，如图 6.10 所示（红色曲线）。当加入新的核心酶时，转录又重新开始（蓝色曲线），意味着新添加的核心酶与脱离原全酶的 σ 因子结合。在另一组实验中，研究者证明加入不同的 DNA 模板及核心酶后，均有新转录事件的发生，该结果支持了如下结论：σ 因子已经从原来的核心酶中释放出来，并与新加入的核心酶在新 DNA 模板上结合。因此，Travers 和 Burgess 提出 σ 因子可从一个核心酶到另一个核心酶进行循环利用，如图 6.11 所示，研究者称之为"**σ 循环**（σ cycle）"。

图 6.10 还包含另一有价值的信息。当 Travers 和 Burgess 向反应体系中加入利福平及来自利福平抗性突变体的核心聚合酶时，转录仍能发生（绿色曲线）。由于 σ 因子来自对利福平敏感的聚合酶，所以新转录事件的利福平抗性一定是新加入的核心酶所赋予的。事实上，在利福平存在的情况下，转录起始事件的发生有所减少，这可能意味着抗利福平的核心酶仍然存在一定程度的敏感性。因为利福平能阻断转录起始，而 σ 因子又是公认的起始因子，所以我们以为是 σ 因子，而不是核心酶决定着 RNA 聚合酶对利福平的抗性或敏感性。但实际上，核心酶才是决定利福平敏感性的关键，本章后面介绍的有关实验将对此做进一步解释。

小结 σ 因子在参与完成转录起始后的某一阶段，显然与核心聚合酶发生了解离，由核心酶单独执行延伸功能。而 σ 因子可被不同的核心酶再利用，而且，是核心酶而不是 σ 因子决定了 RNA 聚合酶全酶对利福平的抗性或敏感性。

σ 循环的随机模型

σ 循环模型源于 Travers 和 Burgess 的实验结果，聚合酶在完成启动子清除，由起始模式转换为延伸模式时，σ 因子与核心酶解离。由

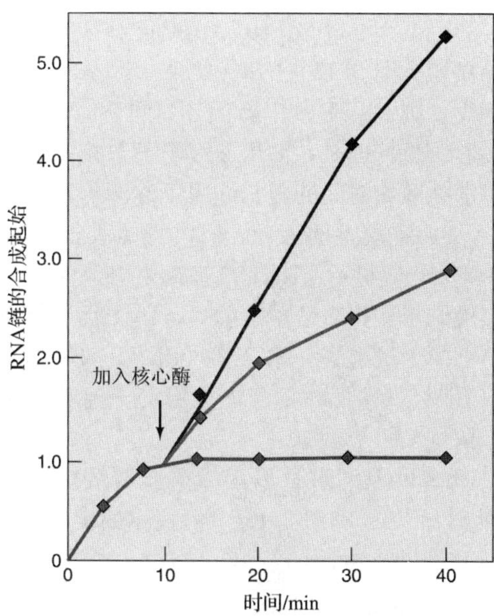

图 6.10 σ 因子可被循环利用。在低离子强度下，Travers 和 Burgess 以 T4 DNA 为模板，使 RNA 聚合酶全酶起始转录并进入延伸阶段，当转录终止后，聚合酶不会与模板上脱离，也就无新转录事件的发生。通过测定［γ-^{32}P］ATP 和［γ-^{32}P］GTP 的掺入量而测定 RNA 链的转录起始，如红色曲线所示。10 min（箭头）后，几乎不再有转录事件的发生，此时在利福平存在（绿色曲线）或不存在（蓝色曲线）的两种条件下，添加新的对利福平有抗性的核心酶，结果显示，RNA 的合成又重新开始，这说明从核心酶脱离的 σ 因子能与新核心酶组装成全酶，σ 因子被循环利用。同时也说明是核心酶而不是 σ 因子决定了 RNA 聚合酶全酶对利福平的抗性或敏感性。（*Source*：Adapted from Travers，A. A. and R. R. Burgess，"Cyclic re-use of the RNA polymerase sigma factor." *Nature* 222：537-540，1969.）

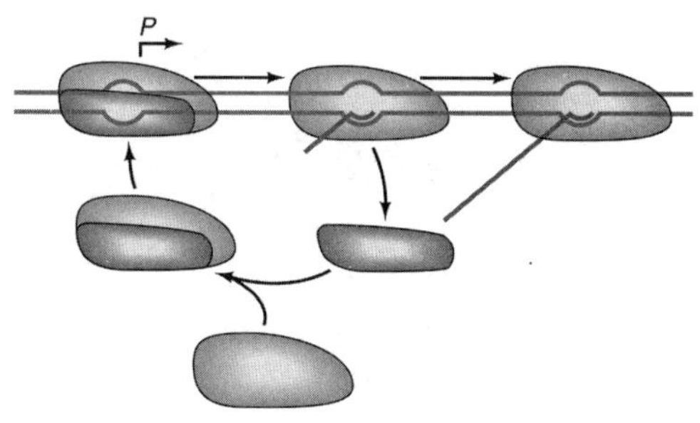

图 6.11 σ 因子循环。RNA 聚合酶与左侧的启动子结合，使 DNA 发生局部解旋。当聚合酶向右延伸 RNA 链时，σ 因子与核心酶分离，与新的核心酶（左下方）结合，起始另一条 RNA 的合成。

此形成了 σ 循环模型的**强制释放**（obligate release）版本。尽管这一模型提出了 30 多年，并获得了大量实验证据的支持，但并非与所有实验结果都吻合。例如，1996 年 Jeffrey Roberts 及同事的研究表明，σ 因子参与了在 λ 噬菌体晚启动子 *PR′*下游＋16/＋17 处的暂停，提示在 σ 因子＋16/＋17 处仍结合在核心酶上，而此时启动子清除早已发生。

基于该证据及其他一些证据，提出了 σ 循环的另一观点：**随机释放模型**（stochastic release model）（"stochastic" 意为随机，希腊词语 *stochos*，猜测）。该假说认为 σ 因子的确与核心聚合酶解离，然而，在转录过程中并不存在 σ 因子释放所必需的分离位点。在一定程度上，这种解离是随机的。有大量的证据支持随机释放模型。

2001 年，Richard Ebright 及同事注意到，支持 σ 因子强制释放模型的所有证据都是通过较为粗糙的分离技术获得的，如电泳或层析。在延伸阶段，如果 σ 因子与核心酶结合松散，这些分离方法就会造成 σ 因子与核心酶的解离。这样，从表面看来，在启动子清除时 σ 因子已与核心酶解离。他们还注意到以前的研究一般都不能区分有活性和无活性的 RNA 聚合酶。这是真正值得关注的焦点，因为 RNA 聚合酶分子内的重要片段都不具有完成由起始向延伸转换的能力。

为了验证强制释放假说，Ebright 及同事采用了**荧光共振能量转移**（fluorescence resonance energy transfer，**FRET**）技术，该技术无需借助分离手段就可测定 σ 因子相对于 DNA 某一位点的距离，而分离技术本身就可能引起 σ 因子与核心酶的解离。FRET 技术的原理是两个荧光分子彼此靠近时会引发共振能量转移，共振能量转移的效率会随着两个荧光分子的彼此远离而迅速降低。

Ebright 及同事测定了分别结合在 σ 因子和 DNA 上的两个荧光分子（荧光探针）间的荧光共振能量转移，结合在 σ 因子上的探针作为荧光供体，结合在 DNA 上探针作为荧光受体，有时结合在 DNA 上荧光探针位于 5′端或上游末端（后缘 FRET），便于研究者在聚合酶远离启动子和 DNA 5′-端时测定 FRET 的下降；在另外的实验中，结合在DNA上荧光探针位于3′或下游末端（前缘FRET），便于研究者在聚合酶靠近DNA下游末端时测定FRET的上升。图6.12说明了后缘荧光共振能量转移和前缘荧光共振能量转移的实验策略。

后缘FRET策略不能区分启动子清除后的σ因子释放模型和非释放模型。在这两种情况下，σ因子上的荧光供体探针在启动子清除后逐渐远离位于DNA上游末端的荧光受体探针，因而FRET下降。事实也是如此，如图6.13（a）所示，当DNA上的探针位于上游末端时，FRET效率随着时间的延长而降低。

另一方面，前缘FRET策略能够区分上述两种模型［图6.12（b）］。如果σ因子与核心酶解离，则FRET效率降低，如同后缘FRET的实验结果。但是，如果σ因子不与核心酶解离，那么随着时间的延长σ因子逐渐靠近位于DNA下游末端上的探针，FRET效率会升高。图6.13（b）显示FRET效率确实升高了，这一实验结果支持启动子清除后σ因子仍然停留在核心酶上的假说。事实上，FRET效率的增加值表明，100％的复合体在启动子清除后仍然保留其σ因子。

Ebright及同事在聚丙烯酰胺凝胶上完成了图6.13（a）和图6.13（b）所示的实验。

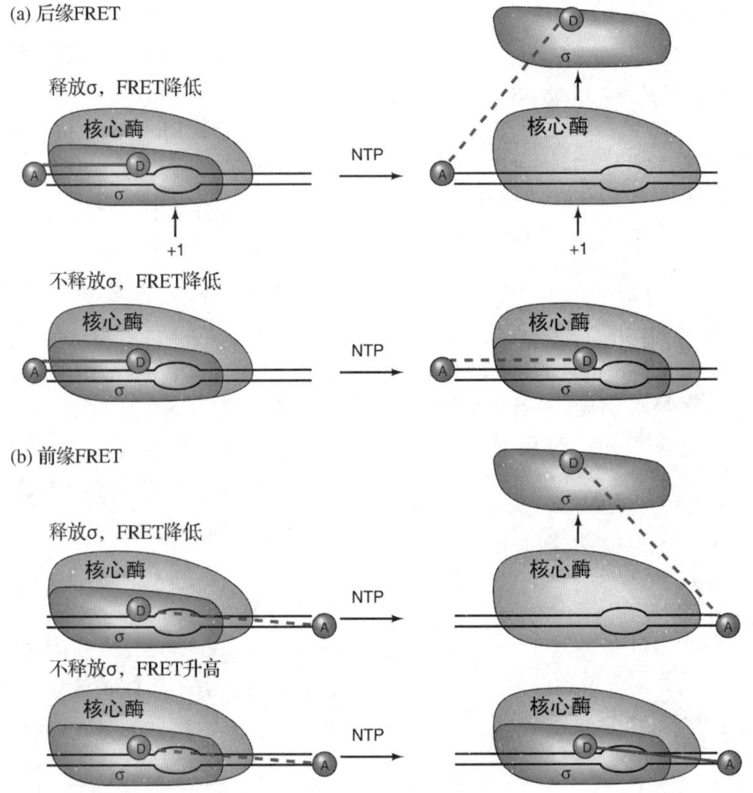

图6.12　FRET分析σ因子相对DNA移动的基本原理。(a) 后缘FRET。荧光供体（D，绿色）附着在σ^{70}突变体的唯一半胱氨酸残基上，该σ^{70}突变体只含有一个半胱氨酸而去除了其他所有半胱氨酸。荧光受体（A，红色）附着在DNA的5′端。由于两个荧光探针距离较近，在开放启动子复合体（RP_0）中FRET效率很高（紫色实线）。加入4种核苷酸中的3种之后，RNA聚合酶移动到下游的某个位置，此处需要第4种核苷酸（CTP）。该位置至少在＋11处，所以发生启动子清除。此时，不管σ因子是否从核心酶上脱离，FRET效率均降低（紫色虚线），因为两个探针相互远离。如果σ不解离，在延伸时它会与核心酶一起向下游移动，与DNA 5′端的探针远离。如果σ解离，会出现在溶液中的任意位置，但一般来说，相对于转录开始前σ因子在开放启动子复合体中与核心酶的距离而言，σ因子与核心酶相聚更近。**(b)** 前缘FRET。荧光供体仍附着在σ^{70}的半胱氨酸残基上，但荧光受体附着在DNA的3′端。由于两个探针距离较远，在开放启动子复合体中FRET效率很低（紫色虚线）。随着核苷酸的加入，聚合酶经过启动子清除向下游延伸到（a）所示的位置。现在可以根据FRET区分这两种假说了，如果σ因子与核心酶解离，FRET效率就会降低，如同在（a）中一样。如果σ因子不与核心酶解离，随着RNA聚合酶向下游移动，两个探针的距离越来越近，FRET效率随之升高（紫色实线）。

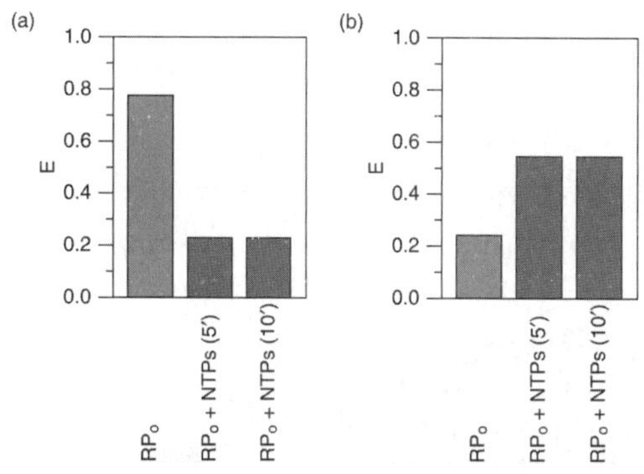

图 6.13 用 FRET 分析启动子清除后 σ 因子与核心酶的结合。Ebright 及同事按图 6.12 描述的实验方案进行 FRET 分析。(a) 后缘 FRET 实验结果；(b) 前缘 FRET 实验结果。蓝色柱表示开放启动子复合体（RP_0）的 FRET 效率（E），红色柱分别表示 5min 和 10 min 后的 FRET 效率。3 种核苷酸的存在使聚合酶能够向启动子下游移动 11bp 的距离。

首先使开放启动子复合体在溶液中形成，随后加入肝素，使之与游离的聚合酶结合，最后将复合体在聚丙烯酰胺凝胶上进行非变性凝胶电泳。电泳后，在凝胶上标注出复合体所在的位置，切胶，将含有复合体的胶条放入荧光测量仪（荧光计）的比色杯中，加入转录缓冲液，测量 RP_0 的 FRET 效率。然后再向比色杯中加入 3 种核苷酸，使 RNA 聚合酶向下游移动，测量延伸复合体的 FRET 效率。这种胶内（in-gel）分析法的优点是只测量活性复合体的 FRET 效率，因为通过凝胶电泳可除去非活性（闭合启动子）复合体。为消除因电泳而引起的可能的人为干扰，Ebright 及同事用溶液做了相同的实验，并获得了十分类似的结果。

2001 年，Bar-Nahum 和 Nudler 也为 σ 因子的保留提供了证据。研究者使全酶与带有启动子的 DNA 形成复合体，加入 4 种核苷酸中的 3 种，以便使聚合酶移动至＋32 位置处。然后使延伸的 RNA 链上游末端与束缚在树脂小珠（resin bead）上的互补寡核苷酸退火而快速、温和地纯化延伸复合体（EC32），通过低速离心即可快速纯化带有复合体的树脂小珠。这种方法只纯化延伸复合体，因为只有延伸复合体携带初生 RNA，可与互补的寡核苷酸链结合。

最后，Bar-Nahum 和 Nudler 利用核酸酶使复合体从树脂小珠上释放，将蛋白质用 SDS-PAGE 分离后进行免疫印迹（第 5 章），从而鉴别复合体中的蛋白质组分。图 6.14 显示纯化的 EC32 复合体至少包含一些 σ 因子。定量分析结果显示，静止期细胞分离的复合体中，含有 σ 因子的占（33 ± 2)%；指数生长期细胞分离的复合体中，仅有（6 ± 1)%的复合体结合有 σ 因子，远低于 Ebright 及同事观察到的 100%。这暗示在延伸复合体中，σ 因子与核心酶间的结合相对较弱。然而，即使保留 σ 因子的复合体数量只有这么多，也会显著地促进转录的再起始，因为 σ 因子与核心酶的结合是转录起始的限速步骤。

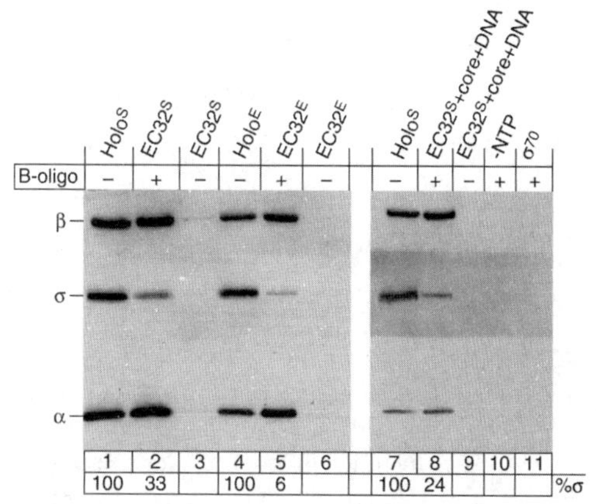

图 6.14 σ 因子与转录延伸复合体结合的测量。Bar-Nahum 和 Nudler 分别从静止期细胞或指数生长期细胞中纯化出停留在＋32 位置处的延伸复合体（分别表示为 $EC32^S$ 复合体和 $EC32^E$ 复合体），用核酸酶消化新生 RNA，纯化的蛋白质进行 SDS-PAGE 和免疫印迹。复合体的种类及用于纯化复合体的树脂小珠（吸附有寡核苷酸或无核苷酸）在图上方标出。泳道 8 和泳道 9 为对照，即 $EC32^S$ 复合体在与树脂小珠结合前先用过量的核心酶和 DNA 处理，目的是排除因 σ 因子与核心酶或 DNA 间的非特异性结合而附着在树脂小珠上的情况。（*Source*：Reprinted from *Cell* v. 106，Bar-Nahum and Nudler，p. 444，© 2001，with permission from Elsevier Science.）

尽管 Bar-Nahum 和 Nudler、Ebright 及同事的研究结果显然排除了强制释放模型，总体上几乎否定了 σ 循环，但这些研究结果却与 σ 循环的随机释放模型相一致。σ 循环的随机释放模型是指在整个转录过程中，σ 因子可在多个位点与核心酶解离。Bar-Nahum 和 Nudler 收集只转录 32nt RNA 的延伸复合体，此时还不能完全释放 σ 因子。在我们已讨论的实验中，当转录 50nt 时，Ebright 及同事没有观察

到大量 σ 因子的解离，他们不经意间使用的 DNA 模板（*E. coli lac* UV5 启动子）促使了该现象的发生。该启动子在转录起点的下游包含另一个类似的－10 框，现在已了解到该序列可引起依赖于 σ 因子的暂停，这显然有助于 σ 因子的保留。当－10 类似框发生突变时，FRET 信号减弱，σ 解离量增加 4 倍。在用荧光剂标记 σ 因子与核心酶而非标记 σ 因子与 DNA 的实验中，Ebright 及同事发现，随着转录物长度的延伸 FRET 信号减弱。这些发现揭示，在转录过程中一些 σ 因子与核心酶解离，DNA 序列可影响解离速率。

为进一步探究 σ 循环假说的正确性，Ebright 及同事采用了单分子 FRET 分析结合交互激光激发（alternating-laser excitation）（单分子 FRET ALEX）方法。在前缘 FRET 实验中，研究者用结合荧光供体的 σ 因子及结合荧光受体的下游 DNA 位点标记前缘；在前缘 FRET 实验中，用结合荧光供体的 σ 因子及结合荧光受体的上游 DNA 位点标记后缘。同时测定荧光效率和化学计量，在较小的激发容积［毫微微升（10^{-15} L）级别］内有一个或两个荧光团，这样在任意给定的时间只有一个延伸复合体。研究者使激发的荧光供体与受体发生快速转换，在 1ms 的转换时间内，通过激发容器的供体与受体可被激发数次。此外，在 *E. coli lac* UV5 启动子偶联不同的无 G 框（G-less cassettes）（第 5 章）及转录反应中缺少 CTP 的条件下，研究者在不同的时段（初生 RNA 长度分别为 11nt、14nt 和 15nt）使延伸复合体暂停，测定同一延伸复合体的荧光效率和化学计量，由此可知：①转录可持续多远（通过荧光效率得知，在转录过程，后缘 FRET 的荧光效率不断减弱，前缘 FRET 的荧光效率不断增强）；②σ 因子是否与核心酶解离（通过化学计量得知，全酶大约为 0.5，游离核心酶接近 0，游离的 σ 因子为 1.0）。

这些研究证实，在完成启动子清除后（转录物长度为 11nt），σ 因子确实与大多数（大约 90%）延伸复合体保持结合；此外，这些发现有力地否定了强制释放模型。但是，研究结果也表明，包含长转录物的暂停延伸复合体约一半丢失了其 σ 因子，与随机释放模型一致。在整个转录过程中，一些延伸复合体会保留其 σ 因子。如果情况确实如此，那么这些延伸复合体完全不进行 σ 循环。

小结 显然，σ 因子可被核心聚合酶释放，但经常不会紧随启动子清除后发生。更确切地讲，在延伸过程中，σ 因子以随机的方式从延伸复合体中释放出来。

启动子处 DNA 的局部解链

Chamberlin 对 RNA 聚合酶与启动子间相互作用的研究表明，提高温度可使 RNA 聚合酶-启动子复合物变得非常稳定，提示 DNA 在与聚合酶紧密结合部位发生了局部解链，因为高温可以稳定解链的 DNA。此外，DNA 解链是非常必要的，可使模板链的碱基暴露出来而与掺入的核苷酸配对。

1978 年，Tao-shih Hsieh 和 James Wang 为局部 DNA 的解链提供了更为直接的证据。研究者将 *E. coli* RNA 聚合酶与 3 个 T7 噬菌体早期启动子的限制酶酶切片段结合，测定由此引起的增色转变（hyperchromic shift）（第 2 章）。在 260 nm 处 DNA 吸光值的增加不仅表明 DNA 双链发生了分离，而且与解链的碱基对数目直接相关。在已知与 DNA 结合的 RNA 聚合酶全酶数量的前提下，Hsieh 和 Wang 计算出每个聚合酶会引起大约 10bp 的解离。

1979 年，Ulrich Siebenlist 鉴定出 T7 噬菌体早期启动子因 RNA 聚合酶结合而解链的碱基对。图 6.15 为研究者的实验策略。首先，对启动子 DNA 进行末端标记，随后加入 RNA 聚合酶，形成开放启动子复合体。正如我们已经了解的那样，开放启动子复合体的形成涉及局部 DNA 的解链。当双链分离时，A 的 N_1（正常情况下与互补链的 T 通过氢键配对）易受到某些化学试剂的攻击这种情况下，Siebenlist 用硫酸二甲酯（dimethyl sulfate，DMS）对暴露的腺嘌呤进行甲基化修饰，当去除 RNA

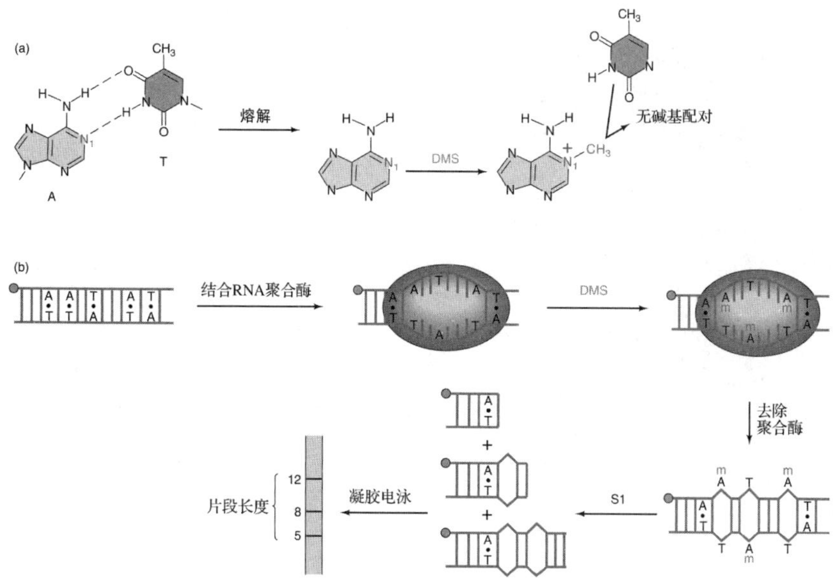

图 6.15 RNA 聚合酶引发 T7 噬菌体早期启动子解链区的定位。(a) 当腺嘌呤与胸腺嘧啶（左）形成碱基对时，腺嘌呤的 N_1 隐藏在双螺旋间而不被甲基化修饰。当发生解链时，A 与 T 分离，此时，A 易受到硫酸二甲酯（DMS，蓝色）的攻击，N_1 发生甲基化修饰。被甲基化修饰了的 A 不再与 T 互补配对。**(b)** 假设含有 5 个 A-T 碱基对的启动子区末端被标记（橙红色）。RNA 聚合酶（红色）的结合会使启动子 DNA 序列局部熔解，新暴露的 3 个 A 在 DMS 的作用下发生甲基化修饰。当聚合酶脱离后，A 失去与 T 重新配对的能力。在十分温和的条件下，用 S1 核酶在单链区域切割 DNA，每次只切割一个 DNA 分子，产生短片段，变性后电泳即可判断其大小。片段的长度表明了 DNA 的解链区与标记末端的距离。

聚合酶后，解链区可重新缔合，但是甲基基团阻止 N_1-甲基-腺嘌呤与互补链的胸腺嘧啶间的正确碱基配对，这样至少保留了原先解链区的部分单链特征。然后用特异切割单链 DNA 的 S1 核酸酶消化 DNA。该酶会在启动子解链区内被甲基化修饰的腺苷酸处切割，产生一系列末端标记片段，每个片段的末端为解链区的腺嘌呤。最后，电泳标记的 DNA 片段以确定其准确长度。根据片段长度和末端标记的确切位置，就能精确计算出解链区的位置。

如图 6.16 所示，实验中获得的不是预期的整齐片段，而是碱基位置为＋3 ～ －9 的大小不等的模糊条带。可能的原因是，解链区的多甲基化修饰引入了正电荷，弱化了碱基配对能力，以至于不能形成强碱基对。整个解链区至少部分保留了单链特征，从而可被 S1 核酸酶切割，实验测定的解链区长度为 12bp，大体上与 Hsieh 和 Wang 的估算值一致，这可能是个低估值，因为位于酶切片段两端、与 A-T 碱基对相邻 G-C 未被检出，因为在该实验条件下，鸟嘌呤和胞嘧啶都不能被甲基化修饰。这一结果也符合解链区恰是 RNA 聚合酶起始转录位点的论断。

Hsieh 和 Wang、Siebenlist 的实验及其他早期实验均检测了在 RNA 聚合酶与 DNA 形成的简单二元复合体中 DNA 的解链情况，未检测发生 RNA 链合成起始与延伸的复合体内 DNA“熔解泡”的大小。为此，1982 年 Howard Gamper 和 John Hearst 着手研究二元复合体及含 RNA 的活性转录复合体（三元复合体）内，因 RNA 聚合酶结合而解链的碱基对数目。研究者以 SV40 DNA 为研究对象，该 DNA 具有一个能被 *E. coli* RNA 聚合酶识别的启动子位点，在 5℃或 37℃及核苷酸缺乏条件下将 RNA 聚合酶与 SV40 DNA 形成二元复合体；或者添加核苷酸形成三元复合体。实验中每个 RNA 聚合酶仅起始转录一次且不终止转录。这样就能准确估算与 DNA 结合的 RNA 聚合酶数目。

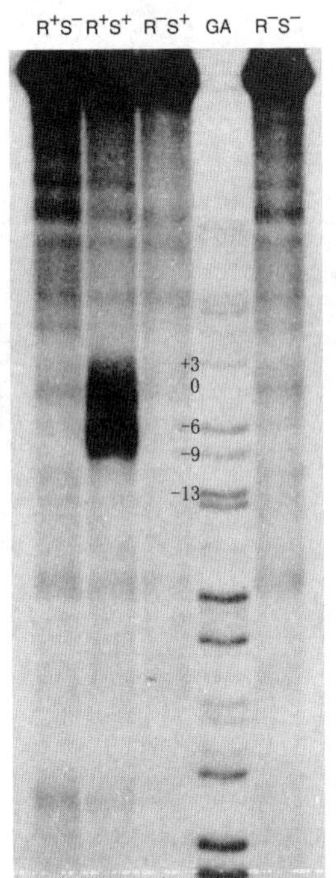

图 6.16 RNA 聚合酶使 T7 噬菌体 A3 启动子 DNA 在－9 ～ ＋3 区域发生解链。 Siebenlist 进行了图 6.15 所示的甲基化-S1 核酸分析。泳道 R^+S^+ 为 RNA 聚合酶（R）和 S1 核酸酶（S）同时存在时的实验结果，其他泳道为对照，即无 RNA 聚合酶或 S1 核酸酶，或者两者均无。泳道 GA 是启动子部分片段测序结果，Siebenlist 将启动子的解链区域定位在－9～＋3 区间内。［*Source*：Siebenlist. RNA polymerase unwinds an 11-base pair segment of a phage T7 promoter. *Nature* 279（14 June 1979）p. 652，f. 2，© Macmillan Magazines Ltd.］

在已知与 DNA 结合的 *E. coli* RNA 聚合酶数目后，Gamper 和 Hearst 松弛与人细胞粗提物形成的所有超螺旋，然后去除松弛 DNA 上的聚合酶［图 6.17（a）］，蛋白质去除后留下 DNA 的解链区，这意味着整个 DNA 处于解链状态。由于 DNA 仍然保持共价闭合的环形结构，所以由解旋而引入环内的张力需通过形成超螺旋而释放（第 2 章和第 20 章）。超螺旋程度越高，RNA 聚合酶引起双螺旋的解链区就越大。DNA 超螺旋程度可以通过凝胶电泳加以测定，DNA 超螺旋数越多，其电泳迁移速度就越快。

图 6.17（b）表示了 37℃条件下超螺旋的变化情况，超螺旋度是每个基因组中活性聚合酶数目的函数。这两个变量间存在着线性关系，每个聚合酶可引起约 1.6 个超螺旋，即每个聚合酶解旋 1.6 圈的 DNA 双螺旋。如果每圈 DNA 双螺旋中含有 10.5bp，那么每个 RNA 聚合酶解链的长度约为 17 bp（1.6 ×10.5 ＝ 16.8）。分析 5℃条件下获得的实验数据得出了类似的结论，即每个 RNA 聚合酶解链 DNA 的长度为 18bp。根据这些数据，Gamper 和 Hearst 得出如下结论：RNA 聚合酶与启动子结合后，会引起 DNA 局部解链而形成长度约为（17±1）bp 的**转录泡**（transcription bubble）。随着 RNA 转录的进行，转录泡随 RNA 聚合酶移动。随后的实验和理论研究显示，依据碱基序列等条件，转录泡的大小确实在 11～16nt 范围浮动。虽然能形成较大的转录泡，但数量与大小呈指数下降关系，因为解链较多碱基对需消耗大量能量。

小结 与启动子结合后，RNA 聚合酶会引起邻近转录起始位点的 DNA 解链，解链长度为 10～17 bp。转录泡随聚合酶的移动而移动，暴露出模板链以便转录。

启动子清除

如果不能识别启动子，RNA 聚合酶就无法发挥作用，所以 RNA 聚合酶进化获得了识别启动子并与之紧密结合的能力。但在启动子清除时面临一个挑战：聚合酶与启动子间的紧密结合必须被破坏，以便聚合酶离开启动子而进入延伸阶段。我们如何解释该现象？研究者提出了一些假说，包括这样的观点：形成短转录物（可达 10nt）所释放的能量可以储存在变构聚合酶或 DNA 内，当这种能量释放时可引起启动子清除。然而，这一过程显然并不完美，会经常失败而产生中断转录物。

在未完成以下三项工作之一前，聚合酶不

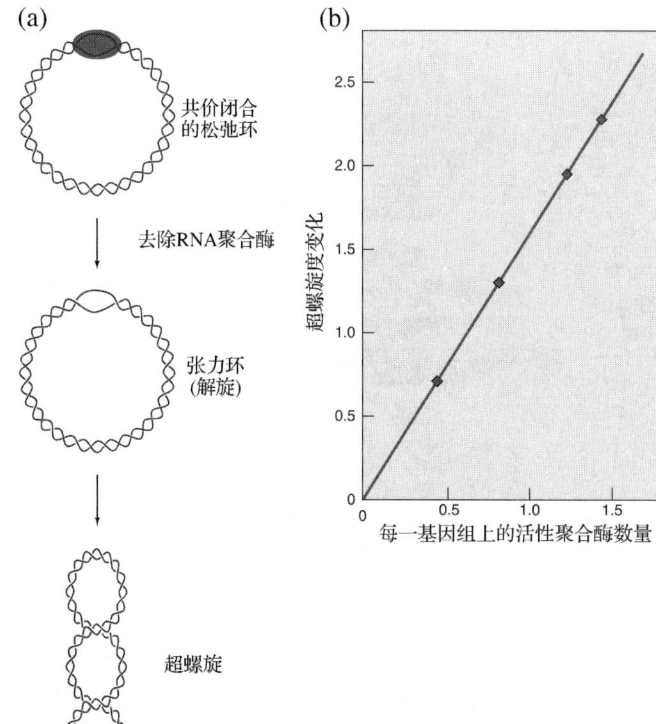

图 6.17　RNA 聚合酶结合引起 DNA 解链区长度的测定。(a) 实验原理。Gamper 和 Hearst 将 *E. coli* RNA 聚合酶（红色）加入到 SV40 DNA 中，用切口-闭合（nick-closing）提取物松弛超螺旋，产生如图上部所示的复合体。然后去除聚合酶，因为该区域已被聚合酶解链，留下具有张力的 DNA（图中间所示），这个张力通过形成超螺旋而迅速释放（图底部所示）。超螺旋程度越高，RNA 聚合酶引起的解链区长度就越大。**(b)** 实验结果。Gamper 和 Hearst 根据 RNA 聚合酶与超螺旋度间的函数关系绘制变化曲线，该直线的斜率约为 1.6（每个聚合酶可引入 1.6 个超螺旋）。

可能向足够远的下游移动而合成 10nt 的转录物：暂时向下游移动但又快速返回至起始位置（瞬间漂移）；前缘向下游移动而后缘停留在原处，聚合酶自身拉伸（缓慢爬行）；压缩 DNA，无需自身移动（**蜷缩**，scrunching）。2006 年，Richard Ebright 及同事采用一对单分子策略证实，蜷缩是正确的机制。

第一组实验采用本章描述的单分子荧光共振能量转移及荧光共振能量转移-激光交替激发（FRET-ALEX）。这种改进的实验方法可矫正荧光供体的光谱，荧光供体光谱取决于严谨的蛋白质环境，由于蛋白质是动态分子，所以实验过程中蛋白质环境会发生变化。通过荧光能量的变化可检测光谱的改变，这种改变会干扰实验结果。Ebright 及同事查验了 *E. coli* 聚合酶-启动子 DNA 复合体中 RNA 聚合酶的前缘和后缘。前缘 FRET 分析时，研究者用荧光供体标记 σ 前缘，荧光受体标记下游 DNA 位点（+20）；后缘 FRET 分析时，用荧光供体标记 σ 后缘，荧光受体标记上游 DNA 位点（−39）。如果化学计量表明存在两个荧光团，则只考虑复合体情况。

在二核苷酸 ApA（初生转录物的前两个核苷酸是 A）存在时，全酶与启动子 DNA 结合形成开放启动子复合体（$\mathrm{RP_o}$），添加 UTP、GTP 和 ApA，形成含 7nt 中断转录物的起始转录复合体（$\mathrm{RP}_{\mathrm{itc}\leqslant 7}$），合成七聚体 AAUUGUG，由于缺乏 ATP，合成反应在下一个核苷酸处停止。

三种假说预测的前缘 FRET ALEX 结果相同：荧光分子间的距离缩短，如图 6.18（b）（原文有误——译者注）。确实，比较 $\mathrm{Rp_o}$ 和 $\mathrm{RP}_{\mathrm{itc}\leqslant 7}$ 复合体发现，当聚合酶合成 7nt 的转录物后，FRET 效率升高，因此荧光分子间的距离缩短。

为区分这些假说，Ebright 及同事开展了后缘 FRET ALEX 实验［图 6.18（a）］（原文有误——译者注）。缓慢爬行模型与蜷缩模型预测，在中断转录物合成过程中聚合酶后缘位置不变，但瞬间漂移模型预测，在中断转录物合成过程中聚合酶向下游移动，因此，相对于 $\mathrm{RP_o}$ 复合体，$\mathrm{RP}_{\mathrm{itc}\leqslant 7}$ 复合体的 FRET 效率下降。事实上，Ebright 及同事没有检测到 FRET 效率的变化，从而排除了瞬间漂移模型。

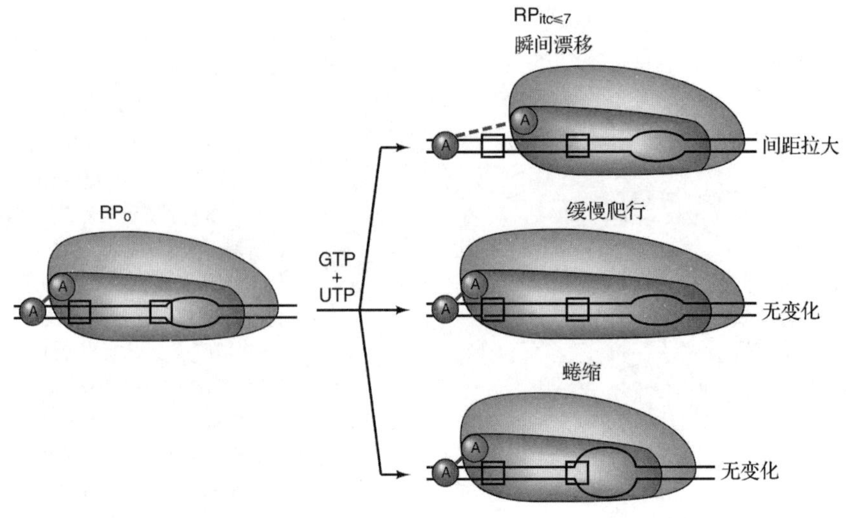

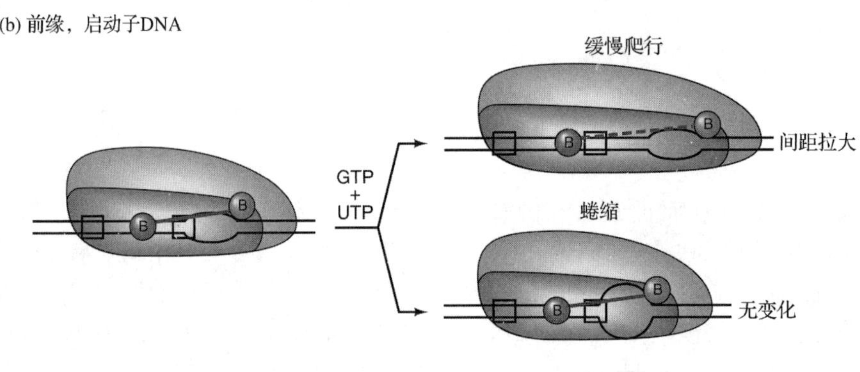

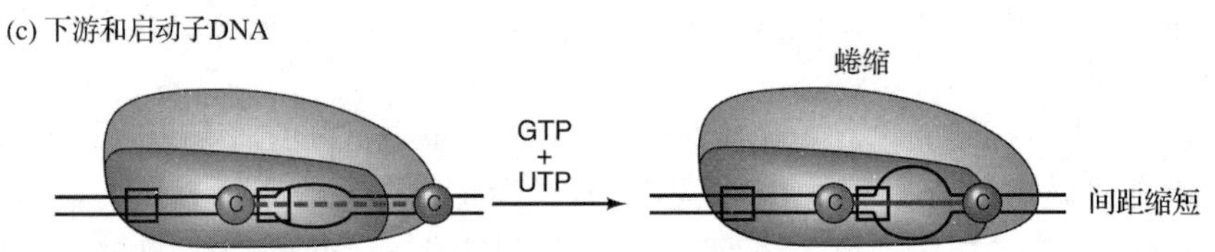

图 6.18 在中断转录过程中 DNA 蜷缩的证据。 Ebright 及同事用单分子 FRET ALEX 方法区分了有关中断转录机制的三种假说：瞬间漂移、缓慢爬行和 DNA 蜷缩。研究者比较了 *E. coli* RNA 聚合酶与启动子复合体 RP_o 和 $RP_{itc\leqslant 7}$ 的平均单分子 FRET 效率。在引物 ApA、UTP 和 GTP 存在时，$RP_{itc\leqslant 7}$ 复合体的中断转录物长度达 7 nt，第 8 个位置需要 ATP，因此转录物长度被限定在 7nt。绿色表示荧光供体的位置、红色表示荧光受体的位置，紫色实线代表高 FRET 效率，表示荧光分子间距小；紫色虚线代表低 FRET 效率，表示荧光分子间距大。**(a)～(c)** 表示正文讲述的三个实验，方框代表启动子的－10 框和－35 框。

为区分缓慢爬行模型与蜷缩模型，Ebright 及同事使 σ 因子与荧光供体结合，启动子－10 框与－35 框之间的 DNA 与荧光受体结合［图 6.18 (c)］，如果同缓慢爬行模型预测的那样聚合酶拉伸，则荧光分子的间距拉大，荧光效率下降。此外，蜷缩模型预测 DNA 被压缩到聚合酶内，则荧光分子的间距不变。荧光效率没有发生改变的事实支持蜷缩模型。

为核实这个结果，Ebright 及同事直接测试了 DNA 的蜷缩。将荧光供体结合于 DNA 的

−15 位点，荧光受体结合在 DNA 下游的 +15 位点。如果聚合酶确实将下游 DNA 拉入自身，则 DNA 上的荧光分子的间距缩短，荧光效率增强的事实支持蜷缩模型。

这样，蜷缩的 DNA 储藏的能量可用于中断转录物的合成，转录物如同弹簧使聚合酶脱离启动子而转入延伸阶段。在另一项研究中，Ebright、Terence Strick 及同事用单分子 DNA 纳米操作证实，伴随启动子清除而发生 DNA 蜷缩。

Ebright、Strick 及同事用此方法将磁珠连接在 DNA 片段的一个末端，另一末端连接在玻璃表面（图 6.19）。通过磁珠上方的一对磁体而将 DNA 垂直于玻璃表面，旋转磁体使 DNA 发生缠绕并依据旋转方向引入正超螺旋或负超螺旋，然后加入与启动子结合的 RNA 聚合酶。通过加入不同的核苷酸组合，形成 RP_o、$RP_{itc\leqslant 4}$、$RP_{itc\leqslant 8}$ 或延伸复合体（在该启动子条件下，添加 ATP 和 UTP 可形成长 4 nt 的中断转录物，添加 ATP、UTP 和 CTP 的产物为 8 nt）。

如果在中断转录过程中发生蜷缩，则 DNA 会遭受额外的解旋，以补偿损失的负超螺旋，或产生正超螺旋。每解旋 1 圈螺旋（约 10bp）会损失一个负超螺旋或产生一个正超螺旋，用图 6.19 所示方法可测定超螺旋改变。产生一个正超螺旋可使 DNA 的表观长度（l）（磁珠与玻璃表面间的距离）缩短 56nm。同

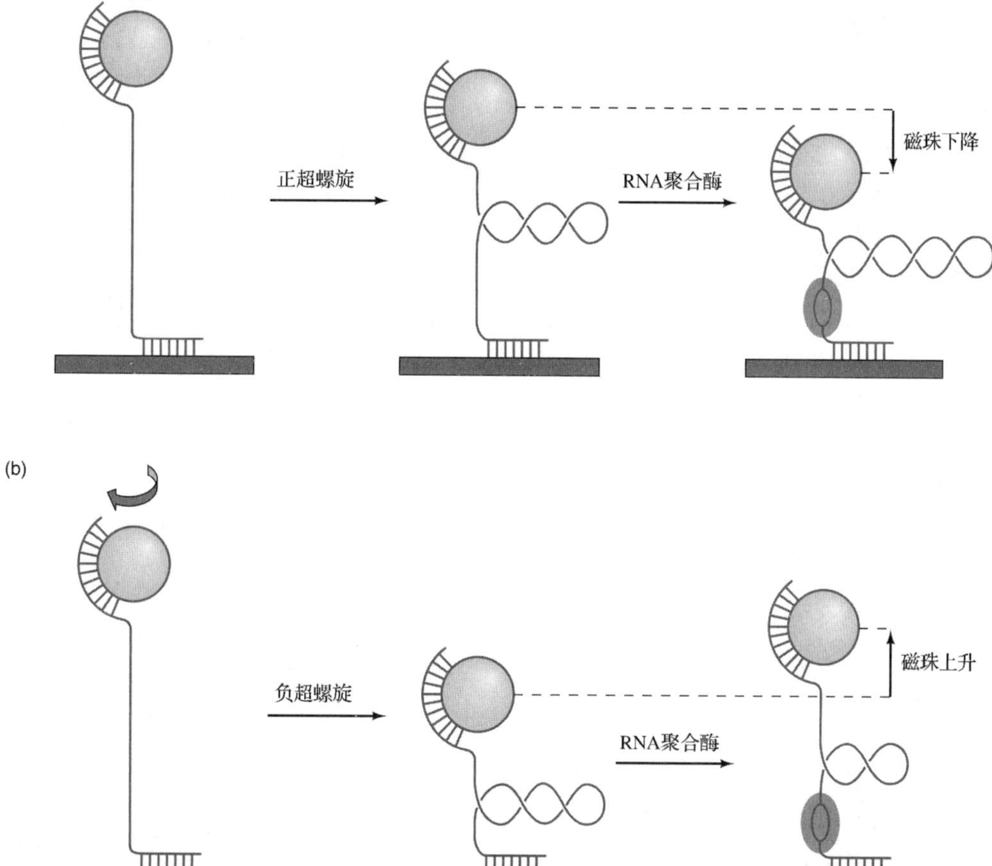

图 6.19　单分子 DNA 纳米操作的基本原理。含启动子的 DNA 片段一个末端连接磁珠（黄色），另一末端末端连接在玻璃表面（蓝色）。顶端的一对磁体垂直拉伸 DNA，并使磁珠向右 **(a)** 或向左 **(b)** 旋转，磁珠每旋转一圈就会向 DNA 中引入一个正超螺旋（a）或负超螺旋（b）。RNA 聚合酶（粉色）与 DNA 的启动子结合并使 DNA 解链一圈，从而增加一个正超螺旋（a），使磁珠下降 56nm。同样，聚合酶解旋 DNA 而产生一个负超螺旋（b）。通过视频显微镜可观察磁珠位置的变化。

理，损失一个负超螺旋可使 DNA 的表观长度（l）延长 56nm。磁珠的位置变化易于通过视频显微镜进行实时观察，即使发生 1bp 的解旋变化。

在由 RP_o 向 $RP_{itc\leqslant4}$ 或 $RP_{itc\leqslant8}$ 转换时，Ebright、Strick 及同事观察到表观长度发生了预期的变化。伴随着中断转录物的合成而发生 DNA 解旋，解旋程度取决于中断转录物的长度。特别是合成 4nt 及 8nt 的中断转录物可分别引起 DNA 解旋 2nt 和 6 nt，符合 RNA 聚合酶活性中心可聚合两个核苷酸而无需沿 DNA 移动的假说，但 RNA 的进一步合成需要 DNA 蜷缩。

蜷缩是否伴随启动子清除而发生？为弄清该问题，Ebright、Strick 及同事全程监控单个复合体：从加入聚合酶和 4 种核苷酸开始，直至在启动子下游 100bp 或 400bp 的终止子处终止。事实上，既然能发生再起始，那么每条 DNA 上就能起始多轮转录。研究者发现，每轮转录都会不断重复一种四阶段模式，以正超螺旋 DNA 为例来说明这一模式。第一阶段，超螺旋性增强，表明在 RP_o 形成过程中 DNA 发生解旋；第二阶段，超螺旋性持续增强，表明在 RP_{itc} 形成过程中 DNA 发生解旋；第三阶段，超螺旋性减弱，表明在启动子清除和 RP_e 形成过程中蜷缩的 DNA 发生逆转；第四阶段，超螺旋性恢复至原始水平，表明 RNA 聚合酶在终止子处解离。实验观察到的蜷缩数量为（9±2）bp，处于预期的实验误差范围，因为直至转录物长度为 11nt 时才会发生启动子清除，其中 9nt 转录物的合成需要 9bp DNA 的蜷缩，RNA 聚合酶无需 DNA 蜷缩即可合成 2nt 转录物。

在研究的转录循环中，80%发生蜷缩，但 20%的循环被认为蜷缩持续的时间小于 1s，无法分辨蜷缩的发生。所以 20%的循环可能也发生蜷缩。因此，研究者认为大约 100%的转录循环都涉及 DNA 蜷缩，这是启动子清除所必需的。

所有研究均使用 *E. coli* RNA 聚合酶，但是 RNA 聚合酶、聚合酶与启动子结合的强度、破坏聚合酶与启动子间结合以便起始转录物合成的必要性等在所有研究中表现出相似性，这暗示蜷缩是普遍现象，是启动子清除所必需的。

小结 *E. coli* RNA 聚合酶通过蜷缩机制完成中断转录：将下游 DNA 拉入自身内部，无需发生实际移动并失去启动子上的把手，蜷缩 DNA 储有足够的能量，可使聚合酶破坏其与启动子的结合，从而起始转录物的合成。

σ 因子的结构和功能

在 20 世纪 80 年代后期，从多种细菌中克隆并测序了编码各种 σ 因子的基因。在第 8 章我们将了解到每类细菌都有一种基本 σ 因子（primary σ-factor），负责转录营养基因，这些基因是细菌日常生长所必需的，如 *E. coli* 的 σ^{70}、枯草杆菌 *B. subtilis* 的 σ^{43}，根据其各自的分子质量分别为 70kDa 和 43kDa 而得名，根据其主要特性又将这些蛋白质命名为 σ^{A}。此外，细菌还拥有用于转录特异基因（如热激基因、芽孢基因等）的选择性 σ 因子。1988 年，Helmann 和 Chamberlin 综述了文献中涉及的所有这类因子，发现其氨基酸序列具有惊人的相似性，即串联成簇的 4 个区域（区 1～区 4，图 6.20）。这些区域的序列保守性表明它们对 σ 因子的功能十分重要。事实上，这些区域均参与了 σ 因子对核心酶的结合，并对核心酶与 DNA 的结合起正调控或负调控作用。Helmann 和 Chamberlin 推测了各区域可能具有的功能。

区域 1 该区仅存在于基本 σ 因子（σ^{70} 和 σ^{43}），其功能是阻止 σ 因子自身直接与 DNA 结合。在本章后面部分我们还会了解到，σ 因子的一个片段能与 DNA 结合，但区 1 可阻止整个多肽与 DNA 的结合。这对转录事件来讲是重要的，因为 σ 因子与启动子结合会抑制全酶的结合，进而抑制转录。

区域 2 该区存在于所有的 σ 因子中，是 σ 因子最保守区域，可分为 2.1～2.4 四个部分（图 6.21）。

有充分的证据表明，2.4 亚区负责 σ 因子识别启动子−10 框的关键活性。首先，如果 2.4

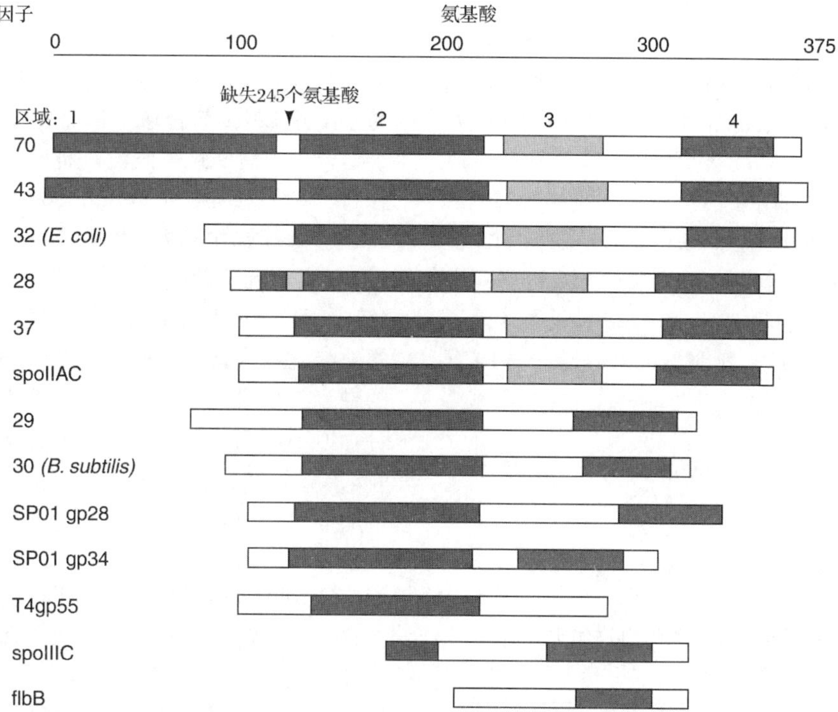

图 6.20 *E. coli* 与 *B. subtilis* 各种 σ 因子的同源区。σ 蛋白用水平线条表示，垂直排列的为同源区。顶部的两条带分别代表 *E. coli* 与 *B. subtilis* 的基本 σ 因子 σ^{70} 和 σ^{43}，它们均含有同源区 1。另外，在区 1 区与 2 区之间，σ^{70} 含有一段由 254 个氨基酸残基组成的序列，而 σ^{43} 无这一序列，该序列标注在代表 σ^{70} 条带的上方。浅阴影部分表示仅在某些蛋白质中存在的保守区。

亚区确实识别－10 框，那么具有相似专一性的 σ 因子都应具有相似 2.4 亚区。事实确实如此；*B. subtilis* 的 σ^{43} 和 *E. coli* 的 σ^{70} 能够识别相同的启动子序列，包括－10 框。事实上，这两个 σ 因子可以互换，其 2.4 亚区有 95％的相似性。

Richard Losick 及同事通过遗传实验使 2.4 亚区与－10 框连接，σ 因子的 2.4 亚区有一段氨基酸序列可形成 α 螺旋，在第 9 章将学习 α 螺旋是理想的 DNA 结合基序，这与 σ 的 2.4 亚区参与启动子结合的作用相一致。Losick 及同事分析认为，如果该潜在的 α 螺旋是真正的－10 框识别区，那么可以开展以下实验。首先，改变启动子－10 框的单个碱基，破坏－10 框与 RNA 聚合酶的结合。然后在 σ 因子的 2.4 亚区进行某个氨基的补偿性突变。如果 σ 因子的这种补偿性突变能够抑制启动子突变，恢复对突变启动子的结合，这就为－10 框与 σ 因子的 2.4 亚区确实关联提供了强有力的证据。于是，Losick 及同事对 *B. subtilis* 的 *spo* VG 启

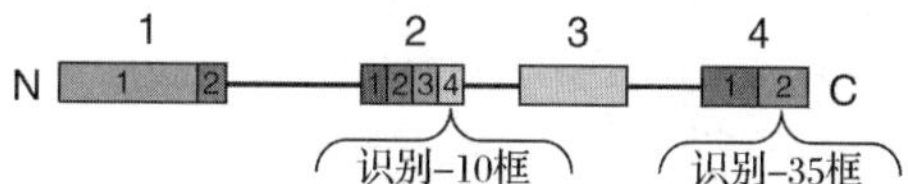

图 6.21 *E. coli* σ^{70} 的基本结构区。图中显示了 4 个保守区及 1 区、2 区和 4 区的亚区。(*Source*：Adapted from Dombroski，A. J.，et al.，Polypeptides containing highly conserved regions of the transcription initiation factor σ^{70} exhibit specificity of binding to promoter DNA." *Cell* 70：501-512，1992.)

动子－10 框进行了 G→A 的转换突变，破坏启动子与聚合酶的结合。然后对识别 *spo* VG 启动子的 σ^{H} 2.4 亚区第 100 位的氨基酸进行了 Thr→Ile 突变，结果恢复了聚合酶识别突变启动子的能力。

区域 3 参与核心酶与 DNA 的结合，相关内容将在本章后面学习。

区域 4 与区域 2 相似，区域 4 也可被分为几个亚区，在启动子识别中起关键作用。4.2 亚区有一个螺旋-转角-螺旋的 DNA 结合域（第 9 章），表明该区在聚合酶-DNA 结合中起作用。事实上，4.2 亚区可能控制 σ 因子对启

动子－35框的结合，如同σ因子2.4亚区与－10框的关系。遗传学和其他证据都支持4.2亚区与－35框的关联。而且，我们观察到，识别相似－35框启动子的σ因子具有相似的4.2亚区。此外，σ因子4.2亚区的补偿突变可抑制启动子（在－35框内）的突变。例如，Miriam Susskind及同事证明*E. coli* σ^{70}因子的第588位Arg→His突变抑制了*lac*启动子－35框序列内的G→A或G→C突变。图6.22总结了σ因子2.4亚区和4.2亚区分别与细菌启动子－10框及－35框的相互作用。

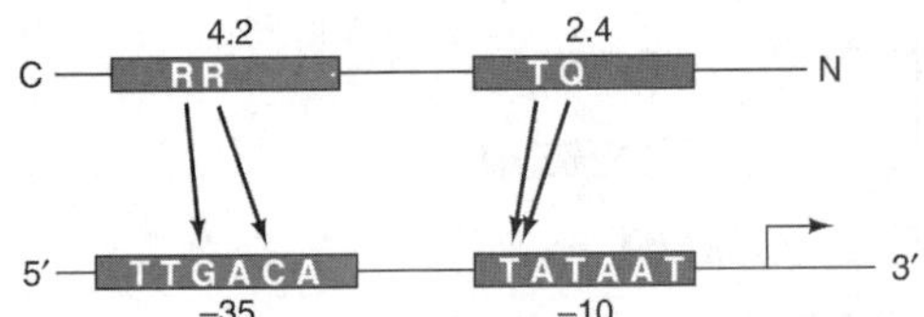

图6.22 σ与启动子间的特异性相互作用。箭头表示σ^{70}抑制突变实验揭示出的σ因子与启动子间特异性相互作用关系，上方线条中的字母代表σ^{70}蛋白中突变的氨基酸残基，箭头所指碱基是启动子与σ^{70}蛋白中相应氨基酸直接发生接触的碱基。σ^{70}蛋白4.2亚区中的2个R代表第584位和第588位的精氨酸残基，分别与启动子－35框的C及G发生特异性接触。σ^{70}蛋白2.4亚区中的T和Q分别代表第437位的谷氨酸残基和第440位的苏氨酸残基，均能与启动子－10框的T发生特异性接触。值得注意的是，σ因子的线性结构（上方线条）的书写方式是C端在左侧，与启动子序列相匹配，启动子序列的习惯书写方式是从左至右，即5′→3′（下方线条）。（*Source*：Adapted from Dombroski，A. J.，et al.，"Polypeptides containing highly conserved regions of transcription initiation factor σ^{70} exhibit specificity of binding to promoter DNA." *Cell* 70：501-512，1992.）

这些研究结果均表明，2.4亚区和4.2亚区在σ因子分别与启动子－10框和－35框结合的过程中具有重要性。从其重要地位来看，σ因子甚至还应具有DNA结合域，但令我们困惑的是，σ因子自身并不与启动子或DNA的其他任何区域结合，只有当σ因子与核心酶结合后才能与启动子结合。我们如何解释这个显而易见的矛盾？

Carol Gross及同事认为σ因子的2.4亚区和4.2亚区本身都能与相应的启动子区结合，但是，σ因子的其他结构域干扰了这种结合。现在我们知道，1.1亚区在没有核心酶时会阻止σ因子与DNA结合。研究者进一步指出，当σ因子与核心酶结合后自身构象发生改变，暴露出其DNA结合域，从而使σ因子与启动子结合。为验证这一假设，研究者构建了谷胱甘肽-*S*-转移酶（glutathione-*S*-transferase，GST）和*E. coli* σ因子片段（包括2.4亚区或4.2亚区，或这两个区域均包含）的融合蛋白（第4章），利用GST对谷胱甘肽的亲和性可方便地纯化融合蛋白。研究结果显示，2.4亚区的融合蛋白能与含有－10框的DNA片段结合，但不能与含有－35框的DNA片段结合。4.2亚区的融合蛋白与含有－35框而不是－10框的DNA片段结合。

为检测融合蛋白与启动子元件的结合作用，Carol Gross及同事采用了硝化纤维素滤膜结合分析策略。研究者先标记含有一个或两个*tac*的启动子元件的靶DNA，*tac*启动子含有*lac*启动子的－10框及*trp*启动子的－35框。然后在过量未标记竞争DNA存在的情况下，将融合蛋白加入到标记的靶DNA中，通过硝化纤维素滤膜结合实验测定标记DNA-蛋白质复合体形成的情况。

图6.23（a）是Gross及同事所做实验的一个结果，标记的*tac*启动子可与GST-σ-4区融合蛋白结合，因为σ因子区4含有假定的－35框结合域。我们期望该融合蛋白与含*tac*启动子DNA的结合能力强于与不含*tac*启动子DNA的结合能力，图6.22（a）显示的结果恰是如此。含有*tac*启动子的未标记DNA是理想的竞争者，而缺失*tac*启动子的未标记DNA的竞争力则相对较弱。这样，GST-σ-4区融合蛋白与非特异性DNA的结合力较弱，而与含有*tac*启动子DNA片段的结合力较强，这正是我们预期的结果。

图6.23（b）显示GST-σ-4区融合蛋白与含有－35框而不是－10框的启动子结合。正如所见，删除－35框的竞争DNA并不比非特异性DNA更具竞争力，而删除－10框的竞争DNA因保留－35框而具有更强的竞争力。因此，σ因子4区特异地结合－35框而非－10框，用GST-σ-2区融合蛋白进行类似实验表明该蛋白质能特异性地结合－10框而非－35框。

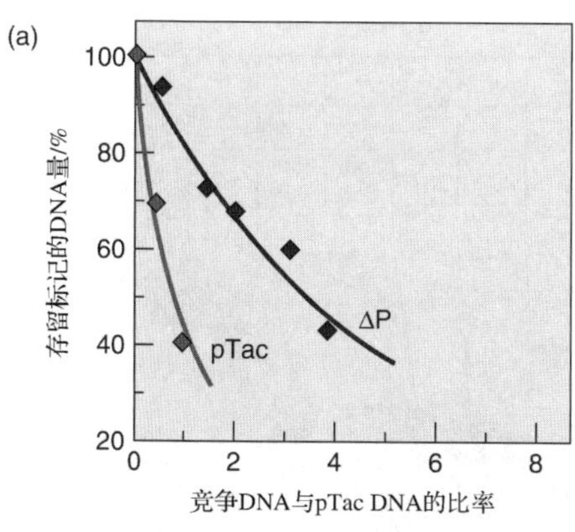

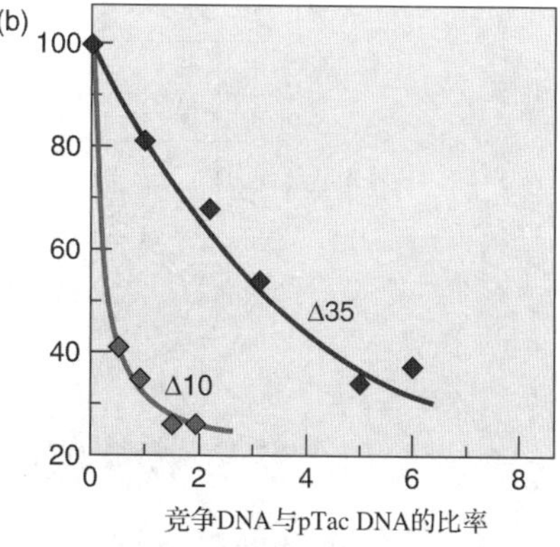

图 6.23 σ 因子 4.2 亚区与启动子−35 框之间的结合分析。(a) 启动子的识别。Gross 及同事分析σGST融合蛋白与含有 *tac* 启动子的标记 DNA 片段（pTac）的结合，实验中使用的 σ 片段是 *E. coli* σ 因子 C 端的 108 个氨基酸序列，只有区 4 而无区 2。在竞争者为 pTac DNA（含有 *tac* 启动子）或 ΔPDNA（不含有 *tac* 启动子）的情况下，测定标记 DNA-蛋白质复合体与硝酸纤维滤膜的结合。由于 pTac DNA 比 ΔPDNA 具有更强的竞争力，因此推断含区 4 的融合蛋白能结合 *tac* 启动子。**(b)** −35 框的识别。Gross 及同事重复上述试验，只是竞争 DNA 不同：10 在 *tac* 启动子−10 框缺失 6bp；△35 在 *tac* 启动−35 框缺失 6bp。缺失−35 框与无 *tac* 启动子相比根本没有增加竞争力，而缺失−10 框对竞争力没有影响，说明具有 4 区的 σ 片段结合−35 框而不是−10 框。(Source：Adapted from Dombroski，A. J.，et al.，"Polypeptides containing highiy conserved regions of transcription initiation factor σ^{70} exhibit specificity of binding to promoter DNA." *cell* 70：501-512，1992.)

我们已经知道聚合酶全酶识别启动子，通过使−11～+1 区域的一小段 DNA 双链熔解而形成开放启动子复合体。推测 σ 因子在该过程中起重要作用，但是 σ 因子自身并不能形成开放启动子复合体。开放复合体形成的特征之一是聚合酶结合在启动子−10 框上。同样，σ 因子不可能单独完成这一过程，推测可能是核心酶的某些片段协助 σ 因子完成了这一工作。Gross 及同事提出了这样一个问题：与启动子−10 框的非模板链结合的 σ 因子部位的暴露需要核心酶哪一部分的参与？

为回答这个问题，Gross 及同事将注意力集中到 β′亚基上，已经证明该亚基与 σ 因子协同结合−10 框的非模板链。研究者克隆了 β′亚基的不同片段，然后同 σ 因子一起检测与放射性标记的单链寡核苷酸的结合能力，这些单链寡核苷酸对应于启动子−10 框的模板链或非模板链。将 β′片段、σ 因子及标记 DNA 共同温育，然后将复合物用紫外交联仪照射使 σ 因子与 DNA 交联，对交联复合物进行 SDS-PAGE 分析。如果 β′片段能诱导 σ 因子与 DNA 的结合，那么，σ 因子就会与标记 DNA 交联，对应于 σ 因子的 SDS-PAGE 条带就会被标记。

图 6.24 显示包含 1～550 个氨基酸残基的 β′片段可引起 σ 因子与非模板链 DNA 结合（但不是模板链），而 σ 因子自身则几乎无 DNA 结合能力。接下来，Gross 及同事利用 β′亚基 1～550 区内更小的片段查验 β′亚基诱导结合的具体部位。图 6.23 显示所有片段均能诱导 σ 因子与 DNA 结合，尽管 260～550 片段只在低温下起作用。特别是 262～309 这个只有 48 个氨基酸残基的小片段，即使在室温下也具有很强的促进结合活性，已知该区域内 R275、E295 和 A302 这 3 个氨基酸残基突变会干扰 σ 因子与 DNA 的结合。相应地，Gross 及同事检验了这些突变位点干扰 σ 因子与−10 框的非模板链结合情况。结果表明，每一突变都会产生很强的干扰作用。

小结 不同 σ 基因的序列比对结果显示，不同种类的 σ 因子具有 4 个相似区。2.4 亚区和 4.2 亚区分别识别启动子−10 框及−35 框。σ 因子自身并不能与 DNA 结合，但与核心酶相互作用后暴露出 σ 因子的 DNA 结合域。具体讲就是 β′亚基 262～309 间的氨基酸片段促进 σ 因子与启动子−10 框的非模板链的结合。

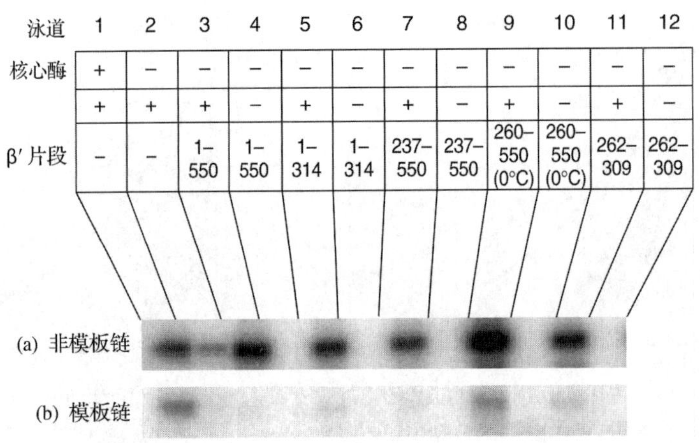

图 6.24 σ因子与启动子－10框的结合诱导。Gross 及同事将σ因子与长度不一的β′片段混合，如图上方所示。然后加入分别代表－10框模板链或非模板链的标记寡核苷酸单链，经紫外线照射使σ因子与DNA交联，然后对交联复合体进行SDS-PAGE分析，并用放射自显影检测结合标记DNA的σ因子。泳道1：完整核心酶的阳性对照；泳道2：无β′片段的对照；其他所有偶数泳道为无蛋白质的阴性对照。泳道9和泳道10是在0℃条件下进行的实验；其他几组实验均在室温下进行。（a）非模板链；（b）模板链。（*Source*：Reprinted from *Cell* v.105，Young et al.，p.940 © 2001，with permission from Elsevier Science.）

α亚基在UP元件识别中的功能

本章前面讲到，RNA聚合酶自身识别称为UP元件的上游启动子元件，已知σ因子识别核心启动子元件，但聚合酶的哪个亚基负责对UP元件的识别呢？基于以下证据，显然是核心酶的α亚基。

Richard Gourse及同事构建了α亚基发生突变的*E. coli*菌株，发现其中有些突变体失去应答UP元件的能力，因为这些突变体从有UP元件的启动子处起始的转录并不比从无UP元件的启动子处起始的转录水平高。为测定转录水平，研究者将强野生型启动子*rrn*B P1或缺失UP元件的突变型启动子置于克隆载体中*rrn*B P1转录终止子上游170 bp处。用三种RNA聚合酶转录这些重组子，这三种聚合酶由纯化的亚基重组而成：①具有正常α亚基的野生型聚合酶；②α-235，α亚基C端缺失94个氨基酸的聚合酶；③R265C，α亚基第265氨基酸发生Arg→Cys突变的聚合酶。用标记的核苷酸标记RNA产物，进行凝胶电泳后用放射自显影检测RNA产物。

图6.25（a）为野生型聚合酶的转录结果。野生型启动子（泳道1和泳道2）的转录活性远高于UP元件被载体DNA取代的启动子（泳道3和泳道4）或缺失UP元件的启动子（泳道5和泳道6）。图6.25（b）为α亚基C端缺失94个氨基酸的聚合酶转录结果。在转录有核心启动子基因时，该聚合酶与野生型聚合酶具有相同的活性［比较图6.25（a）和图6.25（b）中泳道3～6］，但是与野生型聚合酶相比，突变型聚合酶不能区分是有或无UP元件的启动子（比较泳道3～6与泳道1和泳道2）。在此实验中，UP元件根本不起作用，可见，α亚基的C端可能使聚合酶具有应答UP元件的能力。

图6.25（c）表明，α亚基第265位正常精氨酸被半胱氨酸取代的聚合酶R265C不能应答UP元件（泳道7～10均显示有适度转录）。因此，该单个氨基酸的改变显然会破坏α亚基应答UP元件的能力。这一现象并不是由R265C聚合酶制备过程中抑制剂引起的人为假象，因为R265C聚合酶与野生型聚合酶的混合物仍能应答UP元件（泳道1～4均显示强转录）。

为验证α亚基确实与UP元件结合这一假设，Gourse及同事用含*rrnB* P1启动子的DNA和野生型聚合酶或突变型聚合酶进行DNase足迹实验（第5章）。他们发现，野生型聚合酶在核心启动子和UP元件上都留下了足迹，而α亚基C端结构域（C-terminal domain，CTD）缺失的突变型聚合酶仅在核心启

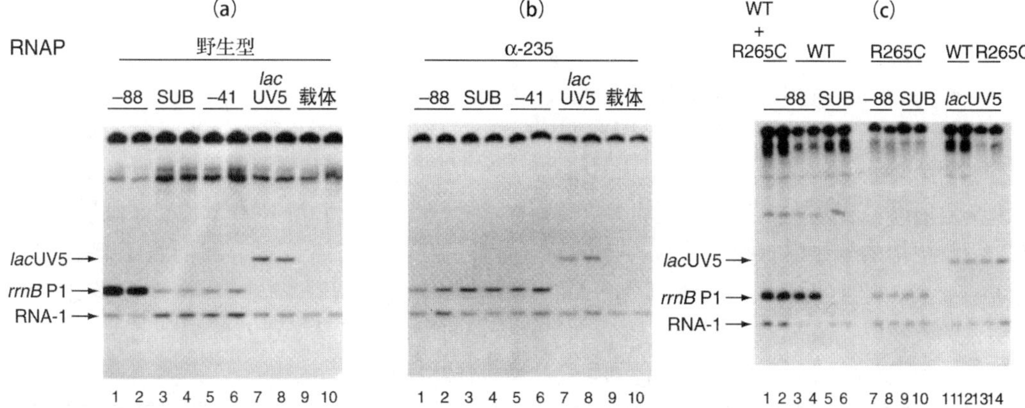

图 6.25 RNA 聚合酶 α 亚基在 UP 元件识别中的重要性。 Gourse 及同事在体外转录含有启动子的质粒（图上方所示），研究者将启动子序列插入到转录终止子上游 100～200nt，产生特定长度的转录物。反应结束后，对标记产物进行琼脂糖凝胶电泳和放射自显影检测，使用的启动子如下：−88，包含−88 ～ +1 间的野生型全部序列；SUB，−59 ～ −41 是无关序列而不是 UP 元件；−41，−41 位上游的 UP 元件被载体序列取代；*lac* UV5，无 UP 元件的 *lac* 启动子；"载体"是无启动子序列插入的质粒。转录物的位置在左边标出，分别是从 *rrnB* P1 启动子、*lac* UV5 启动子起始的转录物及从质粒复制起点起始转录 RNA-1。图上部的 RNAP 表示试验中所使用的 RNA 聚合酶：(a) 野生型聚合酶；(b) α-235 聚合酶（α-亚基的 C 端缺失 94 个氨基酸残基）；(c) 野生型聚合酶（WT）或 R265C 聚合酶（C265 替代 R265）。[*Source*：Ross et al.，A third recognition element in bacterial promoters：DNA binding by the alpha subunit of RNA polymerase. *Science* 262（26 Nov 1993）f. 2，p. 1408. © AAAS.]

动子中产生了足迹（数据未给出），表明 α 亚基 C 端结构域是聚合酶与 UP 元件相互作用所必需的。用纯化的 α 亚基二聚体进行 *rrnB* P1 启动子的 UP 元件足迹实验，Gourse 及同事进一步为这一假设提供了证据。图 6.26 为实验结果，α 亚基二聚体在 UP 元件上留下了清晰的足迹。

Richard Gourse 和 Richard Ebright 及同事通过**有限蛋白酶解分析**（limited proteolysis analysis）表明，α 亚基的 N 端和 C 端结构域（分别为 α-NTD 和 α-CTD）是独立折叠形成的两个结构域，通过柔性接头连接在一起。蛋白结构域是能够独立折叠而形成特定结构的蛋白质部分。折叠的结构域可抗蛋白水解酶。因此，蛋白水解酶只能有限消化结构域之间的未折叠部分，留下结构域本身。Gourse 和 Ebright 及同事对 *E. coli* RNA 聚合酶的 α 亚基进行限制性蛋白酶水解，获得了一条分子质量约为 28kDa 的多肽和三条分子质量约为 8kDa 的多肽。产物末端序列显示，28 kDa 多肽包含 8～241 位氨基酸，三条较小的多肽分别包含 242～329、245～329 和 249～329 位氨基酸。表明 α 亚基折叠形成两个结构域：包含第 8～241 位氨基酸序列的较大 N 端结构域；包含第 249～329

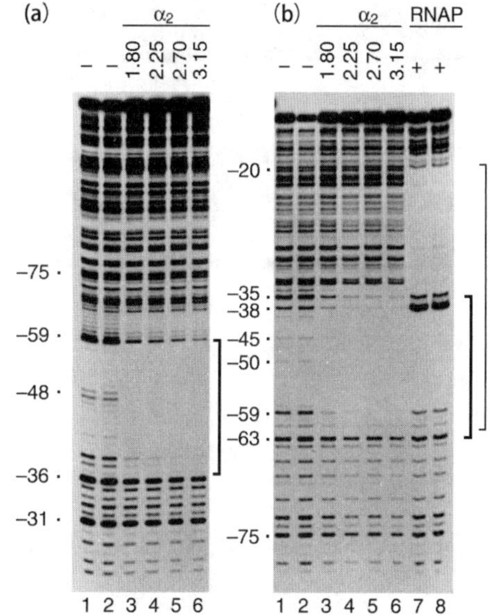

图 6.26 纯化 α 亚基的 UP 元件足迹。 Gourse 及同事对 *rrnB* P1 启动子末端标记的模板链（a）和非模板（b）进行 DNase 足迹分析。纯化 α 亚基二聚体的用量（μg）及 10nmol/L 的 RNA 聚合酶全酶（RNAP）在图上方标出，粗线方括号表示因 α 亚基在 UP 元件中的足迹，细线方括号表示全酶在 UP 元件中的足迹。[*Source*：Ross et al.，A third recognition element in bacterial promoter：DNA binding by the α-subunit of RNA polymerase. *Science* 262（26 Nov 1993）f. 5，p. 1408. © AAAS.]

位氨基酸序列的较小C端结构域。

此外，这两个结构显然被一个未折叠的接头（linker）所连接，该接头至少有三处可被实验所用的蛋白酶（Glu-C）切割。乍看起来，该接头包括第242～248位氨基酸，因为Glu-C在切割蛋白质时，要求在其所切割键的两侧均具有3个无结构的氨基酸。然而，接头比其最初的表征要长，事实上，其长度至少为13个氨基酸（239～251位氨基酸残基）。

基于这些实验提出了图6.27所示模型。RNA聚合酶通过σ因子结合核心启动子，不需要α亚基C端结构域的协助。但RNA聚合酶要与含UP元件的启动子结合，则需要σ因子及α亚基C端结构域的参与，使聚合酶与启动子间产生强烈的相互作用，从而实现高水平转录。

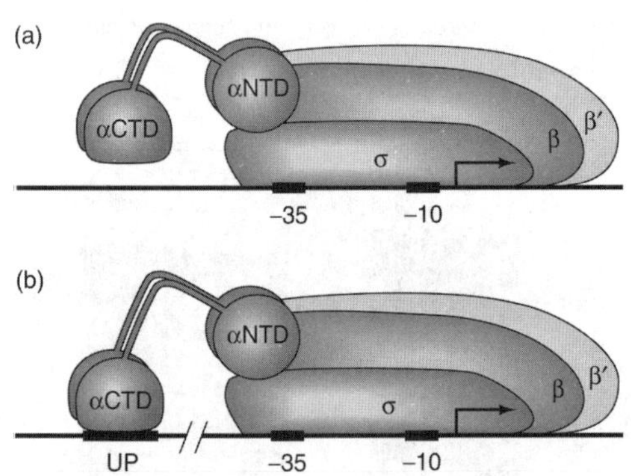

图6.27 聚合酶α亚基C端结构域（CTD）的功能模型。（**a**）在核心启动子中，α亚基不参与结合；（**b**）在含有UP元件的启动子中，CTD与UP元件结合。注意，两个α亚基均在图中显示，另一个重叠在后。

小结 RNA聚合酶的α亚基拥有独立折叠的C端结构域，该结构域识别启动子的UP元件并与之结合，从而实现聚合酶与启动子间的紧密结合。

6.4 延伸

转录起始完成后，核心酶继续延伸RNA链，将核苷酸逐个添加到正在生长的RNA链上。本节将探讨转录的延伸过程。

核心酶在延伸过程中的作用

到目前为止，我们一直关注σ因子，因为它在决定转录起始特异性方面发挥了关键作用。然而，核心酶拥有RNA合成装置，是延伸的核心执行者。本节我们将了解β、β′亚基参与磷酸二酯键形成、参与聚合酶与DNA结合的证据，以及α亚基的多种活性（包括核心酶的组装）。

β亚基在磷酸二酯键形成过程中的作用 1970年，Walter Zillig首次对核心酶的单个亚基进行研究。先从*E. coli*核心酶中分离出三个多肽组分，再重新组装成有活性的聚合酶。分离过程如下：Alfred Heil和Zillig在含尿素的醋酸纤维素中电泳核心酶，与SDS类似，尿素也是一种变性剂，可从蛋白质复合体中分离出单个多肽。但是与SDS不同，尿素是一种温和变性剂，从蛋白质中除去要相对容易，经尿素变性的多肽比经SDS变性的多肽容易复性。电泳结束后，Heil和Zillig切下含有聚合酶亚基的醋酸纤维素条，通过离心，使醋酸纤维素上的缓冲液和蛋白质析出。研究者共获得三个可分离的多肽，对每个多肽单独电泳检测纯度（图6.28）。

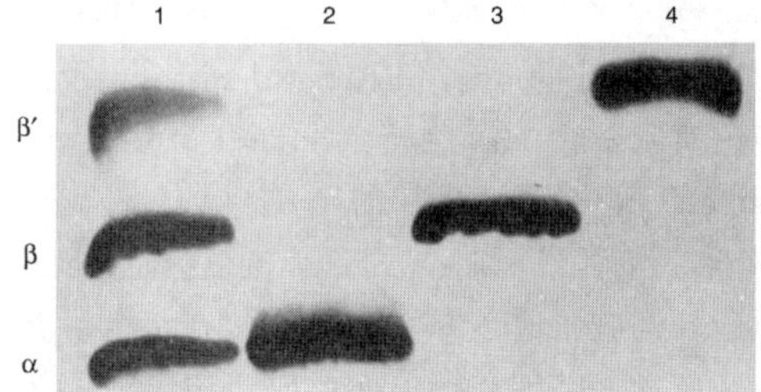

图6.28 *E. coli* RNA聚合酶单个亚基的纯化。Heil和Zillig将*E. coli*的核心酶经尿素变性后，在醋酸纤维素膜上进行凝胶电泳，然后收集分离的多肽。泳道1：电泳后的核心酶；泳道2：纯化的α亚基；泳道3：纯化的β亚基；泳道4：纯化的β′亚基。[*Source*：Heil，A. and Zillig，W. Reconstitution of bacterial DNA-dependent RNA-polymerase from isolated subunits as a tool for the elucidation of the role of the subunits in transcription. *FEBS Letters* 11（Dec 1970）p. 166，f. 1.]

一旦获得分离的亚基，研究者就将这些亚基重新组装成有活性的聚合酶，在σ因子存在

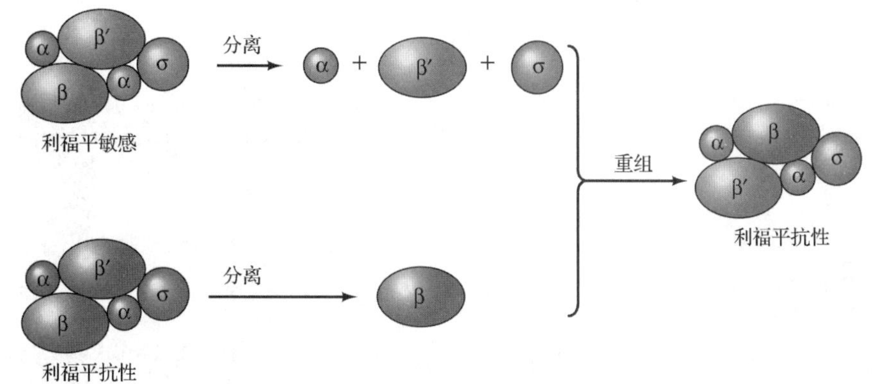

图 6.29 RNA 聚合酶的分离-重组实验定位决定抗生素抗性的亚基。分别从对利福平敏感和抗性的 *E. coli* 细胞中提取 RNA 聚合酶，分离多肽组分，并以多种组合方式重新组装成有活性的酶。实验中，当 α、β′及 σ 因子来源于对利福平敏感的聚合酶（蓝色），而 β 亚基来源于对利福平抗性的聚合酶（红色）时，重组酶具有利福平抗性，表明 β 亚基决定聚合酶对利福平的敏感性或抗性。

的条件下，组装过程最为有效。利用分离一重组系统，Heil 和 Zillig 混合并匹配不同来源的组分，以此获知各亚基的功能。例如，已知核心酶决定 RNA 聚合酶对抗生素利福平的敏感性或抗性，且利福平可阻断转录的起始。核心酶分离-重组实验的目的是确定赋予聚合酶对抗生素的敏感性或抗性的那个亚基。当 Heil 和 Zillig 把来自利福平敏感细菌的 α、β′和 σ 因子与来自利福平抗性细菌的 β 亚基组合时，形成的聚合酶对利福平具有抗性（图 6.29）；与之相反，只要 β 亚基来自利福平敏感菌株，不管其他亚基来源如何，重组酶都对利福平敏感。因此，显然是 β 亚基决定着聚合酶对利福平的敏感性或抗性。

另一种众所周知的抗生素利迪链菌素 (streptolydigin) 能阻断 RNA 链的延伸。用同样的分离-重组策略，Heil 和 Zillig 研究表明，β 亚基同样决定着聚合酶对利迪链菌素的敏感性或抗性。乍看起来这一结果似乎是矛盾的，同一个核心酶亚基如何既参与转录的起始又参与转录的延伸？答案在于，利福平阻断了早期的延伸，使 RNA 链的长度不超过 2 个或 3 个核苷酸，我们将在本章后面内容中详尽讨论这个问题。严格来讲，利福平是阻止转录的起始，因为在 RNA 长度超过 10nt 时，转录起始才算结束。然而，利福平确实影响隶属起始范畴内的延伸。

1987 年，M. A. Grachev 及同事用**亲和标记** (affinity labeling) 技术，为 β 亚基的假定功能提供了直接证据。该技术的思路是用常规底物的衍生物标记酶，该衍生物可与蛋白质交联，用亲和试剂找出并标记酶的活性位点，最后，解离酶，识别出标签结合的亚基。Grachev 及同事选用的 14 种不同亲和试剂均为 ATP 或 GTP 的类似物 (analog)，其中第一个类似物称为 I，其结构如图 6.30 (a) 所示。当类似物 I 与 RNA 聚合酶混合后，会定位到酶的活性位点，如同 ATP 起始转录的行为，在活性位点与氨基作用，形成共价键，该反应如图 6.30 (b) 所示。

理论上讲，研究者可以标记亲和试剂，并由此展开研究。然而，这一简单的策略存在缺陷，即除了活性位点之外，亲和试剂还可能与酶表面的其他氨基结合。为解决这一问题，研究者先用非标记的亲和试剂与酶结合，然后用放射性标记的核苷酸[(α-^{32}PUTP 或 CTP)] 与结合在活性位点的亲和试剂形成磷酸二酯键，从而使活性位点被标记，而酶的其他位点不会被标记。最后解离被标记的酶，并对其亚基进行 SDS-PAGE 分析，图 6.31 为实验结果。很显然，β 亚基是唯一被亲和试剂标记的核心酶亚基，表明该亚基位于或十分邻近磷酸二酯键形成的位点，在有些实验中，可观察到标记 σ 因子，说明该亚基可能也邻近催化中心。

小结 核心酶 β 亚基位于 RNA 聚合酶催化磷酸二酯键形成的活性位点附近，σ 因子也位于核苷酸结合位点附近，至少在转录起始阶段情况如此。

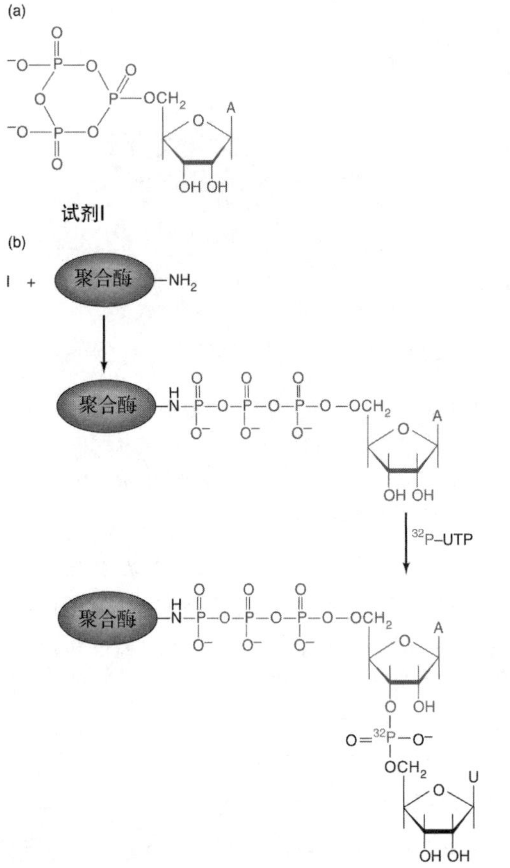

图 6.30 RNA 聚合酶活性位点的亲和性标记。(a) 亲和试剂 ATP 类似物I的结构。(b) 亲和标记反应。将亲和试剂I与 RNA 聚合酶混合，亲和试剂就会与活性位点的氨基发生共价结合（可能还有其他位点），然后加入放射性标记的 UTP，它与结合在酶上的亲和试剂I化合形成磷酸二酯键（蓝色）。该反应仅发生在活性位点，因此，可放射性标记活性位点。

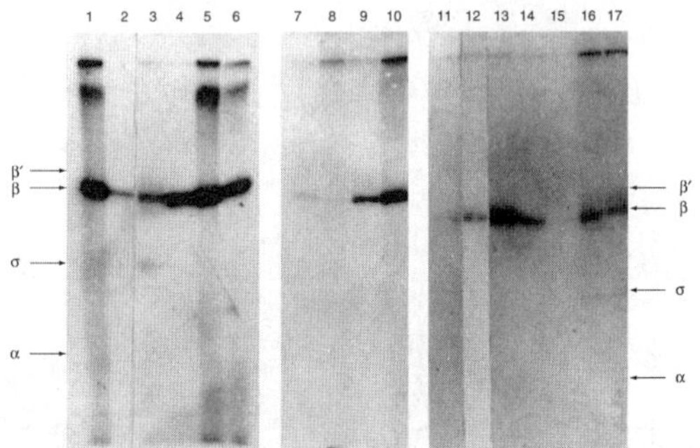

图 6.31 β 亚基位于或邻近形成磷酸二酯键的活性位点。 Grachev 及同事用图 6.30 所示的方法标记 *E. coli* RNA 聚合酶的活性位点，通过电泳分离聚合酶的亚基，以确定活性位点的亚基组分。除泳道 5 和泳道 6 外，每个泳道表示用不同核苷酸亲和试剂和放射性 UTP 的实验结果。泳道 5 和泳道 6 用相同的亲和试剂，只是泳道 5 使用放射性 UTP，泳道 6 使用放射性 CTP，其他泳道均使用放射性 UTP。放射自显影结果显示 β 亚基大多数亲和试剂标记，但有时 σ 因子也被微弱标记。因此，β 亚基位于或邻近催化磷酸二酯键形成的活性位点处。［*Source*：Grachev et al.，Studies on the functional topography of *Escherichia coli* RNA polymerase. *European Journal Biochemistry* 163 (16 Dec 1987) p. 117，f. 2.］

延伸复合体的结构

20 世纪 90 年代中期的研究表明，β 和 β′ 亚基参与了聚合酶与 DNA 的结合，本节我们将学习如何通过结构研究完美地预测核心聚合酶亚基的功能，同时还将学习延伸过程中的拓扑学特征，即聚合酶如何解决模板链的解旋与再旋问题，以及如何沿着缠绕（螺旋）的模板移动而不会使 RNA 产物缠绕在模板链上？

RNA-DNA 杂交分子 关于这一点，我们假设 RNA 产物在脱落、排出聚合酶之前，先通过几个碱基与其 DNA 模板链形成 RNA-DNA 杂交分子。然而有关杂交分子的长度一直存在争议，有研究者估计其长度为 3～12bp，但也有些研究者甚至怀疑杂交分子的存在。Nudler 和 Goldfarb 及同事用转录物步移技术和 RNA-DNA 交联技术，证明在延伸复合体中确实存在 RNA-DNA 杂交分子，其长度为 8～9bp。

转录物步移技术操作如下：Nudler 及同事用基因克隆技术（第 4 章）构建了 RNA 聚合酶，其 β 亚基的 C 端具有额外的 6 个组氨酸。该组氨酸串对二价金属离子（如镍）具有亲和性，该特性可使聚合酶束缚在镍树脂上。通过冲洗树脂而快速更换底物，而聚合酶依然稳定束缚在树脂上，然后添加新的试剂。相应地，添加一组核苷酸（如 ATP、CTP 和 GTP，但无 UTP），核苷酸可通过聚合酶到达模板的特定位点（在本例中是需要 UTP 的位点），然后洗脱第一组核苷酸，进而添加第二组核苷酸，通过聚合酶到达模板更下游的特定位点。

研究者将 UMP 的类似物（U•）引入 ^{32}P 标记的新生 RNA 产物 5′端的第 21 位或第 45 位。正常情况下 U• 无反应活性，但在 $NaBH_4$ 存在时 U• 可与配对的碱基发生交联，如图 6.32 (a) 所示。实际上，U• 能够接触到 DNA 链上与配对碱基 A 相邻的一个嘌呤碱基，但本实验的设计方案可以阻止这种情况的发生。因此，交联只能发生在DNA模板链上的A与RNA产物的U·之间，如果没有碱基配对，就不可能发生交联。

Nudler和Goldfarb及同事将转录产物中的碱基U·步移到距3′端的不同位置，从−2位(紧邻3′端的核苷酸，3′端核苷酸标记为−1)开始延伸到−44位。然后，研究者使RNA与DNA模板链交联，在同一块凝胶上电泳DNA和蛋白质，而在另一块凝胶上只电泳RNA。结果表明，RNA总能被标记，而DNA或蛋白质只有与RNA发生交联后才能被标记。

图6.32（b）为实验结果。如果碱基U·出现在−2～−8位，则DNA会被强烈标记，若碱基U·出现在−10位或更远，处则DNA只会被微弱标记。因此，碱基U·只有存在于−2～−8位时，才能与DNA模板链上的A互补配对，当U·在−10位时，碱基配对能力会被严重削弱。所以，RNA-DNA杂交链从−1位延伸到−8位或−9位，但不会向下延伸了(RNA 3′端的−1位碱基必须与模板链上碱基准确配对，以便在RNA合成时能够引入正确的碱基)。这一结论通过蛋白质标记实验得到进一步验证。当U·不在杂交区（−1～−8位）时，RNA聚合酶中的蛋白质就会被强烈标记。该结果可能反映了这样的事实，即活性基团在不能与DNA模板链进行碱基互补配对时，更易与蛋白质接近。最近对T7 RNA聚合酶的研究结果表明，RNA-DNA杂交分子的长度为8bp。

小结 在*E. coli*延伸复合体中，相对于初生RNA产物的3′端，RNA-DNA杂交分子的长度从−1位延伸到−8位或−9位。T7的杂交分子长度为8bp。

核心聚合酶的结构 为了得到最清晰的延伸复合体结构图像，我们需要知道核心聚合酶的结构。X射线晶体学图像能提供最高的分辨率，但需要获得三维结构的晶体，而到目前为止尚未成功获得*E. coli* RNA聚合酶的三维晶体。直到1999年，Seth Darst及同事成功结晶出嗜热水生菌（*Thermus aquaticus*）的核心聚合酶，晶体结构的分辨率达3.3Å。该结构整体上十分类似于电子显微镜观察到的*E. coli*核心酶低分辨率二维晶体结构，这意味着两种酶

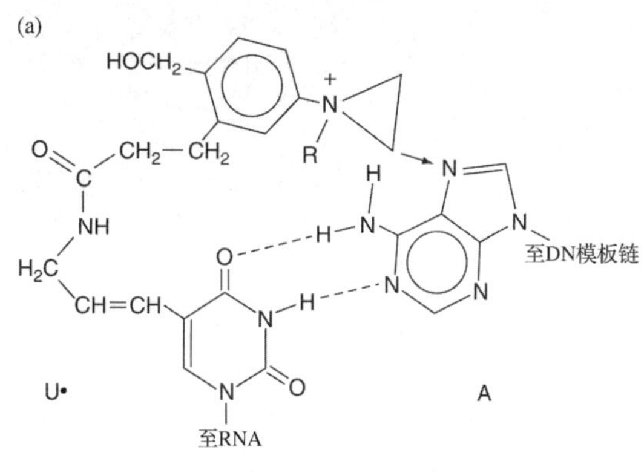

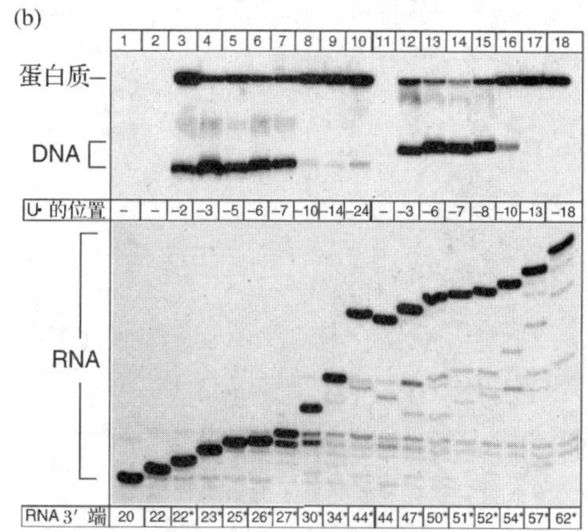

图6.32 在延伸复合体中RNA-DNA及RNA-蛋白质间的交联。(a) 交联试剂U·与DNA模板链上的A发生碱基配对后的结构。箭头标注了该交联试剂与DNA形成的共价键。**(b)** 交联结果。在延伸复合体中，Nudler和Goldfarb及同事在^{32}P标记的新生RNA产物的第21位或第45位引入U·，然后让U·移动到新生RNA 3′端（−1位）的−2～−24间不同的位点，然后使RNA与DNA模板（或RNA聚合酶中的蛋白质）交联。在同一凝胶上电泳交联的DNA和蛋白质，在另一凝胶上电泳游离的RNA。放射自显影检测。泳道1、泳道2和泳道11为RNA中无U·的阴性对照；泳道3～10：初生RNA产物的21位碱基为U·；泳道12～18：初生RNA产物的45位碱基为U·。底部的星号表示RNA中存在U·，只有当U·出现在−2～−8位的位点时，才会发生RNA与DNA间的交联。[*Source*：(*a*) Reprinted from *Cell* 89，Nudler，E. et al. The RNA-DNA hybrid maintains the register of transcription by preventing backtracking of RNA polymerase fig. 1，p. 34 © 1997 from Elsevier. (*b*) Nudler，E. et al. The RNA-DNA hybrid maintains the register of transcription by preventing backtracking of RNA polymerase. *Cell* 89 (1997) f. 1，p. 34. Reprinted by permission of Elsevier Science.]

在细微结构上可能十分相似。换言之，嗜热水生菌的聚合酶晶体结构是目前我们了解细菌核心酶结构的最好窗口。正如在本书所了解到该酶及其他酶的晶体结构，我们需要牢记如下原则（在第 9 和第 10 章进一步讨论）：蛋白质是动态分子，不仅仅具有一种静态结构，而且可采取多种构象。我们获得的晶体结构可能不是该蛋白质在体内的那种（或多种）活性构象。

图 6.33 从三个不同的方位描述了酶的整体轮廓。首先注意到的是，嗜热水生菌 RNA 核心酶形似一只张开的蟹钳，为了便于区分，用不同的颜色表示核心酶的 4 个亚基（β、β′和 2 个亚基 α）。彩图显示，蟹钳的一半主要由 β 亚基组成，另一半主要由 β′亚基组成，2 个 α 亚基位于蟹钳的节点处，其中之一（αⅠ，黄色）与 β 亚基相连，另一个 α 亚基（αⅡ，绿色）与 β′亚基相连，较小的 ω 亚基位于底部，覆盖于 β′亚基的 C 端。

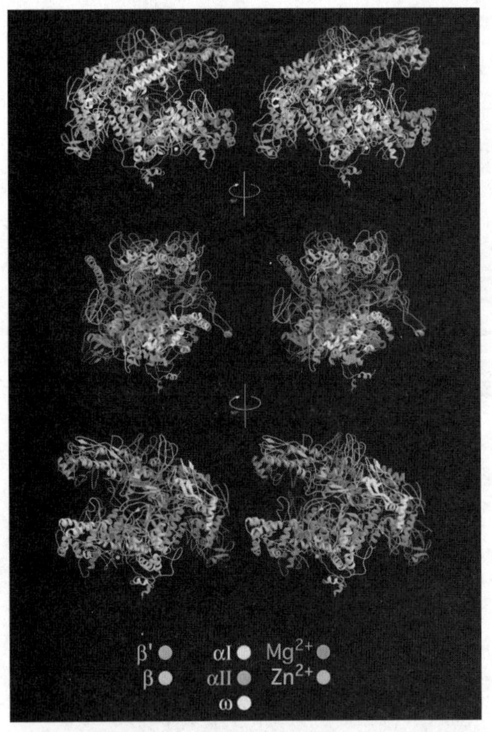

图 6.33　嗜热水生菌 RNA 聚合酶的核心酶的晶体结构。图中显示了三种不同的立体图，区别在于相差 90°的旋转。各亚基和金属离子用不同的颜色标注，如图底部所示。金属离子表示为彩色小球，大的红色和绿色圆点分别表示缺失的 β、β′亚基的未结构化区。[*Source*：Zhang，G. et al.，Crystal structure of *Thermus aquaticus* core RNA polymerase at 3.3Å resolution. *Cell* 98（1999）811-824. Reprinted by permission of Elsevier Science.]

图 6.34 显示了核心聚合酶的催化中心（ca-talytic center）。在核心酶的两个钳之间形成一个宽约 27Å 的通道，DNA 模板可能位于这个通道内。酶的催化中心用 Mg^{2+} 标记（粉红色球体）。有三方面的证据表明 Mg^{2+} 位于酶的催化中心。第一，到目前为止，所有被研究的细菌 β′亚基都有一段保守的氨基酸序列 NADFDGD，推测其中的三个天冬氨酸（D）可能螯合 Mg^{2+}。第二，这三个天冬氨酸残基中的任何一个发生突变都是致死的，它们使酶在启动子处形成开放启动子复合体，但无催化活性。因此，这三个天冬氨酸残基是催化活性而不是紧密结合 DNA 所必需的。第三，如图 6.34 所示，嗜热水生菌核心聚合酶晶体结构表明，这三个天冬氨酸残基（红色）侧链确实与 Mg^{2+} 配位。所以，在酶的催化中心存在三个天冬氨酸和 Mg^{2+}。

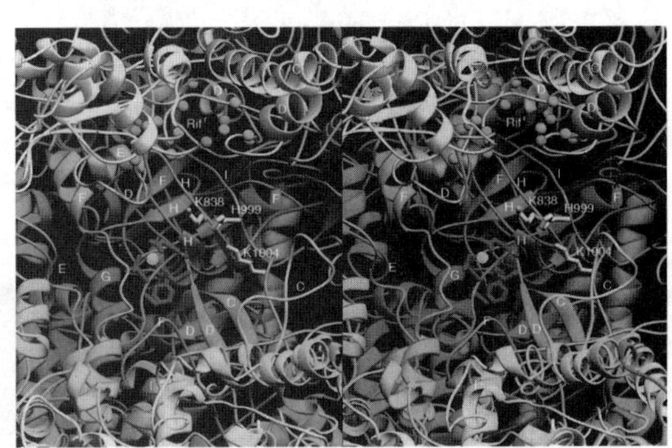

图 6.34　核心聚合酶的催化活性中心。粉红色球体代表 Mg^{2+}，与三个天冬氨酸侧链（红色）配位，位于通道顶部。参与决定利福平抗性的氨基酸用紫色球体表示，这些氨基酸环绕着假定的利福平结合位点或 Rif 口袋，用 Rif^r 表示。聚合酶亚基的颜色与图 6.33 中的相同（β′为粉红色；β 为青绿色；α 为黄色和绿色）。该图中的两张图版是立体图像的两半。[*Source*：Zhang G. et al. "Crystal structure of *Thermus aquaticus* core RNA polymerase at 3.3Å resolution." *Cell* 98（1999）811-824. Reprinted by permission of Elsevier and Green Science.]

图 6.34 也显示了形成贯穿酶通道顶盖的 β 亚基中的利福平结合位点。发生改变可引起对利福平抗性变化的氨基酸用粉红色圆点标注，很明显，在三维结构中这些氨基酸紧密串联在一起，可能位于利福平结合位点。我们也知道，利福平允许 RNA 合成的起始，但在加入几个核苷酸后就会阻断 RNA 链的延伸。此外，

一旦完成启动子清除，抗生素利福平就不再对转录延伸产生任何影响。

如何依据抗生素的活性解释利福平结合位点的定位？一种假设认为，结合在通道内的利福平关闭了正在生长的 RNA 链的出口通道，阻断了短链 RNA 的生长。一旦 RNA 延伸到特定的长度，就会阻断利福平与利福平结合位点的靠近，或至少有效阻止抗生素利福平的结合。

Darst 及同事通过嗜热水生菌核心聚合酶与利福平复合体的晶体结构证实了这一假设。当 RNA 链延伸长度达 2 nt 或 3 nt 时，位于预知结合位点的抗生素通过阻断延伸转录物的排出而阻断转录。

小结 嗜热水生菌 RNA 核心聚合酶的X射线晶体研究显示，其形状类似一只蟹钳，能够抓牢 DNA。横贯核心酶的通道含有催化中心（Mg^{2+} 与三个天冬氨酸配位）和利福平结合位点。

全酶-DNA 复合体的结构 为得到同质的（homogeneous）全酶-DNA 复合体，Darst 及同事将嗜热水生菌全酶与图 6.35 所示的叉状-接点（fork-junction）DNA 结合，该 DNA 大部分为双链结构，包含－35 框，而－10 框位于非模板链的单链突出区，起始于－11 位。该结构模拟了开放启动子复合体中启动子的结构特征，使复合体形成类似 RP_o 的结构（RF，F 代表“叉状-接点”）。

图 6.36（a）显示了全酶-启动子复合体的

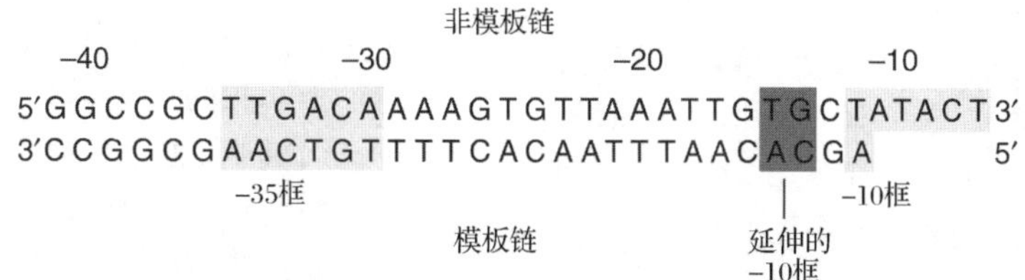

图 6.35 用于形成 RF 复合体的 DNA 的结构。黄色阴影区表示－35 框和－10 框，红色阴影区表示延伸的－10 框。－11～－7 位的碱基为单链区，这种结构恰似开放启动子复合体中的 DNA 结构。

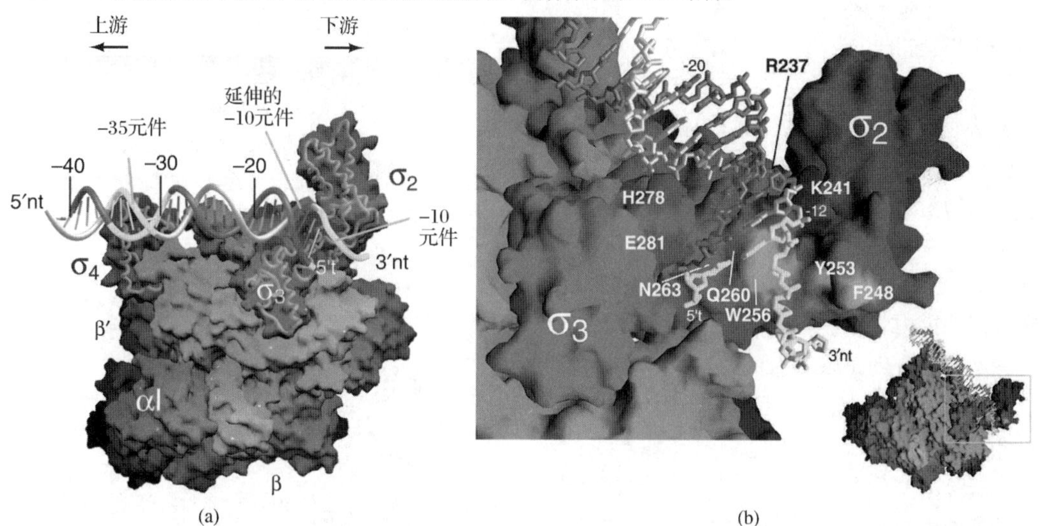

图 6.36 RF 复合体的结构。(a) 复合体的整体结构。各亚基的颜色标注：β′，青绿色；β′，棕色；α，灰色；σ（σ_2～σ_4）区，黄褐色和橙色。此晶体结构不包括 σ_1。扭曲梯形代表 DNA，σ 因子的表面局部透明，以显示内部的 α-碳骨架轮廓。**(b)** 全酶与下游 DNA 的接触。σ_2 与 σ_3 结构域的颜色标注同（a），遗传学研究鉴定出的参与下游启动子结合的氨基酸残基用其他颜色标识：识别－10框延伸区的氨基酸残基用红色表示；识别－10 框的氨基酸残基用绿色表示，参与－10 框解链并与非模板链结合的氨基酸残基用黄绿色表示，－10 框 DNA 为黄色，延伸的－10 框 DNA 为红色。非模板链的 3′端标记为 3′nt，在与 DNA 结合过程中起重要作用的特异氨基酸侧链也已标注。右下角小图中方框显示了放大结构在 RF 复合体中的位置。［*Source*：Murakami et al.，*Science* 296：（*a*），p. 1287；（*b*），1288. Copyright 2002 by the AAAS.］

全貌。值得注意的是，从 σ 因子所在的位置观察，DNA 延伸穿越聚合酶的顶部。事实上，所有 DNA-蛋白质专一性相互作用都涉及 σ 因子而不是核心酶。那么，强调 σ 因子在转录起始中的作用也就不足为奇了。

进一步仔细观察［图 6.36（b）］可以看出，该结构证实了以前通过生物化学和遗传学实验推测的几个特征。首先，如本章前面部分所讲述的，σ 因子 2.4 亚区可能参与对启动子－10 框的识别，特别是，*E. coli* σ^{70} 的 Gln437 和 Thr440 突变能抑制启动子区－12 位的突变，提示这两个氨基酸与－12 位碱基存在着相互作用（图 6.22）。大肠杆菌 σ^{70} 中的 Gln437 和 Thr440 对应于嗜热水生菌 σ^{A} 中的 Gin260 和 Asn263，所以我们预测这两个氨基酸靠近启动子的－12 位碱基。图 6.36（b）证实了部分预测。Gin260（绿色）确实靠近于－12 位碱基足以使两者发生接触。Asn263（也用绿色标识）却因与－12 位碱基相距较远而不能发生接触，但是微小的移动就能使两者足够靠近，这种移动在体内很容易发生。

大肠杆菌 σ^{70} 有三个高度保守的芳香族氨基酸残基［对应于嗜热水生菌 σ^{A} 的 Phe248（F248）、Tyr253（Y253）和 Trp256（W256）］参与了启动子区解链。在开放启动子复合体中，这些氨基酸可能在－10 框与非模板链结合。在 RF 复合体中，这些氨基酸［图 6.36（b）中黄绿色标识的氨基酸］确实与非模板单链发生相互作用。事实上，Trp256 所在的位置恰好利于与碱基对 12 发生堆积，碱基对 12 是紧邻－10 框解链区的碱基对。这样，Trp256 可代替－11 位的碱基对并有助于碱基对的熔解。

已知在 σ2.2 和 σ2.3 区有两个固定的碱性氨基酸残基（Arg237 和 Lys241）参与结合 DNA。图 6.36（b）解释了其中的原因：这两个氨基酸残基（蓝色）的位置恰好利于通过静电作用结合酸性 DNA 骨架，这种相互作用可能不具有序列特异性。

以前的研究表明，σ3 区参与结合 DNA，特别是与延伸（上游）－10 框的结合。确切地讲，σ3 区的 Glu281（E281）主要参与延伸－10 框的结合，而 His278（H278）参与一般 DNA 的结合。图 6.36b 所示结构与已发现的事实相符：Glu281 和 His278（σ3 区的红色阴影）外露于 α 螺旋、面向延伸－10 框（红色 DNA）的大沟。Glu281 可能靠近－13 位 T 并与之接触，His278 足够靠近延伸的－10 框，通过与非模板链的－17 位和－18 位碱基形成磷酸二酯键而发生非特异性相互作用。

在本章前面内容中我们了解到，$\sigma_{4.2}$ 区特异氨基酸残基有助于对启动子－35 框的结合，但令人奇怪的是，RF 结构并不能证实这些发现。特别是，－35 框与 $\sigma_{4.2}$ 相距约 6Å，而且 DNA 为必要的相互作用而弯曲。因为有关－35 框与 $\sigma_{4.2}$ 相互作用的证据如此充分，所以，Darst 及同事需要解释为什么他们获得的晶体结构并没有表现出这些相互作用的特征？研究者认为，RF 结构的－35 框在晶体堆积力作用下被推离了正常位置。这提示我们，晶体堆积力使分子或复合体在晶体中的形状不一定与其在体内的形状相同。

Darst 及同事还有其他研究人员的研究结果表明，在活性中心只有一个 Mg^{2+}，但是我们认为所有 DNA 聚合酶和 RNA 聚合酶所采用的机制都需要 2 个 Mg^{2+}。为此，Dmitry Vassylyev 及同事测定了分辨率为 2.6Å 的 *T. thermophilus* 聚合酶晶体结构，非对称晶体包含有两个聚合酶，其中一个聚合酶含有一个 Mg^{2+}，另一个聚合酶有两个 Mg^{2+}，后者可能是 RNA 聚合酶参与 RNA 合成的形式。这两个 Mg^{2+} 为相同的三个天冬氨酸侧链所拥有，该侧链已结合单个 Mg^{2+}。该互作网络的形成需要邻近水分子的参与。

小结　模拟开放启动子复合体特征的嗜热水生菌全酶-DNA 复合体晶体结构揭示了以下情况。第一，DNA 主要结合在 σ 因子上，这是启动子与 DNA 之间最为重要的相互作用；第二，预测的 $\sigma_{2.4}$ 区氨基酸与启动子－10 框的相互作用确实存在；第三，推测有三个高度保守的芳香族氨基酸参与了启动子的解链过程，它们确实处于执行这一功能的位置处；第四，预测 σ 因子有两个固定碱性氨基酸参与结合 DNA，这两个氨基酸确实处于执行这一功能的位置处。高分辨率的晶体结构显示，聚合酶含有两个 Mg^{2+}，与可能的催化机制相一致。

延伸复合体的结构　2007 年，Dmitry Vassylyev 及同事展示了分辨率为 2.5Å 的 *T. thermophilus* RNA 聚合酶延伸复合体的 X 射线晶体结构。该复合体含有 14bp 的下游双链 DNA 且被聚合酶解旋、9bp 的 RNA-DNA 杂交链、存在于 RNA 排出通道内的 7nt RNA 产物。该项工作获得数个重要的观察数据。

首先，β′亚基的一个缬氨酸残基插入到下游 DNA 的小沟内而产生两个重要后果：阻止 DNA 于聚合酶内前后滑动；引起 DNA 以螺旋式运动方式通过聚合酶（可看做如同驱动一个螺丝钉穿过一块金属上的螺纹孔，由于金属螺纹位于螺丝钉螺纹之间，所以必须旋转螺丝钉才能使之穿入或旋出螺纹孔），本章后面将阐释该内容。单亚基的 T7 RNA 聚合酶（第 8 章）、多亚基的酵母聚合酶（第 10 章）均有类似的氨基酸残基，可能与 *T. thermophilus* β′亚基的缬氨酸残基作用相同。

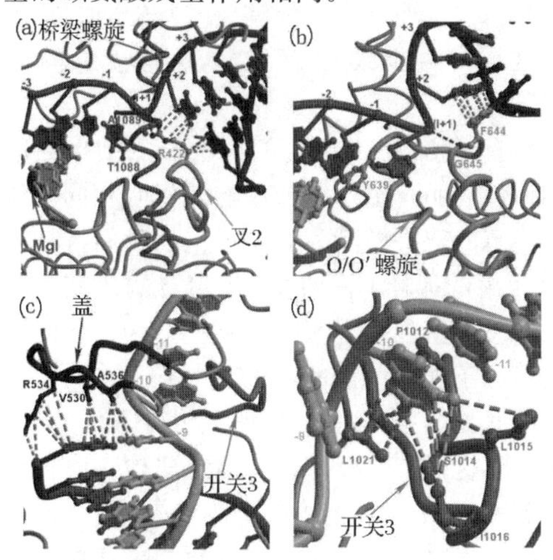

图 6.37　DNA 及 RNA-DNA 杂交分子内的链分离。(a) 下游 DNA 在 *T. thermophilus* 聚合酶内发生链分离。注意 R422（绿色）与模板核苷酸磷酸及＋2 碱基对间的相互作用。在图面中，深蓝色表示极性作用，蓝绿色虚线表示范德华作用。**(b)** 下游 DNA 在 T7 聚合酶内发生链分离。注意 F644（绿色）与模板核苷酸磷酸及＋2 碱基对间的相互作用。**(c)** RNA-DNA 杂合链在 *T. thermophilus* 聚合酶内分离。注意 3 个氨基酸在β′盖（蓝色）与－9 碱基对上的堆积、第一个 RNA 置换碱基（－10，浅绿色）与β开关 3 环（橙黄色）的相互作用。**(d)** 第一个 RNA 置换碱基（－10）β开关 3 环（橙黄色）内 5 个氨基酸的相互作用。（*Source*：Reprinted by permission from Macmillan Publishers Ltd：*Nature*，448，157-162，20 June 2007. Vassylyev et al，Structural basis for transcription elongation by bacterial RNA polymerase. © 2007.）

其次，如图 6.37（a）所示，包括＋2 碱基对在内的下游 DNA 为双链结构，新核苷酸添加到＋1 位，这意味着只有一个碱基对（＋1 位）被熔解，用于同新加入的核苷酸配对，因此每次只有一个核苷酸特异地结合到复合体上。图 6.37（a）还显示，β亚基的一个氨基酸被置于一个关键的位置，核苷酸恰在此位置被添加到生长的 RNA 链上，该氨基酸为β叉 2 环的 A422，与模板链＋1 核苷酸的磷酸形成氢键，并与＋2 碱基对的两个碱基发生范德华力作用。T7 聚合酶延伸复合体的 Phe644 处于同样的位置上［图 6.37（b）］。靠近活性位点、与关键核苷酸的相互作用表明，这些氨基酸在塑造正确底物识别的活性位点过程中发挥关键作用。如果情况确实如此，那么突变这些氨基酸将会降低转录的准确性。的确，T7 聚合酶的 Phe644（或 Gly645）突变为丙氨酸会降低转录的忠实性（fidelity）。在该研究结果发表之时，细菌聚合酶 Arg422 的突变效应未被查验。

再次，与以前的生物化学研究结论一致，聚合酶可容纳 9bp 的 RNA-DNA 杂交分子。此外，在杂交分子的末端，β′盖的系列氨基酸（Val530、Arg534 和 Ala536）堆积在－9 碱基对上，稳定杂交分子并阻止形成更多的碱基对［图 6.37（c）］。因此，这些相互作用显然影响 RNA－DNA 杂交分子末端链的分离。多项实验结果表明，杂交分子的长度为 8～10bp，β′盖拥有足够的可塑性以应对杂交分子长度的易变性。但是其他因素也会限定杂交分子的长度，一是两条 DNA 单链再退火的倾向；二是在开关 3 即β环的疏水性口袋内捕获第一个 RNA 置换碱基(－10)［图 6.37（c）］。此口袋内的 5 个氨基酸与 RNA 置换碱基发生范德华作用［图 6.37（b）］，以稳定这种置换。

最后，排出通道内的 RNA 产物扭转形成半个 A 型双链 RNA 形状，这样，RNA 可形成发夹结构而引起转录暂停甚至终止（本章后部分及第 8 章）。由于结构研究未涉及发夹形式的 RNA，所以我们无法确切了解排出通道如何容纳发夹 RNA。然而，Vassylyev 及同事提出了排出通道内发夹 RNA 的容纳模型，指出只要稍微改变蛋白质结构即可完成容纳。实际上，RNA 发夹装配在核心酶上的方式如同起始复合体中 σ 因子与核心酶的装配。

Vassylyev 及同事单独研究了延伸复合体的结构，该复合体包括不能被水解的底物类似物腺苷-5′-［（α，β）-亚甲基］-三磷酸（AMPcPP），即 ATP 的 α-磷酸与 β-磷酸间的氢被甲亚基（CH_2）取代。此键在 AMPcPP 添加到生长的 RNA 链时断裂，所以该底物类似物可与催化位点结合并保持位点的结构不变。在延伸抑制剂利迪链菌素有或无时，研究者观察了含有 AMPcPP 延伸复合体的结构，通过比较获得了有关底物如何通过两步过程（two-step process）与酶连接的令人感兴趣的信息。

缺少利迪链菌素时，启动环（trigger loop）（β′亚基的第 1221～1266 位残基）完全折叠成两个 α 螺旋，中间为一个短环［图 6.38（a）］。该结构以生产方式将底物引入活性位点，并与两个金属离子（本例为 Mg^{2+}）足够靠近，协同作用形成磷酸二酯键，从而将底物加入到生长的 RNA 链中。对多种 RNA 和 DNA 聚合酶（第 10 章）研究表明，两个金属离子参与磷酸二酯键的形成，其中之一永久地结合在活性中心，而另一个则以穿梭方式结合在 NTP 底物的 β-磷酸或 γ-磷酸上。一旦底物添加到正在生长的 RNA 链上，第二金属离子团结合在副产物无机焦磷酸（来自底物的 β-磷酸或 γ-磷酸）上而脱离。

相反，利迪链菌素存在时，抗生素迫使启动环构象改变：两个 α 螺旋发生某种程度的解旋而在其间形成较大的环，进而改变底物与活性位点结合的方式：底物的碱基与糖的结合方式大体相同，但携带催化作用必需的金属离子的三磷酸部分外展而略微远离活性位点［图 6.38（b）］，所以催化反应不可能发生，从而解释了利迪链菌素抑制转录延伸的原因。

Vassylyev 及同事得出的结论是利用利迪链霉素揭示出延伸复合体的两种状态与两种自然状态一致：**前插入状态**（preinsertion state）（有抗生素的状态）和**插入状态**（insertion state）（无抗生素的状态）。底物可能首先以前插入状态［图 6.38（b）］结合，便于聚合酶在底物切换到插入状态［图 6.38（a）］前查验碱基配对及糖（戊糖对脱氧戊糖）是否正确。在

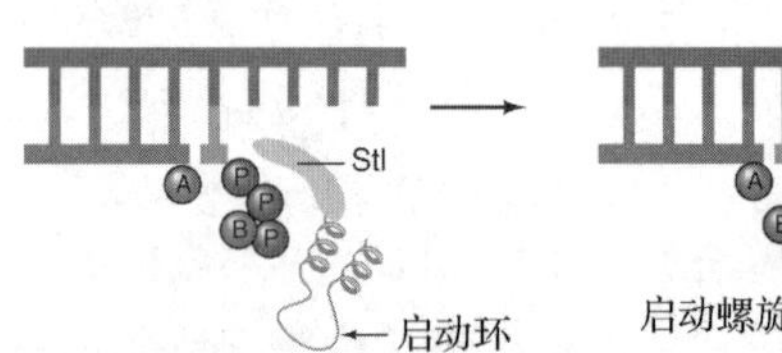

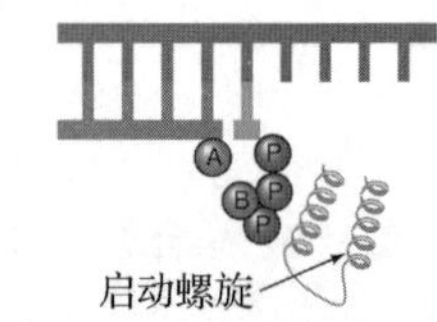

图 6.38 RNA 合成过程中核苷酸插入的两步模型。（a）插入前状态。该状态可能是体内本来的第一个步骤，但是在外可被抗生素利迪链菌素所固定。利迪链菌素（黄色）迫使启动环脱离靠近活性位点的正常位置，相应地可允许新加入核苷酸（橙黄色，带有紫色三磷酸）的三磷酸部分远离活性位点（被扩大）。第二个金属离子（金属 B）与新加入核苷酸 β-磷酸或 γ-磷酸相连，是催化作用所必需的，但与参与催化反应的金属 A 相距太远。（b）插入状态。无利迪链菌素存在，启动环折叠成启动环而靠近活性位点，允许新加入核苷酸的三磷酸及结合的金属 B 靠近处于活性位点的金属 A。在核苷酸插入到生长 RNA 链的过程中，这种重排促使两个金属离子协同作用。

插入状态再次检查底物与模板碱基配对的正确性。这样，两步模型有助于解释转录的忠实性。

所有生物 RNA 聚合酶活性位点结构的巨大相似性表明，生物添加底物的机制相同，包括刚讲解的双态模型。然而，正如我们将在第 10 章了解的那样，酵母 RNA 聚合酶研究者描述的双态模型包括进入态（entry state），但它完全不同于现在所说的前插入状态。“进入位点”的底物与插入状态的底物相比方位颠倒。显然，以这样的位置，聚合酶无法检查底物与模板碱基配对是否正确。Vassylyev 及同事并不怀疑进入位点的存在，但推断如果存在进入位点，那它一定代表底物进入的第三种状态且一定发生在前插入状态之前。

小结 对包括 *T. thermophilus* RNA 聚合酶延伸复合体结构的研究揭示出如下特征：β′亚基的一个缬氨酸残基插入到下游 DNA 的小沟内，在此位置阻止 DNA 滑动；诱导 DNA 以螺旋式运动方式通过聚合酶。只有一个碱基对（+1 位）被熔解，与新进入的核苷酸进行碱基配对，每次只有一个核苷酸特异地结合到复合体上。几种约束力会限制 RNA-DNA 杂交分子的长度，其中之一

是容纳杂交分子的聚合酶洞穴长度；另一个因素是位于洞穴末端的疏水性口袋，能捕获从杂交分子中置换出的第一个 RNA 碱基。排出通道内的 RNA 产物形成半个双螺旋形状的双链 RNA，如此，RNA 可形成引起转录暂停甚至终止的发夹结构。通过对结合无活性底物类似物和抗生素利迪链菌素的酶结构研究，发现底物前插入状态无催化活性，但是可以检查底物的正确性。

延伸的拓扑学 当核心酶沿 DNA 模板移动时，能否维持转录起始阶段形成的局部解链区？常识告诉我们，核心酶应该维持局部解链区的存在，这有助于 RNA 聚合酶阅读模板链上的碱基，从而将正确的核苷酸加入到正在延伸的转录物上。实验证明情况确实如此。Jean-Marie Saucier 和 James Wang 将核苷酸加入到开放启动子复合体中，使聚合酶在延伸 RNA 链时能沿 DNA 向下移动。结果发现，在延伸过程中保持相同的熔解程度，而且，聚合酶-DNA 复合体的晶体结构清楚地显示，DNA 的两条单链从全酶中两条分开的通道穿过，由此推测，在延伸过程中核心酶会维持这一状态。

本章介绍的转录模型其静态特征会引起某种误导。如果将转录看成是一个动态过程，我们就可观察到 DNA 双螺旋会在移动的"转录泡"前面解旋，而又在"转录泡"后面重新缔合。从理论上讲，RNA 聚合酶能以两种方式完成此过程，如图 6.39 所示。方式之一是在转录过程中，聚合酶和正在生长的 RNA 链围绕 DNA 模板旋转，而双螺旋 DNA 处于正常的扭曲状态［图 6.39（a)］。这种方式虽然能使 DNA 不发生任何扭曲，但需要大量的能量，以便使聚合酶不断旋转，然后核心酶脱离转录物，使转录物不得不缠绕在 DNA 模板上，再由未知的酶解离。

另一种可能是聚合酶直线移动，前面的模板 DNA 朝一个方向旋转使双链解开，后面的模板 DNA 以相反方向旋转重新形成双螺旋［图 6.39（b)］。但是，这种旋转会在 DNA 分子中引入张力。为形象地说明这个问题，想像一下电话线的解旋，如果有电话线你不妨试一试，你可以感受到（或想象到）因电话线不断

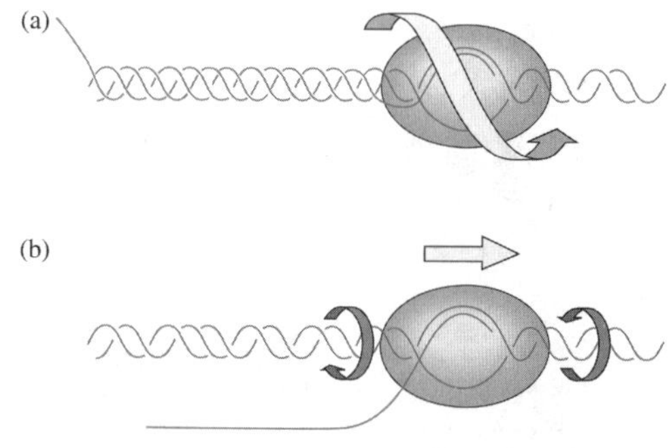

图 6.39 有关双链 DNA 转录拓扑学的两种假说。 **(a)** RNA 聚合酶（粉色）绕双螺旋 DNA 链旋转前移，如黄色箭头所示，从而避免 DNA 分子产生张力，但 RNA 产物（红色）也必须绕 DNA 模板旋转。**(b)** 如黄色箭头所指，RNA 聚合酶直线移动，避免 RNA 产物（红色）绕 DNA 模板旋转。但这要求随着聚合酶的迁移，前方 DNA 双螺旋解旋，后方单链 DNA 重新缔合成双螺旋结构，如绿色箭头所指。由此引入的张力必须由拓扑异构酶释放。

解旋而遇到的张力。而且，如果你试图将电话线缠绕得比其自然状态更紧时，也会感到阻力。确实，解链区一端的 DNA 重旋会产生反向补偿扭曲而使另一端解旋，但是，位于两端间的聚合酶可使这种补偿不能通过解链区传递，环形染色体 DNA 的长跨度也隔离了解链区的两端使其不能互相补偿。

因此，如果第二种延伸机制正确有效，我们就必须解释因 DNA 解旋而产生的张力应如何释放。在第 20 章讨论 DNA 复制时将了解到，**拓扑异构酶**（topoisomerase）能引起 DNA 链的瞬间断裂，从而释放这种张力。我们将会看到双螺旋 DNA 扭曲产生的张力会引起螺旋的缠绕，如同扭曲的橡皮筋，这个过程称为**超螺旋化**（supercoiling），超螺旋化 DNA 称为**超螺旋**（supercoil 或 superhelix）。因聚合酶前行而产生的解旋会引起解旋区前方的 DNA 发生补偿性过旋（compensating overwinding）（补偿性过旋是指使缠绕的电话线解旋变得困难的旋转）。习惯上，由过旋产生的超螺旋称为正超螺旋（positive supercoil）。因此，在前行聚合酶前方会产生正超螺旋；相反，在前行聚合酶后方会产生负超螺旋（negative supercoil）。

该转录模型的直接证据来自拓扑异构酶突变体，该突变体不能释放超螺旋。如果突变体不能释放正超螺旋，那么正超螺旋就会在正被转录的DNA分子中积累。此外，不能释放负超螺旋的拓扑异构酶突变体在转录过程会积聚负超螺旋。

小结 当RNA聚合酶沿DNA模板移动时，转录延伸涉及核苷酸的多聚化。伴随着聚合酶的移动，它会使DNA模板维持一段短的解链区。行进的RNA聚合酶前方的DNA解旋，而其后面的DNA又重新聚合，由此在DNA分子内引入的张力通过拓扑异构酶加以释放。

暂停与校正 延伸过程并非始终如一，在RNA链延伸过程中，聚合酶时常发生暂时停顿，有时还会倒退。在21℃和1mmol/L NTP的体外条件下，细菌系统的暂停时间非常短暂，通常只有1～6 s，但多次重复性暂停会极大地延缓转录的整体速率。暂停具有重要的生理学意义，至少有两个方面的原因：首先，使较慢的翻译过程能够与转录过程保持步调一致，如果翻译失败，那么暂停对于衰减作用（第7章）、中断转录等十分重要；其次，暂停是转录终止的第一步，相关内容将在本章后面介绍。

有时，聚合酶会发生倒退，使正在生长的转录物的3′端伸出酶的活性位点，这不仅仅是一个放大的暂停过程。其一，该过程持续的时间超过20s，直至变为不可逆转的停止。其二，该过程只在特定条件下发生，即核苷酸浓度很低或聚合酶将错误的核苷酸加入到生长的RNA链中。就后一种情况而言，倒退是校正过程的一部分，这需要辅助蛋白GreA和GreB激活聚合酶固有的RNase活性，切除生长RNA链的末端，去除错配的核苷酸，重新恢复转录。GreA切割后产生长度为2～3nt的短RNA末端片段，能够阻止但不能逆转转录停止；GreB切割后产生长度达18nt的RNA末端片段，能够逆转转录停止。第11章详尽地讨论了真核生物的类似校正机制。

校正模型的复杂性之一是，在体内辅助蛋白不是必需的，并已经预测mRNA校正对生命而言十分重要。2006年，Nicolay Zenkin及同事提出了与此矛盾的解释：初生RNA显然参与了自身的校正。

Zenkin及同事将RNA聚合酶、RNA及与该RNA完全互补配对或在3′端错配的单链DNA片段混合，构成模拟的延伸复合体。当加入Mg^{2+}后，研究者观察到错配的RNA从3′端丢失一个二核苷酸，包括错配的核苷酸和倒数第二个（next-to-last）核苷酸，正确配对的RNA不会发生这种校正。两个核苷酸丢失的事实表明，在错配复合体内聚合酶倒退一个核苷酸，进而揭示了RNA辅助校正的化学基础：在倒退复合体内，与模板DNA错配的核苷酸具有足够的柔韧性而向后弯曲，并与结合在酶活性位点的金属Ⅱ接触，由于金属Ⅱ可能参与酶的RNase活性，所以可促进磷酸二酯键断裂。另外，错配核苷酸面向水分子，使其成为强亲和试剂（nucleophile），进而攻击末端二核苷酸与RNA其余部分间的磷酸二酯键。这两点有助于解释错配RNA而不是正确配对RNA可促进自我切割的原因。

小结 在延伸过程中，RNA聚合酶时常发生暂时停顿或倒退，暂停使核糖体与RNA聚合酶保持步调一致，也是转录终止的第一步。倒退使RNA的3′端伸出聚合酶而有助于校正，在此处，辅助蛋白激活聚合酶固有的核酸酶活性而切除错配的核苷酸，即使没有这些辅助因子，聚合酶也能执行校正功能：初生RNA末端错配核苷酸通过与金属Ⅱ和水分子这两个关键元件接触而在校正过程中发挥重要作用。

6.5 转录的终止

当RNA聚合酶到达基因末端的**终止子**（terminator）序列时，就从DNA模板上脱离，释放出RNA链。*E. coli*细胞内有两类数目大致相同的终止子。第一类称为**内源性终止子**（intrinsic terminator），无需其他蛋白质的帮助自身就能与RNA聚合酶发生作用；第二类终止子需要辅助因子rho（ρ），称为rho依赖型终止子（rho-dependent terminator）。下面将了解这两种系统的转录终止机制，首先从较为简单的内在终止子开始。

Rho 非依赖型终止

Rho 非依赖型终止或内源性终止取决于终止子序列中的两个元件：反向重复序列和紧随其后的一段基因非模板链上富含 T 碱基的序列。在本节后面，我们将学习一个依赖于 RNA 转录物中"发夹"结构的终止模型，该发夹结构 RNA 转录物中反向重复序列形成。在学习该模型之前，我们首先了解反向重复序列是如何使转录物形成发夹结构的。

反向重复序列与发夹结构 设想有以下重复序列：

5′-TACGAAGTTCGTA-3′
•
3′-ATGCTTCAAGCAT-5′

该序列为中心对称，其中心用圆点标出。如果在纸平面内将序列旋转 180°，并总是按 5′→ 3′方向从左向右阅读，则阅读出的序列无任何改变。其转录物序列为：

UACGAAGUUCGUA

该序列围绕其中心（下划线 G）自身互补，即自身互补碱基能够配对形成下列发夹结构：

```
U • A
A • U
C • G
G • C
A • U
 A U
  G
```

由于受 RNA 转角的物理限制，位于发夹顶端的 A 和 U 不能形成碱基对。

内源性终止子的结构 *E. coli* 的 *trp* 操纵子（第 7 章）含有一段被称为衰减子（attenuator）的 DNA 序列，可引起转录的提前终止。*trp* 衰减子包含的两个元件（一段反向重复序列和位于非模板链上的富含 T 序列）可能是内在终止子的关键部分。因此，Peggy Farnham 和 Terry Platt 将衰减作用作为正常终止的实验模型。

trp 衰减子的反向重复序列并不完美，但其长度仍可能达到 8bp。其中 7 个强 G-C 碱基对，G 和 C 通过 3 个氢键而形成碱基对。反向重复序列形成的发夹结构如下：

```
  A • U
  G • C
  C • G
  C • G
  C • G
  G • C
  C • G\
        A
  C • G/
U       U
  A   A
```

值得注意的是，U-U 和 A-A 不能形成碱基对，故在发夹结构形成一个小环。此外，茎右侧的一个 A 不得不被环出，从而使茎长为 8bp 而不是 7bp，但发夹结构仍能形成且相对稳定。

Farnham 和 Platt 提出了如下推测：当衰减子富含 T 区被转录后，DNA 模板链的 A 与 RNA 产物的 U 形成 8 个 A-U 碱基对，rU-dA 碱基对间结合非常弱，其熔解温度要比 rU-rA 或 dT-rA 碱基对的熔解温度低 20℃。由此，RNA 聚合酶在终止子处发生暂停时，结合较弱的 rU-dA 碱基对使 RNA 与 DNA 模板解离，导致转录终止。

什么证据可支持该模型？如果发夹和成串的 rU-dA 碱基对在 *trp* 衰减子中确实很重要，那么我们就可以推测，改变碱基序列、破坏任意一个碱基对都会损害衰减作用。Farnham 和 Platt 设计了如图 6.40 所示的实验方案，以此在体外分析衰减作用。研究者首先在体外转录含 *trp* 衰减子序列的 *Hpa* Ⅱ限制酶酶切片段，如果存在衰减作用，转录就会在衰减子处终止，产生短（140 nt）的转录物；如果转录未在衰减子处终止，RNA 聚合酶继续转录直至片段末端，则合成长度为 260nt 的截断转录物（run-off transcript）。通过凝胶电泳很容易将这两种转录物分开。

当研究者把终止子非模板链上由 8 个 T 组成的串联序列更改为 TTTTGCAA 时，得到突变体 *trp* α1419，其衰减作用减弱。这与较弱的 rU-dA 碱基对是终止关键的假设相一致，因为突变体中有一半 rU-dA 碱基对被更强的碱基对

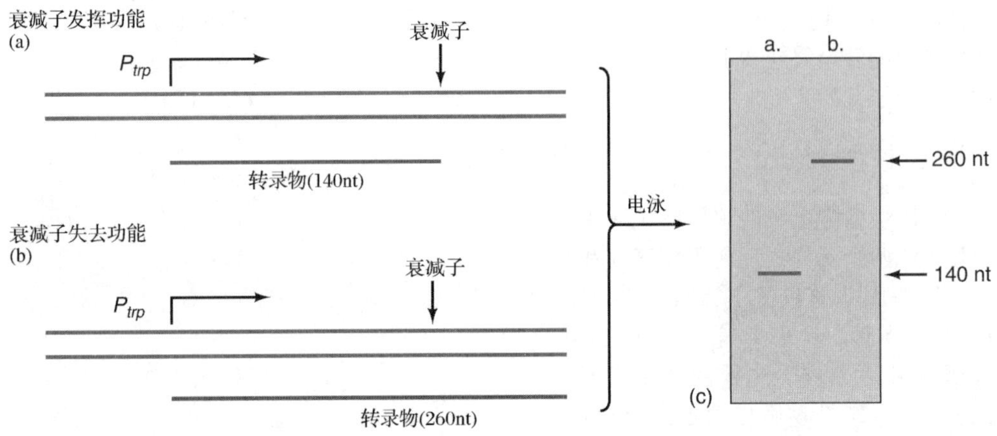

图 6.40 衰减作用分析。(a) 当含有 *trp* 启动子和衰减子的 DNA 片段在衰减子发挥作用情况下，RNA 转录就会在衰减子处停止，产生长度为 140nt 的转录物（红色）。**(b)** 在衰减子不发挥作用时，同一 DNA 模板在相同条件下转录形成长度为 260nt 的截断转录物（绿色）。**(c)** 两种不同反应合成的转录物很容易通过凝胶电泳加以区分，以此判断不同条件下衰减子是否会发挥作用。

取代，引起衰减作用的弱化。

此外，通过体外反应，使碘-CTP 核苷酸（I-CTP）取代正常的 CTP，突变效应可被逆转。最可能的解释是，一方面，G 与碘-C 的配对比 G 与 C 配对更强，使富含 GC 碱基对的发夹结构因 I-CMP 的存在而更加稳定，该效应抵消了发夹之后区域中损失的弱碱基对；另一方面，GMP 类似物次黄鸟嘌呤核苷酸（inosin monophosphat，IMP）会减弱发夹结构内的碱基配对能力，因为 I-C 碱基对是通过两个氢键结合在一起的，弱于通过三个氢键结合在一起的 G-C 碱基对。可以确信的是，在转录反应中，ITP 取代 GTP 后可弱化衰减子的转录终止作用。因此，所有这些效应都与如下假设相一致：转录物的发夹结构和一连串 U 都对转录终止十分重要。然而，研究者未能分辨这些 RNA 元件在转录暂停和终止中的作用。

小结 以 *trp* 衰减子为终止子实验模型，Farnham 和 Platt 发现内在终止子有两个重要特征：①具有使转录物末端形成发夹结构的反向重复序列；②非模板链上的一串 U，通过形成一串较弱的 rU-dA 碱基对而将 DNA 模板与 RNA 产物结合在一起。

终止模型 关于发夹结构和串联的 rU-dA 碱基对在转录终止中的作用机制有几个假说。有两条重要的线索可以帮助我们缩小假设的范围。第一，发夹结构使人为停止（不在 rU-dA 碱基对处）的延伸复合体不稳定；第二，缺失一半重复序列的终止子即使未能形成发夹结构，仍能使转录在串联的 rU-dA 碱基对处停止。由此推导出如下一般性假设：rU-dA 碱基对引起 RNA 聚合酶的停顿，为发夹结构的形成提供了可能，而发夹结构的形成又使 DNA 模板与 RNA 产物间原本就较弱的 rU-dA 碱基配对变得更加不稳定。稳定性降低的结果是导致 RNA 与模板分离，转录终止。

1999 年，W. S. Yarnell 和 Jeffrey Roberts 对这一假设提出了改进，如图 6.41 所示。该模型提出，当 RNA 聚合酶在终止子处发生停顿时，RNA 退出聚合酶的活性位点。其原因可能是聚合酶在新形成的发夹结构帮助下将 RNA 牵出活性位点，也可能是 RNA 聚合酶继续向下游移动但并不延伸 RNA 产物，从而将 RNA 甩在其后。为证实这一假设，Yarnell 和 Roberts 在实验中使用了在强启动子下游具有两个突变终止子（ΔtR2 和 Δt82）的 DNA 模板。这些终止子在非模板链上有富含 T 的区域，但只有一半的反向重复序列，因而也就不能形成发夹结构。为补偿发夹结构的功能，研究者添加了能与半反向重复序列互补的寡核苷酸链，理由是，寡核苷酸能与转录物进行碱基互补配对，从而恢复发夹结构的功能。

为检验这一设想，研究者将模板吸附在磁珠上，通过离心可方便地从复合体中除去模

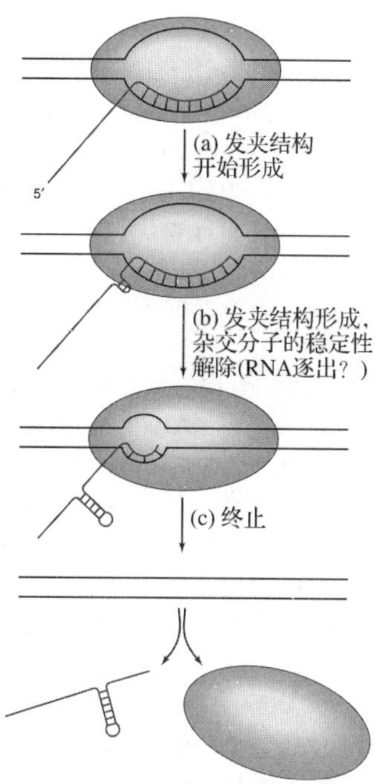

图 6.41　内源型终止子的终止模型。(a) RNA 聚合酶在连续排列的弱 rU-dA 碱基对处停顿，RNA 链在 rU-dA 碱基对上游开始形成发夹结构。**(b)** 发夹结构形成后，进一步降低了 RNA-DNA 杂交分子的稳定性。不稳定性表现为以下几种形式：形成的发夹结构使转录物退出 RNA 聚合酶，引发转录泡解体；或相反，形成的发夹结构引起转录泡解体，使 RNA 从杂交分子中释放出来。**(c)** RNA 产物与聚合酶完全从 DNA 模板上解离下来，转录终止。

板。在适宜的寡核苷酸存在或不存在的条件下，用 *E. coli* RNA 聚合酶体外合成标记 RNA。最后，通过磁性吸附除去模板，获得沉淀，将沉淀和上清液进行电泳，放射自显影检测 RNA 片段。

图 6.42 为实验结果。泳道 1～6 无寡核苷酸存在，因此只有少量不完整 RNA 产物被释放到上清液中（泳道 1、3、5 存在弱 ΔtR2 和 Δt82 标记条带）。然而，在两个终止子处确实发生了停顿，特别是短时间的停顿（泳道 2、4、6 中出现较强条带），这明显表明停顿无需发夹结构，尽管发夹结构对于转录物的有效释放是必需的。在泳道 7～9 中，Yarnell 和 Roberts 用寡核苷酸（t19）互补 ΔtR2 终止子内的下游半反向重复序列，显然，如放射自显影结果所示，该寡核苷酸促进了在突变终止子处发生的终止，黑色条带表示释放到上清液中的标记 RNA，该标记 RNA 的大小与在野生型终止子处释放出的 RNA 完全相同。用与 Δt82 终止子内下游半反向重复序列互补的寡核苷酸（t18）也得到了类似的结果。

为进一步验证寡核苷酸与半反向重复序列之间碱基配对的重要性，研究者将寡核苷酸 t19 的一个碱基突变而得到寡核苷酸 t19H1。泳道 13 显示，寡核苷酸的这一改变引起了 ΔtR2 终止作用的显著降低。然后对 ΔtR2 进行补偿突变，再次检验 t19H1 的作用。泳道 14 显示补偿突变恢复了 ΔtR2 的强终止作用，由于该模板有野生型 Δt82 终止子，所以也有大量终止在此发生。泳道 15 和 16 是无寡核苷酸 t19H1 的阴性对照。正如预期的那样，在终止子 ΔtR2 处很少发生终止。

综上所述，这些研究结果表明，发夹结构本身并不是终止所必需的，转录产物与下游半重复序列的碱基配对是发生终止所必需的，通过这种碱基配对来破坏 RNA-DNA 杂交分子的稳定性。而且，如果人为地使转录过程缓慢行进，那么富含 T 的区域也不是必要的。Yarnell 和 Roberts 使聚合酶停留在一个既不位于反向重复序列也不位于富含 T 区域内的位点处，通过洗除核苷酸而确保聚合酶停留在此位点。然后，加入与人为停留位点上游序列配对的寡核苷酸，在这些条件下，观察到有初生 RNA 的释放。

NusA 蛋白也能促进终止，该蛋白质促进发夹结构在终止子处形成。2001 年，Ivan Gusarow 和 Evgeny Nudler 指出了这个模型的实质：转录物在形成发夹结构序列的上游具有核心聚合酶的部分结合位点，即**上游结合位点**（upstream binding site，**UBS**），当 RNA 聚合酶与 UBS 结合后，会减缓发夹结构的形成，不利于转录终止。而 NusA 蛋白松弛 RNA 聚合酶与 UBS 间的结合，因此，NusA 蛋白促进发夹结构形成，因而也就具有促进转录终止的作用。第 8 章将详细讨论 NusA 蛋白及其发挥功能的模式，阐述上述模型的证据。

小结　细菌终止子的特征使其具有双重性作用：①与转录物间某种方式的碱基配对会降低 RNA-DNA 杂交分子的稳定性；②引起转录停顿。正常的内在终止子通过促使转录物形成发夹而满足第一个条件，通过在发夹下游形成一连串 U 而满足第二个条件。

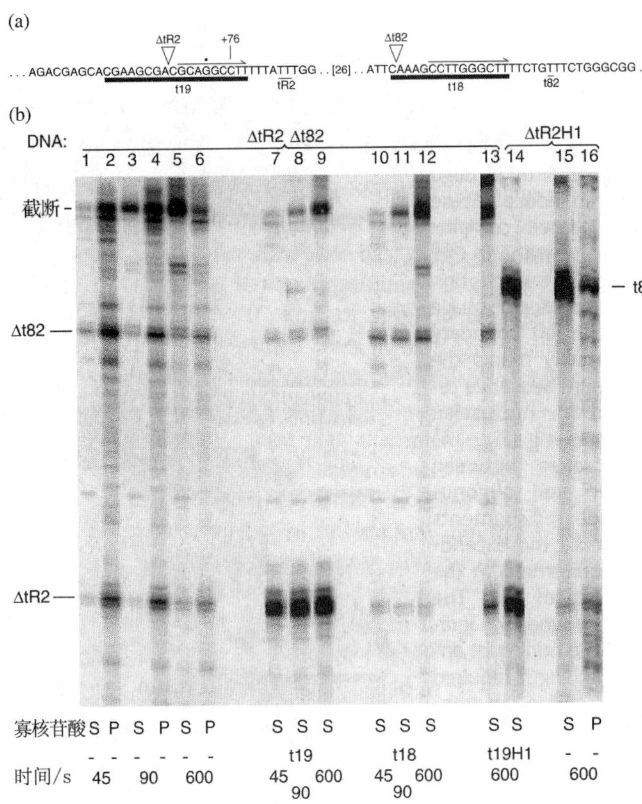

图 6.42 寡核苷酸与突变终止子的互补使转录物从延伸复合体中释放出来。(a) 实验中所用模板示意图。强启动子的下游有两个突变的终止子 ΔtR2 和 Δt82。两个终止子的正常终止位点用细下划线标出，粗线所示区域与寡核苷酸（t19 和 t18）互补，右向箭头表示突变终止子中保留的半反向重复序列，圆点表示 t19H1 寡核苷酸突变的碱基，作为 DNA 模板的补偿性突变。吸附在磁珠的 DNA 模板通过离心很容易地从溶液中去除。**(b)** 实验结果。Yarnell 和 Roberts 以图（a）所示模板合成标记 RNA，泳道 1～6、15 和 16 无寡核苷酸；泳道 7～9 有 t19 寡核苷酸；泳道 10～12 有 t18 寡核苷酸；泳道 13、14 有 t19H1 寡核苷酸。按图底部所示时间进行转录，离心除去模板及吸附的 RNA，对沉淀（P）及上清液（S）（底部所示）中的标记 RNA 进行电泳并放射自显影，截断转录物及在终止子 ΔtR2 和 Δt82 处终止的转录物在凝胶中的位置如图左侧所示。[*Source*：(*a*～*b*) Yarnell W. S. and Roberts J. W. Mechanism of intrinsic transcription termination and antitermination. *Science* 284 (23 April 1999) 611-612. © AAAS.]

Rho 依赖型终止

Jeffrey Roberts 发现蛋白质 rho 可显著降低 RNA 聚合酶体外转录某些噬菌体 DNA 的能力，其结果导致转录的终止。rho 无论何时引发转录终止，RNA 聚合酶必须重新起始转录。由于转录起始是一个耗时过程，因此发生的净转录（net transcription）很少。为确定 rho 蛋白是一个真正的终止因子，Roberts 开展了以下实验。

Rho 影响链的延伸但不影响起始 正如 Travers 和 Burgess 用 [γ-^{32}P] ATP 和 [^{14}C] ATP 分别检测 RNA 合成的起始和延伸一样，Roberts 用 [γ-^{32}P] GTP 和 [^{3}H] UTP 进行相同目的的实验。在逐渐增加 rho 浓度及两种标记核苷酸存在的条件下，Roberts 开展体外转录实验，图 6.43 是实验结果。可以看到 rho 对转录起始几乎没有影响，如果有影响，则转录的起始速率就会上升，但 rho 却引起总 RNA 合成的显著下降。这与 rho 因子终止转录、重新启动耗时的起始过程的观点相一致。这一假说推测，rho 引起较短转录物的合成。

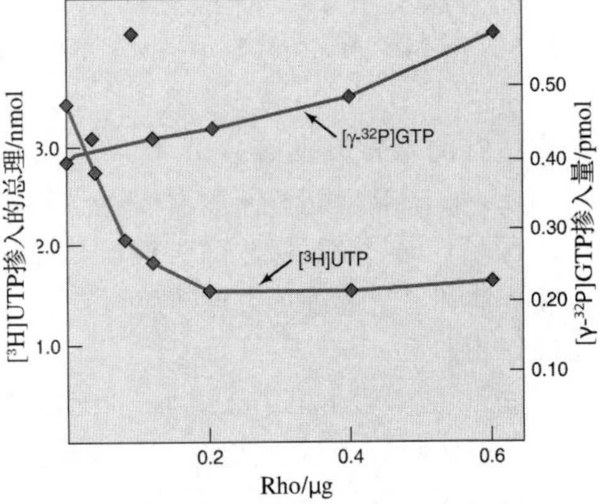

图 6.43 Rho 因子降低 RNA 的净合成率。在不断增加 rho 因子浓度的条件下，Roberts 用*E. coli* RNA 聚合酶转录 λ DNA，用 [γ-^{32}P] GTP 标记转录起始（红色），用 [^{3}H] UTP 标记转录延伸（绿色）。Rho 因子降低了转录延伸的速率，但不影响转录起始。(*Source*：Adapted from Roberts，J. W. Termination factor for RNA synthesis，*Nature* 224：1168-1174，1969.)

Rho 引起短转录物的合成 用凝胶电泳或 1969 年 Roberts 在实验中使用的超速离心方法可相对容易地测定 RNA 转录物的大小，但只根据短转录物的存在还不足以得出 rho 因子引起转录终止的结论，因为 rho 因子也许只是一种 RNase，可将长转录物切割成小片段。

为排除 rho 只有核酸酶活性的可能性，Roberts 首先在无 rho 情况下用^{3}H 标记 λ RNA，然后将相对较大的 RNA 片段加入到含 rho 的新反应体系中，^{14}C-UTP 作为标记 RNA 前体。最后用超速离心法测量^{14}C-和^{3}H-标记的 λ RNA 大小，图 6.44 是实验结果。连续曲线显示^{3}H-RNA 的大小没有区别，即使在第二个反应中与 rho 因子共同温育，其大小也没有变化，说明 rho 因子无核酸酶活性。但是，在 rho 存在情况下合成的^{14}C-RNA［图 6.45（b）中的红色曲线］明显短于无 rho 时合成的^{14}C-RNA。所以，rho 能引起较小 RNA 的合成，再次证明了 rho 在转录终止中的作用。无 rho 时转录物会延伸至非正常的长度。

Rho 从 DNA 模板上释放转录产物 最后，Roberts 用超速离心法分析了在 rho 存在与不存在条件下 RNA 产物的沉降性质。没有 rho 时，RNA 产物与 DNA 模板共沉淀［图 6.45（a)］，表明该转录物未从其结合的 DNA 上释放出来。相反，有 rho 时，合成的转录物［图 6.45（b)］的沉降速率很低，不与 DNA 模板共沉淀。因此，rho 似乎能将 RNA 转录物从 DNA 模板上释放出来。事实上，rho（希腊字母 ρ）代表“释放”。

Rho 因子的作用机制 Rho 因子如何执行功能？我们知道，rho 能与 RNA 上的 **rho 装载位点**（rho loading site）或 **rho 利用位点**［rho utilization（*rut*）site］结合，rho 的 ATPase 活性提供能量驱动自身沿 RNA 移动，相应地提出了一个模型：rho 与初生 RNA 结合，紧随聚合酶之后按 5′→3′方向沿 RNA 移动，直至 RNA 发夹形成、聚合酶在终止子区停顿，rho 追赶上来，释放出转录物。为证实该假设，1987 年，Terry Platt 及同事研究表明，rho 具有 RNA—DNA 解旋酶活性，所以，当 rho 与停留在终止子处的 RNA 聚合酶相遇后，就可在转录泡内将 RNA-DNA 解旋，从而释放出转录物，实现转录终止。

2010 年，Evgeny Nudler 及同事提出证据，证明这个吸引人的假说可能是错误的。研究者用本章前面描述的转录步移法，以 His_6 标记镍珠上的 rho。实验发现，被镍珠挡住的**延伸复合体**（elongation complexe，**EC**）中

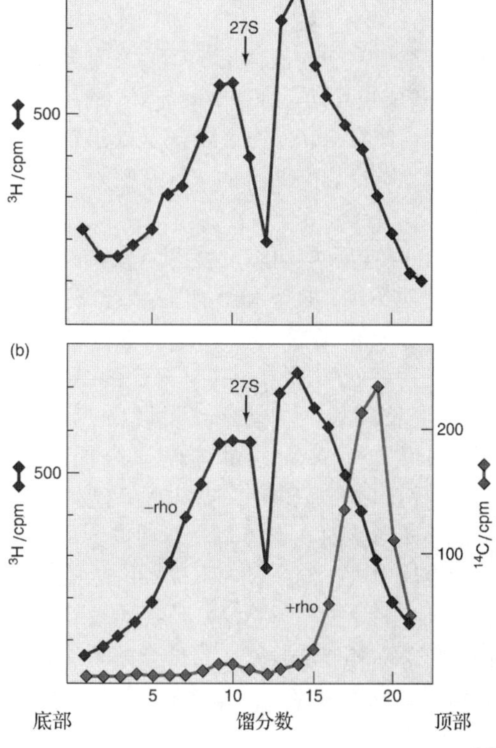

图 6.44 Rho 因子降低 RNA 产物的大小。(a) 在 rho 因子不存在的条件下，Roberts 用 *E. coli* RNA 聚合酶转录 λ DNA，用［^{3}H］UTP 来标记 RNA 产物。反应结束后，进行超速离心，使产物依据其大小而分离，收集离心管底部的片段。见图左侧，最大 RNA 产物的量较少。**(b)** 在 rho 因子存在的条件下，Roberts 用 *E. coli* RNA 聚合酶转录 λ DNA，用［^{14}C]UTP 来标记 RNA 产物。同时添加（a）实验中获得的［^{3}H］UTP 标记的 RNA。反应结束后，进行超速离心，使产物依据其大小而分离。Rho 因子存在时，^{14}C-标记的 RNA 产物（红色）条带靠近离心管顶部（右侧），其长度相对较小。此外，在 rho 因子不存在的条件下，^{3}H-标记的 RNA（蓝色）其长度相对较大，且没有发生任何变化。结果证明，Rho 对已合成的 RNA 长度无影响，但它的存在会降低转录物的长度。（*Source*：Adapted from Roberts，J. W，Termination factor for RNA synthesis，*Nature* 224：1168-1174，1969.）

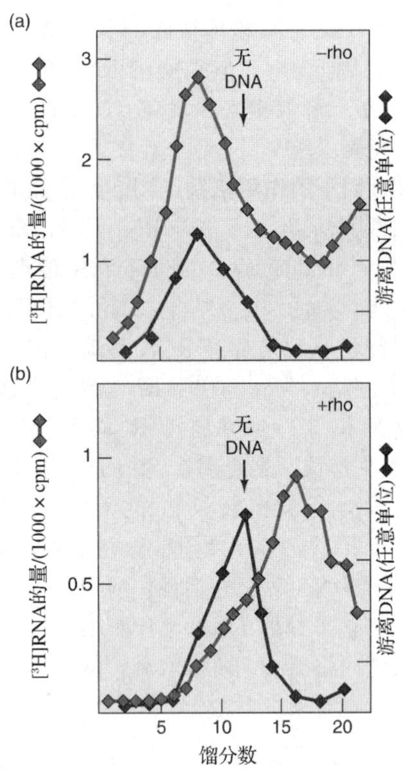

图 6.45 Rho 因子从 DNA 模板上释放 RNA 产物。在图 6.44 所示的相同实验条件下，Roberts 在 rho 因子存在 **(a)** 或不存在 **(b)** 两种情况下，于体外转录 λDNA，用超速离心法分析^{3}H-标记的转录物（红色）是否与 DNA 模板（蓝色）结合。(a) 在 rho 不存在时合成的转录物与 DNA 模板共沉淀，该复合体比游离的 DNA 大；(b) 在 rho 存在时合成的转录物不与 DNA 模板共沉淀，其位置对应于相对较小的分子。有 rho 因子的转录能从 DNA 模板上释放出转录物。(*Source*：Adapted from Roberts，J. W. Termination factor for RNA synthesis，*Nature* 224：1168-1174，1969.)

RNA 产物的长度仅为 11nt，由于 11nt 的 RNA 可以完全容纳在 RNA 聚合酶内，该行为意味着 rho 与 EC 的结合一定涉及聚合酶而不是 RNA。所以，如果 rho 直接与聚合酶结合，那么它就没必要先与 RNA 结合，然后追赶聚合酶直至相遇。

此外，束缚在 rho-镍珠上的 EC 无需解离即可沿 DNA 模板移动，证明 rho 与 EC 的结合稳定。该复合体在 rho 依赖型终止子处正常终止转录表明，与聚合酶结合的 rho 有触发终止的能力。

如果 rho 在转录早期阶段就已与聚合酶结合，那么它对 RNA 的亲和性如何参与终止？Nudler 及同事提出了图 6.46 所示的模型。首先，在转录物还很短时 rho 就与聚合酶结合，但转录物生长较长、出现 rho 装载位点时，RNA 与 rho 结合。X 射线晶体学研究揭示，rho 为六聚体蛋白，开环状、末端具有小分支，由排列成垫圈形状的 6 个相同亚基构成。可允许进入六聚体中央孔洞生长的 RNA 形成 RNA 环，在转录进行过程中，RNA 产物继续穿过 rho 蛋白，RNA 环逐渐收紧。当聚合酶最终遇到终止信号、发生暂停后，收紧的 RNA 环致

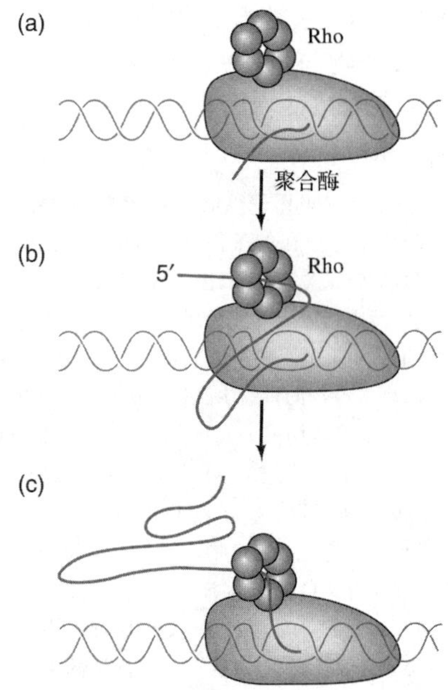

图 6.46 rho 依赖型终止模型。(a) Rho（蓝色）通过直接与 RNA 聚合酶结合而连接到延伸复合体上。初生转录物（绿色）末端刚刚从聚合酶中伸出。**(b)** 延长的转录物通过 rho 装载位点与 rho 结合，形成 RNA 环。此时 Rho 可使转录物穿过自身的中心孔洞。**(c)** 聚合酶在终止子处暂停，通过使转录物继续穿过自身，rho 收紧 RNA 环，不可逆转地捕捉住延伸复合体，Rho 开始解离 RNA-DNA 杂交分子，释放转录物。

使转录不再发生，产生“受困”（trapped）延伸复合体，最后，rho 侵入至聚合酶内的 RNA-DNA 杂交分子，以两种方式之一促使终止：利用自身 RNA-DNA 解旋酶活性解旋杂合体或以物理破坏方式解旋杂合体。

小结 Rho 依赖型终止子含有反向重复序列，能使转录物形成发夹结构，此类终止子无成串的 T。rho 与延伸复合体的聚合酶结合，当 RNA 转录物生长至足够长度时，通过 rho 装载位点与 RNA 结合，并在聚合酶与 rho 之间形成 RNA 环。Rho 继续转运转录物使之通过自身，直至聚合酶在终止子处暂停，这种暂停使 rho 收紧 RNA 环，捕捉住延伸复合体，然后，rho 解离 RNA-DNA 杂交分子，终止转录。

总结

RNA 聚合酶是转录过程中的催化剂。*E. coli* RNA 聚合酶由核心酶和 σ 因子组成，核心酶拥有基本转录装置，σ 因子指导核心酶转录特异基因。σ 因子通过使 RNA 聚合酶全酶与启动子紧密结合而引发转录起始。依赖 σ 因子的紧密结合需要在转录起始位点附近发生 DNA 局部解链，解链的长度为 10～17bp，从而形成开放启动子复合体。由于只能指导全酶与特异启动子结合，所以 σ 因子能选择将要被转录的基因。转录起始过程持续至 RNA 产物长度为 9nt 或 10nt，核心酶转换为延伸特异构象，离开启动子，执行延伸过程。核心聚合酶显然会释放出 σ 因子，但经常不是在完成启动子清除后立即释放。更确切地讲，σ 因子在延伸过程中以随机方式脱离延伸复合体。σ 因子可被不同的核心酶重复利用，是核心酶而不是 σ 因子控制着聚合酶对利福平的敏感性或抗性。*E. coli* RNA 聚合酶通过蜷缩机制完成中断转录：将下游 DNA 拉入自身内部，无需发生实际移动并失去启动子上的把手，蜷缩 DNA 储有足够的能量，可使聚合酶破坏其与启动子的结合，从而起始转录物的合成。

原核生物启动子有两个区域，其中心分别位于转录起始位点上游－10bp 和－35bp 处。在 *E. coli* 中，这两个区域的保守序列分别为 TATAAT 和 TTGACA。一般来讲，启动子内的相应区域与这些保守序列越相似，启动子起始转录的能力就越强，某些极强启动子在核心启动子上游具有额外的元件（UP 元件），使启动子对 RNA 聚合酶具有更强的吸引力。

σ 因子间具有 4 个相似的区域，其中 2.4 亚区和 4.2 亚区分别参与了聚合酶对－10 框和－35 框的识别。

核心酶 β 亚基位于 RNA 聚合酶催化磷酸二酯键形成的活性位点附近。在转录起始阶段，σ 因子也位于活性位点附近。α 亚基具有独立折叠的 N 端功能域和 C 端功能域。C 端功能域识别并结合启动子的 UP 元件，实现聚合酶与启动子间的紧密结合。

转录延伸过程的实质是，当 RNA 核心酶沿 DNA 模板前行时聚合核苷酸。转录泡长度为 10～18bp，包含约 9bp 的 RNA-DNA 杂交分子。转录泡的移动需要聚合酶前方 DNA 的解旋和后方 DNA 的重新缔合，这个过程会在 DNA 模板链内引入张力，需通过拓扑异构酶释放。

嗜热水生菌 RNA 核心酶的晶体结构如同一只蟹钳，位于通道内催化中心有一个能与三个 Asp 残基配位的 Mg^{2+}，该通道能引导 DNA 穿过聚合酶。

嗜热水生菌聚合酶全酶-DNA 复合体的晶体结构与开放启动子复合体结构相似，可以归纳出以下结论：① DNA 主要结合在 σ 因子上；②预测的 $\sigma_{2.4}$ 区氨基酸与启动子－10 框的相互作用确实存在；③ 三个高度保守的芳香族氨基酸参与启动子解链的推测是真实的，它们处于可执行这一功能的位置上；④σ 因子上两个不变的碱性氨基酸参与对 DNA 结合的推测是真实的。高分辨率的晶体结构显示，聚合酶含有两个 Mg^{2+}，与可能的催化机制相一致。

关于 *T. thermophilus* RNA 聚合酶延伸复合体结构的研究揭示出如下特征：β′ 亚基的一个缬氨酸残基插入到下游 DNA 的小沟内，在此位置阻止 DNA 滑动；诱导 DNA 以螺旋式运动方式通过聚合酶。DNA 只有一个碱基对（＋1 位）被熔解，与新进入的核苷酸进行碱基配对，每次只有一个核苷酸特异地结合到复合体上。几种约束力会限制 RNA-DNA 杂交分子的长度，包括容纳 RNA-DNA 杂交分子的聚合酶洞穴长度，以及位于洞穴末端的疏水性口袋，此口袋能捕获从杂交分子中置换出的第一个 RNA 碱基。排出通道内的 RNA 产物形成半个双螺旋形状的双链 RNA，如此，RNA 可形成引起转录暂停甚至终止的发夹结构。通过对结合无活性底物类似物和抗生素利迪链菌素的酶结构研究，发现底物前插入状态无催化活性，但是可以检查底物的正确性。

内在终止子具有两个重要元件：①使转录物末端形成发夹结构的反向重复序列，该发夹结构可破坏 RNA-DNA 杂交分子的稳定性；②非模板链上的一串 U，通过形成一串较弱的 rU-dA 碱基对而将 DNA 模板与 RNA 产物结合在一起。这些元件共同作用，引起 RNA 聚合酶的停顿，释放出转录物。Rho 依赖型终止子含有反向重复序列，能使转录物形成发夹结构，此类终止子无成串的 T。Rho 与延伸复合体的聚合酶结合，当 RNA 转录物生长至足够长度时，通过 Rho 装载位点与 RNA 结合，并在聚合酶与 Rho 之间形成 RNA 环。Rho 继续转运转录物使之通过自身，直至聚合酶在终止子处暂停，这种暂停使 Rho 收紧 RNA 环，捕捉住延伸复合体，然后，Rho 解离 RNA-DNA 杂交分子，终止转录。

复习题

1. 解释下列结论：①RNA 核心聚合酶只能微弱地转录完整的 T4 DNA，而全酶却能很好地转录该模板；②同全酶一样，核心聚合酶也能高效地转录小牛胸腺 DNA。

2. Bautz 及同事如何证明全酶以非对称方式转录 T4 DNA，而核心酶能以对称方式转录 T4 DNA?

3. 阐述测量蛋白质与 DNA 最紧密复合体解离速率的实验策略，举例说明松散结合与紧密结合的实验结果。这些结果与核心酶及全酶同含启动子 DNA 结合有何关联?

4. 温度对聚合酶-启动子复合体的解离速率有何影响？暗示复合体的什么性质?

5. 图示说明闭合启动子复合体与开放启动子复合体的区别。

6. 图示典型的原核启动子及含 UP 元件的启动子，不要求写出准确的序列。

7. 描述实验并给出结果，证明 *E. coli* RNA 聚合酶合成中断转录物。

8. 图示说明 *E. coli* 转录起始过程的 4 个步骤。

9. 描述实验并给出结果，检测 σ 因子对转录起始速率和转录延伸速率的影响。

10. 如何证明 σ 因子确实不会加快转录延伸的速率?

11. 根据上述两个问题的实验结果，能够得出的最终结论是什么?

12. 描述实验并给出结果，证明 σ 因子可重复利用。在同一张图中，显示证明核心聚合酶决定利福平抗性的实验结果。

13. 图示说明“σ 循环”，假设在延伸阶段 σ 因子脱离核心酶。

14. 描述荧光共振能量转移（FRET）实验结果，证实 σ 因子在延伸阶段并没有与核心酶解离。

15. 在 σ 循环中，何谓专性释放？何谓随机释放？哪一个是获得支持的假说?

16. 提出解释 *E. coli* 中断转录的三个假说。描述支持假说之一的 FRET 实验并给出结果。

17. 描述实验并给出结果，证明 RNA 聚合酶与启动子结合会引起哪些碱基对的解离，解释该过程的机制。

18. 描述实验并给出结果，估算 *E. coli* RNA 聚合酶在转录期间解离的碱基对数目。

19. σ 因子的哪一区域参与了对启动子－10 框和－35 框的识别？无需指出特异残基的名称。说明这些结论的遗传学证据。

20. 描述一个能够为 σ4.2 与启动子－35 框的相互作用提供生物化学证据的结合分析实验方案。

21. 引述实验证据，支持 *E. coli* RNA 聚合酶 α 亚基参与识别启动子 UP 元件的假说。

22. 描述如何利用限制性蛋白水解酶来确定蛋白质的结构域，如 *E. coli* RNA 聚合酶 α 亚基。

23. 描述实验方案，确定负责对利福平和利迪链菌素抗性或敏感性的聚合酶亚基。

24. 描述实验并给出结果，证明 *E. coli*

RNA 聚合酶 β 亚基靠近形成磷酸二酯键的活性位点。

25. 描述 RNA-DNA 交联实验，证明转录延伸复合体中存在 RNA-DNA 双链杂合体，其长度至少为 8 bp。

26. 基于 X 射线晶体图像，简图表示 RNA 核心聚合酶的大致结构，指出亚基、催化中心和利福平结合位点的大体位置。根据结构提出利福平抑制转录的机制。

27. 基于 *E. coli* 延伸复合体的 X 射线晶体结构，限定 RNA-DNA 杂交分子长度的因素是什么？

28. 基于结合或不结合抗生素利迪链菌素的 *E. coli* 延伸复合体的 X 射线晶体结构，提出抗生素作用机制。

29. 简图说明开放启动子中全酶-DNA 复合体的晶体结构，着重说明全酶与 DNA 的相互作用。在与 DNA 结合过程中，哪个亚基发挥了最大作用？

30. 已知 $\sigma_{2.4}$ 和 $\sigma_{4.2}$ 分别参与了对启动子－10 框和－35 框的识别，全酶-DNA 复合体的晶体结构证实了这个模型的哪一部分？解释没有证实另一部分的原因。

31. 提出 RNA 聚合酶沿着 DNA 模板移动时维持 DNA 熔解泡的两种方式。哪一种方式获得了证据的支持？用一两句话列举证据。

32. 内在终止子的两个重要元件是什么？如何获知它们的重要性（列举证据）。

33. 提出在内在终止子处暂停不需要发夹结构的证据。

34. 提出证据，证明暂停位点上游 RNA 的某些碱基配对是内在终止子所必需的。

35. Rho 依赖型终止子看上去像什么？在这类终止子中，Rho 的作用是什么？

36. 如何证明 Rho 会降低 RNA 的净合成而不会减少链的起始？描述实验方案并阐述结果。

37. 描述实验并给出结果，证明 rho 存在时会形成短转录物。该实验亦应证明 rho 并不是简单地行使核酸酶功能。

38. 描述实验并给出结果，证明 rho 能将转录物从 DNA 模板上释放出来。

分析题

1. 图示具有 10bp 茎和 5nt 环的 RNA 发夹结构。写出形成此发夹结构的序列，展示该序列的线性结构和发夹结构。

2. 含 σ^{70} 的 *E. coli* RNA 聚合酶全酶所识别的一个 *E. coli* 启动子－10 框的非模板链序列为 5′-CATAGT-3′。(a) 在第一位置处发生的 C→T 突变是上升突变还是下降突变？(b) 在最后位置发生 T→A 突变是上升突变还是下降突变？解释你的回答。

3. 你通过实验研究一个 *E. coli* 基因的转录终止，对该基因 3′端测序后获得如下结果：

5′-CGAAGCGCCG**ATTGC**CGGCGCTTTTTTTT-3′
3′-GCTTCGCGGC**TAACG**GCCGCGAAAAAAAA-5′

然后你通过改变此序列而获得突变基因，具体的序列改变如下：

突变体 A：
CGAAACTAAG**ATTGC**AGCAGTTTTTTTT

突变体 B：
CGAAGCGCCG**TAGGA**CGGCGCTTTTTTTT

突变体 C：
CGAAGCGCCG**ATTGC**CGGCGCTTACGGCCC

你对每一个突变基因都进行了分析，以测定转录的终止，并获得了如下结果：

测试的突变基因	无 Rho	有 Rho
野生型基因	100%终止	100%终止
突变体 A	40%终止	40%终止
突变体 B	95%终止	95%终止
突变体 C	20%终止	80%终止

a. 绘图表示上述野生型基因序列转录出 RNA 分子的结构。

b. 尽可能全面地解释实验结果。

4. 确定以下序列中的共有序列。

TAGGACT-TCGCAGA-AAGCTTG-TACCAAG-TTCCTCG

翻译　徐启江　校对　解莉楠　李玉花

推荐阅读文献

一般的引用和评论文献

Busby, S. and R. H. Ebright. 1994. Promoter structure, promoter recognition, and transcription activation in prokaryotes. *Cell* 79: 743-746.

Cramer, P. 2007. Extending the message. *Nature* 448: 142-143.

Epshtein, V., D. Dutta, J. Wade, and E. Nudler. 2010. An allosteric mechanism of Rho-dependent transcription termination. *Nature* 463: 245-250.

Geiduschek, E. P. 1997. Paths to activation of transcription. *Science* 275: 1614-1616.

Helmann, J. D. and M. J. Chamberlin. 1988. Structure and function of bacterial sigma factors. *Annual Review of Biochemistry* 57: 839-872.

Landick, R. 1999. Shifting RNA polymerase into overdrive. *Science* 284: 598-599.

Landick, R. and J. W. Roberts. 1996. The shrewd grasp of RNA polymerase. *Science* 273: 202-203.

Mooney, R. A., S. A. Darst, and R. Landick. 2005. Sigma and RNA polymerase: An on-again, off-again relationship? *Molecular Cell* 20: 335-346.

Richardson, J. P. 1996. Structural organization of transcription termination factor rho. *Journal of Biological Chemistry* 271: 1251-1254.

Roberts, J. W. 2006. RNA polymerase, a scrunching machine. *Science* 314: 1097- 1098.

Young, B. A., T, M. Gruber, and C. A. Gross. 2002. Views of transcription initiation. *Cell* 109: 417-420.

研究论文

Bar-Nahum, G. and E. Nudler. 2001. Isolation and characterization of σ^{70}-retaining transcription elongation complexes from *E. coli*. *Cell* 106: 443-451.

Bautz, E. K. E, F. A. Bautz, and J. J. Dunn. 1969. *E. coli* σ factor: A positive control element in phage T4 development. *Nature* 223: 1022-1024.

Blatter, E. E., W. Ross, H. Tang, R. L. Gourse, and R. H. Ebright. 1994. Domain organization of RNA polymerase α subunit: C-terminal 85 amino acids constitute a domain capable of dimerization and DNA binding. *Cell* 78: 889-896.

Brennan, C. A., A. J. Dombroski, and T. Platt. 1987. Transcription termination factor rho is an RNA-DNA helicase. *Cell* 48: 945-952.

Burgess, R. R., A. A. Travers, J. J. Dunn, and E. K. E Bautz. 1969. Factor stimulating transcription by RNA polymerase. *Nature* 121: 43-46.

Campbell, E. A., N. Korzheva, A. Mustaev, K. Murakami, S. Nair, A. Goldfarb, and S. A. Darst. 2001. Structural mechanism for rifampicin inhibition of bacterial RNA polymerase. *Cell* 104: 901-912.

Carpousis, A. J. and J. D. Gralla. 1980. Cycling of ribonucleic acid polymerase to produce oligonucleotides during initiation in vitro at the *lac* UV5 promoter. *Biochemistry* 19: 3245-3253.

Dombroski, A. J., W. A. Walter, M. T. Record, Jr., D. A. Siegele, and C. A. Gross. (1992). Polypeptides containing highly conserved regions of transcription initiation factor σ^{70} exhibit specificity of binding to promoter DNA. *Cell* 70: 501-512.

Farnham, P. J. and T. Platt. 1980. A model for transcription termination suggested by studies on the *trp* attenuator in vitro using base analogs. *Cell* 20: 739-748.

Grachev, M. A., T. I. Kolocheva, E. A. Lukhtanov, and A. A. Mustaev. 1987. Studies on the functional topography of *Eecherichia coli* RNA polymerase: Highly selective affinity labelling of initiating sybstratres. *European Journal of Biochemistry* 163: 113-121.

Hayward, R. S., K. Igarashi, and A. Ishihama. 1991. Functional specialization within the α-subunit of *Escherichia coli* RNA polymerase. *Journal of Molecular Biology* 221:

23-29.

Heil, A. and W. Zillig. 1970. Reconstitution of bacterial DNA-dependent RNA polymerase from isolated subunitsas a tool for the elucidation of the role of the subunits in transcription. *FEBS Letters* 11: 165-171.

Hinkle, D. C. and M. J. Chamberlin. 1972. Studies on the binding of *Escherichia coli* RNA polymerase to DNA: I. The role of sigma subunit in site selection. *Journal of Molecular Biology* 70: 157-185.

Hsieh, T. -s. and J. C. Wang. 1978. Phsicochemical studies on interactions between DNA and RNA polymerase: Ultraviolet absorbance measurements. *Nucleic Acids Research* 5: 3337-3345.

Kapanidis, A. N., E. Margeat, S. O. Ho, E. Kortkhonjia, S. Weiss, and R. H. Ebright. 2006. Initial transcription by RNA polymerase proceeds through a DNA-scrunching mechanism. *Science* 314: 1144-1147.

Malhotra, A., E. Severinova, and S. A. Darst. 1996. Crystal tructure of a σ^{70} subunit fragment from *E. coli* RNA polymerase. *Cell* 87: 127-136.

Mukhopadhyay, J., A. N. Kapanidis, V. Mekler, E. Kortkhonjia, Y. W. Ebright, and R. H. Ebright. 2001. Translocation of σ^{70} with RNA polymerase during transcription: Fluorescence resonance energy transfer assay for movement relative to DNA. *Cell* 106: 453-463.

Murakami, K. S., S. Masuda, E. A. Campbell, O. Muzzin, and S. A. Darst. 2002. Structural basis of transcription initiation: An RNA polymerase holoenzyme-DNA complex. *Science* 296: 1285-1290.

Nudler, E., A. Mustaev, E. Lukhtanov, and A. Goldfarb. 1997. The RNA-DNA hybrid maintains the register of transcription by preventing backtracking of RNA polymerase. *Cell* 89: 33-41.

Paul, B. J., M. M. Barker, W. Ross, D. A. Schneider, C. Webb, J. W. Foster, and R. L. Gourse. 2004. DskA. A critical component of the transcription initiation machinery that potentiates the regulation of rRNA promoters by ppGpp and the initiating NTP. *Cell* 118: 311-322.

Revyakin, A., C. Liu, R. H. Ebright, and T. R. Strick. 2006. Abortive initiation and productive initiation by RNA polymerase involve DNA scrunching. *Science* 314: 1139-1143.

Roberts, J. W. 1969. Termination factor for RNA synthesis. *Nature* 224: 1168-1174.

Ross, W., K. K. Gosink, J. Salomon, K. Igarashi, C. Zou, A. Ishihama, K. Severinov, and R. L. Gourse. 1993. A third recognition element in bacterial promoters: DNA binding by the α subunit of RNA polymerase. *Science* 262: 1407-1413.

Saucier, J. -M. and J. C. Wang. 1972. Angular alteration of the DNA helix by *E. coli* RNA polymerase. *Nature New Biology* 239: 167-170.

Sidorenkov, I., N. Komissarova, and M. Kashlev. 1998. Crucial role of the RNA: DNA hybrid in the processivity of transcription. *Molecular Cell* 2: 55-64.

Siebenlist, U. 1979. RNA polymerase unwinds an 11-base pair segment of a phage T7 promoter. *Nature* 279: 651-652.

Toulokhonov, I., I. Artsimovitch, and R. Landick. 2001. Allosteric control of RNA polymerase by a site that contacts nascent RNA hairpins. *Science* 292: 730-733.

Travers, A. A. and R. R. Burgess. 1969. Cyclic re-use of the RNA polymerase sigma factor. *Nature* 222: 537-540.

Vassylyev, D. G., S. -i, Sekine, O. Laptenko, J. Lee, M. N. Vassylyeva, S. Borukhov, and S. Yokoyama. 2002. Crystal, tructure of bacterial RNA polymerase holoenzyme at 2.6Å resolution. *Nature* 417: 712-719.

Vassylyev, D. G., M. N. Vassylyeva, A. Perederina, T. H. Tahirov, and I. Artsimovitch. 2007. Structural basis for transcription elongation by bacterial RNA polymerase. *Nature* 448: 157-162.

Vassylyev, D. G., M. N. Vassylyeva, J. Zhang, M. Palangat, and I. Artsimovitch. 2007. Structural basis for substrate loading in bacterial RNA polymerase. *Nature* 448: 163-168.

Yarnell, W. S. and J. W. Roberts. 1999. Mechanism of intrinsic ranscription termination and antitermination. *Science* 284: 611-615.

Young, B. A., L. C. Anthony, T. M. Gruber, T. M. Arthur, E. Heyduk, C. Z. Lu, M. M. Sharp, T. Heyduk, R. R. Burgess, and C. A. Gross. 2001. A coiled-coil from the RNA polymerase β' subunit allosterically induces selective nontemplate strand binding by σ^{70}. *Cell* 105: 935-944.

Zhang, G., E. A. Campbell, L. Minakhin, C. Richter, K. Severinov, and S. A. Darst. 1999. Crystal structure of *Thermus aquaticus* core RNA polymerase at 3. 3Å resolution. *Cell* 98: 811-824.

Zhang, G. and S. A. Darst. 1998. Structure of the *Escherichia coli* RNA polymerase α subunit amino terminal domain. *Science* 281: 262-266.

第7章　操纵子：细菌转录的精细调控

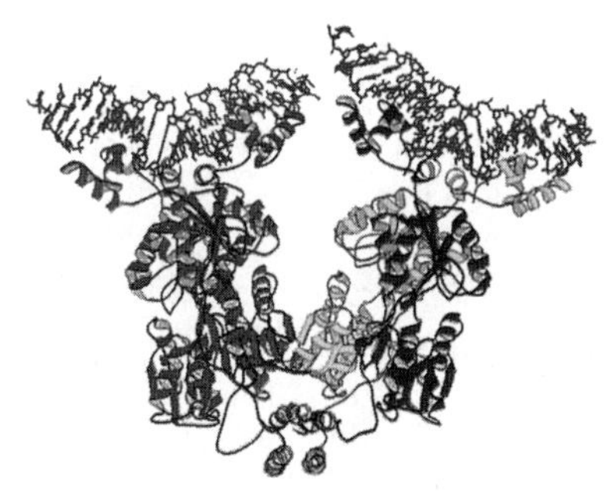

结合在两个操纵基因片段上的 *lac* 四聚体阻遏物的 X 射线晶体结构。*Lewis et al*，*Crystal structure of the lactose operon repressor and its complexes with DNA and inducer*. *Science 271*（*1 Mar 1996*），*f. 6*，*p. 1251*. © *AAAS*.

E. coli 基因组含有 3000 多个基因，其中一些基因一直处于激活状态，因为其产物是恒定需求的。还有一些基因在多数时间是关闭的，因为很少需要其产物。例如，当最适能源葡萄糖缺乏而只有阿拉伯糖时，才需要代谢阿拉伯糖的酶，但这种情况并不多见，所以编码这些酶的基因通常是关闭的。为什么细胞不让所有基因一直处于表达状态，以便在需要时能够快速提供相应的酶呢？原因在于基因表达是一个高代价的过程，需消耗大量能量来合成 RNA 和蛋白质。如果 _E. coli_ 细胞的所有基因一直都处于表达状态，合成 RNA 和蛋白质势必消耗细胞太多的能量，使 _E. coli_ 不能与更高效的生物体竞争。因此，基因表达调控对生命活动至关重要。本章将探讨细菌调控其基因表达的策略，即将功能相关基因集合成组以便于表达调控，这样一组彼此相邻、协同调控的基因串称为操纵子(operon)。

7.1　*lac* 操纵子

发现的第一操纵子已成为理解操纵子概念的典型范例。该操纵子含有三个基因，编码的酶可使 *E. coli* 细胞利用**乳糖**（lactose），因此称为 ***lac* 操纵子**（*lac* operon）。如果将 *E. coli* 细胞培养在既含有**葡萄糖**（glucose）又含有乳糖的培养基上（图 7.1），细胞会耗尽葡萄糖，停止生长。*E. coli* 能否通过自身调整而适应新糖源呢？短期内显然不能，但是，经过约 1h 的生长停滞期后，生长就恢复了。在停滞期细胞启动了乳糖操纵子的表达，开始积累参与乳糖代谢的酶。图 7.1 所示的生长曲线称为"二次生长"（diauxic）曲线，源于拉丁文"*auxilium*"，寓意为帮助，因为两种糖源均有利于 *E. coli* 细胞生长。

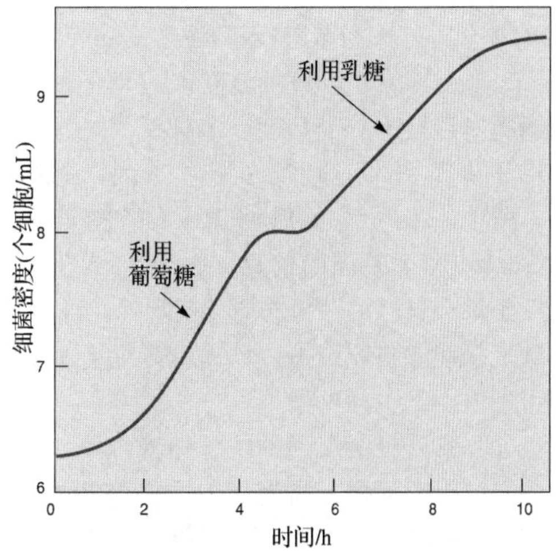

图 7.1　二次生长曲线。 *E. coli* 细胞在含有葡萄糖和乳糖的培养基中生长，用细菌密度（个细胞/mL）对时间（h）作图。细胞利用葡萄糖进行快速生长，直到耗尽葡萄糖。细胞诱导乳糖代谢酶时，生长停止；当所诱导的酶出现之后，生长恢复。

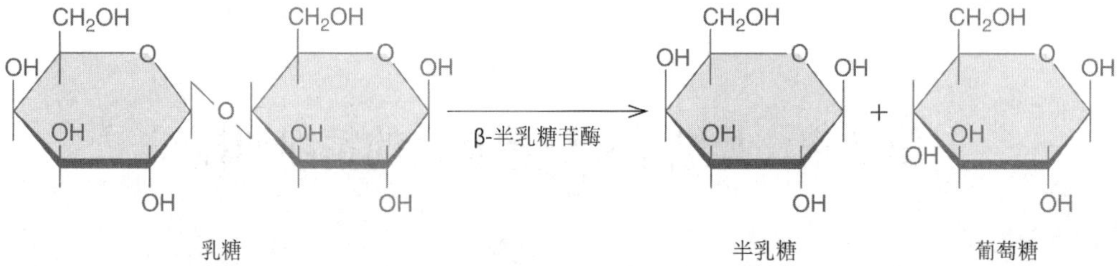

图 7.2　β-半乳糖苷酶催化的生物化学反应。β-半乳糖苷酶断裂半乳糖（粉色）和葡萄糖（蓝色）之间的 β-半乳糖苷键（灰色），二糖乳糖分解为半乳糖和葡萄糖。

这些都是什么酶呢？首先，*E. coli* 需要一种酶将乳糖运输到细胞内，这种酶就是**半乳糖苷透性酶**（galactoside permease）。其次，细胞需要一种将乳糖降解成半乳糖和葡萄糖的酶。图 7.2 显示了该反应过程。由于乳糖由两种单糖组成，所以称为二糖（disaccharide），六碳糖半乳糖和葡萄糖通过 β-半乳糖苷键连接，因此乳糖又叫做 β-半乳糖苷（β-galactoside），将其分解为半乳糖和葡萄糖的酶叫做 **β-半乳糖苷酶**（β-galactosidase）。编码半乳糖苷透性酶和 β-半乳糖苷酶的基因在乳糖操纵子中并列在一起，同时还伴有编码**半乳糖苷转乙酰酶**（galactosie transacetylase）的结构基因，该酶在乳糖代谢中的功能还不清楚。

编码乳糖代谢三种酶的基因按以下顺序成簇排列：β-半乳糖苷酶（*lacZ*）、半乳糖苷透性酶（*lacY*）、半乳糖苷转乙酰酶（*lacA*）。它们由同一个启动子起始，一起被转录生成一条 mRNA 分子，称为**多顺反子信使**（polycistronic message）。因此，通过控制该启动子即可方便地同时调控这三个基因。多顺反子一词源于**顺反子**（cistron），顺反子是“基因”的同义词。所以，多顺反子信使 RNA 是指该信使 RNA 含有多个基因的信息。在 mRNA 上每个顺反子都有自己的核糖体结合位点。所以，每个顺反子能够独立地被核糖体翻译而合成相应的蛋白质。

如本章开头所提到的，乳糖操纵子（与其他许多操纵子一样）是受细胞严格控制的。事实上，对操纵子的调控存在两种系统。首先是**负调控**（negative control），就像汽车的制动器一样，打开制动器才能开动汽车。***lac* 阻遏物**（*lac* repressor）就是负调控的“制动器”，只要缺乏乳糖，*lac* 阻遏物就使操纵子处于关闭（或阻遏）状态。这是一个经济有效的机制，否则细胞合成缺乏底物的酶无疑是一种浪费。

如果负调控像汽车的制动器，那么**正调控**（positive control）就是汽车的加速器踏板。在 *lac* 操纵子中，从操纵基因上移除阻遏物（打开制动器）还不足以激活操纵子，还需要正调控因子**激活因子**（activator）的参与。我们将会了解到，激活因子通过激活 *lac* 操纵子的转录而对低水平的葡萄糖作出响应，而高浓度葡萄糖使激活因子的浓度保持较低水平，不足以激活操纵子的转录。这种正调控系统的优点在于高浓度葡萄糖使操纵子几乎处于关闭状态。如果没有葡萄糖水平响应途径，那么乳糖单独存在就足以激活操纵子了。但是当葡萄糖还处于可利用的水平时就激活 *lac* 操纵子是不适宜的，因为 *E. coli* 细胞代谢葡萄糖比代谢乳糖更容易。因此，在有葡萄糖时激活 *lac* 操纵子对 *E. coli* 而言是一种浪费。

小结　*E. coli* 的乳糖代谢由两种酶负责，可能还有第三种酶参与。编码这三种酶的基因成簇排列在一起，从同一启动子处共同起始转录，形成一条多顺反子信使 RNA。这三个基因在功能上相关，所以在表达上也相关，它们共同被关闭或开启。负调控保证 *lac* 操纵子在乳糖缺乏条件下处于关闭状态；而正调控保证 *lac* 操纵子在葡萄糖存在时，即使有乳糖存在也仍处于相对失活状态。

lac 操纵子的负调控

图 7.3 举例说明了乳糖操纵子调控的一个方面：负调控的经典模式。虽然本章后面部分和第 9 章对这种经典调控模式的介绍过于简单，但有助于初学之时对操纵子概念的理解。

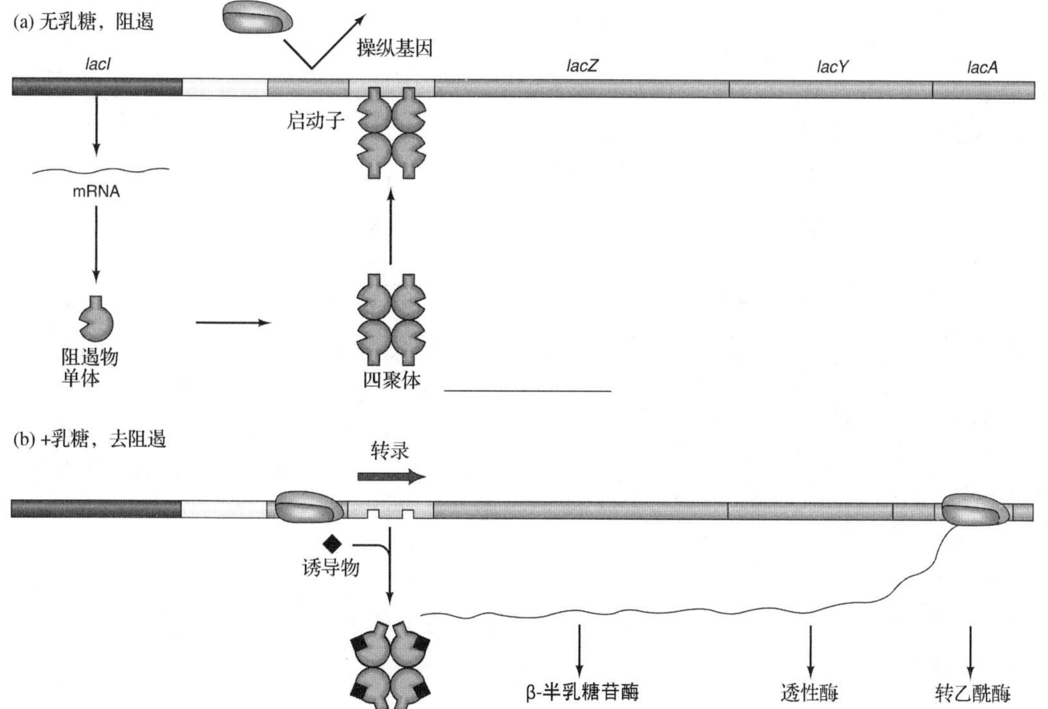

图 7.3　*lac* 操纵子负调控。(a) 无乳糖时，操纵子被阻遏。*lac I* 基因表达产生阻遏物（绿色），阻遏物结合操纵基因，阻止 RNA 聚合酶转录 *lac* 基因。**(b)** 有乳糖时，操纵子去阻遏。诱导物（黑色）与阻遏物结合，改变了阻遏物的构象（图下方），使其不再与操纵基因结合。阻遏物脱离操纵基因，RNA 聚合酶起始结构基因的转录，产生多顺反子 mRNA，进而翻译产生 β-半乳糖苷酶、透性酶和转乙酰酶。

负调控意味着操纵子一直处于开启状态，除非在某种物质的干扰下使其关闭。关闭乳糖操纵子的“某种物质”是 ***lac* 阻遏物**。*lac* 阻遏物是调节基因 *lac I* 的产物（图 7.3 最左侧所示），由 4 个相同多肽组成的四聚体，结合在启动子右侧的**操纵基因**（operator）上。一旦阻遏物与操纵基因结合，操纵子就被抑制（repressed）。因为操纵基因与启动子毗邻，阻遏物结合到操纵基因上阻碍了 RNA 聚合酶结合启动子及转录操纵子。由于基因不被转录，所以操纵子是关闭或受抑制的。

只要没有乳糖可利用，乳糖操纵子就一直处于抑制状态。另外，当所有葡萄糖耗尽而乳糖存在时，会有一种移除阻遏物的机制，使操纵子解除阻遏，并利用新的营养物质。这种机制是如何运作的呢？阻遏物是一种**变构蛋白**（allosteric protein）（希腊语 *allos* 的意思是“其他的”，*steros* 的意思是“形状”）。第一种分子称为 *lac* 操纵子**诱导物**（inducer），因为该分子结合阻遏物，引起阻遏物蛋白构象改变，使之与操纵基因（第二种分子）解离，从而诱导 *lac* 操纵子的表达［图 7.3（b）］。

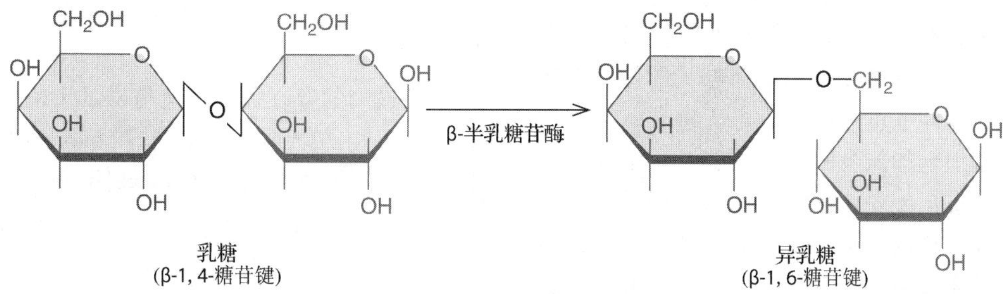

图 7.4　乳糖与异乳糖的转换。β-半乳糖苷酶催乳糖发生重排而形成诱导物异乳糖。注意，糖苷键由 β-1，4 变为 β-1，6。

诱导物的本质是什么呢？它实际上是乳糖的另一种形式——异乳糖（allolactose）。β-半乳糖苷酶将乳糖降解为半乳糖和葡萄糖的同时，将少部分乳糖重排形成异乳糖。如图 7.4 所示，异乳糖中半乳糖和葡萄糖的连接方式不同于乳糖（乳糖是 β-1，4-糖苷键连接，异乳糖是β-1，6-糖苷键连接）。

也许你会提出这样的问题：如果 *lac* 操纵子是被抑制的，没有透性酶将乳糖转运到细胞中，没有 β-半乳糖苷酶催化反应的发生，乳糖是如何代谢生成异乳糖的？答案在于阻遏的渗漏和操纵子极低的本底水平表达。由于每个细胞仅有 10 个左右的四聚体阻遏物，因此不需要太多的诱导物就可以启动 *lac* 操纵子的表达。随着 *lac* 操纵子产物的增多，会引起更多诱导物的形成，就像滚雪球一样。

操纵子的发现

Francois Jacob 和 Jacques Monod 及同事对操纵子概念的发展是融合遗传学和生物化学分析的一个成功典范。1940 年，Monod 研究 *E. coli*乳糖代谢的可诱导性时发现，β-半乳糖苷酶是乳糖代谢的主要特征，可被乳糖及其他半乳糖苷所诱导。此外，Monod 和 Melvin Cobn 利用 β-半乳糖苷酶抗体检测 β-半乳糖苷酶时，发现该蛋白质的量在诱导过程中是逐渐增加的。因为应答乳糖过程中产生了较多的基因产物，显然 β-半乳糖苷酶基因自身可被诱导表达。

为剖析事件的复杂性，研究者发现了一些突变体［最初称为隐蔽突变体（cryptic mutant)］，这些突变体能合成 β-半乳糖苷酶，但不能在含乳糖的培养基上生存。这些突变体缺失了什么成分？为弄清原因，Monod 及同事向培养有野生型及突变型 *E. coli* 的培养基内添加放射性半乳糖苷，发现未诱导的野生型细胞及突变体细胞均不能吸收半乳糖苷，即使突变体处于诱导条件下也不能吸收半乳糖苷；而诱导的野生型细胞却能吸收半乳糖苷。该实验揭示了两个事实：首先，在野生型细胞中，某种物质（半乳糖苷透性酶）与 β-半乳糖苷酶协同被诱导，并负责将半乳糖苷转运至细胞内；其次，突变体编码这种蛋白质的基因似乎是缺陷的（Y^-）（表 7.1）。

表 7.1 隐蔽突变体（*lac*Y^-）对半乳糖苷积累的影响

基因型	诱导物	半乳糖苷的积累
Z^+Y^+	－	－
Z^+Y^+	＋	＋
Z^+Y^-（隐蔽突变）	－	－
Z^+Y^-（隐蔽突变）	＋	－

Monod 将这种物质命名为半乳糖苷透性酶。由于在尚未分离出蛋白质之前就为其命名，Monod 一直承受着同事们的批评。后来他评论说：“这好比两位传统的英国绅士，即使他们彼此孰知对方的姓名和声望，但在他人正式引见之前彼此却不能说话”。在努力纯化半乳糖苷透性酶的过程中，Monod 及同事又鉴定出一种蛋白质，即半乳糖苷转乙酰酶，该酶与 β-半乳糖苷酶和半乳糖苷透性酶协同被诱导。

20 世纪 50 年代后期，Monod 了解到这三种酶活性（因而推测可能是三个基因）能够同时被半乳糖苷所诱导，也发现了一些无需诱导的**组成型突变体**（constitutive mutant），它们总能合成三个基因的产物。Monod 意识到遗传学分析将会极大地推动研究的深入，因此他开始与巴斯德研究所的 Francois Jacob 合作，继续开展相关研究。

通过与 Arthur Pardee 合作，Jacob 和 Monod 获得了**部分二倍体**（merodiploid）（部分二倍体细菌），它们既携带野生型（可诱导）等位基因，又携带组成型等位基因。研究者证明了可诱导等位基因为显性，表明野生型细胞产生一种物质使 *lac* 基因保持关闭，直到被诱导表达。由于该物质能关闭组成型和可诱导亲本的基因，因此部分二倍体也是可诱导的。当然，该物质就是 *lac* 阻遏物。组成型突变体编码阻遏物的基因（*lacI*）是缺陷的，所以这些突变体为 *lacI*$^-$［图 7.5（a）］。

阻遏物的存在需要一些特殊的 DNA 序列，以便阻遏物与之结合。Jacob 和 Monod 将这些特殊的 DNA 序列称为**操纵基因**（operator）。这种相互作用的特异性表明可进行遗传突变分析，即操纵基因突变可消除它与阻遏物的相互作用，这些突变也应该是组成型的。那么，如何区分操纵基因的组成型突变与阻遏基因的组

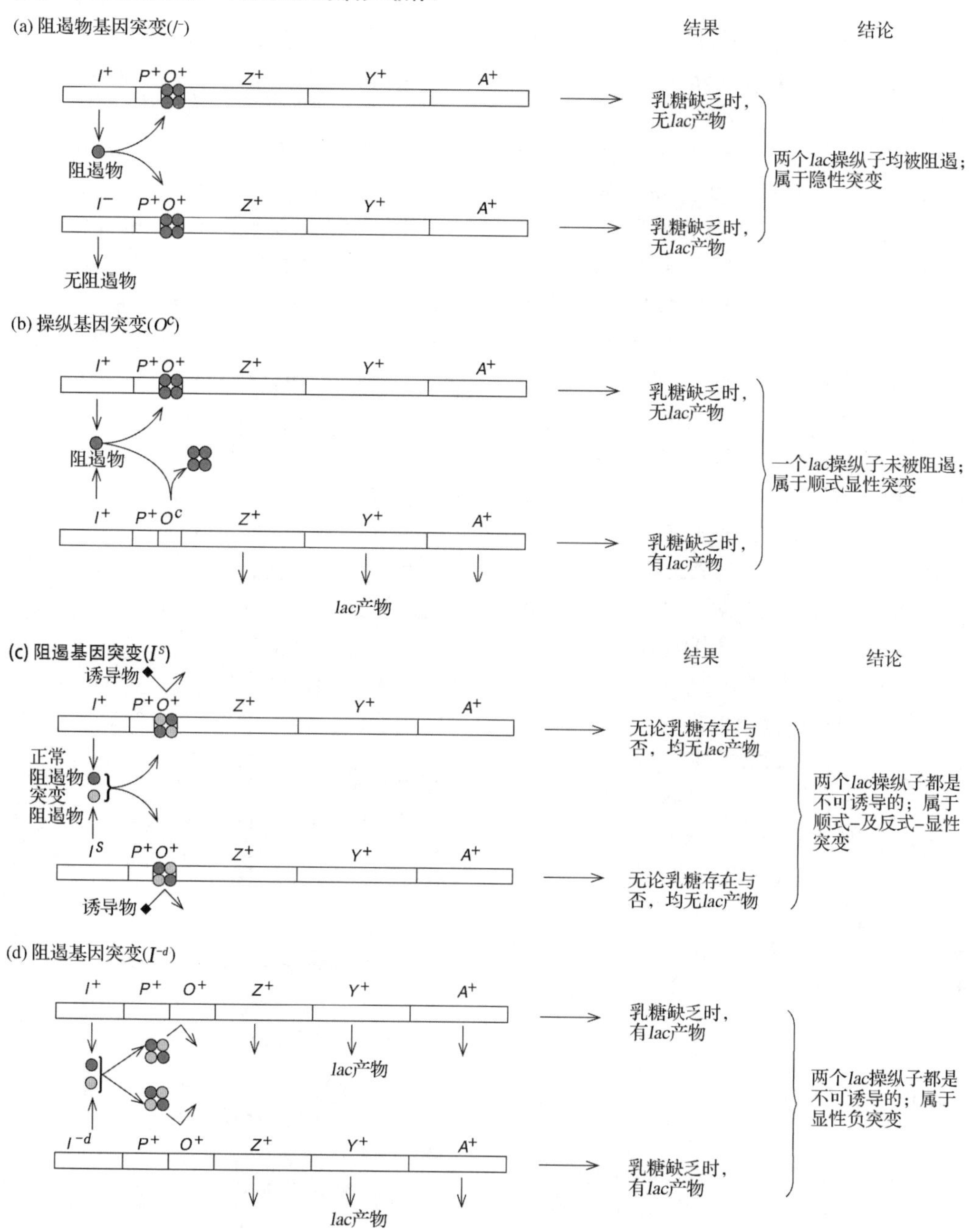

图 7.5　部分二倍体的 *lac* 操纵子调节突变的效应。 Jacob、Monod 及其他研究者构建了 *E. coli* 部分二倍体突变体菌株，如图（a）～（d）所示。在乳糖有或无的条件下检测其 *lac* 产物。**(a)** 部分二倍体有一个野生型操纵子（上方）和一个阻遏物基因突变（I^-）的操纵子（下方）。野生型阻遏物基因（I^+）表达产生足够的正常阻遏物（绿色），阻遏两个操纵子，所以 I^- 突变是隐性突变。**(b)** 部分二倍体有一个野生型操纵子（上方）和一个操纵基因突变（O^C）的操纵子（下方），突变操纵基因不能与阻遏物（绿色）结合。这样，野生型操纵子维持阻遏状态，而突变型操纵子为去阻遏状态，即使乳糖缺乏，菌株也表达 *lac* 产物。由于只有与突变操纵基因相连的操纵子受到影响，该突变为顺式显性突变。**(c)** 部分二倍体有一个野生型操纵子（上方）和一个阻遏基因突变（I^S）的操纵子（下方），I^S 基因产物（黄色）不能结合诱导物，突变阻遏物不可逆地结合在两个操纵基因上，使两个操纵子均不可诱导，因此该突变为显性突变。注意，这些阻遏物四聚体既有突变型亚基又有野生型亚基，表现为突变蛋白。因此，即使诱导物存在，阻遏物依然与操纵基因结合。**(d)** 部分二倍体具有一个野生型操纵子（上方）和一个阻遏基因突变（I^{-d}）的操纵子（下方），I^{-d}基因产物（黄色）不能结合 *lac* 操纵基因。而且，由野生型和突变型阻遏物单体构成的异源四聚体（heterotetramer）也不能与操纵基因结合。因此，即使乳糖缺乏，*lac* 操纵子仍然为去阻遏状态，该突变为显性突变。此外，由于突变蛋白破坏了野生型蛋白的活性，所以称这种突变为显性负效应。

成型突变呢?

Jacob 和 Monod 认为通过确定突变体是显性突变还是隐性突变即可区分二者。阻遏基因产生的阻遏物蛋白可扩散到整个细胞，因而可与部分二倍体的两个操纵基因结合。阻遏物蛋白可作用于二倍体的两个 DNA 分子的基因座(*loci*)，因此称之为基因的**反式作用**（trans-acting)（拉丁语“*trans* 反式”意指“交叉”)。一个阻遏基因突变的部分二倍体仍保留另一个完整的阻遏基因，其产物可扩散到两个操纵基因上，关闭基因的表达。换言之，部分二倍体的两个 lac 操纵子仍然处于可阻遏状态。所以这种突变应该是隐性突变［图 7.5（a)]，我们已经观察到该类突变的存在。

此外，由于操纵基因只调控同一 DNA 分子上的操纵子，我们称之为**顺式作用**（*cis*-acting)（拉丁语“*cis* 顺式”意指“在这里”)。因此，部分二倍体中一个操纵基因的突变只能使同一 DNA 分子上的操纵子处于不可阻遏状态，而不会对另一 DNA 分子的操纵子产生影响。我们称这种突变称为**顺式显性**（*cis*-dominant)，即二倍体中突变只对同一 DNA［顺式（*in cis*)］上的基因是显性的，而对另一个 DNA［反式（*in trans*)］上的基因无显性效应。Jacob 和 Monod 确实发现了这样的顺式显性突变体，并证实了操纵基因的存在。携带**组成型操纵基因**（operator constitutive）的突变体称为 O^c。

如果阻遏基因发生突变使阻遏物失去应答诱导物的能力，这种突变体的 *lac* 操纵子调控情况又将如何？这类突变会导致 *lac* 操纵子的非诱导性，表现为顺式显性效应和反式显性效应，因为突变体阻遏物即使在诱导物或野生型阻遏物存在时，仍保持与两个操纵基因的结合［图 7.5（c)]。Monod 及同事发现了两个这类突变体，随后 Suzanne Bourgeois 发现了更多其他突变体。将这类突变体命名为 I^s，以与组成型阻遏物突变体（I^-）相区别，I^- 使阻遏物不能与操纵基因结合。

这两种常见类型的组成型突变（I^- 和 O^c）以相同方式影响三个 *lac* 基因（*lac*Z、*lac*Y 和 *lac*A）的表达。遗传作图发现，这三个基因彼此相邻排列于染色体上，这些发现强有力地暗示操纵基因位于这三个结构基因的附近。

我们现在还知道有另一类组成型显性突变的阻遏物突变体（I^{-d})。该突变基因［图 7.5 (d)］编码的缺陷产物仍能与野生型阻遏物单体组合形成阻遏物四聚体。然而，缺陷单体破坏了四聚体的活性，使之无法与操纵基因结合，因此这些突变体表现出显性效应。这种突变不仅仅是顺式显性突变，因为“损坏”的阻遏物不能与部分二倍体的两个操纵基因结合。这种“损坏”突变在自然界中广泛存在，一般命名为**显性负效应**（dominant-negative)。

经过精湛的遗传学分析，Jacob 和 Monod 发展了操纵子概念，他们预测存在着两个关键调控元件：阻遏基因和操纵基因。缺失突变分析表明第三个元件（启动子）也是调控三个 *lac* 基因表达所必需的。他们进一步推论这三个 *lac* 基因（*lacZ*、*lacY* 和 *lacA*）簇集在一起组成一个调控单元，即乳糖操纵子。随后的生物化学研究充分证实了 Jacob 和 Monod 的完美假说。

小结 *lac* 操纵子的负调控机制如下：由于阻遏物阻止 RNA 聚合酶对三个 *lac* 基因的转录，所以当阻遏物结合到操纵基因上时，操纵子即被关闭。当葡萄糖被消耗殆尽但有乳糖可利用时，*lac* 操纵子的几个酶分子（β-半乳糖苷酶）就可将少量乳糖转换为异乳糖。异乳糖作为诱导物与阻遏物结合，引起阻遏物构象改变，促使阻遏物与操纵基因解离。随着阻遏物的解离，RNA 聚合酶与启动子结合而起始三个 *lac* 基因的转录。遗传学与生物化学研究显示，操纵基因和阻遏基因是 *lac* 操纵子负调控的两个关键元件。

阻遏物与操纵基因间的相互作用

在 Jacob 和 Monod 的开创性研究工作之后，Walter Gilbert 和 Benno Muller-Hill 成功地部分纯化了 *lac* 阻遏物，这项工作的可贵之处在于，它是在现代基因克隆技术诞生之前的 20 世纪 60 年代完成的。Gilbert 和 Muller-Hill 面临的挑战是纯化的蛋白质（*lac* 阻遏物）在细胞内含量甚微，且缺乏鉴定该蛋白质的简便分析方法。他们所采用的最灵敏的分析方法是，将人工合成的标记诱导物异丙基硫代半乳糖苷（isopropylthiogalactoside，IPTG）与阻遏物结合。但是野生型细胞粗提物中的阻遏物浓度太低，这种分析方法无法检测到阻遏物。为克服这一难题，Gilbert 和 Muller-Hill 利用 *E. coli* 阻遏物基因突变菌株（*lac* I^{t}）进行阻遏物的纯化，因为该突变菌株产生的阻遏物与 IPTG 结合更为紧密。这种紧密结合能力可使突变的阻遏物结合足量的诱导物，即使在粗提物中也能检测到阻遏物蛋白，这样，Gilbert 和 Muller-Hill 就可以纯化该蛋白质了。

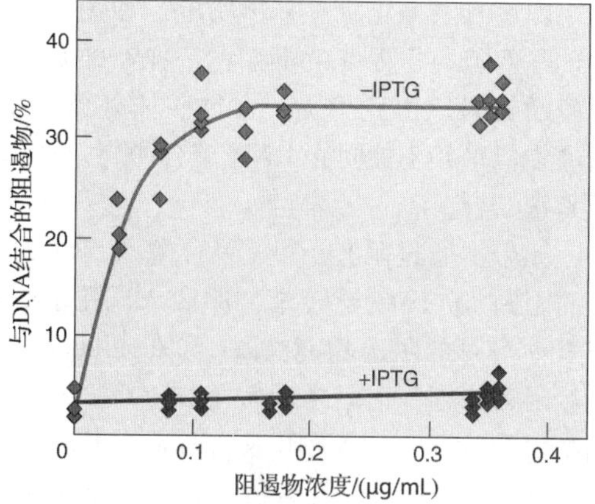

图 7.6　*lac* 操纵基因与阻遏物的结合分析。 Cohn 及同事用^{32}P 标记含有 *lacO* 的 DNA，逐渐增加 *lac* 阻遏物的量，测定硝酸纤维素滤膜上的放射性来检测 *lac* 操纵基因与阻遏物的结合。只有结合阻遏物的标记 DNA 才能黏附到硝酸纤维素滤膜上。－IPTG 表示无诱导物的阻遏物结合曲线，＋IPTG 表示 IPTG 浓度为 1mmol/L 时的阻遏物结合曲线，IPTG 阻止了阻遏物与操纵基因的结合。（*Source*：Adapted from Riggs，A. D. et al.，1968. DNA binding of the *lac* repressor，*Journal of Molecular Biology*，Vol. 34：366.）

Melvin Cohn 及同事将利用此技术纯化得到的阻遏物用于操纵基因的结合性研究。Cohn 及同事用硝酸纤维素滤膜结合实验（第 5 和第 6 章）研究了阻遏物与操纵基因的结合。如果阻遏物与操纵基因能正常相互作用，这种作用就会被诱导物所阻断。确实，图 7.6 显示的是无诱导物时阻遏物与操纵基因结合的典型饱和曲线。合成诱导物 IPTG 存在时二者不能结合。在另一个结合分析实验中（图 7.7），Cohn 研究组发现，与含野生型操纵基因的 DNA 相比，含有组成型突变操纵基因（*lacO*^{c}）的 DNA 需要更高浓度的阻遏物才能实现二者的完全结合。该实验为 Jacob 和 Monod 从遗传学上定义的操纵基因是阻遏物结合位点提供了一个重要证据。否则，操纵基因突变不应该影响阻遏物的结合。

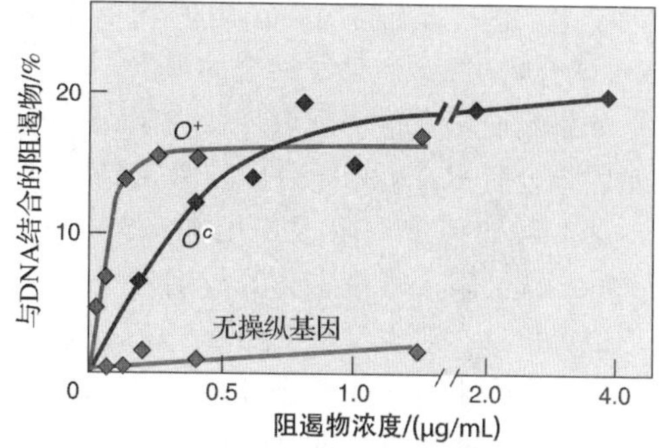

图 7.7　操纵基因 *lacO*^{c} 与阻遏物的亲和力低于野生型操纵基因与阻遏物的亲合力。 Cohn 及同事按图 7.6 描述的方法进行 *lac* 操纵基因与阻遏物的结合性分析。选用三种不同的 DNA 分子：DNA 分子中含有野生型操纵基因（O^{+}）；DNA 分子中含有组成型突变的操纵基因（O^{c}）对阻遏物蛋白亲和力下降；绿色曲线：没有 *lac* 操纵基因的 λϕ80DNA 作对照。（*Source*：Adapted from Riggs，A. D. et al. 1968. DNA binding of the *lac* repressor. *Journal of Molecular Biology*，Vol. 34：366.）

小结　Cohn 及同事用滤膜结合实验证实了 *lac* 阻遏物与操纵基因的结合。该实验还表明，与正常 *lac* 操纵基因相比，遗传学定义的组成型 *lac* 突变操纵基因对阻遏物的亲和力相对较低，表明通过遗传学和生物化学研究所确定的操纵基因是同一个并位于同一个位点。

阻遏机制

尽管 Ira Pastan 及同事早在 1971 年就已证实，即使阻遏物存在，RNA 聚合酶也能与 *lac* 启动子紧密结合，但多年来人们一直认为 *lac* 阻遏物通过阻止 RNA 聚合酶与启动子结合而发挥作用。Pastan 的实验方案是在阻遏物存在条件下，将 RNA 聚合酶和含 *lac* 操纵基因的 DNA 分子一起温育，然后加入诱导物（IPTG）和利福平。本章后面将介绍，利福平可抑制转录，除非开放启动子复合体已形成（回顾第 6 章，开放启动子复合体是指 RNA 聚合酶在启动子处使 DNA 局部解链，并与之紧密结合）。在该实验中，转录的发生说明 *lac* 阻遏物并不能阻止开放启动子复合体的形成，提示阻遏物没有阻止 RNA 聚合酶与 *lac* 启动子的结合。Susan Straney 和 Donald Crothers 于 1987 年研究表明，RNA 聚合酶与阻遏物共同结合在 *lac* 启动子上，进一步证实了 *lac* 阻遏物不能阻止 RNA 聚合酶与 *lac* 启动子结合的观点。

如果我们接受这个观点，认为阻遏物与操纵基因结合后 RNA 聚合酶仍能紧密结合启动子，那么又如何解释阻遏作用呢？Straney 和 Crot-hers认为阻遏物是阻止开放启动子复合体的形成，但这一观点又与 Pastan 观察到复合体具有利福平抗性的现象相矛盾。Barbara Krummel 和 Michael Chamberlin 提出了另一种不同的解释：阻遏物阻止转录复合体从起始状态转换到延伸状态（第 6 章）。也就是说，阻遏物使 RNA 聚合酶处于无效转录状态，只能反复合成中断转录物，无法完成启动子清除。

Jookyung Lee 和 Alex Goldfarb 为这一观点提供了实验证据。他们用截断转录实验（第 5 章）证实，即使有阻遏物存在，RNA 聚合酶也已完成了与 DNA 模板的结合。具体实验操作如下：首先，将阻遏物与 123bp 的 DNA 片段共温育，该片段含有 *lac* 调控区和 *lacZ* 基因的起始序列，让阻遏物与操纵子结合 10min 后加入 RNA 聚合酶，之后再加入肝素［一种多聚阴离子（polyanion)，与游离的或松弛结合在 DNA 上的 RNA 聚合酶结合，使之失去与 DNA 结合的能力］。同时也加入了 RNA 聚合酶反应所需的其他成分，但不包括 CTP。最后，加入标记 CTP 及 IPTG，并设不加 IPTG 的对照。实验的问题是：截断转录能否发生？如果能进行截断转录，那么 RNA 聚合酶就已与启动子形成了对肝素有抗性的（开放）复合体，即使有阻遏物存在。事实上，如图 7.8 所示，好像阻遏物根本就不存在一样，确实发生了截断转录。由此可见，在这些体外条件下，阻遏物似乎并不能阻止 RNA 聚合酶与 *lac* 启动子紧密结合。

如果不通过阻止 RNA 聚合酶与启动子结合而阻断 *lac* 操纵子转录，那么 *lac* 阻遏物如何发挥自身的阻遏功能？Lee 和 Goldfarb 注意到，阻遏物存在时，中断转录物（第 6 章）的长度仅约为 6nt，而无阻遏物时，中断转录物的长度约为 9nt。在阻遏物存在条件下形成转

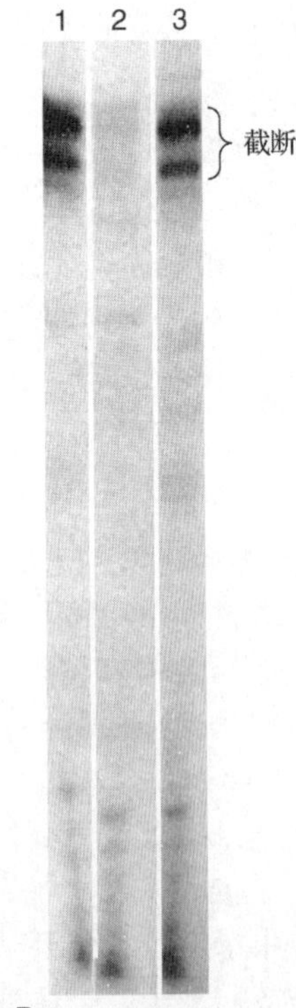

图 7.8 在体外，即使有 *lac* 阻遏物，RNA 聚合酶也能够与 *lac* 启动子形成开放启动子复合体。 Lee 和 Goldfarb 将含有 *lac* UV5 启动子的 DNA 片段单独温育（泳道 1）或与 *lac* 阻遏物共温育（泳道 2 和 3)，当阻遏物与操纵基因完成结合后，添加 RNA 聚合酶并温育 20min 以便形成开放启动子复合体，然后添加肝素以阻止开放启动子复合体的进一步形成，同时也添加除 CTP 以外的其他反应组分，温育 5min 后，单独添加［α-^{32}P］CTP 或同时添加诱导物 IPTG，温育 10min 合成 RNA，然后凝胶电泳检测转录物的合成。泳道 3 的结果表明，即使阻遏物先于 RNA 聚合酶与 DNA 结合，转录仍能发生。由此可见，阻遏物并不能阻止 RNA 聚合酶与启动子结合而形成开放启动子复合体。［*Source*：Lee J. and Goldfarb A. *lac* repressor acts by modifying the initial transcribing complex so that it cannot leave the promoter. *Cell* 66 (23Aug 1991) f. 1, p. 794. Reprinted by permission of Elsevier Science.］

录物（即使很短）的事实有力地支持了以下结论：至少在体外实验条件下，当阻遏物存在时，RNA 聚合酶确实能与 *lac* 启动子结合。该实验结果也提示，阻遏物将 RNA 聚合酶限定在只能合成中断转录物的无效生产状态，阻断 *lac* 操纵子的转录。这样 RNA 聚合酶就不可能进入转录延伸阶段。

在 Lee 和 Goldfarb 及其他研究者采用的研究方案中存在着一个问题，即实验是在离体非生理状态下进行的。例如，蛋白质（RNA 聚合酶、阻遏物）浓度要比体内的浓度高。为解决这个问题，Thomas Record 及同事在尽量与体内条件一致的基础上开展了体外动力学研究。先于体外形成 RNA 聚合酶与 *lac* 启动子复合体，然后测定复合体独自合成中断转录物的速率，或者在添加肝素或 *lac* 阻遏物的情况下合成中断转录物的速率。为测定转录速率，研究者在反应体系中添加了 UTP 同系物 ＊pppU，即 γ-磷酸具有一个荧光标签的 UTP，当

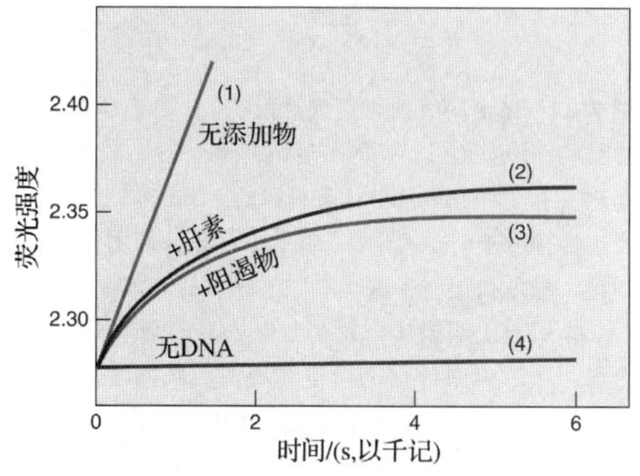

图 7.9　*lac* 阻遏物对 RNA 聚合酶与 *lac* 启动子解离的影响。Record 及同事将 RNA 聚合酶与含有 *lac* 启动子和操纵基因序列的 DNA 片段混合，形成 RNA 聚合酶-*lac* 启动子复合体，在 γ-磷酸上携带有一个荧光标签的 UTP 同系物＊pppU 存在情况下，让复合体转录 DNA 片段合成中断转录物。当 UMP 掺入到 RNA 链时，释放的标记焦磷酸（＊pp）使荧光强度增加。设三组实验：无添加物（曲线 1）；添加肝素，与从 DNA 解离的 RNA 聚合酶结合而阻止转录重新起始（曲线 2）；添加低浓度的 *lac* 阻遏物（曲线 3）；无 DNA 的实验为对照（曲线 4）。同肝素一样，阻遏物抑制中断转录的重新起始，表明阻遏物可阻断解离的 RNA 聚合酶与启动子的重新结合。（*Source*：Adapted from Schlax，P. J. Capp，M. W.，and M. T. Record，Jr. Inhibition of transcription initiation by *lac* repressor，*Journal of Molecular Biology* 245：331-350.）

UMP 掺入到 RNA 链中后，＊pppU 就释放出带有标签的焦磷酸（＊pp），使体系中的荧光强度增加。图 7.9 的结果表明，在无竞争者时，中断转录物的合成维持在一个较高的水平上，但在肝素或阻遏物存在时，转录水平迅速下降。

Record 及同事对这些实验结果的解释如下：聚合酶-启动子复合体与游离的聚合酶、启动子三者之间处于一个平衡状态，竞争者不存在时（曲线 1），解离的聚合酶与启动子重新结合，继续合成中断转录物。然而，肝素（曲线 2）和阻遏蛋白（曲线 3）可阻止 RNA 聚合酶与启动子重新结合。肝素通过与聚合酶结合而阻止了聚合酶与 DNA 的结合；阻遏蛋白可能是通过与邻近启动子的操纵基因结合而阻止了 RNA 聚合酶与启动子的结合。由此可见，这些研究数据支持了过去所认为的 RNA 聚合酶与阻遏物存在竞争的假说。

对 *lac* 阻遏物作用机制的研究迂回曲折，最新研究结果表明最初的竞争假说是正确的，但还不是阻遏机制研究的尾声。

lac 操纵子阻遏机制的另一个复杂因素是存在三个而不是一个操纵基因，即一个位于转录起始位点附近的**主操纵基因**（major operator）和两个分别位于转录起始位点上游及下游的**辅操纵基因**（auxiliary operator）。图 7.10 示意了这三个操纵基因的空间排列，典型（主）操纵基因 O_1 以＋11 为序列中心，下游辅操纵基因 O_2 以＋412 为序列中心，上游辅操纵基因 O_3 以－82 为序列中心。我们已经讨论过主操纵基因及其作用，研究者一般认为主操纵基因单独发挥作用。但是 Benno Müller-Hill 与其他研究者最近对辅操纵基因进行了较为详尽的研究，发现辅操纵基因并不是主操纵基因无关紧要的拷贝，它们在阻遏过程中起关键性作用。Müllerr-Hill 及同事证实，如果除去其中的任何一个辅操纵基因，只会微弱地降低阻遏效率。但是，如果同时除去两个辅操纵基因，则会使阻遏效率下降 50 倍。图 7.11 概括了这些实验结果：三个操纵基因同时存在时，抑制转录的效率提高 1300 倍；只有两个操纵基因时，抑制转录的效率提高 400～700 倍；而主操纵基因自身抑制转录的效率仅为 18 倍。

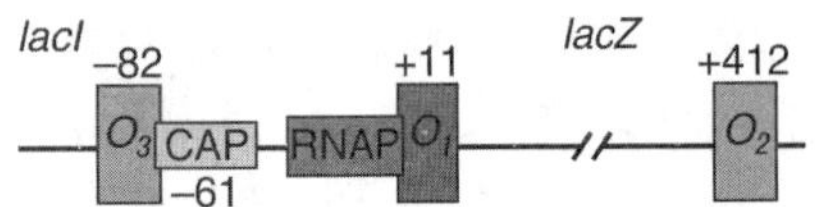

O_1　5′　AATTGTGAGCGGATAACAATT　3′
O_2　5′　AAaTGTGAGCGagTAACAAcc　3′
O_3　5′　ggcaGTGAGCGcAacgCAATT　3′

图 7.10　三个 *lac* 操纵基因。(a) *lac* 调控区图示。主操纵基因（O_1）为红色；两个辅操纵基因为粉色；CAP 结合位点和 RNA 聚合酶结合位点分别为黄色和蓝色。CAP 是 *lac* 操纵子的正调控因子，本章下一节再作讨论。**(b)** 三个操纵基因的序列。三个操纵基因的序列比对，粗体 G 为序列中心，辅操纵基因（O_2 和 O_3）序列中与主操纵基因不同的碱基用小写字母表示。

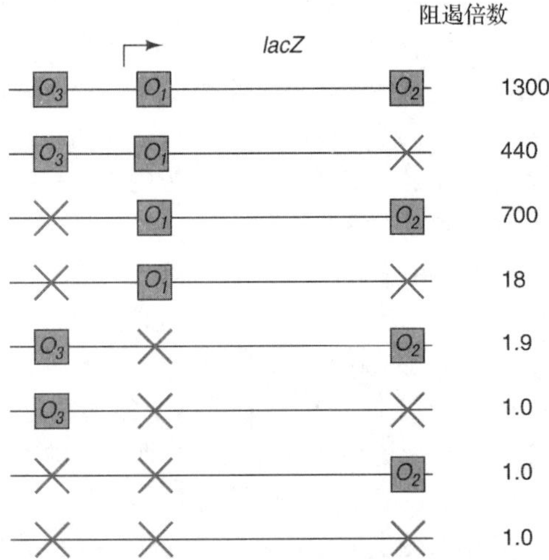

图 7.11　三个 *lac* 操纵基因的突变效应。Müller-Hill 及同事将野生型和突变型 *lac* 操纵子片段插入 λ 噬菌体 DNA，然后侵染 *E. coil* 细胞（第 8 章）。将含三个操纵基因和 *lacZ* 基因的 *lac* 操纵子片段整合到细菌基因组中，细菌基因组不含有其他 *lacZ* 基因，但拥有野生型 *lac I* 基因。Müller-Hill 及同事分析 β-半乳糖苷酶在诱导物 IPTG 有或无条件下的合成情况，根据酶活性推知阻遏效率，图右侧为两种条件下阻遏活性的比率。例如，当三个操纵基因都存在时，有诱导物时酶活性是无诱导物时酶活性的 1300 倍，即阻遏效率达 1300 倍；λ Ewt123（顶部）携带三个野生型操纵基因（绿色），其他噬菌体缺失一个或多个操纵基因（红色×）。　(*Source*: Adapted from Oehler, S., E. R. Eismann, H. Krämer, and B. Müller-Hill. 1990. The three operators of the *lac* operon coo-perate in repression. *The EMBO Journal* 9:973-979.)

1996 年，Mittchell Lewis 及同事为操纵基因间的协同关系提供了结构基础。他们确定了 *lac* 阻遏物与包含操纵基因序列的 21bp DNA 片段组成的复合体的晶体结构。从图 7.12 可以看出，四聚体阻遏物中的两个二聚体是独立的 DNA 结合实体，与 DNA 大沟发生相互作用。而且可以清楚地看出，四聚体中两个二聚体分别与两个不同的操纵基因序列相结合，很容易理解这两个操纵基因是同一条长 DNA 片段中的一部分。

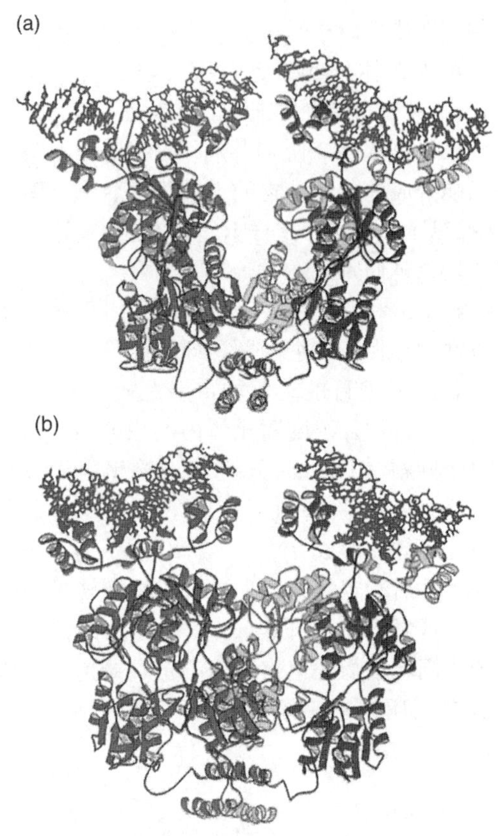

图 7.12　结合两个操纵基因片段的 *lac* 阻遏物四聚体结构。Lewis、Lu 及同事对结合 DNA 的 *lac* 阻遏物进行 X 射线衍射晶体学分析，长 21bp 的 DNA 片段包含操纵基因序列。4 个阻遏物单体分别用粉色、绿色、黄色和红色表示，两个阻遏物二聚体在底部相互作用形成四聚体，每个二聚体有两个 DNA 结合域。从结构图的顶部可以看出，二聚体与 DNA 大沟相互作用。该结构清楚地显示两个二聚体分别独立地与不同 *lac* 操纵基因结合，图 **(a)** 和图 **(b)** 为同结构的前视图和侧视图。[*Source*: Lewis, Met al., Crystal Structure of the lactose operon processor and its complexes with DNA and inducer. *Science* 271 (1 Mar 1996), f. 6, p. 1251. © AAAS.]

小结　有两种竞争假说解释了 *lac* 操纵子的阻遏机制。一种认为，阻遏物存在时，RNA 聚合酶与启动子结合，但阻遏物阻止了

RNA 聚合酶由中断转录向进行性转录的过渡。另一种认为，阻遏物与操纵基因结合，阻碍 RNA 聚合酶与邻近操纵基因的启动子结合。最近的研究证据支持后者。除邻近启动子的典型（主）操纵基因外，还存在两个辅操纵基因，分别位于转录起始位点的上游和下游。这三个操纵基因都是高效阻遏所必需的，两个操纵基因同时参与阻遏是比较理想的，主操纵基因自身只能引发中等水平的阻遏效应。

lac 操纵子的正调控

在本章前面我们已经了解到只要有葡萄糖存在，*E. coli* 细胞就保持 *lac* 操纵子处于相对失活状态。*E. coli* 细胞优先利用葡萄糖作为代谢能源而不用其他糖源，这种选择是由葡萄糖的降解产物或代谢产物（catabolite）控制的，所以将这种调控方式称为**代谢阻遏**（catabolite repression）。

理想的 *lac* 操纵子正调控因子应该能感知葡萄糖缺乏，并通过激活 *lac* 启动子做出应答，使 RNA 聚合酶与启动子结合而转录 *lac* 基因（当然，前提条件是假定乳糖存在，阻遏物因而不能与启动子结合）。对葡萄糖浓度变化做出应答的物质是**环化一磷酸腺苷酸**（cyclic-AMP，cAMP）（图 7.13）。当葡萄糖浓度降低时，cAMP 浓度增加。

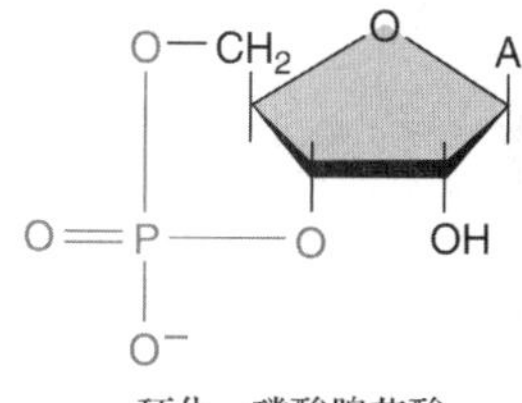

图 7.13 环化一磷酸腺苷酸。注意图中的环 5′→3′磷酸二酯键（蓝色）。

代谢物激活因子蛋白 Ira Pastan 及同事的研究表明，cAMP 能克服 *lac* 及 *gal*、*ara* 等操纵子的代谢物阻遏效应，*gal* 和 *ara* 操纵子分别控制半乳糖代谢和阿拉伯糖代谢。也就是说，即使在葡萄糖存在的情况下，cAMP 也能使操纵子基因活化。这一发现提示 cAMP 对 *lac* 操纵子具有强烈的正调控效应，这是否意味着 cAMP 就是正效应物？这并不准确，因为 *lac* 操纵子的正调控因子实质是一个复合物，由 cAMP 和蛋白质因子两部分构成。

Geoffrey Zubay 及同事的研究发现，在提供 cAMP 的条件下，*E. coli* 无细胞粗提物能合成 β-半乳糖苷酶，这一发现为从 *E. coli* 无细胞粗提物中获得 cAMP 激活基因表达所必需的蛋白质提供了思路。Zubay 将这种蛋白质称为**代谢物激活蛋白**（catabolite activator protein，CAP）。后来，Pastan 研究组也发现了这种蛋白质并命名为 **cAMP 受体蛋白**（cyclic-AMP receptor protein，CRP）。为避免混淆，在以后的讨论中均将这种蛋白质称为 CAP，但是编码该蛋白质的基因已被正式命名为 *crp*。

Pastan 及同事测定出 CAP-cAMP 复合体的解离常数为 $(1\sim2)\times10^{-6}$ mol/L，但研究者也分离出一株突变体，该突变体的 CAP 与

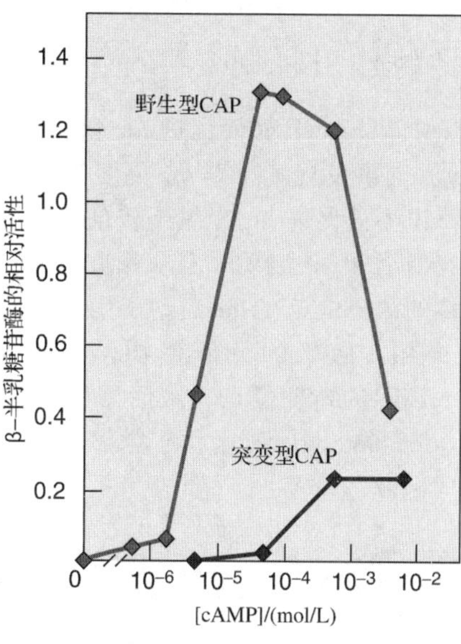

图 7.14 cAMP 与野生型 CAP 和突变型 CAP 均能促进 β-半乳糖苷酶的合成。Pastan 及同事逐渐增加 cAMP 浓度，激活野生型和突变体无细胞提取物生产 β-半乳糖苷酶。红色表示野生型，蓝色表示突变体（CAP 对 cAMP 的亲和力降低）。突变体产生很少的 β-半乳糖苷酶，如果 CAP-cAMP 复合物在 *lac* 操纵子转录中具有重要作用，那么这一结果正是我们所期望的。在野生型细胞提取物中，太多 cAMP 明显干扰了 β-半乳糖苷酶的合成。这不奇怪，因为 cAMP 有很多作用，一些 cAMP 可能间接抑制了 *lacZ* 基因体外表达的某些步骤。［*Source*: Adapted from Emmer，M.，et al.，Cyclic AMP receptor protein of *E. coli*: Its role in the synthesis of inducible enzymes，*Proceedings of the National Academy of Sciences* 66 (2)：480-487，June 1970.］

cAMP 的结合力大约降低了 10 倍，如果 CAP-cAMP 确实是 *lac* 操纵子正调控的重要因子，那么向突变体的无细胞提取物添加 cAMP 后，其 β-半乳糖苷酶的合成量就应低于野生型无细胞提取物的 β-半乳糖苷酶合成量。图 7.14 显示的实验结果的确如此。为使这一结论更加可信，Pastan 证实突变体提取物（加 cAMP）加入野生型 CAP 后，β-半乳糖苷酶合成率提高约三倍。

小结　*lac* 操纵子及其他几种编码糖代谢酶的可诱导型操纵子，其正调控由代谢物激活因子蛋白（CAP）所介导，该蛋白质与 cAMP 共同激活转录。葡萄糖通过降低 cAMP 的浓度而抑制转录的激活。只有当葡萄糖浓度很低，且需要代谢另一种能源时，*lac* 操纵子才被激活。

CAP 的作用机制

CAP 和 cAMP 如何促进 *lac* 操纵子转录？Zubay 及同事发现了一类 *lac* 突变体，其 CAP 和 cAMP 不能促进 *lac* 操纵子转录。遗传作图发现突变位于 *lac* 启动子上，表明 CAP-cAMP 复合体的结合位点在 *lac* 启动子内，我们接下来将介绍，后来的分子生物学研究显示，CAP-cAMP 的结合位点［**激活因子结合位点**（activator-binding site）］位于紧邻启动子的上游。Pastan 及同事进一步研究表明 CAP-cAMP 与激活因子位点的结合有助于 RNA 聚合酶在启动子处形成开放启动子复合体。cAMP 的作用是改变 CAP 构型，从而增强对激活因子位点的亲和力。

图 7.15 描述了实验过程。Pastan 及同事首先在 CAP-cAMP 有或无条件下使 RNA 聚合酶与 *lac* 启动子结合，然后同时添加核苷酸和利福平，分析开放启动子复合体是否形成。如果在利福平加入之前无开放启动子复合体形成，则利福平将抑制转录起始，因为 DNA 熔解耗时长，其间足以使抗生素在转录起始前抑制 RNA 聚合酶的活性。如果利福平加入前开放启动子复合体已形成，那么该复合体就能聚合核苷酸，因为核苷酸先于抗生素与 RNA 聚合酶结合，使 RNA 聚合酶能起始转录。一旦起始了 RNA 链的合成，RNA 聚合酶就会获得利福平抗性，直至完成 RNA 链的合成。事实上，Pastan 及同事发现，在缺乏 CAP-cAMP 情况下形成的聚合酶启动子复合体对利福平敏感，说明未形成开放启动子复合体，而 CAP-cAMP 存在时形成具有利福平抗性的开放启动子复合体。

图 7.15（b）显示，CAP-cAMP 二聚体结合在左侧的激活因子位点上，RNA 聚合酶结合在右侧的启动子上。如何知道这种顺序是正

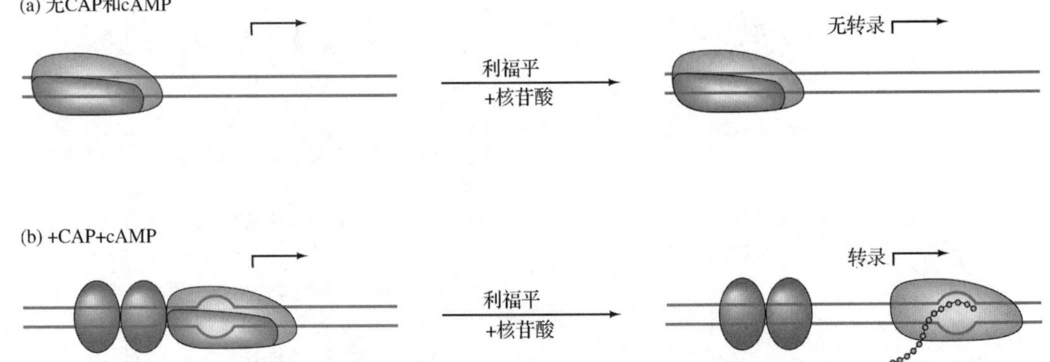

图 7.15　CAP 与 cAMP 协同促进开放启动子复合体的形成。（**a**）无 CAP 时，RNA 聚合酶与含 *lac* 启动子的 DNA 片段随机松散地结合，在同时加入利福平及核苷酸后，这种结合受到利福平抑制，因此无转录发生。（**b**）有 CAP 和 cAMP（紫色）存在时，RNA 聚合酶与 *lac* 启动子结合形成开放启动子复合体，在同时加入利福平及核苷酸后，这种结合不受利福平抑制，因为核苷酸先于利福平与聚合酶结合，使开放启动子复合体能启动核苷酸聚合。一旦第一个磷酸二酯键形成，RNA 聚合酶在重新起始转录前一直具有利福平抗性。在这些条件下能转录，表明 CAP 和 cAMP 促进了开放启动子复合体的形成。绿色链条代表 RNA 分子。

确的？最初的证据来自遗传学实验。启动子的左侧序列突变，可阻止 CAP-cAMP 对转录的促进作用，但仍存在低水平转录。如图 7.16 所示，缺失突变体 L1 完全消除了 CAP 和 cAMP 对 *lac* 操纵子的正调控作用，说明 CAP 结合位点至少部分位于缺失区域内。而 L1 的缺失对 CAP 非依赖型转录没有影响，所以删除区域不包括与 RNA 聚合酶结合的启动子部分。因此，缺失序列的右末端大体上就是激活因子结合位点与启动子之间的分界线。

lac、*gal*、*ara* 操纵子的 CAP 结合位点均含有 TGTGA 序列，这种保守性表明 TGTGA 序列是 CAP 结合位点的重要组成部分。目前已有直接证据表明该序列的重要性。例如，DNA 足迹研究表明，CAP-cAMP 复合体的结合可保护该序列中的 G 免受硫酸二甲酯的甲基化修饰，说明 CAP-cAMP 复合体与 G 紧密结合，使 G 免受甲基化试剂的攻击。

lac 操纵子及其他能受 CAP 和 cAMP 激活的操纵子都是非常弱的启动子，它们的 −35 框与保守序列不同，很难识别。这种情形也不足为奇，如果 *lac* 操纵子拥有一个很强的启动子，那么无须 CAP 和 cAMP 帮助，RNA 聚合酶自身就能结合启动子而形成开放启动子复合体，这样即使葡萄糖存在，*lac* 操纵子也会处于激活状态。所以该启动子必须是依赖于 CAP 和 cAMP 的弱启动子。事实上，已发现存在不依赖于 CAP 和 cAMP 的 *lac* 强突变启动子（如 *lac*UV5 启动子）。

小结　CAP-cAMP 复合体通过结合在紧邻启动子的激活因子结合位点上而促进 *lac* 操纵子的转录，这种结合也有助于 RNA 聚合酶与启动子的结合。

募集　CAP-cAMP 复合体如何将 RNA 聚合酶募集到启动子上？这种**募集作用**（recruitment）包括两步：①形成闭合启动子复合体；②将闭合启动子复合体转换为开放启动子复合体。William McClure 及同事将这个两步过程归纳为如下反应式：

$$R+P \underset{K_B}{\rightleftharpoons} RP_C \xrightarrow[k_2]{} RP_o$$

式中，R 为 RNA 聚合酶；P 为启动子；RP_C 为闭合启动子复合体；RP_O 为开放启动子复合体。McClure 及同事用动力学方法来区分这一两步反应，确定出 CAP-cAMP 通过提高 K_B 而直接促进第一步反应，但对 k_2 几乎没有影响，所以不会促进第二步反应。虽然如此，通过提高闭合启动子复合体的形成速率，CAP-cAMP 为开放启动子复合体的转换提供了更多原料（即闭合启动子复合体）。CAP-cAMP 的净效应是增加开放启动子复合体的形成速率。

结合在激活因子结合位点上的 CAP-cAMP 是如何辅助聚合酶与启动子结合的呢？一种长期被支持的假说认为，当 CAP 和 RNA 聚合酶与各自 DNA 靶位点结合后，两者会发生直接的接触，因此它们与 DNA 的结合具有协同效应。

这一假说获得了较多实验证据的支持。第一，有 cAMP 时，超速离心使 CAP 和 RNA 聚合酶共沉淀，表明两者具有亲和性。第二，当 CAP 和 RNA 聚合酶都结合到各自的靶 DNA 位点时，发生化学交联，表明两者彼此十分靠近。第三，DNase 足迹实验（第 5 章）显示 CAP-cAMP 足迹与聚合酶足迹相邻。因此两者的 DNA 结合位点距离很近，足以使它们在各自的 DNA 位点上结合后发生相互作用。第四，某些 CAP 突变会降低转录激活作用，但不影响与 DNA 的结合（或弯曲）。其中一些突变改变了与聚合酶相互作用的 **CAP 激活区Ⅰ**（acti-

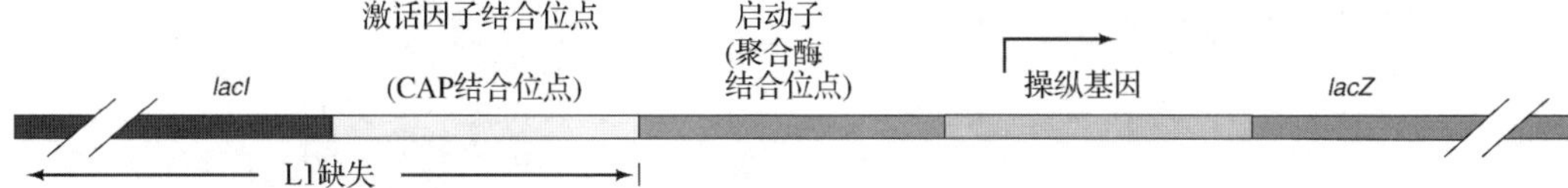

图 7.16　*lac* 调控区。紧邻操纵基因上游的激活因子-启动子区含有位于左侧的激活因子结合位点（CAP 结合位点）（黄色）和位于右侧的启动子（聚合酶结合位点）（粉色）。这些位点是通过足迹实验和遗传学分析而确定的。L1 缺失突变就是遗传学分析的一个事例，L1 突变体的 *lac* 操纵子存在本底水平的转录，但不会被 CAP 和 cAMP 所促进，说明该突变体具有完整的启动子序列，但激活因子结合位点发生了缺失。

vation region Ⅰ，ARⅠ）的氨基酸。第五，推测与CAP的ARⅠ相互作用的位点是聚合酶α亚基的羧基端结构域（αCTD），缺失αCTD可阻止CAP-cAMP介导的激活作用。第六，Richard Ebright及同事在2002年对DNA、CAP-cAMP和RNA聚合酶αCTD复合体进行X射线晶体结构分析，结果显示，尽管CAP与RNA聚合酶间的界面不大，但ARⅠ确实与αCTD相接触。为了使αCTD自己结合到复合体上，他们将CAP结合位点两侧的碱基序列改变为富含AT序列（5′-AAAAAA-3′），以便吸引αCTD结合。图7.17（a）是所测定的晶体结构，一分子αCTD（αCTD^{DNA}）与DNA结合，另一分子αCTD（$\alpha CTD^{CAP,DNA}$）与DNA和CAP都结合。后一种情况的αCTD很明显与CAP的ARⅠ接触，详细的结构分析精确地确定了每个蛋白质中参与相互作用的氨基酸残基。只有一个αCTD单体与一个CAP单体结合是体内真实情形的反映，在晶体中或在体内，另一个αCTD单体不与CAP接触。

在图7.17（a）中另一个值得关注问题的是当CAP-cAMP与DNA靶位点结合后，引起DNA片段产生大约100°的弯曲。早在1991年，Thomas Steitz及同事在缺少αCTD的CAP-cAMP-DNA复合体晶体结构图像中就注意到了DNA弯曲现象，在Ebright及同事获得CAP-cAMP-DNA复合体晶体结构图像中同样能观察到DNA弯曲［图7.17（b）］。在CAP-cAMP-αCTD-DNA复合体和CAP-cAMP-DNA复合体中，DNA及CAP的结构完全相同，这说明αCTD并不干扰CAP与DNA结合后所形成的结构。

早在1984年，Hen-Ming Wu和Donald Crothers通过电泳检测到了晶体图像中的DNA弯曲现象（图7.18）。当DNA片段弯曲后，其电泳迁移率较慢。而且，弯曲部位越接近DNA片段中部，DNA分子的迁移率就越慢［图7.18（b）和图7.18（c）］。Wu和Crothers利用不同构型DNA分子的电泳迁移率不同的特点，制备了*lac*操纵子DNA片段，各片段长度相同，但CAP结合位点不同。然后使每一DNA片段均与CAP-cAMP结合，对形成的DNA-蛋白质复合体进行凝胶电泳。如果CAP的结合确实导致DNA弯曲，那么不同DNA片段就会有不同的电泳迁移率。如果CAP结合不会使DNA弯曲，则所有DNA片段具有相同的电泳迁移率。图7.18（d）表明不同DNA片段确实具有不同的迁移率，而且，DNA弯曲越显著，电泳迁移率相差就越大。也就是说，根据图7.18提供的曲线，可以估算CAP-cAMP结合后引起DNA弯曲的程度。实际上，CAP-cAMP结合后可使DNA发生约90°的弯曲，与X射线晶体学研究得出的100°弯曲相吻合。这种弯曲可能是复合体中DNA与蛋白质发生最佳相互作用所必需的。

我们引用的所有研究均指出了CAP与RNA聚合酶特别是聚合酶的αCTD间发生蛋

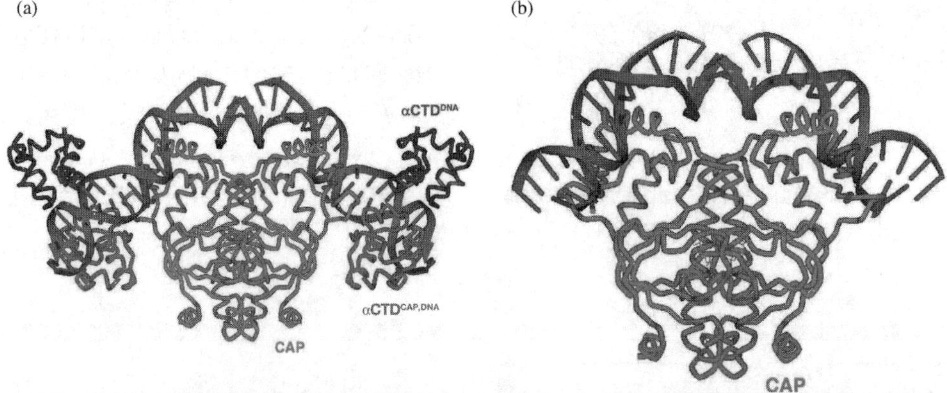

图7.17　CAP-cAMP-αCTD-DNA复合体及CAP-cAMP-DNA复合体的晶体结构。（**a**）CAP-cAMP-αCTD-DNA复合体。DNA为红色，CAP为青色，cAMP用细红线表示，αCTDDNA为深绿色，αCTDCAP，DNA为浅绿色。（**b**）CAP-cAMP-DNA复合体。各部分的颜色同图（a）。（*Source*：Benoff et al.，*Science* 297 © 2002 by the AAAS.）

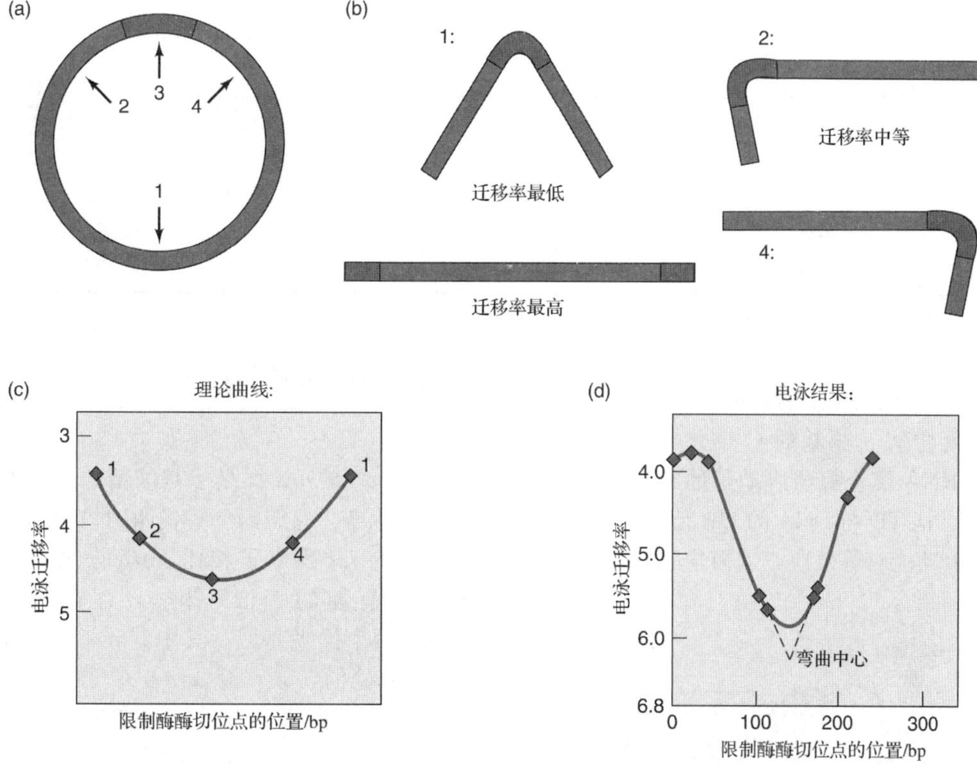

图 7.18 CAP-cAMP-启动子复合体的电泳特征。(a) 假定的环形 DNA 图谱，其中心为蛋白质结合位点（红色），具有 4 个不同的限制酶酶切位点（箭头所示）。**(b)** 将图（a）所示的 DNA 用限制酶酶切，每个 DNA 只用一种酶进行酶切，然后加入 DNA 结合蛋白，使 DNA 弯曲。限制酶 1 在蛋白质结合位点的对面将 DNA 切开，蛋白质结合位点位于线性 DNA 中间。限制酶 2 和 4 切割后，蛋白质结合位点远离 DNA 中心。限制酶 3 在蛋白质结合位点内将 DNA 切开，几乎不引起 DNA 弯曲，即使有弯曲也是十分轻微的弯曲。**(c)** 电泳迁移率与弯曲发生在不同位点的 DNA 的理论曲线。中部发生弯曲的 DNA 迁移率最低（曲线的两端）；沿 *y* 轴向下迁移率逐渐增加。**(d)** CAP-cAMP 与 *lac* 启动子位于不同位点的 DNA 结合的电泳结果。*lac* 启动子在 DNA 中的位置取决于所用的限制酶。根据对称曲线，Wu 和 Crothers 推导出 *lac* 启动子内的 CAP-cAMP 结合位点就是弯曲中心。(*Source*：Wu，H. M.，and D. M. Crothers，The locus of sequence-directed and protein-induced DNA bending. *Natue* 308：511，1984.)

白质-蛋白质相互作用的重要性。该假说推测 αCTD 缺失突变体将阻止 CAP-cAMP 对转录的激活。Kazuhiko Igarashi 和 Akira Ishihama 为 RNA 聚合酶 αCTD 在 CAP-cAMP 激活转录过程中的重要性提供了遗传学证据。研究者首先将各个分离的亚基在体外重组为功能性 RNA 聚合酶，除有些实验中 α 亚基为缺失 CTD 的突变型外，其他亚基均为野生型。其中一个截短的 α 亚基终止于 256 位氨基酸（正常为 329 个氨基酸），另一个终止于 235 位氨基酸。然后用这个重组 RNA 聚合酶进行体外截断转录。表 7.2 为体外截断转录结果，在有或无 CAP-cAMP 条件下用野生型或 α 亚基突变的重组酶在 CAP-cAMP 依赖性 *lac* 启动子（P1）或非依赖性启动子（*lac* UV5）处起始转录。正如推测的那样，CAP-cAMP 不能促进 *lac* UV5 启动子的转录，因为 *lac* UV5 是一个强启动子，对 CAP-cAMP 不敏感。CAP-cAMP 使 *lac*P1 启动子的转录效率提高 14 倍。有趣的是携带截短型 α 亚基重组酶在无 CAP-cAMP 时，从任一启动子处起始的转录与野生型聚合酶没有区别，只是不能被 CAP-cAMP 所促进。由此可见，αCTD 并不是重组功能性 RNA 聚合酶所必需的，即缺失 αCTD 不会影响重组酶的活性。然而，αCTD 却是 CAP-cAMP 发挥促进转录功能所必需的。

表 7.2　CAP-cAMP 对 *lac* P1 转录的激活

酶	转录物/cpm				P1/UV5/%		激活（倍数）
	−cAMP-CAP		+cAMP-CAP		−cAMP-CAP	+cAMP-CAP	
	P1	UV5	P1	UV5			
α-WT	46	797	625	748	5.8	83.6	14.4
α-256	53	766	62	723	6.9	8.6	1.2
α-235	51	760	45	643	6.7	7.0	1.0

图 7.19 概述了激活假说的要点。CAP-cAMP 二聚体在与其激活因子位点结合的同时，与聚合酶 α 亚基的 C 端（αCTD）结合，促进了 RNA 聚合酶与启动子的结合。这种结合可能同 αCTD 与 DNA 的 UP 元件结合（第 6 章）具有功能对等效应，因而增强聚合酶与启动子间的结合。

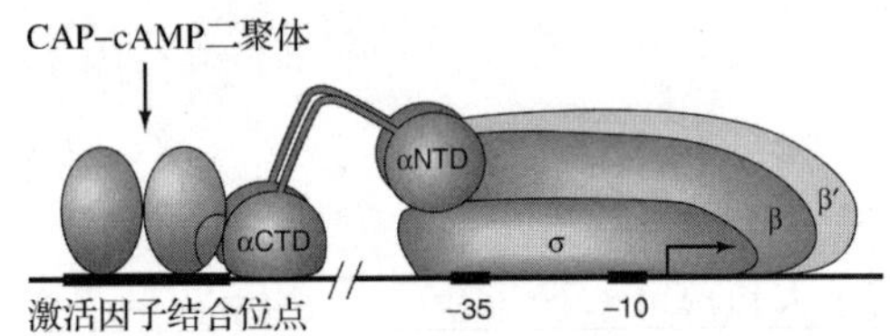

图 7.19　CAP-cAMP 激活 *lac* 操纵子转录的假设。 CAP-cAMP 二聚体（紫色）与靶 DNA 位点结合，αCTD（红色）与 CAP 上的特异位点（棕色）发生相互作用，从而增强聚合酶与启动子的结合。（*Source*：Adapted from Busby，S. and R. H. Ebright，Promoter structure，promoter recognition，and transcription activation in prokaryotes，*Cell* 79：742，1994.）

可促进 100 多个启动子起始转录的 CAP 只是细菌转录激活因子中的一员，现在越来越多的转录激活因子已经被发现，在第 9 章将举例详细介绍。

小结　CAP-cAMP 与激活因子结合位点结合后，募集 RNA 聚合酶与 *lac* 启动子结合，形成闭合启动子复合体，进而转换为开放启动子复合体。CAP-cAMP 通过与 RNA 聚合酶的 αCTD 发生蛋白质—蛋白质相互作用而募集 RNA 聚合酶与启动子结合，CAP-cAMP 与靶 DNA 结合后引起 DNA 发生约 100°的弯曲。

7.2　*ara* 操纵子

E. coli 的 *ara* 操纵子是细菌的另一类代谢阻遏操纵子，它编码分解代谢阿拉伯糖所需的酶类。与 *lac* 操纵子相比，*ara* 操纵子具有一些较为有趣的特征。第一，存在 $araO_1$ 和 $araO_2$ 两个操纵基因，其中，$araO_1$ 调节控制基因 *araC* 的转录，而 $araO_2$ 位于其所控制启动子 P_{BAD} 上游 −265～ −294之间，发挥调控转录功能。第二，CAP 结合位点在 *ara* 启动子上游约 200bp 处，CAP 具有促进转录的功能。第三，*ara* 操纵子具有由 AraC 蛋白介导的负调控系统。

ara 操纵子的阻遏环

$araO_2$ 如何调控位于其下游 250bp 远处启动子的转录？最为合理的解释就是这两个位点（操纵基因和启动子）之间的 DNA 发生环化，如图 7.20（a）所示。事实上，我们已经掌握了有关 DNA 环化的证据。Robert Lobell 和 Robert Schleif 研究发现，如果将具整数双螺旋转角的 DNA 片段（10.5bp 的倍数）插入操纵基因与启动子之间时，操纵基因仍具有正常功能。然而，如果插入非整数双螺旋转角（如 5bp 或 15bp）的 DNA 片段时，操纵基因就不能执行其正常的功能了。这与下列普遍观点相一致，即只要两个蛋白质结合位点位于 DNA 双螺旋的同一侧，双链 DNA 分子就可以通过环化而使这两个蛋白质结合位点彼此靠近。然而，DNA 分子不可能扭转 180°而将处于不同侧的两个蛋白质结合位点拉到同一侧，从而使它们通过 DNA 环化而发生相互作用（图 7.20）。从这一点上看，DNA 就像一段僵硬的晾衣线，相对容易弯曲，但不易扭曲。

图7.20所描述的简单模型中假定蛋白质首先与两个相距较远的DNA位点结合，然后通过蛋白质间的相互作用而使DNA环化。然而，Lobell和Schleif研究发现，实际情况要比模型复杂得多。事实上，*ara*操纵子的调控蛋白AraC是个双功能蛋白，既是正调控蛋白又是负调控蛋白，如图7.21（a）所示，其在操纵子上具有三个结合位点：位于远上游的*ara*O_2、定位在-106和-144之间的*ara*O_1及由两个半位点*ara*I_1（-56～-78）和*ara*I_2（-35～-51）组成的*araI*。每个位点结合一个AraC单体。*ara*操纵子包含*araA*～*araD* 4个结构基因，称为*araCBAD*操纵子，其中，*araA*、*araB*和*araD*编码阿拉伯糖代谢酶，从启动子*ara*P_{BAD}处向右转录，而基因*araC*编码调控蛋白AraC，从启动子*ara*P_C处向左转录。

在阿拉伯糖缺乏时，生物体不需要*araBAD*基因的表达产物参与糖类代谢，因此AraC蛋白执行负调控作用，结合在*ara*O_2和*ara* I_1位点上，引起两位点间的DNA环化，使操纵子被阻遏［图7.21（b）］。当阿拉伯糖存在时，阿拉伯糖与AraC蛋白结合，使其构象发生改变，不能与*ara*O_2结合，但能与*ara*I_1和*ara*I_2位点结合，导致**阻遏环**（repression loop）解体，操纵子去阻遏［图7.21（c）］。与*lac*操纵子一样，去阻遏并不是调控系统的全部，还有CAP-cAMP复合体介导的正调控。图7.21（c）显示，该复合体结合在*ara*P_{BAD}启动子的上游。CAP-cAMP在*ara*P_{BAD}启动子较远处结合却能控制转录，DNA环化可能是合理的解释，DNA环化使CAP与RNA聚合酶接触，进而促进RNA聚合酶与启动子的结合。

ara 操纵子阻遏环的证据

*ara*操纵子阻遏环模型的证据是什么？首先，Lobell和Schleif通过凝胶电泳研究发现，在阿拉伯糖缺乏时，AraC引起DNA环化。在实验过程中，研究者并没有使用*E. coli*的整个DNA基因组，而是使用了称为微环（minicircle）的长404bp的环形超螺旋DNA。微环含有*ara*O_2和*ara*I_1位点，两者相距160bp。利用环形超螺旋DNA的电泳迁移率比未环化的同一DNA分子电泳迁移率快的事实，分析加入AraC后微环的环化情况。图7.22是其中一个分析实验的结果，对比泳道1和2可以看出，加入AraC后产生了新的高迁移速率条带，该条带对应于环化的微环。

该实验结果还表明，环的稳定性取决于AraC同时与*ara*O_2和*araI*位点的结合。Lobell和Schleif分别用野生型微环DNA、*ara*O_2位点突变的微环DNA及两个*araI*位点均突变的微环DNA制备成环复合体，添加过量未标记的野生型微环DNA，观察每种成环复合体的解体情况。泳道3～5显示在90min内，大约

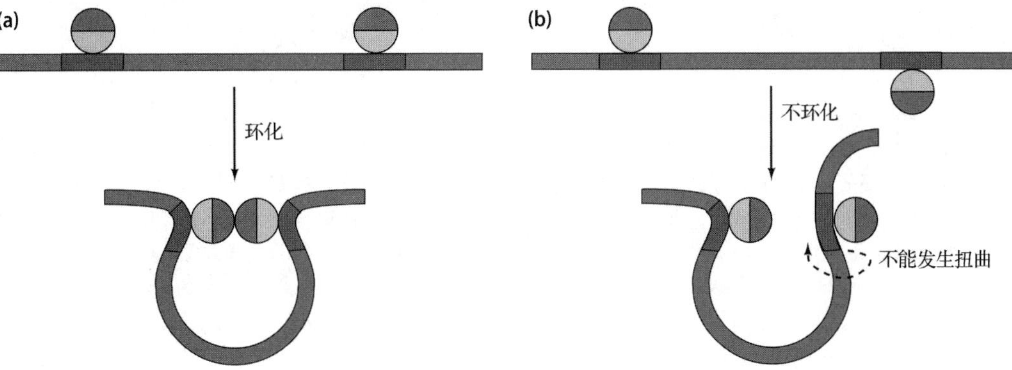

图7.20　蛋白质必须结合在DNA的同一侧才能通过DNA环化而发生相互作用。(a) 具有DNA结合域（黄色）和蛋白质-蛋白质相互作用结构域（蓝色）的两个蛋白质与其靶DNA位点（红色）结合后，处于DNA双螺旋的同一个侧，两个结合位点之间的DNA无需扭曲即可环化，从而使结合DNA分子上的两个蛋白质发生相互作用。**(b)** 两个蛋白质结合位点位于DNA双螺旋的不同侧，DNA没有足够的柔韧性以发生扭曲而使这两个位点相互靠近，因此结合在DNA分子上的两个蛋白质不能发生相互作用。

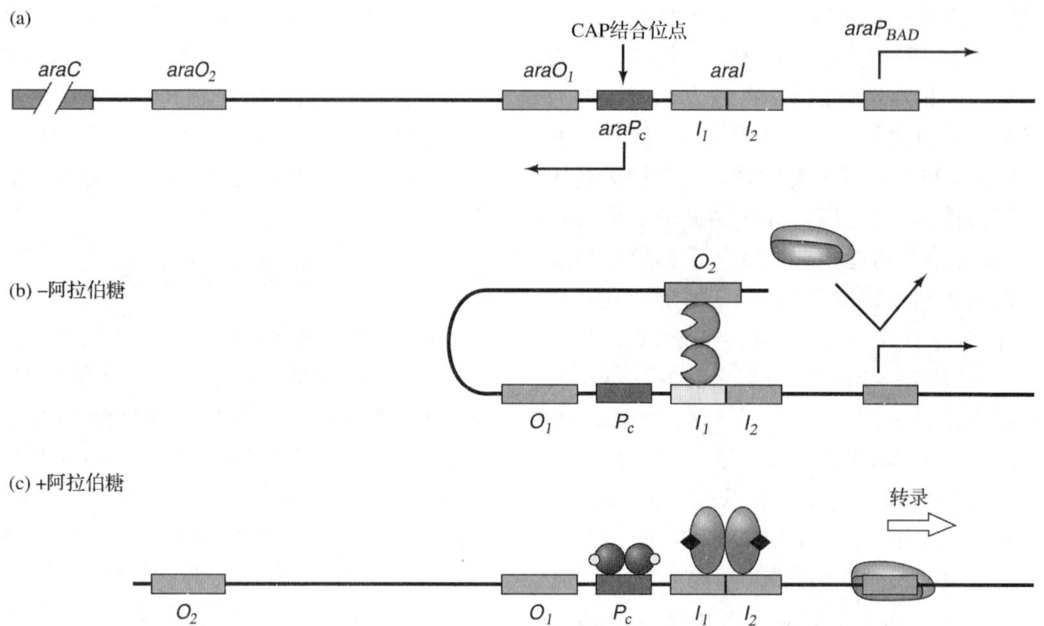

图 7.21 *ara* 操纵子的调控。(a) *ara* 操纵子调控区图谱。在启动子 *ara*P_{BAD}上游区域有 4 个调控蛋白 AraC 的结合位点（$araO_2$、$araO_1$、$araI_1$ 和 $araI_2$）。*ara*C 基因的转录从 *ara*PC 处起始向左进行。**(b)** 负调控。当阿拉伯糖缺乏时，AraC 蛋白单体（绿色）结合在 $araO_2$ 和 $araI_1$ 位点上，引起 DNA 弯曲，阻止 RNA 聚合酶（红色和蓝色）靠近启动子。**(c)** 正调控。阿拉伯糖（黑色）与 AraC 蛋白结合使其构象发生改变，以二聚体形式与 $araI_1$ 和 $araI_2$ 结合，但失去了与 $araO_2$ 结合的能力，导致启动子（粉色）打开并与 RNA 聚合酶结合。如果葡萄糖缺乏，CAP-cAMP 复合体（紫色和黄色）浓度较高，足以占据 CAP 结合位点，促使聚合酶与启动子紧密结合，激活操纵子。

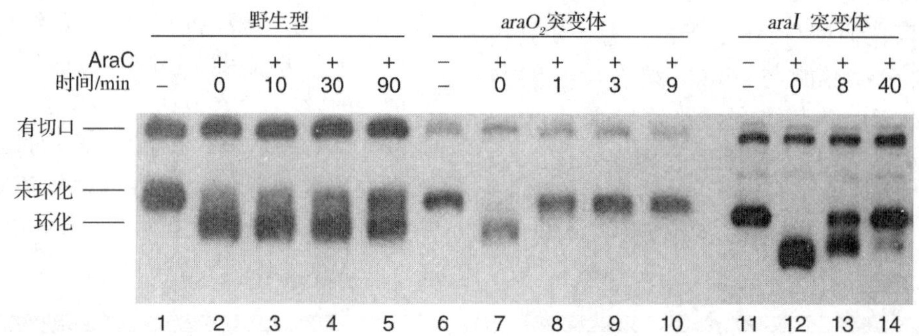

图 7.22 $araO_2$ 和 *araI* 突变对 AraC 成环复合体稳定性的影响。如图上方所示，Lobell 和 Schleif 制备了标记的微环（小的环形 DNA），分别含有野生型或突变型 AraC 蛋白结合位点。然后添加 AraC 蛋白，使之与标记 DNA 形成复合体，再加入过量的含有 *araI* 位点的未标记 DNA 作为竞争者，设定不同的反应时间。最后将蛋白质-DNA 复合体进行凝胶电泳，检测 DNA 是否环化。成环 DNA 比未成环 DNA 具有更多的超螺旋，因而电泳迁移速率快。有竞争者时，即使 90min，野生型 DNA 仍然保持成环复合体。相反，AraC 与突变型 DNA 解离，成环复合体很快就会消失。携带 $araO_2$ 突变 DNA 的成环复合体持续存在的时间少于 1min，而携带 *araI* 突变 DNA 的成环复合体在 10min 内有一半发生解离。[*Source*：Lobell，R. B. and Schleif. R. F.，DNA looping and unlooping by AraC protein. *Science* 250（1990），f. 2，p. 529. © AAAS.]

只有 50%成环复合体转化为开环的野生型微环，说明野生型成环复合体的半衰期约为 100min。相反，$araO_2$ 突变微环从成环转换为开环的时间不到 1min（比较泳道 7 和 8）。*araI* 突变体的半衰期也很短，少于 10min。因此，$araO_2$ 位点和 *araI* 位点都参与 AraC 引发的 DNA 环化，其中任何一个发生突变都会显著影响 DNA 环化。

随后，Lobell 和 Schleif 研究表明，阿拉伯糖能破坏阻遏环。在电泳前立即添加阿拉伯糖，结果在凝胶上对应成环DNA的条带就消失了，图7.23显示了该结果。如果去除阿拉伯糖，即使环被破坏了也能重新形成。用阿拉伯糖阻止DNA环化，然后用含有过量竞争DNA及有或无阿拉伯糖的缓冲液稀释DNA。有阿拉伯糖的缓冲液维持DNA开环状态，而无阿拉伯糖的缓冲液将糖稀释到一定程度后，开环的DNA重新环化。

当DNA处于开环状态时，结合在$araO_2$位点上的单体AraC会怎样呢？很显然，AraC会与$araI_2$位点结合。为证明这一点，Lobell和Schleif通过**甲基化干扰分析**（methylation interference）证实，在开环时，AraC与$araI_1$结合，但不与$araI_2$结合。实验的策略是先使微环DNA部分甲基化修饰，加入AraC使DNA环化，电泳分离成环DNA和未成环DNA，然后用特定的化学试剂在甲基化位点切割成环及未成环DNA。因为这些重要位点的甲基化修饰会阻断DNA环化，所以在成环DNA中参与成环的重要位点不被甲基化，而在未成环DNA中这些位点被甲基化。事实上，在$araI_1$中有两个碱基在未成环DNA中是高度甲基化的，但在成环DNA中只是轻微的甲基化。相反，在$araI_2$中未发现这种碱基。因此，在成环状态下AraC不会与$araI_2$结合。

Lobell和Schleif通过突变实验进一步证实了上述结论。在成环状态下，$araI_2$突变不影响AraC与DNA的结合，但在开环状态时则有强烈影响。推断在开环状态下，$araI_2$是AraC与DNA分子结合所必需的，因此只有在这些条件下，$araI_2$才能与AraC接触。

基于这些数据，研究者提出了图7.21（b）和图7.21（c）所示的AraC-DNA相互作用模型。一个二聚体AraC同时与$araI_1$和$araO_2$相互作用而导致DNA环化。阿拉伯糖与AraC结合后引起AraC构象改变，失去对$araO_2$位点的亲和力，转而与$araI_2$结合，最终导致DNA环解体。

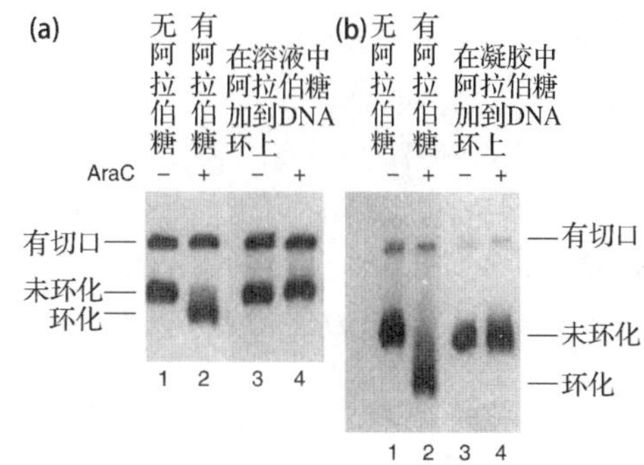

图7.23 阿拉伯糖对*araO*$_2$与*araI*位点之间DNA环的破坏。（a）Lobell和Schleif在电泳前将阿拉伯糖加入已形成DNA环的体系中。无阿拉伯糖时，AraC促进DNA成环（泳道2），有阿拉伯糖时，由AraC促进形成的DNA环被破坏（泳道4）。（b）电泳开始后将阿拉伯糖加入凝胶中。同样，无阿拉伯糖时，AraC促进DNA成环（泳道2），有阿拉伯糖时，由AraC促进形成的DNA环被破坏（泳道4）。Ara表示阿拉伯糖。[*Source*：Lobell，R.B.，and Schleif R.F.，DNA looping and unlooping by AraC protein. *Science* 250 (1990)，f.4，p.530. © AAAS.]

*araC*的自主调节

到目前为止，我们只提及了$araO_1$的作用，$araO_1$并没有参与对*araBAD*转录的阻遏，只是使AraC调节自身的合成。图7.24示意了*araC*、P_C和$araO_1$的相对位置，*araC*的转录从P_C处起始向左进行，$araO_1$处于调控*araC*转录的位置。随着AraC含量的不断增多，AraC与$araO_1$位点结合，抑制*araC*的转录，防止阻遏物过多积聚。这种蛋白质控制自身合成的机制称为**自主调节**（autoregulation）。

小结 *ara*操纵子受AraC蛋白调控。AraC能使相距210bp的$araO_2$和$araI_1$位点间的DNA环化，从而阻遏*ara*操纵子的表

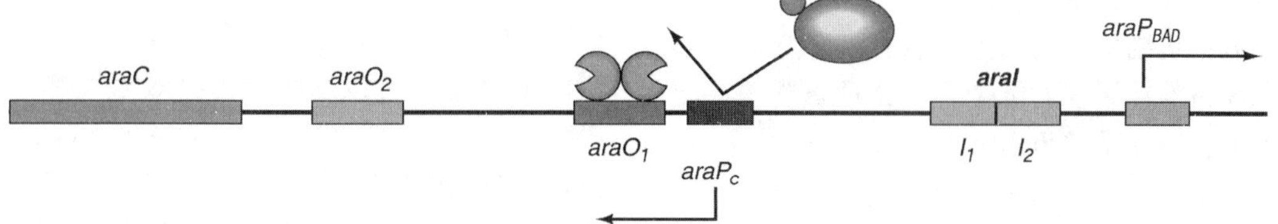

图7.24 araC的自主调节。AraC（绿色）结合在$araO_1$位点上，阻止PC对*araC*向左的转录，无论阿拉伯糖与AraC是否结合，或者说不论*ara*操纵子的控制区是否发生环化，这种阻遏作用均可能发生。

达。阿拉伯糖的结合可使 AraC 与 *araO*$_2$ 的结合变得松弛，进而与 *ara* I$_2$ 结合，以使 *ara* 操纵子去阻遏。CAP 和 cAMP 通过与位于 *araI* 上游的位点结合而促进 *ara* 操纵子转录。AraC 与 *araO*$_1$ 结合而阻止 *araC* 向左的转录，进而调控自身的合成。

7.3 *trp* 操纵子

E. coli 的 *trp*（发音为“trip”）操纵子包含编码合成色氨酸所需酶类的基因。与 *lac* 操纵子一样，*trp* 操纵子受阻遏物的负调控，但是两者存在根本性的区别。*lac* 操纵子编码**分解代谢**（catabolic）底物的酶类，只有被分解底物（如乳糖）存在时，操纵子才被打开。而 *trp* 操纵子则编码参与底物**合成代谢**（anabolic）的酶类，当底物存在时，操纵子是关闭的。当色氨酸浓度升高时，生物体不再需要 *trp* 操纵子的表达产物，*trp* 操纵子应该被阻遏，实际情况正是如此。此外，*trp* 操纵子还具有 *lac* 操纵子所没有的**衰减作用**（attenuation）机制。

色氨酸在 *trp* 操纵子负调控中的作用

图 7.25 显示了 *trp* 操纵子的结构轮廓。5 个基因编码的酶类将色氨酸的前体分支酸（chorismic acid）转化为色氨酸。在 *lac* 操纵子中启动子和操纵基因位于结构基因的上游，*trp* 操纵子的结构次序也是如此，但是 *trp* 操纵基因完全位于 *trp* 启动子内部，在 *lac* 操纵子中启动子和操纵基因是相邻的。

在 *lac* 操纵子的负调控机制中，细胞通过微量重排产物异乳糖来感知乳糖的存在。实质上，异乳糖作为诱导物使阻遏物脱离 *lac* 操纵基因而解除 *lac* 操纵子的阻遏。在 *trp* 操纵子的负调控机制中，大量色氨酸的供应意味着细胞无需再消耗更多能量去合成这种氨基酸，即高浓度色氨酸是关闭操纵子的信号。

细胞如何感知色氨酸的存在？实质上，色氨酸帮助 *trp* 阻遏物与操纵基因结合。在缺乏色氨酸时，只有无活性的**脱辅基阻遏蛋白**

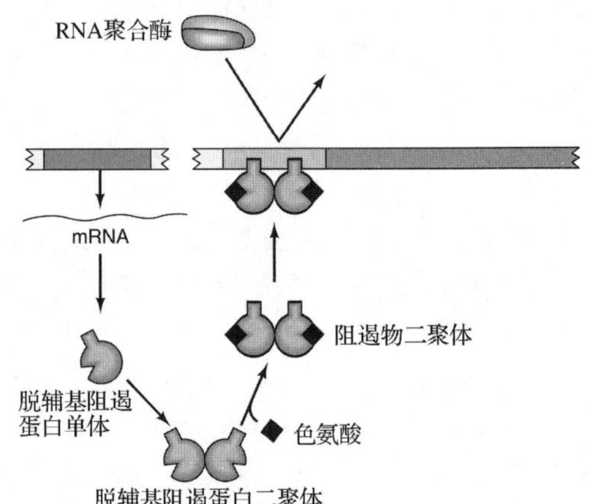

图 7.25 *trp* 操纵子的负调控。（a） 去阻遏。RNA 聚合酶（红色和蓝色）与 *trp* 启动子结合，起始 *trp* 基因（*trpE*、*D*、*C*、*B*、*A*）的转录。无色氨酸时，脱辅基阻遏蛋白（绿色）不能与操纵基因结合。**（b）** 阻遏。色氨酸作为辅阻遏物（黑色）与无活性的脱辅基阻遏蛋白结合，使之成为有活性的阻遏物，具有与 *trp* 操纵基因结合的构型，从而阻止 RNA 聚合酶与启动子结合，因此无转录发生。

（aporepressor）存在，而无 *trp* 阻遏物存在。当脱辅基阻遏蛋白与色氨酸结合后，其构象发生改变，增强了对 *trp* 操纵基因的亲和性［图 7.25（b）］。就像我们在讨论 *lac* 操纵子调控机制所遇到的情况一样，这是另一个同分异构转换的事例。脱辅基阻遏蛋白与色氨酸结合形成**色氨酸阻遏物**（trp repressor），因此，色氨酸又称为**辅阻遏物**（corepressor）。当细胞中色氨酸浓度较高时，大量的辅阻遏物与脱辅基阻遏蛋白结合，形成有活性的色氨酸阻遏物，*trp* 操纵子被阻遏。当细胞中色氨酸水平降低时，色氨酸与脱辅基阻遏蛋白解离，脱辅基阻遏蛋白转变为无活性的构象，导致阻遏物-操纵基因复合体解体，*trp* 操纵子解阻遏。在第 9 章我们将分析脱辅基阻遏蛋白与色氨酸结合时构象变化的实质，并了解构象转换对于阻遏物与操纵基因结合的重要性。

小结 在某种意义上，*trp* 操纵子负调控具有与 *lac* 操纵子负调控互为映像的特征。*lac* 操纵子对诱导物的应答会引起阻遏物与操纵基因的解离，使操纵子去阻遏。而 *trp* 操纵子则在细胞内色氨酸浓度很高时，应答包括辅阻遏物色氨酸在内的阻遏物。辅阻遏物与脱辅基阻遏蛋白结合，使其构象发生改变，从而更好地与 *trp* 操纵基因结合，导致操纵子被阻遏。

衰减作用对 *trp* 操纵子的调控

除了前面所介绍的标准负调控模式外，*trp* 操纵子还具有称为**衰减作用**（attenuation）的调控机制。为什么 *trp* 操纵子需要这种额外的调控机制？可能原因是 *trp* 操纵子的阻遏作用实际上很弱，远弱于 *lac* 操纵子的阻遏作用。因此，即使在阻遏物存在的情况下，*trp* 操纵子仍大量转录。事实上，在只有阻遏调控的衰减子突变体中，*trp* 操纵子处于完全阻遏时的转录活性仅是完全去阻遏时的 1/70。而衰减作用可以对 *trp* 操纵子的活性施加 10 倍的效应。因此，阻遏作用和衰减作用的共同作用，可以在 700 倍［70 倍（阻遏）×10 倍（衰减）＝700 倍］的范围内，从完全失活到完全激活，从而对 *trp* 操纵子的转录活性进行调控。由于色氨酸的合成需要消耗大量能量，因此这种方式是十分经济有效的。

下面我们来具体了解一下衰减作用的机制。图 7.25 显示在操纵基因和第一个结构基因 *trpE* 之间具有 ***trp* 前导区**（trp leader）和 ***trp* 衰减子**（trp attenuator）位点。图 7.26 详尽介绍了前导区-衰减子的特征。其作用是在色氨酸含量相对丰余时，衰减或弱化 *trp* 操纵子的转录，衰减子通过促使转录提前终止而发挥作用。也就是说，即使色氨酸浓度较高，*trp* 操纵子也能起始转录，但有 90%的转录在衰减子区发生终止。

提前终止的原因是衰减子含有转录终止信号（终止子）：反向重复序列及其随后连续排列的 8 个 A-T 碱基对。由于存在反向重复序列，该区域的转录物通过分子内碱基配对形成发夹结构。与第 6 章学过的内容一样，转录物发夹结构之后的一串 U 降低了转录物与 DNA 结合的稳定性，导致转录的终止。

(a) 低水平色氨酸：*trp*结构基因被转录

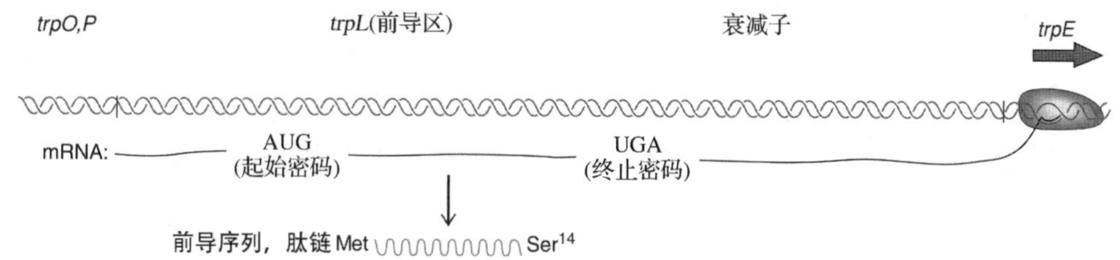

(b) 高水平色氨酸：发生衰减作用，转录提前终止

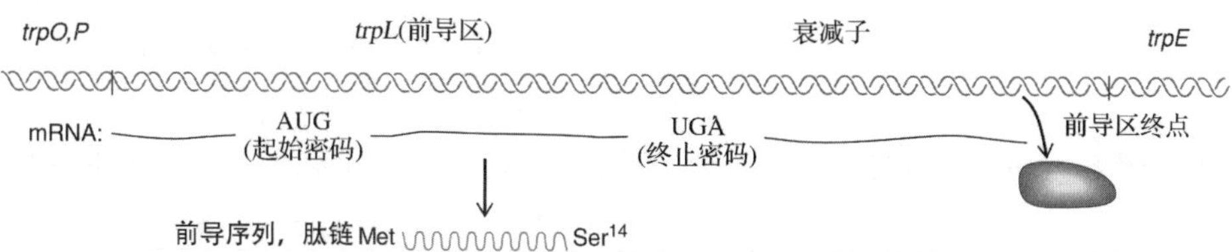

图 7.26 *trp* 操纵子的衰减作用。(a) 色氨酸低浓度时，RNA 聚合酶（红色）通读衰减子，结构基因被转录。**(b)** 色氨酸高浓度时，衰减子引起转录的提前终止，结构基因不能转录。

小结 除了阻遏物-操纵基因调控系统外，*trp* 操纵子还利用额外的衰减作用调控基因表达。在操纵子的产物充足时，衰减作用通过使操纵子转录提前终止而发挥作用。

衰减作用的失效

当色氨酸缺乏时，*trp* 操纵子必须被激活，这意味着细胞必须以某种方式使衰减作用失效。Charles Yanofsky 提出假设，认为有某种物质阻止发夹形成，破坏了终止信号，从而使衰减作用终止，*trp* 操纵子的转录得以继续进行。观察图 7.27（a）可见，在前导区转录物末端附近形成不只一个潜在的发夹结构，而是两个。但是终止子只包含第二个发夹中，在转录物中，其后紧邻一串 U。此外，在该区域形成双发夹结构并不是唯一的方式，图 7.27（b）显示了只形成一个发夹结构的另一种方式，该发夹由第一种结构中的双发夹各贡献一个元件组成。图 7.27 概括了发夹结构形成的方式，最初的双发夹结构的元件依次标记为 1、2、3、4。第一个发夹包含元件 1 和 2，第二个发夹包含元件 3 和 4，而由第二种方式形成的单发夹包含元件 2 和 3。这就意味着第二种发夹结构［图 7.27（b）］的形成会避免双发夹结构的形成，包括与一连串 U 相邻的那个发夹结构，而一连串的 U 是终止子的必需部分［图 7.27（a）］。

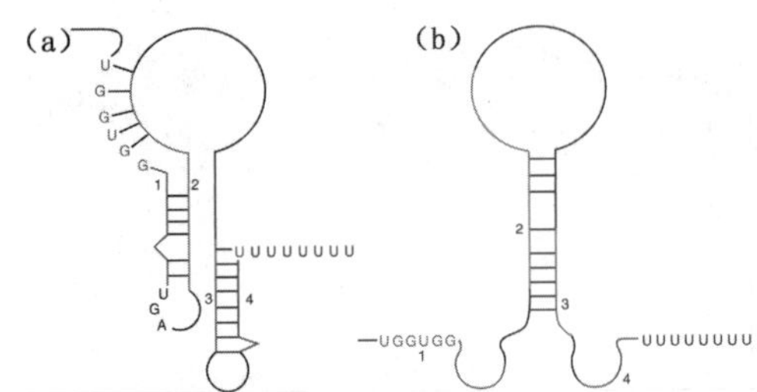

图 7.27 前导区-衰减子转录物的两种结构。（a）具有两个发夹环的稳定结构。**（b）**只有一个发夹环的亚稳定结构。图底部所示 RNA 的弯曲形状并不代表分子的实际形状，这样绘制只是为了节约篇幅。参与碱基互补配对的序列（1～4）用彩色线条标注，图（a）和（b）中的颜色标注相同。

双发夹结构所包含的碱基对比单发夹的要多，所以双发夹结构更稳定。那么，为什么要形成稳定性差的单发夹结构呢？依据前导区的碱基序列特征可以找到相应的线索，如图 7.28 所示。该序列的显著特征是在第一个潜在发夹的元件 1 中存在两个串联在一起的色氨酸密码子（UGG）。这似乎是正常现象，但在大多数蛋白质中，色氨酸属于稀有氨基酸，平均每 100 个氨基酸中才会出现一个，所以两个色氨酸密码子并列串联在一起的概率很小，在 *trp* 操纵子中出现两个氨基酸密码子串联在一起的事实很值得深思。

在细菌中，转录和翻译是同时发生的。只要 *trp* 前导区起始转录，核糖体就开始翻译已转录的 mRNA。设想一下，处于色氨酸饥饿条件时，核糖体试图翻译前导区内的两个色氨酸密码子会发生什么情况［图 7.29（a）］。当色氨酸供应不足时，而对两个位点的翻译又需要色氨酸，最可能的情况是核糖体无法立即满足翻译的需求，因此核糖体会在一个 Trp 密码子处暂停。那么暂停的核糖体占据在前导区转录物序列的什么部位呢？恰好停在参与形成第一个发夹的元件 1 上，庞大的核糖体依附在 RNA 的此位点，有效地阻止了元件 1 与元件 2 的配对。因此，游离的元件 2 与元件 3 配对形成单发夹结构。因为第二个发卡（元件 3 和 4）不能形成，转录不能终止，衰减作用失效。显然，这正是生物体所需要的，因为色氨酸缺乏时，*trp* 操纵子应该被转录。

值得注意的是，该机制涉及转录和翻译的偶联，且翻译影响转录。但真核生物没有这样的机制，因为真核生物的转录和翻译发生在细胞的不同区室。细菌的衰减机制也有赖于转录和翻译以大致相同的速度进行。如果 RNA 酶的转录速率快于核糖体的翻译速率，那么在核糖体到达色氨酸密码子处并停留之前，聚合酶可能已完成对衰减子的转录了。

如果核糖体停留在前导区的起始端，*trp* 操纵子合成的多顺反子 mRNA 如何被翻译成蛋白

Met Lys Ala Ile Phe Val Leu Lys Gly Trp Trp Arg Thr Ser 终止密码
pppA---AUGAAAGCAAUUUUCGUACUGAAAGGUUGGUGGCGCACUUCCUGA

图 7.28 前导区序列。显示前导区转录物部分序列及其编码的前导肽序列。注意两个 Trp 密码子串联在一起（蓝色）。

质？mRNA对应的每个基因都有各自的翻译起始信号（AUG），核糖体分别独立地识别这些信号。因此，前导区的翻译不影响 *trp* 基因的翻译。

此外，在色氨酸充足的条件下，核糖体翻译前导区转录物的情况如下［图 7.29（b）]：双色氨酸密码子不会成为核糖体对前导区转录物翻译的屏障，核糖体阅读元件 1 继续进行翻译，直至到达元件 1 和 2 之间的终止信号（UGA），然后脱离转录物。由于没有核糖体的干扰，前导区转录物形成双发夹结构，产生终止信号，使 RNA 聚合酶在到达 *trp* 基因之前终止转录。由此可见，衰减系统感应色氨酸的丰余，阻止细胞浪费性地合成酶来生产本来就很多的色氨酸。

除了 *trp* 操纵子外，*E. coli* 其他的操纵子也具有衰减机制。*E. coli his* 操纵子的前导区有 7 个连续的组氨酸密码子，以此阻止核糖体对前导区的翻译。

小结 *E. coli trp* 操纵子的衰减机制在色氨酸充足情况下发挥作用。当色氨酸供应受限时，核糖体在 *trp* 操纵子前导区的两个串联色氨酸密码子处停顿。因为核糖体停顿时，*trp* 前导区正处于转录进程中，因此核糖体的停顿会影响 RNA 的折叠方式，特别是影响携带部分转录终止信号的发夹结构的形成，该转录终止信号能引发衰减作用。因此，当色氨酸缺乏时，衰减作用失效，操纵子保持活化状态。这意味着，同阻遏作用一样，衰减系统通过感应色氨酸浓度水平而发挥调控作用。

7.4 核糖开关

在上一节介绍的基因表达调控事例中，细胞通过控制 mRNA 5′-非翻译区（UTR）的结构而调控基因表达（*E. coli trp* 操纵子 mRNA）。其中，结合在 *trp* 5′-UTR 上的大分子集合体（核糖体）感应小分子（色氨酸）的浓度，通过改变 5′-UTR 的结构而调控转录。这是小分子（ligand，配体）通过大分子介导而影响基因表达的一个事例。

有关小分子通过直接作用于 mRNA 的 5′-UTR而调控基因表达的事例越来越多。在 mRNA 的 5′-UTR 中有些区域感应配体的结合而改变自身结构，进而调控基因的表达。mR-

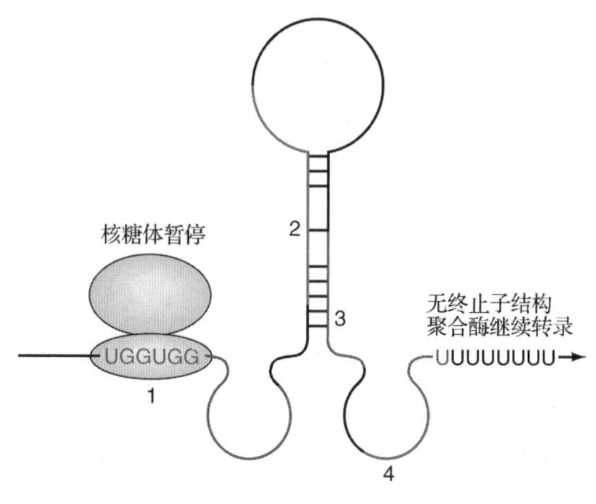

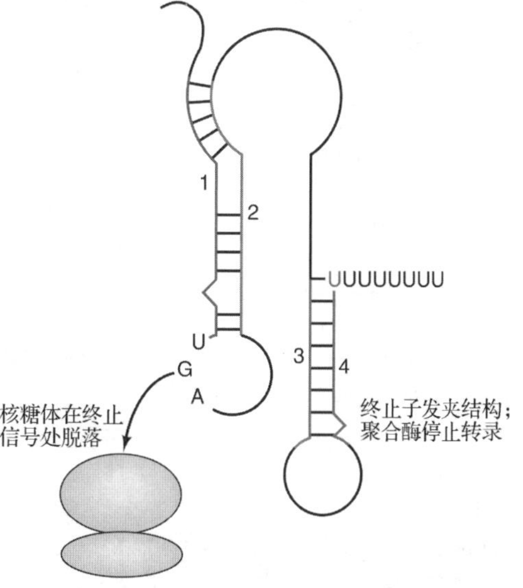

图 7.29 衰减作用的克服。(a) 色氨酸饥饿时，核糖体（黄色）停顿在色氨酸密码子处，阻止元件 1（红色）和 2（蓝色）间的碱基配对，只形成一个无终止子的单发夹结构，因此不会发生衰减作用。**(b)** 色氨酸充足时，核糖体通读两个色氨酸密码子，翻译形成前导肽，并在翻译终止信号（UGA）处脱离 mRNA。因此，核糖体不干扰前导区转录物分子内的碱基配对，形成更为稳定的双发夹结构，其中包括终止子，所以能够发生衰减作用。

NA 5′-UTR中的这些元件就是**核糖开关**（riboswitches）。细菌中2%～3%的基因表达受核糖开关控制，在古菌、真菌和植物中均发现有核糖开关，在本章后面部分我们将学习动物中的可能事例。

核糖开关中结合配体的区域称为**适配体**（aptamer）。适配体是科学家在研究进化时利用体外快速复制的RNA来筛选与配体特异性紧密结合的短RNA序列而首次发现的。RNA在复制过程中会发生错误，产生新的RNA序列，可以从中筛选出与特定配体结合最理想的RNA序列。在这些体外实验中，实验者发现了许多适配体，并奇怪生物体为什么不利用这些适配体。现在我们知道生物体可以利用这些适配体。

核糖开关的经典范例是枯草芽孢杆菌的*ribD*操纵子。该操纵子控制维生素核黄素（riboflavin）及其产物之一黄素单核苷酸（flavin mononucleotide，FMN）的合成与转运。*rib*操纵子的5′-UTR含有保守的***RFN*元件**（*RFN* element）。该元件突变会破坏FMN对操纵子的正常调控。于是有人提出假设，认为*RFN*元件与应答FMN的蛋白质或FMN自身发生相互作用。

为验证*RFN*元件是与FMN直接结合的适配体假设，Ronald Breaker及同事采用**串联探测**（in-line probing）技术分析核糖开关。其原理是RNA磷酸二酯键的有效水解（断裂）需要在进攻的亲核试剂（水）、磷酸二酯键的磷原子及RNA片段水解后形成的末端羟基基团间发生180°重排。无结构的RNA易于采取这种串联构型，但是具有二级结构（分子内碱基配对）的RNA或结合了配体的RNA则不具有这种构型。所以，线性无结构RNA容易发生自发裂解（spontaneous cleavage），而有结构的RNA因具有较多的碱基配对或结合有配体而不易发生裂解。

因此，Breaker及同事在有或无FMN的条件下温育含*RFN*元件的标记RNA片段。图7.30（a）表明，RNA片段在有或无FMN的条件下自发水解的情况不同，提示FMN可直接与RNA结合，引起RNA构型转换，这正是

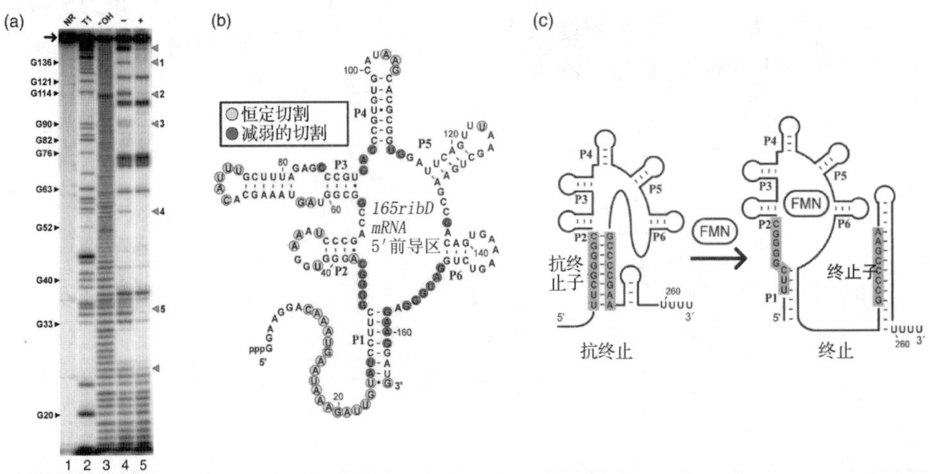

图7.30 ***RFN*元件的串联探测结果及*ribD*核糖开关的作用模型。(a)** 串联探测实验的凝胶电泳结果。泳道1：无RNA；泳道2：经RNA酶T1切割处理的RNA；泳道3：经碱基切割处理的RNA；泳道4和5：在FMN不存在（－）与存在（＋）两种条件下于25℃下自发水解40h的RNA。图右侧箭头指示在FMN存在时不易裂解的RNA片段。**(b)** 枯草杆菌*rib*操纵子5′-UTR的部分序列，显示因FMN结合而变得不易裂解的磷酸二酯键（红色）和不受FMN结合影响保持原有裂解性的磷酸二酯键（黄色）。元件的二级结构是基于许多*RFN*元件的序列比对而推导出的。**(c)** FMN结合后核糖开关可能的变化。无FMN时，两个黄色区域间发生碱基互补配对，迫使核糖开关采取抗终止构型，其发夹结构远离其后的一连串U。有FMN时，FMN与正在生长的mRNA链结合，使mRNA分子内的GCCCCGAA序列与核糖开关的另一部分序列发生碱基互补配对，形成终止子，导致转录的终止。[*Source*：(*a*～*c*) © 2002 National Academy of Science. Proceedings of the National Academy of Sciences，vol. 99，no. 25，December 10，2002，pp. 15908-15913 "An mRNA structure that controls gene expression by binding FMN，" Chalamish，and Ronald R. Breaker，fig. 1，p. 15908 & fig. 3，p. 15911.]

我们预期适配体与配体结合的情形。

特别是 Breaker 及同事发现 FMN 的结合使某些特定的磷酸二酯键对裂解不敏感，而其他磷酸二酯键仍然保持它们原有的敏感性［图 7.30（b）］。而且，在 FMN 浓度仅为 5nmol/L 时，这种敏感性的变化就达到了半最大值(half-maximal)，这表明 RNA 片段与配体之间具有很高的亲和性。

FMN 存在时，RNA 对裂解敏感性降低的方式表明 *RFN* 元件具有两种可变构型，如图 7.30（c）所示。无 FMN 时，*RFN* 元件形成抗终止子结构，其发夹结构远离其后的 6 个 U。但 FMN 的存在使其构型转换，形成终止子结构，阻断操纵子的表达。这是合理的，因为 FMN 充足时，无需 *ribD* 操纵子表达，所以 FMN 引发的衰减作用有利于细胞节约能量。

为验证该假说，Breaker 及同事以包含 *RFN* 元件和终止子序列的克隆 DNA 为模板，进行体外转录分析，发现即使无 FMN，也有 10%的转录在终止子处终止。但 FMN 的存在使终止转录的概率提高到 30% 。研究者利用截断转录分析（第 5 章）对终止位点作图，发现转录恰好终止在 U 串的末端。随后，研究者以突变 DNA 为模板进行体外转录，该模板在推测的终止子处所编码的 U 少于 6 个。结果显示，即使在 FMN 存在时，也没有改变转录终止的频率，可能是因为 U 串序列太短，降低了终止子的效率。因此，对野生型基因而言，FMN 确实迫使正在生长的转录物形成终止子结构，导致转录停顿。

Breaker 及同事在枯草芽孢杆菌及至少 17 种其他革兰氏阳性菌的 *glmS* 基因 5′-UTR 的保守区发现了另一个核糖开关。该基因编码谷氨酰胺果糖-6-磷酸酰胺转移酶，其产物为葡萄糖胺-6-磷酸（sugar glucosamine-6-phosphate，GlcN6P)。*glmS* mRNA5′-UTR 的核糖开关是一种可以降解 RNA 自身的核酶（RNase)。GlcN6P 浓度较低时该酶以较低的速率降解 RNA。随着浓度升高，GlcN6P 与 mRNA 的核糖开关结合，使其构象改变，成为更有效的 RNase（约提高 1000 倍）。该 RNase 降解 RNA，从而使酶的产生降低，导致 GlcN6P 浓度下降。

核糖开关机制可能不仅局限于细菌。2008 年，Harry Noller、William Scott 及同事在啮齿目动物 C 型凝集素Ⅱ型（*Cle2*）mRNA 的 3′-UTR上发现了一个活性很高的**锤头状核酶**(hammerhead ribozyme)。该酶松散的二级结构恰似一个“锤头”，由三个碱基配对的茎形成锤头的“手柄”、“头部”和“钳”。三个茎的连接处是由 17 个核苷酸组成的高度保守区，此处形成 RNase 及其切割位点。切割位点位于锤头底部与手柄相连处。*Cle2* mRNA 的锤头状核酶可能是通过自我切割和降低 *Cle2* 基因的表达而响应细胞信号，但目前还不清楚是何细胞信号。

在第 17 章学习翻译调控时将了解核糖开关的另一个事例。配体与 mRNA5′-UTR 的核糖开关结合后，通过改变 5′-UTR 的构型使核糖体结合位点不能与核糖体结合而调控该 mRNA 的翻译。

在这两个事例中，核糖开关的作用都是抑制基因表达：一个是在转录水平上，一个是在翻译水平上。目前，有关核糖开关的研究数据显示，核糖开关确实以此方式抑制基因表达。至于为什么核糖开关不能促进基因表达，目前还没有合理的解释。基于对多种核糖开关的研究，归纳推导出了核糖开关的一般作用模型（图 7.31）。mRNA 5′-UTR 存在两个结构域：一个是适配体，另一个是 Breaker 及同事所称的表达平台区（expression platform)。表达平台区可以是终止子、核糖体结合位点或其他影响基因表达的 RNA 元件。通过与适配体结

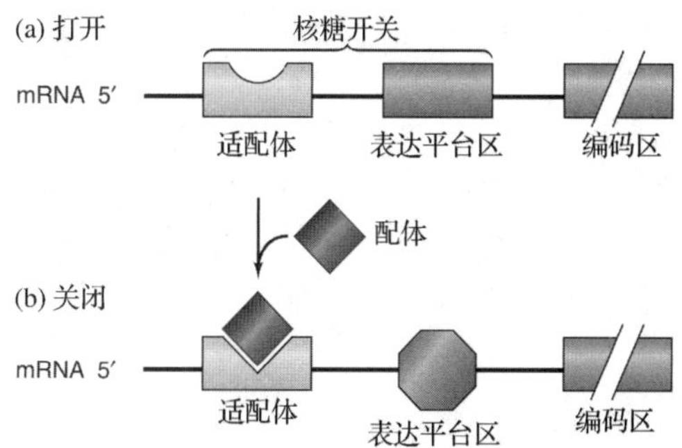

图 7.31　核糖开关作用模型。(a) 无配体时，基因处于表达状态。**(b)** 有配体时，配体与核糖开关上的适配体结合，引起核糖开关、表达平台区构象的改变，从而关闭基因的表达。

合并改变核糖开关的构象，配体才能作用于表达平台区，从而调控基因表达。

核糖开关是变构调控基因表达的另一个事例，即配体引起大分子构象的改变，进而影响大分子与其物质发生相互作用的能力。在本章中我们学过的 *lac* 操纵子表达调控就是一种变构调控机制。配体（异乳糖）与蛋白质（*lac* 阻遏物）结合，干扰了阻遏物与 *lac* 操纵基因的结合能力。事实上，变构调控的事例很多，以前一直认为变构调控需要变构蛋白的参与，核糖开关的调控机制与之类似，只是变构的大分子是 RNA 而不是蛋白质。

最后，核糖开关可能为我们开启了一扇认识“RNA 世界”的窗口。“RNA 世界”可能存在于生命进化的早期，此时蛋白质和 DNA 还没有进化形成。在“RNA 世界”中，基因由 RNA 而非 DNA 构成，酶也是由 RNA 而不是蛋白质组成的（我们将在第 14、第 17 和第 19 章了解到有关具有催化功能的 RNA 的现代事例）。RNA 世界的生命依靠小分子与基因直接相互作用，无需蛋白质调控基因。如果这个假说是真实的，那么核糖开关就是遗传调控最古老形式的遗迹。

小结　mRNA 5′-UTR 的核糖开关含有两个结构域：与配体结合的适配体；通过变构引起基因表达变化的表达平台区。例如，FMN 与 *ribD* 操纵子 mRNA5′-UTR 核糖开关的适配体 RFN 元件结合，致使核糖开关的碱基配对方式改变，形成终止子结构，使转录衰减。这有助于细胞节约能量，因为 FMN 是 *ribD* 操纵子的表达产物之一。在另一个事例中，枯草芽孢杆菌的 *glmS* mRNA 的核糖开关能够响应该 mRNA 编码酶的产物，逐渐增多的产物与核糖开关结合，改变 RNA 的构象，激活 RNA 固有的 RNase 活性而进行自我切割。

总结

E. coli 对乳糖的分解代谢由 β-半乳糖苷酶和半乳糖苷透性酶完成，编码这两种酶及另一种酶的基因簇集在一起，从单一启动子处起始转录，形成一条多顺反子信使 RNA。这些功能相关的基因被共同调控表达。

lac 操纵子的表达具有正、负两种调控机制。其负调控机制如下：由于阻遏物阻止 RNA 聚合酶结合启动子进而转录三个 *lac* 基因，所以只要阻遏物与操纵基因结合，操纵子即被关闭。当可被利用的葡萄糖被消耗殆尽且有乳糖可被利用时，*lac* 操纵子酶类的几个分子就可将乳糖转换为异乳糖。异乳糖作为诱导物与阻遏物结合，引起阻遏物构象改变，促使阻遏物与操纵基因解离。随着阻遏物的解离，RNA 聚合酶与启动子结合而起始三个 *lac* 基因的转录。遗传学与生物化学的联合实验结果显示，操纵基因和阻遏物是 *lac* 操纵子负调控系统的两个关键元件。DNA 测序结果显示，除主操纵基因外，还存在两个辅操纵基因，分别位于主操纵基因的上游和下游，这三个操纵基因都是高效阻遏所必需的。

lac 操纵子及其他一些编码参与糖代谢酶类的操纵子的正调控由代谢物激活因子蛋白（CAP）介导，CAP 与 cAMP 协同促进操纵子的转录。葡萄糖的存在会引起 cAMP 浓度的降低，所以葡萄糖阻止操纵子的正调控。只有在葡萄糖浓度较低且需要代谢另一种糖源时，*lac* 操纵子才被激活。CAP-cAMP 复合体通过与邻接启动子的激活因子结合位点结合而促进 *lac* 操纵子的转录。CAP-cAMP 的结合有助于 RNA 聚合酶与启动子结合。CAP-cAMP 与激活因子结合位点结合后，募集 RNA 聚合酶与 *lac* 启动子结合，形成闭合启动子复合体，进而转变为开放启动子复合体。CAP 通过与 RNA 聚合酶 αCTD 发生蛋白质-蛋白质间相互作用而募集 RNA 聚合酶与启动子结合。

ara 操纵子受 AraC 蛋白调控。AraC 使相距 210bp 的 $araO_2$ 和 $araI_1$ 位点间的 DNA 发生环化，从而阻遏 *ara* 操纵子表达。阿拉伯糖的结合会松弛 AraC 蛋白与 $araO_2$ 之间的结合，进而与 $araI_1$ 和 $araI_2$ 结合，破坏了形成的 DNA 环，使 *ara* 操纵子去阻遏而起始转录。CAP 和 cAMP 与位于 *araI* 上游的一个位点结合而进一步促进 *ara* 操纵子的转录。AraC 蛋白通过与 $araO_1$ 位点结合阻止 *araC* 基因向左的转录而调控自身的合成。

细胞内色氨酸浓度较高时，*trp* 操纵子应答包括辅阻遏物色氨酸在内的阻遏物。辅阻遏物与脱辅基阻遏蛋白结合，使其构象改变，从而更好地与 *trp* 操纵基因结合，使操纵子被阻遏。

E. coli trp 操纵子的衰减机制在色氨酸充足的情况下发挥作用。当色氨酸供应趋紧时，核糖体在 *trp* 操纵子前导区的两个串联的色氨酸密码子处停顿。由于 *trp* 前导区正处于转录过程中，因此核糖体的停顿会影响 RNA 分子的折叠方式，特别是影响携带部分转录终止信号的发夹结构的形成，该转录终止信号引发衰减作用。因此，当色氨酸缺乏时，衰减作用失效，操纵子仍然处于激活状态。这意味着同阻遏作用一样，衰减作用通过感应色氨酸浓度水平而发挥调控作用。

位于 mRNA 5′-UTR 的核糖开关含有两个结构域：与配体结合的适配体；通过变构引起基因表达变化的表达平台区。例如，FMN 与 *ribD* 操纵子 mRNA 5′-UTR 核糖开关的适配体 *RFN* 元件结合，致使核糖开关的碱基配对方式改变，形成终止子结构，使转录衰减。

复习题

1. 绘制 *E. coli* 细胞在葡萄糖和乳糖混合培养基上的生长曲线，曲线的每一部分代表着什么事件的发生？

2. 图示说明 *lac* 操纵子的正负调控机制。

3. β-半乳糖苷酶和半乳糖苷透性酶的功能是什么？

4. 为什么 *lac* 操纵子的正负调控机制对于 *E. coli*细胞的能量效率十分重要？

5. 描述实验并给出结果，证实 *lac* 操纵基因是阻遏物的结合位点。

6. 描述实验并给出结果，证实 RNA 聚合酶即使在阻遏物已于操纵基因结合的情况下也能与 *lac* 启动子结合。

7. 描述实验并给出结果，证实 *lac* 阻遏物阻止 RNA 聚合酶与 *lac* 启动子结合。

8. 如何得知三个操纵基因是完全阻遏 *lac* 操纵子所必需的？去除一个或两个辅操纵基因的相对效应是什么？

9. 描述实验并给出结果，利用野生型和突变型细胞提取物（突变降低 CAP 对 cAMP 的亲和力），显示 cAMP 促进 β-半乳糖苷酶的合成相对水平。

10. 提出一种关于 CAP-cAMP 促进 *lac* 操纵子转录的假说。该假说应涉及 RNA 聚合酶 α 亚基的 C 端结构域（αCTD）。支持该假说的证据是什么？

11. 描述电泳实验并给出结果，证明 CAP-cAMP 的结合引起 *lac* 启动子区弯曲。

12. 支持 CAP-cAMP 结合会引起 DNA 发生弯曲的其他证据是什么？

13. 在 *araBAD* 操纵子中，$araO_2$ 和 *araI* 位点之间插入整数双螺旋转角的 DNA 片段（10.5bp 的倍数）时，AraC 阻遏 *araBAD* 操纵子的表达。但是插入非整数双螺旋转角的 DNA 片段时却阻止了 AraC 的阻遏作用，请解释并图示该现象。

14. 图示阿拉伯糖如何解除对 *araBAD* 操纵子的阻遏作用。显示（a）无阿拉伯糖和（b）有阿拉伯糖时 AraC 的结合位点。

15. 描述实验并给出结果，证名阿拉伯糖破坏了由 AraC 参与形成的阻遏环。

16. 描述实验并给出结果，证明 $araO_2$ 和 *araI* 均参与阻遏环的形成。

17. 当 DNA 处于开环而不是环化形式时，$araI_2$ 对于 AraC 的结合是十分重要的，简要概述相关证据。

18. 给出 *E. coli trp* 操纵子负调控机制的模型。

19. 给出 *E. coli trp* 操纵子衰减机制的模型。

20. 在 *E. coli* 细胞中，为什么 *trp* 前导区的翻译不是简单地延续到 *trp* 结构基因（如 *trpE* 等）？

21. 色氨酸缺乏时，*E. coli* 细胞如何克服 *trp* 衰减作用？

22. 何谓核糖开关？举例说明。

23. 说明“串联探测”的含义。

分析题

1. 表中给出了几个部分二倍体 *E. coli* 菌株的基因型（就 *lac* 操纵子而言），请填写表型。“+”表示合成 β-半乳糖苷酶；“−”表示不能合成 β-半乳糖苷酶；在所有情况下都缺乏葡萄糖，并简要说明你的理由。

β-半乳糖苷酶合成的表型

基因型	有诱导物	无诱导物
a. $I^+O^+Z^+/I^+O^+Z^+$		
b. $I^+O^+Z^-/I^+O^+Z^+$		
c. $I^-O^+Z^+/I^+O^+Z^+$		
d. $I^SO^+Z^+/I^+O^+Z^+$		
e. $I^+O^CZ^+/I^+O^+Z^+$		
f. $I^+O^CZ^-/I^+O^+Z^+$		
g. $I^SO^CZ^-/I^+O^+Z^+$		

2. (a) 在下表列出的基因型中，字母 A、B 和 C 代表 *lacI*、*lacO* 和 *lacZ* 基因座，但不必考虑它们的次序。请根据表中列出的前三个突变体表型，推导 A、B 和 C 所代表的基因座。上角标“—”（如 A—）表示基因功能异常，如 Z^-、O^- 和 I^-。

(b)根据常规 *lac* 操纵子的遗传表示方法，确定表中第 4 和第 5 行列出的部分二倍体菌株的基因型。其中，I^+、I^- 和 I^S 都是可能的。

β-半乳糖苷酶合成的表型

基因型	有诱导物	无诱导物
1. $A^+B^+C^-$	+	+
2. $A^-B^+C^+$	+	+
3. $A^+B^+C^-/A^+B^+C^+$	+	+
4. $A^+B^+C^-/A^+B^+C^+$	−	−
5. $A^-B^+C^+/A^+B^+C^+$	−	+

3. 就给定的 *E. coli* 细胞而言，每一细胞都会发生下列突变之中的一种：

a. *lac* 操纵基因突变体（O^c 基因座），不能结合阻遏物。

b. *lac* 阻遏物突变体（I^- 基因的产物），不能结合操纵基因。

c. *lac* 阻遏物突变体（I^S 基因的产物），不能结合异乳糖。

d. *lac* 启动子突变体，不能结合 CAP 和 cAMP 的。

每种突变会对 *lac* 操纵子的功能产生怎样的影响（假定无葡萄糖存在）？

4. 你正在研究一类新的 *E. coli* 操纵子，该操纵子参与苯丙氨酸的生物合成。

a. 请预测该操纵子是如何调控的（被苯丙氨酸诱导还是阻遏？正调控或是负调控）？为什么？

b. 对操纵子进行测序后发现，在操纵子编码参与苯丙氨酸生物合成酶的编码区的 5′端附近有一短的可读框，你能否预测该前导区的可能作用及其编码的肽链？

c. 如果将该前导区序列中的苯丙氨酸密码子（UUU，UUU）突变为亮氨酸密码子（UUA，UUG），结果将会怎样？

d. 这是一种怎样的基因表达调控机制？真核生物细胞是否也拥有这种调控机制？其原因是什么？

5. 你怀疑 *E. coli X* 基因的 mRNA 含有能与小分子 Y 结合的适配体，给出能够验证该假设的实验方案。

6. *aim* 操纵子含有 A、B、C、D 序列，这些序列突变将产生如下效应，（+）表示产生功能性酶；（—）表示不能产生功能性酶；X 表示代谢物。

	有 X		无 X	
发生突变的序列	酶 1	酶 2	酶 1	酶 2
A	−	−	−	−
B	+	+	+	+
C	+	−	−	−
D	−	+	−	−
野生型	+	+	−	−

a. *aim* 操纵子结构基因的产物参与合成代谢过程还是分解代谢过程？

b. 与 *aim* 操纵子表达有关的阻遏物蛋白最初是激活形式还是失活形式？

c. 序列 D 编码的产物是什么？

d. 序列 B 编码的产物是什么？

e. 序列 A 是什么？

翻译　徐启江　校对　李玉花　马　纪

建议阅读文献

一般引用和评论文献

Beckwith, J. R. and D. Zipser, eds. 1970. *The Lactose Operon*. Plainview, NY: Cold Spring Harbor Laboratory Press.

Corwin, H. Q. and J. B. Jenkins. *Conceptual Foundations of Genetics: Selected Readings*. 1976. Boston: Houghton Mifflin Co.

Jacob, F. 1966. Genetics of the bacterial cell (Nobel lecture). *Science* 152: 1470-1478.

Matthews, K. S. 1996. The whole lactose repressor. *Science* 271: 1245-1246.

Miller, J. H. and W. S. Reznikoff, eds. 1978. *The Operon*. Plainview, NY: Cold Spring Harbor Laboratory Press.

Monod, J. 1966. From enzymatic adaptation to allosteric transitions (Nobel lecture). *Science* 154: 475-483.

Ptashne, M. 1989. How gene activators work. *Scientific American* 260 (January): 24-31.

Ptashne, M. and W. Gilbert. 1970. Genetic repressors. *Scientific American* 222 (June): 36-44.

Vitreschak, A. G., D. A. Rodionov, A. A. Mironov, and M. S. Gelfand. 2004. Riboswitches: The oldest mechanism for he regulation of gene expression? *Trends in Genetics* 20: 44-50.

Winkler, W. C. and R. R. Breaker. 2003. Genetic control by metabolite-binding riboswitches. *Chembiochem* 4: 1024-1032.

研究论文

Adhya, S. and S. Garges. 1990. Positive control. *Journal of Biological Chemistry* 265: 10797-10800.

Benoff, B., H. Yang, C. L. Lawson, G. Parkinson, J. Liu, E. Blatter, Y. W. Ebright, H. M. Berman, and R. H. Ebright. 2002. Structural basis of transcription activation: The CAP-αCTD-DNA complex. *Science* 297: 1562-1566.

Busby, S. and R. H. Ebright. 1994. Promoter structure, promoter recognition, and transcription activation in prokaryotes. *Cell* 79: 743-746.

Chen, B., B. deCrombrugge, W. B. Anderson, M. E. Gottesman, I. Pastan, and R. L. Perlman. 1971. On the mechanism of action of *lac* repressor. *Nature New Biology* 233: 67-70.

Chen, Y., Y. W. Ebright, and R. H. Ebright. 1994. Identification of the target of a transcription activator protein by protein-protein photocrosslinking. *Science* 265: 90-92.

Emmer, M., B. deCrombrugge, I. Pastan, and R. Perlman. 1970. Cyclic-AMP receptor protein of *E. coli*: Its role in the synthesis of inducible enzymes. *Proceedings of the National Academy of Sciences USA* 66: 480-487.

Gilbert, W. and B. Müller-Hill. 1966. Isolation of the *lac* repressor. *Proceedings of the National Academy of Sciences USA* 56: 1891-1898.

Igarashi, K. and A. Ishihama. 1991. Bipartite functional map of the *E. coli* RNA polymerase α subunit: Involvement of the C-terminal region in transcription activation by cAMP-CRP. *Cell* 65: 1015-1022.

Jacob, F and J. Monod. 1961. Genetic regulatory mechanisms in the synthesis of proteins. *Journal of Molecular Biology* 3: 318-356.

Krummel, B. and M. J. Chamberlin. 1989. RNA chain initiation by *Escherichia coli* RNA polymerase. Structural transitions of the enzyme in the early ternary complexes. *Biochemistry* 28: 7829-7842.

Lee, J. and A. Goldfarb. 1991. *Lac* repressor acts by modifying the initial transcribing complex so that it cannot leave the promoter. *Cell* 66: 793-798.

Lewis, M., G. Chang, N. C. Horton, M.

A. Kercher, H. C. Pace, M. A. Schumacher, R. G. Brennan, and P Lu. 1996. Crystal tructure of the lactose operon repressor and its complexes writh DNA and inducer. *Science* 271: 1247-1254.

Lobell, R. B. and R. F Schleif. 1991. DNA looping and unlooping by AraC protein. *Science* 250: 528-532.

Malan, T. P and W. R. McClure. 1984. Dual promoter control of the *Escherichia coli* lactose operon. *Cell* 39: 173-180.

Oehler, S., E. R. Eismann, H. Krämer, and B. Müller-Hill. 1990. The three operators of the *lac* operon cooperate in repression. *The EMBO Journal* 9: 973-979.

Riggs, A. D., S. Bourgeois, R. F Newby, and M. Cohn. 1968. DNA binding of the *lac* repressor. *Journal of Molecular Biology* 34: 365-368.

Schlax, P. J., M. W. Capp, and M. T. Record, Jr. 1995. Inhibition of transcription initiation by *lac* repressor. *Journal of Molecular Biology* 245: 331-350.

Schultz, S. C., G. C. Shields, and T. A. Steitz. 1991. Crystal, tructure of a CAP-DNA complex: The DNA is bent by 90 degrees. *Science* 253: 1001-1007.

Straney, S. and D. M. Crothers. 1987. *Lac* repressor is a transient gene-activating protein. *Cell* 51: 699-707.

Winkler, W. C., S. Cohen-Chalamish, and R. R. Breaker. 2002. An mRNA structure that controls gene expression by binding FMN. *Proceedings of the National Academy of Sciences*, *USA* 99: 15908-15913.

Wu, H. -M. and D. M. Crothers. 1984. The locus of sequence-directed and protein-induced DNA bending. *Nature* 308: 509-513.

Yanofsky, C. 1981. Attenuation in the control of expression of bacterial operons. *Nature* 289: 751-758.

Zubay, G., D. Schwartz, and J. Beckwith. 1970. Mechanism of activation of catabolite-sensitive genes: A positive control system. *Proceedings of the National Academy of Sciences USA* 66: 104-110.

第 8 章　细菌转录机制的主要转换模式

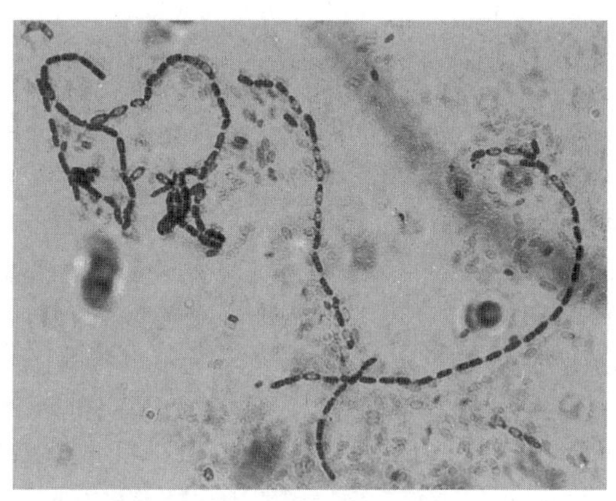

芽孢杆菌细胞串。© *Steven P. Lynch*

在第 7 章中，我们讨论了细菌同时调控少数几个基因表达的模式。如 lac 操纵子开启时，只激活三个基因。在细菌生活史的其他时期，会发生基因表达的根本性改变，这需要转录机制的转换，操纵子模型已经无法完成这种转换。本章将讨论引起转录改变的三种主要机制：σ 因子转换、RNA 聚合酶转换和抗终止。我们以 λ 噬菌体为例来阐明抗终止机制，并讨论 λ 噬菌体从一种感染策略转换到另一种策略的遗传机制。

8.1　σ 因子的转换

噬菌体感染细菌后，常会将宿主的转录元件据为己有。在此过程中形成时间依赖的或称时序性转录模式。也就是说，噬菌体先转录早期基因，然后转录晚期基因。在 T4 噬菌体对 *E. coli* 的感染后期，宿主基因基本不再转录，只有噬菌体基因的转录。这种转录特异性的巨大变化很难用第 7 章描述的操纵子机制来解释。实际上是其转录元件发生了根本的改变，即 RNA 聚合酶自身发生了变化。

基因表达的另一个重大改变的例子是发生在枯草芽孢杆菌等细菌孢子形成时，在这一时期，营养生长阶段所需基因的表达关闭而形成孢子的特异基因开始表达。同样，这种转换也是由 RNA 聚合酶自身变化引起的。当遭遇饥饿、热激、氮缺乏等胁迫时，细菌会通过改变其转录模式而做出响应。

因此，细菌对其生活环境改变所做出的响应是通过对转录调控的全面改变而实现的，并且这种转录改变伴随着 RNA 聚合酶的改变，更多的时候是 σ 因子的改变。

噬菌体感染

RNA 聚合酶的哪一部分最可能调控酶的专一性呢？在第 6 章介绍过 σ 因子是在离体条件下决定噬菌体 T4 DNA 转录特异性的关键因子，因此，σ 因子是最合理的答案，并且实验也证明确实如此。但这些实验并不是首先在 *E. coli* T4 系统上进行的，而是在枯草芽孢杆菌及其噬菌体特别是 SPO1 上进行的。

与 T4 噬菌体一样，SPO1 也有一个大的基因组。其时序转录模式为：在感染后 5min 左右，早期基因表达；接着，中期基因表达启动(感染后 5～10min)；10min 后直到感染结束，晚期基因表达才启动。由于噬菌体有很多基因，它利用精细的机制来调控转录便不足为奇了。Janice Pero 及同事在这一模式的研究中处于领先地位（图 8.1）。

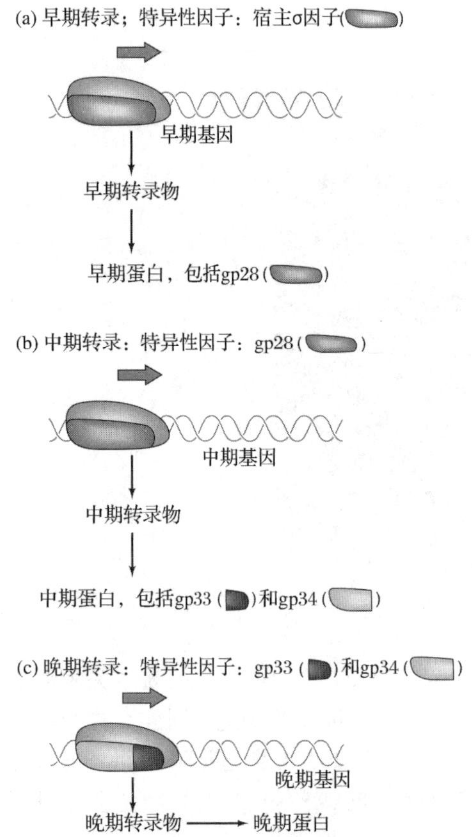

图 8.1　感染枯草芽孢杆菌的 SPO1 噬菌体转录的时序控制。(a) 宿主 RNA 聚合酶全酶，包括宿主 σ 因子（蓝色）指导早期转录。gp28（绿色）是一种新的 σ 因子，属于早期噬菌体蛋白。(b) 中期转录由 gp28 与宿主核心聚合酶（红色）共同控制。gp33 和 gp34 是两个中期噬菌体蛋白，共同组成另一个 σ 因子。(c) 晚期转录由宿主的核心聚合酶与 gp33 和 gp34 共同控制。

与 T4 噬菌体的转录模式相似，宿主 RNA 聚合酶全酶控制 SPO1 早期基因的转录，即最早的基因由宿主全酶转录（第 6 章）。这是必需的，因为噬菌体自身并不携带 RNA 聚合酶。当噬菌体第一次感染细胞时，宿主的全酶是唯一可用的 RNA 聚合酶。枯草芽孢杆菌的全酶与 *E. coli* 的很相似，其核心酶包括两个大亚基（β 和 β′）、两个小亚基（α）和一个很小的亚基（ω）。其初级 σ 因子的分子质量为 43 000kDa，较 *E. coli* 的（70 000kDa）为小；此外，该聚合酶包括一个相对分子质量约 20 000kDa 的 δ 亚基，该亚基有助于防止聚合酶结合到非启动子区域，这一功能在 *E. coli* 中由 σ 因子完成。

基因 28 是 SPO1 感染后的早期表达基因之一，其产物 gp28 与宿主核心聚合酶结合，取代宿主的 σ 因子（σ^{43}）。与新的 σ 因子结合后，RNA 聚合酶的特异性就发生了改变，不再转录早期基因及宿主基因，转而开始转录噬菌体中期基因。换言之，新 σ 因子 gp28 具有两个方面的功能：使宿主 RNA 聚合酶不再转录宿主基因；同时将早期基因转录转向中期基因转录。

中期向晚期转录的转换也同样如此，只需两个多肽（gp33 和 gp34）同时与聚合酶核心结合并改变其特异性即可。这两个多肽是两个噬菌体中期基因（分别是基因 33 和基因 34）的产物，它们组成的 σ 因子取代 gp28，并指导已改变的聚合酶转录噬菌体晚期基因而非中期基因。注意，在此过程中宿主核心聚合酶始终保持完整，只是通过 σ 因子的不断替换来改变聚合酶的特异性，进而指导转录进程。当然，转录特异性的改变也有赖于早、中、晚期基因启动子序列的差异，正因为如此，它们才能被不同 σ 因子所识别。

这一过程的最大特点是不同 σ 因子的大小不同。宿主 σ 因子、gp28、gp33 和 gp34 的分子质量分别为 43 000kDa、26 000kDa、13 000kDa和 24 000kDa，但它们都可以与核心聚合酶结合并行使 σ 因子的功能（gp33 和 gp34 必须共同行使这一功能）。事实上，*E. coli* 中分子质量为70 000kDa的 σ 因子在离体实验中也可与枯草芽孢杆菌的核心聚合酶结合，这也说明了核心聚合酶具有可变的 σ 因子结合位点。

如何证明 σ 因子转换模式是真实存在的呢？遗传学和生物化学证据都支持这一模式。首先，遗传学研究表明，基因 28 突变可抑制早期基因向中期基因转录的转换，证明基因 28 的产物是开启中期基因转录的 σ 因子。同样，基因 33 和基因 34 的突变抑制了中期基因向晚期基因转录的转换，亦与此模式相符。

Pero 及同事找到了生物化学方面的研究证据。首先，他们从 SPO1 感染的细胞中纯化出 RNA 聚合酶。纯化过程包括一个磷酸纤维素层析分离步骤，可分离三种形态的聚合酶。首先分离出的聚合酶 A 包含宿主核心酶、δ 亚基及所有噬菌体编码的因子。其他两个聚合酶（B和C）缺少δ亚基，而B中包括gp28，C中包括gp33和gp34。图8.2展示了通过SDS-PAGE检测到的后两个聚合酶的亚基组成。由于缺少δ亚基，这两种酶不能准确地识别DNA的启动子及非启动子区域，因此无法进行特异性转录。而当Pero及同事将δ亚基加入聚合酶并检测其转录特异性时，发现聚合酶B特异性地转录噬菌体的晚早期基因，而聚合酶C则特异性地转录噬菌体晚期基因。

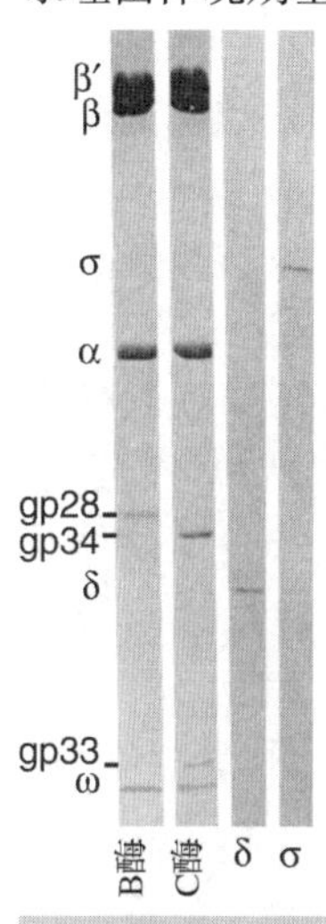

图8.2　噬菌体SPO1感染的枯草芽孢杆菌细胞中RNA聚合酶的亚基组成。 层析分离RNA聚合酶，然后经SDS-PAGE显示其亚基组成。B酶（泳道1）含有核心亚基（β′、β、α和ω）和亚基gp28。C酶（泳道2）含有核心亚基gp34和gp33。最后两道分别含有δ亚基和σ因子。［*Source*：Pero J.，R. Tjian. J. Nelson.，and R. Losick. *In vitro* transcription of a late class of phage SPO1 genes. *Nature* 257（18 Sept 1975）：f. 1，p. 249 © Macmillan Magazines Ltd.］

小结　噬菌体SPO1感染的枯草芽孢杆菌，其基因转录以时序模式进行：早期基因先转录，然后是中期基因，最后是晚期基因。这种转换由噬菌体编码的一系列σ因子来调控。这些σ因子与宿主核心聚合酶结合从而改变聚合酶对早、中、晚期基因启动子识别的特异性。宿主σ因子指导噬菌体早期基因转录，噬菌体蛋白gp28将转录特异性转换为中期基因，而噬菌体蛋白gp33和gp34再将其转换为晚期基因。

孢子形成

以上介绍了SPO1噬菌体如何通过σ因子替换来改变宿主RNA聚合酶的特异性。现在，我们讨论在宿主孢子形成（sporulation）过程中基因表达发生改变的相同机制。枯草芽孢杆菌在养分和其他条件适合的营养生长环境（vegetative）中可无限繁殖，但是在饥饿或其他不利条件下，便会形成坚硬的芽胞（endospore），在休眠状态中芽胞可以存活多年，直到条件适宜才重新生长（图8.3）。

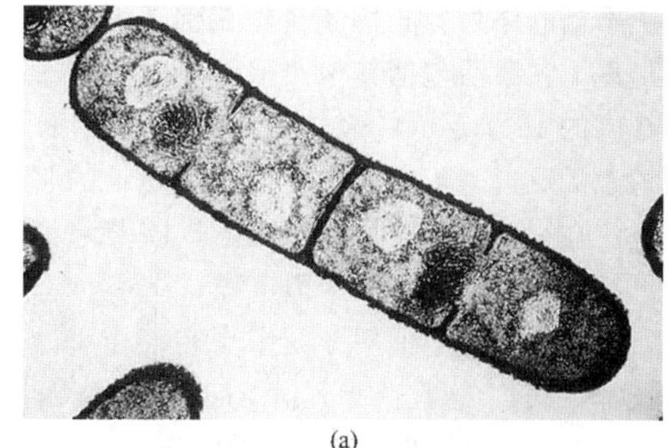

(a)

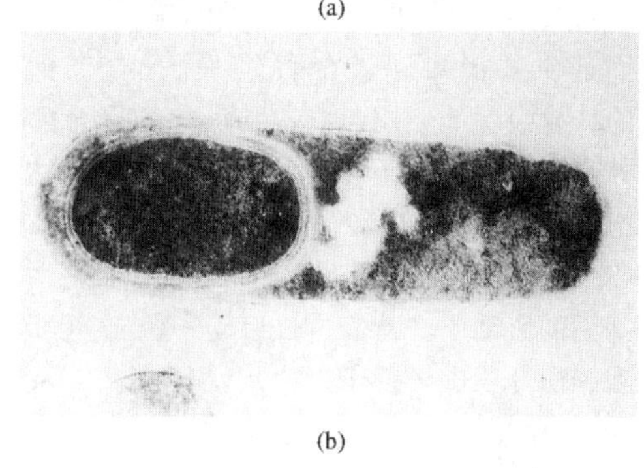

(b)

图8.3　两种形态的枯草芽孢杆菌。（a） 营养生长细胞；**（b）** 产孢细胞，在最左端即为正在生成的芽孢。（*Source*：Courtesy Dr. Kenneth Bott.）

孢子形成开始于子代细胞间极化细胞板的产生。不同于营养生长阶段细胞板将细胞等分，极化的细胞板将细胞分为两个大小不等的部分。较小的部分（左边）是将来发育成成熟芽孢的前芽孢细胞，较大的部分则发育成包围芽孢的母细胞。

在形成芽胞的过程中，如同营养细胞和芽胞细胞一样，形态和新陈代谢不同的细胞一定含有不同的基因产物，所以基因表达肯定会发生变化。事实上，当枯草芽孢杆菌细胞产生芽胞时，会激活一整套新的产孢特化基因。从营养生长到芽胞形成的转变通过一个复杂的σ转换系统，关闭一些营养生长基因的转录，同时又开启产孢特化基因的转录。

你可能会预计有一个以上的新σ因子参与孢子形成。事实上，参与此过程的σ因子有σ^F、σ^E、σ^H、σ^C和σ^K，另外还包括营养生长期的σ^A，每个σ因子都有识别不同启动子的重要作用。例如，营养生长相关的σ^A识别的启动子与*E. coli* σ因子所识别的启动子非常相似，－10框一般为TATAAT，－35框的保守序列为 TTGACA，而产孢特异性 σ 因子识别几乎完全不同的序列。σ^F 因子首先在孢子形成过程中出现，它激活包括其他产孢特异性 σ 因子基因在内的 16 个基因的表达。特别是 spoⅡR 基因的激活反过来可激活母细胞中编码 σ^E的基因表达。在 σ^F 和 σ^E 的共同作用下，前芽孢细胞和母细胞不可逆地进入产孢过程。

为了阐明用于证明 σ 因子真实存在所使用的技术，我们先了解一下由 Richard Losick 及同事对其中一个 σ 因子 σE 所做的工作。首先，他们证明了 σ^E 赋予聚合酶对一个已知产孢基因的特异性。他们用包含 σ^E 或 σ^A 的聚合酶在体外有标记核苷酸条件下，转录含有部分枯草芽孢杆菌 DNA 的质粒。这段枯草芽孢杆菌的 DNA（图 8.4）中含有营养生长和孢子发生相关基因的启动子。营养生长启动子位于 3050bp 的限制酶片段中，孢子发生启动子在 770bp 的限制酶片段中。Losick 及同事利用标记的 RNA 产物与模板 DNA 进行 Southern 印迹杂交，显示了 σ 因子的特异性：如果转录营养生长基因，所得标记的 RNA 会在模板 DNA 的 3050bp 处显示 Southern 杂交带。如果转录孢子发生基因，则标记的 RNA 产物与模板 DNA 的杂交带出现在 770bp 处。图 8.5 表明含 σ^A 的聚合酶所转录的 RNA 只出现与营养生长相关基因的杂交带（3050bp）。而含 σ^E 的聚合酶所转录的 RNA，在营养生长和孢子发生相关基因处（3050bp 和 770bp）均出现了杂交信号。显然 σ^E 可识别营养生长基因的启动子，但是对 770bp DNA 片段中的孢子发生基因的启动子的亲和性更高。

由于包含于 770bp 片段内产孢基因的性质未知，Abraham Sonenshein 小组试图证明 σ^E 能转录一个已知的产孢基因。他们以克隆的产孢必需基因 *spoⅡD* 为研究对象，用分别含有 σ^B、σ^C、σ^E 的三种不同聚合酶转录该基因的截短片段，以便产生截短转录物（第 5 章）。之前，体内 RNA 的 S1 作图已找到 *spoⅡD* 的天然转录起点。由于截短点是在天然转录起点下游 700bp 处，因此从正确转录起点开始的体外转录产生一个 700bp 的截断转录物。如图 8.6 所示，只有 σ^E可产生该转录物，其他 σ 因子都不能使 RNA 聚合酶识别 *spoⅡD* 启动子。相似的实验证明 σ^A 也不能识别该启动子。

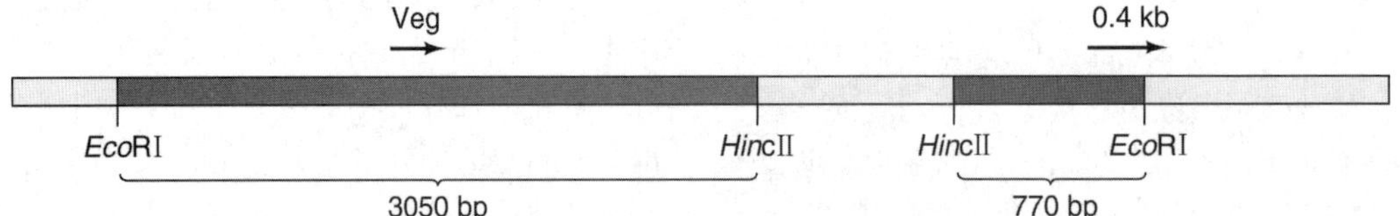

图 8.4 质粒 p213 的部分图示。这段 DNA 含有两个启动子：营养生长启动子（Veg）和孢子发生启动子（0.4kb）。前者位于 3050bp 的 *Eco*RⅠ－*Hinc*Ⅱ片段内（蓝色），后者在 770bp 的片段上（红色）。（*Source*：Adapted from Haldenwang W.G.，N. Lang，and R. Losick，A sporulation-induced sigma-like regulatory protein from *B. subtilis*. *Cell* 23：616，1981.）

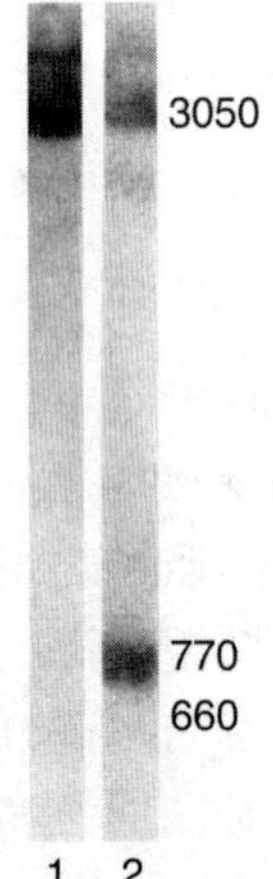

图 8.5 σ^A 和 σ^E 的特异性。Losick 小组在体外用含有 σ^A（泳道 1）或 σ^E（泳道 2）的聚合酶转录质粒 p213。然后用标记的转录物与含有 *Eco*RⅠ-*Hinc*Ⅱ的质粒片段进行 Southern 印迹杂交。如图 8.4 所示，该质粒在 3050bp 的 *Eco*RⅠ-*Hinc*Ⅱ片段中有一个营养生长基因的启动子，而在 770bp 片段中有一个孢子发生基因的启动子。因此，营养生长基因的转录物与 3050bp 的片段杂交，而孢子发生基因的转录物则与 770bp 的片段杂交。本图的放射自显影结果显示 σ^A 酶只转录营养生长基因，而 σ^E酶既可转录营养生长基因又可转录孢子发生基因。［*Source*：Haldenwang W.G.，N. Lang，and R. Losick，A sporulation-induced sigma- like regulatory protein from *B. subtilis*. *Cell* 23（Feb 1981），f.4，p.618. Reprinted by permission of Elsevier Science.］

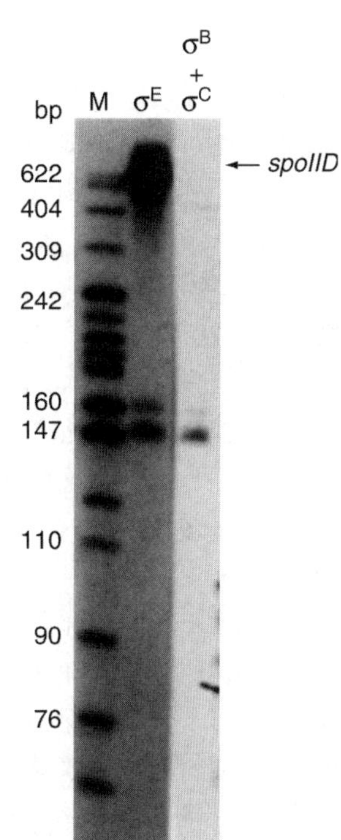

图 8.6 通过 *spo* Ⅱ *D* 启动子的截断转录确定 σ^E 的特异性。制备含有 *spo* Ⅱ *D* 启动子的限制酶酶切片段，然后在体外用枯草芽孢杆菌的核心 RNA 聚合酶加 σ^E（中间泳道），或加 $\sigma^B+\sigma^C$（右道）来转录该片段。泳道 M 是已知各条带大小的 DNA 标准。右边箭头指示预计 *spo* Ⅱ *D* 启动子截断转录物的位置（约 770nt），只有含 σ^E 的酶可形成这一转录物。[*Source*: Rong S., M. S. Rosenkrantz, and A. L. Sononshein, Transcriptional control of the *Bacillus subtilis spo* Ⅱ *D gene*. *Journal of Bacteriology* 165, no. 3 (1986) f. 7, p. 777, by permission of American Society for Microbiology.]

Losick 小组证实 σE 本身就是孢子发生基因的产物，最初称为 spoIIG。可以推测，该基因的突变会在早期阻止孢子的形成。如果没有 σ 因子识别孢子发生基因，那么这些基因就不会表达，孢子也就无法形成。

小结 枯草芽孢杆菌形成孢子时，一组全新的孢子发生特化基因被开启，许多营养生长基因（但不是全部）被关闭。这种转换主要发生在转录水平，通过几个新的 σ 因子取代 RNA 聚合酶核心酶中转录营养生长基因的 σ 因子，使孢子发生基因的转录替代营养生长基因的转录，并且每个 σ 因子都有自己偏爱的启动子序列。

拥有多启动子的基因

枯草芽孢杆菌孢子发生的故事对我们的下一个话题——多启动子（multiple promoter）是个很好的引言，因为孢子发生基因首先提供了这种现象的实例。当不同 σ 因子占主导地位时，有些基因在孢子发生过程的两个或更多阶段中都要表达，因此这些基因应该有被不同 σ 因子所识别的多个启动子。

spoVG 是具有两个启动子的孢子发生基因，可被 $E\sigma^B$ 和 $E\sigma^E$（分别为包含 σ^B 或 σ^E 的 RNA 聚合酶全酶）所转录。Losick 小组利用 DNA-纤维素层析法从孢子发生细胞中分离得到全酶的部分组分，然后用具有聚合酶活性的分离峰的不同组分对截短的 *spoVG* 基因的克隆进行失控转录。分离峰前缘（leading edge）组分主要产生 110nt 的截断转录物，分离峰后缘（trailing edge）组分主要产生 120nt 的截断转录物，而位于峰中部的组分可同时产生以上两种截断转录物。

利用另一轮 DNA-纤维素层析，他们成功地分离了聚合酶的这两个活性组分。其中，含 σ^E 的组分只能合成 110nt 的截断转录物。此外，产生这一转录本的能力与酶中 σ^E 的含量平行，说明 σ^E 负责这一转录活性。为进一步求证，Losick 小组又用凝胶电泳纯化了 σ^E 并将其与核心聚合酶结合，结果只产生 110nt 截断转录物（图 8.7）。同样的实验也证明了 σ^B 与核心聚合酶结合后只产生 120nt 的截断转录物。

以上这些实验证明 *spoVG* 基因可被 $E\sigma^B$ 和 $E\sigma^E$ 所转录，而且这两个酶识别的转录起始位点相隔 10bp 的距离，如图 8.8 所示。针对这些起始位点，可以计算其上游的碱基对数，并可以找出每种 σ 因子所识别的启动子区的 −10 框和 −35 框（图 8.8 所示）。通过与多个被同一 σ 因子所识别的 −10 框和 −35 框序列的比较，可以确定第 6 章中所报道的保守序列。

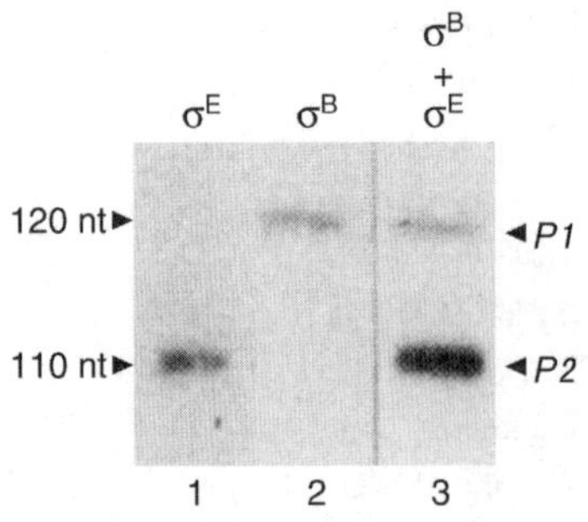

图 8.7　σ^B 和 σ^E 的专一性。Losick 小组通过凝胶电泳纯化了 σ^B 和 σ^E，然后用核心聚合酶通过失控转录进行检测。泳道 1 含 σ^E 引起下游启动子（*P2*）选择性起始。泳道 2 含有 σ^B，引起上游启动子（*P1*）选择性起始。泳道 3 含有 σ^B 和 σ^E，引起两个启动子的起始。[*Source*: Adapted from Johnson W. C., C. P. Moran, Jr., and R. Losick, Two RNA polymerase sigma factors from *Bacillus subtilis* discriminate between overlapping promoters for a developmentally regulated gene. *Nature* 302 (28 Apr 1983), f. 4, p. 803. © Macmillan Magazines Ltd.]

小结　有些原核基因在两个不同 σ 因子都有活性时才能被转录，这些基因具有两个启动子，每个启动子由其中一个 σ 因子所识别，从而保证了不管是哪个 σ 因子存在，基因都能表达，同时还能实现在不同情况下基因表达的差异调控。

其他 σ 因子的转换

细胞受到高温或其他环境胁迫时会产生**热激反应**（heat shock response），从而将损害降低到最小程度。此时先产生的，被称为**分子伴侣**（molecular chaperone）的蛋白质，分子伴侣与受到热激不能完全折叠的蛋白质结合，帮助其重新正确地折叠。细胞还能产生蛋白酶降解那些经分子伴侣帮助仍不能正确折叠的蛋白质。总之，将编码帮助细胞在热激条件下生存的蛋白质基因称为**热激基因**（heat shock gene）。

当 *E. coli* 细胞受到热激后（从正常生长温度 37℃升到 42℃），正常转录立即停止或至少降低，同时有 17 种新的热激蛋白转录物开始合成。这些转录物编码的分子伴侣和蛋白酶可以协助细胞度过热激胁迫。这一转录过程的转换需要 *rpoH* 基因产物的参与，该基因编码分子质量为 32kDa 的 σ 因子，称为 σ^{32}，也叫 σ^H，这里的 H 代表热激。1984 年，Grossman 小组证明 σ^H 确实是一个 σ 因子，σ^H 与核心聚合酶结合的复合物可以从天然转录起始位点开始，对不同热激基因进行体外转录。

热激反应在 1min 之内就能开始，显然这样短的时间不足以令 *rpoH* 基因转录并利用 mRNA 翻译出足够多的新 σ 因子。有两个过程可解释 σ^H 是如何迅速积累的。首先，该蛋白质本身在温度升高的过程中变得更稳定。对这种现象可以做如下解释：在正常生长条件下，σ^H 与热激蛋白结合后由于结构发生破坏而变得不稳定。当温度升高时，许多蛋白质不能正确折叠，使热激蛋白与 σ^H 解离以便拯救或降解那些异常折叠的蛋白质。

其次，高温对 σ^H 浓度的影响反映在翻译水平上：高温引起 *rpoH* mRNA 的 5′非翻译区的二级结构解体，使其更容易与核糖体结合。Miyo Morita 小组通过对推测的关键二级结构区的突变验证了这一假设。他们发现野生型和突变型 mRNA 二级结构的解离温度与 σ^{32} 合成的可诱导性有关。在第 17 章将详细讨论这一机制。

在氮饥饿情况下，另一 σ 因子（σ^{54} 或 σ^N）直接参与氮代谢相关基因的转录。此外，虽然革兰氏阴性菌（如 *E. coli*）不产生孢子，但对饥饿胁迫也有适应性反应。处于生长稳定期（细胞非增殖期）的 *E. coli* 细胞，其 RNA 聚合

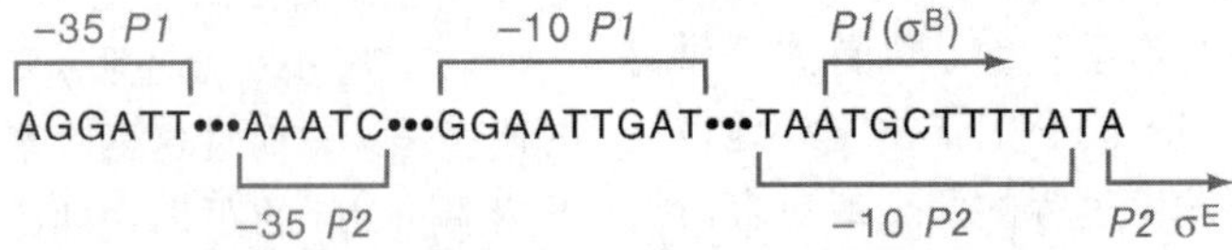

图 8.8　枯草芽孢杆菌 *spoVG* 的重叠启动子。*P1* 表示由 σ^B 识别的上游启动子，上方用红色表示其转录起点和启动子的−10 框及−35 框。*P2* 表示由 σ^E 识别的下游启动子，下方用蓝色表示其转录起点和启动子的−10 框及−35 框。

酶的 σ 因子一旦被 σ^{S}（或 σ^{38}）替代后，便会使逆境抗性基因的表达开启。这些都是细菌基本的适应逆境的机制，细菌往往通过 σ 因子转换所介导的整体转录机制的改变来应对其生存环境的变化。

小结 *E. coli* 的热激反应是由可变的 σ 因子 σ^{32}（σ^{H}）所控制的。σ^{32}（σ^{H}）取代 σ^{70}（σ^{A}）后，RNA 聚合酶与热激蛋白基因启动子结合。在高温下 σ^{H} 的积累是由 σ^{H} 稳定性的增加及其 mRNA 翻译增强所致。而对于低氮或饥饿胁迫的响应则分别依赖于 σ^{54}（σ^{N}）和 σ^{38}（σ^{S}）。

抗 σ 因子

除以上介绍的 σ 替换机制外，细胞中还存在利用抗 σ 因子控制转录的机制，这些因子不与 σ 因子竞争结合核心酶。相反，它们通过与 σ 因子结合而抑制其功能。*E. coli rsd* 基因的产物就是抗 σ 因子作用的一个例子。该基因因其产物具有调节（抑制）*rpoD* 基因的产物（σ^{70}）活性的功能而得名，σ^{70} 是营养阶段最主要的 σ 因子。因此，rsd 代表"σ D的调节因子（regulator of sigma D）"。

当 *E. coli* 细胞快速生长时，大部分基因的转录由 $E\sigma^{70}$ 参与，没有 *rsd* 基因产物 Rsd 的产生。然而，当细胞遭受营养缺乏、高渗透势或高温等胁迫时，其生长停止，进入静止期。此时，新的 σ 因子（σ^{S}）激活一系列胁迫应答基因的表达，结合 σ^{S} 的 RNA 聚合酶占全部聚合酶的比例达1/3。也就是说，含 σ^{70} 的聚合酶占到 2/3，然而 $E\sigma^{70}$ 参与的基因表达却下降了 10 倍以上。这些现象说明，除 σ 因子外其他因子也影响了胁迫基因的表达。Rsd 就是这个额外的因子，当细胞生长处于静止期时大量产生，并与 σ^{70} 结合阻止它与核心酶的结合。因此，抗 σ 因子通过抑制某种 σ 因子的活性而成为除 σ 因子替换机制外的另外一种调控细胞基因表达的机制。一些抗 σ 因子还受**抗-抗 σ 因子**（anti-antis-factor）的调控。例如，处于产孢阶段的枯草芽孢杆菌的抗 σ 因子（SpoⅡAB）与启动产孢的两个 σ 因子（σ^{F}、σ^{G}）结合并抑制其活性，但另外一个蛋白质（SpoⅡAA）与 SpoⅡAB、σ^{F} 及 σ^{G} 的复合体结合，并抵消抗 σ 因子的效应。更为神奇的是，SpoⅡAB 也可作为**抗-抗-抗 σ 因子**通过磷酸化作用抑制 SpoⅡ-AA 的活性。

小结 许多 σ 因子受抗 σ 因子控制，它们与特定的 σ 因子结合从而阻止其与核心酶的结合。其中有些抗 σ 因子甚至受抗-抗 σ 因子的调控，它们与 σ 因子和抗 σ 因子复合体结合而释放 σ 因子。至少有一个例子表明，抗 σ 因子也可作为抗-抗-抗 σ 因子通过磷酸化抑制抗一抗 σ 因子的作用。

8.2 T7 噬菌体所编码的 RNA 聚合酶

T7 噬菌体属于相对简单的一类 *E. coli* 噬菌体，T3 和 ΦⅡ 也属此类。与 SPO1 相比，它们的基因组较小，基因数较少。我们将这类噬菌体的基因转录分为三个时期：Ⅰ、Ⅱ、Ⅲ（也可以称为早、中、晚期，以便与 SPO1 中的命名一致）。在 5 个Ⅰ型基因中，有一个基因（基因 1）对于Ⅱ、Ⅲ型基因的表达是必需的。当基因 1 突变后，只有Ⅰ型基因被转录。通过前面对 SPO1 的了解，你可能会认为基因 1 编码一个 σ 因子来指导宿主 RNA 聚合酶转录噬菌体的晚期基因。有人在研究 T7 噬菌体时就得出了这一结论，但这是错误的。

基因 1 的产物其实并不是 σ 因子，而是仅为一条多肽的噬菌体特异性 RNA 聚合酶，该聚合酶特异性地转录 T7 噬菌体的Ⅱ型和Ⅲ型基因，而不转录Ⅰ型基因。该酶确实极具特异性，只转录 T7 噬菌体的Ⅱ、Ⅲ型基因，而不转录其他任何天然模板。在这种噬菌体中，基因转录的转换机制也相对较简单（图 8.9）。

当噬菌体 DNA 进入宿主细胞后，*E. coli* 全酶就开始转录噬菌体的 5 个Ⅰ型基因，包括基因 1。基因 1 的产物是噬菌体特异的 RNA 聚合酶，随后它开始转录噬菌体的Ⅱ、Ⅲ型基因。

从 T3 噬菌体中也已分离到相似的聚合酶，它仅对 T3 基因具有特异性。实际上，T7 和 T3 的启动子已经被构建到克隆载体上，如 pBluescript

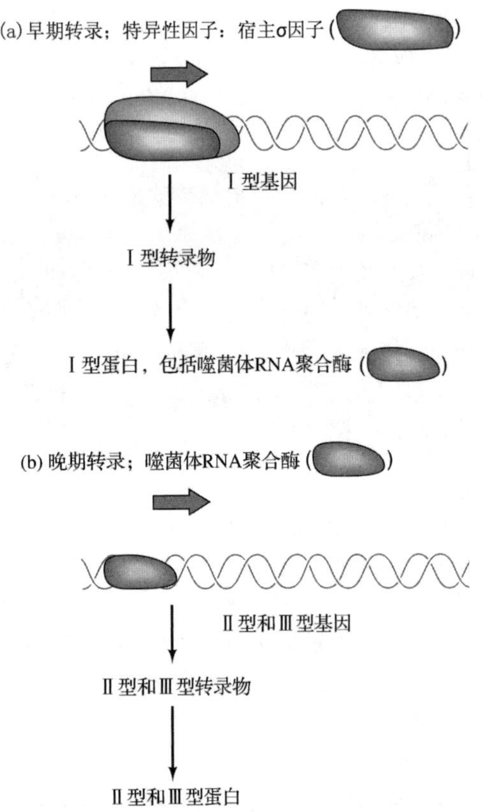

图 8.9　感染 *E. coli* 的 T7 噬菌体转录的时序控制。(a) 早期（Ⅰ型）转录取决于宿主 RNA 聚合酶全酶，包括宿主 σ 因子（蓝色），其中一种早期噬菌体蛋白是 T7 RNA 聚合酶（绿色）。**(b)** 晚期（Ⅱ型和Ⅲ型）转录依赖于 T7 RNA 聚合酶。

载体（见第 4 章）。这些 DNA 在体外可以被其中一个或几个噬菌体聚合酶所转录，产生特异的 RNA 链。

小结　T7 噬菌体编码一个新的对噬菌体晚期基因具有绝对特异性的 RNA 聚合酶，而不是编码新的 σ 因子去改变宿主聚合酶从早期到晚期的特异性。这个由一条多肽组成的聚合酶是噬菌体最早表达的基因之一（基因 1）的产物。这种噬菌体感染细胞后其转录过程较为简单，宿主聚合酶转录早期基因（Ⅰ型基因），其中一个产物是噬菌体聚合酶，该酶转录晚期基因（Ⅱ和Ⅲ型基因）。

8.3　λ 噬菌体对 *E. coli* 的感染

到目前为止，我们所研究的噬菌体（如 T2、T4、T7、SPO1）多数为烈性噬菌体，它们复制时会通过裂解杀死宿主细胞。而 λ 噬菌体是一种**温和噬菌体**（temperate phage），感染 *E. coli* 时不一定非要杀死宿主。在这方面 λ 噬菌体比其他噬菌体的感染方式更灵活些，它有两种增殖方式（图 8.10）。第一种是**裂解模式**（lytic mode），与烈性噬菌体感染方式相同。

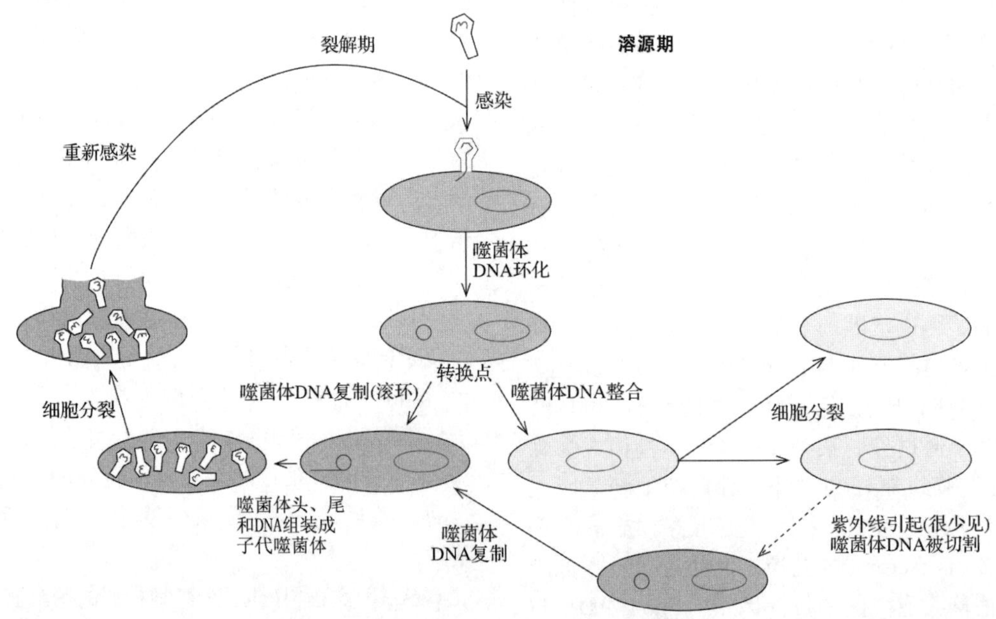

图 8.10　λ 噬菌体引起的裂解性感染与溶源性感染。蓝色细胞处于裂解期，黄色细胞处于溶源期，绿色细胞尚不确定。

噬菌体 DNA 进入宿主细胞，利用宿主的 RNA 聚合酶进行转录。噬菌体 mRNA 被翻译成子代噬菌体蛋白，噬菌体 DNA 在宿主体内复制并与翻译的蛋白质组装成子代噬菌体。当宿主细胞裂解释放子代噬菌体时，感染过程就结束了。

在**溶源模式**（lysogenic mode）中很多过程与裂解不同。噬菌体 DNA 进入宿主细胞后，其早期基因转录并翻译，这一过程与裂解感染一致。但是当 27kDa 的噬菌体蛋白（**λ 阻遏物**或 CI）出现并与噬菌体的两个操纵子区结合后，所有基因转录都被关闭，只剩下 cI（读音“c-one”而不是“c-eye”）这一编码 λ 自身阻遏物的基因。在这种情况下，仅有一个噬菌体基因有活性，这也就很容易理解为什么它没有子代噬菌体形成。而且，选择溶源途径后，噬菌体 DNA 会整合到宿主基因组中。整合了噬菌体 DNA 的细菌也被称为**溶源菌**（lysogen），整合的 DNA 被称为**原噬菌体**（prophage）。这种溶源态可以无限期地存在，这对噬菌体没有不利的影响，因为溶源态噬菌体的 DNA 会随着宿主 DNA 的复制而复制，不用产生噬菌体颗粒就可以扩增其基因组。因此，可以说它搭上了宿主的“便车”。在特定条件下，如遇到化学诱变剂或辐射，溶源菌便会破裂使噬菌体进入裂解状态。

小结 λ 噬菌体可以通过裂解或溶源两种方式中的任一种进行复制。在裂解模式下几乎所有噬菌体基因都转录并且翻译，同时噬菌体 DNA 复制形成子代噬菌体，然后裂解宿主细胞。在溶源模式下，λDNA 与宿主基因组整合，仅有一个基因表达，即 λ 阻遏物，这一阻遏物抑制了噬菌体其他所有基因的转录。然而，整合的噬菌体 DNA 依然能够复制，因为它已经成为宿主 DNA 的一部分。

λ 噬菌体的裂解繁殖

λ 噬菌体的裂解繁殖周期与烈性噬菌体类似，其转录分为三个时期，称为**极早期**（immediate early）、**晚早期**（delayed early）和**晚期**（late）。这三类基因依次排列在噬菌体 DNA 上，这有助于解释它们是如何被调控的。图 8.11 以两种形式展示了 λ 噬菌体的遗传图。噬菌体处于颗粒状态时 DNA 为线形，噬菌体感染宿主后短时间内形成环形 DNA。环化过程可能是由于线性基因组两端有 12bp 的黏性末端所致，这种黏性末端称为 **cos 位点**。环化作用将分别位于线性基因组两端的晚期基因连接到一起。

通常，噬菌体基因表达的程序是由转录开关所控制的，但 λ 噬菌体采用了一种我们还未见过的转换方式——**抗终止**（antitermination）。图 8.12 是这一过程的示意图。宿主 RNA 聚合酶全酶先转录噬菌体的早期基因，这类基因只有 *cro* 和 *N* 两个，分别直接位于右向启动子

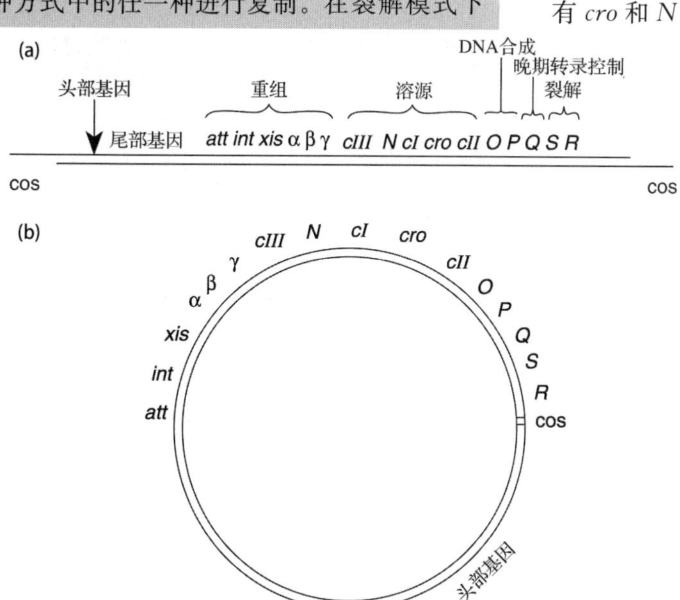

图 8.11 λ 噬菌体的遗传图。(a) 线形图，DNA 以线性方式存在于 λ 噬菌体颗粒中，黏性末端（cos）在图的两端。基因基本上是按功能分组。**(b)** 环形图，DNA 存在于裂解宿主细胞内，其黏性末端已连接。

P_R 和左向启动子 P_L 下游。在裂解周期的这一阶段，尚无阻遏物与控制这些启动子的操纵子（分别是 O_R 和 O_L）结合，所以转录进程不受到阻遏。当聚合酶到达早期基因的末端时，遇到终止子并在晚早期基因处终止转录。

这两个极早期基因产物对 λ 噬菌体基因的后续表达十分关键。*cro* 基因产物是一个阻遏

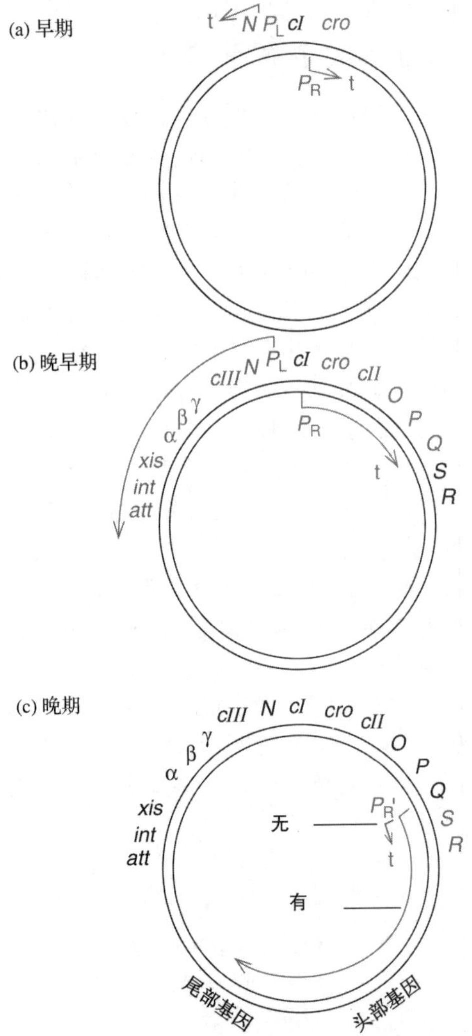

图 8.12 λ 噬菌体裂解性感染周期的转录时序调控。 **(a)** 早期基因转录（红色）始于阻遏物基因 *cI* 两侧的右向和左向启动子（P_R 和 P_L），停止于 *N* 和 *cro* 之后的 *rho*-依赖型终止子（t）处。**(b)** 晚早期转录（蓝色）在相同的启动子（P_R 和 P_L）处开始，通过抗终止子 N 越过终止子。**(c)** 晚期转录（绿色）在一个新的启动子 $P_{R'}$ 处开始，如果没有 *Q* 基因的产物 Q（另一个抗终止因子）它就会在终止子 t 处停止。此处 O 和 P 是晚早期基因的编码蛋白，不是操纵子和启动子。

物，能抑制 λ 阻遏物基因 *cI* 的转录，阻止 λ 阻遏物蛋白合成。这一点对受 λ 阻遏物抑制的其他噬菌体基因的表达十分必要。*N* 基因的产物 **N 蛋白**是个**抗终止因子**（antiterminator），它可使 RNA 聚合酶忽略早期基因末端的终止子而继续转录后续的晚早期基因。值得注意的是，早期和晚早期基因的转录由相同的启动子（P_R 和 P_L）控制。这一转换与其他噬菌体不同，既不涉及新的 σ 因子也不因 RNA 聚合酶识别新的启动子开始新的转录，它是由相同启动子控制的转录过程的延伸。

晚早期基因对于裂解周期的继续及溶源态的建立都很重要。*O* 基因和 *P* 基因编码噬菌体 DNA 复制所必需的蛋白质，而复制是裂解周期的关键。*Q* 基因的产物（Q）是另一个抗终止子，可使晚期基因转录。

晚期基因都是向右顺时针转录的，但不是从 P_R 开始的。晚期启动子 $P_{R'}$ 恰好位于 *Q* 的下游。如果 *Q* 不干预转录终止，那么从 $P_{R'}$ 开始的转录仅进行 194bp 就终止了。*N* 基因的产物不能代替 Q，它对 *cro* 和 *N* 基因后的抗终止作用是特异性的。晚期基因编码噬菌体头部和尾部蛋白及裂解宿主细胞的蛋白质，从而将子代噬菌体释放出来。

> **小结**　在 λ 噬菌体裂解周期中，早期/晚早期/晚期基因转录的转换是受抗终止蛋白控制的。*cro* 是两个早期基因之一，其编码产物是 *cI* 基因的阻遏物，从而使裂解周期继续下去。另外一个基因 *N* 编码抗终止蛋白 N，使转录越过 *N* 和 *cro* 基因的终止子进入晚早期基因转录。晚早期基因之一的 *Q* 基因编码另外一个抗终止蛋白（Q），使晚期基因从晚期启动子 $P_{R'}$ 处开始转录，不致于提前终止。

抗终止　N 和 Q 如何行使其抗终止功能呢？它们可能采取两种不同的机制。先看 N 介导的抗终止，图 8.13 显示了这一过程。图 8.13（a）给出 *N* 基因周围的遗传位点。在其右面是左向启动子 P_L 和操纵子 O_L，这里是向左转录的起始处。*N* 基因的下游（左侧）有个转录终止子，在缺乏 *N* 基因产物（N）时，向左的转录会终止。图 8.13（b）显示缺乏 N 时

所发生的反应。RNA 聚合酶（粉色）在 P_L 处开始转录 *N* 基因，遇到终止子后即从 DNA 上解离，释放 *N* mRNA，然后 N 蛋白开始合成，图 8.13（c）显示接下来所发生的反应。N 蛋白（紫色）与 **N 蛋白利用位点 *nut site***（N utilization site，绿色）结合并与已结合于 RNA 聚合酶的宿主蛋白复合体（黄色）相互作用。由此在某种程度上改变了聚合酶活性，使其变得“盲目”而忽略终止子，从而使转录持续到晚早期基因。同样，从 P_R 开始向右的转录也

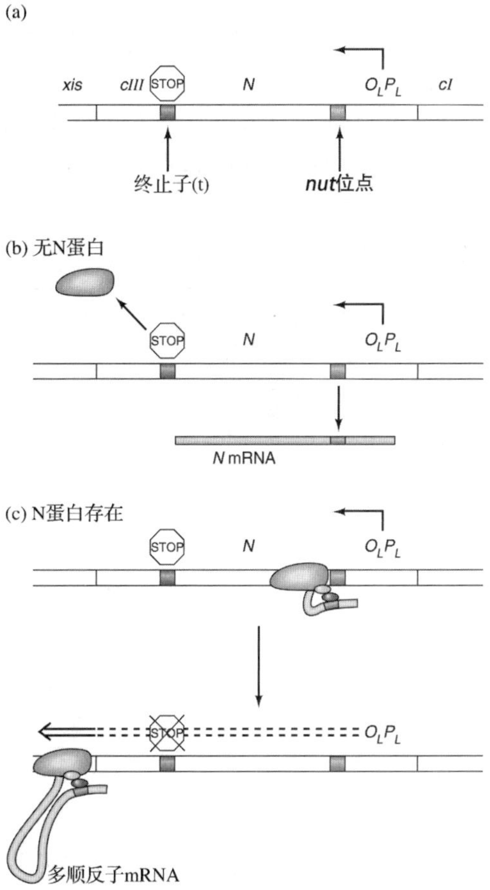

图 8.13　抗终止子 N 对左向转录的影响。（a） λ 噬菌体基因组的 *N* 区。*N* 周围的基因分别是左向启动子 P_L 和操纵子 O_L、终止子（红色）、*nut* 位点（绿色）。**（b）** 没有 N 情况下的转录。RNA 聚合酶（粉色）在 P_L 处开始向左转录，在位于 *N* 基因后的终止子处停止。*N* mRNA 是唯一转录产物。**（c）** N 存在时的转录。N（紫色）与转录本的 *nut* 位点结合并且与 NusA（黄色）结合，而 NusA 又与其他蛋白（未显示）一起与 RNA 聚合酶结合成复合体。这一复合体使聚合酶可以通读终止子，继而转录晚早期基因。

采取同样的机制，因为在 *cro* 的右端也有一个位点使聚合酶忽略终止子而转录晚早期基因。

怎样得知宿主蛋白也参与抗终止呢？遗传学研究表明 4 个宿主基因的突变会影响抗终止。这些基因编码蛋白 **Nus A**、**Nus B**、**Nus G** 及核糖体 S10 蛋白。这些宿主蛋白的相互作用会导致宿主细胞死亡，这听起来似乎有些难以置信，其实这只是病毒为了自身利益而控制寄主细胞过程的诸多实例之一。在本例中，S10 蛋白显然与合成蛋白质有关，Nus 蛋白使 7 个 *rrn* 操纵子抗终止，*rrn* 操纵子编码核糖体 RNA 和 tRNA。实际上，我们将会看到 NusA 促进了终止作用。

体外实验表明 N 和 NusA 这两个蛋白质在终止子距 *nut* 位点足够近时可产生抗终止作用。图 8.14（a）显示在这种小范围的抗终止过程中所涉及的蛋白复合体，同时也说明了 N 蛋白自身并不结合在 RNA 聚合酶上，而是与 NusA 结合，然后 NusA 再与聚合酶结合。图 8.14 中还介绍了 *nut* 位点的两个部分：A 盒（*box A*）与 B 盒（*box B*）。A 盒在 *nut* 位点高度保守，而 B 盒则不然，不同的 *nut* 位点间存在差异。B 盒转录本中包含一个反向重复序列，可形成茎环结构（图 8.14）。

体内抗终止与上述示意过程有所不同，因为抗终止发生在相对于 *nut* 位点下游至少数百个碱基对的终止子上。这种抗终止是**进行性的**（processive），因为聚合酶在 DNA 链上移动相当长的距离时，抗终止因子始终与其结合。这种进行性抗终止不仅需要 N 和 NusA，还需要其他三种宿主蛋白 NusB、NusG 和 S10 的参与。推测这些蛋白质有助于稳定抗终止复合体使其稳定到达终止子。图 8.14（b）显示包含所有这 5 个抗终止蛋白的稳定复合体。

对图 8.14 中所述抗终止复合体而言，最预想不到的特征是它不与 *nut* 位点本身结合，而是与 *nut* 位点的转录物相互作用。何以得知？其中一个证据是 N 蛋白上识别 *nut* 位点的重要区域富含精氨酸，这与 RNA-结合结构域相似。Asis Das 提供了更直接的证据，他利用凝胶阻滞实验证明 N 与含有 B 框的 RNA 片段结合。此外，当 N 和 NusA 都与复合体结合时，可部分地保护 B 框免受 RNA 酶降解，但不保护 A

框。只有当所有 5 个蛋白质都结合到复合体时才能保护 A 框免受 RNA 酶降解。这些结果与图 8.14 的模型一致。

那么如何知道存在于图 8.14 中所示的 RNA 环呢？对此还不能肯定，但很容易想到从 N 结合到 *nut* 位点的转录本开始，直到聚合酶达到终止子为止，如果 N 始终保持与聚合酶和 RNA 的结合，就需要形成如图所示的 RNA 环。为了验证这个假设，Jack Greenblatt 及同事分离到一些突变体，其编码 RNA 聚合酶 β 亚基的基因发生了突变，从而影响 N 介导的抗终止作用。这些突变体在体外转录中不能保护 *nut* 位点的转录本，表明在转录过程中 RNA 聚合酶、N 和 *nut* 位点的转录本之间存在着结合。于是很容易再次想到位于 *nut* 位点的转录本和聚合酶之间的 RNA 会形成一个环。

那么 N 蛋白是如何阻止终止的呢？有一个假设认为 N 蛋白限制了 RNA 聚合酶在终止子位点的暂停过程，而聚合酶的“暂停”对终止事件是十分重要的。但是，Ivan Gusarov 和 Evgeny Nudler（2001）认为 N 蛋白限制聚合酶的暂停并不足以对终止作用产生显著的影响。他们发现，N 蛋白会与必定形成 RNA 发夹结构的上游部位结合，从而减缓发夹的形成。没有发夹，终止就不会发生。这里可回顾一下色氨酸操纵子转录衰减作用的机制，其中涉及核糖体在衰减子发夹结构的上游部分停顿（第 7 章）。

图 8.15 显示了 Gusarov 和 Nudler 提出的模型（2001）（其中部分已在第 6 章讨论），同

(a) 弱的非进行性复合体

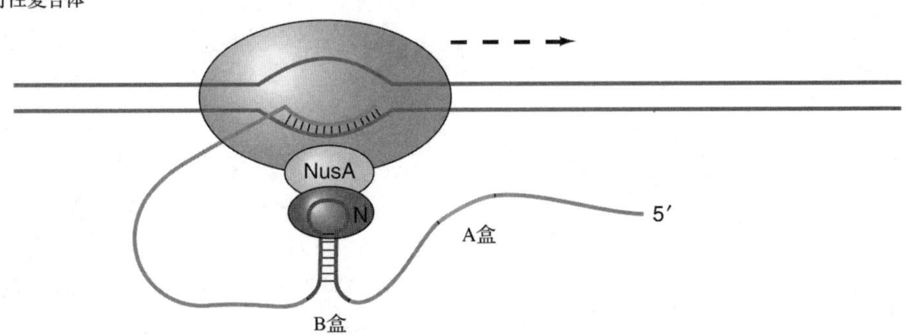

(b) 强的进行性复合体

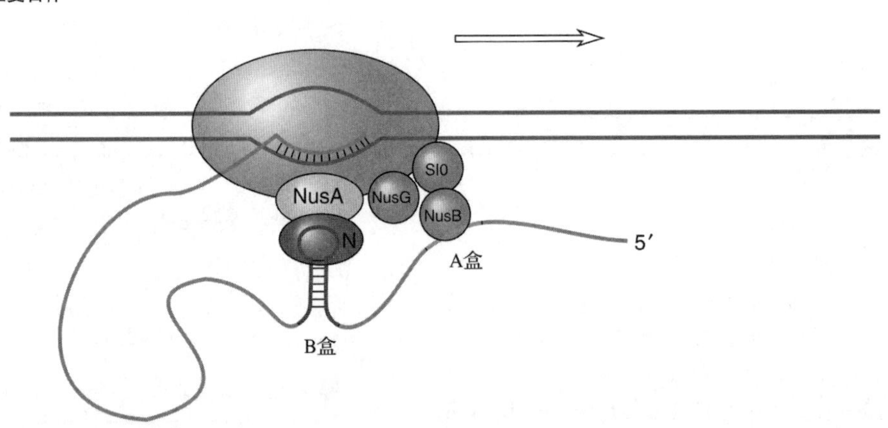

图 8.14　参与 N 介导抗终止的蛋白复合体。(a) 弱的非进行性复合体。NusA 结合到聚合酶上，N 结合到 NusA 和转录本 *nut* 位点的 B 盒，在延伸中的 RNA 上产生一个环。该复合体相对较弱，只在 *nut* 位点附近引起抗终止（虚线箭头）。这种情况只在体外存在。**(b)** 强的进行性复合体。如（a）所示，NusA 将 N 和 B 盒固定到聚合酶上，S10 结合到聚合酶上，NusB 结合到转录本 *nut* 位点的 A 盒上，使聚合酶与转录本的结合更为紧密，复合体更加稳定。NusG 对复合体的加强也有作用。这个复合体是进行性的，在体内可以引起下游数千个碱基对的抗终止（空心箭头）。

时也展示了 NusA 在终止中的作用。当**延伸复合体**（elongation complex，**EC**）在合成多聚 U 时，于聚合第 7 个核苷酸后便暂停下来，使潜在发夹结构的上游部分置于结合 RNA 聚合酶**上游结合位点**（upstream binding site，**UBS**）的位置处。暂停只持续约 2s，发夹结构必须在这一时间内形成，否则聚合酶就会移过而不发生终止作用。如果此时发夹结构形成，则延伸复合物便被套住，终止发生。NusA 的作用是弱化 UBS 与准发夹上游部分的结合，帮助发夹在暂停结束前形成，以促使终止。

图 8.15 模型还要求 N 与准发夹上游部分结合以阻止发夹形成。此外，一旦 N 与 RNA 结合了，它也与 NusA 结合。NusA 在这里也与准发夹上游部分结合。由于 N 和 NusA 同时与 RNA 结合，发夹结构形成得非常慢，使聚合酶顺利通过而不会终止。

有什么证据支持这一模型呢？模型的关键部分是 N（及 N+NusA）与 RNA 发夹上游部分的相互作用。Gusarov 和 Nudler 用蛋白质-RNA 交联技术证明它们之间确实有相互作用。在有或无 N 和 NusA 的条件下，通过一次步移或延伸[^{32}P]RNA 的一至数个核苷酸的方法（见第 6 章），在 RNA 的+45 位引入 **4-硫尿嘧啶**（4-thioU，sU）。然后继续步移，分别得到延伸至+50、+54、+58、+62、+68 和+75 位的 RNA，其 sU 位点相对于 RNA 的 3′端，分别位于－6、－10、－14、－18、－24、－31 位。

4-硫尿嘧啶受光激活并在紫外线作用下会与任何紧密相连的蛋白质发生交联（碱基的 1Å 之内）。所以 Gusarov 和 Nudler 用紫外线照射 sU 位点相对于新生 RNA 的 3′端不同的复合体，然后用 SDS-PAGE 和放射自显影来检测 RNA 与 N、NusA 及核心聚合酶（α、β 和 β′）之间的交联。如果 RNA 与蛋白质发生交联，则该蛋白质会被放射性标记，放射自显影会显示条带。

图 8.16（a）是实验结果。从新生 RNA 3′端算起，sU 在－18、－24 位时能与 N 和 NusA 交联（泳道 6、7、2、13），而此处正是发夹上游部分所处的位置。此外，当 N 和 NusA 同时出现时，NusA 与 RNA 结合得更为紧密，而且延伸到－31 区。N 和 NusA 在终止发生时结合到发夹的上半部分，表明它们在该位置通过控制发夹的形成控制转录终止。N 的一个突变体 N^{RRR}，其 RNA 结合 RRR 基序发生了突变，但仍可以像野生型一样与 RNA 发夹结合，表明 RNA 与发夹结合不需要该基序。

为了验证 N 和 NusA 控制发夹形成这一假设，Gusarov 和 Nudler 还利用步移法制备了不同的延伸复合体，但是这次将标记的 RNA 延伸至一个突变的终止子（T7-tR^{mut2}），该终止子在 RNA 末端位于寡聚尿嘧啶区的两个 U 被置

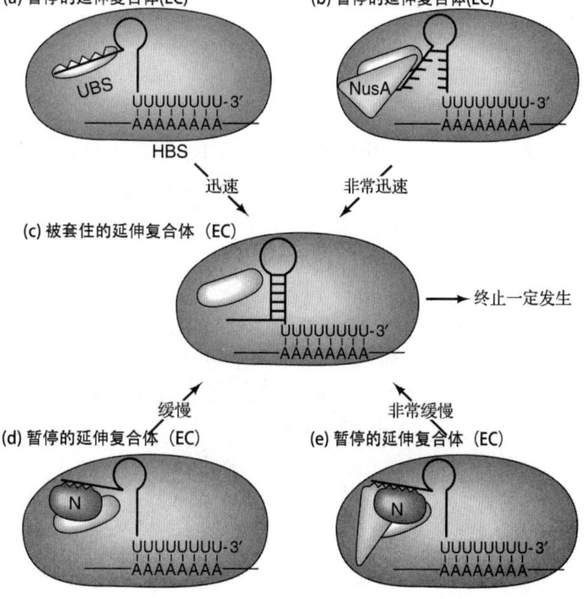

图 8.15 NusA 和 N 在终止作用中的作用模式。(a) 准发夹的上游部分与核心聚合酶的上游结合位点（UBS）结合。然而，蛋白质-RNA 键（锯齿表示）断裂，发夹迅速形成，套住延伸复合物（EC）引发终止（**c**）。(**b**) NusA 帮助打开 UBS 和准发夹上游部分的结合，加速发夹在暂停结束前形成，促使终止发生。（**d**）N 与准发夹上游部分结合（锯齿表示），减缓发夹形成，使终止不易发生。(**e**) N 不仅与准发夹上游部分结合，也使 NusA 容易与邻近位置结合，使其同时也与准发夹上游部分结合（锯齿表示），使发夹形成得更慢，终止更不易发生。（*Source*：Adapted from Gusarov I. and E. Nudler. 2001. Control of intrinsic transcription termination by N and NusA：The basic mechanisms. *Cell* 107：444.）

换成了两个G。这一变化延缓了发夹的形成以便在终止前研究延伸复合体。他们在－14或－24位掺入了另一种光激活核苷酸6-thioG（sG）。然后在分别有N、NusA、N＋NusA情况下进行步移。之后紫外交联，SDS-PAGE和放射自显影检测RNA与蛋白质的结合。

图8.16（b）表明，当sG位于－14位时（发夹的下游），RNA与N、NusA都不交联，但是当sG位于－24位时（发夹的上游），便有交联发生。因此，N和NusA似乎都与形成发夹上半部分的RNA接触。NusA结合RNA后降低了与核心聚合酶（对α、β、β′亚基，比较泳道5、6）的结合；相反，N结合RNA后没有降低其与核心聚合酶的结合（比较泳道5、7）。类似地，当N和NusA一起结合RNA时，RNA与核心聚合酶的结合没有降低（比较泳道5、8）。这些结果表明，NusA干扰了聚合酶与发夹上游部分的结合，而N则阻止这种干扰并恢复了聚合酶与发夹之间的结合。

Robert Landick及同事进行了相似的交联实验，但是以5-碘尿嘧啶（5-iodoU）作交联剂，将其置于暂停发夹环的－11位，引起转录

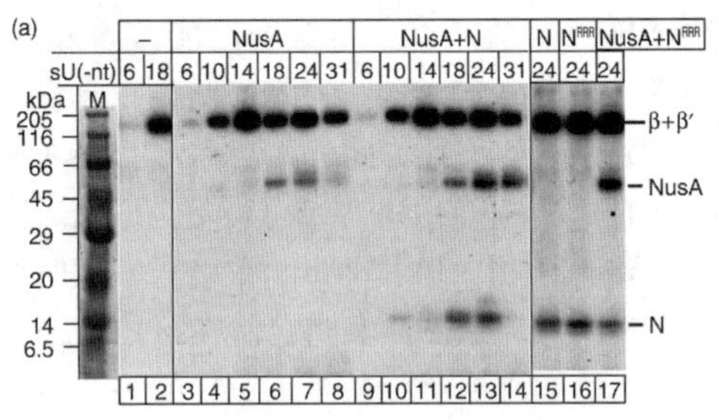

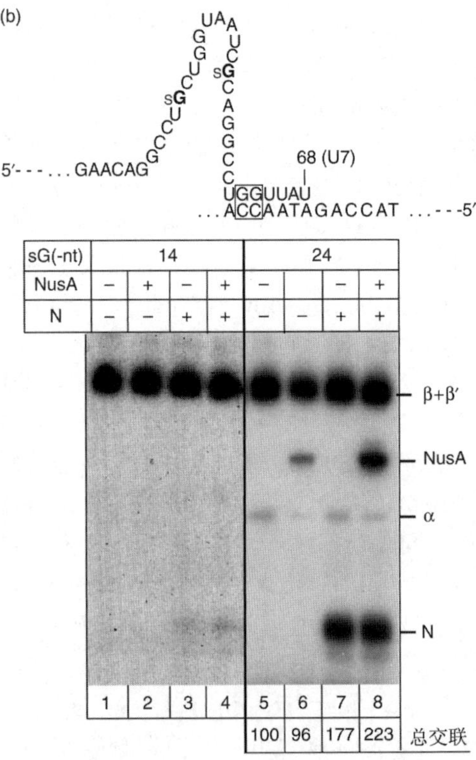

图8.16 在NusA和N有或无的情况下，暂停的EC中蛋白质-RNA结合的实验。（a） N和NusA与终止子上的RNA发夹上游部分的交联。用^{32}P标记新生的含终止子的转录物，通过步移使延伸复合体在＋45位掺入光激活核苷酸（4-thio-UMP）（见第6章）。然后在NusA、NusA＋N、N存在时，分别将复合体延伸至－6、－10、－14、－18、－24、－31位，如顶部所示。然后将复合体暴露在紫外光下使4-thio-UMP与结合到RNA上的蛋白质交联。之后经SDS-PAGE和放射自显影鉴定与RNA共价结合的蛋白质。N、NusA及RNA聚合酶β＋β′的位置在右侧指出。泳道M为标准分子质量。N^{RRR}表示N的突变体（RRR RNA结合结构域突变）。N和NusA在－18位和－24位都有结合，此处包括发夹的上半部分。**（b）** N和NusA对聚合酶核心酶与发夹相互作用的影响。实验与（a）相似，但是用6-thio-G（sG）做交联剂，用了一个突变终止子（T7-tR^{mut2}）减缓终止。sG的位置（相对于RNA的3′端－14或－24位）及N、NusA、N＋NusA如顶部所示，蛋白质β＋β′、NusA、α及N的位置在右侧标出。上部的图表示sG在－14或－24位，加框碱基对是终止子上突变的位置。NusA使发夹上半部分（－24位）与核心聚合酶（β＋β′和α）的结合减弱，但是N却促进RNA与核心酶结合，而N＋NusA则极大地增加了RNA与核心酶的结合（见底部方框中所标的“总交联”）。（*Source*：Reprinted from *Cell* v. 107，Gusarov and Nudler，p. 443 © 2001，with permission from Elsevier Science.）

暂停但不终止。他们发现 RNA 与 NusA 的弱结合取代了与 β 亚基的强结合。此外，RNA 发夹环与 RNA 聚合酶 β 亚基的交联发生在 β 亚基的 **flap-tip 螺旋**（flap-tip helix）区。而且，从 flap-tip 螺旋区删除几个氨基酸就破坏了 NusA 所引发的暂停。因此，对于 NusA 来说 flap-tip 螺旋是必需的。由于 β 亚基的激活位点与这一 flap 直接相关，他们推测有一个变构机制：暂停的发夹环与 flap-tip 螺旋的相互作用改变了激活位点的构象，使延伸变得更加困难，从而使聚合酶暂停。NusA 可能有利于这一过程。

如果图 8.15 中 Gusarov-Nudler 的模型是正确的，那么在发夹的上下游之间插入一个大 RNA 环就可以干扰 N 和 NusA 的活性。因为 N 和 NusA 与 UBS 的结合正如与发夹下游前面的 RNA 相互结合一样。通常情况下这是发夹的上游部分，而在此处仅为一个大的 $tR2^{loop}$ 环的起始部分。因此，N 和 NusA 不能在准确的位置影响发夹形成，从而对终止的影响甚小。Gusarov 和 Nudler 用 $tR2^{loop}$ 终止子验证了这个假设。正如预期的，N 或 NusA 对终止都没有太大影响。

晚期转录的控制也需利用抗终止机制，但是与 N 抗终止系统完全不同。图 8.17 显示 ***qut* 位点（Q 利用位点**，Q utilization site）与晚期启动子（$P_{R'}$）重叠，也与转录起始点下游 16～17bp 处的暂停位点重叠。与 N 系统相反，Q 直接与 *qut* 位点结合而不是与其转录本结合。

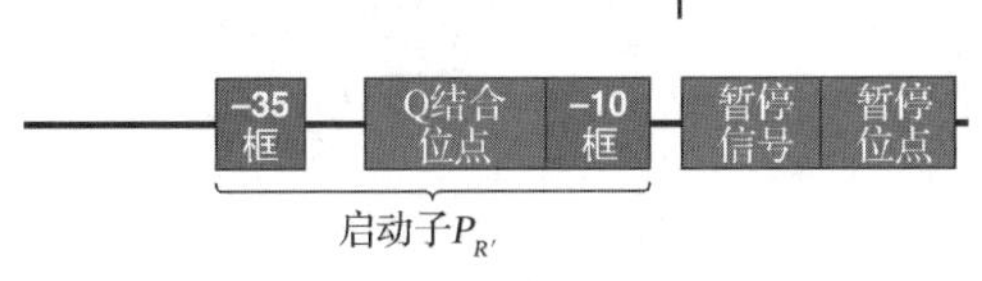

图 8.17　λ 基因组的 $P_{R'}$ 区图谱。启动子贯穿－10 框与－35 框。*qut* 位点与启动子重叠，并包括－10 框上游的 Q 结合位点、转录起始位点下游的暂停信号、＋16 和＋17 位的暂停位点。（*Source*：Adapted from *Nature* 364：403，1993.）

缺乏 Q 时，RNA 聚合酶到达转录暂停信号后暂停数分钟。随后越过暂停位点，转录到终止子后便放弃对晚期基因的转录。如果存在蛋白 Q，Q 可识别暂停复合体并与 *qut* 位点结合，然后再结合到聚合酶上，使转录恢复，忽略终止子，继续转录晚期基因。Q 通过抑制紧接在聚合酶之后的 RNA 发夹环的形成来改变聚合酶活性，从而抑制终止子的活性。在 λ 噬菌体晚期调控区内 Q 自身可以引起抗终止，而 NusA 可使这一过程更为有效。

小结　5 种蛋白质（N、NusA、NusB、NusG、S10）在 λ 早期终止子的抗终止作用中相互协作。NusA 和 S10 结合到 RNA 聚合酶上，N 和 NusB 分别结合到正在延伸的 RNAnut 位点的 A 框和 B 框区。N 和 NusB 分别与 NusA 和 S10 结合，很可能将聚合酶与转录物结合在一起，使聚合酶能通读早期基因的终止子。NusA 通过刺激 RNA 发夹上游部分与核心聚合酶的结合来激活终止作用，从而有利于新生 RNA 发夹结构的形成。发夹不可逆转地改变复合体的结构从而引发终止。N 通过结合到发夹的上游部分阻止发夹形成来干预这一过程。N 甚至可以帮助 NusA 更好地与新生的 RNA 结合从而更有力地抑制发夹形成。没有发夹形成，终止就不会发生。λ 噬菌体晚期基因的抗终止作用需要 Q 蛋白与 *qut* 位点结合，从而使 RNA 聚合酶在晚期启动子的下游停顿。随后，Q 与聚合酶结合使其忽略终止子而继续晚期基因的转录。

溶源态的建立

我们已经提到，晚早期基因对于裂解周期和溶源态的建立都是必需的。晚早期基因通过两条途径协助溶源态的建立：①某些晚早期基因的产物是噬菌体 DNA 整合到宿主基因组形成溶源态所必需的；②*c* Ⅱ 和 *c* Ⅲ 基因产物使 *c* Ⅰ 基因转录产生 λ 阻遏物，而 λ 阻遏物是形成溶源态的核心组分。

P_{RM} 和 P_{RE} 两个启动子控制 *c* Ⅰ 基因（图 8.18）。P_{RM} 表示“阻遏物保持启动子”，确保阻遏物持续供应以维持溶源态。它有一个特殊的性质，即要求用自身的产物阻遏物来激活自身的转录活性。然而我们在讨论这一特点时，立刻会遇到一个重要问题，即该启动子不能用来建立溶源态，因为在感染的早期还没有阻遏物来激活它。所幸的是，启动子 P_{RE} 可解决这个问题。P_{RE} 代表“阻遏物建立启动子”，它位于 *cro* 和 P_R 的右侧，指导向左转录 *cro*，继而是 *c Ⅰ* 。因此，P_{RE} 使 *c Ⅰ* 基因在阻遏物产生之前表达。

当然，*cro* 本身的转录方向是从 P_R 开始向右进行的，所以从 P_{RE} 向左转录出 *cro* 的反义（antisense）转录本及 *cI* 的“正义”转录本。*cI* 转录被翻译成阻遏物，*cro* 的反义转录本则不能被翻译。这一反义 RNA 有利于溶源态的建立是因为 *cro* 的反义 mRNA 与 *cro* mRNA 相结合，进而干扰其转录。*cro* 抑制溶源态建立，阻断其作用就可促进溶源态的发生。同样，C *Ⅱ* 激活位于 *Q* 内的左向启动子（$P_{anti\text{-}Q}$）的转录，这种“反向”转录产生 *Q* 的反义 RNA，该反义 RNA 封闭了 *Q* 产生。由于裂解过程的晚期转录需要 *Q*，那么阻碍其合成将有利于另一个途径——溶源态的发生。

P_{RE} 启动子自身有一些有趣的特征。例如，其－10 框和－35 框序列与一般的为 *E. coli* RNA 聚合酶所识别的序列无明显相似性。它无法在体外单独被聚合酶所转录，但 *c Ⅱ* 基因产物 CⅡ能帮助 RNA 聚合酶与这种异常启动子结合。

Hiroyuki Shimatake 和 Martin Rosenberg 在体外证明了 CⅡ的活性。他们用滤膜结合实验证明单独的 RNA 聚合酶或 CⅡ蛋白都不能与含有 P_{RE} 序列的 DNA 片段结合，因此也就不能使 DNA 结合到硝酸纤维素滤膜上。但 CⅡ蛋白加上 RNA 聚合酶便可以使 DNA 结合到滤膜上。因此，CⅡ需激活 RNA 聚合酶使其结合到 P_{RE} 上。而且，这种结合是特异的，CⅡ激活的聚合酶只能与 P_{RE} 及另一个启动子 P_I 结合。启动子 P_I 控制 *int* 基因，*int* 基因和 CII 是建立溶源态所必需的。*int* 基因还参与 λ 噬菌体 DNA 整合到宿主基因组的过程。

在第 7 章介绍了 CAP-cAMP 通过蛋白质-蛋白间的相互作用促进 RNA 聚合酶对 *lac* 启动子的结合。Mark Ptashne 小组证明 CⅡ可能通过相似的途径发挥作用。他们用 DNA 酶印迹实验（第 5 章）定位 CⅡ在含 P_{RE} DNA 片段上的结合位点，发现 CⅡ结合到启动子的－21～－44 位点。显然，该区间包含不能被识别的启动子－35 框。由此提出一个问题，两个蛋白质（CⅡ和 RNA 聚合酶）如何在同一时间结合到同一位点上？通过对 CⅡ的 DMS 印记实验（第 5 章）得出如下解释：通过 CⅡ所结合的这些碱基（如在－26 和－36 位的 G's）位于应与 RNA 聚合酶结合的那些碱基（如－41 位上的 G）的螺旋背面。即这两个蛋白质分别结合在 DNA 螺旋相对的两侧，因此可以合作而不是竞争。

为什么在印迹实验中 CⅡ可单独结合 λ 噬菌体启动子 DNA，而在滤膜结合实验中却不能与其相结合呢？印迹实验是非常灵敏的，只要均衡混合物中的蛋白质结合到 DNA 上就能

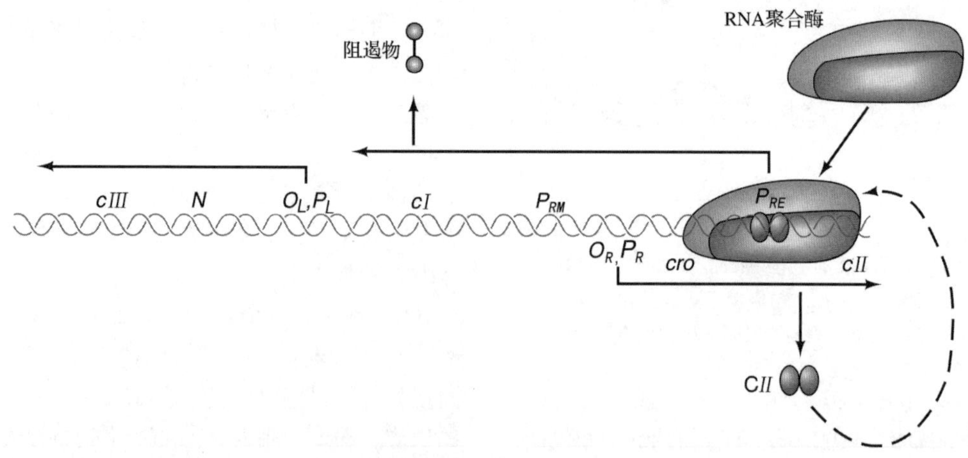

图 8.18　溶源态的建立。从 P_R 转录的晚早期基因产生 c *Ⅱ* mRNA，继而翻译成 CⅡ蛋白（紫色）。CⅡ帮助 RNA 聚合酶（红色和蓝色）结合到 P_{RE} 上，转录 *c Ⅰ* 基因，产生阻遏物（绿色）。

检测到，而且还能保护 DNA。而滤膜结合实验要求较高，一旦蛋白质与 DNA 分离，DNA 就流过滤膜不再被重新结合。

*c*Ⅲ 基因的产物 CⅢ 同样参与溶源态的形成，但其作用是间接的，主要是防止 CⅡ 被细胞内的蛋白酶降解。因此，晚早期基因的产物 CⅡ 和 CⅢ 通过相互协作激活 P_{RE} 和 P_I，进而实现溶源态的建立。

小结 λ 噬菌体通过产生大量的阻遏物与早期操纵子结合以阻止早期 RNA 的进一步合成，以此实现溶源态的建立。用于溶源态建立的启动子是 P_{RE}，它位于 P_R 和 *cro* 的右侧。从这个启动子开始向左转录 *c* Ⅰ 基因。晚早期基因 *c*Ⅱ 和 *c*Ⅲ 的产物也参与溶源态形成过程：CⅡ 直接刺激聚合酶结合到 P_{RE} 和 P_I 上；而 CⅢ 可以减缓 CⅡ 的降解。

溶源期 *c* Ⅰ 基因的自我调节

一旦 λ 噬菌体的阻遏物出现，就可以结合到 λ 噬菌体操纵子 O_R 和 O_L 上，这种结合具有双管齐下的作用，有利于溶源态的建立。阻遏物的第一个效应是关闭极早期基因的进一步转录，阻断裂解周期的发展。*cro* 的关闭对于形成溶源态尤为重要，因为 *cro* 的产物（Cro）可抑制阻遏物活性。阻遏物的第二个效应是通过激活 P_{RM} 来促使自身合成。

图 8.19 显示了这种自我激活机制的原理，其关键在于 O_R 和 O_L 都被细分为三个部分，且每一部分都可结合阻遏物。更有意思的是，O_R 既控制向左转录 *c* Ⅰ，也控制向右转录 *cro*。O_R 区的三个结合位点分别为 O_R1、O_R2 和 O_R3，它们与阻遏物的亲和性不同，阻遏物与 O_R1 结合最紧，其次是 O_R2 和 O_R3。O_R1 和 O_R2 与阻遏物的结合是协同性的，意味着一旦阻遏物结合到它所"偏爱的" O_R1 上，将有利于另一个阻遏物与 O_R2 的结合。正常情况下对于 O_R3 没有这种协同性。

阻遏蛋白是由两个相同亚基组成的二聚体，每个亚基呈哑铃形（图 8.19）。这种形状表明每个亚基在其分子的两端各有一个结构域。这两个结构域拥有不同功能，在 N 端的为 DNA 结合域，C 端的为阻遏物-阻遏物互作位点，该位点使二聚体化及协同作用成为可能。二聚体一旦同时结合到 O_R1 和 O_R2 上，阻遏物便占据 O_R2 十分靠近 RNA 聚合酶在 P_{RM} 上的结合位点，使阻遏物与聚合酶紧挨到一起。这种蛋白一蛋白间的接触并不发生阻遏效应，而是使 RNA 聚合酶更加有效地结合到这个弱启动子上，这与 CⅡ 促进 RNA 聚合酶结合到 P_{RE} 上十分相似。

随着阻遏物结合到 O_R1 和 O_R2 上，便不再从 P_{RE} 处转录了，因为阻遏物封闭了 *c*Ⅱ 和 *c*Ⅲ 的转录，使 P_{RE} 转录所必需的这些基因产物也被迅速降解。而 *c*Ⅱ 和 *c*Ⅱ 的消失却无碍大局，因为溶源态已经形成，仅需少量阻遏物便足以维持溶源性了。只要保持 O_R3 的开启，就可保证所需少量阻遏物的供给，因为 RNA 聚合酶可以从 P_{RM} 上自由地转录 *cI* 基因。此外，阻遏物结合到 O_R1 和 O_R2 上，又可通过干扰聚合酶

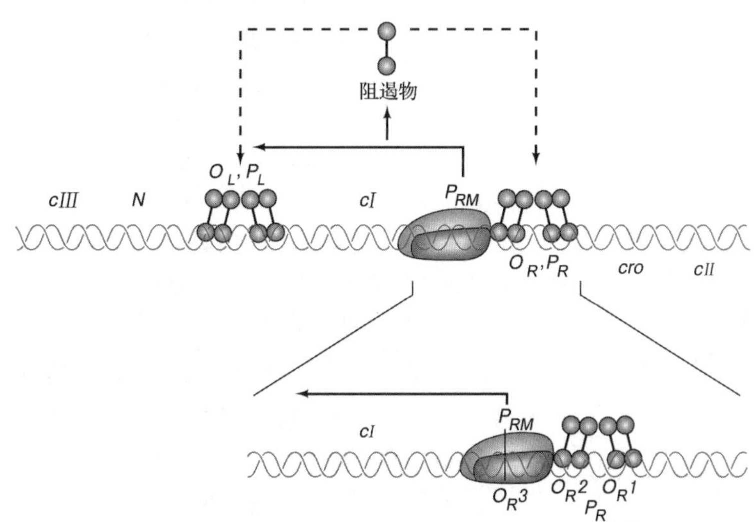

图 8.19 溶源态的维持。（上方）从 P_{RM} 开始的 *c* Ⅰ mRNA 的转录和翻译可持续供应阻遏物，阻遏物与 O_R 及 O_L 结合，抑制 *c* Ⅰ 之外任何基因的表达。（下方）控制区详图。阻遏物形成二聚体，协同性地与 O_R1 和 O_R2 结合。在 O_R2 上的阻遏物与 RNA 聚合酶（红色与蓝色）的蛋白质-蛋白质接触使聚合酶与 P_{RM} 结合转录 *c* Ⅰ。

结合到 P_R 上来阻止 *cro* 的转录。

可以想象，阻遏物需要达到较高浓度才能与其最弱结合位点 O_R3 结合。在这种情况下，由于 P_{RM} 被封闭，所有 c Ⅰ 的转录都会停止，而 c Ⅰ 转录的停止使得阻遏物水平下降。阻遏物首先从 O_R3 上解离，从而使 c Ⅰ 转录重新开始。可见这一自我调节机制保证了阻遏物的浓度不至于升得太高。

Ptashne 及同事用体外实验证明了以前提出的三个假设：①低浓度 λ 阻遏物促进其自身基因的转录；②高浓度阻遏物抑制其自身基因的转录；③阻遏物可抑制 *cro* 的转录。采用一个经过改造的失控转录实验，用低浓度的 UTP 使得每次转录在到达模板 DNA 末端之前都被暂停。由于转录在同一处的频繁暂停，将产生的转录本称为“打滑”（stutter）转录本。所用模板是一个长为 790bp 的 *Hae*Ⅲ限制酶酶切片段，其中含有 c Ⅰ 和 *cro* 基因启动子（图 8.20）。Ptashne 在其文章中将 *cro* 基因称为 *tof*。

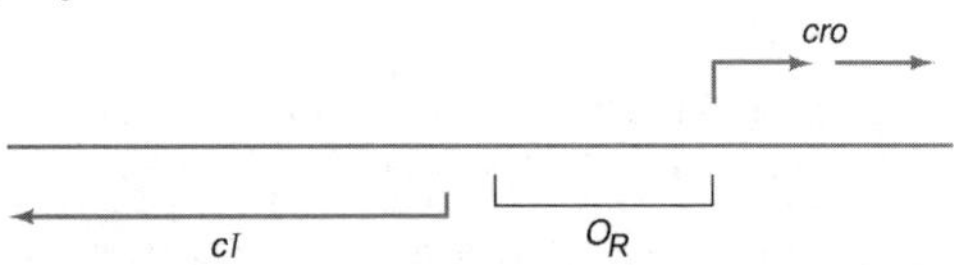

图 8.20 分析从 c Ⅰ 和 *cro* 启动子转录的 DNA 片段图示。红色箭头表示 c Ⅰ 和 *cro* 的体外转录本，其中一些（“打滑”转录本）会提前终止。（*Source*：Adapted from Meyer B. J.，D. G. Kleid，and M. Ptashne. *Proceedings of the National Academy of Sciences* 72：4787，1975.）

他们将 RNA 聚合酶及浓度递增的阻遏物加入模板反应体系，观察 c Ⅰ 基因 300nt 的转录本和另外两个约 110nt 的 *cro* 基因转录本的生成速率。图 8.21 的结果显示，在阻遏物浓度低时，*cro* 转录受到抑制，但 c Ⅰ 的转录受到激发。在阻遏物高浓度时，*cro* 转录彻底停止。而在阻遏物浓度更高时，c Ⅰ 转录也受到抑制。

上述体外实验的最大问题是阻遏物浓度远高于溶源菌体内的实际浓度。当 Ptashne 小组在后续实验中采用溶源菌体内阻遏物的生理浓度时发现，它抑制 P_{RM} 对 c Ⅰ 的转录效率只能达到 5%～20%，而要达到 50%的抑制效果，需加入的阻遏物浓度是体内浓度的 15 倍。

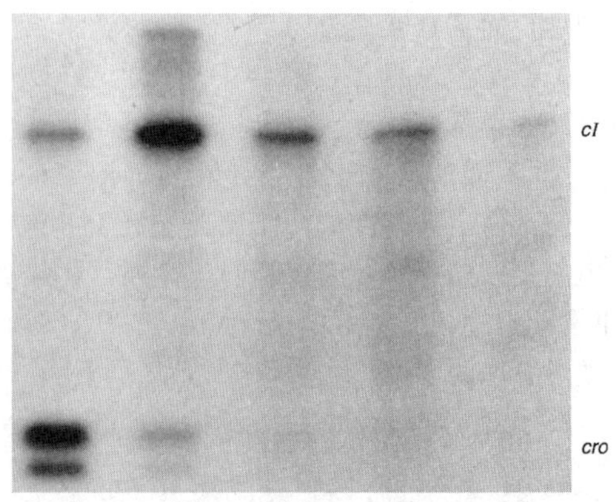

图 8.21 λ 阻遏物对 c Ⅰ 和 *cro* 体外转录影响的分析。Ptashne 小组用图 8.20 所示 DNA 为模板做失控转录（产生“打滑”转录本）。用了不同浓度的阻遏物（见底部）。电泳分离 c Ⅰ 和 *cro* 的“打滑”转录本（大小如右侧所示）。阻遏物明显抑制 *cro* 转录，但在低浓度下促进 c Ⅰ 转录，在更高浓度下抑制 c Ⅰ 转录。［*Source*：Meyer B. J.，D. G. Kleid，and M. Ptashne. Repressor turns off transcription of its own gene. *Proceedings of the National Academy of Sciences* 72（Dec 1975），f. 5，p. 4788.］

基于上述实验结果，很难判断 λ 阻遏物确能抑制自身基因的表达。如果不能，为什么需要 O_R3 和 O_L3？如果它们在正向或负向自我调节中都不起作用，为什么又会存在？Ian Dodd 小组通过检测从 P_{RM} 开始的表达水平发现，仅当 O_L3 存在时，溶源菌体内阻遏物的水平确实可抑制由 P_{RM} 起始的转录（Ptashne 小组在早期实验中没有观察到阻遏物在生理浓度下对 P_{RM} 很强的抑制效果是因为他们构建的载体不含 O_L）。此外，突变研究发现，O_R3 的突变会解除对 P_{RM} 转录的抑制而产生高浓度的阻遏物，并且不能发生溶源态向裂解态的转变（见本章后面部分）。

Dodd 及同事以 O_R 和 O_L 间的 DNA 成环理论来解释实验结果，并预测有一个阻遏物八聚体参与其中（图 8.22）。当 DNA 成环时，另一个阻遏物四聚体结合到 O_R3 和 O_L3 上，从而抑制由 P_{RM} 起始的转录。

小结 P_{RM} 是维持溶源态的启动子。它发挥作用是在由 P_{RE} 起始的转录发生之后，该转录使阻遏物迅速合成，形成溶源态。这些阻遏物协同性地结合到 O_R1 和 O_R2 上，而

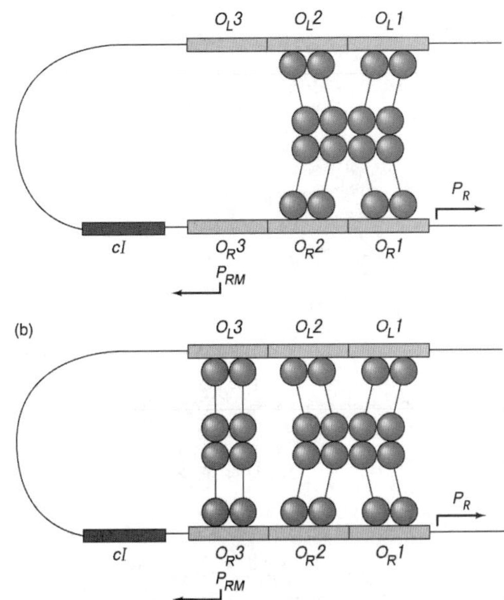

图 8.22 O_L 参与抑制 P_R 和 P_{RM} 的模式。(**a**)P_R 的抑制。阻遏物八聚体协同性地结合到 O_R1、O_R2 和 O_L1、O_L2 上，使两个启动子间的 DNA 形成环。此时 O_L 对 P_R 的抑制非必需，但为抑制 P_{RM} 奠定了基础。(**b**)P_{RM} 的抑制。由于阻遏物八聚体的形成，阻遏物四聚体协同性地结合到 O_R3 和 O_L3 上，引起对 P_{RM} 的有效抑制，这种抑制作用单靠一个阻遏物二聚体结合 O_R3 是不可能的。

不与 O_R3 结合。RNA 聚合酶结合到 P_{RM} 上，而 P_{RM} 与 O_R3 重叠，使结合到 O_R2 上的阻遏物与聚合酶接触。这种蛋白质-蛋白质相互作用是启动子有效工作所必需的。高浓度阻遏物抑制从 P_{RM} 开始的转录，而这一过程可能涉及阻遏物二聚体间的相互作用，即结合到 O_R1、O_R2、O_R3 的阻遏物二聚体通过 DNA 环与结合到 O_L1、O_L2 和 O_L3 的阻遏物二聚体相互作用。

RNA 聚合酶/阻遏物间的互作　为什么激发 P_{RM} 需要 λ 阻遏物与 RNA 聚合酶的相互作用呢？1994 年，Miriam Susskind 及同事开展遗传学实验为这一假设提供了强有力的证据。他们获得了一个 λ 噬菌体的突变体，其阻遏物中一个关键的天冬氨酸突变为天冬酰胺，该突变体属于正调控类型（称作 *pc*）。突变的阻遏物可以结合 λ 操纵子，同时抑制从 P_R 和 P_L 开始的转录，但是不能激发从 P_{RM} 开始的转录（即对 c Ⅰ 的正调控不起作用）。Susskind 及同事据此作出如下推论：如果阻遏物与聚合酶间的直接作用对高效启动 P_{RM} 转录是必需的，那么在 RNA 聚合酶的一个亚基上发生补偿性氨基酸突变应该能恢复与突变阻遏物的相互作用，相应地也能恢复从 P_{RM} 开始的转录。图 8.23 阐述了这种称为基因间抑制（intergenic suppression）的机制，因为一个基因的突变可抑制另一基因的突变。

如果对这类基因间抑制突变体分别都进行研究以了解其活性变化显然极其耗时，而利用筛选（第 4 章）排除野生型聚合酶基因或排除不相关突变体，只保留想要的突变体会使研究

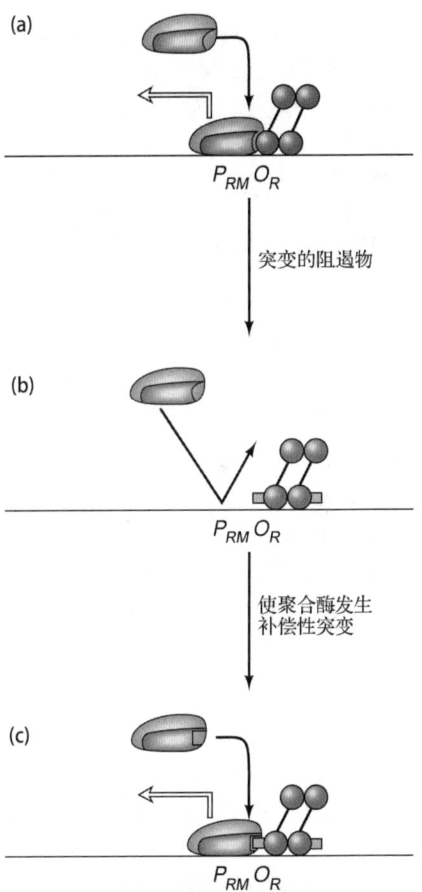

图 8.23 检测 λ 阻遏物与 RNA 聚合酶相互作用的基因间抑制原理。(**a**)野生型阻遏物与聚合酶紧密结合，激发聚合酶与 P_{RM} 结合并转录。(**b**)突变的阻遏物基因产生氨基酸发生改变（黄色）的阻遏物，不能与聚合酶结合。(**c**)突变的聚合酶亚基基因，其中一个氨基酸发生改变（方形凹槽表示），恢复与突变阻遏物的结合，聚合酶与阻遏物现在可以相互作用，由 P_{RM} 起始的转录恢复。

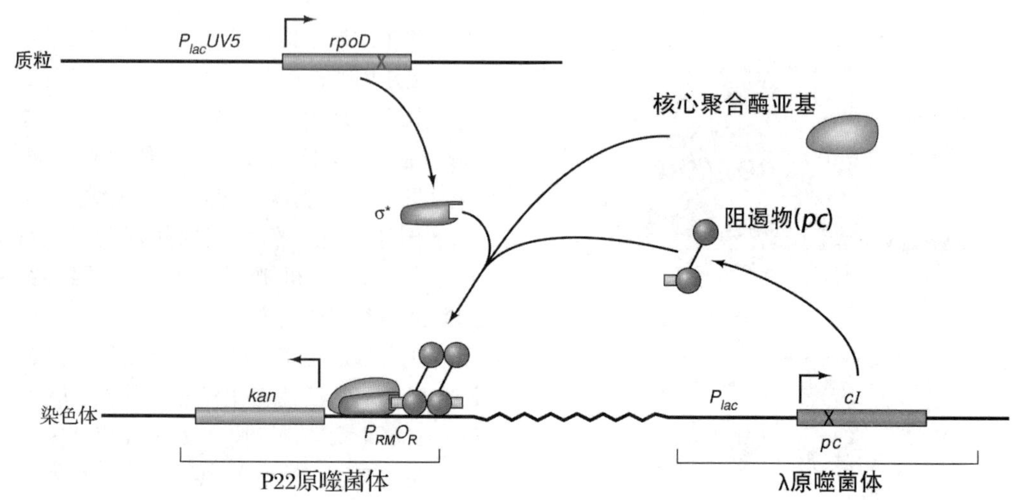

图 8.24　λ *c Ⅰ pc* 突变基因间抑制物的选择作用。 Susskind 小组所用细菌的基因组（图中底部所示的一小部分）包括两个原噬菌体：①P22 原噬菌体带有卡那霉素抗性基因（*kan*），由 λ P_{RM}启动子及相邻的 λ O_R 启动转录。②λ 原噬菌体含有 λ *c Ⅰ* 基因（*c Ⅰ*），由一个弱的 *lac* 启动子启动转录。将带有受 UV5 启动子起始的突变的 *rpoD*（σ 因子）基因（*rpoD*）的质粒转化细菌，然后将转化的细菌转入含有卡那霉素的培养基中。带有野生型 *rpoD* 或无关突变的 *rpoD* 细菌无法生存，而带有补偿 *c Ⅰ* 突变（黑色 X）的 *rpoD* 突变（红色 X）体可以生长。这种突变抑制作用可由突变的 σ 因子（蓝色）与突变的阻遏物（绿色）间的相互作用，从而使卡那霉素抗性基因可以从 P_{RM} 开始转录进得说明。

更加有效。Susskind 及同事采用了图 8.24 所示的筛选法。他们用带有两个原噬菌体的 *E. coli*细胞，其中一个是含有 *pc* 突变的 *c Ⅰ* 基因（图中黑色 X 所示），该 *c Ⅰ* 基因的表达受一个弱 *lac* 启动子驱动。另一个是 P22 原噬菌体，含有受 P_{RM}启动子控制的卡那霉素抗性基因。在含有卡那霉素的条件培养基下培养细菌，细胞的存活取决于卡那霉素抗性基因的表达。在由细菌提供突变阻遏物和 RNA 聚合酶的情况下，这些细菌由于无法激活从 P_{RM} 开始的转录而无法存活。

接下来，研究者将含有野生型和突变型 *rpoD* 基因的质粒转入 *E. coli*，*rpoD* 基因编码 RNA 聚合酶的 σ 因子。如果 *rpoD* 基因是野生型或无关突变型，则其产物（σ）不会与突变阻遏物作用，因而细菌不能在含有卡那霉素的培养基中生长。如果含有阻遏物突变，则其 σ 因子与核心聚合酶结合，形成的突变聚合酶可与突变阻遏物相互作用。这种结合可激活从 P_{RM} 开始的转录，细菌能在卡那霉素条件下生长。总之，只有 *rpoD* 基因发生阻遏物突变的细菌才可生长，因而很容易进行鉴别。

Susskind 及同事用突变的 *rpoD* 基因再次验证了该实验的结果，方法同筛选实验一样，将突变基因转化细菌，只是用 P_{RM} 启动子控制 *lacZ* 基因而不是卡那霉素抗性基因。*lacZ* 的产物 β-半乳糖苷酶可测定从 P_{RM} 开始的转录，因而也可分析聚合酶与阻遏物的相互作用。正如所预期的，用突变 *rpoD* 基因转化含突变阻遏物的细菌产生了 120 单位的 β-半乳糖苷酶，这与野生型 *cI* 和 *rpoD* 细菌产生的 β-半乳糖苷酶相当（100 单位）。相反，用野生型 *rpoD* 基因转化突变阻遏物细菌，只产生 18.5 个单位的 β-半乳糖苷酶。对所分离的 8 个阻遏物突变体的 *rpoD* 基因测序发现，在 σ 因子 596 位的精氨酸都突变成了组氨酸，而这里是 σ 因子的第 4 区，它识别－35 框。

这些结果强有力地证实了这一假设：聚合酶与阻遏物的相互作用是激活 P_{RM} 转录的关键。他们还证明这两个蛋白质间的激活涉及 σ 因子，而不是我们可能预期的 α 亚基。这为图 8.25 所示通过 σ 因子的激活提供了例证。涉及这种激活作用的启动子含有一个弱的几乎不能为 σ 因子所识别的－35 框。与－35 框重叠的激活因子位点（activator site）使激活因子（在这里是 λ 阻遏物）处于与 σ 因子的区 4 相互作用的位置，实际上替代了弱识别性的－35 框。

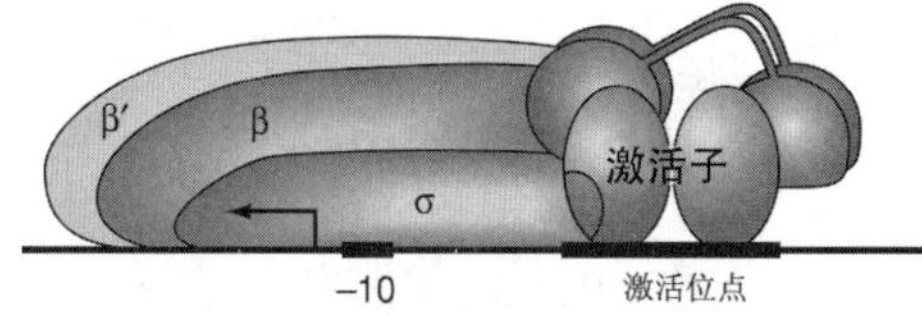

图 8.25　通过 σ 因子接触的激活作用。激活因子（即 λ 阻遏物）结合到激活因子位点上，该位点与启动子的弱－35 框重叠。本来区 4 与－35 框的结合很弱，而激活因子与 σ 因子的区 4 发生相互作用使聚合酶能与弱启动子紧密结合，成功转录邻近的基因。（*Source*：Adapted from Busby S. and R. H. Ebright，Promoter structure，promoter recognition，and transcription activation in prokaryotes. *Cell* 79：743，1994.）

我们在第 7 章了解到 CAP-cAMP 通过促进闭合启动子复合体的形成将 RNA 聚合酶召募到 *lac* 启动子上。但是 Diane Hawley 和 William McClue 证明 λ 阻遏物并不影响在 P_{RM} 处的这一步骤，而是促进召募过程的第二步，即帮助将 P_{RM} 处的闭合启动子复合体转换成开放启动子复合体。

小结　对基因间抑制突变的研究显示，阻遏物与 RNA 聚合酶间的关键互作涉及聚合酶 σ 因子的区 4。这条多肽结合在靠近弱－35 框不远处的 P_{RM} 上，使 σ 的区 4 与结合到 O_R2 上的阻遏物靠近。因此，阻遏物可与 σ 因子相互作用，帮助 RNA 聚合酶结合到弱启动子上。通过这种方式，O_R2 充当激活因子位点，而 λ 阻遏物是从 P_{RM} 起始转录的激活因子，这样就促使闭合启动子复合体转换成开放启动子复合体。

被 λ 噬菌体感染后寄主命运的决定：裂解或溶源

什么因素决定被 λ 噬菌体感染的细菌是进入裂解态还是溶源态？两者间存在着精细的平衡，我们不可能预测一个特定细菌的命运。一组受 λ 噬菌体感染的细菌实验证实了这一说法。将少量噬菌体颗粒喷洒在平皿的菌落上，细菌被感染。如果发生裂解性感染，子代噬菌体会感染邻近的细胞，数小时后我们会看到由于细菌裂解而在平皿上留下的圆洞，称为**噬菌斑**（plaque）。如果感染是 100％裂解性的，噬菌斑会很清晰，因为所有的宿主细胞都死了。但 λ 噬菌斑通常都不清晰，甚至比较混浊，表明有溶源菌存在，说明即使在噬菌斑的包围下，被感染的细胞仍然有些进入裂解周期而有些进入溶源态。

让我们稍稍离题来讨论这样一个问题：为什么溶源菌不被噬菌斑上众多的噬菌体进行裂解性的感染呢？答案是如果一个新的噬菌体 DNA 进入溶源菌，溶源菌中大量的阻遏物就会结合到新的噬菌体 DNA 上阻止其表达。因此可以说，溶源菌对于新噬菌体的**超感染**（superinfection）具有**免疫力**（immune），因为它拥有与原噬菌体相同的控制区或**免疫区**（immunity region）。

现在让我们再回到主题上来，噬菌斑里的有些细菌被裂解性地感染了，而有些却进入了溶源态。噬菌斑上所有细菌的遗传特性是一致的，噬菌体也是如此，显然其命运的决定与遗传无关，而是取决于两个基因（*c Ⅰ* 和 *cro*）产物的合成速度。这种竞争发生在每个被感染的细胞中，胜者决定细菌被感染后的命运。若 *cI* 先表达则建立溶源态，如果 *cro* 胜出，则被感染的细菌就会裂解。我们已经知道这一竞争的基础：如果 *c Ⅰ* 基因产生足够多的阻遏物，那么这些蛋白质会结合到 O_R 和 O_L 上，阻止早期基因的进一步转录，当然也阻止了能产生子代噬菌体并导致细菌裂解的晚期基因的表达。但是如果产生了足够的 *Cro* 蛋白，则会阻止 *cI* 基因的转录从而阻止溶源态的建立（图 8.26）。

Cro 蛋白阻止 *c Ⅰ* 转录的关键是其与 λ 操纵子的亲和力。同阻遏物一样，Cro 结合到 O_R 和 O_L 上，但与操纵子三个区的结合顺序与阻遏物完全相反。不像阻遏物那样按 1、2、3 顺序，Cro 先与 O_R3 结合。一旦结合后，从 P_{RM} 开始的 *cI* 转录就停止了，因为 O_R3 与 P_{RM} 有重叠。换言之，Cro 充当了阻遏物。此外，当 Cro 的浓度水平达到能与所有左向和右向操纵子都结合的程度，它就阻断了所有从 P_R 和 P_L 开始的早期基因的转录，也包括 *c Ⅱ* 和 *c Ⅲ* 基因。没有这些基因的产物，P_{RE} 就无法发挥功能。结果，所有阻遏物的合成停止，形成裂解性感染。Cro 对早期基因转录的关闭是裂解生

(a) cI 胜出，溶源

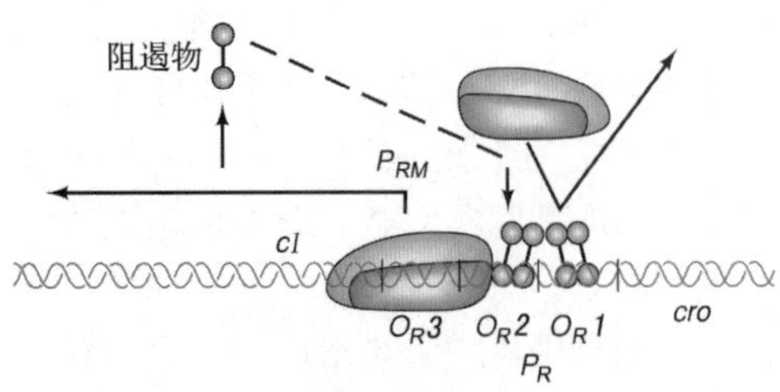

(b) cro胜出，裂解

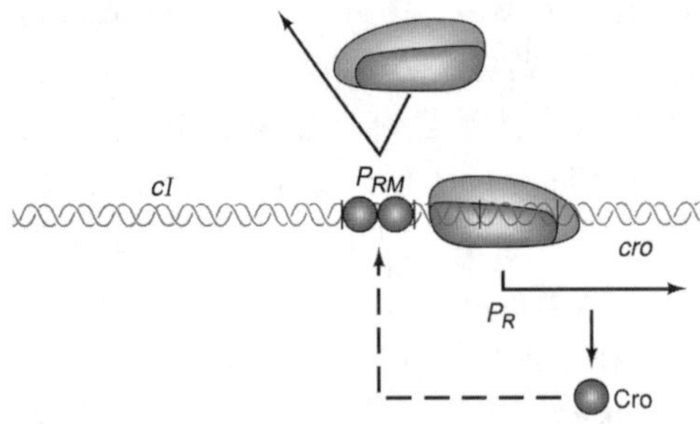

图 8.26 cI 与 cro 间的战争。(**a**) cI 胜出。从 P_{RM}（和 P_{RE}）转录 cI 产生足够多的阻遏物（绿色）阻断聚合酶（红色和蓝色）与 P_R 结合，阻断 *cro* 转录，建立溶源态。(**b**) *cro* 胜出。从 P_R 开始转录 *cro* 并产生足够多的 Cro（紫色）阻断聚合酶与 P_{RM} 结合，阻断 cI 转录，进入裂解态。

长所必需的。在感染晚期，晚早期蛋白的持续形成可阻断裂解周期。

但是由什么因素来决定 cI 和 *cro* 谁能在竞争中胜出呢？显然这不是一个抛硬币问题。实际上最重要的因素还是 cII 基因产物（CII）的浓度。细菌内 CII 的浓度越高，越倾向于形成溶源态。这与我们学过的 CII 激活 P_{RE}，帮助开启溶源程序的作用是一致的。我们还知道由 CII 激活的 P_{RE} 通过产生 *cro* 的反义 RNA 抑制正义 *cro* RNA 的翻译来阻止进入裂解程序。

那么是什么因素控制着 CII 的浓度呢？我们知道，CIII 保护 CII 免受细胞内蛋白酶的降解，但是高浓度蛋白酶可以不受 CIII 的抑制而降解 CII，也保证了感染后细胞的裂解。例如，在富营养培养基中这种蛋白酶保持较高浓度，而在饥饿条件下，蛋白酶的浓度会降低。因此，饥饿条件下细菌倾向于溶源，而在富营养培养基中细菌倾向于裂解。这对噬菌体是有益的，因为裂解途径需要相当多的能量来生产噬菌体 DNA、RNA 及蛋白质，而在饥饿情况下却不可能有这么多能量供应。比较而言，溶源态很经济，溶源态建立后仅需合成少许阻遏物。

小结 特定细菌被 λ 噬菌体感染后是裂解还是溶源取决于 cI 和 *cro* 基因产物生成速率的竞争。cI 基因编码阻遏物，封闭 O_R1、O_R2、O_L1 及 O_L2，同时关闭包括 *cro* 基因在内的所有早期基因转录，结果导致溶源。*cro* 基因编码 Cro 蛋白，封闭 O_R3 和 O_L3 从而关闭 cI 基因的转录，导致细菌裂解。哪个基因产物首先达到足够高的浓度来阻止其竞争者的合成，它就在竞争中胜出从而决定细菌的命运。竞争的胜出由 CII的浓度决定，而 CII的浓度由细胞内蛋白酶的浓度决定，蛋白酶的浓度又相应地由环境因素（如培养基的营养度）来决定。

溶源菌的诱导

我们讨论过化学诱变剂或射线可诱导产生溶源菌。其诱导的机制如下：*E. coli* 细胞应答诱变剂或射线所造成的 DNA 损伤是诱导一组基因的表达，这些反应总称为 **SOS 响应**（SOS response），其中最重要的基因是 *recA*，其产物（RecA）参与 DNA 损伤的重组修复（见第 20 章）。这一功能部分地解释了 SOS 响应机制。但是环境胁迫还诱导 RecA 蛋白产生一个新的辅蛋白酶（coprotease）活性，激活一些在 λ 阻遏物中未表达的蛋白酶或蛋白质的切割活性。蛋白酶将阻遏物切开，并从操纵子上释放下来，如图 8.27 所示。一旦切割发生，从 P_R 和 P_L 的转录就开始了。第一个转录的是 *cro*，其产物关闭阻遏物基因的进一步转录，溶源态被瓦解，裂解性噬菌体复制开始。

显然，如果对 λ 噬菌体本身没有益处，就不会进化出利用 RecA 来切开自身的阻遏物。其好处在于 SOS 响应溶源菌遭受 DNA 损伤的信号，帮助原噬菌体进入裂解周期而脱离不利环境，就好比老鼠逃离即将沉没的船一样。

小结 当溶源菌遭受 DNA 损伤后，会诱导 SOS 响应。这一反应最初是 RecA 蛋白出现辅蛋白酶活性，使阻遏物将自身一切两半，从 λ 操纵子释放，最终诱导裂解周期。子代 λ 噬菌体以这种方式逃避宿主内的致死性损伤。

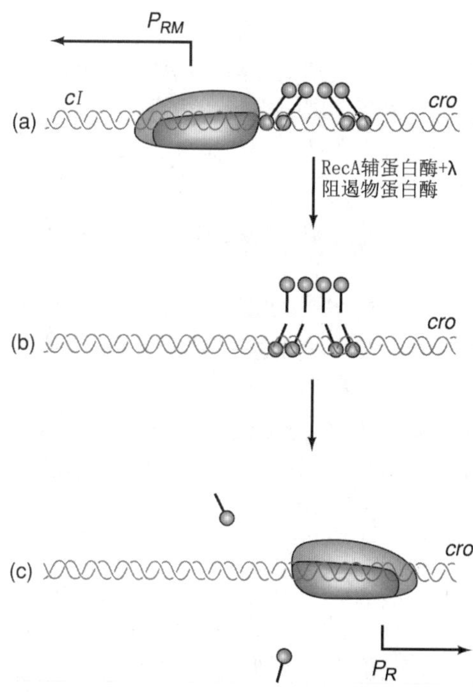

图 8.27　λ 原噬菌体的诱导。(a) 溶源态。阻遏物（绿色）结合到 O_R（和 O_L）上，*c Ⅰ* 从 P_{RM}启动子开始转录。**(b)** RecA 辅蛋白酶（由紫外线或其他诱变剂激活）激活阻遏物中的蛋白酶活性，切割自身。**(c)** 被切开的阻遏物从操纵子上脱落，使聚合酶（红和蓝）与 P_R 结合，转录 *cro*，溶源态瓦解。

总结

细菌在转录模式上经历许多重要转变（如在噬菌体感染或孢子发生时），许多机制参与这种转变过程。例如，在被感染的枯草芽孢杆菌细胞中，噬菌体 *SPO1* 基因的转录是时序性的，即早期基因先转录，接着是中期基因，最后是晚期基因。这种转换由一组噬菌体编码的 σ 因子与宿主核心 RNA 聚合酶共同作用，从早期到中期再到晚期改变其特异性。宿主的 σ 因子对噬菌体的早期基因具有特异性，噬菌体的 gp28 将特异性转换到中期基因，而噬菌体的 gp33 和 gp34 将特异性转换到晚期基因。

当枯草芽孢杆菌形成孢子时，一整套新的产孢特异基因被启动，此时许多（但不是所有）营养生长基因被关闭。这种转换主要发生在转录水平，这一过程的完成由若干新的 σ 因子取代了营养生长 σ 因子，从而使产孢特化基因的转录取代了营养生长基因的转录。每种 σ 因子都有自己偏爱的启动子序列。

有些原核基因在两个不同 σ 因子都有活性的情况下必须转录，因此这些基因有两个不同的启动子，分别由两个 σ 因子各识别一个。这样，无论细胞有哪种 σ 因子都可以保证基因的表达，并能在不同条件下进行不同的调控。在 *E. coli* 中，对热激、低氮、饥饿等胁迫的响应都是由 σ 因子转换所决定的，分别由 σ^{32}（σ^{H}）、σ^{54}（σ^{N}）和 σ^{34}（σ^{S}）取代 σ^{70}（σ^{A}）来指导 RNA 聚合酶对另一个启动子的选择。许多 σ 因子受抗 σ 因子控制，抗 σ 因子可以与特定的 σ 因子结合，从而阻止其与核心酶的结合。有时抗 σ 因子可以被抗－抗 σ 因子所调控，它们与 σ 因子和抗 σ 因子复合物结合而释放 σ 因子。至少有一个例子表明，抗 σ 因子也可作为抗-抗-抗 σ 因子通过磷酸化抑制抗－抗 σ 因子的作用。

T7 噬菌体采用的策略不是通过编码新 σ 因子来改变宿主聚合酶对早期基因到晚期基因的特异性，而是编码一个新的对晚期基因具有绝对特异性的 RNA 聚合酶。该聚合酶由一条多肽链构成，是噬菌体的一个早期基因（基因 1）的产物。T7 噬菌体感染后的时序模式比较简单，宿主聚合酶转录早期基因（*Ⅰ* 型），产物之一是噬菌体的聚合酶，然后由噬菌体聚合酶转录晚期基因。

在 λ 噬菌体的裂解周期中，早期/晚早期/晚期基因转录的转换受抗终止机制控制。两个早期基因（*cro* 和 *N*）中的 *cro* 基因编码着对 *c Ⅰ* 表达的阻遏蛋白 Cro，确保对裂解周期的选择。另一个早期基因 *N* 编码一个抗终止蛋白 N，这个抗终止蛋白可以帮助转录越过 *N* 基因和 *cro* 基因后面的终止子，使转录持续到晚早期基因。晚早期基因中的 *Q* 基因编码抗终止蛋白 Q，使由晚期启动子 $P_{R'}$ 开始转录的晚期基因继续转录下去而不至于过早终止。

5 种蛋白质（N、NusA、NusB、NusG 和 S10）在 λ 早期的抗终止作用中相互协作。NusA 和 S10 结合到 RNA 聚合酶上，N 和 NusB 分别结合到正在延伸的转录本上 *nut* 位点的 A 盒和 B 盒区。N 和 NusB 分别与 NusA 和 S10 结合，很有可能将聚合酶与转录本结合在一起，使聚合酶能通读早期基因的终止子。NusA 通过刺激

RNA 发夹结构的上游部分与核心聚合酶之间的结合来激活终止作用，从而有利于新生RNA 发夹结构的形成。发夹结构能够不可逆转地改变复合体结构从而引发终止。N 通过结合到发夹结构的上游部分阻止发夹的形成来干预这一过程。N 甚至可以帮助 NusA 更好地与新生的 RNA 结合从而更有力地抑制发夹结构的形成。没有发夹的形成，终止就不会发生。λ 噬菌体晚期基因的抗终止作用需要 Q 与 *qut* 位点的结合，使 RNA 聚合酶在晚期启动子的下游停顿。随后，Q 与聚合酶结合使其忽略终止子而继续晚期基因的转录。

λ 噬菌体通过产生大量的阻遏物 CI与早期操纵子的结合以阻止早期 RNA 的进一步合成，从而实现溶源态的建立。用于溶源态建立的启动子是 P_{RE}，它位于 P_R 和 *cro* 的右侧。从这个启动子开始向左转录 *cI*基因。晚早期基因 *cII*和 *cIII*的产物也参与溶源态的形成过程：CII直接刺激聚合酶结合到 P_{RE} 和 P_I 上；而 CIII可以减缓 CII的降解。

P_{RM}是用来维持溶源态的启动子。它是在从 P_{RE}开始转录发生之后才发挥作用，这一转录使阻遏物 CI迅速合成，形成溶源态。这些阻遏物结合到 O_R1 和 O_R2 上，但与 O_R3 不结合。RNA 聚合酶结合到 P_{RM}上，而 P_{RM}与 O_R3 重叠使结合到 O_R2 上的阻遏物与聚合酶相接。这种蛋白质-蛋白质间的相互作用使得启动子更加有效地运行。

λ 阻遏物与 RNA 聚合酶间重要的相互作用涉及聚合酶 σ 因子的区 4。这条多肽结合在 P_{RM}上弱的－35 框不远处，使 σ 因子区 4 与结合在 O_R2 上的阻遏物靠近。因此阻遏物可与 σ 因子相互作用，帮助 RNA 聚合酶结合到弱的启动子上。通过这种方式，O_R2 充当激活位点，而 λ 阻遏物是从 P_{RM}转录的激活子。这样就促使闭合启动子复合物变成开放启动子复合体。

某一特定的细菌被 λ 噬菌体感染后是裂解还是溶源依赖于 *c I* 和 *cro* 基因产物生成速率的竞争。cI 基因编码阻遏物，封闭 O_R1、O_R2、O_L1 及 O_L2，同时关闭包括 *cro* 在内的所有早期基因的转录，这样就导致溶源。*cro* 基因用编码的 CRO 蛋白来封闭 O_R3 和 O_L3 从而关闭 *c I* 基因的转录，这样就致使细菌裂解。哪一个基因产物首先达到足够高的浓度来阻止其竞争者的合成，它就会在竞争中胜出从而决定细菌的命运。竞争的胜出由 CⅡ 的浓度决定，而 CⅡ 的浓度由细胞内蛋白酶的浓度决定，蛋白酶的浓度又相应地由环境因素（如培养基的营养度）决定。

当溶源菌遭受 DNA 损伤后，会诱导 SOS 响应。这一反应最初是 RecA 蛋白出现辅蛋白酶活性，使阻遏物将其自身一切两半，从 λ 操纵子上释放出来，最终诱导裂解周期。子代 λ 噬菌体以这种方式逃避宿主内的致死性损伤。

复习题

1. 用模型解释噬菌体 SPO1 如何控制转录过程。

2. 总结问题 1 的证据。

3. 描述枯草芽孢杆菌 σ^E 识别 0.4kb 产孢特异性启动子，而 σ^A 识别营养生长特异性启动子的实验证据。

4. 总结枯草芽孢杆菌在孢子发生时调节转录过程的机制。

5. 描述证明枯草芽孢杆菌 σ^E 识别 *spo Ⅱ D* 启动子，而其他的 σ 因子不能识别 *spo Ⅱ D* 启动子的实验证据。

6. 解释 *E. coli* 如何对热激做出迅速响应。

7. 用模型解释 T7 噬菌体如何控制转录过程。

8. 在裂解复制过程中 λ 噬菌体如何将转录从早期转换到晚早期再到晚期?

9. 用模型解释 λ 噬菌体感染的 *E. coli* 细胞中 N-介导的终止作用。哪些蛋白质参与了这个过程?

10. 用模型解释 N 和 NusA 在转录终止和抗终止中的作用。

11. 描述证明 N 和 NusA 在内部终止子中控制发卡形成的实验证据。

12. P_{RE}启动子很难被识别并且其本身对 RNA 聚合酶也没有亲和力，那么 *c I* 基因是如何从这个启动子转录的?

13. 如何才能使 CⅡ 和 RNA 聚合酶可以同时结合在 DNA 的同一个位点上?

14. 描述 λ 阻遏物正向和反向调节其自身

合成的实验证据。相同的实验表明阻遏物对 *cro* 转录具有怎么样的影响？

15. 图示利用基因间抑制分析来测定两个蛋白质之间相互作用的原理。

16. 描述研究 λ 阻遏物与 *E. coli* RNA 聚合酶 σ 因子相互作用的实验证据。

17. 用模型解释在 λ 噬菌体感染 *E. coli* 的过程中，*c I* 和 *cro* 的竞争是如何导致溶源态或裂解态的建立的。

18. 用模型解释突变诱导 λ 溶源菌的作用原理。

分析题

1. 有一个基因，怀疑它有两个启动子分别受两个 σ 因子识别，设计一个实验来证明这一假设。

2. 如果用同一个株系的 λ 噬菌体感染溶源态 *E. coli* 会发生什么情况？能否得到超感染菌株？为什么？

3. 重复问题 2 的实验，但使用不同株系的 λ 噬菌体，其操纵子序列显著不同于溶源态的 λ 噬菌体。你期望的结果是什么？为什么？

4. 用野生型 λ 噬菌体感染两个遗传背景不同的 *E. coli* 并分离菌株，分别从它们的噬菌斑中挑选溶源菌，并进行培养。用紫外线照射后，其中一菌株呈裂解态而另一菌株什么也没有得到，分析原因。

5. 在 100%引起裂解态的 λ 噬菌体中，什么基因可能发生了突变？

6. 在 100%引起溶源态的 λ 噬菌体中，什么基因可能发生了突变？

7. 如果实验中所用的 λ 噬菌体的 *N* 基因失活，期望得到的细菌是什么样子？是裂解态的、溶源态的、两种都有，还是两种都没有，为什么？

翻译　岳　兵　校对　罗　杰　李玉花

推荐阅读文献

一般的引用和评分的文献

Busby, S. and R. H. Ebright. 1994. Promoter structure, promoter recognition, and transcription activation in prokaryotes. *Cell* 79：743-746.

Goodrich, J. A. and W. R. McClure. 1991. Competing promoters in prokaryotic transcription. *Trends in Biochemical Sciences* 15：394-397.

Gralla, J. D. 1991. Transcriptional control-lessons from an E. coli data base. *Cell* 66：415-418.

Greenblatt, J., J. R. Nodwell, and S. W. Mason. 1993. Transcriptional antitermination. *Nature* 364：401-406.

Helmann, J. D. and M. J. Chamberlin. 1988. Structure and function of bacterial sigma factors. *Annual Review of Biochemistry* 57：839-872.

Ptashne, M. 1992. *A Genetic Switch*. Cambridge, MA：Cell press.

研究论文

Dodd, I. B., A. J. Perkins, D. Tsemitsidis, and J. B. Egan. 2001. Octamerization of λ CI repressor is needed for effective repression of P_{RM} and efficient switching from lysogeny. *Genes and Development* 15：3013-3021.

Gusarov, I. and E. Nudler. 1999. The mechanism of intrinsic transcription termination. *Molecular Cell* 3：495-504.

Gusarov, I. and E. Nudler. 2001. Control of intrinsic transcription termination by N and NusA：The basic mechanisms. *Cell* 107：437-449.

Haldenwang, W. G., N. Lang, and R. Losick. 1981. A sporulation-induced sigma-like regulatory protein from *B. subtilis*. *Cell* 23：615-624.

Hawley, D. K. and W. R. McClure. 1982. Mechanism of activation of transcription initiation from the λ P_{RM} promoter. *Journal of Molecular Biology* 157：493-525.

Ho, Y. -S., D. L. Wulff, and M. Rosenberg. 1983. Bacteriophage λ protein cII binds promoters on the opposite face of the DNA helix from RNA polymerase. *Nature*

304: 703-708.

Johnson, W C., C. P. Moran, Jr., and R. Losick. 1983. Two RNA polymerase sigma factors from *Bacillus subtilis* discriminate between overlapping promoters for a developmentally regulated gene. *Nature* 302: 800-804.

Li, M., H. Moyle, and M. M. Susskind. 1994. Target of the transcriptional activation function of phage λ cI protein. *Science* 263: 75-77.

Meyer, B. J., D. G. Kleid, and M. Ptashne. 1975. λ repressor turns off transcription of its own gene. *Proceedings of the National Academy of Science*, *USA* 72: 4785-4789.

Pero, J., R. Tjian, J. Nelson, and R. Losick. 1975. In vitro transcription of a late class of phage SPO1 genes. *Nature* 257: 248-251.

Rong, S., M. S. Rosenkrantz, and A. L. Sonenshein. 1986. Transcriptional control of the *B. subtilis spoIID* gene. *Journal of Bacteriology* 165: 771-779.

Stragier, P., B. Kunkel, L. Kroos, and R. Losick. 1989. Chromosomal rearrangement generating a composite gene for a developmental transcription factor. *Science* 243: 507-512.

Toulokhonov, I., I. Artsimovitch, and R. Landick. 2001. Allosteric control of RNA polymerase by a site that contacts nascent RNA hairpins. *Science* 292: 730-733.

第9章　细菌中DNA-蛋白质的相互作用

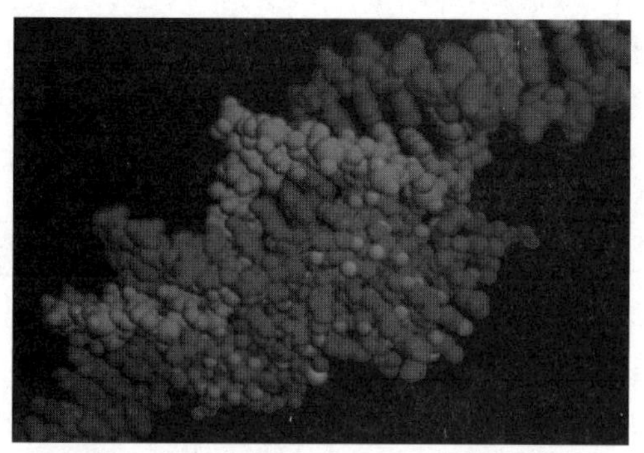

基因调控：Cro蛋白结合到DNA上的计算机模型。

在第7和第8章我们讨论了与DNA特异性位点紧密结合的几种蛋白质，包括RNA聚合酶、*lac*阻遏物、CAP、*trp*阻遏物、λ阻遏物及Cro。对这些蛋白质已有详细的研究，它们都能在浩瀚的无关序列中定位并结合到一段特殊的短DNA序列上。那么，这些蛋白质如何完成这种大海捞针似的专一性结合？除了RNA聚合酶外，它们都含有相似的结构基序，即由一个短的蛋白转角所连接的两个α螺旋。这种螺旋-转角-螺旋基序［图9.1（a）］使第二个螺旋（识别螺旋）可以合适地嵌入目标DNA的大沟里［图9.1（b）］。我们将看到这种巧妙的匹配构象在不同蛋白质间有很大变化，但是都能像钥匙与锁那样准确配合。在本章，我们将学习几个研究得比较透彻的例子，了解原核细胞中DNA-蛋白质的相互作用，搞清楚什么东西使它们如此专一。在第12章我们将讨论真核生物中另外几种DNA结合基序。

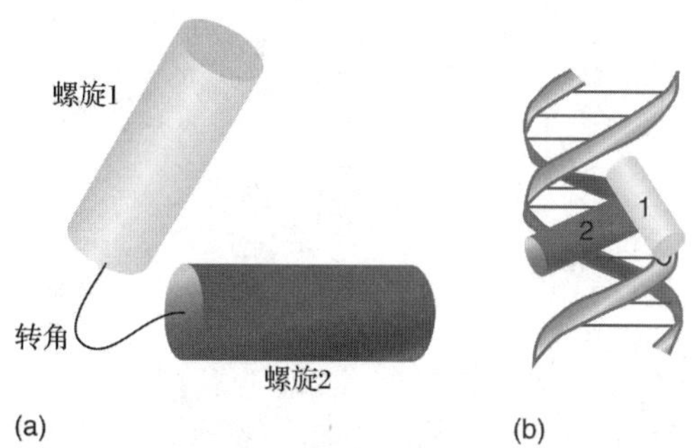

图9.1　螺旋-转角-螺旋基序是DNA结合的元素。（**a**）λ阻遏物的螺旋-转角-螺旋基序。（**b**）阻遏物单体的螺旋-转角-螺旋基序对λ操纵基因的配合。基序的螺旋2插入目标DNA的大沟内，其背面（离开读者）的一些氨基酸可与DNA结合。

9.1　λ阻遏物家族

如图9.2所示，λ及类似噬菌体的阻遏物

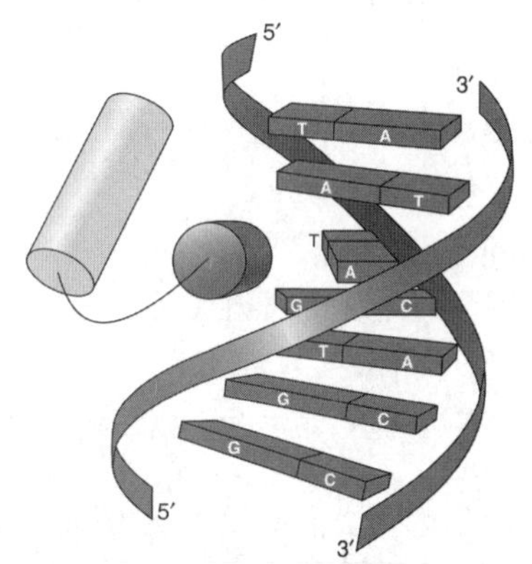

图9.2　λ阻遏物单体的识别螺旋与DNA操纵基因大沟相配合的示意图。识别螺旋用红色圆柱体表示，在大沟中处于有利于结合DNA碱基对边缘氢键的位置。（*Source*: Adapted from Jordan, S. R. and C. O. Pabo. Structure of the lambda complex at 2.5Å resolution. Details of the repressor-operator interaction. *Science* 242: 896, 1988.）

酸与伸入 DNA 大沟的某些碱基的功能基团的特异性结合，以及与 DNA 骨架上的磷酸基团的特异性结合。其他具有螺旋-转角-螺旋基序的蛋白质因为识别螺旋缺乏正确的氨基酸，而不能与同样的 DNA 位点很好地结合。我们想知道哪些氨基酸在这种结合中起重要作用。

利用定点突变探测结合的专一性

Mark Ptashne 及同事对两个类λ噬菌体 434 和 P22 及其操纵基因的研究提供了专一性结合的部分答案。这两个噬菌体的分子遗传特性非常类似，但具有不同的免疫区，它们合成不同的阻遏物，识别不同的操纵基因。两种阻遏物都与λ阻遏物类似，含有螺旋-转角-螺旋基序，但由于识别操纵基因的碱基序列不同，推测其识别螺旋具有不同的氨基酸组成，尤其是专门与 DNA 大沟里的碱基结合的氨基酸。

Stephen Harrison 和 Ptashne 利用 X 射线衍射技术（知识窗 9.1）分析操纵基因-阻遏物复合体，鉴别出 434 噬菌体阻遏物的识别螺旋与操纵基因大沟里的碱基的结合面。通过类比分析，对 P22 噬菌体的阻遏物也做出了相似的预测，图 9.3 示意性地显示了每个阻遏物中最有可能与操纵基因结合的氨基酸。

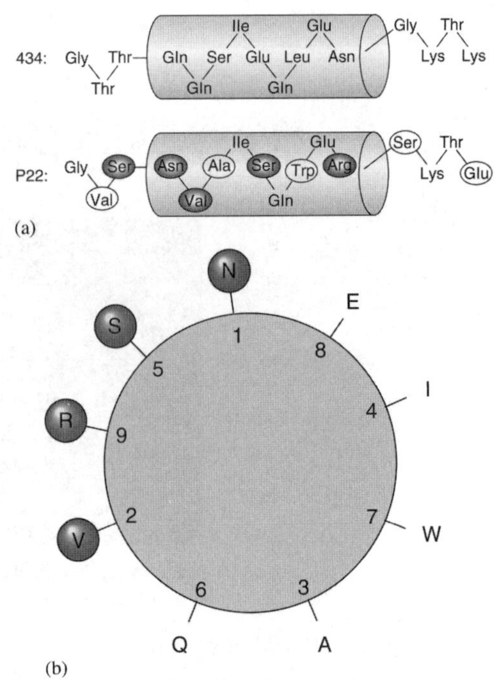

图 9.3　两个类λ噬菌体阻遏物的识别螺旋。(a) 两个阻遏物识别螺旋的关键氨基酸。显示 434 和 P22 阻遏物识别螺旋的氨基酸序列及两边的几个氨基酸。圆圈中的是在两个蛋白质中不相同的氨基酸，它们很可能在特异性方面起作用。螺旋面向 DNA 的氨基酸很可能参与结合 DNA。改变这些氨基酸及螺旋之前的一个氨基酸可以改变其对 DNA 结合的特异性。**(b)** P22 阻遏物的识别螺旋端面观。数字代表蛋白链中的氨基酸位置。螺旋的左手侧朝向 DNA，该侧的氨基酸在结合方面很重要。434 阻遏物相应位置上的不同氨基酸用红圈标出。[*Source*：(*b*) Adapted from Wharton，R. P. and M. Ptashne，Changing the binding specificity of a repressor by redesigning an alpha-helix. *Nature* 316：602. 1985.]

知识窗 9.1

X 射线晶体学

本书有很多 **DNA** 结合蛋白的结构的例子，这些结构是通过 **X 射线衍射分析**（X-ray diffraction analysis）获得的，该方法也称为 **X 射线晶体学**（X-ray crystallography）。此处对这种非常有用的技术做一介绍。

就像光线一样，X 射线是电磁辐射，但其波长短得多，所以能量更高。因此，X 射线衍射分析的原理在某些方面与光学显微镜相似就不足为奇了。框图 9.1 显示了这种相似性。在光学显微镜中［框图 9.1（a）］，可见光被物体散射，透镜收集光线，聚焦形成该物体的影像。

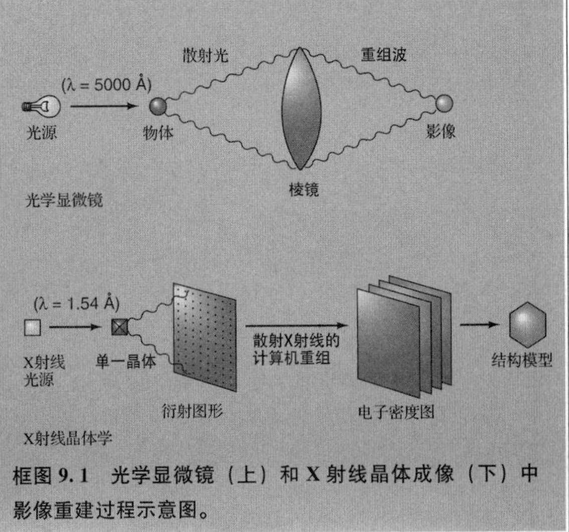

框图 9.1　光学显微镜（上）和 X 射线晶体成像（下）中影像重建过程示意图。

在X射线衍射中，X射线被物体（晶体）散射。但这里我们遇到了一个重要问题，即没有透镜可聚焦X射线，所以必须使用相对间接的方法成像。该方法基于以下的条件：当X射线和原子周围的电子云相互作用时，X射线向任一方向散射。然而，由于X射线束与很多原子作用，大部分散射的X射线由于其波动性而彼此抵消。但是散射到特定方向的X射线会被衍射现象所增强。Bragg定律 $2d\sin\theta=\lambda$，描述了衍射角（θ）和散射平面间距（d）的关系。如框图9.2所示，X射线2经过的距离比X射线1长 $2\times d\sin\theta$。因此，如果X射线2的波长（λ）等于 $2d\sin\theta$，则X射线1和X射线2散射后因相位相同而得到增强。如果 λ 不等于 $2d\sin\theta$，散射后的射线将被减弱。这些衍射的X射线被放置在X射线路径上的收集装置（监测器）记录为点子。该装置可以简单到只是一张X射线感光胶片，现在已有更高效的电子监测器了。框图9.3是一个简单蛋白溶菌酶的衍射图。尽管该蛋白相对简单（只有129个氨基酸），但由点子组成的衍射图却很复杂。为了获得蛋白质的三维结构，必须旋转晶体，记录不同方位的衍射图。

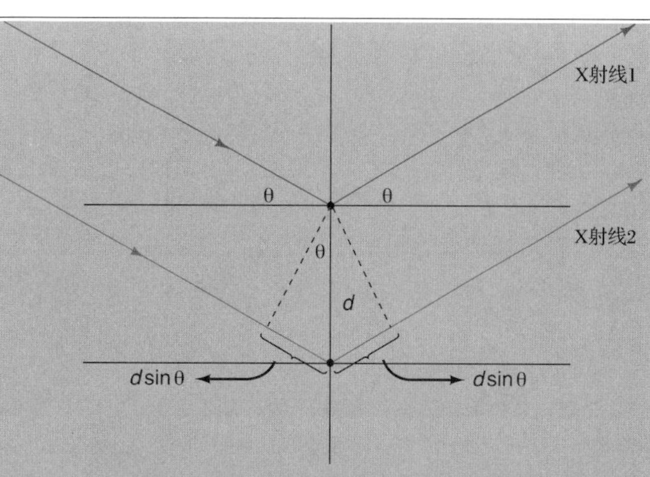

框图9.2　通过晶体平行平面的两束X射线的反射。两条X射线（1和2）以夹角 θ 射向晶体平面，并以相同角度反射。两平面间的距离是 d，X射线2额外辐射的距离是 $2d\sin\theta$。

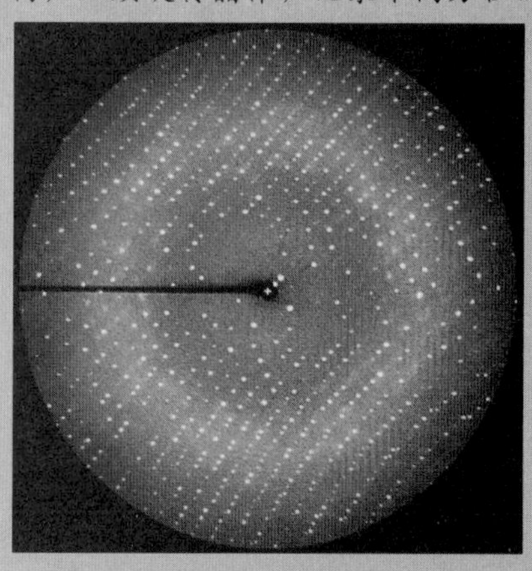

框图9.3　溶菌酶蛋白质晶体的样本衍射图。左边的黑线是阻挡射线束的小针的影子，它保护探测器不受X射线直射。晶体的位置由中心的（+）指示。（*Source*：Courtesy of Fusao Takusagawa.）

下一个任务是利用衍射图中的点阵绘出产生衍射的分子结构。遗憾的是不能用衍射图的点阵重建**电子密度图**（electron-density map）（电子云分布），因为散射图不含单反射相角（phase angle）的物理参数信息。为解决这个问题，晶体学家用重金属溶液（Hg、Pt、U等）浸润蛋白质晶体，制成含3～10种不同重金属的衍生晶体。这些重金属原子倾向于结合到有反应活性的氨基酸残基上，如半胱氨酸、组氨酸、天冬氨酸，但不改变蛋白质的结构，这种方法叫做多重同形置换（multiple isomorphous replacement，MIR）。通过对比原始的衍射图和重金属原子衍生晶体的衍射图，可以确定单反射相角。一旦得到相角，就可以精确地把衍射图通过数学计算转换为该衍射分子的电子密度图了。然后，用电子密度图推断该衍射分子的结构。用衍射射线建立的衍射物体影像与用透镜获得的影像相似，但不是像透镜那样获得物理上的影像，而是通过数学计算获得的。框图9.4是溶菌酶部分结构的电子密度图，杆状图是从密度图推测的分

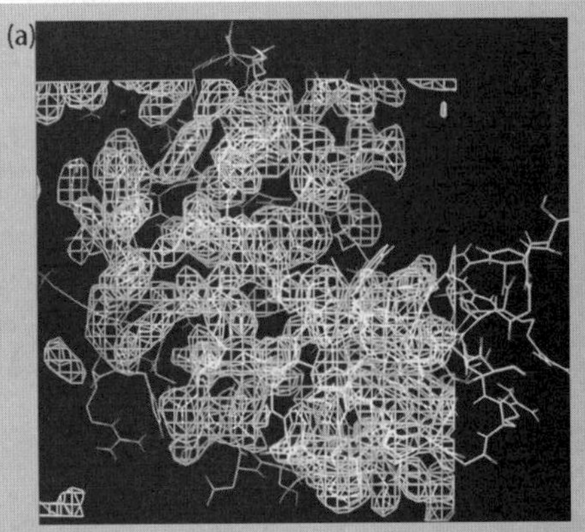

框图 9.4　溶菌酶分子的部分电子密度图。(a) 低倍镜下，显示大部分分子的电子密度图。蓝色部分对应高电子密度区域。从电子密度图推断，它们聚集成该分子的棒状模型（红、黄和蓝）。**(b)** 高倍镜下，显示（a）图的中心部分。分辨率是 2.4Å，无法分辨出单个原子，但足以确定每个氨基酸的独特形态。(*Source*：Coutesy Fusao Takusagawa.)

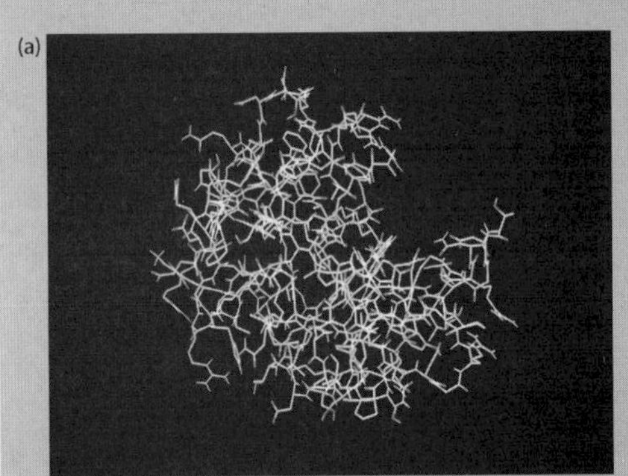
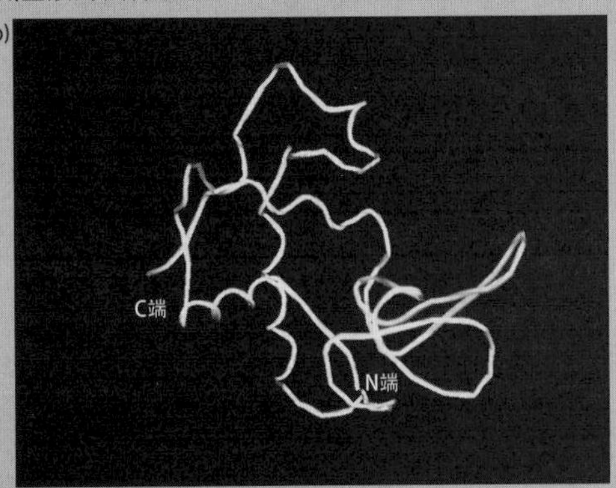

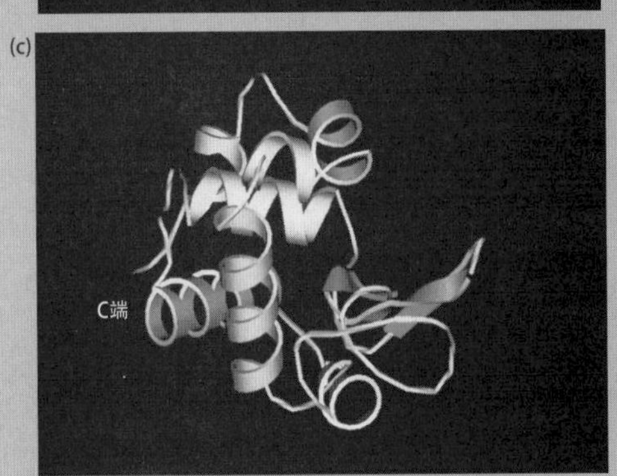

框图 9.5　根据电子密度框图 9.4 计算出的溶菌酶结构的三种形式。(a) 如框图 9.4 的棒状图。**(b)** 线状图。α 螺旋为绿色，β 折叠片为红色，随机卷曲为蓝色。蛋白质的 N 端和 C 端分别标记为 N-ter 和 C-ter。**(c)** 带状图。颜色标记和 **(b)** 中相同。α 螺旋的螺旋性质在图中显而易见。三个图中都有的右上部裂缝是酶的活性位点。（*Source*：Coutesy Fusao Takusagawa.）

子结构。框图 9.5 是根据整个分子的电子密度图推测的完整溶菌酶分子的三种不同表示形式。

为什么在 X 射线衍射分析中要使用单晶体呢？将单一蛋白质分子置于 X 射线路径上显然是不实际的。就算我们能做到，单一分子衍射的能量极弱，难以检测。因此，需要在 X 射线束中放置很多蛋白质分子，产生足够强的信号以便检测。为什么不用蛋白质粉末或者蛋白质溶液呢？问题是粉末或溶液中的分子是随机定向的，样品衍射出的 X 射线无法解析。

解决问题的办法是用蛋白质晶体。晶体由很多在三维空间中规则排列的小重复单位（晶胞，unit cell）组成。蛋白质的一个晶胞含有若干分子，它们通常是空间对称性相关的。因此，晶体中晶胞内所有分子的衍射相同，而且彼此增强。要使 X 射线衍射结果可用，蛋白质晶体的

框图 9.6　溶菌酶晶体。用偏振滤光片拍摄以便产生晶体中的颜色。晶体的实际大小接近 0.5mm×0.5mm×0.5mm。（*Source*：Coutesy Fusao Takusagawa.）

最小尺度至少应该 0.1mm。这种大小的立方晶体含有 10^{12} 个以上分子（假设一个蛋白质分子占据 50Å×50Å×50Å 的空间）。框图 9.6 是适合做 X 射线衍射分析的溶菌酶晶体照片。蛋白质晶体不只含有纯蛋白质，也含有大量的溶剂（占晶体重量的 30%～70%）。因此，蛋白质在晶体中的环境类似于在溶液中，晶体的三维结构与溶液中的相近。总之，我们可以相信通过 X 射线晶体成像所确定的蛋白质结构与它们在细胞中的结构相近。事实上，多数酶晶体都保持了酶活性。

为什么不用可见光直接观察蛋白质结构从而避免 X 射线的诸多麻烦呢？问题在于**分辨率**（resolution），即区别分子不同部位的能力。分析分子结构的最终目的是分辨出每个原子，使分子中所有原子间的精确空间关系能够呈现。但是原子的空间尺度是埃（1Å=10^{-10}m）级的，而射线的最大分辨力是其波长的 1/3（0.6λ/2sinθ）。所以我们需要波长（以埃为单位测量的）很短的射线来分辨蛋白质中的原子。可见光的平均波长约为 500nm（5000Å），用可见光分辨原子显然是不可能的。而 X 射线的波长为一到几个埃。例如，被激发的铜原子发射出的特征 X 射线波长是 1.54Å，这对蛋白质的高分辨率 X 射线衍射分析是理想的。

在本章中我们会看到不同分辨率水平的蛋白质结构。分辨率不同是什么原因造成的呢？在蛋白质晶体中，蛋白质分子相对有序的排列，可以在远离光束的地方产生很多衍射点，即远离监测器中心。这些散点是由大衍射角（θ，框图 9.2）的 X 射线产生的。根据有序晶体的衍射点计算出的电子密度图可以展示出衍射分子的高分辨率影像。此外，分子排列不太规则的蛋白质晶体得出的衍射点只靠近检测器中心，是由小衍射角的 X 射线产生的。这种数据产生的分子图像分辨率相对较低。

分辨率和衍射角之间的关系是 Bragg 定律 $2d\sin\theta=\lambda$ 的另一个结果。变换 Bragg 等式，$d=\lambda/2\sin\theta$，可见 d（蛋白质中结构元件之间的距离）和 sinθ 成反比。因此，晶体中结构元件之间的距离越大，衍射角越小，越靠近衍射图的中心，即低分辨率结构（即元件之间的距离大）产生的点子出现在衍射图的中间部分。同样，高分辨率结构产生的点子出现在图的外围，因为这种晶体以大角度衍射 X 射线。当晶体学家制备出足够好的能产生高分辨率的晶体时，他们就能建立该蛋白质结构的精细模型了。

我们在本章讨论的蛋白质是 DNA 结合蛋白。在多数情况下，研究者已经制备了蛋白质和含有该蛋白质识别序列的双链 DNA 片段的共晶体。这让我们不仅能知道该蛋白质和 DNA 在蛋白质-DNA 复合体中的形状，也能知道在蛋白质-DNA 相互作用中起作用的原子。

特别要注意，X 射线晶体衍射所获得的仅仅是一个分子或多个分子组合的一种构象。而蛋白质分子通常不止一种构象，它们是经常处于运动中的动态分子，因此获得的应当是连续性的一定范围的不同构象。由 X 射线晶体衍射所揭示的具体构象取决于跟蛋白质共结晶的配体，以及结晶过程中所采用的条件。

此外，一个蛋白质本身的构象可能不适合与一个配体的结合，但是它的动态运动可能会产生其他的构象，结果却允许配体结合了。例如，Max Perutz 在许多年前就注意到，血红蛋白的 X 射线晶体结构与其配体氧原子就不匹配，而血红蛋白显然是与氧结合的，它是通过改变形状来接受配体的。类似地，一个 DNA 结合蛋白本身也许呈现不能结合 DNA 的构象，但是动态运动所产生的另一种构象就能与 DNA 结合，该 DNA 就使蛋白质保持为那种构象。

如果这些氨基酸确实很重要，那么只要对其加以改变就可改变阻遏物的特异性。可以改变434阻遏物使其不识别自身操纵基因而识别P22操纵基因。Robin Wharton和Ptashne正是这样做的。他们首先克隆得到434阻遏物基因，然后利用第5章的基因突变技术系统地将434阻遏物识别螺旋的5个氨基酸密码子突变成P22阻遏物识别螺旋的5个相应氨基酸。

然后，在细菌中表达这些突变基因，并通过体内和体外实验检测基因产物结合434及P22操纵基因的能力，还通过体内实验检测免疫性。回想一下，感染λ噬菌体的*E. coli*细胞进入溶源状态后便对λ噬菌体的再次感染具有了免疫力，溶源菌中额外的阻遏物会立刻与入侵的λDNA结合并抑制其表达（第8章）。434和P22噬菌体是类λ噬菌体（lambdoid），但它们的免疫区及操纵基因是有区别的。因此，434溶源菌对434噬菌体再次感染有免疫力，但对P22再次感染无免疫力；反之亦然，P22溶源菌对P22噬菌体再次感染有免疫力而对434噬菌体则没有。

Wharton和Ptashne用编码重组434阻遏物的质粒转化*E. coli*，然后检测重组434阻遏物（其识别螺旋已被改变成P22的识别螺旋）是否仍具有原来的结合特异性。如果有，则转化了重组阻遏物的细胞对434的感染就应该有免疫力，如果其结合特异性发生变化，则应该对P22的感染有免疫力。实际上，434和P22都不感染*E. coli*，所以研究者用434和P22免疫区（λ_{imm}434和λ_{imm}P22）的重组λ噬菌体进行实验，发现突变434阻遏物的细菌对P22免疫区噬菌体的感染有免疫力，而对434免疫区噬菌体则无免疫力。

为了验证这些结果，Wharton和Ptashne在体外用DNase足迹实验（第5章）检测阻遏物与DNA的结合，发现纯化的重组434阻遏物与P22阻遏物一样能在P22操纵基因上形成“足迹”（图9.4）。而在对照实验中（未给出）重组阻遏物在434操纵基因上不再形成足迹。因此，结合的特异性确实因这5个氨基酸的改变而发生了改变。进一步实验表明，前4个氨基酸对于两个阻遏物的结合活性都是充分必要的。如果阻遏物识别螺旋有TQQE（苏氨酸、谷氨酰胺、谷氨酰胺、谷氨酸），阻遏物就与434操纵基因结合，如果是SNVS（丝氨酸、天冬氨酸、缬氨酸、丝氨酸），则与P22操纵基因结合。

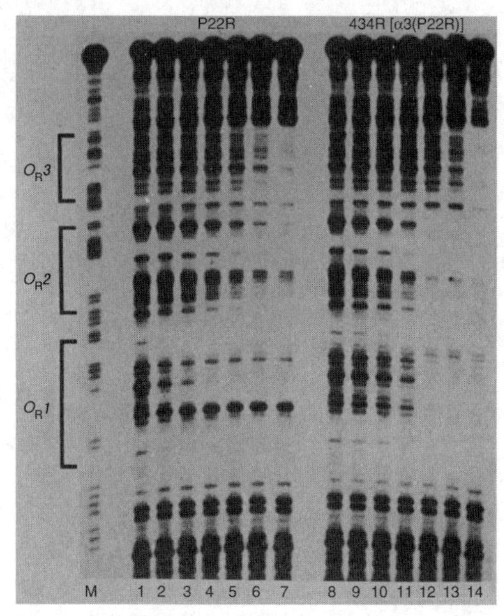

图9.4 重组434阻遏物的DNase足迹。 Wharton和Ptashne用末端标记的P22噬菌体的O_R与不同阻遏物做DNase足迹实验。阻遏物分别是P22阻遏物（P22，泳道1～7）或434阻遏物其识别螺旋（α螺旋3）的5个氨基酸被突变成P22识别螺旋（434R［α3(22)］，泳道8～14）的相应氨基酸。两组泳道各阻遏物的浓度都逐渐增加（泳道1和8为0mol/L，泳道2～7从7.6×10^{-10}mol/L～1.1×10^{-8}mol/L，泳道8～14为5.2×10^{-9} mol/L～5.6×10^{-7} mol/L）。Marker泳道是测序产物的A+G反应。所有三个右向操纵基因的位置在左边的括号中标出。［*source*：Wharton，R. P. and M. Ptashne，Changing the binding specificity of a repressor by redesigning an alpha-helix. *Nature* 316（15 Aug 1985），f. 3，P. 630. © Macmillan Magazines Ltd.］

如果Wharton和Ptashne不是改变而是消除阻遏物的特异性，结果会如何呢？他们可由此鉴定出阻遏物中决定特异性的重要氨基酸，然后对其进行随机突变，以显示重组434阻遏物不再结合其操纵基因。如果这正是他们所做的全部内容，则可认为实验结果与所提出的假设一致，即这些改变的氨基酸直接参与结合。但也有另一种解释，认为这些氨基酸只是对阻遏物的三维构象重要，改变它们就改变了蛋白质的构象，从而间接地抑制了结合。相比之下，通过改变氨基酸而改变结合特异性有力地证明了这几个氨基酸直接参与结合。

Ptashne 小组在相关的 X 射线晶体研究中证明，λ 阻遏物有一个氨基末端臂，但在 434 和 P22 噬菌体中未发现。该臂通过环抱操纵基因而使阻遏物结合 λ 操纵基因。图 9.5 是 λ 阻遏物二聚体与 λ 操纵基因作用的计算机模型。可以看到，顶部单体的螺旋-转角-螺旋基序伸向 DNA 大沟中，底部单体的臂接近并环抱 DNA。

Cro 也以螺旋-转角-螺旋基序结合与 λ 阻遏物同样的操纵基因，但是对这三个操纵基因（见第 8 章）的亲和性与 λ 阻遏物刚好相反，先结合 O_R3，最后是 O_R1。因此，通过改变识别螺旋的氨基酸可以辨别出使 Cro 和 λ 阻遏物具有不同识别特异性的氨基酸。Ptashne 小组完成了这一研究，发现与 λ 阻遏物的氨基末端臂一样，识别螺旋的第 5、第 6 位氨基酸对结合的专一性特别重要。通过改变操纵基因的碱基，发现识别 O_R1 和 O_R3 的关键碱基对在 3 号位，Cro 对其更敏感，而 5 号和 8 号位对阻遏物结合是选择性的。

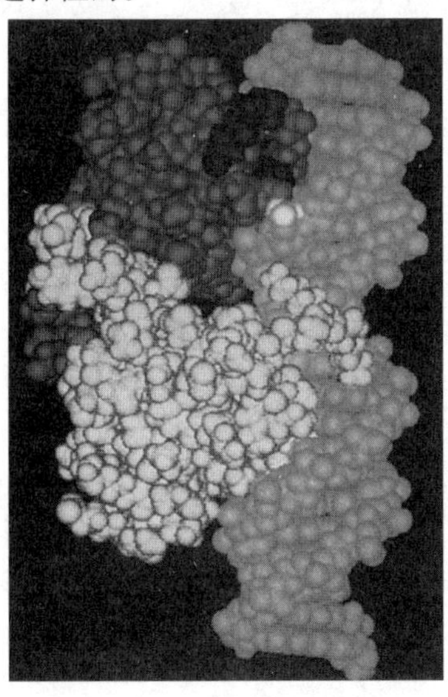

图 9.5 λ 阻遏物二聚体结合 λ 操纵基因（O_R2）的计算机模型。 DNA 双螺旋在右侧。阻遏物的两个单体为深蓝色和黄色。上方单体的螺旋-转角-螺旋基序（红色和蓝色）插入 DNA 的大沟。下方单体的臂环抱 DNA。［*Source*：Hochschila，A.，N. Irwin，and M. Ptashne，Repressor stucture and the mechanism of positive control. *Cell* 32（1983）p. 322. Repinted by permission of Elsevier Science. Photo by Richard Feldman.］

小结 类 λ 噬菌体阻遏物都具有与操纵基因 DNA 大沟匹配结合的识别螺旋。识别螺旋中面向 DNA 的某些氨基酸特异性地结合操纵基因的碱基，这种结合决定了蛋白质-DNA 相互作用的特异性。改变这些氨基酸可改变阻遏物的特异性。λ 阻遏物自身有一个额外基序氨基末端臂，在其他阻遏物中未发现。氨基末端臂通过环抱而帮助结合 DNA。λ 阻遏物和 Cro 蛋白对相同操纵基因的亲和性一致，但它们对 O_R1 或 O_R3 具有细微差别，这种差别取决于其识别螺旋中不同氨基酸与两个操纵基因中不同碱基对的相互作用。

λ 阻遏物-操纵基因相互作用的高分辨率分析

Steven Jordan 和 Carl Pabo 希望以更高的分辨率来观察 λ 阻遏物-操纵基因的相互作用。通过对阻遏物片段与操纵基因片段的高质量共结晶，他们得到了 2.5Å 的分辨率。阻遏物片段有 1～92 位残基，包括全部 DNA 结合域，操纵基因片段（图 9.6）20bp 长，含有阻遏物二聚体的完整结合位点，即含有两个半位点（two half-sites）分别与阻遏物的单体结合。X 射线晶体衍射中常用部分分子做结晶，得到比全蛋白或全长 DNA 更好的晶体。由于该实验的主要目的是阐明阻遏物与操纵基因结合面的结构，所以 DNA 片段和部分蛋白可能与完整蛋白和 DNA 一样好用，因为它们都含有所需的元件。

```
  1 2 3 4 5 6 7 8 9
T A T A T C A C C G C C A G T G G T A T
    T A T A G T G G C G G T C A C C A T A A
                        8' 7' 6' 5' 4' 3' 2' 1'
```

图 9.6 用于制备操纵基因-阻遏物共结晶的操纵基因片段。 这个 20mer 片段含有两个 λ O_L1 半位点，各与阻遏物的一个单体结合。半位点包含在黑体表示的 17bp 区内，各有 8bp，被中间的 G-C 对隔开。左边的半位点有一个共同序列，右边的与共同序列有点偏差。共同序列半位点的碱基对标以数字 1～8；另一半标以数字 1′～8′。

一般结构特征 本章介绍的 λ 阻遏物与操纵基因精确配合的图示是依据 Steven Jordan 和 Carl Pabo 的高分辨率模型绘制的。图 9.7 是该模型的更为详细的图示，以揭示蛋白质-DNA相互作用的几个主要方面。首先，每个阻遏物单体的识别螺旋（3和3′，红色）以两个半位点嵌入DNA大沟里。还可看到螺旋5和5′相互靠近将阻遏物二聚体拉在一起。最后，注意DNA的形状与标准B型DNA类似，还可看到DNA有稍许弯曲，尤其在其两端曲向阻遏物二聚体，但螺旋的其余部分相对是直的。

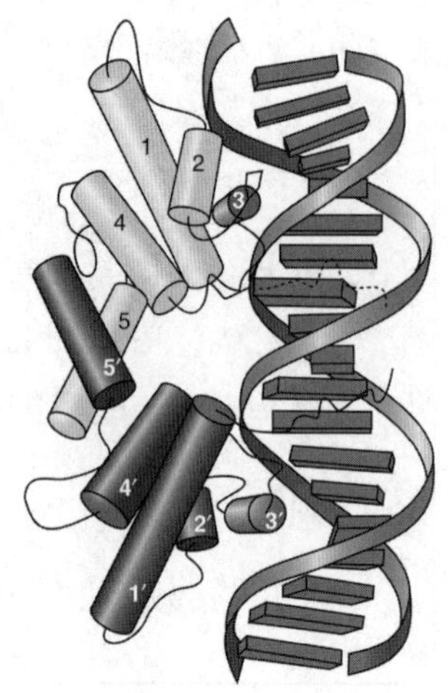

图9.7 λ阻遏物-操纵基因复合体的几何学。DNA被结合到阻遏物二聚体上，每个单体的识别螺旋标为3和3′。（*Source*：Adapted from Jordan，S. R. and C. O. Pabo，Structure of the lambda complex at 2.5 Å resolution. Details of the repressor-operator interaction. *Science* 242：895，1988.）

与碱基的相互作用 图9.8详细描述了阻遏物单体的氨基酸与半位点中操纵基因碱基的相互作用。参与相互作用的关键氨基酸是Gln33、Gln44、Ser45、Lys4及Asn55。图9.8（a）是这种相互作用的立体图，其中α螺旋2和α螺旋3用粗线表示，识别螺旋（3）几乎与纸面垂直，所以螺旋的多肽骨架看起来像一个环，关键氨基酸与DNA碱基形成氢键（虚线标出）。

图9.8（b）是同一氨基酸/DNA相互作用的示意图，但更容易观察氢键。可以看到识别螺旋中氨基酸与DNA结合的其中三个重要键，

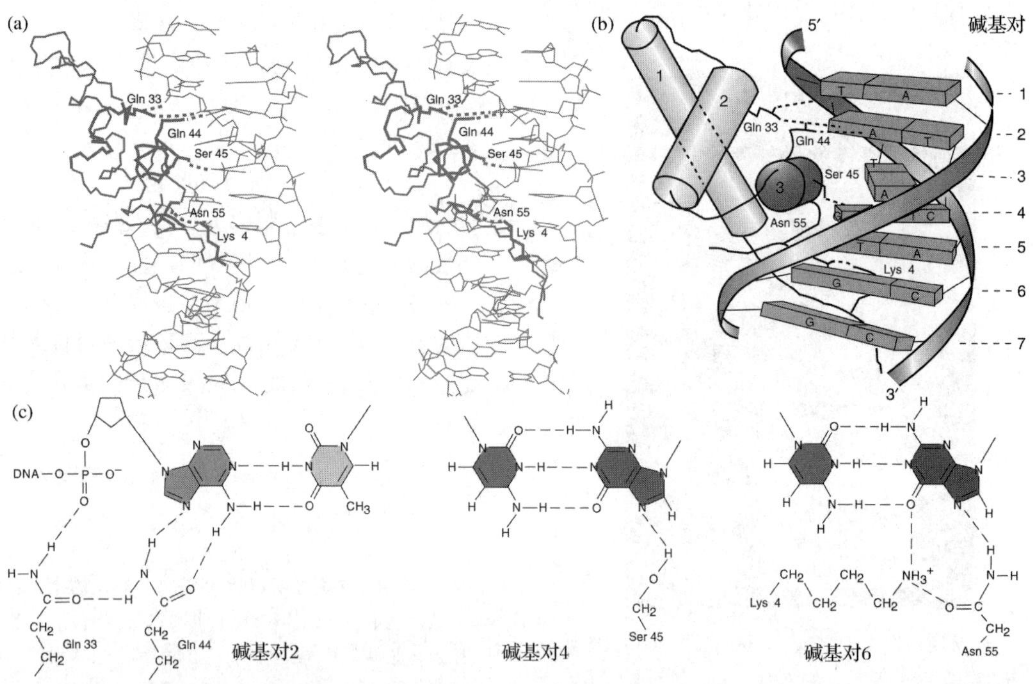

图9.8 λ阻遏物与操纵基因大沟里碱基间的氢键。（a）复合体的空间示意图，DNA双螺旋在右侧，阻遏物单体的氨基末端在左侧。α螺旋2和α螺旋3用粗线表示，识别螺旋几乎与纸面垂直。氢键用虚线表示。**（b）**（a）中的氢键示意图。只标出重要的氨基酸。碱基对数字编号在右侧。**（c）**氢键的详细结构。给出了关键氨基酸侧链和碱基结构及它们所参与的氢键。（*Source*：From Jordan，S. R. and C. O. Pabo，Structure of the lambda complex at 2.5Å resolution：Details of the repressor-operator interactions. *Science* 242：896，1988. Convriah © 1988 AAAS. Reprinted with permission from AAAS.）

Gln44 与腺嘌呤-2 形成两个氢键，Ser45 与鸟嘌呤-4 形成一个氢键。图 9.8（c）给出了图 9.8（a）、图 9.8（b）中这些氢键的详细图示，Gln44 与 Gln33 形成氢键，而 Gln33 又与 2 号碱基的磷酸形成氢键，这是一个氢键网络的例子，它涉及三个或更多实体（如氨基酸、碱基或 DNA 骨架），因此 Gln33 的参与十分重要。通过为 DNA 骨架与 Gln44 搭桥，Gln33 使 Gln44 及识别螺旋上的其他部分处于和操纵基因作用的最佳位置。因此，虽然 Gln33 位于螺旋 2 的开始处而不在识别螺旋上，它却在蛋白质-DNA 相互作用中发挥重要作用。为进一步强调 Gln33 的重要性，请注意在 434 噬菌体阻遏物的相同位置也有这个氨基酸，并且与 434 操纵基因有相同的作用，这一点我们将在下面的章节中看到。

Ser45 与 4 号碱基对中的鸟嘌呤形成重要氢键，其亚甲基（CH_2）靠近 5 号碱基对的胸腺嘧啶，参与疏水作用，该疏水作用可能还包括 Ala49。这一疏水作用涉及非极性基团（如甲基和亚甲基），这些基团聚在一起躲避水溶液的极性环境，就像油滴聚在一起减少与水接触一样。疏水性的字面意思是“惧水”。

与碱基形成氢键的另外两个氨基酸既不属于识别螺旋也不属于任何螺旋。Asn55 位于第 3 和第 4 螺旋的连接处，Lys4 位于绕 DNA 的臂上。在这里我们又看到氢键网络的例子，它们不仅在氨基酸与碱基间形成，而且在两个氨基酸间也有。图 9.8（c）非常清楚地显示了两个氨基酸与鸟嘌呤间所形成的氢键及氨基酸之间的氢键。这种氢键网络使复合体更加稳定。

氨基酸/DNA 骨架的相互作用

我们已经看到 Gln33 与 DNA 骨架（碱基对 1 和 2 之间的磷酸基）形成氢键的例子，但这只是半位点中的 5 个相互作用之一。图 9.9 描述了半位点处的相互作用，其中包括 5 种不同氨基酸的作用，但只有一个氨基酸（Asn52）位于识别螺旋内。虚线代表多肽骨架上 NH 基团所形成的氢键，而不是氨基酸侧链所形成的。

其中，Gln33 的 NH 氢键令人感兴趣，它为螺旋 2 提供所有的电子。在第 3 章我们已经了解到蛋白质 α 螺旋的所有 C=O 键都指向一个方向。由于每个 C=O 键都是极性的，在氧原子上带部分负电荷，在碳原子上带部分正电荷。螺旋的氨基末端富含正电子使整个螺旋带有相当强的极性，因而带正电的螺旋末端会自然地与 DNA 骨架的负电荷吸附。再回头看看图 9.9，注意 2 号螺旋末端的 Gln33 直接对应 DNA 骨架，使螺旋末端带正电的氨基酸与 DNA 负电荷间的电荷吸附达到最大，使 Gln33 的 NH 基团与 DNA 骨架磷酸基团间的氢键得以稳定。

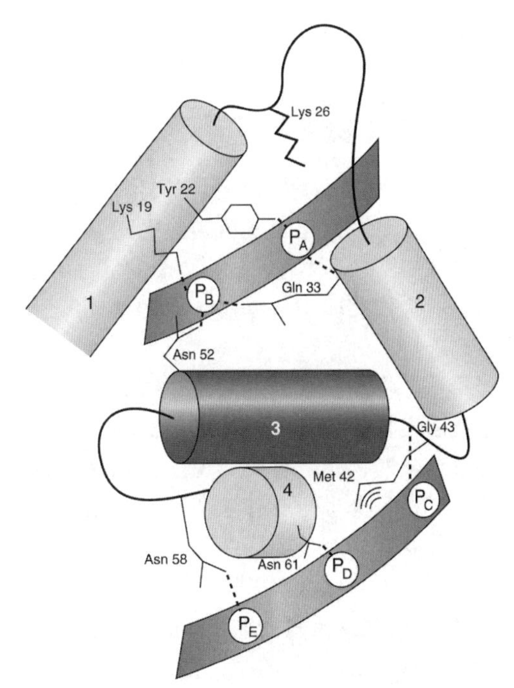

图 9.9 氨基酸/DNA 骨架的相互作用。显示 λ 阻遏物的 α 螺旋 1～4 及其参与形成氢键的磷酸基团（P_A～P_E）。本图与图 9.8 垂直。给出了重要氨基酸的侧链。两条虚线表示肽的 NH 基团与磷酸间的氢键。（*Source*：Adapted from Jordan S. R. and C. O. Pabo，Structure of the lambda complex at 2.5Å resolution：Details of the repressor-operator interactions. *Science* 242：897，1988.）

参与氨基酸侧链与 DNA 骨架磷酸基团间的其他氢键还有 Lys19、Asn52 与磷酸 P_B 间形成的氢键。Lys26 带有完全电荷，尽管与 DNA 骨架相距甚远不能直接与磷酸基团结合，但它有助于蛋白质-DNA 的吸附。众多氨基酸/DNA 磷酸间的结合表明，这些相互作用对稳定蛋白质-DNA 复合体起重要作用。图 9.9 还显示 Met42

的侧链可能与 P_C 和 P_D 间脱氧核苷酸三个碳原子发生疏水作用。

生化及遗传数据的确认

在阻遏物-操纵基因复合体的详细结构被弄清楚之前，根据生化和遗传实验已对某些阻遏物氨基酸和操纵基因碱基的重要性做出了预测。在几乎所有的实验中，其晶体结构都证实了这些预测。

第一，将操纵基因中的某些磷酸基乙基化可干扰阻遏物的结合。羟基足迹实验表明这些磷酸基与阻遏物结合有关。现在已知这些相同的磷酸基（每个半位点有 5 个）在共结晶中与阻遏物的氨基酸有重要联系。

第二，甲基化保护实验预测 DNA 大沟中某些鸟嘌呤与阻遏物有紧密联系。晶体结构表明这些鸟嘌呤确实与阻遏物的结合有关。大沟鸟嘌呤（G8′）在阻遏物结合时对甲基化较敏感，它在共结晶中有特殊的构象，碱基对 8′水平轴上的扭曲比其他碱基严重，与其他碱基间的距离变宽。这种特殊构象使 8′鸟嘌呤更易受甲基化试剂 DMS 的攻击。在以前的实验中发现过腺嘌呤被甲基化现象，这一结果是合理的，因为腺嘌呤的甲基化发生在位于小沟的 N3 上，而阻遏物与操纵基因的结合不在小沟，所以阻遏物不能保护腺嘌呤免受甲基化。

第三，DNA 测序结果表明，在操纵基因 O_R 和 O_L 的所有 12 个半位点中，2 位的 A-T 和 4 位的 G-C 都是保守的，晶体结构揭示它们都参与和阻遏物的重要结合，所以非常保守。

第四，遗传学结果表明，突变某些氨基酸可使阻遏物与操纵基因间的相互作用不再稳定，而改变其他氨基酸却能加强二者的结合。共结晶结构可显示所有这些突变的结果。Lys4 和 Tyr22 的突变对结合的破坏最大，我们现在知道它们与操纵基因有很强的结合，Lys4 与 6 位鸟嘌呤（及 Asn55）、Tyr22 与 P_A 结合。赖氨酸替代 Glu34 可能是正向突变，在晶体结构中没有发现 Glu34 参与任何与操纵基因形成的重要键，但该位点的赖氨酸可旋转于 P_A 前形成盐桥，增强蛋白质与 DNA 的结合。这个盐桥包含赖氨酸 ε 基团的正电荷和磷酸基团的负电荷。

小结 λ 阻遏物片段与操纵基因片段的共结晶结构揭示了蛋白质与 DNA 相互作用的细节情况，出现在 DNA 大沟的氨基酸与 DNA 碱基和 DNA 骨架形成氢键是重要的作用方式。通过两个氨基酸与两个或更多 DNA 位点结合所形成的氢键网可以稳定一些氢键。基于共结晶结构推出的结构与生化和遗传实验结果完全一致。

434 噬菌体阻遏物-操纵基因相互作用的高分辨率分析

Harrison、Ptashne 小组利用 X 射线晶体学方法进行了 434 噬菌体阻遏物-操纵基因相互作用的详细分析。与 λ 共结晶一样，他们采用的晶体不是全长阻遏物和操纵基因，而是包含作用位点的阻遏物和操纵基因的部分片段。以阻遏物蛋白的前 69 个氨基酸多肽替代阻遏物，其中包含螺旋-转角-螺旋的 DNA 结合基序。操纵基因是人工合成的含有阻遏物结合位点的 14bp DNA 片段（图 9.10）。理论上这两个片段可以像完整分子那样结合，并且复合体相对容易结晶。这项工作提供了早期 X 射线晶体在完整阻遏物-操纵基因研究中得不到的重要信息。

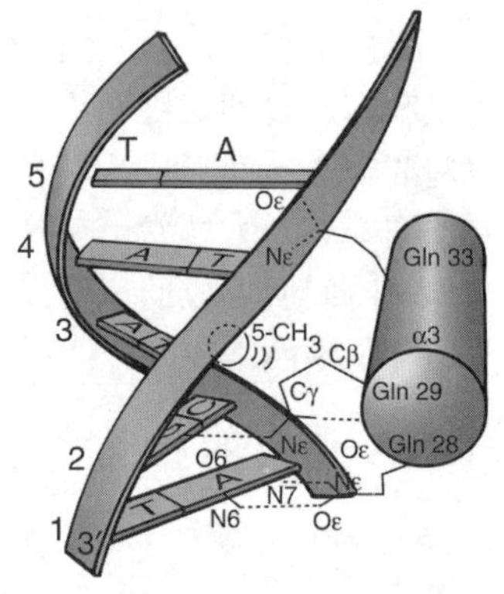

图 9.10 识别螺旋氨基酸侧链与 434 操纵基因半位点相互作用的详细模型。氢键用虚线表示。Gln29 侧链及与 3 位腺嘌呤配对的胸腺嘧啶 5-甲基之间的范德华力相互作用以同心圆表示。（*Source*：Adapted from Anderson，J. E.，M. Ptashne，and S. C. Harrison，Structure of the repressor-operator complex of bacteriophage 434. *Nature* 326：850，1987.）

与碱基对的作用

图 9.10 总结了位于 434 阻遏物识别螺旋（α3）的 Gln28、Gln29、Gln33 侧链与碱基的相互作用。从图的底端开始，注意 Gln28 的 Oε、Nε 与 1 位腺嘌呤的 N6、N7 间有两个可能的氢键（虚线）。可见 Gln29 的 Oε 与 Gln29 在蛋白质骨架上的 NH 基团间的氢键，使其 Nε 直接指向操纵基因 2 位鸟嘌呤上的 O6，形成氨基酸与碱基间的氢键。还应注意，Gln29 的 Cβ 和 Cγ 与 3 位碱基对胸腺嘧啶的 5-甲基之间的范德华力（同心弓形）。这种范德华力可初步解释如下：尽管所有参与基团都是非极性的，但在任意给定瞬间由于其电子云的随机波动使基团产生瞬时极性，导致其相邻基团产生相反的极性，结果使得相邻两基团间产生互相吸引。

小结 434 噬菌体阻遏物片段与操纵基因片段复合体的 X 射线晶体结构表明在氨基酸与 DNA 骨架的磷酸基团间有相互作用形成氢键。该晶体模型也表明在蛋白质的识别螺旋中，三个谷氨酰胺残基与三个碱基对间有氢键生成，其中一个谷氨酰胺与碱基由一个潜在的范德华力连接。

DNA 构象的影响

我们已经讨论过，阻遏物与 DNA 骨架的结合需要 DNA 双螺旋稍微弯曲一下。由 Harrison、Ptashne 及同事进行的高分别率晶体学研究显示，在 DNA-蛋白质复合体中，DNA 确实是弯曲的（图 9.11）。但我们仍不知道 DNA 是事先弯曲的还是由于阻遏物结合后诱导的。在这两种情况下，操纵基因的碱基序列都有助于这种弯曲。就是说，有些 DNA 序列在一定的方式下更容易弯曲，434 操纵基因序列最利于这种弯曲以适应与阻遏物的结合。在本章后面我们将详细讨论这一普遍现象。

操纵基因 DNA 构象的另一个显著特征是两个半位点在 7、8 位碱基对间的双螺旋被压缩为 39°，比正常的 36°多了 3°。在图 9.11（b）中可以看到这种影响，注意图中部的小沟狭窄，而两边的大沟比正常的要宽，以补偿这段 DNA 的不完全扭曲。同样，该处的碱基序列最适合这种构象。

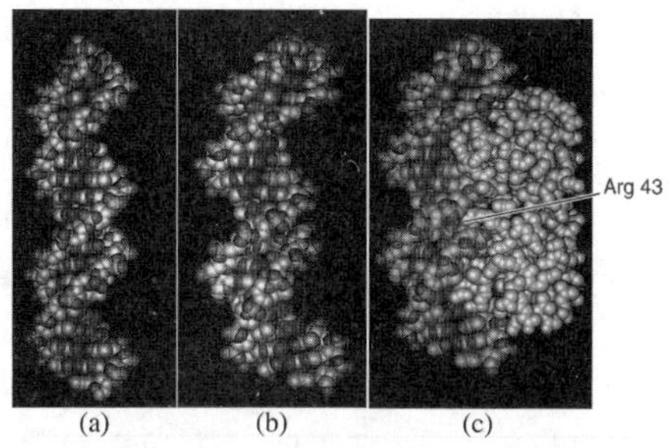

图 9.11 阻遏物-操纵基因复合体中 DNA 弯曲的计算机空间填充模型。(a) 标准 B-DNA。**(b)** 阻遏物-操纵基因复合体中含 20mer 片段的操纵基因形状，去除了阻遏物。**(c)** 阻遏物-操纵基因复合体形状，阻遏物为橙色。注意 DNA 是如何适应蛋白质的形状促进两者紧密结合的，可见 Agr43 侧链伸入模型中部 DNA 的小沟。[*Source*：Aggarwal et al.，Recognition of a DNA operator by the repressor of phage 434：A view at high resolution. *Science* 242（11 Nov 1988）f. 3b，f. 3c，p. 902. © AAAS.]

小结 部分 434 噬菌体阻遏物-操纵基因复合体的 X 射线晶体分析表明，DNA 的形状发生了明显变化。它要有一定程度的弯曲以适应碱基/氨基酸相互作用的需要。此外，在两个半位点之间、螺旋中部缠绕得较紧，而其两端则比正常的松。操纵基因的碱基序列有利于这种形状变化。

本模型的遗传学验证 正如我们已经看到的，如果阻遏物与操纵基因间的结合很重要，那么突变相关的氨基酸或碱基应当能降低或破坏 DNA-蛋白质结合，或者还可以突变操纵基因使其不能配合阻遏物，然后再做补偿突变恢复其结合。同样，如果操纵基因的特殊形状很重要，那么突变使其不能形成这种形状也应当降低或破坏结合。我们将看到，这些推测都得到了证实。

为了验证 Gln28 和 A1 间相互作用的重要性，Ptashne 小组将 A 突变为 T，期望破坏阻遏物对操纵基因的结合，但该突变又可以被阻遏物 28 位 Gln 到 Ala 的突变所抑制。图 9.10 对此做了可能的解释：Gln28 与 A1 的两个氢键可被 Ala28 与 T1 甲基间的范德华力所取代。这种范德华力的重要性通过以不含甲基的尿嘧啶或含甲基的 5-甲基胞嘧啶（5MeC）取代 T1 可以显示。U 取代的操纵基因不能结合含

Ala28 的阻遏物，但 5MeC 取代的操纵基因可以结合。因此，甲基基团对于突变体阻遏物结合突变体操纵基因十分重要，这与依据范德华力所做的推测一致。

我们推测碱基对 7、8 间的 DNA 超扭曲(overwinding)对阻遏物一操纵基因相互作用很重要。如果是这样，那么用 G-C 或 C-G 碱基对替换 6～9 位的 A-T 或 T-A 应该能降低阻遏物-操纵基因的结合，因为 G-C 碱基对不能像 A-T 碱基对那样使 DNA 超扭曲。正如所预测的，阻遏物不能很好地结合该位置的 G-C 或 C-G 操纵基因。虽然这不证明超扭曲存在，但与超扭曲的假设一致。

小结 由 X 射线晶体学所预测的 434 噬菌体阻遏物和操纵基因间的相互作用可以被遗传学分析所证实。与结合有关的氨基酸或碱基改变之后，阻遏物-操纵基因结合也会被抑制。

9.2 *trp* 阻遏物

trp 阻遏物是另一种利用螺旋-转角-螺旋 DNA 结合基序的蛋白质。然而，在第 7 章中我们介绍了前阻遏物蛋白（没有色氨酸辅阻遏是物的蛋白）非活性的。Paul Sigle 及同事用 *trp* 阻遏物和阻遏物蛋白的 X 射线晶体学研究发现了色氨酸所造成的微小但很重要的差异，这一研究阐明了 *trp* 阻遏物与其操纵基因的作用方式。

色氨酸的作用

这里是一张色氨酸影响阻遏物形状的图示。将色氨酸加入前阻遏物蛋白晶体后，晶体破碎了！当色氨酸锲入前阻遏物蛋白形成阻遏物时，改变了蛋白质的构型而破坏了支撑晶格的结合力。

这产生了一个明显的问题，当色氨酸结合前阻遏物蛋白时，有什么发生了移动？为了得到答案，观察图 9.12 所示的阻遏物会有所帮助。该蛋白质实际上是两个相同亚基构成的二聚体，两个亚基形成三域结构（three-domain structure）。每个单体的中心域或“平台”由其 A、B、C、F 螺旋组成，位于 DNA 的右侧，离开 DNA。另外，两个结构域在 DNA 的近左侧，由每个单体的 D、E 螺旋组成。

现在回到我们的问题，加入色氨酸后，什么东西发生了移动？很明显，平台保持稳定，而另两个结构域发生了倾斜，如图 9.12 所示。每个单体的识别螺旋都是 E 螺旋，当色氨酸结合后其位置发生明显移动。在顶部单体中，E 螺旋从下向上稍做移动，进入操纵基因大沟内，在该位置与 DNA 完美结合（或“阅读”）。

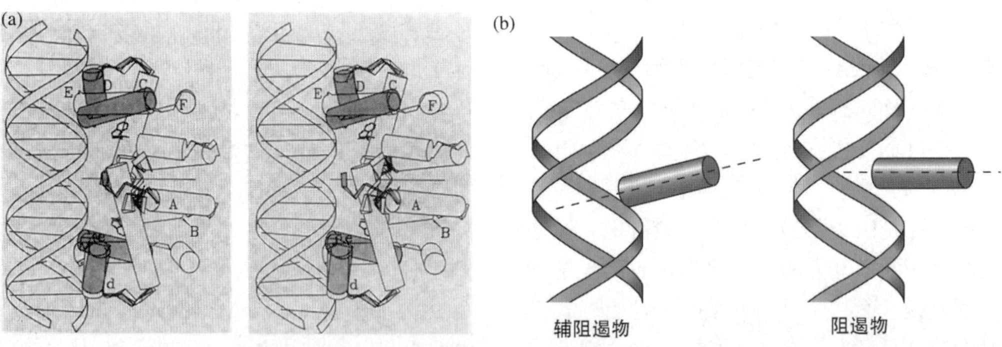

图 9.12 *trp* 阻遏物及阻遏物蛋白与 *trp* 操纵基因匹配的比较。(a) 立体图。两个单体的螺旋-转角-螺旋基序在阻遏物（透明的）及阻遏物蛋白（暗的）中应处的位置。阻遏物中色氨酸的位置用黑折线表示。注意阻遏物蛋白识别螺旋（螺旋 E）偏离插入大沟的最佳位置。这两个基本上相同的草图构成空间透视便于立体观察。请用立体镜获得三维效果，或将其举到面前 1～2ft 处①，以这个距离盯着，眼睛放松，就可以看见“魔术眼”图片。几秒钟后，两个图在中央汇合成一个三维图。这种立体观察能很好地欣赏识别序列与 DNA 大沟的配合，但是如果只看其中一个图就得不到立体效果。**(b)** 比较阻遏物蛋白（左）和阻遏物（右）识别序列（红色）相对于 DNA 大沟位置的简化图。注意阻遏物识别螺旋指向并直接进入大沟，而阻遏物蛋白识别螺旋的指向偏下。虚线指示识别螺旋的插入角度。

① 1ft（英尺）＝0.3048m

Sigler称这些 DNA 阅读基序（DNA-reading motif）为阅读头（reading head），把它们比作磁带录音机中的阅读头或计算机磁盘的驱动磁头。计算机的阅读头可处于两种位置，加载读盘或离开磁盘。*trp* 阻遏物以同样的方式工作。色氨酸存在时，它将自己插入平台与各阅读头之间，使阅读头处于匹配操纵基因大沟的最适位置（图 9.12）。当色氨酸从阻遏物蛋白上解离后，所留下的空隙允许阅读头离开大沟返回中心平台，离开与操纵基因匹配的位置。

图 9.13（a）显示色氨酸在阻遏物上与周围分子的关系。几乎所有可类比的螺旋-转角-螺旋蛋白的疏水口袋都被一个疏水氨基酸（有时是色氨酸）的侧链所占据，如 λ 阻遏物、Cro、CAP。在这些蛋白质中，疏水氨基酸是蛋白质链的一部分，不像在 *trp* 阻遏物中是自由氨基酸。Sigler 将 Arg84 和 Arg85 间色氨酸的排列方式比作意大利面肠三明治，其中色氨酸是意大利面肠。将其移走后如图 9.13（b）所示，两个精氨酸就像三明治中的两块面包那样贴在一起了。该模型也适用于其他分子，由于 Arg54 位于阻遏物二聚体的中心平台上，而 Arg84 位于阅读头的结合面上，因此，在两个精氨酸之间插入色氨酸可将阅读头推离平台而指向操纵基因的大沟（图 9.12）。

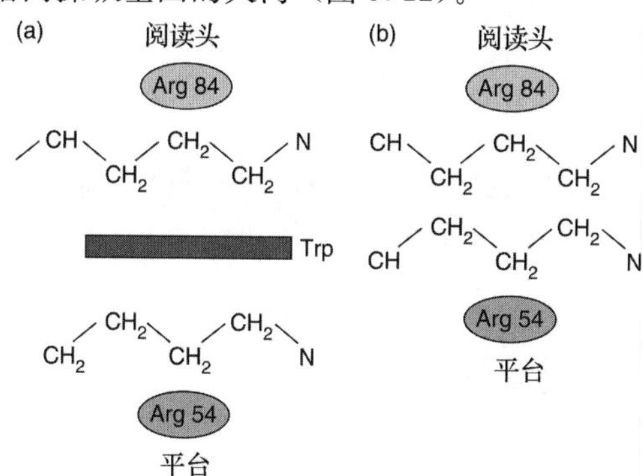

图 9.13 *trp* 阻遏物的色氨酸结合位点。（a） *trp* 阻遏物中色氨酸的邻近分子。注意色氨酸侧链（红色）上方的 Arg84 和下方的 Arg54。**（b）** 阻遏物蛋白没有色氨酸的相同区域。注意精氨酸已经移到一起填补色氨酸缺失留下的空缺。

小结 *trp* 阻遏物需要色氨酸迫使阻遏物二聚体的识别螺旋进入适当的位置与 *trp* 操纵基因发生相互作用。

9.3 对蛋白质-DNA 相互作用的一般性认识

蛋白质与特定 DNA 片段结合的专一性由什么决定呢？目前所看到的例子提示有两种答案：① 碱基与氨基酸的特异性相互作用；②DNA呈现一定构型的能力，其构型取决于碱基序列。这两种可能性显然互不排斥，适用于很多蛋白质-DNA 的这类相互作用。

四个不同碱基对的氢键形成能力

我们已经看到，不同 DNA 结合蛋白依赖于对 DNA 碱基的不同程度的接触。就它们“阅读”碱基序列的程度而言，你可能会问它们读的是什么？毕竟碱基对不是敞开的，DNA 结合蛋白必须在碱基配对条件下感知碱基的差异。它们必须通过氢键或范德华力与碱基对产生碱基特异结合（base-specific contact）。我们来查验一下 4 种碱基对的氢键势能。

先看图 9.14（a）的 DNA 双螺旋，将 DNA 旋转 90°使其伸出纸面直接指向我们，此时就可以看到双螺旋轴。现在从这个方向来看一个碱基对，如图 9.14（b）所示，大沟在上，小沟在下。DNA 结合蛋白穿过其中一个沟与碱基对发生作用。这样可在沟里“看见”4 个可能的外形，这取决于碱基对是 T-A、A-T、C-G 还是 G-C。

图 9.14（c）显示来自大小沟的其中两个外形。在最下面的是线性示意图［图 9.14（d）］，其中总结了蛋白质在两沟与 T-A 和 C-G 相遇的情况。氢键受体（氧和氮原子）表示为“Acc”，氢键供体（氢原子）表示为“Don”。大小沟分别位于水平线之上下。竖线的长度表示供体或受体原子从螺旋轴伸向 DNA 沟外的相对距离。可以看到 T-A 和 C-G 碱基对呈现不同的图形，尤其是在大沟里，嘧啶-嘌呤碱基对与嘌呤-嘧啶碱基对的差别更明显。

这些氢键图形表示了氨基酸与碱基对的直接作用，当然也存在其他可能性。有一种间接阅读，其中氨基酸通过直接的氢键结合或形成

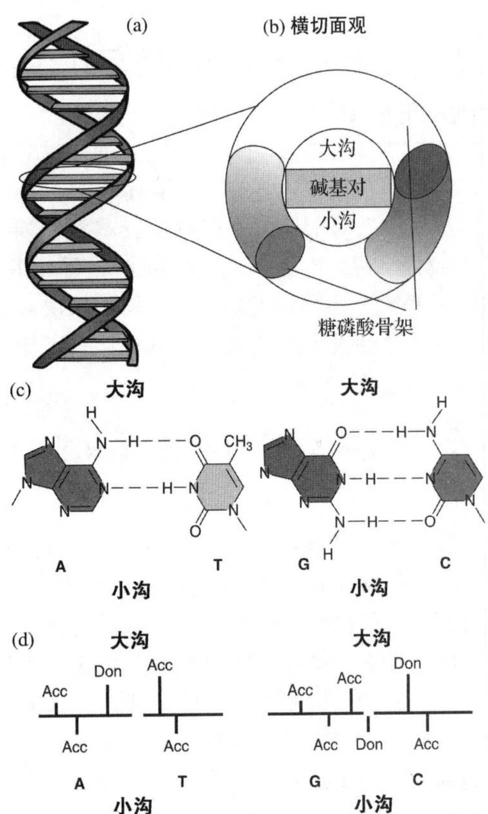

图 9.14 DNA 大小沟内碱基对的外观。（**a**）标准 B-DNA，两个骨架分别为红色和蓝色，碱基对为黄色。（**b**）相同 DNA 分子的俯视图。注意与小沟（下）相比，大沟（上）开口更大。（**c**）两个碱基对的结构式。还是大沟在上，小沟在下。（**d**）线状图，显示大小沟内氢键受体（Acc）和供体（Don）的位置。从左向右读，T-A 对的大沟有一个受体（腺嘌呤环的 N-7）和一个供体（腺嘌呤的 NH_2）、再一个受体（胸腺嘧啶的 C=O）。垂直线的交汇点表示这些基团的相对水平位置。竖线的长度表示垂直位置。两个碱基对在大小沟内受体和供体的组合方式不同，因此在外部蛋白进入时可识别。将图左右翻转可见 A-T 和 G-C 仍呈不同模式。（*Source*：Adapted from R. Schleif，DNA binding by proteins. *Science* 241：1182-1183，1988.）

盐键“阅读”DNA 骨架构型。氨基酸和碱基还可通过氢键与干扰的水分子间接相互作用，这些“间接相互作用”的专一性不亚于直接相互作用。

小结 4 个不同碱基对显示了氨基酸进入 DNA 大小沟的 4 种不同的氢键生成模式。

多聚 DNA 结合蛋白的重要性

Robert Schleif 注意到，DNA 结合蛋白的靶位点通常是对称或重复的，因而可以与由一个以上亚基组成的多亚基蛋白发生作用。大多数 DNA 结合蛋白都是二聚体（有的甚至是四聚体），由此极大地增强了 DNA 与蛋白质的结合，因为蛋白质的两个亚基可协同性地结合。在结合位点只要有一个亚基就自然增加另一个亚基的浓度，这种浓度的迅速增加非常重要，因为细胞内 DNA 结合蛋白的量通常很少。

研究二聚体 DNA 结合蛋白优点的另一个方法是采用熵（entropy）的概念。熵是测量无序状态的一种方式。当你了解到自然界的熵或无序状态随着时间而自然地增加时，可能不会奇怪。想想自己的房间无序时所发生的情况，会对熵的概念有更好的理解。无序状态会随着时间增加，直到你花费能量去收拾。因此将无序变为有序或者降低系统的熵值需要消耗能量。

DNA-蛋白质复合体比其相互独立的单个分子更为有序，因此，把它们连在一起降低了熵值。两个相互独立的蛋白质亚基结合，可加倍降低熵值。但是如果两个蛋白质亚基已经在二聚体中结合，那么调整其中一个与 DNA 的结合，会自动调整另一个的结合，因此熵值变化比单独结合中少得多，所需能量也少。从 DNA-蛋白质复合体的角度看，从 DNA 上释放蛋白质二聚体的熵值低于释放两个独立的结合蛋白的熵值，所以二聚体蛋白与 DNA 结合得更紧密。

小结 多聚 DNA 结合蛋白对 DNA 结合位点的亲和性高于独立结合的多聚单体蛋白。

9.4 DNA 结合蛋白：远程作用

到目前为止，我们主要研究了 DNA 结合蛋白控制其附近事件的发生。例如，*lac* 阻遏物结合到操纵基因上，干扰邻近 DNA 位点的 RNA 聚合酶活性。又如，λ 阻遏物刺激 RNA 聚合酶结合到邻近位点上。然而，很多例子都显示 DNA 结合蛋白还可以影响 DNA 上远程位点间的相互作用。我们会看到，这种现象在真核生物中很普遍，在原核生物中也有几个例子。

Gal 操纵子

1983 年，S. Adhya 及同事报道了一个意外发现，*E. coli* 的 *gal* 操纵子（编码半乳糖代谢所需的酶）有两个相隔 97bp 的不同操纵基因。其中一个位于预期的操纵基因的位置，即邻接 *gal* 启动子处，称为 O_E，表示"外部的"操纵基因。另一个称为 O_I，表示"内部的"操纵基因，位于第一个结构基因 *galE* 之内。下游的这个操纵基因是通过遗传学研究发现的，即 O_C 突变是定位到 *galE* 基因而不是 O_E。对这种分开的两个操纵基因功能的一种解释是，它们都与阻遏物结合，而两个阻遏物则通过 DNA **环凸**（looping out）发生相互作用，如图 9.15 所示。我们在第 7 章已经看到 *lac* 和 *ara* 操纵子就是采用的这种阻遏作用。

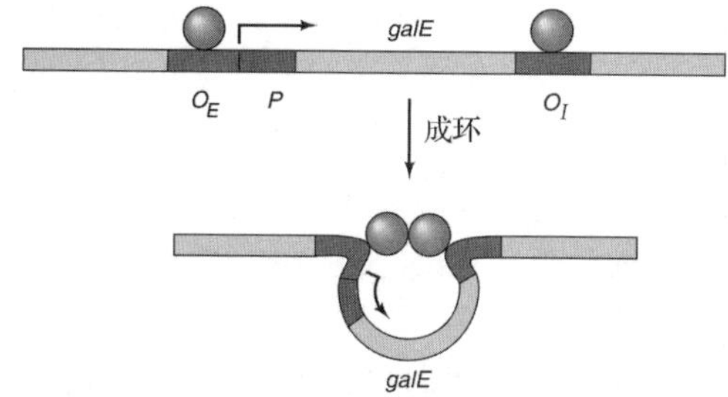

图 9.15　*gal* 操纵子的阻遏作用。 *gal* 操纵子有两个操纵基因（红色）。一个外部的（O_E），邻接启动子（绿色），一个内部的（O_I），位于 *galE* 基因（黄色）内。阻遏物分子（蓝色）结合到两个操纵基因上，通过成环外凸中间的 DNA（底部）而发生相互作用。

重复的 λ 操纵基因

刚才对 *gal* 操纵子的简要介绍显示，蛋白质在大约 100bp 远的距离上可相互作用，但是没有给出直接证据。Ptashne 及同事利用人工系统获得了这种证据。该系统是我们熟悉的 λ 操纵基因-阻遏物组合，但是人为地将相邻的两个操纵基因按不同距离隔开了。正常情况下，当两个操纵基因 O_R1 和 O_R2 相邻时，阻遏物二聚体协同性地与它们结合。问题是当两个操纵基因分开后，阻遏物二聚体还能协同地与之结合吗？答案是肯定的，只要两个操纵基因位于 DNA 双螺旋的同一侧就可以。这一发现支持了阻遏物与 *gal* 操纵基因的结合由 DNA 环所介导的假设。

Ptashne 及同事用两种证据证明了对隔开的 λ 启动子的协同结合：DNase 足迹和电子显微镜观察。如果我们对两个独自结合在相距较远的 DNA 位点上的蛋白质进行 DNase 足迹实验时，就可以看到两个独立的足迹。然而，如果对通过 DNA 成环而协同性地结合在相距较远的 DNA 位点上的蛋白质进行足迹实验时，同样可以看到两个独立的足迹，但这一次还能看到发生在两个位点间的有趣现象，这在独立结合的蛋白质是不会出现的。在后面一个实验中，对 DNase 不敏感和超敏感交替重复出现。对这一现象可用图 9.16 解释，当 DNA 成环外凸时，内侧的碱基对被压紧，相对地可免受 DNase 的破坏，而环外侧的碱基对则比正常情况要伸展，对 DNase 变得更敏感。随着 DNA 双螺旋延伸，这种模式就交替重复出现。

利用这种方法分析协同性，Ptashne 及同事对结合有 DNA 的阻遏物做了 DNase 足迹试验，实验中的两个操纵基因被整数或非整数的双螺旋数所分开。图 9.17（a）显示两个操纵基因被隔开 63bp（几乎刚好是 6 个螺旋）时阻遏物协同结合的例子，可以看到在两个结合位点间呈现出对 DNA 酶敏感性高低变化的交替重复。图 9.17（b）是非协同结合的结果，两个操纵基因被 58bp（刚好 5.5 个螺旋）所分开，没有看到对 DNA 酶敏感性的交替变化。

他们又对阻遏物-操纵基因复合物进行了电子显微镜观察，以确认阻遏物中结合的 DNA 是否真的成环外凸，DNA 中操纵基因被整数或非整数螺圈所隔开。如图 9.18 显示，DNA 确实环凸了。当成环外凸发生时，可以清楚地看到 DNA 明显地弯曲了。相反，Ptashne 及同事在非整数螺圈所隔开的操纵基因中一直没有观察到 DNA 弯曲。因此，正如所预期的，这些 DNA 很难成环外凸。这些实验清楚地证明当两个 DNA 位点被整数螺圈隔开时，可通过位点间 DNA 的成环外凸而使蛋白质协同结合。

小结　当两个 λ 操纵基因被整数螺圈隔开时，其间的 DNA 成环外凸，使蛋白质协同结合。当操纵基因被非整数螺圈隔开时，蛋白质只能结合到 DNA 双螺旋的对面，所以不能发生协同结合。

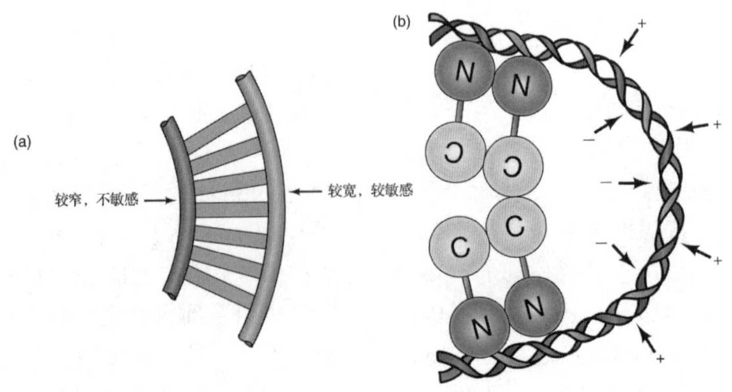

图 9.16　DNA 成环对 DNA 酶敏感性的影响。（**a**）简化的示意图。双螺旋简化为铁轨形式，骨架为红色和蓝色，碱基对为橙色。当 DNA 弯曲时，内侧链被压紧，限制了 DNase 的进入，而外侧链被拉开，易受 DNase 攻击。（**b**）在真实双螺旋中，两条链在内外侧交替出现。DNA 结合蛋白二聚体（本例中为 λ 阻遏物）在两个分开的位点上相互作用，使中间的 DNA 成环外凸，使环外侧的 DNA 伸展，易受 DNase Ⅰ攻击（＋标出），而环内侧 DNA 被压缩，阻碍 DNase Ⅰ攻击（－标出）。结果出现了成环区对 DNase Ⅰ敏感性较高和较低的交替方式。这里只考虑了一条链（红色），对另一条链也同样适用。[*Source*：(*b*) Adapted from Hochschild A. and M. Ptashne, Cooperative binding of lambda repressors to sites separated by integral turns of the DNA helix. *Cell* 44：685，1986.]

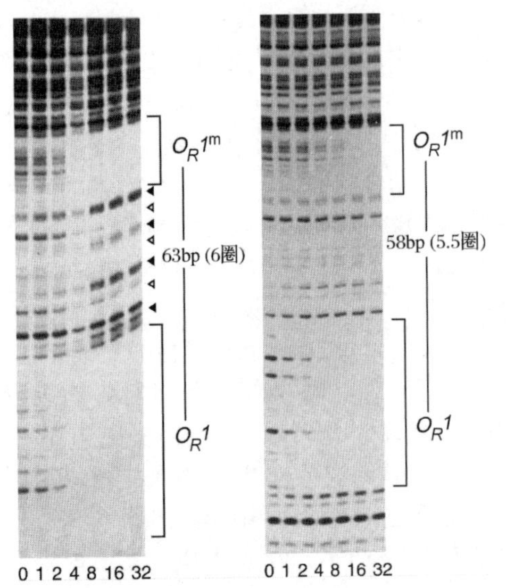

图 9.17　双操纵基因位点的 DNase 酶足迹。（**a**）协同结合。两个操纵基因几乎刚好相距 6 个双螺旋（63bp），加入的阻遏物的浓度增加时，DNaseⅠ在两个足迹间强弱交替切割。实心箭头表示强的，空心箭头表示弱的。由此提示阻遏物结合的两个操纵基因间 DNA 是成环的。（**b**）非协同结合。两个操纵基因被非整数双螺旋（58bp，或 5.5 圈）所隔开。阻遏物结合时，对 DNA 酶的敏感性未表现出强弱交替，因此两个阻遏物分别独立地结合在操纵基因上，没有 DNA 成环。每个泳道底部的数字是加入的阻遏物单体的浓度，如 1 是 13.5nmol/L、2 是 27nmol/L 等。[*Source*：Adapted from Hochschild，A. and M. Ptashne，Cooperative binding of lambda repressors to sites separated by integral turns of the DNA helix. *Cell* 44（14 Mar 1986）f. 3a& 4，p. 683.]

增强子

增强子是非启动子 DNA 元件，可与蛋白质因子结合激活转录。根据定义，增强子可以远程发挥作用。1981 年以来，已在真核生物中确认这一元件，我们将在第 12 章中详述。最近，增强子在原核生物中也被发现了。1989 年，Popham 及同事描述了一种增强子，它能帮助 *E. coli* 中被辅助性 σ 因子（σ^{54}）所识别的基因的转录。我们在第 8 章中提到过该因子，它是个 σ 因子，也称为 σ^{N}，在氮源缺乏时发挥作用，可以从另一个启动子处转录 *glnA* 基因。

σ^{54} 因子是缺陷型的。DNase 足迹实验证明，它可引起 $E\sigma^{54}$ 全酶稳定结合到 *glnA* 启动子上，但不能像正常 σ 因子那样在开放启动子复合体形成中发挥重要功能。Popham 及同事利用发夹阻抗（hairpin resistance）和 DNA 甲基化两种方法分析了它的功能。聚合酶在形成开放启动子复合体时，与 DNA 的结合非常紧密。加入发夹结构作为 DNA 的竞争剂，不能阻止聚合酶。而聚合酶形成的闭合启动子复合体是一种相对松散的结合并以很高的速度解离，因此，加入发夹竞争剂可以抑制聚合酶结合 DNA。此外，当聚合酶形成开放启动子复合体时，会使变性 DNA 中的胞嘧啶暴露在

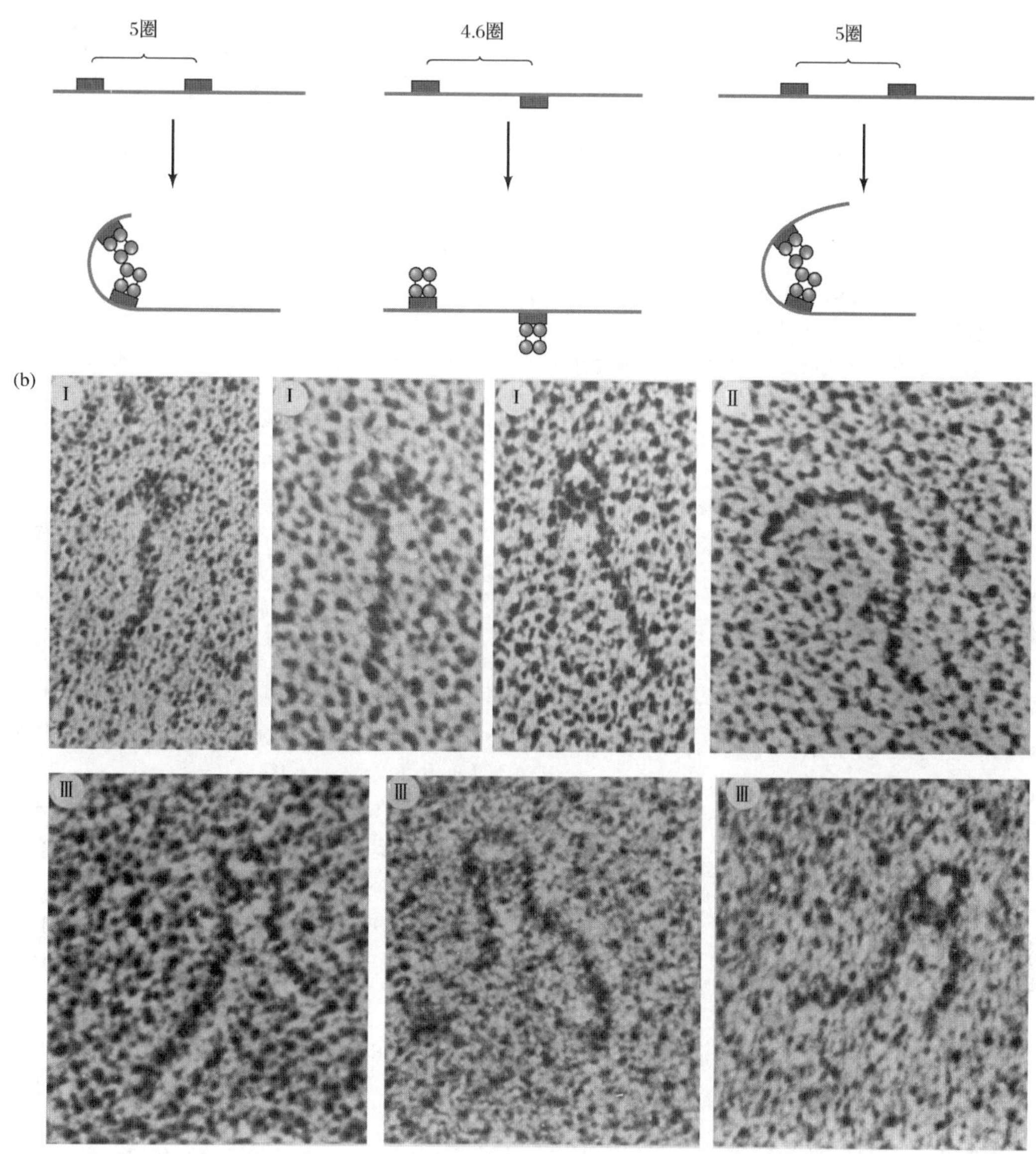

图 9.18 结合于双操纵基因的λ阻遏物的电镜照片。(a) 三个 DNA 分子的双操纵基因排列。图Ⅰ，两个操纵基因在 DNA 的一端相距 5 个螺圈；图Ⅱ，在 DNA 的一端相距 4.6 个螺圈；图Ⅲ，在 DNA 的中间相距 5 个螺圈；箭头指示每种情况下由于阻遏物与两个操纵基因的协同性结合所应产生的 DNA 环的形状。图Ⅱ中不应产生环，因为间隔的螺圈数是非整数，阻遏物结合在 DNA 双链的两个相反面。**(b)** 蛋白质-DNA 复合物的电镜照片。所用 DNA 的类型在每张图的左上角标出。这些复合物确实具有图（a）所示的不同形状。[*Source*：(*a*) Griffith et al.，DNA loops induced by cooperative binding of lambda repressor. *Nature* 322（21 Aug 1986）f. 2，p. 751. © Macmillan Magazines Ltd.]

DMS 中，使其发生甲基化。而闭合复合体中无 DNA 解链，所以不会发生甲基化。

通过发夹敏感性和甲基化抗性这些关键实验发现，σ^{54}不能形成开放启动子复合体，而是由另一个蛋白 NtrC（*ntrC* 基因的产物）结合到增强子上帮助 σ^{54} 形成开放启动子复合体。DNA 解链所需的能量来自 ATP 水解，而 ATP 水解由 NtrC 上的 ATP 酶结构域行使。这种 ATP 依赖型 σ 因子在原核生物中不多见。通常，非增强子依赖型启动子的 σ 因子可使 DNA 在没有 ATP 的情况下解链。

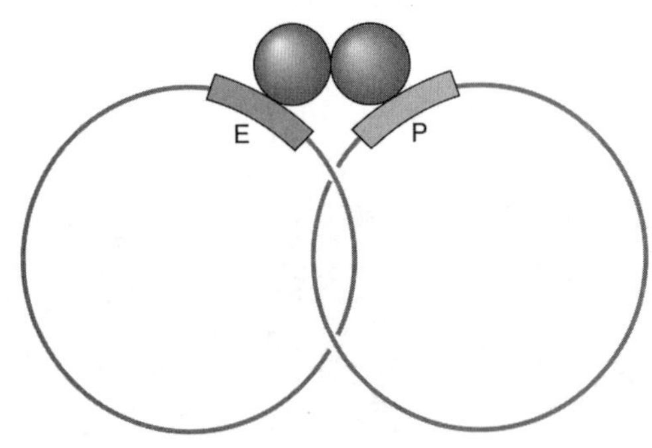

图 9.19 两个处于联结 DNA 分子上的分离位点的相互作用。增强子（E）和启动子（P）分别位于两个拓扑性连体环 DNA 分子上。因此，即使两个环有差异，增强子和启动子永远不会离开太远，从而使结合在上面的蛋白质（红色和绿色）发生相互作用。

那么增强子与启动子如何相互作用的呢？实验结果有力地提示 DNA 成环后参与其中。一条线索是，增强子必须离开启动子至少 70bp 才能发挥作用，这样增强子与启动子间有足够的空间使 DNA 成环。此外，即使与启动子不在同一个 DNA 分子上，增强子也能发挥作用，只要两者能连接成图 9.19 所示的连体环。就像它们在成环结构中那样，这种方式仍然允许增强子与启动子相互作用，从而避免了两个元件必须在同一 DNA 分子上的机制（如改变超螺旋程度或蛋白质沿 DNA 滑动）。在第 12 章我们将详细讨论这一现象。最后也是最有说服力的证据是，我们可以实际观察所预测的 DNA 环，它位于 NtrC 结合的增强子和 σ^{54} 全酶结合的启动子之间。图 9.20 是 Sydney Kustu 和 Harrison Echols 及同事的电子显微镜观察结果。所用的 DNA 克隆含有增强子－*glnA* 区域，他们在启动子与增强子间插入 350bp DNA，以使环状结构更容易观察。在多数电子显微镜图片上，聚合酶全酶比 NtrC 着色要深，因此在环的基部可区分两个蛋白质，该结果正如我们所预期的那样：两种蛋白质是通过期间 DNA 成环而相互作用的。

T4 噬菌体提供了一个非正常的可移动增强子的例子，该增强子不是由碱基序列来定义的。T4 噬菌体晚期基因的转录依赖于 DNA 复制。只有噬菌体 DNA 开始复制后，晚期基因才能转录。晚期转录与 DNA 复制间关联的原因之一是噬菌体晚期 σ 因子（σ^{55}）与 *E. coli* 的

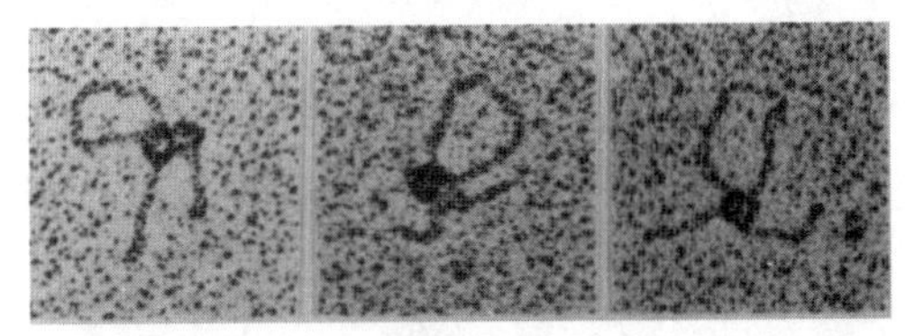

图 9.20 *glnA* 启动子-增强子区的成环作用。Kustu、Echols 及同事在启动子与增强子间插入 350bp DNA 片段使两者分开，然后让 NtrC 与增强子结合、RNA 聚合酶与启动子结合。当两个蛋白质相互作用时，中间的 DNA 成环外凸，如电镜照片所示。[*Source*: Su, W., S. Porter, S. Kustu, and H. Echols, DNA-looping and enhancer activity: Association between DNA-bound NtrC activator and RNA polymerase at the bacterial *glnA* promoter. *Proceedings of the National Academy of Sciences USA* 87 (July 1990) f. 4, p. 5507.]

σ^{54} 一样是缺陷型的，没有增强子它就不能行使功能。但是晚期 T4 增强子不像 NtrC 结合位点，不是一段固定 DNA 序列，而是一个 DNA 复制叉。增强子结合蛋白由噬菌体基因 44、45 和 62 编码，是噬菌体 DNA 复制机器的一部分，增强子结合蛋白随复制叉移动，与移动的增强子保持接触。

可以在体外用一个简单的 DNA 切口来模拟复制叉，但该切口的极性十分重要，只有位于非模板链时才能起增强子作用。由此提示 T4 晚期增强子可能不是通过 DNA 成环发挥作用，因为成环与极性无关。此外，不像 *glnA* 等典型的增强子，T4 晚期增强子必须与它所控制的启动子在同一个 DNA 分子上，不能作为连体环的一部分发挥反式（*in trans*）作用，这有悖于成环机制。

小结 *E. coli* 的 *glnA* 基因是依赖增强子进行转录的原核生物的例子。增强子结合 NtrC 蛋白，而 NtrC 蛋白再结合至少 70bp 之外的启动子上的聚合酶，通过 NtrC 的 ATP 水解提供能量，形成开放启动子复合体起始转录。两个蛋白质通过使中间的 DNA 成环外凸而发生相互作用。T4 晚期增强子是 DNA 复制复合体的一部分，可移动。由于它必须与所控制的启动子在同一 DNA 分子上，因此可能不是通过 DNA 成环发挥作用。

总结

类λ噬菌体阻遏物都可以识别螺旋结构，并从侧面契合到操纵基因DNA的大沟里。识别螺旋靠近DNA侧的某些氨基酸可特异性地结合操纵基因的碱基，这种结合决定了蛋白质-DNA相互作用的特异性。改变这些氨基酸可以改变阻遏物的特异性。λ阻遏物和Cro蛋白对相同操纵基因具有相同的亲和性，但它们对O_R1或O_R3的亲和力则有细微差别，这种差别由识别螺旋中不同氨基酸与两个操纵基因中不同碱基对的相互作用决定。

λ阻遏物片段与操纵基因片段的共晶体结构揭示了蛋白质与DNA相互作用的细节情况。最重要的结合发生在DNA大沟里，是识别螺旋的氨基酸与DNA碱基和DNA骨架间形成氢键。由两个氨基酸与两个或更多DNA位点结合所形成的氢键网络可以稳定一些氢键。通过共晶体结构推测的结构与生化和遗传实验的结果几乎完全一致。

434噬菌体阻遏物片段/操纵基因片段复合体X射线晶体显示了识别螺旋的氨基酸与操纵基因（译者注：原文为阻遏物）碱基对之间的可能氢键结合，也揭示了识别螺旋的氨基酸与操纵基因碱基对之间的潜在范德华力结合。复合体中DNA形状发生了明显变化，它适当弯曲以适应碱基/氨基酸的结合。此外，在两个半位点间的螺旋中部缠绕得格外紧密，而外侧比正常的要松。操纵基因的碱基序列促进了与正常DNA构型的这种差异。

*trp*阻遏物需要色氨酸以便迫使阻遏物二聚体的识别螺旋进入适当的位置而与*trp*操纵基因相互作用。

DNA结合蛋白可以结合DNA的大沟或小沟（或两个同时）。4个不同碱基对呈现4种不同氢键模式，与指向DNA大沟或小沟的氨基酸结合，所以，即使两条链不分离，DNA结合蛋白也能识别DNA中的碱基对。

多聚DNA结合蛋白对DNA结合位点的亲和性高于独立结合的多聚单体蛋白。多聚蛋白的优势是可以协同性地与DNA结合。

当两个λ操纵基因被整数螺圈隔开时，其间的DNA成环外凸，允许协同结合。当操纵基因被非整数螺圈隔开时，蛋白质只能结合到DNA双螺旋的对面，所以不能发生协同结合。

*E. coli*的*glnA*基因是依赖于增强子转录的原核生物的例子。增强子与NtrC蛋白结合，而NtrC蛋白再与至少70bp之外的启动子上的聚合酶结合，NtrC对ATP的水解使得开放启动子复合体形成，转录可以发生。两个蛋白质通过成环外凸中间的DNA而相互作用。T4晚期增强子是DNA复制复合体的一部分，可以移动。由于必须与所控制的启动子在同一个DNA分子上，因此它可能不是通过DNA成环发挥作用。

复习题

1. 画出与DNA双螺旋相互作用的螺旋-转角-螺旋结构域草图。

2. 描述一个实验并给出结果，显示在类λ噬菌体阻遏物与其操纵基因结合中起重要作用的氨基酸。给出两种方法分析阻遏物与操纵基因的结合。

3. 总体来讲，什么因素决定λ阻遏物和Cro对三个操纵基因位点的偏爱性？

4. 谷氨酰胺和精氨酸侧链与DNA之间倾向于产生何种键？

5. 氨基酸的亚甲基和甲基基团与DNA之间倾向于产生何种键？

6. 在蛋白质-DNA相互作用中，氢键网络是什么意思？

7. 绘出“阅读头”模型草图，显示相对于*trp*操纵基因，*trp*阻遏物及阻遏物蛋白识别螺旋的不同位置。

8. 绘出“意大利三明治”模型草图，解释将色氨酸加入*trp*阻遏物蛋白后如何引起蛋白质构象的转换？

9. 用一句话说明λ和*trp*阻遏物相对于各自操纵基因的方向。

10. 解释为什么寡聚蛋白（二聚体或四聚体）与DNA的结合比单体蛋白更容易？

11. 图示当两个蛋白质协同性地结合到DNA的两个分开的位点上时，对DNase抗性和敏感性的交替模式。

12. 描述实验并给出结果，证明λ阻遏物二聚体与被整数螺圈所隔开的两个操纵基因的结合是协同性的，而与被非整数双螺圈所隔开的两个操纵基因的结合是非协同性的。

13. 描述并给出电镜实验结果，证明与上题中的问题相同的结果。

14. σ^{54}是什么样的缺陷型？

15. 哪些物质能补偿 σ^{54} 缺失的功能？

16. 描述实验并给出结果，显示 DNA 成环作用参与了大肠杆菌的 *glnA* 基因位点的增强作用。

17. T4 噬菌体 σ^{55} 的增强子与 *E. coli* σ^{54} 的增强子有何不同？

分析题

1. DNA 结合蛋白的一个精氨酸与 DNA 的一个胞嘧啶形成一个重要的氢键。将该精氨酸（译者注：原文为谷氨酰胺）改变为丙氨酸可阻止该氢键的形成，从而阻断 DNA 与蛋白质之间的相互作用。将胞嘧啶变为胸腺嘧啶可恢复对突变蛋白的结合。给出一个可接受的假说解释这些发现。

2. 你有以下假说：若要与一个 DNA 结合蛋白很好地结合，DNA 靶位点必须松弛一些，以便使碱基对 4 和 5 之间的小沟变宽。设计一个实验验证这个假设。

3. 画出一个 A－T 碱基对。以此结构为基础，画出线状图示意氢键供体和受体基团在大小沟中的相对位置。碱基对的水平轴用两个水平线段表示，氢键供体和受体的相对水平位置用竖线表示。氢键供体和受体的相对垂直位置用竖线长度表示。当蛋白质与该碱基对发生相互作用时，该图具有怎样的相关性？

翻译　马　纪　校对　张富春　岳　兵

推荐阅读文献

一般的引用和评论文献

Geiduschek, E. P. 1997. Paths to activation of transcription. *Science* 275：1614-1616.

Kustu, S., A. K. North, and D. S Weiss. 1991. Prokaryotic transcriptional enhancers and enhancer-binding proteins. *Trends in Biochemical Sciences* 16：397-402.

Schleif, R. 1988. DNA binding by proteins. *Science* 241：1182-1187.

研究论文

Aggarwal, A. K., D. W. Rodgers, M. Drottar, M. Ptashne, and S. C. Harrison. 1988. Recognition of a DNA operator by the repressor of phage 434：A view at high resolution. *Science* 242：899-907.

Griffith, J., A. Hochschild, and M. Ptashne. 1986. DNA loops induced by cooperative binding of λ repressor. *Nature* 322：750-752.

Herendeen, D. R., G. A. Kassavetis, J. Barry, B. M. Alberts, and E. P. Geiduschek. 1990. Enhancement of bacteriophage T4 late transcription by components of the T4 DNA replication apparatus. *Science* 245：952-958.

Hochschild, A., J. Douhann Ⅲ, and M. Ptashne. 1986. How λ repressor and λ cro distinguish between O_R1 and O_R3. *Cell* 47：807-816.

Hochschild, A. and M. Ptashne. 1986. Cooperative binding of λ repressors to sites separates by integral turns of the DNA helix. *Cell* 44：681-687.

Jordan, S. R. and C. O. Pabo. 1988. Structure of the lambda complex at 2.5 Å resolution：Details of the repressor-operator interactions. *Science* 242：893-899.

Popham, D. L., D. Szeto, J. Keener, and S. Kustu. 1989. Function of a bacterial activator protein that binds to transcriptional enhancers. *Science* 243：629-635.

Sauer, R. T., R. R. Yocum, R. F. Doolittle, M. Lewis, and C. O. Pabo. 1982. Homology among DNA-binding proteins suggests use of a conserved super-secondary structure. *Nature* 298：447-451.

Schevitz, R. W., Z. Otwinowski, A. Joachimiak, C. L. Lawson, and P. B. Sigler. 1985. The three-dimensional structure of *trp* repressor. *Nature* 317：782-786.

Su, W., S. Porter, S. Kustu, and H. Echols.

1990. DNA looping and enhancer activity: Association between DNA-bound NtrC activator and RNA polymerase at the bacterial *glnA* promoter. *Proceedings of the National Academy of Sciences USA* 87: 5504-5508.

Wharton, R. P. and M. Ptashne. 1985. Changing the binding specificity of a repressor by redesigning an α-helix. *Nature* 316: 601-605.

Zhang, R. -g., A. Joachimiak, C. L. Lawson, R. W. Schevitz, Z. Otwinowski, and P. B. Sigler. 1987. The crystal structure of *trp* aporepressor at 1.8 Å shows how binding tryptophan enhances DNA affinity. *Nature* 327: 591-597.

第 10 章　真核生物的 RNA 聚合酶及其启动子

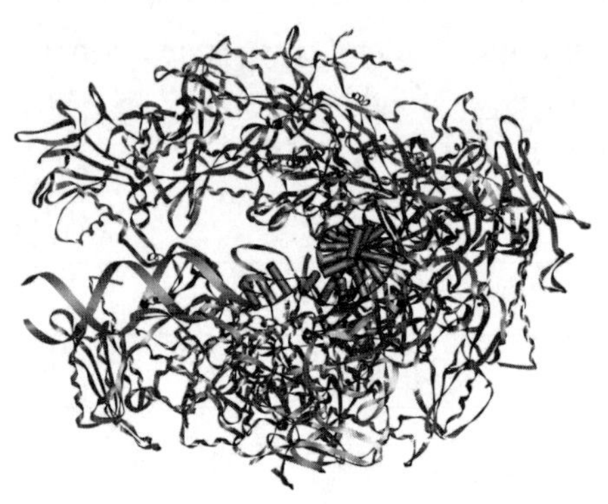

活性位点结合 RNA-DNA 杂交分子的酵母 Pol Ⅱ Δ4/7 蛋白的计算机生成模型。© *David A. Bushnell*，*Kenneth D. Westover and Roger D. Korberg*

在第 6 章，我们了解到细菌只有一种 RNA 聚合酶，负责转录三类 RNA：mRNA、rRNA 和 tRNA。该聚合酶可通过置换 σ 因子而适应环境变化的需要，但核心酶的本质是相同的，这完全不同于真核生物的情形。在本章我们将了解到，真核细胞的细胞核存在三类截然不同的 RNA 聚合酶，每种 RNA 聚合酶负责转录一套独立的基因，并识别不同的启动子。

10.1　真核生物 RNA 聚合酶的多种形式

早期研究认为，在真核生物细胞核内至少存在两类发挥作用的 RNA 聚合酶：一类负责转录核糖体 RNA 基因（在脊椎动物中，这些基因编码 28S、18S 和 5.8S rRNA）；另一类或多类 RNA 聚合酶负责转录细胞核内的其他基因。

核糖体基因在以下三个方面与细胞核内其他基因存在着差异：①核糖体基因与其他核基因的碱基组成不同，如大鼠 rRNA 基因的 GC 含量为 60%，而其他 DNA 序列的 GC 含量仅为 40%。②显著重复，其重复程度因生物种类而异，每个细胞 rRNA 基因的拷贝数从几百到两万以上不等。③核糖体基因与其他核基因在细胞核内的定位不同，rRNA 基因存在于**核仁**（nucleolus）中。这些特征都提示，在真核细胞的细胞核内至少存在两类功能性 RNA 聚合酶，一类存在于核仁中，负责 rRNA 的合成；另一类存在于**核质**（nucleoplasm）（核仁之外的其他细胞核部分）中，负责其他 RNA 的合成。

三类细胞核聚合酶的分离

1969 年，Robert Roeder 和 William Rutter 指出，真核生物拥有三类而不是两类不同的 RNA 聚合酶，而且这三类 RNA 聚合酶在细胞内具有各自截然不同的功能。研究者用 DEAE-Sephadex离子交换层析方法（第 5 章），从真核生物细胞中分离出了这三类不同的 RNA 聚合酶。

根据从离子交换柱上洗脱的次序，研究者将聚合酶活性的三个峰值命名为 **RNA 聚合酶Ⅰ**、**RNA 聚合酶**Ⅱ 和 **RNA 聚合酶**Ⅲ（图 10.1）。这三类 RNA 聚合酶除在 DEAE-Sephadex 离子交换层析过程中表现出不同的行为外，还有其他不同的性质。例如，这三类 RNA 聚合酶对不同离子强度及二价金属离子具有不同反应特性，更为重要的是，它们在基因转录事件中各自发挥特定的功能，即每一种 RNA 聚合酶负责合成特定的一类 RNA。

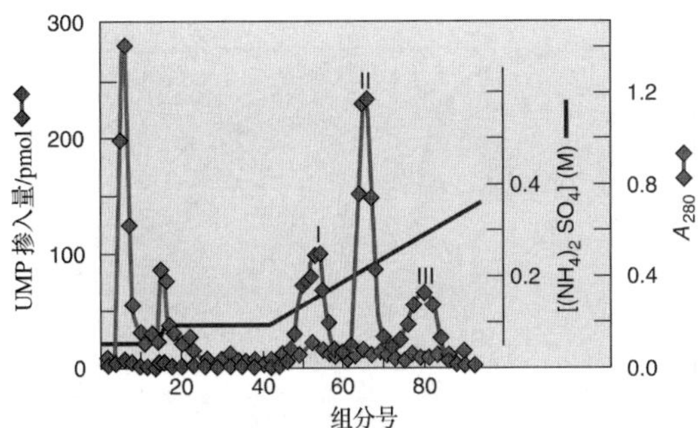

图 10.1 真核生物 RNA 聚合酶的分离。Roeder 和 Rutter 对海胆胚提取物进行 DEAE-Sephadex 离子交换层析。绿色：在 280mm 波长测得的蛋白质吸光值；红色：通过检测 RNA 中标记 UMP 的掺入量而测得的 RNA 聚合酶活性；蓝色：硫酸铵浓度。（*Source*：Adapted from Roeder，R. G.，and W. J. Rutter，Multiple forms of DNA-dependent RNA polymerase in eukaryotic organisms. *Nature* 224：235，1969.）

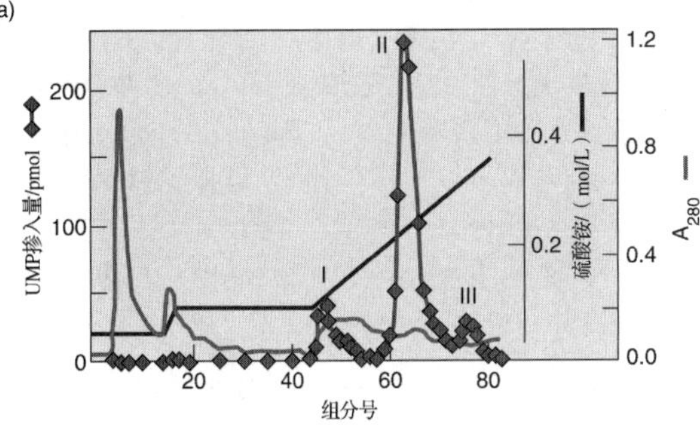

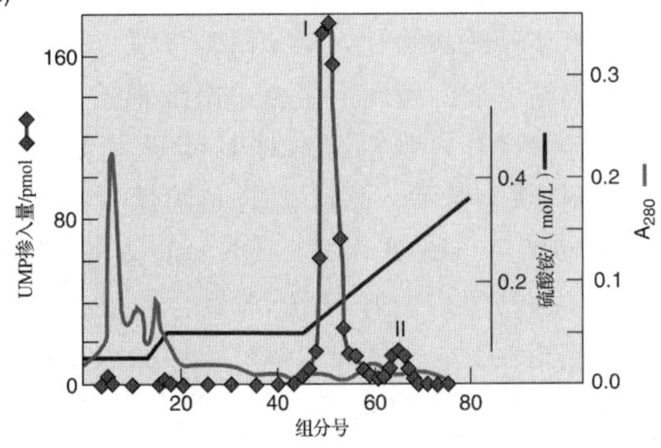

图 10.2 大鼠肝脏细胞内三类 RNA 聚合酶的细胞定位。Roeder 和 Rutter 将存在于大鼠肝脏细胞核质馏分（**a**）或核仁馏分（**b**）的聚合酶进行 DEAE-Sephadex 离子交换层析，方法及曲线颜色均同图 10.1。［*Source*：Adapted from Roeder，R. G.，and W. J. Rutter，Specific nucleolar and nucleoplasmic RNA polymerases，*Proceedings of the National Academy of Science* 65（3）：675-682，March 1970.］

Roeder 和 Rutter 进一步研究了分离纯化的核仁和核质，以查看这些**亚细胞核区室**（subnuclear compartment）是否富集有相应的聚合酶。图 10.2 显示，聚合酶Ⅰ确实主要定位在核仁中，聚合酶Ⅱ和聚合酶Ⅲ则存在于核质中。这说明聚合酶Ⅰ极有可能就是 rRNA 合成酶，聚合酶Ⅱ和聚合酶Ⅲ是其他 RNA 的合成酶。

小结 真核生物细胞核内存在三类 RNA 聚合酶，可通过离子交换层析的方法进行分离。RNA 聚合酶Ⅰ定位于核仁中，另外两类聚合酶（RNA 聚合酶Ⅱ和 RNA 聚合酶Ⅲ）定位于核质中。RNA 聚合酶Ⅰ在核仁中的定位表明其负责 rRNA 基因的转录。

三类 RNA 聚合酶的作用

我们如何分辨这三类 RNA 聚合酶在转录中的不同作用？有关聚合酶作用的最终证据是通过体外实验获得的，即研究被纯化的 RNA 聚合酶在体外条件下只能转录哪些特定的基因，而不能转录其他基因。结果表明，三类 RNA 聚合酶具有如下特性（表 10.1）：RNA 聚合酶Ⅰ催化合成大的 rRNA 前体。在哺乳动物中，这个前体的沉降系数为 45S，可被加工为成熟的 5.8S、18S 和 28S rRNA；RNA 聚合酶Ⅱ催化合成**不均一核 RNA**（heterogeneous nuclear RNA，hnRNA）及大多数的**核内小 RNA**（small nuclear RNA，snRNA），对于 hnRNA 的界定目前还不明确。在第 14 章我们将会了解到，绝大多数 hnRNA 是 mRNA 的前体，而 snRNA 则参与了由 hnRNA 到 mRNA 的成熟过程。在第 16 章我们将学习到，microRNA

表 10.1 真核生物 RNA 聚合酶的作用

RNA 聚合酶	合成的细胞 RNA	成熟的 RNA（脊椎动物）
Ⅰ	大的 rRNA 前体	28S、18S 和 5.8S rRNA
	hnRNA	mRNA
Ⅱ	snRNA	snRNA
	miRNA 前体	miRNA
	5S rRNA 前体	5S rRNA
	tRNA 前体	tRNA
Ⅲ	U6 snRNA(前体?)	U6 snRNA
	7SL RNA(前体?)	7SL RNA
	7SK RNA(前体?)	7SK RNA

通过降解 mRNA 或限制 mRNA 翻译而调控许多基因的表达。RNA 聚合酶Ⅲ催化合成 tRNA、5S rRNA 的前体及其他小分子 RNA。

实际上，在基因克隆和真核基因体外转录系统建立之前，我们就已获得了有关聚合酶转录分工的证据。本节主要介绍 RNA 聚合酶Ⅲ转录 tRNA 和 5S rRNA 基因的早期证据。

1974 年，Roeder 及同事借助一种称为 **α-鹅膏（蕈）毒环肽**（α-amanitin）的毒素完成了这项工作。这种高毒性物质是在某些伞形毒菌属（*Amanita*）的一些毒蘑中发现的［图 10.3（a)］，包括被称为“死亡之帽”的鬼笔鹅膏菌（*A. pballoides*）和因色泽纯白、致死毒性而被称为“死亡天使”的伞形毒蕈（*A. bisporigera*)。这两种毒蘑对许多没有经验的采蘑者来说是致命的。α-鹅膏（蕈）毒环肽对三类 RNA 聚合酶有不同的影响。低浓度时，α-鹅膏（蕈）毒环肽完全抑制 RNA 聚合酶Ⅱ的活性，而对聚合酶Ⅰ和聚合酶Ⅲ则根本没有影响；当浓度提高 1000 倍时，大多数真核生物的聚合酶Ⅲ活性都会受到影响（图 10.4)。

图 10.3 α-鹅膏（蕈）毒环肽。（a）鬼笔鹅膏菌（“死亡之帽”)，一种能产生 α-鹅膏（蕈）毒环肽的致死性毒蘑。**(b)** α-鹅膏（蕈）毒环肽结构。［*Source*：(*a*) Arora，D. *Mushrooms Demystified* 2e，1986，Plate 50（Ten Speed Press)．］

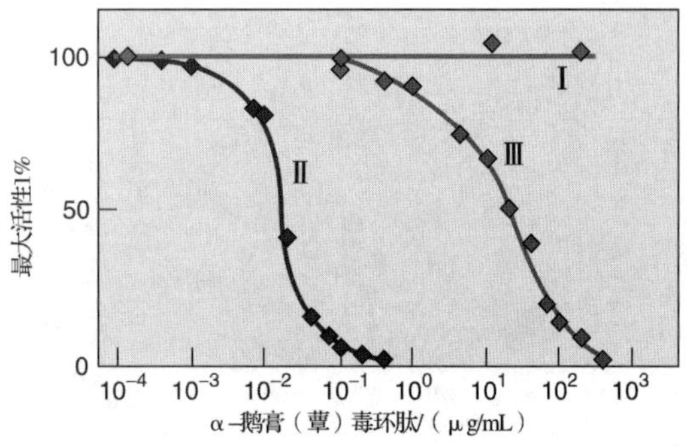

图 10.4 纯化的 RNA 聚合酶对 α-鹅膏（蕈）毒环肽的敏感性。Weinmann 和 Roeder 分析了 RNA 聚合酶Ⅰ（绿色）、RNA 聚合酶Ⅱ（蓝色）、RNA 聚合酶Ⅲ（红色）在 α-鹅膏（蕈）毒环肽浓度逐渐升高条件下的活性变化。在 α-鹅膏（蕈）毒环肽浓度为 0.02μg/mL 时，RNA 聚合酶Ⅱ 50%的活性受到抑制，而只有当 α-鹅膏（蕈）毒环肽浓度达到 20μg/mL 时，才能抑制 RNA 聚合酶Ⅲ 50%的活性；即使 α-鹅膏（蕈）毒环肽浓度达到 200μg/mL，RNA 聚合酶Ⅰ的活性也不会受影响。［*Source*：Adapted from R. Weinmann and R. G. Roeder，Role of DNA-Dependent RNA polymerase Ⅲ in the transcription of the tRNA and 5S RNA genes，*Proceedings of the National Academy of Science USA* 71（5)：1790-1794，May 1974.］

该实验的步骤是：在 α-鹅膏（蕈）毒环肽浓度逐渐增加的条件下温育小鼠细胞核，然后电泳转录产物，观察毒素对小 RNA 合成的影响。图 10.5 显示，高浓度的 α-鹅膏（蕈）毒环肽抑制 5S rRNA 和 4S tRNA 前体的合成，而且，抑制模式恰好与 RNA 聚合酶Ⅲ被抑制的模式相匹配：α-鹅膏（蕈）毒环肽浓度达到 10μg/mL 时，酶的 50%活性及前体 50%的合成量均被抑制了。因此，这些数据支持了 RNA 聚合酶Ⅲ是合成这两类 RNA 的假设（实际上，RNA 聚合酶Ⅲ也能合成比 5S rRNA 稍大的 5S rRNA 前体，但该实验未能区分成熟的 5S rRNA 及其前体）。RNA 聚合酶Ⅲ也能合成其他多种胞内小 RNA 和病毒 RNA，其中包括参与 RNA 剪接（第 14 章）的小 RNA 分子 **U6 snRNA**、在分泌蛋白（secreted protein）合成过程中参与信号肽（signal peptide）识别的小 RNA 分子 **7SL RNA**、与Ⅱ类转录延伸因子 P-TEFb 结合并抑制其功能的核内小 RNA 分子

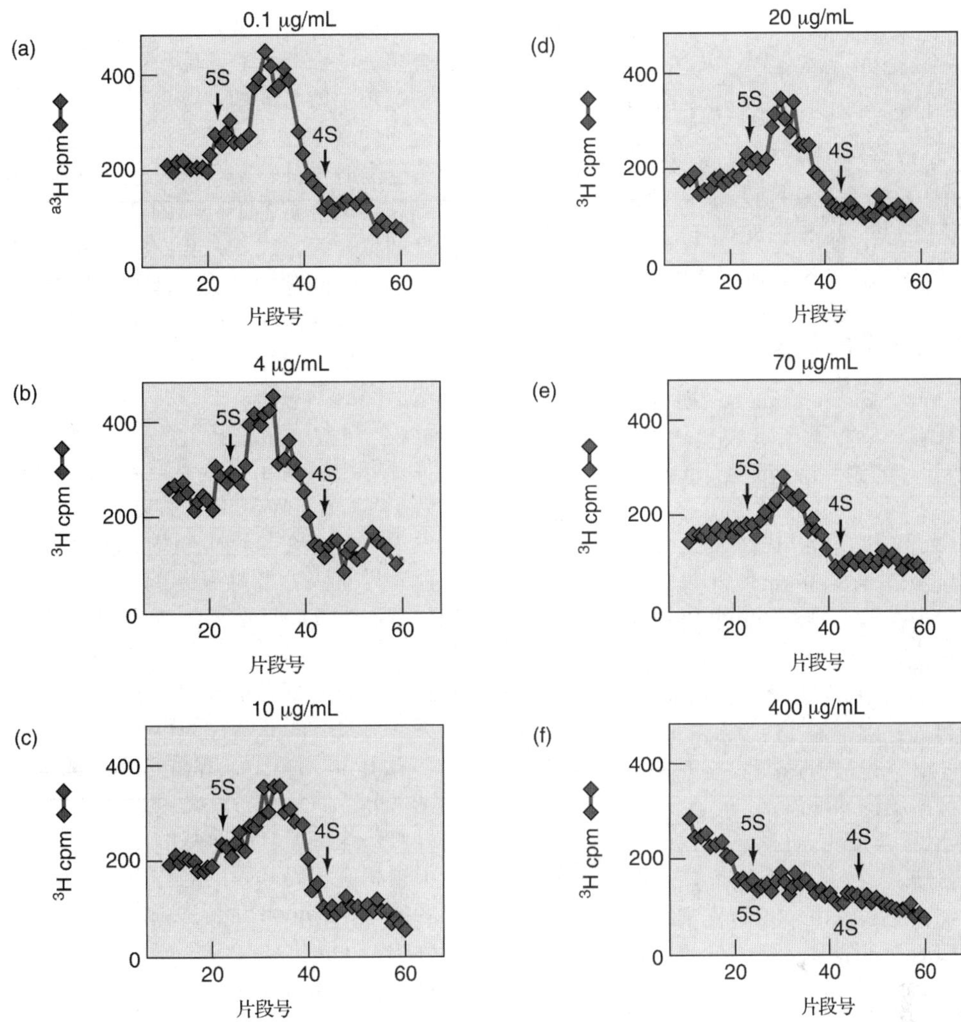

图 10.5　α-鹅膏（蕈）毒环肽对小 RNA 合成的影响。在不断增加 α-鹅膏（蕈）毒环肽浓度（每个实验所用浓度标注在对应图的上方）的条件下，Weinmann 和 Roeder 利用分离的细胞核合成标记小 RNA，通过离心，从细胞核中分离小 RNA，对存在于上清液中的小 RNA 进行 PAGE 电泳，测定凝胶的放射性（红色）。以 5S rRNA 和 4S tRNA 为标准，在同一块凝胶上进行电泳。α-鹅膏（蕈）毒环肽对 5S rRNA 前体和 4S tRNA 前体合成的影响与图 10.4 中该毒素对 RNA 聚合酶Ⅲ活性的抑制效应一致。[*Source*：Adapted from R. Weinmann and R. G. Roeder，Role of DNA-Dependent RNA polymerase Ⅲ in the transcription of the tRNA and 5S RNA genes，*Proceedings of the National Academy of Science USA* 71（5）：1790-1794，May 1974.]

7SK RNA、腺病毒的 VA（virus-associated）RNA 及 Epstein-Barr 病毒的 EBER2 RNA。

通过类似实验，确认了由 RNA 聚合酶Ⅰ和 RNA 聚合酶Ⅱ转录的基因。但对这些结果的解析并不容易，通过更为确定的体外实验才进一步证实了这些研究成果。

2000 年，由于第一个植物基因组（*Arabidopsis thaliana*，拟南芥）测序的完成，在开花植物中发现了另外两个 RNA 聚合酶：**RNA 聚合酶Ⅳ**和 **RNA 聚合酶Ⅴ**。这两种酶合成的非编码 RNA 是基因沉默机制中的组分（在其他真核生物中，聚合酶Ⅱ执行类似的转录任务。聚合酶Ⅳ和聚合酶Ⅴ的最大亚基和聚合酶Ⅱ的最大亚基在进化上相关）。第 16 章将详细讨论这种基因沉默机制。

小结 三类细胞核 RNA 聚合酶在转录过程中行使不同的功能。RNA 聚合酶Ⅰ负责合成较大的 rRNA（在脊椎动物中为 5.8S、18S 和 28S rRNA）前体；RNA 聚合酶Ⅱ催化合成 mRNA 的前体 hnRNA、miRNA 前体及大多数 snRNA 的前体；RNA 聚合酶 Ⅲ催化合成 5S rRNA、tRNA 的前体及其他几种胞内小 RNA 和病毒 RNA。

RNA 聚合酶亚基结构

1971 年，Pierre Chambon 研究组与 Rutter 研究组分别独立报道了真核生物 RNA 聚合酶（聚合酶Ⅱ）的第一个亚基结构，但都不全面。顺便提一下，Chambon 将三类聚合酶分别命名为聚合酶 A、B 和 C，而不是聚合酶Ⅰ、Ⅱ和Ⅲ。Roeder 和 Rutter 命名的聚合酶Ⅰ、Ⅱ和Ⅲ已经成为标准。目前，我们已经获得了有关各种真核生物三类 RNA 聚合酶详细的结构信息。三类聚合酶的结构均十分复杂，聚合酶Ⅰ、Ⅱ和Ⅲ分别含有 14、12 和 17 个亚基。对聚合酶Ⅱ研究得最为透彻，接下来将集中讨论聚合酶Ⅱ的结构和功能。

RNA 聚合酶Ⅱ的结构 对于真核生物 RNA 聚合酶这样复杂的酶而言，在与活性聚合酶共纯化的多肽中，我们很难区分哪些多肽是聚合酶的真正亚基，哪些是与酶紧密结合的无关杂蛋白。解决这个问题的途径之一是，纯化推测的聚合酶亚基，并重新组装成有活性的聚合酶，从而分析判断哪个亚基是聚合酶活性重构过程中所必需的，进而推断该亚基是否为聚合酶的真正亚基。尽管该策略在研究原核生物聚合酶时十分完美，但是还未实现将真核生物细胞核聚合酶各个分离的亚基重新组装成有活性的聚合酶，因此，我们必须另辟蹊径。

解决该问题的另一途径是克隆聚合酶所有推测亚基的基因，然后使其突变，从而测定哪些亚基是聚合酶活性所必需的组分。利用这种方法已完成了对酿酒酵母（*Saccharomyces cerevisiae*）聚合酶Ⅱ亚基组成的分析。研究人员用传统方法获得了高度纯化的同质聚合酶Ⅱ，确认了 10 个推定亚基。后来，同一研究小组又发现了 2 个在早期分析时未被发现的亚基。因而，目前认为酵母聚合酶Ⅱ由 12 个亚基组成。编码这 12 个亚基的基因已被克隆测序，由此获得了基因产物的氨基酸序列。此外，还对这些基因进行了系统突变实验，并分析了这些突变对聚合酶Ⅱ活性的影响。

表 10.2 列举了人和酵母聚合酶Ⅱ的 12 个亚基及分子质量等特性。每个多肽都是由单基因编码，这些聚合酶亚基的名称（如 *Rpbl* 等）是根据相应编码基因的名称（如 *RPB1* 等）而命名的，Chambon 命名法中的 *RPB* 代表 RNA 聚合酶 B（或Ⅱ）。

表 10.2 人与酵母 RNA 聚合酶Ⅱ的亚基

亚基	酵母亚基	酵母蛋白/ kDa	特征
hRPB1	*RPB*1	192	含有 CTD；结合 DNA；参与起始位点的选择；与 β′同源
hRPB2	*RPB*2	139	含有活性位点；参与起始位点的选择；延伸速率；与 β 同源
hRPB3	*RPB*3	35	与 Rpb11 共同发挥功能，与原核生物 RNA 聚合酶的 α 二聚体同源
hRPB4	*RPB*4	25	与 Rpb7 组成亚复合体，参与胁迫应答
hRPB5	*RPB*5	25	存在于 PolⅠ、Ⅱ和Ⅲ中；转录激活因子的靶点
hRPB6	*RPB*6	18	存在于 PolⅠ、Ⅱ和Ⅲ中；装配与稳定功能
hRPB7	*RPB*7	19	与 Rpb4 形成亚复合体，在静止阶段优先结合
hRPB8	*RPB*8	17	存在于 PolⅠ、Ⅱ和Ⅲ中；有寡核苷酸/寡糖结合域
hRPB9	*RPB*9	14	含有参与延伸的锌带基序；选择起始位点的功能
hRPB10	*RPB*10	8	存在于 PolⅠ、Ⅱ和Ⅲ中
hRPB11	*RPB*11	14	与 Rpb3 共同发挥功能，与原核生物 RNA 聚合酶的 α 二聚体同源
hRPB12	*RPB*12	8	存在于 PolⅠ、Ⅱ和Ⅲ中

相比之下，聚合酶Ⅰ和聚合酶Ⅲ的结构又是怎样的呢？首先，所有真核生物的 RNA 聚合酶结构要比细菌聚合酶结构复杂得多；其次，三类真核生物 RNA 聚合酶在结构上都有一定的相似之处，每类 RNA 聚合酶都包含有两个大亚基（分子质量超过 100kDa）及一些小亚基。就这一点而言，它们与原核生物 RNA 核心聚合酶在结构上具有相似之处，原核生物的核心聚合酶由两个高分子质量的亚基（β 亚基和 β′亚基）和三个低分子质量的亚基（两个 α 亚基和一个 ω 亚基）组成。事实上，正如我们将在本章后面了解到的那样，原核生物 RNA 核心聚合酶的三个亚基与三类真核生物 RNA 聚合酶的三个亚基之间存在明显的进化渊源。也就是说，三类真核生物聚合酶与原核生物 RNA 核心聚合酶之间存在着关联，而且三类真核生物 RNA 聚合酶彼此之间也存在关联。

表 10.2 提供的第三个信息是有些亚基是酵母三类细胞核 RNA 聚合酶所共有的，存在着 5 个共有亚基（common subunit）。在 RNA 聚合酶Ⅱ结构中，这些共有亚基分别被称为 Rpb5、Rpb6、Rpb8、Rpb10 和 Rpb12，已在表 10.2 的右栏中标注。

Richard Young 及同事已经确证，最初认定的 10 个多肽确实是 RNA 聚合酶Ⅱ的亚基，或至少是紧密结合的杂蛋白。研究者利用**表位附加法**（epitope tagging）（图 10.6），通过基因工程手段，在酵母 RNA 聚合酶Ⅱ的一个亚基（Rpb3）上附加一个小的外源抗原表位（foreign epitope），然后将该融合基因导入 *Rpb3* 基因功能缺失的酵母细胞内，用 ^{35}S 或 ^{32}P 标记细胞蛋白质，通过外源表位的特异抗体沉淀全酶。免疫共沉淀后，用 SDS-PAGE 从沉淀蛋白质中分离出标记的多肽，放射自显影检测。图 10.7（a）为实验结果，通过这个一步纯化方法获得了明显含有 10 个亚基的 RNA 聚合酶Ⅱ。实验中还能观察到一些小肽也存在于没有附加外源抗原表位的野生型 RNA 聚合酶Ⅱ对照组中，说明这些小肽与 RNA 聚合酶不相干。图 10.7（b）是 Roger Kornberg 及同事对相同聚合酶进行 SDS-PAGE 分析的实验结果，共识别出 12 个亚基，其中 Rpb11 与 Rpb9 及 Rpb12 与 Rpb10 分别存在着共电泳现象。所以，早期的研究未能识别出 Rpb11 和 Rpb12 这两个亚基。

由于 Young 及同事已经知道了所有最初 10 个亚基的氨基酸组成，因而用 ^{35}S-甲硫氨酸标记每条多肽后就可以很好地估算每个亚基的化学计量，表 10.3 列举了各亚基的化学计量。图 10.7（a）也表明有两个 RNA 聚合酶Ⅱ亚基 Rpbl 和 Rpb6 发生了磷酸化修饰，因为这两个亚基可被［γ-^{32}P］ATP 标记。Rpb2 也可被磷酸化修饰，但磷酸化程度较低，以至于在图 10.7（a）中观察不到这种修饰作用。

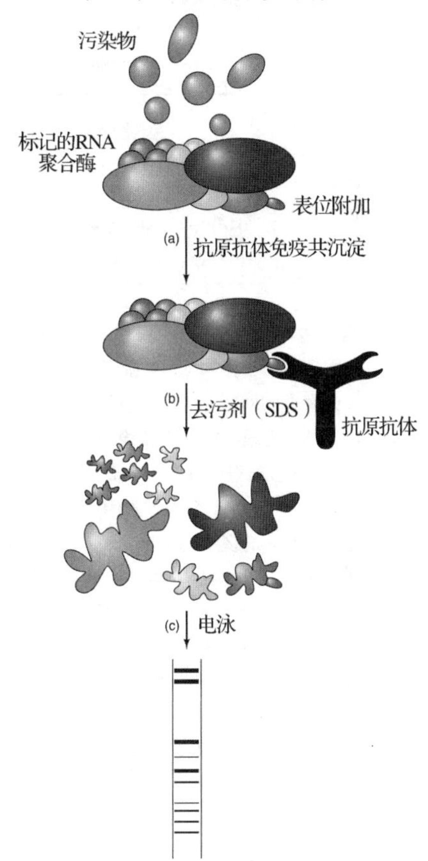

图 10.6　表位附加法原理。通过基因工程方法，将一外源结构域（表位，红色）重组到酵母 RNA 聚合酶Ⅱ的 Rpb3 亚基上，其他正常亚基仍能与改变了的 Rpb3 组装成有功能活性的聚合酶。在含有放射性标记氨基酸的培养基上培养细胞，使该聚合酶被标记。**(a)** 添加识别表位的抗体，通过免疫共沉淀反应，使 RNA 聚合酶与其他杂蛋白（灰色）分离，只经过一步纯化即可获得高纯度的 RNA 聚合酶。**(b)** 加入强去污剂 SDS，使纯化聚合酶中的各个亚基分离变性。**(c)** 对变性的聚合酶亚基进行凝胶电泳，获得图下方的电泳图谱。

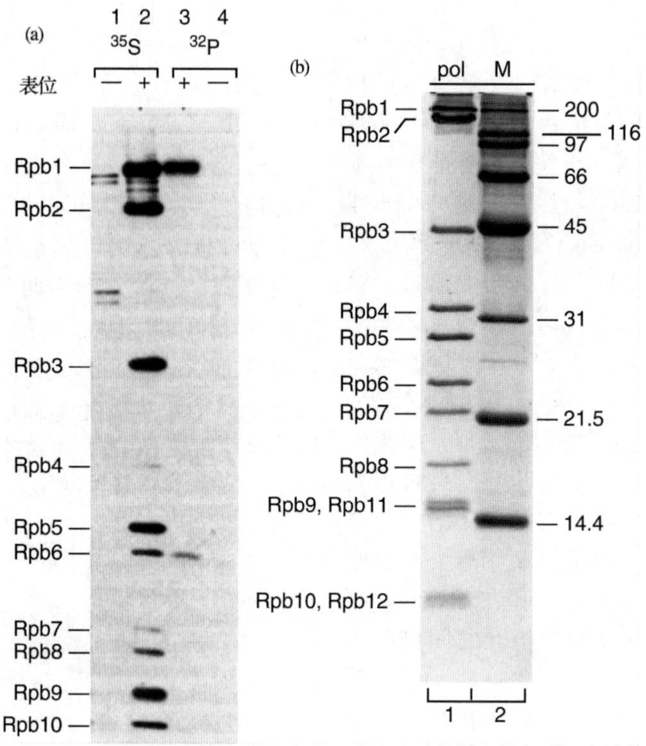

图 10.7　酵母 RNA 聚合酶Ⅱ的亚基结构。(a) 用表位附加法获得了大约含有 10 个亚基的结构。Young 及同事用一个融合基因（编码表位和 RPB3 亚基）取代正常的 *RPB3* 基因，使 RPB3 亚基携带额外的表位。然后用［^{35}S］甲硫氨酸标记聚合酶的所有亚基，或用［γ-^{32}P］ATP 只标记磷酸化亚基。利用表位特异抗体进行免疫共沉淀反应，分离标记的蛋白质，凝胶电泳检测。泳道 1：从未经表位附加的野生型酵母细胞中分离的^{35}S 标记的蛋白质；泳道 2：从带有表位的酵母细胞中分离的^{35}S 标记的蛋白质；泳道 3：从经表位附加的酵母细胞中分离的^{32}P 标记的蛋白质；泳道 4：从野生型酵母细胞中分离的^{32}P 标记的蛋白质。图左侧标注了聚合酶Ⅱ的各个亚基。**(b)** 经包括免疫共沉淀反应在内的多个纯化步骤，获得了约由 12 个亚基组成的聚合酶结构。Kornberg 及同事利用免疫共沉淀方法分离纯化了酵母的 RNA 聚合酶Ⅱ，然后进行 SDS-PAGE 凝胶电泳（泳道 1），泳道 2 为相对分子质量标准。图右侧标注了相对分子质量大小，左侧标注了亚基组分。Rpb9 与 Rpb11 及 Rpb10 与 Rpb12 的迁移速率几乎相同。［*Source*：（*a*）Kolodziej，P. A.，N. Woychik，S.-M. Liao，and R. Young，RNA polymerase Ⅱ subunit composition，stoichiometry，and phosphorylation. *Molcular and Cellular Biology* 10（May1990）p. 1917，f. 2. American Society for Microbiology.（*b*）Sayre，M. H.，H. Tschochner，and R. D. Kornberg，Reconstitution of transcription with five purified initiation factors and RNA polymerase Ⅱ from *Saccharomyces cerevisiae*. *Journal of Biological Chemistry* 267（15 Nov 1992）p. 23379，f. 3b. American Society for Biochemistry and Molecular Biology.］

表 10.3　酵母 RNA 聚合酶Ⅱ的亚基

亚基	SDS-PAGE 迁移率/kDa	蛋白质分子质量/kDa	化学计量	缺失表型
RPB1	220	190	1.1	致死
RPB2	150	140	1.0	致死
RPB3	45	35	2.1	致死
RPB4	32	25	0.5	条件致死
RPB5	27	25	2.0	致死

续表

亚基	SDS-PAGE 迁移率/kDa	蛋白质分子质量/kDa	化学计量	缺失表型
RPB6	23	18	0.9	致死
RPB7	17	19	0.5	致死
RPB8	14	17	0.8	致死
RPB9	13	14	2.0	条件致死
RPB10	10	8.3	0.9	致死
RPB11	13	14	1.0	致死
RPB12	10	7.7	1.0	致死

核心亚基　包括 Rpbl、Rpb2 和 Rpb3，是 RNA 聚合酶活性绝对必需的，分别与 *E. coli* RNA 聚合酶的 β′、β 和 α 亚基同源。

那么，它们之间的功能关系如何？我们已经了解到（第 6 章），*E. coli* RNA 聚合酶的 β′ 亚基结合 DNA，Rpbl 的作用也是结合 DNA。我们还了解到，*E. coli* RNA 聚合酶的 β 亚基位于或靠近酶的核苷酸连接活性位点处。Andre Sentenac 及同事用相同的实验方案确认 Rpb2 也位于或邻近 RNA 聚合酶Ⅱ的活性位点。在所有三类细胞核 RNA 聚合酶中，第二大亚基间具有功能相似性，与原核生物 RNA 聚合酶也存在功能相似性，这种功能相似性可由结构上的相似性得以反映，基因序列揭示了亚基间的结构相似性。

尽管 Rpb3 与 *E. coli* 的 α 亚基并非十分相似，但存在一个长 20 个氨基酸的高度相似区域。此外，这两个亚基大小相近，化学计量相同，每个全酶均含有两个该亚基的单体。而且，*RPB3* 突变及 *E. coli* α 亚基突变会引起相同的聚合酶组装缺陷表型。所有这些因素均表明，Rpb3 与 *E. coli* 的 α 亚基同源。

共有亚基　包括 Rpb5、Rpb6、Rpb8、Rpb10 和 Rpb12，共 5 个亚基，是酵母三类 RNA 聚合酶共有的亚基组分。目前对这些亚基的功能还知之甚少。但是，既然这些亚基存在于所有三类 RNA 聚合酶中，表明它们在转录过程中具有极其重要的功能。

小结　RNA 聚合酶Ⅱ中全部 12 个亚基的编码基因均已被克隆、测序，并进行了突变分析。有 3 个亚基在结构和功能上与细菌 RNA 聚合酶的核心亚基相似；有 5 个亚基是三类细胞核 RNA 聚合酶所共有的；有 2 个亚基并不是聚合酶发挥活性所必需的，至少在 37℃条件下如此；有 2 个亚基不能被归纳到上述三组亚基中。其中有 2 个亚基，特别是 Rpb1 是高度磷酸化的，有 1 个亚基是轻度磷酸化的。

Rpbl 亚基的异质性　对 RNA 聚合酶Ⅱ结构的早期研究表明，其最大亚基具有一定的异质性（heterogeneity）。图 10.8 显示了小鼠浆细胞瘤（plasmacytoma）中 RNA 聚合酶Ⅱ的异质性现象。电泳后观察发现，凝胶上部的三个多肽Ⅱo、Ⅱa 和Ⅱb 在数量上略少于多肽Ⅱc。这三个多肽似乎彼此关联。实际上，其中的两个多肽可能是第三个多肽的衍生物，但哪个是母体？哪两个是衍生物？对酵母 *RPB*1 基因测序后，推导其多肽产物的分子质量为 210kDa。所以，分子质量接近 210kDa 的Ⅱa 可能是母体。

而且，氨基酸测序结果表明，Ⅱb 亚基缺失一段由 7 个氨基酸残基组成的串联重复序列，该七肽聚体的共有序列为 Tyr-Ser-Pro-Thr-Ser-Pro-Ser。因为这段序列存在于Ⅱa 亚基的羧基末端，所以称之为**羧基末端结构域**（carboxyl-terminal domain，CTD）。CTD 的抗体可与Ⅱa 亚基发生反应，但不与Ⅱb 相互作用，这就进一步证实了Ⅱb 缺失 CTD 的结论。

对于这种异质性的可能解释是，蛋白水解酶切除了 CTD，将Ⅱa 转化为Ⅱb。由于在体内没有观察到Ⅱb 的存在，所以Ⅱb 可能是在纯化 RNA 聚合酶Ⅱ过程中人为造成蛋白质分解而形成的产物。事实上，CTD 的序列特征表明，CTD 不但不会折叠成紧密结构，反而可能是伸展的，易受蛋白水解酶的作用而降解。

那么Ⅱo 亚基的情况又如何呢？该亚基比Ⅱa 大，显然不是由Ⅱa 通过水解形成的，而可能是Ⅱa 的磷酸化产物。的确，如果将Ⅱo 亚基与磷酸酶共同温育，Ⅱo 亚基上的磷酸基团可被去除而转化为Ⅱa。此外，在Ⅱo 亚基的 CTD 中，第 2 位和第 5 位丝氨酸残基被磷酸化，有时第 7 位的丝氨酸也可以被磷酸化。

那么，Ⅱo 与Ⅱa 之间分子质量的差异仅仅就是由于磷酸基团的存在与否造成的吗？事实显然并非如此，即使在 CTD 重复 52 次的哺乳动物 RNA 聚合酶Ⅱ中也未发现大量磷酸基团的存在。所以，我们必须另寻解释Ⅱo 电泳迁移率低的原因。或许是 CTD 磷酸化后引起Ⅱo 构象改变，从而使Ⅱo 的电泳迁移率变缓，表现出比其实际大小大得多的行为。但是，即使蛋白质发生了变性，也会维持已有的构象。

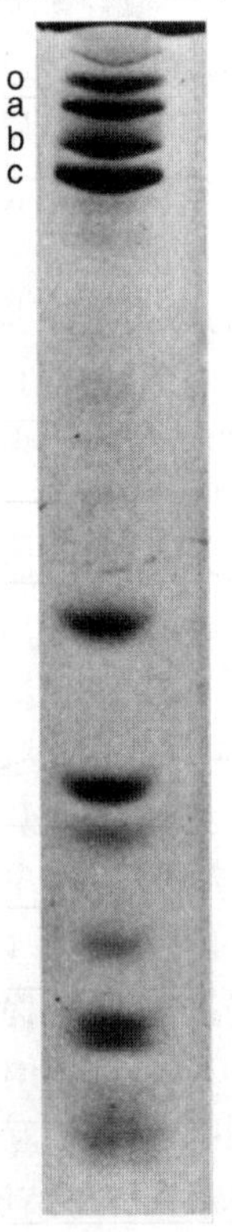

图 10.8　小鼠浆细胞瘤 RNA 聚合酶Ⅱ的部分亚基结构。图左侧字母 o、a、b 代表最大亚基的三种不同形式，此最大亚基与酵母 RNA 聚合酶Ⅱ的 Rpb1 亚基相对应，亚基 c 与酵母 RNA 聚合酶Ⅱ的 Rpb2 亚基相对应。［*Source*：Sklar，V. E. F.，L. B. Schwartz，and R. G. Roeder，Distinct molecular structures of nuclear class Ⅰ，Ⅱ，and Ⅲ DNA-dependent RNA polymerases. *Proceedings of the National Academy of Sciences USA* 72 (Jan1975) p. 350，f. 2C.］

图 10.9 描述了Ⅱo、Ⅱa 和Ⅱb 这三个亚基之间可能的关系。

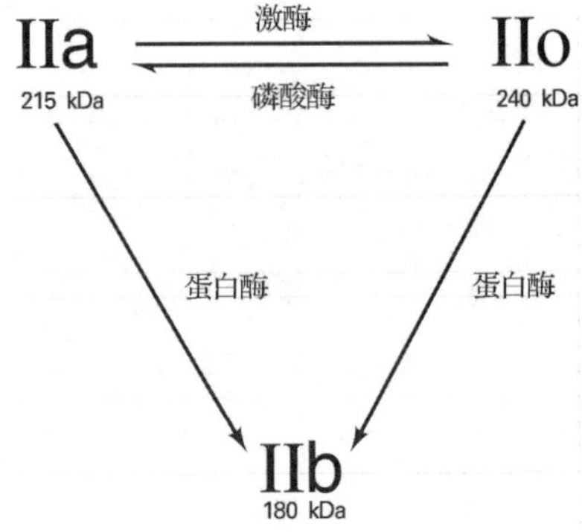

图 10.9　RNA 聚合酶Ⅱ的不同形式最大亚基间可能存在的关系。

细胞内 Rpb1 亚基存在两种形式（Ⅱo 和Ⅱa）的事实暗示 RNA 聚合酶Ⅱ以两种不同的形式存在于细胞内，每种形式的 RNA 聚合酶Ⅱ含有一种 Rpb1 亚基，分别称之为 **RNA 聚合酶ⅡO** 和 **RNA 聚合酶ⅡA**，含有Ⅱb 亚基的非磷酸化形式的 RNA 聚合酶Ⅱ则被称为 **RNA 聚合酶ⅡB**。

在细胞内，聚合酶ⅡO 和ⅡA 的作用相同还是截然不同？有充分的证据表明，聚合酶ⅡA（RNA 聚合酶Ⅱ的非磷酸化形式）的作用是起始与启动子的结合，而聚合酶ⅡO（CTD 被磷酸化修饰）则主要执行延伸功能。由此可见，CTD 的磷酸化修饰伴随着转录由起始向延伸的过渡。我们将在第 11 章讨论该假说的相关证据。

小结　酵母 *RPB*1 基因的原初产物为Ⅱa 亚基。Ⅱa 亚基的羧基末端结构域（CTD）由 7 个氨基酸组成的重复序列构成。在体外，CTD 可被蛋白酶切除而使Ⅱa 转化为Ⅱb。CTD 的两个丝氨酸可被磷酸化修饰而使Ⅱa 转化为Ⅱo。含有Ⅱa 亚基的 RNA 聚合酶ⅡA 负责与启动子的结合，含有Ⅱo 亚基的 RNA 聚合酶ⅡO 负责转录的延伸。

RNA 聚合酶Ⅱ的三维结构

正如我们在第 9 章所了解到的那样，获得蛋白质结构信息的传统方法是 X 射线晶体学分析，利用该方法对嗜热水生菌和 T7 噬菌体的

RNA 聚合酶的结构进行了解析。但直到 1999 年，还很难获得高质量的 RNA 聚合酶Ⅱ晶体用于 X 射线晶体学研究。主要的问题是，在结晶过程中有些酶因丢失 Rpb4 和 Rpb7 亚基而导致酶的异质性（异质性蛋白质的混合物不易形成结晶体）。Roger Kornberg 及同事利用缺失 Rbp4（同时也缺失 Rpb7）亚基的酵母 RNA 聚合酶Ⅱ突变体（pol Ⅱ Δ4/7）成功克服了蛋白质的异质性问题，尽管不能在启动子处起始转录，但该酶具有转录延伸的功能。因此，polⅡ Δ4/7 完全可以作为分析延伸复合体结构的模型，2001 年，以 pol Ⅱ Δ4/7 晶体为研究对象，获得了分辨率为 2.8Å 的 X 射线晶体图像。

图 10.10 显示了酵母 RNA 聚合酶Ⅱ模型的立体图像。每个亚基用不同的颜色来区分，图右上方的简图注明了各个亚基间的相对位置。此酶最突出的特征是催化活性位点位于一个很深的 DNA 结合裂隙中，裂隙底部结合一个 Mg^{2+}。开放的 DNA 结合裂隙如同钳状结构，上半部分由 Rpbl 和 Rpb9 亚基组成，下半部分由 Rpb5 亚基形成。

Kornberg 及同事在对低分辨率的晶体结构图像进行研究时发现，DNA 模板位于酶的裂隙之中，新的结构图像证实了这一假说。研究显示，酶的裂隙由碱性氨基酸残基构成，而酶的表面几乎全部由酸性氨基酸构成，位于裂隙中的碱性氨基酸残基有助于酶与酸性 DNA 模板的结合。

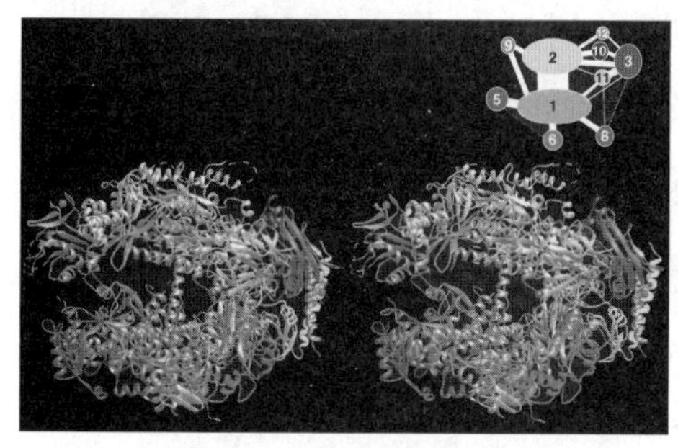

图 10.10 酵母 RNA 聚合酶Ⅱ的晶体结构。图下方的立体图像显示了酵母 RNA 聚合酶Ⅱ中的 10 个亚基（缺少 Rpb4 和 Rpb7 亚基），亚基的颜色与图右上方的结构示意图中的相同。结构示意图中白色线条的粗细代表两个亚基之间作用的强度。在立体图像中，紫红色小球代表位于活性中心的金属离子，Zn^{2+} 用蓝色小球表示。（*Source*：Cramer，et al.，*Science* 292：p. 1864.）

对所有单亚基 RNA 聚合酶及 DNA 聚合酶的结构研究发现，活性中心结合有两个金属离子，由此提出了依赖两个金属离子的催化机制。先前对酵母 RNA 聚合酶Ⅱ晶体结构进行研究时，在催化中心只发现了一个 Mg^{2+}。然而，高分辨率的晶体结构图像显示，在催化中心确实存在两个 Mg^{2+}，尽管其中一个信号较弱。Romberg 及同事推测，信号强的 Mg^{2+}（*metal A*）与活性中心结合紧密，信号弱的 Mg^{2+}（*metal B*）与活性中心结合松散，可能参与结合核苷酸底物。金属离子 A 与 Rpb1 亚基三个保守的天冬氨酸残基（D481、D483 和 D485）紧密结合，金属离子 B 被三个酸性氨基酸残基所包围，即 Rpb1 亚基的 D481、Rpb2 亚基的 E836 和 E837。在晶体结构中，这些氨基酸残基与金属离子 B 相距较远，但在催化反应过程中靠近并结合金属离子 B，在催化中心形成适当的构象以促进聚合反应。

小结 酵母 RNA 聚合酶Ⅱ（pol Ⅱ Δ4/7）的结构显示，酶内有一个能接纳 DNA 模板的深裂隙。结合一个 Mg^{2+} 的催化活性中心位于裂隙的底部，第二个 Mg^{2+} 以较低的浓度存在，可能参与酶与核苷酸底物的结合过程。

RNA 聚合酶Ⅱ在延伸复合体中的三维结构 上节介绍了酵母 RNA 聚合酶Ⅱ自身的结构特征。但是，Kornberg 及同事研究确认，在延伸复合体中，酵母 RNA 聚合酶Ⅱ既与 DNA 模板结合，又与 RNA 产物结合。该复合体晶体结构图像的分辨率（3.3Å）并不高于聚合酶自身晶体结构图像的分辨率，但却提供了有关酶与 DNA 模板、RNA 产物之间相互作用的大量信息。

为诱导 RNA 聚合酶Ⅱ在没有任何转录因子协助下起始转录，Kornberg 及同事用 3′端带有单链 oligo［dC］尾的 DNA 作模板，此模板可使 RNA 聚合酶Ⅱ在与双链区相距 2 个或 3 个核苷酸的单链位点处起始 RNA 的转录。而且，实验设计的模板可以使聚合酶在缺乏 UTP 的条件下转录合成长度为 14 nt 的 RNA 产物，直到在第一次需要 UTP 时 RNA 聚合酶才会停止转录。其结果是形成大量同质均一的延伸复合体，但也混有未与 DNA 结合的无活性聚合酶，这些无活性的 RNA 聚合酶可通过肝素层析柱去除。作为一种多阴离子表面活性剂，如果酶的裂隙未被 DNA 所占据，肝素就能与酶的碱性裂隙结合。所以，无活性的聚合酶能与层析柱上的肝素结合，而具有活性的延伸复合体则通过层析柱，这些均质的延伸复合体可被结晶析出。

图 10.11（a）显示了延伸复合体的晶体结构及酶自身的晶体结构。除了在延伸复合体中存在核苷酸之外，这两个晶体结构最显著的不同在于**钳**（clamp）的位置。在酶自身的晶体结构中，钳状结构面向活性位点，处于打开状态，但在延伸复合体的晶体结构中，钳状结构环抱着 DNA 模板和 RNA 产物，从而使酶在转录一个完整基因时具有很高的**持续性**（processive），避免在转录过程中，酶与模板脱离而造成转录的提早终止。

图 10.11（b）显示了延伸复合体的近观结构，其中酶的部分结构被切除了以利于展现结合在酶裂隙中的核苷酸。该结构具有以下几个明显的特征。首先，DNA-RNA 杂交分子（由 DNA 模板链与 RNA 产物杂交形成）的对称轴相对于还在被转录的下游 DNA 双螺旋而言具有一定的角度。该弯曲在钳状结构闭合过程中会受到压力，但位于 DNA-RNA 杂交分子与下游 DNA 双螺旋之间的单链 DNA 有利于该弯曲的形成（Kornberg 及同事后来获得移位后复合体的晶体结构显示，实际的 RNA-DNA 杂交分子长度为 8bp）。

其次，具有催化作用的 Mg^{2+} 位于活性中心，该位点可将单个核苷酸添加到正在生长的 RNA 链上。该离子就是聚合酶自身晶体结构中的金属 A。最后，**桥梁螺旋**（bridge helix）穿越酶活性位点附近的裂隙。本节后面内容将详细探讨桥梁螺旋的结构特征及功能。

在延伸复合体中，Mg^{2+}（金属 A）处于能够与连接＋1 和-1 核苷酸（最新添加到正在生长的 RNA 链上的两个核苷酸）的磷酸盐结合的位置处［图 10.12（a）］。延伸复合体缺失了金属 B，可能是由于在最新添加到 RNA 链上的核苷酸释放焦磷酸时，金属 B 伴随着焦磷酸一同与复合体解离。＋1 位核苷酸恰好位于**孔 1** 的入口处［图 10.12（b）］，充分表明核苷酸通过孔 1 进入酶的活性位点。事实也是如此，在酶分子中已没有空间允许核苷酸通过其他途径进入酶的活性位点，除非核苷酸和蛋白质的位置发生显著重排。而且，当 RNA 聚合酶倒退时，孔 1 恰好位于 RNA 链 3′端从酶中排除的位置处。只有当核苷酸发生错配（第 6 章）时 RNA 聚合酶才会出现倒退行为，使错配核苷酸外露，便于结合在孔 1 另一末端通道内的 TFIIS（第 11 章）将其切除。

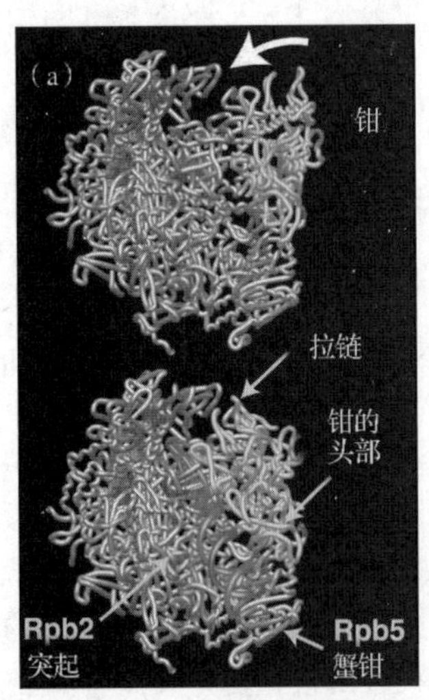

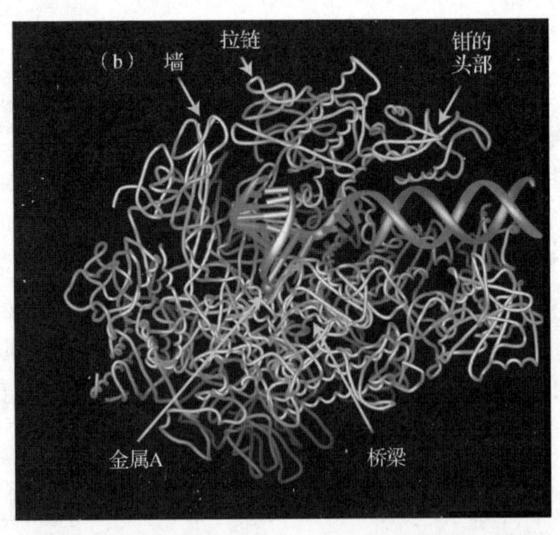

图 10.11　延伸复合体的晶体结构。(a) 游离 RNA 聚合酶Ⅱ（上）晶体结构与延伸复合体（下）晶体结构的比较。用黄色突显钳结构，DNA 模板链、DNA 非模板链、RNA 产物分别用蓝色、绿色和红色表示。**(b)** 延伸复合体的详细图示。颜色标注与（a）相同，紫红色小球表示活性中心的金属离子，桥梁螺旋用绿色表示。（*Source*：Gnatt，et al. *Science* 292：p. 1877.）

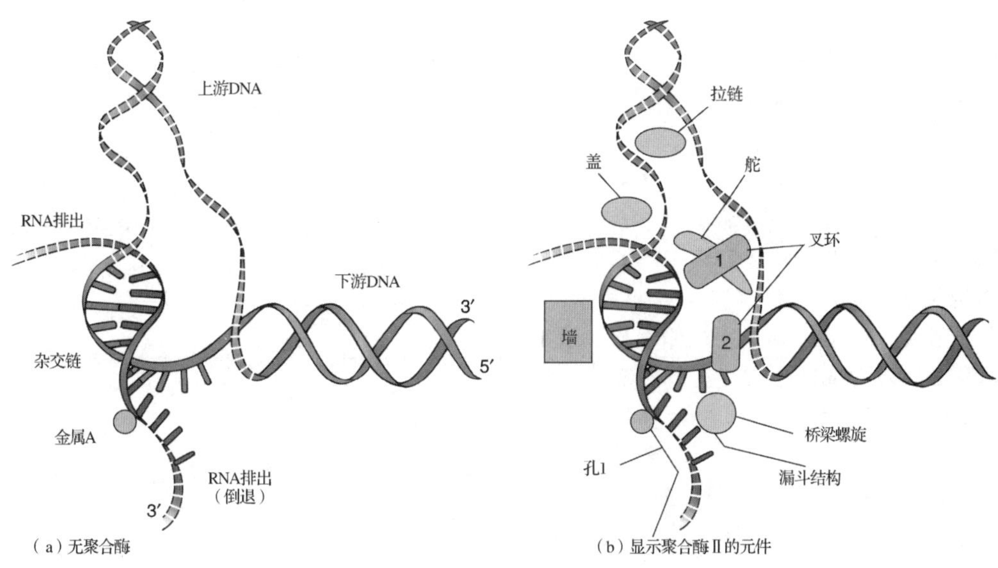

图 10.12　转录泡。(a) 核苷酸的位置。DNA 模板链为蓝色，DNA 非模板链为绿色，RNA 分子为红色，实线表示处于晶体结构中的核苷酸，虚线表示处于晶体结构外的核苷酸。**(b)** 核苷酸与 RNA 聚合酶Ⅱ中的关键元件。RNA 聚合酶Ⅱ中的关键元件叠加在图（a）中的核苷酸上，这些元件包括：突出于钳的蛋白质环（拉链、盖、舵）、叉环 1 和 2、桥梁螺旋、漏斗结构、孔 1 和阻隔墙。［*Source*：Adapter from Gnatt，A. L.，P. Cramer，J. Fu，D. A. Bushnell，and R. D. Kornberg，Structural basis of transcription：An RNA polymerase Ⅱ elongation complex at 3.3Å resolution. *Science* 292（2001）p. 1879，f. 4.］

图 10.12（b）也阐明了盖、舵和拉链这三个外突于钳的环结构的可能作用。这三个环通过其所在位置而对转录过程中的几个重要事件产生特定影响，如转录泡的形成和维持、RNA-DNA 杂交分子的解离。如果 RNA-DNA 杂交分子长度继续延伸超过 9bp 时，舵形蛋白就会产生阻碍作用，促使杂交分子解体。

Kornberg 及同事注意到，在延伸复合体中桥梁螺旋为直线结构，但在细菌聚合酶的晶体结构中则呈弯曲状态。该弯曲发生在保守的 Thr831 和 Ala832 氨基酸残基附近，弯曲的桥梁螺旋可阻止核苷酸与活性位点的结合。由此研究者推测桥梁螺旋可能在移位时起作用，如图 10.13 所示。他们认为，桥梁螺旋在移位步骤中能够不断改变自己的构象，在直线与弯曲两种构象间来回变换。当桥梁螺旋处于直线构象时，新添加的核苷酸通过位于活性位点下方的孔 1 进入处于开放状态的活性位点，聚合酶便将此核苷酸添加到正在生长的 RNA 链的 3′端，填充了直线型桥梁螺旋与 RNA 链 3′端之间的间隙。伴随着移位，桥梁螺旋构象发生改变，转换为弯曲状态。移位结束后，桥梁螺旋

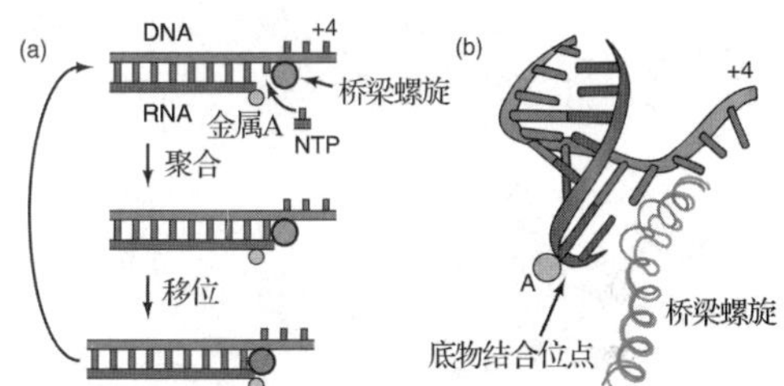

图 10.13　移位机制。(a) 模型。桥梁螺旋最初处于直线构象状态（橙黄色），为核苷酸（NTP）进入活性位点而空出一个间隙，活性位点用黄色圆环（金属 A）标注。在合成步骤中，核苷酸添加到正在生长的 RNA 链（红色）的 3′端，填充 RNA 链的 3′端与处于直线构象状态的桥梁螺旋之间的间隙；在移位步骤中，RNA-DNA 杂交分子向左移动一个碱基的距离，使模板链的下一个核苷酸进入活性位点。同时，桥梁螺旋发生弯曲（用绿色圆点表示），继续与 RNA 分子的末端相接触。当桥梁螺旋恢复到直线构象（左侧箭头）状态时，再次打开核苷酸入口，使活性位点允许另一个核苷酸的进入。**(b)** 桥梁螺旋的直线构象和弯曲构象。橙黄色螺旋代表直线构象，绿色螺旋代表弯曲构象。弯曲桥梁螺旋与正在生长的 RNA 链的末端十分靠近。［*Source*：Adapter from Gnatt，A. L.，P. Cramer，J. Fu，D. A. Bushnell，and R. D. Kornberg，Structural basis of transcription：An RNA polymerase Ⅱ elongation complex at 3.3Å resolution. *Science* 292（2001）p. 1880，f. 6.］

又恢复到原来的直线构象，与 RNA 链的 3′端拉开距离，然后重复上述过程。

移位假说的进一步证据来自酵母 RNA 聚合酶Ⅱ与 α-鹅膏（蕈）毒环肽共结晶体的结构图。α-鹅膏（蕈）毒环肽的结合位点十分靠近桥梁螺旋，两者之间可形成氢键。α-鹅膏（蕈）毒环肽的结合会严重抑制移位所必需的桥梁螺旋弯曲构象的形成，这也解释了 α-鹅膏（蕈）毒环肽可阻断 RNA 的合成、不能阻断核苷酸进入或磷酸二酯键形成的原因，在磷酸二酯键形成后，α-鹅膏（蕈）毒环肽可阻断移位，进而抑制 RNA 的合成。

小结　酵母 RNA 聚合酶Ⅱ（缺失 Rpb4/7 亚基）的转录延伸复合体晶体结构图像显示，钳结构紧紧环抱着位于酶裂隙内的 RNA-DNA 杂交分子，确保转录过程中的持续性。此外，钳的三个环结构——舵、盖和拉链分别在下列事件中发挥重要作用：引发 RNA-DNA 杂交体的解离；维持解离状态；维持模板 DNA 的解离。酶活性中心位于孔 1 的末端，此孔是核苷酸进入酶的通道，同时也是在聚合酶发生倒退时 RNA 排出的通道。桥梁螺旋位于活性中心附近，该螺旋的可挠性对转录过程中的移位是至关重要的。α-鹅膏（蕈）毒环肽与桥梁螺旋附近位点的结合会严重抑制桥梁螺旋弯曲构象的形成，从而阻断移位。

碱基选择的结构原则　2004 年，Kornberg 及同事报道了不同移位后复合体的 X 射线衍射数据。研究者先将一组人工合成的寡核苷酸链与 RNA 聚合酶Ⅱ结合。人工合成的寡核苷酸产物包含部分双链 DNA 模板、长度为 10nt 的 RNA 产物，其 3′端的核苷酸为 3′-脱氧腺苷。我们在前面已了解到，位于末端的 3′-脱氧腺苷可阻止其他核苷酸在 RNA 链上的添加，从而使 RNA 聚合酶停留在移位后状态。之后，研究者将该复合体的晶体浸泡于含有能与 DNA 模板链的下一个核苷酸正确配对的核苷酸（UTP）的溶液中，或浸泡于含有不能与 DNA 模板链的下一个核苷酸正确配对的核苷酸溶液中。对获得的晶体进行 X 射线衍射晶体图像分析时发现，两者之间存在显著的不同：错配核苷酸所在位置邻近正确核苷酸应占据的位置，相对于正确核苷酸而言，错配核苷酸发生了倒转（图 10.14）。

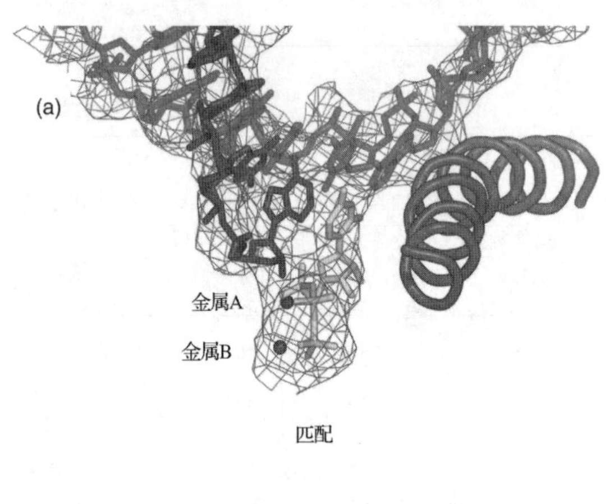

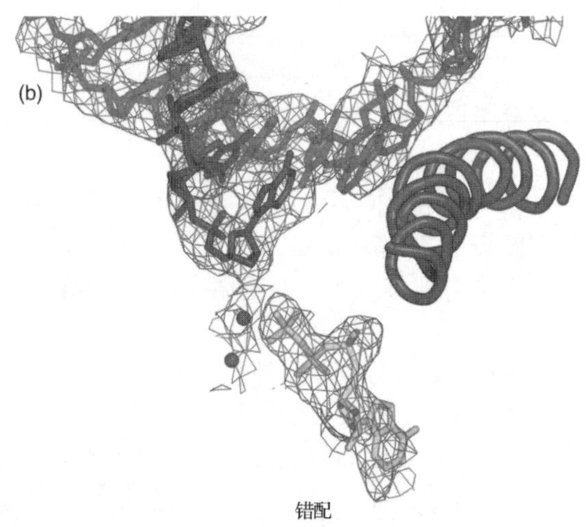

图 10.14　分别位于 A 位点和 E 位点的正确配对（a）与错配（b）的核苷酸。紫红色小球表示活性位点的金属离子，分别标注为金属 A 和金属 B。DNA 为蓝色，RNA 为红色，位于 A 位点和 E 位点的核苷酸为黄色。绿色螺旋管为 RNA 聚合酶中的桥梁螺旋。（*Source*：Reprinted from *Cell*，Vol. 119，Kenneth D. Westover，David A. Bushnell and Roger D. Kornberg，"Structural Basis of Transcription：Nucleotide Selection by Rotation in the RNA Polymerase Ⅱ Active Center，" p. 481-489，Copyright 2004 with permission from Elsevier.）

分析数据显示，RNA 聚合酶Ⅱ的活性位点有两个截然不同的核苷酸结合位点。第一个是以前就已知并命名的磷酸二酯键形成位点，即 **A 位点**（A site），代表“添加（addition）”的意思；第二个位点是 **E 位点**（E site），代表“**进入**（entry）”的意思。核苷酸先与 E 位点结合，然后才能进入 A 位点。Alexander Goldfard 及同事对 *E. coli* RNA 聚合酶的生化研究已预测了该位点的存在。这两个位点具有一定的重叠。Kornberg 及同事观察到，在核苷酸进入通道移向 A 位点时必须先经过 E 位点。

晶体结构也进一步证实活性位点确实结合两个金属离子。其中一个离子（金属 A）会永久地结合在酶的活性位点上，而另一个离子（金属 B）进入酶的活性位点后将结合到正被掺入的核苷酸上（结合在 β-磷酸和 γ-磷酸上）。与以前的结构信息相反，最新的结构信息显示，这两个金属离子具有相等的结合强度。所以，在 RNA 聚合酶中，磷酸二酯键的形成机制依赖于活性位点上的两个金属离子。

尽管令人感兴趣，但 E 位点和 A 位点的发现并不能阐释聚合酶辨别 4 种核糖核苷三磷酸或排除 dNTP 的机制。2006 年，Kornberg 及同事获得了含有 GTP 而非 UTP 的十分类似复合体的晶体结构。在 A 位点内，与模板+1 位点相对应的核苷酸是 C 而不是 A。在此结构和进一步确证的先期结构中，研究者发现了**触发环**（trigger loop），大约由 Rpb1 亚基的第 1070～1100 残基构成，与 A 位点的底物十分靠近［图 10.15（a）］。在这两种结构中正确的核苷酸占据着 A 位点，在 A 位点无正确底物的 12 种其他晶体结构中，可以观察到触发环的三个远离 A 位点的可变位置［图 10.15（b）］。

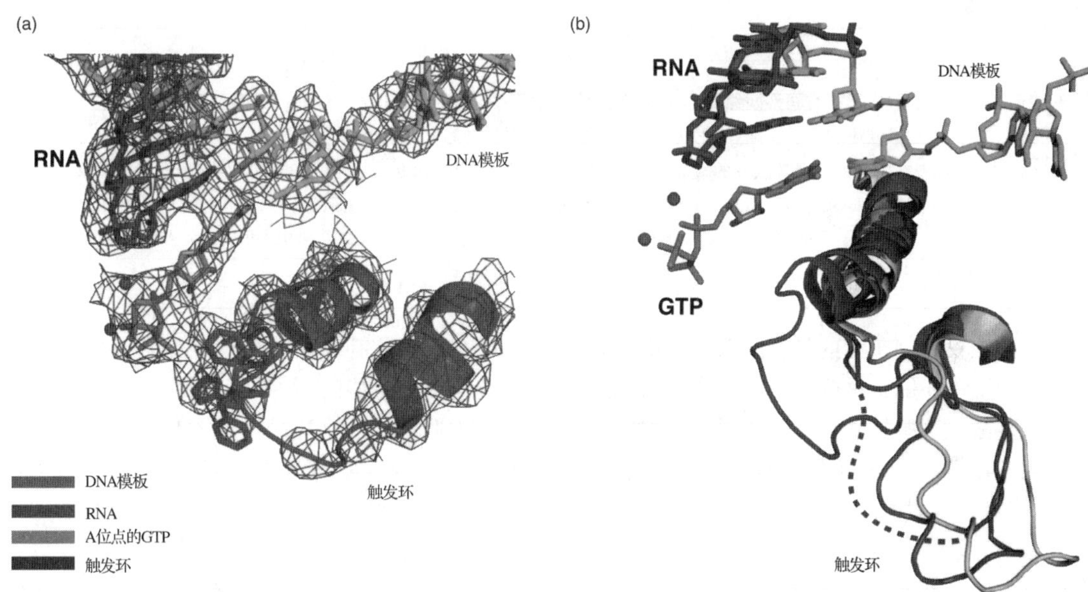

图 10.15　RNA 聚合酶Ⅱ的活性位点，包括触发环。(a) 正确 NTP（GTP）在 A 位点的活性位点。蓝色筛状物为电子密度模型，触发环为紫红色，GTP 为橙色，RNA 为红色，模板 DNA 链为青色。紫红色小球表示 Mg^{2+}。**(b)** 触发环的 4 种不同构象。同（a），在 Mg^{2+} 浓度较低时 GTP 结合在 A 位点；ATP（红色）结合在 E 位点；在 Mg^{2+} 浓度较高时，UTP（蓝色）结合在 E 位点，RNA 聚合酶Ⅱ-TFIIS 复合体为黄色（第 11 章）无核苷酸，Mg^{2+} 浓度高。（*Source*：Reprinted from *Cell*，Vol. 127，Wang et al.，Structural Basis of Transcription：Role of the Trigger Loop in Substrate Specificity and Catalysis，Issue 5，1 December 2006，pages 941-954，© 2006，with permission from Elsevier.）

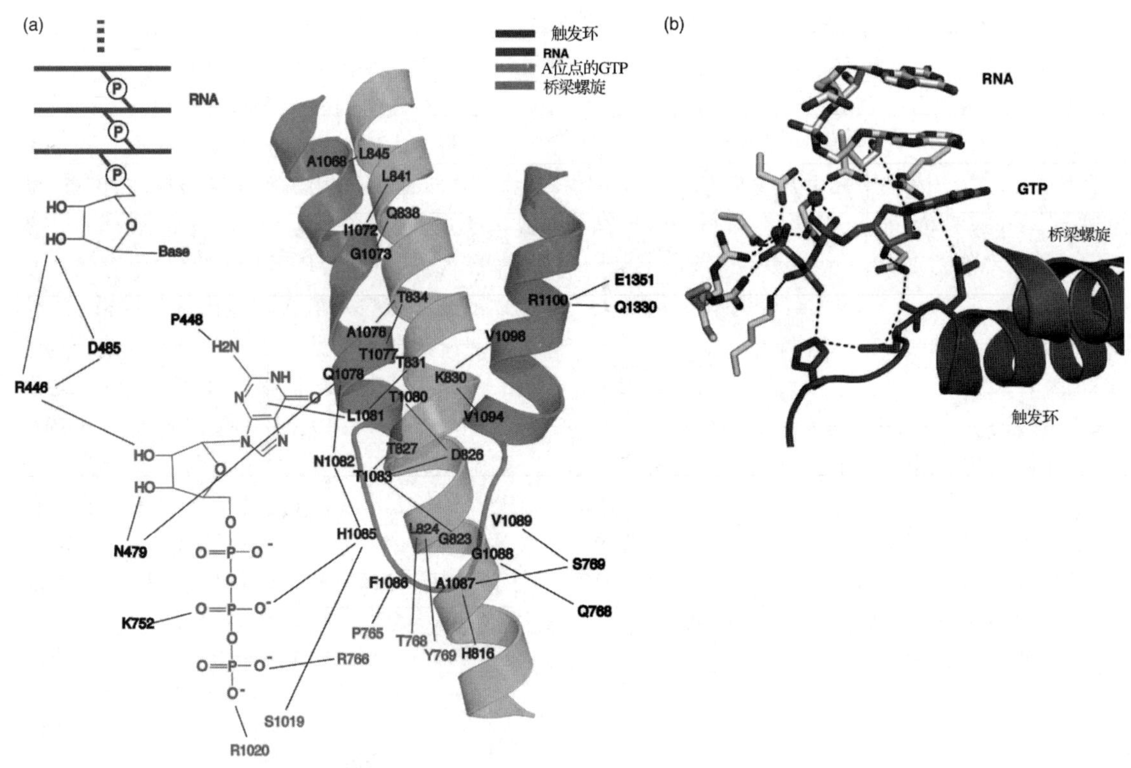

图 10.16 A位点处GTP底物的联系网络。(a) 联系网络的示意图。GTP为橙色，触发环为紫红色，桥梁螺旋为绿色，生长的RNA为红色。Rpb1和Rpb2的非触发环或桥梁螺旋的氨基酸分别用黑色和青色表示。**(b)** 显示联系网络的晶体结构。生长RNA的末端为白色，携带红色的氧原子和蓝色的氮原子，Rpb1和Rpb2的氨基酸为黄色，其氧原子和氮原子分别表示为红色和蓝色。（*Source*：Reprinted from *Cell*，Vol. 127，Wang et al，Structural Basis of Transcription：Role of the Trigger Loop in Substrate Specificity and Catalysis，Issue 5，1 December 2006，pages 941-954，© 2006，with permission from Elsevier.）

如此，只有当正确的核苷酸底物占据A位点时，触发环才能发挥作用，与底物发生几个重要的接触，这些接触可能可以稳定底物与活性位点的结合，因而有助于发挥酶的特异性。如图10.16（a）所示，触发环的确参与了底物（本例为GTP）、桥梁螺旋、Rpb1和Rpb2在活性位点内的其他氨基酸间的相互作用网络。例如，L1081与底物碱基发生疏水作用，Q1078参与Rpb1的N479与底物核糖的3′-OH之间形成氢键网络。的确，3′-OH与Q1078甚至可以直接形成较弱的氢键。此外，H1085可与底物的β-磷酸形成氢键或盐桥，H1085通过分别与N1082和Rpb2的S1019骨架羰基基团形成氢键而被放置在恰当位置。最后，Rpb1的R446（不属于触发环）靠近底物核糖的2′-OH。这样，相互作用网络可以识别核苷酸底物的所有部分：碱基、核糖的两个羟基和一个磷酸。

为什么这种联系网络对于核苷酸的特异性如此重要？可能的原因是，酶需要借助这些联系产生适合的催化环境。更明确地讲，触发环的H1085与底物β-磷酸的接触可能有催化作用。在生理pH条件下组氨酸的咪唑基团被质子化。因此，应该可以从β-磷酸上获得负电荷，相应地会降低γ-磷酸的负电性。由于γ-磷酸是生长RNA链末端3′-OH亲核反应进攻的靶位点，降低负电荷可使其成为更好的亲核反应的靶位点，有助于催化反应。

辨别dNTP的情况是怎样的呢？Kornberg及同事发现可以制备dNTP存在于A位点的酶-底物复合体，但是酶掺入脱氧核糖核苷酸的速度要远慢于掺入核糖核苷酸的速度。他们推断，酶对脱氧核糖核苷酸的辨别不取决于底物结合步骤，而是取决于催化步骤。此外，即使脱氧核糖核苷酸已经被掺入，聚合酶几乎也有将其移除的途径。图 10.16（a）显示，在新的底物刚刚结合之前，Rpb1 的 R446 和 E485 与已经掺入的核苷酸的 2′-OH 接触。如果 dNMP 偶尔被掺入则此羟基基团缺失，上述的联系就不会发生，酶可能会暂停直至错误的 dNMP 被移除。

小结 在穿过入口孔移向 RNA 聚合酶Ⅱ活性位点的过程中，正被掺入的核苷酸必须先进入 E（进入）位点，相对于在 A 位点时的位置该核苷酸在 E 位点发生了倒转。磷酸二酯键在 A 位点形成。活性位点结合两个金属离子（Mg^{2+} 或 Mn^{2+}），其中一个会永久地结合在酶的活性位点上，而另一个进入活性位点，与正被掺入的核苷酸结合。Rpb1 的触发环将底物置于掺入的位置处，并辨别出不正确的核苷酸。

Rbp4 和 Rbp7 的功能

已讨论过的研究为我们了解 RNA 聚合酶Ⅱ的结构和功能提供了大量信息，但未能提供有关 Rbp4 和 Rbp7 功能的信息，原因是 Kornberg 及同事在获取聚合酶晶体过程中，Rbp4 和 Rbp7 这两个亚基发生了缺失。为弥补这一缺陷，分别由 Patrick Cramer 和 Kornberg 领导的两个研究小组从酵母中成功获得了完整的 12 亚基聚合酶晶体。为解决 Rbp4 和 Rbp7 亚基缺失的问题，Cramer 研究组通过基因克隆策略，使 *E. coli* 表达 Rbp4 和 Rbp7 并进行纯化，然后将包含 10 个亚基的聚合酶与过量的 Rbp4、Rbp7 共同温育而获得完整的 12 亚基同质聚合酶。Kornberg 研究小组在 Rbp4 亚基上添加表位，利用表位附加的抗体进行亲和层析处理而获得纯化的 12 亚基聚合酶。为进一步提高获得完整全酶的概率，研究者从处于静止期的酵母细胞中提取 RNA 聚合酶，因为这个时期的酵母细胞含有 12 亚基全酶的比例要高于 10 亚基核心酶。

图 10.17 显示了 Cramer 及同事获得 12 亚基聚合酶的晶体结构。在该结构图中，因 Rbp4 和 Rbp7 亚基从聚合酶的一侧伸出，从而显现了 Rbp4 和 Rbp7 亚基的结构。这两个亚基似楔形，尖的一端插入酶的其他部分（即核心酶）。此外，Cramer 及同事还注意到，Rbp4/7 的存在与否会直接影响钳的位置。Rbp4/7 缺失时，游离的钳状结构处于打开状态，如图 10.17（a）右下方的插图所示；楔形蛋白 Rbp4/7 存在时迫使钳状结构闭合。

在了解聚合酶如何与启动子 DNA 结合方面，这一新的信息可提供怎样的线索呢？Cramer 和同事及 Bushnell 和 Kornberg 等指出，当聚合酶核心与双链形式的启动子结合后，启动子随即发生熔解，Rbp4/7 结合上来并使钳闭合而环抱住 DNA 模板链，将 DNA 非模板链排除在活性位点之外。但他们也指出，这个简单的模型与其他证据相矛盾：从其他生物获得的 RNA 聚合酶中也有 Rbp4/7 的同源物，但均不与核心酶解离。类似地，*E. coli* RNA 聚合酶全酶的晶体结构呈闭合构象，似乎不允许双链 DNA 结合，而 *E. coli* RNA 聚合酶全酶的确参与了转录的起始（第 6 章）。因此，两组研究者认为，启动子 DNA 结合在酶的外表面并熔解，模板链进入聚合酶的活性位点，使启动子 DNA 发生显著弯曲。

两个研究小组都注意到，Rbp4/7 对聚合酶与通用转录因子间的相互作用可产生强烈的影响，我们将在第 11 章学习相关的内容。无通用转录因子的协助，RNA 聚合酶Ⅱ自身不能完成与启动子 DNA 的结合，有些通用转录因子可直接与 RNA 聚合酶的“平台区”相互作用。如图 10.17（b）所示，Rbp4/7 主要延伸到平台区。所以，Rbp4/7 在 RNA 聚合酶结合关键通用转录因子过程中发挥着主要作用。

进一步的研究工作显示，Rpb7 可与初生 RNA 结合。根据这个发现，连同 Rpb4/7 靠近 Rpb1 CTD 基部的研究结果，得出如下推测：Rpb4/7 与初生 RNA 结合并指导其靠近 CTD。正如我们将在第 14 和第 15 章了解到的，这个作用十分重要，因为 CTD 承载着对初生 RNA 进行重要加工（剪接、加帽和多腺苷酸化）的多种蛋白质。

小结 12 亚基 RNA 聚合酶Ⅱ的结构显示，Rbp4/7 的存在迫使钳处于闭合状态。由于转录起始由 12 亚基聚合酶引发，其钳状结构处于闭合状态，所以模板 DNA 链在进

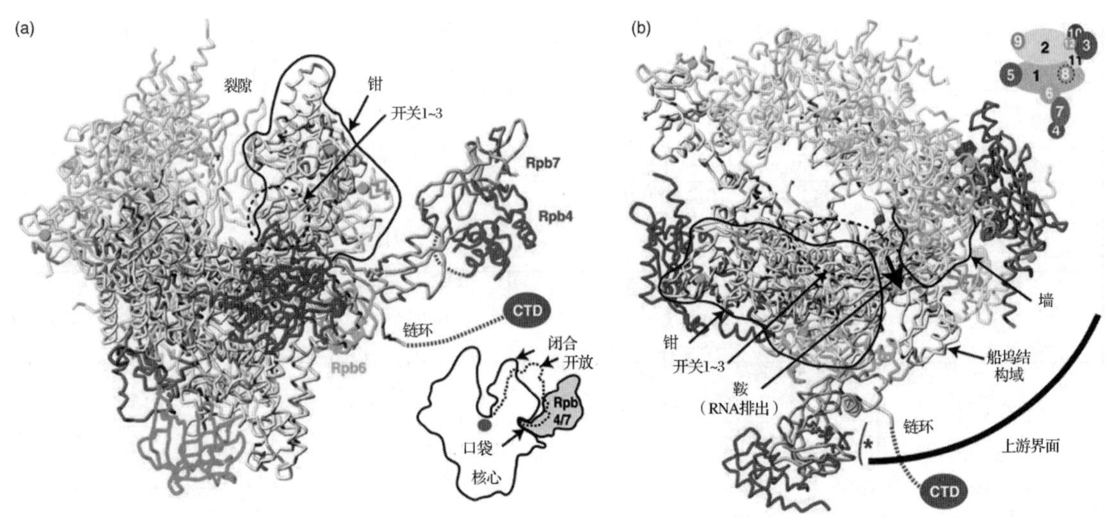

图 10.17 酵母 12 亚基 RNA 聚合酶Ⅱ的晶体结构。(a) Rbp4/7 与核心聚合酶相互作用结构图。Rbp4 和 Rbp7 分别用紫红色和蓝色表示，黑色实线勾画出了钳的大体轮廓；开关 1～3 的位置用虚线圆环标注；青色小球表示 8 个锌离子；结合在裂隙（在此图中很难看清）基部活性位点上的镁离子用粉色球体表示；连接在 Rbp1 亚基 CTD 上的链环用虚线表示。右下方的插图显示钳处于闭合及打开时的位置。该图表明，Rbp4/7 的结合与钳位于打开状态时的位置是相斥的，即 Rbp4/7 的结合使钳位于闭合状态时的位置。**(b)** 该结构的一个视图，各亚基的颜色如右上插图所示。该视图突出显示了 Rbp4/7 延伸到聚合酶平台结构域后产生的效应。右下方的实线圆弧与中心的活性位点相距 25bp 的长度，这是活性位点与 TATA 框及转录起始位点之间的最短距离。图下方中心位置处的蓝色星号表示 Rbp7 亚基上潜在的 RNA 结合位点。[*Source*：(*a*～*b*) © 2003 National Academy of Sciences Proceeding of the National Academy of Sciences，Vol. 100，no. 12，June 10，2003，p. 6964-6968 "Architecture of initiation-competent 12-subunit RNA polymerase Ⅱ，" Karim-Jean Armache，Hubert Kettenberger，and Patrick Cramer，Fig. 2，p. 6966.]

入活性位点之前，启动子 DNA 要先行熔解。该结构也显示，Rbp4/7 延伸到聚合酶的平台区，有助于特定通用转录因子的结合，从而促进转录起始。

10.2 启动子

真核生物有三类结构不同的 RNA 聚合酶，分别转录不同的基因。因此，我们可以预测这三类 RNA 聚合酶识别不同的启动子，目前这一推测已经被证实。下面我们将学习 RNA 聚合酶所识别的启动子结构，并对本章的内容作结论性总结。

Ⅱ类启动子

由于最复杂和研究得最为透彻，所以首先介绍 RNA 聚合酶Ⅱ所识别的启动子（**Ⅱ类启动子**）的结构。Ⅱ类启动子由**核心启动子**（core promoter）和**近侧启动子**（proximal promoter）组成，核心启动子以本底水平吸引通用转录因子和 RNA 聚合酶Ⅱ，确定转录起始位点并指导转录。其组成元件大约位于 37bp 的转录起始位点内，可在任意一侧。近侧启动子有助于吸引通用转录因子和 RNA 聚合酶，包括从转录起始位点上游 37bp 处延伸至 250bp 的启动子元件，近侧启动子元件有时也称为**上游启动子元件**（upstream promoter element）。

核心启动子是组合式的，包括下列元件的任意组合（图 10.18）。**TATA 框**（TATA box），以-28 位（大约-33～-26）为中心，共有序列为 TATA(A/T)AA(G/A)；**TFIIB 识别元件**（TFIIB recognition element，BRE），位于 TATA 框上游（大约位置为－37～－32），共有序列为(G/C)(G/C)(G/A)CGCC；**起始子**（initiator，**Inr**），以转录起始点为中心（位置为－2～＋4），在果蝇中的共有序列为 GCA(G/T)T(T/C)，在哺乳动物中的共有序列为 PyPyAN(T/A)PyPy；**下游启动子元件**（downstream promoter element，**DPE**)，以＋30（＋28～＋32）为中心；**下游核心元件**（downstream core element，**DCE**)，由分别位于＋6～＋12、＋17～＋23和＋31～＋33的三段序列组成，三段序列的共有序列分别为CTTC、CTGT和AGC；**十基序元件**（motif ten element，**MTE**)，位于＋18～＋27。

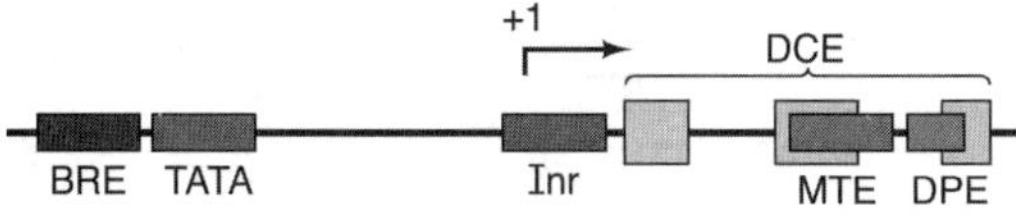

图10.18 一般性Ⅱ类核心启动子。核心启动子由6个元件组成，从5′端至端3′依次为：TFIIB识别元件（BRE，紫色）；TATA框（红色）；起始子（绿色）；由三部分构成的下游核心元件（DCE，黄色）；十基序元件（MTE，蓝色）和下游启动子元件（DPE，橙色）。文中介绍了这些启动子元件的准确定位。

TATA框 到目前为止，对存在于许多Ⅱ类启动子上其碱基序列中的共有序列为TATAAA（存在于非模板链上）的元件研究得最为深入。在高等真核生物中，该序列末端的A通常位于转录起始位点上游25～30bp位置处，该序列因前4个碱基而得名为TATA框。真核生物的TATA框与原核生物的－10框十分类似，两者最大的区别在于距离转录起始位点的位置不同，一个为－25～－30，另一个为－10［酵母（*Saccharomyces cerevisiae*）TATA框的位置具有可变性，在转录起始点上游30～300bp］。

与共有序列通常的情况一样，TATA框序列也有例外，而且这种例外很多。有时在TATA框内会出现G和C，如兔β-珠蛋白基因TATA框的起始序列为CATA。TATA框的共有序列特征通常是不明显的，这类无TATA框（TATA-less）的启动子易在两类基因中发现。一类是**持家基因**（housekeeping gene)，这类基因在所有细胞内都是组成型表达的，其产物控制着基础生化途径（如核苷酸合成)，是维持细胞基本生命活动所必需的。我们发现，细胞内的腺嘌呤脱氨酶基因、胸腺嘧啶合成酶基因、二氢叶酸还原酶基因等的启动子均缺失TATA，这些基因编码的酶都是核苷酸合成所必需的。此外，还包括SV40编码晚期病毒蛋白的基因。这些基因具有GC框，可补偿TATA框的缺失（第11章)。在果蝇中，大约只有30%的Ⅱ类启动子含有可识别的TATA框。但是，许多缺失TATA框的启动子含有DPE，它与TATA框的功能相同。另一类缺失TATA框的基因是发育调节基因，如控制果蝇发育的同源异型基因、哺乳动物免疫系统发育阶段的活性基因及本章后面将要介绍的小鼠末端脱氧核苷酸转移酶（TdT）基因。一般来讲，**特化基因**（specialized gene)（有时也称为奢侈基因）都有TATA框，这类基因仅在特定类型细胞中表达（如在皮肤细胞内表达的角蛋白基因、在红细胞内表达的血红蛋白基因)。

那么，TATA框具有怎样的功能？这可能要视基因而论，探讨这个问题的最初实验是缺失TATA框，然后分析缺失TATA框后启动子的体外转录活性。

1981年，Christophe Benoist和Pierre Chambon对SV40早期启动子进行缺失突变研究。在研究启动子活性的实验中，研究者采用引物延伸法和S1作图法（第5章)。利用这些技术，我们就可以根据标记DNA片段产物的长度和丰度，推定转录的起点及启动子的活性。如图10.19（a）所示，Benoist和Chambon通过逐渐扩大TATA框下游DNA序列的缺失长度而获得系列缺失突变体，如P1A、AS、HSO、HS3和HS4等突变体。缺失的序列中包括转录起始位点，而且每次缺失的碱基对数目恰好等于缩减了S1的酶切信号。缺失S1酶切信号的结果与因序列缺失导致转录起始位点下移的结果一致，如果TATA框的作用是将转录起始位点定位在距离TATA框最后一个碱基的下游25～30bp处，则起始位点的漂移就是我们预期的结果。如果事实如此，那么将TATA框完全缺失后会产生怎样的后果呢？H2缺失通过TATA框延伸至H4缺失的突变体可以为我们提供答案。图10.19（b）中的泳道8的结果表明，TATA框缺失导致转录可在多个位点处起始，但不会降低转录效率。如果TATA框影响转录效率，那么S1信号的增强表明转录效率的增加。由此可见，TATA框的作用显然是定位转录起始位点。

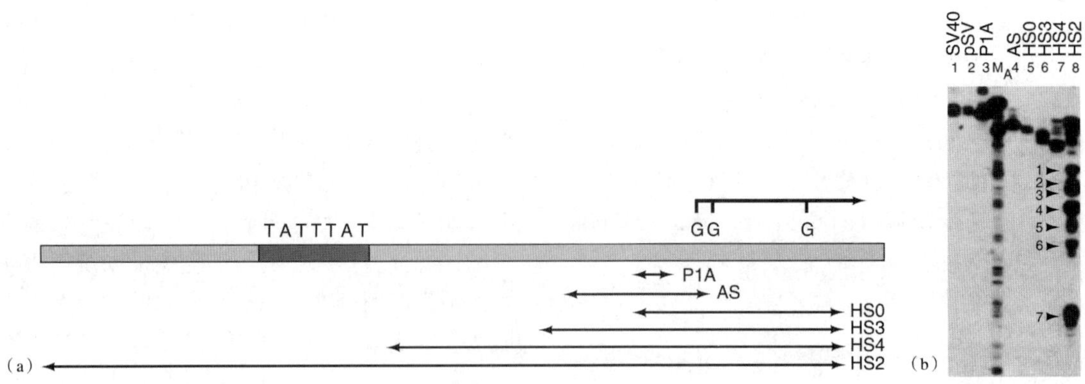

图 10.19 SV40 早期启动子缺失突变效应。(a) 缺失图谱。突变体名称标注在箭头右侧，箭头长度表示每次缺失片段的长度。TATA 框（TATTTAT，红色）及三个转录起始点（均为 G）标注在图上方。**(b)** 突变体转录起始位点的定位。Benoist 和 Chambon 分别用 SV40 DNA、含有野生型 SV40 早期基因区（pSV1）质粒及 SV40 早期启动子发生缺失突变的 pSV1 突变体转化细胞，通过 S1 作图确定转录起始位点。突变体名称标注在相应泳道的上方。泳道 M_A 为分子质量标记，泳道 HS2 中各条带左侧的数字表示异常转录起始位点，这些条带在野生型启动子及其他突变启动子中都未检测到。转录起始位点的异质性显然是由于 TATA 框缺失造成的。［*Source*：(*b*) Benoist C. and P. Chambon，*In vivo* sequence requirements of the SV40 early promoter region. *Nature* 290 (26 Mar 1981) p. 306，f. 3.］

通过进一步实验，Benoist 和 Chambon 再次证实上述结论。实验策略是将 SV40 早期基因的转录起始位点与 TATA 框间的 DNA 序列进行系统缺失，然后通过 S1 作图定位各缺失突变体的转录起始位点。野生型基因可在三个 G 位点处起始转录，这三个 G 簇集在 TATA 框的下游，与 TATA 框的第一个 T 相距 27～34bp。当 Benoist 和 Chambon 逐渐扩大转录起始位点与 TATA 框间 DNA 序列的缺失长度时，转录不再从这些位点处起始，而是从其他碱基位点起始转录，而且这些碱基通常是嘌呤碱基，位于 TATA 框第一个 T 的下游约 30bp 处。也就是说，TATA 框与转录起始位点间的距离是固定的，并不要求十分精确的起始位点序列。

在这个实验中，TATA 框对转录起始位点的定位十分重要，但不会对转录起始效率产生调节作用。然而，某些启动子缺失 TATA 框后会削弱其功能，如转录效率下降以致检测不到、从异常位点起始转录等。

Steven McKnight 和 Robert Kingsbury 对疱疹病毒的胸苷激酶（tk）基因启动子的研究，为我们提供了另一个有关 TATA 框功能的事例。研究者通过**接头扫描突变**（linker scanning mutagenesis）的方法，用长度为 10bp 的接头对 *tk* 基因的启动子序列进行系统替换。接头扫描突变实验的结果之一是，TATA 框序列突变会破坏启动子活性（图 10.20），在启动子活性最低的突变体（LS－29/－18）中，TATA 框内正常的 GCATATTA 序列突变为 CCGGATCC。

由此可见，有些Ⅱ类启动子需要 TATA 框发挥功能，但有些Ⅱ类启动子仅需要 TATA 框来定位转录起始点。此外，有些Ⅱ类启动子，特别是看家基因的启动子根本就没有 TATA 框，但仍然具有正常的功能。如何解释启动子间的这些差异呢？正如我们将在第 11 和第 12 章学习到的那样，启动子起始转录的活性有赖于转录因子和 RNA 聚合酶组装形成的**前转录起始复合体**（preinitiation complex），该复合体在转录起始位点形成并启动转录。在Ⅱ类启动子中，TATA 框是蛋白质转录因子组装的场所。第一个与 TATA 框结合的蛋白质是 TFIID，其中包括 TBP，具有招募其他因子的作用。但是，缺失 TATA 框的启动子的情况如何？即使启动子中缺失 TATA 框，前起始复合体的组装也需要 TBP，TBP 可借助结合在其他启动子元件上的蛋白质而将自己定位在正确的位置上。

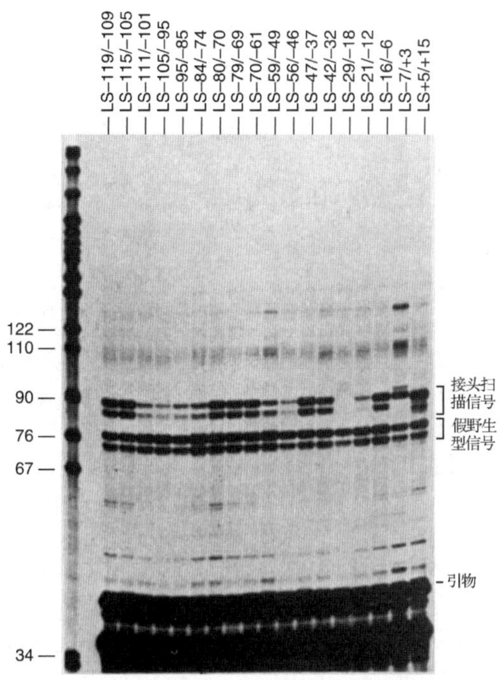

图 10.20　疱疹病毒 *tk* 启动子的接头扫描突变效应。 McKnight 和 Kingsbury 对 *tk* 启动子全长序列进行接头扫描突变，将突变的 DNA 注入蛙卵母细胞，同时也注入假野生型 DNA（在＋21～＋31 处发生突变），这种假野生型突变启动子与正常野生型启动子一样，具有正常的起始转录活性，可以作为内参。研究者通过引物延伸法分析实验质粒与对照质粒的转录情况。如所预期，对照质粒的转录相对稳定，而实验质粒的转录水平具有很大的变化，这要取决于突变发生的位点。[*Source*：Adapted from McKnigh，S. L.，and R. Kingsbury，Transcriptional control signals of a eukaryotic protein-coding gene. *Science* 217（23 July 1982）p. 322，f. 5.]

起始子、下游启动子元件和 TFIIB 识别元件

有些Ⅱ类启动子在转录起始位点附近存在共有序列，是起始最佳转录所必需的，这些序列称为**起始子**（initiator）。哺乳动物起始子的共有序列为 PyPyAN（T/A）PyPy，其中，Py 代表嘧啶碱基（C 或 T），N 代表任一碱基，带下划线的 A 为转录起始点。果蝇起始子的共有序列为 TCA（G/T）T（T/C）。有关起始子的经典事例来自腺病毒的主要晚期启动子，其起始子与 TATA 框组成核心启动子，启动下游任一基因的转录，尽管效率较低。该启动子能被上游元件或邻接的增强子所激活。

另一个带有重要起始子的基因是哺乳动物的末端脱氧核苷酸转移酶（TdT）基因。该基因在 B 淋巴细胞和 T 淋巴细胞发育过程中被激活。Stephen Smale 和 David Baltimore 研究小鼠 *TdT* 启动子时发现，该启动子无 TATA 框及明显的上游启动子元件，但是含有起始子。该起始子足以有效地起始 *TdT* 基因本底水平上的转录，此转录是从起始子内部的单一位点处起始的。他们还发现，来自 *SV40* 启动子的 TATA 框或 GC 框能极大地促进 *TdT* 基因从起始子处起始转录。因此，仅由起始子组成的功能性简单启动子的转录效率可被其他启动子元件所增强。

在果蝇基因的启动子中，普遍存在下游启动子元件。2000 年，Alan Kutach 和 James Kadonaga 报道了一个惊人的发现：果蝇基因启动子中 DPE 就像 TATA 框一样普遍存在。这些 DPE 位于转录起始点下游约 30bp 处，其共有序列为 G（A/T）CG，可以补偿因 TATA 框缺失造成的转录抑制。事实确实如此，许多正常缺失 TATA 框的果蝇启动子都包含 DPE，这也是该种生物富含 DPE 的原因。在缺失 TATA 框的果蝇启动子中，DPE 与 Inr 是成对存在的，TATA 框与 DPE 的功能相似性在于它们均能与关键的通用转录因子 TFIID（第 11 章）结合。

另一个重要的通用转录因子是 TFIIB，与 TFIID、RNA 聚合酶Ⅱ及其他蛋白质因子结合在启动子处，组装成前起始复合体而起始转录。有些启动子在 TATA 框上游存在着能帮助 TFIIB 与 DNA 结合的元件，这些 DNA 元件称为 TFIIB 识别元件（BRE）。

小结　Ⅱ类启动子由包围转录起始位点的核心启动子和远上游的近侧启动子构成。核心启动子可包含多达 6 个的保守元件：TFIIB 识别元件（BRE）、TATA 框、起始子（Inr）、下游核心元件（DCE）、十基序元件（MTE）和下游启动子元件（DPE）。在大多数启动子中，至少会缺失其中的一个元件。事实上，缺失 TATA 框的启动子通常都含有 DPE，至少在果蝇中情况如此。起始特化基因高效表达的启动子一般都含有 TATA 框，而起始看家基因表达的启动子一般都缺失 TATA 框。

近侧启动子元件 McKnight 和 Kingsbury 对疱疹病毒 *tk* 基因进行接头扫描分析时还发现了除 TATA 框之外的其他重要启动子元件。图 10.20 显示，当－47～－61 和－80～－105 这两个区域的序列发生突变时，会引起启动子活性的显著下降。在非模板链上，这两个区域包含的序列分别为 GGGCGG 和 CCGCCC，即 **GC 框**（GC box）。GC 框存在于各类启动子中，且通常位于 TATA 框的上游。值得关注的是，在疱疹病毒的 *tk* 启动子中，两个 GC 框在其两个位点中的方向是相反的。

Chambon 及同事发现，SV40 早期启动子也存在 GC 框，其拷贝数为 6 个而不是 2 个，这些元件发生突变会显著降低启动子的活性。例如，一个 GC 框的缺失会使转录水平下降到野生型水平的 66%，如果再缺失一个 GC 框，则转录水平可降到对照水平的 13%。在第 12 章我们将了解到，特异性转录因子 Sp1 与 GC 框结合后能增强转录效率，本章后面的内容将介绍能增强转录效率的 DNA 元件——增强子。与启动子相比，增强子具有两个重要的不同点，即增强子无位置和方向依赖性。GC 框虽然无方向依赖性，在倒转 180°后仍然具有正常的功能（疱疹病毒的 *tk* 启动子会自然发生倒转现象），但与典型增强子不同，GC 框具有位置依赖性，而增强子可以在远离启动子数千碱基对的远处发挥作用，甚至位于基因编码区的下游也能发挥增强转录的功能。如果 GC 框被移至距离 TATA 框几十个碱基对的远处，就会失去促进转录的能力。因此，将 GC 框作为启动子元件比作为增强子更为恰当，至少对疱疹病毒的 *tk* 基因和 SV40 早期基因而言是这样的。然而，增强子与 GC 框的差别是细微的，且语义上也模棱两可。

在各种Ⅱ类启动子中还存在另一种称为 CCAAT 框（读为“cat”框）的上游元件。疱疹病毒的 tk 启动子就含有 CCAAT 框。在前面讨论的接头分区分析中，当 CCAAT 框发生突变时，并没有检测到启动子活性的下降。但其他研究清晰地显示，CCAAT 框在疱疹病毒的 *tk* 启动子及其他许多启动子中具有重要作用。同 GC 框具有自己的转录因子一样，CCAAT 框也必须与转录因子［**CCAAT 结合转录因子**（CCAAT-binding transcription factor，**CTF**）］结合才能发挥促进转录的效应。

小结 近侧启动子元件通常位于Ⅱ类核心启动子的上游，与核心启动子不同的是，近侧启动子元件通常与相应的基因特异性转录因子结合。例如，GC 框与转录因子 Sp1 结合，而 CCAAT 框与转录因子 CTF 结合。与核心启动子不同，近侧启动子元件无方向依赖性，但与典型增强子相比，近侧启动子元件具有位置依赖性。

Ⅰ类启动子

RNA 聚合酶Ⅰ识别的启动子又是怎样一种情况？我们之所以将Ⅰ类启动子看成是单一类型的启动子，是因为几乎所有物种只有一类可被 RNA 聚合酶Ⅰ识别的基因，即 rRNA 前体基因。只有锥虫（trypanosome）例外，除了转录 rRNA 前体基因外，其 RNA 聚合酶Ⅰ还转录两类蛋白质编码基因。rRNA 前体基因在每个细胞内都有数百个拷贝，而且这些拷贝完全相同，都具有相同的启动子序列。然而，这一序列因物种的不同而表现出很大的变化，比 RNA 聚合酶Ⅱ识别的启动子序列具有更大的可变性，Ⅱ类启动子一般都具有共同的保守序列，如 TATA 框。

Robert Tjian 及同事用接头扫描突变分析鉴定出人类 rRNA 启动子的重要区域。图 10.21 显示了实验结果，该启动子有两个关键区域，如果这两个区域发生突变会极大地降低启动子起始转录的强度。其中一个序列是**核心元件**（core element），位于转录起始位点附近，从-45 位延伸到＋20 位；另一个序列为**上游启动子元件**（upstream promoter element，**UPE**），从－156 位延伸到－107 位。

两个启动子元件的存在产生了有关两者间距重要性的问题。本例中，两个元件的间距十分重要，Tjian 及同事在人类 rRNA 启动子的 UPE 与核心元件之间插入或删除不同长度的 DNA 序列，检测改变空间距离对启动子起始转录活性的影响。当在启动子元件间删除长度为 16bp 的片段后，启动子强度下降到野生型的 40%，当删除长度为 44bp 的片段后，启动子强度只有野生型的10%。此外，在启动子元件间添加长度为28bp的片段后，不会影响启动子强度，但添加片段长度为49bp时，启动子强度降低70%。由此可见，序列的删除比插入更易影响启动子起始转录的效率。

Brown及同事首次对爪蟾（*Xenopus borealis*）5S rRNA基因的Ⅲ类启动子进行了分析，研究结果令人惊讶，RNA聚合酶Ⅰ和Ⅱ及细菌RNA聚合酶所识别的启动子大部分都位于基因的5′-侧翼区，而5S rRNA启动子却位于其

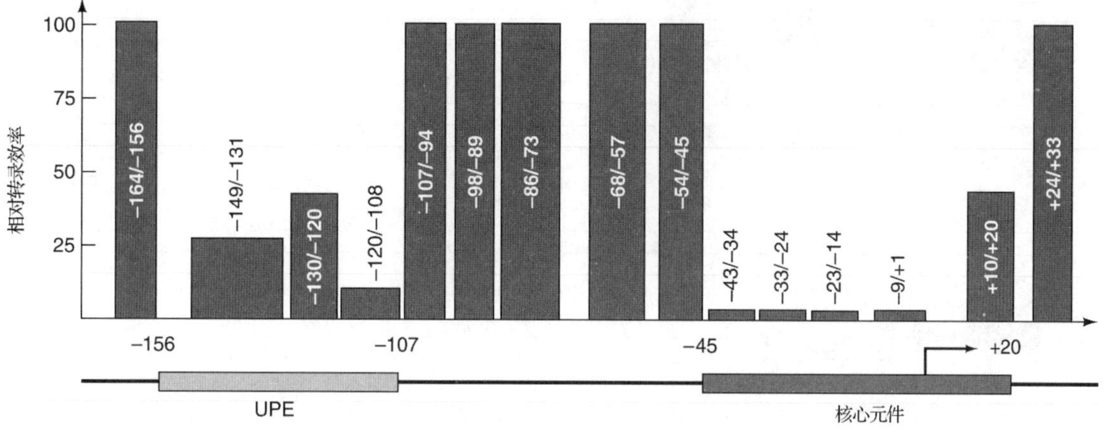

图 10.21　rRNA启动子的两个元件。 Tjian及同事用接头扫描突变对人类rRNA基因的5′-侧翼区进行系统突变，然后利用体外转录体系检测各个区段突变后对启动子起始转录活性的影响。研究者用柱形图说明实验结果。结果分析显示，启动子有两个重要区域：UPE（上游启动子元件）和核心元件。UPE是最佳转录所必需的，但本底水平的转录不一定需要UPE的参与，而核心元件是任何转录所必需的。（*Source*：Adapted from Learned，R. M.，T. K. Learned，M. M. Haltiner，and R. T. Tjian，Human rRNA transcription is modulated by the coordinated binding of two factors to an upstream control element. *Cell* 45：848，1986.）

控制基因的内部。

> **小结**　在不同物种间，Ⅰ类启动子序列保守性不高，但在一般结构上还是具有较高的保守性。Ⅰ类启动子由两个元件构成：位于转录起始位点附近的核心元件和大约在上游100 bp处的上游启动子元件（UPE），这两个元件的空间距离十分重要。

Ⅲ类启动子

正如我们所了解的那样，RNA聚合酶Ⅲ可转录多种编码小RNA的基因，包括：①“典型”Ⅲ类基因，包括5S rRNA基因、tRNA基因、腺病毒VA RNA基因；②一些最近才发现的Ⅲ类基因，包括U6 snRNA基因、7SL RNA基因、7SK RNA基因及EB病毒的EBER2基因。“非典型”Ⅲ类基因的启动子类似于Ⅱ类基因的启动子，而“典型”Ⅲ类基因的启动子完全位于基因的内部。

具有内部启动子的Ⅲ类基因　Donald Brown及同事首次对爪蟾……

得出上述结论的实验如下所述：首先，确定启动子的5′端。Brown及同事逐渐删除5′端序列，删除的长度不断增加，由此获得5′端长度不等的系列5S rRNA基因突变体，体外观察突变对基因转录的影响。通过凝胶电泳测定转录产物的大小，依此判断转录的正确与否。长度约为120bp（5S rRNA的大小）的RNA是基因的正常转录物，即使该转录物的序列与真正5S rRNA不同。研究者之所以转录获得了非正确序列的转录物，是由于破坏启动子而改变了基因的内部序列。

实验结果（图10.22）让人意外：将基因5′-侧翼区全部删除后对转录没有多大的影响。而且，将基因自身5′端的较大片段删除后，仍然能产生长度约为120nt的转录物。然而，当删除的片段超过+50位时，就会破坏启动子的功能。

利用类似方法，Brown及同事在基因的转

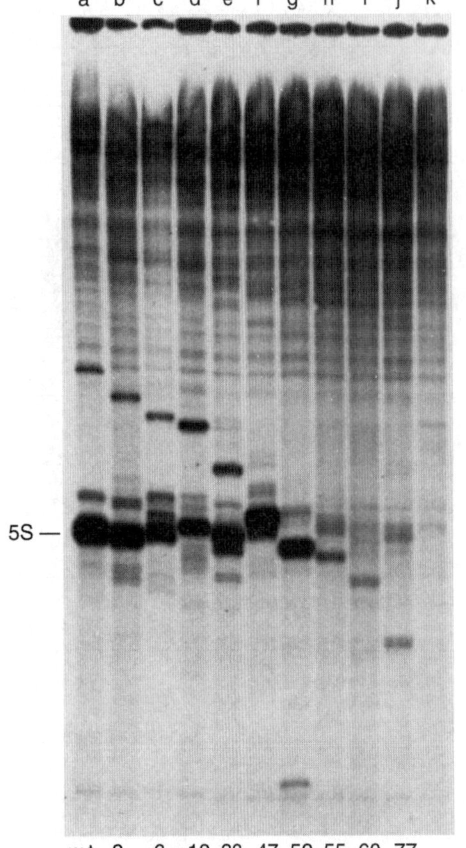

图 10.22 5′-序列缺失对 5S rRNA 基因转录的影响。 Brown 及同事对爪蟾 5S rRNA 基因的 5′端序列进行逐渐删除，然后在有标记底物的体外条件下转录这些突变基因，对转录产物进行凝胶电泳。实验所用的 DNA 模板分别是：泳道 a，未发生序列缺失的阳性对照；泳道 b～j，序列缺失的基因，其 5′端碱基位置标注在图下方（如泳道 b，序列删除后，突变基因的 5′端相当于野生型基因原来的＋3 位）；泳道 k，阴性对照（pBR322 DNA，无 5S rRNA 基因序列）。从图中可以看出，以全长 DNA 序列为模板，以及以删除长度未超过＋50 位的 DNA 片段为模板时，均能合成全长的 5S rRNA（a～g）。若缺失序列的长度继续延长，超过＋50 位时，转录停止。泳道 h～k 也在正常位置处出现了电泳条带，但与 5S rRNA 基因的转录无关，可能是不相干的杂带。［*Source*：Sakonju，S.，D. F. Bogenhagen，and D. D. Brown. A control region in the center of the 5S rRNA gene directs specific initiation of transcription：Ⅰ. The 5′-border of the region. *Cell* 19 (Jan 1980) p. 17. f. 4.］

录序列内鉴定出一个位于＋50～＋83 的敏感区域，只要不改变这一区域内的序列，启动子的功能就不受影响。很明显，这两个位点就是爪蟾 5S rRNA 基因内部启动子的外边界。其他实验研究表明，在该区域外侧插入较大的 DNA 片段，不会对启动子造成损害。Roeder 及同事对启动子内的全部碱基进行系统突变分析，从中鉴定出三个区域，只要这三个区域不发生改变，启动子功能就不会大幅度降低。这些敏感区称为 A 框、中间元件（intermediate element）及 C 框（无 B 框，因为在其他Ⅲ类基因内已发现了 B 框，但在 5S rRNA 启动子内还未发现与之相对应的序列）。图 10.23（a）总结了对 5S rRNA 启动子进行实验分析的结果。对另外两个典型的Ⅲ类基因，即 tRNA 基因和 VA RNA 基因进行了相同的实验，结果表明这两个基因的启动子都含有 A 框与 B 框［图 10.23（b）］。其中，A 框序列与 5S rRNA 启动子的 A 框序列相似，而且，在一定程度上改变这两个区域的空间距离不会破坏启动子的功能。然而这种改变是有限度的，如果在 A 框与 B 框之间插入太大的 DNA 片段，则会降低启动子的活性。

因此，Ⅲ类启动子具有几种不同的类型。5S rRNA 基因的启动子单独划分为一组，属于Ⅰ型启动子［图 10.23（a）］，注意，在本节我们只讨论Ⅲ类启动子，不要将Ⅰ型（typeⅠ）启动子与Ⅰ类（cassⅠ）基因相混淆。第二组为Ⅱ型启动子，绝大多数的Ⅲ类启动子都属于Ⅱ型启动子，如图 10.23（b）所示的 tRNA 启动子和 VA RNA 启动子。第三组为Ⅲ型启动子，包括基因的调控元件限定在 5′-侧翼区的非典型启动子，人类的 7SK RNA 基因启动子和 U6 RNA 基因是Ⅲ型启动子的典型代表［图 10.23（c）］。顺便提一下，U6 RNA 是核内小 RNA（snRNA）的成员，在 mRNA 剪接过程中发挥关键作用，相关内容将在第 14 章讨论。最后，还有些启动子（如 7SL RNA 基因启动子）属于Ⅱ型与Ⅲ型之间的杂合类型，具有Ⅱ型启动子和Ⅲ型启动子的特点，在基因内部和外部均存在对启动子转录活性产生重要作用的元件。

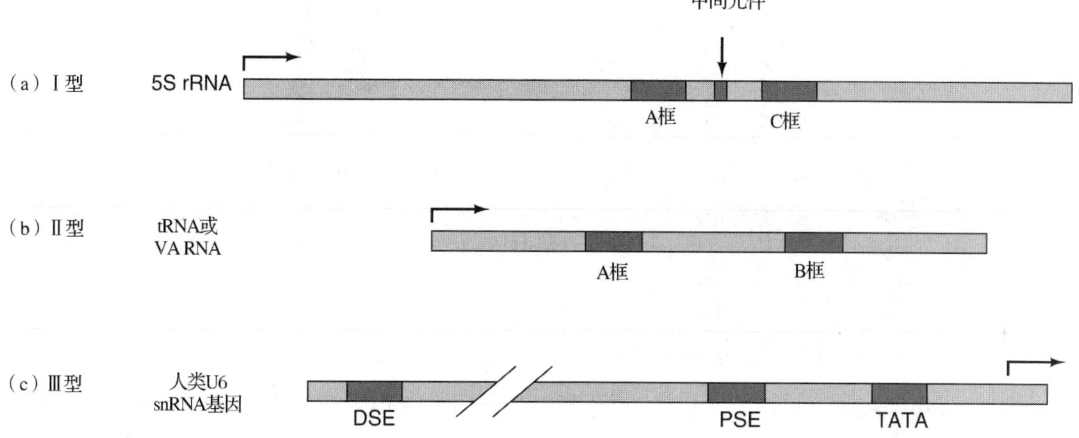

图 10.23 某些Ⅲ类基因的启动子。图中显示了 5S rRNA 基因启动子、tRNA 基因启动子和 U6 RNA 基因启动子的结构，蓝色条框为基因的调控元件。

小结 RNA 聚合酶Ⅲ转录一套较短的基因，典型Ⅲ类基因（Ⅰ型和Ⅱ型）启动子的全部序列均位于基因内部。Ⅲ类基因（5S rRNA 基因）的Ⅰ型内部启动子可分为三个区域：A 框、短的中间元件和 C 框。Ⅲ类基因（如 tRNA 基因）的Ⅱ型内部启动子可分为两部分：A 框与 B 框。非典型的（Ⅲ型）Ⅲ类基因的启动子类似于Ⅱ类基因的启动子。

具有似Ⅱ类启动子的Ⅲ类基因 在 Brown 及其他研究者提出Ⅲ类基因内部启动子的新概念后，人们普遍认为所有Ⅲ类基因都是以这种方式起始转录的。然而，在 20 世纪 80 年代中期发现了例外。7SL RNA 是信号识别颗粒（signal recognition particle）的组成部分，识别特定 mRNA 的信号序列，将 mRNA 的翻译产物引入膜上（如内质网）。1985 年，Elisabetta Ullu 和 Alan Weiner 体外转录野生型和突变型 7SL RNA 基因时发现，5′-侧翼区是基因高水平转录所必需的，如果该区域缺失，转录效率就会降低为原先的 1/100～1/50。Ullu 和 Weiner 推断，对 7SL RNA 基因转录最重要的 DNA 元件位于基因的上游。然而，5′-侧翼区缺失后，突变基因仍能转录的事实表明，这些基因还含有较弱的内部启动子。这些数据有助于解释人类基因组中存在数百拷贝的 7SL RNA 假基因（*7SL* 基因的无功能拷贝）及与 *Alu* 基因相关的序列在体内弱转录的原因，这些假基因缺少高水平转录所必需的上游元件。

Marialuisa Melli 及同事注意到，7SK RNA 基因没有类似于典型Ⅲ类启动子那样的内部序列。此外，7SK RNA 基因的 5′-侧翼区与 7SL RNA 基因的 5′-侧翼区同源，基于这些观察，研究者认为 7SK RNA 基因具有一个完整的外部启动子。为证实这一推论，他们连续渐进地对该基因 5′-侧翼区进行缺失突变，然后测试缺失片段对基因体外转录的效应。图 10.24 显示，当－37位上游的序列删除后，该基因仍能高效表达，合成大量的 7SK RNA，但是删除到该位点下游的序列时，转录就不能发生了。同时发现，编码区并非转录所必需，体外转录分析实验使用的一组突变体，即使缺失发生在编码区内甚至编码区完全缺失，转录事件仍能发生。由此可见，7SK *RNA* 基因没有内部启动子。

位于转录起始位点上游约 37bp 处的启动子具有怎样的性质呢？令人感兴趣的是在这个区域存在 TATA 框，改变其中的三个碱基（TAT→GCG）会导致转录效率下降 97%。所以，TATA 框是启动子充分发挥功能所必需的。这些结果也许令你感到困惑，难道 7SK RNA 基因由 RNA 聚合酶Ⅱ而非 RNA 聚合酶Ⅲ转录？如果该基因确实由 RNA 聚合酶Ⅱ转录，那么低浓度的 α-鹅膏（蕈）毒环肽就能抑制转录的发生，但事实上只有高浓度的 α-鹅膏（蕈）毒环肽才能抑制 7SK RNA 的合成。从 α-鹅膏（蕈）毒环肽抑制 7SK RNA 合成的曲线

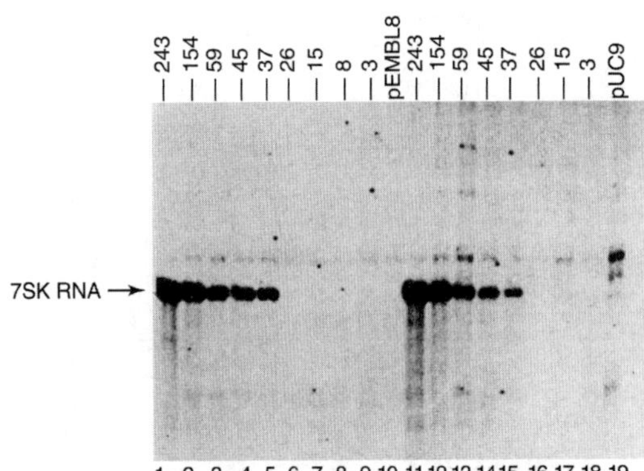

图 10.24 5′端缺失突变对 7SK RNA 启动子的影响。 Melli 及同事将人类 7SK RNA 基因的 5′-侧翼区逐步删除，体外转录这些突变基因，通过凝胶电泳检测 7SK RNA 是否正常合成。每一泳道上方的负数表示缺失突变基因的 5′端所保留的长度。例如，泳道 9 所用 DNA 模板的 5′-侧翼区只有 3 个碱基，标注为-3。泳道 1～10：突变基因克隆至 pEMBL8 载体；泳道 11～19：突变基因克隆至 pUC9 载体；泳道 10 和 19 分别表示克隆载体自身转录。对比泳道 5 和 6（或 15 和 16）可以看出，5′-侧翼－37～－26 之间的序列缺失会导致启动子活性急剧下降，表明这 11 个碱基序列是启动子的一个重要元件。［*Source*：Murphy，S.，C. DiLiegro，and M. Melli，The in vitro transcription of the 7SK RNA gene by RNA polymerase Ⅲ is dependent only on the presence of an upstream promoter. *Cell* 51（9）（1987）p. 82，f. 1b.］

可以看出，我们的预测是正确的，7SK RNA 基因由 RNA 聚合酶Ⅲ而不是 RNA 聚合酶Ⅱ转录。顺便提一下，在 RNA 聚合酶Ⅱ Rpb1 的 CTD 七肽重复序列中的一个丝氨酸（丝氨酸 2）磷酸化过程中，7SK RNA 发挥了作用。我们将在第 11 章了解到，这种磷酸化作用是转录从起始转换到延伸所必需的。

现在我们已了解到，其他非典型Ⅲ类基因（包括 U6 RNA 基因和 *EBER2* 基因）具有类似的行为方式，这些基因有类似 RNA 聚合酶Ⅱ所识别的启动子，但却由 RNA 聚合酶Ⅲ转录。到第 11 章我们就不会对这种现象感到奇怪了，因为 TATA 结合蛋白（TBP）除了参与Ⅱ类基因的转录外，还参与Ⅲ类（和Ⅰ类）基因的转录。

核内小 RNA（snRNA）基因为比较Ⅱ类和非典型Ⅲ类启动子提供了理想样本。在第 14 章我们将学习到，许多真核生物的 mRNA 都是以过长前体形式合成，需要通过剪接去除内部片段（内含子）。前体 mRNA 的剪接需要几类核内小 RNA（snRNA）的参与，大多数 snRNA 包括 U1 snRNA 和 U2 snRNA 都是由 RNA 聚合酶Ⅱ转录合成的，但是这些基因的启动子并不像典型的Ⅱ类启动子。在人类中，每个启动子由两个元件构成［图 10.25（a）］：绝对必需的**近侧序列元件**（proximal sequence element，**PSE**）和增强转录效率的**远侧序列元件**（distal sequence element，**DSE**）。

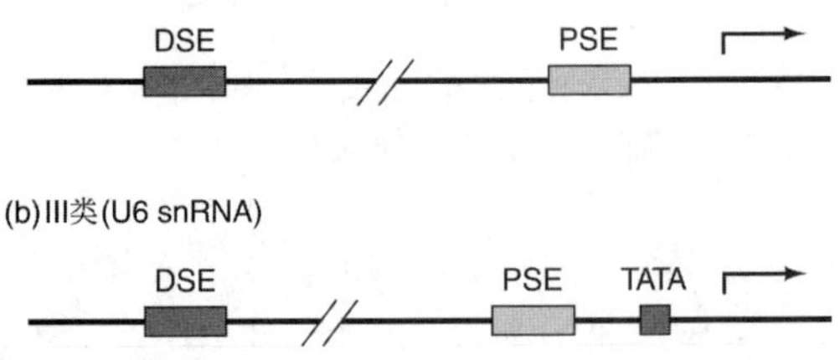

图 10.25 Ⅱ类和非典型Ⅲ类启动子结构。（a） Ⅱ类：U1 snRNA 和 U2 snRNA 启动子含有位于转录起始位点附近的必需元件 PSE 和远上游的补充元件 DSE。**（b）** Ⅲ类：U6 snRNA 启动子除 PSE 和 DSE 外，还含有 TATA 框。

snRNA 之一——U6 snRNA 由 RNA 聚合酶Ⅲ合成。与一般的非典型Ⅲ类启动子一样，人类 U6 snRNA 启动子［图 10.25（b）］含有 TATA 框，看起来更像是Ⅱ类启动子。矛盾的是，去除 TATA 框可将Ⅲ类启动子转换为Ⅱ类启动子；同样，在 U1 snRNA 和 U2 snRNA 启动子内添加 TATA 框可将Ⅱ类启动子转换为Ⅲ类启动子，而这与人们的预期正好相反。相比而言，在果蝇和海胆中，有些 snRNA 基因有 TATA 框，而有些 snRNA 基因无 TATA 框，是其他序列元件而非 TATA 框决定启动子是Ⅱ类还是Ⅲ类。

小结 至少有一种Ⅲ类基因，即 7SL RNA 基因具有一个较弱的内部启动子。同时，该基因还拥有高效转录所必需的 5′-侧翼区。其他非典型的Ⅲ类基因（如 7SK RNA 基因和 U6 RNA 基因）缺乏内部启动子，但在基因的 5′-侧翼区具有与Ⅱ类启动子十分相似的启动子区域，含有 TATA 框。U1 snRNA 和 U6 snRNA 基因分别具有非典型Ⅱ类启动子和Ⅲ类启动子。U1 snRNA 启动子含有必需的近侧序列元件（PSE）和远侧序列元件（DSE），该基因由 RNA 聚合酶Ⅱ转录。U6 snRNA 启动子由 PSE、DSE 和 TATA 框构成，由 RNA 聚合酶Ⅲ转录。

10.3 增强子与沉默子

许多真核基因，特别是Ⅱ类基因都有**顺式作用**（*cis*-acting）DNA 元件。从严格意义上讲，这些顺式作用元件并不是启动子的组成部分，但却对转录有显著的影响。正如我们在第 9 章所学过的，**增强子**（enhancer）是促进基因转录的元件，而**沉默子**（silencer）抑制转录。本节我们将讨论这些元件的主要特征，在第 12 和第 13 章将介绍它们的作用模式。

增强子

Chambon 及同事在 SV40 早期基因的 5′-侧翼区首次发现了增强子。此前，该 DNA 区域因具有显著的 72bp 重复序列（图 10.26）而受到人们的关注。当 Benoist 和 Chambon 对这一区域进行缺失突变后，发现体内相应基因的转录效率显著降低，表明该 72bp 重复序列构成了另一个上游启动子元件。然而，Paul Berg 及同事却发现，即使方向倒转或被移到环形 *SV40* 基因组的另一端且与启动子相距超过 2kb，72bp 重复序列仍能激活转录。72bp 重复序列的后一种行为至少可以说明该序列并不是启动子元件。因此，把这种无方向和位置依赖性的 DNA 元件称为增强子，以区别于启动子元件。

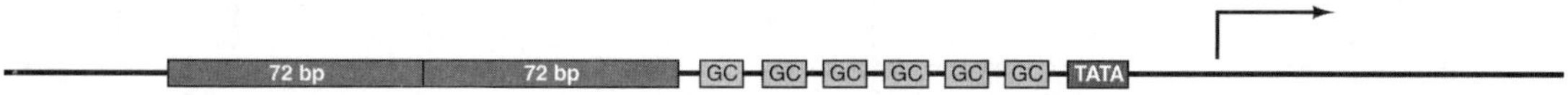

图 10.26 SV40 病毒早期基因调控区结构。按惯例右向直角箭头表示转录的起始位点，尽管如图 10.19 所示此处存在串联的 3 个起始位点。在转录起始位点上游，按照从右到左的次序依次为：TATA 框（红色）、6 个 GC 框（黄色）、增强子（72 bp 重复，蓝色）。

那么，增强子如何促进转录？在第 12 章我们将了解到，增强子通过与之结合的蛋白质而发挥作用，这些蛋白质具有不同的称谓：**转录因子**（transcription factor）、**增强子结合蛋白**（enhancer-binding protein）或**激活因子**（activator）。这些蛋白质通过与结合在启动子上的**通用转录因子**（general transcription factor）相互作用而激活转录。这种相互作用促进了前转录起始复合体的形成，该复合体是起始转录所必需的。因此，增强子可以使基因被激活因子所诱导（或许有时被抑制）。我们将在第 11 章和第 12 章探讨这些相互作用的具体细节，同时我们还会了解到，激活因子通常需要其他分子（如激素、辅激活蛋白）的协助才能发挥作用。

增强子一般位于其所调控启动子的上游，但也不绝对。事实上，早在 1983 年，Tonegawa 及同事发现了增强子位于基因内部的一个事例。以编码小鼠特殊抗体或免疫珠蛋白 γ_{2b} 大亚基的基因为研究对象，研究者将该基因导入能正常表达抗体基因但无该特殊基因的浆细胞瘤细胞内。为检测 γ_{2b} 基因在转染细胞内的表达效率，研究者添加标记氨基酸，以标记新合成的蛋白质，然后用 γ_{2b} 蛋白抗体与标记的 γ_{2b} 蛋白免疫共沉淀（第 5 章）。对免疫共沉淀的蛋白质进行凝胶电泳后，放射自显影检测。结果表明，疑似有增强子功能的序列位于基因的一个内含子区域内。内含子是基因内的一个区域，可被正常转录，但在随后的剪接加工过程中通常从转录物中切除（第 14 章）。Tonegawa 及同事首先对疑似增强子的区域进行缺失突变，分别删除两个片段，如图 10.27（a）所示，然后分析 γ_{2b} 基因在转染有突变 DNA 的细胞内的表达情况。图 10.27（b）为实验结果：尽管缺失突变发生在非编码的内含子区域，不会影响蛋白质产物的合成，但会造成蛋白质产物数量的降低，特别是进行大片段缺失（Δ2）时，这种情况尤为明显。

那么，这种影响是由于转录效率下降引起的，还是另有其他原因？Tonegawa 研究小组通过 Northern 印迹（第 5 章）回答了该问题。

实验所用的 RNA 分别来自转染有正常 γ_{2b} 基因或缺失突变 γ_{2b} 基因的细胞。如图 10.27（c）所示，Northern 印迹结果再次证实，当疑似增强子的序列发生缺失后导致启动子的功能丧失。但这段序列是个真正的增强子吗？如果是，那么该序列在发生移动或倒转后应该仍保持其增强转录的活性。Tonegawa 及同事首先将含有增强子的 X_2-X_3 片段倒转，如图 10.28（a）中的“位置/方向 B”所示，图 10.28（b）显示该增强子仍然具有功能。之后，研究者将 X_2-X_3 片段从内含子中取出，置于启动子的上游（位置/方向 C），该增强子还能发挥功能。在新位置处发生倒转（位置/方向 D）后仍具有功能。因此，在 X_2-X_3 片段内的某一区域具有增强子的行为：能够在启动子附近促进转录，无位置和方向依赖性。

最后，研究者还比较了 γ_{2b} 基因在导入小鼠两类不同细胞内的表达情况。其中一类细胞是我们前面介绍过的浆细胞瘤细胞，另一类是成纤维细胞。结果显示，γ_{2b} 基因在浆细胞瘤细胞内的表达活性较高。这与增强子的功能行为相一致，因为成纤维细胞不能合成抗体，因而也就没有激活抗体基因增强子的增强子结合蛋白。因此，抗体基因在成纤维细胞内无表达活性。

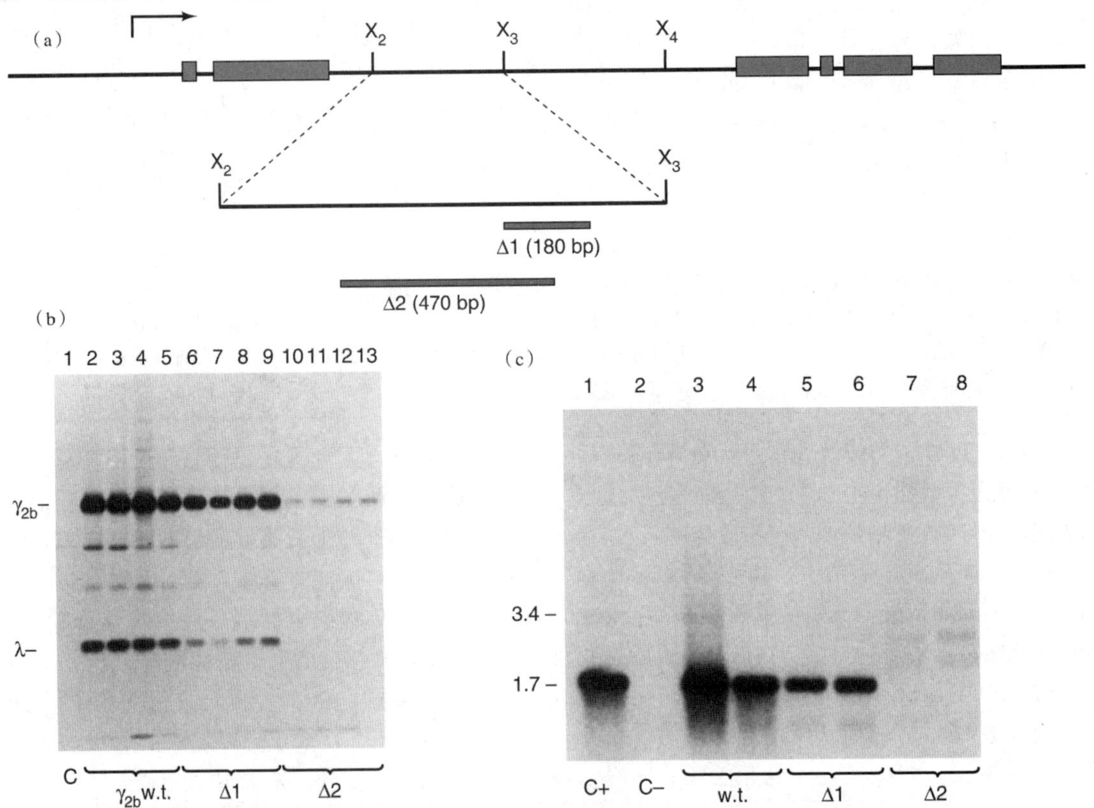

图 10.27　免疫球蛋白 γ_{2b}H 链基因增强子的缺失突变效应。(a) 克隆的 γ_{2b} 基因图谱。蓝色条框代表该基因的外显子，即基因中对应于成熟 mRNA 的序列；蓝色条框之间的线条代表该基因的内含子，能够被转录，但在前体 mRNA 剪接过程中被切除、不出现在成熟 mRNA 中。X_2、X_3 和 X_4 代表 *Xba*Ⅰ的酶切位点。Tonegawa 及同事推测增强子位于 X_2-X_3 区域，因此，分别缺失 Δ1 和 Δ2（红色条框）两个区域，分析其缺失效应。**(b)** 在蛋白质水平上分析 γ_{2b} 基因的表达。Tonegawa 及同事分别用野生型基因（泳道 2～5）、缺失 Δ1 区域的基因（泳道 6～9）、缺失 Δ2 区域的基因（泳道 10～13）转化浆细胞；泳道 1 是未转化的浆细胞，为对照组。转化后，用放射性标记的氨基酸标记新合成的蛋白质，并进行提取。免疫沉淀分离 γ_{2b} 蛋白，凝胶电泳后，利用荧光显影（放射自显影的一种改良方法，即在凝胶中添加荧光染料）检测放射性蛋白质。放射性辐射会引发荧光物质释放出光子，可被 X 射线检测到。缺失 Δ1 区域后，基因表达水平略微下降，缺失 Δ2 区域后，基因表达水平大幅下降。**(c)** γ_{2b} 基因的转录分析。Tonegawa 及同事从各转化细胞中提取 RNA，电泳后进行 Northern 印迹。泳道 5～6 是经缺失 Δ1 区域的 γ_{2b} 基因转化的 J558L 细胞株；泳道 7～8 是经缺失 Δ2 区域的 γ_{2b} 基因转化的 J558L 细胞株；缺失 Δ1 区域后，会引发基因表达水平的轻微下降，缺失 Δ2 区域则导致 γ_{2b} 基因表达终止。［*Source*：(*b*～*c*) Gillies，S. D.，S. L. Morrison，V. T. Oi，and S. Tonegawa，A tissue-specific transcription enhancer element is located in the major intron of a rearranged immunoglobulin heavy chain gene. *Cell* 33 (July 1983) p. 719，f. 2&3.］

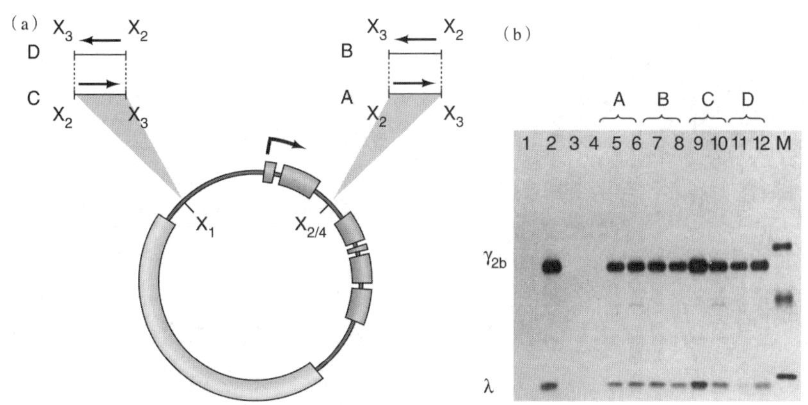

图 10.28 γ_{2b}基因的增强子元件无方向和位置依赖性。(a) 突变质粒的结构。Tonegawa 及同事将原有质粒内γ_{2b}基因（图 10.29a）的 X_2-X_3 区切除，缺失增强子。然后按 4 种不同方式将 X_2-X_3 片段（包含增强子）重新插入到基因中，构建了 4 种重组质粒。质粒 A 和质粒 B：X_2-X_3 片段被正向（A）或反向（B）重新插入原来的位置；质粒 C 和质粒 D：X_2-X_3 片段被正向（C）或反向（D）插入另一个 *XbaI* 酶切位点处（X_1），此位点位于基因上游几百个碱基处。**(b)** 实验结果。Tonegawa 及同事检测了 γ_{2b}基因在 4 种重组质粒及其野生型质粒中的表达情况。如图 10.29（b）所示，所有质粒都能高效表达 γ_{2b}基因。泳道 1：未转化的 J558L 细胞株，缺少 γ_{2b}基因；泳道 2～12：用不同质粒转化的 J558L 细胞株，转化用的质粒详述如下。泳道 2：未缺失 X_2-X_3 片段的野生型质粒；泳道 3～4：缺失 X_2-X_3 片段的质粒；泳道 5～6：A 质粒；泳道 7～8：B 质粒；泳道 9～10：C 质粒；泳道 11～12：D 质粒。泳道 M：蛋白质标准。［*Source*：（*a*）Adapted from Gillies，S. D.，S. L. Morrison，V. T. Oi，and S. Tonegawa，A tissue-specific transcription enhancer element is located in the major intron of a rearranged immunoglobulin heavy chain gene. Cell 33（July 1983）p. 721，f. 5. ］

一个基因在一类细胞内的活性远高于在其他类型细胞内的活性，这一发现形成了极其重要的观点：所有细胞含有相同的基因，但不同类型细胞间存在着巨大差异。例如，神经细胞在形态和功能上完全不同于肝脏细胞。是什么造成细胞间如此大的差异？那就是细胞内的蛋白质。正如我们以前学习过的，每类细胞内的一套蛋白质是由细胞内活跃的基因决定的。是什么激活了这些基因？我们现在知道是结合在增强子上的激活因子。这样，不同类型的细胞表达不同的激活因子，激活不同的基因，继而产生不同的蛋白质。在接下来的几章我们将详细阐述这个重要的论题。

沉默子

增强子并不是唯一能够远程调控基因转录的 DNA 元件，沉默子也远程调控基因的转录，只不过像其名字所寓意的那样，沉默子是抑制而不是促进基因的转录。酵母**交配系统**（mating system，**MAT**）为研究沉默子作用机制提供了一个很好的事例。酵母细胞第Ⅲ条染色体上存在着三个序列十分相似的基因座：*MAT*、*HML* 和 *HMR*，但只有 *MAT* 基因座表达，这是因为在距离 *HML* 基因座和 *HMR* 基因座至少 1kb 的远处，存在着抑制这两个基因座活性的沉默子。我们知道，除了无活性基因的自身因素外，还有其他原因导致基因失活。因为酵母的活性基因可以被 *HML* 或 *HMR* 所取代，而原来的活性基因在被“移植”后就会失活。由此可见，这些基因受到沉默子的负调控。那么，沉默子的作用机制如何？已有的数据表明，沉默子能引起染色质缠绕成致密的、不可进入的、因而无活性的形式，从而阻止邻近基因的转录。我们在第 13 章将详细介绍这一过程。

有时，同一 DNA 元件既表现出增强子活性，又表现出沉默子活性，这完全取决于与之结合的蛋白质的特性。例如，当甲状腺激素受体单独结合在甲状腺激素应答元件上时，此元件具有沉默子功能；当甲状腺激素受体与其配体甲状腺激素结合后，再与甲状腺激素应答元件结合时，该元件就具有增强子功能。在第 12

章我们将讨论这个问题。

> **小结** 增强子和沉默子都是无位置和方向依赖性的 DNA 元件，分别促进或抑制相关基因的转录。增强子和沉默子具有组织特异性，其活性有赖于组织特异性 DNA 结合蛋白。有时，同一 DNA 元件既表现增强子的活性，又表现沉默子的活性，这完全取决于与之结合的蛋白质的特性。

总结

真核生物细胞核内存在三类 RNA 聚合酶，可通过离子交换层析的方法进行分离。RNA 聚合酶Ⅰ定位于核仁中，另外两类聚合酶定位于核质中。RNA 聚合酶Ⅰ在核仁中的定位表明其负责 rRNA 基因的转录。三类细胞核 RNA 聚合酶在转录过程中行使不同的功能。RNA 聚合酶Ⅰ负责合成较大的 rRNA（在脊椎动物中为 5.8S、18S 和 28S rRNA）前体。RNA 聚合酶Ⅱ催化合成 mRNA 的前体 hnRNA，同时催化合成 miRNA 及大多数 snRNA 的前体。RNA 聚合酶Ⅲ催化合成 5S rRNA、tRNA 的前体及其他几种胞内小 RNA 和病毒 RNA。

几种真核生物的这三种细胞核 RNA 聚合酶的亚基结构已经确定，它们均由多个亚基构成，其中包括分子质量超过 100kDa 的两个大亚基。所有真核生物似乎都具有一些共有亚基，即三类 RNA 聚合酶均具有的亚基。RNA 聚合酶Ⅱ中全部 12 个亚基的编码基因均已被克隆、测序，并进行了突变分析。有 3 个亚基在结构和功能上与细菌 RNA 聚合酶的核心亚基相似；有 5 个亚基是三类细胞核 RNA 聚合酶所共有的；有两个亚基并不是聚合酶发挥活性所必需的，至少在常温下如此；有两个亚基不能被归纳到上述三组亚基中。

酵母 *RPB*1 基因的原初产物为Ⅱa 亚基。Ⅱa 亚基的羧基末端结构域（CTD）是由 7 个氨基酸组成的重复序列构成。在体外，CTD 可被蛋白酶切除而使Ⅱa 转化为Ⅱb。在体内，CTD 的两个丝氨酸可被磷酸化修饰而使Ⅱa 转化为Ⅱo。含有Ⅱa 亚基的 RNA 聚合酶ⅡA 负责与启动子结合，含有Ⅱo 亚基的 RNA 聚合酶ⅡO 负责转录的延伸。

酵母 pol ⅡΔ4/7 的结构显示，酶内有一个深裂隙，能够接纳两个末端之间的线性 DNA 模板。结合有一个 Mg^{2+} 的催化活性中心位于裂隙的底部，第二个 Mg^{2+} 以较低的浓度存在，可能参与酶与核苷酸底物的结合过程。

酵母 RNA 聚合酶Ⅱ（缺失 Rpb4/7 亚基）的转录延伸复合体晶体结构图像显示，钳结构环绕位于酶裂隙内的 RNA-DNA 杂交分子，以确保转录过程的持续性。此外，钳的三个环状结构——舵、盖和拉链分别在下列事件中发挥重要作用：引发 RNA-DNA 杂交体的解离；维持解离状态；维持模板 DNA 的解离。酶活性中心位于孔 1 的末端，此孔是核苷酸进入酶的通道，同时也是在聚合酶发生倒退时 RNA 排出的通道。桥梁螺旋位于活性中心附近，该螺旋的可变性对转录过程中的移位是至关重要的。α-鹅膏（蕈）毒环肽与桥梁螺旋附近位点的结合会严重抑制桥梁螺旋弯曲构象的形成，从而阻断移位。

在穿过入口孔移向 RNA 聚合酶Ⅱ活性位点的过程中，正被掺入的核苷酸必须先进入 E（进入）位点，相对于在 A 位点时的位置该核苷酸在 E 位点发生了倒转，磷酸二酯键在 A 位点合成。活性位点可以结合两个金属离子（Mg^{2+} 或 Mn^{2+}），其中一个会永久地结合在酶的活性位点上，而另一个进入活性位点，与正被掺入的核苷酸结合。Rpb1 的触发环将底物置于掺入的位置处，并辨别出不正确的核苷酸。

12 亚基 RNA 聚合酶Ⅱ的结构显示，Rbp4/7 的存在迫使钳处于闭合状态。由于转录起始由 12 亚基聚合酶引发，其钳状结构处于闭合状态，所以，模板 DNA 链在进入活性位点之前，启动子 DNA 要先行熔解。该结构也显示，Rbp4/7 延伸到聚合酶的平台区，有助于特定通用转录因子的结合，从而促进转录起始。

Ⅱ类启动子由包围转录起始位点的核心启动子和远上游的近侧启动子构成。核心启动子可包含多达 6 个保守元件：TFIIB 识别元件（BRE）、TATA 框、起始子（Inr）、下游核心元件（DCE）、十基序元件（MTE）和下游启动子元件（DPE）。在大多数启动子中，至少会缺失其中的一个元件。事实上，缺失 TATA 框的启动子通常都含有 DPE，至少在果蝇中情况如此。起始特化基因高效表达的启动子一般都含有 TATA 框，而起始持家基因表达的启动子一般缺失 TATA 框。

近侧启动子元件通常位于Ⅱ类核心启动子的上游，与核心启动子不同的是，近侧启动子元件通常与相应的基因特异性转录因子结合。例如，GC 框与转录因子 Sp1 结合，而 CCAAT 框与转录因子 CTF 结合。与核心启动子不同，近侧启动子元件无方向性，但与典型增强子相比，近侧启动子元件具有位置依赖性。在不同物种间，Ⅰ类启动子序列保守性不高，但在一般结构上具有较高的保守性。Ⅰ类启动子由两个元件构成：位于转录起始位点附近的核心元件和大约在上游 100bp 处的上游启动子元件（UPE），这两个元件的空间距离十分重要。

RNA 聚合酶Ⅲ转录一套较短的基因。典型Ⅲ类基因（Ⅰ型和Ⅱ型）启动子的全部序列均位于基因内部。Ⅲ类基因（5S rRNA 基因）的Ⅰ型内部启动子可分为三个区域：A 框、短的中间元件和 C 框。Ⅲ类基因（如 tRNA 基因）的Ⅱ型内部启动子可分为两部分：A 框与 B 框。非典型的（Ⅲ型）Ⅲ类基因的启动子类似于Ⅱ类基因的启动子。其他非典型的Ⅲ类基因（如 7SK RNA 和 U6 RNA 基因）缺乏内部启动子，但在基因的 5′-侧翼区具有与Ⅱ类启动子十分相似的启动子区域，含有 TATA 框。U1 snRNA 和 U6 snRNA 基因分别具有非典型Ⅱ类启动子和Ⅲ类启动子，U1 snRNA 启动子含有必需的近侧序列元件（PSE）和远侧序列元件（DSE）；U6 snRNA 启动子由 PSE、DSE 和 TATA 框构成。

增强子和沉默子都是无位置和方向依赖性的 DNA 元件，分别促进或抑制相关基因的转录。增强子和沉默子具有组织特异性，其活性有赖于组织特异性 DNA 结合蛋白。

复习题

1. 图示说明真核生物细胞核 RNA 聚合酶在进行 DEAE-Sephadex 层析分析时，从层析柱中洗脱的情况。如果 α-鹅膏（蕈）毒环肽浓度为 1 μg/mL，用相同的组分进行实验，会出现怎样的结果。

2. 描述实验并给出结果，证明 RNA 聚合酶Ⅰ主要定位在细胞核的核仁中。

3. 描述实验并给出结果，证明 DNA 聚合酶Ⅲ负责转录合成 tRNA 和 5S rRNA。

4. RNA 聚合酶Ⅱ由多少个亚基组成？哪些为核心亚基？哪几个是所有三种细胞核 RNA 聚合酶共有的亚基？

5. 描述利用表位附加法从酵母中纯化 RNA 聚合酶Ⅱ的实验过程。

6. 在制备的 RNA 聚合酶Ⅱ样品中，其最大亚基（RPB1）有三种不同的形式。请给出这三种不同形式亚基的名称，并指出它们在 SDS-PAGE 上的相对位置。这些不同形式的 RPB1 之间具有怎样的区别？请列举相关证据。

7. RPB1 亚基的 CTD 有什么结构特点？

8. 图示酵母 RNA 聚合酶Ⅱ的结构，并显示 DNA 的结合位点且列举相关证据，同时也要显示活性位点的位置。

9. 在 RNA 聚合酶的催化中心有多少 Mg^{2+} 参与了催化反应？为什么在酵母 RNA 聚合酶Ⅱ的晶体结构中很难被检测到其中的一个 Mg^{2+} 的存在？

10. 引用相关证据，说明在 RNA 聚合酶Ⅱ倒退时，孔 1 也是逐出 RNA 的通道。

11. 持续性转录的含义是什么？RNA 聚合酶Ⅱ的哪一部分确保了转录的持续性？

12. RNA 聚合酶Ⅱ的舵的可能功能是什么？

13. 桥梁螺旋可能的功能是什么？α-鹅膏（蕈）毒环肽与该功能间的关系如何？

14. RNA 聚合酶Ⅱ的 A 位点和 E 位点的含义是什么？在核苷酸选择过程中的作用是什么？

15. RNA 聚合酶Ⅱ的触发环在核苷酸选择中的作用是什么？图示说明触发环与碱基、糖和三磷酸的接触。

16. Rpb4/7 复合体在 RNA 聚合酶Ⅱ钳状结构的打开或闭合过程中具有怎样的功能？其证据是什么？

17. 12 亚基 RNA 聚合酶Ⅱ可与启动子

DNA 发生相互作用，这暗示启动子 DNA 必须处于什么状态才能与聚合酶发生相互作用？

18. 图示说明 RNA 聚合酶Ⅱ的启动子结构特点，并显示所有类型的元件。

19. 哪类基因可能具有 TATA 框？而哪类基因又可能缺失 TATA 框？

20. TATA 框与 UPE 之间可能存在怎样的关联？

21. 如果将 TATA 框从Ⅱ类启动子中切除，最有可能产生的两个效应是什么？

22. 描述接头扫描实验过程，通过接头扫描实验可以获得怎样的信息？

23. 列举Ⅱ类启动子两个常见的近侧启动子元件，它们与核心启动子元件相比，具有哪些不同点？

24. 图例说明典型Ⅰ类启动子的结构特点。

25. Ⅰ类启动子的元件是如何被发现的？请列举实验结果。

26. 描述实验并给出结果，证明维持Ⅰ类启动子两个元件间适当空间距离的重要性。

27. 图示比较典型与非典型Ⅲ类基因启动子的差异，并举例说明。

28. 图示说明 U1 和 U6 snRNA 启动子。它们分别由哪类 RNA 聚合酶转录？如果将 TATA 框从一个启动子移入到另一个启动子内将产生什么效应？为什么这似乎是矛盾的？

29. 描述实验并给出结果，定位 5S rRNA 基因启动子的 5′-边界。

30. 解释增强子具有组织特异性的事实。

分析题

1. Ⅱ类基因转录的起始位点鸟嘌呤位于 TATA 框的最后一个碱基下游 30bp 处。如果在两者之间删除长度为 20bp 的片段，然后用突变的 DNA 转化细胞，转录的起始位点还是同一个鸟嘌呤吗？如果不是，那么转录的起始位点在哪里？你如何确定转录的起始位点？

2. 你推测位于基因上游的一个重复序列可能具有增强子的功能，描述实验并给出结果，证明你的推断。你的实验应该证明该序列确实具有增强子功能，而不具有启动子功能。

3. 你正在研究一个新的Ⅱ类启动子，但没有发现已熟知的序列，描述实验并给出结果，确定启动子序列的位置。

4. 阐述用于确定 5S rRNA 基因启动子 3′ 端的引物延伸分析实验过程。

翻译　徐启江　校对　周　波　张富春

推荐阅读文献

一般的引用和评论文献

Corden，J. L. 1990. Tales of RNA polymerase Ⅱ. *Trends in Biocbemical Sciences* 15：383-387.

Klug，A. 2001. A marvelous machine for making messages. *Science* 292：1844-1846.

Landick，R. 2004. Active-site dynamics in RNA polymerases. *Cell* 116：351-353.

Lee，T. I. and R. A. Young. 2000. Eukaryotic transcription. *Annual Review of Genetics* 34：77-137.

Paule，M. R. and R. J. White. 2000. Transcription by RNA polymerases Ⅰ and Ⅲ. *Nucleic Acids Research* 28：1283-1298.

Sentenac，A. 1985. Eukaryotic RNA polymerases. *CRC Critical Reviews in Biochemistry* 18：31-90.

Woychik，N. A. and R. A. Young. 1990. RNA polymerase Ⅱ：Subunit structure and function. *Trends in Biochemical Sciences* 15：347-351.

研究论文

Benoist，C. and P. Chambon. 1981. In vivo sequence requirements of the SV40 early promoter region. *Nature* 290：304-310.

Bogenhagen，D. F，S. Sakonju，and D. D. Brown. 1980. A control region in the center of the 5S RNA gene directs specific initiation of transcription：Ⅱ. The 3' border of the region. *Cell* 19：27-35.

Bushnell，D. A.，P. Cramer，and R. D. Kornberg. 2002. Structural basis of transcription：α-amanitin-RNA polymerase cocrystal at 2. 8 Å resolution. *Proceedings of the National Academy of Sciences USA* 99：1218-1222.

Cramer，P.，D. A. Bushnell，and R. D. Kornberg. 2001. Sructural basis of transription: RNA polymerase Ⅱ at 2. 8 Ångstrom resolution. *Science* 292: 1863-1876.

Das, G. , D. Henning, D. Wright, and R. Reddy. 1988. Upstream regulatory elements are necessary and sufficient for transcription of a U6 RNA gene by RNA polymerase Ⅲ. *EMBO Journal* 7: 503-512.

Gillies, S. D. , S. L. Morrison, V. T. Oi, and S. Tonegawa. 1983. A tissue-specific transcription enhancer element is located in the major intron of a rearranged immunoglobulin heavy chain gene. *Cell* 33: 717-728.

Gnatt, A. L. , P. Cramer, J. Fu, D. A. Bushnell, and R. D. Kornberg. 2001. Structural basis of transcription: An RNA polymerase Ⅱ elongation complex at 3. 3 Å reslution. *Science* 292 : 1876-1882.

Haltiner, M. M. , S. T. Smale, and R. Tjian. 1986. Two distinct promoter elements in the human rRNA gene identified by linker scanning mutagenesis. *Molecular and Cellular Biology* 6: 227-235.

Kolodziej, P. A. , N. Woychik, S. -M. Liao, and R Young. 1990. RNA polymerase Ⅱ subunit composition, stoichiometry, and phosphorylation. *Molecular and Cellular Biology* 10: 1915-1920.

Kutach, A. K. and J. T. Kadonaga. 2000. The downstream promoter element DPE appears to be as widely used as the TATA box in *Drosophila* core promoters. *Molecular and Cellular Biology* 20: 4754-4764.

Learned, R. M. , T. K. Learned, M. M. Haltiner, and R. T. Tjian. 1986. Human rRNA transcription is modulated by the coordinate binding of two factors to an upstream control element. *Cell* 45: 847-857.

McKnight, S. L. and R. Kingsbury. 1982. Transcription control signals of a eukaryotic protein-coding gene. *Science* 217: 316-324.

Murphy, S. , C. Di Liegro, and M. Melli. 1987. The in vitro transcription of the 7SK RNA gene by RNA poly merase Ⅲ is dependent only on the presence of an upstream promoter. *Cell* 51: 81-87.

Pieler, T. , J. Hamm, and R. G. Roeder. 1987. The 5S gene internal control region is composed of three distinct sequence elements, organized as two functional domains with variable spacing. *Cell* 48: 91-100.

Roeder, R. G. and W. J. Rutter. 1969. Multiple forms of DNA-dependent RNA polymerase in eukaryotic organisms. *Nature* 224: 234-237.

Roeder, R. G. and W. J. Rutter. 1970. Specific nucleolar and nucleoplasmic RNA polymerases. *Proceedings of the National Academy of Sciences USA* 65: 675-682.

Sakonju, S. , D. F. Bogenhagen, and D. D. Brown. 1980. A control region in the center of the 5S RNA gene directs initiation of transcription: I. The 5' border of the region. *Cell* 19: 13-25.

Sayre, M. H. , H. Tschochner, and R. D. Kornberg. 1992. Reconstitution of transcription with five purified initiation factors and RNA polymerase Ⅱ from *Saccharomyces cerevisiae*. *Journal of Biological Chemistry* 267: 23376-23382.

Sklar, V. E. F. , L. B. Schwartz, and R. G. Roeder. 1975. Distinct molecular structures of nuclear class Ⅰ, Ⅱ, and Ⅲ DNA-dependent RNA polymerases. *Proceedings of the National Academy of Sciences USA* 72: 348-352.

Smale, S. T. and D. Baltimore. 1989. The "initiator" as a transcription control element. *Call* 57: 103-113.

Ullu, E. and A. M. Weiner. 1985. Upstream sequences modulate the internal promoter of the human 7SL RNA gene. *Nature* 318: 371-374.

Wang, D. , D. A. Bushnell, K. D. Westover, C. D. Kaplan, and R. D. Kornberg. 2006. Structural basis of transcription: Role of the trigger loop in substrate specificity and catalysis. *Cell* 127: 941-954.

Weinman, R. and R. G. Roeder. 1974. "Role of

DNA-dependent RNA polymerase Ⅲ in the transcription of the tRNA and 5S rRNA genes." *Proceedings of the National Academy of Sciences USA* 71: 1790-1794.

Westover, K. D., D. A. Bushnell, and R. D. Kornberg. 2004. Structural basis of transcription: Separation of RNA from DNA by RNA polymerase Ⅱ. *Science* 303: 1014-1016.

Westover, K. D., D. A. Bushnell, and R. D. Kornberg. 2004. Structural basis of transcription: Nucleotide selection by rotation in the RNA polymerase Ⅱ active center. *Cell* 119: 481-489.

Woychik, N. A., S. M. Liao, P. A. Kolodziej, and R. A. Young. 1990. Subunits shared by eukaryotic nuclear RNA polymerases. *Genes and Development* 4: 313-323.

Woychik, N. A., et al. 1993. Yeast RNA polymerase Ⅱ subunit RPB11 is related to a subunit shared by RNA polymerase Ⅰ and Ⅲ. Gene *Expression* 3: 77-82.

第11章　真核生物中的通用转录因子

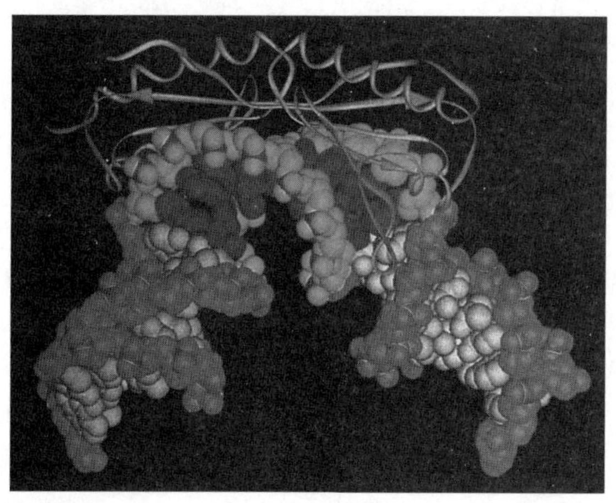

TBP-TATA框复合物的X射线晶体结构。© *Klug，A. Opening the gateway. Nature 365*（*7 Oct 1993*）*p. 487*，*f. 2.* © *Macmillan Magazines Ltd.*

与细菌相比，真核生物的RNA聚合酶不能独立结合到启动子上，需要依赖称为转录因子的蛋白质引导才能发挥作用。转录因子分为两种，通用转录因子(general transcription factor)和基因特异性转录因子(gene-specific transcription factor)（激活因子，activator)。通用转录因子可吸引RNA聚合酶至相应的启动子上，但程度较弱，仅支持本底水平的转录。此外，单靠通用转录因子和三种聚合酶只能实施最小限度的转录调控，而实际上细胞对转录的调控是极为精细的。不过，通用转录因子使RNA聚合酶结合至相应的启动子上的作用，不仅是绝对重要的，而且由于有很多多肽的参与也是非常复杂的。本章将要学习与三种RNA聚合酶及其启动子发生互作的通用转录因子。

11.1　Ⅱ类因子

通用转录因子与RNA聚合酶结合形成**前起始复合物**（preinitiation complex），只要有可被利用的核苷酸，转录便开始。两者的紧密结合也意味着一个开放启动子复合体的形成，DNA也从转录起始子开始解链，以便让聚合酶读取。我们首先从含有聚合酶Ⅱ的前起始复合物的组装开始，虽然过程很复杂，但也是研究得最清楚的部分。只要了解了Ⅱ类通用转录因子的作用机制，Ⅰ类和Ⅲ类的机制也就比较容易理解了。

Ⅱ类前起始复合物

Ⅱ类前起始复合物包括聚合酶Ⅱ和6种通用转录因子，分别为**TFIIA**、**TFIIB**、**TFIID**、**TFIIE**、**TFIIF**和**TFIIH**。许多研究表明，至少在体外，II类通用转录因子与RNA聚合酶II以一定的先后顺序结合到形成中的前起始复合物上。Reinberg、Sharp及同事通过DNA凝胶迁移率变动、DNase足迹实验和羟基自由基足迹实验（第5章)，确定了II类前起始复合物中各个因子的结合顺序。

图11.1（a）显示Reinberg和Greenblatt及同事用TFIIA、TFIID、TFIIB、TFIIF及RNA聚合酶Ⅱ进行凝胶迁移率变动实验的结果，表明有4种不同复合物存在（标示在图左侧）。当他们在含有腺病毒主要晚期基因启动子的DNA中添加TFIID和TFIIA时，可见DA

复合物的形成（泳道 1）。当同时添加 TFIIB、TFIID 和 TFIIA 时，可见一种新的 DAB 复合物的形成（泳道 2）。图的中间部分显示在 DAB 复合物中添加不同浓度的 RNA 聚合酶Ⅱ和 TFIIF 后的情况。在泳道 3 中是加入了标记的 TFIID+TFIIA+TFIIB+TFIIF 全部 4 种因子，但没有 RNA 聚合酶。在这 4 个因子形成的复合物与 DAB 复合物之间未检测到差异。可见，TFIIF 似乎不能独立结合到 DAB 上。但是逐渐增加聚合酶的量时（泳道 4～7），两种新的复合物出现了。由此可以推测两种复合物中含有聚合酶和 TFIIF。所以，位于凝胶最上面的复合物称为 DABPolF 复合物，另一个新复合物（DBPolF）由于缺少 TFIIA 而迁移较快，正如我们将要看到的一样。当研究者添加足量的聚合酶以致形成最大量的 DABPolF 复合物后，便开始降低 TFIIF 的量（泳道 8～11）直至降为 0。结果，DABPolF 复合物形成的量也随之减少直至消失。所以，即使含有大量聚合酶但没有 TFIIF 时（泳道 12），DAB-PolF（或 DABPol）复合物也不能形成。以上结果表明：RNA 聚合酶和 TFIIF 因子需同时加入才能形成前起始复合物。

Reinberg、Greenblatt 及同事利用同样的凝胶迁移率变动实验测定不同因子的结合顺序，但每次都去掉一个或多个因子。最极端的例子在泳道 13 中，标记为-D。结果显示如果去掉TFIID，即使所有其他因子都存在也不会形成任何复合物。这种对 TFIID 的依赖性支持了

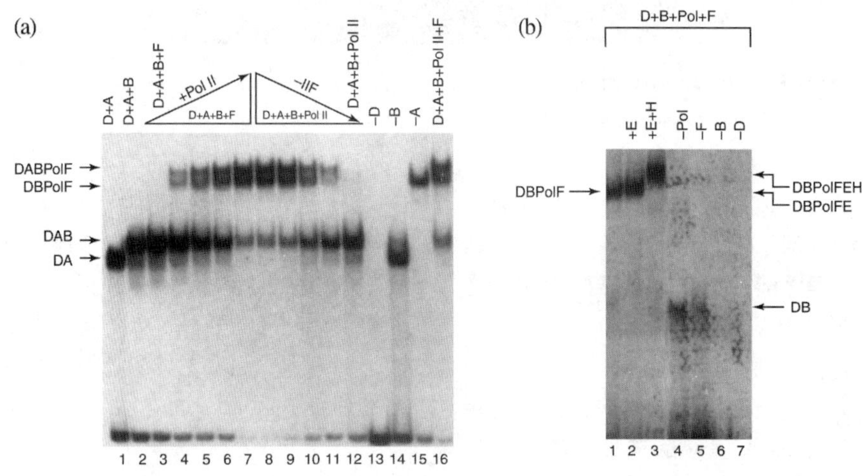

图 11.1 前起始复合物的构建。 **(a)** DABPolF 复合物。Reinberg 及同事用 4 种Ⅱ类因子（TFIID、TFIIA、TFIIB、TFIIF）及 RNA 聚合酶Ⅱ，分别与含有标记腺病毒主要晚期基因启动子的 DNA 进行凝胶迁移率变动实验。泳道 1 显示 DA 复合物，由 TFIID 和 TFIIA 形成。泳道 2 证明，加入 TFIIB 形成新的复合物 DAB。泳道 3 含有 TFIID、TFIIA、TFIIB 和 TFIIF，但与泳道 2 的结果完全相同。因此，在无聚合酶Ⅱ时，TFIIF 不结合 DAB 复合物。泳道 4 ～7 显示 4 种转录因子加上逐渐增多的聚合酶Ⅱ，出现越来越多的大复合物（DABPolF 和 DBPolF）。泳道 8～11 含有逐渐减少的 TFIIF，可见大复合物越来越少。泳道 12 显示无 TFIIF 时，基本上不形成 DABPolF 和 DBPolF。因此，TFIIF 可能将聚合酶Ⅱ引入复合物。右边的泳道显示每次去掉一个因子时的结果。泳道 13 无 TFIID，不能形成复合物。泳道 14 显示无 TFIIB 时，只形成 DA 复合物。泳道 15 证明无 TFIIA 时，仍能形成 DBPolF。泳道 16 显示当所有因子存在时，所有大复合物都出现了。**(b)** DBPolFEH 复合物。将 DBPolF 复合物（缺 TFIIA，泳道 1）组装到含有标记腺病毒主要晚期基因启动子的 DNA 上。接着，依次添加 TFIIE、TFIIH，进行凝胶迁移率变动实验。随着新转录因子的添加，复合物的分子质量逐渐增大，迁移率逐渐降低。在右边标出了两种复合物的迁移率。泳道 4～7 再次显示去掉各因子的结果，具体因子于每一泳道的顶部标出。这里最好的结果是仅有 DB 复合物形成，最差是无 TFIID 时，没有任何复合物形成。［*Sources*：(*a*) Flores，O.，H. Lu，M. Killeen，J. Greenblatt，Z. F. Burton，and D. Reinberg，The small subunit of transcription factor IIF recruits RNA polymerase Ⅱ into the preinitiation complex. *Proceedings of the National Academy of Sciences USA*，88 (Nov 1991) p. 10001，f. 2a. (*b*) Cortes，P.，O. Flores，and D. Reinberg. 1992. Factors involved in specific transcription by mammalian RNA polymerase Ⅱ：purification and analysis of transcription factor IIA and identification of transcription factor IIJ. *Molecular and Cellular Biology* 12：413-421. American Society for Microbiology.］

TFIID 是第一个结合因子的假说，其他因子的结合依赖于 TFIID 首先与 TATA 框的结合。泳道 14 表明去掉 TFIIB 时，仅有 DA 复合物形成，因此，聚合酶和 TFIIF 的结合需要 TFIIB。泳道 15 表明去掉 TFIIA 结果没有什么变化。因此，至少在体外 TFIIA 不重要。而且，该泳道中条带的位置与两个大复合物中的较小者有相同迁移率，暗示这个较小的复合物是 DBPolF。最后一个泳道含有所有蛋白质因子，呈现两个大复合物及剩余的 DAB 复合物。

1992 年，Reinberg 及同事继续研究了另外两个转录因子 TFIIE 和 TFIIH。图 11.1（b）证明可以从 DBPolF 复合物开始，然后依次加入 TFIIE 和 TFIIH，随之产生较大的复合物，并且随着每个因子的加入迁移率降低，最终在此实验中形成了前起始复合物 DBPolFEH。后 4 个泳道再次表明去掉任何一个早期因子（聚合酶Ⅱ、TFIIF、TFIIB 或 TFIID）都会阻断完整的前起始复合物的形成。

因此，各转录因子（和 RNA 聚合酶）在体外添加到前起始复合物的顺序如下：TFIID

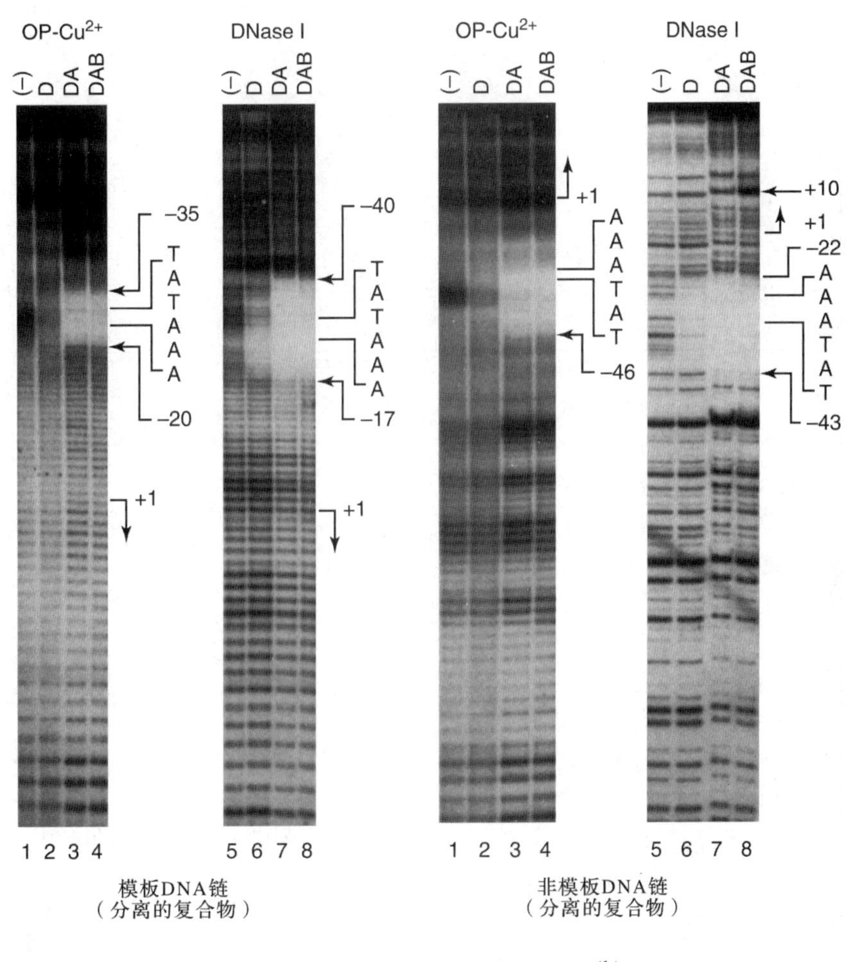

图 11.2 DA 和 DAB 复合物的足迹实验。 Reinberg 及同事利用 DNase 和 DNA 链裂解剂（DNA strand breaker）1，10-二氮杂菲-铜离子复合物（OP-Cu^{2+}）进行 DA 和 DAB 复合物的足迹实验。**(a)** 模板链的足迹。在 TATA 框区，DA 和 DAB 复合物形成（TATAAA 在右边由上而下标出）。**(b)** 非模板链上的足迹。同样，DA 和 DAB 复合物所保护区域仍以 TATA 框为中心（TATAAA 在右边由上到下标出）。右上部箭头表示在+10 碱基处有一增强的 DNA 切割位点。[*Source*：Adapted from Maldonado E.，I. Ha，P. Cortes，L. Weiss，and D. Reinberg，Factors involved in specific transcription by mammalian RNA polymerase Ⅱ：Role of transcription Factors IIA，IID，and IIB during formation of a transcription-competent complex. *Molecular and Cellular Biology* 10（Dec 1990）p. 6344，f. 9. American Society for Microbiology.]

(或 TFIIA+TFIID)、TFIIB、TFIIF+RNA 聚合酶Ⅱ、TFIIE、TFIIH。确定了体外大多数通用转录因子（及 RNA 聚合酶）结合到前起始复合物的顺序后，将研究的重点转移到每个因子在 DNA 链上的具体结合位置。从 Sharp 小组开始，几个研究小组利用足迹法对此进行了研究。图 11.2 为 DA 和 DAB 复合物足迹实验结果。Reinberg 与同事用两种不同的试剂切割蛋白质-DNA 复合物，一是能产生羟基自由基的 1,10-二氮杂菲（OP）-铜离子复合物（两图中的 1～4 泳道），二是 DNaseⅠ（两图中的 5～8 泳道）。图 11.2（a）显示模板链的结果，图 11.2（b）显示非模板链的结果。图 11.2（a）中泳道 3 和 7 表明 TFIID 和 TFIIA 保护了 TATA 框区。图 11.2（b）中泳道 3 和 7 表明 DA 复合物也保护了非模板链的 TATA 框区。图 11.2（a）泳道 4 和 8 显示，添加 TFIIB 形成 DAB 复合物对模板链的足迹没有改变。在非模板链的结果也基本相同，但有细微差异。如泳道 8 所示，加入 TFIIB 使+10 位 DNA 对 DNase 更敏感。因此，TFIIB 看起来没有显著扩展 DNA 链的覆盖区，但它对 DNA 结构的影响足以改变 DNA 对 DNase 攻击的敏感性。

RNA 聚合酶Ⅱ是分子质量很大的蛋白质，因此预测它能覆盖很长的一段 DNA 区域，留下一个很大的足迹。图 11.3 证实了这一预测。TFIID、TFIIA 及 TFIIB 保护 DAB 复合物中的 TATA 框区（−17～−42bp），RNA 聚合酶Ⅱ和 TFIIF 在非模板链上又增加了 34bp 的保护区（从−17bp 到大约+17bp）。图 11.4 显示 TFIIF 在形成 DABPolF 复合物中的作用。聚合酶Ⅱ（红色）和 TFIIF（绿色）协同作用，可能通过形成二聚体结合到已形成的 DAB 复合物中。

小结 在体外，各转录因子以下列顺序结合到Ⅱ类启动子上（包括腺病毒主要晚期基因启动子）：①TFIID，在 TFIIA 的协助下，结合到 TATA 框，形成 DA 复合物；②接着是 TFIIB 的结合；③TFIIF 协助 RNA 聚合酶结合到−34～+17bp 的 DNA 区域。剩余的因子按以下顺序结合：TFIIE、TFIIH，最后形成 DABPolFEH 前起始复合物。在体外，TFIIA 对复合体的形成是非必需的。

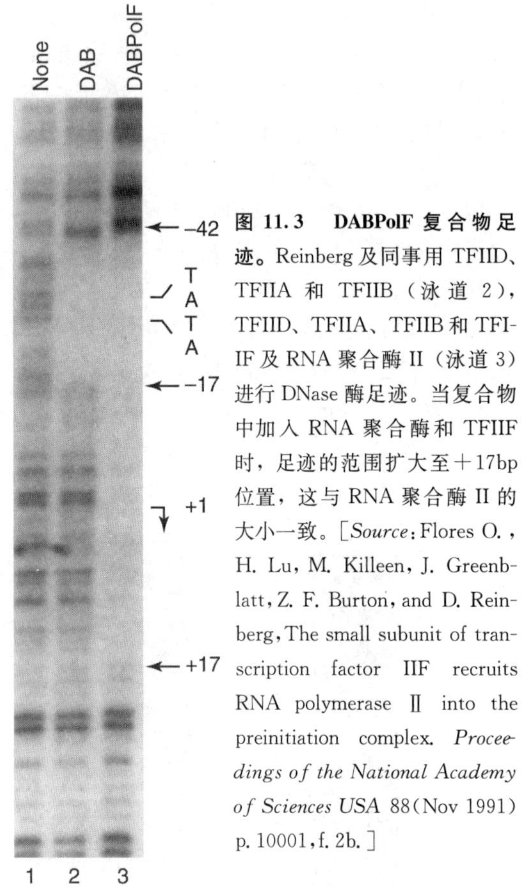

图 11.3 DABPolF 复合物足迹。Reinberg 及同事用 TFIID、TFIIA 和 TFIIB（泳道 2），TFIID、TFIIA、TFIIB 和 TFIIF 及 RNA 聚合酶 II（泳道 3）进行 DNase 酶足迹。当复合物中加入 RNA 聚合酶和 TFIIF 时，足迹的范围扩大至+17bp 位置，这与 RNA 聚合酶 II 的大小一致。[*Source*: Flores O., H. Lu, M. Killeen, J. Greenblatt, Z. F. Burton, and D. Reinberg, The small subunit of transcription factor IIF recruits RNA polymerase Ⅱ into the preinitiation complex. *Proceedings of the National Academy of Sciences USA* 88(Nov 1991) p. 10001, f. 2b.]

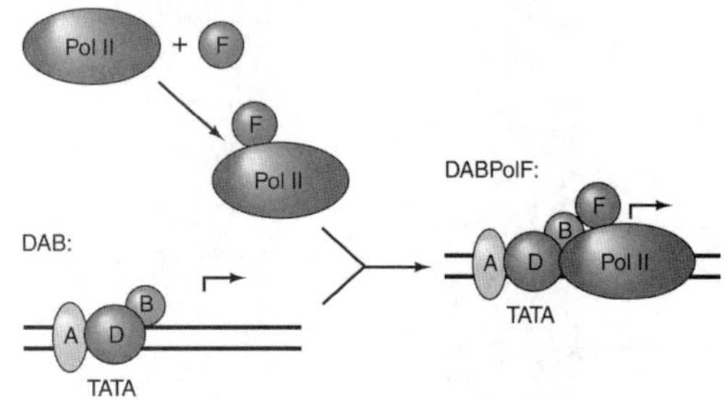

图 11.4 DABPolF 复合物形成的模型。聚合酶Ⅱ（Pol Ⅱ，红色）通过与 TFIIF（绿色）结合，再结合到 DAB 复合物上，形成 DABPolF 复合物。表明聚合酶在 DNA 下游延伸 DAB 足迹。所以，它结合在 TFIID、TFIIA 和 TFIIB 结合位点（TATA 框）下游的 DNA 上。

TFIID 的结构和功能

TFIID 是一个含有 **TATA 框结合蛋白**（TATA-box-binding protein，TBP）和 8～10

个 **TBP 相关因子**（TBP-associated factor，TAF，具体为 TAF_{II}）的复合物。这里必须标注“Ⅱ”，因为 TBP 也参与Ⅰ类和Ⅲ类基因的转录，并且分别与Ⅰ类和Ⅲ类前起始复合物中的不同 TAF（TAF_{I} 和 TAF_{III}）结合。我们将在本章的后面讨论在Ⅰ类和Ⅲ类启动子转录中 TBP 和 TAF 的作用。现在我们先讨论 TFIID 的组分及其相应活性。

TATA 框结合蛋白 TBP 是第一个在 TFIID 复合物中被鉴定出来的多肽，在进化上高度保守，在酵母、果蝇、植物和人类这些相距很远的不同物种中，TATA 框结合域的氨基酸序列有 80%以上的相似性，这些区域包含该物种 TBP 蛋白 C 端的 180 个富含碱性的氨基酸。另一个进化的保守性表现在酵母 TBP 在哺乳动物通用转录因子形成的前起始复合物中也可正常发挥功能。

Tjian 小组通过 DNase Ⅰ足迹实验证明 C 端的 180 个氨基酸对 TBP 的功能非常重要。将重组的仅含 180 个 C 端氨基酸的人类 TBP 与启动子的 TATA 框结合，仍能像天然 TFIID 因子一样有效。

TFIID 中的 TBP 如何与 TATA 框结合的呢？起初认为是像其他大多数 DNA 结合蛋白（第 9 章）一样，与 TATA 框大沟中的碱基发生特异性作用，后来证明这一推测是错误的。以 Diane Hawley 和 Robert Roeder 为首的两个小组证实，TFIID 中的 TBP 结合在 TATA 框的小沟中。

他们替换了 TATA 框的所有碱基，使位于大沟的基团发生改变，但小沟不变。这种设计的可行性是基于小沟中次黄苷（I）的次黄嘌呤与腺嘌呤（A）类似，胞嘧啶与胸腺嘧啶类似，但是在位于大沟中的基团却完全不同[图 11.5（a）]。因此，将腺病毒主要晚期基因 TATA 框的 T 换成 C，A 换成 I［TATAAAA 换成 CICIIII，图 11.5（b）］。然后通过 DNA 迁移率变动实验，检测结合到 CICI 框和标准 TATA 框上的 TFIID 的迁移率。如图 11.5c 所示，CICI 框与 TATA 框具有完全相同的功能，而其他非特异性 DNA 根本不能与 TFIID 结合。因此，只要小沟不改变，TATA 框的碱基改变就不会影响 TFIID 的结合。这是 TFIID 与 TATA 框的小沟而非大沟结合的强有力证据。

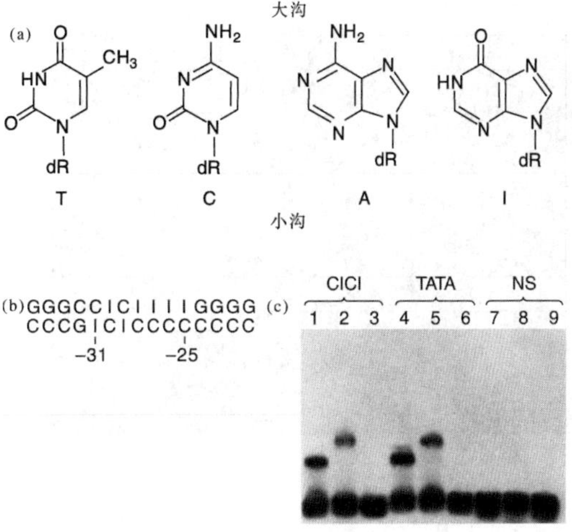

图 11.5 C 代替 T、I 代替 A 对 TFIID 与 TATA 框结合的影响。（a） 大沟与小沟中的核苷酸结构。注意小沟中的 T 与 C 类似（绿色，下方），而大沟中的差别很大（红色，上方）。同上，小沟中 A 和 I 类似，而在大沟中差异很大。 **（b）** 腺病毒主要晚期启动子（MLP）的 TATA 框中 T 被 C 取代，A 被 I 取代，形成 CICI 框。**（c）** TBP 结合 CICI 框。用不同 DNA 片段进行凝胶迁移率变动实验，DNA 片段分别为包含有 CICI 框（泳道 1～3）或正常 TATA 框的 MLP（泳道 4～6），或不带启动子元件的非特异性 DNA（NS）（泳道 7～9）。每组的第一泳道（1、4、7）为酵母 TBP，第二泳道（2、5、8）为人 TBP，第三泳道为缓冲液。酵母和人 TBP 所产生的蛋白质-DNA 复合物大小稍有差异，但是以 CICI 框取代 TATA 框对形成蛋白质-DNA 复合物几乎没有影响。因此，TBP 对 TATA 框的结合并未因 CICI 框的替换而减弱。［*Source*：(*b*～*c*) Starr, D. B. and D. K. Hawley, TFIID binds in the minor groove of the TATA box. *Cell* 67(20 Dec 1991) p. 1234, f. 2b. Reprinted by permission of Elsevier Science.］

那么 TFIID 如何与 TATA 框的小沟结合呢？当 Nam-Hai Chua、Roeder、Stephen Burley 及同事揭示了拟南芥 TBP 的晶体结构后，便开始试图回答这一问题。他们发现，TBP 的晶体结构像马鞍（saddle），有两个“马镫”（stirrup），让人自然地联想到 TBP 像马鞍固定在马背上那样结合在 DNA 上，其两侧的镫子使 TBP 的结构大致保持对称的“U”形。而后，在 1993 年，Paul Sigler 小组和 Stephen Burley 小组独立解析出与人工合成小片段双链 DNA 结合的 TBP 的晶体结构，该 DNA 片段

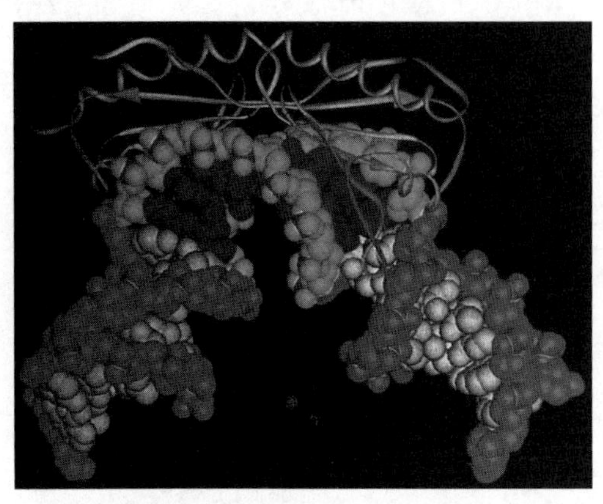

图 11.6 TBP-TATA 框复合物的结构。以 Sigler 及同事解析的 TBP-TATA 框复合体的晶体结构为基础，顶部显示 TBP 的骨架（橄榄色）。马鞍的长轴在纸平面上。位于 TBP 下方的 DNA 以多种颜色显示。与蛋白质作用的 DNA 骨架为橙色，碱基对为红色。注意蛋白质如何打开 DNA 小沟并将该区域的螺旋拉直的。在图中央的右侧，TPB 的一个环状马镫（橄榄色）插入小沟中。另一个马镫有相同功能，但在 DNA 后部无法看到。不与 TBP 作用的 DNA 两端以蓝色和灰色表示，蓝色为骨架，灰色为碱基对。DNA 的左端伸出纸平面 25°，右端插入纸平面 25°。由 TBP 引起的整个 DNA 约 80°弯折显而易见。[*Source*:Klug,A. Opening the gateway. *Nature* 365(7 Oct 1993)p. 487,f. 2. © Macmillan Magazines Ltd.]

包含有 TATA 框。他们发现 TBP 并不是像马鞍那样被动地结合在 DNA 上。

图 11.6 显示了这一结构。马鞍弯曲的下部与 DNA 并不十分吻合，而是沿 DNA 的长轴排开，其曲度迫使 DNA 弯曲 80°。这一弯曲伴随着 DNA 螺旋的变形使小沟张开。这一结构在 TATA 框的第一个和最后一个碱基处最明显（碱基对 1 和 2 之间、7 和 8 之间）。在这两个位点处，TBP 马镫的两个苯丙氨酸侧链插入两个碱基对之间，引发 DNA 扭结。这一变形有助于解释为什么此处的 TATA 序列如此保守：与其他二核苷酸键相比，DNA 双螺旋中的 T-A 键相对容易断裂，由此推测 TATA 框的变形对转录起始很重要。事实上也很容易想到，DNA 小沟的张开有助于 DNA 双链的解离，这是形成开放启动子复合体的重要部分。

小结 TFIID 含有 38kDa 的 TATA 框结合蛋白（TBP）和若干多肽，即 TBP 相关因子（TAFⅡ）。人类 TBP C 端的 180 个氨基酸是 TATA 框结合域。TBP 和 TATA 框在 DNA 小沟发生相互作用。马鞍形 TBP 与 DNA 呈直线排列，鞍的下部迫使小沟张开，使 TATA 框呈 80°弯曲。

TBP 的多能性 分子生物学充满了神奇，其中之一就是 TATA 结合蛋白（TBP）的多能性。TBP 不仅与聚合酶Ⅱ的含 TATA 框的启动子作用，而且也与无 TATA 框的启动子作用。更为惊人的是它还与无 TATA 框的聚合酶Ⅰ和聚合酶Ⅲ所识别的启动子作用。换句话说，TBP 对所有聚合酶和启动子类型都起作用，是通用真核转录因子。

Ronald Reeder、Steven Hahn 及同事利用 TBP 温度敏感型的突变酵母的研究验证了 TBP 的通用性。我们可预计升温将阻断突变体中聚合酶Ⅱ的转录，但结果显示突变体的聚合酶Ⅰ和聚合酶Ⅲ的转录也受到了严重影响。

图 11.7 显示了实验结果。从野生型和两种不同的温度敏感型（TBP 有损伤的）突变体中制备了无细胞提取物，如图 11.7（a）所示。对细胞进行两组处理：一组是 24℃生长，37℃热激 1h；另一组是一直在低温下生长。然后加入不同的 DNA 片段，其中分别含有被三种聚合酶所识别的启动子。利用 S1 核酸酶作图（S1 mapping）测定转录。图 11.7（b）～（e）为实验结果。正如所预期的，泳道 1 和 2 显示无论是否热激，热激处理对野生型提取物没有影响。Ⅰ143→N 突变体的提取物几乎不能使任何一种聚合酶转录（泳道 3 和 4）。很明显，TBP 突变不仅影响聚合酶Ⅱ的转录，也影响其他两种聚合酶的转录。突变体 P65→S 显示了在聚合酶Ⅰ与其他两种聚合酶活性之间的有趣差异。其提取物无论是否经过热激处理，几乎都不支持Ⅱ类和Ⅲ类基因的转录。而未经热激处理的提取物可使聚合酶Ⅰ的转录达到野生型水平，热激处理的提取物使聚合酶Ⅰ的转录效率降低约 2 倍。最后，加入野生型 TBP 可恢复三种聚合酶在突变体提取物中的转录活性（结果未给出）。

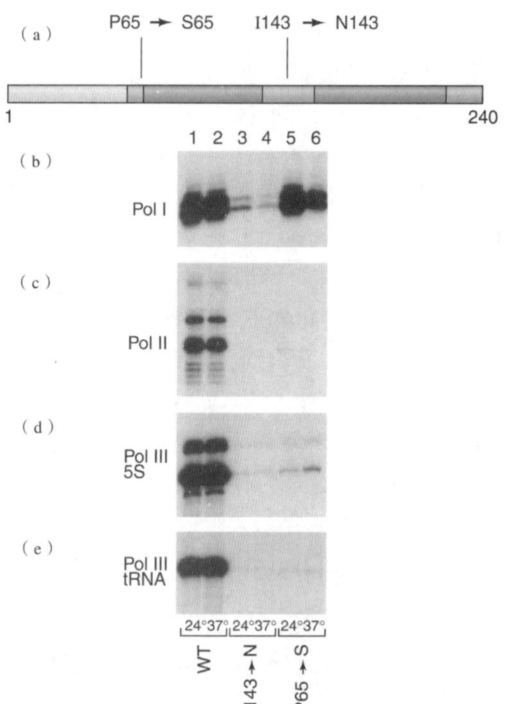

图 11.7 TBP 的突变对三种 RNA 聚合酶转录的影响。(a) 突变的位置。蓝色和红色区域表示 TBP 保守的 CTD。红色区域表示与 DNA 结合的两个重复元件。一个突变是 P65→S，即脯氨酸 65 突变为丝氨酸。另一个是 I143→N，即异亮氨酸 143 突变为天冬氨酸。**(b～e)** 突变的效应。Reeder 和 Hahn 将酵母野生型和突变型的提取物在 37℃进行热激或仍然放置在 24℃，如图底部所示。随后利用 S1 分析检测提取物在三种核 RNA 聚合酶识别的启动子上起始转录的能力。**(b)** rRNA 启动子（聚合酶Ⅰ）。**(c)** CYC1 启动子（聚合酶Ⅱ）。**(d)** 5S rRNA 启动子（聚合酶Ⅲ）。 **(e)** tRNA 启动子（也是聚合酶Ⅲ）。即使无热激，Ⅰ143→N 提取物从 4 个启动子上起始转录的效率也很低。P65→S 提取物在聚合酶Ⅱ和聚合酶Ⅲ启动子上转录有缺陷，但即使在热激之后仍识别聚合酶Ⅰ所识别的启动子。［*Source*：(*a*) Adapted from Schultz，M. C.，R. H. Reeder，and S. Hahn. 1992. Variants of the TATA binding protein can distinguish subsets of RNA polymerase Ⅰ，Ⅱ，and Ⅲ promoters. *Cell* 69：697-702.］

TBP 不仅普遍参与真核细胞的转录，还可能参与一类完全不同的生物**古菌**（archaea）的转录。古菌（以前称古细菌，archaebacteria）是一类没有细胞核的单细胞生物，通常生活于极端环境中，如温泉或沸腾的深海喷发口。古菌与细菌和真核生物都不同，在许多方面它更像真核生物。1994 年，Stephen Jackson 及同事报道了一种古菌——伍斯氏火球菌（*Pyrococcus woesei*），它能产生一种在结构和功能上类似于真核 TBP 的蛋白质。推测这种蛋白质参与识别 TATA 框，定位于古菌基因 5′-侧翼区。另外，在古菌中还发现一种类似于 TFIIB 的蛋白质。因此，古菌的转录装置与真核生物至少具有某些相似性，暗示了古菌和真核生物是由共同祖先从细菌分支后进一步分化而形成的。这一进化路线的推测也被古菌 rRNA 基因序列所证实，古菌 rRNA 基因序列与真核生物的相似性高于与细菌的相似性。

小结 遗传研究已经证明 TBP 突变细胞的提取物是缺陷性的，不仅不能转录Ⅱ类基因，也不能转录Ⅰ类基因和Ⅲ类基因。因此，TBP 是三类基因的通用的必需转录因子。而且，它至少在某些古菌的转录过程中也是必需的。

TBP 相关因子 许多研究人员已经在多种生物的 TFIID 中发现了 TBP 相关因子（TBP-associated factor，TAF）。为了鉴定果蝇细胞中的 TAF，Tjian 及同事用 TBP 特异性抗体从 TFIID 粗提液中免疫共沉淀 TFIID，然后用 2.5mol/L 尿素从 TBP 抗体沉淀物中分离 TAF，SDS-PAGE 展示 TAF。用同样方法从酵母至人等各类生物中共鉴定出与Ⅱ类前起始复合物相关的 13 种 TAF。

这些**核心 TAF** 因子首先依据其分子质量命名，因此果蝇中最大的 TAF 因子 TAF_{II}230 的分子质量为 230kDa，人的与其同源的 TAF 因子被称为 TAF_{II} 250。为了避免混乱，核心 TAF 因子已经按照其分子质量从大到小依次命名为 TAF1～TAF13。这样果蝇 TAF_{II}230、人的 TAF_{II}250 及裂殖酵母的 TAF_{II}111 现在均被称为 TAF1。由于名称相同，这种命名方式使来自不同生物的同类 TAF 因子能够不考虑其精确的分子质量而方便地比较（注意下标Ⅱ已被删除）。上下文中的讨论应避免Ⅰ类和Ⅲ类 TAF 因子的混淆。有些生物编码 TAF 的旁系同源物（在相同生物中，来自共同祖先蛋白的同源蛋白）。例如，我们现在知道，人的 TAF_{II}130/TAF_{II}135 和 TAF_{II}105 为旁系同源物，它们被命名为 TAF4 和 TAF4b 以示其同源性。某些生物编码相似的类 TAF 蛋白，但却与 TAF 核心因子不同源。这些蛋白质被冠以 L［表示-like（相似）］，如人和果蝇的 TAF5L。某些生物（至少在酵母和人中）具有额外的非核心的 TAF 因子（酵母的 TAF14 和人的 TAF15），它们在其他生物中没有同源体。

研究人员已经发现了 TAF 因子的几种不同功能，其中特别受关注的两个是与启动子及基因特异转录因子间的相互作用。让我们来看看这两种功能的有关证据及在每种功能中 TAF 的作用方式。

我们已经知道了 TBP 在与 TATA 框的结合中的重要性。但足迹实验也表明在一些启动子中，附着在 TBP 上的 TAF 能够使 TFIID 的结合超出 TATA 框很大范围。1994 年，Tjian 等报道，在一些启动子中 TBP 能够保护 TATA 框周围约 20bp 的区段，而 TFIID 能够将保护区延伸到＋35 位，大大超过了转录起始子，表明 TFIID 的 TAF 能够与启动子的起始子及下游元件作用。

为了更详细地研究这一现象，Tjian 小组用 TBP 和 TFIID 分别在体外转录含有两类启动子的 DNA。第一类（腺病毒 E1B 和 E4 启动子）含有 TATA 框，但无起始子和下游启动子元件（DPE）。第二类［腺病毒主要晚期（AdML）启动子和果蝇热激蛋白（*Hsp*70）启动子］含有 TATA 框、起始子和 DPE。图 11.8 显示上述启动子的结构和体外转录实验结果。可以看到，在仅含 TATA 框的启动子上转录时，TBP 和 TFIID 的效果一致（比较泳道 1 和 2 及泳道 3 和 4）。但对含有起始子和 DPE 的启动子转录时，TFIID 显示出明显的优势（比较泳道 5 和 6 及泳道 7 和 8）。因此，TFIID 中的 TAF 因子显然帮助 TBP 促进聚合酶转录带有起始子和 DPE 的启动子。

哪些 TAF 负责识别起始子和 DPE 呢？为了寻找答案，Tjian 及同事用果蝇 TFIID 与放射性标记的带有 Hsp70 启动子的 DNA 片段进行光交联（photo-cross-linking）实验。先将溴脱氧尿苷（bromodeoxyuridine，BrdU）掺入 DNA 片段，然后让 TFIID 结合启动子，接着用紫外线照射该复合体，使蛋白质与 DNA 中的 BrdU 交联。洗脱未结合的蛋白质，核酸酶消化 DNA，释放标记的蛋白质并进行 SDS-PAGE。图 11.9 的泳道 1 显示，两个 TAF（TAF1 和 TAF2）因结合到 Hsp70 启动子而被标记；若不加 TFIID（泳道 2），则没有蛋白质被标记。Tjian 等随后重建了 TBP、TAF1 和 TAF2 三元复合体，做同样的光交联实验，泳道 3 显示该实验同样获得被标记的 TAF1 和 TAF2；泳道 4 显示 TBP 单独结合 DNA 时不能被标记。我们知道，TBP 是与含 TATA 框的 DNA 结合的，但却不能与 BrdU 光交联，因而不被标记。这是为什么呢？很可能是因为这种光交联仅对结合到大沟的蛋白质有效，而 TBP 是结合在 DNA 小沟中的。

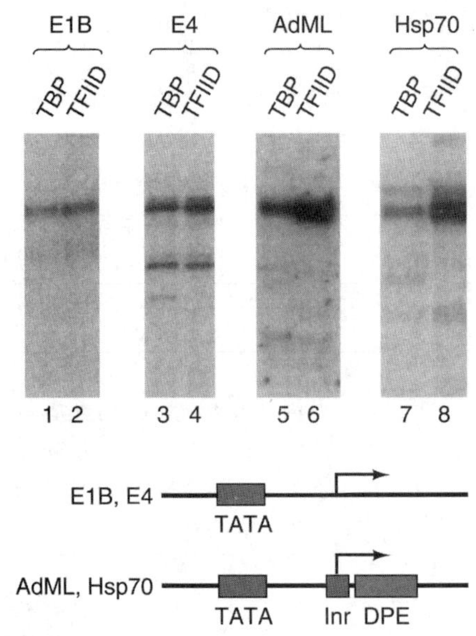

图 11.8　TBP 和 TFIID 在 4 种不同启动子上的活性。 **(a)** 实验结果。Tjian 及同事利用果蝇转录系统验证了 TBP 或 TFIID（顶部所示）在 4 种不同启动子（顶部所示）模板上的活性。两类启动子图示于 **(b)**。第一类，腺病毒 E1B 和 E4 启动子，含有 TATA 框。第二类，腺病毒后期主要启动子（AdML）和果蝇 Hsp70 启动子，含有 TATA 框及起始子和 DPE。体外转录后，利用引物延伸实验（顶部）检测 RNA 产物。放射自显影结果表明，在第一类启动子中（仅含 TATA 框），TBP 和 TFIID 促进转录的作用相同，但在第二类启动子中（含 TATA 框、Inr 及 DPE），TFIID 对转录的支持比 TBP 强得多。［*Source*：Verrijzer，C. P.，J.-L. Chen，K. Yokomari，and R. Tijan，Promoter recognition by TAFs. *Cell* 81（30 June 1995）p. 1116，f. 1. Reprinted with permission of Elsevier Science.］

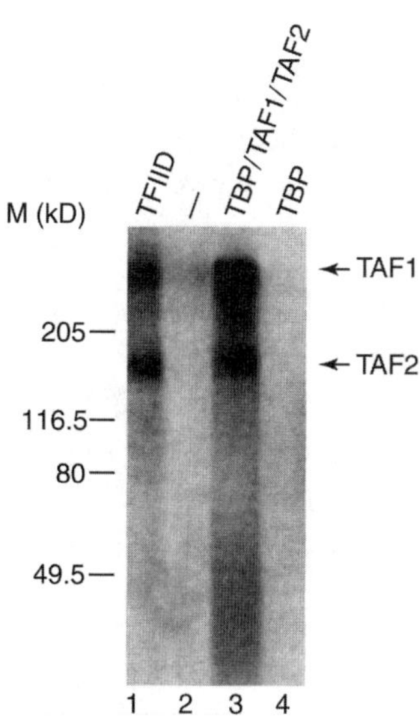

图 11.9 鉴定结合在 *hsp70* 启动子上的 TAFⅡ。 Tjian 及同事将 TFIID 光交联到含有 *hsp70* 启动子并用^{32}P标记的模板上。方法是先将 TFIID 结合到标记模板上，该模板已被光敏核苷酸 BrdU 取代。接着用紫外光照射 TFIID-DNA 复合体，在 DNA 与紧密接触 DNA 大沟的蛋白质之间形成共价键。随后用核酸酶消化 DNA，并进行 SDS-PAGE。泳道 1 为加入 TFIID 的自显影结果。TAF1 和 TAF2 被标记，表明这两种蛋白质与标记的 DNA 大沟有紧密联系。泳道 2 为无 TFIID 的对照。泳道 3 是加入三元复合物 TBP-TAF1-TAF2 的结果，两个 TAF 被标记，再次表明它们与 DNA 结合。泳道 4 是加入 TBP 的结果。因为不与 DNA 大沟结合而未被标记，与预期结果一致。[*Source*: Verrijzer, C. P., J.-L. Chen, K. Yokomari, and R. Tjian, *Cell* 81 (30 June 1995) p. 1117, f. 2a. Reprinted with permission of Elsevier Science.]

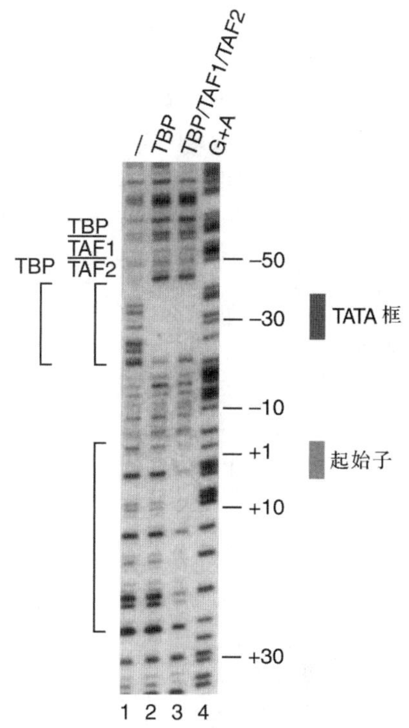

图 11.10 TBP 和三元复合物（TBP、TAF1 和 TAF2）在 *hsp 70* 启动子上的 DNase Ⅰ 足迹。 泳道 1，无蛋白质；泳道 2，TBP；泳道 3，三元复合物。在泳道 2 和 3 中都加入了 TFIIA 以稳定 DNA-蛋白复合体，但其他实验表明 TFIIA 的加入不影响足迹的范围。泳道 4 是 G+A 测序泳道用做标示。左边括号标出了由 TBP 和三元复合物产生的足迹范围，右边的条框指出 TATA 框和起始子的位置。[*Source*: Verrijzer, C. P., J.-L. Chen, K. Yokomori, and R. Tjian, *Cell* 81 (30 June 1995) p. 1117, f. 2c. Reprinted with permission of Elsevier Science.]

为了进一步确定三元复合体（TBP-TAF1-TAF2）结合的特异性，Tjian 及同事用 TBP 或三元复合体进行了 DNase 足迹实验。图 11.10 显示 TBP 仅在 TATA 框中产生足迹，而三元复合体在起始子和下游元件处还产生了额外的足迹。这一点支持了两个 TAF 结合到起始子和 DPE 上的假说。

对二元复合物（TBP-TAF1 或 TBP-TAF2）的进一步实验结果表明，在识别起始子和 DPE 时，这些复合物与仅有 TBP 的情况相同。因此，两个 TAF 似乎在增强启动子元件的结合中起协同作用，进一步说明三元复合物（TBP-TAF1-TAF2）在识别由 AdML 启动子中的 TATA 框和 TdT 启动子中的起始子组成的合成启动子时，具有与 TFIID 一样的效果。相对而言，两个二元复合物在识别启动子时的作用与单独使用 TBP 一样。这些发现支持了 TAF1 和 TAF2 在结合仅含起始子或同时含有 DPE 时均表现协同作用。

TFIID 中的 TBP 在识别大部分熟知的含有 TATA 框的Ⅱ类启动子过程中是相当重要的（图 11.11a）。但对于缺少 TATA 框的启动子来说情况又是如何呢？尽管这些启动子不能直接结合 TBP，但大多数启动子必须依赖 TBP 才能激活。这种看似矛盾的现象，其原因在于这些缺少 TATA 框的启动子含有其他可以使 TBP 结合的元件。这些元件是起始子和 DPE，使得 TAF1 和 TAF2 能够结合上去，从而保证整个 TFIID 可结合到启动子上［图 11.11 (b)］。结合基因特异转录因子的上游元件也可起到上述作用，它们依次与一个或多个 TAFⅡ相互作用，将 TFIID 锚定到启动子上。例如，激活因子 Sp1 结合到上游元件（GC 框）上，并至少与一个 TAF（TAF4）发生作用，这一中介作用显然有助于 TFIID 结合到启动子上［图 11.11（c）］。

TAF 的第二个主要活性是参与激活因子介导的转录激活，其中部分内容将在第 12 章介绍。1990 年，Tjian 及同事证明 TFIID 足以支持由 Sp1 介导的激活，但 TBP 却不能。这些结果表明 TFIID 中的某些因子是与上游作用因子（upstream acting factor），如 Sp1 相互作用所必需的，而这些因子在 TBP 中没有。从定义上讲，这些因子是 TAF，有时也称为**辅激活因子**（coactivator）。

由此可知，将 TBP 与某些 TAF 混合能产生参与特定启动子转录的复合物。例如，TBP-TAF1-TAF2 三元复合物对 TATA 框和起始子组成的启动子的识别几乎与完整 TFIID 一样好。Tjian 及同事用类似技术研究了是哪个 TAF 参与了由 Sp1 引起的转录激活。他们发

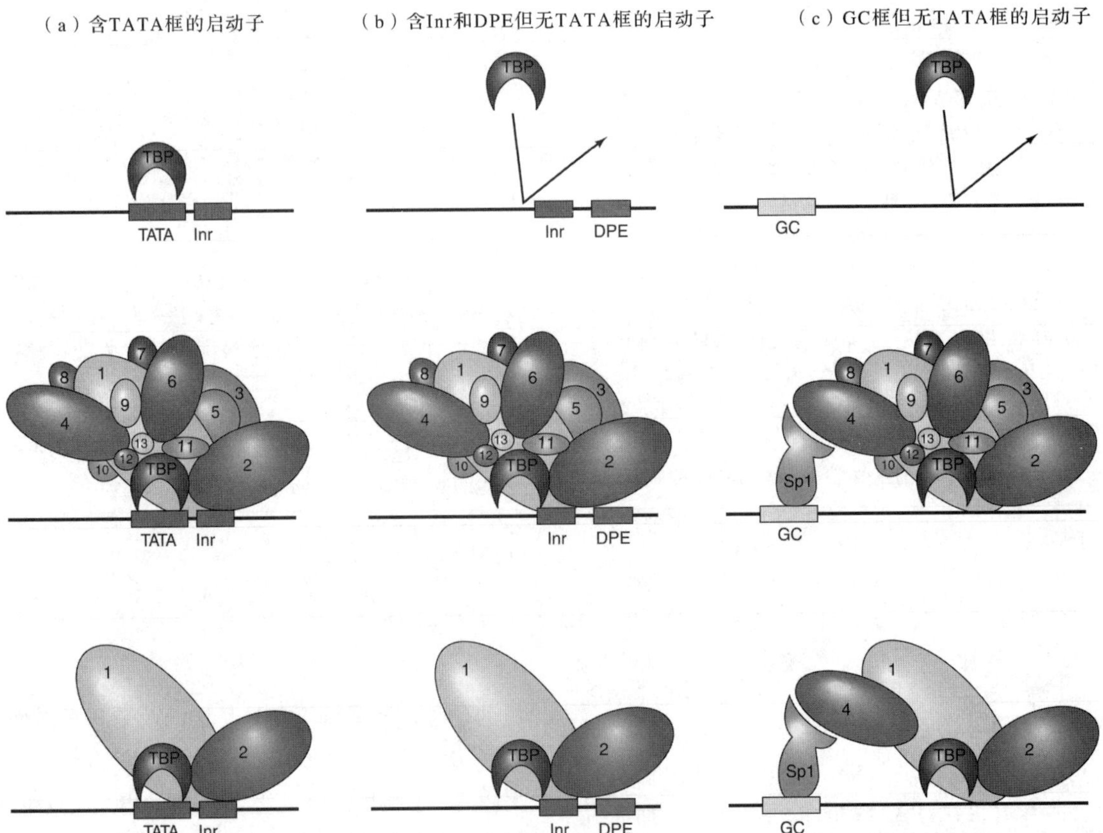

图 11.11　TBP 与有或无 TATA 框的启动子作用模型。(a) 含 TATA 框的启动子。TBP 可以独立结合到启动子的 TATA 框上（顶部），也可以和 TFIID 的所有 TAF 一同结合（中部），还可以与部分 TAF 一同结合（底部）。**(b)** 含 Inr 和 DPE 的无 TATA 框的启动子。TBP 不能独立结合到不含 TATA 框的启动子上（顶部）。通过 TAF1（黄色）和 TAF2（褐色，中部）之间的相互作用，整个 TFIID 可以结合无 TATA 框的启动子。TAF1 和 TAF2 足以将 TBP 绑定到起始子和 DPE 上（底部）。**(c)** 无 TATA 框但有 GC 框的启动子。TBP 不能独立结合到该启动子上（顶部）。通过与结合了 GC 框的 Sp1 相互作用，整个 TFIID 可以与启动子结合（中部）。TAF1、TAF2 和 TAF4 足以锚定 TBP 到结合了 GC 框的 Sp1 上。（*Source*：Adapted from Goodrich，J. A.，G. Cutter，and R. Tjian，Contacts in context：Promoter specificity and macromolecular interactions in transcription. *Cell* 84：826，1996.）

现，在果蝇和人提取物中，只有当 TAF4 存在时 Sp1 才能激活转录。因此，TBP、TAF1 和 TAF2 虽足以维持本底水平的转录，但不支持由 Sp1 激活的转录。然而在以上三个因子中添加 TAF4 就可使 Sp1 激活转录。

Tjian 及同事还证明了 Sp1 是直接结合在 TAF4 上而不是 TAF1 和 TAF2 上的。他们制备了一个含有 GC 框和 Sp1 的亲和柱验证 Sp1 结合三个 TAF 的能力。正如所料，仅有 TAF4 能被结合。

采用同样的策略，他们还证明了另一个激活因子 NTF-1 与 TAF2 结合。NTF-1 需要 TAF1 和 TAF2 或 TAF1 和 TAF6 才能激活体外转录。因此，不同激活因子与不同 TAF 组合相互作用可增强转录，而所有组合中都有 TAF1，表明 TAF1 作为组装因子，其他 TAF 围绕它而聚合。这些发现与图 11.12 的模型一致，每个激活因子与一组特定的 TAF 作用，所以完整的 TFIID 能同时与几个激活因子相互作用，放大它们的效果，并产生很强的转录增强作用。

除了具有与启动子元件和激活因子作用的能力外，TAF 还具有酶活性。其中研究得最为清楚的是 TAF1，已知它有两种酶活性。一种是组蛋白乙酰转移酶（histone acetyltransferase，HAT）活性，可将乙酰基挂到组蛋白的赖氨酸残基上，这种乙酰化作用一般是激活转录事件，我们将在第 13 章详细讨论这一过程。TAF1 还是一种蛋白激酶，可以将自身和 TFIIF（还有 TFIIA 和 TFIIE，尽管在较低程度上）磷酸化，这些磷酸化作用可调节前起始复合物的组装效率。

虽然前面的研究显示在体外的前起始复合物形成中不需要 TFIIA，但它对 TBP（或 TFIID）结合启动子却是必需的。许多研究均得出此结论，而其中一个实验特别容易说明编码酵母 TFIIA 两个亚基的任何一个基因突变都是致死性的。

TFIIA 不仅稳定了 TBP-TATA 框的结合，也通过一种抗阻遏（antirepression）机制促进 TFIID-启动子结合。过程如下：TFIID 未结合启动子时，TBP 的 DNA 结合表面就已被 TAF1 的 N 端域所覆盖，因而抑制 TFIID 对启动子的结合。但是 TFIIA 可干扰 TAF1 N 端域对 TBP 的 DNA 结合表面的作用，释放 TBP，使其与启动子结合。

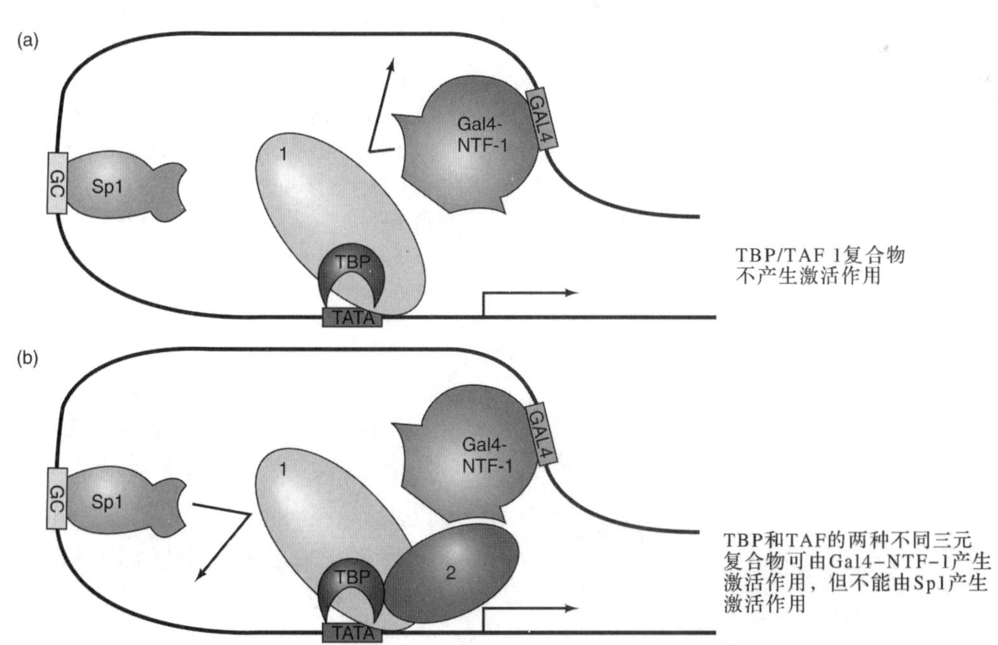

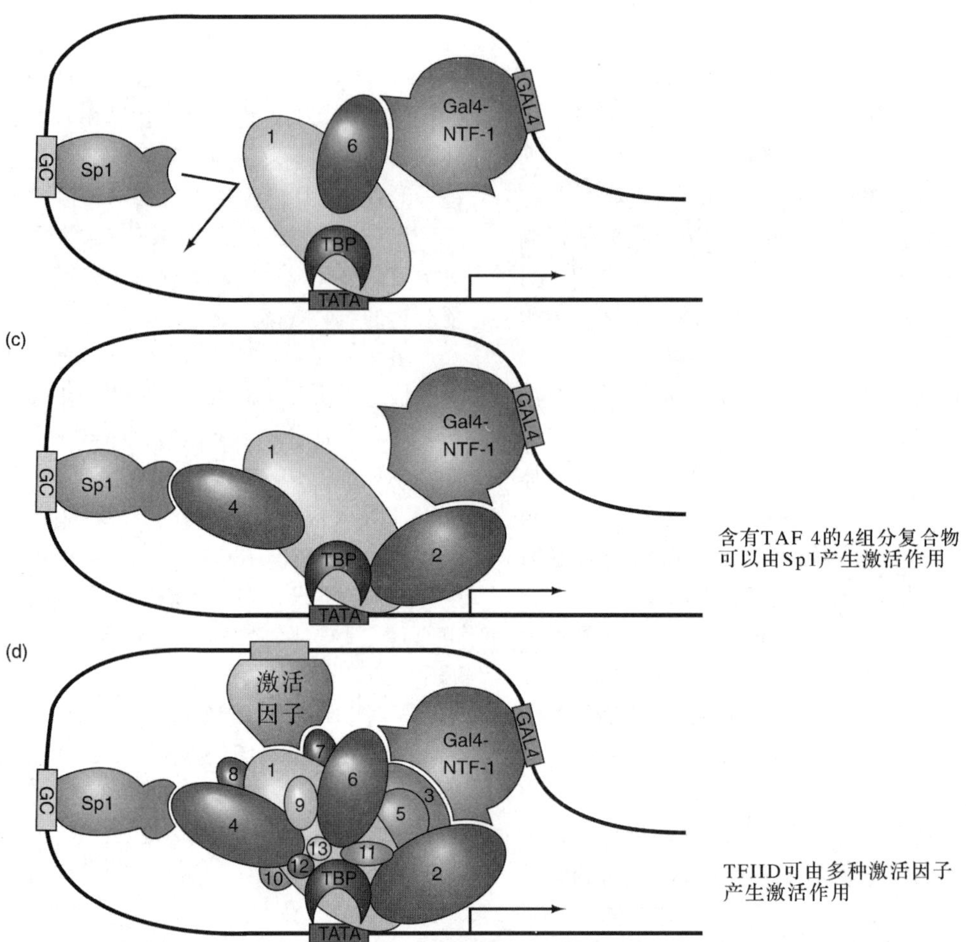

图 11.12　激活因子的转录增强作用模型。(a) TAF1 既不与 Sp1 也不与 Gal4-NTF-1（带有 NTF-1 转录激活域的杂合激活因子）作用，因此无激活作用。**(b)** Gal4-NTF-1 与 TAF2 或 TAF6 作用，激活转录。而 Sp1 与这两种 TAF 及 TAF1 均不能作用，转录不能激活。**(c)** Gal4-NTF-1 与 TAF2、Sp1 与 TAF4 作用，两个因子均可激活转录。**(d)** 完整的 TFIID 包含所有 TAF，能对各种激活因子作出响应，这里给出的激活因子为 Sp1、Gal4-NTF-1 和通用激活因子（绿色，位于图顶部）(*Source*：Adapted from Chen，J. L.，L. D. Attardi，C. P. Verrijzer，K. Yokomori，and R. Tjian，Assembly of recombinant TFIID reveals differential coactivator requirements for distinct transcriptional activators. *Cell* 79：101，1994.）

小结　TFIID 至少包括 13 种 TAF，除了 TBP 外，大多数 TAF 在真核生物进化中是保守的。TAF 行使多种功能，两个显著的功能是与核心启动子元件和激活因子的相互作用。TAF1 和 TAF2 有助于 TFIID 结合启动子的起始子和 DPE，使 TBP 与无 TATA 框但有起始子和 DPE 的启动子结合。TAF1 和 TAF4 有助于 TFIID 与结合在转录起始子上游 GC 框上的 Sp1 相互作用，使 TBP 可以结合无 TATA 框但有 GC 框的启动子。与各种激活因子的作用，显然需要不同 TAF 的组合，至少在高等真核生物是这样。TAF1 还具有两种酶活性，即组蛋白乙酰转移酶活性和蛋白激酶活性。

TAF 和 TBP 因子通用性的例外情况　酵母遗传学研究对图 11.12 模型的通用性提出了质疑。Michael Green 和 Kevin Struhl 及同事发现，酵母 TAF 基因的突变体是致死的，但却不影响转录活性，至少在第一批被研究的基因中是这样的。例如，Green 及同事获得了若干酵母 TAF1 基因的温度敏感型突变体。他们发现，当超过允许的温度范围时，TAF1 的浓度迅速下降，而且至少还有其他两个酵母 TAF 浓度也降低。TAF1 的失活明显破坏了 TFIID，进而引起其他 TAF 的降解。尽管这些 TAF 失活了，但由各种激活因子所激活的 5 种不同基因在体内的转录效率并未受到不适温度的影响，研究者在 TAF14 基因的敲除突变体中也获得了同样结果。与此相反，当编码 TBP 或 RNA 聚合酶亚基的基因突变时，所有转录很快就停止了。

Green、Richard Young 及同事基于前人的研究，在全基因组范围内分析了两个 TAF 基因及其他几个酵母基因的突变所产生的效应。在 TAF1 和 TAF9 中引入温度敏感型突变，然后升高温度使 TAF 失活或降低温度至 TAF 有活性，用高密度的基因芯片（见第 25 章）确定了 5460 个酵母基因的表达。这些芯片包含了每个基因特有的寡核苷酸序列。酵母总 RNA 可与这些序列杂交，与每个寡核苷酸杂交的程度可以衡量相关基因表达的程度。利用这一实验分别比较了低温和高温下的 RNA 与寡核苷酸杂交的情况，并将结果与 RNA 聚合酶Ⅱ最大亚基（Rpb1）的温度敏感型突变效果进行了比较。Rpb1 突变可阻止所有Ⅱ类基因的转录，这为比较其他基因的突变效应提供了基准。

表 11.1 显示了以上分析结果。只有 16% 的酵母基因，像依赖于 Rpb1 一样，依赖 TAF1，表明 TAF1 在 16%的酵母基因转录中是必需的。如果 TAF 是 TFIID 的基本组成部分，而 TFIID 又是所有Ⅱ类基因前起始复合物的基本组分，那么这就不是所期望的结果。确实，TAF1 和 TBP 被认为是 TFIID 中的重要作用因子，可以在 TFIID 中组装其他所有 TAF，但是全基因组范围的表达分析显然并不支持这一观点。事实上，在高等生物中 TAF1 及其同源物只在部分基因的前起始复合物形成过程中是需要的。在酵母中，这些基因可能调节细胞发育周期。

酵母其他 TAF（TAF9）的突变产生了更为显著的效应。在所研究的酵母基因中，有 67%都依赖于 TAF9（像依赖 Rpb1 一样）。但这并不意味着 TFIID 就是所有这些基因转录所必需的，因为 TAF9 同时还是转录适配复合物（transcription adapter complex），也叫做 SAGA 的一部分（SAGA 命名源于它所包含的三类蛋白 SPT、ADA、GCN5，以及 HAT）。与 TFIID 一样，SAGA 包含 TBP、若干 TAF 及 HAT 活性，似乎具有介导某些转录激活因子的效应。所以突变 TAF9 的效应可能在于它在 SAGA 中的作用或其他还未发现的蛋白质复合物中的作用，而不是在 TFIID 中的作用。

表 11.1 酵母需求转录因子的全基因组分析

通用转录因子(亚基)	依赖于亚基功能的基因比例/%
TFIID（TAF1）	16
TFIID（TAF9）	67
TFIIE（Tfa1）	54
TFIIH（Kin28）	87

不仅某些 TAF 对转录起始而言并非都是必需的，就连 TFIID 中 TAF 的组成看起来也是异源的。例如，TAF10 仅在人的部分 TFIID 中发现，且与雌激素响应有关。

更令人惊奇的是，甚至 TBP 也不是普遍存在于高等真核生物的前起始复合物中。最为熟知的例子是果蝇 TBP 的替代物 **TRF1**（TBP 相关因子 1，TBP-related factor 1）。该蛋白质在发育的神经组织中表达，与 TBP 一样结合在 TFIIA 和 TFIIB 上促进转录，还有自身的一组 TRF 相关因子（TRF-associated factor），称为 **nTAF**（神经系统的 TAF）。2000 年，Michael Holmes 和 Robert Tjian 用引物延伸法分别在体内和体外证明了 TRF1 能够促进果蝇 *tudor* 基因的转录。而且分析还表明该基因有两个不同的启动子。一个是有 TATA 框的下游启动子，被含有 TBP 的复合物所识别。第二个位于第一个启动子上游 77bp 处，有 TC 框，被含有 TRF1 的复合物识别（图 11.13）。TC 框从－22bp 到－33bp，与转录起始有关，在非模板链上的序列为 ATTGCTTTTCTT。在 DNase 足迹实验中，TC 框被 TRF1、TFIIA 和 TFIIB 复合物所保护。但是这三个蛋白质单独都不能在该区域产生足迹，TBP 或 TBP＋TFIIA 和 TFIIB 也不能产生足迹。

因此，TRF 可能是 TBP 的细胞类型的特

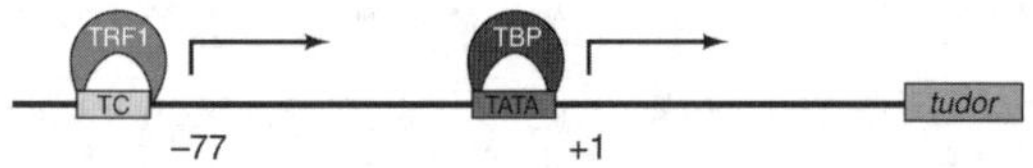

图 11.13 果蝇 *tudor* 基因调控区。该基因有两个相距约 77bp 的启动子。下游启动子有 TATA 框，吸引含 TBP 的前起始复合物。上游启动子有 TC 框，吸引含 TRF1 的前起始复合物。

异性变体。TBP 和 TRF 替代物的存在产生了一种可能性，即高等真核生物基因的表达调控可能部分取决于合适的 TBP、TAF 及激活因子的可利用性。激活因子将在第 12 章介绍。的确，两个不同 TBP 识别 *tudor* 基因的两个不同启动子，这正如我们在第 8 章已经提及过的，原核生物 RNA 聚合酶中的不同 σ 因子对同一基因的两个不同启动子的识别现象。

实际上，TRF 为果蝇所特有。但是在目前所研究的所有多细胞动物中有另一种 **TBP 类似因子**（TBP-like factor，TLF)。与 TBP 不同的是 TLF 缺少插入 TATA 框碱基对并帮助启动子 DNA 弯曲的成对苯丙氨酸。因此，TLF 不结合 TATA 框，而是调控其他无 TATA 框启动子的转录。

在前起始复合物形成中，TBP 的核心作用也受到了质疑。研究发现，无 TBP 的 TAF 复合物（TBP-free TAF-containing complex，TFTC）无需 TFIID 和 TBP 协助就可自发形成前起始复合物。Patrick Schultz 及同事基于结构研究提出了 TFTC 替代 TFIID 的思路。电镜和数码图像分析发现两者在三维结构上非常相似。图 11.14 显示了两个复合物在三个不同方向的三维模型。最明显的特征是两者都有一个很大的沟，足以结合双链 DNA。实际上，它们可以像夹子一样夹住 DNA。其主要的差异在于 TFTC 顶端因结构域 5 而有一个突起，TFIID 没有结构域 5 和突起。

在第 10 章我们已经学习过，果蝇的许多启动子都没有 TATA 框，而有 DPE，并且通常与起始子偶联。我们还学过 DPE 通过与一个或几个 TAF 与 TFIID 结合。2000 年，James Kadonage 及其同事在果蝇中又发现了一个因子（dNC2）与其他生物中熟知的**负辅因子 NC2**（negetive cofactor 2）或 Dr1-Drap1 因子同源。为简便起见，将所有此类因子均称为 NC2。他们还发现了一个有趣的现象：NC2 可以区别含 TATA 框的启动子和含 DPE 的启动子。实际上，NC2 促进含 DPE 的启动子转录，抑制含 TATA 框的启动子转录。因此，NC2 可能是基因调控的焦点。

2001 年，Stephen Burley 及同事解析了 NC2-TATA 框-TBP 复合物的结构，揭示了 NC2 是如何抑制 TATA 框启动子转录的。NC2 结合在被马鞍形 TBP 折弯的 DNA 的下侧，一旦 NC2 结合到启动子上，它的一个 α 螺旋就会阻止 TFIIB 与复合物结合，同时，NC2 的另一部分会干扰 TFIIA 的结合。而没有 TFIIA 和 TFIIB，前起始复合物就不能形成，转录也无法起始。

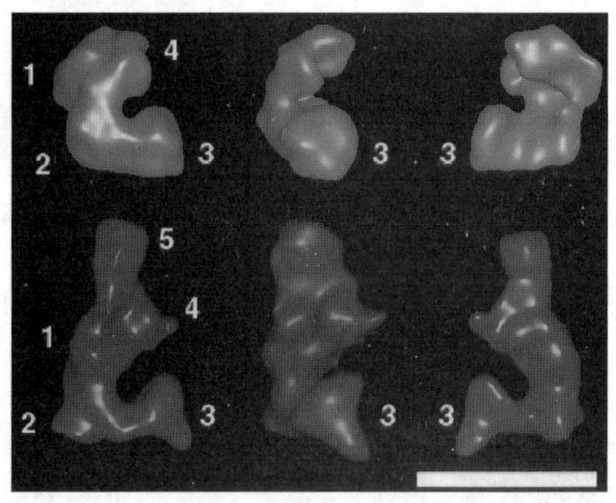

图 11.14 TFIID 和 TFTC 的三维模型。Schultz 及同事制作了 TFIID 和 TFTC 的负染（negatively stained）电镜图（方法见第 19 章），然后数字化模拟合成图像，在电子显微镜下旋转不同的角度，收集两种蛋白的三维图像信息。图上显示分析所得模型，TFIID（绿色），TFTC（蓝色）。[*Source*：Brand，M.，C. Leurent，V. Mallouh，L. Tora，and P. Schuttz，Three-dimensional structures of the TAF_{II}-containing complexes TFDIID and TFTC. *Science* 286 (10 Dec 1999) f. 3，p. 2152. Copyright © AAAS.]

小结 在Ⅱ类基因转录中，TAF 并不是通用的。甚至 TAF1 在酵母大部分Ⅱ类基因的转录中也不通用，甚至 TBP 也不是普遍需要的。在高等真核生物中，某些启动子对 TBP 的替代物（如 TRF1）产生应答。某些启动子可以不依赖 TFIID，而靠不含 TBP 的 TAF 复合物（TFTC）激活。通用转录因子 NC2 促进含 DPE 的启动子但抑制 TATA 启动子的转录。

TFIIB的结构和功能

Danny Reinberg及同事克隆并表达了人TFIIB基因。在所有体外实验中，包括对激活因子如Sp1的应答，克隆TFIIB的基因产物都可以代替天然人TFIIB蛋白，表明TFIIB是一个单亚基因子（Mr＝35kDa），无需像TAF一样辅助多肽。正如我们已经了解的那样，在体外TFIIB是继TFIID和TFIIA之后结合到前起始复合物上的第三个或第二个（如果TFIIA还未结合）转录因子。这是RNA聚合酶结合所必需的，因为TFIIF-聚合酶复合物需结合在DAB复合物而不是DA复合物上。

在前起始复合物组装过程中，TFIIB结合的顺序位于TFIID和TFIIF/RNA聚合酶Ⅱ之间，这一点表明TFIIB作为该装置的一部分将RNA聚合酶置于合适位置启动转录。如果真的如此，TFIIB应该有两个结构域，分别与以上两个蛋白质结合。事实上，TFIIB确实有两个不同的域：N端域（**$TFIIB_N$**）和C端域（**$TFIIB_C$**）。2004年，Kornberg及同事对TFIIB的结构研究发现，这两个结构域的确在连接TATA框处的TFIID和RNA聚合酶Ⅱ之间起桥梁作用，使聚合酶的活性中心位于TATA框下游26～31bp处，正好是转录起始处。特别是该研究还揭示了TBP通过弯曲TATA框处的DNA，使DNA包绕TFIIBC，而TFIIBN则与聚合酶的一个位点结合，将其正确地置于转录起始位点上。

Kornberg及同事从酿酒酵母中获得了RNA聚合酶Ⅱ-TFIIB复合物的晶体。图11.15显示该复合物晶体结构的两种视图，并添加了早期研究所推断的TBP和启动子在晶体中的位置。从图中可以看到在复合物中TFIIB的两个结构域$TFIIB_C$和$TFIIB_N$。$TFIIB_C$（紫红色）与TBP和TATA框处的DNA作用，而被TBP弯曲的DNA（在TATA框处）的确包裹在$TFIIB_C$和聚合酶周围。弯曲的DNA直接伸

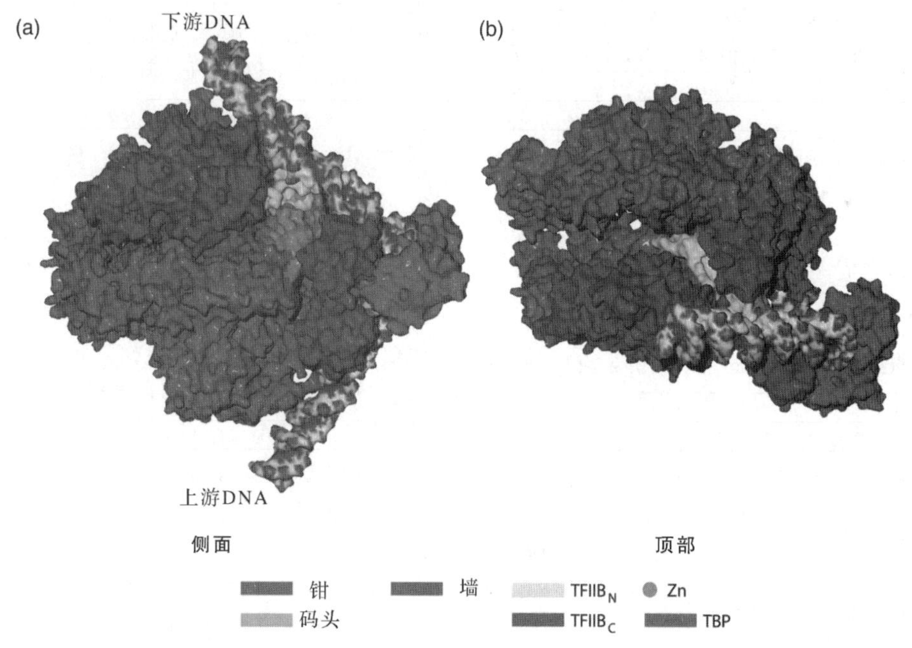

图11.15 TFIIB-TBP-聚合酶Ⅱ-DNA复合体的结构模型。（**a**）和（**b**）显示Kornberg及同事从两个独立复合物的结构所推测的结构。一个是$TFIIB_C$-TBP-TATA框DNA，另一个是RNA聚合酶Ⅱ-TFIIB，显示两种不同视角的结构。底部的颜色图标用以区分蛋白质及结构域。聚合酶的其他区域表示为灰色。弯曲的TATA框DNA及其20bp的B型DNA延伸部分，以红色、白色和蓝色表示。［*Source*：（*a*～*b*）Reprinted with permission from Science，Vol. 303，David A. Bushnell，Kenneth D. Westover，Ralph E. Davis，Roger D. Kornberg，"Structural Basis of Transcription：An RNA Polymerase Ⅱ-TFIIB Cocrystal at 4.5 Angstroms" Fig. 3 c&d，p. 986. Copyright 2004，AAAS.］

向位于聚合酶活性中心附近的 $TFIIB_N$。

早期研究表明 $TFIIB_N$ 上的突变可改变转录起始位点，而目前的研究为其提供了理论依据。特别是已知在 62～66 位残基处的突变可改变起始位点。这些氨基酸位于 $TFIIB_N$ 的指形域的一侧，与 DNA 模板链上的－6～－8 位碱基（起始位点为＋1）接触（图 11.16 的左上部）。而且，指尖靠近聚合酶的活性中心，并位于启动子中的起始位点（围绕起始位点）附近（第 10 章）。

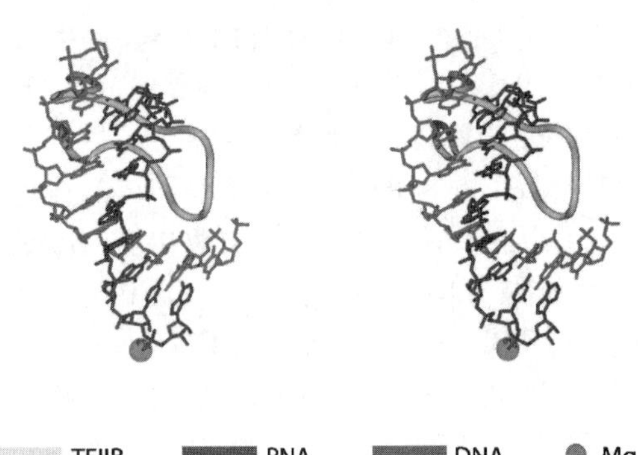

图 11.16　$TFIIB_N$ 的 B 指结构、DNA 模板链及 RNA 产物相互作用的立体结构。结构中的各元件用底部所示不同颜色区分。（*Source*：Reprinted with permission from *Science*，Vol 303，David A. Bushnell，Kenneth D. Westover，Ralph E. Davis，Roger D. Kornberg，"Structural Basis of Transcription：An RNA Polymerase Ⅱ-TFIIB Cocrystal at 4.5 Angstroms" Fig. 4，p. 987. Copyright 2004，AAAS.）

人 TFIIB 的指尖结构含有两个能够与起始子 DNA 很好结合的碱性残基（赖氨酸），使转录起始定位于此处。但在酵母 TFIIB 中，这两个碱性氨基酸被两个酸性氨基酸取代，且酵母启动子中没有起始子序列。这些事实可能有助于解释为什么人类前起始复合物能够在 TATA 框下游 25～30bp 处成功起始转录，而酵母的转录起始位点则有很大变动范围（在 TATA 框下游 40～120bp 之间）。

Kornberg 及同事总结认为，TFIIB 在定位转录起始位点过程中起双重作用。首先是粗定位，通过 $TFIIB_C$ 域在 TATA 框处结合 TBP，以及 $TFIIB_N$ 域的指结构和相邻的锌带（zinc ribbon）结构与聚合酶结合而实现。在大多数真核生物中，这可使聚合酶置于 TATA 框下游 25～30bp 的起始位点上。然后，当 DNA 解旋时通过 $TFIIB_N$ 域的指结构与紧邻起始子上游的 DNA 作用而实现精确定位。注意，TFIIB 不仅决定转录的起始位点，也决定转录的方向。这是因为它与启动子的非对称性结合，以 C 端域结合启动子上游，N 端域结合启动子下游，由此造成了前起始复合物的不对称性，进而确立了转录的方向。

以下实验显示了 TFIIB 和 RNA 聚合酶Ⅱ在确定转录起始位点中的重要性。出芽酵母（*Saccharomyces cerevisiae*）中，起始位点在 TATA 框下游 40～120nt 处，而在裂殖酵母（*Saccharomyces pombe*）中，此位点则位于 TATA 框下游 25～30nt 处。但是，当裂殖酵母的 TFIIB 和 RNA 聚合酶Ⅱ与来自出芽酵母的其他通用转录因子混合时，转录就发生在 TATA 框下游 25～30nt 处。相反的实验也证明，当出芽酵母的 TFIIB 和 RNA 聚合酶Ⅱ与来自裂殖酵母的其他通用转录因子混合时，转录起始在 TATA 框下游 40～120nt 处。

相似的机制似乎也适用于古菌。古菌中转录需要一个由多亚基 RNA 聚合酶、古菌 TBP 及与真核生物 TFIIB 同源的转录因子 B（TFB）构成的基本转录装置。2000 年，Stephen Bell 和 Stephen Jackson 研究显示，在古菌 *Sulfolobus acidocaldarius* 中转录起始位点，相对于 TATA 框的位置由 RNA 聚合酶和 TFB 决定。

以上的模型虽好，但却是若干部分结构拼接的，难免会使我们联想它与完整前起始复合物结构有多接近？为探索这一问题，Hung-Ta Chen 和 Steven Hahn 利用光交联和羟基自由基切割分析（hydroxyl radical cleavage analysis）相结合的方法对酵母 TFIIB 的各功能域与酵母 RNA 聚合酶Ⅱ各功能域间的作用进行了定位。

羟基自由基切割分析策略如下：通过定点诱变（第 5 章）为蛋白质引入半胱氨酸残基，然后在每个半胱氨酸上附加一个 Fe-EDTA 复合物 Fe-BABE，它可产生羟基自由基，进而在 15Å 内切割蛋白质链。切割后的蛋白质片段由凝胶电泳展示和 Western 印迹确定。此方法可鉴定第二个蛋白质的任何区域，只要该区域位于第一个蛋白质上给定半胱氨酸的 15Å 范围内。

在第一个实验中，Chen 和 Hahn 将 TFIIB

的指形域和接头区的多个氨基酸变成了半胱氨酸，然后连接 Fe-BABE。用修饰的 TFIIB 分子组装前起始复合物，在 TFIIB 的指形域和接头区激发羟基自由基以切割靠近半胱氨酸的蛋白质。为方便 Western 印迹，在 Rpb1 或 Rpb2 的末端连接了抗原决定簇（FLAG），因此可用抗 FLAG 的抗体检测 Western 印迹。图 11.17（a）～（c）显示用抗 FLAG 抗体检测的 Western 印迹结果，FLAG 加于 Rpb2 的 N 端或 C 端，或 Rpb1 的 C 端。由羟基自由基切割产生的新条带用方括号标出。在不替换半胱氨酸的野生型（wt）泳道或无 Fe-BABE（－）泳道未发现新条带。这些条带含有已知长度的蛋白质片段，并包含蛋白质的 N 端或 C 端，利用抗 FLAG 抗体可以检测附着于蛋白质末端的 FLAG 抗原决定簇。由此可将切割位点绘制到已知的蛋白质晶体结构的相应位置。图 11.17（d）是另一个类似实验的结果，其中未使用 FLAG 抗原决定簇，而是用 Rpb1 的 N 端 200 个氨基酸残基中的天然表位制备的抗体。

基于这些信息，Chen 和 Hahn 绘制了在 Rpb1 和 Rpb2 上与带有 Fe-BABE 的半胱氨酸紧密接触的部分。图 11.17（e）～（f）分别是将半胱氨酸分别引入到 TFIIB 指域和接头区的变异体所形成的切割图。深蓝色和浅蓝色分别表示强切割和中弱切割，是 Rpb1 和 Rpb2 上与 TFIIB 的指形域和接头区紧密接触的区域。两个图的相似性揭示：在前起始复合物中，TFIIB 的指形域和接头区很靠近。而且，正如预测的那样，TFIIB 的这一部分（TFIIBN）确实与 RNA 聚合酶Ⅱ接触，具体位点是聚合酶靠近活性中心的突起、墙、钳子和叉。

在光交联实验中，Chen 和 Hahn 将^{125}I-标记的光交联剂（称为 PEAS）连接到与羟基自由基切割实验相同的 TFIIB 半胱氨酸变异体的半胱氨酸残基上。用这些变异体 TFIIB 组装前起始复合物，照射复合物使之形成共价交联，然后通过 SDS-PAGE 观察交联并通过放射自显影检测^{125}I 标签。正如所预测的，TFIIB 的指形域和接头区与 RNA 聚合酶Ⅱ发生了交联。预料之外的是，TFIIB 的指域和接头区也与 TFIIF 的最大亚基发生了交联，使其处于靠近聚合酶Ⅱ活性中心的位置。

小结 对 TFIIB-聚合酶Ⅱ复合物的结构研究表明，TFIIB 通过 C 端域在 TATA 框处结合 TBP，同时通过 N 端域结合聚合酶Ⅱ。这种桥梁作用使聚合酶活性中心粗定位于 TATA 框下游 25～30bp 处。在哺乳动物中，TFIIB N 端域的环状基序发挥转录起始的精确定位，通过与很靠近活性中心的模板 DNA 单链间的作用而实现。生化研究证明，在前起始复合物中，TFIIB 的 N 端域（具体在指域和接头区）位于靠近 RNA 聚合酶Ⅱ活性中心及 TFIIF 最大亚基的位置。

TFIIH 的结构和功能

TFIIH 是最后一个结合到前起始复合物中的转录因子。在转录起始过程中，它可能具有两个主要功能；一是使 RNA 聚合酶Ⅱ的 CTD 磷酸化，另一个是使转录起始位点的 DNA 解旋形成“转录泡”。

RNA 聚合酶Ⅱ的 CTD 的磷酸化 正如第 10 章所述，RNA 聚合酶以两种生理形式存在：ⅡA（未磷酸化的）和ⅡO（在 CTD 中有大量磷酸化的氨基酸）。未磷酸化的聚合酶ⅡA，参与前起始复合物的形成。磷酸化的聚合酶ⅡO 催化 RNA 链的延伸。这一现象表明，聚合酶磷酸化是在结合前起始复合物与启动子清除两个时段之间。也就是说，聚合酶的磷酸化可能引起聚合酶从起始模式向延伸模式的转化。支持这一推测的证据是聚合酶ⅡA 中未磷酸化的 CTD 与 TBP 的结合比聚合酶ⅡO 中磷酸化的 CTD 更紧密。因此，CTD 的磷酸化可以破坏聚合酶与 TBP 在启动子区的结合，允许转录进入延伸。但是这一假说也受到了一定的质疑，有时体外转录无需 CTD 磷酸化也可以发生。

暂不考虑 CTD 磷酸化的重要性，Reinberg 及同事发现，TFIIH 可作为催化磷酸化的候选蛋白激酶。首先，他们发现纯化的转录因子自身就可以让聚合酶Ⅱ的 CTD 磷酸化，将聚合酶ⅡA 转化为聚合酶ⅡO。图 11.18 中的凝胶迁移率变动实验证明了这一点。泳道 1～6 显示加入 ATP 对 DAB、DABPolF、DABPolFE 复合物的迁移率都没有影响，但加入 TFIIH 形成 DABPolFEH 复合物后，ATP 可使复合物的

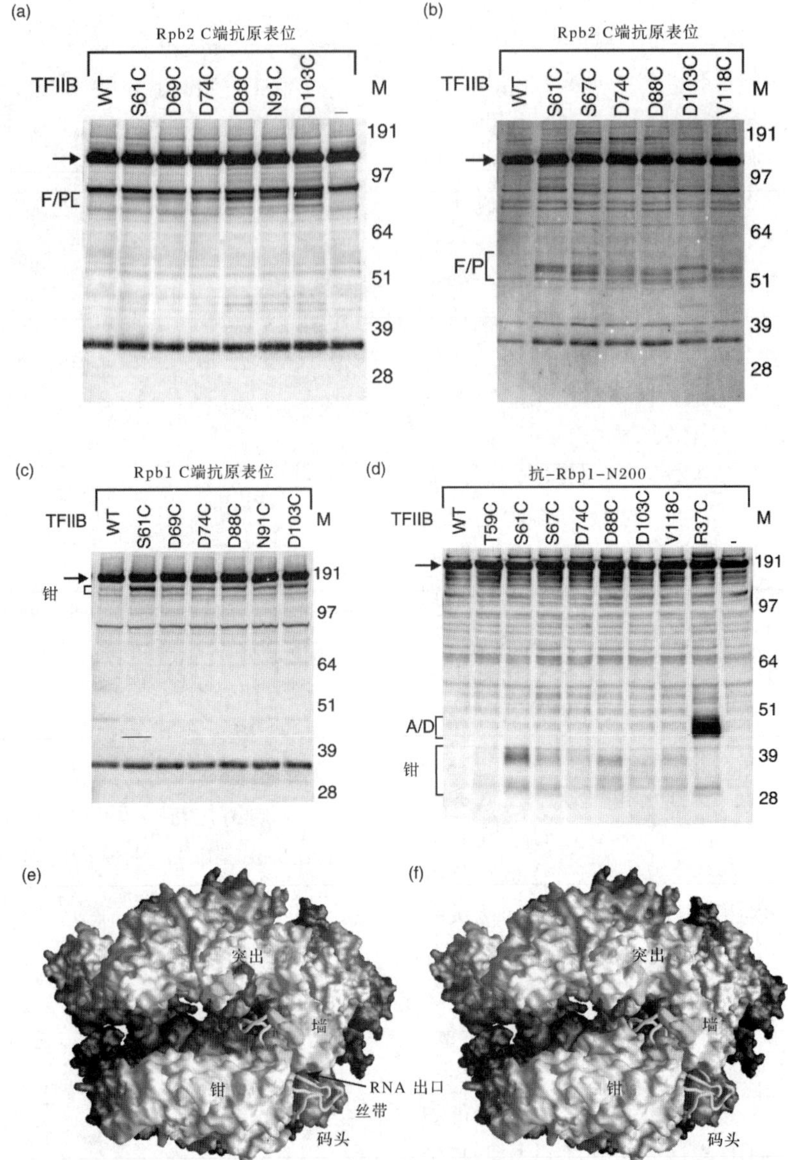

图 11.17　酵母前起始复合物中 TFIIB 与 RNA 聚合酶Ⅱ间接触点的定位。(a～d) Chen 和 Hahn 将 TFIIB 的指形域和接头区的多个氨基酸（氨基酸位置标在泳道顶部）变为半胱氨酸，然后连接 Fe-BABE（羟基自由基发生剂）。用修饰后的 TFIIB 和 Rpb2 的 C 端（a）或 N 端（b），或 Rpb1 的 C 端（c）附加了抗原决定簇（FLAG）（标在顶部）的 RNA 聚合酶组装了前起始复合物。然后激发羟基自由基，切割距离 TFIIB 上半胱氨酸 15Å 以内的蛋白质。随后对蛋白质进行 SDS-PAGE，包括前起始复合物蛋白质及蛋白质片段、未替换半胱氨酸的野生型（wt）或无 Fe-BABE（－）的复合物蛋白质及蛋白质片段。蛋白质转膜，用抗 FLAG 抗体（a～c）或 Rpb1N 端 200 个残基的天然表位制备的抗体分别检测蛋白质印迹。新条带（括号中）表示由羟基自由基切割产生的多肽片段，在对照泳道（wt 和-）未出现新条带。通过与蛋白质分子质量标准（M）比较获得不同片段的长度，再结合已知片段含有 1 个 Rpb1 或 Rpb2 末端的信息，便可以确定任一侧 4 个氨基酸内的切割位点。在每个括号的旁边标出了切割位点的位置：钳、叉和突起（F/P），活性位点和码头区（A/D）。***(e)*** 和 ***(f)*** 在已知酵母 RNA 聚合酶Ⅱ的晶体结构上绘出切割位点［其中 TFIIB 的指域（e）和接头区（f）含有置换的半胱氨酸］。深蓝色表示强切割，浅蓝色表示弱或中度切割。考虑到方法中的误差，以明确的切割位点为中心向外扩展 9 个带颜色的氨基酸。［*Source*：（*a*～*f*）Reprinted from *Cell*，Vol. 119，Hung-Ta Chen and Steven Hahn，"Mapping the Location of TFIIB within the RNA Polymerase Ⅱ Transcription Preinitiation Complex：A Model for the Structure of the PIC，" pp. 169-180，Fig 2，p. 172. Copyright 2004 with permission from Elsevier.］

迁移率降低。是什么引起了这种变化呢？一种可能性是复合物中的一个转录因子使聚合酶磷酸化了。的确，Reinberg及同事从低迁移率的复合物中分离出的聚合酶是磷酸化的聚合酶ⅡO，但是最初加入的是聚合酶ⅡA。显然，某个转录因子行使了磷酸化功能。

接下来，Reinberg及同事欲直接证明TFIIH制备物可使聚合酶ⅡA磷酸化。为此，他们将纯化的聚合酶ⅡA和TFIIH及［γ-^{32}P］ATP在与DNA结合状态下温育。如图11.19（a）显示，有少量聚合酶发生了磷酸化。因此，TFIIH本身可使聚合酶Ⅱ磷酸化，而其他所有因子都不能引起磷酸化。然而，这些因子的共同作用可在很大程度上增强TFIIH磷酸化的能力。泳道6～9显示在逐渐加入其他因子时TFIIH的作用结果。每增加一种因子，聚合酶的磷酸化效率和聚合酶ⅡO的积累都有所增加。由于聚合酶ⅡO的最大标记量是在加入TFIIE时，因此研究人员又在TFIIE有或无情况下，研究TFIIH的磷酸化随时间的变化。图11.19（b）显示，当TFIIE存在时，Ⅱa亚基转换为Ⅱo亚基的效率高得多。图11.19（c）以曲线图展示了相同的结果。

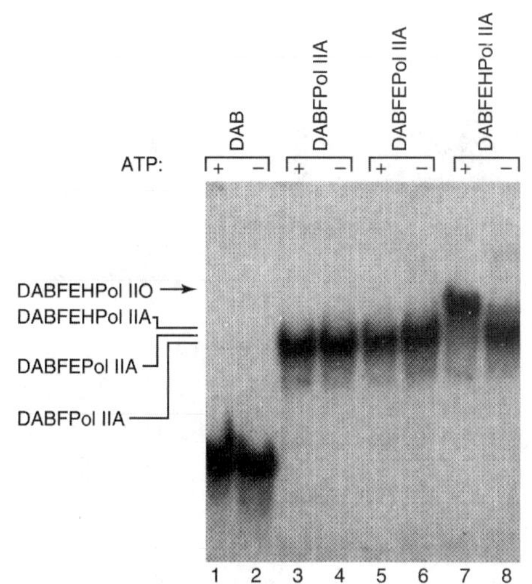

图11.18　前起始复合物的磷酸化。Reinberg及同事在有或无ATP的条件下，将不同的前起始复合物从DAB到DABPolFEH（如顶部所示）进行凝胶迁移变动实验。仅当TFIIH存在时，ATP才能改变复合物的迁移率（泳道7和8）。最简单的解释是TFIIH促进了聚合酶IIA磷酸化为聚合酶IIO。［*Source*：Lu，H.，L. Zawel，L. Fisher，J.-M. Egly，and D. Reinberg，Human general transcription factor ⅡH phosphorylates the C-terminal domain of RNA polymerase Ⅱ. *Nature* 358(20 Aug 1992) p. 642，f. 1. Copyright © Macmillan Magazines Ltd.］

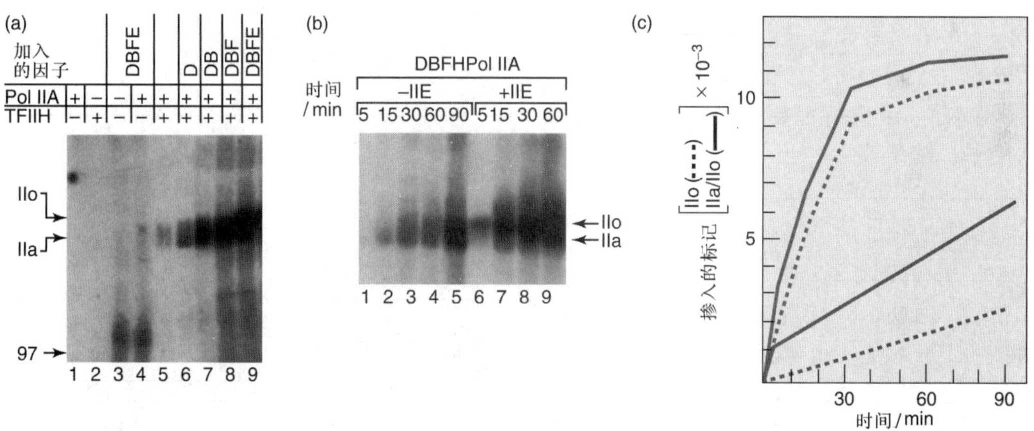

图11.19　TFIIH使DNA聚合酶Ⅱ磷酸化。(a) Reinberg及同事将聚合酶ⅡA（含有低水平磷酸化亚基Ⅱa）与各种转录因子的混合物进行温育，如图上部所示。在所有反应中加入［γ-^{32}P］标记的ATP促使聚合酶的磷酸化，然后电泳并放射自显影检测。泳道4，TFIID、TFIIB、TFIIF和TFIIE并不足以引起磷酸化。泳道5～9证明仅TFIIH就能够引起部分聚合酶的磷酸化，但其他因子可增强TFIIH的磷酸化。TFIIE的加入强烈促进聚合酶Ⅱa亚基转化为Ⅱo亚基。**(b)** 聚合酶磷酸化的时间进程曲线。在TFIIE有或无的情况下，利用TFIID、TFIIB、TFIIF和TIFFH对聚合酶进行相同的磷酸化实验，如顶部所示。实验分别进行了60min和90min，在不同时间取样，如顶部所示。右边箭头指示两种形式的亚基位置。注意，TFIIE存在时聚合酶磷酸化很快。**(c)** 图（b）数据的曲线图示。绿色和红色曲线分别表示TFIIE有或无条件下的磷酸化情况。实线对应磷酸化的聚合酶亚基Ⅱa和Ⅱo，虚线对应Ⅱo。［*Source*：Adapted from Lu，H.，I. Zawel，L. Fisher，J.-M. Egly，and D. Reinberg，Human general transcription factor IIH phosphorylates the C-terminal domain of RNA polymerase Ⅱ. *Nature* 358（20Aug 1992）p. 642，f. 2. Copyright © Macmillan Magazines Ltd.］

我们知道聚合酶Ⅱa亚基的CTD是磷酸化的位点，因为无CTD的聚合酶ⅡB不能被TFIIDBFEH复合物磷酸化，而聚合酶ⅡA及聚合酶ⅡO（在较低程度上）都可以被磷酸化［图11.20（a）］。还有，磷酸化产生一个与ⅡO共电泳的多肽，而ⅡO是有CTD的。为了直接证明CTD的磷酸化，Reinberg及同事用胰凝乳蛋白酶切割磷酸化的聚合酶，该酶可切掉CTD。电泳酶切产物，放射自显影结果显示有一个标记的CTD片段［图11.20（b）］，表明标记的磷酸已经掺入聚合酶Ⅱ最大亚基的CTD中，而亚基的其他部分未被标记。

为了证明RNA聚合酶Ⅱ的亚基在激酶反应中不起作用，Reinberg及同事克隆了一个嵌合基因，表达包括CTD、转录因子GAL4的DNA结合域和谷胱甘肽-*S*-转移酶的融合蛋白。结果显示，TFIIH自身就可使此融合蛋白的CTD区域磷酸化。因此，即使是在缺少其他聚合酶Ⅱ亚基的情况下，TFIIH的制备物也完全具有激酶活性。

到目前为止，所有的实验都是在聚合酶（或聚合酶的结构域）结合DNA的条件下进行的。这一点是否重要呢？为了回答该问题，Reinberg小组用聚合酶Ⅱ与不同DNA进行了激酶分析。所用DNA为有完整启动子，或仅有TATA框，或仅有起始位点区，或完全没有启动子。结果表明，当TATA框或起始位点存在时，TFIIH对磷酸化有很强的促进作用，但在人工合成的DNA（poly［dI-dC］，不含TATA框或起始位点）存在时，磷酸化作用非常弱。因此，只有当聚合酶Ⅱ与DNA结合时，TFIIH才能使聚合酶磷酸化。现在知道TFIIH的激酶活性是由其两个亚基提供的。

通常，TFIIH的蛋白激酶在RNA聚合酶Ⅱ的CTD的Ser2和Ser5添加磷酸基团，并且有时Ser7也被磷酸化。在第15章中我们将看到证据显示，在启动子附近的转录复合物中的CTD上的Ser5被磷酸化，而当转录向前延伸时磷酸化位点迁移至Ser2。即在转录中当Ser5去磷酸化时Ser2则被磷酸化。值得注意的是，TFIIH中的蛋白激酶只能使CTD上的Ser5磷酸化。另一个酵母中被称为CTDK-1的激酶及后生动物（metazoan）中的CDK9激酶能使Ser2磷酸化。

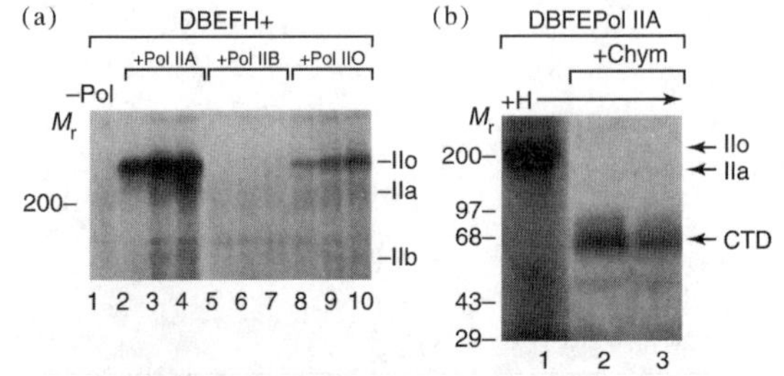

图11.20 TFIIH使聚合酶Ⅱ的CTD磷酸化。（a）Reinberg小组在TFIID、TFIIB、TFIIF、TFIIE和TFIIH及放射性ATP存在条件下，逐渐增加聚合酶ⅡA、ⅡB或ⅡO的量，进行磷酸化实验，如图顶部所示。聚合酶IIB缺乏CTD，因此不能被磷酸化。未磷酸化的聚合酶ⅡA比ⅡO磷酸化程度高，正如所预期的。**(b)**磷酸化CTD的纯化。用胰凝乳蛋白酶（Chym）从磷酸化的聚合酶Ⅱa亚基中切下CTD，电泳产物并进行自显影。泳道1，酶切之前的产物；泳道2和3，酶切之后的产物。CTD的位置是在另一个实验中确定的。［*Source*：Lu，H.，L. Zawel，L. Fisher，J.-M. Egly，and D. Reinberg，Human general transcription factor IIH phosphorylates the C-terminal domain of RNA polymerase Ⅱ. *Nature* 358(20 Aug 1992) p. 642，f. 3. Copyright © Macmillan Magazines Ltd.］

有时在延伸过程中，CTD的Ser2的磷酸化也会被去除，引起聚合酶暂停。要使延伸继续，CTD的Ser2必须重新磷酸化。

小结 前起始复合物形成过程中RNA聚合酶Ⅱ以低磷酸化的ⅡA形式存在。随后TFIIH使RNA聚合酶Ⅱ最大亚基的C端结构域（CTD）上的七氨基酸重复序列上的2位和5位丝氨酸磷酸化，由此产生聚合酶的磷酸化形式（ⅡO）。在体外，TFIIE可极大地促进这一过程。磷酸化是转录起始所必需的。在由起始向延伸转变的过程中，七氨基酸重复序列5位丝氨酸失去磷酸化。如果2位丝氨酸也失去磷酸化，聚合酶将暂停等待一个非TFIIH激酶进行磷酸化。

转录泡的形成 TFIIH无论在结构上或功能上都属于复合蛋白。它含有9个亚基，可分解成两个复合物，其中4个亚基组成蛋白激酶复合物，另5个亚基组成核心TFIIH复合物，这一复合物具有两种独立的DNA解旋酶和ATP酶（helicase/ATPase）活性。其中一个酶活性在TFIIH复合物的最大亚基中，对酵母的生存很重要，当其基因（*RAD25*）突变时，酵母不能存活。Satya Prakash 及同事证明，这种解旋酶活性对于转录非常重要。首先，他们在酵母细胞中过量表达了 RAD25 蛋白，纯化均一后表明此产物具有解旋酶活性。他们用部分双链 DNA 作为底物，该底物由一条 ^{32}P 标记合成的 41bp DNA 链与单链 M13 DNA 杂交形成［图 11.21（a）］。在有或无 ATP 的情况下，将 RAD25 和底物混合后进行电泳。解旋酶可以从较长的互补链上释放出具有较高电泳迁移率的标记 DNA 片段，在凝胶下部显示。正如图 11.21（b）中所示，RAD25 具有 ATP 依赖的解旋酶活性。

接下来，Prakash 及同事发现在含有温度敏感 *RAD25* 基因（*rad25*-ts_{24}）的细胞中，转录也呈温度敏感型。图 11.22 显示了以无 G 框 DNA（第 5 章）为模板的体外转录结果。此模板在一个 400bp 的区域（对应的非模板链上不含 G）上游含有酵母的 TATA 元件。在 ATP、CTP 和 UTP（无 GTP）存在时的转录的起始（或终止）显然是在无 G 区域内的两个位点间进行的，并由此产生两个分别为 375nt 和 350nt 的转录物。转录必然在无 G 框的末端终止，因为超过此位点的链延伸需要 G，但无 G 可用（较短的转录物可能是无 G 框区域内转录提前终止产生的，而非来自不同起始位点的转录物）。图 11.22（a）显示在许可温度

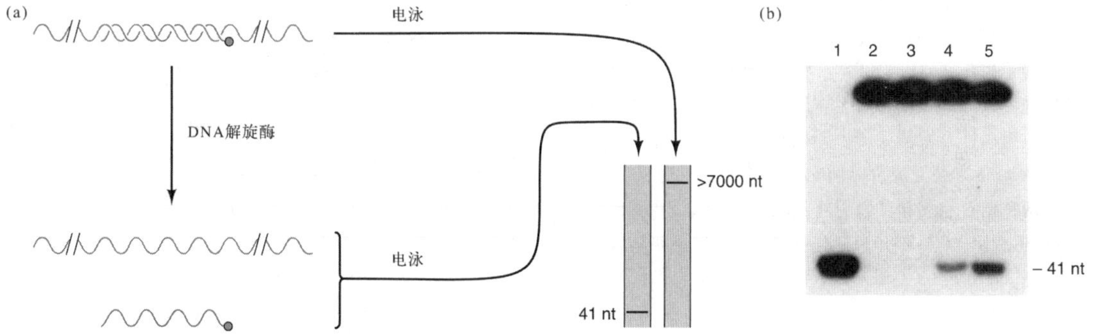

图 11.21　TFIIH 的解旋酶活性。(a) 解旋酶实验。标记的 41ntDNA 片段（红色）与较长的未标记单链 M13 噬菌体 DNA（蓝色）杂交，DNA 解旋酶可解开这一短螺旋，从较大的互补链中释放标记的 41nt DNA。通过电泳可区别短 DNA 与其互补链。**(b)** 解旋酶实验结果。泳道 1，热变性底物。泳道 2，未加蛋白。泳道 3，20ng 的不含 ATP 的 RAD25。泳道 4，10ng 的加有 ATP 的 RAD25。泳道 5，20ng 加有 ATP 的 RAD25。［*Source*：(*b*) Gudzer，S. N.，P. Sung，V. Bailly，L. Prakash，and S. Prakash，RAD25 is a DNA helicase required for DNA repair and RNA polymerase Ⅱ transcription. *Nature* 369（16 June 1994）p. 579，f. 2c. Copyright © Macmillan Magazines Ltd.］

（22℃）下转录 0～10min 的结果。很明显，即使在低温下，*rad25*-ts_{24}突变体细胞提取物也比野生型（*RAD25*）提取物的转录能力弱。图 11.22（b）显示在非许可温度（37℃）下的转录结果。温度的升高使 *rad25*-ts_{24}突变体提取物的转录完全失活。因此，*RAD25* 产物（TFIIH 的 DNA 解旋酶）对转录是必需的。

转录的哪一步需要 DNA 解旋酶活性呢？一系列实验结果引导研究者从以下思路来探讨答案。不像Ⅰ类和Ⅲ类基因，Ⅱ类基因的转录需要 ATP（或 dATP）的水解。当然，在所有转录过程中，4 种核苷酸包括 ATP 的 α-β-磷酸酯键均被水解，但Ⅱ类转录还需水解 ATP 的 β-γ-磷酸酯键。问题是哪一步需要水解 ATP？很自然地联想到 TFIIH，因为它的两种酶活性（CTD 激酶和 DNA 解旋酶）都需要 ATP 水解。答案似乎是 TFIIH 的解旋酶活性需要 ATP。有力的证据是在 CTD 磷酸化过程中，GTP 可以替代 ATP，而在转录过程中 GTP 则不能满足 ATP 水解的要求。因此，除 CTD 的磷酸化外，转录的某个过程还需要 ATP 的水解，而最可能的选择就是 DNA 解旋酶。

这些发现表明了 TFIIE 和 TFIIH 对启动子清理或 RNA 延伸单独或同时都需要的可能性。为了验证这些可能性，他们研究了 TFIIE 和 TFIIH 对延伸过程的影响。通过剔除在第 17 位（但不是之前的）核苷酸，他们在超螺旋模板上起始（没有 TFIIE 和 TFIIH）了转录并

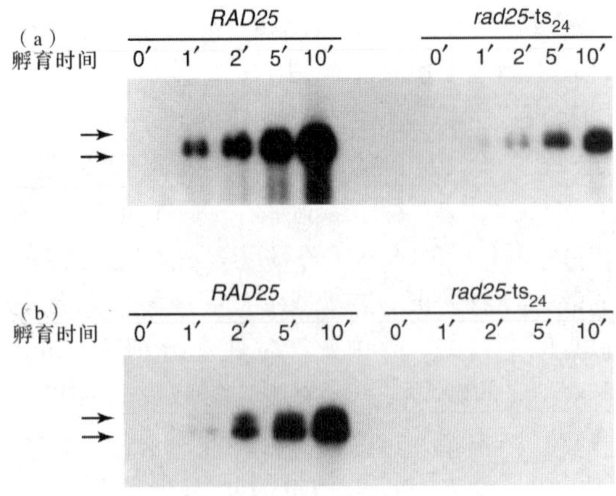

图 11.22　TFIIH 的 DNA 解旋酶基因产物（RAD25）是酵母转录所必需的。 Prakash 及同事分别在许可（**a**）和非许可（**b**）温度下检验野生型（*RAD*25）和温度敏感突变型（*rad 25* -ts_{24}）细胞提取物对无 G 框模板的转录。转录在有 ATP、CTP 和 UTP（无 GTP）且其中一种核苷酸被^{32}P 标记情况下进行 0～10min。电泳标记产物，放射自显影检测条带。提取物（*RAD*25 或 *rad*25-ts_{24}细胞）的来源及温育时间在顶部标出。左边的箭头指示两种无 G 框转录产物的位置。可以看到当TFIIH的DNA 解旋酶（RAD25）为温度敏感型时，转录即呈温度敏感型。［*Source*：Gudzer，S. N.，P. Sung，V. Bailly，L. Prakash，and S. Prakash，RAD25 is a DNA helicase required for DNA repair and RNA polymerase Ⅱ transcription. *Nature* 369（16 June 1994）p. 580，f. 3 b-c. Copyright © Macmillan Magazines Ltd.］

进行到第 16 位核苷酸（用超螺旋模板是因为在这种模板上体外转录不需要 TFIIE 和 TFIIH，也不需要 ATP）。然后用限制酶酶切使模板线性化，再加入 ATP，在有或无 TFIIE 和 TFIIH 情况下继续转录。结果发现，TFIIE 和 TFIIH 的有无对延伸无影响。由于 TFIIE 和 TFIIH 对起始和延伸都无影响，Goodrich 和 Tjian 认为，TFIIE 和TFIIH在启动子清理这一步是必需的。图 11.23 总结了以上情况。

Tjian 等推测 TFIIH 的 DNA 解旋酶活性直接作用于起始子的 DNA 并使其解链。但 Tae-Kyung Kim 等在 2000 年进行的交联实验表明，TFIIH（具体为含有启动子解链活性的 DNA 解旋酶亚基）与＋3～＋25 之间或更下游位点的 DNA 产生交联。TFIIH 作用位点位于第一个转录泡（－9～＋2 位）的下游。另外，TFIIE 与转录泡区域发生交联，TFIIB、TFIID 和 TFIIF 与转录泡的上游区域交联，而 RNA 聚合酶的交联区则包含了所有其他转录因子的全部区域。这一发现揭示，TFIIH 中的 DNA 解旋酶并不与第一个转录泡接触，因此不可能通过对 DNA 的直接解旋来产生转录泡。加入 ATP 对转录泡上游区的作用没有影响，但确实能够干扰转录泡内及其下游的作用。

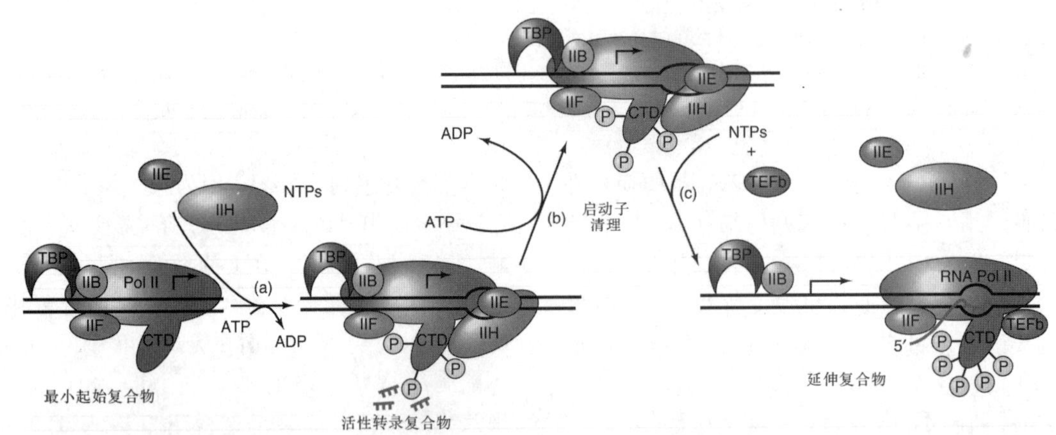

图 11.23　通用转录因子参与转录起始、启动子清理、延伸过程的模型。（a） TBP（或 TFIID）与 TFIIB、TFIIF 和 RNA 聚合酶Ⅱ共同在起始子处形成最小起始复合体。添加 TFIIH、TFIIE、ATP 使 DNA 在起始区解链，RNA 聚合酶最大亚基的 CTD 产生部分磷酸化。这些过程导致中断转录物的产生（洋红色），聚合酶随后在＋10～＋12 位置停止转录。**（b）** 随着 ATP 提供能量，TFIIH 的 DNA 解旋酶引起 DNA 进一步解螺旋，转录泡增大。这一过程释放聚合酶并使其跨过启动子区。**（c）** 随着聚合酶 CTD 在 TEFb 作用下进一步磷酸化及 NTP 的不断添加，延伸复合物继续使 RNA 链延长，TBP 和 TFIIB 仍然留在启动子上。在延伸中不需要 TFIIE 和 TFIIH，它们从延伸复合物上解离下来。（*Source*：Adapted from Goodrich，J. A. and T. Tjian. 1994. Transcription factors ⅡE and ⅡH and ATP hydrolysis direct promoter clearance by RNA polymerase Ⅱ. *Cell* 77：145-156.）

从以前的研究知道，TFIIH 解旋酶负责形成转录泡，但此处的交联实验则表明它不直接使转录泡的 DNA 解旋。那么它如何产生转录泡呢？Kim 及同事认为解旋酶可以像分子“扳手”那样使下游 DNA 解旋。因为 TFIID 和 TFIIB（或其他蛋白质）紧紧地结合在转录泡上游的 DNA 上，而且加入 ATP 后仍不放松，转录泡下游 DNA 的解旋将在上下游之间产生一种张力，从而打开转录泡的 DNA。这使聚合酶起始转录并向下游移动 10～12bp。但以前的研究表明聚合酶将在此处停顿，等待 TFIIH 的进一步帮助，使下游 DNA 进一步扭曲以加长转录泡，最终释放停止的聚合酶从而使启动子得以清理。

图 11.23 显示了 TFIIH 在 CTD 磷酸化和 DNA 解旋过程中的作用。真正的前起始复合物结构要复杂得多。Kornberg 及同事根据以前对 TFIIE-聚合酶Ⅱ、TFIIF-聚合酶Ⅱ及 TFIIE-TFIIH 复合物的结构研究，模拟了所有通用转录因子（TFIIA 除外）在前起始复合物中的位置（图 11.24）。TFIIF 第二大亚基（Tfg2）与细菌 σ 因子同源，而且在启动子上与 σ 因子几乎处于一致的位置。图中 Tfg2 上与大肠杆菌 σ 因子的 2、3 区同源的两个域已标记为“2”和“3”。TFIIE 位于聚合酶活性中心下游 25bp 处，以履行召集 TFIIH 的职责。而 TFIIH 则通过直接或间接诱导反向超螺旋行使其作为分子扳手的 DNA 解旋酶功能，以打开启动子区的 DNA 链。

小结 TFIIE 和 TFIIH 对开放启动子复合物的形成或延伸并非必需，但在启动子清理中却是必需的。TFIIH 具有转录过程所必需的解旋酶活性，由此可推测这一活性可使启动子区的 DNA 完全解链，从而促进启动子清理。

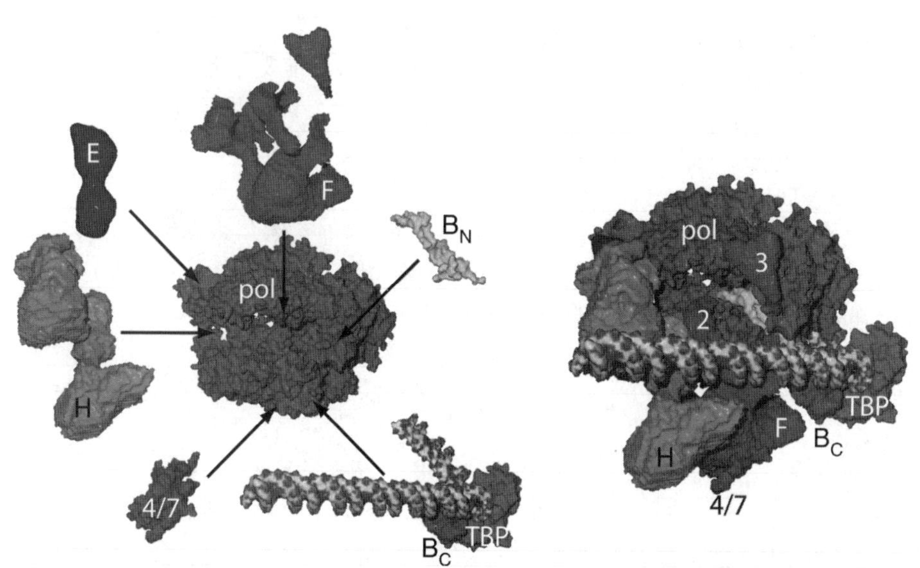

图 11.24 Ⅱ类前起始复合物模型。Kornberg 及同事将以前关于启动子 DNA、TFIIF、TFIIE和 TFIIH 位置的信息加入到他们的 TFIIB-聚合酶Ⅱ复合物晶体结构中，产生了该组合模型。(a) 复合物单个组分的局部分解图。红色（4/7）表示 Rpb4 和 Rpb7，pol（灰色）表示 RNA 聚合酶的其余部分。B_N 和 B_C 分别表示 TFIIB 的 N 末端结构域和 C 末端结构域。启动子 DNA 由红白蓝模型表示，由于 TBP 的结合导致了 DNA 的一个大角度弯曲。(b) 完整结构。注意此时转录泡还未形成。转录的方向从右至左。［*Source*：(*a*～*b*) Reprinted with permission from *Science*, Vol. 303, David A. Bushnell, Kenneth D. Westover, Ralph E. Davis, Roger D. Kornberg, “Structural Basis of Transcription: An RNA Polymerase Ⅱ-TFIIB Cocrystal at 4.5 Angstroms” Fig. 6, p. 986. Copyright 2004, AAAS.］

中介物复合体和RNA聚合酶Ⅱ全酶

另一类被称为中介物（mediator）的蛋白质组合也可以认为是通用转录因子，因为它们是大多数Ⅱ类前起始复合物的组成部分。不像其他的通用转录因子，中介物本身并不参与转录起始，在第12章将看到，它在被激活的转录过程中起作用。在酵母中首先发现了含有20条多肽的中介物，随后在人中也发现了由超过20条多肽组成的非常大的中介物复合物，其中只有少部分多肽与酵母中的具有明显同源性。

到目前为止，我们讨论Ⅱ类启动子上前起始复合物的组装都是按一次一个蛋白质进行的，这种情况可能确实发生了。但有证据表明，Ⅱ类转录前起始复合物可以通过将预先形成的**RNA聚合酶Ⅱ全酶**（RNA polymeraseⅡ holoenzyme）结合到启动子上而组装。全酶包括RNA聚合酶、一套通用转录因子和其他一些蛋白质。

1994年，Roger Kornberg和Richard Young实验室的研究提供了有关全酶概念的证据。两个小组分别从酵母细胞中分离到一种复合蛋白，它含有RNA聚合酶Ⅱ和其他多种蛋白质。Kornberg及同事用抗全酶某个组分的抗体直接对整个复合物进行免疫共沉淀，获得RNA聚合酶Ⅱ的亚基、TFIIF的亚基和其他17种多肽。通过加入TBP、TFIIB、TFIIE和TFIIH，就可以完全恢复这个全酶的转录活性。在这里并不需要TFIIF，因为它已经是全酶的一部分了。

Anthony Koleske和Young用一系列纯化步骤从酵母中分离出含有RNA聚合酶Ⅱ、TFIIB、TFIIF和TFIIH的全酶，只需要TFIIE和TBP就能在体外进行精确转录，因此该全酶比Kornberg等分离的全酶含有更多的通用转录因子。Koleske和Young在全酶中也鉴定出一些中介物多肽并称其为SRB蛋白（SRB2、SRB4、SRB5和SRB6）。

SRB蛋白是由Young及同事在遗传筛选中发现的，其由来是这样的：当删除聚合酶Ⅱ上CTD的一部分后，导致GAL4蛋白（将在第12章详细讨论的一个转录激活因子）对转录的激活无效。接着他们开始筛选能够抑制GAL4刺激无效的突变体，鉴定出几种抑制子突变型基因，命名为SRB（suppressor of RNA polymerase B）。在第12章将讨论其抑制的可能机制。事实已足以证明SRB蛋白对体内最佳转录激活是必需的，至少在酵母中是这样，而且这些蛋白质也是酵母聚合酶Ⅱ全酶中的中介物复合物的一部分。哺乳动物包括人的全酶已经分离出来。

小结　酵母和哺乳动物细胞具有RNA聚合酶Ⅱ全酶，它除了具有聚合酶的亚基外还包括许多多肽。额外的多肽包括一系列通用转录因子（TBP除外）和中介物。

延伸因子

真核生物转录调控主要发生在转录起始阶段，但至少在对Ⅱ类基因转录延伸过程也实施了一些调控，其中涉及克服转录暂停和转录停滞。RNA聚合酶的一个普遍特征是它并不以均一的速度转录，而是有暂停现象，有时在重新开始转录前要经历很长时间的暂停。这些暂停倾向于在特定**暂停位点**（pause site）发生，因为这些位点的DNA序列使RNA-DNA杂合双链变得不稳定，并导致聚合酶后退，使新合成RNA的3′端被排入聚合酶的一个孔中，正如第10章介绍的。如果后退仅限于几个核苷酸，则聚合酶可自行恢复转录。但如果后退距离过长，聚合酶就需要TFIIS因子来帮助其恢复转录。后者是一种被称为**转录停滞**（transcription arrest）的更严重状态，而不是**转录暂停**（transcription pause）。

启动子近侧暂停　对RNA聚合酶在基因上的位置进行全基因组范围的分析，结果显示在相当比例的基因上工作的聚合酶（可能20%～30%）在转录起始位点下游20～50bp处的特定位点发生暂停。其中，某些发生这种聚合酶暂停现象的基因属于需要热激诱导而快速激活的类型，如果蝇的*Hsp*70。在这些基因上的聚合酶时刻准备着在收到信号后恢复转录。

为了了解这种信号，需先搞清聚合酶在第一个位置是如何暂停的。已知有两个蛋白因子帮助RNA聚合酶Ⅱ稳定在暂停状态。这些因子是**DRB敏感型诱导因子**（DRB sensitivity-inducing factor，DSIF）和**负延伸因子**（negative elongation factor，NELF）。DSIF由两个亚基组成，它们是延伸因子Spt4和Spt5，在从酵母到人的真核生物中都有发现。此外，NELF是在脊椎动物而不是在后生动物中发现的。

离开暂停状态的信号是由**正转录延伸因子b**（positive transcription elongation factor-b，P-TEFb）发送的。该因子含有一个蛋白激酶，能够使聚合酶Ⅱ、DSIF和NELF磷酸化。磷酸化时，NELF离开暂停复合体，DSIF则保留以刺激延伸，而非抑制延伸。

小结 RNA聚合酶能被蛋白质（如DSIF和NELF）诱导暂停在启动子附近的特定位点。这种暂停能被P-TEFb对聚合酶及DSIF和NELF的磷酸化所逆转。

TFIIS对转录停滞的逆转 1987年，Reinberg和Roeder发现了一个HeLa细胞因子，并

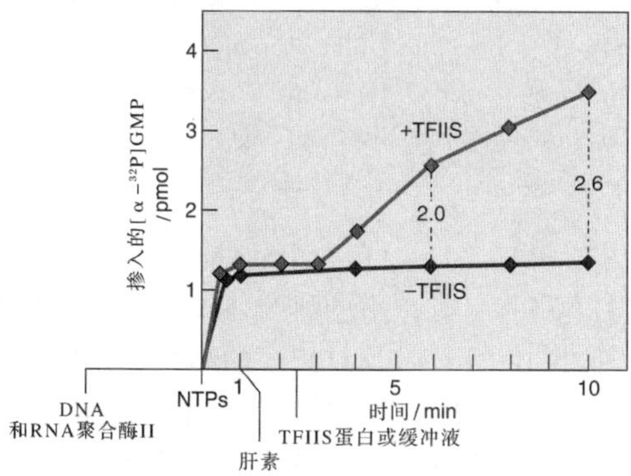

图11.25 TFIIS对转录延伸的影响。Reinberg和Roeder构成的延伸复合物概括于图下的时间轴上。在−3min时，加入DNA和RNA聚合酶，在0时加入4种NTP以起始反应，其中GTP用^{32}P标记。在+1min时，加入肝素以结合游离的RNA聚合酶。此后，所有转录复合物应该是延伸复合物了。最后，在2.5min时，加入TFIIS（红色）或作为阴性对照的缓冲液（蓝色）。在标记GMP掺入的不同时间对反应混合物取样，测定掺入RNA的GMP量。垂直虚线显示由TFIIS刺激后总RNA合成增加的倍数。（*Source*：Adapted from D. Reinberg and R. G. Roeder, Factors involved in specific transcription by mammalian RNA polymerase Ⅱ. Transcription factor ⅡS stimulates elongation of RNA chains. *Journal of Biological Chemistry* 262：3333，1987.）

命名为TFIIS。TFIIS能显著促进体外转录的延伸。该因子和IIS同源，ⅡS最初是由Natori及同事在腹水（Ehrlich ascites）肿瘤细胞中发现的。

Reinberg和Roeder在预先起始的复合物上对TFIIS进行了检测，证明它作用于延伸而不是起始过程（图11.25）。他们把聚合酶Ⅱ、DNA模板和核苷酸一起温育进行转录的起始，然后加入肝素（一种可以与RNA聚合酶结合的多聚阴离子，如同DNA一样）让其结合游离的聚合酶，以阻断新的起始，最后加入TFIIS或缓冲液来测定标记GMP掺入RNA的速率。图11.25显示TFIIS显著增强了RNA合成的速度，垂直虚线显示在6min时TFIIS使GMP掺入量提高2倍，10min时达2.6倍。很明显，该延伸速率迅速增加至少10倍。

在以上实验中TFIIS也存在刺激转录起始的可能性。为了研究这一点，Reinberg和Roeder重复了上述实验，但在加入肝素之前，即开始温育时就加入TFIIS，如果TFIIS真能像促进延伸一样对起始产生影响，那么此实验会产生比前次更强的增强作用。但TFIIS在这两个实验中产生的作用几乎一样。因此，TFIIS只对延伸产生促进作用。

那么TFIIS怎样增强转录的延伸呢？Reinberg和Roeder设计了一个实验，明确显示TFIIS通过解除聚合酶的转录停滞而行使功能。

体外转录中的暂停（或停滞）可通过对转录物电泳进行检测，可以发现比全长转录物短的一系列片段。Reinberg和Roeder发现TFIIS能减少短转录片段的量，表明它能最大限度地减少转录的停滞。其他研究人员也证明了这一结论。

Daguang Wang和Diane Hawley在1993年证明RNA聚合酶Ⅱ具有内在的弱RNase活性，且能被TFIIS激活。这一发现及后续研究使研究人员提出了TFIIS如何重起转录停滞的假说（图11.26）。停滞的RNA聚合酶后撤太远致使新合成的RNA 3′端离开酶的活性中心，并通过孔和漏斗排出。在没有3′端核苷酸加入的情况下，聚合酶停止工作。而TFIIS此时激活了RNA聚合酶Ⅱ的RNase活性，切去新生RNA被排出的部分，在酶的活性中心产生了一个新

的 3′端。

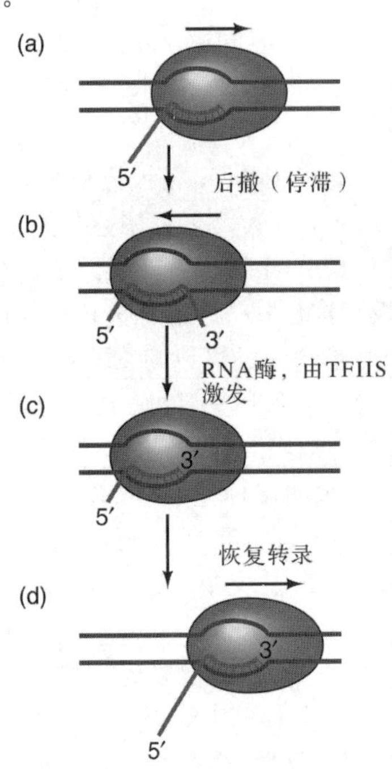

图 11.26 TFIIS 对转录停滞的逆转模型。(a) 从左到右转录 DNA 的 RNA 聚合酶Ⅱ刚刚停下来。**(b)** 聚合酶向左后撤，露出新生 RNA 的 3′端，使之不在酶的活性位点。由此引起转录停滞，RNA 聚合酶自己不能恢复。**(c)** 聚合酶潜在的核酸酶活性被 TFIIS 激活，切除了新生 RNA 的 3′端。**(d)** 游离的 RNA 3′端回到活性中心，聚合酶恢复转录。

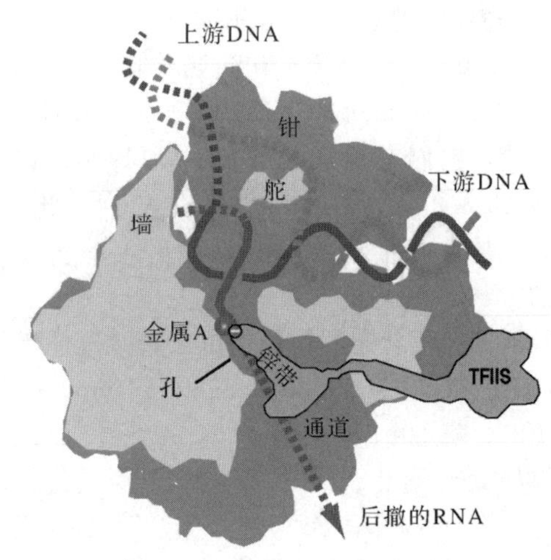

图 11.27 被阻滞的酵母 RNA 聚合酶Ⅱ-TFIIS 复合体的剖面观。聚合酶后退，将新合成的 RNA 3′端（红色）排出酶的活性中心进入孔道中。TFIIS（橙色）的锌带结构也位于此孔道中，且其顶部含有两个酸性残基（绿色），靠近聚合酶活性中心的金属 A（紫红色），有利于两个酸性氨基酸螯合第二个金属离子，该离子与第一个离子一起配合参与核酸酶活性，切割被挤出的 RNA 3′端。（*Source*：Reprinted from *Cell*，Vol 114，Conaway et al. "TFIIS and GreB：Two Like-Minded Transcription Elongation Factors with Sticky Fingers，" fig. 1，pp. 272-274. Copyright 2003，with permission from Elsevier. Image courtesy of Joan Weliky Conaway and Patrick Cramer.）

TFIIS 如何将一个通常是合成 RNA 的酶转变为裂解 RNA 的酶呢？Patrick Cramer 及同事获得的 RNA 聚合酶 II-TFIIS 复合物的 X 射线晶体结构有助于解答这一问题。图 11.27 显示基于此复合物晶体结构的剖面图。TFIIS 由三个域组成，其中之一呈锌带特征。此锌带结构与被挤出的 RNA 同时位于聚合酶Ⅱ的孔和漏斗中。在锌带的尖上有两个酸性氨基酸残基与聚合酶活性中心的金属 A 非常靠近，有利于氨基酸的酸性侧链螯合第二个镁离子，该离子与第一个镁离子共同参与核酸酶活性。

这样看来，TFIIS 不是通过结合在聚合酶表面以改变其内部构型进而改变 RNA 聚合酶的活性，而是直接进入酶的活性中心并积极参与其催化作用。这一推测得到了有力的支持，因为发现了大肠杆菌蛋白 **GreB**，它在重起转录停滞中具有与 TFIIS 相同的作用。这两种蛋白质没有同源序列，因此不太可能起源于共同的祖先。然而，Greb 有一个卷曲螺旋域延伸至大肠杆菌 RNA 聚合酶的排出 RNA 的出口通道，这与 TFIIS 中锌带具有相同的结构和作用方式。而且，在 Greb 卷曲螺旋顶部与聚合酶活性中心金属离子相邻处，有两个酸性氨基酸残基可能与 TFIIS 中对应部分在核酸酶催化过程中具有相同的功能。这一明显的功能趋同进化（convergent evolution）结果，为所推测的 TFIIS 功能的有效性提供了证据。

有趣的是，有报道认为一种起始因子（TFIIF）在延伸中也起作用。它不像 TFIIS 那样解除聚合酶在特定位点的停滞，而是限制聚合酶在 DNA 任意位点的瞬时停顿。

小结 已经后退和停滞的聚合酶能被 TFIIS 因子恢复。TFIIS 通过插入 RNA 聚合酶的活性中心，激发其核酸酶活性切割排出的引起停滞的新生 RNA 的 3′端而发挥其功能。TFIIF 显然是通过限制瞬时停顿而刺激延伸。

TFIIS 促进转录物的校正 TFIIS 不仅解除暂停，而且具有校正转录物的功能，其机制可能是激活 RNA 聚合酶内在的 RNase 活性，清除错配的核苷酸。根据图 11.28（a）所示的步骤，Diane Hawley 及同事测定了 TFIIS 的校正功能。首先，他们分离了在邻近启动子多个位点发生暂停的未标记延伸复合物。接着，在放射性 UTP 存在的条件下使复合物步移至规定位置（第 6 章），并使复合物中的 RNA 被标记。然后加入 ATP 或 GTP 使 RNA 延伸一个碱基至+43 位点。在该位置需要掺入的碱基是 A，但如果只有 G，聚合酶也会低效地将其掺入。实际上，他们发现极纯的 GTP 里仍含有少量 ATP，因此即使加入的只是 GTP，仍不影响 GMP 和 AMP 以相等的数量掺入+43 位。接下来分两组，一组用 T1 RNase（在 G 之后切割）切割 RNA 产物，另一组用 4 种核苷酸标记获得全长标记的 RNA，再用 T1 RNase 切割产物。最后电泳酶切产物，放射自显影。

因为电泳可明确区分以 A 和 G 结尾的末端七碱基序列，因此他们只需用 T1 RNase 切割转录物就能测定 GMP 和 AMP 掺入+43 位的相对量。在图 11.28（b）中，泳道 1 显示无追踪的结果。G 结尾的末端七聚体（错误掺入 G 的结果）的量大致等于以 A 结尾末端七聚体和 AC 结尾末端八聚体之和的量（正确掺入 A 或 C，因 GTP 底物中有其他核苷酸污染）。泳道 2 和 3 分别显示在 TFIIS 有或无条件下追踪的结果。用 T1 RNase 切割追踪的全长转录物，产生以 Gp 结尾的末端七聚体（来自有错误掺入 G 的全长转录物），或以 Gp 结尾末端的十聚体（来自将 G 校正为 A 的全长转录物）。在无

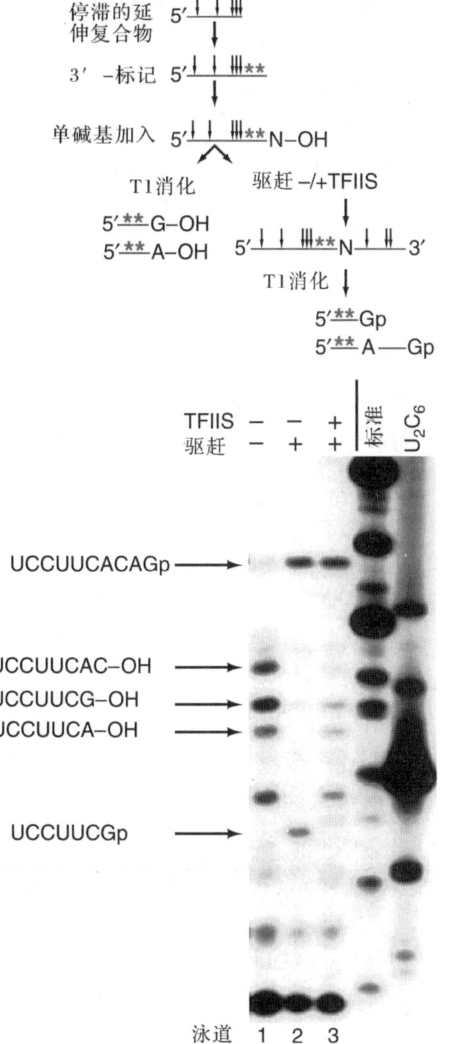

图 11.28 TFIIS 通过 RNA 聚合酶Ⅱ刺激校正。**(a)** 实验流程图。Howley 及同事从短的延伸复合体开始，在 [α-^{32}P] UTP 存在的条件下，通过步移聚合酶使短的转录物在 3′端标记。随后加入 GTP 迫使 G 错误掺入需要 A 的+43 位。然后用 T1 RNase 消化标记的转录物以测定错误掺入 G 的量（左边），或加入 4 种核苷酸标记转录物获得全长。再用 RNase T1 切割转录物以测定对+43 位 G 的校正情况。**(b)** 实验结果。将（a）中的酶切产物进行电泳并放射自显影。泳道 1，未标记的转录物。左边箭头分别指示错误掺入 G 的七聚体（UCCUUCGOH）、正确结合 A（或 A 和 C）的七聚体（UCCUUCA）和 8 碱基序列（UCCUUCAC）。泳道 2 和泳道 3 显示 TFIIS 无（泳道 2）或有（泳道 3）标记时转录的酶切产物。左边箭头分别指示错误掺入 G 的七聚体（UCCUUCGp）、在+43 位正确结合 A 和通过校正将 G 换为 A 的十聚体（UCCUUCACAGp）。TFIIS 使所有可检测到的错误掺入 G 都能被去除。［*Source*：(*b*) Thomas，M. J.，A. A. Platas，and D. K. Hawley，Transcriptional fidelity and proofreading by RNA Polymerase Ⅱ. *Cell* 93 (1998) f. 4，p. 631. Reprinted by permission of Elsevier Science.］

TFIIS条件下进行追踪时，RNA产物中有大量错误掺入的G（泳道2中与指示七聚体UCCUUCGp的箭头相对的条带），但大多数产物都是十聚体（箭头指示的UCCUUCACAGp），表明即使无TFIIS聚合酶也能进行部分校正。当加入TFIIS进行追踪时，七聚体消失，所有标记产物均为十聚体。因此，TFIIS能促进转录物的校正。

当前的校正模型（图11.26）是聚合酶不仅在掺入错误核苷酸时做出暂停的响应，而且后退并排出新合成的RNA 3′-端从而引起转录停滞。随后由TFIIS激活聚合酶潜在的RNase活性，切除被排出的RNA末端及错配的核苷酸，使聚合酶恢复转录。

回顾第6章内容我们知道，在细菌中刺激校正的辅助因子是非必需的，而聚合酶在新生成的RNA错配末端的帮助下能够在缺乏辅助因子时行使校正功能。RNA聚合酶活性位点的高度保守性显示这一现象也能在真核生物RNA聚合酶上观察到。的确，这一观点与Hawley及同事关于聚合酶Ⅱ在没有TFIIS帮助情况下能够进行校正的发现相吻合。

小结　TFIIS促进校正——错配核苷酸的改正，可能是通过激活RNA聚合酶中的RNase活性，切除错配的核苷酸（及另外几个核苷酸）并代以正确的核苷酸。

11.2　Ⅰ类因子

在rRNA启动子上的前起始复合物比前面讨论的聚合酶Ⅱ的要简单得多。此复合物中除聚合酶Ⅰ之外，只包含两个转录因子，一个为核心结合因子（core-binding factor），在人类中称为SL1，在其他一些生物中称为TIF-IB；另一个是UPE结合因子，在哺乳动物中称为**上游结合因子**（upstream-binding factor，**UBF**），在酵母中称为**上游激活因子**（upstream activating factor，**UAF**）。SL1（或TIF-IB）和RNA聚合酶Ⅰ是基本转录激活所必需的。实际上，核心结合因子对募集聚合酶Ⅰ到启动子是必需的。UBF（或UAF）是结合UPE的**组装因子**（assembly factor），通过使DNA剧烈弯曲帮助SL1结合到核心启动子上，所以也叫做**构架转录因子**（architectural transcription factor）（第12章）。人和非洲爪蟾在转录Ⅰ类基因时绝对依赖UBF，而其他生物，包括酵母、大鼠、小鼠，在没有组装因子时也可进行部分转录。还有一些物种，如卡氏棘阿米巴变形虫（*Acanthamoeba castellanii*）几乎不依赖于组装因子。

核心结合因子

1985年，Tjian及同事在将HeLa细胞提取物分离成两种功能成分的过程中发现了SL1因子。一种成分有RNA聚合酶Ⅰ活性，但是不能在体外对人rRNA基因精确地起始转录。另外一种成分自身没有聚合酶活性，但可以指导前一组分在人rRNA模板上精确地起始转录。而且，转录因子SL1表现出物种特异性，即它可以区别人和小鼠的rRNA启动子。

以上实验使用的都是不纯的聚合酶Ⅰ和SL1因子。利用高纯度成分进行的深入研究显示，人类SL1因子不能独立激活人聚合酶Ⅰ与Ⅰ类启动子结合并起始转录。随后发现它需要UBF帮助。与此不同的是，阿米巴变形虫的Ⅰ类基因在无UBF时也可以转录。

由于无UBF时，用核心结合因子SL1进行的人Ⅰ类基因的转录效果很差，因此不宜用人类系统研究核心结合因子募集聚合酶Ⅰ结合启动子的功能。而卡氏棘阿米巴变形虫是较好的选择，它对UPE结合蛋白几乎没有依赖性，可以单独研究核心结合因子。Marvin Paul和Robert White研究了该系统，发现核心结合因子（TIF-IB）可以召集聚合酶结合到启动子上并在合适的位置激活转录起始，而聚合酶结合DNA的实际序列好像与此无关。

Paule及同事在TIF-IB结合位点和正常转录起始位点间插入或删除不同数目的碱基，制备了突变体模板。这会让我们想起第10章Benoist和Chambon研究Ⅱ类启动子的实验。在那个实验中，删除位于TATA框与正常转录起始位点间的碱基不改变转录的强度，也不改变相对于TATA框的转录起始位点。在所有情况下，转录均发生在距TATA框下游约30bp处。

对于Ⅰ类启动子，Paul及同事也得出了相似的结论。他们发现，在TIF-IB结合位点和正常转录起始位点之间增加或删除多至5个碱基时转录仍能发生。而且，转录起始位点随着增加或删除的碱基数而向上游或下游移动（图11.29）。当增加或删除多于5个碱基时转录被阻断。于是Paul及同事得出结论：TIFIB与聚合酶Ⅰ作用并将其定位于下游若干个碱基处起始转录。

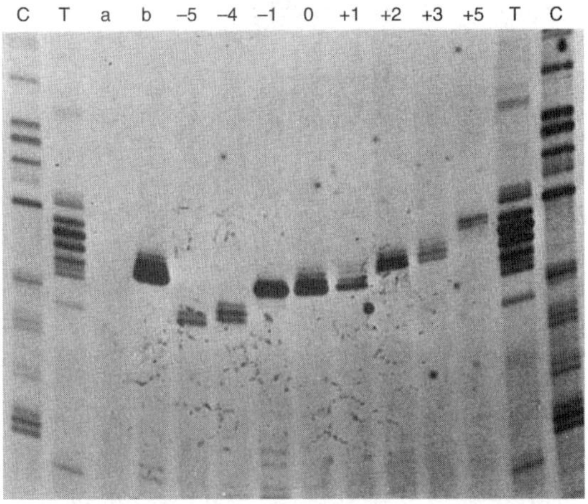

C T a b −5 −4 −1 0 +1 +2 +3 +5 T C

图11.29 对聚合酶Ⅰ转录起始位点插入和删除碱基的效应。Paul及同事在卡氏棘阿米巴变形虫rRNA启动子的TIF-IB结合位点和正常转录位点间插入和删除多至5个碱基，如图上部所示。然后在体外转录这些模板，并用^{32}P标记的17核苷酸测序引物进行引物延伸分析。将标记的延伸引物和用同样引物进行的C和T的测序产物（泳道C和T）同时进行电泳。泳道a，载体DNA的阴性对照，没有rRNA启动子。泳道b，阳性对照，含野生型rRNA启动子。泳道0，含有未删除的野生型DNA转录物的引物延伸。（*Source*：Reprinted from *Cell* v. 50，Kownin et al. p. 695 © 2001，with permission from Elsevier Science.）

聚合酶结合DNA的准确序列并不重要，因为在各突变DNA中它们不尽相同。为了确定聚合酶在各突变体中结合DNA的位点与TIF-IB结合位点之间是否有相等间距，Paul及同事用野生型和不同突变体对模板进行了DNase足迹实验。结果表明，不同模板的足迹基本无区别，这也更加证实了无论DNA序列如何，聚合酶都以相同的位距结合DNA的结论。这与TIF-IB结合靶DNA并通过直接的蛋白质—蛋白相互作用定位聚合酶Ⅰ的假设是一致的。聚合酶看起来与DNA接触，因为它扩展了TIF-IB形成的足迹，但这种接触是非特异性的。

小结 Ⅰ类启动子被两个转录因子——核心结合因子和UPE结合因子识别。人类中的核心结合因子称为SL1，在其他生物中，如卡氏棘阿米巴变形虫，与之同源的因子称为TIF-IB。核心结合因子是募集RNA聚合酶Ⅰ的基本转录因子。该因子有物种特异性，至少在动物中是这样。在哺乳动物和大多数其他生物中，结合UPE的因子被称为UBF，但在酵母中称为UAF，是帮助核心结合因子结合到核心启动子元件上的组装因子。在不同生物中，对UPE结合因子依赖程度有显著不同。卡氏棘阿米巴变形虫的TIF-IB自身就可以募集RNA聚合酶Ⅰ，并将其正确定位以便起始转录。

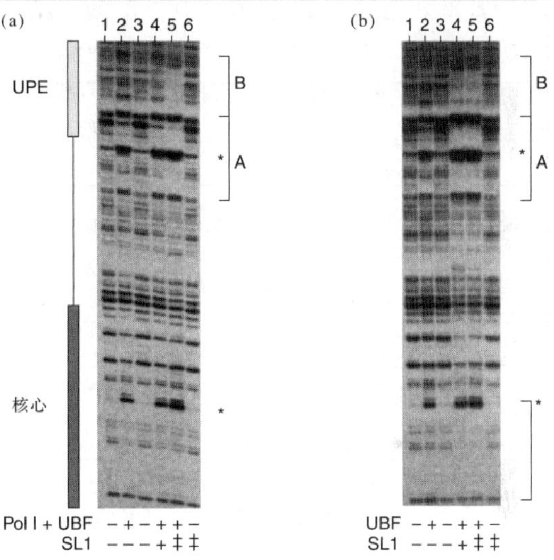

图11.30 UBF和SL1与rRNA启动子的相互作用。Tjian及同事用人rRNA启动子与各种不同蛋白质组合进行DNaseⅠ足迹实验。**(a)** 聚合酶Ⅰ+UBF与SL1。**(b)** UBF与SL1。所用蛋白质在图底部标出。UPE与核心元件的位置在左边标出，A和B位点用括号在右边标出。星号表示DNase敏感性增强的位置。SL1本身不能形成足迹，但对UBF在UPE和核心元件处的足迹可以增强并延伸。这种增强作用在无聚合酶Ⅰ时尤为明显（b图）。［*Source*：Adapted from Bell S. P.，R. M. Learned，H. -M. Jantzen，and R. Tjian，Functional cooperativity between transcription factors UBF1 and SL1 mediates human ribosomal RNA synthesis. *Science* 241（2 Sept 1988）p. 1194，f. 3 a-b.］

UPE 结合因子

人类中的 SL1 因子本身不能直接结合到 rRNA 启动子上，但经过部分纯化的 RNA 聚合酶 Ⅰ 制备物中的 SL1 却能够做到。于是，Tjian 及同事开始从中寻找 DNA 结合蛋白，终于在 1988 年获得了人 UBF 的纯化产物。纯化的 UBF 由 97kDa 和 94kDa 两个多肽构成，其中，97kDa 多肽自身就有 UBF 活性。用高纯度 UBF 进行足迹分析发现，它与部分纯化的聚合酶Ⅰ制备物在启动子上的行为相似，即在核心元件和 UPE 的部分区段（称为位点 A）上具有相同的足迹，而 SL1 可加强此足迹，并使它扩展至 UPE 的另一部分（称为位点 B）（图 11.30）。因此，以前实验中与启动子结合的是 UBF 而不是聚合酶Ⅰ，而 SL1 使结合变得更容易。该研究没有证实 SL1 在含 UBF 的复合物中是否与 DNA 接触，或者仅改变了 UBF 的构象使其与延伸至 B 位点的更长 DNA 接触。基于这一结果和其他结果，可以认为 SL1 本身不能结合 DNA，而 UBF 可以。但是 SL1 和 UBF 是协同性地结合，并由此产生比其各自单独结合更广的结合效应。

Tjian 及同事还发现 UBF 促进 rRNA 基因的体外转录。图 11.31 显示利用人野生型 rRNA 启动子和突变体启动子（Δ5′-57，缺失 UPE），在不同 SL1 和 UBF 组合条件下进行转录的结果。所有反应中都有聚合酶Ⅰ，通过 S1 作图技术分析转录效率。泳道 1 含 UBF 但无 SL1，显示两个模板都不转录，再次证明 SL1 是转录绝对必需的。泳道 2 含 SL1 但无 UBF，显示本底水平的转录，再次证明 SL1 自身能够激活基本的转录。再看下面的图，无 UPE 模板的转录水平不如野生型高，表明 UBF 需通过 UPE 来激活转录。泳道 3 和 4 表明，在有 SL1 和渐增 UBF 的条件下明显加强了两个模板的转录，特别是含 UPE 的模板。于是，他们得出 UBF 作为转录因子能够结合到 UPE 上激活转录，但无 UPE 时，UBF 也可能结合到核心元件上发挥作用。

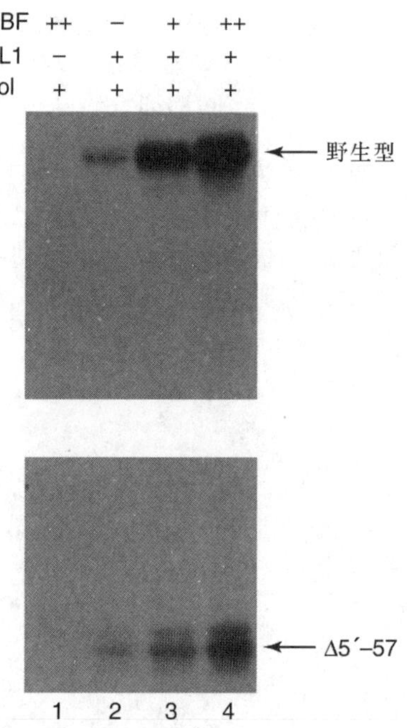

图 11.31 SL1 和 UBF 对 rRNA 启动子的转录激活。在 RNA 聚合酶Ⅰ与不同 UBF 和 SL1 组合的条件下，Tjian 及同事用 S1 分析法测定人 rRNA 启动子的转录活性，如图顶部所示。上图显示野生型启动子的转录，下图显示无 UPE 功能的突变启动子（Δ5′-57）的转录。SL1 对本底转录是必需的，而 UBF 对两种模板的转录均起增强作用。[*Source*：Bell S. P.，R. M. Learned，H.-M. Jantzen，and R. Tjian，Functional cooperativity between transcription factors UBF1 and SL1 mediates human ribosomal RNA synthesis，*Science* 241（2 Sept 1988）p. 1194，f. 4. Copyright © AAAS.]

小结 人类 UBF 是通过聚合酶Ⅰ激活转录的转录因子，可激活完整启动子或单一的核心元件，通过 UPE 介导激活。UBF 与 SL1 协同促进转录。

SL1 的结构和功能

前面讨论了两种人的转录因子 UBF 和 SL1，它们参与聚合酶Ⅰ的转录。其中，UBF 是 97kDa 的单链多肽。但在本章前面的论述中已介绍过，TATA 框结合蛋白 TBP 是Ⅰ类基因转录所必需的。那么 TBP 属于哪类因子呢？1992 年，Tjian 及同事证明，SL1 由 TBP 和三个 TAF 组成。他们先通过几种不同程序纯化了人（HeLa 细胞）的 SL1，每一步纯化之后都用 S1 分析法确定 SL1 的活性。然后，用

Western 印迹分析这些组分中 TBP 的存在。图 11.32 显示 SL1 的活性与 TBP 含量显著相关。

如果 SL1 确实包含 TBP，那么用抗 TBP 的抗体就可能抑制 SL1 的活性，Tjian 及其同事证明确实如此。将细胞核提取物的 SL1 活性用抗 TBP 抗体耗尽，然后添加 SL1 可恢复其活性，但是只加入 TBP 却不能恢复 SL1 活性。所以，除 TBP 以外，一定还有其他东西被移去了。

在免疫共沉淀过程中还有哪些因子与 TBP 同时移去了呢？为此，Tjian 及同事对免疫沉淀物进行 SDS-PAGE。图 11.33 显示了实验结果。沉淀物中，除 TBP 和抗体（IgG）外，还有三种多肽，其分子质量分别是 110kDa、63kDa 及 48kDa（虽然 48kDa 的条带因与 TBP 条带在一起而不易分辨）。因为这些多肽是与 TBP 一起免疫沉淀的，它们一定是与 TBP 紧密结合的成分，因此属于 TBP 相关因子（TAF_I）。Tjian 把这些多肽称为 TAF_I110、TAF_I63 和 TAF_I48。它们与 TFIID 中的 TAF 完全不同（比较泳道 4 和 5）。用 1mol/L 的盐酸胍处理免疫沉淀物并再次沉淀后，可从 TBP 和抗体上剥离这些 TAF。抗体和 TBP 一起留在沉淀中（泳道 6）而各 TAF 留在上清中（泳道 7）。将纯化的 TBP 和三种 TAF 混合可以重建 SL1 活性，而且正如我们所期望的，这种活性具有物种特异性。在后来的工作中，Tjian 及其合作者证明 TAF_I 和 TAF Ⅱ 可以竞争结合 TBP。这一发现提示这两组不同 TAF 在对 TBP 的结合上是相互排斥的。

因此，聚合酶 Ⅰ 和聚合酶 Ⅱ 的转录都依赖于 TBP 和几种 TAF 组成的转录因子（SL1 和 TFIID）。在两种因子中 TBP 是相同的，但 TAF 完全不同。

除酵母外，所有Ⅰ类核心结合因子都是 TBP。而酵母 TBP 以不稳定状态结合到核心结合因子上，其方式与其他 TBP 结合至相应 TAF_I 的方式一致。我们在这里所讨论的 TAF_I 的数量和大小是人细胞所特有的。其他生物有各自的 TAF_I。

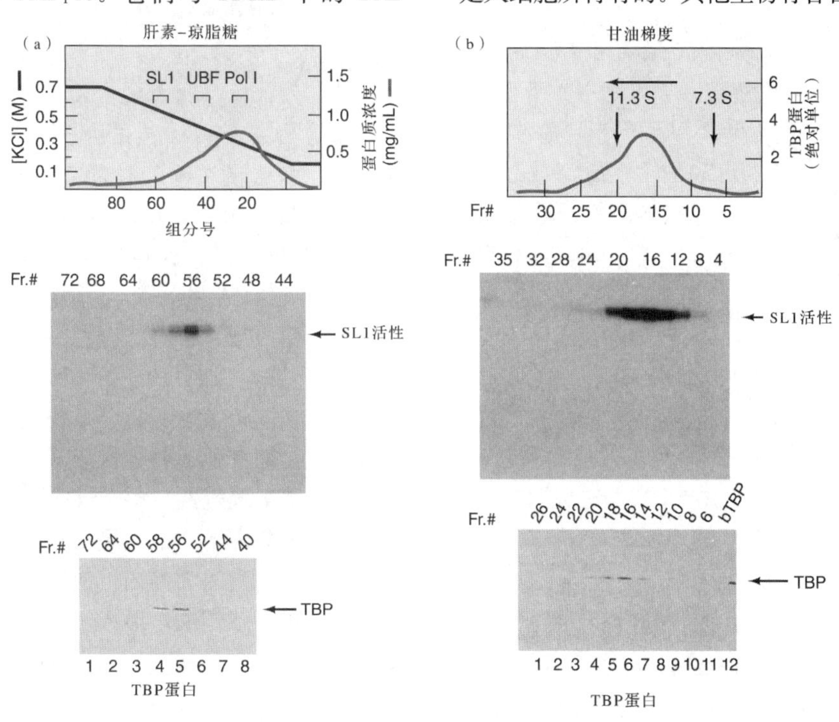

图 11.32 SL1 和 TBP 的共纯化。(a) 肝素-琼脂糖柱层析（见第 5 章柱层析方法）。顶图，总蛋白（红色）从柱中洗脱的模式、盐浓度（蓝色）及三种特定蛋白质（括号）。中图，通过 S1 保护实验对选定洗脱组分进行 SL1 活性分析。底图，用 Western 印迹检测选定组分中的 TBP 蛋白。SL1 和 TBP 都集中在第 56 组分里。**(b)** 甘油梯度超速离心。顶图，TBP 沉淀曲线。沉降系数分别为 11.3S 和 7.3S 的过氧化氢酶和醛缩酶作为参照，与 TBP 同时离心。中图和下图与（a）中一致。SL1 和 TBP 都沉降到以组分 16 为中心的位置。[*Source*：Comai，L.，N. Tanese，and R. Tjian，The TATA-binding protein and associated factors are integral components of the RNA polymerase I transcription factor，SL1. *Cell* 68 (6 Mar 1992) p. 968，f. 2a-b. Reprinted by permission of Elsevier Science.]

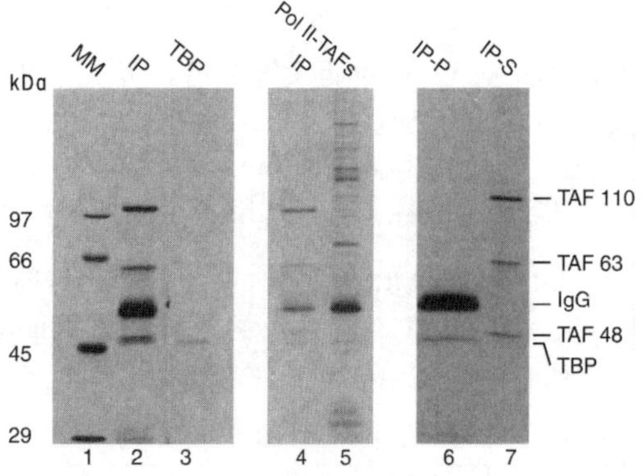

图 11.33 SL1 中的不同 TAF。 Tjian 及同事用抗 TBP 的抗体对 SL1 进行免疫共沉淀，并对沉淀物的多肽进行 SDS-PAGE。泳道 1，分子质量标记；泳道 2，免疫沉淀物；泳道 3，用以比较的纯 TBP；泳道 4，另一种免疫沉淀样品；泳道 5，用于比较的 TFIID TAF（Pol II-TAF）泳道 6，用 1mol/L 盐酸胍处理免疫沉淀物再沉淀后的组分，显示 TBP 和抗体（IgG）；泳道 7，用 1mol/L 盐酸胍处理免疫沉淀物再沉淀后的上清，显示三种 TAF（在右侧标出）。[*Source*：Comai，L.，N. Tanese，and R. Tjian，The TATA-binding protein and associated factors are integral components of the RNA polymerase I transcription factor，SL1. *Cell* 68（6 Mar 1992）p. 971，f. 5. Reprinted by permission of Elsevier Science.]

小结 人 SL1 由 TBP 和三种 TAF_I 组成，它们是 TAF_I110、TAF_I63 和 TAF_I48。纯化的各组分混合可重建全功能及具有物种特异性的 SL1。TBP 与 TAF_I 的结合阻止了 TBP 与 TAF_II 的结合。其他生物也有各自的一组 TAF_I。

11.3 Ⅲ类因子

1980 年，Roeder 及同事发现了可以结合到 5S rRNA 基因内部启动子并激活其转录的因子，并将其命名为 **TFIIIA**。此后另外两个因子**TFIIIB**和 **TFIIIC** 也被发现，这两个因子不仅参与 5S rRNA 基因的转录，而且参与聚合酶Ⅲ的所有转录。

Barry Honda 和 Robert Roeder 在以非洲爪蟾为材料，首次建立真核生物体外转录系统时，证明了 TFIIIA 在 5S rRNA 基因转录中的重要性。他们发现，系统中加入 TFIIIA 后才能合成 5S rRNA。接着，Donald Brown 及同事证明，当 5S rRNA 基因和 tRNA 基因加入到类似的无细胞提取物中时，可同时产生 5S rRNA 和 tRNA。而且，抗 TFIIIA 的抗体可以有效阻止 5S rRNA 的生成，但对 tRNA 的合成没有影响（图 11.34）。因此，TFIIIA 为 5S rRNA 基因转录所必需，但对 tRNA 则不然。

如果 tRNA 基因的转录不需要 TFIIIA，那么它需要什么因子呢？1982 年，Roeder 及其同事分离出两个新的因子并称之为 **TFIIIB** 和 **TFIIIC**。他们发现这两个因子对 tRNA 基因转录是必需且充分的。随后知道这两种因子调控包括 5S rRNA 基因在内的所有聚合酶Ⅲ基因的转录。这意味着前面提到的只需加入 TFIIIA 就能产生 5S rRNA 的细胞提取液肯定含有 TFIIIB 和 TFIIIC。

小结 所有典型Ⅲ类基因的转录都需要 TFIIIB 和 TFIIIC。5S rRNA 基因的转录需要这两个因子再加 TFIIIA。

TFIIIA

作为第一个真核转录因子，TFIIIA 的发现引起了极大的关注。它是 DNA 结合蛋白家族中所谓锌指（zinc finger）大类的第一个成员，第 12 章将详细讨论锌指蛋白，这里我们先来看看 TFIIIA 的锌指。锌指的实质是一个粗略指形蛋白域，含有结合在一个锌离子周围的 4 个氨基酸。在 TFIIIA 和其他典型的锌指蛋白中，4 个氨基酸由 2 个半胱氨酸和 2 个组氨酸组成。而其他一些类指形（finger-like）蛋白只有 4 个半胱氨酸，没有组氨酸。TFIIIA 的 9 个锌指排成一行，可以插入 5S rRNA 基因内部启动子任一边的大沟内，使特定的氨基酸与特定碱基对相互作用，形成一个紧密的蛋白质-DNA 复合物。

TFIIIB 和 TFIIIC

TFIIIB 和 TFIIIC 都是典型聚合酶Ⅲ基因转录所必需的。因为它们的活性相互依赖，所以很难分开讨论。1989 年，Peter Geiduschek 及同事获得了一个粗制的转录因子制备物，它结合着 tRNA 基因的内部启动子及上游区域。

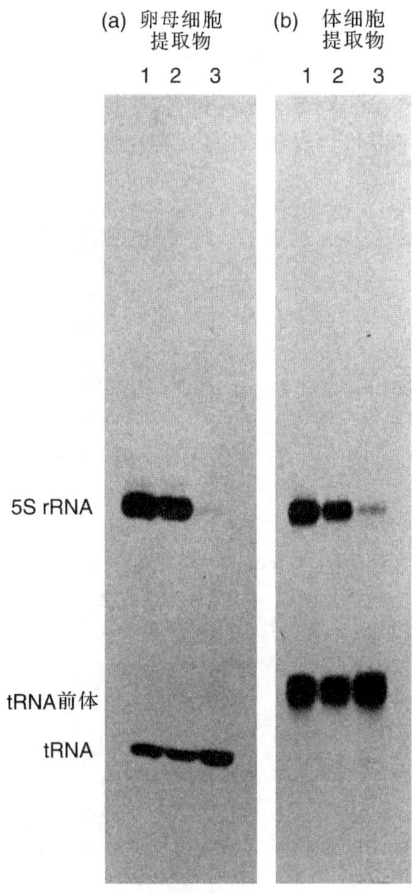

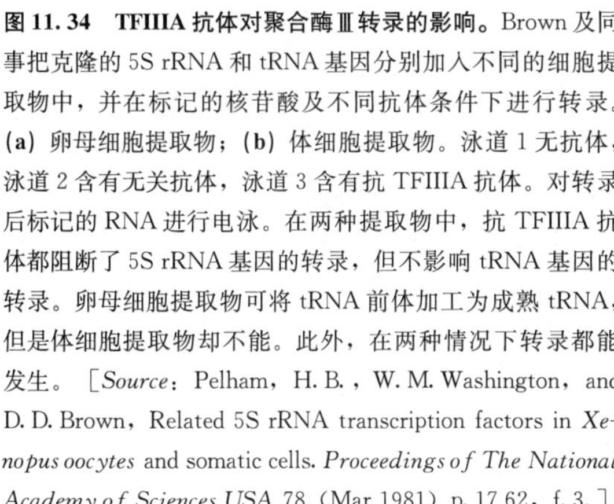

图 11.34　TFIIIA 抗体对聚合酶Ⅲ转录的影响。Brown 及同事把克隆的 5S rRNA 和 tRNA 基因分别加入不同的细胞提取物中，并在标记的核苷酸及不同抗体条件下进行转录。(**a**) 卵母细胞提取物；(**b**) 体细胞提取物。泳道 1 无抗体，泳道 2 含有无关抗体，泳道 3 含有抗 TFIIIA 抗体。对转录后标记的 RNA 进行电泳。在两种提取物中，抗 TFIIIA 抗体都阻断了 5S rRNA 基因的转录，但不影响 tRNA 基因的转录。卵母细胞提取物可将 tRNA 前体加工为成熟 tRNA，但是体细胞提取物却不能。此外，在两种情况下转录都能发生。［*Source*：Pelham，H. B.，W. M. Washington，and D. D. Brown，Related 5S rRNA transcription factors in *Xenopus oocytes* and somatic cells. *Proceedings of The National Academy of Sciences USA* 78 (Mar 1981) p. 17 62，f. 3.］

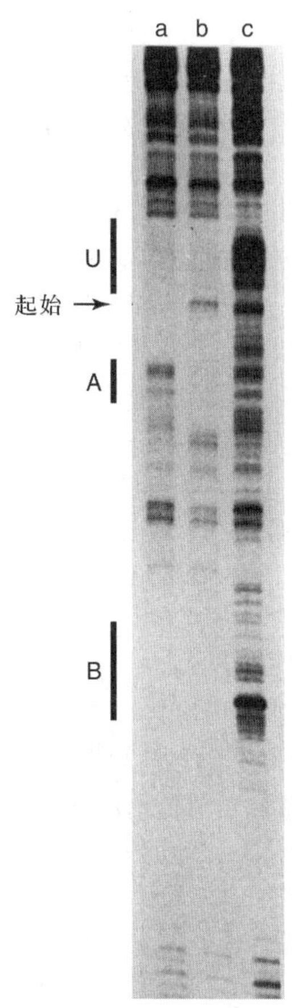

图 11.35　转录因子与 tRNA 基因的结合对转录的影响。Geiduschek 及同事用 tRNA 基因与含有聚合酶Ⅲ、TFIIIB 和 TFIIIC 的提取物进行了 DNase 足迹实验。泳道 a 含有转录因子无核苷酸。泳道 b 含有转录因子和三种核苷酸(除 GTP)，转录只能进行 17nt，此处需要第一个 GTP。泳道 c 为无蛋白对照。泳道 b 中，聚合酶相对于泳道 a 的 17bp 移动使起始位点周围的足迹向下游移动，盖住 A 框。紧邻起始位点上游区的足迹仍保持不变。［*Source*：Kassavetis，G. A.，D. L. Riggs，R. Negri，L. H. Nguyen，and E. P. Geiduschek，Transcription factor III B generates extended DNA interactions in RNA polymerase III transcription complexes on tRNA genes. *Molecular and Cellular Biology*. 9，no. 171 (June 1989) p. 2555，f. 3. Copyright © 1989 American Society for Microbiology，Washington，DC. Reprinted with permission.］

图 11.35 中的 DNase 足迹实验证明了这一制备物的情况。泳道 c 未添加任何蛋白，泳道 a 添加了各种转录因子和聚合酶Ⅲ，泳道 b 添加 a 中的各种蛋白质再加三种核苷酸（ATP、CTP 和 UTP)，使转录进行 17nt，直至需要第一个 GTP。注意，泳道 a 中，各种转录因子和聚合酶都能强烈保护内部启动子的 B 框和上游区(U)，但微弱保护内部启动子的 A 框。泳道 b 显示聚合酶向下移动使得与 A 框重叠的一个新区域被保护起来。但是聚合酶移走后，对上游区域的保护作用仍然存在。

那么，是什么因子稳定地结合在上游区呢？为此，Geiduschek 及同事部分纯化了

TFIIIB 和 TFIIIC，并进行了足迹实验。图 11.36 显示其中一个实验结果。泳道 b，只有 TFIIIC，表明 TFIIIC 保护了内部启动子特别是 B 框，但不结合上游区域。泳道 c 表明同时含有两个转录因子时，上游区受到保护。类似的实验都证明了 TFIIIB 自身不能结合其中任何一个区域，它的结合完全依赖于 TFIIIC。然而，一旦 TFIIIC 帮助 TFIIIB 结合到上游区后，TFIIIB 就停留在那里，甚至聚合酶向前移走了也不动（图 11.35）。图 11.36 的泳道 d 表明，即便 TFIIIC 从内部启动子上被肝素剥离，TFIIIB 仍与 DNA 结合，因为当 A 框和 B 框不再受保护时，上游区域仍然被保护着不受 DNase 降解。

根据目前的证据提出转录因子参与聚合酶Ⅲ转录的以下作用模式（图 11.37 所示）。首先，TFIIIC（或 TFIIIA 和 TFIIIC，对 5S rRNA 基因而言）结合到内部启动子上，接着这些组装因子（assembly factor）帮助 TFIIIB 结合到上游区，而后 TFIIIB 帮助聚合酶Ⅲ结合到转录起始位点，最后聚合酶转录基因。在此过程中，TFIIIC（或 A 和 C）可能被除去，但 TFIIIB 保持结合，以促进后续转录。

Geiduschek 及同事提供了进一步的证据支持这个假说。让 TFIIIC 和 TFIIIB 与 tRNA 基因结合（或 TFIIIA、TFIIIC、TFIIIB 与 5S rRNA 基因结合），然后用肝素或高盐处理，去除（剥离）组装因子 TFIIIC（或 TFIIIA 和 TFIIIC），接着将 TFIIIB-DNA 复合物与其他因子分离。最后，证明 TFIIIB-DNA 复合物仍能支持聚合酶Ⅲ起始转录一至多轮（图 11.38）。TFIIIB 本身对启动子 DNA 并无亲和性，但它如何牢固地结合于靶 DNA 区呢？答案可能在于 TFIIIC（或 TFIIIA 和 TFIIIC）引起 TFIIIB 的构象变化，暴露出某个位点使 TFIIIB 能够牢固地与 DNA 结合。

TFIIIC 是一种很大的蛋白质，可结合 tRNA 基因的 A 框和 B 框，这已由 DNase 足迹和蛋白质-DNA 交联实验证实。有些 tRNA 基因在 A 框和 B 框之间存在内含子，但 TFIIIC 仍能设法结合到这两个启动子元件上，它是如何做到的呢？考虑 TFIIIC 是已知转录因子中最大且最复杂的，可能有助于理解这一问题。酵母 TFIIIC 含 6 个亚基，分子质量约为 600kDa。电镜研究进一步表明 TFIIIC 具有哑铃形结构，两个球状区域被一个可伸缩的接头区隔开，使整个蛋白能跨越相当长的距离。

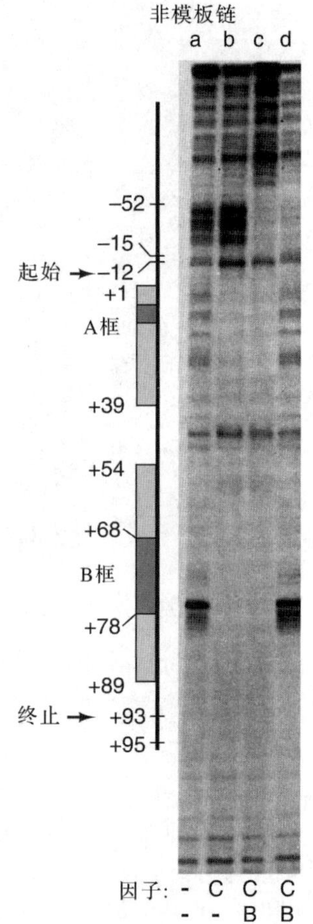

图 11.36 TFIIIB、TFIIIC 与 tRNA 基因的结合。 Geiduschek 及同事用标记的 tRNA 基因（所有泳道）和纯化 TFIIIB 和 TFIIIC 的不同组合进行 DNase 足迹实验。泳道 a，无转录因子的阴性对照。泳道 b，仅有 TFIIIC。泳道 c，TFIIIB 加 TFIIIC。泳道 d，先加入 TFIIIB 和 TFIIIC，再加入肝素以除去松散结合的蛋白质。注意，在 TFIIIC 基础上加入 TFIIIB 对上游保护区域的扩展（泳道 c）。还需注意，由 TFIIIC 对上游区的这一保护不受肝素影响，但对 A 框和 B 框的保护却未能幸免。黄色条框表示成熟 tRNA 的编码区，其中的 A 框和 B 框以蓝色表示。（*Source*：From Kassavetis，G. A.，D. L. Riggs，R. Negri，L. H. Nguyen，and E. P. Geiduschek，Transcription factor Ⅲ B generates extended DNA interactions in RNA polymerase Ⅲ transcription complexes on tRNA genes. *Molecular and Cellular Biology* 9：2558，1989. Copyright © 1989 American Society for Microbiology，Washington，DC. Reprinted by permission.）

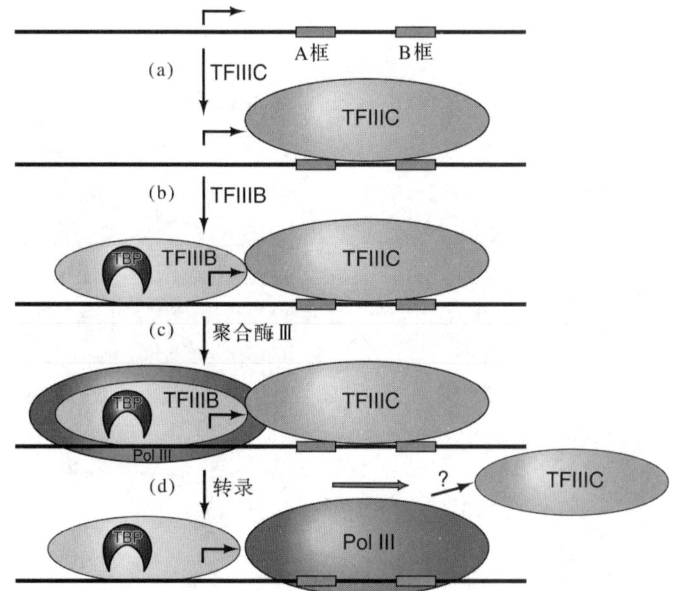

图 11.37　经典聚合酶Ⅲ启动子（tRNA 基因）上前起始复合物的组装和起始转录的假设模式图。 （**a**）TFIIIC（浅绿色）与内部启动子的 A 框、B 框（绿色）结合。（**b**）TFIIIC 促使 TFIIIB（黄色）以其 TBP（蓝色）结合转录起始位点的上游区。（**c**）TFIIIB 促使聚合酶Ⅲ（红色）结合到起始位点，准备起始转录。（**d**）转录开始。聚合酶向右移动，产生 RNA（图中未显示）。此过程中 TFIIIC 可能被除去，也可能不被除去，但 TFIIIB 仍结合在原处准备起始下一轮聚合酶结合与转录。

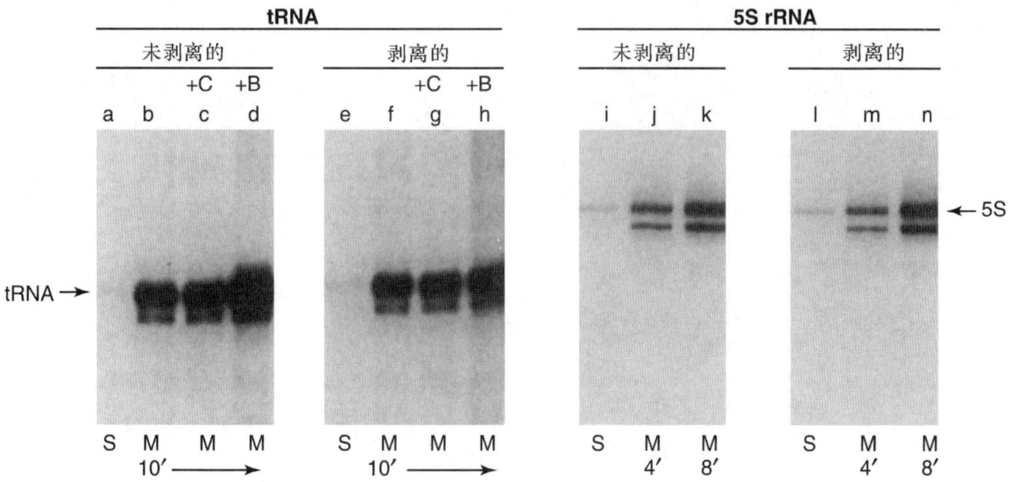

图 11.38　仅与 TFIIIB 结合的聚合酶Ⅲ基因复合体的转录。 Geiduschek 及同事获得了含有 tRNA 基因和 TFIIIB 及 TFIIIC 的复合体（左边两图），或 5S rRNA 与 TFIIIA、TFIIIB、TFIIIC 的复合体（右边两图）。用肝素除去 TFIIIC（泳道 e～h），或用高离子强度缓冲液除去 TFIIIA、TFIIIC（泳道 l～n）。把上述处理的模板经凝胶过滤柱除去未结合的因子。凝胶电泳和 DNase 足迹已证实（此处未显示）仅有 TFIIIB 结合在各基因的上游区。接着检测剥离处理的和未剥离处理的复合体起始单循环转录（S：泳道 a、e、i、l）和多循环转录（M：所有其他泳道）的能力，处理时间在底部标出。泳道 c 和 g 额外添加了 TFIIIC。泳道 d 和 h 额外添加了 TFIIIB，如图顶部所示。加入低浓度肝素，使泳道 a、e、i、l 中的转录仅进行一个循环并完成 RNA 的延伸，肝素限制了释放的聚合酶再起始转录。注意，去除其他因子只保留 TFIIIB 的模板，无论在单循环还是多循环转录中，甚至当额外添加了 TFIIIC 时（比较泳道 c 和 g、k 和 n），其转录效率与未处理的模板转录效率差不多。未处理的模板仅在泳道 d 效果比对应处理组的好，这是额外添加 TFIIIB 的结果，推测是由于剩余的游离 TFIIIC 帮助 TFIIIB 结合并形成了更多的前起始复合物。［*Source*：Kassavetis，G. A.，B. R. Brawn，L. H. Nguyen，and E. P. Geiduschek，*S. cerevisiae* TFIIIB is the transcription initiation factor proper of RNA polymerase Ⅲ，while TFIIIA and TFIIIC are assembly factors. *Cell* 60（26 Jan 1990）p. 237，f. 3. Reprinted by permission of Elsevier Science.］

André Sentenac 及同事把酵母的 TFIIIC（他们又称其为 τ 因子）结合到一系列克隆的 tRNA 基因上，这些 tRNA 基因内 A 框和 B 框的间距不同。然后用透射电镜观察复合体的结构。图 11.39 显示，当 A 框和 B 框间距为零时，TFIIIC 在 DNA 上呈现一个大斑点。随着间距增加，TFIIIC 逐渐呈现出两个球状区，中间被逐渐加长的连接区隔开。因此，大体积加上伸缩力，使 TFIIIC 能以其两个球状域与两个相距很远的启动子区结合。

小结 为了与聚合酶形成前起始复合物，Ⅲ类基因需要 TFIIIB 和 TFIIIC 两个因子。5S rRNA 基因还需要 TFIIIA。TFIIIC 和 TFIIIA 结合到内部启动子区并协助 TFIIIB 结合到转录起始位点的上游。随后 TFIIIB 持续地结合在原处并不断地起始转录。TFIIIC 是一类分子质量很大的蛋白质，酵母中的此类蛋白质有 6 个亚基，形成两个球状区域并由一个可伸缩的接头区所连接。接头的可伸缩性使它能覆盖内部启动子的相距很远的 A 框和 B 框。

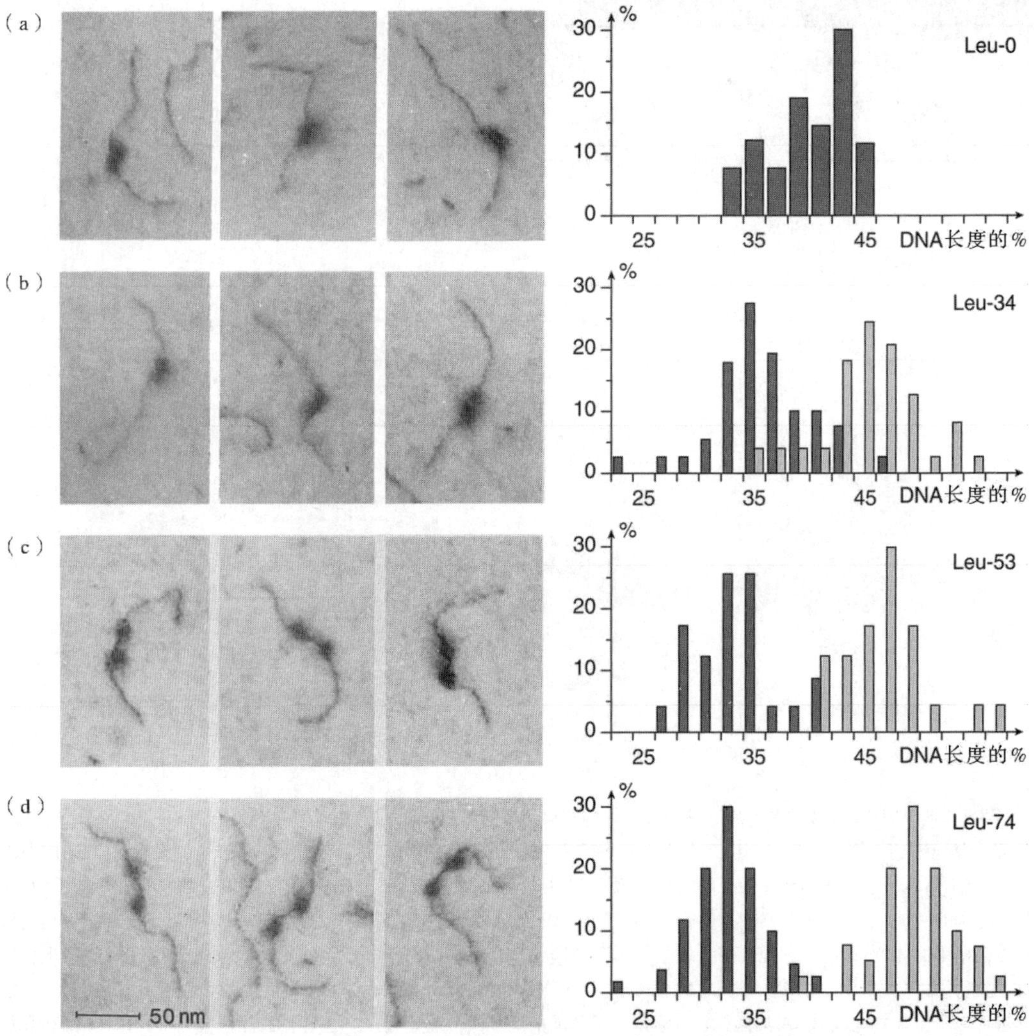

图 11.39 酵母 TFIIIC 含有两个球状域并由一个可伸缩区连接。Sentenac 及同事把酵母 TFIIIC 结合到一系列克隆的 tRNA 基因上，这些 tRNA 基因内 A 框和 B 框的间距不同。用醋酸双氧铀对复合物进行负染后用透射电镜观察。A 框和 B 框间的距离标在右侧：**(a)** 0bp；**(b)** 34 bp；**(c)** 53 bp；**(d)** 74 bp（野生型的距离）。左边显示每种 DNA 的 3 张图像。右边柱状图显示 TFIIIC 球状结构在 DNA 上的位置，是大量显微图片的统计结果。柱子的高低表示沿 DNA 链的不同位点上球状结构域所占的百分比。红色柱表示靠近 DNA 末端的球状结构域，黄色柱表示另一个球状结构域的位置。（*Source*：Schultz et al.，*EMBO Journal* 8：p. 3817 © 1989.）

TBP 的作用

如果 TFIIIC 对 TFIIIB 结合典型Ⅲ类基因是必需的，那么对于非典型 III 类基因没有 A 框和 B 框让 TFIIIC 结合，情况又如何呢？什么促进 TFIIIB 对这类基因的结合？由于非典型Ⅲ类基因的启动子含有 TATA 框（第 10 章），并且已经了解这种启动子的转录需要 TBP，因此推测 TBP 结合到 TATA 框上并将 TFIIIB 锚定在上游结合位点。

对于无 TATA 框的典型聚合酶Ⅲ类基因怎么办？已经知道 TBP 对典型Ⅲ类基因的转录是必需的，如酵母和人类的 tRNA 基因和 5S rRNA 基因。这种情况下 TBP 结合在什么部位？现在已经清楚 TFIIIB 含有 TBP 及少量 TAF 因子。在哺乳动物中，这些 TAF 因子被称为 Brf1 和 Bdp1。Geiduschek 及同事发现，即使在最纯的 TFIIIB 里仍然有 TBP。对酵母 TFIIIB 的进一步研究，包括对其各克隆组分的重建实验，都揭示 TFIIIB 由 TBP 和两个 TAF_{III}构成。这两种蛋白质在不同有机体中有不同命名，在酵母中因其与 TFIIB 同源所以也被称为 B″和 TFIIB 相关因子（TFIIB-related factor）或 BRF。

随后，Tjian 及同事通过因子回加至免疫耗尽（这些因子）的核提取物里，证实 TRFI 而非 TBP 对果蝇的 tRNA 基因、5S rRNA 基因和 U6 snRNA 基因转录是必需的，因此相对于其他生物对 TBP 依赖的普遍性而言，果蝇聚合酶Ⅲ的转录是又一个例外。

对三种 RNA 聚合酶转录因子的研究揭示的第一个普遍的规律：前起始复合物的形成始于组装因子，它能识别启动子内特定的结合位点，然后由该蛋白质募集前起始复合物的其他组分。对于含 TATA 框的Ⅱ类启动子，其组装因子通常为 TBP，TBP 的结合位点是 TATA 框。这也适用于含 TATA 框的Ⅲ类启动子，至少在酵母和人类细胞中是这样。我们已经熟悉在含 TATA 框的Ⅱ类启动子上这一过程如何开始的模型（图 11.40）。图 11.40 高度概括地展示了所有无 TATA 框启动子的前起始复合物的形成实质。Ⅰ类启动子的组装因子是 UBF，它首先结合到 UPE 上，然后吸引含

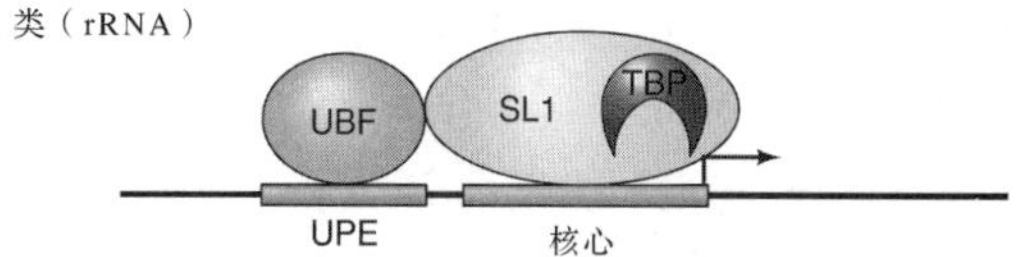

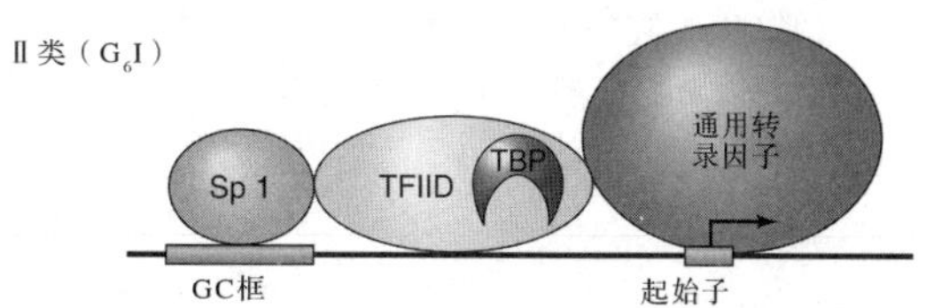

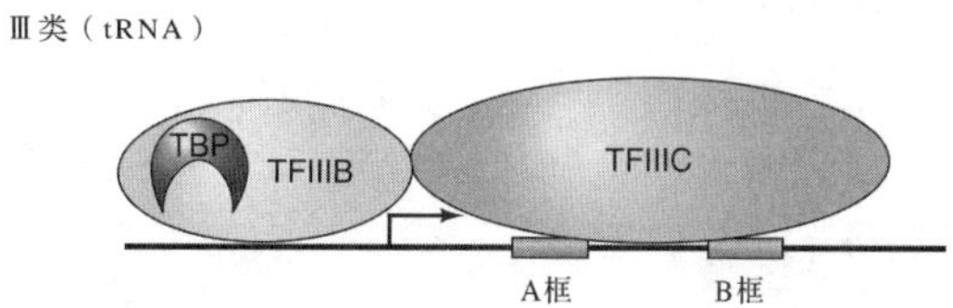

图 11.40　三种聚合酶对无 TATA 盒启动子前起始复合物的识别模型。每种情况下，组装因子（绿色）最先结合（在Ⅰ、Ⅱ、Ⅲ类启动子上分别是 UBF、Sp1、TFIIIC）。然后吸引含 TBP（蓝色）的另一个因子（黄色），该因子在Ⅰ、Ⅱ、Ⅲ类启动子分别是 SL1、TFIID、TFIIIB。对于Ⅰ、Ⅲ类启动子这些复合物足以结合聚合酶起始转录，但Ⅱ类启动子除 RNA 聚合酶外还需更多通用因子（紫色）。（*Source*：Adapted from White，R. J. and S. P. Jackson，Mechanism of TATA-binding protein recruitment to a TATA-less class Ⅲ promoter. *Cell* 71：1051，1992.）

有 TBP 的 SL1 结合到核心元件上。无 TATA 框的Ⅱ类启动子至少有两种方式吸引 TBP，TFIID 中的 TAF 可以结合到起始位点上，或结合 Sp1，Sp1 已先结合到 GC 框上。两种方式都可以将 TFIID 锚定到无 TATA 框的启动子上。典型的Ⅲ类启动子遵循同样的机制，至少在酵母和人类的细胞中是这样。TFIIIC 或 TFIIIA 和 TFIIIC（对 5S rRNA 基因）作为组装因子结合到内部启动子上，并吸引含 TBP 的 TFIIIB 结合到起始位点的上游。果蝇细胞中前起始复合物中的 TBP 被 TRFI 取代。不能因为 TBP 并不总是首先结合 DNA 而否认它在无 TATA 框启动子中组装前起始复合物的重要性。一旦 TBP 结合上去，就将包括 RNA 聚合酶在内的其他因子结合到复合物中。第二个普遍规律：在大多数真核启动子中，TBP 在形

成前起始复合物中起组织者的作用。第三个普遍规律：TBP 的专一性由与之相伴的 TAF 决定，TBP 在与不同类型的启动子结合时，是伴有不同类型的 TAF 的。

小结 在每一类真核启动子中，前起始复合物的组装都是从组装因子结合启动子开始的。在含 TATA 框的Ⅱ类启动子（也可能是Ⅲ类），此因子是 TBP，但其他类型的启动子有它们各自的组装因子。即使在特定的启动子中，TBP 也不是首先结合的组装因子，在大多数已知的启动子中它是前起始复合物的一部分，并在组建复合物过程中发挥组织作用。TBP 的特异性，即结合哪类启动子是由与其相伴的 TAF 决定的。至少在果蝇Ⅲ类基因的一些前起始复合物中，TRFI 代替了 TBP。

总结

各个转录因子在体外以下列顺序结合到Ⅱ类启动子上（包括腺病毒主要晚期基因启动子）：①TFIID，在 TFIIA 的帮助下，结合到 TATA 框，形成 DA 复合物；②接着是 TFIIB 的结合；③TFIIF 帮助 RNA 聚合酶结合到 −34～+17bp 之间的 DNA 区域，其余因子按 TFIIE、TFIIH 顺序结合，最后形成 DAB-PolFEH 前起始复合物。在体外，TFIIA 对复合物的形成是非必需的。

TFIID 含有一个 TATA 框结合蛋白（TBP），以及 13 个其他多肽，即 TBP 相关因子（TAF）。人类 TBP C 末端的 180 个氨基酸是 TATA 框结合域。TBP 和 TATA 框在 DNA 小沟发生相互作用。马鞍形 TBP 与 DNA 呈直线排列，鞍的下部迫使小沟张开，使 TATA 框呈 80°弯曲。TBP 是所有三类基因的通用必需转录因子，并不只是对Ⅱ类基因。

大多数 TAF 在真核生物进化中是保守的。TAF 行使多种功能，两个显著的功能是与核心启动子元件和激活因子的相互作用。TAF1 和 TAF2 有助于 TFIID 结合启动子的起始子和 DPE，使 TBP 与无 TATA 框但有起始位点和 DPE 的启动子结合。TAF1 和 TAF4 有助于 TFIID 与结合在转录起始位点上游 GC 框上的 Sp1 相互作用，使 TBP 可以结合无 TATA 盒但有 GC 框的启动子。与各种激活因子的作用显然需要不同 TAF 的组合，至少在高等真核生物是这样。TAF1 还具有两种酶活性，即组蛋白乙酰转移酶活性和蛋白激酶活性。至少在高等真核生物，TFIID 并不是通用的。果蝇的某些启动子需要另一个因子 TRF1，而某些启动子需要不含 TBP 的 TAF 复合物。

对 TFIIB-聚合酶Ⅱ复合物的结构研究表明，TFIIB 通过 C 端结构域在 TATA 框处结合 TBP，同时通过 N 端结构域结合聚合酶Ⅱ。这种桥梁作用使聚合酶活性中心粗定位于 TATA 框下游 25～30bp 处。在哺乳动物中，TFIIB N 端结构域的环状基序发挥转录起始的精确定位作用，通过与很靠近活性中心的模板 DNA 单链间的作用而实现。生化研究证明，在前起始复合物中，TFIIB 的 N 端结构域（具体在指域和接头区）位于靠近 RNA 聚合酶Ⅱ活性中心及 TFIIF 最大亚基的位置。

前起始复合物形成过程中 RNA 聚合酶Ⅱ以低磷酸化的 IIA 形式存在。随后 TFIIH 使 RNA 聚合酶Ⅱ最大亚基的 C 端结构域（CTD）上的七氨基酸重复序列上的第 2 位和第 5 位丝氨酸磷酸化，由此产生聚合酶的磷酸化形式（IIO）。在体外 TFIIE 极大地促进这一过程。磷酸化是转录起始所必需的。在由起始向延伸转变过程中，七氨基酸重复序列第 5 位丝氨酸失去磷酸化。如果第 2 位丝氨酸也失去磷酸化，聚合酶将暂停等待一个非 TFIIH 激酶进行磷酸化。

TFIIE 和 TFIIH 对形成开放启动子复合物或延伸并非必需，但在启动子清理中起作用。TFIIH的解旋酶活性是转录必需的，推测是因为此活性使启动子区的 DNA 完全解链从而促进启动子清理。

RNA 聚合酶能被蛋白质（如 DSIF 和 NELF）诱导暂停在启动子附近的特定位点，这种暂停能被 P-TEFb 对聚合酶及 DSIF 和 NELF 的磷酸化所逆转。已经后退和停滞的聚合酶能被 TFIIS 因子恢复。TFIIS 通过插入 RNA 聚合酶的活性中心，激发其核酸酶活性，切割被排出并引起停滞的新生 RNA 的 3′端而发挥其功能。TFIIS 也促进校正，可能是通过激活 RNA 聚合酶中的 RNase 活性，切除错配的核苷酸。

酵母和哺乳动物细胞具有 RNA 聚合酶Ⅱ全酶，它除了聚合酶的亚基外还包括许多多肽。

Ⅰ类启动子被两个转录因子识别——核心结合因子和 UPE 结合因子。人类核心结合因子称为 SL1，在其他生物中，如卡氏棘阿米巴变形虫，与之同源的因子为 TIF-IB。核心结合因子是召集 RNA 聚合酶Ⅰ的基本转录因子。该因子有物种特异性，至少在动物中是这样。在哺乳动物和大多数其他生物中，结合 UPE 的因子被称为 UBF，但在酵母中称为 UAF，是帮助核心结合因子结合到核心启动子元件上的组装因子。在不同生物中，对 UPE 结合因子依赖程度有显著不同。卡氏棘阿米巴变形虫的 TIF-IB 自身就可以募集 RNA 聚合酶Ⅰ，并将其正确定位以便起始转录。人 UBF 是通过聚合酶Ⅰ激活转录的转录因子，可激活完整启动子或单一的核心元件，通过 UPE 介导激活。UBF 与 SL1 协同激活转录。

人 SL1 由 TBP 和三种 TAF_I 组成，包括 TAF_I110、TAF_I63 和 TAF_I48。纯化的各组分混合可重建全功能及具有物种特异性的 SL1。TBP 与 TAF_I 的结合阻止了 TBP 与 TAF_{II}的结合。其他生物有自己的一组 TAF_I。

典型Ⅲ类基因的转录都需要 TFIIIB 和 TFIIIC形成与聚合酶的前起始复合物。5S rRNA 位点的上游，随后 TFIIIB 持续地结合在原处并不断地起始转录。

每一类真核启动子前起始复合物的组装都是从组装因子结合启动子开始的。有 TATA 框的Ⅱ类启动子（也可能是Ⅲ类），此因子是 TBP，但其他类型的启动子有它们自己的组装因子。即使在特定的启动子中，TBP 也不是首先结合的组装因子，在大多数已知的启动子中它是前起始复合物的一部分，并在组建复合物过程中发挥组织作用。TBP 的特异性，即结合哪类启动子，是由与其相伴的 TAF 决定的。每类启动子的 TAF 都是专一的。

复习题

1. 列出在体外组装形成Ⅱ类前起始复合物的蛋白质顺序。

2. 叙述实验并给出结果，显示 TFIID 是Ⅱ类前起始复合物基本组分。

3. 叙述实验并给出结果，显示 TFIIF 和聚合酶Ⅱ结合，但二者均不能独自结合到前起始复合物上。

4. 叙述实验并给出结果，显示 TFIID 在复合物中的结合位点。

5. 给出 DAB 与 DABPolF 复合物的足迹实验差异，基于这种差异你能得出什么结论？

6. 提出一种假设解释在 TATA 框中用 dC 替换 dT、dI 替换 dA（产生 CICI 框）对 TFIID 的结合影响不大，给出这一假设的基本依据。

7. TBP 具有何种形状？TBP 与 TATA 框作用的几何学特征是什么？

8. 叙述实验并给出结果，显示 TBP 对三类启动子的转录是必需的。

9. 叙述实验并给出结果，显示在体外结合 TFIID 的Ⅱ类启动子比结合 TBP 时活性更强。

10. 叙述实验并给出结果，鉴定结合到含 TATA 框、起始位点及下游元件的Ⅱ类启动子上的 TAF。

11. 描述 DNase 足迹实验并给出结果，显示与单独的 TBP 相比，TAF1 和 TAF2 使足迹增大。

12. 绘制 TBP（和其他因子）与无 TATA 框的Ⅱ类启动子相互作用的模式图。

13. 全基因组表达分析表明 TAF1 对酵母 16%的基因转录是必需的，TAF9 对酵母 67%的基因转录是必需的，说明这些结果的基本原理。

14. 给出下列蛋白质与Ⅱ类前起始复合物结合的例子：a. 可选择的 TBP；b. 缺失 TAF-II；c. 无 TBP 或 TBP 类似蛋白。

15. 转录过程中 TFIIA 和 TFIIB 的显著作用是什么？

16. 图示 TBP-TFIIB-RNA 聚合酶Ⅱ复合物与 DNA 结合，显示蛋白质的相对位置。这些位置与蛋白质的功能有何关系？

17. 叙述实验并给出结果，绘出 Rpb1 和 Rpb2 上与 TFIIB 的指状域和接头区紧密接触的位点。

18. 叙述实验并给出结果，显示 TFIIH 而非其他通用转录因子，使 RNA 聚合酶磷酸化由 IIA 型转变为 IIO 型。还要包括其他通用转录因子帮助 TFIIH 其磷酸化作用的结果。

19. 试述 TFIIH 使聚合酶Ⅱ的 CTD 磷酸化的实验并给出结果。

20. 试述 DNA 解旋酶实验及如何用解旋酶证明 TFIIH 与解旋酶活性有关。

21. 叙述无 G 框转录实验及如何用它证明在体外实验中与 TFIIH 相关的 RAD25 DNA 解旋酶活性是转录所必需的。

22. 绘出Ⅱ类前起始复合物示意图，显示出聚合酶、启动子 DNA、TBP 及 TFIIB、TFIIE、TFIIF 和 TFIIH 的相对位置，指出转录的方向。

23. 叙述实验并给出结果，显示 TFIIS 激活 RNA 聚合酶Ⅱ的转录延伸。

24. 给出一个模型，显示 TFIIS 对转录停滞的逆转效应。TFIIS 的哪部分最直接地参与此项任务？怎么参与？

25. 叙述实验并给出结果，显示 TFIIS 通过 RNA 聚合酶Ⅱ激活校正。

26. RNA 聚合酶Ⅱ全酶的概念是什么？RNA 聚合酶Ⅱ全酶与 RNA 聚合酶Ⅱ核心酶有何区别？

27. 叙述实验并给出结果，显示Ⅰ类启动子的核心元件与转录起始位点之间增加或删除一些碱基的影响？

28. Ⅰ类启动子的哪个通用转录因子是组装因子？换句话说，哪个最先结合上去，并且帮助其他的因子结合？设计 DNase 足迹实验加以证明，并给出理想的结果（不一定与 Tjian 及同事的结果完全一致）。用图表示足迹中两转录因子的相互影响。

29. 叙述共纯化和免疫共沉淀实验，显示 SL1 包含 TBP。

30. 叙述在 SL1 中确定 TAF 存在的实验并给出结果。

31. 如何知道 TFIIIA 对 5S rRNA 基因而非 tRNA 基因的转录是必需的？

32. Geiduschek 及同事用聚合酶Ⅲ、TFIIIB、TFIIIC 和 tRNA 基因进行 DNase 足迹实验。显示他们得到的下列组合的实验结果：不加入蛋白；加入聚合酶和转录因子；加入聚合酶、转录因子及三种 NTP。从中得出什么结论？

33. 经典Ⅲ类启动子为内部启动子。TFIIIB 和 TFIIIC 一起在基因编码区上游区形成足迹，绘出这两种因子结合的示意图，用以解释这些结果。

34. 作出聚合酶Ⅲ已经开始转录经典Ⅲ类基因（如 tRNA 基因）时，TFIIIB 和 TFIIIC 变化的示意图。该图如何解释新一轮的聚合酶Ⅲ仍能继续转录，甚至当转录因子已不再与内部启动子结合了。

35. 叙述 DNase 足迹实验及其结果，显示 TFIIIB ＋TFIIIC，而非 TFIIIC 自身，保护 tRNA 基因转录起始位点的上游区，并显示用肝素剥离 TFIIIC 后足迹的变化。

36. 叙述并给出结果，显示以下过程：一旦 TFIIIB 结合经典Ⅲ类基因，它就可以支持多轮转录，甚至当 TFIIIC（或 TFIIIC 和 TFIIIA）已从启动子上去除了。

37. 叙述并给出结果，证明 TFIIIC 在结合 A 框和 B 框时的灵活性，无论Ⅲ类启动子内 A 框和 B 框间距离远近。

38. 图示前起始复合物与所有三类无 TATA 盒启动子的结合。区分每种情况的组装因子。

分析题

1. 假如你正在研究一类新的真核生物启动子（Ⅳ类），它由新的 RNA 聚合酶Ⅳ识别。你发现有两种通用转录因子是这类启动子转录所必需的。设计实验以验证其中哪种是组装因子，哪种是募集 RNA 聚合酶结合启动子所必需的？给出预期的实验结果。

2. 你发现有一个Ⅳ类转录因子含有 TBP，设计实验以鉴定这个因子含有 TAF。

3. 一些Ⅳ类启动子含有两个 DNA 元件 X 框和 Y 框，另一些则只有 X 框。设计实验以鉴定与每种启动子结合的 TAF。

4. 将细胞与含有抑制 TFIIH 蛋白激酶活性的抑制剂温育，然后进行体外转录与 DNase 足迹实验。在转录的哪一步会受阻？什么实验能揭示出这种阻断作用？你是否仍期望在启动子区有一个足迹？为什么？如果是这样，与缺乏抑制剂的足迹比较，此实验中的足迹会有多大？

5. 已知蛋白 X 和蛋白 Y 相互作用，如何定位蛋白 X 上与蛋白 Y 作用的具体区域？设计羟基自由基切割实验回答该问题。

翻译　兰海燕　校对　马　纪　郑用琏

推荐阅读文献

一般的引用和评论文献

Asturias, F. J. and J. L. Craighead. 2003. RNA polymerase Ⅱ at initiation. *Proceedings of the National Academy of Sciences USA*. 100:6893-6895.

Berk, A. J. 2000. TBP-like factors come into focus. *Cell* 103:5-8.

Buratowski, S. 1997. Multiple TATA-binding factors come back into style. *Call* 91:13-15.

Burley, S. K. and R. G. Roeder. 1996. Biochemistry and structural biology of transcription factor IID(TFIID). *Annual Review of Biochemistry* 65:769-799.

Chao, D. M. and R. A. Young. 1996. Activation without a vital ingredient. *Nature* 383:119-120.

Conaway, R. C., S. E. Kong, and J. W. Conaway. 2003. TFIIS and GreB: Two like-minded transcription elongation factors with sticky fingers. *Cell* 114:272-274.

Goodrich, J. A., G. Cutler, and R. Tjian. 1996. Contacts in context: Promoter specificity and macromolecular interactions in transcription. *Cell* 84:825-830.

Grant, P. and J. L. Workman. 1998. A lesson in sharing? *Nature* 396:410-411.

Green, M. A. 1992. Transcriptional transgressions. *Nature* 357:364-365.

Hahn, S. 1998. The role of TAFs in RNA polymerase Ⅱ transcription. *Cell* 95:579-582.

Hahn, S. 2004. Structure and mechanism of the RNA polymerase Ⅱ transcription machinery. *Nature Structural Molecular Biology* 11:394-403.

Klug, A. 1993. Opening the gateway. *Nature* 365:486-487.

Paule, M. R. and R. J. White. 2000. Transcription by RNA polymerases Ⅰ and Ⅲ. *Nucleic Acids Research* 28:1283-1298.

Sharp, P. A. 1992. TATA-binding protein is a classless factor. *Cell* 68:819-821.

White, R. J. and S. P. Jackson. 1992. The TATA- binding protein: A central role in transcription by RNA polymerases Ⅰ, Ⅱ, and Ⅲ. *Trends in Genetics* 8:284-288.

研究论文

Armache, K.-J., H. Kettenberger, and P. Cramer. 2003. Architecture of initiation-competent 12-subunit RNA polymerase Ⅱ. *Proceedings of the National Academy of Sciences USA*. 100:6964-6968.

Bell, S. P., R. M. Learned, H.-M. Jantzen, and R. Tjian. 1988. Functional cooperativity between transcription factors UBF1 and SL1 mediates human ribosomal RNA synthesis. *Science* 241:1192-1197.

Brand, M., C. Leurent, V. Mallouh, L. Tora, and P. Schultz. 1999. Three-dimensional structures of the TAF_{II}-containing complexes TFIID and TFTC. *Science* 286:2151-2153.

Bushnell, D. A. and R. D. Kornberg. 2003. Complete, 12-subunit RNA polymerase Ⅱ at 4.1-Å resolution: Implications for the initiation of transcription. *Proceedings of the National Academy of Sciences USA*. 100:6969-6973.

Bushnell, D. A., K. D. Westover, R. E. Davis, and R. D. Kornberg. 2004. Stuctural basis of transcription: An RNA polymerase Ⅱ-TFIIB cocrystal at 4.5 angstroms. *Science* 303:983-988.

Chen, H.-T. and S. Hahn. 2004. Mapping the location of TFIIB within the RNA polymerase Ⅱ transcription preinitiation complex: A model for the structure of the PIC. *Cell* 119:169-180.

Dynlacht, B. D., T. Hoey, and R. Tijian. 1991. Isolation of coactivators associated with the TATA-binding protein that mediate transcriptional activation. *Cell* 66:563-576.

Flores, O., H. Lu, M. Killeen, J. Greenblatt,

Z. F. Burton, and D. Reinberg. 1991. The small subunit of transcription factor IIF recruits RNA polymerase Ⅱ into the preinitiation complex. *Proceedings of the National Academy of Sciences USA* 88:9999-10003.

Flores, O., E. Maldonado, and D. Reinberg. 1989. Factors involved in specific transcription by mammalian RNA polymerase Ⅱ: Factors IIE and IIF independently interact with RNA polymerase Ⅱ. *Journal of Biological Chemistry* 264:8913-8921.

Guzder, S. N., P. Sung, V. Bailly, L. Prakash, and S. Prakash. 1994. RAD25 is a DNA helicase required for DNA repair and RNA polymerase Ⅱ transcription. *Nature* 369:578-581.

Hansen, S. K., S Takada, R. H. Jacobson, J. T. Lis, and R. Tjian. 1997. Transcription properties of a cell type-specific TATA binding protein, TRF. *Cell* 91:71-83.

Holmes, M. C. and R. Tjian. 2000. Promoter-Selective properties of the TBP-related factor TRF1. Science 288:867-870.

Holstege, F. C. P., E. G. Jennings, J. J. Wyrick, T. I. Lee, C. J. Hengartner, M. R. Green, T. R. Golub, E. S. Lander, and R. A. Young. 1998. Dissecting the regulatory circuitry of a eukaryotic genome. *Cell* 95:717-728.

Honda, B. M. and R. G. Roeder. 1980. Association of a 5S gene transcription factor with 5S RNA and altered levels of the factor during cell differentiation. *Cell* 22:119-126.

Kassavetis, G. A., B. R. Braun, L. H. Nguyen, and E. P. Geiduschek. 1990. S. Cerevisiae TFIIIB is the transcription initiation factor proper of RNA polymerase Ⅲ, while TFIIIA and TFIIIC are assembly factors. *Cell* 60:235-245.

Kassavetis, G. A., D. L. Riggs, R. Negri, L. H. Nguyen, and E. P. Geiduschek. 1989. Transcription factor IIIB generates extended DNA interactions in RNA polymerase Ⅲ transcription complexes on tRNA genes. *Molecular and cellular Biology* 9:2551-2566.

Kettenberger, H., K.-J. Armache, and P. Cramer. 2003. Architecture of the RNA polymerase Ⅱ-TFIIS complex and implications for mRNA cleavage. *Cell* 114:347-357.

Kim, J. L., D. B. Nikolov, and S. K. Burley. 1993. Co-crystal structure of a TBP recognizing the minor groove of a TATA element. *Nature* 365:520-527.

Kim, T.-K., R. H. Ebright, and D. Reinberg. 2000. Mechanism of ATP-dependent promoter melting by transcription factor Ⅱ H. *Science* 288:1418-1421.

Kim, Y. J., S. Björklund, Y. Li, M. H. Sayre, and R. D. Kornberg. 1994. A multiprotein mediator of transciptional activation and its interaction with the C-terminal repeat domain of RNA polymerase Ⅱ. *Cell* 77:599-608.

Koleske, A. J. and R. A. Young. 1994. An RNA polymerase Ⅱ holoenzyme responsive to activators. *Nature* 368:466-469.

Kownin, P., E. Bateman, and M. R. Paule. 1987. Eukaryotic RNA polymerase I promoter binding is directed by protein contacts with transcription initiation factor and is DNA sequence-independent. *Cell* 50:693-699.

Learned, R. M., S. Cordes, and R. Tjian. 1985. Purification and characterization of a transcription factor that confers promoter specifictiy to human RNA polymerase I. *Molecular and Cellular Biology* 5:1358-1369.

Lobo, S. L., M. Tanaka, M. L. Sullivan, and N. Hernandez. 1992. A TBP complex essential for transcription from TATA-less but not TATA-containing RNA polymerase Ⅲ promoters is part of the TFIIIB fraction. *Cell* 71:1029-1040.

Lu, H., L. Zawel, L. Fisher, J.-M. Egly, and D. Reinberg. 1992. Human general transcription factor IIH phosphorylates the C-terminal domain of RNA polymerase Ⅱ. *Nature* 358:641-645.

Maldonado, E., I. Ha, P. Cortes, L. Weis, and D. Reinberg. 1990. Factors involved in specific transcription by mammalian RNA polymerase

Ⅱ: Role of transcription factors ⅡA, ⅡD, and IIB during formation of a transcription-competent complex. *Molecular and Cellular Biology* 10:6335-6347.

Ossipow, V., J.-P. Tassan, E. I. Nigg, and U. Schibler. 1995. A mammalian RNA polymerase Ⅱ holoenzyme containing all components required for promoter-specific transcription initiation. *Cell* 83:137-146.

Pelham, H. B., Wormington, W. M., and D. D. Brown. 1981. Related 5S rRNA transcription factors in *Xenopus oocytes* and somatic cells. *Proceeding of the National Academy of Sciences USA* 78:1760-1764.

Pugh, B. F. and R. Tjian. 1991. Transcription from a TATA-less promoter requires a multisubunit TFIID complex. *Genes and Development* 5:1935-1945.

Rowlands, T., P. Baumann, and S. P. Jackson. 1994. The TATA-binding protein: A general transcription factor in eukaryotes and archaebacteria. *Science* 264:1326-1329.

Sauer, E., D. A. Wassarman, G. M. Rubin, and R. Tjian. 1996. $TAF_{Ⅱ}$s mediate activation of transcription in the *Drosophila* embryo. *Cell* 87:1271-1284.

Schultz, M. C., R. H. Roeder, and S. Hahn. 1992. Variants of the TATA-binding protein can distinguish subsets of RNA polymerase I, Ⅱ, and Ⅲ promoters. *Cell* 69:697-702.

Setzer, D. R. and D. D. Brown. 1985. Formation and stability of the 5S RNA transcription complex. *Journal of Biological chemistry* 260:2483-2492.

Shastry, B. S., S.-Y. Ng, and R. G. Roeder. 1982. Multiple factors involved in the transcription of class Ⅲ genes in *Xenopus laevis*. *Journal of Biological Chemistry* 257: 12979-12986.

Starr, D. B. and D. K. Hawley. 1991. TFIID binds in the minor groove of the TATA box. *Cell* 67:1231-1240.

Taggart, K. P., J. S. Fisher, and B. F. Pugh. 1992. The TATA-binding protein and associated factors are components of Pol Ⅲ transcription factor TFIIIB. *Cell* 71:1051-1028.

Takada, S., J. T. Lis, S. Zhou, and R. Tjian. 2000. A TRF1: BRF complex directs *Drosophila* RNA polymerase Ⅲ transcription. *Cell* 101:459-469.

Tanese, N. 1991. Coactivators for a proline-rich activator purified from the multisubunit human TFIID complex. *Genes and Development* 5:2212-2224.

Thomas, M. J., A. A. Platas, and D. K. Hawley. 1998. Transcriptional fidelity and proofreading by RNA polymerase Ⅱ. *Cell* 93: 627-637.

Verrijzer, C. P., J.-L. Chen, K. Yokomori, and R. Tjian. 1995. Binding of TAFs to core elements directs promoter selectivity by RNA polymerase Ⅱ. *Cell* 81:1115-1125.

Walker, S. S., J. C. Reese, L. M. Apone, and M. R. Green. 1996. Transcription activation in cells lacking $TAF_{Ⅱ}$s. *Nature* 383:185-188.

Wieczorek, E., M. Brand, X. Jacq, and L. Tora. 1998. Function of $TAF_{Ⅱ}$-containing complex without TBP in transcription by RNA polymerase Ⅱ. *Nature* 393:187-191.

第 12 章　真核生物的转录激活因子

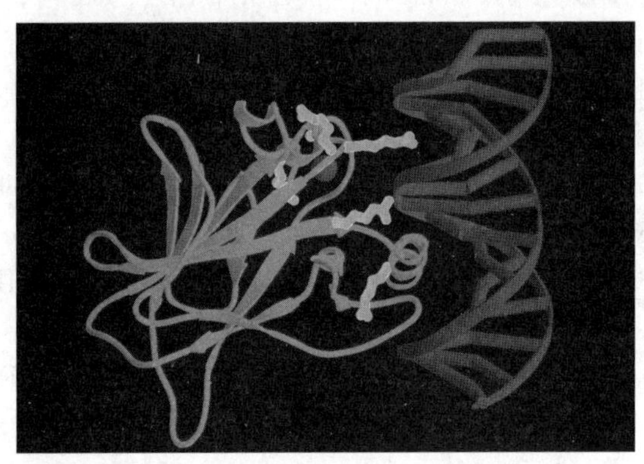

转录因子 p53 与 DNA 靶位点相互作用的计算机模型。*Courtesy Nicola P. Pavletich，Sloan-Kettering Cancer Center，Science（15 July 1994）cover. Copyright.* © *AAAS.*

在第 10 章和第 11 章我们学习了真核生物转录的基本装置：三种 RNA 聚合酶、对应的启动子及将聚合酶与启动子联系起来的通用转录因子，但这远不是故事的全部。通用转录因子虽然能够识别转录起始位点并指示转录方向，但它们自身只能激发很低的转录水平（本底水平的转录），而细胞中活跃基因的转录通常远远高于本底转录。要达到所需的转录增强，真核细胞另有一类与增强子（一种 DNA 元件，第 10 章）结合的基因特异性转录因子——激活因子(activator)，由激活因子产生的转录激活也使细胞对其基因表达进行调控。

此外，真核 DNA 与蛋白质形成染色质这种复杂结构。有些染色质叫做异染色质，它们高度浓缩，RNA 聚合酶不能与之结合，所以不能转录。有些染色质（常染色质）含有蛋白质，但结构相对松弛。虽然相对开放，多数常染色质所含基因在特定细胞中由于无合适转录激活因子的开启也不能转录，甚至某些蛋白质会隐藏启动子使其不与 RNA 聚合酶和通用转录因子结合而保持关闭。本章我们将探讨调控真核基因转录的激活因子，然后在第 13 章将关注激活因子、染色质结构和基因活性之间的关键相互作用。

12.1　激活因子的类型

转录激活因子可激活也可抑制 RNA 聚合酶Ⅱ的转录。它们至少都有两个基本的功能域：**DNA 结合域**（DNA-binding domain）和**转录激活域**（transcription-activating domain）。很多激活因子还具有形成二聚体的域，能使两个单体彼此结合形成同源二聚体（两个相同单体彼此结合）、异源二聚体（两个不同单体彼此结合）或多聚体（如四聚体）。有些激活因子甚至还具有结合像类固醇激素这种效应分子的结合位点。下面我们讨论这三种结构-功能域的实例，同时记住第 6 章和第 9 章了解的重要原则：一个蛋白质不止具有一种形状，多数情况下它是一个有多种可能构型的动态分子。其中某些构型可能对结合其他分子诸如一段特定的 DNA 序列特别有优势，而这种结合也能稳定这些构型。因此，当我们提及 DNA 结合蛋白的形状或蛋白域时，指的是许多可能形状中与我们讨论的 DNA 最适合的一种。

DNA 结合域

蛋白质结构域是指蛋白质的独立折叠单

位。每种DNA结合域都有一个**DNA结合模体**（DNA-binding motif），是以结合特定DNA的特定形状为特征的结构域的一部分。大多数DNA结合模体可归为如下几类。

1. **含锌组件**（zinc-containing module）至少有三类含锌组件具有DNA结合模体的功能，它们利用一个或多个锌离子形成合适的构象，使DNA结合模体的α螺旋能进入DNA双螺旋大沟，并结合在特定的位置上。这类含锌组件包括：

a. **锌指**（zinc finger），存在于前述的TFIIA和Sp1转录因子中。

b. 锌组件，在糖皮质激素受体和其他的细胞核受体成员中发现。

c. 含2个锌离子和6个半胱氨酸组件，在酵母转录激活因子GAL4及其家族成员中发现。

2. **同源域**（homeodomain，HD）　含有约60个氨基酸，与原核生物蛋白中（如λ噬菌体阻遏物）螺旋-转角-螺旋的DNA结合域在结构和功能上类似。HD最早发现于调控果蝇发育的激活因子同源异型框蛋白（homeobox protein），广泛存在于各类激活因子中。

3. **bZIP和bHLH模体**　CCAAT框/增强子结合蛋白（C/EBP）、MyoD蛋白（肌细胞定向分化调控因子）及其他真核细胞转录激活因子均有一个强碱性DNA结合模体，与1～2个蛋白质二聚化结构域（protein dimerization motif）连接，该结构域叫做亮氨酸拉链（leucine zipper）和螺旋-环-螺旋模体（helix-loop-helix，HLH）［C/EBP与CCAAT结合转录因子（CTF，第10章）不同］。

以上所列并非详尽无遗。事实上，近来鉴定的好几种转录激活因子不能归入上述任何一类。

转录激活域

大多数激活因子具有一种转录激活域，有些具有几种激活域。迄今为止，大多数的转录激活域可归为如下三种类型。

1. 酸性域（acidic domain）　酵母转录激活因子GAL4是典型代表。在由49个氨基酸组成的激活域中，有11个氨基酸为酸性氨基酸。

2. 富谷氨酰胺域（glutamine-rich domain）Sp1转录激活因子有两个这样的功能域，谷氨酰胺占该区氨基酸总数的25%左右。其中一个功能域在143个氨基酸肽段中含有39个谷氨酰胺。此外，Sp1还有两个转录激活域不能列入这三类的任何一种。

3. 富脯氨酸域（proline-rich domain）　如转录激活因子CTF，在84个氨基酸组成的功能域中有19个是脯氨酸。

由于对转录激活域本身并不十分了解，所以对其描述只能是模糊的。例如，酸性域似乎只需要酸性氨基酸残基来发挥作用，故用“酸性团”（acid blob）来称呼这个推测无结构的域。Stephen Johnson及同事已证实GAL4的酸性激活域在弱酸性溶液中趋向于形成一种精确的构象——β折叠。在体内弱碱性条件下，可能也会生成β折叠，但这一点尚不明确。将GAL4酸性域中的所有6个酸性氨基酸除去后，该域仍保持35%的转录激活能力。这样，不仅酸性转录激活域的结构不清楚，而且其酸性本质的重要性也值得怀疑。

带着这一疑问，很难将转录激活域的结构和功能对应起来。在以后我们将看到Sp1富谷氨酰胺的转录激活域似乎要通过与其他转录激活因子的富谷氨酰胺区相互作用来发挥功能。

小结　真核细胞的转录激活因子至少有两个域：DNA结合域和转录激活域。DNA结合域包含像含锌组件、部分同源异型域、亮氨酸拉链和螺旋-环-螺旋等模体，转录激活域有酸性域、富谷氨酰胺域和富脯氨酸域。

12.2　激活因子DNA结合模体的结构

与转录激活域相比，DNA结合域的结构研究得较清楚。X射线晶体衍射实验显示了这种结构与靶基因之间的相互作用。此外，类似的结构分析实验已反复证明，二聚化结构域是促使蛋白质单体之间相互作用并最终形成功能性二聚体甚至四聚体的主要部分。这一点非常重要，因为DNA结合蛋白大多不能以单体形式结合靶基因序列，它们至少要形成二聚体才能发挥作用。我们来探讨几种DNA结合模体的结构，以及它们如何介导与DNA的相互作用。在此过程中我们将发现一些蛋白质分子二聚化的方式。

锌指结构

1985年，Aaron Klug注意到通用转录因子TFIIIA结构具有周期性的重复。由30个氨基酸残基组成的单元在蛋白质中重复了9次，每个重复序列由一对空间上彼此靠近的半胱氨酸紧随12个其他氨基酸，后接一对空间上彼此靠近的组氨酸构成。更重要的是这种蛋白质富锌，每个重复单元有一个锌离子。Klug由此预测锌指结构的共同特征是，在每个重复单元中通过一对半胱氨酸和一对组氨酸与锌离子的结合来形成一种“手指”状的结构域。

指形结构（finger structure） Michael Pique和Peter Wright用核磁共振波谱确定非洲爪蟾的Xfin蛋白（一些Ⅱ类启动子的激活因子）的锌指结构。他们发现图12.1中描述的并不像指形，或者说只是“一根粗短的手指”。他们还发现许多不同的指形蛋白具有相同构型却结合不同的特定DNA靶序列，因此认为此类指形结构自身并不能决定DNA结合的特异性。这样只能是该指形结构或相邻区域的精确氨基酸序列决定了DNA结合序列的特异性。Xfin锌指结构的一个α螺旋（图12.1的左侧）包含几个碱性氨基酸，它们看起来都位于与DNA接触的一侧。估计α螺旋结构中的这些氨基酸和其他氨基酸共同决定了该蛋白质的DNA结合特异性。

Carl Pabo及同事用X射线晶体衍射实验获得了DNA和小鼠蛋白Zif268（TFIIIA类锌指蛋白的一个成员）复合物的结构。小鼠蛋白Zif268被称为“立早蛋白（immediate early protein)”，指静止期细胞进入分裂期时被最早激活的基因之一。Zif268蛋白有三个相邻的锌指结构，均嵌入DNA双螺旋的大沟中。在本章后面部分我们将看到这三个锌指结构的排列。现在先来了解一下锌指本身的三维结构。图12.2展示了第一个锌指的结构，图中显示

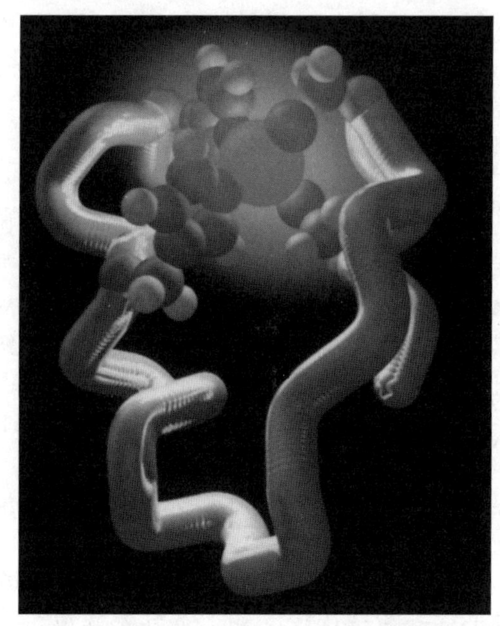

图12.1 非洲爪蟾Xfin蛋白的一个锌指的三维立体结构。顶部中心的青绿色圆球代表锌，黄色圆球代表一对半胱氨酸的硫原子，左上角蓝色和绿色结构表示一对组氨酸。紫色管状结构表示锌指的骨架。［*Source*：Pique，Michael and Peter E. Wright，Dept. of Molecular Biology，Scripps Clinic Research Institute，La Jolla，CA. cover photo，*Science* 245（11 Aug 1989）.］

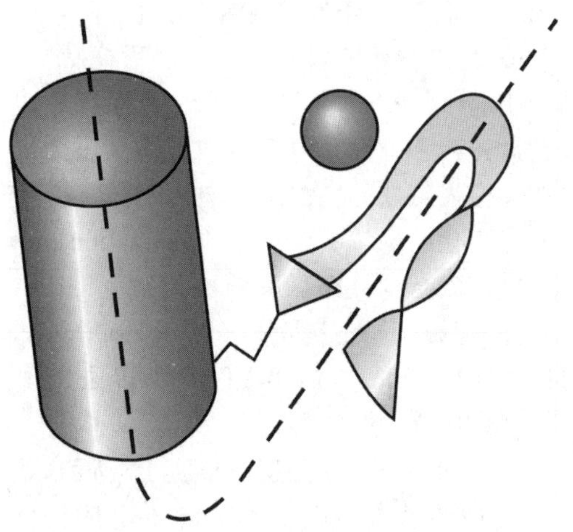

图12.2 Zif268蛋白锌指1的示意图。锌指结构右边是一个反向平行的β折叠（黄色），左边是α螺旋（红色）。以锌离子（蓝色）为中心连接了β折叠的一对半胱氨酸和α螺旋的一对组氨酸。虚线勾出了“指形”轮廓。（*Source*：Adapted from Pavletich，N. P. and C. O. Pabo，Zinc finger-DNA recognition：Crystal structure of a Zif268-DNA complex at 2.1Å. *Science* 252：812，1991.）

的指形构型并不明显，但通过近距离观察仍能沿着标记虚线看出大致的指形轮廓。与 Xfin 锌指相同，每个 Zif268 指结构左边有一个 α 螺旋，它通过底部的短环与锌指右边相连，形成反向平行的 β 折叠。不要混淆 β 折叠与指形结构，它仅是指形结构的一部分。中间的锌离子（图中蓝色球）分别和 α 螺旋内部的一对组氨酸及 β 折叠中的一对半胱氨酸在空间形成对等构型。三个指形结构几乎一致。

与 DNA 的相互作用　指形结构怎样与 DNA 靶序列相互作用呢？图 12.3 显示 Zif268 的三个锌指均与 DNA 双螺旋大沟接触。3 个指呈“C”形弯曲，与 DNA 双螺旋的凹槽匹配。所有指都以相同角度靠近 DNA，故蛋白-DNA 接触的几何形状极为相似。每个指与 DNA 的结合依赖于 α 螺旋内氨基酸与 DNA 大沟碱基间的直接相互作用。详细的氨基酸-碱基相互作用见第 9 章。

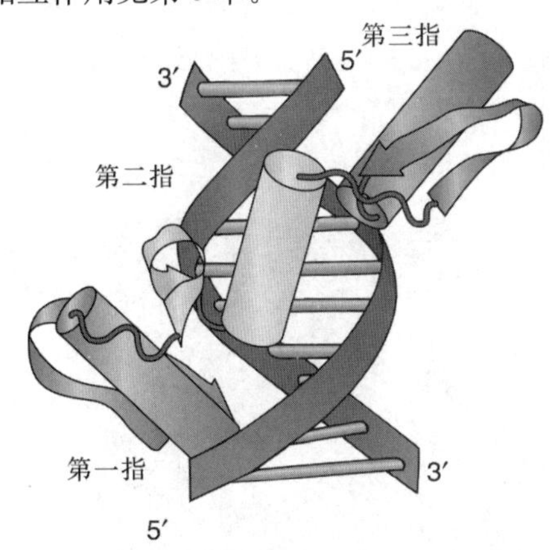

图 12.3　Zif268 的三个锌指结构呈弯曲排列嵌入 DNA 大沟中。立体柱状结构代表 α 螺旋，带状结构表示 β 折叠。　（*Source*：Adapted from Pavletich, N. P. and C. O. Pabo，Zinc finger-DNA recognition：Crystal structure of a Zif268-DNA complex at 2.1Å. *Science* 252：811，1991.）

与其他 DNA 结合蛋白的比较　对许多 DNA 结合蛋白的研究发现了一致的规律，即它们利用 α 螺旋与 DNA 大沟相互作用。我们在原核生物的螺旋-转角-螺旋（helix-turn-helix）域中看到许多诸如此类的例子（第 9 章），并且我们也会看到真核生物中的例子。Zif268 中的 β 折叠有什么作用呢？它可能与螺旋-转角-螺旋蛋白的第一个 α 螺旋的功能相同，即与 DNA 骨架相结合并帮助识别螺旋定位，从而利于与 DNA 大沟进行最佳相互作用。

Zif268 与螺旋-转角-螺旋蛋白也有不同之处。后者的每个单体只有一个 DNA 结合域，而锌指蛋白的 DNA 结合域由一套组件构成，并由多个锌指与 DNA 相互作用。这意味着此类蛋白质无需像其他 DNA 结合蛋白那样组成二聚体或四聚体后才能结合 DNA，它们自身有多个 DNA 结合域。此外，与螺旋-转角-螺旋蛋白一样，多数 DNA 结合蛋白只与 DNA 双螺旋的一条链而非两条链接触。而且，对于这种特定的指形蛋白而言，大多数接触发生在氨基酸和碱基之间，而不是与 DNA 的骨架之间。

1991 年，Nikola Pavletich 和 Carl Pabo 获得含 5 个锌指结构的人 GLI 蛋白与 DNA 的共晶体结构图。它与三个锌指结构的 Zif268 蛋白形成了有趣的对比，大沟依然是 DNA 和锌指接触的位点，但其中一个锌指（锌指 1）不与 DNA 接触。还有，这两个锌指-DNA 复合物的几何形状大体相似，锌指环绕 DNA 大沟，但在特定碱基和氨基酸间不存在简单的识别“代码”。

小结　锌指由一个反向平行的 β 折叠及紧邻的一个 α 螺旋组成。β 折叠中包含一对半胱氨酸，α 螺旋包含一对组氨酸，它们与锌离子螯合。氨基酸与金属离子的螯合有助于形成指形结构。指形结构与其 DNA 靶序列的特异性识别发生于 DNA 双螺旋大沟内。

GAL4 蛋白

GAL4 蛋白是调节酵母半乳糖代谢基因的激活因子。GAL4 应答基因包括一个 GAL4 靶位点（转录起始位点上游的增强子区），这些靶位点被称为**上游激活序列**（upstream activating sequence，UAS_G）。GAL4 以二聚体形式结合在 UAS_G 上，其 DNA 结合模体位于蛋白质的前 40 个氨基酸中，二聚化模体位于第 50～第 94 位氨基酸残基之间。DNA 结合模体类似锌指，也包含锌离子和半胱氨酸残基，但其结构不同，表现在每个模体包含 6 个半胱氨酸但没有组氨酸，锌离子与半胱氨酸的比例是 1∶3。

Mark Ptashne、Stephen Harrison 及同事对 GAL4（只含前 65 个氨基酸）-DNA（人工合成的 17bp 寡聚脱氧核苷酸）复合物进行 X 射线晶体衍射实验，揭示了蛋白质-DNA 复合物的几个重要特性，包括 DNA 结合模体的形状、如何与靶 DNA 相互作用，以及第 50～第 64 位氨基酸残基的部分二聚化模体。

DNA 结合模体　图 12.4 描述了二聚体 GAL4-DNA 复合体的结构。每个单体的一端包含一个 DNA 结合模体，该模体包含与 2 个锌离子复合的 6 个半胱氨酸（黄色球），形成双金属巯基簇。每一模体均特征性地含有一个突入 DNA 双螺旋大沟的短 α 螺旋，并在该处进行特异性相互作用。每个单体的另一端是一个利于二聚化的 α 螺旋，我们将在本章后面讨论。

二聚化模体　GAL4 单体利用 α 螺旋的二聚化作用在左侧形成平行的螺旋圈［图 12.4 (b) 和 (c)］。此图同时显示二聚化的 α 螺旋直指 DNA 小沟。在图 12.4 中，每个单体 DNA 识别组件和二聚化组件由一个伸展的区域相连。在本章后面讨论亮氨酸拉链结构和螺旋-环-螺旋模体时还会涉及螺旋二聚化模体的其他实例。

小结　GAL4 蛋白是 DNA 结合蛋白含锌家族的成员之一，但不具锌指结构。每个 GAL4 单体包含 6 个半胱氨酸及 2 个锌离子，形成双金属巯基簇。DNA 识别组件的短 α 螺旋插入 DNA 双螺旋大沟并在那里进行特异性相互作用。GAL4 单体包含一个 α 螺旋二聚化模体，能在与其他 GAL4 单体相互作用时形成平行的螺旋卷曲。

细胞核受体

第三类含锌组件存在于**细胞核受体**（nuclear receptor）中。这些蛋白质与跨膜扩散的内分泌信号分子（类固醇和其他激素分子）相互作用，形成激素-受体复合物并结合到增强子或**激素响应元件**（hormone response element）上，激活相关基因的转录。与我们以前所了解的激活因子不同的是，这类激活因子必须结合一个效应分子（激素分子）才能起激活因子作用。这意味着它们必定有一个重要区域

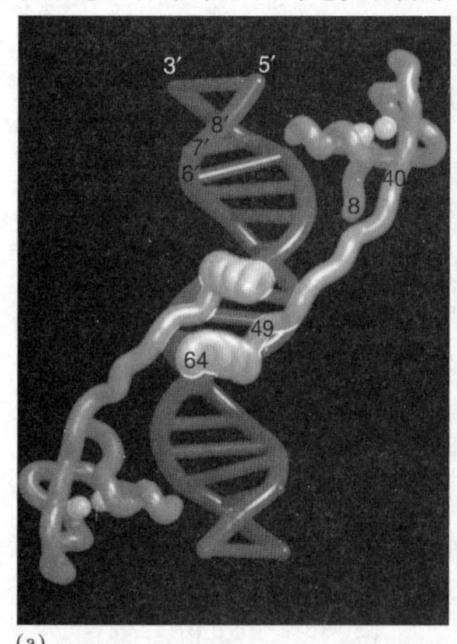

(a)

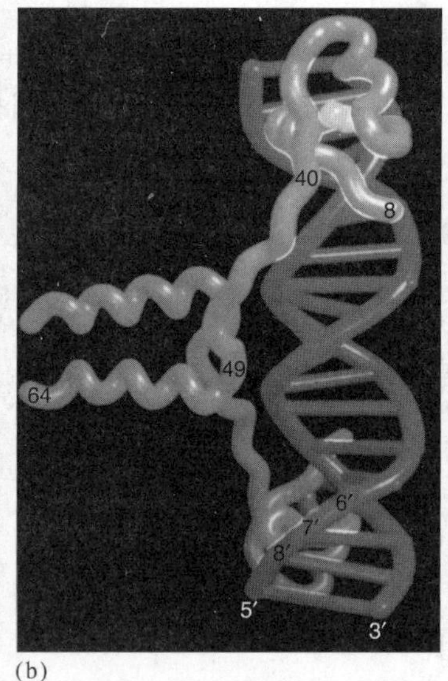

(b)

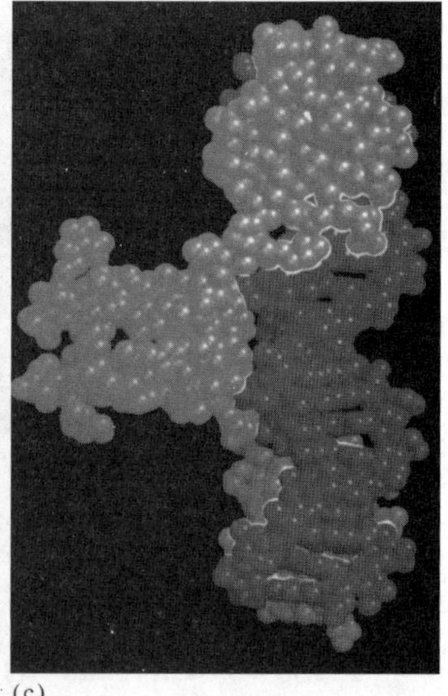
(c)

图 12.4　GAL4-DNA 复合体的三面观。(a) 沿二重对称轴观察的复合体结构。红色代表 DNA，蓝色代表蛋白质，黄色球代表锌离子。三个结构域的首尾氨基酸序号标记在上部的单体上。DNA 识别模体从第 8 位氨基酸延伸至第 40 位氨基酸，接头区在第 41～第 49 位氨基酸之间。二聚化域位于第 50～第 64 位氨基酸。**(b)** 与 (a) 图垂直的角度观察的复合体结构。在左边中部，显示大体平行的二聚化元件。**(c)** 与图 (b) 角度相同的空间填充模型。两个 GAL4 单体的识别组件分别与 DNA 链的正反面相接触。二聚化螺旋域和 DNA 小沟间有序契合。［*Source*：Marmorstein, R. M. Carey, M. Ptashne, and S. C. Harrison, DNA recognition by GAL4: Structure of a protein - DNA complex. *Nature* 356 (2 April 1992) p. 411, f. 3. Copyright © Macmillan Magazines Ltd.］

——激素结合域。实验结果也的确如此。

此类激素有性激素（雄性激素和雌性激素）、孕酮（一种孕激素，常见避孕药的基本成分）、糖皮质激素（皮质醇）、维生素 D（调控钙的代谢）、甲状腺激素和视黄酸（调控发育过程中基因的表达）。上述每种激素与相应受体结合，激活特定的一组基因。

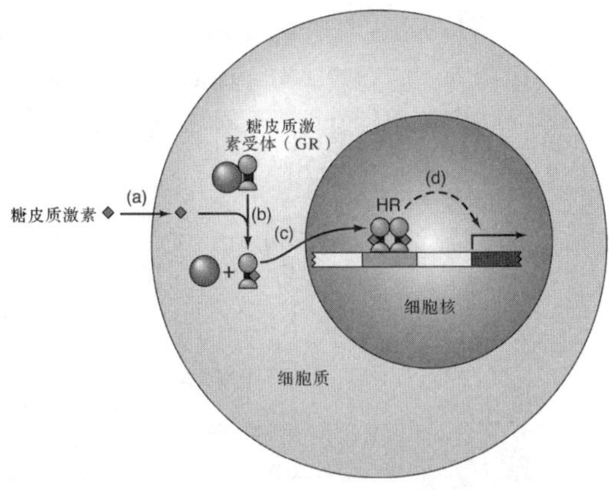

图 12.5 糖皮质激素的作用。糖皮质激素受体（GR）与热激蛋白 90（Hsp90）结合，以无活性形式存在于细胞质中。**(a)** 糖皮质激素（蓝色）通过细胞膜扩散进入胞质。**(b)** 糖皮质激素与受体（GR）结合（分别用红色和绿色表示），构象发生变化，释放 Hsp90（橘黄色）。**(c)** 激素-受体复合物（HR）进入细胞核，与另一个 HR 结合成二聚体，然后与位于激素激活基因（棕色）上游的激素响应元件或增强子（粉色）结合。**(d)** HR 二聚体与增强子的结合，激活（虚线箭头）相关的基因，使转录发生（弯箭头）。

传统分类法将核受体分为以下三类。**Ⅰ型受体**（type Ⅰ receptor）包括类固醇激素受体，以**糖皮质激素受体**（glucocorticoid receptor）为代表。缺乏激素配体时，受体蛋白和其他蛋白偶联共存于胞质中。当激素配体与Ⅰ型受体蛋白结合时，释放偶联的蛋白质，以同源二聚体形式进入细胞核，并结合到激素应答元件上。例如，糖皮质激素受体通常与热激蛋白 90（Hsp90）偶联存在于胞质中，当它与激素配体结合后（图 12.5），构象发生改变，并与热激蛋白解离，随后进入细胞核，激活那些受增强子［又称**糖皮质激素应答元件**（glucocorticoid response element，**GRE**）］所调控的基因。

Sigler 及同事对糖皮质激素受体结合一种含有两个半靶位点（two target half-site）的寡核苷酸进行了 X 射线共结晶实验。

该晶体结构揭示了蛋白质-DNA 相互作用的几个特点：①结合域二聚化，每一个单体与 DNA 靶序列半结合位点之间形成特异性结合；②每个结合模体都是包含两个锌离子的锌组件，不像典型的锌指结构那样只含一个锌离子；③每个锌离子与 4 个半胱氨酸形成类指（finger-like）；④结合域中的氨基端指参与大部分与靶序列的相互作用。这类相互作用总涉及 α 螺旋，它们在图上看起来像一串挤在一起的方框结构，图 12.6 显示了识别螺旋和 DNA 靶序列间特异性氨基酸和碱基间的结合。在螺旋区外的一些氨基酸也同 DNA 骨架中的磷酸与 DNA 相结合。

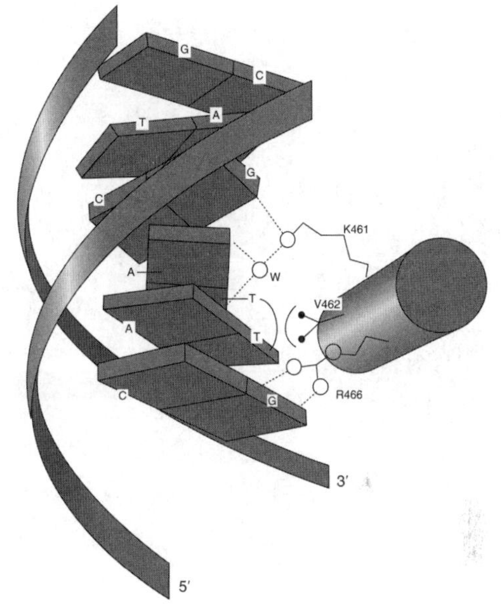

图 12.6 糖皮质激素受体 DNA-结合域的识别螺旋与其靶 DNA 间的结合。显示特异氨基酸和碱基之间的相互作用。一个水分子（W）介导 461 位赖氨酸与 DNA 的一些氢键结合。［*Source*：Adapted from Luisi, B. F., W. X. Xu, Z. Otwinowski, L. P. Freedman, K. R. Yamamoto, and P. B. Sigler, Crystallographic analysis of the interaction of the glucocorticoid receptor with DNA. *Nature* 352 (8 Aug 1991) p. 500, f. 4a. Copyright © Macmillan Magazines Ltd.］

Ⅱ型受体　甲状腺激素受体（thyroid hormone receptor）是典型的Ⅱ型受体，存在于细胞核中，与**视黄酸受体 X**（retinoic acid receptor X，**RXR**）组成二聚体，而其中的 X 以 9 个顺式视黄酸（9-*cis* retinoic acid）为配体。这种

二聚体在有或无激素配体时，都能结合靶序列。在第13章我们将看到，缺乏配体时，靶序列与Ⅱ型受体的结合会抑制转录，而结合有配体的Ⅱ型受体则会刺激转录。因此，环境条件决定了相同的蛋白质成为激活因子或抑制因子的可能性。

Ⅲ型受体 目前该类受体研究得还不清楚。由于其配体有待鉴定，因此也被称为“孤儿受体（orphan receptor）”。对此类受体的深入研究也许会将其部分或全部归属到Ⅰ型或Ⅱ型受体中。最后，需注意，三种含锌DNA结合组件几乎都利用一个共同的模体与DNA靶位点相互作用，这就是α螺旋。

小结 Ⅰ型核受体与另一种蛋白质结合并位于细胞质中。当外源激素配体与Ⅰ型受体结合后，释放偶联的胞质蛋白，并进入核内与增强子结合，行使激活因子的功能。糖皮质激素受体是该类群的代表。它的DNA结合域有两个含锌组件。一个组件含有大部分与DNA结合相关的氨基酸（在α识别螺旋中），另一组件则提供了供蛋白-蛋白相互作用形成二聚体的表面。Ⅱ型核受体，如甲状腺激素受体，位于细胞核并结合在其DNA靶位点上。当缺乏配体时，它们抑制基因活性，当结合配体时，它们激活转录。Ⅲ型受体是“孤儿”受体，它们的配体还不清楚。

同源异型域

同源异型域（homeodomain）是在一类激活因子大家族中发现的DNA结合域，由于其编码基因的区域为**同源异型框**（homeobox）而得名。同源异型框最早发现于果蝇被称为同源基因的调控基因中。该基因的突变会引起果蝇肢体的异位畸形。例如，被称为触角足（antennapedia）的突变体，腿长在原来触角所在的位置（图12.7）。

同源异型域蛋白是DNA结合蛋白中的螺旋-转角-螺旋家族成员（第9章）。每个同源异型域蛋白包括三个α螺旋，第二和第三螺旋形成螺旋-转角-螺旋模体，第三个螺旋具有识别螺旋的作用。但大多数同源异型域蛋白的N端还有一个不同于螺旋-转角-螺旋的臂，可插入DNA小沟。图12.8显示来自果蝇的一个典型同源框（由同源框基因engrailed编码）与DNA靶序列间的相互作用。此图来自于Thomas Kornberg和Carl Pabo对engrailed蛋白的同源异型域，为含有其对应结合位点的寡核苷酸复合物共结晶的X射线衍射分析结果。同源异型域蛋白与DNA结合的特异性较弱，需要其他蛋白质协助才能高效、专一地结合目标序列。

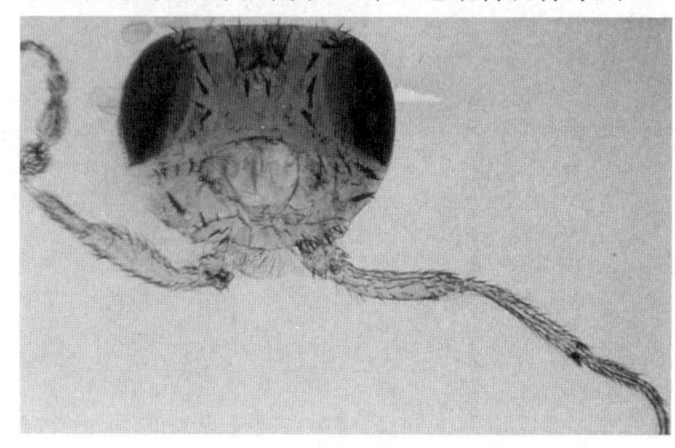

图12.7 果蝇触角足表型。头部原来生长触角的位置长出了足。（*Source*：Courtesy Walter J. Gehring，University of Basel，Switzerland.）

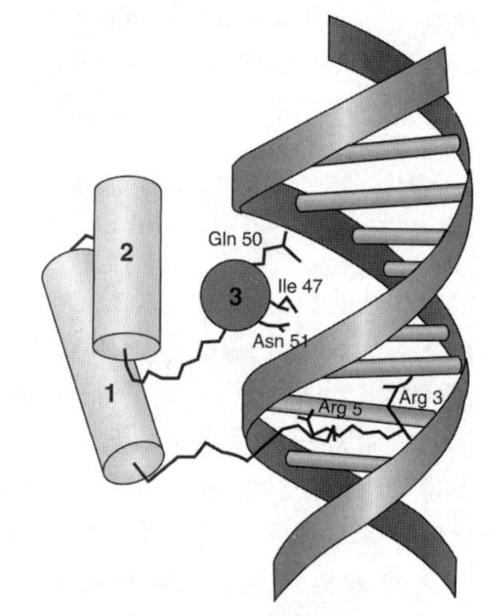

图12.8 同源异型域-DNA复合体结构图。标有数字的三个螺旋位于左边，DNA靶序列位于右边。显示识别螺旋的端部（3，红色），位于DNA大沟内。N端长臂插入DNA小沟中，显示关键氨基酸侧链与DNA相互作用。［*Source*：Adapted from Kissinger，C. R.，B. Liu，E. Martin-Blanco，T. B. Kornberg，and C. O. Pabo，Crystal structure of an engrailed homeodomain-DNA complex at 2.8Å resolution：A framework for understanding homeodomain-DNA interactions. *Cell* 63（2 November，1990）p. 582. f. 5b.］

小结 真核细胞转录激活因子的同源异型域包含的DNA结合模体类似原核细胞的螺旋-转角-螺旋模体的作用原理，由一个识别螺旋嵌入DNA大沟并进行特异相互作用，其N端臂则插入相邻的DNA小沟内。

亮氨酸拉链和螺旋-环-螺旋域

如前述DNA结合域一样，亮氨酸拉链和螺旋-环-螺旋域（bZIP and bHLH domain）有两个功能：结合DNA和二聚化作用。其中，ZIP和HLH分别指域中的**亮氨酸拉链**（leucine zipper）和**螺旋-环-螺旋**（helix-loop-helix）部分，是二聚化模体（dimerization motif）。“b”指每个域中的碱性区域，它们构成DNA结合模体的主体。

我们首先以亮氨酸拉链为例来了解这种二聚化/DNA结合域的结构。该域由两个多肽链组成：α螺旋中每隔7个氨基酸就出现一个亮氨酸残基（或其他疏水性氨基酸），因此，这些氨酸残基都位于螺旋的同一侧。这种排列非常有利于两个相同蛋白质单体间的相互作用，使两个α螺旋成为拉链的两边。

为搞清亮氨酸拉链的结构，Peter Kim和Tom Alber及同事按照GCN4（酵母中调节氨基酸代谢的转录激活因子）的bZIP域合成了一种人工多肽，并获得了晶体结构。X射线衍射实验表明，亮氨酸拉链二聚化域像一个螺旋线圈（图12.9）。由于氨基端至羧基端的方向一致［(b)图，从左至右］，从而使两个α螺旋形成平行结构。图12.9（a）中的螺旋线圈直接伸出纸平面指向读者，使螺旋线圈中的超螺旋程度清晰地呈现出来。注意它与GAL4螺旋二聚体模体的相似之处（见图12.4）。

以上晶体图主要显示未结合DNA的拉链结构，没有提供蛋白质与DNA结合的任何信息。Kevin Struhl和Stephen Harrison及同事对结合在DNA靶序列上的GCN4激活因子中的亮氨酸拉链域所做的X射线晶体衍射实验弥补了这一缺陷。图12.10表明，亮氨酸拉链不仅将两个单体结合在一起，还将结构域中的两个

(a)

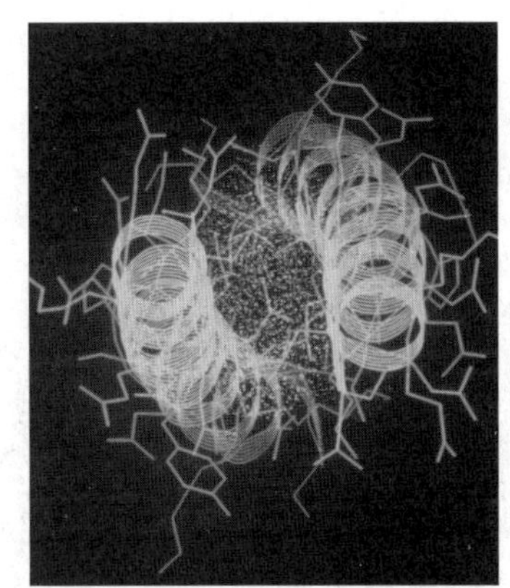

(b)

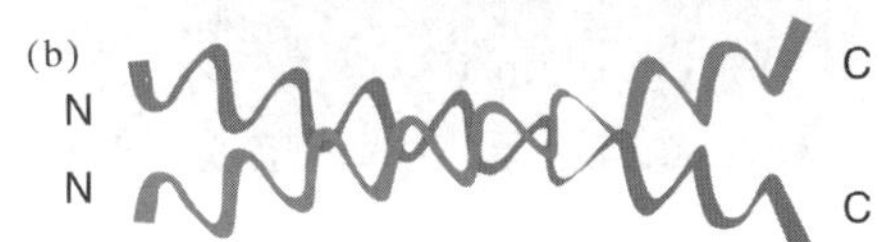

图12.9 亮氨酸拉链结构。(a) Kim和Alber及同事对一个含亮氨酸拉链模体的转录激活因子GCN4中的33个氨基酸肽段进行了X射线晶体衍射实验。晶体沿拉链二聚体螺旋指向纸面外。**(b)** 两个α螺旋（红色和蓝色）组成二聚体的侧面图。因为两个α螺旋的N端都在左边，因此组成一个平行的缠绕螺旋。［*Source*：(a) O'Shea, E. K., J. D. Klemm, P. S. Kim, and T. Alber, X-ray structure of the GCN4 leucine zipper, a two-stranded, parallel coiled coil. *Science* 254 (25 Oct 1991) p. 541, f. 3. Copyright © AAAS.］

碱性区置于合适位置，恰似镊子或钳子将DNA紧紧抓住，其中的碱性模体嵌入DNA大沟内。

Harold Weintraub和Carl Pabo及同事获得了激活因子MyoD的螺旋-环-螺旋域结合DNA靶位点的复合物晶体结构，与我们前面讨论的亮氨酸拉链-DNA复合物结构极为相似（图12.11）。螺旋-环-螺旋是二聚化模体，但每个螺旋-环-螺旋域的长螺旋（螺旋1）包含结构域的碱性区域，像亮氨酸拉链那样，碱性区与DNA大沟结合。

一些蛋白质，如癌基因产物*Myc*、*Max*都有**bHLH-ZIP域**，其HLH和ZIP模体均与一个碱性模体毗连。bHLH-ZIP域与DNA的作用方式类似bHLH与DNA的作用方式。主要差别在于bHLH-ZIP域可能需要额外亮氨酸拉链的作用，以确保蛋白质单体的二聚体化。

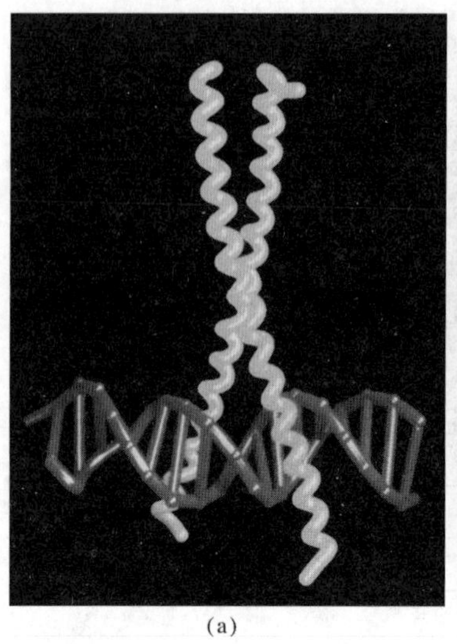

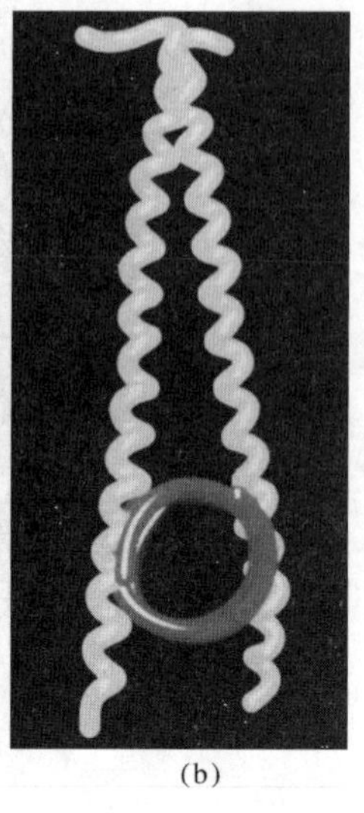

(a) (b)

图 12.10 GCN4-DNA 复合物的亮氨酸拉链模体的晶体结构。 DNA（红色）含亮氨酸拉链模体（黄色）识别的靶序列。注意蛋白质单体之间相互作用的螺线圈的本质及紧抓 DNA 的蛋白分子的钳状外形。（**a**）DNA 的侧面视图。（**b**）DNA 的端面观。［*Source*：Ellenberger，T. E.，C. J. Brandl，K. Struhl，and S. C. Harrison，The GCN4 basic region leucine zipper binds DNA as a dimer of uninterrupted alpha helices：Crystal structure of the protein-DNA complex. *Cell* 71（24 Dec 1992）p. 1227，f. 3a － b. Reprinted by permission of Elsevier Science.］

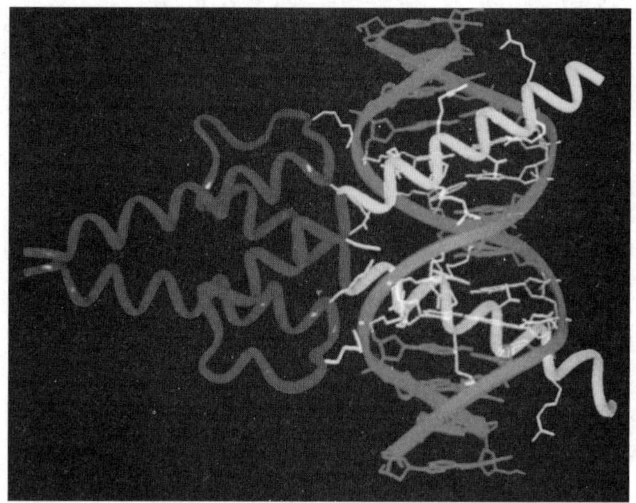

（a）

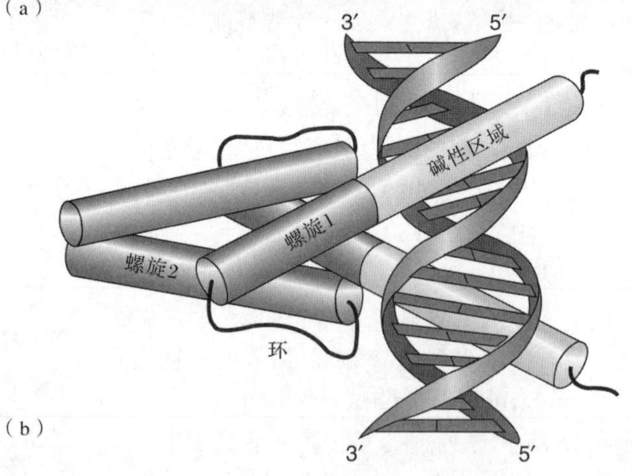

（b）

图 12.11 MyoD 的 bHLH 域和靶 DNA 序列复合体的晶体结构。（**a**）α 螺旋以卷曲带状结构表示。（**b**）α 螺旋以圆柱体表示。［*Source*：Ma，P. C. M. M.，A. Rould，H. Weintraub，and C. O. Palo，Crystal structure of MyoD bHLH domain-DNA complex：Perspectives on DNA recognition and implications for transcriptional activation. *Cell* 77（6 May 1994）p. 453，f. 2a. Reprinted by permission of Elsevier Science.］

小结 bZIP 蛋白通过亮氨酸拉链而二聚化，使每个单体的相邻碱性区域像一把钳子一样夹住 DNA 靶序列。类似地，bHLH 蛋白通过螺旋-环-螺旋模体而二聚化，使每个长螺旋的碱性部分抓住 DNA 靶序列，很像 bZIP 蛋白那样。BHLH 和 bHLH-ZIP 域都以相同方式结合 DNA 靶序列，但后者由于其亮氨酸拉链而有额外的二聚化潜力。

12.3 激活因子各功能域的独立性

我们已经看到了几种激活因子的 DNA 结合域和转录激活域。蛋白质的这些结构域彼此独立折叠，形成特定的三维结构，独立行使功能。为了揭示其独立性，Roger Brent 和 Mark Ptashne 利用一种蛋白质的 DNA 结合域和另一种蛋白质的转录激活域构建了一种嵌合体(chimeric)。该杂合蛋白仍能作为激活因子起作用，其特异性由 DNA 结合域决定。

他们用编码 GAL4 和 LexA 两种蛋白质的基因构建了重组体。我们已经学习了 GAL4 的 DNA 结合域和转录激活域。LexA 是原核生物的阻遏物，与 *lexA* 操纵基因结合并阻遏下游基因的转录。LexA 没有转录激活域，没有转录激活功能。他们构建了包含 GAL4 转录激活域和 LexA DNA 结合域的重组基因。为了分析重组基因所编码蛋白质产物的活性，将两个质粒转入酵母细胞。一个包含编码 LexA-GAL4 融合蛋白的重组基因，产生杂交产物。另一个包含能响应 GAL4 的启动子（GAL1 基因或 CYC1 基因启动子），并连接有大肠杆菌 β-半乳糖苷酶报告基因（第 5 章）。GAL4 响应启动子的转录越活跃，产生的 β-半乳糖苷酶越多。通过测定 β-半乳糖苷酶的量就可检测目的基因的转录效率。

完成这一实验还需要嵌合蛋白的 DNA 结合位点。GAL4 通常可以结合到 UAS_G 上游的增强子序列。但嵌合蛋白不能识别这个位点，该蛋白只有 LexA DNA 结合域。为了诱导 GAL1 启动子对激活的响应，需要引入 LexA 的 DNA 结合域的靶序列。因此，他们用 LexA 操纵基因替代了 UAS_G 序列。值得注意的是，酵母细胞中没有 LexA 操纵基因，只是为了实验的目的才进行了以上操作。现在的问题是：嵌合蛋白能激活 *GAL1* 基因的转录吗？

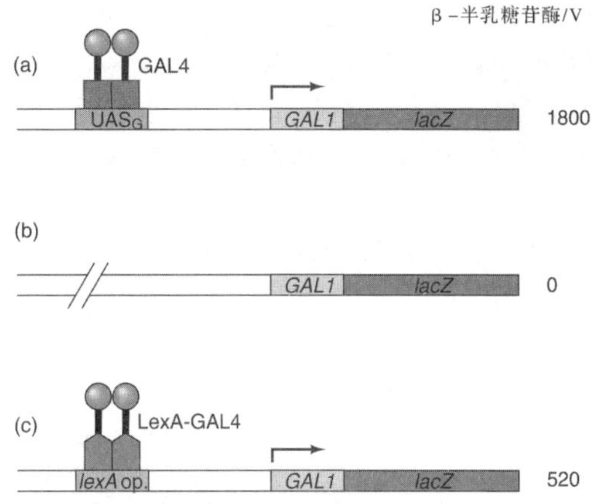

图 12.12 杂合激活因子的转录活性。 Brent 和 Ptashne 将两种质粒导入酵母细胞。①编码 LexA-GAL4 蛋白的质粒，产生包含 GAL4 转录激活域（绿色）和 LexA 的 DNA 结合域（蓝色）的杂合蛋白。②图 a～c 显示三种质粒，每种质粒的 *GAL1* 基因启动子都与大肠杆菌 *lac*Z 报告基因相连。以 β-半乳糖苷酶（右侧给出）的产量指示启动子活性。**(a)** 有 UAS_G 元件时，转录非常活跃，且不依赖新添加的转录激活因子，因为内在的 GAL4 可通过 UAS_G 激活转录。**(b)** 没有 DNA 靶结合位点时，LexA-GAL4 融合蛋白不能与 *GAL1* 启动子附近的序列结合，不激活转录。**(c)** LexA 操纵基因存在时，LexA-GAL4 融合蛋白可以极大地激活基因转录。LexA 的 DNA 结合域可与 *LexA* 操纵基因结合，而 GAL4 转录激活域可通过 GAL1 启动子增强目的基因的转录。

答案是肯定的，图 12.12 对此做了说明。三个用于测试的质粒分别包含 UAS_G、无靶结合位点、含 *LexA* 操纵基因。转录激活因子是 LexA-GAL4（如前所述）或 LexA（作为阴性对照）。因为酵母细胞自身可产生 GAL4，它可通过 UAS_G 行使转录激活作用，因此在 UAS_G 存在时［图 12.12（a）］，无论用哪种激活因子，都可以产生大量 β-半乳糖苷酶。而缺乏靶 DNA 结合位点时，酵母细胞不产生 β-半乳糖苷酶［图 12.12（b）］。最后，LexA 操纵子替换 UAS_G 序列［图 12.12（c）］，LexA-GAL4 嵌合蛋白激活的 β-半乳糖苷酶的表达效率是 LexA 的 500 倍。因此，用一种与 GAL4 完全无关的蛋白结合域取代 GAL4 的结合域，可产生有活性的转录激活因子。这表明 GAL4 的转录激活域和 DNA 结合域可以彼此独立地行使功能。

小结 激活因子蛋白的 DNA 结合域和转录激活域是相互独立的组件。可以构建一种杂合蛋白，兼具一种蛋白质的 DNA 结合域和另一种蛋白质的转录激活域，并证明此杂合蛋白仍具有激活因子的功能。

12.4 激活因子的功能

在细菌中，RNA 聚合酶核心酶无法起始实质性的转录，而 RNA 聚合酶全酶能催化本底水平的转录。但弱启动子引发的本底水平转录常常不能满足正常的生理需求，因此细胞中的转录激活因子通过**募集**（recruitment）来提高转录水平。募集作用能促使 RNA 聚合酶全酶与启动子的紧密结合。

真核生物转录激活因子也募集 RNA 聚合酶与启动子结合，但不像原核生物转录激活因子那样直接。真核转录激活因子刺激通用转录因子及 RNA 聚合酶与启动子结合。图 12.13 中的两个假说或许可以解释这种募集作用：① 通用转录因子促使前起始复合物逐步形成；② 通用转录因子和其他蛋白质与 **RNA 聚合酶Ⅱ全酶**结合后，一起被募集到启动子上。实际情况也许是两种假说的结合。无论如何，募集作用的发生需要通用转录因子和转录激活因子的直接接触［尽管在本章后面部分，我们会看到一些激活因子需要借助辅激活因子（coactivator）的帮助与通用转录因子结合］。转录激活因子将与哪些通用转录因子接触呢？研究结果显示，很多因子都可能是其结合的目标，但最早发现的是 TFIID 因子。

TFIID 的募集作用

Keith Stringer、James Ingles 和 Jack Greenblatt 在 1990 年用一系列实验鉴定了能与疱疹病毒转录因子 VP16 的酸性转录激活域结合的转录因子。研究人员表达了 VP16 转录激活域和金黄色葡萄球菌（*Staphylococcus aureus*）蛋白 A 的融合蛋白，其中，葡萄球菌蛋白 A 可以专一性地与免疫珠蛋白 IgG 紧密结

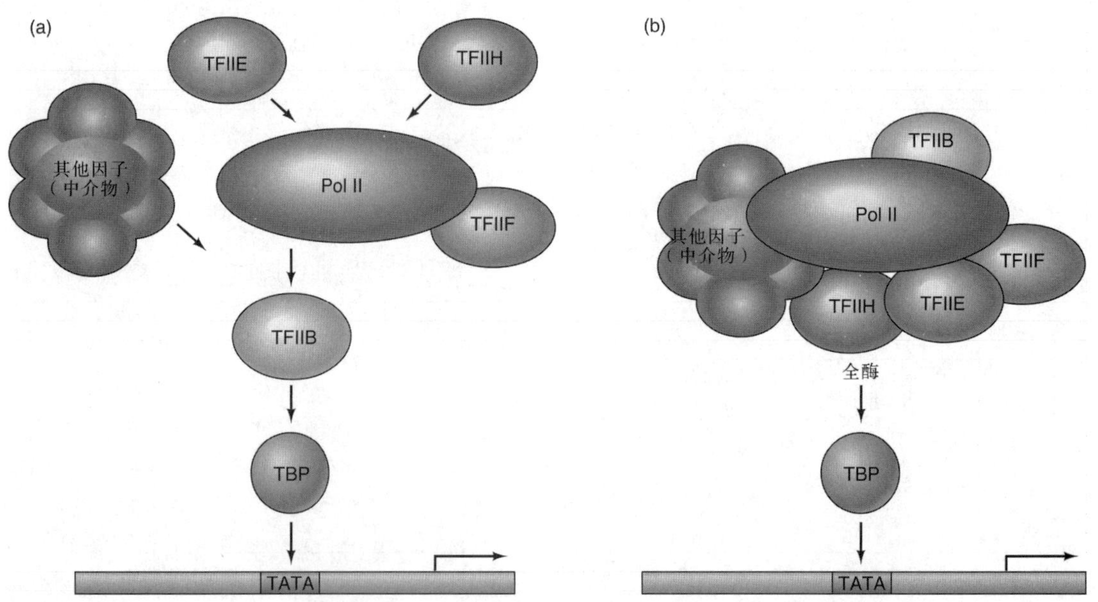

图 12.13 酵母前起始复合物组分的两种募集模型。(a) 关于募集作用的传统观点。在体外，前起始复合物组分的逐步形成。CTD 指聚合酶Ⅱ最大亚基的 C 端结构域。**(b)** 聚合酶全酶的募集。TBP 首先与靶序列结合，然后聚合酶全酶（浅褐色椭圆圈内）结合，形成前起始复合物。(*Source*: Adapted from Koleske, A. J. and R. A. Young, An RNA polymerase Ⅱ holoenzyme responsive to activators. *Nature* 368: 466, 1994.)

合。将这种融合蛋白（或仅含蛋白 A）固定在 IgG 凝胶柱上，并用这种亲和层析柱筛选与 VP16 转录激活域相互作用的蛋白质。实验中，他们将 HeLa 细胞核提取物通过蛋白 A 层析柱或蛋白 A/VP16 转录激活域融合蛋白凝胶层析柱，然后用截断转录（第 5 章）验证各种洗脱组分在体外精确转录腺病毒主要晚期基因的能力。结果显示，流过蛋白 A 柱的提取液仍足以支持转录，表明没有重要因子与蛋白 A 非特异性结合。但是，流过蛋白 A/VP16 激活域蛋白柱的提取液无转录激活能力，除非将结合于亲和柱中的蛋白质重新加入。因此，某种或某些体外转录必需因子与 VP16 转录激活域发生了结合。

Stringer 及同事在早先的实验中发现 TFIID 是体外转录体系的限速因子。由此他们猜测与亲和柱结合的蛋白质是 TFIID。加热耗尽核提取物中的 TFIID，然后将结合蛋白 A 亲和柱或蛋白 A/VP16 转录激活域的亲和柱的成分加回到热处理过的核提取物中。图 12.14 表明，蛋白 A 柱的结合物不能恢复 TFIID 耗尽的核提取物的转录活性，而蛋白 A/VP16 转录激活域亲和柱的结合物可恢复其转录活性，说明 TFIID 是结合 VP16 转录激活域的因子。

为进一步验证上述结论，Stringer 及同事首先证明结合 VP16 转录激活域的物质在 DEAE 纤维素离子交换层析柱的表现与 TFIID 因子相似。然后，用 VP16 转录激活域亲和柱的结合物测试在模板转换实验（template commitment experiment）中取代 TFIID 的能力。先在一个模板上形成转录前起始复合物，然后加入另一个模板看是否能被转录。在该实验条件下，转录第二个模板需依赖 TFIID 因子。结果发现，VP16 转录激活域结合物可以将转录转换到第二个模板上，而蛋白 A 亲和柱的结合物则不具有这种功能。利用酵母细胞核提取物的相同实验也提供了强有力的证据，说明该实验体系中 TFIID 是 VP16 转录激活域的重要靶因子。

小结 在亲和层析条件下，疱疹病毒的转录激活因子 VP16 的酸性激活域与 TFIID 结合。

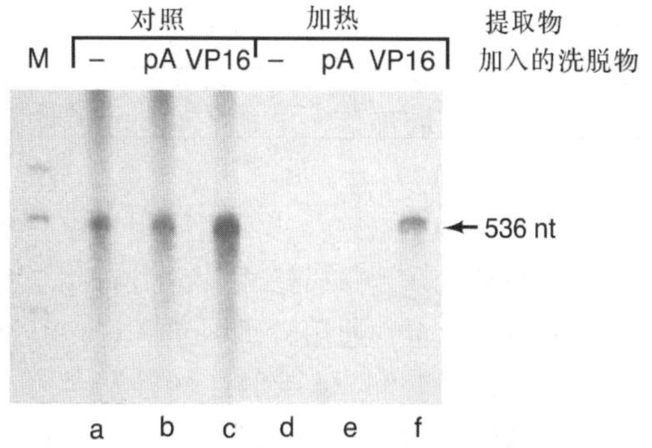

图 12.14 酸性转录激活域和 TFIID 结合的证据。 Stringer 及同事用含有蛋白 A/VP16 转录激活域融合蛋白，或仅含蛋白 A 的亲和层析柱对 HeLa 细胞提取物进行分离，然后洗脱结合在层析柱上的蛋白质，测试洗脱物对热处理破坏了 TFIID 的核提取物恢复体外截断转录的能力。泳道 a～c 为核提取物未经热处理的对照。TFIID 有活性，泳道都显示转录活性。泳道 d～f 为加热处理的核提取物，并加入下列物质：不加任何因子（－）、来自蛋白 A 柱的洗脱物（pA）、来自融合蛋白柱的洗脱物（VP16）。只有来自 VP16 融合蛋白柱的洗脱物可替代缺失的 TFIID，精确起始截断转录，获得预期长度（536nt）的转录物。因此，在亲和层析柱中，TFIID 一定与 VP16 转录激活域结合了。［*Source*：Stringer，K. F.，C. J. Ingles，and J. Greenblatt，Direct and selective binding of an acidic transcriptional activation domain to the TATA -box factor TFIID. Nature 345（1990）f. 2，p. 784. Copyright © Macmillan Magazines Ltd.］

聚合酶全酶的募集

在第 11 章我们学过，RNA 聚合酶Ⅱ能以全酶形式从真核细胞中分离出来。全酶是包含一组通用转录因子和其他多肽的复合体。迄今为止，我们的讨论都基于转录激活因子以每次募集一个通用转录因子的方式形成前起始复合物。但也许转录激活因子将全酶作为一个整体来募集，其他的少数因子再单独结合到启动子上。有证据表明，的确存在对全酶的募集。

1994 年，Anthony Koleske 和 Richard Young 从酵母细胞中分离出含聚合酶Ⅱ、TFIIB、TFIIF 和 TFIIH，以及 SRB2、4、5 和 6 的全酶。他们进一步证实这种全酶在 TBP 和 TFIIE 协助下，可以在体外精确转录带有 *CYC1* 基因启动子的模板。还证明融合转录激活因子 GAL4-VP16 可以激活此全酶的转录。

由于实验提供的是完整聚合酶全酶，因此，后面这一发现提示激活因子募集完整的聚合酶全酶到启动子上，而不是在启动子上一次一个地组装（见图 12.13）。

1998 年，研究者已从多种不同生物中分离到聚合酶全酶，其蛋白质组成各异。有些全酶含有大多数或者全部通用转录因子和许多其他蛋白。Koleske 和 Young 推测，酵母聚合酶全酶包含 RNA 聚合酶Ⅱ、中介物（mediator，辅激活因子复合物）和除了 TFIID、TFIIE 之外的所有通用转录因子。理论上，此聚合酶全酶可作为前体单元整体被募集，或分批被募集。

聚合酶作为完整单元被募集的证据 1995 年，Mark Ptashne 及同事为聚合酶全酶的募集模型增添了另一个强有力的证据。他们进行了如下分析：如果全酶以整体被募集，则激活因子（结合在启动子附近）的任意部分和全酶的任意部分之间的相互作用应该能募集全酶到启动子上。这种蛋白质间的相互作用无需激活因子的转录激活域，也无需激活因子在通用转录因子的靶位点参与，激活因子和聚合酶全酶之间的任何接触都应导致转录激活。此外，如果前起始复合物是一次一个蛋白质地进行组装，那么在激活因子和全酶的非关键成分间的非正常互作就不会激活转录。

Ptashne 及同事利用一次碰巧的机会验证了这些预测。他们以前曾分离到一种酵母突变体，其全酶蛋白（GAL11）中的点突变改变了单个氨基酸。他们将该蛋白命名为 GAL11P [P 表示增效子（potentiator）]，因为它对激活因子 GAL4 的弱突变型产生了很强的响应。结合生化和遗传的研究方法，他们找到了 GAL11P 增效的原因是能够与 GAL4 的二聚化域（第 58～第 97 位氨基酸之间）的一个区域结合。由于 GAL11（或 GAL11P）是全酶的一部分，GAL11P 与 GAL4 间的新结合可将全酶募集到 GAL4 应答的启动子上，如图 12.15 所示。之所以称这种结合为“新的”，是因为 GAL11P 参与结合的部位在正常情况下是无功能的，GAL4 参与的部位在二聚化域而不是激活域。正常情况下这两个蛋白质区域不会发生任何形式的结合。

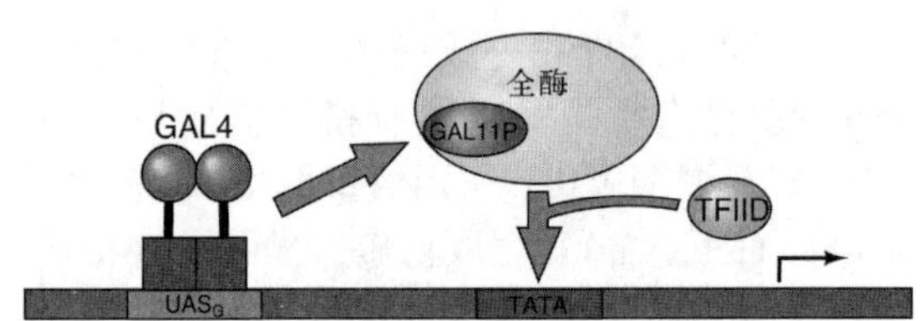

图 12.15 GAL11P 通过 GAL4 二聚化域募集聚合酶全酶的模型。在聚合酶全酶中，GAL4 的二聚化域（黄色箭头）结合 GAL11P（紫色），使聚合酶全酶与 TFIID 一起结合在启动子上，激活基因转录。

为验证 GAL4 第 58～第 97 位氨基酸之间的区域是 GAL11P 转录激活的关键部位，Ptashne 及同事进行了以下实验。他们克隆构建了编码 GAL4 的 58～97 位氨基酸区段和 LexA 的 DNA 结合域的融合蛋白质粒，并将其与另外两种质粒一起导入酵母细胞。一个是编码 GAL11 或编码 GAL11P 的，另一个带有 LexA 的两个结合位点，位于 GAL1 启动子上游，驱动下游大肠杆菌 *lacZ* 报告基因。图 12.16 总结了该实验结果。当全酶含有野生型 GAL11 时，LexA-GAL4（58～97）蛋白无激活因子功能 [图 12.16（a）]，当全酶含有 GAL11P 时，LexA-GAL4（58～97）蛋白有激活因子作用 [图 12.16（b）]。

如果激活作用确实是由于 LexA-GAL4（58～97）和 GAL11P 之间的相互作用引起，那么将 LexA 的 DNA 结合域与 GAL11 融合也应该激活转录，如图 12.16（c）所示。实际上，这样构建的载体确实有激活效应，与假设一致。因为 LexA 已经与 GAL11 共价连接了，无需再发生新的像 LexA-GAL4 和 GAL11P 之间的互作。

对这些结果最简单的解释就是，至少在这一体系中，转录激活可通过募集聚合酶全酶，而非单个通用转录因子。有一种可能但不是常见的情况，即 GAL11 是一种特殊蛋白，它的募集作用引起前起始复合物的逐步组装。我们更倾向于认为激活因子和全酶中任意组分间的相互作用都能募集全酶，并因此激活转录。Ptashne 及同事承认 TFIID 是前起始复合物的必要组分，但显然不是酵母全酶的组成部分。他们认为，在该实验中 TFIID 可能与全酶协同结合到启动子上。

(a) 野生型细胞

全酶

GAL11

无亲和性

GAL4(58–97)

LexA

TATA

*lexA*操纵基因

lacZ

不激活

(b) *GAL11P* 细胞

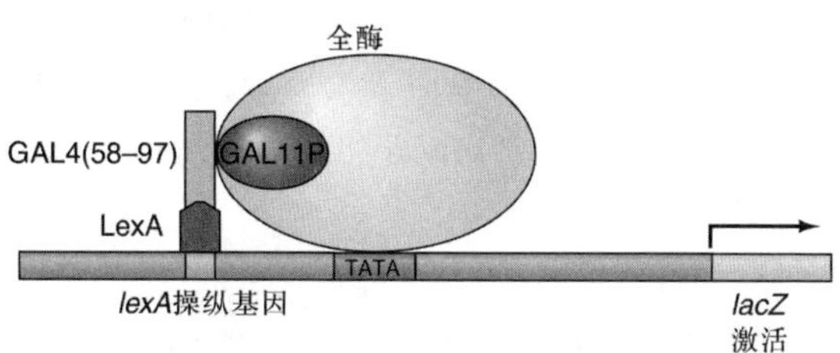

(c) *gal11*细胞

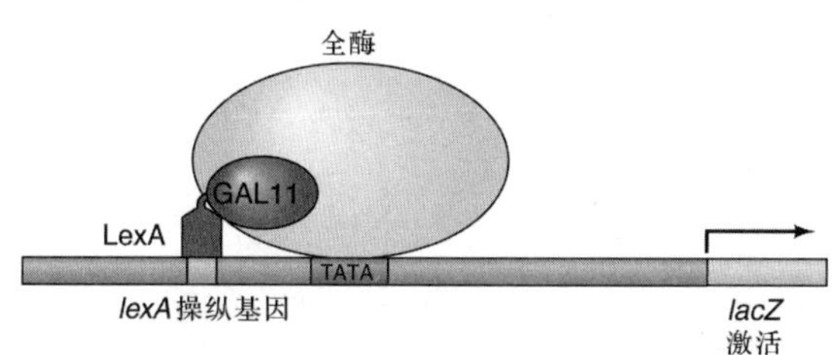

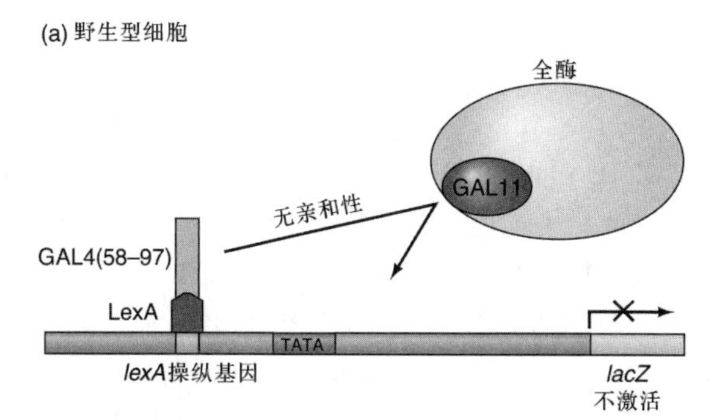

图 12.16 GAL11P 和 GAL11-LexA 的激活作用。Ptashne 等用一个包含 *lexA* 操纵基因（驱动 *lacZ* 转录，位于启动子上游 50bp 处）的质粒和下列质粒转染真核细胞：**(a)** 一个编码 GAL4 58～97 位氨基酸和 LexA 的 DNA 结合域的质粒，以及编码野生型 GAL11 的质粒；**(b)** 一个编码 GAL4 的 58～97 位氨基酸和 LexA 的 DNA 结合域的质粒，以及编码 GAL11P 的质粒；**(c)** 一个编码 GAL11 和 LexA 的 DNA 结合域的质粒。他们检测了 *lacZ* 的产物——β-半乳糖苷酶的产量。结果：(a) GAL4（58～97）区不与 GAL11 相互作用，因此不发生转录；(b) GAL4（58～97）区与 GAL11P 结合，募集聚合酶全酶到启动子上，所以激活转录；(c) LexA-GAL11 融合蛋白能结合到 lexA 操纵基因上，募集聚合酶全酶到启动子上，从而激活转录。(*Source*：Adapted from Barberis A.，J. Pearlberg，N. Simkovich，S. Farrell，P. Resnagle，C. Bamdad，G. Sigal，and M. Ptashne，with a component of the polymerase Ⅱ holoenzyme suffi ces for gene activation. *Cell* 81：365，1995.)

此外，至少有两个证据表明全酶并不是作为整体被募集。首先，David Stillman 及同事做了各种因子结合酵母 *HO* 启动子区的动力学实验。结果表明，全酶的一部分，即中介物，早在 RNA 聚合酶Ⅱ全酶结合的 G_1 期就与启动子结合了。因此，至少对酵母的这一启动子来说，全酶肯定不是以整体结合的。

其次，Roger Kornberg 及同事分析，如果全酶以一个整体与启动子结合，那么在细胞中全酶各组分的含量应大致相等。他们知道测定细胞中蛋白质含量很困难，不能通过检测 mRNA 水平来获得结果，因为在转录后加工事件有许多变化，如 mRNA 降解及核输出等。的确，mRNA 的浓度与其相应蛋白质产物的浓度可能与预期值偏差 20～30 倍。可以通过双向凝胶电泳分离蛋白质，并通过质谱仪确定其浓度（第 24 章），但该方法对于在体内浓度很低的转录因子类型的蛋白质来说不够灵敏。

表 12.1 每个酵母细胞中所选蛋白分子的拷贝数

蛋白质	拷贝数/细胞	蛋白质	拷贝数/细胞
RNA 聚合酶Ⅱ（Rpb3）	30 000	TFIID（TBP）	20 000
TFIIF（Tfg2）	24 000	中介物（Med8）	6 000
TFIIE（Tfa2）	24 000	TFIIH（Tfb3）	6 000
TFIIB（Sua7）	20 000		

Source：Borggrefe，T.，R. Davis，A. Bareket-Samish，and R. D. Kornberg，Quantita tion of the RNA polymerase Ⅱ transcription machinery in yeast. *Journal of Biological Chemistry* 276（2001）：47150 – 47153，tll. Reprinted with permission.

因此，Kornberg及同事选择了一种兼具高灵敏度和准确性的方法。他们先用基因克隆技术，将“TAP”标签附加在编码聚合酶Ⅱ全酶不同组分的基因上，包括RNA聚合酶Ⅱ、中介物及5种通用转录因子。TAP标签包含葡萄球菌蛋白A（第4章）的可结合抗体IgG的区域。然后对携带编码TAP标记蛋白基因的酵母菌株提取物进行斑点印迹，用抗过氧化物酶抗体进行探测。印迹膜中蛋白质上的TAP标签与抗体结合，它们再与后加入的过氧化物酶结合，使氧化物酶底物变成一种可被成像仪检测的化学发光物质（第5章）。

胶片上斑点的强度与印迹膜中TAP标记蛋白的浓度呈正相关。对各种提取物进行系列稀释，根据标准蛋白GST-TAP的一个已知含量的印迹结果，可将斑点的不同强度换算成细胞中各蛋白质的浓度。图12.17显示了实验结果。很明显，无TAP标记的野生型样品的泳道背景近似为零，这对定量的准确性非常重要。从图中还看到，RNA聚合酶Ⅱ的含量远比Med8（中介因子的亚基之一）多。定量结果［图12.17（b）］显示，Rpb3含量是中介因子或TFIIH亚基的5～6倍。表12.1列举了TFIIF、TFIIE、TFIIB、TFIID及图12.17中所列蛋白质的定量值。表12.1中又一次显示RNA聚合酶比其他因子的量更高，而其中4个通用转录因子的量比中介因子或TFIIH更大。

因为实验中未发现大致等量的全酶组分，所以全酶以整体结合大多数启动子不太可能。尽管如此，某些启动子上仍有可能以整体形式募集全酶。

小结 至少在酵母的某些启动子上，转录激活是通过募集全酶进行的，而不是一次一个组分地组装。然而，其他证据也表明募集全酶的方式并不常见。

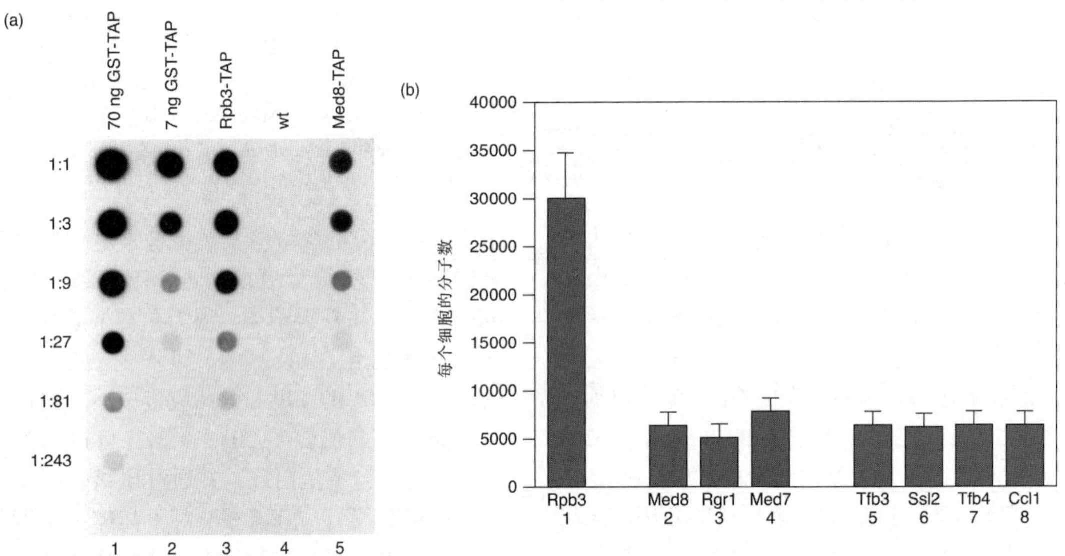

图12.17 点杂交实验测定聚合酶全酶亚基的浓度。(a) 斑点印迹结果。Kornberg及同事对携带编码全酶亚基（被TAP序列标记的）嵌合基因的酵母系列稀释提取物进行了斑点印迹。TAP序列含有两个葡萄球菌蛋白A序列，可与IgG免疫珠蛋白结合。用IgG免疫珠蛋白（兔抗过氧化物酶IgG）与斑点印迹上的TAP序列反应。随后用过氧化物酶与底物反应，产生可用成像仪检测的化学发光物质来检测IgG。左边列出了稀释比例。1～2列显示两种GST-TAP浓度的系列稀释结果。3～5列分别包含TAP标记的Rpb3、无TAP标签的野生型细胞及TAP标记的Med8提取物的系列稀释结果。**(b)** 由斑点印迹测得的各组分在细胞中的浓度。1为Rpb3，2～4为中介物的3个亚基，5～8为TFIIH的4个亚基。（*Source*：*Journal of Biological Chemistry* by Borggrefe et al. Copyright 2001 by Am. Soc. For Biochemistry & Molecular Biol. Reproduced with permission of Am. Soc. For Biochemistry & Molecular Biol. in the format Textbook via Copyright Clearance Center.）

12.5 激活因子间的相互作用

我们已经了解到不同类型转录因子之间的主要作用方式。显然，通用转录因子必须相互作用以形成前起始复合物，但转录激活因子和通用转录因子间也会相互作用。例如，我们讨论过 GAL4 等转录激活因子与 TFIID 及其他通用转录因子间的相互作用。此外，激活因子间也会相互作用以激活同一个基因。这种作用有两种发生方式，一种是单体相互作用形成蛋白质二聚体，促进对单一 DNA 靶位点的结合；另一种是结合在不同 DNA 位点的特定激活因子可以协同激活同一个基因。

二聚化作用

我们已经提到在 DNA 结合蛋白中，蛋白质单体间许多不同的作用方式。在第 9 章我们讨论了螺旋-转角-螺旋蛋白 λ 阻遏物，该蛋白质的两个单体间的相互作用使它们的识别螺旋刚好处在与两个 DNA 大沟相互作用的位置，而另一个螺旋转开。识别螺旋呈反向平行排列，使它们能识别具有回文序列的 DNA 靶位点的两部分。在本章前面部分我们已经讨论了 GAL4 蛋白的螺旋卷曲的二聚化域、bZIP 蛋白的相似的亮氨酸拉链及肾上腺糖皮质激素受体的环化二聚化域等内容。

在第 9 章中，我们介绍了蛋白质二聚体相对于单体对 DNA 结合的优势。这种优势可以总结如下：蛋白质与 DNA 的结合力与结合自由能的平方呈正相关。因为自由能取决于蛋白质和 DNA 接触的数量，蛋白质二聚体取代蛋白质单体使接触次数加倍，而蛋白质和 DNA 之间的亲和力增加至原来的 4 倍。这对于大多数激活因子都必须在低浓度下行使功能具有重要意义。事实上，大多数 DNA 结合蛋白都以二聚体存在就证明了它的优势。我们看到某些激活因子，如 GAL4 形成同源二聚体；其他的如甲状腺激素受体则形成异源二聚体。一个众所周知的异源二聚体（由两个不同单体组成）的例子是 Jun 和 Fos。

小结 二聚化的明显优势在于增加激活因子和 DNA 的亲和力。有些激活因子形成同源二聚体，有些则以异源二聚体发挥作用。

远程作用

我们知道原核生物和真核生物的增强子即使远离启动子也能激活相应基因的转录。这种远程调控作用是如何发生的呢？在第 9 章我们知道，实验证据表明 DNA 的两个远距离位点之间环凸使与之结合的两个蛋白质相互作用，这一机制也适用于真核生物的增强子。

目前有如下几种较有说服力的增强子远距离作用假说（图 12.18）。①激活因子与增强子结合，通过超螺旋使整个 DNA 双链的拓扑结构或形状发生改变，由此使启动子向通用转录因子开放。②激活因子与增强子结合，然后沿 DNA 滑动直至遇到启动子，并通过与启动子的直接作用来激活转录。③激活因子与增强子结合，通过增强子与启动子间的 DNA 环凸使激活因子与启动子上的蛋白质产生作用，激活转录。④激活因子结合增强子后，在其下游 DNA 链上产生环凸，通过增大此环，激活因子向着启动子方向移动，到达启动子并与之相互作用激活转录。

注意，前两种模型要求增强子和启动子在同一 DNA 分子上。一个 DNA 分子构型的变化不会影响另一个分子的转录。与一个 DNA 分子结合的激活因子也不能滑动到第二个含启动子的 DNA 分子上。而第三种模型只要求增强子与启动子彼此相互靠近，不一定在一个分子上。这是因为环化模型的本质不是 DNA 分子本身环化，而是结合在两个远距离位点上的蛋白质间的相互作用。原则上讲，如果蛋白质是结合于不同 DNA 分子的两个位点，只要 DNA 分子以某种方式拴在一起不漂移开，并阻止结合的蛋白质之间的相互作用，那么第三种模型就很有效。图 12.19 显示这一模型的发生过程。

因此，如果能使一个 DNA 分子的增强子和另一个分子的启动子以**连环体**（catenane，圆环连成链状）形式连在一起，就可验证以上假设。如果其中的增强子仍发挥作用，就能排除前两种假说。Marietta Dunaway 和 Peter Dröge 做了这个实验。他们用非洲爪蟾 rRNA 启动子，其两边分别连接 rRNA 微小基因和 rRNA 增强子，并在中间加入 λ 噬菌体的整合位点 *attP* 和 *attB*，以构建一个表达载体。*attP* 和 *attB* 都是位点特异性重组的靶位点，因此将它们放在同一个分子上，可重组产生连环体，如图 12.19 所示。

最后，研究者将不同的质粒组合注入非洲爪蟾卵母细胞，通过定量 S1 作图法测定转录情况。注入的质粒分别是：连环体质粒、含有增强子和启动子的未重组质粒、只含增强子或启动子的质粒。在 S1 定量分析中需要一个参照质粒来校正卵母细胞间的差异。这里的参照质粒包含一个 rRNA 微小基因（ψ52），有 52bp 的插入片段，而测试质粒（ψ40）的 rRNA 微小基因都含有 40bp 的插入片段。他们用这两种微小基因分别制备了标记探针，如果两个基

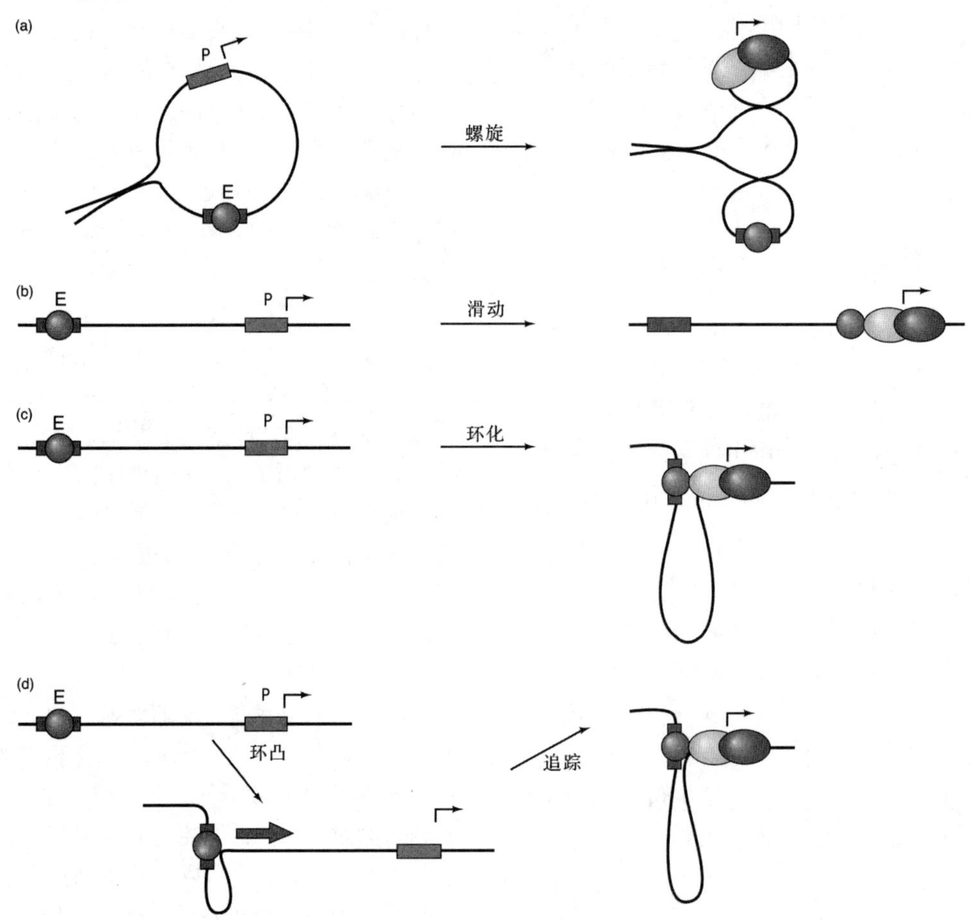

图 12.18　增强子作用的 4 种假说。(a) 拓扑结构的改变。增强子（E，蓝色）和启动子（P，橙色）定位在同一 DNA 环上。基因特异性转录因子（绿色）与增强子结合造成超螺旋结构，从而使通用转录因子（黄色）和 RNA 聚合酶（红色）结合到启动子上。**(b)** 滑动。转录因子与增强子结合并沿 DNA 滑动到启动子附近，协助通用转录因子和聚合酶结合到启动子上。**(c)** 环化。转录因子结合到增强子上，通过使增强子与启动子间的 DNA 成环外凸而结合启动子，并促使通用转录因子和聚合酶结合到启动子上。**(d)** 促追踪（facilitated tracking）。转录因子与增强子结合，使下游一段短 DNA 环化。随着环的增大使转录因子沿 DNA 追踪直至找到启动子，然后帮助通用转录因子和 RNA 聚合酶结合启动子。

因都发生转录，应该看到相差 12nt 的两个信号。我们最想知道这两种信号的强度比值，它表示测试质粒相对于参照质粒的转录效率（参照质粒的效率在各实验中应保持一致）。

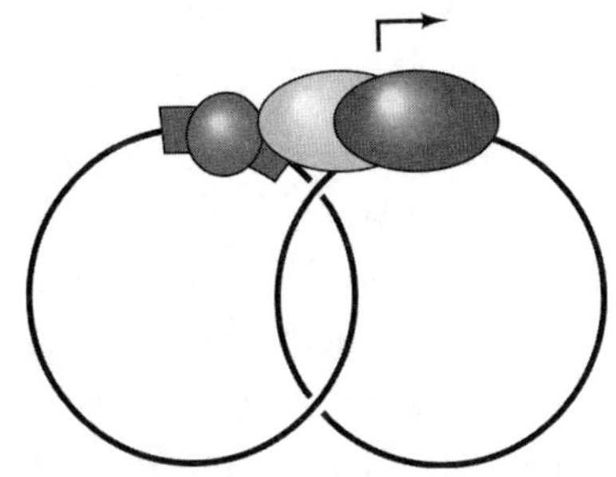

图 12.19 分别位于连环体的不同质粒上的增强子和启动子的相互作用。基因特异转录因子（绿色）与通用转录因子（黄色）和聚合酶（红色）之间可能的相互作用模式。特异性转录因子结合在连环体一个质粒的增强子（蓝色）上，通用转录因子和聚合酶结合在连环体的另一个质粒的启动子（图中看不到）上。

图 12.20（a）中“a”的泳道显示测试质粒的结果，“b”的泳道显示参照质粒的结果。图 12.20（b）显示各泳道转录产物对应的质粒。注意，图 12.20（a）中每组实验的 a 泳道和 b 泳道所用的质粒相同，只有探针不同。结果如下：泳道 1 表明质粒只含启动子时，测试质粒的信号比参照质粒弱，这是因为测试探针的特异放射性比参照探针低；泳道 2 表明紧挨着启动子的增强子（正常位置）极大地提高了测试质粒的转录水平，其信号比参照质粒强得多；泳道 3 显示当增强子与启动子在质粒上相对放置时，虽有转录活性，但效率不高；泳道 4 显示的信息最重要，表明当增强子和启动子分别位于连环体的两个不同质粒上时，增强子仍然起作用；泳道 5 证明当增强子和启动子位于两个不同质粒但未形成连环体时，增强子无效；泳道 6 显示在泳道 4 观察到的增强效应不是由少量非重组质粒污染造成的，因为在泳道 6 中加入 5%的非重组质粒时，测试质粒信号无显著增加。

综上所述，关于增强子的功能得到以下两点结论。增强子不必和启动子位于同一个 DNA 分子上，但它必须在空间上与启动子足够靠近，以便结合在增强子和启动子上的蛋白质可以相互作用。这很难与超螺旋模型及滑动模型相容［图 12.18（a）和（b）］，但与 DNA 环化和促追踪模型相一致［图 12.18（c）和（d）］。在连环体结构中不需要环化或追踪，因为增强子和启动子位于不同的分子上，而其蛋白质间的相互作用无需 DNA 环化作用，如图 12.19（a）所示。

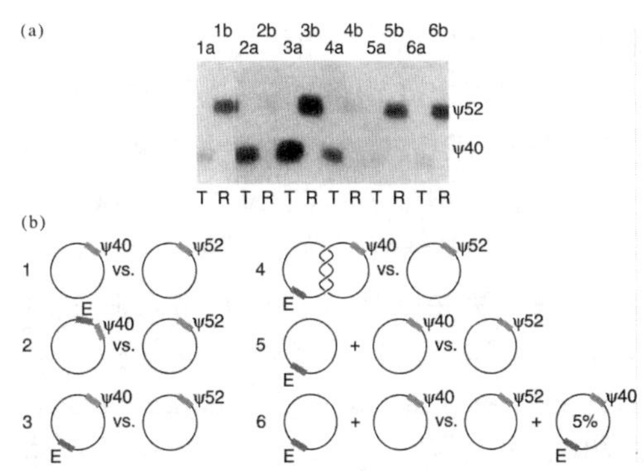

图 12.20 连环体实验结果。Dunaway 和 Dröge 将混合质粒注入非洲爪蟾卵母细胞并通过定量 S1 作图法测定转录效率。每组实验注入参照质粒和一种测试质粒的混合物，分别用不同的探针检测转录情况。**(a)** 实验结果。测试质粒（T）和参照质粒（R）的结果见泳道 a 和 b。每个实验注入的不同质粒在 **(b)** 图给出。如 1a 和 1b 泳道所用质粒标记为 1。左边标记 ψ40（或 ψ40＋另一质粒）为测试质粒，右边标记 ψ52 的是参照质粒，名称中的 40 和 52 表示插入片段大小，以示区别。两种质粒同时注入，然后分别用测试探针（泳道 1a）或参照探针（泳道 1b）检测。泳道 4a 和 4b 显示分别含启动子和增强子于两个质粒的连环体的转录效率比只含启动子的质粒（泳道 1a 和 1b）高。显然，泳道 4a 和 4b 的转录信号比值比泳道 1a 和 1b 高得多。［*Source*：Adapted from Dunaway M. and P. Dröge，Transactivation of the *Xenopus* rRNA gene promoter by its enhancer. *Nature* 341（19 Oct 1989）p. 658，f. 2a. Copyright © Macmillan Magazines Ltd.］

如果增强子作用需要 DNA 环化作用，我们利用适当的方法应该能直接观察到。**染色体构型捕获**（chromosome conformation capture，**3C**）技术正好提供了这种方法。如图 12.21 所示，这种方法专门检测如增强子和启动子间两个相距较远的 DNA 区域，能否通过如 DNA 与蛋白质间结合的相互作用将两者拉在一起。首先，用甲醛固定可能带有环化 DNA 的染色质，使染色质上近距离接触的区段形成共价键。染色质是真核细胞中 DNA 存在的天然状态。它由 DNA 与近等量的蛋白质（第 13 章）构成。然后，除去染色质的蛋白质并用限制酶消化（第 4 章）。随后，将游离 DNA 末端连接起来形成 3C 模板。如果两个原来相距较远的染色质区段相互接触，它们将在 3C 模板上被连在一起，这两个区段的特异性引物可产生一段相对较短的 PCR 产物。这种产物越多，染色质上的两个区段接触越频繁。此方法可用于检测染色体内或染色体之间的相互作用。

Karl Pfeifer 及同事利用 3C 法证明了增强子与启动子间的相互作用。他们集中研究了小鼠 *Igf2*/*H19* 基因座［图 12.22（a）］。*Igf2* 基因由三个启动子驱动，相距 2kb 以外，**类干扰素生长因子 2** 编码 IGF2（interferon-like growth factor 2,）蛋白（译者注：此处应为类胰岛素生长因子 insulin-like growth factor 2），*H19* 编码一个非编码 RNA。有趣的是，*Igf2* 基因在雄性染色体上是开启的，而同源基因在雌性染色体上是沉默的。相反，*H19* 基因在雌性染色体上是开启的，而同源基因在雄性染色体上是关闭的。这种染色体特异的行为被解释为**印记**（imprinting）。在配子发生期通过**印记调控区**（imprinting control region，**ICR**）甲基化来实现。知识窗 12.1 给出了印记生物学，特别是上述基因座的更深刻理解。在本章后面部分我们将学习更多关于印记的机制。

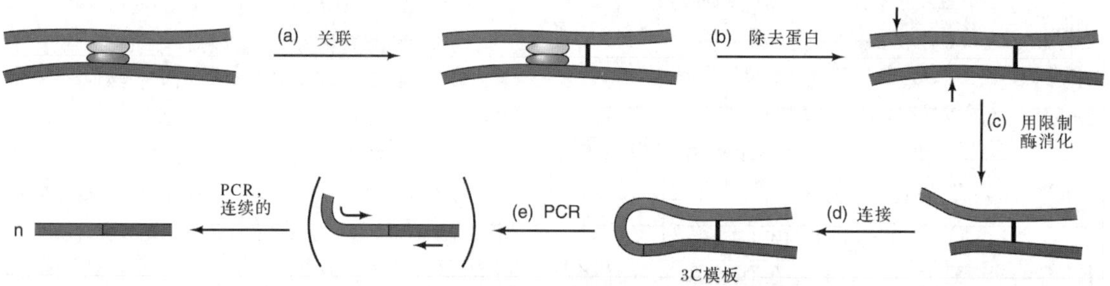

图 12.21　染色体构型捕获（3C）。(a) 首先以一段确信有两个位点因 DNA 结合蛋白（绿色和黄色）的相互作用被拉在一起的染色质开始。两段染色体（红色和蓝色）可以在不同或同一个染色体上。两段分离染色体以甲醛交联。**(b)** 除去染色质蛋白。**(c)** 限制酶消化 DNA。箭头指示两个限制酶位点。**(d)** 在有利于分子内连接的条件下（低浓度 DNA）连接附近的 DNA 末端。由此产生 3C 模板。**(e)** 以图上短箭头所示引物进行 3C 模板的 PCR，获得大量 PCR 产物，由此显示由引物所代表的这两段染色体可能在这一染色质上靠得很近。

知识窗 12.1

基因组印记（genomic imprinting）

因为大多数真核生物都是二倍体，我们或许可以认为任何基因的两个等位基因中哪个来自母亲哪个来自父亲并不重要。在多数情况下，这是正确的，但也有一些重要的例外。一类非常重要的例外的第一个证据来自对受精后的小鼠卵细胞的研究，此时母本和父本细胞核还没有融合。此阶段母本细胞核能被移除并被置换为另一个父本细胞核。同样，父本细胞核也可被移除并被另一个母本细胞核所取代。在任何一种情况下，胚胎的染色体仅来自一个亲本。原则上，并不会产生太大差异，因为亲本小鼠来自同一个近交系，其中的每一个个体的遗传背景都是一致的（当然除了雌雄性之间的 XX 与 XY 基因的差异）。

但事实上，这种情况产生了巨大的差异。所有的胚胎都在发育过程中死亡了，多数在非常早期。那些存活最长的胚胎表现出明显的差异，而这种差异取决于其基因是来自于母亲还是父亲。仅带有母亲基因的胚胎本身几乎没有异常，但胎盘和卵黄囊发育异常和迟缓。仅带有父亲基因的胚胎小且未充分形成，但胎盘和卵黄囊相对正常。如果母亲和父亲的基因一致，我们如何解释这种差异呢？对这种现象的一个解释是基因（即基因的碱基序列）是一致的，但它们在雄性和雌性之间被不同程度地修饰或印记。

Bruce Cattanach 对融合染色体小鼠的研究为印记现象提供了更多证据。例如，某些小鼠的11号染色体是融合的，在有丝分裂或减数分裂中不能分开，这意味着由这种小鼠产生的配子体有些拥有两拷贝的11号染色体，有些则完全没有。因此，Cattanach 利用这些小鼠可以获得两条11号染色体都是来自父本的后代（用带有双倍11号染色体的精子和不带有11号染色体的卵子），或两条11号染色体都来自于母本的后代（将操作程序倒过来）。同样，如果亲本染色体的来源不重要，这些后代应该是正常的。但亲本染色体的来源是重要的。两个染色体均来自母本的幼鼠个头比正常的要小，而两个染色体均来自父本的幼鼠个头巨大。

而且，这些实验还证明印记在每一代都会被抹掉，即一只拥有母本的两个11号染色体的瘦小雄鼠通常会产生正常大小的雄性后代。这样，雄性配子体的产生以某种方式抹去了母本的印记。

基因组印记也发生在人类染色体上，有时会导致悲剧性后果。父亲中一个有缺失的15号染色体的遗传会导致 Prader-Willi 综合征（Prader-Willi syndrome），这种患者具有典型的精神受损、矮小及由于无法控制的食欲所造成的肥胖等特征。15号染色体的父本拷贝中一个特殊部分的缺失很重要，因为与 Prader-Willi 综合征相关的基因在15号染色体的母本拷贝上是有印记的，因而是失活的。因此，父本等位基因的缺失加上母本等位基因的印记导致了有功能基因拷贝的消失。比较而言，15号染色体母本拷贝缺失的遗传与安琪儿综合征（Angelman syndrome）相关，患者带有大嘴、异常红脸颊和严重精神损伤的特征，并伴有异常笑声和抽搐举动。15号染色体母本拷贝中一个特殊部分的缺失很重要，因为与 Angelman 综合征相关的基因在父本15号染色体上是有印记的，从而是失活的。因此，母本等位基因的缺失加上父本等位基因的印记导致了有功能基因拷贝的消失。

DNA 是怎样以一种可逆的方式被修饰从而使印记可以被抹去的呢？证据来自甲基化作用。首先，实验证明源自父本和母本基因的甲基化不同，而这种甲基化与基因活性相关。通常，甲基化的基因存在于母本且为失活状态（然而，注意正文中 *Igf2* 基因的例子，在雄鼠中发生了甲基化的绝缘子能使 *Igf2* 得以表达，而雌鼠中未被甲基化的绝缘子便可阻止 *Igf2* 的表达。）

其次，甲基化可被逆转。Philip Leder 及同事用转基因小鼠（第5章）跟踪转入的基因经配子体发生（精子或卵子的产生）至发育胚胎的甲基化状态。此类实验揭示雄鼠和雌鼠中转入基因上的甲基基团在配子体发生的早期均被移除了。发育中的卵在卵母细胞完全成熟前建立了母性甲基化模式。在父本的精子发育过程中发生一些甲基化，但这种甲基化模式在胚胎发育过程中被进一步修饰。因此，在印记机制中甲基化具有我们预想的所有特征：它在雄配子和雌配子中的发生模式不同；它与基因活性相关；它在下一代将被抹去。

基因组印记是否只能导致遗传疾病而不能带来有益的结果？David Haig 举了一个印记的例子——小鼠类胰岛素生长因子（insulin-like growth factor，IGF-2）及其受体，他认为此印记是响应环境需要进化而来的。生长因子倾向于使幼鼠变大，但它必须与其受体（1型 IGF 受体）相互作用。小鼠有另一个备用受体（2型受体），只结合 IGF-2 而不继续传递生长促进信号，从而使问题变得复杂化。因此，发育小鼠中 *Igf2* 基因的表达会产生大个子后代，而2型受体的表达将占据 IGF2，使其不能结合1型受体，从而产生小个子后代。

Haig 指出在哺乳动物幼仔的母亲和父亲的利益之间存在固有的生物学矛盾。如果父母的利益仅考虑将自己的基因遗传给后代，则父亲喜欢大个幼仔而母亲喜欢小个幼仔。原因是大个幼仔更易存活，使父亲的基因能不断传下去。此外，大个幼仔耗费母亲很大精力，使她留给与别的父亲所生幼仔的精力就少了，而这些幼仔也可遗传母亲的基因。如此看待亲子关系虽然显得冷酷无情，但影响进化的事情就是这样的。

纵观上下文，有趣的是，小鼠中雄性和雌性配子体印记显示由母鼠提供的 *Igf2* 基因是抑制的，而由父鼠提供的 *Igf2* 基因是活跃的。来自父亲的 2 型 IGF 受体基因是关闭的，而来自母本的则是活跃的。这两种现象都基于如下前提：雄鼠应该喜欢大幼仔，雌鼠喜欢小幼仔。我们在分子水平似乎要引起一场关于性别的战斗了，但双方都不会赢，因为一方的策略会被另一方抵消。

Igf2/*H19* 基因座也含有两个增强子，一个在内胚层细胞活跃，另一个在中胚层细胞活跃。这两个增强子可分别刺激 *Igf2* 和 *H19* 基因的转录。注意，ICR 位于增强子与 *Igf2* 启动子之间，但并不在增强子和 *H19* 启动子之间。这种定位保证了 ICR 起到绝缘子作用，屏蔽了增强子对 *Igf2* 启动子的刺激效应，但只对母本染色体有效。我们将在本章后面的内容中学习关于绝缘子的活性。现在知道 *Igf2* 基因只在父本染色体上有活性就够了。

Igf2 基因座印记的本质可以让 Karl Pfeifer 及同事观察位于增强子和启动子之间的 DNA 环化现象，这种环化位于相同细胞的活跃（父本）和不活跃（母本）染色体上。如果增强子作用的环化模型正确，这种环化将只能在父本染色体上观察到，而事实的确如此。

为了在 3C 实验中区别母本和父本染色体，Karl Pfeifer 及同事按以下方法培育了两种都带有 *Igf2* 基因座的不同种小鼠。他们将 FVB 小鼠（*Mus domesticus*）与 Cast7［与 FVB 类似，但其 7 号染色体的末端部分（含 *Igf2* 基因座）来源于另一种小鼠（*Mus castaneus*）］小鼠进行杂交。两种小鼠的 *Igf2* 基因座之间存在几个限制酶位点差异，因此用某种限制酶酶切两种小鼠 DNA 会产生不同大小的限制性片段。这种变异被称为限制性片段长度多态性（restriction fragment length polymorphism，RFLP，第 24 章），可用以判断 3C 实验中 PCR 产物来自母本还是父本。

图 12.22（b）和（c）分别显示胎儿肌肉（中胚层）细胞和胎儿肝脏（内胚层）细胞。每幅图的上部显示 3C PCR 产物，下部显示 RFLP 分析结果以鉴定 PCR 产物来自于母本或父本。图顶部 C/D 和 D/C 标识指 *M. castaneus* 或 *M. domesticus* 的 *Igf2* 基因座，且母本等位基因总是放在前面。因此，C/D 小鼠指具有母本染色体上的 *M. castaneus* 的 *Igf2* 基因座及父本染色体上的 *M. domesticus* 的 *Igf2* 基因座的组合类型。胶一侧的 C 和 D 标识表示分别对应于 *M. castaneus* 和 *M. domesticus* 的 RFLP 条带。注意，3C PCR 产物总是源于父本染色体。例如，图 12.22（b）中第一块胶的第一泳道中，已知父本染色体来自 *M. domesticus*，RFLP 分析也证明 PCR 产物来自 *M. domesticus*（D）。又如，第一块胶中的第二泳道中，已知父本染色体来自 *M. castaneus*，RFLP 分析也证明 PCR 产物来自 *M. castaneus*（C）。由此证明只有在父本染色体上活跃的 *Igf2* 基因的增强子和启动子才能被 DNA 环化作用带到一起。

Pfeifer 及同事选择了合适引物以显示 *Igf2* 基因的每一个启动子（三个）与适合的增强子之间的连接。因此，在肌肉细胞中，DNA 环化将每一个启动子（引物分别定义为 1、4 和 5）拉近中胚层增强子［图 12.22（a）中最右端的一个，引物定义为 11、12 和 13］。同时，在肝细胞中，DNA 环化将启动子和内胚层增强子（引物定义为 9 和 10）带到一起。因此，3C 技术证明组织特异的增强子和启动子可能通过 DNA 环化拉到一起。

小结 增强子作用的本质是结合在增强子上的激活因子与结合在启动子上的通用转录因子及 RNA 聚合酶之间发生的相互作用。这可能以增强子和启动子之间 DNA 的成环外突来介导，至少在理论上是这样。DNA 环突可以将结合在不同增强子上的激活因子拉至最靠近启动子的位置，然后协同激活基因转录。

转录工厂

前面讨论的 DNA 环的概念与**转录工厂**（transcription factory）的概念是一致的，即可发生多基因转录的不连续细胞核位点。如果在同一条染色体上有两个或多个活跃基因成簇分布在转录工厂中，在它们之间自然会形成

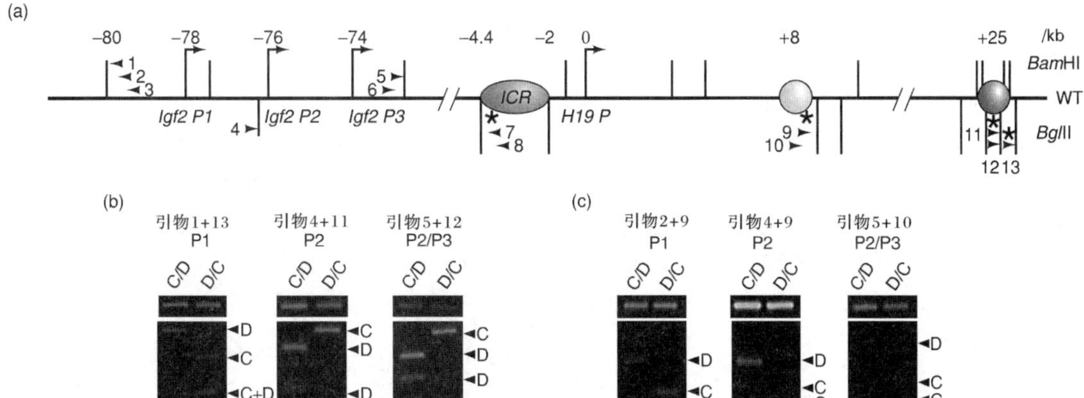

图 12.22 小鼠 *Igf2* 基因座内染色质元件的关联。(a) 野生型基因座图谱。整个基因座仅有 100kb 长，如图顶部所示。三个 *Igf2* 基因启动子位于－78、－76 和－74 位置附近，***H19*** 基因启动子位于 0 位置。ICR 标为蓝色，内胚层和中胚层增强子分别标为黄色和红色。DNA 上向上和向下的垂直线分别表示 *Bam*HⅠ和 *Bgl*Ⅱ位点。星号表示区别 *M. domesticus* 和 *M. castaneus* DNA 的 *Bgl*Ⅱ RFLP 位点。短箭头表示用于 3C 分析的 PCR 引物。注意这些引物总是指向附近的限制位点。因此，只要两个远离的 DNA 区段被相应的限制酶切割然后连起来这些引物就能产生一段短的 PCR 产物。**(b～c)** 利用提供的引物分别对 (b) 小鼠胎儿肌肉（中胚层）细胞和 (c) 胎儿肝脏（内胚层）细胞进行远程相互作用的 3C 分析。胚胎染色体的来源（*M. domesticus* [D] 和 *M. castaneus* [C]）以母本染色体在前的形式标于各图的顶部。每张图的上半部分显示 3C 分析的 PCR 产物。箭头标记 C 或 D 所指分别为 *M. castaneus* 或 *M. domesticus* 的特征 RFLP 条带。C+D 表示两种小鼠共迁移条带所形成的 RFLP 带型。(*Source*: Yoon et al, Analysis of the H19/ *R. Molecular and Cellular Biology*, May 2007, pp. 3499 - 3510, Vol. 27, No. 9. Copyright © 2007 American Society for Microbiology.)

DNA 环。在真核生物细胞核中，转录工厂的存在意味着 DNA 环的存在。在 20 世纪 90 年代，几个不同研究小组都提供了关于转录工厂存在的证据。这一概念至少提出了两个有趣的问题：①一个细胞核中有多少转录工厂？②一个转录工厂有多少聚合酶是活跃的？

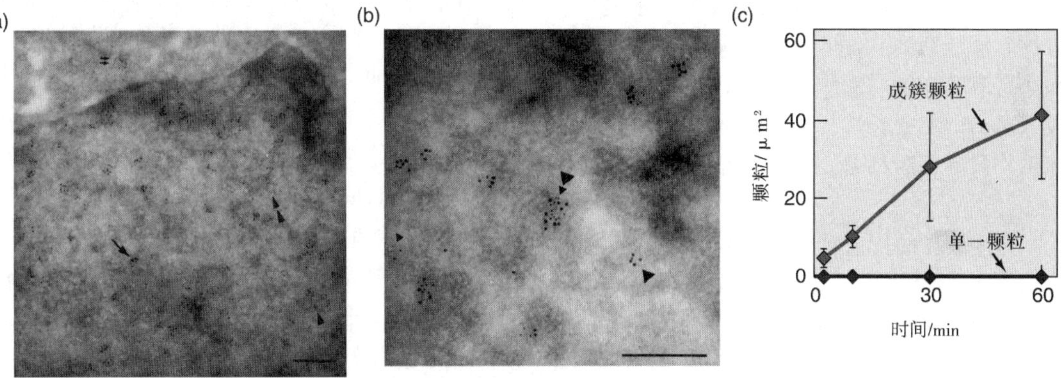

图 12.23 检测转录工厂。(a) 低放大倍数观察。Cook 及同事用 BrU 标记 HeLa 细胞中正在合成的 RNA 链并检测被 9nm 金颗粒免疫染色的间接标记。他们发现大部分标记的 RNA 呈簇状（箭头所指），这些簇的大部分代表转录工厂，但某些代表 RNA 加工位点，或是细胞质中的成熟 RNA（两个小箭头所指）。在染色质间簇发现弱的标记（双箭头），周染色质未发现标记（单箭头）。**(b)** 高放大倍数观察。Cook 及同事用 BrU 标记了体内新合成的 RNA，然后使其继续在体外延伸并以生物素-CTP 进行标记。他们分别通过 9nm 和 5nm 金颗粒的间接免疫染色检测到 BrU 标记和生物素标记的 RNA。他们发现大部分金颗粒呈簇状分布。大、小箭头分别指带有大、小金颗粒的簇。大部分簇包含两种金颗粒。**(c)** 成簇金颗粒对应转录位点。Cook 及同事在含有 BrU 的培养基上培养各种时期的细胞，然后通过 9nm 金颗粒免疫染色检测 BrU-RNA。(*Source*: Jackson et al, Numbers and Organization of RNA Polymerases, Nascent Transcripts, and Transcription Units in HeLa Nuclei. *Molecular Biology of the Cell* Vol. 9, 1523 - 1536, June 1998. Copyright © 1998 by The American Society for Cell Biology.)

为了计算转录工厂的数量，Peter Cook 及同事在 1998 年进行了以下实验。他们用溴尿苷（bromouridine，BrU）标记 HeLa 细胞中正在合成的 RNA 链，通过透化处理细胞（permeabilizing the cell）继续标记在体内形成的 RNA，且进一步用生物素-CTP 标记在体外合成的 RNA 链。标记的 RNA 能被抗 BrU 或生物素的一抗及带有金颗粒的二抗或蛋白 A 所检测。BrU 标记被 9nm 金颗粒识别，生物素标记则被 5nm 金颗粒识别。图 12.23a 显示在低放大倍数下 BrU 的标记结果，图 12.23b 显示在高放大倍数下 BrU 和生物素标记结果。注意细胞核中的转录在所有部位的发生并不一致，它们集中呈小块，其中多数含有超过一个正在合成的 RNA 链。

体外用生物素标记的目的是为了监控已经完成的 RNA 从其合成位点迁移的情况。如果 RNA 成群迁移，这也就正像转录工厂一样，虽然表现出的工厂数量也会由此有些夸大。但是在体外标记不允许 RNA 链合成结束而离开其合成位点，因此体外标记 RNA（小金颗粒）可以代表真正的转录工厂数。Cook 及同事发现，只要将体内标记控制在较短时间（2.5min），体内和体外标记簇就具有很高的对应性，即约有 85%的时间里可以发现大金颗粒和小金颗粒在同一簇中。随着体内标记时间延长（10min 或更长），大量 BrU 标记簇将不再与生物素标记簇结合，因此可能就不是转录工厂了。

这些簇真的代表转录位点吗？如果是这样，我们预期颗粒数会随着时间而增加，因为有更多聚合酶起始 RNA 链的转录。图 12.23（c）显示簇中的颗粒数的确随着时间而增加，但是单一颗粒数并未增加。因此，转录是与簇而非单一颗粒发生关联的。

Cook 及同事发现，平均每平方微米有一个簇。根据核质的总体积，他们计算出每个细胞中由活跃的聚合酶Ⅱ和聚合酶Ⅲ运行的核质转录工厂约有 5500 个。在 α-鹅膏（蕈）毒环肽有或无的条件下，利用标记的 UTP 延伸在体外已经起始的 RNA 链，Cook 及同事可以估算在体外标记过程中所合成的 RNA 的总量。根据每条 RNA 链在标记过程中的大概延伸长度，研究人员可以估算正在合成的 RNA 链的数目，从而算出活性聚合酶的数目。他们算出每个细胞约有 75 000 个活跃的 RNA 聚合酶Ⅱ和 RNA 聚合酶Ⅲ。因此，如果一个细胞有 5500 个转录工厂，那么每个转录工厂就约有 14（75 000/5 500）个活跃转录的 RNA 聚合酶Ⅱ和聚合酶Ⅲ。

小结 转录似乎集中在细胞核的转录工厂中，其中平均有 14 个活跃转录的聚合酶Ⅱ和聚合酶Ⅲ。转录工厂的存在意味着在同一工厂中转录的基因之间存在 DNA 环。

复合增强子

许多基因都有一个以上的激活因子结合位点，以此应答多重刺激。例如，金属硫蛋白基因编码的蛋白质显然是帮助真核生物应对重金属毒害的，它可被不同的效应物激活，如图 12.24 所示。因此，每个结合在多重增强子上的激活因子一定能够对前起始复合物在启动子上的组装起作用，这可能是通过将增强子和启动子间的 DNA 成环外凸而实现的。

对多激活因子结合位点可调节一个基因的发现正在改变我们对“增强子”一词的定义。增强子最初被定义为一种非启动子 DNA 元件，与至少一种增强子结合蛋白一起激发邻近基因的转录。因此，图 12.24 中所示的金属硫蛋白基因位于 TATA 框上游的调控区应包含多个增强子。但现在增强子的定义已经朝涵盖启动子以外相邻的整个调控区方向演变。因此，金属硫蛋白基因的全部调控区均可视为一个增强子，如 BLE 仅是增强子中的一个元件。尽管采用了这种新的定义，我们仍可认为某些基因由多增强子控制。例如，果蝇黄（*yellow*）和白（*white*）基因（在本章后面将讨论）就是由三个增强子控制的——三簇相邻的激活因子结合位点。

与多个激活因子相互作用的增强子允许对基因表达的精细调控。不同激活因子的组合对不同细胞中的特定基因产生不同水平的表达。事实上，在基因附近各种增强子元件的出现或缺失使人们联想到二进制代码，元件出现为“开”，缺失则为“关”。当然，必须由激活因

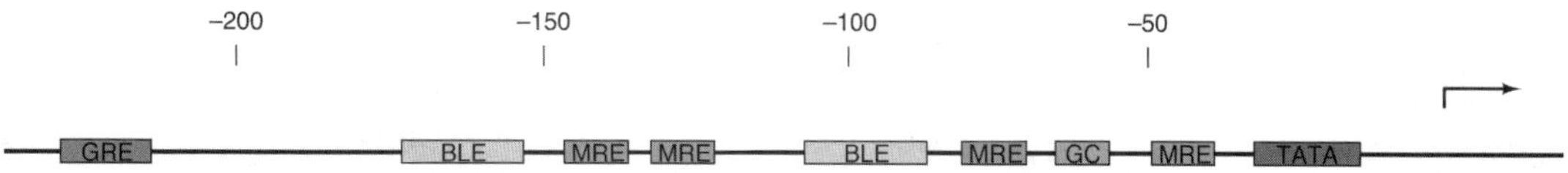

−200 −150 −100 −50

GRE BLE MRE MRE BLE MRE GC MRE TATA

图 12.24 人金属硫蛋白基因的调控区。位于转录起始位点+1 上游，沿 3′→5′的方向分别为：TATA 框、金属响应元件（MRE）——在应答重金属时激活基因转录、GC 框——转录激活因子 Sp1 的响应元件、另一个 MRE 序列、本底水平增强子（BLE）——转录激活因子 AP-1 的响应元件、两个串联的 MRE 序列、另一个 BLE 序列、糖皮质激素响应元件（GRE）——可被糖皮质激素和受体组成的激活因子刺激转录。

子来操纵开关。由于多增强子元件之间是协同作用的，因此并不是简单的添加所能够完成的。

另一个可以用来描述多重激活因子作用的巧妙比喻是**组合代码**（combinatorial code）。特定细胞在特定时间下，所有激活因子的集合构成组合代码。如果一个基因带有一组增强子元件，每个增强子可应答一至多个激活因子，就可以阅读此代码，其结果是基因以适当的水平进行表达。

Eric Davidson 及同事以海胆 *Endo16* 基因提供了一个多增强子的最佳例子。*Endo16* 基因在动物早期胚胎的营养板（指后期发育中产生内皮组织，包括内脏的细胞群）发育中很活跃。他们最初测试了 *Endo16* 基因 5′-侧翼区结合核蛋白质的能力，结果发现这样的结合区很多，排布成 6 个模块，如图 12.25 所示。

怎样知道与核蛋白结合的这些模块中哪些真正与基因激活有关呢？Chiou-Hwa-Yuh 和 Davidson 将这些模块单独或组合起来并与 *cat* 报告基因连接（第 5 章），然后导入海胆卵细胞，观察在胚胎发育中报告基因的表达模式。他们发现，报告基因在胚胎组织表达的部位和时间取决于导入的不同模块的精确组合形式。因此，这些模块（内含增强子）对不均一分布在发育胚胎中的激活因子产生应答。

也许所有元件在体外都能独立作用，但在体内却是组织化的。模块 A 可能是唯一直接与基本转录组件相互作用的模块，其他模块都须通过模块 A 发挥作用。某些上游模块（如 B 和 G）通过 A 协同作用以激活 *Endo16* 基因在内皮细胞发育中的转录。而另一些模块（如 DC、E 和 F）也通过 A 协同阻遏非内皮细胞中 *Endo16* 基因的转录（模块 E、F 在外胚层细胞中起激活作用，而模块 DC 则在成骨间质细胞中起作用）。

小结 复合增强子能使一个特定基因对各种激活因子的不同组合产生应答。这种排布格局使细胞能够对基因在不同组织或不同发育阶段产生精细调控。

结构转录因子

我们已经知道，将激活因子和通用转录因子拉到一起的 DNA 环凸机制非常实用，尤其是对于结合到相距几百个碱基的不同 DNA 元件上的蛋白质，因为 DNA 的柔韧性足以产生这种弯曲。但是，许多增强子距其控制的启动子比较近，其间的 DNA 更像僵硬的短棒，而

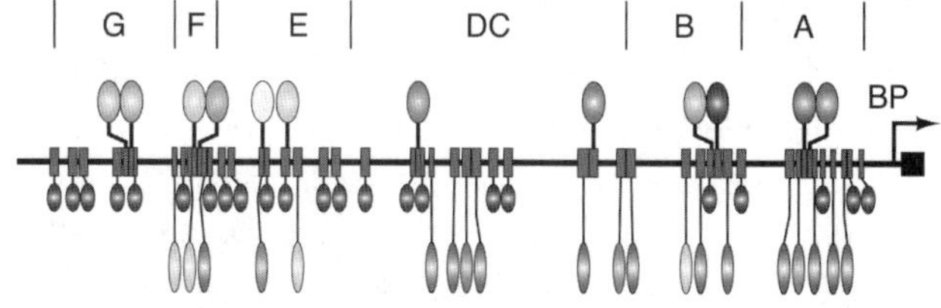

图 12.25 海胆 *Endo16* 基因多增强子模块的排布方式。大的彩色椭圆表示激活因子，小的蓝色椭圆表示结构转录因子，两者都结合到增强子元件上（红色框）。增强子呈簇状或模块排布，分别标记为 G、F、E、DC、B 和 A。长垂直线代表不同模块的区分位置。BP 代表“基本启动子”。［*Source*：Adapted from Romano，L. A. and G. A. Wray，Conversation of Endo 16 expression in sea urchins despite evolutionary divergence in both cis and trans-acting components of transcriptional regulation，*Development* 130（17）：4189，2003.］

不是“柔韧的带子”，在此情况下，DNA 环凸不会自然发生。

那么，紧密结合在一小段 DNA 上的激活因子和转录因子如何相互作用来刺激转录呢？如果中间有其他因子干扰促使 DNA 分子进一步弯曲，那它们仍能相互靠近。我们已经遇到几个关于**构架转录因子**（architectural transcription factor）的实例，其主要作用是改变 DNA 调控区的形状，以便其他蛋白质之间能相互作用刺激转录。Rudolf Grosschedl 及同事首先提供了一个真核生物构架转录因子的例子，人的 T 淋巴细胞受体 α 链（TCRα）基因的调控区含有三个位于转录起点上游 112bp 以内的增强子，分别为激活因子 Ets-1、LEF-1 和 CREB 的结合位点（图 12.26）。

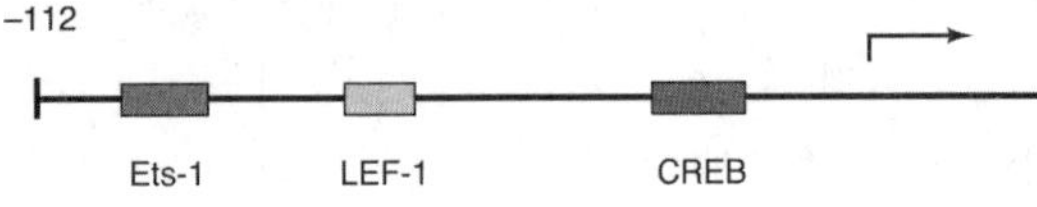

图 12.26 人的 T 细胞受体 α 链（TCRα）基因的调控区。 在转录起点上游 112bp 以内有三个增强子元件，分别与 Ets-1、LEF-1 及 CREB 结合。这三个增强子以其结合的转录因子而非自己的名字来区分。

LEF-1 是淋巴增强子结合因子，它结合图 12.26 中间的增强子，帮助激活 TCRα 基因。然而，Grosschedl 及其合作者证实，LEF-1 自身不能激活 TCRα 基因。那么它如何起作用呢？仍由 Grosschedl 及其合作者证实，LEF-1 通过与增强子的小沟结合将 DNA 分子弯曲 130°。

他们用两种方法证实了与增强子小沟的结合。首先，对增强子的 6 个腺嘌呤的 N3（位于 DNA 小沟）甲基化可干扰增强子的功能。然后，将这 6 对 A-T 换成 6 对 I-C（它们的小沟看起来相同），不减弱增强子活性。这与 Stark 和 Hawley 证明 TBP 与 TATA 框小沟结合的策略（第 11 章）相同。

Grosschedl 及同事采用与 Wu 和 Crothers 相同的电泳检测法（为显示 CAP 蛋白可使乳糖操纵子弯曲，第 7 章），证明了 LEF-1 可以使 DNA 弯曲。将 LEF-1 结合位点置于线性 DNA 片段的不同位置，并与 LEF-1 结合，然后检测其电泳迁移率。当结合位点在 DNA 片段中部时，泳动受到很大阻滞，这表明此时 LEF-1 使 DNA 产生了显著的弯曲。

他们还进一步证实了 DNA 分子的弯曲是位于 LEF-1 上的 **HMG 域**（HMG domain）所致。**HMG 蛋白**（high mobility group）是一类具有高迁移率的小核蛋白。为证明 LEF-1 的 HMG 域的重要性，研究人员制备了只含 HMG 域的纯多肽，并显示此肽与全长蛋白一样能使 DNA 分子弯曲 130°。将迁移速率曲线外推至最大速率点［此时致弯元件（bend-inducing element）正好在 DNA 片段的末端］后发现弯曲发生在 LEF-1 的结合位点上。由于 LEF-1 本身不能增强转录，因此可能通过使 DNA 弯曲而间接发挥作用。这样就可能使其他激活因子结合启动子的基本转录装置从而增强转录。

小结 激活因子 LEF-1 通过其 HMG 域与靶 DNA 的小沟结合并诱导 DNA 产生强烈弯曲。LEF-1 自身不能增强转录水平，但其所致的 DNA 弯曲可能有助于其他激活因子及通用转录因子的结合与相互作用，以刺激转录。

增强体

我们已经讨论了几个增强子的例子，涵盖有从模块及伸展的海胆 *Endo 16* 增强子到紧凑的 TCRα 增强子。我们看到 *Endo 16* 基因的转录对不同组合的激活因子有不同的响应，这也意味着 *Endo 16* 基因能够被不同组合的激活因子所激活。但并不是所有增强子都是如此发挥作用。Tom Maniatis 及同事研究了一个增强子——人 β-干扰素（IFN-β）增强子，它响应病毒感染，其大小和复杂性完全是另一个极端。此增强子只含有 8 个多肽的结合位点，2 个来自异源二聚体 ATF-2/cJun，4 个来自各 2 个拷贝的干扰素应答因子 IRF-3 和 IRF-7，另外 2 个来自异源二聚体**核因子 kappa B**（NFκB），它由 p50 和 RelA 2 个亚基组成。这些蛋白质通过一个被称为 CREB 结合蛋白（CBP）或其同类蛋白 p300 的辅激活因子与启动子上的蛋白质相互作用。

不同于 *Endo 16* 增强子，IFN-β 增强子只有当其所有的激活因子都同时存在于一个细胞中时才起作用。这很重要，因为所有这些激活因子可激活多种基因且存在于各种细胞中。然而，IFN-β 基因只有当需要时，即当细胞被病毒袭击时，才会被强烈激活。这种对激活因子同时存在的需求解释了这一悖论，因为只有在病毒感染的细胞中所有激活因子才同时呈现。

在 IFN-β 激活中起重要作用的另一个蛋白质是 HMG 家族的另一个成员——**HMGA1a**。不像 LEF-1，HMGA1a 型蛋白不使 DNA 弯曲，但调控富 A-T 的 DNA 的自然弯曲。HMGA1a 对 IFN-β 基因的激活是必需的，其作用是保证其他激活因子协同结合至增强子上。

IFN-β 增强子协同性地结合多个激活因子并需要另一个能调控 DNA 弯曲的蛋白质，这一现象产生了**增强体**（enhanceosome）的概念。增强体是结合在增强子上的一系列蛋白质的集合体，所有这些蛋白质对复合体形成特定形状以有效激活转录都是必需的。增强体的最初概念是认为在增强体中的 DNA 将显著弯曲。然而，我们现在知道 HMGA1a 并不弯曲 DNA，而且我们将很快看到它甚至不是 IFN-β 增强体的一部分，因此增强体中有强烈弯曲的 DNA 的想法是不成立的。

的确，2007 年，Maniatis 及同事组装了由两部分组成的 IFN-β 增强体的晶体结构（图 12.27），一半是根据组成增强体一半结构的 IRF-3、IRF-7 和 NF6B 的 DNA 结合域，另一半是原来已经确定的结构。他们发现增强体中的 DNA 基本是直的，只有一些轻微的起伏。IFN-β 增强子包含 4 个 HMGA1a 结合位点，但是该蛋白质显然不与其他所有激活因子结合，在最终的增强体中根本就没有它的位置。但晶体结构的确强调了 HMGA1a 在将其他激活因子协同性地结合到增强子中所起的作用。该结构显示，尽管激活因子都相互靠近地结合在一起，但它们只在很小程度上相互作用。因此，HMGA1a 可能通过瞬时与 DNA 及其他激活因子结合并使它们互相靠近而刺激协同作用。

小结 增强体是一种核蛋白复合物，是包含结合在增强子上的激活因子的集合，以此刺激转录。典型的增强体如 IFN-β 增强子，它的结构包括协同性地结合在一段基本呈直线的 55bp DNA 上的 8 个多肽。HMGA1a 对协同结合是必需的，但却不是最终增强体的组成部分。

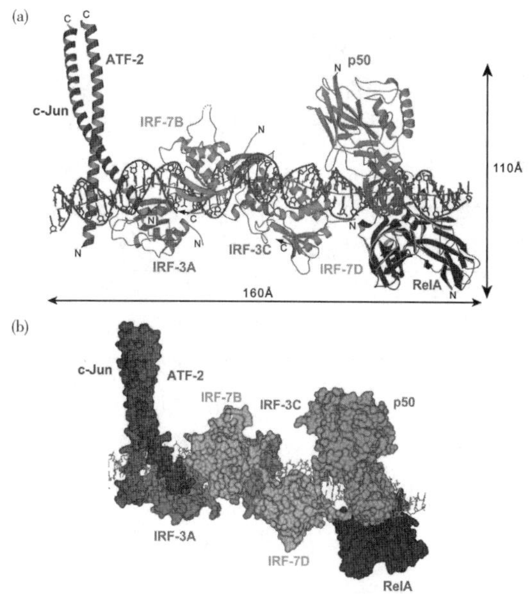

图 12.27 人 IFN-β 增强体模型。(a) 显示增强体中 DNA 轻微起伏形状的丝带图，其中局部轴线由红色点线标出。两个 IRF-3 分子标为 IRF-3A 和 IRF-3C，2 个 IRF-7 分子标为 IRF-7B 和 IRF-7D。所有激活因子在 DNA 序列上的重叠结合位点显示于图下方。**(b)** 增强体的分子表面图，其方位与 (a) 图一致。(*Source*：Reprinted from *Cell*，Vol. 129，Panne et al，An Atomic Model of the Interferon-b Enhanceosome，Issue 6，15 June 2007，pages 1111-1123，© 2007，with permission from Elsevier.)

绝缘子

我们知道，增强子能对距离很远的启动子产生作用。例如，果蝇 *cut* 基因位点的翅缘增强子与启动子相隔约 85kb。在这么远的范围，某些增强子可能与其他不相关基因靠得足够近，并产生激活作用。细胞怎样阻止这种不应有的激活呢？在高等生物中（至少包括果蝇和哺乳动物）是利用一种叫**绝缘子**（insulator）的 DNA 元件阻止附近增强子对无关基因的激活作用。

Gary Felsenfeld 将绝缘子定义为“相邻元件相互影响的阻碍物”。当绝缘子能够保护基因免受附近增强子的激活作用时，叫做**增强子屏蔽性绝缘子**（enhancer blocking insulator）。当绝缘子阻止染色质浓缩对靶基因的侵蚀作用时叫做**阻碍物绝缘子**（barrier insulator）。尽管大多数绝缘子能保护基因免受附近增强子或沉默子（silenser）的激活或抑制作用，但并非所有绝缘子都同时具有增强子屏蔽和阻碍物功能。某些绝缘子被特化为只有其中一种功能。酵母中对靠近着丝粒处的沉默子起阻碍作用的DNA元件就是一个只有阻碍物功能的绝缘子的典型例子。

绝缘子是如何作用的？其机制目前还不清楚。但我们知道绝缘子能够定义DNA结构域之间的边界。因此，在增强子和启动子之间加入绝缘子可破坏原有的激活作用。同样，在沉默子和基因之间插入绝缘子会消除抑制作用。所以，绝缘子似乎是在基因区和增强子区（或沉默子区）形成一个边界，使基因不能感受到激活（或抑制）作用（图12.28）。

我们也知道，绝缘子的作用取决于所结合蛋白质的特性。例如，某种果蝇绝缘子包含GAGA序列，被称为**GAGA框**（GAGA box），需GAGA-结合蛋白**Trl**产生绝缘子活性。遗传学实验证明，GAGA框本身发生突变或*trl*基因（编码Trl蛋白）突变都能使绝缘子丧失活性。

可以推测绝缘子有多种作用机制，但最不可能的是绝缘子诱导其上游染色质形成沉默的、浓缩结构域。否则，位于绝缘子上游的基因将总是被沉默了。对果蝇的实验表明这样的上游基因仍有潜在活性，并能被增强子激活。

图12.29给出了绝缘子作用的另外两种模型。在第一种模型中，信号从增强子逐渐向启动子移动，而中间的绝缘子阻止了该信号的前行。第二种模型需要位于增强子两端的绝缘子间的相互作用，结果是增强子被隔绝在环形结构中，使其不能与启动子相互作用。

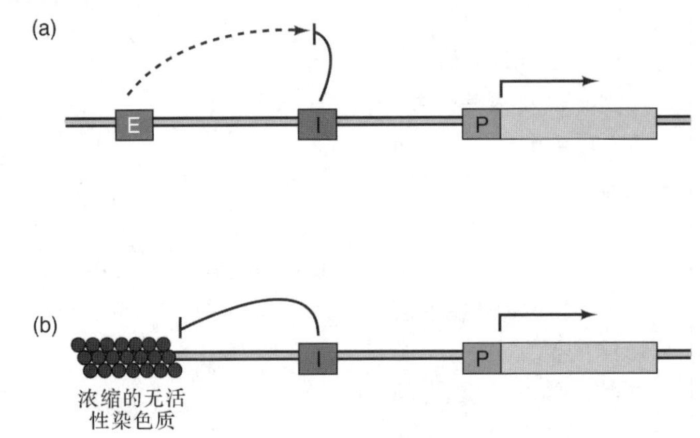

图12.28 绝缘子的功能。(a) 增强子的屏障活性。在启动子和增强子之间的绝缘子阻止启动子感受增强子的转录激活作用。**(b)** 阻碍物活性。在启动子和浓缩、阻遏状态的染色质之间的绝缘子可阻止启动子受浓缩染色质（由沉默子诱导）对基因转录的阻遏作用（实际上是阻止浓缩染色质侵蚀启动子）。

第一种假说很难解释J. Krebs和Dunaway的实验结果，该实验在概念上与前面介绍的Dunaway和Dröge的实验相近。在那个实验中（见图12.20），Dunaway和Dröge将启动子和增强子分别置于连环体的两个不同的DNA环上，并显示增强子仍有活性。后续实验中，Krebs和Dunaway仍使用相同的连环体，但将两个果蝇的绝缘子——*scs*和*scs′*置于增强子或启动子两端。发现这两种情况中，绝缘子都阻止增强子的活性。而单一绝缘子在任一连环体质粒中对增强作用均无效。Dunaway小组的两个实验是一致的，即只有当信号从一个DNA环跃至另一个环时，信号才能从增强子传向启动子。

也存在反对第二种假说的争议。其中主要的论点是，某些绝缘子以单拷贝形式起作用，并不一定要有两个绝缘子分布在增强子的两侧，但有可能在这些实验中的第二个绝缘子未被鉴定出来。第二个绝缘子可吸引新蛋白与结合了已知绝缘子的蛋白质相互作用，染色质因此而被环化，以阻止增强子与位于同一侧的启动子的相互作用。

Haini Cai和Ping Shen的实验支持这一假

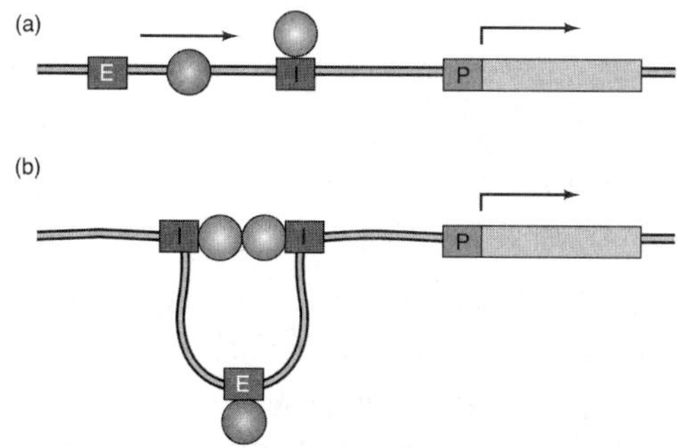

图 12.29 绝缘子活性机制的两种假说。(a) 滑动模型。激活因子结合到增强子上，刺激信号（绿色）或转录激活因子本身沿 DNA 滑向启动子。绝缘子（红色）可能与一个或多个附着的蛋白质一起，阻挡滑向启动子的信号。**(b)** 环化模型。两个绝缘子（红色）位于增强子的两侧，当蛋白质（紫色）结合绝缘子后，它们相互作用，将增强子隔离在环中，使其不能激活附近启动子（橙色）的转录。

说。他们在增强子和启动子之间插入一个已知的果蝇绝缘子［su（Hw），毛翅基因抑制子］，观察到绝缘子有一定的作用（增强效果减弱）。但是，将两拷贝的绝缘子插入同一位置时，绝缘子没有活性。最后，他们将两个 su（Hw）绝缘子分别插入增强子的两侧，结果检测到最大的绝缘子抑制活性。另外，Su（Hw）绝缘子是被称为 *gypsy* 的反转录转座子（第 23 章）的一部分。此绝缘子结合的蛋白质被称为 Su（Hw）。

图 12.30 说明了 Cai 和 Shen 对实验结果的解释。图 12.30（a）表示单个绝缘子的情况。该绝缘子与一个未知绝缘子（I）（在增强子上游的某处）连接起来抑制增强子的作用。图 12.30（b）显示在增强子两端各有一个绝缘子的情况。蛋白质与绝缘子结合，促使 DNA 环化，使增强子被独立出来不再与启动子相互作用。图 12.30（c）表明结合在增强子和启动子间的两个相邻绝缘子上的蛋白质相互作用使其间的 DNA 环化，但这不干扰增强子的作用；相反，由于使增强子更靠近启动子，转录增强的效果更显著。

在 2001 年的同一时间，Vincenzo Pirrotta 及其合作者报道了他们利用单拷贝和多拷贝 su（Hw）绝缘子，对果蝇不同启动子开展的相同

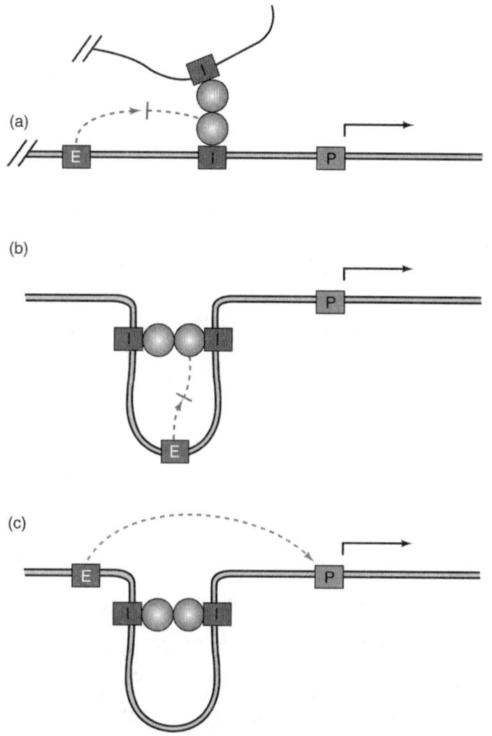

图 12.30 多绝缘子的作用模型。(a) 在增强子（E，蓝色）和启动子（P，橙色）之间的单一绝缘子（I，红色）结合着蛋白质（紫色），这些蛋白质再与其他的结合同种或异种绝缘子的蛋白质相互作用，使增强子与启动子隔开，阻止了转录增强作用。**(b)** 增强子两侧的两个绝缘子上所结合的蛋白质相互作用，使 DNA 环化，隔开增强子和启动子，阻止转录增强。**(c)** 在增强子和启动子间的两个或多个绝缘子上所结合的蛋白质之间相互作用使 DNA 环化，但未隔开增强子，反而使增强子更靠近启动子，结果使两个绝缘子的作用相互抵消，不阻止转录的增强。这里，增强子和启动子可能通过 DNA 环化而靠近并相互作用，这里未详述。［*Source*：Adapted from Cai，H. N. and P. Shen，Effects of *cis* arrangement of chromatin insulators on enhancer-blocking activity. *Science* 291（2001）p. 495，（4. ）］

实验及相同结果。随后，他们增加了新内容，利用两个串联的不同基因，以及三个上游增强子及处于不同位置的 1～3 个绝缘子，替代了只有一个基因的情况。这两个基因分别是 *yellow* 和 *white*，它在成年果蝇分别产生黑体色和黑翅色、红眼。当 *yellow* 失活（或突变）时，黑色素不能形成，后代身体和翅均为黄色而非黑色。当 *white* 基因失活（或突变）时，红眼色素不能合成，后代的眼睛为白色。

图 12.31 是 Pirrotta 及同事构建的载体及实验结果。第一个载体（EyeSYW）包含位于增强子和两个基因之间的单拷贝绝缘子。正如 Cai 和 Shen 的模型所预测的，绝缘子阻止增强子对两个基因的激活。第二个载体（EyeYSW）的绝缘子位于 *yellow* 和 *white* 基因之间。又如所预料，*yellow* 基因被激活，而 *white* 基因则没有。

第三个载体（EyeSYSW）是将两个绝缘子分别位于 *yellow* 基因的两侧，这一点更让人感兴趣。结果表明，*yellow* 基因未被激活，而 *white* 基因被激活了。Cai 和 Shen 的模型仍然与这些结果相吻合：位于 *yellow* 基因两侧的绝缘子阻止了该基因的激活，但他们将两个绝缘子一起置于增强子和 *white* 基因之间，绝缘子的作用抵消了，增强子激活了 *white* 基因。可见，当两个绝缘子的相互作用抵消了它们对 *white* 基因的作用时，绝缘子自身并没有真正地失活，两个绝缘子仍可阻止中间的 *yellow* 基因失活。第四个载体（EyeSYWS）是两个绝缘子分别位于 *yellow* 和 *white* 基因的两侧。果然，绝缘子同时阻止了两个基因的激活。

最后，第五个载体（EyeSFSYSW）含有三个绝缘子，其中两个位于增强子和 *yellow* 基因之间，另一个在 *yellow* 和 *white* 基因之间。结果是两个基因都被激活。可见，增强子和基因间的两个至多个绝缘子拷贝可中和绝缘子的作用（在增强子和 *yellow* 之间有两个拷贝，增强子和 *white* 之间有三个拷贝）。我们可能会预期 *yellow* 基因上游的两个绝缘子彼此作用相互中和，允许 *yellow* 基因激活，而 *yellow* 和 *white* 基因间的绝缘子可能阻止 *white* 基因激活。事实是三个绝缘子均失去了作用，两个基因均被激活。因此，该实验表明，两个串联绝缘子的失活并非因为两者间简单的互斥作用造成。在某种程度上，结合于三个绝缘子的蛋白质之间的相互作用使上游增强子行使功能。

所有这些增强作用和隔离作用的结果都可以用图 12.30 的 DNA 成环模型很容易地解释。但 DNA 成环并非唯一解释。截至目前的实验证据还不能排除用某种追踪机制［见图 12.20（d）］解释增强效应。在增强子和启动子间放一个绝缘子，就能阻挡结合于增强子的蛋白向启动子的追踪。那么如何解释在增强子和启动子间的两个或多个绝缘子的抵消效应呢？一种方法是采用**绝缘体**（insulator body，由两个或

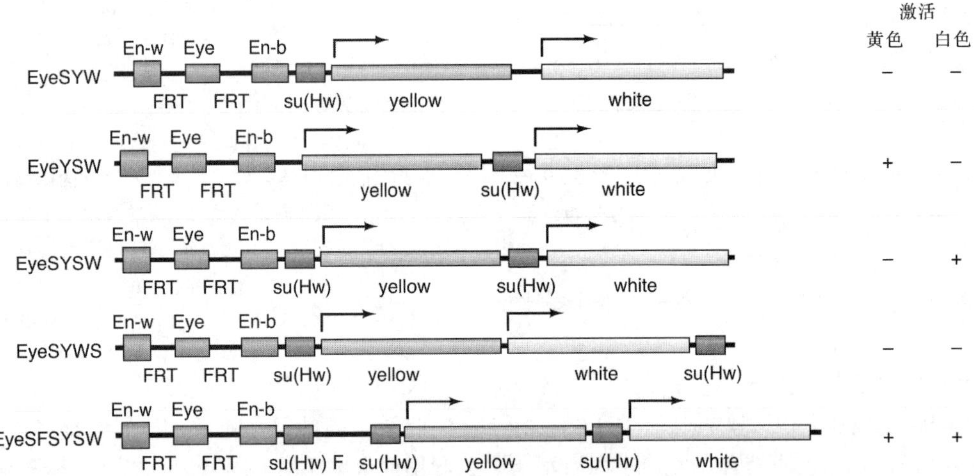

图 12.31　果蝇两个前后排列基因上的绝缘子的作用。左边图示重组基因结构，结果（*yellow* 和 *white* 基因转录激活［+］或者无转录激活［−］）标示在右边。重组基因的名字都以 Eye 开头，它表示 *yellow* 和 *white* 两个基因上游调控区的 3 个增强子（蓝色）中的眼睛特异性增强子。S、Y 和 W 分别代表绝缘子［su（HW），红色］、*yellow* 基因和 *white* 基因。字母在重组基因名称中的位置表示其相应元件的位置。Pirrotta 等将重组基因转入果蝇胚胎中，并观察其体色和翅色（*yellow* 基因活性）和眼色（*white* 基因活性）的变化。［*Source*：Adapted from Muravyova，E.，A. Golovnin，E. Gracheva，A. Parshikov，T. Belenkaya，V. Pirotta，and P. Georgiev，Loss of insulator activity by paired Su（Hw）Chromatin Insultators. *Science* 291（2001）p. 497，f. 2.］

多个绝缘子与其结合的蛋白质所形成的聚合体，这些蛋白质在细胞核周围已检测到）。尽管认为绝缘体的形成在绝缘子活性中起关键作用，但目前还没有关于绝缘体作用机制的可接受的假说。在这种情况下，不能排除这种可能，即两个或多个绝缘子（增强子和启动子间）与其结合蛋白之间以某种方式相互作用，阻止了绝缘子与绝缘体的结合，进而阻止了绝缘子活性。

另一个由 Pfeifer 及同事提出的绝缘子活性的模型是绝缘子通过其自身与这些染色体元件之间的结合阻止增强子与启动子的结合。当然，不是与 DNA 本身结合，而是与结合在这些 DNA 区域上的蛋白质相互作用。正如我们在本章前面所了解到的，Pfeifer 及同事表明当 *Igf2* 基因被激活时，其增强子和启动子被 DNA 环化拉到一起，而当该基因沉默时则不会发生此现象。而且，我们知道该基因的母本拷贝被印记所沉默（见知识窗 12.1），而父本基因拷贝在胎儿肌肉和肝脏细胞中仍然活跃。

早在 2007 年就已经知道母本中 *Igf2* 基因的沉默依赖于**印记调控区**［imprinting control region，**ICR**，回顾图 12.22（a）］。而且，*ICR* 对母本基因的沉默通过发挥绝缘子功能而屏蔽邻近两个增强子对母本 *Igf2* 启动子的激活效应。*ICR* 绝缘子结合 CTCF（CCCTC 结合因子，一个遍及脊椎动物基因组中、常见的与各种绝缘子相互作用的绝缘子结合蛋白）。Pfeifer 和同事及其他科学家以前的研究业已证明，从母本染色体中除去 *ICR* 也能使母本增强子与 *Igf2* 启动子结合。这也支持了增强子与启动子间的物理结合对增强子活性是必需因素的假说，而 *ICR* 绝缘子阻止了这种必要的结合。

但 *ICR* 绝缘子是如何阻止 *Igf2* 增强子与启动子间的结合呢？Pfeifer 及同事提出结合在绝缘子上的 CTCF 与增强子和启动子相互作用，或通过分别与它们结合的蛋白质，阻止二者相互作用（图 12.32）。为证明此假说，他们通过加入或不加绝缘子分别对母本和父本进行了 3C 实验和 RFLP 分析，结果显示绝缘子的确与增强子和启动子发生了相互作用，但只在母本染色体上发生了 *Igf2* 基因的转录沉默。

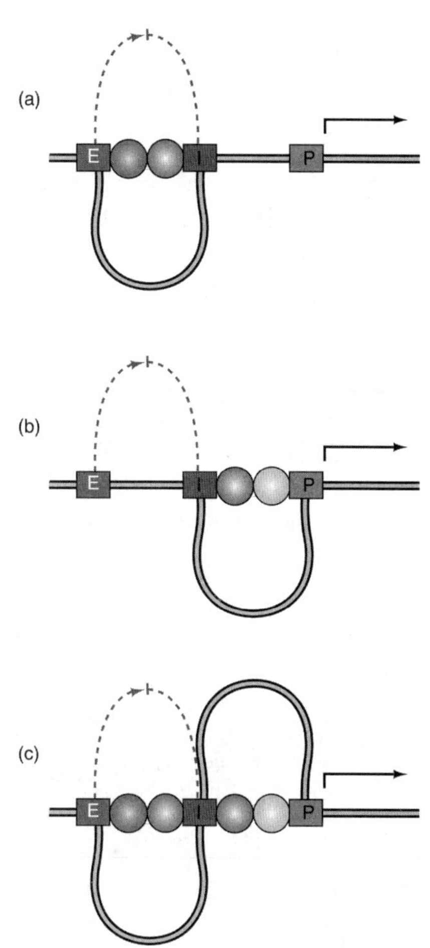

图 12.32 绝缘子通过结合增强子和（或）启动子作用的模型。(a) 绝缘子结合在增强子上（通过分别与它们所结合的蛋白质）阻止其与启动子相互作用。**(b)** 绝缘子与启动子结合（也是通过分别与它们所结合的蛋白质）阻止其与增强子相互作用。**(c)** 绝缘子与启动子和增强子结合（通过分别与它们所结合的蛋白质）阻止它们之间的相互作用。

因此，至少在这一系统中，绝缘子的作用似乎依赖于绝缘子与增强子和启动子间的相互作用，从而使增强子和启动子不能相互作用。在某种程度上，这是一个诱人的假说，但它作为绝缘子作用的一个全面解释仍存在很大的局限。首先，绝缘子依赖其所处位置。只有当其位于增强子和启动子之间时才能阻止增强子的作用。在本例中，*ICR* 绝缘子阻止了增强子激活 *Igf2* 启动子的转录，但对 *H19* 启动子不起作用。并不清楚为什么 *ICR* 绝缘子位于 *Igf2*

启动子和增强子之间的位置导致其只与此类启动子发生互作，而不与位置十分靠近的 *H19* 启动子发生互作。其次，绝缘子不能使增强子失活。它们阻止增强子对某一组启动子的作用（如 *Igf2* 启动子），却仍能激活另一种启动子（如 *H19* 启动子）的转录。还不清楚绝缘子如何结合在 *Igf2* 增强子和启动子上从而阻止二者相互作用，但仍允许它们与其他染色体成分（如 *H19* 启动子）的有效作用。

最后，你也许奇怪为什么 *Igf2* 基因的父本拷贝不受绝缘子的影响。在精子形成前后，父本 *ICR* 被甲基化，因此不能结合 CTCF。没有绝缘子结合蛋白，绝缘子就不起作用，从而使增强子可以激活父本 *Igf2* 启动子的转录。因此，绝缘子的甲基化与其移除具有同等功效。

或许总结我们对绝缘子认识的最好方法就是承认绝缘子的作用机制不止一种。有些绝缘子以一种方式作用，而另一些绝缘子以其他方式发挥作用。

小结 绝缘子是一种 DNA 元件，可屏蔽增强子对基因的激活作用（增强子屏蔽活性），或沉默子对基因的抑制作用（障碍物活性）。有些绝缘子兼具以上两种功能，有些则只具其中一个功能。绝缘子可能通过成对合作发挥作用，两个绝缘子上结合的蛋白质相互作用形成 DNA 环，这种环可隔离增强子和沉默子，使其不能再激活或抑制启动子。这样，绝缘子可能在染色体的不同 DNA 区域间形成边界。当两个或更多绝缘子同时位于启动子和增强子之间时，彼此的作用相互抵消，可能是通过其上的结合蛋白相互作用，从而阻止 DNA 成环对增强子与启动子的隔离来完成的。另一种情况是，相邻绝缘子结合蛋白间的相互作用阻止绝缘子与绝缘体的结合，这将阻止绝缘子活性。绝缘子也可对信号沿染色体从增强子向沉默子间的传递起阻碍作用。此信号的本质虽不确定，但可能是一种滑动蛋白或染色质上的滑动（和生长）环。最后，增强子结合绝缘子可能通过结合与增强子和启动子上的蛋白质和（或）DNA 相互作用的蛋白质而起作用，从而阻止这些增强子和启动子之间的相互作用，导致转录不能有效进行。

12.6 转录因子的调控

转录因子可正向或负向调控转录。那么这些调控因子又由谁来调控呢？本章前面已经提及过这种例子，在本章后面及第 13 章还会看到其他例子。现将其归类如下。

- 如本章前面学过的，核受体（如糖皮质激素受体）与其配体（如糖皮质激素）的结合可促使胞质受体与抑制性蛋白的解离，受体转移到细胞核并激活转录。
- 在第 13 章将看到，核受体与配体的结合可使核受体从转录阻遏物转变为激活因子。
- 激活因子的磷酸化（phosphorylation）使其与辅激活因子相互作用，激活转录。
- 转录因子泛素化（ubiquitylation）（使其附加泛素多肽）可将其标记并被蛋白酶水解。
- 或者，转录因子泛素化激活其转录活性而不是降解。
- 转录因子的 SUMO 修饰（sumoylation，使其附加 SUMO 多肽）可将其导入细胞核的区室里，使其活性不能表达。
- 转录因子甲基化（methylation）能调节其活性。
- 转录激活因子乙酰化（acetylation）能调节其活性。

让我们来讨论一下其中的一些调控现象。

辅激活因子

某些Ⅱ类激活因子也许自身就能募集基本转录复合体，这可能是通过结合一种或多种通用转录因子或 RNA 聚合酶而实现的，但多数转录因子却不行。Roger Kornberg 及同事首先提供了相关的证据。在 1989 年和 1990 年，他们在研究**激活因子干扰**（activator interference）或**激活因子压制**（squelching）现象时，发现一定有其他因素介入其中。在体外转录实验中，当增加一个激活因子的浓度来抑制另一个激活因子的活性时（也许是因为两种转录激活因子必须竞争某种稀有因子），就会发生压制现象。这种限制因子的合适候选者可能是某种通用转录因子，但 Kornberg 及同事发现加入大量通用转录因子并不能解除压制作用。这一事实表明，肯定存在另外的为两种激活因子所必需的某个因子。

那么，是什么因子呢？1990 年，Kornberg 及同事部分纯化了一种能解除激活因子压制作用的酵母蛋白，1991 年，他们进一步纯化了该因子并直接证明它有**辅激活因子**（coactivator）活性，即在体外可刺激被激活的转录，但不是本底水平的转录。他们称其为**中介物**（mediator），因为它能介导激活因子的效应（我们在第 11 章中关于聚合酶Ⅱ全酶的内容提到过中介物）。

Kornberg 及同事利用酵母 *CYC1* 基因启动子和一个 GAL4 结合位点驱动的无 G 框转录（第 5 章）进行转录分析，在激活因子 GAL4-VP16（嵌合激活因子，带有 GAL4 的 DNA 结合域及 VP16 的转录激活域）有或无的条件下不断增加中介物的浓度。图 12.33 显示，在无激活因子的条件下，中介物对转录没有影响（泳道 3～6），而在有激活因子时，中介物对转录有极大的促进作用（泳道 7～10）。用酵母激活因子 GCN4 所进行的类似实验，结果与此一致，显示中介物能与不止一个具有酸性激活域的激活因子协同。

类中介物复合体（mediator-like complex）也已从高等真核生物（包括人）纯化出来。其中一个中介物由两个小组分别独立纯化出来，因此有两个不同的名字：**含 SRB 和 MED 的辅因子**（SRB and MED-containing cofactor，SMCC）、**甲状腺素受体相关蛋白**（thyroid-hormone-receptor-associated protein，**TRAP**）。SMCC/TRAP 是已知的哺乳动物的类中介物复合物中最多的一种，但也有其他因子在结构和功能上与中介物相关联。其中之一是 CRSP，我们将在后面对它进行讨论。

进一步研究显示，中介物及其同类物在活跃的Ⅱ类启动子处是不可或缺的参与者。的确，由于它们分布得如此广泛，以至于其可作为通用转录因子而非真正的辅激活因子。典型的辅激活因子（coactivator）是本身不具激活因子功能的蛋白质，但能协助一或多个激活因子激活一组基因的表达。

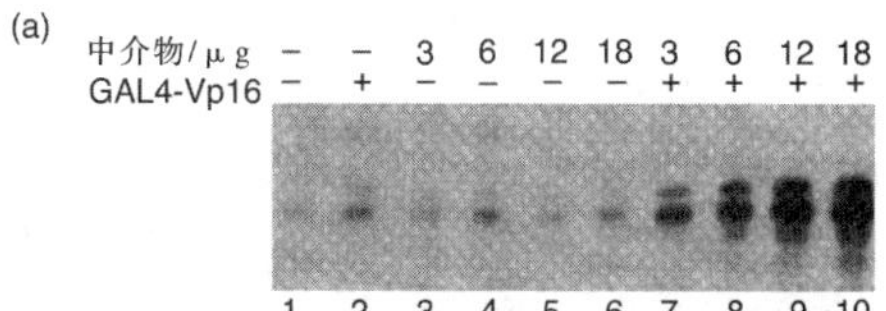

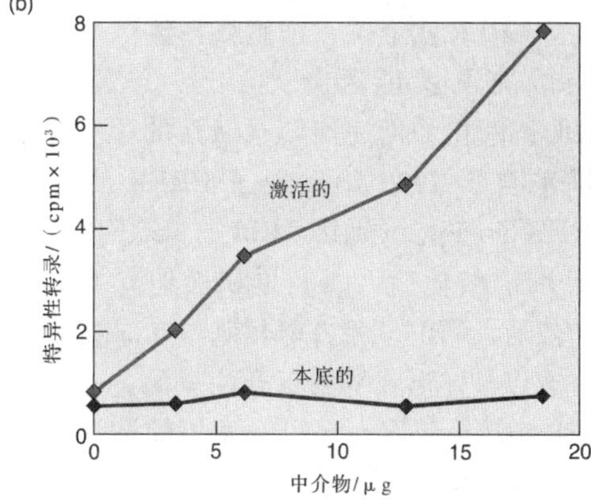

图 12.33 中介物的发现。Kornberg 及同事将酵母 *CYC1* 启动子置于 GAL4 结合位点的下游及无 G 框的上游，因此无 G 框的转录取决于 *CYC1* 启动子和 GAL4。然后在无 GTP 并加入不同浓度中介物［图(a) 顶部标出］，在无（－）或有（＋）激活因子 GAL4-VP16 条件下，体外转录以上重组载体。用一种被标记的核苷酸去标记体外转录物，电泳检测标记的 RNA。**(a)** 凝胶电泳的磷屏成像扫描图。**(b)** (a) 中结果的曲线图。注意，有激活因子时，中介物强烈地刺激转录，但对本底转录无激活效果。［*Source*：Flanagan，P. M.，R. J. Kelleher，3rd，M. H. Sayre，H. Tschochner，and R. D. Kornberg，A mediator required for activation of RNA polymerase Ⅱ transcription in vitro. *Nature* 350（4 Apr 1991）f. 2，p. 437. Copyright © Macmillan Magazines Ltd.］

例如，在第 7 章我们学过，环化腺苷酸（cAMP）刺激细菌操纵子转录是通过结合激活因子 CAP，并使 CAP 与位于操纵子调控区的激活因子靶位点结合而实现的。cAMP 也参与真核生物的转录激活，但并不直接作用，而是通过一系列**信号转导途径**（signal transduction pathway）发挥作用。当真核细胞中 cAMP 水平升高时，cAMP 激活**蛋白激酶 A**（protein kinase A，**PKA**），并使其进入细胞核。在细胞核内，PKA 使 **cAMP 应答元件结合蛋白**（cAMP response element-binding protein，**CREB**）磷酸化，随后 CREB 与 **cAMP 应答元件**（cAMP response element，**CRE**）结合，激活相关基因转录。

因为 CREB 磷酸化是转录激活所必需的，因此预期这种磷酸化会使 CREB 进入细胞核或更牢固地结合 CRE，但事实上这两种情况都不发生。CREB 就定位在细胞核，甚至在未磷酸化的情况下就能很好地结合 CRE。那么，CREB 磷酸化如何完成转录激活的呢？答案的关键来自于 1993 年发现了 **CREB 结合蛋白**（CREB-binding protein，**CBP**）。CREB 被蛋白激酶 A 磷酸化后，CBP 更积极地与 CREB 结合。然后，CBP 联系并募集基本转录装置的元件，或以整体形式募集聚合酶全酶。通过偶联 CREB 到转录装置上，CBP 发挥辅激活因子作用（图 12.34）。

自 1993 年发现 CBP 以来，已鉴定出许多辅激活因子。1999 年，Tjian 及同事分离出一种在体外转录中被转录因子 Sp1 所需要的辅因子（cofactor required for Sp1 activation，CRSP）。纯化该辅因子时，发现它有 9 个推测的亚基。用 SDS-PAGE 分离这些亚基，并转移至硝酸纤维素滤膜上，然后用蛋白酶水解各亚基，产生可测序的小肽段。测序结果显示，CRSP 的有些亚基是独有的，但多数与已知的辅激活因子相同或至少同源，如酵母中介物的亚基。因此，不同辅激活因子可能是由其他各种辅激活因子的亚基重新混合组配而成。中介物和 CRSP 可能有共同作用模式，两者都与 RNA 聚合酶Ⅱ的 CTD 结合。这种相互作用也许可以解释辅激活因子协助募集基本转录复合物的方式。

CBP 的辅激活因子作用不只限于 cAMP 应答基因，也适于核受体应答基因。这正好可以解释为什么不能检测到核受体转录激活域与任何通用转录因子间的直接作用。部分原因是核受体不直接接触基本转录装置，而是由 CBP 或其同源蛋白 **p300** 作为辅激活因子，协助将核受体和基本转录装置联系在一起。但 CBP 不能独立完成该任务，需另一家族的辅激活因子——**类固醇受体辅激活因子**（steroid receptor coactivator SRC family）合作进行。由于 SRC 的分子质量通常为 160kDa，该类蛋白质有时也称为 p160 家族。SRC 蛋白家族包括三个同源蛋白组 **SRC-1**、**SRC-2** 和 **SRC-3**，它们与结合有配体的核受体相互作用。这种相互作用发生在核受体的激活域和 SRC 蛋白链中部的所谓 LXXLL 框（其中 L 代表亮氨酸，X 代表其他任何氨基酸）之间。SRC 蛋白也可与 CBP 结合，帮助核受体募集 CBP，而 CBP 又进一步募集基本转录装置。首先发现的 SRC 家族成员是 SRC-1（图 12.35）。它与多种配体结合型受体相互作用，如孕激素受体（progestin receptor）、雌激素受体（estrogen receptor）、甲状腺激素受体（thyroid hormone receptor）。SRC-1 不仅介导核受体与 CBP 的相互作用，还募集**辅激活因子相关的精氨酸甲基转移酶**（coactivator-associated arginine methyltransferase，

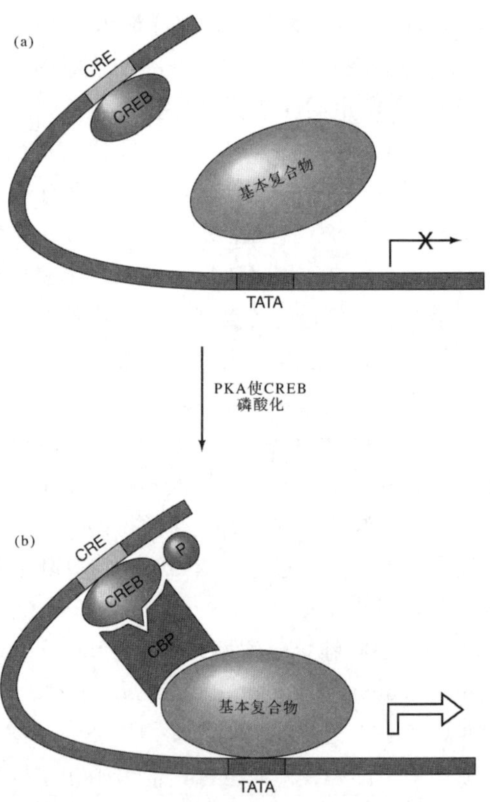

图 12.34 CRE 相连基因的激活模式。（a）未磷酸化的 CREB（青绿色）与 CRE 结合，但是基本转录复合物（RNA 聚合酶与通用转录因子，橙色）不能与启动子结合，甚至可能还未组装，基因不被激活。（b）PKA 将 CREB 磷酸化，并使其结合 CBP（红色）。随后，CBP 与基本转录复合物中至少一个组分结合，募集基本转录复合物到启动子上，此时转录被激活。

CARM1）。CARM1 使启动子附近的蛋白质甲基化并激活转录。稍后将讨论 CARM1 的功能。

还有一类重要的转录激活因子需要 CBP 做辅激活因子。多种生长因子和细胞胁迫起始的级联事件（另一类信号转导途径），可导致磷酸化及一种**分裂素激活蛋白激酶**（mitogen-activated protein kinase，**MAPK**）的激活。激活的 MAPK 进入细胞核并使激活因子，如 Sap-1a 和 AP-1 中的 Jun 单体发生磷酸化。这些激活因子随后利用 CBP 介导靶基因的激活，最终刺激细胞的分裂。

除了将基本转录装置募集到启动子上以外，CBP 还在基因激活方面发挥其他作用。CBP 具有很强的组蛋白乙酰转移酶活性，能将乙酰基附加到组蛋白上。在第 13 章将会看到，组蛋白通常是基因活性的阻遏物，而组蛋白乙酰化可使其松弛与 DNA 的结合，解除转录抑制作用。因此，激活因子与 CBP 在增强子上的结合使组蛋白乙酰转移酶靠近增强子，并使组蛋白乙酰化，从而激活邻近的基因。在第 13 章将详细讨论这一现象。

我们已经看到，CBP 和 p300 可作为很多激活因子（包括 CREB 和核受体）的辅激活因子。这表明 CREB 和核受体途径在利用相同的辅激活因子对不同基因的激活过程中可能存在竞争作用。Ronald Evans 及同事发现，细胞限制这种竞争作用的一种方法是 CBP/p300 的甲基化。

核受体不仅吸引 CBP/p300，还有其他几个蛋白，其中之一是 CARM1。在组蛋白被 CBP/p300（第 13 章）乙酰化后，CARM1 的甲基转移酶活性又使组蛋白上的精氨酸甲基化，这种甲基化具有转录激活作用。但是，CARM1 也能使 CBP/p300 自身的一个精氨酸甲基化。CBP/p300 的这个靶精氨酸位于 KIX 域内，这对募集 CREB 是必需的，但对核受体-CBP/p300 间的相互作用无影响。因此，CARM1 具有转录开关作用，通过阻断 CBP/p300 与 CREB 的相互作用而抑制 CREB 应答基因的转录；通过对邻近组蛋白的甲基化而激活核受体应答基因。

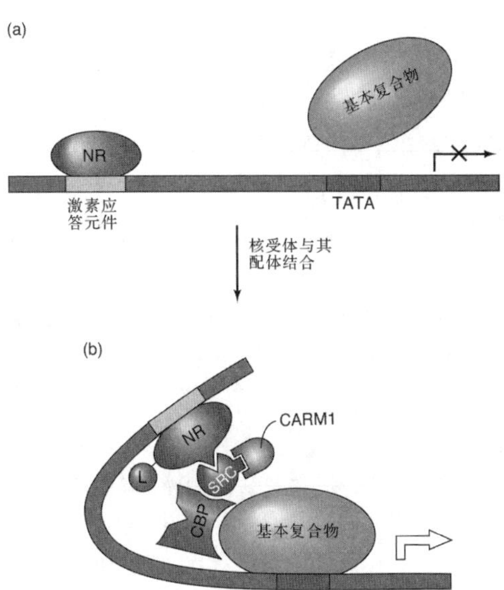

图 12.35 核受体激活基因的激活模型。(a) 未结合配体的核受体（NR）结合在其激素应答元件上，但不能与基本转录复合物接触，所以连接的基因不被激活。根据其类型，没有配体的核受体也能从 DNA 靶序列上解离。未结合配体的核受体在结合靶 DNA 后，也可有效地抑制转录。**(b)** 核受体与配体（L，紫色）结合，可以与 SRC 相互作用（绿色），SRC 又与 CBP 结合，而 CBP 又与基本转录装置的至少一个组分结合，并将转录装置募集到启动子上，激活转录。SRC 也与 CARM1（蓝色）结合，使启动子附近的蛋白质甲基化，进一步刺激转录。

小结 几种不同转录激活因子，包括 CREB、核受体及 AP-1，不是通过直接与基本转录装置结合来激活转录，而是与 CBP（或其同源蛋白 p300）结合，CBP 再与基本转录装置作用并将其募集到启动子上。与核受体响应元件结合的 CBP/p300 也能募集 CARM1，CARM1 使 CBP/p300 上与 CREB 相互作用的一个精氨酸甲基化，从而抑制 CREB 应答基因的激活。

激活因子的泛素化

有时，被激活的基因会因激活因子的降解而失活。例如，**LIM 同源异型域**（LIM homeodomain，**LIM-HD**）家族的转录因子与辅阻遏物及辅激活因子结合。这些辅激活因子被称为 **CLIM**，意为“LIM 的辅因子”，辅阻遏物被称为 **RLIM**，表示“环指 LIM 域-结合蛋白（RING finger LIM domain-binding protein）”。

CLIM蛋白能与RLIM蛋白发生对LIM-HD激活因子的结合竞争。那么RLIM蛋白是如何胜出并抑制被LIM-HD激活的基因的呢？答案可能在于RLIM蛋白具有使与LIM-HD结合的CLIM蛋白降解并取而代之的能力。RLIM蛋白降解CLIM蛋白的方法是，先结合CLIM再对其赖氨酸残基附加多拷贝的泛素（ubiquitin）小分子蛋白，形成**泛素化蛋白**（ubiquitylated protein）。一旦附加的泛素分子链足够长时，该蛋白质将被送入细胞质的**蛋白酶体**（proteasome）。蛋白酶体是个蛋白集合体，复合体的沉降系数为26S。蛋白酶体含有蛋白酶，可降解任何被送入蛋白酶体的泛素化蛋白。

与泛素相关的蛋白酶体的正常功能可能是质量控制（quality control）。据估计，有20％的细胞蛋白质由于转录或翻译错误而表现异常，这些异常蛋白质对细胞具有潜在破坏性。因此，在它们造成危害之前就被泛素标记并送至蛋白酶体进行降解。其他正确合成的蛋白质也能被氧化或高温等胁迫所变性。为此，细胞有一种**伴侣蛋白**（chaperone protein）能够去折叠，使变性蛋白重新正确折叠。有时变性很严重以至于不能重新正确折叠，这种情况下，变性蛋白将被泛素化，然后由蛋白酶体降解。

令人意外的是，泛素化对激活因子也有正效应。其中一个例子来自酵母的*MET*基因，它是含硫氨基酸（甲硫氨酸和半胱氨酸）合成所必需的。*MET*基因受甲酰供体浓度的调控，甲酰供体为硫-腺苷甲硫氨酸（*S*-adenosylmethionine，SAM或AdoMet）（第15章）。当SAM浓度低时，*MET*基因被激活因子Met4激活，当SAM浓度升高时，Met4被一个包括泛素化的过程所失活。这暗示Met4被泛素化并被蛋白酶体降解了，但情况并不是这么简单。

Met4的降解确实在其失活中起作用，但在一定条件下（培养基富含甲硫氨酸），Met4即使被泛素化，也依然维持稳定状态。但泛素化的Met4不能激活*MET*基因，也不再与*MET*基因正确结合，尽管它仍能结合并激活另一类叫做*SAM*的基因。因此，Met4的泛素化虽不能使其降解，但能导致其直接失活。这种失活作用是选择性的，它只影响Met4激活某些基因的能力，但不是全部。

几个研究显示，强转录因子倾向于被泛素化调节，接着被蛋白酶体降解。这样可快速关闭强激活因子对基因的高表达，为细胞对基因表达的调控提供了一定的灵活性。但同样，情况并不只是简单的蛋白质降解。有些激活因子被单泛素化（monoubiquitylation）（附加单个泛素分子）所激活，但对这种已多聚泛素化的激活因子可将其作为降解标记。

最近，越来越多的证据显示蛋白酶体在转录调控中的另一种功能。已经发现蛋白酶体的19S调节颗粒中的蛋白质在活跃的启动子上与转录因子结合在一起。而且，**19S颗粒**（19S particle）可强烈刺激体外转录的延伸。还有，19S颗粒的部分蛋白能够被激活因子GAL4募集到启动子上，包括ATP酶（蛋白质降解之前的折叠过程所必需，但不参与蛋白质水解）。因此，19S颗粒蛋白的激活效应可能与蛋白质水解无关。Joan Conaway及同事推测这种蛋白酶体蛋白通过使转录因子至少部分地去折叠，从而重塑模型以刺激转录的起始和（或）延伸。

小结 RLIM蛋白（LIM-HD的辅阻遏物）可结合LIM-HD的辅激活因子（如CLIM蛋白）并将其泛素化，结果使辅激活因子被26S蛋白酶体降解，由RLIM辅阻遏物代替CLIM的位置。某些激活因子泛素化（尤其是单一泛素化）具有激活效应，而多聚泛素化则使同一蛋白质标记为降解。蛋白酶体19S颗粒蛋白能通过重塑模型来激活转录因子，从而刺激转录。

激活因子的SUMO修饰

SUMO修饰（sumoylation）是在目标蛋白的赖氨酸残基上附加一个或多个拷贝的、具有101个氨基酸的多肽**泛素相关修饰因子SUMO**（small ubiquitin-related modifier,）。该过程的机制非常类似于泛素化，但结果却大相径庭。sumo修饰的激活因子不被降解，而是被送入特定的细胞核区室中，保持稳定但不能与其靶基因作用。

例如，某些激活因子包括早幼粒细胞白血病（promyelocytic leukemia，PML）通常就是SUMO

修饰后被隐藏在称为PML致癌基因域（POD）的核体（nuclear body）中。在早幼粒细胞白血病细胞中，POD受到干扰，释放的转录因子（包括PML）到达并激活靶基因，从而导致白血病。

另一个实例与Wnt信号转导途径有关，此途径结束于激活因子β-连环蛋白（β-catenin）进入细胞核并与结构转录因子LEF-1（本章前面介绍过）协同激活特定基因的转录。LEF-1可被SUMO修饰，隐藏于核体内。没有LEF-1，β-catenin无法激活其靶基因，Wnt信号因此被阻断。我们知道，LEF-1也可不依赖Wnt信号途径而激活其他基因，如IFN-β。这种激活也可因LEF-1的SUMO修饰被阻断。另一种观点认为，LEF-1也可与阻遏物（如Groucho）搭档，而这种阻遏作用也可能因LEF-1的SUMO修饰而阻断。

小结 某些激活因子可被SUMO修饰（偶联一个SUMO小蛋白），使其被隐藏于核体中，不能行使转录激活功能。

激活因子的乙酰化

第13章我们将介绍碱性蛋白质组蛋白与DNA结合可抑制转录的事件。我们早已知道组蛋白的赖氨酸残基可被组蛋白乙酰转移酶（HAT）乙酰化，从而减弱组蛋白的抑制活性。最近，研究人员已经证明HAT可使非组蛋白激活因子和阻遏物乙酰化，这对乙酰化蛋白的活性会产生正向或负向调控作用。

肿瘤抑制剂蛋白p53就是乙酰化刺激转录活性的一种激活因子。辅激活因子p300具有HAT活性，使p53乙酰化，p53活性的增加刺激了该激活因子靶基因的强烈转录。p300的HAT活性也使阻遏物BCL6乙酰化失活，其结果与激活因子的激活有同样效果，即转录激活。

小结 非组蛋白激活因子和阻遏物能被HAT乙酰化，这种乙酰化作用具有激活或抑制效应。

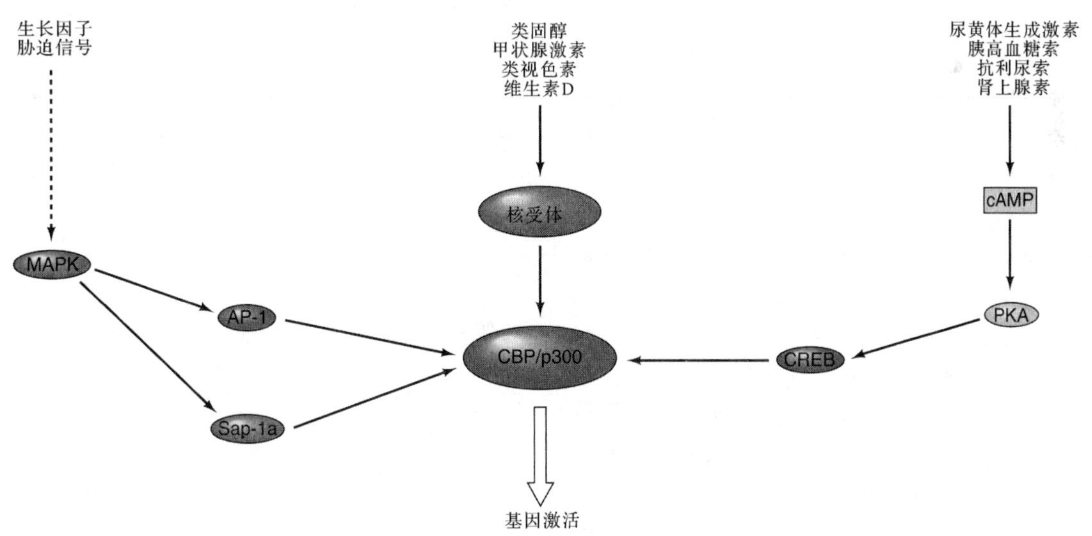

图12.36 CBP/P300的多种作用。 三种利用CBP/P300介导转录激活的信号转导途径均以CBP/P300（红色）为交汇中心。各组分的箭头仅表示在途经中所处的位置（如MAPK作用于AP-1），并不说明反应的本质（如磷酸化）。简洁起见，该图还省略了各途经的分支。例如，MAPK和PKA也使核受体磷酸化，尽管其重要性还不清楚。（*Source*：Adapted from Jankneht，R. and T. Hunter，Transcription：A growing coactivator network. *Nature* 383：23，1996. Copyright © 1996.）

信号转导途径

在前一节讲到 CREB、Jun 和 β-catenin 的磷酸化都是信号转导途径的结果。因此，信号转导途径对转录调控起主要作用。现在让我们进一步来学习信号转导途径的概念并探讨一些例子。细胞外包裹着半透膜（细胞膜），使内容物不会流失，并保护细胞不受外来有害物质侵害。细胞内部和外围环境之间的这一屏障意味着在进化中必需获得一种机制使细胞能感受周围环境条件变化并做出应答。信号转导途径提供了这种机制。通常细胞对环境的应答需要基因表达的改变，而信号转导途径最终会导致转录因子的激活，进而激活一系列基因的表达。

图 12.36 概括了三种信号转导途径：蛋白激酶 A 途径、Ras-Raf 途径、核受体途径。前两种途径主要通过蛋白质磷酸化的级联放大而激活各组分并最终激活转录。现在我们来详细探讨一下 Ras-Raf 途径，并了解该途径中异常组分如何使细胞生长失控并转为癌细胞的。

图 12.37 显示 Ras-Raf 途径，蛋白质名称是哺乳动物的。在不同生物（如熟知的果蝇）中，同一途径的蛋白质有不同的命名。信号途径开始于胞外因子（如与细胞膜受体相互作用的生长因子）的诱导。当胞外因子［如**表皮生长因子**（epidermal growth factor，**EGF**）］与其受体的胞外域结合后，刺激两个相邻受体使靠近并形成二聚体，进而引起受体的具有酪氨酸激酶活性的胞内域彼此磷酸化。值得注意的是，跨膜受体是如何将信号通过细胞膜传入细胞内的（拉丁语，*transducere*，意为“穿过”）。一旦受体的胞内域被磷酸化，磷酸酪氨酸分子就会吸引具有特异性磷酸酪氨酸结合位点（称为 **SH2 域**）的适配体蛋白，如 **GRB2**（读作“grab two”）。SH2 域用以命名致癌蛋白 $pp60^{src}$（能将正常细胞转为类肿瘤细胞）上相似的位点，SH 表示“Src 同源（Src homology）”。GRB2 还有一个域，叫做 **SH3**（也在 $pp60^{src}$ 中发现），它可吸引带有特殊疏水 α 螺旋的蛋白质，如 **Sos**。Sos 是一类 **Ras 交换因子**（Ras exchanger），能用 GTP 替换 **Ras** 上的 GDP，从而激活 Ras 蛋白。Ras 具有内在的 GTP 酶活性，能将 GTP 水解为 GDP 使 Ras 蛋白失活。这种 GTP 酶自身活性很弱，但能被 **GTP 酶激活物蛋白**（GTPase activator protein，**GAP**）强烈激活。因此，GAP 是此信号途径的抑制剂。

一旦激活，Ras 吸引另一个蛋白质 Raf 至细胞膜内表面，Raf 在这里被激活。Raf 是另一种蛋白激酶，将磷酸基团添加到丝氨酸而非酪氨酸上。Raf 的靶蛋白是另一种被称为 **MAPK/ERK 激酶**（MAPK/ERK kinase，**MEK**）的丝氨酸激酶。随后，MEK 又使另一种蛋白激酶**胞外细胞信号调控激酶**（extracellular-signal-regulated kinase，**ERK**）磷酸化并激活。激活的 ERK 可使大量胞质蛋白磷酸化，它还能进入细胞核使几种激活因子磷酸化并激活，包括 **Elk-1**。激活的 Elk-1 随后刺激促细胞分裂基因的转录。

至此，一个始于生长因子与细胞表面相互作用，止于促生长基因转录增强的信号转导途径可描述如下：

生长因子→受体→GRB2→Sos→Ras→Raf→MEK→ERK→Elk-1→转录增强→更多细胞分裂

毫不意外，该途径中编码许多组分的基因都是**原癌基因**（proto-oncogene）。原癌基因的突变将导致细胞生长失控及癌症。如果这些基因产生过多蛋白质产物或其产物活性过高，整个途径就会加快，从而导致细胞生长异常加快，最终引发癌症。

值得注意的是该途径中信号的放大功能。一个 EGF 分子能激活若干个 Ras 分子，而每个 Ras 分子又激活若干 Raf 分子。由于 Raf 及随后的组分全部是激酶，每种酶能激活多个下一级分子。最终，一分子 EGF 将激活大量转录因子，从而引爆新的转录。还应注意，这仅是由一个 Ras 途径产生的效果。事实上，途径上有很多分支点，从而形成网状结构。不同信号途径组分间的这种相互作用叫做**信号交流**（cross talk）。

小结 信号转导途径通常始于一个与细胞表面受体相互作用的信号分子，并由受体将信号送达胞内，从而导致基因表达的改变。许多信号转导途径，包括 Ras-Raf 途径，都依赖蛋白质磷酸化在蛋白质之间传递信号分子，并使信号在每一步得到放大。

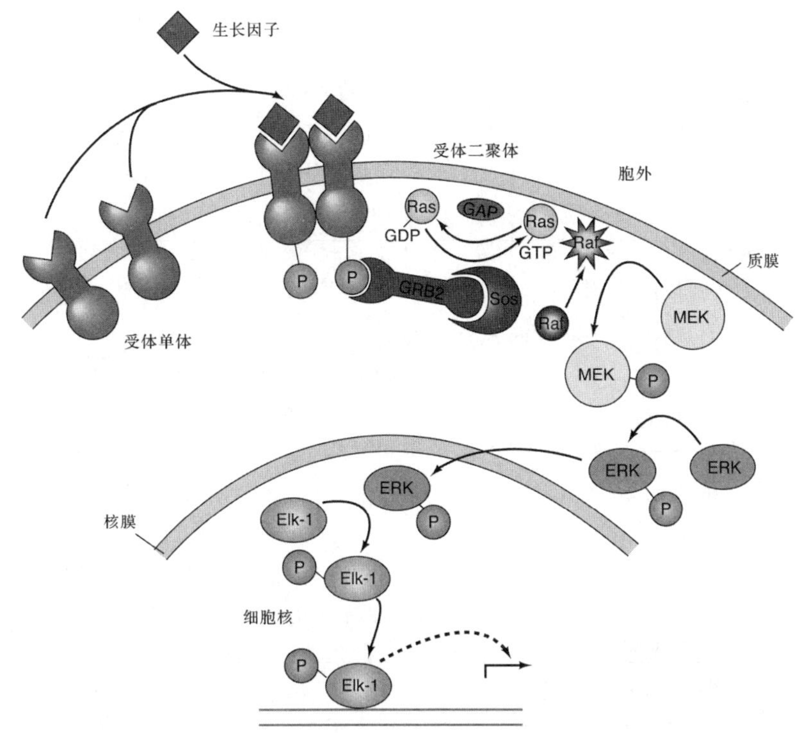

图 12.37　含有 Ras 和 Raf 的信号转导途径。当生长因子或其他胞外信号分子（红色）与受体（蓝色）结合后，信号转导就开始了（顶部）。受体结合配体后发生二聚化。每个受体单体的胞内蛋白酪氨酸激酶域彼此磷酸化。新的磷酸酪氨酸被适配体分子 GRB2（深绿色）识别，GRB2 再与 Ras 交换因子 Sos 结合。Sos（灰色）被激活后将 Ras 蛋白上的 GDP 置换为 GTP，从而激活 Ras（黄色）。Ras 将 Raf（紫色）送到细胞膜上变成激活态。Raf 的丝氨酸/苏氨酸激酶域在膜上被激活，进而使 MAPK/ERK 激酶（MEK，金色）磷酸化，激活的 MEK 又使胞外信号调节激酶（ERK，粉色）磷酸化。ERK 进入细胞核，将激活因子 Elk1（淡绿色）磷酸化。被激活的 Elk1 刺激了某些基因的转录，最终导致细胞分裂加速。

总结

真核细胞的转录激活因子至少有两个域：DNA 结合域和转录激活域。DNA 结合域包含含锌组件、（部分）同源异型域、亮氨酸拉链和螺旋-环-螺旋等模体，转录激活域有酸性域、富谷氨酰胺域和富脯氨酸域。

锌指由一个反向平行的 β 折叠及紧邻的一个 α 螺旋组成。β 折叠中包含一对半胱氨酸，α 螺旋包含一对组氨酸，它们与锌离子螯合。氨基酸与金属离子的螯合有助于形成指形结构。锌指与其 DNA 靶序列的特异性识别发生于 DNA 双螺旋的大沟内。

GAL4 蛋白的 DNA 结合模体含有 6 个半胱氨酸及 2 个锌离子形成的双金属巯基簇。DNA 识别组件的短 α 螺旋插入 DNA 双螺旋大沟并在那里发生特异性互作。GAL4 单体也包含一个 α 螺旋二聚化模体，能在与其他 GAL4 单体互作时形成平行的螺旋卷曲。

Ⅰ型核受体与另一种蛋白质结合并位于细胞质中。当外源激素配体与Ⅰ型受体结合后，释放偶联的胞质蛋白，并进入核内与增强子结合，行使激活因子的功能。糖皮质激素受体是该类型的代表，它的 DNA 结合域有两个含锌组件。一个组件含有大部分与 DNA 结合相关的氨基酸（在 α 识别螺旋中），另一组件则提供了蛋白质-蛋白质互作形成二聚体的表面。这些锌组件利用 4 个半胱氨酸与锌离子配位结合，这与典型的锌指结构中两个半胱氨酸和两个组氨酸与锌离子的配位不同。

真核细胞转录激活因子的同源异型域包含的 DNA 结合模体类似原核细胞的螺旋-转角-螺

旋模体的作用原理，由一个识别螺旋嵌入DNA大沟并进行特异性互作。

bZIP蛋白通过亮氨酸拉链而实现二聚化，使每个单体的相邻碱性区域像一把钳子一样夹住DNA靶序列。类似地，bHLH蛋白通过螺旋-环-螺旋模体而二聚化，使每个长螺旋的碱性部分抓住DNA靶序列，就像bZIP蛋白那样。bHLH和bHLH-ZIP域都以相同方式结合DNA靶序列，但后者由于其亮氨酸拉链而具有额外的二聚化潜力。

激活因子蛋白的DNA结合域和转录激活域是相互独立的组件。杂合蛋白兼有一种蛋白质的DNA结合域和另一种蛋白质的转录激活域，它仍有激活因子的功能。

激活因子通过与通用转录因子接触，刺激前起始复合物在启动子上的组装。体外观察发现，在Ⅱ类启动子上，前起始复合物的组装是由通用转录因子和RNA聚合酶Ⅱ按一定顺序完成的，或者是通过募集包括RNA聚合酶和大多数通用转录因子在内的聚合酶全酶来完成的。某些因子（也许就是TBP或TFIID）需独立于全酶之外被募集。

二聚化的显著优势在于其增加激活因子和DNA靶标的亲和力。有些激活因子形成同源二聚体，有些则形成更高效的异源二聚体。

增强子作用的本质是结合在增强子上的激活因子与结合在启动子上的通用转录因子及RNA聚合酶之间发生的相互作用。这可能以增强子和启动子之间DNA的成环外凸来介导，至少在理论上是这样。DNA环凸可以将结合在不同增强子上的激活因子拉至足够靠近启动子的位置，然后协同激活基因转录。

转录似乎集中在细胞核的转录工厂中，其中，平均有14个聚合酶Ⅱ和聚合酶Ⅲ是具有转录活性的。转录工厂的存在意味着在同一工厂中转录的基因之间存在DNA环。

复合增强子能使一个特定基因对各种激活因子的不同组合产生应答，这种排布格局使细胞能够对基因在不同组织或不同发育阶段产生精细调控。

结构转录因子LEF-1通过其HMG域与靶DNA的小沟结合并诱导DNA产生强烈弯曲。LEF-1自身不能增强转录水平，但其所致的DNA弯曲可能有助于其他激活因子及通用转录因子的结合与互作，以刺激转录。

增强体是核蛋白复合体，包含结合在增强子上的一系列蛋白质的集合，由此刺激转录。典型的增强体包含IFN-β增强子。它的结构包含8个多肽，它们协同性地结合在一段基本呈直线的55bp的DNA上。HMGA1a对协同结合是必需的，但却不是最终增强体的组成部分。

绝缘子是一种DNA元件，可屏蔽增强子对基因的激活作用（增强子屏蔽活性）或沉默子对基因的抑制作用（障碍物活性）。有些绝缘子兼具以上两种功能，有些则只具其中一种功能。绝缘子可能通过成对合作而发挥作用，两个绝缘子上结合的蛋白质相互作用形成DNA环，这种环可隔离增强子和沉默子，使其不能再激活或抑制启动子。这样，绝缘子可能在染色体的不同DNA区域间形成边界。当两个或更多绝缘子同时位于启动子和增强子之间时，彼此的作用相互抵消，可能是通过与其上的结合蛋白相互作用，从而阻止DNA成环对增强子与启动子的隔离。另一种情况是，相邻绝缘子结合蛋白间的互作阻止绝缘子与绝缘体的结合，这可阻止绝缘子活性。

几种不同转录激活因子，包括CREB、核受体及AP-1，不是通过直接与基本转录装置结合来激活转录，而是与CBP（或其同源蛋白p300）结合，CBP再与基本转录装置作用并将其募集到启动子上。与核受体响应元件结合的CBP/p300也能募集CARM1，CARM1使CBP/p300上与CREB相互作用的一个精氨酸甲基化，从而抑制CREB应答基因的激活。

某些激活因子和辅激活因子受泛素介导的降解作用所调控。这些蛋白质被泛素标记后，由26S蛋白酶体进行降解。一些激活因子的单泛素化会产生激活效应，而多聚泛素化则使同一个蛋白质标记为降解。来自蛋白酶体的19S调节颗粒的蛋白质能通过重塑模型来激活转录因子，从而刺激转录。

某些激活因子可以被SUMO修饰（偶联一个类泛素小蛋白SUMO），使它们被隔离在核体内，不能行使转录激活功能。非组蛋白激活因子和抑制剂能被HAT乙酰化，从而产生激活或抑制效应。

信号转导途径通常始于一个与细胞表面受体相互作用的信号分子，并由受体将信号送达胞内，从而导致基因表达改变。许多信号转导途径，包括 Ras-Raf 途径，依赖蛋白质磷酸化在蛋白质间传递信号分子，并使信号在每一步得到放大。激活因子和信号转导途径上的其他组分的泛素化及 SUMO 修饰也能在这些途径中产生重要影响。

复习题

1. 列举真核激活因子的三类不同 DNA 结合域。

2. 列举真核激活因子的三类不同转录激活域。

3. 图示锌指结构示意图，指出指形结构中的 DNA 结合模体。

4. 列举典型原核生物螺旋-转角-螺旋域和 Zif268 锌指域的一个重要相同点和三个不同点。

5. 图示与 DNA 相互作用的两个 GAL4 蛋白 N 端 65 个氨基酸形成的二聚体结构图。图中显示二聚体域和两个 DNA 结合域中与 DNA 结合位点相互作用的模体，显示每个 DNA 结合域中的金属离子及配位氨基酸（包括其数目）。

6. 什么是一般意义上的核受体功能？

7. 解释Ⅰ型和Ⅱ型核受体的区别，每种举出一个实例。

8. 列出核受体的每个 DNA 结合域中的金属离子及配位氨基酸（包括其数目）。DNA 结合域的哪一部分与 DNA 的碱基相互作用？

9. 同源异型域的本质是什么？它与哪种 DNA 结合域最相似？

10. 绘制亮氨酸拉链底面观示意图，并由图解释亮氨酸拉链结构和功能间的关系。

11. 图示 bZIP 蛋白与 DNA 结合位点的相互作用。

12. 描述并显示基因特异性转录因子的 DNA 结合域与转录激活域彼此独立的实验结果。

13. 举出募集Ⅱ类前起始复合物的两种模型，其中一个涉及聚合酶全酶。

14. 叙述实验并给出结果，显示酸性转录激活域与 TFIID 结合。

15. 举出有利于全酶募集模型的证据。

16. 举出两个质疑全酶募集模型的证据。

17. 为什么蛋白二聚体（或四聚体）在 DNA 结合中比单体更有效？为什么与 DNA 特异性序列的高亲和力对转录激活因子很重要？

18. 例举三种模式解释增强子如何作用于相距几百个碱基以外的启动子。

19. 叙述实验并给出结果，显示连环体 DNA 的增强效果，其中一个环含有增强子，另一个环含有启动子。该实验倾向于哪种增强子活性模型？为什么？

20. 描述如何进行一个假设的 3C 实验、可能获得的结果，并给予解释。

21. 复合增强子有什么优势？

22. 说明如何在细胞核中鉴定转录工厂。为什么体内和体外转录都是该方法的重要部分？为什么转录工厂的存在意味着染色质环发生在细胞核中？

23. LEF-1 是人 T 细胞受体 α-链的激活因子，但 LEF-1 自身无法激活该基因。LEF-1 如何发挥作用？给出支持答案的证据。

24. LEF-1 与 DNA 靶序列的大沟还是小沟结合？给出支持答案的证据。

25. 绝缘子有什么作用？

26. 绘制模型解释如下的结果：(a) 在增强子和启动子之间的一个绝缘子部分抑制增强子活性。(b) 在增强子和启动子之间的两个绝缘子不抑制增强子活性。(c) 在增强子任意一边的一个绝缘子会严重抑制增强子活性。

27. 在增强子和启动子间有三拷贝的绝缘子会出现什么效应？如何解释该现象？

28. 举出证据证明绝缘子通过与邻近的增强子和启动子相互作用而阻止增强作用的假说。应用这一假说说明所有绝缘子的难点是什么？

29. 描述验证中介物效应的实验并给出实验结果。

30. 图示 CBP 作为辅激活因子的作用：(a) 磷酸化的 CREB；(b) 核受体。

31. 信号转导途径如何放大信号？举例说明。

32. 给出并解释泛素对转录的负调控假说。

33. 给出并解释蛋白酶体对转录的正调控假说。

分析题

1. 设计一个实验，显示 TFIIB 直接与酸性激活域结合，并显示正向激活结果。

2. 假设你在研究由三个增强子调控的人 *BLU* 基因。推测结合在三个增强子上的蛋白质之间相互作用形成激活所需的增强体。这种相互作用需要增强子间具有怎样的间隔序列？在间隔序列中引入一个什么样的改变来验证你的假说？期望得到什么结果？

3. 考虑图 12.22（a），在 3C 实验中用什么引物显示 *ICR* 绝缘子和母本染色体上 *Igf2* 基因的每一个启动子 *P1*、*P2*、*P3* 之间的相互作用。

4. 假若你正在设计构建一个人的激活因子（eA1），它能科学地成功调控一套应答基因的表达。基于对其他的激活因子的学习，你计划构建的激活因子应含有必要的组成成分。你的激活因子应有哪些组成成分？在这个过程中，你又创建了另外两个不同的激活因子（eA2 和 eA3），用什么实验来确定哪个激活因子最有效？如果想让该激活因子在女生而非男生中有效，如何设计？要实现这个计划，你得设计哪种激活因子？

翻译　兰海燕　校对　马　纪　郑用琏

推荐阅读文献

一般的引用和评论文献

Bell, A. C. and G. Felsenfeld. 1999. Stopped at the border: boundaries and insulators. *Current Opinion in Genetics and Development* 9: 191-198.

Blackwood, E. M. and J. T. Kadonaga. 1998. Going the distance: A current view of enhancer action. *Science* 281: 60-63.

Carey, M. 1994. Simplifying the complex. *Nature* 368: 402-403.

Conaway, R. C., C. S. Brower, and J. W. Conaway. 2002. Emerging roles of ubiquitin in transcription regulation. *Science* 296: 1254-1258.

Freiman, R. N. and R. Tjian. 2003. Regulating the regulators: Lysine modifications make their mark. *Cell* 112: 11-17.

Goodrich, J. A., G. Cutler, and R. Tjian. 1996. Contacts in context: Promoter specificity and macromolecular interactions in transcription. *Cell* 84: 825-830.

Hampsey, M. and D. Reinberg. 1999. RNA polymerase II as a control panel for multiple coactivator complexes. *Current Opinion in Genetics and Development* 9: 132-139.

Janknecht, R. and T. Hunter. 1996. Transcription. A growing coactivator network. *Nature* 383: 22-23.

Montminy, M. 1997. Something new to hang your hat on. *Nature* 387: 654-655.

Myer, V. E. and R. A. Young. 1998. RNA polymerase II holoenzymes and subcomplexes. *Journal of Biological Chemistry* 273: 27757-27760.

Nordheim, A. 1994. CREB takes CBP to tango. *Nature* 370: 177-178.

Ptashne, M. and A. Gann. 1997. Transcriptional activation by recruitment. *Nature* 386: 569-577.

Roush, W. 1996. "Smart" genes use many cues to set cell fate. *Science* 272: 652-653.

Sauer, F. and R. Tjian. 1997. Mechanisms of transcription activation: Differences and similarities between yeast, *Drosophila*, and man. *Current Opinion in Genetics and Development* 7: 176-181.

Wallace, J. A. and G. Felsenfeld. 2007. We gather together: insulators and genome organization. *Current Opinion in Genetics and Development* 17: 400-407.

Werner, M. H. and S. K. Burley. 1997. Architectural transcription factors: Proteins that remodel DNA. *Cell* 88: 733-736.

West, A. G., M. Gaszner, and G. Felsenfeld. 2002. Insulators: many functions, many mechanisms. *Genes and Development* 16: 271-288.

Barberis, A., J. Pearlberg, N. Simkovich, S. Farrell, P. Reinagle, C. Bamdad, G. Sigal, and M. ptashne. 1995. Contact with a component of the polymerase II holoenzyme suffices for gene activation. *Cell* 81:359-368.

Borggrefe, T., R. Davis, A. Bareket-Samish, and R. D. Kornberg. 2001. Quantitation of the RNA polymerase II transcription machinery in yeast. *Journal of Biological Chemistry* 276:47150-47153.

Brent, R. and M. Ptashne. 1985. A eukaryotic transcriptional activator bearing the DNA specificity of a prokaryotic repressor. *Cell* 43: 729-736.

Cai, H. N. and P. Shen 2001. Effects of *cis* arrangement of chromatin insulators on enhancer-blocking activity. *Science* 291:493-495.

Dunaway, M. and P. Dröge. 1989. Transactivation of the *Xenopus* rRNA gene promoter by its enhancer. *Nature* 341:657-659.

Ellenberger, T. E., C. J. Brandl, K. Struhl, and S. C. Harrison. 1992. The GCN4 basic region leucine zipper binds DNA as a dimer of uninterrupted α helices: Crystal structure of the protein-DNA complex. *Cell* 71:1223-1237.

Flanagan, P. M., R. J. Kelleher, 3rd, M. H. Sayre, H. Tschochner, and R. D. Kornberg. 1991. A mediator required for activation of RNA polymerase II transcription in vitro. *Nature* 350:436-438.

Geise, K., J. Cox, and R. Grosschedl. 1992. The HMG domain of lymphoid enhancer factor 1 bends DNA and facilitates assembly of functional nucleoprotein structures. *Cell* 69: 185-195.

Jackson, D. A., F. J. Iborra, E. M. M. Manders, and P. R. Cook. 1998. Numbers and organization of RNA polymerases, nascent transcripts, and transcription units in HeLa nuclei. *Molecular Biology of the Cell* 9: 1523-1536.

Kissinger, C. R., B. Liu, E. Martin-Blanco, T. B. Kornberg, and C. O. Pabo. 1990. Crystal structure of an engrailed homeodomain-DNA complex at 2. 8 Å resolution: A framework for understanding homeodomain-DNA interactions. *Cell* 63:579-590.

Koleske, A. J. and R. A. Young. 1994. An RNA polymerase II holoenzyme responsive to activators. *Nature* 368:466-469.

Krebs, J. E. and Dunaway, M. 1998. The scs and scs′ elements impart a *cis* requirement on enhancer-promoter interactions. *Molecular Cell* 1:301-308.

Lee, M. S. 1989. Three-dimensional solution structure of a single zinc finger DNA-binding domain. *Science* 245:635-637.

Leuther, K. K., J. M. Salmeron, and S. A. Johnston. 1993. Genetic evidence that an activation domain of GAL4 does not require acidity and may form a β sheet. *Cell* 72: 575-585.

Luisi, B. F., W. X. Xu, Z. Otwinowski, L. P. Freedman, K. R. Yamamoto, and P. B. Sigler. 1991. Crystallographic analysis of the interaction of the glucocorticoid receptor with DNA. *Nature* 352:497-505.

Ma, P. C. M., M. A. Rould, H. Weintraub, and C. O. Pabo. 1994. Crystal structure of MyoD bHLH domain-DNA complex: Perspectives on DNA recognition and implications for transcription activation. *Cell* 77:451-459.

Marmorstein, R., M. Carey, M. Ptashne, and S. C. Harrison. 1992. DNA recognition by GAL4: Structure of a protein-DNA complex. *Nature* 356:408-414.

Muravyova, E., A. Golovnin, E. Gracheva, A. Parshikov, T. Belenkays, V. Pirrotta, and P. Georgiev. 2001. Loss of insulator activity by paired Su(Hw) chromatin insulators. *Science* 291:495-498.

O'Shea, E. K., J. D. Klemm, P. S. Kim, and T. Alber. 1991. X-ray structure of the GCN4 leucine zipper, a two-stranded, paralled coiled coil. *Science* 254:539-544.

Panne, D. , T. Maniatis, and S. C. Harrison. 2007. An atomic model of the interferon-β enhanceosome. *Cell* 129:1111-1123.

Pavletich, N. P. and C. O. Pabo. 1991. Zinc finger-DNA recognition: Crystal structure of a Zif 268-DNA complex at 2.1 Å. *Science* 252:809-817.

Romano, L. A. and G. A. Wray. 2003. Conservation of *Endo16* expression in sea urchins despite evolutionary divergence in both *cis* and *trans*-acting components of transcriptional regulation. *Development* 130:4187-4199.

Ryu, L. , L. Zhou, A. G. Ladurner, and R. Tjian. 1999. The transcriptional cofactor complex CRSP is required for activity of the enhancer-binding protein Sp1. *Nature* 397: 446-450.

Stringer, K. F. , C. J. Ingles, and J. Greenblatt. 1990. Direct and selective binding of an acidic transcriptional activation domain to the TATA-box factor TFIID. *Nature* 345:783-786.

Xu, W. , H. Chen, K. Du, H. Asahara, M. Tini, B. M. Emerson, M. Montminy, and R. M Evans. 2001. A transcriptional switch mediated by cofactor methylation. *Science* 294:2507-2511.

Yoon, Y. S. , S. Jeong, Q. Rong, K.-Y. Park, J. H. Chung, and K. Pfeifer. 2007. Analysis of the *H19 ICR* insulator. *Molecular and Cellular Biology* 27:3499-3510.

Yuh, C.-H. , B. Hamid, and E. H. Davidson. 1998. Genomic *cis*-regulatory logic: Experimental and computational analysis of a sea urchin gene. *Science* 279:1896-1902.

Zhu, J. and M. Levine. 1999. A novel *cis*-regulatory element, the PTS, mediates an antiinsulator activity in the *Drosophila* embryo. *Cell* 99:567-575.

第13章　染色质结构及其对基因转录的影响

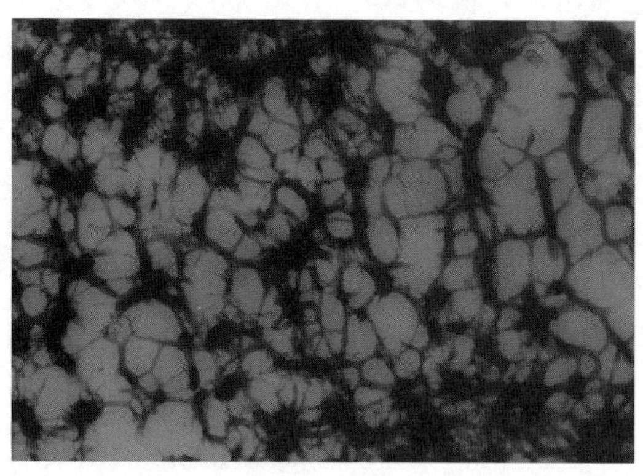

人发育中的精细胞染色质（×300 000）。
（Copyright © DavidM. phillips/Visuals Unlimited）

在讨论真核基因转录时，我们一直在忽略一个重要的事实，即天然真核基因没有裸DNA分子，甚至仅结合了转录因子的DNA分子也不存在。相反，它们与其他蛋白质，特别是一类称为组蛋白的碱性蛋白质形成复合体，这种复合体被称为染色质（chromatin）。我们将看到，染色质的化学本质是可变的，且这些变化在染色质结构和基因表达的调控方面起着巨大的作用。

13.1　染色质结构

染色质由DNA和碱性蛋白质**组蛋白**（histone）组成，组蛋白帮助染色质折叠使其能被装进细胞核的微小空间。本节我们先介绍组蛋白的结构及其在染色质折叠中的作用。在其后的章节中我们将了解组蛋白在染色质结构修饰及转录调控中的作用。

组蛋白

大多数真核细胞含有5类不同的组蛋白：**H1、H2A、H2B、H3、H4**。组蛋白是含量极丰富的蛋白质，在真核细胞核中组蛋白的量与**DNA**的量是相同的。组蛋白也是碱性极强的蛋白质，至少20%的氨基酸是精氨酸或赖氨酸，在中性pH环境中带较强的正电荷。根据这个特性，可用强酸，如1.5mol/L HCl，从细胞中提取组蛋白，而这种条件足以破坏大多数蛋白质。也正是由于这种碱性的本质，组蛋白在非变性电泳中向阴极泳动，而大多数蛋白质呈酸性，电泳中向阳极泳动。大多数组蛋白在生物间具有高度保守性，组蛋白H4就是极端的例子。牛组蛋白H4与豌豆H4相比，在总共102个氨基酸中仅有2个氨基酸不同，且都是保守性的改变，即一种碱性氨基酸（赖氨酸）替代另一种碱性氨基酸（精氨酸），以及一种疏水性氨基酸（缬氨酸）替代另一种疏水性氨基酸（异亮氨酸）。换句话说，起源于同一祖先的两个物种——牛和豌豆在漫长的进化历史中，它们的组蛋白H4只有2个氨基酸发生了改变。组蛋白H3进化上也极端保守，组蛋白H2A和H2B中度保守，但组蛋白H1在不同物种间变异较大。表13.1列举了组蛋白的某些特性。

组蛋白在低分辨率凝胶中的电泳结果给人一种所有组蛋白都属同一个类型的印象。然而，通过高分辨率凝胶电泳分离，组蛋白表现出很大的多样性。造成这种多样性有两个原因：基因重复和翻译后的修饰。在真核生物中大多数编码蛋白质的基因是单拷贝的，而组蛋白基因则呈多拷贝：小鼠为 10～20 拷贝，果蝇约为 100 拷贝。其中的许多拷贝是相同的，但有些则完全不同。组蛋白 H1（富含赖氨酸组蛋白）的变异最大，在小鼠中至少有 6 个亚型。有一种 H1 变种被称为 H1°。在鱼类、鸟类、两栖类和爬行类等动物中有另一种富含赖氨酸的组蛋白，它可能是 H1 的一种极端变种，但是它与 H1 的差异太大，通常又将其称为 H5。组蛋白 H4 的变异最小，迄今只报道了两个变种且极为少见。人们推测特定组蛋白的各个变种在本质上具有相同的功能，但每一种都对染色质特性有不同程度的影响。

组蛋白异质性的第二个原因是翻译后修饰，它是变异的主要来源。最常见的组蛋白修饰方式是乙酰化，发生在 N 端氨基基团和赖氨酸 ε-氨基基团上。其他修饰方式还有赖氨酸 ε-氨基的甲基化和磷酸化、丝氨酸和苏氨酸 *O*-磷酸化，以及赖氨酸和组氨酸 *N*-磷酸化。组蛋白修饰总结在表 13.2 中。这些修饰是动态过程，所修饰的基团能被除去，也可添加。组蛋白的修饰会影响染色质的结构和功能，并且在调控基因活性方面发挥重要作用。我们将在本章的后面讨论这一现象。

表 13.1　组蛋白的基本特性

组蛋白类型	组蛋白	相对分子质量/M_r
核心组蛋白	H3B	154 000
	H4	11 340
	H2A	14 000
	H2B	13 770
连接子组蛋白	H1	21 500
	H1°	约 21 500
	H5	21 500

Source：Adapted from Critical Reviews in Biochemistry and Molecular Biology，by Butler，P. J. C.，1983. Taylor & Francis Group. LLC.，http：//www. taylorandfrancis. com

表 13.2　组蛋白修饰

修饰	被修饰氨基酸
乙酰化（ac）	赖氨酸
甲基化（me）	赖氨酸（单、双或三甲基化）
甲基化	精氨酸［单或双甲基化（对称和不对称）］
磷酸化	丝氨酸和苏氨酸
泛素化	赖氨酸
SUMO 修饰	赖氨酸
ADP 核糖化	谷氨酸
精氨酸瓜化	精氨酸→瓜氨酸
脯氨酸异构化	脯氨酸（顺式→反式）

核小体

典型人类染色体的长宽比超过 1000 万∶1，如此长而细的分子如果不能有序地折叠起来将会纠结在一起造成混乱。如果将人类一个细胞中的全部 DNA 连接起来，将达到 2m 长，而这样长的 DNA 必须被包裹在直径仅有 10μm 的细胞核内，因此必须考虑如何折叠的问题。事实上，如果把人体内所有 DNA 分子首尾相接，其长度足以从地球到太阳来回很多次。因此，在人类或其他生物体中就必然发生 DNA 的高度折叠。我们将看到真核细胞 DNA 确实以多种方式进行折叠。一级折叠形成的结构称为**核小体**（nucleosome），它有一个组蛋白的核，外面缠绕着DNA。

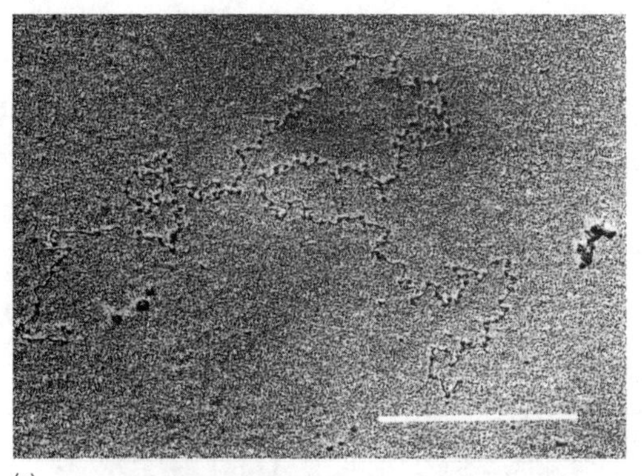

(a)

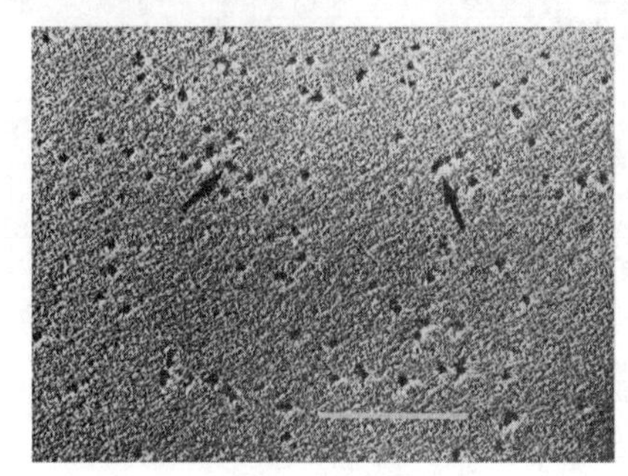

(b)

图 13.1 核小体的早期电镜照片。(a) 核小体串。Chambon及同事用胰蛋白酶去除鸡红血细胞染色质的组蛋白H1，显示串珠状结构。标尺为500nm。**(b)** 分离的核小体。Chambon小组用微球菌核酸酶在核小体之间切割，然后超速离心分离这些颗粒。箭头所指为两个典型的核小体。标尺为250nm。[*Source*: Oudet P., M. Gross-Bellarard, and P. Chanaban, Electron microscopic and biochemical evidence that chromatin structure is a repeating unit. *Cell* 4 (1975), f. 4b & 5, pp. 286-87. Reprinted by permission of Elsevier Science.]

早在1956年，Maurice Wilkins应用X射线衍射技术研究了完整细胞核内DNA的结构，显示有明显条带，表明有比双螺旋本身更大的重复结构。Aaron Klug、Roger Kornberg、Francis Crick等在随后进行的X射线衍射实验中也证实，存在间隔约为100Å的强重复结构，这与核小体相当，其直径约为110Å。1974年，Kornberg发现，可用化学方法使组蛋白H3与H4或H2A与H2B在溶液中发生交联，此外，他还发现在溶液中H3和H4以$(H3\text{-}H4)_2$四聚体形式存在，染色质由大致等量的组蛋白和DNA组成，而组蛋白H1的浓度约为其他组蛋白的一半。这相当于每隔200bp的DNA就会有1个组蛋白八聚体（各2分子的H2A、H2B、H3和H4）和1分子的组蛋白H1。最后，他用H3-H4四聚体、H2A-H2B寡聚体和DNA重构了染色质，并发现重构染色质的X射线衍射图与天然染色质相同。其他研究人员，包括Gary Felsenfeld和L. A. Burgoyne也证实，用各种核酸酶切割染色质产生大小约为200bp的DNA片段。综合上述结果，Kornberg认为染色质是由组蛋白八聚体加1分子的H1组蛋白与约200bp的DNA结合构成的重复结构。

G. P. Georgiev及同事发现组蛋白H1比另外4种组蛋白更易从染色质中去除。1975年，Pierre Chambon及同事利用组蛋白H1的这一特性，经胰蛋白酶和高盐缓冲液处理，选择性地从染色质中去除H1，发现处理后的染色质出现“串珠”结构（beads-on-a-string）[图13.1(a)]，他们将珠子命名为核小体。[图13.1(b)]显示Chambon及同事纯化的鸡红血细胞的核小体，并用微球菌核酸酶在珠子间切割DNA串。

J. P. Baldwin及同事对核小体进行中子散射分析（neutron-scattering analysis），该技术与X射线衍射技术相似，只是用中子束代替了X射线。样品的中子散射图为推测样品分子的三维结构提供了线索。研究人员发现了一个散射中子环，相当于约105Å的重复距离，与X射线衍射结果一致。而且，总体散射模式图显示蛋白质和DNA位于核小体的不同区域。基于这些结果，Baldwin及同事认为核心组蛋白（H2A、H2B、H3、H4）形成一个球体，DNA分子盘绕其外，这种结构有利于减少DNA链发生弯曲的程度。事实上，结构僵硬的双链DNA很难弯曲到足以紧密地结合在核小体内。他们还将组蛋白H1置于外部，与其易于从染色质中除去相一致。事实上，H1结合在核小体之间的连接子DNA上，因此被称为**连接子组蛋白**（linker histone）。

几个研究小组都利用X射线衍射技术确定了组蛋白八聚体的结构。根据Evangelos Moudrianakis及同事1991年的研究结果，当从不同的方向观看时，八聚体呈现出不同的形状，但大多数视点揭示出一个由三部分组成的结构。如图 13.2 所示，此三分体结构包含一个$(H3\text{-}H4)_2$核心附着在两个 H2A-H2B 二聚体上。其整体结构形似圆盘或饼状冰球（一面已磨损成楔形）。注意，这种结构与 Kornberg 在溶液中获得的几种组蛋白之间关系的数据相符，也与组蛋白八聚体可解离成一个$(H3\text{-}H4)_2$四聚体及两个 H2A-H2B 二聚体的事实相一致。

DNA 到底是在哪儿装配的呢？上述实验结果不可能回答此问题，因为晶体并不包括 DNA 分子。然而，预测八聚体表面的凹槽呈现为左旋斜面，可为 DNA 提供一个缠绕的路径［图 13.2（c）］。1997 年，Timothy Richmond 及同事成功地获得了含有 DNA 的核小体核心颗粒晶体。正如最初所定义的，核小体含有大约 200bp 的 DNA 分子。这是经温和核酸酶处理染色质所释放出来的 DNA 片段长度。经核酸酶完全消化后产生的**核心核小体**（core nucleosome），包括 146bp DNA 片段和由 4 种**核心组蛋白**（core histone）（H2A、H2B、H3 和 H4）组成的八聚体，但是没有组蛋白 H1（通常相对容易除去）。

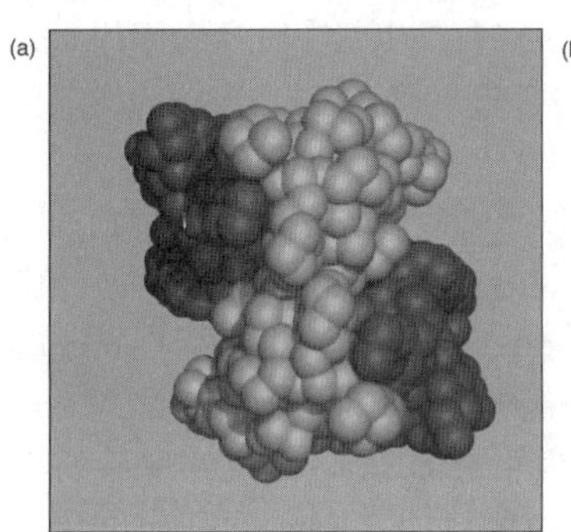

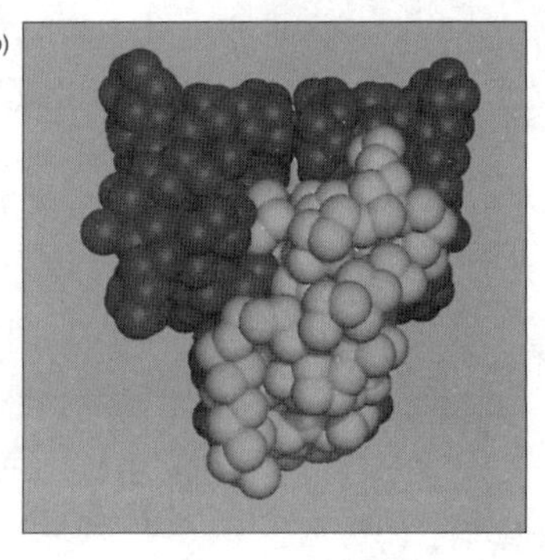

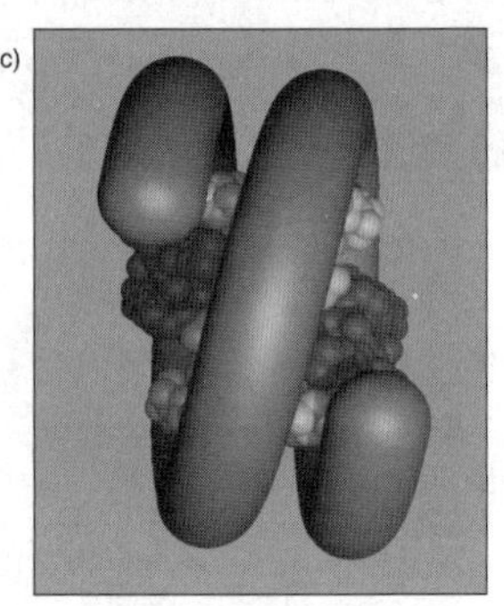

图 13.2　由 X 射线晶体学所揭示的组蛋白八聚体的两面观及推测的核小体 DNA 缠绕路径示意图。 H2A-H2B 二聚体呈深蓝色，$(H3\text{-}H4)_2$四聚体呈浅蓝色。图（**b**）的八聚体是图（**a**）的八聚体向下旋转 90℃而成。图（a）的楔形薄边面向读者，在图（b）中则位于下方。可明显看到楔形的缩窄部分源自 H3-H4 四聚体。（**c**）预测的 DNA 盘绕组蛋白八聚体的路径。直径 20Å 的 DNA 分子（灰蓝色管状）几乎遮住了八聚体［其定位与图（a）相同］。［*Sources*：（*a*～*b*）Arents，A.，R. W. Burlingame，B.-C. Wang，W. B. Love，and E. N. Moudrianakis，The nucleosomal core histone octamer at 3.1Å resolution：A tripartite protein assembly and a left-handed superhelix. *Proceedings of the National Academy of Sciences USA* 88（Nov 1991），f. 3，p. 10150.（*c*）Arents，A. and E. N. Moudrianakis，Topography of the histone octamer surface：Repeating structural motifs utilized in the docking of nucleosomal DNA. *Proceedings of the National Academy of Sciences USA* 90（Nov 1993），f. 3a，1 & 4，pp. 10490－10491. Copyright © National Academy of Sciences，USA.］

图 13.3 显示的是 Richmond 等确定的核小体结构。可见 DNA 分子盘绕核心组蛋白约 2 圈，$(H3\text{-}H4)_2$ 四聚体位于顶部而 H2A-H2B 二聚体靠近底部，这种排列方式在图 13.3a 的右侧模型中特别明显。组蛋白本身的构造十分有趣，所有核心组蛋白都符合相同的**组蛋白折叠**（histone fold）基本法则，组蛋白折叠是由 2 个环所连接的 3 个 α 螺旋所组成的，而 α 螺旋都含有伸展的尾部（约占核心组蛋白质量的 28%）。相对而言，尾部的结构性不强，因而在晶体结构中不包含尾部的大部分长度。去除 DNA 后，尾部就特别明显［图 13.3（c）］。H2B 和 H3 的尾部从 2 个相邻的 DNA 小沟所形成的间隙中穿出核心颗粒（图 13.3a 左上端的长紫色尾部）。H4 的一个尾部暴露在核心颗粒侧面［图 13.3（a）右部］。此尾部富含碱性氨基酸残基，并能与相邻核小体的 H2A-H2B 二聚体的酸性区域强烈互作。这种互作可能对核小体间的交联起着重要作用，在本章后面将讨论这一部分。

以上核小体的模型及其他模型均揭示 DNA 分子盘绕核心颗粒约 1.65 次，压缩 DNA

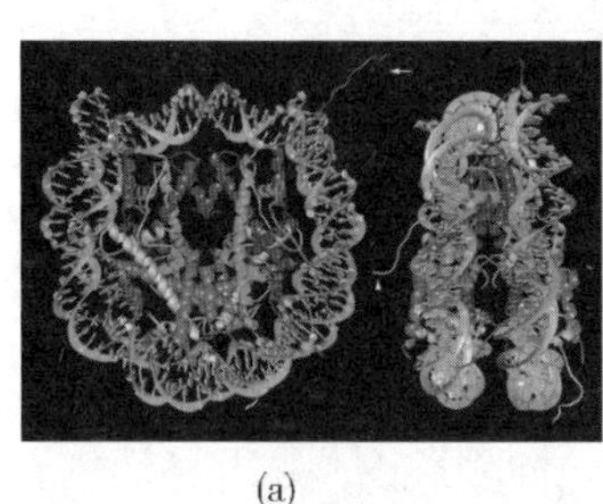

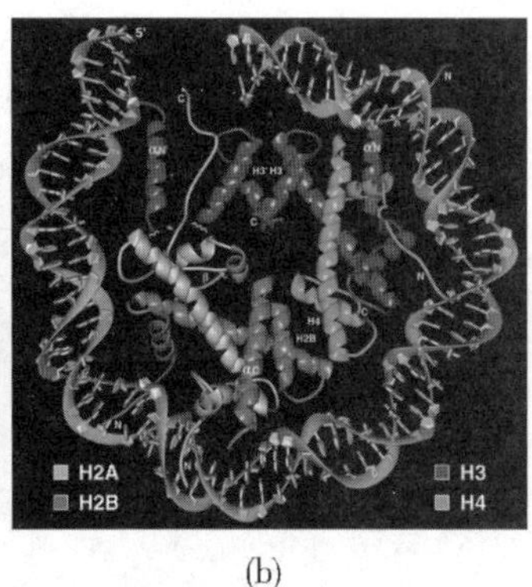

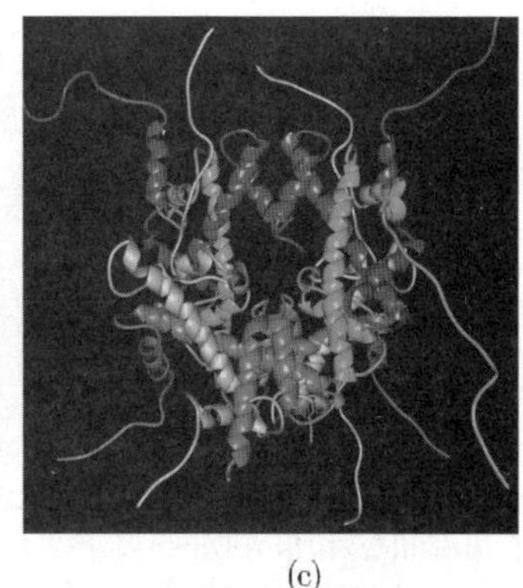

(a) (b) (c)

图 13.3 核小体核心颗粒的晶体结构。 Richmond 及同事结晶了由 146bp DNA 和克隆的核心组蛋白组成的核心颗粒，而后确定了晶体结构。**(a)** 核心颗粒的两个视图。左边为正面，右边为侧面。外面的 DNA 分子用茶绿色表示，核心组蛋白用以下颜色：H2A，黄色；H2B，红色；H3，紫色；H4，绿色。H3 的尾部（箭头所指）通过两个相邻 DNA 分子小凹槽所形成的裂隙横穿核心颗粒。**(b)** 核心颗粒的一半结构，显示 73bp DNA 分子和加上至少一分子的每种核心组蛋白。**(c)** 去除 DNA 的核心颗粒。［*Sources*：（*a*～*b*）Luger，K.，A. W. Mäder，R. K. Richmond，D. F. Sargent，and T. J. Richmond，Crystal structure of the nucleosome core particle at 2.8Å resolution. *Nature* 389（18 Sep 1997）f. 3，p. 252. Copyright © Macmillan Magazines Ltd.（*c*）Rhodes，D.，Chromatin structure：The nucleosome core all wrapped up. *Nature* 389（18 Sep 1997）f. 2，p. 233. Copyright © Macmillan Magazines Ltd.］

的长度 6～7 倍。1975 年，Jack Griffith 在对 SV40 微小染色体（minichromosome）的研究中也观察到 DNA 被压缩了相同的倍数。由于 SV40 DNA 在哺乳动物细胞核中复制，暴露给哺乳动物的组蛋白，形成典型的核小体。图 13.4 显示了 SV40 DNA 的两种形态图，主图显示去除所有蛋白质后的 DNA 分子，插图显示在相同倍数下结合所有组蛋白的微小染色体。微小染色体看起来这么小的原因是在核小体中 DNA 盘绕组蛋白核心颗粒而被压缩。

小结 真核生物 DNA 与叫做组蛋白的碱性蛋白质分子结合，形成核小体结构。核小体包含 4 对核心组蛋白（H2A、H2B、H3、H4），它们构成楔形盘状结构，周围包裹着约 146bp 的 DNA 片段。组蛋白 H1 比核心组蛋白更容易从核小体中去除，因而不是核心核小体部分。

30nm 纤丝

在串珠状核小体结构形成之后，染色质折叠的下一级结构就是形成直径约 30nm 的纤丝（30nm fiber）。截止到 2005 年，还未能结晶出染色质中比核小体核心颗粒更大的任何组分，研究人员不得不采用分辨率较低的技术，如电子显微镜（electronic microscopy，EM）来研究染色质的更高级结构。图 13.5 是电镜研究的结果，显示核小体串如何随离子强度的增加而浓缩成 30nm 纤丝。这一压缩是在核小体自身对 DNA 链浓缩（6～7 倍）的基础上又浓缩了 6～7 倍。

30nm 纤丝的结构是什么？这个问题困扰了分子生物学家数十年。1976 年，Aaron Klug 及同事在电子显微镜观察和小角度 X 射线散射数据的基础上提出了**螺线管**（solenoid）模型（图 13.6），即核小体排列在空心的紧密螺旋中（希腊语：solen 为管子）。但是其他人不接受螺线管模型，提出了多种其他结构模型，如核小体的 Z 字形丝带、核小体相对无序的超级珠（superbead）、核小体的不规则开放螺旋排列、双起始螺旋（two-start helix）等。其中，双起始螺旋中，两个核小体间的 DNA 接头（DNA linker）在由堆叠的核小体所组成的两个螺旋排列之间 Z 字形往返排列，从而使一个螺旋包含奇数的核小体，而另外一个则包含偶数核小体。

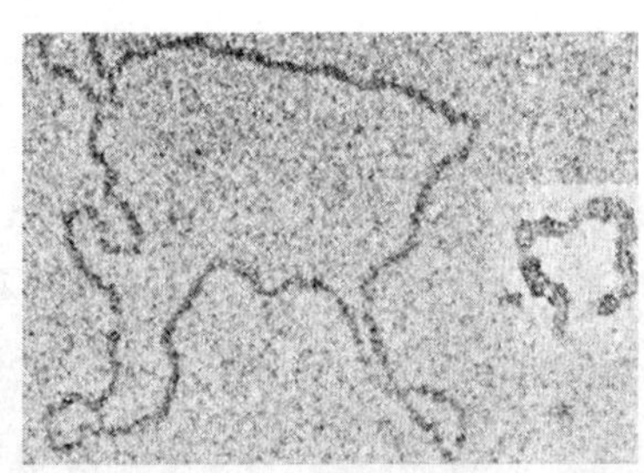

图 13.4　核小体中 DNA 的浓缩。主图是去除组蛋白的 SV40DNA 分子，相邻的插图是 SV40 微小染色体，两者均为相同放大倍数的电镜照片。以核小体形式存在的 DNA 分子的压缩现象很明显。[*Source*：Grifith，J. Chromatin structure：Deduced from a minichromosome. *Science* 187：1202（28 March 1975）. Copyright © AAAS.]

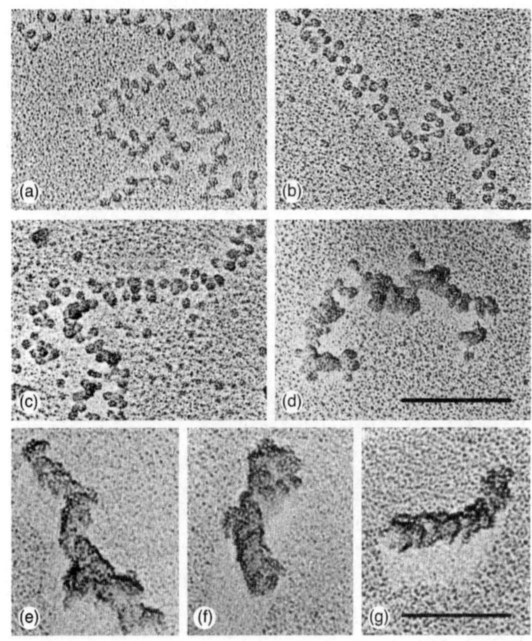

图 13.5　增加离子强度使染色质浓缩。Klug 及同事将大鼠肝脏染色质在逐步增加离子强度的缓冲液中固定进行电镜观察。图 **(a)** ～ **(c)** 为低离子强度，图 **(d)** 为中离子强度，图 **(e)** ～ **(g)** 为高离子强度。各图中的固定条件外加 0.2mmol/L EDTA 如下：(a) 1mmol/L 氢氯三乙胺（TEACl）；(b 和 c) 5mmol/L TEACl；(d) 40mmol/L NaCl，5mmol/L TEACl；(e) ～ (g) 100mmol/L NaCl，5 mmol/L TEACl。标尺为 100nm. [*Source*：Thoma，F.，T. Koller，and A. Klug，Involvement of histone H1 in the organization of the nucleosome and of the salt-dependent superstructures of chromatin. *Journal of Cell Biology* 83（1979）f. 4，p. 408. Copyright © Rockefeller University Press.]

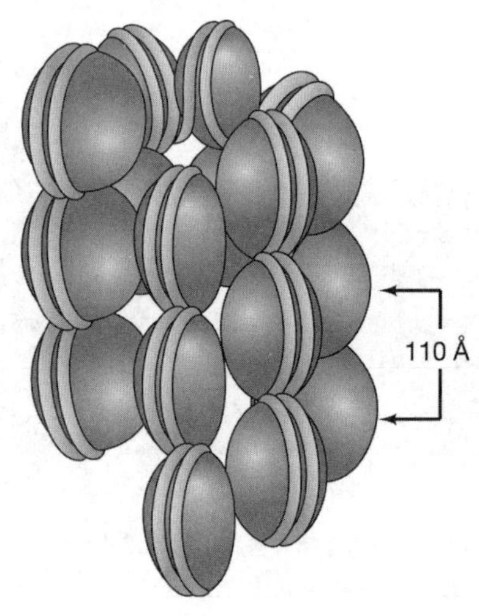

图 13.6　染色质折叠的中空螺线管模型。一串核小体盘绕成中空管或中空螺线管。每一个蓝色圆柱体代表一个核小体并有 DNA（粉红色）缠绕其上。为了简化，中空螺线管的每一圈包含 6 个核小体且核小体与中空螺线管轴平行。（*Source*：Adapted from Widom，J. and A. Klug. Structure of the 300Å chromatin filament：X-ray diffraction from oriented samples. *Cell* 43：210，1985.）

为解决这个长期争论的问题，需要高分辨率的结构数据。2005 年，Richmond 及同事终于取得了突破，他们报道了四聚核小体或 4 个核小体串的 X 射线晶体结构。该结构的分辨率不高，只有 9Å，但是效果很好，足以整合高分辨率的单个核小体。图 13.7 给出了四核小体的结构。图 13.7（a）以一串核小体开始，此时只受 DNA 双链缠绕每个核小体的转数与核小体之间接头 DNA 的长度所限。可以是核小体一个叠一个地将接头 DNA 缠绕起来，或是保持 Z 字形排列形成两摞，每摞含有相隔的核小体［图 13.7（b）］。

实际上，四聚核小体（tetranucleosome）的晶体结构支持 Z 字形排列，其图形很复杂，图 13.7（a）的示意图有助于理解，三维视图更容易观察，通过以下链接：http：//www.nature.com/nature/journal/v436/n7047/suppinfo/nature 0368.html 可进入视频。

随着视频放映，结构不断旋转，可见所有核小体之间的连接只有 DNA，欣赏该结构的 Z 字形本质。

Z 字形结构对染色质的总体结构具有重要

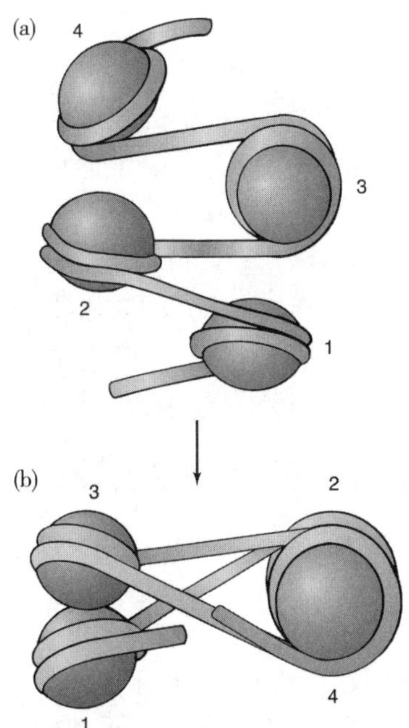

图 13.7　四聚核小体结构。两种构象的四聚核小体示意图。(**a**) 理论构象只受已知的 DNA 缠绕组蛋白核心的程度限制。(**b**) X 射线晶体学确定的构象。核小体形成两摞，接头 DNA 在两摞核小体之间 Z 字形前后折回。结果是，连贯的核小体不再相邻最近，而间隔的核小体相邻最近。(*Source*：Adapted from Woodcock，C. L. *Nature Structural & Molecular Biology* 12，2005，1，p. 639.)

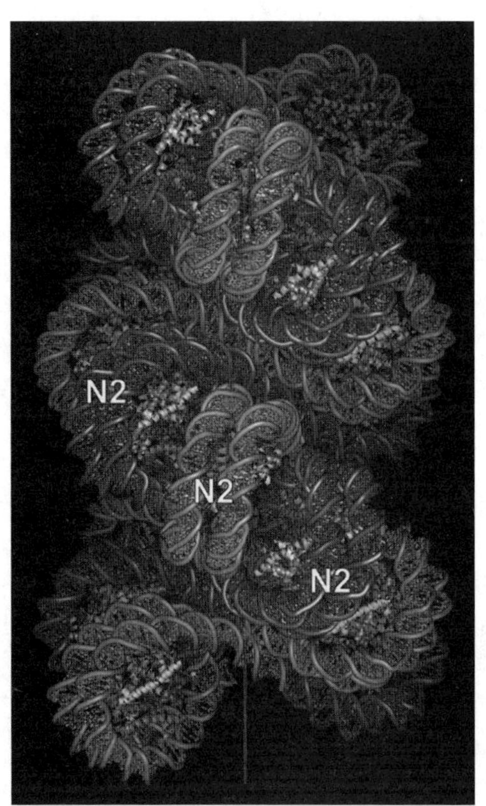

图 13.8　30nm 纤丝的模型。Richmond 及同事基于四聚核小体结构提出这个“理想化的”模型。其排列是每个核小体的二分轴（穿过核小体的中间、DNA 两个螺环之间的线）与 30nm 纤丝的轴线垂直（灰色的竖线），而且任何两个相邻核小体之间的角度都相同。（*Source*：Reprinted by permission from Macmillan Publishers Ltd：*Nature*，436，138-141，Thomas Schalch，Sylwia Duda，David F. Sargent and Timothy J. Richmond，“X-ray structure of a tetranucleosome and its implications for the chromatin fibre，” fig. 3，p. 140，copyright 2005.）

意义，它与以前的大多数设想包括螺线管模型都不同，但与交叉体连接的双起始螺旋一致。在该模型中两摞核小体的每一摞都形成一个左手螺旋，这种多聚核小体双螺旋的确切性质尚未由四聚核小体模型给出，但是 Richmond 及同事推测如下：首先，他们构建了一个“直接”模型，实际上就是四聚核小体一个叠加一个，但是这可引起相邻四聚核小体之间不可承受的空间干扰，于是作者又建立了一个“理想化”的模型，让摞中的每对核小体间的角度相等，这样虽然破坏了四聚核小体结构中可见的核小体间的角度，但是避免了空间干扰，产生了图 13.8 所示的合理模型。在该结构中，多聚核小体的两个螺旋很明显，在两个螺旋的某些核小体之间甚至可以看到接头 DNA 的 Z 形结构。

30nm 纤丝的两个模型——中空螺线管和双起始双螺旋都有大量实验证据支持，但哪一个是正确的？2009 年，John van Noort 及同事的数据显示或许两种都对。他们提出 30nm 纤丝的结构依赖于染色质的精确的性质，特别是**核小体重复的长度**（nucleosome repeat length，NRL）。在体内从一个核小体开始至下一个核小体开始之间的 DNA 长度变化为 165～212bp，但多数染色质的 NRL 约为 188bp 或 196bp。这种染色质通常是转录不活跃的且结合着一个接头组蛋白如 H1。有小部分染色质的 NRL 为 167bp，趋于有转录活性且不结合接头组蛋白。有可能一类染色质形成一种结构的 30nm 纤丝，而另一类则有其他结构。

为解决此问题，van Noort 及同事利用**单分子力谱**（single-molecule force spectroscopy）进行实验。在实验中，他们将 30nm 染色质丝的一端连接在玻璃载片上，另一端连在磁珠上。然后对磁珠施加磁力，此时染色质可以被拉伸且可观察到由外力所产生的延展度。可以预见螺旋状的中空螺线管比双起始双螺旋更容易伸展。

van Noort 及同事的确发现了 25 个具有较长 NRL（197bp）的核小体的染色质比 25 个具有较短 NRL（167bp）的核小体的染色质更容易拉伸。而且接头组蛋白不影响染色质的长度或延伸力，但它们的确增强了染色质折叠的稳定性。因此，有可能细胞中大部分染色质（假设为不活跃的部分）中 30nm 纤丝采用的是中空螺线管结构，而小部分染色质（至少具活跃潜质的）形成双起始双螺旋 30nm 纤丝结构。有趣的是，Richmond 及同事的晶体实验支持了此观点。他们在 X 射线晶体结构图中采用了较短 NRL（167bp）的核小体形成四聚体，结果发现形成了双起始双螺旋结构。这已被 van Noort 及同事用在双起始双螺旋模型中。

有人甚至怀疑 30nm 纤丝是否真的存在于细胞内。体外已经有很多证据，但从未在完整细胞核中看到。可以从几个方面解释无法在体内发现 30nm 纤丝的问题。①也许它真不存在于体内；②也许存在，但因为染色质高级折叠的遮掩使其看不见；③或者只是因为我们观察完整细胞核染色质的技术不足以检测到 30nm 纤丝。

该模型留下的一个重要问题是组蛋白 H1 的位置和作用。早期的数据提示，组蛋白 H1 在形成 30nm 纤丝过程中一定起重要作用，因为没有组蛋白 H1 就不能形成纤丝。此外，化学交联实验证明组蛋白 H1 分子相对于核心组蛋白分子，更频繁地连接到其他 H1 组蛋白分子上，暗示染色质中组蛋白 H1 分子是紧靠在一起的，它们的相互作用可能在 30nm 纤丝形成过程中很重要。但其他研究发现，即使没有 30nm 纤丝，H1 分子也是紧密相连的。我们还得等待更高分辨率的结构信息来阐明组蛋白 H1 和核心组蛋白在 30nm 纤丝形成过程中的作用。

小结　一串核小体在体外经折叠形成 30nm 纤丝，假定在体内也一样。结构研究显示细胞核中 30nm 染色质丝至少存在两种形态：不活跃的染色质倾向于具有较大的核小体重复长度（约 197bp）且更可能形成中空螺线管折叠结构，这种染色质与 H1 相互作用以稳定其结构；活跃的染色质趋于具有较小的核小体重复长度（约 167bp）并遵循双起始双螺旋模型折叠。

染色质折叠的更高级结构

在典型的间期细胞核中，绝大部分染色质以 30nm 纤丝形式存在，但是进一步折叠显然是必需的，尤其是有丝分裂期的染色体，染色质高度浓缩，在光学显微镜下也清晰可见。被广泛认可的高级浓缩结构为一系列放射状的节环（loop），如图 13.9 所示。Cheeptip Benyajati 和 Abraham Worcel 在 1976 年首次提供了支

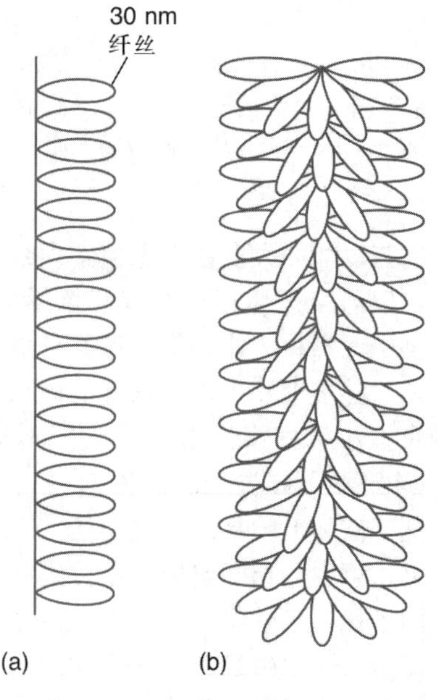

图 13.9　染色质折叠的放射节环模型。（a）部分模型。显示部分附着在中央骨架上的染色质节环。当然，所有节环都是同一条 30nm 纤丝的一部分。**（b）**较为完整的模型。显示节环如何围绕中央骨架呈三维排列。（*Source*：Adapted from Marsden，M. P. F. and U. K. Laemmli，Metaphase chromosome structure：Evidence of a radial loop model. *Cell* 17：856，1979.）

持该模型的证据。他们先将果蝇染色质用DNase Ⅰ温和消化，然后测定消化后的染色质的沉降系数。结果发现，随着消化时间的延长，沉降系数逐渐下降，直至达到稳定值。此前，Worcel对大肠杆菌类核（nucleoid，DNA复合体）的研究显示出相似的结果。原因是细菌DNA超螺旋节环出现了越来越多的缺刻，当一个超螺旋节环被切开一个缺刻时，就会解旋成开放的大环（circle），使整个复合体的沉降系数略微降低。但是真核细胞染色体是线状的，其DNA如何超螺旋化呢？如果染色质纤丝像大肠杆菌中的一样打结成环，并且在每个节环的基部紧密连接，那么每个节环就是大环的功能等价体，就能被超螺旋化。的确，DNA在核小体上的盘绕就为其超螺旋化提供了张力。图13.10解释了此概念，并显示了超螺旋节环的松弛如何使该区域出现更多密度较低的染色质，从而降低了沉降系数。

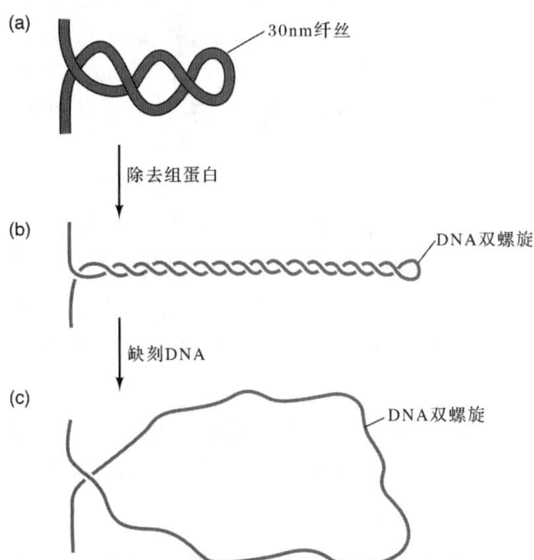

图13.10　松弛染色质节环中的超螺旋。(a) 假设的由超螺旋节环组成的30nm纤丝构成的染色质节环。**(b)** 去除组蛋白的染色质节环。无组蛋白，核小体和30nm纤丝消失，只剩下超螺旋双链DNA。此处的螺旋旋转是超螺旋的，不是DNA双螺旋中的普通旋转。**(c)** 松弛的染色质节环。DNA被切开缺刻释放超螺旋。现在看到一个松弛的DNA双螺旋链形成一个节环。从（a）到（c）的每一步，染色质节环的长度明显增加，但这里未按比例画出。

节环到底有多大？Worcel计算出果蝇染色体中每个节环约为85kb，但其他研究人员采取不同技术对脊椎动物分析的结果为35～83kb。

图13.11的染色体图像也支持放射节环模型。图13.11（a）显示了人类间期染色体的边缘，其环清晰可见。图13.11（b）是人类染色体的横切图，显示30nm纤丝结构，放射环清晰可见。图13.11（c）展示部分去除了蛋白质的人类染色体。DNA节环锚定在染色体骨架的中央区域。所有这些图像有力地支持了染色体中放射节环状纤丝的概念。

小结　采用染色体沉降和透射电镜技术，证实了真核染色体的放射节环状结构。30nm纤丝似乎形成35～85kb长的环，附着在染色体的中央骨架上。

13.2　染色质结构与基因活性

对组蛋白作为基因活性的重要调控因子的关注几经反复。当首先确认体外添加组蛋白可关闭转录时，分子生物学家异常兴奋。而当阐明组蛋白在染色质结构中的作用时，多数研究者转而关注组蛋白在结构上的作用，而忽视其作为基因活性调控因子的作用，只把组蛋白看成DNA分子的骨架。现在，我们转了一大圈又反过来重新研究组蛋白的调控功能了。

组蛋白对Ⅱ类基因转录的影响

早在20世纪80年代，Donald Brown及同事就证明，组蛋白特别是组蛋白H1，在体外可选择性地抑制非洲爪蟾5S rRNA基因（Ⅲ类基因）的转录，且当浓度达到每200bp DNA有一个H1时（这是它在染色质中自然存在的浓度），这种抑制作用急剧增加。时至90年代，James Kadonaga及同事证明组蛋白与Ⅲ类基因相互作用的原则也适用于Ⅱ类基因与组蛋白的相互作用。

核心组蛋白　1991年，Paul Laybourne和Kadonaga对体外核心组蛋白和组蛋白H1对RNA聚合酶Ⅱ转录的影响进行了细致的对比研究。结果发现核心组蛋白（H2A、H2B、H3、H4）与克隆的DNA形成核心核小体，并

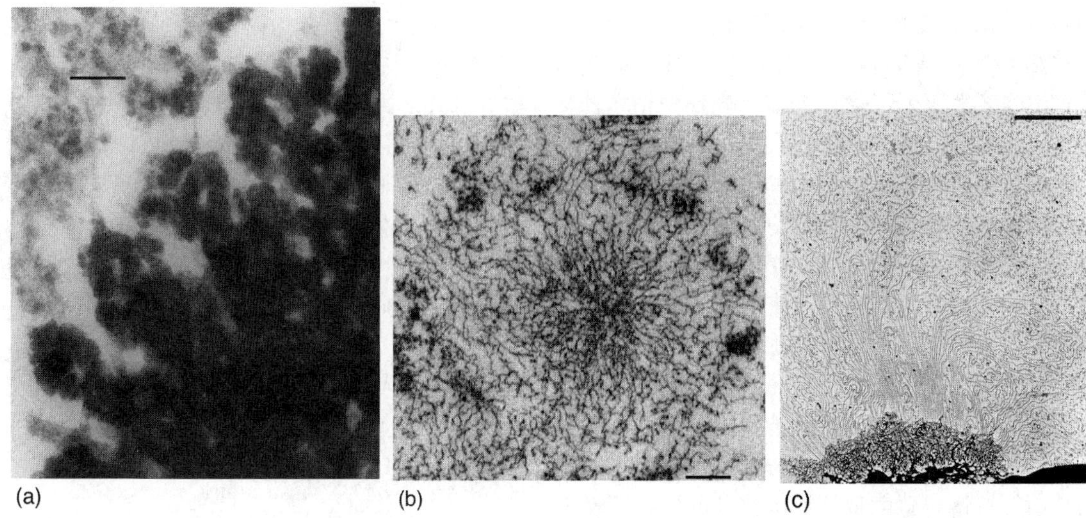

图 13.11 人类染色体节环的三种不同视图。(a) 用己烯-乙二醇分离的人类染色体边缘扫描透射电镜图。标尺为 100nm。**(b)** EDTA 处理后发散的人类染色体横切面的透射电镜图。观察到的染色质纤维是 30nm 核小体纤丝。标尺为 200nm。**(c)** 去蛋白质的人类染色体透射电镜图。显示从中央骨架发散的 DNA 节环。标尺为 2000nm。[*Sources*：(*a*) Marsden，M. P. F. and U. K. Laemmli，Metaphase chromosome structure：Evidence for a radial loop model. *Cell* 17 (Aug 1979) f. 5，p. 855. Reprinted by permission of Elsevier Science. (*b*) Marsden and Laemmli，*Cell* 17 (Aug 1979) f. 1，p. 851. Reprinted by permission of Elsevier Science. (*c*) Paulson，J. R. and U. K. Laemmli，The structure of histone-depleted metaphase chromosomes. *Cell* 12 (1977) f. 5，p. 823. Reprinted by permission of Elsevier Science.]

对基因活性产生温和抑制效应（约为 4 倍）。转录因子对该抑制作用没有影响。当他们在核心组蛋白基础上再添加组蛋白 H1 时，抑制作用极大增强（为 25～100 倍），而且激活因子能阻止这种抑制作用。在功能上，这些因子与Ⅲ类因子（TFIIIA、TFIIIB、TFIIIC）相似，后者能与组蛋白 H1 竞争非洲爪蟾的 5S rRNA 基因的调控区。

Laybourne 和 Kadonaga 设计的实验是在有或无激活因子（已知会影响克隆基因的转录）条件下以含有目的基因的质粒 DNA 和组蛋白重构染色质。同时，他们还加入拓扑异构酶Ⅰ以保持 DNA 的解旋状态。然后利用引物延伸法检测重构的染色质能否被核提取物所转录。第一个实验只加核心组蛋白而没有组蛋白 H1。他们以质量比为 0.8～1.0 的比例添加一定量的组蛋白到 DNA 中，这个浓度足以在每 200bp 的 DNA 处形成一个核小体。

利用含有果蝇 *Krüppel* 基因的重构染色质，他们证明果蝇的核提取物能转录 *Krüppel* 基因（图 13.12）。但是当核心组蛋白产生核小体的量达到每 200bp DNA 一个核小体的密度（达到其生理水平）时，导致转录的部分抑制（泳道 2 与 5 相比，相当于对照值的 25%）。值得注意的是，用这种方法检测到该基因的转录起始位点具有较高的异质性，所以我们看到一系列引物延伸产物。

对实验中核心组蛋白抑制转录活性达到 75%的结果，作者给出了两种可能的解释。其一，核小体只能减缓全部 RNA 聚合酶催化进程的 75%，不能完全抑制。其二，75%的聚合酶完全被核小体抑制，而仍有 25%的启动子游离于核小体之外，因此 RNA 聚合酶能够与之结合起始转录。对照实验表明剩余的 25%转录可以通过限制酶切割紧接转录起始位点的下游区域而被消除。这一事实说明，该位点未被核小体所结合，因而证实了假说的正确性。

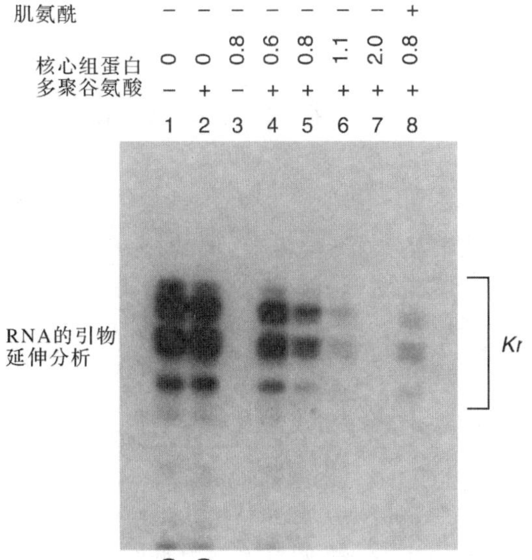

图 13.12 重构染色质的体外转录。 Laybourne 和 Kadonaga 利用含有果蝇 *Krüppel* 基因的质粒 DNA 和核心组蛋白按蛋白质与 DNA 不同比例重构了染色质，如图顶部所示。然后用引物延伸实验检测转录效率。对应于 *Krüppel* 基因转录的不同信号在右侧括号标出。泳道 1，裸 DNA；泳道 2，裸 DNA 加多聚谷氨酸（作为组蛋白返回 DNA 的载体）；泳道 3～7，不同比例组蛋白-DNA 的染色质；泳道 8，肌氨酰，用于阻止再起始，只能发生一轮转录。核心组蛋白对 *Krüppel* 基因转录的抑制是剂量依赖性的。［*Source*：Laybourn，P. J. and J. T. Kadonaga，Role of nucleosomal cores and histone H1 in regulation of transcription by RNA polymerase Ⅱ. *Science* 254（11 Oct 1991）f. 2B，p. 239. Copyright © AAAS.］

小结 核心组蛋白（H2A、H2B、H3、H4）能在裸 DNA 上组装成核小体核心颗粒。当重构染色质达到每 200bp DNA 一个核小体核心颗粒的密度时，75％的转录将被抑制（相对于裸 DNA）。剩余 25％的转录活性由启动子区未被核小体核心颗粒覆盖所引起。

组蛋白 H1 基于组蛋白 H1 作为核小体交联接头（cross-linker）的推测，我们期望组蛋白 H1 会增强重构染色质中由核心组蛋白引起的转录抑制作用。正如 Laybourne 和 Kadonaga 所证明的，结果确实如此。他们用含有两种增强子-启动子结构的 DNA 重构染色质：①pG_5E4（5 个 GAL4-结合位点偶联腺病毒 E4 最小启动子）；②pSV-Kr（SV40 早期启动子的 6 个 GC 框偶联果蝇 *Krüppel* 基因的最小启动子）。实验中，不仅添加了核心组蛋白，还有不同数量的组蛋白 H1，比率为每个核心核小体 0～1.5 个组蛋白 H1 分子，然后体外转录重构的染色质。

图 13.13 中的奇数泳道显示随组蛋白 H1 量的增加，引起模板转录活性的逐渐丧失，直到检测不到转录。但是在中等水平的组蛋白 H1 中（每核心组蛋白有 0.5 分子），激活因子能阻止大部分的抑制作用。在 pG_5E4 质粒重构染色质中，与 GAL4 结合位点作用的杂合激活因子 GAL4-VP16 使模板活性提高了 200 倍。部分增强作用（8 倍）是激活因子的刺激作用所致，甚至在裸 DNA 中也观察得到。其余 25 倍显然是**抗阻遏作用**（antirepression）产生的，即对组蛋白抑制作用的阻止。同样，以 pSV-Kr 启动子 DNA 重构染色质，激活因子 Sp1（与启动子中的 GC 框结合），能使模板转录活性提高 92 倍。若以裸 DNA 为模板，Sp1 仅能使其活性提高 2.8 倍，因此其他的 33 倍则是由抗阻遏作用产生的。在第 12 章我们已经讨论过确切的激活成分是什么，在那里的实验是以裸 DNA 为模板进行转录分析的。

这些结果与图 13.14 的模型一致。该模型中，组蛋白 H1 通过与两个核小体之间的接头 DNA（正好含有一个转录起始位点）结合引起抑制。如果激活因子（绿椭圆形）与组蛋白 H1 同时加入，它就能阻止转录抑制效应。但是，这些因子不能逆转已形成的核小体核心颗粒的作用（甚至在组蛋白 H1 不存在的情况下）。当激活因子（紫色长方形）遇到核小体阻遏启动子的情况时，它就与染色质重构因子（chromatin-remodeling factor）合作，至少在核小体未与组蛋白 H1 交联时，将核小体推至一边。

Kadonaga 与同事也研究了另一种蛋白 **GAGA 因子**（GAGA factor），它与 *Krüppel* 启动子和其他果蝇启动子的富含 GA 的序列结合。该因子自身没有激活转录活性，实际上还稍微抑制转录，但在组蛋白之前添加 DNA 时，GAGA 因子可阻止组蛋白 H1 的抑制作用，从而引起转录速率的显著净增加。因此，GAGA 因子好像是个纯的抗阻遏物，而不像我们已经学过的典型的激活因子同时具有抗阻遏和转录激活活性。

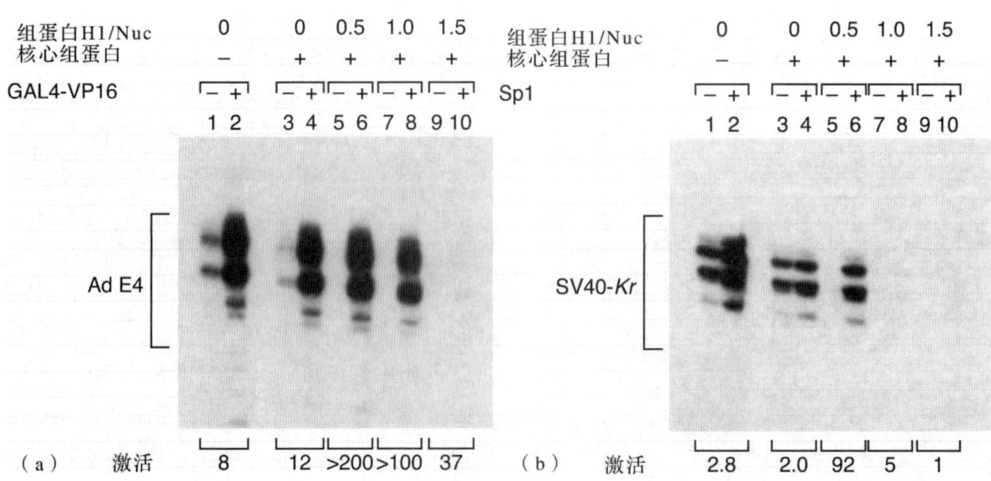

图 13.13 组蛋白与激活因子对转录的竞争效应。Laybourne 和 Kadonaga 在有或无核心组蛋白和组蛋白 H1 条件下重建了染色质，如图上端所示，然后用引物延伸实验检测激活因子存在与否对转录的影响。每个激活因子激活转录的程度在泳道下方给出。每个激活因子的真实激活作用见两个图的泳道 1 和 2，以裸 DNA 为模板。其他泳道均以染色质为模板，其中明显的激活作用是由抗阻遏效果引起。**(a)** GAL4-VP16 的效果。染色质含有腺病毒 E4 启动子，其上有 5 个 GAL4 结合位点。与 E4 转录相关的信号在左侧括号标出。**(b)** Sp1 的效果。染色质含有 *Krüppel* 启动子外加 SV40 启动子的 GC 框，GC 框对 Sp1 响应。与 *Krüppel* 转录相关的信号在左侧标出。[*Source*：Laybourn，P. J. and J. T. Kadonaga，Role of nucleosomal cores and histone H1 in regulation of transcription by RNA polymerase Ⅱ. *Science* 254 (11 Oct 1991) f. 7，p. 243. Copyright © AAAS.]

小结 组蛋白 H1 在核心核小体抑制的基础上进一步抑制模板活性，这种抑制功能可被转录因子所抵消。有些因子，如 Sp1 和 GAL4，既可作为抗阻遏物（阻止组蛋白 H1 引起的抑制），也能作为转录激活因子；有的只是抗阻遏物，如 GAGA 因子。

核小体定位

图 13.14 的激活和抗阻遏模型说明，转录因子通过去除与启动子结合的核小体或阻止其率先与启动子结合，引起抗阻遏效应。这两种模式都蕴含了**核小体定位**（nucleosome positioning）的概念，即激活因子迫使核小体只能占据启动子的外围位置，而不能进入其中。

无核小体区 一系列证据表明在活跃基因的调控区存在**无核小体区**（nucleosome-free zone）。M. Yaniv 及同事对 SV40 病毒 DNA 调控区做了一个定位实验。如本章前述，在感染的哺乳动物细胞中，SV40DNA 以微小染色体形式存在。Yaniv 注意到某些活跃转录的 SV40 微小染色体在感染晚期出现一个明显的无核小体区（图 13.15）。我们会预测这种无核小体区至少包含一个晚期启动子。事实上，SV40 的早期和晚期启动子相距很近，二者只间隔 72bp 重复的增强子。这就是无核小体区吗？问题是环状染色体没有起点和终点，如果没有某种标记，就无法判断我们所看到的是环的哪一部分。Yaniv 及同事利用限制酶酶切位点作为标记。已知 *Bgl* Ⅰ 位点靠近调控区的一端，*Bam*HⅠ和 *Eco*RⅠ位点在环的其他位点上，如［图 13.16（a）］所示。因此，如果无核小体区包含调控区域，*Bgl*Ⅰ就能在该区内切割，而其他两个限制酶只能在较远位点切割［图 13.16（b）］。图 13.17 的实验显示 *Bam*HⅠ和 *Bgl*Ⅰ酶切产生的正是预期结果，*Eco*RI 酶切也符合预期结果（未显示）。

我们甚至可以看到 *Bgl*Ⅰ在无核小体区非对称切割，因为它在线性化的微小染色体一端留下了长长的无核小体尾，另一端则没有。如果无核小体区对应于 *SV40* 的一个启动子，该启动子相对于 *Bgl*Ⅰ位点不对称排列，那么这一结果就是我们所期望的。如果无核小体区对应病毒复制起点，该复制起点跟 *Bgl*Ⅰ位点几乎重合，则以上结果就不是我们所期望的。

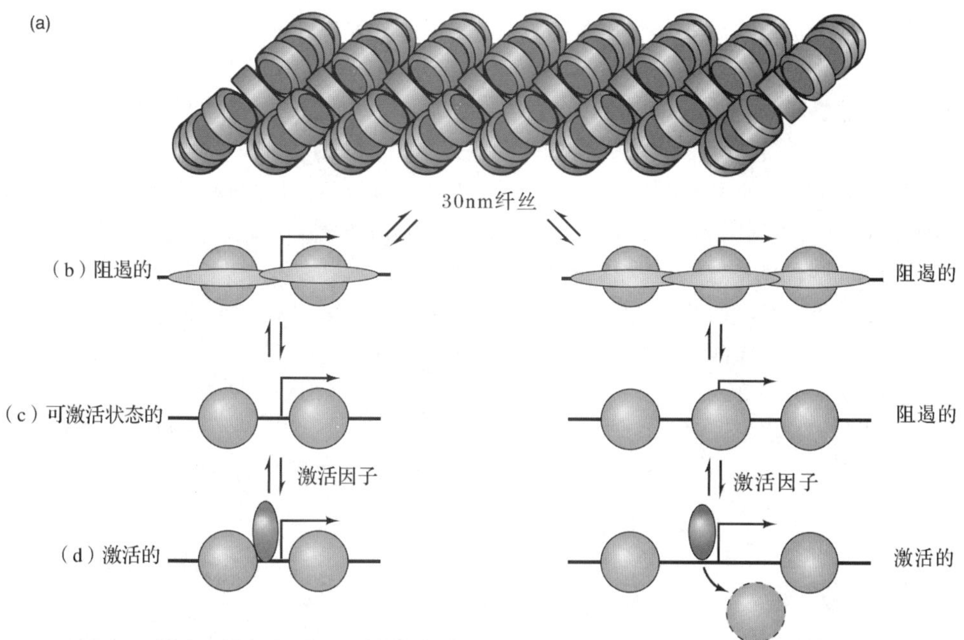

图 13.14 转录激活模型。(a) 从顶部的 30nm 纤丝开始。**(b)** 30nm 纤丝可打开，有两种被抑制的染色质：右侧的与核小体（蓝色）交联覆盖着启动子，导致阻遏。左侧的无核小体覆盖启动子，但组蛋白 H1（黄色）在启动子两翼与核小体交联，仍然抑制基因。**(c)** 除去组蛋白 H1，获得两种状态的染色质：左侧的，启动子暴露，基因准备转录；右侧的，核小体仍覆盖启动子，基因保持抑制状态。**(d)** 抗阻遏。如果基因调控区未被核小体阻断（左侧），激活因子（绿色）可与之结合，并与其他因子一起启动转录。如果基因调控区被一个或多个核小体结合（右侧），激活因子（紫色）协同其他因子，包括染色质重构因子将核小体移开，启动转录。（*Source*：Adapted from Laybourn，P. J. and J. T. Kadonaga，Role of nucleosomal cores and histone H1 in regulation of transcription by polymerase Ⅱ. *Science* 254：243，1991.）

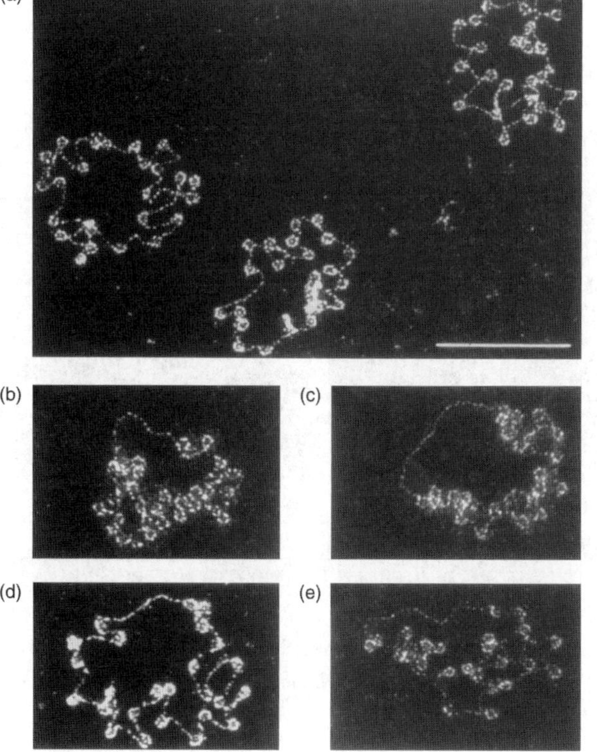

图 13.15 SV40 微小染色体的无核小体区。(a) 没有大范围无核小体区的 3 个微小染色体。**(b～e)** 有明显的无核小体区的 4 个 SV40 微小染色体。标尺为 100nm。[Source：Saragosti，S. G. Moyne，and M. Yaniv，Absence of nucleosomes in a fraction of SV40chromatin between the origin of replication and the region coding for the late leader RNA. *Cell* 20（May 1980）f. 2，p. 67. Reprinted by permission of Elsevier Science.]

DNase 超敏感性 DNA 无核小体区的另一个特征是对 DNase 的超敏感性。活跃转录的染色质区属 **DNase 敏感区**（DNase-sensitive）（比主体染色质敏感约 10 倍）。但活跃基因调控区为 **DNase 超敏感区**（DNase-hypersensitive）（比主体染色质敏感约 100 倍）。与我们预测的一样，SV40 DNA 调控区属 DNase 超敏感区。Yaniv 证实了这一点，他从感染 SV40 病毒的猴细胞中提取了染色质，用 DNase Ⅰ温和消化后，纯化 SV40 DNA，再经 *Eco*RⅠ酶切、电泳，最后用放射性 SV40 DNA 作探针进行 Southern 印迹检测。

图 13.16（a）显示 *Eco*RⅠ和 *Bgl*Ⅰ位点在环状染色体上相距 67％和 33％。因此，如果靠近 *Bgl*Ⅰ位点的无核小体区真是 DNase 超敏感区，那么，DNase 就能在此处切割，而 *Eco*RⅠ将在其对应的特异位点酶切，产生包括 SV40 整个基因组的 67％和 33％的两个片段。实际上，如图 13.18 所证明的，在病毒感染细胞 24h、34h、44h 后所进行的酶切实验，都产生了大量 67％片段，少量 33％片段及一些更短的片段。这说明 DNaseⅠ确实在围绕 *Bgl*Ⅰ位点的较小区域内切割染色质，无核小体区和 DNase 超敏感区相吻合。

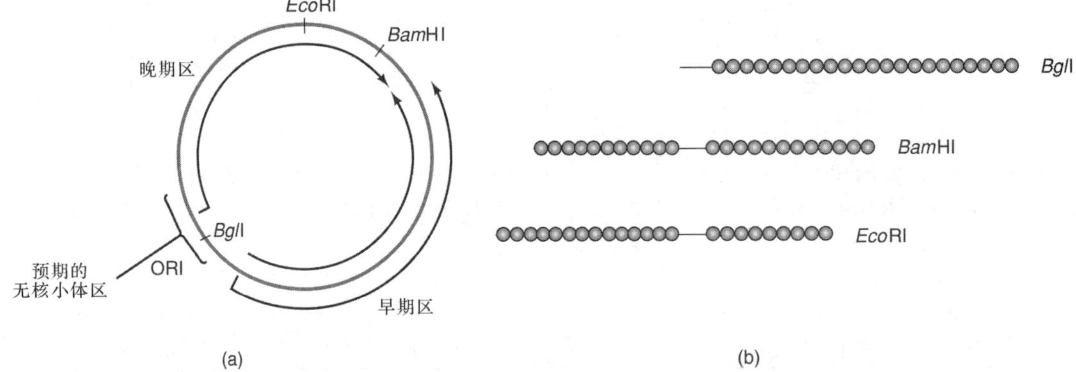

图 13.16 定位 SV40 微小染色体的无核小体区的实验程序。(a) *SV40* 基因组图谱显示三种限制酶酶切位点 *Bgl*Ⅰ、*Bam*HⅠ、*Eco*RⅠ。调控区包围着复制起点（ORI），晚期调控区为顺时针方向；**(b)** 三种限制酶切割感染晚期细胞的微小染色体的预测结果。假设晚期调控区为无核小体，三个酶均切一次使微小染色体线性化。预测 *Bgl*Ⅰ在无核小体区的一端切割，因而产生一端有无核小体区的微小染色体。预测 *Bam*HⅠ在无核小体区的对面位点酶切，产生无核小体区位于中间的微小染色体。同样，*Eco*RⅠ产生无核小体区位于非对称位置的微小染色体。

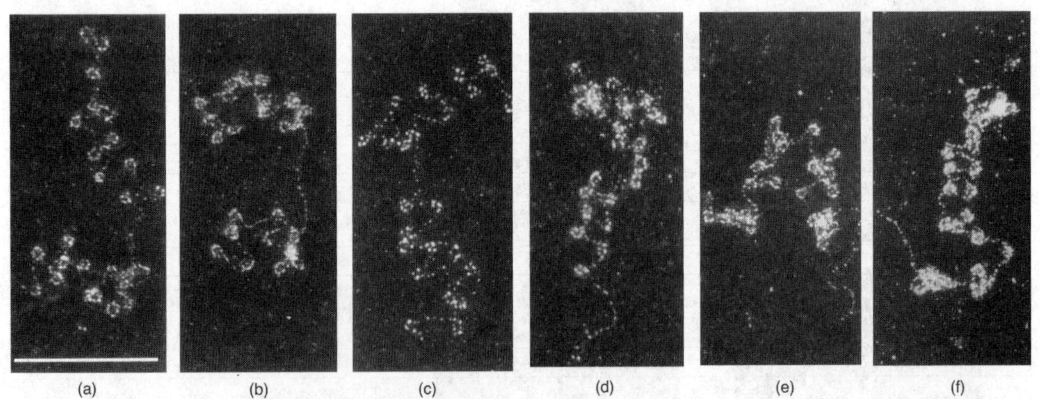

图 13.17 对 SV40 微小染色体上无核小体区的定位。 Yaniv 及同事用 *Bam*HⅠ（图 a～c）或 *Bgl*Ⅰ（图 d～f）酶切感染后期细胞的 SV40 微小核小体。正如图 13.16 所预期的，*Bam*HⅠ产生的无核小体区位于微小染色体中央，而 *Bgl*Ⅰ产生的无核小体区位于微小染色体的末端。标尺为 100nm。［*Source*：Saragosti，S. G. Moyne，and M. Yaniv，Absence of nucleosomes in a fraction of SV40chromatin between the origin of replication and the region coding for the late leader RNA. *Cell* 20（May 1980）f. 4，p. 69. Reprinted by permission of Elsevier Science.］

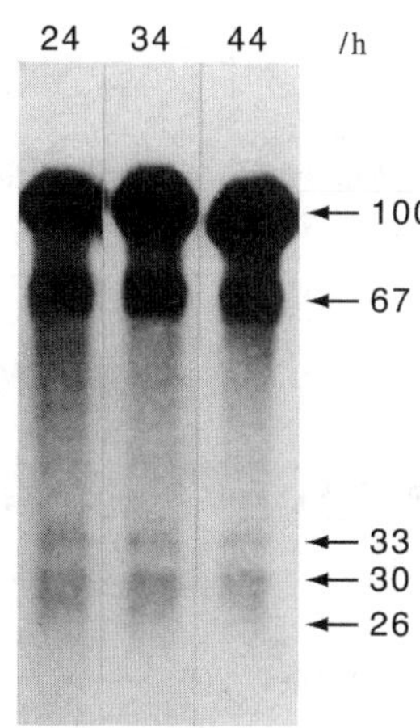

图 13.18　定位 SV40 微小染色体中的 DNase 超敏感区。 Yaniv 及同事分别在 SV40 病毒感染猴细胞 24h、34h、44h 后提取细胞核，用 DNase Ⅰ处理，再经 *Eco*RⅠ酶切、电泳、Southern 印迹分析 DNA 产物。因为 *Eco*RⅠ在环状基因组中无核小体区顺时针方向的 33%位置酶切，预期出现两种产物：33%和 67% SV40 基因组总长度的片段，这里假定 DNase 超敏感区和无核小体区重合。实际上，67%的片段量很大，而部分 33%片段已被降解成更小的片段。因此，DNase 超敏感区确实与无核小体区相对应，而此无核小体区足够大以至于产生了一系列降解的 DNA 产物。[*Source*：Saragosti，S.，G. Moyne，and M. Yaniv，Absence of nucleosomes in a fraction of SV40chromatin between the origin of replication and the region coding for the late leader RNA. *Cell* 20 (May 1980) f. 7，p. 71. Reprinted by permission of Elsevier Science.]

活跃基因调控区的 DNase 超敏性是一种普遍现象。例如，红细胞中 ε-珠蛋白基因的 5′-侧翼区是 DNase 超敏区。事实上，珠蛋白基因的 DNase 超敏性是在任何指定时间指示基因活性的很好标志。

图 13.19 阐明了应用 Southern 印迹检测 DNase 超敏感性基因的原理。图 13.19（a）和（b）显示核小体在活跃和非活跃基因上的排列、限制性内切核酸酶（RE）两个识别位点的位置。如果用 DNaseⅠ轻微消化含非活跃基因的染色质，则什么也不会发生，因为没有 DNase 超敏感位点。而用同样方法处理具有活跃基因的染色质，DNase 将攻击启动子附近的超敏感位点。现在，将蛋白质从两种 DNA 分子中除去，然后用 RE 酶切。限制酶酶切片段经电泳、转 Southern 印迹膜、用短的基因特异性探针检测斑点（绿色）。来自非活跃染色质的 DNA 是完整的，所以经 RE 酶切后产生了一个能与探针杂交的 13kb 片段。但是来自活跃染色质的 DNA 由于包含 DNase 超敏感位点，经 DNaseⅠ和 RE 消化，产生了两个片段（6kb、7kb）。其中，6kb 片段可被探针检测到，但 7kb 片段不能。更长时间的 DNase I 消化处理后，13kb 片段通常会消失。

图 13.20 显示 1987 年 Frank Grosveld 及同事所做的关于人珠蛋白基因簇的实验结果。该基因簇包括 5 个活跃状态的珠蛋白基因，顺序为 $5'$-ε-^{G}γ-^{A}γ-δ-β-$3'$。Grosveld 及同事注意到，当 β-珠蛋白基因单独转入转基因小鼠时（第 5 章），其功能最多只有其正常水平的 10%。当 β-珠蛋白基因插入某些位点时，其功能明显强于其他位点。他们推测是 β-珠蛋白基因之外的某些物质在调控其表达效率。事实上，好几个位点都影响这一效率，而且这些位点都是 DNase 超敏感性的。

其中 5 个位点（1、2、3a、3b、4）位于 ε-珠蛋白基因位点的上游，如图 13.20（e）所示。Grosveld 及同事按图 13.19 所述分析了 DNase 超敏感位点。图 13.20（e）显示了三种不同探针（Eco RI、Eco BgI、Bam Eco）的位置。他们对细胞核进行处理，一组是表达 β-珠蛋白基因的两个人类细胞系——白血病（HEL）细胞和人类红细胞系（PUTKO）；另一组是不能表达 β-珠蛋白基因的细胞系——人类 T 细胞（J6）。图 13.19 中的“0enz”泳道代表无 DNaseⅠ处理的结果，其他数字标示的泳道是 DNaseⅠ不同处理时间的结果。

图 13.20（a）显示 HEL 细胞的结果，限制酶是 Asp718，探针是 1.4kb Bam Eco，可清楚看到 DNaseⅠ切割在位点 3a、3b、4。为了检测基因上游更远处的超敏感位点，他们使用了 3.3kb EcoRI 探针，如图 13.20（b）所示，这一次，可观察到切割位点位于 1、2、3a、3b 位点处，但位点 2 的切割滞后且相对较弱。与 5.8kb DNA 片段对应的 5.8kb 条带与探针发生反应，如图 13.20（e）所示。6.8kb 条带是与不相关基因非特异性杂交的结果，可通过提高杂交的严谨性而消除。图 13.20（c）是 PUTKO 细胞的结果，限制酶是 *Bam*HⅠ，探针是 0.46 Eco Bgl。可以看到位点 3a、3b、4 的切

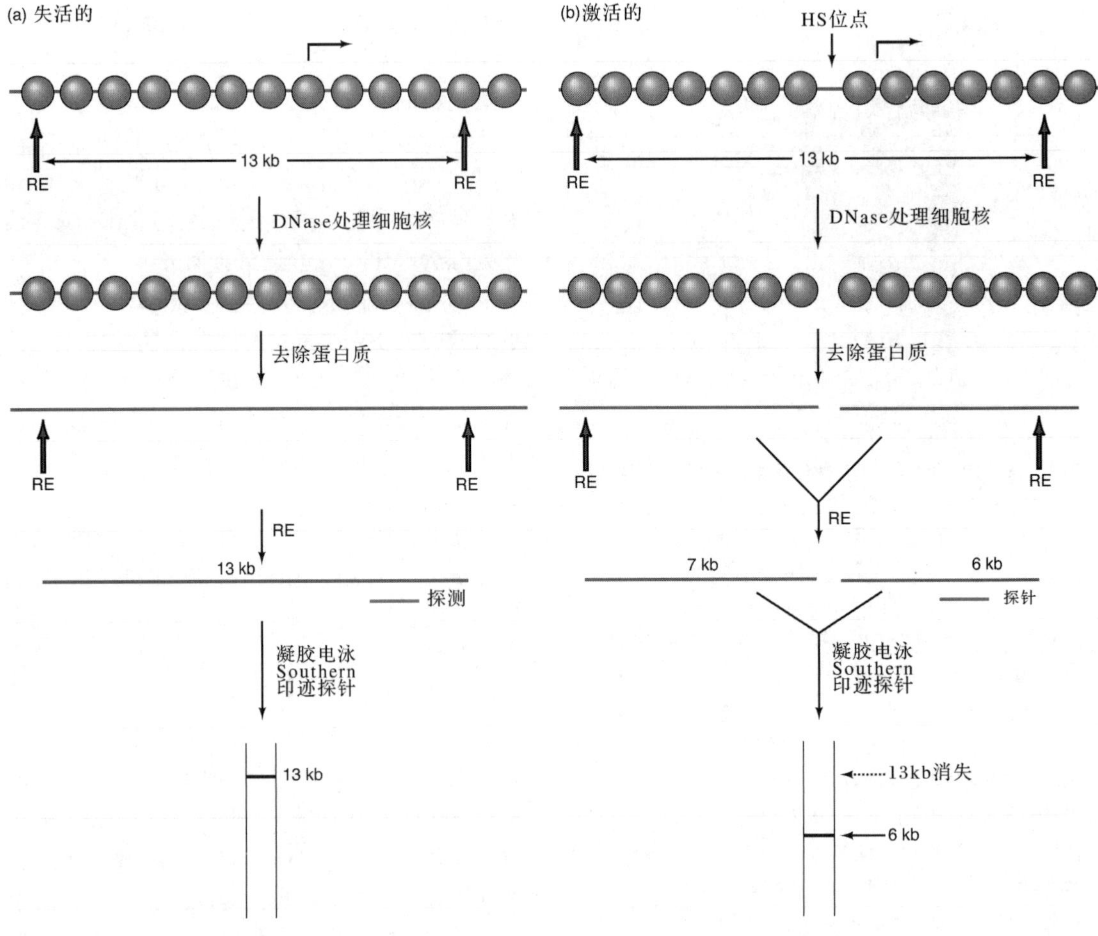

图 13.19　检测 DNase 超敏感区的实验策略。(a) 非活跃基因，无 DNase 超敏感性。基因及其调控区域与核小体复合，用 DNaseⅠ温和处理含该基因的细胞核，DNA 不降解。然后，从这些细胞核提取 DNA，除去蛋白质，用限制性内切核酸酶（RE）消化，产生包括基因调控区的 13kb 的 DNA 片段。电泳 RE 酶切产物，对片段做 Southern 印迹膜，用基因特异性探针检测。结果出现 13kb 片段。**(b)** 活跃基因，有 DNase 超敏感性。活跃基因有一至多个无核小体区，可能与启动子、增强子、绝缘子或另一个调控区对应。因此，当用 DNaseⅠ温和处理含有活跃基因的细胞核时，其超敏感位点（HS 位点）被消化。接下来，分离 DNA，去除蛋白质，用限制性内切核酸酶消化，电泳片段，对片段做 Southern 印迹膜，同图（a）进行探针检测。由于 DNase 酶切，13kb 片段消失，但在 6kb 处出现一个新片段。7kb 片段不能与探针杂交所以检测不到。这个实验揭示在下游 RE 位点的上游约 6kb 处有一个 DNase 超敏感位点。实际操作中，常常增加 DNase 的浓度，使 13kb 条带亮度逐渐下降，而 6kb 条带亮度逐渐增加。

割。用同样的方法也检测了 β-珠蛋白基因下游的另一个 DNase 超敏感位点。

最后，他们对 J6 T 细胞的 DNase 超敏感性进行了检测。J6 T 细胞没有活跃的珠蛋白基因，如图 13.20（d）所示，未检测到 DNase 超敏感性。这一结果支持这个假说：超敏感性与基因专一性因子的存在相对应，该因子能将核小体排斥于活跃基因而不是非活跃基因之外。

Grosveld 等推测这些位点与最佳外源基因表达所需的重要的基因调控区相对应。确实，当把整个珠蛋白基因簇，包括这些位点，移植到转基因小鼠时，β-珠蛋白基因与内在的 β-珠蛋白基因一样有效地表达，不论该基因插入小鼠基因组的什么位置都具有活性。这些实验定义了一个重要的调控区，我们现在称为球蛋白**基因位点调控区**（locus control region，LCR）。

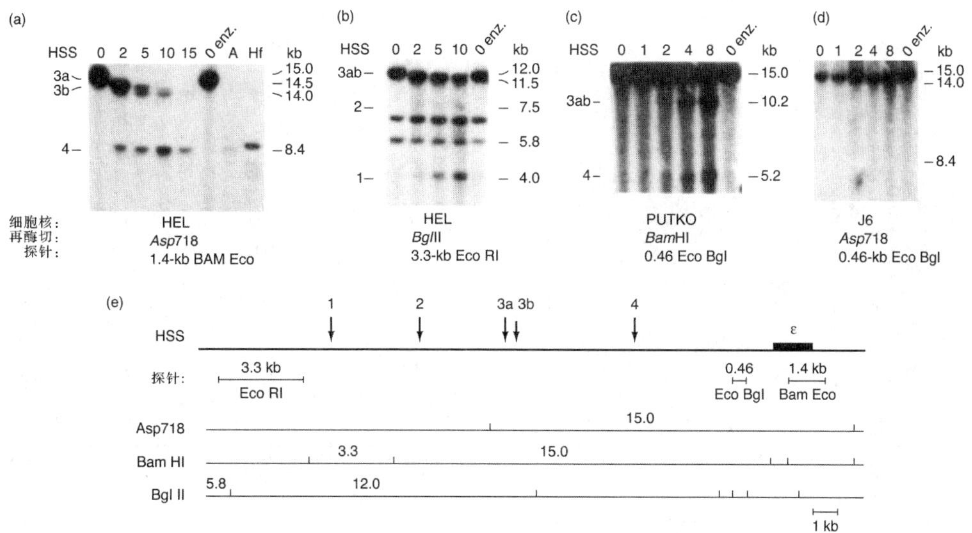

图 13.20 人类珠蛋白基因 5′-侧翼区 DNase 超敏感位点的作图。 图（**a**）～（**d**）是 Grosveld 及同事处理 HEL、PUTKO、J6 细胞核的结果，如图下“细胞核”所示，低浓度 DNase Ⅰ的不同处理时间（分钟）或无酶切对照（0 enz）如图上部所示。然后从细胞核提取 DNA，用蛋白酶 K 去除蛋白质，用不同的限制酶（底部“再酶切”所示）切割 DNA，电泳 DNA 片段，转膜，用探针检测（底部“探针”所示）。与切割超敏感位点（HSS）1、2、3a、3b、4 对应的 DNA 片段见图左侧。图（a）中，标有 A 和 Hf 的泳道是用 *Alu*I 或 *Hin*fI 替代 DNase Ⅰ切割 DNA 的结果。（**e**）人类 ε 珠蛋白基因位点 5′-侧翼区图谱，显示三种探针的位置和图（a）～（d）中所用三种限制性内切核酸酶的酶切位点。（*Source*：Reprinted from *Cell* v. 51，Grosveld et al.，p. 976. © 1987，with permission from Elsevier Science.）

> **小结** 活跃基因具有 DNase 超敏感调控区，这种超敏感性至少部分是由于缺乏核小体产生的。

组蛋白乙酰化

1964 年，Vincent Allfrey 发现了组蛋白的乙酰化和非乙酰化两种形式。乙酰化发生在赖氨酸侧链的氨基基团。Allfrey 还证明组蛋白的乙酰化与基因的活性有关，即非乙酰化组蛋白抑制 DNA 转录，而乙酰化组蛋白却是弱转录抑制因子。这些结果说明细胞核中的某些酶可使组蛋白发生乙酰化和去乙酰化，从而影响基因的活性。为了证实这个假说，需要鉴定出这些酶。然而，30 多年来这些酶仍然难以确定，部分原因是它们在细胞中的含量很低。

终于，在 1996 年 James Brownell 和 David Allis 成功地纯化和鉴定了一种**组蛋白乙酰转移酶**（histone acetyltransferase，**HAT**）。该酶从供体（乙酰辅酶 A，acetyl-CoA）上将乙酰基团转移到核心组蛋白上。他们采用一个创造性的策略分离了该酶：以四膜虫（*Tetrohymena*，纤毛原生动物）细胞为材料，因为四膜虫含有高度乙酰化的组蛋白，说明其细胞中含有相对高浓度的 HAT。他们从大核（四膜虫的大细胞核含有活跃转录的基因）中制备提取物，然后在灌有组蛋白的 SDS 凝胶中进行电泳。为了检测 HAT 的活性，他们将凝胶浸泡在乙酰 CoA 溶液中（乙酰基团被放射性标记）。如果胶体中包含有 HAT 活性的条带，HAT 就能将标记的乙酰基团从乙酰 CoA 转移到组蛋白上，从而在凝胶上有 HAT 活性的位置出现一条被标记的乙酰化组蛋白条带。为检测标记的组蛋白，将未结合的乙酰 CoA 冲洗掉，然后对胶进行荧光照相。结果如图 13.21 所示，HAT 活性条带与 55kDa 蛋白两者在位置上相对应。Brownell 和 Allis 把该蛋白质命名为 p55。

Allis 及同事以这种初始的 HAT 活性鉴定为起点，应用经典分子克隆策略进一步研究了 p55 及其基因。他们用标准生化技术进一步纯化 HAT 活性。当纯化的 HAT 活性达到同质程度时，分离足够的量以检测部分氨基酸的序列。根据这个氨基酸序列，他们设计了编码部

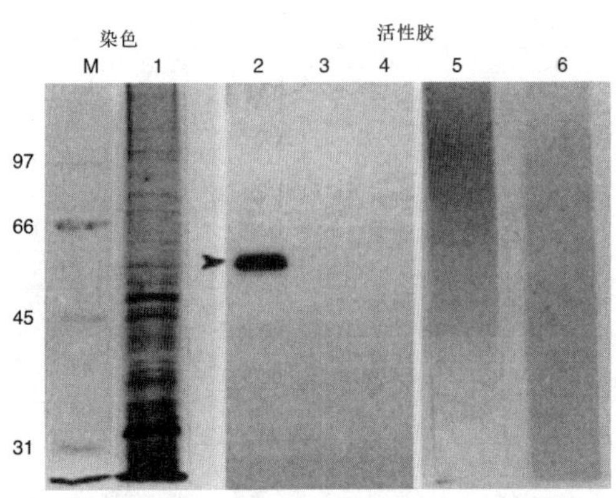

图 13.21 活性胶分析组蛋白乙酰转移酶（HAT）活性。 Brownell 和 Allis 将四膜虫大核提取物分别在含有组蛋白（泳道 2～4）、小牛血清白蛋白（BSA，泳道 5）或无蛋白质（泳道 1、6）条件下进行 SDS-PAGE。然后银染检测蛋白质（泳道 M、1），或用^{3}H 标记乙酰基的乙酰 CoA 处理以检测 HAT 活性。洗去未结合的乙酰 CoA，荧光照相检测^{3}H 标记的乙酰基团。泳道 2 显示清晰的^{3}H-乙酰化组蛋白条带，表明有 HAT 活性存在。泳道 3 和 4 未显示活性，因为电泳前细胞核提取物被加热（泳道 3）或用 *N*-乙基马来酰亚胺处理（泳道 4）失活了。泳道 5，用 BSA 代替组蛋白，与泳道 6（无蛋白质）一样，未显示活性。泳道 M 为蛋白质分子质量标准。［*Source*：Brownell，J. E. and C. D. Allis，An activity gel assay defects a single，catalytically active histone acetyltransferase subunit in *Tetrahymena* macronuclei. *Proceedings of the National Academy of Sciences USA*（July 1995）f. 1，p. 6365. Copyright © National Academy of Sciences，USA.］

分氨基酸序列的一套简并寡核苷酸（第 4 章），从而与大核基因组 DNA 或细胞 RNA 进行杂交。用这些寡核苷酸为引物，细胞总 RNA 为模板，按第 4 章所述的方法进行 RT-PCR，然后克隆 PCR 产物，获得部分 PCR 产物的碱基序列，检测并证实其内部序列也可编码已知的 HAT 氨基酸序列。没有一个 PCR 克隆含有全长 cDNA，所以他们采用快速 cDNA 末端扩增技术（RACE，见第 4 章）从 5′和 3′两个方向进行延伸，最终获得了编码 p55 蛋白全部 421 个氨基酸的 cDNA 克隆。

从 p55 cDNA 碱基序列推导出的氨基酸序列与酵母 Gcn5p 蛋白的序列很相似。Gcn5p 被鉴定为酸性转录激活因子（如 Gcn4p）的辅激活因子，因此氨基酸序列的相似性表明 p55 和 Gcn5p 两者都是与基因激活相关的 HAT。为了证实 Gcn5p 有 HAT 活性，Allis 及同事在大肠杆菌中表达了 *Gcn5p* 基因，然后把 Gcn5p 和 p55 都进行 SDS-PAGE 活性胶分析，两种蛋白质都显示了明显的 HAT 活性。因而，至少一个 HAT（Gcn5p）有 HAT 活性和转录辅激活因子活性，在乙酰化组蛋白调控基因活性的过程中起直接作用。

值得注意的重要一点是，p55 和 Gcn5p 都属于细胞核的 **A 型 HAT**（HAT A），很明显参与基因的调控。它们将核心组蛋白的富赖氨酸 N 端尾部乙酰化。完全乙酰化的组蛋白 H3 在赖氨酸 9、14、18 都有乙酰基，完全乙酰化的组蛋白 H4 在赖氨酸 5、8、12、16 都有乙酰基。组蛋白 H3 的赖氨酸 9、14 和组蛋白 H4 的赖氨酸 5、8、16 在活性染色质中乙酰化，在非活性染色质中去乙酰化。**B 型 HAT**（HAT B）发现于胞质中，使新合成的组蛋白 H3 和 H4 乙酰化并正确装配到核小体中。由 B 型 HAT 所加上的乙酰基团随后在细胞核中被组蛋白脱酰酶（histone deacetylase）去除。所有已知的 A 型 HAT，包括 Gcn5p 和 p55，都有**溴域**（bromodomain），而所有已知的 B 型 HAT 缺乏溴域。溴域允许蛋白质结合到乙酰化的赖氨酸上，这对 A 型 HAT 非常有用，A 型 HAT 必须识别部分乙酰化的组蛋白尾部并把乙酰基团加到其他赖氨酸残基上。但是溴域对 B 型 HAT 没有意义，因为 B 型 HAT 只能识别新近合成的非乙酰化的核心组蛋白。

自从 Allis 研究小组发现 p55 以后，除 Gcn5p 外的好几个辅激活因子都被鉴定出具有 HAT A 活性，其中有 CBP/p300（第 12 章）和 TAF1（第 11 章）。这三种辅激活因子与激活因子协同增强转录。它们都包括 HAT A 活性的事实提示了转录增强的部分机制：通过结合在转录起始位点附近，使其邻近核小体中的核心组蛋白乙酰化，中和其部分正电荷，松弛组蛋白对 DNA（可能是附近核小体上的 DNA）的结合，使染色质重构，以便转录装置更易进入，进而激活转录。

令人感兴趣的是 TAF1 有两个溴域模块能识别两个相邻的乙酰化赖氨酸，例如，我们可以在非活化染色质的部分乙酰化核心组蛋白上找到乙酰化赖氨酸。因而，TAF1 的另一个功能可能是在非活化染色质中识别部分乙酰化的核心组蛋白，引导其伴侣 TBP 和其他 TAF 进入这种染色质，启动活化过程。在本章后面我们将看到这一假说的证据。

小结 在细胞质和细胞核中均可发生组蛋白乙酰化。细胞质乙酰化由 HAT B 执行，并为核小体的构建准备组蛋白，这些乙酰基团随后在细胞核中被除去。核内的核心组蛋白 N 端乙酰化由 HAT A 进行，并与转录激活相关。许多辅激活因子有 HAT A 活性，能够松弛核小体与基因调控区的结合。核心组蛋白尾的乙酰化也吸引溴域蛋白（如 TAF1），该蛋白质对转录至关重要。

组蛋白去乙酰化

如果核心组蛋白的乙酰化是个转录激活事件，可以预测核心组蛋白的去乙酰化应该是个抑制事件。与此假说一致的是，低水平乙酰化核心组蛋白的染色质比正常染色质的转录活性低。图 13.22 是这种抑制作用的相关机制：已知的转录阻遏物，如未结合配体的核受体，与辅阻遏物相互作用，后者再与组蛋白脱酰酶作用，脱酰酶将邻近核小体的核心组蛋白的碱性尾上的乙酰基团除去，使组蛋白更紧密地与 DNA 结合，稳定了核小体，并维持转录的抑制状态。虽然不及染色体的异染色质域，如末端或端粒所致的沉默那么严重，这种抑制也可被称为**沉默**（silencing）。研究得很清楚的辅阻遏物有 **SIN3**（酵母）、**SIN3A** 和 **SIN3B**（哺乳动物）和 **NCoR/SMRT**（哺乳动物）。NCoR 表示"核受体辅阻遏物（nuclear receptor corepressor）"，SMRT 表示"类维生素 A 和甲状腺激素受体沉默介质"（silencing mediator for retinoid and thyroid hormone receptors）。这些蛋白质均与无配体的视黄酸受体（RAR-RXR）（一种异源二聚体核受体）相互作用。

怎样才能知道存在于转录因子、辅阻遏物、组蛋白脱酰酶之间的物理联系呢？解决这个问题的方法之一是将抗原决定簇标签表位附加到其中一个组分上，然后用抗标签的抗体免疫共沉淀整个复合体。例如，Robert Eisenman 及同事用抗原决定簇标签证明了转录因子 **Mad-Max**、哺乳动物 Sin3 辅阻遏物（SIN3A）和组蛋白脱酰酶（HDAC2）可形成三元复合体。Max 是一种既可作为激活因子，也可作为阻遏物的转录因子，取决于在异源二聚体中的搭档。如果它与 Myc 结合形成 Myc-Max 二聚体，就作为转录激活因子；反之，与 Mad 结合形成 Mad-Max 二聚体，就作为转录阻遏物。

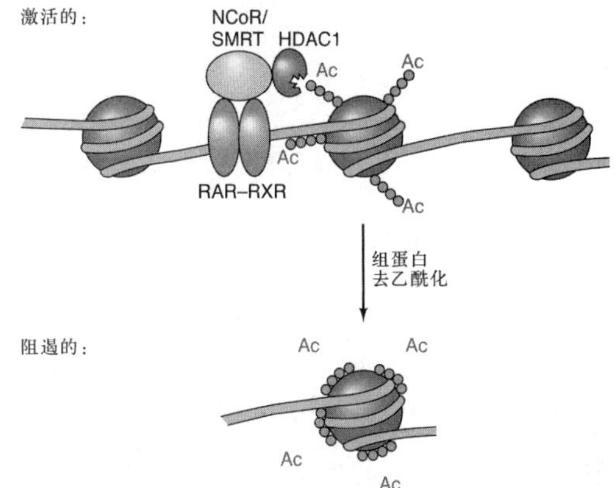

图 13.22 组蛋白脱酰酶参与转录抑制的模型。异源二聚体视黄酸受体（RAR）和视黄酸受体 X（RXR）结合到增强子上（顶端）。在无配体视黄酸时，受体二聚体结合辅阻遏物 NcoR/SMRT，随之与组蛋白脱酰酶 HDAC1 结合。脱酰酶从邻近核小体核心组蛋白的赖氨酸侧链（灰色）去除乙酰基（红色）。这种脱酰基作用使赖氨酸侧链更紧密地与 DNA 结合（见底端），维持核小体稳定，导致转录抑制。

Mad-Max 引起抑制作用的部分原因是组蛋白去乙酰化作用，提示组蛋白脱酰酶与 Mad 存在某种相互作用。类比由图 13.22 所示的 RAR-RXR-NCoR/SMRT-HDAC1 的相互作用，我们推测某些辅阻遏物（如 NCoR/SMRT）介导 Mad 与组蛋白脱酰酶间的这种相互作用。为表明这类作用确实在体内存在，并由辅阻遏物（SIN3A）介导，Eisenman 及同事采用了抗原决定簇标签策略。他们用两种质粒共转染哺乳动物细胞，一种质粒编码抗原决定簇标签的组蛋白脱酰酶［（FLAG- HDAC2）带小分子肽 FLAG 标签的 **HDAC2**］，另一种质粒是编码 Mad1 或脯氨酸发生替代的 Mad1 突变体（Mad1Pro），该脯氨酸既能阻断与 SIN3A 的相互作用，又能阻断转录抑制作用。之后，从转染细胞中制备提取物，用抗 FLAG 抗体免疫沉淀复合体，然后经电泳、蛋白质转膜，先用抗

SIN3A 抗体探测，而后洗脱抗 SIN3A 抗体，再用抗 Mad1 抗体探测。

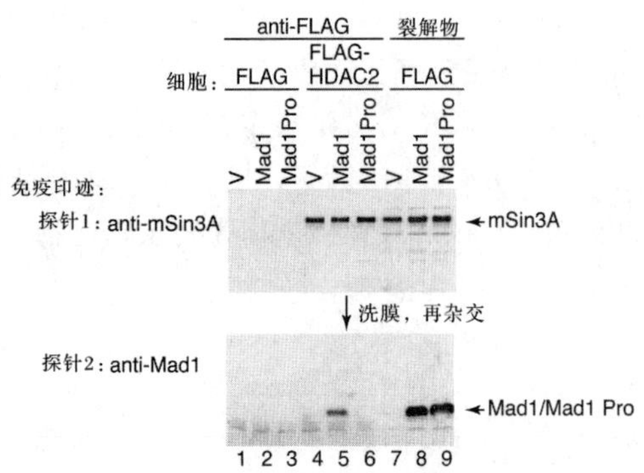

图 13.23 HDAC2、SIN3A、Mad1 三元复合体的证据。Eisenman 及同事用不同质粒转染细胞：只编码 FLAG 抗原决定簇或 FLAG-HDAC2，如图顶端"细胞"旁边的标注，或编码无 Mad1（V）、Mad1、Mad1Pro 也见图上所示。用抗 FLAG 抗体（泳道 1～6，图顶部标为"anti-FLAG"）免疫沉淀细胞裂解物，或只收集裂解物（泳道 7～9，图顶部标为"裂解物"），电泳免疫沉淀物或裂解物。之后，将蛋白质转膜，先用抗 SIN3A 抗体探测（上方的印迹膜）。然后洗脱前一个膜，用既可与 Mad1 又可与 Mad1Pro 反应的抗 Mad1 抗体探测（下方的印迹膜）。最后，用连接有辣根过氧化物酶的二抗检测膜上的结合了抗体的蛋白质。再用与辣根过氧化物酶反应时变成化学发光物的底物检测该酶的存在。SIN3A 和 Mad1/Mad1Pro 的位置在印迹膜右侧标出。[*Source*：Laherty，C. D.，W.-M. Yang，J.-M. Sun，J. R. Davie，E. Seto，and R. N. Eisenman，Histone deacetylases associated with the mSin3 co-repressor mediate Mad transcriptional repression. *Cell* 89（2 May 1997）f. 3，p. 352. Reprinted by permission of Elsevier Science.]

图 13.23 是实验结果。泳道 1～3 是阴性对照，细胞含有 FLAG-编码质粒，而不是 FLAG-HDAC2-编码质粒。用抗 FLAG 抗体对其细胞裂解物进行免疫共沉淀，不会有 HDAC2 或与之相关蛋白质的沉淀。因此，膜上找不到 SIN3A 和 Mad1。泳道 4～6 含有 FLAG-HDAC2-编码质粒和其他质粒共转染细胞的提取物，编码质粒是：无 Mad1（泳道 4）、Mad1（泳道 5）、Mad1Pro（泳道 6）。这三个泳道都含有 SIN3A，表明 SIN3A 与 FLAG-HDAC2 共沉淀了。只有泳道 5 含有 Mad1，泳道 4 没有 Mad1 是预期内的，因为没有 Mad1 质粒，泳道 6 很明显不含 Mad1Pro，即使在转染过程中添加编码该蛋白质的质粒。因为 Mad1Pro 不能结合 SIN3A，预期不会与 FLAG-HDAC2 产生共沉淀，除非它直接与 HDAC2 相互作用。事实上，没有发生共沉淀支持了这一假说。换句话说，辅阻遏物 SIN3A 介导转录因子 Mad1 和组蛋白脱酰酶 HDAC2 间的相互作用。泳道 7～9 显示没有任何免疫沉淀物的全细胞裂解物的电泳结果。这两张膜显示，细胞裂解物含有大量的 SIN3A 和丰富的 Mad1（如果有 Mad1-编码质粒）（泳道 8）或 Mad1Pro（如果是该蛋白质存在）（泳道 9）。因此，泳道 6 没有 Mad1Pro 就不能用 Mad1Pro-编码质粒表达 Mad1Pro 蛋白失败来解释了。

现在我们已经看到两个蛋白质既是激活因子又是阻遏物的例子，这取决于与之结合的其他分子。有些核受体具有这个特性，取决于是否与配体结合。Max 蛋白的这个特性则取决于它是和 Myc 蛋白结合还是和 Mad 蛋白结合。图 13.24 图解了细胞核受体的这种现象，以**甲状腺激素受体**（thyroid hormone receptor，**TR**）为例。TR 和 RXR 形成异源二聚体并结合到增强子**甲状腺激素应答元件**（thyroid hormone response element，TRE）上。在**无甲状腺激素**（thyroid hormone）时，TR 是阻遏物，产生抑制的部分原因是它与 NcoR、SIN3 和组蛋白脱酰酶（如 mRPD3）相互作用。组蛋白脱酰酶能使核小体周围的核心组蛋白去乙酰化，从而稳定核小体，抑制转录。

在有甲状腺激素存在时，TR-RXR 二聚体成为激活因子。激活的部分原因是结合了 p300/ CBP、P/CAF、TAF1。这三个蛋白质都是组蛋白乙酰转移酶，能使邻近的核小体中的组蛋白乙酰化，使核小体不稳定，从而激活转录。值得一提的是，组蛋白乙酰转移酶和组蛋白脱酰酶的功能靶标都是核心组蛋白，而不是组蛋白 H1。因此，核心组蛋白与组蛋白 H1 一样，在核小体稳定和非稳定状态中起重要作用。

核心组蛋白尾部的乙酰化作用显然并不仅仅是抑制这些尾部与 DNA 的结合。正如本章前述（见图 13.3），Timothy Richmond 及同事

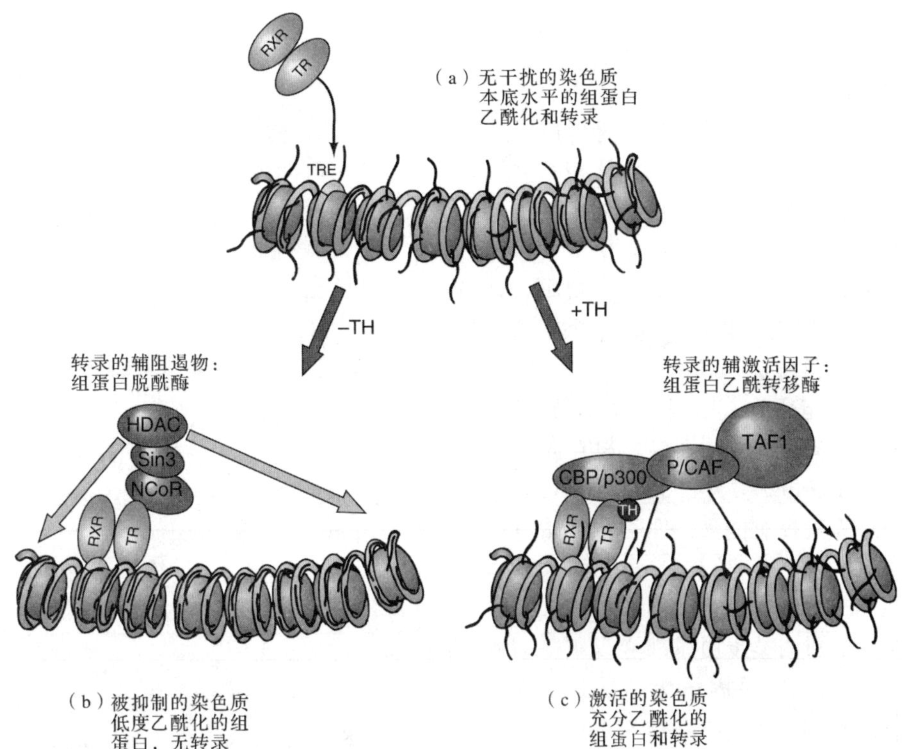

图 13.24　同一个细胞核受体的激活和抑制模型。(a) 无干扰的染色质。无细胞核受体（TR-RXR 二聚体）结合甲状腺激素响应元件（TRE）。核心组蛋白尾略有乙酰化，转录在本底水平发生。**(b)** 被抑制的染色质。在无甲状腺激素（TH）时，核受体结合到 TRE 上，与辅阻遏物 SIN3 或 NCoR 相互作用，辅阻遏物又与组蛋白脱酰酶（HDAC）作用。脱乙酰基酶从核小体周围的核心组蛋白尾部切去乙酰基，使组蛋白与 DNA 的结合及周围核小体的组蛋白之间的结合更紧密，从而有助于抑制转录。**(c)** 活性染色质。甲状腺激素结合到核受体二聚体的 TR 部分，改变其构象以便与一个以上的辅激活因子 CBP/p300、P/CAF、TAF1 结合。这些辅激活因子都是乙酰化周围核小体核心组蛋白尾的 HAT A，松弛组蛋白与 DNA 间的结合及组蛋白与周围核小体的结合，有助于激活转录。（*Source*：Adapted from Wolfe, A. P. 1997. Sinful repression. *Nature* 387：16-17.）

的核心核小体颗粒的 X 射线晶体学揭示，在结晶网格中一个核小体核心颗粒的组蛋白 H4 与相邻核小体颗粒的组蛋白 H2A-H2B 二聚体产生相互作用。具体来讲，组蛋白 H4 N 端的碱性区域（第 16～25 位氨基酸残基）与毗邻核小体 H2A-H2B 二聚体的酸性口袋相互作用，这种相互作用有助于解释核小体间的交联，阻止接近转录因子，从而抑制转录。这个假说也有助于解释核心组蛋白尾部乙酰化为什么有激活转录的作用。乙酰化作用使组蛋白 H4 N 端尾部的正电荷被中和，有助于防止核小体交联，从而阻止转录的抑制。

然而，正如前一节所述，简单的电荷中和仅是此类事件的一部分。核心组蛋白尾部的乙酰化赖氨酸为溴域蛋白（如 TAF1）提供了对接位点（docking site），溴域蛋白对于转录至关重要。其实，我们在下一节将看到，核心组蛋白的乙酰化和其他修饰方式可构成“组蛋白密码”（histone code），该密码能被其他激活和抑制转录的蛋白质所解读。

小结　转录阻遏物（如无配体的核受体和 Mad-Max）结合到 DNA 位点，并与 NCoR/SMRT、SIN3 等辅阻遏物相互作用，进而结合组蛋白脱酰酶，如 HDAC1 和 HDAC2。这种三元蛋白复合体的装配使组蛋白脱酰酶更接近附近的核小体。核心组蛋白的去乙酰化使组蛋白的碱性尾部紧密结合到附近核小体的 DNA 和组蛋白上，稳定和交联核小体，从而抑制转录。核心组蛋白的去乙酰化作用也可去除转录激活必需的溴域蛋白的结合位点。

染色质重构

组蛋白乙酰化作用通常是基因去阻遏的必要但非充分的条件，因为乙酰化只是作用于核心组蛋白的尾部，而尾部位于核小体核心颗粒的外面。正如我们在下一节将看到的，组蛋白尾部的乙酰化可干扰核小体交联，留下了一个完整的核小体，因此另外还需要某种物质“重构”核小体核心颗粒，以允许其接近转录因子。这种重构过程需要 ATP 提供能量。

染色质重构复合体 依据 ATPase 的组成进行分类，至少有四类蛋白质参与**染色质重构**(chromatin remodeling)，ATPase 控制 ATP 水解，为染色质重构提供能量。四类蛋白质包括 **SWI/SNF** 家族（发音“switch-sniff”）、**ISWI** 家族（“limitation switch”）、**NuRD** 家族和 **INO80** 家族。所有四类蛋白质都能改变核小体核心结构，不仅使转录因子更易接近 DNA，而且还使核酸酶和其他蛋白质易于接近。

SWI/SNF 家族已经从酵母到人类的真核生物中分离到。最初是在酵母中识别的，发现它是调节 *HO* 内切核酸酶的基因，而该基因负责交配型转换（mating type switching）（因而得名称的“SWI”部分）。它们也调节 *SUC2* 基因，该基因编码启动蔗糖发酵过程的转化酶。因此，缺乏编码复合体中该亚基基因的突变体是蔗糖-非发酵体（sucrose non-fermenter，因而得名称的“SNF”部分）。SWI/SNF 家族都具有 BRG1 ATPase（或在某些生物中叫做 Brm）。Gerald Crabtree 及同事利用抗 BRG1 的抗体从几种哺乳动物中免疫沉淀出 SWI/SNF 复合体，发现了 9～12 个与 BRG1 共沉淀的 BRG1-相关因子（BRG1-associated factor，BAF）。

哺乳动物与酵母的 BAF 有许多相似性，但有些蛋白质却不同。此外，哺乳动物的 BAF 比其酵母对等物具有更大的多样性。这可能反映了哺乳动物相对于酵母在发育上的复杂性，不同的哺乳动物复合体参与发育的不同阶段。

有一种 BAF 叫做 BAF155 或 BAF170，这取决于物种。它含有 SANT 结构域（“SANT”是首字母缩拼词，指在其中发现该结构域的 4 种蛋白质）。该域有一个三维结构，这个三维结构与转录因子 Myb 的 DNA 结合域（DNA-binding domain，DBD）相似，但是 SANT 与 Myb 的 DBD 之间某些氨基酸有差异，它不能结合 DNA。推导该域的 DNA 结合域由酸性氨基酸残基线性排列而成，这与它能结合碱性组蛋白，不能结合酸性 DNA 的作用相一致。

染色质重构蛋白的 ISWI 成员也含有 SANT 结构域，实际上含有两个，一个是酸性氨基酸占优势的标准 SANT 域。另一个在中性 pH 下有一个净正电荷，可参与 DNA 结合，这个结构域叫做类 SANT 的 ISWI 结构域（SLIDE），以区别于普通的 SANT 结构域。SANT 和 SLIDE 结构域都是 ISWI 结合核小体及其 ATPase 被核小体激活所需要的。因此，这两个结构域都允许 ISWI 对核小体的结合、将激活信号传到 ISWI 的 ATPase 结构域，进而使染色质重构。

所有四类蛋白质可在活跃基因的特征性增强子和启动子周围产生无核小体区。其实，我们推测无核小体区增强子是基因活化的重要前提。因此，毫不奇怪，当许多酵母基因被激活时，SWI/SNF 是首先参与基因激活的辅激活因子之一。

小结 许多真核基因的激活需要染色质重构。几种不同的蛋白质复合体执行这一重构任务，它们都有 ATPase，可以控制 ATP 水解，为染色质重构提供能量。根据 ATPase 的组成划分重构复合体，其中两个研究得最清楚的复合体是 SWI/SNF 和 ISWI。哺乳动物的 SWI/SNF 复合体以 BRG1 为其 ATPase，有 9～12 个 BRG1-相关因子（BAF）。其中一个高度保守的 BAF 叫做 BAF155 或 BAF170，具有负责组蛋白结合的 SANT 结构域，可帮助 SWI/SNF 结合到核小体上。重构复合体的 ISWI 家族具有 SANT 结构域和另一个叫做 SLIDE 的结构域，SLIDE 结构域可能参与 DNA 结合。

染色质重构的机制 “重构”的准确含义仍不清晰。有时它涉及核小体从其起始位置移开，从而为转录因子打开启动子。但重构并不是必须涉及核小体的简单滑动。例如，染色质重构可在核小体背靠背地排列穿过启动子的染色质中发生，而简单地滑动这些成串排列的核小体并不能打开足够量的DNA。本章的后面会讨论，有时重构涉及松弛的一个或多个核小体，以便另外的蛋白质，如TFIID将其移到一边去。目前对“重构”暂时的理解就是重构通过滑动或其他机制移动核小体。这种移动可由重构复合体本身或其他蛋白质引起。

此外，染色质重构的功能并不总是激活转录，所有已知重构复合体有时会协同产生抑制作用。因此，核小体的重构使之更易从启动子移开而激活转录，但也会使核小体移到抑制转录的位置。实际上，NuRD复合体的亚基之一是组蛋白脱酰酶，该酶有助于抑制转录。

Robert Kingston 及同事在 SWI/SNF 的 BRG1 亚基上研究了染色质重构活性的本质，他们推测重构可使DNA更易接近，因此以DNA的可接近性作为重构活性的测定。他们设想了两个重构模型（图13.25）：模型1涉及核小体DNA相对于组蛋白的几种构象形成。模型2涉及单一重构构象的形成，这种情况在DNA进入或退出核小体那一刻只是简单地从组蛋白剥离时会有发生，就像暴露在单个核小体中未催化的DNA的情况一样。模型2也适用于核小体只是简单地沿DNA滑动的情况，如同在体外加热的核小体中的情况一样。

Kingston及同事设计了几种方法来区分这两种模型，结论都是模型1是正确的，重构染色质以几种不同的构象存在。他们以一种模式核小体开始，其中包含一个标记的157bp的DNA片段，该片段有三个限制酶 *Pst* Ⅰ、*Spe* Ⅰ、*Xho* Ⅰ的切割位点。他们推测两种模型在重构期间三个限制酶位点的可利用速度不同。

注意，限制酶的实际切割速度非常快，所以不是限速步骤，而染色质构象变化能使限制酶位点的暴露变得相对较慢，是切割的限速步骤。因此，产生不同构象的模型1预测三种酶切割的速度会不同。因为不同的构象对三种酶具有不同的可接近性，并且不同构象形成的速度也不同。产生单一构象的模型2预期对三种酶具有相同的可接近性，因此应以相同的速度切割。

因此，Kingston及同事将BRG1和ATP加入标记的模式核小体中，测定了重构期间每个限制酶的切割速度。图13.26显示切割速度有9倍的差异，支持了模型1。此外，DNase Ⅰ比Pst Ⅰ的切割速度要快10～20倍，这一点也适合模型1但不适合模型2。最后，Kingston及同事用全SWI/SNF而不是BRG1重复了他们的实验，获得了相同的结果。因此，模型1也说明染色质重构也能由完整SWI/SNF发

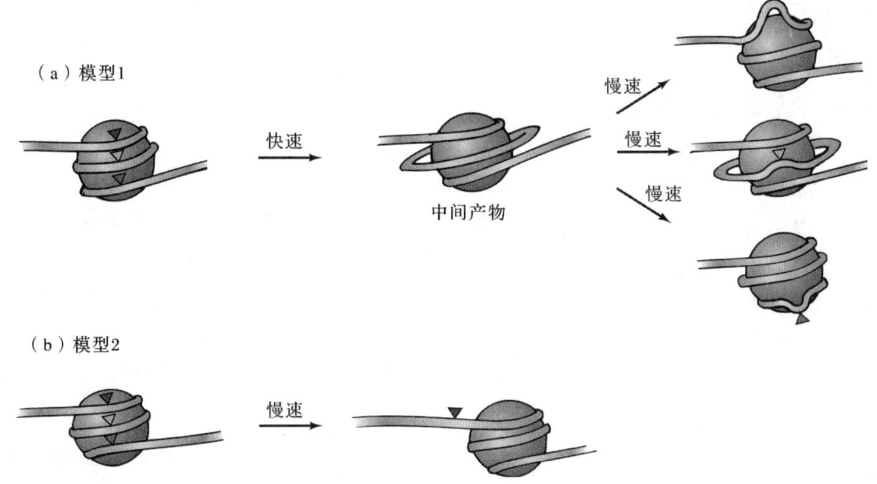

图13.25 SWI/SNF引起的染色质重构的两种模型。(a) 模型1，该核小体含有三个限制酶位点，用彩色三角形表示。在第一步，核小体可能产生一个中间产物，该产物在限速步骤转换成各种重构构象。这里所示意的三种构象都敞开了一个限制酶位点。**(b)** 模型2，重构产生一个单一构象，在本例中敞开了其中一个限制酶位点。

动，这些实验更清楚地证明真正催化的染色质重构明显不同于没有催化剂时所能发生的染色质简单改变。

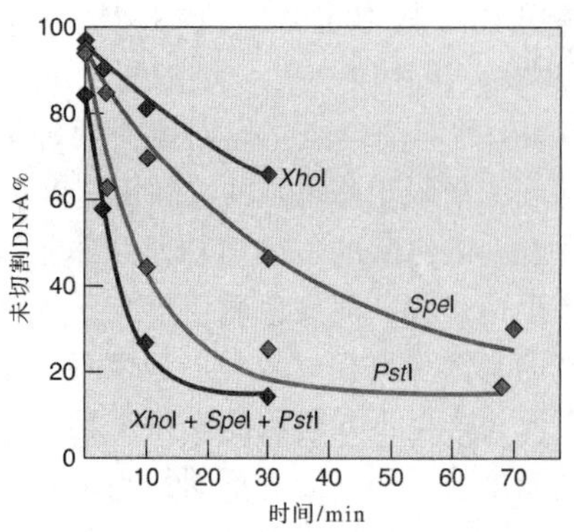

图 13.26 BRG1 催化的染色质重构过程中以不同速率所揭示的限制酶位点。 Kingston 及同事将 BRG1 标记的核小体与 ATP 培养不同时间至 70min，检测被三种限制酶 *Xho* Ⅰ、*Spe* Ⅰ、*Pst* Ⅰ切割的敏感性。去蛋白质 DNA 电泳确定未切割 DNA 的量，并以此对时间作图。 （*Source*：Adapted from Narlikar G. J. et al.， *Molecular Cell* 8， 2001. f. 4A， p. 1224. ）

小结 对染色质重构机制的细节还不清楚，但涉及核小体的移动，伴随 DNA 与核心组蛋白间连接的松弛。与核小体中非催化 DNA 的暴露或核小体沿一段 DNA 简单滑行不同，催化的核小体重构涉及核小体 DNA 关于核心组蛋白不同构象的形成。

在酵母 *HO* 基因激活中的重构 Kim Nasmyth 及同事研究了与酵母 *HO* 基因相关的蛋白质，该基因在酵母交配型转换中起关键作用。*HO* 基因的表达取决于细胞周期不同时期出现的一系列蛋白质。Nasmyth 及同事使用了一种叫做**染色质免疫沉淀**（chromatin immunoprecipitation，**ChIP**）的技术（第 5 章）。首先，将编码蛋白质（Myc）的短区域（抗原决定簇）的 DNA 片段融合到编码已知 *HO* 基因相关蛋白的基因末端，产生 C 端有 Myc 抗原决定簇的融合蛋白。然后，使酵母细胞同步化，以便大多数细胞一起历经细胞周期。收获处于细胞周期不同时期的细胞，加入甲醛，使 DNA 和与之结合的任何蛋白质间形成共价键。之后，用超声波破碎染色质，产生短的与蛋白质偶联的双链 DNA 片段。接着，制备细胞提取物，用直接抗 Myc 抗原决定簇的抗体免疫沉淀蛋白质-DNA 复合体。免疫沉淀步骤同样利用连接到大珠子上的葡萄球菌蛋白 A 或蛋白 G。蛋白 A 或蛋白 G 结合到抗体上，大珠子使整个复合体在离心时容易沉淀下来。前面提到 Myc 抗原决定簇是黏附在已知的与 *HO* 基因结合的蛋白质上，所以，免疫沉淀的蛋白质-DNA 复合体应当包含融合蛋白和 *HO* 基因。为了证实这些复合体中含有 *HO* 基因，他们用 *HO* 特异性引物进行 PCR。如果 *HO* 基因确实存在，PCR 产物应为一条预期大小的条带。

实验结果显示，已知为 Swi5 的蛋白质首先与 *HO* 的调控区结合，接着是 SWI/SNF 结合，随后是含有 HAT Gcn5 的 SAGA 复合体结合（第 11 章），再召集激活因子 SBF。其他蛋白质，包括通用转录因子和 RNA 聚合酶Ⅱ在 SBF 之后依次结合。SWI/SNF 和 SAGA 绝对是 *HO* 激活所必需的，它们共同参与 *HO* 启动子周围染色质的重构。例如，SWI/SNF 能使该基因调控区周围的核心组蛋白解体，SAGA 通过使核心组蛋白尾部乙酰化而增强这种解体作用，并有可能使这种解体永久化。其他研究有力地提示，这些因子并不是必须以上述提到的顺序发挥作用。在其他启动子上，它们能以多种不同的顺序发挥作用，并能相互协助完成其功能。在下一节，我们将看到基因在 SWI/SNF 复合体之前召集 HAT 的例子。

小结 ChIP 分析可以揭示在活化期间与基因结合的蛋白质因子的顺序。当酵母 *HO* 基因活化时，首先结合的是 Swi5，接着是 SWI/SNF 和 SAGA，后者含有 HAT Gcn5p，然后是通用转录因子和其他蛋白。因此，染色质重构位于该基因活化的第一步，但是蛋白质结合的顺序在其他基因上可以不同。

人 IFN-β 基因的重构：组蛋白密码 我们已经了解到核心组蛋白尾部的乙酰化和去乙酰化，它们分别趋于激活转录或抑制转录。但是组蛋白尾部还存在几种其他修饰，包括甲基化、磷酸化、泛素化和 SUMO 修饰。其中每种修饰都影响周围基因的转录水平，由此产生了**组蛋白密码**（histone code）的概念。这一概念由 Thomas Jenuwein 和 David Allis 于 2001 年进行了详细描述，含义是在一个基因调控区附近的特定核小体上，组蛋白修饰的组合影响该基因的转录效率。组蛋白密码是一种**表观遗传**（epigenetic）密码（不影响 DNA 自身的碱基序列），是对基因及其调控区的碱基序列密码的补充。2001 年以来，许多研究都支持组蛋白密码假说。让我们来了解一下对人 *IFN-β* 基因的组蛋白密码研究。

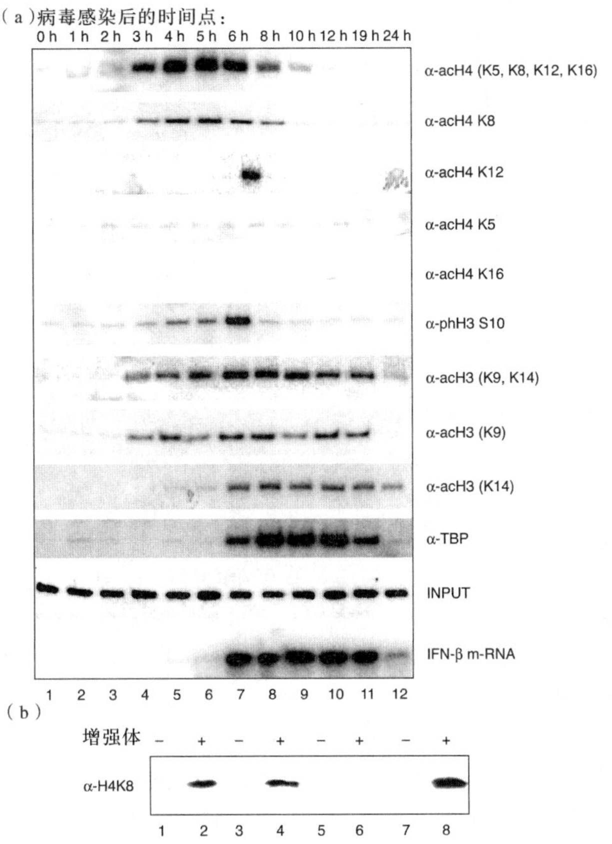

图 13.27 病毒感染后 IFN-β 启动子处染色质组蛋白的乙酰化进程。(a) ChIP 分析。THanos 及同事对仙台病毒感染 HeLa 细胞后不同时间段的细胞核提取物进行了 ChIP 分析，所用抗体直接抗组蛋白 H4 的不同乙酰化位点（右侧标出）：Lys8（α-acH4 K8）、Lys12（α-acH4 K12）、Lys5（α-acH4 K5）、Lys16（α-acH4 K16）或所有这些抗体[α-acH4（K5、K8、K12、K16)]；或组蛋白 H3 磷酸化 Ser10（α-phH3 S10）；或组蛋白 H3 不同乙酰化位点：Lys9（α-acH3 K9)、Lys14（α-acH3 K14）、Lys9 和 14、（α-acH3-K9，14）。他们做了抗体直接抗 TBP 的 ChIP 分析。之后，用 IFN-β 启动子特异引物对所有免疫沉淀染色质进行 PCR。图中给出了 PCR 结果，最底部是一组 RT-PCR 结果，表示 IFN-β mRNA 在不同时间的丰度。input 行表示用加入的染色质获得的 PCR 信号，用以说明每个实验中所用染色质的量大致相等。**(b)** HAT 的免疫耗竭对组蛋白 H4 Lys8 乙酰化的影响。THonas 及同事在生物素标记的 DNA 片段上装配了 IFN-β 增强体，这段 DNA 含有 IFN-β 启动子和增强子。然后将增强体（偶数泳道）或缓冲液（奇数泳道）与野生型细胞核提取物（泳道 1、2）或缺乏以下成分的细胞核提取物孵育：CBP/p300（泳道 3、4)、GCN5/PCAF（泳道 5、6)、SW1/SNF 的组分 BRG1/BRM（泳道 7、8）（译者注：原文遗漏）。然后，电泳蛋白质，Western 印迹，用直接抗组蛋白 H4 乙酰化 Lys8 的抗体检测印迹膜。（*Source*：Reprinted from *Cell* v. 111，Agalioti et al.，p. 383. © 2002，with permission from Elsevier Science.）

Dimitris Thanos 及同事调查了在已透彻研究的人 *IFN-β* 基因激活期间发生的染色质重构过程。当该基因被病毒感染激活时，转录激活因子结合到启动子附近的无核小体区，形成增强体（见第 12 章）。增强体中的激活因子召集修饰和重构转录起始位点周围染色质的因子，具体就是让核小体移走以启动转录。

这个过程涉及转录激活因子召集 HAT、SWI/SNF 复合体及通用转录因子等几个事件。HAT 使核小体的核心组蛋白尾部乙酰化，经 CBP 的一个或多个溴域吸引 CBP-RNA 聚合酶Ⅱ全酶。在全酶中 SWI/SNF 复合体松解核小体与启动子的结合。然后，TFIID 结合到 TATA 框上并使之弯曲，此时，重构核小体向下游滑动到一个 36 bp 的新位点，启动转录。

Thanos 及同事分析了核小体核心组蛋白上发生的乙酰化，发现组蛋白 H4 的 Lys8 乙酰化引起 SWI/SNF 复合体的召集，而组蛋白 H3 的 Lys9 和 Lys14 乙酰化引起 TFIID 的召集。

他们利用 ChIP 分析技术观测仙台病毒（Sendai virus）感染 HeLa 细胞后，组蛋白乙酰化的时间进程，从此处着手，采用抗乙酰化和磷酸化组蛋白 H3 和 H4 的抗体免疫共沉淀交联的染色质。图 13.27（a）显示，带有 IFN-β 基因的染色质可以被抗组蛋白 H4 的乙酰化 Lys8 和 Lys12 的抗体免疫沉淀，也可被抗组蛋白 H3 乙酰化 Lys9 和 Lys14 及磷酸化 Ser10 的抗体免疫沉淀。但是，相同的染色质不能被抗组蛋白 H4 的乙酰化 Lys5 和 Lys16 的抗体沉淀。因此，组蛋白乙酰化的方式不是随机的。在另一个实验中，Thanos 及同事发现如果组蛋白 H4 的 Lys5 和 Lys16 确实被乙酰化，则抗该蛋白质的抗体就能沉淀该染色质。

此外，组蛋白修饰的时间进程会随着位置的不同而变化。病毒感染后 3～8h 后，组蛋白 H4 的 Lys8 被乙酰化，而其 Lys12 仅在感染 6 h 后乙酰化。同样，组蛋白 H3 的 Ser10 磷酸化是在感染后约 3h 开始，6 h 达高峰，其 Lys14 的乙酰化在感染约 6 h 后开始，Lys9 的乙酰化开始得更早一些，但至少持续 19 h。

组蛋白 H3 的 Ser10 磷酸化和 Lys14 乙酰化的时间进程支持一个早期的假说，该假说认为 Ser10 的磷酸化是 Lys14 乙酰化的必要条件。以上结果揭示了 Lys14 乙酰化进程与 TBP 对启动子结合的完全对应关系（比较第 9 排和第 10 排，显示抗 TBP 抗体的免疫沉淀）。这一结果与 H3 的 Lys14 乙酰化是 TBP 结合启动子所必需的假说一致。

Thanos 及同事在体外进行了类似的实验。他们用细菌表达的组蛋白重构了染色质并在体外修饰所选择的位点。结果发现体外乙酰化位点与体内乙酰化位点相同。而且，他们又用缺失一个或多个 HAT 的提取物进行相同实验，看 HAT 对特定赖氨酸乙酰化作用的影响。图 13.27（b）显示经免疫耗竭 HAT GCN5/PCAF 的提取物对组蛋白 H4 Lys8 的乙酰化没有作用。而 HAT CBP/p300 或 SWI/SNF 的成分 BRG1/BRM 的免疫耗竭提取物仍能乙酰化 H4 Lys8。另一对照实验证明 GCN5/PCAF 的耗竭不会引起 CBP/p300 的耗竭，反之亦然。因此，GCN5/PCAF 负责组蛋白 H4 Lys8 乙酰化，而另一个实验（未给出）发现 HAT 负责组蛋白 H3 Lys14 的乙酰化（注：GCN5 是酵母 Gcn5p 的同源物）。

为了研究核心组蛋白尾部乙酰化对 SWI/SNF 和 TFIID 召集的影响，Thanos 及同事用 IFN-β 启动子偶联到树脂小珠和核心组蛋白上构建了染色质，然后在乙酰基供体乙酰 CoA 有或无的条件下温育染色质与细胞核提取物，之后洗去未结合的蛋白质，再用 SDS 裂解染色质，对释放的蛋白质进行 Western 印迹，并用抗 BGR1（SWI/SNF 的一个成分）和 TAF1（TFIID 的一个成分）的抗体检测印迹膜。

图 13.28（a）显示，染色质没有乙酰化时，只结合少量的 BRG1 和 TAF1（泳道 1 和泳道 2），而乙酰化时，可结合大量的 BRG1 和 TAF1（泳道 3 和泳道 4）。用 *E. coli* 的克隆基因产生的组蛋白来重构染色质，在无乙酰化时，检测不到 BRG1 和 TAF1（泳道 5 和泳道 6）的结合，但乙酰化后，能结合大量的 BRG1 和 TAF1（泳道 7 和泳道 8）。

为了阐明特定组蛋白赖氨酸乙酰化的功能，Thanos 及同事用突变的组蛋白构建了染色质，其中一个赖氨酸被丙氨酸替换。图 13.28（b）显示实验结果。如同在图 13.28（a）

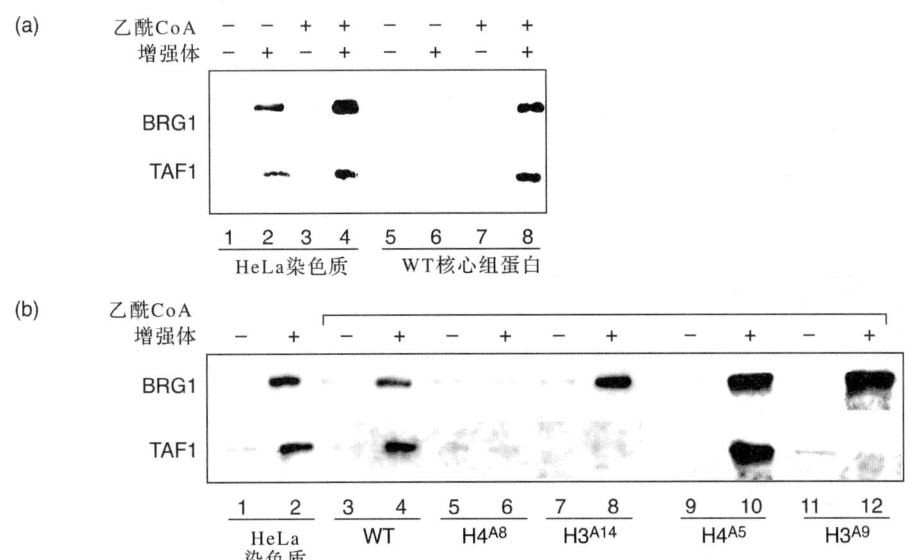

图 13.28 在有野生型或突变核心组蛋白时 SWI/SNF 和 TFIID 向 IFN-β 启动子的汇集。(a) Thanos 及同事在吸附到 Dyna-珠上的 IFN-β 启动子上重构了染色质，并与 HeLa 细胞核提取物共培养，洗去未结合蛋白质，Western 印迹，用抗这两种蛋白质的抗体检测 BRG1 和 TAF1 的结合。图上端标出各泳道有或无增强子。在培养时加入乙酰 CoA 用于组蛋白的乙酰化或不加乙酰 CoA，如图上端所示。泳道 1～4 为用天然 HeLa 细胞染色质重构的染色质。泳道 5～8 为 *E. coli*（WT 核心组蛋白）表达的重组野生型核心组蛋白构建的染色质。**(b)** 条件与（a）相同，除了在有些实验中采用突变核心组蛋白外（在泳道下面标出）。同样，有无增强体在顶端标出，同时有无乙酰 CoA 在括号中标出。举例突变体命名：$H4^{A8}$ 表示组蛋白 H4 的赖氨酸 8 替换成丙氨酸。（*Source*：Reprinted from *Cell* v. 111，Agalioti et al.，p. 386. © 2002，with permission from Elsevier.）

看到的，天然 HeLa 细胞染色质对 BRG1 和 TAF1 都结合（泳道 1 和泳道 2）。可以预测，野生型组蛋白重构的染色质也可结合这两种蛋白质（泳道 3 和泳道 4）。但缺乏 Lys8（已被丙氨酸替代）的组蛋白 H4 重构的染色质不能与 BRG1 结合或不能与 TAF1 结合（泳道 5 和泳道 6）。这一结果可解释为突变体染色质不能召集 SWI/SNF（BRG1），而后者是召集 TFIID（TAF1）所必需的。

组蛋白 H3 Lys14 换成丙氨酸时，构建的染色质可召集 BRG1，但不召集 TAF1（泳道 7 和泳道 8）。同样的情况在组蛋白 H3 Lys9 换成丙氨酸时（泳道 11 和泳道 12）也能观察到。因此，Lys9 和 Lys14 的乙酰化看来是 TFIID 召集所必需的，但不是召集 SWI/SNF 所必需的。在对照实验中，将组蛋白 H4 Lys5 替换成丙氨酸，已知 Lys5 在病毒感染时不被乙酰化，因此该突变对 BRG1 或 TAF1 的召集都无影响并不奇怪（泳道 9 和泳道 10）。

采用同样方法，他们发现组蛋白 H3 Lys12 替换为丙氨酸对 BRG1 或 TAF1 的召集也不产生影响。该赖氨酸在体内可被乙酰化，但只是非常简短的（见图 13.27）。显然这种乙酰化可能不是召集 TFIID 或 SWI/SNF 所需要的。最后，丙氨酸替换 Ser10 可阻断 TAF1 的召集但不影响 BRG1。因此，Ser10 缺失与 Lys9、Lys14 缺失有相同效果。Ser10 缺失的效果与 Ser10 磷酸化是 Lys14 乙酰化所必需的这一假说相一致。

所有这些结果可归纳为图 13.29 所示的模型。该模型的核心思想是增强子具有装配增强体所必需的所有遗传信息，增强体可召集适当的因子，移开阻断转录起始的核小体。因此，信息是从增强子向核小体流动的，而不是以相反的方向。

首先，模型要求完成以下系列事件：病毒感染时，激活因子出现并在增强子上装配增强体。然后，增强体召集 HAT GCN5，后者又乙酰化组蛋白 H4 的 Lys8 和组蛋白 H3 的 Lys9。增强体也召集一种使组蛋白 H3 Ser10 磷酸化的未知蛋白激酶。一旦 Ser10 磷酸化，组蛋白 H3 的 Lys14 就被 GCN5 乙酰化。至此，

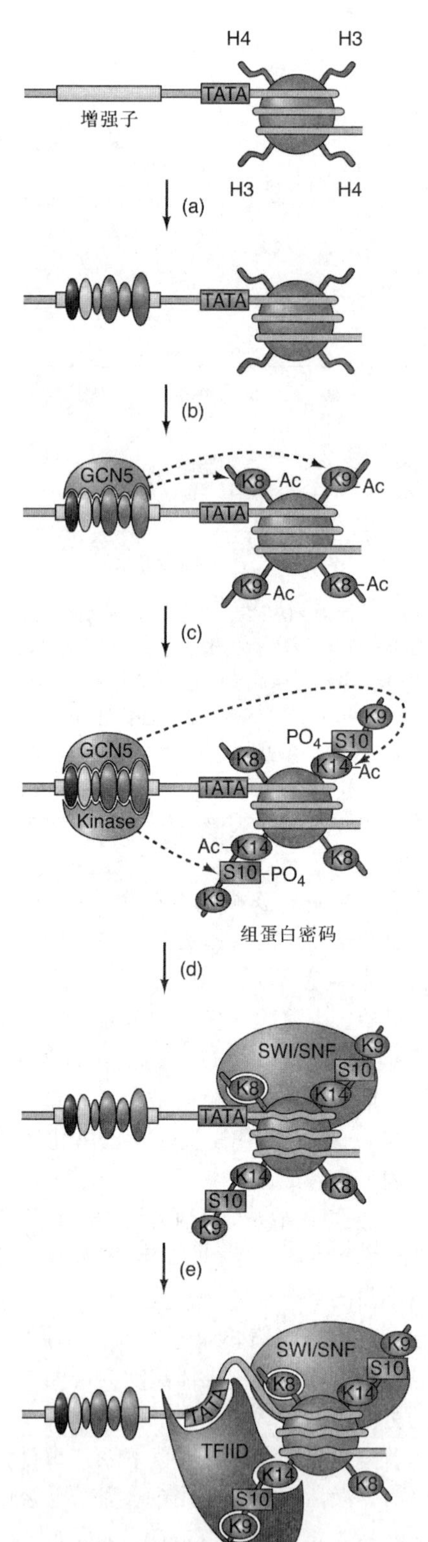

图 13.29 人类 IFN-β 启动子处组蛋白密码的模型。(a) 增强体按照 DNA 密码装配在启动子处（增强子元件的集合）。**(b)** 增强体中的激活因子召集 GCN5，这种 HAT 使组蛋白 H4 尾部的 Lys8（K8）和 H3 尾部的 Lys9（K9）乙酰化。箭头指出的乙酰化仅在较上部的组蛋白尾部，但乙酰化发生在所有 4 个尾部。**(c)** 增强体也召集使组蛋白 3 的 Ser10（S10）磷酸化的蛋白激酶。同样，磷酸化在 2 个 H3 尾部都发生。这种磷酸化作用允许 GCN5 对组蛋白 H3 的 Lys14（K14）乙酰化。由此完成组蛋白编码，其翻译在本模型的最后两步进行。**(d)** 组蛋白 H4 的乙酰化 Lys8 吸引 SWI/SNF 复合体，该复合体重构核小体。重构以核小体上弯曲的 DNA 表示。**(e)** 重构的核小体现在允许 TFIID 的结合了，TFIID 不仅被 TATA 框吸引，也被组蛋白 H3 尾部的乙酰化 Lys9 和 Lys14 所吸引。TFIID 使 DNA 弯曲，将重构的核小体推向下游 36 bp。现在，转录可以开始了。[*Source*：Adapted from Agalioti，T. G. Chen，and D. Thanos，Deciphering the transcriptional histone acetylation code for a human gene. *Cell* 111（2002）p. 389，f. 5.]

组蛋白密码形成。

其次，含溴域蛋白以下列方式诠释组蛋白密码：单溴域蛋白质 BRG1 携带完整的 SWI/SNF 复合体与组蛋白 H4 乙酰化的 Lys8 结合，聚合酶Ⅱ全酶的其余部分此时可能也被召集。然后，SWI/SNF 重构核小体，双溴域蛋白 TAF1 有两个乙酰化赖氨酸（9 和 14），它携带完整的TFIID结合到组蛋白 H3 上。TFIID 的结合使 DNA 弯曲，使重构的核小体离开下游。现在，复合体可以与辅激活因子 CBP 结合了，转录开始。

这里值得一提的是 TAF1 的另一个活性，它具有激活转录的潜力，虽然可能不像在 IFN-β 启动子处那样作用。也就是说，TAF1 有泛素缀合（conjugating）活性，其靶标之一可能是组蛋白 H1。因此，当 TAF1 被召集到启动子之后，可能通过结合到乙酰化核心组蛋白尾部，使附近的组蛋白 H1 泛素化，将其靶定，并由 26S 蛋白酶体降解（第 12 章）。由于组蛋白 H1 通过交联核小体而帮助抑制转录，所以，其降解会激活周围的基因。

小结 IFN-β 增强体的激活因子能召集一种 HAT（GCN5），GCN5 可使启动子处核小体的组蛋白 H3、H4 的一些赖氨酸乙酰化。一种蛋白激酶也能使同一核小体的组蛋白 H3 的一个丝氨酸磷酸化，由此允许组蛋白 H3 的另一个赖氨酸乙酰化，完成组蛋白编码。其中一个乙酰化赖氨酸再召集 SWI/SNF 复合体，重构核小体。这种重构使 TFIID 通过 TAF1 的双溴域与核小体上的两个乙酰化赖氨酸结合。TFIID 的结合使 DNA 弯曲，将重构核小体移开，为起始转录开通道路。

异染色质与沉默

本章中我们讨论的大部分染色质属于**常染色质**（euchromatin），这种染色质结构相对伸展开放，并至少有潜在活性。相比而言，**异染色质**（heterochromatin）非常致密，其 DNA 不可接近。在高等真核生物中，用显微镜观察时甚至呈块状（图 13.30）。在酿酒酵母中，尽管染色体太小不能产生块状结构，但仍存在异染色质，并与高等真核生物中的一样具有抑制性特征，可沉默远至 3 kb 外基因的活性。酵母的异染色质在染色体的端粒或末端都有发现，存在于永久被抑制的交配位点（mating loci）内（第 10 章结尾处提到的）。一般来讲，异染色质存在于染色体的端粒和着丝粒中。

在酵母中进行遗传和生化实验很方便，因

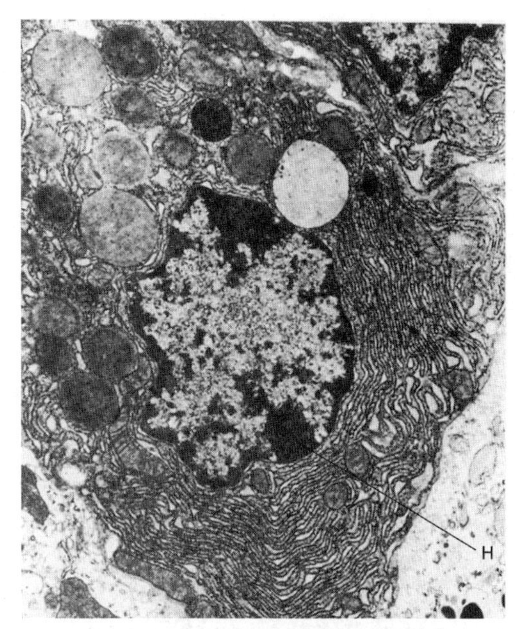

图 13.30 间期核质中的异染色质。细胞核位于中心的蝙蝠胃的林细胞。细胞核周边的深色区为异染色质 H1。（*Source*：Courtesy Dr. Keith Porter.）

此生物学家利用酵母来研究异染色质的结构及其沉默内部及邻近区段内基因的机制。由于基因沉默与该基因在染色体上的位置有关，因此端粒附近的基因沉默称作**端粒位置效应**（telomere position effect，**TPE**）：如果基因距离端粒 3kb 以内，就会被沉默，如果超过此范围，则不被沉默。

对酵母端粒异染色质的研究表明，有多种蛋白质与端粒结合，推测可能与异染色质的形成有关。这些蛋白质有 RAP1、SIR2、SIR3、SIR4 及组蛋白 H3 和 H4（SIR 表示沉默信息调节物，silencing information regulator）。酵母端粒由许多 $C_{2\sim3}A$ $(CA)_{1\sim5}$ 重复序列构成（显然，端粒的互补链具有互补序列）。通常被称为 $C_{1\sim3}A$ 的序列是 RAP1 蛋白的结合位点。RAP1 蛋白是唯一与 DNA 特异性位点结合的端粒蛋白。随后 RAP1 按 SIR3-SIR4-SIR2 的顺序召集 SIR 蛋白至端粒。我们知道，H3 和 H4 是核小体的核心组蛋白。SIR3 和 SIR4 直接与组蛋白 H3N 端尾部的第 4～第 20 位氨基酸残基和 H4N 端尾部的第 16～第 29 位氨基酸残基结合。

由于 RAP1 仅与端粒 DNA 结合，因此预计它仅与端粒有关。但是，在与端粒相邻的

“亚端粒”（subtelomeric）区发现了 RAP1，且与 SIR 蛋白结合。为解释这一发现，Michael Grunstein 及同事提出了与图 13.31 相似的模型：RAP1 结合到端粒 DNA 上，SIR 蛋白与 RAP1 结合再与亚端粒区核小体的组蛋白结合，然后这种蛋白质-蛋白质相互作用引起端粒向亚端粒区回折。

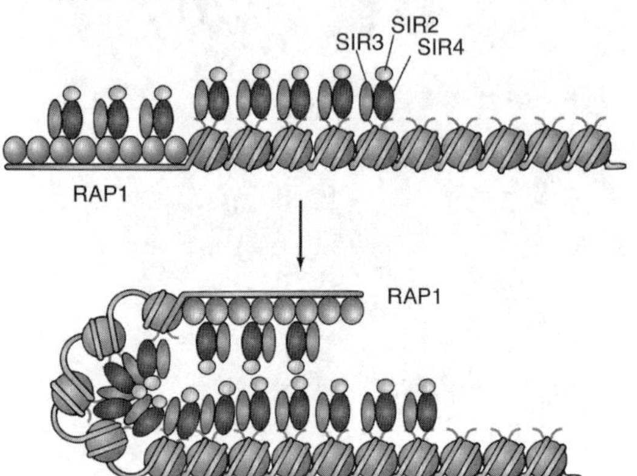

图 13.31　端粒结构的模型。 RAP1 红色结合到端粒上并召集 SIR3 和 SIR4，它们再吸引 SIR2。SIR3、SIR4 还分别与组蛋白 H3、H4（蓝色细线）的 N 端尾部结合。SIR 蛋白间的相互作用导致染色体末端的回折，因此 RAP1 与染色体亚端粒部分相结合。（*Source*：Adapted from Grunstein，M. 1998. Yeast heterochromatin：Regulation of its assembly and inheritance by histones. *Cell* 93：325 – 28. Cell Press，Cambridge，MA.）

在前面的章节，我们了解到除去核心组蛋白的乙酰基会抑制基因活性。因此推测，沉默染色质中核心组蛋白上的乙酰基不足或乙酰基过低（hypoacetylated）。确实，在酵母常染色质中，组蛋白 H4 的 5、8、12、16 位赖氨酸均发生乙酰化，而酵母异染色质仅在 Lys12 发生乙酰化。这种乙酰化过低现象在基因沉默中起什么作用呢？我们知道，组蛋白 H4 Lys16 是与 SIR 蛋白（特别是 SIR3）相互作用结构域的一部分（第 16～第 29 位氨基酸残基）。因此，组蛋白 H4 的 Lys16 乙酰化可能阻止与 SIR3 的相互作用，阻止异染色质的形成，从而阻止基因沉默。

对酵母的遗传学实验支持这一假说。将组蛋白 H4 的 Lys16 换成谷氨酰胺，通过去除 Lys16 的正电荷模拟该残基的乙酰化。这一突变可模拟通过乙酰化阻止基因（置于端粒邻近区域和交配基因位点处）沉默的乙酰化。此外，如果将 Lys16 换成精氨酸（仍保持氨基酸的正电荷），结果在一定程度上模拟了去乙酰化，正如预测的，这种突变对基因沉默没有影响。

由于组蛋白 H4 的 Lys16 去乙酰化需要沉默复合体的参与，故发现了酵母沉默复合体的 SIR2 具有组蛋白脱酰酶活性（NAD 依赖的 HDAC，又称为 N-HDAC），该发现令人十分感兴趣。因此，SIR2 是催化组蛋白 H4 的 Lys16 去乙酰化的候选酶。如果这个假说成立，则吸附在核小体（其组蛋白 H4 的 Lys16 去乙酰化）上的 SIR2 随后使邻近核小体组蛋白 H4 的 Lys16 去乙酰化，从而促进沉默过程。

小结　常染色质相对伸展、具有潜在活性，而异染色质致密、遗传学上处于不活跃状态。异染色质能使 3 kb 以内的基因均发生沉默。酵母染色体末端（端粒）的异染色质形成依赖于蛋白 RAP1 对端粒 DNA 的结合，随后是对蛋白 SIR3、SIR4、SIR2 的依次召集。染色体其他位置上的异染色质形成也依赖蛋白 SIR。SIR3 和 SIR4 也直接与核小体组蛋白 H3、H4 相互作用。核小体组蛋白 H4 的 Lys16 乙酰化阻止其与 SIR3 的相互作用，因而抑制异染色质的形成。这是组蛋白乙酰化促进基因活性的另一种方式。

组蛋白的甲基化　除了我们已经看到的修饰方式，核心组蛋白尾部也可甲基化。甲基化有激活或抑制两种效应。某些蛋白质（如 HAT）通过乙酰基-赖氨酸-结合域，也就是溴域（bromodomain），与核心组蛋白尾上的特定乙酰化赖氨酸相互作用。Thomas Jenuwein 及同事注意到某些涉及异染色质形成的蛋白质具有称为**染色质结构域**（chromodomain）的保守区域。其中一个具有这种结构的蛋白质是**组蛋白甲基转移酶**（histone methyl transferase, **HMTase**），在人类中被称为 SUV39H HMTase，另一个是组蛋白甲基转移酶-结合蛋白 HP1。

Jenuwein小组和 Tony Kouzarides 小组验证了以上蛋白质及其他蛋白质对包含组蛋白 H3 Lys9（甲基化靶位点）的甲基化和非甲基化肽段的结合。两个小组都发现只有在 Lys 9 被甲基化时 HP1 才能结合这些肽链。这一发现提出了一个因为甲基化的扩展从而抑制染色质的机制：当一个组蛋白 H3 的 Lys9 甲基化后，会通过 H3 的染色结构域吸引 HP1，HP1 随后召集 SUV39H HMTase 使另一个邻近组蛋白 H3 的 Lys9 甲基化。以上过程持续进行直到许多核小体被甲基化。这种甲基化导致异染色质区的扩展，如图 13.32 所示。

组蛋白 H3 的 Lys9 绝不是唯一的组蛋白甲基化靶位点。所有核心组蛋白的赖氨酸和精氨酸都能被甲基化，而且赖氨酸的每个氨基可接受多至三个甲基基团。组蛋白 H3 的另一个常被甲基化位点是 Lys4，该位点甲基化通常可激活转录，其机制至少涉及两个方面。其一，它抑制染色质重构和组蛋白脱酰酶复合体 NuRD 结合到组蛋白 H3 尾部，从而干扰了具有抑制转录效果的组蛋白去乙酰化作用。其二，组蛋白 H3 Lys4 的甲基化抑制了相邻 Lys9 的甲基化，而 Lys9 甲基化也是抑制转录的。通过阻止以上两个抑制事件，H3 的 Lys4 甲基化产生一个净剩的激活效应。正如组蛋白乙酰化能被脱酰酶逆转，组蛋白赖氨酸和精氨酸的甲基化也能被脱甲基酶所逆转，从而使甲基化引起的抑制或激活效应得以逆转。

组蛋白 H3 的 Lys4 的甲基化通常是三甲基化（标为 H3K4Me3），且通常与活跃基因的 5′端结合，因此这种修饰似乎是转录起始的标志。比较而言，组蛋白 H3 的 Lys36 三甲基化（标为 H3K36Me3）通常与活跃基因的 3′端结合，从而被当做转录延伸的标记。

在 2007 年，以人干细胞染色质对以上标记及其他标记进行的基因组范围的 ChIP-chip 分析（第 24 章）中，Richard Young 及同事获得了以下有趣的发现：许多编码蛋白质的基因与具有 H3K4Me3 的核小体结合，因此被认为已经起始转录，但这些基因并未与含有 H3K36Me3 的核小体结合，因此或许还没有进入转录延伸。使这两个发现保持一致的最简单的建议就是：许多人类基因的 RNA 聚合酶暂停在离启动子不远的下游。在这种情况下，可以通过调节暂停 RNA 聚合酶的重新启动为基因表达调控提供一种潜在的新方式。

至此，我们已经孤立地研究了甲基化作用，但实际上并不以这种方式发生。相反，特定核小体的许多组蛋白残基有多种修饰方式。有的被乙酰化，有的被甲基化，还有的被磷酸化，甚至有的被泛素化。图 13.33 总结了核心组蛋白可能发生的不同修饰方式。

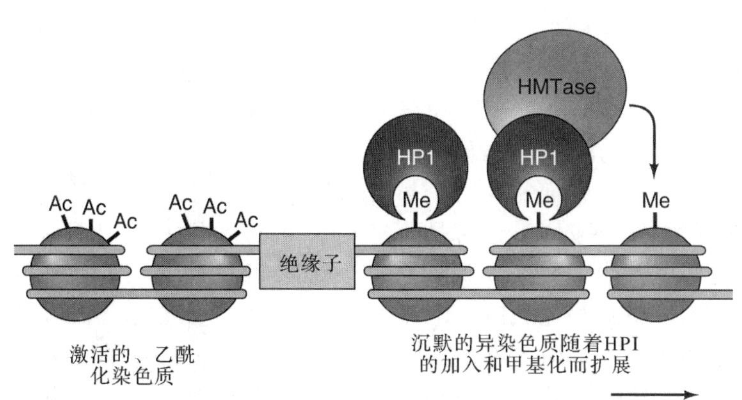

图 13.32 组蛋白甲基化参与染色质抑制作用的模型。绝缘子右侧核小体组蛋白 H3 尾部的 Lys9 被甲基化。由此召集 HP1，它结合核小体的甲基化 Lys9，并召集组蛋白甲基转移酶（HMTase），使邻近核小体的 Lys9 甲基化。如此，甲基化抑制状态就从一个核小体传递至下一个核小体。［*Source*：Adapted from Bannister，S. D.，P. Zegerman，J. F. Partridge，E. A. Miska，J. O. Thomas，R. C. Allshire，and T. Kouzarides，Selected recognation of methylated lysine 9 on histone H3 by the HP1 chromodomain. *Nature* 410 (2001) p. 123，f. 5.］

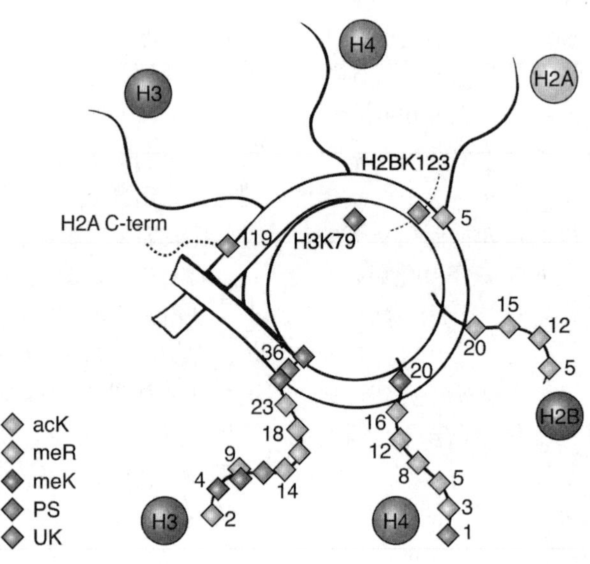

图 13.33　核心组蛋白修饰方式总结。不同修饰方式如左下端标识：黄色，乙酰化赖氨酸（acK）；灰色，甲基化精氨酸（meR）；蓝色，甲基化赖氨酸（meK）；粉色，磷酸化丝氨酸（PS）；绿色，泛素化赖氨酸（uK）。仅在两种组蛋白 H3 和 H4 一侧的尾部显示了修饰方式。H2A、H2B 仅显示被修饰的一条尾部。H2A、H2B 的 C 端尾部用虚线表示。组蛋白 H3 Lys79（H3K79）的位置也在图中标出，虽然它不在组蛋白尾部。[*Source*：Adapted from Turner，B. M.，Cellular memory and the histone code. *Cell* 111（2002）p. 286，f. 1.]

正如我们看到的，有证据表明组蛋白密码中组蛋白乙酰化参与了最终导致基因激活的级联事件。有些研究人员好奇，这种组蛋白密码的概念是否能类推到所有组蛋白修饰方式中。细胞能阅读特定核小体组蛋白修饰方式的不同组合，将其看成是一个综合密码来指示附近基因的表达或沉默。

为了在组蛋白甲基化环境下说明这个问题，Frank Sauer 及同事研究了两种组蛋白中三个赖氨酸（组蛋白 H3 的 Lys4、Lys9 和组蛋白 H4 的 Lys20）的甲基化协同效应。他们发现由一个叫做 Ash1 的 HMTase 所产生的甲基化赖氨酸的组合对果蝇有两种效果，且都是激活功能。其一，这些甲基化可促进激活因子 Brahma 的结合。其二，这些甲基化阻止阻遏物 HP1 和多聚梳状物（polycomb）的结合。因此，组蛋白 H3 的 Lys9 甲基化的正常抑制作用在上述两个赖氨酸甲基化的背景下被掩盖。细胞一定能识别组蛋白修饰方式的整体组合，而不仅仅是其中的一个。

组蛋白修饰方式不仅标记了有待激活或抑制的染色质，也影响其他组蛋白的修饰。例如，组蛋白 H3 的 Lys9 甲基化可被同一组蛋白尾部的几种修饰作用所抑制，包括 Lys9（也可能是 Lys14）的乙酰化、Lys4 的甲基化、Ser10 的磷酸化。

同一核小体上一个组蛋白的修饰也能影响另一个组蛋白的修饰。例如，Brian Strahl 及同事检测了敲除酵母 *rad6* 基因的效果，该基因编码泛素连接酶 Rad6，而 Rad6 是组蛋白 H2B 的 Lys123 泛素化所必需的。这种突变阻断了 H3 的 Lys4、Lys79 的甲基化，但不影响 Lys36 甲基化（图 13.34）。用精氨酸替换组蛋白 H2B 的 Lys123 将阻止野生型 *rad6* 基因细胞的泛素化，并对组蛋白 H3 的 Lys4、Lys79 的甲基化有同样的负效应。因此，一种组蛋白（H2B）赖氨酸的泛素化会显著影响另一种组蛋白（H3）中两个位点的甲基化。顺便提一下，Lys79 的甲基化是唯一已知的不在组蛋白尾部发生的组蛋白修饰方式，该甲基化发生在核小体的表面（图 13.33），容易与甲基化装置接触。

最后，我们讨论一下组蛋白 H3 尾部三个氨基酸（Lys9、Ser10、Lys14）不同修饰之间

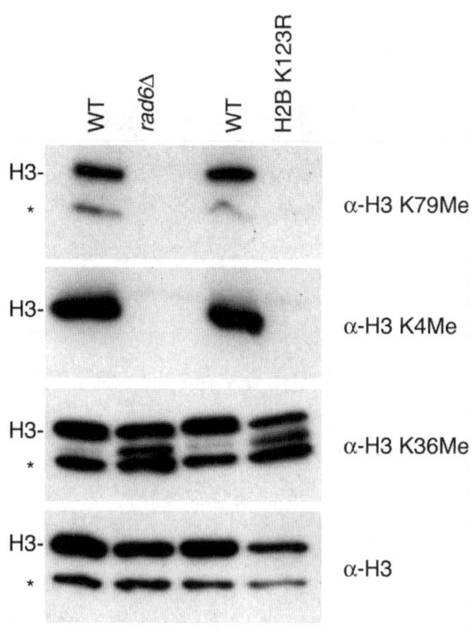

图 13.34 组蛋白 H2B 泛素化对组蛋白 H3 甲基化的影响。Strahl 及同事测试了野生型和突变酵母对组蛋白 H3 的 Lys79 甲基化的能力。突变株（*rad*6Δ）缺失了 *rad*6 基因，因而不能使组蛋白 H2B 的 Lys123 泛素化。突变株（H2B K123R）组蛋白 H2B 的 Lys123 被精氨酸取代，即使在具备 Rad6 功能的情况下，也不能被泛素化。对野生型（泳道 1 和 3）、*rad*6Δ（泳道 2）、H2B K123（泳道 4）的细胞核提取物进行 Western 印迹，并分别用下列抗体做探针检测：Lys79 甲基化的组蛋白 H3（顶端一排）；Lys4 甲基化的组蛋白 H3（第二排）；Lys36 甲基化的组蛋白 H3（第三排）；组蛋白 H3（最下面一排）。最后一排以 H3 抗体为探针，作为阳性对照以确认每一泳道中均含有组蛋白 H3。突变株未表现出对组蛋白 H3 的 Lys4 或 Lys79 甲基化的支持，但确实支持 Lys36 的甲基化。星号代表除去 Lys4 甲基化位点的 H3 的蛋白质水解产物。（*Source*：Reprinted with permission from *Nature* 418：from Briggs et al.，fi g. 1，p. 498. © 2001 Macmillan Magazines Limited.）

的相互调节作用。此前我们已经了解到，某些基因包括人类 IFN-β 基因的激活需要 Lys14 乙酰化，但是我们也知道这种乙酰化依赖于 Ser10 磷酸化，而 Ser10 磷酸化受 Lys9 甲基化的抑制。因此，Lys9 甲基化可以抑制 Ser10 磷酸化，进而阻断 Lys14 乙酰化，从而抑制转录。但事情的另一方面是，Ser10 磷酸化可能与 Lys14 乙酰化一起阻止 Lys9 甲基化。因此，一旦 Ser10 和 Lys14 被适当地修饰，它们就可能通过防止抑制性的 Lys9 甲基化而维持基因的活化状态。此外，Lys9 乙酰化可阻止其甲基化，结果乙酰化也对转录抑制起到消减作用。图 13.35 阐述了这些相互作用：组蛋白 H3 不同修饰之间，以及组蛋白 H3 和 H2A 的各种修饰之间的交互作用。

到目前为止，在本节中我们学习了组蛋白修饰影响基因活性的两种机制。①通过改变组蛋白尾部与 DNA 及相邻核小体组蛋白尾部的相互作用方式，从而改变核小体的交联。②通过吸引能够影响染色质结构和活性的蛋白。例如，乙酰化的赖氨酸吸引溴域蛋白；甲基化的赖氨酸吸引具染色质结构域（chromodomain）和类染色质结构域（chromo-like domain）的蛋白质，如 tudor 和 MBT，或其他结构域（如 PHD 指）；磷酸化丝氨酸吸引 **14-3-3 蛋白**（这个无任何信息的名称源自此类蛋白的电泳迁移率）。这类蛋白质通常具有自身的催化活性且能进一步修饰组蛋白或重构染色质，它们也能召集其他具活性的蛋白质。

例如，Rpd3C（S）组蛋白脱酰酶复合体的两个亚基是染色质结构域蛋白 Eaf3 和 PHD 指蛋白 Rco1。总之，这些蛋白质识别位于启动子下游带有 Lys36 甲基化的组蛋白 H3 分子，且保证 Rpd3C（S）组蛋白脱酰酶结合在下游染色质上。由此导致的组蛋白去乙酰化延缓了转录延伸，这种情况可被一个或多个正向延伸因子抵消。这种去乙酰化也阻止任何隐匿在基因序列中的Ⅱ类启动子的转录起始。

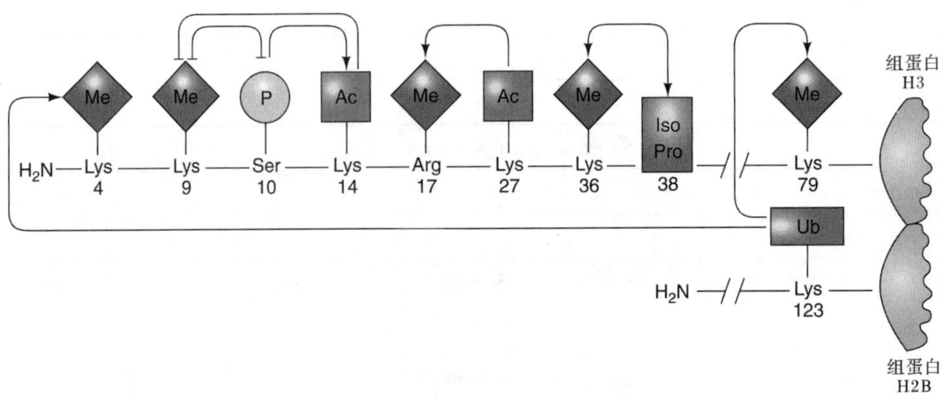

图 13.35 组蛋白尾部不同修饰的交互作用模型。图中显示组蛋白 H3 和 H2B 上被修饰残基之间已知的相互作用，但至少与组蛋白 H2A 间的某些交互作用也是已知的。激活的相互作用以箭头表示，抑制的互作以一个阻止符表示。如 Ser10 磷酸化激活 Lys14 乙酰化并抑制了 Lys9 甲基化。Me，甲基化；Ac，乙酰化；P，磷酸化；Iso，脯氨酸异构；Ub，泛素化。

小结 组蛋白 H3 N 端尾部的 Lys9 甲基化吸引蛋白质 HP1，随后 HP1 召集组蛋白甲基转移酶（假设可能使邻近核小体上的 Lys9 甲基化），从而扩展被抑制的异染色质化的状态。核心组蛋白中其他赖氨酸和精氨酸侧链的甲基化有抑制或激活双重效应。这些效应是由组蛋白甲基化的特定模式识别及结合核小体的蛋白质共同产生的，并进一步修饰染色质或直接影响转录。甲基化与其他组蛋白修饰方式，包括乙酰化、磷酸化和泛素化同时发生在特定的核小体上。原则上说，每种特定的修饰组合能给细胞传递不同的转录抑制或激活的信息。一定的组蛋白修饰对其他邻近的修饰方式也产生影响。

核小体与转录的延伸

我们知道，当激活因子和通用转录因子与它们相应的 DNA 位点结合时，基因的调控区无核小体，或至少核小体是被挤在一侧的。但是 RNA 聚合酶如何处理结合在基因转录区域的核小体呢？

FACT 的作用 一个重要的因子是**促进染色质转录**（facilitates chromatin transcription，**FACT**）蛋白。在体外，FACT 可促进 RNA 聚合酶Ⅱ穿越核小体的转录延伸。人类 FACT 由两条多肽组成，一条是酵母 Spt16 蛋白的同源物，另一条是类 HMG-1 蛋白 SSRP1。FACT 与组蛋白 H2A 和 H2B 有很强的相互作用，由此提出假设认为 FACT 可以将这两个组蛋白从核小体移开，或至少暂时移开，从而使核小体不稳定以便 RNA 聚合酶可以转录通过。

有几个证据支持这一假设。第一，将 H2A 和 H2B 交联到核小体上使它们无法离开，可阻断 FACT 的作用。第二，酵母编码组蛋白 H4 的基因突变，可改变组蛋白-组蛋白相互作用的方式，产生与 FACT 的 Spt16 亚基编码基因突变相同的表型。最后，活跃转录的染色质缺乏组蛋白 H2A 和 H2B。

2003 年，Danny Reinberg 及同事提供了 FACT 促进 RNA 聚合酶Ⅱ转录的直接证据，即从核小体上至少移开一个 H2A-H2B 二聚体。他们还发现 FACT 具有**组蛋白分子伴侣**（histone chaperone）活性，可以将组蛋白送回染色质，在转录装置通过后重构核小体。

首先，研究人员利用免疫共沉淀实验显示 FACT 的 Spt16 亚基结合到 H2A-H2B 二聚体上，SSRP1 亚基结合到 H3-H4 四聚体上。Spt16 亚基具有强酸性 C 端，Spt16 亚基缺失 C 端的重组 FACT（FACTΔC）既不能与核小体组蛋白相互作用，也不能促进转录穿过染色质。

接着，他们用两种不同的荧光标签标记 H2A-H2B 二聚体和 H3-H4 四聚体。在 FACT 或 FACTΔC 处理之后，用含有 350mmol/L KCl 的缓冲液洗涤，然后通过 SDS-PAGE 及随后的荧光成像测定二聚体/四聚体比值，从而检测核小体上二聚体的丢失情况（荧光成像仪可定量地测定凝胶中条带的荧光强度）。图13.36 显示 FACT 可引起处理过的核小体中50%的 H2A-H2B 二聚体丢失，而 FACTΔC 所引起的二聚体丢失不多于仅用缓冲液洗涤引起的丢失（约 20%）。因此，FACT 可减弱 H2A-H2B 二聚体与 H3-H4 四聚体之间的结合，这种影响依赖于 Spt16 亚基的 C 端。

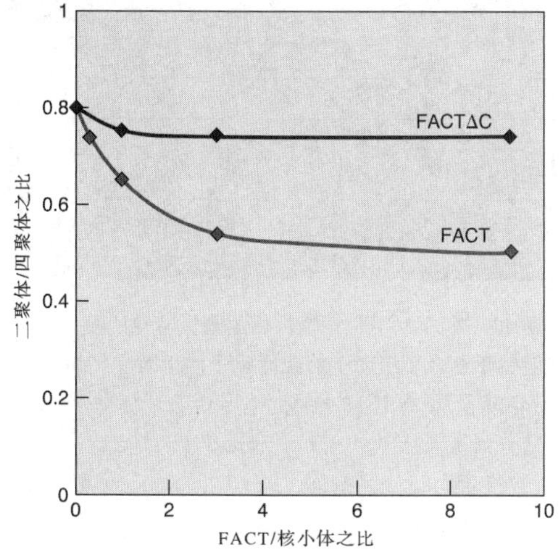

图 13.36 FACT 促进核小体上 H2A-H2B 二聚体的丢失。 Reinberg 及同事用两种不同的荧光标签标记了 H2A-H2B 二聚体和 H3-H4 四聚体，加入 FACT 或 FACTΔC 培养 1h，洗涤核小体除去松散结合的组蛋白。然后通过 SDS-PAGE，测定二聚体/四聚体比值来检测核小体上 H2A-H2B 二聚体的丢失情况，荧光标签在 SDS-PAGE 胶上用荧光成像仪定量测定。（*Source*：Adapted from Belotserkovskaya，et al.，*Science* 301，2003，f. 3，p. 1092.）

Reinberg 及同事也证明 FACT 可促进转录穿越核小体，并且转录模板含有**六聚体**（hexasome），这是一种缺乏 H2A-H2B 二聚体的核小体。为实施这一实验，他们以位于转录起点下游的单核小体为模板，将转录复合体组装到模板上，通过 RNA 聚合酶Ⅱ上的标签把复合体连接到珠子上。然后在有 FACT 或 FACTΔC 的情况下以标记的核苷酸进行转录。电泳检测转录物时，他们发现 FACT 可促进转录通过核小体形成全长的中断转录物，而 FACTΔC 却不能，即无 FACT 或有 FACTΔC 的转录产生若干转录物停滞在与核小体有关的 DNA 区，而有 FACT 的转录可减少这种停滞，产生更高比例的全长转录物。

该实验也能研究模板和全长中断转录物从 RNA 聚合酶上的释放。他们在转录前标记了 DNA，然后电泳检测释放的模板，模板应该是完全转录的。结果表明，有 FACT 的转录，模板含有六聚体，而有 FACTΔC 的转录没有六聚体。将 H2A 和 H2B 回加到六聚体中，可使它们转换成完整大小的核小体，表明六聚体确实是缺失了 H2A-H2B 二聚体的核小体。因此，FACT 至少是部分地将核小体结构松弛到足够的程度，至少允许丢失一个 H2A-H2B 二聚体来促进转录通过核小体。

FACT 不仅使核小体解聚，它还可将组蛋白放回 DNA 重构核小体。Reinberg 及同事用两个实验证明了 FACT 的这种组蛋白分子伴侣作用。他们将核心组蛋白与标记的 DNA 及无 FACT、FACT、FACTΔC 分别混合，电泳检测产物。结果表明，无 FACT 的转录混合物形成结块，不能进入电泳胶，而有 FACT 的转录可形成电泳行为良好的 DNA-组蛋白复合体。正如预测的一样，FACTΔC 不形成 DNA-组蛋白复合体。之后，他们用两种不同的荧光标签标记 H2A-H2B 二聚体和 H3-H4 四聚体，然后用荧光成像仪在电泳凝胶上观察组蛋白-DNA 复合体是否含有与两组组蛋白结合的荧光标签。结果表明，FACT 具有组蛋白分子伴侣活性。他们也发现两个单独的 FACT 亚基都没有这一活性。

如果在转录延伸过程中 FACT 确实起到染色质重构者的作用，就应该在有 RNA 聚合酶的染色质上发现 FACT。Reinberg 和 John 及同事利用果蝇热激基因 *hsp70* 为实验体系，证明了这种行为。在果蝇幼虫唾液腺细胞中，染色体反复复制而不伴随细胞分裂，从而产生多线染色体（polytene chromosome），许多姐妹染色单体聚在一起。在光学显微镜下可看到这些多线染色体，活跃转录位点显得膨胀而突出，或形成染色质肿块（chromosome puff）。特别当温度升高时，在热激基因座，如 *Hsp70*，将产生结块。

首先，Reinberg 和 Lis 分离了热激前后20min 的果蝇多线染色体，与荧光标记的直接抗 RNA 聚合酶Ⅱ和 Spt16 的抗体染色。结果表明，热激之后，两个抗体共同定位在跨两个 *hsp70* 基因座的染色体结块上。

如果 FACT 确实与 RNA 聚合酶Ⅱ相伴，在转录进程中重构染色质，那么 FACT 应该像聚合酶Ⅱ那样快速地被召集到热激基因上，应该在转录发生后立刻在结合转录因子-启动子的下游发现。为了验证这个假设，Reinberg 和 Lis 及同事查看了染色质与抗 FACT 两个亚基的抗体和抗 HSF（结合到 *hsp70* 基因上游调控区的激活因子）抗体染色的结果。他们分析了热激前、热激 2.5 min 和热激 10min 的情况。

图 13.37 显示，热激 2.5min 之后，像 HSF 一样，FACT 的两个亚基就与 *hsp70* 结合了。但是 FACT 的两个亚基都明显局限在比 HSF 更远的下游。通过比较 SSRP1 或 Spt16 染出的红色与 HSF 染出的绿色，可以看出这种差异。分开时很难看出，但是将两个图像重叠时，就可看出红色的前缘（FACT 荧光）在黄色的下游，黄色是红色（FACT）和绿色（HSF）荧光的叠加。这一效果在热激 10min 后也出现了，尤其是在 SSRP1。

相比之下，当另一个推测的染色质重构物 Spt16 用绿色荧光标签染色时，它的位置和 FACT 完全重叠（见图 13.37 中的第 3 个图，热激 2.5min 或 10min 的黄色条带）。这一结果表明，Spt6 和 FACT 都与 RNA 聚合酶Ⅱ一起移动，处于帮助重构染色质促进转录的位置。

小结 FACT 是转录延伸促进物，由两个亚基 Spt16 和 SSRP1 组成。Spt16 结合 H2A-H2B 二聚体，而 SSRP1 结合 H3-H4 四聚体。FACT 通过推动核小体上至少一个 H2A-H2B 二聚体的丢失而促进转录通过核小体。FACT 也具有组蛋白分子伴侣作用，可将 H2A-H2B 二聚体再加回失去该二聚体的核小体。FACT 的 Spt16 亚基具有酸性 C 端，对核小体的这两种重构活性都很重要。

PARP-1 的作用 果蝇热激基因提供了核小体解体而开始转录的另一个实例。2008 年，Stephen Petesch 和 John Lis 提供证据证明果蝇多线染色体中 *Hsp70* 基因座核小体的消失情况。他们发现热激仅 30s，*Hsp70* 基因座上的核小体就开始消失，且这种现象在 2min 之内

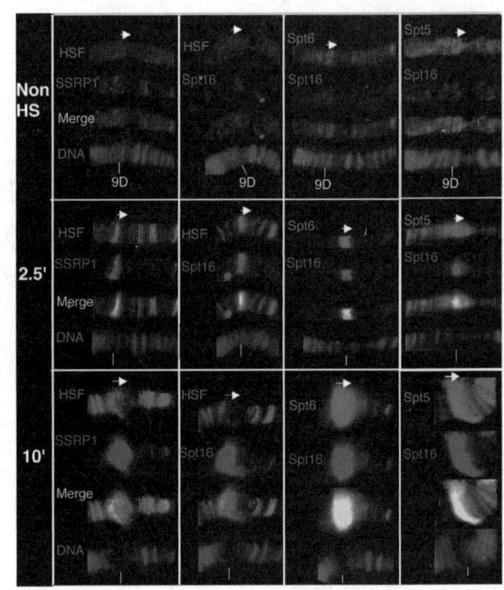

图 13.37 FACT 被迅速地召集到被转录的基因上，定位于结合了启动子的激活因子的下游。 Reinberg 和 Lis 及同事用荧光抗体进行果蝇染色体染色，细胞分别是未处理、热激 2.5min、热激 10min，如图的左边所示。所用抗体在每个染色的染色体旁边标出，与荧光抗体的颜色相同。对 HSF 和 Spt16 的专一性抗体发绿色荧光，对 SSRP1 和 Spt16 的专性抗体发红色荧光。将这两种图像合并，检测其重叠情况。有重叠时显黄色，重叠不完全时，在黄色的右边（下游）会出现一些红色荧光，这种情况在热激 10min 后的 HSF 和 SSRP1 叠加时尤其明显（左下图）。染色体还用 Hoechst 染料染色，使染色体呈现紫色（每个图的下面）。（*Source*：Reprinted with permission from *Science*，Vol. 301，Abbie Saunders，Janis Werner，Erik D. Andrulis，Takahiro Nakayama，Susumu Hirose，Danny Reinberg，and John T. Lis，"Tracking FACT and the RNA Polymerase II Elongation Complex Through Chromatin in Vivo，" Fig. 2，p. 1095. Copyright 2003，AAAS.）

持续增强。30s 时间太短以至于不能完全转录此基因座，由此显示核小体的丢失并不依赖转录。即使转录延伸被药物所阻断仍不能停止核小体丢失的发现支持了这一假说。但核小体丢失的确需要三种蛋白：热激因子（HSF）、GAGA 因子（本章前面讨论过）及多聚 ADP-核糖聚合酶［poly（ADP-ribose）polymerase，PARP］，被称为 PARP1。

PARP 从底物烟酰胺腺嘌呤二核苷酸（NAD）获取 ADP-核糖单位并连接形成多聚物

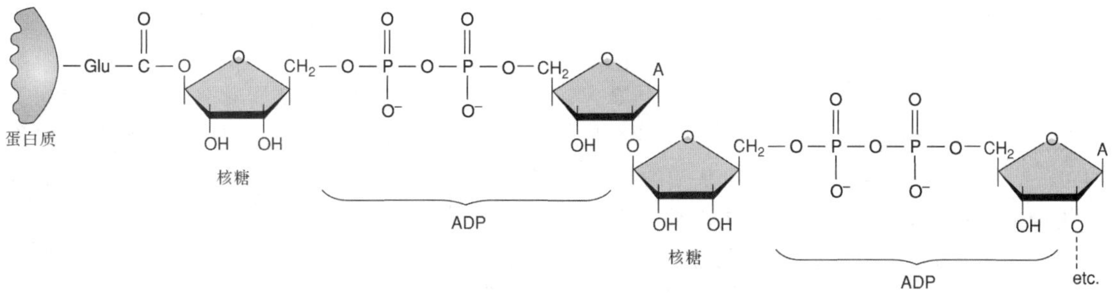

图 13.38　多聚 ADP-核糖。第一个 ADP-核糖单位通过酯键连接一个蛋白质上的谷氨酸。剩余的 ADP-核糖单位在一个 ADP 上的 2′-碳和另一个核糖上的 1-碳之间通过糖苷键连在一起。PARP 酶帮助形成这些糖苷键，而 PARG 则使之降解。

[poly（ADP-ribose），（PAR）]，通过谷氨酸羧基基团附着在 PARP 上（图 13.38）。多聚物通常隔 40～50 个单位就产生一个分支（通过 ADP-核糖单位的核糖之间产生连接）。PAR 的形成可以被多聚 ADP-核糖糖苷水解酶（poly [ADP-ribose] glycohydrolase，PARG）逆转，此酶裂解 ADP-核糖单位之间的键。

PARP1 是如何参与核小体解体的？首先，PARP1 像组蛋白 H1 一样能结合核心核小体，由此产生抑制效应。激活 PARP1 导致其自身多聚核糖化，导致与核小体的解离，产生激活效应。其次，由 PARP1 产生的 PAR 与多核苷酸类似，尤其在酸性本质上。因此，推测 PAR 可能与 DNA 竞争结合碱性组蛋白，从而放松组蛋白与 DNA 间的结合并促进核小体的解体。

小结　热激导致果蝇多线染色体结块的染色质中的核小体迅速消失。核小体丢失所需中介之一是多聚 ADP-核糖聚合酶（PARP1）。在热激应答中，此酶使自身多聚 ADP-核糖化，从而从类组蛋白 H1 与核小体的结合中移开，使核小体不稳定。多聚 ADP-核糖也是一个多聚阴离子体，能够直接结合组蛋白，使核小体更不稳定。

总结

真核生物 DNA 与叫做组蛋白的碱性蛋白质分子结合，形成核小体结构。核小体包含 4 对核心组蛋白（H2A、H2B、H3、H4），它们构成楔形盘状结构，周围包裹着约 146bp 的 DNA 片段。组蛋白 H1 比核心组蛋白更容易从染色质上除去，因而不是核心核小体的组成部分。

染色质在体外（也可能在体内）由一串核小体折叠形成 30nm 纤丝的二级结构。结构研究显示细胞核中 30nm 染色质丝至少存在两种形态：不活跃的染色质倾向于具有较大的核小体重复长度（约 197bp）且更可能形成中空螺线管折叠结构，这种染色质与 H1 相互作用以稳定其结构；活跃的染色质趋于具有较小的核小体重复长度（约 167bp）并遵循双起始双螺旋模型折叠。

染色质压缩的三级结构涉及真核细胞染色质的放射型环状结构的形成。30nm 纤丝趋于形成 35～85kb 长的环状结构，锚定在染色体的中央基质上。

核心组蛋白（H2A、H2B、H3、H4）能在裸 DNA 上组装成核小体核心颗粒。当重构染色质达到每 200bp DNA 一个核小体核心颗粒的密度时，75％的Ⅱ类基因的转录将被抑制（相对于裸 DNA）。剩余 25％的转录活性是由启动子区未被核小体核心颗粒覆盖所引起的。组蛋白 H1 能在核心核小体的基础上更进一步地抑制模板活性，这种抑制作用能被转录因子阻止。有一些转录因子，如 Sp1 和 GAL4，既是阻遏物（阻止由组蛋白 H1 引起的抑制作用），又是转录激活因子。其他的仅仅是阻遏物，如 GAGA 因子，推测这些阻遏物与组蛋白 H1 在 DNA 模板上的同一位点存在竞争关系。

活跃基因具有 DNase 超敏感调控区。这种超敏感性至少部分是因为核小体的缺乏产生的。

在细胞质和细胞核中均可发生组蛋白乙酰

化。细胞质的乙酰化由 HAT B 执行，并为核小体的装配准备组蛋白，这些乙酰基团随后在细胞核中被除去。在核内的乙酰化由 HAT A 催化，并与转录激活有关。许多辅激活因子有 HAT A 活性，能够松弛核小体与基因调控区的结合。核心组蛋白尾部的乙酰化也吸引溴域蛋白，如 TAF1，该蛋白对转录至关重要。

转录抑制剂如（无配体核受体和 Mad-Max）结合到 DNA 位点上，并与 NCoR/SMRT、SIN3 等辅阻遏物相互作用，然后与组蛋白脱酰酶（如 $HDAC_1$ 和 $HDAC_2$）结合。这种三元蛋白复合体的装配使组蛋白脱酰酶更接近邻近的核小体。核心组蛋白的去乙酰化使组蛋白的碱性尾紧密结合到附近核小体的 DNA 和组蛋白上，稳定核小体，抑制转录。

许多真核基因的激活需要染色质重构。几种不同的蛋白质复合体执行这一重构任务，它们都有 ATPase 活性，可以控制 ATP 水解，为染色质重构提供能量。依据 ATPase 组分的不同可区分重构复合体。其中两个研究最清楚的复合体是 SWI/SNF 和 ISWI。哺乳动物的 SWI/SNF 复合体以 BRG1 为其 ATPase，还有 9～12 个 BRG1-相关因子（BAF）。其中一个高度保守的 BAF 叫做 BAF155 或 BAF170，它具有负责组蛋白结合的 SANT 结构域，可帮助 SWI/SNF 结合到核小体上。重构复合体的 ISWI 家族具有 SANT 结构域和另一个叫做 SLIDE 的结构域，SLIDE 结构域可能参与 DNA 结合。

对染色质重构机制的细节还不清楚，但确实涉及核小体的移动，伴随 DNA 与核心组蛋白间连接的松弛。与核小体中非催化 DNA 的暴露，或核小体沿一段 DNA 简单滑行不同，被催化核小体的重构涉及与核心组蛋白对应的核小体 DNA 不同构象的形成。

ChIP 分析可以揭示在激活期间与基因结合的蛋白质因子的顺序。酵母 *HO* 基因活化时，首先结合的是 Swi5，接着是 SWI/SNF 和 SAGA，后者含有 HAT Gcn5p，然后是通用转录因子和其他蛋白质。因此，染色质重构位于该基因激活的第一步，但是不同基因的蛋白质结合顺序也不尽相同。

在特定核小体中，核心组蛋白的修饰方式组成了组蛋白密码。组蛋白密码能决定核小体里发生了什么事件。IFN-β 增强体的激活因子能召集一种组蛋白乙酰转移酶，该酶使启动子处的核小体中组蛋白 H3、H4 的一些赖氨酸乙酰化。一种蛋白激酶也能使同一核小体的组蛋白 H3 的一个丝氨酸磷酸化，由此允许组蛋白 H3 的另一个赖氨酸乙酰化，完成组蛋白编码。组蛋白 H4 的一个赖氨酸被乙酰化后，接着召集 SWI/SNF 复合体，重构核小体。然后 TFIID 与组蛋白 H3 上的两个乙酰化赖氨酸结合。TFIID 的结合使 DNA 弯曲，将重构的核小体移开，为起始转录开通道路。

常染色质相对伸展，具有潜在活性，而异染色质处于凝缩状态，没有遗传学活性。异染色质能使 3kb 以内的基因均发生沉默。酵母染色体末端（端粒）异染色质的形成依赖于蛋白 RAP1 对端粒 DNA 的结合，随后依次召集蛋白 SIR3、SIR4、SIR2。染色体其他位置上的异染色质形成也依赖蛋白 SIR。SIR3 和 SIR4 也直接与核小体组蛋白 H3、H4 相互作用。核小体组蛋白 H4 的 Lys16 乙酰化阻止其与 SIR3 的相互作用，因而抑制异染色质形成。这是组蛋白乙酰化促进基因活性的另一种方式。

组蛋白 H3 N 端尾的 Lys9 甲基化吸引蛋白质 HP1，随后 HP1 召集组蛋白甲基转移酶（可能使邻近核小体上的 Lys9 甲基化），从而扩展被抑制及异染色质化的状态。核心组蛋白中其他赖氨酸和精氨酸侧链的甲基化有抑制或激活双重效应，这些甲基化与其他组蛋白修饰方式，包括乙酰化、磷酸化、泛素化等同时发生在特定核小体上。一般情况下，每种特定的修饰组合能将不同的转录抑制或激活信息传递给细胞。特定的组蛋白修饰对其他或邻近的修饰方式也会产生影响。

FACT 是转录延伸促进物，由两个亚基 Spt16 和 SSRP1 组成。Spt16 结合 H2A-H2B 二聚体，而 SSRP1 结合 H3-H4 四聚体。FACT 通过使核小体上至少一个 H2A-H2B 二聚体的丢失而促进转录穿越核小体。FACT 还具有组蛋白分子伴侣作用，可将 H2A-H2B 二聚体再加回失去该二聚体的核小体。FACT 的 Spt16 亚基具有酸性 C 端，该末端对核小体的这两种重构活性都很重要。

热激导致果蝇多线染色体结块染色质中的核小体迅速消失。核小体消失所需中介之一是多聚 ADP-核糖聚合酶（PARP1）。在热激应答中，此酶使自身多聚 ADP-核糖化，从而从类组蛋白 H1 与核小体的结合中移开，使核小体不稳定。多聚 ADP-核糖也是一个多聚阴离子体，能够直接结合组蛋白，使核小体更不稳定。

复习题

1. 依照下列要求图示核小体：（a）无 DNA 分子的核小体组蛋白，显示所有组蛋白的大概位置；（b）在另一图中显示组蛋白上 DNA 缠绕的路径。

2. 用电镜证据说明 DNA 分子在核小体中被压缩为原先的 1/7～1/6。

3. 用电镜证据说明在高离子强度下，染色质浓缩形成 30nm 纤丝。

4. 绘制 30nm 染色质丝的中空螺线管模型。

5. 绘制由 X 射线晶体学揭示的四聚核小体的结构，该结构提示 30nm 纤丝具有怎样的结构？

6. 单分子力谱技术如何使我们对 30nm 染色质结构有了新的认识？它得出了怎样的结论？

7. 图示 30nm 纤丝之后的下一级染色质折叠结构。引用生化和显微镜证据支持该模型。

8. 叙述实验并给出结果，说明组蛋白 H1 和激活因子 GAL4-VP16 在重构染色质的腺病毒 E4 基因转录中的竞争效应。

9. 给出两个模型说明转录激活因子的抗阻遏作用。其中一个的基因调控区无核小体，另一个则与核小体结合。

10. 叙述实验并给出结果，显示在活跃的 SV40 染色质中，无核小体区位于病毒晚期基因的调控区。

11. 叙述实验并给出结果，显示在 SV40 染色质中的 DNase 超敏感区位于病毒晚期基因的调控区。

12. 图示并描述一种检测 DNase 超敏感区的常规技术。

13. 描述并给出活性胶分析实验结果，显示 HAT 活性的存在。

14. 给出模型，说明在转录抑制中涉及辅抑制物和组蛋白去乙酰基酶。

15. 描述并给出抗原表位标签实验结果，并显示下列三种蛋白质的互作：抑制物 Mad1、辅助抑制物 SIN3A 和组蛋白去乙酰化酶 HDAC2。

16. 给出模型，说明同一种蛋白质在配体存在与否的条件下所对应的激活和抑制作用。

17. 给出模型，说明未催化核小体 DNA 的暴露和催化核小体的重构。给出这一催化模型的证据。

18. 描述如何利用染色质免疫沉淀法检测细胞周期不同时点上与特定基因结合的蛋白质。

19. 叙述实验并给出结果，显示使用染色质免疫沉淀技术发现 IFN-β 启动子结合的核小体中，核心组蛋白特殊位点的乙酰化和磷酸化时间进程。

20. 叙述实验并给出结果，检测 IFN-β 启动子结合的野生型或突变型组蛋白对 SWI/SNF 和 TFIID 的召集。

21. 给出模型，描述在 IFN-β 启动子上组蛋白密码的建立和解读。

22. 给出模型，解释为什么组蛋白 H4 的 Lys16 对基因沉默很关键？有什么证据支持这一假说？

23. 给出模型，描述组蛋白甲基化促进染色质的抑制作用。

24. 给出模型，显示组蛋白 H3 N 端尾部的 Lys9、Lys14 及 Ser10 的修饰之间的相互作用。同时显示激活和抑制相互作用。

25. 给出证据，证明 FACT 引起核小体上 H2A-H2B 二聚体的丢失，并且这种活性依赖于 FACT 的 Spt16 亚基的 C 端。

分析题

1. 如果 J6 细胞的珠蛋白基因位点具有与 HEL 细胞一样的 DNase 超敏感位点，按图 13.20（d）所示，约多大的片段能被检测到？哪些超敏感位点不能被检测到？

2. 解释为什么利用微球菌核酸酶对真核染色质短时间消化时，会产生 200bp 大小的 DNA 片段，而较长时间消化却产生 146bp 的片段。

3. 核心组蛋白的氨基酸序列在动植物中高度保守，提出假说解释这一现象。

4. A 型组蛋白乙酰转移酶（HAT A）包含一个溴域，而 HAT B 没有。如果 HAT A 失去溴域，预测将会发生什么？如果 HAT B 含有此溴域又会发生什么？如果倒过来，所有 HAT B 拥有溴域而 HAT A 失去溴域，它们两者的功能会发生互换吗？为什么？从实验的角度如何回答此问题？

翻译 兰海燕 校对 马 纪 岳 兵

推荐阅读文献

一般的引用和评论文献

Brownell, J. E. and C. D. Allis. 1996. Special HATs for special occasions: Linking histone acetylation to chromatin assembly and gene activation. *Current Opinion in Genetics and Development* 6:176-184.

Felsenfeld, G. 1996. Chromatin unfold. *Cell* 86: 13-19.

Grunstein, M. 1998. Yeast heterochromatin: Regulation of its assembly and inheritance by histones. *Cell* 93:325-328.

Kouzarides, T. 2007. Chromatin modifications and their function. *Cell* 128:693-705.

Narlikar, G. J., H.-Y. Fan, and R. E. Kingston. 2002. Cooperation between complexes that regulate chromatin structure and transcription. *Cell* 108:475-487.

Pazin, M. J. and J. T. Kadonaga. 1997. What's up and down with histone deacetylation and transcription? *Cell* 89:325-328.

Pennisi, E. 1996. Linker histones, DNA's protein custodians, gain new respect. *Science* 274:503-504.

Pennisi, E. 1997. Opening the way to gene activity. *Science* 275:155-157.

Pennisi, E. 2000. Matching the transcription machinery to the right DNA. *Science* 288: 1372-1373.

Perlman, T. and B. Vennström. 1995. The sound of silence. *Nature* 377:387-388.

Rhodes, D. 1997. The nucleosome core all wrapped up. *Nature* 389:231-233.

Roth, S. Y. and C. D. Allis. 1996. Histone acetylation and chromatin assembly: A single escort, multiple dances? *Cell* 87:5-8.

Svejstrup, J. Q. 2003. Histones face the FACT. *Science* 301:1053-1055.

Turner, B. M. 2002. Cellular memory and the histone code. *Cell* 111:285-291.

Wolffe, A. P. 1996. Histone deacetylase: A regulator of transcription. *Science* 272:371-372.

Wolffe, A. P. 1997. Sinful repression. *Nature* 387:16-17.

Wolffe, A. P. and D. Pruss. 1996. Targeting chromatin disruption: Transcription regulators that acetylate histones. *Cell* 84:817-819.

Woodcock, C. L. 2005. A milestone in the odyssey of higher-order chromatin structure. *Nature Structural & Molecular Biology* 12:639-640.

Xu, L., C. K. Glass, and M. G. Rosenfeld. 1999. Coactivator and corepressor complexes in nuclear receptor function. *Current Opinion in Genetics and Development* 9:140-147.

研究论文

Agalioti, T., G. Chen, and D. Thanos. 2002. Deciphering the transcriptional histone acetylation code for a human gene. *Cell* 111: 381-392.

Arents, G., R. W. Burlingame, B.-C. Wang, W. E. Love, and E. N. Moudrianakis. 1991. The nucleosomal core histone octamer at 3.1 Å resolution: A tripartite protein assembly and a left-handed superhelix. *Proceedings of the National Academy of Sciences USA* 88: 10148-10152.

Arents, G. and E. N. Moudrianakis. 1993. Topography of the histone Octamer surface: Repeating structural motifs utilized in the docking of nucleosomal DNA. *Proceedings of the National Academy of Sciences NSA* 90: 10489-10493.

Bannister, A. J., P. Zegerman, J. F. Partridege, E. A. Miska, J. O. Thomas, R. C. Allshire, and T. Kouzarides. 2001. Selective recognition of methylated lysine 9 on histone H3 by the HP1 chromodomain. *Nature* 410: 120-124.

Belotserkovskaya, R., S. Oh, V. A. Bondarenko, G. Orphanides, V. M. Studitsky, and D. Reinberg. 2003. FACT facilitates transcription-dependent nucleosome alteration. *Science* 301:1090-1093.

Benyajati, C. and A. Worcel. 1976. Isolation, characterization, and structure of the folded interphase genome of *Drosophila melanogaster*. *Cell* 9:393-407.

Briggs, S. D., T. Xiao, Z.-W. Sun, J. A. Caldwell, J. Shabanowitz, D. F. Hunt, C. D. Allis, and B. D. Strahl. 2002. *Trans*-histone regulatory pathway in chromain. *Nature* 418:498.

Brownell, J. E. and C. D. Allis. 1996. An activity gel assay detects a single, catalytically active histone acetyltransferase subunit in *Tetrahymena* macronuclei. *Proceedings of the National Academy of Sciences USA* 92:6364-6368.

Brownell, J. E., J. Zhou, T. Ranalli, R. Kobayashi, D. G. Edmondson, S. Y. Roth, and C. D. Allis. 1996. *Tetrahymena* histone acetyltransferase A: A homolog of yeast GCN5p linking histone acetylation to gene activation. *Cell* 84:843-851.

Cosma, M. P., T. Tanaka, and K. Nasmyth. 1999. Ordered recruitment of transcription and chromatin remodeling factors to a cell cycle- and developmentally regulated promoter. *Cell* 97:299-311.

Griffith, J. 1975. Chromatin structure: Deduced from a minichromosome. *Science* 187: 1202-1203.

Grosveld, F., G. B. van Assendelft, D. R. Greaves, and G. Kollias. 1987. Position-independent, high-level expression of the human β-globin gene in transgenic mice. *Cell* 51: 975-985.

Jacobson, R. H., A. G. Ladurner, D. S. King, and R. Tjian. 2000. Structure and function of a human TAF_{II} 250 double bromodomain module. *Science* 288:1422-1428.

Kruithof, M., F.-T. Chien, A. Routh, C. Logie, D. Rhodes, and J. Van Noort. 2009. Single-molecule force spectroscopy reveals highly compliant helical folding for the 30-nm chromatin fiber. *Nature Structural and Molecular Biology* 16:534-540.

Lachner, M., D. O'carroll, S. Rea, K. Mechtier, and T. Jenuwein. 2001. Methylation of histone H3 lysine 9 creates a binding site for HP1 proteins. *Nature* 410:116-120.

Laherty, C. D., W.-M. Yang, J.-M. Sun, J. R. Davie, E. Seto, and R. N. Eisenman. 1997. Histone deacetylases associated with the mSin3 corepreesor mediate Mad transcriptional repression. *Cell* 89:349-356.

Laybourn, P. J. and J. T. Kadonaga. 1991. Role of nucleosomal cores and histone H1 in regulation of transcription by RNA polymerase II. *Science* 254:238-245.

Luger, K., A. W. Mäder, R. K. Richmond, D. F. Sargent, and T. J. Richmond. 1997. Crystal structure of the nucleosome core particle at 2.8 Å resolution. *Nature* 389:251-260.

Marsden, M. P. F. and U. K. Laemmli. 1979. Metaphase chromosome structure: Evidence for a radial loop model. *Cell* 17:849-858.

Narlikar, G. J., M. L. Phelan, and R. E. Kingston. 2001. Generation and interconversion of multiple distinct nucleosomal states as a mechanism for catalyzing chromatin fluidity. *Molecular Cell* 8:1219-1230.

Ogryzko, V. V., R. L. Schiltz, V. Russanova, B. H. Howard, and Y. Nakatani. 1996. The transcriptional coactivators p300 and CBP are histone acetyltransferases. *Cell* 87:953-959.

Saragosti, S., G. Moyne, and M. Yaniv. 1980. Absence of nucleosomes in a fraction of SV40 chromatin between the origin of replication and the region coding for the late leader RNA. *Cell*

20:65-73.

Saunders, A., J. Werner, E. D. Andrulis, T. Nakayama, S. Hirose, D. Reinberg, and J. T. Lis. 2003. Tracking FACT and RNA polymerase II elongation complex through chromain in vivo. *Science* 301:1094-1096.

Schalch, T., S. Duda, D. F. Sargent, and T. J. Richmond. 2005. X-ray structure of a tetranucleosome and its implications for the chromatin fibre. *Nature* 436:138-141.

Taunton, J., C. A. Hassig, and S. L. Schreiber. 1996. A mammalian histone deacetylase related to the yeast transcriptional regulator Rpd3p. *Science* 272:408-411.

Thoma, F., T. Koller, and A. Klug. 1979. Involvement of histone H1 in the organization of the salt-dependent superstructure of chromatin. *Journal of Cell Biology* 83:403-427.

第 14 章　RNA 加工Ⅰ：剪接

牛仔的套索。 © *Royalty-Free/Corbis.*

细菌基因的表达可简要总结如下：首先，RNA 聚合酶转录操纵子中的一个或一套基因；然后，甚至转录仍在进行时，核糖体就与 mRNA 结合进行蛋白质的翻译。我们在第 6～第 8 章已经学习了该过程中的转录部分，并且看上去十分复杂。然而，真核生物的情况就更为复杂了。在第 13 章已经讨论过染色体的复杂结构，但其复杂性不仅仅局限于此。

真核生物的转录和翻译在细胞中发生的部位不同，转录发生在细胞核内，而翻译在细胞质中进行，这意味着转录和翻译不可能像细菌那样同时发生。相反，转录完成后，转录物由细胞核转运到细胞质，翻译才能进行。转录与翻译在时间上存在一定的间隔，因此把翻译称为转录后阶段（posttranscriptional phase）。

在本章我们将了解到，与典型的细菌基因相比，大多数真核生物基因的编码区被非编码 DNA 所隔断。RNA 聚合酶不能区分基因的编码区和非编码区，它会转录基因的全部序列。因此，细胞必须通过剪接过程，将初级转录物中的非编码 RNA 去除。真核生物还会在其 mRNA 的 5′端和 3′端添加特殊的结构，即 5′端的帽结构、3′端由 AMP 串联形成的 poly（A）结构。这些 mRNA 加工事件均在细胞核中完成，且发生于转录结束前。因此，将这些加工事件称之为共转录事件（cotranscriptional event）更为准确，而不应称之为转录后事件（posttranscriptional event）。为避免混淆，我们将剪接、5′端加帽、3′端加尾通称为 mRNA 加工事件。在详细学习了剪接（本章）、加帽和多腺苷酸化（第 15 章）后，在第 15 章结束时，再进行相关论题的探讨。

14.1　断裂基因

如果我们用一个句子来表达人类 β-珠蛋白基因的序列，可采用以下表达方式：

这是 *bhgty* 人类 β-珠蛋白 *qwtzptlrbn* 基因。

很显然，基因内由斜体英文字母构成的两个区域（*bhgty* 和 *qwtzptlrbn*）没有任何意义。这两个序列与两侧编码人类 β-珠蛋白的基因序列完全不相干。有时将这些序列称之为**间隔序列**（intervening sequence，**IVS**），但通常遵循 Walter Gilbert 的称谓，称为**内含子**（intron）。同理，基因内有意义的那些区域被称为编码区或表达区，但 Gilbert 将其称为**外显子**（exon），且这一称谓被普遍采用。但有些基因特别是低等真核生物的基因根本就没有内含子，而有些基因却含有大量的内含子，如编码巨肌蛋白的人类 *titin* 基因是迄今发现的含有内含子最多（362 个内含子）的基因。

有关断裂基因的证据

1977 年，Phillip Sharp 及同事首次在腺病毒的主晚期基因座上发现了内含子。腺病毒的主晚期基因座上的基因可在侵染的后期进行转录，编码结构蛋白，如病毒衣壳蛋白组分之一的六聚体蛋白（hexon）。有证据表明腺病毒的主晚期基因座上的基因是断裂基因，利用 **R 环**（R-looping）实验技术可以很容易地证明这一点。

在 R 环实验中，RNA 与其模板 DNA 杂交，也就是说，先将 DNA 模板双链分开，使模板链与 RNA 链进行杂交成 RNA-DNA 双链杂交分子。事实上，在实验条件下，这种 RNA-DNA 双链杂交多聚核苷酸比双链 DNA 更为稳定。然后用电子显微镜观察杂交分子的特征。开展该项实验的基本途径有两个：①使用解旋长度足以与 RNA 杂交的双链 DNA；②在杂交之前，使 DNA 双链完全解离。Sharp 及同事采用的是后一种方法，即首先使腺病毒的 DNA 双链分子解旋分离形成单链，然后与编码六聚体蛋白的成熟 mRNA 杂交，图 14.1 给出了实验的结果（注意不要因 exon 和 hexon 写法相似而将这两个术语混淆，它们之间毫不相关）。

如果六聚体蛋白基因没有内含子，则 mRNA 与其 DNA 模板因互补配对而整齐排列，形成平滑的线形杂交分子。但是，如果六聚体蛋白基因含有内含子，其情况又会如何呢？很显然，成熟的 mRNA 分子没有内含子，否则内含子编码的无义信息就会出现在蛋白质产物中。也就是说，存在于 DNA 上的内含子序列在成熟 mRNA 分子上缺失。这就意味着，当六聚体蛋白基因的 DNA 分子与其 mRNA 杂交时，不可能形成平滑的线形杂交分子。取而代之的是，DNA 分子上的内含子序列因 mRNA 分子上无与之互补序列而形成环，在图 14.1 所示的实验中确实有环形成。该环由 DNA 序列形成，但由于是与 RNA 杂交而形成的，因此称为 R 环。

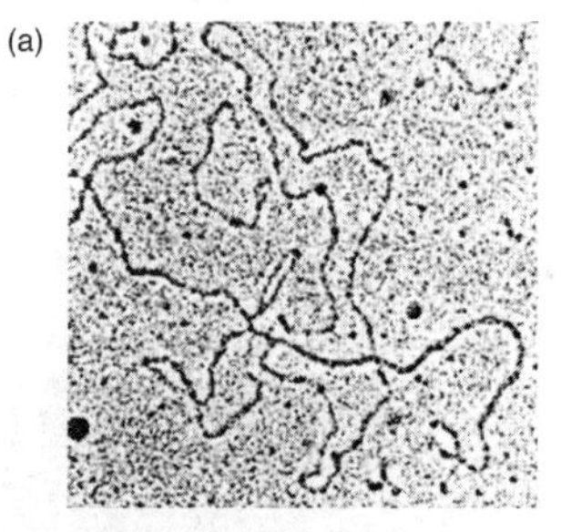

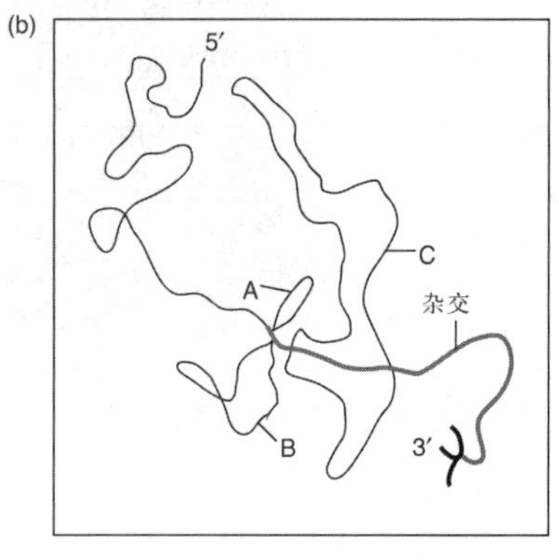

图 14.1 R 环实验揭示腺病毒基因存在内含子。(a) 包含晚期六聚体蛋白基因 5′端序列的腺病毒 DNA 克隆片段与成熟 mRNA 杂交的电子显微图像。环代表 DNA 分子中不能与 mRNA 杂交的内含子序列。**(b)** 电子显微图像的注释简图。图中显示了三个内含子环（A、B、C）、杂交区域（红色粗线）和基因上游未参与杂交的 DNA 区域（左上）。右下方的叉形结构由 mRNA 未杂交的 3′端序列形成，因为参与杂交的 DNA 分子不包含 *hexon* 基因的 3′端序列。因此，mRNA 在 3′端形成分子内双链结构。**(c)** *hexon* 基因的线性排列图。包含三个较短的被两个内含子（A、B）所隔离的前导外显子，一个较长的内含子（C）将前导区与编码区隔开。所有的外显子用红色方块表示。［*Source*：（*a*）Berget, M., Moore, and Sharp, Spliced segments at the 3′ terminus of adenovirus 2 late mRNA. *Proceedings of the National Academy of Sciences USA* 74：3173，1977.］

电子显微镜图像显示，RNA-DNA 杂交分子被三个单链 DNA 环（在图 14.1 中标注为 A、B 和 C）所间隔，这些 DNA 环代表 *hexon* 基因的内含子。每环前面都有一短的杂交区，而最后一个环的后面是长的杂交区，由此可见，该基因包含 4 个外显子：位于基因初始区附近的三个较短的外显子，其后为一较长的外显子。三个较短的外显子转录为 *hexon* 基因

mRNA 5′端的前导区，位于编码区之前。而长外显子是 *hexon* 基因的编码区。事实上，腺病毒的主要晚期基因含有不同的编码区，但编码前导区的三个短外显子是相同的。

发现病毒基因具有内含子这一惊人事件后，我们想知道，这是否只是病毒的一种不同寻常的现象而已，与真核生物细胞的生命过程没有关联。因此，有必要确定真核细胞内的基因是否也具有内含子。Chambon 及同事以鸡卵清蛋白基因为研究对象，首次进行 R 环实验分析以确定该基因是否具有内含子。研究者观察到 6 个因不能与 mRNA 杂交而形成大小不同的 DNA 环，说明鸡卵清蛋白基因含有 7 个外显子和 6 个内含子，有趣的是，多数内含子都比外显子长，内含子在数量上占优势是高等真核生物基因的显著特征，低等真核生物（如酵母）基因内的内含子序列较短，且数量较少。

到目前为止，我们只讨论了 mRNA 基因的内含子，有些 tRNA 基因甚至 rRNA 基因也有内含子，但与 mRNA 基因的内含子相比，存在少许差异。例如，tRNA 基因的内含子相对较小，长度范围为 4～50bp，有些 tRNA 基因根本就没有内含子，而有些 tRNA 基因只有一个内含子，与编码反密码子的 DNA 碱基相邻。线粒体和叶绿体内的基因也有内含子。事实上，正如我们将要了解到的，这些内含子是令人感兴趣的 DNA 序列。

小结 大多数编码 mRNA、tRNA 及少数编码 rRNA 的高等真核生物基因其编码区被一些称为内含子的不相干序列所分割。内含子两侧的序列为外显子，最终会出现在成熟 RNA 产物中。编码 mRNA 的基因含有 0～362 个数目不等的内含子，而 tRNA 基因要么没有内含子，要么只有一个内含子。

RNA 剪接

现在我们来考虑因内含子存在而引发的问题。存在于基因中的内含子并没有出现在成熟 mRNA 分子中，内含子的信息如何缺失于基因的成熟 RNA 产物？主要有两种可能：一种是内含子根本就没被转录，RNA 聚合酶在执行转录功能时，忽视内含子的存在，以某种方式从一个外显子跳到另一个外显子；另一种是内含子也被转录，产生初级转录物，过大的基因产物在加工过程中内含子被切除。第二种可能性看起来是一个浪费过程，但却是正确的。将内含子切除、外显子拼接产生成熟 RNA 的过程，称为 **RNA 剪接**（RNA splicing），图 14.2 概述了剪接过程，在本章后面我们会发现该图太过简略。

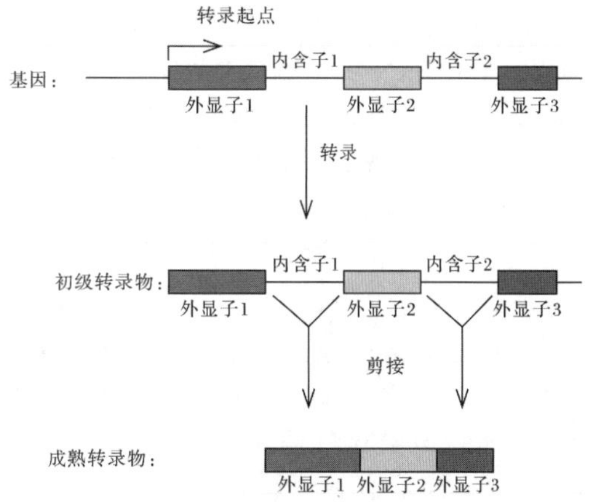

图 14.2 RNA 剪接的要点。 基因中的内含子与外显子（带颜色的方块）共同被转录，形成初级转录物，然后切除内含子、拼接外显子。

如何确知发生了剪接事件？早在内含子发现之时，就已有间接证据表明剪接事件的存在。不均一核 RNA（hnRNA）（第 10 章）的发现为 RNA 剪接事件提供了证据，这类定位于细胞核内的较大 RNA 分子被认为是前体 mRNA。hnRNA 的大小（比 mRNA 大）和定位（细胞核）与未经剪接的前体 mRNA 完全一致，而且，hnRNA 很快会转化为比较稳定的小 RNA，这暗示 hnRNA 仅仅是形成稳定 RNA 的中间体。然而，还没有直接证据表明 hnRNA 可被剪接形成 mRNA。

小鼠 β-珠蛋白 mRNA 及其前体为 hnRNA 经过剪接形成 mRNA 提供了直接的证据。作为 hnRNA 的一员，小鼠 β-珠蛋白基因前体 mRNA 只存在于细胞核内，其长度（1500bp）是成熟 mRNA 长度的两倍（750bp），且很快就转化为较小的 RNA 分子。此外，小鼠红细胞可合成数量众多的珠蛋白（占细胞蛋白总量的 90%），因此该细胞含有大量的 α-珠蛋白及 β-珠蛋白 mRNA，甚至前体 mRNA 的含量也十分丰富。所以，进行 mRNA 的纯化相对比较容易，使开展 RNA 剪接分析实验成为可能。而且，β-珠蛋白前体 mRNA 的大小与含有内含子和外显子的初级转录物的大小完全一致。Charles Weissmann 和 Philip Leder 及同事通过 R 环分析验证了前体含有内含子的假说。

进行 R 环实验时，分别用珠蛋白的成熟 mRNA 或前体 mRNA 与克隆的珠蛋白基因进行杂交，观察 R 环形成情况（图 14.3）。我们可预知成熟 mRNA 与基因的杂交结果，因为成熟 RNA 分子内无内含子序列。因此，基因内的内含子序列就会形成 R 环而突显出来。此外，前体 mRNA 含有全部内含子序列，在与基因杂交时不会有 R 环形成，而实验结果也确实如此。由于在 R 环实验中使用的是双链而不是单链 DNA，杂交时 RNA 链置换了其中的一条链而与另一条 DNA 链杂交。因此，对图 14.3 中的结构识别起来可能较为困难。前体 mRNA 与 DNA 杂交后会形成平滑的杂交分子，无 R 环的形成；而成熟 RNA 与 DNA 杂交后会形成 R 环，该环对应于基因内的一个大内含子，且该 R 环被明显的双链 DNA 环所间断。在本实验中未能观察到小的内含子。值得注意的是，“内含子”这一术语也可用于表示 DNA 或 RNA 分子内的插入序列。

小结 真核生物 mRNA 的合成是分阶段进行的。第一阶段是合成初级转录产物前体 mRNA，含有基因内含子的拷贝序列，这些前体 mRNA 是 hnRNA 群体中的一部分。第二阶段是 mRNA 的成熟，切除内含子的剪接过程是 mRNA 成熟事件的重要组成部分，通过剪接形成成熟的 mRNA。

剪接信号

前体 mRNA 的准确剪接十分重要。如果从前体 mRNA 中切除的 RNA 片段太小，那么成熟的 RNA 分子就会被无义区域所间隔；而如果从前体 mRNA 中切除的 RNA 片段太大，则成熟的 RNA 分子就会丢失一些重要的序列。

既然准确剪接如此重要，那么在前体 mRNA 中必定存在着剪接信号，指导剪接体准确地对其进行“切割和连接”。这些剪接信号是什么？找出剪接信号的方法之一就是分析众多不同基因内含子边界的碱基序列，找出所有基因内含子边界处的共有序列。从理论上讲，这些共有序列可能是前体 mRNA 剪接信号的一部分。由 Chanbo 首次发现的、最为引人注目的结果是，几乎所有细胞核前体 mRNA 的内含子都具有相同的开始和结束序列：

外显子/GU-内含子-AG/外显子

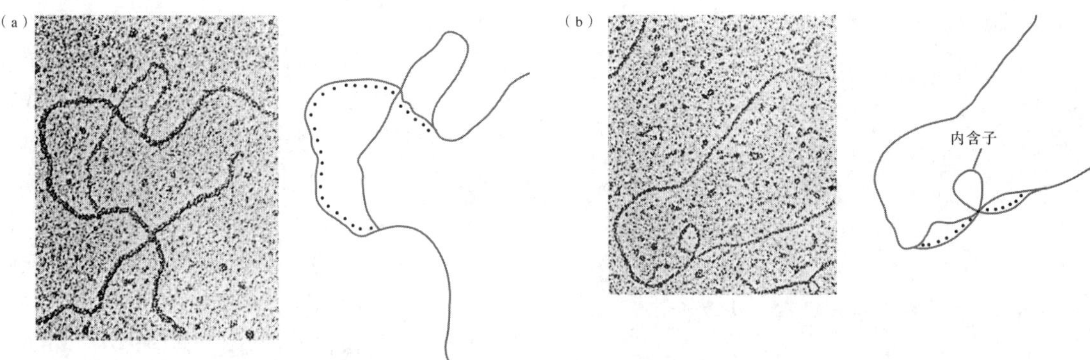

图 14.3 内含子可被转录。(a) 在 R 环实验中，小鼠珠蛋白前体 mRNA 与克隆的 β-珠蛋白基因杂交形成平滑的杂交分子，说明内含子存在于前体 mRNA 中。**(b)** 用成熟的珠蛋白 mRNA 进行相同的 R 环实验时，杂交分子出现了由基因内含子形成的环，表明成熟的 mRNA 没有内含子。在本实验中未能观察到小内含子。在注释图中，黑点线表示 RNA，红线表示 DNA。(*Source*: Tilghman, S., P. J. Curtis, D. C. Tiemeier, P. Leder, and C. Weissmann, The intervening sequence of a mouse β-globin gene is transcribed within the 15S β-globin mRNA precursor. *Proceedings of the National Academy of Sciences USA* 75: 1312, 1978.)

也就是说，转录物内含子 5′端最初的两个碱基为 GU，3′端最末尾的两个碱基为 AG。这种保守性绝非偶然事件，GU-AG 基序一定是使剪接体找到准确剪切位点的部分剪接信号。然而，GU-AG 基序出现的概率很高，一个典型内含子中会含有多个 GU 和 AG 序列，而这些序列为什么不能作为剪切位点？答案在于真正的剪接信号远比 GU-AG 基序复杂的多。剪接信号包含位于外显子-内含子边界超出 GU 和 AG 的序列，还包括邻近内含子 3′端的"分支点（branch point）"序列。分支点序列将在本章后面部分讨论。目前已对众多基因的外显子-内含子间的边界序列进行了分析。在哺乳动物中，外显子与内含子的边界保守序列为

5′-AG/GUAAGU-内含子-YNCURA̲C-Y_nNAG/G-3′

其中，"/"表示外显子-内含子的边界；"Y"表示嘧啶碱基（U 或 C）；"Yn"表示一段约由 9 个嘧啶核苷酸组成的序列；"R"表示嘌呤碱基（A 或 G）；"A"为参与分支剪接中间体形成的特殊腺苷酸；"N"表示任意碱基。酵母前体 mRNA 的外显子-内含子边界共有序列与哺乳动物的相比，具有细微差别：

5′-/GUAUGU-内含子-UACUAA̲C-YAG/-3′

发现共有序列后，还必须证明这些序列对前体 mRNA 正确剪接确实十分重要。有几个研究小组为这些剪接保守序列的重要性提供了大量证据，这些研究小组所开展的实验基本分为两类。第一类是在克隆基因的剪接处对共有序列进行突变，然后分析剪接是否仍能正确进行；第二类是从那些被怀疑是剪接出现问题的患者中收集缺陷突变基因，分析这些基因在剪接位点处的突变情况。两类研究都得出了相同的结论：共有序列遭到破坏后通常会抑制正常的剪接。

尽管位于外显子边界的剪接信号十分必要，但这些边界序列还不足以界定一个外显子。在下一节我们将介绍邻近内含子末端的序列（称为分支点序列），也是下一个外显子被识别的必需序列，甚至所有三个共有序列也并非总是足以界定外显子。这是因为在高等真核生物中，许多内含子都很大，其长度可达 100 kb，其内包含许多具有外显子大小的、边界类似于正常剪接信号、包括分支点序列的序列。然而，以某种方式，这些"假外显子"偶尔也会被剪接出现在成熟 mRNA 分子中。是什么特征使真正的外显子与假外显子区分开来？部分原因在于真正的外显子包含能促进剪接的**外显子剪接增强子**（exonic splicing enhancer，ESE），而假外显子包含能抑制剪接的**外显子剪接沉默子**（exonic splicing silencer，**ESS**）。我们将在本章后面详细讨论这种现象。

> **小结** 细胞核前体 mRNA 具有高度一致的剪接信号，内含子的最初两个碱基几乎总是 GU，而最末尾的两个碱基几乎总是 AG。在 GU 和 AG 基序两侧的 5′剪接位点及 3′剪接位点具有共有序列，同时还含有一个分支点共有序列。全部的三个共有序列对进行正确剪接十分重要，当保守序列发生突变后，就会发生异常剪接。

剪接对基因表达的影响

似乎很明显，剪接将一定程度的无效表达引入了基因表达过程。内含子必须被转录并立即从前体 mRNA 中切除、降解。另外，不正确的剪接可破坏 mRNA 而导致错译。所以，我们提出"真核生物在进化过程中为什么不淘汰剪接"这个问题是合理的。的确，在简单真核生物（如酵母）中内含子相对稀少而且小，但高等真核生物包括人类具有大量而且比外显子长得多的内含子。

原因之一是剪接已进化成为高等真核生物的突出特征，确实有助于基因表达。2003 年，Shihua Lu 和 Bryan Cullen 调查了 10 个 5′非翻译区有或无内含子的人类基因，发现内含子可提高基因表达水平，在实验中内含子可在 2～50 倍范围内提高 β-珠蛋白基因的表达，提高的程度有赖于内含子促进表达的效率。内含子的促进作用至少来自两点：促进 mRNA 3′端的形成效率；提高翻译的效率。

但内含子被切除较长时间后，翻译才在细胞质中发生，所以有无内含子均可影响翻译，这似乎是自相矛盾的。但是我们必须考虑到 mRNA 并不是以裸露 RNA 形式存在的事实，在一定程度上，mRNA 与细胞核内多种蛋白质组成复合体，其中许多蛋白质在 mRNA 转运

到细胞质的过程中以**信使核糖核蛋白**（messenger ribonucleoprotein，**mRNP**）的形式共同转运。在剪接过程中，有些蛋白质与外显子连接处的 mRNP 结合形成**外显子连接复合体**（exon junction complex，**EJC**）。EJC 的存在是内含子促进基因表达的充分必要条件，内含子可能促进 mRNA 与核糖体的联系。因此，在剪接过程中添加到 mRNP 上的蛋白质是促进基因表达的原因，而不是剪接自身促进基因表达。在第 18 章我们将了解到，EJC 也可能摧毁具有提前终止密码子的 mRNA，这种通过去除占据核糖体的非生产性 mRNA 的方式也能提高翻译的效率。

小结 通过吸引外显子连接复合体与 mRNA 结合，剪接主要通过提高翻译效率而增强基因的表达。

14.2 细胞核前体 mRNA 的剪接机制

图 14.2 剪接示意图只是简单地显示了前体与剪接产物，并没有涉及细胞将前体转化为成熟 mRNA 时所采用的机制。下面我们将深入探讨有趣而又意想不到的细胞核前体 mRNA 的剪接机制。

分支中间体

图 14.2 未阐明的主要细节之一就是细胞前体 mRNA 剪接时形成的中间体是有分支的。该中间体类似**套索**（lariat）状结构，如同牛仔放牧的套索。图 14.4 显示了通过两步转酯反应进行剪接的套索模型。第一步反应是形成套索状中间体，由内含子中部的腺嘌呤核苷酸通过 2′-OH 对第一个外显子与内含子起始处（5′-剪接位点）G 之间的磷酸二酯键发动亲核攻击而引发的，形成套索环，同时第一个外显子被切离。第二步是完成剪接过程：第一个外显子末端的 3′-OH 攻击连接内含子和第二个外显子（3′-剪接位点）的磷酸二酯键，将两个外显子通过 5′，3′-磷酸二酯键连接起来（3′-剪接位点），同时将内含子以套索形式释放出来。

似乎还没有足够严密的证据使人们接受这个剪接机制。但已有充分证据证明图 14.4 所示中间体的存在，其中大部分证据是由 Sharp 及同事提供的。

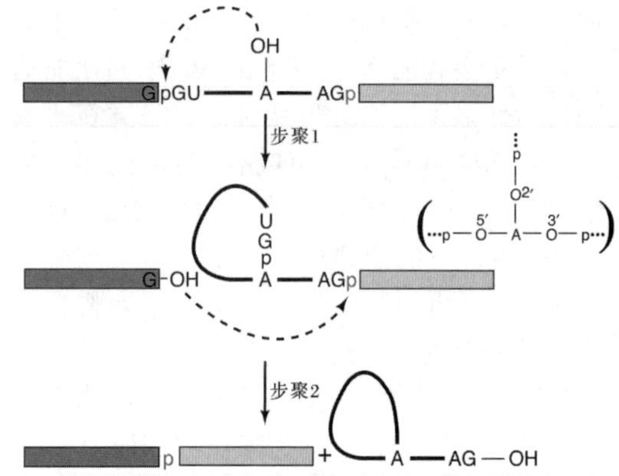

图 14.4 细胞核前体 mRNA 剪接的简化机制。步骤 1：内含子的腺嘌呤核苷酸的 2′-OH 攻击连接第一个外显子（蓝色）与内含子的磷酸二酯键。此次攻击，如上方虚线箭头所示，破坏了外显子 1 与内含子之间的连接键，产生游离的外显子 1 和由内含子与外显子 2 形成的套索状中间分子，由内含子 5′端的 GU 与分支点的 A 形成磷酸二酯键而产生。套索是 RNA 前体的一部分对同一分子另一部分发动内部攻击的结果，右侧圆括号内示意分支点的腺苷酸 2′-OH、3′-OH 和 5′-OH 均参与了磷酸二酯键的形成。步骤 2：外显子 1 的游离 3′-OH 进攻内含子与外显子 2 之间的磷酸二酯键，将外显子 1 与外显子 2 连接在一起，释放出套索状内含子。外显子 2 的 5′端磷酸（红色）成为两个外显子的连接分子。

首先，也是最为重要的一点是，分支中间体存在的证据是什么？1984 年，Sharp 及同事用无细胞剪接提取物于体外对只有一个内含子的 RNA 分子进行剪接时，首次发现在 RNA 剪接过程中会产生这种异常形状的 RNA 分子。剪接底物是以腺病毒主要晚期基因的最初几百个碱基序列为模板合成的放射性转录物，包含最初的两个前导外显子及一个位于两者之间长度为 231nt 的内含子。剪接反应进行一段时间后，对 RNA 进行凝胶电泳。结果发现，除了未被剪接的前体在凝胶上产生条带外，还出现了一条电泳行为异常的新条带，在 4%聚丙烯酰胺凝胶上，其泳动速度比未被剪接前体的泳动速度快，而在 10%聚丙烯酰胺凝胶上，其泳动速度比未被剪接前体的泳动速度慢。而这正是分支 RNA（如套索 RNA）所具有的特征。

这个异常的 RNA 是剪接产物吗？的确是。因为存在阻断剪接反应的抗血清及缺少剪接反应所需的 ATP 时，该 RNA 分子就不能产生。而且，Sharp 小组开展的另一个实验（图 14.5）表明，随着剪接反应的持续进行，这些产物积累得越来越多。显然，这是从前体分子中剪切下来的套索状内含子。该实验表明还存在着另一种电泳行为异常的 RNA 分子，其浓度在剪接过程的初期逐渐增加，其后又表现为下降，表明这是一种剪接中间体。实质上，这是携带套索状内含子的外显子 2。由于均为套索结构，所以该 RNA 分子和内含子均表现出异常的电泳行为。

根据图 14.4 的两步剪接模型可以得出如下已被 Sharp 及同事所证实了的推论。

1. 切离的内含子具有 3′-OH 基团。如同步骤 2 开始阶段所示，这是外显子 1 进攻磷酸二酯键时所要求的，攻击的结果是将内含子 3′端的磷酸基团切除，而只留下羟基基团。

2. 剪接产物中，两个外显子之间的磷原子来自 3′-（下游）剪接位点。

3. 中间体（外显子 2＋内含子）和被剪下的内含子均含有一个分支点核苷酸，其 2′-OH、3′-OH、5′-OH 均参与了与其他核苷酸的连接。

4. 该分支涉及内含子的 5′端与内含子内部位点的结合。

下面，让我们来了解一下有关分支核苷酸存在的证据。中间体（外显子 2＋内含子）和被剪下的内含子均含有一个分支核苷酸，其 2′-OH、3′-OH、5′-OH 均参与了与其他核苷酸的连接。Sharp 及同事用 RNase T2 或 RNase P1 切割剪接中间体，两种酶切能逐个切割 RNA 的核苷酸，但同 RNase T1 一样，RNase T2 的酶切产物为核苷-3′-磷酸（图 14.6），而 RNase P1 的酶切产物为核苷-5′-磷酸。两种酶切反应除均形成正常的单磷酸核苷酸外，还形成一种新产物。利用薄层层析可区分这两种产物所带电荷的差异，T2 酶切产物的电荷为-6，P1 酶切产物的电荷为-4，普通单磷酸核苷酸所带的电荷为-2。

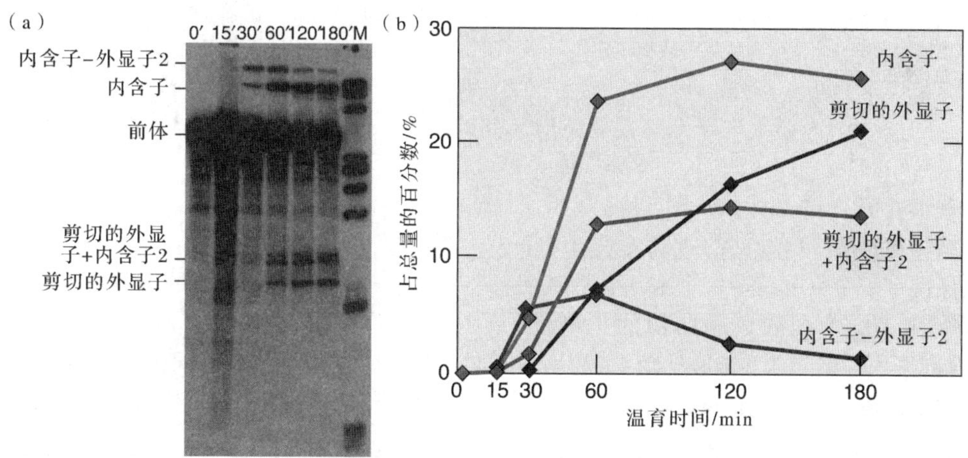

图 14.5　中间体产生及内含子释放的时间进程。(a) 电泳。Sharp 及同事进行 RNA 的体外剪接反应实验，于不同时间内将剪接反应生成的产物进行 10％的聚丙烯酰胺凝胶电泳，鉴定的产物标注在图左侧。最顶部的条带为内含子-外显子 2 中间分子，第二个条带为内含子，这两类 RNA 分子均为套索状，泳动速度异常低。第三条带为 RNA 前体分子，最底下的两条带代表外显子的两种剪接情况：上面条带表示外显子连接内含子 2 的部分片段，下面条带则表明外显子无额外的内含子片段附着。**(b)** 曲线图示。Sharp 及同事根据电泳图中每条带的显影强度，总结了每种 RNA 积聚量与时间之间的函数关系。［*Source*：Grabowski P. R. A. Padgett, and P. A. Sharp, Messenger RNA splicing *in vitro*：An excised intervening sequence and a potential intermediate. *Cell* 37（June 1984）f. 4, p. 419. Reprinted by permission of Elsevier Science.］

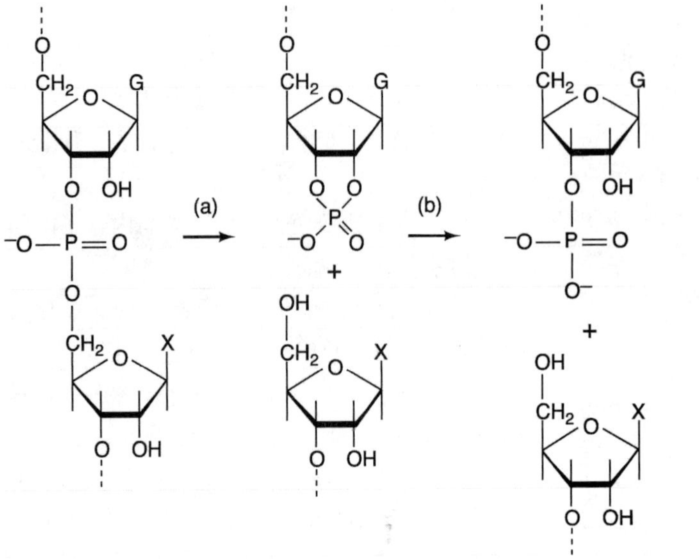

图 14.6 **RNase T1 和 T2 的作用原理。**这些 RNase 按下列方式切割 RNA 分子：**(a)** RNase 将鸟苷酸与下游紧邻核苷酸之间的 3′，5′-磷酸二酯键打开，形成 2′，3′-环核苷酸中间体。**(b)** 环状中间体分子被打开，产生末端为 3′-磷酸鸟苷酸的寡核苷酸。

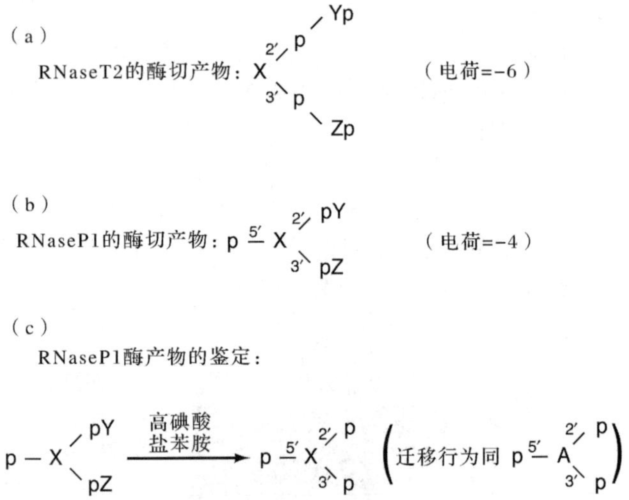

（a）

RNaseT2的酶切产物：X（2′-pYp；3′-pZp）（电荷=-6）

（b）

RNaseP1的酶切产物：p 5′ X（2′ pY；3′ pZ）（电荷=-4）

（c）

RNaseP1酶产物的鉴定：

p — X（pY；pZ）—高碘酸盐苯胺→ p 5′ X（2′ p；3′ p）（迁移行为同 p 5′ A（2′ p；3′ p））

图 14.7 有关分支核苷酸的直接证据。 (a) Sharp 及同事用 RNase T2 消化剪接中间体，其产物带 6 个负电荷。与图中的分支结构一致；**(b)** 用 RNase P1 消化后的产物带 4 个负电荷，与分支结构一致；**(c)** Sharp 及同事用 RNase P1 消化，产物经高碘酸盐和苯胺处理，消除连接在分支核苷酸 2 位和 3 位的核苷，产物为 2′，3′，5′-三磷酸腺苷酸，证明存在分支结构，且表明分支发生在腺苷酸处。

这些非正常产物是什么？图 14.7 显示了每一种结构与其所带电荷间的对应关系，每个磷酸二酯键带一个负电荷，每个末端磷酸基团带两个负电荷。为证明这些结构的正确性，Sharp 及同事用高碘酸盐和苯胺处理 P1 酶切产物，通过 β-消除作用（β-elimination）除去 2′-和 3′-核苷，形成的产物应为 2′，3′，5′-三磷酸核苷酸。二维薄层层析分析证明，这一产物的迁移率与 2′，3′，5′-三磷酸腺嘌呤核苷酸完全一致，也就证明了分支核苷酸为腺嘌呤核苷酸。

小结 证据表明，细胞核前体 mRNA 剪接要通过套索状或分支状中间体的介导。

分支点信号

参与分支的腺苷酸是否具有某些特殊之处？或许内含子中的所有腺核苷酸均具有参与分支的功能？对多个不同内含子的研究表明，在分支点处存在共有序列，正是这个共有序列参与了分支的形成。

1983 年，Christopher Langford 和 Dieter Gallwitz 在对酵母肌动蛋白基因的研究中，首次为内含子中存在保守的分支点序列提供了线索。研究者对克隆的 *actin* 基因进行突变，获得多个突变基因，然后用这些突变基因转化正常的酵母细胞，通过 S1 作图分析剪接情况。图 14.8 为实验结果。首先，当位于内含子 3′-剪接位点上游 35～70bp 间的序列缺失（突变体♯1）后，剪接被阻断，表明长度为35bp的缺失区含有一个对剪接十分重要的序列，如图14.8中红色条框所示。其次，当在这个特殊序列与第二外显子之间插入额外的DNA片段（突变体♯2）时，5′-剪接位点可正常剪接，3′-端也能发生剪接，但剪接并没有在正确的3′剪接位点处进行，而是在异常的3′-剪接位点，即特殊内含子序列下游的第一个AG处发生剪接，该AG位于插入的DNA片段内。这一结果表明，该特殊内含子序列的作用是确定剪接位点，指导剪接机构在其下游适当距离的AG处进行剪接。如果在正常AG剪接位点的上游插入一新的AG序列，那么剪接可能就会在新位点处进行。最后，突变体♯3是在第二个外显子内含有该特殊的内含子序列，在这种情况下，特殊内含子序列下游的第一个AG位点便成了3′-剪接位点，而且AG位点恰好位于第二个外显子内。

此特殊内含子序列的重要性在于该序列含有分支腺嘌呤核苷酸，即UACUAAC序列中最后的A。事实上，酵母基因的所有内含子均含有这个几乎不变的保守序列，但高等真核生物的分支点序列并没有很强的保守性，其分支A的周围序列为$U_{47}NC_{63}U_{53}R_{72}A_{91}C_{47}$，其中，R表示嘌呤碱基（A或G）；N表示任一碱基，下标数字表示该碱基在该位置出现的频率，如分支A（具下划线）在其位置处出现的概率为91%。序列中的第一个U经常会被C所取代，所以该位点通常为嘧啶碱基。

小结 细胞核基因的内含子除了在其5′端和3′端具有保守序列外，在分支点处也存在着分支点保守序列。酵母的分支点序列为UACUAAC。高等真核生物的分支点序列不具有很强的保守性，不管怎样，序列中的最后一个A为分支核苷酸。

剪接体

1985年，Edward Brody和John Abelson发现，酵母的套索状剪接中间体并非游离于溶液之中，而是与沉降系数为40S的**剪接体**（spliceosome）结合在一起。研究者将标记的前体mRNA加入到无细胞提取物中，利用甘油梯度超速离心分离纯化剪接体。图14.9显示显著的40S复合体峰中含有标记RNA。对这些RNA的凝胶电泳分析表明，剪接中间体和切离的内含子具有套索结构。为验证剪接体在剪接过程中的重要性，Brody和Abelson将前体mRNA分支点A突变为C后，其形成剪接体的能力大幅削弱。Sharp及同事于1985年从HeLa细胞中分离得到了沉降系数为60S的剪接体。

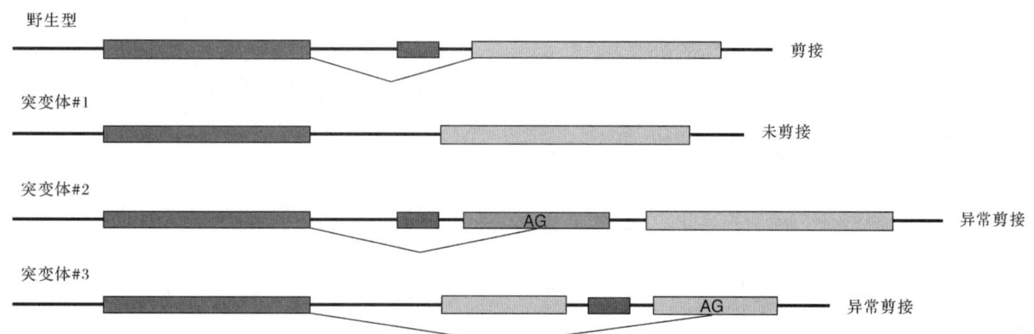

图14.8 酵母基因内含子中关键剪接信号的证实。Langford和Gallwitz在体外突变酵母的*actin*基因，并转入正常酵母细胞，然后检测分析这些突变基因的剪接情况。野生型基因有两个外显子（蓝色和黄色），所有内含子均具有一保守序列（红色），此野生型基因在酵母细胞内被正确剪接。Langford和Gallwitz将该内含子保守序列删除而获得突变体♯1，该突变基因的转录物失去了剪接能力；突变体♯2是将一额外的DNA片段（粉红色）插入到内含子保守序列的下游，此突变基因的转录物在插入序列的第一个AG处发生异常剪接。突变体♯3是将内含子的保守序列插入到下游的第二个外显子内，此突变基因的转录物在内含子保守序列下游的第一个AG处发生异常剪接。这些结果表明，内含子的保守序列在RNA剪接过程中发挥了重要作用，它能将其下游的AG确定为3′剪接位点。

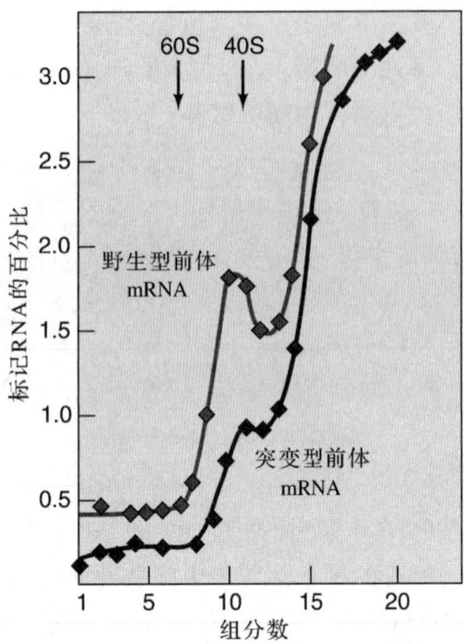

图 14.9 酵母剪接体。 Brody 和 Abelson 将标记的酵母前体 mRNA 与剪接提取物共同温育，然后进行甘油梯度超速离心，最后通过液体闪烁计测定每一组分的放射性强度。图中显示了分别用野生型前体 mRNA（红色）及 5′-剪接位点发生点突变的前体 mRNA（蓝色）进行实验的结果。野生型前体 mRNA 明显与 40S 的聚合体结合在一起，而突变型前体 mRNA 与之结合能力要弱得多。（*Source*：Adapted from Brody，E and J. Abelson，The spliceosome：Yeast premessenger RNA associated with a 40S complex in a splicing-dependent reaction. Science 228：965，1985.）

剪接体当然含有前体 mRNA，但还含有许多其他 RNA 分子和蛋白质。其中有些 RNA 和蛋白质结合在一起形成**核内小核糖核蛋白体**（small nuclear ribonuclearprotein，**snRNP**，发音为"snurps"），由偶联到蛋白质上的**核内小 RNA**（small nuclear RNA，**snRNA**）组成。通过凝胶电泳可将 snRNA 分离开来，共包括 5 类：U1、U2、U4、U5 和 U6，所有这 5 类 snRNA 均参与了剪接体的形成，并在剪接中发挥着关键作用。

从原理上讲，内含子末端和分支点处的保守序列可被蛋白质或核酸所识别，现在已有充分证据证明 snRNA 和蛋白质剪接因子是识别关键剪接信号的重要分子。图 14.10 描述了一个两侧连接外显子的典型内含子结构，以及在关键位点发生相互作用的分子。在本章的后面将详细介绍与这些相互作用有关的证据。

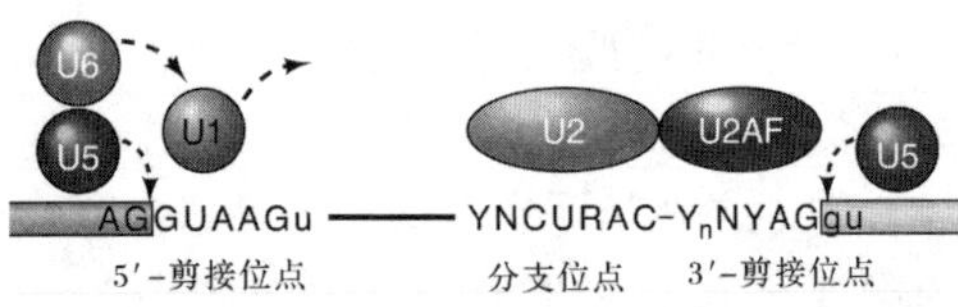

图 14.10 RNA 及蛋白质对典型哺乳动物前体 mRNA 内含子的识别。 大写字母表示该位点的碱基具有高度保守性，小写字母表示该位点碱基的保守性较差。Y 代表任意嘧啶碱基，R 代表任意嘌呤碱基，N 代表任意碱基。首先由 U1 snRNP 识别 5′-剪接位点，随后被 U6 snRNP 取代，U2 snRNP 识别分支点，U2AF 蛋白（U2 相关因子）识别 3′-剪接位点。其他因子完成起始识别之后，U5 snRNP 结合在 5′-剪接位点和 3′-剪接位点。

小结 RNA 的剪接是在剪接体中进行的。酵母剪接体和哺乳动物剪接体的沉降系数大体分别为 40S 和 60S，剪接体含有前体 mRNA、snRNP 及识别剪接信号的蛋白质剪接因子，协同完成剪接。

U1 snRNP 1980 年，Joan Steitz、J. Rogers 和 R. Wall 分别注意到，U1 snRNA 具有一段几乎与 5′-剪接位点和 3′-剪接位点保守序列完全互补的序列。研究者提出，U1 snRNA 通过碱基互补配对而将两个剪接位点联系在一起，便于剪接反应的进行。我们现在知道，前体 mRNA 的剪接还涉及内含子的分支点，但在这个简化的机制中被忽略了。不过，U1 snRNA 与 5′-剪接位点的碱基互补配对是剪接反应发生的关键。

1986 年，Yuan Zhuang 和 Alan Weiner 的遗传学实验证明了 5′-剪接位点和 3′-剪接位点与 U1 碱基配对的重要性。研究者对腺病毒 *E1A* 基因内三个可变 5′-剪接位点中的一个进行了突变。*E1A* 基因的三个 5′-剪接位点均能与共同的 3′-剪接位点完成对前体转录物的正常剪接，产生 9S、12S 和 13S 的成熟 mRNA 分子（图 14.11）。12S 5′-剪接位点的突变可破坏该位点与 U1 间的碱基配对。为检测突变对剪接的影响，Zhuang 和 Weiner 从转化了 5′-剪接位点发生突变的 *E1A* 基因的细胞中分离 RNA，然后进行 RNase 保护实验（第 5 章）。图 14.11 显示，信号核苷酸序列的长度（nt）与预期分别从三个 5′-剪接位点起始剪接获得产物的长度相一致。

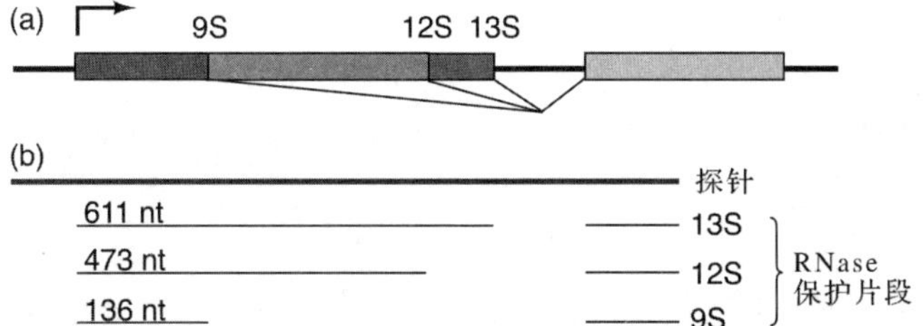

图 14.11 腺病毒 *E1A* 基因的剪接示意图及剪接产物的 RNase 保护分析。(a) 剪接示意图。前体 mRNA 具有三个 5′-剪接位点（分别位于红色、橙色、蓝色长条的边界处及蓝色长条的末端）和单一的 3′-剪接位点（位于黄色长条的起始处），剪接后，分别产生 9S、12S、13S 的 mRNA 分子。**(b)** RNase 保护实验分析。紫色线条代表标记的 RNA 探针，经 RNase 处理后，被探针保护的片段即为剪接产物，其长度各不相同［在对应片段的上方标出了片段的核苷酸长度（nt），三个剪接产物均含有对应于下游外显子的保护片段］。（*Source*：Adapted from Zhuang，Y. and A. M. Weiner，A compensatory base change in U1 snRNA suppresses a 5′-splice site mutation. *Cell* 46：829，1986.）

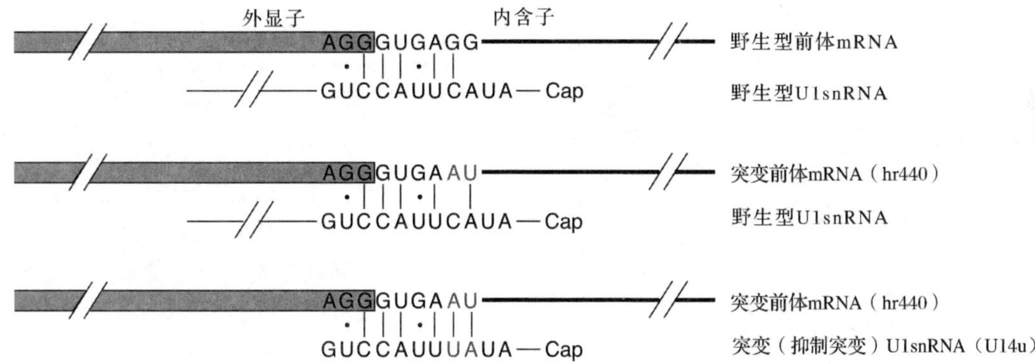

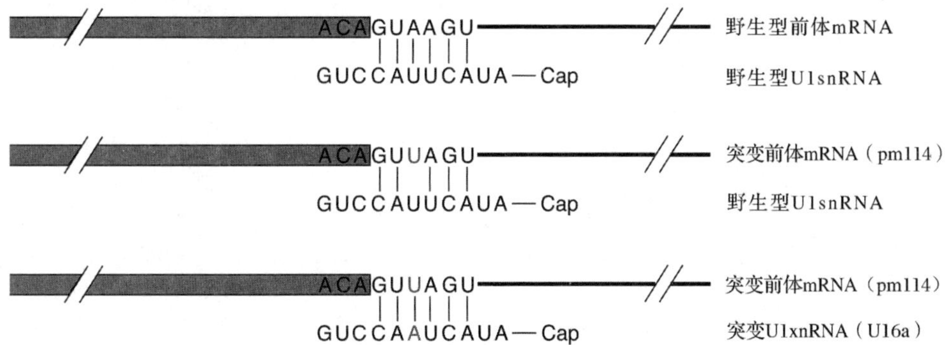

图 14.12 野生型与突变型 5′-剪接位点及野生型与突变型 U1 snRNA 的互补序列图。(a) 12S 剪接位点突变。图右侧标注出野生型和突变型序列，前体 mRNA 和 U1 RNA 之间的 Watson-Crick 碱基配对用竖线表示，圆点表示碱基配对的摇摆性，红色字母表示突变的碱基，如图 14.11 那样用橙色框表示外显子的末端。**(b)** 13S 剪接位点突变。所有的符号表示与（a）相同，只是如图 14.11 那样用蓝色框表示外显子的末端。

Zhuang 和 Weiner 测试的第一个突变体实质上是一个双突变体。将内含子的第 5 和第 6 个碱基（+5 和+6）GG 突变成 AU（图 14.12）时，破坏了内含子第 5 个碱基 G（+5）与 U1 snRNA 的碱基 C 之间的配对，但使内含子第 6 个碱基 U（+6）与 U1 snRNA 的碱基 A 形成新的碱基对，尽管突变并没有造成配对碱基数目的改变，但配对碱基间的结合力受到了削弱，因为连续碱基对的数目减少了，剪接会受到这种突变的影响吗？图 14.13（泳道 4）显示，突变基本上中断了 12S 位点的剪接，而促进了 13S 和 9S 位点的剪接。接着，研究者在 U1 snRNA 内引入一个补偿突变，使之恢复与突变剪接位点的配对。然后将突变的 U1 基因导入 HeLa 细胞，该细胞已转化突变的 E1A 基因。图 14.13（泳道 5）显示，突变的 U1 不仅能恢复与剪接位点的碱基配对，而且恢复了在 12S 位点的正常剪接。

由此可见，剪接位点与 U1 snRNA 间的碱基配对是进行正常剪接所必需的。但是，这种碱基配对是否足以确保正常剪接的发生？如果在剪接位点内引入一个突变，减弱剪接位点与 U1 配对的能力，相应的剪接不会被 U1 的补偿突变所抑制，则可说明这个碱基对不足以确保剪接的发生。图 14.12 和图 14.13 示意了 Zhuang 和 Weiner 所做实验的过程。研究者将 13S 5′-剪接位点中+3 位的 A 突变为 U，使原本 6 个连续的碱基对被间断，终止了 13S 剪接，但却促进了 12S 剪接，同时在某种程度上也促进了 9S 剪接（图 14.13，泳道 6）。通过 U1 基因的补偿突变可以恢复连续的 6 个碱基对，但不能恢复 13S 剪接（泳道 7）。由此可见，5′-剪接位点与 U1 snRNA 间的碱基配对并不是剪接的充分条件。

小结 遗传学研究表明，U1 snRNA 与前体 mRNA5′-剪接位点的互补配对是进行正常剪接所必需的，但并不是剪接发生的充分条件。

U6 snRNP 为什么 U1 碱基的改变有时并不能补偿由 5′-剪接位点突变所造成的剪接抑制？对于这个问题，我们可能会想象出不同的答案，包括可能有某些蛋白质或蛋白体参与对 5′-剪接位点序列的识别。在这种情况下，U1 碱基的改变并不能恢复剪接体对 5′-剪接序列的识别；也可能有其他 snRNA 参与 5′-剪接位点序列的碱基配对，改变 U1 的碱基序列使之恢复与突变剪接位点的配对，但没有恢复突变剪接位点与其他 snRNA 之间的碱基配对，因此剪接反应仍处于抑制状态。

Christine Guthrie 小组与 Joan Steitz 小组证实，确实有其他 snRNA 与 5′-剪接位点序列碱基配对，这个 snRNA 分子就是 U6 snRNA。Steitz 发现 U6 可以与内含子的+5 碱基发生化学交联，从而首次探明 U6 参与了发生在 5′-剪接位点附近的分子生物学事件。基于这个发现，Steitz 认为 U6 snRNA 固有序列 ACAGAG 中的 ACA 能与内含子 5′-剪接位点保守的+4～+6 位碱基 UGU 形成稳定的碱基对（图 14.14）。

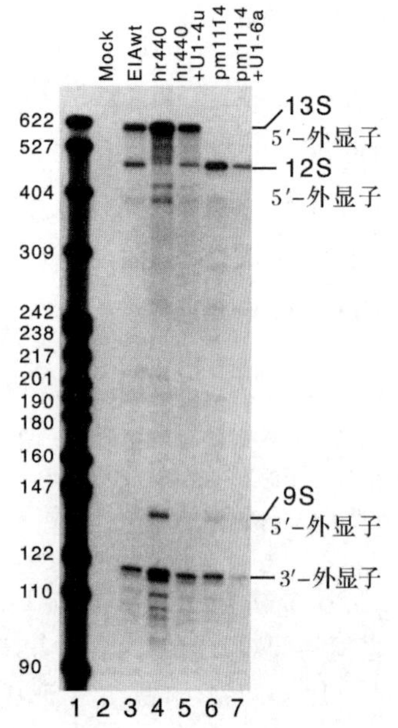

图 14.13 RNase 保护分析实验结果。 Zhuang 和 Weiner 将含有图 14.12 所示的野生型和突变型 5′-剪接位点的基因以及野生型和突变型 U1 snRNA 基因转化 HeLa 细胞，利用图 14.14 所示的 RNase 保护实验分析剪接情况。泳道 1 为分子质量标准，左侧数字表示片段的碱基对长度；泳道 2 为非转化细胞（阴性对照）；泳道 3 为野生型 E1A 基因与野生型 U1 snRNA，能检测到 12S 和 13S 产物，而没有检测到 9S 产物，因为 9S 产物只有在转染的后期才能产生；泳道 4 *hr*440 为 12S 5′-剪接位点发生突变的基因，无 12S 产物的形成；泳道 5 为突变的 *hr*440 基因与突变的 U1 snRNA（U1-4u），12S 的 5′-剪接位点恢复剪接；泳道 6 为 13S 5′-剪接位点发生改变的突变基因 *pm*1114，无 13S 产物的形成；泳道 7 为突变的 *pm*1114 基因与突变的 U1 snRNA（U1-6a），虽然恢复了 5′-剪接位点与 U1 snRNA 之间的碱基配对，但并没有发生 13S 剪接。[*Source*：Zhuang，Y. and A. M. Weiner，A compensatory base change in U1 snRNA suppresses a 5′-splice site mutation. *Cell* 46 (12 Sept 1986) f. 1a，p. 829. Reprinted by permission of Elsevier Science.]

U6 snRNA—GAG ACA UAACAAAGU---5′
前体mRNA GUAUGU---3′

图 14.14 酵母 5′-剪接位点与 U6 snRNA 相互作用模型。U6 snRNA 保守碱基 ACA（第 47～第 49 位碱基）与内含子的第 4～第 6 位碱基 UGU 形成稳定的碱基对。（*Source*：Adapted from Lesser，C. F. and C. Guthrie，Mutations in U6 snRNA that alter splice site specificity：implications for the active site. *Science* 262：1983，1993.）

Erik Sontheimer 和 Joan Steitz 通过化学交联研究显示，剪接体中 U6 的结合位点十分接近于内含子的 5′-剪接位点。他们的实验策略如下：首先合成具有两个外显子和一个内含子的模式剪接前体，然后用 4-硫尿嘧啶（4-thioU）取代第一个外显子的最后一个核苷酸或内含子的第二个核苷酸，光敏感的 4-硫尿嘧啶被紫外线激活后，与其所接触的 RNA 分子发生共价交联。通过对交联分子的结构分析，发现了能与 5′-剪接位点互补配对的 RNA 分子。

当 Sontheimer 和 Steitz 将 4-thioU 置于内含子的第二个位置时，发现 4-thioU 与 U6 交联。此外，这些交联实验表明，U6 可在剪接步骤起始前或后与剪接底物结合，基于 RNA 间存在互补序列，可以推测 U2-U6 复合体的存在。本章后面将介绍，U2 和 U6 如何通过碱基配对而形成组成剪接体活性中心的结构。

小结 U6 snRNA 通过碱基配对与内含子 5′端结合。在形成套索中间体之前，U6 snRNP 已完成与内含子 5′端的结合，但是这种结合一直持续到第一步剪接完成。U6 与剪接底物的结合是进行正常剪接所必需的。在剪接过程中，U6 也可与 U2 结合。

U2 snRNP 如图 14.15 所示，酵母分支点共有序列可与 U2 snRNA 序列互补，遗传学分析表明两者之间的碱基配对是剪接所必需的。Christine Guthrie 及同事为这一论点提供了遗传学证据，他们证实分支点突变将直接抑制剪接过程，而且这种抑制效应可被 U2 基因的补偿突变所逆转。

为开展相关的实验工作，研究者利用带有 *actin-HIS4* 融合基因的组氨酸依赖型酵母突变菌株，其中 *actin* 部分含有一个内含子。如果该融合基因的转录物被正确剪接，则融合基因的 *HIS4* 部分就能编码产生有活性的蛋白质，可以将组氨酸前体组氨醇转化为组氨酸，该突变菌株就能在含组氨醇的培养基上存活。接着，研究者在分支点引入突变，其中之一是将第 257 位碱基 U 突变为 A，即分支点共有序列由 UACUAAC 突变为 UACAAAC，则 95%的剪接反应被抑制，该突变菌株在含组氨醇的培养基上不能存活；若将第 256 位碱基 C 突变为 A，即分支点共有序列由 UACUAAC 突变为 UAAUAAC，则 50%的剪接反应被抑制。

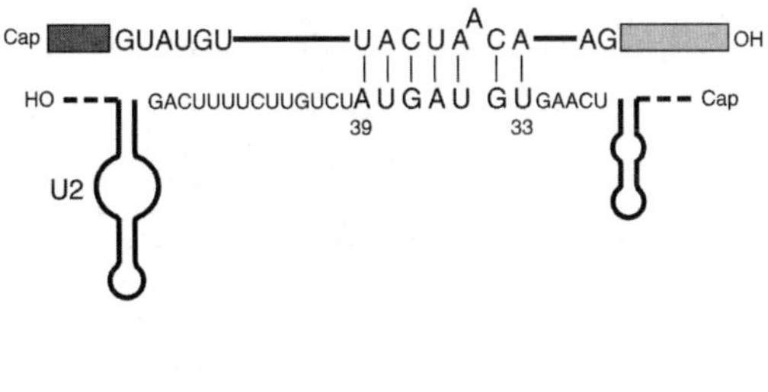

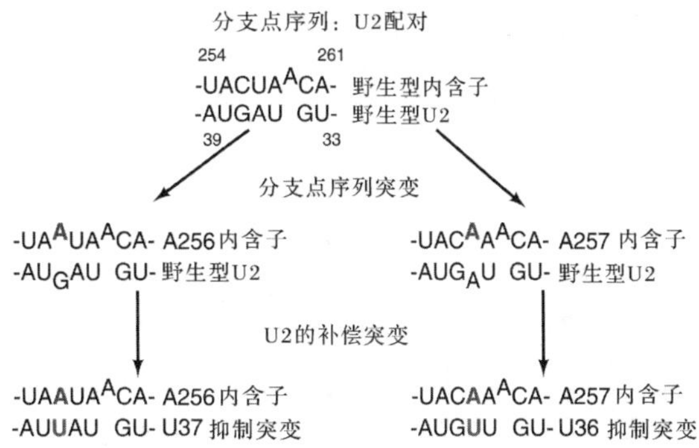

图 14.15 酵母 U2 与分支点序列的碱基配对。（a）推测的野生型酵母 U2 与分支点序列之间的碱基配对方式。突出的分支点 A（上方）没有参与碱基配对。**（b）**推测的野生型和突变型 U2 及分支点序列之间的碱基配对方式。红色字母（A）表示分别在分支点的第 256 位和第 257 位碱基处引入的突变碱基；绿字母（U）表示在 U2 内引入的补偿性突变。（*Source*：Adapted from Parker R.，P. G. Sliciano，and C. Guthrie，Recognition of the TACTAAC box during mRNA splicing in yeast involves base pairing to the U_2-like snRNA. *Cell* 49：230，1987.）

为检测U2突变对分支点序列突变的抑制效应，Guthrie及同事将携带*U2*突变基因的质粒转入酵母细胞。为筛选转化细胞，研究者使质粒携带选择标记*LEU2*基因（宿主细胞为*LEU*⁻）。由于酵母突变细胞的*U2*基因只有一个拷贝，突变后会导致其他所有基因的剪接无法正常进行，所以还需为转化细胞提供一个额外的*U2*基因拷贝。图14.16显示，突变型U2恢复了与突变分支点的碱基配对，从而恢复了正常的剪接反应。A257突变体比较特殊，在野生型U2存在的条件下没有观察到该突变体的生长，但在突变型U2存在的条件下，U2恢复了与突变分支点序列的碱基配对后，该突变菌株能够快速生长。

除了U2与分支点进行碱基配对外，基于U2与U6的碱基序列，推测两者间也可进行碱基配对。Guthrie及同事所进行的遗传学分析为U2与U6间的碱基配对提供了直接证据。首先，Guthrie及同事发现，酵母U6的ACG序列突变会产生致死表型，该序列能与U4 snRNA碱基配对。研究者通过两种途径证实，这些突变体干扰U6与U4的碱基配对能力并不是致死表型产生的原因。首先，在U4内引入破坏U4与U6之间碱基配对的突变，并不影响细胞的正常生长；其次，当U6发生致死突变后，即使在U4中引入能恢复与突变U6之间碱基配对的补偿突变，也不能抑制致死突变效应。

很显然，除了干扰与U4的相互作用外，U6的致死突变还干扰了U6与其他分子间的相互作用。Hiten Madhani和Christine Guthrie证明U2是与U6发生相互作用的另一个分子。在U6的第56～第59位碱基引入的致死突变可被U2的第23位、第26～第28位碱基的补偿突变所抑制，因为突变了的U2可以恢复与突变U6之间的碱基配对。U2与U6间的关键碱基配对区称为**螺旋Ⅰ**，图14.20总结了这一结构的特点。

其他研究者（Jian Wu和James Manley及Ban-shidar Datta和Alan Weiner）利用相同的遗传分析策略，研究了哺乳动物细胞的剪接效率。结果表明，U2的5′端与U6的3′端也能相互作用，形成的碱基配对区称为**螺旋Ⅱ**。U2突变能够被U6恢复碱基配对的补偿突变所抑制，这种相互作用对酵母来说是非必需的，但对哺乳动物是必需的，至少可以提高剪接效率。

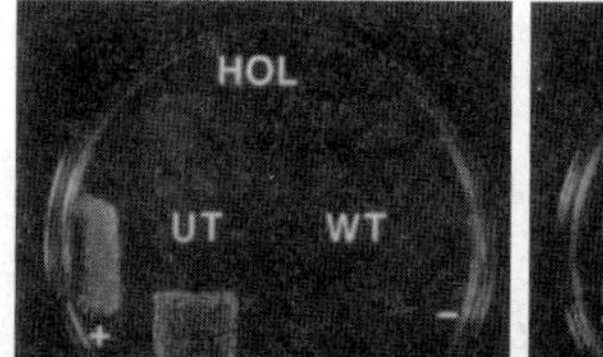

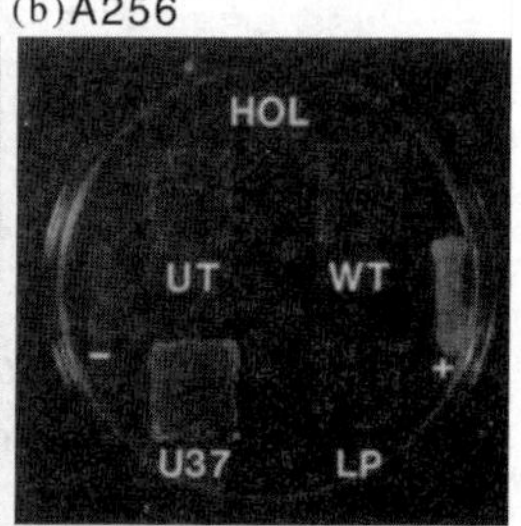

图14.16 通过突变抑制证明U2 snRNP与分支点的碱基配对。将A257突变菌株（平皿a）和A256突变菌株（平皿b）在HOL培养基上培养。在野生型菌株和*U2*抑制突变菌株存在的条件下，可以衡量突变菌株的生长状况。每一细胞菌落下方的缩写字母表示细胞内*U2*的性质。UT：未转化（无*U2*基因导入）；WT：野生型*U2*基因；U36：恢复与第257位碱基A配对的*U2*突变；U37：恢复与第256位碱基A配对的*U2*突变；LP：丢失*U2*质粒的菌落。每个平皿的（+）表示阳性对照菌株，含有野生型融合基因，无额外的*U2*基因拷贝；每个平皿的（－）表示阴性对照菌株，无融合基因。[*Source*：Parker R. P. G. Sliciano, and C. Guthrie, Recognition of the TACTAAC box during mRNA splicing in yeast involves base pairing to the U2-like snRNA. *Cell* 49 (24 Apr 1987) f. 3, p. 232. Reprinted by permission of Elsevier Science.]

小结 U2 snRNA可与剪接分支点的保守序列进行碱基配对，这种碱基配对是剪接反应所必需的。U2与U6形成的关键碱基对构成了螺旋Ⅰ，对参与剪接的snRNP具有定位功能。此外，U2的5′端与U6的3′端也能发生相互作用，形成的碱基配对区称为螺旋Ⅱ，这一区域对于哺乳动物细胞的剪接是十分重要的，但对酵母细胞而言则是非必需的。

U5 snRNP 我们已了解了有关Ul、U2和U6 snRNP参与剪接过程的证据。那么，U5的作用如何？U5与其他snRNP或剪接底物的保守区无明显互补性，但U5可能与两个外显子结合，在剪接的第二步将外显子置于适当位置。

Sontheimer 和 Steitz 用 4-thioU 取代剪接底物碱基的方法，为剪接过程中 U5 可与外显子末端发生相互作用提供了证据。在其中一个实验中，研究者用 4-thioU 取代腺病毒主要晚期剪接底物的第二个内含子的第一个碱基 C，剪接底物仍能进行正常剪接。当 4-thioU 与靠近第二个外显子 5′端的 snRNA 交联，在剪接反应进行 30min 后，可分离获得一个二联体复合物即 U5/内含子-E2（图 14.17）。此时第一步剪接反应早已完成，也有许多其他复合体形成，但这里对这些复合体不做讨论。

为了验证这个二联复合体确实含有 U5、内含子和 E2，Sontheimer 和 Steitz 利用能与这些 RNA 互补的 DNA 寡核苷酸对复合体进行杂交，然后用 RNaseH 处理，RNaseH 可降解 RNA-DNA 杂交分子中的 RNA 部分。图 14.17

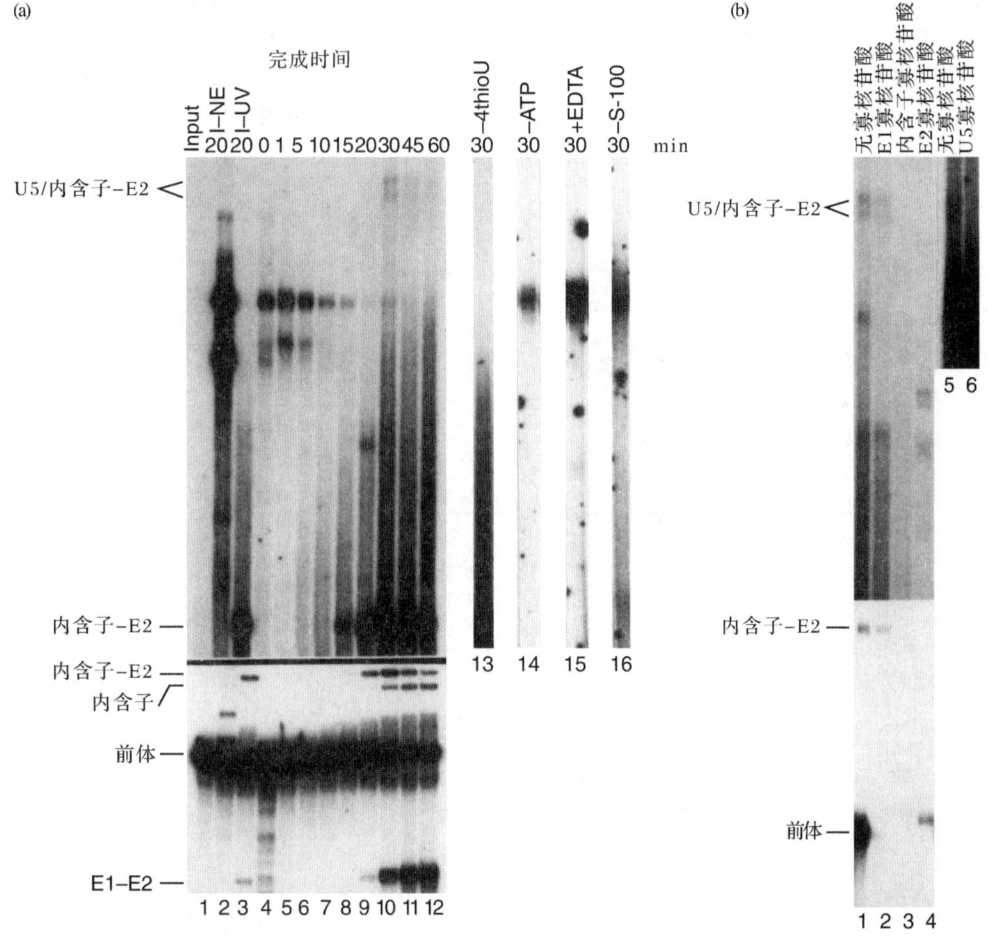

图 14.17　U5 与第二个外显子 5′端形成的复合体检测。(a) 复合体的形成。Sontheimer 和 Steitz 将 4-thioU 引入到标记剪接底物的第二个外显子的第一个碱基处，然后在剪接过程中的不同时间段内，使之与邻近的 RNA 交联。电泳交联产物并放射自显影检测。位于凝胶上方的双联体 U5/内含子-E2 产生于剪接过程的后期（大约 30min 后），泳道的标注同图 14.15。**(b)** 复合物中 RNA 的鉴定。Sontheimer 和 Steitz 在剪接开始 30min 后照射剪接混合物，使之形成交联物。将能与 U5 及其他 RNA 互补的 DNA 寡核苷酸与交联物共同温育，然后加入 RNase H，降解与寡核苷酸杂交的 RNA 分子，电泳后放射自显影检测。泳道 1 和 5：无寡核苷酸；泳道 2：外显子 1 反义寡核苷酸；泳道 3：内含子反义寡核苷酸；泳道 4：外显子 2 反义寡核苷酸；泳道 6：U5 反义寡核苷酸。内含子反义寡核苷酸、外显子 2 反义寡核苷酸、U5 反义寡核苷酸均有助于复合体的解离，表明此复合体由内含子、第二个外显子及 U5 组成。［*Source*：Sontheimer，E. J. and J. A. Steitz，The U5 and U6 small nuclear RNAs as active site components of the spliceosome. *Science* 262（24 Dec 1993）f. 4，p. 1992. Copyright © American Association for the Advancement of Science.］

显示，与 U5、内含子、E2 互补但不与第一个外显子互补的寡核苷酸可协助 RNase H 降解复合体。因此，复合体显然含有 U5 和内含子-外显子 2 剪接中间体，且 U5 与第二个内含子的相互作用具有位点特异性，因为用 4-thioU 取代剪接底物第二个外显子的第二个碱基后，无任何双分子 RNA 复合体的形成。

为鉴定 U5 或 U6 分子中参与 4-thioU 与剪接底物交联的碱基，Sontheimer 和 Steitz 建立了引物延伸阻断法（primer extension blockage），以与 snRNP 序列互补的寡核苷酸为引物，对复合体中的 snRNP 进行反转录，当遇到交联位点时，反转录酶即刻停止反转录，产生特定长度的 DNA 片段，其长度相当于引物结合位点与交联位点之间的距离。根据这些信息可以准确地确定发生交联的位点。图 14.18 显示了引物延伸阻断实验的结果。图 14.18（a）和（b）表明，不管是以完整的剪接底物为模板还是以第一个外显子为模板，均能证明 U5 中有两个相邻的 U 与第一个外显子的最后碱基发生了交联。图 14.18（d）表明，U5 中相邻的两个 U 不仅能与第一个外显子的最后碱基发生交联，而且其中的一个 U 连同其相邻的 C 还与第二个外显子的第一个碱基发生交联。图 14.18（c）则表明，U6 有 4 个碱基与内含子的第二个碱基发生了交联。综合对 U5 的研

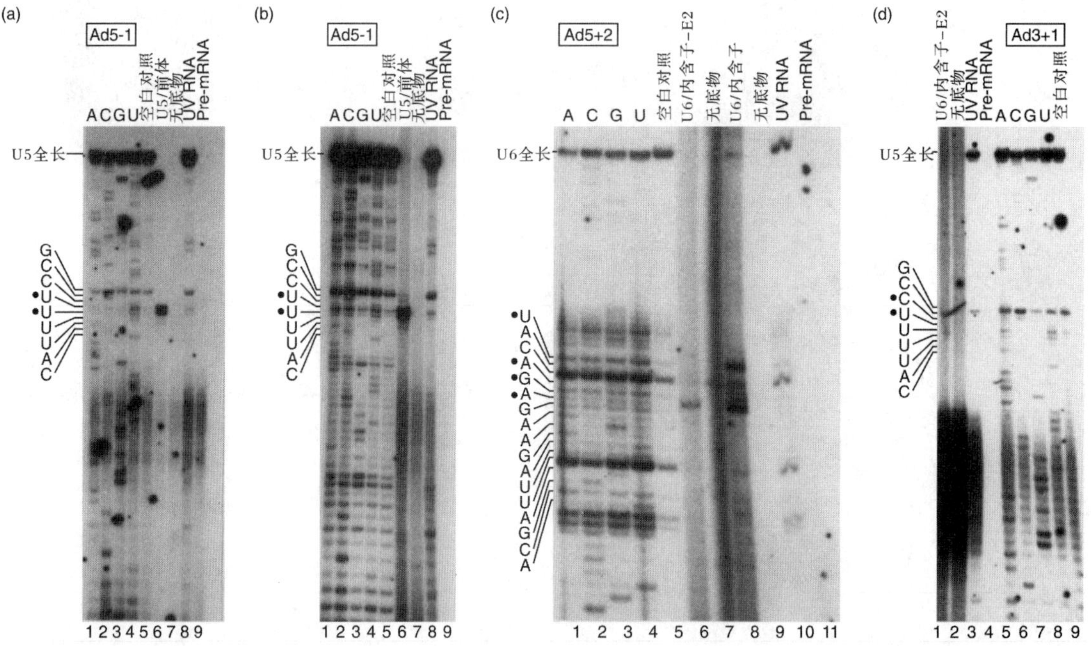

图 14.18　与位于剪接底物不同位点处的 4-thioU 发生交联的 snRNP 碱基的鉴定。 Sontheimer 和 Steitz 利用引物延伸实验，确定了 U5 和 U6 与 4-thioU 发生交联的碱基。4-thioU 在剪接底物的位置分别是：第一个外显子的最后一个碱基（图 **a** 和 **b**：Ad5-1）；内含子的第二个碱基（图 **c**：Ad5+2）；第二个外显子的第一个碱基（图 **d**：Ad3+1）。研究者利用这些 RNA 分子形成交联复合物，通过凝胶电泳分离这些复合物。添加 U5 或 U6 的特异引物，进行引物延伸实验分析。图（a）～（c）中的前 4 个泳道及图（**d**）中泳道 5～8，是使用与引物延伸分析实验相同引物的测序泳道。标有“空白”的泳道为没有模板的对照测序泳道；图（a）和图（b）中的泳道 6、图（c）中的泳道 6 和 8、图（d）中的泳道 1 为实验泳道。引物延伸实验所使用的复合物分别为：U5/剪接前体复合物［U5/前体 8，图（a）］；U5/外显子 1 复合物［U5/E1，图（b）］；U6/内含子-外显子 2 复合物［U6/内含子-E2，图（c）］；U5/内含子-外显子 2 复合物［U5/内含子-E2，图（d）］。其他泳道为对照。“无底物”：混合反应体系中没有底物，从对应于底物的位置处割下空白胶条；“UV RNA”：缺少底物的提取物中的总 RNA；“前体 mRNA”：未交联的底物。每个图版左侧带点的碱基表示 snRNP 上发生交联的位点。［*Source*：Sontheimer，E. J. and J. A. Steitz，The U5 and U6 small nuclear RNAs as active site components of the spliceosome. *Science* 262（24 Dec 1993）f. 5，p. 1993. Copyright © American Association for the Advancement of Science.］

究结果表明，U5 snRNP 能与第一个外显子的 3′端及第二个外显子的 5′端发生结合（如图 14.19 的说明），从而将两个外显子置于有利剪接的位置。

小结 U5 snRNA 能与第一个外显子的最后一个碱基和第二个外显子的第一个碱基发生交联。它可能的作用是将这两个外显子排列在一起便于剪接。

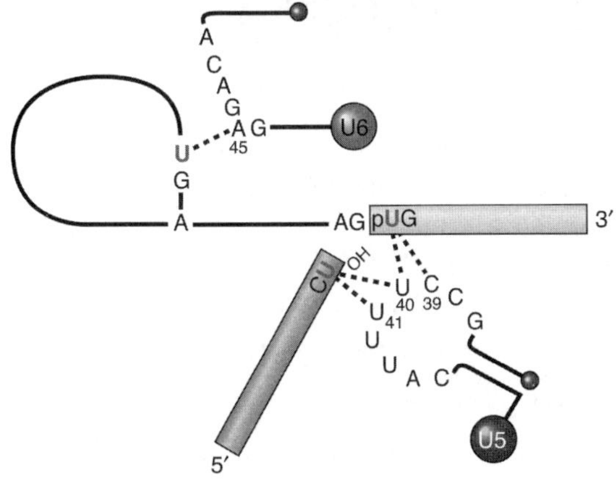

图 14.19 通过 4-thioU 交联作用所揭示的 U5 和 U6 与剪接底物之间相互作用的总结。红色粗体 U 代表引入到剪接底物的 4-thioU，点线表示剪接底物的 4-thioU 与 snRNP 碱基间的交联，外显子 1 为蓝色，外显子 2 为黄色。紫色小球表示 snRNA5′端的帽结构。U5 的作用是在第二步剪接时将两个外显子放置在适当位置。（*Source*：A dapted from Sontheimer，E. J. and J. A. Steitz，The U5 and U6 small nuclear RNAs as active site components of the spliceosome. *Science* 262：1995，1993.）

U4 snRNP 我们对 U4 的了解主要是关于其与 U6 的结合。U4 snRNA 与 U6 snRNA 的序列提示我们，两者可通过碱基配对而形成两个茎：茎Ⅰ和茎Ⅱ，交联实验也表明 U4 与 U6 之间有相互作用。在剪接过程中，U4 是否具有直接作用？很显然，U4 在剪接过程中并没有发挥直接作用，在剪接开始时，U4 就与 U6 解离，且用温和的方法即可使 U4 与剪接体脱离。由此可见，U4 的作用可能是暂时与 U6 结合并使之封闭，直至 U6 参与到剪接反应中。值得注意的是，U6 序列中与 U4 配对形成茎Ⅰ的碱基也能与 U2 配对（本章前面部分讨论过）。U4 解离的重要性在于使 U6 与 U2 发生碱基配对，有助于活性剪接体的形成。

小结 U4 可与 U6 碱基配对，其作用可能是与 U6 结合，直至 U6 需要参与剪接时，U4 才与 U6 解离。

snRNP 参与 mRNA 的剪接 在本章的后面部分，我们将了解到有些类型的内含子能不依赖于剪接体而进行**自剪接**（self-splicing），这些内含子具有自剪接所需要的所有催化活性。自剪接的内含子分两类，其中Ⅱ类内含子通过套索结构进行自剪接，这种套索中间体类似于核 mRNA 剪接中的套索中间体。这个特点促使我们做出如下推测：剪接体的 snRNP 可被Ⅱ类内含子形成的相似结构所取代，该结构可将外显子 1 和外显子 2 并列放置在一起以便剪接。

图 14.20 显示了剪接体剪接模型和Ⅱ类内含子的剪接模型。图 14.20（a）描述的模型是图 14.19 所示核 mRNA 第二步剪接模型的一种变形；图 14.20（b）为Ⅱ类内含子的剪接模型。值得关注的几个特征如下所述。首先，U5 取代Ⅱ类内含子的 ID 结构域，将与之结合的外显子 1 和外显子 2 定位在合适的位置，以利于剪接。ID 结构域的 RNA 序列称为**内部引导序列**（internal guide sequence），其功能是引导其他 RNA 区域进入合适位置以利于催化剪接。其次，与 5′-剪接位点碱基配对的 U6 序列区取代Ⅱ类内含子的 IC 结构域。再次，U2-U6 配对形成螺旋Ⅰ，类似于Ⅱ类内含子的Ⅴ结构域。最后，U2 与分支点配对形成的螺旋取代Ⅱ类内含子的Ⅵ结构域。在这两种情况下，分支点 A 周围的碱基配对使 A 突出，可能有助于 A 发挥其形成分支的功能。由于Ⅱ类内含子是具有催化功能的 RNA（核酶，ribozyme），那么，图 14.20 中两种模型的相似性表明，取代位于剪接活性中心Ⅱ类内含子元件的 snRNP 也应具有催化剪接反应的功能。

2000 年，Ren-Jang Lin 及同事提供了有关 U6 snRNA 确实参与催化反应的证据。研究者的论据如下：内含子的剪切是通过两步转酯反应完成的（图 14.4）。转酯反应过程中，在断开一个磷酸二酯键的同时又会形成另一个新的磷酸二酯键。例如，在第一次转酯反应中，第一外显子与内含子之间的磷酸二酯键断裂，在

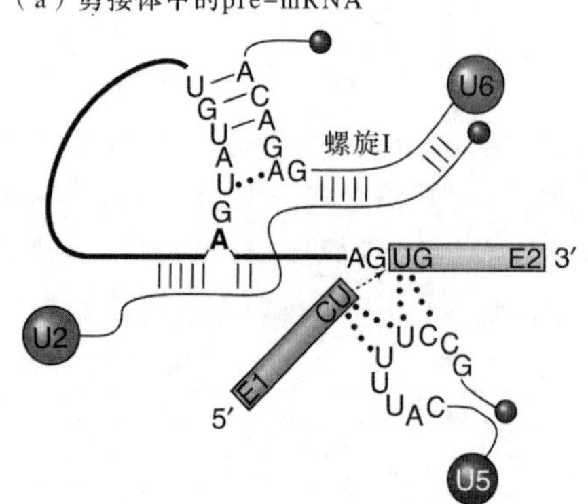

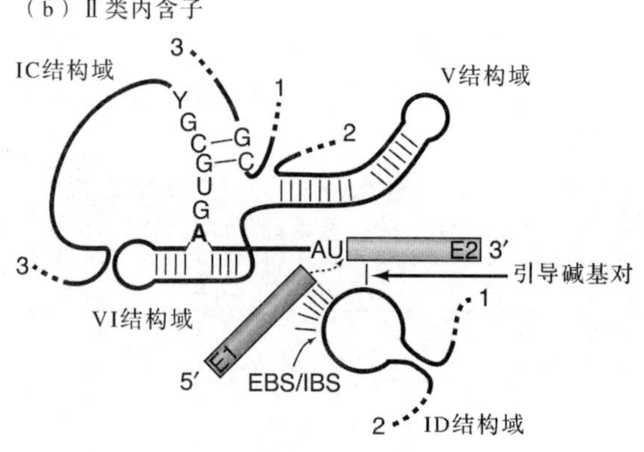

图 14.20　剪接体活性中心模型与Ⅱ类内含子活性中心模型的比较。(a) 剪接体。这是图 14.19 模型的一种变形，包含 U2（棕红色），其他颜色表示同图 14.19 一致。粗体 A 为分支点，粗线条代表内含子，虚线箭头表示外显子 1 对内含子-外显子 2 的攻击反应。**(b)** Ⅱ类内含子。内含子的表示方法及图示说明均同图 a，只显示了部分内含子序列，其余序列用点线表示，数字指明了各部分之间的连接。有色部分为外显子，粗体 A 为分支点，虚线箭头表示外显子 1 对内含子-外显子 2 的攻击反应。[*Source*：(*a*) Adapted from Wise，J. A.，Guides to the heart of the spliceosome. *Science* 262：1978，1993. (*b*) Adapted from Sontheimer，E. J. and J. A. Steitz，The U5 and U6 small nuclear RNAs as active site components of the spliceosome. *Science* 262：1995，1993.]

分支点 A 与内含子 5′端之间形成一个新的磷酸二酯键，形成套索状中间体。转酯反应中的催化剂具有两种功能，一种是活化亲核试剂（分支点 A 的 2′-OH）；另一种是稳定离开的基团（在第一个外显子末端形成 3′-OH 的氧原子）。金属离子（如镁离子）就是这样的催化剂，Ⅱ类内含子的自剪接确实需要镁离子的参与。

Lin 及同事研究发现，用硫取代 U6 snRNA 中的一个氧可完全阻断剪接反应。这种取代产生对剪接的阻断效应是可以预知的，因为硫取代氧后会阻碍 U6 与镁离子的结合。如果此关键性镁离子位于催化位点，就意味着 U6 在催化反应中也发挥着直接作用。如果事实确实如此，那么硫取代氧产生的阻断效应就可被添加的锰离子所逆转，因为锰离子具有同镁离子一样的催化作用，但与镁离子不同的是，锰离子可与 RNA 结合，尽管该 RNA 中的一个关键氧原子已被硫所取代。

Lin 及同事研究发现，U6 snRNA 中因硫取代氧而产生的剪接阻断效应确实可被锰离子所逆转。这表明在剪接体的催化中心，U6 与镁离子结合，但这还不足以证明镁离子就位于催化中心，因为即使不在催化中心，金属离子也能发挥催化作用。

2001 年，Saba Valadkhan 和 James Manley 为 RNA 催化假说提供了更多证据。研究者将体外合成的 U2 和 U6 snRNA 片段混合，加入含有分支点保守序列的酵母内含子寡核苷酸片段。研究表明这些 RNA 分子可以催化与第一步剪接反应相关的转酯反应。在正常的第一步剪接反应中，由分支点 A 攻击连接第一个外显子与内含子的磷酸二酯键（5′-剪接位点）。在由 U2、U6 和内含子片段所催化的体外反应中，由于没有 5′-剪接位点，分支点 A 会攻击 U6 自身的磷酸二酯键，形成分支状寡核苷酸。图 14.21 显示了该反应中三类 RNA 分子之间的碱基配对情况、参与催化反应的核苷酸及产物的可能结构。

在不同的反应条件下，Valadkhan 和 Manley 将标记的分支点寡核苷酸（Br）添加到含有 U2 和 U6 snRNA 的混合体系中，图 14.22 给出了实验的结果。图 14.22（a）显示，在反应进行到 24h 后形成了产物 X，纯化后通过凝胶电泳可显示该产物的存在。X 产物的形成有赖于 U2 和 U6 片段的同时存在，当反应体系被加热到接近 U2-U6 复合体的熔解温度时，X 产物的合成反应被阻断。由此可见，U2 和 U6 片段的同时存在似乎是该反应所必需的。图 14.22（b）和（c）显示，在反应进行到 2h

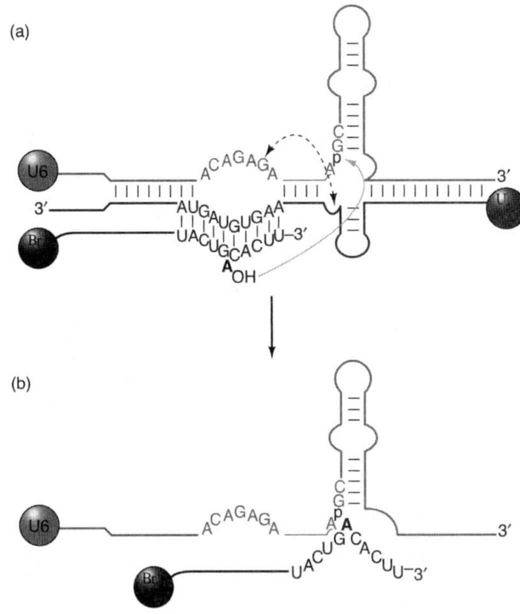

图 14.21 类似于剪接体第一步剪接反应的体外反应。(a) 在体外，三类 RNA 分子通过碱基配对形成复合体。U6 片段（红色）位于顶部，U2 片段（蓝色）位于中间，带有突出分支点 A（粗体）的分支点片段（Br，黑色）位于底部，灰色箭头指向 A52-G53 两个核苷酸之间的磷酸二酯键（黑色），分支点该磷酸二酯键是分支点 A 的攻击对象。虚线箭头连接的碱基为在紫外光下 U6 和 U2 中发生交联的碱基。**(b)** 产物可能的化学结构。

后，X 产物呈线性增加，一直持续到接近 20h，该反应被添加较多的 U2 和 U6 片段所促进，直至达到浓度为 2μmol/L 的饱和水平。

相同系列的实验结果也表明，RNA X 可能含有分支点核苷酸。图 14.22（d）显示，RNA X 不可能通过 U2 和 U6 之间的强碱基对形成，因为 RNA X 能抵抗 90℃的高温，所以 RNA X 的形成显然涉及 RNA 分子间的共价结合，而不只是 RNA 分子间的碱基配对。Valadkhan 和 Manley 也证实 RNA X 具有异常的电泳行为，结果未给出。在 8%聚丙烯酰胺凝胶上，RNA X 迁移的位置恰好位于 87 nt 分子质量标准的上方；在 16%聚丙烯酰胺凝胶上，RNA X 迁移的位置恰好位于 236 nt 分子质量标准的下方，显示出分支状 RNA 分子的电泳特征。最后，研究人员指出，RNA X 产物的形成有赖于 Mg^{2+} 的存在，Ca^{2+} 可取代 Mg^{2+} 的作用，但效率不高，而 Mn^{2+} 对该反应根本无促进效应。

接着，Valadkhan 和 Manley 标记 Br 及 U2 和 U6 片段的 5′端和 3′端，反应结束后发现，RNA X 产物的末端标记信号来自 U6 和 Br，但没有来自 U2 的。所以，RNA X 的组分包含 U6 和 Br，但没有 U2。同时，U6 和 Br 不仅通过碱基配对连接在一起，而且这两个 RNA 分子可能还发生了共价结合。Valadkhan 和 Manley 的研究还表明，封闭 Br 和 U6 的 5′端（分别进行脱磷酸和引入环磷酸盐）并不能抑制 RNA X 的形成。由此可见，两个 RNA 分子的 5′端没有参与分子间的连接，连接发生在 RNA 分子的内部，从而产生“X”形产物。

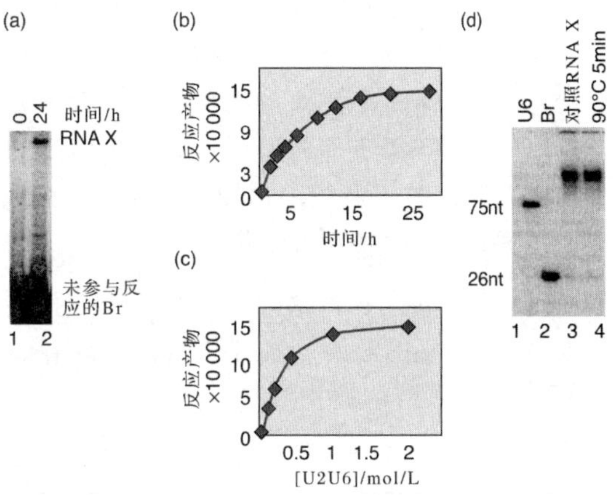

图 14.22 RNA X 的形成。(a) 通过 SDS-PAGE 方法检测 RNA X。Valadkhan 和 Manley 将体外合成的 U2 snRNA、U6 snRNA 和 Br 片段混合，在 Mg^{2+} 存在条件下温育 0h 或 24 h，然后电泳。**(b)** 反应的时间曲线。**(c)** 反应对 U2 和 U6 的依赖性。**(d)** RNA X 对热熔解反应的抗性。泳道 3 是未加热 RNA X 的电泳迁移情况；泳道 4 是 90℃加热 5min 后，RNA X 的电泳迁移情况，两者无任何差异。泳道 1 和 2 是分别用 U6 和 Br 片段所做的对照实验。（*Source*：Reprinted with permission from *Nature* 413：from Valadkhan and Manley fig. 2, p. 702. © 2001 Macmillan Magazines Limited.）

最后，Valadkhan 和 Manley 绘制了 U2 和 U6 RNA 与 Br 分支点 A 的连接图，以及与 U6 的不变序列 AGC 中 A53 和 G54 间的磷酸发生连接的图（见图 14.21）。为了定位连接位点，研究者采用相同的引物延伸分析法，即在分析 4-thioU 与 U5 和 U6 及剪接底物发生交联位点时所采用的方法（见图 14.18），同时对末端标记的 RNA X 进行化学切割处理，以鉴定因RNA-RNA 相互作用而阻止切割的核苷酸。

这些实验结果表明，在没有蛋白质协助下，Mg^{2+}、U2、U6 和 Br 能够催化类似于第一步剪接的反应。当然，该反应与第一步剪接反应并不完全相同，因为底物中没有可供分支点 A 攻击的 5′-剪接位点。然而，被攻击位点存在于 U6 上的情况并不是没有先例的：在体外，有时会发生异常剪接，被攻击位点恰好位于 U6 的碳骨架上。在酵母 U6 基因上确实发现有一个内含子插入到邻近保守序列 AGC 的位点处，这种插入可能是分支点 A 对 U6 而不是 5′-剪接位点进行异常攻击的结果。

综上所述，这些研究结果强烈表明，剪接体催化中心的催化功能需要 Mg^{2+}、能进行碱基配对的 U2 snRNA 和 U6 snRNA 及内含子分支点序列的参与。在体内也可能需要蛋白质的参与，但催化中心显然不需要蛋白质的参与，至少在这些体外实验条件下情况如此。

小结 即将进行第二步剪接的剪接体（底物、U2、U5 和 U6）的结构特征可以从处于相同剪接阶段的Ⅱ类内含子的结构特点推知。因而，Ⅱ类内含子中位于催化活性中心的元件似乎可以被剪接体的 snRNP 所取代，这些元件可能拥有剪接体的催化活性。剪接体催化中心显然包括 Mg^{2+} 和由三类 RNA 形成的碱基配对复合体，这三类 RNA 是 U2 snRNA、U6 snRNA 和内含子分支点区域。这三类无蛋白质组分的 RNA 片段可催化剪接的第一步反应。

剪接体的组装及功能

剪接体由多种组分逐级组装而成，包括蛋白质和 RNA。剪接体组装的部分次序已经明确。我们将剪接体的组装、功能行使、解体称为**剪接体循环**（spliceosome cycle），本节主要讨论剪接体循环，并了解细胞如何通过对剪接体组装过程的控制而调节剪接反应的质量和数量，从而达到调控基因表达的目的。

剪接体循环 在多个研究小组首次分离出剪接体时，并没有发现 U1 snRNP 的存在。这是出人意料的，因为 U1 确实是通过 RNA-RNA 间的碱基配对而与 5′-剪接位点结合，是起始剪接反应所必需的。U1 的确是剪接体的组成部分，可能由于当时分离纯化剪接体的方法过于苛刻，导致 U1 发生解离。为强调 U1 snRNP 的重要性，Stephanie Ruby 和 John Abelson 于 1988 年发现，U1 是最先与剪接前体结合的 snRNP。他们设计了一个巧妙的实验方案来研究剪接体的组装过程。首先通过生物素-抗生物素蛋白连接（biotin-avidin linkage）将“锚定 RNA”结合在琼脂糖珠上，然后使酵母前体 mRNA 与锚定 RNA 杂交，从而将酵母前体 mRNA 固定在琼脂糖珠上。在不同时间段内添加酵母细胞核提取物，洗除未结合的物质，提取 RNA，进行电泳、印迹，然后用针对各剪接体 snRNA 的放射性探针进行杂交，以检测 snRNA 的种类。

图 14.23 显示的实验结果表明，U1 是最先与剪接底物结合的 snRNP。通过比对图 14.23（a）中的泳道 2 和 15 可以看出，在 2min 时间点，U1 是唯一与前体 mRNA 结合的 snRNP。图 14.23（a）还表明除 U1 外，其他所有 snRNP 与剪接底物的结合都需要 ATP 的参与。图 14.23（b）是剪接底物结合各类 snRNA 的数量与时间的函数曲线图。很明显，U1 是第一个组装到剪接体上的 snRNP。

为深入探讨剪接体的组装次序，研究者将细胞核提取物，以及与 U1 snRNA、U2 snRNA 关键序列互补的 DNA 寡核苷酸序列，RNase H 混合温育，从而使 U1 或 U2 失活，然后进行与前一个实验方案相同的剪接体组装实验。RNase H 能降解 RNA-DNA 杂交分子中的 RNA 组分，所以 snRNA 分子中与 DNA 寡聚物杂交的那部分序列将会被 RNase H 降解。在降解反应完成后，就可以筛选出与前体 mRNA（分别为 5′-剪接位点和分支点）杂交的 snRNA 序列。图 14.24 显示的结果有两个要点：①正如预期的那样，U1 的失活阻止了 U1 与前体 mRNA 的结合，同时也阻止了其他所有 snRNP 与前体 mRNA 的结合（对比泳道 2 和 4 的结果）；②与预期一致，U2 的失活阻止了 U2 与前体 mRNA 的结合，同时也阻止了 U5 与前体 mRNA 的结合，但不能阻止 U1 与前体 mRNA 的结合（对比泳道 2 和 6 的结果）。

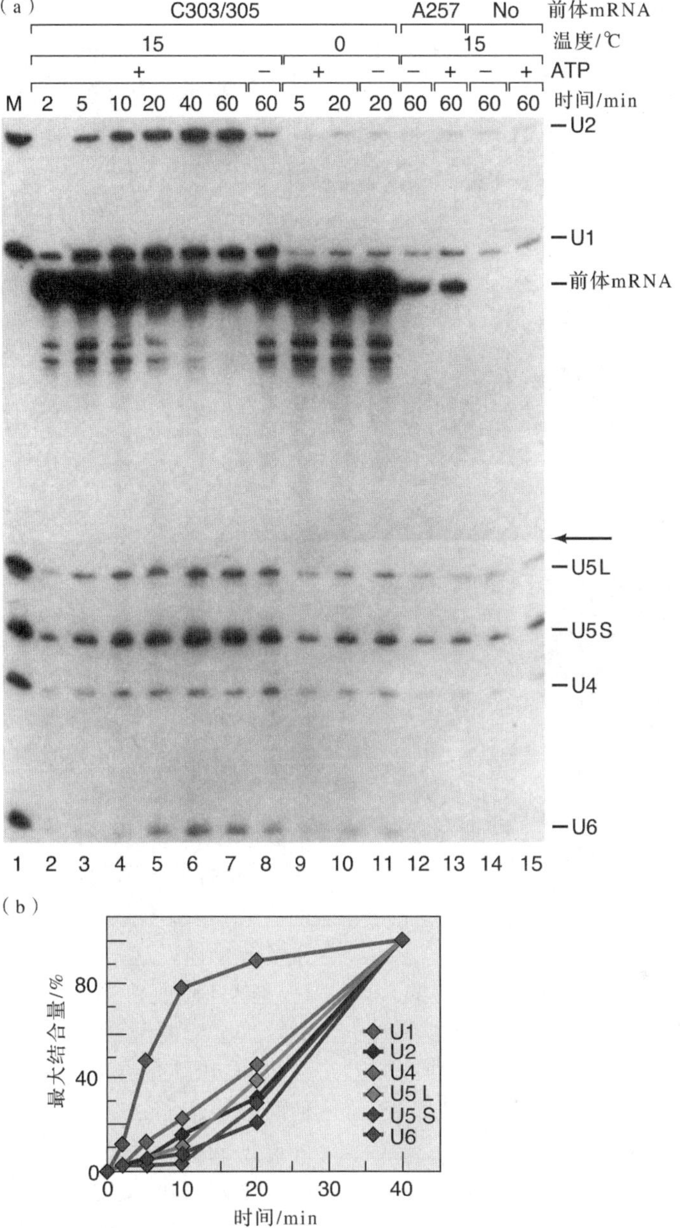

图 14.23 剪接体 snRNP 与前体 mRNA 结合的动力学。(a) Northern 杂交。Ruby 和 Abelson 通过生物素与抗生物素蛋白之间的交联将锚定 RNA 分子固定在琼脂糖珠上，使酵母 *actin* 基因的前体 mRNA 与锚定 RNA 杂交，从而将前体 mRNA 吸附在琼脂糖珠上。然后将吸附有前体 mRNA 的琼脂糖珠与酵母核提取物混合，在有或无 ATP 存在时，分别于 15℃和 0℃温育 2～60min，如图上方所示。在 3′-剪接位点（C303/305）发生突变的前体 mRNA 能组装成剪接体，而保守分支点（A257）发生突变的前体 mRNA 不能组装成剪接体。标注“无”的泳道是指实验体系中无前体 mRNA，只有锚定 RNA。温育实验步骤完成后，研究者洗除未结合的组分后，从复合物中分离 RNA，然后电泳、印迹，利用 U1、U2、U4、U5 和 U6 特异探针进行 Northern 杂交。验证了 U5 的两种形式（U5 L 和 U5 S）。泳道 15：无前体 mRNA 实验组，提供结合绝大多数 snRNA 的背景，作为其他实验组的对照。U1 首先结合，然后其他 snRNP 才开始结合，在分支点（A257）发生突变的前体 mRNA 上无任何 snRNP 的结合。所有 snRNP 包括 U1 和 U4，在反应进行 60min 后仍然保持结合状态。**(b)** 根据剪接底物结合各类 snRNA 的量与时间的函数关系作图。很显然，U1（红色）首先结合，随后才是其他 snRNP 的结合。［*Source*：Ruby，S. W. and J. Abelson，An early hierarchic role of U1 small nuclear ribonucleoprotein in spliceosome assembly. *Science* 242（18 Nov 1988）f. 6a，p. 1032. Copyright © American Association for the Advancement of Science.］

综合以上结果可以看出，U1 首先结合，然后 U2 在 ATP 协助下完成结合，随后是其他 snRNP 在剪接体上的结合。

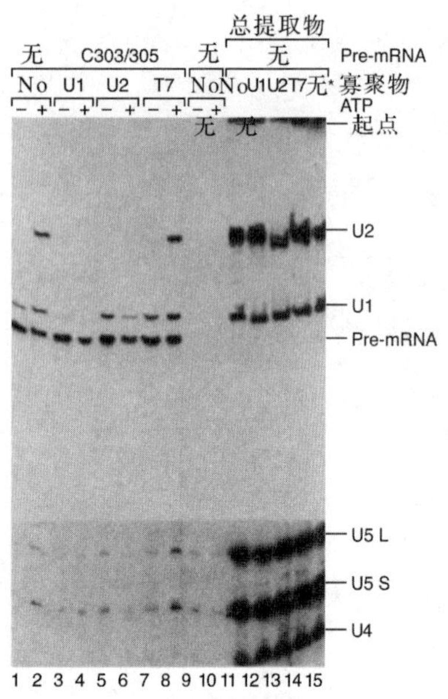

图 14.24 U1 或 U2 失活对剪接体组装的影响。Ruby 和 Abelson 将 U1 或 U2 与 RNase H、U1 snRNA 或 U2 snRNA 的关键区互补的 DNA 寡核苷酸温育，使 U1 或 U2 失活。泳道 11～15 是提取物中标记 snRNA 的电泳结果。提取物经 RNase H 处理后再分别添加如下物质：不加入寡核苷酸（No）、U1 反义寡核苷酸、U2 反义寡核苷酸、T7 反义寡核苷酸（T7）。后一个 T7 泳道为第二个阴性对照。RNase H 和 anti-U1 组合导致 U1 snRNA 由全长形式变为截短形式，其泳动速度比全长母本分子快一些；RNase H 和 anti-U2 组合导致 U2 snRNA 几乎全被降解，只出现少量截短的 U2 snRNA。泳道 1～10 显示了剪接体组装分析实验的结果，实验过程同图 14.23，实验条件标注在图上方：C303/305 前体 mRNA、无前体 mRNA、提取物中未加入寡核苷酸、U1 反义寡核苷酸、U2 反义寡核苷酸、T7 反义寡核苷酸，但均用 RNase H 处理；加入或不加入 ATP。失活 U1 会阻止 U1、U2 和 U5 的组装；失活 U2 会阻止 U2 和 U5 的组装。[*Source*：Ruby，S. W. and J. Abelson，An early hierarchic role of U1 small nuclear ribonucleoprotein in spliceosome assembly. *Science* 242（18 Nov 1988）f. 7，p. 1032. Copyright © American Association for the Advancement of Science.]

U6 一旦与 U4 分离，U6 便取代 U1 与 5′-剪接位点结合，相关内容将在本章后面部分再作讨论。从其他实验结果中我们得知，当 U1 被置换，与 U4 协同脱离剪接体后，将启动只包含 U2、U5 和 U6 的剪接体活性。事实上，U6 取代 U1 是激活剪接体并启动剪接反应的事件。1999 年，Stephanie Ruby 和 John Abelson 证明，当改变 5′-剪接位点的碱基，从而增强其与 U1 的碱基配对能力时，剪接复合体的激活便被阻断。可能的原因是，因配对能力增强，U6 很难与 U1 竞争 5′-剪接位点，结果是 U1 与 U4 的脱离被阻断，剪接反应也就被抑制了。相反，保持 U1 与 5′-剪接位点的碱基配对能力不变，而增强 U6 与 5′-剪接位点的碱基配对能力后，剪接体易被激活（释放 U1 和 U4），导致更多剪接事件的发生。Staley 和 Guthrie 进一步研究表明，U6 与 U1 在 5′-剪接位点发生的置换，需要 U5 snRNP 的蛋白质组分 Prp28、ATP 的参与。

图 14.25 举例说明了酵母剪接体的循环过程。第一步，剪接底物、U1，可能还有其他一些物质组成**定向复合体**（commitment complex，**CC**）。如其名称所暗示的那样，该定向复合体确保在其组装时将内含子切除。第二步，在 ATP 协助下，U2 加入到定向复合体上形成 A 复合体；第三步，U4-U6 和 U5 加入形成 B1 复合体；第四步，U4 与 U6 解离，引发如下反应：①U6 取代 U1 与 5′-剪接位点结合，激活剪接体，这是一个 ATP 依赖的反应；②U1 与 U4 脱离剪接体；③U6 与 U2 发生碱基配对，这个被激活的剪接体称为 B2 复合体。在 ATP 供能的条件下完成第一步剪接反应，使两个外显子分离并形成套索状剪接中间体，外显子和剪接中间体均结合在 C1 复合体上；同样在 ATP 供能的条件下发生第二步剪接反应，套索状内含子被切离释放，两个外显子连在一起，这步反应都是在 C2 复合体中进行；然后是剪接成熟 mRNA 的释放，此时结合有套索状内含子的复合体称为 I 复合体；最后，I 复合体解体，释放出 snRNAP 组分，用于另一个剪接体的组装。套索状中间体被切开形成线状，很快被降解。

小结 剪接体循环包括剪接体的组装、剪接活性和解体。组装起始于 U1 与剪接底物结合形成定向复合体，U2 是第二个加入到复合体中的 snRNA，随后是其他 snRNA 的结合。其中，U2 的结合需要 ATP 供能。当

U6 与 U4 分离后，U6 便取代 U1 与 5′-剪接位点结合，这个 ATP 依赖的过程激活剪接体，并释放 U1 与 U4。

snRNP 结构 所有的 snRNP 均含有一套相同的蛋白质，即 7 个 Sm 蛋白（Sm protein）。这些蛋白质均能被系统性自身免疫疾病（systemic autoimmune disease）（如系统性红斑狼疮

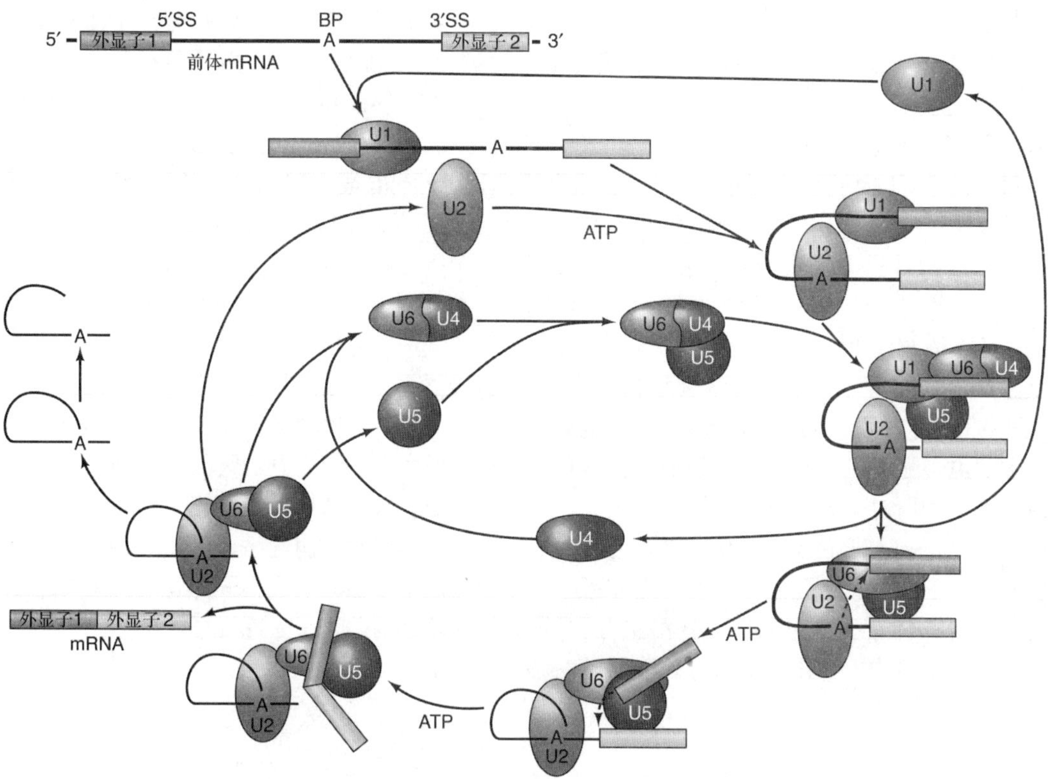

图 14.25 剪接体循环。循环过程中的各个事件已在正文中阐述。（*Source*：Adapted from Sharp，P. A. Split genes and RNA splicing. *Cell* 77：811，1994.）

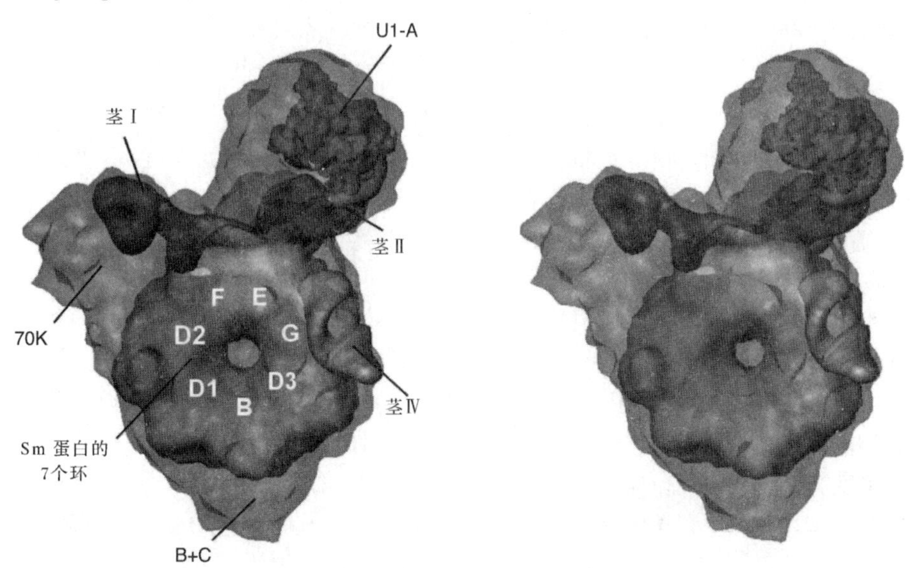

图 14.26 U1 snRNP 的结构。Holser Stark 及同事应用单离子冷冻电子显微镜获得了 U1 snRNP 的立体结构。主要突出物包括 U1-A 和 70K 蛋白从环形结构 Sm 的中部向外突。茎 Ⅰ、Ⅱ 和 Ⅲ 代表 U1 snRNA 的区域。（*Source*：Reprinted with permission from *Nature* 409：from Stark et al. fig. 2，p. 540. © 2001 Macmillan Magazines Limited.）

病）患者体内的抗体所识别。实际上，Sm蛋白是根据SLE患者的名字Stephanie Smith而命名的。snRNA结合Sm蛋白的位点称为**Sm位点**，其保守序列是AAUUUGUGG。除Sm蛋白外，每类snRNP还具有一套自身特异性的蛋白质。例如，U1 snRNP含有70K、A和C三种蛋白质，分子质量分别为52kDa、31kDa和17.5kDa。

Holser Stark及同事应用单离子冷冻电子显微镜获得了分辨率为10Å的U1 snRNP结构图像。该结构（图14.26）显示Sm蛋白为环形结构，中央有一个扁平的漏斗状孔洞。两个最大的U1特异性蛋白质70K和A附着在Sm的漏斗处，并与U1 snRNA的茎环结构结合。对缺失70K或A蛋白的U1 snRNP进行负染色，通过电子显微镜可鉴定突出物的特征，从而判断突出物所对应的蛋白质。

RNA的Sm结合位点位于单链区，可以穿过"甜面圈"的中央孔洞。事实上，先前通过X射线衍射晶体学方法分析Sm蛋白组分时，就曾推测环形结构中的孔洞排列有碱性氨基酸侧链，孔洞的碱性特征有助于Sm与RNA结合。

小结 参与剪接的5类snRNP均含有相同的7个Sm蛋白和一套自身特异蛋白质。U1 snRNP的结构显示，Sm蛋白为环形甜面圈结构，可以结合其他蛋白质。

低丰度剪接体（minor spliceosome） 20世纪90年代中期，在后生动物（metazoan）（具有不同器官的动物）中发现了一类稀有内含子，其5′-剪接位点和分支点序列高度保守，这与大多数内含子共有序列保守性相对较弱的特点有很大不同。该发现引发的问题是：如果内含子序列不能与已知的snRNA特别是U1和U2的序列相匹配，那么含有不同内含子基因的转录物如何被剪接？答案在于，后生动物细胞内存在低丰度剪接体，该复合体含有低丰度snRNA：**U11**、**U12**、**U4atac**和**U6atac**，它们在功能上分别与U1、U2、U4、U6相似。低丰度剪接体与高丰度剪接体使用相同的U5 snRNA。

这类选择性剪接系统的存在可用于检测snRNA与前体mRNA关键位点碱基配对的重要性。事实上，U11 snRNA可与5′-剪接位点配对；U12 snRNA可与分支点配对；而且，如同U4可与U6碱基配对那样，U4atac与U6atac也能进行碱基配对。

这类低丰度snRNA相关蛋白如何与snRNA结合形成snRNP？首先值得关注的是，细胞内除了存在单体U11 snRNP和U12 snRNP外，二者还可结合组成U11/U12 snRNP。在U11 snRNP或U12 snRNP相关蛋白中有些是特异性的，有些与高丰度snRNP相同，如存在于所有高丰度snRNP中的Sm蛋白。

2007年，Ferenc Müller及同事证明高丰度和低丰度剪接体在空间上是分开的：高丰度剪接体存在于细胞核，低丰度剪接体主要存在于细胞质。某些转录物既有可被高丰度剪接体识别的内含子，也有可被低丰度剪接体识别的内含子。综合这些发现提出了如下假说：高丰度剪接体识别的内含子在细胞核内切除，部分剪接的前体mRNA离开细胞核，在细胞质中切除较小的内含子。这种分工的生理学意义还不明确。

小结 一类少数变体内含子的5′-剪接位点和分支点序列是高度保守的，含有U11、U12、U4atac和U6atac等snRNA的低丰度剪接体负责这类内含子的剪接。低丰度剪接体主要存在于细胞质，某些前体mRNA的一些内含子在细胞核内被高丰度剪接体切除，而另一些内含子在细胞质中被低丰度剪接体切除。

定向、剪接位点的选择及选择性剪接

snRNP自身没有足够的特异性和亲和力，使其专一而紧密地结合在外显子-内含子的边界处，从而将转录物的外显子与内含子区分开来。因此，snRNP与剪接底物的结合需要额外剪接因子的帮助。而且，某些剪接因子需要横跨在内含子和外显子之间，依此界定这些RNA元件以利于剪接。在本节，我们将学习有关剪接因子的一些事例及它们如何在特定位点参与剪接定向，然后再了解另一些因子是如何从一个剪接位点转移到另一个剪接位点的。

外显子和内含子的界定 从原理上讲，剪接体识别外显子或内含子可能是在剪切定向过程中分别通过装配剪接因子横跨外显子或内含子而实现的。如果外显子被识别，我们称之为**外显子界定**（exon definition）；如果内含子被识别则称为**内含子界定**（intron definition）。通过外显子-内含子边界（剪接位点）突变，观察发生怎样的剪接即可区分这两种可能（图14.27）。如果剪接反应由外显子界定控制，那么外显子3′端的剪接位点突变会导致剪接体失去对该外显子的识别而被漏过，使该外显子与两侧的内含子一同被切除［图14.27（a）］。此外，如果剪接反应由内含子界定控制，那么外显子末端的剪接位点突变会导致剪接体失去对内含子的识别，该内含子不能被切除而是连同两侧的外显子一起保留在成熟RNA中［图14.27（b）］。

许多研究人员运用这种测试体系研究发现，高等真核生物包括脊椎动物主要采用外显子界定系统，其他方面的证据也支持这个观点。有时，当外显子的3′端剪接位点突变后，剪接体不会漏过该外显子，而是在隐秘（以前称为隐藏）剪切位点剪接，这类隐秘位点几乎总是存在于该外显子中［图14.27（c）］。如果外显子作为一个单元被识别，那么这种行为就很容易解释：剪接体搜寻外显子而不是内含子的剪接位点。而且，我们发现高等真核生物的外显子倾向于比较小（通常小于300nt），而内含子很大，长度可达数千个核苷酸。如果外显子界定需要剪接因子横跨外显子，那么这种情况是合理的：外显子不能太长以便剪接因子可以横跨。确实，如果外显子长于300nt，则通常会被剪接体漏过。

与高等真核生物相反，裂殖酵母在剪接过程中显然是采用内含子界定系统。基于裂殖酵母和出芽酵母内含子较小但并不限定外显子大小的事实，这个假说似乎是有道理的。这种情况与高等真核生物主要采用外显子界定的情况正好相反。Jo Ann Wise及同事运用图14.27概述的测试方法对裂殖酵母进行研究，结果发现，突变内含子两侧的一个或两个剪接位点可导致内含子保留［图14.27（b）］，而不是漏过外显子［图14.27（a）］。此外，当被利用的隐秘5′-剪接位点存在于内含子而非外显子时，内含子是否作为一个单元被酵母剪接体所识别存在争论。再者，当内含子被延长后，如果这些隐秘位点靠近3′-剪接位点，它们甚至会与正常的5′-剪接位点发生竞争，即使与共有序列差异很大。这与剪接体横跨内含子搜寻剪接位点相一致，这有助于这些位点的适当靠近。最后，裂殖酵母的*cdc2*基因内存在一个微小外显子。因为这个微小外显子（microexon）太小以至于不能被外显子界定系统所识别，所以在脊椎动物中会被漏过，但是在裂殖酵母中从未被漏过。

小结 对于给定的生物体而言，其剪接方式通常采用外显子界定或内含子界定。在外显子界定剪接过程中剪接因子显然横跨外显子；在内含子界定剪接过程中剪接因子横跨内含子。

（a）外显子界定

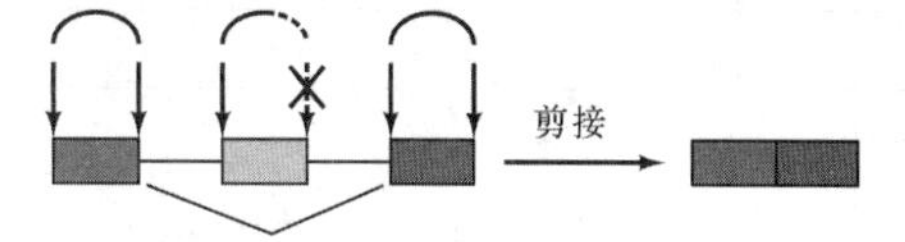

（b）内含子界定

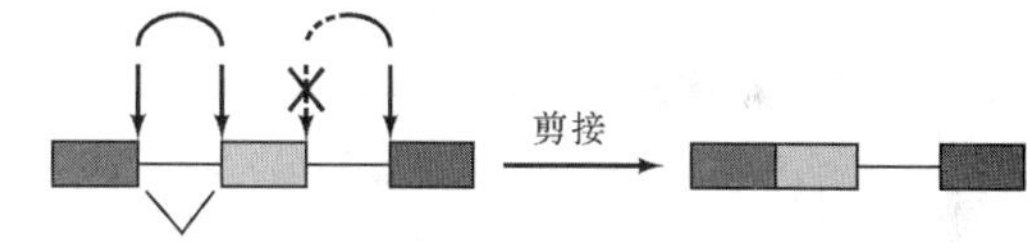

（c）具隐秘剪接位点的外显子界定

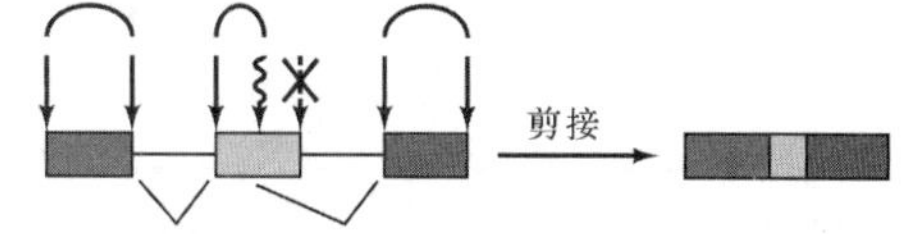

图14.27 外显子界定与内含子界定分析。(a) 外显子界定。如箭头上方的弧线所示，外显子通过横跨3个外显子的因子而被界定，箭头指向外显子的边界。X表示中间外显子（黄色）的3′-剪接位点突变，使该外显子不能被识别，用虚线箭头表示。弧线的右侧虚线代表该外显子的界定。结果是该外显子被剪接体漏过而被切除。**(b)** 内含子界定。如弧线所示（同a），内含子被因子所界定，箭头指向外显子的边界。中间外显子3′端的剪接位点（第二个内含子的5′端）突变，结果是第二个内含子保留在成熟mRNA内。**(c)** 具隐秘剪接位点的外显子界定。中间外显子3′端的剪接位点突变，此时，剪接体发现中间外显子上游的隐秘剪接位点，并在此处剪接。

定向 有一些剪接因子在定向中发挥着关键性作用。但是在 1993 年，Xiang-Dong Fu 以人类β-珠蛋白前体 mRNA 为剪接底物，发现单体剪接因子 SC35 能促进定向复合体形成。Fu 的定向分析实验的过程如下：先将标记的剪接底物和纯化的 SC35 进行预温育，然后加入细胞核提取物，温育 2h 以保证发生剪接反应，最后电泳标记的 RNA，观察是否出现剪接的 mRNA。

图 14.28 为实验结果。首先，加入 40 倍过量的具有 5′-剪接位点的非标记 RNA 可阻止标记β-珠蛋白前体 mRNA 的剪接，这可能是由于两类 RNA 对某些剪接因子竞争的结果（对比泳道 1 和 4 的结果），但具有 3′-剪接位点的非标记 RNA 则无竞争抑制效应（对比泳道 1 和 5 的结果）。为证明 SC35 是限制因子，Fu 先将标记 RNA 与 SC35 混合预温育，然后加入核提取物及竞争性 RNA，比较泳道 4 与 6 发现，在剪接底物与 SC35 混合预温育条件下，即使存在竞争者，剪接反应仍能正常发生，因此，SC35 能保证剪接反应的发生。相似的实验证明，即使以全长β-珠蛋白前体 mRNA 为竞争者，这种定向性依然存在。实验所用的 SC35 是昆虫细胞一个克隆基因的产物，因此不可能存在其他剪接因子。由此可见，似乎 SC35 单独就足以引发剪接反应的定向。进一步实验研究的结果揭示了定向性存在的必要条件，定向发生十分快速（1min 内），甚至在冰浴、无 ATP、无 Mg^{2+} 等合理水平上也能发生。

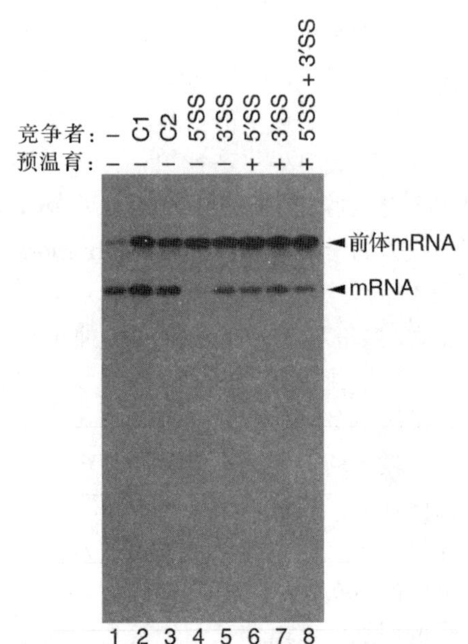

图 14.28 人类β-珠蛋白前体 mRNA 的定向。 Xiang-Dong Fu 对定向做了如下竞争实验：将标记的人类β-珠蛋白前体 mRNA 在有 SC35（＋）或无 SC35（－）时温育，然后加入有或无竞争 RNA 的核提取物，无竞争者的实验组用（－）表示。C1 和 C2 为非特异性 RNA，不会干扰剪接；具有 5′-剪接位点和 3′-剪接位点的 RNA 分别用 5′-SS 和 3′-SS 表示。剪接 2h 后，Fu 电泳标记的 RNA，并放射自显影检测。前体 mRNA 和成熟 mRNA 的位置在图右侧标注，SC35 能引起定向。［*Source*：Fu，X.-D. Specific commitment of different pre-RNAs to splicing by single SR proteins. *Nature* 365（2 Sept 1993）f. 3，p. 84. Copyright © Macmillan Magazines Ltd.］

SC35 蛋白是 RNA 结合蛋白即 SR 蛋白家族的一员，具有富含丝氨酸（S）和精氨酸（R）的结构域。因此，Fu 用相同的定向实验测试了其他 SR 蛋白和 RNA 结合蛋白（hnRNP 蛋白）的效应。在所研究的蛋白中，SC35 的定向性最强，其次分别为 SF2（又称 ASF）、SRp55；未检测到 SRp20 和 hnRNP A1 的活性；hnRNP C1 和 PTB（又称 hnRNP 1）则具有抑制剪接的活性。由此可见，SC35 具有定向专一性，并不是由一般性 RNA 结合蛋白的功能衍生而来的。

作为定向专一性的进一步证据，Fu 对另一种不同的剪接底物，即人类免疫缺陷性病毒（HIV）的 tat 前体 mRNA 进行了研究，已有报道认为 SF2/ASF 能促进 tat 前体 mRNA 的剪接。图 14.29 表明 SF2/ASF 可引起 tat 前体 mRNA 的剪接定向。此外，Fu 还比较了 SF2/ASF 和 SC35 定向 tat 前体 mRNA 剪接的活性。结果发现，只有 SF2/ASF 能引起 HIV tat 前体 mRNA 的定向剪接，而β-珠蛋白前体 mRNA 的定向因子 SC35 无定向活性，这说明定向不同前体 mRNA 的剪接需要不同的剪接定向因子。

迄今，我们对定向机制还不甚了解，尽管已经知道 U1 能与定向复合体结合。James Manley 及同事通过**凝胶迁移率变动分析**（gel mobility shift assay）测定了 U1 snRNP 与标记前体 mRNA 之间形成稳定复合体的情况。向标记前体 mRNA 中加入 U1 或 SF2/ASF 时，并没有复合体的形成；但同时加入这两种蛋白质后则形成了复合体。而且，SF2/ASF 会先行与标记前体 mRNA 结合，因为研究者按次序添加蛋白质，其间进行了一次洗脱。所以，必须先加入 SF2/ASF 才能形成复合体。

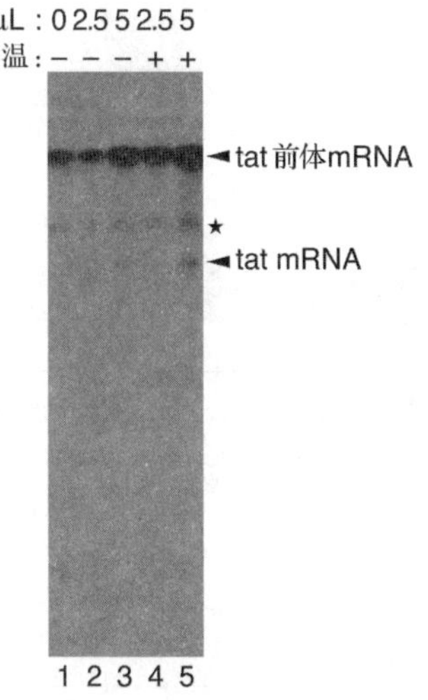

图 14.29 几类 RNA 结合蛋白的定向活性：SF2/ASF 对 tat 前体 mRNA 的定向效应。 Fu 用不同浓度的 SF2/ASF 进行定向性分析，SF2/ASF 的浓度在图上方标注，前体 mRNA 与剪接因子没有预温育（泳道 1～3）或预温育（泳道 4 和 5）。对比泳道 5 和 3 可以清楚地看出 SF2/ASF 的定向效应。星号指示的条带是 tat 前体 mRNA 的人为降解产物。［*Source*：Fu，X.-D. Specific commitment of different pre-mRNA to splicing by single SR proteins. *Nature* 365（2 Sept 1993）f. 3, p. 84. Copyright © Macmillan Magazines Ltd.］

但是，如果 U1 snRNP 与前体 mRNA 5′-剪接位点的结合依赖于 SF2/ASF，那么为什么以前的实验结果明显表明 U1 自身就可以结合前体 mRNA？可能的原因是先前的实验使用的是细胞核粗提物，其中自然含有剪接因子。剪接因子与剪接底物之间形成的复合体在先前实验过程中应该能检测得到，但由于研究者主要关注 snRNP 的结合，并没有关注简单蛋白质的结合。

小结 对特定位点的定向剪接由 RNA 结合蛋白决定。这些 RNA 结合蛋白与剪接底物结合后，可能会招募其他剪接体组分的结合。首先是 U1 的结合，如 SR 蛋白 SC35 和 SF2/ASF 分别定向人类 β-珠蛋白前体 mRNA 和 HIV tat 前体 mRNA 的剪接。至少在某些情况下，这种定向效应需要 U1 的参与。

桥联蛋白与定向 有关剪接定向事件的一个额外插曲就是酵母细胞没有 SR 蛋白，而酵母细胞是最初开展剪接体循环实验的研究系统。这一发现暗示，酵母细胞的定向机制可能不同于哺乳动物。但随后的研究表明，两类生物的定向复合体具有许多共同特征。我们先介绍酵母定向复合体中参与将内含子的 5′端和 3′端桥接在一起的蛋白质，然后将其与哺乳动物的相应蛋白质进行对比。

1993 年，Michael Rosbash 及同事为发现构成酵母定向复合体蛋白质的编码基因开展了相关研究。由于 U1 snRNA 是主要的也是最先参与定向复合体形成的组分，因此研究者决定寻找与 U1 snRNA 相互作用的蛋白质编码基因。为发现这些基因，他们采用了**合成致死筛选法**（synthetic lethal screen）：首先在编码 U1 snRNA 的基因内引入温度敏感型突变，突变体 U1 snRNA 在较低温度（30℃）下有功能活性，而在较高温度（37℃）下则丧失功能活性。研究者推论携带这种突变的菌株对与 snRNA 相互作用蛋白质的突变会十分敏感，第二次突变会产生致死效应，即使在较低温度下，双突变酵母菌株也很难存活，所以将这种突变体称为“突变致死（mutant-u-die）”，缩写为 Mud。野生型酵母细胞单独发生第二种突变不会产生致死效应，但如果酵母细胞已发生了第一种突变，那么再发生第二种突变就会产生致死效应。从这个意义上讲，这两种突变的致死效应是相辅相成的，即一种突变的致死效应以另一种突变的发生为前提条件。利用这种突变策略，发现了编码 **Mud2p** 蛋白的基因。

随后的研究显示，Mud2p 的功能发挥有赖于邻近内含子 3′端、位于套索分支点处的一个自然序列。这暗示 Mud2p 不仅与结合在内含子 5′端的 U1 snRNP 相互作用，还与邻近内含子 3′端的其他物质相互作用。但主要问题是：与内含子 5′端和 3′端发生的相互作用是仅依靠 Mud2p 自身就能完成，还是需要有其他因子的参与？1997 年，Nadja Abovich 和 Rosbash 通过合成致死筛选法回答了这个问题。研究者在 *MUD2* 基因内引入突变，然后筛选能使 *MUD2* 突变体细胞产生致死表型的第二个突变，但该突变不会使野生型细胞产生致死表型。通过合成致死筛选策略鉴定出了 Mud 合成致死突变-5（MSL-5）基因，该基因编码的蛋白质最初被命名为 Msl5p，但在其结合特性确定后，该蛋白质被重新命名为**分支点桥联蛋白**（branch-point bridging protein，BBP）。

Abovich 和 Rosbash 推测，BBP 既可与结合在 5′端的 U1 snRNP 相互作用，也可与结合 3′端的 Mud2p 蛋白相互作用，从而将内含子的 5′端与在 3′端桥联在一起。为验证这一假设，研究者利用包括**酵母双杂交实验**（yeast two-hybrid assay）在内的综合研究策略阐释了这些桥联蛋白质之间的相互作用关系。

由于 Abovich 和 Rosbash 已经事先了解了蛋白质间可能的相互作用，因此，他们构建了质粒，将目的蛋白与 DNA 结合域或转录激活域表达为融合蛋白，然后将这些重组质粒两两组对，转化酵母细胞。例如，其中一个重组质粒表达 LexA BD-BBP 融合蛋白，另一个重组质粒表达 B42 AD-Mud2p 融合蛋白。如果 BBP 与 Mud2p 在细胞内相互作用，那么两者就能将 DNA 结合域和转录激活域组合在一起，组成转录激活因子，激活 *LexA* 操纵基因附近的报告基因 *LacZ* 的表达。图 14.30（a）（第 1 列、第 1 行）显示，转化有这两个重组质粒的酵母细胞能激活 *lacZ* 基因的表达，在含有 X-gal 指示剂平皿上产生的印迹可以证实 *lacZ* 基因的表达，结果表明 BBP 与 Mud2p 结合。图 14.30（a）（第 1 列、第 2 行）显示，BBP 也可与 U1 snRNP 的多肽组分 Prp40p 结合，但 Mud2p 不能与 Prp40p 结合。所以，BBP 可在 U1 snRNP 与 Mud2p 之间发挥桥联分子的作用，其中 U1 snRNP 可能结合在内含子 5′端，而 Mud2p 与邻近内含子 3′端的分支点结合。BBP 以这种方式将剪接底物的内含子界定出来，并将内含子的两个末端桥联在一起便于剪接。由于已经预知 Prp8p 可与 Prp40p 结合，所以，Abovich 和 Rosbash 将 Prp8p 蛋白作为实验的阳性对照。图 14.30（b）总结了酵母双杂交实验检测到的蛋白质与蛋白质之间的相互作用。这些相互作用因束缚在琼脂糖珠上的 BBP 能与 Prp40p 和 Mud2p 发生共沉淀而得以证实。

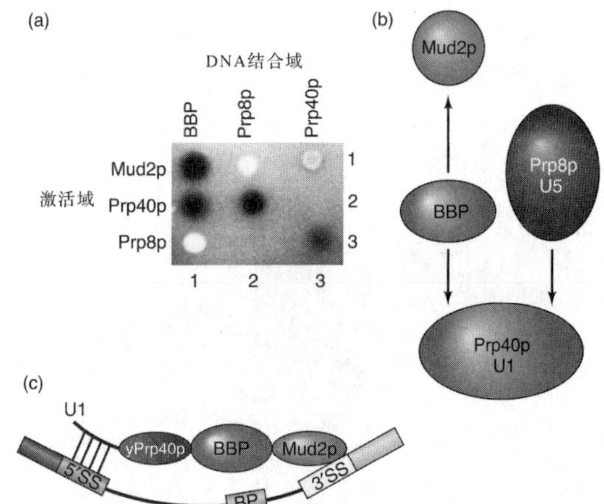

图 14.30　BBP 与其他蛋白质相互作用的酵母双杂交分析。(a) 实验结果。与 DNA 结合域连接的蛋白质在图上方标注；与转录激活域连接的蛋白质在图左侧标注。Abovich 和 Rosbash 将转化有双质粒的酵母细胞培养在涂布有 X-gal 的培养皿上，通过菌斑的显色来衡量报告基因 *lacZ* 的激活情况，呈暗色的菌株表明报告基因被激活。例如，第 1 列第 1 行和第 2 行的两个暗色菌斑表明 BBP 可分别与 Mud2p 和 Prp40p（U1 snRNP 的组分）相互作用。另一个阳性反应表明 Prp40p 与 Prp8p（U5 snRNP 的组分）有相互作用。**(b)** 实验结果总结。显示图（a）酵母双杂交实验所揭示的蛋白质-蛋白质间相互作用的关系。(c) 酵母的内含子-桥联蛋白-蛋白质相互作用总结。5′-SS 为 5′-剪接信号；BP 为分支点；3′-SS 为 3′-剪接信号。[*Source*：Abovich N. and M. Rosbash，Cross-intron bridging interactions in the yeast commitment complex are conserved in mammals. *Cell* 89（2 May 1997）f. 5 and 8，pp. 406 and 409. Reprinted by permission of Elsevier Science.]

Abovich 和 Rosbash 注意到，酵母的 Mud2p 和 BBP 蛋白分别与哺乳动物的 $U2AF^{65}$ 和 **SF1** 蛋白相似。如果这两个哺乳动物蛋白质与它们的酵母对应蛋白质具有相似的功能特征，那么 $U2AF^{65}$ 与 SF1 就应彼此结合。为验证该假设，研究者同样利用酵母双杂交和共沉淀方法进行研究，结果发现 $U2AF^{65}$ 和 SF1 确实存在相互作用关系。图 14.30（c）总结了酵母 BBP 的哺乳动物同源蛋白 SF1 可能的桥联作用［译者注：图 14.30（c）显示的是酵母 BBP 的桥联作用，未显示哺乳动物 SF1 的桥联作用）］。然而，由于哺乳动物主要采用外显子界定，所以这种桥接可能横跨外显子而不是内含子。剪接因子 **U2 相关因子**（U2-associated factor，U2AF）由 **U2AF^{65}** 和 **U2AF^{35}** 组成，分子质量分别为 65kDa 和 35kDa。大亚基 U2AF65 结合在 3′-剪接位点上游的多聚嘧啶区，Michael Green 及同事通过交联实验证实小亚基 U2AF$_{35}$ 与 3′-剪接位点的 AG 结合。

Rosbash 研究小组通过进一步的深入研究证明，BBP 也能识别分支点序列 UACUACC，在定向复合体中与该序列（或十分靠近该序列）结合。所以，BBP 也是一类 RNA 结合蛋白，而 BBP 现在的含义是“分支点结合蛋白”。

小结 在酵母定向复合体中，分支点桥联蛋白（BBP）与内含子 5′端的 U1 snRNP、邻近内含子 3′端的 Mud2p 结合。此外，BBP 还与内含子 3′端附近的 RNA 序列结合。因此，BBP 将内含子的两个末端桥接在一起，在剪接之前将内含子界定出来。哺乳动物的 BBP 同源蛋白 SF1 在哺乳动物定向复合体中具有相同的桥接作用，但可能在外显子界定中起作用。

3′-剪接位点的选择 在第二步剪接反应中，外显子 1 的 3′-OH 攻击内含子末端 AG 与外显子 2 第一个核苷酸之间的磷酸二酯键，AG 位于分支点下游 18～40nt 最为理想。较靠近分支点的 AG 通常会被剪接机构漏过。如何确定用于剪接的正确 AG 位点？我们已经知道 U2AF^{35} 识别 3′-剪接位点的 AG，此外，Robin Reed 及同事发现，**剪接因子**（splicing factor）Slu7 是选择正确 AG 位点所必需的。如果没有 Slu7 的参与，剪接体可能就会在错误的 AG 位点处对剪接底物进行剪接。

Katrin Chua 和 Reed 利用交联有抗 Slu7 抗血清的琼脂糖珠，免疫剥离 HeLa 细胞提取物中的 Slu7 蛋白，然后使提取物与琼脂糖珠分离，从而获得无 Slu7 的 HeLa 细胞提取物。作为对照，研究者用交联无抗 Slu7 抗体的免疫前血清的琼脂糖珠处理 HeLa 细胞提取物，其中的 Slu7 蛋白并没有缺失。然后，以标记的模式前体 mRNA 为剪接底物，检测这些处理后的 HeLa 细胞提取物的剪接能力，模式前体 mRNA 是腺病毒主要晚期基因转录物的修饰产物，

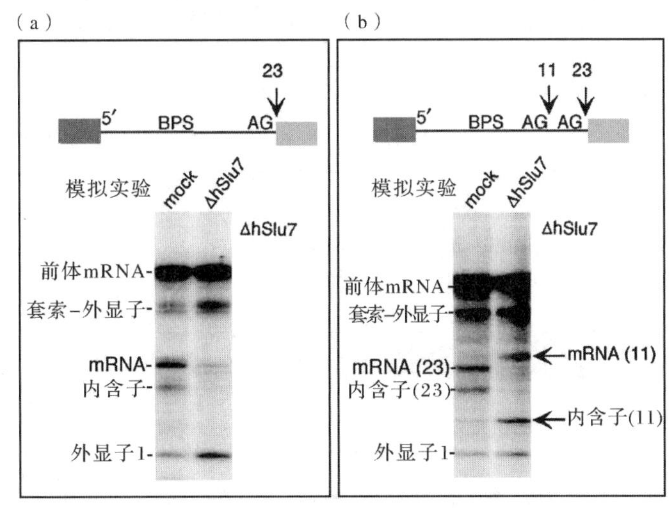

图 14.31 Slu7 蛋白是在 3′-剪接位点的正确 AG 处发生剪接所必需的。 Chua 和 Reed 检测了 HeLa 细胞提取物选择 3′-剪接位点 AG 的能力。一组实验所用提取物中含有 Slu7 蛋白（模拟），另一组实验所用提取物中不含有 Slu7 蛋白（ΔhSlu7，利用抗 Slu7 抗血清免疫剥离 Slu7 蛋白）。实验所用标记剪接底物为腺病毒主晚期基因的前体 mRNA，包括前两个外显子和第一个内含子。剪接反应完成后，凝胶电泳并放射自显影。各图左侧标出了剪接底物和剪接产物的电泳位置。**(a)** 剪接底物所含有的 AG 信号位于分支点序列（BPS）下游 23nt 处，本应在正常 AG 处发生的剪接反应因提取物中缺失 Slu7 而被抑制；**(b)** 剪接底物包含两个 AG 序列，分别位于分支点下游 11nt 处和 23nt 处，当 HeLa 细胞提取物缺失 Slu7 时，剪接反应发生在距分支点下游 11nt 的 AG 处；而当 HeLa 细胞提取物含有 Slu7 时，剪接反应很少在此位点发生。［*Source*：（photos）Chua，K. and Reed R. The RNA splicing factor hSlu7 is required for correct 3′splice-site choice. *Nature* 402（11 Nov 1999）f. 1，p. 208. © Macmillan Magazines Ltd.］

只含有一个位于分支点下游 23 nt 处的 AG 信号（图 14.31）。模式剪接底物与提取物共同温育后，Chua 和 Reed 通过电泳检测提取物对底物的剪接情况。

图 14.32（a）显示了“天然”底物剪接的实验结果。未缺失 Slu7 的提取物能完成两步剪接反应，产生成熟 mRNA、内含子及少量未被剪接的外显子；缺失人类 Slu7 的提取物（ΔhSlu7）只能完成第一步剪接反应，第二步剪接反应被阻断，几乎无成熟 mRNA 或内含子的产生，但产生了大量的外显子 1 和套索状内含子-外显子 2。这意味着 Slu7 是识别 3′-剪接位点正常 AG 信号所必需的。

接下来，Chua 和 Reed 提出这样一个问题，即如果在分支点序列下游 11nt 处插入一个额外的 AG 后，会发生怎样的剪接结果？图 14.31（b）显示，未缺失 Slu7 的细胞提取物主要在分支点序列下游 23nt 的正常 AG 处剪接前体 mRNA，产生成熟 mRNA，极少在靠近分支点非正常 AG 处剪接。相反，缺失 Slu7 的细胞提取物主要在非正常 AG 处剪接前体 mRNA，极少在正常 AG 处发生剪接。进一步实验发现，当剪接底物的两个 AG 分别位于分支点下游 11nt 和 18nt 处或 9nt 和 23nt 处时，缺失 Slu7 的细胞提取物具有相同的异常剪接行为：在正常剪接信号上游或下游的非正常 AG 处剪接，而很少在正确的 AG 处剪接（在所有事例中，作为异常剪接的靶点，错误的 AG 与分支点的间隔在 30nt 内）。由此可见，Slu7 不仅是识别正确剪接位点所必需的，而且在正确剪接位点发生的剪接反应会因 Slu7 的缺失而受到特异性抑制。

是什么原因导致对异常 3′-剪接位点的选择？Chua 和 Reed 在剪接反应的不同阶段纯化剪接体。组分分析发现，细胞提取物缺失 Slu7 时，形成的剪接体无外显子 1，至少在一定条件下如此。因此，研究者推论，外显子 1 只能松散地结合在缺失 Slu7 提取物中的剪接体上，这种松散结合的外显子 1 不能与正确的 AG 位点进行剪接。可能的原因是 AG 以某种方式隐藏于剪接体的活性位点内，使外显子 1 不能与之接近，因而这个与剪接体松散结合的外显子 1 只能与邻近的 AG 发生剪接。

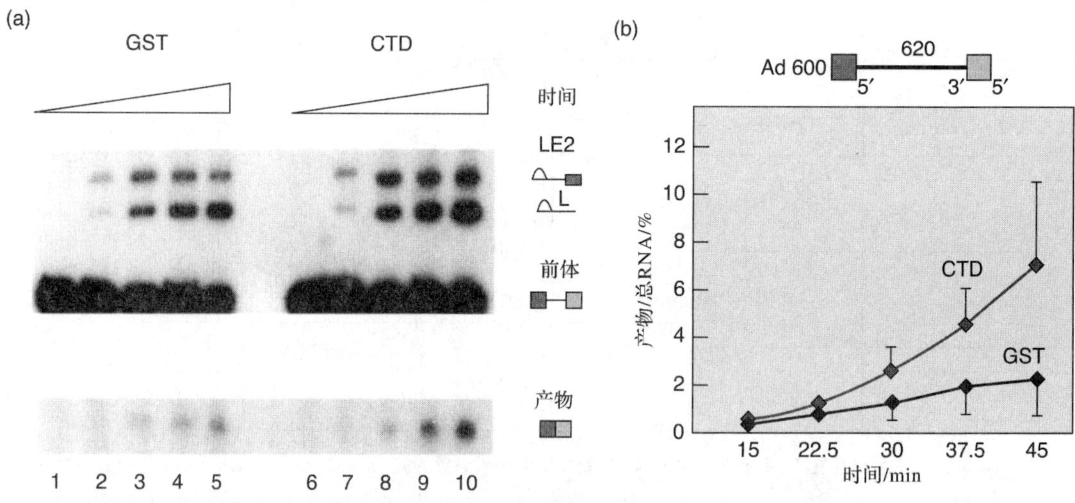

图 14.32 CTD-GST 促进体外剪接。（a）剪接反应。Zeng 和 Berget 将 ^{32}P 标记的剪接底物（Ad600）与添加 GST（左）或 CTD-GST（右）的剪接提取物共同温育，剪接底物结构见图（b）上方，上方楔形符号表示温育时间的延长。然后电泳提取物，分离前体、中间体和最终产物。图左侧标出了 RNA 的位置，并绘制简图以助识别。CTD 使反应效率提高 3～5 倍。(b) 实验结果的曲线图。根据 RNA 产物的百分率与时间（min）关系作图，蓝色曲线为添加 GST 的剪接反应结果；红色曲线为添加 CTD-GST 的剪接反应结果。（*Source*：Copyright © American Society for Microbiology，*Molecular and Cellular Biology* vol. 20，No. 21，p. 8294，fig. 1，2000.）

小结 剪接因子 Slu7 是选择正确 3′-剪接位点所必需的。当 Slu7 缺失时，在正确 3′-剪接位点 AG 处的剪接反应会受到特异性抑制，而发生在距分支点 30nt 之内错误 AG 处的异常剪接反应则被激活。对 3′-剪接位点的识别需要 U2AF 的参与。

RNA 聚合酶Ⅱ CTD 的功能 正如本章开始部分所提及的，同 5′端加帽、3′端多腺苷酸化一样，前体 mRNA 的剪接同样受 RNA 聚合酶Ⅱ最大亚基 Rpbl 的 CTD 的协同调控。我们如何了解 CTD 在剪接中的功能呢？2000 年，Changqing Zeng 和 Susan Berget 利用标记剪接底物进行体外剪接反应，该剪接底物含有两个完整的外显子和一个位于这两个外显子之间的内含子，剪接底物的结构如图 14.32（b）上方简图所示。为确保反应的发生，研究者分别添加了 CTD-GST（谷胱甘肽-S-转移酶）或 GST。

图 14.32（a）显示融合蛋白 CTD-GST 可促进剪接反应，通过测量套索状外显子中间体、套索状内含子及外显子等产物的产量可以看出。与 GST 相比，CTD-GST 促进剪接的程度是 GST 的 3～5 倍，当然，GST 单独不具有剪接促进效应。值得注意的是，两组实验的剪接中间体和最终产物出现的时间没有差异，但添加 CTD-GST 融合蛋白的实验组在相同时间内能够积累更多的剪接中间体和最终产物，说明 CTD 招募剪接底物结合到有活性的剪接体上。

令人感兴趣的是，CTD-GST 不能促进含有不完整外显子底物的剪接。图 14.33 显示了这一现象，剪接底物 Ad 100 和 MT16-L 只含有一个完整外显子，但 CTD-GST 也能促进这些底物的剪接，当剪接底物 MT16-S 含有两个完整外显子和一个不完整外显子时，CTD-GST 不会对这个底物的剪接产生任何影响。在相似的实验中，含有一个完整外显子和一个不完整外显子底物的剪接反应不受 CTD 促进。

先前的结果已表明，CTD 能与 snRNP 和 SR 蛋白结合。据此，Zeng 和 Berget 提出，在 RNA 聚合酶合成外显子后，CTD 通过装配剪接因子到外显子上而促进剪接反应（图 14.34）。但为什么只在底物具有完整外显子情况时才能表现出这一功能？Changqing Zeng 和 Susan Berget 用我们讨论过的外显子界定概念来解释这些结果。对外显子界定而言，要求所有外显子序列必须完整，

这样就能准确判定某个序列是否为真正的外显子。如果存在一个或多个不明确的外显子，则进行内含子界定的剪接。如果这一假说是正确的话，则很明显，CTD 不会促进内含子界定的剪接反应。

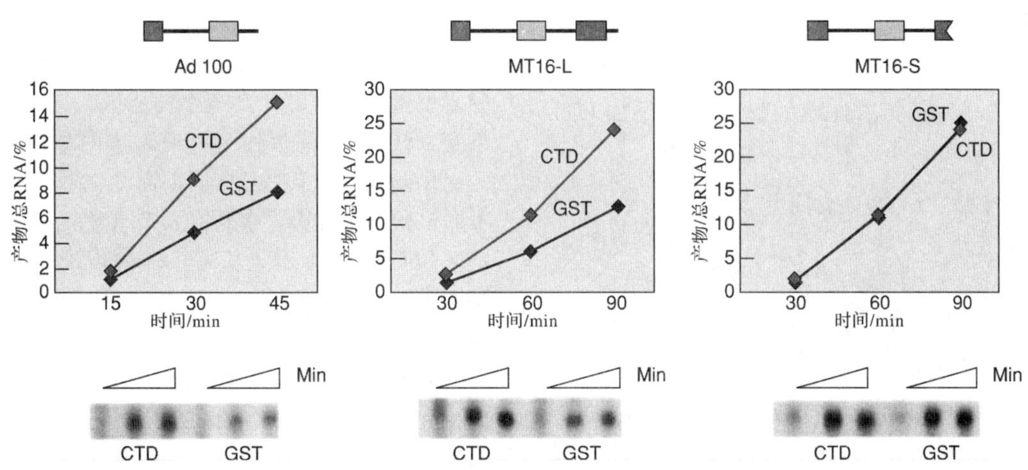

图 14.33 CTD-GST 对外显子界定或内含子界定剪接的影响。 Zeng 和 Berget 利用图 14.32 描述的方法，对图上方所示的三种标记底物进行体外剪接。前两个底物有完整的外显子，按外显子界定模型进行剪接；第三个底物 MT16-S 有一个不完整的外显子，按内含子界定模型进行剪接。凝胶电泳结果见图底部，实验结果如上方曲线图所示。蓝色曲线为添加 GST 的剪接结果；红色曲线为添加 CTD-GST 的剪接结果。（*Source*：Copyright © American Society for Microbiology，*Molecular and Cellular Biology* vol. 20，No. 21，p. 8294，fig. 4，2000.）

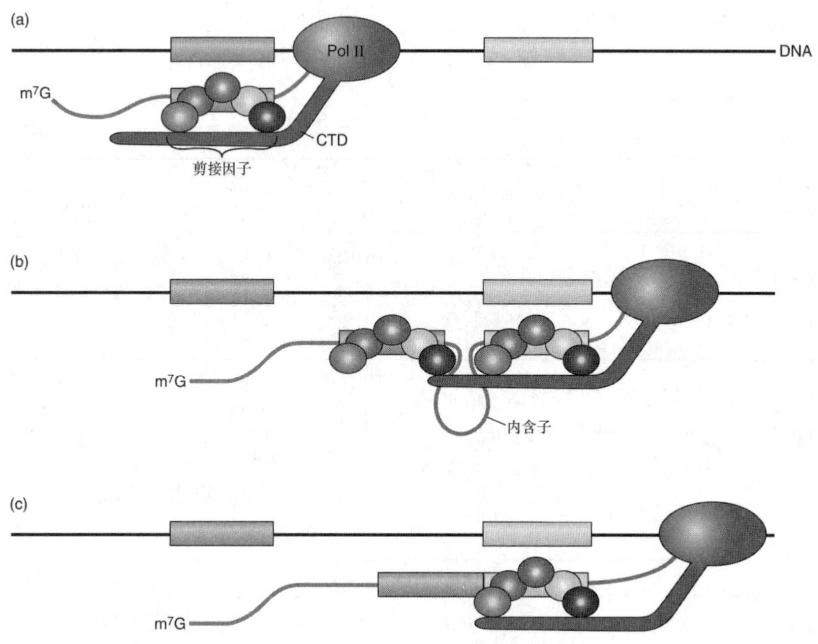

图 14.34 CTD 参与外显子界定的模型。(a) 当 RNA 聚合酶转录出第一个外显子后，CTD 介导剪接因子装配到前体 mRNA 外显子的两个末端，从而界定这个外显子。**(b)** RNA 聚合酶转录出第二个外显子，按同样的方式，CTD 介导了此外显子的界定。CTD 也能将两个外显子彼此拉近，为剪接做好准备。**(c)** 当 RNA 聚合酶还在继续转录时，两个外显子已经被拼接了。[*Source*：Adapted from Zeng，C. and S. Berget，Participation of the C-terminal domain of RNA polymerase Ⅱ in exon definition during pre-mRNA splicing. *Molecular and Cellular Biology* 20（2000）P. 8299，f. 9.]

免疫剥离实验的结果进一步证实了 CTD 在外显子界定中发挥作用的假说。Zeng 和 Berget 通过免疫剥离，从提取物中去除 RNA 聚合酶Ⅱ。结果发现，由于 RNA 聚合酶Ⅱ的部分缺失，依赖于外显子界定的底物剪接受到了抑制，但几乎不影响依赖于内含子界定的底物剪接。向经免疫剥离处理的提取物中添加 CTD 可恢复依赖于外显子界定的底物剪接。

小结 RNA 聚合酶Ⅱ Rpbl 亚基的 CTD 能促进外显子界定的底物剪接，但不会促进内含子界定的底物剪接。CTD 与剪接因子结合，从而将剪接因子装配在外显子的两个末端，引发剪接反应。

选择性剪接 通过前面对剪接定向性的讨论，自然而然地引发出另一个重要的话题：**选择性剪接**（alternative splicing）。真核生物大约有 5%的前体 mRNA 可按多种方式进行剪接，产生两条或多条编码不同蛋白质的 mRNA。人类 75%的转录物可发生选择性剪接。从一种剪接方式转向另一种剪接方式无疑会涉及剪接的定向性，本节最后我们再讨论定向性这个话题。

1980 年，Leroy Hood 及同事首次在小鼠免疫珠蛋白 μ 重链基因中发现了选择性剪接的事例。小鼠珠蛋白 μ 重链有分泌型（μ_s）和膜结合型（μ_m）两种形式，其区别在于膜结合型蛋白的 C 端能使之锚定在膜上一个疏水区，而分泌型蛋白的 C 端无此疏水功能区。通过核酸杂交，Hood 及同事发现，编码这两种蛋白质的 mRNA 的 5′端序列相同，而 3′端序列完全不同。研究者克隆了编码免疫珠蛋白 μ 重链恒定区的胚系基因（C_μ 基因），该基因既编码分泌型重链（μ_s）的 3′区，又能编码膜结合型重链（μ_m）的 3′区，只是这两个序列分属两个独立的外显子。由此可见，同一条前体 mRNA 分子通过两种不同的剪接方式，可形成分别编码 μ_s 和 μ_m 的两条成熟 mRNA，如图 14.35 所示。因此，选择性剪接可决定一个基因蛋白质产物的性质，因而可调控基因的表达。

选择性剪接具有重要的生物学功能。果蝇性别决定系统是选择性剪接调控基因表达的最好例证。果蝇的性别决定涉及 *sxl*（性别致死，

Sex lethal）、*tra*（转换，*transformer*）、*dsx*（双性别，*doublesex*）三个基因前体 mRNA 的选择性剪接。图 14.36 总结了果蝇基因的选择性剪接模式。这些基因的转录物若进行雄性特异性剪接，就会导致雄性个体的发育；这些基因的转录物若进行雌性特异性剪接，则会导致雌性个体的发育。

而且，这些基因在级联剪接反应中有如下功能：*Sxl* 基因转录物的雌性特异性剪接产生有功能活性的 SXL 蛋白，该蛋白质能进一步增强 *Sxl* 基因转录物的雌性特异性剪接反应，同时也能引发 *tra* 基因转录物的雌性特异性剪接反应，并且产生有活性的 *tra* 蛋白（实际上，即使在雌性个体内，大约也有一半量的 *tra* 基

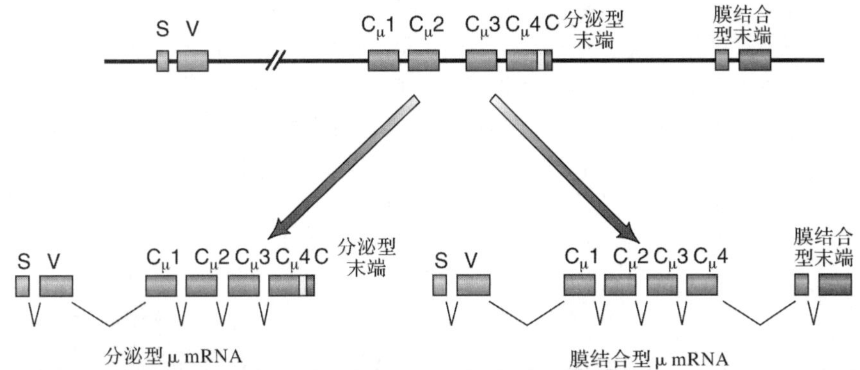

图 14.35 小鼠免疫珠蛋白 μ 重链基因的选择性剪接模式。图上方为基因结构图。条框代表外显子：S 外显子（粉红色）编码将蛋白质产物分泌到质膜或胞外的信号肽；V 外显子（橙色）编码蛋白质的可变区；C 外显子（蓝色）编码蛋白质的恒定区。μ_s 蛋白分泌性末端的编码区（黄色）邻近第 4 个恒定外显子（Cμ4）的末端，其后是一小段非翻译区（红色）及一较长的内含子，最后是两个外显子序列。其中第一个外显子（绿色）编码 μ_m mRNA 的膜锚定区，第二个外显子（红色）是 μ_m mRNA 末端的非翻译区，指向左、右两侧的箭头指示剪接的两种模式，通过选择性剪接产生免疫珠蛋白 μ 重链的两种类型：分泌型和膜结合型。（*Source*：Adapted from Early P. J. Rogers，M. Davis，K. Calame，M. Bond，R. Wall，and L. Hood，Two mRNAs can be produced from a single immunoglobulin γ gene by alternative RNA processing pathways. *Cell* 20：318，1980.）

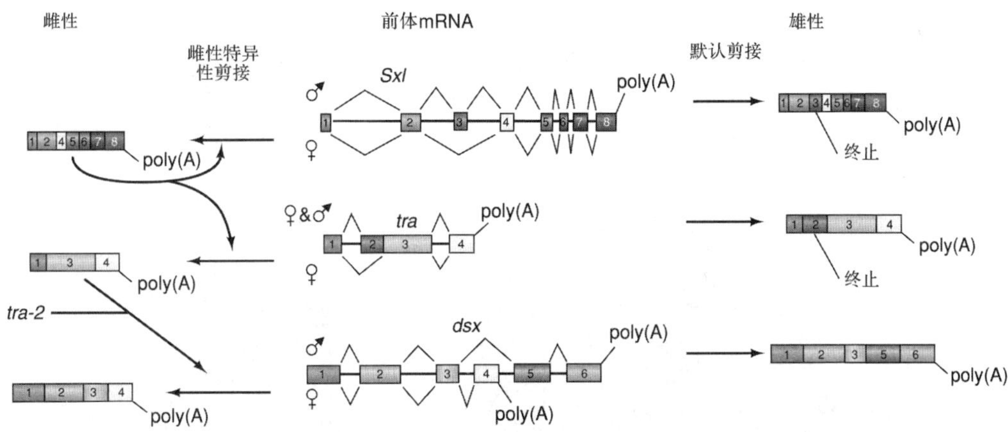

图 14.36 果蝇性别决定中选择性剪接的级联反应。*Sxl*、*tra* 和 *dsx* 基因前体 mRNA 分子的结构在雌雄果蝇个体中是一致的，见图中部所示。雄性特异剪接模式和雌性特异剪接模式分别在结构图的上、下方标出。*Sxl* 前体 mRNA 的雌性特异性剪接涉及 1、2、4～8 等 7 个外显子的拼接，而 *Sxl* 前体 mRNA 的雄性特异性剪接涉及全部 8 个外显子的拼接，其中外显子 3 含有终止密码子，这意味着该转录物的雄性特异性剪接产生短的无活性的蛋白质。同样，*tra* 前体 mRNA 的雌性特异性剪接涉及 1、3、4 外显子的拼接，产生有活性的蛋白质，而 *tra* 前体 mRNA 的雄性特异性剪接涉及全部 4 个外显子的拼接，其中外显子 2 含有终止密码子，产生无活性蛋白质产物。最左侧的长箭头指示基因的蛋白质产物对剪接反应具有正控效应，即雌性的 Sxl 蛋白引发 *Sxl* 前体 mRNA 和 *tra* 前体 mRNA 的雌性特异性剪接反应。雌性 *tra* 基因产物与 tra-2 蛋白协同作用，引发 dsx 基因转录物的雌性特异性剪接反应。（*Source*：Adapted from Baker，B. S. Sex in flies：The spice of life. *Nature* 340：523，1989.）

因转录物进行雄性特异性剪接反应，但只能产生无活性的蛋白质产物，因此雌性特异性剪接反应占主导地位）。活性 tra 蛋白与 tra-2 蛋白协同作用，引发 *dsx* 基因转录物的雌性特异性剪接反应，其蛋白质产物抑制雄性特异基因的表达，从而导致雌性个体的发育。

相反，*Sxl* 转录物的雄性特异性剪接会产生无功能活性的蛋白质，因为剪接形成的 mRNA 分子内有一个外显子含有终止密码子，所以 *tra* 转录物可进行默认剪接（雄性特异性剪接），剪接产物因含有终止密码子而不能翻译出功能性 *tra* 蛋白。如果没有 *tra* 基因的蛋白质产物，那么处于发育期的细胞就将按默认的雄性特异性剪接模式对 *dsx* 转录物进行剪接，其产物将使雌性特化基因失活，从而导致雄性个体的发育。

如何控制选择性剪接？在对剪接定向性机制了解的基础上，我们推测，RNA 结合剪接因子可能参与了对选择性剪接的调控。确实，由于 Sxl 蛋白和 tra 蛋白分别决定 *tra* 基因转录物和 *dsx* 基因转录物的剪接位点，所以我们推测这些蛋白质应该是剪接因子，能确保雌性特异性剪接模式的发生，根据这一假设，Sxl 和 tra 应该均为 SR 蛋白。

为进一步阐明剪接位点的选择机制，Tom Maniatis 及同事着重研究了 tra 与 tra-2 蛋白（分别为 *tra* 和 *tra*-2 基因的蛋白质产物）对 *dsx* 前体 mRNA 的雌性特异性剪接。他们发现，Tra 和 Tra-2 蛋白通过结合在 *dxs* 前体 mRNA 的雌性特异性 3′-剪接位点下游约 300nt 处的调控区而发挥作用，该调控区含 6 个 13nt 序列的重复元件。

Tra 和 Tra-2 是确保 *dxs* 前体 mRNA 进行雌性特异性剪接所必需的，但是否为充分条件？为阐明事实，Ming Tian 和 Maniatis 针对剪接的定向性，开展了相关的研究工作。他们以只含外显子 3 和 4 及两者之间内含子的标记截短 *dsx* 前体 mRNA 为体外剪接底物，该模式底物在体外可被剪接。然后加入 Tra、Tra-2 或经微球菌核酸酶（micrococcal nuclease，MNase）处理的核提取物，提供除 Tra、Tra-2 以外的其他蛋白质，以用于定向复合体的形成。MNase 可降解 snRNA 而保留 snRNP 中的蛋白质组分，然后再加入未经核酸酶处理的核提取物及过量的竞争 RNA。如果定向复合体在预温育阶段就已形成，则标记的前体 mRNA 将会被剪接；如果在预温育阶段定向复合体没有形成，那么竞争 RNA 就会阻断标记前体 mRNA 的剪接。为分析标记底物的剪接情况，Tian 和 Maniatis 对反应产物进行凝胶电泳，通过放射自显影确定 RNA 种类。结果发现，MNase 处理的核提取物不存在时，Tra 和 Tra-2 单独都不足以促使定向复合体的形成。因此，核提取物中存在着某些能与 Tra 和 Tra-2 互补的蛋白质，可以引发定向复合体的形成。

为确定其他必需的剪接因子，Tian 和 Ma-

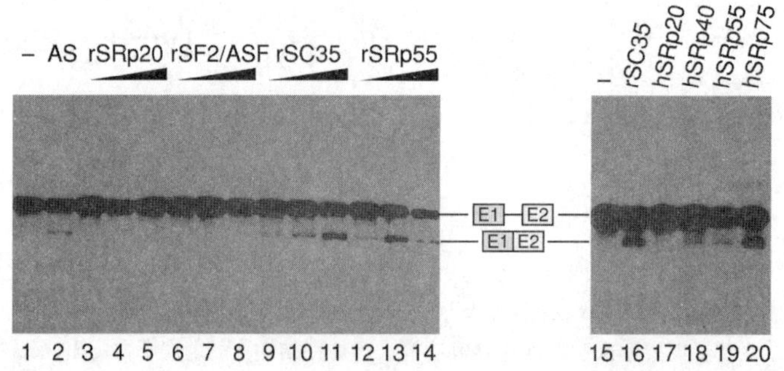

图 14.37　*dsx* 前体 mRNA 雌性特异性剪接的定向性分析。通过 *dsx* 前体 mRNA 的体外剪接试验，Tian 和 Maniatis 分析了各种 SR 蛋白与 Tra、Tra-2 的互补能力。泳道 1：无补充蛋白；泳道 2：含有经硫酸铵（AS）沉淀的 SR 蛋白混合物；泳道 3～14：含有不同的 SR 蛋白，SR 蛋白在泳道上方标出；泳道 15：与泳道 1 相同的另一个阴性对照；泳道 16：含有最大量的重组蛋白 SC35；泳道 17～20：含有纯化的 SR 蛋白，SR 蛋白在泳道上方标出。在两张放射自显影图像的中间标注了底物（上）及剪接产物（下）泳动的位置。［*Source*：Tian，and M. Maniatis，A splicing enhancer complex controls alternative splicing of *doublesex* pre-mRNA. *Cell* 74（16 July1993）f. 5，p. 108. Reprinted by Permission of Elsevier Science.］

niatis首先大量纯化SR蛋白，发现SR蛋白混合物能补充Tra和Tra-2的功能。接下来，研究者获得4个纯化重组SR蛋白和2个高度纯化非重组SR蛋白，然后通过剪接定向性实验分析这些SR蛋白对Tra和Tra-2的补充功能。在该实验中，用纯化的蛋白质取代了前面实验中的MNase处理的核提取物。图14.37中的泳道1显示，无其他任何SR蛋白时，Tra和Tra-2不能单独引发剪接反应；泳道2的结果显示，经硫酸铵（ammonium sulfate，AS）沉淀获得的SR蛋白混合物能补充Tra和Tra-2的功能；其他泳道结果显示了重组SR蛋白和高度纯化的非重组SR蛋白对Tra和Tra-2功能的补充效应，其中有些SR蛋白具有功能补充效应，而有些SR蛋白则无功能补充效应。特别是SC35、SRp40、SRp55和SRp75能补充Tra和Tra-2的功能，但SRp20和SF2/ASF无功能补充效应。由此可见，Tra和Tra-2及外加任何一种有功能活性的SR蛋白就足以确保dsx前体mRNA发生雌性特异性剪接。

我们推测定向涉及SR蛋白与前体mRNA的结合，并已知Tra和Tra-2与重复元件结合，但是其他SR蛋白是否也与此元件结合？为探明事实，Tian和Maniatis将含有重复元件的RNA连接到树脂上，利用亲和层析分离法，从含有重复元件的RNA分子上分离获得了与之结合的蛋白质，电泳后进行免疫印迹（Western斑点杂交）。最后，分别利用抗Tra、抗Tra-2和抗SR的抗体在三组独立实验中分析免疫印迹的蛋白质组分。他们检测到了Tra蛋白、Tra-2蛋白及大量的SRp40，其中在一条带中也可能含有SF2/ASF或SC35，由于在剪接定向性分析实验中是SC35而不是SF2/ASF能补充Tra和Tra-2的功能，因此我们推测该条带中的蛋白质组分应该是SC35。缺少Tra和Tra-2蛋白时，任何SR蛋白与RNA均无显著的结合；Tra和Tra-2蛋白存在时，只有两个SR蛋白能很好地与含有重复元件的RNA结合。虽然这并不表明结合与定向剪接存在必然联系，但所结合的两个SR蛋白在定向过程中可补充Tra和Tra-2功能的事实给了我们一定的暗示。

小结　许多真核生物基因的转录物可进行选择性剪接，这对基因的蛋白质产物有着重要的影响。例如，通过选择性剪接可以产生分泌型或膜结合型两种不同的蛋白质，甚至能产生有活性和无活性之分的蛋白质。在果蝇的性别决定途径中，三个基因的转录物就经历了选择性剪接。*tra*基因转录物经过雌性特异性剪接后产生活性*tra*蛋白，引发*dsx*前体mRNA的雌性特异性剪接，最终导致雌性果蝇个体的产生。*tra*转录物的雄性特异性剪接产生无功能活性的蛋白质，从而使*dsx*前体mRNA进行默认的雄性特异性剪接模式进行剪接，最终导致雄性果蝇个体的产生。Tra和Tra-2连同一种或多种SR蛋白能确保*dsx*前体mRNA在雌性特异性剪接位点处发生剪接。这种定向性可能是绝大多数但不是全部选择性剪接的基础。

剪接的调控

通过上述两个生物系统的介绍我们知道同一条前体mRNA可通过选择性剪接产生两种截然不同的产物。但选择性剪接并不是个别事件，估计人类有超过一半的基因会经历选择性剪接，其中许多基因有两种以上的剪接方式，有的甚至达上千种。

图14.38举例说明了几种不同的选择性剪接模式。第一，转录物可以在不同的启动子处起始合成。在本例中，在第一个启动子处起始的转录可合成包含第一个外显子（A）的转录物，而从第二个启动子处起始的转录，其合成的转录物就没有第一个外显子（A）。第二，在转录过程中有些外显子（如外显子C）会被遗漏，产生缺失该外显子的mRNA产物。第三，5′-剪接位点的可变性可导致某个外显子的部分序列（在本例中为D′）在mRNA中出现或缺失。第四，3′-剪接位点的可变性可导致某个外显子的部分序列（在本例中为F）在mRNA中出现或缺失。第五，**保留内含子**（retained intron）。如果内含子未被识别，那么该内含子就会留存在mRNA中，见图14.38下方的剪接模式。第六，多腺苷酸化作用（将在第15章学习）可引起前体mRNA的切割，导致下游

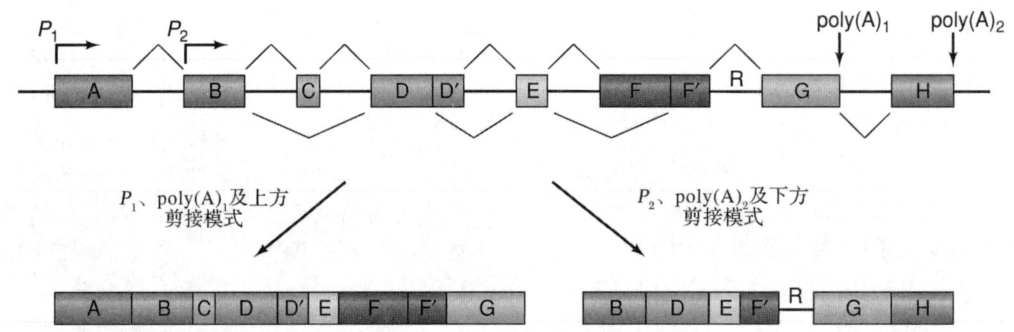

图 14.38 具有选择性启动子和多腺苷酸化位点的选择性剪接模式。图中只给出了可能会产生 64 种 mRNA 的选择性剪接模式，6 个不同的决定性位点从左至右依次如下。①若从第一个启动子处起始转录，则外显子 1 出现在转录物中；若从第二个启动子处起始转录，则转录物缺失外显子 1。②外显子 C 的识别失败可导致下方剪接模式对其遗漏。③对外显子 D 内 5′-选择性剪接位点（位于 D 和 D′之间）的识别可导致 D′在经历下方剪接模式后缺失。④对外显子 F 内 3′-选择性剪接位点（位于 F 和 F′之间）的识别会导致 F 在经历下方所示剪接模式后缺失。⑤对保留内含子（R）识别的失败会导致 R 在经历下方所示剪接模式后，留存在 mRNA 中。⑥多腺苷酸化作用会引起前体 mRNA 在 poly（A）位点 1 处被切割，在经历上方所示剪接模式后外显子 H 发生缺失。

外显子的缺失。例如，在 poly（A）位点 1 处进行切割可导致外显子 H 的缺失。由此可见，如果在 6 个位点发生两个不同事件，则将会产生 $2^6=64$ 种结果。

选择性剪接显然会受到细胞的精细调控。否则，可能在雄性果蝇个体中 *dsx* 前体 mRNA 就会发生雌性特异性剪接。这一切都暗示某一序列在一种情景下被认定为外显子，而在另一种情景下会被认定为内含子的一部分。

那么，是什么机制促进这些信号在特定的环境下被识别，而在另一种环境中又抑制对这些信号的识别？一部分答案正如我们刚才所了解到的，剪接因子促进了特定剪接位点的定向；另一部分答案是，外显子含有促进剪接的**外显子剪接增强子**（exonic splicing enhancer，**ESE**）和抑制剪接的**外显子剪接沉默子**（exonic splicing silencer，**ESS**）（内含子也存在内含子剪接增强子和内含子剪接沉默子）。这些序列可能与细胞类型特异性或细胞发育阶段特异性蛋白质因子结合，或者能与响应外部试剂（如激素）的蛋白质因子结合，这些结合作用可能会促进或抑制邻近位点的剪接反应。

果蝇的性别决定基因 *dsx* 为研究外显子剪接增强子的作用机制提供了一个很好的事例。该基因第 4 个外显子（图 14.36）的 3′-剪接位点信号不强，剪接因子 U2AF 难以识别。因此，在雄性果蝇中，外显子 4 因不能被识别而在成熟 mRNA 中缺失。但是在雌性果蝇中，*tra* 基因的蛋白质产物 Tra 及两个 SR 蛋白能与外显子 4 的 ESE 结合，并可通过吸引剪接因子 U2AF 而激活对 3′-剪接位点的识别。这样，在剪接完成后外显子 4 就存在于成熟 mRNA 内。

目前已鉴定出许多 ESE。发现 ESE 的途径之一就是进行序列删除，然后观察特定位点的剪接缺失情况。鉴定 ESE 的另一个途径是利用功能性 SELEX 技术（第 5 章）。该技术的基础是依赖于 ESE 促进剪接的能力，而不是与特殊分子结合的能力。Adrian Krainer 及同事克隆了一段由外显子-内含子-外显子构成的 DNA 片段，其中第二个外显子携带 ESE 序列，用一套二十聚体的随机引物通过 PCR 置换 ESE，对数量达 1.2×10^{10} 的 DNA 片段进行转录，然后借助于凝胶电泳，从这些转录物中筛选能在无细胞提取物中发生剪接的 RNA，因为通过凝胶电泳可以将已被剪接的 RNA 与未被剪接的 RNA 分子区分开来。

功能性 SELEX 程序的缺点是，由于事先已知无细胞提取物中 SR 蛋白种类，导致与未知蛋白作用的 ESE 被忽略。运用计算方法可以解决这个问题：比对真正外显子和假外显子序列，发现了在真正外显子中高频出现的短序列（6～10nt）。当然，ESE 不可能存在于假外显子中，因为假外显子不需要剪接。但 ESE 一定存在于需要剪接的真正外显子中（相反，ESS

倾向于存在于假外显子中）。一旦假定的 ESE 被鉴定出来，就可以将 ESE 序列置于模式底物中经常被跳过的外显子内，直接分析 ESE 促进剪接的能力。

ESE 能与 SR 蛋白相互作用，而 ESS 可与 **hnRNP 蛋白**（hnRNP protein）相互作用。hnRNP 是结合了 hnRNA 的蛋白质，其中大多数 hnRNA 是前体 mRNA。**hnRNP A1** 是与 ESE 活性有关的一种 hnRNP 蛋白。分子生物学家已发现 hnRNP A1 蛋白至少有三种不同的作用机制（图 14.39），而且这三种机制都可发挥作用，不同机制用于抑制不同外显子的剪接。

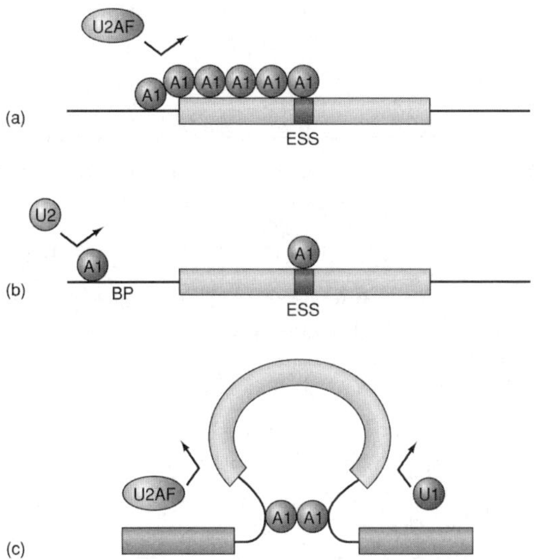

图 14.39 hnRNP A1 沉默剪接的模型。(a) A1 首先与 ESS 结合，协同结合的 A1 使其结合区域不断扩展，图中显示结合区向前一个内含子的 3′端扩展，阻止 U2AF 的结合。**(b)** A1 结合在邻近内含子分支点（BP）的内含子沉默元件上，阻止 U2 的结合。**(c)** A1 与黄色外显子侧翼内含子在内含子沉默元件结合，通过 A1 之间的相互作用产生一个可隔离外显子的 RNA 环，以避免剪接机构的识别。

涉及 ESS 的第一个机制：与外显子内 ESS 结合的 A1 蛋白能够引起其他 A1 分子的协同结合。这样，A1 就结合在整个外显子区，覆盖了剪接信号，使之不能被剪接机构发现。另两个机制涉及 A1 与**内含子沉默元件**（intronic silencing element）的结合。HIV *tat* 基因的第三个外显子的剪接就是第二个机制的例证：A1 与内含子分支点附近的结合位点结合，阻止 U2 snRNP 在该位点的结合，导致剪接失败。在第三种机制中，A1 与外显子侧翼的两个内含子位点结合，通过两个 A1 分子间的相互作用使外显子游离于 RNA 环之外，使其被剪接机构所忽略。

如何鉴定 ESS? 一条途径就是借助计算方法，与真外显子序列比对，发现高频出现在假外显子中的序列。另一条途径就是直接寻找抑制剪接的序列。Christopher Burge 及同事为鉴定 ESS 序列，利用**绿色荧光蛋白**（green fluorescent protein，**GFP**）基因的两个外显子构建了一个报告重组质粒（图 14.40）。在两个外显子中间存在着第三个外显子，如果该外显子出现在成熟 mRNA 中，GFP mRNA 就会被其间断，因而也就不能产生 GFP。根据上述推理，Burge 及同事在中间的第三个外显子内引入一段 10bp 的随机序列，用重组质粒转化细胞，在荧光下观察细胞是否表达 GFP。

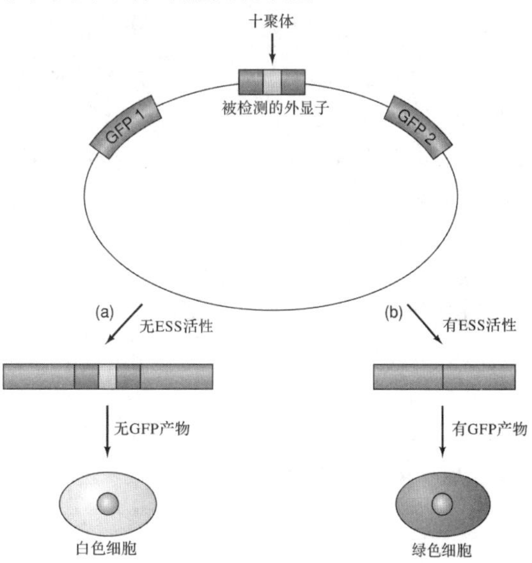

图 14.40 检测 ESS 活性的报告基因结构。 Christopher Burge 及同事利用 GFP 基因的两个外显子构建了重组质粒。这两个外显子被中间内含子所隔离，该内含子含有测试外显子（红色），其中插入 10bp 的随机序列（黄色）。用重组质粒转化细胞，筛选表达 GFP 的细胞。**(a)** 如果十聚体序列无 ESS 活性，测试外显子经历正常剪接而出现在 GFP mRNA 中，且位于两个正常外显子中间，导致 GFP mRNA 失活，不能产生功能性 GFP，因此细胞无荧光。**(b)** 如果十聚体序列有 ESS 活性，测试外显子就不能被剪接结构所识别，会连同内含子一起被切除，这样就会形成正常的 GFP mRNA，细胞因表达 GFP 而呈绿色。

绿色细胞表明该细胞已表达功能性 GFP，说明中间的外显子被切除，转录物经过剪接形成功能正常的 GFP mRNA，进而表明中间外显子内的十聚体序列在细胞内表现出 ESS 活性。通过这种方法，Christopher Burge 及同事鉴定出了 141 个具有 ESS 活性的十聚体序列，其中 133 个为单一序列。

保留内含子的概念引发了一个问题：不完全剪接的转录物如何进入细胞质？通常，转录物会继续存在于细胞核内，直至被完全剪接。这种保留在一定程度上受到**外显子连接复合体**（exon junction complex，**EJC**）的监控。EJC 是一组装配在新连接外显子的连接点上的蛋白质，可促进 mRNP 转运出细胞核。但是，转录物即使未被完全剪接也能转运出细胞核的事例很多，这类转录物依靠特异剪接因子的指导而转运出细胞核，一旦进入细胞质，特异剪接因子就可保护转录物免于降解。

小结 在高等真核生物中，选择性剪接是一种非常普遍的剪接现象。选择性剪接可使同一个基因产生一种以上的蛋白质产物，是细胞调控基因表达的重要方式之一。这种调控基因表达机制的功能发挥需要剪接因子与剪接位点及分支点的结合、蛋白质与外显子剪接增强子（ESE）及外显子与沉默子（ESS）间的相互作用。SR 蛋白倾向于结合 ESE；hnRNP A1 倾向于结合 ESS 及内含子沉默元件。

14.3 RNA 的自剪接

20 世纪 80 年代，分子生物学最令人震惊的发现之一是，有些 RNA 分子在没有剪接体或其他蛋白质的帮助下能自剪接。Thomas Cech（发音“check”）及同事在研究纤毛原生动物四膜虫（*Tetrahytnena*）的 26S rRNA 基因时发现了这一现象。与众不同的是该基因有一个内含子，但真正引人关注的是 1982 年的报道，即纯化的 26S rRNA 前体在体外能自剪接。事实上，这只是含有 **Ⅰ型内含子**（group Ⅰ intron）的 RNA 自剪接的第一个事例。在随后的研究中又发现了另一类含有 **Ⅱ型内含子**（group Ⅱ intron）的 RNA，其中部分成员能自剪接。

Ⅰ型内含子

为获得能进行自剪接的 RNA 分子，Cech 及同事克隆了包含内含子的 26S rRNA 基因的部分序列，构建了两个不同的重组质粒。利用 E. *coli* RNA 聚合酶进行质粒的体外转录，然后对转录的标记产物进行凝胶电泳。研究者观察到 4 个较大的 RNA 产物和 3 个较小的 RNA 产物，这 3 个较小 RNA 产物的大小与以前发现的线性和环形内含子（包括缺失 15nt 的线性内含子）的大小相对应。这个结果暗示 RNA 经历了剪接，剪除的内含子发生了环化。

这种剪接反应是由 RNA 自身催化进行的，还是 RNA 聚合酶也以某种方式参与了剪接？为回答这个问题，Cech 及同事在抑制剪接的多胺（精胺、亚精胺、腐胺）存在条件下进行 RNA 聚合酶反应，然后电泳产物。结果显示，切取所有 4 个 RNA 条带及留存在加样孔中的物质，纯化这些 RNA 产物，并在利于剪接的条件下（无多胺）进行温育，再次电泳。对凝胶进行放射自显影处理后可见，含有 RNA 的三条带中出现了内含子。所以这些条带显然是 26S rRNA 前体，在没有任何蛋白质甚至 RNA 聚合酶的参与下能自剪接。

我们称之为内含子的条带其大小是正确的，但它是否真是我们所认为的内含子？Cech 及同事对该 RNA 的前 39 个核苷酸进行了测序，结果与基因内含子的前 39nt 完全一致。因此，这个 RNA 显然就是内含子。

Cech 研究小组还发现，线性内含子（我们一直讨论的 RNA）可以自我环化。在提高温度、Mg^{2+} 及盐浓度条件下，至少有些纯化的内含子会发生环化。

到目前为止，我们已经了解到 rRNA 前体能自我切除内含子，但能否在切除内含子的同时将外显子连接在一起？Cech 及同事利用模式剪接反应证实，rRNA 前体在自我切除内含子的同时也能自行将外显子连接在一起［图 14.41（a）］。研究者克隆了四膜虫 26S rRNA 基因的部分序列，包括 303bp 的第一个外显子、全长内含子、624bp 的第二个外显子，将此基因片段连接到启动子能被 SP6 RNA 聚合酶所识别的载体中。在［α-^{32}P］ATP 存在的条件下，用 SP6 RNA 聚合酶于体外转录该 DNA，合成标记的剪接前体。在剪接条件下，将 RNA 剪接底物分别在有或无 GTP 的情况下温育，电泳产物。泳道 1 显示存在 GTP 时形成的产物，可见线性内含子和少量环形内含子。此外，出现了由拼接外显子所形成的显著条带。相反，泳道 2 显示无 GTP 时，这些产物都不能形成，只有底物的存在。这正是所预期的结果，因为Ⅰ型内含子的剪接是一个依赖 GTP 的反应，这也充分证实了这些产物都是剪接反应的结果。总之，上述研究结果充分证实了剪接反应的发生，包括外显子的连接。

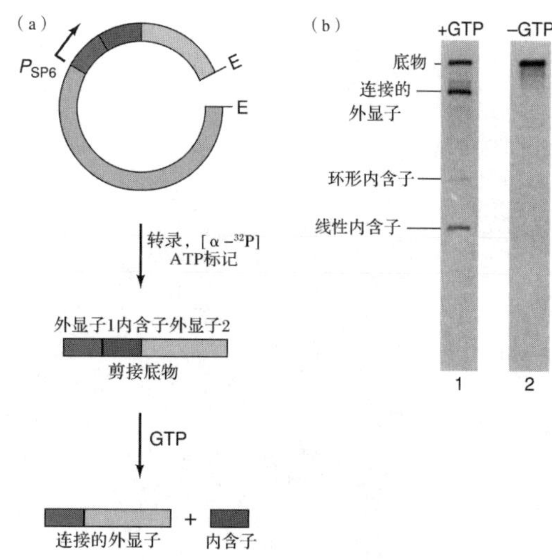

图 14.41　外显子连接的证明。（a）实验方案。Cech 及同事构建了四膜虫 26S rRNA 基因部分序列的重组质粒，包含 303bp 的外显子 1（蓝色）、413bp 的内含子（红色）和 624bp 的外显子 2（黄色）。用 *Eco*RⅠ酶切，线性化质粒，产生 *Eco*RⅠ酶切末端（E）。在［α-^{32}P］ATP 存在的条件下，用 SP6 RNA 聚合酶在体外转录酶切的线性质粒，合成标记的剪接底物。在剪接条件下，将剪接底物分别在有或无 GTP 的情况下温育，然后电泳产物，放射自显影鉴定标记的 RNA 产物。**（b）**实验结果。在 GTP 存在时（泳道 1），除出现分别代表线性内含子和环形内含子的条带外，还出现了一条代表拼接外显子的显著电泳条带；在缺少 GTP 时（泳道 2），只出现代表剪接底物的电泳条带。因此，外显子拼接可能是该 RNA 分子催化自剪接反应的一部分。［*Source*：（*b*）Inane，T. F. X. Sullivan，and T. R. Cech，Intermolecular exon ligation of the rRNA precursor of *Tetrahymena*：Oligonucleotides can function as 5′-exons. *Cell* 43（Dec 1985）f. 1a，p. 432. Reprinted by permission of Elsevier Science.］

Cech 小组的研究结果显示，26S rRNA 前体的剪接涉及在内含子的 5′端添加一个鸟嘌呤核苷酸。为证实缺少蛋白质参与的自剪接也采用相同的机制，研究者进行了一个包含两部分的实验。在第一部分实验中，在剪接和非剪接条件下，将剪接前体与［α-^{32}P］GTP 共温育，然后电泳产物，分析内含子是否被标记。图 14.42（a）显示内含子确实被标记了，用［γ-^{32}P］GTP 所做的类似实验获得了相同结果。在第二部分实验中，以相同的方法用［α-^{32}P］GTP 标记内含子的 5′端，然后对产物进行测序分析。结果发现，产物的核苷酸序列与线性内含子的核苷酸序列完全一致，只是在 5′端多出一个额外的 G［图 14.42（b）］。这个额外的 G 可被 RNase T1 切除，表明 G 是通过正常的 5′，3′-磷酸二酯键连接在内含子末端的。图 14.43 描述了四膜虫 26S rRNA 前体的剪接模型，显示外显子连接和线性内含子形成的过程。

我们已了解到，切除的内含子可自行环化。Cech 及同事发现，环化涉及线性内含子 5′端 15nt 片段的缺失。对此有三个证据：①内含子的标记 5′端未出现在环形内含子中；②用 RNase T1 处理线性内含子时，在其 5′端至少会产生两种（实际是三种）产物，而用 RNase T1 处理环形内含子时，则不形成这些产物；③随着内含子的环化，包括 RNase T1 产物在内的 15nt 的 RNA 不断积累。

但环化并不是剪接的最后环节。环化后，环化内含子又在成环时形成的磷酸二酯键处打开，然后切除 5′端约 4nt 小片段后再次环化。最后，内含子在刚形成的磷酸二酯键处再次打开，形成缩短的线性内含子。

图 14.44 描述了切除的内含子环化与再次线性化的具体机制。注意，在整个剪接过程中，每破坏一个磷酸二酯键的同时会形成一个新的磷酸二酯键，每一步自由能的改变几乎是零，不需要外界提供能量（如 ATP）。剪接过

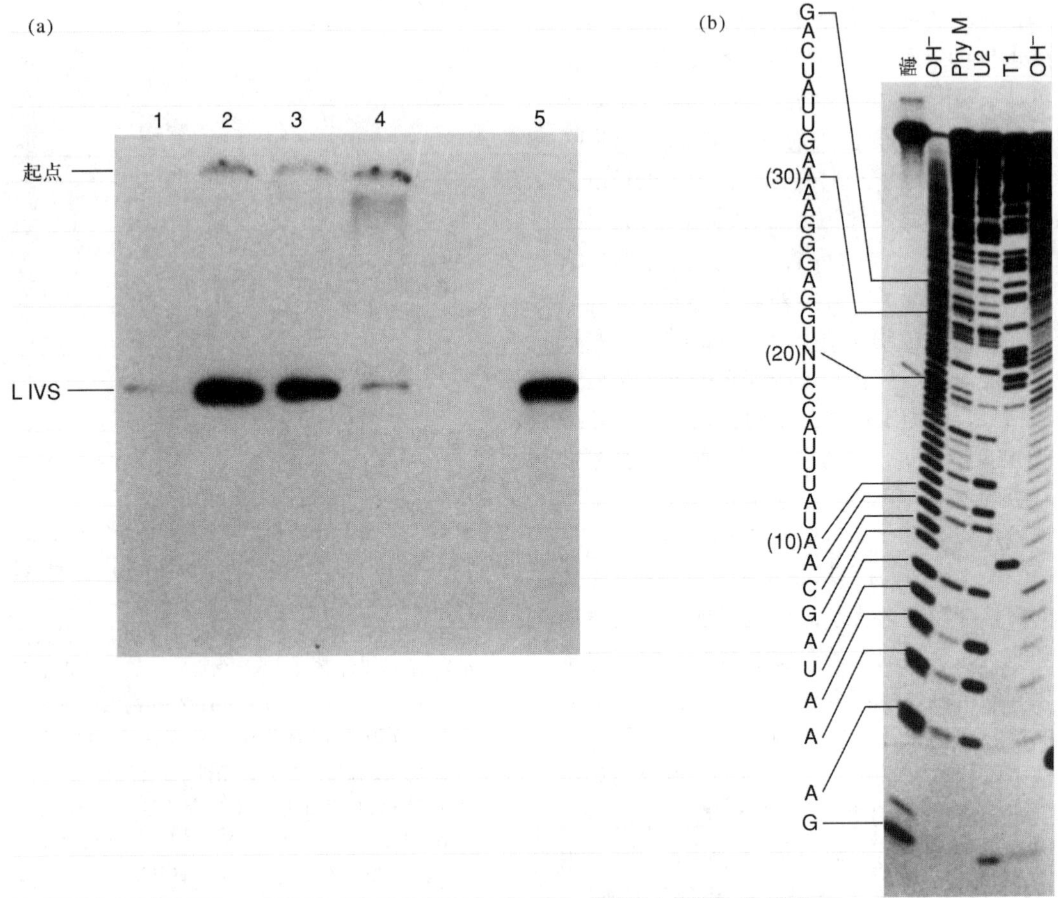

图 14.42 GMP **对被切除内含子 5′端的添加。(a)** 在剪接过程中用放射性 GTP 标记内含子。在不能发生剪接反应的条件下，Cech 及同事以非标记核苷酸为底物，体外转录质粒 pIVS11。分离非标记 26S rRNA 前体，在允许发生剪接反应的条件下，加入 [α-^{32}P] GTP 后温育。用交联葡聚糖 G-50 层析分离产物，将分离的片段进行电泳并放射自显影。泳道 1～4：从交联葡聚糖分离柱中分离获得的连续片段；泳道 5：线性内含子的分子标记；泳道 2～3：含有大量的线性内含子，因其被标记，说明线性内含子结合了放射性的 G。**(b)** 标记内含子的测序。Cech 及同事利用酶切法对该 RNA 分子的 5′端进行测序。在强碱（OH^-）条件下降解 RNA，使之分解成单个核苷酸；RNase Phy M 切割 A 和 U；RNase U2 切割 A；RNase T1 切割 G。对 RNA 样品的处理方法在图上方标注，左侧为推导的序列，5′-G 位于底部。[*Source*：Kruger，K. P. J. Grabowski，A. J. Zaug，J. Sands，D. E. Gottschling and T. R. Cech，Self-splicing RNA：Autoexcision and autocyclization of the ribosomal RNA intervening sequence of *Tetrahymena*. *Cell* 31（Nov 1982）f. 4，p. 151. Reprinted by permission of Elsevier Science.]

程的另一个一般性特征是，环化内含子转化为线性内含子时破坏的磷酸二酯键恰是环化时形成的磷酸二酯键，表明这些磷酸二酯键具有特殊之处。RNA 分子的三维构型一定会使这些磷酸二酯键产生张力，从而使其在再次环化时易于被打开，这种张力有助于解释 RNA 的催化能力。

乍看起来，剪接体内含子与Ⅰ型内含子的剪接机制存在显著的差别：在剪接的第一步，Ⅰ型内含子使用外源鸟嘌呤核苷酸，而剪接体内含子使用位于内含子自身序列中的鸟嘌呤核苷酸。然而，当我们仔细考察这两种剪接机制时，发现它们之间的差异并不是很大。Michael Yams 及同事用分子模拟技术（molecular modeling technique）预测了四膜虫 26S rRNA 内含子与 GMP 结合时的最低能量构象。他们指出，内含子部分序列折叠成双螺旋结构，其口袋通过氢键与鸟嘌呤核苷酸

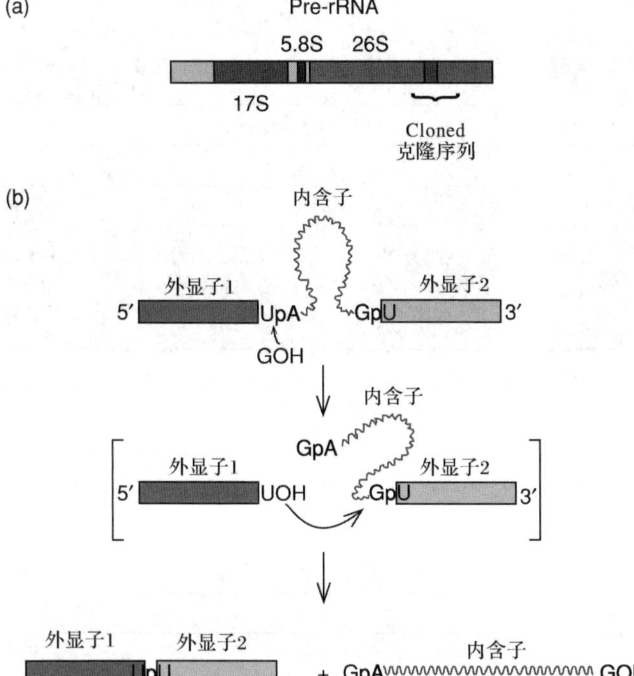

图 14.43　四膜虫 rRNA 前体的自剪接。（a）rRNA 前体的结构。包括 17S、5.8S 和 26S 序列，内含子（红色）存在于 26S 区。括号标出用于实验的克隆片段。（b）自剪接示意图。第一步（上方）：鸟嘌呤核苷酸进攻内含子 5′端的腺嘌呤核苷酸，释放外显子 1（蓝色），产生一个假定的中间体。第二步：外显子 1 的 3′-OH 进攻外显子 2（黄色），释放线性内含子（红色），两个外显子拼接在一起。最后，在一系列反应中（未显示）线性内含子在 5′端丢失 19 nt。

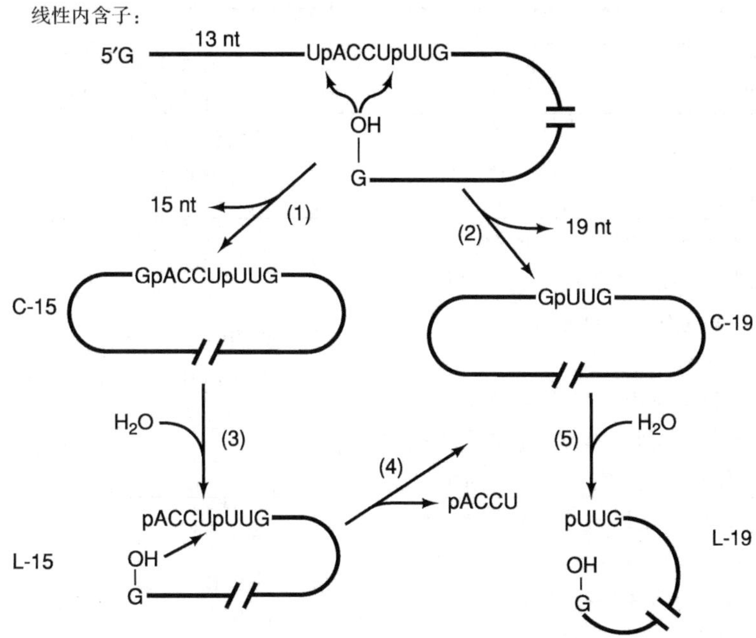

图 14.44　线性内含子的命运。从 26S rRNA 前体剪切下来的线性内含子可通过两条途径发生环化。反应 1（绿色箭头）：3′端的鸟嘌呤攻击 5′端的 U-15 和 A-16 之间的磷酸二酯键，切下长 15nt 的片段，产生环形内含子（C-15）；反应 2（蓝色箭头）：末端 G 再向前 4 nt 攻击内含子，切下长 19nt 的片段，留下更小的环形内含子（C-19）；反应 3：C-15 将环化时形成的磷酸二酯键打开，形成线性内含子（L-15）；反应 4：L-15 末端的 G 攻击 5′端前两个 U 之间的磷酸二酯键，产生环形内含子 C-19；反应 5：C-19 解环而成为线性内含子 L-19。

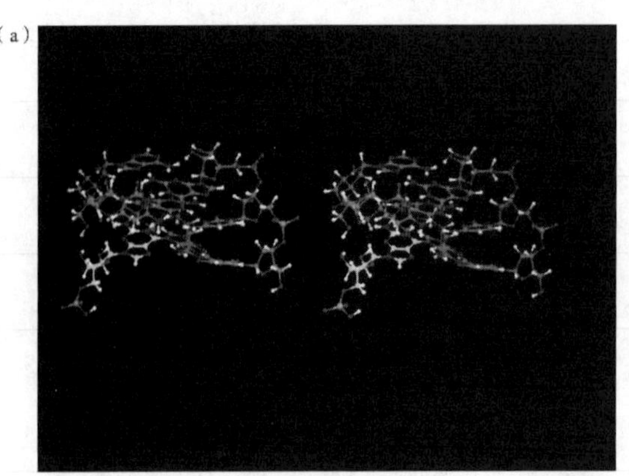

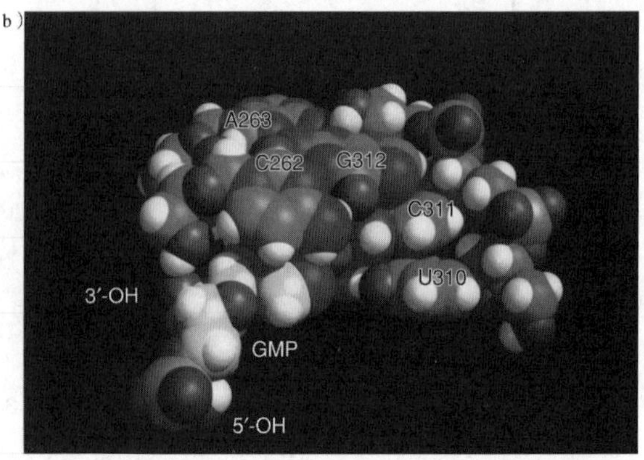

图 14.45　位于 26S rRNA 内含子口袋内的 GMP 的两种视图。(a) 交叉立体图，交叉近视图像一段时间直到两图像融合即可观察到三维立体图。RNA 的碳原子用绿色表示；鸟嘌呤核苷酸的碳原子用黄色表示；磷原子用淡紫色表示；其他原子用标准色表示。**(b)** 空间填充模型。颜色标注同图（a）。[*Source*：Yarus，M. I. llangesekare，and E. Christian，An axial binding site in the *Tetrahymena* precursor RNA. *Journal of Molecular Biology*，222（1991）f. 7c～d，p. 1005，by permission of Elsevier.]

结合（图 14.45）。鸟苷酸与内含子结合十分紧密，其作用的本质与剪接体内含子鸟苷酸的作用相同。当然，由于鸟苷酸与内含子之间无共价键相连，因此不会形成套索状分子。

在 RNA 分子自剪接现象发现以前，生物化学家们一直认为只有蛋白质才具有酶的催化功能。Sidney Altman 早在几年前就发现，能在 tRNA 前体 5′端切除额外核苷酸的 RNase P 含有 RNA 组分 M1，但 RNase P 也存在蛋白质组分，或许是此蛋白质组分具有酶的催化活性。1983 年，Altman 证实，M1 RNA 就是 RNase P 中具有催化功能的组分。RNase P 及能自剪接的 RNA 是具有催化活性的 RNA，因此称之为**核酶**（ribozyme）。

事实上，从严格意义上讲，Ⅰ型内含子参与的剪接反应并不是酶促反应，因为在反应结束后，RNA 自身发生了改变。而真正的酶在反应结束后自身不发生任何改变。四膜虫 26S rRNA 前体剪接后，形成的Ⅰ型内含子 L-19 可以像真正的酶一样发挥功能，将一个核苷酸添加到寡核苷酸上，也可将其从寡核苷酸上切除。

小结　Ⅰ型内含子，如四膜虫 26S rRNA 前体中的内含子，在体外无其他蛋白质参与的情况下能自剪接。该剪接反应由鸟嘌呤核苷酸攻击内含子的 5′-剪接位点引发，该 G 被添加到内含子的 5′端，并释放出第一个外显子。在第二步反应中，第一个外显子攻击 3′-剪接位点，将两个外显子连接在一起，释放出线性内含子，该内含子发生两次环化，且每次环化时都会丢失部分核苷酸，环化的内含子最终转化为线性分子。

Ⅱ型内含子

根据所包含的特定保守序列，真菌线粒体基因的内含子最初被划分为两类：Ⅰ型和Ⅱ型。随后的研究发现，许多生物的线粒体基因和叶绿体基因都含有Ⅰ型和Ⅱ型内含子，含这两类内含子的 RNA 可以自剪接，但剪接机制不同。Ⅰ型内含子的自剪接由游离的鸟嘌呤核苷酸启动；Ⅱ型内含子的自剪接由内含子内部的腺苷酸启动，并形成套索结构。

正如我们在图 14.20 中所看到的，Ⅱ型内含子形成的套索结构十分类似于核前体 mRNA 的剪接体剪接方式，位于剪接体内的前体 mRNA 与Ⅱ型内含子在整体结构上也高度相似。这暗示着 snRNP 与Ⅱ型内含子的催化部分在功能上具有相似性，也反映了 RNA 之间具有共同的进化起源。事实上，已有研究者提出，细胞核前体 mRNA 的内含子起源于细菌的Ⅱ型内含子，携带内含子的细菌在侵染到真核细胞的祖先细胞后进化为真核细胞内的线粒体。自从在古菌及两类细菌（蓝细菌和紫细菌）中发现Ⅱ型内含子后，这一假说受到了更大的关注。如果我们假定Ⅱ型内含子的起源要早于这两个细菌类群共同祖先的起源，那么这些Ⅱ型内含子一定存在于细菌内，而这些细菌就是现代真核细胞的细胞器祖先。然而，这种趋同进化的共有机制还只是一种可能性。

小结 含有Ⅱ型内含子RNA的自剪接需要利用分支状A套索中间体的介导，类似于剪接体的套索。剪接体系统中剪接体的二级结构与Ⅱ型内含子具有惊人的相似性。

总结

细胞核前体mRNA的剪接要通过套索状或分支状中间体的介导。除了在内含子的5′端和3′端存在共有序列外，分支点也存在共有序列。在酵母中，固有的保守序列为UACUAAC，高等真核生物分支点序列YNCURAC的保守性不强。但不管怎样，序列中的最后一个A为分支核苷酸。酵母的分支点序列还能将其下游的AG确定为3′-剪接位点。

RNA的剪接是在剪接体中进行的。酵母剪接体和哺乳动物剪接体的沉降系数大体分别为40S和60S。遗传学研究表明，U1 snRNA与前体mRNA5′-剪接位点的碱基配对是进行正常剪接所必需的，但并不是剪接发生的充分条件。通过碱基配对，U6 snRNP也能结合在内含子的5′端，且两者的结合发生在套索中间体形成之前。但剪接的第一步完成后，其性质可能发生了改变。U6与剪接底物的结合是正常剪接反应所必需的，在剪接过程中，U6也可与U2结合。

U2 snRNA可与剪接分支点的保守序列进行碱基配对，这种碱基配对是剪接所必需的。U2与U6形成的关键碱基对构成了螺旋Ⅰ，对参与剪接的snRNP具有定位功能。U4 snRNA与U6进行碱基配对，其作用是与U6结合，直至U6需要参与剪接时才与U6解离。U5 snRNP与第一个外显子的最后一个碱基和第二个外显子的第一个碱基发生交联，可能的作用是将5′-剪接位点和3′-剪接位点排列在一起便于剪接。

即将进行第二步剪接的剪接体（底物、U2、U5和U6）的结构特征可以从处于相同剪接阶段的Ⅱ型内含子的结构特点推知。因而，Ⅱ型内含子中位于催化活性中心的元件似乎可以被剪接体的snRNP所取代，这些元件可能拥有剪接体的催化活性。剪接体催化中心显然包括Mg^{2+}和由三类RNA形成的碱基配对复合体，这三类RNA是U2 snRNA、U6 snRNA和内含子分支点区。这三类无蛋白质组分的RNA片段可催化剪接的第一步反应。

剪接体循环包括剪接体的组装、剪接活性和解体。组装起始于U1与剪接底物结合形成定向复合体，U2是第二个加入到复合体中的snRNA，随后是其他snRNA的结合。其中，U2的结合需要ATP供能。当U6与U4分离后，U6便取代U1与5′-剪接位点结合，这个ATP依赖的过程激活剪接体，并释放U1与U4。参与剪接的5类snRNP均含有相同的7个Sm蛋白和一套自身特异性蛋白质。U1 snRNP的结构显示，Sm蛋白为环形甜面圈结构，可以结合其他蛋白质。一类少数具有5′-剪接位点和分支点的内含子可在含有U11、U12、U4atac和U6atac等突变体snRNA的低丰度剪接体的帮助下完成剪接。

剪接因子Slu7是选择正确3′-剪接位点所必需的。当Slu7缺失时，在正确3′-剪接位点AG处的剪接反应会受到特异性抑制，而发生在距分支点30nt之内错误AG处的异常剪接反应则被激活。对3′-剪接位点的识别需要U2AF的参与。分子质量为65 kDa的U2AF亚基结合在分支点下游多聚嘧啶碱基区，而分子质量为35 kDa的U2AF亚基则与3′-剪接位点的AG结合。

给定位点的定向剪接由RNA结合蛋白决定。这些RNA结合蛋白与剪接底物结合后，可能会招募其他剪接体组分的结合，首先是U1的结合，如SR蛋白SC35和SF2/ASF分别定向人类β-珠蛋白前体mRNA和HIV tat前体mRNA的剪接。在酵母定向复合体中，分支点桥联蛋白（BBP）与内含子5′-端的U1 snRNP、邻近内含子3′端的Mud2p结合。此外，BBP还与内含子3′端附近的RNA序列结合。因此，BBP将内含子的两个末端桥联在一起，在剪接之前将内含子界定出来。哺乳动物的BBP同源蛋白质SF1在哺乳动物定向复合体中具有相同的桥联作用，但可能在外显子界定中起作用。

RNA 聚合酶Ⅱ Rpb1 亚基的 CTD 能促进外显子界定的底物剪接，但不会促进内含子界定的底物剪接。CTD 与剪接因子结合，从而将剪接因子装配在外显子的两个末端，引发剪接反应。

许多真核生物基因的转录物可进行选择性剪接，这对基因的蛋白质产物有着重要的影响。例如，通过选择性剪接可以产生分泌型或膜结合型两种不同的蛋白质，甚至能产生具有活性和无活性之分的蛋白质。在果蝇的性别决定途径中，三个基因的转录产物就经历了选择性剪接。*tra* 基因转录物经过雌性特异性剪接后产生活性 *tra* 蛋白，引发 *dsx* 前体 mRNA 的雌性特异性剪接，最终导致雌性果蝇个体的产生。*tra* 转录物的雄性特异性剪接产生无功能活性蛋白质，从而使 *dsx* 前体 mRNA 按默认的雄性特异性剪接模式进行剪接，最终导致雄性果蝇个体的产生。Tra 和 Tra-2 连同一种或多种 SR 蛋白能确保 *dsx* 前体 mRNA 在雌性特异性剪接位点处发生剪接。这种定向性可能是绝大多数但不是全部选择性剪接的基础。

在高等真核生物中，选择性剪接是一种非常普遍的剪接现象。选择性剪接可使同一个基因产生一种以上的蛋白质产物，是细胞调控基因表达的重要方式之一。这种调控基因表达机制的功能发挥需要剪接因子与剪接位点及分支点的结合、蛋白质与外显子剪接增强子（ESE）及外显子与沉默子（ESS）间的相互作用。其中，SR 蛋白倾向于结合 ESE，hnRNP A1 倾向于结合 ESS 及内含子沉默元件。

Ⅰ型内含子，如四膜虫 26S rRNA 前体中的内含子，在体外无其他蛋白质参与的情况下能自剪接。该剪接反应由鸟嘌呤核苷酸攻击内含子的 5′-剪接位点而引发，该 G 被添加到内含子的 5′端，并释放出第一个外显子。在第二步反应中，第一个外显子攻击 3′-剪接位点，将两个外显子连接在一起，释放出线性内含子，该内含子发生两次环化，且每次环化时都会丢失部分核苷酸，环化的内含子最终转化为线性分子。

含有Ⅱ型内含子 RNA 的自剪接需要利用分支状 A 套索中间体的介导，类似于剪接体的套索。剪接体系统中剪接体的二级结构和Ⅱ型内含子具有惊人的相似性。

复习题

1. 描述 R 环实验并给出结果，证明内含子也能被转录。

2. 图示说明剪接的套索机制。

3. 给出能说明被切离内含子是环形或套索状的凝胶电泳实验数据。

4. 给出凝胶电泳实验数据，区分套索状剪接中间体（内含子-外显子 2 中间体）和套索状产物（被切离的内含子）。

5. 描述实验并给出结果，证实套索模型的推测即套索状剪接中间体包含分支点核苷酸。

6. 描述实验并给出结果，证明酵母内含子序列 UACUAAC 是剪接所必需的。

7. 描述实验并给出结果，证明酵母内含子序列 UACUAAC 指定其下游 AG 为剪接位点。

8. 在套索剪接模型中，内含子序列 UAC-UAAC 发挥什么作用?

9. 描述实验并给出结果，证明酵母剪接体的沉降系数为 40S。

10. 描述实验并给出结果，证明 U1 snR-NA 与 5′-剪接位点碱基配对是剪接所必需的。

11. 描述实验并给出结果，证明 U1 snR-NA 与 5′-剪接位点碱基配对并不是剪接的充分条件。

12. 为确保发生剪接，除 U1 和 U5 外，还有哪些 snRNP 必须在 5′-剪接位点附近结合?给出两个交联实验数据证实你的结论。

13. 描述实验并给出结果，证明 U2 snR-NA 与分支点序列碱基配对是剪接所必需的。在这个实验中，为什么突变细胞不可能仅有一个 U2 基因拷贝？

14. 除了能与前体 mRNA 碱基配对外，U6 还能与哪两类 snRNA 配对?

15. 描述实验并给出结果，证明在剪接过程中，U5 既能与上游外显子的 3′端结合，又能与下游外显子的 5′端结合。实验方案需明确鉴定出参与该过程的 RNA 种类，不仅仅依靠电泳迁移率。

16. 描述实验并给出结果，确定 U5 内能与前体 mRNA 交联的碱基。

17. 归纳总结在剪接体剪接中 Mg^{2+} 参与催

化的有关证据。

18. 归纳总结含有剪接体 RNA 片段的混合物能催化与第一步剪接相关反应的有关证据。

19. 图示说明在第二步剪接反应开始前前体 mRNA 在剪接体中的特点，同时展示前体 mRNA 与 U2、U5、U6 snRNP 的相互作用，这种结构特征与哪一类自剪接 RNA 的剪接中间阶段相似？

20. 描述实验并给出结果，证明 U1 是第一个与剪接底物结合的 snRNP。

21. 描述实验并给出结果，证明其他所有 snRNP 与剪接体的结合都需要 U1 的协助，以及 U2 的结合需要 ATP。

22. 什么是 Sm 蛋白？

23. 低丰度剪接体的特征是如何显示 snRNA 与前体 mRNA 间碱基配对的重要性？

24. 描述实验并给出结果，证明对 3′-剪接位点正确 AG 的选择需要 Slu7 参与。

25. 描述剪接定向分析实验并给出结果，筛选参与定向的剪接因子。

26. 描述酵母双杂交实验并给出结果，证明酵母分支点结合蛋白（BBP）能与其他两种蛋白质发生相互作用。这两种蛋白质是什么？相对于内含子末端而言，这两种蛋白质结合在定向复合体的什么位置上？

27. 描述实验并给出结果，证明 RNA 聚合酶ⅡCTD 促进前体 mRNA 剪接采用外显子界定。

28. 图示说明免疫珠蛋白 μ 重链转录物的选择性剪接过程。主要体现只参与一种选择性剪接途径的外显子，不必体现参与各剪接途径的外显子。通过两种剪接途径产生的蛋白质有何不同？

29. 描述用于鉴定具有外显子剪接沉默子功能的序列的计算方法及实验方法。

30. 描述实验并给出结果，证明Ⅰ型内含子能自剪接。

31. 描述实验并给出结果，证明鸟嘌呤核苷酸添加在切离内含子的末端。

32. 图示说明含有Ⅰ型内含子 RNA 的自剪接步骤，不必体现内含子的环化过程。

33. 图示说明四膜虫 26S 前体 mRNA 从切下线性内含子起到 L-19 内含子形成的整个过程。不必体现 C-15 中间体。

分析题

1. 你正在研究一个由一个大内含子和两个短外显子组成的基因。以下列分子为研究对象，阐述 R 环实验的结果：

a. mRNA 与单链 DNA；

b. mRNA 与双链 DNA；

c. 前体 mRNA 与单链 DNA；

d. 前体 mRNA 与双链 DNA。

2. 你发现了一类新的内含子，其在剪接过程中无需任何蛋白质的协助，但需要几类小 RNA，其中之一是 V3，它具有能与 3′-剪接位点互补的 7 nt 序列 CCUUGAG。你推测 V3 与 3′-剪接位点碱基配对是剪接反应所必需的。设计实验证明你的假设，简要阐述结果。

3. 图示说明 RNase T1（或 T2）的作用机制。RNA 的碱性水解机制与 RNase T1（或 T2）的作用机制相同，阐释为什么 DNA 不能发生碱性水解？

4. 你正在研究人类 β-地中海贫血病，患者不能合成 β-珠蛋白。你发现患者 β-珠蛋白基因的编码区正常，但 mRNA 比正常情况长出约 100 多个核苷酸。对患者 β-珠蛋白基因测序发现，基因第一个内含子中有一个碱基发生了改变。提出假说解释 β-地中海贫血患者缺失 β-珠蛋白的原因。

5. 对于图 14.38 描述的基因结构而言，如果去除 P_2 和 poly（A）$_1$，只保留一个启动子（P_1）和一个多腺苷酸化位点［poly（A）$_2$］，该基因的转录物通过剪接可形成多少种 mRNA 分子？

6. 审视图 14.42（b）给出的 RNA 测序结果，已知每种酶的切割特异性，我们如何得知：(a) 第一泳道的底部条带代表什么；(b) 第二条带代表 A；(c) 从底部计数，第 8 条带代表 C；(d) 从底部计数，第 13～15 条带代表 U。（提示：本实验中，PhyM 不能在 U 位点后进行有效切割。）

翻译　徐启江　校对　许志茹　张富春

推荐阅读文献

一般的引用和评论文献

Baker, B. S. 1989. Sex in flies: The splice of life. *Nature* 340:521-524.

Black, D. L. 2003. Mechanisms of alternative pre-messenger RNA splicing. *Annual Review of Biochemistry* 72:291-336.

Fu, X.-D. 2004. Towards a splicing code. *Cell* 119:736-738.

Guthrie, C. 1991. Messenger RNA splicing in yeast: Clues to why the spliceosome is a ribonucleoprotein. *Science* 253:157-163.

Hirose, Y. and J. L. Manley. 2000. RNA polymerase II and the integration of nuclear events. *Genes and Development* 14: 1415-1429.

Lamm, G. M. and A. I. Lamond. 1993. Non-snRNP protein splicing factors. *Biochimica et Biophysica Acta* 1173:247-265.

Manley, J. 1993. Question of commitment. *Nature* 365:314.

Murray, H. L. and K. A. Jarrell. 1999. Flipping the switch to an active spliceosome. *Cell* 96: 599-602.

Newman, A. 2002. RNA enzymes for RNA splicing. *Nature* 413:695-696.

Nilsen, T. W. 2000. The case for an RNA enzyme. *Nature* 408:782-783.

Orphanides, G. and D. Reinberg. 2002. A unified theory of gene expression. *Cell* 108:439-451.

Proudfoot, N., A. Furger, and M. J. Dye. 2002. Integrationg mRNA processing with transcription. *Cell* 108:501-512.

Sharp, P. A. 1994. Split genes and RNA splicing. (Nobel Lecture.) *Cell* 109:149-152.

Villa, T., J. A. Pleiss, and C. Guthrie 2002. Spliceosomal snRNAs: Mg^{2+}-dependent Chemistry at the catalytic core? *Cell* 109:149-152.

Weiner, A. M. 1993. mRNA splicing and autocatalytic introns: Distant cousins or the products of chemical determinism? *Cell* 72: 161-164.

Wise, J. A. 1993. Guides to the heart of the spliceosome. *Science* 262:1978-1979.

研究论文

Abovich, N. and M. Rosbash. 1997. Cross-intron bridging interactions in the year commitment complex are conserved in mammals. *Cell* 89: 403-412.

Berget, S. M., C. Moore, and P. Sharp. 1977. Spliced segments at the 5′ terminus of adenovirus 2 late mRNA. *Proceedings of the National Academy of Sciences USA* 74: 3171-3175.

Berglund, J. A., K. Chua, N. Abovich, R. Reed, and M. Rosbash. 1997. The splicing factor BBP interacts specifically with the pre-mRNA branchpoint sequence UACUAAC. *Cell* 89:781-787.

Brody, E. and J. Abelson. 1985. The spliceosome: Yeast pre-messenger RNA associated with a 40S complex in a splicing-dependent reaction. *Science* 228:963-967.

Chua, K. and R. Reed. 1999. The RNA splicing factor hSlu7 is required for correct 3′ splice-site choice. *Nature* 402:207-210.

Early, P., J. Rogers, M. Davis, K. Calame, M. Bond, R. Wall, and L. Hood. 1980. Two mRNAs can be produced from a single immunoglobulin γ gene by alternative RNA processing pathways. *Cell* 20:313-319.

Fu, X.-D. 1993. Specific commitment of different pre-mRNAs to splicing by single SR proteins. *Nature* 365:82-85.

Grabowski, P., R. A. Padgett, and P. A. Sharp. 1984. Messenger RNA splicing in vitro: An excised intervening sequence and a potential intermediate. *Cell* 37:415-427.

Grabowski, P., S. R. Seiler, and P. A. Sharp. 1985. A multicomponent complex is involved in the splicing of messenger RNA precursors. *Cell* 42:345-353.

Kruger, K., P. J. Grabowski, A. J. Zaug, J. Sands, D. E. Gottschling, and T. R. Cech. 1982. Seif-splicing RNA: Autoexcision and autocylization of the ribosomal RNA intervening sequence of *Tetrahymena*. *Cell* 31: 147-157.

Langford, C. and D. Gallwitz. 1983. Evidence for an intron-contained sequence required for the splicing of yeast RNA polymerase II transcripts. *Cell* 33:519-527.

Lesser, C. F. and C. Guthrie. 1993. Mutations in U6 snRNA That alter splice site specificity: Implications for the active site. *Science* 262: 1982-1988.

Liao, X. C., J. Tang, and M. Rosbash. 1993. An enhancer screen identifies a gene that encodes the yeast U1 snRNP A protein: Implications for snRNP protein function in pre-mRNA splicing. *Genes and Development* 7: 419-428.

Parker, R., P. G. Siliciano, and C. Guthrie. 1987. Recognition of the TACTAAC box during mRNA splicing in yeast involves base pairing to the U2-like snRNA. *Cell* 49:229-239.

Peebles, C. L., P. Gegenheimer, and J. Abelson. 1983. Precise excision of intervening sequences from precursor tRNAs by a membrane-associated yeast endonuclease. *Cell* 32: 525-536.

Ruby, S. W. and J. Abelson. 1988. An early hierarchic role of U1 small nuclear ribonucleoprotein in spliceosome assembly. *Science* 242: 1028-1035.

Sontheimer, E. J. and J. A. Steitz. 1993. The U5 and U6 small nuclear RNAs as active site components of the spliceosome. *Science* 262: 1989-1996.

Staley, J. P. and C. Guthrie. 1999. An RNA switch at the 5′ splice site requires ATP and the DEAD box protein Prp28p. *Molecular cell* 3:55-64.

Stark, H., P. Dube, R. Lührmann and B. Kastner. 2001. Arrangement of RNA and proteins in the spliceosomal U1 small nuclear ribonucleoprotein particle. *Nature* 409:539-542.

Tian, M. and T. Maniatis. 1993. A splicing enhancer complex controls alternative splicing of *doublesex* pre-mRNA. *Cell* 74:105-114.

Tilghman, S. M., P. Curtis, D. Tiemeier, P. Leder, and C. Weissmann. 1978. The intervening sequence of a mouse β-globin gene is transcribed within the 15S β-globin mRNA precursor. *Proceedings of the National Academy of Sciences USA* 75:1309-1313.

Valadkhan, S. and J. L. Manley. 2001. Splicing-related catalysis by protein-free snRNAs. *Nature* 413:701-707.

Wang, Z., M. E. Rolish, G. Yeo, V. Tung, M. Mawson, and C. B. Burge. 2004. Systematic identification and analysis of exonic splicing silencers. *Cell* 119:831-845.

Yarus, M., I. Illangesekare, and E. Christian. 1991. An axial binding site in the *Tetrahymena* precursor RNA. *Journal of Molecular Biology* 222:995-1012.

Yean, S.-L., G. Wuenschell, J. Termini, and R.-J. Lin. 2001. Metal-ion coordination by U6 small nuclear RNA contributes to catalysis in the spliceosome. *Nature* 408:881-884.

Zeng, C. and S. M. Berget. 2000. Participation of the C-terminal domain of RNA polymerase II in exon definiton dnring pre-mRNA splicing. *Molecular and Cellular Biology* 20: 8290-8301.

Zhuang, Y. and A. M. Weiner. 1986. A compensatory base change in U1 snRNA suppresses a 5′-splice site mutation. *Cell* 46:827-835.

第 15 章　RNA 加工Ⅱ：加帽和多腺苷酸化

埃及街边出售的帽子。© *Iconotec. com.*

除剪接外，真核细胞还要对 RNA 进行其他形式的加工，如 mRNA 要经历加帽（capping）和多腺苷酸化（polyadenylation）两个加工过程。在加帽过程中，一个特殊的封阻核苷酸（帽被加在了前体 mRNA（pre-mRNA）的 5′端。在多腺苷酸化过程中，一串 AMP［poly(A)］被加在前体 mRNA 的 3′端。这些加工过程对 mRNA 行使正常功能是至关重要的，也是这一章我们要讨论的内容。

15.1　加帽

1974 年，研究者发现在不同的真核生物及病毒体内，mRNA 分子都存在甲基化现象。而且，大量的甲基化位点都集中在 mRNA 分子的 5′端，在结构上我们称之为**帽**（cap）。这一节将介绍“帽子”的结构和形成过程。

帽的结构

在基因克隆技术已发展成为实验室的常规技术之前，对病毒 mRNA 分子进行纯化和研究要比真核细胞容易得多。因此，第一个帽序列是在病毒的 RNA 中被发现的。Bernard Moss 及同事用下面的方法分离得到了牛痘病毒的 mRNA 并发现了其中的帽序列。他们用带有［^{3}H］的 *S*-腺苷甲硫氨酸（AdoMet，一种甲基供体）或者带有^{32}P 的核苷酸将 RNA 甲基化基团标记，然后对这些同位素标记的 RNA 进行水解。之后发现大部分水解产物都是单核苷酸，但帽序列可以通过 DEAD-纤维素亲和层析加以分离。图 15.1 就是当时对牛痘病毒 mRNA 的帽序列进行色谱分析的结果。结果表明这些帽序列带有大约 5 个负电荷。图 15.1（b）中红色曲线是^{3}H（甲基化）标记的结果，蓝色曲线是^{32}P 标记的结果，二者的吻合表明帽序列被甲基化了。Aaron Shatkin 小组在分析呼肠孤病毒的 RNA 帽序列之后也得到了类似的结果。

为了确定呼肠孤病毒中帽的结构，Yasuhiro Furuichi 和 Kin-Ichiro Miura 进行了如下实验。他们发现该帽序列能被［β，γ-^{32}P］ATP 标记却不能被［γ-^{32}P］ATP 标记。这一结果表明 β 位的磷酸基团可以被帽序列保留，而 γ 位的却不行。在一个 RNA 中，只有第一个碱基仍然保留有 β 位磷酸基团，因此这一结果证实了帽序列是在 RNA 的 5′端。但这个 β 位的磷酸基团显然是被一个未知的 X 物质所保护的，因为它不能被碱性磷酸酯酶（alkaline phosphatase）去除。

由此产生了下一个问题：X 物质是什么？研究发现这一保护基团可以被磷酸二酯酶（phosphodiesterase）移除，而磷酸二酯酶既可

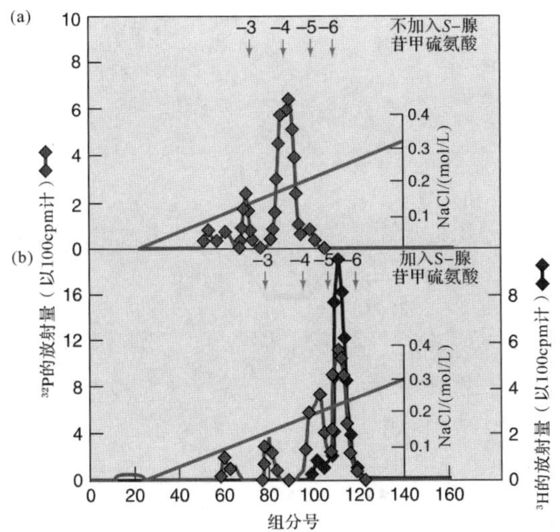

图 15.1 DEAD-纤维素层析法分离牛痘病毒 mRNA 的帽结构。 Wei 和 Moss 让牛痘病毒在具有［β, γ-^{32}P］ATP 的情况下合成帽结构，此过程中不加入 **(a)** 或加入 **(b)**［^{3}H］标记的 *S*-腺苷甲硫氨酸。之后用 KOH 消化合成的 RNA，用 DEAD-纤维素层析法分析消化产物。将不同片段数目的^{3}H（蓝线）和^{32}P（红线）放射量（每分钟计数）进行了绘图，对不同片段的 NaCl 浓度（绿线）也进行了绘图。图上方是不同片段的位置及所带的净电荷。［*Source*：Adapted from Wei, C. M. and B. Moss, Methylated nucleotides block 5′-terminus of vaccinia virus messenger RNA, *Proceedings of the National Academy of Sciences USA* 72 (1)：318-322, January 1975.］

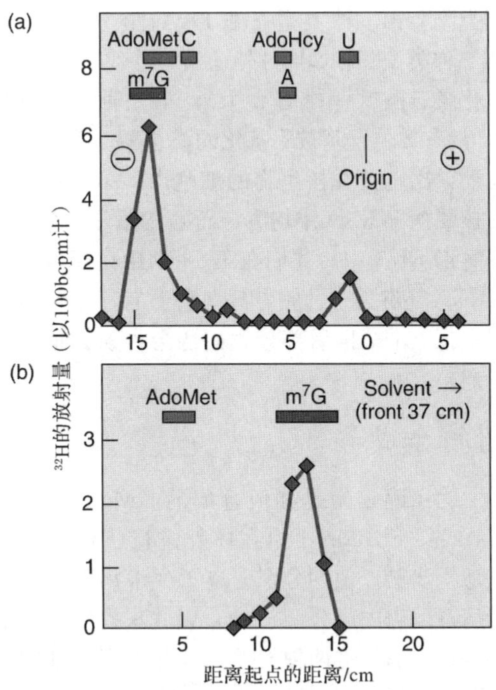

图 15.2 加帽底物（X）为 7-甲基鸟苷的证实。 Miura 和 Furuichi 用磷酸单酯酶消化^{3}H 标记的加帽底物（Xp）生成 X。**(a)** 将消化产物与一系列分子质量标准物电泳（如 S-腺苷甲硫氨酸，m^{7}G、*S*-腺苷高半胱氨酸、腺苷、尿苷）。由于电泳未能分离 *S*-腺苷甲硫氨酸和 m^{7}G，他们又用纸层析法 **(b)** 进行分析。放射性显示的底物 X 与 m^{7}G 的迁移距离一致。（*Source*：Data from Furuichi, Y. and K. -I. Miura, A blocked structure at the 5′ terminus of mRNA from cytoplasmic polyhedrosis virus. *Nature* 253：375, 1975.）

以消化磷酸二酯键，也可以消化磷酸酐键（如核苷酸内 α 位和 β 位的磷酸键）。经过磷酸二酯酶消化产生带有负电荷的类似 Xp 的化合物。之后，Furuichi 和 Miura 用单磷酸酯酶（phosphomonoesterase）去掉了 Xp 中的磷酸基团，只剩下 X，然后对这一化合物进行纸电泳，随后又进行纸色谱分析。图 15.2 显示 X 的电泳距离与 **7-甲基化鸟苷**（7-methylguanosine, **m^{7}G**）一致，表明这个帽就是 **m^{7}G**。

磷酸二酯酶消化后的另外一个产物是 pAm（2′-*O*-甲基单磷酸腺苷）。因此，帽中 m^{7}G 是与 pAm 相连的。这种连接的本质是什么？以下两点证明它们之间通过三磷酸连接：①帽中的 GTP 只保留了 α-磷酸，没有 β-磷酸或 γ-磷酸。②帽中的 ATP 保留了 α-磷酸和 β-磷酸。因此，一个磷酸基团来自 GTP，还有两个来自起始 RNA 合成的 ATP，在加帽的 m^{7}G 与下一个核苷之间总共有三个磷酸基团相互连接。此外，由于 ATP 和 GTP 在其 5′端都有磷酸基团，二者之间很可能以 5′-5′方式连接。

那么如何解释呼肠孤病毒中帽 5′端所带的约 5 个负电荷呢？图 15.3 显示了对这个问题所进行的分析。其中三个负电荷来自 m^{7}G 与倒数第二个核苷之间的三磷酸。另一个负电荷源于倒数第二个核苷与倒数第三个核苷之间的磷酸二酯键（此键没有被碱裂解是因为其 2′位的羟基被甲基化了）。还有两个负电荷来自帽末端的磷酸基团。这里总共是 6 个负电荷，但是 m^{7}G 自身提供了一个正电荷，所以最终电荷量为−5。

其他的病毒和细胞内的 mRNA 都有相似的帽，根据 2′位羟基被甲基化的程度划分为三种类型。第一种类型（**帽 1**）如图 15.3 所示。第二种类型（**帽 2**）另外还有一个 2′位羟基甲基化核苷酸（一排有 2 个）。第三种类型（**帽 0**）没有 2′位羟基被甲基化的核苷酸。第二种帽序列只出现在真核生物的细胞内，第一种则在真核和病毒 RNA 中均有，而第三种只存在于某些病毒 RNA 中。我们在第 14 章中讲过，某些 snRNA 还有另一种帽，其鸟苷上有三个位点被甲基化。本章稍后部分我们还会再谈到这些帽序列。

帽的合成

为了确定帽是如何合成的，Moss 小组和 Furuchi、Shatkin 小组在体外进行了模式底物的加帽实验。他们分别分离了牛痘病毒和呼肠孤病毒的壳内成分（core），以此来提供加帽所需的蛋白酶。这两种人类病毒都在宿主细胞的胞质中进行复制，不需要进入其细胞核内。因此，推断它们的壳内应该含有自己的转录和加帽系统。如图 15.4 所示，在这两种病毒内所发生的事件顺序是一致的。①核苷磷酸水解酶（也称 **RNA 三磷酸酶**）将正在合成的 RNA 分子 5′端的 γ-磷酸水解掉，生成一个焦磷酸；②鸟苷酸转移酶将来自 GTP 的 GMP 连接到 RNA 末端的焦磷酸上，形成一个 5′-5′-三磷酸；③甲基转移酶将 *S*-腺苷甲硫氨酸的甲基转移到末端鸟苷酸的 7-N 位置；④另外一个甲基转移酶再从另一个 AdoMet 分子上将甲基转移到倒数第二个核苷的 2′-OH 上。

为了验证上述反应途径的正确性，他们分离了此过程中所涉及的酶及中间产物。例如，Furuichi 及同事用标记的 pppGpC 为模式底物进行研究，pppGpC 类似呼肠孤病毒新合成 mRNA 的 5′端。如何知道病毒分子从底物上去掉了一个末端磷酸基团而将之转变为 ppGpC 呢？他们用过量的副产物（PPi）来阻止鸟苷转酯反应，使 ppGpC 积累。按照图 15.5 中的方案对这个中间产物进行检测。首先，他们采用纸电泳方法，发现其中一个重要的标记产物与 ppGpC 的迁移率一样。但不巧的是 CDP 也迁移到相同位置，所以不能明确证实标记产物为 ppGpC。于是，他们用碱性磷酸酶将产物中的 ppGpC 转换为 GpC，然后再重新电泳。这一次放射性的峰值出现在 GpC 的位置上。这是令人振奋的结果，但为了从正面来证实中间产物就是 ppGpC，他们将实验（a）中所得到的峰值产物进行了离子交换树脂层析，结果发现放射性峰值产物与 ppGpC 标准物是共迁移的。这样，确定了 ppGpC 是加帽过程的中间产物。实验中 ppGpC 峰值处出现少量的 ^{14}C标记是因为 ^{14}C 本身的放射性强度更低一些。

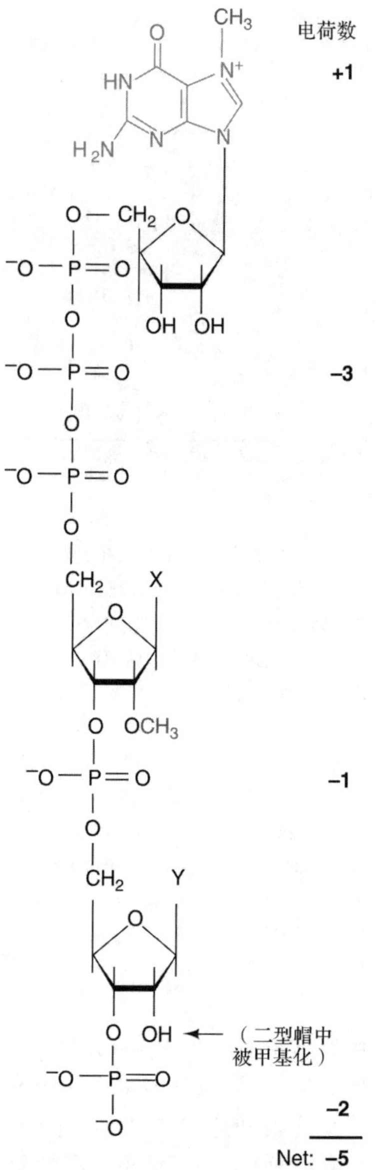

图 15.3 呼肠孤病毒帽结构（帽 1）所带的电荷。 m^7G（带有红色甲基的蓝色鸟苷）提供一个正电荷，焦磷酸连接提供三个负电荷，磷酸二酯键提供一个负电荷，末端的磷酸基团提供两个负电荷，因此其净电荷是－5。与 Y 碱基相连的核糖上 2′位的羟基在帽 2 结构中会被甲基化。

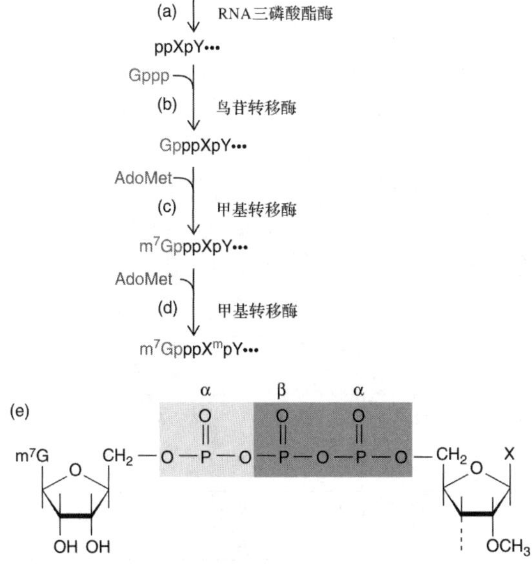

图 15.4 加帽过程中事件发生的顺序。(a) RNA 三磷酸酶从延伸中的 RNA 的 5′端切去 γ—磷酸基；**(b)** 鸟苷转移酶从 GTP（蓝色）上将 GMP 转移到 RNA 上形成三磷酸基连接，封闭 RNA 的 5′端；**(c)** 甲基转移酶从腺苷甲硫氨酸上转移甲基基团（红色）到封闭鸟苷的 7 位氮上；**(d)** 另外一个甲基转移酶从腺苷甲硫氨酸上转移一个甲基基团（红色）到倒数第二的核苷酸的 2′-OH 上，形成帽 1，为了形成帽 2，在下一个核苷酸上重复步骤（d）进行甲基化；**(e)** 三磷酸基团连接中磷酸基团的来源。α 位和 β 位的磷酸基团来自起始核苷酸（XTP），用绿色标出，帽 GTP 中的 α 位磷酸用黄色标出。

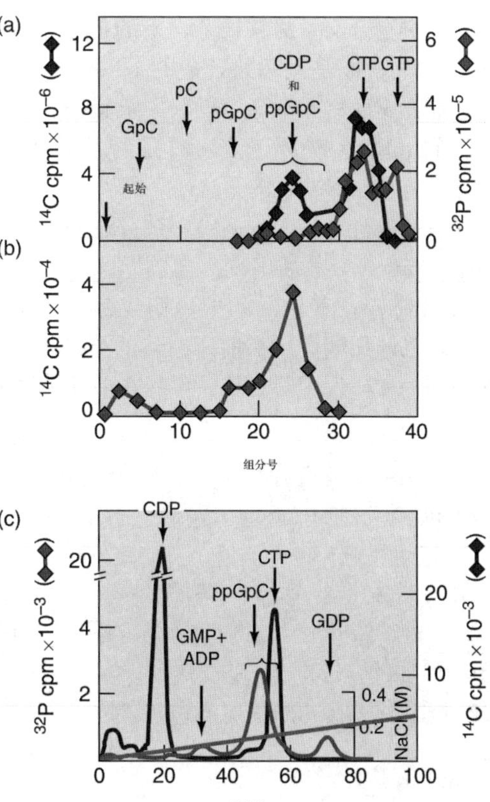

图 15.5 验证呼肠孤病毒帽合成的中间产物为 ppGpC。(a) 第一次纯化步骤。Furuichi 及同事在呼肠孤病毒中加入［^{14}C］CTP 和［^{32}P］GTP 来标记帽及加帽过程的中间产物。之后，将标记物跟图上方所列的已知化合物一起进行纸电泳。一种放射性的中间产物（弧形曲线部分）与 ppGpC 和 CDP 迁移率相同。**(b)** ppGpC 转换为 GpC。将（a）中弧形曲线所对应的物质用碱性磷酸酶消化，使 ppGpC 转换为 GpC，然后再进行电泳。结果可见，一个主峰与 GpC 共迁移。**(c)** ppGpC 的阳性验证。将（a）中弧形曲线所对应的物质用离子交换树脂层析，所用已知化合物标于图顶部。^{32}P 标记的主峰与 ppGpC 是吻合的。（*Source*：Adapted from Furuichi Y.，S. Muthukrishnan，J. Tomasz，and A. J. Shatkin，Mechanism of formation of reovirus mRNA 5′-terminal blocked and methylated sequence m^{7}GpppG$_m$pC. *Journal of Biological Chemistry* 251：5051，1976.）

帽结构是什么时候加上的呢？在某些病毒，如胞质多角体病毒（cytoplasmic polyhedrosis virus，CPV）中，S-腺苷甲硫氨酸的缺失会抑制转录，表明其转录是依赖于加帽过程的。由此推测这种病毒的加帽是个非常早期的事件，有可能在前体 mRNA 刚开始形成第一个磷酸二酯键之后就发生了。在其他病毒如牛痘病毒中，缺少 S-腺苷甲硫氨酸，其转录过程仍然正常进行，因此这种病毒的转录和加帽没有紧密联系。

与 CPV 和牛痘病毒不同，腺病毒是在核内进行复制的，因而有可能利用寄主的加帽系统进行加帽。因此，腺病毒应该可以告诉我们真核细胞前体 mRNA 的加帽过程。James Darnell 及同事证实，腺病毒的加帽过程发生在转录的早期。他们检测了腺病毒帽和前体 mRNA 分子中前 12 个左右核苷酸中所掺入的［^{3}H］腺苷的量。首先，在腺病毒感染的后期加入［^{3}H］腺苷来标记前体 mRNA 帽（m^{7}GpppA 中的粗体 A）和其他位置的腺苷，然后用梯度离心法将小分子前体 mRNA 中的大片段剔除，再以含有中后期转录物起始位点的限制酶片段为探针进行杂交。能够被杂交上的任何小分子RNA都有可能是刚起始合成的RNA，不仅仅只是成熟RNA的降解片段。从杂交分子上将新生的mRNA洗脱下来，看是否已被加帽。果然，这些mRNA分子已加了帽结构，而且不含有三磷酸腺苷（pppA），该分子只在没有加帽的mRNA末端出现。实验结果表明，腺病毒mRNA在其转录的中后期或延伸到70nt之前就已经加帽了。目前所公认的是，在真核细胞内，加帽发生得更早，可能在前体mRNA延伸到30nt之前。

小结 帽是分步合成的。首先，RNA焦磷酸酶将前体mRNA末端的磷酸基团去掉，之后鸟苷转移酶在此末端加上GMP（来源于GTP）。然后，两个甲基转移酶分别将鸟苷第7位的N和倒数第二个碱基2′位的羟基甲基化。这一系列事件发生在RNA链延伸到30个核苷酸之前的转录早期。

帽的功能

帽结构至少有4种功能：①保护mRNA免于降解；②加强mRNA的可译性；③增强mRNA从细胞核到细胞质的转运；④提高mRNA的剪接效率。在本节我们先讨论帽结构的前3种功能，下一章再讨论其第4种功能。

保护功能 帽结构是通过三磷酸键与随后的mRNA连接的，这种磷酸键在RNA的其他部位没有发现过。因此，帽结构通过防止RNase从5′端起始对mRNA分子的外切作用而行使保护功能，这种RNase对焦磷酸键无能为力。事实上，已有明确的证据表明，帽可以防止mRNA分子的降解。

Furuichi、Shatkin及同事于1977年发表文章，证明加帽的呼肠孤病毒RNA比未加帽的要稳定得多。他们分别对新合成的用m^7GpppG加帽的、用GpppG“封堵”的及未加帽的RNA进行标记，然后将这三种RNA分别注入到非洲爪蟾的卵母细胞内，8h后用甘油密度梯度超速离心进行分离和分析。结果发现，呼肠孤病毒RNA以三种大小存在，分别为大（l）、中（m）、小（s）三种片段。图15.6（a）显示甘油密度梯度超速离心对这三种大小RNA的分离结果。对含有不同5′端的三种RNA都进行了相同的分析，并没有发现明显的不同。实验中三条大小不同的条带总是清晰可见。图15.6（b）所显示的是非洲爪蟾卵母细胞放置8h之后的结果。三种不同5′端的RNA都有降解，但这种降解在未加帽的RNA中更为明显。由此看来，非洲爪蟾卵母细胞虽然含有可降解病毒RNA的核酸酶，但帽可以提供一定的保护功能。

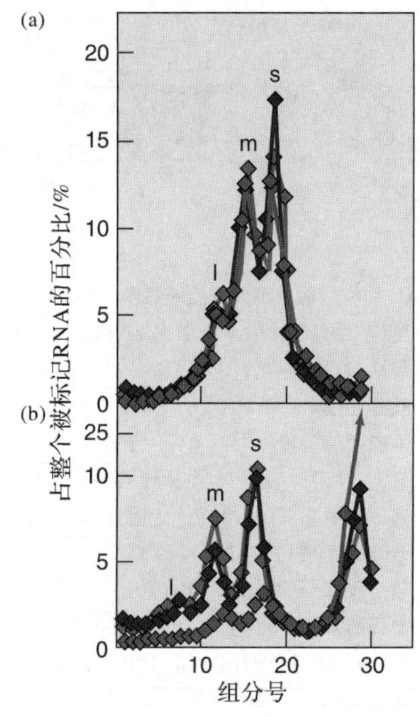

图15.6 帽结构对呼肠孤病毒RNA稳定性的影响。 **(a)** 新合成的RNA。对已经加帽的（绿色）、封堵的（蓝色）、未加帽的（红色）呼肠孤病毒RNA进行标记，并对其进行甘油密度梯度超速离心分析。三种不同大小的RNA片段分别被标为大（l）、中（m）、小（s）。**(b)** RNA分子在非洲爪蟾卵母细胞内培养的结果。将以上含有不同5′端的RNA注射到非洲爪蟾卵母细胞中，8h后分离，并用（a）中的离心方法进行分析。颜色标注与（a）相同。（*Source*：Adapted from Furuichi，Y. A. LaFiandra，and A. J. Shatkin，5′-terminal structure and mRNA stability. *Nature* 266：236，1977.）

可译性 帽的另一个重要功能是保证mRNA的可译性。在第17章我们将看到，真核细胞的mRNA进入核糖体进行翻译是通过帽结合蛋白对帽的识别而实现的。如果没有帽结构，帽结合蛋白就不能结合上去，则mRNA的翻译效率会非常低。Daniel Gallie在体内实验中，描述了帽对翻译的促进作用。分别将有帽和无帽，同时有和无Poly（A）的萤火虫萤光素酶mRNA导入烟草细胞。由于萤光素酶在有萤光素和ATP情况下能够发光，所以很容易检测。表15.1的结果表明，3′端的Poly（A）和5′端的帽都能协同增强萤光素酶的稳定性和翻译效率。对于已加帽的mRNA，Poly（A）尾可将其翻译效率提高21倍，但加帽过程却可将含有Poly（A）尾的mRNA的翻译效率提高297倍。当然，mRNA自身的稳定性对结果的影响也需考虑在内，但其影响并不是很大。

表15.1　Poly（A）和帽结构对烟草原生质体萤光素酶mRNA翻译过程的协同作用

mRNA	萤光素酶mRNA半衰期/min	萤光素酶活性/（光单位/mg蛋白）	Poly（A）尾对酶活性的相对影响	帽对活性的相对影响
未加帽的				
没有Poly（A）	31	2 941	1	1
含有Poly（A）	44	4 480	1.5	1
加帽的				
没有Poly（A）	53	62 595	1	21
含有Poly（A）	100	1 331 917	21	297

Source：Gallie，D. R. The cap and poly（A）tail function synergistically to regulate mRNA translational efficiency，*Genes & Development* 5：2108-2116，1991. Copyright © Cold Spring Harbor，NY. Reprinted by permission.

RNA的运输　帽结构同时还有利于成熟RNA向核外的运输。Jorg Hamm和Iain Mattaj在分析了U1 snRNA的转运之后得出这一结论。大多数snRNA，包括U1 snRNA在内，都是由RNA聚合酶Ⅱ转录的，其转录物在细胞核内被加上单甲基化的m^7G帽。这些转录物被转运到细胞质，在这里与一些蛋白质结合形成snRNP复合物，同时它们的帽被进一步甲基化为三甲基鸟苷（$m^{2,2,7}G$）。然后再次进入到核内完成剪切及其他加工过程。U6 snRNA是一个例外，它由聚合酶Ⅲ合成，且没有帽结构，保留了自己的末端焦磷酸，并留在核内。Hamm和Mattaj想弄清楚如果U1 snRNA被聚合酶Ⅲ而不是聚合酶Ⅱ合成，情况会如何？如果它不被加帽，而且留在核内，就表明帽结构对于RNA向核外转运是重要的。

因此，Hamm和Mattaj将非洲爪蟾U1 snRNA基因放在人的U6 snRNA启动子之后，使它由聚合酶Ⅲ转录。之后，将构建好的U1 snRNA注入爪蟾卵母细胞核中，同时还注入一种标记的核苷酸和爪蟾的5S rRNA基因作为内参。实验中还加入了1μg/mL的α-鹅膏（蕈）毒环肽抑制RNA聚合酶Ⅱ的活性，以此确保U1基因的转录物不会由聚合酶Ⅱ合成。除了野生型U1基因外，还用几种突变型U1基因进行了分析，这些突变发生在编码蛋白结合位点的区域。在失去与胞质特定蛋白结合的能力后，突变转录物在转运到胞质后不能再回到细胞核。注射12h后，Hamm和Mattaj剥离了卵母细胞的细胞质和细胞核，并对两种组分的标记产物进行电泳检测；比较了由RNA聚合酶Ⅱ合成并加帽的U1 snRNA和由RNA聚合酶Ⅲ合成的未加帽的U1 snRNA在细胞中的定位。

事实上，所有聚合酶Ⅲ合成的未加帽U1 snRNA都被保留在核内，而聚合酶Ⅱ合成的U1 snRNA被转运到胞质。这些结果支持了加帽对于U1 snRNA往核外运输是必需的这一假设。

稍后我们在这一章将看到，帽结构对于前体mRNA的正确剪切也是必不可少的。

小结　帽结构有4个功能：①保护mRNA不被降解；②增加mRNA的可译性；③将mRNA转运到核外；④使前体mRNA被正确地剪切。

15.2 多腺苷酸化

我们已经知道 hnRNA 是 mRNA 的前体。二者存在如下联系：它们的 3′端共有一个独特结构，即被称为 poly（A）的 AMP 残基长链。rRNA 和 tRNA 都不具有 poly（A）尾。给 RNA 添加 poly（A）的过程称为**多腺苷酸化**（polyadenylation）。我们先了解一下 poly（A）的性质，然后学习多腺苷酸化的过程。

Poly（A）

James Darnell 小组做了大量关于 poly（A）和多腺苷酸化的早期研究。为了从 HeLa 细胞的 mRNA 中得到 poly（A）片段，他们用 RNase A 和 RNase T1 两种酶切割 mRNA。其中，RNase A 在 C 和 U 后酶切 RNA，RNase T1 在 G 后酶切 RNA，即剪切除了 A 之外的所有核苷酸，只留下纯的腺嘌呤片段。之后电泳细胞质和细胞核的 poly（A），确定其大小。图 15.7 显示，两种 poly（A）片段都在比 5S rRNA 慢一些的位置具有主要峰，大概是 7S。他们估计这些片段有 150～200 个碱基。在该实验中观察到的 poly（A）片段只被标记了 12min，所以它们是新合成的。值得注意的是，新合成的核内和细胞质 poly（A）片段的大小没有多大差别。但在本章后面我们将看到细胞质 poly（A）会逐渐变短。分析不同生物的 poly（A）尾发现，新合成 poly（A）尾大小平均约为 250nt。

Poly（A）是从 mRNA 或 hnRNA 的 3′端开始进行延伸的。在一个从 3′端降解的 RNase 作用下，poly（A）可以从 mRNA 或 hnRNA 的 3′端很快被释放出来。因此，用 RNase 完全降解 poly（A）所得产物是一分子的腺嘌呤三核苷酸和约 200 个分子的 AMP。图 15.8 表明得到这一结果要求 poly（A）位于 mRNA 分子的 3′端。该实验也进一步证明 poly（A）的长度约为 200nt。

我们知道 poly（A）不是由 DNA 转录而来的，因为基因组中没有足够长的一串 T 来编码它。尤其是，在数千个已经测序的真核生物基因的尾部没有发现 T 串序列。而且，放线菌素 D 虽然可抑制 DNA 转录过程，但是并不能抑制多腺苷酸的合成。所以，poly（A）一定是在转录后加上去的。事实上，细胞核内有一种称为**腺嘌呤聚合酶**［poly（A）polymerase，PAP］的酶，它可以在前体 mRNA 上每次添加一个 AMP 残基。

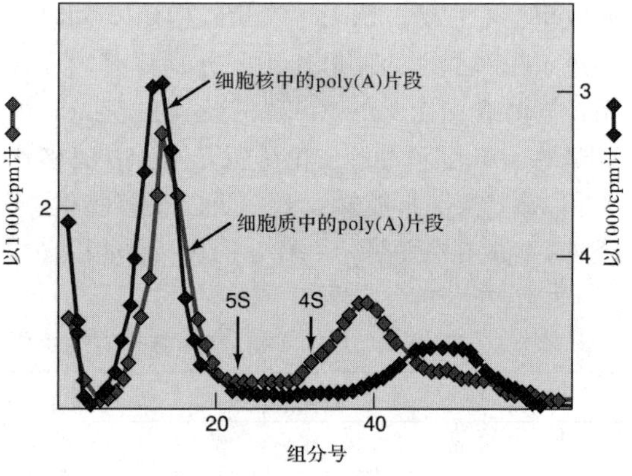

图 15.7　poly（A）的大小。 Sheiness 和 Darnell 从 HeLa 细胞的细胞核和细胞质中分别分离放射性标记的 hnRNA（蓝色）和 mRNA（红色）。然后用 RNase A 和 RNase T1 处理这些 RNA 以释放 poly（A），电泳分离后收集组分，用闪烁计数法测量放射强度（第 5 章）。用 4S tRNA 和 5S rRNA 作为分子大小参照后发现两种 Poly（A）均比 5S rRNA 泳速要慢，相应的分子长度约为 200nt。（*Source*：Adapted from Sheiness，D. and J. E. Darnell，Polyadenylic acid segment in mRNA becomes shorter with age. *Nature New Biology* 241：267，1973.）

由于在 hnRNA 上发现有 poly（A），所以我们知道 poly（A）尾是加在前体 mRNA 上的，甚至是一些特殊的尚未剪接的前体 mRNA 上（如 15S 鼠珠蛋白前体 mRNA）也含有 poly（A）。但是在本章后面部分我们将看到前体 mRNA 上一些内含子的剪切要早于多腺苷酸化。一旦一个 mRNA 进入细胞质，其 poly（A）就开始降解，换句话说，poly（A）不可避免地受到 RNase 的降解，然后又被细胞质中的 poly（A）聚合酶重新合成。

小结　绝大多数真核生物的 mRNA 及其前体在 3′端都有一段约 250nt 的多腺苷酸残基链。这段 poly（A）是在转录之后被 poly（A）聚合酶加上去的。

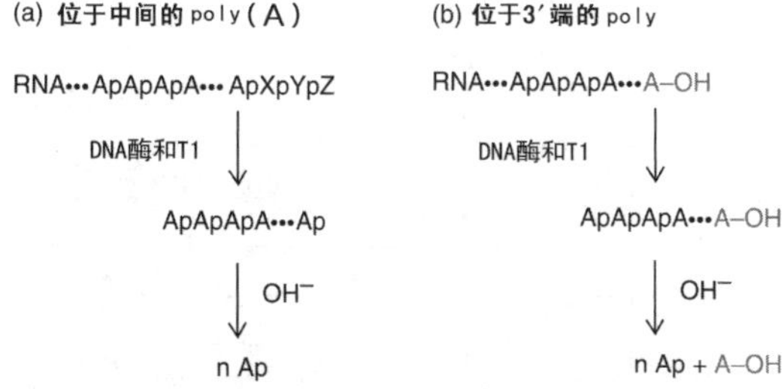

图 15.8　在 hnRNA 和 mRNA 3′端发现 poly（A）。**(a)** 内部 poly（A）。如果 poly（A）存在于 RNA 分子内部，RNase A 和 RNase T1 消化时产生的 poly（A），在其 3′端将带有一个磷酸基团。碱基水解只能产生 AMP。**(b)** poly（A）存在于 hnRNA and mRNA3′端。因为 poly（A）存在于这些 RNA 分子的 3′端，RNase A 和 RNase T1 消化时在 3′端产生没有磷酸化的腺嘌呤。碱基水解产生 AMP，另外有一分子腺苷。AMP 与腺苷的比率为 200，提示 poly（A）的长度是 200nt。

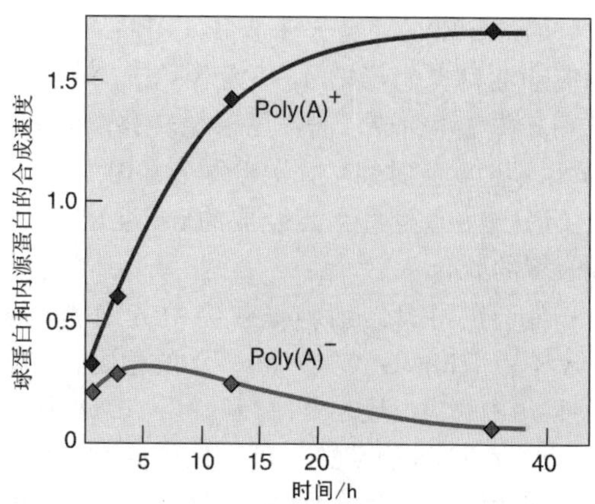

图 15.9　poly（A）$^+$（蓝色）与 poly（A）$^-$（红色）珠蛋白 mRNA 翻译的时间进程。 Revel 及同事绘制的比率图，以整合到珠蛋白和内源蛋白中的放射性对标记时间的中点作图。[*Source*：Adapted from Huez，G. G. Marbaix，E. Hubert，M. Leclereq，U. Nudel，H. Soreq，R. Solomon，B. Lebleu，M. Revel，and U. Z. Littauer，Role of the polyadenylate segment in the translation of globin messenger RNA in *Xenopus oocytes*. *Proceedings of the National Academy of Science* USA 71（8）：3143-3146，August 1974.]

Poly（A）的功能

绝大多数 mRNA 都有 poly（A），但组蛋白 mRNA 是个特例，它在没有 poly（A）尾的情形下仍能行使自己的功能。虽然有这个例外，但真核生物几乎普遍存在的 poly（A）到底发挥什么作用呢？研究表明，poly（A）具有保护 mRNA 免受降解的功能，poly（A）对它所连结的 mRNA 的翻译有促进作用，还有证据表明 poly（A）在 mRNA 的剪接及转运出核时发挥一定的作用。在此，我们先寻求 poly（A）在 mRNA 稳定性和可译性方面的证据，在本章的最后我们再讨论剪接和转运功能。

保护 mRNA　为了检验 poly（A）对 mRNA 稳定的作用，Michel Revel 及同事将有 poly（A）尾和无 poly（A）尾的珠蛋白 mRNA 注入爪蟾卵母细胞中，之后的两天中在不同时间测定珠蛋白的合成速率。起初他们发现没有什么差异，但 6h 之后，无 poly（A）尾的 mRNA [poly（A）$^-$ RNA] 不能再继续翻译下去，而有 poly（A）尾的 mRNA [poly（A）$^+$ RNA] 依旧可以有效地翻译（图 15.9）。对这一现象最简单的解释就是，poly（A）$^+$ RNA 比 poly（A）$^-$ RNA 有较长的稳定时间，因此 poly（A）是个保护剂。但我们也将看到，有些 mRNA 的 poly（A）尾并不具有保护作用。但不管怎样，可以明确的一点是 poly（A）尾在促进 mRNA 的翻译效率方面具有更为重要的作用。

增强 mRNA 的可译性　有多个证据表明，poly（A）尾可增强 mRNA 的翻译能力。真核生物 mRNA 翻译中有一种能与 mRNA 结合的蛋白质称为 **poly（A）结合蛋白Ⅰ** [poly（A）-binding protein Ⅰ，PABⅠ]。mRNA 翻译时与该蛋白质结合可增强翻译效率。支持该假说的实验证据是：在体外翻译体系中加入过量 poly（A）可抑制已加帽的、已多腺苷酸化的 mRNA 的翻译。这个实验暗示过量 poly（A）与 mRNA 上的 poly（A）竞争某个重要因子，推测该因子为 PABⅠ。无 PABⅠ时，mRNA 不能很好地翻译。那么我们可以进一步得出这样的结论，即 poly（A）-RNA 如果不能结合 PABⅠ，就不能有效地进行翻译。

为了检验这个假说，David Munroe 和 Allan Jacobson 比较了两个人工合成的有 poly（A）和无 poly（A）的 mRNA 在兔网织红细胞提取物中的翻译速率。他们克隆了兔 β-珠蛋白基因和疱疹性口炎病毒的 N 基因并连接到质粒中，在噬菌体 SP6 启动子的调控下，用 SP6 RNA 聚合酶进行体外转录，分别获得了这两个基因的 mRNA［兔β-珠蛋白（RBG）mRNA 和疱疹性口炎病毒的 N 基因（VSV. N）mRNA］。在克隆和转录前，用末端转移酶和 dTTP 以不同反应时间，分别给每个基因添加 poly（T）尾，使这些人工合成的 mRNA 具有不同长度的 poly（A）尾。

他们在网织红细胞提取物中分别测定了 poly（A）$^+$和 poly（A）$^-$ mRNA 的稳定性和可译性。图 15.10 显示了帽和 poly（A）尾对 VSV. N mRNA 稳定性和可译性的影响。对于有帽或无帽的 mRNA 而言，在有 poly（A）尾时要比无 poly（A）尾时翻译得好。进一步实验表明，多腺苷酸化对这两种 mRNA 的稳定作用并没有差异。他们对这一结果的解释是：poly（A）对 mRNA 翻译的增强作用不是由于加强了 mRNA 的稳定性，而是由于加强了翻译过程本身。如果是这样，那么 poly（A）到底加强了翻译过程的哪一步呢？以上研究表明，这一作用发生在翻译的起始阶段，即 mRNA 和核糖体结合时。在第 17 章我们将看到，许多核糖体有序地结合到真核细胞 mRNA 的头部并依次读取 mRNA 的信息。一条 mRNA 链一次结合数个核糖体进行翻译的结构称为多核糖体（polysome）。Munroe 和 Jacobson 认为 poly（A）$^+$ mRNA 比 poly（A）$^-$ mRNA 更容易成功地形成多核糖体。

Munroe 和 Jacobson 测定了标记过的 mRNA 掺入多核糖体的过程。他们用^{32}P 标记含 poly（A）的 mRNA，用^{3}H 标记没有 poly（A）的 mRNA，接着将这些 mRNA 在网状细胞提取液中孵育，然后用蔗糖梯度离心法提取多核糖体。图 15.11（a）显示带有 poly（A）的 VSV. N mRNA 比不带 poly（A）的 VSV. N mRNA 更容易与核糖体结合。在平行实验中，RBG mRNA 也显示了相同的结果。图 15.11（b）显示连接到 RBG mRNA 的 poly（A）的长度对多核糖体形成程度的影响。可以发现，随着 poly（A）从 5nt 到 30nt 的不断加长，相应核糖体的形成也在不断地加强。

Munroe 和 Jacobson 关于 poly（A）并不影响 mRNA 稳定性的发现似乎与 Revel 小组早期的研究结果有矛盾。究其原因可能是 Revel 的

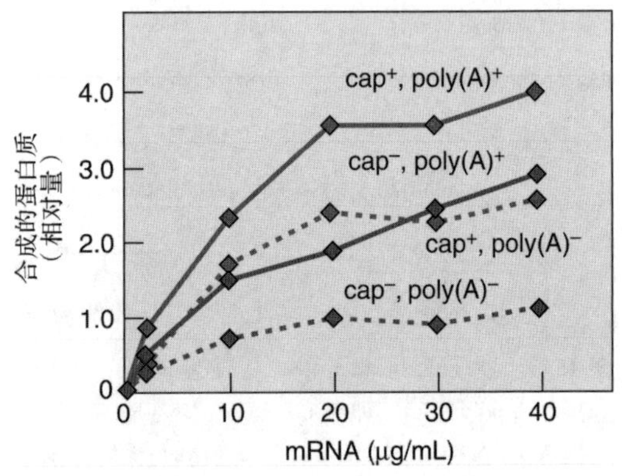

图 15.10 多苷酸化对 mRNA 可译性的影响。 Munroe 和 Jacobson 将 VSV. N 的 mRNA 和^{35}S 标记的甲硫氨酸在兔网织红细胞提取物中孵育。RNA 分子有加帽的（绿色）和未加帽的（红色），有 poly（A）$^+$（实线）的，也有无 poly（A）$^-$的（虚线）。在蛋白质合成 30min 之后，电泳标记产物，通过定量荧光检测法测量新合成蛋白质的放射活性。Poly（A）对加帽和未加帽 mRNA 的可译性都有促进作用。［*Source*：Adapted from Munroe，D. and A. Jacobson，mRNA poly（A）tail，a 3′ enhancer of a translational initiation. Molecular and Cellular Biology 10：3445，1990.］

研究是通过完整的爪蟾卵细胞完成的，而 Munroe 的研究是用无细胞体系完成的。在本章前面的表 15.1 显示，poly（A）激发了萤光素酶 mRNA 的转录，poly（A）对该 mRNA 稳定性的影响最多是加倍，而萤光素酶的产量增加了 20 倍。因此，这一系统也显示 poly（A）似乎在增强翻译方面起更重要的作用。

在第 17 章我们将看到 poly（A）如何在保护 mRNA 的同时促进其翻译。简而言之，poly（A）可以与胞质中的 poly（A）结合蛋白结合，这些蛋白质同时又与翻译起始因子（eIF4G）结合，而 eIF4G 因子又可以结合帽上的帽结合蛋白。这样就将 3′端的 poly（A）和 5′端的帽拉到一起，有效地将 mRNA 环化起来。这种两端都结合有蛋白质分子的环状 mRNA 比裸露的线状 mRNA 要稳定得多。同时，环状的 mRNA 也更容易进入翻译步骤，部分原因是将 mRNA 环系在一起的 eIF4G 可以帮助将核糖体募集到 **mRNA** 上。

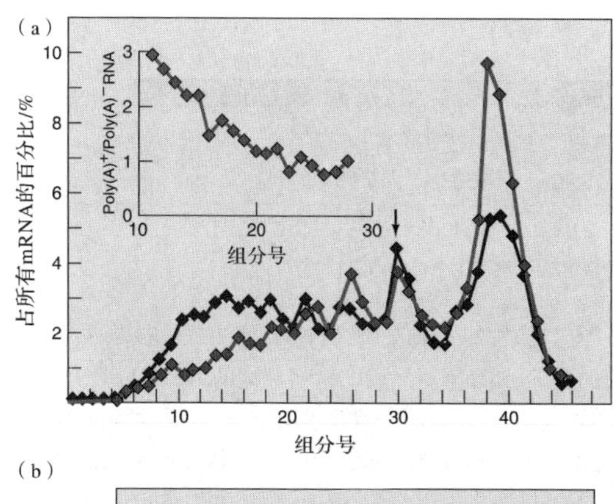

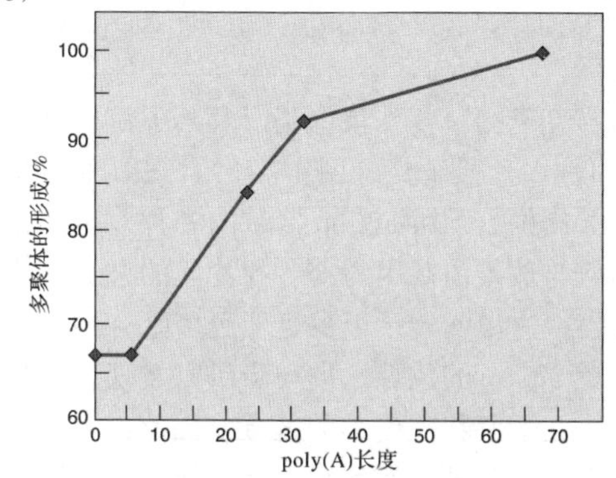

图 15.11 多腺苷酸化对募集 mRNA 形成多核糖体的作用。(a) 多核糖体分布图。Munroe 和 Jacobson 分别将^{32}P标记的 Poly (A)$^+$ (蓝色) mRNA 和^3H标记的 Poly (A)$^-$ (红色) mRNA 与兔网织红细胞提取物混合，然后用蔗糖梯度离心分离多核糖体与单体。箭头指示单体的峰值，其左边是多聚物片段，可以看到二聚体、三聚体甚至多聚物的峰值。有 Poly (A) 尾的 mRNA 显然与多核糖体结合得更好，尤其是与高聚体。插图显示组分 11～28 中 Poly (A)$^+$与 Poly (A)$^-$ mRNA 的比值。结果再次证明 poly (A)$^+$ mRNA 与核糖体结合的优先性。**(b)** 不同长度 poly (A) 会对 VSV. N mRNA 和核糖体形成多核糖体的效率产生影响，长度为 68nt 的 poly (A) 尾形成多核糖体的效率达 100%。(*Source*: Adapted from Munroe, D. and A. Jacobson, mRNA poly (A) tail, a 3′ enhancer of a translational initiation. *Molecular and Cellular Biology* 10: 3447-3448, 1990)

小结 poly (A) 可以同时加强 mRNA 的稳定性和翻译能力，这两个方面的相对重要性因不同的系统而不同。至少在兔网状细胞提取液中，poly (A) 通过辅助募集 mRNA 到多核糖体上，进而加强 mRNA 的翻译作用。

多腺苷酸化的基本机制

从逻辑上我们很容易认为，poly (A) 聚合酶要等到一个转录物完全合成之后再将 poly (A) 加到 RNA 的 3′端，但事实并非如此。相反，多腺苷酸化通常涉及前体 mRNA 的剪切，甚至在转录终止之前，就把 poly (A) 加到新暴露的 3′端 (如图 15.12)。因此，与预期相反，在 RNA 聚合酶仍在延伸 RNA 链时，加尾装置就已经定位到上游某个位置的多腺苷酸化信号上，切开延长中的 RNA 链，将其多腺苷酸化。

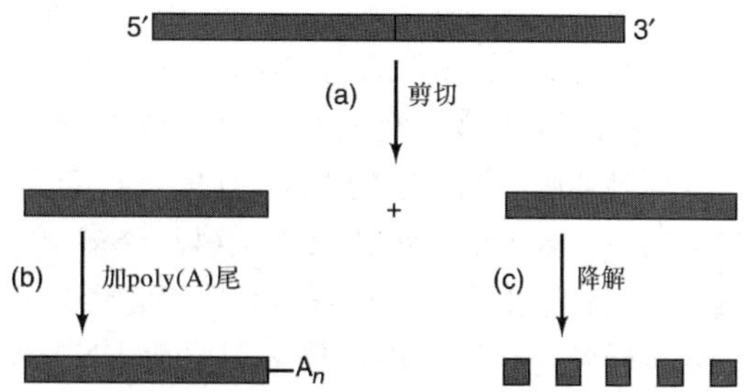

图 15.12 多腺苷酸化过程简图。(a) 剪切。第一步是切开可能仍在转录过程中的转录物，这种剪切常发生在 RNA 的末端区 (绿色)。**(b)** 多腺苷酸化。poly (A) 聚合酶将 poly (A) 加到 mRNA 的 3′端。**(c)** 多余 RNA 的降解，所有位于多腺苷酸化位点外的 RNA (红色) 都被降解。

Joseph Nevins 和 James Darnell 最先为此多腺苷酸化模式提供了证据。他们以腺病毒主要后期**转录单位** (transcription unit) 为研究对象，它有几个不同的相互重叠的 mRNA，每个 mRNA 可在 5 个不同的位点进行多腺苷酸化。回顾第 14 章我们知道，这些成熟 mRNA 中每个都是由三个相同的前导外显子剪接到不同编码区形成的。每个转录物的 poly (A) 连接到编码区的 3′端。关于转录终止和多腺苷酸化之间的关系存在两种说法：①转录到多腺苷酸化位点后立即终止，接着发生多腺苷酸化。例如，如果基因 A 正在被表达，转录将延续到基因 A 编码区的最末端，然后转录终止，多腺苷酸化就在该 3′端进行；②转录至少要进行到最后的外显子末端，而多腺苷酸化可以在任意的多腺苷酸化位点发生，甚至在整个基因转录终止之前。

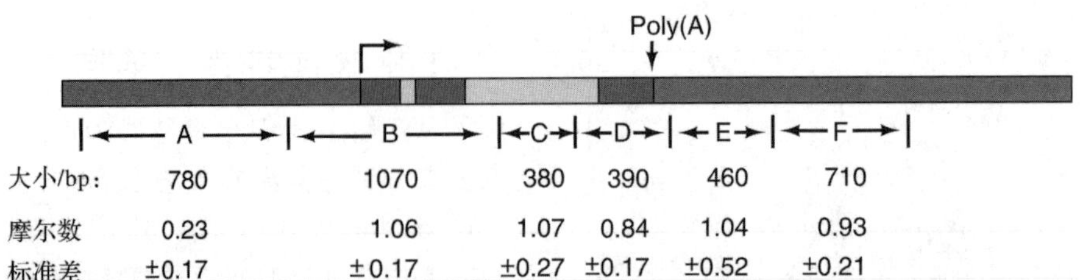

图 15.13 多腺苷酸化位点之后的转录。 Hofer 和 Darnell 从 DMSO 激发的 Friend 鼠红白血细胞中提取核酸，并把它们与^{32}P-UTP 共孵育以标记连续的 RNA，主要是珠蛋白的前体-mRNA。然后把这些标记的 RNA 与 DNA 片段 A～F 杂交，这些片段的大小和位置在图上部列出。RNA 与每个片段的杂交摩尔浓度及对应的标准差（s. d.）在每个片段的下面标出。在物理图中内含子以红色显示，外显子以黄色显示。（*Source*：Adapted from E. Hofer and J. E. Darnell，The primary transcription unit of the mouse β-major globin gene. *Cell* 23：586，1981）

第一种假说是很容易排除的，因为转录并不全是简单地转录到最后的。Nevins 和 Darnell 将标记的从感染晚期细胞中合成的 RNA 与主要晚期区不同区段的 DNA 片段进行杂交，如果第一个基因的初级转录物在第一个多腺苷酸化位点后停止转录，只有最后一个基因可以一直将转录进行到末端，那么大多数 RNA 应该与主要晚期区靠近 5′端的 DNA 片段杂交，只有少量与靠近 3′端的 DNA 片段杂交。但事实上，RNA 能均等地与所有 DNA 片段杂交，它与靠近 3′端和靠近 5′端的片段都能很好地结合。因此，主要晚期区的转录一旦开始，它将一直持续转录到该区的末端才终止。换言之，主要晚期区只含有一个终止子，且位于该区的最后面。为此，整个晚期区可以被称为一个**转录单位**（transcription unit），强调它虽含有多个基因，但作为一个整体进行转录。Nevins 和 Darnell 继续他们的研究以证实剪切和多腺苷酸化通常发生在转录终止之前。

在转录物被剪切和发生多腺苷酸化之前，转录将一直进行且远远超出多腺苷酸化位点，这种行为看起来很浪费，因为所有延伸到多腺苷酸化位点之后的 RNA 都会被降解掉而没有丝毫用处。所以问题也就产生了：这种多腺苷酸化方式只是病毒中独有的吗？在普通细胞转录中是否也同样发生？为了回答这一问题，Erhard Hofer 和 James Darnell 从 Friend 鼠的红白血病（erythroleukemia）细胞中分离出带有标记的 RNA，这种细胞已被二甲基亚砜（DMSO）诱导以得到大量的珠蛋白，因此其珠蛋白基因会被高速转录。他们用标记的转录物与克隆的鼠 β-珠蛋白基因及其下游区域的所有 DNA 片段杂交（图 15.13），观察到对多腺苷酸化位点下游 500bp 区域的各种片段的杂交信号与珠蛋白基因内部各种片段的杂交信号一样强。这说明转录至少延伸到多腺苷酸化位点下游 500bp 的位置。进一步研究发现转录最后终止在下游甚至更远的区域。因此，在细胞和病毒中，转录显然都远远地延伸到了多腺苷酸化位点之后。

小结 真核细胞基因的转录超过多腺苷酸化位点，然后转录物被剪切并产生被多腺苷酸化的 3′端。

多腺苷酸化信号

如果多腺苷酸化装置不识别转录物的末端，而只是与转录物中间的某个位点结合，进行剪切和多腺苷酸化，那么这个多腺苷酸化位点又是怎样吸引多腺苷酸化装置的呢？对于这个问题的回答取决于我们讨论的是真核细胞还是病毒。先来看一看哺乳动物的**多腺苷酸化信号**（polyadenylation signal）。截止 1981 年，分子生物学家已经测定了许多哺乳动物基因的序列，发现这些序列中最显著的共同特征是在多腺苷酸化位点前 20～30bp 处都含有 AATAAA 序列。在 RNA 水平上，大多数哺乳动物 mRNA 的 poly（A）上游约 20nt 处常出现 **AAUAAA** 序列。Molly Fitzgerald 和 Thomas Shenk 通过两种方式测试了 AAUAAA 序列的重要性。首先，他们删除 AAUAAA 与多腺苷酸化位点之间的核苷酸，然后测定所得 RNA 3′端的序列，发现只是将多腺苷酸化位点往后平移了大致与删除序列等同长度的距离。

这一结果说明序列 AAUAAA 至少是部分信号，能引起下游约 20nt 处的多腺苷酸化。如果是这样，删除这些序列就应该导致多腺苷酸化的失败。他们用 S1 实验证实了这一假设。首先，构建了一个重组病毒 SV40（命名为突变体 1471），在其晚期区末端插入相距 240bp 的两个多腺苷酸化信号。对该病毒晚期区转录物的 3′端做 S1（第 5 章）显示，有两个相距 240bp 的多腺苷酸化信号（图 15.14）［该实验中可以忽略 poly（A），因为它不与探针杂交］。因此，两个多腺苷酸化位点都发挥了作用，暗示对第一个多腺苷酸化位点有一定程度的通读。接着，他们分别删除第一个 AATAAA（突变体 1474）或第二个 AATAAA（突变体 1475），再进行 S1 实验。结果显示，直接位于删除 AATAAA 下游的多腺苷酸化位点不起作用，证明 AATAAA 对于前体 mRNA 的多腺苷酸化来说是必需的。当然，我们马上就会看到，这只是哺乳动物多腺苷酸化信号的一部分。

信号序列 AAUAAA 是不变的吗？或者说它具有变异耐受性吗？早期研究中，人为设计了几种信号序列（AAUACA、AAUUAA、AACAAA 和 AAUGAA），结果表明多腺苷酸化不允许信号序列 AAUAAA 发生变异。但是到了 1990 年，对 269 种脊椎动物 cDNA 的多腺苷酸化信号的统计发现，这些天然信号序列存在一定程度的变异，特别是第二个核苷酸。Marvin Wickens 综合分析这些资料后，证实了一段多腺苷酸化信号的保守序列（如图 15.15），即在 RNA 水平，最普遍的信号是 AAUAAA，它启动的多腺苷酸化最有效。最常见的变异序列是 AUUAAA，启动的多腺苷酸化效率只有 AAUAAA 序列的 80%。而其他变异形式更为少见，在启动多腺苷酸化上也更低效。

现在我们已经很清楚，信号序列 AAUAAA 本身并不足以启动多腺苷酸化。否则，存在于内含子中的许多 AAUAAA 序列下游就都会发生多腺苷酸化。一些研究者发现，

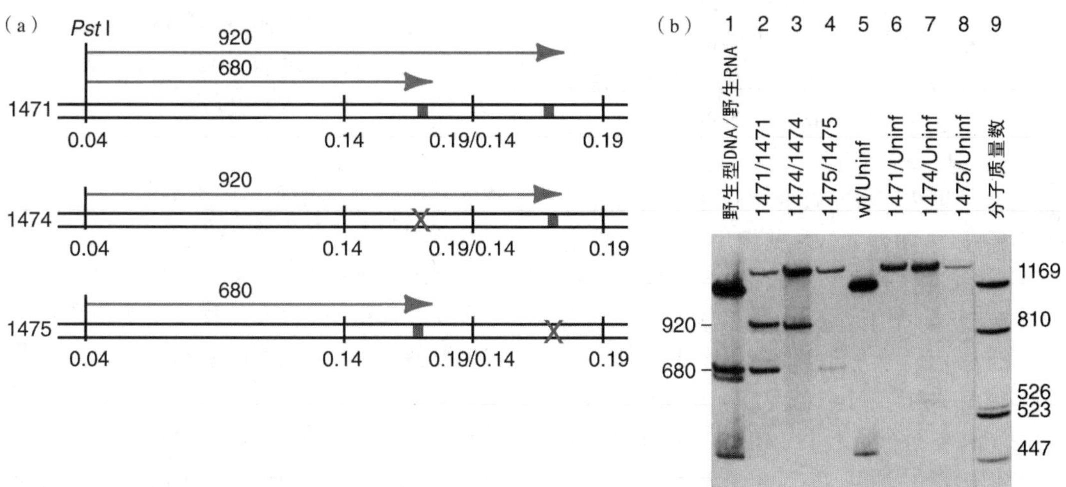

图 15.14　AAUAAA 序列在多腺苷酸化中的重要性。 Fitzgerald 和 Shenk 构建了具有如下特征的重组病毒 SV40：**(a)** 突变体 1471 的复制区含有相距 240bp 的两个多腺苷酸化位点（绿色），这两个位点从 0.14 延伸至 0.19 图距（map unit）上；突变体 1474 的上游 AATAAA 位点处的 16bp 被删除（红色），而突变体 1475 在下游 AATAAA 位点处的 16bp 被删除（红色），这两种突变导致了在前体 mRNA 中相应的 AAUAAA 序列的缺失。然后进行 S1 分析，如果上游多腺苷酸化信号发挥作用，所用探针可产生 680nt 的信号，如果下游多腺苷酸化信号发挥作用则得到 920nt 的信号（蓝色箭头）。**(b)** 实验结果。泳道标注：最上面是探针号，下面是 RNA（或模板）。泳道 1：野生型探针和模板，在 680nt 处显示信号，还有一个不常见的假信号。泳道 5～8 为没有感染的阴性对照。每个泳道最上面的条带是重新复性的 S1 探针，可以忽略。实验结果表明删除 AAUAAA 导致此位点多腺苷酸化的失败。［*Source*：Adapted from Fitzgerald，M. and T. Shenk，The sequence 5′-AAUAAA-3′forms part of the recognition site for polyadenylation of late SV40mRNAs. *Cell* 24 (April 1981) p. 257，f. 7.］

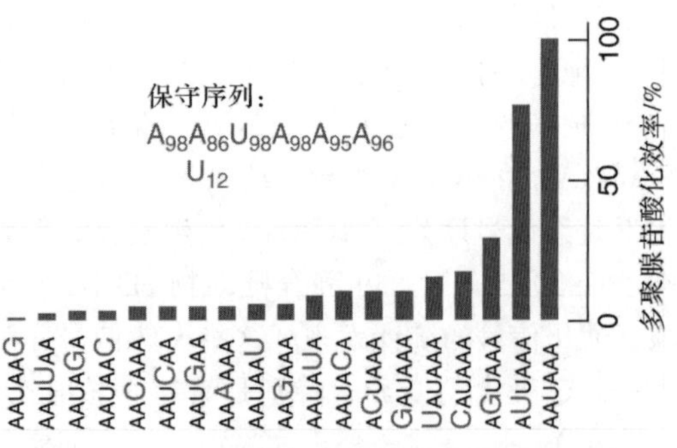

图 15.15　369 种脊椎动物多腺苷酸化数据的总结。 保守序列（以 RNA 形式）在顶部给出，数字表示各个碱基出现的频率。第二个位置上 U 代替 A 的频率高达 12%，所以单独在保守序列下面列出。接下来所列的是不同信号所引起的多腺苷酸化效率。与保守序列不同的碱基以大号蓝色标出。标准序列 AAUAAA 在最底部给出，而列在它上面的是最常见的突变体 AUUAAA。[*Source*：Adapted from Wickens，M. How the messenger got its tail：addition of poly（A）in the nucleus. *Trends in Biochemical Sciences*，15：278，1990.]

删除紧接多腺苷酸化位点下游的序列可以破坏多腺苷酸化的发生。基于这一发现产生了如下猜测：紧接多腺苷酸化位点下游的序列中可能存在多腺苷酸化信号的另一个成分。问题是在脊椎动物中这一区间不是高度保守的，只是倾向于富含 GU 或 U 而已。

以上结果表明，有效的多腺苷酸化信号至少应该包括 AAUAAA 及其随后约 20bp 处富含 GU 或 U 的序列。为了验证这一假设，Anna Gil 和 Nicholas Proudfoot 对兔 β-珠蛋白的高效多腺苷酸化信号进行了检测，这个信号含有 AAUAAA 序列，24bp 之后是一个富 GU 区，之后又紧接着一个富 U 区。在这一部分的讨论中，我们仍将用 RNA 的方式来表示序列（如 AAUAAA），尽管突变肯定是在 DNA 水平上发生的。研究者首先在天然多腺苷酸化信号的上游插入一个相同拷贝的多腺苷酸化信号，然后用 S1 分析法在这两个位点上检测突变体（3 号克隆）的多腺苷酸化。结果发现突变体在新位点的多腺苷酸化速度是原位点的 90%，证明新插入的多腺苷酸化位点是有活性的。接着，他们将新插入的多腺苷酸化信号区（位于上游）内的 35bp 富含 GU 和 U 的序列删除掉，构建了一个新的突变体［克隆 2（v）］。结果在新位点的多腺苷酸化过程被破坏，再次证明这个富 GU 和 U 的 35bp 片段是多腺苷酸化信号中十分重要的一部分。

为了确定最短的有效多腺苷酸化序列，研究者在克隆 2（v）上加上各种序列测试其多腺苷酸化的活性。研究发现，单独富 GU 或富 U 序列本身并不能组成一个有效的多腺苷酸化信号：GT 克隆含富 GU 区，但只有野生型 30% 的活性。A～T 克隆有富 U 区，但是只有正常活性的 30%。另外，GU/U 区的位置十分重要。在 C-GT/T 克隆中，AATAAA 片段下游的 GU/U 往 3′端平移了 16bp，结果多腺苷酸化活性还不到正常的 10%。再则，富 GU 和富 U 区之间的间距也十分重要，GT-T 克隆同时含有富 GU 区和富 U 区，只是它们之间的距离增加了 5bp，结果其多腺苷酸化活性只有正常的 30%。因此，一个有效的多腺苷酸化信号应该具有序列 AAUAAA，接着是 23～24bp 之后的富 GU 区，再紧接其后的是富 U 区。

植物和酵母的 mRNA 也进行多腺苷酸化，但它们的多腺苷酸化信号与脊椎动物的不同。酵母基因通常在多腺苷酸化位点附近缺少 AAUAAA 序列。事实上，除了在多腺苷酸化位点上游有一个富 AU 区外，很难从酵母的多腺苷酸化信号中得出一个固定模式。在植物基因的适当位置可能具有 AAUAAA 序列，删除该序列可以阻止多腺苷酸化。但是植物和动物的多腺苷酸化信号并不一样，花椰菜嵌纹病毒的单碱基替换不像在脊椎动物中会引起多腺苷酸化的降低。另外，把动物基因的多腺苷酸化信号接在植物基因的末端不能发挥作用。

小结　有效的哺乳动物多腺苷酸化信号的组成应该是在其前体 mRNA 的多腺苷酸化位点上游约 20nt 处有一个 AAUAAA 序列，接着在 23～24bp 之后有一个富 GU 区，再之后紧接一个富 U 区。这些区域会有一定的变异，从而导致多腺苷酸化效率的变化。植物的多腺苷酸化信号通常也具有 AAUAAA 序列，只是这个序列在植物中比动物中有更高的变异性。酵母的多腺苷酸化信号更为不同，其中很少包含 AAUAAA 序列。

前体mRNA的剪切和多腺苷酸化

通常所说的多腺苷酸化实际上包括RNA的剪切和多腺苷酸化两个过程。在这一节我们先简要讨论剪切反应中所涉及的因子，然后详细讨论多腺苷酸化反应。

前体mRNA的剪切 在多腺苷酸化之前，哺乳动物前体mRNA的剪切需要一些蛋白质的参与。其中，最初命名为“剪切和多腺苷酸化因子”（CPF），现在称为**剪切和多腺苷酸化特异性因子**（cleavage and polyadenylation specificity factor，**CPSF**）的蛋白质对多腺苷酸化是必需的。交联实验证实该蛋白质与AAUAAA信号结合。Shenk及同事在1994年报道了另外一个参与识别多腺苷酸化位点的因子——**剪切激活因子**（cleavage stimulation factor，**CstF**）。根据交联反应结果，该因子连接到G/U区域。因此，CPSF和CstF结合到剪切和多腺苷酸化位点的两侧。其中，单个因子的结合不稳定，两个因子一起才可以协同稳定地结合。

剪切反应中所必需的另一对RNA结合蛋白是**剪切因子Ⅰ**（cleavage factors Ⅰ，**CFⅠ**）和**剪切因子Ⅱ**（**CFⅡ**）。此外，poly（A）聚合酶本身很有可能也是剪切所必需的，因为多腺苷酸化紧接在剪切之后。事实上，剪切和多腺苷酸化之间的偶联非常紧密，几乎检测不到切下来还没有发生多腺苷酸化的RNA。

另一个与剪切反应密切相关的蛋白是RNA聚合酶Ⅱ。研究发现，由RNA聚合酶Ⅱ体外合成的RNA可以被正确地加帽、剪接和多腺苷酸化，而由RNA聚合酶Ⅰ和RNA聚合酶Ⅲ合成的RNA却不行。事实上，即使由RNA聚合酶Ⅱ合成的RNA，如果其最大亚基缺少羧基末端结构域（carboxyl-terminal domain，CTD），这些RNA也不能有效地剪切和多腺苷酸化，表明CTD可能以某种方式参与RNA的剪接和多腺苷酸化。

1998年，Yutaka和James Manley证明，CTD可激发剪切反应，而且这种激发不依赖于转录过程。首先，在其他所有剪切和多腺苷酸化因子存在的情况下，他们测试了磷酸化和未磷酸化的聚合酶Ⅱ（ⅡO和ⅡA，第10章）激活剪切的能力，然后分别用CPSF、CstF、CFI、CFII、poly（A）、聚合酶ⅡA或聚合酶ⅡO孵育^{32}P标记的腺病毒L3的前体mRNA。孵育之后，电泳产物，并通过放射自显影确定前体mRNA是否在正确位置被剪切。图15.16是实验结果，即聚合酶ⅡA和聚合酶ⅡO都可以激发前体mRNA的正确剪切，并得到预期大小的5′端和3′端的片段。

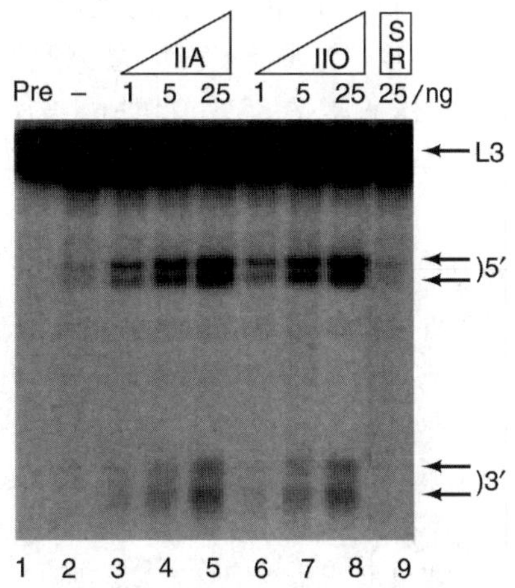

图15.16 RNA聚合酶ⅡA和ⅡO对未多腺苷酸化mRNA体外剪切的影响。 Hirose和Manley制备了一个^{32}P标记的腺病毒L3前体mRNA，并把它与所有剪切和多腺苷酸化因子［CPSF、CstF、CFI、CFⅡ和poly（A）聚合酶］一起孵育，在其中分别加上如图上所示的RNA聚合酶ⅡA、ⅡO、无蛋白(-)、纯化的HeLa细胞SR蛋白（各种蛋白的量是纳克级的），然后电泳RNA产物并放射自显影检测。结果显示前体mRNA的3′-剪切位点和5′-都是正确的，RNA聚合酶ⅡA和ⅡO都可以激发前体mRNA 3′端和5′端的正确剪切。［*Source*：Hirose, Y. and Manley, J. RNA polymerase Ⅱ is an essential mRNA polyadenylation factor. *Nature* 395（3 Sep 1998）f. 2, p. 94. Copyright © Macmillan Magazines Ltd.］

为了验证聚合酶Ⅱ的CTD是激发剪切的重要成分，Hirose和Manley把CTD与GST融合表达（第4章），然后用GST亲和层析纯化融合蛋白。对部分融合蛋白的CTD进行磷酸化处理，并在腺病毒L3的前体mRNA剪切实验中测定磷酸化和未磷酸化融合蛋白的作用。图 15.17（a）显示磷酸化和未磷酸化的CTD都可以激发剪切，但是磷酸化CTD的作用比未磷酸化的约强5倍。这是合理的，因为在聚合酶IIO中CTD是以磷酸化形式存在并实施转录的。但在图 15.16 中，用完整RNA聚合酶Ⅱ进行反应，CTD有无磷酸化对多腺苷酸化没有影响，其原因还不清楚。

如果CTD是激发前体mRNA剪切的主要因素，那么聚合酶ⅡB（聚合酶ⅡA的水解产物）在缺少CTD的情况下应该不能激发剪切反应，图 15.17（b）的结果确实如此。因此，RNA聚合酶Ⅱ，尤其是CTD，看来是多腺苷酸化之前前体mRNA有效剪切所必需的。图15.18显示剪切前结合到前体mRNA上的蛋白复合体。

> **小结** 多腺苷酸化的发生需要前体mRNA的剪切和在剪切处的多腺苷酸化。在哺乳动物中剪切反应的发生需要CPSF、CstF、CFI、CFⅡ、poly（A）聚合酶和RNA聚合酶Ⅱ（尤其是Rpb1亚基中的CTD）。CPSF复合体中的一个亚基（CPSF-73）似乎能够在多腺苷酸化之前对前体mRNA进行剪切。

多腺苷酸化反应的起始 一旦前体mRNA在其AAUAAA基序下游被剪切后，就可以分两个阶段进行多腺苷酸化。首先是起始，该阶段依赖于信号序列AAUAAA，给前体mRNA缓慢加上至少10个A。第二个阶段是延伸，该阶段不依赖信号序列AAUAAA，而是依赖第一个阶段加上去的寡聚A。该阶段迅速地在RNA尾部加上200个甚至更多的A。我们先从起始阶段开始介绍。

一旦前体mRNA在其AAUAAA基序下游被剪切后，就可以分两个阶段进行多腺苷酸化。首先是起始，该阶段依赖于信号序列AAUAAA，给前体mRNA缓慢加上至少10个A。第二个阶段是延伸，该阶段不依赖信号序列AAUAAA，而是依赖第一个阶段加上去的寡聚A。该阶段迅速地在RNA尾部加上200个甚至更多的A。我们先从起始阶段开始介绍。

严格地讲，“多腺苷酸化信号”实际上是一种剪切信号，吸引剪切酶在AAUAAA下游约20nt处剪切RNA。而多腺苷酸化，就是在剪切酶产生的3′端添加上寡聚A，其本身并不能识别剪切信号。这是因为剪切酶已经在多腺苷酸化之前切去了下游的部分信号（富GU区和富U区）。

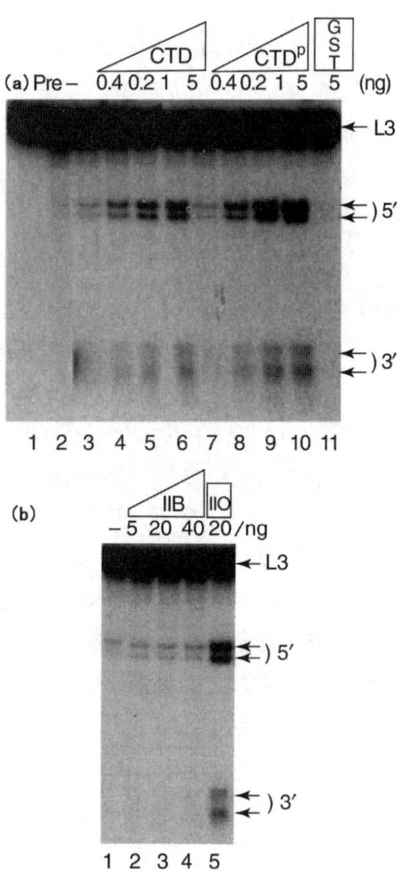

图 15.17 RpB1CTD对前体多腺苷酸化mRNA体外剪切的影响。 Hirose和Manley把标记的前体mRNA与剪切和多腺苷酸化因子一起孵育，并按图15.17测定剪切反应。如下图所示，在剪切反应中加入磷酸化的、未磷酸化的GST-CTD融合蛋白或单独的GST。如上图所示，在剪切反应中加入RNA聚合酶ⅡB或ⅡO。磷酸化CTD比未磷酸化CTD能更有效地激发剪切反应。缺乏CTD的RNA聚合酶ⅡB不能激发多腺苷酸化反应。［*Source*：Hirose, Y. and Manley, J. RNA polymerase Ⅱ is an essential mRNA polyadenylation factor. *Nature* 395（3 Sep 1998）f. 3, p. 94. Copyright © Macmillan Magazines Ltd.］

是什么信号引起了多腺苷酸化反应呢？答案似乎是AAUAAA及紧跟其后的至少8nt的

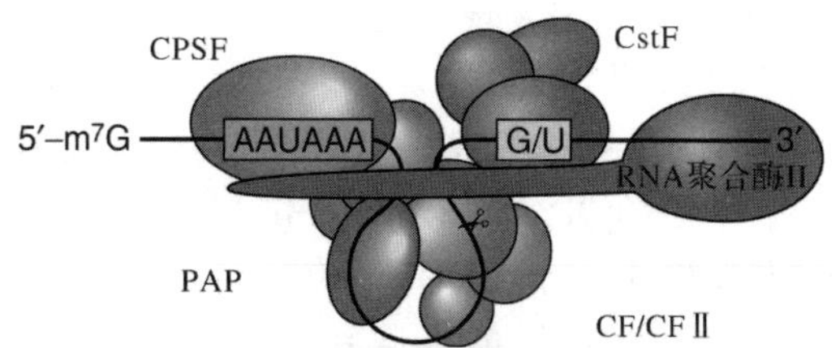

图 15.18 剪切复合体前体模型。模型展示了所有可能参与剪切的蛋白质和多腺苷酸化信号的两个部分（绿色和黄色）的位置。剪刀标示的是 CPSF-73 的活性位点。［*Source*：Adapted from Wahle，E. and W. Keller，The biochemistry of polyadenylation，*Trends in Biochemical Sciences* 21（1996）pp. 247-250，1996］

核苷酸。之所以得出这个结论是因为人工合成的含有 AAUAAA 的寡核苷酸（只有 11nt）在体外能被多腺苷酸化，并且 RNA 末端与 AAUAAA 之间的最适长度是 8nt。

为了在体外研究多腺苷酸化过程，有必要将多腺苷酸化从剪切反应中分离出来。分子生物学家用带有标记的、短的，且在离 3′端至少 8nt 处有 AAUAAA 序列的 RNA 实现了这一点。这些底物可以模拟已经被剪切的、将要被多腺苷酸化的前体 mRNA。用于检测多腺苷酸化的实验是电泳分析标记的 RNA。如果 RNA 已经加上了 poly（A），它就会变大，电泳时会移动得缓慢。各种不同大小的片段也会被连续地分离开来，因为 poly（A）尾的长度在不同的分子内有所不同。在这一节里，我们将用术语“多腺苷酸化”表示在这种模型底物 RNA 的 3′端添加 poly（A）的现象。

图 15.19 展示了 Marvin Wickens 及同事如何通过实验来研究多腺苷酸化所必需的两个成分：poly（A）聚合酶和特异性因子。现在我们已经知道这个特异性因子就是 CPSF。在底物浓度较高时，poly（A）聚合酶催化 poly（A）添加到任何 RNA 的 3′端，而当底物浓度较低时，poly（A）聚合酶就不能进行多腺苷酸化（泳道 1）。可以识别 AAUAAA 信号的 CPSF 也不能独自完成加尾（泳道 2）。但是两者一起加入，就能使底物多腺苷酸化（泳道 3）。泳道 4 中显示存在异常信号序列 AAUCAA 时，混合物不能引起多腺苷酸化反应。

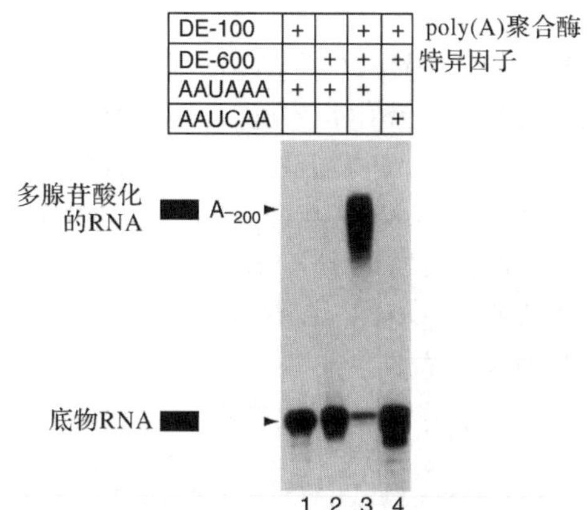

图 15.19 poly（A）聚合酶和特异性因子的分离。Wichens 小组通过 DEAE-琼脂糖层析法分离了 HeLa 细胞的 poly（A）聚合酶和特异性因子。该聚合酶在 100mmoL/L 的盐溶液中稀释，所以称为 DE-100 组分。特异性因子在 600mmoL/L 的盐溶液中稀释，所以称为 DE-600 组分。通过人工合成带有标记的、SV40 晚期 mRNA 的-58～＋1 核苷酸底物，测定分离活性。把这两部分一起或分开与底物及 ATP 孵育后，进行电泳，放射自显影。每个泳道的组分在图上方列出，底物的位置和多腺苷酸化产物在图左侧标出。［*Source*：Bardwell，V. J.，D. Zarkower，M. Edmonds，and M. Wickens. The enzyme that adds poly（A）to mRNAs is a classical poly（A）polymerase. *Molecular and Cellular Biology* 10（Feb 1990）p. 847，f. 1. American Society for Microbiology.］

他们还用不同的模型 RNA 作为加尾底物进行实验，证明多腺苷酸化本身包含两个阶段。第一种 RNA 是 SV40 晚期 mRNA 末端的 58nt 序列，其中含有 AAUAAA 信号，与图 15.20 中用到的相同。第二种 RNA 是在第一种 RNA 的 3′端加了 40 个 A［短 poly（A）］。第三种 RNA 是在第一种 RNA 的 3′端加了载体分子上的 40 个核苷酸，而不是短 poly（A）。同时，他们还合成了另一组的三个底物，其中序列 AAUAAA 被 AAGAAA 代替。

Sheets 和 Wickens 用各种底物与 HeLa 细胞的细胞核提取物进行标准的多腺苷酸化反应。在图 15.20 中，泳道 1～4 显示提取物能使正常带有 AAUAAA 信号的模型底物多腺苷酸化。泳道 5～8 显示末端有 40 个 A（A_{40}）的模型底物也可以被多腺苷酸化，但底物的放射性强度较弱。但提取物不能将未含 40 个 A 的底物（X_{40}）多腺苷酸化。泳道 13～16 证明提取物不能使含异常信号 AAGAAA 且无寡聚 A 的底物多腺苷酸化。泳道 17～20 显示了最重要的一点，提取物能够使含有异常信号 AAGAAA 且在末端有 40 个 A 的底物多腺苷酸化。因此，只要加上 40 个 A，多腺苷酸化就不再依赖于 AAUAAA 信号，但是这些外加的核苷酸必须是多腺苷酸。泳道 21～24 表明带有一个异常信号的 X_{40}底物不能被多腺苷酸化。

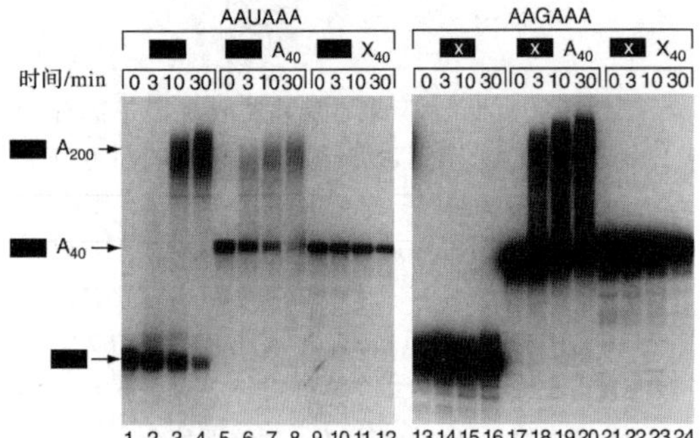

图 15.20　多苷酸化的两个阶段。Sheets 和 Wickens 以 HeLa 细胞核提取物用下列标记的底物进行多腺苷酸化反应。1. 含有 SV40 晚期 mRNA 3′端序列的标准 58nt 底物，用黑框表示。2. 具有 40nt poly（A）的同样 RNA，黑框 A40 表示。3. 在 3′端有 40nt 载体序列的同样 RNA，黑框 X_{40}表示。在底物 1～3 中异常信号序列 AAGAAA 代替 AAUAAA，用黑框标白色 X 表示。对每种底物有 4 个不同的反应时间，每个泳道中所含底物在泳道上方标出，底物和产物的迁移位置在左边标出。［*Source*：Sheets and Wickens，Two phases in the addition of a poly（A） tail. *Genes & Development* 3（1989） p. 1402，f. 1. Cold Spring Harbor Laboratory Press.］

他们进一步研究发现，能够抑制 AAUAAA 突变效应的最短 poly（A）为 9 个 A，但是 10 个 A 作用会更好。由此得出如下假设：在前体 mRNA 剪切后，多腺苷酸化反应依赖于 AAUAAA 信号和 CPSF，直到 poly（A）达到约 10 个 A，随后的多腺苷酸化不再依赖于 AAUAAA 和 CPSF，而是依赖于 RNA 3′端的 poly（A）尾。

如果 CPSF 能够识别多腺苷酸化信号 AAUAAA，那么 CPSF 应该结合到前体 mRNA 的信号序列上。Walter Keller 小组通过凝胶阻滞实验和 RNA-蛋白交联实验直接证实了这一点。图 15.21 是两个实验的结果。图 15.21（a）是 CPSF 结合到被标记的、含 AAUAAA 信号序列的 RNA 上，但是对同样的 RNA，如果信号序列 AAUAAA 中的 U 突变为 G，则不能和 CPSF 结合。图 15.21（b）表明含有序列 AAUAAA 的寡核苷酸链可与 CPSF 制备液中的两个多肽（35kDa 和 160kDa）进行交联。当含有未标记的、带有 AAUAAA 信号的竞争 RNA 时，这些复合物不能形成，带有 AAGAAA 信号的竞争 RNA 没有这种竞争能力。所有结果都支持 CPSF 直接结合到 AAUAAA 基序上这一结论。

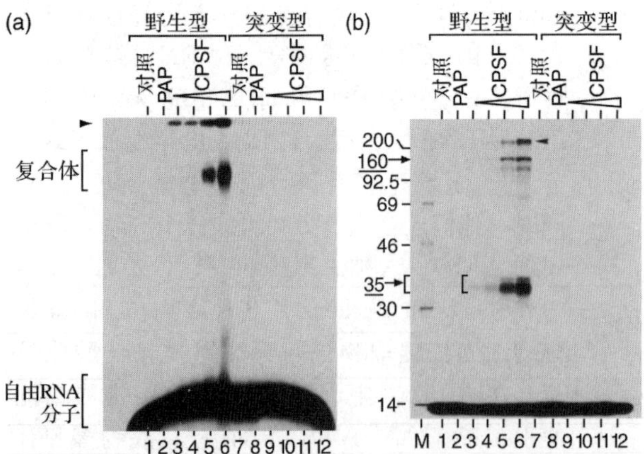

图 15.21　CPSF 结合到 AAUAAA 基序上。（a）凝胶阻滞实验。Keller 等把标记的寡核苷酸链与 poly（A）聚合酶（PAP）和不同浓度的 CPSF 混合。野生型寡核苷酸链中含有 AAUAAA 序列，突变型寡核苷酸链中含有 AAGAAA 序列，对照中不含有任何外加蛋白。CPSF 可以和野生型形成复合物但不能和突变型形成复合物。图上部箭头所示条带为残留在胶上部的物质，而非特异性条带。（b）蛋白质和寡聚核苷链交联反应的 SDS-PAGE 分析。用紫外光照射显示（a）中蛋白质与寡核苷酸的交联，然后在 SDS-PAGE 胶上电泳，大条带分别出现在 35kDa 和 160kDa 处。［*Source*：Keller，W.，S. Bienroth，K. M. Lang，and G. Christofori，Cleavage and polyadenylation factor CPF specifically interacts with the pre-mRNA 3′ processing signal AAUAAA. *EMBO Journal* 10（1991） p. 4243，f. 2.］

小结 与新生 mRNA 3′端类似的短 RNA 能够被多腺苷酸化。剪切底物的最佳多腺苷酸化起始信号是 AAUAAA 及其后连接的至少 8 个核苷酸。一旦 poly（A）达到 10nt，接下来的多腺苷酸化将不再依赖于信号 AAUAAA，而是依赖于 poly（A）本身。参与多腺苷酸化起始过程的两个蛋白质是 poly（A）聚合酶和结合到 AAUAAA 基序上的 CPSF。

Poly（A）的延伸 我们知道，10nt 或更长已起始 poly（A）链的延伸不再依赖于 CPSF。然而，纯化的 poly（A）聚合酶本身并不能高效地结合并延伸 poly（A）。这暗示还有另外一个特异性因子，能够识别已起始合成的 poly（A）序列并指导 poly（A）聚合酶延伸。Elmar Wahle 纯化了一个具有这种特征的 poly（A）结合蛋白。

图 15.22（b）是纯化 poly（A）结合蛋白最后一步所得组分的 PAGE 结果，从图 15.22（b）中可以看到一个较大的 49kDa 的多肽和一个较小的多肽。由于后一条带的丰度在不同样品中不同，在一些制备液中甚至看不到，Wahle 认为这个小分子质量多肽不是 poly（A）结合蛋白。通过硝酸纤维素滤膜结合实验测定 49kDa 部分的 poly（A）结合能力［图 15.22（a）］，结果显示其 poly（A）结合活性与其含量呈正相关。接着他又测试了 49kDa 多肽在

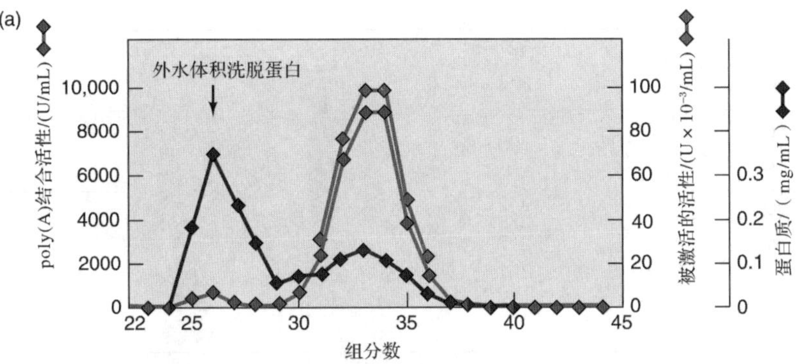

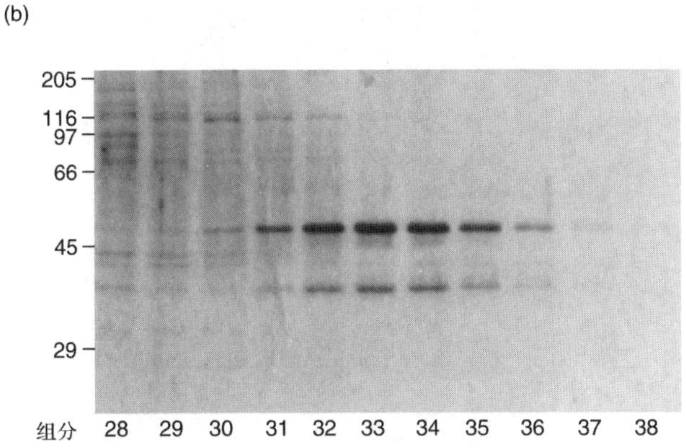

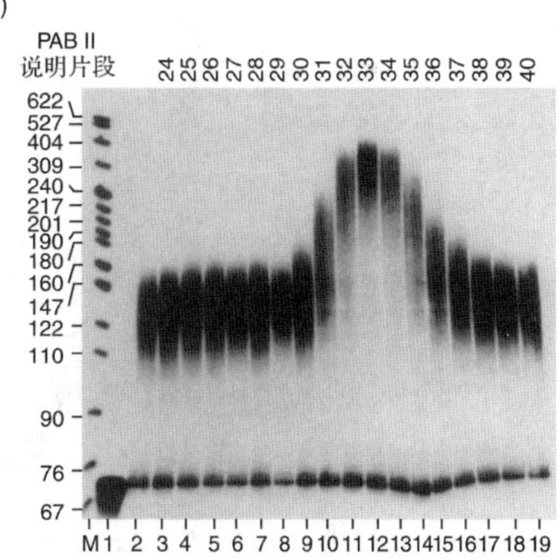

图 15.22 poly（A）结合蛋白的纯化。（a）结果总结。Wahle 利用 Sephadex G-100 对 poly（A）结合蛋白进行凝胶过滤层析纯化。用三个参数分别对 G-100 柱的分离组分数作图。红色代表由过滤结合实验得出的 poly（A）结合活性，绿色代表多腺苷酸化的激活活性（见图 c），蓝色代表蛋白浓度。“void”表示空柱体积洗脱蛋白，这些大蛋白不能进入凝胶颗粒的孔隙中。**（b）**SDS-PAGE 分析。把（a）中 G-100 柱得到的蛋白质进行 SDS-PAGE 并用考马斯亮蓝染色，实验中所用标准分子的大小在左边标出。49kDa 多肽（32～35）在 poly（A）结合活性和激发多腺苷酸化活性达到最高点时，其浓度也达到最大。**（c）**多腺苷酸化激活活性实验。把 G-100 柱上收集的每一部分加到标记 L3 前体 RNA 的标准多腺苷酸化反应体系中。泳道 1 仅含底物不含 poly（A）聚合酶，poly（A）大小的增加显示了 poly（A）结合蛋白的激发活性，这一活性在 32～35 间达到最高。［*Source*：Wahle，E. A novel poly（A）-binding protein acts as a specificity factor in the second phase of messenger RNA polyadenylation. *Cell* 66（23 Aug 1991）p. 761，f. 1. Reprinted by permission of Elsevier Science.］

poly（A）聚合酶和CPSF存在时对多腺苷酸化反应的激活能力。结果再次显示其poly（A）结合活性与49kDa多肽的含量呈正相关。因此，49kDa多肽是一种poly（A）结合蛋白，与此前在细胞质中发现的70kDa poly（A）结合蛋白（PABⅠ）不一样，Wahle将其命名为**poly（A）结合蛋白Ⅱ**（poly（A）-binding protein Ⅱ，**PABⅡ**）。

像CPSF一样，PABⅡ也能激发模型底物的多腺苷酸化，但它是结合poly（A）而不是AAUAAA信号序列，说明PABⅡ是在多腺苷酸化的延伸阶段，而不是在起始阶段起作用。如果真是这样，那么其底物偏爱性就应该与CPSF不同。具体来说，它只激发那些已经有poly（A）尾的RNA的多腺苷酸化，而不激发那些不含poly（A）尾的RNA。图15.23所示的结果证实了这一点。图15.23（a）显示无poly（A）的RNA（L3的前体mRNA）能够被poly（A）聚合酶（PAP）和CPSF多腺苷酸化，但不能被PAP和PABⅡ多腺苷酸化。而PAP与CPSF、PABⅡ一起能使这个底物多腺苷酸化得最好。可以推测，CPSF作为多腺苷酸化反应的起始因子，一旦底物被加上一段多聚A，PABⅡ就能指导底物的多腺苷酸化，并且比CPSF做得更好。可以预测，如果L3前体底物的信号序列AAUAAA突变为

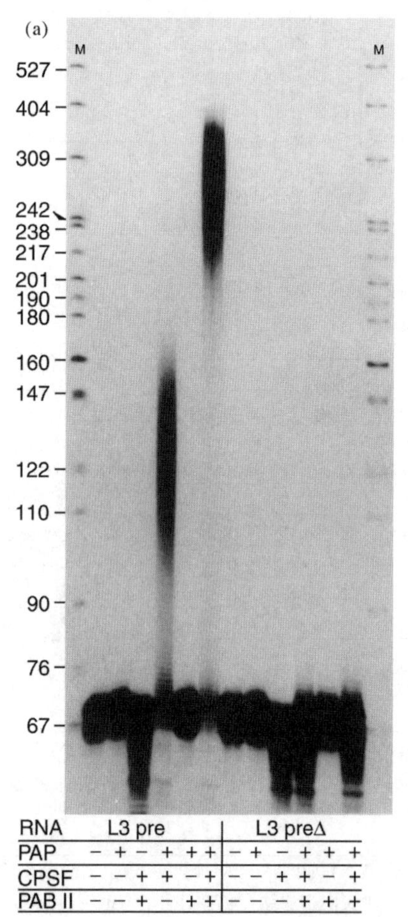

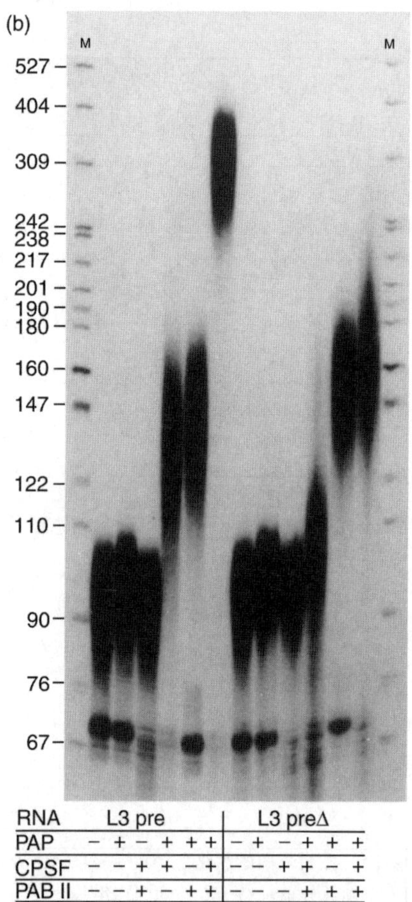

图15.23 CPSF和PABII对模型底物多腺苷酸化的影响。（a） 缺乏寡聚A的RNA的多腺苷酸化。在RNA和底部所示蛋白质存在时，进行多腺苷酸化反应。L3-pre是带有信号序列AAUAAA的标准底物RNA。L3-preΔ中除了AAUAAA突变为AAGAAA外，其他都与L3-pre一样。没有CPSF帮助，PABⅡ不能指导L3 pre的多腺苷酸化。**（b）** 含有寡聚A的RNA的多腺苷酸化反应。除了底物的3′端多了寡聚A外，其他条件都与（a）一样，这就允许PABⅡ能够在缺乏CPSF及底物信号AAUAAA突变的情况下仍然能起作用。两个图的左边第一道和右边最后一道都是标准分子。

AAGAAA，则任何多腺苷酸化因子的组合都不能使其多腺苷酸化，因为多腺苷酸化的起始依赖于CPSF，而CPSF依赖于AAUAAA序列。

图15.23（b）显示，同样带有poly（A）尾的RNA在不同反应体系下的不同行为，它能够在PAP与CPSF或PABⅡ组合时被PAP多腺苷酸化。这种现象是合理的，因为该底物带有能被PABⅡ识别的寡聚A尾。令人感兴趣的是，当这两个因子结合在一起时会使底物更好地多腺苷酸化。这也提示了在延伸阶段PAP能够直接或间接地和这两个因子相互作用。图15.23（b）证实在缺乏CPSF时，只要一开始RNA带有寡聚A，PABⅡ就能够指导带有突变AAGAAA序列的RNA进行有效的多腺苷酸化。这种情况也是合理的，因为寡聚A为PABⅡ提供了识别位点，使其不再依赖CPSF和AAUAAA信号序列。图15.24是一个多腺苷酸化起始和延伸的模型。在起始阶段，最佳活性需要PAP、CPSF、CstF、CFⅠ、CFⅡ和两部分多腺苷酸化信号（即多腺苷酸化位点两侧的AAUAAA和G/U富集区），而在多腺苷酸化的延伸阶段需要PAP、PABⅡ和至少10nt长的寡聚A。这一阶段还可以被CPSF加强。表15.2列出了所有这些蛋白质因子及其结构与功能。

小结 对哺乳动物而言，poly（A）的延伸需要一个称为poly（A）结合蛋白Ⅱ（PABⅡ）的特殊因子。这个蛋白质结合到已经起始合成的寡聚A上，并通过poly（A）聚合酶把poly（A）延长到250nt或更长。PABⅡ独立于信号序列AAUAAA而起作用，它仅依赖于poly（A），但其活性可被CPSF加强。

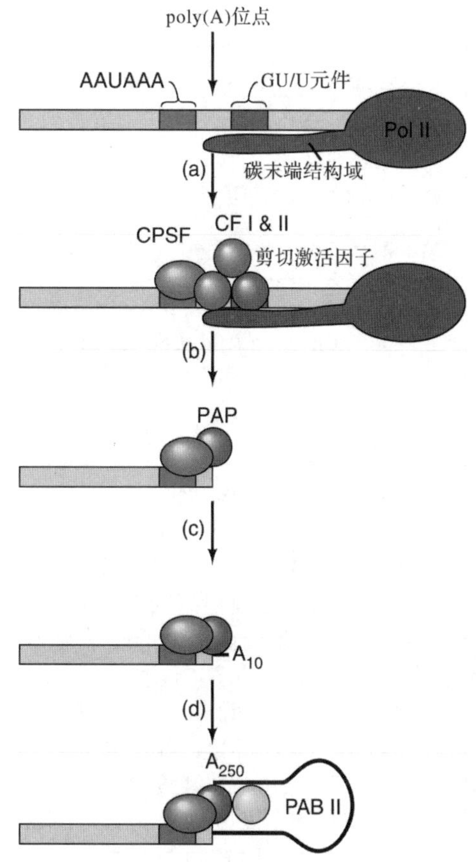

图15.24 多腺苷酸化反应模型。 (a) CPSF（蓝色）、CstF（褐色）、CFⅠ（灰色）和CFⅡ（灰色）在信号序列AAUAAA和GU/U富集区的指导下组装在前体mRNA上。(b) 在RNA聚合酶Ⅱ的CTP激发下发生剪切。接着，CPSF、CFⅠ和CFⅡ离开复合体，同时poly（A）聚合酶进入。(c) 在CPSF协助下，poly（A）聚合酶（橙色）起始poly（A）的合成，最后得到至少10nt的寡聚A。(d) PABII（黄色）进入复合体并延长寡聚A至全长poly（A），之后复合物可能解体。

表15.2 哺乳动物细胞3′剪接和多腺苷酸化所需的因子

因子	多肽/rDa	特点
poly（A）聚合酶（PAP）	82	参与剪接和多腺苷酸化，催化poly（A）合成
剪接和多腺苷酸化特异因子（CPSF）	160 100 70 30	参与剪接和多腺苷酸化，结合AAUAAA并与PAP和CstF相互作用
剪切激活因子（CstF）	77 64	仅参与剪接，与下游元件结合并与CPSF相互作用
剪切因子Ⅰ（FCⅠ）	50 68	仅参与剪切，与RNA结合

续表

因子	多肽/rDa	特点
	59 25	
剪切因子Ⅱ（CFⅡ）	未知	仅参与剪切
RNA 聚合酶Ⅱ（特别是 CTD）	许多	仅参与剪切
poly（A）结合蛋白Ⅱ（PABⅡ）	49	激发 poly（A）的延伸，与延伸的 poly（A）尾结合，参与 poly（A）尾的延伸

Source：Adapted from Wahle，E. and W. Keller，The biochemistry of polyadenylation，*Trends in Biochemical Sciences* 21：247 - 250. Copyright © 1996 with permission of Elseiver Science.

Poly（A）聚合酶

1991 年，James Manley 及同事克隆了编码牛多腺苷酸酶的 cDNA。测序结果表明，两种不同的 cDNA 由于选择性剪接而具有不同的 3′端，从而产生了 C 端不同的两种 PAP（PAPⅠ和 PAPⅡ）。PAPⅡ蛋白有几个区域的序列或多或少地与其他蛋白质已知的功能域匹配。按照从 N 端到 C 端的顺序，这些区域分别是：一个 RNA 结合域（RBD）、一个多聚酶模块（polymerase module，PM）、两个核定位信号（NLS1 和 NLS 2）、几个丝氨酸/苏氨酸富含区（S/T）。到 1996 年，又发现了另外 4 种 PAP 的 cDNA，其中两个比较短，可能是由前体 mRNA 多腺苷酸化形成的，另一个比较长，可能来源于一个假基因。在大多数组织中最重要的 PAP 可能是 PAPⅡ。

由于推测催化多腺苷酸化反应的多聚酶模块位于蛋白质的氨基末端，那么至少需要多长的羧基末端才能保持酶活性就成为一个有意思的问题。为了检测羧基末端的重要性，James Manley 及同事通过 SP6 RNA 聚合酶体外转录了全长的或 3′端不同缺失的 PAPI 的 cDNA，然后在无细胞网织红血球中翻译表达，产生了一个 689 个氨基酸的全长蛋白质和缩短的分别含 538、379 和 308 个氨基酸的蛋白质，然后检测这些蛋白质在有牛胸腺 CPSF 时的特异性多腺苷酸化活性。全长序列和含 538 个氨基酸的蛋白质具有活性，而较小的蛋白质没有。因此，S/T 域不是活性所必需的，但是从聚合酶模块向 C 端延伸至少 150 个氨基酸对于保证体外条件下酶的活性是必需的。

小结 对编码牛胸腺多腺苷酸酶的 cDNA 进行克隆和测序的结果表明，其中含有 5 种 cDNA 的混合物，分别由不同的选择性剪接和不同的多腺苷酸化产生。根据最长序列预测的酶结构包括一个 RNA 结合区（RBD）、一个多聚酶模块（PM）、两个核定位信号（NLS1 和 2）和几个丝氨酸/苏氨酸富含区（S/T）。除最后一个区域，其他都是体外酶活性所必需的。

Poly（A）的更新

图 15.7 显示出细胞核 poly（A）和细胞质 poly（A）在大小上略有差异。该实验用的是新标记的 RNA，所以 poly（A）没有足够的时间被降解。Sheiness 和 Darnell 对细胞中被连续标记 48h 的前体 mRNA 进行了另外的研究，可以获得一批分子质量大小“稳定”的 poly（A），即在任何给定时间内都可以观察到细胞内分子质量自然大小的 poly（A）。图 15.25 显示细胞核 poly（A）和细胞质 poly（A）在大小上具有明显差异。核 poly（A）的主峰是（210±20）nt，而细胞质 poly（A）的主峰是（190±20）nt。此外，细胞质 poly（A）的峰在趋向小片段的区域比核 poly（A）的更宽，这种宽峰至少包括 50nt。可见，poly（A）在细胞质中似乎被截短了。

1970 年，Maurice Sussman 提出了“入场券”假说，认为每个 mRNA 都有一张“入场券”被允许进入核糖体进行翻译，mRNA 每翻译一次，都会被打上一个“票孔”。当 mRNA 积累了足够多的“票孔”时，便不再被翻译了。poly（A）是理想的“入场券”，每翻译一次，poly（A）的长度就会缩短一些。为了验证这一观点，Sheiness 和 Darnell 检测了正常状态及有吐根碱（emetine）（抑制翻译）存在时，胞质 poly（A）缩短的速率。结果发现，无论翻译发生与否，胞质 poly（A）的大小并无差异。因此，poly（A）的缩短并不是依赖于翻译的进行，如果存在“入场券”的话，似乎也

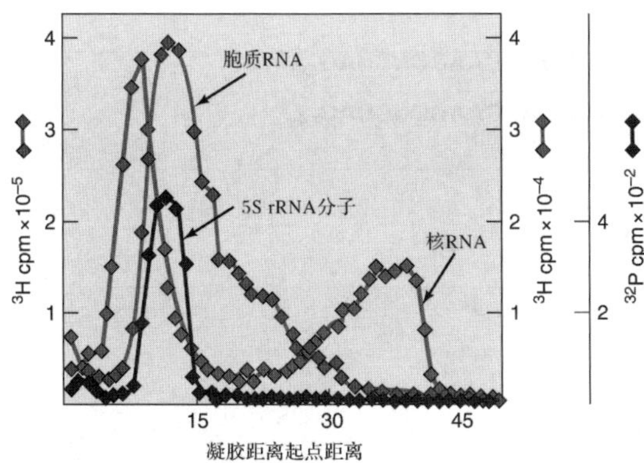

图 15.25 细胞质 poly (A) 的缩短。 Sheiness 和 Darnell 用^{3}H-腺嘌呤标记 HeLa 细胞 48h，然后分离核（绿色）和细胞质（红色）poly (A)$^+$ RNA，凝胶电泳分析，电泳过程中用含［^{32}P］的 5S rRNA（蓝色）作为分子质量标准。（*Source*：Adapted from Sheiness，D. and J. E. Darnell，Polyadenylic acid segment in mRNA becomes shorter with age. *Nature New Biology* 241：266，1973)

不是 poly（A）。

poly（A）在细胞质中也并不总是缩短，它还会更新。也就是说，poly（A）不断地被 RNase 降解，又被胞质 poly（A）聚合酶延长。但总趋势是缩短，最终，mRNA 将会失去几乎所有的 poly（A）。那时，mRNA 的寿命也就接近终结了。

小结 poly（A）在细胞质中反复地缩短又延长。RNA 酶使其缩短，poly（A）聚合酶再让它延长。当 poly（A）耗尽时，mRNA 也就面临降解了。

细胞质内的多腺苷酸化 对细胞质内多腺苷酸化研究得最为深入的是卵母细胞成熟过程中的例子。例如，体外非洲爪蟾卵母细胞的成熟是由孕酮刺激的，未成熟卵母细胞质中储存了大量的 mRNA，被称为**母系信息**（maternal message）或**母系 mRNA**（maternal mRNA），其中有许多几乎是完全去腺苷酸化的（deadenyla ted），并且也没有翻译成蛋白质。在卵母细胞成熟过程中，一些母系 mRNA 被多腺苷酸化，另一些则被去腺苷酸化。

为了找出控制成熟卵细胞内特异的细胞质多腺苷酸化的关键因子，Wickens 及同事将以下两种 mRNA 分别注入爪蟾的卵母细胞质中。第一种是合成的 D7 mRNA 的 3′端片段，这是非洲爪蟾的一个 mRNA，已知其会经历与成熟有关的多腺苷酸化。第二个是合成的 SV40 mRNA 的 3′端片段。如图 15.26 所示，D7 mRNA 是多腺苷酸化的，而 SV40 mRNA 却没有。表明 D7mRNA 含有一个或多个序列是成熟卵母细胞特有的多腺苷酸化所必需的，而 SV40mRNA 则缺少这种序列。

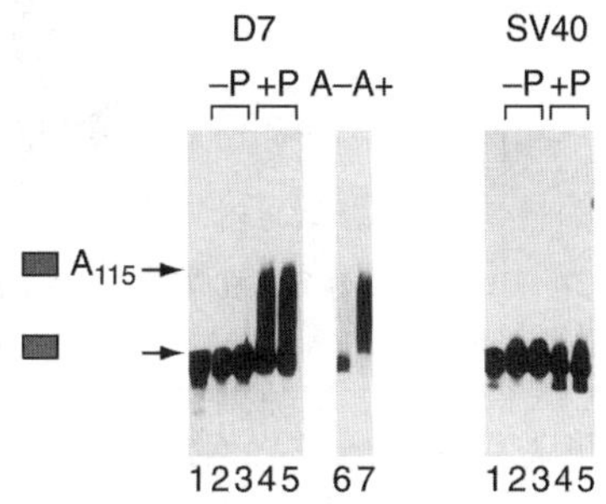

图 15.26 两种 RNA 的多腺苷酸化与细胞成熟度的关系。 Wickens 及同事将标记的 RNA 注射进入非洲爪蟾卵母细胞，并由孕酮激发其成熟特异性多腺苷酸化，培养 12h 后，分离标记的 RNA 产物，电泳，放射自显影并观察。两种 RNA 一种是合成的非洲爪蟾 mRNA 的 3′端片段，通常要进行成熟特异性多腺苷酸化；另一种是 SV40 mRNA，不进行成熟特异性多腺苷酸化。未多腺苷酸化的 RNA 和带有 115nt poly（A）的 RNA 的迁移位置在左边用红框标记出。培养过程中有和无孕酮分别用＋P 和－P 标记，泳道 6 和 7 含有经寡聚胸腺嘧啶-纤维素层析的 RNA。没有结合到树脂上的 RNA 标为 A－，结合到树脂上的标为 A＋。［*Source*：Fox et al. Poly（A）addition during maturation of frog oocytes：Distinct nuclear and cytoplasmic activities and regulation by the sequence UUUUUAU. *Genes & Development* 3（1989）p. 2154，f. 3. Cold Spring Harbor Laboratory Press.］

Wickens 及同事注意到，在卵母细胞成熟过程中经历多腺苷酸化的爪蟾 mRNA 都具有 UUUUUAU 序列，或者一个与之密切相关的上游信号序列 AAUAAA。这是关键所在吗？为了找出答案，他们将 UUUUUAU 插入 SV40mRNA 的 AAUAAA 的上游并重新检测。图 15.27 证明该序列的插入使 SV40 RNA 多腺苷酸化了。据此，UUUUUAU 序列被命名为**细胞质多腺苷酸化元件**（cytoplasmic poly-adenylation element，CPE）。

AAUAAA 序列也是细胞质多腺苷酸化所需要的吗？为了回答这个问题，Wickens 及同

(a)

UAAUUUUUAUAAGCUGCAAUAAACAAGUUAACAACCUCUAG$_{OH}$

UAACCAUUAUAAGCUGCAAUAAACAAGUUAACAACCUCUAG$_{OH}$

(b)

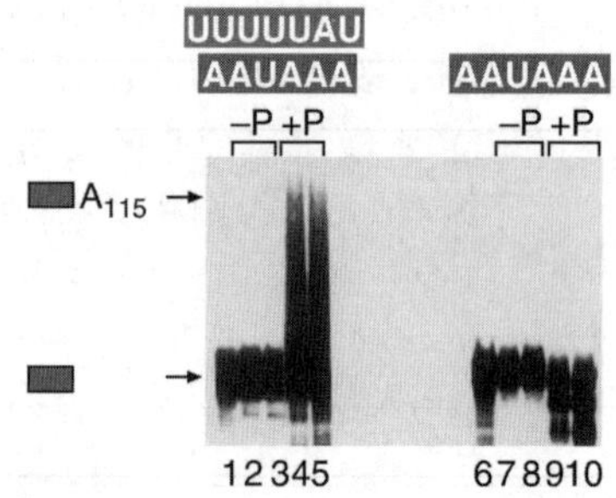

图 15.27　UUUUUAU 序列引发成熟特异性多腺苷酸化的证明。Wickens 及同事进行了图 15.26 的同样实验，利用同样的 SV mRNA，其 AAUAAA 基序的上游有或无 UUUUUAU 序列。（a）两种待注入的 RNA 序列，其中 AAUAAA 和 UUUUUAU 被特别突出。（b）结果。泳道 2～5 是卵母细胞 RNA，注入具有 AAUAAA 序列和 UUUUUAU 序列的 RNA。泳道7～10是卵母细胞 RNA，并注入只有一个 AAUAAA 序列。培养过程中是否具有孕酮在图 15.26 中已标记出。泳道 1 和 6 没有注入 RNA，左边的标准物与图 15.26 中的相同。UUUUUAU 基序是多腺苷酸化所必需的。［*Source*：Fox et al.，*Genes & Development* 3（1989）p. 2155，f. 5. Cold Spring Harbor Laboratory Press］

事对 AAUAAA 序列进行点突变，然后将突变的 RNA 注入卵母细胞细胞质。他们发现，将 AAUAAA 序列突变成 AAUAUA 或 AAGAAA 序列，都会完全抑制多腺苷酸化。因此，这个基序是细胞核及细胞质多腺苷酸化都需要的。

小结　细胞质中非洲爪蟾母系 mRNA 的成熟特异性多腺苷酸化依赖于两个基序，即接近 mRNA 末端的 AAUAAA 序列和称之为细胞质多腺苷酸化元件的上游序列，后者是一个 UUUUUAU 序列或与之类似的序列。

15.3　mRNA 加工事件的协同运作

研究完 mRNA 的加帽、多腺苷酸化及剪接，我们不难发现这些加工都是相互关联的。需要指出的是，帽虽为剪接所必需，但却仅对剪接第一个内含子是必需的。同样，poly（A）可能是剪接最后一个内含子所必需的。我们先讨论一下 RNA 聚合酶Ⅱ Rpb1 亚基上的羧基末端结构域（CTD）在组织加帽、剪接和加尾过程协同运作中发挥的作用，然后再讨论Ⅱ型基因转录终止的机制及其与加尾过程的关系。

Rpb1 的 CTD 与 mRNA 加工蛋白的结合

在本章前面和第 14 章，我们已经了解到 mRNA 加工的三个事件——剪接、加帽和多腺苷酸化都发生在转录过程中。当新生 mRNA 只有 30nt 长时，加帽就开始了，此时 RNA 的 5′端才刚从聚合酶中露出。多腺苷酸化发生在 mRNA 多腺苷酸化位点被剪切之后，而此时的转录物仍然还在延伸。剪接则开始于转录的进行过程之中。我们也了解到加帽和多腺苷酸化至少分别激活了第一个和最后一个内含子的剪接。

参与所有这些加工过程的是 RNA 聚合酶Ⅱ中 Rpb1 亚基的 CTD。在本章，我们已经知道 CTD 参与多腺苷酸化，但它在剪接和加帽中也发挥作用。事实上，已有直接证据表明，加帽、剪接和多腺苷酸化的酶都直接与 CTD 结合，CTD 为这三个加工事件提供了一个平台。

1997 年，David Bentley 及同事证明**加帽酶**（capping enzyme）与 CTD 相互作用。他们制作了含有 GST 的亲和柱，分别偶联了野生型 CTD、野生型磷酸化 CTD、突变体 CTD 和不连 CTD。然后让 HeLa 细胞提取物分别通过这些亲和柱，检测柱结合洗脱物的鸟苷酸转移酶活性。将柱结合洗脱物与［^{32}P］GTP 混合，［^{32}P］GMP 与鸟苷酸转移酶形成共价结合物（covalent adduct），将标记的酶通过 SDS-PAGE 和放射自显影检测。图 15.28 显示 GST 与 CTD 的结合情况，结果表明，鸟苷酸转移酶只与磷酸化的 CTD 结合。

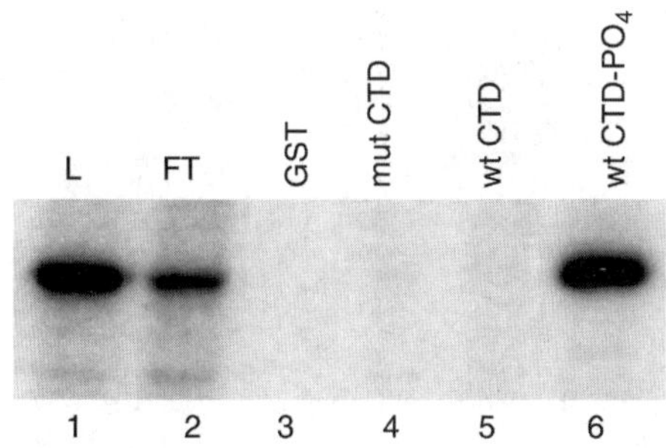

图 15.28　哺乳动物加帽鸟苷酰转移酶与磷酸化 CTD 的结合。 Bentley 及同事将 Hela 细胞核提取物通过不同的亲和柱层析，纤维素基质所含底物如图上部所示，观察［^{32}P］GMP 与酶共价结和物的形成，检测柱结合洗脱物中鸟苷酸转移酶活性，结果以 SDS-PAGE 和放射自显影给出。L（泳道 1）为全提取物；FT（泳道 2）是柱的流出物。泳道 3～6 是结合在不同亲和层析柱的洗脱物的鸟苷酰转移酶实验结果，包括纤维素基质含 GST（泳道 3）、GST 偶联突变 CTD（泳道 4）、野生型 CTD（泳道 5）、野生型磷酸化 CTD（泳道 6）。结果表明鸟苷酸转移酶只能与磷酸化的 CTD 结合。（*Source*：McCracken et al.，*Genes and Development v.* 11，p. 3310.）

2001 年，Nick 及同事用相似的方法证明了酵母剪切/多腺苷酸化因子 1A（CF1A）可结合磷酸化的 CTD。剪切/多腺苷酸化复合物的其他成分并不直接与 CTD 结合，而是与结合在 CTD 上的其他蛋白紧密结合。此外，还有更多间接证据表明多腺苷酸化复合物与 CTD 的关系。研究发现，当 RNA 聚合酶缺失 CTD 时，不能很好地进行多腺苷酸化。CTD 尤其是其磷酸化形式，在体外可激活多腺苷酸化。

参与前体 mRNA 剪接的蛋白与 CTD 之间发生相互作用的实验证据也非常有力。Daniel Morris 和 Greenleaf 在 2000 年用“**Far Western 印迹**”实验证明酵母剪接因子 Prp40（U1 snRNP 的一个组分）与磷酸化 CTD 结合。Far Western 印迹实验与 Western 印迹实验相似，也是先将蛋白质进行 SDS-PAGE 电泳，然后印迹到硝酸纤维素滤膜上。Western 印迹需用抗体进行标记，而 Far Western 印迹用可能与膜上某个蛋白质结合的另一个蛋白质进行标记。Prp40（也称为 WW 蛋白）电泳后印迹，用［^{32}P］β-半乳糖苷酶-CTD 标记（CTD 与 β-半乳糖苷酶表达成融合蛋白，以便纯化，然后体外磷酸化标记）。WW 蛋白具有两个色氨酸（W）结构域，频繁地参与 RNA 的合成与加工。

图 15.29 显示了上述分析的结果。图 15.29（a）是考马斯亮蓝染色的胶，考马斯亮蓝是一种能与所有蛋白质结合的染料，因此图 15.29（a）是一张全景的蛋白质图谱，显示胶上的所有蛋白质，包括 Prp40。每个泳道中分子质量最大的是目标蛋白，小的可能是其降解物。图 15.29（b）图是同一块胶的 Far Western 印迹结果，用［^{32}P］β-半乳糖苷酶-CTD 标记。显然，Ess1、Prp40 和 Rsp5 都能与 CTD 结合。看来，仅有 WW 结构域不能保证其 CTD 结合活性，因为其他两个 WW 蛋白均没有结合 CTD 探针。

小结　转录过程中，参与加帽、多腺苷酸化和剪接的蛋白质因子都与 CTD 结合。

RNA 加工蛋白与 CTD 结合的变化与 CTD 磷酸化相关

我们已经知道，三类主要 mRNA 加工蛋白都可与 CTD 结合，由此引出一个问题：已知 CTD 很长，一次可与多种蛋白质结合，但它能同时跟参与三个加工事件的所有蛋白质和 RNA 都结合吗？

答案是根据即时任务需要，这些蛋白质可随时结合或脱离 CTD。而且，蛋白质的结合或解离与转录时 CTD 磷酸化的改变相关。Steven 小组研究了加帽酶和多腺苷酸化酶与酵母多聚酶Ⅱ的结合情况，他们分别检测了多聚酶Ⅱ靠近启动子（起始后很短时间）和远离启动子（延伸期，起始后较长时间）时的结合情况，以及这两个时间 CTD 磷酸化的状态。

他们发现，加帽酶（鸟苷酸转移酶）与靠

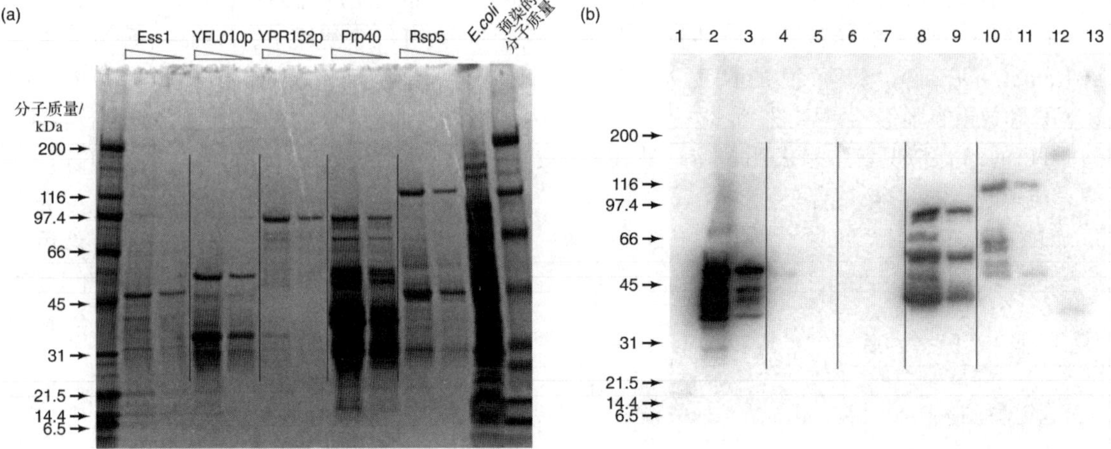

图 15.29 Prp40（及其他蛋白）与 Rpb1 的 CTD 的相互作用。(a) 凝胶电泳。Morris 和 Greenleaf 将已知具有 WW 结构域的 5 个蛋白质经 SDS-PAGE 及考马斯亮蓝染色。偶数泳道（2、4、6、8、10）含有 500ng 蛋白质，如图所示。奇数泳道（3、5、7、11）含有 50ng 相同蛋白质。每个泳道最上面的条带是完整目标蛋白质。泳道 1 和 13 为标准蛋白质，泳道 12 为大肠杆菌蛋白。**(b)** Far Western 印迹分析。图（a）的同一块胶被印迹到硝酸纤维素滤膜上，并用［^{32}P］β-半乳糖苷酶-CTD 标记，磷屏成像。(*Source*: *Journal of Biological Chemistry* by Morris and Greenleaf. Copyright 2000 by Am. Soc. For Biochemistry & Molecular Biol. Reproduced with permission of Am. Soc. For Biochemistry & Molecular Biol. in the format Textbook via Copyright Clearance Center.)

近启动子的 CTD 结合，但与位于基因内部的 CTD 没有结合。相比之下，无论 CTD 与启动子的距离远近，甲基转移酶和多腺苷酸化因子 Hrp1/CFIB 都可以与之结合。因此，这些因子在转录的起始和延伸过程中都存在于转录复合物中。此外，他们还发现，CTD 七聚体（heptad）的 Ser5 在复合物靠近启动子时被磷酸化，但在延伸的后期却不被磷酸化；而其 Ser2 的磷酸化与 Ser5 刚好相反，延伸过程（远离启动子）被磷酸化，早期（这时聚合酶仍靠近启动子）不被磷酸化。

为此，Buratowski 小组应用了第 13 章介绍的染色质免疫沉淀（ChIP）技术，他们用抗加帽蛋白的抗体和抗多腺苷酸化蛋白的抗体，免疫沉淀染色质，以便获得与这些蛋白相互作用的聚合酶所转录的染色质。然后通过 PCR 鉴定这些免疫沉淀的染色质，PCR 所用引物是扩增几个不同基因的靠近启动子或远离启动子区域的专一性引物。

从这个实验中得出的其中一个可能的结果是：用抗特异蛋白的抗体所免疫沉淀的染色质与扩增启动子附近的引物可产生很强的 PCR 信号，而与扩增基因内部引物所产生的 PCR 信号比较弱。说明该蛋白质与转录复合物的结合发生在转录起始或起始不久，而不是在延伸阶段。

图 15.30 显示了利用下列抗体的 ChIP 实验的结果，分别是抗酵母加帽酶鸟苷酸转移酶（α-Ceg1）的抗体、抗酵母多腺苷酸化因子（α-Hrp1）的抗体，以及抗酵母 RNA 聚合酶Ⅱ的 Rpb3 亚基（α-HA-Rpb3）的抗体。以每个抗体的免疫共沉淀染色质进行 PCR，PCR 引物是扩增三个酵母基因的启动子区和基因内部区域的专一性引物，这三个基因分别是乙醇脱氢酶（ADH1）、细胞质 H+ATPase（PMA1）和多种药物抗性因子（PDR5）。对这三个基因所得结果一致，证明：①只有在靠近启动子时，鸟苷酸转移酶（加帽酶）才与转录复合物结合；②多腺苷酸化因子与远离或靠近启动子的转录复合物都可以结合，而 RNA 聚合酶 Rpb3 亚基在远离和靠近启动子的转录复合物中都出现了，正如所预期的。

因此，通过 Rpb1 的 CTD 与转录复合物结合的蛋白质有一个动态变换。有一些只在转录过程的前期出现，有些出现的时间则更长些。

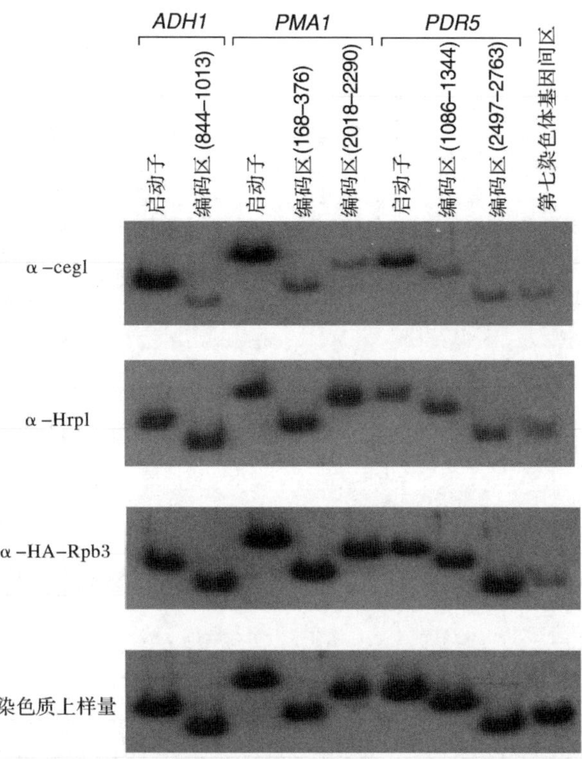

图 15.30　与三种酵母基因的转录复合物结合的蛋白质的 ChIP 分析。 Buratowski 小组进行了三种蛋白（加帽鸟苷酸转移酶、多腺苷酸化因子、RNA 聚合酶Ⅱ的 Rpb3 亚基）与转录复合物靠近或远离三种不同基因（ADH1、PMA1、PDR5）的启动子时的结合情况的 ChIP 分析。用下列抗体免疫共沉淀染色质：抗加帽酶鸟苷酸转移酶（α-Ceg1）的抗体，抗多腺苷酸化因子（α-Hrp1）的抗体和抗 RNA 聚合酶ⅡRpb3 亚基（α-HA-Rpb3）的抗体。用于每个实验的抗体在左边标出。对沉淀的染色质进行 PCR，PCR 引物可特异性地与三个基因的启动子区或内部编码区结合，以测定转录复合物是否靠近基因的启动子。信号强并有大量 PCR 产物表明靠近或远离启动子的相应的 DNA 存在于沉淀的染色质中。底部图是加入染色质的 PCR 结果，显示所有基因在免疫沉淀前均是等量加入。每个图的最后一个泳道是阴性对照，其引物可特异性地与染色体Ⅶ上、基因间未转录的区域结合，该区域存在于所加染色质中，但无抗体将之免疫沉淀。[*Source*：Rerinted by permission of S. Buratowski from "Komarnitsky，Cho，and Buratowski（2000）*Genes and Development* v. 14，pp. 2452 – 2460" © Cold Spring Harbor Laboratory Press]

什么原因使结合 CTD 的蛋白质谱发生改变呢？已经知道，转录过程中 CTD 的磷酸化状态会发生改变，因此可能是这一特性在起作用。

为了证明这种可能性，Buratowski 及同事用直接抗 CTD 七聚体重复中专一性磷酸化氨基酸（Ser2 和 Ser5）的抗体进行了 ChIP 实验。图 15.31 的 ChIP 实验发现，Ser5 的磷酸化主要发生在靠近启动子的转录复合物中，而 Ser2 的磷酸化发生于远离启动子的转录复合物中。随着转录复合物离开启动子，CTD 磷酸化很有可能从 Ser5 转换到 Ser2，导致一些 RNA 加工蛋白（如加帽鸟苷酸转移酶）离开复合物，而吸引一些新蛋白质。图 15.32 对这个假说进行了总结。

小结　酵母转录复合物中 CTD Rpb1 的磷酸化状态随转录进程而改变。靠近启动子的转录复合物含有磷酸化的 Ser5，而远离启动子的转录复合物含有磷酸化的 Ser2。与 CTD 结合的蛋白质也发生了改变。例如，当复合物靠近启动子时，加帽酶在转录早期而不是晚期出现。而且该酶与其他加帽酶是由 CTD 内 Ser5 的磷酸化而募集到一起的。相反，多腺苷酸化因子 Hrp1 在靠近和远离启动子的转录复合物中均会出现。

存在一个 CTD 密码？

Shona Murphy 及同事于 2007 年发现 CTD

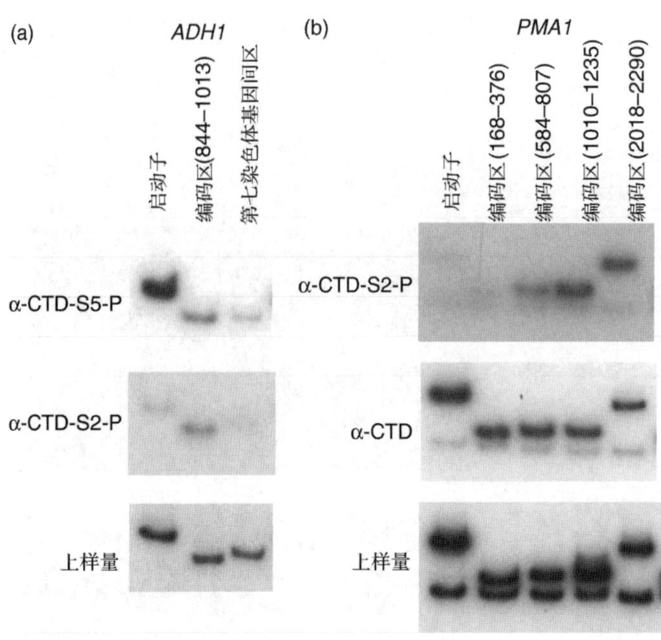

图 15.31 转录不同阶段 RNA 聚合酶Ⅱ的 CTD 磷酸化状态的 ChIP 分析。 Buratowski 及同事利用 ChIP 实验检测 RNA 聚合酶Ⅱ CTD Rpb1 亚基的两种磷酸化形式与染色质靠近或远离两个基因启动子的结合。(**a**) ADH1 基因的转录。用抗七聚体 Ser2 和 Ser5 都磷酸化的 CTD 的抗体免疫沉淀染色质，抗体在图的左边标出（分别为 α-CTD-S2-P 和 α-CTD-S5-P）。然后对沉淀的染色质进行 PCR，PCR 引物可特异性地扩增靠近启动子或远离启动子或基因间的区域，如图顶部所示。(**b**) PMA1 基因的转录。用抗 Ser2 上磷酸化或未磷酸化 CTD 的抗体免疫沉淀染色质，抗体在图的左边标出。PCR 引物如图顶部所示，可特异性地扩增启动子或逐渐远离启动子的区域（CDS 编码序列）。在两个图的底部都给出了染色质加样量对照。[*Source*：Reprinted by permission of S.，Buratowski from "Komarnitsky，Cho，and Buratowski（2000）*Genes and Development* v. 14，pp. 2452-2460" © Cold Spring Harbor Laboratory Press.]

内的 Ser7 也能被磷酸化。因此，CTD 的一个重复单元内的磷酸化状态增加至 8 种（从没有磷酸化到三个磷酸化位点）。不同重复序列内部的磷酸化程度也可能各不相同，从而导致整个 CTD 的磷酸化程度可以纷繁多样。

就算一个给定的重复单元内只有 8 种磷酸化状态，也很有可能形成一种“CTD 密码”，用于调控不同基因的转录及转录后的修饰过程。有证据表明的确存在这样的一种密码。Murphy 等于 2007 年发表结果称人细胞中 U2 sn RNA 的表达需要对 Ser7 进行磷酸化。同时，Eick 等发现 Ser7 的磷酸化对蛋白质编码基因的表达不是必需的。

人的核内小 RNA 由聚合酶Ⅱ转录，包括 U1 和 U2 两种，均不会被多腺苷酸化。但是这些基因的 3′端有一个保守性的盒子元件，该元件对正确的 3′端加工是必需的。转录过程会在 3′端盒子元件的下游发生终止，而且该元件对于通过剪切产生初始的 3′端是必需的，这样的初始末端会在胞质内被加工形成成熟的 3′端。

Murphy 及同事以一个对 α-鹅膏（蕈）毒环肽不敏感的聚合酶Ⅱ进行研究，该聚合酶的 CTD 域只含有前面 25 个七聚体。这些七聚体的序列比较典型，第 7 位均是丝氨酸；而 CTD 域的后 27 个七聚体在第 7 位一般是赖氨酸或苏氨酸。而突变型的聚合酶Ⅱ对 α-鹅膏（蕈）毒环肽的抗性使其能够在含有野生型聚合酶的细胞中被检测到。之后，Murphy 及同事将 25 个七聚体的 7 位丝氨酸全部突变为丙氨酸，然后用 RNA 酶保护实验来检测细胞内 RNA 分子的 3′端是否受到正常加工。他们发现，突变的聚合酶不能对 U2 进行正常加工，但对编码蛋白的前体 mRNA 的加工是正常的。

这种转录调控并不是发生在转录起始水平，因为突变型的聚合酶仍然以正常的水平起始转录。相反，该调控过程发生在转录终止或

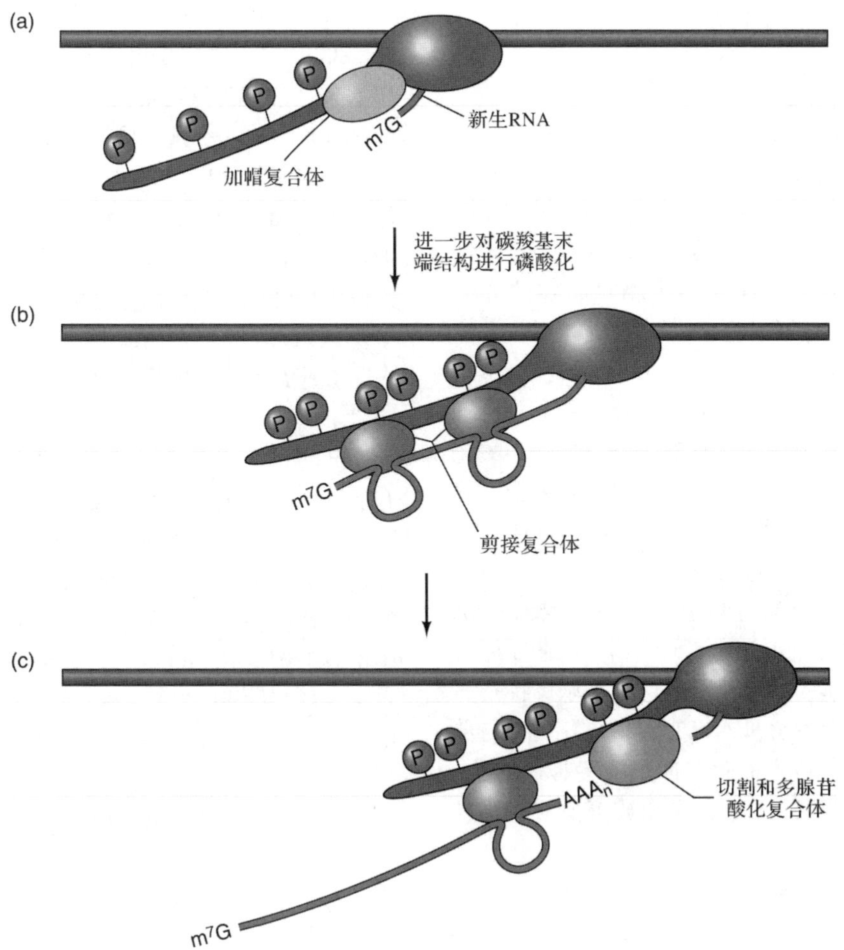

图 15.32 CTD 介导 RNA 加工过程的假说。(a) RNA 聚合酶（红色）已经开始合成新生 RNA（绿色）。部分磷酸化的 CTD 吸引了加帽复合物（黄色）。新 RNA 一转录出来，加帽复合物就给它加上一个帽。**(b)** CTD 被进一步磷酸化（推测包括从 Ser5 磷酸化转换到 Ser2 磷酸化）并吸引了剪接复合物（蓝色），剪接复合物在转录时就界定外显子，并剪接外显子间的内含子。**(c)** CTD 结合剪切和多腺苷酸化复合物（橙色），该复合物可能在转录起始时就出现了，并开始剪切和多腺苷酸化。［*Source*：Adapted from Orphanides，G. and D. Reinberg，A unified theory of gene expression. *Cell* 108（2000）p. 446，f. 3.］

者是 3′端加工过程。Murphy 及同事研究了**整合因子复合体**（integrator complex）与 7 位丝氨酸突变成丙氨酸的聚合酶的结合能力，其中前者包含 12 个多肽，是 U1 和 U2 核内小 RNA 分子的 3′加工所必需的组分。他们对复合体中的一个亚基用 TAP 抗原决定簇进行了标记，用染色质免疫沉淀的方法测定了复合体与突变型 RNA 聚合酶Ⅱ的结合能力。结果发现该复合体虽然能够与野生型聚合酶的 CTD 很好地结合，但不能与第 7 位丝氨酸发生突变的 CTD 结合。结果提示第 7 位丝氨酸的磷酸化对于整合因子复合体的结合是必需的，因此对 U1 和 U2 核内小 RNA 分子 3′端的正确加工也是必需的。这一结果为证明 CTD 密码影响基因表达提供了最好的证据。

小结 除 2 位和 5 位的丝氨酸外，Rpb1 亚基 CTD 域中七氨基酸重复单元内第 7 位的丝氨酸在转录过程中也要被磷酸化。因此，重复单元内三个丝氨酸是否被磷酸化的组合数增至 8 种，不同的磷酸化组合就有可能形成一种可以控制哪个基因被转录的 CTD 密码。实验结果表明，第 7 位的丝氨酸被替换后 RNA 聚合酶就丧失了对 U2 核内小 RNA 分子 3′端的加工能力，因此就阻止了该基因的表达。

转录终止与 mRNA 3′端加工的偶联

对Ⅱ类基因转录终止的研究十分困难，主要是因为成熟 mRNA 的 3′端与终止位点不一致，正如我们所学过的，长的前体 mRNA 必须在其多腺苷酸化位点被剪切，然后进行多腺苷酸化。这样就产生了一个相对稳定的 mRNA，但其 3′端却不稳定，会很快被降解，而这个不稳定部分的 3′端是 mRNA 的终止位点。尽管很困难，但仍有几个研究者成功地分析了Ⅱ类基因的转录终止，发现终止与多腺苷酸化位点的剪切相偶联，这两个过程相互依赖。确实，新生 RNA 在终止位点的剪切也许还要早于在多腺苷酸化位点的剪切。

首先，我们如何知道转录终止与 mRNA 加工是偶联的呢？Proudfoot 及同事通过酵母Ⅱ类转录终止的研究证明了这种关联。特别是他们检测了酿酒酵母 *CYC1* 基因，发现参与剪切多腺苷酸化位点的蛋白质突变会抑制终止，而参与多腺苷酸化自身的蛋白质突变对终止没有影响。

Proudfoot 及同事将 *CYC1* 基因克隆到质粒（p*CYC*1）中，该质粒可以在强启动子 *GAL*1/10 控制下表达。同时还构建了一个相似的载体（p*Gcyc*1-512），在其 *CYC1* 基因的末端缺乏通常的多腺苷酸化信号。然后用这些质粒转化酵母细胞，用 Northern 印迹检验基因的表达水平。图 15.33（a）显示，多腺苷酸化位点的缺失极大地降低了基因的表达量。作为对照的持家基因（*ACT1*）在两个样品的表达量相同，表明 *CYC1* 信号的缺失不是由于加样量不同或转膜不同造成的。

pGcyc1-512 表达很弱的原因之一可能是没有适宜地终止转录。为了确定终止是否真的失败了，Proudfoot 及同事进行了如下的核连缀分析（nuclear run-on analysis）。将 *CYC1* 基因的不同片段进行斑点印迹，其中包括多腺苷酸化位点下游约 800bp 的片段，如图 15.33（b）所示。然后与转染了不同基因的细胞连缀 RNA 杂交，转染的基因为野生型 *CYC1* 基因或缺失多腺苷酸化位点的突变基因。图 15.33c 显示实验结果。野生型基因的转录终止于片段

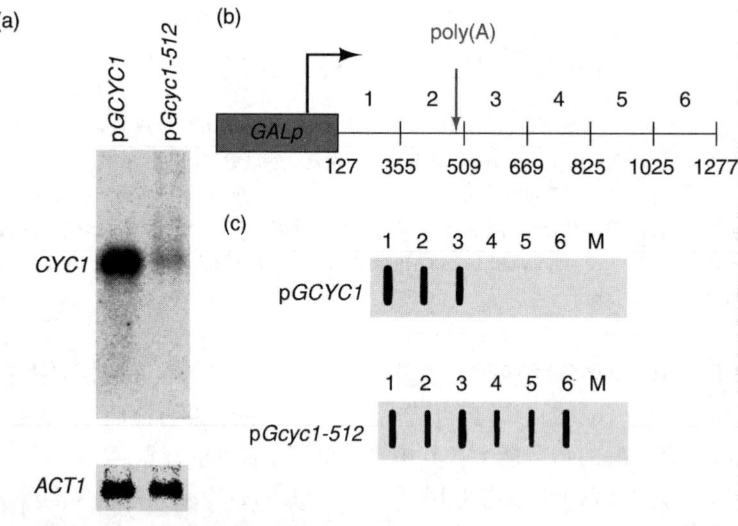

图 15.33 转录终止与多腺苷酸化的偶联。(a) Northern 印迹分析。Proudfoot 及同事将含有野生型基因（p*CYC*1）或缺失多腺苷酸化位点（p*Gcyc*1-512）基因的细胞转录物进行 Northern 印迹。然后将印迹膜与标记的 CYC1 探针杂交。第一次杂交后，洗去印迹，用肌动蛋白基因探针（*ACT*1）再次杂交，作为印迹效率的对照。**(b)** 用于核连缀转录分析的区域图。将酵母 *CYC*1 基因克隆到质粒中置于强启动子 *GAL*1/10（*GALp*，绿色）的控制下，然后转化酵母细胞。进行核连缀分析时，片段 1～6 斑点印迹长度和位置都是已知的。片段 2 的多腺苷酸化位点已标出（红色）。**(c)** 连缀分析结果。用标记的转染了不同基因的细胞连缀转录物与片段 1～6（图 b）的斑点印迹膜杂交，转染的基因为野生型或突变 *CYC*1 基因，如图左边所示。M 是 M13 DNA，阴性对照。（*Source*：Birse et al *Science* 280：p. 299. © 1988 by the AAAS.）

3（多腺苷酸化位点的下游），因为没有与片段4杂交的转录物。但是突变基因的转录却远远超过了正常的终止位点，至少到了片段6，表明正常终止失败了。

我们已经学过，多腺苷酸化实际上包含两个步骤：RNA剪切和多腺苷酸化。理论上讲，两者之一可能与终止偶联。为了验证这个假设，Proudfoot及同事进行了另一个连缀转录分析，所用酵母菌株编码剪切和多腺苷酸化因子的基因是温度敏感突变型。同样，他们先做了Northern印迹，发现所有突变体在非允许温度下CYC1 mRNA的表达量都很低。同样，转录物的多腺苷酸化失败或转录终止的失败都导致转录物的不稳定性。

连缀转录分析给出了更为完整的答案。有些突变引起终止失败，而有些却不引起终止失败。其中是否存在某种模式呢？确实有的！前一组基因（译者注：突变可引起终止失败的基因）编码的蛋白质参与先于多腺苷酸化的剪切，而后一组基因（译者注：突变不引起终止失败的基因）编码的蛋白质参与剪切后的多腺苷酸化。因此，看起来在多腺苷酸化位点的剪切而不是多腺苷酸化本身，与转录终止相偶联。

我们知道，剪切和多腺苷酸化因子与RNA聚合酶Ⅱ中Rpb1亚基的CTD相关。转录终止过程需要活性剪切因子的结果提示，CTD在终止及mRNA的其他成熟过程中发挥作用。在下一节我们将再次讨论这一话题。

> **小结**　完整的多腺苷酸化位点及在多腺苷酸化位点上进行剪切的活性因子都是转录终止所必需的（至少在酵母中是这样）。剪切过的前体mRNA进行多腺苷酸化的活性因子并不是终止所必需的。

终止的机制

2001年，Michael Dye和Proudfoot对人β-珠蛋白和ε-珠蛋白基因的转录终止作了深入的研究，获得如下结果：①多腺苷酸化位点的下游区域对于终止非常重要；②新生转录物中，在多腺苷酸化位点下游的不同位点进行剪切是终止所必需的；③这种转录物剪切具有共转录性（cotranscriptionally），推测可能先于在多腺苷酸化位点的剪切。后来，他们在2004年发现新生转录物的剪切是一个自我催化事件：RNA分子可以自行剪切。

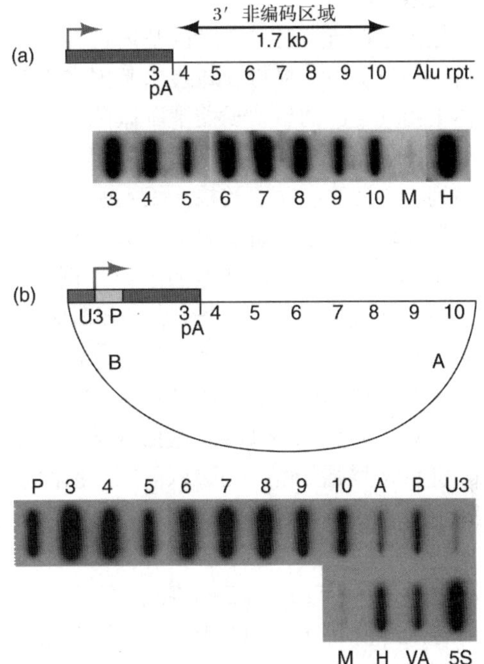

图15.34　对于天然及克隆β-珠蛋白基因的核连缀分析。(a) 基因在染色体上的情况。显示人的基因，包括启动子（紫色箭头所示为转录起点）、编码区（红色）、多腺苷酸位点（pA）及1.7kb的下游序列（4～10）区。下方的图是核连缀分析结果，包括3～10区及2个对照M和H，其中，M为阴性对照，是噬菌体M13 DNA，H为阳性对照，是人组蛋白DNA由RNA聚合酶Ⅱ转录。**(b)** 在HIV增强子-启动子控制下的基因。HIV增强子区（蓝色）、HIV启动子区（黄色）、转录起始位点（紫色箭头）及编码区（红色），A、B区属于克隆载体部分。该图下面是核连缀分析结果。M、H的含义与图(a)相同，VA代表腺病毒VA1基因与β-珠蛋白质粒共转染，由RNA聚合酶Ⅲ转录。5S表示与5S rRNA探针杂交，检测5S rRNA基因由RNA聚合酶Ⅲ转录的情况。(*Source*：Reprinted from Cell v. 105，Dye and Proudfoot，p. 670 © 2001，with permission from Elsevier Science.)

2001年，Dye和Proudfoot把含有1.7kb 3′-侧翼区的人β-珠蛋白基因转入质粒，该质粒由人免疫缺陷型病毒（HIV）的强增强子-启动子组合控制。然后用质粒转染可以表达人β-珠蛋白基因的 HeLa 细胞。HIV 增强子-启动子的优点是，其转录直接依赖于一个叫做 Tat 的病毒反式激活因子（transactivating factor），所以通过加入或移去 Tat 就能够很容易地使转录开启或关闭。

接下来，研究者对克隆的基因进行核连缀分析，并把实验结果与β-珠蛋白基因在天然染色体上由其自己的启动子控制所做的结果进行比较。图 15.34（a）是β-珠蛋白基因，包含下游序列、自己的启动子及核连缀实验结果。从中可以发现，转录在经过位于多腺苷酸化位点下游 1.7kb 的 10 区后仍然能继续。图 15.34（b）是克隆的受 HIV 增强子-启动子控制的β-珠蛋白基因的图谱和核连缀实验结果，从中看出转录在经过 10 区后仍然继续，但转录强度明显下降。10 区后的 DNA 包括载体的 A 区、B 区和 HIV 增强子-启动子的 U3 区。因此，终止发生在 10 区附近，转录和终止在构建的质粒中，似乎都能正常进行。

之后，Dye 和 Proudfoot 缩小了 3′-侧翼区里对转录终止十分重要的区域。他们删除该区域的部分基因并用核连缀实验检测终止是否仍然发生。结果发现，删除 8～10 区可以阻止终止发生，所以 4～7 区不足以引起转录终止。此外，删除 5～8 区保留 9～10 区或者删除 5～9 区仅保留 10 区，转录也会终止。最值得注意的是，当删除 4 区下游的所有区域，只保留 8 区时，转录会终止。因此，区域 8、9 和 10，单独或在一起时都可以导致转录终止。

由于第 8 区（第 9、10 区也是如此）看上去含有能让合成中的转录物受到剪切的终止序列，Proudfoot 及同事将这段序列命名为**共转录剪切元件**（cotranscriptional cleavage element，**CoTC** 元件）。2004 年，Proudfoot 和 Alexander Akoulitchev 及同事发现了 CoTC 元件的重要秘密：它自身编码一个催化结构域，此结构域可剪切合成中的 RNA 分子。将含有全长 CoTC 元件的转录物与 Mg^{2+} 和 GTP 一起温育，发现该转录物的半衰期只有 38min，比对照 RNA 的降解快得多。通过在 CoTC 元件内部进行删除，他们将自身催化位点定位于 CoTC 元件 5′端下游的 200nt 序列［**CoTC (r)**］（图 15.35）。这段 200nt 序列的体外半衰期只有 15min。而含有50～150nt核苷酸的突变序列（mutΔ）没有自身催化活性。

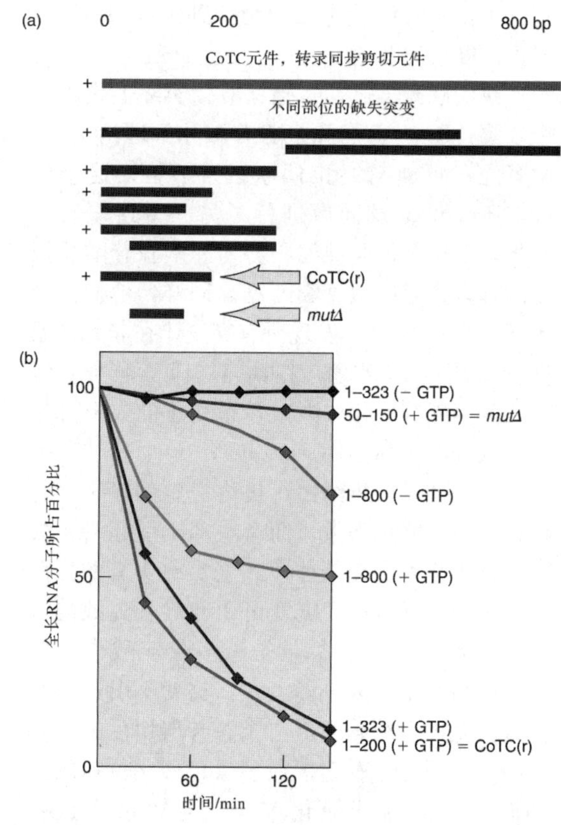

图 15.35 CoTC 元件内催化位点的确定。（a） 突变体。Proudfoot 和 Akoulitchev 及同事从 800bp 的 CoTC 元件（顶部，红色柱）开始，然后进行删除突变，获得不同突变体，其转录物如下面（蓝色柱）所示。删除部分以柱中空缺表示。突变体 RNA 中仍保留催化活性在左边用＋表示。箭头指向 CoTC（r）：保留 1～200nt 的 RNA，具有催化活性。mutΔ：保留 50～150nt 的 RNA，不具催化活性。**（b）** 实验结果。将反应体系中所残留的全长 RNA 对反应时间作图。从图中可以看出反应过程需要 GTP，而含有 1～200nt 的 CoTC（r）具有完整催化活性。（*Source*：Adapted from A. Teixeira et al.，Autocatalytic RNA cleavage in the human beta-globin pre-mRNA promotes transcription termination. *Nature* 432：526，2006.）

CoTC 元件对转录终止很重要吗？为了找到答案，研究者将β-珠蛋白基因连接到质粒中，然后转染 HeLa 细胞。他们还用β-珠蛋白基因末端 CoTC 元件的突变体形式进行了替换，突变 CoTC 元件有 CoTC（r）（最小自身催化元件）和mutΔ（缺失自身催化活性的元件），然后用核连缀反应分析转录是否能正常终止。结果发现，末端含有 CoTC（r）元件的转录物能像野生型序列一样终止转录，而含有 mutΔ 元件的转录物在正常终止位点之后还能继续转录。用其他突变 CoTC 元件进行相同实验，发现 CoTC 元件的自身催化活性与其终止转录的活性非常吻合。由此看来，自身剪切活性对于正确的转录终止是必要的。

那么，是否真核基因的转录终止都需要一个能自身催化的类似 CoTC 的元件呢？研究表明，灵长类生物的 β-珠蛋白基因确实含有一个保守的 CoTC 元件，其催化活性的核心区域内保守性最高。但是在亲缘关系稍远的物种中没有检测到类似元件，可能是由于序列变异程度比较大。然而，仅从序列本身还不能将 CoTC 元件鉴定为自剪切性核酶（self-cleaving ribozyme）。因此，更多真核基因 poly（A）位点下游可能存在类似 CoTC 的元件。

延伸中的 RNA 分子在 CoTC 或其他位点的剪切就足以引起转录终止吗？可能不是，因为目前有证据表明另有一种现象，当 RNA 聚合酶延伸到 poly（A）位点之后，它会被“鱼雷”炸掉（torpedoed）。图 15.36 展示了该爆破过程的机制，与第 6 章学过的依赖 ρ 因子的转录终止机制很相似。首先，RNA 分子在 CoTC 或其他位点剪切，然后外切核酸酶结合到新形成的 RNA 末端开始降解，追赶仍在进行合成的 RNA 聚合酶。当外切核酸酶追上聚合酶时，对其进行“鱼雷式攻击”，终止转录过程。

在人 β 珠蛋白基因中，根据鱼雷攻击模型，延伸中的转录物在 CoTC 位点剪切之后，为最终破坏聚合酶的 5′→3′外切核酸酶提供了一个登陆位点。如果确实如此的话，那么耗竭细胞中的相

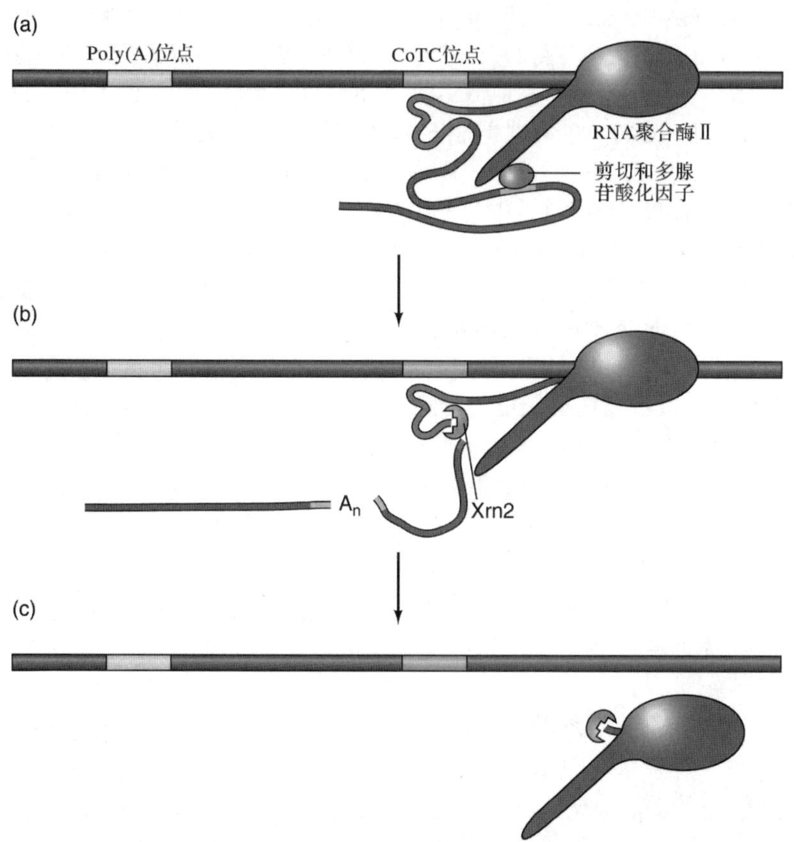

图 15.36 人 β-珠蛋白基因转录终止的鱼雷模型。(a) RNA 聚合酶（红色）转录 poly（A）位点（黄色）和 CoTC 位点（蓝色）。剪切和多腺苷酸化因子（绿色）同时结合到 poly（A）位点和聚合酶的 CTD 上。**(b)** 剪切和多腺苷酸化过程完成，mRNA 获得其 poly（A）尾巴。转录物的 CoCT 序列则经历自我剪切，而且 Xrn2 外切核酸酶（橙色）结合到新产生 RNA 的 5′端。**(c)** Xrn2 一个核苷酸一个核苷酸地降解延伸中的 RNA，并追上 RNA 聚合酶，以某种方式将其破坏，使 RNA 聚合酶脱离模板，终止转录。

关 5′→3′外切核酸酶应该可以干扰转录的正确终止。为了验证这一点，Proudfoot 及同事利用 RNAi（第 16 章）对人的 5′→3′外切核酸酶 **Xrn2** 进行了表达“敲低”（knock-down）。他们将细胞内 Xrn2 的活性降低到只有正常值的 25%，然后用核连缀实验对转录终止进行检测。发现 Xrn2 活性的降低使正常终止的转录物减少了 2～3 成。也就是说，有 2～3 成的转录物会延伸到正常终止位点之后。

Proudfoot 及同事认为在 poly（A）位点而不是 CoTC 位点进行的剪切可能是 Xrn2 的登陆位点。如果真是这样，那么在 poly（A）位点和 CoTC 位点之间的 RNA 的耗竭在 Xrn2 抑制细胞内要低于未处理的细胞。但是 RNase 保护实验表明，在 Xrn2“敲低”细胞和未处理细胞内，从 poly（A）位点到 CoTC 位点之间转录物的水平并没有差异。

是否位于 CoTC 区域 5′端的任一位点都可以作为 Xrn2 的登陆位点呢？Proudfoot 及同事用锤头状核酶（hammerhead ribozyme）序列替代正常 CoTC 序列，希望能从中找到答案。这种锤头状核酶是可以自身剪切的 RNA，在末端生成 5′-OH，而 CoTC 自身剪切生成 5′-磷酸基团。核连缀分析表明尽管锤头状核酶能够对延伸中的 β-珠蛋白转录物进行剪切，但是其下游的 RNA 并没有被降解，正如细胞中含有正常 CoTC 序列的转录物一样。因此，为了启动对下游 RNA 序列的降解，Xrn2 需要由 CoTC 提供的 5′-磷酸基团。

对转录进行终止的鱼雷轰炸机制能广泛适用于其他生物吗？Jack Greenblatt、Steven Buratowski 及同事在酵母中发现了一个能够启动转录终止的 5′→3′外切核酸酶，称为 Rat1。目前还没有证据表明酵母含有 CoTC 元件，因此只能假设转录物在 poly（A）位点被剪切之后，Rat1 就结合上去并开始追逐 RNA 聚合酶，追上之后对其进行爆破。

小结 RNA 聚合酶Ⅱ引起的转录终止分两个阶段。第一阶段，转录在多腺苷酸化位点下游的终止区进行共转录剪切（CoTC）。这一阶段的发生早于 poly（A）位点的剪切及多腺苷酸化，并且不依赖于这一过程。第二阶段，在 poly（A）位点发生的剪切及多腺苷酸化给延伸中的 RNA 聚合酶发出脱离模板的信号。至少在某些基因内，这种脱离信号是由“鱼雷”所传递的。对人的 β-珠蛋白转录物而言，多腺苷酸化位点下游的 CoTC 元件是一种能够进行自是我剪切的核酶，剪切之后产生一个 5′端。这种剪切对于转录终止是必需的，因为它为 Xrn2 提供了一个登陆位点。而 Xrn2 是一个 5′→3′外切核酸酶，结合到 RNA 分子之后就开始一边降解 RNA 一边追赶 RNA 聚合酶。当它追上聚合酶后，对其进行“轰炸”，从而终止转录。酵母中也发现类似的鱼雷轰炸机制，poly（A）位点的剪切为 5′→3′外切核酸酶 Rat1 提供了结合位点，Rat1 一边降解 RNA 一边追赶 RNA 聚合酶，追上之后就终止转录过程。

多腺苷酸尾在 mRNA 转运中的作用

自 1991 年以来，我们就知道多腺苷酸尾在成熟 mRNA 转运出核的过程中发挥重要作用。当时 Max Birnstiel 及同事用实验证明当细菌的新霉素基因转至猴 COS1 细胞时，其转录物被留在核内。他们推测细菌基因缺少多腺苷酸信号，会形成无成熟 3′端的转录物，这可能是其不能转运到细胞质的原因。

为了证实这一假设，他们给新霉素基因提供了一个哺乳动物的 β-珠蛋白基因的强多腺苷酸化信号，该信号可以使新霉素转录物多腺苷酸化。结果，转录物有效地从细胞核转运到细胞质了。

2001 年，Patricia Hilleren 及同事对 poly（A）聚合酶基因温度敏感型的酵母突变株进行了研究。这些细胞在非允许温度下就停止新生转录物的多腺苷酸化。他们特别关注 SSA4 基因的转录物，这是个热激基因，当移至不允许温度时，其转录物积累。荧光原位杂交（FISH，第 5 章）显示，SSA4 转录物仍在核的小区域（small foci）内，靠近转录的部位。在野生型细胞或在允许温度下的突变细胞中，在核内检测不到这种转录物，推测它们经过多腺苷酸化后被转运至细胞质了。这些结果再次证实多腺苷酸化是 mRNA 主动转运出核所必需的，未加 poly（A）尾时，转录物甚至不会远离其转录位点。

小结 多腺苷酸化对于 mRNA 从核内的合成部位转运到细胞质来说是必需的。

poly (A) 的延伸需要一个称为 poly (A) 结合蛋白Ⅱ (PABⅡ) 的特殊因子。这个蛋白质结合到已经起始合成的寡聚 A 上，并通过 poly (A) 聚合酶把 poly (A) 延长到 250nt 或更长。PABⅡ独立于信号序列 AAUAAA 而起作用，它仅依赖于 poly (A)，但其活性可被 CPSF 加强。

小牛胸腺多腺苷酸酶可能是至少三种 cDNA 的混合物，由不同的 RNA 选择性剪接过程产生。根据这些序列预测的酶结构包括一个 RNA 结合区 (RBD)、一个多聚酶模块 (PM)、两个核定位信号 (NLS1 和 2) 和几个丝氨酸/苏氨酸富含区 (S/T)。靠后的区域，但不是其余的，是体外酶活性所非必需的。

poly (A) 在细胞质中更新，RNA 酶使其缩短，poly (A) 聚合酶再让它延长。当 poly (A) 耗尽时，mRNA 也就面临降解了。细胞质中母系 mRNA 的成熟特异性多腺苷酸化依赖于两个基序，接近 mRNA 末端的 AAUAAA 序列和称之为细胞质多腺苷酸化元件的上游序列 (CPE)，后者是一个 UUUUUAU 序列或与之类似的序列。

帽和 poly (A) 在剪接过程中发挥作用，至少在对最靠近 mRNA 两端的内含子的切除中起作用。第一个内含子从前体 mRNA 中切除依赖于帽。这个作用可能被参与剪接体形成的帽结合复合物 CBC 所介导。体外模型底物多腺苷酸化需要把最靠近 poly (A) 的内含子有效地去除。但是从中去除其他内含子即使没有多腺苷酸化，仍能以正常速率发生。

转录过程中，参与加帽、多腺苷酸化和剪接的蛋白质因子都与 CTD 结合。酵母转录复合物 Rpb1 中 CTD 的磷酸化状态随转录进程而改变。靠近启动子的转录复合物含有磷酸化的 Ser5，而远离启动子的转录复合物含有磷酸化的 Ser 2。与 CTD 结合的蛋白质也发生了变化。例如，当复合物靠近启动子时，加帽酶在转录早期而不是晚期出现；相反，多腺苷酸化因子 Hrp1 在靠近和远离启动子的转录复合物都出现。

完整的多腺苷酸化位点及在多腺苷酸化位点上进行剪切的活性因子都是转录终止所必需的 (至少在酵母中是这样)。剪切过的前体 mR-

总结

帽是分步合成的。首先，RNA 焦磷酸酶将前体 mRNA 末端的磷酸基团去掉，之后鸟苷转移酶在此末端加上 GMP (来源于 GTP)。然后，两个甲基转移酶分别将鸟苷第 7 位的 N 和倒数第二个碱基 2′位的羟基甲基化。这一系列事件发生在 RNA 链延伸到 30 个核苷酸之前的转录早期。帽确保至少有些前体 mRNA 的正确剪接、促进至少有些成熟 mRNA 转运出核外、保护 mRNA 不被降解、增加 mRNA 的可译性。

绝大多数真核生物的 mRNA 及其前体在 3′端都有一段约 250nt 的多腺苷酸残基链。这段 poly (A) 是在转录之后被 poly (A) 聚合酶加上的。poly (A) 可以同时加强 mRNA 的稳定性和翻译能力，这两个方面的相对重要性因不同的系统而不同。

真核细胞基因的转录越过多腺苷酸化位点，然后转录物被剪切并产生被多腺苷酸化的 3′端。有效的哺乳动物多腺苷酸化信号的组成应该是在其前体 mRNA 的多腺苷酸化位点上游约 20nt 处有一个 AAUAAA 序列，接着在23～24bp 处有一个富 GU 区，紧接一个富 U 区。这些区域会有一定的变异，从而导致多腺苷酸化效率的变化。植物的多腺苷酸化信号通常也具有 AAUAAA 序列，只是这个序列在植物中比动物中有更高的变异性。酵母的多腺苷酸化信号更为不同，其中很少包含 AAUAAA 序列。

多腺苷酸化的发生需要前体 mRNA 的剪切和在剪切处的多腺苷酸化。在哺乳动物中剪切反应的发生需要 CPSF、CstF、CFⅠ、CFⅡ、poly (A) 聚合酶和 RNA 聚合酶Ⅱ (尤其是 Rpb1 亚基中的 CTD)。与新生 mRNA 3′端类似的短 RNA 能够被多腺苷酸化。剪切底物的最佳多腺苷酸化起始信号是 AAUAAA 及其后连接的至少 8 个核苷酸。一旦 poly (A) 达到 10nt，接下来的多腺苷酸化将不再依赖于信号 AAUAAA，而是依赖于 poly (A) 本身。参与多腺苷酸化起始过程的两个蛋白质是 poly (A) 聚合酶和结合到 AAUAAA 基序上的 CPSF。

NA 进行多腺苷酸化的活性因子并不是终止所必需的。RNA 聚合酶Ⅱ引起的转录终止分为两个阶段。第一阶段，转录在多腺苷酸化位点下游的终止区进行共转录剪切（CoTC）。这一阶段的发生早于 poly（A）位点的剪切及多腺苷酸化，并且不依赖于这一过程。第二阶段，在 poly（A）位点发生的剪切及多腺苷酸化给延伸中的 RNA 聚合酶发出脱离模板的信号。至少在某些基因内，这种脱离信号是由“鱼雷”所传递的。对人的 β 珠蛋白转录物而言，多腺苷酸化位点下游的 CoTC 元件是一种能够进行自我剪切的核酶，剪切之后产生一个 5′端。这种剪切对于转录终止是必需的，因为它为 Xrn2 提供了一个登陆位点。而 Xrn2 是一个 5′→3′外切核酸酶，结合到 RNA 分子之后就开始一边降解 RNA 一边追赶 RNA 聚合酶。当它追上聚合酶后，对其进行“轰炸”，从而终止转录。酵母中也发现类似的鱼雷轰炸机制，poly（A）位点的剪切为 5′→ 3′外切核酸酶 Rat1 提供了结合位点，Rat1 一边降解 RNA 一边追赶 RNA 聚合酶，追上之后就终止转录过程。

复习题

1. 用 ^{3}H-AdoMet 和 ^{32}P 标记一个带帽的真核细胞 mRNA，然后用碱消化，接着将产物通过 DEAE 纤维素层析柱，图示与已知电荷寡核苷酸相比，帽 1 的洗脱峰值。画出 cap1 的结构并计算它所带的电荷。

2. 怎么才能知道帽结构含有 7-甲基化鸟嘌呤核苷？

3. 列出加帽过程的步骤。

4. 描述加帽对 RNA 稳定性影响的实验并给出实验结果。

5. 描述加帽和多腺苷酸化对翻译协同影响的实验并给出实验结果。

6. 描述加帽对 mRNA 转运到细胞质的影响并说明实验结果。

7. 描述可以证明 poly（A）长度的实验并给出结果。

8. 如何知道 poly（A）是在 mRNA 的 3′端呢？

9. 如何知道 poly（A）是在转录后才加上的呢？

10. 描述实验并给出结果，显示 poly（A）对 mRNA 翻译效率、mRNA 稳定性、募集 mRNA 到多聚物上的影响。

11. 画出多腺苷酸化过程示意图，以延伸到多腺苷酸化位点之后的 RNA 为开始。

12. 描述实验并给出结果，证明转录并不是在多腺苷酸化位点停止。

13. 描述实验并给出结果，证明 AAUAAA 多腺苷酸化片段的重要性。在 AAUAAA 序列附近常见的其他基序有哪些？相对于多腺苷酸化位点，这些基序是在什么位置找到的？

14. 描述实验并给出结果，证明 G/U 富集和 U 富集区对多腺苷酸化的重要性。相对多腺苷酸化位点而言，这些基序在什么位置？

15. 描述实验并给出结果，证明 Rpb1 的 CTD 对前体 mRNA 剪切的影响。

16. 描述实验并给出结果，证明 poly（A）和特异性因子 CPSF 的重要性。

17. 描述实验并给出结果，显示在多腺苷酸化底物的末端加上 40 个 A 对多腺苷酸化的影响，该底物的 AAUAAA 信号已改变了。

18. 描述实验并给出结果，证明 CPSF 与 AAUAAA 结合而不是与 AAGAAA 结合。

19. 描述实验并给出结果，显示 CPSF 和 PABⅡ对带有 AAUAAA 或 AAGAAA 基序、有或无 poly（A）底物的多腺苷酸化的影响，你如何解释这些结果？

20. 绘出多腺苷酸化示意图，说明 CPSF、剪切酶、PAP、RNA 聚合酶Ⅱ和 PABⅡ的作用。

21. poly（A）聚合酶（PAPⅠ）的哪个部位是多腺苷酸化活性所必需的？列出相关证据。

22. 描述实验并给出结果，鉴定细胞质多腺苷酸化元件（CPE）是细胞质多腺苷酸化所必需的。

23. 描述实验并给出结果，证明帽在前体 mRNA 的第一个内含子的剪接中发挥作用。

24. 描述实验并给出结果，证明 poly（A）影响前体 mRNA 最后一个内含子的剪接。

25. 描述实验并给出结果，证明加帽酶连接到 RNA 聚合酶Ⅱ的 CTD 处。

26. 描述 Far Western 印迹实验并给出结果，显示 U1 snRNP 的一个成分结合到 RNA 聚合酶Ⅱ的 CTD 上。

27. 描述ChIP并给出结果，分析（a）当加帽酶靠近而不是远离启动子时，它与RNA聚合酶Ⅱ的CTD区结合；（b）当RNA聚合酶离开启动子时，CTD的磷酸化状态发生改变。

28. 描述实验并给出结果，显示多腺苷酸化的失败会导致正确转录终止的失败。这一结果是由于多腺苷酸化本身导致的，还是由于不能在多腺苷酸化位点剪切而引起的？

29. 描述实验并给出结果，证明转录终止需要转录物的自行剪切，即使它仍在延伸（共转录剪接）。

30. 描述真核细胞终止转录的鱼雷爆破模型。

分析题

1. 假设你正在研究一种病毒，它所产生的mRNA分子含有一种特殊的帽结构，其净电荷为－4而不是－5。然后你发现这些帽结构像1型帽一样进行了甲基化，即m^7G和倒数第二个核酸2′位的羟基，但其他位点没有被甲基化。请提出一个假说来解释负电荷减少的原因并设计一个实验来证明你的假设。

2. 请设计一个实验来证明CstF是与剪切和多腺苷酸化信号中的GU/U元件结合的。你如何确定CstF的结合是需要富GU区或富U区其中一个序列元件还是两者都不可缺少？

3. 假设你正在某一实验室从事mRNA加工的生化研究，通过体外实验对mRNA分子的剪切和多腺苷酸化过程进行分析。你合成了如下带放射性的mRNA分子（见下表）：含有5′帽或5′帽缺失。然后你将合成的mRNA分子与HeLa细胞核抽提物在30℃中温育20min，随后在高分辨率的凝胶上进行电泳。你根据分子质量的大小对剪切产物进行鉴别，然后对不同分子的放射量进行计数，包括没有加工的前体mRNA，只有内含子1被剪切的分子（剪切1），只有内含子2被剪切的分子（剪切2），二者都被剪切的分子，还有被多腺苷酸化的分子（polyA）。结果如下表所示，其中加号的个数表示电泳条带放射性的相对强弱：

请提出一个假说解释上面的实验结果。

4. 在酵母的转录复合体中，CTD域中Rpb1亚基的磷酸化状态及与该亚基互作的蛋白质会随着转录过程的进行而发生改变。目前认为CTD域的磷酸化从Ser5转移到Ser2能够导致在RNA加工蛋白离开复合体的同时有可能吸引新的蛋白质结合到CTD上（如图15.32所述）。设计一个实验来证明以上结果，同时请详细解释你的理论假设来支持该实验计划。

	前体mRNA	剪切1	剪切2	二者都被剪切	Poly（A）
未加帽的RNA A	＋＋	＋	＋＋＋	＋	＋＋＋
已加帽的RNA A	＋	＋	＋	＋＋＋	＋＋＋
未加帽的RNA B	＋＋＋＋	＋	＋	＋	＋
已加帽的RNA B	＋＋	＋＋＋	＋	＋	＋

翻译　肖海林　校对　岳　兵　李玉花

推荐阅读文献

一般的引用和评论文献

Barabino, S. M. L. and W. Keller. 1999. Last but not least: Regulated poly(A) tail formation. *Cell* 99:9-11.

Bentley, D. 1998. A tale of two tails. *Nature* 395:21-22.

Colgan, D. F. and Manley, J. L. 1997. Mechanism and regulation of mRNA polyadenylation. *Genes and Development* 11:2755-2766.

Corden, J. L. 2007. Seven ups the code. *Science* 318:1735-1736.

Manley J. L. and Y. Takagaki. 1996. The end of the message-Another link between yeast and mammals. *Science* 274:1481-1482.

Orphanides, G. and D. Reinberg. 2002. A unified theory of gene expression. *Cell* 108:439-451.

Proudfoot, N. J. 1996. Ending the message is not so simple. *Cell* 87:779-781.

Proudfoot, N. J., A. Furger, and M. J. Dye. 2002. Integrating mRNA processing with transcription. *Cell* 108:501-512.

Tollervey, D. 2004. Molecular biology: Termination by torpedo. *Nature* 432:456-457.

Wahle, E. and W. Keller. 1996. The biochemistry of polyadenylation. *Trends in Biocbemical Sciences* 21:247-251.

Wickens, M. 1990. How the messenger got its tail: Addition of poly (A) in the nucleus. *Trends in Biocbemical Sciences* 15:277-281.

Wickens, M. and T. N. Gonzalez. 2004. Knives, accomplices, and RNA. *Science* 306: 1299-1300.

研究论文

Bardwell, V. J., D. Zarkower, M. Edmonds, and M. Wickens. 1990. The enzyme that adds poly (A) to mRNA is a classical poly(A) polymerase. *Molecular and Cellular Biology* 10:846-849.

Barillà, D., B. A. Lee, and N. J. Proudfoot. 2001. Cleavage/polyadenylation factor IA associates with the carboxyl-terminal domain of RNA polymerase Ⅱ in *Saccbaromyces cereuisiae*. *Proceedings of the National Academy of Sciences USA* 98:445-450.

Birse, C. E., L. Minvielle-Sebastia, B. A. Lee, W. Keller, and N. J. Proudfoot. 1998. Coupling termination of transcription to messenger RNA maturation in yeast. *Science* 280: 298-301.

Dye, M. J. and N. J Proudfoot. 2001. Multiple transcript cleavage precedes polymerase release in termination by RNA polymerase Ⅱ. Cell 105:669-81.

Egloff, S. D. O'Reilly, R. D. Chapman. A. Taylor. K. Tanzhaus, L. Pitts, D. Eick, and S. Murrhy. 2007. Serine 7 of the RNA pdymerase Ⅱ CTD is specifically required for snRNA Gene Expression. *Science* 318:1777-1779.

Fitzgerald, M. and T. Shenk. 1981. The sequence 5′-AAUAAA-3′ forms part of the recognition site for polyadenylation of late SV40 mRNAs. *Cell* 24:251-260.

Fox, C. A., M. D. Sheets, and M. P. Wickens, 1989. Poly(A) addition during maturation of frog oocytes: Distinct nuclear and cytoplasmic activities and regulation by the sequence UUUUUAU. *Genes and Development* 3: 2151-2156.

Furuichi, Y., A. LaFiandra, and A. J. Shatkin. 1977. 5′-terminal structure and mRNA stability. *Natrue* 266:235-239.

Furuichi, Y. and K.-I. Miura. 1975. A blocked structure at the 5′-terminus of mRNA from cytoplasmic polyhedrosis virus. *Nature* 253: 374-375.

Furuichi, Y., S. Muthukrishnan, J. Tomasz, and A. J. Shatkin. 1976. Mechanism of formation of reovirus mRNA 5′-terminal blocked and methylated sequence m^7GpppG^mpC. *Journal of Biological Chemistry* 251:5043-5053.

Gallie, D. R. 1991. The cap and poly (A) tail function synergistically to regulate mRNA translational efficiency. *Genes and Development* 5:2108-2116.

Gil, A. and N. J. Proudfoot. 1987. Position-dependent sequence elements downstream of AAUAAA are required for efficient rabbit β-globin mRNA 3′-end formation. *Cell* 49:399-406.

Hamm, J. and I. W. Mattaj. 1990. Monomethylated cap structures facilitate RNA export from the nucleus. *Cell* 63:109-118.

Hirose, Y. and J. L. Manley. 1998. RNA polymerase Ⅱ is an essential mRNA polydenylation factor. *Nature* 395:93-96.

Hofer, E. and J. E. Darnell. 1981. The primary transcription unit of the mouse β-major globin gene. *Cell* 23:585-593.

Huez, G., G. Marbaix, E. Hubert, M. Leclereq, U. Nudel, H. Soreq, R. Salomon, B. Lebleu, M. Revel, and U. Z.

Littauer. 1974. Role of the polyadenylate segmint in the translation of globin messenger RNA in *Xenopus* oocytes. *Proceedings of the National Academy of Sciences USA* 71:3143-3146.

Izaurralde, E., J. Lewis, C. McGuigan, M.

Jankowska, E. Darzynkiewicz, and I. W. Mattaj. 1994. A nuclear cap binding protein complex involved in per-mRNA splicing. *Cell* 78:657-668.

Keller, W., S. Bienroth, K. M. Lang, and G. Christofori. 1991. Cleavage and polyadenyation factor CPF specificeally interacts with the pre-mRNA 3′ processing signal AAUAAA. *EMBO Journal* 10:4241-4249.

Kim, M., N. J. Krogan, L. Vasiljeva, O. J. Rando, E. Nedea, J. F. Greenblatt, and S. Buratowski. 2004. The yeast Rat1 exonuclease promotes transcription termination by RNA polymerase Ⅱ. *Nature* 432:517-522.

Komarnitsky, P., E.-J. Cho, and S. Buratowski. 2000. Different phosphorylated forms of RNA polymerase Ⅱ and associated mRNA processing factors during transcription. *Genes and Development* 14:2452-2460.

Mandel, C. R., S. Kaneko, H. Zhang, D. Gebauer, V. Vethantham, J. L. Manley, and L. Tong. 2006. Polyadenylation factor CPSF-73 is the pre-mRNA 3′-end-processing endonuclease. *Nature* 444:953-956.

McCracken, S., N. Fong, E. Rosonina, K. Yankulov, G. Brothers, D. Siderovski, A. Hessel, S. Foster, Amgen EST Program, S. Shuman, and D. L. Bentley. 1997. 5′-capping enzymes are targeted to pre-mRNA by binding to the phosphorylated carboxy-terminal domain of RNA polymerase Ⅱ. *Genes and Development* 11:3306-3318.

McDonald, C. C., J. Wilusz, and T. Shenk. 1994. The 64-kilodalton subunit of the CstF polydaenylation factor binds to pre-mRNAs downstream of the cleavage site and influences cleavage site location. *Molecular and Cellular Biology* 14:6647-6654.

Morris, D. P. and A. L. Greenleaf. 2000. The splicing factor, Prp40, binds the phosphorylated carboxy-terminal domain of RNA polymerase Ⅱ. *Journal of Biological Chemistry* 275:39935-39943.

Munroe, D. and A. Jacobson. 1990. mRNA poly(A) tail, a 3′ennancer of a translational initiation. *Molecular and Cellular Biology* 10:3441-3455.

Sheets, M. D. and M. Wickens. 1989. Two phases in the addition of a poly(A) tail. *Genes and Development* 3:1401-1412.

Sheiness, D. and J. E. Darnell. 1973. Polyadenylic acid segment in mRNA becomes shorter with age. *Nature New Biology* 241:265-268.

Teixeira, A., A. Tahirir-Alaoui, S. West, B. Thomas, A. Ramadass, I. Martianov, M. Dye, W James, N. J. Proudfoot, and A. Akoulitchev. 2004. Autocatalytic RNA cleavage in the human β-globin pre-mRNA promotes transcription termination. *Nature* 432:526-530.

Wahle, E. 1991. A novel poly(A)-binding protein acts as a specificity factor in the second phase of messenger RNA polyadenylation. *Cell* 66:759-768.

Wei, C. M. and Moss, B. 1975. Methylated nucleotides block 5′-terminus of vaccinia virus mRNA. *Proceedings of the National Academy of Sciences USA* 72:318-322.

West, S., N. Gromak, and N. J. Proudfoot. 2004. Human 5′→3′exonuclease Xrn2 promotes transcription termination at cotranscriptional cleavage sites. *Nature* 432:522-525.

第 16 章　其他 RNA 加工事件及基因表达的转录后调控

矮牵牛花中额外增加紫色基因拷贝导致的沉默效应。© *Courtesy of Dr. Richard A. Jorgensen*, The Plant Cell.

在前两章中，我们探讨了 RNA 的剪接、加帽和多腺苷酸化问题，涵盖了大部分真核细胞前体 mRNA（pre-mRNA）的加工过程。但在一些生物中还存在其他特殊的前体 mRNA 加工形式。例如，营寄生的原生动物锥体虫和蠕虫及自主生活的原生生物眼虫等对前体 mRNA 进行的反式剪接加工。这一过程涉及对两个独立转录物同时进行剪接。锥体虫含有线粒体（称为动基体），它们通过转录后增加或者删除核苷酸来编辑 mRNA。与这些相当复杂的加工过程相比，大多数生物则通过更加常见的机制加工 rRNA 和 tRNA。同时真核生物也可以通过调节基因转录后的过程（主要是通过调节 mRNA 的降解）来调控一些基因的表达。此外，真核生物还可以通过降解相应的 mRNA 对外源基因或外源双链 RNA 做出反应。本章主要讨论这些转录后的加工事件。

16.1　核糖体 RNA 的加工

真核生物和细菌的 rRNA 基因首先被转录成较大的 rRNA 前体，然后必须经过加工（切割成片段）才能形成成熟的 rRNA。然而，这个过程不仅是简单地移除过长的大分子两端所不需要的部分，事实上每个长前体中包含有几种不同的 rRNA，它们都必须逐个被剪切出来。下面分别讨论真核生物和细菌 rRNA 的加工过程。

真核生物 rRNA 的加工

真核生物的 rRNA 基因在细胞核中重复了几百次并成簇聚集在一起。对两栖动物中 rRNA 基因的排列已经做了详细的研究，如图 16.1（a）所示，它们被**非转录间隔区**（nontranscribed spacer，NTS）分开。NTS 与**转录间隔区**（transcribed spacer）不同，转录间隔区可作为前体 rRNA 的一部分被转录，然后在前体 rRNA 加工为成熟 rRNA 的过程中被除去。

细胞核内 rRNA 基因重复成簇的特点使得它们很容易被发现，这给 Oscar Miller 及同事提供了观察 rRNA 基因动态变化的极佳机会。

rRNA基因 NTS rRNA基因 NTS

(a)

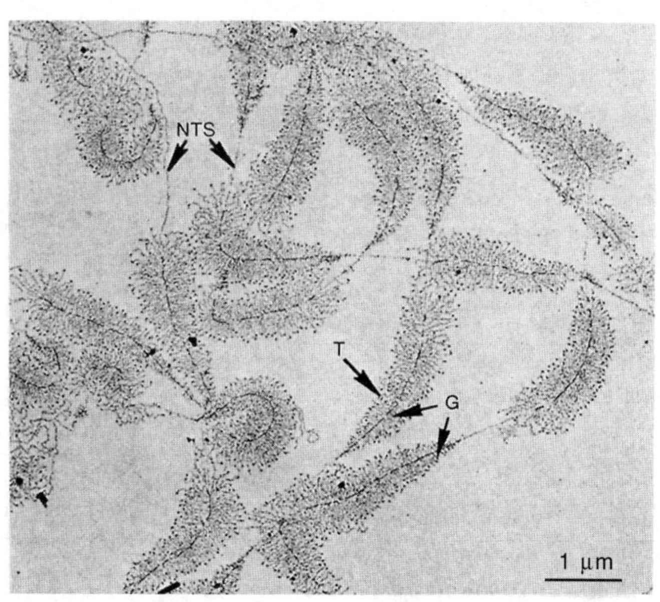

图 16.1 前体 rRNA 基因的转录。(a) 蝾螈（两栖类）rRNA 前体基因簇的部分图谱。显示 rRNA 基因（橙色）和非转录间隔区（NTS，绿色）交替排列。**(b)** 蝾螈细胞核的部分电子显微图，显示前体 rRNA 转录物（T）以“树”状模式在串联重复的前体 rRNA 基因（G）处合成。图中每个转录物的底部是 RNA 聚合酶Ⅰ（在本图看不到）。这些基因被非转录间隔区 DNA（NTS）间隔开来。［*Source*：（*b*）O. L. Miller，Jr.，B. R. Beatty，B. A. Hamkalo，and C. A. Thomas，Electron microscopic visualization of transcription. *Cold Spring Harbor. Symposia on Quantitative Biology* 35（1970）p. 506.］

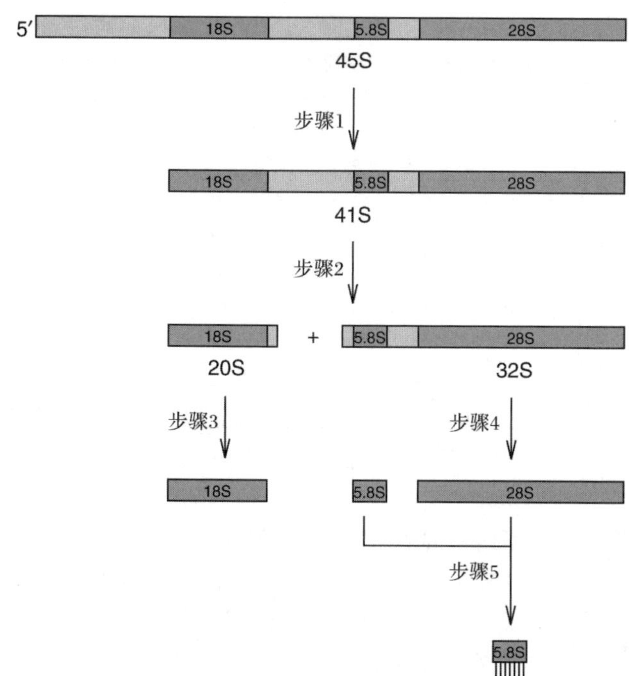

图 16.2 人（HeLa）45S rRNA 前体的加工。 第一步：45S 前体 RNA 的 5′端被切除，产生 41S 前体；第二步：41S 前体被剪切成两部分，18S rRNA 的前体 20S 和 5.8S、28S rRNA 的前体 32S；第三步：20S 前体的 3′端被切除，产生成熟的 18S rRNA；第四步：32S 前体被剪切释放出 5.8S 和 28S rRNA；第五步：5.8S 和 28S rRNA 通过碱基配对连接起来。

研究人员用电子显微镜观察两栖动物的细胞核，看到了如图 16.1（b）所示的惊人现象，含有 rRNA 基因的 DNA 缠绕在一起，在显微照片中最显著的特点是一系列的“树”状结构，包括 rRNA 基因（树干）及不断变长的转录物（树枝）。我们很快就可了解到这些转录物实际上是前体 rRNA，而不是成熟 rRNA 分子。“树”之间的间隔是非转录间隔区。你甚至可以根据一个基因中转录物的长度判断其转录方向，较短的 RNA 位于基因的起始端，而较长的位于基因的末端。

我们已经了解到前体 mRNA 通常只需要剪接而不需要其他的加工。而 rRNA 和 tRNA 首先以前体形式出现，该前体有时需要剪接，但它们的末端还含有多余的核苷酸，甚至在将成为单个成熟 RNA 序列的区域之间也存在多余的核苷酸。这些多余的区域也必须切除。从前体 RNA 中切除多余的区域是另一种加工（processing）方式。它与剪接的相似之处是去除不需要的 RNA，但与剪接的不同之处是没有 RNA 连接。

例如，哺乳动物 RNA 聚合酶 I 合成一个 **45S 前体 rRNA**，包含有 **28S rRNA**、**18S rRNA** 和 **5.8S rRNA**，它们被包埋在转录间隔区之间的 RNA 区域。该前体的加工过程发生在 rRNA 合成和核糖体聚集的细胞核中（图 16.2）。先是切除 5′端的间隔区，留下一个 41S RNA 的中间体。接下来，41S RNA 被切割形成 32S 和 20S 两个片段，分别包含 28S 和 18S 序列，32S 中间体同时还含有 5.8S 序列。最后在 32S 中间发生剪切，产生成熟的 28S 和 5.8S RNA，它们之间可以发生碱基互补配对，同时 20S 中间体被修剪为成熟的 18S rRNA。

这些加工事件依次发生的证据是什么呢？早在 1964 年，Robert Perry 就用**脉冲示踪技术**（pulse-chase）建立了 45S 前体与 18S 和 28S 成熟 rRNA 之间的前体-产物关系。他用［^{3}H］尿苷酸短时间标记鼠 L 细胞（短脉冲），发现标记的 RNA 以 45S 为中心聚集成宽峰。然后“追踪”该 RNA 的标记进入了 18S 和 28S rRNA。具体来说，他加入过量的非标记尿苷酸来稀释标记的核苷酸，观察到随着被标记的 45S 前体数量的减少，成熟 18S 和 28S rRNA 中标记的数量也减少。这说明 45S 峰值处的一种或多种 RNA 应该是 18S 和 28S rRNA 的前体。1970 年，Robert Weinberg 和 Sheldon Penman 用［^{3}H］甲硫氨酸和［^{32}P］标记的脊髓灰质炎病毒侵染 HeLa 细胞，凝胶电泳分离标记的 RNA，发现了关键的中间产物。由于加工过程中的中间产物寿命太短得不到积累，所以检测不到其浓度，但是脊髓灰质炎病毒侵染可减慢加工过程从而使中间产物得以检测出来。观察到的主要片段是 45S、41S、32S、28S、29S 和 18S（图 16.3）。前体 rRNA 在真核生物中被甲基化，所以双标记是可行的。

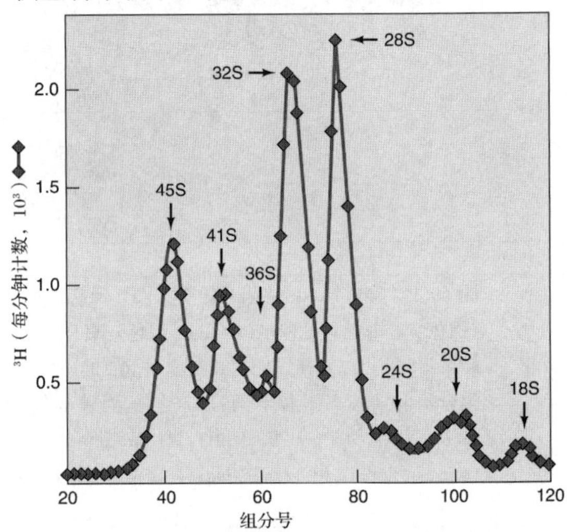

图 16.3　从侵染脊髓灰质炎病毒的 HeLa 细胞中分离 45S rRNA 加工的中间产物。 Penman 及同事用［^{32}P］和［^{3}H］甲硫氨酸标记侵染病毒的 HeLa 细胞中的 RNA，使 rRNA 及其前体的许多甲基被标记。从这些细胞中分离出核 RNA（大部分是 rRNA），通过凝胶电泳、切胶，测定每个胶块中^{32}P 和^{3}H 的放射性，然后以放射性强度（cpm 为单位）与切胶组分作图。RNA 种类的迁移率同已知沉淀系数的标准 RNA 相比较。［*Source*：Adapted from Weinberg，R. A. and S. Penman，Processing of 45S nucleolar RNA. *Journal of Molecular Biology* 47：169（1970）.］

1973 年，Peter Wellauer 和 Igor Dawid 运用电子显微镜观察到人类 rRNA 的前体、中间体和加工产物。发现每种 RNA 都具有自我分子内碱基配对能力，都有自己的二级结构。Dawid 和 Wellauer 鉴定了所有 RNA 种类（RNA species）的这一“特征”，从而能在 45S 前体中识别它们，并将 28S RNA 和 18S RNA 定位在 45S 前体中。虽然开始得到的是排列相反的顺序，但我们现在知道这些 RNA 的排列是 5′-18S-5.8S-28S-3′。rRNA 加工过程的细节并不通用，即使小鼠中的 RNA 加工方式也与此有些不同，青蛙的前体只有 40S，比 45S 小得多。但整个真核生物界，rRNA 加工的基本机制，包括成熟序列在前体中的顺序基本上是保守的。

rRNA 的加工步骤是通过一类**核仁小 RNA**（small nucleolar RNA，**snoRNA**）与很多**核仁小核蛋白**（small nucleolar ribonucleoproteins，**snoRNP**）的相互作用而被编排好的。细胞中存在成千上万的 snoRNA，并且不少是通过 rRNA 前体内核苷酸修饰而参加 rRNA 的加工过程。rRNA 前体包含大约 110 个 2′，-*O*-甲基基团和 100 个假尿苷（假尿苷中，核糖与尿嘧啶的 5-C 而不是与 1-N 结合，第 19 章）。因为这些修饰后的核苷酸存在于成熟的 rRNA 中，说明它们可以帮助决定前体的哪些区域需要切除，哪些区域需要保留。核仁小核蛋白的 RNA 组分（向导核仁小 RNA，guide snoRNA）与 rRNA 中的特殊位点配对，并对这些位点进行甲基化或假尿苷酸化。

小结 rRNA 在真核生物的细胞核内合成，其前体需要加工才能释放成熟的 rRNA。尽管成熟 rRNA 的大小在真核生物之间有所不同，但是所有真核生物的成熟 rRNA 在前体中的排列顺序都是 18S、5.8S、28S。在人类细胞中，rRNA 前体为 45S，经过加工依次产生 41S、32S 和 20S 的中间产物。snoRNA 在这些加工过程中通过对 rRNA 前体内一些特殊位点进行甲基化和假尿苷酸化而起关键作用。

细菌 rRNA 的加工

E. coli 有 7 个包含 rRNA 基因的 *rrn* 操纵子。图 16.4（a）是其中一个 *rrnD* 操纵子，它除了含有三个 rRNA 基因外，还含有三个 tRNA 基因。该操纵子可以转录产生一个 30S 前体，经过剪切可释放其中的三个 rRNA 和三个 tRNA。

RNase Ⅲ 至少在起始剪切分离单个大 rRNA 中间体时发挥作用。得出这一结论的遗传学证据是，RNase Ⅲ基因缺陷型突变体积累 30S rRNA 前体。1980 年，Joan Steitz 及同事

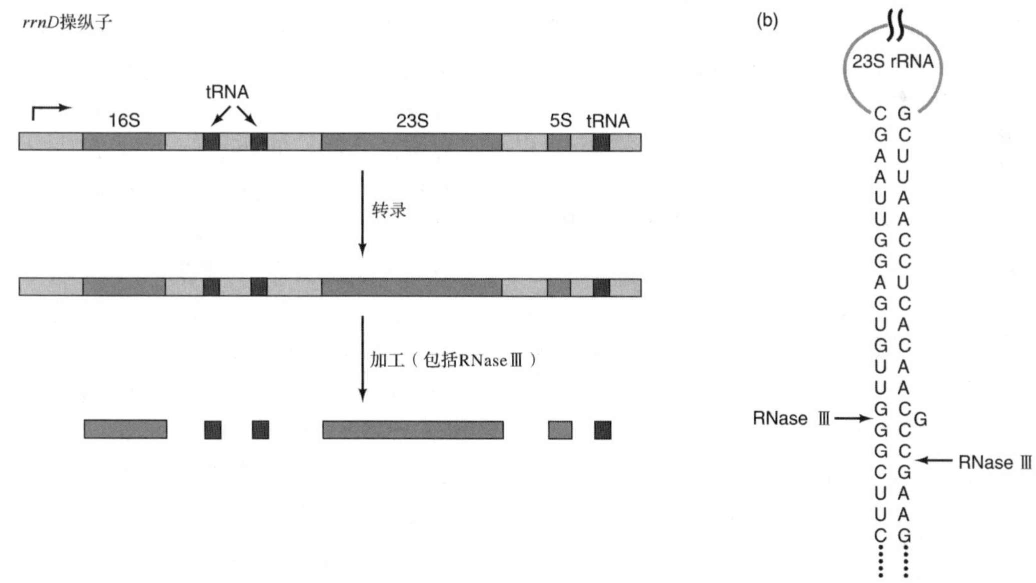

图 16.4 细菌 rRNA 前体的加工。（a） *E. coli rrnD* 操纵子结构。*rrn*D 操纵子是编码 rRNA 的典型 *E. coli* 操纵子，包含 tRNA 的编码区（红色）和 rRNA 的编码区（橙色）。这些编码区都位于转录间隔区（黄色）之间。与通常的细菌操纵子一样，*rrn*D 操纵子转录产生一条长的复合式 RNA，然后由包括 RNase Ⅲ在内的 RNA 酶加工产生成熟产物。**（b）** 序列分析表明 23S rRNA 基因两侧的间隔区互补，可形成延伸的发夹结构，以 23S rRNA 区域为顶部。已观察到的 **RNase Ⅲ**剪切位点位于茎环结构的茎部，偏移两个碱基。16S rRNA 基因两侧的区域也能够形成一个更加复杂的茎环结构。

在比较两个不同前体（分别来自 *rrnX* 和 *rrnD* 操纵子）中 rRNA 的间隔区序列时，发现它们十分相似。在前体的 16S rRNA 和 23S rRNA 区域两侧都存在互补序列。根据这种互补性，预测有两个伸展的发夹结构，发夹的茎由两个间隔区互补配对产生，两个间隔区之间的 rRNA 成环突出［图 16.4（b)］。在该模型中，RNase Ⅲ的剪切位点在发夹的茎上，另一个核糖核酸酶 **RNase E** 则负责从前体中切除 5S rRNA。

小结 细菌前体 rRNA 含有 tRNA 及所有三个 rRNA。rRNA 是通过 RNase Ⅲ 和 RNase E 的作用从前体中释放出来的。

16.2 转运 RNA 的加工

所有细胞转录合成的 tRNA 都以较长的前体形式存在，必须切除两端多余的 RNA 才能加工为成熟的 tRNA。在真核生物细胞核中，这些前体含有单个 tRNA，而在细菌中，一个前体可能含有一个或者多个 tRNA，有时则同时含有 rRNA 和 tRNA（图 16.4）。由于真核生物和细菌的 tRNA 加工过程非常相似，这里一并讨论。

切开多顺反子前体物

在含有多个 tRNA 的细菌前体加工中，首先是将前体切成仅含一个 tRNA 的片段。这意味着切割是在前体 tRNA 所包含的各 tRNA 之间进行的，或者是在 tRNA 和 rRNA 之间进行的（如图 16.4 所示），完成两种 RNA 剪切的酶似乎都是 RNase Ⅲ。

成熟 5′端的形成

在 RNase Ⅲ 将前体 tRNA 切割成片段之后，tRNA 仍然含有多余的 5′-核苷酸和 3′-核苷酸。此时它同真核生物 tRNA 基因的原始转录物很相似，都是含有多余 5′核苷酸-和 3′-核苷酸的单顺反子前体（单基因）。细菌或真核生物 tRNA 5′端的成熟需要经过一次剪切，剪切位点刚好是成熟 tRNA 的 5′端（图 16.5）。催化切割反应的酶是 **RNase P**。

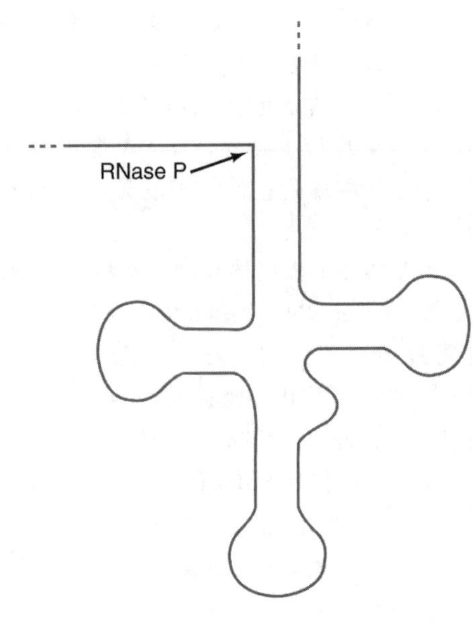

图 16.5 RNaseP 的作用。RNase P 的切割位点就是成熟 tRNA 的 5′端。因此，形成成熟 5′端只需要该酶。

来自细菌和真核生物细胞核的 RNase P 非常特别。它包含两个亚基，但是不同于我们所研究的其他二聚体酶，它的一个亚基由 RNA 组成，而不是蛋白质。实际上，RNase P 的大部分是由 RNA 组成的，其中，RNA（**M1 RNA**）的分子质量约为 125kDa，而蛋白质的分子质量仅为约 14kDa。当 Sidbey Altman 及同事首次分离出 RNase P 并且发现它是一个核糖核蛋白质时，他们面临的关键问题是：哪一部分具有催化活性？是 RNA 还是蛋白质？当时大多数观点都认为是蛋白质，因为已研究过的酶都是由蛋白质组成的，而不是 RNA。实际上，RNase P 的早期研究表明，当 RNA 和蛋白质分开时，酶便丧失了所有活性。

后来，Thomas Cech 及同事在 1982 年发现了自剪接内含子存在自主催化活性（第 14 章）。不久，Altman 和 Norman Pace 及同事在 1983 年也证实了 RNase P M1 RNA 的催化活性。如图 16.6 所示，关键是镁离子浓度。早期的实验使用了 5～10mmol/L 的 Mg^{2+}，在这种条件下，蛋白质和 RNA 两部分都存在时 RNase P 才具有酶活性。图 16.6 显示了 Mg^{2+} 浓度为 5～50mmol/L 时只添加 M1 RNA 的效果。他们使用了大肠杆菌 $tRNA^{Tyr}$ 前体和 4.5S

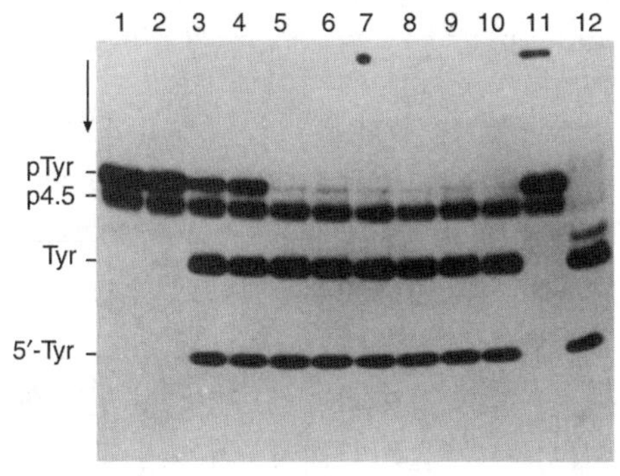

图 16.6 大肠杆菌 RNaseP 的 M1 RNA 具有酶活性。 Altman 和 Pace 及同事从 RNase P 中纯化出 M1 RNA，在如图所示的 Mg^{2+} 和 NH_4Cl 的浓度下，分别与^{32}P标记的大肠杆菌前体 $tRNA_{tyr}$（pTyr）和 p4.5S RNA 孵育 15min，然后电泳，放射自显影观察。泳道 11，无任何添加物。泳道 12，RNase P 的粗提物。在较高 Mg^{2+} 浓度下，M1 RNA 单独就可剪切 pTyr 为成熟的 5′端，但在所有这些条件下，对 p4.5 底物不起作用。[*Source*：Guerrier-Takada， C.， K. Gardiner， T. Marsh， N. Pace，and S. Altman，The RNA moiety of ribonuclease P is the catalytic subunit of the enzyme. *Cell* 35（Dec 1983）p. 851，f. 4A. Reprinted by permission of Elsevier Science.]

RNA 前体的两个不同底物。泳道 1～3 显示在 5mmol/L、10mmol/L、20mmol/L Mg^{2+} 条件下存在差异。在 5mmol/L Mg^{2+} 条件下，两个底物都没有被剪切加工。浓度增加到 10mmol/L Mg^{2+}，仍无法检测到前体 tRNA 的剪切。但加入 20mmol/L Mg^{2+} 时，大约一半前体 tRNA 被剪切为成熟形式，并以单片段形式（图中标记为 5′-Tyr）释放多余的核苷酸。增加 Mg^{2+} 浓度至 30mmol/L、40mmol/L、50mmol/L（分别为泳道 5、7、9）进一步加强了 M1 RNA 对 tRNA 前体 5′端的加工，但是没有引起 4.5S RNA 前体的任何加工。泳道 12 显示原始 RNase P（二聚体形式，含有 RNA 和蛋白两个亚基）在 10mmol/L Mg^{2+} 条件下对两种底物都可以剪切。

真核生物的核 RNase P 与细菌的 RNase P 非常相似。例如，酵母细胞核 RNase P 包含一个蛋白质和 RNA 成分，并且 RNA 具有催化活性。但是 Peter Gegenheimer 及同事在 1988 年开始发表的文章中，却发现菠菜叶绿体 RNase P 好像完全没有 RNA，该酶不受微球菌核酸酶的抑制，如果含有催化活性的 RNA，它就受到微球菌核酸酶的抑制。并且，它具有纯蛋白质的密度，而不是主要为 RNA 的核糖核蛋白的密度。Walter Rossmanith 在 2008 年发现人类线粒体的 RNase P 也缺乏 RNA 组分。

纳古菌（*Nanoarchaeum equitans*）细胞内没有 RNase P。它合成的 tRNA 没有多余的 5′-核苷酸，因此不需要 RNase P 来切除。

小结 前体 tRNA 5′端的多余核苷酸通过 RNase P 的内切核酸酶活性（endonucleolytic）剪切而一步去除。细菌和真核生物细胞核 RNase P 都含有一个具有催化活性的 RNA 亚基，称作 M1 RNA。菠菜叶绿体 RNase P 好像缺少这种 RNA 亚基。

成熟 3′端的形成

tRNA 的 3′端的成熟过程比其 5′端要复杂得多，因为不只是 1 个而是 6 个 RNase 参与其中。Murray Deutscher 和其他研究者已经证明在体外实验中，下列 RNase 参与剪除 tRNA 3′端的核苷酸：RNase D、RNase BN、RNase T、RNase PH、RNase Ⅱ 及多核苷酸磷酸化酶（polynucleotide phosphorylase，PNPase）。Deutscher 及同事的遗传学实验证明，每种酶都是最有效的 3′端加工所必需的。如果任何一个编码这些酶的基因失活，tRNA 加工的效率就会受到影响，一次性失活所有这些基因对细菌是致死性的。尽管加工效率取决于有活性的 RNase，但只要这些酶中存在任何一个都足以保证细胞存活和 tRNA 的成熟。

遗传学和生物化学综合实验显示，RNase Ⅱ 和 PNPase 共同作用除去前体 tRNA 的 3′非转录尾区（3′-trailer）的多余部分。这为 RNase PH 和 RNase T 切除最后两个核苷酸而完成加工过程扫清了道路。RNase T 在切除最后一个核苷酸的反应中最为活跃。

真核生物 3′端 RNA 成熟要简单一些。tRNA 前体 3′端的切除仅需要一个酶：**tRNA 3′-加工内切核酸酶**（tRNA 3′-proessing endoribonuclease，**3′-tRNase**）的参与。Masayuki

Nashimoto及同事2003年从猪肝中纯化了3′-tRNase。用该纯化的蛋白质序列与人类基因组数据库比对，发现了一个功能不清楚的相似蛋白（ELAC2），该基因的突变体是前列腺癌的诱导因子。Nashimoto和其同事克隆了该基因，并在细菌中表达人类ELAC2基因以检测蛋白质产物体外3′-tRNase的活性。结果发现，它能从人类$tRNA^{Arg}$中有效切除多余的核苷酸，说明ELAC2至少是人类3′-tRNase酶的一种。

小结 RNase Ⅱ和多聚核苷酸磷酸化酶共同作用切除tRNA前体中3′端大部分多余的核苷酸，但停止在+2阶段，仍留下两个多余核苷酸。RNase PH和RNase T在切除最后两个核苷酸时最为活跃，并且RNase T主要参与移除最后一个多余的核苷酸。真核生物中，tRNA 3′-加工内切核酸酶（3′-tRNAase）负责前体tRNA 3′端的加工。

16.3 反式剪接

在第14章我们讨论了在几乎所有真核生物中都发生的剪接方式，这种剪接方式可以称作**顺式剪接**（*cis*-splicing），因为所涉及的是存在于同一基因中的两个或多个外显子。但在另一种称为**反式剪接**（*trans*-splicing）的方式中，外显子根本不在同一基因中，甚至不在同一条染色体上，这种方式看起来几乎不可能，但确实在一些生物中真实存在。

反式剪接机制

反式剪接发生在如营寄生和自主生活的蠕虫（如秀丽隐杆线虫*Caenorhabditis elegans*）等生物中，这一现象最早在**锥虫**（trypanosome）中被发现。锥虫是一种营寄生带鞭毛的

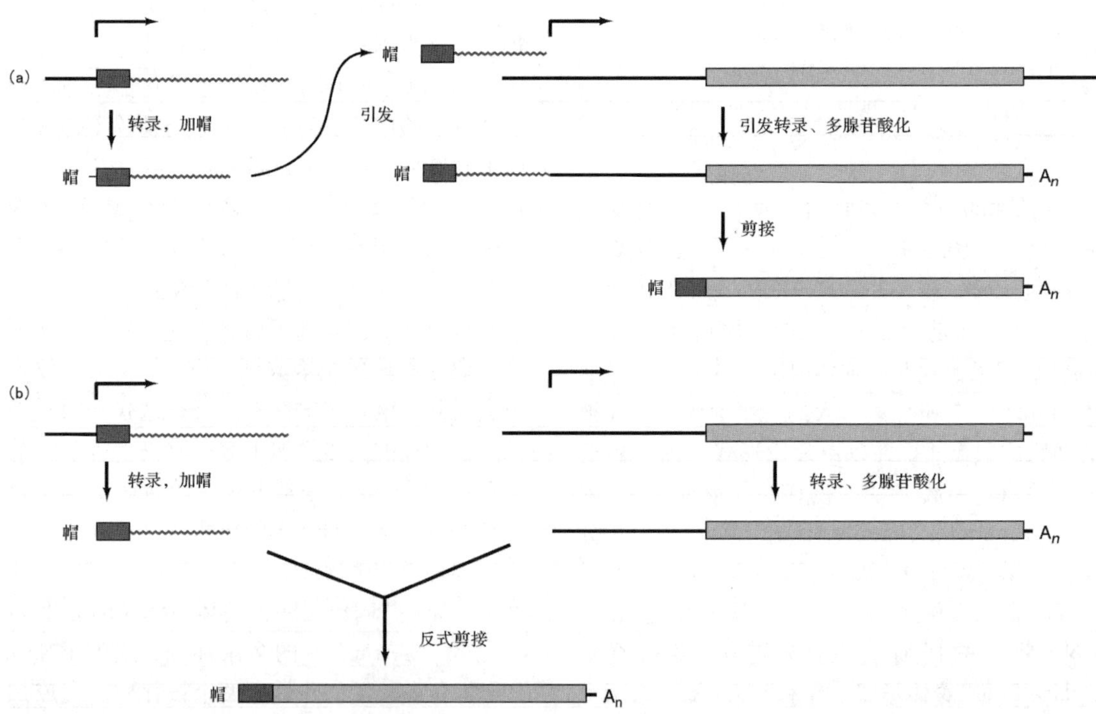

图16.7 将剪接前导区（SL）连接到mRNA编码区的两种假说。(a) 由SL内含子引发。带有半个内含子（红色）的SL（蓝色）转录产生135nt RNA，该RNA作为含有半个内含子（黑色）的编码区（黄色）转录的引物，产生一个包括SL和编码区及它们之间整个内含子在内的转录物。这个内含子被剪切产生成熟的mRNA。**(b)** 反式剪接。带有半个内含子的SL和带有半个内含子的编码区分别转录，然后这两个分离的RNA经过反式剪接产生成熟的mRNA。

原生动物，能够导致非洲瞌睡病。若基于在本书前面所学的知识，很难对锥虫基因的表达方式作出预测。Piet Borst 及同事在 1982 年对编码锥虫表面包被蛋白的 mRNA 的 5′端和编码同一个蛋白质的基因 5′端进行测序时，发现它们并不匹配，这为后来的惊人发现奠定了基础。这个 mRNA

含有 35 个额外核苷酸，是基因中不存在的。随着分子生物学家测序了越来越多的锥虫 mRNA，发现它们都含有相同的 35nt 前导区，称为**剪接前导区**（spliced leader，**SL**），但是没有任何一个基因编码这种 SL 序列。实际上，SL 是由一个单基因所编码的，该基因在锥虫基因组中重复了 200 多次，只编码 SL，外加一个 100nt 的序列。这个 100nt 的序列通过一个保守的 5′端剪接序列同 SL 相连。所以，这个小基因由一个短的 SL 外显子组成，并且看起来像个内含子的 5′部分。

我们如何解释这样一个来源于两个相距较远的独立 DNA 区域，甚至不同染色体上的 mRNA 是怎样产生的呢？有两种较合理的解释。一种是 SL（有或者无内含子）能够被转录，并且该转录物可作为基因组中其他任何一个编码区的转录引物［图 16.7（a）］。另外一种解释是 RNA 聚合酶能够分别转录 SL 和编码区域，然后这两个独立的转录物再被剪接在一起［图 16.7（b）］。

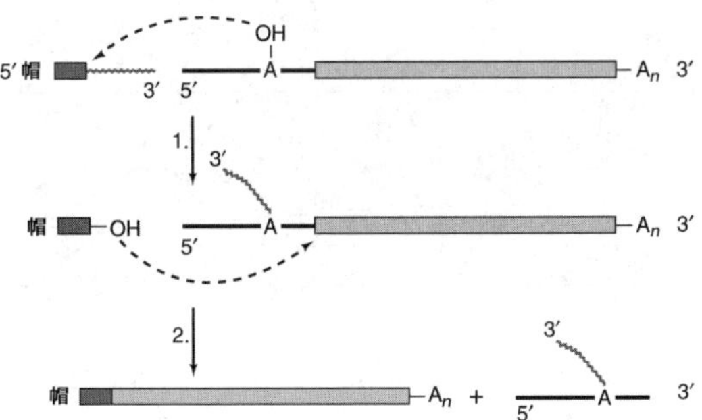

图 16.8 锥虫 mRNA 反式剪接的详细过程。步骤 1：连接编码外显子（黄色）的半个内含子（黑色）中的分支点腺苷酸攻击前导外显子（蓝色）与其半个内含子（红色）之间的连接点，产生 Y 型内含子-外显子中间体，类似于顺式剪接所产生的套索中间体。步骤 2：前导外显子攻击分支内含子和编码外显子之间的剪接位点，产生成熟的 mRNA 和 Y 型内含子。

如果这种反式剪接真的发生，那么不应该检测到套索状中间体，而是检测到 Y 型中间体（图 16.8）。Y 型中间体是在内含子的分支点攻击与 SL 外显子毗连的内含子 5′端时形成的。找到 Y 型中间体就使证明反式剪接的真实性前进了一大步。Nina Agabian 及同事在 1986 年报道了 Y 型中间体存在的证据。

Y 型结构区别于一般套索状中间体的特征是，在 Y 型结构中 SL 内含子的 3′端是游离的（图 16.8）。这表明用去分支酶（debranching enzyme）处理 Y 型中间体，在分支点断裂 2′-5′-磷酸二酯键，应该产生一个 100nt 的副产物（图 16.9），这与索套中间体仅被简单地线性化的结果相反。图 16.10 表示去分支酶处理后，以 100nt 特异性核苷酸片段为探针，对总 RNA 和有 poly（A）尾的 RNA 进行 Northern 杂交的结果。在这两个样本中，都出现了 100nt 的片段，从而证实了反式剪接假说。

反式剪接在一些生物中普遍存在。例如，秀丽隐杆线虫中，几乎所有的 mRNA 都被剪

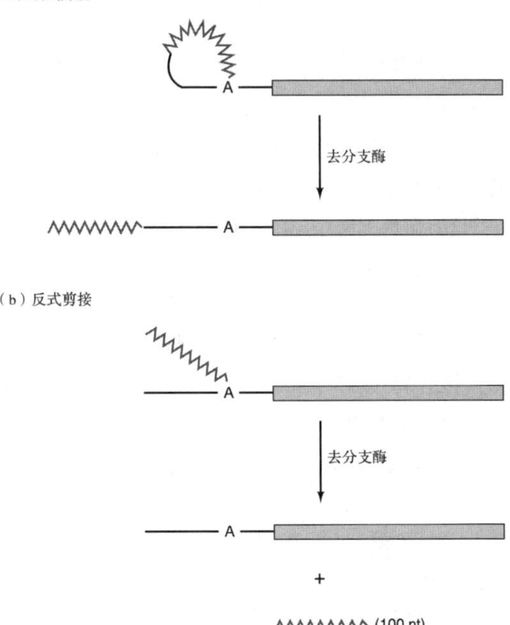

图 16.9 用去分支酶处理假设的剪接中间体。（**a**）顺式剪接。去分支酶只是打开套锁使之呈线型。（**b**）反式剪接。100nt 的半个内含子（红色）在 3′端是开放的而不是套索结构，去分支酶将它作为独立 RNA 释放。

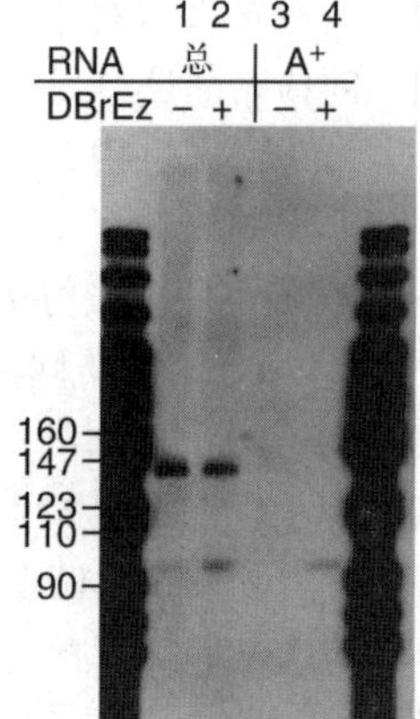

图 16.10 用去分支酶从较大的 RNA 上释放 SL 的半个内含子。 如图顶部所示，Agabian 及同事用^{32}P 标记锥虫的 RNA，用去分支酶（DBrEZ）处理总 RNA 或 Poly（A）$^{+}$ RNA，电泳并印迹产物，以 100nt SL 内含子特异性寡核苷酸为探针检测印迹膜，在酶处理的两种 RNA 样品中都可以清楚地检测到探针信号。［*Source*：Murphy W. J.，K. P. Watkins，and N. Agabian，Identification of a novel Y branch structure as an intermediate in trypanosome mRNA processing. Evidence of *trans*-splicing. *Cell* 47（21 Nov 1986）p. 521，f. 5. Reprinted by permission of Elsevier Science.］

接到一些剪接前导区上。并且超过 15%的反式剪接 mRNA 由 2～8 个成串的基因（类似于操纵子）所编码。这些成串的基因在原核生物中被组装成操纵子，由同一个启动子控制，形成一个转录本。但它与真正的操纵子有所区别，最初的转录本通过反式剪接最终形成多个编码区，每个编码区可与自身的剪接前导区连接。如此，反式剪接通过为各中间编码区提供“帽”使真核生物也拥有“操纵子”成为可能。否则，只有第一个编码区能够与“帽”结合，从而被有效地翻译。这种方式在细菌中没有问题，因为多顺反子 mRNA 的每一个基因只有一个翻译起始位点（第 7 章），但在真核生物中存在问题，因为其 mRNA 的内部一般没有翻译起始位点，而要依靠“帽”来招募核糖体（第 17 章）。

小结 锥虫 mRNA 是通过反式剪接短引导区外显子和任何一个独立编码外显子而形成的。反式剪接在一些生物如秀丽隐杆线虫中普遍存在，多顺反子的前体 mRNA 通过反式剪接为每个编码区连接一个共同的剪接前导区而形成单个的基因转录本。

16.4 RNA 编辑

反式剪接并不是锥虫中唯一的特殊 RNA 加工形式。这种生物含有不寻常的线粒体，称为**动基体**（kinetoplast），其中含有两类环状 DNA，它们连接在一起形成网络状（图 16.11）。动基体有 25～50 个相同的**大环**（maxicircle），大小为 20～40kb，含有线粒体基因。另外还有大约10 000个 1～3kb 的**小环**（minicircle），在线粒体基因表达中起调节作用。1986 年，Rob Benne 及同事发现，锥虫的细胞色素氧化酶（cytochrome oxidase，COX Ⅱ）mRNA 序列与 *COX Ⅱ* 基因序列不匹配，mRNA 中含有 4 个从基因中缺失的核苷酸（图 16.12）。这些缺失的核苷酸可能引起移码（frameshift，在核糖体阅读 mRNA 时可读框发生移位，见第 18 章），进而导致基因失活。但锥虫以某种方式给 mRNA 提供了这 4 个核苷酸，避免了移码。

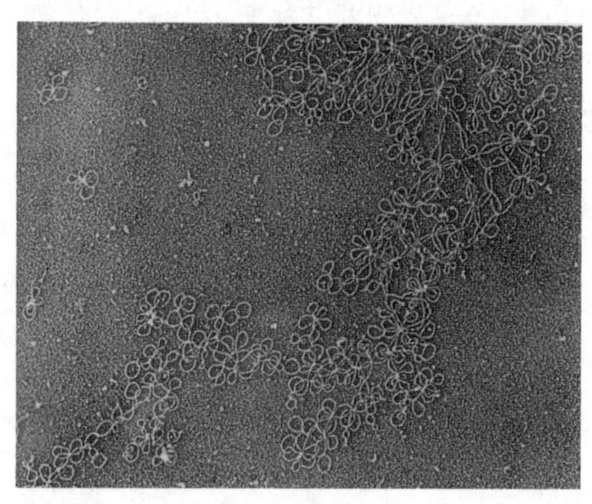

图 16.11 利什曼原虫动基体小环和大环部分网络状结构图。［*Source*：*Cell* 61（1 June 1990）cover（acc. Sturm & Simpson，pp. 871-884）. Reprinted by permission of Elsevier Science.］

当然，不排除 Benne 及同事测序的那个基因实际上不编码 mRNA，而是个**假基因**（pseudogene）的可能性。假基因是发生突变后没有功能、不再使用的基因拷贝。活性基因可能位于其他地方，研究人员可能只是没有找到它们。但问题是，Benne 及同事尽可能地寻找，仍没有在动基体或核中找到其他 *COX Ⅱ* 基因。而且，他们在另外两种锥虫中也发现了 *COX Ⅱ* 基因存在同样的核苷酸缺失。据此，Benne 及同事推断，锥虫的 mRNA 来源于称为**隐秘性基因**（cryptogene）的不完整基因，然后通过添加缺失的核苷酸（全是 UMP）进行编辑。

到 1988 年，大量锥虫动基体基因和相应的 mRNA 被测序，结果显示在这些生物中 RNA 编辑是一种常见现象。实际上，有些 RNA 进行了**广泛编辑**（panedited）。例如，布氏锥虫（*Trypanosoma brucei*）*CO Ⅲ* mRNA 含有一个 731nt 延长序列，其中的 407 个 UMP 是通过编辑加入的，这段延长序列中的 19 个编码的 UMP 在编辑时被删除了。部分序列如图 16.13 所示。

COX Ⅱ DNA: ···GTATAAAAGTAGA　G　A　ACCTGG···

COX Ⅱ RNA: ···GUAUAAAAGUAGAUUGUAUACCUGG···

图 16.12　锥虫的 *COX Ⅱ* 基因的部分序列与其 mRNA 产物的比较。 mRNA 中的 4 个 U 并不表示基因中的 T，这 4 个 U 大概是通过编辑加入到 mRNA 中的。

UAUAUGUUUUGUUGUUUAUUAUGUGAUUAUGGUUUUGUUUUUUA
UUGGUAUUUUUUAGAUUUAUUUAAUUUGUUGAUAAAUACAUUUU
AUUUGUUUGUUAGUGGUUUAUUUGUUAAUUUUUUUGUUUUGUGU
UUUUGGUUUAGGUUUUUUUGUUGUUGUUGUUUUGUAUUAUGAUU
GAGUUUGUUGUUUGGUUUUUUGUUUUUGUGAAACCAGUUAUGAG
AGUUUGCAUUGUUAUUUAUUACAUUAAGUUG GGUGUUUUUGGU
UCUAUUUUAUUUUUAUUGGAUUUAUUACAUUUUAUGCAUGUUUU
UUUAGGUGUUUUGUUGUUGUUUAUUUGUUUUAGCGUUUGUUUA
AUUUUUUGUGUAUGGAUACACGUUUUGUUUUUUUGUAUUGUGUU
UGUUUAUAUUGACAUUUUGUUGAUUUAGUUUGAUUUUUUUUAUU
GCGAUUUGUUUAUUUUGAUGUUUUAUGGUUAUGU　UUUGUGU
GUGUAAUUUUAUUGGUGUUUUUUUUAGUUGUUGAAGUUA

图 16.13　布氏锥虫 *CO Ⅲ* mRNA 部分被编辑的序列。 通过编辑加入的 U 以灰色的小写字母表示，基因中出现的 T 但在 mRNA 中却不出现的（如 U）以序列上方的蓝色表示。（*Sourrce*：Adapted from *Cell* 53：cover，1988.）

编辑的机制

我们已经假定编辑是一种转录后加工事件。这看起来像一个好赌注，因为同一 mRNA 的未编辑转录物和编辑后的版本可以同时出现。而且，编辑发生在 mRNA 的 poly（A）尾，poly（A）是转录后加入的。

编辑机制的一个重要线索是部分编辑的转录物已经分离得到，它们常常发生在 3′端而不是 5′端。这很好地说明了 RNA 编辑是按 3′→5′方向进行的。1988 年，Kenneth Stuart 及同事首次报道了这一现象。他们利用 RT-PCR 技术，先以 RNA 为模板在反转录酶的作用下产生第一条 DNA 链，然后进行标准的 PCR（第 4 章）。

在实验中，他们用了几组不同的 PCR 引物对：两条编辑的引物、两条未编辑的引物及仅一条编辑过的引物。完全编辑的 RNA 只能与编辑的引物杂交，产生 PCR 信号，而不能与非编辑的引物杂交，所以，只有一条未编辑引物的 PCR 反应不会给出该 RNA 的 PCR 信号。相反，一个完全未编辑的 RNA 只能与未编辑引物发生反应。他们在实际实验中，利用未编辑的 5′-引物和编辑的 3′-引物检测 3′端发生编辑的转录物，或利用编辑的 5′-引物和未编辑的 3′-引物检测 5′端发生编辑的转录物。如果转录物编辑的方向是 3′→5′，那么只能在 3′端编辑的转录物中检测到 PCR 信号，而 5′端编辑的转录物检测不到 PCR 信号。该 PCR 方法的优点是可以扩增非常少量的 RNA（如部分编辑的 RNA），将其变为易于检测的 DNA 条带。

图 16.14 是分析结果。泳道 1～4 是布氏锥虫动基体 RNA 与不同引物组合的 PCR 产物。只有两条引物都编辑时，或 3′-引物编辑时，才能看到 PCR 信号。仅有 5′-引物编辑时，看不到任何信号。因此，5′-编辑缺失时 3′-编辑可以发生，而没有 3′-编辑时 5′-编辑就不能发生。这与编辑按 3′→5′方向进行是一致的。泳道 5～6 和泳道 7～10 分别表示阳性对照和阴性对照。

该实验结果很有价值，但有个缺陷，未编辑 3′-引物的泳道都没有 PCR 信号。我们期望

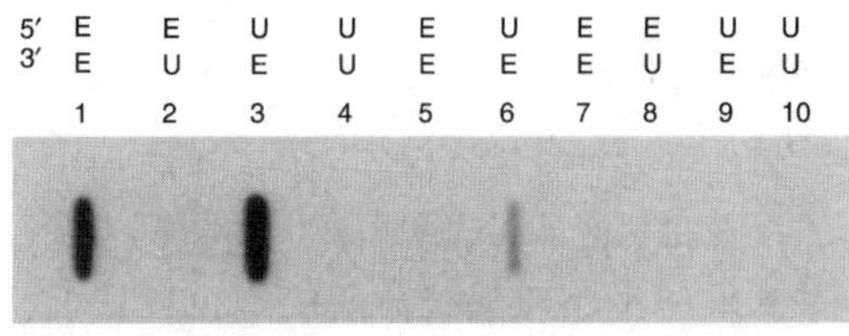

图 16.14 编辑方向的 PCR 分析。如上所示，Stuart 及同事利用动基体 RNA 和编辑的（E）或未编辑的（U）5′-引物与 3′-引物进行 RT-PCR，检测细胞色素 c 氧化酶Ⅲ的转录情况，如图上方所示。然后印迹转移 PCR 产物并与标记的探针杂交，放射自显影检测杂交产物。PCR 模板：泳道 1～4，野生型细胞的 RNA；泳道 5～6，3′编辑的 cDNA（阳性对照）；泳道 7～10，缺少线粒体 DNA 的突变体 RNA（阴性对照）。[*Source*：Abraham，J. M.，J. E. Feagin，and K. Stuart，Characterization of cytochrome c oxidase III transcripts that are edited only in the 39 region. *Cell* 55（21 Oct 1988）p. 269，f. 2a. Reprinted by permission of Elsevier Science.]

在泳道 4 中看到信号，它用的是未编辑 5′-引物和 3′-引物，但是什么也没有看到。这可能（也许）是总的未编辑 RNA 的浓度太低，用这个方法无法检测到。但也可能是 3′-未编辑引物存在问题。所以，该实验可以增加一个 3′-未编辑引物的阳性对照，以便消除对 3′-未编辑引物质量的怀疑，可以用该基因的体外转录物做模板，它是完全没有编辑的，如果检测到 PCR 信号，表明 3′-未编辑引物质量没问题。对照在 PCR 实验中尤为重要，因为 PCR 对少量核苷酸，包括污染的核苷酸也有很强的扩增能力。

什么决定了编辑系统应该在哪儿加入或删除 UMP 呢？当 Larry Simpson 及同事在 1990 年发现利什曼原虫（*Leishmania*）大环中编码的**向导 RNA**（guide RNA，**gRNA**）时得到了答案。他们首先用计算机检索了当时已知的 21kb 的大环 DNA 部分序列。检索结果揭示了 7 个短序列可以产生短向导 RNA（gRNA）与 5 个不同的发生编辑的线粒体 mRNA 部分互补。这种 gRNA 能够在 mRNA 的几十个核苷酸范围内指导 UMP 的插入或删除 [图 16.15 (a) 和 (b)]。一旦这一编辑完成，另一个 gRNA 就与刚编辑过的区域的 5′端结合，指导新一段的编辑 [图 16.15 (c) 和 (d)]。如此，从 mRNA 的 3′端向 5′端方向后续 gRNA 不断结合到前任 gRNA 编辑过的区域，指导进一步编辑直到完成整个编辑过程。gRNA 的序列再次证实了编辑方向是 3′→5′的结论：只有位于编辑的 3′-边界的 gRNA 才能与未编辑序列杂交，其他的 gRNA 可与编辑过的序列杂交。这只有在编辑是从 3′→5′方向进行时才能够解释这种现象。

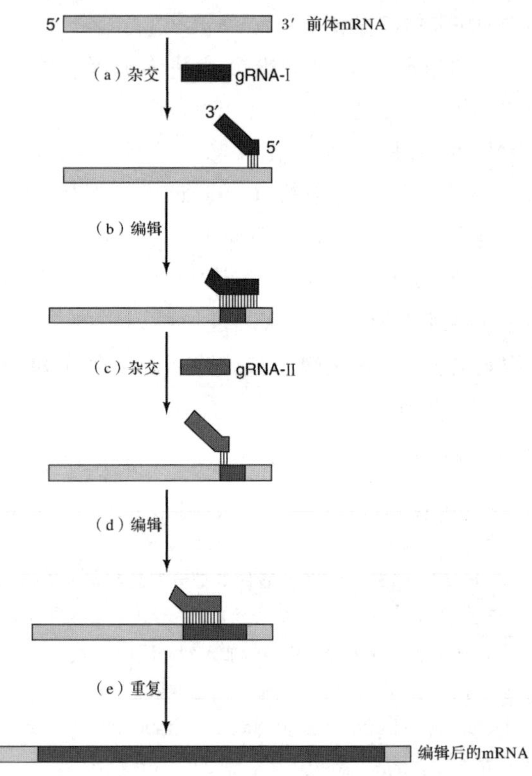

图 16.15 gRNA 在编辑中的作用模式。（**a**）第一步，gRNA-Ⅰ（蓝黑色）的 5′端与前体 mRNA 的无需编辑部分杂交，其 3′端通过 oligo（U）区域与前体 RNA 杂交，但图中未显示。(**b**) 其余的大部分 gRNA-Ⅰ指导部分前体 mRNA 的编辑。编辑过的部分用红色表示，由于插入了 UMP，前体 mRNA 长度增加。(**c**) 一个新的 gRNA，即 gRNA-Ⅱ（浅蓝色）通过与前体 mRNA 刚编辑区的 5′-端杂交而取代了 gRNA-Ⅰ。(**d**) gRNA-Ⅱ指导新一部分前体 mRNA 的编辑。(**e**) 以下一个 gRNA 重复前面的步骤，直到 RNA 完全编辑。

gRNA 和 mRNA 碱基配对的一个显著特点是存在 G-U 碱基配对和标准的 Watson-Crick 碱基配对。在第 18 章，我们将会了解到 G-U 碱基配对在翻译的密码子-反密码子配对中也是普通的，其中一个碱基通过轻微摆动在

Watson-Crick 碱基对中的位置，可适应这种非标准碱基配对。G-U 碱基配对在编辑中的重要性可能是因为它们较 Watson-Crick 碱基对弱。这表明新 gRNA 的 5′端可以取代前一个 gRNA 的 3′端，因为它可与 mRNA 新编辑区形成 Watson-Crick 碱基配对，而前一个 gRNA 的 3′端与 mRNA 的配对中有弱的 G-U 配对（图 16.16）。

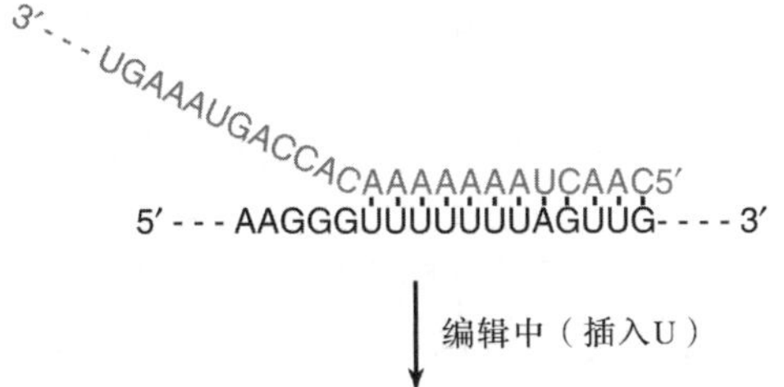

图 16.16 对部分假定 RNA 的编辑。gRNA（蓝色）通过 Watson-Crick 碱基配对与前体 mRNA 的已编辑部分结合，然后 gRNA 的 3′端作为 U（红色）插入的模板。新插入的 U 和 gRNA 之间的碱基配对大部分是 Watson-Crick 的 A-U 配对，但有两个是摇摆的 G-U 配对，用圆点表示。

1990 年年末，Nancy Sturm 和 Larry Simpson 发现小环也编码 gRNA。他们除了证实编码 gRNA 的可能性外，还找到了 gRNA 存在的直接证据。将动基体 RNA 进行电泳和 Northern 印迹，根据推测的 gRNA 基因在大环中的序列设计寡核苷酸标记探针与其进行杂交，检测 gRNA。该实验检测到了片段较小的 RNA，它们大部分都短于 80nt（图 16.17）。

编辑的精确机制及插入和删除 UMP 所需要的切割和连接，多年来一直都不清楚，但在动基体中发现的酶活性为这些疑问提供了一些线索。例如，动基体中含有**末端尿苷酰转移酶**（terminal uridylyl transferase，**TUTase**），能够在编辑的过程中将多出的 UMP（尿嘧啶核苷酸）加入到 mRNA 中。因为 mRNA 必须切开才能接受新的 UMP，所以还必须再次连接起来，而动基体也恰好含有 **RNA 连接酶**（RNA ligase）。剩下的主要问题是用于编辑的尿嘧啶的来源，这可由 UTP 提供。此外，在 gRNA 末端的尿嘧啶通过转酯反应（transesterification）而转移到前体 mRNA 上，即尿嘧啶可从 gRNA 末端脱去，直接转移到前体 mRNA 上。

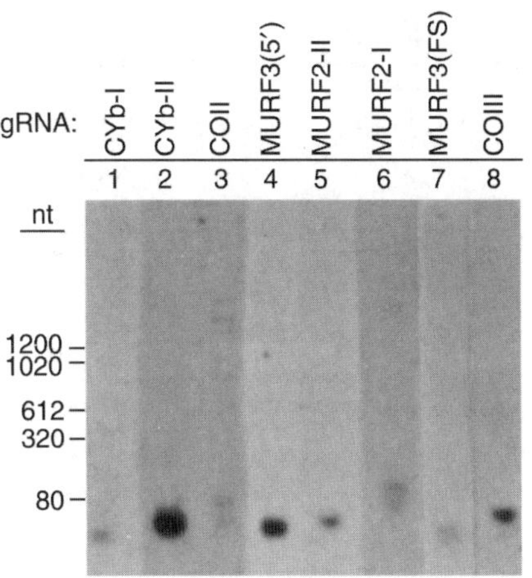

图 16.17 gRNA 存在的证据。Simpson 及同事对利氏曼原虫线粒体 RNA 进行 Northern 杂交，用与 gRNA 杂交的标记寡核苷酸探针检测印迹。检测的 gRNA 在图的上方标出。［*Source*：Blum，B.，N. Bakalara，and L. Simpson，A model for RNA editing in kinetoplastid mitochondria："Guide" RNA molecules transcribed from maxicircle DNA provide the edited information. *Cell* 60（26 Jan 1990）p. 191，f. 3a. Reprinted by permission of Elsevier Science.］

1994 年，Scott Seiwert 和 Stuart 用线粒体提取物和 gRNA 来编辑一个人工合成的前体 mRNA。他们发现，UMP 的剔除需要三个酶的活性［图 16.18（a）］：①核酸内切酶沿着 gRNA 的作用方向在 UMP 需要被移除的地方切开 mRNA；②特异性切割末端尿嘧啶的 3′-外切核酸酶；③RNA连接酶。1996 年，Stuart 及同事用相似的体外系统证明，UMP 的插入遵循以上相似的三步途径［图 16.18（b）］：①gRNA 介导的内切核酸酶在需要插入 UMP 的位点切割 mRNA；②由 gRNA 介导，一种酶（可能是 TUTase）转移来自 UTP 的 UMP（不是来自 gRNA）；③RNA 连接酶将两条 RNA 重新连接在一起。

有意思的是，gRNA 由线粒体 DNA 编码，而编辑所需要的蛋白质由细胞核编码，而后运输到线粒体。

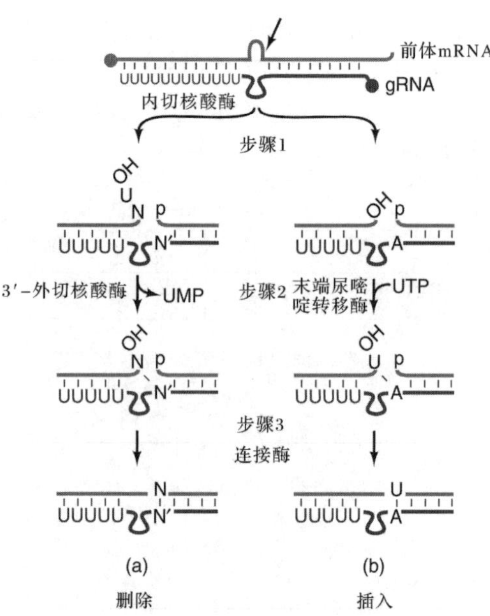

图 16.18 RNA 编辑的机制。显示删除 U（**a**）和插入 U（**b**）的机制，从前体 mRNA（紫红色）和 gRNA（蓝黑色）的杂交开始，如图上部所示。gRNA 的突出部分表示与前体 mRNA 不匹配的碱基。箭头表明核酸酶剪切需编辑 mRNA 的位点。（a）删除 U。步骤 1，内切核酸酶剪切前体 mRNA 中将被删除 U 的 3′端。步骤 2，核酸外切酶切去左手 RNA 片段末端的 UMP，在前体 mRNA 的 N 碱基和 gRNA 的 N′碱基之间进行碱基配对。步骤 3：RNA 连接酶将前体 mRNA 的两部分又连接在一起。（b）插入 U。第一步，内切核酸酶剪切前体 mRNA 中由 gRNA 指导的 U 将被插入的位置。第二步，TUTase 将 UMP 从 UTP 转移到左手 RNA 片段的 3′端，在 gRNA 中 U 和 A 配对。第三步，RNA 连接酶将前体 mRNA 连接起来。（*Source*：Adapted from Seiwert，S. D.，Pharmacia Biotech in Science Prize. 1996 grand prize winner. RNA editing hints of a remarkable diversity in gene expression pathways. Science 274：1637，1996.）

小结 锥虫线粒体所编码的 mRNA 不完整，翻译之前要进行编辑加工。编辑在一个或者多个连续的 gRNA 的作用下沿着 3′→5′的方向进行。第一个 gRNA 的 5′端杂交到一个前体 mRNA 待编辑位点 3′-未编辑区域上，剩下的 gRNA 的 5′端依次杂交到已编辑区域，该区域的 5′-区域将要被编辑。所有这些 gRNA 提供了 A 和 G，作为 U 掺入的模板。有时 gRNA 因没有 A 或 G 不能与 mRNA 的 U 配对，这种情况下 mRNA 中的 U 将被移除。移除 U 的机制包括：①在 U 移走之前切割前体 mRNA；②通过外切核酸酶移除 U；③将两条前体 mRNA 连接起来。U 插入机制的第一步和最后一步同上面的机制相同，但中间步骤（第二步）涉及增加一个或者多个 U 而不是移除 U，增加的 U 来源于 UTP。

核苷酸去氨基化编辑

RNA 编辑不是一个仅在特殊生物中才发生的稀少事件，它在高等生物甚至哺乳动物中也发挥着重要作用。在哺乳动物中虽然没有发现像锥虫那样进行尿嘧啶插入和删除的编辑，但有大量证据表明存在着另一种编辑方式，即腺苷酸脱氨基后转化为次黄嘌呤核苷酸（inosine），它在腺苷酸氨基基团相同的位置上含有一个氧。因为次黄嘌呤核苷与鸟嘌呤核苷以相同的方式与胞嘧啶核苷酸碱基互补配对，腺苷酸脱氨基化后改变了一个密码子的编码含义。例如，ACG（苏氨酸）密码形成了 ICG 密码，它将被核糖体作为 GCG（丙氨酸）读码。

这类 RNA 编辑由**依赖 RNA 的腺嘌呤脱氨酶**（adenosine deaminase acting on RNA，ADAR）介导。人和小鼠含有三个 ***ADAR*** 基因：*ADAR1*、*ADAR2*、*ADAR3*。前两个基因产物在体内普遍存在，但第三个基因的产物只存在于脑中。这些酶非常特异，如果 mRNA 的每个腺苷都被去氨基的话，那将是灾难性的，所以这些酶只选择特定的 mRNA 中特定的腺苷发挥作用。例如，ADAR2 将谷氨酸盐敏感型离子通道受体亚基 B（GluR-B）mRNA 的一个腺苷去氨基化，具有高于 99%的效率。mRNA 中的这一改变将一个谷氨酸密码换成了精氨酸密码。这一改变重要吗？我们知道，含 GluR-B 蛋白的离子通道中的精氨酸被谷氨酸替代后，对钙离子具有较强的通透性。因此可以预测 *ADAR2* 基因缺陷小鼠会有严重问题。的确如此，纯合 *ADAR2* 基因缺陷型小鼠不能进行恰当的 *GluR-B* mRNA 编辑，它们看似发育正常，但在断奶后很快死亡。

Peter Seeburg 及同事想了解如果对小鼠

GluR-B 基因进行简单的诱变，使之在原编辑位点编码精氨酸，然后无需对该基因的转录物再进行编辑了，那么将会发生什么情况呢？在进行这个实验时，他们发现即使带有纯和的缺陷型 *ADAR*2 基因的小鼠也是活的。因此，该实验也证明 ADAR2 酶的唯一关键靶位点是 *GluR-B* 转录物。

果蝇基因组只含有一个 *ADAR* 基因。一旦该基因发生，突变果蝇将缺少所有的 ADAR 活性，不能对已知的编辑位点进行任何 mRNA 的编辑。这些突变的果蝇能够存活，但是它们行走困难、不能飞行、神经元逐渐退化。所以，该突变的表型与哺乳动物中 *ADAR*2 基因突变的表型相似。果蝇实验证明了 ADAR 对 mRNA 的编辑是中枢神经系统正常发育所必需的这一假说。

ADAR1 对于哺乳动物的正常生命活动似乎也是必需的。Kazuko Nishikura 及同事对小鼠干细胞实施诱变，得到杂合的突变体（*ADAR*1$^{+/-}$），然后将这些细胞注射到正常小鼠的胚泡中，期望产生嵌合鼠（第 5 章）。但他们发现这是不可能的，即使利用大比率的突变细胞也不能产生嵌合鼠。注入多于一定量的突变体细胞的胚胎不会存活到出生。所以，即使是杂合的 *ADAR*1 突变体也是胚致死性的。

为什么具有低 ADAR1 活性的胚会死亡呢？受影响胚胎的大多数组织表现正常，但红细胞却例外。如同来自卵黄囊中的红细胞一样，它们从卵黄囊转移到肝脏后的很长时间内却仍具有细胞核，通常红细胞在肝脏内会失去细胞核。所以，红细胞发生的某些机制依赖于胚胎中 ADAR1 的完全表达。

有意思的是，有些肿瘤丧失了 ADAR 活性。尤其是一种称为多形性成胶质细胞瘤（gioblastoma multiforme，GBM）的人类恶性脑瘤，仅有非常低的 ADAR2 活性，相应的其 *GluR-B* mRNA 很少发生编辑。一些癫痫患者也具有过少编辑的 mRNA，而且 GBM 患者常遭受癫痫病的困扰。

另一种编辑方式是通过**依赖 RNA 的胞嘧啶脱氨酶**（cytidine deaminase acting RNA，**CDAR**）进行的，将胞嘧啶转变成尿嘧啶。这种 C→U 的编辑在多发性神经纤维瘤Ⅰ型患者的良性神经鞘瘤中大约 25%是缺陷型的。C→U 编辑也可能发生在人类细胞的 HIV 转录物中。在被 HIV 感染的人类细胞中还存在另一种编辑方式，即 G→A。但是这种编辑不能仅用一步去氨基作用来解释，目前仍不清楚它的作用机制。

小结 包括果蝇和哺乳动物在内的高等真核生物，其 RNA 必须经过转录后的编辑加工，腺苷酸脱氨基化形成次黄嘌呤核苷酸才能编码适当的蛋白质。已知依赖 RNA 的腺嘌呤脱氨酶（ADAR）行使这种 RNA 编辑功能。此外，一些腺苷必须脱氨基成为尿苷后 RNA 才能正确编码。

16.5 基因表达的转录后调控：mRNA 稳定性

在对真核和原核转录机制的讨论中，我们已经了解到很多转录水平调控的例子。通过阻断基因表达的第一步转录来控制基因表达是合理的，也是最经济的方法，因为细胞不需要消耗能量去转录一个无用蛋白质的 mRNA。

虽然转录水平的调控是控制基因表达的最普遍形式，但绝不是唯一方式。我们在第 15 章知道，poly（A）可以稳定 mRNA 并确保 mRNA 正常翻译，mRNA 的 3′-UTR 具有一个的特殊序列，称为胞质多腺嘌呤元件（cytoplasmic polyadenylation element，CPE），它在卵母细胞成熟过程中控制着母体信息的多腺嘌呤化效率。可见，这些 CPE 行使基因表达控制者的功能。

基因表达的更重要转录后调控是 mRNA 稳定性的调控。Joe Harford 指出“细胞内 mRNA 的水平与其稳定性的相关性比与其转录效率的相关性更为密切”。

酪蛋白 mRNA 的稳定性

乳腺组织对促乳素（prolactin）的应答提供了一个调控 mRNA 稳定性的好例子。当培养的乳腺组织用促乳素刺激时，可通过产生乳蛋白质酪蛋白（casein）而作出响应。由此可以推测，随着酪蛋白的增加，必然伴随酪蛋白mRNA浓度的增加，事实也确实如此。促乳素处理乳腺组织24h后，酪蛋白mRNA水平增加了约20倍。而这并不意味着酪蛋白mRNA的合成效率增加了20倍。实际上，转录效率只增加了约2～3倍。酪蛋白mRNA水平的上升主要归因于酪蛋白mRNA的稳定性增加了约20倍。

表16.1 促乳素对酪蛋白mRNA半衰期的影响

	RNA半衰期/h	
RNA种类	－泌乳刺激素	＋泌乳刺激素
rRNA	＞790	＞790
Poly（A）$^+$ RNA（半衰期短）	3.3	12.8
Poly（A）$^+$ RNA（半衰期长）	29	39
酪蛋白mRNA	1.1	28.5

Source: Reprinted from Guyette, W. A., R. J. Matusik, and J. M. Rosen, Prolactin-mediated transcriptional and post-transcriptional control of casein gene expression. *Cell* 17: 1013, 1979. Copyright © 1979, with permission from Elsevier Science.

Jeffrey Rosen及同事通过脉冲示踪实验测定酪蛋白mRNA的半衰期。**半衰期**（half-life）是指半数mRNA降解所需要的时间。他们在促乳素有或无条件下，在体内短时间放射性标记了酪蛋白mRNA，即对细胞进行放射性核苷酸培养，使标记的核苷酸掺入转录的RNA中。然后将细胞转移到非放射性培养基中，随着标记RNA的降解和未标记RNA的取代，可跟踪测定RNA放射性的丢失。经多次示踪实验后，将酪蛋白mRNA同已克隆的酪蛋白基因进行杂交，以测定酪蛋白mRNA的水平。标记的酪蛋白mRNA消失的越快，表明它的半衰期越短。结果如表16.1所示，在促乳素存在的条件下，酪蛋白mRNA的半衰期迅速增加，从1.1h上升到28.5h。同时，响应促乳素的总poly（A）$^+$ mRNA的半衰期仅增加了1.3～4倍。看起来促乳素选择性地稳定酪蛋白mRNA，使酪蛋白的表达极大地增强了。注意，脉冲示踪技术除了用来测定分子半衰期外，还可以做很多事情，如揭示前体-产物关系，因为标记的前体会进入标记的产物中去。我们在本章前面部分讨论rRNA前体和产物的关系时，就列举过一个很好的例子。

小结 转录后调控基因表达的常见形式是控制mRNA的稳定性。例如，当乳腺组织受促乳素刺激时，酪蛋白的合成量会急剧增加，但酪蛋白量的增加主要是由于酪蛋白mRNA的半衰期延长了，而不是其基因转录水平的增加。

转铁蛋白受体mRNA的稳定性

研究转录后调控最清楚的例子是哺乳动物的铁离子稳态（iron homeostasis）（调控铁离子浓度）。铁离子是所有真核细胞所必需的矿物元素，但高浓度的铁离子对细胞有害。所以，细胞必须精确调节细胞内铁离子的浓度。哺乳动物细胞通过调节两个蛋白质的量来调节铁离子浓度：一个是离子运输蛋白，称为**转铁蛋白受体**（transferrin receptor，**TfR**）；另一个是离子储藏蛋白，被称为**铁蛋白**（ferritin）。转铁蛋白是个离子耐受蛋白，它可通过细胞表面的转铁蛋白受体TfR进入细胞。一旦转铁蛋白进入细胞，便将离子传递给细胞内的其他蛋白质，如需要铁离子的细胞色素。另一种情况是，若细胞吸收了过多的铁离子，就以铁蛋白的形式将铁离子储存起来。

因此，当细胞需要较多的铁离子时，细胞会增加转铁蛋白受体的浓度，使更多的铁离子进入细胞，同时减少铁蛋白的浓度，使储存的铁离子不会太多，可利用的更多些。此外，如果一个细胞有太多的铁离子，它会减少转铁蛋白受体的浓度并增加铁蛋白的浓度。细胞采用转录后调控来完成这两个工作：调节铁蛋白mRNA的翻译效率，调节转铁蛋白受体mRNA的稳定性。我们将在第17章讨论铁蛋白mRNA的翻译。以下我们先详细讨论有关转铁蛋白受体mRNA稳定性的调节。

1986年，Joe Harford及同事报道，利用螯合物耗竭细胞内的铁离子可增加转铁蛋白受体（TfR）的mRNA浓度。同时，通过加入血晶素（hemin）或铁盐来增加细胞内铁离子浓度可降低TfR mRNA的浓度。细胞内铁离子浓度变化所引起的TfR mRNA浓度改变的主要原因不是TfR mRNA合成速率的改变，而是 TfR mRNA 半衰期的改变。具体来讲，TfR mRNA 的半衰期可以从铁离子充足时的 45min 增加到离子缺乏时的数小时。我们将分析 mRNA 半衰期的数据，但先要搞清楚 mRNA 的结构，根据 mRNA 结构才有可能调节其寿命。

铁应答元件 1985 年，Lukas Kühn 及同事克隆了一个人类 TfR cDNA，发现其编码的 mRNA 有三个区域：96nt 的 5′-非翻译区（**5′-UTR**）、2280nt 的编码区、2.6kb 的 3′-非翻译区（**3′-UTR**）。为检测较长的 3′-UTR 的作用，Dianne Owen 和 Kühn 删除了 3′-UTR 的 2.3kb，然后用截短的重组子转染小鼠 L 细胞。同时他们还构建了另一个相似的重组子，用 SV40 病毒启动子代替正常的 TfR 启动子，然后用人 TfR 特异性单克隆抗体和荧光标记的第二抗体检测细胞表面的 TfR。检测结果如图 16.19 所示，具有野生型基因的细胞通过增加约三倍的表面 TfR 浓度来响应铁螯合剂。同时他们还发现由 SV40 启动子调控的 TfR 基因也具有相同的表达行为，表明 TfR 启动子与铁离子响应无关。此外，删除了 3′-UTR 的基因不响应铁离子，不论铁螯合剂存在与否，细胞表面的 TfR 浓度相同。显然，实验中所删除的 3′-UTR 部分包含了铁离子应答元件。

当然，细胞表面 TfR 受体的出现并不一定反映 TfR mRNA 的浓度。为了直接检测铁离子对 TfR mRNA 浓度的影响，他们对铁螯合剂处理和未处理细胞的 TfR mRNA 进行了 S1 核酸酶分析（第 5 章）。如预期的那样，铁螯合剂极大地增加了 TfR mRNA 的浓度，但当 *TfR* 基因缺失 3′-UTR 时，对铁离子的这种应答就消失了。

那么 3′-UTR 的哪部分赋予了对铁离子的应答呢？Harford 及同事发现从 3′-UTR 的中部只需删除 678nt 就可消除大部分的铁离子应答。

计算机分析这段 678nt 片段发现，它最可能的结构为包含 5 个发夹或茎环（图 16.20）。更有趣的是，这些茎环的总体结构及各环的序列与铁蛋白 mRNA 5′-UTR 中发现的茎环高度相似。该茎环称作**铁应答元件**（iron response element，**IRE**），负责响应铁离子刺激铁蛋白 mRNA 的翻译。言外之意是，这些 IRE 元件

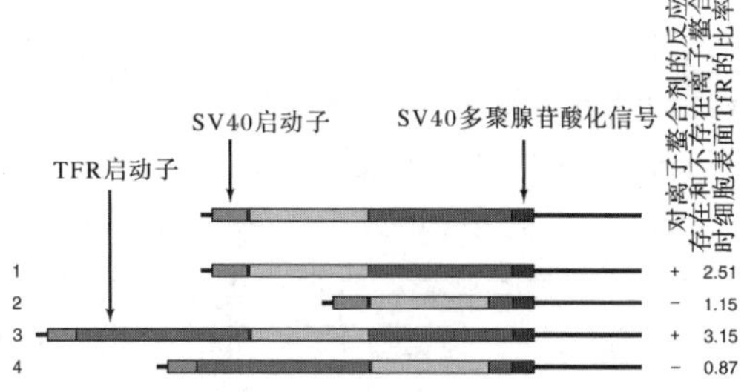

图 16.19 3′-UTR 对 TfR 的细胞表面浓度的铁离子应答的影响。Owen 和 Kühn 构建了如图所示的 TfR 基因。条框中的 DNA 区域用不同颜色表示。SV40 启动子**橙色**，TfR 启动子**蓝色**，TfR 5′-UTR **黑色**，TfR 编码区**黄色**，TfR 3′-UTR **绿色**，SV40 多腺苷酸化信号**紫色**。用这些质粒分别转染细胞，利用荧光抗体分析细胞表面的 TfR 浓度。右侧数字为铁离子螯合剂（去铁胺）有或无时，细胞表面 TfR 的比率，旁边是细胞对离子螯合剂反应的定性指数（＋或－）。 （*Source*：Adapted from Owen，D. and L. C. Kühn，Noncode 39 sequences of the transferrin receptor gene are required for mRNA regulation by iron. *The EMBO Journal* 6：1288，1987.）

是 TfR 基因表达对铁离子应答的中介者。

G U
A G
C U
A - U
A - U
C - G
U - G
U - A
C
G G
U
C - G
U C - G
U - A
U - A
G - C
G - C
G - C

铁蛋白H链
mRNA 5′-UTR

G U
A G
C U
G - C
A - U
G - U
G - C
C G - C
U - A
A - U
U - A
U - A
A - U
C - G
A - U

TfR mRNA
3′-UTR（茎环C）

图 16.20 人 TfR mRNA 3′-UTR 的 5 个茎环结构与人铁蛋白 mRNA 5′-UTR 的 IRE 的比较。保守的环突 C 用蓝色表示，环中的保守碱基用红色表示。 （*Source*：Adapted from Casey，J. L.，M. W. Hentze，D. M. Koeller，S. W. Caughman. T. A. Rovault，R. D. Klausner，and J. B. Harford，Iron-responsive elements：Regulatory RNA sequences that control mRNA levels and translation. Science 240：926，1988.）

Harford 及同事通过凝胶阻滞实验继续研究发现，人细胞中含有一个或多个蛋白质能特异性地结合人 TfR IRE（图 16.21）。这种结合可被过量 TfR mRNA 或同样具有 IRE 的铁蛋白 mRNA 所竞争，但没有 IRE 的 β-珠蛋白 mRNA 不能与之竞争。所以，这种结合是 IRE 特异性的。这一发现强调了铁蛋白和 TfR IRE 存在相似性，提示它们甚至可能结合相同的蛋白质。但如上所述，蛋白质与这两个 mRNA 的结合具有不同的作用。

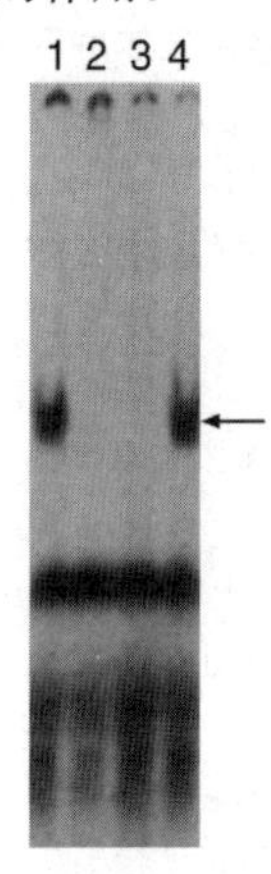

图 16.21　IRE 结合蛋白的凝胶阻滞分析。Harford 及同事制备了标记的 1059bp 转录物，该转录物对应于人的含 5 个 IRE 的 TfR mRNA 的 3′-UTR。将标记 RNA 与人细胞（有或无竞争 RNA）的胞质提取物混合，电泳复合物，放射自显影观察。泳道 1，无竞争物；泳道 2，TfR mRNA 竞争物；泳道 3，铁蛋白 mRNA 竞争物。泳道 4，β-珠蛋白 mRNA 竞争物。箭头指示特异性蛋白-RNA 复合物，可能有一个或多个 IRE 结合蛋白。［*Source*：Koeller，D. M.，J. L. Casey，M. W. Hentze，E. M. Gerhardt，L.-N. L. Chan，R. D. Klausner，and J. B. Harford，A cytosolic protein binds to structural elements within the nonregulatory region of the transferrin receptor mRNA. *Proceedings of the National Academy of Sciences USA* 86（1989）p. 3576，f. 3.］

小结　铁离子浓度高时转铁蛋白受体 TfR 的浓度就会降低，并且 TfR 浓度的降低主要归因于 TfR mRNA 稳定性的降低。对铁离子的应答主要依赖于 mRNA 的 3′-UTR，它包含 5 个称为铁离子应答元件（IRE）的茎环结构。

快速反转决定子　已知铁离子通过控制 mRNA 的稳定性来调节 TfR 基因的表达，并且蛋白质可以结合到 TfR mRNA 3′-UTR 的一个或多个 IRE 上，所以我们推测 IRE 结合蛋白可以保护 mRNA 免于降解。这种调节说明 TfR mRNA 本身是不稳定的。如果它是稳定的 mRNA，通过进一步提高稳定性所得到的相对增益就很少。确实，该 mRNA 不稳定，Harford 及同事证明这种不稳定性是由**快速反转决定子**（rapid turnover determinant）引起的，它也位于 3′-UTR。

什么是快速反转决定子？由于人和鸡 TfR 基因具有相同的调控方式，它们可能具有相同的快速反转决定子。所以，比较这两个 mRNA 的3′-UTR有可能发现一些共同特征，从而提示我们从哪儿开始研究。Harford 及同事比较了人 TfR mRNA 的 678nt 区与鸡 TfR mRNA 的相应区域，发现在包含 IRE 的区域有高度的相似性。图 16.22（a）（左边）为人类 678nt 区结构。两者在该区的 5′端都有两个 IRE，然后是具有大环的茎（人类为 250nt，鸡为 332nt），随后是其他三个 IRE。人类 TfR mRNA 中包含 5′-IRE 和 3′-IRE 的区域与鸡 TfR mRNA 的相应区域非常相似，但中间的环区及较远的上游和下游区没有可检测到的相似性。这表明快速反转决定子应该位于 IRE 的某个地方。他们通过突变 TfR mRNA 的 3′-UTR，观察哪些突变体可以稳定 mRNA，从而鉴定出了其中的一些元件。

他们首先对简单的 5′-删除突变体或 3′-删除突变体进行了分析，用这些突变体转染细胞，然后通过比较血晶素或离子螯合剂去铁胺处理后细胞中 TfR mRNA 和蛋白质水平，以此分析铁离子调控。分别利用 Northern 印迹和免疫共沉淀法检测 mRNA 水平和蛋白质水平的变化。他们发现 250nt 中心环的删除或 IRE A 的删除对铁离子调节没有影响。这两个重组子所产生的响应都与野生型相似，即用铁螯合剂而不是血晶素处理细胞时，TfR mRNA 和蛋白质水平有很大提高。但是，同时删除 IRE A 和 IRE B 后，铁离子的调节作用丧失，在两种处理条件下 TrR mRNA 和蛋白质水平不变（都很高）。因此，缺失 IRE B 时 TrR mRNA 是稳定的，所以该 IRE 可能是快速反转决定子的一部分。3′-删除得到相似的结果。删除 IRE

E对铁调节几乎没有影响，而同时删除IRE D和IRE E甚至在血晶素存在情况下也可稳定TfR mRNA。因此，IRE D可能是快速反转决定子的一部分。

基于以上结果，可以预测IRE A、IRE E和中心环的删除不改变铁离子的调控。于是，他们人工合成了一个缺失这三个部分的元件，叫做TRS-1［图16.22（a）］。正如预期的那样，包含所有这些元件的mRNA保留了完全的对铁离子应答的功能。接着，他们制备了两个TRS-1的突变体［图16.22（a）］。一个是TRS-3，所有三个IRE都删除了，剩下的是其余的茎环，即图16.22中向下画出的茎环。另一个是TRS-4，仅丢失了三个碱基C，它们分别位于每个IRE环的5′端。图16.22（b）显示了这两个突变体的效果。无IRE的TRS-3丧失了对全部铁离子的应答，并且TfR RNA看起来比野生型mRNA稳定得多。换句话说，即使有血晶素存在，仍有大量的TfR。TRS-4是每个IRE都缺失一个C，丧失了大部分铁离子应答，但mRNA不稳定。换句话说，即使在铁螯合剂存在时TfR的量仍然很少。因此，该mRNA保留了其快速反转决定元件，但失去了被IRE结合蛋白稳定的能力。事实上，如我们所期望的那样，凝胶阻滞实验显示TRS-4不能结合IRE结合蛋白。

为了进一步确定快速反转决定子，Harford及同事构建了两个新的重组子，他们分别删除了大的中心茎环两边的（方向朝下的）非IRE茎环。通过细胞转染和免疫共沉淀实验（如前面所述）检测重组子。两个重组子几乎都丢失了所有的铁应答，都有组成型TfR高水平的表达（与图16.22中TRS-3的影响相同）。因此，两个茎环的缺失对赋予mRNA快速反转的能力都具有重要作用。为了证明该结果不是由于mRNA与IRE结合蛋白相互作用的不稳定性造成的，研究人员利用凝胶阻滞实验（如前面所述）检测了蛋白质-RNA的结合。两个突变体都能够像野生型mRNA那样同IRE-结合蛋白进行结合，并且这种结合在任何情况下都受到非标记的IRE竞争。

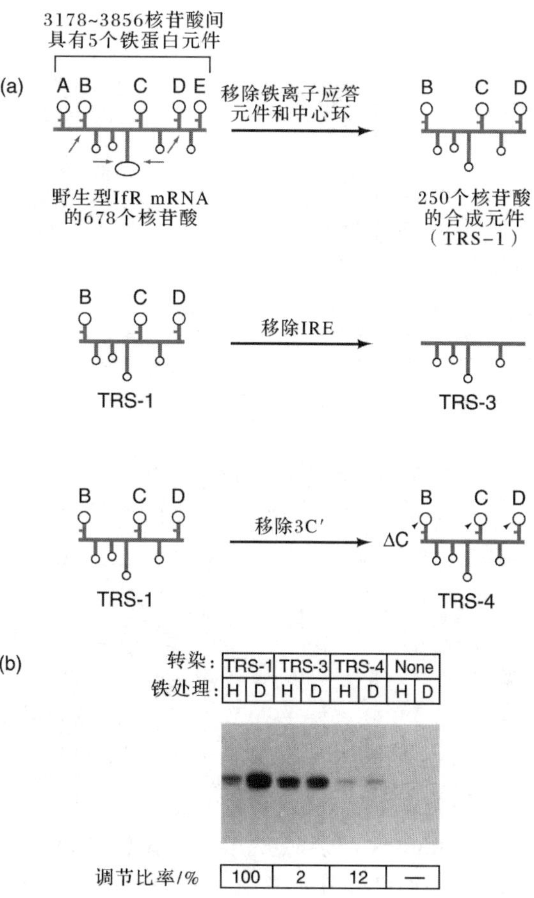

图16.22 TfR 3′-UTR的IRE区的删除对铁离子应答的影响。(a) 删除突变体的产生。Harford及同事切除IRE A和IRE E及大中间环得到TRS-1突变体（如箭头所示）。切除TRS-1余下的三个IRE得到TRS-3突变体，切除每个IRE环5′端的一个C得到TRS-4突变体。**(b)** 检测突变体的铁离子响应。分别用重组子转染细胞，然后，一半细胞用血晶素（H）处理，另一半用去铁胺（D）处理，免疫沉淀法分析TfR的生物合成。放射自显影结果如图所示，转染的突变体和铁离子处理如图上方所示。铁调节百分比在图下方给出。这是成倍诱导的由铁螯合剂比血晶素（D/H）与野生型（定为100%调节）相比。TRS-3显示基本无调节作用及TfR合成的组成型高水平，说明mRNA稳定。TRS-4显示具有较少的调节作用和TfR合成的低水平，说明了mRNA不稳定。［*Source*：Casey，J. L.，D. M. Koeller，V. C. Ramin，R. D. Klausner，and J. B. Harford，Iron regulation of transferrin receptor mRNA levels requires iron-responsive elements and a rapid turnover determinant in the 39 untranslated region of the mRNA. *EMBO Journal* 8（8 Jul 1989）p. 3695，f. 3B.］

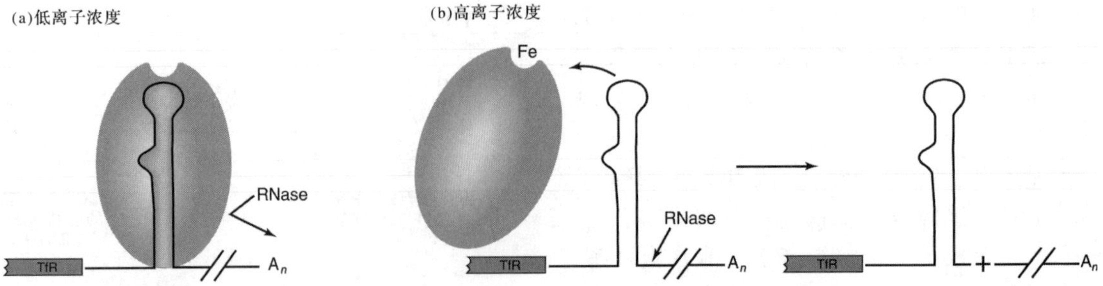

(a)低离子浓度

(b)高离子浓度

Fe

RNase

RNase

TfR

A_n

图 16.23 铁介导 TfR mRNA 不稳定性的模型。(a) 在低铁浓度下，顺乌头酸酶脱辅基蛋白（橙色）在 TfR mRNA 的 3′-UTR 区与 IRE 结合，阻断 RNase 降解 TfR mRNA。**(b)** 在高铁浓度下，铁与顺乌头酸酶脱辅基蛋白结合，使之离开 IRE，RNase 便可攻击敞开的 IRE。RNase 至少切割 mRNA 一次，暴露出 mRNA 的 3′端，以便进一步降解。

小结 缺失 IRE A 和 IRE E 及 TfR 3′-UTR 中间的大茎环不改变铁应答。然而，缺失所有的 IRE，或两个非 IRE 茎环中的任何一个都会使 TfR mRNA 变得稳定。所以，非 IRE 茎环中的任何一个和至少 IRE B～D 中的一个，都是快速反转决定子的一部分。从 IRE B～D 移除一个胞嘧啶核苷酸导致 TfR mRNA 变得不稳定且不能结合 IRE-结合蛋白。

TfR mRNA 的稳定性及降解途径 到目前为止，我们已经知道 TfR mRNA 的水平受细胞内铁浓度的调节，并且这一应答由 3′-UTR 决定，而不是启动子。这也清楚地表明铁离子调节了 TfR mRNA 半衰期，而不是 mRNA 的合成速率。为找到这种假说的直接证据，Ernst Mullner 和 Lukas Kuhn 在铁螯合剂去铁胺有或无的情况下，分别检测了 TfR mRNA 的降解速率。发现铁浓度低时，TfR mRNA 非常稳定。而在高铁浓度时，TfR mRNA 的降解非常快。这两种情况下，TfR mRNA 的半衰期分别是 30h 和 1.5h，所以铁离子似乎使 TfR mRNA 的稳定性下降了大约 30/1.5（或者 20）倍。

Harford 及同事研究了 TfR mRNA 的降解机制，发现降解过程首先是在 IRE 区域产生一个内切核酸切口。与其他很多 mRNA 降解途径不同的是，在 TfR 降解开始之前似乎不需要去腺嘌呤化 [移除 poly (A)]。

研究人员首先使用血晶素处理人类浆细胞(ARH-77)，然后利用 Northern 印迹法检测 TfR mRNA 的降解情况，发现 TfR mRNA 的水平在处理 8h 内急剧下降。将放射自显影曝光的时间延长后，他们又检测到一个新的 RNA 类型，大约 1000～1500nt，比全长 TfR mRNA 短一些，是在 TfR mRNA 降解过程中出现的。这个 RNA 也存在于去 poly (A) 的片段中，表明已失去其 poly (A) 尾。但是这个变短的 RNA 的长度表明它并不只是丢失了 poly (A)。最简单的解释是一个内切核酸酶在其 3′-UTR 进行切割，去除了超过 1000nt 的 3′端核苷酸，其中包括 poly (A)。

已有的资料都与该假说一致（图 16.23)：当铁浓度低时，IRE 结合蛋白或**铁调节蛋白** (iron regulatory protein，**IRP**) 在 TfR mRNA 的 3′-UTR 与快速反转决定子结合，保护 mRNA 免受降解。当铁浓度高时，铁结合到 IRE 结合蛋白上，使其从快速反转决定子上解离，把它敞开以便让特异性内切核酸酶切割，该酶从 TfR mRNA 的 3′端切去约 1kb 的片段，使 mRNA 稳定性降低，迅速降解。

顺乌头酸酶 (aconitase) 是既可以结合转铁蛋白受体 mRNA 的 IRE，又可以结合铁蛋白 mRNA 中 IRE 的蛋白质 (IRP1) 中的一种，它在柠檬酸循环中可将柠檬酸转化为异柠檬酸。顺乌头酸酶的活化形式是含铁蛋白质，不能结合到 IRE 上。但是，缺乏铁的顺乌头酸酶的脱辅基形式 (apoprotein) 可以与 mRNA 的 IRE 结合。

小结 当铁离子浓度升高时，TfR mRNA 快速降解。当铁离子浓度低时，TfR mRNA 降解速率减慢。mRNA 的稳定性相差约 20 倍，在基因表达调控上起主要作用。

TfR mRNA 降解的起始事件可能是在 mRNA 中距 3′端 1000nt 的位置对 RNA 进行的内切核酸酶切割，且其切割位点在 IRE 区域内。这种切割不需要 mRNA 提前去腺嘌呤化。铁离子浓度控制 TfR mRNA 稳定性的机制如下：当铁浓度低时，至少部分顺乌头酸酶以不含铁的脱辅基形式存在。该蛋白质结合到 mRNA 的 IRE 上，保护 RNA 免受 RNase 攻击。当铁浓度高时，顺乌头酸脱辅基蛋白结合铁后就不能结合 TfR mRNA IRE，使 mRNA 极易被降解。

16.6 基因表达的转录后调控：RNA 干扰

很多年以前，分子生物学家就开始利用反义 RNA 抑制活细胞内特定基因的表达。最初的基本思路是与 mRNA 互补的反义 RNA 可与 mRNA 碱基配对，进而抑制其翻译。这种策略通常可以发挥作用，但这种推理不完善。Su Guo 和 Kenneth Kenphues 在 1995 年将正义 RNA 链注射到细胞后，其阻断特定基因表达的效果与反义 RNA 一样好。随后，Andrew Fire 及同事在 1998 年发现，双链 RNA（dsRNA）比正义或反义 RNA 具有更好的抑制效果。事实上，正义和反义 RNA 能发挥作用的主要原因是存在少量污染（或产生的）dsRNA，实际上是这种 dsRNA 在抑制基因表达中发挥了最重要的作用。

此外，从 1990 年开始，分子生物学家就注意到在不同的转基因生物体内，有时会表现与期望相反的效应。有时生物体不但没有开启反而关闭了转入的基因，甚至连细胞内该基因的正常拷贝的基因表达也受到抑制。其中一个早期的例子是研究人员试图通过增加色素形成基因在细胞中的拷贝数来增强矮牵牛花的紫色。但是 25%转基因植物的花呈白色或紫色和白色相间，这与预期的效果刚好相反（图 16.24）。这种现象在植物中称为**共抑制**（cosuppression）和**转录后基因沉默**（posttranscriptional gene silencing，**PTGS**），在动物如线虫（秀丽隐杆线虫）和果蝇中称为 **RNA 干扰**（RNA interference，**RNAi**），在真菌中则称为**淬灭**（quelling）。为了避免概念的混淆，从现在起不论研究什么物种，都将这种现象称为 RNAi。

图 16.24 矮牵牛花中额外增加颜色基因拷贝数导致的紫色基因表达沉默。中部花瓣白色条纹的位置发生了基因沉默。(*Source*：Courtesy of Dr. Richard A. Jorgensen，The Plant Cell.)

RNAi 的机制

Fire 及同事发现，将 dsRNA（**触发 dsRNA**，trigger dsRNA）注射到线虫生殖腺中，会在胚胎中发生 RNAi，并且在发生 RNAi 的胚胎中检测出相应 mRNA（**靶 mRNA**）的丢失（图 16.25）。但是，dsRNA 必须有外显子区，与内含子和启动子序列对应的 dsRNA 不会产生 RNAi。最后，他们证明至少在线虫中，dsRNA 的作用可以跨细胞界限。并且，这种效应普遍存在于整个生物界。

那么，对相应 dsRNA 作出响应的特异性 mRNA 的丢失，是由于基因转录抑制还是由于 mRNA 的降解呢？1998 年，Fire 及同事及其他人证明，RNAi 是一个涉及 mRNA 降解的转录后加工过程。一些研究者报道，在经历 RNAi 的细胞中存在小片段的 dsRNA，被称为**短干扰 RNA**（short interfering RNA，**siRNA**）。2000 年，Scott Hammond 及其合作者从经历 RNAi 的果蝇胚胎中纯化了一种核酸酶，该酶可消化靶 mRNA。具有核酸酶活性的部分纯化

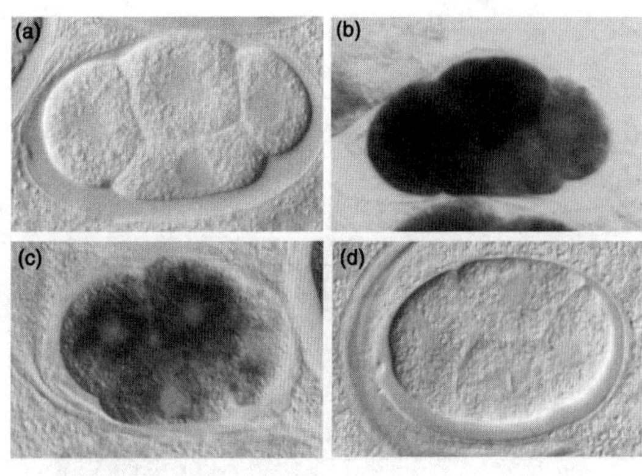

图 16.25 dsRNA 诱导的 RNAi 导致特异性 mRNA 的降解。 Fire 及同事将与线虫 mex-3 mRNA 对应的反义 RNA 或 dsRNA 注射到线虫卵巢中。24h 后，将胚胎移植到处理过的卵巢中，用 mex-3 mRNA 探针进行原位杂交（第 5 章）。**(a)** 无杂交探针的阴性对照亲本胚胎。**(b)** 无注射 RNA 的阳性对照亲本胚胎。**(c)** 注射了 mex-3 反义 RNA 的胚胎，有大量 mex-3mRNA 残留。**(d)** 注射了与 mex-3 mRNA 部分对应的 dsRNA 亲本胚胎，未检测到 mex-3 mRNA 的残留。［*Source*：Fire，A.，S. Xu，M. K. Montgomery，S. A. Kostas，S. E. Driver，and C. C. Mello，Potent and specific genetic interference by double-stranded RNA in *Caenorhabditis elegans*. *Nature* 391(1998) f. 3，p. 809. Copyright © Macmillan Magazines Ltd.］

的制备物中也含有 25nt 的 RNA 片段，该片段可以被 Northern 印迹检测到，所用探针为该核酸酶的靶 mRNA 的有义链或无义链。用微球菌核酸酶降解 25nt 的 RNA 能摧毁制备物降解 mRNA 的能力。这些结果表明，核酸酶将起始 RNAi 的 dsRNA 降解成 25nt 的片段，然后这些片段与核酸酶结合并提供引导序列，使核酸酶结合到相应的靶 mRNA 上。

Phillip Zamore 等根据果蝇胚的裂解产物建立了一个可在体外进行 RNAi 的体系。通过该体系可观察到 RNAi 过程的每个步骤。所用胚胎注射了对应萤光素酶（luciferase）mRNA 的触发 dsRNA，所以研究者可以以萤光素酶 mRNA 为靶标进行降解实验。首先，Zamore 及其合作者证明 RNAi 过程需要 ATP。他们将已糖激酶（hexokinase）和葡萄糖与提取物共孵育，耗竭其中的 ATP，已糖激酶可将 ATP 转化为 ADP，并将脱离下来的磷酸基团转移给葡萄糖。ATP 耗竭的提取物不再进行目标萤光素酶 mRNA 的降解了。

接着，他们标记了 dsRNA 的一条链（或两条链），结果发现无论标记哪条链，都会出现标记的 21～23nt siRNA（图 16.26）。siRNA 的产生不需要 mRNA（比较泳道 2 和 3），所以这些短 RNA 显然来自 dsRNA，而不是 mRNA。当加帽的反义萤光素酶 RNA 被标记时（泳道 11 和 12），少量 siRNA 出现，且其数量在 mRNA 存在时会有所增加（泳道 12）。这一结果说明，标记的反义 RNA 与加入的 mRNA 杂交产生了 dsRNA，dsRNA 可被降解为短 RNA 片段。总之，所有这些结果表明，存在一个核酸酶将触发 dsRNA 降解成短片段。进一步的研究还表明这些 siRNA 长为 21～23nt。

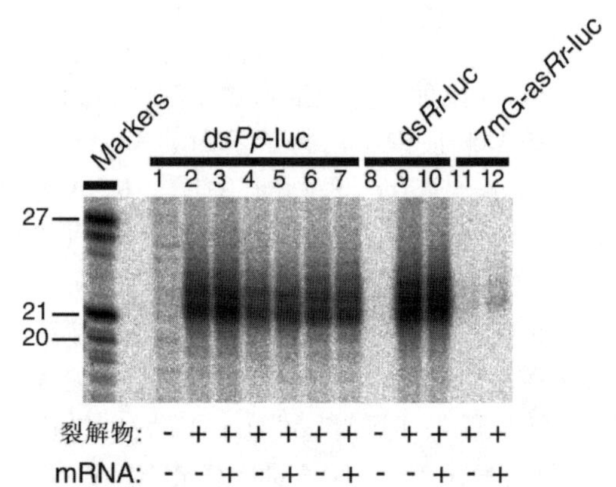

图 16.26 在 RNAi 感受态果蝇胚胎提取物中 21～23nt RNA 片段的产生。 如图上部所示，Zamore 及合作者将荧火虫（*photinus pyralis*）（*Pp*-luc RNA）或水母（*Renilla reniformis*）（*Rr*-luc RNA）的双链萤光素酶 RNA 加入有或无相应 mRNA 的裂解物中（如图底部所示）。分别用标记的有义链（s）、无义链上（a）或两条链（a/s）都标记的 dsRNA。17～27nt 的 RNA 标准在左边泳道（Marker）给出。泳道 11 和 12 分别是有和无 mRNA 时标记的、加帽的反义 *Rr*-luc RNA。［*Source*：Zamore，P. D.，T. Tuschl，P. A. Sharp，and D. P. Bartel，RNAi：Double-stranded RNA directs the ATP-dependent cleavage of mRNA at 21 to 23 nucleotide intervals. *Cell* 101（2000）f. 3，p. 28. Reprinted by permission of Elsevier Science.］

然后，Zamore 及同事发现，触发 dsRNA 决定在靶 mRNA 的哪个位置切割。他们向 RNAi 提取物中加入三个不同的触发 dsRNA，其末端相差100nt，然后加入5′-标记的mRNA进行RNA切割，然后电泳产物。图16.27显示电泳结果。dsRNA（C）的5′-端距mRNA的5′-端最近，产生的片段最短。dsRNA（B）的5′-端位于dsRNA（C）5′端下游约100nt处，产生一个比dsRNA（C）的片段约长100nt的mRNA片段。dsRNA（A）的5′端位于dsRNA（B）5′端下游约100nt处，产生比dsRNA（B）的片段约长100nt的mRNA片段。触发dsRNA相对于mRNA的位置和切割位点之间的紧密关系，有力地证明了dsRNA决定mRNA的切割位点。

接下来，Zamore及同事对来自图16.27的mRNA降解产物进行了高分辨率凝胶电泳。结果非常惊人，见图16.28。在mRNA中，主要的切割位点大部分以21～23nt为间隔，产生一系列mRNA片段，其长度的差异是21～23nt的倍数。在箭头所指位点是唯一一个明显的例外，它距前一个切割位点仅有9nt。该特殊位点处于7个尿嘧啶的碱基串中。这个发现很有趣，因为16个切割位点中的14个也被定位在尿嘧啶处。在该特殊位点之后，切割位点恢复了21～23nt的间隔。这些结果支持了21～23nt的siRNA决定mRNA在何处切割的假说，并且表明切割位点倾向于在尿嘧啶处。

2001年，Hammond及同事报道，他们从果蝇中分离纯化到将触发dsRNA切割为短片段的酶，并称之为**Dicer**，因为该酶能将双链RNA切割成大小均一的片段。Dicer是本章前面所提到的RNase Ⅲ家族的成员。实际上，Hammond及同事是直接在RNase Ⅲ家族寻找Dicer的，因为RNase Ⅲ是已知唯一对dsRNA特异性切割的核酸酶。像RNase Ⅲ那样，Dicer在双链siRNA的末端产生2nt的3′-黏性末端（突出的3′-端）及磷酸化的5′端。

三个早期证据已表明Dicer在RNAi中对RNA进行切割。首先，编码*Dicer*的基因Dicer表达可产生将dsRNA切成22nt小片段的蛋白质。第二，由该蛋白质制备的抗体可与果蝇

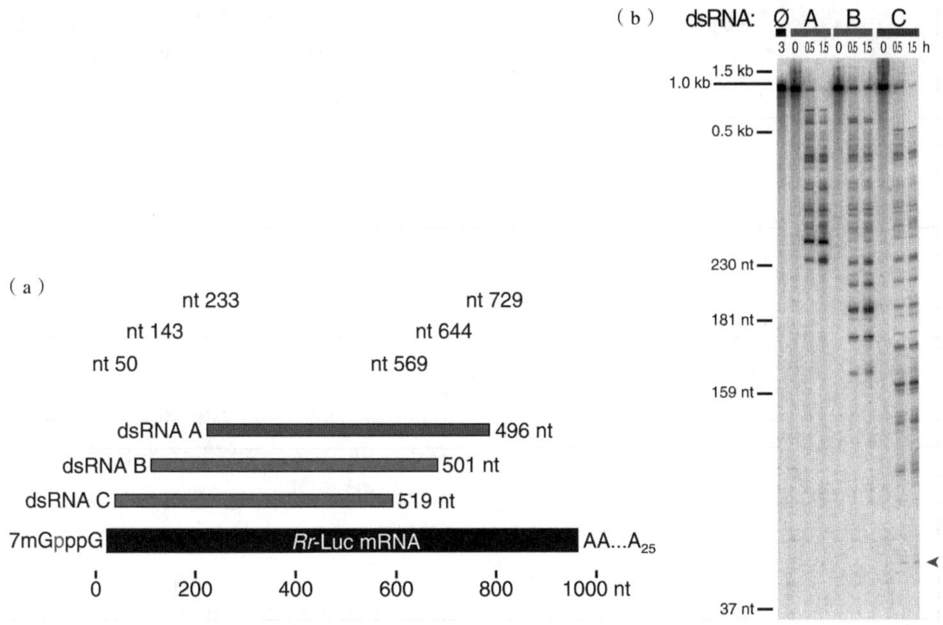

图16.27 触发RNA引导mRNA的剪切。Zamore及同事将图（a）中三种dsRNA加到含有Rr-luc mRNA的胚胎提取物中，该mRNA的5′-帽中含有标记的磷酸基团。（b）实验结果。电泳5′端标记mRNA的降解产物。实验中产生的dsRNA在图顶部标出，并用颜色区分。第一泳道，标号为0，不含dsRNA。反应时间（以h表示）如图顶端所示。箭头表示RNA C端之外的一个弱剪切位点。其余的剪切位点都在mRNA上三个dsRNA所对应的区域内。［*Source*：Zamore，P.D.，T.Tuschl，P.A.Sharp，and D.P.Bartel，2000.RNAi：Double-stranded RNA directs the ATP-dependent cleavage of mRNA at 21 to 23 nucleotide intervals.*Cell* 101（2000）f.5，p.30.Reprinted by permission of Elsevier Science.］

提取物中的一个酶结合，该酶将 dsRNA 切割成小片段。最后，将 dicer dsRNA 导入果蝇细胞中，能部分阻断 RNAi。具有讽刺性的是，Hammond 及同事可以用 RNAi 阻断 RNAi！如果你仔细分析就会发现这种阻断永远不会完成。

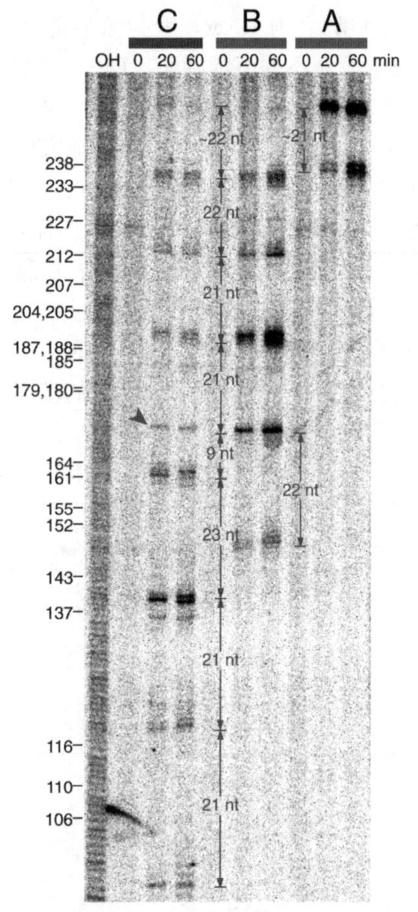

图 16.28 RNAi 中靶 mRNA 的剪切位点间隔为 21～23nt。Zamore 及同事将含有图 16.27 中三种触发 dsRNA 的 RNAi 产物进行了高分辨率变性聚丙烯酰胺凝胶电泳分析。除箭头指明的特例外，剪切位点间隔 21～23nt。这个特异带为 9nt 间隔，在这以后的剪切间隔又恢复了 21～23nt。［*Source*：Zamore，P. D.，T. Tuschl，P. A. Sharp，and D. P. Bartel，RNAi：Double-stranded RNA directs the ATP-dependent cleavage of mRNA at 21 to 23 nucleotide intervals. *Cell* 101 (2000) f. 6，p. 31. Reprinted by permission of Elsevier Science.］

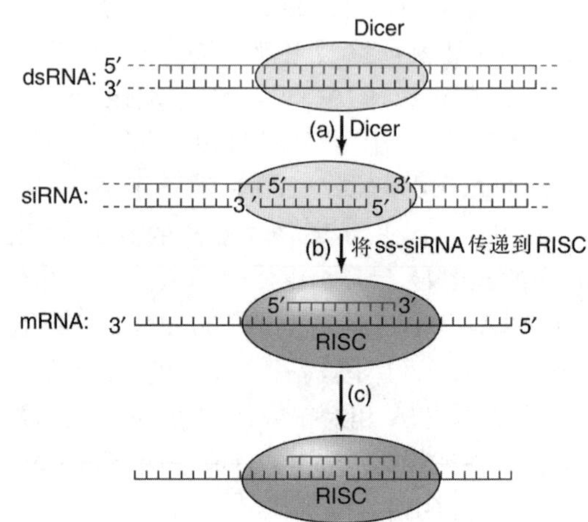

图 16.29 RNAi 简要模型。(a) Dicer（黄色）识别并结合 dsRNA（红和蓝），将 dsRNA 剪切成 21～23nt 的 siRNA（简便起见，此处仅用 10nt 表示），带有 2nt 的 3′端突出。中间 siRNA 的末端被标记以便显示 3′端突出。**(b)** siRNA 中的一条链（红色）同 RISC 复合体（橙色）结合，通过碱基配对与目标 mRNA（蓝色）结合。**(c)** RISC 复合体中的 siRNA 单链作为引导链指导目标 mRNA 的切割，切割位点在 siRNA 互补链的中间。

Dicer 还具有 RNA 解旋酶活性，至少在理论上，可以将由它产生的 siRNA 的两条链分开。然而，Dicer 不能行使 RNAi 的第二步，即不能切割靶 mRNA。该过程由被称为 Slicer 的另一个酶来完成，Slicer 存在于 **RNA 诱导的沉默复合体**（RNA-induced silencing complex，**RISC**）中。图 16.29 总结了目前我们所了解的 RNAi 的机制。

Hammond 和其他人通过遗传学实验表明，另一个果蝇蛋白 **Argonaute** 在 RNAi 的第二步（Slicer）反应中是必需的。Argonaute 不具有 RNase Ⅲ基序，所以分子生物学家起初排除其作为 Slicer 的候选蛋白。但是，由 Leemor Joshua-Tor 和 Gregory Hammond 及同事在 2004 年对 Argonaute 的结构、生化性质和遗传功能的研究证明，基本上确定它具有 Slicer 活性。

他们在 2003 年的结构研究中发现，果蝇 Argonaute2 具有两个特征性结构域，**PAZ** 和 **PIWI**（PAZ 取名于 PIWI、Argonaute 和 Zwili，PAZ 只在 Argonaute 和 Dicer 中发现；PIWI 取名于蛋白 piwi）。PAZ 含有与 OB 折叠相似的模块，可结合单链 RNA。他们还证明

PAZ结构域可结合单链的siRNA，或双链siRNA 3′端的2nt单链突出端，所用方法是将标记的siRNA与克隆表达的GST-PAZ融合蛋白进行交联实验。这表明在Slicer反应中，Argonaute至少可以作为siRNA的停泊位点，但并非自身具有Slicer的活性。

随后，他们研究了古菌强烈火球菌（*Pyrococcus furiosus*）的argonaute-类似蛋白的X射线晶体结构。(还没有得到全长的真核Argonaute结构)。他们发现该蛋白质的三个结构域(中间域、PIWI、N端域)形成底部为“新月”状的结构，PIWI域位于中间。PAZ域位于新月的上方，通过一个“蒂”结构跟新月复合物相连。图16.30显示了这一结构，下面的新月复合物形成一个沟，上面有个PAZ盖子。这个沟足以容纳双链RNA，沟内排有一列碱性残基，可与RNA底物形成静电桥（electrostatic bridge)。

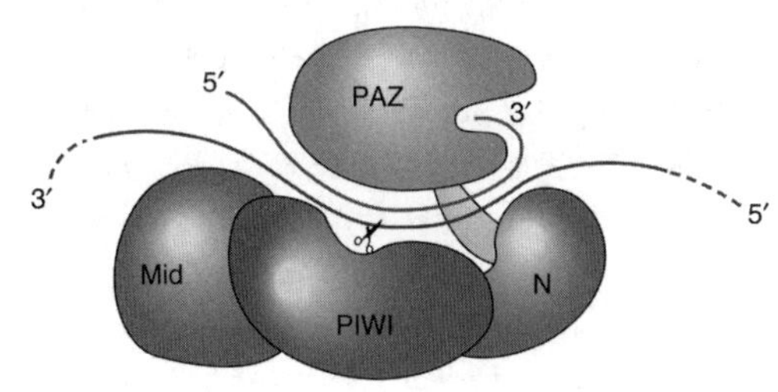

图16.30 Argonaute的切割活性模型。(a)假定的RNA结合沟结构，蓝色表示碱性区，红色表示酸性区。注意沟内碱性残基占优势。星号表示活性位点。(b) Argonaute的晶体结构，含有理论上放置的siRNA 3′-部分的双螺旋（紫色）和与之碱基配对的目标mRNA（蓝绿色)。注意，目标mRNA的近端和活性位点用三个羧基基团（红色）标出，其中两个只能部分可见。(c)切割活性模型。siRNA和目标mRNA的杂交体裹在活性位点，至少部分归结于siRNA的3′端与Argonaute的PAZ结构域相互作用。使目标mRNA置于被Slicer活性位点切割的位置。剪刀表示活性位点。siRNA为引导RNA，切割位点位于siRNA互补链的中间。(*Source*：Adapted from Science, Vol. 305，Ji-Joon Song, Stephanie K. Smith, Gregory J. Hannon, and Leemor Joshua-Tor, “Crystal Structure of Argonaute and Its Implications for RISC Slicer Activity,” Fig. 4, p. 1436, AAAS.)

该结构最重要的部分是PIWI结构域，它与RNase H的一个结构域类似，负责切割RNA-DNA杂交链中的RNA。因此，RNase H识别双链多核苷酸并切割其中的一条链（RNA链)。除了在整个结构上的相似性外，这两个蛋白质都有一簇含三个酸性氨基的残基（两个天冬氨酸一个谷氨酸)。在RNase H中，羧基簇结合Mg^{2+}，而Mg^{2+}在催化RNA链切割的反应中起重要作用。这些相似性非常有趣，因为Slicer具有类似的活性：它必须也识别一个双链多核苷酸（siRNA-mRNA杂合体）并切割其中的一条链（mRNA)。因此，Argonaute具有我们所期望的Slicer的所有特性，一个PIWI结构域带有可能负责切割siRNA-mRNA杂合体中一条链的位点，另一结构域（PAZ）则结合siRNA的一个末端。

为进一步研究Argonaute在哺乳动物中的作用，Hannon和Joshua-Tor及同事对小鼠中的Argonaute基因和蛋白质进行了遗传和生化研究。哺乳动物有4个Argonaute蛋白，分别命名为Argonaute1～4。研究人员分别用编码Argonaute1～3的基因和荧火虫萤光素酶靶向siRNA同时转染细胞。随后利用免疫共沉淀得到RISC复合体，体外检测其切割萤光素酶mRNA的能力。其中，仅**Argonaute2**（**Ago2**）具有这一能力。

接下来，研究人员敲除了小鼠的*Ago2*基因，发现所有基因敲除小鼠在胚胎发育阶段就死亡了，并且具有严重的发育缺陷和发育滞后。造成这一巨大影响的原因是Ago2不仅参与RNAi，同时参与个体的正常发育过程，这一发育过程涉及microRNA，我们将在本章后面部分讨论microRNA。进一步研究发现，野生型的鼠胚胎成纤维细胞（mouse embryo fibroblast，MEF）表现出正常的RNAi，而敲除*Ago2*基因的小鼠成纤维细胞表现为缺陷的RNAi，说明Argonaute2对于RNAi非常重要。

目前所有被引用的研究结果都与Ago2具有Slicer活性这一假说相一致，但都没有直接的证据证明这一假说。如果Ago2确实有Slicer活性，那么突变其活性作用位点的三个酸性氨基酸中的任何一个都应该阻断RISC对mRNA的切割。Hannon、Joshua-Tor及同事对其中两个关键天冬氨酸残基分别进行了突变，通过体内体外实验证明，任何一个突变体都破坏了RNAi-mRNA的切割。综上所述，所有证据都有力地证明Ago2是Slicer酶。

2005年，Joshua-Tor及同事很明确地证明了人Ago2具有Slicer活性。他们利用人重组Ago2和siRNA构建了一个小RISC复合体，该复合体可精确切割与siRNA互补的底物RNA。图16.31显示，第一个siRNA（siRNA1）在底物RNA（S500）3′端约140nt处切割，产生约140nt的3′产物和约360nt的5′产物。第二个siRNA（siRNA2）在S500 RNA 5′端约180nt处切割，产生约180nt的5′产物和约320nt的3′产物。在缺少siRNA或Mg^{2+}时都无切割产物，表明二价金属离子是Slicer所必需的。

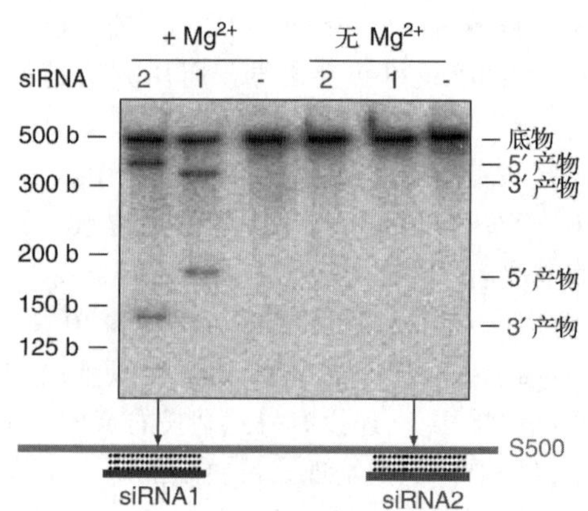

图16.31 Ago2和siRNA组成具有体外切割活性的小RISC复合体。 Joshua-Tor及同事将重组人Ago2蛋白（在大肠杆菌中生产）分别与两个siRNA混合，这两个siRNA可特异地作用于一个500nt目标RNA的两个不同位点，如图下部所示。在Mg^{2+}有或无的条件下，分别加入标记的目标RNA，如图顶部所示，所用siRNA也在顶部标出。最后，电泳检测标记的RNA产物。可见，切割活性依赖于Mg^{2+}和siRNA。这两个siRNA作用mRNA产生了不同的产物，根据mRNA与siRNA互补位置所预测的产物大小与之相同。（*Source*：Reprinted from *Nature Structural & Molecular Biology*, vol 12, Fabiola V Rivas, Niraj H Tolia, Ji-Joon Song, Juan P Aragon, Jidong Liu, Gregory J. Hannon, Leemor Joshua-Tor, "Purified Argonaute2 and an siRNA form recombinant human RISC," fig. 1d, p. 341, Copyright 2005, reprinted by permission from Macmillan Publishers Ltd）

要产生mRNA切割，必须形成一个具有催化活性的RISC复合体（如图16.32）。我们已经了解到Argonaute蛋白具有RISC的Slicer活性位点，同时必须有一个单链siRNA作为向导选择性降解mRNA。所以，Ago2加上siRNA可组成一个小RISC，至少在哺乳动物中是这样的。但这种复合体不会直接形成，需要有**RISC装载复合体**（RISC loading complex，**RLC**）将siRNA加载到Ago2中，RLC显然能分离siRNA的双链，并选择其中的引导链加载到RISC中。推测RLC的组成至少含有Dicer、一种被称为**R2D2**的Dicer相关蛋白、siRNA及Armitage，在果蝇中，RLC转变成RISC时Armitage的作用很重要。

R2D2的作用是什么呢？双链siRNA的形成不需要它，因为体外实验证明，在无R2D2条件下Dicer可以高效完成双链siRNA的形成。然而，凝胶阻滞实验和蛋白质-RNA交联实验均表明，一旦Dicer产生了siRNA，单独的Dicer不能保持与siRNA的结合，但Dicer结合R2D2后就可以保持与siRNA的结合。此外，R2D2含有两个dsRNA结合域，结合域的突变使Dicer-R2D2复合体不能结合双链siRNA。因此，R2D2是RLC所必需的，它可以在Dicer产生了siRNA和siRNA被运送至RISC这段时间内固定siRNA。

什么因素决定了siRNA的哪条链为引导链（guide strand），哪条链为被抛弃的过客链（passenger strand）呢？这一区分发生在RLC形成之前的一个复合体中，含有分别结合于双链siRNA一个末端的Dicer和R2D2。这两个蛋白质的结合不对称，Dicer结合在siRNA不稳定的末端（该末端的碱基对容易分开）。5′端结合了Dicer的链将成为引导链。

siRNA和Argonaute样蛋白质间的复合体的X射线晶体结构分析表明，siRNA引导链的5′-磷酸末端结合于Argonaute的PIWI口袋，其3′端结合于PAZ域，这种结合正好将Argonaute的活性位点置于siRNA的第10和第11位碱基之间，因此mRNA正好在siRNA-mRNA的杂合链的中间被剪切。

RNAi的生理学意义是什么？正常情况下，

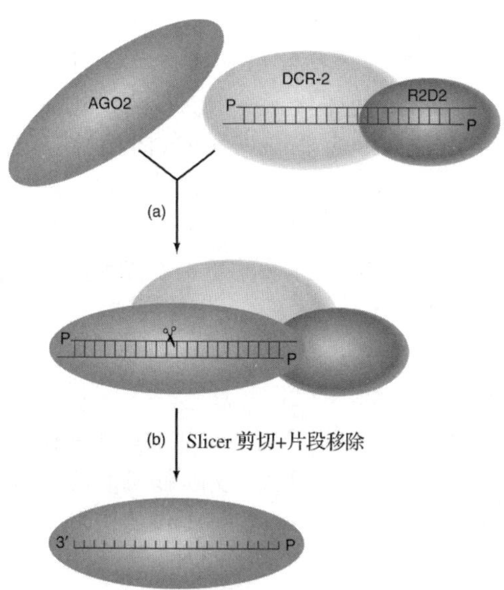

图 16.32 单链 siRNA 加载到 RISC 上。果蝇中该过程研究的比较清楚，故图中蛋白质的名称均来自果蝇。**(a)** Ago2 附着在 Dicer（DCR-2）-R2D2-dsRNA 复合体上形成前 RISC 复合体，双链 siRNA 已经有 DCR-2 产生，具有 5′端的磷酸化末端和 2nt 的 3′黏性末端。**(b)** Ago2 的 Slicer 活性将过客链（上部）一切为二，使其与引导链的配对能力下降。过客链丢失后，仅有引导链与 Ago2 结合，它是成熟 RISC 复合体的催化中心。尽管没有图示出来，除 Argo2 外成熟 RISC 复合体还包含其他一些蛋白质。

真核生物细胞不存在双链 RNA。但是当受到某些外源 RNA 病毒感染时就会发生，这些 RNA 病毒要通过双链 RNA 中间体复制。因此，RNAi 的一个重要功能可能是通过降解病毒 mRNA 而抑制 RNA 病毒的复制。Fire 和其他研究者发现 RNAi 所需的基因也是阻止某些转座子在基因组中转座所需要的。事实上，早在 2003 年 Titia Sijen 和 Ronald Plasterk 就发现线虫精细胞中 Tc1 转座子的转座活性受 RNAi 沉默。哪些 dsRNA 触发了这一 RNAi 呢？转座子末端反向重复序列的转录可以形成具有茎环结构的 RNA，其中的茎为双链结构。因此，RNAi 不仅能够通过抵抗病毒来保护细胞，还可以通过抑制转座子来保证精细胞基因组的完整性。

RNAi 也可以沉默转基因及其基因组的同源基因的表达。转基因过程中双链 RNA 是如何产生的呢？与正常基因不同，好像转基因的两条链都发生了转录，这种对称转录可产生足够的双链 RNA 以激活 RNAi。

除了其天然功能外，RNAi 对分子生物学家来说是一个极大的恩赐，因为 RNAi 让他们可以随心所欲地沉默基因，只要简单地引入目标基因相对应的双链 RNA 即可。这一操作比实验室产生基因敲除生物的过程（如第 5 章所述）要方便的多。当然这一技术也受到生物技术产业的关注，RNAi 展现了潜在的利润。我们知道许多基因过于活跃时会产生破坏作用。例如，许多**原癌基因**（oncogene）在肿瘤细胞中具有超级活性，使肿瘤细胞生长失控。直接抵抗原癌基因的 RNAi 可以控制原癌基因的活性，进而恢复对癌细胞的生长控制。

尽管对 RNAi 非常乐观，但谨慎些更保险，因为 2004 年以来的数据显示，RNAi 不如想象的那样精准特异，与触发 dsRNA 不完全配对的基因也会受到一定程度的抑制。目前还不知道这一非特异性是否会严重影响 RNAi 在科学研究和医学应用中的效率。

此外，如果科学家们要运用 RNAi 技术研究人类基因的功能或是治疗疾病，他们还得考虑另外一个事实：与蛔虫和果蝇不同，靠引入 dsRNA 到哺乳动物细胞所引发的 RNAi 是瞬时的。有一个解决办法是给哺乳动物细胞转染某种基因，该基因编码具有反向重复序列可形成发夹的 RNA，这些基因以发夹结构的形式持续提供 dsRNA，使 RNAi 持续进行。截至 2004 年，研究人员已经建立了一个编码**短发夹 RNA**（short hairpin RNA，**shRNA**）的基因文库，可以靶向作用于近 10 000 个人类基因。这对于科学研究甚至人类疾病的治疗都将是十分有价值的资源。

小结 细胞遭遇 dsRNA 侵入时会发生 RNAi，这些 dsRNA 可能来自病毒、转座子或转基因（或者实验加入的 dsRNA）。这种触发 dsRNA 由一个类似 RNase Ⅲ 的 Dicer 酶降解成 21～23nt 的片段（siRNA）。双链 siRNA 和 Dicer 及 Dicer 相关蛋白 R2D2 招募 Ago2 形成前-RISC 复合体，它可将双链 siRNA 分成两个单链 siRNA：在 RISC 复合体中与目标 mRNA 配对遇到沉默的引导链，以及将会降解的伴随链。伴随链被 Ago2 切割后从前 RISC 复合体上脱落。在 Ago2 PIWI 结构域的活性位点，siRNA 的引导链同目标 mRNA 碱基互补配对，其中，PIWI 结构域类似于 RNase H 酶，也被称为 Slicer。Slicer 在目标基因同 siRNA 互补配对区域的中间切割 mRNA。在一个依赖 ATP 的步骤中，被切割的 mRNA 从 RISC 上释放出来，以便接受一个新的待降解 mRNA。

siRNA 的扩增

很难解释 siRNA 在一些生物体（如植物和线虫）中所表现的如此高度的灵敏性，即仅少数 dsRNA 分子就可以调动完全沉默一个基因的过程，而且这种过程不仅只发生在一个细胞中，而是在整个生物体，甚至其后代中。这一现象表明基因沉默过程是催化性的。确实，Dicer 切割 dsRNA 和目标 mRNA 产生许多 siRNA 分子，但这仍不足以解释 RNAi 所具有的如此巨大威力。Fire 及同事解开了这一谜底，他们发现细胞利用 **RNA 指导的 RNA 聚合酶**（RNA-directed RNA Polymerase，**RdRP**）以反义 siRNA 为引物扩增 siRNA（图 16.33）。

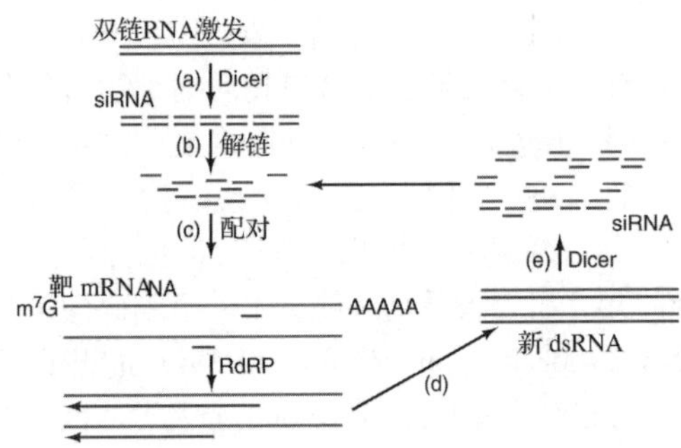

图 16.33　siRNA 的扩增。（**a**）Dicer 剪切触发 dsRNA 成为 siRNA。（**b**）siRNA 的无义链与靶 mRNA 杂交。（**c**）RdRP 利用 siRNA 的无义链为引物，靶 mRNA 为模板合成长的无义链。（**d**）（c）中产生的是新的触发 dsRNA。（**e**）Dicer 将新的触发 dsRNA 剪切成更多新的 siRNA，这些 siRNA 又引发新一轮的扩增。［*Source*：Adapted from Nishikura. *Cell* 107（2001）f. 1，p. 416.］

为验证这一假说，Fire 及同事用超量表达触发 dsRNA 的细菌喂养线虫，以标记的有义链为探针进行 RNase 保护实验，检测线虫中的反义 siRNA 链。实验中采用了两种不同的触发 dsRNA，发现两种情况下都有大量新 siRNA 产生。此外，他们在触发 RNA 区域外发现了一些**次级 siRNA**（secondary siRNA）。显然，这些次级 siRNA 只与触发序列上游的 mRNA 区域相对应。这一结果同 RdRP 的作用特点相一致，因为 siRNA 引导 RNA 合成的反应向着 mRNA 的 5′端（即上游）进行。因此，次级 siRNA 的发现也佐证了 RdRP 以目标 mRNA 为模板扩增 siRNA 的假说。

据此，由于 siRNA 扩增机制确实存在，即可以解释 RNAi 的巨大效力。该机制的起始依赖于反义 siRNA 对模板 mRNA 的引发。该模型可以解释 Fire 及同事早些时候的一个实验结果：他们将触发 dsRNA 的无义链突变，保持有义链不变，结果使 RNAi 受到抑制。该模型也很好地解释了早期的一些发现，如在番茄细胞中必须要有 RdRP 的存在 RNAi 才能有效进行，在真菌及其他植物中 RNAi 的有效进行也必须具有 RdRP 的同源基因。

小结　在包括线虫在内的一些生物中，RNAi 过程发生了 siRNA 扩增。在这一扩增过程中，反义 siRNA 与目标 mRNA 杂交，在 RNA 指导的 RNA 聚合酶（RdRP）的作用下扩增得到全长反义 RNA，这些 dsRNA 被 Dicer 消化剪切成新的 siRNA 片段。

RNAi 机制在异染色质形成和基因沉默中的作用

2002 年，有越来越多的证据显示，在异染色质形成和**转录水平基因沉默**（transcriptional gene silencing，TGS）及 RNAi 自身表达过程中都涉及 RNAi 体系。研究发现，siRNA 可以通过 DNA 和组蛋白甲基化以基因的调控区为靶标诱导基因沉默。

RNAi 与异染色质形成　Shiv Grewal、Robert Martienssen 及同事在裂殖酵母（*Schizosaccharomyces pombe*）中分别删除了编码 Dicer、Argonaute 和 RdRP（分别为 *dcr*1、*ago*1 和 *rdp*1）的 RNAi 基因，发现在所有突变体中，插入到着丝粒附近的转基因的表达抑制效应消除了，而正常情况下插入到着丝粒附近的转基因的表达是受抑制的。也就是说，插入到着丝粒附近的转基因在RNAi突变体中是有活性的。注意，此处没有加入针对转入靶基因的dsRNA，因此RNAi不是直接参与对转基因的沉默。

同时，研究人员利用Northern印迹检测了着丝粒的重复DNA序列（*cen3*序列）在野生型和突变体中是否得到转录。结果显示，在野生型细胞中无转录物，而在三个RNAi突变体中发现有大量*cen3*转录物。利用RNA斑点杂交进行更详细的研究显示，在野生型和突变体细胞中有*cen3*的反转录物，而正向转录物仅在突变体细胞中出现。此外，核连缀转录显示了相同的转录模式，即正向转录仅发生在突变体中。可见，对*cen3*转录物浓度的控制发生在转录水平上而不是转录后水平上。

接着，研究人员利用染色体免疫沉淀技术（ChIP）检测特异核心组蛋白的甲基化现象，所用抗体为抗组蛋白H3的抗体，该H3的第4位和第9位赖氨酸均发生了甲基化。其中，第4位赖氨酸甲基化同基因的活化有关，而第9位赖氨酸甲基化与异染色质和基因失活相关。与我们前面讨论的一样，野生型细胞着丝粒区域H3的第4和第9赖氨酸都发生了甲基化，而三个RNAi突变体的着丝粒H3组蛋白表现出异常甲基化：第4位赖氨酸的甲基化水平较高，而第9位赖氨酸的甲基化水平很低。这一甲基化组合与在$ura4^+$转基因菌株中发现的形式一样，该转基因位于着丝粒区域最外侧（outermost centromere region，*otr*）：在野生型细胞中第9位赖氨酸甲基化水平较高，而在三个RNAi突变体中该赖氨酸甲基化水平受到了极大的抑制。

RNAi与组蛋白的甲基化以及由此引起着丝粒处异染色质化有关吗？如果有关的话，可以预期至少有一些RNAi蛋白与着丝粒染色质相互作用，同时还可预期应该存在与着丝粒RNA相应的siRNA。Martienssen及同事确实发现了RNAi系统中的Rdp1部件与着丝粒染色质相结合。同时，B. J. Reinhard和David Bartel也提供了支持该假说第二个推论的有力证据，他们从野生型细胞中克隆到了Dicer的产物，显示所有12个克隆都源于着丝粒区域的转录物。

因此，在着丝粒处至少发现了RNAi过程的一个部件，并且siRNA来源于着丝粒转录物。根据这些结果和其他资料，Martienssen及同事提出，着丝粒处异染色质化的沉默与RNAi有关（图16.34）。具体地讲，富含*otr*区的反转录物与RNA聚合酶或RdRP偶尔转录的正向转录物碱基互补配对，形成触发dsRNA。然后Dicer消化dsRNA产生siRNA，而siRNA同**RITS复合体**中的Argonaute1蛋白（Ago1）结合（RITS复合体是指RNA诱导的转录基因沉默起始物，RNA-induced initiator of transcrional gene silencing）。RITS复合体进而吸引**RDRC复合体**（RNA指导的RNA聚合酶复合体，RNA-directed RNA polymerase complex）中的RdRP，RDRC可以扩增双链siRNA。通过与该DNA直接配对或与其转录物配对，siRNA将RITS护送到基因组的相应位点上。然后，RITS募集组蛋白H3 Lys9甲基转移酶。一旦Lys9甲基化，它又募集Swi6，Swi6是异染色质化所必需的。可能还需要其他蛋白质，但最终结果是异染色质化扩散到着丝粒的*otr*区。无论是什么机制，似乎都是高度保守的，因为哺乳动物外周着丝粒的异染色质结构也涉及组蛋白H3 Lys9的修饰及一些RNase敏感物质，这些RNase敏感物极有可能是一种或多种RNAi的中间产物。

RITS复合体是直接与DNA结合还是被作为沉默靶子的染色质区域的转录产物所吸引？2006年，Danesh Moazed及同事的实验证实了转录产物在该过程中的重要性，他们发现人为地将RITS与新转录的$ura4^+$基因产物结合后导致了该正常表达基因的沉默。

这看起来似乎很矛盾，该基因必须要表达，才能使类似着丝粒的区域沉默。然而，有丝分裂后两个子代细胞的基因组异染色质化的情况下，基因表达是如何发生的呢？2008年，Rob Martienssen及同事，以及Grewal等回答了此问题。这两个研究小组共同发现，粟酒裂殖酵母（*S. pombe*）组蛋白H3的10位丝氨酸在有丝分裂的过程中发生了磷酸化，这将导致组蛋白H3第9位赖氨酸不能甲基化，从而引起异染色质化所必须的Swi6蛋白的缺失。最终，染色质敞开使转录能够在S期进行。这样，可能在两个方向上转录出着丝粒区的产物，它将吸引RNAi系统，从而使着丝粒区在接下来的G_2期重新异染色质化。

与传统的认为异染色质是静止、高度浓缩和不活动的观点相比，该假设认为异染色质是动态变化的。那么，着丝粒区的DNA真的表达了吗？显然没有，原因之一是着丝粒转录仅限于S期，表达的基因非常少。另一个原因是着丝粒转录产物很快被RNAi系统或其他识别异常转录物的RNA降解系统降解。

Grewal及同事注意到，在一些位点也发现了类着丝粒（centromere-like）序列，如交配型沉默区，该区离着丝粒较远但仍因异染色质化而沉默。在另外的实验中，研究人员发现交配型沉默区的异染色质化的起始需要RNAi系统，而维持则不需要。Swi6显然足以使异染色质得以维持。

RNAi系统在着丝粒中的作用不仅仅局限于低等生物。2004年，Tatsuo Fukagawa及同事报道了在鸡-人杂交细胞系中的检测结果，该细胞系仅含人类的21号染色体。他们让杂交细胞系中Dicer基因的表达受到四环素的抑制，然后观察细胞的变化，尤其是观察在四环素阻遏Dicer表达的情况下人类21号染色体的变化。Dicer缺失最明显的影响是在大约5天后这些细胞发生死亡。

此外，这些细胞表现出与着丝粒相关的特异的病理学特征，即在有丝分裂期间的姐妹染色单体发生了异常分离。像RNAi缺陷的酵母细胞一样，在这些脊椎动物的细胞中，人类21号染色体的着丝粒重复序列的转录物发生不正常的堆积。他们也发现了一些着丝粒蛋白（不是所有的着丝粒蛋白）的定位不正常。在着丝粒区域发生的这些现象可能是由于Dicer的缺失所致，继而导致细胞分裂失败，甚至细胞死亡。

我们认为图16.34所示的发生在裂殖酵母着丝粒区域的事件有助于解释高等生物细胞中产生的上述结果。但哺乳动物似乎缺少RdRP。因此，出现在哺乳动物着丝粒处的dsRNA肯定是由该区域DNA的双向转录所产生的，或

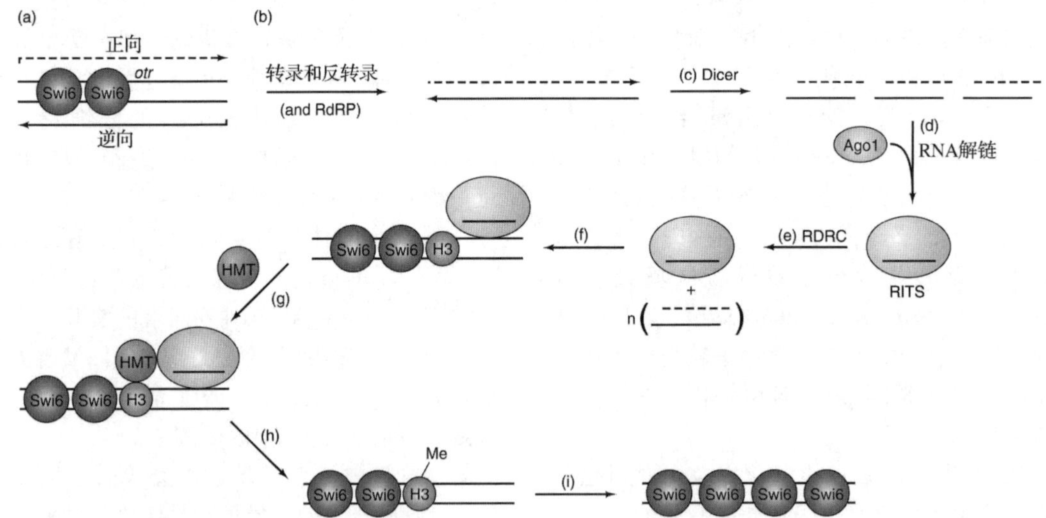

图16.34 ***S. pombe*** **着丝粒异染色质化中RNAi过程参与的模型。** **(a)** 着丝粒最远端区（*otc*）恒定地产生反转录物，正向转录物可能也产生，但水平很低（检测不到）。**(b)** 转录和反转录之后（或反转录和RdRP作用之后），得到双链RNA（dsRNA）。**(c)** Dicer将dsRNA切割成siRNA。**(d)** Ago1（黄色，可能与其他蛋白在一起）与单链siRNA结合产生RITS。**(e)** RDRC中的RdRP扩增siRNA，产生双链siRNA。**(f)** RITS通过其siRNA与*otr*结合，或通过直接与DNA作用或与该DNA的转录物作用。**(g)** RITS将组蛋白甲基转移酶（HMT，绿色）吸引到*otr*上。**(h)** HMT将组蛋白H3的Lys9甲基化。当然，该组蛋白是核体的一部分，为简单起见，此处未显示核体。**(i)** 这种甲基化吸引了更多的Swi6（红色），使异染色质化扩展。

基因组某处同源区域的双向转录所产生的。

裂殖酵母同植物和哺乳动物异染色质化的另一主要区别是，除组蛋白甲基化外，动植物还发生了 DNA 的甲基化。甲基基团加到双链 **CpG 序列**的 C 上，有助于吸引那些诱导染色体发生异染色质化的蛋白质。还有，dsRNA 的出现对 RNAi 系统的募集具有重要的作用，RNAi 系统可激活 DNA 甲基化。

这一机制的一个显著优点是永久性。一旦 DNA CpG 序列双链中的 C 被甲基化，这种甲基化便会从一代细胞遗传给下一代。DNA 复制完成后，一条链上甲基化的 C 可确保相反链中新掺入的 C 也发生甲基化。虽然甲基化是永久的，但不是真正的遗传突变，真正的遗传突变是一种碱基变为另一个碱基（如 C 变为 T）。因此，我们称之为 DNA 的**表观修饰**（epigenic modification）。它同遗传学的改变一样重要，因为它可以导致基因的沉默，甚至可以导致染色体整个区段的异染色质化。

RNAi 可能在哺乳动物 X 染色体的失活中起作用。雌性哺乳动物的每个细胞中，其中一条 X 染色体被异染色质化而失活，避免了过多 X 染色体产物对机体的毒害作用。在 X 染色体失活过程中，第一步是组蛋白 H3 Lys9 的甲基化，该甲基化在 *Xist* 基因座的非编码转录物出现后立即产生。我们知道，*Xist* 的转录受反义 RNA 、*Tsix* 和 *Xist* 启动子甲基化控制。*Xist* 和 *Tsix* 的转录物在同一细胞同时出现时会触发 RNAi 系统，RNAi 系统募集组蛋白甲基化酶，进而引起异染色质化的形成。

小结 RNAi 系统参与酵母着丝粒和沉默交配型区域的异染色质化，也参与其他生物的异染色质化。在裂殖酵母着丝粒的最外侧区域无义链发生了转录。偶尔发生的正向转录或由 RdRP 所形成的正向转录物同反转录物碱基配对，引发 RNAi，继而募集组蛋白甲基转移酶，该酶使组蛋白 H3 Lys9 甲基化，而甲基化的组蛋白 H3 又募集 Swi6，Swi6 引起异染色质化。在植物和哺乳动物中，这一过程由 DNA 甲基化支持，DNA 甲基化同样可以募集异染色质化系统。

基因调控区 siRNA 引发的转录水平基因沉默 2004 年，Kevin Morris 及同事发现，正像我们在植物和哺乳动物中所看到的异染色质化一样，哺乳动物基因也能被 RNAi 系统所沉默。这种基因沉默涉及 DNA 甲基化。此外，与正常 RNAi 不同的是，这种沉默所涉及的 siRNA 直接作用于基因的调控区，而不是编码区。

Morris 及同事构建了一个 GFP 报告基因，它由人类延伸因子 1α 基因（EF1A）的启动子-增强子区控制。用含有 GFP 报告基因的猫科动物免疫缺陷病毒（feline immunodeficiency virus，FIV）转导人细胞，使该报告基因及其调控区整合到人基因组中。FIV 载体使核膜对 siRNA 具有通透性，否则 siRNA 不能被哺乳动物细胞核吸收。

因为实验所用的 siRNA 直接对应基因的调控区而不是编码区，可以预测它不会导致 mRNA 降解或阻断翻译，但可阻断转录。事实正如 Morris 及同事所发现的那样。他们利用实时定量 RT-PCR（第 4 章）证明，以 GFP 融合基因的调控区为靶向的 EF52 siRNA 转导细胞后几乎所有 GFP 转录物都消失了。相反，靶向 GFP mRNA 编码区的 siRNA 的作用相对温和，导致 GFP 转录物浓度下降了 78%［图 16.35（a）］。

哺乳动物发生转录沉默的共同特征是组蛋白和 DNA 的甲基化，故 Morris 及同事分别检测了曲古抑菌素（trichostatin，TSA）和 5-氮胞苷（5-azacytidine，5-azaC）对转录沉默的影响。TSA 和 5-azaC 可分别抑制组蛋白和 DNA 的甲基化。它们完全逆转了由 EF52 siRNA 所造成的基因沉默，但对 GFP 编码区 siRNA 所引起的基因沉默没有影响。这些结果支持了 DNA 和（或）组蛋白甲基化参与由 EF52 引起的基因沉默的假说。

为了检测由 EF52 引起的基因沉默是否发生在转录水平上，Morris 及同事进行了核连缀转录分析（第 5 章）。图 16.35（b）显示，EF52 确实大大降低了 GFP 的转录量，而无关的 GAPDH（磷酸甘油醛脱氢酶，glyceraldehyde-phosphate dehydrogenase）转录物不受影响。

(a)

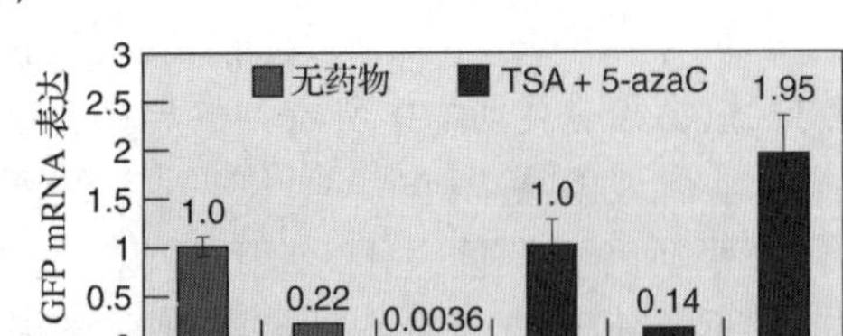

(b)

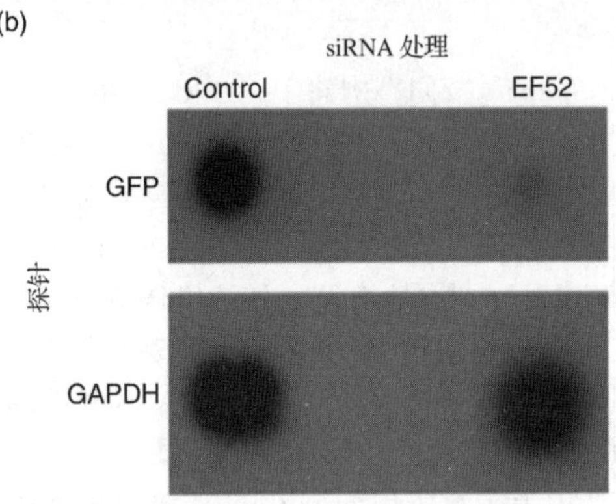

图 16.35 siRNA 靶向 EF1A 基因的调控区域而造成的基因沉默。(a) 实时定量 PCR 实验检测人细胞中 GFP mRNA，GFP 基因由 EF1A 基因的启动子-增强子区驱动。用含 GFP 基因重组子的 FIV 转导细胞，在有或无 TSA 和 5-azaC 药物的情况下加入 siRNA，然后用实时定量 PCR 测定 GFP mRNA 的浓度。柱状图（及其相应的量）表示加入不同 siRNA 的结果，包括对照（没有 siRNA）、靶向 GFP 基因编码的 siRNA（GFP）和靶向 EF1A 基因调控区的 siRNA（EF52）。**(b)** 核连缀转录分析。从转有 EF1A-GFP 质粒的细胞中分离细胞核，加入 EF52 siRNA 或不加入 siRNA（对照）。标记的连缀转录物分别同 GFP DNA 和 GAPDH DNA 进行斑点杂交，如左侧所示。在转录水平上，EF52 siRNA 沉默 GFP 基因，但不影响 GAPDH 基因。（*Source*：Reprinted with permission from *Science*，Vol. 305，Kevin V. Morris，Simon W.-L. Chan，Steven E. Jacobsen，and David J. Looney，"Small Interfering RNA-Induced Transcriptional Gene Silencing in Human Cells，" Fig. 1，p. 1290，Copyright 2004，AAAS.）

为了验证在转录沉默中基因调控区的 DNA 是否发生了甲基化，他们又利用识别位点包含 CpG 的限制性内切核酸酶 *Hin*P1I 进行实验。若序列中的 C 未甲基化，*Hin*P1I 可以酶切，否则不能酶切。在 EF1A 的调控区有一个 *Hin*P1I 酶切位点，如果该位点发生了甲基化，就可免受 *Hin*P1I 酶切，利用该位点两侧的引物进行 PCR 会得到扩增产物。反之，若该位点未甲基化，*Hin*P1I 会对其酶切而得不到 PCR 产物。

图 16.36 展示了这一实验的结果。泳道 1 的对照显示，含有 *Hin*P1I 位点的质粒在体外甲基化后确实产生了 PCR 产物，甚至在经过 *Hin*P1I 处理后仍然可产生 PCR 产物。泳道 2 和 3 分别表示来自无关 siRNA 和 GFP 编码区相应 siRNA 转导后细胞的 DNA 对照。泳道 4 表示转导 EF52 siRNA 后的结果。顶部一行表示 DNA 一定发生了甲基化，因为它被保护而免受 *Hin*P1I 的酶切，结果出现一条 PCR 产物。然而底部胶图表示阻断甲基化的药物 TSA 和 5-azaC 使 *Hin*P1I 位点被酶切，因而无 PCR 产物。

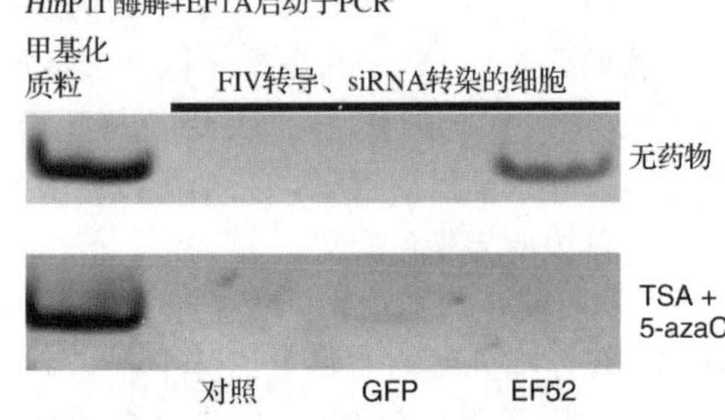

图 16.36 EF1A 基因调控区的甲基化应答 siRNA 的证明。 Morris 及同事利用 *Hin*P1I 的切割特性检测 EF1A 基因调控区 CpG 序列发生甲基化的情况，*Hin*P1I 切割未甲基化的含有 CpG 序列的位点而不能切割甲基化的位点。从未经处理的细胞和经 TSA 和 5-azaC 处理的细胞中提取 DNA，TSA 和 5-azaC 可以抑制 CpG 序列甲基化。用 *Hin*P1I 处理这些 DNA，然后用 CpG 两侧序列设计引物来 PCR 扩增上述酶切产物。未切割的（甲基化的）的 DNA 才会产生 PCR 信号。泳道 1 表示含有甲基化的阳性对照，泳道 2 以不相关 RNA 为阴性对照，泳道 3 以加入靶向 GFP 编码区的 siRNA 为阴性对照，泳道 4 加入靶向 GFP 调控区的 siRNA 所产生的实验结果。在该 siRNA 存在且无 TSA 和 5-azaC 条件下，CpG 序列被甲基化（未被切割因而产生 PCR 信号）。但在甲基化抑制剂存在时，该位点未被甲基化。（*Source*：Reprinted with permission from *Science*，Vol. 305，Kevin V. Morris，Simon W.-L. Chan，Steven E. Jacobsen，and David J. Looney，"Small Interfering RNA-Induced Transcriptional Gene Silencing in Human Cells，" Fig. 1，p. 1290，Copyright 2004，AAAS.）

至今所提到的利用 FIV 转导细胞的实验中，FIV 将 EF1A 基因整合到人基因组中，而不是在其天然存在的位置上。为检测 siRNA 对内源人类基因的沉默机制，Morris 及同事进行了与图 16.35 和图 16.36 类似的实验，但所用细胞在 MPG 的作用下对 siRNA 具有通透性，MPG 指的是含有 HIV-1 跨膜多肽及一个与之连接的 SV40 病毒核定位信号的融合多肽。在这些实验中，没有 EF1A 进入细胞，仅有内源基因存在，并且内源基因被 EF52 siRNA 沉默（虽然不像前述实验发生那么强的基因沉默）。如上述情况一样，基因沉默伴随有 DNA 的甲基化，但这一沉默可被甲基化抑制物所阻断。

这些实验中的 siRNA 是如何产生的？毕竟，它们靶向的是基因的调控区而不是编码区，因而不可能来自正常基因的转录。Morris 及同事的实验发现 siRNA 的有义链可能来自 EF1a 基因转录物的 5′端延伸，也就是说，它是正常转录起始位点上游的启动子区域开始的一段转录物。他们用 **RNA 捕获**（RNA pull-down）的方法来检测这段延伸的转录物，该方法对启动子反义 RNA 的 5′端进行生物素标记，将抗生物素蛋白连接到磁珠上面。在体内生物素标记启动子反义 RNA 与启动子区的转录物进行杂交，抗生物素蛋白连接的磁珠在磁力的作用下将整个 RNA-RNA-磁珠复合物分离（捕获）出来。

实时定量 PCR 分析发现，启动子相关 RNA 和正常 EF1a 基因转录物之间的比例为 1∶570。因此，EF1a 基因 570 份转录物中就有一个是从启动子区域开始的转录物。5′-RACE 实验（第 5 章）表明，启动子有关的转录物是从正常转录起始位点上游 230bp 处开始转录的，3′-RACE 实验发现这些转录产物像正常转录物一样一直向 3′端延伸，并被剪接和加上 poly（A）尾。

接下来的问题是启动子相关的 RNA 在转录水平基因沉默（TGS）中是否有作用？为回答该问题，Morris 及同事利用 RNaseH（第 14 章）通过用磷硫酰寡核苷酸定向降解启动子相关 RNA，该化合物的作用类似于一种脱氧寡核苷酸。通过加入启动子相关 siRNA，EF1a 启动子相关 RNA 发生降解，导致转录水平沉默终止。相反，另外一个基因（CCR5）中，RNase H 介导的启动子相关 RNA 降解对 EF1a 转录水平基因沉默没有作用。因此，启动子相关 RNA 对 TGS 起关键的作用。

沉默过程中 *EF1a* 基因调控区的一个表观修饰是在核小体组蛋白 H3 的 27 位赖氨酸的三甲基化（H3K27me3）。启动子相关 RNA 是否在这一表观修饰中起作用？RNA 捕获实验证实它确实在起作用。当 EF1a 启动子相关 RNA 被寡核苷酸和 RNase 处理降解后，染色质不再与 H3K27me3 抗体发生免疫沉淀反应。然而，用靶向 CCR5 调控区的寡核苷酸处理不会影响 EF1a 启动子相关核小体与 H3K27me3 抗体间的免疫沉淀反应。

因此，启动子相关 RNA 的存在对于 H3K27 的沉默甲基化是必需的。确切的过程还不清楚，但是可以推测启动子相关 RNA 可以与反义 RNA（可能是 siRNA 的反义链）杂交，并招募染色质重建复合体。该复合体包括 H3K27 的甲基转移酶，可将 H3K27 三甲基化，从而引起基因沉默。

目前我们讨论的基因沉默都与染色质表观修饰（通常为甲基化）有关。另外一种沉默机制以核 RNA 为目标，即内源双链 siRNA 可进入细胞核内并通过类似的 RNAi 机制引起核 RNA 的降解。Scott Kennedy 及同事在 2008 年发现，siRNA 在细胞质中与 Argonaute 蛋白（在线虫中为 NRDE-3）结合，NRDE-3 具有核定位信号，因此 siRNA-NRDE-3 复合体可以进入细胞核中，识别相应的核前体-mRNA 并加以降解。

小结 哺乳动物中，单个基因也可以被 RNAi 所沉默，而 RNAi 靶向基因的调控区而不是编码区。这一沉默过程涉及 DNA 的甲基化而不是对 mRNA 的降解。至少在一些基因中，这种在由 siRNA 诱导的基因沉默过程中的组蛋白甲基化需要起始于基因调控区的 5′端延伸转录物（启动子相关转录物）的产生。该转录物推测可与反义 RNA 结合，然后募集染色质重建复合体，该复合体包括甲基转移酶，因而可将邻近的核小体的 H3K27 甲基化，从而导致基因沉默。基因沉默还可以通过核 RNAi 过程发生，该过程有 Argonaute 蛋白的参与，它通过核定位信号引导复合体进入细胞核。

植物转录水平的基因沉默 在裂殖酵母和动物中 TGS 需要的小 RNA 由 RNA 聚合酶Ⅱ合成，但在开花植物中，另外两个聚合酶（RNA 聚合酶Ⅳ和 RNA 聚合酶Ⅴ）起了关键作用，在进化上它们起源于聚合酶Ⅱ。RNA 聚合酶Ⅳ可合成 24nt 的异染色质 siRNA，而在酵母和动物中对应的转录物由 RNA 聚合酶Ⅱ合成。RNA 聚合酶Ⅴ的作用更加精细，因此研究起来更加困难。

聚合酶Ⅴ合成长度超过 200nt 的非编码转录物，5′端要么加帽要么三磷酸化，却不进行多腺苷酸化。特定区域的转录物具有多种 5′端，说明合成不依赖于启动子。2008 年，Craig Pikaard 及同事通过对最大的一个亚基进行突变证实了 RNA 聚合酶Ⅴ参与转录水平的基因沉默。他们发现，突变后不仅 RNA 聚合酶Ⅴ的活性丧失，非编码区的转录及对应和邻近染色质区域的基因沉默也随之消失。此外，他们还发现，在 RNA 聚合酶Ⅴ活性缺失的细胞中，一些包括组蛋白和 DNA 甲基化在内的异染色质的典型特征也消失了。

聚合酶Ⅴ是如何招募沉默系统的呢？Pikaard 及同事提出了一个类似于图 16.34 的模式，只是在真菌和动物中由聚合酶Ⅱ完成的工作在这里由聚合酶Ⅳ和聚合酶Ⅴ来行使。聚合酶Ⅴ的转录产物招募包括 Argonaute4（Ago4）和 siRNA（由聚合酶Ⅳ合成）在内的复合体。该复合体又可招募沉默系统。2009 年，Pikaard 及同事为该假说提供了更多的实验证据。首先，他们在拟南芥中开展了针对突变的 Ago4 和聚合酶Ⅴ的染色质 ChIP 实验。他们发现与转座基因结合的野生型 Ago4 和聚合酶Ⅴ正常沉默，而 *Ago4* 基因或 *nrpe1* 基因（编码聚合酶Ⅴ大亚基）突变后，沉默终止。因此，Ago4 和聚合酶Ⅴ对于染色质与 AgO4 结合导致沉默是必须的。

Pikaard 及同事用野生型和聚合酶Ⅴ大亚基发生突变的植株进行了 ChIP 实验，以探讨聚合酶Ⅴ转录物在募集 Ago4 和染色质的结合中是否是必需的。突变的多肽很稳定并能与第二大亚基正常结合，但它不能行使转录的功能。ChIP 分析发现，在突变植株中，Ago4 和靶向染色质间没有结合。用野生型 *nrpe1* 基因转化后，它们之间的结合能够恢复，而用突变基因转化则不能恢复。因此，聚合酶Ⅴ转录物在招募 Ago4 的过程中是必需的，这和当初的假设是吻合的。

值得一提的是，聚合酶Ⅴ转录物在十字花科植物拟南芥的基因组中普遍存在，并且在异染色质区和常染色质区的分布相当。那么如何避免常染色质区的基因沉默？Pikaard 及同事提出聚合酶Ⅴ转录物对沉默是必需的但又不是唯一的，沉默过程还需要 siRNA 的参与。因此，由于常染色质区不能产生 siRNA，它们就不会被沉默。

在本章的前面，我们讨论了沉默的染色质必须进行转录才能被沉默的矛盾。在开花植物中聚合酶Ⅳ和聚合酶Ⅴ的存在也为该问题提供了解释：这些聚合酶不是从启动子处启动转录，并且它们的作用与聚合酶Ⅱ的作用不同。因此，它们可以在对于聚合酶Ⅱ来说是沉默的染色质区域启动转录。

小结 开花植物中存在两种核 RNA 聚合酶——聚合酶Ⅳ和聚合酶Ⅴ，在动物和真菌中没有发现这两种酶。聚合酶Ⅳ可以合成沉默染色质区域相应的 siRNA。聚合酶Ⅴ在整个植物基因组转录较长的 RNA。这段长的 RNA 招募 siRNA-Ago4 复合体与沉默靶向的区域结合，siRNA 由该区域转录产生。这些复合体又招募 DNA 和组蛋白甲基化的酶，在它们的作用下进行异染色质化。

16.7 Piwi 互作 RNA 与转座子调控

在第 23 章中，我们将要了解一种被称为转座子的 DNA，它们可以发生转座，即在基因组中从一个位置跳到另一个位置。在跳跃过程中，它们会打断基因，并使之失活，甚至打断染色体。因此，转座过程是危险的，它可导致细胞死亡和疾病的发生（如癌症）。据此，细胞具有控制转座的能力是非常重要的，尤其是在精细胞中，因为它产生的配子会将基因传递到下一代。精细胞中由转座引起的严重突变或死亡会降低生殖能力，进而威胁物种的生存。

因此，生物中进化出控制转座的机制也就不足为奇，某些机制主要针对精细胞。事实上，精细胞中可产生24～30nt 的**Piwi-相互作用RNA**（Piwi-interacting RNA，**piRNA**）。与 siRNA 和 miRNA 一样，piRNA 可与 Argonaute 蛋白结合，但这些蛋白质与我们介绍过的 Ago 蛋白不同，它们属于 Argonaute 超家族的另一个分支。piRNA 与属于 Piwi 家族的成员结合，而 siRNA 和 miRNA 则与属于 Ago 家族的成员结合。

果蝇和哺乳动物的 piRNA 可与同一物种的有义链和无义链互补，它们来源于串联的 piRNA 基因，转录为较长的前体 RNA，后被加工成熟。其中至少有一些加工过程伴随着转座子的失活，其机制被称为乒乓扩增环（图 16.37）。

在果蝇中，Piwi 蛋白（如 Piwi、Aubergine）可与和转座子 mRNA 互补的 piRNA 相互结合，这些 piRNA 一般在第 1 位上为 U。piRNA-Piwi 或 piRNA-Aubergine 复合体通过碱基配对与转座子 mRNA 结合，然后引发 RNA 切割酶在与 piRNA 5′端的 U 配对的 A 的上游 10nt 处发生切割。此后，转座子 mRNA 3′端进行加工，得到一条较短的 RNA，它与另一个蛋白 Ago3 结合后，专一地与转座子 mRNA 的部分特征序列结合。RNA-Ago3 复合体通过碱基配对与 piRNA 的前体 RNA 结合，Ago3 的 Slicer 活性在 A-U 配对处 U 的上游进行切割。该切割反应与 piRNA 前体的末端加工一起产生成熟的 piRNA，它可以与 Piwi 或 Aubergine 蛋白结合启动下一个循环。

值得注意的是，该机制包括两个事件：对转座子 mRNA 进行了切割，因此可以阻止转座；对 piRNA 进行了扩增，激活了该过程的发生。由于 piRNA 转录物串限定于立即被体细胞包围的精细胞中，所以转座在精细胞中是受到抑制的，因为在那里转座对物种的繁衍更具威胁。

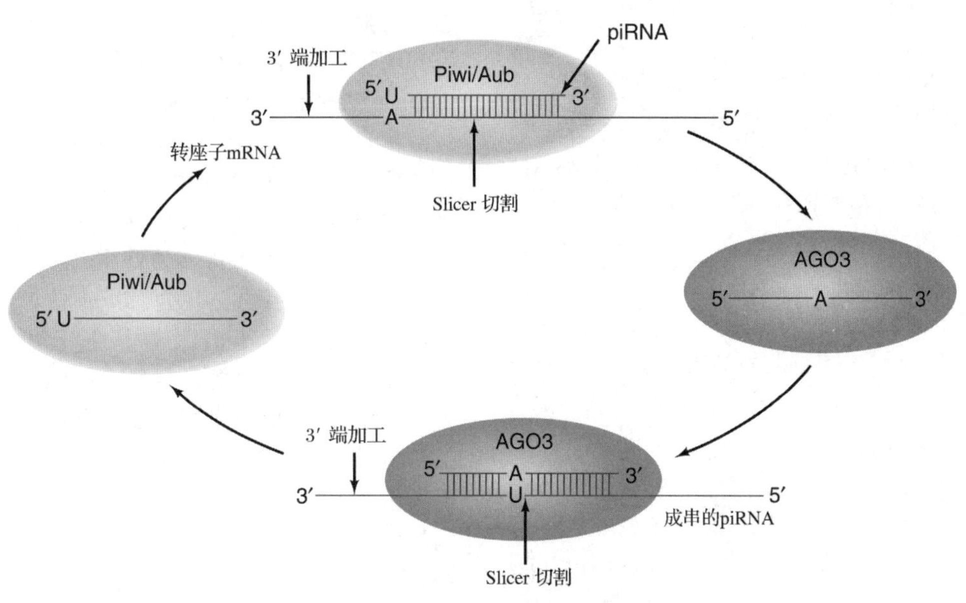

图 16.37 piRNA 的乒乓扩增环模型。具体内容见文中描述。

动物体细胞不能产生 piRNA，因此转座子的活性必须靠其他机制加以抑制。2008 年，Phillip Zamore 及同事发现，果蝇体细胞可以合成与转座子 mRNA（及一些正常细胞 mRNA）互补的内源 siRNA。这些内源 siRNA 与我们后面要讨论的 miRNA 有所区别，它们具有两个特征：在其 3′端有一个 2′-*O*-甲基化；片段大小分布非常集中，以 21 nt 为中心。另外，它们不像 miRNA 那样由具有稳定茎环结构的前体所产生。这些内源 siRNA 也与 piRNA 不同，在上游+10 的位置没有 A，不能从 U 处开始延伸。因此，果蝇体细胞利用内源 siRNA 机制而不是基于 piRNA 的机制来控制转座。此外，虽然动物精细胞具有 piRNA 途径来失活转座子，它们也可以产生内源 siRNA 直接控制一部分转座子，因此它们至少有两套机制来克服转座带来的问题。

植物中没有 Piwi 蛋白，故需要通过不同的途径来合成和扩增与启动子 mRNA 互补的 RNA。在拟南芥细胞中，一种不清楚的机制可以转座子为模板合成短片段 RNA，并与 Ago 类蛋白 Ago4 结合。在没有 Piwi 蛋白通过扩增环合成互补 RNA 的情况下，可以通过依赖于 RNA 的 RNA 聚合酶来合成互补 RNA（见前面章节）。该短片段 RNA 与转座的两条链互补，复性后形成触发 dsRNA 通过 RNAi 启动转座子 mRNA 的降解。

小结 在动物精细胞中，转座子的转座通过 piRNA 参与的乒乓扩增和 mRNA 降解机制加以控制。piRNA 与转座子 mRNA 互补后结合到 Piwi 或 Aubergine 上，然后与转座子 mRNA 发生互补。该复合体通过 Piwi 蛋白的 Slicer 活性切割转座子 mRNA，3′端的加工也同时进行。产生的短片段 RNA 与 Ago3 结合后与 piRNA 的前体 RNA 互补配对。然后，在转座子 mRNA 5′端 10nt 处的 A-U 配对位点开始降解前体 RNA。在与前体 RNA 的 3′端加工的共同作用下产生成熟的 piRNA，它将参与新一轮的转座子 mRNA 降解和 piRNA 扩增反应。在动物体细胞中没有 piRNA 合成，但一种内源 RNAi 机制可以阻止转座的发生。植物体内缺乏 Piwi 蛋白，所以在体细胞和精细胞中都必须依赖 RNAi 机制来控制转座。植物体内具有依赖于 RNA 的 RNA 聚合酶，所以可以很容易地针对转座子 mRNA 扩增 siRNA。

16.8 基因表达的转录后调控：microRNA

siRNA 不是参与基因沉默的唯一的小 RNA。另一类被称为 **microRNA（miRNA）** 的小 RNA 是植物和动物细胞中自然产生的 18～25nt 的 RNA，它们是由约 75nt 长的茎环结构前体 RNA 被 Dicer RNase 酶切而成的。在哺乳动物中，这些 miRNA 同特异 mRNA 的 3′-非翻译区碱基配对（虽为不完全配对），主要通过阻止这些 mRNA 的翻译来沉默基因的表达。

miRNA 引起的翻译沉默

miRNA 的重要性最早被引起关注是始于 1981 年的研究工作，该研究表明线虫 *lin-4* 基因的突变导致线虫发育异常。随后的遗传学研究表明 *lin-4* 基因产物通过抑制 LIN-14 的表达水平发挥作用，LIN-14 是 *lin-14* 基因的表达产物。有趣的是，*lin-4* 需要 *lin-14* 的 3′-非翻译区 3′VTP 才能发挥其对 LIN-14 的抑制功能。最后，在 1993 年，Victor Ambros 等定位了 *lin-4* 突变体，发现它所在的基因不能编码蛋白质，而是一个编码 miRNA 前体的基因。这表明在线虫的发育过程中，可通过 miRNA 减少 LIN-14 的表达而发挥重要的作用。线虫基因组序列验证了这一假说，miRNA 同 *lin-14* mRNA 的 3′-UTR 部分互补，而互补的这一序列是 *lin-4* 发挥正常功能所需要的。

我们现在知道 miRNA 在动植物基因的表达调控上发挥着重要作用。迄今，在研究过的大多数动植物中发现了数以百计的 miRNA 基因，每个 miRNA 可以调控许多其他基因的表达。miRNA 基因的突变会对生物体产生巨大的影响，尤其对生长发育，这一事实说明 miRNA 是多么的重要，而且一些病害发生是由 miRNA 基因的突变或不恰当的调控引起的。

实际上，miRNA 在正常和发病细胞的基因表达调控中是非常重要的，以至于它们在疾病（如癌症）控制中具有作为药物靶标的巨大潜力。一般来说，癌症细胞具有不正常的 miRNA 表达谱，其中一些 miRNA 异常稀少而另外一些异常丰富。其策略是首先寻找那些与疾病相关的 miRNA，然后利用药物（可能包括 miRNA 前体本身）来校正这些关键 miRNA 的浓度。然而，像 miRNA 前体这样的大分子显然很难用来作为药物，并且也不清楚怎样有选择性地调控这些编码 miRNA 的基因。

既然 miRNA 如此重要，了解其调控基因表达的机制就显得非常重要。我们将要对一些可得出不同结论的实验证据进行阐述，但我们也会了解到，仅仅靠一种机制还不能解释所有的实验结果。

1999 年，Philip Olsen 和 Ambros 首先提出 *lin-4* 通过限制 *lin-14* mRNA 的翻译来发挥作用，LIN-14 在线虫正常发育中发挥重要作用。在幼虫第一阶段（L1），LIN-14 的表达水平很高，因为该蛋白质有助于特化 L1 时期细胞的命运。然而，在 L1 的末期，LIN-14 的水平下降以便其他的蛋白质在幼虫发育第二阶段（L2）来决定细胞的命运。抑制 LIN-14 的表达水平依赖于 *lin-4* RNA 的作用，*lin-4* 是一个 22nt 的 miRNA，它可以同 *lin-14* mRNA 的 3′-UTR 发生部分碱基互补配对。

Olsen 和 Ambros 进行了 Western 印迹实验，结果显示从 L1 发育到 L2 时期，LIN-14 蛋白的表达量至少下降了 10 倍。另外，他们的核连缀转录分析显示 *lin-14* mRNA 水平仅下降了不到两倍。分析表明两个时期 mRNA 的 poly（A）尾巴没有发生改变。因此，对 *lin-14* 的表达控制可能发生在翻译水平而不是转录水平。

接着，Olsen 和 Ambros 利用 RT-PCR 技术（第 4 章）扩增 3′端，以测定这两个时期 *lin-14* mRNA 中 poly（A）的长度。结果显示两个发育时期的 poly（A）的长度没有发生改变。因此证明它也不是通过剪短 poly（A）的长度来改变 L2 时期 *lin-14* mRNA 的稳定性。事实上，Olsen 和 Ambros 的研究还表明，L2 时期同 *lin-14* 结合的多核糖核蛋白与 L1 时期一样多。因此，*lin-14* mRNA 的翻译起始应该像 L1 时期一样正常进行。

LIN-14 蛋白在 L2 时期较少出现，而 mRNA 的翻译起始是正常的，一个合理的推论是，该 mRNA 翻译的延伸和终止受到某种方式的抑制。若 *lin-4* miRNA 确实同 *lin-14* mRNA 的 3′-UTR 目标区域结合，它所处的位置刚好可以干扰 mRNA 翻译终止。这样一来，*lin-4* miRNA 和 *lin-14* mRNA 应同时出现在多核糖体中。

为验证这一假说，Olsen 和 Ambros 利用蔗糖浓度梯度超速离心纯化 L1 和 L2 的多核糖体，通过 RNase 保护实验（第 5 章）检测复合物是否存在 *lin-4* miRNA 和 *lin-14* mRNA，结果如图 16.38 所示。上部的曲线图中，靠近

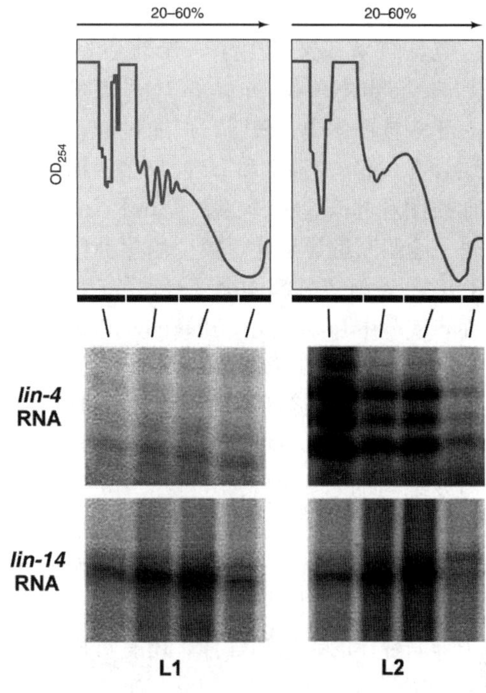

图 16.38　在幼虫 L1 和 L2 时期 *lin-4* miRNA 和 *lin-14* miRNA 都与多核糖体结合。 Olsen 和 Ambros 用蔗糖浓度梯度超速离心的方法分离线虫 L1（左）和 L2（右）幼虫时期的多核糖体。收集梯度中的 4 个区段成分，中间的两个含有多核糖体，用这些成分中的 RNA 同来自 *lin-4* 和 *lin-14* 的 RNA 探针进行杂交。用 RNase 处理杂交后产物，PAGE 被保护的探针。利用 *lin-4* 和 *lin-14* 探针所产生的结果分别表示在中图和下图中。多条带表示被保护的仅差一个核苷酸的探针，可能是由于杂交链末端的核苷酸被 RNase 一个一个地剪去所致。（*Source*：*Developmental Biology*，Volume 216，Philip H. Olsen and Victor Ambros，“The *lin-4* Regulatory RNA Controls Developmental Timing in Caenorhabditis elegans by Blocking LIN-14 Protein Synthesis after the Initiation of Translation.” fig. 8，p. 671-680，Copyright 1999，with permission from Elsevier.）

右边的驼峰状曲线显示含有快速沉淀的多核糖体。

下面的电泳图表示 RNase 保护实验的结果，中间的两个泳道同样含有多核糖体。从图 16.38 中可以看到，L1 和 L2 两个发育时期出现的多核糖体几乎相同，同时它们几乎含有等量的 *lin-4* miRNA（中部图所示）和 *lin-14* mRNA（底部图所示），这可能是由于两个

RNA 互补配对所致。

这些结果却又产生了一个难以解释的问题，*lin-4* miRNA 和 *lin-14* mRNA 被发现共同存在于多核糖体中，表明它们通过碱基互补配对结合在一起。但 L1 和 L2 时期多核糖体出现的曲线图看起来是一样的。若 miRNA 完全或几乎完全阻断翻译延伸，较少的核糖体结合到 mRNA 上，则多核糖体会变轻，峰将会左移，然而，实验中并没有观察到峰的左移现象。此外，若 miRNA 对翻译延伸的抑制较为缓和或 miRNA 阻断了翻译的终止，则多核糖体会聚集较多的核糖体，使得多核糖体峰右移，但也没有发现峰的右移现象。可见，*lin-4* miRNA 并不是通过简单地抑制翻译的延伸或翻译的终止来限制 L2 时期 *lin*-14 的蛋白质浓度。可以想象，*lin-4* 应该以一种不改变核糖体聚集的方式来抑制翻译的起始和延伸。还有可能是，通过与 mRNA 的 3′端结合，*lin-4* 捕获新合成的 LIN-14 蛋白质使之被降解掉。

2005 年，Amy Pasquinelli 及同事的报道至少解释了该问题中关于 *lin-4* miRNA 活性的部分。她们对线虫 RNA 进行 Northern 杂交，发现 *lin-14*（和 *lin-28*）的 mRNA 水平在 L2 中下降了近 4 倍（图 16.39）。研究还发现，mRNA 水平的降低依赖于 *lin-4* miRNA 存在，最多仅有少许的 mRNA 水平的下降发生在 *lin-4 e912* 突变体中。因此，*lin-4* 通过不止一种机制来实现它的调控功能。

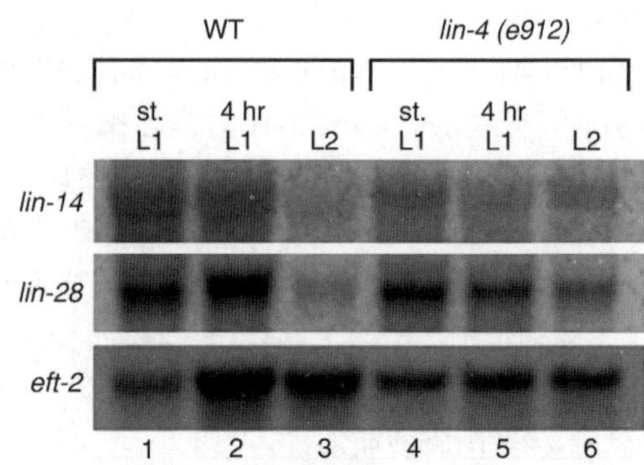

图 16.39 线虫各发育时期 mRNA 的浓度。 Pasquinelli 及同事用来自线虫不同发育时期的 RNA 制备 Northern 杂交膜，所选时期如图顶端所示：饥饿 L1、4h L1 和 L2 时期。用 *lin-14* mRNA 和 *lin-28* mRNA 探针杂交制备的膜，同时用 eft-2 mRNA 探针作对照（已知该 mRNA 不受 *lin-4* 的影响）。野生型细胞中，*lin-14* 和 *lin-28* mRNA 的浓度在 L1 和 L2 之间的差异很大，而在 *lin-4*（e912）细胞中差异不大。（*Source*：Reprinted from *Cell*，Vol 122，Shveta Bagga，John Bracht，Shaun Hunter，Katlin Massirer，Janette Holtz，Rachel Eachus，and Amy E. Pasquinelli，"Regulation by let-7 and *lin-4* miRNAs Results in Target mRNA Degradation，" p. 553-563，fig. 6a，Copyright 2005，with permission from Elsevier.）

研究 miRNA 机制的另外一个途径是，合成一个具有某特定 miRNA 的单个或多个靶位点的报告 mRNA，通过它的表达情况来了解 miRNA（确切地说是模仿 miRNA 的转染 siRNA）的作用效果。2006 年，Phiilip Sharp 及同事利用该思路开展实验，发现当翻译起始被抑制后，在 miRNA 存在时报告 mRNA 与核糖体的结合比没有 miRNA 存在时要少得多。这表明，miRNA 引起了核糖体过早地从 mRNA 上释放（**核糖体脱落**，ribosome drop-off）。实验还发现，没有帽的报告 mRNA，只要具有内部核糖体进入序列（IRES）也可以在 miRNA 的作用下发生沉默。我们在第 17 章将要了解到，帽识别是真核生物翻译的起始步骤，所以上述实验结果还说明 miRNA 的作用发生在起始步骤之后，实验结果与核糖体脱落的模型相吻合。

Filipowicz 及同事在 2005 年就 miRNA 在翻译起始阶段的作用也做了补充研究。他们利用蔗糖浓度梯度超速离心技术使多核糖体（实际上是翻译中的核糖体，第 19 章）从 mRNP（mRNA 与蛋白质结合后，不能启动翻译过程）上分离。结果发现，miRNA 及靶 mRNA 是与 mRNP 结合的，而不是与核糖体结合。这表明，靶 mRNA 没有被翻译，因此 miRNA 可以阻止翻译起始。而且，如果 miRNA 在翻译起始阶段起作用，将涉及与 mRNA 5′端帽结构的识别（第 17 章），那么，在 IRES 区域因为翻译起始与帽结构无关就不会被 miRNA 沉默。Filipowicz 及同事的实验结果证明了这一点，因此更有力地支持了 miRNA 阻止翻译起始的假说。还有证据表明，miRNA 与 Argonaute 蛋白一起与起始因子竞争 mRNA 的帽结构，从而阻止翻译。

在本章的后面我们还将了解到 miRNA 可

以促进 mRNA 的降解。关于 miRNA 的作用至少有以下三个方面：阻止翻译起始、阻止翻译延伸及促进 mRNA 的降解。形成这种看法的可能的原因之一是，研究手段和实验材料有所不同，尽管有明显的证据表明即使在同一生物中也存在多种机制。另外一个原因是，不同的 miRNA 的作用方式不同，或者同一种 miRNA 在不同的细胞环境下的作用机制也不同。此外，Elisa Izaurralde 及同事提出观察到的不同的机制实际上是同一种未知机制的不同表现形式。如何将这些不同的结果统一起来认识呢？对于这一有趣的问题，我们将等待有更多的研究结果后再来解答。

至少在动物中，小 RNA 同目标基因的碱基互补程度决定着沉默发生的类型，而不是小 RNA 的来源。若碱基完全配对，即使该小 RNA 是 miRNA 而不是 siRNA，mRNA 仍都趋向于被降解。若碱基不完全配对，即使该小 RNA 是 siRNA 而不是 miRNA，却都趋向于阻断 mRNA 的翻译。

miRNA 和 mRNA 完全配对导致 mRNA 降解的一个例子是小鼠中的 miR-196 和 *HOXB8* mRNA 间的作用。哺乳动物及其他动物都拥有成簇的**同源异型框**（homeobox，**HOX**）基因，它们编码具有同源域的转录因子（第 12 章）。这些转录因子在胚胎发育中发挥着至关重要的作用。在 HOX 基因簇中存在一些编码 miRNA 的基因，产生的 miRNA 可以下调 HOX 基因的表达。miR-196 是其中的一个 miRNA，它同 *HOXB8* mRNA 间除一个 G-U 摇摆配对外，其他均可完全互补配对（第 18 章）。2004 年，David Bartel 等运用 RACE 技术检测 *HOXB8* mRNA 的 5′端，该 mRNA 同 miR-196 互补配对的区域发生了剪切。鉴于小鼠的 miR-196 出现在 15～17 天的胚胎中，他们观察了这一时期的 mRNA 片段。RACE 实验获得了 8 个克隆，它们同剪切后的 *HOXB8* mRNA 相对应。其中 7 个克隆的末端处于同 miR-196 碱基配对的区域。

这些结果表明，miRNA 对 mRNA 的剪切发生在两个 RNA 互补配对的区域内。为验证这一假说，Bartel 等将 miR-196 的互补序列融合到一个萤火虫萤光素酶基因中，用该基因转染 HeLa 细胞，同时分别共转染 miR-196 和无关的 miRNA。然后他们利用 RACE 技术检测报告基因 mRNA 的剪切情况。发现是 miR-196（而不是无关的 miRNA）导致了萤光素酶 mRNA 的剪切。可见，若哺乳动物的 miRNA 可以和目标基因完全配对或几乎完全配对，就可导致目标 mRNA 的降解。

siRNA 和 miRNA 在哺乳动物中发挥作用的三个重要区别是值得关注的，如下所述：

1. siRNA 通过诱导目标 mRNA 的降解来沉默基因的表达，而 miRNA 更倾向于通过干扰目标 mRNA 蛋白质产物的积累来沉默基因的表达。但是，如果动物 miRNA 同目标 mRNA 完全互补配对或几乎完全互补配对时，miRNA 也能导致目标 mRNA 的降解。

2. siRNA 由 Dicer 酶加工 dsRNA 所形成，该 dsRNA 中至少有一条链是外源的或来自转座子。而 miRNA 是由 Dicer 酶加工具有茎环结构的 RNA 的双链部分所形成的，而该茎环 RNA 是正常的细胞产物。

3. siRNA 同目标 mRNA 完全互补配对，而 miRNA 往往同其目标 mRNA 是不完全互补配对。

两类小 RNA（miRNA 和 siRNA）所引起的基因沉默都依赖于一个 RISC 复合体。在果蝇中存在两个 Dicer 酶（Dicer-1 和 Dicer-2）和两个 RISC，即 **siRISC** 和 **miRISC**，但并不是简单的一一对应关系。siRNA 引起的沉默需要 siRISC 和两个 Dicer，而 Dicer-2 在产生 siRNA 方面更加重要。miRNA 引起的沉默需要 miRISC，而 miRNA 的产生仅需要 Dicer-1。然而这一分工不是所有生物通用的机制，因为包括酵母和哺乳动物在内的某些生物仅含有一个 RISC。尽管它们的作用机制非常复杂，但越来越清楚的是，siRNA 和 miRNA 介导 mRNA 降解的基本机制即使不全然相同，也是非常相似的。它们都需要 Dicer 酶产生双链的 siRNA 和 miRNA，这些双链 RNA 中一个单链 RNA 同含有 Argonaute 的 RISC 相结合。单链 siRNA 或 miRNA 吸引与之互补的 mRNA，继而该 mRNA 被 RISC 降解。

需要重点强调的是，并不是所有的动物 miRNA 都在翻译水平起作用，它们也可以通过降低 mRNA 的稳定性来降低 mRNA 的浓度。我们已经看到过两个例子，包括 *lin-4*，这个在 miRNA 家族中首先发现的成员，它既可以降低 mRNA 的浓度也可以抑制 mRNA 的翻译。然而，miRNA（如 *lin-4*）引起的 mRNA 浓度降低不可能由类似于 RNAi 的机制来完成，因为它需要 miRNA 与 mRNA 完全互补配对。

在第 25 章我们将会了解到，用两个 miRNA 中的任何一个转染 HeLa 细胞将导致约 100 个 mRNA 水平降低的现象。事实上，在脑中正常表达的 miRNA 使得 HeLa 细胞的 mRNA 表达谱类似于脑中的 mRNA 表达谱。另一个现象是在肌肉中正常表达的 miRNA 使得 HeLa 细胞 mRNA 的表达谱同肌肉的 mRNA 表达谱十分相近。此外，那些不稳定的 mRNA 的 3′-UTR 几乎含有可同各自 miRNA 的 5′端互补的序列，即 miRNA 的**种子区域**（seed region）（通常有 1～7 或2～8个残基）。因此，miRNA 与目标 mRNA 的碱基互补配对对 mRNA 的稳定性至关重要。事实上，每个 miRNA 分子可以直接或间接地影响近 100 个 mRNA 分子的表达水平，同时这也表明 miRNA 在调控动物基因的表达方面发挥着十分广泛的作用，其重要性可与蛋白质转录因子相媲美。

miRNA 的发现及其在降解 mRNA 方面的功能有利于阐明**富 AU 元件**（AU-rich element，**ARE**）的作用，早在 1986 年人们就发现 ARE 元件位于一些不稳定 mRNA 的 3′-UTR。2005 年，Jiahua Han 等报道了果蝇肿瘤坏死因子 α mRNA 的不稳定性主要受 Dicer-1、Ago1 和 Ago2 的调控，而这些蛋白质都参与 miRNA 介导的 mRNA 降解。他们进一步的研究表明，人类含 ARE 元件 mRNA 的稳定性也受到 Dicer 的调控。此外，一个特异的 miRNA（mi-R16）同 ARE（AAUAUUUA）碱基互补，而 ARE 又是 mRNA 去稳定性所必需的。

与动物中的翻译阻断模式相比，植物中的 miRNA 通过与目标基因完全配对导致这些 mRNA 的降解进而沉默目标基因的表达。例如，James Carrington 等（2002）发现一个 21nt 的 miRNA（miRNA39）在拟南芥的开花组织中大量积累，它可以同 *SCL* 转录因子家族的一些成员的 mRNA 碱基互补，互补配对发生在 mRNA 的中间区段。碱基互补的结果导致 mRNA 被切割，切割发生在同 miRNA 互补的区域。在叶和茎组织中 miRNA39 的积累较少，没有检测到 *SCL* mRNA 的降解。

为阐明 miRNA 介导的 mRNA 降解，Carrington 等将编码 miRNA39 前体的基因导入叶片组织。检测到高水平的 miRNA39，说明叶组织中含有 Dicer 样酶能将其前体加工成成熟的 miRNA。更重要的是，他们发现在表达 miRNA39 的叶组织中，*SCL* mRNA 被剪切成较小的无活性产物。

一些植物 miRNA 虽然能够同目标 mRNA 进行较好的碱基互补配对，但它们主要是通过抑制翻译来沉默基因的表达。Xuemei Chen 在 2004 年提供了一个很好的例证，拟南芥的 miRNA-172 几乎可以同来自花器官的同源异型基因 *APETALA2* 的 mRNA 进行完全碱基互补配对，但它是通过阻断翻译来沉默目标基因的表达，而不是通过 mRNA 的降解途径。因此，无论同目标 mRNA 碱基互补的程度如何，植物 miRNA 既可以通过 mRNA 的降解，也可以通过翻译的阻断来沉默基因的表达。

图 16.40 总结了碱基不完全互补（动物中的典型方式）和完全配对时 miRNA 的作用方式（植物中的典型方式，动物中有时也发生）。在前一种作用方式中，蛋白质的翻译（至少蛋白质产物的出现）受到阻断。在后一种作用方式中，是 mRNA 被切割降解。然而，在我们的脑海中应保持一种这样的认识，即这些标准途径也都有例外。动物 miRNA 虽不能与目标 mRNA 碱基完全互补，但仍可以导致目标 mRNA 的降解，同样，植物 miRNA 虽能够同目标 mRNA 碱基完全互补，但仍可以阻断目标基因翻译的进行。

miRNA 的作用不仅在于调控细胞内基因的表达，在植物和无脊椎动物中有不少的证据表明它们还能作为抗病毒因子抵御病毒 mRNA。而在脊椎动物中，普遍认为是通过干扰素系统抵御病毒感染，而不是 miRNA 途径。然而，Michael David 及同事在 2007 年发现，脊椎动物中，miRNA 也可抵御病毒 mRNA，而且 miRNA 本身也是干扰素系统的产物。

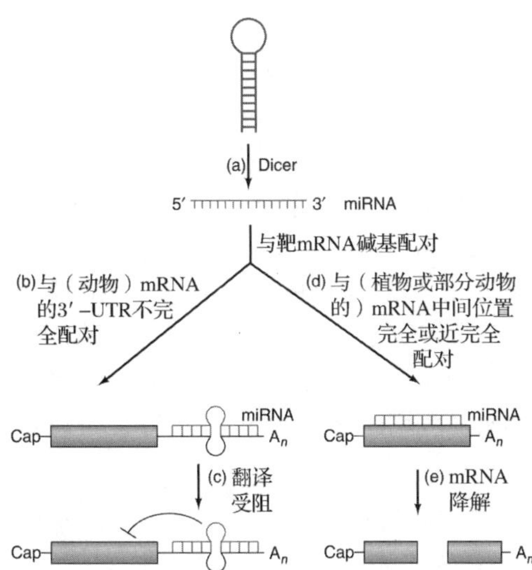

图 16.40　miRNA 介导基因沉默的两种途径。(a) 茎环结构的 miRNA 前体被 Dicer 切割产生长 21nt 的短 miRNA。(**b**) 如果 miRNA 与目标基因的 3′-UTR 不完全配对，那么 miRNA 将导致目标基因的翻译受阻，至少会影响蛋白质的积累 (**c**)，这种情况经常发生在动物中。(**d**) 如果 miRNA 与目标基因的 3′-UTR 完全配对或几乎完全配对，那么 miRNA 将会引起目标 mRNA 的降解 (**e**)，这种情况常发生在植物中，动物中有时也会发生。

Michael David 及同事发现，干扰素-β (IFN-β) 可激活产生大量的 miRNA，其中有 8 种 miRNA 可与肝炎病毒 C（HCV）的一部分互补。这些 miRNA 在抵御 HCV 上很有效，因为导入人工合成的 miRNA 具有与 IFN-β 相似的抵御 HCV 感染和复制的功能。

小结　microRNA 是长度为 18～25nt 的 RNA，它们来自含有茎环结构的细胞内 RNA。miRNA 形成的最后一步是，Dicer 酶切割前体 RNA 的双链茎部，以形成双链形式的 miRNA。其中的一条单链 miRNA 同 RISC 中的 Argonaute 蛋白结合，通过与目标基因 mRNA 碱基配对的方式来控制其他基因的表达。动物 miRNA 倾向于同目标 mRNA 的 3′-UTR 发生不完全碱基配对，进而抑制目标 mRNA 蛋白质的积累。然而，动物 miRNA 同目标 mRNA 的完全或不完全碱基配对也可能导致 mRNA 的降解。尽管也存在阻断翻译的方式，植物 miRNA 却更倾向于同目标 mRNA 发生完全或几乎完全的碱基配对，从而导致目标 mRNA 的降解。

miRNA 引起的翻译激活

miRNA 不总是抑制翻译。Joan Steitz 及同事首先观察到 miRNA 的正向作用，他们发现人类肿瘤坏死因子 α（TNFα）mRNA 在血清缺乏时激活翻译，使细胞停滞在 G_1 阶段。他们还发现 Ago 和脆性 X 智力低下相关蛋白（FXR1）与 ARE 结合，成为激活翻译所必需的因素。

该研究表明，在特定情况下与 ARE 蛋白结合的 miRNA 具有激活翻译能力，而不是抑制翻译。为验证这一假说，Steitz 及同事首先利用生物信息学手段（第 25 章）在人类基因组序列中搜索与 TNFα ARE 互补的 miRNA。他们找到 5 个候选 miRNA，其中不包括可以通过与 ARE 以外的区域结合降低 TNFα mRNA 水平的 miR16。他们将 TNFα ARE 与荧火虫萤光素酶连接起来在不同的条件下检测转染细胞的翻译效率，以此来鉴定这 5 个候选 miRNA 对 TNFαmRNA 翻译的影响。结果发现，只有 miR369-3 在血清缺乏时能激活翻译。

Steita 及同事首先用 RNase 保护分析实验检测了血清对 miR369-3 水平的影响。从图 16.41（b）上可以看出，血清缺乏时 miR369-3 的水平上升，但当用可靶向 miR369-3 前体环的 siRNA 处理时，miR369-3 水平不再上升。相反，血清对其他三个用作对照的 RNA 没有影响，它们分别是：与 miR369-3 前体茎互补的 miR369-5、miR16 和 U6 snRNA。正如预期的那样，siRNA 也降低了 miR369-5 的表达水平。

接下来，Steita 及同事在有或无血清及阻止 miR369-3 积累的 siRNA 是否存在的情况下检测了报告基因 mRNA 的翻译。从图 16.41（c）上可看出，在无血清时翻译效率大约上升了 5 倍。然而，当加入靶向 miR369-3 前体的 siRNA 时，血清缺乏对翻译的激活消失了。当研究者加入对 siRNA 不敏感的合成 miR369-3 时，在血清缺乏时翻译效率也上升了约 5 倍。另外，当 ARE 与 miRNA 不匹配时，血清的有无对翻译没有影响。

为研究 miR369-3 与 ARE 间碱基配对的重要性，Steita 及同事采用了基因间抑制的方法。

他们先将 ARE 中一段序列进行突变（mtARE）[图 16.41（a）]，并对突变后的基因对野生型 miR369-3 的激活作用进行了分析。如图 16.41（d）所示，血清缺乏对 miR369-3 表达没有影响。然后，他们加入了突变的 miR369-3 [miRmt369-3，图 16.41（a）] 重新对该激活作用进行了分析，miRmt369-3 具有与 mtARE 互补的序列。这次，血清缺乏导致了激活反应。因此，miRNA 与 ARE 间的碱基配对非常重要。

为检测种子区域的重要性，Steita 及同事对与 miR369-3 种子区域对应的 mRNA 的 ARE 中两个相同的区域（区域 1 和区域 2）进行了突变，然后在 miRNA 的种子区也进行了补偿突变。突变的 ARE 称为 mtAREseed1 和 mtAREseed2，补偿突变的 miRNA 称为 miRseedmt369-3，其序列见图 16.41（a），结果如图 16.41（e）所示。和预测的一样，mRNA 抗种子区域序列的改变会导致血清缺乏引起的激活消失，miRNA 种子区的补偿突变可以恢复

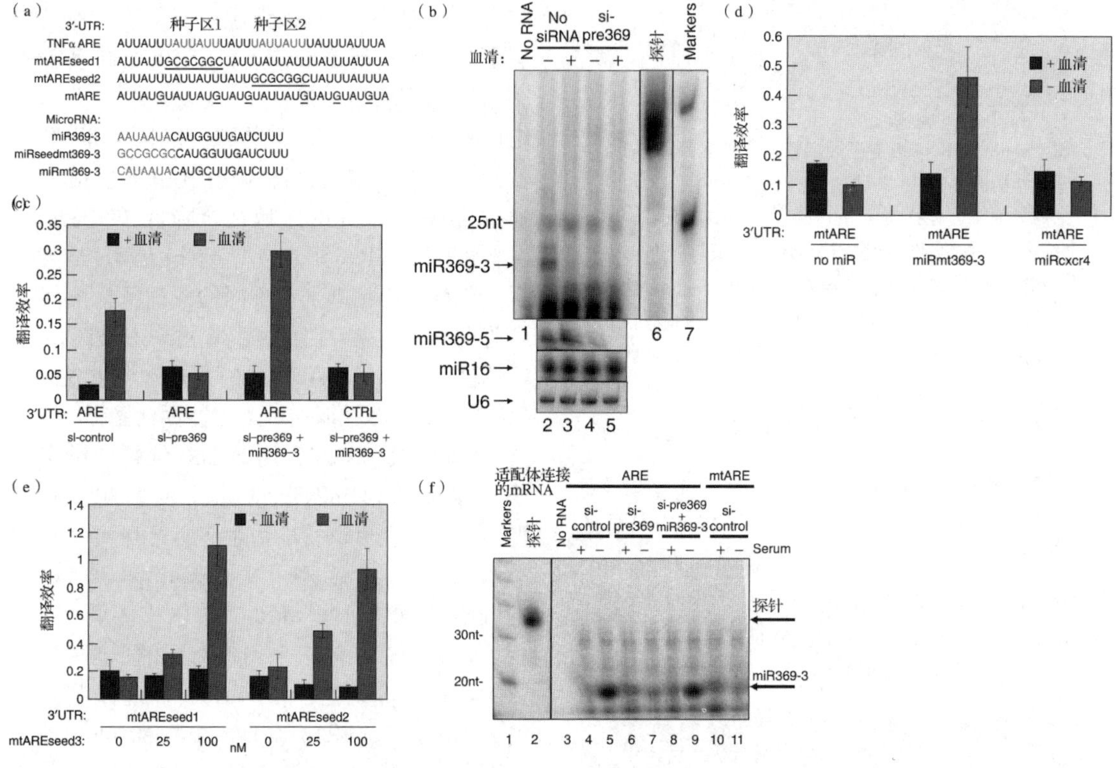

图 16.41 MiR369-3 在激活报告 mRNA 翻译中的作用。（a） 与萤光素酶报告基因 mRNA 连接的野生型和突变的 TNFα 3′-UTR，以及野生型和突变的 miRNA 的序列。所有序列的方向都是 5′→3′，配对时其中一个序列需要反转过来。值得注意的是，野生型的 ARE 有两个区域（粉色）与 miR369-3 的种子区域（5′ - AAUAAUA-3′，蓝色）互补。**（b）** RNA 酶保护分析检验血清有无及靶向 miR369-3 前体的 siRNA 有无时 miR369-3 的浓度。在该图底部为 miR369-5（miR369-3 的过客链）及另两个对照（miR16、U6 snRNA）的浓度。miR369-3 及 25nt 的标记 RNA 的位置在左边标出。**（c）** 含有野生型 ARE 或对照 ARE（CTRL）的 mRNA 在血清有无情况下（分别用蓝色和红色表示）的翻译效率。图的底部标注了在没有 siRNA（si-control）、有靶向 miR369-3 的 siRNA（si-pre369）、有 siRNA 及合成的不敏感 miR369-3（si-pre369 +miR369-3）的各种实验条件。**（d）** 在有无互补突变的 miR369-3（miR369-3）及对照 miRNA（miRcxcr4）的情况下，携带突变 ARE（mtARE）的 mRNA 的翻译效率。**（e）** 在分别携带抗种子区域 1 和种子区域 2 突变（分别标注为 mtAREseed1、mtAREseed2）的 ARE 的 mRNA 的翻译效率，如图中标注所示，实验分别在血清有无（蓝色和红色），与三种不同浓度的抗种子区域互补的 miRNA（miRseedmt369-3）等条件下进行。**（f）** 报告基因 mRNA 与 miR369-3 间的结合分析。甲醛交联的 RNA 通过连接在报告基因 mRNA 上的 S1 适配体进行亲和层析得以纯化，miR369-3 通过 RNA 酶保护分析进行检测。实验分别在无 siRNA（si-control）、靶向前体 miR369-3 的 siRNA（si-pre369）及 siRNA 与突变 miR369-3 同时存在（si-pre-369+miR369-3）等条件下进行。同时，还使用了 ARE 突变的对照 mRNA（mtARE）（泳道 10、11）。（*Source*：Reprinted with permission of *Science*，21 December 2007，Vol. 318，no. 5858，pp. 1931-1934，Vasudevan et al，“Switching from Repression to Activation：MicroRNAs Can Up-Regulate Translation.” © 2007 AAAS.）

激活。可见，miR369-3 确实负责了激活作用，并且 miRNA 和 ARE 的种子区域对激活起关键作用。

最后，Steita 及同事直接对 miR369-3 与报告基因 mRNA 的结合进行了观察。他们将 S1 适配体连接到报告基因 mRNA 上，再用链霉亲和素进行亲和纯化。接着，他们用甲醛对结合的 RNA 进行交联，并对报告基因 mRNA 进行链霉亲和素亲和纯化，并通过 RNA 酶保护分析方法对与之结合的 miR369-3 进行了检测，结果见图 16.41f。在血清缺乏的细胞中，miR369-3 与报告基因 mRNA 结合，但在血清存在时没有这种结合。加入靶向前体-miR369-3 的 siRNA 后，没有检测到结合，但血清缺乏时加入 miR369-3 时又恢复结合。报告基因 mRNA 的 ARE 突变（mtARE）后，miR369-3 不能与之结合。总之，图 16.41 的结果表明，血清缺乏激活报告基因 mRNA 的翻译依赖于 miR369-3 与 mRNA 的 ARE 的结合。

Steitz 及同事对另外两个报告基因 mRNA 做了进一步研究。其中一个（CX）包含 4 个合成的 miRNA（miRcxcr4）靶位点，另外一个（Let-7）具有内源 Let-7 miRNA 的 7 个靶位点。在两种不同的细胞系中，报告基因 mRNA 的翻译均受到血清缺乏的激活。可见，这三种 miRNA 在血清缺乏时的翻译都被激活了。

Steitz 及同事从以前的实验中了解到翻译激活与细胞循环有关，因此他们推测同步化的细胞血清实验的效果要比图 16.41 中所使用的细胞要好。他们让细胞先处于血清缺乏状态，然后再添加血清使细胞周期同步。翻译效率测定发现，血清培养同步化的细胞翻译效率要比没有同步化的低 5 倍左右。另外，这种翻译抑制依赖于 miR369-3。因此，该 miRNA 在某种条件下可以激活翻译，而在另外的条件下可以抑制翻译。

先前的实验已经表明在血清缺乏时激活翻译过程需要 Ago2 和 FXR1 的参与，因此，Steitz 及同事在适配体标记的 mRNA 上测定了这两种蛋白质与 RNP 复合体的结合情况。他们发现，在血清缺乏时两种蛋白质均与 RNP 复合体的报告基因 mRNA 结合。然而，当 miR369-3 被靶向 miR369-3 的 siRNA 耗竭时，Ago2 与 RNP 复合体结合的量下降，但加入 miR369-3 后又得以恢复。从血清培养的同步化细胞中分离的 RNP 复合体中，Ago2 的量比较突出，但 FXR1 很少，但当 miR369-3 耗竭时，复合体中 Ago2 的量也急剧下降。Steitz 及同事据此得出结论，在血清缺乏的情况下，miR369-3 可将两种蛋白质募集到 mRNA 上，并且均参与翻译激活。此外，在同步化的增殖细胞中 miR369-3 可募集 Ago2（不募集 FXR1）到 mRNA 上，由此证明 Ago2（而非 FXR1）参与了对翻译的抑制。

小结 microRNA 可以激活或抑制翻译。其中对 miR369-3 的研究比较清楚，在 AGO2 和 FXR1 的帮助下，在血清缺乏的细胞中它可激活 TNFα mRNA 的翻译。另一方面，在血清培养的同步化细胞中，miR369-3 在 Ago2 的帮助下可抑制翻译。

miRNA 的生物起源 miRNA 最初由 RNA 聚合酶Ⅱ合成出较长的前体，称为**初级 miRNA**（primary miRNA，**pri-miRNA**）。我们对这一现象的认知源于以下原因：该 pri-miRNA 具有聚合酶Ⅱ反应典型的帽和多腺苷酸化；低浓度的 α-鹅膏（蕈）毒环肽阻遏 pri-miRNA 的合成；ChIP 分析发现聚合酶Ⅱ与包含前体-miRNA 启动子的染色质相结合。

其中研究得比较透彻的一个 pri-miRNA 包含了三个 miRNA（miR23a、miR27a 和 miR24-2）。该 pri-miRNA 长 2.2kb，包括位于最后一个 miRNA 编码区下游 1.8kb 处的 poly（A）尾。虽然该基因确实由聚合酶Ⅱ转录，但它的启动子延伸到转录起始位点上游 600nt 的位置，既没有我们在第 10 章讲到的典型的聚合酶Ⅱ核心启动子元件，也没有聚合酶Ⅱ特有的 PSE 元件。

pri-miRNA 包含有每个 miRNA 编码区，它们位于稳定的茎-环结构内部。前体加工为成熟 miRNA 的第一步在细胞核中进行，并且需要一种称为 Drosha 的 RNA 聚合酶Ⅲ的参与，它首先在茎的基部切割，释放 60～70nt 长的 5′端磷酸化、3′端有 2nt 黏性末端的**前体 miRNA**（pre-miRNA）。然而，Drosha 自身不能识别和切割 pri-miRNA，需要一种与双链

RNA 结合的蛋白质伴侣的帮助，在人类中该蛋白为 DGCR8，在线虫和果蝇中为 Pasha。Drosha 和 Pasha 一起组成一个称为**微小加工体**（microprocessor）的复合体。加工的最后一个步骤是从前体 miRNA 到成熟 miRNA，它是在细胞质中由 Dicer 执行的，在 RNAi 系统中 siRNA 的合成也是由该酶催化。图 16.42（a）展示了 miRNA 生成的两步过程。

miRNA 生成的另外一个方式是 Drosha 切割步骤的旁路。不少 miRNA 由内含子编码，其中一些称为内含子 **miRNA**（**mirtrons**，mir 由 miRNA，trons 由 introns 而来），利用 mRNA 剪接机制而非 Drosha 机制来加工前体 miRNA。如图 16.42（b）所示，整个内含子都是前体-miRNA。因此，正常的剪接系统从初级转录物切出套索形状的内含子，然后在去分支酶的作用下线性化，再折叠成具茎-环结构的前体 miRNA。

一些 miRNA 需要进行 A→I 编辑，这种编辑我们在本章的开篇就了解过。例如，在小鼠和人特定组织（包括脑在内）中的成串 miR-376RNA 中，除一个例外，其他所有的成员都在 pri-miRNA 的特殊位点上发生了 A→I 编辑。其中最为普遍的编辑位点是 miRNA 5′端的 4 个碱基，它们位于种子区域内，可以通过碱基配对与靶 mRNA 3′端的 UTR 互补。因此，miRNA 中这种编辑将改

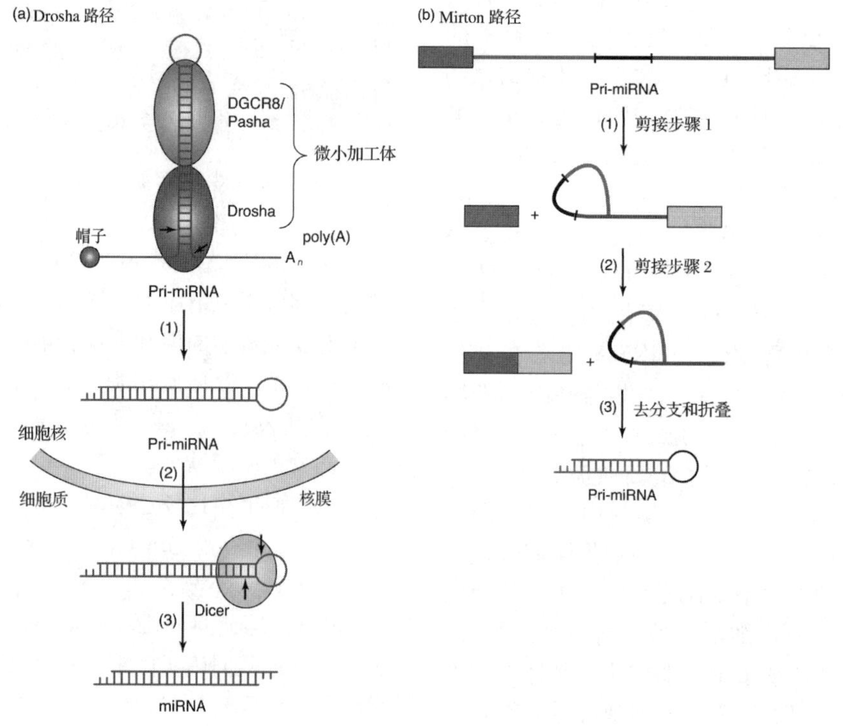

图 16.42 人类 miRNA 的加工成熟。miRNA 初级转录物为 pri-miRNA。它由 RNA 聚合酶Ⅱ合成，可能包含多个 miRNA 的序列。为简单起见，图示的 pri-miRNA 只含一个 miRNA。**(a)** Drosha 途径。①含双链 RNA 结合蛋白（DGCR8 或 Pasha）和 RNA 聚合酶Ⅲ（Drosha）的微小加工体与 pri-miRNA 结合，并在茎基部切割，释放出 60～70 nt 的带茎环结构的前体 miRNA。②前体 miRNA 从细胞核转入细胞质。③在细胞质中 Dicer 与前体 miRNA 结合，从 Drosha 切口处切掉 22 nt，产生成熟的 miRNA。**(b)** 内含子 miRNA 途径。①内含子 miRNA 用蓝绿、黑和品红三种颜色标记，分别对应加工后前体 miRNA 的三个部分：茎的上部、环及茎的下部。第一步剪接将内含子 miRNA 从第一个外显子上分离下来，形成与第二个外显子相连的套索结构。②第二步剪接将套索结构的内含子 miRNA 从第二个外显子上分离。③套索结构去分支、折叠（自然发生）生成前体 miRNA。miRNA 一般为 22 个碱基对，为简便起见，图中画出的较少。

变靶向的不同 mRNA，在脑的功能上有重要的作用。

小结 miRNA 前体由 RNA 聚合酶Ⅱ转录，产生的 pri-miRNA 可包含多个 miRNA。pri-miRNA 加工为成熟的 miRNA 需要经历两个步骤。第一步，一种称之为 Drosha 的核 RNA 酶 III 切割 pri-miRNA 产生 60～70nt 带茎-环结构的前体-miRNA。第二步在细胞质中进行，Dicer 在茎的位置将前体-miRNA 切割，形成成熟的双链 miRNA。内含子 miRNA 是包含前体-miRNA 的内含子。因此，在没有 Drosha 的参与下，剪接体将前体-miRNA 剪接下来，再经过去分支和折叠形成具茎-环结构的前体-miRNA。在 pri-miRNA 阶段，一些 miRNA 需要进行 A→I 编辑，其中的一些被编辑的 miRNA 改变了靶向 mRNA 种类。

16.9 翻译的抑制、mRNA 降解及 P-体

P-体（加工体）

P-体（P-body，**PB**）是细胞质中参与 mRNA 降解和翻译抑制的离散的 RNA 和蛋白质区域。这些细胞区域具有丰富的 mRNA 去腺苷酸化（去腺苷酸酶）、mRNA 脱帽（脱帽酶，果蝇中有 Dcp1、Dcp2 两个亚基）及 5′→3′ mRNA 降解（外切核酸酶 Xrn1）的酶类。因此，P-体通过一种非 RNAi 的机制参与翻译的抑制和 mRNA 的降解，它可以将 mRNA 去腺苷酸化、脱帽和 5′→3′外切降解。

P-体中的 mRNA 降解

至少在高等真核生物中，GW182 是 P-体中参与 mRNA 沉默的 miRNA 的重要成员。“GW”代表该蛋白质中的甘氨酸（G）和色氨酸（W）重复。GW182 为完整 P-体的必需组件，但它的作用不仅仅是结构的一部分，该蛋白质是 mRNA 沉默系统的重要组分。认识到 GW182 重要性的一个证据是，在人类细胞的 P-体中，它与 mRNA 沉默的重要成员 DCP1、Ago1 和 Ago2 结合在一起。GW182 重要性的另外一个例子是，人类细胞中 RNAi 介导的基因敲除实验发现，GW182 水平下降后 miRNA 的功能和 mRNA 的降解都削弱了，而这些是 RNAi 的重要部分。相反，在果蝇细胞中，GW182 削弱 miRNA 的功能依赖于 Ago1 而不是 RNAi，而 RNAi 系统依赖 Ago2。

2006 年，Elisa Izaurralde 及同事报道了他们利用果蝇研究 GW182 在 miRNA 介导的 mRNA 沉默中确切作用的结果。因为 GW182 和 Ago1 均参与了果蝇细胞中 miRNA 介导的 mRNA 沉默，研究者利用高密度寡核苷酸阵列（第 24 章）对 GW182 、Ago1、Ago2 实施缺失的情况下（分别使用针对这三个基因的特异 dsRNA 进行敲除）的 RNA 表达谱分析。实验发现，GW182 敲除和 Ago1 敲除后上调表达的基因间相关性很高（等级相关系数 $r=0.92$）。先将两组数据分级，再计算两组级别之间的相近程度，即为等级相关系数。本实验中，根据 GW182（第一组分级数据）和 Ago1（第二组分级数据）敲除后各 mRNA 上调（或下调）的程度分级。因此，相关系数为 0.92 表明 GW182 敲除后明显上调的 mRNA 在 Ago1 敲除后也明显上调表达。相反，GW182 和 Ago2 敲除后 mRNA 上调表达的等级相关性要低得多（$r=0.64$）。

图 16.43（a）展示了在 GW182 和 Ago1 调控下 mRNA 表达谱的高度相似性。图中共分析了 6345 种转录物在某种敲除后上调或下调表达的情况。红色表示转录物上调两倍以上，蓝色表示转录物下调两倍以上，黄色代表其他转录物，其表达上调或下调均在两倍以内。随后，Izaurralde 及同事又重点分析了 GW182 和 Ago1 敲除后上调或下调在两倍以上的 mRNA。从图 16.43（b）中可以看出，相似程度也非常高。

如果 GW182 和 Ago1 敲除后特定 mRNA 上调了，因为这些 mRNA 也可能被 miRNA 介导的降解所沉默，我们应该在 GW182 或 Ago1 敲除后会观察到这些 miRNA 靶向的 mRNA 上调。的确如此，Izaurralde 及同事开展了此项研究，并获得了预期的实验结果。从图 16.43（c）

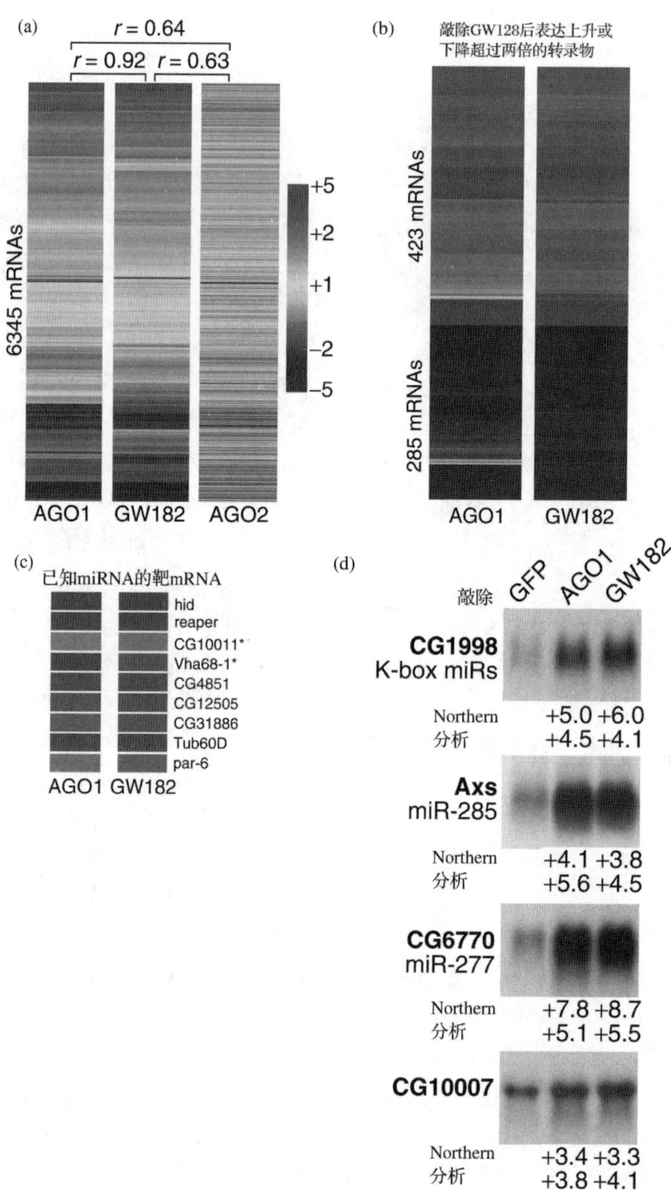

图 16.43　敲除 Ago1、GW182 和 Ago2 后对其他转录物丰度的影响。(a) Izaurralde 及同事从未处理及利用 dsRNA 的 RNAi 技术分别敲除 Ago1、GW182 和 Ago2 后的果蝇细胞中提取转录物。他们将这四组转录物分别与寡核苷酸阵列杂交，并分析处理前后 6345 个转录物的丰度。他们用红色表示转录物上调两倍以上，蓝色表示转录物下调两倍以上，上调或下调均在两倍以内的用黄色表示（颜色标注在见图右边）。值得注意的是，Ago1 和 GW182 敲除后 mRNA 谱的相似程度，以及 Ago1 或 GW182 敲除后与 Ago2 敲除间的相似度相对较低。**(b)** 同一实验，但仅给出了 Ago1 或 GW182 敲除后上调或下调两倍以上 mRNA 的数据。**(c)** Ago1 或 GW182 敲除后，9 个已知 miRNA 靶向的 mRNA 的结果。GW182 和 Ago1 敲除间也高度相似。**(d)** 4 种不同 mRNA（标注于左边）在 Ago1、GW182 和绿色荧光蛋白（GFP，作为对照，对这些 mRNA 的丰度无影响）敲除后 Northern 印迹分析的结果。根据 Northern 印迹的结果分别计算 Ago1、GW182 敲除后各 mRNA 上调的程度，寡核苷酸阵列的结果（a）也在相应的印迹图下列出。需要注意的是，Northern 印迹和微阵列分析上调的程度相似性很高。（*Source*：Reprinted by permission of E. Izaurralde from Behm-Ansmant et al，mRNA degradation by miRNAs and GW182 requires both CCR4：NOT deadenylase and DCP1：DCP2 decapping complexes，*Genes and Development*，V. 20，pp. 1885-1898. Copyright © 2006 Cold Spring Harbor Laboratory Press.）

可以看出，GW182或Ago1敲除后所有9个已知miRNA靶向的mRNA均上调了两倍以上。事实上，GW182和Ago1敲除事件间各上调mRNA的等级相关性也很高。Izaurralde及同事挑选部分mRNA进行传统的Northern印迹分析以验证寡核苷酸阵列的结果。图16.43（d）中的结果表明，Northern印迹和寡核苷酸阵列的结果吻合得非常好。因此，GW182和Ago1具有同样的功能：即通过降低mRNA的浓度来沉默有关基因。

Izaurralde及同事想知道单独的GW182是否也可以沉默目标mRNA的表达。他们将GW182与萤火虫的萤光素酶报告基因mRNA通过以下步骤进行物理连接（具体描述见第17章）：先在报告基因的3′-UTR加入5个λ噬菌体B盒编码序列。在第8章我们已了解到，RNA中B盒序列是λN蛋白的结合位点。相应地，研究者将GW182基因与结合B盒的λN基因的部分编码区结合在一起。然后，他们用λN-GW182、报告基因和包含海肾（Sea pansy，也称海三色堇）萤光素酶基因的对照质粒转染果蝇细胞，该对照的蛋白质产物可以用来分析转染效率。

值得注意的是，该结合体可产生在3′-UTR区具有B盒的报告基因mRNA，以及具有天然的B盒结合区域的蛋白质λN-GW182。因此，蛋白质λN-GW182会与报告基因mRNA结合。当Izaurralde及同事分析萤火虫萤光素酶活性（用来检测转染效率）时，发现报告基因mRNA与λN-GW182结合后其表达与报告基因mRNA与λN蛋白自身的结合相比下降了16倍。因此，单独的GW182就可以强烈地沉默与之连接的mRNA。是否这种沉默仅仅是因为mRNA水平的降低所致？为回答这个问题，Izaurralde及同事分别从表达λN-GW182和λN的细胞中提取RNA进行Northern印迹分析。他们发现，λN-GW182结合后报告基因mRNA的表达仅下降了4倍。很明显，该实验结果不能解释前一实验中的mRNA下降16倍的结果，因此，GW182对与之结合的mRNA的翻译有调控作用。

λN-GW182参与的沉默是否与Ago1无关？为找到答案，Izaurralde及同事用Ago1敲除和未处理细胞重新开展了结合实验，他们发现二者间没有差异，故沉默与Ago1无关。因此，GW182与mRNA的结合似乎不需要Ago1的参与，Ago1可能只是帮助GW182结合到沉默靶向的mRNA上。

我们已经了解到λN-GW182与mRNA结合可导致75%的mRNA降解。另外，Izaurralde及同事注意到没有降解的mRNA的长度要比在没有λN-GW182结合的细胞中的同种报告基因mRNA要短。他们想研究mRNA长度变短是否是由去腺苷酸化引起的，以及去腺苷酸化能否能在正常条件下进行。为得到答案，他们在放线菌素D终止转录后0 min和15 min的时间段提取RNA。然后，通过寡聚（dT）介导的RNase H的降解作用（第14章）对mRNA进行去腺苷酸化。最后他们以该报告基因mRNA及rp49为探针进行了Northern印迹分析，rp49为编码核糖体蛋白L32的内源mRNA（不是miRNA的靶标）。他们发现，对照RNA在各时间点都有poly（A）尾，并且其poly（A）尾可被寡聚（dT）介导的RNase H降解。此外，萤光素酶报告基因mRNA在转录刚终止时具有poly（A）尾，但在转录停止15 min后其poly（A）尾被去腺苷酸化降解，并且不能被寡聚（dT）介导的RNase H进一步降解。因此，去腺苷酸化是GW182介导的沉默机制的一部分。另外，敲除实验还发现在果蝇中GW182介导的沉默依赖于脱腺苷酶CCR4/NOT。

mRNA脱帽也是miRNA介导的mRNA降解途径的一部分，因此，Izaurralde及同事利用λN-GW182报告基因mRNA连接实验分析了DCP1和DCP2敲除的效应。他们发现，DCP1/DCP2脱帽复合体耗竭后，细胞中报告基因mRNA恢复到正常水平。然而，DCP1和DCP2的缺失对λN-GW182连接的萤光素酶活性强烈的沉默作用没有影响。对这一现象可能的解释得自于这一实验结果：在DCP1/DCP2耗竭的细胞中，报告基因mRNA仍然处于去腺苷酸化状态，而去腺苷酸化的mRNA很少被翻译。

GW182-mRNA连接实验不仅不需要Ago1，而且也绕开了miRNA。因此，给我们的印象是GW182与Ago1一起是miRNA介导的沉默机制的重要成分，但还没有直接的证据来证明这一假设。为此，Izaurralde及同事分析了miRNA介导的mRNA降解机制，发现它依赖于CCR4/NOT的去腺苷酸化、DCP1/DCP2的脱帽及GW182和Ago1的参与。他们构建了由两种miRNA沉默的三个萤光素酶报告基因mRNA。第一个包含果蝇*CG10011*基因的3′-UTR，它具有miR-12的结合位点；第二个包含*Nerfin*基因的3′-UTR，它具有miR-9b的结合位点；第三个包含*Vha68-1*基因的3′-UTR，同样具有miR-9b的结合位点。同时转染各报告基因及对应的识别miRNA后，测定细胞中mRNA水平及萤光素酶的活性，他们发现：①miR-12沉默萤光素酶-*CG10011*报告基因后，仅转录物的水平下降了；②miR-9沉默萤光素酶-*Nerfin*报告基因，主要导致翻译水平下降；③两种机制结合，一起沉默萤光素酶-*Vha68-1*报告基因，mRNA水平下降，翻译被阻止。

接着，Izaurralde及同事用各报告基因mRNA和miRNA转染果蝇S2细胞，通过敲除处理分别在CAF1、NOT1、DCP1/DCP2或GW182耗竭的情况下测定细胞中萤光素酶的活性及其mRNA的水平。同时用敲除处理将Ago1或不相干的绿色荧光蛋白（GFP）耗竭作为实验对照。正如预期的那样，Ago1或GW182敲除导致所有的报告基因mRNA水平和萤光素酶活性恢复正常，即使在对应的miRNA存在的情况下也是如此。这一方面是因为miRNA沉默同时依赖Ago1和GW182，另一方面是因为这些报告基因mRNA沉默同时需要翻译抑制和mRNA降解，而Ago1和GW182同时参与了这两种沉默机制。

在miRNA处理导致NOT1耗竭的细胞中，CG10011和*Vha*68-1 mRNA恢复到无miRNA处理的水平，并且萤光素酶的活性也部分恢复。这两个报告基因mRNA的沉默主要或全部依靠mRNA的降解，去腺苷酸化是降解的关键部分。因此，去腺苷酸化酶NOT1的沉默会阻止mRNA降解就不足为奇。同时，在miRNA处理的细胞中NOT1的耗竭对萤光素酶-Nerfin报告基因萤光素酶活性的降低没有影响，这是因为萤光素酶-*Nerfin*报告基因mRNA在miRNA处理后的反应是翻译效率下降，而不是mRNA的降解。该结果表明，虽然去腺苷酸化是mRNA降解的重要部分，但对萤光素酶-报告基因mRNA介导的翻译沉默来说是非必需的。

在miRNA处理后DCP1/DCP2耗竭的细胞中，三种报告基因mRNA的水平均恢复到正常水平。虽然所有三种mRNA都没有被脱帽，但它们被去腺苷酸化。总之，以上两个发现说明单独的去腺苷酸化不能起始mRNA降解（如被3′→5′外切核酸酶降解）。因此，很可能在去腺苷酸化和脱帽后，mRNA被5′→3′外切核酸酶降解。同样，三种报告基因mRNA都被去腺苷酸化的事实可以帮助解释它们的萤光素酶活性很低的原因，即去腺苷酸化往往抑制这些mRNA的翻译。

小结 P-体是细胞中降解mRNA和抑制翻译的系统。GW182是果蝇P-体中miRNA沉默机制的重要组分，该机制包括翻译抑制和mRNA降解。Ago1帮助GW182与P-体中mRNA的结合，而GW182的结合是mRNA沉默的标志。GW182或Ago1介导的P-体中mRNA的降解涉及去腺苷酸化和脱帽，然后mRNA被5′→3′核酸外切酶降解。

P-体中的抑制解除

有一批mRNA往来于多核糖体和P-体之间。因此，与多核糖体结合的mRNA越多（它们被活跃地翻译），P-体中存在的mRNA就越少。相反，P-体中的mRNA越丰富，与多核糖体结合的就越少。虽然大部分mRNA在P-体中被降解，但也有一些mRNA仅仅被束缚和抑制在P-体中，一旦细胞环境发生改变它们就可以重新与多核糖体结合。

Witold Filipowicz及同事在研究人类向细胞内转运阳性氨基酸（如赖氨酸和精氨酸）的转运蛋白（CAT-1）时，找到了抑制RNA与P-体动态结合的有力证据。正常情况下，CAT-1在肝细胞中保持较低水平以防止血清中精氨酸的流失。肝细胞中精氨酸水平较高时，进入的精氨酸会被快速降解，从而导致血清中

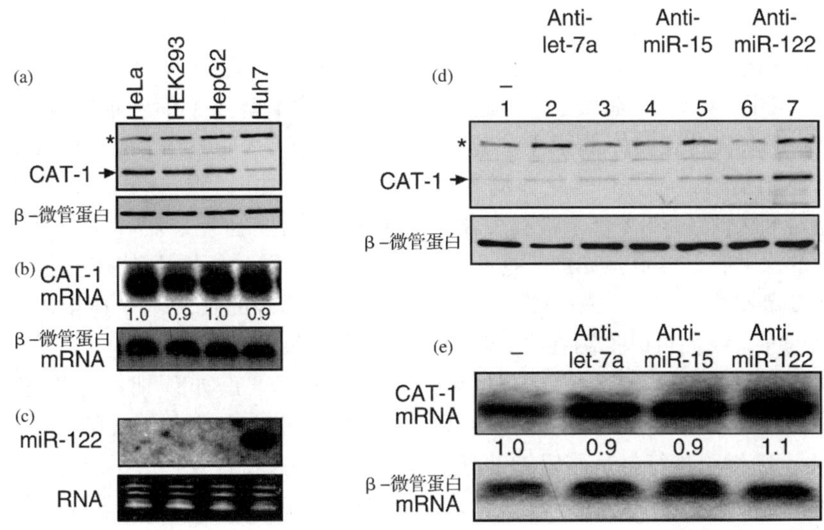

图 16.44 Huh7 细胞中基因 CAT-1 的翻译抑制。(a) 4 种不同人类细胞系中的蛋白质水平。Filipowicz 及同事利用两种蛋白质的抗体通过 Western 印迹检测了 4 种细胞系中 CAT-1 和 β-微管蛋白的水平。β-微管蛋白用做对照以调整各样品的一致性，各样品 β-微管蛋白的量基本一致，说明 CAT-1 含量的差异是真实的，Huh7 细胞中该蛋白质的量确实偏少。**(b)** Northern 印迹实验检测 4 种细胞系中 CAT-1 和 β-微管蛋白 mRNA 的量。β-微管蛋白 mRNA 还是用做对照以调整各样品的一致性。根据 β-微管蛋白 mRNA 均衡化后的 Northern 印迹实验结果发现，Huh7 细胞 mRNA 的水平与其他细胞系没有差异。**(c)** 上部胶图：4 种细胞系中 miR-122 的 Northern 印迹分析；下部胶图：Northern 印迹实验所用凝胶 EB 染色结果，表明泳道 RNA 的量是相同的。**(d)** Western 印迹分析 miRNA 反义寡核苷酸对 Huh7 细胞中 CAT-1 水平的影响，发现仅有 miR-122 的反义寡核苷酸有激活效果。**(e)** Northern 印迹实验分析 miRNA 反义寡核苷酸对 Huh7 细胞中 CAT-1 和 β-微管蛋白 mRNA 水平的影响。β-微管蛋白 mRNA 还是用做对照来均衡化各样品 CAT-1mRNA 的浓度，均衡化的数值在两个 Northern 印迹图中列出。anti-miR-122 寡核苷酸对 CAT-1 mRNA 水平没有影响。（*Source*：Reprinted from *Cell*，Vol. 125，Bhattacharyya et al，Relief of microRNA-Mediated Translational Repression in Human Cells Subjected to Stress，Issue 6，13 June 2006，pages 1111-1124，© 2006，with permission from Elsevier.）

精氨酸发生流失。但是，在包括氨基酸缺乏等特定条件下，肝细胞需要输入较多的精氨酸，此时 CAT-1 的活性会上升。Filipowicz 及同事发现肝细胞中 CAT-1 水平较低的原因是在这些细胞中，miRNA 抑制了 CAT-1 mRNA 的翻译。而且，在胁迫条件下 CAT-1 mRNA 翻译抑制的解除，伴随着 P-体中 CAT-1 mRNA 的减少。

Filipowicz 及同事选择 Huh7 肝癌细胞进行研究，因为已有证据表明在肝癌细胞中 CAT-1 的表达受到已知 miRNA（miR-122）的调控。首先，他们通过 Western 印迹实验发现 Huh7 细胞中 CAT-1 的含量比其他三种人类细胞系中的含量显著偏低［图 16.44（a）］。并且，Northern 印迹实验还发现 CAT-1mRNA 的含量在所有 4 种细胞系中大体一致［图 16.44（b）］。因此，Huh7 细胞中 CAT-1 水平的调控不是发生在转录水平，甚至与 mRNA 的稳定性也无关，而可能发生在翻译水平。

该调控是否依赖于 miR-122？很可能如此，因为从图 16.44（c）中可看出，在 4 种细胞系中，仅在 Huh7 细胞中检测到 miR-122 的表达。而且，如果 miR-122 确实起作用，我们可以预期用 anti-miR-122 寡核苷酸处理会使 miR-122 的调控作用丧失，并且反义寡核苷酸处理的细胞中 CAT-1 的水平会得到恢复。图 16.44（d）的结果的确如此，而无关的寡核苷酸则没有效果。CAT-1 mRNA 的水平没有随 CAT-1 蛋白质水平的上升而相应地升高，这再次表明调控发生在翻译水平。

为进一步研究 miR-122 在 CAT-1 水平调控中的作用，Filipowicz 及同事将海肾萤光素酶基因编码序列连接到 CAT-1mRNA 不同的 3′-UTR 上，然后转入 Huh7 和 HepG2 细胞中进行检测。在 HepG2 细胞中，CAT-1 基因没有受到调控，他们发现无论包含和不包含miR-122结合位点的连接体都产生等量的萤光素酶。而在Huh7细胞中，CAT-1基因受到调控，miR-122结合位点缺失的连接体的萤光素酶的量比具有这些结合位点的多三倍。同样，Northern印迹分析发现mRNA水平没有变化，即使萤光素酶的水平有差异也是如此。这些发现支持miR-122负调控CAT-1水平的假设。

基于以上信息，我们可以推测在Huh7细胞中氨基酸缺乏会抑制CAT-1水平，并且该调控依赖于miR-122。于是，Filipowicz及同事对Huh7和HepG2细胞进行氨基酸饥饿处理，并用Western印迹实验来分析其对CAT-1表达的影响。正如预期那样，Huh7细胞中CAT-1水平在胁迫后上升了4倍，而在HepG2细胞中没有变化，并且在1h内即有效果。Northern印迹分析发现，尽管CAT-1mRNA水平上升了1.8倍，但直到胁迫处理3h后才检测到。这些结果表明，Huh7细胞中胁迫的激活效果是通过增强事先存在的CAT-1 mRNA的翻译所致。

Huh7细胞中有、无miR-122结合位点的萤光素报告基因连接体的实验结果表明，只有具有结合位点时胁迫的刺激反应才存在，因此对表达的抑制是依赖于miR-122的。为验证这一结论，Filipowicz及同事利用正常情况下不表达miR-122的HepG2细胞进行实验，结果发现胁迫对CAT-1的表达没有影响。然后他们将能组成型表达的miR-122基因载体转入HepG2细胞，在这种遗传工程细胞中具有CAT-1 mRNA 3′-UTR的报告基因连接体的表达被胁迫处理激活，这说明miR-122的确参与了Huh7细胞中的抑制反应。

用HepG2细胞进行的实验还有另外一个有意思的发现：仅仅在CAT-1 mRNA 3′-UTR具有与miR-122结合位点的报告基因连接体对胁迫处理没有反应。该结果促使Filipowicz及同事对CAT-1 mRNA的3′-UTR做更进一步的研究。他们将焦点放在3′-UTR的D区，该区包含一个他们命名为ARD的ARE。它是蛋白HuR而不是miR-122或其他miRNA的结合位点。根据这个发现可产生一个新的假设：除miR-122外，HuR也为Huh7饥饿胁迫细胞CAT-1表达的调控所必需。

为验证这一假设，Filipowicz及同事用RNAi技术敲除了细胞本底水平的HuR后发现，具有CAT-1 mRNA 3′-UTR的萤光素酶报告基因对饥饿胁迫处理没有反应。因此，CAT-1调控看起来需要HuR的参与。接着，他们通过用anti-HuR抗体与包含CAT-1 mRNA 3′-UTR的报告基因连接体进行免疫沉淀实验，发现HuR可结合到CAT-1 mRNA的3′-UTR上。正如预期，如果连接体仅具有miR-122的结合位点，没有D区，就不能与抗体发生免疫沉淀反应。另外，凝胶迁移率分析发现，具有标记的D区RNA片段可与GST-HuR融合蛋白结合形成复合物。显然，Huh7细胞中仅有D区而没有miR-122结合位点的报告基因也不会受到调控。可见，miR-122和HuR一起共同调控CAT-1的基因表达。

因已知被抑制的mRNA存在于P-体中，而活跃翻译的mRNA在多核糖体中，Filipowicz及同事在饥饿胁迫和正常条件下对CAT-1 mRNA与萤光素酶报告基因的连接体进行了研究。图16.45（a）展示了CAT-1 mRNA荧光免疫的结果（通过与红色荧光标记反义CAT-1探针进行原位杂交来检测）。在正常氨基酸培养的细胞中，红色的CAT-1 mRNA出现在细胞质中不连续的区域。我们知道该区域是P-体，因为用绿色荧光标记P-体中的Dcp1a（GFP-Dcp1a，可使P-体呈现绿色），发现它与呈红色荧光的CAT-1 mRNA位置相同。二者颜色合并呈现黄色，见右边的胶图。用anti-miR-122转染氨基酸培养的细胞使P-体处的红色CAT-1 mRNA消失［图16.45（b）］，表明CAT-1 mRNA定位于此是与miR-122有关的。

此外，在氨基酸饥饿胁迫的细胞内，P-体中检测不到CAT-1 mRNA［图16.45（a）］。miR-122是否会随着CAT-1 mRNA的消失而消失？在图16.45（c）中，miR-122可通过与用红色荧光探针进行原位杂交来检测，结果表明它不会消失。因此，推测miR-122可调控肝细胞P-体中众多mRNA的翻译，一个（或许几个）被调控的mRNA消失后不会显著降低P-体中miR-122的浓度。

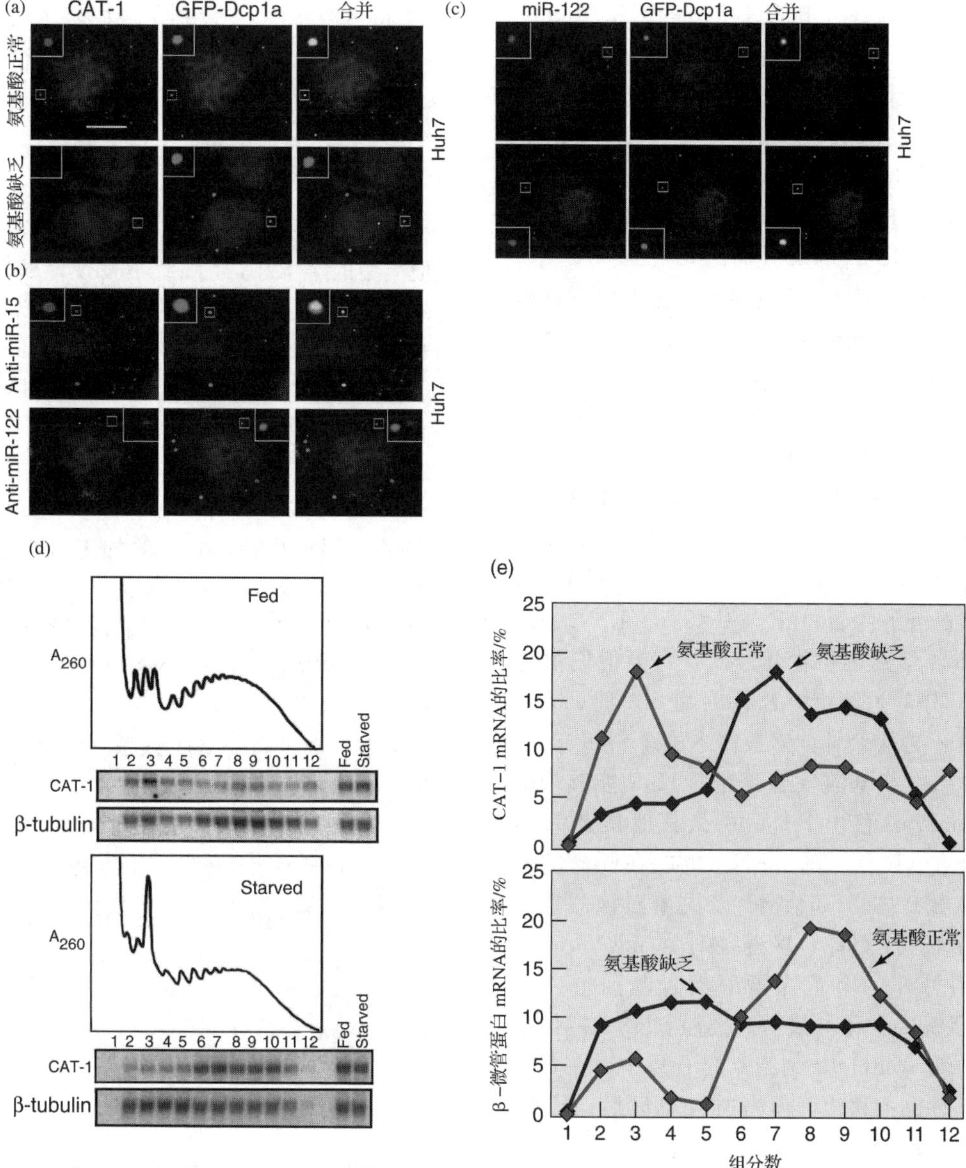

图 16.45 饥饿胁迫诱导 CAT-1 mRNA 从 P-体向多核糖体的转移。（**a**）CAT-1 mRNA 从 Huh7 饥饿细胞中消失。CAT-1 mRNA（左列）通过用红色荧光标记的探针进行原位杂交来检测。P-体中的探针（GFP-Dcp1a，中间一列）可使 P-体呈现绿色。右边的一列是左边两列的合并图。在每张显微图中，选中的 P-体（小正方形）放大后的图像放置于左上角的大正方形中。如左边标示，上边一栏图像为正常氨基酸培养的细胞，下边一栏为饥饿胁迫的细胞。在正常氨基酸培养的细胞中，合并的图像呈黄色，表明 CAT-1 mRNA（红色）与 P-体（绿色）位置相同。在胁迫细胞中，P-体中基本上没有红色荧光，因此合并图中呈绿色。（**b**）氨基酸培养细胞中，两个反义 miRNA 对 CAT-1 mRNA 在 P-体中定位的影响。无关的 miR-15 没有影响，但 anti-miR-122 阻止 CAT-1 mRNA 定位于 P-体。颜色标记同 a 图。（**c**）Huh7 细胞氨基酸培养或饥饿状态下，P-体中 miR-122 的浓度。颜色标记除左图中 anti-miR-122 用红色荧光外，其余的同 a 图。（**d**）多核糖体分析。取自氨基酸培养和饥饿细胞中的多核糖体通过蔗糖梯度超速离心加以分离，分离后的组分分别用 CAT-1 mRNA 或 β-微管蛋白 mRNA 为探针进行 Northern 印迹分析。在较重的多核糖体中，饥饿胁迫引起 CAT-1 mRNA 明显上升，但 β-微管蛋白 mRNA 下降。（**e**）d 图结果的图解。CAT-1mRNA（上图）和 β-微管蛋白 mRNA（下图）的量与氨基酸培养（红色）和饥饿（蓝色）细胞中多核糖体梯度组分数的平面折线图。（*Source*：Reprinted from *Cell*，Vol. 125，Bhattacharyya et al，Relief of microRNA-Mediated Translational Repression in Human Cells Subjected to Stress，Issue 6，13 June 2006，pages 1111-1124，© 2006，with permission from Elsevier.）

氨基酸饥饿胁迫的细胞中的 CAT-1 mRNA是否从 P-体中转移到多核糖体中了呢？Filipowicz 及同事通过蔗糖梯度超速离心分离多核糖体，并用 Northern 印迹检测各组分 CAT-1 mRNA 的含量。从图 16.45（d）中可以看出，在 Huh7 饥饿胁迫细胞中多核糖体内的 CAT-1 mRNA 的量明显上升，图 16.45（e）进一步展示了定性分析的结果，他们发现这种效果是 CAT-1 mRNA 所特有的。胁迫条件下大部分 mRNA 的反应与图 16.45（d）和图 16.45（e）中展示的 β-微管蛋白 mRNA 相同——它们从多核糖体中移出。

Filipowicz 及同事还发现，在饥饿胁迫细胞中 CAT-1 mRNA 从 P-体转移到多核糖体依赖于 HuR 及 CAT-1 mRNA 3′-UTR 上的 D 区，氨基酸饥饿条件下 HuR 与 CAT-1 mRNA 一起从 P-体转移到多核糖体。而且，当他们敲除 Huh7 饥饿胁迫细胞中的 HuR 后，发现 CAT-1 mRNA 不再从 P-体向多核糖体转移。

如果在氨基酸缺乏条件下 HuR 能够帮助 CAT-1mRNA 移出 P-体，那么其他具有 HuR 结合位点（D 区）的 mRNA 也能在同样的条件下移出 P-体。Filipowicz 及同事对该假设进行了验证。他们将 D 区连接到受 miRNA *let-7* 调控的另外一个萤光素酶报告基因 mRNA（RL-3XBulge）上。最初该报告 mRNA 定位于一些细胞（如 HeLa 细胞）的 P-体中，在氨基酸缺乏时也不移出。但当加入 D 区后，HeLa 细胞中该 mRNA 对胁迫产生反应并移出 P-体。以上证据均表明 HuR 在细胞饥饿胁迫情况下在 CAT-1 mRNA 移出 P-体的反应中起重要作用。另外，还说明饥饿胁迫对 miRNA 介导的处于抑制状态的 mRNA 的重新激活可能是一个普遍现象，在众多的细胞类型中不同的 mRNA 上均存在。

小结 在肝细胞系 Huh7 中，CAT-1 mRNA 的翻译受 miRNA miR-122 的调控，该 mRNA 被囚禁在 P-体中。当氨基酸饥饿时，CAT-1 mRNA 翻译抑制得到解除，并且它从 P-体转移到多核糖体上。抑制的解除和 mRNA 位置的转移依靠 mRNA 结合蛋白 HuR 及其在 CAT-1 mRNA3′-UTR 上的结合位点（D 区）。这种饥饿胁迫下抑制解除和位置转移可能在受 miRNA 调控的 mRNA 中普遍存在。

其他小 RNA

自 siRNA、miRNA 和 piRNA 被发现后，其他类型的小 RNA 也陆续被发现，尽管对它们的功能还知之甚少。其中一种是来源于果蝇的**内源-siRNA**（endo-siRNA），和 miRNA 一样，它们由果蝇基因的双链 RNA 前体产生。然而，这些前体 RNA 经由 Dicer-2（DCR2）途径加工，并被装入包含 Ago2 的 RISC 中，在这一点上又与 siRNA 相同。因此，虽然这些 RNA 由内源产生，但它们的加工过程应该被称为 siRNA，而不是 miRNA。于是，我们称之为 endo-siRNA，正如我们了解到的那样，这些 RNA 使 siRNA 和 miRNA 之间的界限变得模糊不清。

一个有意思的发现是 DCR-2 或 Ago2 突变的果蝇体细胞中转座子表达水平有所上升。这说明，正如 piRNA 保护精细胞那样，内源 siRNA 可能保护体细胞防止过度转座。

小结 果蝇内源 siRNA 由细胞基因组编码，但它们的加工方式与 siRNA 更类似，而与 miRNA 不同。它们可能帮助保护体细胞防止过度转座。

总结

核糖体 RNA 在真核细胞的细胞核中以前体的形式合成，它必须经过进一步加工，才能产生成熟的 rRNA。尽管不同生物中成熟的 rRNA 大小不同，但是在所有真核生物中前体 RNA 的顺序均为 18S、5.8S、28S。在人类细胞中，核糖体 RNA 前体大小为 45S，它可进一步加工为 41S、32S 和 20S 的中间产物。在加工过程中，小核仁 RNA 发挥了至关重要的作用。

tRNA 前体的 5′端多余的碱基可由内切核酸酶 RNase P 剪切掉。来自细菌和真核生物细胞核的 RNase P 有一个具有催化能力的亚基，被称为 M1 RNA 亚基。大肠杆菌 tRNA 前体 3′端大多数多余的碱基由 RNase Ⅱ 和多聚核苷酸磷酸化酶共同催化剪切掉，只留下+2和+1处的两个碱基，它们由RNase PH和RNase T去除掉，在这期间，RNase T起主要作用。真核生物中，前体tRNA的加工由tRNA 3′-加工内切核酸酶（3′-tRNase）负责。

锥虫的mRNA是在一个前导外显子和其他任意一个独立的外显子之间通过反式剪切的方式合成的。

锥虫线粒体（动基体）编码的不完全mRNA在翻译前必须经过编辑。编辑通常在一系列向导RNA作用下沿着3′→5′的方向进行。这些gRNA与待编辑的mRNA杂交，并提供A和G作为掺入mRNA中丢失U的模板。

在高等真核生物中，包括果蝇和哺乳动物的mRNA中，一些腺苷酸为了翻译成正确的蛋白质必须要脱腺苷变成次黄嘌呤。mRNA这种编辑是由作用于RNA的腺苷酸脱腺苷酶完成（adenosine deaminases active on RNA，ADAR）。另外，一些胞嘧啶为了正确编码也必须脱腺苷。

基因转录后调控的普遍方式是通过mRNA稳定性来调控的。例如，酪蛋白和转铁蛋白受体（Tfr）基因的调控主要是通过改变mRNA的稳定性来实现的。当细胞有足够的铁离子时，转铁蛋白受体数量下降以避免细胞内积累过量的铁离子。相反，当细胞缺乏铁离子时，其数量上升，以转运尽可能多的铁离子进入细胞。转铁蛋白受体（TfR）mRNA稳定性的控制机制如下：TfR mRNA的3′-UTR区包括5个被称为铁离子应答元件（IRE）的茎环结构，以使mRNA能被核酸酶降解。当铁离子浓度低时，顺乌头酸酶可作为缺铁的脱辅基蛋白存在。该蛋白质与TfR mRNA的IRE结合，保护mRNA免受核酸酶的降解。但当铁离子浓度高时，顺乌头酸酶先与铁离子结合而不能结合到TfR mRNA的IRE上，导致mRNA很容易被降解。

细胞存在dsRNA时会发生RNAi，这些dsRNA可能来自病毒、转座子或转基因（或者实验加入的dsRNA）。这个可以触发RNAi的dsRNA被降解成大小为21～23nt的片段（siRNA），由一个类似RNase Ⅲ的Dicer酶完成这一过程。双链siRNA和Dicer及Dicer相关蛋白R2D2募集Ago2后形成前体——RISC复合体，该复合体可将siRNA的两条互补链分开。其中，向导链可在RNA诱导沉默复合体（RISC）中与目标mRNA配对，随后降解mRNA。过客链会被Ago2降解并从前体-RISC复合体上脱落下来。在Ago2 PIWI结构域的活性位点，siRNA的引导链同目标mRNA碱基互补配对，其中，PIWI结构域是一个类似于RNase H的酶，也被称为Slicer。Slicer在目标基因同siRNA互补配对的区域中间切割mRNA。在一个依赖于ATP的步骤中，被切割的mRNA从RISC上释放出来，以便接受一个新的待降解mRNA。在RNAi过程中，反义siRNA杂交到目标mRNA上，在依赖于RNA的RNA聚合酶的作用下，扩增得到反义RNA全长。这些dsRNA被Dicer消化剪切成新的siRNA片段，进而实现siRNA的扩增。

酵母着丝粒和沉默交配型区域及其他物种中的异染色质化都涉及RNAi体系。在裂殖酵母着丝粒的最外侧区域的无义链发生转录。偶尔发生的正向转录或由RdRP所形成的正向转录物同反向转录物碱基配对，触发RNAi，继而募集组蛋白甲基转移酶，组蛋白甲基转移酶使组蛋白H3第9位赖氨酸发生甲基化，发生甲基化组蛋白H3募集Swi6而导致异染色质化的产生。在植物和哺乳动物中，这一过程同DNA的甲基化相伴而行，DNA甲基化同样可以募集异染色质化体系。哺乳动物中的单个基因可以被RNAi所沉默，RNAi的目标区域在基因调控区而不是编码区。这一沉默过程涉及DNA的甲基化而不是对mRNA的降解破坏。

microRNA（miRNA）是18～25nt长的RNA，它们来自含有茎环结构的细胞RNA。miRNA形成的最后一步是，Dicer酶切割前体RNA的双链的茎，以形成双链形式的miRNA。其中的一条单链miRNA同RISC中的Argonaute蛋白结合通过与目标基因mRNA碱基配对的方式来控制其他基因的表达。动物miRNA倾向于同目标mRNA的3′-UTR发生不完全碱基配对进而抑制目标mRNA蛋白质的积累。然而，动物miRNA同目标mRNA的完全或不完全碱基配对也可能导致mRNA的降解。植物miRNA则倾向于同目标mRNA发生完全或几乎完全的碱基配对，导致目标 mRNA 的裂解，尽管也存在阻断翻译的方式。

microRNA 可以激活或抑制翻译。其中，miR369-3 在 AGO2 和 FXR1 的帮助下，在血清缺乏的细胞中可激活 TNFαmRNA 的翻译。在血清培养的同步化的细胞中，miR369-3 在 Ago2 的帮助下可抑制翻译。

miRNA 前体由 RNA 聚合酶Ⅱ转录，产生的初级 miRNA 可包含多个 miRNA。初级 miRNA 加工为成熟的 miRNA 需要经历两个步骤。第一步，一种称为 Drosha 的核 RNA 酶Ⅲ切割初级 miRNA 产生 60～70 nt 带茎环结构的前体 miRNA。第二步在细胞质中进行，Dicer 在茎的位置将前体 miRNA 切割，形成成熟的双链 miRNA。内含子 miRNA 是包含前体 miRNA 的内含子。因此，在没有 Drosha 的参与下，剪接体将前体 miRNA 剪接下来，再经过去分支和折叠等过程形成具茎环结构的前体 miRNA。

P-体是细胞中 mRNA 储存、降解和抑制翻译的区域。GW182 是果蝇 P-体中 miRNA 沉默机制的重要组分，该机制包括翻译抑制或 mRNA 降解。Ago1 帮助 GW182 与 P-体中的 mRNA 结合，而 GW182 的结合是 mRNA 沉默的标志。GW182 或 Ago1 介导的 P-体中的 mRNA 降解涉及去腺苷酸化和脱帽，然后 mRNA 被 5′-3′外切核酸酶降解。

在肝细胞系（Huh7）中，CAT-1 mRNA 的翻译受 miRNA miR-122 的调控，该 mRNA 被束缚在 P-体中。当氨基酸缺乏时，CAT-1 mRNA 翻译抑制得到解除，并且它从 P-体转移到多核糖体上。抑制的解除和 mRNA 位置的转移依靠 mRNA 结合蛋白 HuR 及其在 CAT-1 mRNA 3′-UTR 上的结合位点（D 区）。这种胁迫下抑制解除和位置转移可能在受 miRNA 调控的 mRNA 中普遍存在的。

果蝇内源性 siRNA 由细胞基因组编码，但它们的加工方式与 siRNA 更类似，而与 miRNA 不同。它们可能帮助保护体细胞，以防止其过度转座。

复习题

1. 绘出哺乳动物 rRNA 前体的结构，并标注所有三个成熟 rRNA 的位置。

2. RNase P 的功能是什么，该酶的非寻常之处是什么？

3. 阐述顺式剪接和反式剪接的区别。

4. 设计实验证明锥体虫的前体 RNA 剪接过程中存在 Y 型的中间体，并描述该实验的结果。试述该结果如何同反式剪接相一致而不是顺式剪接？

5. 描述 RNA 编辑的概念。什么是隐秘基因？

6. 设计实验证明动肌体 mRNA 的编辑是按 3′→5′方向进行的，试述该实验的结果。

7. 根据已掌握的知识画出 RNA 编辑的模式图。该过程涉及哪些酶？

8. 试述向导 RNA（guide RNA）存在的直接证据。

9. 举例证明鼠 *GluR-B* 转录本被 ADAR2 编辑是必要的，且该转录本是 ADAR2 唯一重要的目标分子。

10. 设计实验证明催乳素主要在转录后水平上调控酪蛋白基因的表达，描述该实验的结果。

11. 哺乳动物细胞中同维持铁离子稳态最直接相关的两个蛋白质是什么？它们的表达水平是如何随着铁离子的浓度改变而发生改变的？

12. 我们如何得知存在一个蛋白质同转铁蛋白受体 mRNA 的铁离子应答元件结合？

13. 请描述当转铁蛋白铁离子应答元件发生突变后，产生了一类不能与铁离子发生应答但 mRNA 稳定的突变体，以及另一类不能与铁离子发生应答而且 mRNA 又不稳定的突变体的实验结果。并用快速翻转决定因子和 IRE 结合同 mRNA 的相互作用来解释这一结果。

14. 提供一个模型来说明 TfR mRNA 的稳定性涉及顺乌头酸酶。

15. 有什么证据表明 RNAi 依赖于 mRNA 的降解。

16. 提供一个模型来阐述 RNAi 的机制。

17. 设计实验证明 Argonaute2 具有 RNA 切割酶（Slicer）活性。

18. 在 RISC 形成过程中，R2D2 和 Ago2 的作用是什么？如果不存在 R2D2 将会怎样？

19. 图示乒乓机制，其中 piRNA 在自我扩增的同时抑制转座。

20. 提供一个模型说明裂殖酵母中的异染色质化涉及 RNAi 机制。如何修改这一模型以描述哺乳动物中相应的情况。

21. 设计一个开花植物基因沉默和异染色质化的模型，它和裂殖酵母中的机制的主要差异是什么？

22. 在裂殖酵母和开花植物中，non-siRNA 在基因沉默中的重要性的证据有哪些？

23. 分裂的细胞中，异染色质化的目标染色质必须进行转录才能被沉默。裂殖酵母和开花植物中这个问题是如何解决的？

24. 描述并给出以下实验结果：在裂殖酵母和开花植物中：①哺乳动物基因可以通过靶向基因调控区的 siRNA 机制发生沉默；②DNA 甲基化参与了沉默过程。

25. 概述 siRNA 和 miRNA 产生的过程，列出此过程中的主要参与者。注意前体 mRNA 的生成有两种途径。

26. siRNA 是如何靶向基因的启动子区域的？给出实验证据。

27. 比较哺乳动物中 siRNA 和 miRNA 典型的作用方式。

28. 哺乳动物中 miRNA 同目标 mRNA 的 3′-UTR 序列一般不完全配对。如果完全或几乎完全互补配对，活性将发生怎样的改变？给出实验证据。

29. 举例说明 miRNA 激活翻译。如何检测激活作用？举例证明 miRNA 与 mRNA 的 ARE 碱基互补对激活翻译很重要。

30. 描述蛋白质 GW182 降低 P-体中 mRNA 翻译的实验，并给出结果。其中包括该蛋白质是如何与 mRNA 结合的？蛋白质合成的降低多少是由 mRNA 降解引起的，多少又是由翻译的抑制引起的？如何将这两种作用通过实验加以分开？

31. 描述以下实验并给出结果：

（a）P-体中 mRNA 的翻译被 miRNA 抑制。

（b）在胁迫条件培养的细胞中，抑制解除。

（c）抑制解除需要一种 mRNA 结合蛋白的参与。

（d）抑制解除伴随着 mRNA 从 P-体向多核糖体的转移。

分析题

1. 为什么 *dicer* dsRNA 不能完全阻断 RNAi？

2. 预测下列突变体对 TfR mRNA 丰度造成的影响。无论铁离子的浓度如何变化，都导致 TfR mRNA 处于高水平，还是导致 TfR mRNA 持续处于低水平，抑或是对 TfR mRNA 的表达丰度没有影响？

a. 阻断顺乌头酸酶产生的突变体。

b. 抑制顺乌头酸同铁离子结合的突变体。

c. 抑制顺乌头酸同 IRE 结合的突变体。

3. 论述线虫中 *lin-4* miRNA 对 *lin-14* 基因表达影响方面的矛盾的证据。

翻译　岳　兵　校对　郑用琏　李玉花

推荐阅读文献

一般的引用和评论文献

Aravin, A. A., G. J. Hannon, and J. Brennecke. 2007. The Piwi-piRNA pathway provides an adaptive defense in the transposon arms race. *Science* 318:761-764.

Bass, B. L. 2000. Double-stranded RNA as a template for gene silencing. *Cell* 101:235-238.

Carrington, J. C. and V. Ambros. 2003. Role of microRNAs in plant and animal development. *Science* 301:336-338.

Daxinger, L., T. Kanno, and M. Matzke. 2008. Pol V transcribes to silence. *Cell* 135:592-594.

Dernburg, A. F. 2002. A Chromosome RNAissance. *Cell* 11:159-162.

Eulalio, A., E. Huntzinger, and E. Izaurralde. 2008. Getting to the root of miRNA-mediated gene silencing. *Cell* 132:9-14.

Filipowicz, W. 2005. RNAi: The nuts and bolts of the RISC machine. *Cell* 122:17-20.

Keegan, L. P., A. Gallo, and M. A. O′Connell. 2000. Survival is impossible without an editor. *Science* 290:1707-1709.

Nilsen, T. W 1994. Unusual strategies of gene

expression and control in parasites. *Science* 264:1868-1869.

Pillai, R. S., S. N. Bhattacharyya, and W. Filipowicz. 2007. Repression of protein synthesis by miRNAs: How many mechanisms? *Trends in Cell Biology* 17:118-126.

Rouault, T. A. 2006. If the RNA fits, use it. *Science* 314:1886-1887.

Seiwert, S. D. 1996. RNA editing hints of a remarkable diversity in gene expression pathways. *Science* 274:1636-1637.

Simpson, L. and D. A. Maslov. 1994. RNA editing and the evolution of parasites. *Science* 264:1870-1871.

Solner-Webb, B. 1996. Trypanosome RNA editing: Resolved. *Science* 273:1182-1183.

Sontheimer, E. J. and R. W Carthew. 2004. Argonaute journeys into the heart of RISC. *Science* 305:1409-1410.

研究论文

Abraham, J. M., J. E. Feagin, and K. Stuart. 1988. Characterization of cytochrome *c* oxidase Ⅲ transcripts that are edited only in the 3′ region. *Cell* 55:267-272.

Bagga, S., J. Bracht, S. Hunter, K. Massirer, J. Holtz, R. Eachus, and A. E. Pasquinelli. 2005. Regulation by *let*-7 and *lin*-4 miRNAs results in target mRNA degradation. *Cell* 122:553-563.

Behm-Ansmant, I., J. Rehwinkel, T. Doerks, A. Stark, P. Bork, and E. Izaurralde. 2006. mRNA degradation by miRNAs and GW182 requires both CCR4: NOT deadenylase and CDPI: DCP2 decapping complexes. *Genes and Development* 20:1885-1898.

Bhattacharyya, S., R. Habermacher, U. Martine, E. I. Closs, and W. Filipowicz. 2006. Relief of micro RNA-mediated translational repression in human cells subjected to stress. *Cell* 125:1111-1124.

Blum, B., N. Bakalara, and L. Simpson. 1990. A model for RNA editing in kinetoplastid mitochondria: "Guide" RNA molecules transcribed from maxicircle DNA provide the edited information. *Cell* 60:189-198.

Casey, J. L., M. W Hentze, D. M. Koeller, S. W Caughman, T. A. Rovault, R. D. Klausner, and J. B. Harford. 1988. Iron-responsive elements: Regulatory RNA sequences that control mRNA levels and translation. *Science* 240:924-928.

Casey, J. L., D. M. Koeller, V. C. Ramin, R. D. Klausner, and J. B. Harford. 1989. Iron regulation of transferrin receptor mRNA levels requires iron-responsive elements and a rapid turnover determinant in the 3′ untranslated region of the mRNA. *EMBO Journal* 8:3693-3699.

Feagin, J. E., J. M. Abraham, and K. Stuart. 1988. Extensive editing of the cytochrome *c* oxidase Ⅲ transcript in *Trypanosoma brucei*. *Cell* 53:413-422.

Fire, A., S. Xu, M. K. Montgomery, S. A. Kostas, S. E. Driver, and C. C. Mello. 1998. Potent and specific genetic interference by double-stranded RNA in *Caenorhabditis elegans*. *Nature* 391:806-811.

Fukagawa, T., M. Nogami, M. Yoshikawa, M. Ikeno, T. Okazaki, Y. Takami, T. Nakayama, and M. Oshimura. 2004. Dicer is essential for formation of the heterochromatin structure in vertebrate cells. *Nature Cell Biology* 6:784-791.

Guerrier-Takada, C., K. Gardiner, T. Marsh, N. Pace, and S. Altman. 1983. The RNA moiety of ribonuclease P is the catalytic subunit of the enzyme. *Cell* 35:849-857.

Guyette, W. A., R. J. Matusik, and J. M. Rosen. 1979. Prolactin-mediated transcriptional and post-transcriptional control of casein gene expression. *Cell* 17:1013-1023.

Hall, I. M., G. D. Shankaranarayana, K.-i. Noma, N. Ayoub, A. Cohen, and S. I. S. Grewal. 2002. Establishment and maintenance of a heterochromatin domain. *Science* 297:2232-2237.

Hammond, S. M., E. Bernstein, D. Beach, and

G. J. Hannon. 2000 An RNA-directed nuclease mediates post-transcriptional i;ene silencing in *Drosopbila cells*. *Nature* 404:293-296.

Han,J,D. Kim, and K. V Morris. 2007. Promoter-associated RNA is required for RNA-directed transcriptional gene silencing in human cells. *Proceedings of the National Academy of Sciences* 104:12422-12427.

Johnson,P. J. ,J. M. Kooter, and P. Borst. 1987. Inactivation of transcription by UV irradiation of *T. brucei* provides evidence for a multicistronic transcription unit including a VSG gene. *Cell* 51:273-281.

Kable, M. L. , S. D. Seiwart, S. Heidmann, and K. Stuart. 1996. RNA editing: A mechanism for gRNA-specified uridylate insertion into precursor mRNA. *Science* 273:1189-1195.

Koeller, D. M. , J. L. Casey, M. W Hentze, E. M. Gerhardt, L. -N. L. Chan, R. D. Klausner, and J. B. Harford. 1989. A cytosolic protein binds to structural elements within the iron regulatory region of the transferrin receptor mRNA. *Proceedings of the National Academy of Sciences USA* 86:3574-3578.

Koeller,D. M. ,J. A. Horowitz, J. L. Casey, R. D. Klausner, and J. B. Harford. 1991. Translation and the stability of mRNAs encoding the transferrin receptor ano *c-fos*. *Proceeamgs of the National Academy of Sciences USA* 88: 7778-7782.

Lee, R. C. , R. L. Feinbaum, and V. Ambros. 1993. The *C. elegans* heterochronic gene *lin-4* encodes small RNAs with antisense complementarity to *lin-14*. *Cell* 75:843-854.

Li,Z. and M. P. Demscher. 1994. The role of individual exoribonucleases in processing at the 3′ end of *Escherichia coli* tRNA precursors. *Journal of Biological Chemistry* 269:6064-6071.

Lipardi, C. , Q. Wei, and B. M. Paterson. 2001. RNAi as random degradative PCR: siRNA primers convert mRNA into dsRNAs that are degraded to generate new siRNAs. *Cell* 107: 297-307.

Liu,J. ,M. A. Carmell, F. V. Rivas, C. G. Marsden,J. M. Thomson, J. -J. Song, S. M. Hammond, L. Joshua-Tor, and G. J. Hannon. 2004. Argonaute2 is the catalytic engine of mammalian RNAi. *Science* 305:1437-1441.

Miller, O. L. ,Jr. ,B. R. Beatty, B. A. Hamkalo, and C. A. Thomas, Jr. 1970. Electron microscopic visualization of transcription. *Cold Spring Harbor Symposia on Quantitative Biology*. 35:505-512

Morris, K. V, S. W-L. Chan, S. E. Jacobsen, and D. J. Looney. 2004. Small interfering RNA-induced transcriptional gene silencing in human cells. *Science* 305:1289-1292.

Müllner, E. W. and L. C. Kühn. 1988. A stem-loop in the 3′ untranslated region mediates iron-dependent regulation of transferrin receptor mRNA stability in the cytoplasm. *Cell* 53:815-825.

Murphy, W. J. , K. P. Watkins, and N. Agabian. 1986. Identification of a novel Y branch structure as an intermediate in trypanosome mRNA processing: Evidence for *trans* splicing. *Cell* 47:517-525.

Olsen, P. H. and V. Ambros. 1999. The *lin-4* regulatory RNA controls developmental timing in *Caenorhabditis elegans* by blocking LIN-14 protein synthesis after the initiation of translation. *Developmental Biology* 216: 671-680.

Owen, D. and L. C. kühn. 1987. Noncoding 3′ sequences of the transferrin receptor gene are required for mRNA regulation by iron. *EMBO Journal* 6:1287-1293.

Seiwert, S. D. and K. Stuart. 1994. RNA editing: Transfer of genetic information from gRNA to precursor mRNA in vitro. *Science* 266:114-117.

Sijen, T. J. , Fleenor, E, Simmer, K. L. , Thijssen, S. , Parrish, L. , Timmons, R. H. A. , Plasterk, and A. Fire. 2001. On the role of RNA amplification in dsRNA-triggered gene silencing. *Cell* 107:465-476.

Song, J. -J. , Liu, N. H. Tolia, J. Schneiderman,

S. K. Smith, R. A. Martienssen, G. J. Hannon, and L. Joshua-Tor. 2003. The crystal structure of the Argonaute2 PAZ domain reveals an RNA binding motif in RNAi effector complexes. *Nature Structural Biology* 10: 1026-1032.

Song, J.-J., S. K. Smith, G. J. Hannon, and L. Joshua-Tor. 2004. Crystal structure of Argonaute and its implications for RISC slicer activity. *Science* 305: 1434-1437.

Vasudevan, S., Y. Tong, and J. A. Steitz. 2007. Switching from repression to activation: MicroRNAs can up-regulate translation. *Science* 318: 1931-1934.

Volpe, T. A., Kidner, I. M. Hall, G. Teng, S. I. S. Grewal, and R. A. Martienssen. 2002. Regulation of heterochromatic silencing and histone H3 lysine-9 methylation by RNAi. *Science* 297: 1833-1837.

Wang, Q., J. Khillan, P. Gaude, and K. Nishikura. 2000. Requirement of the RNA editing deaminase ADAR1 gene for embryonic erythropoiesis. *Science* 290: 1765-1768.

Weinberg, R. A., and S. Penman. 1970. Processing of 45S nucleolar RNA. *Journal of Molecular Biology* 47: 169-178.

Wierzbicki, A. T., T. S. Ream, J. R. Haag, and C. S. Pikaard. 2009. RNA polymerase V transcription guides ARGONAUTE4 to chromatin. *Nature Genetics* 41: 630-634.

Yekta, S., I.-h. Shih, and D. P. Bartel. 2004. MicroRNA-directed cleavage of *HOXB8* mRNA. *Science* 304: 594-596.

Zamore, P. D., T. Tuschl, P. A. Sharp, and D. P. Bartel. 2000. RNAi: Double-stranded RNA directs the ATP-dependent cleavage of mRNA at 21 to 23 nucleotide intervals. *Cell* 101: 25-33.

第 17 章　翻译机制 I：起始

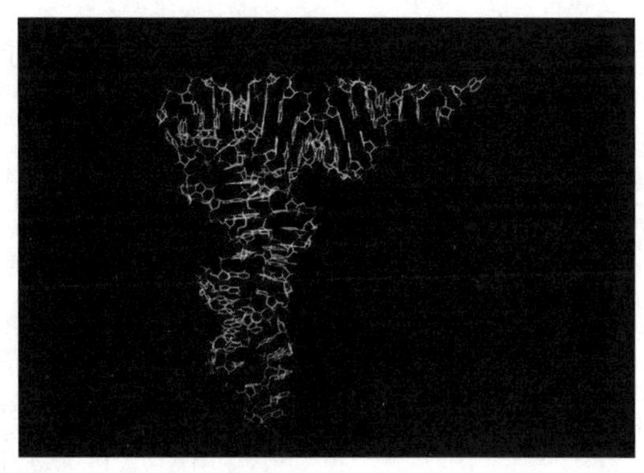

eIF3-mRNA-40S 核糖体颗粒复合物的冰冻电子显微镜模型。黄绿色，核糖体颗粒；洋红色，eIF3；红色，mRNA，其中紫色是核糖体进入位点（IRES）；e1，eIF1 的附着位点。 © *Tripos Associates/Peter Arnold/Photdibrary Group*（译者注：该图注应为 tRNA 的计算机模型）

翻译是核糖体解读 mRNA 的遗传信息并按照信息的指导合成蛋白质的过程。因此，核糖体是蛋白质合成的加工厂。tRNA 作为适配器（adaptor）起着同等重要的作用，它在一端结合着氨基酸，另一端与 mRNA 相互作用。

我们可以将翻译过程分为三个阶段：起始、延伸和终止。在起始阶段，核糖体结合 mRNA，连接了相应 tRNA 的第一个氨基酸也与之结合。在延伸阶段，核糖体每次将一个氨基酸加到正在延伸的多肽链上。在终止阶段，核糖体释放 mRNA 及合成的多肽。细菌和真核生物的这一总体过程类似，但有明显不同，尤其是真核生物的翻译起始格外复杂。

本章涉及真核生物和细菌翻译的起始。由于这两个系统的术语不同，分别讨论更容易一些。因此，先从比较简单的细菌的翻译起始开始，然后学习更复杂的真核生物的翻译起始。

17.1　细菌中翻译的起始

在翻译起始发生之前，必须先发生两个重要事件。一是产生**氨酰 tRNA**（aminoacyl-tRNA）（tRNA 上附着有相关氨基酸）。换句话说，氨基酸必须共价地结合到 tRNA 上，这一过程称为 **tRNA 负载**（tRNA charging），即 tRNA 被“负载”了氨基酸。另一个先发生的事件是核糖体解离为两个亚基，这是必需的，因为细胞要将起始复合物装配到小亚基上，两个亚基必须分离才能完成装配。

tRNA 负载

所有 tRNA 的 3′端都有相同的三个碱基（CCA），末端的腺苷是负载的靶位。氨基酸通过其羧基与 tRNA 末端腺苷的 2′-OH 或 3′-OH 间的酯键附着到 tRNA 上，如图 17.1 所示。负载分两步进行（图 17.2），都需要氨酰 tRNA 合成酶催化。在反应（1）中，氨基酸利用 ATP 释放的能量而被活化，反应产物是氨酰 AMP，焦磷酸盐副产物是 ATP 形成 AMP 过程中所失去的两个末端磷酸基团（β-和 γ-磷酸基）。

（1）氨基酸＋ATP→氨酰 AMP＋焦磷酸盐（PPi）

ATP（及其他三磷酸核苷）中磷酸基团间的化学键是高能键，断裂时释放能量，被储存在**氨酰 AMP**（aminoacyl-AMP）中，这就是为什么我们称之为活化的氨基酸（activated amino acid）。在负载的第二步反应中，氨酰 AMP 的能量用于将氨基酸转移到 tRNA 上，形成氨酰 tRNA。

（2）氨酰 AMP＋tRNA→氨酰 tRNA＋AMP

反应（1）和（2）的总和是：

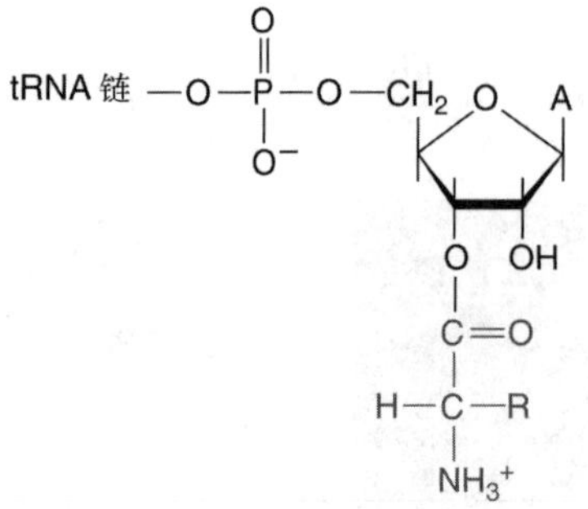

图 17.1 tRNA 和氨基酸之间的连接。有些氨基酸开始是通过酯键连接到 tRNA 末端腺苷的 3′-OH 上，如图所示。而有些则是结合到 2′-OH 上。无论如何，在合成蛋白质之前，氨基酸都要被转移到 3′-OH 上。

（3）氨基酸＋ATP＋tRNA→氨酰 tRNA＋AMP＋焦磷酸盐（PPi）

与其他酶一样，**氨酰 tRNA 合成酶**（aminoacyl-tRNA synthetase）起双重作用，不但能催化形成氨酰 tRNA，而且还决定反应的专一性。自然界只有 20 种氨酰 tRNA 合成酶，各对应于一个氨基酸，它们非常专一，几乎总能将某个氨基酸放到正确的 tRNA 上。这种专一性对于生命至关重要，如果氨酰 tRNA 合成酶出现很多错误，合成的蛋白质中将包含大量不正确的氨基酸，就不能形成正确的功能。在第 19 章将介绍该合成酶是如何正确选择 tRNA 和氨基酸的。

小结 氨酰 tRNA 合成酶将氨基酸连接到相应的 tRNA 上。这一过程通过非常专一的两步反应完成，该反应以 AMP 对氨基酸的活化开始，AMP 从 ATP 衍生而来。

核糖体的解离

我们在第 3 章学过，核糖体由两个亚基组成。例如，大肠杆菌的 70S 核糖体包含一个 30S 和一个 50S 的亚基。每个亚基含有 1～2 个 rRNA 和大量的核糖体蛋白。30S 亚基与 mRNA 和 tRNA 的反密码子末端结合。因此，它是核糖体的解码机构，能够阅读 mRNA 的遗传密码并与正确的氨酰 tRNA 结合。50S 亚基与负载了氨基酸的 tRNA 的末端结合，并具有肽基转移酶活性，使氨基酸通过肽键结合到一起。

稍后我们将看到，细菌与真核细胞都在核糖体小亚基上建立翻译起始复合物，这意味着两个核糖体亚基经过每一轮的翻译后必须分离，以便形成一个新的起始复合物。早在 1968 年，Matthew Meselson 及同事通过图 17.3 所示的实验，提供了核糖体解离的直接证据。他们用重同位素氮（^{15}N）、碳（^{13}C）和氘（^{2}H）

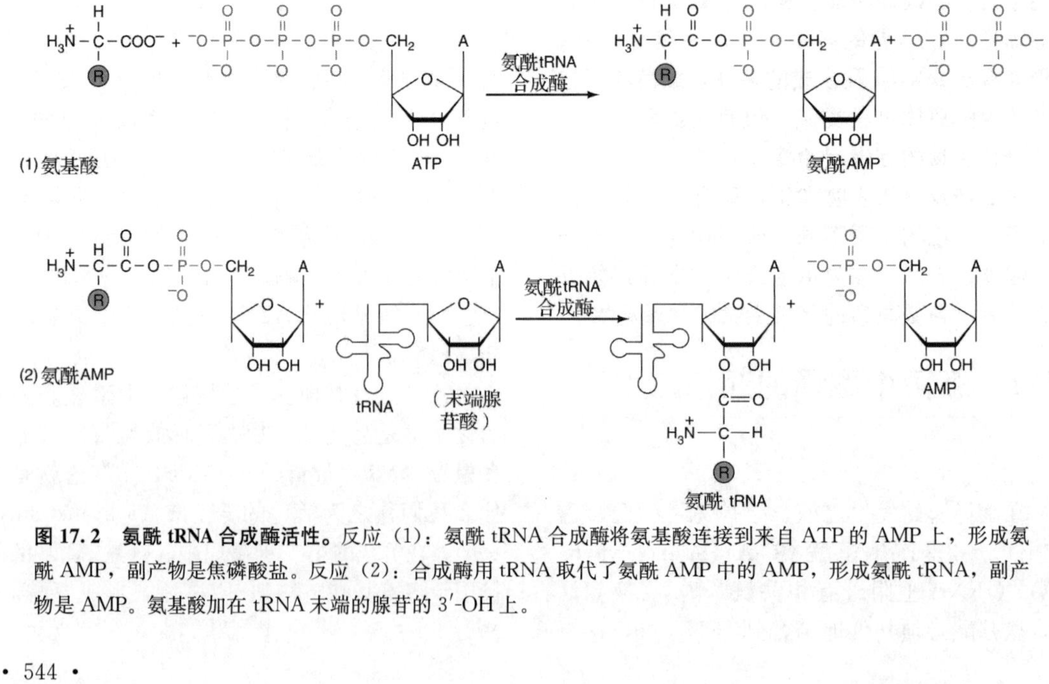

图 17.2 氨酰 tRNA 合成酶活性。反应（1）：氨酰 tRNA 合成酶将氨基酸连接到来自 ATP 的 AMP 上，形成氨酰 AMP，副产物是焦磷酸盐。反应（2）：合成酶用 tRNA 取代了氨酰 AMP 中的 AMP，形成氨酰 tRNA，副产物是 AMP。氨基酸加在 tRNA 末端的腺苷的 3′-OH 上。

标记大肠杆菌核糖体，加上少量的^{3}H作为放射性示踪物。这样标记的核糖体比通常生长在^{14}N、^{12}C和H培养基中的对应物致密得多，如图17.4（a）所示。接着，研究者把标记的

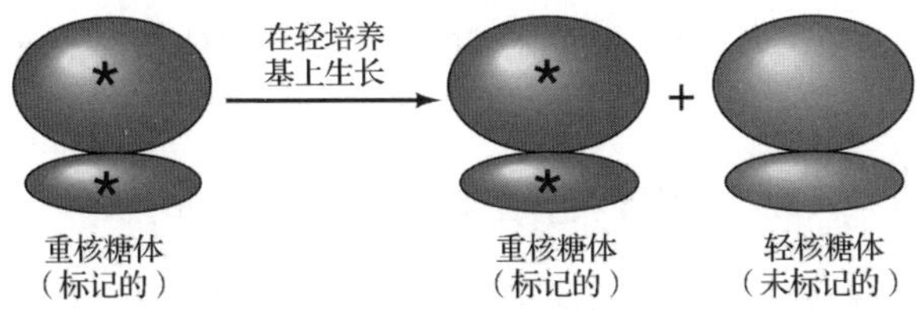

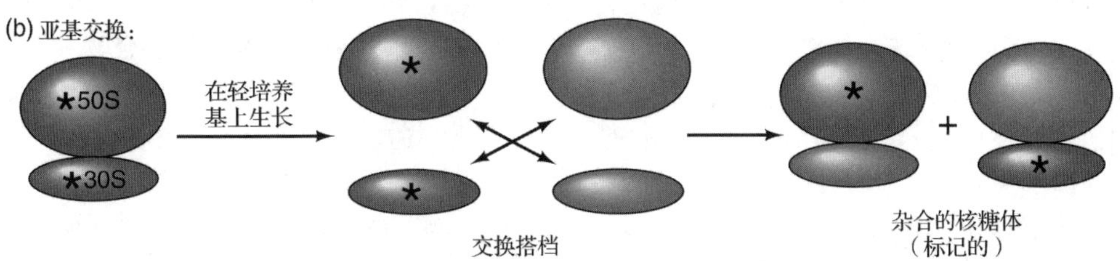

图17.3　证明核糖体亚基交换的实验方案。 Meselson及同事在氮、碳、氢的重同位素存在时培养大肠杆菌，产生重核糖体（红色），并加入少量^{3}H使其具有放射性（星号）。然后，将带有标记的重核糖体细胞转移到含有普通氮、碳、氢的轻同位素培养基中。**(a)** 没有交换。如果无核糖体亚基交换，重核糖体亚基保持在一起。观察到的唯一有标记的核糖体是重的。而在轻培养基上产生的轻核糖体因为没有放射性而检测不到。**(b)** 亚基发生交换。如果核糖体解离为50S和30S亚基，重亚基与轻亚基结合，形成杂合的标记核糖体。

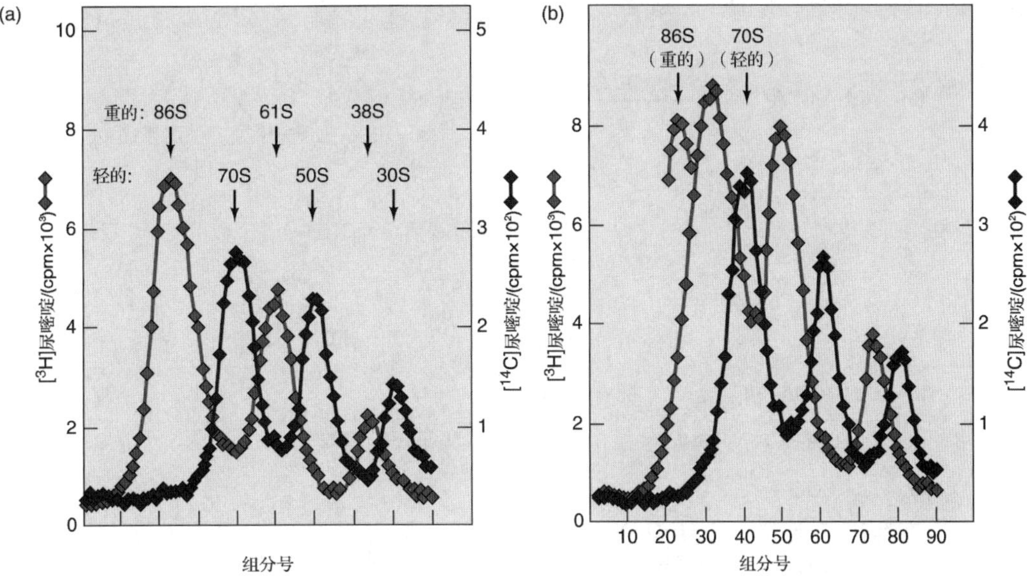

图17.4　核糖体亚基交换的证明。(a) 重核糖体和轻核糖体的沉降特点。用[^{3}H]尿嘧啶标记重核糖体（如图17.3所述），轻（普通）核糖体用[^{14}C]尿嘧啶标记。然后将这些核糖体进行蔗糖梯度离心，收集不同梯度的沉淀物，液体闪烁计数检测两种放射性同位素。轻核糖体及亚基（70S、50S和30S）与重核糖体及亚基（86S、61S和38S）在曲线的上方标出。**(b)** 实验结果。Meselson及同事培养了含有^{3}H标记重核糖体的大肠杆菌细胞，见图（a）。将这些细胞转移到普通培养基中培养3.5代，然后提取核糖体，加入^{14}C标记的轻核糖体作为对照，将混合物进行蔗糖梯度超速离心，收集沉淀物并测定其放射性，见图（a）：^{3}H，红色；^{14}C，蓝色。86S重核糖体的位置以平行梯度中离心的重核糖体测定。^{3}H标记的核糖体（最左边红色峰）是杂合的，在轻核糖体（70S）和重核糖体（86S）之间沉淀。（*Source*：Adapted from Kaempfer，R. O. R.，M. Meselson，and H. J. Raskas，Cyclic dissociation into stable subunits and reformation of ribosomes during bacterial growth，*Journal of Molecular Biology* 31：277-89，1968.）

重核糖体放在普通的氮、碳、氢的轻同位素培养基中培养。3.5 代以后，分离核糖体，蔗糖密度梯度离心测定其质量，以^{14}C标记的轻核糖体作为对照。图 17.4（b）显示了实验结果。正如所预期的，他们观察到的是重放射性标记的核糖体亚基（38S 和 61S 而不是标准的 30S 和 50S）。但是标记的全核糖体的沉降系数介于标准的 70S 和两个都是重亚基的 86S 之间，表明发生了亚基交换。重核糖体解离成亚基，又结合了新的轻亚基。

氯化铯梯度离心更精确地显示了存在两种核糖体：一是重的大亚基＋轻的小亚基，另一种是轻的大亚基＋重的小亚基，如图 17.3 所预计的那样。对酵母细胞做同样的实验，也得到了同样的结果。所以真核生物核糖体也在完整核糖体（80S）和亚基（40S 和 60S）之间循环。那么，核糖体亚基的解离是什么引起的呢？我们将在第 18 章中看到，细菌有一种核糖体释放因子（RRF），它与延伸因子（EF-G）共同促使亚基分离。此外，起始因子 IF3 与小亚基结合，使其不能与大亚基结合。

小结 在每一轮翻译结束时，大肠杆菌核糖体都要解离成亚基。RRF 和 EF-G 促进了这种解离，IF3 结合到游离的 30S 亚基上，阻止其与 50S 亚基形成完整的核糖体。

30S 起始复合物的形成

一旦 IF1 和 IF3 将核糖体解离为 50S 和 30S 亚基后，细胞就在 30S 亚基上建立了一个复合物，其中包括 mRNA、氨酰 tRNA 和若干起始因子，这就是 **30S 起始复合物**（30S initiation complex）。三个**起始因子**（initiation factor）是 **IF1**、**IF2** 和 **IF3**。IF3 自己就能结合到 30S 亚基上，而 IF1 和 IF2 可稳定这种结合。同样，IF2 能够结合 30S 颗粒，但在 IF1 和 IF3 的帮助下可实现更稳定的结合。IF1 自己不能与 30S 颗粒结合，但在另外两个因子的协助下可以与之结合。所有三个因子紧密地结合在 30S 亚基上靠近 16S rRNA 3′端的一个位点上。一旦三个起始因子结合在一起，它们就将另外两个关键的参与者 mRNA 和起始氨酰 tRNA

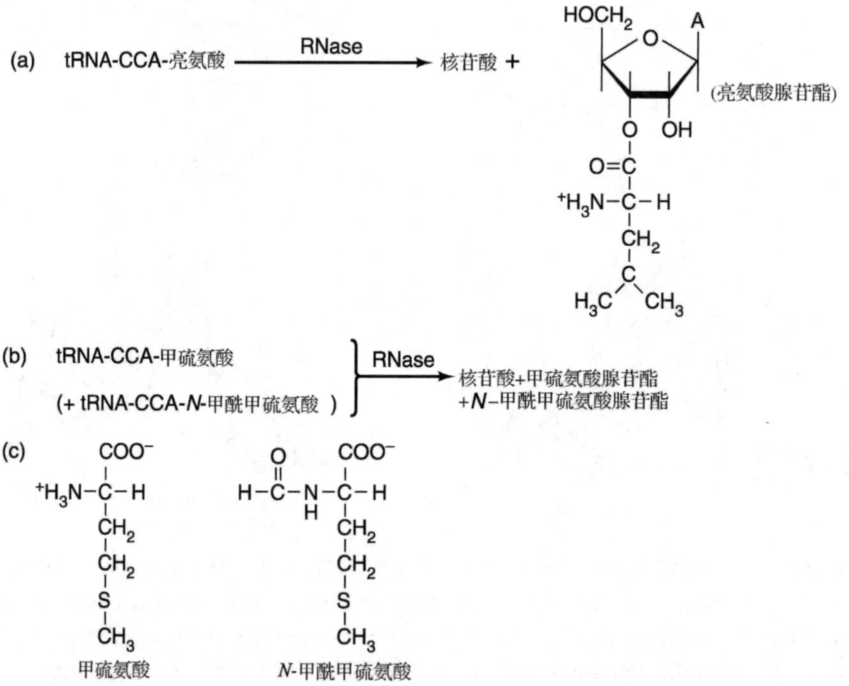

图 17.5 N-甲酰甲硫氨酸的发现。(a) Lipmann 及同事用核糖核酸酶消化亮氨酰 tRNA，生成核苷酸和亮氨酸腺苷酯。亮氨酸结合在 tRNA 的 3′端不变的 CCA 序列的末端 A 上。**(b)** Marcker 和 Sanger 做了同样的实验，所用的是他们所认为的纯甲硫氨酰 tRNA，但是得到的却是腺苷-氨基酸的混合物：腺苷甲硫氨酸和腺苷-N-甲酰甲硫氨酸。证明他们开始所用的氨酰 tRNA 是甲硫氨酰 tRNA 和 N-甲酰甲硫氨酰 tRNA 的混合物。**(c)** 甲硫氨酸和 N-甲酰甲硫氨酸的结构，fMet 的甲酰基用红色标示。

吸引到复合物上，后两者的结合顺序是随机的。

起始密码子和起始氨酰 tRNA 1964 年，Fritz Lipmann 证明用核糖核酸酶消化亮氨酰 tRNA 可生成亮氨酸腺苷酯［图 17.5（a)］。这正是我们所预期的结果，因为氨基酸是结合在 tRNA 的 3′端腺苷的羟基上的。但是当 K. A. Marcker 和 Frederick Sanger 用甲硫氨酰 tRNA 做同样实验时，他们不仅发现了预期的甲硫氨酸腺苷酯，还发现了 *N*-甲酰甲硫氨酸腺苷酯［图 17.5（b)］。表明他们实验中的 tRNA 酯酰化不仅有甲硫氨酸，而且还有其衍生物 ***N*-甲酰甲硫氨酸**（*N*-formyl-methionin，简写为 **fMet**）的参与。图 17.5（c）比较了 Met 和 fMet 的结构。

接着，B. F. C. Clark 和 Marcker 证明了大肠杆菌细胞有两种不同的、可负载甲硫氨酸的 tRNA。他们采用一种叫做反向流分配（countercurrent distribution）的传统制备方法分离到这两种 tRNA。移动快的、现在叫做 $\mathbf{tRNA_m^{Met}}$ 的 tRNA，可负载甲硫氨酸，但该甲硫氨酸不能被甲酰化。也就是说，其氨基不能接受甲酰基。移动慢的 tRNA 是 $\mathbf{tRNA_f^{Met}}$，表示所结合的甲硫氨酸能被甲酰化。注意，甲硫氨酸的甲酰化发生在 tRNA 上，tRNA 不能直接负载甲酰甲硫氨酸。Clark 和 Marcker 继续实验验证了这两种 tRNA 的两个性质：①它们所对应的密码子；②蛋白质内放置甲硫氨酸的位置。

密码子专一性分析采用 Marshall Nirenberg 的方法，该方法将在下一章详述。其策略是标记氨酰 tRNA，使之与核糖体及不同的三核苷酸混合，如 AUG。编码某个特定氨基酸的三核苷酸通常能使正确的氨酰 tRNA 结合到核糖体上。本例中，$tRNA_m^{Met}$ 响应密码子 AUG，而 $tRNA_f^{Met}$ 响应 AUG、GUG 和 UUG。我们已经指出 $tRNA_f^{Met}$ 参与起始，这就表明所有这三个密码子 AUG、GUG 和 UUG 都能作为起始密码子。大量大肠杆菌基因序列分析已经证实，90%以上基因的起始密码子是 AUG，8%和 1%的基因分别以 GUG 和 UUG 为起始密码子。

顺便提一下，除了三个很熟悉的起始密码子（AUG、GUG 和 UUG）外，AUU 也可作为起始密码子，但是大肠杆菌只有两个基因使用它，其中一个基因编码毒蛋白。这是合理的，因为 AUU 是一种非有效的起始密码子，太活跃地翻译该基因会很危险。另一个基因编码 IF3。这很有意思，因为 IF3 的其中一个功能是帮助核糖体与标准起始密码子结合，避免与非有效、不标准起始密码子（如 AUU）的结合。换句话说，IF3 阻止对它自己起始密码子的识别。这样就提供了一个纯自主调节机制：当 IF3 含量高、无需更多 IF3 时，IF3 蛋白阻止 IF3 mRNA 的翻译；但是，当 IF3 的水平降低、需要更多 IF3 时，能阻止进入 AUU 起始密码子的 IF3 只有很少量，所以就可以产生更多的 IF3。

随后，Clark 和 Marcker 确定了这两种 tRNA 将甲硫氨酸加入蛋白质链的位置。他们采用的是体外翻译系统，该系统含有一个人工合成的 mRNA，其中分散有多个 AUG 密码子。当他们用 $tRNA_m^{Met}$ 时，甲硫氨酸主要出现在蛋白质产物的内部，当他们用 $tRNA_f^{Met}$ 时，甲硫氨酸只进入多肽链的第一个位置。因此，$tRNA_f^{Met}$ 看来是作为起始氨酰 tRNA 的。那么，这是由于氨基酸的甲酰化作用，还是 tRNA 的某些特性引起的呢？为此，Clark 和 Marcker 用甲酰化和未甲酰化的甲硫氨酰 $tRNA_f^{Met}$ 做进一步实验，发现氨基酸是否甲酰化没有区别。两种情况下，$tRNA_f^{Met}$ 都指导了第一个氨基酸的结合。因此是甲酰甲硫氨酸 $tRNA_f^{Met}$ 中的 tRNA 部分使其成为起始氨酰 tRNA 的。

Martin Weigert 和 Alan Garen 用体内实验进一步证明了 $tRNA_f^{Met}$ 就是起始氨酰 tRNA。他们用 R17 噬菌体感染大肠杆菌，分离出新合成的噬菌体外壳蛋白，发现 fMet 位于 N 端，如果它是起始氨基酸，此处正是其应该出现的位置。丙氨酸是新外壳蛋白的第二个氨基酸，而成熟 R17 噬菌体外壳蛋白的 N 端有丙氨酸，因此，蛋白质的成熟必须包括 N 端 NfMet 的切除。对多种不同细菌和噬菌体的蛋白质研究都表明 fMet 经常是被切除的。有时会保留甲硫氨酸，但一定是切除甲酰基团的。

小结　原核生物的起始密码子通常是AUG，也可以是GUG，极少数是UUG。起始氨酰tRNA是*N*-甲酰甲硫氨酸-$tRNA_f^{Met}$。因此，*N*-甲酰甲硫氨酸（fMet）是加入多肽链的第一个氨基酸，但是，在蛋白质成熟加工过程中fMet经常是被切除的。

mRNA与30S核糖体亚基的结合　我们已经知道起始密码子是AUG，有时是GUG或UUG，但是这些密码子也出现在遗传信息的内部。内部AUG编码普通的甲硫氨酸，GUG和UUG分别编码缬氨酸和亮氨酸。那么，细胞怎样区别具有相同序列的起始密码子与普通密码子呢？对该问题很容易想到两种解释：在起始密码子附近要么有一个特殊的初级结构（RNA序列），要么有一个特殊的RNA二级结构（如碱基配对的茎环结构）来判断密码子并允许核糖体在此结合。1969年，Joan Steitz利用大肠杆菌噬菌体R17mRNA来寻找这些鉴别特征。噬菌体R17属于一类小的、球状RNA噬菌体，这类噬菌体还有f2和MS2，它们都是**正链噬菌体**（positive strand phage），这意味着它们的基因组也就是它们的mRNA。因此，这些噬菌体提供了纯mRNA的方便来源。它们非常简单，只有三个基因，分别编码A蛋白（或成熟蛋白）、外壳蛋白和复制酶。Steitz分析了R17 mRNA中这三个起始密码子附近的序列，希望找出明显的初级或二级结构。她让核糖体与mRNA结合，并一直处于与起始位点结合的条件下，然后用RNase A消化未被核糖体保护的RNA，最后对核糖体保护的起始区域进行序列分析。她没有发现起始位点附近有明显的序列或二级结构相似性。

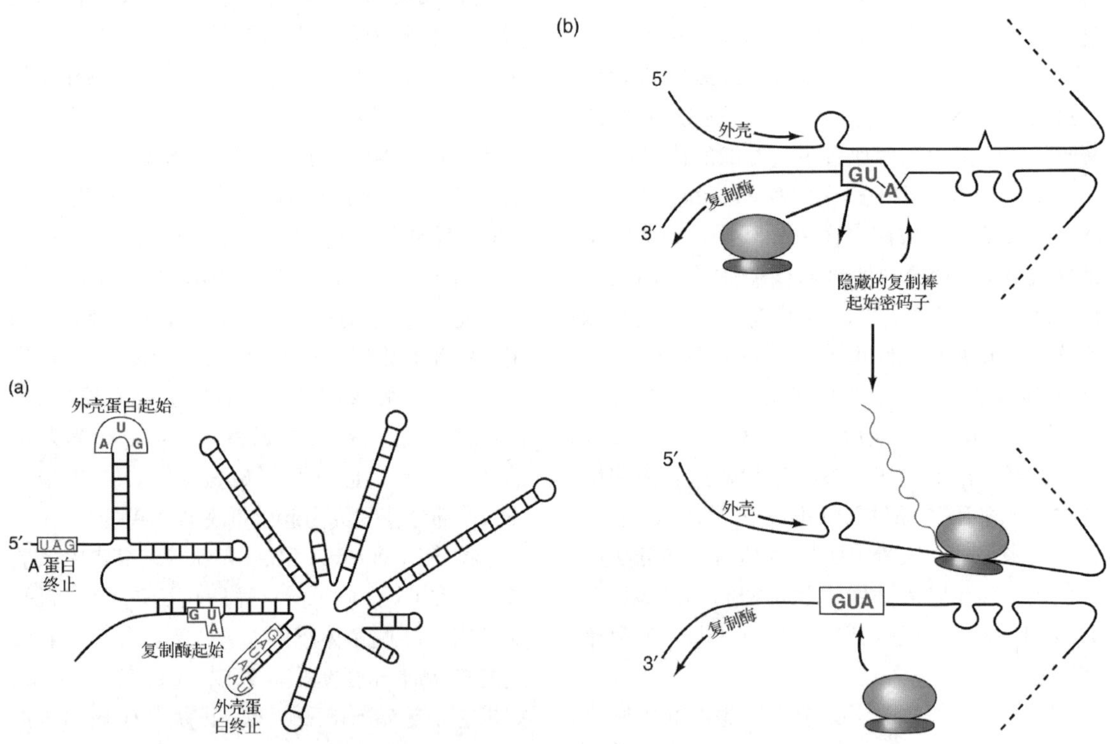

图17.6　MS2噬菌体RNA的潜在二级结构及其对翻译的影响。(a) 简化的MS2 RNA的外壳基因和周围区域。起始和终止密码子都加框并标记出来。**(b)** 外壳基因翻译对复制酶翻译的影响。顶部，外壳基因不能被翻译，复制酶起始密码子（AUG，绿色，这里是从右向左写的）被隐藏在与外壳基因碱基配对部分的茎干中，因此，复制酶基因不能被翻译。底部，核糖体在翻译外壳基因，这干扰了复制酶起始密码子周围的碱基配对，使其对核糖体打开，翻译复制酶基因。［*Source*：(*a*) Adapted from Min Jou，W.，G. Haegeman，M. Ysebaert，and W. Fiers，Nucleotide sequence of the gene coding for the bacteriophage MS2 coat protein. *Nature* 237：84，1972.］

实际上，后来对 MS2 噬菌体的研究表明所有三个起始位点的二级结构都是禁止性的 (inhibitory)，松弛这些二级结构就可增强起始。这在 A 蛋白基因中尤其如此，其起始密码子周围的碱基配对非常强，致使该基因的翻译只能在 RNA 已经复制之后一个很短的时间里进行。这种短暂的时机之所以会发生是因为 RNA 还未来得及形成碱基配对来隐藏起始密码子。在复制酶基因中，起始密码子被隐藏在外壳基因的一个双链结构内，如图 17.6 (a) 所示。这里的碱基配对自身尚未强到能阻止翻译，但是一个阻遏物蛋白使该碱基配对茎得以稳定，从而使复制酶基因不能翻译。这就解释了为什么这些噬菌体的复制酶基因的翻译需在外壳基因翻译之后，即核糖体经过外壳基因时，打开了隐藏复制酶基因起始密码子的二级结构 [图 17.6 (b)]。

我们已经看到二级结构不能识别起始密码子，而且第一个起始位点附近的序列也没有揭示任何明显的相似性。那么，是什么构成了核糖体的结合位点呢？答案是一个特殊序列。但有些基因，如 R17 外壳蛋白基因，偏离保守序列太多，使其难以识别。Richard Lodish 及同事为发现这一序列奠定了基础，他们用来自不同细菌的核糖体翻译 f2 外壳 mRNA，发现大肠杆菌核糖体能够在体外翻译全部三个 f2 基因，而嗜热脂肪芽孢杆菌 (*Bacillus stearothermophilus*) 的核糖体只能翻译 A 蛋白基因。真正的问题是外壳基因的翻译，我们已经知道，复制酶基因的翻译依赖于外壳基因的翻译。所以，嗜热脂肪芽孢杆菌核糖体不能翻译 f2 的复制酶基因是它不能翻译外壳基因的间接效应。Lodish 及同事用核糖体组合实验证明是嗜热脂肪芽孢杆菌的核糖体而非其起始因子有问题。

之后，Nomura 及同事用 R17 噬菌体 RNA 进行了更细致的核糖体组合实验，发现重要元件位于 30S 核糖体亚基上。如果 30S 亚基来自大肠杆菌，R17 外壳基因就可翻译；如果 30S 亚基来自嗜热脂肪芽孢杆菌，则该基因不能翻译。最后，他们把 30S 亚基解离成各个 RNA 和蛋白质组分，再进行组合实验。这一次，有两个成分突现出来：一是核糖体蛋白之一的 S12，另一个是 16S rRNA。如果两者中的任一个来自大肠杆菌，外壳基因的翻译就处于活化状态；如果其中任一个来自芽孢杆菌，外壳基因的翻译就被抑制（虽然没有像整个核糖体亚基都来自嗜热脂肪芽孢杆菌那么低）。

这些发现激励 John Shine 和 Iynn Dalgarno 去寻找 16S rRNA 与 R17 基因起始位点周围的序列间可能存在的相互作用。他们注意到包含全部或部分 AGGAGGU 序列的结合位点刚好位于起始密码子上游，该序列与大肠杆菌 16S rRNA 3′端序列 3′HO-AU**<u>UCCUCCA</u>**C5′的划线部分互补。注意羟基表示 16S rRNA 的 3′端，这个序列是按 3′→5′书写的，所以它与 **AGGAGGU** 序列明显互补。这种关系很有启发性，尤其是考虑到外壳蛋白序列与 16S rRNA 的互补是在三个基因中最弱。因此，很可能它对于 16S rRNA 序列的改变最敏感。

当我们比较大肠杆菌和芽孢杆菌的 16S rRNA 序列，发现 R17 外壳基因结合位点与芽孢杆菌的 16S rRNA 之间匹配很差时，事情就变得更有意思了。芽孢杆菌 16S rRNA 可以与 A 蛋白及复制酶的核糖体结合位点形成 4 个沃森-克里克碱基对，但与外壳蛋白基因只有两个这样的碱基对。而大肠杆菌 16S rRNA 与所有三个基因的核糖体结合位点都至少形成三个碱基对。那么，16S rRNA 和翻译起始位点上游区域的碱基配对对于核糖体的结合非常重要吗？如果是，就可以解释芽孢杆菌核糖体对 R17 外壳蛋白起始位点不能很好结合的原因了，并且也能将 AGGAGGU 确定为核糖体结合位点。我们将看到，其他证据显示这确实是核糖体结合位点，并被称为 **Shine-Dalgarno 序列** (Shine-Dalgarno sequence)，或 **SD 序列**，以纪念其发现者。

为支持这一假说，Shine 和 Dalgarno 从另外两种细菌，绿脓杆菌 (*Pseudomonas aeruginosa*) 和新月柄杆菌 (*Caulobacter crescentus*) 中分离出核糖体，对 16S rRNA 3′端进行序列分析，检测了核糖体结合到 R17 的三个起始位点的能力。与其他的结果一致，他们发现无论何时只要 16S rRNA 与起始密码子上游序列间有三个或更多的碱基配对，核糖体的结合就可发生，而少于三个碱基配对，就没有核糖体的结合。

Steitz 和 Karen Jakes 提供了更多有力的证据支持 Shine-Dalgarno 假说。他们将大肠杆菌的核糖体结合到R17的A蛋白基因的起始区，然后用序列特异性的RNase colicin E3处理复合物，该酶在大肠杆菌16S rRNA的3′端附近切割。接着进行RNA指纹实验，发现有一段双链RNA片段，如图17.7所示。其中一条是A蛋白基因起始位点的寡核苷酸，包括Shine-Dalgarno序列，与其碱基配对的是16S rRNA 3′端的寡核苷酸。这就直接证明了Shine-Dalgarno序列与16S rRNA 3′端的碱基配对。无可置疑，这就是真正的核糖体结合位点。需要强调的是，原核生物的mRNA通常都是多顺反子，即它们携带一个以上单顺反子或基因的信息。mRNA中的每个顺反子都有自己的起始密码子和核糖体结合位点。因此，核糖体独立地结合到每个起始位点，并通过使某些起始位点更有利于吸引核糖体而提供了一种调控基因表达的方法。

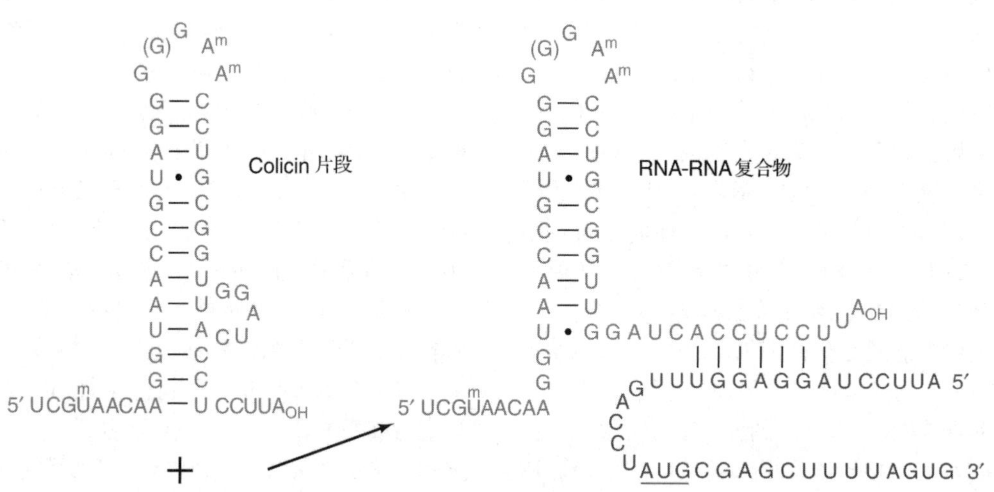

图17.7 大肠杆菌16S rRNA 3′端的colicin片段的可能结构和R17噬菌体A蛋白顺反子的起始区域。起始密码子(AUG)用下划线标出，colicin片段中的"m"表示甲基化碱基。G·U摇摆碱基配对用·表示。[*Source*: Adapted from Steitz, J. A. and K. Jakes, How ribosomes select initiator regions in mRNA, *Proceedings of the National Academy of Sciences USA* 72 (12): 4734-38, December 1975.]

1987年，Anna Hui和Herman De Boer为Shine-Dalgano序列和16S rRNA 3′端的碱基配对提供了漂亮的证据。他们将突变的人生长激素基因克隆到大肠杆菌表达载体上，该载体带有一个野生型SD序列(GGAGG)，与野生型16S rRNA的反义SD序列(CCUCC)互补，这样能产生高水平的人生长激素。将SD序列突变为CCUCC或GUGUG，它们就不能与16S rRNA反义SD序列配对了，两个突变体都不能产生大量人生长激素。但是当把16S rRNA基因的反义SD序列突变为GGAGG或CACAC时，又分别恢复了与CCUCC和GUGUG的互补配对。现在，带有突变体CCUCC SD序列的mRNA能被带有GGAGG反义SD序列的16S rRNA突变体细胞很好地翻译；带有突变GUGUG SD序列的mRNA能被带有CACAC反义SD序列的16S rRNA细胞很好地翻译。这种基因间的抑制现象为这些序列间重要碱基配对的存在提供了有力的证据。

哪些因子参与mRNA与30S亚基的结合呢？1969年，Albert Wahba及同事证明，所有三个起始因子都是最佳结合所必需的，但IF3是最重要的。他们将大肠杆菌噬菌体R17和MS2的^{32}P标记的mRNA及烟草花叶病毒(TMV)的mRNA与核糖体亚基和单个或组合起始因子混合在一起。这些病毒的RNA基因组都可作为mRNA，所以是这类实验很方便的

mRNA 来源。表 17.1 中的实验 1 显示了实验结果。IF2 或 IF2＋IF1 对 R17 mRNA 与核糖体结合几乎无促进作用，但 IF3 自身就能引起显著的结合。IF1 可进一步刺激这一结合，三个因子共同作用效果最好。因此，IF3 是 mRNA 与核糖体结合的主要因子，另外两个因子协助完成这一任务。我们知道，IF3 结合 30S 亚基，使 50S 亚基不能与游离的 30S 颗粒结合，另两个起始因子也结合在 IF3 结合位点的附近，参与 30S 起始复合物的组装。

表 17.1　起始因子在 30S 起始复合物与天然 mRNA 形成中的作用

实验	核糖体	mRNA	加入的起始因子	核糖体结合/pmol	
				mRNA	$fMet\text{-}tRNA_f^{Met}$
1	30S＋50S	R17	IF1＋IF2	0.4	0.4
			IF2	0.3	0.3
			IF3	2.7	0.1
			IF1＋IF3	4.8	0.2
			IF2＋IF3	2.5	1.3
			IF1＋IF2＋IF3	6.2	6.6
2	30S	MS2	IF1＋IF3		0.0
			IF2		1.8
			IF1＋IF2		3.7
			IF2＋IF3		2.7
			IF1＋IF2＋IF3		7.3
3	30S＋50S	TMV	IF1＋IF3		0.5
			IF2		1.7
			IF1＋IF2		3.1
			IF2＋IF3		8.3
			IF1＋IF2＋IF3		16.9

Source: Role of Initiation Factors in Formation of the 30S Initiation Complex with Natural mRNA from A. J. Wahba, K. Iwasaki, M. J. Miller, S. Sabol, M. A. G. Sillero, & C. Vasquez, "Initiation of Protein Synthesis in *Escherichia coli* Ⅱ," *Cold Spring Harbor Symposia in Quantitative Biology*, 34: 292. Copyright © 1969, Cold Spring Harbor Laboratory Press. Reprinted with permission.

小结　30S 起始复合物由游离的 30S 核糖体亚基加 mRNA 和 $fMet\text{-}tRNA_f^{Met}$ 组成。原核细胞 30S 核糖体亚基与 mRNA 起始位点的结合依赖于紧接起始密码子上游被称为 Shine-Dalgarno 序列的短 RNA 序列与 16S rRNA 3′端互补序列的碱基配对。这种结合由 IF3 介导，IF1 和 IF2 协助。至此，所有三个起始因子都结合到 30S 亚基上。

$fMet\text{-}tRNA_f^{Met}$ 对 30S 起始复合物的结合　如果 IF3 对于 mRNA 结合到 30S 核糖体上起主要作用，那么哪个起始因子对 $fMet\text{-}tRNA_f^{Met}$ 起同样的作用呢？表 17.1 表明答案是 IF2。IF1 和 IF3 合在一起都不能引起 $fMet\text{-}tRNA_f^{Met}$ 的结合，而 IF2 自己就能引起显著的结合。同样，如同与 mRNA 的结合一样，所有三个因子共同作用的效果最佳。

1971 年，Sigrid 和 Robert Thach 证明每 1mol GTP 结合到 30S 核糖体亚基上就伴随有 1mol $fMet\text{-}tRNA_f^{Met}$ 的结合，但是 GTP 水解是在 50S 核糖体亚基结合到复合物上且 IF2 解离之后。我们将在本章后面部分进一步讨论该问题。

1973 年，John Fakunding 和 John Hershey 利用标记的 IF2 和 $fMet\text{-}tRNA_f^{Met}$ 做体外实验，证明两者都与 30S 核糖体亚基结合，并且这种结合的发生并不需要 GTP 的水解。他们用 ^3H 标记 $fMet\text{-}tRNA_f^{Met}$，用 [^{32}P] ATP 对 IF2 磷酸化。这种磷酸化的 IF2 仍保留全部活性。然后，将这些成分在 GTP 或不可水解的 GTP 类似物 GDPCP 存在下与 30S 核糖体亚基混合。GDPCP 的β-磷酸和 γ-磷酸之间有一个亚甲基键 ($-CH_2-$)，而正常 GTP 在此处是一个氧原子，这是 GDPCP 不能水解成 GDP 和磷酸的原因。将所有这些成分混合后，Fakunding 和 Hershey 利用蔗糖梯度超速离心分离各种起始复合物。图 17.8 显示了实验结果。所有的标记 IF2 和大量的 fMet-tRNA$_f^{Met}$ 与 30S 核糖体亚基一起移动，表明起始复合物的形成。在 GTP 或 GDPCP 存在条件下有相同的结果，证明 GTP 水解不是 IF2 或 fMet-tRNA$_f^{Met}$ 对复合物结合所必需的。实际上，IF2 可以在 GTP 缺乏的条件下结合到 30S 亚基上，但只发生在非天然的高浓度条件下。

利用这种实验，Fakunding 和 Hershey 估计了 30S 亚基、IF2 和 fMet-tRNA$_f^{Met}$ 两两间的结合量。加入越来越多的 IF2 产生一个饱和曲线，曲线在每个 30S 亚基结合 0.7 个分子的 IF2 时达到稳定。因为有些 30S 亚基可能对结合 IF2 不敏感，这一数字看起来足以接近 1.0，因此可以认为实际的化学比是 1∶1。此外，在饱和 IF2 浓度时，有 0.69 个分子的 fMet-tRNA$_f^{Met}$ 结合 30S 亚基，这几乎就是 IF2 的结合量，所以 fMet-tRNA$_f^{Met}$ 结合的化学比也是 1∶1。然而，IF2 最终会从起始复合物上释放出来，所以它可以再循环，将另一个 fMet-tRNA$_f^{Met}$ 结合到另一个复合物上，以这种方式催化性地发挥着作用。

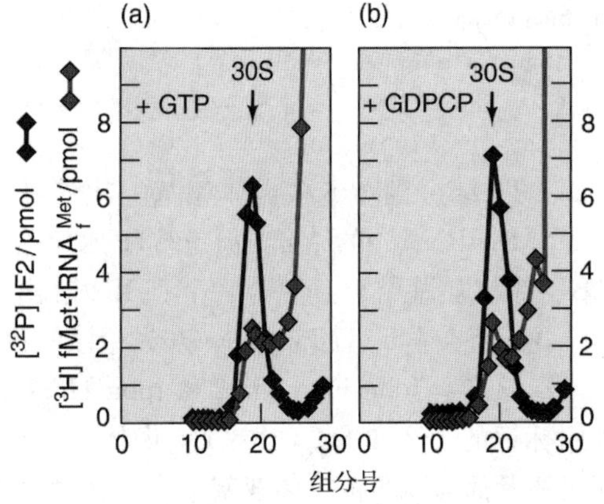

图 17.8　GTP 或 GDPCP 存在时 30S 起始复合物的形成。 Fakunding 和 Hershey 将［^{32}P］IF2、［^{3}H］fMet-tRNA$_f^{Met}$、AUG、mRNA 替代物和 30S 核糖体亚基与（**a**）GTP 或（**b**）GTP 的非水解类似物 GDPCP 混合。用蔗糖梯度超速离心，分析每一梯度组分的放射性 IF2（蓝色）和 fMet-tRNA$_f^{Met}$（红色）。在 GTP 或 GDPCP 存在时，IF2 和 fMet-tRNA$_f^{Met}$ 都能很好地结合 30S 核糖体亚基。（*Source*：Adapted from Fakunding，J. LH and J. W. B，Hershey，The interaction of radioactive initiation factor IF2 with ribosomes during initiation of protein synthesis. *Journal of Biological Chemistry* 248：4208，1973.）

正如本章前面所学过的，所有三个因子可以协同性地与 30S 亚基结合。确实，三个因子的全部结合是 30S 起始复合物形成的第一步。一旦结合，这些因子就能指导 mRNA 和 fMet-tRNA$_f^{Met}$ 的结合，产生完整的 30S 起始复合物，即 30S 核糖体亚基加上各一分子的 mRNA、fMet-tRNA$_f^{Met}$、GTP、IF1、IF2 和 IF3。

小结　IF2 是促进 fMet-tRNA$_f^{Met}$ 与 30S 起始复合物结合的主要因子，另外两个起始因子起重要的辅助作用。在 IF2 的生理浓度下，GTP 也是 IF2 结合所必需的，但在这一过程中 GTP 并不水解。完整的 30S 起始复合物包括一个 30S 核糖体亚基加上各一分子的 mRNA、fMet-tRNA$_f^{Met}$、GTP、IF1、IF2 和 IF3。

70S 起始复合物的形成

要发生延伸，50S 核糖体亚基必须结合 30S 起始复合物形成 **70S 起始复合物**（70S initiation complex）。在这一过程中，IF1 和 IF3 从复合物上解离。当 IF2 离开复合物时，GTP 水解成 GDP 和无机磷酸盐。我们将看到 GTP 水解不能驱动 50S 核糖体亚基的结合，而是驱使 IF2 释放，否则 IF2 会干扰有活性 70S 起始复合物的形成。

已经知道 GTP 是 30S 起始复合物的一部分，并且在 50S 核糖体亚基与复合物结合时解离。那么，它是怎样离开的呢？1972 年，Jerry Dubnoff 和 Umadas Maitra 证明 IF2 具有核糖体依赖性 GTPase 活性，可使 GTP 水解成 GDP 和无机磷酸盐（Pi）。他们将［γ-^{32}P］GTP 与盐洗过的核糖体（去除了起始因子），或 IF2，或核糖体＋IF2 分别混合，对释放的^{32}P$_i$ 作图。图 17.9 表明，核糖体或 IF2 单独都不能水解 GTP，但两者合起来则可以。因此，IF2 与核糖体一起组成了 GTPase。在前面对 30S 起始复合物的分析已显示，30S 核糖体亚基不能以这种方式补充 IF2，因为直到 50S 颗粒加入到复合物后，GTP 才水解。

GTP 水解的作用是什么呢？Fakunding 和 Hershey 用标记的 IF2 所做的实验解释了这一问题。他们发现，GTP 水解是从核糖体上去除

IF2 所必需的。他们用标记的 IF2、fMet-tRNA$_f^{Met}$ 和 GDPCP 或 GTP 形成 30S 起始复合物，再加入 50S 亚基，然后高速离心，观察哪个组分保留在 70S 起始复合物上。图 17.10 显示了实验结果。GDPCP 使 IF2 和 fMet-tRNA$_f^{Met}$ 都保留与 70S 复合物的结合，相反，GTP 则使 IF2 游离，而使 fMet-tRNA$_f^{Met}$ 保留在 70S 复合物上，这证明 GTP 水解是 IF2 离开核糖体所必需的。

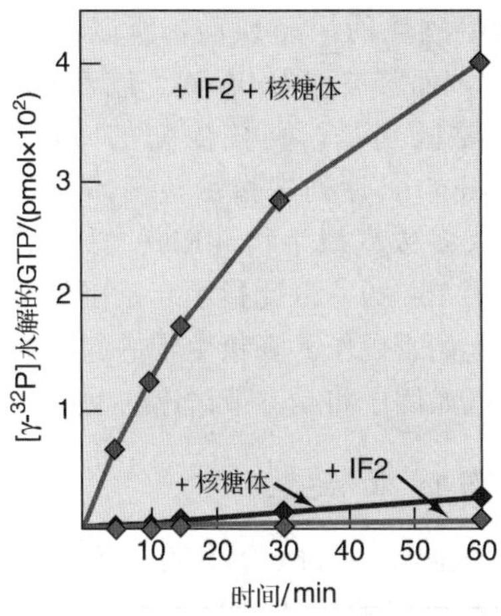

图 17.9 IF2 的核糖体依赖性 GTPase 活性。 Dubnoff 和 Maitra 测量了在 IF2（绿色）存在时，标记的无机磷酸盐从 [γ-^{32}P] GTP 的释放。核糖体（蓝色），IF2＋核糖体（红色）。核糖体和 IF2 共同水解 GTP。（*Source*：Adapted from Dubboff，J. S.，A. H. Lockwood，and U. Maitra，Studies on the rode of guanosine triphosphate in polypeptide Chain initiation in *Eschenichia coli*. *Joumal of Biological Chemistry* 247：2878，1972.）

图 17.10 的另一个特点是，有 GTP 时，结合到 70S 起始复合物上的 fMet-tRNA$_f^{Met}$ 比 GDPCP 存在时要多，暗示了 IF2 的催化功能：GTP 水解是从 70S 起始复合物释放 IF2 所必需的，IF2 因而能将另一个 fMet-tRNA$_f^{Met}$ 结合到另一个 30S 起始复合物上，这种再循环构成了催化活性。但是，如果 GTP 未能水解，则 IF2 因子仍黏附在 70S 复合物上，就不能再循环了，因而只能以化学计量性地发挥作用。

引发核糖体的翻译也需要 GTP 水解吗？显然不是。因为 Maitra 及同事通过凝胶过滤法从 30S 起始复合物上去除 GTP 后，发现这些复合物对接受 50S 亚基是敏感的，并能形成肽键。在该过程中 GTP 没有水解，用 GDPCP 进行的相似过程有同样的结果。因此，至少在这些实验条件下，GTP 水解不是产生有活性 70S 起始复合物的前体条件。这些结果支持了这一观点，即 GTP 水解的真正作用是将 IF2（和 GTP 本身）从 70S 起始复合物上去除，使 70S 能行使其连接氨基酸形成蛋白质的功能。

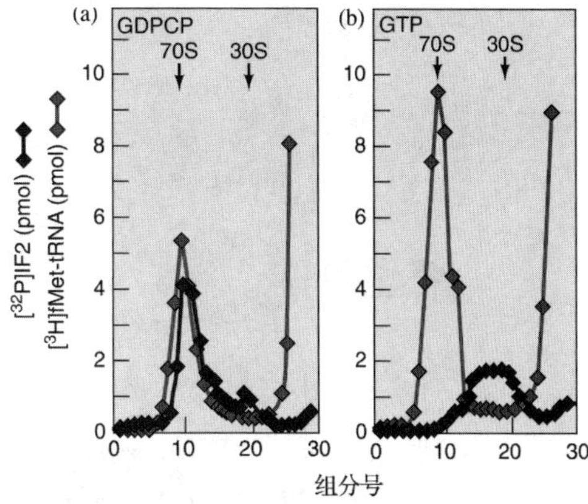

图 17.10 GTP 水解对 IF2 从核糖体释放的影响。 Fakunding 和 Hershey 将 [^{32}P] IF2（蓝色）和 [^{3}H] fMet-tRNA$_f^{Met}$（红色）与 30S 核糖体亚基混合，形成 30S 起始复合物。在 **(a)** 有 GDPCP 或 **(b)** 有 GTP 时加入 50S 核糖体亚基，然后用蔗糖梯度超速离心法（如图 17.8）分析复合物。（*Source*：Adapted From Fakunding，J. L. and J. W. B. Hershey，The interaction of radioactive initiation Factor IF2 with ribosomes during initiation of protein synthesis. *Joumal of biological Chemistry* 248：4210，1973.）

小结 在 50S 亚基结合 30S 复合物形成 70S 起始复合物后 GTP 被水解。这种 GTP 水解是由 IF2 连同 50S 核糖体亚基进行的，水解的目的是从复合物上释放 IF2 和 GTP，从而使多肽链的延伸能够开始。

细菌中的翻译起始总结

图 17.11 总结了已学过的细菌的翻译起始，包括下列特征。

1. 在 RRF 和 EF-G 的影响下，70S 核糖体解离为 50S 和 30S 亚基。

2. IF3 对 30S 亚基的结合抑制了核糖体亚基的再结合。

3. IF1 和 IF2-GTP 结合在 IF3 旁边。

4. mRNA 与 fMet-tRNA$_f^{Met}$ 结合形成 30S 起始复合物。这两个组分的结合不分先后，但 IF2

激发 fMet-$tRNA_f^{Met}$ 的结合，IF3 激发 mRNA 的结合。其他起始因子对这两种情况都提供协助。

5. 50S 亚基的结合使 IF1 和 IF3 解离。

6. 伴随 GTP 的同步水解，IF2 从复合物上解离。产物是 70S 起始复合物，可以开始延伸。

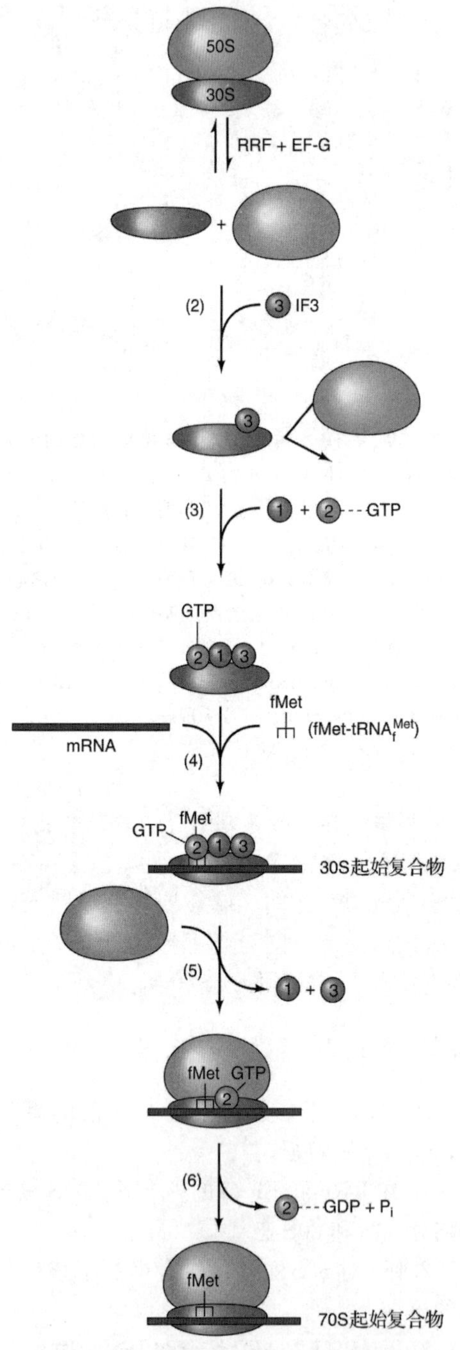

图 17.11 细菌翻译起始总结。 步骤 1～6 见教材介绍，在体内，步骤 2 和步骤 3 可能是组合在一起的。

17.2 真核生物翻译的起始

真核生物的翻译起始有几个特征不同于细菌的翻译起始。第一，真核生物的起始从甲硫氨酸，而不是 *N*-甲酰甲硫氨酸开始。但是起始 tRNA 与将甲硫氨酸添加到多肽链内部的 tRNA（$tRNA_m^{Met}$）不同。由于起始 tRNA 携带的是非甲酰化的甲硫氨酸，所以不适合称为 $tRNA_f^{Met}$，而常被称为 $\mathbf{tRNA_i^{Met}}$ 或者 $\mathbf{tRNA_i}$。第二个主要区别是，真核生物的 mRNA 没有 Shine-Dalgarno 序列来指示核糖体从哪儿开始翻译，大多数真核生物 mRNA 的 5′端具有帽结构（第 15 章），以此指示起始因子结合并开始搜索起始密码子。真核生物的起始机制及其所需的起始因子将是本节讨论的重点。

起始的扫描模型

多数细菌 mRNA 是多顺反子，含有多个基因或顺反子的遗传信息。每个顺反子都有自己独立的起始密码子及核糖体结合位点。但是除了某些病毒的转录物外，多顺反子 mRNA 在真核生物中很少见。因此，真核细胞经常要面临在转录的 5′端寻找起始密码子的任务。它们通过识别 5′端帽结构，然后沿 5′→3′方向扫描（scanning）mRNA，直到遇见起始密码子，如图 17.12 所示。

基于以下 4 点考虑，Marilyn Kozak 于 1978 年首次建立了“扫描模型”：①没有证据表明真核生物的翻译起始像多顺反子 mRNA 一样从内部 AUG 开始；②起始不在 mRNA 5′端的固定位点发生；③在研究过的所有前 22 个真核生物的 mRNA 中，帽下游的第一个 AUG 都被用作起始了；④mRNA 5′端的帽结构可促进起始。在本章后面我们将看到扫描模型的更明确证据。

最简单版本的扫描模型是核糖体识别出它所遇到的第一个 AUG，并在那里起始翻译。但是对 699 个真核生物 mRNA 的调查显示，有 5%～10%的第一个 AUG 不是起始位点，其核糖体在遇到正确的 AUG 并起始翻译之前跳过了一个或多个 AUG。Kozak 将这种过程称为“漏扫描”（leaky scanning）。由此产生了一个问题：以什么来界定AUG是正确还是错误？Kozak研究了起始AUG周围的序列，发现在哺乳动物中的共有序列是CCRCCAUGG，R是嘌呤（A或G），加下划线的是起始密码子。

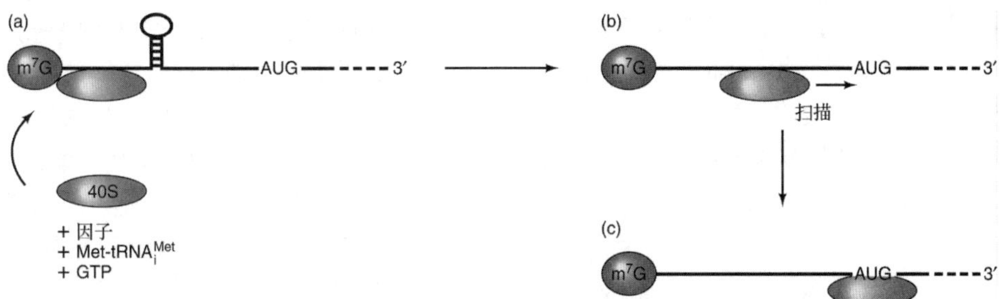

图 17.12 简化的翻译起始“扫描模型”。(a) 40S核糖体亚基与起始因子、Met-tRNA$_i^{Met}$和GTP一起识别mRNA 5′端的m^7G帽（红色），使核糖体亚基在mRNA的末端结合。为简单起见，其他组分（因子等）被省略了。**(b)** 40S亚基向3′端扫描mRNA，搜索起始密码子。在此过程中解开一个茎环结构。**(c)** 核糖体亚基定位于AUG起始密码子处并停止了扫描。现在60S核糖体亚基可以加入复合物，起始可以发生了。

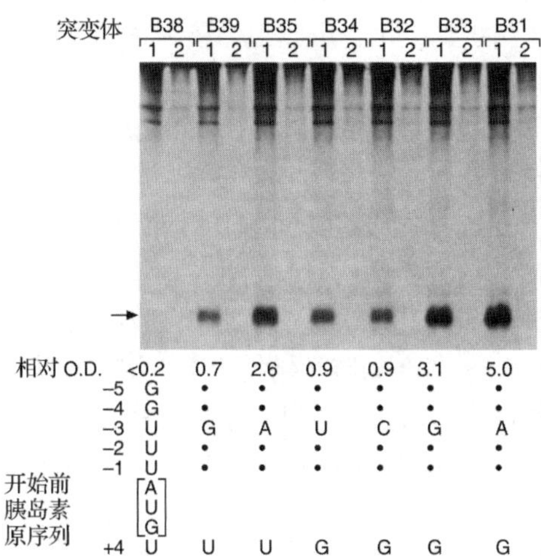

图 17.13 在起始AUG周围−3和+4位单个碱基改变的影响。从SV40病毒启动子控制下的大鼠前胰岛素原的克隆基因开始，Kozak用人工合成的含ATG的寡核苷酸代替天然起始密码子，该ATG在mRNA中被转录为AUG。然后突变-3和+4位的核苷酸，如图底部所示。将突变的基因转入COS细胞，在含有［^{35}S］标记的Met培养基中培养细胞，以便标记产生的胰岛素原。免疫沉淀法纯化胰岛素原，电泳，荧光摄影检测标记的蛋白质。此技术与放射自显影类似，电泳凝胶中充满荧光混合物，以用来增强同位素（如^{35}S）发射的弱放射性。左边箭头指示胰岛素原产物，荧光摄像测定胰岛素原条带的亮度，以每个条带下列出的相对OD值或光密度表示。最佳起始发生在-3是嘌呤，+4是G。胰岛素原是前胰岛素原基因的产物，在前胰岛素原翻译期间，N端的“信号肽”被切除，产生胰岛素原。信号肽指导生长的多肽连同核糖体、mRNA一起到内质网（ER），以确保多肽进入ER并分泌到细胞外。所有序列以mRNA形式给出。［*Source*：Kozak，M. Point mutations define a sequence flanking the AUG initiator codon that modulates translation by eukaryotic ribosomes. *Cell* 44（31 Jan 1986）p. 286，f. 2. Reprinted by permission of Elsevier Science.］

如果这真是最佳序列，那么将其突变就会降低其效率。为验证这一假说，Kozak在克隆的大鼠前胰岛素原基因中围绕起始密码子周围的碱基进行了系统突变。她用人工合成的含有ATG的寡核苷酸取代正常的起始ATG，然后对该起始区域引入突变，将突变基因置于SV40病毒启动子的控制之下，转入猴细胞（COS）中，然后用［^{35}S］甲硫氨酸标记新合成的蛋白质，免疫沉淀前胰岛素原，电泳、荧光检测（类似放射自显影技术，第5章）。最后，用密度计扫描荧光图，对胰岛素原进行定量。翻译起始得越好，合成的胰岛素原就越多。在讨论过程中，我们称起始密码子为AUG，即使突变是在DNA水平进行的。

图17.13显示了部分结果，包括在−3和+4位碱基的改变，这里AUG中的A是+1位。最佳起始发生在−3位的是G或A，+4位是G时。类似的实验显示所有最佳起始都发生在ACCAUGG序列，这些序列要求有时称为**Kozak规则**（Kozak's rule）。

如果这的确是翻译起始的最佳序列，那么将其引至可读框之外且在正常起始密码子的上游，将会对核糖体扫描产生障碍，迫使它们在可读框外起始。这种情况发生得越多，产生的胰岛素原就越少。Kozak用两个AUG的A相距8nt的序列（AUGNCACCAUGG）进行了实验。注意，下游的AUG是最佳位置。因此，如果核糖体未在上游先起始而到达这里，那么起始是很容易的。图17.14显示了实验结果。突变体F10无上游AUG，从正常的AUG起始，信号很强，正如所预计的。突变体 F9 的上游 AUG 处于很弱的序列环境，其-3 和＋4 位都是 U。同样，这对下游 AUG 的起始没有太多干扰。但是所有其他突变都表现出对正常起始的强烈干扰，且干扰强度与上游 AUG 的前后序列有关。与最佳序列越相似，对下游 AUG 的起始干扰就越多。这正是扫描模型所预计的。

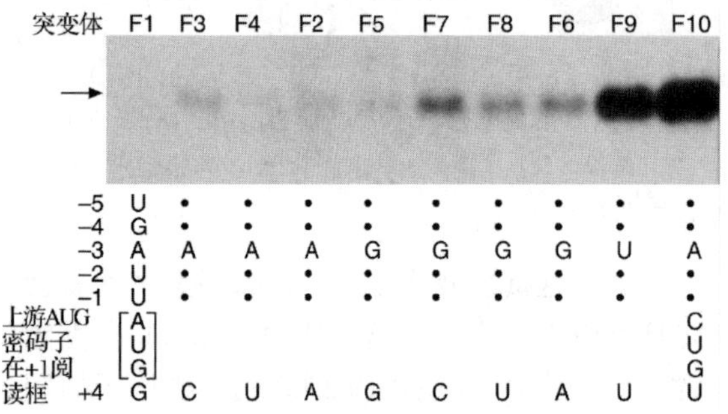

图 17.14 上游“障碍”AUG 序列环境的影响。Kozak 构建了一个含有大鼠前胰岛素原转录物正常 AUG 起始密码子的质粒，转录物之前是可读框外的 AUG。然后在上游 AUG 周围的-3和＋4 位点进行各种突变（如图底部所示），如图 17.13 的方法分析突变对胰岛素原合成的影响。左边箭头指示正确起始的胰岛素原。上游 AUG 的序列环境越好，作为障碍物纠正下游起始就越好。提供的所有序列与在 mRNA 中的相同。[*Source*：Kozak，M.，Point mutations define asequence flanking the AUG initiation codon that modulates translation by eukaryotic ribosomes. *Cell* 44 (31 Jan 1986) p. 288，f. 6. Reprinted by permission of Elsevier Science.]

对于天然 mRNA 中上游 AUG 具有良好序列环境，但仍从下游 AUG 起始是怎么回事呢？Kozak 注意到，这些 mRNA 在两个 AUG 之间有框内（in-frame）终止密码子。她认为，在下游 AUG 处的起始实际上体现了核糖体的再起始，即核糖体已经在上游起始密码子处起始了，并在终止密码子处停止，然后继续扫描另一个起始密码子。为了阐明两个 AUG 之间的终止密码子的效果，Kozak 构建了另一套带有这种终止密码子的系统，采用同样的方法检测。在这种情形下，只要下游 AUG 处于良好的序列环境，大量起始就可发生在下游 AUG 处。

在同一可读框内的起始密码子和下游终止密码子决定了**可读框**（open reading frame，ORF）的边界。这种 ORF 可能编码一个蛋白质，但是它在体内是否被翻译则是另外一回事。更多的实验揭示了下游 ORF 有效再起始的另一个要求：上游 ORF 必须是短的。在已研究的带有全长上游 ORF 的双顺反子的每个例子中，下游 ORF 的再起始效率都非常低。可能核糖体在完成一个长 ORF 的翻译后，再起始所需的因子已散去，所以它忽略了第二个 ORF。

为了严密地论证上游 AUG 比下游 AUG 优先的假说，Kozak 构建了带有大鼠前胰岛素原顺反子起始区准确重复序列的 mRNA，通过分离所得蛋白质来检测实际的翻译起始位点。电泳测定其大小，由此得知核糖体利用哪个起始位点来合成这些蛋白质。在每种情况下最远的上游 AUG 都被使用了，这些结果再次证明了扫描模型。

mRNA 二级结构对起始效率有何影响呢？mRNA 的发夹结构对起始效率既有正面影响也有负面影响。Kozak 证明弱序列环境的 AUG 下游 12～15nt 的茎环结构能阻止 40S 核糖体亚基跳过该起始位点。发夹结构可能使核糖体亚基在 AUG 处停留足够长的时间以便使起始发生。然而，二级结构也有负效应，Kozak 检测了 mRNA 前导序列的两个不同茎环结构的影响［图 17.15（a）］。一个相对较短，具有-30kcal/mol 的自由能（或稳定性）；另一个则长得多，具有-62kcal/mol 的自由能。她将这些茎环引入氯霉素乙酰转移酶（CAT）基因前导序列的不同位点，然后体外转录，并在［^{35}S］甲硫氨酸存在时翻译其转录物。最后，电泳检测 CAT 蛋白、荧光成像检测。图 17.15（b）的结果表明：帽下游 52nt 的-30kcal 茎环结构即使包括起始 AUG 也不干扰翻译，而帽下游 12nt 的-30kcal 茎环结构则强烈地抑制了翻译，可能是因为它干扰了 40S 核糖体亚基与各因子在帽处的结合。此外，在帽下游 71nt 处的-62kcal 茎环能彻底阻断 CAT 蛋白的产生。

为什么具有稳定发夹的结构不能被翻译呢？最简单的解释是非常稳定的茎环阻止了正在扫描的 40S 核糖体亚基，使之不能通过起始密码子，但这种影响只在顺式结构（同一个分

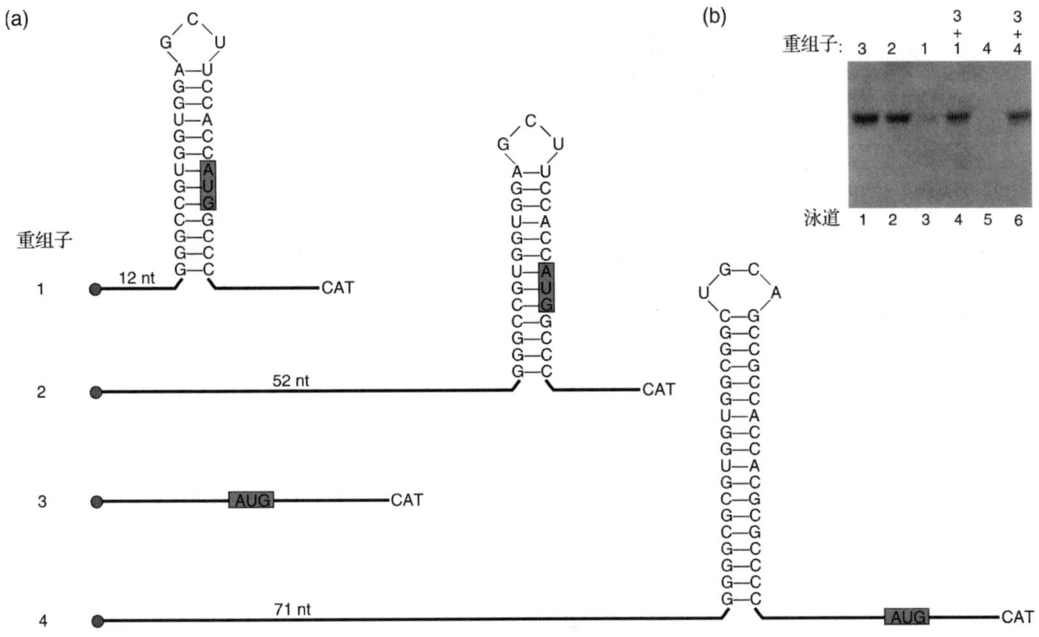

图 17.15 mRNA 前导序列的二级结构对翻译效率的影响。(a) mRNA 结构。Kozak 合成了图中的前导序列结构，红色是帽结构，起始密码子由绿色突出，每一结构的 3′端连着 CAT 的 ORF。**(b)** 体外翻译结果。Kozak 在体外转录了每个结构，在兔网状细胞提取物中加有［^{35}S］甲硫氨酸来翻译 mRNA。对标记的蛋白质进行电泳，荧光成像检测。靠近帽的短发夹（结构 1）干扰了翻译，帽与起始密码子之间的长发夹也干扰了翻译。［*Source*：Kozak, M., Circumstances and mechanisms of inhibition of translation by secondary structure in eukaryotic mRNAs. *Molecular* and *Cellular Biology* 9（1989）p. 5136，f. 3. American Society for Microbiology.］

子上）中观察到。当结构 3 和结构 4（或结构 3 和结构 1）合在一起检测时，结构 3（泳道 4 和 6）所产生的线性 mRNA 上可发生翻译。这表明不可翻译结构以某种方式对翻译系统无妨碍。

结构 2 可以被很好翻译，即使其起始密码子被隐藏在发夹结构内，这一事实提示核糖体亚基和起始因子能够打开一定量的双链 RNA，这与 Kozak 最初的扫描模型中所预计的一样（见图 17.12）。然而，这种解链能力是有限的，结构 4 中的长发夹有效地阻止了核糖体亚基到达起始密码子。

40S 核糖体亚基是怎样识别 AUG 起始密码子的呢？Thomas Donahue 及同事证明是起始 tRNA（$tRNA_i^{Met}$）在起关键作用。他们把 4 个酵母 $tRNA_i^{Met}$ 中的一个反密码子改变成 3′-UCC-5′，使它识别 AGG 而非 AUG。然后，将带有多种突变起始密码子的 *his*4 基因转入 *his*4-酵母菌株。图 17.16（a）显示在起始密码子处携带 AGG 密码子的 *his*4 基因能够维持酵母生长，而其他的替代起始密码子都不行，可能是因为它们不能与改变的起始 tRNA 的 UCC 反密码子配对。在另一个实验中，研究者把第二个 AGG 放在起始位点的 AGG 上游 28nt 处，使可读框改变，发现这种结构不能维持生长。此结果符合扫描模型，如图 17.16（b）所示。起始 tRNA 及本例中的 UCC 反密码子结合到 40S 核糖体亚基上，该复合物扫描 mRNA，搜索第一个起始密码子（在这里是 AGG）。由于第一个 AGG 在 *his*4 编码区的可读框外，翻译将在错误的可读框发生，并很快遇到终止密码子而提前终止。

扫描模型有一些明显的例外。其中最清楚的是细小核糖核酸病毒（picornavirus）的多顺反子 mRNA，如脊髓灰质炎病毒，它们缺乏帽结构。在这些例子中，核糖体不用扫描就可以很容易地在内部起始密码子处进入。少数有帽结构的细胞 mRNA 也有**内部核糖体进入序列**

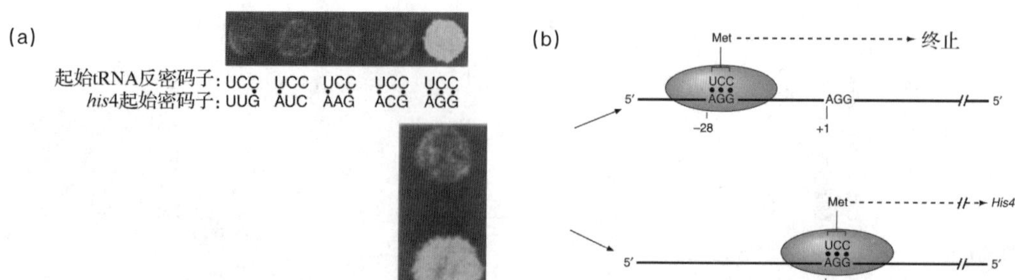

图 17.16 起始 tRNA 在扫描中的作用。(a) 带有改变了反密码子的起始 tRNA 能够识别互补的起始密码子。Donahue 及同事把酵母起始 tRNA 中的一个反密码子突变为 3′-UCC-5′，然后，用高拷贝的酵母载体将编码该突变 tRNA 的基因转入 *his4*⁻酵母菌株。然后将 *his4* 基因的起始密码子分别改成图底部所列的 5 种形式，检测在组氨酸缺乏时，突变酵母细胞的生长。当起始密码子为 AGG 时，能与起始 tRNA 的反密码子 UCC 配对，突变的 mRNA 能够被翻译，生长可以发生。**(b)** 上游额外的 AGG 和可读框移位的影响。Donabue 及同事构建了一个 *his4* 质粒，在好的序列环境下其−28 位（上）加了一个额外的 AGG。将该重组子转入带有 UCC 反密码子的起始 tRNA 细胞中，检测细胞在缺乏组氨酸时的生长能力，发现其生长比没有上游 AGG（下）的细胞明显减慢。显然，扫描中的 40S 核糖体亚基与突变的 $tRNA_i^{Met}$ 一起，遇到第一个 AGG 并在那里起始翻译，产生短的 *his4* 产物。[*Source*：(*a*) Cigan，A. M.，L. Feng，and T. F. Donohne，$tRNA_i^{Met}$ functions in directing the scanning ribosomes to the start site of translation. *Science* 242 (7 Oct 1988) p. 94，f. 1B&C (left). Copyright © AAAS.]

(internal ribosome entry sequences，**IRES**)，可以直接吸引核糖体而无需帽结构的帮助，本章后面将更详细地讨论这一现象。

小结 通常真核 40S 核糖体亚基连同起始 tRNA（$tRNA_i^{Met}$）对正确起始密码子的定位是通过与 mRNA 的 5′帽结合并扫描下游直至在合适的序列环境中找到第一个 AUG 而实现的。最好的序列环境是 AUG 中的 A 是＋1、嘌呤是－3 位、G 是＋4 位。有 5%～10%的情况，核糖体亚基将跨过第一个 AUG，继续搜寻更合适的 AUG。有时核糖体明显地在上游的 AUG 处起始，翻译一个短的 ORF，然后继续扫描并在下游的一个 AUG 处再起始。这种机制只是在上游 ORF 很短时起作用。靠近 mRNA 5′端的二级结构对起始有正负不同的影响。紧接 AUG 之后的发夹结构能迫使核糖体亚基暂停于 AUG，因而激发起始。在帽结构与起始位点之间非常稳定的茎环结构能阻止核糖体亚基扫描，因而阻止起始。一些病毒和细胞 mRNA 含有 IRES，能吸引核糖体直接进入 RNA 内部。

真核生物的起始因子

我们已经看到细菌的翻译起始需要起始因子参与，真核生物也同样需要起始因子。如你所预期的，真核系统比细菌系统要复杂得多。我们已经了解的其中一个额外复杂层次是扫描过程，它需要一些因子识别 mRNA 5′端的帽并与附近的 40S 核糖体亚基结合。本节将探讨真核生物起始不同阶段所参与的多种因子，还将看到其中一些步骤是翻译过程调节的天然位点。

真核生物翻译起始概况 图 17.17 给出了真核生物翻译起始的概况，显示了主要类型的起始因子。注意，真核生物起始因子的第一个字母都是 e，代表“eukaryotic”。eIF2 与原核生物的 IF2 功能相似，负责把氨酰 tRNA（Met-$tRNA_i^{Met}$）结合到核糖体上。

eIF2 与 IF2 的相似性还包括需要 GTP 完成这一工作。当 eIF2 从核糖体解离时，GTP 水解成 GDP，GTP 必须取代 eIF2 上的 GDP，使 eIF2 恢复功能。这一过程需要交换因子 **eIF2B**，使 eIF2 上的 GDP 与 GTP 交换。该因子也称为 **GEF**，表示鸟嘌呤核苷酸交换因子（guanine nucleotide exchange factor）。注意，在某个步骤发挥功能的所有因子都以相同数字标记。例如，起始氨酰 tRNA 的结合至少需要两个因子（eIF2 和 eIF2B）参与，两个因子都用数字 2 标注。尽管 IF2 和 eIF2 之间具有结构上的相似性，但是两者并不同源，反而是 IF2 与 eIF5B 同源，后面将进行讨论。

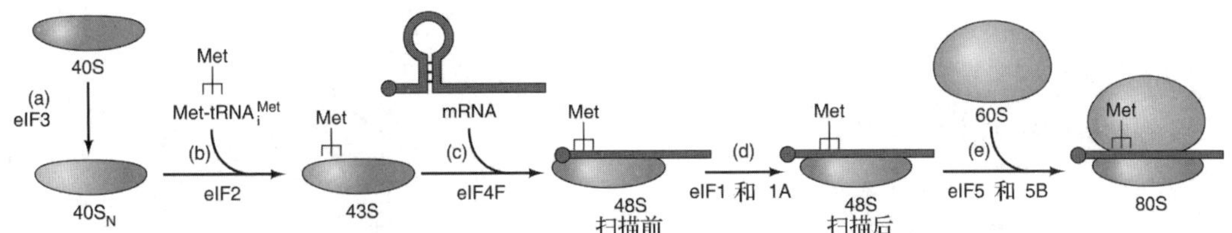

图 17.17　真核生物翻译起始小结。(a) eIF3 使 40S 核糖体亚基转变为 $40S_N$，后者可抵抗与 60S 核糖体颗粒的结合，并准备接受起始氨酰 tRNA。**(b)** 在 eIF2 的帮助下，Met-tRNA$_i^{Met}$ 结合 $40S_N$ 颗粒，形成 43S 复合物。**(c)** 在 eIF4F 协助下，mRNA 结合 43S 复合物，形成 48S 复合物。**(d)** eIF1 和 eIFlA 促进对起始密码子的扫描。**(e)** eIF5 因子促进 eIF2 结合的 GTP 的水解，这是核糖体亚基加入的前提，eIF5B 有核糖体依赖性 GTPase 活性，能帮助 60S 核糖体颗粒结合 48S 复合物，形成 80S 复合物，准备好可以翻译 mRNA 了。

另一个与细菌因子功能相似的真核因子是 **eIF3**，它结合 40S（小）核糖体亚基，并阻止其与 60S（大）亚基重新结合，这类似于 IF3 的功能。**eIF4F** 是一个复杂的帽结合蛋白，使 40S 核糖体结合到 mRNA 的 5′端。一旦 40S 颗粒结合到帽上，就要求 **eIF1**（和 **eIFIA**）去扫描起始密码子。**eIF5** 没有细菌对应物，它促进 60S 核糖体亚基与 40S 起始复合物的结合。实际上，40S 起始复合物叫做 48S 复合物，因为除了 40S 核糖体亚基外，它还包含 mRNA 和许多因子，从而增加了沉降系数。像 eIF3 一样，**eIF6** 是另一个抗结合因子，它与 60S 核糖体亚基结合防止 40S 亚基的过早结合。

小结　真核生物起始因子有下列一般功能：eIF2 参与 Met-tRNA$_i^{Met}$ 与核糖体的结合；eIF2B 通过 GTP 取代 GDP 而激活 eIF2；eIF1 和 eIFlA 帮助扫描起始密码子；eIF3 结合 40S 核糖体亚基并阻止 40S 与 60S 亚基的重新结合；eIF4F 是个帽结合蛋白，能使 40S 核糖体亚基结合到 mRNA 5′端；eIF5 促进 60S 核糖体亚基与 48S 复合物（40S 亚基＋mRNA＋Met-tRNA$_i^{Met}$）的结合；eIF6 结合 60S 亚基，阻止 60S 亚基与 40S 亚基的重新结合。

eIF4F 的功能　现在来看看真核生物翻译起始的主要特点：帽的作用。在第 15 章已了解到帽可极大地促进 mRNA 的翻译效率。这意味着某个因子能够识别 mRNA 5′端的帽结构，帮助 mRNA 翻译。1978 年，Nahum Sonenberg、William Merrick、Aaron Shatkin 及同事通过将蛋白质交联到修饰过的帽上鉴定出一个帽结合蛋白。做法是先将^{3}H-呼肠孤病毒 mRNA 的帽核糖核苷酸氧化，使 2′-和 3′-OH 变成活性二醛，然后将改变的 mRNA 与起始因子一起孵育。结合到被修饰帽上的任何因子的自由氨基都将共价地结合到其中一个活性乙醛上，这种结合可经还原作用而持久。交联之后，用 RNase 消化除了帽之外的所有 RNA。对产物进行电泳，检测任何交联到标记帽上的蛋白质的大小。图 17.18 显示有一条约 24kDa 的多肽可以发生结合，即使在低温条件下也能结合。在较高温度下，另外一对较高分子质量（50～55kDa）的多肽也能结合。然而，这些高分子质量多肽的结合不能被未标记的 m^{7}GDP 竞争，而对 24kDa 多肽的结合则可以被帽类似物竞争，提示 24kDa 多肽特异性地与帽结合，而 50～55kDa 多肽是非特异性地结合。此外，GDP 与 50～55kDa 多肽竞争对 mRNA 的结合，但不与 24kDa 多肽竞争，提示这种大分子多肽可能是 GDP 结合蛋白，而非帽结合蛋白。

Sonnenberg 及同事深入研究了他们所发现的帽结合蛋白，利用 m^{7}GDP-琼脂糖柱亲和层析纯化了该蛋白质，然后将其加入无 HeLa 细胞提取物中，证明它能促进有帽 mRNA 翻译，但不能促进无帽 mRNA 的翻译（图 17.19）。在这两个实验中他们用的都是病毒 mRNA，辛德毕斯（Sindbis）病毒 mRNA 是加帽的，脑心肌炎病毒（encephalomyocarditis）mRNA 是无帽的（脑心肌炎病毒是一种类似于脊髓灰质炎病毒的细小核糖核酸病毒）。我们知道，细小核糖核酸病毒 mRNA 没有帽结构，但它们有相应的机制确保其 mRNA 翻译。

事实上它们正是利用其 mRNA 的无帽特性消

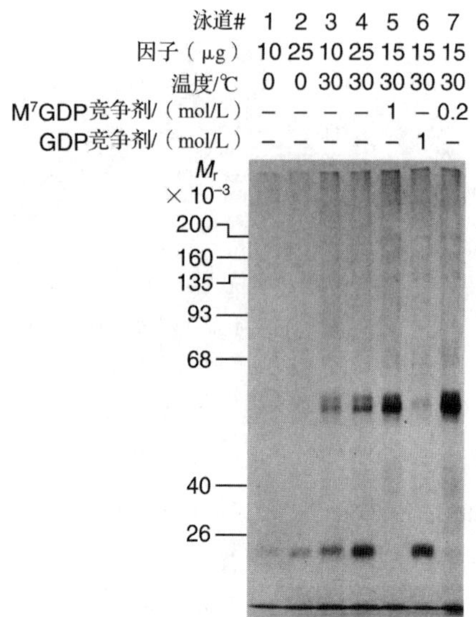

图 17.18 化学交联法鉴定帽结合蛋白。 Sonenberg 及同事将一个活性二醛添加到[3]H-呼肠孤病毒 mRNA 的帽核苷酸的核糖上。然后将起始因子和 mRNA 交联，偶联帽结合蛋白，这种偶联是通过帽上的乙醛和蛋白质上的自由氨基间的一个 Schiff 碱基来完成的。用 $NaBH_3CN$ 处理，使共价键因变形而更持久。接着用 RNase 消化复合物，但不能消化帽结构。电泳分离标记的帽结合蛋白复合物，检测结合到帽上的多肽的大小。每一泳道的条件在图的顶部给出。注意，m^7GDP 与 24kDa 条带竞争对帽的结合，但与 50～55kDa 条带不竞争。［*Source*：Sonenberg，N.，M. A.，Morgan，W. C. Merrick，and A. J. Shatkin，A polypeptide in eukaryotic initiation factors that crosslinks specifically to the 59-terminal cap in mRNA. *Proceedings of the National Academy of Science USA* 75（1978）p. 4844，f. 1.］

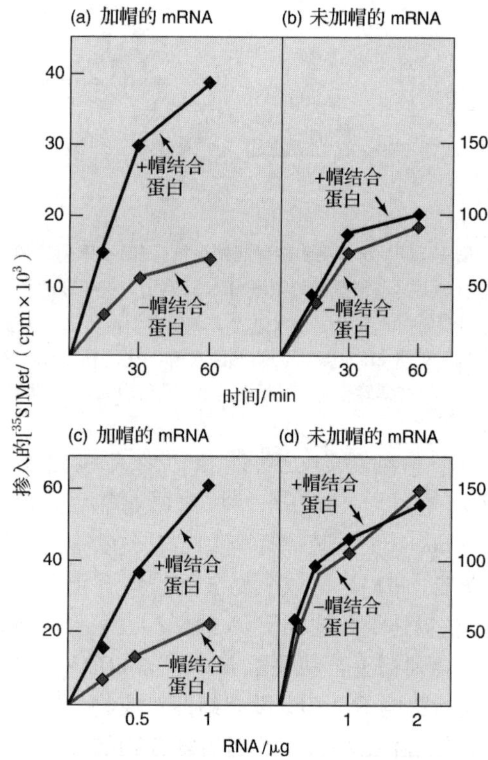

图 17.19 帽结合蛋白促进有帽而非无帽 mRNA 的翻译。 Shatkin 及合作者在［^{35}S］甲硫氨酸存在时，用 HeLa 无细胞提取物翻译有帽和无帽 mRNA。图（a）和（c）：有（蓝色）或无（红色）帽结合蛋白时，有帽辛德毕斯病毒 mRNA 的翻译。(b) 和 (d) 有（蓝色）或无（红色）帽结合蛋白时，无帽的细小核糖核酸病毒（EMC）mRNA 的翻译。（*Source*：Adapted from Sonenberg，N.，H. Trachsel，S. Hecht，and A. J. Shatkin，Differential stimulation of capped mRNA translation in vitro by cap-binding protein. *Nature* 285：331，1980.）

除了宿主有帽 mRNA 的竞争，通过失活宿主的帽结合蛋白，阻断宿主有帽 mRNA 的翻译。分子生物学家据此以脊髓灰质炎病毒感染的细胞的提取物作为帽结合蛋白分析系统，任何能恢复该细胞提取物对加帽 mRNA 翻译的蛋白质一定含有帽结合蛋白。分析结果显示这个 24kDa 蛋白自身很不稳定，但较高分子质量的复合物则非常稳定。Sonenberg 及其合作者细化了这一实验，证明所纯化的活性复合物包含三个多肽：原来的 24kDa 帽结合蛋白、分子质量为 50kDa 和 220kDa 的另外两个多肽（图 17.20）。后来这些多肽被重新进行了命名：24kDa 帽结合蛋白是 **eIF4E**，50kDa 多肽是 **eIF4A**，220kDa 多肽是 **eIF4G**。三多肽复合物整体叫做 **eIF4F**。

小结 eIF4F 是由三部分组成的帽结合蛋白。其中，eIF4E 具有实际的帽结合活性，另两个亚基 eIF4A 和 eIF4G 协助其结合。

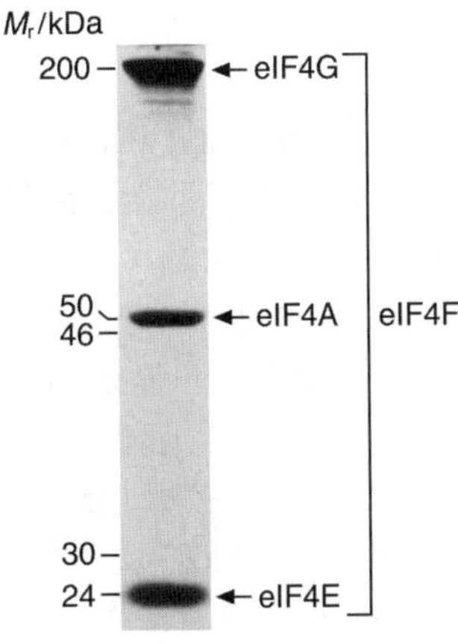

图 17.20 eIF4F（完整帽结合蛋白）的组分。 Sonenberg 及同事用一系列步骤，包括 m^7GTP 亲和层析纯化了帽结合蛋白。然后用 SDS-PAGE 显示纯化蛋白的亚基。亚基的分子质量（kDa）和标准分子质量（200kDa、46kDa、30kDa）在左边标出。由三个多肽组成的完整复合物称为 eIF4F。[*Source*：Edery，I.，M. Hümbelin，A. Darveau，K. A. W. Lee，S. Milburn，J. W. B. Hershey，H. Trachsel，and N. Sonen- berg，Involvement of eukaryotic initiation factor 4A in the cap recognition process. *Journal of Biological Chemistry* 258（25 Sept 1983）p. 11400，f. 2. American Society for Biochemistry and Molecular Biology.]

eIF4A 和 eIF4B 的功能 eIF4A 多肽是 eIF4F 的一个亚基，但它又能独立存在，具有独立功能，是 **DEAD 蛋白**家族的成员。该家族有共同氨基酸序列 Asp（D）、Glu（E）、Ala（A）、Asp（D）和 **RNA 解旋酶活性**（RNA helicase），因此能打开经常在真核 mRNA 5′前导序列上发现的发夹结构。为有效发挥这一功能，eIF4A 需要 **eIF4B** 的协助。eIF4B 有一个 RNA 结合域，能促进 eIF4A 对 mRNA 的结合。Arnim Pause 和 Sonenberg 用一个很成熟的体外分析系统证明了 eIF4A 和 eIF4B 的活性。他们从 eIF4A 和 eIF4B 基因的细菌克隆产物开始，以避免其他真核蛋白的污染。然后加入标记的 RNA 解旋酶底物，如图 17.21 右边所示。该底物是具有 5′互补端的两个 40nt RNA 所形成的 10bp RNA 双螺旋。如果 RNA 解旋酶能解开此 10bp 结构，它就能分开这两个 40nt 的单体。通过电泳很容易区别单体和二聚体。单体形式越多，RNA 解旋酶活性越强。

图 17.21 显示了实验结果。少量的 eIF4A（有 ATP）可引起很弱的解旋（泳道 3），提示该因子有一定的自身 RNA 解旋酶活性。这种解旋酶活性受 eIF4B 激发（泳道 5），并依赖于 ATP（比较泳道 4 和 5）。eIF4A 越多，所产生的 RNA 解旋酶活性就越高（泳道 6 和 7）。eIF4B 没有解旋酶活性（泳道 8）。因此，两个因子合作解开 RNA 螺旋及其发夹结构，这一活性依赖于 ATP。

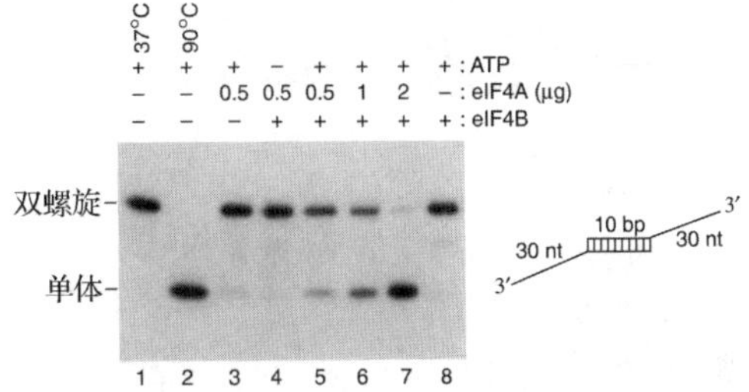

图 17.21 eIF4A 的 RNA 解旋酶活性。 Pause 和 Sonenberg 检测了 ATP、eIF4A 和 eIF4B（如图上方指示）结合到放射性解旋酶底物上的情况（右边所示）。RNA 解旋酶解开底物的 10bp 双链区，将二聚物变成两个单体。二聚物和单体很容易通过凝胶电泳分离（如左边所示），用放射自显影检测。前两个泳道是在低、高温度时的底物。高温使底物的双链区溶解，产生单链。泳道 3～8 显示 ATP 和 eIF4A 是解旋酶活性所必需的，eIF4B 激发这一活性。[*Source*：Pause A. and N. Sonenberg，Mutational analysis of a DEAD box RNA helicase：The mammalian initiation translation factor eIF-4A. *EMBO Journal* 11（1992）p. 2644. f. 1.]

小结 eIF4A 有 RNA 解旋酶活性，能够解开在真核生物 mRNA 5′前导区中发现的发夹结构。这一功能由另一因子 eIF4B 协助，并需要 ATP 维持其活性。

eIF4G 的功能 大多数真核生物 mRNA 都是有帽的，且该帽有助于核糖体的结合。而有些病毒 mRNA 没有帽，这类 mRNA 或许还有少数细胞 mRNA 具有 IRES 来帮助核糖体的结合。此外，我们还知道 mRNA 3′端的 poly（A）尾可促进翻译，这一过程涉及核糖体对 mRNA 的结合，而该结合需通过 poly（A）结合蛋白 **Pablp**（酵母的）或 **PABP1**（人的）。eIF4G 蛋白作为与多种不同蛋白质相互作用的适配器，参与所有这些类型的翻译起始。

(a) 帽子识别

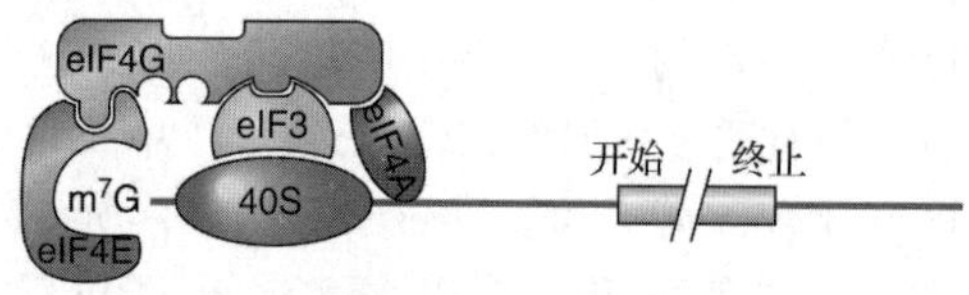

(b) IRES 识别（脊髓灰质炎病毒）

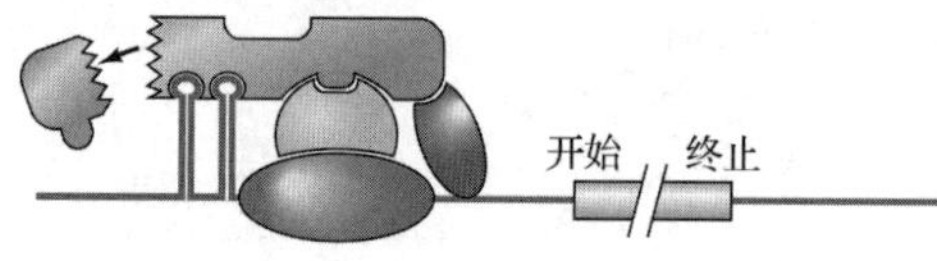

(c) Cap+poly(A) 识别

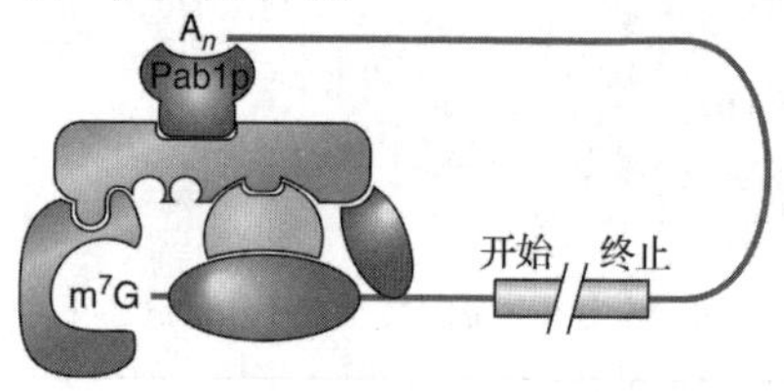

图 17.22 三种不同情形下，eIF4G 在召集 40S 核糖体颗粒中的适配器作用。 **(a)** 加帽的 mRNA。eIF4G（橙色）在结合了帽的 eIF4E（绿色）和结合了 40S 核糖体颗粒（蓝色）的 eIF3（黄色）之间作为适配器。这一分子链的形成将 40S 颗粒召集到 mRNA（暗绿色）上靠近帽的位点，使其从此处开始扫描。eIF4A（红色）也与 eIF4G 结合，但在这里所示的相互作用中不起作用。**(b)** 具有 IRES 的 mRNA，如脊髓灰质炎病毒。在病毒蛋白酶切割 eIF4G 之后，IRES 直接与其剩余部分（p100）相互作用，确保对 40S 颗粒的召集。这种相互作用甚至在 eIF4G 的 N 端被去除后仍然可以发生。由此阻断对有帽的细胞 mRNA 的结合，至少发生在某些细胞中。**(c)** 帽和 poly（A）之间的协同作用。结合了帽的 eIF4E 和结合了 poly（A）的 Pab1p 都与 eIF4G 结合，共同对 40S 颗粒的结合起作用。［*Source*：Adapted from Hentze，M. W.，eIF4：A multipurpose ribosome adapter © *Science* 275：501，1997.］

图 17.22 显示了 eIF4G 参与翻译起始的三种不同途径。图 17.22（a）显示 eIF4G 在普通的加帽 mRNA 上行使的功能。eIF4G 的氨基末端与 eIF4E 结合，后者又与帽结合。eIF4G 的中央部分与 eIF3 结合，eIF3 再与 40S 核糖体颗粒结合。因此，通过 eIF4E 和 eIF3，eIF4G 使 40S 亚基靠近 mRNA 的 5′端，40S 亚基由此处开始扫描。

图 17.22（b）显示细小核糖核酸病毒（如脊髓灰质炎病毒）对翻译起始的破坏。病毒蛋白酶切去 eIF4G 的氨基末端，使其失去在识别帽过程中与 eIF4E 作用的能力。因此，加帽的细胞 mRNA 不能被翻译。但是 eIF4G 的剩余部分仍然能结合脊髓灰质炎病毒 IRES 的 V 结构域，所以 40S 亚基可被召集到病毒 mRNA 上。实际上，能根除脊髓灰质炎的著名的萨宾疫苗（Sabin vaccine）含有三个衰减的病毒株系。每个株系中重要的衰减事件都是病毒 IRES 的 V 结构域发生改变，从而降低对 eIF4E 的亲和性，使病毒 mRNA 的翻译受到抑制。

当病毒蛋白酶切去 eIF4G 的氨基末端时，留下的 C 端部分叫做 p100。虽然脊髓灰质炎病毒直接与 p100 结合，但需依赖于几种细胞蛋白质［图 17.22（b）未显示］才能进行最佳结合。其他病毒包括肝炎病毒 C（HCV，另一种细小核糖核酸病毒）含有直接与 eIF3 结合的 IRES，无需 p100 或完整 eIF4G 的帮助。还有一些病毒，包括肝炎病毒 A（HVA，一种黄病毒），含有能与 40S 核糖体亚基直接结合的 IRES，绕开了对 eIF4E 所有亚基甚至是对 eIF3 的依赖。

普遍认为 p100 不能结合 eIF4E，因此对 eIF4G 的酶切阻断了对帽依赖性宿主蛋白质的合成。此外，Richard Jackson 及同事于 2001 年证明，在耗竭了自身 eIF4G 的无细胞兔网织红细胞提取液中，p100 可以激活有帽 mRNA 的翻译，提示 p100 实际上可以支持帽依赖性翻译。然而，最大水平的帽依赖性翻译所需 p100 的浓度比在兔网织红细胞裂解液中 eIF4G 的正常浓度高 4 倍。因此，Jackson 及同事提出了以下假设：在脊髓灰质炎病毒感染细胞中，帽依赖性宿主蛋白质合成的损失是由于病毒 RNA 对总量有限的 p100 的竞争，而不是 p100 本身不能支持宿主 mRNA 的翻译。

图 17.22（b）所示的模型还需进一步验证。虽然该模型所描述的情况在 HeLa 细胞中很准确，但是不能因此就认为 eIF4G 的剪切在所有细胞中都会阻断翻译。实际上，Akio Nomoto及同事已证明，在人的神经细胞中虽然eIF4G剪切似乎是在感染后5h完成的，但是宿主蛋白质的合成是连续不减弱的。他们认为，在神经细胞中存在另一种因子可补偿eIF4G的损失，但是尚无证据证明该因子的存在。

最后，图（c）显示了eIF4G同时与结合到帽上的eIF4E和结合到mRNA poly（A）尾的Pab1p的相互作用。EIF4G对mRNA两头的这种双重结合可以有效地环化mRNA，从而至少以三种方式有助于翻译。第一，结合到3′-UTR的调节蛋白和miRNA靠近帽，由此有助于它们影响翻译起始。第二，完成一轮翻译的核糖体靠近帽，由此可促进再起始。最后，mRNA两端被隐藏起来，使RNase不能接近而避免被降解。

需着重强调的是，刚才讨论的帽结合起始因子是在**首轮**（pioneer round）翻译完成之后所使用的。而在首轮翻译中，第一个核糖体与mRNA结合并对其进行翻译。在首轮翻译中核糖体使用了不同的另一组蛋白质，叫做**帽结合复合物**（cap-binding complex，**CBC**）。在细胞核中，CBC与帽结合，然后与mRNA一起作为**mRNP**（信使核糖核蛋白，messenger ribonucleoprotein）的一个组成部分被送至细胞质。mRNP是一种mRNA-蛋白质复合物。在人类CBC中的帽结合蛋白是一种异源二聚体帽结合蛋白，叫做CBP80/20，以其两个蛋白质亚基的分子质量（kDa）命名。首轮翻译之后，细胞质eIF4F复合物就取代细胞核CBC了。

CBP80不仅在帽结合中重要，而且在mRNP转运出核中也很重要。mRNP出核需要**TREX**（转录输出）复合物（transcription export）。哺乳动物的TREX是由一个叫做THO的7亚基复合物和另外两个蛋白质——UAP56和Aly组成的。Robin Reed及同事2006年发现，帽结合复合物的CBP80亚基与Aly结合，将TREX召集到靠近延伸的mRNA的帽附近。与TREX的这种结合使成熟mRNP先以5′端从细胞核输出到细胞质，然后在细胞质中翻译。

在前体mRNA被剪接之前TREX不会被召集，也不会被召集到没有内含子的合成cDNA的转录物上。由此引出一个假设，认为剪接是将TREX召集到mRNP上所必需的。然而，TREX确实参与无内含子的天然基因mRNP的转运出核，这也提示剪接在吸引TREX方面并非总是必需的。

小结 eIF4G是一种适配器蛋白，可与多种蛋白质结合，包括eIF4E（帽结合蛋白）、eIF3（40S核糖体亚基结合蛋白）、Pab1p [poly（A）-结合蛋白]。通过与这些蛋白质的相互作用，eIF4G将40S核糖体亚基召集到mRNA上从而激活翻译起始。在首轮翻译中，eIF4E的帽结合功能由CBC执行，CBC在mRNP转运出核之前与帽结合。CBC的一个亚基也吸引TREX，后者引导mRNP先以5′端输出核外。

eIF1和eIF1A的功能 在体外，eIF1对翻译活性只起很弱的激发作用（约20%）。因此，长期以来都认为eIF1的作用可有可无。然而，编码eIF1和eIF1A的基因对酵母的存活至关重要，所以它们的产物是必需的。那么，它们起什么作用呢？1998年，Tatyana Pestova及同事给出了答案。没有eIFl和eIF1A，40S亚基只能扫描几个核苷酸，如果完全没有eIFl和eIF1A，它只能松散地与mRNA结合。有了这些因子，40S颗粒才能扫描起始密码子，形成稳定的48S复合物。

Pestova及同事利用基于引物延伸技术（第5章）的**趾迹分析**（toeprint assay）来定位40S核糖体亚基结合mRNA时的前沿（leading edge）。他们分离出40S亚基和哺乳动物β-珠蛋白mRNA的复合物，然后将复合物与引物混合，该引物与mRNA起始密码子的下游结合。再用核苷酸和反转录酶延伸引物，当反转录酶碰上40S亚基的前沿时就停下来，所以延伸引物的长度可表明前沿的位置。如果将40S亚基看成一只脚，其前沿就是脚趾头，这就是为什么我们称其为趾迹分析。最后，Pestova及同事对引物延伸的产物做电泳分析，测定其大小。图17.23给出了该过程的示意图。

实际结果见图17.24。泳道1和2只有mRNA或mRNA与40S亚基，无起始因子，

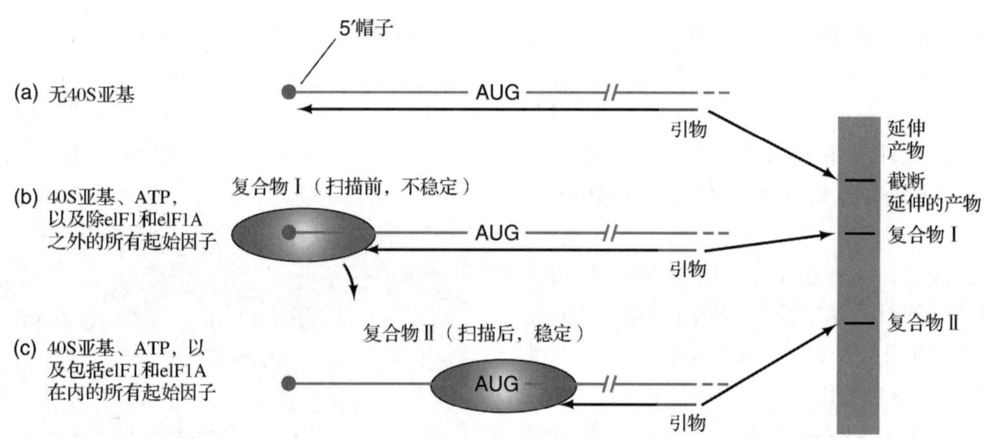

图 17.23 趾迹分析原理。(a) 阴性对照。省去了重要成分 40S 亚基，所以 40S 核糖体亚基与 mRNA 之间不能形成复合物。没有 40S 颗粒阻断反转录，引物可延伸至 mRNA 的 5′端，产生相应于裸 mRNA 的中断的延伸引物。**(b)** 缺乏 eIF1 和 eIF1A 时形成的复合物。加入左边所列出的所有成分，但省去 eIF1 和 eIF1A。复合物Ⅰ在帽处形成，但是不再前行。因此，引物延伸了很长距离到达 40S 颗粒的前沿。**(c)** 在 eIF1 和 eIF1A 存在时形成的复合物。40S 颗粒扫描下游，来到起始密码子（AUG）处形成稳定复合物（复合物Ⅱ）。因此，引物在被 48S 复合物中 40S 颗粒的前沿挡住之前只延伸了一段很短的距离。[*Source*: Adapted from Jackson, R. J., Cinderella factors have a ball. *Nature* 394: 830, 1998.]

所以没有复合物形成。泳道 3 含有 mRNA、40S 亚基、eIF2、eIF3、eIF4A、eIF4B 和 eIF4F，这些因子只促进复合物Ⅰ（预扫描复合物）的形成，没有复合物Ⅱ（扫描后复合物）的痕迹。在这些条件下，40S 颗粒的前沿相对于 mRNA 的帽在＋21～＋24 之间。如果 40S 亚基结合到帽上尚未开始扫描或只扫描了最短距离，这正是处在我们所预计的位置附近。泳道 4 含有泳道 3 的所有因子，再加上起始因子的混合物，起始因子是用缓冲液洗涤核糖体，然后收集可被浓度 50%～70%硫酸铵沉淀的蛋白质而获得。很明显，起始因子混合物加上其他因素可促进复合物Ⅱ的形成，其前沿相对于起始密码子 AUG 的 A 在＋15～＋17 如果 40S 颗粒位于起始密码子的中心，这基本上是我们所预计的位置。

接下来，Pestova 及同事将 50%～70%硫酸铵组分中的重要蛋白质纯化到均一程度，并获得了部分氨基酸序列进行鉴定，结果是 eIF1 和 eIF1A。图 17.24 泳道 5 和 6 表明，这两个因子单独都不能激发复合物Ⅱ的形成。泳道 7 证明二者联合几乎是专一性地引起复合物Ⅱ的形成。因此，这两个因子相互配合促进了复合物Ⅱ的形成。在泳道 8，先让复合物Ⅰ形成 5min，然后加入 eIF1 和 eIF1A，在这种条件

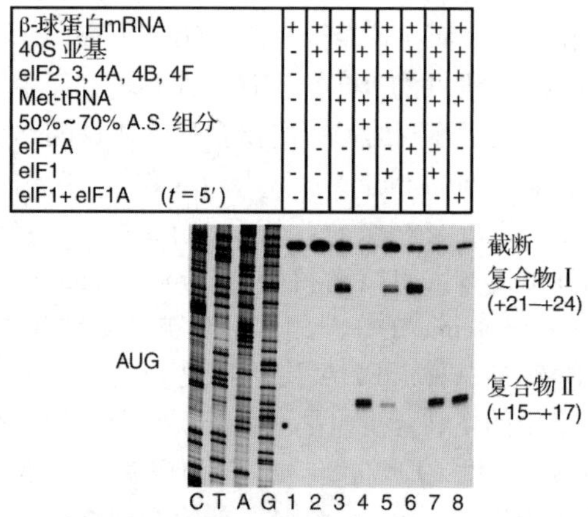

β-球蛋白mRNA	+	+	+	+	+	+	+	+
40S 亚基	-	+	+	+	+	+	+	+
eIF2, 3, 4A, 4B, 4F	-	-	+	+	+	+	+	+
Met-tRNA	-	-	+	+	+	+	+	+
50%～70% A.S. 组分	-	-	-	+	-	-	-	-
eIF1A	-	-	-	-	-	+	+	-
eIF1	-	-	-	-	+	-	+	-
eIF1+eIF1A (t = 5′)	-	-	-	-	-	-	-	+

图 17.24 趾迹分析结果。Pestova 及同事按图 17.23 所示以哺乳动物的β-珠蛋白 mRNA 做趾迹分析。每个分析所加入的成分在泳道 1～8 的上部列出。“50%～70%A.S. 组分”（泳道 4）是指起始因子是通过饱和浓度为 50%～70%的硫酸铵核糖体洗液中的蛋白质离心沉淀而获得。“eIF1＋eIF1A（*t*=5′）”是指加入其他因子 5min 之后再加 eIF1 和 eIF1A。泳道 C、T、A 和 G 是对相应于β-珠蛋白 mRNA 的 DNA 测序的结果，放上这些测序泳道是作为标准来确定复合物中 40S 核糖体颗粒的确定前沿（趾迹）的准确位置。起始密码子（AUG）的位置在左边给出，相应于全长的中断延伸引物、复合物Ⅰ、复合物Ⅱ的条带在右边给出，包括 40S 颗粒相对于帽和起始密码子的前沿。eIF1 和 eIF1A 为复合物Ⅱ形成所必需。[*Source*: Pestova, T. V., S. I. Borukhov, and C. V. T. Hellen, Eukaryotic ribosomes require initiation factors 1 and 1A to locate initiation codons. *Nature* 394 (27 Aug 1998) f. 2, p. 855. Copyright © Macmillan Magazines Ltd.]

下只有复合物Ⅱ形成。因此，复合物Ⅰ并不是最终产物，起始因子可以将其转换为复合物Ⅱ。

那么，eIF1和eIF1A将复合物Ⅰ转换为复合物Ⅱ这一过程，只是简单地引起40S亚基在同一mRNA上扫描到更远处，还是引起40S颗粒与mRNA解离后再与之结合来扫描起始密码子呢？为了找出答案，Pestova及同事在放射性标记的mRNA上形成复合物Ⅰ，然后在没有或有15倍过量未标记竞争mRNA的条件下，加入eIF1和eIF1A，用蔗糖梯度超速离心纯化48S复合物（被认为是复合物Ⅱ的等价物），然后用液体闪烁计数（第5章）测定复合物的放射性。

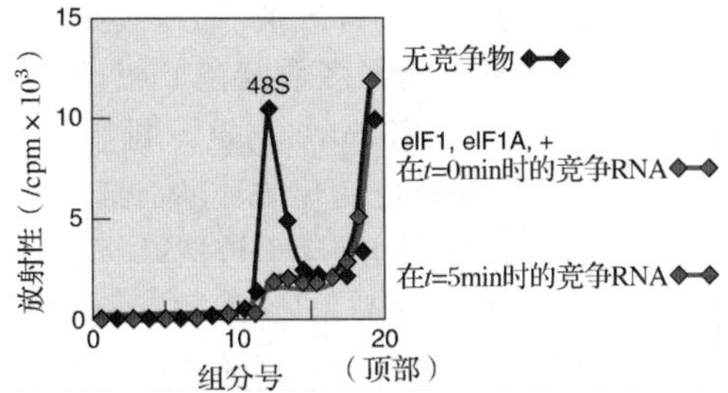

图17.25 竞争RNA对48S复合物形成的影响。 Pestova及同事将［^{32}P］-β-珠蛋白mRNA与40S核糖体颗粒加上起始因子和未标记的竞争RNA的不同组合共孵育。组合如右边所示：蓝色，无竞争RNA；绿色，竞争RNA及在零时加入eIF1和eIF1A；红色，竞争RNA，在孵育5min时（复合物Ⅰ已形成）加入eIF1和eIF1A。孵育之后，对混合物进行蔗糖梯度超速离心，测定稳定的48S复合物形成，其中包括40S颗粒、［^{32}P］mRNA、Met-tRNA$_i^{Met}$。用组分数对每个组分液体闪烁计数的放射性（每分钟次数，cpm）作图。梯度的顶部在组分19，如图右下角所示。［*Source*：Adapted from Pestova，T. V.，S. l. Borukhov，and C. V. T. Hellen，Eukaryotic ribosomes require initiation factors 1 and 1A to locate initiation codons. *Nature* 394：856，1998.］

正如所预期的（图17.25），发现在无竞争mRNA时，有一个清楚的48S放射性峰，但是在温育开始就加入竞争mRNA时，或者在复合物Ⅰ形成5min后加入竞争mRNA时，却没有出现48S的放射性峰。因此，eIF1和eIF1A不是简单地使40S亚基扫描下游并在相同的标记mRNA上形成复合物Ⅱ，否则在复合物Ⅰ形成5min后加入这些因子和竞争mRNA时，应当能看见标记的48S复合物。相反，这些因子干扰了在标记mRNA上的复合物Ⅰ，迫使在过量未标记mRNA上形成新的复合物。推测40S亚基与标记的mRNA解离，结合到（大多数）未标记mRNA的帽上，扫描其起始密码子，形成复合物Ⅱ。因此，eIF1和eIF1A不仅对正确的48S复合物形成很重要，也破坏40S亚基与mRNA之间的不正确复合物的形成。

实际上，后期的研究显示eIF1和eIF1A的相互作用是拮抗性的：eIF1阻止40S亚基扫描使其不能在给定的起始密码子处起始，从而保证不会选中错误的密码子；而eIF1A使扫描减速，由此有助于扫描复合物在正确的起始密码子处暂停足够长的时间，以便在该处起始。

小结 eIF1和eIF1A协同性地促使稳定48S复合物的形成，该复合物包括起始因子、Met-tRNA$_i^{Met}$及结合在mRNA起始密码子上的40S核糖体亚基。eIF1和eIF1A通过解离40S核糖体亚基与mRNA之间不合适的复合物并促进48S稳定复合物的形成而发挥作用。二者在发挥功能的过程中是相互对抗的：eIF1促进扫描，而eIF1A使40S亚基暂停足够长的时间以便在正确的起始密码子处起始翻译。

eIF5和eIF5B的功能 一旦eIF2将Met-tRNA送至40S核糖体亚基上，且mRNA也结合上来形成完整的48S起始复合物之后，eIF2就需从复合物上解离下来。完成这一过程需要GTP水解。但是与IF2不同的是，eIF2需要另一个因子eIF5来帮助自己水解所结合的GTP。即使在eIF5诱导的与eIF2结合的GTP水解之后，48S复合物仍未准备好接受60S核糖体亚基来完成起始过程，它还需要另外一个因子——**eIF5B**。

2000年，Christopher Hellen及同事在检测eIF2解离之后，eIF5诱导60S核糖体亚基结合48S复合物的能力时发现了eIF5B。他们发现单独eIF5不足以引起核糖体亚基的结合，但是高离子强度缓冲液洗涤核糖体所得蛋白质复合物能够与 eIF5 一起引起核糖体亚基的结合。他们从这种“盐洗脱”物中纯化出 eIF5B，该蛋白质具有诱导接合（joining-inducing）活性。单独纯化的 eIF5B（或通过基因克隆而得到的修饰过的 eIF5B）不能诱导亚基结合，但是在其他因子存在时 eIF5B 能刺激亚基的结合，这些因子包括 eIF1、eIF2、eIF3 和 eIF5。

Hellen 及同事接下来探究这种亚基接合反应是否需要 GTP 水解。在做这个实验时，他们将事先形成的 48S 复合物与 eIF5、eIF5B、60S 亚基及 GTP 或其不可水解类似物 GDPNP 分别混合。没有 GTP 或 GDPNP 时，亚基结合不发生。因此，我们知道 GTP 是需要的。此外，GDPNP 支持亚基结合，但需要化学平衡量的 eIF5B。同时，在激发亚基接合过程中 eIF5B 催化性地与 GTP 作用。因此，由于 GDPNP 足以支持结合，所以 GTP 水解对亚基结合是非必需的。

Hellen 及同事也发现 GDPNP 存在时所形成的 80S 复合物不能释放 eIF5B，但 GTP 存在时所形成的复合物可以释放 eIF5B。因此，GTP 水解看起来是 eIF5B 从核糖体释放所必需的。在这方面，eIF5B 与原核生物的 IF2 类似，IF2 从核糖体释放也需要 GTP 水解。这两个因子在具有核糖体激发的 GTPase 活性方面也很相似，它们都在核糖体亚基接合方面起相似的作用。事实上，这两个因子是同源的，所以它们的功能相似不足为奇。但 eIF5B 又与 IF2 完全不同，它不能促进 Met-tRNA$_i^{Met}$ 的结合，而 IF2 却能在原核生物中执行这一功能。在真核生物中是 eIF2 而非 eIF5B 具有这一功能。

小结　eIF5B 与原核生物的 IF2 同源。eIF5B 在结合 GTP 并激发两个核糖体亚基的结合方面与 IF2 相似。在该反应中，eIF5B 与 eIF5 共同发挥作用。eIF5B 与 IF2 的相似之处还表现在利用 GTP 水解而促进自身与核糖体的分离，使蛋白质合成能够开始。但是与 IF2 不同之处在于 eIF5B 不能促使氨酰 tRNA 与核糖体小亚基的结合。在真核细胞中该任务由 eIF2 完成。

17.3　翻译起始的调控

我们已经研究了基因在转录及转录后水平的表达调控，但调控也在翻译水平发生。既然已具有转录水平广泛的调控，有机体为什么还要进化出翻译水平对基因表达的调控机制呢？翻译调控的最大优势是速度。只需要启动既有 mRNA 的翻译，新基因产物就能够很快地产生，这在真核生物中尤其重要，因为其转录物相对较长，需要相应较长的时间去合成。大多数的翻译调控发生在起始阶段。

细菌的翻译调控

先前已经学过，多数细菌基因表达的调控发生在转录水平。绝大多数细菌 mRNA 非常短的寿命（只有 1～3min）与这一机制相符，这样能使细菌迅速响应变化的环境。虽然，多顺反子转录物上的不同顺反子被翻译的程度不同，例如，*LacZ*、*LacY* 和 *LacA* 顺反子产生蛋白质的摩尔比是 10∶5∶2，但该比率在多数情况下是常量，它仅反映出三个顺反子的 Shine-Dalgarno 序列的相对效率和多顺反子 mRNA 各部分降解速度的不同。但确实存在真正的细菌翻译调控的例子，我们来讨论一下其中的几个。

mRNA 二级结构的转换　mRNA 的二级结构在翻译效率方面发挥作用，正如我们在本章前面的图 17.6 所看到的。我们学过 RNA 噬菌体 MS2 家族的复制酶顺反子的起始密码子被埋在双链结构中，其中含有部分外壳基因，由此解释了为什么噬菌体的复制酶基因须在外壳蛋白翻译后才能被翻译：核糖体沿着外壳基因移动，打开藏有复制酶基因起始密码子的二级结构。

另一个被 mRNA 结构所调控的例子是第 8 章所提到的在大肠杆菌热激过程中 σ^{32} 合成的诱导。当大肠杆菌细胞经历从正常的 37℃ 到 42℃ 的温度变化时，会开启一套热激基因来应对温度升高。这些新的热激基因对 σ^{32} 而非正常的 σ^{70} 做出响应。但是，σ^{32} 是在热激后不到 1min 就开始累积的，这一时间对于 σ^{32} 基因

（rpoH）的转录和相应 mRNA 的翻译来说太短了，怎样解释 σ^{32}的这种迅速累积呢？

研究数据支持两个答案。第一，先前存在的、通常是不稳定的 σ^{32} 变得稳定了。第二，与我们在这里讨论的更相关的是 σ^{32} 基因在翻译起始水平受到调控。编码 σ^{32} 的 mRNA 通常折叠成其起始密码子被隐藏在二级结构中的形式。就是说，起始密码子与 mRNA 下游区域的其他碱基配对。当温度升高时，碱基配对引起的二级结构变性，暴露出起始密码子，mRNA 被翻译。因此这个特殊 σ 因子总是有许多 mRNA，但是在温度升到危险水平之前是不能被翻译的。换句话说，这种在 mRNA 上的内在热感受器允许加热来激发在翻译水平的基因表达。

1999 年，Takashi Yura 及同事用 *rpoH* 基因的衍生物提供了强有力的证据支持这一假说。*rpoH* 基因产生如图 17.26 所示的二级结构 mRNA，衍生物 mRNA 与野生型 mRNA 具有相同的调控特征。注意，在起始密码子和 mRNA 靠近 3′端区域的碱基配对形成“茎Ⅰ”可阻止该 mRNA 在生理条件下的翻译。接着，Yura 及同事在茎Ⅰ进行突变，使碱基配对更强或更弱，然后测定这些突变对热诱导的效应。

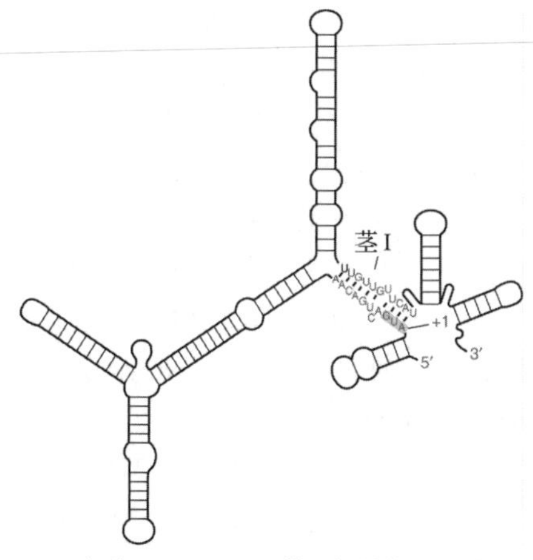

图 17.26 部分 *rpoH* mRNA 的二级结构。显示茎Ⅰ碱基配对区的序列，包括起始密码子 AUG（灰色阴影）。［*Source*：Adapted from Morita，M. T.，Y. Tanaka，T. S. Kodama，Y. Kyogoku，K. Yanagi，and T. Yura，Translational induction of heat shock transcription Factor σ^{32}. Evidence for a built-in RNA thermosensor. *Genes and Development* 13（1999）p. 656，f. 1b.］

当突变使茎Ⅰ的碱基配对更强时，诱导作用被减弱。例如，相对于 AUG 密码子 A 的＋5 位的 C，在正常情况下与对应链的 U 不配对，但是当这个 C 变为 A 时，就可与 U 配对，使茎Ⅰ的稳定性增加 2.9kcal/mol，由此将诱导作用由正常的 3.5 倍降低到只有 1.4 倍。这一结果是合理的，因为强的碱基配对更难被热所打断。而减弱碱基配对的突变在高温和低温下都能增强基因的表达。这也是合理的，因为弱的碱基配对即使在较低的温度下也更容易被打断。

小结 细菌 mRNA 非常短命这一事实意味着转录调控在这类生物中是一种非常有效的控制基因表达的方式，但是翻译调控也是存在的。mRNA 二级结构可以控制翻译的起始，例如，在 MS2 类噬菌体中，起始密码子被埋在二级结构中直到核糖体翻译衣壳基因后才打开这一结构。在另一个例子中，大肠杆菌热激蛋白 σ 因子 σ^{32} mRNA 的起始密码子受二级结构抑制，该二级结构可被加热破坏，因此，热激可引起 σ^{32} mRNA 起始密码子的立刻暴露，暴发 σ^{32} 合成。

被蛋白质和 RNA 所诱导的 mRNA 二级结构的转换 在第 16 章我们学过叫做 microRNA 的小 RNA 可以控制真核生物 mRNA 的稳定性和翻译。细菌中的翻译也能被一类叫做**小 RNA**（small RNA，sRNA）的短 RNA 所控制，它们作用于 mRNA 的二级结构。例如，胁迫 σ 因子（*rpoS*）mRNA 的起始密码子通常是埋在二级结构中的，几乎没有蛋白质合成。但是，如图 17.27 所示，DsrA sRNA 与伴侣蛋白 Hfq 合作可以与 mRNA 的上游区域碱基配对，使 *rpoS* 的起始密码子暴露，发生转录。

我们在第 7 章学过，**核糖开关**（riboswitch）是 mRNA 的内部区域，可因结合小分子而改变构象，从而开启或关闭基因表达。例如，通过从衰减子到终止子的转换，引起翻译的衰减。RNA 里结合小分子的区域叫做**适配子**（aptamer）。

核糖开关最早的例子之一是由 Ronald Breaker 及同事在 2002 年发现的。他们发现大肠杆菌编码合成硫胺（维生素 B_1）所需酶类的

mRNA 至少有两种构象。当硫胺或硫胺焦磷酸与 mRNA 的一个适配子结合时，mRNA 所呈现的构象隐藏核糖体结合位点，所以 mRNA 不能翻译。这当然是有益的，因为硫胺的存在指示细胞不要浪费能量合成更多的合成硫胺的酶。注意，在该核糖开关中无蛋白质介入，小分子硫胺自己就能改变 mRNA 的构象。

Breaker 及同事已证明在辅酶 B_{12} 的合成中，编码其中一个酶的 mRNA 的前导区可结合到辅酶上，引起其 mRNA 结构发生改变，该结构对调控辅酶的合成非常重要。他们猜想是否有一种类似的机制适用于硫胺的生物合成途径，因为编码该途径酶类的其中两个基因（*thiM* 和 *thiC*）都含有 *thi* 盒保守的序列和二级结构。

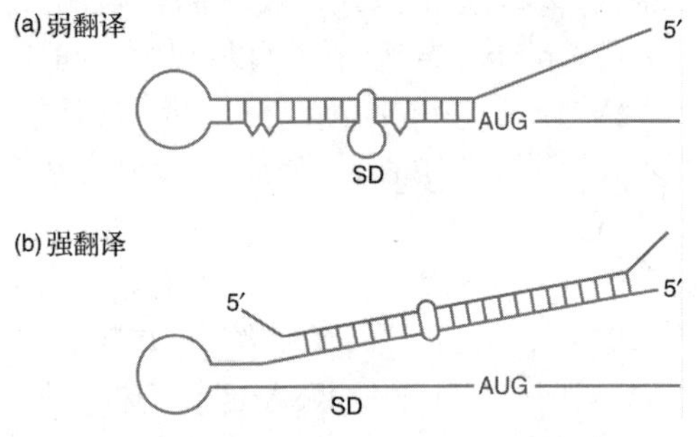

图 17.27　sRNA 激活的 *rpoS* mRNA 翻译的模型。(a) *rpoS* mRNA 的 5′-UTR 内的碱基配对产生茎环，隐藏了 Shine-Dalgarno（SD）序列和起始密码子（AUG）。**(b)** DsrA sRNA 与 RNA 结合蛋白 Hfq 结合，并与部分 5′-UTR 碱基配对，打开 SD 序列和起始密码子以便与核糖体结合。

于是，他们将两种 *thi* 盒分别连接到 *lacZ* 报告基因上，然后检测重组子在有或无硫胺条件下产生 β-半乳糖苷酶的能力。他们发现硫胺对 β-半乳糖苷酶的合成可分别抑制 18 倍和 110 倍。因此，*thi* 盒确实参与基因活性的抑制。在 *thiC* 重组子中，*thi* 盒的抑制作用主要是转录水平的，而在 *thiM* 重组子中，*thi* 盒的抑制作用全部是翻译水平的。由于本章是学习翻译调控，因此我们集中讨论 *thiM* 基因。

接下来，Breaker 及同事应用**在线探测**（in-line probing）技术（第 7 章）检测了硫胺或其衍生物是否能引起 mRNA 前导序列的结构变化。该策略是基于无结构 RNA 对自发切割的敏感性高于具有众多二级结构（分子内碱基配对）或三级结构（三维结构）的 RNA 的性质。所以研究者将含有 *thi* 盒（165 *thiM* RNA）的 165nt 的 mRNA 在有或无硫胺焦磷酸（TPP）的条件下孵育 40h，然后对产物进行电泳，检测在何处发生了切割。图 17.28（a）显示在两种情况下都有大量切割发生，但是有显著区别。在 TPP 存在时，区间 39～80（包括 *thi* 盒）很少发生切割。

还请注意星号所示的区间（126～130 碱基），这是在 TPP 存在时唯一较有序的区域（很少切割），不包括 *thi* 盒及其 5′侧的几个核苷酸，该区域涵盖核糖体结合的 Shine-Dalgarno 序列。这些结果提示，TPP 引起 *thiM* mRNA 构象的转换，使 Shine-Dalgarno 序列隐藏在碱基配对茎中，由此阻止核糖体结合，降低了 mRNA 翻译的效率。

Breaker 及同事鉴定出一个 GAAG 序列，见图 17.28（b）中的橙色区。GAAG 紧接在 *thi* 盒的后面，可以与 P8 茎的 Shine-Dalgarno 序列对面的 108～111 位（也用橙色加亮）的 CUUC 碱基配对。由此提示 CUUC（108～111 位）碱基在正常情况下与 *thi* 盒末端的 GAAG 碱基配对，使 Shine-Dalgarno 序列为核糖体所利用。这种 mRNA 结构允许进行活跃的翻译，而 TPP 通过与 *thi* 盒的适配子结合，改变了 mRNA 的结构，使 108～111 位的 CUUC 与 Shine-Dalgarno 序列的 GGAG 碱基配对，隐藏了 Shine-Dalgarno 序列，核糖体不能结合，从而减慢了翻译。

由该假说可以做出几个预测。第一，含有 *thi* 盒的一段 mRNA 应当对低浓度的 TPP 作出响应。确实，Breaker 及同事发现 165nt 长、含有 *thi* 盒（165 *thiM* RNA）的 mRNA 的结构性修饰在只有 600nmol/L 的浓度时是半完成的（half-complete）。第二，TPP 应当能够紧密地结合到 165 *thiM* RNA 上。Breaker 及同事利用平衡透析技术证明 TPP 确实是紧密结合的。平衡透析利用标记的配体（本例中氚标记的 TPP）和另一个大分子（165*thiM* RNA），将它们分别放在两个小室中，隔以透析膜，使小分子的 TPP 可以透过，但大分子的 RNA 被滞留。当两个小室之间建立平衡后，实验人员测定了每个室中的标记量，由此得出解离常数。本例中，含 RNA 小室的标记量远远高于另一小室，表明其解离常数很低（在 TPP 和 RNA 之间有紧密结合）。

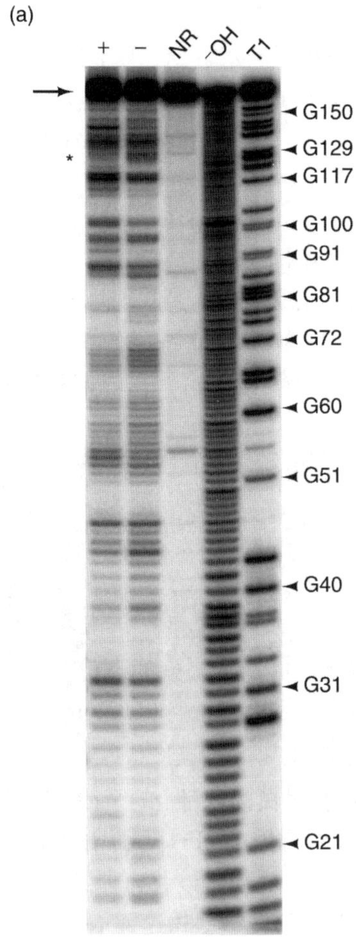

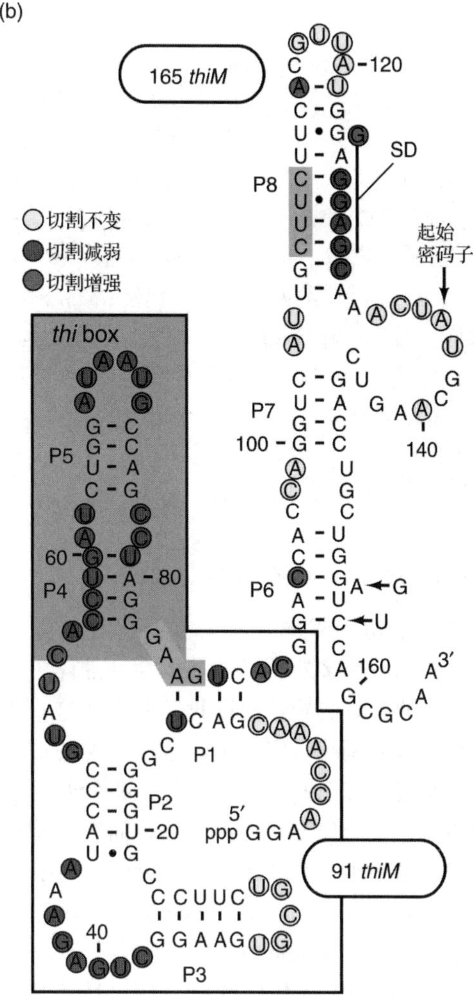

图 17.28 *thiM* mRNA 对 TPP 的结合。(a) 165 *thiM* mRNA 的在线探测。Breaker 及同事在 TPP 有（+）或无（−）的条件下，在 25℃孵育 165 *thiM* mRNA 40h，然后对产物进行电泳。NR 泳道的 RNA 未孵育，−OH 和 T1 表示 RNA 分别与碱基和 RNase 孵育。**(b)** 有 TPP 时，推测的 165*thiM* mRNA 的二级结构。Thi 盒用蓝色加亮，红色碱基表示经过 TPP 还原切割，绿色碱基表示经过增强的切割。黄色未配对碱基在切割时无变化。此处显示的橙色碱基 CUUC 与 Shine-Dalgarno 序列（SG）的 GGAG 配对，AGGA 是 CUUC 的另一个搭档。（*Source*：*Nature*，419，Wade Winkler，Ali Nahvi，Ronald R. Breaker，"Thiamine derivatives bind messenger RNAs directly to regulate bacterial gene expression，" fig. 1 a&b，p. 953，Copyright 2002，reprinted by permission from Macmillan Publishers Ltd.）

第三个预测是硫胺家族成员与 *thiM* RNA 的结合应当是专一性的。确实，硫胺、硫胺磷酸、TPP 与 RNA 结合得很好，但是氧化硫胺及其他衍生物则与 RNA 结合得不好。最后，对 RNA 做修饰，干扰 *thiM* 前导序列的重要结构元件应该阻断 TPP 的结合及 *thiM* 表达的控制。Breaker 及同事通过对预测茎 P3、P5、P8 的一些参与碱基的修饰验证了这一预期结果。突变 RNA 都不能与 TPP 结合，并且在 TPP 存在下都没有出现 *thiM* 表达的降低。但是恢复 P3、P5、P8 茎碱基配对的补偿突变都恢复了 TPP 的结合及 *thiM* 的调控。例如，将 106 和 107 位的碱基从 U 和 G 分别变为 A 和 C，可阻断 130 和 131 位分别与 A 和 C 的碱基配对，从而使 P8 减弱，阻断了 TPP 的结合与调控。但是，如果 130 和 131 位的 A 和 C 分别被变为 G 和 U，TPP 的结合与调控就得以恢复了。因此，这三个茎中的碱基配对对于调控都是很重要的，正如该假说所预测的那样。

小结 小 RNA 协同蛋白质可以影响 mRNA 的二级结构，从而调控翻译的起始。核糖开关通过 mRNA 的二级结构也可用于控制翻译起始。大肠杆菌的 *thiM* mRNA 的 5′非翻译区含有一个核糖开关，其中包括一个适配子，它可结合硫胺及其代谢物硫胺磷酸，尤其是硫胺三磷酸（TPP）。当 TPP 丰富时，TPP 就与适配子结合引起 mRNA 构象改变，将 Shine-Dalgarno 序列隐藏在二级结构中。这种转换使 SD 序列不为核糖体所发现，从而抑制了 mRNA 的翻译。这样可节省能量，因为 *thiM* mRNA 编码产生更多硫胺，进而是更多 TPP 的酶。

真核生物的翻译调控

真核生物 mRNA 的寿命比原核生物要长得多，所以有更多的翻译调控机会。翻译中的限速因素通常是起始，所以我们期望在这一水平发现最多的调控。实际上，这种调控的最普遍机制是起始因子的磷酸化，并且我们知道有些磷酸化在某个地方是抑制性的，而有些磷酸化在某个地方则是激活性的。还有一个例子，是蛋白质直接结合到 mRNA 的 5′非翻译区阻止其翻译，而去除该蛋白质就可激活翻译。

起始因子 eIF2α 的磷酸化 认识最清楚的抑制性磷酸化的例子发生在网织红细胞，该细胞只产生血红蛋白。但有时候网织红细胞缺乏血红素（血红蛋白的含铁部分），此时再继续生产血红蛋白的 α 珠蛋白和 β 珠蛋白就是浪费了，但网织红细胞不是停止产生珠蛋白 mRNA，而是按以下方式阻断对它们的翻译（图 17.29）：血红素的缺乏激发了蛋白激酶——**血红素调控阻遏物**（heme-controlled repressor，**HCR**）的活性。该酶使 eIF2 的一个亚基 eIF2α 磷酸化。eIF2 的磷酸化形式使其对 eIF2B 的结合比通常更紧密。eIF2B 是个起始因子，其功能是使 eIF2 上的 GTP 交换为 GDP。当 eIF2B 结合于磷酸化的 eIF2 上不能游离时，就不能对其他 eIF2 分子进行 GTP 和 GDP 的交换，这样 eIF2 就处于无活性的 GDP 结合态，不能将 $\text{Met-tRNA}_i^{\text{Met}}$ 结合到 40S 核糖体上。于是，翻译起始嘎然而止。

抗病毒蛋白**干扰素**（interferon）遵循同样的途径。在干扰素和双链 RNA 存在时（病毒感染的多数情况下会出现双链 RNA，但正常细胞里没有），另一个 eIF2α 激酶被激活。该激酶称为 **DAI**（double-stranded RNA-activated inhibitor of protein synthesis），表示**双链 RNA 激活的蛋白合成抑制剂**。DAI 的作用与 HCR 相同，都是阻断翻译起始。这对病毒感染的细胞是有益的，因为病毒已经控制了细胞，阻断翻译将阻止子代病毒的繁殖，因而降低病毒感染。

小结 真核生物 mRNA 的寿命相对较长，所以对翻译进行调控的机会比原核生物要多。eIF2 的 α 亚基是翻译调控的偏爱靶位。在血红素缺乏的网织红细胞中，HCR 是激活的，因此它能使 eIF2α 磷酸化，从而抑制翻译起始。在病毒感染的细胞中，另一种激酶 DAI 是活化的，它也使 eIF2α 磷酸化，从而抑制翻译起始。

eIF4E 结合蛋白的磷酸化 翻译起始中的限速步骤是帽结合因子 eIF4E 对帽的结合。有趣的是，eIF4E 也要被磷酸化，但其磷酸化不是抑制而是促进翻译的起始。磷酸化的 eIF4E 对帽结合的亲和力是未磷酸化 eIF4E 的 4 倍，由此可解释其对翻译的促进作用。我们知道，有利于 eIF2α 磷酸化和翻译抑制的条件都不利于细胞生长（如血红素缺乏和病毒感染），这就提示有利于 eIF4E 磷酸化和促进翻译的条件应该有利于细胞生长，一般来说是这样的。实际上，用胰岛素或促细胞分裂素刺激细胞分裂可导致 eIF4E 磷酸化的增强。

胰岛素和多种生长因子，如血小板样生长因子（PDGF，platelet-derived growth factor）通过涉及 eIF4E 的另一个途径而促进哺乳动物的翻译起始。多年来我们已经知道，胰岛素和许多生长因子与细胞表面的专一性受体相互作用（图 17.30）。这些受体都带有酪氨酸激酶活性的胞内结构域，当与其配体相互作用时，这些受体能够二聚体化，并自动磷酸化。换句话说，一个单体的酪氨酸激酶结构域使另一个单体的酪氨酸磷酸化。由此引发了第 12 章所述的几个信号转导途径。其中一条途径可激活

mTOR 蛋白（target of rapamycin，雷帕霉素的靶位，雷帕霉素是抑制翻译起始的抗生素）。mTOR 是一种蛋白激酶，是 mTOR 复合物 1（mTORC1）的一部分，mTORC1 在翻译预起始复合物中与 eIF3 结合。从这一优势来看，mTOR 可以通过在预起始复合物中至少磷酸化两个蛋白质而激活翻译的起始。

mTORC1 的其中一个靶位是蛋白质 4E-BP1（**eIF4E 结合蛋白**）。在大鼠中，该蛋白叫做 PHAS-I。4E-BP1 与 eIF4E 结合，抑制其活性，具体来讲就是 4E-BP1 抑制 eIF4E 与 eIF4G 的结合。但是，一旦被 mTOR 磷酸化，4E-BP1 就从 eIF4E 上游离下来，再自由地与 eIF4G 结合，促进 mRNA 与 40S 核糖体亚基活性复合物的形成（图 17.30 和图 17.22），于是翻译就被激活了。

1994 年，Sonenberg 及同事利用 **Far Western 筛选**与 eIF4E 结合的蛋白质时，发现了人的 4E-BP1。Far Western 筛选除了探针用普通标记蛋白代替抗体以外，与抗体表达库的筛选（第 4 章）相似。所以，这里是寻找两个非抗体蛋白质的相互作用，而不是一个蛋白质被一个抗体的识别。本例中，研究者用 eIF4E 衍生物探测了人表达文库（在 λgt11 里），寻找 eIF4E 结合蛋白。探针是 eIF4E，耦合了心肌激酶（heart muscle kinase，HMK）的磷酸化位点，该位点随后被［γ-^{32}P］标记。在筛选的上百万个噬菌斑中，有 9 个含有与 eIF4E 探针结合的蛋白质的编码基因。其中 3 个含有至少部分基因编码 eIF4F 的 eIF4G 亚基。因此，无怪它们与 eIF4E 结合了。另外 6 个阳性克隆编码两个相关蛋白：4E-BP1 和 4E-BP2。

除了使 4E-BP1 解离之外，mTORC1 与 eIF3 结合对翻译的激活作用还有其他途径，还可引起另一个 eIF3 结合蛋白 **S6K1（S6 激酶 1）**的磷酸化。S6K1 的其中一个功能是对核糖体蛋白 S6（第 19 章）磷酸化。但是在目前的讨论中，S6K1 还有两个更重要的功能。第一，一旦磷酸化并且从 eIF3 复合物上解离，S6K1 就将 eIF4B 磷酸化，从而促进 eIF4B 与 eIF4A 的结合。第二，S6K1 使 eIF4A 的抑制剂 PDCD4 磷酸化，这一磷酸化导致了 PDCD4 的泛素化和解构，从而解除对 eIF4A 的抑制作用。我们在本章前面学过，eIF4A 和 eIF4B 协同解开 mRNA 前导区，促进对起始密码子的扫描。通过促进 eIF4A 和 eIF4B 之间的结合，并移去 eIF4A 的抑制剂，S6K1 可激发扫描，从而加速翻译。

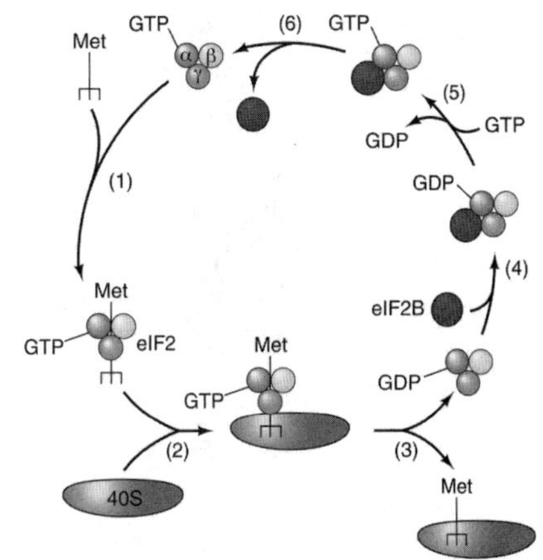

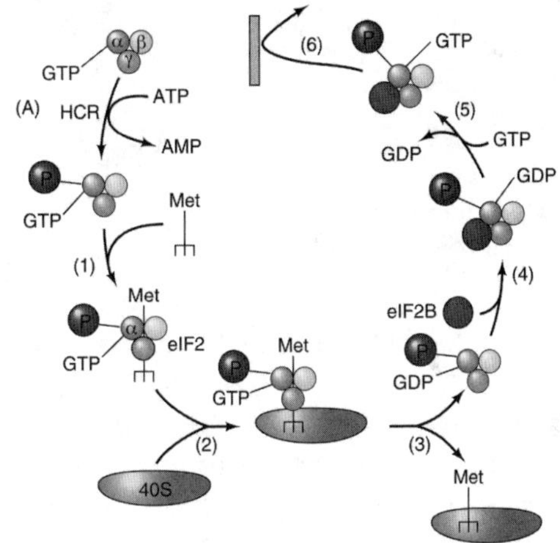

图 17.29 eIF2α 的磷酸化对翻译的抑制。（a）血红素丰富，无抑制。步骤 1，Met-$tRNA_i^{Met}$ 与 eIF2-GTP 复合体结合，形成三元复合物 Met-$tRNA_i^{Met}$ GTP-eIF2。eIF2 因子是个不等亚基的三聚体（α［绿］，β［黄］和 γ［橙］）。步骤 2，三元复合物与 40S 核糖体亚基（蓝）结合。步骤 3，GTP 水解成 GDP 和磷酸盐，使 GDP-eIF2 复合体与 40S 核糖体亚基解离，留下 Met-$tRNA_i^{Met}$ 仍然附着。步骤 4，eIF2B（红）与 eIF2-GDP 复合体结合。步骤 5，eIF2B 用 GTP 交换复合物上的 GDP。步骤 6，eIF2B 与复合物解离。现在，eIF2-GTP 和 Met-$tRNA_i^{Met}$ 能够结合形成新的复合物，并开始新一轮起始了。**（b）**血红素缺乏导致翻译的抑制。步骤 A，HCR（被血红素缺乏所激活）将一个磷酸基（紫色）连接到 eIF2 的 α 亚基上。然后，步骤 1～5 与（a）的相同，但步骤 6 被阻断了，因为 eIF2B 对磷酸化 eIF2α 的高亲和力，阻止了 eIF2B 的解离。eIF2B 被紧密地束缚在复合物上，翻译起始被抑制了。

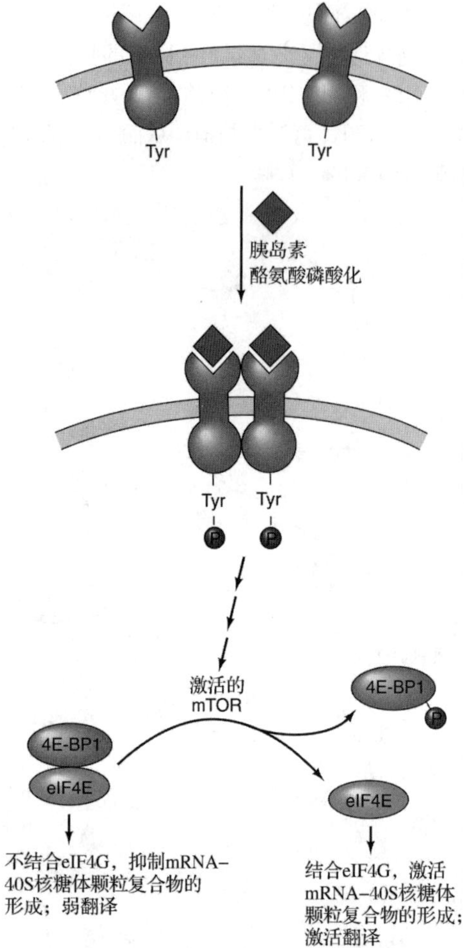

图 17.30　4E-BP1 磷酸化对翻译的激活。胰岛素或生长因子，如 EGF 与其在细胞表面的受体结合。通过一系列步骤活化了蛋白激酶 mTOR。mTOR 的其中一个靶蛋白是 4E-BP1。当 4E-BP1 被 mTOR 磷酸化后，就与 eIF4E 解离，释放 eIF4E 使其与 eIF4G 结合，参与激活翻译起始。

我们已经看到 mTORC1 通过激发翻译而对胰岛素和生长因子作出响应。我们从第 14 章也知道剪接可激发翻译。John Blenis 及同事提出在这两个现象之间存在某种联系，并且这一假设得到了研究结果的支持。他们发现抑制 mTOR 的雷帕霉素可阻断由剪接所激发的翻译起始。2008 年，Blenis 及同事证明剪接和 mTOR 之间的联系由一个叫做 **SKAR（S6K1 Aly/REF-like substrate**，类 S6K1Aly/REF 底物）的蛋白质介导。SKAR 被召集到**外显子节点复合物**（exon junction complex，**EJC**）上，EJC 是 mRNA 剪接时被置于 mRNA 上的一组蛋白质集合。一旦进入细胞质，SKAR 就作为信息核糖核蛋白（mRNP）的一部分，经 mTOR 激活后，将 S6K1 召集到 mRNA 上。激活的 S6K1 则正如我们所看到的可激发翻译。

需要着重强调的是，翻译激活的这一模型只能用于第一个核糖体翻译新合成的 mRNA，即首轮翻译。因为第一个核糖体要翻译 mRNA 就需要移去 EJC，包括 SKAR，所以它不能再召集 S6K1。我们只能对剪接是如何激发翻译的总体速度进行推测。也许首轮翻译的效率以某种方式影响着后续翻译的效率。另一种可能性是基于翻译的限速步骤是 eIF4E 对帽的结合这一事实。Blenis 及同事推测，在首轮翻译的 mRNP 重建过程中，mTOR 和 S6K1 帮助 eIF4E 取代 CBP80/20，从而增强了翻译的效率。

小结　胰岛素及一些生长因子可激活由蛋白激酶复合物 mTORC1 参与的途径。mTORC1 与 eIF3 结合，并将其在预起始复合物中的多个靶蛋白磷酸化。mTOR 激酶的靶蛋白之一叫做 4E-BP1。在 mTOR 的磷酸化作用下，该蛋白质从 eIF4E 上解离下来，释放 eIF4E 使其参与更活跃的翻译起始。mTOR 的另一个靶蛋白是 S6K1。一旦磷酸化，激活的 S6K1 本身作为蛋白激酶将 eIF4B 磷酸化，促进 eIF4B 与 eIF4A 的结合，从而激发翻译起始。S6K1 也使 PDCD4 磷酸化，从而导致其解构。由于 PDCD4 是 eIF4A 的抑制剂，对其去除也可激发起始。剪接可通过 SKAR 促进翻译，SKAR 是 EJC 的一个组分。SKAR 召集激活的 S6K1 进行首轮翻译。

通过 eIF4E 结合蛋白 Maskin 对翻译起始的调控　真核细胞也可利用其他蛋白质靶向作用于 eIF4E 从而抑制翻译起始，其中一个这类蛋白质是在非洲爪蟾中发现的，叫做 **Maskin**。图 17.31 是目前对 Maskin 如何抑制爪蟾卵母细胞中细胞周期蛋白 B 的 mRNA 翻译所做的假设。在第 15 章已经知道，爪蟾卵母细胞中的多数 mRNA 的 poly（A）尾非常短，不能被很好地翻译，原因之一可能是胞质多腺苷酸元件（CPE）被一个结合蛋白 **CPEB** 所占据，该蛋白质又与 Maskin 结合，而 Maskin 又结合到

eIF4E 上。在这一相互作用中，Maskin 与 4E-BP1 一样，阻断 eIF4E 与 eIF4G 的相互作用，从而抑制翻译起始。

当爪蟾卵母细胞被激活后，CPEB 被叫做 Eg2 的酶所磷酸化，这种磷酸化表现出两种主要作用。首先，它吸引剪切和多腺苷酸化特异因子 CPSF 识别 mRNA 的多腺苷酸化信号（AAUAAA)，由此激活休眠态 mRNA 的多腺苷酸化。其次，CPEB 的磷酸化（或由该磷酸化所引起的多腺苷酸化）明显地使 CPEB 失去与 eIF4E 的结合，从而允许 eIF4E 与 eIF4G 结合，激发翻译的起始。

需要注意的是，细胞周期蛋白 B（Maskin 所调控基因中的一个）是细胞周期的关键激活因子。因此，一个如细胞分裂一样基础的过程要受翻译水平上的调控。

小结 在爪蟾卵母细胞中，Maskin 结合到 eIF4E 和结合有休眠细胞周期蛋白 B mRNA 的 CPEB 上。由于 Maskin 的结合，eIF4E 不能与 eIF4G 结合，所以翻译受到抑制。在卵母细胞活化时，CPEB 被磷酸化，由此激活多腺苷酸化，有可能引起 CPEB 从 Maskin 上解离，Maskin 随后又从 eIF4E 上解离。因为 Maskin 不再附着，eIF4E 可以自由地与 eIF4G 结合，翻译就可以起始了。

mRNA 结合蛋白的抑制作用 我们已经知道 mRNA 二级结构可以影响细菌基因的翻译，这在真核生物中也是如此。让我们来看一个研究得很清楚的由 RNA 二级结构元件（茎环）与 RNA 结合蛋白之间相互作用而对 mRNA 翻译进行抑制的例子。在第 16 章我们已学过，转铁蛋白（transferrin）受体和**铁蛋白**（ferritin）两种铁相关蛋白的浓度受铁离子浓度的调控。当血清中铁离子浓度高时，由于编码转铁蛋白受体的 mRNA 不稳定，导致转铁蛋白受体的合成速度下降。同时，作为胞内铁储存蛋白的铁蛋白的合成增加。铁蛋白由 L 和 H 两条多肽链组成。铁离子使编码铁蛋白两个肽链的 mRNA 的翻译水平增加。

什么原因引起了翻译效率的增加呢？两个研究小组几乎同时对该问题得出了一致的结论。由 Hamish Munro 领导的第一个小组检测了大鼠铁蛋白 mRNA 的翻译情况；由 Richard Klausner 领导的第二小组研究了人铁蛋白 mRNA 的翻译。回想第 16 章转铁蛋白受体 mRNA 的 3′非翻译区（3′-UTR）含有几个茎环结构，叫做铁离子应答元件（IRE)，能够与蛋白质结合。我们也知道铁蛋白 mRNA 的 5′-UTR 有一个非常类似的 IRE。而且在脊椎动物中，铁蛋白的 IRE 高度保守，甚至比基因本身的编码区还要保守。这些观察结果有力地提示，铁蛋白的 IRE 在铁蛋白 mRNA 的翻译中发挥着作用。

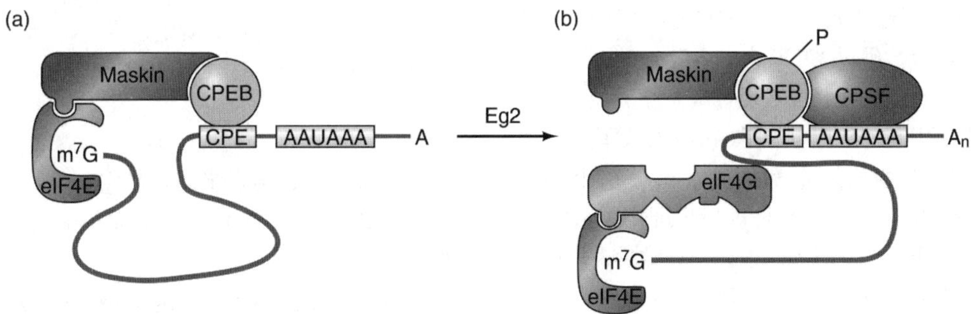

图 17.31 Maskin 调控的翻译起始模型。（a） 在休眠的爪蟾卵母细胞中，CPEB 与细胞周期蛋白 BmRNA 上的 CPE 结合，Maskin 被结合到 CPEB 上，eIF4E 被结合到 Maskin 上。这最后一步的相互作用干扰了 eIF4E 与 eIF4G 的结合，而 eIF4E 与 eIF4G 的结合是翻译起始所必需的。结果，细胞周期 B 蛋白 mRNA 处于休眠状态。**（b）** 在活化状态，Eg2 使 CPEB 磷酸化，允许 CPSF 结合，mRNA 发生多腺苷酸化，这也引起 Maskin 与 eIF4E 解离，从而使 eIF4E 与 eIF4G 结合，激发翻译的起始。［*Source*：Adapted from Richter，J. D. and W. E. Theurkauf，The message is in the translation. *Science* 293（2001）p. 61，f. 1.］

为了验证该预测，Munro及同事构建了含有CAT报告基因的DNA质粒，其两侧是大鼠铁蛋白L基因5′-UTR和3′-UTR。在质粒（pLJ5CAT3）中，CAT的转录由非常强的反转录病毒的启动子-增强子驱动。而在另一个质粒（pWE5CAT3）中，CAT的转录由弱的β-肌动蛋白启动子调控。接着，他们把这些质粒转入哺乳动物细胞，并在有铁源（血晶素hemin）、铁离子螯合剂（甲磺酸去铁胺desferal）或无添加物的情况下，对CAT产物进行检测。如图17.32所示，当细胞携带WE5CAT3质粒中的CAT基因时，CAT mRNA的量相对很少。在这种情况下，CAT产量低，但可受铁离子（比较左手泳道的C和H）诱导和铁离子螯合剂（比较左手泳道的C和D）的抑制。相反，当细胞携带pLJ5CAT3时，CAT mRNA的量相对丰富时，CAT产量高且不可诱导。对这些结果最简单的解释是某种阻遏物结合到铁蛋白5′-UTR的IRE上，阻断了与之相关的CAT顺反子的翻译。而铁离子能以某种方式去除阻遏物，使翻译发生。当CAT mRNA丰富时，CAT的生产不受诱导，因为mRNA分子的数量极大地超过了阻遏物分子。在微量抑制发生时，诱导作用就观察不到了。

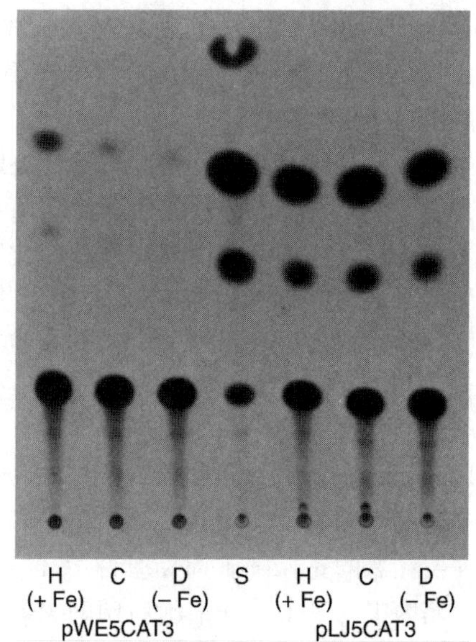

图17.32 铁离子对重组5CAT3翻译阻遏的解除。 Munro及同事制备了两个重组质粒，其中CAT报告基因的两侧是大鼠铁蛋白L基因的5′-UTR和3′-UTR。他们把质粒转入细胞，分别置于弱启动子（在pWE5CAT3是β-肌动蛋白启动子）或强启动子（在pLJ5CAT3是反转录病毒启动子-增强子）的调控下。泳道H的细胞是用血晶素处理的，泳道D的细胞是用铁离子螯合剂——去铁胺甲磺酸盐（desferal）去除铁离子的。泳道C的细胞未经处理。检测每组细胞的CAT活性（如第5章所述）。泳道S是标准CAT反应，显示出氯霉素底物及其乙酰化形式的位置。左边的泳道显示当CAT mRNA不足时，其翻译可通过铁离子诱导。作为对照，右边的泳道显示当mRNA丰度很高时，其翻译不受铁离子诱导。[*Source*：Adapted from Aziz，N. and H. N. Munro，Iron regulates ferritin mRNA translation through a segment of its 5′ untranslated region. *Proceedings of the National Academy of Sciences USA* 84（1997）p. 8481，f. 6.]

如何知道是IRE参与了阻遏呢？怎样知道是5′-UTR而非3′-UTR重要呢？Munro及同事回答了这个问题，他们制备了两个新质粒，一个含5′-UTR但缺失3′-UTR，另一个包含两个UTR，但缺失前67nt（其中包含IRE）。图17.33显示，缺失铁蛋白mRNA 3′-UTR的pWE5CAT仍然维持CAT的铁离子诱导活性，而缺少IRE的pWE5sCAT3在加入或不加铁离子时，CAT的表达量都很高。这一结果不仅说明IRE负责诱导，而且进一步证实了IRE介导阻遏作用，因为IRE的缺失导致CAT甚至在没有铁离子存在时也能高水平表达。

由此可以得出结论，某种（些）阻遏物蛋白一定结合到铁蛋白mRNA 5′-UTR的IRE上产生阻遏作用，直到铁离子以某种方式将其去除。由于铁蛋白mRNA、转铁蛋白mRNA上IRE的高度保守，预测至少其中某些蛋白质可能在两种情况下都能发挥作用。事实上，正如我们在第16章学过的，顺乌头酸酶脱辅基蛋白就是这个IRE结合蛋白，当它与铁离子结合后就从IRE上解离下来，这样就解除了阻遏作用。

小结 铁蛋白mRNA的翻译受铁离子诱导。这种诱导作用按以下方式进行：阻遏蛋白（顺乌头酸酶脱辅基蛋白）结合到铁蛋白mRNA5′-UTR区5′端附近的茎环铁离子应答元件（IRE）上。铁离子去除阻遏物，使mRNA翻译得以进行。

miRNA对翻译起始的阻断 我们在第16

章已经学过 miRNA 以两种方式控制基因的表达：当与其靶 mRNA 完全配对时引起 mRNA 降解；或者如果碱基配对不完全，可通过一种尚未解释的机制抑制蛋白质的产生。Witold Filipowicz 及同事希望回答这个神秘的机制，并于 2005 年发表了研究结果，研究表明不完全配对的哺乳动物 *let*-7miRNA 可能是通过干扰帽的识别而抑制翻译的起始。

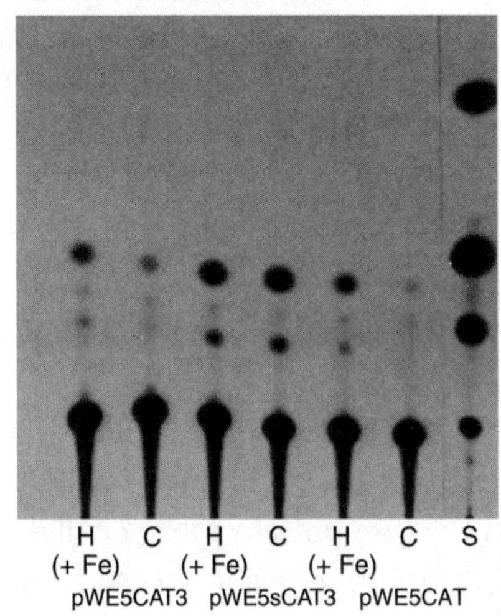

图 17.33 pWE5CAT3 的 5′-UTR 中 IRE 对于铁离子诱导性的重要性。 Munro 及同事用图 17.32 所示的 pWE5CAT3 质粒及其两个衍生质粒 pWE5sCAT3 和 pWE5CAT 转染细胞。pWE5sCAT3 缺失铁蛋白 5′-UTR 前 67nt 包括 IRE，pWE5CAT 缺失铁蛋白 3′-UTR。转染的细胞用血晶素处理或不处理，然后分析每批细胞的 CAT 活性。IRE 的缺失会引起铁离子诱导性的丧失。[*Source*：Adapted from Aziz，N. and H. N. Munro，lron regulates ferritin mRNA translation through a segment of its 5′-untranslated region. *Proceedings of the National Academy of Sciences USA* 84（1987）p. 8482，f. 7.]

研究人员利用两种报告基因做探针，分别是海肾（*Renilla reniformis*）萤光素酶（RL）基因和萤火虫萤光素酶（FL）基因，它们的产物（萤光素酶）很容易分析：当荧光素与 ATP 混合时可产生光。报告基因的 3′-UTR 构建成与*let*-7miRNA 完全配对（Pref）或互补区有一个或三个不配对引起 miRNA-mRNA 双链凸出的形式，分别命名为 1×Bulge 和 3×Bulge，野生型对照基因（Con）与 *let*-7 miRNA 无互补性。

当 Filipowicz 及同事用报告基因转化人细胞时，发现 RL-Pref 和 RL-3×Bulge 基因的表达与对照相比迅速降低（达 10 倍），而且这种降低可以被共转染的竞争 RNA（与 *let*-7miRNA 互补）所阻断，说明该 miRNA 参与了基因表达的调控，正如我们所预期的那样。

根据第 16 章的范例，我们预期 RL-Pref mRNA 的量会降低，因为 mRNA 与 miRNA 的完全配对会导致 mRNA 的降解。Filipowicz 及同事确实观察到该 mRNA 表达量降低了 5 倍。而对于 RL-3×Bulge mRNA，我们预计其表达量不会显著降低，因为 mRNA 与 miRNA 的不完全配对会导致翻译受干扰，而非 mRNA 的破坏。事实上该 mRNA 的表达只降低了 20%。

这些结果与 RL-3×Bulge 表达的降低被解释为由于翻译的阻断而非 mRNA 的降解这一假说一致。但是 miRNA 以某种方式靶向新生蛋白质使其水解也是可能的。如果是这样的话，那么将新生蛋白质隐藏在内质网中（ER）保护其免于降解，应该不会观察到表达的降低。为验证这一假说，Filipowicz 及同事将 RL-3×Bulge 基因与红细胞凝集素基因偶联，该基因含有一个信号肽序列，可在融合蛋白的 N 端表达。信号肽指导新生蛋白质进入 ER 的内腔。结果表明，相对于对照而言，该重组子和 RL-3×Bulge 的蛋白质产物的降低量是一样的。因此，*let*-7 miRNA 的靶标是蛋白质的合成而非蛋白质产物本身。

那么，*let*-7 miRNA 阻止了翻译过程的哪一步呢？为了回答该问题，Filipowicz 及同事收集了 RL-3×Bulge 基因转化细胞的多核糖体（polysome，由多个核糖体翻译的 mRNA，见第 19 章）。为了检测 RL-3×Bulge mRNA 在多核糖体中的情况，他们对多核糖体的各组分进行了 Northern 分析（图 17.34）。在给定 mRNA 上的翻译起始越活跃，就会有越多的核糖体黏附在 mRNA 上，因此多核糖体就越重。在图 17.34 中最重的多核糖体出现在图的右边。可以清楚地看到，对照 RL mRNA 位于比 RL-3×Bulge mRNA [图 17.34（b）] 大得多的核糖体中 [图 17.34（a）右边]，将这些结果作成图 17.34（c）。当与阻断 miRNA-mRNA 相互作用的反义 *let*-7 miRNA 共转染时，多核糖体的这种转换现象可被消除（结果未给出）。

这种转换现象在突变去掉 RL-3×Bulge mRNA 的 3′-UTR 时也可消除，而这段 3′-UTR 是与 miRNA 杂交的部分。综合以上结果表明，相对于对照 mRNA 来说，RL-3×Bulge mRNA 的翻译起始被显著地抑制了。因此，翻译起始（核糖体对 mRNA 的结合）可能是 *let-7* miRNA 对翻译作用的靶位。

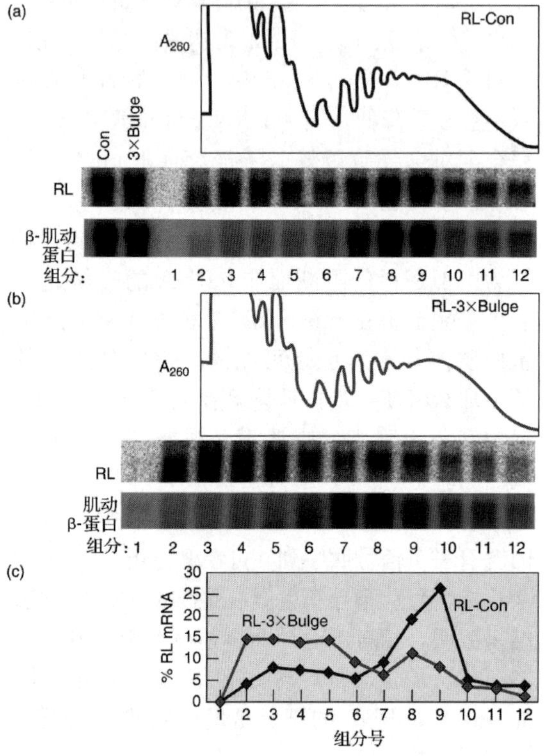

图 17.34 RLmRNA 的多核糖体的分布。Filipowicz 及同事用编码（**a**）对照 RLmRNA（RL-Con）或（**b**）RL-3×Bulge mRNA 的基因转染人类细胞。然后用蔗糖梯度离心展示多核糖体，将多核糖体分布中不同组分的 RNA 进行 Northern 印迹，印迹膜用放射性探针探测 RL mRNA 或 β-actin mRNA。后者是一个通常的细胞 mRNA，用作阳性对照。图（a）中 Northern 膜上最左边两个泳道的 RNA 来自超速离心前的样品。（**c**）显示对照和 RL-3×Bulge 多核糖体分布各组分的总放射性的百分比。[*Source*：（*a*～*c*）Reprinted with permission from *Science*，Vol. 309，Ramesh S. Pillai，Suvendra N. Bhattacharyya，Caroline G. Artus，Tabea Zoller，Nicolas Cougot，Eugenia Basyuk，Edouard Bertrand，and Witold Filipowicz，"Inhibition of Translational Initiation by Let-7 MicroRNA in Human Cells" Fig. 1 c&e，p. 1574，Copyright 2004，AAAS.]

进一步的研究表明，mRNA 的 poly（A）尾在 *let-7* miRNA 对翻译的抑制中不起作用：poly（A）$^+$ 和 poly（A）$^-$ mRNA 的翻译同等程度地受 *let-7* miRNA 的抑制。但是帽却有很大作用，我们已经知道无帽 mRNA 的翻译非常弱。所以 Filipowicz 及同事给 RL mRNA 或 FL mRNA 加上了脑心肌炎病毒（encephalomyocarditis virus，EMCV）的内部核糖体进入位点（IRES），该病毒允许帽非依赖性翻译。然后比较 *let-7* miRNA 对帽依赖性和帽非依赖性翻译的影响。与正常情况一样，*let-7* 抑制帽依赖性

FL-3×Bulge mRNA 的翻译，而对带有 EMCV IRES 的帽非依赖性 FL-3×Bulge mRNA 的翻译无影响。因此，*let-7* miRNA 可能是以帽依赖性翻译的起始为靶位的。

为了确定被 *let-7* miRNA 影响的帽依赖性起始的具体部位，Filipowicz 及同事构建了编码双顺反子 mRNA 的质粒，其中在 RL 顺反子之前的顺反子间区（intercistronic）固定了一个 eIF4E 或 eIF4G。他们按如下方法进行固定［图 17.35（a）］：在顺反子间区置入两个 BoxB 茎环，该茎环与一个叫做 N 肽的肽具有亲和性。然后，重组 eIF4E 和 eIF4G 基因，插入 N 肽-红细胞凝集素编码区，使这两个起始因子分别被表达为带有 N 肽标签的融合蛋白。这些融合蛋白再与 BoxB 茎环结合，从而激发双顺反子上 RL 顺反子的翻译。FL 顺反子的翻译是帽依赖性的，因为该顺反子在加帽 mRNA 中首先出现。RL 顺反子的翻译是帽非依赖性的，只要其中一个起始因子被系于顺反子间区。该起始因子显然就可吸引起始所需的所有其他因子。

接着，Filipowicz 及同事检测了融合基因 FL 和 RL 部分的表达，用的是对照 3′-UTR 或 3×Bulge 3′-UTR，束缚于顺反子间区的起始因子 eIF4E 或 eIF4G（或作为阴性对照的 *lacZ* 产物β-半乳糖苷酶）。图 17.35（b）显示了实验结果。正如预期的，FL 顺反子的翻译是帽依赖性的，与对照 mRNA 相比，*let-7* miRNA 抑制 3×Bulge mRNA 的 FL 顺反子的翻译。但是，当 eIF4E 或 eIF4G 被系于顺反子间区时，*let-7* miRNA 不能抑制 3×Bulge mRNA

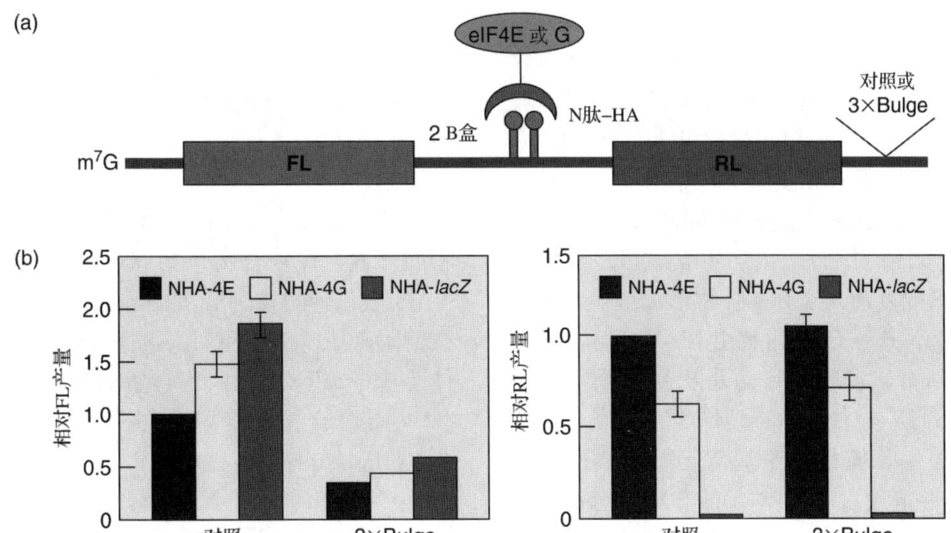

图 17.35 翻译起始因子束缚于双顺反子 mRNA 的顺反子间区域的效应。(a) 具有两个 BoxB 茎环（紫色）的重组子。两个 BoxB 茎环位于两个顺反子之间并结合到也含有 eIF4E 或 eIF4G（橙色）的融合蛋白的 N 肽部分（绿色）。3′-UTR 含有对照 RL 序列（Con）或 3×Bulge 序列。**(b)** 对照和 3×Bulge mRNA 的 FL（左）及 RL（右）的产物，以不同的蛋白质束缚于顺反子间区域。束缚于顺反子间区域的 N 肽-红细胞凝集素（NHA）-标签蛋白以颜色标注，eIF4E 为蓝色；eIF4G 为黄色；*LacZ* 产物为红色。(*Source*：Adapted from Ramesh，S.，et al.，2004 Inhibition of transiational initiation by let-7 microRNA in human cells. *Science* 309：1575，fig. 2.)

中 RL 顺反子的翻译（而当系于顺反子间区的是 *lacZ* 产物而非起始因子时，几乎没有翻译发生，即使是对照 mRNA）。因此，有了 eIF4E 或 eIF4G（本例通过固定）就可以绕开 *let-7* miRNA 介导的翻译起始，由此提示 *let-7* 阻断了 eIF4E 将 eIF4G 召集到帽之前的某个步骤。这一 *let-7* 敏感步骤很明显的候选者是 eIF4E 结合帽这一步。

在哺乳动物细胞中的这些结果表明，*let-7* miRNA 对翻译的干扰不同于第 16 章所呈现的一些结果，其中 *lin-4* miRNA 不改变其线虫中目标 mRNA 多核糖体的情况，因此可能不阻断翻译的起始。如第 16 章所指出的，这种不一致性可以解释为是否不同的 miRNA 具有不同的作用模式，或 miRNA 在不同的生物有不同的作用方式，或两种情况都有。

小结 在人细胞中 *let-7* miRNA 将靶 mRNA 的多核糖体转换成较小的多核糖体，表明该 miRNA 阻断人细胞中翻译的起始。由于 IRES 或束缚的起始因子的存在，帽非依赖性翻译的起始不受 *let-7* miRNA 影响，提示在人类细胞中该 miRNA 阻断 eIF4E 对目标 mRNA 帽的结合。

总结

作为蛋白质合成的前奏，有两个事件必须发生。其一，氨酰 tRNA 合成酶将氨基酸连接到其关联 tRNA 上。这一过程是在一个两步反应中非常专一性地完成的，从 ATP 衍生的 AMP 对氨基酸的活化开始。其二，在每一轮翻译的末期，核糖体必须解离为亚基。在细菌里，RRF 和 EF-G 活跃地促进这种解离，而 IF3 结合到游离的 30S 亚基上，阻止它与 50S 亚基重新结合形成完整核糖体。

原核生物的起始密码子通常是 AUG，也可以是 GUG，极少是 UUG。起始氨酰 tRNA 是 *N*-甲酰甲硫氨酸 $tRNA_f^{Met}$。因此，*N*-甲酰甲硫氨酸（fMet）是多肽链的第一个氨基酸，但在蛋白质成熟加工过程中它是经常被切掉的。

30S 起始复合物由游离的 30S 核糖体亚基加 mRNA 和 fMet-$tRNA_f^{Met}$ 组成。30S 原核核糖体亚基与 mRNA 起始位点的结合依赖于被称做 Shine-Dalgarno 序列的短 RNA 序列与 16S rRNA 3′端互补序列碱基配对。这种结合由 IF3 介导，IF1 和 IF2 协助。至此，所有三个起始因子都已经附着在 30S 亚基上了。

IF2 是促进 fMet-$tRNA_f^{Met}$ 结合到 30S 起始复合物上的主要因子。另外两个起始因子起重要的支持作用。在 IF2 的生理浓度下，GTP 是 IF2 结合所必需的，但在该过程中 GTP 并不水解。完整的 30S 起始复合物包括一个 30S 核糖体亚基，以及各一分子的 mRNA、fMet-$tRNA_f^{Met}$、GTP、IF1、IF2 和 IF3。GTP 水解发生在 50S 亚基加入 30S 复合物形成 70S 起始复合物之后。这一 GTP 水解由 IF2 联合 50S 核糖体亚基执行。水解的目的是从复合物上释放 IF2 和 GTP，以便多肽链延伸能够开始。

真核 40S 核糖体亚基与起始 tRNA（$tRNA_i^{Met}$）一起通过与 mRNA 的 5′帽结合而找到合适的起始密码子，然后扫描下游结构直到在良好序列环境中发现第一个 AUG。最佳序列环境是：在－3 位是嘌呤，＋4 位是 G。有 5％～10％的情况下，核糖体亚基将越过第一个 AUG，继续搜寻更合适的 AUG。有时核糖体明显起始一个上游的 AUG，翻译一个短的可读框，然后继续扫描，在下游的一个 AUG 处再起始。这种机制只在上游 ORF 较短时起作用。靠近 mRNA 5′端的二级结构具有正面或负面影响。紧接在 AUG 之后的发夹结构可迫使核糖体亚基暂停于 AUG，因而激发起始。在帽与起始位点之间非常稳定的茎环结构能阻断核糖体亚基的扫描，因而抑制起始。

真核生物起始因子有下列一般功能：eIF1 和 eIF1A 帮助扫描起始密码子。eIF2 参与 Met-$tRNA_i^{Met}$ 对核糖体的结合。eIF2B 通过 GTP 取代 GDP 而激活 eIF2。eIF3 结合 40S 核糖体亚基，阻止其与 60S 亚基的重新结合。eIF4F 是帽结合蛋白，让 40S 核糖体亚基与 mRNA 的 5′端结合（通过 eIF3）。eIF5 促进 43S 复合物（40S 亚基加上 mRNA 和 Met-$tRNA_i^{Met}$）之间的结合。eIF6 与 60S 亚基结合，阻止其与 40S 亚基的再结合。

eIF4F 是一个帽结合蛋白，由三部分组成：eIF4E 有实际的帽结合活性，伴随有另两个亚基 eIF4A 和 eIF4G。eIF4A 具有 RNA 解旋酶活性，能够打开在真核生物 mRNA 5′前导区的发夹结构。这一任务由 eIF4B 因子协助完成，并需要 ATP 提供能量。eIF4G 是一个接头蛋白，能够与多种蛋白质结合，包括 eIF4E（帽结合蛋白）、eIF3（40S 核糖体亚基结合蛋白）和 Pablp［poly（A）结合蛋白］。通过这些蛋白质的相互作用，eIF4G 能够将 40S 核糖体亚基召集到 mRNA 上，因而激发翻译起始。

eIF1 和 eIF1A 协同性地促使稳定 48S 复合物的形成，该复合物包括起始因子、Met-$tRNA_i^{Met}$ 及已经扫描到 mRNA 起始密码子的 40S 核糖体亚基。eIF1 和 eIF1A 通过解离 40S 核糖体亚基与 mRNA 之间不合适的复合物并促进 48S 稳定复合物的形成而发挥作用。

eIF5B 与原核生物的 IF2 同源。eIF5B 在结合 GTP 和激发两个核糖体亚基的结合方面与 IF2 相似，在该反应中 eIF5B 与 eIF5 共同作用。eIF5B 与 IF2 的相似性还表现在利用 GTP 水解来促进自身与核糖体的分离，使蛋白质合成能够开始。但是它与 IF2 的不同之处在于不能激发氨酰 tRNA 与核糖体小亚基的结合。在真核生物中这一任务由 eIF2 完成。

原核生物的 mRNA 非常短命，所以翻译调控在这类生物中不普遍。然而，确实发生了一些翻译水平的调控。信使 RNA 的二级结构能够调控翻译的起始，如噬菌体 MS2 家族的复制酶基因，或在大肠杆菌 σ^{32} 的 mRNA 中，σ^{32} 的翻译起始被二级结构所抑制，可通过加热松弛该二级结构。

小 RNA 与蛋白质协同可影响 mRNA 的二级结构，从而调控翻译的起始。核糖开关是这种控制能够实施的一种方式。大肠杆菌的 *thiM* mRNA 的 5′-UTR 含有一个核糖开关，其中包括一个适配子，它可以结合硫胺及其代谢物硫胺磷酸，尤其是硫胺三磷酸（TPP）。当 TPP 丰富时，与适配子结合引起 mRNA 构象改变，将 Shine-Dalgarno 序列隐藏在二级结构中。这种转换使 SD 序列不为核糖体所发现，从而抑制 mRNA 的翻译。

真核生物 mRNA 的寿命相对较长，所以对翻译进行调控的机会比原核生物要多。eIF2 的 α 亚基是翻译调控的偏爱靶位。在血红素缺乏的网织红细胞中，HCR 是激活的，因此它能使 eIF2α 磷酸化，抑制翻译起始。在病毒感染的细胞中，另一种激酶 DAI 是活化的，它也使 eIF2α 磷酸化，抑制翻译起始。

胰岛素和一些生长因子可激活蛋白激酶 mTOR 参与的途径。mTOR 激酶的靶蛋白之一是 4E-BP1。通过 mTOR 的磷酸化作用，该蛋白质从 eIF4E 上解离下来，释放 eIF4E 参与更活跃的翻译起始。mTOR 的另一个靶蛋白是 S6K1。一旦磷酸化，激活的 S6K1 本身作为蛋白激酶将 eIF4B 磷酸化，促进 eIF4B 与 eIF4A 的结合，从而激发翻译起始。剪接可通过 SKAR 而促进翻译，SKAR 是 EJC 的一个组分。SKAR 召集激活的 S6K1 进行首轮翻译。

在爪蟾卵母细胞中，Maskin 与 eIF4E 结合，还与结合了休眠的细胞周期蛋白 B mRNA 的 CPEB 结合。由于 Maskin 的结合，eIF4E 不能与 eIF4G 结合，所以翻译受到抑制。在卵母细胞活化时，CPEB 被磷酸化，由此激活多腺苷酸化，有可能引起 CPEB 从 Maskin 上解离，Maskin 随后又从 eIF4E 上解离。因为 Maskin 不再黏附，eIF4E 可以自由地与 eIF4G 结合，翻译就能够起始了。

铁蛋白 mRNA 的翻译受铁离子诱导。这种诱导作用按以下方式进行：阻遏蛋白（顺乌头酸酶脱辅基蛋白）结合到铁蛋白 mRNA 5′-UTR 区 5′端附近的茎环状铁离子应答元件（IRE）上。铁离子去除阻遏物，使 mRNA 翻译得以进行。

在人细胞中，*let-7* miRNA 将靶 mRNA 的多核糖体转换成较小的多核糖体，表明该 miRNA 阻断了人细胞中翻译的起始。由于 IRES 或束缚的起始因子的存在，帽非依赖性翻译的起始不受 *let-7* miRNA 影响，提示在人类细胞中该 miRNA 阻断 eIF4E 对目标 mRNA 帽的结合。

复习题

1. 叙述实验并给出结果，说明核糖体亚基的解离与再结合。

2. IF3 是怎样参与核糖体解离的？

3. 细菌的两个氨酰 tRNA 各叫什么？它们的功能是什么？

4. 为什么 MS2 噬菌体复制酶顺反子的翻译依赖于外壳顺反子的翻译？

5. 用结果（无需准确的碱基序列）支持 Shine-Dalgarno 序列和 16S rRNA 碱基配对在翻译起始中的重要作用，选择最令人信服的结果。

6. 给出实验结果，表明三个起始因子在 mRNA-核糖体结合中的作用。

7. 叙述实验并给出结果，说明 GTP 水解在 30S 起始复合物形成中的作用（如果有的话）。

8. 叙述实验并给出结果，说明 GTP 水解在 IF2 从核糖体释放中的作用。

9. 给出实验结果，显示三种起始因子在 fMet-tRNA$_i^{Met}$与核糖体结合中的作用。

10. 图示总结大肠杆菌翻译的起始过程。

11. 解释什么是 Shine-Dalgarno 序列和 Kozak 共同序列，对比它们的作用。

12. 写出理想的真核生物翻译起始位点序列。除 AUG 外，最重要的位点是什么？

13. 图示翻译起始的扫描模型。

14. 举例说明核糖体的扫描能够越过 AUG 并且从下游的 AUG 起始翻译。

15. 在何种情况下，好序列环境的上游 AUG 对下游 AUG 的起始无阻碍作用？给出证据。

16. 叙述实验并给出结果，显示 mRNA 前导区的二级结构对扫描的作用。

17. 图示真核生物翻译起始步骤，显示每一级起始因子的作用。

18. 叙述鉴定帽结合蛋白的实验并给出结果。

19. 叙述实验并给出结果，说明帽结合蛋白激发有帽 mRNA 而非无帽 mRNA 的翻译。

20. eIF4F 的亚基结构是什么？不要求分子质量。

21. 叙述实验并给出结果，说明 eIF4A 和 eIF4B 在翻译中的作用。

22. 脊髓灰质炎病毒遗传物质是怎样模仿典型的细胞 mRNA 的？有什么不同？病毒是怎样利用这种差异的？与肝炎病毒 C 对比这一行为的异同。

23. 怎样知道 eIF1 和 eIF1A 不能通过激活对同一 mRNA 的扫描，引起复合物Ⅰ转化成复合物Ⅱ？

24. 比较起始因子 IF2 和 eIF5B，它们的相同作用是什么？IF2 所具有的何种功能 eIF5B

没有？在真核生物中由什么因子执行这一功能？

25. 阐述 *rpoH* mRNA 感知高温并启动自身翻译的机制，这一模型的证据是什么？

26. 阐述大肠杆菌 *thiM* 基因中核糖开关控制翻译的机制。

27. 阐述 eIF2α 磷酸化的翻译抑制模型。

28. 给出模型，解释 4E-BP1 磷酸化在翻译效率上所起的作用。

29. 叙述实验并给出结果，说明铁蛋白 mRNA 中 IRE 对铁蛋白合成中铁离子诱导性的重要性。

30. 提出在哺乳动物细胞中铁蛋白合成的铁离子诱导性的假说。要保证你的假说能解释为什么当细胞中铁蛋白基因由强启动子驱动时铁蛋白合成不可诱导。

31. 人类 *let*-7 miRNA 是怎样控制其目标基因的表达的？总结这一模型的证据。

分析题

1. 描述一个趾迹分析实验，包括大肠杆菌核糖体亚基又和含有翻译所需全部因子的无细胞提取物中虚拟的 mRNA。对于单独的 30S 核糖体亚基你预期又是什么结果？对于单独的 50S 核糖体亚基又是什么结果？对于两个核糖体亚基和所有氨基酸，除了亮氨酸之外（它在多肽链的第 20 位需要），又会是什么结果？

2. 预测下列突变对噬菌体 R17 外壳基因和复制酶基因翻译的影响。

a. 在外壳基因起始密码子下游 6 个密码子处的琥珀突变（提前终止密码子）。

b. 在外壳基因起始密码子周围茎环处减弱茎环碱基配对的突变。

c. 在复制酶基因内部导致复制酶基因与外壳基因起始密码子碱基配对的突变。

3. 你正在研究真核生物基因，其翻译通常从 mRNA 的第二个 AUG 开始，在两个 AUG 密码子之间的序列是：CGG<u>AUG</u>CACAGGACAUCCU<u>AUG</u>GAGAUGA，两个 AUG 密码子已加下划线，预测下列突变给 mRNA 翻译带来的影响。

a. 把第一和第二个 C 突变成 G。

b. 把第一和第二个 C 突变成 G，并把第二个 AUG 前的 UAU 密码子突变成 UAG。

c. 把末端的 GAG<u>AUG</u>A 序列突变成 CAG<u>AUG</u>U。

4. 你正在研究一个真核 mRNA，你相信它在翻译水平有调控，具体讲是对翻译的起始。你认为 5′-UTR 在翻译调控中发挥作用。为了明确 5′-UTR 的作用，请详细叙述一个实验方案来证明你的猜想。要确保在实验中能检测到如果一个蛋白质与 5′-UTR 结合可阻止翻译，以及在 5′-UTR 的突变对基因在 RNA 水平的表达所产生的可能影响。

翻译　马　纪　校对　张富春　罗　杰

推荐阅读文献

一般的引用和评论文献

Cech, T. R. 2004. RNA finds a simpler way. *Nature* 428:263-264.

Gottesman, S. 2004. The small RNA regulators of *Escherichia coli*: Roles and mechanisms. *Annual Review of Microbiology* 58:303-328.

Hentze, M. W. 1997. eIF4G: A multipurpose ribosome adapter? *Science* 275:500-501.

Jackson, R. J. 1998. Cinderella factors have a ball. Nature 394:829-831.

Kozak, M. 1989. The scanning model for translation: An update. *Journal of Cell Biology* 108:229-241.

Kozak, M. 1991. Structural features in eukaryotic mRNAs that modulate the initiation of translation. *Journal of Biological Chemistry* 266:19867-19870.

Kozak, M. 2005. Regulation of translation via mRNA structure in prokaryotes and eukaryotes. *Gene* 361:13-37.

Lawrence, J. C. and Abraham. R. T. 1997. PHAS/4E-BPs as regulators of mRNA translation and cell proliferation. *Trends in Biochemical Sciences*. 22:345-349.

Proud, C. G. 1994. Turned on by insulin. *Nature* 371:747-748.

Rhoads, R. E. 1993. Regulation of eukaryotic protein synthesis by initiation factors. *Journal of Biological Chemistry* 268:3017-3020.

Richter, J. D. and W. E. Theurkauf. 2001. The message is in the translation. *Science* 293:60-62.

Roll-Mecak, A., B.-S. Shin, T. E. Dever, and S. K. Burley. 2001. Engaging the ribosome: Universal IFs of translation. *Trends in Biochemical Sciences* 26:705-709.

Sachs, A. B. 1997. Starting at the beginning, middle, and end: Translation initiation in eukaryotes. *Cell* 89:831-838.

Thach, R. E. 1992. Cap recap: The involvement of eIF4F in regulating gene expression. *Cell* 68:177-180.

研究论文

Aziz, N. and H. N. Munro. 1987. Iron regulates ferritin mRNA translation through a segment of its 5′-untranslated region. *Proceedings of the National Academy of Sciences USA* 84:8478-8482.

Brown, L. and T. Elliott. 1997. Mutations that increase expression of the *rpoS* gene and decrease its dependence on *hfq* function in *Salmonella typhimurium*. *Journal of Bacteriology* 179:656-662.

Cigan, A. M., L. Feng, and T. F. Donahue. 1988. $tRNA_f^{Met}$ functions in directing the scanning ribosome to the start site of translation. *Science* 242:93-96.

Dubnoff, J. S., A. H. Lockwood, and U. Maitra. 1972. Studies on the role of guanosine triphosphate in polypeptide chain initiation in *Escherichia coli*. *Journal of Biological Chemistry* 247:2884-2894.

Edery, I., M. Hümbelin, A. Darveau, K. A. W. Lee, S. Milburn, J. W. B. Hershey, H. Trachsel, and N. Sonenberg. 1983. Involvement of eukaryotic initiation factor 4A in the cap recognition process. *Journal of Biological Chemistry* 258:11398-11403.

Fakunding, J. L. and J. W. B. Hershey. 1973. The interaction of radioactive initiation factor IF2 with ribosomes during initiation of protein synthesis. *Journal of Biological Chemistry* 248:4206-4212.

Guthrie, C. and M. Nomura. 1968. Initiation of protein synthesis: A critical test of the 30S subunit model. *Nature* 219:232-235.

Hui, A. and H. A. De Boer. 1987. Specialized ribosome system: Preferential translation of a single mRNA species by a subpopulation of mutated ribosomes in *Escherichia coli*. *Proceedings of the National Academy of Sciences USA* 84:4762-4766.

Kaempfer, R. O. R., M. Meselson, and H. J. Raskas. 1968. Cyclic dissociation into stable subunits and reformation of ribosomes during bacterial growth. *Journal of Molecular Biology* 31. 277-289.

Kozak, M. 1986. Point mutations define a sequence flanking the AUG initiator codon that modulates translation by eukaryotic ribosomes. *Cell* 44:283-292.

Kozak, M. 1989. Circumstances and mechanisms of inhibition of translation by secondary structure in eukaryotic mRNAs. *Molecular and Cellular Biology* 9:5134-5142.

Min Jou, W., G. Haegeman, M. Ysebaert, and W. Fiers. 1972. Nucleotide sequence of the gene coding for the bacteriophage MS2 coat protein. *Nature* 237:82-88.

Morita, M. T., Y. Tanaka, T. S. Kodama, Y. Kyogoku, K. Yanagi, and T. Yura. 1999. Translational induction of heat shock transcription factor σ^{32}. Evidence for a built-in RNA thermosensor. *Genes and Development* 13:655-665.

Noll, M. and H. Noll. 1972. Mechanism and control of initiation in the translation of R17 RNA. *Nature New Biology* 238:225-228.

Pause, A. and N. Sonenberg. 1992. Mutational analysis of a DEAD box RNA helicase: The mammalian translation initiation factor eIF4A. *EMBO Journal* 11:2643-2654.

Pestova, T. V., S. I. Borukhov, and C. V. T. Hellen. 1998. Eukaryotic ribosomes require initiation factors 1 and 1A to locate initiation codons. *Nature* 394:854-859.

Pestova, T. V., I. B. Lomakin, J. H. Lee, S. K. Choi, T. E. Dever, and C. U. T. Hellen. 2000. The joining of ribosomal subunits in eukaryotes requires eIF5B. *Nature* 403: 332-335.

Pillai, R. S., S. N. Bhattacharyya, C. G. Artus, T. Zoller, N. Cougot, E. Basyuk, E. Bertrand, and W. Filipowicz. 2005. Inhibition of translational initiation by Let-7 microRNA in human cells. *Science* 309:1573-1576.

Sonenberg, N., M. A. Morgan, W. C. Merrick, and A. J. Shatkin. 1978. Apolypeptide in eukaryotic initiation factors that crosslinks specifically to the 5′-terminal cap in mRNA. *Proceedings of the National Academy of Sciences USA* 75:4843-4847.

Sonenberg, N., H. Trachsel, S. Hecht, and A. J. Shatkin. 1980. Differential stimulation of capped mRNA translation in vitro by cap binding protein. *Nature* 285:331-333.

Steitz, J. A. and K. Jakes. 1975. How ribosomes select initiator regions in mRNA: Base pair formation between the 3′-terminus of 16S rRNA and the mRNA during initiation of protein synthesis in *Escherichia coli*. *Proceedings of the National Academy of Sciences USA* 72:4734-4738.

Wahba, A. J., K. Iwasaki, M. J. Miller, S. Sabol, M. A. G. Sillero, and C. Vasquez. 1969. Initiation of protein synthesis in *Escherichia coli*, Ⅱ. Role of the initiation factors in polypeptide synthesis. *Cold Spring Harbor Symposia* 34: 291-299.

Winkler, W., A. Nahvi, and R. R. Breaker. 2002. Thiamine derivatives bind messenger RNAs directly to regulate bacterial gene expression. *Nature* 419:952-956.

第 18 章　翻译机制 II：延伸与终止

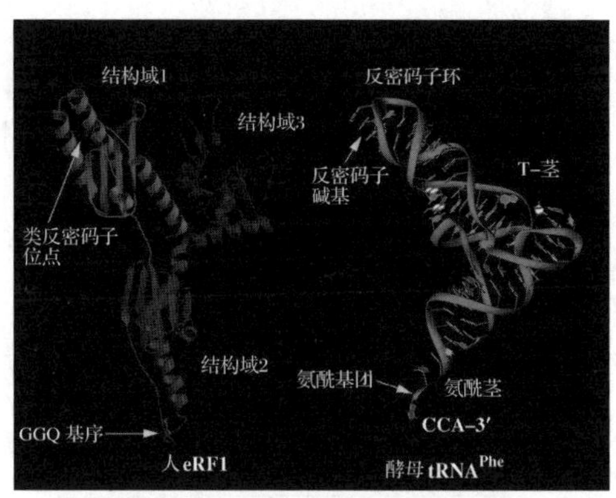

人类 eRF1 和酵母 tRNA^{Phe} 晶体结构的比较。

蛋白质翻译的延伸过程在细菌和真核生物中非常类似，相应地，我们将学习并比较这两种生物中的延伸过程。我们先讨论细菌系统，然后注明该过程在真核系统有哪些差异。

如我们在第 17 章所学的，细菌翻译的起始过程产生了一个由 mRNA、起始氨酰 tRNA 和 fMet-tRNA$_f^{Met}$ 引发的核糖体，准备开始延伸多肽链。在我们讨论延伸过程之前，先来考虑一些关于延伸的基本问题：①多肽链是按什么方向合成的？②核糖体按什么方向阅读 mRNA？③用于指导氨基酸与 mRNA 对应关系的遗传密码的本质是什么？

18.1　多肽链合成及 mRNA 翻译的方向

蛋白质的合成每次只添加一个氨基酸，那么合成从哪儿开始呢？蛋白质链的延伸是沿氨基端到羧基端，还是沿相反方向呢？换句话说，哪个氨基酸被第一个添加到延伸的肽链上，是 N 端氨基酸还是 C 端氨基酸？1961 年，Howard Dintzis 提供了多肽链合成沿 N 端→C 端的确凿证据。他在研究分离兔网织红细胞（未成熟血细胞）中 α-珠蛋白和 β-珠蛋白合成时获得了这一证据。他用［^{3}H］亮氨酸间隔不同的时间段标记合成中的珠蛋白，以［^{14}C］亮氨酸进行长时间标记。然后分离 α-珠蛋白和 β-珠蛋白，用胰蛋白酶消化，分离肽段。以肽段在蛋白质中从 N 端到 C 端的位置对［^{3}H］亮氨酸掺入多肽的相对量作图。［^{14}C］亮氨酸长时间标记应该对所有多肽同等标记，所以可作为内参计算在纯化过程中所损失的多肽及不同肽段间亮氨酸含量的差异。

图 18.1 显示了这一过程是如何判断蛋白质翻译方向的。需要注意的是，当添加标记物时，蛋白质链处于合成的不同阶段。因此，有些刚开始，有些已部分完成，而有些则基本完成了。这意味着只有当加入标记物时蛋白质合成刚开始，标记物才会掺入第一个氨基酸，而其他不同程度合成的蛋白质将在下游肽段中出现标记物，而不是在第一个氨基酸中。对比之下，短时间标记后蛋白质合成末端处的标记物会相对丰富，中间肽段为中等水平的标记。因此，如果翻译从氨基端开始，标记将在羧基末端最强。图 18.2 显示了这一结果。α-珠蛋白和 β-珠蛋白中多肽的标记都是从氨基端向羧基端增加，并且这种差异在短时间标记时特别明显。因此，蛋白质合成起始于蛋白质的氨基端。

那么 mRNA 是按 5′→3′方向阅读，还是相反方向呢？已知蛋白质的合成方向是从氨基端向羧基端进行，很容易证明 mRNA 是按 5′→3′

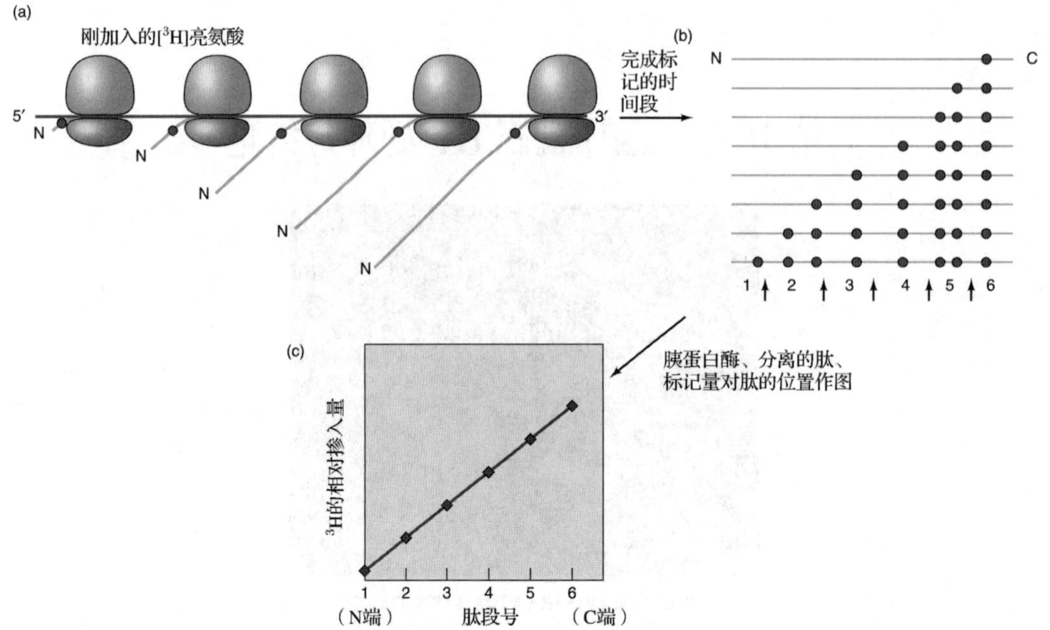

图 18.1　确定蛋白质翻译方向的实验策略。(a) 标记蛋白质。多个核糖体（粉色和蓝色）在一条mRNA链（绿色）上进行翻译，假设 mRNA 的翻译方向是 5′→3′，蛋白质的合成方向是从氨基端（N）到羧基端（C）。标记的氨基酸（［^{3}H］-Leu）刚刚被加入系统，它已经开始被掺入延长中的蛋白质链，如红色圆点所示。在刚开始合成的蛋白质中，标记氨基酸的靠近左边多肽的 N 端；对于几乎完成的蛋白质，标记的氨基酸靠近右边多肽的 C 端。**(b)** 一段中等标记时间后，在完整蛋白质中标记的分布。靠近顶部的蛋白质，标记只在 C 端，与（a）图中靠近右侧基本上完成的蛋白质相对应；底部的蛋白质，标记向 N 端分布，对应于（a）图中左侧增长的蛋白质。这些蛋白质有时间将标记掺入不同长度的多肽链中。胰蛋白酶的切割位点用下方的箭头表示，根据在蛋白质中的位置，产生的肽段标号为 1～6。**(c)** 模式实验结果。将 1～6 号肽段与其^{3}H 标记相对量作图，发现 C 端的多肽标记最强。这正是我们所预期的翻译从 N 端起始的结果。假如从 C 端起始［与（a）图中所画的相反］，那么 N 端肽段的标记应该是最强的。

方向被阅读的。20 世纪 60 年代，当分子生物学家第一次以人工合成的mRNA为模板合成蛋白质时，其中一些信使 RNA 就包含了对该问题的答案。例如，当 Ochoa 及同事翻译 mRNA 5′-AUGUUU$_n$-3′ 时，得到了 fMet-Phe$_n$，其中，fMet 是在氨基端的。已知 AUG 编码 fMet，UUU 编码丙氨酸（Phe），我们又知道 fMet 掺入蛋白质的氨基端，这就意味着它是在丙氨酸之前先加入的。因此，mRNA 一定是从 5′端阅读的，因为那里是 fMet 密码子的位置。

小结　信使 RNA 按 5′→3′方向阅读，与它们被合成的方向一致。蛋白质合成以氨基端→羧基端方向进行，说明氨基端氨基酸是首先加入的。

18.2　遗传密码子

遗传密码（genetic code）一词是指 mRNA 上编码 20 种氨基酸的三碱基密码（**密码子**，codon）。像其他密码一样，在我们了解密码子所代表的意思之前必须破译它。然而，在 1960 年之前，有关遗传密码的一些基础问题尚不清楚，诸如密码子重叠吗？密码中有间隔或间断吗？几个碱基组成一个密码子？在 20 世纪 60 年代，这些问题通过一系列富有想象力的实验都得到了回答，这里我们来了解一下这些实验。

非重叠性密码子

在非重叠密码中，大多数情况下每个碱基

都是密码子的一部分。而在重叠密码中，一个碱基可能是两个，甚至三个密码子的成分。请看下面的一小段信使 RNA：

AUGUUC

假设密码是三联体（每个密码子有三个碱基）并且从起始端读起，那么如果密码是非重叠的，则密码子应该是 AUG 和 UUC。而重叠密码可能会产生 4 个密码子：AUG、UGU、GUU、UUC。早在 1957 年，Sydney Brenner 就从理论上推测这种完全重叠的三联密码是不可能的。

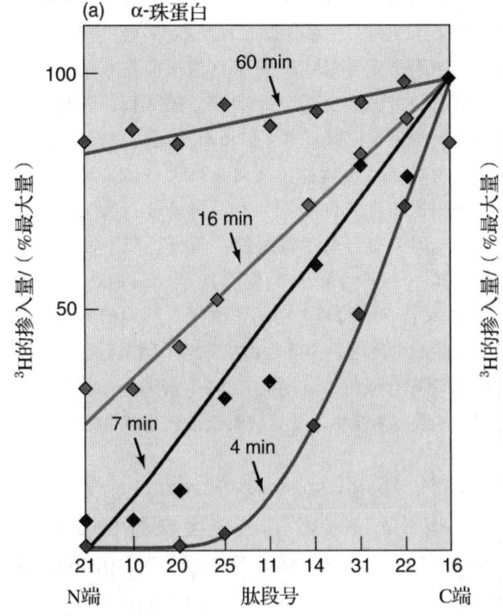

图 18.2 确定翻译方向。Dintzis 在兔网织红细胞中实施了图 18.1 所示实验计划。该系统只合成 α-珠蛋白和 β-珠蛋白。他用［^{3}H］-Leu 在不同时间段标记网织红细胞，然后分离 α-珠蛋白和 β-珠蛋白，用胰蛋白酶分别水解，再确定每条肽段的标记量。用^{3}H 的相对量对肽段数目作图，N 端肽在左侧，C 端肽在右侧。曲线 α-珠蛋白、β-珠蛋白都表明 C 端多肽有最大标记量，尤其是短时间标记后（此图只给出了 α-珠蛋白的实验结果）。如果翻译从蛋白质的 N 端开始，这正是我们所期望的。注意，肽段的号码并不像图 18.1 中那样与它们在蛋白质中的位置相对应。［*Source*：Adapted from Dintzis，H. M.，Assembly of the peptide chains of hemoglobin. *Proceedings of the National Academy of Sciences USA* 47：255，1961.］

然而，截止到 1957 年所能获得的数据，密码子部分重叠的可能性仍然不能排除。但 A. Tsugita 和 H. Frankel-Conrat 通过以下分析否定了这一可能：如果密码子是非重叠性的，那么 mRNA 的一个碱基改变（错义突变）仅会引起所得蛋白质中一个氨基酸的改变。如下面的序列：

AUGCUA

假设密码为三联体（每个密码子三个碱基）并且从起始端读起，那么如果密码是非重叠性的，则密码应该是 AUG 和 CUA。第三个碱基（G）的改变只会改变一个密码子（AUG），因而最多影响一个氨基酸。相反，如果密码是重叠的，碱基 G 是三个相邻密码子（AUG、UGC 和 GCU）的一部分，那么改变 G 就会产生三个氨基酸的改变。当研究者将单碱基改变引入烟草花叶病毒（TMV）mRNA 时，发现并未引起一个以上氨基酸的改变。因此，密码子一定是非重叠的。

密码中无间隔

如果密码中包含非翻译间隔或“间隔符”，那么单碱基缺失或增加就会改变多个密码子，但预期在下一个间隔符之后，核糖体会回到正常轨道。换句话说，这些突变可能经常是致死性的，但在多数情况下，只在信使 RNA 的一个间隔符之前发生。因此，如果有影响的话也会很小。但是，如果没有间隔符使核糖体回到正常轨道，那么突变将是致死性的，除非突变刚好发生在信使 RNA 的末端。

这类突变确实可以发生，被称为**移码突变**（frameshift mutation），其机制如下。现在来看以下这一小段信使 RNA：

AUGCAGCCAACG

如果翻译从头开始，密码子应该是 AUG、CAG、CCA、ACG。如果紧接在 U 的后面插入一个碱基（X），就得到：

AUXGCAGCCAACG

现在，这个序列翻译为 AUX、GCA、GCC、AAC。注意，插入的额外碱基不但改变了它所插入的密码子（AUX），而且影响了其后的所有密码子。**可读框**（reading frame）向左偏移了一个碱基，因此在第二个密码子中原来 C 是第一个碱基，现在是 G 在那个位置了。

此外，带有间隔符的密码其两侧会有一个或多个非翻译碱基，在下列信息中用 Z 表示。

间隔符起到分隔密码子的作用，以便核糖体识别：

AUGZCAGZCCAZACGZ

在这个序列的任意位置切除或插入一个碱基只会改变一个密码子，受损密码子末端的间隔符（Z）会使核糖体返回到正常的翻译轨道。因此，对第一个密码子加上一个额外碱基（X）产生下列信息：

AUXGZCAGZCCAZACGZ

现在，第一个密码子（AUXG）是错的，但其他密码子仍由间隔符 Z 规则地隔开并正常地翻译。

但是，当 Francis Crick 及同事用吖啶染料（该染料通常引起单碱基插入或缺失）处理细菌时，他们发现这些突变的后果非常严重，突变基因都产生了没有功能的产物。这正是我们所预期的“无间隔符”密码没有间隔的结果：碱基的插入或缺失造成信使 RNA 的可读框变化，这种改变一直持续到信息的末端。

此外，Crick 发现插入一个碱基可以抵消缺失碱基所造成的影响，反之亦然。这一现象如图 18.3 所示，先人工合成一段由密码子 CAT 重复组成的基因，当在第三位插入碱基 G 后，可读框发生改变，其后所有密码子都读成 TCA 了。当以野生型基因开始，删除第 5 位碱基 A 时，可读框从另一个方向发生改变，其后的所有密码子都读成 ATC 了。将这两个突变基因杂交可产生一个重组的“假野生型”基因（图中第 4 行），其前两个密码子 CAG 和 TCT 是错的，但其后的插入和切除效应抵消，原初的可读框恢复，此后的所有密码子都读为 CAT。

三联密码

Francis Crick 和 Leslie Barnett 发现，一组假定的三个碱基插入或缺失会产生假野生型基因（图 18.3，第 5 行）。这必然要求密码子由三个碱基组成。正如 Crick 在看到实验结果后对 Barnett 说的“我们是仅有的两个知道密码是三联体的人!”实际上，Crick 和 Barnett 只是推断出他们的假野生型基因含有三个碱基插入或缺失，他们尚无法测序基因加以证实，因此还需要更多的实验来证实。

1. 野生型: CAT CAT CAT CAT CAT
2. 增加一个碱基: CAG TCA TCA TCA TCA
3. 删除一个碱基: CAT CTC ATC ATC ATC
4. #2和#3杂交: CAG TCT CAT CAT CAT
5. 增加三个碱基: CAG GGT CAT CAT CAT

图 18.3　移码突变。第 1 行：由 CAT 重复序列组成的假想基因。垂直虚线表示从起始密码子开始的可读框。第 2 行：在第 3 位加入碱基 G（红色），使第一个密码子变为 CAG，可读框依次向左移动一位导致其后的密码子全部变为 TCA。第 3 行：删除野生型基因的第 5 位碱基 A（三角形标记），第 2 个密码子变为 CTC，可读框依次向右移动一位，其后的所有密码子变为 ATC。第 4 行：将第 2 行和第 3 行的突变基因杂交可获得重组的“假野生型”回复突变体，其一个插入和一个删除抵消。最后的结果是 DNA 只有开始的两个密码子改变，其他的则又回到了正确的可读框。第 5 行：在前两个碱基后加入三个碱基 GGG（红色），打乱了前两个密码子，但其后可读框的顺序未发生改变，缺失三个碱基结果相同。

1961 年，Marshall Nirenberg 和 Johann Heinrich Mathaei 做了一个突破性的实验，为证明密码子的三联体性质和破译遗传密码奠定了基础。这个实验简单得令人难以置信，却证明了人工合成的 RNA 可以进行体外翻译。具体来讲，当 Nirenberg 和 Mathaei 翻译 poly(U)（只有 U 组成的人工合成 RNA）时，得到了多聚苯丙氨酸。这一结果自然告诉他们编码苯丙氨酸的密码子只含有 U，这个发现本身就很重要，但其更广的提示是可以设计确定序列的人工合成 mRNA，分析其蛋白质产物从而使密码的性质清楚地显示出来。Gobind Khorana 及同事是这个策略的主要实践者。

以下是 Khorana 如何合成信使 RNA 证实密码子含有三个碱基的。首先，如果密码子含有奇数个碱基，那么重复的二核苷酸 poly[UC] 或 UCUCUCUC…，不管翻译起始于哪个碱基，都应当包含两个交替的密码子（UCU 和 CUC），其产生的蛋白质应该是重复的二肽（dipeptide），即两个氨基酸相互交替。如果密码子有偶数个碱基，则只有一个密码子（如 UCUC）重复下去。当然，如果翻译起始于第二个碱基，单个重复密码子会不同（CUCU）。在这两种情况下，所产生的蛋白质应是同聚多肽（homopolypeptide），只含有一种氨基酸。Khorana 发现 poly［UC］翻译成一条重复的二肽 poly（Ser-Leu）［图 18.4（a）］，证明密码子含有奇数个碱基。

正如所预期的，如果密码子中碱基数是三或三的倍数，重复三联码就被翻译成同聚多肽。例如，poly（UUC）翻译成多聚苯丙氨酸加多聚丝氨酸加多聚亮氨酸［图 18.4（b）］，产生三种不同产物的原因是翻译可从人工合成信息的任一点开始。因此，poly（UUC）可读作 UUC，UUC …，UCU、UCU …，或 CUU、CUU…，这取决于翻译从哪里开始。在所有情况下，一旦翻译开始，只要密码子中碱基数能被三除，就只有一种密码子。

重复的 4 核苷酸被翻译成重复的四肽。例如，poly（UAUC）产生多聚（酪氨酸-亮氨酸-丝氨酸-异亮氨酸）［图 18.4（c）］。作为练习，你可以依据 3 碱基、9 碱基或更多碱基密码自己写出这类信使 RNA 的氨基酸序列，但不必做 6 碱基密码子

(a) UCUCUCUCUCUC
Ser Leu Ser Leu

(b) UUCUUCUUCUUC
Phe Phe Phe Phe
或 UUCUUCUUCUUC
Ser Ser Ser

或 UUCUUCUUCUUC
Leu Leu Leu

(c) UAUCUAUCUAUC
Tyr Leu Ser Ile

图 18.4 几种合成 mRNA 的编码性质。（a）由 UC 二核苷酸重复片段构成的 RNA 链包含两个交替的密码子：UCU 和 CUC，分别编码 Ser 和 Leu。翻译产物是由 Ser-Leu 二肽重复序列组成的多聚物。**（b）**由 UUC 三联体重复序列构成的 RNA 链包含三个密码子：UUC、UCU 和 CUU，分别编码 Phe、Ser 和 Leu。根据翻译的起点不同，即核糖体上的可读框不同分别得到三种产物：多聚苯丙氨酸、多聚丝氨酸和多聚亮氨酸。**（c）**由 UAUC 重复片段构成的 RNA 链包含 4 个密码子：UAU、CUA、UCU 和 AUC，分别编码 Tyr、Leu、Ser 和 Ile。翻译产物是由 Tyr-Leu-Ser-Ile 四肽重复序列组成的多聚物。

（我们已经知道密码子不可能是偶数）。由于密码子不太可能有 9 个碱基之多，所以 3 是最佳选择。以另一种方式来看这个问题：3 是给出足够的不同密码子对 20 种氨基酸进行专一性编码的最小数字（4 个碱基取 3 的排列数为 4^3，即 64）。2 碱基密码子只有 16 个（$4^2=16$），不够用，而 9 碱基密码子超过了 200 000 个（$4^9=262\ 144$），大自然通常要节约得多。

小结 遗传密码是 mRNA 上的一套三碱基密码，指导核糖体将特定的氨基酸加入多肽。这种密码是非重叠性的，即每个碱基只是一个密码子的一部分，密码间也缺乏间隔或间隔符，即在 mRNA 编码区的每个碱基是一个密码子的一部分。

破译密码

显然，Khorana 的人工合成 mRNA 提供了某些密码子的重要线索。例如，poly（UC）产生多聚（丝氨酸-亮氨酸），据此可知两个密码子（UCU 和 CUC）中的一个编码 Ser，另一个编码 Leu。但问题依然存在：哪个密码子编码 Ser，哪个编码 Leu？Nirenberg 设计了一套非常有效的方法回答了这个问题。他发现三核苷酸通常就足以像 mRNA 了，它可引起专一性的氨酰 tRNA 与核糖体结合。例如，三核苷酸 UUU 可引起苯丙酰 tRNA，而不是赖氨酰 tRNA 或其他任何氨酰 tRNA 的结合，因此可认为 UUU 是苯丙氨酸的密码子。但该方法还不完美，因为有些密码子不能引起任何氨酰 tRNA 与核糖体的结合，虽然它们是某些氨基酸真正的密码子。但该方法对 Khorana 的方法提供了很好的补充，后者自身也不能，至少是不容易得出全部的答案。

这里给出了两种方法如何结合使用的例子：多核苷酸 poly（AAG）产生多聚赖氨酸加多聚谷氨酸加多聚精氨酸，这段合成的 RNA 链有三个不同的密码子：AAG、AGA 和 GAA。哪个编码赖氨酸呢？用 Nirenberg 的分析法对所有三个密码子都进行了测试，结果如图 18.5 所示。很明显，AGA 和 GAA 不能引起［^{14}C］赖氨酰 tRNA 与核糖体结合，而 AAG 可以。因此，在 poly（AAG）中，AAG 是 Lys 的密码子。该实验还值得注意的是，

AAA 也能引起赖氨酰 tRNA 的结合，因此 AAA 是赖氨酸的另一个密码子，由此表明该密码系统的一般特性：多数情况下，有一个以上的三联体编码一个氨基酸。换句话说，该密码是**简并的**（degenerate）。

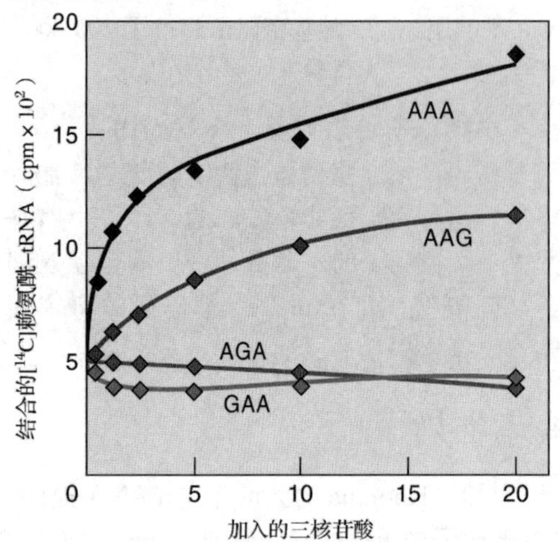

图 18.5　不同密码子所引发的赖氨酰 tRNA 与核糖体的结合。将同位素碳（^{14}C）标记的赖氨酰 tRNA，在下列三核苷酸（AAA、AAG、AGA、GAA）存在的情况下与大肠杆菌的核糖体混合。用硝酸纤维素滤膜过滤法检测赖氨酰 tRNA-核糖体复合物的形成（复合物会黏附在滤膜上，而未结合的赖氨酰 tRNA 不黏附）。AAA 是已知的赖氨酸密码子，因此，预期与该三核苷酸有结合。[*Source*：Adapted from Khorana，H. G.，Synthesis in the study of nucleic acids，*Biochemical Journal* 109：715，1968.]

图 18.6 给出了全部遗传密码。正如所预计的，有 64 个不同的密码子，只有 20 种氨基酸，但所有密码子都被采用了。有 3 个“终止”密码子出现在信使 RNA 的末端，其他所有的都编码特定的氨基酸，这意味着该套密码是高度简并的。亮氨酸、丝氨酸、精氨酸各有 6 个不同的密码子，其他几个氨基酸包括脯氨酸、苏氨酸、丙氨酸各有 4 个，异亮氨酸有 3 个，其余的大多有 2 个。只有甲硫氨酸和色氨酸各只有一个密码子。

小结　遗传密码的破译是利用人工合成的信使 RNA 观察合成的多肽链，或者人工合成三核苷酸观察氨酰 tRNA 与核糖体的结合进行的。共有 64 个密码子，3 个为终止信号，其他密码子都编码氨基酸，这意味着密码是高度简并的。

第二个位置

第一个位置（5′端）	U	C	A	G	第三个位置（3′端）
U	UUU UUC } Phe UUA UUG } Leu	UCU UCC UCA UCG } Ser	UAU UAC } Tyr UAA UAG } STOP	UGU UGC } Cys UGA STOP UGG Trp	U C A G
C	CUU CUC CUA CUG } Leu	CCU CCC CCA CCG } Pro	CAU CAC } His CAA CAG } Gln	CGU CGC CGA CGG } Arg	U C A G
A	AUU AUC AUA } Ile AUG Met	ACU ACC ACA ACG } Thr	AAU AAC } Asn AAA AAG } Lys	AGU AGC } Ser AGA AGG } Arg	U C A G
G	GUU GUC GUA GUG } Val	GCU GCC GCA GCG } Ala	GAU GAC } Asp GAA GAG } Glu	GGU GGC GGA GGG } Gly	U C A G

图 18.6　遗传密码。列出了全部 64 个密码子以及所编码的氨基酸。注意，3 个红色的是终止信号。

密码子与反密码子间的异常碱基配对

生物体如何解决多个密码子编码同一氨基酸这个问题呢？一种方式可能是同一个氨基酸具有多个 tRNA（**同工 tRNA**，isoaccepting species），每个都专一性地对应不同的密码子。这是答案的一部分，确实，特定生物体中含有约 60 种不同的 tRNA。但是原则上讲，比这一简单假设所预计的要少得多的 tRNA 就可以解决问题了。Francis Crick 又以其卓有远见的理论预见了实验结果。他推测密码子的前两位碱基必须按照沃森-克里克碱基配对原则与反密码子严格配对［图 18.7（a）］，但是密码子的最后一位碱基则可以从其正常位置发生“摇摆”与反密码子形成非正常配对，这个假说被称之为**摇摆假说**（wobble hypothesis）。具体来讲，Crick 认为反密码子中的一个 G 不仅能与密码子最后一位（摇摆位）的 C 配对，而且也能与 U 配对，由此产生**摇摆碱基配对**（wobble base pair），如图 18.7（b）所示。注意 U 是如何从其正常位置摇摆而形成这一碱基对的。

进一步，Crick 注意到在 tRNA 上所发现的其中一个非寻常核苷是**次黄嘌呤核苷**（inosine，I），其结构类似于 G，可正常地像 G 一

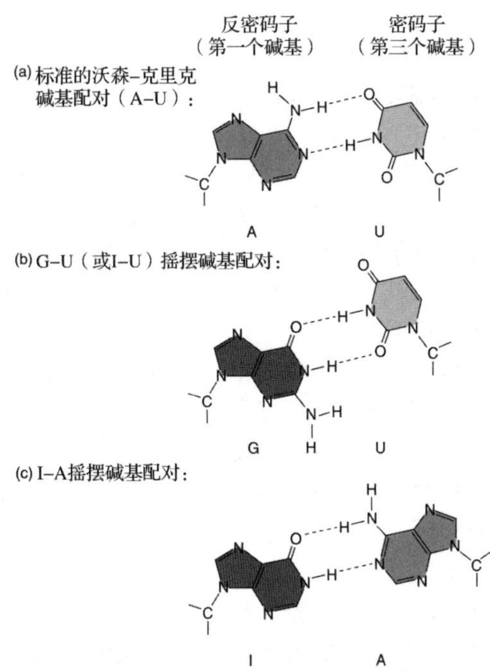

图 18.7 摇摆碱基对。(a) 在标准（A-U）碱基对中碱基的相对位置。这里左边的及在摇摆碱基对（b）和（c）中的碱基是反密码子的第一位碱基。右侧的碱基是密码子的第三位碱基。**(b)** 在 G-U（或 I-U）摇摆碱基对中，碱基的相对位置。注意，U 必须向上"摇摆"才能与 G（或 I）配对。**(c)** 在 I-A 摇摆碱基对中，碱基的相对位置。A 必须逆时针摆动才能与 I 形成配对。

样配对，所以预计它能与 C 配对（沃森-克里克配对）或在第三位（摇摆位）与 U 配对（摇摆配对）。但 Crick 认为次黄嘌呤核苷还可以形成另一种摇摆配对，即与密码子第三位的 A 配对［图 18.7（c）］。这就意味着以 I 在第一位的反密码子可以和第三位是 C、U 或 A 的三个不同密码子配对。

摇摆现象降低了翻译遗传密码所需 tRNA 的数目。例如，根据摇摆假说，编码苯丙氨酸的两个密码子 UUU 和 UUC（图 18.6 左上方），都可以被反密码子 3′-AAG-5′［图 18.8（a）］所识别。反密码子 5′端的 G 可以与 UUC 的 C 形成沃森-克里克配对，或与 UUU 的 U 发生 G-U 摇摆配对。同样，亮氨酸密码子 UUA 和 UUG 都可以被反密码子 3′-AAU-5′［图 18.8（b）］所识别，反密码子 5′端的 U 可以与 UUA 的 A 进行沃森-克里克配对，或与 UUG 的 G 摇摆配对。

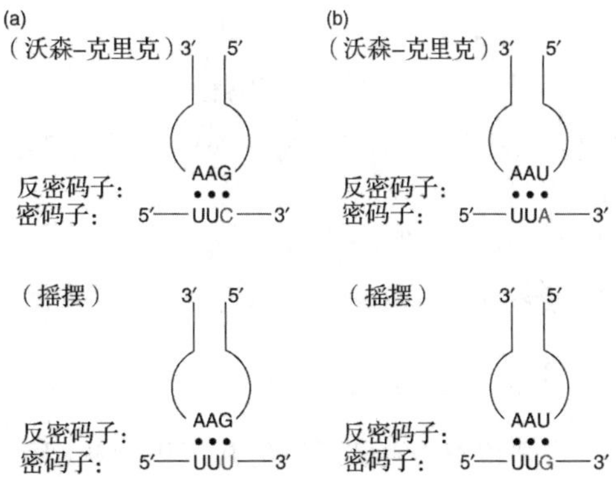

图 18.8 摇摆的位置。(a) 简化的 tRNA 带有反密码子 3′-AAG-5′与编码苯丙氨酸的两个密码子 UUC 和 UUU 碱基配对。摇摆位（密码子的第三位碱基）用红色标记。与 UUC 的碱基配对（上方）只采用沃森-克里克配对；与 UUU 的碱基配对（下方），在密码子的前两位采用两个沃森-克里克配对，但在摇摆位则要求摇摆配对（G-U）。**(b)** 类似情况，含有反密码子 3′-AAU-5′的 tRNA 与编码亮氨酸的两个密码子 UUA 和 UUG 配对。与 UUG 密码子配对时，要求在摇摆位发生 G-U 摇摆配对。

根据摇摆假说，如果无需 tRNA 阅读 UAA 和 UAG 终止密码子，细胞只需 31 个 tRNA 就可以阅读全部 64 个密码子了。但是人类线粒体和植物质体所含 tRNA 少于 31 个，所以在摇摆配对之外一定还有什么其他方式。由此提出了**超级摇摆**（superwobble）假说，认为至少在一定条件下，以 U 在其摇摆位（其反密码子的第一位）的一个单个 tRNA 可以识别以任意 4 个碱基结尾的密码子。

2008 年，Ralph Bock 及同事对超级摇摆假说进行了验证。他们将烟草质体中的两个 tRNAGly 基因都敲除了，然后只加入 $tRNA^{Gly}$（UCC），利用超级摇摆，该 tRNA 应该能翻译所有 4 种甘氨酸密码子。虽然翻译效率降低了，但所获得的烟草细胞确实可以存活。因此，超级摇摆看来是存在的，但是不完善，由此也许可以解释为什么它没有高频率进化。

小结 遗传密码简并性的一部分是由同工 tRNA 提供的，同工 tRNA 结合同一个氨基酸但识别不同的密码子，其余部分则由摇摆来决定。其中，密码子第三位碱基可稍微偏离其正常位置，与反密码子形成非沃森-克里克配对，从而允许同一个氨酰 tRNA 与一个以上的密码子配对。摇摆碱基对包括 G-U（或 I-U）和 I-A。有些细胞器还进化出比所需要的更少的 tRNA 来翻译所有的密码子。在这些情况下，通过超级摇摆，以 U 在摇摆位的反密码子可以翻译最后一位为任意碱基的密码子。

（几乎）通用的密码

在遗传密码被破译后的几年里，从细菌到人类，验证过的所有生物都共用这套相同密码。因此，普遍认为遗传密码是通用的，没有任何形式的变化（随后我们将看到这一观点是不正确的）。这种显而易见的普遍性引出了地球生命的单一起源论。

产生这一观点的原因是：我们看见的每个特定密码子的分配没有什么遗传上的优势。例如，没有足够的理由解释为什么 UUC 对苯丙氨酸是个好密码子，而 AAG 对赖氨酸是好密码子。更确切地说，遗传密码也许是个“偶然事件”，它只是碰巧这样进化的。然而，一旦这些密码子形成，就有很好的理由解释为什么不再发生变化了：根本性的改变几乎一定是致命的。

例如，半胱氨酸的 tRNA 及其识别密码子 UGU，若要使二者关系改变，那么半胱氨酰 tRNA 的反密码子必须改变以便识别不同的密码子，如丝氨酸密码子 UCU。同时，在该生物基因组中的编码重要的丝氨酸的所有 UCU 密码子都必须变成另一个丝氨酸密码子，以便它们不被认作半胱氨酸密码子。即使在漫长的进化过程中，所有这些事情同时发生的机会也是可以忽略不计的。这就是为什么遗传密码有时又被称为是“冻结的偶然事件”：密码子一旦形成，不管什么理由，都得保持不变。因此，通用密码是生命单一起源的强有力证据。毕竟，如果生命独立起源于两个地方，就很难期望两个物种碰巧进化出相同的遗传密码！

对于以上讨论，值得注意的是遗传密码并非绝对通用，也有一些例外。这些例外首先是在线粒体基因组中发现的。在果蝇线粒体中，UGA 是色氨酸密码子，而非“终止”信号。更重要的是，AGA 在线粒体中编码丝氨酸，而在标准编码中它是精氨酸密码子。哺乳动物线粒体也表现出一些差异，AGA 和 AGG 虽然在标准编码中都是精氨酸密码子，但在人和牛的线粒体基因组中意义却不同，它们编码“终止子”。此外，AUA 通常是异亮氨酸密码子，而在人和牛线粒体中编码甲硫氨酸。

由于这些异常发生在线粒体中，所以显得相对不重要而被忽略了。线粒体基因组非常小，只编码几种蛋白质，因此比核基因组有更多的自由发生变化。但是，在核基因组和细菌基因组也发现了例外的密码子。在至少三种纤毛原生动物中，包括草履虫 *Paramecium*，通常是终止密码子的 UAA 和 UAG 编码谷氨酸。在原核生物支原体 *Mycoplasma capricolum* 中，通常是终止密码子的 UGA 编码色氨酸。在病原性酵母 *Candida albicans* 中，通常是亮氨酸密码子的 CTG 编码丝氨酸。偏离标准遗传密码的情况总结于表 18.1。

表 18.1　对“通用”遗传密码的变异

来源	密码子	通常的含义	新的含义
果蝇线粒体	UGA	终止	色氨酸
	AGA 和 AGG	精氨酸	丝氨酸
	AUA	异亮氨酸	甲硫氨酸
哺乳动物线粒体	AGA 和 AGG	精氨酸	终止
	AUA	异亮氨酸	甲硫氨酸
	UGA	终止	色氨酸
酵母线粒体	CUN*	亮氨酸	苏氨酸
	AUA	异亮氨酸	甲硫氨酸
	UGA	终止	色氨酸
高等植物线粒体	UGA	终止	色氨酸
	CGG	精氨酸	色氨酸
白色念珠菌细胞核	CTG	亮氨酸	丝氨酸
原生动物细胞核	UAA 和 UAG	终止	谷氨酰胺
支原体	UGA	终止	色氨酸

＊N=任何碱基。

显然，通用密码并不是真正通用的。这是否意味着这一证据有利于地球生命多起源说呢？如果异常密码与标准密码根本不同，这种可能性也许很大，但它们不是。在多数例子里，异常密码子是终止密码子被用于编码谷氨酰胺或色氨酸。关于这类现象有一个广为接受的机制，我们将在本章后面部分谈到。绝大多数已知的密码子改变其编码氨基酸的例子都发生在线粒体中，而线粒体基因组由于其编码的蛋白质数量远比核基因组甚至细菌基因组少，因而安全地、时不时地改变一个密码子也是可以预见的。总之，虽然密码不完全通用，但标准密码确实存在，并且可以肯定变异密码是从中进化而来的。因此，这一证据仍然十分有利于生命单一起源论。

那么，怎样理解遗传密码是随机的，即现存密码无遗传优势的争论呢？实际上，当我们考虑密码子在处理遗传突变的有效性时，我们会发现它确实是很好的密码。首先，密码子中单碱基改变所引起的编码转变往往是化学上类似的氨基酸。例如，亮氨酸、异亮氨酸和缬氨酸都有非常相似的疏水性侧链，它们的密码子也非常类似，只在第一个碱基上有所区别。所以，举一个特别好的例子，异亮氨酸密码子AUA的第一个碱基突变，可产生UUA、CUA或GUA，前两个是亮氨酸密码子，后一个是缬氨酸密码子。因此，哪种突变都不会引起相应氨基酸的太大变化，因而减小了突变基因对蛋白质产物产生严重损害的机会。

当我们考虑其他两个因素时，这个密码系统看上去更好。首先，**碱基转换**（transition）（嘌呤对嘌呤或嘧啶对嘧啶的变化）比**碱基颠换**（transversion）（嘌呤变成嘧啶，或反之）普遍得多。其次，核糖体对密码子第一位和第三位碱基比第二位更容易误读。综合这些因素，对所有可能的三碱基密码，我们可以计算出单碱基改变对编码氨基酸不产生影响或只有温和改变的概率。这样就可以看出我们的天然密码是如何胜出其他密码的。图18.9是这一数学分析的结果，它表明我们的遗传密码确实是百万分之一，即在一百万个其他可能的密码中，只有一个在减小突变的影响方面比我们的密码好。基于以上分析，遗传密码是偶然发生而非进化精雕细作的结果的可能性不大。

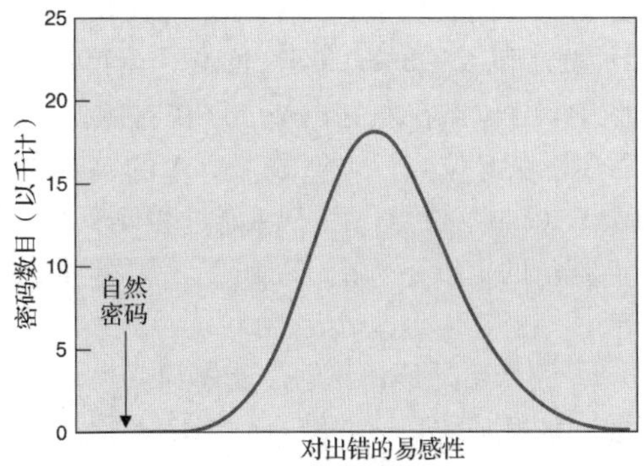

图18.9 遗传密码对出错的易感性。以具有不同易感值的密码数目（以千计）对出错的易感性作图，这些密码是由4种碱基组成的所有可能的三联遗传密码。我们自己的天然密码远在正态分布曲线的外侧，对出错的易感性非常低。事实上，在百万种密码中也只有一种密码具有较低的易感性。[*Source*：Adapted from Vogel，G. Tracking the history of the genetic code. *Science* 281（17 Jul 1998）329-331.]

小结 遗传密码并非严格通用。在某些真核生物的细胞核和线粒体基因组中、在至少一种细菌中，标准遗传密码的终止密码子可以编码氨基酸，如色氨酸和谷氨酸。在几种线粒体基因组及至少一种酵母的核基因组中，密码子的含义从一种氨基酸转变为另一种氨基酸。这些变异的密码仍然与它们可能由此演变的标准密码子有着紧密的联系。现在还不清楚遗传密码的产生是冻结的偶然事件，还是进化的产物，但是其处理突变的能力表明它是经过进化的。

18.3 延伸机制

多肽链的延伸以一个三步循环（**延伸循环**）不断重复发生。我们先来概述这三个步骤，然后再了解细节及实验证据。

延伸概述

图18.10通过两轮延伸（在延伸的肽链上添加两个氨基酸）简要地描述了大肠杆菌中延伸的三个步骤。我们从mRNA和fMet-tR-

NA_f^{Met} 与核糖体的结合开始。核糖体上有三个氨酰 tRNA 结合位点。其中两个叫做 **P**（peptidyl）**位点**和 **A**（aminoacyl）**位点**。在我们的示意图中，P 位点在左侧，A 位点在右侧。fMet-$tRNA_f^{Met}$ 在 P 位点。去氨酰 tRNA 的结合位点叫做 **E**（exit）**位点**，由于翻译过程刚开始，E 位点是空的。以下为图 18.10 所示延伸步骤的细节。

a. 为开始延伸，我们需要先加入另一个氨基酸，该氨基酸到达并结合到 tRNA 上，该氨酰 tRNA 的性质由信使 RNA 的第二个密码子决定。第二个密码子位于 A 位点，否则该位点是空的，所以我们的第二个氨酰 tRNA 结合到这个位点。这一结合过程需要**延伸因子**（elongation factor）**EF-Tu** 和 GTP。

b. 接下来，第一个肽键生成。**肽基转移酶**（peptidyl transferase）——大核糖体亚基的主要部分，将 fMet 从 P 位点的 tRNA 上转移到 A 位点的氨酰 tRNA 上，在 A 位点形成一个叫做二肽的 2-氨基酸单位与 A 位点的 tRNA 连接。组装在 A 位点的这个整体是个二肽酰 tRNA。留在 P 位点的是去氨酰 tRNA（没有其氨基酸的 tRNA）。

细菌中第一个肽键的形成由重要因子 EF-P 帮助，其作用可能是将 fMet-$tRNA_f^{Met}$定位到适于肽键形成的位置。其真核同源物叫做 **eIF5A**，可能在真核细胞中发挥同样的作用。

c. 接下来的一步叫做**移位**（translocation）。mRNA 带着 A 位上的肽酰 tRNA 向左移动一个密码子的长度，产生如下结果：①P

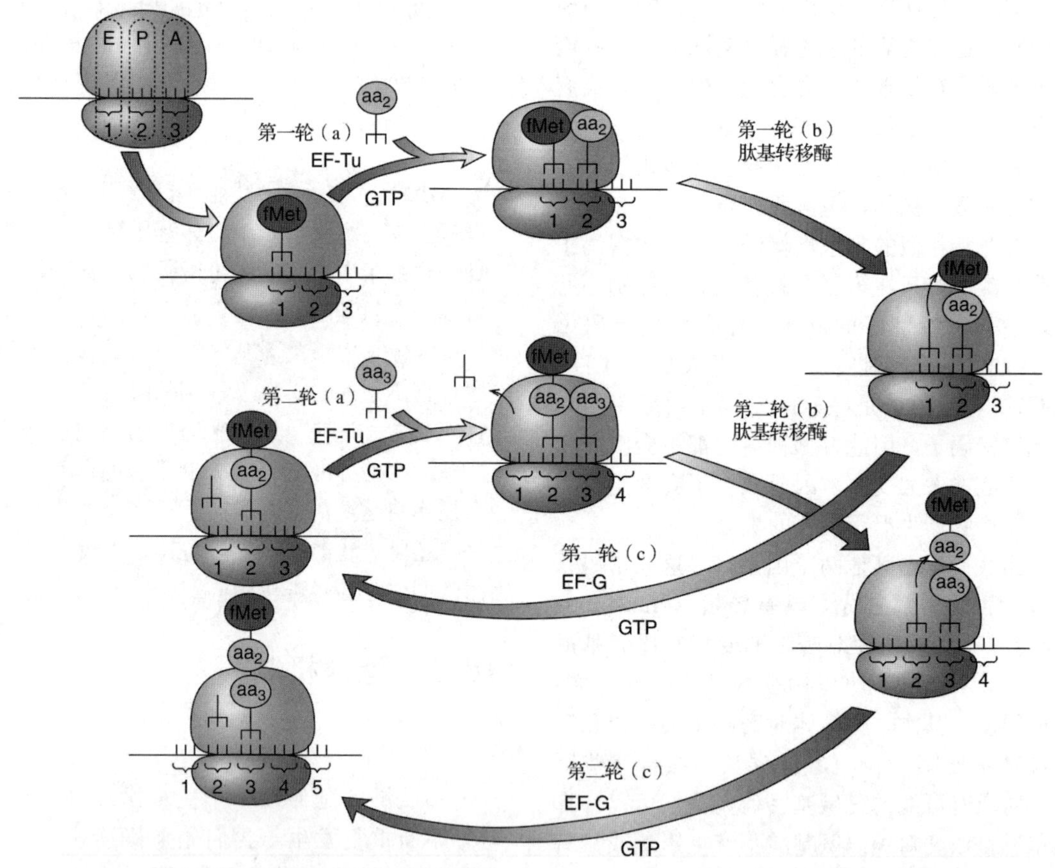

图 18.10 翻译延伸。首先要说明的是，这是蛋白质合成的简化示意图。例如，tRNA 用叉状结构表示，只显示分子的两个作用末端。左上方：与一条 mRNA 结合的核糖体显示 A、P 和 E 三个位点，以点线示出。第一轮：**(a)** 延伸因子 EF-Tu 将第二个氨酰 tRNA（黄色）带到核糖体的 A 位点，P 位点已经由 fMet-tRNA（紫红色）占据。**(b)** 肽基转移酶在 fMet-tRNA 与第二个氨酰 tRNA 间形成肽键。**(c)** 在移位步骤，EF-G 将 mRNA 和 tRNA 向左移动一个密码子的距离，使二肽酰 tRNA 进入 P 位，将去氨酰 tRNA 泵出，空出 A 位准备接受新的氨酰 tRNA。在第二轮，重复上述步骤添加一个新的氨基酸（绿色）。

位点的去氨酰 tRNA（在肽基转移酶催化肽键形成时失去氨基的 tRNA）通过 E 位点离开核糖体。②A 位点的二肽酰 tRNA 及其相应的密码子移动到 P 位点。③在右边等待的“箭在弦上”的密码子移到 A 位点，准备接受新的氨酰 tRNA。移位需要 EF-G 延长因子外加 GTP。

然后重复这一过程，添加另一个氨基酸：(a) EF-Tu 与 GTP 结合，使合适的氨酰 tRNA 与 A 位的新密码子配合。(b) 肽基转移酶使 P 位的二肽加入到 A 位的氨酰 tRNA 上，形成三肽酰 tRNA。(c) EF-G 将三肽酰 tRNA 及其 mRNA 密码子移位到 P 位点。

我们已经完成了两轮肽链延伸，从 P 位点的一个氨酰 tRNA（$fMet\text{-}tRNA_f^{Met}$）开始，使其延长了两个氨基酸成为三肽酰 tRNA。这个过程不断重复，直到核糖体阅读到 mRNA 的终止密码子。至此，多肽完成，肽链的合成即将终止。在本示意图中，延伸过程被极大地简化了，在本章后面将进行充实，甚至在第 19 章还有更多内容。

小结 肽链延伸以三个步骤重复发生：①EF-Tu 与 GTP 将氨酰 tRNA 结合到核糖体的 A 位点。②肽基转移酶在 P 位点的肽与 A 位点新来的氨酰 tRNA 间形成肽键，使肽链延长一个氨基酸，并将其移到 A 位点。③延伸因子 EF-G 及 GTP 使延伸的肽酰 tRNA 及其 mRNA 密码子移位到 P 位点，并使 P 位点的去氨酰 tRNA 转移到 E 位点。

核糖体的 3-位点模型

前面介绍了 3-位点核糖体的概念，但是这些位点存在的证据是什么呢？我们将从 A 位点和 P 位点存在的证据开始讨论，然后分析 E 位点的证据。A 位点和 P 位点的存在最初基于抗生素**嘌呤霉素**（puromycin）实验（图 18.11）。

(a)

酪氨酰tRNA

嘌呤霉素

(b)

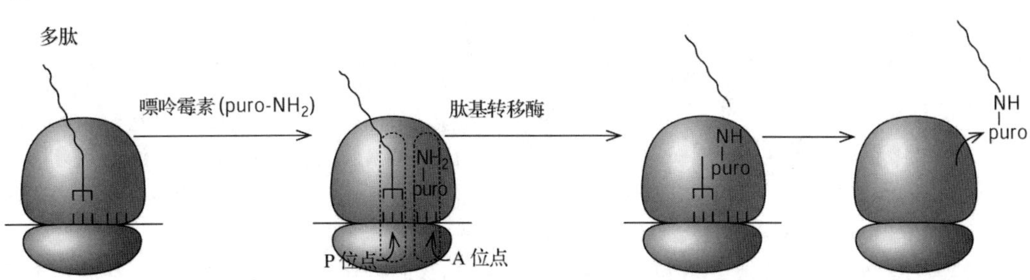

图 18.11 嘌呤霉素的结构与活性。(a) 嘌呤霉素与酪氨酰 tRNA 结构的比较。注意，tRNA 的其他部分与氨酰 tRNA 的 5′-碳原子结合，而在嘌呤霉素中只有一个羟基。嘌呤霉素与酪氨酰 tRNA 的差别用紫红色标出。**(b)** 嘌呤霉素的作用模式。首先，嘌呤霉素（puro-NH_2）结合到核糖体空出的 A 位（A 位点必须空出给嘌呤霉素结合）。然后，肽基转移酶将 P 位的肽连接到 A 位嘌呤霉素的氨基上。最后，肽酰-嘌呤霉素从核糖体上解离，提前终止翻译。

该药物是偶联了一个腺嘌呤类似物的氨基酸，因此与氨酰 tRNA 尾部的氨酰腺嘌呤核苷类似，事实上，与结合在核糖体 A 位点的氨酰 tRNA 非常相似，甚至可以与 P 位点的肽形成肽键，生成肽酰嘌呤霉素。至此，抗生素竞争 P 位点结束。肽酰嘌呤霉素与核糖体的结合不紧密，很快就被释放，导致翻译提前终止，这就是嘌呤霉素杀死细菌及其他细胞的原因。

嘌呤霉素与核糖体 2-位点模型的联系在于：移位之前，由于 A 位点被肽酰 tRNA 占据，嘌呤霉素无法与之结合释放肽段；移位之后，肽酰 tRNA 移入 P 位点，A 位点空开，嘌呤霉素可以结合并释放肽段。因此，我们可以看到有两种状态的核糖体：嘌呤霉素反应的和嘌呤霉素非反应的。这两个状态要求在核糖体上至少有两个肽酰 tRNA 结合位点。

嘌呤霉素可用来显示氨酰 tRNA 是在 A 位还是 P 位。如果氨酰 tRNA 在 P 位，就能与嘌呤霉素形成肽键，并被释放；如果氨酰 tRNA 在 A 位，就可阻止嘌呤霉素与核糖体结合，不能被释放。

这一相同过程可用来显示 70S 翻译起始复合物中 fMet-tRNA 是结合到 P 位点的。在第 17 章讨论翻译起始时，我们认为 fMet-tRNA$_f^{Met}$ 结合到 P 位点，这是有道理的，因为这样才能将 A 位空出让后续氨基酸进入。1966 年，M. S. Bretscher 和 Marcker 用嘌呤霉素分析证明 fMet-tRNA$_f^{Met}$ 确实是结合到 P 位点的。他们将［^{35}S］fMet-tRNA$_f^{Met}$与核糖体、三核苷酸 AUG 及嘌呤霉素混合。如果 AUG 将 fMet-tRNA$_f^{Met}$ 吸引到 P 位点，那么标记的 fMet 将与嘌呤霉素反应，释放标记的 fMet-嘌呤霉素。反之，如果 fMet-tRNA$_f^{Met}$ 结合到 A 位点，嘌呤霉素就不能结合，也就不会发生标记氨基酸的释放。图 18.12 显示，附着在 tRNA$_f^{Met}$ 上的 fMet 确实被嘌呤霉素释放了，而附着 tRNA$_m^{Met}$ 的 Met 却没有。因此，fMet-tRNA$_f^{Met}$ 结合到了 P 位点，而 Met-tRNA$_m^{Met}$ 结合到了 A 位点。有人会认为可能是 fMet 而非 tRNA$_f^{Met}$ 造成实验结果的不同，为排除这种可能性，Bretscber 和 Marcker 用 Met-tRNA$_f^{Met}$ 做了相同的实验，发现其 Met 也被嘌呤霉素释放了［图 18.12（c）］，因此，证明是 tRNA 而非甲硫氨酸上的甲酰基将氨酰 tRNA 定位到 P 位点的。

1981 年，Knud Nierhaus 及合作者提供了第三个核糖体位点 E 位点（E 代表“Exit”）存在的证据。他们的实验策略是：分别用放射性的去苯丙氨酰 tRNA（tRNA^{Phe}缺 Phe）、Phe-tRNA^{Phe}、乙酰 Phe-tRNA^{Phe}与大肠杆菌核糖体结合，并测定每个 70S 核糖体上结合的分子数。
表 18.2 显示在有或无 poly（U）mRNA 条件下的实验结果。一次只有一分子的乙酰 Phe-tRNA^{Phe}与核糖体结合，并且结合部位可以是 A 位点或 P 位点。有两分子 Phe-tRNA^{Phe}结合核糖体，一个到 A 位，另一个到 P 位。可以有三分子的去苯丙氨酰 tRNA^{Phe}结合。如果在离开核糖体的路上有第三个位点与去氨酰 tRNA 结合，就可以容易地解释这些实验结果了。因此，E 表示“出口”。在无 Poly（U）mRNA 时，只有一个 tRNA 以 tRNA^{Phe}或乙酰 Phe-tRNA^{Phe}的方式结合。Nierhaus 及同事估计结合位点是 P 位点，随后的工作证实了他们的推测。

表 18.2　tRNA 和氨酰 tRNA 对大肠杆菌核糖体的结合

tRNA		结合位点	
mRNA	种类	数量	位置
Poly（U）	Acetyl-Phe-tRNA^{Phe}	1	P 或 A
Poly（U）	Phe-tRNA^{Phe}	2	P 和 A
Poly（U）	tRNA^{Phe}	3	P，E 和 A
无	tRNA^{Phe}	1	P
无	Phe-tRNA^{Phe}	0	-
无	Acetyl-Phe-tRNA^{Phe}	1	P

Source：Rheinberger，H.-J.，H. Sternbach，and K. H. Nierhaus，Three tRNA binding sites on *Escherichia coli* ribosomes，*Proceedings of the National Academy of Sciences USA* 78（9）：5310-5314，September 1981. Reprinted with permission.

我们将在 19 章详细讨论 E 位点，但这里也应注意，E 位点并不仅仅是去氨酰 tRNA 脱离核糖体过程中的一个位点，它在维持 mRNA 可读框中也发挥关键作用。通常，可读框移位约为每 30 000 密码子发生一次，这是个好事，虽然可读框移位一般会产生无效蛋白质，但是

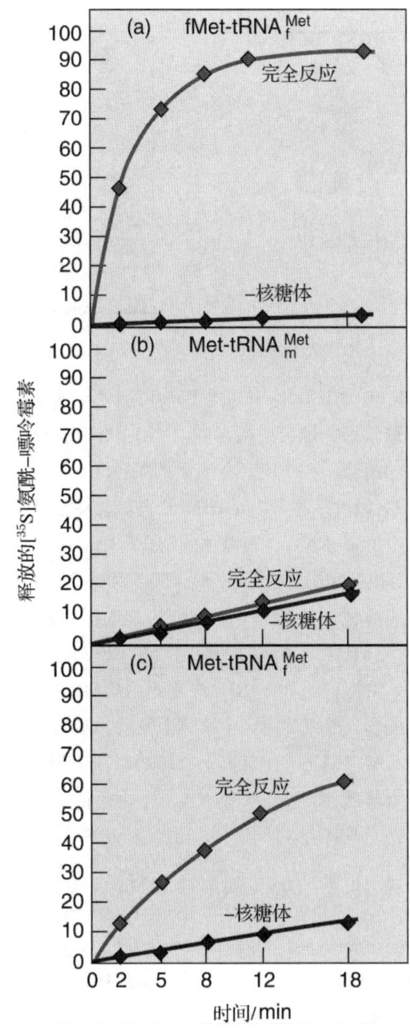

图 18.12 fMet-tRNA$_f^{Met}$ 占据核糖体 P 位点。 Bretscher 和 Marcker 利用嘌呤霉素释放实验确定了 fMet-tRNA$_f^{Met}$ 在核糖体上的位置。他们分别用［^{35}S］fMet-tRNA$_f^{Met}$（**a**）、Met-tRNA$_m^{Met}$（**b**）和 Met-tRNA$_f^{Met}$（**c**）与核糖体、AUG 和嘌呤霉素混合，然后用高氯酸沉淀蛋白质和 tRNA，检测标记的 fMet-嘌呤霉素和 Met-嘌呤霉素复合物的释放。从核糖体上释放的氨酰-嘌呤霉素酸是可溶的，而与核糖体结合的氨酰 tRNA 则是酸不溶性的。完全反应包含所有成分，而对照反应则缺少其中一种成分，所缺少的成分都标注在每条曲线旁边。与 tRNA$_f^{Met}$ 结合的 fMet 和 Met 位于 P 位点，能够被释放，与 tRNA$_m^{Met}$ 结合的 Met 位于 A 位点，不能被嘌呤霉素所释放。［*Source*：Adapted from Bretscher，M. S. and K. A. Marcker，Peptidyl-sRibonucleic acid and amino-acyl-sRibonucleic acid binding sites on ribosomes. *Nature* 211：382-383，1966.］

某些 mRNA 的正确翻译却取决于可读框的移位。

例如，大肠杆菌的 *prfB* 基因编码 RF2，这是一种释放因子，我们将在本章后面介绍。为了使 *prfB* mRNA 能正确地翻译，必须向＋1 位移位可读框。序列 CUUUGAC 正常阅读为CUU UGA（Leu，终止）。经＋1 移位后，被读为 CUU*U*GAC（Leu，Asp），斜体的 U 被跳过了，下一个密码子是下划线的 GAC，编码天冬酰胺。

2004 年，Knud Nierhaus 及同事检测了体外 *prfB* mRNA 的翻译，发现 E 位点去氨酰 tRNA 的存在可阻止这种可读框移位。当去除 E 位点的去氨酰 tRNA 后，可读框移位发生的频率就非常高，于是他们得出结论：E 位点的去氨酰 tRNA 是维持正确可读框所必需的，当特殊 mRNA 的正确翻译需要可读框移位时，细胞必须将去氨酰 tRNA 从 E 位点移开。

小结 嘌呤霉素的化学结构与氨酰 tRNA 类似，能与 A 位点结合，并与 P 位点的肽偶联，将其以肽酰-嘌呤霉素形式释放。如果肽酰 tRNA 在 A 位点，嘌呤霉素就不能与核糖体结合，肽段因而得不到释放。由此定义出核糖体上的两个位点：嘌呤霉素-反应位点（P 位）和嘌呤霉素-非反应位点（A 位）。在 70S 起始复合物上的 fMet-tRNA$_f^{Met}$ 具有嘌呤霉素反应特性，所以它位于 P 位点。结合实验和结构研究已鉴定出第三个结合位点（E 位点）是去氨酰 tRNA 的结合位点。预计此类 tRNA 在离开核糖体时与 E 位点结合，并且这种结合有助于维持 mRNA 的可读框。

延伸步骤 1：氨酰 tRNA 与核糖体 A 位点的结合

我们对延伸过程的详细了解始于 1965 年，当时 Yasutomi Nishizuka 和 Fritz Lipmann 用阴离子交换层析分离大肠杆菌中肽键形成所需的两个蛋白质因子。他们将其中一个命名为 T（表示转移），因为它能将氨酰 tRNA 转移到核糖体上；将另一个叫做 G，因为其具有 GTP

酶活性（我们会看到 T 也有 GTP 酶活性）。然后，Jean Lucas-Lenard 和 Lipmann 证实 T 实际上是由两种不同的蛋白质组成，分别为 Tu（u 表示 unstable）和 Ts（s 表示 stable）。这三个因子现在分别被称为 **EF-Tu**（或 EF1A）、**EF-Ts**（或 EF1B）和 **EF-G**（或 EF2），它们参与延伸的第一步和第三步（在真核生物，EF-Tu 和 EF-Ts 的功能由一个三亚基蛋白 EF1 执行。EF1 的 α 亚基相当于 EF-Tu，β 和 γ 亚基起 EF-Ts 的作用。真核生物 EF-G 的作用由 **EF2** 执行）。我们首先讨论 EF-Tu 和 EF-Ts 的作用，因为它们参与延伸的第一步。

1976 年，Joanne Ravel 发现未分离的 EF-T（EF-Tu 加 EF-Ts）具有 GTP 酶活性。另外，EF-T 将氨酰 tRNA 结合到核糖体上需要 GTP。为证明这一现象，合成了［^{14}C］Phe-tRNA^{Phe}并将其与 EF-T 及浓度依次升高的 GTP 一起加入洗过的核糖体中。然后，她用硝酸纤维素滤膜过滤，结合了核糖体标记的 Phe-tRNA^{Phe}会留在滤膜上，而未结合的则被滤掉了。图 18.13（a）显示了实验结果。在没有延伸因子 EF-T 和 GTP 的情况下，Phe-tRNA^{Phe}对核糖体的非酶性背景结合较多，但是没有生理意义。忽略背景，我们可以看到 GTP 是 EF-T 依赖性 Phe-tRNA^{Phe}与核糖体结合所必需的。当 Ravel 将 EF-T 和 EF-G 加入洗过的核糖体溶液中，并有 Poly（U）及放射性标记的 Phe-tRNA^{Phe}存在时，她发现核糖体生成了带标记的多聚苯丙氨酸。并且这种氨基酸多聚化作用所需的 GTP 浓度要比氨酰 tRNA 结合反应所需的 GTP 浓度高。

在学习翻译的起始时，我们知道 IF-2 介导的 fMet-tRNA$_f^{Met}$与核糖体的结合也需要 GTP，但不需要 GTP 水解。那么，EF-T 及普通的氨酰 tRNA 与核糖体结合是否也需要 GTP 呢？1968 年，Anne Lise Haenni 和 Lucas Lenard 证明情况确实如此。他们用^{14}C 和^{3}H 分别标记 *N*-乙酰 Phe-tRNA 和 Phe-tRNA，然后将其与 EF-T 及 GTP 或不能水解的类似物 GDPCP 混合。在非生理条件下，*N*-乙酰 Phe-tRNA 与核糖体 P 位点结合。研究人员用图 18.13 介绍的过滤方法测定氨酰 tRNA 与核糖体的结合。他们还通过提取二肽产物和纸电泳鉴定了 P 位点的 *N*-乙酰 Phe 与 A 位点的 Phe-tRNA^{Phe}肽键的结合形式。表 18.3 显示，在 EF-T 及 GTP 或 GDPCP 的帮助下，*N*-乙酰 Phe-tRNA^{Phe}可以结合到 P 位点，Phe-tRNA^{Phe}可以结合到 A 位点（事实上，*N*-乙酰-Phe-tRNA^{Phe}甚至不需要 EF-T 也能与 P 位点结合）。因此，EF-T 促使氨酰 tRNA 与核糖体结合时不需要 GTP 的水解。但是，*N*-乙酰 Phe 与 *N*-乙酰 Phe-tRNA^{Phe}间肽键的形成需要 GTP 水解。这与翻译起始时的情况类似，IF-2 不需要 GTP 水解就可使 fMet-tRNA$_f^{Met}$结合到 P 位点，但随后的反应只有当 GTP 被水解后才能发生。

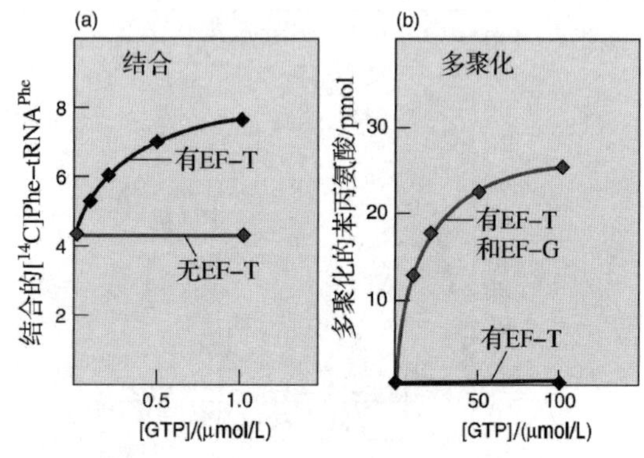

图 18.13　EF-T 和 GTP 对 Phe-tRNA^{Phe}与核糖体结合及多聚苯丙氨酸合成的影响。（**a**）Phe-tRNA^{Phe}与核糖体的结合。在 EF-T 有或无的条件下，Ravel 在不同 GTP 浓度下将^{14}CPhe-tRNA^{Phe}与核糖体混合。过滤法测定 Phe-tRNA^{Phe}-核糖体的结合，以滤膜上标记的 Phe 与核糖体结合的量表示。EF-T 和 GTP 都不存在时，非酶性结合较多，但是 EF-T 依赖性结合需要 GTP。（**b**）苯丙氨酸的多聚化。在 EF-G 有或无的条件下，将标记的 Phe-tRNA^{Phe}在不同 GTP 浓度下与核糖体混合。酸沉淀测定多聚苯丙氨酸，步骤如下：用三氯乙酸（TCA）沉淀 Poly（Phe），在 TCA 存在时，加热水解残留的 Phe-tRNA^{Phe}，过滤获得 Poly（Phe）沉淀物。多聚化需要 EF-T、EF-G 和高浓度 GTP 的共同参与。（*Source*：Adapted from Ravel，J. M.，Demonstration of a guanosine triphosphatedependent enzymatic binding of aminoacyl-ribonucleic acid to *Escherichia coli* ribosomes. *Proceedings of the National Academy of Sciences USA* 57：1815，1967.）

表 18.3　GTP 和 GDPCP 对氨酰 tRNA 与核糖体的结合以及对结合与形成肽键的影响

添加成分	结合的 *N*-乙酰 Phe-$tRNA^{Phe}$ (^{14}C) /pmol	形成的 *N*-乙酰 diPhe-tRNA (^{14}C 或 ^{3}H) /pmol	结合的 Phe-tRNA (^{3}H) /pmol
无	7.6	0.4	0.1
EF-T+GTP	3.0	4.5	2.8
EF-T+GDPCP	7.0	0.5	4.8

Source: Haenni, A. L. and J. Lucas-Lenard, Stepwise synthesis of a tripeptide, *Proceedings of the National Academy of Sciences*, *USA* 61: 1365, 1968. Reprinted by permission.

这些科学家还证实 EF-Tu 和 EF-Ts 都是 Phe-$tRNA^{Phe}$ 与核糖体结合所必需的。分析方法与表 18.3 中的相同，只是没有 GDPCP，EF-Tu 和 EF-Ts 是分开（EF-Tu 中有一点 EF-Ts 残留污染）并且分别加入。表 18.4 显示 EF-Tu 和 EF-Ts 都是 Phe-$tRNA^{Phe}$ 与核糖体结合所需要的。只加 EF-Tu 时有少量结合是因为有 EF-Ts 污染。

表 18.4　[^{3}H] Phe-tRNA 结合到带有预先结合了 *N*-乙酰-[^{14}C] Phe-tRNA 的核糖体需要 EF-Ts 和 EF-Tu

添加成分	结合的 [^{3}H] Phe-tRNA/pmol
无	2.8
EF-Ts+GTP	2.8
EF-Tu+GTP	5.2
EF-Ts+ EF-Tu+ GTP	11.6

图 18.14 显示了 EF-Tu 与 EF-Ts 共同作用引起氨酰 tRNA 与核糖体结合的详细模型。首先，EF-Tu 与 GTP 构成一个二元（2-部分）复合物。然后，氨酰 tRNA 加入该复合物，形成由 EF-Tu、GTP 和氨酰 tRNA 构成的三元（3-部分）复合物。该三元复合物将其氨酰 tRNA 送到核糖体的 A 位点，EF-Tu 和 GTP 保持与核糖体的结合。接下来，GTP 被水解，EF-Tu-GDP 复合物与核糖体解离。最后，EF-Ts 使复合物上的 GDP 与 GTP 交换，产生 EF-Tu-GTP 复合物。

这一机制的证据是什么呢？Herbert Weissbach 及同事在 1967 年发现，EF-T 的制备物和 GTP 所形成的复合物可以被硝酸纤维素滤膜截留。他们标记了 GTP，将其与 EF-T 混合，发现标记的核苷酸与滤膜结合了，这表明 GTP 已经结合到 EF-T 制备物的某个蛋白质上形成了复合物，而该蛋白质可能就是 EF-T 本身。Julian Gordon 随后发现，将氨酰 tRNA 加入 EF-Tu-GTP 复合物可使其从滤膜上释放。对此的一种解释是氨酰 tRNA 与 EF-Tu-GTP 复合物结合，形成了三元复合物，从而不再与滤膜结合了。

Ravel 及同事利用下列实验为我们提供了关于形成三元复合物的更多证据。他们用^{3}H 和^{32}P 标记 GTP，用^{14}C 标记 Phe-$tRNA^{Phe}$，然后将它们与 EF-T 混合，在 Sephadex G-100（第 5 章）上进行凝胶过滤。这种凝胶过滤树脂排除了相对较大的蛋白质，如 EF-T，所以它们在空柱体积组分中迅速流过层析柱。相反，相对较小的物质，如 GTP 甚至 Phe-$tRNA^{Phe}$进入树脂的孔中，因而被阻滞，在空柱体积之后较晚出现。实际上，分子越小，洗脱出来所需的时间越长。图 18.15 显示了凝胶过滤实验的结果，标记物 GTP 和 Phe-$tRNA^{Phe}$组分的出现相对于它们通常的位置较晚，表明这些组分是游离的 GTP 和 Phe-$tRNA^{Phe}$，虽然本实验中几乎没有观察到游离的 GTP。实验中两种物质的绝大多数组分都出现得很早（在组分 20 前后），表明它们一定与某种较大的物质形成了复合物。该实验中主要的大物质是 EF-T，我们已经讨论过的实验提示该复合物中有 EF-T，所以我们可以推测包括 Phe-$tRNA^{Phe}$、GTP 和 EF-T 的三元复合物已经形成了。

截至目前，在这些实验中还没有鉴别出 EF-Ts 和 EF-Tu。Herbert Weissbach 及其合作者通过分离这两种蛋白质，并分别进行检测完成了这一工作。他们发现 EF-Tu 是二元复合物中结合 GTP 的因子，那么 EF-Ts 的作用是什么呢？这些研究者证明，该因子在 EF-Tu-GDP 复合物向 EF-Tu-GTP 复合物转换中起关键作用。但是，当 EF-Ts 与事先形成的 EF-Tu-GTP 复合物或与 EF-Tu 单独在一起时，几乎没有作用（图 18.16）。因此，EF-Ts 可能并不直接与 EF-

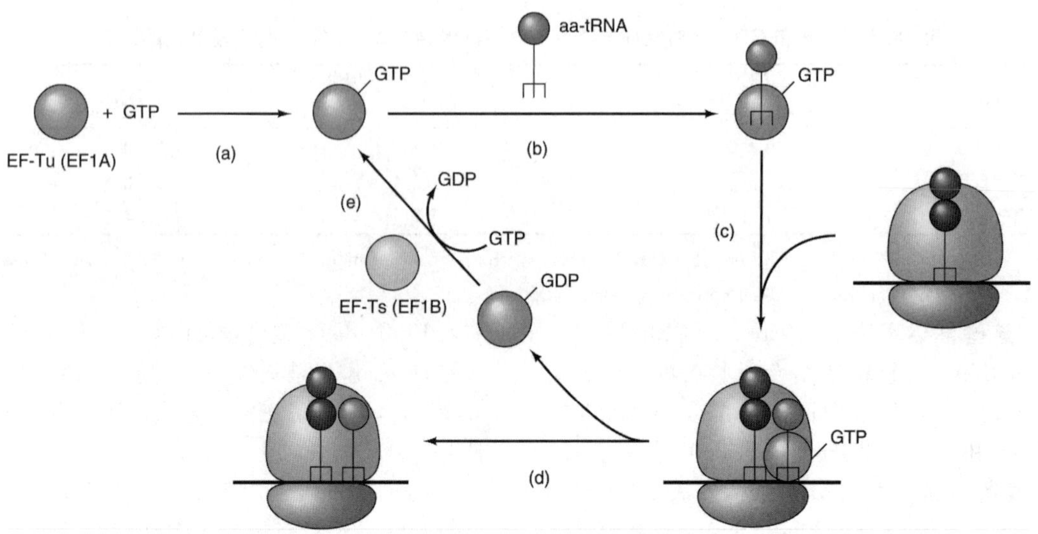

图 18.14 氨酰 tRNA 与核糖体 A 位点结合的模型。(a) EF-Tu 与 GTP 结合形成二元复合物。**(b)** 该二元复合物又与一个氨酰 tRNA 结合，形成三元复合物。**(c)** 三元复合物与 P 位点是肽酰 tRNA、A 位点空出的核糖体结合。**(d)** GTP 被水解，导致 EF-Tu-GDP 复合物与核糖体解离，在 A 位点留下新的氨酰 tRNA。**(e)** EF-Ts 将 EF-Tu-GDP 复合物上的 GDP 转换成 GTP，生成 EF-Tu-GTP 复合物。

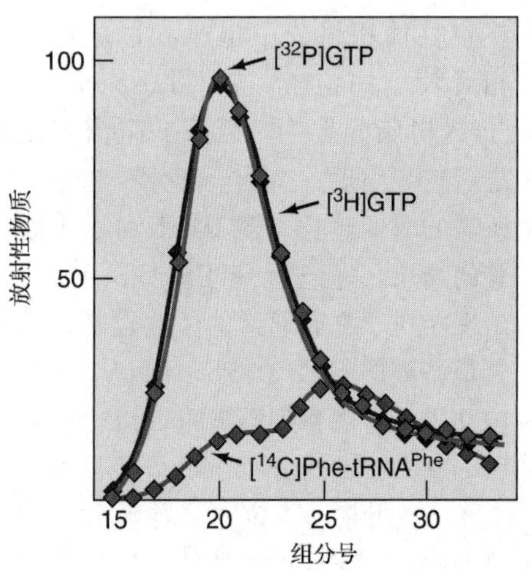

图 18.15 EF-T、氨酰 tRNA 和 GTP 三元复合物的形成。 Ravel 及同事将 [^{14}C]-Phe-tRNA^{Phe} 与 GTP（用^{3}H 标记鸟嘌呤部分、^{32}P 标记 γ-磷酸基团）和 EF-T 混合。混合物通过 Sephadex G-100 凝胶过滤层析柱，使大分子的 EF-T 与相对小分子的 GTP 和 Phe-tRNA^{Phe}分离。通过对每一组分中的三种放射性同位素的分析，测定 GTP 和 Phe-tRNA^{Phe}。发现在大分子组分中（组分 20 左右）二者至少有部分存在，因此，它们确实与 EF-F 形成了复合物。(*Source*：Adapted from Ravel，J. M.，R. L. Shorey，and W. Shive，The composition of the active intermediate in the transfer of aminoacyl-RNA to ribosomes. *Biochemical and Biophysical Research Communications* 32：12，1968.）

Tu 和 GTP 形成复合物，而是通过交换鸟嘌呤核苷酸使 EF-Tu-GDP 转换成 EF-Tu-GTP 的。

EF-Ts 是如何执行其交换任务的呢？David Miller 和 Weissbach 发现，EF-Ts 通过形成 EF-Ts-EF-Tu 复合物可以从 EF-Tu-GDP 中置换 GDP（图 18.17）。这种置换作用是怎样发生的呢？Reuben Leberman 及同事对 EF-Ts-EF-Tu 复合物的 X 射线晶体学研究表明 EF-Ts 结合 EF-Tu-GDP 的主要结果之一是对 EF-Tu 的 Mg^{2+}结合中心的破坏，EF-Tu 与 Mg^{2+} 间的结合减弱导致了 GDP 的解离，从而为 GTP 结合 EF-Tu 开通了道路。

为什么需要 EF-Tu 护送氨酰 tRNA 到核糖体上呢？连接氨基酸与其同工 tRNA 的酯键很容易断裂，将氨酰 tRNA 隐藏在 EF-Tu 蛋白中可以保护这个易分解的化合物不被水解。但是细胞中氨酰 tRNA 的浓度很高，有足够的 EF-Tu 供应吗？是的，EF-Tu 是细胞中最丰富的蛋白质之一。例如，在大肠杆菌细胞中 EF-Tu 占总蛋白的 5%，出现这种高丰度的原因可能是 EF-Tu 起重要的保护作用。

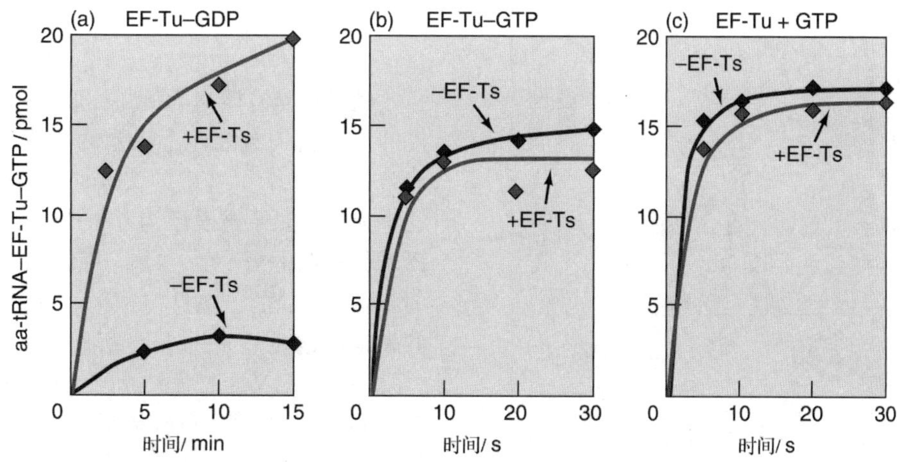

图 18.16 EF-Ts 对三元复合物形成的作用。 Weissbach 及同事试图在有（红色）和无 EF-Ts（蓝色）的条件下，将［^{14}C］Phe- tRNA^{Phe}、［^{3}H］GTP 和图顶部所列的不同 EF-Tu 制备物混合，形成三元复合物。通过检测硝酸纤维素滤膜上放射性的减少来测定三元复合物的形成。只有当 EF-Tu-GDP 为底物时，EF-Ts 才能激发复合物的形成（图 a）。EF-Tu-GTP（图 b）或 EF-Tu+GTP（图 c）无需 EF-Ts，能自发形成三元复合物（aa-tRNA＝氨酰 tRNA）。(*Source*：Adapted from Weissbach，H.，D. L. Miller，and J. Hachmann，Studies on the role of factor Ts in polypeptide synthesis. *Archives of Biochemistry and Biophysics*，137：267，1970.）

小结 由 EF-Tu、氨酰 tRNA 和 GTP 形成的三元复合物将氨酰 tRNA 转移到核糖体的 A 位点而无需水解 GTP。然后，EF-Tu 以其核糖体依赖性 GTP 酶活性水解 GTP，所形成的 EF-Tu-GDP 复合物与核糖体解离。EF-Ts 通过用 GTP 交换与 EF-Tu 结合的 GDP，使 EF-Tu-GTP 复合物再生。氨酰 tRNA 的加入又重新构成三元复合物，进入新一轮的肽链延伸。

校正 在第 19 章我们将看到蛋白质合成的准确性部分来自于 tRNA 对正确氨基酸的负载，但是也部分来自于延伸步骤 1：核糖体 A 位点密码子与氨酰 tRNA 的正确识别。然而，如果在这个初始识别步骤发生错误，仍有机会通过阻止错误氨酰 tRNA 将其氨基酸送至延伸链之前加以纠正，这一过程称为**校正**（proofreading)。

在延伸步骤 1 中发生的校正可以在两个步骤中发生。第一，结合之后三元复合物可以与核糖体解离，并且这一过程在错误氨酰 tRNA 结合到三元复合物之后很容易发生。第二，该氨酰 tRNA（来自三元复合物的）可以与核糖体解离。同样，如果氨酰 tRNA 是错误的，这一过程所发生的速率远远高于正确氨酰 tRNA 的速率，因为此时密码子和反密码子之间不完全配对。这种解离速度通常非常快，使不正确氨酰 tRNA 在其氨基酸有机会加入新生的肽链之前就与核糖体解离了。

分析翻译的准确性所得出的一般原则是：高准确性与高翻译速度是不相容的。实际上，准确性与速度是负相关的，翻译速度越快，准确性越差。这是因为核糖体必须有足够的时间让不正确三元复合物和氨酰 tRNA 在不正确氨基酸不可逆转地加入延伸的肽链之前解离。如果翻译速度加快，就会有更多不正确的氨基酸加入。相反，如果翻译速度慢，准确性就会更高，但是也许就不能足够快地合成蛋白质以维持生命。因此，翻译的速度和准确性之间存在着精细的平衡。

在该平衡中，最重要的因素之一是 EF-Tu 对 GTP 的水解速度。如果水解速度快，则第一个校正的时间就短了：EF-Tu 很快将 GTP 水解成 GDP，使携带错误氨酰 tRNA 的三元复合物没有充足的时间与核糖体解离。如果水解速度较慢，校正会有充裕的时间，但翻译速度就会太慢了。那么合适的速度是多少呢？在大肠杆菌中，三元复合物的结合与 GTP 水解之间的平均时间大约是几毫秒。而 EF-Tu-GDP 从核糖体解离需要更多个毫秒。校正就发生在这两个时间段内，缩短这些时间就会严重

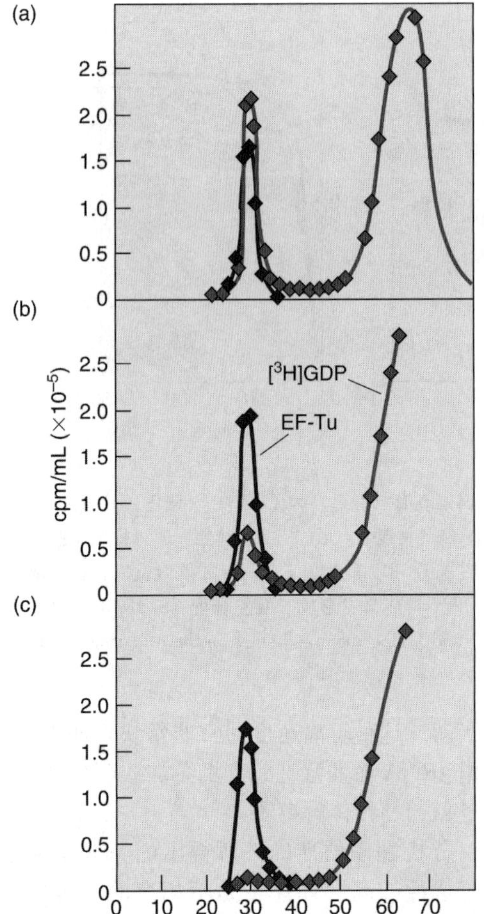

图 18.17 EF-Ts 对 EF-Tu-GDP 复合物中 GDP 的置换。 Miller 和 Weissbach 将 EF-Tu-［^{3}H］GDP 复合物与三种不同浓度的 EF-Ts 混合，将混合物通过 Sephadex G-25 凝胶过滤柱，测定复合物中 GDP 的含量。三个实验组中 EF-Ts 的浓度分别为：(**a**) 500 单位；(**b**) 14 000 单位；(**c**) 25 000 单位。红色，^{3}H-GDP；蓝色，EF-Tu。(*Source*：Adapted from Miller，D. L. and H. Weissbach，Interactions between the elongation factors：The displacement of GDP from the Tu-GDP complex by factor Ts. *Biochemical and Biophysical Research Communications* 38：1019，1970.)

影响翻译的准确性。

细胞能忍受多大的翻译错误率呢？例如，如果错误率为 1%时会怎么样？99%的正确率听起来是相当好的，但这是在你意识到大多数多肽链都远远超过 100 个氨基酸之前。多肽链的平均长度为 300 个氨基酸，有些甚至超过 1000 个氨基酸。假设每个氨基酸的错误率为 ε，多肽链长度为 n，则翻译一条无错（error-free）多肽链的概率 p 用下列公式计算，即

$$p=(1-\varepsilon)^n$$

例如，若错误率为 1%，那么一条平均长度的多肽链一次翻译不出错的概率只有 5%，而一条 1000 个氨基酸的多肽，不出错的概率几乎为零。如果错误率为 0.1%，那么正确翻译均长多肽的概率为 74%，而 1000 个氨基酸的多肽不出错的概率只有 37%，对于大分子多肽来说，这显然是一个问题。如果错误率为 0.01%，情况又会怎样？此时，正确翻译均长多肽的概率为 97%，而 1000 个氨基酸的多肽约为 91%。这是一个可接受的出错率。事实上，至少在大肠杆菌中，观察到的加入每个氨基酸的错误率接近 0.01%。

一种重要的抗生素**链霉素**（streptomycin）会干扰校正，使核糖体产生很多错误。例如，正常核糖体翻译人工合成的 Poly（U）只会单一地产生多聚苯丙氨酸。但是，链霉素可极大地刺激 Ile 和少量的 Ser 及 Leu 对 poly（U）的响应。

某些自然条件使我们可以观察到翻译速度比正常更快或更慢时的影响。例如，核糖体蛋白突变体 *ram* 或 EF-Tu 的突变体 *tufAr* 都使肽键形成速率增大一倍。在这些突变体中，由于错误氨酰 tRNA 不能及时从核糖体上解离，翻译的准确性受损。

相反，在链霉素抗性突变体，如 *strA* 中，肽键形成的速度只有正常速度的一半，使错误氨酰 tRNA 有充裕的时间离开核糖体，所以翻译格外准确。

小结 蛋白质合成机器在延伸过程中通过一个两步过程来保证其准确性。首先，在 GTP 水解之前，清除携带了错误氨酰 tRNA 的三元复合物。如果这一监控失败，仍能通过校正在错误氨基酸加入延伸链之前清除错误的氨酰 tRNA。预计这两个校正过程都依赖于不正确密码子与反密码子间的弱碱基配对，从而确保解离作用比 GTP 水解或肽键的形成能更快发生。翻译的速度和准确性之间的平衡是精密的。如果肽键形成太快，不正确氨酰 tRNA 就不能及时离开核糖体，它们的氨基酸就被整合到蛋白质中。但是如果

翻译进行得太慢，蛋白质合成就不能满足生物体的正常生长。每加入一个氨基酸约有0.01%的出错率，可实现翻译速度与准确性之间的良好平衡。

延伸步骤2：肽键的形成

在起始因子和延伸因子EF-Tu完成它们的工作之后，核糖体在P位点就拥有了fMet-$tRNA_f^{Met}$，在A位点拥有了氨酰tRNA，现在该是形成肽键的时候了。你可能会期望一组新的延伸因子参与这一事件，但实际上没有。相反，核糖体自身就具有**肽基转移酶**（peptidyl transferase）活性，可形成肽键而不需要可溶性因子。

在原核生物中，肽基转移酶步骤被一种重要的抗生素**氯霉素**（chloramphenicol）所抑制。该药物对大多数真核生物的核糖体没有作用，因而使其成为高等生物筛选细菌入侵的标记。然而，真核生物的线粒体有自己的核糖体，氯霉素可以抑制这些核糖体。因此，氯霉素对细菌的筛选性不是绝对的。

经典的肽基转移酶分析是由Robert Traut和Robert Monro建立的，利用的是结合到核糖体P位点的标记的氨酰tRNA或肽酰tRNA及嘌呤霉素。标记的氨酰-嘌呤霉素或肽酰-嘌呤霉素的释放，依赖于P位点氨基酸或多肽与A位点嘌呤霉素间肽键的形成，如图18.18（a）所示。Traut和Monro还发现该反应系统经过一定修饰后，50S核糖体亚基就可以执行肽基转移酶反应，而无需30S亚基或其他可溶性因子的帮助［图18.18（b）］。首先，他们让核糖体以Poly（U）为mRNA进行Poly（Phe）合成，使Poly（Phe）-tRNA进入P位点，然后与低浓度Mg^{2+}缓冲液孵育，再超速离心去除30S亚基。再用盐溶液洗去残留的起始因子和延伸因子，留下50S亚基及其结合的Poly（Phe）-tRNA。通常，这种引发的（primed）50S亚基与嘌呤霉素不起反应，但研究者发现，加入33%的甲醇（乙醇也有效）可以引起嘌呤霉素反应。在两种分析中，首先都必须区分被释放的肽酰tRNA和仍然与核糖体结合的肽酰tRNA。Traut和Monro最初采用蔗糖梯度离心进行分离（图18.19）。后来，又开发出更方便的过滤结合分析法。图18.19（a）是不含嘌呤霉素的阴性对照，如所预期，Poly（Phe）

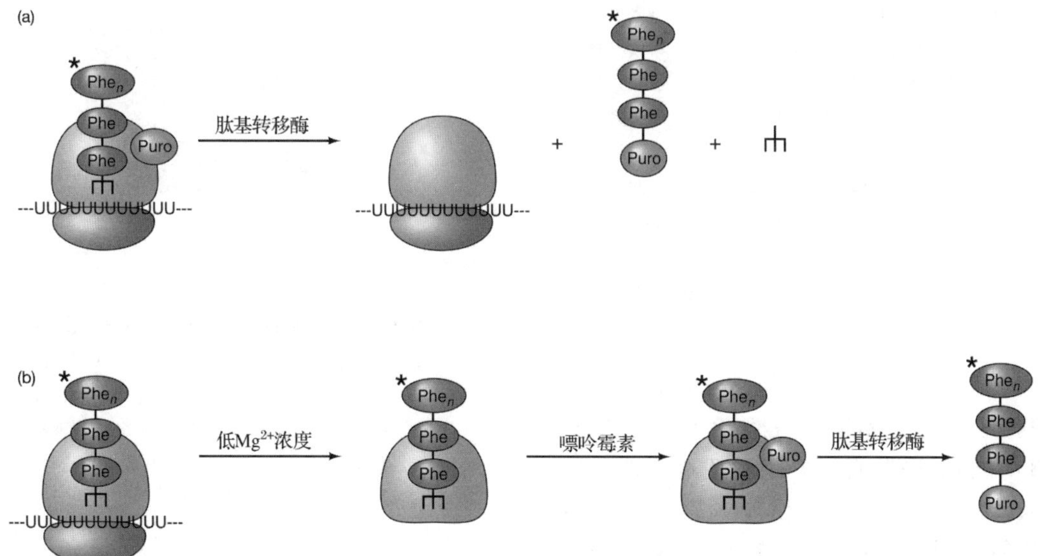

图18.18　用于肽基转移酶分析的嘌呤霉素反应。(a) 标准嘌呤霉素反应。通过对Poly（U）信使RNA的翻译将标记的Poly（Phe）加载到P位点。然后，加入嘌呤霉素，当Poly（Phe）与嘌呤霉素间形成肽键，标记的肽酰tRNA被释放。**(b)** 只与50S亚基反应。同样，将标记的Poly（Phe）加载到核糖体的P位点，在低浓度Mg^{2+}缓冲液孵育，离心将50S-poly（Phe）-tRNA复合物与30S亚基和mRNA分离。然后，加入嘌呤霉素，通过标记肽酰嘌呤霉素的释放来测定肽基转移酶活性。反应的副产品（50S亚基和tRNA）未在图中标出，星号表示标记的Poly（Phe）。

仍然结合在50S亚基上。图18.19（b）是阳性对照，加入尿素和RNase使Poly（Phe）从50S亚基上释放出来。图18.19（c）和图18.19（d）是嘌呤霉素分别加或不加GTP的实验结果。嘌呤霉素将Poly（Phe）释放出来了，表明肽基转移酶有效。即使没有GTP，这个反应也发生了，正如肽基转移酶反应所应有的那样。

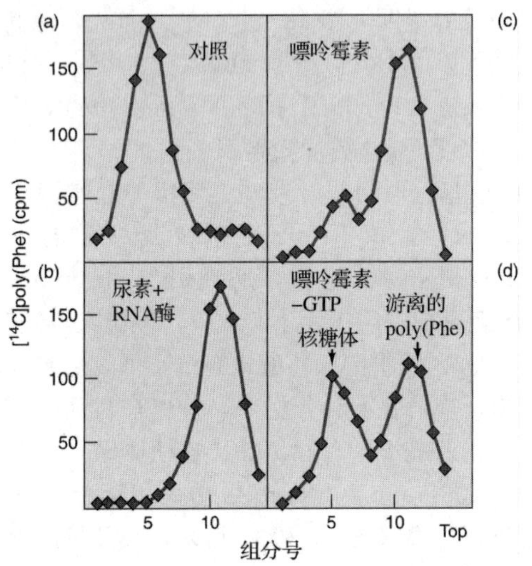

图18.19　肽键形成的嘌呤霉素分析。Traut和Monro将［^{14}C］Poly（Phe）加入核糖体，在有或无嘌呤霉素条件下孵育，然后对产物做蔗糖密度梯度离心，分离核糖体结合的Poly（Phe）和核糖体释放的游离Poly（Phe）。对结合有Poly（Phe）的核糖体做如下处理：**(a)** 不处理；**(b)** 尿素和RNase处理；**(c)** 嘌呤霉素处理；**(d)** 无GTP时，加入嘌呤霉素。核糖体和自由Poly（Phe）的位置在（d）中标出。（*Source*：Adapted from Traut，R. R. and R. E. Monro，The puromycin reaction and its relation to protein synthesis. *Journal of Molecular Biology*，10：63-72，1964.）

嘌呤霉素与50S亚基的反应似乎证明50S亚基含有肽基转移酶活性，那么非生理性条件（33%甲醇、嘌呤霉素）能破坏这一性质吗？令人鼓舞的是肽与嘌呤霉素的反应好像遵守正常的肽合成机制，而且M. A. Gottesmann用poly（A）替换poly（U），因而poly（Lys）替换poly（Phe）。赖氨酰tRNA替换嘌呤霉素发现了相同的反应，证明嘌呤霉素反应是研究肽键形成的有效模型。此外，这些反应都受氯霉素和其他能抑制正常肽基转移酶反应的抗生素所阻断，提示模型反应所使用的途径与正常反应的相同。

在以后的几十年中，人们一直不清楚50S亚基的哪个部位具有肽基转移酶活性。直到20世纪80年代初，当Thomas Cech及同事发现某些RNA具有催化活性后，一些分子生物学家开始怀疑可能是23S rRNA催化了肽基转移酶反应。1992年，Harry Noller及同事提供了这一推测的实验证据。在进行肽基转移酶分析时，他们使用了一种经修饰的嘌呤霉素反应，即**片段反应**（fragment reaction）。该反应由Monro在20世纪80年代开创，利用了在P位点的标记的fMet-$tRNA_f^{Met}$片段和A位点的嘌呤霉素。片段可以是CCA-fMet或CAACCA-fMet，二者都与完整的fMet-$tRNA_f^{Met}$非常类似，因此都可以和P位点结合。随后，标记的fMet可与嘌呤霉素反应释放标记的fMet-嘌呤霉素。

Noller及合作者面临的任务是除去50S亚基上的所有蛋白质分子，只留下rRNA，并证明这个rRNA分子能够催化片段反应。为了去

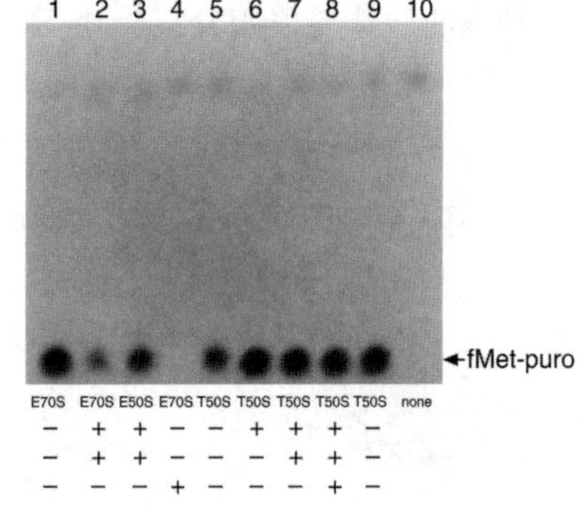

图18.20　去蛋白质试剂对大肠杆菌和嗜热水生菌核糖体肽基转移酶活性的影响。用SDS、蛋白酶K（PK）、苯酚单独或混合处理核糖体。然后用CAACCA-f［^{35}S］Met的片段反应测定所处理核糖体的肽基转移酶活性。用高压纸电泳分离f［^{35}S］Met-嘌呤霉素，放射自显影检测。核糖体来源在底部标出：E70S和E50S分别是来自*E. coli*的70S亚基和50S亚基；T50S指嗜热水生菌的50S核糖体亚基。标准fMet-嘌呤霉素的位置标在图的右侧标出。［*Source*：Adapted from Noller，H. F.，V. Hoffarth，and L. Zimniak，Unusual resistance of peptidyl transferase to protein extraction procedures. *Science* 256（1992）p. 1417，f. 2.］

除 50S 亚基上的蛋白质，他们使用了三种较为强烈的、可以使蛋白质降解和变性的试剂：苯酚、SDS 和蛋白酶 K（PK）。图 18.20 中，泳道 1～4 显示大肠杆菌 50S 亚基经 SDS 和蛋白酶 K 处理后可保留肽基转移酶活性，但苯酚处理的提取物则无活性。这种能耐受 SDS 和蛋白酶 K 的能力很了不起，但是为什么苯酚提取物比其他两种物质对肽基转移酶的破坏更大呢？

Noller 及同事推测苯酚可能破坏了对肽基转移酶活性非常重要的 RNA 的高级结构。如果是这样，他们推测来自嗜热细菌的 rRNA 结构应该非常稳定，经苯酚提取后不会变性。为了证明这一假设，他们利用生活在滚烫热泉中的嗜热细菌嗜热水生菌的 50S 亚基做了相同的实验。图 18.20 中泳道 5～9 证明嗜热水生菌的 50S 亚基经三种试剂处理后，都保留了肽基转移酶活性。

如果片段活性确实能代表肽基转移酶，那么它应该被肽基转移酶抑制剂，如氯霉素和碳霉素抑制。如果 rRNA 是肽基转移酶的关键因素，那么片段反应就应受 RNase 抑制。Noller 及同事证实了这两个推测。对嗜热水生菌完整的或处理的 50S 亚基所进行的片段反应，均受碳霉素、氯霉素和 RNA 酶所抑制，正如所预期的结果。

那么，这些实验能证明 rRNA 是肽基转移酶的唯一成分吗？Noller 及同事未能获得这个结论。部分原因是因为即使用最强烈的蛋白质变性剂，也不能完全去除制备物中的蛋白质。事实上，在随后与 Alexander Mankin 的合作中发现，经严格去蛋白质处理后仍有 8 个核糖体蛋白与 rRNA 结合。

Mankin、Noller 及同事将嗜热水生菌的 50S 核糖体颗粒用与 Noller 原初实验相同的蛋白质变性剂处理，然后对剩余物质进行蔗糖梯度超速离心，发现保留肽基转移酶活性的成分以 50S 和 80S 颗粒沉降，命名为 *KSP*50 和 *KSP*80 颗粒，字母 K、S、P 分别代表蛋白酶 K、SDS、Phenol（苯酚）。接着他们检测了完整 50S 颗粒及 KSP50 和 KSP80 颗粒，看它们都含有哪些 RNA 和蛋白质。通过凝胶电泳分离出 23S rRNA 和 5S rRNA，用双向电泳（第 5 章）分离和鉴定颗粒中的蛋白质。难以置信的是仍然有 8 个蛋白质或多或少地保持其完整性，其中 4 个（L2、L3、L13、L22）以接近化学平衡的量存在，另外 4 个（L15、L17、L18、L21）的含量有所降低。通过测定各自的 N 端肽，他们再次对这 8 种蛋白质进行了鉴定，由于在两种颗粒中都出现了相同的蛋白质和 RNA，KSP80 颗粒可能是 KSP50 颗粒的二聚体。

先前利用纯化的组分重新构成肽基转移酶的研究表明，只用 23SrRNA 和蛋白 L2、L3、L4 就可以重构肽基转移酶活性。KSP 颗粒只缺其中的 L4。因此，考虑到重构结果和 KSP 颗粒的结果，Mankin 等认为肽基转移酶活性所需的最小成分是 23S rRNA 和蛋白 L2、L3。

23S rRNA 在肽基转移酶中起什么作用呢？很想推测它具有催化作用，但是目前的结果还不能得出这一结论。然而，Thomas Steiz 及同事在 2000 年对 50S 核糖体颗粒的 X 射线晶体学研究发现，在肽基转移酶活性中心附近只有 23S rRNA，没有蛋白质！因此，看起来 23S rRNA 确实具有肽基转移酶活性，我们对此将在 19 章做详细论述。

小结 肽键是由叫做肽基转移酶的核糖体酶合成的，该酶位于 50S 核糖体颗粒上。在体外肽基转移酶活性的最小组成是 23S rRNA 和蛋白 L2、L3。X 射线晶体学研究表明 23S rRNA 位于酶的活性中心，因此它在体内可能具有肽基转移酶活性。

延伸步骤 3：移位

一旦肽基转移酶完成任务，核糖体就在 A 位点有一个肽酰 tRNA，P 位点有一个去氨酰 tRNA。下一步是移位，核糖体将 mRNA 和肽酰 tRNA 移动一个密码子的长度，使肽酰 tRNA 移至 P 位点，去氨酰 tRNA 移至 E 位点。移位过程需要延伸因子 EF-G，它在移位完成后水解 GTP。本节将详细介绍移位过程。

移位过程中 mRNA 的 3-核苷酸移动 首先，移位使 mRNA 在核糖体上准确移动 3nt（一个密码子长）是合理的，任何其他长度的移动都将使核糖体转入不同的可读框，产生不正常的蛋白质产物。那么证据是什么呢？Peter

Lengyel及同事在1971年提供了支持3nt假说的实验结果。他们构建了一个移位前复合物(pretranslocation complex)，用的是噬菌体mRNA、核糖体、氨酰tRNA，但未加EF-G和GTP，以便阻止移位。然后，加入EF-G和GTP构建移位后复合物。用胰核糖核酸酶分别处理这两个复合物，消化未被核糖体保护的mRNA，然后释放被保护的RNA片段并对其测序。他们发现片段的3′端序列在移位前复合物是UUU，在移位后复合物是UUUACU。这说明移位使mRNA向左移动了3nt，因此有三个核苷酸（ACU）进入核糖体受到保护。为进一步检测受保护RNA的3′端序列，他们在翻译完成后再释放mRNA并进行测序。结果发现移位前复合物中受保护mRNA所产生的肽段以UUU编码的苯丙氨酸结尾，而移位后复合物中受保护mRNA产生的肽段以ACU编码的苏氨酸结尾。因此，移位使mRNA在核糖体上准确地移动了3nt，即一个密码子的长度。

小结 每个移位事件使mRNA在核糖体上移动一个密码子的长度（3nt）。

GTP和EF-G的作用 如我们在本章前面所学，大肠杆菌中移位需要GTP和GTP结合蛋白EF-G。在真核细胞中，同源蛋白**EF-2**执行相同的功能。1970年，Yoshito Kaziro及同事证明了移位对GTP和EF-G的依赖性。1974年，通过揭示移位过程中何时需要GTP，他们又有了新的发现。首先，他们按图18.21合成了移位底物：在A位点的^{14}C标记的*N*-乙酰-二苯丙酰tRNA和P位点的去氨酰tRNA。该底物将要进行移位，移位可用两种方法测定：一是分析去氨酰tRNA从核糖体的释放，这是一种非生理性反应。第二种分析移位的方法是检测嘌呤霉素反应。一旦移位发生，在P位点的标记二肽就可与嘌呤霉素结合并被释放。表18.5显示，GTP和EF-G单独都不能引起显著的移位，但是两者合在一起就可以促进移位，这可通过测定去氨酰tRNA的释放而得知。

GTP是在移位的哪一步被水解的呢？大致有两种可能性：模型Ⅰ要求GTP水解在移位前，模型Ⅱ允许GTP在移位后水解。基于实验，模型Ⅱ的假设曾经较受偏爱。

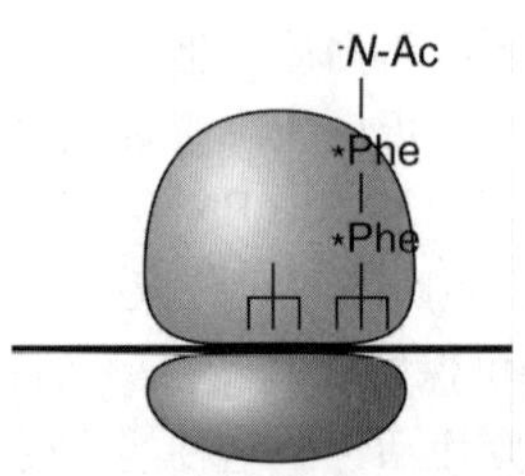

图18.21 用于测定移位对EF-G和GTP依赖性的移位底物。 Kaziro及同事通过将*N*-乙酰-二苯丙酰tRNA加载到核糖体的A位点、去氨酰tRNA加载到核糖体的P位点，构建了移位底物。做法如下：先将核糖体和poly（U）RNA与*N*-乙酰Phe-tRNA混合，后者占据P位点，然后加入通常的占据A位点的Phe-tRNA。之后，肽基转移酶形成肽键，在A位点产生*N*-乙酰-二苯丙酰tRNA，在P位点产生去氨酰tRNA。

表18.5 EF-G和GTP在移位中的作用

添加物	tRNA释放	
	pmol	Δ
实验1		
无	0.8	
GTP	1.8	1.0
EF-G	2.4	1.6
EF-G、GTP	12.6	11.8
EF-G、GDPCP	7.5	6.7
实验2		
无	1.6	
EF-G	1.5	0
EF-G、GTP	5.1	3.5
EF-G、GTP、梭链孢酸	6.7	5.1
EF-G、GDPCP	4.3	2.7
EF-G、GDPCP、梭链孢酸	4.7	3.1

Source: Inove-Yokosawa, N., Ishikawa, and Y. Kaziro, The role of guanosine triphosphate in translocation reaction catalyzed by elongation factor G. *Journal of Biological Chemistry* 249: 4322, 1974. Copyright © 1974. The American Society for Biochemistry & Molecular Biology, Bethesda, MD. Reprinted by permission.

Kaziro及同事用GTP的不可水解类似物GDPCP做了几个实验。如果移位之前不需要GTP，那么GDPCP应该像天然GTP那样促进移位，表18.5表明，GDPCP确实产生了明显的移位，虽然没有GTP多。但是，研究者在使用GDPCP时必须添加化学等量（与核糖体等摩尔）的EF-G。通常，翻译只需要催化量的EF-G，因为EF-G可以反复循环。但是当

GTP 不可能水解时，如采用 GDPCP，循环就不能发生了。由此提示 GTP 水解的作用是从核糖体释放 EF-G，使 EF-G 和核糖体都能参加下一轮延伸。

实验 2 的结果在表 18.5 的下半部分，包括抗生素**梭链孢酸**（fusidic acid）的作用效果。该物质阻断 GTP 水解后 EF-G 从核糖体的释放。正常情况下，这将极大地抑制翻译，因为移位仅发生一次，翻译过程就被中断。但是在该实验中，各种处理都只能发生一轮移位，所以梭链孢酸不起作用。Kaziro 及同事重复了该实验，并用嘌呤霉素反应来分析移位，获得了本质上相同的结果。他们还用 GDP 代替 GTP，发现 GDP 不支持移位。

Kaziro 及同事认为 GTP 水解不是移位所必需的（虽然确实有助于），因此他们推测 GTP 水解一定是在移位之后。但是他们的分析需要花几分钟的时间，远远长于移位发生所需的毫秒尺度，因而不能测定 GTP 水解和移位并区别到底谁先发生。为了严谨地回答这一问题，我们需要**动力学实验**（kinetic experiment）证据，该实验可以测定 1ms 内发生的事件。1997 年，Wolfang Wintermeyer 及同事进行的动力学实验明确显示，GTP 水解非常迅速并且在移位之前发生。

他们实验计划的一部分是，在体外给移位前的核糖体的 A 位点加载荧光标记的肽酰 tRNA，P 位点加载去氨酰 tRNA，然后加入 EF-G-GTP 并立刻测定复合物的荧光强度。利用一个**截留装置**（stopped-flow apparatus）使毫秒（ms）尺度的这种动力学实验成为可能。在该装置内两个或更多的溶液被同时压入一个混合小室中，然后立刻进入另一个小室做分析。实验中，混合的时间仅仅是 2ms，出现初始液滴后，荧光强度就迅速增加，如图 18.22（a）中的红色曲线所示。荧光强度的增加很可能与移位有关，因为它能被两种阻断移位的抗生素紫霉素（viomycin）和硫链丝菌肽（thiostrepton）所抑制［图 18.22（a），分别为蓝色和绿色曲线］。加入 GTP 的移位［图 18.22（b），红色曲线］比加入不可水解 GTP 类似物［图 18.22（b） "caged" GTP，蓝色曲线］或 GDP［图 18.22（b），绿色曲线］时有效得多。

接下来，Wintermeyer 及同事比较了 GTP 水解和移位所花的时间和速度。还是采用截留装置，以［γ-^{32}P］GTP 测定 GTP 的水解。这一次他们迅速将放射性 GTP 与其他成分混合，仅几毫秒之后将混合物压入另一个小室，在这里反应被高氯酸盐溶液停止。用液体闪烁计数仪测定 $^{32}P_i$ 的释放，同样还是以荧光的增加量测量移位。图 18.22（c）显示，GTP 水解发生在先，约比移位快 5 倍。因此，Wintermeyer 及同

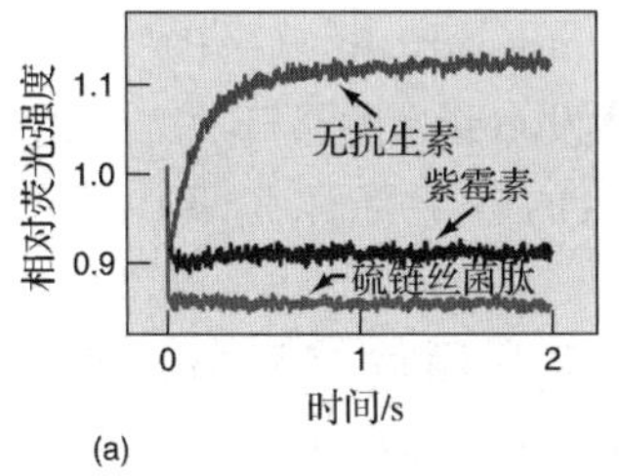

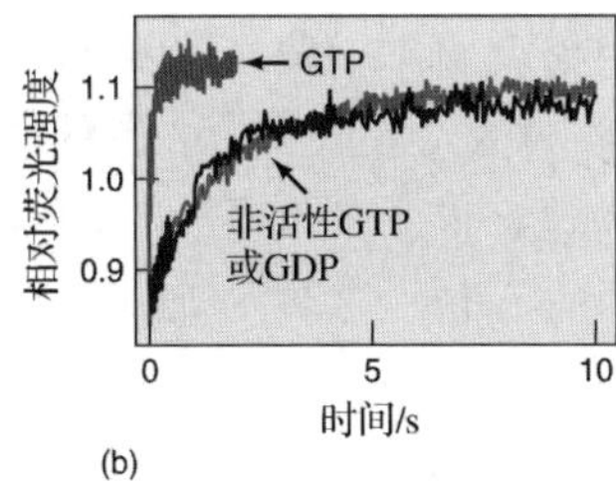

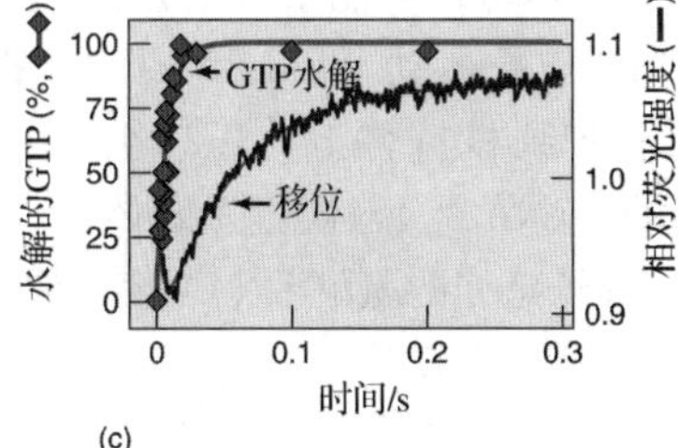

图 18.22 移位的动力学。Wintermeyer 及同事用截流动力学实验检测移位。用荧光标记的结合在 A 位上的 fMet-Phe-tRNA^{Phe} 衍生物的相对荧光强度对时间（秒）做图，荧光强度的增加作为移位的测定。**(a)** 抗生素的抗移位效果如下：红色，无抗生素；蓝色，紫霉素；绿色，硫链丝菌肽。**(b)** GTP 类似物的影响。将下列 GTP 类似物加入移位反应：红色，GTP；蓝色，非水解性 GTP 类似物（非活性 GTP）；绿色，GDP。**(c)** 测定 GTP 水解和移位所需的时间。Wintermeyer 及同事利用图（a）和图（b）中的截流动力学实验测定了移位反应，同时测定截流器中从 GTP 上释放的 $^{32}P_i$，以研究 GTP 的水解情况。GTP 水解先发生，其速度比移位快 5 倍。［*Source*：Adapted from（*a*）Rodnina，M. V.，A. Savelsbergh，V. I. Katunin，and W. Wintermeyer，Hydrolysis of GTP by elongation factor G drives tRNA movement on the ribosome. *Nature* 385（2 Jan 1997）f. 1，p. 37.（*b*）f. 1，p. 37.（*c*）f. 2，p. 38.］

事得出结论——GTP水解在前并驱动移位。

很明显，EF-G利用GTP水解所释放的能量催化移位过程。这是否意味着缺乏EF-G就不能进行移位呢？实际上，在某些体外条件中即使缺乏EF-G也允许一定的移位。2003年，Kurt Fredrick和Harry Noller对此进行了到目前为止最令人信服的研究，证明抗生素稀疏霉素（sparsomycin）在缺乏EF-G和GTP时，可催化移位。这一发现说明，核糖体自身即使没有EF-G的帮助也有能力进行移位，说明移位所需的能量储存在每个肽键形成后的核糖体、tRNA和mRNA组成的复合物中。

小结 尽管移位活性看起来是核糖体内在的，并可在体外无EF-G和GTP时表现出来，但GTP和EF-G是移位所需要的。GTP水解先于移位，并能显著地促进移位。对新一轮延伸的开始，EF-G必须依靠GTP水解释放的能量从核糖体上释放出来。

G蛋白和翻译

我们已经看到两个蛋白质EF-Tu和EF-G利用GTP水解来驱动翻译延伸过程中重要步骤的例子。在第17章我们也了解到IF2在起始阶段起着相似的作用。最后，在本章的结尾，我们将了解到另一个因子——RF3在翻译终止时发挥相同的作用。

那么所有这些过程有什么共同点呢？它们都是依靠GTP的能量来驱动对翻译过程非常重要的分子运动。IF2和EF-Tu都能将氨酰tRNA带到核糖体上［IF2将起始氨酰tRNA（fMet-$tRNA_f^{Met}$）运至核糖体的P位点，而EF-Tu将延伸的氨酰tRNA运至核糖体的A位点］。EF-G引发移位，使mRNA和肽酰tRNA从核糖体的A位点移至P位点，去氨酰tRNA从P位点移至E位点。RF3帮助催化终止，使完成的多肽与tRNA之间的肽键断开，多肽从核糖体上释放。

所有这些因子都属于一大类叫做**G蛋白**（G protein）的蛋白质，该类蛋白质在细胞中行使广泛的功能。大多数G蛋白都具有以下特点，如图18.23所示。

1. G蛋白是GDP和GTP结合蛋白。G蛋白的“G”来自于“鸟嘌呤核苷酸”。

2. G蛋白在三种构象之间循环，取决于是否与GDP、GTP结合，或不结合核苷酸。这些构象状态决定着它们的活性。

3. G蛋白与GTP结合后才被活化并执行功能。

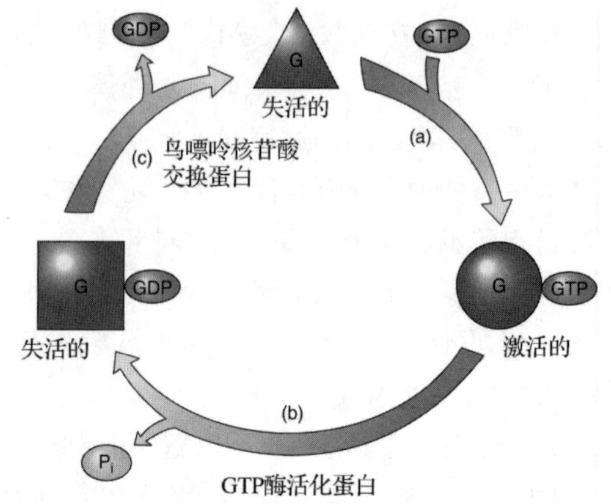

图18.23 一般化的G蛋白循环。在顶部的G蛋白（红三角形）处于不与GDP或GTP结合的游离态，这种存在状态一般是短暂的。**(a)** GTP与G蛋白结合，改变其构象（以三角形变成圆形表示）从而激活G蛋白。**(b)** GTP酶活化蛋白（GAP）激活了G蛋白内在的GTP酶活性，使其将GTP水解成GDP。由此导致蛋白质构象再次发生变化，以方形表示，使G蛋白失活。**(c)** 鸟嘌呤核苷酸交换蛋白从G蛋白上移开GDP，使其变回原来的游离状态，等待接受另一个GTP。

4. G蛋白具有内在的GTP酶活性。

5. G蛋白的GTP酶活性被**GTP酶活化蛋白**（GTPase activator protein，GAP）所激发。

6. 当GAP激发G蛋白的GTP酶活性时，G蛋白将自己所结合的GTP降解成GDP，并使自身失活。

7. G蛋白可被**鸟嘌呤核苷酸交换蛋白**（guanine nucleotide exchange protein）重新激活。该因子从失活的G蛋白上除去GDP，允许另一分子的GTP结合。鸟嘌呤核苷酸交换蛋白会立刻令人想到EF-Ts。我们已经知道EF-Ts对于用GTP替代EF-Tu上的GDP至关重要。

由于所有参与蛋白质翻译的G蛋白的GTP酶活性都受核糖体激发，因此，可以预测所有这些G蛋白的GAP应该是位于核糖体的某个（些）位点上的一个或几个蛋白质。事实上，在核糖体上已经发现了一组核糖体蛋白和部分 rRNA，合起来称作 **GTPase 相关位点**（GTPase-associated site）或 **GTPase 中心**（GTPase center）。GTPase 中心由核糖体蛋白 L11 及 23S rRNA 组成，L11 是核糖体蛋白 L10 和 L12 的复合物。注意，GTPase 中心只是激活相关 G 蛋白的 GTPase 活性，它自身没有 GTPase 活性。

GTPase 中心位于 50S 亚基的茎上，也就是通常所显示的核糖体的右侧，可以叫做 **L7/L12 茎**（L7/L12 stalk）或 **L10-L12 茎**（L10-L12 stalk）。L7/L12 是具有相同氨基酸序列的核糖体蛋白，但 L7 的 N 端氨基是乙酰化的。各一分子的 L2 和 L12 组成二聚体，通过蛋白 L10 与 50S 颗粒的其他部分结合。大肠杆菌核糖体有 2 个 L7/L12 二聚体，嗜热水生菌及其他嗜热细菌的核糖体有三个 L12 的二聚体。这些细菌中的 L12 分子没有乙酰化，但有些是磷酸化的。

小结　不同翻译因子利用 GTP 的能量来催化分子运动。这些因子属于庞大的由 GTP 激活的 G 蛋白家族，它们自身具有可被外部因子（GAP）激活的 GTP 酶活性。当它们将自身的 GTP 降解成 GDP 时就会失活，而另外一个外部因子（鸟嘌呤核苷酸交换蛋白）用 GTP 替代 GDP 可以使之重新活化。

EF-Tu 和 EF-G 的结构

如果 EF-Tu 和 EF-G 确实结合在相同的核糖体 GTP 酶中心，那么它们应该有相似的结构，就像同一把锁的两把钥匙必须有相同的形状一样。X 射线晶体图分析表明情况确实如此：EF-Tu-tRNA-GTP 三元复合物与 EF-G-GTP 二元复合物具有非常相似的形状。这是合理的，因为 EF-Tu 与 tRNA 及 GTP 以三元复合物形式结合在核糖体上，而 EF-G 只与 GTP 以二元复合物形式结合在核糖体上。为避免 GTP 水解，实验者利用了非水解性 GTP 类似物，在 EF-G 中是 GDP，在 EF-Tu-tRNA 中是 GDPNP。

图 18.24 是这两种复合物的三维结构示意图。可以看到 EF-G 蛋白的下部（结构域 IV）模仿 EF-Tu 三元复合物中 tRNA（红色，左边）的反密码子茎环部，由此使两个复合物都能结合或靠近核糖体的同一位点。

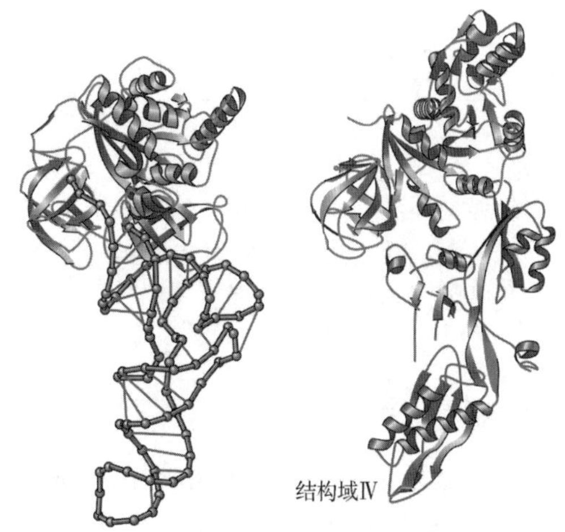

图 18.24　EF-Tu-tRNA-GDPNP 三元复合物（左）和 EF-G-GDP 二元复合物（右）三维结构的比较。 三元复合物的 tRNA 部分和二元复合物的相应部位用红色标出。

其他两个翻译因子：原核生物的起始因子 IF2（第 17 章）和终止因子 RF3 也具有核糖体依赖性 GTP 酶活性（本章后面介绍）。由于它们也依赖于核糖体上相同的 GTP 酶激活中心，因此可以预测它们在结构上至少部分地与图 18.24 所示的两个复合物结构相似。稍后，我们将看到大肠杆菌的 RF3-GTP 确实与 EF-Tu-GTP 非常相似。

另外，如果 EF-G 和 IF2 结合核糖体的相同 GTP 酶中心，可以推测它们会竞争对该位点的结合。2002 年，Albert Dahlberg 及同事证明 IF2 确实与 EF-G 竞争对核糖体的结合。还有，能结合 GTPase 中心的抗生素硫链丝菌肽和微球菌素（micrococcin）也能干扰 EF-G 和 IF2 在此处的结合，因此，IF2、EF-G、EF-Tu，可能还有 RF3 都结合核糖体的 GTP 酶中心，至少结合在与核糖体的 GTP 酶中心重叠的区域。

小结　EF-Tu-tRNA-GDPNP 三元复合物和 EF-G-GDP 二元复合物的三维结构已经由 X 射线晶体图分析确定。正如所预期的，它们非常相似。

18.4 终止

延伸循环不断重复，每次在多肽链上加入一个新的氨基酸。最后，核糖体遇到终止密码子，获得信号，这是翻译的最后一步——终止。

终止密码子

第一个终止密码子（**琥珀密码子** amber codon）是 Seymour Benzer 和 Sewell Champe 于 1962 年在 T4 噬菌体的条件突变中发现的。琥珀突变的条件性在于突变的噬菌体不能在野生型大肠杆菌中复制，但可以在**抑制子**（suppressor）突变菌株中复制。大肠杆菌碱性磷酸酶基因的某些突变也受这种抑制性菌株的抑制，说明碱性磷酸酶基因的突变也属于**琥珀突变**（amber mutation）。我们现在知道琥珀突变产生了终止密码子，造成翻译的提前结束，产生不完整的蛋白质。这一结论的证据是什么呢？

首先，琥珀突变具有严重后果。通常的错义突变（missense mutation）最多只改变蛋白质的一个氨基酸，可能影响也可能不影响蛋白质的功能，即使蛋白质失活了，通常还可用抗体检测其存在。相反，大肠杆菌碱性磷酸酶基因的琥珀突变菌株无法检测到碱性磷酸酶活性或蛋白质。这一现象符合琥珀突变引起碱性磷酸酶翻译提前终止的假说，所以检测不到其全长蛋白质。

Benzer 和 Champe 进行的遗传学实验进一步验证了这一假说。他们在 T4 噬菌体的 *rIIA* 和 *rIIB* 基因间删除了一段序列，将两个基因融合在一起，如图 18.25 所示。融合基因产生的融合蛋白具有 *B* 活性，没有 *A* 活性。接着他们在融合基因的 *rIIA* 区引入琥珀突变，该突变阻断了 *rIIB* 活性，而琥珀突变抑制子又能去除这种阻断作用。*A* 顺反子中的突变怎么能抑制位于下游的 *B* 顺反子的表达呢？琥珀突变中的翻译终止显然可以解释这一现象。如果翻译在琥珀密码子处停止，*B* 顺反子就不可能翻译了。根据这个逻辑，琥珀突变抑制子克服了琥珀突变处的翻译终止，使翻译继续进行到 *B* 顺反子处。

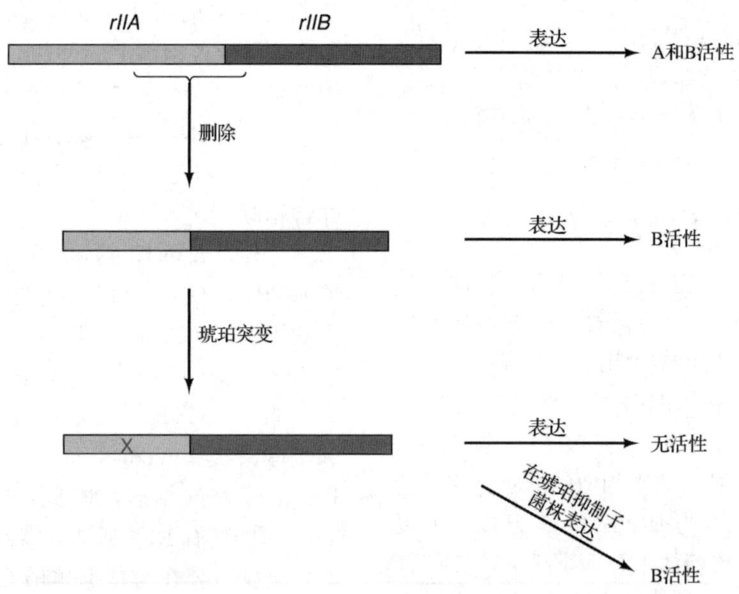

图 18.25 融合基因中琥珀突变的影响。 Benzer 和 Champe 删除了括号部分的 DNA，使 *rIIA* 和 *rIIB* 顺反子融合。这个融合基因的表达产物具 *B* 活性，但没有 *A* 活性。在 *A* 顺反子中的琥珀突变使 *B* 失去活性，这种失活又可通过将融合基因转入琥珀抑制子菌株（*E. coil* CR63）而恢复。琥珀突变使 *A* 顺反子的翻译提前终止，而琥珀抑制子可阻止这一终止，使融合蛋白的 *B* 部分得以表达。

Brenner 等通过对 T4 噬菌体头部蛋白基因的研究，获得了更多证明琥珀突变作为翻译终止子的直接证据。当 T4 噬菌体感染大肠杆菌 B 后，头部蛋白在感染后期占到总蛋白的 50% 以上，因此很容易被纯化。当这些研究人员将琥珀突变引入头部蛋白基因后，却很难从感染细胞中分离出完整的头部蛋白，只能分离出一些头部蛋白的片段。胰蛋白酶消化这些片段得到肽段，经鉴定均为 N 端的肽段。因此，琥珀突变的头部蛋白基因产物都是氨基末端肽段。因为翻译起始于蛋白质的氨基端，这个实验证明琥珀突变造成翻译在达到羧基端之前就终止了。

琥珀突变定义了一个翻译终止密码子，而另外两个终止密码子也有相似的彩色名字：**赭石**（ochre）和**卵白石**（opal）。赭石突变最初是通过不被**琥珀抑制子**（amber suppressor）抑制而鉴定出来的，它们有自己的**赭石抑制子**（ochre suppressor），卵白石突变也有自己的**卵白石抑制子**（opal suppressor）。

琥珀突变的名字是怎么来的呢？研究生 Harris Bernstein 与两个同学打赌关于他们所构建的突变体，并在获胜后以他母亲的名字对其命名。他准确地预测出突变体的性质，所以该突变体就取了他母亲（和他）的翻译成英文的名字（德文：*berstein*＝琥珀）。之后，产生另外两个终止密码子的突变就以类似的色彩格式命名了。

由于琥珀突变是由导致错义突变的突变剂产生的，我们怀疑这些突变是由普通密码子的单碱基改变而形成终止密码子的。已知遗传密码中只有三个不编码氨基酸的密码子：UAG、UAA 和 UGA，假定它们就是终止密码子，那么对目前所观察到的结果最简单的解释就是其中一个是**琥珀密码子**（amber codon）、一个是**赭石密码子**（ochre codon）、一个是**卵白石密码子**（opal codon），但它们的对应关系是什么呢？

1965 年，Martin Weigert 和 Alan Garen 通过蛋白质测序而非 DNA 或 RNA 测序回答了这个问题。他们研究了大肠杆菌碱性磷酸酶基因一个位点的琥珀突变。在野生型细胞中该位点是色氨酸，其唯一的密码子是 UGG。因为琥珀突变始于单碱基改变，我们已经知道琥珀密码子通过单碱基改变而与 UGG 相关，为了找出是哪个碱基发生了改变，Weigert 和 Garen 将几个不同的恢复突变子插入该位点，然后测定氨基酸序列。恢复突变子应该是由琥珀密码子的单碱基改变所产生的，其中一些在关键位点上是色氨酸，但大多数是其他氨基酸，如丝氨酸、酪氨酸、亮氨酸、谷氨酸、谷氨酰胺和赖氨酸。这些氨基酸可以很好地替代色氨酸，产生碱性磷酸酶活性。我们的谜语是要推出一个密码子，其单碱基改变至少要对应这些氨基酸中的一种，包括色氨酸。图 18.26 证明谜底是 UAG，因此它一定是琥珀密码子。

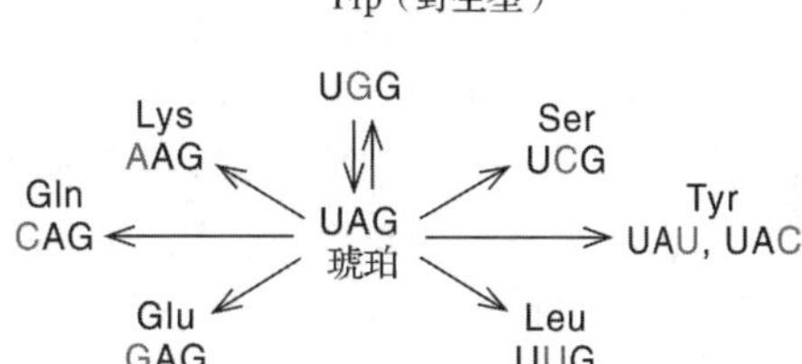

图 18.26　琥珀密码子是 UAG。琥珀密码子（中间的）由色氨酸密码子（UGG）单碱基突变而来。下列氨基酸替代色氨酸可使基因回复到功能状态：丝氨酸、酪氨酸、亮氨酸、谷氨酸、谷氨酰胺或赖氨酸。紫红色表示在所有这些回复突变子中被改变的单个碱基，包括编码色氨酸的野生型回复突变子。

按照相同的逻辑，包括琥珀突变体可通过单碱基改变而突变为赭石突变体这一现象，Sydney Brenner 及同事推断赭石密码子一定是 UAA。Severo Ochoa 及同事证实 UAA 是个终止信号，他们用合成的信使 AUGUUUU-AAAn 来指导二肽 fMet-Phe 的合成和释放（AUG 编码 fMet，UUU 编码 Phe，UAA 则是终止信号）。由于 UAG 和 UAA 分别是琥珀密码子和赭石密码子，通过排除法可知 UGA 一定是卵白石密码子。现在，我们有了数千个基因的碱基序列，足以清楚地看出这三个密码子确实是终止信号。有时甚至可以发现两个终止密码子并列在一起，如 UAAUAG，这提供了一个双保险终止信号：即使一个终止密码子被抑制，终止也能实现。

小结 mRNA 分子中的琥珀、赭石和卵白石突变分别产生 UAG、UAA 和 UGA 三个终止密码子，从而造成肽链翻译的提前终止。这三个密码子也是 mRNA 编码区末端的正常终止信号。

终止密码子的抑制

抑制子如何克服未成熟终止信号的致死效应呢？1965 年，Mario Capecchi 和 Gary Gussin 证明大肠杆菌抑制子菌株的 tRNA 能抑制 R17 噬菌体外壳顺反子的琥珀突变，由此将 tRNA 鉴定为抑制子分子，但它是如何起作用的呢？Brenner 及同事在对抑制子 tRNA 测序时发现了答案。他们将琥珀抑制子 tRNA 的基因导入 ϕ80 噬菌体，并用该重组噬菌体感染在 *lacZ* 基因上有琥珀突变的大肠杆菌。由于抑制子 tRNA 的存在，被感染细胞通过插入一个酪氨酸来替代终止，抑制了琥珀突变。当 Brenner 及同事测序这个抑制子 tRNA 时，发现只有一个碱基不同于野生型的 $tRNA^{Tyr}$，即反密码子的第一个碱基由 G 变成为 C，如图 18.27 所示。

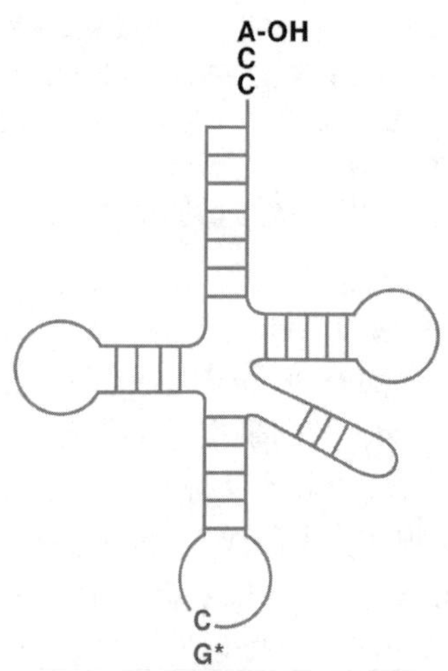

图 18.27 野生型大肠杆菌的 $tRNA^{Tyr}$ 和大肠杆菌琥珀突变抑制子 tRNA 的序列比较。野生型 $tRNA^{Tyr}$ 中的 G*（绿色）被抑制子 tRNA 中的 C（红色）所取代。（*Source*：Adapted from Goodman，H. M.，J. Abelson，A. Landy，S. Brenner，and J. D. Smith，Amber suppression：A nucleotide change in the anticodon of a tyrosine transfer RNA. *Nature* 217：1021，1968.）

图 18.28 显示了这种改变的 tRNA 是如何抑制琥珀密码子的。我们从编码谷氨酰胺（Gln）的密码子 CAG 开始，它与 $tRNA^{Gln}$ 上的反义密码子 3′-GUC-5′配对。如果 CAG 密码子突变成 UAG，则其不再与 $tRNA^{Gln}$ 配对，而是引起终止机器停止翻译。现在，在 $tRNA^{Tyr}$ 的反密码子发生了第二个突变，由 AUG 变为 AUC（同样按 3′→5′阅读）。这个新产生的 tRNA 是个抑制子 tRNA，其反密码子与琥珀密码子 UAG 互补，能与 UAG 终止密码子配对并把酪氨酸插入延伸的肽链上，使核糖体越过终止密码子而不终止翻译。

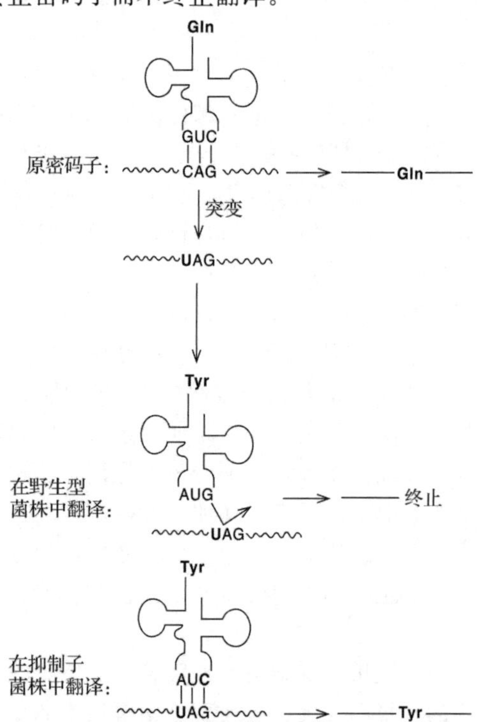

图 18.28 抑制机制。上图：野生型大肠杆菌基因中最初的密码子是 CAG，可被 $tRNA^{Gln}$ 所识别。中图：该密码子突变为 UAG，可被野生型大肠杆菌翻译为终止密码子。$tRNA^{Tyr}$ 的反密码子（AUG），不能翻译琥珀密码子。底图：一个抑制子菌株含有突变的酪氨酸 tRNA，反密码子 AUG 突变为 AUC。这一改变的反密码子能识别琥珀密码子，并引起酪氨酸（灰色）插入而非终止。

小结 大部分抑制子 tRNA 具有改变了的反密码子，能够识别终止密码子，通过插入一个氨基酸而使核糖体移到下一个密码子上以阻止终止。

释放因子

由于终止密码子和普通密码子一样都是三联体，我们会预计终止密码子也像其他密码子那样被 tRNA 解码。但是，1967 年 Mario Capecchi 证明，终止密码子不能被 tRNA 正常识别，而是由称为**释放因子**（release factor，**RF**）的蛋白质所识别。他设计了以下实验来鉴定释放因子：用大肠杆菌核糖体加 R17 噬菌体 mRNA，将其外壳顺反子的第 7 个密码子突变为 UAG（琥珀），在琥珀密码子之前是编码苏氨酸的 ACC。将核糖体与 mRNA 在无苏氨酸条件下共孵育，以便产生一个五肽，并在苏氨酸密码子处停止。然后提取带有五肽的核糖体，把它们放入只含 EF-Tu、EF-G（与核糖体结合的）和 [^{14}C] Thr-tRNA 的系统中，核糖体将带有标记的苏氨酸整合到肽段上，在 P 位点产生一个带标记的六肽，并准备释放。为了找到释放因子，Capecchi 不断添加核糖体的上清液组分，直到标记的多肽被释放。最终，他发现了这个因子，并将其称为释放因子（RF），RF 是一种蛋白质而非 tRNA。

Nirenberg 及同事设计了一种更简单的方法（图 18.29），该方法在本章前面介绍过，是他们鉴定密码子方法的改版。他们用核糖体、三联体 AUG 和 [^{3}H] fMet-tRNA$_f^{Met}$ 构成三元复合物。起始密码子和氨酰 tRNA 结合在复合物的 P 位点，所以标记的氨基酸等待释放。将复合物与释放因子的粗提物及任一终止密码子（UAG、UAA 或 UGA）一起培养，使标记的 fMet 释放。在分析中，终止的三核苷酸进入 A 位点，并且如有合适的释放因子，就下令释放。表 18.6 显示，释放因子（**RF1**）与终止密码子 UAA 和 UAG 合作，使 fMet 释放，而另一个释放因子（**RF2**）与 UAA 和 UGA 合作。接下来的研究显示，UAA 或 UAG 能够指导纯化的 RF1 对核糖体的结合，而 UAA 或 UGA 指导 RF2 的结合。这进一步说明，这些 RF 能够识别特定的翻译终止信号。第三个释放因子（**RF3**）是一个核糖体依赖性 GTP 酶，与 GTP 结合并帮助其他两个释放因子结合到核糖体上。基于 EF-G 对结合了 tRNA 的 EF-Tu 结构的模仿，Jens Nyborg 及同事推测 RF3 的结构应该与 EF-Tu-tRNA-GTP 三元复合物的蛋白质部分类似，而 RF1 和 RF2 应类似 tRNA 的结构。RF1 和 RF2 与 tRNA 竞争核糖体上的结合位点，像 tRNA 那样识别密码子，并且与 tRNA 大小相似，这些事实都与该假设一致。

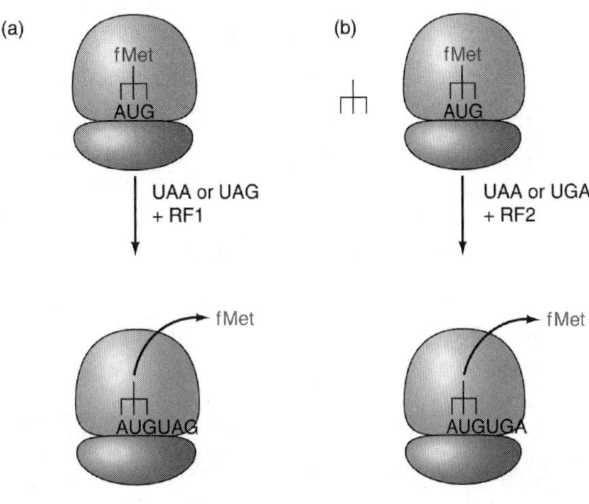

图 18.29 Nirenberg 对释放因子的分析。 Nirenberg 在核糖体的 P 位点加载起始密码子 AUG 和 [^{3}H] fMet-tRNA$_f^{Met}$。然后加入一个终止密码子和一个释放因子，释放出标记的 fMet。（**a**）RF-1 与 UAA 或 UAG 作用。（**b**）RF-2 与 UAA 或 UGA 作用。

表 18.6 RF1 和 RF2 对终止密码子的响应

添加物		下列条件时 pmol [^{3}H] fMet 的释放	
释放因子	终止密码子	0.012mol/L Mg^{2+}	0.030mol/L Mg^{2+}
RF1	无	0.12	0.15
RF1	UAA	0.47	0.86
RF1	UAG	0.53	1.20
RF1	UGA	0.08	0.10
RF2	无	0.02	0.14
RF2	UAA	0.22	0.77
RF2	UAG	0.02	0.14
RF2	UGA	0.33	1.08

Source: From"Release Factors Differing in Specii city for Terminator codons,"by W. Scolnick, R. Tompkins, T. Caskey, and M. Nirenberg, *Proceedings of the National Academy of Sciences*, *USA*, 61:772, 1968. Reprinted with permission of the authors.

那么真核生物的释放因子是什么样的呢？第一个真核释放因子（eRF）于 1971 年通过与 Nirenberg 相似的方法被发现。1994 年，Lev Kisselev 小组仍然利用 Nirenberg 的方法最终纯化了 eRF，且成功地克隆和测序了 eRF 基因。他们所采用的克隆和测序基因的方法是被广泛使用的方法，即利用与 Nirenberg 相似的方法通过检测 fMet 的释放来追踪 eRF，并纯化出有活性的 eRF，直至在 SDS-PAGE 电泳图上只有一条主带，然后用双向凝胶电泳将其与其他蛋白质分离。切下含 eRF 的胶，并用胰蛋白酶消化，对其中 4 个水解肽段进行微测序，所得序列与人、非洲爪蟾、酵母、拟南芥的蛋白质序列高度相似。因此，他们可以用已克隆的爪蟾基因（C11）作为探针从人的 cDNA 文库中寻找相应基因。为证实克隆的爪蟾基因（C11）和人基因（TB3-1）具有 eRF 活性，他们在细菌或酵母中表达了这些基因，并利用四核苷酸（其中有些包含终止密码子）的 fMet 释放实验进行检测。两个蛋白都能从所加载的核糖体上释放 fMet，但必须有终止密码子存在。爪蟾蛋白表达时带有寡聚组氨酸标签，因此以带有组氨酸标签的不相关蛋白作为阴性对照。他们还发现，抗 C11 的抗体可以阻断释放因子的活性，但不相关抗体（anti-Eg5）则不能。

此外，eRF 能识别全部三个终止密码子，而不像原核细胞的两种释放因子均只能识别两个终止密码子。那么 eRF 也像原核细胞的 RF1 和 RF2 那样与 G 蛋白协作吗？1995 年，Michel Philippe 及同事得出了肯定的答案。他们在爪蟾细胞中发现了一种蛋白质因子，现在叫做 **eRF3**。eRF3 家族的另一成员，酵母蛋白 Sup35 有一个鸟嘌呤核苷酸结合域，是酵母生长所必需的。由于 eRF3 的发现，eRF 被重新命名为 **eRF1**。有趣的是，eRF3 的功能非常不同于细菌的 RF3，它与 eRF1 合作，共同识别三个终止密码子，并从核糖体上释放已完成的多肽。

小结 原核生物翻译终止受三种因子的介导：RF1、RF2 和 RF3。RF1 识别终止密码子 UAA 和 UAG；RF2 识别 UAA 和 UGA。RF3 是一个 GTP 结合蛋白，能促进 RF1 和 RF2 与核糖体结合。真核生物有两个释放因子：eRF1 识别所有 3 个终止密码子；eRF3 是一种核糖体依赖性 GTP 酶，能帮助 eRF1 释放翻译成熟的肽链。

异常终止的处理

两类异常 mRNA 可导致翻译的异常终止。一类是我们已经看到的能引起提前终止的“无义”突变的发生。第二类是有些 mRNA（**非终止 mRNA**，non-stop mRNA）缺乏终止密码子，可能是 mRNA 合成时在终止密码子的上游就停止了，核糖体翻译时通过了这些非终止 mRNA 然后停滞下来。这两种情况都给细胞带来了问题，无论是提前终止翻译还是停滞的核糖体都会产生不完整的蛋白质，对细胞产生不利影响。停滞核糖体的另一个问题是它不能再参与蛋白质的合成从而失去了作用。我们先看一下细胞处理非终止 mRNA 的几种方式，然后了解提前终止产物的降解机制。

非终止 mRNA 要处理非终止 mRNA，细胞需要降解异常蛋白质产物，释放核糖体亚基，以便它们能够参与翻译而不是永久保持停滞状态。原核生物和真核生物处理这一过程的机制不尽相同。原核生物利用**转移信使 RNA**（transfer-messenger RNA，**tmRNA**）来恢复停滞的核糖体，并标记需降解的非终止 mRNA（**tmRNA 介导的核糖体恢复**，tmRNA-mediated ribosome rescue）。tmRNA 约 300nt 长，其 5′端和 3′端接合在一起形成一个**类 tRNA 结构域**（tRNA-like domain，**TLD**），与 tRNA 相似（图 18.30）。实际上这种相似性非常高，以至于 tmRNA 能够加载丙氨酸。一旦加载，丙氨酰-tmRNA 就能与核糖体的 A 位点结合，经肽基转移酶催化，可以将其丙氨酸装载到停滞的多肽链上。

很明显，tmRNA 并不完全像 tRNA。一是它缺乏反密码子，因而没有密码子-反密码子配对。我们知道，在校正时，密码子-反密码子配对对于避免氨酰 tRNA 解离非常重要。tmRNA 和真正 tRNA 的第二点不同是 tmRNA 没有标准的 D 环，而是通过 **SmpB** 蛋白来解决问题。2003 年，Joachim Frank 和 V. Ramakrishnan 获得了嗜热菌的 EF-Tu、tmRNA 和 SmpB 复合体结合到核糖体上的低温电子显微图像。这一研究表明 SmpB 与 tmRNA 和 EF-Tu 结合，建立了与核糖体的联系，而正常情况下是通过 tRNA 的 D 环联系的。因此，尽管 tmRNA 自身缺乏与

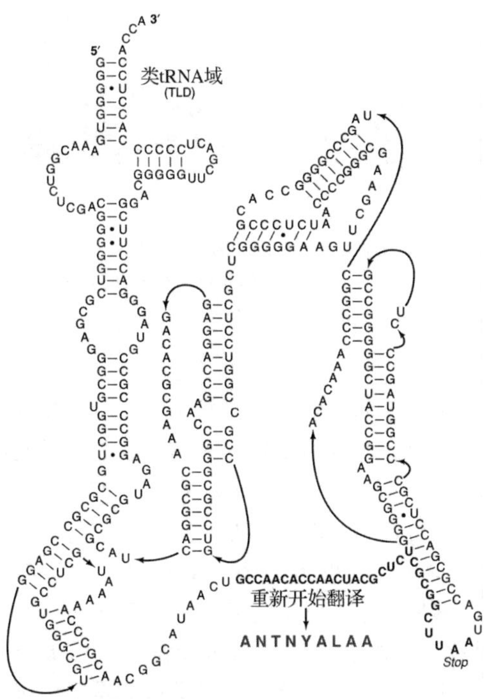

图 18.30 嗜热水生菌 tmRNA 的结构。TLD 是左上方的粉红色部分，ORF 是底部的蓝色部分，ORF 编码的肽为橘黄色部分。（*Source*：Adapted from Valle et al.，Visualizing tmRNA entry into a stalled ribosome，*Science* 300：128，fig. 1，2003.）

核糖体紧密结合的成分，但 SmpB 能够将其结合到核糖体上。

肽基转移酶反应之后，tmRNA 的中心部位就开始发挥作用（图 18.31）。这部分 tmRNA 含有一个短的可读框（ORF），它处于 A 位点，这样核糖体就从对非终止 mRNA 的翻译转换成对 tmRNA 的翻译，此过程叫做**反式翻译**（*trans*-translation）。tmRNA 的可读框编码一个短的疏水肽，该肽被添加到停滞多肽的羧基末端，它以全部不完整多肽为靶标使其降解，以减小其破坏细胞的能力。

核糖体被 tmRNA 释放后，对非终止 mRNA 会有什么影响呢？这个答案还不确定。但 tmRNA 能够与一个 3′→5′的外切核酸酶 **RNase R** 被同时提纯，由此产生一个很有吸引力的假说：在非终止 mRNA 与新核糖体形成复合物之前，RNase R 就将其降解了。

真核细胞没有 tmRNA，那么它们是怎样处理非终止 mRNA 的呢？图 18.32 显示了目前的假说。停滞在非终止 mRNA 末端的核糖体 A 位点会含有 Poly（A）尾部的 0～3 个核苷酸，这种状态被 **Ski7p** 蛋白的羧基末端结构域识别，该结构域类似于延伸因子 EF1A 和终止

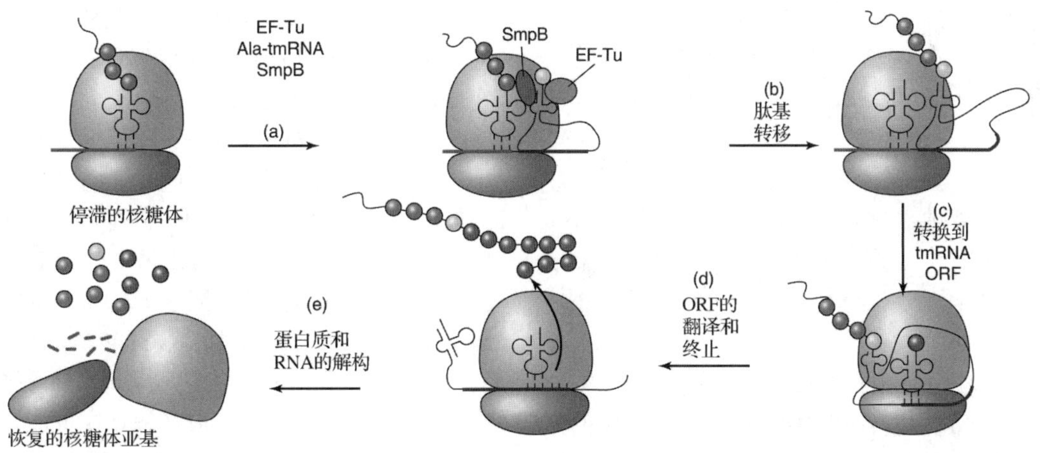

图 18.31 tmRNA 介导的非终止 mRNA 与多肽的释放机制。（**a**）EF-Tu、丙氨酰-tmRNA 和 SmpB（青绿色）结合到停滞在非终止 mRNA（棕色）上的核糖体的 A 位点。SmpB 帮助 tmRNA 的 tRNA 类似域结合到核糖体上。（**b**）核糖体的肽基转移酶将丙氨酸（黄色）从 tmRNA 转到停滞的多肽上（绿色）。（**c**）核糖体转而阅读 tmRNA 的 ORF（紫色）。（**d**）核糖体完成对 tmRNA 的 ORF 的翻译，在停滞多肽的末端添加了 9 个氨基酸（红色），并释放多肽。（**e**）合在一起，这些额外的氨基酸标记整个多肽以便降解。同时，非终止 mRNA 被降解，可能是被与 tmRNA 相关的 RNase R 降解的。［*Source*：Adapted from Moore，S. D.，K. E. McGinness，and R. T. Sauer，A glimpse into tmRNA-mediated ribosome rescue. *Science* 300（2003）p. 73，f. 1.］

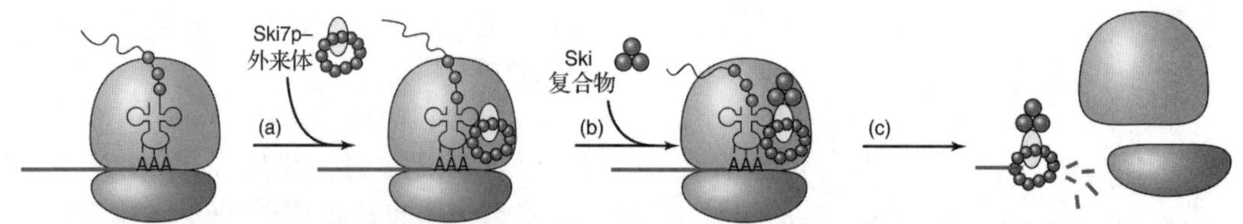

图 18.32 外来体介导的真核生物非终止 mRNA 的降解模型。(a) 停滞在非终止 mRNA（棕色）末端的核糖体，其 A 位点含有 0～3 个 poly（A）尾的核苷酸。这里，A 位点上没有成串的 A。核糖体的此种状态吸引 Ski7p-外来体复合物（黄色和红色）与空的 A 位点结合。**(b)** 接下来，Ski 复合物（紫色）结合到 A 位点上。**(c)** 这种结合引发了非终止 mRNA 的降解及核糖体亚基的释放。

因子 eRF3 的 GTP 酶结构域，这些结构域通常与核糖体 A 位点结合，Ski7p 也是这样的。另外，Ski7p 还与细胞质**外来体**（exosome）结合紧密。细胞质外来体是一种 9～11 个蛋白质的复合物，内含一个 3′→5′的外切核酸酶，可降解 RNA。然后，Ski7p-外来体复合物将 **Ski 复合物**（Ski complex）召集到核糖体的 A 位点，邻近非终止 mRNA 的末端。最后，外来体降解非终止 mRNA（在非终止降解过程中）。

小结 原核生物通过 tmRNA 介导的核糖体恢复来处理非终止 mRNA。类似丙氨酰 tRNA 的丙氨酰-tmRNA 与停滞在非终止 mRNA 上的核糖体的空 A 位结合，将其丙氨酸添加到停滞的多肽上。核糖体转而翻译 tmRNA 的 ORF，在终止前给多肽再添加 9 个氨基酸。这些额外的氨基酸给多肽加上了标记以便降解，核酸酶使非终止 mRNA 被降解掉。真核生物的核糖体在非终止 mRNA 的 poly（A）尾末端将 Ski7p-外来体复合物召集到空的 A 位点上。接下来，Ski 复合物被召集到 A 位点，外来体正好位于非终止 mRNA 的末端，降解 RNA。异常多肽也应该被降解了。

提前终止 带有提前终止密码子（无义密码子）的 mRNA 也会产生对细胞具有潜在危害的异常的不完整的蛋白质产物。真核细胞演化出了两条途径解决这一问题（图 18.33）：**无义介导的 mRNA 衰变**（nonsense-mediated mRNA decay，**NMD**）和**无义相关的修饰剪接**（nonsense-associated altered splicing，NAS）。

NMD 依赖于对提前终止密码子的识别。显然，在每个 mRNA 的末端都有一个真正的终止密码子，细胞必须以某种方式区别真正的终止密码子和提前终止密码子。真核细胞在首轮翻译时，通过测量终止密码子和**外显子交界复合物**（exon junction complex，**EJC**）之间的距离进行鉴别。EJC 是剪接过程中集结在外显子-外显子交界处上游 20～25nt 的蛋白质复合物。如果终止密码子与 EJC 的距离较短（少于 55nt），该终止密码子就可能是真的；如果距离长于 55nt，则该终止密码子可能是提前终止密码子。

哺乳动物活跃 T 细胞中的两个 EJC 蛋白是 **Upf1** 和 **Upf2**。如果用 RNAi 从细胞中去除任何一个（第 16 章），NMD 就会被抑制。当这些蛋白质在终止密码子下游足够远的地方与 mRNA 结合时，可将该终止密码子识别为提前终止密码子，并激活 NMD 过程。此外，如果这些蛋白质距离终止密码子相对较近，就会被正在翻译 mRNA 的核糖体直接移开。

2008 年，Lynne Macquat 及同事发表了进一步证明在人类 NMD 中 Upf1 功能的结果。他们发现，当翻译在 PTC 处提前终止时，Upf1 与下游 EJC 结合并被磷酸化。然后磷酸化的 Upf1 与 eIF3 结合，阻止 eIF3 依赖的 48S 起始复合物向 80S 起始复合物的转换，而 80S 复合物是开始翻译的敏感态。因此，翻译被抑制，带有 PTC 的 mRNA 被降解，这可能发生在 P-体中（第 16 章）。如果这个以 eIF3 为关键点的模型是正确的，那么 eIF3 非依赖性的翻译就不应该呈现 NMD。Macquat 及同事确实发现 eIF3 非依赖性的蟋蟀麻痹病毒（CrPV）mRNA 的翻译没有 NMD。

与刚才介绍的模型不同，Elisa Izaurralde 及同事在 2003 年报道，果蝇细胞中 NMD 不需要 EJC，由此提出 NMD 机制在不同类型的生

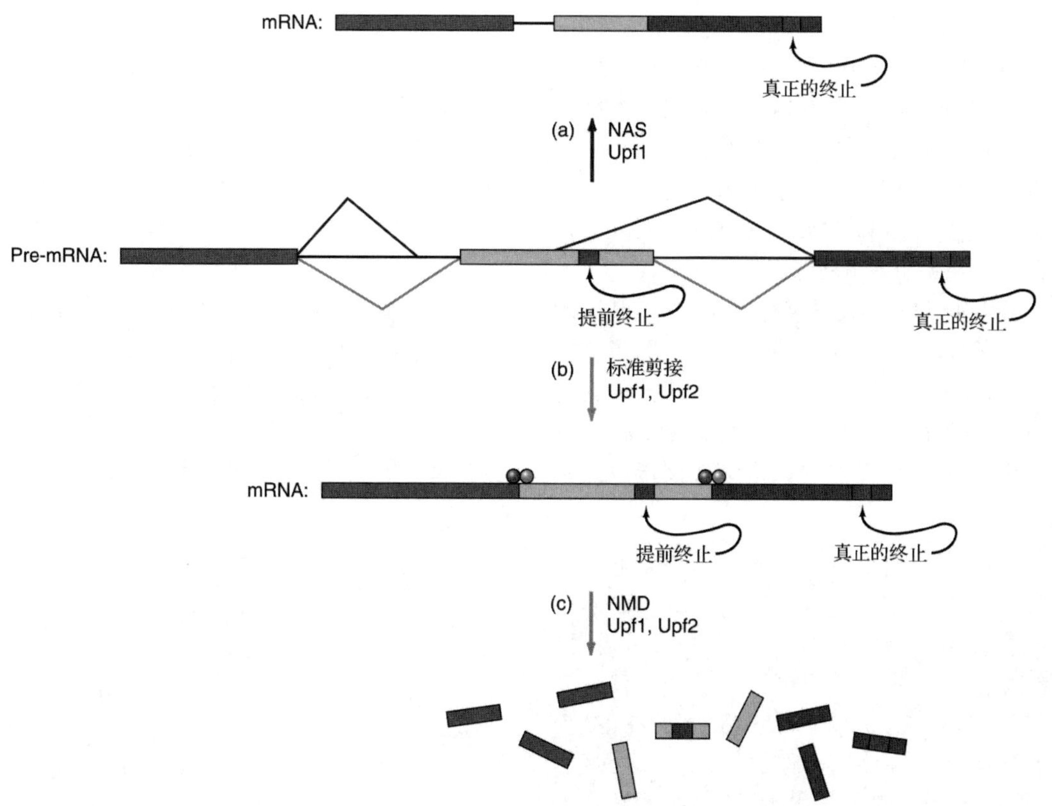

图 18.33 NAS 和 NMD 模型。(a) NAS。Upfl（也许与其他蛋白质联合）感受出未来 mRNA 的可读框里有一个提前终止密码子，引入另一种可变剪接（紫色）在终止密码子处产生成熟 mRNA（顶部），该 mRNA 无提前终止密码子。**(b)** 标准剪接（橙色）产生带有提前终止密码子的成熟 mRNA，Upfl 和 Upf2 结合在外显子/外显子交界处。**(c)** NMD。Upf1 和 Upf2（棕色和灰色）（也许与其他蛋白质联合）感知框内提前终止密码子与第二外显子/外显子交界处的距离太近，引入对 mRNA 的降解。

物中可能不同。而 Allan Jacobson 及同事在 2004 年报道了对酵母 NMD 的研究，表明其提前终止机制是自我中断。

具体来讲，Jacobson 及同事利用趾迹分析（第 17 章）显示，一旦核糖体提前终止翻译，它们并不与 mRNA 解离，而是移动到起始密码子（AUG）的上游。这一行为可通过除去酵母 Upfl 蛋白，或在提前终止密码子附近放置一个正常 3′-UTR 而阻断。此外，含有提前终止密码子的 mRNA 可通过添加一个 poly（A）结合蛋白（Pab1p）而稳定下来。所有这些发现都支持这样一个模型，即核糖体通过靠近终止密码子的 3′-UTR 或 poly（A）周围的情况识别正常的终止密码子，并正常地终止。相反，核糖体通过提前终止密码子对这些正常线索的远离程度而准确识别提前终止密码子，并通过返回 AUG 的上游而异常终止翻译。理论上，任何真核细胞都应该能识别这种异常终止行为并降解模板 mRNA，但是现在还不清楚 NMD 机制在真核生物中有多大的一致性。

NAS 比 NMD 更神秘。当 NAS 机器检测到可读框内（不是可读框外）的提前终止密码子时，可调动剪接装置以一种不同的方式剪接前体 mRNA，从成熟 mRNA 中除去提前终止密码子。但是这一机制引出一个问题：在前体 mRNA 还没有被剪接之前，NAS 机器是怎样检测未来的可读框的？

到目前为止，我们还没有对该问题的答案，但是我们知道 NAS 中重要因子之一的 Upfl 也是 NMD 的重要因子。Harry Dietz 及同事利用 RNAi 证明 Upfl 而非 Upf2 是 NAS 所必需的。随后他们细化了实验方法，以便回答 NMD 和 NAS 所需的是否为 Upfl 的相同部分。为此，他们采用了**等位基因特异性 RNAi**（allele-specific RNAi）技术：先构建一个经突变的*Upfl* 基因，使其不受双链 RNA 引起的 RNAi（阻止内源基因表达）的影响，然后将该突变基因克隆到质粒上，转化细胞，该细胞的 RNAi 干扰内源 *Upfl* 基因的表达，突变的基因能恢复 NAS 和 NMD，否则它们会因 *Upfl* 的表达缺失而被阻断。

接下来，Dietz 及同事对突变 *Upfl* 基因的保守区域进行突变，其中一个突变敲除了突变 *Upfl* 基因恢复 NMD 的能力，但不影响它对 NAS 的恢复能力。因此，虽然 NMD 和 NAS 都需要 *Upfl*，但显然它们依赖于该蛋白的不同功能。

小结 真核生物以两种不同的机制处理提前终止密码子，即 NMD 和 NAS。在哺乳动物细胞中，NMD 依赖于核糖体在首轮翻译中对终止密码子和 EJC 之间距离的测量。如果距离太长，mRNA 就被降解。在酵母中，细胞对提前终止密码子的识别是通过发现附近正常 3′-UTR 或 poly（A）的缺失。当核糖体在提前终止密码子处停止后，就移动到上游的 AUG 处，这有可能标记 mRNA 以便降解。NAS 机器能识别可读框中部的终止密码子，改变剪接模式，使提前终止密码子从成熟 mRNA 中剪切掉。与 NMD 一样，这一过程也需要 Upfl。

非进行性降解 2006 年，Meenakshi Doma 和 Roy Parker 鉴定出另一种类型的 mRNA 降解，并将其叫做“**非进行性降解**（no-go decay，**NGD**）”。他们人工引入一个核糖体停滞，方法是构建一个非常稳定的茎环，使核糖体不能穿越。酵母细胞对这种 mRNA 的降解速度比对野生型无茎环的 mRNA 快得多。

Doma 和 Parker 发现，这种加速的降解在去帽缺陷或 3′→5′外切核酸酶缺陷的细胞中发生，而这两种活性在酵母细胞中分别是正常的 5′→3′和 3′→5′降解的关键因素。他们还发现，在 NMD 缺陷的细胞中由于 *Upf*1 突变，降解也是加速的。

如果降解不是以通常的途径发生，那么它是如何实现的呢？Doma 和 Parker 发现这种非进行性 mRNA 是在阻止核糖体的茎环附近被一种内切核酸酶切割的。由此所产生的新的 3′端和 5′端是正常的 3′-内切核酸酶和 5′-内切核酸酶的降解底物。

天然 mRNA 不太会有稳定的茎环来俘获核糖体，所以非进行性降解也许作用于因天然因素，如缺陷性 mRNA 或核糖体而停滞的 mRNA。

小结 停滞的核糖体可以引发 mRNA 的非进行性降解，该降解以停滞核糖体附近的内切核酸酶性质的切割开始。

利用终止密码子插入非寻常氨基酸

大多数蛋白质只含有如图 3.2 所示的 20 个氨基酸。但是，少数蛋白质需要非寻常氨基酸。最早发现的非寻常氨基酸［如羟（基）脯氨酸（hydroxyproline）］是在由标准的 20 个氨基酸所组成的蛋白质翻译后的修饰过程中产生的。最近发现，其他非寻常氨基酸，如**硒代半胱氨酸**（selenocysteine）和**吡咯赖氨酸**（pyrrolysine）是直接被加入延伸的多肽中的。在这些情况下，有关机制涉及利用编码区中间的终止密码子，它们不是作为终止信号，而是作为非寻常氨基酸的密码子。

在蛋白质中发现的第一个非寻常氨基酸（“第 21 个氨基酸”）是硒代半胱氨酸。它与半胱氨酸很像，只是在硫原子的位置是个硒原子。有些酶，如谷胱甘肽过氧化物酶和甲酸盐脱氢酶（formate dehydrogenase）缺乏硒代半胱氨酸时就没有活性，它们都需要一个硒代半胱氨酸残基作为其活性中心的一部分。那么，这种非寻常氨基酸是怎样加入蛋白质的呢？编码这些酶的基因在需要硒代半胱氨酸的位置含有 UGA 终止密码子。此外，缺乏硒时翻译就在这些终止密码子处提前停止。这些发现提示，细胞以某种方式将 UGA 密码子翻译为硒代半胱氨酸密码子，但这是怎样实现的呢？

一种特殊的 tRNA 带有识别 UGA 终止密码子的反密码子，可被正常的 Ser-tRNA 合成酶加载丝氨酸，然后在该特殊 Ser-tRNA 中的丝氨酸被转换成硒代半胱氨酸，一种特殊的 EF-Tu 再将这一改变的氨酰 tRNA 送至核糖体以响应在 mRNA 中间而非末端的 UGA 密码子。如果是后一种情况，则硒代半胱氨酸将响应真正的终止密码子而被加入，从而干扰终止。

因此，mRNA 内部的 UGA 密码子只是召集 selenocysteinyl-tRNA 信号的一部分，mRNA 的其他部分也一定发挥作用了。在甲酸脱氢酶 mRNA 中，发挥作用的是内部 UGA 下游约 40nt 的区间，而在另一个 mRNA 中则是 3′-非翻译区，位于内部 UGA 下游约 1000nt 的区间。指示一个 UGA 密码子应当被认作硒代半胱氨酸（Sec）的 mRNA 区域叫做 **Sec 插入序列**（Sec insertion sequences，**SECIS**）。SECIS 是带有三个短的保守基序的 mRNA 中的茎环结构。

“第 22 个氨基酸”是吡咯赖氨酸，其结构如图 18.34 所示。与硒代半胱氨酸的广泛分布不同，吡咯赖氨酸至今只在某些产甲烷的古菌中发现。另一个不同是，硒代半胱氨酸是由 Ser-tRNA 上的正常氨基酸（苏氨酸）产生的，而吡咯赖氨酸是先合成然后再通过特殊的 pyrrolysyl-tRNA 合成酶加载到特殊 tRNA 上的。这是所发现的第 21 种氨酰 tRNA 合成酶，是唯一一个不同于其他用 20 种正常氨基酸加载的正常 20 种 tRNA 的氨酰 tRNA 合成酶。

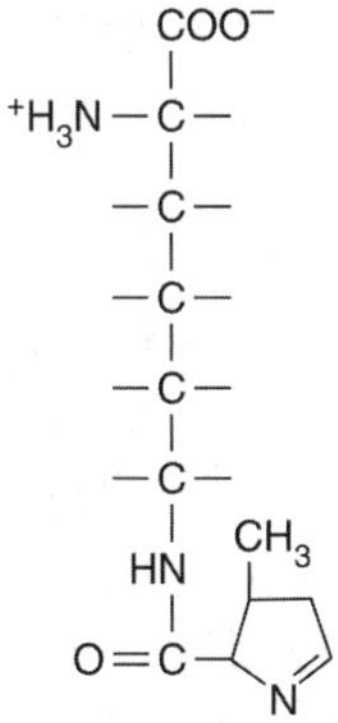

图 18.34　吡咯赖氨酸。

大肠杆菌细胞不能正常地将吡咯赖氨酸加入其蛋白质中，但是 Joseph Krzycki 及同事在 2004 年发现，如果给细胞添加三种物质就可赋予大肠杆菌细胞这种能力。一个是编码特殊 tRNA 的基因，另一个是编码特殊 pyrrolysyl-tRNA 合成酶的基因，最后是吡咯赖氨酸自身。此外，他们发现 tRNA 能够接受体外合成的吡咯赖氨酸，有力支持了这就是它在体内作用的方式。

与硒代半胱氨酸一样，吡咯赖氨酸也是响应终止密码子而被加入延伸的多肽中，但这种终止密码子是 UAG 而非 UGA。由此提示，该特殊 tRNA 的反密码子是 5′-CUA-3′，实际情况确实如此。

小结　非寻常氨基酸硒代半胱氨酸和吡咯赖氨酸分别响应终止密码子 UGA 和 UAG 而被加入延伸的多肽中，其机制如下。①硒代半胱氨酸：具有识别 UGA 反密码子的一种特殊 tRNA 可被苏氨酸加载，苏氨酸再被转换成硒代半胱氨酸，selenocysteyl-tRNA 被特殊的 EF-Tu 护送到核糖体上。②吡咯赖氨酸：一种特殊的 pyrrolysyl-tRNA 合成酶将预先形成的吡咯赖氨酸连接到特殊的 tRNA 上，该 tRNA 的反密码子可识别密码子 UAG。

18.5　翻译后

翻译的故事并不是以终止结束的。蛋白质必须正确地折叠，而且核糖体需要从 mRNA 释放以便参与后面的翻译。严格地讲，折叠过程不是在翻译后发生的，而是新生多肽合成中所发生的共翻译事件。然而，单独讨论可能更方便一些，因为折叠与刚讨论过的起始、延伸和终止事件都没有直接关系。我们先来讨论折叠问题，然后再讨论核糖体释放的问题。

新生蛋白质的折叠

天然蛋白质都是折叠的，以便疏水区埋在蛋白质的内部，避开细胞的水环境。但是多数蛋白质自身不能正确折叠，就像那些可以通过热激去折叠的蛋白质一样，它们需要分子伴侣的帮助（第 8 章）。问题是新生多肽任何暴露的疏水部分都试图找到能与其相互作用的其他疏水部分，以便躲开围绕它们的水分子。但是最近的疏水区往往是错误的搭档，这种相互作用会导致错误的折叠，进而使蛋白质失活。实际上，有些错误折叠的蛋白质，如引起牛海绵组织脑病（BSE，或“疯牛病”）的一种蛋白质对细胞就是剧毒的。

这里是蛋白质正确折叠重要性的另一个例子：当编码一个氨基酸的密码子变成编码同样氨基酸的另一个密码子时，就发生了沉默突变。通常，这种突变没有效果，这就是为什么把它们叫做沉默突变。然而，有时候，“沉默”突变实际上会引起问题，这种情况已经报道了几种发生方式。编码一个氨基酸的密码子变成编码同样氨基酸的另一个密码子看似无害，但是如果这个新密码子对该生物体非常稀有（一种称为**密码子偏爱性**的现象），则相应的tRNA可能也是稀有的，因此，核糖体在该密码子处停下来，等待这个稀有tRNA的出现。有些蛋白质根据其合成速度的不同而有不同的折叠方式，因此降低速度等待稀有tRNA可引起蛋白质的错误折叠及失活。Michael Gottesman及同事于2007年证明，人类*multidrug resistant* 1（*MDR*1）基因的一个“沉默”突变，产生一种稀有密码子，导致改变的、无效的活性，可能就是由于错误折叠引起的。

此外，核糖体在蛋白质结构域（独立折叠部分）之间的暂停也可以是有益的，因为由此可使这些结构域不受蛋白质其他部分的干扰而折叠。因此，2009年，Joseph Watts、Kevin Weeks及同事发现既可作为基因组又可作为mRNA的HIV（人类免疫缺陷病毒）RNA，在其编码蛋白质结构域间的环部分的mRNA具有最高水平的二级结构。这些二级结构（分子内碱基配对）区域可能不利于核糖体的前进，而使新生的蛋白质结构域在开始下一个结构域合成之前发生折叠。

为了研究HIV RNA的二级结构，Watts和Weeks及同事利用了一种叫做**通过引物延伸进行的选择性2′-羟基酰基化分析**（selective 2′-hydroxyl acylation analyzed by primer extension，**SHAPE**）的技术。该方法基于某些试剂，如1-甲基-7-硝基靛红酸酐（1M7），能够选择性地对RNA核酸的具有构象可塑性的2′-OH进行酰基化反应的特点。碱基配对的核酸是严谨的，可相对地免于酰基化作用。研究人员将RNA与1M7反应之后，再用反转录酶和荧光引物做引物延伸（第5章）。然后，他们分析了引物延伸的长度，引物延伸所停止的位置就可确定为碱基配对的地方。

综合对二级结构直接分析和计算机预测的结果，Watts、Weeks及同事建立了一个包含整个RNA的低分辨率二级结构。HIV RNA编码15个成熟蛋白质。其9个可读框中的3个编码多聚蛋白（polyprotein），这些蛋白质需经过蛋白酶切割产生成熟肽。例如，Gag-Pol多聚蛋白含有蛋白酶、反转录酶及整合酶（integrase）。在第23章我们将更详细地讨论HIV和其他的反转录病毒。该二级结构模型显示出预测结构与编码蛋白质结构域间的环状结构的惊人相似，以及与多聚蛋白中成熟蛋白质序列的惊人相似。因此，该RNA具有使核糖体在蛋白质结构域之间遭遇二级结构并暂停下来的正常序列，这种暂停将有助于翻译过程中蛋白质的折叠。

Joshua Plotkin及同事于2009年充实了这一研究，他们构建了含有154个编码绿色荧光蛋白（GFP）的基因文库，所有基因都含有“沉默”突变，但不改变基因的编码。但是，当这些基因在大肠杆菌中表达时，蛋白质的表达水平相差250倍。密码子偏爱性在这些突变体中不起或很少起作用，相反，mRNA折叠的稳定性，特别是Shine- Dalgarno序列的周围，是最重要的因素。

为了使错误折叠降到最低水平，细胞需要一种机制来隐藏新生多肽的疏水部分，直到正确的搭档产生出来。通常的分子伴侣就可以完成这一任务，它们将暴露的疏水蛋白区装进自己的疏水区域中，以防止与其他暴露的疏水区不适当地结合。但是大肠杆菌有一个特殊的分子伴侣，叫做**触发因子**（trigger factor），它可以与核糖体大亚基结合，用一个疏水筐盛装新合成的疏水区，保护它们避开水环境。

要了解触发因子的作用机制，最好能有分子伴侣结合到其核糖体泊位的晶体结构。问题是唯一结晶出来的核糖体大亚基是古菌*Haloarcula marismortui*的（第19章），而古菌没有触发因子。所以，Nenad Ban及同事结晶出完整的大肠杆菌触发因子以便观察其形状，然后将其与古菌的大核糖体亚基加到一起，期望古菌与细菌的核糖体结合位点非常保守，可以形成跨界的复合物，从而结晶出大肠杆菌触发因子的核糖体结合部位。

该策略是有效的！触发因子的结合位点（在核糖体蛋白 L23 上）在古菌和细菌中高度保守，古菌的核糖体亚基可以结合细菌的触发因子。单独的触发因子晶体结构呈“卧龙”形，具有头、背、臂、尾，如图 18.35 所示。基于 50S 核糖体亚基与触发因子尾部结构域的共晶体结构，Ban 及同事按图 18.35 所示来放置触发因子，让“卧龙”底朝天。这样，尾和臂的疏水表面处于完美的位置，刚好接住从核糖体出口通道出来的新生多肽。从而有效地隐藏了新生多肽任何裸露的疏水区，直到它们与合适搭档的疏水区结合。

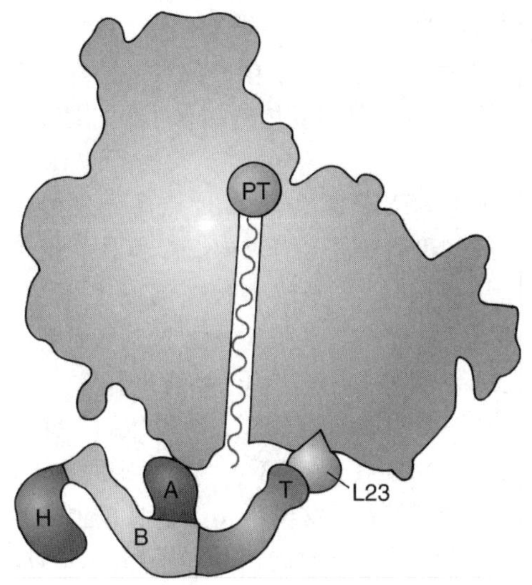

图 18.35　触发因子与核糖体结合的模型。伴侣蛋白触发因子像一条底朝天的卧龙结合在核糖体的下部，罩住出口通道。在该位置，触发因子的疏水域［臂（A）、尾（T）］在新生多肽从出口通道出来时接住它们的疏水区，使它们处于疏水环境直到能与该新生多肽的其他疏水区结合，从而促进正确折叠。触发因子的其他结构域是头（H，红色）和背（B，黄色）。L23（绿色）是核糖体大亚基的一个蛋白质，是与触发因子结合的主要位点。PT（橙色）是通道出口处肽基转移酶的位点。（*Source*：Adapted from Ferbitz，L.， T. Maier， H. Patzelt， B. Bukau， E. Deverling，and N. Ban，Trigger factor in complex with the ribosome forms a molecular cradle for nascent proteins，*Nature* 431：593，2004.）

触发因子对大肠杆菌并不重要，因为细菌有 DnaK 分子伴侣备用系统。这是一种独立自由的蛋白质，而非触发因子这种核糖体结合蛋白。Dnak 以一个疏水的拱门来保护新生蛋白质暴露的疏水区直到正确折叠，而不是以疏水筐接住新生蛋白。古菌和真核生物完全缺乏类触发因子蛋白质，所以它们的新生蛋白质的正确折叠完全依赖于独立自由的分子伴侣。

小结　多数新生多肽自身不能正确折叠，而是需要分子伴侣的帮助。大肠杆菌细胞有一种叫做触发因子的蛋白质，该蛋白质与核糖体结合使新生多肽从核糖体的出口通道一出来就能被接住，从而使新生多肽的疏水区被保护起来避免产生错误结合，直到有合适的搭档出现。古菌和真核生物没有触发因子，它们必须利用游离的分子伴侣，这在细菌中也存在。“沉默”突变可影响翻译效率，虽然这类突变并不改变蛋白质产物的序列。

核糖体从 mRNA 的释放

早期对于终止的研究所采用的模型系统只包括 AUG 和 UAG 作为 mRNA 的类似物，这些研究中没有检测对核糖体释放的需求，部分原因是这些模型的 mRNA 可自发地与核糖体解离。

后来 A. Kaji 及同事发现了一个能将核糖体从正常 mRNA 释放的蛋白质因子，命名为**核糖体循环因子**（ribosomal recycling factor，**RRF**）。1994 年，他们证明 RRF 对细菌的生长至关重要。当 RRF 基因的温度敏感突变体转入非许可温度时，细菌在延滞期死亡，在对数期停止生长。因此，翻译终止后核糖体从 mRNA 的释放很重要。

Kaji 及同事从细菌海栖热袍菌 *Thermotoga maritima* 中纯化出 RRF，并用下列分析进行了检测。他们用嘌呤霉素处理细菌的多核糖体，释放新生多肽，使每个核糖体都剩下两个去氨酰 tRNA，一个在 P 位点，另一个在 E 位点。因此，除了在 A 位点没有终止密码子外，多核糖体中的每个核糖体都类似于一个刚刚经过翻译终止的核糖体。然后，对这些经嘌呤霉素处理的核糖体加入 RRF，使多核糖体变成单体。纯化后，Kaji 小组与 Anders Liljas 小组合作，测定了 RRF 蛋白的晶体结构。

RRF 的晶体结构是惊人的——几乎完美的 tRNA 仿制品！图 18.36 是海栖热袍菌的 RRF 与 $tRNA^{Phe}$结构的叠加图。它们几乎完美地重合，RRF 唯一缺少的是几个氨基酸来填充由 tRNA 末端 CCA 正常占据的位置，以及一小段反密码子。基于该结构和其他信息，Kaji 及同事认为 RRF 就像氨酰 tRNA 一样与 A 位点结合，因而在 EF-G 存在时允许发生移位，然后以某种方式将核糖体从 mRNA 上释放。

2002 年，Kaji 小组与 Noller 小组合作，用**羟基自由基探针**（hydroxyl radical probing）对 RRF-核糖体复合物的结构进行了研究。他们采用的方法如下。首先，利用定点突变技术以丝氨酸取代 RRF 的唯一半胱氨酸。然后，对这个仍保持活性的无半胱氨酸 RRF 继续突变，在贯穿该分子的 10 个不同位点分别置入一个半胱氨酸。这些带有单个半胱氨酸的 RRF 分子能够被耦合到带有 Fe^{2+} 的分子上。RRF-Fe^{2+} 可被结合到核糖体上。Fe^{2+} 产生羟基，打断附近的 rRNA 片段。断裂情况可通过引物延伸法进行检测（第 5 章）。因为我们已准确地知道 16S rRNA 和 23S rRNA 的每一部分在核糖体上的位置（第 19 章），因此，可以将 RRF 的各部分在核糖体上准确地定位。

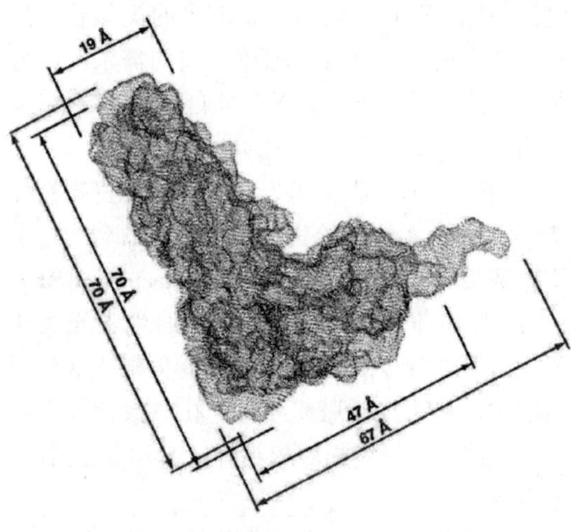

图 18.36 RRF 和 tRNA 的结构叠加图。 海栖热袍菌 RRF（蓝色）和酵母 $tRNA^{Phe}$（红色）的表面被叠加在一起，显示出它们有极大的相似性。（*Source*：From Selmer M.，Al-Karadaghi S.，Hirokawa G.，Kaji A.，and Liljas A. 1999. Crystal structure of Thermotoga maritima ribosome recycling factor：A tRNA mimic. *Science* 286：2349. © 1999 AAAS.）

这个实验证明，尽管与 tRNA 结构近乎完美地相似，RRF 在与核糖体结合方面与 tRNA 并不相同。它与核糖体 A 位点结合的方向完全不同于 tRNA 与 A 位点的结合［图 18.37(a)］。这一结果对 Kaji 及同事的简单模型提出了质疑，甚至还产生了 RRF 是如何以这种方式与核糖体结合的问题，因为 RRF 的末端会与结合在 P 位点的去氨酰 tRNA 的受体臂重叠。但是，Kaji 和 Noller 及同事注意到被嘌呤霉素或可能是 RF1 或 RF2 去氨酰的 tRNA，并不以纯 P 位点结合状态存在，而是如 Noller 及同事所证明的处于 P/E 杂合状态，其受体臂末端在 E 位点，反密码子在 P 位点。这样，它就不会干扰 RRF 与核糖体的结合了，如图 18.37(b) 所示。

那么，RRF 结合到 A 位点后会发生什么呢？虽然我们知道 RRF 与 EF-G 互作，促进核糖体从 mRNA 上释放，但这仍然很不清楚。有时，它只释放 50S 亚基，留下 30S 亚基由另外的机制也许是通过与 IF3 结合来释放。

真核生物不编码 RRF，所以他们怎样与翻译后复合物（post-TC）解离呢？Tatyana Pestova 在 2007 年发现，eIF3 在真核生物核糖体的释放中是最重要的，并有 eIF1、eIF1A 和

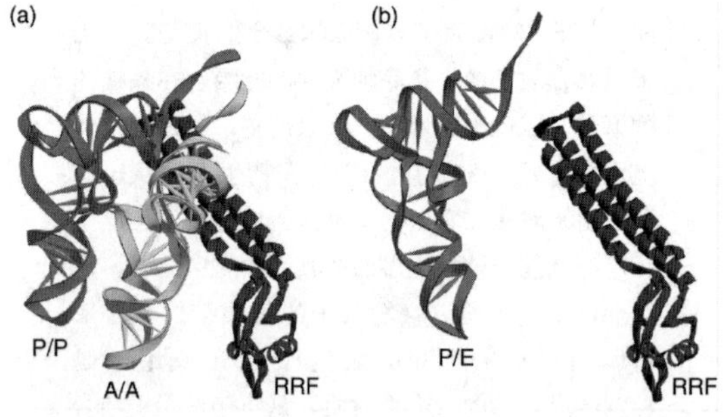

图 18.37 核糖体中 RRF 的位置模型。 **(a)** RRF（红色）相对于在纯 A 位（A/A，黄色）和纯 P 位（P/P，橙色）的 tRNA 的位置。**(b)** RRF（红色）相对于在杂合的 P/E 位（橙色）的 tRNA 的位置。（*Source*：Reprinted from *Cell* v. III，Lancaster et al.，p. 444 © 2002，with permission from Elsevier Science.）

eIF3j 帮助，eIF3j 是 eIF3 的一个松散结合的亚基。

小结 翻译终止后，核糖体不能自发地与 mRNA 解离。细菌核糖体需要核糖体循环因子（RRF）和 EF-G 的帮助。RRF 与 tRNA 结构十分类似，能与核糖体的 A 位点结合，但并不是通常 tRNA 结合的位置。然后，它与 EF-G 合作释放 50S 核糖体亚基或整个核糖体。真核生物核糖体从翻译后复合物中的释放由 eIF3 在 eIF1、eIF1A 和 eIF3j 的帮助下执行。

总结

mRNA 按 5′→3′方向阅读，与它们被合成的方向一致。蛋白质合成以氨基端→羧基端方向进行，说明氨基端氨基酸是首先加入的。

遗传密码是 mRNA 上的一套三碱基密码，指导核糖体将特定的氨基酸加入多肽。这种密码是非重叠性的，即每个碱基只是一个密码子的一部分，密码间也缺乏间隔或间隔符，即在 mRNA 编码区的每个碱基是一个密码子的一部分。共有 64 个密码子，3 个为终止信号，其他密码子都编码氨基酸，这意味着密码是高度简并的。

遗传密码简并性的一部分是由同工 tRNA 提供的，同工 tRNA 结合同一个氨基酸但识别不同的密码子，其余部分则由摇摆碱基来决定，其中，密码子第三位碱基可稍微偏离其正常位置，与反密码子形成非沃森-克里克配对，从而允许同一个氨酰 tRNA 与一个以上的密码子配对。摇摆碱基对包括 G-U（或 I-U）和 I-A。

遗传密码并非严格通用。在某些真核生物的细胞核和线粒体基因组中，还有至少一种细菌中，标准遗传密码的终止密码子可以编码氨基酸，如色氨酸和谷氨酸。在几种线粒体基因组及至少一种酵母的核基因组中，密码子的含义从一种氨基酸转变为另一种氨基酸。这些变异的密码仍然与它们可能基于此演变的标准密码子有着紧密的联系。

肽链延伸以三个步骤重复发生：①EF-Tu 与 GTP 将氨酰 tRNA 结合到核糖体的 A 位点。②肽基转移酶在 P 位点的多肽与 A 位点新来的氨酰 tRNA 间形成肽键，使肽链延长一个氨基酸，并将其移到 A 位点。③延伸因子 EF-G 及 GTP 使延伸的肽酰 tRNA 及其 mRNA 密码子移位到 P 位点，并使 P 位点的去氨酰 tRNA 转移到 E 位点。

嘌呤霉素的化学结构与氨酰 tRNA 类似，能与 A 位点结合，并与 P 位点的肽偶联，将其以肽酰-嘌呤霉素的形式释放。如果肽酰 tRNA 在 A 位点，嘌呤霉素就不能与核糖体结合，肽段因而得不到释放。由此定义出核糖体上的两个位点：嘌呤霉素-反应位点（P 位）和嘌呤霉素-非反应位点（A 位）。在 70S 起始复合物上的 fMet-tRNA$_f^{Met}$ 具有嘌呤霉素反应特性，所以它位于 P 位点。结合实验和结构研究已鉴定出第三个结合位点（E 位点），该位点是去氨酰 tRNA 的结合位点。预计此类 tRNA 在离开核糖体时与 E 位点结合，并且这种结合有助于维持 mRNA 的可读框。

由 EF-Tu、氨酰 tRNA 和 GTP 形成的三元复合物将氨酰 tRNA 转移到核糖体的 A 位点而无需 GTP 水解。然后，EF-Tu 以其核糖体依赖性 GTP 酶活性水解 GTP，所形成的 EF-Tu-GDP 复合物与核糖体解离。EF-Ts 通过用 GTP 交换与 EF-Tu 结合的 GDP，使 EF-Tu-GTP 复合物再生。氨酰 tRNA 的加入又重新构成三元复合物，进入新一轮肽链延伸。

蛋白质合成机器在延伸过程中通过一个两步过程来获得准确性。首先，在 GTP 水解之前，清除携带了错误氨酰 tRNA 的三元复合物。如果这一监控失败，仍能通过校正在错误氨基酸加入延伸链之前清除错误的氨酰 tRNA。预计这两个校正过程都依赖于密码子与反密码子间不正确的弱碱基配对，从而确保解离作用比 GTP 水解或肽键的形成能更快发生。翻译的速度和准确性之间的平衡是精密的。如果肽键形成太快，不正确的氨酰 tRNA 就不能及时离开核糖体，它们的氨基酸就被整合到蛋白质中。但是如果翻译进行得太慢，蛋白质合成就不能满足生物体的正常生长。

肽键是由叫做肽基转移酶的核糖体酶合成的，该酶位于 50S 核糖体亚基上。23S rRNA 含有肽基转移酶活性中心。

每个移位事件使 mRNA 在核糖体上移动一个密码子的长度（3nt）。尽管在体外没有 EF-G 和 GTP 时移位活性仍可以表现出来，但是 GTP 和 EF-G 是移位所必需的。新一轮延伸的开始，需要 GTP 水解使 EF-G 从核糖体上释放出来。EF-Tu-tRNA-GDPNP 三元复合物和 EF-G-GDP 二元复合物的三维结构已经由 X 射线晶体图分析确定，正如所预计的那样，它们非常相似。

mRNA 分子中的琥珀、赭石和卵白石突变产生了终止密码子（分别是 UAG、UAA 和 UGA），因此造成肽链翻译的提前终止。这三个密码子也是 mRNA 编码区末端的正常终止信号。大部分抑制子 tRNA 具有改变了的反密码子，能够识别终止密码子，通过插入一个氨基酸而使核糖体移到下一个密码子上而阻止终止。

原核生物翻译终止受三种因子的介导：RF1、RF2 和 RF3。RF1 识别终止密码子 UAA 和 UAG；RF2 识别 UAA 和 UGA。RF3 是一个 GTP 结合蛋白，能促进 RF1 和 RF2 与核糖体结合。真核生物有两个释放因子：eRF1 识别所有三个终止密码子；eRF3 是一种核糖体依赖性 GTP 酶，能帮助 eRF1 释放翻译成熟的肽链。

原核生物通过 tmRNA 介导的核糖体恢复来处理非终止 mRNA。类似丙氨酰 tRNA 的丙氨酰-tmRNA 与停滞在非终止 mRNA 上的核糖体的空 A 位结合，将其丙氨酸添加到停滞的多肽上。核糖体转而翻译 tmRNA 的可读框，在终止前给多肽再添加 9 个氨基酸。这些额外的氨基酸给多肽加上了标记以便降解，核酸酶使非终止 mRNA 被降解掉。真核生物的核糖体在非终止 mRNA 的 poly（A）尾末端将 Ski7p-外来体复合物召集到空的 A 位点上。接下来，Ski 复合物被召集到 A 位点，正好位于非终止 mRNA 末端的外来体降解 RNA。异常多肽也应该被降解了。

真核生物通过两种不同的机制 NMD 和 NAS 来处理提前终止密码子。在哺乳动物细胞中，NMD 有一个下游不稳定元件，包括结合到 mRNA 的外显子-外显子交界处的 Upf1 和 Upf2，不稳定元件测定到终止密码子的距离。如果终止密码子位于足够远的上游区域，它可能就是提前终止密码子，激活下游的不稳定元件从而降解 mRNA。在酵母中，终止密码子附近缺少正常3′-UTR 或 poly（A）会被识别为非正常终止密码子。NAS 机器能识别可读框中部的终止密码子，改变剪接模式，使提前终止密码子从成熟 mRNA 中剪接掉。与 NMD 一样，这一过程也需要 Upf1。

非寻常氨基酸硒代半胱氨酸和吡咯赖氨酸分别响应终止密码子 UGA 和 UAG 而被加入增长的多肽中，机制如下。①硒代半胱氨酸：特殊的 tRNA 具有识别 UGA 的反密码子并被苏氨酸加载，苏氨酸再被转换成硒代半胱氨酸，selenocysteyl-tRNA 被特殊的 EF-Tu 护送到核糖体上。②吡咯赖氨酸：特殊的 pyrrolysyl-tRNA 合成酶将预先形成的吡咯赖氨酸连接到特殊的 tRNA 上，该 tRNA 的反密码子识别密码子 UGA。

多数新生多肽自身不能正确折叠，而需要分子伴侣的帮助。大肠杆菌细胞有一种叫做触发因子的蛋白质可以与核糖体一起使新生多肽从核糖体的出口通道一出来就被接住，这样新生多肽的疏水区就被保护起来而避免不当结合，直到有合适的搭档。古菌和真核生物没有触发因子，它们必须利用游离的分子伴侣，这在细菌中也存在。

翻译终止后，核糖体不能自发地与 mRNA 解离，需要核糖体循环因子（RRF）和 EF-G 的帮助。RRF 与 tRNA 结构十分类似，能结合在核糖体的 A 位点，但并不是 tRNA 通常所结合的位置，然后与 EF-G 合作释放 50S 核糖体亚基或整个核糖体。释放机制现在还不清楚。

复习题

1. 叙述实验并给出结果，说明翻译是从蛋白质的氨基末端开始的。

2. 怎样知道 mRNA 的阅读是 5′→3′方向？

3. 怎样知道遗传密码是：（a）非重叠的；（b）无间隔的；（c）三联体的；（d）简并的？

4. 叙述实验并给出结果，揭示两个密码子对应于一个氨基酸。

5. 图示一个摆动碱基对，不必显示所有原子的位置，只需要碱基对的形状，并对比沃森

-克里克碱基对的形状。摆动在翻译中的重要性是什么？

6. 图示原核生物的翻译延伸过程。

7. 图示嘌呤霉素的作用模型。

8. 叙述实验并给出结果，说明 fMet-tRNA$_f^{Met}$ 占据了核糖体的 P 位点。

9. 叙述实验并给出结果，说明 EF-Ts 从 EF-Tu 上释放 GDP。

10. 氯霉素阻止翻译的什么步骤？

11. 图示 EF-Tu 和 EF-Ts 在翻译中的作用。

12. 提供 EF-Tu、GTP 和氨酰 tRNA 形成三元复合体的证据。

13. 叙述实验并给出结果，说明核糖体 RNA 可能是肽基转移酶的催化部位。

14. 在蛋白质合成中，初始识别和校正是什么？

15. 叙述实验并给出结果，说明在移位中 mRNA 以 3nt 单位移动。

16. 叙述实验并给出结果，说明 EF-G 和 GTP 都是移位所必需的。下列反应的结果是什么：(a) 用 GDPCP 代替 GTP；(b) 在这个单一移位实验中加入梭链孢酸。

17. 叙述能证明 GTP 水解先于移位的实验。

18. 给出琥珀密码子是翻译的终止密码子的直接证据。

19. 给出琥珀密码子是 UAG 的证据。

20. 解释琥珀抑制子是如何工作的？

21. 给出琥珀抑制子是 tRNA 的证据。

22. 叙述分析释放因子的实验。

23. RF1、RF2 和 RF3 的作用各是什么？

24. 如何确定 RF1 和 RF2 各识别哪些终止密码子？

25. eRF1 和 eRF3 的作用分别是什么？

26. 图示原核生物处理非终止 mRNA 的机制。

27. tmRNA 与 tRNA 之间的何种差异限制了 tmRNA 与核糖体紧密结合的能力？细胞是如何处理这些缺陷的？

28. 图示哺乳动物细胞处理非终止 mRNA 的机制。

29. 图示真核生物处理提前终止密码子的两种机制。

30. 说明硒代半胱氨酸和吡咯赖氨酸分别掺入蛋白质的机制。

31. 触发因子的细胞定位是如何有助于它的分子伴侣功能的？

分析题

1. 以下作用对 G 蛋白活性的影响是什么？

a. 抑制其 GAP；

b. 抑制其鸟嘌呤核苷酸交换蛋白。

2. 你分离了一株大肠杆菌突变体，其氨酰-tRNA 合成酶在温度升至 42℃时使反密码子为 3′-UUC-5′的 tRNA 被加载天冬氨酸。请预测这对细胞在 42℃的蛋白质合成有何影响？为什么？你又分离出另一个突变体，它可抑制第一个突变。你发现该突变位于 tRNA 基因，请分析第二个突变体中哪个 tRNA、在哪儿被改变了？推测这种改变的性质。

3. 考虑短 mRNA：5′-AUGGCAGUGCCA-3′，先假设密码是完全重叠的，再假设密码是非重叠的，回答下列问题：

a. 在该寡核苷酸中会有多少密码子？

b. 如果第二个 G 变成了 C，有多少密码子将被改变？

4. 如果是下列改变，对可读框和基因功能会产生什么影响？

a. 在 mRNA 中间插入两个碱基；

b. 在 mRNA 中间插入三个碱基；

c. 在一个密码子中插入一个碱基并从下一个密码子中减去一个碱基。

5. 如果密码子有 6 碱基的长度，你认为重复的四核苷酸［如 poly（UUCG）］会产生什么样的产物？

6. 如果密码子是 4 碱基的长度，在遗传密码中会有多少个密码子？

7. 某个赭石抑制子响应赭石密码子插入谷氨酰胺，产生这种抑制子菌株的 tRNA^{Gln} 反密码子最可能的改变是什么？

8. 叙述使有机体获得将吡咯赖氨酸加入其蛋白质这一能力在进化上的变化。你认为这些变化以什么顺序进行？为什么？提示：见 Wang，L.（2003）. Expanding the genetic code. Science 302：584～585.

9. 在天然蛋白质中可以发现 20 个氨基酸

的每一个都与其他氨基酸邻接，这种现象如何证明遗传密码是非重叠的？

翻译 马 纪 校对 张富春 肖海林

推荐阅读文献

一般的引用和评论文献

Horwich, A. 2004. Sight at the end of the tunnel. *Nature* 431:520-522.

Kaji, A., M. C. Kiel, G. Hirokawa, A. R. Muto, Y. Inokuchi, and H. Kaji. 2001. The fourth step of protein synthesis: Disassembly of the posttermination complex is catalyzed by elongation factor G and ribosome recycling factor, a nearperfect mimic of tRNA. *Cold Spring Harbor Symposia on Quantitative Biology* 66:515-529.

Kaziro, Y. 1978. The role of guanosine 5′-triphosphate in polypeptide chain elongation. *Biochimica et Biophysica Acta* 505:95-127.

Khorana, H. G. 1968. Synthesis in the study of nucleic acids. *Biochemistry Journal* 109:709-725.

Maquat, L. E. 2002. Skiing toward nonstop mRNA decay. *Science* 295:2221-2222.

Moore, M. J. 2002. No end to nonsense. *Science* 298:370-371.

Moore, S. D., K. E. McGinness, and R. T. Sauer. 2003. A glimpse into tmRNA-mediated ribosome rescue, *Science* 300:72-73.

Nakamura, Y., K. Ito, and M. Ehrenberg. 200. Mimicry grasps reality in translation termination. *Cell* 101:349-352.

Nakamura, Y., K. Ito, and L. A. Isaksson. 1996. Emerging understanding of translation termination. *Cell* 87:147-150.

Nierhaus, K. H. 1996. An elongation factor turnon. *Nature* 379:491-492.

Ramakrishnan, V. 2002. Ribosome structure and the mechanism of translation. *Cell* 108:557-572.

Schimmel, P. and K. Beebe. 2004. Genetic code seizes pyrrolysine. *Nature* 431:257-258.

Schmeing, T. M. and V. Ramakrishnan. 2009. What recent ribosome structures have revealed about the mechanism of translation. *Nature* 461:1234-1242.

Thompson, R. C. 1988. EETu provides and internal kinetic standard for translational accuracy. *Trends in Biochemical Sciences* 13:91-93.

Tuite, M. F. and I. Stansfield. 1994. Knowing when to stop. *Nature* 372:614-615.

研究论文

Benzer, S. and S. P. Champe. 1962. A change from nonsense to sense in the genetic code. *Proceedings of the National Academy of Sciences USA* 48:1114-1121.

Brenner, S., A. O. W. Stretton, and S. Kaplan. 1965. Genetic code: The"nonsense"triplets for chain termination and their suppression. *Nature* 206:994-998.

Bretscher, M. S., and K. A. Marcker. 1966. Peptidyl-sRibonucleic acid and amino-acyl-sRibonucleic acid binding sites on ribosomes. *Nature* 211:380-384.

Crick, F. H. C., L. Barnett, S. Brenner, and R. J. Watts-Tobin. 1961. General nature of the genetic code for proteins. *Nature* 192:1227-1232.

Dintzis, H. M. 1961. Assembly of the peptide chains of hemoglobin. *Proceedings of the National Academy of Sciences USA* 47:247-261.

Ferbitz, L., T. Maier, H. Patzelt, B. Bukau, E. Deuerling, and N. Ban. 2004. Trigger factor in complex with the ribosome forms a molecular cardle for nascent proteins. *Nature* 431:590-596.

Fredrick, K. and H. F. Noller. 2003. Catalysis of ribosomal translocation by sparsomycin. *Science* 300:1159-1162.

Goodman, H. M., J. Abelson, A. Landy, S. Brenner, and J. D. Smith. 1968. Amber suppression: A nucleotide change in the anticodon of a tyrosine transfer RNA. *Nature* 217:1019-1024.

Haenni, A.-L. and J. Lucas-Lenard. 1968. Stepwise synthesis of a tripeptide. *Proceedings of the National Academy of Sciences USA* 61: 1363-1369.

Inoue-Yokosawa, N., C. Ishikawa, and Y. Kaziro. 1974. The rold of guanosine triphosphate in translocation reaction catalyzed by elongation factor G. *Journal of Biological Chemistry* 249:4321-4323.

Ito, K., M. Uno, and Y. Nakamura. 2000. A tripeptide "anticodon" deciphers stop codons in messenger RNA. *Nature* 403:680-684.

Khaitovich, P., A. S. Mankin, R. Green, L. Lancaster, and H. F. Noller. 1999. Characterization of functionally active subribosomal particles from *Thermus aquaticus*. *Proceedings of the National Academy of Sciences USA* 96: 85-90.

Lancaster, L., M. C. Kiel, A. Kaji, and H. F. Noller. 2002. Orientation of ribosome recycling factor in the ribosome from directed hydroxyl radical probing. *Cell* 111:129-140.

Last, J. A., W. M. Stanley, Jr., M. Salas, M. B. Hille, A. J. Wahba, and S. Ochoa. 1967. Translation of the genetic message, Ⅳ. UAA as a chain termination codon. *Proceedings of the National Academy of Sciences USA* 57: 1062-1067.

Miller, D. L. and H. Weissbach. 1970. Interactions between the elongation factors: The displacement of GDP from the Tu-GDP complex by factor Ts. *Biochemical and Biophysical Research Communications* 38:1016-1022.

Nirenberg, M. and P. Leder. 1964. RNA codewords and protein synthesis: The effect of trinucleotides upon binding of sRNA to ribosomes. *Science* 145:1399-1407.

Nissen, P., M. Kjeldgaard, S. Thirup, G. Polekhina, L. Reshetnikova, B. F. C. Clark, and J. Nyborg. 1995. Crystal structure of the ternary complex of Phe-tRBA^{Phe}, EF-Tu, and a GTP analog. *Science* 270:1464-1471.

Noller, H. F., V. Hoffarth, and L. Zimniak. 1992. Unusual resistance of peptidyl transferase to protein extraction procedures. *Science* 256:1416-1419.

Ravel, J. M. 1967. Demonstration of a guanine triphosphate-dependent enzymatic binding of aminoacyl-ribonucleic acid to *Escherichia coli* ribosomes. *Proceedings of the National Academy of Sciences USA* 57:1811-1816.

Ravel, J. M., R. L. Shorey, and W. Shire. 1968. The composition of the active intermediate in the transfer of aminoacyl-RNA to ribosomes. *Biochemical and Biophysical Research Communications* 32:9-14.

Rheinberger, H.-J., H. Sternbach, and K. H. Nierhaus. 1981. Three tRNA binding sites on *Escherichia coli* ribosomes. *Proceedings of the National Academy of Sciences USA* 78: 5310-5314.

Rodnina, M. V., A. Savelsbergh, V. I. Katunin, and W. Wintermeyer. 1997. Hydrolysis of GTP by elongation factor G driver tRNA movement on the ribosome. *Nature* 385: 37-41.

Sarabhai, A. S., A. O. W. Stretton, S. Brenner, and A. Bolle. 1964. Co-linearity of the gene with the polypeptide chain. *Nature* 201: 13-17.

Scolnick, E., R. Tompkins, T. Caskey, and M. Nirenberg. 1968. Release factors differing in specificity for terminator codons. *Proceedings of the National Academy of Sciences USA* 61:768-774.

Thach, S. S. and R. E. Thach. 1971. Translocation of messenger RNA and "accommodation" of fMet-tRNA. *Proceedings of the National Academy of Sciences USA* 68:1791-1795.

Traut, R. R. and R. E. Monro. 1964. The puromycin reaction and its relation to protein synthesis. *Journal of Molecular Biology* 10: 63-72.

Valle, M., R. Gillet, S. Kaur, A. Henne, V. Ramakrishnan, and J. Frank. 2003 Visualizing tmRNA entry into a stalled ribosome. *Science* 300:127-130.

Weigert. M. G. and A. Garen. 1965. Base composition of nonsense codons in *E. coli*. *Nature* 206:992-994.

Weissbach. H., D. L. Miller, and J. Hachmann. 1970. Studies on the role of factor Ts in polypeptide synthesis. *Archives of Biochemistry and Biophysics* 137:262-269.

Zhouravleva, G., L. Frolova, X. Le Goff, R. Le Guellec, S. Inge-Vechtomov, L. Kisselev, and M. Philippe. 1995. Termination of translation in eukaryotes is governed by two interacting polypeptide chain release factors, eRF1 and eRF3. *EMBO Journal* 14:4065-4072.

第 19 章　核糖体和转运 RNA

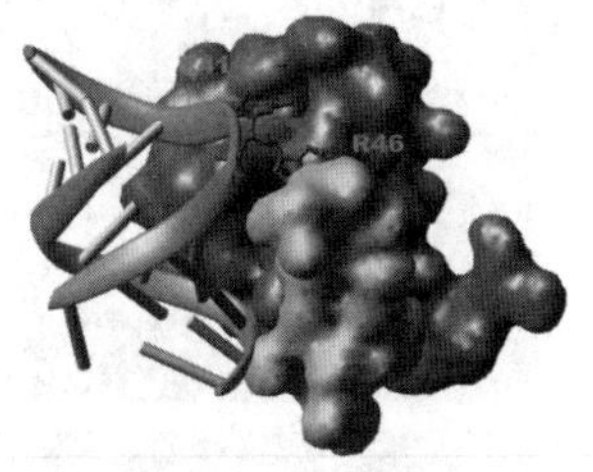
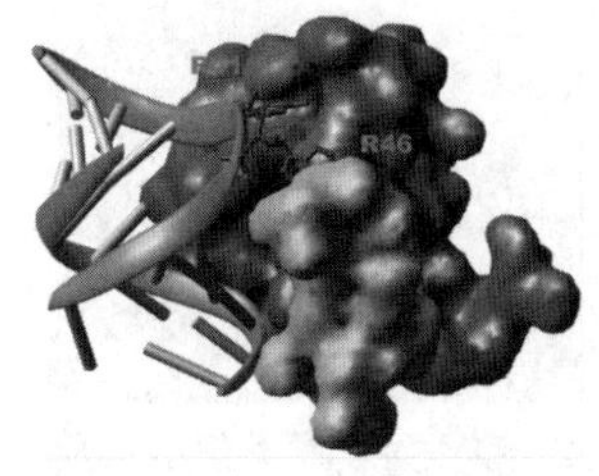

16S rRNA 碱基 A1492 和 A1493 与 IF1（洋红色）和 S12（黄色）形成的口袋之间紧密结合的立体视图。 *From Carter et al.，Science 291：p，500. © 2001 AAAS.*

在第 3 章我们学习了蛋白质翻译的几个方面的内容，知道核糖体是细胞的蛋白质工厂，转运 RNA 起着至关重要的适配器作用，其一端结合着氨基酸，另一端连接着 mRNA 密码子。第 17 和第 18 章进一步讨论了翻译的起始、延伸和终止机制，但没有深入讨论核糖体和 tRNA。本章将继续讨论翻译，更详细地研究这两个重要成分。

19.1　核糖体

第 3 章介绍了大肠杆菌核糖体是沉降系数为 70S 的二元（two-part）结构，该结构的两个亚基是 30S 和 50S 核糖体亚基。在第 3 章我们也了解到小亚基的功能是解码 mRNA，而大亚基通过肽键将氨基酸连接在一起。在本节我们将重点讨论细菌核糖体的整体结构、组成、装配和功能。

70S 核糖体的精细结构

X 射线结晶学可提供最好的结构信息，但对于像核糖体这样大的不对称物体则十分困难。尽管如此，Harry Noller 及同事在获得适于 X 射线晶体学研究的嗜热菌 *Thermus thermophilus* 的核糖体晶体方面还是取得了成功。到 1999 年，他们已经获得了这些核糖体的晶体结构，其研究提供了当时核糖体最详细的结构信息，其分辨率高达 7.8Å。

随后，Noller 及同事在 2001 年结晶出嗜热菌的 70S 核糖体复合物，外加 mRNA 类似物及结合到核糖体 P 位点和 E 位点的 tRNA。由这些晶体获得分辨率为 5.5Å 的结构，较之以前的结构有相当大的提高。研究者还获得相同复合物的 tRNA 结合或未结合 A 位点的晶体，并且通过比较获得了 tRNA 在 A 位点的结构，其分辨率达到 7Å。

图 19.1 显示 70S 核糖体的晶体结构。图 19.1（a）～（d）从前面、右侧、背面、左侧 4 个方向显示核糖体。各部分的颜色表示分别是：30S 亚基的 16S rRNA 为蓝绿色、30S 蛋白为蓝色；50S 亚基的 23S rRNA 为灰色、5S rRNA 为深蓝色、50S 蛋白为紫色。在 A、P、E 位点的 tRNA 分别用金色、橙色、红色表示，由于它们位于核糖体两个亚基间的裂缝内，在图 19.1（a）～（d）上很难看到。大部分核糖体蛋白都已被鉴定出，注意 L9 蛋白从核糖体主体的侧边伸出很远［图 19.1（a）的左侧］。图 19.1（e）显示核糖体的俯视图，其中三个 tRNA 清晰可见。注意三个 tRNA 的反密码子臂都向下插入位于底部的 30S 亚基。

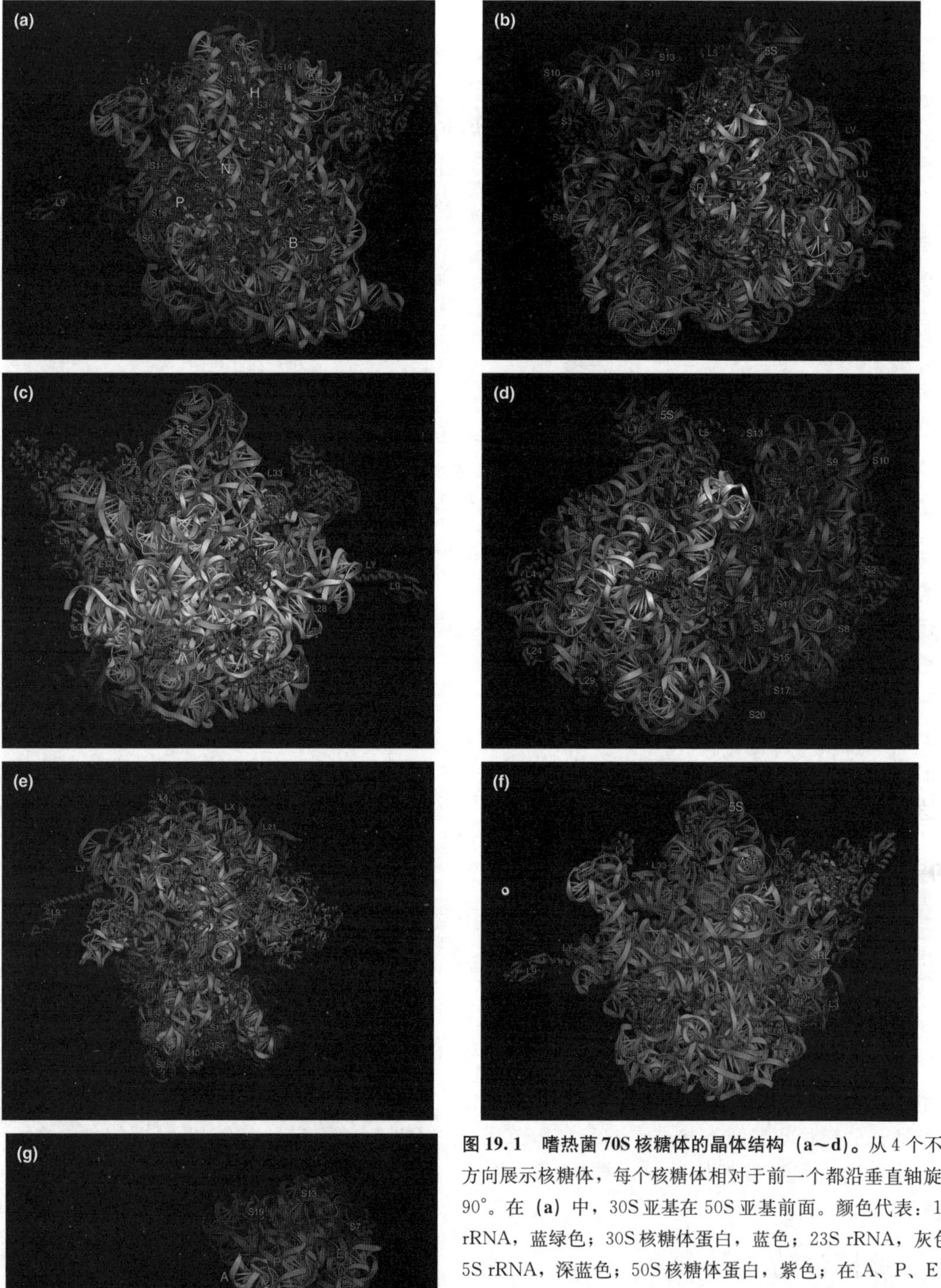

图 19.1 嗜热菌 70S 核糖体的晶体结构（a～d）。从 4 个不同方向展示核糖体，每个核糖体相对于前一个都沿垂直轴旋转 90°。在（a）中，30S 亚基在 50S 亚基前面。颜色代表：16S rRNA，蓝绿色；30S 核糖体蛋白，蓝色；23S rRNA，灰色；5S rRNA，深蓝色；50S 核糖体蛋白，紫色；在 A、P、E 位点的 tRNA 分别是金色、橙色和红色；核糖体蛋白用数字标明。（e）俯视图：50S 亚基在顶部，30S 亚基在底部，三个 tRNA 在中间。（f）和（g）分别为 50S 和 30S 亚基的作用面，30S 亚基旋转了 180°以揭示作用面上的 tRNA。（*Source*：From Yusupov et al.，*Science* 292：p. 885. © 2001 by the AAAS.）

图 19.1（f）和（g）显示分离的两个核糖体亚基，以便揭示 tRNA 结合的位置。其中 30S 亚基已沿垂直轴心旋转了 180°，所以能看到三个 tRNA。注意，tRNA 结合的裂缝在两个亚基中都与 rRNA 排成一行。在这个视角，蛋白质大多在外围。这一发现提示，是 rRNA 而非蛋白质主宰着在 30S 亚基解码和 50S 亚基多肽合成中至关重要的、与 tRNA 的相互作用。此外，核糖体与三个 tRNA 保守部分的相互作用使其能以完全相同的方式结合所遇到的不同 tRNA。

还需注意，图 19.1（g）中，反密码子臂向下插入 30S 亚基。位于 A 位点和 P 位点的 tRNA 的反密码子在 10 Å 以内相互接近，但这一距离还不足以使它们与邻近的密码子结合，核糖体通过将 A 位点和 P 位点密码子间的 mRNA 扭转 45°解决了这一问题（图 19.2），由此使两个密码子以合适的方向被 tRNA 解码。图 19.1（f）显示，在 50S 亚基中位于 A 位点和 P 位点的 tRNA 彼此紧密靠近，虽然在该视角难以看到，但这两个 tRNA 的受体臂都插入了 50S 亚基的肽基转移酶位点内，在 5Å 距离内彼此靠近。这一紧密靠近是必要的，因为结合于这两个 tRNA 上的氨基酸和多肽在肽键形成过程中必须结合在一起。

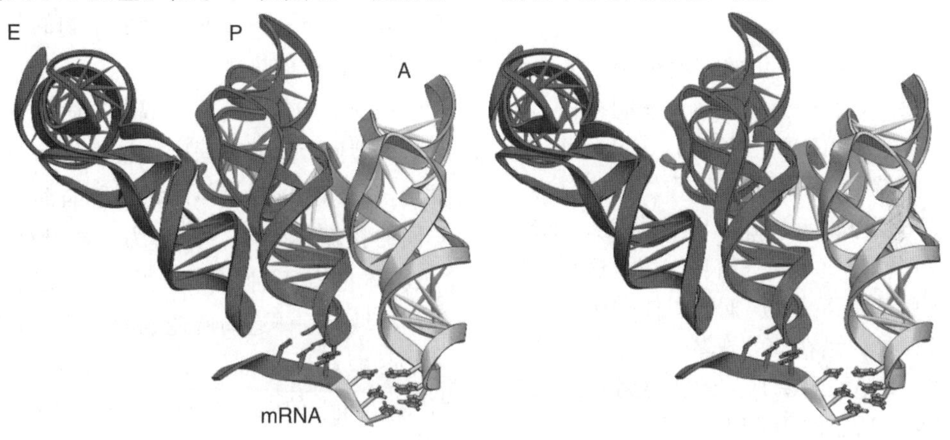

图 19.2　在 A 位点和 P 位点密码子-反密码子碱基配对的立体图。三个位点的 tRNA 用不同颜色表示（A，金黄色；P，橙色；E，红色）。密码子和反密码子的碱基如图底部的棒型所示。注意密码子间 mRNA 的 45°扭曲。未显示 E 位点 tRNA 的反密码子，因为它不与 mRNA 碱基配对。（*Source*：From Yusupov et al.，*Science* 292：p. 893 © 2001 by the AAAS.）

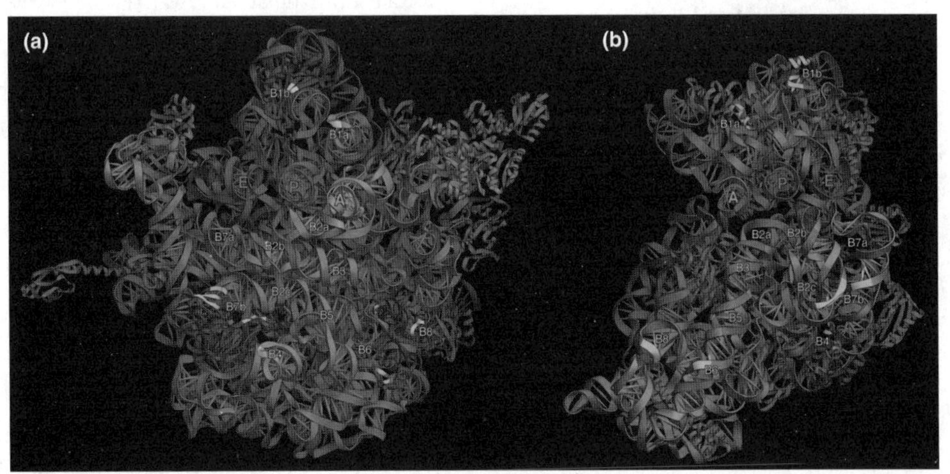

图 19.3　亚基间桥界面示意图（a）和（b）分别是 50S 和 30S 亚基。颜色表示：在两个亚基中大 rRNA 为灰色、5S rRNA 为深蓝色、蛋白质为淡蓝色。tRNA 的颜色同图 19.1，分别是金色、橙色和红色，亚基间的 RNA-RNA 桥以粉色表示，蛋白质-蛋白质桥以黄色表示。所有桥都以数字编号（B1a、B1b、B2a 等）。（*Source*：From Yusupov et al.，*Science* 292：p. 890. © 2001 by the AAAS.）

70S核糖体晶体结构揭示了亚基间桥（intersubunit bridge）的12处连接，如图19.3所示。多数亚基间桥是由RNA而不是蛋白质组成，实际上所有tRNA-结合位点附近的亚基间桥都只有RNA。注意，桥B2a、B3、B5、B6都只有一个30S亚基的16S rRNA螺旋域（螺旋44）（见图19.2）。该螺旋是连接两个亚基的主要结构，而且我们将在本章后面部分将看到它在密码子-反密码子识别中也发挥作用。由于tRNA从A位点移动到P位点再到E位点需要移动20～50Å的距离，所以至少其中一些亚基间桥是不断地断开和再形成，从而使移位能够发生。

图19.4是更模式化的核糖体图，突出三个重点。第一，在两个核糖体亚基间存在一个大洞可容纳三个tRNA。第二，tRNA通过其反密码子末端与30S亚基相互作用，同时也与结合了30S亚基的mRNA结合。第三，tRNA通过其受体臂与50S亚基相互作用。这是合理的，因为肽基转移酶反应期间受体臂必须在一起，而这一过程是在50S亚基上发生的，P位点的肽酰tRNA受体臂所连的肽与A位点氨酰tRNA受体臂所连的氨基酸相连接。

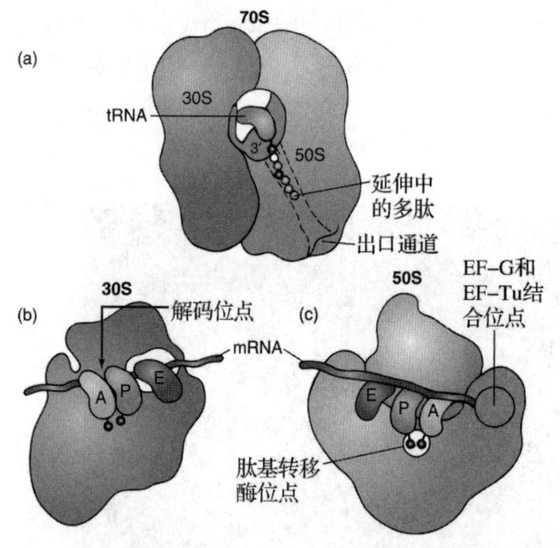

图19.4　核糖体示意图。(a) 70S核糖体，显示两个亚基间的大洞，一次能容纳三个tRNA。显示位于P位的肽酰tRNA，新生多肽进入50S亚基的出口通道。注意，tRNA通过其反密码子末端与30S亚基相互作用，通过其受体臂与50S亚基相互作用。**(b)** 30S亚基及其结合的mRNA和三个tRNA。**(c)** 50S亚基及其结合的mRNA和三个tRNA。（*Source*：Adapted from Liljas，A.，Function is structure. *Science* 285：2078，1999.）

2005年，Jamie Doudna Cate及同事取得了一个重大突破，他们得到了分辨率为3.5Å的大肠杆菌70S核糖体晶体结构！这一突破不仅在于获得了目前所得到的70S核糖体的最高分辨率，更在于它是人们探寻已久的大肠杆菌70S核糖体结构，生物化学和遗传学资料已经对它的结构补充了几十年了。在获得这一结构之前，科学家不得不用大肠杆菌的生物化学和遗传学数据去解释另一个细菌（嗜热菌）核糖体的结构，在多数情况下这是一种有效方法，但也总有一些怀疑，毕竟两种细菌的生存环境有极大的不同：一个是在哺乳动物的肠道，另一个是在沸腾的热泉。

最新结构包含的大量数据，尚有待于全面分析。然而，这些数据已经呈现出几个有趣的发现，最惊人的是晶体的每个单晶都含有两种不同的核糖体结构，命名为“核糖体Ⅰ”和“核糖体Ⅱ”。两种结构的主要差异是由于核糖体结构域的刚体运动所造成的。其中最显著的是30S颗粒的头部转动，从“核糖体Ⅰ”到“核糖体Ⅱ”偏向E位点6°。比较嗜热菌和大肠杆菌核糖体Ⅱ时，这种转动更清晰（偏向E位点12°）。

头部的这种转动一定与mRNA和tRNA在核糖体上的移位有关。实际上，Joachim Frank和Rajendra Kumar Agrawal在2000年就做了移位期间核糖体的冰冻电子显微镜研究，注意到两个亚基的相对运动，在这一过程中mRNA的通道变宽以方便移位，移位之后通道又关闭了。因此，移位过程中核糖体好像一个棘轮（ratchet），30S颗粒头部的转动可能是这个棘轮作用的一部分。

真核生物的胞质核糖体比原核生物要复杂得多。在哺乳动物中，整个核糖体的沉降系数是80S，由40S和60S亚基组成。其中，40S亚基含有一个rRNA（18S），60S亚基含有三个rRNA（28S、5.8S和5S）。芽殖酵母核糖体含有79个核糖体蛋白，而大肠杆菌的含有55个。真核生物细胞器也有自己的核糖体，但是比较简单，甚至比细菌的核糖体还要简单。

小结 嗜热菌 70S 核糖体结合 mRNA 类似物和三个 tRNA 的复合体晶体结构揭示了以下内容。三个 rRNA 和多数蛋白质的位置和三级结构都已确定。位于 A、P、E 位点的 tRNA 的形状和位置很清晰。核糖体中 tRNA 的结合位点主要是由 rRNA 而非蛋白质所组成。A、P 位点的 tRNA 反密码子相互间紧密靠近，足以和邻近的结合到 30S 亚基上的密码子碱基配对，两个密码子间的 mRNA 扭转了 45°。在 50S 亚基的肽基转移酶位点内，A、P 位点上 tRNA 的受体臂也紧密靠近，仅相距 5Å，这与肽键形成过程中两个受体臂相互作用的需求相一致。可以看到亚基间有 12 个接触点，其中大部分是以 RNA-RNA 相互作用介导的。

大肠杆菌核糖体的晶体结构含有两种结构，这两种结构的差异是由核糖体结构域的相对刚体运动所引起的。具体地讲，30S 颗粒的头部转动了 6°，而嗜热菌核糖体则为 12°。这种转动可能是移位过程中核糖体做棘轮运动的一部分。

真核生物的胞质核糖体比原核生物的核糖体更大、更复杂，但是真核生物的细胞器核糖体却比原核生物的核糖体要小。

核糖体的组成

在第 3 章我们学过大肠杆菌 30S 核糖体亚基由一分子 16S rRNA 和 21 个核糖体蛋白组成，而 50S 颗粒含有两个 rRNA（5S 和 23S）及 34 个核糖体蛋白。用苯酚抽提核糖体可去除蛋白质，在溶液中留下 rRNA，因此可相对容易地纯化 rRNA。rRNA 的大小可通过超速离心法确定。

但是核糖体蛋白是非常复杂的混合物，需通过精细的方法来分离。利用单向 SDS-PAGE 可将 30S 核糖体蛋白展现为若干不同的条带，分子质量为 8～60kDa。但有些蛋白质在这一方法中不能完全分离。1970 年，E. Kaldschmidt 和 H. G. Wittmann 利用双向凝胶电泳将两个亚基的蛋白质几乎完全分离了。在该实验中，丙烯酰胺双向凝胶电泳（不含 SDS）仅是在两个不同 pH 和丙烯酰胺浓度下进行的。

图 19.5 给出了大肠杆菌 30S 和 50S 亚基蛋白质的双向电泳结果。每个点含有一个蛋白质，对 30S 的蛋白质定名为 S1～S21，对 50S 的蛋白质定名为 L1～L33（L34 看不见）。S 和 L 分别代表核糖体的小亚基和大亚基。数字编号从最大的蛋白质开始到最小的蛋白质结束，因此 S1 约 60kDa，S21 约 8kDa。从图 19.5 上几乎可以看见所有的蛋白质，并且几乎所有的蛋白质都能与邻近的蛋白质分离开。

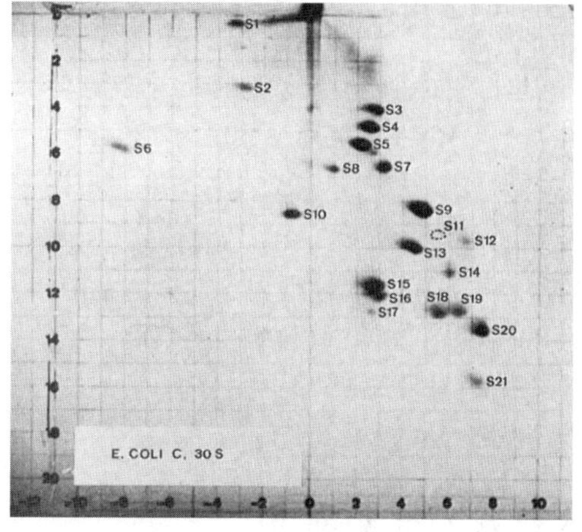

(a)

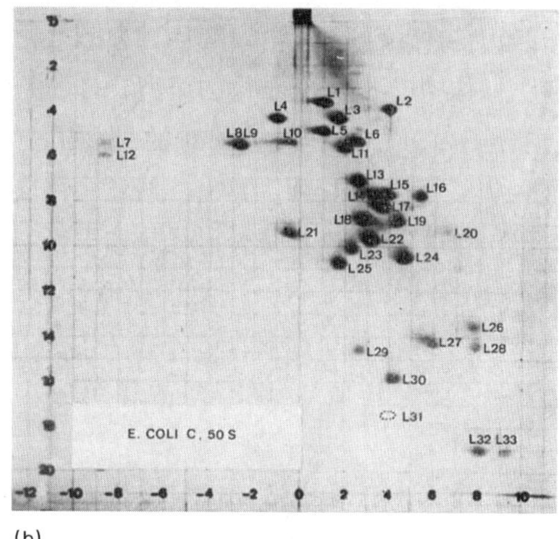

(b)

图 19.5 蛋白质的双向凝胶电泳。(a) 大肠杆菌 30S 亚基 **(b)** 大肠杆菌 50S 亚基。蛋白质按编号鉴定，S 表示核糖体小亚基，L 表示核糖体大亚基。第一向（水平方向）电泳：pH8.6，8%丙烯酰胺；第二向（垂直方向）电泳：pH4.6，18%丙烯酰胺。在这两张胶图上看不见蛋白 S11 和 L31，它们的位置根据其他实验结果用虚线圆点标出。[*Source*：Kaltschmidt，E. and H. G. Wittmann，Ribosomal proteins XII：Number of proteins in small and large ribosomal subunits of *Escherichia coli* as determined by two-dimensional gel electrophoresis. *Proceedings of the National Academy of Sciences USA* 67（1970）f. 1-2，pp. 1277-1278.]

真核生物的核糖体更加复杂。哺乳动物 40S 亚基含有一个 18S rRNA 和大约 30 种蛋白质。哺乳动物 60S 亚基含有三个 rRNA（5S、5.8S 和 28S）及约 40 种蛋白质。我们在第 10 和第 16 章已经学过，5.8S、18S 和 28S rRNA 都来自于同一转录物，由 RNA 聚合酶 Ⅰ 产生，但 5S rRNA 由 RNA 聚合酶 Ⅲ 单独转录产生。真核生物细胞器 rRNA 甚至比原核生物的对等 rRNA 还小，如哺乳动物线粒体的小核糖体亚基中的一个 rRNA 的沉降系数仅为 12S。

小结 大肠杆菌 30S 亚基含有一个 16S rRNA 和 21 种蛋白质（S1～S21），50S 亚基含有一个 5S rRNA、一个 23S rRNA 和 34 种蛋白质（L1～L34）。真核生物的胞质核糖体比原核生物对等核糖体更大且含有更多的 RNA 和蛋白质。

30S 亚基的精细结构

知道大肠杆菌 rRNA 的序列后，分子生物学家就立刻提出了其二级结构的模型，目的是发现在分子内进行最佳碱基配对的最稳定分子。图 19.6 是 16S rRNA 的共有二级结构，该结构已被 30S 核糖体亚基的 X 射线晶体学研究所证实。注意，该分子存在广泛的碱基配对，且可分成三个几乎独立折叠的结构域（其中一个具有两个亚结构域），以不同的颜色突出显示。

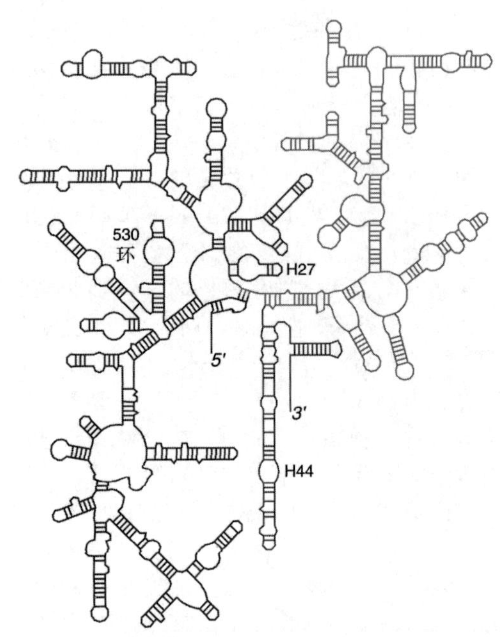

图 19.6 16S rRNA 的二级结构。本结构基于嗜热菌 30S 核糖体亚基的最佳碱基配对和 X 射线晶体学分析。标出的两个螺旋（H27 和 H44）和 530 环在本章的后面讨论。红色，5′-结构域；绿色，中心结构域；黄色，3′-大结构域；蓝绿色，3′-小结构域。［*Source*：Adapted from Wimberly，B. T.，D. E. Brodersen，W. M. Clemons Jr.，R. J. Morgan-Warren，A. P. Carter，C. Vonrhein，T. Hartsch，and V. Ramakrishnan，Structure of the 30S ribosomal subunit. *Nature* 407（21 Sep 2000）f. 2a，p. 329.］

16S rRNA 的三维排列方式与核糖体完整亚基中的核糖体蛋白的位置如何相关呢？获得这一信息的最好方法是进行 X 射线晶体学研究。2000 年，V. Ramakrishnan 及同事成功地获得分辨率为 3.0Å 的嗜热菌的 30S 亚基的晶体结构。几乎在同一时间，Francois Franceschi 小组确定了分辨率为 3.3Å 的相同结构。Ramakrishnan 及同事所获得的结构包含 16S rRNA（99%以上的 RNA 分子）的全部有序区域和 20 种核糖体蛋白（占蛋白质总数的 95%）。该结构中蛋白质所缺失的部分仅仅是它们的无序末端。

图 19.7（a）是 16S rRNA 的立体图，RNA 清楚地勾勒出核糖体的所有重要部位，包括头部、平台和主体。另外可见连接头部与主体的颈、从头部向左侧伸出的喙（有时称为鼻）及位于主体左下方的一个刺。颜色标识与图 19.6 相同，以强调 16S rRNA 的二级结构元件与独立的三级结构元件的对应关系。图 19.7（b）显示带有蛋白质的 30S 亚基的正面和背面视图，蛋白质没有引起亚基整体形状的改变。换句话说，蛋白质并没有专门构成亚基的任何主要部分。以上说法并不意味着 16S rRNA 在没有蛋白质的情况下就会形成这里所示的形状，只表明 rRNA 是 30S 亚基很重要的部分，以至于在完整亚基中其形状就与亚基自身骨架完全相似。大部分蛋白质的位置与早期用其他方法所确定的位置非常一致。

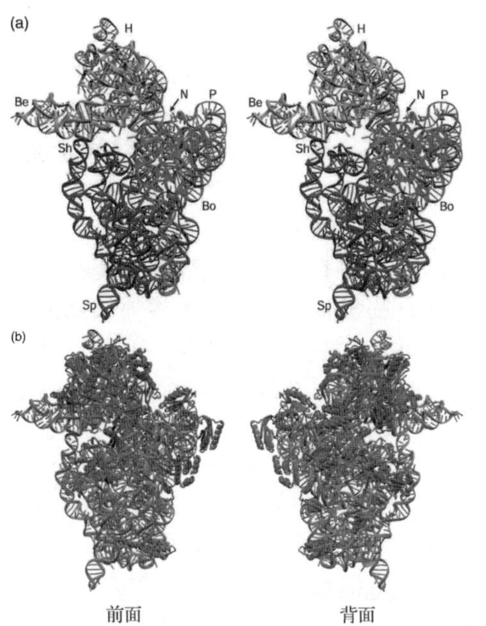

图 19.7 30S 核糖体亚基的晶体结构。(a) 嗜热菌 30S 亚基的 16S rRNA 部分的立体图，主要特征：H，头部，Be，喙部，Sh，肩部，N，颈部，P，平台部，Bo，主体，Sp，刺。颜色与图 19.6 含义相同。**(b)** 带有蛋白质的 30S 亚基（紫色）的正面和背面图。通常认为前面是 30S 亚基与 50S 亚基的相互作用面。注意，这是两个不同角度的视图，不是立体图。[*Source*：Wimberly，B. T.，D. E. Brodersen，W. M. Clemons Jr.，R. J. Morgan-Warren，A. P. Carter，C. Vonrhein，T. Hartsch，and V. Ramakrishnan，Structure of the 30S ribosomal subunit. *Nature* 407（21 Sep 2000）f. 2b，p. 329. Copyright © MacMillan Magazines Ltd.]

小结 16S rRNA 的序列研究引起对该分子二级结构（分子内碱基配对）的推测。X 射线晶体学研究证实了这些研究的结论。30S 亚基的 16S rRNA 具有广泛的碱基配对，其形态可勾勒出整个颗粒的形态。X 射线晶体学研究也证实了大部分 30S 核糖体蛋白的位置。

30S 亚基与抗生素的相互作用 Ramakrishnan 及同事也获得了结合了三种不同抗生素的 30S 亚基的晶体结构。其中，壮观霉素抑制移位，链霉素引起翻译错误，巴龙霉素通过另一种机制增加出错率。基于这些结果连同 30S 亚基的自身结构，我们对翻译机制有了更深入的了解。

首先，Ramakrishnan 及同事对三个氨酰 tRNA 的位置进行了 30S 亚基结构与 70S 核糖体整体结构（见图 19.1）的叠加。图 19.8（a）和（b）显示了两种不同视图下结合在 30S 亚基 A、P、E 位点的氨酰 tRNA 反密码子臂的位置和假设的 mRNA 密码子的位置。令人意外的是，A 位点和 P 位点的密码子和反密码子位于 30S 亚基颈部附近几乎没有蛋白质的地方。因此，密码子-反密码子识别发生在 16S rRNA 片段和很少量蛋白质围绕的环境中。图 19.8（c）显示了 16S 的哪些部位与这三个位点有关。

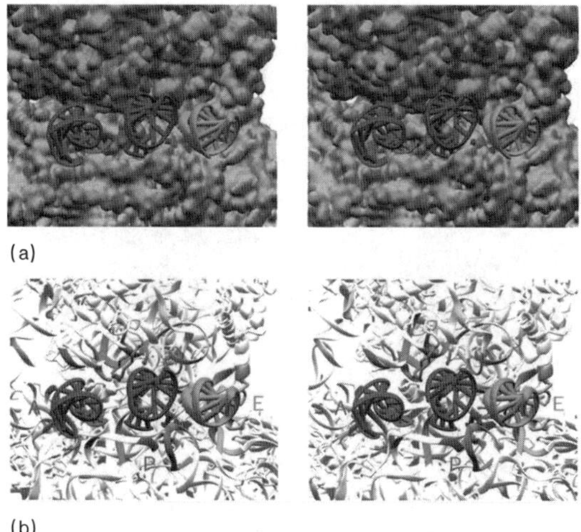

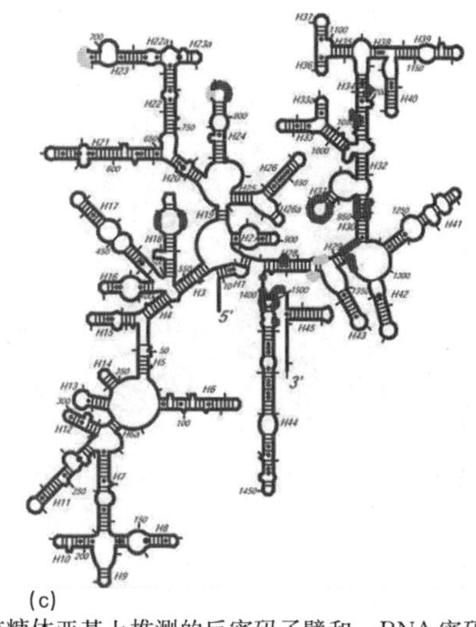

图 19.8 30S 核糖体亚基的 A、P、E 位点的定位。(a) 和 **(b)** 是 30S 核糖体亚基上推测的反密码子臂和 mRNA 密码子位置的两个视图。反密码子臂颜色为紫红色（A 位点）、红色（P 位点）和黄色（E 位点）。mRNA 密码子颜色为绿色（A 位点）、蓝色（P 位点）和虚线紫红色（E 位点）。**(c)** 16S rRNA 的二级结构，显示各个位点的相关区域，与（a）和（b）中反密码子颜色一致：紫红色（A 位点）、红色（P 位点）和黄色（E 位点）。[*Source*：Carter，A. P.，W. M. Clemons Jr.，D. E. Brodersen，R. J. Morgan-Warren，B. T. Wimberly，and V. Ramakrishnan，Functional insights from the structure of the 30S ribosomal subunit and its interactions with antibiotics. *Nature* 407（21 Sep 2000）f. 1，p. 341. Copyright © MacMillan Magazines Ltd.]

了解 30S 亚基上三种抗生素的结合位点有助于阐明 30S 亚基的两种活性：移位和**解码**（decoding，密码子-反密码子识别）。30S 亚基的几何学研究提示，移位一定包括头部相对于主体的移动。**壮观霉素**（spectinomycin）是一种抑制移位的刚性三环分子，它在 30S 亚基的结合位点靠近移位时头部转动的轴点，因此处于阻断移位所必需的头部转动的位置。

链霉素（streptomycin）通过干扰密码子-反密码子的初始识别及校正而增加翻译的出错率。链霉素在 30S 亚基上的结合位点（图 19.9）可部分提供其作用机制的线索。链霉素十分靠近 A 位点，而此处是发生解码的部位。具体地讲，它与 16S rRNA 的 H27 螺旋上的 A913 有紧密接触。

链霉素的这一位置很重要，因为在翻译时 H27 螺旋有两种可变的碱基配对模式，并且这两种模式影响翻译的准确性。第一种模式称为 ***ram***（来自 ribosome ambiguity，**核糖体含糊**）模式。正如其名，这种碱基配对模式能稳定密码子与反密码子甚至非关联反密码子间的相互作用，所以翻译的准确性在 *ram* 状态很低（Ramakrishnan 及同事所获得的核糖体晶体结构在 *ram* 状态下具有 H27 螺旋）。另一种碱基配对模式是**严谨的**（restrictive），要求密码子和反密码子间准确配对。如果核糖体被锁定在 *ram* 状态，就会很容易与非关联氨酰 tRNA 结合，且不能转换成校正所要求的严谨状态，结果导致翻译不准确。如果核糖体被锁定在严谨状态，那么它就是高度准确的，很少出错，但氨酰 tRNA 很难结合 A 位点，所以翻译效率低。

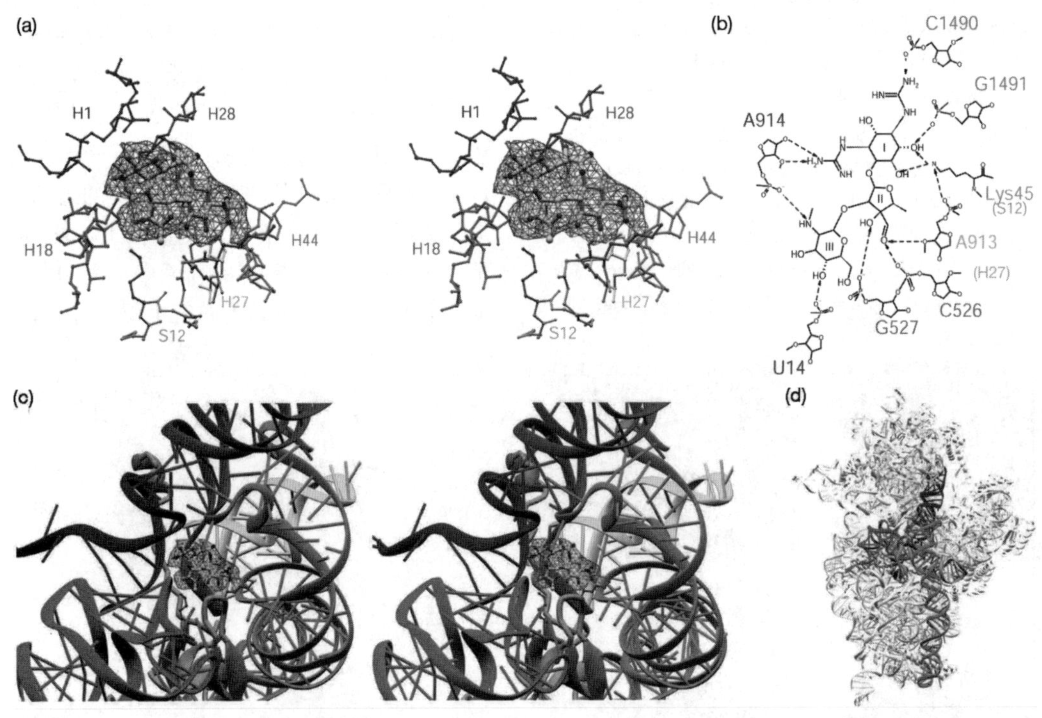

图 19.9 链霉素与核糖体 30S 亚基相互作用。(a) 链霉素与其在 30S 亚基的邻近分子的立体图。链霉素分子显示为被电子密度包围的球-棒模型（实际上，30S 亚基有或无抗生素形成不同的电子密度）。显示 16S rRNA 附近的螺旋，尤其注意 H27 螺旋（黄色），它对于抗生素的活性至关重要，还要注意 A 位点附近的唯一蛋白 S12（橙色）的位置，它对于链霉素的活性也很重要，红色显示链霉素抗性细胞中被改变的 S12 的氨基酸。**(b)** 链霉素特殊基团（含有标号为Ⅰ、Ⅱ、Ⅲ的环）与 30S 亚基上相邻原子的相互作用。注意 H27 的 A913 和 S12 的 Lys45 的相互作用。**(c)** 另一个链霉素与其邻近分子的立体图。颜色含义与（a）图相同。再次注意 H27（黄）和 S12（橙色）。**(d)** 链霉素结合位点在完整 30S 亚基上的位置。链霉素以小的红色空间充填模型表示，所处位点是各色 16S rRNA 螺旋汇聚之处。［*Source*：Carter，A. P.，W. M. Clemons Jr.，D. E. Brodersen，R. J. Morgan-Warren，B. T. Wimberly，and V. Ramakrishnan，Functional insights from the structure of the 30S ribosomal subunit and its interactions with antibiotics. *Nature* 407（21 Sep 2000）f. 5，p. 345. Copyright © Macmillan Magazines Ltd.］

链霉素和 30S 亚基间的相互作用表明它能稳定 *ram* 状态，从两方面降低翻译的准确性。第一，解码过程中链霉素偏爱 *ram* 模式，因而促进密码子与非关联氨酰 tRNA 间的配对。第二，链霉素抑制向校正所必需的严谨模式的转变。

对核糖体蛋白 S12 的突变，既能赋予核糖体链霉素抗性又能赋予其链霉素依赖性，而所有这些 S12 突变几乎都位于使 H27 的 908～915 和 H18 的 524～527 稳定的蛋白质区域，这里也是 16S rRNA 稳定 *ram* 态的地方。

巴龙霉素（paromomycin）通过结合到 A 位点降低翻译的准确性。Ramakrishnan 及同事在 2000 年发现，巴龙霉素结合于 H44 螺旋的大沟中并使碱基 **A1492** 和 **A1493**"弹出"，即迫使这些碱基从大沟里出来，并置于与 A 位点密码子与反密码子间的小沟相互作用的位置。碱基 A1492 和 A1493 是普遍保守的，为翻译活性所绝对必需，其中任一碱基的突变都是致命的。

由此，Ramakrishnan 及同事提出了以下假设：在正常解码过程中，碱基 A1492 和 A1493 弹出，并与小沟（由 A 位点的密码子和反密码子碱基配对形成）里糖的 2′-OH 形成 H 键，从而有助于稳定密码子与反密码子间的相互作用。这很重要，否则仅靠三个碱基对尚不能保证稳定性。弹出这两个碱基通常需要能量，但是巴龙霉素通过迫使碱基弹出，消除了这种能量需求。因此，巴龙霉素稳定了氨酰 tRNA 包括非关联氨酰 tRNA 对 A 位点的结合，增加了出错率。

由于带巴龙霉素的 30S 亚基晶体结构中不存在密码子和反密码子，所以没有直接的证据证明所提出的碱基 A1492 和 A1493 与密码子-反密码子双链间中小沟的相互作用。

2001 年，Ramakrishnan 及同事提供了证明他们这一假说的直接证据。他们将嗜热菌 30S 亚基的晶体浸于溶液中，该溶液含有对应 $tRNA^{Phe}$ 反密码子臂的 17nt 的寡核苷酸和编码二苯丙氨酸的 U6 寡核苷酸，这些分子都很小，足以插入 30S 亚基的适当位置，分别模拟完整氨酰 tRNA 和 mRNA 的反密码子及密码子。图 19.10 显示了这一复合物晶体结构的部分立体视图。图 19.10（a）清楚地显示 H44 螺旋的 A1493 与位于第一个密码子-反密码子碱基对（U1-A36）小沟中的两个核苷酸的糖 2′-OH 接触。图 19.10（b）显示如果反密码子的 A36 被 G 替代，就不利于与 A1493 的相互作用。图 19.10（c）中，H44 螺旋的 A1492 和 16S rRNA 530 环的 G530 与位于第二个密码子-反密码子碱基对（U2-A35）的两个核苷酸的糖 2′

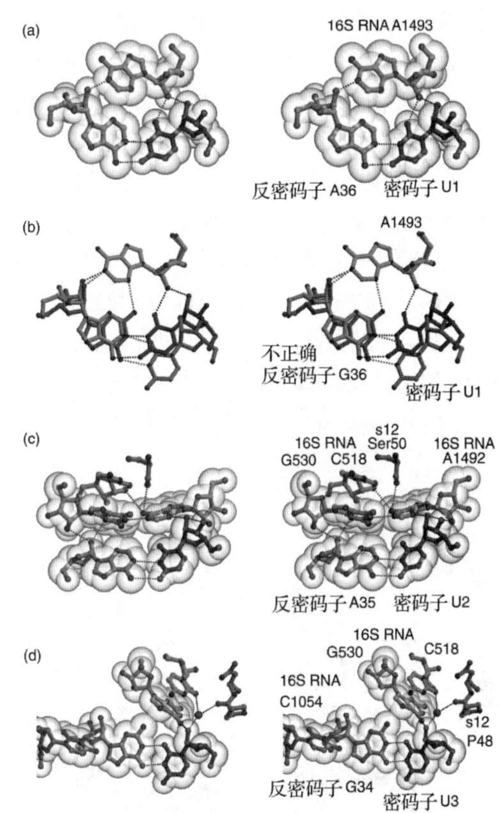

图 19.10　密码子-反密码子碱基对与核糖体 30S 亚基元件间相互作用的立体图。(a) H44 螺旋的 A1493 与 U1-A36 碱基对的小沟结合。**(b)** 与（a）相似，但也显示用 G 取代反密码子中 A36 的结果，所以在 G36 和 U1 间形成了 G-U 摆动配对。现在 G36（红色）和 U1（蓝紫色）的位置可以与 A36（金色）和 U1（紫色）的正常位置相比较。注意，U1 已经被取代了，因而失去与 A1493（黑色点线）的正常相互作用。这使得相互作用变得不稳定，并有助于核糖体识别关联 A-U 反密码子-密码子碱基对和涉及密码子中第一个碱基的非关联 G-U 反密码子-密码子碱基对。**(c)** A1492 和 G530 结合到 U2-A35 碱基对的小沟中。**(d)** 摇摆碱基对 U3-G34 通过 U3 与 G530 以及通过 Mg^{2+}（红紫色球）与 C518 和 S12 蛋白的 48Pro 而发生相互作用。16S rRNA 的 C1054 靠近 G34。(*Source*：From Ogle et al.，*Science* 292：p. 900 © 2001 by the AAAS.)

-OH 接触。在密码子-反密码子识别中这是两个最重要的碱基对，两者都通过碱基 A1492 和 A1493 的弹出外加一些其他核糖体元件而稳定。

第三个密码子-反密码子碱基对［摇摆配对 U3-G34，图 19.10（d）］也被核糖体元件所稳定，包括 S12 核糖体蛋白的 G530 和 P48，但不是碱基 A1492 和 A1493。

图 19.11 总结了这些晶体结构所告诉我们的关于 A1492、A1493 的作用和巴龙霉素在密码子-反密码子识别中的作用。比较图 19.11（a）和（b）可见，巴龙霉素结合于螺旋 H44 的内部，迫使碱基 A1492 和 A1493 离开螺旋进入 A 位点。图 19.11（c）显示无巴龙霉素时密码子-反密码子的识别，也显示了 A1492 和 A1493 占据与巴龙霉素同样的位置，这两个 rRNA 的碱基处在理想的位置来感知第一个和第二个碱基对中碱基间的配对，这种感知是通过感觉位于密码子-反密码子双螺旋小沟的核糖的位置实现的。图 19.11（d）显示与巴龙霉素存在时相同的结构，再次显示无抗生素时结

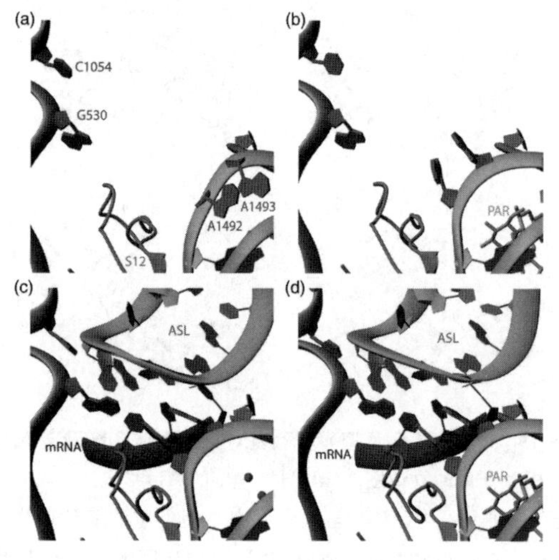

图 19.11　有或无 tRNA、mRNA 及巴龙霉素时的局部结构。(a) 解码中心的本身结构，注意在 H44 螺旋中 A1492 和 A1493 的位置，这些碱基的位置很易变。**(b)** 有巴龙霉素时解码中心的结构，巴龙霉素结合到 H44 螺旋内部迫使 A1492 和 A1493 到螺旋外面并进入解码中心。**(c)** 有 mRNA 和 A 位点 tRNA 反密码子臂（ASL）的解码中心，推测碱基 A1492 和 A1493 在解码中心的位置同巴龙霉素单独存在时一样。**(d)** 与（c）相同，但有巴龙霉素。抗生素没有引起差异，因为 A1492 和 A1493 已经和解码中心作用了。(*Source*：From Ogle et al.，*Science* 292：p. 900. © 2001 by the AAAS.)

构几乎没有变化。

所有这些发现都与以下假设一致，即巴龙霉素通过将 A1492 和 A1493 推出螺旋 H44，补偿了核糖体上诱导密码子和反密码子间配对的部分能量的消耗。由此，抗生素使非关联密码子和反密码子间的配对更容易，因此增加了 mRNA 误读的频率。

小结　30S 核糖体亚基有两个作用，它促进密码子与氨酰 tRNA 反密码子间的正确解码和校正，还参与移位。利用 30S 核糖体亚基带有三种抗生素的晶体结构有助于了解移位和解码机制，这三种抗生素可干扰 30S 亚基的这两个功能。壮观霉素结合于 30S 亚基的颈部附近，在那里干扰移位所必需的头部移动。链霉素结合于 30S 亚基的 A 位点附近，稳定核糖体的 *ram* 态，使非正确氨酰 tRNA 能相对容易地与 A 位点结合，并通过阻止向校正所必需的严谨态的转变而降低翻译的准确性。巴龙霉素结合于 16S rRNA 的 H44 螺旋靠近解码中心的大沟内，使碱基 A1492 和 A1493 弹出，从而稳定密码子-反密码子之间的碱基配对。这一弹出过程通常需要能量，但巴龙霉素可迫使这一过程发生，并且使稳定的碱基保持在其位置上。解码中心的这种状态稳定了密码子-反密码子之间的相互作用，包括非关联密码子和反密码子间的相互作用，因此降低了翻译的准确性。

30S 亚基与起始因子的相互作用　我们已经在第 17 章学过 IF1 因子帮助其他起始因子行使功能。IF1 因子的另一个假定任务是防止氨酰 tRNA 结合于 A 位点，直至起始阶段结束。这种对 A 位点的封锁可能具有两种功能。第一，直到 50S 亚基加入起始复合物后，EF-Tu 指导的 A 位点上的氨酰 tRNA 校正才能发生。因此，对 A 位点的封锁可阻止氨酰 tRNA 的不正确结合，提高翻译的准确性。第二，它保证起始氨酰-tRNA 结合于 P 位点而非 A 位点。

Ramakrishnan 及合作者已经确定了结合于嗜热菌 30S 核糖体亚基上的 IF1 因子的晶体结构。图 19.12（b）和（c）清楚地显示 IF1 因子结合并封闭了 30S 亚基的 A 位点，占据 tRNA 对 A 位点结合的大部分区域。

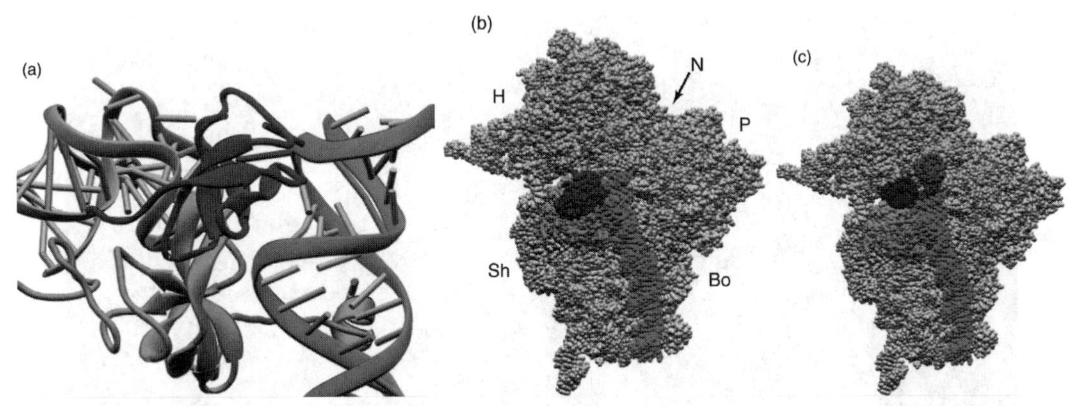

图 19.12 IF1-30S 核糖体亚基复合物的晶体结构。（**a**）放大图，IF1 是红紫色，16S rRNA 的螺旋 H44 是青绿色，16S rRNA 530 环是绿色，S12 是橙色。（**b**）IF1-30S 核糖体亚基复合物的全貌。颜色含义与（a）一样，30S 亚基的其余部分是灰色。（**c**）减去 IF1 的全貌，显示 tRNA 在 A 位点（紫色）、P 位点（橘红色）、E 位点（黄绿色）的位置，其他颜色同（a）。注意 A 位点 tRNA 与（a）图中 IF1 的位点重叠。（**d**）H44 螺旋的 A1492 和 A1493 碱基与 IF1 和 S12 形成的凹槽间的紧密结合。R41 和 R46（蓝色）是 IF1 与 A1492 和 A1493 相互作用的精氨酸，其他颜色同（a）。[*Source*：From Carter et al.，*Science* 291：p. 500. © 2001 by the AAAS.]

该研究中的晶体结构不包括 IF2，但我们从第 17 章知道，IF1 辅助 IF2 将 fMet-tRNA 结合到 P 位点，而且还知道 IF1 和 IF2 相互作用。因此，IF1 对 A 位点的结合很可能可以帮助 IF2 结合 30S 亚基，就像促进 fMet-tRNA 对 P 位点的结合一样。

20 世纪 70 年代早期的实验显示，IF1 促进两个核糖体亚基的解离。实际上，它也帮助两个核糖体亚基的再结合，所以它不改变两者之间的平衡。只有在阻止再结合的 IF3 的帮助下，IF1 才表现为核糖体解离的中介。图 19.12 的结构显示了 30S 亚基中 16S rRNA 的 H44 螺旋与 IF1 之间的密切接触。已知 H44 螺旋与 50S 核糖体亚基有广泛接触，Ramakrishnan 及合作者推测 IF1 与 H44 螺旋之间的接触干扰了 H44 螺旋的结构，使其处于核糖体亚基的结合与解离间的过渡态，由此可以解释 IF1 是如何促进核糖体的结合与分离的。

小结 结合于 30S 核糖体亚基的 IF1 的 X 射线晶体结构表明，IF1 因子结合于 A 位点，明显阻断 fMet-tRNA 与 A 位点的结合，也可能通过推测的 IF1 和 IF2 之间的相互作用积极促进 fMet-tRNA 对 P 位点的结合。IF1 因子还与 30S 亚基的 H44 螺旋有密切相互作用，由此也许可以解释 IF1 因子如何同时促进核糖体亚基的结合与分离。

50S 亚基的精细结构

2000 年，Peter Moore 及同事在核糖体结构研究和 X 射线衍射技术领域达到了一个新的里程碑，他们在 2.4 Å 分辨率上确定了 50S 核糖体亚基的晶体结构。研究是在嗜盐死海古菌 *Haloarcula marismortui* 的 50S 亚基上进行的，因为能够从这种微生物中制备出适合 X 射线衍射的 50S 亚基晶体。结构见图 19.13，包括亚基中 rRNA 的 3045 个核苷酸中的 2833 个（5S rRNA 的全部 122 个核苷酸）和 31 个核糖体蛋白中的 27 个。其他的蛋白质排列不规则，还不能准确定位。

两个核糖体亚基的明显差别在于它们的 rRNA 的三级结构。30S 亚基的 16S rRNA 是一个含有三个结构域（three-domain）的结构，而 50S 亚基的 23S rRNA 是结构域间无明显界线的整块结构。Moore 及同事推测造成这一差别的原因是 30S 亚基的结构域间需要相对移动，而 50S 亚基的结构域无需这种相对移动。

图 19.13 中的结构显示了 50S 亚基中蛋白质的位置。如我们在本章前面所看到的那样，通常在两个亚基的接触面上缺乏 50S 亚基的蛋白质，特别是在被认为是肽基转移酶活性位点的中心部位。这是一个令人兴奋的发现，因为关于肽基转移酶活性位点是在 50S 亚基的 RNA 上还是蛋白质上的问题还有一些不确定性（第 18 章）。

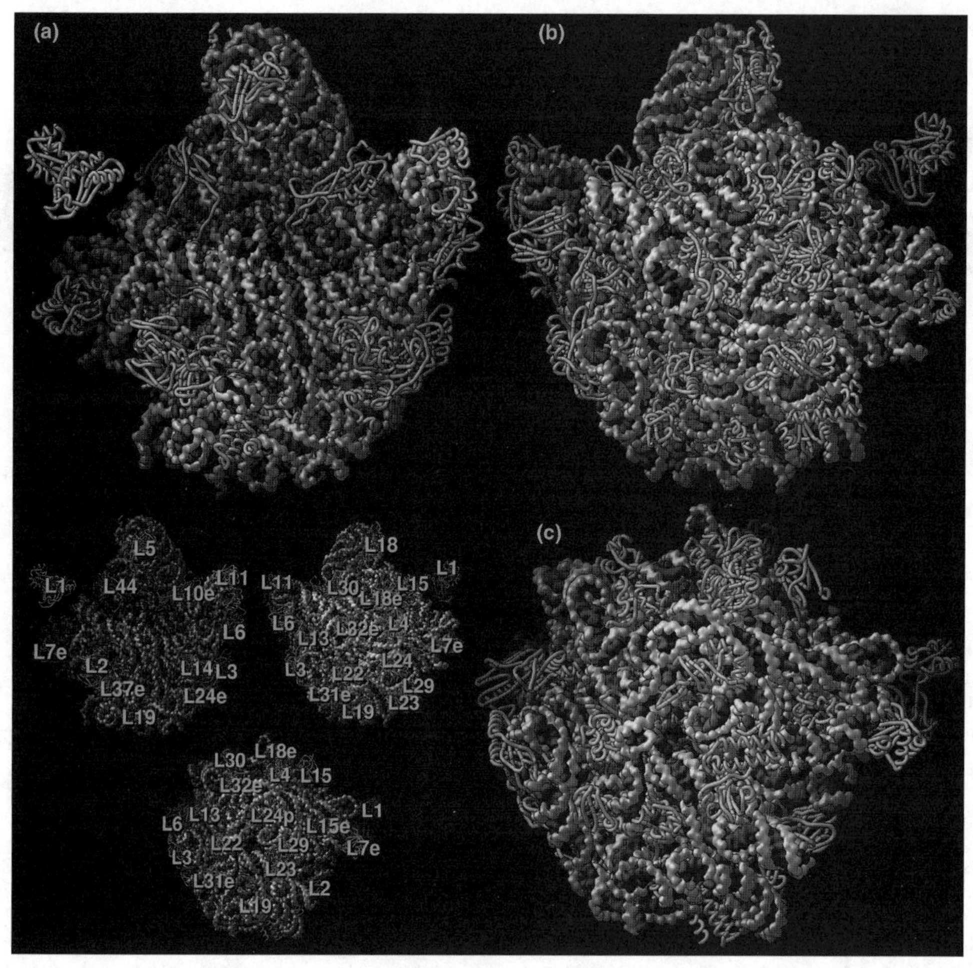

图 19.13　嗜盐死海古菌 50S 核糖体亚基的晶体结构。 三个大结构显示亚基的三个不同方向。(**a**) 正面观，或“王冠”图（得此名是因为很像一个三尖王冠）；(**b**) 背面观（王冠图旋转 180°）；(**c**) 底视图，显示位于中心的多肽出口通道的末端。RNA 为灰色，蛋白质为金黄色。左下角的三个小结构图和大图的方位一样，标明了蛋白质。有些数字后面的字母“e”表示该蛋白质只在真核生物（而不是细菌）中有同源蛋白。［*Source*：Ban，N.，P. Nissen，J. Hansen，P. B. Moore，and T. A. Steitz，The complete atomic structure of the large ribosomal subunit at 2.4 Å resolution. *Science* 289 (11 Aug 2000) f. 7，p. 917. Copyright © AAAS.］

要确定是否有蛋白质存在于肽基转移酶活性位点，必须先在晶体结构中找到活性位点。为此，Moore 及同事将 50S 亚基的晶体与两种不同肽基转移酶底物的类似物混合溶解，然后进行 X 射线衍射并计算电子差异图谱，将电子密度与底物类似物相对应，从而确定出活性位点。有一个类似物（CCdAp-嘌呤霉素）由 Michael Yarus 设计，模仿肽基转移酶反应过程中的过渡态或中间态，称为“Yarus 类似物”。

图 19.14 显示，Yarus 类似物处于 50S 亚基表面的裂缝内，正好处在所预计的活性位点上，其周围没有蛋白质只有 RNA。在另一个类似物上也观察到同样的情况。图 19.15 是一个移去了所有 RNA 的活性位点模型，所以我们可以看到蛋白质到 Yarus 类似物的距离。Yarus 类似物处于酶活中心过渡状态的正中间，对应于正四面体碳原子。最近的蛋白质是 L3，它距离活性中心超过 18Å，这个距离太远了，不能在催化反应中起直接作用。

如果活性中心缺乏蛋白质，那么 RNA 一定具有酶活性。该晶体结构揭示了对应于大肠杆菌 A2451 的腺嘌呤 2486（A2486）最接近位于活性中心的四面体碳原子。该碱基在检测过的所有三域生物的核糖体中都是保守的，说明

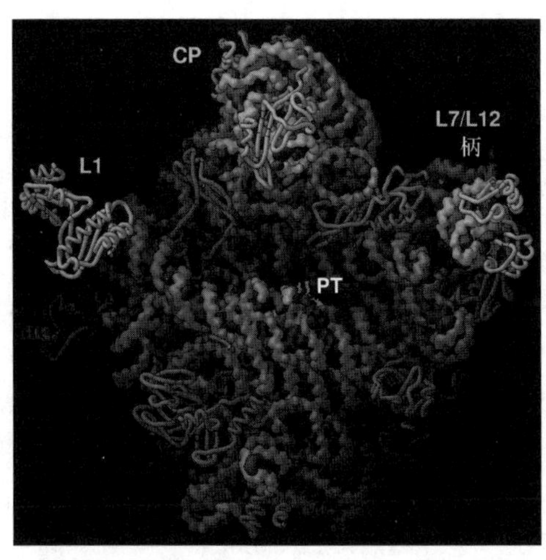

图 19.14 肽基转移酶活性位点的定位。此为50S亚基的正面观，同图19.14，Yarus类似物的位置应处于肽基转移酶的活性位点（绿色）。注意活性位点周围没有蛋白质（金黄色）。[*Source*：Ban，N.，P. Nissen，J. Hansen，P. B. Moore，and T. A. Steitz，The complete atomic structure of the large ribosomal subunit at 2.4 Å resolution. *Science* 289（11 Aug 2000）f. 2，p. 907. Copyright © AAAS.]

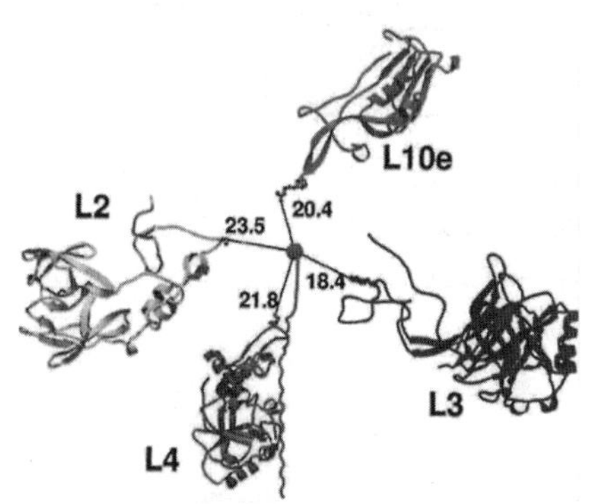

图 19.15 移除所有RNA的肽基转移酶活性位点。以洋红色表示位于酶活性中心的yarus类似物的磷酸，并以洋红色表示延伸的肽链。图中给出了4个离活性中心最近的蛋白质，并用最精确的测量方法（Å）分别测出了它们与活性中心的距离。[*Source*：Nissen，P.，J. Hansen，N. Ban，P. B. Moore，and T. A. Steitz，The structural basis of ribosome activity in peptide bond synthesis. *Science* 289（11 Aug 2000）f. 6b，p. 924. Copyright © AAAS.]

它起关键作用。此外，抑制肽基转移酶的氯霉素和碳霉素可结合或接近大肠杆菌的A2451，而A2451突变的大肠杆菌具有氯霉素抗性，这进一步表明该碱基参与了肽基转移反应。

如果该模型正确，那么可以预见在A2486上的突变会使肽基转移酶活性降低几个数量级。Alexander Mankin及同事在2001年验证了这一推测。他们用分离的蛋白质和23S rRNA重组了一个嗜热水生菌的50S亚基，该23S rRNA的A2451（相当于嗜盐死海古菌的A2486）有全部三种可能的突变，然后用包括第18章所介绍的片段反应等4种不同分析方法检测重组50S亚基的肽基转移酶活性。结果显示，没有一个突变能引起活性的急剧降低，在至少一次实验中，23S rRNA的各种突变至少维持44%的野生型活性。

如果A2486在肽基转移酶反应中不起主要催化作用，那么是什么在起作用？Scott Strobel及同事在2004年提供的证据表明，P位点肽酰tRNA末端腺苷的2′-OH可能发挥作用。图19.16显示了这个2′-OH相对于A位点氨基酸的位置。该羟基对将肽连接到P位点的碳酰基的碳原子进行亲核攻击，结果使P位点的肽连接到A位点的氨酰tRNA上，这叫做**转肽反应**（transpeptidation），由肽基转移酶催化。很明显，该2′-OH处于一个通过与氨基上的一个质子形成氢键而发挥作用的合适位置，使氨基的氮原子成为一个较强的亲核剂。

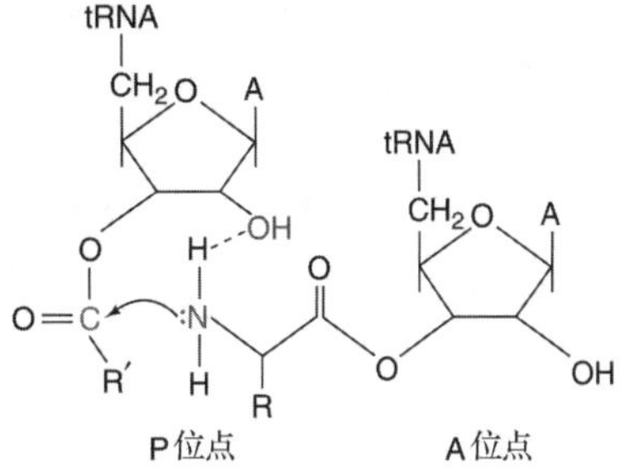

图 19.16 肽基转移酶反应期间在A位和P位的tRNA的位置。P位点tRNA的2′-OH为红色，A位点氨酰tRNA的N原子为绿色，P位点肽酰-tRNA的碳酰基的碳原子为蓝色。注意P位点tRNA的2′-OH对攻击性N原子的接近程度。

如果该假设正确，去除肽酰tRNA的末端腺苷（A76）2′位的氧原子应该会削弱肽基转移酶的活性。Strobel及同事用两种方法验证了这一假设：用氢原子（2′-脱氧腺苷）或氟原子（2′-脱氧，2′-氟腺苷，fA）取代这个2′-OH。当他们对P位点tRNA的末端腺苷分别做这两种取代时，肽基转移酶活性都被极大地抑制了。

首先，Strobel 及同事将 [^{35}S] fMet-tRNA 加载到 P 位点，然后把 Lys-tRNA 加载到 A 位点。在实验中分别以正常的 A、dA、fA 三种末端腺苷形式加入 Lys-tRNA。然后加入肽基转移酶发生一轮移位，使 [^{35}S] fMet-Lys-tRNA位于 P 位点。这为加入嘌呤霉素并观察标记的肽酰-嘌呤霉素从核糖体的释放速度提供了平台。由于嘌呤霉素可以十分迅速地结合到 A 位点，在肽酰-嘌呤霉素释放过程中肽基转移酶是限速酶，因此释放量可作为肽基转移酶速率的测定。Strobel 及同事利用薄层电泳将释放的肽酰-嘌呤霉素与其他标记的物质分离开，通过磷屏成像测定放射性。

图 19.17 是实验结果。以正常 RNA 为底物时，肽基转移酶反应在第一个时间点（10s）就完成了。但是以任一个修饰的 RNA 为底物时，反应基本上都不发生，即使在 24h 之后也无反应。因此，用氢原子或氟原子取代 P 位点 tRNA 的 2′-OH 都完全阻断了肽基转移酶反应，从而有力地证明了该 2′-OH 是反应所必需的。以这三种底物与 A 位点正常 Phe-tRNA 而非嘌呤霉素反应时也观察到同样的结果，进一步证明了2′-OH 的重要性。

但是这些研究仍然未回答 23S rRNA 中高度保守的 A2451（用的是在大肠杆菌中的编号）的功能。为探讨这一问题，Norbert Polacek 及同事设计了一种方法不仅改变了碱基的性质，也改变了 A2451 糖的性质。当他们从 A2451 中除去腺苷碱基时产生一个非碱基位点（abasic site），利用嘌呤霉素释放分析，发现肽基转移酶活性几乎没有变化。但除去 A2451 的 2′-OH 时，肽基转移酶活性几乎降低了 10 倍。此外，同时除去腺苷碱基和 2′-OH 时，肽基转移酶活性完全丧失。而对邻近核苷 A2450 做同样改变时，对活性只有很低的影响，再次强调了 A2451 的特殊重要性。

23S rRNA 的 2451 位的 2′-OH 缺失所引起的核糖体活性损失可能是因为对 P 位点 tRNA 较低的亲和性，如果是这样，那么提高 fMet-tRNA 的浓度应该增强其活性，但结果并没有增强。那么该羟基的作用到底是什么呢？刚才研究过的关于 P 位点 tRNA 的 2′-OH 参与转肽反应的证据是充分的，因此，A2451 的 2′-OH

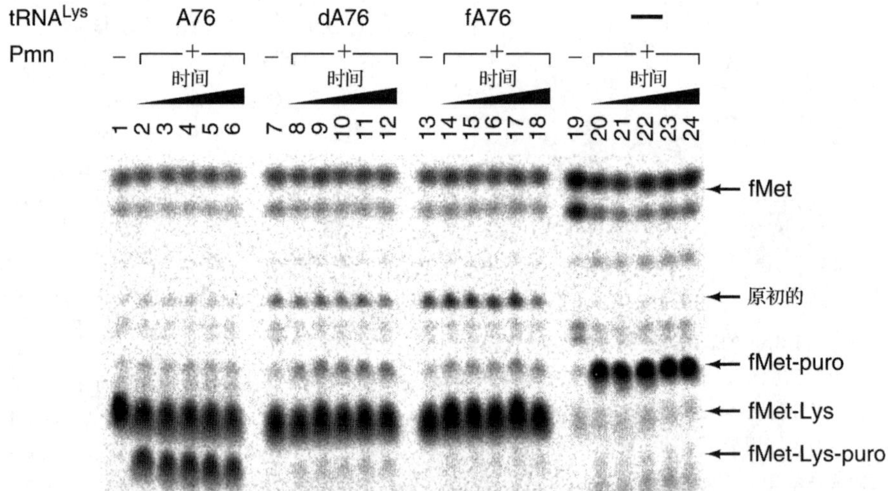

图 19.17　带有经过修饰的 tRNA 的肽基转移酶的活性。Strobel 及同事利用 P 位点标记的二肽酰tRNA和加到 A 位点的嘌呤霉素进行肽基转移酶反应，P 位点的 tRNA 分别含有正常的 A76、dA76、fA76、无修饰 fMet-tRNA（—），如图上部所示。在有或无嘌呤霉素条件下记录反应不同时间的结果（10s、1min、6min、1h、24h）。用薄层电泳分离标记的二肽酰-嘌呤霉素（fMet-Lys-puro），电泳图进行磷屏成像。只有带正常 A76 的 P 位点 tRNA 能够测定肽基转移酶活性。（*Source*：Reprinted from *Nature Structural & Molecular Biology*，vol 11，Joshua S. Weinger，K. Mark Parnell，Silke Dorner，Rachel Green & Scott A. Strobel，"Substrate-assisted catalysis of peptide bond formation by the ribosome，" Fig. 3a，p. 1103. Copyright 2004，reprinted by permission from Macmillan Publishers Ltd.）

以这种方式参与反应的可能性是存在的。也许，其羟基通过将反应物正确定位到活性位点而参与催化反应。与嗜盐死海古菌的核糖体结构不同的是，大肠杆菌的一个核糖体蛋白（N端的L27）距肽基转移酶中心很近，可以与P位点tRNA的3′端交联。然而，鉴于在一种细菌中RNA作为催化剂的有力证据，它在另一种细菌中无相同作用的可能性不大。也许在大肠杆菌中L27有助于稳定P位点的肽酰tRNA。

随着多肽产物的延伸，它可能通过50S亚基的一个通道从核糖体排出。Moore、Steitz及同事对此已研究得相当清楚了。图19.18是一个显示出口通道劈开的50S亚基示意图，肽基转移酶中心已在图中标记，通道中有一个示意性的多肽。通道的平均直径为15Å，两处窄的地方为10Å，刚好能容下一个α螺旋蛋白，所以新生多肽不可能进行任何进一步的折叠。通道壁大部分由亲水性RNA构成，新生多肽暴露的疏水基团不会因在通道壁中发现可结合的对象而阻碍脱出过程。

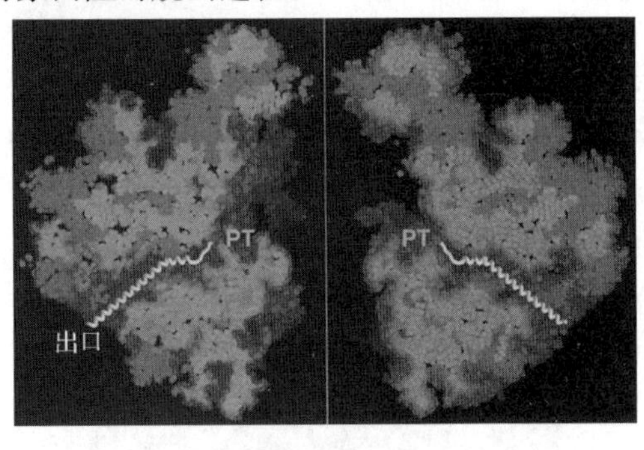

图19.18　多肽脱出通道。50S亚基像一个从中间劈开的水果。显示出从肽基转移酶（PT）位点开始延伸的出口通道。通道中白色α螺旋表示一个正在离开的新生多肽。[*Source*: Ban, N., P. Nissen, J. Hansen, P. B. Moore, and T. A. Steitz, The structural basis of ribosome activity in peptide bond synthesis. *Science* 289 (11 Aug 2000) f. 11a, p. 927. Copyright © AAAS.]

小结　50S核糖体亚基的晶体结构已在2.4Å分辨率上确定。这一结构揭示在核糖体亚基的接触面上相对来说少有蛋白质，用过渡态类似物在肽基转移酶活性中心18Å范围内没有标记到蛋白质。P位点tRNA的2′-OH处于与A位点的氨酰tRNA形成一个氢键的最佳位置，从而有助于催化肽基转移酶反应。与这一假设一致的是除去该羟基几乎消除了肽基转移酶的全部活性。类似地，除去23S rRNA的A2451的2′-OH，可强烈抑制肽基转移酶活性，因此该羟基可能也是通过形成氢键参与催化反应，或通过帮助反应物正确定位而参与催化反应。横穿50S亚基的出口通道仅能通过一个α螺旋蛋白，通道壁由RNA构成，其亲水性允许暴露出疏水侧链的新生蛋白质容易地滑过。

核糖体结构与翻译的机制

如第18章所提到的，此处所介绍的翻译机制，包括核糖体的三位点（A、P、E）模型都是过于简化的。我们已经看到氨酰tRNA可以以杂交态存在，这与三位点模型不一致。我们在第18章所见的例子是P/I态，其中fMet-$tRNA_f^{Met}$无需EF-P的帮助。但是还存在其他杂交态。本节我们将介绍已相当清楚地解释翻译机制的结构学研究的进展。

氨酰tRNA与A位点的结合　早在1997年的单颗粒冷冻电子显微镜（cryo-EM）研究中就发现氨酰tRNA首先是弯曲成**A/T态**的，其中，反密码子与A位点的密码子相互作用，但是氨基酸和受体臂仍然与EF-Tu-GTP相互作用，而不是与50S亚基的A位点相互作用。只有当GTP水解后，氨酰tRNA才伸直，完全进入核糖体的A位点，这一过程叫做**适应性调节**（accommodation）。

2009年，Ramakrishnan及同事利用更高分辨率的X射线晶体学方法来鉴别EF-Tu将新的氨酰tRNA带入A位点的详细过程。他们制备了嗜热菌核糖体与mRNA、在P位点和E位点的$tRNA^{Phe}$复合物的晶体，以及三元复合物EF-Tu-Thr-$tRNA^{Thr}$-GDP。他们还加入了黄色霉素，以便阻止在GTP水解之后的EF-Tu重排，目的是将氨酰tRNA截获在A/T状态。最后，他们加入了巴龙霉素，用于稳定密码子与反密码子间的结合。

如所期望的，氨酰tRNA是处于A/T状态（图19.19）。可以看出，氨酰tRNA（紫红色）反密码子的末端位于靠近 mRNA 的 30S 核糖体颗粒的解码中心，但是氨酰 tRNA 弯曲了 30°以便其受体臂与 EF-Tu 接触，而不是插入靠近肽基转移酶中心（PTC）的 A 位点。放大观察发现，这一弯曲是光滑的，未造成 tRNA 的扭结。

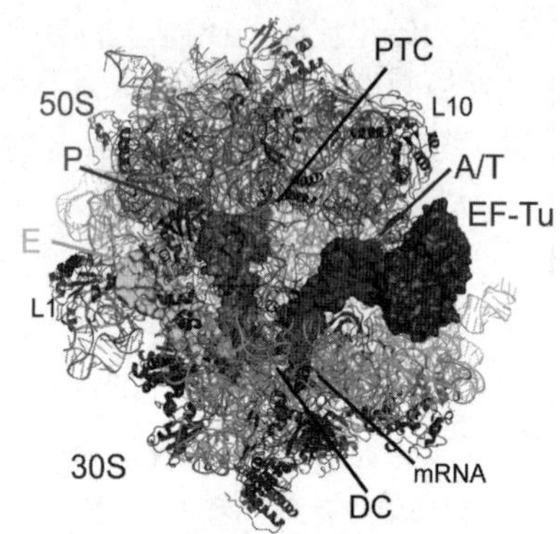

图 19.19 去氨酰 tRNA 在 P 位点和 E 位点、氨酰 tRNA 在 A/T 位点的核糖体的晶体结构。 EF-Tu 和 tRNA 展示在表面，rRNA 和蛋白质展示为漫画。30S 颗粒为蓝绿色（RNA）和紫色（蛋白质），50S 颗粒为橙色（RNA）和棕色（蛋白质）。E 位点的 tRNA 是黄色，P 位点的是绿色。A/T 态的氨酰 tRNA 是紫红色，所结合的 EF-Tu 是红色。DC，解码中心；PTC，肽基转移酶中心；L1，50S 颗粒的 L1 柄，含有 L1 核糖体蛋白。注意 50S 颗粒上空的 A 位点，其内部的氨基酸和氨酰 tRNA 的受体臂在 GTP 水解时将离开。（*Source*：Reprinted with permission of *Science*，30 October 2009，Vol. 326，no. 5953，pp. 688-694，Schmeing et al，The Crystal Structure of the Ribosome Bound to EF-Tu and Aminoacyl-tRNA. © 2009 AAAS.）

那么，tRNA 的这种弯曲有什么优势吗？弯曲需要能量，该能量由密码子与其关联反密码子的正确配对提供。而非关联 tRNA 的弯曲不能提供这么多的能量，所以，实现 A/T 状态所需的 tRNA 弯曲并非易事。所以对 tRNA 的弯曲要求提供选择非关联氨酰 tRNA 而有助于翻译的准确性。

我们知道，弯曲的氨酰 tRNA 必须伸直才能进入 A 位点。这相对来说较容易，因为氨酰 tRNA 主要与解码中心和 EF-Tu 结合，而在核糖体之间的结合较少。储藏在弯曲 tRNA 中的能量足以断开这几个为数不多的结合，使氨酰 tRNA 完全进入 A 位点。

当关联氨酰 tRNA 在解码中心的时候，核糖体如何与 EF-Tu 的 GTP 酶协同来切割三元复合物中的 GTP 呢？EF-Tu 的 GTP 酶中心应该包含几个元件：P 环、开关Ⅰ和开关Ⅱ。开关Ⅱ包括推测的催化残基 Gly83 和 His84。GTP 不能被三元复合物自身所水解，因为在无核糖体情况下，Gly83 和 His84 被一个疏水的门隔在了 GTP 酶活性中心之外，该门由开关Ⅰ的Ⅱe60 和 P 环的 Val20 组成。当这个门打开的时候，催化残基可到达催化中心，激活一个水分子，这一活化的水分子使 GTP 水解。

目前的结构处于 GTP 水解后的状态，所以，我们期望催化性的 His84 是远离 GDP 的，事实也确实如此。此外，P 环和开关Ⅱ是高度有序化的，而开关Ⅰ的包含Ⅱe60 的区域则不是。这就意味着，开关Ⅰ的这一部分可以在晶体结构中移动，由此提出了假设：这个疏水门可以敞开以便催化残基接近 GTP。

那么，谁来打开这个疏水门呢？图 19.20 显示了 Ramakrishnan 及同事的假说，黑色数字按顺序表示下列事件。①这一过程以密码子与解码中心（16S rRNA 残基 A1492、A1493 和 G530）的关联反密码子的相互作用开始。②当解码中心感知到密码子与反密码子之间的正确配对后，就引起 30S 亚基“域关闭”，从而使 16S rRNA 的肩部转而与 EF-Tu 结合。③这一结合使 EF-Tu 结构域 2 的 β 转角发生转换。④β 转角中的这种转换改变了氨酰 tRNA 的受体臂的构象，有助于 tRNA 进入 A/T 态。

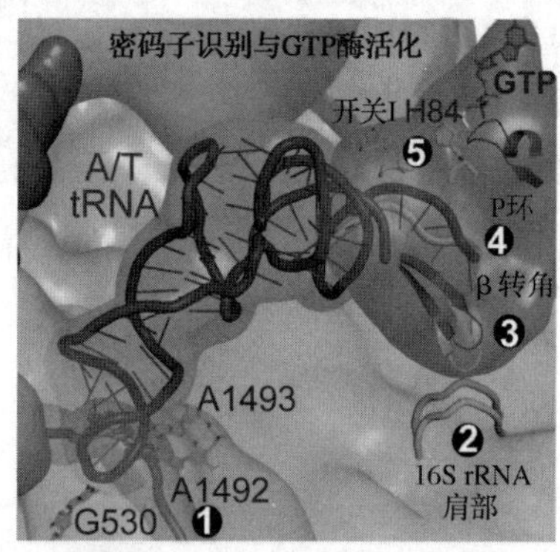

图 19.20 密码子识别与 GTP 酶激活。 显示 A/T 态的氨酰 tRNA（紫红色），其反密码子位于解码中心，其受体臂结合了 EF-Tu。只显示了 EF-Tu 的相关部分（β-转角或环、P 环、开关Ⅰ及 His84 或 H84）。黑圈中白色数字所表示的步骤见书中的介绍。（*Source*：Reprinted with permission of *Science*，30 October 2009，Vol. 326，no. 5953，pp. 688-694，Schmeing et al，The Crystal Structure of the Ribosome Bound to EF-Tu and Aminoacyl-tRNA © 2009 AAAS.）

⑤tRNA 受体臂的构象改变可断开 tRNA 与开关Ⅰ的结合，由此使开关Ⅰ移动，打开门，让 His84 进入 GTP 酶的催化中心并水解 GTP。本研究未能阐明 50S 颗粒的 L10-L12 柄的作用，已知该柄能刺激 EF-Tu 的 GTP 酶活性。L10-L12 柄在该晶体结构中是无序的，因此看不见。

本节所介绍的分子间相互作用（包括在 A/T 状态的氨酰 tRNA 的弯曲、EF-Tu 的 GTP 酶的激活和氨酰 tRNA 的伸直）可以通过在线视频观看 www. sciencemag. org/cgi/content/full/1179700/DC1。视频对这些事件过程的三维显示效果比静态的二维图片要好得多。此外，该视频还显示了 GTP 水解后所发生的事件：EF-Tu 离开 A 位点，使氨酰 tRNA 伸直。进入完全的 A/A 态。氨酰 tRNA 对 A 位点的这种“适应性调节”使 30S 和 50S 核糖体亚基都发生了构象转换。具体地讲，50S 亚基的移动性 L1 柄移动，打开 E 位点，使去氨酰 tRNA 离开核糖体。之前的其他研究也已经提示在 E 位点 tRNA 的释放中有 L1 柄参与。

小结 氨酰 tRNA 在结合核糖体时，首先是进入 A/T 态，以其反密码子位于 30S 颗粒的解码位点，其受体臂仍然与 EF-Tu 结合。这种状态迫使 tRNA 发生弯曲，该弯曲在密码子与反密码子完全配对时容易发生，因此增强了准确性。弯曲时，tRNA 失去与 EF-Tu 的开关Ⅰ的结合，使开关Ⅰ可以移动，从而使 His84 进入 GTP 酶的活性中心，并水解 GTP。GTP 水解时，EF-Tu-GDP 离开核糖体，让氨酰 tRNA 进入 A/A 态。这种重排进一步引起了核糖体的构象转换，进而释放 E 位点的去氨酰 tRNA。

移位 Danesh Moazed 和 Harry Noller 于 1989 年利用化学足迹法研究发现，在肽基转移之后移位之前，在 A、P 位点的 tRNA 自发地将它们的受体臂分别转换到 50S 亚基的 P、E 位点。这种转换甚至是在 EF-G 与核糖体结合之前，由核糖体 30S 和 50S 亚基相互间错开 6°的棘齿移动所驱动的。而反密码子与 30S 亚基的 A、P 位点的密码子仍然分别保持配对状态。因此，这些 tRNA 一定是处于 A/P 和 P/E 的

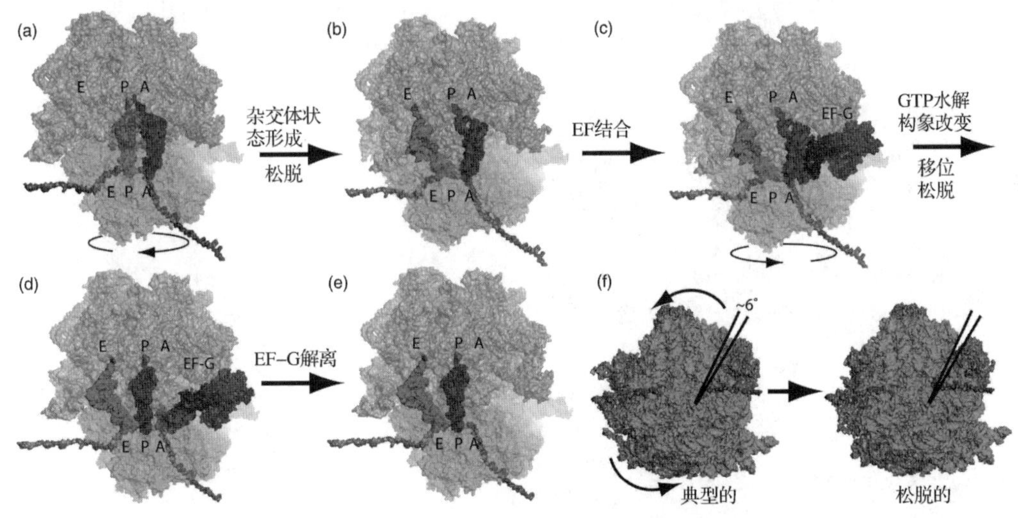

图 19.21 移位过程的结构基础。(a) 移位前状态，tRNA 位于正常的 A 位点和 P 位点。P 位点 tRNA 是去氨酰的。**(b)** 核糖体两个亚基的自发棘齿运动，将两个 tRNA 带入杂合的 A/P 和 P/E 态。**(c)** EF-G-GTP 与核糖体结合，其Ⅳ域邻接 A 位点。**(d)** GTP 水解，使 mRNA 和 tRNA 的反密码子末端在 30S 亚基上移位，从而将两个 tRNA 带入正常的 P 位点和 E 位点，也使棘齿松弛，回到原初的移位前状态。**(e)** EF-G-GTP 与核糖体的解离。**(f)** 棘齿。30S 亚基（蓝绿色）相对于 50S 亚基（棕色）逆时针旋转约 6°，从正常状态（左侧）进入棘齿状态（右侧）。[*Source*：Reprinted by permission from Macmillan Publishers Ltd：*Nature* 461，1234-1242（29 October 2009）Schmeing & Ramakrishnan，What recent ribosome structures have revealed about the mechanism of translation. © 2009.]

杂合状态。只有当 EF-G 结合及 EF-G 依赖性的 GTP 水解时，30S 亚基中的反密码子臂才与 mRNA 一起发生转换，将 tRNA 完全带入 P 和 E 位点。图 19.21 和在线视频 www.mrc-lmb.cam.ac.uk/ribo/homepage/movies/translation_bacterial.mov 显示了这些事件。由于三维效果和平稳显示变化的能力，视频显示的效果非常清晰。此外，视频还总结了我们所已知的翻译全部三个阶段（起始、延伸、终止）的结构基础。

2009 年，Ramakrishnan 及同事确定了嗜热菌核糖体与 mRNA、EFG-GDP 和抗生素梭链孢酸复合物的晶体结构。梭链孢酸可允许 GTP 水解，但阻断 EF-G-GDP 从核糖体的释放。预测这一结构是处于后移位态的，tRNA 在正常的 P 位点和 E 位点，而非移位前的杂合的 A/P 和 P/E 态。这正是 Ramakrishnan 及同事所观察到的。还有，正如所预期的那样，EF-G 通过其Ⅳ域与核糖体相互作用，与 EF-Tu-氨酰 tRNA-GTP 复合物间的相互作用一样。

该晶体结构的一个新特征是它使 50S 亚基的移动性 L1 和 L10-L12 柄得以稳定，从而能观察到其结构。在目前这种情况下，L10-L12 柄的形状和位置都特别重要，因为它参与由 EF-G 催化的 GTP 酶反应。确实，该结构显示

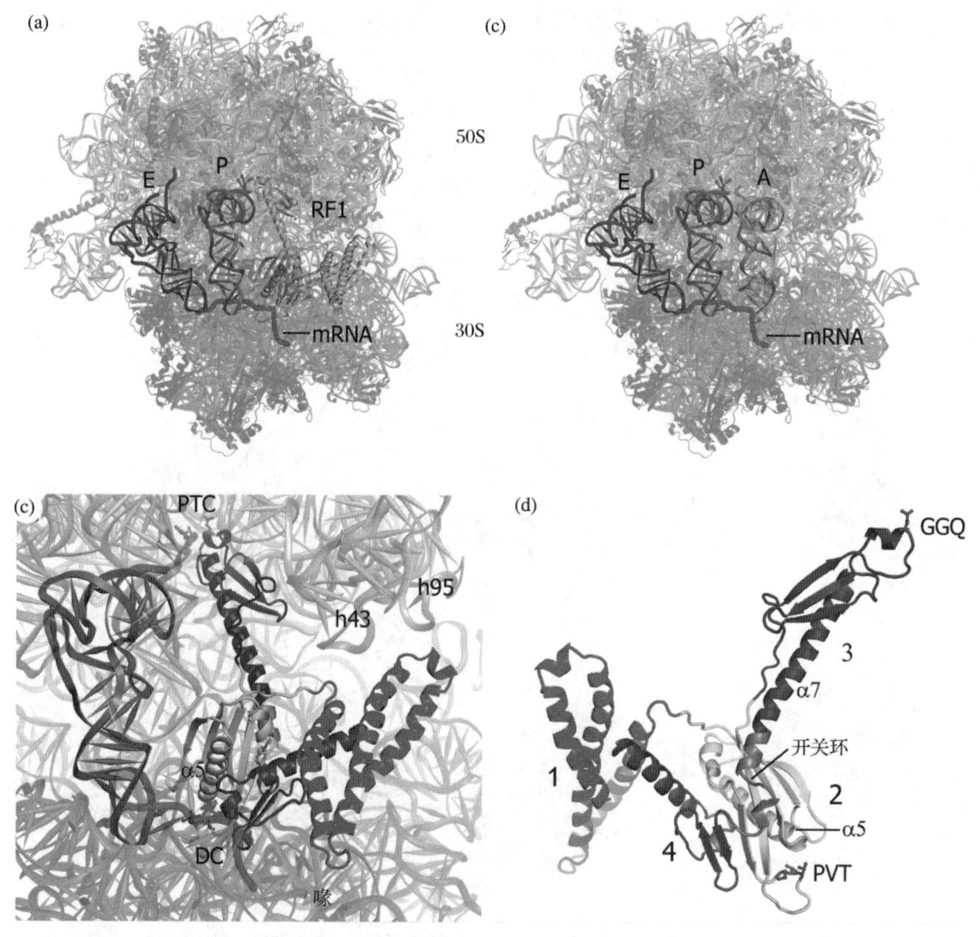

图 19.22 RF1-核糖体复合物的结构。(a) 70S 核糖体上 RF1、P 位点 tRNA、E 位点 tRNA 及mRNA的位置。**(b)** 70S 核糖体上 A 位点 tRNA、P 位点 tRNA 及 mRNA 的位置。**(c)** 核糖体上 RF1 和 P 位点 tRNA（橙色）的位置。PTC，肽基转移酶中心；DC，解码中心；h43 和 h95，23S rRNA 的螺旋。**(d)** RF1 相对于（c）图旋转了 180°。RF1 的结构域的颜色与图（c）相同，域 1 是绿色，域 2 是黄色，域 3 是紫色，域 4 是紫红色，PVT 和 GGQ 基序是红色。(*Source*：Reprinted by permission from Macmillan Publishers Ltd：*Nature*，454，852-857，14 August 2008. Laurberg et al，Structural basis for translation termination on the 70S ribosome. © 2008.)

L12 的羧基末端结构域（CTD）与 EF-G 的 G′域结合。然而，Ramakrishnan 及同事注意到，干扰这种结合的突变只抑制 GTP 酶反应的副产品——无机磷酸盐的释放，而非反应本身。他们由此提出，L12 和 EF-G 的空间关系在 GTP 水解时在某种程度上发生了变化，转变成他们所观察到的形状，该形状对磷酸盐的释放是重要的。L12 很有可能与 EF-Tu 的 GTP 酶中心以相同的方式发挥作用。

小结　移位以 30S 亚基相对于 50S 亚基做自发的棘齿运动开始，由此将 tRNA 带入杂合的 A/P 和 P/E 态。当 EF-G-GTP 结合及 GTP 水解时，这些 tRNA 及 mRNA 在 30S 亚基上移位，进入经典的 P 位点和 E 位点，然后松弛棘齿态。对含有 70S 核糖体、EFG-GDP、mRNA 和梭链孢酸的复合物的结构研究揭示出 EF-G 与核糖体的结合方式非常类似于 EF-Tu-氨酰 tRNA-GDP 与核糖体的结合方式。这些研究也显示了 L10-L12 柄激活 EF-G（和 EF-Tu）的 GTP 酶的过程。

70S 核糖体与 RF1 和 RF2 的相互作用　对晶体结构的一些研究表明，真核与原核的释放因子都模仿 tRNA，并且释放因子分子一端的某些氨基酸的作用方式可能类似于反密码子与终止密码子间的相互作用。具体来讲，RF1 中连续的三个氨基酸（PXT，P 是脯氨酸；T 是苏氨酸；X 是任一氨基酸）预期参与识别两个终止密码子 UAA 和 USG。2008 年，Harry Noller 及同事通过解析复合物嗜热菌的 70S 核糖体、RF1、tRNA 及带有 UAA 终止密码子的 mRNA 的 X 射线晶体结构，对此有了更多了解。

图 19.22（a）和（b）比较了 RF1 及核糖体 A 位点的氨酰 tRNA 的位置。图 19.22 中各图清楚地显示 RF1 的不同部分，包括域 2 和域 3，占据了 A 位点中正常情况下由氨酰 tRNA 所占据的位置。具体地讲，图 19.22（c）和（d）显示域 2 的一部分（黄色），包括 PXT 模体（红色），构成了与 mRNA 的终止密码子非常接近的“阅读头”，它具有进行专一性结合的潜力，可以“阅读”终止密码子。图 19.22（c）和（d）还显示，在 A 位点的 RF1 的另一端，即域 3 的尖部（紫色），包括完全保守的 GGQ 基序（红色），与肽基转移酶中心非常靠近，因此处在参与肽基转移酶活性向酯酶活性转换的位置。酯酶活性可从氨酰 tRNA 上切掉多肽，终止翻译。下面，我们将更详细地学习 RF1 的密码子识别端（阅读头）的作用。

图 19.23 显示了该复合物的密码子识别位点，并证明先前所提出的 PXT 模体对 UAA 的简单识别远不止那么简单。PXT 模体确实起重要作用，但是它识别前两个碱基而非前面所说的后两个碱基。而且它需要 RF1 的其他保守部分和 16S rRNA 的帮助，尤其是 PXT 模体的 T186 通过与 U1 和 A2 两个碱基形成氢键而帮助识别 UAA 密码子的 U1 和 A2［图 19.23（b）］。此外，蛋白质骨架在甘氨酸 116 和谷氨酸 119 与 UAA 密码子的 U1 间形成两个氢键。还有，UAA 终止密码子的 A2 落在终止密码子碱基 A1 与 RF1 的组氨酸 193 之间。最后，U1 和 A2 的核糖基团的 2′-OH 分别与 16S rRNA（利用大肠杆菌的编号系统）的 1493 磷酸基和 A1492 的核糖形成氢键。所有这些相互作用中，以 UAA 终止密码子的前两位：U 和 A 的最强。有意思的是，A1492 和 A1493 参与正常密码子（见本章前面）和终止密码子的结合，但它们的作用大不一样。

一个氨基酸编码密码子的三个碱基是堆积的，所以它们可以与相应的反密码子的三个堆积在一起的碱基配对。然而，图 19.23（a）和（c）的晶体结构显示，终止密码子 UAA 的第三个碱基（A3）被其他碱基隔开得很远。这种隔离由多个因子引起。其中之一是 RF1 的 His193 在密码子的第三个碱基的正常位置插入，并与 A2 堆积在一起。由此迫使 A3 离开 A2［图 19.20（a）的右边］，并与 IF1 的下列残基相互作用：Thr194、Q181 及 I192 的骨架碳酰基。此外，16S rRNA 的 G530 与 A3 堆积，帮助稳定 A3 与 A2 的分离状态。

2008 年下半年，Ramakrishnan 及同事发表了与嗜热菌核糖体结合的 RF2 的结构，包括对 RF2 有专一性的 UGA 终止密码子。该结构确证了类反密码子的三肽（与 RF1 中的 PXT 相对应，在 RF2 中是 SPF，即 Ser-Pro-Phe）像 RF1 中的 PXT 一样发挥作用，通过接近解

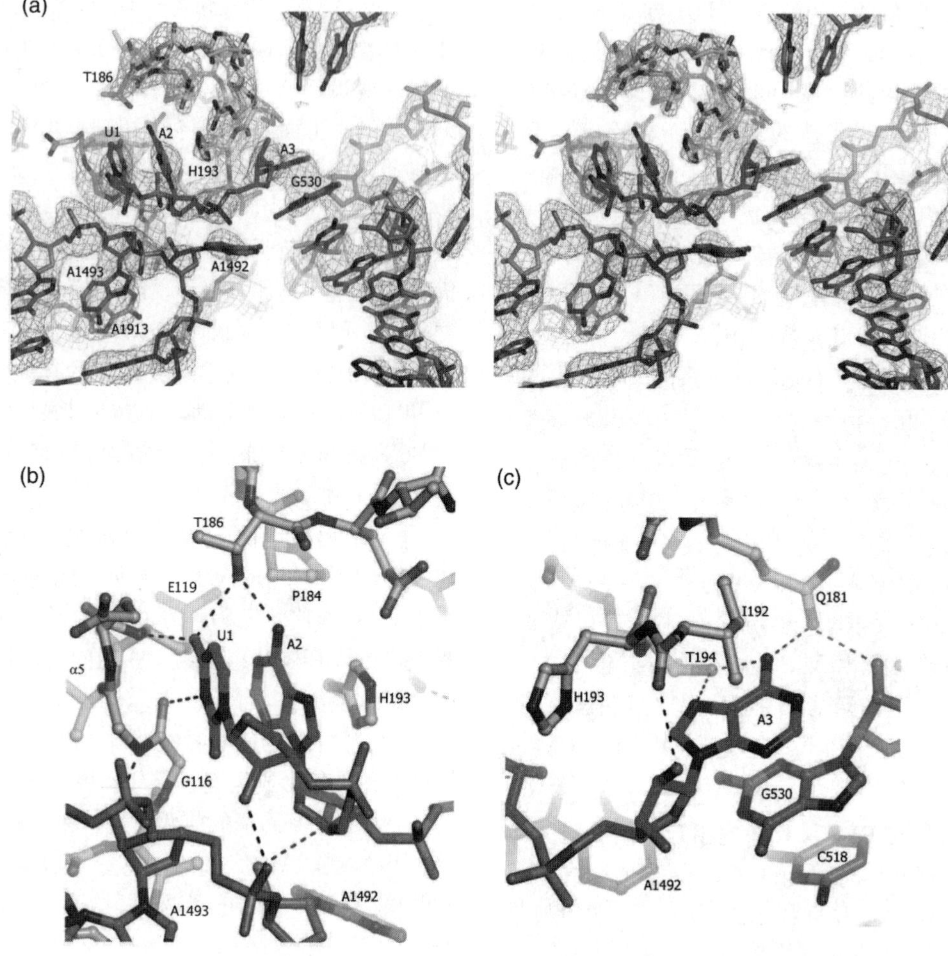

图 19.23 UAA 终止密码子与解码中心相互作用的细节。（a） 终止密码子（绿色）、RF1 阅读头（黄色）、16S rRNA（蓝绿色）、23S rRNA 的一个碱基（A1913，灰色）的立体图。该终止密码子的 U1、A2、A3 和 RF1 的关键氨基酸、16S rRNA 的关键碱基都已标出。（**b 和 c**）终止密码子的前两个碱基（b）和最后一个碱基（c）与解码中心相互作用的细节。RF1 蛋白和 16S rRNA 的关键部分之间的氢键以虚线表示。（*Source*：Reprinted by permission from Macmillan Publishers Ltd：*Nature*，454，852-857，14 August 2008. Laurberg et al，Structural basis for translation termination on the 70S ribosome. © 2008.）

码中心，并在此处帮助识别终止密码子。此外，就像 RF1 中的 PXT 基序需要 RF1 中其他残基及 16S rRNA 的帮助一样，RF2 中的 SPF 很重要，但并不等于它能单独识别 UGA 终止密码子。

Ramakrishnan 及同事还发现，RF2 中保守的 GGQ 模体就像 RF1 中的相同模体一样，处在非常靠近肽基转移酶中心的位置，在此处参与 tRNA 上多肽的释放。晶体结构显示，该模体中两个甘氨酸所具有的构象对其他任何氨基酸都不合适。这就解释了为什么这两个氨基酸是完全保守的。GGQ 的构象将 Q 置于参与水解酯键的位置，该酯键连接多肽与 tRNA。这也应该是 RF1 的作用方式，可以解释在该基序中为什么谷氨酰胺是永远不变的。

小结 在识别 UAA 终止密码子时，RF1 的域 2 和域 3 分别填充核糖体 A 位的密码子识别位点和肽基转移酶位点。RF1 的域 2 的“阅读头”部分，包括其保守的 PXT 模体占据 A 位内的解码中心，并与 16S rRNA 的 A1493 和 A1492 合作，识别终止密码子。RF1 域 3 尖部完全保守的 GGQ 模体非常接近于肽基转移酶中心，参与对酯键的切割，该酯键连接合成的多肽与 tRNA。RF2 与核糖体的结合非常类似于对 UGA 终止密码子的响应。它的 SPF 模体（相应于 RF1 中的 PXT）处在识别终止密码子的位置，并与 RF2 的其他残基及 16S rRNA 合作。它的 GGQ 模体位于肽基转移酶中心，在此处参与多肽-tRNA 键的切割，从而终止翻译。

多核糖体

在前面的几章我们已经看到一次可以有一个以上 RNA 聚合酶转录一个基因。对于核糖体和 mRNA 的情况也是一样。实际上，在任何给定时间许多核糖体成串穿过同一个 mRNA 的现象是很普遍的，结果形成一个**多核糖体**(polyribosome or polysome)，如图 19.24 所示。在该多核糖体中，可以数出 74 个核糖体在同时翻译一个 mRNA。通过察看新生肽链我们也可以分辨出多核糖体的两端，当核糖体从 5′端（翻译开始）向 3′端（翻译的末端）行进时，肽链延伸变长。因此，5′端在左下方，3′端在右下方。

在真核生物形成多核糖体的过程中，加载到 mRNA 上的第一个核糖体在“首轮”翻译时面临最困难的任务。来自细胞核的 mRNA 携带一些蛋白质，其中有些是剪接和多腺苷酸化过程剩下的，有些是 mRNA 的结合蛋白，指导和护送 mRNA 从细胞核出来免于降解。但是在两个亚基之间连 mRNA 自己几乎都没有容身之地，所以当 mRNA 像穿线一样挤进第一个核糖体时，这些蛋白质必须被剥离，并立刻被翻译过程所需的其他蛋白质所替代。

图 19.24 中的多核糖体来自真核生物（一种蚊虫）。因为真核细胞转录和翻译在不同部位发生，所以多核糖体总是独立于基因出现在细胞质里。原核生物也有多核糖体，但由于基因的翻译和转录在同一时间和同一地点发生，所以图像很复杂。因此，我们可以看到新生 mRNA 在同一时间合成并被核糖体翻译。图 19.25 显示了大肠杆菌的这种情形。可见两个细菌染色体从左到右平行展开，只有上面的那个片段被转录。从图 19.25 中可以分辨出转录

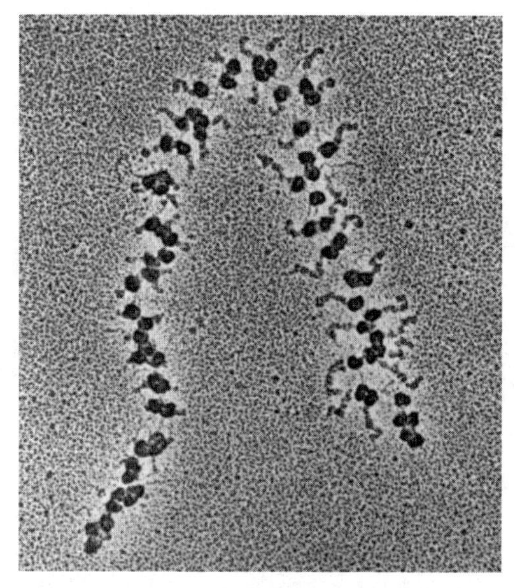

图 19.24 摇蚊多核糖体的电镜照片。mRNA 的 5′端在左下角，mRNA 向上弯曲后再向下，3′端在右下角。结合在 mRNA 上的黑点是核糖体。许多核糖体（74 个）的出现是称之为多核糖体的原因。随着核糖体接近 mRNA 末端，新生多肽从每个核糖体上延伸开并变长。新生多肽上模糊的小斑点不是单个氨基酸，而是包含氨基酸的结构域。(*Source*: Francke et al., Electron microscopic visualization of a discreet class of giant translation units in salivary glands of *Chironomus tetans*. *EMBO Journal* 1, 1982, pp. 59-62. European Molecular Biology Organization.)

是从左向右进行的，因为沿这个方向移动时多核糖体不断变长，有更多的空间容纳更多的核糖体。注意不要被图 19.24 和图 19.25 比例上的差异而误导，在图 19.25 中核糖体看起来较小且新生的肽链看不见，穿过图中的那条链是 DNA，而在图 19.24 中那是 mRNA。在图 19.25 中 mRNA 或多或少是垂直的。

小结 大多数 mRNA 被多个核糖体在同一时间翻译，形成许多核糖体成串地翻译一条 mRNA 链的现象，这种结构称为多核糖体。在真核生物中，多核糖体存在于细胞质中。在原核生物中，基因的转录及所产生 mRNA 的翻译同时发生。因此，一个活性基因会结合有很多的多核糖体。

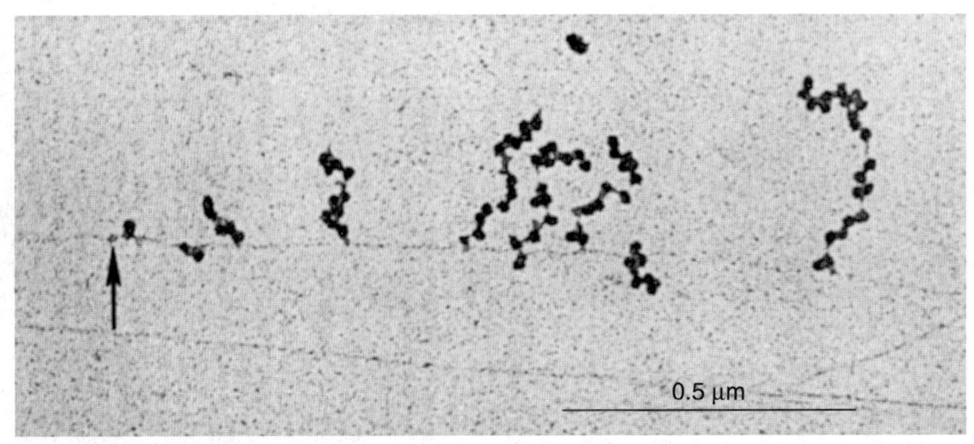

图 19.25 大肠杆菌中转录和翻译的同时发生。两个 DNA 片段水平展开，穿过画面。上面的片段从左到右转录。随着 mRNA 增长，越来越多的核糖体结合上来并进行翻译，由此产生多核糖体，它们或多或少地垂直于 DNA 排列。图中看不到新生多肽，左边箭头指示的一个模糊的斑点可能是刚开始基因转录的 RNA 聚合酶，其他类似的表示 RNA 聚合酶的斑点出现在一些多核糖体的基部，mRNA 在此处结合 DNA。[*Source*：O. L. Miller，B. A. Hamkalo，and C. A. Thomas Jr.，Visualization of bacterial genes in action. *Science* 169（July 1970）p. 394. Copyright © AAAS.]

19.2 转运 RNA

1958 年，Francis Crick 推测可能存在一种 RNA 的适配子，作为 DNA（实际在 mRNA 中）核苷酸链和相应蛋白质氨基酸链之间的中介。Crick 倾向于适配器分子含有 2～3 个能与密码子核苷酸配对的核苷酸这一想法，虽然当时尚无人知道密码子的本质，甚至还不知道 mRNA 的存在。Paul Zamecnik 及同事在一年以前已经发现了 tRNA，虽然他们当时还不知道 tRNA 起着适配器分子的作用。

tRNA 的发现

1957 年，Zamecnik 及同事已建成了大鼠的无细胞蛋白质合成系统。该系统的组分之一叫做 pH5 酶组分，该组分含有一些可溶性因子，与核糖体共同指导所加入的 mRNA 的翻译。在 pH5 酶组分中大部分是蛋白质，但他们发现混合物中也包含一种小 RNA，更有趣的是这个 RNA 能被氨基酸偶联。为证实这一点，他们将这种小 RNA 与 pH5 酶、ATP 及 [^{14}C] 亮氨酸混合，图 19.26（a）显示，加入混合物中的标记亮氨酸越多，结合到 RNA 上的就越多，而去除 ATP 后反应就不能发生。我们现在知道该反应是 tRNA 对氨基酸的负载。

Zamecnik 及同事发现这个小 RNA 不仅能负载氨基酸，还能将其氨基酸传递给正在合成的蛋白质。他们将负载 [^{14}C] 亮氨酸的 pH5 RNA 与微粒体（microsome，含有核糖体的内质网小体）混合。图 19.26（b）显示 pH5 RNA 放射性亮氨酸的丢失与微粒体蛋白质中亮氨酸的获得近乎完美地对应，这表明亮氨酰

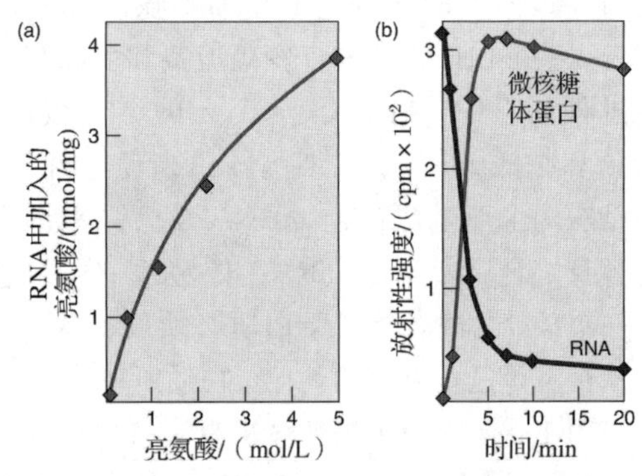

图 19.26 tRNA 的发现。 **(a)** tRNA 可负载亮氨酸。Zamecnik 及同事把标记的亮氨酸加入含有 tRNA 的组分，以亮氨酸对 RNA 的结合量对所加入的标记亮氨酸作图。**(b)** 负载的 tRNA 可以将其氨基酸供给新生蛋白质。Zamecnik 及同事记录了 tRNA 放射性（cpm）的丢失（蓝色）和微粒体（包括核糖体）新生蛋白质中放射性的获得（红色）。曲线间的互补关系提示，RNA 将其氨基酸贡献给增长的蛋白质了。（*Source*：Adapted from Hoagland，M. B.，et al.，*Journal of Biological Chemistry* 231：244 & 252，1958.）

tRNA 的亮氨酸掺入到了核糖体上的新生多肽中。

小结 tRNA 作为一种独立于核糖体的小 RNA 被发现，它能负载氨基酸然后传给正在合成的多肽。

tRNA 的结构

要了解 tRNA 怎样行使功能，就需要知道它的分子结构。尽管 tRNA 分子很小，但它们的结构却令人吃惊得复杂，就像蛋白质有初级、二级、三级结构一样，tRNA 也有这些结构。初级结构是 tRNA 中的碱基线性顺序，二级结构是 tRNA 不同区域碱基互相配对形成的茎环，三级结构是该分子的整体三维形状。在本节，我们将研究 tRNA 的结构与其功能的关系。

1965 年，Robert Holley 及同事首次测定了酵母丙氨酸 tRNA 天然核酸的碱基序列，其初级序列提示至少存在三个令人感兴趣的二级结构，其中包括一个三叶草形状。至 1969 年，已确定了 14 个 tRNA 的序列，结果显示，尽管在初级结构上差别相当大，但所有 tRNA 本质上都具有相同的“三叶草”型二级结构，如图 19.27（a）所示。在研究这一结构时，需想到 tRNA 的真实三维结构完全不是三叶草形的，三叶草形只是描述该分子的碱基配对方式而已。

三叶草结构有 4 个碱基对形成的茎，以此确定了分子的 4 个主要区域［图 19.27（b）］。第一个区域在图的顶部，是 tRNA 的两个末端通过碱基配对所形成的**受体臂**（acceptor stem）。3′端具有不变的 CCA 序列，比 5′端突出一些。左边的是**二氢尿嘧啶环**（dihydrouracil loop，D 环），以该部位总是存在修饰过的尿嘧啶命名。底部是**反密码子环**（anticodon loop），因最重要的反密码子在其顶端而得名。如我们在第 3 章所学过的，反密码子和 mRNA 密码子碱基配对，因此可对 mRNA 解码。右边是 **T 环**（T loop），因几乎不变的三碱基序列 TΨC 而命名。Ψ 代表 tRNA 中一个修饰的核苷**假尿嘧啶核苷**（pseudouridine），该核苷除了碱基是通过 5-C 而不是 1-N 连接核糖外，与正常尿苷一样。图 19.27 中反密码子环与 T 环之间的区域称为**可变环**（variable loop），因其长度变化范围为 4～13nt，有些较长的可变环含有碱基配对的茎。

除了二氢尿嘧啶和假尿嘧啶外，tRNA 还含有许多修饰过的核苷，有些修饰只是简单的甲基化，有些则更精细，如鸟嘌呤核苷转换为 **Y 核苷**（wyosine），含有复杂的称为 Y 碱基的三环碱基（图 19.28）。有些 tRNA 的修饰是普遍性的，如所有 tRNA 在 T 环的相同位置都有一个假尿嘧啶；多数 tRNA 都有一个高度修饰的核苷，如反密码子附近的 Y 核苷。其他修饰是对某些 tRNA 特异性的。图 19.28 给出了 tRNA 中的常见修饰核苷。

tRNA 核苷的修饰产生了一个问题：tRNA 是由修饰碱基合成的，还是转录后完成碱基修饰的？答案是 tRNA 和其他 RNA 的产生方式一样都由 4 种标准碱基组成的，一旦转录完成，多种酶系统就开始修饰碱基了。那么，这些修饰对 tRNA 的功能有什么影响呢？至少两种 tRNA 已经在体外用 4 种正常的、无修饰的碱基合成了，但它们不能结合氨基酸。因此至少在这两个例子中，完全无修饰的 tRNA 没有功能。虽然这些研究提示所有修饰作用的总和是至关重要的，但是单碱基修饰可能对 tRNA 的负载和利用效率有更细微的影响。

Alexander Rich 及同事在 20 世纪 70 年代用 X 射线衍射技术揭示了 tRNA 的三级结构。因为所有 tRNA 都具有以三叶草模型为代表的、本质上相同的二级结构，所以它们本质上具有相同的三级结构也就不足为奇了。图 19.29 显示了酵母 $tRNA^{Phe}$ 分子的倒“L”形结构，该结构最重要的方面可能是将其碱基配对茎的长度最大化，以两个碱基配对茎为一组进行堆积，以便形成相对伸长的碱基配对区。其中一个配对区水平地位于分子的顶部，包括受体臂和 T 环，另一个形成分子的垂直轴，包括 D 环和反密码子环。每个环的两部分由于不能完美地排成行而有轻微弯曲，线形排列允许碱基对互相堆积从而赋予其稳定性。该分子的碱基配对茎是 RNA-RNA 双螺旋，我们在第 2 章学过，这种 RNA 螺旋应该呈现 A-螺旋构象，即每转一螺旋有 11 个碱基，X 射线衍射研究证实了这一预测。

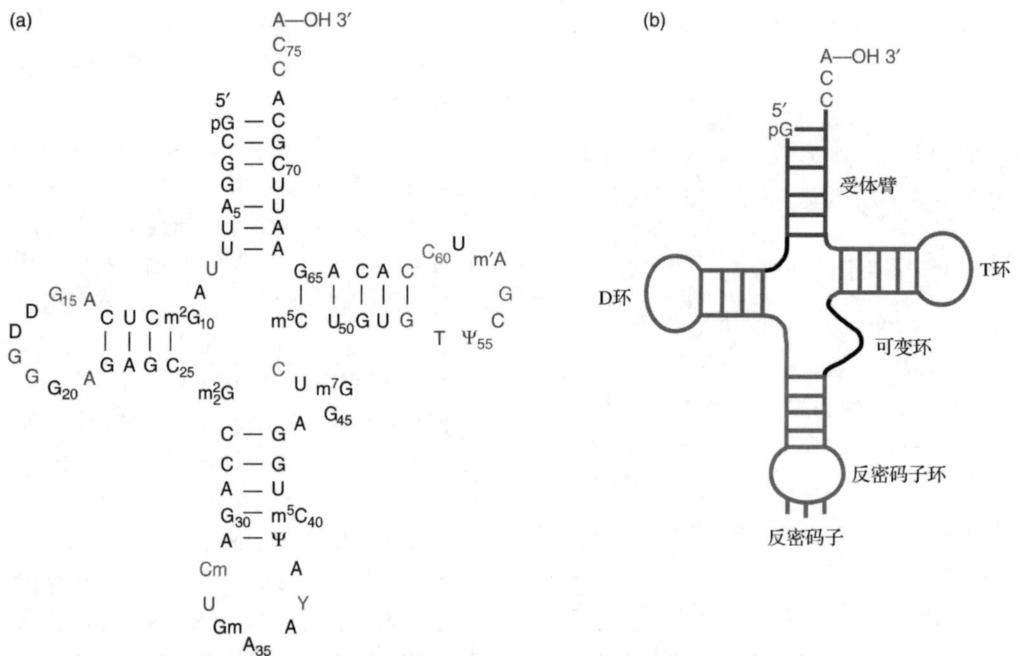

图 19.27 tRNA 三叶草结构的两种视图。(a) 酵母 tRNA^{Phe}的碱基序列，显示为三叶草形，不变核苷酸用红色表示。总是嘌呤或是嘧啶的碱基用蓝色表示。**(b)** 酵母 tRNA^{Phe}的三叶草结构。顶部是受体臂（红色），在此处氨基酸与 3′端腺苷结合。左边是二氢尿嘧啶环（D 环，蓝色），它至少含有一个二氢尿嘧啶碱基。底部是反密码子环（绿色），含有反密码子。T 环（右边，灰色）含有不变的 TΨC 序列。每个环由同色的碱基配对茎界定。[*Source*：(*a*) Adapted from Kim，S. H.，F. L. Suddath，G. J. Quigley，A. McPherson，J. L. Sussman，A. H. J. Wang，N. C. Seeman，and A. Rich，Three-dimensional tertiary structure of yeast phenylalanine transfer RNA，*Science* 185：435，1974.]

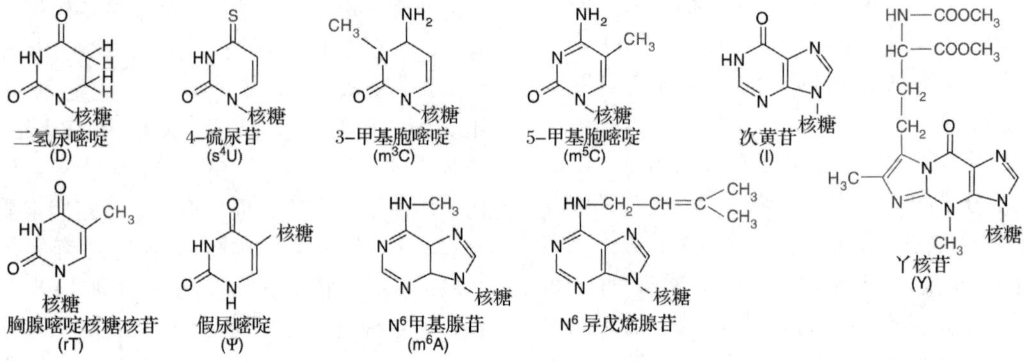

图 19.28 tRNA 中的一些修饰核苷。红色表示对 4 个正常 RNA 核苷之一的变异。次黄苷是个特例，它是鸟苷和腺苷的前体。

图 19.30 是酵母 tRNA^{Phe} 分子的立体图，碱基配对区在三维图中很容易看到，但 T 环-受体区在二维结构上也可观察到，因为它们被显示成几乎与纸面垂直，所以几乎呈平行的线条。

正如已经看到的，tRNA 主要是通过形成碱基配对区的二级互作而稳定的，也可通过区域间的几十个三级互作而达到稳定，包括碱基-碱基、碱基-骨架、骨架-骨架的相互作用。多数包括氢键的碱基-碱基三级互作发生在不变碱基或半不变碱基之间（半不变碱基总是嘌呤或者嘧啶）。这些相互作用使 tRNA 能正确折叠，所以相关碱基应保持不变，任何变化都会影响正确折叠进而阻碍 tRNA 正确行使功能。

只有一种碱基-碱基相互作用是正常的沃森-克里克碱基配对（G19-C56），其他所有都

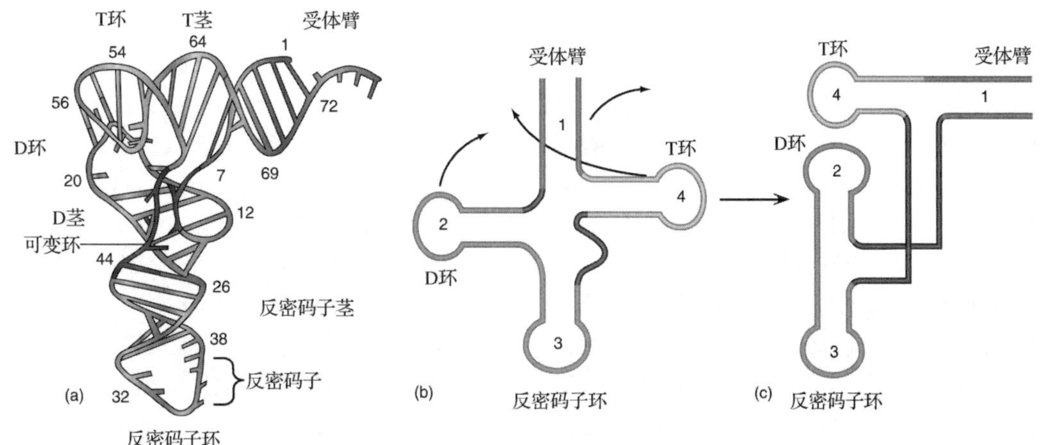

图 19.29 tRNA 的三维结构。(a) 酵母 $tRNA^{Phe}$ 三级结构平面投影图。分子各个部分的颜色含义与 **(b)** 和 **(c)** 对应。(b) 熟悉的 tRNA 三叶草形结构，颜色标注与 (a) 相同。箭头指示三叶草形结构扭曲获得如 (c) 所示的接近真实 tRNA 形状的方向。(*Source*：Adapted from Quigley，G. J. and A. Rich，Structural domains of transfer RNA molecules，*Science* 194：197，Fig. 1b，1976.)

是反常的。例如，连接 D 环与可变环的 G15-C48 碱基对，两条链是平行的而非反向平行，所以不是沃森-克里克配对，称为**反式配对**(*trans*-pair)。还有几个例子是一个碱基与另外两个碱基相互作用，其中有 U8、A14 和 A21。既然已讨论过三级互作，你可以再看一遍图 19.29 (a)，以继续观察更真实的形态。例如，注意碱基 18 和碱基 55 间以及碱基 19 和碱基 56 间的相互作用。初看好像是 T 环内的碱基对，仔细观察会发现它们连接着 T 环和 D 环。

tRNA 三级结构另一个值得注意的方面是反密码子结构。图 19.30 证明反密码子碱基是堆积的，但这种堆积随着碱基向右突出，远离 tRNA 骨架，使它们处于和 mRNA 密码子碱基相结合的位置。实际上，反密码子骨架已被扭曲成部分螺旋状，这可能促进了与相应密码子的碱基配对（回忆图 19.2）。

小结 所有 tRNA 都具有共同的表现为三叶草形的二级结构，有 4 个碱基配对的茎形成三个茎环结构（D 环、反密码子环和 T 环）和一个受体臂，氨基酸在负载步骤被加到受体臂上。tRNA 也具有共同的三维形状，类似一个倒置的 L。这种形状通过将 D 茎与反密码子茎的碱基对及 T 茎与受体臂的碱基对线形排列起来而使稳定性最大。tRNA 的反密码子从反密码子环的侧面突出，并被扭成一种与 mRNA 中相应的密码子容易配对的形状。

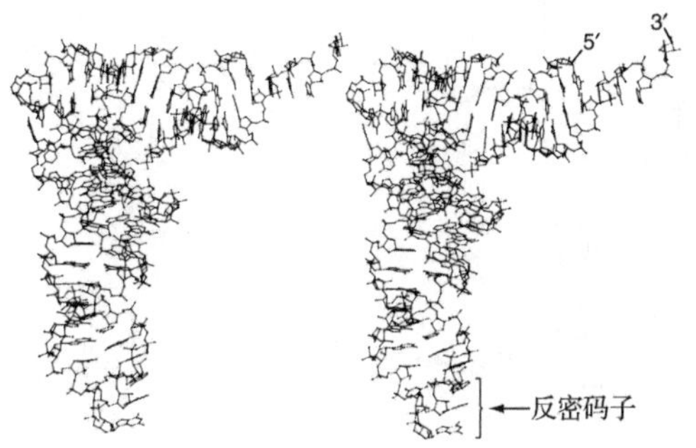

图 19.30 tRNA 的立体结构图。要从三维角度观察，需利用立体阅读器，或使两个图像融合，方法是：放松眼睛，好似在远处聚焦于某物（即"魔术眼"技术）或是微闭眼睛。可能要花一点时间产生三维立体效果。[*Source*：From Quigley，G. J. and A. Rich，Structural domains of transfer RNA molecules. *Science* 194 (19 Nov 1976) f. 2，p. 798. Copyright © AAAS. Reprinted with permission from AAAS.]

氨酰 tRNA 合成酶对 tRNA 的识别：第二遗传密码

1962 年，Fritz Lipmann、Seymour Benzer、Günter von Ehrenstein 及同事证明，核糖体识别氨酰 tRNA 中的 tRNA 而非氨基酸。他们生成了半胱氨酰 $tRNA^{Cys}$，然后用兰尼镍还原半胱氨酸，产生丙氨酰 $tRNA^{Cys}$，如图 19.31 所示 [注意这里的命名，在半胱氨酰 $tRNA^{Cys}$ ($Cys-tRNA^{Cys}$) 中，第一个 Cys 表明实际结合在 tRNA 上的氨基酸]，第二个 Cys (右上标)

表示该 tRNA 应该结合的氨基酸。因此，丙氨酰 $tRNA^{Cys}$ 应该是结合半胱氨酸的 tRNA，但却结合了丙氨酸)]。然后，按 5∶1 的比例将这种改变的氨酰 tRNA 和人工合成的 mRNA 加入体外翻译系统。该 mRNA 是 U 和 G 的随机多聚物，含多个编码半胱氨酸的 UGU 密码子，可正常地引起半胱氨酸的加入，但不应引起丙氨酸的加入，因为丙氨酸的密码子是 GCN，这里 N 是任意碱基，而 UG 多聚物不含有 C。但是在本例中，丙氨酸因结合了 $tRNA^{Cys}$ 而被加入了，这表明核糖体不能区别结合到 tRNA 上的氨基酸，它们只识别氨酰 tRNA 的 tRNA 部分。

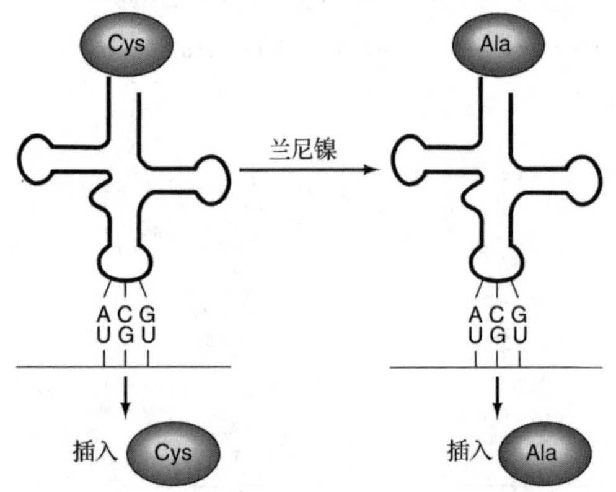

图 19.31　核糖体识别氨酰 tRNA 中的 tRNA 而非氨基酸。 Lipmann、Ehrenstein、Benzer 及同事从半胱氨酰 $tRNA^{Cys}$ 着手，该氨酰 tRNA 将半胱氨酸（Cys，蓝色）插入蛋白质链中，如图左边所示。用兰尼镍处理该氨酰 tRNA，使半胱氨酸还原为丙氨酸（Ala，红色），但对 tRNA 无影响。该丙氨酰 $tRNA^{Cys}$ 将丙氨酸插入蛋白质链中通常是半胱氨酸的位置，如图右边所示。因此，连接到 tRNA 上的氨基酸性质并不重要，重要的是 tRNA 自身，因为其反密码子必须与 mRNA 的密码子配对。

该实验指出了氨酰 tRNA 合成酶准确性的重要性。核糖体只识别氨酰 tRNA 的 tRNA，这一事实意味着如果合成酶出错并将错误的氨基酸放到 tRNA 上，那么这些氨基酸将在错误的位置被插入蛋白质中。这是非常危险的，因为含有错误氨基酸序列的蛋白质很可能无法正确行使功能。因此，氨酰 tRNA 合成酶对 tRNA 及其携带的氨基酸非常专一就不足为奇了。由此产生了关于 tRNA 结构的主要问题：既然所有 tRNA 的二级结构和三级结构本质上是一样的，那么当合成酶从 tRNA 库的 20 多种 tRNA 中选出一个时，以什么碱基序列进行识别呢？这组序列已被命名为“第二遗传密码”以突出其重要性。该问题的复杂性在于 tRNA 的**同工种类**（isoaccepting species）可由同一合成酶加载同样的氨基酸，然而它们却有不同的序列甚至不同的反密码子。

如果要推测氨酰 tRNA 合成酶所识别的 tRNA 元件的部位，我们可能会想到两个位点。第一，受体臂应该是个合理选择，因为这是 tRNA 接受氨基酸的位点，因此它有可能在负载氨基酸时位于或接近酶的活性中心。由于酶与受体臂有非常密切的接触，所以它应该能识别受体臂上具有不同碱基顺序的 tRNA。当然，最后三个碱基都是相同的 CCA 与这个目的无关。第二，反密码子是个合理的选择，因为它在每个 tRNA 中都不相同，并且与 tRNA 应该加载的氨基酸直接有关。我们将看到多数情况下这两种推测都是对的，并且某些 tRNA 的其他部位在氨酰 tRNA 合成酶识别过程中也起作用。

受体臂　1972 年，Dieter Söll 及同事注意到在多数 tRNA 的 73 位，即 3′端起第 4 个碱基的性质有一种模式：该碱基在装载同类氨基酸的 tRNA 中趋于相同。例如，无论是何种 tRNA，几乎所有亲水性氨基酸都通过 73 位的 A 与 tRNA 结合。这显然不是故事的全部，因为一个碱基不可能提供足够的变化来解释 20 种不同 tRNA 的专一性负载，它最多只能作为一个初步的识别因子。

Bruce Roe 和 Bernard Dudock 利用的是另一种方法。他们分析了能被单个合成酶加载的所有各种 tRNA 的碱基序列，包括在**异种错误加载**（heterologous mischarging）过程中由错误氨基酸加载的一些 tRNA。异种错误加载是指一种合成酶对另一种不正确 tRNA 进行加载的能力。这种错误加载比较慢，且需要比正常加载更高的酶浓度。例如，酵母苯丙氨酰 tRNA 合成酶（PheRS）可以正确地加载大肠杆菌、酵母及小麦胚芽的 $tRNA^{Phe}$，但也能用苯丙氨酸加载大肠杆菌的 $tRNA^{Val}$。

因为所有这些 tRNA 都能被相同的合成酶加载，所以它们应该都有一个元件让合成酶来分辨加载哪个 tRNA。Roe 和 Dudock 比较了所有这些 tRNA 的序列，寻找它们共有的序列，但没有找到。然而，有两个特点凸显了出来：73 位碱基和 D 茎的 9 个核苷酸。

1973 年，J. D. Smith 和 Julio Celis 研究了一种突变体抑制子 tRNA，它可插入 Tyr 而非 Gln。换句话说，野生型抑制子 tRNA 被 GlnRS 所加载，但其序列发生某个改变后可被 TyrRS 所加载，突变体和野生型的唯一不同是 73 位的碱基由 G 变成了 A。

1988 年，Ya-Ming Hou 和 Paul Schimmel 用遗传学方法证明受体臂的单碱基对对其加载专一性很重要。他们将 $tRNA^{Ala}$ 的反密码子突变为 5′-CUA-3′，变成琥珀抑制子以便对应琥珀密码子 UAG 插入丙氨酸，然后寻找在 tRNA 中改变其加载特异性的突变。分析方法很简便，可在体内进行。他们构建了一个在密码子 10 位具有琥珀突变的 *trpA* 基因，该突变只能被响应琥珀密码子插入丙氨酸（或甘氨酸）的 tRNA 所抑制。10 位上的任何其他氨基酸都只产生无活性的蛋白质。最后，在缺乏色氨酸的条件下培养突变体，如果突变体能抑制 *trpA* 基因的琥珀突变，那么它可能含有能被丙氨酸加载的抑制子 tRNA，如果不能，则表明抑制子 tRNA 被改变了，可被另一氨基酸加载。他们发现，在缺乏色氨酸环境中生长的所有细胞在抑制子 tRNA 的 3 位都有一个 G，70 位有一个 U，所以在受体臂距末端三个碱基处能形成 G3-U70 摇摆碱基对。

该实验提示，G3-U70 碱基对是 Ala RS 加载的重要决定因素。如果是这样，研究者就推测将另一个抑制子 tRNA（它插入另一个氨基酸）的 3 位和 70 位碱基分别突变为 G 和 U，应该使其加载专一性转换为丙氨酸。他们采用了两种不同的抑制子 tRNA：$tRNA^{Cys/CUA}$ 和 $tRNA^{Phe/CUA}$，这里的 CUA 指识别 UAG 琥珀密码子的反密码子。这两个 tRNA 的受体臂上都有一个 C3-G70 碱基对。当 Hou 和 Schimmel 将该碱基对变为 G3-U70 时，tRNA 就转变为 $tRNA^{Ala/CUA}$ 了，以它们能抑制 ^{trpA} 基因密码子 10 的琥珀突变为指示。

这些突变的琥珀抑制子 tRNA 真能将丙氨酸插入 TrpA 蛋白吗？氨基酸序列测定表明确实如此！而且这些改变的 tRNA 在体外能够被丙氨酸加载。因此，即使这两种 tRNA 分别在 38 位和 31 位碱基不同于天然的 $tRNA^{Ala/CUA}$，只需将一个碱基对从 C-G 变为 G-U 就可将其加载专一性分别从 Cys 和 Phe 改变为 Ala。

1989 年，Christopher Francklyn 和 Schimmel 提供了另一个证据表明受体臂的 G3-U70 碱基对在 AlaRS 负载专一性方面的重要性。他们发现，用人工合成的 35nt “微螺旋” 模拟 L 型 $tRNA^{Ala}$ 的上部，包括受体臂和 TψC 环，可以有效地负载丙氨酸。实际上，只要存在 G3-U70 碱基对，即使有很多碱基被改变，对丙氨酸的负载也可以发生。

同样很有意思的是，Ala-微螺旋可结合到核糖体的 P 位点，像完好的 Ala-$tRNA^{Ala}$ 一样参与肽基转移酶与嘌呤霉素的反应。根据这些观察可以推测，tRNA 分子的顶部首先进化，与 23S rRNA 祖先一起参与核糖体进化之前 “RNA 世界” 原始版本的蛋白质合成。

小结 生物化学和遗传学实验已经证明了受体臂在关联氨酰 tRNA 合成酶对 tRNA 识别过程中的重要性。在某些情况下，改变受体臂的一个碱基对就可改变其加载特异性。

反密码子 1973 年，LaDonne Schulman 开发了一项技术，用亚硫酸氢盐处理 $tRNA_f^{Met}$，使胞嘧啶转变为尿嘧啶。她与同事发现，多数情况下这种碱基改变都没有效果，但是有些却破坏了 tRNA 对甲硫氨酸负载的能力。其中一种改变是 73 位碱基 C→U，另一个是反密码子的 C→U。从那以后，Schulman 及同事收集了大量证据，表明了反密码子在加载专一性方面的重要性。

1983 年，Schulman 和 Heike Pelka 建立了一种方法，可在初始 tRNA（$tRNA_f^{Met}$）的反密码子中特异性地一次改变一个或多个碱基。首先，用胰腺 RNase 进行有限酶切，将野生型 tRNA 切为两部分：5′片段去掉反密码子，3′片段切除 CCA 末端的最后两个核苷酸。然后用 T4 RNA 连接酶将一个小的寡核苷酸片段（有一个或多个碱基改变）连接到 5′片段上，替代失去的反密码子。然后将这两部分重新连到一起，并且用 tRNA 核苷酸转移酶重新加上失去的 CA 尾。最后，在体外加载反应中检测改变了反密码子的 tRNA。表 19.1 显示，改变 $tRNA_f^{Met}$ 反密码子的一个碱基就足以使 Met 的加载率降低至少 10^5 倍。反密码子的第一个碱基（摇摆位置）是最敏感的，改变该碱基总是对加载有显著的影响。因此，反密码子可能是该 tRNA 在体外加载所必需的。

表 19.1　$tRNA_f^{Met}$ 衍生物氨酰化的初始速率

tRNA*	Met-tRNA 摩尔数/Met-tRNA 合成酶每分钟摩尔数	相对速率，CAU/其他
$tRNA_f^{Met}$	28.45	0.8
$tRNA_f^{Met}$ (gel)▲	22.80	1
CAU	22.15	1
CAUA	1.59	14
CCU	$4.0\sim10^{-1}$	55
CUU	$2.6\sim10^{-2}$	850
CUA	$2.0\sim10^{-2}$	1100
CAG	$1.7\sim10^{-2}$	1300
CAC	$1.2\sim10^{-3}$	18，500
CA	$0.5\sim10^{-3}$	44，000
C	$<10^{-4}$	$>10^5$
ACU	$<10^{-4}$	$>10^5$
UAU	$<10^{-4}$	$>10^5$
AAU	$<10^{-4}$	$>10^5$
GAU	$<10^{-4}$	$>10^5$

* 插入人工合成的 $tRNA_f^{Met}$ 衍生物的反密码子环中的寡核苷酸。

▲从变性聚丙烯酰胺凝胶中分离的对照样品，平行样品是人工合成的 $tRNA_f^{Met}$ 衍生物。

1991 年，Schulman 和 Leo Pallanck 根据以前的体外研究，在体内研究了反密码子改变的影响。同样，他们改变了 $tRNA_f^{Met}$ 的反密码子，但是这次他们检测的是突变的 tRNA 被错误加载对应新的反密码子的氨基酸的能力。他们用编码二氢叶酸还原酶（dihydrofolate reductase，DHFR）的报告基因来检测错误加载，高纯度的该基因产物可以很容易地被分离出来。以下是该实验的步骤：改变编码 $tRNA_f^{Met}$ 的基因，其反密码子由 CAU 变为 GAU，这是异亮氨酸（Ile）反密码子。然后，将该突变基因连同携带 AUC 起始密码子的突变型 DHFR 基因导入大肠杆菌。

通常情况下，AUC 不能像起始密码子那样很好地工作，但是在带有互补反密码子的 $tRNA_f^{Met}$ 存在时它是有效的。对所得 DHFR 蛋白序列的分析表明，第一个位置上的氨基酸主要是 Ile，也有一些是甲硫氨酸，表明内源野生型 $tRNA_f^{Met}$ 在一定程度上能够识别 AUC 初始密码子。

Pallanck 和 Schulman 用同样的方法将 $tRNA_f^{Met}$ 的反密码子改变为 GUC（缬氨酸，Val）或 UUC（苯丙氨酸，Phe）。在每种情况下，他们都对 DHFR 的起始密码子做相应改变，使其与改变的 $tRNA_f^{Met}$ 中的反密码子互补。在两种情况下，基因功能在有互补 $tRNA_f^{Met}$ 时都明显好于缺乏互补 $tRNA_f^{Met}$ 时。更重要的是，起始氨基酸的性质可以随 tRNA 反密码子的改变而改变。实际上，存在携带缬氨酸反密码子的 $tRNA_f^{Met}$ 时，缬氨酸是唯一在 DHFR 蛋白质氨基端发现的氨基酸，这表明 $tRNA_f^{Met}$ 反密码子由 CAU 到 GAC 的变化将该 tRNA 的加载特异性从甲硫氨酸变成了缬氨酸。因此，在该例子中反密码子是决定 tRNA 加载专一性的重要因素。

此外，改变 $tRNA_f^{Met}$ 的反密码子总会降低其效率。实际上，大多数这样的改变产生 $tRNA_f^{Met}$ 分子的效率非常低，甚至在有互补起始密码子时也无法进一步分析。因此，有些氨酰 tRNA 合成酶能加载带有改变的反密码子的非关联 tRNA，有些则不行。这些酶显然需要比反密码子更多的信息。

小结　生物化学和遗传学实验已经表明反密码子和受体臂一样，是决定负载专一性的重要元素。有时反密码子能够完全决定负载的专一性。

合成酶 tRNA 复合体的结构　对 tRNA 及其关联氨酰 tRNA 合成酶复合体的 X 射线晶体学研究已经表明，受体臂和反密码子在合成酶上都有锚定的位点。这些发现强调了受体臂和反密码子在合成酶识别中的重要性。1989 年，Dieter Söll 及同事用 X 射线晶体学技术确定了第一个氨酰 tRNA 合成酶（大肠杆菌 GlnRS）结合了其关联 tRNA 的三维结构。图 19.32 显示了这一结构。靠近顶部，可以看到酶上有一条深裂缝把受体臂裹了进去，包括碱基 73 和 3～70 碱基对。在左下部，可见酶上有一条小裂缝，tRNA的反密码子伸入其中。由此使反密码子被合成酶特异性地识别。另外，我们看到酶的最左侧的大部分区域与tRNA的L型内侧紧密接触，包括D环侧面和受体臂的小沟。

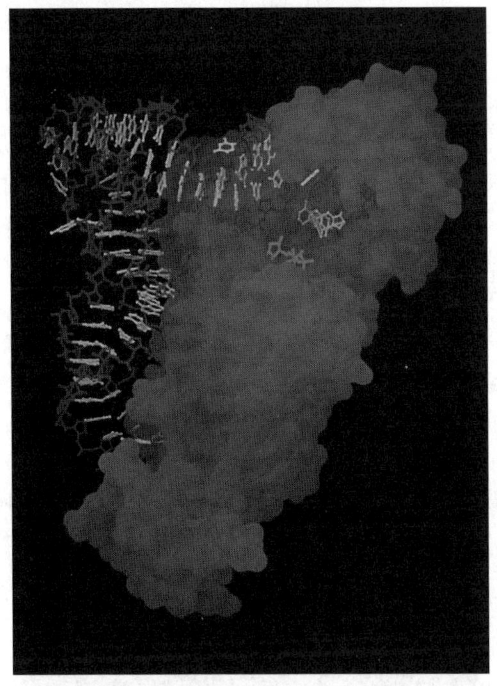

图19.32　含有tRNA和ATP的谷氨酰氨tRNA合成酶的三维结构。合成酶为蓝色，tRNA为棕或黄色，ATP为绿色。注意在酶与tRNA之间的三个接触区。①包被tRNA受体臂及ATP的顶部深沟；②左下方容纳tRNA反密码子的区域；③两个深沟间的区域与tRNA的L型内侧大部分区域接触。[*Source*：Courtesy T. A. Steitz；from Rould，Perona，Vogt，and Steitz，*Science* 246 (1 Dec 1989) cover. Copyright © AAAS.]

约有一半的合成酶，包括GlnRS可归为一类，叫做**class Ⅰ**。它们结构相似，并且最先使tRNA腺苷末端的2′-OH氨酰化。另一半合成酶为**class Ⅱ**，它们在结构上彼此相似，但不同于class Ⅰ，它们最先使关联tRNA的3′-OH氨酰化。1991年，D. Moras及同事获得了该组成员的酵母AspRS连同$tRNA^{Asp}$的X射线晶体结构。图19.33对比了class Ⅰ和class Ⅱ合成酶tRNA复合体的结构。该图显示出几个不同之处。首先，class Ⅱ合成酶虽然仍接触L型结构的内侧，但同样也接触tRNA的外侧，包括可变环和受体臂的大沟。另外，受体臂，包括CCA尾，是一种规则的螺旋构像。这与class Ⅰ结构相反，在class Ⅰ中第一个碱基对被破坏了，分子的3′端形成发夹结构。因此，X射线晶体学研究证实了合成酶-tRNA相互作用的生物化学和遗传学研究的主要结论：反密码子和受体臂都与酶密切接触，因此处于决定酶-tRNA相互作用的专一性的位置。

小结　X射线晶体结构已经表明，两组氨酰tRNA合成酶在合成酶-tRNA相互作用方面有区别。Class Ⅰ合成酶有针对受体臂和关联tRNA反密码子的区域，从D环和受体臂小沟一侧靠近tRNA。class Ⅱ合成酶也有针对受体臂和反密码子的区域，但是从另一侧包括可变臂和受体臂的大沟接近tRNA。

(a)

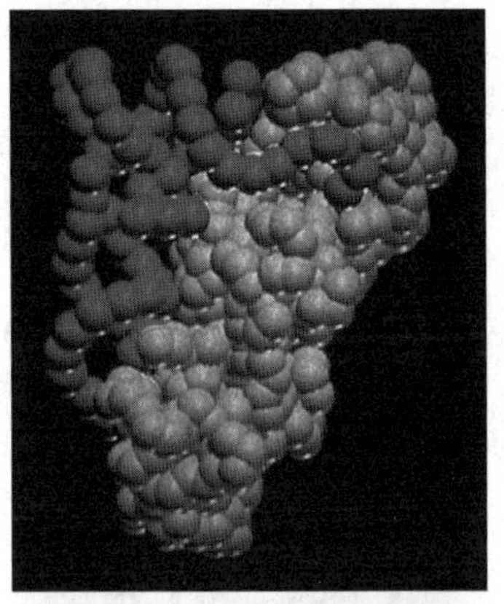

(b)

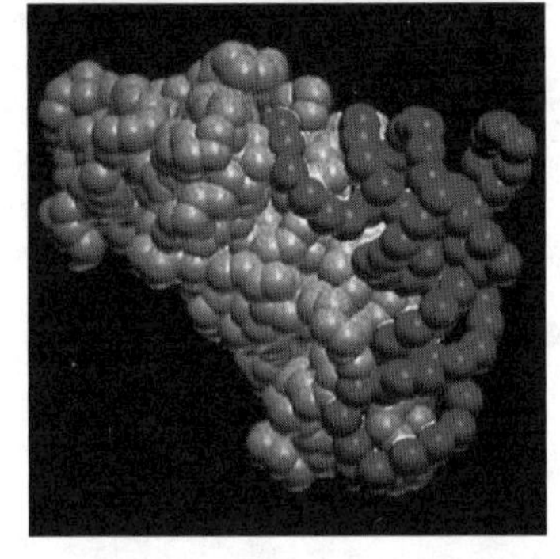

图19.33　class Ⅰ复合体：大肠杆菌GlnRS-$tRNA^{Gln}$ (a)和class Ⅱ复合体：酵母AspRS-$tRNA^{Asp}$ (b)的模型。为简洁起见，只显示tRNA磷酸盐骨架（红色）及合成酶的α-C骨架（蓝色）。注意，两个合成酶对其关联tRNA的接近是在相反的两侧进行的。[*Source*：Ruff，M.，S. Krishnaswamy，M. Boeglin，A. Poterszman，A. Mitschler，A. Podjarny，B. Rees，J. C. Thierry，and D. Moras，Class Ⅱ aminoacyl transfer RNA synthetases：Crystal structure of yeast aspartyl-tRNA synthetase complexed with $tRNA^{Asp}$. *Science* 252 (21 June 1991) f. 3，p. 1686. Copyright © AAAS.]

氨酰 tRNA 合成酶执行的校正和编辑

正如氨酰 tRNA 合成酶正确识别（关联）tRNA 一样，另一个更困难的工作是识别关联氨基酸。原因很明显，tRNA 是个大复杂分子，在核酸序列及核苷酸修饰上不同分子都有变化，而氨基酸是简单分子，不同分子间彼此相似，有时甚至非常相似。例如，异亮氨酸和缬氨酸，除了异亮氨酸多一个亚甲基（CH_2）外，其他部分完全一样。1958 年，Linus Pauling 利用热动力学方法计算出异亮氨酰 tRNA 合成酶（IleRS）应该像正确 Ile-$tRNA^{Ile}$配对一样产生约 1/5 的错误 Val-$tRNA^{Ile}$配对。而实际上，在 150 个被IleRS 激活的氨基酸中仅有一个是缬氨酸，并且由该酶产生的 3000 个氨酰 tRNA 中仅有一个是 Val-$tRNA^{Ile}$。那么，异亮氨酰 tRNA 合成酶怎样阻止 Val-$tRNA^{Ile}$的形成呢？

Alan Fersht 在 1977 年首先推测，合成酶利用一种**双筛**（double-sieve）机制避免产生带有错误氨基酸的 tRNA。图 19.34 解释了这一概念。第一次筛选由酶的**活化位点**（activation site）来完成，该位点拒绝太大的底物，而像缬氨酸这样的小底物恰好能进入活化位点并且活化为氨酰腺苷酸形式，有时直接成为氨酰 tRNA 形式。然后，第二次筛选该发挥作用了，活化的氨基酸，或少数情况下太小的氨酰 tRNA 被酶的另一个位点**编辑位点**（editing site）水解。

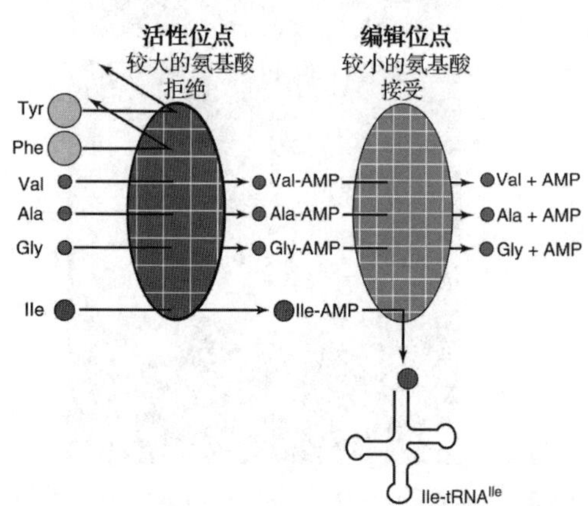

图 19.34　异亮氨酰 tRNA 合成酶的双筛选。活化位点是粗筛，其中大氨基酸（如 Tyr 和 Phe）因不能进入而被排除在外。编辑（水解）位点是细筛，接受比 Ile-AMP 小的活化氨基酸，如 Val-AMP、Ala-AMP、Gly-AMP，但 Ile-AMP 因其太大而无法进入该位点。结果，太小的活化氨基酸被水解为 AMP 和氨基酸，而 Ile-AMP 被转化为 Ile-$tRNA^{Ile}$。（*Source*：Adapted from Fersht，A. R.，Sieves in sequence. *Science* 280：541，1998.）

例如，IleRS 利用第一筛排除过大的或形状错误的氨基酸，苯丙氨酸因其太大而被排斥，亮氨酸因其形状不对（亮氨酸的一个末端甲基不能进入活性位点）也被排斥。但是像缬氨酸这样的小氨基酸会怎样呢？它们确实能进入 IleRS 的活化位点并且被活化，但随后被转运到编辑位点，在那里被识别为不正确的并被降解。这种第二次筛选也被称为**校正**（proofreading）或**编辑**（editing）。

Shigeyuki Yokoyama 及同事已经获得了嗜热菌 IleRS 的晶体结构及其偶联有关联氨基酸

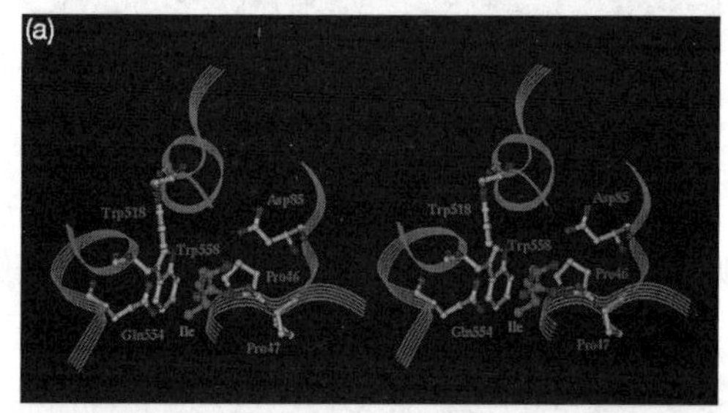

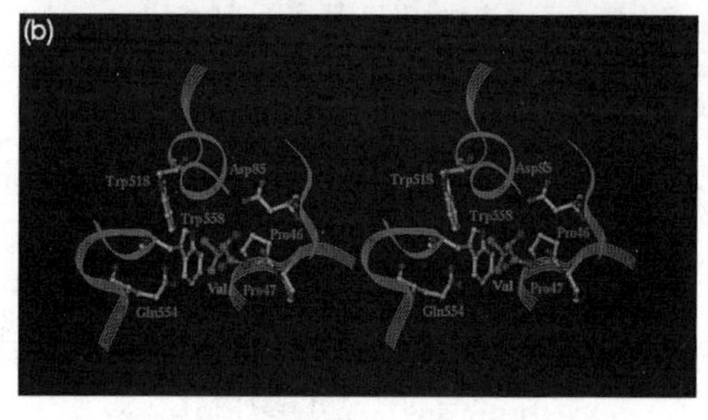

图 19.35　在 IleRS 活性位点的异亮氨酸和缬氨酸立体图。酶的骨架为蓝色带状，氨基酸侧链的碳为黄色。底物的碳原子为绿色［**(a)** 异亮氨酸，**(b)** 缬氨酸］。所有氨基酸的氧原子为红色，氮原子为蓝色。注意异亮氨酸和缬氨酸都进入了活性位点。［*Source*：Nureki，O.，D. G. Vassylyev，M. Tateno，A. Shimada，T. Nakama，S. Fukai，M. Konno，T. L. Henrickson，P. Schimmel，and S. Yokoyama，Enzyme structure with two catalytic sites for double-sieve selection of substrate. *Science* 280（24 Apr 1998）f. 2，p. 579. Copyright © AAAS.］

异亮氨酸、非关联氨基酸缬氨酸的晶体结构，这些结构有力地证明了 Fersht 的漂亮假设。图 19.35 显示了其活化位点的结构，图 19.35（a）表示结合有异亮氨酸，图 19.35（b）表示结合有缬氨酸。可以看到两个氨基酸都能很好地嵌入活化位点中，虽然缬氨酸与活化位点周围的两个疏水性氨基酸侧链（Pro46 和 Trp558）的接触较弱。很明显，该位点太小不能容纳像苯丙氨酸这样的大氨基酸，甚至亮氨酸也会由于其两个末端甲基中的一个而被阻止结合。该图与双筛假说的初筛部分完全一致。

该酶还有一个大小与活化位点的裂缝相当的第 2 个深裂缝，但是距活化位点 34Å。该裂缝被认为是编辑位点，部分理由是含有这一裂缝的酶片段仍然保持其编辑活性。晶体结构证实了这一假说，Yokoyama 及同事在制备带有缬氨酸的IleRS 结晶时，在裂缝的底部发现了一个缬氨酸分子。但是在制备带有异亮氨酸的 IleRS结晶时，在裂缝内没有发现氨基酸。因此，裂缝好像对缬氨酸是专一性的，它可能是编辑位点。此外，观察缬氨酸的“口袋”发现，Trp232 和 Tyr386 侧链之间的空间刚好够容纳缬氨酸（图 19.35），但是对接纳异亮氨酸来讲太小。

如果这里真是编辑位点，我们预期对它的去除应该消除编辑功能。确实，当 Yokoyama 及同事从这一区域移去 47 个氨基酸，包括 Trp232 时，编辑活性就消失了，但仍保留了全部的活化活性。因此，第二个裂缝确实是编辑位点。有几个氨基酸侧链特别靠近裂缝里的缬氨酸，并且 Thr230 和 Asn237 恰好处于参与水解反应的位置，而水解反应是编辑的实质。为了验证这一假说，Yokoyama 及同事改变了大肠杆菌 IleRS 中的一些氨基酸（Thr243 和 Asn250），这些氨基酸对应于嗜热菌 IleRS 的 Thr230 和 Asn237。将这些氨基酸变为丙氨酸时，酶就失去了编辑活性，但是保留其活化活性。所有这些结果都与第二裂缝是编辑位点这一假说一致，非关联氨酰 AMP（如 Val-AMP）的水解就在这里发生。

小结 至少部分氨酰 tRNA 合成酶的氨基酸选择性由双筛机制控制。第一次筛选是粗筛，排除太大的氨基酸，由合成酶与活化氨基酸的位点一起完成这一任务，该位点只够容纳关联氨基酸，不能容纳更大的氨基酸。第二次筛选是细筛，降解太小的氨酰 AMP，由合成酶与接纳了小氨酰 AMP 并将其水解的第二活化位点（编辑位点）一起完成这一任务。关联氨酰 AMP 由于过大不能嵌入编辑位点，因而避免了被水解，由合成酶将活化的氨基酸转运至关联 tRNA。

总结

X 射线结晶学对有或无 tRNA 时细菌核糖体结构的研究已经表明，tRNA 占据两亚基之间的裂缝。tRNA 通过其反密码子末端与 30S 亚基连接，并且通过其受体臂与 50S 亚基连接。核糖体中 tRNA 的结合位点主要由 rRNA 组成。A、P 位点的 tRNA 反密码子相互间紧密靠近，与邻近的结合到 30S 亚基上的密码子碱基配对，两个密码子间的 mRNA 扭转了 45°。在 50S 亚基的肽基转移酶活性区域内，A、P 位点上 tRNA 的受体臂也相互紧密靠近，仅相距 5Å。大小亚基间有 12 个接触点。

大肠杆菌核糖体的晶体结构含有两种结构，差异是由核糖体结构域的相对刚体运动引起的。具体来讲，30S 亚基的头部转动了 6°，而嗜热菌核糖体则为 12°。这种转动可能是移位过程中核糖体做棘轮运动的一部分。

大肠杆菌 30S 亚基含有一个 16S rRNA 和 21 种蛋白质（S1～S21）。50S 亚基含有一个 5S rRNA，一个 23S rRNA 及 34 种蛋白质（L1～L34）。真核生物细胞质核糖体比原核生物的核糖体更大，含有更多的 RNA 和蛋白质。

16S rRNA 的序列研究引发了对这一分子二级结构（分子内碱基配对）的推测。X 射线结晶学研究已经证实了这些研究结论。表明 30S 亚基具有一个广泛碱基配对的 16S rRNA，其形态勾勒出整个颗粒的形态。X 射线结晶学研究也已证实了大部分 30S 核糖体蛋白的位置。

30S核糖体亚基有两种功能：促进密码子与氨酰tRNA反密码子间的正确解码和校正，以及参与蛋白质翻译。结合有三种抗生素（干扰亚基的这两个功能）的30S核糖体亚基的晶体结构，使翻译和解码过程清楚地显现出来。壮观霉素结合于30S亚基的颈部附近，干扰翻译所必需的头部移动。链霉素结合于30S亚基的A位点附近，使核糖体的*ram*构型稳定。通过使非正确氨酰tRNA相对容易地结合于A位点并通过阻止向校正所必需的严谨构型的转变，降低了翻译的准确性。巴龙霉素结合于16S rRNA的H44螺旋A位点附近的小凹槽内，使碱基A1492和A1493弹出，稳定了密码子和反密码子间的碱基配对，包括非关联氨酰tRNA上的反密码子，所以翻译准确性降低。

结合于30S核糖体亚基的IF1因子的X射线晶体结构表明IF1因子结合于A位点，在该位置上明显地阻断甲酰甲硫氨酰tRNA对A位点的结合，而且通过一种可能的IF1和IF2之间的相互作用，促进甲酰甲硫氨酰tRNA结合于P位点。IF1因子也和30S亚基的螺旋44密切作用，这就解释了IF1因子为什么能同时促进核糖体亚基的结合和分解。

已在2.4Å分辨率上确定了50S核糖体亚基的晶体结构。这一结构揭示出核糖体亚基间的接触面上蛋白质相对较少。用过渡态类似物标记的肽基转移酶活性中心1.8Å内没有蛋白质。P位点tRNA的2′-OH处于与A位点的氨酰tRNA形成氢键的最佳位置，从而帮助催化肽基转移酶反应。与这一假设一致的是，去除该羟基几乎消除了肽基转移酶的全部活性。类似地，去除23S rRNA的A2451的2′-OH，可强烈抑制肽基转移酶活性。因此，该羟基可能也通过形成氢键参与催化反应，或通过帮助反应物正确定位参与催化反应。穿过50S亚基的通道出口仅够一个α螺旋蛋白通过。通道壁由RNA构成，其亲水性可能让暴露出亲水侧面的新生蛋白质链能轻易滑过。在识别UAA终止密码子时，RF1的域2和域3分别填充核糖体A位点的密码子识别位点和肽基转移酶位点。RF1域2的“阅读头”，包括其保守的PXT模体，占据A位点内的解码中心，并与16S rRNA的A1493和A1492合作，识别终止密码子。RF1域3尖部的完全保守的GGQ模体非常接近于肽基转移酶中心，参与对酯键的切割，该酯键连接合成的多肽与tRNA。RF2与核糖体的结合非常类似于对UGA终止密码子的响应。

大多数mRNA由多个核糖体在同一时间翻译，许多核糖体翻译一条mRNA链所形成的串状结构被称为多核糖体。在真核生物中，核糖体位于细胞质中。在原核生物中，基因的转录和目的mRNA的翻译同时发生。因此，许多核糖体是与一个活性基因结合在一起的。

tRNA作为一种独立于核糖体的小RNA而被发现，它能被氨基酸加载，然后将氨基酸传给正在合成的多肽。所有tRNA都有共同的三叶草形二级结构。它们有4个碱基配对的茎即三个茎环（D环、反密码子环和T环）和一个受体臂，用于氨基酸的负载。所有tRNA也共有一种三维形状，类似于倒置的L。这种形状通过使D环的碱基与反密码子环的碱基、T环的碱基与受体臂的碱基呈线形排列而使分子的稳定性最大化。tRNA的反密码子从反密码子环的一侧突出并被扭曲成一种与mRNA的密码子容易配对的形状。

tRNA的受体臂和反密码子在关联氨酰tRNA合成酶的tRNA识别过程中起关键作用。在一定条件下，两者中的任何一种都能决定负载的特异性。X射线晶体结构已经表明合成酶tRNA的相互作用在两类氨酰tRNA合成酶中是不同的。Class Ⅰ合成酶有分别针对关联tRNA的受体臂和反密码子的活性区域，并且从D环和受体臂小沟一侧靠近tRNA。Class Ⅱ合成酶也有分别针对受体臂和反密码子的活性区域，但是从反面接近它们的tRNA，包括可变臂和受体臂的大沟。

至少有些氨酰tRNA合成酶的氨基酸选择性由双筛机制控制。第一次筛选是一种粗选，排除太大的氨基酸，由合成酶的氨基酸活化位点来完成。该位点的大小足以容纳关联氨基酸，但不能容纳更大的氨基酸。第二次筛选是细筛，降解太小的氨酰AMP，由合成酶的第二活化位点（编辑位点）来完成。编辑位点接纳小氨酰AMP并将其水解掉。关联氨酰AMP

由于过大而无法嵌入编辑位点，因而避免了被水解。

复习题

1. 绘出大肠杆菌核糖体 30S 和 50S 亚基的草图，显示它们是如何结合形成 70S 核糖体的。

2. 绘出核糖体 30S 和 50S 亚基结合处的草图，指出在 A、P、E 位点中 tRNA 的大概位置。

3. tRNA 的哪一部分与 30S 核糖体亚基结合？哪一部分与 50S 核糖体亚基结合？

4. 在 A 位点和 P 位点反密码子的相互接近为什么很重要？

5. 为什么 tRNA 的受体臂在 A 位点和 P 位点相互接近很重要？

6. 叙述本章所介绍的双向凝胶电泳过程，为什么双向凝胶电泳优于单向凝胶电泳。

7. 给出合理的假设解释以下抗生素如何干扰翻译，给出各假设的证据：a. 链霉素，b. 巴龙霉素。

8. X 射线衍射数据是怎样排除了核糖体蛋白在肽基转移酶中作为活性位点的？

9. 给出证据说明 P 位点肽酰 tRNA 的末端腺苷的 2′-OH 在转肽中的重要性。该羟基是怎样参与转肽的？

10. 给出证据说明 23S rRNA 的 A2451 的 2′-OH 在转肽中的重要性。该羟基是怎样参与转肽的？

11. 怎样知道碱基 A2451（在嗜盐死海古菌是 A2486）在转肽中不重要。

12. RF1 的哪一部分识别终止密码子 UAA？哪些核糖体元件参与这一识别？RF1 的哪一部分参与切割 tRNA 与肽链之间的键？

13. 解释当氨酰 tRNA 首次与 A 位点（实际是 A/T 态）结合时的 tRNA 弯曲，以及在对 A 位点调节性适应时 tRNA 的伸直如何促进了翻译的准确性？

14. 介绍发现 tRNA 的实验。

15. tRNA 的“三叶草”二级结构是如何发现的？

16. 绘制 tRNA 的“三叶草”结构并指出重要的结构元件。

17. 描述实验并给出结果，说明核糖体对氨酰 tRNA 的 tRNA 部分而不是氨基酸部分做出响应。

18. 描述实验并给出结果，说明 tRNA 受体臂的 G3-U70 碱基对是 tRNA 负载丙氨酸的决定因素。

19. 至少给出一条证据证明在氨酰 tRNA 合成酶对 tRNA 的识别中反密码子的重要性。

20. 根据 X 射线晶体学研究，说明 tRNA 的哪一部分与相应的氨酰 tRNA 合成酶结合？

21. 绘图说明确保氨基酸在氨酰 tRNA 合成酶中选择性的双筛机制。

22. 概括异亮氨酸-tRNA 合成酶双筛选排除较大和较小氨基酸的证据。

分析题

1. 绘图显示真核生物多核糖体的初生多肽链。区分 mRNA 的 5′端和 3′端，并用箭头标出核糖体沿 mRNA 移动的方向。用 N 或 C 标注延长的多肽的氨基端和羧基端。

2. 绘图显示原核生物的基因转录和翻译同时进行。显示有核糖体附着的初生 mRNA，但不显示初生蛋白质。用箭头标出转录方向。

3. 你正在研究 $tRNA^{Phe}$，其负载专一性可能受 D 臂的 C11-G24 碱基对影响。设计两个实验证明改变该碱基对会引起 tRNA 负载专一性的改变。第一个实验应该是一个体外生化反应，第二个应该是一个体内遗传实验。

4. 考虑将一个新的氨酰 tRNA 带入 A 位点的过程，如 X 射线晶体学所揭示的。给出下列每个突变对翻译的速度和准确性的影响：

a. 在 16S rRNA 上促进 30S 亚基“域关闭”的突变。

b. 在 tRNA 的受体臂上抑制构象转换的突变，这种构象的转换帮助 tRNA 正常弯曲成 A/T 态。

c. 在 EF-Tu 的开关Ⅰ中增强它对 tRNA 受体臂结合的突变。

d. Ef-Tu 的 His84 变成 Ala。

翻译　马　纪　校对　张富春　岳　兵

推荐阅读文献

一般的引用和评论文献

Cech, T. R. 2000. The ribosome is a ribozyme. *Science* 289:878-879.

Dahlberg, A. E. 2001. The ribosome in action. *Science* 292:868-869.

Fersht, A. R. 1998. Sieves in sequence. *Science* 280:541.

Liljas, A. 2009. Leaps in translation elongation. *Science* 326:677-678.

Moore, P. B. 2005. A ribosomal coup: *E. coli* at last! *Science* 310:793-795.

Noller, H. F. 1990. Structure of rRNA and its functional interactions in translation. In Hill, W. E., et al., eds. *The Ribosome: Structure, Function and Evolution*. Washington, D. C.: American Society for Microbiology, chapter 3, pp. 73-92.

Pennisi, E. 2001. Ribosome's inner workings come into sharper view. *Science* 291: 2526-2527.

Saks, M. E., J. R. Sampson, and J. N. Abelson. 1994. The transfer RNA identity problem: A search for rules. *Science* 263:191-197.

Schmeing. T. M. and V. Ramakrishnan. 2009. What recent ribosome structures have revealed abut the mechanism of translation. *Nature* 461:1234-1242.

Waldrop, M. M. 1990. The structure of the "second genetic code." *Science* 246:1122.

研究论文

Ban, N., P. Nissen, J. Hansen, P. B. Moore, and T. A. Steitz. 2000. The complete atomic structure of the large ribosomal subunit at 2.4Å resolution. *Science* 289:905-920.

Carter, A. P., W. M. Clemons, Jr., D. E. Brodersen, R. J. Morgan-Warren, T. Hartsch, B. T. Wimberly, and V. Ramakrishnan. 2000. Crystal structure of an initiation factor bound to the 30S ribosomal subunit. *Science* 291: 498-501.

Carter, A. P., W. M. Clemons, Jr., D. E. Brodersen, R. J. Morgan-Warren, T. Hartsch, B. T. Wimberly, and V. Ramakrishnan. 2000. Functional insights from the structure of the 30S ribosomal subunit and its interactions with antibiotics. *Nature* 407:340-348.

Gao, Y.-G., M. Selmer, C., M. Dunham, A. Weixlbaumer, A. C. Kelley, and V. Ramakrishnan. 2009. The structure of the ribosome with elongation factor G trapped in the posttranslocation state. *Science* 326:694-699.

Hoagland, M. B., M. L. Stephenson, J. F. Scott, L. I. Hecht, and P. C. Zamecnik. 1958. A soluble ribonucleic acid intermediate in protein synthesis. *Journal of Biological Chemistry* 231:241-257.

Holley, R. W., J. Apgar, G. A. Everett, J. T. Madison, M. Marquisee, S. H. Merrill, J. R. Penswick, and A. Zamir. 1965. Structure of a ribonucleic acid. *Science* 147:1462-1465.

Kaltschmidt, E. and H. G. Wittmann. 1970. Ribosomal proteins Ⅻ: Number of proteins in small and large ribosomal subunits of *Escherichia coli* as determined by two-dimensional gel electrophoresis. *Proceedings of the National Academy of Sciences USA* 67: 1276-1282.

Kim, S. H., F. L. Suddath, G. J. Quigley, A. Mcpherson, J. L. Sussman, A. H. J. Wang, N. C. Seeman, and A. Rich. 1974. Three-dimensional tertiary structure of yeast phenylalanine transfer RNA. *science* 185:435-440.

Lake, J. A. 1976. Ribosome structure determined by electron microscopy of *Escherichia coli* small subunits, large subunits and monomeric ribosomes. *Journal of Molecular Biology* 105:131-159.

Laurberg, M., H. Asahrar, A. Korostelev, J. Zhu, S. Trakhanov, and H. F. Noller. 2008. Structural basis for translation termination on the 70S ribosome. *Nature* 454:852-857.

Miller, O., B. A. Hamkalo, and C. A. Thomas, Jr. 1970. Visualization of bacterial genes in action. *Science* 169: 392-395.

Mizushima, S. and M. Nomura. 1970. Assembly mapping of 30S ribosomal proteins from *E.*

coli. *Nature* 226: 1214-1218.

Muth, G. W., L. Ortoleva-Donnelly, and S. A. Strobel. 2000. A single adenosine with a neutral pK_a in the ribosomal peptidyl transferase center. *Science* 289:947-950.

Nissen, P., J. Hansen, N. Ban, P. B. Moore, and T. A. Steitz. 2000. The structural basis of ribosome activity in peptide bond synthesis. *Science* 289:920-930.

Nureki, O., D. G. Vassylyev, M. Tateno, A. Shimada, T. Nakama, S. Fukai, M. Konno, T. L. Henrickson. P. Schimmel, and S. Yokoyama. 1998. Enzyme structure with two catalytic sites for double-sieve selection of substrates. *Science* 280:578-582.

Ogle, J. M., D. E Brodersen, W. M. Clemons Jr., M. J. Tarry, A. P. Carter, and V. Ramakrishnan. 2001. Recognition of cognate transfer RNA by the 30S ribosomal subunit. *Science* 292:897-902.

Polacek, N., M. Gaynor, A. Yassin, and A. S Mankin. 2001. Ribosomal peptidyl transferase can withstand mutations at the putative catalytic nucleotide. *Nature* 411:498-501.

Quigley, G. J. and A. Rich. 1976. Structural domains of transfer RNA molecules. *Science* 194:796-806.

Rould, M. A., J. J. Perona, D. Söll, and T. A. Steitz. 1989. Structure of *E. coli* glutaminyl-tRNA synthetase complexed with $tRNA^{Gln}$ and ATP at 2. 8Å resolution. *Science* 246: 1135-1142.

Ruff, M., S. Krishnaswamy, M. Boeglin, A. Poterszman, A. Mitschler, A. Podjarny, B. Rees, J. C. Thierry, and D. Moras. 1991. Class II aminoacyl transfer RNA synthetases: Crystal sturcture of yeast aspartyl-tRNA synthetase complexed with $tRNA^{Asp}$. *Science* 252:1682-1689.

Schluenzen, F., A. Tocilj, R. Zariveach, J. Harms, M. Gluehmann, D. Janell, A. Bashan, H. Bartels, I. Agmon, F. Franceschi, and A. Yonath. 2000. Structure of functionally activated small ribosomal subunit at 3. 3Å resolution. *Cell* 102:615-623.

Schmeing, T. M., R. M. Voorhees, A. C. Kelley, Y.-G. Gao, F. V. Murphy IV, J. R. Weir, and V. Ramakrishnan. 2009. The crystal structure of the ribosome bound to EF-Tu and aminoacyl-tRNA. *Science* 326:688-694.

Schulman, L. H. and H. Pelka. 1983. Anticodon loop size and sequence requirements for recognition of formylmethionine rRNA by methionyl-tRNA synthetase. *Proceedings of the National Academy of Sciences USA* 80: 6755-6759.

Schuwirth, B. S., M. A. Borovinskaya, C. W. Hau, W. Zhang, A. Vila-Sanjurjo, J. M. Holton, and J. H. Doundna Cate. 2005. Structures of the bacterial ribosome at 3. 5Å resolution. *Science* 310:827-834.

Stern, S., B. Weiser, and H. F. Noller. 1988. Model for the three-dimensional folding of 16S ribosomal RNA. *Journal of Molecular Biology* 204:447-481.

Weinger, J. S., K. M. Parnell, S. Dorner, R. Green, and S. A. Strobel. 2004. Substrate-assisted catalysis of peptide bond formation by the ribosome. *Nature Structural and Molecular Biology* 11:1101-1106.

Wim berly, B. T., D. E. Brodersen, W. M. Clemons Jr., R. J. Morgan-Warren, A. P. Carter, C. Vonrhein, T. Hartsch, and V. Ramakrishnan. 2000. Structure of the 30S ribosomal subunit. *Nature* 407:327-339.

Yusupov, M. M., G. Zh. Yusupova, A. Baucom, K. Lieberman, T. N. Earnest, J. H. D. Cate, and H. F Noller. 2001. Crystal structure of the ribosome at 5. 5Å resolution. *Science* 292:883-896.

第 20 章　DNA 复制、损伤与修复

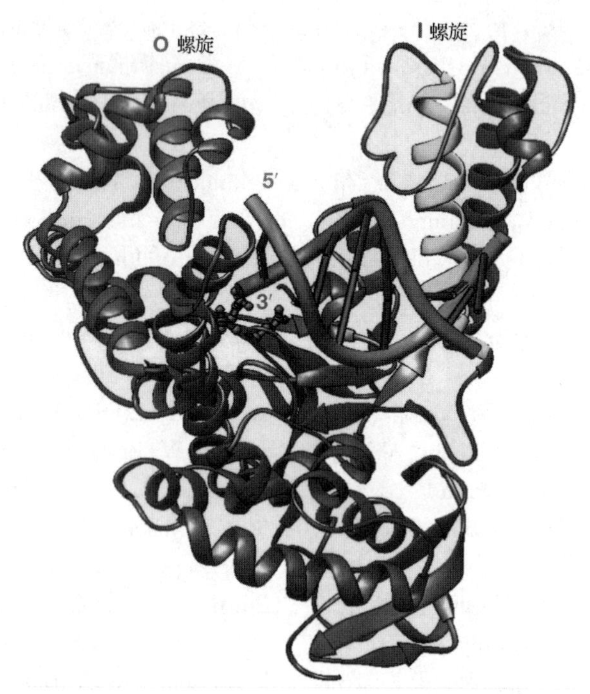

***Taq* DNA 聚合酶与双链 DNA 模板（橙色）的共晶体结构。** *From Eom, S. H., Wang, J., and Steitz, T. A. Structure of Taq polymerase with DNA at the polymerase active site. Nature 382 (18 July 1996) f. 2a, p. 280. Copyright © Macmillan Magazines, Ltd.*

在第 3 章我们已经学习了基因的三种主要功能。功能之一是携带遗传信息，我们已经在本书中间大部分章节学习了细胞是如何通过转录和翻译解读遗传信息的。基因的另一个功能是复制，在接下来的两章中将详细分析复制过程。此外，在本章，我们还将学习 DNA 的损伤与修复。

20.1　DNA 复制的一般特征

我们首先了解 DNA 复制的一般机制。DNA 双螺旋模型表明 DNA 的两条链是互补的，因此，原则上讲，每条链均可作为模板合成其互补链。正如我们将要了解到的，DNA 复制的半保留模式是正确的。此外，分子生物学家还揭示了 DNA 复制的另一些有趣的一般性特征：半不连续复制（形成短片段，然后连接起来）、需要 RNA 引物和双方向复制。下面让我们来依次了解这些特征。

半保留复制

DNA 复制的沃森-克里克模型（已在第 2 章介绍）认为，DNA 新链的合成遵循常规的 A-T、G-C 碱基配对原则。该模型还指出，分开的两条亲本链各自作为模板合成一条与之互补的新生子链。这种复制方式称为**半保留复制**（semiconservative replication），因为每个子代双螺旋都含有一条亲本链和一条新链［图 20.1(a)］。也就是说，在每个子代 DNA 分子中都保留一条亲本链。然而，这并不是 DNA 复制唯一的可能方式，另一种可能的机制是**全保留复制**（conservative replication）［图 20.1(b)］，两条亲本链结合在一起，两条新合成的子链互补形成另一个子代双螺旋。当然，还可能采取**随机散布式复制**（random dispersive replication）方式，亲代双链被切成双链片段，复制完成后，“新旧”DNA 同时存在于同一条链中［图 20.1（c）］，这种复制机制被认为可以避免两条 DNA 解旋时所产生的难以应对的缠绕问题。

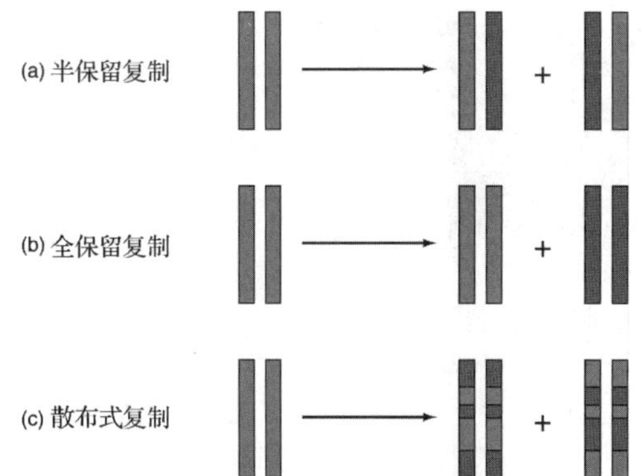

图 20.1　DNA 复制的三种假说。(a) 半保留复制产生两个子代双螺旋 DNA，均保留一条旧链（蓝色）和一条新链（红色）。**(b)** 全保留复制产生两个子代双螺旋 DNA，其中一个 DNA 分子由两条旧链组成（蓝色），另一个 DNA 分子由两条新合成的子链组成（红色）。**(c)** 散布式复制产生两个子代双螺旋 DNA，每个子代双螺旋 DNA 中的同一条链是由旧链和新链混合形成的。

1958 年，Matthew Meselson 和 Franklin Stahl 通过一个经典实验对 DNA 三种复制的可能性进行了鉴别。研究者通过在生长 *E. coli* 细胞的培养基中添加氮同位素而使 *E. coli* DNA 被^{15}N 标记，^{15}N-DNA 的密度比普通的^{14}N-DNA 的密度大。然后，将在^{15}N 培养基上生长的 *E. coli* 转接到^{14}N 普通培养基中培养不同时间。最后，通过 CsCl 密度梯度超速离心来判定 DNA 的密度。图 20.2 显示对照实验的结果，表明用这种方法可将^{15}N-DNA 和^{14}N-DNA 清晰地区分开来。

如果按照这三种不同的复制机制，DNA 复制一轮后会出现怎样的结果呢？如果是全保留复制，两条重的亲本链应当仍结合在一起，产生一个新双螺旋 DNA 分子。因为这个新双螺旋 DNA 是在轻氮条件下合成的，两条链均为轻链。这样，由两条重链（H/H）组成的亲本双螺旋与由两条轻链（L/L）组成的子代双螺旋就很容易通过 CsCl 密度梯度离心而分开［图 20.3（a）］。如果是半保留复制，则亲代 DNA 的两条重链会彼此分开，用于合成新的

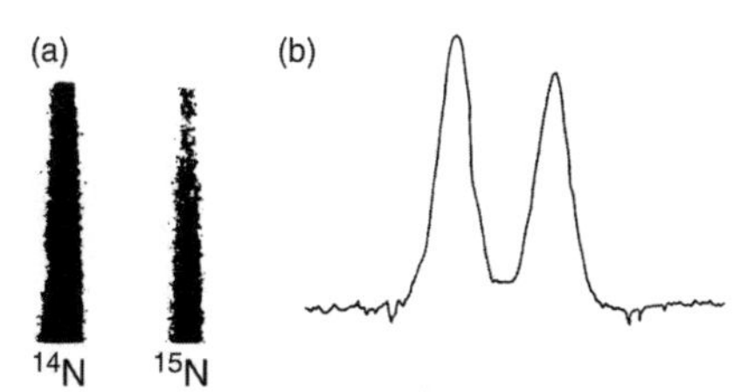

图 20.2　通过 CsCl 密度梯度超速离心法分离 DNA。将含普通氮同位素（^{14}N）的 DNA 与重氮同位素（^{15}N）标记的 DNA 混合，CsCl 密度梯度超速离心，由于^{15}N-DNA 和^{14}N-DNA 的密度不同，通过 CsCl 密度梯度离心而分成两条清晰的条带。**(a)** 离心管在紫外光照射下的图像。此图像是在离心机旋转的情况下通过转子上的窗口观察到的。该离心机的设计可以让实验者在不停止离心机旋转的情况下观察离心的样品。两黑色条带分别代表了吸收紫外光的两种不同 DNA。**(b)** 每个条带黑度的曲线图。表示两种 DNA 的相对含量。［*Source*：Adapted from Meselson，M. and F. Stahl，The replication of DNA in *Escherichia coli*. *Proceedings of the National Academy of Sciences USA* 44（1958）p. 673，f. 2.］

与之互补的轻子链。这种由一条重链和一条轻链（H/L）组成的杂交双螺旋 DNA 密度将介于完全由重链（H/H）和完全由轻链（L/L）组成的双链 DNA 密度的中间［图 20.3（b）］。图 20.4 表明 DNA 复制确实以半保留方式进行：在第一轮复制完成后，经 CsCl 密度梯度离心只出现一个条带，处于标记的 H/H DNA 和 L/L DNA 条带的中间位置。这就排除了全保留复制的可能性，但散布式复制也会出现这样的结果。

当 DNA 再复制一轮后，其结果就会排除散布式复制。按照散布式复制机制，在^{14}N 培养基上复制两轮后的 DNA 产物应包含 1/4 的^{15}N 和3/4 的^{14}N。半保留复制的产物中 H/L 和 L/L 应当各占一半［图 20.3（b）］，即首轮复制合成的 H/L 杂交产物的两条链分开，分别作为模板合成互补的子链，产生比例为 1∶1 的 H/L 型 DNA 和 L/L 型 DNA，事实确实如此（图 20.4）。为确证该中间密度峰值确实是由重链和轻链按 1∶1 组成的 DNA 产生的，Meselson 和 Stahl 将完全由^{15}N 标记的 DNA 与在^{14}N 培养基上繁殖 1.9 代的细菌 DNA 混合，测定峰值间的距离。中间峰值几乎完全处于另外两峰值的中心位置［两峰值间距的（50±2)%］。因此，该研究数据强有力地支持了

DNA 半保留复制机制。

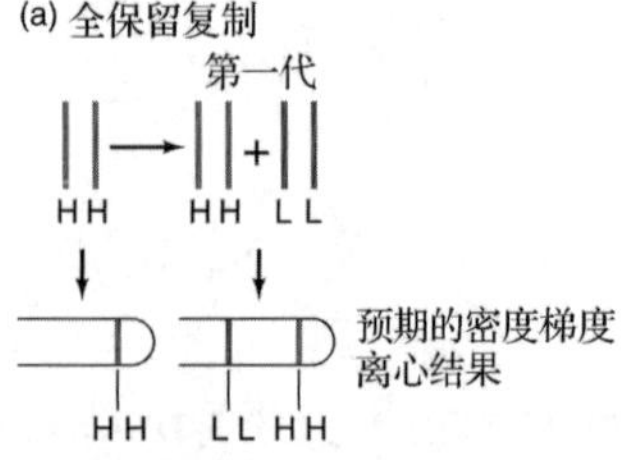

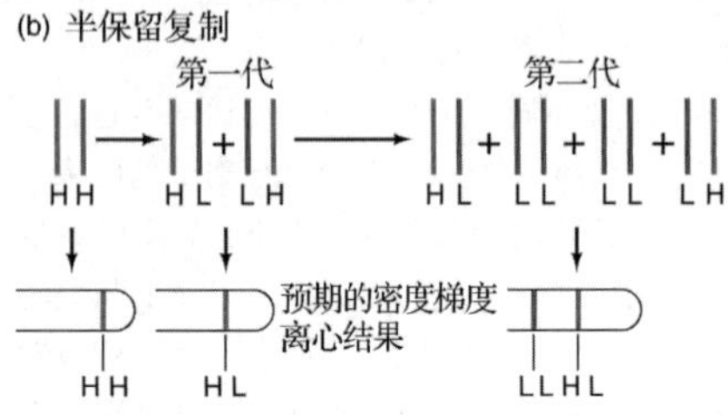

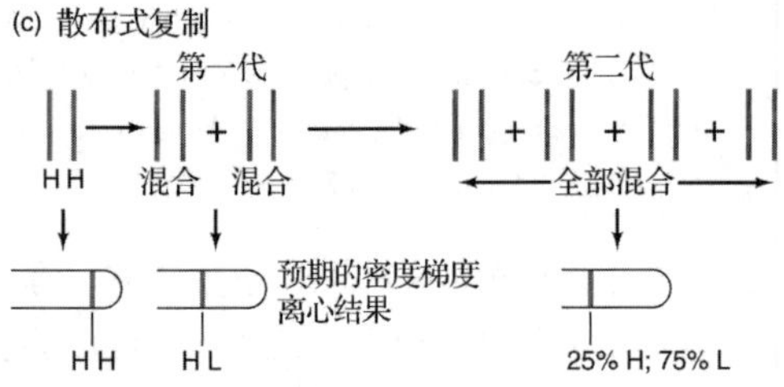

图 20.3 DNA 复制的三种假说。复制一代后，全保留复制模型 **(a)** 预期会产生数量相同的两种不同 DNA［重链/重链（H/H）和轻链/轻链（L/L)］。半保留复制模型 **(b)** 和散布式复制模型 **(c)** 均预期会出现一条 DNA 带，其密度介于 H/H 和 L/L DNA 之间。Meselson 和 Stahl 的实验结果证实了后一种预测，因此排除了全保留复制的可能性。按散布式复制，复制第二代后产生单一密度条带，DNA 分子中重链占 25%、轻链占 75%。其密度介于 L/L 和 H/L DNA 之间。而半保留复制则在复制第二代后产生数量相同的两种不同 DNA 分子（L/L 和 H/L)。实验结果再次证实了后一种推测，支持半保留复制模型。

小结 DNA 以半保留方式进行复制，当亲本链分离后，分别作为模板合成一条新的与之互补的子链。

至少是半不连续复制

如果让我们设计 DNA 复制机构，我们可能会想到如图 20.5（a）所示的复制系统：DNA 解旋形成复制叉，随着复制叉的移动，两条新 DNA 链以相同方向连续合成。然而，这一方案具有致命缺陷：它要求该复制系统能够按 5′→3′及 3′→5′两个方向来合成 DNA，因为 DNA 的两条链是反向平行的，如果一条按 5′→3′方向由左向右，那么，另一条链则一定

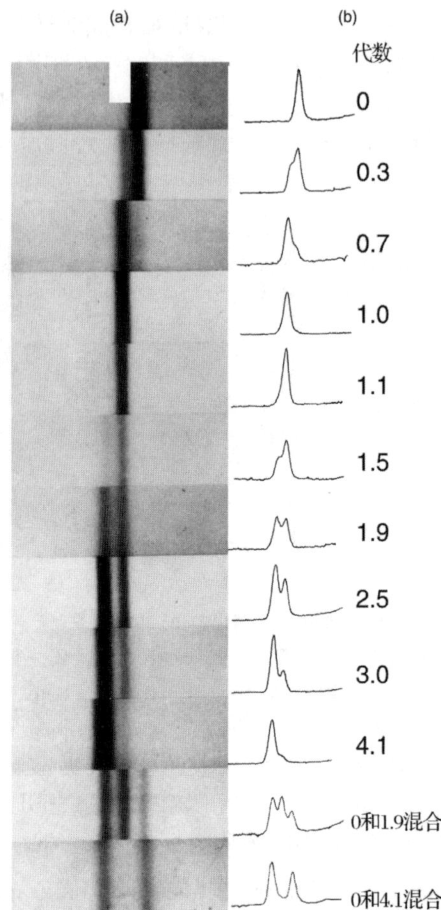

图 20.4 证明 DNA 复制是半保留复制的 CsCl 密度梯度超速离心实验结果。Meselson 和 Stahl 将^{15}N标记的 *E. coli* 细胞转接到^{14}N培养基上，使其繁殖的代数在图右侧标注，然后将细菌 DNA 进行 CsCl 密度梯度超速离心。**(a)** 旋转离心管在紫外光照射下形成的图像。暗带对应于重链 DNA（右）和轻链 DNA（左)。在这两条带中间可观察到中间密度值的条带，在 1.0 代和 1.1 代时确实只观察到这条中间带，对应于由^{15}N标记的重链和^{14}N标记的轻链组成的双螺旋 DNA，这恰是半保留复制模型所预测的结果。繁殖 1.9 代后，Meselson 和 Stahl 观察到峰值大致等量的两条带，即中间带 H/L 及 L/L 带，这也是半保留复制模型所预测的结果。当繁殖到 3 代或 4 代以后，观察到中间带 H/L 逐渐消失，而 L/L 带却逐渐增加，这也是半保留复制模型所预测的结果。**(b)** 利用显像密度计分析图（a）中的条带，量化每一条带 DNA 的量。(*Source*: Meselson, M. and F. W. Stahl, The replication of DNA in *Escherichia coli*. *Proceedings of the National Academy of Sciences USA* 44: 675, 1958.)

是按 3′→5′由左向右的。但是所有天然复制机构中的 DNA 合成部件 **DNA 聚合酶**（DNA polymerase）只能按一个方向，即 5′→3′方向合成 DNA。即在 5′端插入第一个核苷酸后，通过不断在生长链的 3′端添加核苷酸而使链向 3′端延伸。

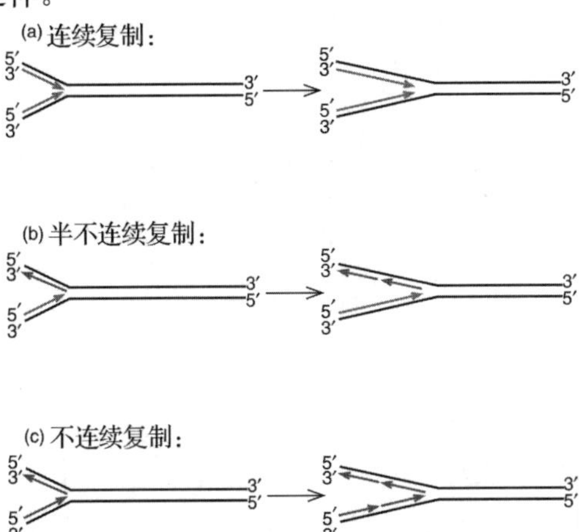

图 20.5　DNA 复制的连续、半不连续和不连续模型。（a） 连续复制模型。当复制叉向右移动时，两条链由左向右沿同一方向进行连续复制（蓝色箭头），上方链按 3′→5′方向合成，下方链按 5′→3′方向合成；**（b）** 半不连续复制模型。其中一条新链（前导链，下方）连续合成（蓝色箭头），同（a）所示。而另一条新链（后随链，上方）不连续合成（红色箭头）；两条链均按 5′→3′方向合成；**（c）** 不连续复制模型。前导链和后随链均按 5′→3′方向合成短片段（不连续，红色箭头）。

按照这一推理，冈崎（Reiji Okazaki）推断 DNA 两条链不全是连续复制的。从理论上讲，DNA 聚合酶能够按 5′→3′方向连续合成一条链（**前导链**，leading strand），而另一条链（**后随链**，lagging strand）的复制一定是不连续的，如图 20.5（b）和（c）所示。后随链之所以发生不连续复制，是因为其合成方向与复制叉移动方向相反，当复制叉打开暴露出新的区域用于 DNA 复制时，后随链就沿着远离复制叉的“错误”方向生长，新暴露出的 DNA 区域只能在复制叉处以重新起始的方式进行复制，而复制叉后面的 DNA 片段已完成复制。这种 DNA 合成的起始与再起始反复不断地发生。当然，产生的 DNA 短片段以某种方式连接起来形成一条连续的 DNA 链，成为 DNA 复制的最终产物。

半不连续复制模型提出的两个预测均获得了 Okazaki 研究团队的实验验证：①因为至少有一半新合成的 DNA 首先以短片段的形式出现，用放射性 DNA 前体脉冲标记，在连接前可标记并捕捉到这些短片段；②如果消除具有连接功能的 **DNA 连接酶**（DNA ligase），那么，用放射性 DNA 前体进行相对较长时间的脉冲标记，也能检测到这些短的 DNA 片段。

Okazaki 选择 T4 噬菌体的 DNA 复制作为模式系统。该系统具有简单且易获得 DNA 连接酶突变体的优势。为验证第一个推测，在逐渐缩短脉冲标记时间的情况下，Okazaki 及同事用^{3}H-脱氧胸苷脉冲标记进行 T4 DNA 复制的 *E. coli* 细胞。为确保这些短片段在连接前被捕捉到，研究者采用 2s 的脉冲标记时间。最后，通过超速离心测定新合成 DNA 片段的大小。

图 20.6（a）为实验结果。脉冲标记 2s 后，在梯度中可观测到一些标记 DNA。在检测极限范围内，所有标记 DNA 都是很小的片段，长度为 1000～2000nt，这些片段位于离心管顶部附近。随着脉冲时间的延长，在靠近离心管底部位置处出现了另一个标记 DNA 峰，这是由于新合成的标记 DNA 短片段连接到标记前就已合成的 DNA 大片段上而造成的结果。因为在实验开始前这些大片段并没有被标记，所以不会显现出来，只有经过一段足以使连接酶将小的标记片段连接到这些大片段上的时间才能显现，这只需几秒钟的时间。他们恰如其分地将复制时最初形成的 DNA 短片段称为**冈崎片段**（Okazaki fragment）。

冈崎片段的发现为 T4 DNA 在复制过程中至少是部分采取不连续复制方式提供了证据。当 DNA 连接酶功能丧失后，DNA 小片段就会积聚到一个很高的水平，充分证明了上述推测。Okazaki 研究小组用 DNA 连接酶基因缺陷的 T4 突变体开展了实验，图 20.6（b）显示，在该突变体中冈崎片段的峰值占主导。即使进行 1min 的长时间标记，依然存在大量标记片段，表明冈崎片段并不是短时脉冲标记的产物。

只有 DNA 的两条链均以不连续方式进行复制才可以解释小片段标记 DNA 显著积累的

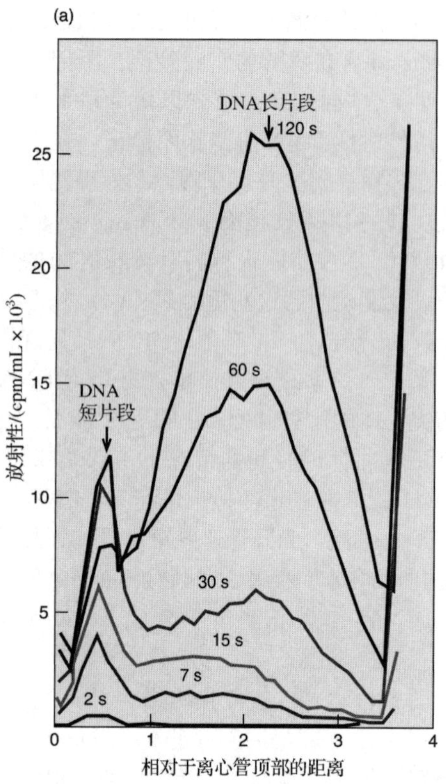

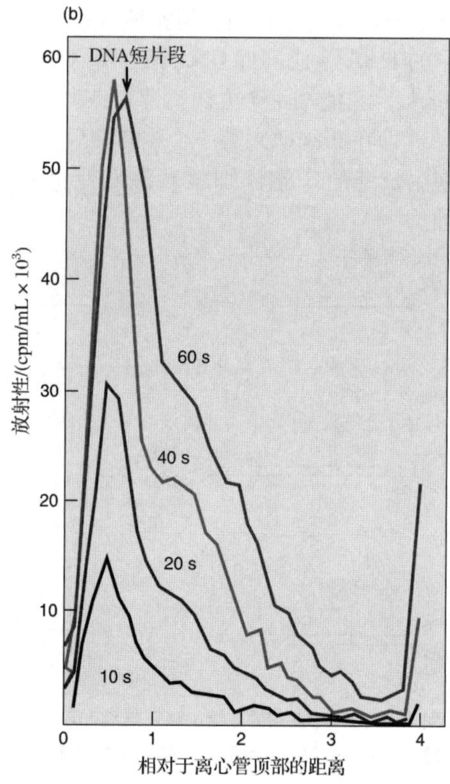

图 20.6　DNA 复制至少是半不连续的实验证据。(a) Okazaki 及同事用放射性前体以极短的脉冲时间标记复制的 T4 DNA，通过密度梯度超速离心，将 DNA 产物按大小进行分离。在脉冲标记时间最短时，主要是短片段获得了标记（位于离心管顶部附近），与不连续复制模型的预期结果相符。**(b)** 在 DNA 连接酶基因缺陷的突变体中，即使经过相对较长时间（结果中显示的是 1min）的脉冲标记，仍然有 DNA 短片段的累积。

现象，如图 20.5（c）所示。Okazaki 及同事确实是这样解释的。但是，对其中某些小片段 DNA 产生的原因存在另一种普遍被引证的解释，即 DNA 修复系统将掺入 DNA 的 dUMP 残基切除而产生的小片段。UTP 是 RNA 的一个基本前体，但是细胞也能合成 dUTP 并偶尔以 dUMP 取代 dTMP 掺入到 DNA 中。细胞内有两种酶能够减少这种情况的发生。一种是由 *dut* 基因编码的 dUTPase，它可降解 dUTP；另一种是由 *ung* 基因编码的**尿嘧啶 *N*-糖基化酶**（uracil *N*-glycosylase），它可将 DNA 的尿嘧啶盐基切除而产生一个无碱基位点，该位点作为修复过程的一部分将被切断。这样，无论是连续复制还是不连续复制，都会因为修复而产生一些短片段。问题是，在图 20.6 中观测到的冈崎片段中，不连续复制所产生的冈崎片段与对错误掺入 dUMP 残基的修复所产生的片段各占多少比例呢？

解决该问题的途径之一是分析 dut^+ ung^- 细胞内新合成标记 DNA 的大小。该类细胞在 DNA 复制过程中的 dUMP 掺入量最低（因此存在 dUMPase），且不会产生无碱基位点（因为缺失尿嘧啶 *N*-糖基化酶）。所以，因 dUMP 掺入而造成的链断裂应降低到最小程度。事实上，该实验的结果证实新合成的标记 DNA 仍然很小——冈崎片段大小。即使在野生型细胞内，dUMP 的掺入量也是很低的，远不能解释图 20.6 短时脉冲标记实验中观察到大量冈崎片段产生的原因。

小结　*E. coli*（及其他生物体）DNA 复制至少是以半不连续方式进行的，一条链（前导链）沿复制叉移动的方向复制，在整个复制过程中一般是连续的，尽管有证据表明前导链是不连续复制。另一条链（后随链）沿相反方向进行不连续复制，产生 1～2kb 的冈崎片段，从而使两条链均按 5′→3′ 方向复制。

DNA 合成的引发

在前面章节中我们已经了解到，RNA 聚合酶能够很简便地通过从头开始一条新生 RNA 链的合成而起始转录。RNA 聚合酶将第一个核苷酸引入正确的位置，然后将第二个核苷酸添加在第一个核苷酸的 3′端，但 DNA 聚合酶却不能以同样的策略起始 DNA 的合成。如果我们提供 DNA 聚合酶、所有核苷酸及合成 DNA 所需要的其他小分子，并加入一条单链 DNA 或链没有断裂的双链 DNA，DNA 聚合酶并不能合成新的 DNA，什么成分缺失了呢?

现在已经知道缺少的成分是**引物**（primer)。作为一段核苷酸片段，引物可被 DNA 聚合酶捕获，并在其 3′端添加核苷酸而进行延伸。该引物不是 DNA 而是 RNA 小片段。图 20.7 为该过程的简化图示。首先，打开复制叉；其次，合成短 RNA 引物；再次，DNA 聚合酶在引物上添加脱氧核糖核苷酸而合成 DNA，如图中箭头所示。

支持 RNA 引发 DNA 合成的第一个证据是抗生素利福平能够抑制 *E. coli* 细胞提取物对 M13 噬菌体 DNA 的复制。令人奇怪的是，利福平抑制 *E. coli* RNA 聚合酶活性，但不抑制 DNA 聚合酶的活性。对此现象的解释是，M13 利用 *E. coli* RNA 聚合酶合成用于 DNA 复制的 RNA 引物。然而，这并不是普遍现象。甚至 *E. coli* 也不利用自身 RNA 聚合酶来引发 DNA 的合成，而是通过专门的酶系实现 DNA 合成的引发。

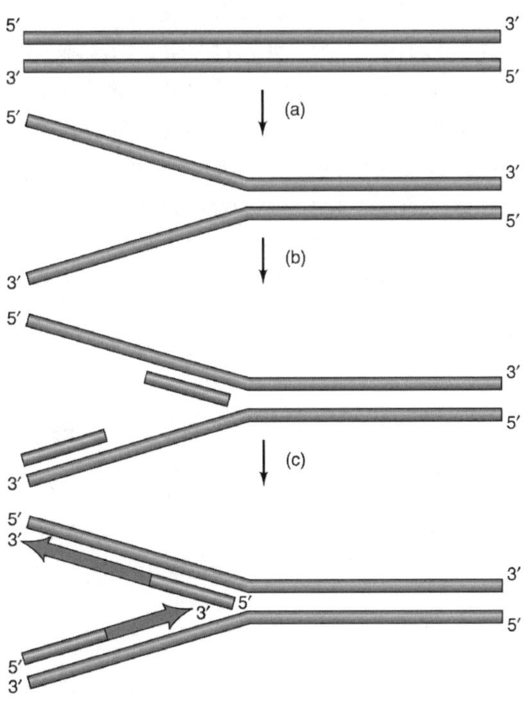

图 20.7　DNA 合成的引发。(a) 两条亲本链（蓝色）分离。**(b)** 短 RNA 引物（红色）合成。**(c)** DNA 聚合酶以引物为起始点合成子代 DNA 链（绿色箭头)。

RNA 引发 DNA 复制的最有力证据是 DNase 不能完全降解冈崎片段，总会留下一些 10～12bp 的 RNA 小片段。这项研究工作主要由 Reiji Okazaki 的夫人 Tuneko Okazaki 及同事完成的，Tuneko Okazaki 及同事最初估算的 RNA 引物太小，长度仅为 1～3nt。造成引物长度被低估的问题有两个：①在提纯时 RNA 引物已被核酸酶降解；②研究者无法区分降解引物与完整引物。在 1985 年完成的第二组实验中，Okazaki 研究组解决了这两个难题，并发现完整引物的实际长度为 10～12nt。

为降低核酸酶活性，研究者以核酸酶 H 缺失或 DNA 聚合酶 Ⅰ 的核酸酶活性缺失、或两者都缺失的突变菌株为对象开展研究，这样可大幅度提高完整 RNA 引物的产量。为只标记完整引物，研究者用加帽酶、鸟苷酰转移酶及 [α-^{32}p] GTP 标记 RNA 引物的 5′端，在第 15 章已介绍过鸟苷酰转移酶可以将 GMP 添加到 RNA 的 5′端磷酸盐上（理论上是末端二磷酸盐)。如果引物在 5′端被降解，那么它就会失去这些磷酸盐，也就不能被标记。

用此方法对引物放射性标记后，研究者用 DNase 处理冈崎片段，去除其 DNA 部分。然后，将剩余的标记引物进行凝胶电泳。图 20.8 为实验结果，所有突变菌株中的 RNA 引物均产生了清晰可见的条带，长度为（11±1） nt。野生菌株没有产生可检测的条带，核酸酶显然已经降解了大多数或全部完整的 RNA 引物。进一步的实验将图 20.8 中的宽条带分解为 3 条大小分别为 10nt、11nt 和 12nt 的离散条带。

小结　*E. coli* 冈崎片段的合成由 10～12nt 的 RNA 引物引发。野生型细胞由于存在降解 RNA 的酶，所以很难检测到完整的 RNA 引物。

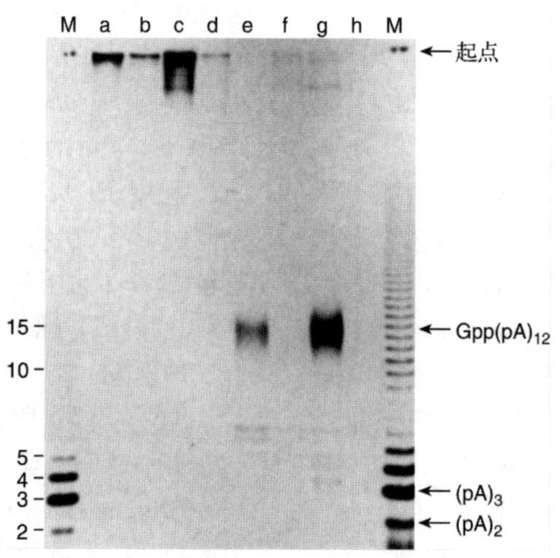

图 20.8 RNA 引物的发现与测定。Tuneko Okazaki 及同事从 *E. coli* 野生型菌株和突变型菌株中分离冈崎片段，突变菌株分别缺失一种或两种降解 RNA 引物的核酸酶。用［^{32}P］GTP 和加帽酶标记冈崎片段中的完整引物，然后用 DNase 降解冈崎片段中的 DNA，电泳留下的标记引物，放射自显影检测引物的位置。泳道 M：标准分子；泳道 a～d：DNase 降解前；泳道 e～h：DNase 降解后；泳道 a 和 e：RNAase H 缺陷菌株；泳道 b 和 f：DNA 聚合酶Ⅰ的核酸酶缺陷菌株；泳道 c 和 g：RNAase H 和 DNA 聚合酶Ⅰ核酸酶均缺陷菌株；泳道 d 和 h：野生型菌株。两种核酸酶均缺陷的菌株其引物量最大（泳道 g），所有实验中引物长度均为（11±1）nt，图右侧标注了 13 聚体 Gpp（pA）12 的位置。［*Source*：Kitani，T.，K.-Y. Yoda，T. Ogawa，and T. Okazaki，Evidence that discontinuous DNA replication in *Escherichia coli* is primed by approximately 10 to 12 residues of RNA starting with a purine. *Journal of Molecular Biology* 184（1985）p. 49，f. 2，by permission of Elsevier.］

双向复制

20 世纪 60 年代早期，John Cairns 用放射性 DNA 前体标记正在复制的 *E. coli* DNA，然后将标记的 DNA 进行放射自显影。图 20.9（a）为实验结果及 Cairns 的解释。图 20.9（a）中描述的结构与希腊字母 θ（theta）类似因而被称为 θ 结构。由于图 20.9（a）中 DNA 的 θ 结构并不十分明显，所以图 20.9（b）简略示意了第二轮复制过程的放射自显影结果。该图显示，DNA 的复制起始于一个“泡”的产生，即亲本链分离、子代 DNA 开始合成的小区域。随着泡的扩大，正在复制的 DNA 开始呈现 θ 轮廓。现在我们可以辨认图 20.9（b）中部示意图所显示的放射自显影图像。此时，θ 的横臂已生长到足够长度，从而延伸到环形 DNA 分子区域。

图 20.9 所示的 θ 结构包含 X 和 Y 两个**复制叉**（replicating fork），由此产生一个重要问题：

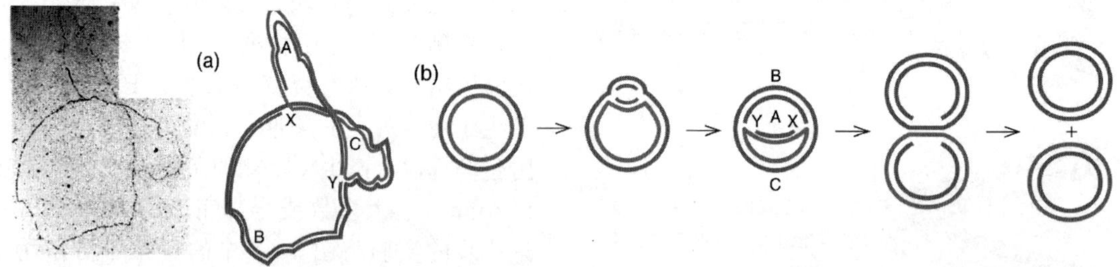

图 20.9 *E. coli* DNA 复制的 θ 模型。(a) 正在复制的 *E. coli* DNA 放射自显影图像及图例解释。在放射性核苷酸存在的条件下，使 DNA 完成第一轮复制并进入第二轮复制。右侧的解释简图中，红线代表标记的 DNA，蓝线代表未标记的亲本 DNA。**(b)** DNA 复制 θ 模型的详细描述。有色线条的代表含义与图（a）相同。［*Source*：（*a*）Cairns，J.，The chromosome of *Escherichia coli*. Cold Spring Harbor Symposia on Quantitative Biology 28（1963）p. 44.］

究竟是其中之一还是这两个复制叉均代表 DNA 活跃复制的位点？也就是说，DNA 是以一个复制叉远离固定在复制原点的另一个复制叉的方式进行**单向**（unidirectional）复制，还是两个复制叉以反向远离复制原点的方式进行**双向**（bidirectional）复制？Cairns 的放射自显影图像无法对该问题作出回答，但在随后对枯草芽孢杆菌 DNA 复制的研究中，Elizabeth Gyurasits 和 R. B. Wake 明确发现 DNA 复制是双向进行的。

研究者采取的策略是先在有弱放射性 DNA 前体的培养基上对枯草芽孢杆菌细胞进行短时间培养，然后转接到有强放射性 DNA 前体的培养基上进行短时培养，标记前体均为 [^{3}H] 胸腺嘧啶。氚（^{3}H）特别适用于此类放射自显影分析，因为其放射性较弱，产生的射线在到达感光乳剂并产生银颗粒前不会从放射原点处向远距离传播，这意味着放射自显影的银颗粒与放射性 DNA 的形状密切相关，更为重要的是，未标记 DNA 不会在放射自显影图像中显现。实验中的脉冲标记时间很短，只能观察到复制泡 [图 20.10 (a)]，注意不要与图 20.9 中的完整细菌染色体相混淆。

如果仔细观察图 20.10 (a)，你会注意到银颗粒的图形是不均匀的，在靠近复制泡的两个分叉处很集中，这种额外的标记表明这一区域的 DNA 是在高放射强度脉冲标记期间复制的，由于两个复制叉都有额外标记，说明它们在高放射强度脉冲标记期间均处于活动状态。所以，枯草芽孢杆菌 DNA 的复制是双向进行的，产生于固定**复制原点**（origin of replication）的两个复制叉沿环形 DNA 分子相向移动，直至在环形分子的另一侧相遇。使用该方法及其他技术，在后继实验中证明 *E. coli* 染色体也是双向复制的。

J. Huberman 和 A. Tsai 以真核生物果蝇为研究对象，开展了同样的放射自显影研究工作。研究者先用强放射性（高比活度放射性）的 DNA 前体进行脉冲标记，随后用低放射性（低比活度放射性）的 DNA 前体进行脉冲标记。他们还将两种标记过程颠倒进行，先用低

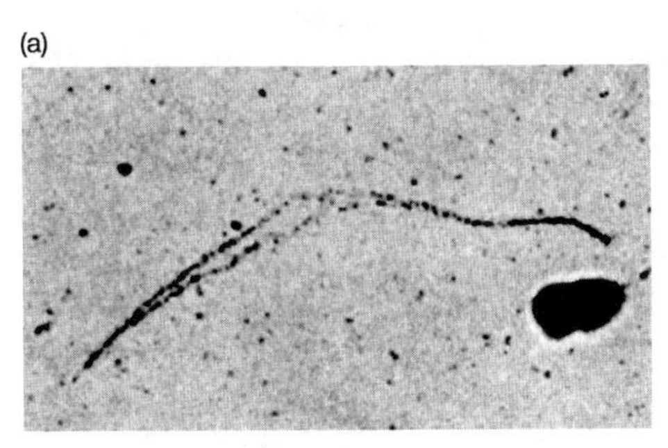

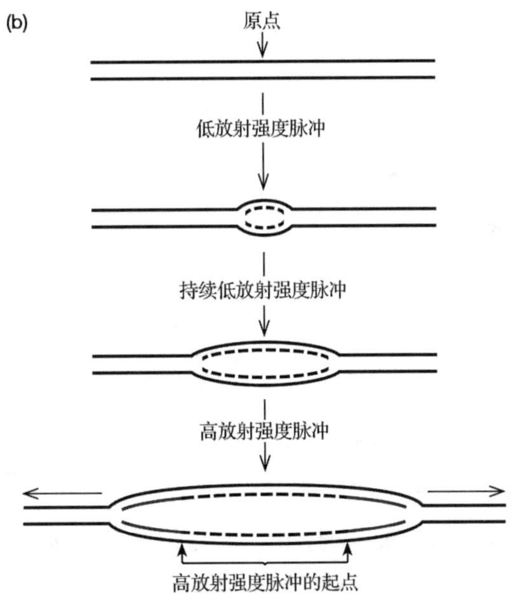

图 20.10 DNA 双向复制的实验论证。(a) 复制中的枯草芽孢杆菌 DNA 的放射自显影图像。休眠的细菌孢子在含有弱放射性 DNA 前体的培养基上萌发，新形成的复制泡被微弱标记，当复制泡生长到一定长度后，添加放射性较强的 DNA 前体进行短时标记。**(b)** 放射自显影实验结果的解释。紫色线条代表在低放射性脉冲标记期间产生的弱标记 DNA 链，橙色线条代表在随后的强放射性脉冲标记期间产生的强标记 DNA 链。由于两个复制叉都有强放射性标记，说明枯草芽孢杆菌的 DNA 复制是双向的。[*Source*: (*a*) Gyurasits, E. B. and R. J. Wake, Bidirectional chromosome replication in *Bacillus subtilis*. *Journal of Molecular Biology* 73 (1973) p. 58, by permission of Elsevier]

放射性标记，再进行高放射性标记，然后将标记的果蝇 DNA 进行放射自显影。在这些实验中，DNA 的扩展并未使复制泡保持开放状态，而只是在放射自显影中以简单的银颗粒横条形式出现，且忽而消失、忽而显现。

条斑的一端是标记的开始，另一端则意味着标记的结束。该实验的要点在于标记条斑总是成对出现的［图 20.11（a）］。成对的条斑代表着产生于共同起始点且反向移动的两个复制叉。为什么不同于枯草芽孢杆菌 DNA 实验，标记并没有起始于复制原点的中间位置呢？在对枯草芽孢杆菌的实验中，研究者让孢子在同一时间萌发而使细胞达到同步化状态。因此，可以在细胞起始 DNA 复制前（如孢子萌发前）将标记加入到细胞内。但在果蝇的实验中，很难使细胞达到同步化状态。结果是 DNA 的复制通常在标记物加入前就已开始了，所以中间的空白区域表示没有标记前体掺入的已完成复制的 DNA 区域。图 20.11（a）中成对条斑向外一端逐渐变细，十分类似于老式的打蜡胡须，表明在 DNA 复

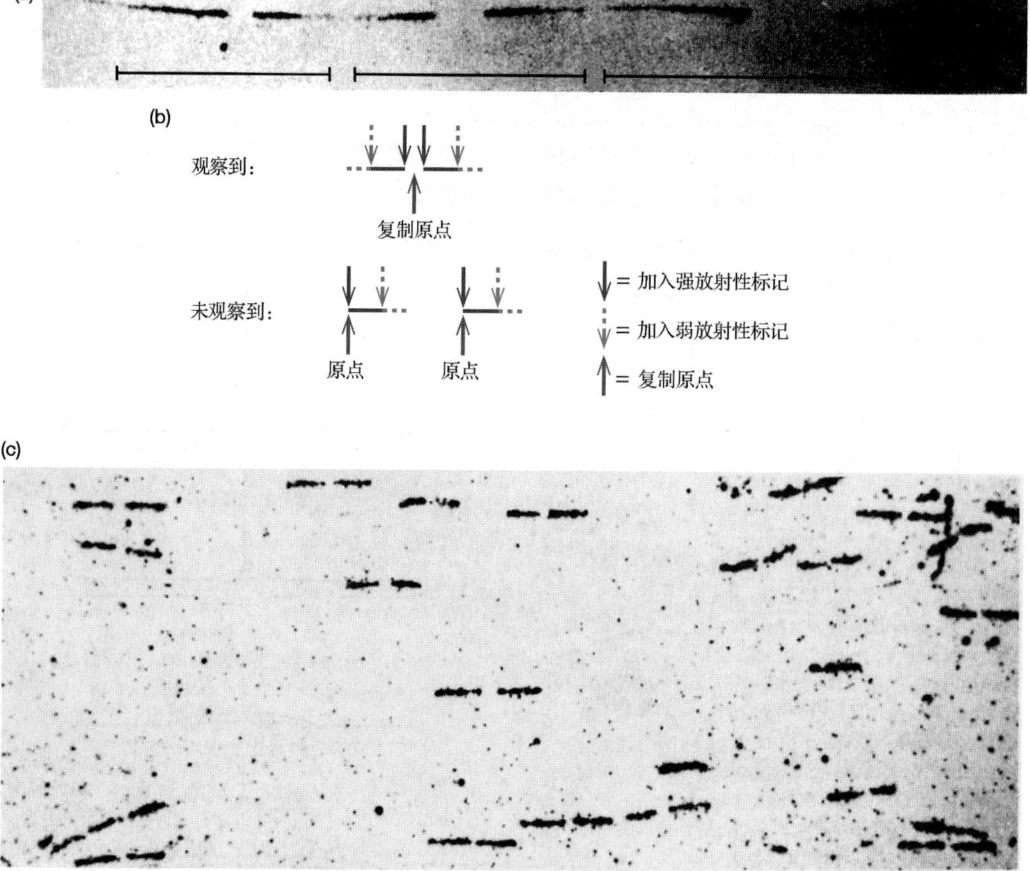

图 20.11　真核生物的 DNA 双向复制。(a) 黑腹果蝇 DNA 复制的放射自显影图像。先用强放射性 DNA 前体进行脉冲标记，再用弱放射性 DNA 前体进行脉冲标记。注意成对条纹（用括号标出）从中间向外侧逐渐变细，表明被标记的复制子具有一个中央复制起点和两个复制叉。**(b)** 依次采用先强后弱的放射性标记后所观察到图式的示意图。该示意图认为，如果成对条斑代表两个独立的单向复制子，则复制叉移动的方向相同，后一种模式未观察到。**(c)** 胚胎期蝾螈 DNA 复制的放射自显影图像。成对条斑的大小和形状恒定，表明相应的复制子在同一时间开始复制。［*Source*：(*a*) Huberman，J. A. and A. Tsai，Direction of DNA replication in mammalian cells. *Journal of Molecular Biology* 75 (1973) p. 8，by permission of Academic Press. (*c*) Callan，H. G.，DNA replication in chromosomes of eukaryotes. *Cold Spring Harbor Symposia on Quantitative Biology* 38 (1973) f. 4c，p. 195.］

制过程中，先掺入强放射性标记前体，然后再掺入弱放射性标记前体，导致放射性强度从复制原点向两侧逐渐减弱。相反的实验过程即先进行“冷”标记，随后再进行“热”标记，则标记条斑的形状恰似倒转的打蜡胡须，向内逐渐变细。当然，这些成对条斑也可能是在相距较近的独立原点处起始复制产生的，但是我们不能指望这些复制原点总是以相反的方向进行复制。当然也有一些复制原点以相同方向复制，从而产生图 20.11（b）假设的非对称性放射自显影图像。但事实上我们并没有观察到这种情况，所以，这些放射自显影实验的结果确证我们观察到的每对条斑只代表着一个复制原点，而不是相互靠近的两个复制原点。显然，果蝇 DNA 是双向复制。

这些实验结果都是以体外培养的成熟果蝇细胞为研究对象获得的，H. G. Callan 及同事用强放射性标记前体和两栖动物胚性细胞开展了类似的研究，如图 20.11（c）所示，实验（以蝾螈胚性细胞为研究对象）结果出人意料。与成熟昆虫细胞 DNA 复制的放射自显影图像相反，本实验获得了形状相同的成对条斑，长度大体相同，中间间距相等，表明这些复制原点是同时起始复制的。这一点是肯定的，因为加入的标记前体出现在复制叉的相同位置，远离各自复制原点的距离相等。此现象可能有助于解释蝾螈胚性细胞如何能够如此快速（仅需 1h，而成熟细胞则需 40h）地完成自身 DNA 复制，所有复制原点同时而不是以错开的方式起始复制。

有关复制原点的讨论有助于我们定义一个重要的术语：**复制子**（replicon）。一个 DNA 复制原点所控制的 DNA 序列称为一个复制子。因为只有一个复制原点，所以 *E. coli* 整条染色体就是一个复制子。显然，真核生物染色体含有多个复制子，否则，完成整条染色体复制需要花费太多时间。

并不是所有 DNA 都进行双向复制，Michael Lovett 的电子显微镜证据表明，*E. coli* 内 ColE1 质粒的复制为单向的，只有一个复制叉。

小结 大多数真核生物和细菌 DNA 为双向复制，ColE1 是 DNA 单向复制的一个事例。

滚环复制

某些环形 DNA 采取**滚环复制**（rolling circle replication）的机制而不是我们讨论过的 θ 模式进行复制。例如，ϕX174 等具有单链环形基因组 DNA 的 *E. coli* 噬菌体就采用相对简单的滚环复制机制，其双链**复制形式**（replicative form，**RFI**）可形成多拷贝的单链子代 DNA，图 20.12 是滚环复制的简略示意图。依据复制过程中间步骤（图 20.12 中的步骤 b 和 c）的特点而将该复制模式称为滚环复制，正在复制的 DNA 双链部分逆时针方向滚动，由此牵引出单链子代 DNA 分子，恰似展开的卫生纸卷在地板上迅速滚动。复制过程的中间分子类似于倒写的希腊字母 σ（sigma），所以滚环复制机制又称为 σ 模式，以区别于 θ 模式。

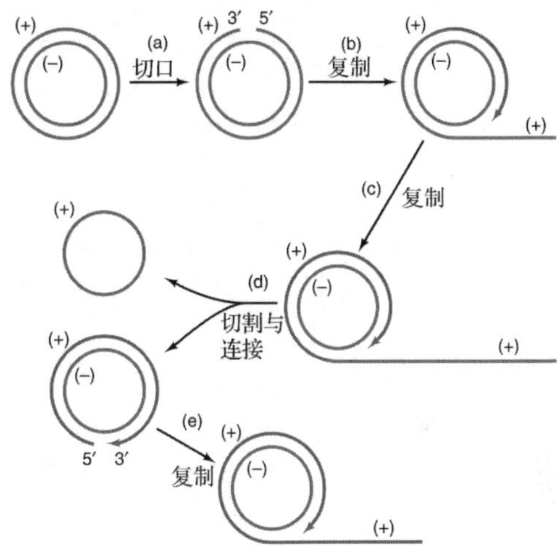

图 20.12 滚环复制产生单链环形子代 DNA 的示意图。（a）内切核酸酶在双链复制型 DNA 的正链上产生一个切口。（b）切口产生的游离 3′端成为正链延伸的引物，负链为模板置换出正链的另一端。红色线条代表新合成的 DNA。（c）复制持续进行，使正链的长度接近于原来的两倍，DNA 环按逆时针方向滚动。（d）置换出的正链 DNA 达到单位长度时被内切核酸酶切离，然后环化。（e）继续以负链为模板复制合成新的正链；该过程重复发生，以此产生许多环形正链拷贝。

滚环复制并非只产生单链 DNA，有些噬菌体（如 λ 噬菌体）利用滚环机制复制双链 DNA。在 λ DNA 复制的早期阶段，噬菌体按 θ 复制模式产生若干个环形 DNA 拷贝，这些环形 DNA 并不被包装到噬菌体颗粒中，而是作为滚环复制的模板，合成可被包装的线性 λ DNA 分子。图 20.13 显示滚环复制的过程，其复制叉十分类似于 *E. coli* DNA 复制叉，（可能是）前导链（绕环的那条链）连续合成，而后随链不连续合成。在 λ 噬菌体中，子代 DNA 在被包装前可达几个基因组的长度，这种多倍长度的 DNA 称为**多联体**（concatemer）。包装机制只能将一个基因组长度的线性 DNA 包装到噬菌体头部，所以多联体必须在每个完整基因组侧翼的 *cos* 位点进行酶切。

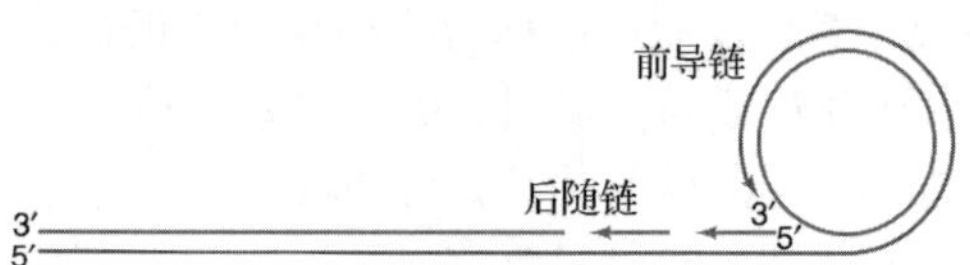

图 20.13 λ DNA 的滚环复制模型。当环形 DNA 分子向右滚动时，前导链（红色）连续延伸，而后随链（蓝色）的延伸是不连续的。以开环的前导链为模板，利用 RNA 引物合成冈崎片段。在单基因组长度 DNA 被切下并包装到噬菌体头部之前，子代双链 DNA 延伸到多个基因组的长度（多联体）。

小结 环形 DNA 以滚环机制进行复制。双链 DNA 的一条链被切割形成一个切口，以另一条完整链为模板延伸切口的 3′端，置换 5′端。在 ϕX174 DNA 的复制过程中，每完成一轮复制后就会释放出一个全长单链环形 DNA。在 λ 噬菌体中，置换链作为后随链不连续合成的模板。

20.2 DNA 复制的酶学

在 *E. coli* DNA 的复制过程中，至少需要 30 种不同多肽的协同作用。下面我们将分析其中某些蛋白质及其他生物体同源蛋白质的活性。首先来了解合成 DNA 的酶——DNA 聚合酶。

E. coli 的三种 DNA 聚合酶

1958 年，Arthur Kornberg 发现了 *E. coli* 的首个 DNA 聚合酶。现在我们已知道这只是三种 DNA 聚合酶中的一种，所以称为 **DNA 聚合酶 Ⅰ**（DNA polymerase Ⅰ，pol Ⅰ）。由于尚缺少其他细胞 DNA 聚合酶存在的证据，许多分子生物学家认为是 pol Ⅰ 负责细菌基因组的复制。正如后面所说的那样，这个猜测是不正确的。不过，我们还是从 pol Ⅰ 开始 DNA 聚合酶的学习，因为该酶的结构相对简单且研究得较为透彻，具有 DNA 合成酶的基本特征。

pol Ⅰ 尽管 pol Ⅰ 仅是分子质量为 102kDa 的单链蛋白，但却具有多种功能。pol Ⅰ 催化三种完全不同的反应，当然，pol Ⅰ 具有 DNA 聚合酶活性，但还有两种不同的外切核酸酶活性：3′→5′外切核酸酶活性及 5′→3′外切核酸酶活性。为什么 DNA 聚合酶还需要有两种外切核酸酶活性呢？3′→5′外切核酸酶活性对于新合成 DNA 的**校正**（proofreading）是十分重要的（图 20.14）。如果 pol Ⅰ 不巧把错误的核苷酸添加到正在延长的 DNA 链上，那么错误的核苷酸将不能与亲本链的对应碱基进行正确的碱基配对，应该将这个错误核苷酸去除。于是，pol Ⅰ 暂停，发挥其 3′→5′外切核酸酶活性，将错配核苷酸去除，从而继续复制，提高了 DNA 合成的忠实性或准确性。5′→3′外切核酸酶活性使 pol Ⅰ 降解聚合酶前方的 DNA 链，当聚合酶经过时将整条链移除或置换，至少在体外如此。由于 pol Ⅰ 似乎主要用于 DNA 修复（包括 RNA 引物的去除和置换），因而其 DNA 降解功能显得十分有用，可以切除受损或错配

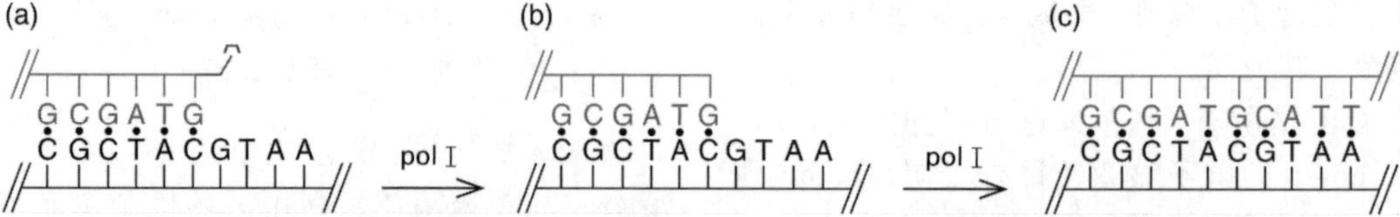

图 20.14 DNA 合成的校正。(a) 腺嘌呤核苷酸（红色）被错误地加入到鸟嘌呤对面的位置，破坏了引物 3′端所要求的碱基准确配对原则，使得复制系统暂停。(b) 暂停后，pol Ⅰ 利用其 3′→5′外切核酸酶活性，将错配的核苷酸切除。(c) 恢复正确的碱基配对后，pol Ⅰ 继续合成 DNA。

的 DNA 序列（或 RNA 引物），以正确的 DNA 取而代之。图 20.15 显示 RNA 引物的去除与置换过程。

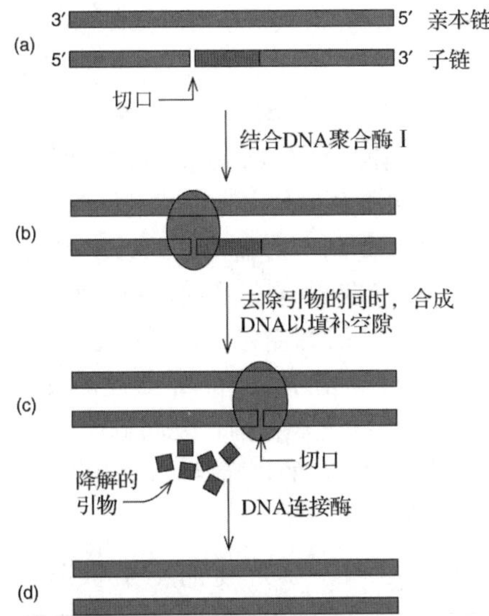

图 20.15 引物切除与新生 DNA 片段的连接。(a) 相邻的两个子代 DNA 片段，RNA 引物（红色）连接在右侧片段的 5′端。两个片段被单链上的切口分开。 **(b)** DNA 聚合酶 Ⅰ 在切口处与双链 DNA 结合。**(c)** DNA 聚合酶 Ⅰ 在去除引物的同时，向右延伸左侧片段而填补空隙，引物随之降解。**(d)** DNA 连接酶在左右两侧子代 DNA 片段间形成磷酸二酯键，缝合切口。

pol Ⅰ 还有另一个重要的特征，即在温和蛋白酶水解作用下，被分割成两个肽段：较大的片段称为 Klenow 片段（Klenow fragment），具有 DNA 聚合酶活性和 3′→5′外切核酸酶校正活性，较小的片段具有 5′→3′外切核酸酶活性。在分子生物学研究中，当需要合成 DNA、且无需破坏其中一条亲本链及引物时，经常会用到 Klenow 片段。例如，Klenow 片段经常用于 DNA 末端填充（第 5 章）及 DNA 测序。此外，pol Ⅰ 全酶通过切口平移（第 4 章）可在体外标记探针，因为切口平移有赖于移动的复制叉前方 DNA 的 5′→3′降解。

1987 年，Thomas Steitz 及同事确定了 Klenow 片段的晶体结构，使我们首次观察到 DNA 合成系统的精细结构。其最显著特征是在两个 α 螺旋之间有一个裂缝，这可能是 DNA 的结合位点。事实上，包括 T7 RNA 聚合酶在内所有已知聚合酶都具有相似的结构，并被形象地比作"手形结构"。在 Klenow 片段内，一个 α 螺旋是"手指"结构域的一部分，而另一个 α 螺旋则是"拇指"结构域的一部分，α 螺旋间的 β 折叠是"手掌"结构域的一部分。"手掌"结构域含有三个天冬氨酸残基，是酶发挥催化功能所必需的，与镁离子协同催化聚合反应。

聚合酶结构中的裂缝是否为真正的 DNA 结合位点？为查明事实，Steitz 及同事转向对另一种 DNA 聚合酶即 *Taq* 聚合酶进行研究。他们制备了 *Taq* 聚合酶与模式双链 DNA 复合体的晶体，DNA 长 8bp 且非模板（引物）链的 3′端为平末端。*Taq* 聚合酶来自嗜热水生菌，已被广泛应用于 PCR 反应（第 4 章）。其聚合酶结构域因与 Klenow 片段十分相似而被称为"KF"部分，即酶的 Klenow 片段。图 20.16 显示了 *Taq* 聚合酶-DNA 复合体的 X 射线晶体学研究结果，引物链（红色）的 3′端靠近手掌结构中三个重要的天冬氨酸残基，但并不十分靠拢，而是通过镁离子的桥接而将天冬氨酸的羧基基团与引物链的 3′-OH 基团联系起来。所以，该结构并非是一个精确的催化聚合反应的结构，部分原因可能是由于镁离子的缺失。

1969 年，Paula DeLucia 和 John Cairns 分离出了 *pol*A 基因缺陷突变体，该基因编码 pol Ⅰ 蛋白。无 pol Ⅰ 活性的突变体（*pol*A1）仍然可以存活，表明 pol Ⅰ 并不是真正的 DNA 复制酶，其功能可能主要是参与 DNA 的损伤修复，当损伤 DNA 被去除后，由 pol Ⅰ 填补空隙。pol Ⅰ 不是主要 DNA 复制酶的发现促使研究者重新寻找真正的 DNA 复制酶，1971 年，Thomas Kornberg 和 Malcolm Gefter 发现了聚合酶Ⅱ和聚合酶Ⅲ（pol Ⅱ 和 pol Ⅲ），在后面我们将了解到 pol Ⅲ 是真正的 DNA 复制酶。

小结 作为一种多功能酶，pol Ⅰ 具有三种不同的功能：DNA 聚合酶活性、3′→5′外切核酸酶活性及 5′→3′外切核酸酶活性。前两种活性存在于酶的大结构域内，而最后一种活性则存在于独立的小结构域中。在温和蛋白酶水解作用下，大结构域（Klenow 片段）与小结构域分离，形成两个蛋白质片段，且仍然具有完整聚合酶的三种活性。Klenow

片段（包括所有已知的 DNA 聚合酶）结构显示，该酶具有一个结合 DNA 的裂缝，Klenow 片段的聚合酶活性位点与 3′→5′外切核酸酶活性位点相距较远。

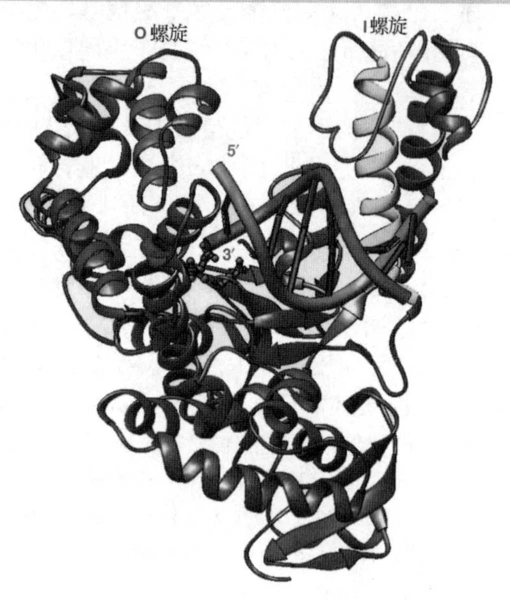

图 20.16 ***Taq* 聚合酶与结合了双链 DNA 模板的共结晶结构。**手形聚合酶“手指”和“拇指”的 O 螺旋和 I 螺旋分别用绿色和黄色标注，模式 DNA 的模板链和引物链分别用橙色和红色标注，手掌内靠近引物链 3′端的三个必需天冬氨酸侧链用红色小球表示。[*Source*：Eom，S. H.，J. Wang，and T. A. Steitz，Structure of *Taq* polymerase with DNA at the polymerase active site. *Nature* 382（18 July 1996）f. 2a，p. 280. Copyright © Macmillan Magazines，Ltd.]

polⅡ和 pol Ⅲ　通过磷酸纤维素层析法可将 polⅠ和 polⅡ分开，但在野生型细胞内，因 polⅠ在数量上的优势而不易检测到 pol Ⅲ。Kornberg、Gefter 及同事用遗传学方法分析了用于 DNA 复制的聚合酶。他们测试了 15 个不同温度敏感型 *E. coli* 菌株的 polⅡ和 pol Ⅲ的 DNA 复制活性，大部分菌株为 *pol*A1⁻ 突变体。因无 polⅠ活性，经磷酸纤维素层析处理后可测量 pol Ⅲ的活性。对于少数仍然具有 polⅠ活性的菌株，Gefter 及同事用 *N*-乙烷基马来酰亚胺阻断 pol Ⅲ的活性，通过对比抑制剂有或无情况下的活性差异，即可测定出 pol Ⅲ的活性。

他们最突出的发现是 5 个菌株的 *dnaE* 基因突变，其中 4 个菌株的 pol Ⅲ活性对温度十分敏感，而第 5 个菌株的 pol Ⅲ活性对温度敏感性不强。此外，所有突变菌株的 polⅡ活性没有受到任何影响。根据这些实验结果可以得出三个结论：第一，*dnaE* 基因编码 pol Ⅲ；第二，*dnaE* 基因不编码 polⅡ，因此 polⅡ和 pol Ⅲ具有独立的活性；第三，由于编码 pol Ⅲ的基因发生缺陷会妨碍 DNA 复制，说明 pol Ⅲ是 DNA 复制所必需的。当然，最好能得出 polⅡ不是 DNA 复制所必需的结论，但根据本实验结果不可能获得这一结论，因为没有测试 pol Ⅱ基因缺陷的突变体。在另一独立的实验中，研究者分离出了无 pol Ⅱ活性的突变体，这些突变体可以正常存活，表明 pol Ⅱ并不是 DNA 复制所必需的，所以 pol Ⅲ是 *E. coli* DNA 的复制酶。

小结　在 *E. coli* 细胞的三种 DNA 聚合酶 polⅠ、polⅡ和 pol Ⅲ中，只有 pol Ⅲ是 DNA 复制所必需的，是细菌 DNA 的复制酶。

pol Ⅲ 全酶　通过延伸引物而合成 DNA 前导链和后随链的酶称为 **DNA 聚合酶Ⅲ全酶**（pol Ⅲ 全酶）[DNA polymerase Ⅲ holoenzyme（pol Ⅲ holoenzyme）]，“全酶”意指多亚基酶。如表 20.1 所示，DNA 聚合酶Ⅲ全酶含有 10 个不同的多肽，稀释后，全酶解离为几个不同的亚聚体（表 20.1）。每个 pol Ⅲ亚聚体均具有 DNA 聚合能力，但速度很慢，而体内 DNA 复制的速度是很快的，这表明亚聚体缺失了某些重要组分。*E. coli* DNA 复制叉以 1000nt/s 的惊人速度移动（设想一下，该系统能够在 1s 内使 1000 个核苷酸与亲本链上的碱基进行准确配对，形成 1000 个磷酸二酯键!）。在体外，全酶合成 DNA 的速度为 700nt/s，表明全酶就是体内 DNA 复制的实体。细胞内的另两类 DNA 聚合酶 polⅠ和 polⅡ一般不以全酶形式存在，且复制 DNA 的速度远慢于 pol Ⅲ全酶的复制速度。

Charles McHenry 和 Weldon Crow 纯化获得了近乎同质的 DNA 聚合酶Ⅲ，发现了组成 pol Ⅲ核心的三种多肽，即 α、ε 和 θ 亚基，分子质量分别为 130kDa、27.5kDa 和 10kDa。在纯化过程中其余的亚基已发生解离，但核心亚基紧密地结合在一起。本节将详尽分析 pol Ⅲ核心亚基的功能特征，在第 21 章将对 pol Ⅲ全酶的其他亚基进行探讨，这些亚基在 DNA 合成的起始与延伸过程中发挥着重要功能。

表 20.1 *E. coli* DNA 聚合酶Ⅲ全酶的亚基组成

亚基	分子质量/kDa	功能	亚聚体			
α	129.9	DNA 聚合酶	核心	pol Ⅲ'	pol Ⅲ*	pol Ⅲ
ε	27.5	3'→5'外切核酸酶	核心	pol Ⅲ'	pol Ⅲ*	pol Ⅲ
θ	8.6	促进 ε 的外切酸酶活性	核心	pol Ⅲ'	pol Ⅲ*	pol Ⅲ
τ	71.1	二聚体核心，结合 γ 复合体		pol Ⅲ'	pol Ⅲ*	pol Ⅲ
γ	47.5	结合 ATP	γ 复合体（DNA 依赖的 ATP 酶）		pol Ⅲ*	pol Ⅲ
δ	38.7	结合 β	γ 复合体（DNA 依赖的 ATP 酶）		pol Ⅲ*	pol Ⅲ
δ'	36.9	结合 γ 和 δ	γ 复合体（DNA 依赖的 ATP 酶）		pol Ⅲ*	pol Ⅲ
χ	16.6	结合 SSB	γ 复合体（DNA 依赖的 ATP 酶）		pol Ⅲ*	pol Ⅲ
Ψ	15.2	结合 χ 和 γ	γ 复合体（DNA 依赖的 ATP 酶）		pol Ⅲ*	pol Ⅲ
β	40.6	滑动钳				pol Ⅲ
		全酶				

* pol Ⅲ全酶无 β 亚基。

Source：Reprinted from Herendee，D. R. and T. T. Kelly，DNA polymerase Ⅲ：Runing rings around the fork. *Cell* 84：6，1996. Copyright © 1996，with permission from Elsevier.

pol Ⅲ核心中的 α 亚基具有 DNA 聚合酶活性，因不易与其他核心亚基分离，所以很难测定 α 亚基的 DNA 聚合酶活性。当 Hisaji Maki 和 Arthur Kornberg 克隆了 α 亚基基因并使之过量表达后，研究者最终提纯了具有 DNA 聚合酶活性的 α 亚基。原因是通过基因过量表达而使 α 亚基的数量远多于其他两个亚基的数量。在测试纯化 α 亚基的 DNA 聚合酶活性时，发现 α 亚基具有的活性相当于等量核心酶具有的活性，因此可以断定是 α 亚基赋予了核心酶的 DNA 聚合酶活性。

pol Ⅲ核心具有 3'→5'外切核酸酶活性，可切除掺入的错配碱基，从而使聚合酶在 DNA 合成过程中具有校正功能，类似于 pol Ⅰ Klenow 片段的 3'→5'外切核酸酶活性。Scheuermann 和 Echols 用超表达策略证明 ε 核心亚基具有 3'→5'外切核酸酶活性。研究者过量表达 ε 亚基（*dnaQ* 基因的编码产物）后，用多种步骤将其纯化，经过最后步骤 DEAE-葡聚糖纤维素层析获得了纯度较高的 ε 亚基。随后，Richard Scheuermann 和 Harrison Echols 测试了 ε 纯化亚基及 pol Ⅲ核心的外切核酸酶活性。图 20.17 显示 pol Ⅲ核心与 ε 亚基均具有外切核酸酶活性，对错配的 DNA 底物具有专一性，但对准确配对的 DNA 无作用，这正是我们所预期的校正活性。该活性也能解释 *dnaQ* 基因突变会引起 DNA 大量变异（超过野生型细胞的 10^3～10^5 倍）的原因，若没有经过充分的校正，许多错配碱基就不能被切除而导致突变。所以我们将 *dnaQ* 突变体称为**增变突变体**（mutator mutant），因增加表型变异而将该基因称为 *mutD* 基因。

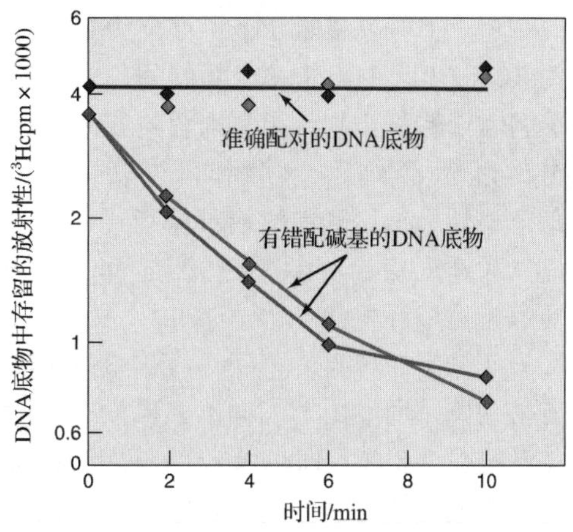

图 20.17 ε 亚基和 pol Ⅲ核心酶对准确配对或错配 DNA 底物的外切核酸酶活性。 Scheuermann 和 Echols 将纯化的 ε 亚基与 ^{3}H 标记的人工合成 DNA 共同温育。在逐渐延长温育时间后，测定 DNA 底物中存留的放射性。蓝色与绿色代表 pol Ⅲ 核心酶；橙黄色与红色代表 ε 亚基。（*Source*：Adapted from Scheuermann，R. H. and H. Echols，A separate editing exonuclease for DNA replication：The ε subunit of *Escherichia coli* DNA polymerase III holoenzyme. *Proceedings of the National Academy of Sciences USA* 81：7747-7751，December 1984.）

有关核心酶 θ 亚基的研究相对较少，除了促进 ε 亚基的外切核酸酶活性外，其他功能尚不清楚。但有一点已经明确，即核心酶 α 亚基和 ε 亚基能彼此增强活性。与游离状态相比，α 亚基的 DNA 聚合酶活性提高了两倍，ε 亚基的外切核酸酶活性提高了 10～80 倍。

小结 pol Ⅲ核心酶由 α、ε 和 θ 亚基组成。α 亚基具有 DNA 聚合酶活性，ε 亚基具有 3′→5′外切核酸酶活性，执行校正功能，θ 亚基的作用目前还不清楚。

复制的忠实性

pol Ⅲ（和 pol Ⅰ）的校正机制极大地提高了 DNA 复制的忠实性。在体外，pol Ⅲ 核心酶大约每合成 10 万个碱基对就会出现一个错误。这个记录并不理想，因为 *E. coli* 基因组有 400 万个碱基对，按这样的错误概率计算，每繁殖一代，就会有较大比例的基因因 DNA 复制而引入错误。幸运的是，聚合酶的校正机制能确保碱基准确配对，校正机制的出错率可能与复制的错误率相同，均为 10^{-5}。由此可以推测，经过校正后，DNA 复制的出错率仅为 $10^{-5}\times10^{-5}=10^{-10}$，接近于 pol Ⅲ全酶在体内复制时 10^{-10}～10^{-11}的出错率（复制的忠实性至少部分得益于错配修复，相关内容将在本章后面部分讨论）。事实上，生物体可以忍受这种程度的忠实性，这比复制的绝对保真要好，通过复制产生适度变异，其中某些变异可以使生物体更好地适应环境的变化。

校正机制的功能是将 DNA 子链 3′端的错配核苷酸切除（回顾图 20.14）。如果没有已配对的核苷酸提供 3′端，DNA 聚合酶就无法进行核苷酸的添加，因而也就无法起始新 DNA 链的合成，除非已有引物存在。这就解释了 DNA 复制需要引物的原因，但为什么一定是 RNA 引物呢？可能原因是：合成引物时，因未经校正而有较高的错配率，RNA 引物易被识别而切除，并通过相邻冈崎片段的延伸而被 DNA 取代。当然，后一个过程是相对无错的过程，因为该过程由具有校正功能的 pol Ⅰ催化完成的。

小结 DNA 复制的忠实性对生命至关重要。为确保 DNA 复制的忠实性，*E. coli* DNA 复制机构具有一个内在的需要引发的校正系统。只有一个碱基配对的核苷酸才能作为 pol Ⅲ全酶的引物。因此，如果偶尔掺入了错误的核苷酸，复制会暂停，直至 pol Ⅲ的 3′→5′外切核酸酶活性将其切除。事实上，RNA 引物可成为其降解的标签。

真核生物的多种 DNA 聚合酶

对参与真核生物 DNA 复制的蛋白质我们还知之甚少，但已经知道有多种 DNA 聚合酶参与了 DNA 的复制过程，并对这些酶的作用有了很好的了解。表 20.2 列举了哺乳动物主要的 DNA 聚合酶及其可能的作用。

表 20.2 某些真核 DNA 聚合酶可能的作用

酶	可能的作用
DNA 聚合酶 α	引发两条链的复制
DNA 聚合酶 δ	延伸后随链
DNA 聚合酶 ε	延伸前导链
DNA 聚合酶 β	DNA 修复
DNA 聚合酶 γ	线粒体 DNA 的复制

因具有较低的进行性，过去曾认为 DNA 聚合酶 α 负责后随链的合成。**进行性**（processivity）是指聚合酶一旦起始复制后所能持续进行的趋势。*E. coli* 聚合酶Ⅲ全酶具有很高的进行性，一旦起始 DNA 链的合成，聚合酶Ⅲ全酶就能长久地与 DNA 模板保持结合状态并持续进行 DNA 的合成。*E. coli* DNA 复制的整体速度非常快，因为聚合酶不会频繁地与模板解离，如果发生解离，复制就会出现暂停，需要新的聚合酶结合上来并重新开始复制。与聚合酶 α 相比，聚合酶 δ 具有更高的进行性，于是有研究者认为进行性较低的聚合酶 α 负责合成由短片段构成的后随链。实际上，作为真核生物唯一具有引发酶活性的 DNA 聚合酶 α 为两条链合成引物，然后由高进行性的 DNA 聚合酶 δ 完成两条链的延伸。

聚合酶 δ 和聚合酶 ε 的高进行性并非源于酶自身，而是辅助蛋白**增殖细胞核抗原**（proliferating cell nuclear antigen，**PCNA**）的作用。该蛋白质在 DNA 复制活跃的增殖细胞中富集，使聚合酶 δ 的进行性提高 40 倍。也就是说，与单独延伸 DNA 相比，PCNA 使聚合酶 δ 在脱离模板前将 DNA 链延长了 40 倍。PCNA 的作用机制是将聚合酶夹在 DNA 模板上，在第 21 章学习*E. coli* DNA 复制的详细机制时，我们会更全面地考察这种钳夹现象。

与高进行性的聚合酶 δ 和聚合酶 ε 形成鲜明对比的是，聚合酶 β 根本就没有进行性，通常在生长的 DNA 链上添加一个核苷酸后就与模板解离，因此需要一个新的聚合酶 β 结合上来并完成下一个核苷酸的添加。这与此酶可能具有的修复功能相吻合，当引物或错配碱基被切除后，需要聚合酶 β 合成短 DNA 片段以填补形成的空隙。此外，聚合酶 β 在细胞内的水平不受细胞分裂速率的影响，表明它不参与 DNA 复制。如果聚合酶 β 参与 DNA 复制，则会像聚合酶 δ 和聚合酶 α 一样在快速分裂的细胞内含量显著增多。

聚合酶 γ 存在于线粒体而不是细胞核内，负责线粒体 DNA 的复制。

小结 哺乳动物细胞内存在 5 种不同的 DNA 聚合酶。聚合酶 ε、聚合酶 δ 和聚合酶 α 参与 DNA 两条链的复制：α 引发 DNA 复制，ε 延伸前导链，δ 延伸后随链。聚合酶 β 在 DNA 修复中起作用，聚合酶 γ 可能负责线粒体 DNA 的复制。

链的解离

在讨论 DNA 复制的一般特征时，我们假定 DNA 的两条链在复制叉处以某种方式已发生了解旋。实际上，当 DNA 聚合酶复制 DNA 时，紧密结合的两条亲本链并不能自行解旋，其分离需要能量及酶的作用。

解旋酶 利用 ATP 化学能在复制叉处解离两条 DNA 亲本链的酶称为**解旋酶**（helicase）。在第 11 章讨论 TFIIH 的 DNA 解旋酶活性时，我们已经学习了有关解旋酶作用的一个实例。在真核生物中，TFIIH 使一小段 DNA 区域解旋，以便产生转录泡，这种 DNA 熔解是暂时的，而复制叉的形成则使两条链永久分离。

虽然已从 *E. coli* 细胞中鉴定出了多种 DNA 解旋酶，但关键问题是确定参与 DNA 复制的解旋酶。在所研究的解旋酶中，前三个鉴定出的酶即 rep 解旋酶、DNA 解旋酶 Ⅱ 和 DNA 解旋酶 Ⅲ 突变后并不影响细胞的增殖，说明这三种酶未参与像 DNA 复制这样涉及细胞生死存亡的重要生命过程。可以预料，如果参与 DNA 复制的解旋酶出现缺陷，应当产生致死突变效应。

获得关键基因缺陷突变的途径之一是进行条件突变，通常是温度敏感型突变。温度敏感型突变体的特点是：在低温条件下培养的突变细胞不表现突变表型，但温度升高时，突变细胞即可表现出突变表型。早在 1968 年，François Jacob 及同事就发现了两类与 *E. coli* DNA 复制有关的温度敏感型突变体，当温度从 30℃升高到 40℃时，1 型温度敏感型突变体立即关闭 DNA 的合成，而 2 型温度敏感型突变体在温度升高时，会逐渐降低 DNA 合成的速率。

其中一种 1 型突变体为 *dnaB* 突变体，当温度升高到非许可水平时，*E. coli* 温度敏感型 *dnaB* 突变体细胞立即停止 DNA 合成，这与预期结果一致，即如果 *dnaB* 基因编码的 DNA 解旋酶的确是 DNA 复制所必需的，那么功能性解旋酶缺失时，复制叉将停止移动，DNA 合成也会立即停止。此外，*dnaB* 编码产物（DnaB）是一种 ATP 酶，这也是我们预期 DNA 解旋酶应有的活性，DnaB 蛋白与合成 DNA 复制引物的引发酶相关联。

所有这些发现都提示，作为 DNA 解旋酶，DnaB 在 *E. coli* DNA 复制过程中使 DNA 双螺旋解旋。剩下的问题是需要证实 DnaB 的 DNA 解旋酶活性。Jonathan LeBowitz 和 Roger McMacken 于 1986 年开展了这项研究工作。如图 20.18（a）所示，他们所用的解旋酶底物为环形 M13 噬菌体 DNA，它退火结合了一段 5′端被标记的短的线性 DNA 片段。图 20.18（a）同时也显示了解旋酶分析实验的操作过程。LeBowitz 和 McMacken 将标记底物与 DnaB 或其他蛋白质共温育，电泳产物。如果该蛋白质具有解旋酶活性，它就能使双螺旋 DNA 解旋而形成两条独立迁移的单链，一条是标记的短 DNA，相对于另一条未标记的大分子 DNA 而言，具有较高的电泳迁移率。

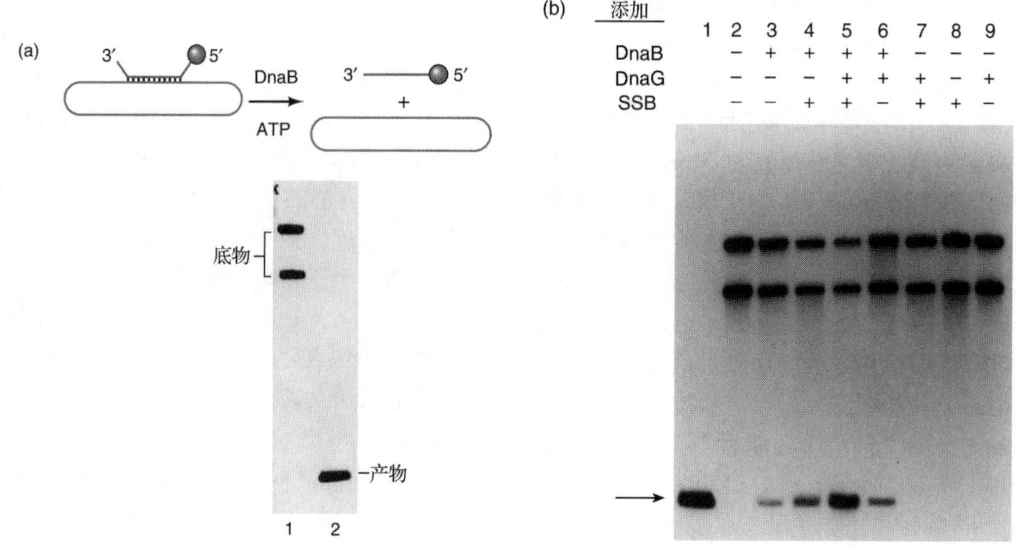

图 20.18 DNA 解旋酶分析。(a) 分析实验的原理。LeBowitz 和 Roger McMacken 合成了解旋酶的底物（图上方），该底物由^{32}P 标记 5′端的 1.06kb 单链 DNA 片段（红色）与未被标记的重组单链 M13 DNA（该 DNA 有 1.06kb 的互补区）退火而成。DnaB 蛋白或任一 DNA 解旋酶能将底物的双链区解旋，从而使标记的短 DNA 片段（红色）释放出来。底部：底物凝胶电泳后产生两条带（泳道 1），可能分别对应于线性及环形长 DNA。对短 DNA 片段（泳道 2）（标有"产物"的条带）单独电泳显示，它比底物的迁移率高。 **(b)** 解旋酶分析实验结果。LeBowitz 和 Roger McMacken 用上方所示的添加物（DnaB、DnaG 和 SSB）开展图（a）概述的实验分析，底部为凝胶电泳结果。泳道 1 为对照，显示未退火的短标记 DNA 的电泳行为（箭头）；泳道 3 表明 DnaB 自身具有解旋酶活性；泳道 4 和 5 表明其他蛋白质可促进 DnaB 的解旋酶活性；而泳道 7～9 表明无 DnaB 时，DnaG 和 SSB 这两种蛋白质均没有 DNA 解旋酶活性。[*Source*：LeBowitz，J. H.，and R. McMacken，The *Escherichia* coli dnaB replication protein is a DNA helicase. *Journal of Biological Chemistry* 261（5 April 1986）figs. 2，3，pp. 4740-41. American Society for Biochemistry and Molecular Biology.]

图 20.18（b）为实验结果。DnaB 自身具有解旋酶活性，并受 DnaG（我们将在第 21 章介绍的引物酶）和单链 DNA 结合蛋白 SSB 所促进，有关 SSB 的内容将在下节介绍。单独或结合的 DnaG 和 SSB 均无 DNA 解旋酶活性。所以，DnaB 是在复制叉处将 DNA 解链的解旋酶。

小结 解旋酶是 *E. coli dnaB* 基因编码的产物，在复制叉处将双链 DNA 解链。

单链 DNA 结合蛋白

在复制过程中，另一类称为**单链 DNA 结合蛋白**（single strand DNA-binding proteins，**SSB**）的蛋白质也参与了 DNA 双链的解旋。这类蛋白质并不像解旋酶那样催化 DNA 链的解离，但是只要有单链 DNA 形成，SSB 便会选择性地与单链 DNA 结合，将其覆盖，阻止单链 DNA 退火重新形成双螺旋。单链 DNA 的形成是正常 DNA 呼吸（局部链的瞬间分离，特别是富含A-T 的区域）或解旋酶作用的结果，SSB 的结合有助于维持单链状态。

对细菌 SSB 的研究最为深入。*E. coli* SSB 蛋白由 *ssb* 基因编码；T4 噬菌体的单链 DNA 结合蛋白是 gp32，意为"基因产物 32"（gene product 32，即 T4 噬菌体基因 *32* 的编码产物）；M13 噬菌体的单链 DNA 结合蛋白是 gp5（噬菌体基因 5 的编码产物）。这些蛋白质都有协同效应：一个蛋白质的结合会促进下一个蛋白质的结合。例如，第一个 gp32 蛋白分子与单链 DNA 的结合会使 DNA 对下一个 gp32 分子的亲和力提高 1000 倍。这样，一旦第一个 gp32 分子与单链 DNA 结合，那么第二个 gp32 分子的结合就会变得很容易，第三、第四个都是如此，形成覆盖于单链 DNA 区的 gp32 分子链。gp32 分子链甚至可延伸至双链发夹结构内，只要 gp32 协同结合所释放的自由能多于发夹结构形成时所释放的自由能，gp32 分子链就可使发夹结构熔解。实际上，相对较小、碱基配对较弱的发夹结构容易被熔解，而相对较长、碱基完全配对的发夹结构仍然保持完整状态。gp32 蛋白以单体形式与单链 DNA 结合，而 gp5 以二聚体形式、*E. coli* SSB 以三聚体形式与单链 DNA 结合。

目前已有一些线索表明“单链 DNA 结合蛋白”的称谓有点误导。SSB 确实与单链 DNA 结合，但在前面章节中我们已知道许多其他蛋白质也可与单链 DNA 结合，包括 RNA 聚合酶。但是 SSB 还有其他功能。我们已了解到 SSB 可使 DNA 保持单链状态，但是 SSB 也能特异地促进它们的同源 DNA 聚合酶发挥作用。例如，gp32 蛋白可促进 T4 DNA 聚合酶发挥作用，但对 T7 聚合酶或 *E. coli* DNA 聚合酶 I 则无促进效应。

SSB 的这些活性是否重要？事实上，这些活性十分重要。在非许可温度下，*E. coli ssb* 基因温度敏感型突变体是致死性的。被携带温度敏感型 *gp32* 的 T4 噬菌体突变体 tsP7 侵染的细胞，在转移至非许可温度条件下 2min 内噬菌体即停止 DNA 复制（图 20.19）。而且，噬菌体 DNA 开始降解。该行为表明，gp32 蛋白的功能之一是保护在噬菌体 DNA 复制过程中形成的单链 DNA 免于降解。

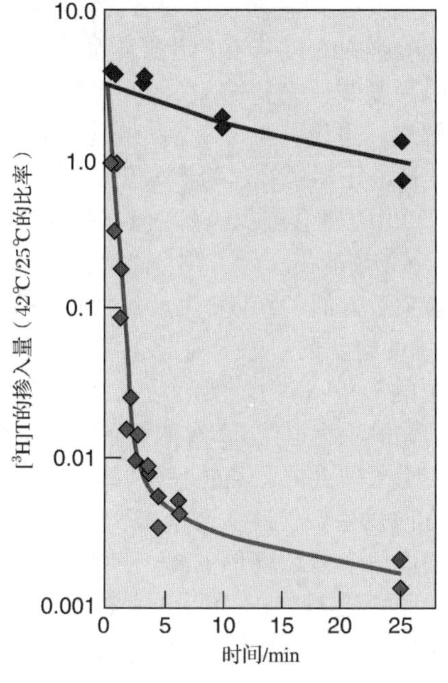

图 20.19 被 *SSB*（*gp32*）基因温度敏感型 T4 突变体侵染后，细胞 DNA 合成的温度敏感性。被 T4 噬菌体突变体侵染后，于 42℃和 25℃条件下脉冲标记 1min，Curtis 和 Alberts 测定了［^{3}H］胸苷的相对掺入量。T4 噬菌体突变体分别为：基因 *23*（蓝色）；基因 *32* 及基因 *23*（红色）；基因 *32* 及基因 *49*（绿色）。基因 *23* 和基因 *49* 的琥珀突变并不影响 DNA 的合成，因此，观察到的 DNA 合成的下降是基因 *32* 发生了温度敏感型突变所引起的。（*Source*：Adapted from Curtis，M. J. and B. Alberts，Studies on the structure of intracellular bacteriophage T4 DNA，*Journal of Molecular Biology*，102：793-816，1976.）

鉴于 SSB 在原核生物中具有如此重要的作用，令人奇怪的是在真核生物中尚未发现具有相似重要性的 SSB。但是在人类细胞中发现宿主的 SSB 或 RF-A 蛋白是 SV40 DNA 复制所必需的。该蛋白质选择性地与单链 DNA 结合，并促进病毒大 T 抗原的 DNA 解旋酶活性。由于 RF-A 为宿主蛋白，我们推测该蛋白质在未被病毒侵染的人类细胞内发挥一定的作用，但是目前还不清楚其如何发挥作用。此外，病毒基因编码的 SSB 在某些真核生物病毒 DNA 复制过程中发挥重要作用，包括腺病毒和疱疹病毒的 DNA 复制。

小结 原核生物单链 DNA 结合蛋白与单链 DNA 的结合力远高于与双链 DNA 的结合力。单链 DNA 结合蛋白以协同方式与新形成的单链 DNA 紧密结合，从而协助解旋酶发挥作用并阻止分开的单链退火，覆盖单链 DNA 的 SSB 可保护 DNA 免于降解。此外，SSB 对同源的 DNA 聚合酶还有促进作用。SSB 的这些活性对于原核生物 DNA 复制来说是非常重要的。

拓扑异构酶

有时我们将 DNA 链的分离称为“开拉链（unzipping）”。在使用这一术语时不应忘记，DNA 分子并不像拉链那样两侧平直，而是双螺旋。因此，DNA 的两条链必须彼此相互旋转才能实现分离。如果 DNA 分子是线性结构且很短，那么解旋酶可独自完成 DNA 的解链。但在对闭合环形 DNA 分子如 *E. coil* 染色体解旋时则面临一个特殊的问题：当 DNA 在复制叉处解旋时，环形 DNA 的其他区域就会产生补偿性缠绕，这种因螺旋紧密缠绕而产生的张力必须获得释放，否则 DNA 无法承受这种张力。1963 年，Cairns 在首次观察 *E. coli* 环形

DNA 分子时认识到该问题的存在。他提出，在 DNA 双螺旋上存在一个旋转体（swivel)，它使 DNA 分子在其两侧旋转，释放张力（图 20.20)。现在知道是 **DNA 促旋酶**（DNA gyrase）承担旋转体作用，DNA 促旋酶属于**拓扑异构酶**（topoisomerase）范畴，可引起 DNA 单链或双链瞬间断裂而改变其形状或拓扑结构。

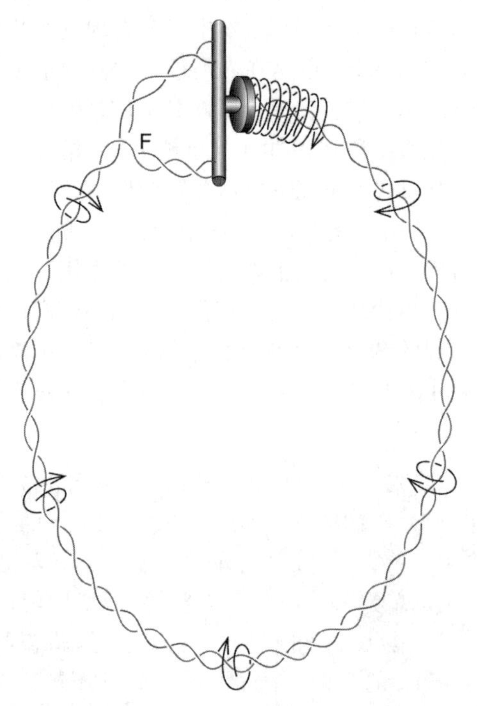

图 20.20　Cairns 的旋转体概念。闭合环形 DNA 复制时，两条链必须在复制叉（F）处解旋。因解旋而形成的张力将通过旋转体机制得以释放。Cairns 实际上将旋转体看成是一种主动旋转的机器驱动 DNA 在复制叉处解旋。

为了解拓扑异构酶的作用机制，我们需要仔细分析在第 2 章和第 6 章学习到的 DNA 超螺旋现象。到目前为止，已研究的所有天然闭合环形双链 DNA 分子均以超螺旋形式存在，闭合环形 DNA 是指无单链断裂或切口的 DNA 分子，细胞在产生这类 DNA 时，会使双螺旋发生一定的解旋，这种 DNA 被称为“低解旋的(underwound)”。只要两条链完整，就不会发生以任一链骨架上的键为转轴的自由旋转。因此，DNA 只能通过超螺旋形式释放因解旋而形成的张力。按照惯例，因解旋而引入的超螺旋称为“负超螺旋”。大多数生物体 DNA 都存在负超螺旋，但是极度嗜热菌却存在正超螺旋，通过反向 DNA 促旋酶引入正超螺旋，使这些生活在沸点温度环境中的生物的 DNA 保持稳定。

可以将 DNA 超螺旋过程作如下的直观化分析：取一条中等偏大的橡皮圈，一只手捏住其顶端，另一只手在橡皮圈的另一端使其向一侧缠绕一圈，你会注意到橡皮圈对旋转而引入的张力产生抵抗作用，并通过形成超螺旋（如同“8”形）而释放张力。旋转的圈数越多，形成的超螺旋数也越多：一个超螺旋数相当于对橡皮圈旋转完整的一圈。向相反方向旋转则会形成相反手型的超螺旋。

如果释放橡皮圈被握紧的一端，超螺旋就会被松弛。在 DNA 中，只有将一条链切断，使另一条链自由旋转，才能松弛超螺旋。

如果没有其他方式释放张力，DNA 在复制叉处的解旋就会引起正超螺旋而不是负超螺旋，因为复制使完整 DNA 的一个区域发生永久性解旋，迫使其余 DNA 发生过度缠绕而形成补偿性的正超螺旋。为形象化此情况，观察图 20.20 中位于复制叉（F）前方的环形箭头，注意 DNA 按箭头所示方向发生缠绕后是如何导致箭头后方的 DNA 发生解旋而箭头前方的 DNA 过度缠绕的。想象将你的手指插入复制叉后方的 DNA 链中，然后沿复制叉移动的方向移动你的手指迫使 DNA 的两条链发生分离，你就会想象到链的分离迫使 DNA 按环形箭头指示方向发生旋转，从而使 DNA 螺旋过度缠绕。当你的手指沿环形 DNA 链移动时，过旋产生的张力会对你的手指产生越来越强的阻力。所以，DNA 在复制叉处解旋所引入的正超螺旋张力必须被不断释放，才不会延缓 DNA 的复制。回想一下缠绕越来越紧的橡皮圈是如何逐渐增强对其缠绕的抵抗力的情景，你就会领悟这个过程。从原理上讲，任何释放这种张力的酶均可发挥旋转体的作用。但在 *E. coli* 细胞所有的拓扑异构酶中，只有 DNA 促旋酶具有旋转体功能。

根据拓扑异构酶是断裂 DNA 的单链还是双链而将其分成两类。第一类拓扑异构酶(type Ⅰ topoisomerases，**Ⅰ型拓扑异构酶**，如 *E. coli* 的拓扑异构酶Ⅰ）使 DNA 单链发生暂时断裂，而第二类拓扑异构酶（type Ⅱ topoisomerases，**Ⅱ型拓扑异构酶**，如 *E. coli* 的 DNA 促旋酶）断裂并缝合 DNA 双链。为什么 *E. coli* 的拓扑异构酶Ⅰ不能提供 DNA 复制所需的旋转体功能？原因是该酶只能松弛负超螺旋，不能松弛复制叉前方因 DNA 复制而引入的正超螺旋。显然，这些酶在 DNA 链上产生的切口并不能使 DNA 链发生任一方向的自由旋转，而 DNA 促旋酶可将负超螺旋引入闭合的环形 DNA 内，从而抵消形成正超螺旋的势能。因此，DNA 促旋酶可发挥旋转体作用。

并不是所有的拓扑异构酶Ⅰ都不能松弛正超螺旋，真核生物与古菌的拓扑异构酶Ⅰ（又称真核生物类拓扑异构酶Ⅰ）具有不同于细菌类拓扑异构酶Ⅰ的作用机制，既可松弛负超螺旋又可松弛正超螺旋。

有直接证据表明，DNA 促旋酶在复制过程具有至关重要的作用。首先，当编码 DNA 促旋酶两条多肽的基因发生突变后将阻断 DNA 的复制，对细胞产生致死效应；其次，新生霉素、香豆霉素、萘啶酸等抗生素可抑制 DNA 促旋酶活性，从而阻断 DNA 的复制。

Ⅱ型拓扑异构酶的作用机制 1976 年，MartinGellert 及同事首次纯化了 DNA 促旋酶。他们通过测定在松弛的环形 DNA（本章前面讨论过的 colEl 质粒）中引入的超螺旋数而检测在纯化过程中此酶的活性。添加 ATP 及不同量的 DNA 促旋酶，1h 后电泳 DNA 并用在 UV 照射下发荧光的溴化乙啶进行染色。

图 20.21 为分析实验的一个结果。在无 DNA 促旋酶（泳道 2）或 ATP（泳道 11）时，基本上只能观察到迁移率较低的松弛环形质粒。但逐渐增加 DNA 促旋酶的量时（泳道 3～10），可观察到迁移率越来越大的具有较多超螺旋数的质粒。DNA 促旋酶含量为中等水平时，会产生中间形式的质粒，在凝胶上产生清晰的条带，每一条带代表含有不同整数超螺旋的质粒。

该实验结果表明 DNA 促旋酶是一种 ATP 依赖的酶，但消耗的 ATP 并不像基于磷酸二酯键断裂与再形成所想象的那样多。这种适度能量需求的原因在于，DNA 促旋酶自身（不是水分子）是断裂 DNA 键的试剂，通过形成共价结合的酶-DNA 中间体而使 DNA 键发生断裂。该中间体保存了 DNA 磷酸二酯键中的能量，可被重新用于 DNA 末端的再连接，同时，DNA 促旋酶以原初形式释放。

酶-DNA 键的证据是什么？James Wang 及同事于 DNA 断裂－再连接循环过程的中间环节将酶变性，捕获 DNA-酶复合物。他们发现，该复合物中 DNA 两条链均有切口，两切口交错，相距 4 个碱基，DNA 促旋酶与突出的 DNA 末端共价结合。1980 年，Wang 及同事进一步研究显示，DNA 旋转通过酪氨酸残基与 DNA 发生共价结合，他们将［^{32}P］DNA 与 DNA 促旋酶共同温育。与前一个实验相同，将酶变性后捕获并纯化 DNA-促旋酶复合物，用核酸酶彻底消化复合物中的 DNA，分离得到了标记位于 A 亚基上的［^{32}P］酶（DNA 促旋酶与所有原核生物的 DNA 拓扑异构酶Ⅱ一样，是由两个不同亚基构成的四聚体结构，即 A_2B_2）。

促旋酶 A 亚基被^{32}P 标记的事实提示，这些亚基通过一个氨基酸残基而与^{32}P［DNA］

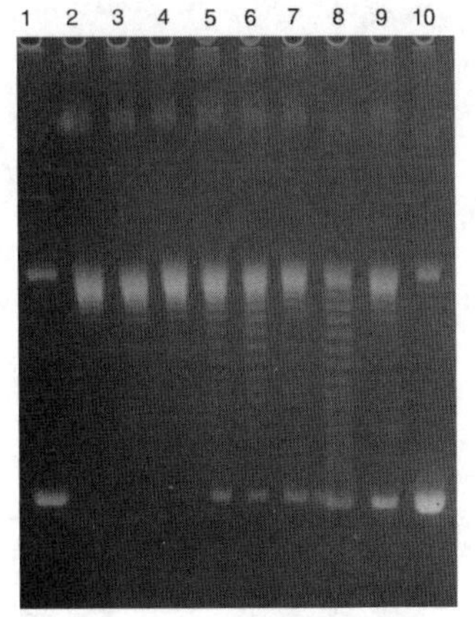

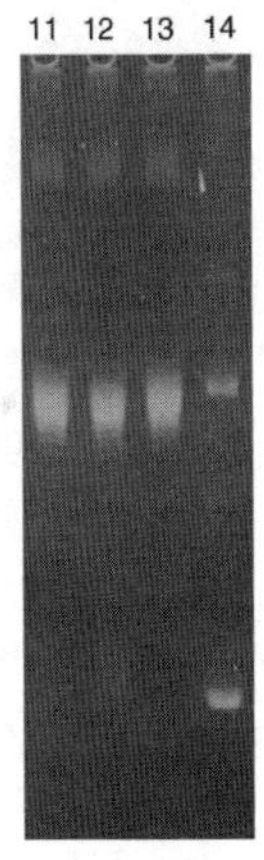

图 20.21 DNA 拓扑异构酶分析。Gellert 及同事将松弛环状 colE1 DNA 与不同数量的 *E. coli* DNA 促旋酶共同温育，同时添加 ATP、亚精胺和 $MgCl_2$（例外情况已标注）。泳道 1：从细胞中分离的超螺旋 colE1 DNA；泳道 2：无 DNA 促旋酶；泳道 3～10：DNA 促旋酶量逐渐增加，依次为：24ng、48ng、72ng、96ng、120ng、120ng、240ng 和 360ng；泳道 11：无 ATP；泳道 12：无亚精胺；泳道 13：无 $MgCl_2$；泳道 14：无 ATP，将超螺旋 colEl DNA 与 240ng DNA 促旋酶共同温育。［*Source*：Gellert，M.，K. Mizuuchi，M. H. O'Dea，and H. A. Nash，DNA Gyrase：An Enzyme that Introduces Superhelical Turns into DNA. *Proceedings of the National Academy of Sciences USA* 73（1976）fig. 1，p. 3873］

连接。那么，哪个氨基酸残基能与 DNA 发生连接？Wang 及同事将标记的 A 亚基于煮沸的 HCl 中消化，使之降解为氨基酸组分，然后纯化被标记的氨基酸，与之共纯化的是磷酸酪氨酸。所以，促旋酶通过 A 亚基上的酪氨酸残基与 DNA 共价结合。

DNA 促旋酶及其他 DNA 拓扑异构酶Ⅱ如何向 DNA 内引入负超螺旋呢？最简单的解释是，这些酶可使双螺旋的一部分穿越另一部分。图 20.22 显示了 X 射线晶体图像所描述的酵母拓扑异构酶Ⅱ的结构。与所有真核生物拓扑异构酶Ⅱ一样，酵母拓扑异构酶Ⅱ为同源二聚体，每个单体都有相当于原核生物拓扑异构酶Ⅱ的 A 和 B 亚基的结构域。酵母拓扑异构酶Ⅱ是由两个新月形单体构成的心形蛋白，呈双颚状，分别位于上部与底部。

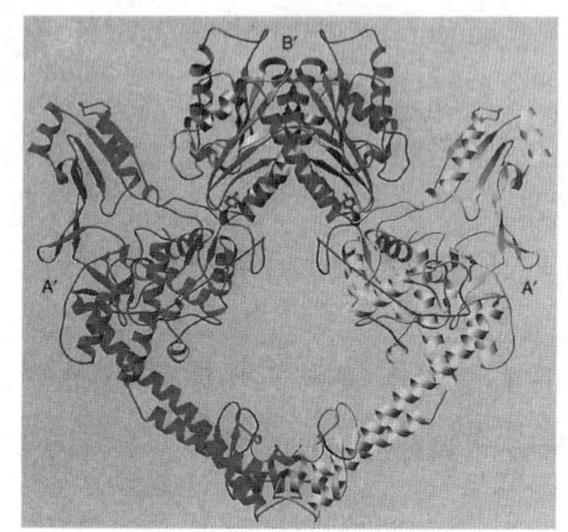

图 20.22 酵母拓扑异构酶Ⅱ的晶体结构。左侧单体用绿色和橙色表示，右侧单体用黄色和蓝色表示。在绿色和黄色单体上有相当于原核生物拓扑异构酶 A 亚基的结构域（标注为 A′），在橙色和蓝色单体上有相当于原核生物拓扑异构酶 B 亚基的结构域（标注为 B′）。具有 ATP 酶活性的 B′结构域形成酶的上颚，A′结构域形成酶的下颚。图中显示的结构中，酶的双颚是闭合的。在反应过程中与 DNA 发生连接的酪氨酸活性位点用紫色六边形表示，位于 A′结构域和 B′结构域交界处附近，在底部标注了单体间的主要接触面。（*Source*：Adapted from Berger，J. M.，S. J. Gamblin，S. C. Harrison，and J. C. Wang，Structure and mechanism of DNA topoisomerase Ⅱ. *Nature* 379：231，1996.）

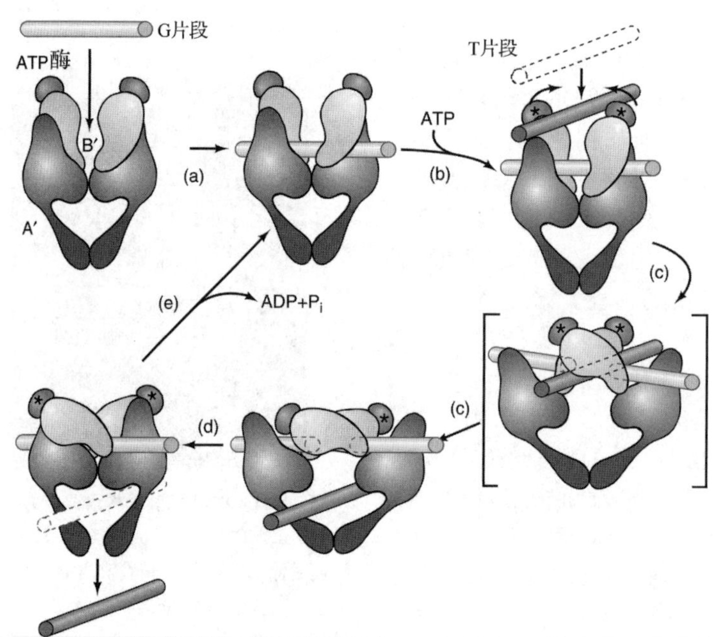

图 20.23 拓扑异构酶Ⅱ催化反应中，DNA 片段的穿过步骤模型。基于拓扑异构酶Ⅱ的晶体结构及其他方面的证据，Wang 及同事提出了如下模式：**(a)** 酶的上颚打开，与 DNA 的 G 片段（双链 DNA）结合，该片段能够断裂形成允许其他 DNA 片段穿过的门。DNA 结合后导致酶的构象发生改变，引导 B′功能域的酪氨酸活性位点进入攻击 DNA 的位置。**(b)** 每个上颚中的 ATP 酶功能域与 ATP（用星号表示）结合。此外，上颚还与 DNA 的双链 T 片段结合，T 片段将穿过 G 片段。**(c)** 通过包括假定中间体（括号内）在内的一系列构象变化，活性位点将 G 片段切断，使 T 片段穿过 G 片段并进入下颚。在（c）步骤中，B′功能域的前面部分是透明的，以便可以观察其后的 DNA。**(d)** 下颚张开，释放 T 片段，而 G 片段被重新结合。**(e)** 拓扑异构酶Ⅱ水解 ATP，使其恢复到能够接受另一个 T 片段的状态，并重复这一片段穿越过程。（*Source*：Adapted from Berger，J. M.，S. J. Gamblin，S. C. Harrison，and J. C. Wang，Structure and mechanism of DNA topoisomerase Ⅱ. *Nature* 379：231，1996.）

图 20.23 展示了在 DNA 片段穿越过程中双颚协同作用的模型。上颚与 DNA 的 **G 片段**（G-segment）结合。G 片段含有其他片段穿越的入口，被 ATP 激活后，上颚又与 DNA 的 **T 片段**（T-segment）结合，T 片段通过 G 片段转运。G 片段与 T 片段相互垂直，DNA 促旋酶断裂 G 片段使之产生入口，当 T 片段穿越 G 片段进入下颚后即被逐出。

小结 一种或多种被称为解旋酶的酶利用 ATP 使两条 DNA 亲本链在复制叉处解离。当解旋酶解旋闭合环形 DNA 的两条亲本链时，会将补偿性的正超螺旋引入 DNA，细胞必须克服这种张力，否则将阻碍复制叉前行。旋转体可以释放这种张力，*E. coli* 的 DNA 促旋酶是具有旋转体功能的首选者，通过在复制的 DNA 内引入负超螺旋来中和正超螺旋，否则正超螺旋会阻断 DNA 的复制。

20.3 DNA 损伤与修复

多种不同途径可导致 DNA 的损伤，如果不及时修复损伤，就会引起突变，即 DNA 碱基序列的改变。首先值得强调的明显区别是：DNA 损伤并不等同于 DNA 突变，尽管损伤会导致突变。DNA 损伤仅是 DNA 的简单化学改变，而突变是 DNA 碱基对的改变。例如，由 G-C 碱基对改变为 CH_3CH_2-G 碱基对属于 DNA 损伤；而由 G-C 碱基对转变为其他正常碱基对（如A-T、T-A 或 C-G）则属于 DNA 突变。如果一类特定的 DNA 损伤可能会导致突变，则这类损伤称为**遗传毒性**（genotoxic）损伤。实际上，乙基-G-C 就属于遗传毒性损伤。因为在 DNA 复制过程中，乙基-G 不是与 C 配对，而是与 T 错配。如果情况确实如此，则在进行第二轮复制时，A 与 T 配对，从而将正常的 G-C 碱基对转变为 A-T 碱基对（真正的突变）。这个事例说明 DNA 复制在 DNA 损伤转变为突变的过程中具有很重要的作用。

由烷基化试剂引起的碱基修饰及由紫外线照射引起的嘧啶二聚体就是两种最普遍的 DNA 损伤事例。下面我们将具体学习原核生物与真核生物细胞处理 DNA 损伤的机制，大部分机制均涉及 DNA 复制。

碱基的烷基化修饰引起的 DNA 损伤

自然界中存在一些天然或人工合成亲电子的物质，亲电子意为偏爱电子（负电荷），这些**亲电子试剂**（electrophile）寻找其他分子的负电荷中心并与之结合。许多其他环境物质在体内可被代谢为亲电子化合物，生物体中的 DNA 就是明显的负电荷中心之一，每个核苷酸包括携带一个负电荷的磷酸基团和携带部分负电荷的碱基。当亲电子试剂进攻这些负电荷中心时，通常会将含碳的基团（即烷基）添加到负电中心，我们把该过程称为**烷基化**（alkylation）。

图 20.24 显示了 DNA 负电荷中心的特征。除磷酸二酯键外，鸟嘌呤的 N7 和腺嘌呤的 N3 是亲电子试剂易于进攻的位点，还有许多其他易受到亲电子试剂进攻的位点，而且不同的烷基化试剂有各自不同的进攻靶位点。

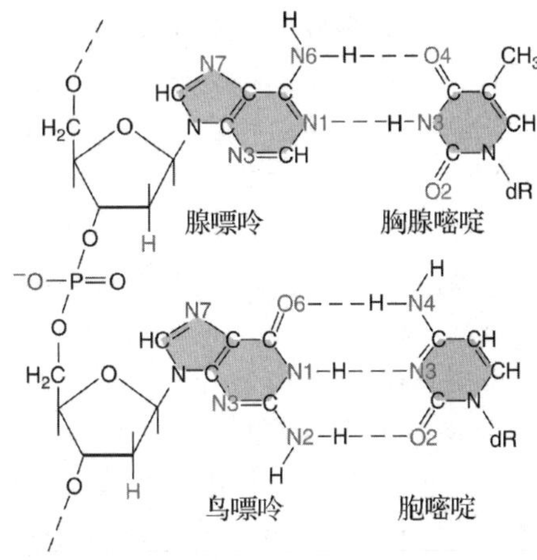

图 20.24 DNA 的电子富集中心。亲电子试剂最常攻击的位点是磷酸基团、鸟嘌呤的 N7 和腺嘌呤的 N3（红色），其他靶位点用蓝色表示。

当 DNA 的这些位点发生烷基化修饰后会出现怎样的后果呢？首先考虑鸟嘌呤 N7 和腺嘌呤 N3 这两个主要位点烷基化修饰的后果。鸟嘌呤 N7 位点的烷基化修饰后不会改变其与胞嘧啶互补配对的性质，一般是无害的；而腺嘌呤 N3 位点的烷基化的后果要严重得多，因为烷基化修饰后产生的**非编码碱基**（noncoding base），如 3-甲基腺嘌呤（3-methyl adenine，

3mA）不能与其他碱基准确配对。由于不能将涉及 3mA 的碱基对断定为正确碱基对，DNA 聚合酶在 3mA 损伤处停顿从而阻断 DNA 复制。阻断 DNA 复制对细胞而言是致死的，所以我们认为 3mA 对细胞是有**细胞毒性**（cytotoxic）的。此外，正如本章后面要介绍的，DNA 复制暂停可以在损伤不被修复的情况下解除，这种 DNA 复制恢复机制是有错误倾向的，因此有可能会引起突变。

此外，所有参与碱基互补配对的氮原子和氧原子也会发生烷基化修饰（图 20.24），直接破坏碱基配对而导致突变。鸟嘌呤 O6 是最可能会导致突变的烷基化位点，尽管该原子很少受到烷基化试剂的进攻。由于烷基化的鸟嘌呤与胸腺嘧啶而非胞嘧啶互补配对，所以此位点一旦发生烷基化修饰就会产生很强的诱变性。例如，常用的实验室诱变剂乙基甲烷磺酸（EMS）可将乙基基团（CH_3CH_2）转移到 DNA 上，使鸟嘌呤 O6 位点烷基化（图 20.25），鸟嘌呤 O6 位点的烷基化改变了鸟嘌呤的互变异构体形式（双键形式），进而与胸腺嘧啶配对，导致 G-C 碱基对转换为A-T 碱基对。

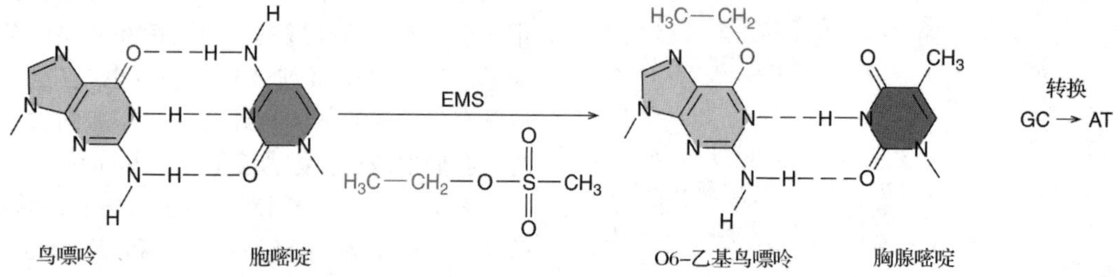

图 20.25　EMS 对鸟嘌呤的烷基化修饰。左边是正常的鸟嘌呤-胞嘧啶碱基对，注意鸟嘌呤的自由 O6 原子（红色）。EMS 作为供体将乙基（蓝色）转移至鸟嘌呤 O6 氧原子上，形成的 O6-乙烷基鸟嘌呤（右）与胸腺嘧啶而非胞嘧啶互补配对。经过又一轮复制，A-T 碱基对取代了原来的 G-C 碱基对。

环境中有许多**致癌物质**（carcinogen）都是亲电子试剂，可进攻 DNA 并使之烷基化。正如刚才所了解到的，这会导致突变，如果控制或以其他方式影响细胞分裂的基因发生突变，细胞将失去控制其复制的能力而转变为癌细胞。

小结　乙基甲烷磺酸（EMS）等烷化剂将烷基添加到碱基上，不改变碱基互补配对性质的烷基化是无害的，而引起 DNA 复制停止的烷基化则是有害的。如果损伤的 DNA 没有得到修复而细胞仍继续复制就会导致突变。有些烷基化会改变碱基互补配对的性质，所以是诱变剂，具有遗传毒性。

紫外线辐射引起的 DNA 损伤

紫外线（ultraviolet，UV）**辐射**（radiation）可使同一条 DNA 链上相邻的嘧啶碱基发生交联而产生两类主要损伤。80%～90%的损伤为**嘧啶二聚体**（pyrimidine dimmer）（图 20.26），又称**环丁烷嘧啶二聚体**（cyclobutane pyrimidine dimmer，CPD），因为在两个碱基间形成一个四元环丁烷环。10%～20%的损伤为 **(6-4) 光产物**［(6-4) photoproducts］，即一个嘧啶碱基 6-C 与相邻嘧啶碱基 4-C 交联。无信息（非编码）的嘧啶二聚体和（6-4）光产物可阻断 DNA 复制，导致复制系统无法确定配对的碱基。正如将要学到的那样，有时 DNA 复制会继续进行下去，引入的碱基不能准确地进行碱基配对，如果插入错误碱基则导致突变。

日光中的紫外辐射具有重要的生物学意义。大多数生命有机体在某种程度上均暴露于紫外光辐射之下。紫外光辐射的诱变性解释了日光引发皮肤癌的原因：日光中的紫外成分造成皮肤细胞的 DNA 损伤，导致突变，致使这些细胞无法调控自身的分裂。

虽然 UV 辐射具有危险性，幸运的是地球大气层中的臭氧层作为保护罩可吸收大量的紫外线。然而，科学家已经注意到，臭氧层出现了可怕的空洞，最大的空洞出现在南极洲上方。虽然关于引起臭氧消耗的原因还存在争论，但可能包括空调及塑料使用过程中向大气层中释放的化合物。如果我们不停止破坏臭氧层的行为，人类将遭受更多的 UV 辐射损伤，包括皮肤癌。

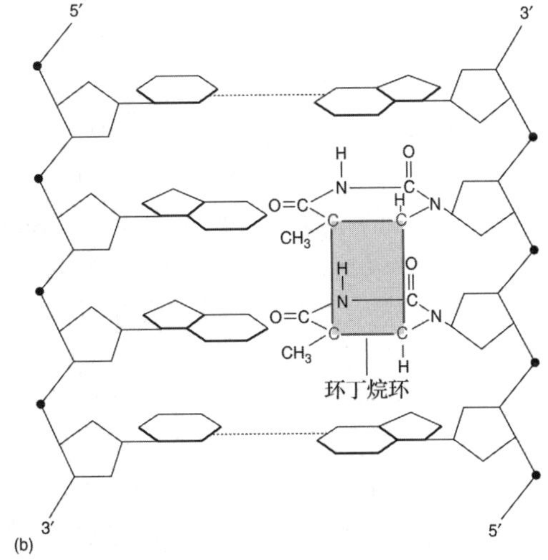

图 20.26　嘧啶二聚体。(a) 紫外线使上链中相邻的两个嘧啶碱基（胸腺嘧啶）交联，DNA 扭曲，这两个非编码碱基不再与腺嘌呤配对。**(b)** 两个嘧啶通过两个化学键连接形成环四元四丁烷环（红色）。

γ射线及 X 射线引起的 DNA 损伤

同紫外线一样，高能射线γ射线（gamma ray）及 X 射线（x-ray）可直接与 DNA 分子相互作用。然而，这两种射线对 DNA 的损伤大多数是通过电离 DNA 周围的分子，特别是水分子而引起的。**游离自由基**（free radical）是指带有不成对电子的化学物质，游离自由基特别是含氧的游离自由基（如 OH·）具有相当高的活性，可快速与相邻的分子发生作用。当游离自由基进攻 DNA 分子时，可引起碱基改变、DNA 单链或双链断裂。

DNA 碱基至少可遭受 20 种氧化损伤，电离辐射或正常氧化代谢产生的活性氧均可造成 DNA 的氧化损伤。对氧化损伤 DNA 碱基研究最为深入的是 **8-氧代鸟嘌呤**（8-oxoguanine，oxoG），即 **8-羟基鸟嘌呤**（8-hydroxyguanine）（图 20.27）。oxoG 可被原核生物或真核生物的 DNA 聚合酶误读为胸腺嘧啶，从而在本应插入胞嘧啶的位置处插入腺嘌呤，形成 oxoG-A 碱基对。这两个碱基都具有诱变效应，如果这两个碱基在下一轮 DNA 复制前未被移除，就可能引发突变。

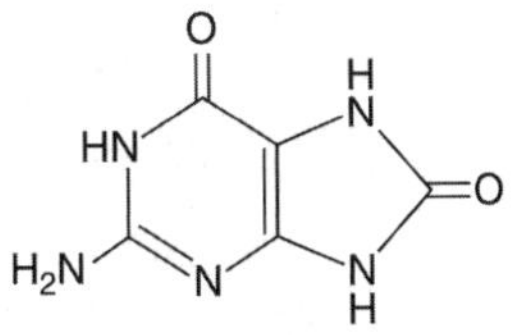

图 20.27　8-氧代鸟嘌呤。

单链断裂的后果通常并不严重，因为其易于修复，只要把断裂末端连接起来即可，而 DNA 双链断裂后就很难准确修复，可导致永久性突变。电离辐射可断裂染色体，所以电离辐射既是一种诱变剂，又是一种**断裂剂**（clastogen）。

小结　不同类型的辐射会造成不同的 DNA 损伤。能量相对较低的紫外线引起嘧啶二聚体等中等程度的 DNA 损伤；而γ射线及 X 射线等高能射线电离 DNA 周围的分子，产生进攻 DNA 的高活性自由基，引起 DNA 碱基的改变或链的断裂。

直接消除 DNA 损伤

处理 DNA 损伤的方法之一就是进行修复或将损伤逆转到原来的正常状态。有两条基本修复途径：①直接消除损伤；②移去损伤的 DNA 片段，然后填补新的未损伤 DNA。下面介绍 *E. coli* 细胞直接修复 DNA 损伤的两种方法。

20 世纪 40 年代后期，Albert Kelner 试图测定温度对链霉菌修复 DNA 紫外线损伤的影响。然而，他观察到在相同温度条件下，有些细菌孢子修复损伤的速度要比其他的细菌孢子快。显然，除了温度条件外，还有其他因子在起作用。最后，Kelner 注意到损伤修复比较快的细菌孢子是由于暴露在实验室窗户的阳光之下，控制实验室条件后，在黑暗中培养的细菌孢子就不再修复损伤。不久，Renato Dulbecco 观察到被紫外辐射损伤的噬菌体侵染的细菌表现出相同的效应。这就是大多数生命有机体均有的一种重要的损伤修复机制——**光复活**（photoreactivation）或**光修复**（light repair）。然而，包括人类在内的胎盘哺乳动物却没有光复活途径。

20 世纪 50 年代后期，人们发现了**光复活酶**（photoreactivating enzyme）或**光裂合酶**

(photolyase）催化的光复活反应。实际上，两种独立的酶分别催化 CPD 的修复和（6-4）光产物的修复，前者称为**CPD 光裂合酶**（CPD photolyase）或单纯光裂合酶，后者称为**（6-4）光裂合酶**［（6-4）photolyase］。图 20.28 概述了 CPD 光裂合酶的作用机制。首先，酶识别 DNA 损伤位点（嘧啶二聚体）并与之结合，然后吸收 UV-A 至蓝光光谱范围内的光而被激活，使嘧啶二聚体的化学键断裂，从而使嘧啶碱基恢复到原来的单体状态。最后，酶与 DNA 解离，损伤得到修复。

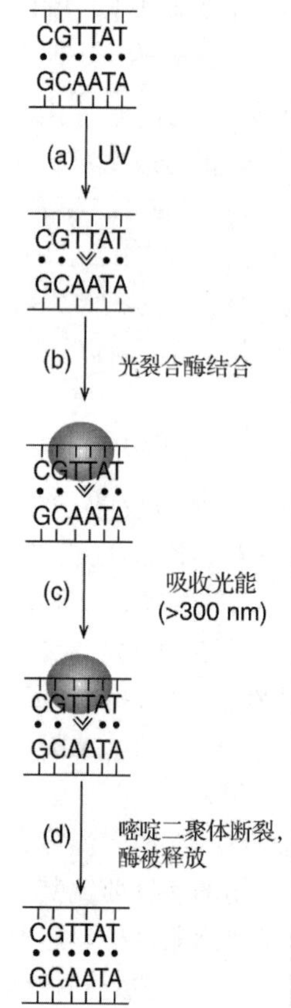

图 20.28 光复活模型。（**a**）紫外线辐射促使嘧啶二聚体形成。（**b**）DNA 光裂合酶（红色）结合 DNA 损伤区。（**c**）酶吸收近紫外到可见光光谱范围内的光。（**d**）酶断裂嘧啶二聚体，最后与已被修复的 DNA 解离。

从 *E. coli* 到人类，所有的生命有机体均能直接逆转另一种损伤，即鸟嘌呤 O6 位点的烷基化损伤。当 DNA 被甲基化或乙基化修饰后，生物体内的**O6-甲基鸟嘌呤甲基转移酶**（O6-methylguanine methyl transferase）催化损伤修复反应，直接将甲基或乙基从鸟嘌呤的 O6 原子转移到酶蛋白分子的一个半胱氨酸残基上，从而修复受损伤的 DNA。如图 20.29 所示，此酶通过自身接受甲基或乙基而修复损伤。

O6-甲基鸟嘌呤甲基转移酶的一个半胱氨酸残基的硫原子是烷基接受位点，严格来讲，这意味着甲基转移酶不是真正意义上的酶——反应完成后自身未发生任何改变。相反，该蛋白质几乎发生了不可逆的失活，基于其完成功能后“死去”的事实，我们称之为“自杀性酶”（suicide enzyme）。因此，这种修复过程是需要付出代价的，每发生一次修复事件就需要消耗一个蛋白质分子。

O6-甲基鸟嘌呤转移酶的另一个特性也很值得关注，该酶可被烷基化 DNA 所诱导，至少在 *E. coli* 中如此，这意味着已经处于烷化剂环境中的细菌细胞比刚处于此类诱变剂环境中的细菌细胞对 DNA 损伤具有较大的抗性。

小结 紫外线辐射造成的 DNA 损伤（嘧啶二聚体）可以直接被 DNA 光裂合酶所修复。利用近紫外至蓝光波段的光能，此酶打开两个嘧啶间的化合键；鸟嘌呤 O6 烷基化修饰可被自杀性 O6-甲基鸟嘌呤甲基转移酶修复，将烷基基团转移到酶自身的一个氨基酸残基上。

切除修复

通过直接逆转修复方式处理的 DNA 损伤只占很少的比例，大多数损伤既不是嘧啶二聚体损伤，也不是 O6-烷基鸟嘌呤损伤，所以必须通过不同的机制来修复这些损伤。**切除修复**（excision repair）能消除大多数 DNA 损伤。首先将损伤 DNA 切除，然后用新合成的 DNA 替换。切除修复机制包括碱基切除修复和核苷酸切除修复两种类型。碱基切除修复机制较为普遍，主要针对碱基改变轻微的 DNA 损伤，如细胞试剂引起的化学修饰；核苷酸切除修复机制主要修复碱基发生重大变化的 DNA 损伤，其中许多损伤可引起 DNA 双螺旋结构扭曲，这些改变主要是由于细胞外诱变剂造成的，UV 辐射引起的嘧啶二聚体就是这类损伤的一个典型事例。

碱基切除修复 在**碱基切除修复**（base exci-

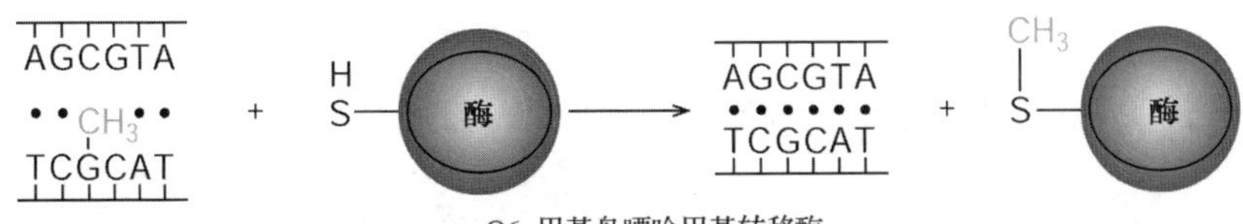

图 20.29　06-甲基鸟嘌呤甲基转移酶的作用机制。酶的巯基基团接受 DNA 鸟嘌呤的甲基（蓝色），从而使酶失活。

sion repair，BER）过程中，**DNA 糖基化酶**（DNA glycosylase）识别损伤碱基并扭曲 DNA，使受损碱基从碱基对中突出出来，并水解损伤碱基与核糖之间的**糖苷键**（glycosidic bond）（图 20.30），从而切除损伤碱基，产生**无嘌呤**（apurinic）或**无嘧啶**（apyrimidinic）的 AP 位点，即没有嘌呤碱基或嘧啶碱基的核糖位点。一旦产生 AP 位点，**AP 内切核酸酶**（AP endonuclease）识别 AP 位点并在其 5′端一侧将 DNA 链切断或产生切口（内切核酸酶中“endo”意指该酶切割 DNA 链的内部而不是游离的末端，希腊语“*endo*”的意思是在内部）。在 *E. coli* 中，DNA 磷酸二酯酶在 AP 位点处将磷酸戊糖切除，然后由 DNA 聚合酶Ⅰ进行修复合成，按 5′→3′方向，在降解 DNA 的同时合成新的 DNA 片段，但 DNA 聚合酶不能修复切口，最后由 DNA 连接酶缝合切口，完成损伤修复。生物体已进化形成了不同的 DNA 糖基化酶来识别不同的损伤碱基，人类至少有 8 种 DNA 糖基化酶。由于 DNA 复制一般不会因碱基受到微小的化学修饰而停止，但可能会引起错码，所以在预防突变方面，BER 发挥着重要作用。

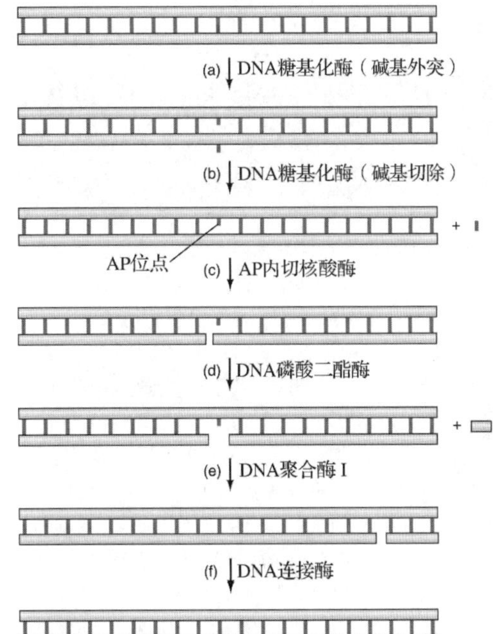

图 20.30　*E. coli* 的碱基切除修复。（a）DNA糖基化酶使损伤碱基（红色）外突。**（b）**DNA 糖基化酶切除外突的损伤碱基，在下方 DNA 链上留下一个无嘌呤或无嘧啶位点。**（c）**AP 内切核酸酶从 AP 位点 5′端一侧切断 DNA 链。**（d）**DNA 磷酸二酯酶去除 DNA 糖基化酶留下的 AP-脱氧核糖磷酸（右边的黄条块）。**（e）**DNA 聚合酶Ⅰ填补空隙，并继续向下游修复合成几个核苷酸，降解 DNA 的同时将其修复。**（f）**DNA 连接酶缝合 DNA 聚合酶Ⅰ留下的切口。

真核生物的大多数 BER 过程［图 20.31（a）～（e）］与原核生物的 BER 过程相似，只是没有 DNA 磷酸二酯酶的参与。AP 位点被切开后，由 DNA 聚合酶 β 填补留下的空隙，同时切除悬垂的磷酸戊糖（蓝色），但该修复方案存在一个基本问题：细菌 DNA 聚合酶Ⅰ具有内在的编辑活性，而 DNA 聚合酶 β 无此功能，它是一种有错误倾向的酶，平均每复制 4000 个核苷酸就会出现一次错误，而且自身又不能修复错误。这种情况听起来可能不是很糟糕，但考虑到在我们的基因组中每天可能有 2000～8000 个碱基会受到损伤，如果按 DNA 聚合酶 β 的这种错误概率计算的话，BER 系统每天就会在我们的基因组内引入 5～20 次突变。

幸运的是，真核细胞具有解决这个问题的方案。2002 年，Kai-Ming Chou 和 Yung-Chi Cheng 的研究表明，人类的无嘌呤/无嘧啶（AP）内切核酸酶（APE1）与 DNA 聚合酶 β 共同作用，校正后者产生的错误。已知酵母的 APE1 除了具有主要的内切核酸酶活性外，还有 3′→5′外切核酸酶活性，但外切核酸酶活性太弱可能没有任何意义。Chou 和 Cheng 研究显示，针对准确配对的核苷酸而言，酵母 APE1 的 3′→5′外切核酸酶活性确实很弱，但

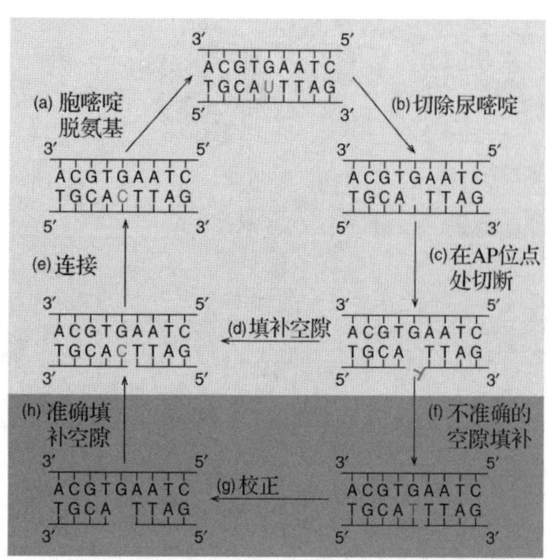

图 20.31　人类的 BER 途径。(a) DNA 下链的胞嘧啶发生自发脱氨基作用，使 C（蓝色）转变为 T（橙黄色）。**(b)** 糖基化酶将尿嘧啶切除。**(c)** APE1 在无嘧啶位点的 5′端一侧将 DNA 链切断。**(d)** DNA 聚合酶 β 用 C（蓝色）准确地填补空隙，同时将悬垂的核糖磷酸切除（绿色）。**(e)** DNA 连接酶Ⅰ粘合切口，使 DNA 恢复到正常状态。**(f)** DNA 聚合酶偶尔也会出现错误，可能会掺入错误的 T（红色）而不是正确的 C，在错配碱基的 3′端留下一个切口。**(g)** APE1 利用其 3′-外切核酸酶活性切除错配的 T，产生空隙。**(h)** DNA 聚合酶 β 准确地掺入与 G 配对的 C（蓝色），修复错配，然后将 DNA 连接起来，即可恢复到正常状态。[*Source*：Adapted from Jiricny，J.，An APE that proofreads. *Nature* 415（2002）p. 593，f. 1.]

遇到末端错配的核苷酸时，例如，当 DNA 聚合酶 β 没有准确填补空隙时，其 3′→5′外切核酸酶活性会增加 50～150 倍［图 20.31（f）］。

当相邻两条 DNA 链中有一条链的末端出现错配时，DNA 连接酶Ⅰ不能有效地连接这两条 DNA 链，如图 20.31 步骤 f 中所示的结构。DNA 连接酶Ⅰ对末端错配 DNA 链的连接效率低于 10%。如果 APE1 确实修复由 DNA 聚合酶 β 产生的错配 DNA，那么可以预测，APE1 与 DNA 连接酶共同作用修复错配的碱基并提高连接酶的效率。Chou 和 Cheng 用纯化的 DNA 连接酶Ⅰ、DNA 聚合酶 β 和 APE1 构成重组系统，以此来证明 APE1 可使连接效率提升，依据其浓度，连接效率提升 10%～95%。所以，APE1 确实可以修复由 DNA 聚合酶 β 产生的错配。

碱基切除修复的一个特殊事例是细胞对 8-氧代鸟嘌呤的处理，本章前面内容已讲到，oxoG 是 DNA 受到氧化损伤的结果。oxoG 可与 A 配对，形成 oxoG-A 碱基对，这两个碱基都具有诱变效应，在下一轮 DNA 复制过程中都可能发生错配而引发突变。在人类中，这些突变会诱发癌症，但是有氧生物进化获得了处理这些错配碱基的机制。

2004 年，Gregory Verdine 及同事阐明了错配碱基 A 的修复机制。参与修复的酶为**腺嘌呤 DNA 糖基化酶**（adenine DNA glycosylase），在细菌中叫做 MutY，在人类中叫做 hMYH。该酶可切除与 oxoG 错配的 A，但不切除正确配对的 C，而且也不会对所有与 T 正确配对的 A 产生作用。腺嘌呤 DNA 糖基化酶如何区分这些碱基？从 MutY 与含有 oxoG 的模式 DNA 复合体的 X 射线晶体学图像中可以找到该问题的线索，但这些复合体很不稳定，难以获得其结晶体。因此，Verdine 及同事使含有 oxoG 的寡核苷酸通过二硫键与 MutY 共价结合，由此形成的紧密复合体易于结晶。

复合体的晶体结构显示，oxoG-A 碱基对与酶发生了紧密而特异的相互作用，而且腺嘌呤碱基失去与 oxoG 的相互作用，并外突进入酶的活性位点。腺嘌呤与脱氧核糖间的糖苷键断裂，导致腺嘌呤从 DNA 上去除。相反，正常的 T-A 碱基对不会与酶发生紧密而特异的相互作用，所以这些正常的碱基对不会受到酶的作用。而且，同 oxoG-A 碱基对一样，oxoG-C 碱基对也与酶发生相互作用，但 C 不会外突，不能进入酶的活性位点，因此 C 不会被切除。

oxoG 是如何被切除的呢？其 BER 过程由另一个 DNA 糖基化酶——**oxoG 修复酶**（oxoG repair enzyme）起始，该酶切断 oxoG 与脱氧核糖之间的糖苷键。在人类中，oxoG 修复酶为 hOGG1，可识别 oxoG-C 碱基对与 G-C 碱基对，从而使 oxoG 外突，然后将其切除。

小结　碱基切除修复（BER）主要作用于轻微损伤的碱基，由 DNA 糖基化酶起始碱基的切除修复过程，该酶使碱基对中的损伤碱基外突，然后将其切除，形成无嘌呤或无嘧啶位点，在 DNA 修复酶的作用下，切除磷酸戊糖，由正常的核苷酸取代。在细菌中，DNA 聚合酶Ⅰ填补缺失的核苷酸；在真核生物中，DNA 聚合酶 β 完成填补任务。然而，DNA 聚合酶 β 易出现错误，且自身又无校正活性，因此，APE1 执行校正功能。对 DNA 内 8-氧代鸟嘌呤位点的修复是 BER 的一个特例，通过两个途径进行修复。由于 oxoG 与 A 错配，所以在 DNA 复制结束后由腺嘌呤 DNA 糖基化酶将 A 切除，如果没有进行复制，则 oxoG 仍与 C 配对，由另一种 DNA 糖基化酶即 oxoG 修复酶将 oxoG 切除。

核苷酸切除修复 包括胸腺嘧啶二聚体在内，当碱基受到较大程度的损伤时，会被修复系统直接切除，且无需 DNA 糖基化酶的帮助。在**核苷酸切除修复**（nucleotide excision repair，**NER**）途径中（图 20.32），内切酶系统识别损伤严重的 DNA 链，从损伤区的两侧断裂 DNA 链，切除包含损伤区在内的一段寡核苷酸链。*E. coli* 细胞核苷酸切除修复途径中的关键酶是 uvrABC 内切核酸酶，该酶由三个多肽组成，分别由 *uvrA*、*uvrB* 和 *uvrC* 基因编码。uvrABC 内切核酸酶切断损伤的 DNA 链，切割长度为 12～13nt，这取决于受损碱基是一个（烷基化修饰）还是两个（胸腺嘧啶二聚体）。催化核苷酸切除修复反应的酶的更为通用的名称是**切除核酸酶**（excinuclease）。我们即将了解到，真核细胞的切除核酸酶切除的寡核苷酸片段的长度为 24～32nt，而不是 12～13nt。但两种情况下，都是由 DNA 聚合酶填补空隙、DNA 连接酶缝合最后的切口。

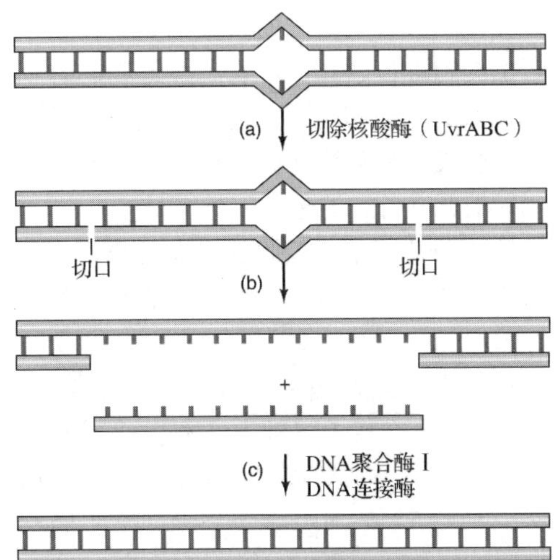

图 20.32 *E. coli* 的核苷酸切除修复。(a) UvrABC 切除核酸酶在严重损伤碱基（红色）的两侧切割 DNA 链，切除 **(b)** 中一段长度为 12nt 的寡核苷酸片段。如果是嘧啶二聚体损伤，那么切除的寡核苷酸片段为 13nt 而不是 12nt。 **(c)** DNA 聚合酶 I 以上方链为模板填补缺失的核苷酸。同碱基切除修复一样，最后由 DNA 连接酶缝合切口。

有关人类 DNA 修复机制的信息主要来自对先天性 DNA 修复缺陷疾病的研究。这种 DNA 修复失调可导致人类疾病的发生，包括 Cockayne 氏综合征和**着色性干皮病**（xeroderma pigmentosum，XP）。如果暴露于日光之下，大多数 XP 患者患皮肤癌的概率比正常人高数千倍。事实上，皮肤癌患者的皮肤只是在表面产生一些雀斑。然而，如果 XP 患者免受日光照晒，他们患皮肤癌的概率则与正常人相同，即使 XP 患者暴露于日光之下，未受阳光照射的皮肤基本上不会发生癌变。这些发现充分表明，日光是一种潜在的诱变剂。

为什么 XP 患者对日光如此敏感呢？这是因为 XP 细胞的 NER 系统发生了缺陷，不能有效地修复 DNA 螺旋的变形损伤，包括嘧啶二聚体损伤。因此，得不到修复的损伤被保留下来并最终导致突变的发生，进而引发癌症。由于 NER 对化学诱导的 DNA 螺旋变形损伤也有修复作用，所以我们预测 XP 患者因受化学诱变剂影响而患内在癌症的概率略高于平均值，事实也确实如此。但是 XP 患者患这类癌症的概率只是略高于正常人，说明人类细胞内的大部分 DNA 损伤并不是螺旋变形，通过 BER 途径即可修复这些轻微的损伤。但是人类没有修复 UV 损伤的替代途径，因为人类没有光复活修复系统。

真核生物的核苷酸切除修复可采取两种途径，包括修复基因组内所有损伤的**全基因组核苷酸切除修复**（global genome NER，**GG-NER**）和修复基因组内遗传活性区转录链损伤的**转录偶联的核苷酸切除修复**（transcription-coupled NER，**TC-NER**）。这两种 NER 机制有许多共同点，但它们识别损伤的方式不同，下面我们学习人类细胞的这两种过程。

全基因组 NER XP 患者细胞修复系统的哪个步骤发生了缺陷？关于该问题的答案至少有 8

个。深入开展有关研究的途径是，将来自不同患者的细胞进行融合，然后观察这些融合细胞是否仍然具有缺陷症状。通常情况下，融合细胞是不会表现缺陷症状的，除非来自两个患者的基因彼此互补，这种可能性意味着不同患者发生缺陷的基因是不相同的。到目前为止，通过细胞融合方式，鉴定了影响切除修复的 7 个互补群。另外，一些患者表现出 XP 的变异体（**XP-V**），其切除修复系统正常，患者细胞对 UV 的敏感性略高于正常人，本章后面部分将进一步探讨与 XP-V 有关的基因。综上所述，这些研究表明缺陷可发生于至少 8 个不同基因中的任意一个，其中的 7 个，***XPA～XPG*** 基因都与切除修复有关，最经常发生的是切除修复的第一步，即切割受损 DNA 链的环节出现缺陷。

人类全基因组 NER 的第一步（图 20.33）是识别因 DNA 损伤而引起的双螺旋变形。此步骤需要 XP 蛋白（**XPC**）的参与。XPC 与另一个蛋白 hHR23B 共同识别损伤的 DNA 并与之结合，使损伤周围的一小段 DNA 区发生熔解。1977 年开展的体外研究支持了 XPC 在 DNA 解旋中的作用。在所用的模板中有一个小的 DNA 熔解“泡”邻近或包围着损伤区。这些模板不需要 XPC，表明 DNA 的熔解即意味着 XPC 蛋白功能的结束。1998 年，Jan Hoeijmakers 及同事用 DNase 足迹法证实，XPC 直接与 DNA 的扭曲位点结合，导致 DNA 构象改变（可能是链的分离）。

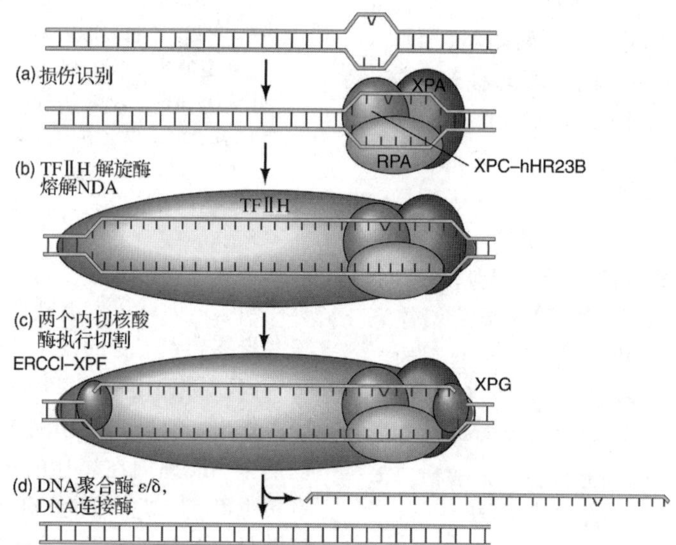

图 20.33　人类全基因组 NER。(a) 在损伤识别步骤中，XPC-hHR23B 复合物识别并结合损伤部位（以嘧啶二聚体为例），导致 DNA 局部熔解，XPA 发挥辅助作用。RPA 与受损部位对面的完好 DNA 链结合。**(b)** TFIIH 的 DNA 解旋酶活性扩大了 DNA 的熔解区。**(c)** RPA 协助两个内切核酸酶（ERCC1-XPF 复合物和 XPG）定位到损伤 DNA 的两侧，将 DNA 链切断。**(d)** 切除包括损伤位点在内的 24～32nt DNA 片段，DNA 聚合酶填补缺口，最后由 DNA 连接酶缝合切口。

XPA 对损伤 DNA 具有亲和性，因此也参与早期阶段的损伤识别。既然 XPC 和 XPA 均与损伤 DNA 结合，那么为什么认为 XPC 是切除修复的第一个作用因子？Hoeijmakers 及同事用不同大小的模板进行竞争性研究，其结果支持了这一假设。研究者将 XPC 与一种损伤模板共温育，同时将除 XPC 之外的其他因子与另一种损伤模板共温育，然后将这两组混合。结果发现，最初与 XPC 共同温育的损伤模板优先获得修复，表明 XPC 最先与损伤 DNA 结合。那么 XPA 有何作用？它可以与 NER 体系中的其他多种因子结合，所以 XPA 的功能可能是确定 DNA 损伤的存在，此时损伤 DNA 已发生变性（XPC 或其他方式使 DNA 变性），然后帮助募集 NER 体系中的其他因子识别损伤位点。

最初让我们感到有点惊讶的是，两个 XP 基因 *XPB* 和 *XPD* 分别编码通用转录因子 TFIIH 的两个亚基，暗示该通用转录因子参与了 NER 过程。然而，现在已知这两个多肽具有 TFIIH 固有的 DNA 解旋酶活性（第 11 章）。所以，TFIIH 的功能之一就是扩大损伤周围的 DNA 熔解区。但是体外实验发现，即使损伤 DNA 已发生较大区域的熔解，NER 系统仍然需要 TFIIH 的参与，表明该蛋白质除具有 DNA 解旋酶作用外，还发挥其他的作用。事实上，TFIIH 可与其他几个 NER 因子相互作用，提示 TFIIH 可能是 NER 复合体的组织者。

TFIIH 造成的 DNA 熔解可吸引核酸酶在损伤位点任何一侧将 DNA 链切断，切除包括损伤位点在内的 24～32nt 寡核苷酸片段。两个切除核酸酶可在损伤 DNA 的任意一侧造成切口，其中之一是 *XPG* 基因的产物，XPG 在损伤位点的 3′侧产生切口。另一个是 ERCC1 与 *XPF* 基因产物的复合体，在损伤位点的 5′侧产生切口。这些核酸酶特别适用于它们所承担的工作：特异性地切割双链 DNA 与单链 DNA 的联结点，单链是由 TFⅡH 在损伤周围产生的。另一种蛋白质 RPA 帮助切除核酸酶准确定位，并正确切割。作为单链 DNA 结合蛋白，RPA 优先与受损部位对面完好的 DNA 链结合，RPA 面向 3′端的侧面与 ERCCl-XPF 结合，其另一侧面与 XPG 结合，从而将这两个切除核酸酶定位在损伤位点正确的一侧。

一旦切除损伤 DNA，DNA 聚合酶 ε 或 DNA 聚合酶 δ 就会填补空隙，由 DNA 连接酶缝合切口。有关 XPE 的功能目前还不清楚，该蛋白质显然未参与 NER，但是它可以结合损伤 DNA，推测 XPE 可能以某种方式参与 DNA 修复。

转录偶联 NER 除 XPC 外，转录偶联 NER 所用因子与全基因组 NER 完全相同。在 GG-NER 中，XPC 负责起始损伤 DNA 的识别及局部 DNA 的熔解。在 TC-NER 中，哪个因子具有这种功能？答案是 RNA 聚合酶。当遇到因 DNA 损伤而造成的双螺旋变形时，RNA 聚合酶停止转录，并在损伤位点解旋 DNA，形成熔解泡。同时，XPA 识别熔解 DNA 中的损伤位点并募集其他因子。至此，这些因子发挥在 GG-NER 中相同的功能，扩大 DNA 的熔解区域，在两个位点切割 DNA，切除包含损伤位点的 DNA 片段。

RNA 聚合酶是高效实用的 DNA 损伤检测器，它能在转录的同时持续扫描基因组，但是损伤位点可阻止 RNA 聚合酶通过。位于非转录 DNA 区域内（或即使在转录区，但是位于非转录链上）的损伤不会通过这种途径被发现。由于这些损伤不会影响基因的表达，所以需要等待较长的时间才能获得修复。事实上，非编码损伤，如嘧啶二聚体、3mA 等可以像阻断 DNA 复制那样阻断转录，这对细胞而言是有益的，损伤导致正在转录的 RNA 聚合酶停止，从而募集损伤修复机构，实现损伤修复。

小结 核苷酸切除修复（NER）主要作用于导致 DNA 双螺旋发生变形的严重损伤。*E. coli* 细胞进行核苷酸切除修复时，内切核酸酶在损伤位点两侧、相距 12～13nt 处将 DNA 链切断，损伤 DNA 包含在切除的 12～13nt 寡核苷酸片段内。DNA 聚合酶Ⅰ填补空隙、DNA 连接酶缝合切口。真核生物的 NER 通过两个途径完成损伤修复，在 GG-NER 途径中，XPC-hHR23 复合体与基因组的任意损伤位点结合，引起 DNA 的有限熔解并起始修复。该蛋白质可以募集 XPA 和 RPA，随后 TFIIH 加入复合体，两个亚基（XPB 和 XPD）利用自身的 DNA 解旋酶活性延伸 DNA 熔解区。RPA 与两个切除核酸酶（XPF 和 XPG）结合，将它们定位在损伤位点两侧的正确位置上，然后释放出包括损伤位点在内的 24～32nt 寡核苷酸片段。TC-NER 与 GG-NER 的机制十分相似，只是由 RNA 聚合酶发挥 XPC 的功能，检测损伤并起始 DNA 的熔解。在 TC-NER 与 GG-NER 途径中，一旦损伤的 DNA 被切除，DNA 聚合酶 ε 或 DNA 聚合酶 δ 就会填补空隙，DNA 连接酶缝合切口。

真核生物的双链断裂修复

双链断裂可能是真核生物最严重的 DNA 损伤形式，如果得不到及时修复，就会引起染色体断裂，导致细胞死亡或脊椎动物的癌症。真核生物修复 **DNA 双链断裂**（double-strand break in DNA，**DSB**）损伤的方式有两种：第一种是同源重组，以未断裂的姐妹染色单体作为重组片段的供体，其机制与将要介绍的细菌重组修复相似，只是 DNA 的两条链均参与了重组；第二种是**非同源末端连接**（nonhomologous end-joining，**NHEJ**）。在细胞复制的 S 期和 G_2 期，同源重组是主要修复机制，因为只有一个 DNA 拷贝发生断裂，另一个拷贝可用于准确校正断裂区。分裂频繁的酵母细胞主要依赖同源重组修复双链断裂损伤。处于 G_1 期的哺乳细胞主要采用非同源末端连接方式修复双链断裂损伤，本节主要阐述非同源末端连接修复机制。

非同源末端连接　1994 年，J. Phillips 和 W. Morgan 将限制性内切核酸酶导入中国仓鼠卵巢细胞以便研究非同源末端连接机制。该限制性内切核酸酶切割染色体的 DNA 双链，在**腺嘌呤磷酸核糖转移酶**（adenine phosphoribosyltransferase，**APRT**）基因内也存在一个酶切位点，该基因在中国仓鼠卵巢细胞内只有一个拷贝。研究者筛选了 *APRT* 基因突变的存活细胞，对突变基因 *APRT* 测序以探明在连接过程中所发生的事件。研究者发现，在酶切位点附近会掺入或缺失很短的 DNA 片段。而且，这类插入或缺失显然受 DNA 末端微同源区（很小的同源区，1～6bp）所控制，图 20.34 显示了非同源末端连接的模型，并阐释了相应的研究结果。

首先，DNA 末端吸引二聚体蛋白 Ku 结合，Ku 的两个多肽分别为 Ku70（Mr＝69kDa）和 Ku80（Mr＝83kDa）。该蛋白质的一个重要作用是保护 DNA 末端，防止在末端连接完成之前发生降解。Ku 蛋白具有 DNA 依赖的 ATP 酶活性，是 **DNA 蛋白激酶**（DNA protein kinase，**DNA-PK**）的调控亚基，而 **DNA-PKcs** 是 DNA-PK 的催化亚基。X 射线晶体学研究表明，Ku 的两个亚基组成圆环结构，内部为碱性氨基酸残基，使 Ku 与酸性 DNA 紧密结合，如同套在手指上的圆环，结合在 DNA 的末端。

一旦 Ku 完成与 DNA 末端的结合，便招募 $DNA\text{-}PK_{cs}$ 及其他蛋白质组装成完整的 DNA-PK 复合体。每个 DNA 末端都有该蛋白质复合体的结合位点，且结合位点不仅仅局限在 DNA 末端，邻近末端的双链 DNA 区也可以是 DNA-PK 复合体的结合位点。通过与其他 DNA 片段的结合，DNA-PK 复合体促进联会

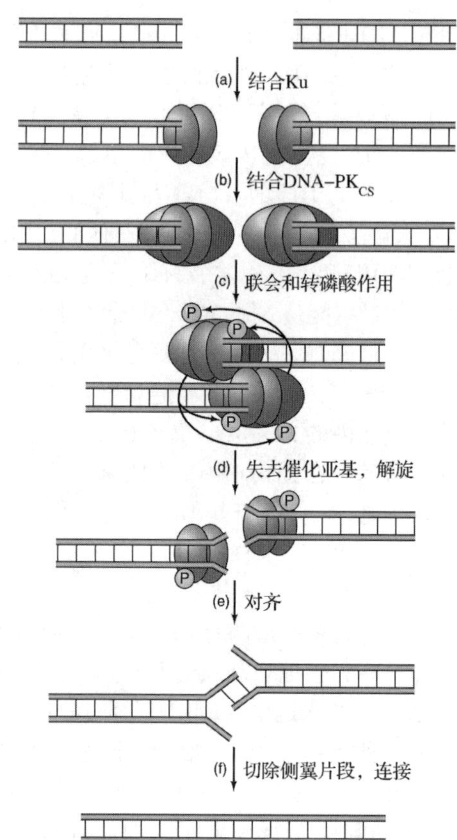

图 20.34　非同源末端连接模型。（a） 游离的 DNA 末端吸引 Ku（蓝色）的结合，保护末端 DNA，防止降解。**（b）** Ku 招募 $DNA\text{-}PK_{cs}$（红色），组成完整的 DNA-PK 复合体。**（c）** DNA-PK 复合体促进联会，或将邻近 DNA 末端的微同源区排列在一起。两个 DNA-PK 复合体彼此催化调控亚基（Ku）和催化亚基发生磷酸化修饰。随后，磷酸化的催化亚基与复合体解离。**（d）** 由步骤（c）产生的磷酸化作用有两个效应：①磷酸化的催化亚基与复合物解离；②磷酸化激活了 Ku 的 DNA 解旋酶活性，使 DNA 的两端发生解旋。**（e）** 两端的微同源区在联合阶段彼此配对。**（f）** 侧翼拆分移去多余的侧翼 DNA 并填补缺口。最后，DNA 连接酶将 DNA 链的末端永久地连接起来。[*Source*：Adapted from Chu，G.，Double strand break repair. *Journal of Biological Chemistry* 272（1997）p. 24099，f. 4.]

或微同源区排列。

两个 DNA-PK 复合体可以彼此进行磷酸化修饰，这种磷酸化作用产生两种效应。其一，磷酸化的 $DNA\text{-}PK_{cs}$ 促进其催化亚基解离；其二，磷酸化的 Ku 激活自身的 DNA 解旋酶活性，解旋 DNA 末端。末端解旋促使微同源区

进行碱基互补配对，未参与配对的末端形成侧翼。最后，核酸酶降解侧翼，DNA 聚合酶填补空隙，DNA 连接酶连接两条链。

当 DNA 的侧翼序列被切除后，DNA 会丢失或增加几个核苷酸，这个过程具有内在的不准确性。在第 23 章讨论抗体基因的同源重组时，将再次讨论非同源末端连接。抗体基因的同源重组会在 DNA 内精心引入双链断裂，与筛选的游离 DNA 末端连接而重排 DNA 片段，该过程需要 Ku 的参与。

小结 哺乳动物的双链 DNA 断裂损伤可通过同源重组或非同源末端连接修复。后者需要 Ku 和 DNA-PKcs 的参与，两者均在 DNA 末端结合，组装成有活性的 DNA-PK 复合体，使 DNA 末端的微同源区彼此排列在一起。然后，两个 DNA-PK 复合体彼此进行磷酸化修饰，这种磷酸化作用既促使催化亚基 DNA-PK_{cs}解离，又激活 Ku 的 DNA 解旋酶活性，使 DNA 末端解旋。末端解旋后，微同源区碱基互补配对。最后额外的侧翼 DNA 片段被切除，空隙填补后，DNA 的末端被永久地连接在一起。

染色体重建在双链断裂修复中的作用 在第 13 章我们曾学习到，核小体可以阻断基因控制区与转录因子的联系，因此只能通过染色体重建才能激活真核生物的基因。出于同样的原因，推测核小体也能阻断损伤 DNA 与修复因子之间的联系，这也是合乎情理的。因此，损伤 DNA 修复也需要染色体重建。2004 年，Susan Gasser 及同事、Xuetong Shen 及同事这两个研究组的研究表明，在酵母的双链染色体断裂（double-stranded chromosome break，DSB）修复过程中，主要通过同源重组进行修复，而在修复过程中确实依赖于染色体重建复合体 INO80 的参与。

INO80 是染色体重建蛋白质 SWI/SNF 家族（第 13 章）中的成员，由 12 个亚基组成，包括 *ino80* 基因产物 Ino80，此肽链具有染色体重建蛋白特有的 ATP 酶/转座酶结构域。*ino80* 基因突变会同时阻断基因的转录和 DSB 修复，可能的原因是染色体重建出现缺陷。

上述两个研究小组在酵母染色体 *MAT* 基因座的特定位点处断裂 DNA 双链，然后用**染色质免疫共沉淀**（chromatin immunoprecipitation，ChIP，见第 13 章）测定蛋白质对断裂处的结合。在 30～60min 内 INO80 在断裂处结合，表明 INO80 参与了 DSB 修复过程。那么，哪些蛋白质参与了对 INO80 的募集呢？线索之一是酵母蛋白激酶 Mec1 和 Tel1 对邻近 DSB 的核小体组蛋白 H2A 的第 129 位丝氨酸残基进行磷酸化修饰。丙氨酸残基取代第 129 位丝氨酸后，酵母细胞对引发 DNA 损伤的射线及化学试剂十分敏感；因为与丝氨酸不同，丙氨酸不能被磷酸化修饰。这一发现表明，组蛋白 H2A 第 129 位丝氨酸残基的磷酸化修饰可促进 DSB 修复。

此外，研究表明，编码 Mec1 和 Tel1 的基因突变或发生第 129 位丝氨酸残基被丙氨酸残基取代的突变均能阻止 INO80 在 DSB 位点的募集。这些发现暗示磷酸化的 H2A 与 INO80 之间存在着直接的相互作用。Shen 及同事研究发现，INO80 确实能与磷酸化的 H2A 和其他组蛋白共纯化，而与非磷酸化的 H2A 之间则无共纯化现象。

在 DSB 修复过程中，INO80 的作用是什么呢？Gasser 及同事研究发现，编码 INO80 亚基的基因发生突变的酵母菌株或组蛋白 H2A 第 129 位丝氨酸发生改变的突变酵母菌株其断裂染色体末端均不能形成突出的单链 3′端。所以，INO80 的功能之一就是在断裂处形成单链 3′端，在这一过程中，INO80 使核小体滑离断裂末端。

关于 INO80 如何完成重建的一个提示来自以下发现：INO80 含有两个 ATP 酶即 Rvb1 和 Rvb2，类似于 *E. coli* 中参与重组和 DSB 修复的 RuvB 蛋白。RuvB 是一个由两个环形六聚体组成的同源多聚物蛋白（第 22 章），它可利用自身的 DNA 解旋酶活性驱动“分支迁移（branch migration）”，即连接两个重组 DNA 双螺旋的分支发生移动。同样，Rvb1/Rvb2 也有 DNA 解旋酶活性，尽管该酵母蛋白质是一个单异源六聚体蛋白，但是人类的同系物被认为是双六聚体结构。由于 DNA 解旋酶在对 DNA 解旋时，能沿着 DNA 滑动，因此，我们也可以想象，在沿 DNA 滑动时，INO80 利用自身

DNA 解旋酶活性拖动核小体，使其远离 DSB。

另一个染色体重建蛋白 SWR1 也可被募集到 DSB 处，同 INO80 一样，SWR1 也含有 Rvb1 和 Rvb2，而且还有一个非常有趣的活性——使 H2A 变异体 Htz1 取代 H2A。所以，SWR1 的作用可能是用不可磷酸化的 Htz1 取代磷酸化的 H2A。由此可见，一旦 DSB 修复开始，SWR1 就能将核小体的磷酸化组蛋白回复到断裂时的状态。Jerry Workman 及同事的研究支持了该假说。他们发现，果蝇 SWR1 同源蛋白 Domino/p400 在体外能用非磷酸化的 H2A 取代磷酸化的 H2A。

另一个被募集到双链断裂处或损伤 DNA 其他位点的染色质重建蛋白是 ALC1（amplified in liver cancer）。ALC1 含有一个**大结构域**（macrodomain），该结构域特异性地结合**多聚（ADP-核糖）**[poly（ADP-ribose）]（第 13 章），而多聚（ADP-核糖）由**多聚（ADP-核糖）聚合酶（PARP-1）**[poly（ADP-ribose）polymerase（PARP-1）] 在 DNA 损伤位点催化形成。对多聚（ADP-核糖）的结合还可促进 ALC1 的重建活性。H2A 变异体 macroH2A1.1 也有一个大结构域，可被 DNA 损伤位点的多聚（ADP-核糖）吸引而与之结合。macroH2A1.1 取代正常 H2A 可能有利于 ALC1 催化的染色质重建或其他染色质重建。假设这类重建有助于 DNA 修复，那么 PARP-1 就在 DNA 修复中发挥了作用。PARP-1 抑制剂对同源重组修复缺陷细胞而言是高毒性，这一结果支持了该假设。存在过量 DNA 损伤的细胞含有高活性 PARP-1 的事实同样也支持这个假设。

这两点发现具有重要的临床意义。由于 BRCA1 和 BRCA2 基因缺陷而使同源重组受损的癌细胞特别是乳腺癌细胞易于被 PARP-1 抑制剂杀死。因心脏病或中风引起的血液供应阻断（缺血）所造成的氧化应激可使心脏细胞和大脑细胞产生 DNA 损伤。突然恢复富氧血供应（缺血再灌）会使这些细胞的 PARP-1 活性增强，这有利于修复 DNA，但是大量多聚（ADP-核糖）的合成会消耗细胞储存的 ATP，这会杀死细胞，而 PARP-1 抑制剂可以保护这些细胞。

小结 蛋白激酶 Mec1 和 Tel1 被募集到 DSB 位点后，使核小体组蛋白 H2A 的第 129 位丝氨酸残基发生磷酸化修饰，而这种磷酸化作用招募染色质重建蛋白 INO80 在 DSB 处结合，该蛋白质利用自身 DNA 解旋酶活性推动核小体远离 DSB 的末端，在断裂处形成外突的单链 DNA 3′端，该末端是非同源末端连接和同源重组所必需的。另一种染色质重建蛋白 SWR1 与 INO80 共享多种组分，也被招募到 DSB 处，用不能磷酸化的 H2A 变异体 Htz1 取代 H2A，使邻近 DSB 位点处已发生磷酸化的 H2A 恢复正常状态。PARP-1 被募集到 DSB 或损伤 DNA 的其他位点，该蛋白质可使自身和结合在损伤位点的其他蛋白多聚（ADP-核糖）化，多聚（ADP-核糖）可募集染色质重建蛋白，如 ALC1 和 H2A 变异体 Htz1，这两种蛋白质都是通过自身的大结构域而被募集的。

错配修复

到目前为止，我们已经讨论了有关因诱变剂造成 DNA 损伤的修复机制，但对于只是由于掺入错误碱基且被校正系统遗漏的错配又将如何获得修复呢？首先，修复这类错误十分棘手，因为很难确定哪一条是带有错误核苷酸的新合成链，哪一条是不需要修复的亲本链。但是，至少对*E. coli* 细胞而言这不是问题，因为亲本链带有甲基化的腺嘌呤，这是区别于子链的标签。甲基化酶识别 5′-GATC-3′序列，将甲基转移到腺嘌呤上。该 4 碱基序列大约每隔 250bp 就会出现一次，通常邻近新出现的错配位点。

再者，GATC 为回文结构，其互补链 5′→3′方向的序列也是 GATC。当亲本链甲基化的 GATC 序列被复制后，新合成子链上的 GATC 序列最终也会被甲基化修饰，但是，子链的甲基化有短时的延迟。**错配修复**（mismatch repair）系统（图 20.35）便利用这种延迟，以亲本链上的甲基化为信号来区分亲本链和子链，只对未甲基化子链的错配进行修复。该过程必须在错配发生后立即进行，否则，两条链均被甲基化修饰后，就无法区分亲本链和子链。与 *E. coli* 相比，我们对真核生物错配修复系统的了解不如对细菌系统那么清楚。编码错配识别蛋白和切除酶（MutS和MutL）的基因都是十分保守的，所以，依赖这些酶的错配修复机制在真核与原核生物中应该是相似的。然而，在真核生物内并没有发现编码链识别蛋白（MutH）的基因，可能真核生物的错配修复系统并不是采用甲基识别策略。现在还不清楚真核生物细胞是如何在错配发生处区分亲本链和子链的。

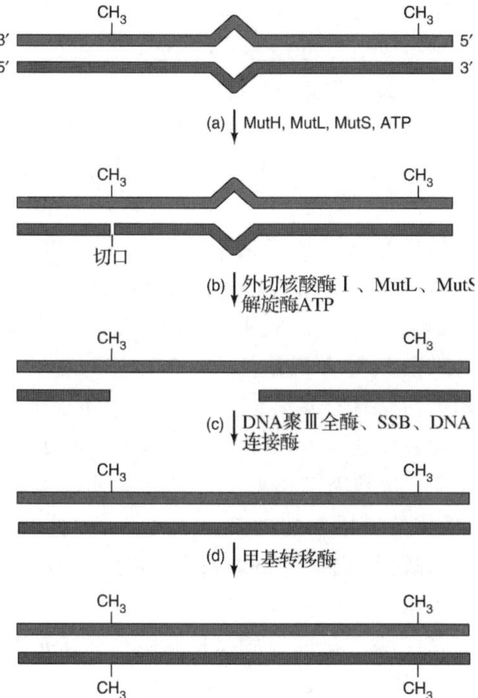

图 20.35　*E. coli* 的错配修复。　**(a)** *mutH*、*mutL* 和 *mutS* 基因产物与 ATP 一起识别错配碱基（中心），依据 GATC 序列缺少甲基基团而识别出新生子代 DNA 链，在甲基化 GATC 序列对面新链的错误核苷酸的上游引入一个切口。**(b)** 外切核酸酶Ⅰ与 MutL、MutS、DNA 解旋酶及 ATP 一起将切口下游包括错配核苷酸在内的一段 DNA 切除。**(c)** DNA 聚合酶Ⅲ的全酶在单链结合蛋白（SSB）的协助下，填补由外切核酸酶产生的缺口，DNA 连接酶将留存的切口粘合。**(d)** 甲基转移酶甲基化修饰子链的 GATC 序列。甲基化作用一旦完成，就不能再发生错配修复，因为此时已经无法区分子链和亲本链。

小结　*E. coli* 错配修复系统通过识别 GATC 序列中的甲基化腺嘌呤来区分亲本链与子链，并修复互补链（子链）的错配。真核生物利用这一错配修复系统的部分功能，但其区分亲本链和子链的策略还不清楚。

人类细胞错配修复系统的失效

人类的错配修复失效后会产生严重后果，包括癌症。最普遍的遗传性癌症之一就是**遗传性非息肉结肠癌**（hereditary nonpolyposis colon cancer，**HNPCC**），又称 Lynch 综合征。大约每 200 名美国人中就有一人罹患这种癌症，约占所有结肠癌的 15%。HNPCC 患者的特征之一就是微卫星 DNA 不稳定性，也就是说，长度为 1～4bp 的串联重复序列即 **DNA 微卫星**（microsatellite）的大小（重复的数目）在患者的一生中会发生改变，这是不正常的。就某一给定的微卫星而言，其重复数目存在着个体差异，但是就每个个体而言，其微卫星数目在所有组织中应该是恒定的，且一生保持不变。微卫星不稳定性与错配修复系统间的关系是：DNA 复制期间因“打滑”而引起短重复序列插入过多或过少的拷贝，导致“泡状结构”的产生，错配修复系统识别并修复这些“泡状结构”。当错配修复系统出现故障时，为细胞分裂做准备的 DNA 复制发生“打滑”会使许多基因发生突变，这种遗传不稳定性通过一些机制可能会诱发癌症，这些机制包括控制细胞分裂的基因（致癌基因和抑癌基因）发生突变。

小结　人类错配修复系统失效会导致微卫星的不稳定性，最终诱发癌症。

DNA 损伤的非修复处理

到目前为止，所讲述的直接逆转修复和切除修复机制都是真正的修复过程，可完全消除 DNA 损伤。然而，细胞还存在处理损伤的其他方式，即无需消除损伤而是简单地避开损伤。即使不是真正地修复 DNA 损伤，有时也被称为修复机制，损伤旁路机制或许是更为合适的术语。当细胞没有对损伤进行真正修复且在损伤修复前已完成了 DNA 复制或已完成了 DNA 复制并进行了细胞分裂时，损伤旁路机制才会发挥作用。在 DNA 复制和细胞分裂过程中，细胞失去了处理 DNA 损伤的最佳机会，它们将会面临更大的危险。

重组修复　重组修复**重组修复**（recombination repair）是最为重要的旁路修复机制，有时也称为复制后修复**复制后修复**（postreplication repair)，因为当复制越过嘧啶二聚体损伤位点时会留下一个问题：二聚体对面的缺口必须被修复。切除修复不再有效，因为二聚体对面没有损伤，只有一个缺口，所以重组修复是为数不多的替代途径之一。图 20.36 描述了重组修复的作用机制。首先，DNA 被复制，但嘧啶二聚体 DNA 可中断复制系统的运转。暂停之后，复制系统越过二聚体继续进行复制（重新起始 DNA 复制可能需要合成新的引物），在二聚体对面留下一个缺口——**子链缺口**（daughter strand gap）。接着，缺口链与另一个子代 DNA 双螺旋中的同源单链进行重组，重组依赖于 *recA* 基因产物，该蛋白质促进同源 DNA 链的交换。在讨论诱导 λ 原噬菌体的 SOS 反应时，对 *recA* 基因已有所了解（第 8 章），在第 22 章学习重组时将深入讨论。重组的实际效果是填补嘧啶二聚体对面的缺口，在另一个 DNA 双螺旋中产生新的缺口。由于该 DNA 双螺旋没有二聚体，产生的缺口很容易被 DNA 聚合酶和连接酶所填补。值得注意的是，DNA 损伤依然存在，但是细胞至少可以进行 DNA 复制，真正的 DNA 修复迟早会发生。

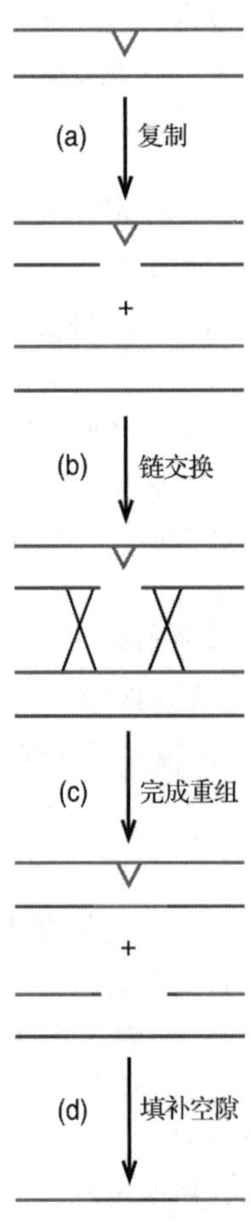

图 20.36 重组修复。用 V 形表示 DNA 上的嘧啶二聚体。(**a**) DNA 复制时，复制系统越过二聚体所在的区域，在该处留下一个缺口，而互补链正常复制，两条新合成的子链用红色表示。(**b**) 同源链发生链交换。(**c**) 重组完成后，嘧啶二聚体对面的缺口被填补，但是在另一子代双螺旋中留下一个缺口。带有嘧啶二聚体的双螺旋没有被修复，但是复制已经完成，或在下一代得到准确修复。(**d**) 以正常的互补链作为模板，最后的缺口很容易获得填补。

易错旁路　所谓**易错旁路**（error-prone bypass）是指另一条非真正修复损伤的损伤处理途径。在 *E. coli* 中，作为 SOS 响应的一部分，易错旁路可被包括 UV 损伤在内的 DNA 损伤所诱导，并依赖 *rec*A 基因产物。系列事件按如下次序发生（图 20.37）：UV 或其他诱变处理以某种方式激活 RecA 辅蛋白酶活性，该辅蛋白酶具有多个靶点，曾学过的 λ 阻遏蛋白就是其中之一。但是，λ 阻遏蛋白的主要靶点是 *Lex*A 基因产物 LexA，LexA 是许多基因（包括修复基因）的抑制子。当 LexA 被 RecA 辅蛋白酶激活后，LexA 自我分解，受其抑制的基因将被诱导表达。

其中两个新诱导的基因 ***umuC*** 和 ***umuD*** 组成一个操纵子 ***umuDC***。***umuD*** 基因的产物 UmuD 被蛋白酶切割产生 UmuD′，它与 *umu* C 基因产物 **UmuC** 组成具有 DNA 聚合酶活性的 ***UmuD′₂C*** 复合体，该复合体也被认为是 DNA polⅤ。在体外，polⅤ自身引发处理 DNA 损伤的易错旁路，但是要由 RecA-ATP 激活。RecA-ATP 来源于 RecA 和 DNA（RecA*）的 3′端核蛋白片段，该复合体可能是在远离易错旁路的位点事先组装的。这种旁路涉及越过 DNA 损伤的复制，虽然对损伤本身不能正确“读出”，但可避免产生缺口，而且通常会在新合成的 DNA 链中掺入错误的碱基（因此得名为“易错”）。当 DNA 再次复制时，这些错误得以保留。真核生物的易错旁路及其他无错旁路机制通称为**跨损伤合成**（translesion synthesis，**TLS**）。

DNA 聚合酶Ⅴ能有效地避开三类最为普遍的 DNA 损伤：嘧啶二聚体、UV 引起的［**6-4**］**光产物**［(6-4) photoproduct］和无碱基位

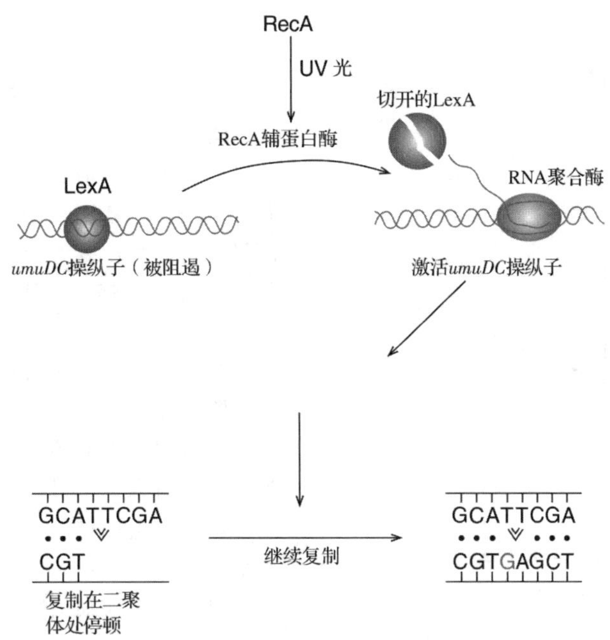

图 20.37 易错（SOS）旁路。紫外线激活 RecA 辅蛋白酶，RecA 辅蛋白酶激活 LexA 蛋白（紫色），LexA 蛋白进行自我切割，使其从 *umuDC* 操纵子上释放出来。其结果是 umuD 和 umuC 蛋白合成，这些蛋白质即使在经常出错（蓝色）的情况下，也能完成对嘧啶二聚体损伤位点的复制。

点（AP）。然而，DNA 聚合酶Ⅴ在跨损伤合成时，其忠实性存在一定的变化。2000 年，Myron Goodma 及同事测定了 DNA 聚合酶Ⅴ在跨损伤合成胸腺嘧啶二聚体、（6-4）光化产物和 AP 位点时 A 和 G 的掺入量。在嘧啶二聚体对面，DNA 聚合酶Ⅴ倾向于掺入两个 A，这对于胸腺嘧啶二聚体而言是最好的，但是如果二聚体中有胞嘧啶，这种掺入就是不利的。在含有两个胸腺嘧啶的（6-4）光产物对面位置处，DNA 聚合酶Ⅴ倾向在第一个位点掺入 G、在第二个位点掺入 A，显然，这种复制的忠实性很差。在 AP 位点对面位置处，DNA 聚合酶Ⅴ掺入 A 的概率为2/3、掺入 G 的概率为 1/3。碱基掺入比例及没有检测到有嘧啶碱基掺入的事实与在体内观察到的情况一致，表明 DNA 聚合酶Ⅴ确实是体内执行跨损伤合成的聚合酶。

如果 *umu* 基因确实负责易错旁路，那么我们可以预测，其中的一个 *umu* 基因发生突变将降低 *E. coli* 细胞对突变的敏感性。突变细胞仍然以相同的几率发生 DNA 损伤，但损伤不易被转变为突变。1981 年，Graham Walker 及同事通过构建 *umuC* 的**无效等位基因**（null allele）（无活性基因）证实了这一推测，而且携带无效等位基因的细菌基本上不会发生突变，事实上，“umu” 代表 “无突变”。

研究者构建了携带 *umuC* 突变的 *E. coli* 菌株，且带有一个通常可被 UV 辐射所回复的 his-突变。用 UV 照射菌株后计数 his^+ 回复突变体，回复突变体越多，发生的突变也就越多，因为逆转就是一种回复突变。图 20.38 为研究结果，野生型细胞群存在适量的回复突变体（在最高 UV 剂量时约有 200 个）。与之形成鲜明对比的是，$umuC^-$ 细胞几乎不发生回复突变。添加携带 *umuC* 基因的质粒可抑制 $umuC^-$ 细胞的无突变表型，导致回复突变体的数量显著增加（即使在相对较低的 UV 剂量时，回复突变体的数量也可达到 500 个）。

实验中使用的无效等位基因是将无 *lac* 启动子的 *lac* 结构基因插入 *umuC* 基因内，然后筛选 lac^+ 细胞而获得的。因为细胞最初为 lac^-，lac^+ 表型是 *lac* 基因插入 *umuDC* 启动子下游的结果。基于 *lac* 基因受到 *umuDC* 启动子控制，通过检测 β 半乳糖苷酶活性，即可测定 UV 照射对 *umuDC* 启动子的诱导性。图 20.39 显示，*umuDC* 启动子确实被剂量为 $10J/m^2$ 的 UV 照射所诱导（蓝色曲线），但是 *lexA* 突变

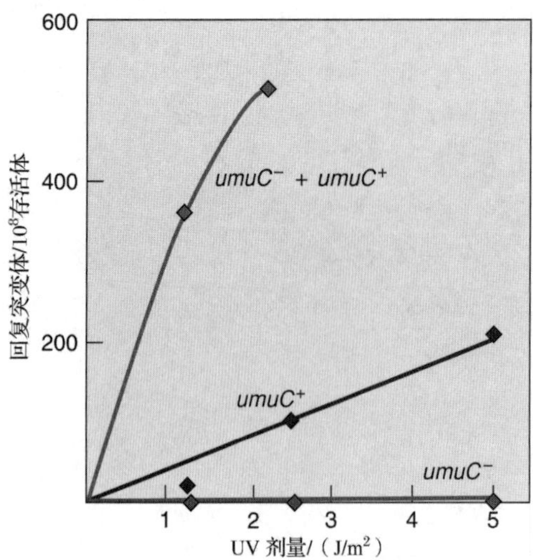

图 20.38 *E. coli umuC* 菌株的不易突变性。 Walker 及同事用紫外光辐射 *E. coli* 的三个 His^- 菌株，并检测其形成 His^+ 回复突变的能力。这三个菌株分别是：*umuC* 基因为野生型（蓝色）、$umuC^-$ 菌株（红色）及 $umuC^-$ 菌株但携带含有 *umuC* 基因的质粒（绿色）。（*Source*：Adapted from Bagg，A.，C. J. Kenyon，and G. C. Walker，Inducibility of a gene productrequired for UV and chemical mutagenesis in *Escherichia. coli*. *Proceedings of the National Academy of Sciences USA* 78：5750，1981.）

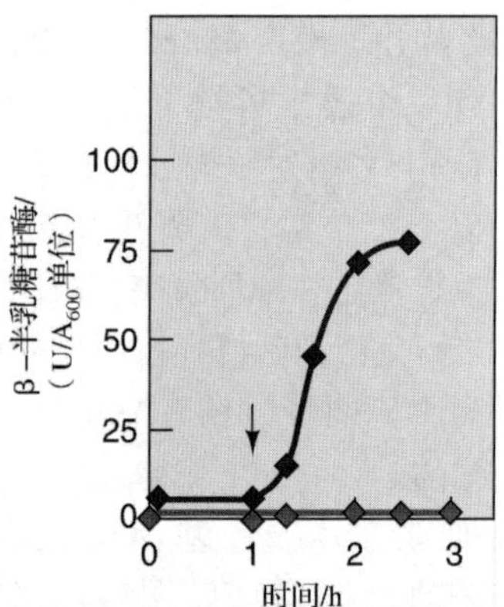

图 20.39 *umuDC* 启动子可被 UV 所诱导。 Walker 及同事用剂量为 $10J/m^2$ 的 UV 辐射携带了受 *umuDC* 启动子调控的 *lac* 基因的细胞。如箭头所示，辐射 1h 后测量每 OD_{600}单位（用于度量细胞密度的混浊度指标）细胞的β-半乳糖苷酶活性（蓝色）。对 *lexA* 突变株（绿色）和 $recA^-$ 细胞（红色）进行同样的实验，*lexA* 突变株是不可诱导的，突变的 *lexA* 基因编码的 *LexA* 蛋白不能被裂解，所以不能将其从 *umuDC* 启动子上移除。（*Source*：Adapted from Bagg，A.，C. J. Kenyon，and G. C. Walker，Inducibility of a gene productrequired for UV and chemical mutagenesis in *Escherichia. coli*. *Proceedings of the National Academy of Sciences USA* 78：5750，1981.）

体或 $recA^-$ 细胞的该启动子不受 UV 照射所诱导（绿色和红色曲线）。*lexA* 突变体细胞的 LexA 蛋白不可被切割，所以不能将其从 *umuDC* 启动子上移除。

野生型 *E. coli* 细胞由于存在有效的修复机制，可以耐受基因组中多达 50 个嘧啶二聚体，而且不会产生不良影响。缺失 *uvr* 基因的菌株无法进行切除修复，因此对 UV 损伤更敏感。然而，这些菌株对 DNA 损伤仍有一定程度的抗性。同时，*uvr* 和 *recA* 双突变菌株既不能进行切除修复，也不能进行重组修复，对 UV 损伤十分敏感，可能的原因是这类菌株只能通过易错修复途径进行 DNA 损伤修复。在这种情况下，基因组内的 1～2 个嘧啶二聚体即可成为细胞的致死剂量。

显然，如果细菌细胞在进化过程中没有获得易错旁路，它们将很少发生变异。如果事实如此的话，为什么还要保留这种导致突变的机制呢？或许易错旁路系统对细菌而言，其益处大于害处，因为即使有发生突变的危险，易错旁路系统也可以允许有机体复制受损的基因组。有一点是显而易见的，如果因复制失败而要付出细胞死亡的代价，细胞宁愿复制未经修复的损伤 DNA 并进行细胞分裂。这一系列过程会产生带有 DNA 缺口的子代细胞，此时，切除修复和重组修复均已不可能了，最终的解决办法是通过易错旁路系统来避免细胞死亡。

某一水平的突变对一个物种而言确实是有利的，这样可使生物体种群的基因组趋异，从而使个体对疾病或其他侵害表现出不同的敏感性。当面临新环境的考验时，种群中某些成员因具有抵抗力而存活下来，从而使种族得以延续。

小结 细胞可以通过非修复方式处理 DNA 损伤，方式之一是重组修复。复制后，由损伤链复制而产生的缺口 DNA 链与另一个子代 DNA 双螺旋的正常链重组，这样就使缺口问题得以解决，但会留下未修复的损伤。另一种处理损伤的机制是引发 SOS 应答，至少在 *E. coli* 细胞中如此，该机制即使不能正确读出 DNA 损伤区域，也会完成 DNA 复制，但会导致新合成 DNA 链出现错误。因此，这种处理 DNA 损伤的机制称为易错旁路。

人类细胞的易错旁路与无错旁路　在整个生命王国中，所有DNA的修复过程都是十分保守的，或许是因为在生命开始之初，DNA损伤就成为生命的一部分，所以DNA损伤修复机制的进化早于三界的分化。易错旁路机制也不例外，人类细胞对DNA损伤如嘧啶二聚体的处理系统与原核生物损伤处理系统类似，这些旁路系统有赖于特殊的DNA聚合酶，包括DNA聚合酶ξ（zeta）、DNA聚合酶η（eta）、DNA聚合酶θ（theta）、DNA聚合酶ι（iota）和DNA聚合酶κ（kappa）。当分别负责前导链和后随链复制的DNA聚合酶δ和DNA聚合酶ε在如嘧啶二聚体这类非指导性DNA损伤位点处停顿时，这些特殊的聚合酶就会取代聚合酶δ和DNA聚合酶ε。

这些DNA聚合酶中某些成员会随机插入碱基以便经过DNA损伤位点，这显然是一种易错策略。但有些聚合酶的出错概率很低，是一种相对无错的损伤处理策略。例如，DNA聚合酶η会自动在嘧啶二聚体对面的子链上插入两个dAMP，即使不能与嘧啶二聚体中的碱基形成互补的碱基对，只要二聚体中的碱基是胸腺嘧啶，该系统就能做出正确选择，而胸腺嘧啶二聚体又是最为常见的嘧啶二聚体形式。DNA聚合酶η也能避开相邻且交联的鸟嘌呤（Pt-GG）。鸟嘌呤可通过抗癌药物顺-二氯二氨络铂的铂而交联。该酶可以很好地复制3′-dG，通常在其对应位点上掺入dC，但在对应5′-dG的位点处随机掺入dC或dA。

1999年，Fumio Hanaoka及同事发现，携带XP变异体（XP-V）的患者其缺陷基因是编码DNA聚合酶η的基因。因此，这些患者的嘧啶二聚体损伤不能通过由DNA聚合酶η催化的、错误概率相对较低的无错旁路处理，而是依赖包括DNA聚合酶ξ在内的其他特殊DNA聚合酶催化的易错旁路处理。易错旁路系统在复制未经切除修复系统切除的嘧啶二聚体时会引入突变。由于这些患者具有正常的切除修复系统，所以只有少数的二聚体损伤通过易错系统处理，从而解释了XP-V细胞对紫外线辐射敏感性相对较低的原因。

聚合酶η自身不能执行无错旁路修复功能，当在嘧啶二聚体对面插入两个A后，新合成链的3′端不能与T碱基配对，因为模板链上的T被封闭在嘧啶二聚体内。由于没有配对的核苷酸的添加，复制型DNA聚合酶（α和δ）便不能重新起始DNA的合成，另外的DNA聚合酶（可能是聚合酶ξ）必须执行DNA合成的任务。

为什么聚合酶η不能简便地继续合成足够长的DNA，以便其中一个复制型聚合酶能重新起始DNA复制呢？问题的答案在于这是一个易错的过程。尽管“无错”这一术语用于描述DNA聚合酶η处理嘧啶二聚体损伤的能力是完全合理的，但在复制正常DNA时极易出现错误。当Hanaoka、Thomas Kunkel及同事利用缺口双链DNA检测DNA聚合酶η体外复制忠实性时发现，DNA聚合酶η的复制忠实性低于任何已被研究的模板依赖DNA聚合酶：每复制18～380nt就会插入一个错误碱基。相反，DNA聚合酶ζ的准确度比DNA聚合酶η高大约20倍。因此，对细胞而言，拥有NER系统是一件好事，如果没有NER系统，DNA聚合酶η只能处理胸腺嘧啶二聚体，而对其他损伤就会束手无策，典型的XP患者就是很好的例证。

DNA聚合酶η的跨损伤合成对某些类型的DNA损伤具有特异性。DNA聚合酶η可以对处理嘧啶二聚体进行跨损伤合成，但不能对（6-4）光产物进行跨损伤合成。DNA聚合酶η也能跨越无碱基的AP位点。Hanaoka及同事在体外分析了DNA聚合酶α或DNA聚合酶η处理不同DNA损伤时的跨损伤合成能力，实验所使用的模板一条是含有损伤的链，另一条链为^{32}P标记的引物链，其3′端恰好位于损伤位点的上游。然后加入游离的核苷酸，进行跨损伤合成，最后凝胶电泳检测反应产物。

图20.40是实验结果。图20.40（a）表明聚合酶α和聚合酶η均能以完好DNA为模板实现引物的延伸，但是，聚合酶α在经过DNA损伤位点时，不能有效地延伸引物。出现这种现象并不奇怪，因为聚合酶α只能准确拷贝正常DNA，不能处理无信息的DNA损伤位点。图20.40（b）～（d）表明聚合酶η可跨越环化的嘧啶二聚体（CPD）和AP位点进

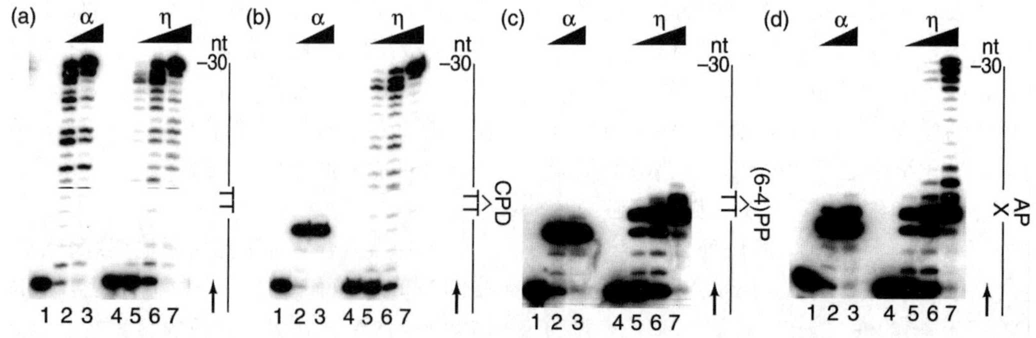

图 20.40 DNA 聚合酶 α 和 DNA 聚合酶 η 在无损伤和损伤模板上的活性。Hanaoka 及同事制备了双链 DNA，其中模板链为：**(a)** 无损伤；**(b)** 有一环状嘧啶二聚体（CDP）；**(c)** 有一个（6-4）光产物［（6-4）PP］；**(d)** 一个 AP 位点。非模板链是^{32}P标记的一段引物，通过跨越模板链上的损伤（或正常配对的胸腺嘧啶）而获得延伸。在每张图的旁边以图示标注了各种 DNA。研究者人员向反应体系中逐渐增加 DNA 聚合酶 α 或 DNA 聚合酶 η 的量，同时加入游离的核苷酸，产物进行聚丙烯酰胺凝胶电泳。如果成功进行跨损伤合成，那么引物将被延伸至与模板链等同的长度，即 30nt；否则，DNA 合成将在损伤处停止。（*Source*：From Masutani et al.，*Cold spring Harbor Symposia* p. 76. © 2000.）

行引物延伸，但不能跨［6-4］光产物进行引物延伸。

小结 人类细胞具有一种相对无错的旁路系统，在子链对应于嘧啶二聚体的位置处插入 dAMP，从而使胸腺嘧啶二聚体（非胞嘧啶二聚体）得到准确复制。该系统利用 DNA 聚合酶 η 与另一种酶复制越过损伤位点的少数几个碱基。当编码 DNA 聚合酶 η 的基因发生缺陷时，DNA 聚合酶 ξ 或其他 DNA 聚合酶代替其执行功能，但这些酶会在子链对应于嘧啶二聚体的位置随机插入核苷酸，因此这是一种易错系统。校正 UV 损伤时出现的错误导致 XP 变异体 XP-V 的发现。DNA 聚合酶 η 在处理模板上的胸腺嘧啶二聚体和 AP 位点时，是有活性的，但不能处理模板链上的（6-4）光产物损伤。该酶并不具有真正的无错特性，但当模板上存在裂隙时，DNA 聚合酶 η 是已知的模板依赖的聚合酶中复制忠实性最差的聚合酶之一。

总结

所有（或绝大多数）DNA 复制均遵循几个原则。①双链 DNA 以半保留方式进行复制，分离的亲本链均可作为模板，合成与之互补的一条新链。②*E. coli*（及其他生物体）DNA 复制至少是半不连续的。一条链沿复制叉移动方向复制，此链的复制一般认为是连续复制，尽管有证据表明此链是不连续复制；另一条链沿相反方向不连续复制，合成 1～2kb 的冈崎片段，以保证两条链均按 5′→3′复制；③起始 DNA 的复制需要引物，*E. coli* 的冈崎片段的合成由长度为 10～12nt 的 RNA 引物引发。④大多数真核生物与细菌 DNA 是双向复制，ColE1 是 DNA 单向复制的一个实例。

环形 DNA 通过滚环机制进行复制。双链 DNA 的一条被切割，以另一条完整的链为模板延伸切口的 3′端，从而将切口的 5′端置换出来。在 λ 噬菌体中，置换链作为后随链进行不连续合成的模板。

多功能酶 pol Ⅰ 具有三种不同的活性：DNA 聚合酶活性、3′→5′外切核酸酶活性及 5′→3′外切核酸酶活性。其大结构域具有前两种活性，而最后一种活性则存在于独立的小结构域中。在温和蛋白酶水解作用下，大结构域（Klenow 片段）与小结构域分离，形成两个蛋白质片段，且仍然具有完整聚合酶所拥有的三种活性。Klenow 片段（包括所有已知的 DNA 聚合酶）的结构显示，该酶具有一个与 DNA 结合的裂隙，Klenow 片段的聚合酶活性位点与 3′→5′外切核酸酶活性位点相距较远。

在 *E. coli* 细胞的三种 DNA 聚合酶 pol Ⅰ、pol Ⅱ 和 pol Ⅲ 中，只有 pol Ⅲ 是 DNA 复制所必需的，是细菌 DNA 的复制酶。pol Ⅲ 核心酶由 α、ε 和 θ 亚基组成。α 亚基有 DNA 聚合酶活性，ε 亚基具有执行校正功能的 3′→5′外切核酸酶活性。

DNA复制的忠实性对生命而言是至关重要的，为确保DNA复制的忠实性，*E. coli* 的DNA复制机构有一个需要引发的内在校正系统。只有配对核苷酸才能作为pol Ⅲ全酶起始DNA复制的引物。因此，如果偶尔掺入错误核苷酸，复制将会暂停，直至pol Ⅲ的3′→5′外切核酸酶活性会将其切除。RNA引物可成为其降解的标签。

哺乳动物细胞存在5种不同的DNA聚合酶。聚合酶δ和聚合酶α参与DNA两条链的复制，聚合酶α为两条链合成引物，聚合酶ε延伸前导链、聚合酶δ延伸后随链。聚合酶β似乎是在DNA修复中起作用，聚合酶γ可能负责线粒体DNA复制。

在复制叉处将双链DNA解链的解旋酶由 *E. coli* 的 *dnaB* 基因编码。细菌单链DNA结合蛋白与单链DNA的结合力远强于其与双链DNA的结合力。单链DNA结合蛋白以协同方式与新合成的单链DNA进行紧密结合，从而协助解旋酶发挥作用，阻止分开的单链重新退火。覆盖在单链DNA上的SSB保护单链DNA不被降解。此外，SSB对同源DNA聚合酶有促进作用。SSB的这些活性对于细菌DNA复制非常重要。

当解旋酶对闭合环形DNA的两条亲本链解旋时，会在DNA中引入补偿性的正超螺旋力，复制叉必须克服这种张力，否则其行进将会受阻。旋转体机制可以释放这种张力，在 *E. coli* 中，细菌拓扑异构酶即DNA促旋酶是具有旋转体功能的首选者。

乙基甲烷磺酸等烷化剂将大量烷基添加到碱基上，这种修饰可直接破坏碱基配对或引起碱基丢失，从而导致DNA复制或修复受损。

不同辐射会造成不同类型的损伤。能量相对较低的紫外线会造成嘧啶二聚体等中等程度的损伤；而γ射线及X射线为高能射线，可电离DNA周围的分子，产生进攻DNA的高活性自由基，引起DNA碱基的改变或链的断裂。

紫外线辐射造成的DNA损伤（嘧啶二聚体）可以直接被DNA光复活酶所修复，此酶利用近紫外至蓝光波段的光而将嘧啶二聚体中的化学键打开。鸟嘌呤O6位点的烷基化可以被自杀性O6-甲基鸟嘌呤甲基转移酶所修复，该酶可将烷基基团转移到自身的一个氨基酸残基上。

碱基切除修复（BER）主要作用于轻微损伤的碱基。由DNA糖基化酶起始碱基切除修复过程。该酶使碱基对中的损伤碱基外突，然后将其切除，形成无嘌呤或无嘧啶位点，然后在DNA修复酶的作用下，切除磷酸戊糖，并由正常的核苷酸取代。在细菌中，DNA聚合酶Ⅰ填补因切除修复而缺失的核苷酸。在真核生物中，由DNA聚合酶β完成填补任务。然而，DNA聚合酶β容易出错，且自身又无校正活性，需由APE1执行校正功能。对DNA内8-氧代鸟嘌呤位点的修复是BER的一个特例，可通过两个途径进行修复。由于oxoG与A错配，所以在DNA复制结束后由腺嘌呤DNA糖基化酶将A切除。如果复制还未发生，oxoG仍然与C配对，则由另一种DNA糖基化酶，即oxoG修复酶将oxoG切除。

核苷酸切除修复（NER）主要作用于导致双螺旋发生变形的严重损伤。在细菌的核苷酸切除修复过程中，内切核酸酶直接在损伤位点两侧将DNA链切断，切除包括损伤位点在内的寡核苷酸片段。DNA聚合酶Ⅰ填补空隙，DNA连接酶缝合切口。

真核生物的NER通过两个途径完成损伤修复。在全基因组NER（GG-NER）途径中，XPC- hHR23复合体与基因组任意损伤位点结合，引起DNA的有限熔解而起始修复。该蛋白质募集XPA和RPA，随后TFⅡH加入到复合体中，两个亚基（XPB和XPD）利用自身的DNA解旋酶活性延伸DNA熔解区。RPA与两个切除核酸酶（XPF和XPG）结合，将它们定位在被切割链损伤位点两侧的正确位置上，然后释放包括损伤位点在内的24～32nt寡核苷酸片段。转录偶联NER（TC-NER）与GG-NER机制十分相似，只是由RNA聚合酶发挥XPC的功能，检测损伤并起始DNA的熔解。在TC-NER与GG-NER途径中，一旦损伤的DNA被切除，DNA聚合酶ε或DNA聚合酶δ就会填补空隙，DNA连接酶缝合切口。

双链DNA断裂损伤可通过同源重组或非同源端接修复。后者需要Ku和DNA-PK_{cs}的参与，两者均在DNA末端结合，组装成有活性的DNA-PK复合体，使DNA末端的微同源区彼此排列在一起。一旦微同源区排列在一起，两个DNA-PK复合体彼此进行磷酸化修饰，这种磷酸化作用可促进催化亚基DNA-PK_{cs}解离，激活Ku的DNA解旋酶活性，使DNA末端发生解旋。末端解旋后，微同源区碱基互补配对。最后，额外的侧翼DNA片段被切除，空隙被填补，DNA的末端被永久地连接在一起。

染色质重建是非同源末端连接和同源重组所必需的。在酵母中，蛋白激酶Mec1和Tel1被招募到DSB位点后，使核小体组蛋白H2A的第129位丝氨酸残基发生磷酸化修饰，而这种磷酸化作用能招募染色质重建蛋白INO80结合在DSB处，该蛋白质利用自身DNA解旋酶活性推动核小体远离DSB末端，在断裂处形成外突的单链DNA 3′端，该末端是NHEJ和同源重组所必需的。另一种染色质重建蛋白SWR1与INO80共享多种组分，也被招募到DSB处，用不能磷酸化的H2A变异体Htz1取代H2A，使邻近DSB位点处已发生磷酸化的H2A恢复正常状态。

DNA复制的错误产生错配，错配可被检测到并获得修复。*E. coli*错配修复系统通过识别亲本链上GATC中的甲基化腺嘌呤而将亲本链与子链区分开来，以修复互补链（子链）上的错配。人类细胞错配修复系统的失效会导致微卫星的不稳定性，最终会引发癌症。

细胞可以通过非修复方式处理DNA损伤，方式之一为重组修复。复制后，由损伤链复制产生的缺口DNA链与另一个子代DNA双螺旋的正常链重组，从而使缺口问题得以解决，但留下未修复的损伤。另一种处理损伤的机制是引发SOS应答，至少在*E. coli*细胞中如此，该机制即使不能正确读出DNA损伤区域，也可完成DNA复制，导致新合成DNA链出现错误。因此，这种处理DNA损伤的机制称为易错旁路。

人类具有一种相对无错的旁路系统，在子链对应于嘧啶二聚体的位置处插入dAMP，从而使胸腺嘧啶二聚体（非胞嘧啶二聚体）得到准确复制。该系统利用DNA聚合酶η与另一种酶复制越过损伤位点的少数几个碱基。当编码DNA聚合酶η的基因发生缺陷时，DNA聚合酶ζ或其他的DNA聚合酶代替其执行功能，但这些酶会在子链对应于嘧啶二聚体的位置随机地插入核苷酸，因此这是一种易错系统。校正UV损伤时出现的错误可导致XP变异体XP-V的形成。

复习题

1. 比较DNA复制的全保留复制、半保留复制及弥散复制机制。

2. 描述实验并给出结果，证明DNA复制方式为半保留复制。

3. 比较DNA连续复制、半不连续及不连续复制模式。

4. 描述实验并给出结果，证明DNA复制方式为半不连续复制。

5. *E. coli*细胞DNA完全不连续复制的证据是什么？

6. 描述实验并给出结果，测定冈崎片段上的引物大小。

7. 提供枯草芽孢杆菌染色体DNA为双向复制，而colE1质粒为单向复制的电子显微证据。

8. 图示说明λ噬菌体DNA滚环复制的机制。

9. 图示说明*E. coli* DNA聚合酶的校正过程。

10. *E. coli* DNA聚合酶Ⅰ具有哪些活性？每一活性在DNA复制过程中的作用是什么？

11. Klenow片段与*E. coli*完整DNA聚合酶Ⅰ有何不同？哪一种酶用于切口平移？哪一种酶用于DNA末端填补？为什么？

12. 在*E. coli*的三种DNA聚合酶中，哪个酶是DNA复制所必需的，列举相关证据。

13. pol Ⅲ的哪个核心亚基具有DNA聚合酶活性？如何确定该亚基？

14. pol Ⅲ的哪个核心亚基具有校正活性？如何确定该亚基？

15. 从校正的必要性阐述在DNA复制过程中引发存在的合理性。

16. 列表说明真核生物DNA聚合酶的种类及其功能，并简要列举相关证据。

17. 比较解旋酶与拓扑异构酶在DNA复制中的活性。

18. 列举 SSB 在 DNA 复制中的作用。

19. 解释在超螺旋 DNA 的一条链上产生一个切口即可消除超螺旋的原因。

20. 如何得知 DNA 促旋酶的一个酪氨酸残基与 DNA 形成共价键？形成该共价键的作用是什么？

21. 基于酵母 DNA 拓扑异构酶Ⅱ的结构，提出 DNA 片段穿越步骤的模型。

22. 比较 UV 辐射造成的 DNA 损伤与 X 射线或 γ 射线造成的 DNA 损伤之间的差异。

23. 哪两个酶催化直接逆转 DNA 损伤的反应？图示它们的作用机制。

24. 比较碱基切除修复与核苷酸切除修复，图示修复过程。这两种机制分别负责修复哪类 DNA 损伤？

25. 在人类的碱基切除修复过程中，哪种酶具有校正功能？列举主要证据。

26. 描述人类细胞 oxoG 修复酶（hOGG1）与 oxoG-C 碱基对或正常 G-C 碱基对形成的复合体的晶体结构。如何根据这些结构解释 oxoG 可被切除而 G 不能被切除的原因？

27. 转录偶联 NER 与全基因组 NER 有何不同？

28. 简要阐述哺乳动物修复双链 DNA 断裂的非同源末端连接机制，阐明该过程如何导致核苷酸在修复位点处的丢失。

29. 在大多数着色性干皮病例中缺失了哪种 DNA 修复系统？为什么 XP 患者对 UV 光线十分敏感？XP 患者修复损伤的主要替代系统是什么？

30. 在 XP-V 病例中，缺失了哪种 DNA 修复系统？这类患者发生皮肤癌的几率低于典型 XP 患者的原因是什么？如果 NER 系统失效，XP-V 患者修复损伤的替代机制是什么？

31. 为什么真核生物的双链 DNA 断裂修复需要染色质重构？

32. 图示说明 *E. coli* 的错配修复机制。

33. 图示说明 *E. coli* 的重组修复机制。

34. 图示说明 *E. coli* 的易错旁路系统。

35. 为什么说重组修复和易错旁路修复并不是真正的修复系统。

36. 列举 DNA 聚合酶 η 能跨胸腺嘧啶二聚体和 AP 位点、而不能跨（6-4）光产物损伤进行 DNA 复制的原因，以及 DNA 聚合酶 α 均不能跨这些损伤位点进行 DNA 复制的原因。

分析题

1. 为什么不可能观察到 DNA 的完全连续复制？

2. 你正在研究一种蛋白质，推测其有 DNA 解旋酶活性，说明如何通过实验分析该蛋白质的这种活性，并给出阳性结果。

3. 你正在研究一种蛋白质，推测该蛋白质具有 DNA 拓扑异构酶活性，说明如何通过实验分析该蛋白质的这种活性，并给出阳性结果。

4. 比较 DNA 损伤与突变之间的区别。以 *E. coli* DNA 聚合酶Ⅴ的突变为例，说明这种区别。

5. 作为著名实验室的一名博士后，你最近设计了一种只具有三种 DNA 修复机制的新单细胞生物，你被邀请在高声誉分子生物学会议上展示你的研究，请阐述筛选这三种修复机制的支持证据，并讨论如果修复机制间存在重叠或空白将如何处理。此外，说明细胞能克服的突变类型或潜在的致死突变类型。假定该单细胞生物已具有同源重组系统。

翻译　徐启江　校对　李玉花　张富春

推荐阅读文献

一般的引用和评论文献

Cairns, B. R. 2004. Around the world of DNA damage INO80 days. *Cell* 199:733 – 734.

Chu, G. 1997. Double strand break repair. *Journal of Biological Chemistry*. 272:24097 – 24100.

Citterio, E., W. Vermeulen, and J. H. J. Hoeijmakers. 2000. Transciptional healing. *Cell* 101:447 – 450.

David, S. S. 2005. DNA search and rescue. *Nature* 434:569 – 570.

de Latt, W. L., N. G. J. Jaspers, and J. H. J. Hoeijmakers. 1999. Molecular mechanism of nucleotide excision repair. *Genes and Dvevlopment* 13:768 – 785.

Friedberg, E. C., R. Wagner, and M. Radman. 2002. Specialized DNA polymerases, cellular survival, and the genesis of mutations. *Science* 296:1627 – 1630.

Hrerndeen, D. R. and T. J. Kelly. 1996. DNA polymerase Ⅲ: Running rings around the fork: *Cell* 84:5 – 8.

Jiricny, J. 2002, An APE that proofreads. *Nature* 415:593 – 594.

Joyce, C. M. and T. A. Steitz. 1987. DNA polymerases Ⅰ: From crystal structure to function via genetics. *Trends in Biochemical Sciences* 12:288 – 292.

Kornberg, A. and T. Baker. 1992. *DNA Replication*. New York: W. H. Freeman and Company.

Lindahl, T. 2004. Molecular biology: Ensuring error-free DNA repair. *Nature* 427:598.

Lindahl, T. and R. D. Wood. 1999. Quality control by DNA repair. Science 286:1897 –1905.

Maxwell, A. 1996. Protein gates in DNA topoisomerase Ⅱ. *Nature Structural Biology*. 3: 109 – 112.

Sharma, A. and A. Mondragón. 1995. DNA topoisomerases. *Current Opinion in Structural Biology* 5:39 – 47.

Wood, R. D. 1997. Nucleotide excision repair in mammalian cells. *Jornal of Biological Chemistry* 272:23465 – 23468.

Wood, R. D. 1999. Variants on a theme. *Natuer* 399:639 – 670.

研究论文

Bagg, A., C. J. Kenyon, and G. C. Walker. 1981. Inducibility of a gene product required for UV and chemical mutagenesis in *Escherichia coli*. *Proceedings of the National Academy of Sciences USA* 78:5749 – 5753.

Banerjee, A., W. Yang, M. Karplus, and G. L. Verdine. 2005. Structure of a rapair enzyme interrogating undamaged DNA elucidates recognition of damaged DNA. *Nature* 434:612 – 618.

Berger, J. M., S. J. Gamblin, S. C. Harrison, and J. C. Wang. 1996. Structure and mechanism of DNA topoisomerase Ⅱ. *Nature*379:225 – 232.

Cairns, J. 1963. The chromosome of *Escherichia coli*. *Cold Spring Harbor Symposia on Quantitative Biology* 28:43 – 46.

Chou, K. -M. and Y. -C. Cheng. 2002. An exonucleolytic activity of human apurinic/apyrimidinic endonuclease on 3′mispaired DNA. *Nature* 415:655 – 659.

Curtis, M. J. and B. Alberts. 1976. Studies on the structure of intracellular bacteriophage T4 DNA. *Journal of Molecular Biology* 102:793 – 816.

Drapkin, R., J. T. Reardon, A. Ansari, J. -C. Huang, L. Zawel, K. Ahn, A. Sancar, and D. Reinberg. 1994. Dual role of TFIIH in DNA excision repair and in teanscription by RNA polymerase Ⅱ. *Naturs* 368:769 –772.

Eom, S. H., T. Wang, and T. A. Steitz. 1996. Structure of *Taq* polymerase with DNA at the active site. *Nature* 382:278 – 281.

Gefter, M. L., Y. Hirota, T. Kornberg, J. A. Wechster, and C. Barnoux. 1971. Analysis of DNA polymerases Ⅱ and Ⅲ in mutants of *Escherichia coli* thermosensitive for DNA synthesis. *Proceedings of the National Academy of Sciences USA* 68:3150 – 3153.

Gellert, M., K. Mizuuchi, M. H. O'Dea, and H. A. Nash. 1976. DNA gyrase: An enzyme that introduces superhelical turns into DNA. *Proceedings of the National Academy of Sciences USA* 73:3872 – 3876.

Gyurasits, E. B. and R. J. Wake. 1973. Bidirectional chromosome replication in *Bacillus subtilis*. *Journal of Molecular Biology* 73:55 – 63.

Hirota, G. H., A. Ryter, and F. Jacob. 1968. Thermosensitive mutants in *E. coli* affected in the processes of DNA synthesis and celluar division. *Cold Spring Harbor Symposia on Quantitative Biology* 33:677 – 693.

Huberman, J. A., A. Kornberg, and B. M. Alberts. 1971. Stimulation of T4 bacteriophage DNA polymerase by the protein product of T4 gene 32. *Journal of Molecular Biology* 62:39 – 52.

Kitani, T., K. -Y. Yoda, T. Ogawa, and T. Okazaki. 1985. Evidence that discontiunous DNA replication in *Escherichia coli* is primed by approximately 10 to 12 residues of RNA starting with a purine. *Journal of Molecular Biology* 184:45 - 52.

LeBowitz, J. H. and R. McMacken. 1986. The *Escherichia coli* dnaB replication protein is a DNA helicase. *Journal of Biological Chemistry* 261:4738 - 4748.

Maki, H. and A. Kornberg. 1985. The polymerase subunit of DNA polymerase Ⅲ of *Escherichia coli*. *Journal of Biological Chemistry* 260:12987 - 12992.

Masutani, C. , R. Kusumoto, A. Yamada, N. Dohmae, M. Yokoi, M. Yuasa, M. Araki, S. Iwai, K. Takio, and F. Hanaoka. 1999. The *XPV* (xeroderma pigmentosum variant) gene encodes human DNA polymerase η. *Nature* 399:700 - 704.

Masutani, C. , R. Kusumoto, A. Yamada, M. Yuasa, M. Araki, T. Nogimori, M. Yokoi, T. Eki, S. Iwai, and F. Hanaoka. 2000. Xeroderma pigmentosum variant: From a human genetic disorder to a novel DNA polymerase. *Cold Spring Harbor Symposia on Quantitative Biology*. 65:71 - 80.

Matsuda, T, K. Bebenek, C. Masutani, F. Hanaoka, and T. A. Kunkel. 2000. Low fidelity DNA synthesis by human DNA polymerase-η. *Nature* 404:1011 - 1013.

Meselson, M. and E Stahl. 1958. The replication of DNA in *Escherichia coli*. *Proceedings of the National Academy of Sciences USA* 44: 671 - 682.

Okazaki, R. , T Okazaki, K. Sakabe, K. Sugimoto, R. Kainuma, A. Sugino, and N. Iwatsuki. 1968. In vivo mechanism of DNA chain growth. *Cold Spring Harbor Symposia on Quantitative Biology* 33:129 - 143.

Scheuermann, R. H. and H. Echols. 1984. A separate editing exonuclease for DNA replication: The ε subunit of *Escherichia coli* DNA polymerase Ⅲ holoenzyme. *Proceedings of the National Academy of Sciences USA* 81: 7747 - 7757.

Sugasawa, K. , J. M. Y. Ng, C. Masutani, S. Iwai, P. J. van der, Spek, A. P. M. Eker, F. Hanaoka, D. Bootsma, and J. H. J. Hoeijmakers. 1998. Xeroderma pigmentosum group C protein complex is the initiator of global genome nucleotide excision repair. *Molecular Cell* 2:223 - 232.

Tse, Y. -C. , K. Kirkegaard, and J. C. Wang. 1980. Covalent bonds between protein and DNA. *Journal of Biological Chemistry* 255: 5560 - 5565.

Wakasugi, M. and A. Sancar. 1999. Order of assembly of human DNA repair excision nuclease. *Journal of Biological Chemistry* 274: 18759 - 18768.

第21章 DNA复制Ⅱ：详细机制

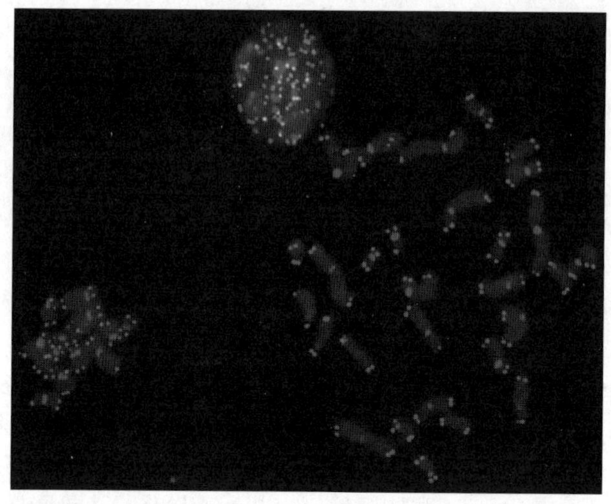

人类染色体端粒。端粒染色为绿色，中心粒染色为紫色。*Cal Harley/Geron Corpiration & Peter Rabinovitch, Univ. of Washington.*

通过第20章的学习我们了解到，DNA复制是半不连续的，且在DNA起始合成前需要合成引物，也了解了一些参与*E. coli* DNA复制的主要蛋白质。DNA复制十分复杂，涉及多种DNA聚合酶。在本章，我们将详细学习*E. coli*和真核生物的DNA复制机制，以及不同生物中DNA复制的三个阶段：起始、延伸和终止。

21.1 复制的起始

我们已经了解到，DNA复制起始于RNA引物的合成，不同生物合成引物的机制不同，即使侵染*E. coli*的不同噬菌体（大肠杆菌噬菌体）其合成引物的策略也存在很大差异。大肠杆菌噬菌体是探究*E. coli* DNA复制的良好工具，因为它们是一类简单生物，主要依靠宿主蛋白质复制自身DNA。

E. coli 的DNA复制引发

在第20章已经提到，大肠杆菌噬菌体M13以宿主RNA聚合酶作为引物合成的**引发酶**（primase）（引物合成酶），这是偶然发现的有关噬菌体DNA复制引物合成的第一个事例。但*E. coli*及其他噬菌体的引发酶是*E. coli dnaG*基因编码的**DnaG**蛋白。Arthur Kornberg注意到，*E. coli*及其大多数噬菌体至少还需要一种蛋白质（**DnaB**，一种DNA解旋酶，曾在第20章介绍过）来完成引物的合成，至少在后随链的引物合成时需要该蛋白质的参与。

Arthur Kornberg及同事在分析单链噬菌体ϕX174 DNA（未结合SSB）由单链转化为双链时发现了DnaB的重要性，噬菌体DNA第二链的合成需要先合成引物，然后进行DNA复制。pol Ⅲ全酶催化DNA复制，而其他蛋白质则用于引物的合成。在实验中，Kornberg及同事发现三种蛋白质是DNA复制所必需的：DnaG（引发酶）、DnaB和pol Ⅲ全酶。由此可见，DnaG和DnaB显然是引物合成所必需的。Kornberg将参与引物合成的蛋白质复合体称为**引发体**（primosome），通常是指DnaG和DnaB这两种蛋白质，尽管也有其他蛋白质参与引发体的组装。

*E. coli*引发体可以移动，当沿着未被覆盖的环形ϕX174噬菌体DNA移动时，引发体重复合成引物。如此，至少在*E. coli* DNA的后随链上，引发体也很适于反复引发冈崎片段的

合成，与之相反，RNA 聚合酶或引发酶仅在一个位点，即复制起点处引发 DNA 合成。

以噬菌体 ϕX174 和 G4 DNA 为模式底物，通过两条不同的基本途径鉴定 *E. coli* DNA 复制体系中的重要组分。第一条途径是联合运用遗传和生物化学方法，其策略是分离噬菌体 DNA 复制缺陷突变体，然后使野生型细胞的蛋白质与突变体提取物互补。突变体提取物只有在加入合适野生型蛋白质后才能在体外复制噬菌体 DNA。利用此分析系统可以高度纯化并鉴别这些蛋白质的特性。第二条途径是运用经典的生物化学方法，纯化所有的必需组分，在体外重新组装成复制系统。

***E. coli* 的复制起点**　在深入讨论复制引发之前，先考虑起始 *E. coli DNA* 复制的独特位点 *oriC*。复制起点是正确起始 DNA 复制所必需的 DNA 位点，我们可以通过几种方式定位复制起点，但是如何确定起始位点附近起始复制所必需的 DNA 片段长度呢？方法之一是克隆含有起始位点的 DNA 片段，将其插入到缺失自身复制起点但有抗生素抗性基因的质粒中，利用抗生素选择能自主复制的质粒。在抗生素存在的条件下能进行复制的细胞一定携带了有功能性复制起点的质粒。一旦获得这样的 *oriC* 质粒，我们就可以通过缺失突变含 *oriC* 的 DNA 片段，从而发现最短的功能性 DNA 序列。*E. coli* 最小起始起点序列长度为 245bp，在细菌中，复制起点的某些特征是保守的，而且长度也保守。

图 21.1 阐释了在 *oriC* 处起始复制的步骤。复制起点有 4 个 9 聚体序列，其共有序列为 TTATCCACA，两两反向排列。DNase 足迹表明这些 9 聚体序列是 ***dnaA* 产物**（**DnaA**）的结合位点，因此 9 聚体序列又称为 **dnaA 框**（dnaA box），DnaA 显然可以促进 DnaB 与复制起点结合。

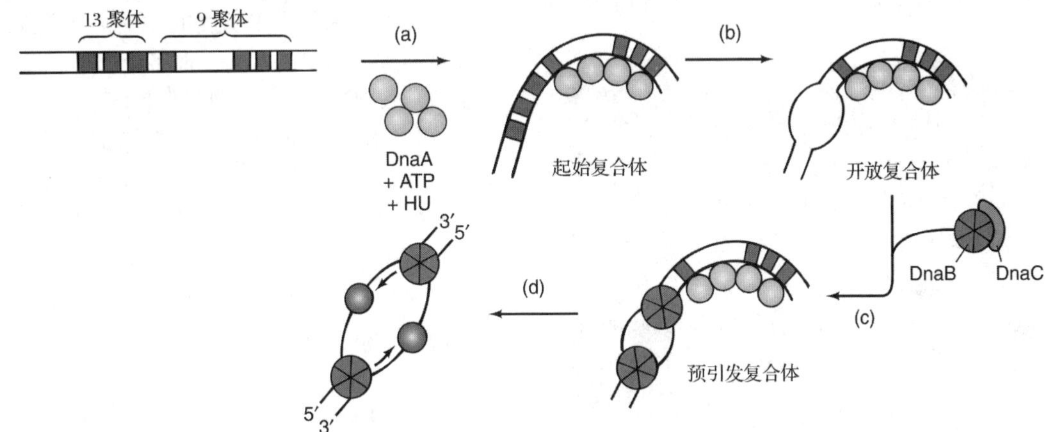

图 21.1　复制在 *oriC* 处引发。(a) 起始复合体的形成。首先，DnaA（黄色）结合 ATP 形成多聚物，连同 HU 蛋白、DnaA/ATP 复合体结合在包括 4 个 9 聚体在内的 DNA 序列上，覆盖约 200bp 的 DNA 区。HU 蛋白可能引起图中所示的 DNA 弯曲。**(b)** 开放复合体的形成。随着 HU 蛋白引起 DNA 弯曲，DnaA 的结合显然会破坏邻近的 13 聚体重复序列的稳定性，引起这一区域 DNA 解链。DnaB 蛋白质结合在解链区。**(c)** 预引发复合体的形成。DnaC 蛋白质与 DnaB 蛋白质结合有助于 DnaB 与 DNA 结合。**(d)** 引发。最后，引发酶（紫色）与预引发体结合，形成引发体，引发体合成引物起始 DNA 复制。箭头代表引物。[*Source*：Adapted from *DNA Replication*，2/e，(plate 15) by Arthur Kornberg andTania Baker.]

通过促进 *oriC* 左侧末端 13 聚体重复序列解链，DnaA 协助 DnaB 在起点处结合形成**开放复合体**（open complex）。与第 6 章讨论的开放启动子复合体类似，DnaB 结合在 DNA 解链区。另一种蛋白质 DnaC 与 DnaB 结合，并帮助 DnaB 与复制起点结合。

该证据也强力表明，DnaA 直接协助 DnaB 与 DNA 结合。在 R6K 质粒的发夹茎环结构的茎部存在一个 *dnaA* 框，当 DnaA 与此 DNA 结合后，DnaB（在 DnaC 的帮助下）也能与 *dnaA* 框结合。由于 *dnaA* 框未发生解链，据此我们推论 DnaA 直接影响 DNA 与 DnaB 结合。

至少还有两种其他因子参与了开放复合体在 *oriC* 处的形成。第一种因子是 RNA 聚合酶，该酶虽不能像在M13噬菌体复制中那样起引发酶作用，但仍发挥着基本功能。因为利福平能阻断引发体的组装，所以RNA聚合酶活性是必需的，其作用或许是合成能形成R环（第14章）的RNA片段。R环邻近*oriC*位点，而不是位于其内。第二种因子是小的碱性DNA结合蛋白**HU蛋白**（HU protein），诱导与之结合的双链DNA弯曲，在R环共同作用下，DNA双螺旋失去稳定性，易于解链形成开放复合体。

最后，DnaB促进引发酶DnaG的结合，完成引发体组装，进而起始DNA复制。与具有延伸功能的**复制体**（replisome）结合在一起的引发体至少发挥以下两种作用：首先，重复引发后随链冈崎片段的合成；其次，解旋酶DnaB解旋DNA双链，为前导链和后随链复制提供模板。在后随链模板上的DnaB按复制叉移动的方向即5′→3′方向移动而完成DNA解旋。锚定在后随链模板上的引发体引发冈崎片段合成。

小结 在*E. coli*中，引物合成需要DNA解旋酶（DnaB）和引发酶（DnaG）在复制起点*oriC*处组装形成引发体。具体组装过程如下：DnaA与*oriC*内的*dnaA*框结合，DnaA与RNA聚合酶、HU蛋白协同作用使邻近*dnaA*框最左侧的DNA区熔解；随后，DnaB与开放复合体结合，并协助引发酶结合，从而完成引发体的组装。与复制体结合在一起的引发体重复引发后随链冈崎片段的合成。在复制进程中，DnaB发挥解旋酶活性使双链DNA解旋。

真核生物DNA复制的引发

真核生物DNA复制比刚刚介绍过的细菌DNA复制复杂得多，复杂因素之一是真核生物基因组较大。每条染色体上必须具有多个复制起点，才能解决真核生物复制叉移动较慢的问题。否则，不可能在较短的预定时间，即细胞循环的S期（仅为几分钟）内完成复制。由于复制起点的多重性及其他因素，鉴别真核生物DNA复制起点的研究工作远远滞后于原核生物。但是，当分子生物学家面临这样一个复杂问题时，他们通常借助于如病毒这样的简单系统，从而获得有关宿主的线索。根据这样的策略，科学家在1972年鉴别出了猕猴病毒SV40的DNA复制起点。下面将依次探讨真核生物及酵母DNA的复制起点。

SV40的复制起点 1972年，分别由Norman Salzman和Daniel Nathans领导的两个研究组鉴别出了猕猴病毒SV40的DNA复制起点，并发现该起点能起始双向复制。Salzman的研究策略是用*Eco*R Ⅰ在特定位点切割正在复制的SV40 DNA分子（尽管*Eco*R Ⅰ被发现并确定其性质的时间还不长，但Salzman已知道SV40 DNA上只有一个*Eco*R Ⅰ的酶切位点），复制中的SV40 DNA被*EcoR* Ⅰ切割后，Salzman及同事在电子显微镜下观察这些分子，结果只观察到一个复制泡，说明只有一个复制起点。此外，他们还观察到复制泡向两个方向生长，在单一复制起点处形成两个相向远离的复制叉。分析显示，复制起点与*Eco*R Ⅰ酶切位点的距离约为基因组长度的33%，但我们无法分辨远离*Eco*R Ⅰ位点的那个方向，因为SV40 DNA为环形分子，且图片上除了单一的*Eco*R Ⅰ位点外，再无其他任何标记供我们分辨。但是，Nathans用另一种限制性内切核酸酶（*Hind* Ⅱ）进行实验，并将实验结果与Salzman的实验结果进行综合，最终将复制起点定位在与SV40控制区重叠的位置上，靠近GC框及72bp重复序列的增强子（图21.2）。

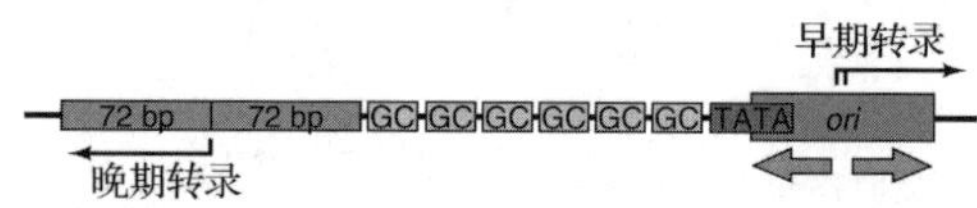

图21.2 SV40 *ori*在转录调控区中的定位。*ori*核心序列（绿色）包含部分早期区TATA框和早期转录起始位点序列区。粉色箭头表示从起始位点向两侧进行双向复制。黑色箭头表示转录起始位点。

长度为64bp的最小*ori*序列（*ori*核心）有几个重要元件：①4个5聚体（5′-GAGGC-3′），它是病毒早期转录区主要产物大T抗原的结合位点；②15bp的回文序列，是DNA复制时最早的熔解区；③仅含A-T碱基对的17bp序列，可能有助于邻近回文序列区解链。

*ori*核心周围的一些其他元件也参与了复制的起始，包括两个额外的大T抗原结合位

点、位于 *ori* 核心左侧的 GC 框。GC 框对复制起始产生 10 倍的促进作用，如果缩减 GC 框数目或被移动至距离 *ori* 核心 180bp 的位置处，其促进复制起始的作用将减弱或丧失。该效应与 *E. coli* RNA 聚合酶在 *oriC* 位点参与复制起始的效应类似。不同之处是 SV40 *ori* 不需要转录的发生，转录因子 Sp1 与 GC 结合就足以启动复制。

一旦大 T 抗原与 SV40 *ori* 结合，即行使解旋酶功能，将 DNA 解旋并为引物的合成做好准备。与细菌相同，真核细胞的引物是 RNA，引发酶与 DNA 聚合酶 α 有关，并且是 SV40 DNA 复制的引发酶。

小结 SV40 复制起点邻近病毒的转录控制区。复制的引发依赖于病毒大 T 抗原，大 T 抗原与 64 bp 的 *ori* 核心及相邻的两个位点结合并行使解旋酶活性，在 *ori* 核心内产生复制泡。与寄主 DNA 聚合酶 α 相关的酶执行引发。

酵母的复制起点 目前，有关真核生物 DNA 复制起点的大多数信息都是由酵母提供的。这并不奇怪，作为最简单的真核生物，酵母已被广泛地用于遗传学分析，所以，对酵母的遗传学特征有了很好的了解。早在 1979 年，Chu-Lai Hsiao 和 John Carbon 发现了一段独立于酵母染色体而复制的酵母 DNA 序列，表明该序列含有复制起点。该 DNA 片段具有 $ARG4^+$ 基因，将 $ARG4^+$ 基因克隆到质粒中，使 $arg4^-$ 酵母细胞转化为能在缺乏精氨酸培养基上生长的 $ARG4^+$ 细胞。任何能在此培养基上生长的酵母细胞一定整合了质粒中的 $ARG4^+$ 基因，且一定以某种方式使基因发生了增殖。通过重组将基因整合到宿主染色体上是基因增殖的途径之一，尽管重组的频率很低，仅为 10^{-6}～10^{-7}。Hsiao 和 Carbon 获得了重组频率高达 10^{-4} 的 $ARG4^+$ 细胞，此外，在酵母与 *E. coli* 间来回穿梭不会使质粒结构发生任何改变，而与酵母基因组重组则使质粒结构发生显著改变。因此，研究者推断，克隆到质粒的酵母 DNA 片段可能含有复制起点。同样是在 1979 年，Ronald W. Davis 及同事进行了类似的实验，携带酵母 DNA 片段的质粒能将 trp^- 酵母细胞转化为 TRP^+ 细胞，研究者将这段 850bp 的酵母片段称为**自主复制序列 1**（autonomously replicating sequence 1，**ARS1**）。

尽管这些早期的研究很有启发性，但研究者未能证明 DNA 复制确实是从 ARS 序列开始的。为证实 ARS1 确实具有复制起点的关键特性，Bonita Brewer 和 Walton Fangman 用双向电泳检测携带 ARS1 的质粒复制的起始位点。该技术依赖如下事实：在凝胶电泳时，环状 DNA 和分支状 DNA 在凝胶中的迁移率低于相同大小的线性 DNA，特别是在高压或高琼脂糖浓度条件下差异更为明显。Brewer 和 Fangman 制备了以 ARS1 为唯一复制起点的酵母质粒，使之在同步化酵母细胞中复制，分离**复制中间体**（replication intermediate，**RI**），用限制性内切核酸酶处理，使复制中间体线性化，于低电压和低琼脂糖浓度条件下进行第一维电泳，DNA 分子依据其大小进行粗略分离，随后在高电压和高琼脂糖浓度条件下进行第二维电泳，从而延缓环状和分支状 DNA 分子在凝胶中的迁移率。最后用标记的质粒特异 DNA 与凝胶上的 DNA 进行 Southern 斑点杂交，检测电泳结果。

图 21.3 示意了假定长度为 1kb 的片段在形成各种分支状和环状 RI 分子电泳行为的理想模式。简单“Y”形［图 21.3（a）］是指 1kb 线性片段的右末端带有一个微小的“Y”形，与线性片段的电泳行为基本相同。随着复制叉由右向左移动，“Y”不断变大，在第二维电泳（垂直方向）中迁移速率变慢，随着“Y”变得更大，其茎部很短，电泳行为更接近于 2kb 的片段，这种形状由图 21.3（a）中带有一垂直短线的水平线条代表。随着复制叉的继续移动，越来越像线性分子，迁移速率也相应升高，直至复制叉到达片段的末端。此时，这些分子在形状和迁移率方面十分接近于 2kb 的线性片段。这种行为导致弧形模式的形成，弧形顶端对应于线性片段复制到一半时形成的“Y”形，此时片段的形状最不像线性分子。

图 21.3（b）示意了泡状片段预期的电泳行为。同样以 1kb 线性片段为例，只是片段中部有一微小的泡状结构，随着泡状结构不断变大，迁移速率变得越来越慢，电泳后，形成图

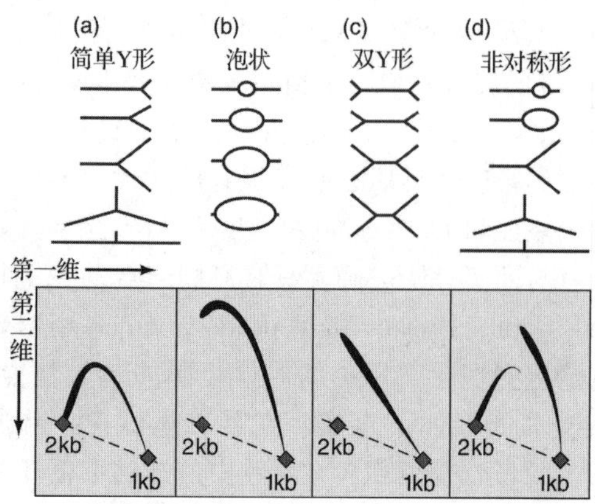

图 21.3　各种类型的复制中间体在双向凝胶电泳中的理论行为。图 (**a**)～(**d**) 的上半部分显示了正在生长的简单"Y"形、泡状、双"Y"形及非对称泡形，其中，非对称泡形在复制过程中可以转化成单"Y"形。图的下半部分描述了推测的各种正在生成的复制中间体在 1kb 到 2kb 大小内与其线性形式（虚线所示）电泳率的偏离。(*Source*: Adapted from Brewer, B. J., and W. L. Fangman, The localization of replication origins on ARS plasmids in S. *cerevisiae*. *Cell* 51: 464, 1987.)

底部所示的弧形曲线。图 21.3（c）为双"Y"形片段的迁移行为模式，当两个复制叉移动到接近片段中部位置时，RI 的分支逐渐增大，其迁移率也相应地呈线性递减。图 21.3（d）为泡状结构处于片段非对称位置处时的电泳行为模式，复制开始时为泡状，当复制叉移动越过片段右末端的内切核酸酶酶切位点后，由泡状转换为"Y"形。RI 的迁移率反映了这种非连续性：迁移曲线开始像是泡状分子的迁移行为，然后突然变成"Y"形分子的迁移行为，明显不连续的迁移曲线准确地显示，当复制叉移动越过限制性内切核酸酶酶切位点后，片段由泡状转变为"Y"形。

这种行为特征对于复制起点作图特别有用。例如，图 21.3（d）的曲线中部发生了间断，在第一维电泳中此迁移率对应于 1.5kb 片段，说明"Y"形分子的每条臂长度达 500bp。假定两个复制叉移动速度相同，则复制起点与片段右末端相距 250bp。

现在，让我们了解这项研究的过程。Brewer 和 Fangman 选用仅对携带 ARS1 的质粒切割一次的内切核酸酶，如果复制起点确实位于 ARS1 内，则切割位点将会提供十分有价值的信息，图 21.4 的上方显示了两个酶切位点的位置，下方为实验结果。值得注意的是，放射自显影图像十分简明，与图 21.3 中所示模式相对应，说明在 ARS1 内只有一个复制起点，否则，会形成由各种不同 RI 组成的混合物，实验结果也会变得更为复杂。

ARS1 内的预测起点邻近 *Bgl* Ⅱ 切割位点［B，图 21.4（a)］，如果 RI 可以被 *Bgl* Ⅱ 切割，则产生双"Y"形 RI 分子。正如图 21.4（a）下部所示，放射自显影图像显示其确实接近于线形，与对"Y"形 RI 的预测结果一致。图 21.4（b）显示，*Pvu* Ⅰ 位点（P）与预测的复制起点间距几乎为质粒 DNA 长度的一半，因此，经 *Pvu* Ⅰ 切割后产生图 21.4（b）上方所示的泡形 RI 分子，图 21.4（b）下方的放射自显影图像显示了 Brewer 和 Fangman 观察到的电泳迁移曲线的不连续性，同预测一样，当复制叉移动到该位点时，泡形 RI 分子在最末端转化为极不对称的大"Y"形 RI 分子。这两个实验结果证实了事先预测，如果 ARS1 包含复制起点，则该复制起点位于 *Bgl* Ⅱ 酶切位点附近。

York Marahrens 和 Bruce Stillman 通过接头分区实验确定了 ARS1 内的重要区域。研究者构建了一个类似 Brewer 和 Fangman 使用过的重组质粒，该重组质粒包含：①ARSl 位于一段 185bp 的 DNA 序列内；②一个酵母着丝粒；③选择性标记 *URA3*，赋予 *ura3-52* 酵母细胞在无尿嘧啶培养基上生长的能力。研究者用 8bp *Xho* Ⅰ 接头系统置换横跨 ARS1 区域的正常 DNA 位点进行接头分区实验（第 10 章)。用接头分区突变体转化酵母细胞后，在无尿嘧啶培养基上筛选。与含野生型 ARS1 序列的转化体相比，某些含 ARS1 突变序列的转化体生长较慢。由于每个质粒均携带着丝粒，可以保证质粒正确分离，所以生长缓慢的可能解释是 ARS1 发生突变而导致 DNA 复制不足。

为验证这个假设，Marahrens 和 Stillman 在含尿嘧啶的非选择培养基上将所有的转化体培养 14 代，然后将转化体培养在无尿嘧啶的选择培养基上，观察哪个转化体不能稳定生长传代，其原因可能是这些不稳定质粒携带的突变干扰了 ARS1 的功能。图 21.5 为实验结果。ARS1 有 4 个重要区，根据其对质粒稳定性影

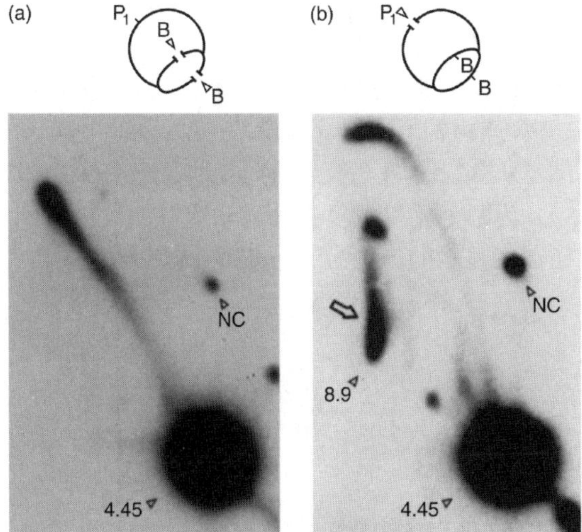

图 21.4 ARS1 复制起点的定位。(a) *Bgl* Ⅱ切割 2μm 质粒的结果。上图：*Bgl* Ⅱ酶切 RI 后的预测示意图，假定起点位于 ARS1 中 *Bgl* Ⅱ酶切位点附近。泡状结构含有已经复制的 DNA，因此有两个 *Bgl* Ⅱ酶位点（箭头标为 B），从两个位点切开后产生图中所示的双"Y"形中间体。下图：实验结果显示推测的双"Y"形中间体的直线臂。**(b)** *Pvu* Ⅰ酶切质粒的结果。上图：*Pvu* Ⅰ酶切 RI 后的预测示意图。假定起点位于 ARS1 中 *Pvu* Ⅰ切割位点的对面。下图：实验结果显示生成的弧型结构，其近末端是不连续的。这也正是我们预想的有关当复制叉移动越过片段右末端的 *Pvu* Ⅰ酶切位点后由泡型变为"Y"状的结果，这两个结果都证实了有关复制起点位于 ARS1 内的推测。NC 表示具有切口的环形分子；较大的空心箭头指向较大的"Y"形或非对称"Y"形分子在复制叉移动越过 *Pvu* Ⅰ酶切位点的电泳结果，数字表示 kb 的大小。[*Source*: Brewer, B. J., and W. L. Fangman, The localization of replication origins on ARS plasmids in *S. cerevisiae*. *Cell* 51:(6 Nov 1987) f. 8. p. 469. Reprinted by permission of Elsevier Science.]

响作用的递减次序而分别命名为 A、B1、B2 和 B3。长 15bp 的元件 A 含有一个 11bp 的 ARS 保守序列，即

$$5'\text{-}{}^{\text{T}}_{\text{A}}\text{TTTA}^{\text{TA}}_{\text{CG}}\text{TTT}^{\text{T}}_{\text{A}}\text{-}3'$$

该序列突变后，ARS1 丧失全部活性，其他区域突变则不会产生如此强烈的影响，特别是在选择培养基上。然而，通过凝胶电泳分析表明，B3 发生突变对质粒 DNA 弯曲产生明显影响，柱形图下方的染色凝胶显示，B3 区域突变后，质粒 DNA 的电泳迁移率增高，Marahrens 和 Stillman 认为这是在复制机构存在时 ARS1 弯曲发生变化的结果。

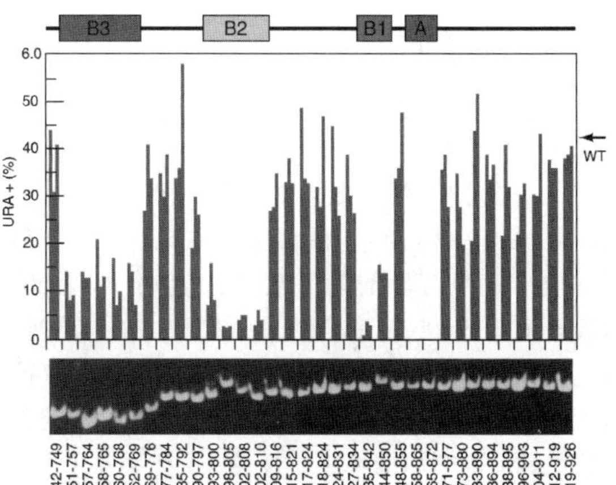

图 21.5 ARS1 接头分区分析。Marahrens 和 Stillman 用接头替换含酵母着丝粒和 *URA*3 选择标记质粒中的 ARS1 全部序列。为检测突变体的复制效率，将突变体于非选择培养基上培养 14 代，然后于选择培养基（无尿嘧啶）上筛选。相邻三个竖条显示三个独立实验对每个突变质粒鉴定的结果。结果以含质粒的酵母细胞（分析它们的生长情况）所占的百分比表示。值得注意的是，在非选择培养基上，即使是含野生型质粒的酵母细胞也仅有 43%能够稳定传代（右侧箭头所示）。通过实验，鉴定出 4 个重要区域（A、B1、B2 和 B3）。突变区域在图底部用碱基位数标明。底部的染色凝胶显示各突变质粒电泳的迁移率。注意，B3 突变质粒泳动速率的变化说明该质粒 DNA 改变了曲度。[*Source*: From Marahrens, Y. and B. Stillman. A yeast chromosomal origin of DNA replication defined by multiple functional elements. *Science* 255 (14 Feb 1992) f. 2. p. 819. Copyright © AAAS.]

存在于 ARS1 的 4 个重要区域是否足以使 ARS 发挥功能？为弄清问题，Marahrens 和 Stillman 构建了一个合成的 ARS1，其 4 个区域为野生型序列，ARS1 与 4 个区的间距与野生型情况一致，只是这 4 个区两两间的距离是随机的。一个携带合成 ARS1 序列质粒的酵母细胞在非选择培养基上几乎与携带野生型 ARS1 质粒的酵母细胞一样能稳定传代，说明通过接头分区实验确定的 4 个区对 ARS 发挥功能来讲是必需的。研究者用 11bp 的 ARS 保守序列取代 15bp 的 A 区后，质粒稳定性显著降低，说明 A 区其他 4bp 对 ARS 活性也是必需的。

小结 酵母复制起点的自主复制序列（ARS）包含 A、B1、B2 和 B3 四个重要区域。A 区长 15bp，其中 11bp 共有序列在 ARS 内是高度保守的。B3 区在 ARS 内形成重要的 DNA 弯曲。

21.2 延伸

一旦引物在某处合成，便可起始真正的DNA复制（延伸）。在*E. coli*中，pol Ⅲ全酶是执行延伸功能的酶；在真核生物中，DNA聚合酶δ和DNA聚合酶ε分别负责后随链和前导链的延伸。*E. coli* DNA复制系统研究得较为透彻，数据显示该系统通过一种巧妙的方式协调后随链和前导链的合成，并保持pol Ⅲ全酶与模板的结合从而使复制具有很高的持续性，以保证较快的复制速度，下面将学习*E. coli* DNA复制的延伸机制，首先讨论延伸速度。

复制的速度

Minsen Mok和Kenneth Marians研究了pol Ⅲ全酶在体外进行DNA复制时，复制叉的移动速度。研究者构建了滚环复制的环形模板，如图21.6所示，该模板含有一段用于引发复制的全长链，其尾部用^{32}P标记且带有自由的3′-OH。Mok和Marians将此模板与全酶、预引发体蛋白质、SSB一起温育，或只将模板与DnaB解旋酶温育，每间隔10s提取标记的DNA产物，电泳测量其长度。图21.7（a）和图（b）是这两个反应的实验结果，图21.7（c）为两个反应中复制叉移动速率曲线图，两条曲线显示的产率为730nt/s，接近于体内约

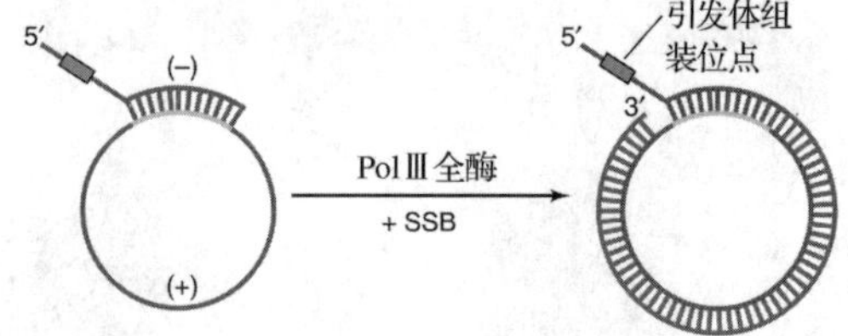

图21.6 用于体外测量复制叉移动速率的合成模板。 Mok和Marians将f1噬菌体的6702nt正链（红色）与一段引物（绿色）退火，两者杂交区域为282nt（黄色）。这个引物含有预引发体装配位点（橙色）。利用pol Ⅲ全酶和单链结合蛋白（SSB）延伸引物而产生负链（蓝色），这一产物是进行多轮滚环复制的双链模板，自由的3′-OH可作为引物。（*Source*：Adapted from Mok，M. and K. J. Marians. The *Escherichia coli* preprimosome and DNA B helicase can form replication forks that move at the same rate. *Journal of Biological Chemistry* 262：16645，1987.）

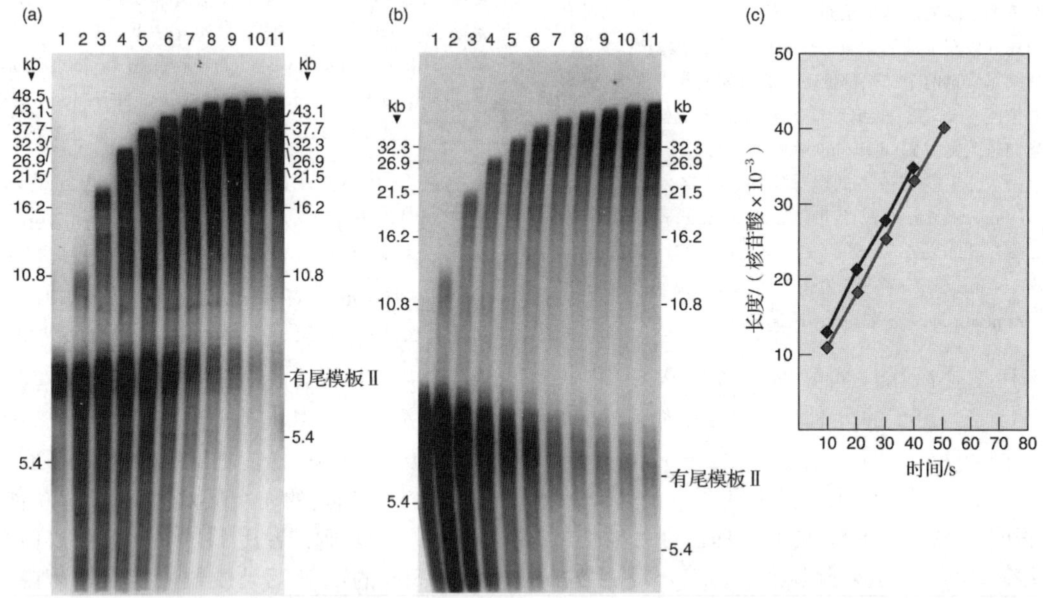

图21.7 体外测量复制叉的移动速率。 Mok和Marians以图21.6所示具有标记尾部的负链为模板，在体外使之与pol Ⅲ全酶反应，并添加预引发体蛋白（不包括DnaG）**(a)** 或DnaB **(b)**。每隔10s提取标记DNA产物，电泳并放射自显影检测。条带1表示刚开始即0s、条带2表示反应进行至10s，电泳迁移率与分子质量呈对数关系而不是线性函数。**(c)** 红线与蓝线分别表示（a）中前5个时间点和（b）中前4个时间点的放射自显影结果。[*Source*：Mok，M. and K. J. Marians. The *Escherichia coli* preprimosome and DNA B helicase can form replication forks that move at the same rate. *Journal of Biological Chemistry* 262. no. 34（5 Dec 1987）f. 6a-b. p. 16650. Copyright © American Society for Biochemistry and Moleculaer Biology.]

1000nt/s 的移动速率。

此外，在添加全酶的反应中延伸具有很高的持续性。持续性是指酶长时间坚持 DNA 合成而不与模板脱离并重新起始的能力。由于重新起始是一个耗费时间的过程，同时在 DNA 复制过程中几乎没有可被浪费的时间，所有延伸过程必须具有很高的持续性。为测量持续性，Mok 和 Marians 进行了与图 21.7 所示相同的延伸分析实验，只是在反应体系中添加了竞争性 DNA 分子 poly（dA）或全酶 β 亚基的直接抗体，当全酶与模板脱离后，这两种物质可阻止酶重新起始复制。无论两种竞争物质之一存在与否，延伸速率没有发生改变，表明全酶在延伸引物的全过程中并没有脱离模板，其延伸的长度可达 30kb。所以，如同在体内一样，全酶在体外也具有很高的持续性。

小结 在体外，pol Ⅲ全酶以 730nt/s 的速率合成 DNA，稍慢于体内约 1000nt/s 的合成速率。无论在体内或体外，pol Ⅲ全酶均具有很高的持续性。

Pol Ⅲ全酶与复制的持续性

pol Ⅲ核心酶自身的聚合酶活性很低，在合成约 10nt 寡核苷酸链后就会脱离模板，然后不得不耗费约 1min 的时间才能与模板和新生 DNA 链再结合。这与细胞内的情况形成了明显反差，在细胞内复制叉的移动速度为 1000nt/s，显然，核心酶缺失了某些重要组分。

该组分能赋予全酶持续性，使之保持与模板的结合，在停止之前至少聚合 50 000nt，这与核心酶在聚合 10nt 之前就会脱离模板形成巨大反差。为什么会有如此大的差异？全酶的持续性应归功于**滑动钳**（sliding clamp），滑动钳能使全酶长时间地与模板结合。全酶的 β 亚基是滑动钳功能的执行者，但仅靠自身不能与前起始复合物（核心酶加 DNA 模板）结合，需要**钳装载器**（clamp loader）γ 复合体将滑动钳 β 亚基装载到前起始复合物上。γ 复合体由 γ、δ、δ′、χ 和 ψ 亚基组成。本节将探讨 β 钳及滑动钳装载器的活性。

β钳 我们可以设想 β 亚基赋予 pol Ⅲ核心酶持续性的一种方式是通过自身与核心复合体及 DNA 的结合。如此，β 钳就能将核心酶系束在 DNA 上并保持结合，因此称之为 **β 钳**（β clamp）。在研究这种可能性的过程中，Mike O'Donnell 及同事证实 β 亚基与 α 亚基存在直接的相互作用。研究者将不同的亚基组分混合，用凝胶过滤法使亚基复合体与游离亚基单体分离，利用凝胶电泳查明复合体的亚基组分，并通过添加缺失的亚基和测量 DNA 的合成分析复合体活性，图 21.8 描述了电泳结果。显然，与预测一样，作为核心酶的组成部分，α 亚基和 ε 亚基彼此结合，进而由 α、ε 亚基和 β 组成复合体，但 β 亚基与 α 亚基和 ε 亚基中的哪个亚基结合呢？图 21.8（d）和（e）给出了答案：β 亚基只与 α 亚基亚基结合（在馏分 60～64 处出现两个亚基峰），但不会与 ε 亚基结合（在馏分 68～70 处出现 β 亚基峰，而在馏分 76～78 处出现 ε 亚基峰），所以，α 亚基是与 β 亚基结合的核心亚基。

该方案需要在 α 亚基和 ε 亚基复制 DNA 时，β 亚基能够沿着 DNA 滑动，这也意味着 β 钳保持与环形 DNA 的结合，但可以从线性 DNA 的末端滑落。为验证这种可能性，O'Donnell 及同事开展了如图 21.9 所示的实验，基本策略是，在 γ 复合体协助下，将 ^{3}H 标记的 β 亚基二聚体装载到环形双链噬菌体 DNA 上，然后用不同方式处理 DNA，观察 β 亚基二聚体是否会与 DNA 解离，通过凝胶过滤方法分析 β 亚基与 DNA 结合的情况。游离的 β 亚基二聚体从凝胶过滤柱滤出的时间要迟于与 DNA 结合成复合体的滤出时间。

在图 21.9（a）中，用 *Sma* Ⅰ 处理使 DNA 线性化，然后检测 β 钳是否从 DNA 上滑落。结果表明，β 钳继续与环形 DNA 结合，但显然可以从线性 DNA 末端滑脱而与 DNA 分离。图 21.9（b）表明，环形 DNA 的切口并不是 β 二聚体与 DNA 保持结合的原因。因为当 DNA 连接酶消除切口后，β 二聚体仍然结合在 DNA 上。插图为 DNA 连接酶确实消除了切口提供了电泳证据，因为电泳结果显示切口分子消失，而闭合环形 DNA 的量随之增加。图 21.9（c）表明，在装载反应体系中添加更多的 β 亚基后，结合在环形 DNA 上的 β 二聚体数目随之增多。事实上，每个环形 DNA 分子可装载

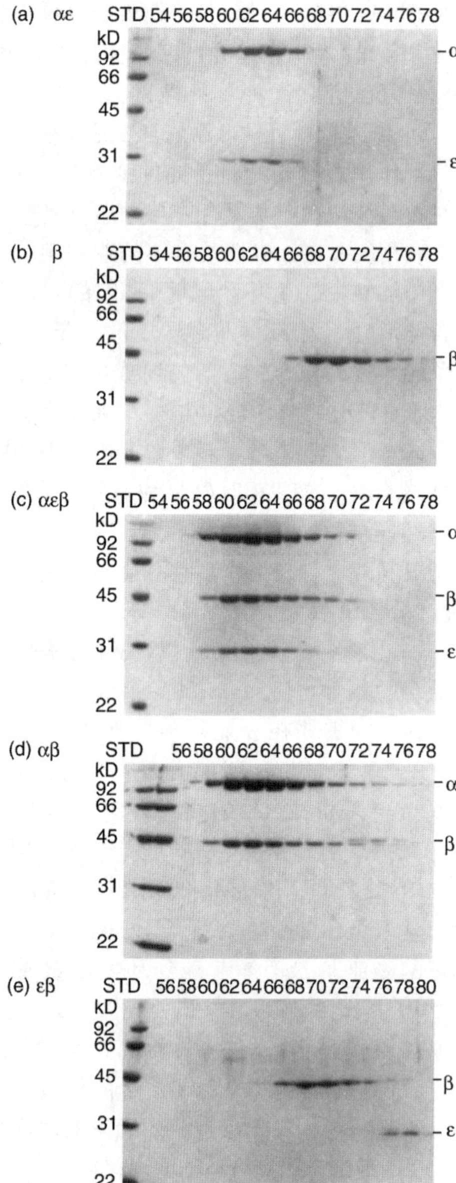

图 21.8 Pol Ⅲ亚基 α 和 β 彼此结合。 O'Donnell 及同事将不同的 pol Ⅲ亚基混合：**(a)** α+ε；**(b)** β；**(c)** α+ε+β；**(d)** α+β；**(e)** ε+β。通过凝胶过滤把混合物中的复合体从游离亚基中分离出来，然后电泳从凝胶过滤柱中过滤出的组分以检测复合体。如果有复合体形成，则复合体中的亚基就应该出现在同一馏分中，如图（a）中的 α 和 ε 馏分。［*Source*：Stukenberg，P. T.，P. S. Studwell-Vaughan，and M. O'Donnell. Mechanism of the sliding β-clamp of DNA polymerase Ⅲ holoenzyme. *Journal of Biological Chemistry* 266 no. 17（15 June 1991）figs. 2a-e，3，pp. 11330-31. American Society for Biochemistry and Moleculaer Biology.］

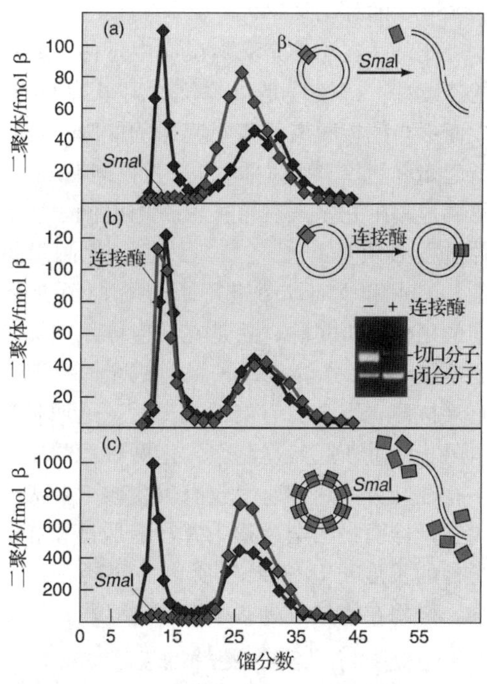

图 21.9 β 钳可以从线性 DNA 末端滑脱。 O'Donnell 及同事将^{3}H 标记的 β 二聚体在 γ 复合物协助下装载到各种 DNA 上，然后按描述的不同方法处理复合体，最后将混合物进行凝胶过滤，将蛋白质-DNA 复合体（大分子从柱子中洗脱得快，约为组分 15）与游离蛋白质（相对较小，洗脱得慢，约为组分 28）分离。**(a)** *Sma* Ⅰ 线性化 DNA 的效果。DNA 只被 *Sma* Ⅰ 酶切一次后即进行分析（红色）。未切割的 DNA 也做同样分析（蓝色）。**(b)** 消除模板上缺口的效果。分析前模板上的缺口由连接酶去除（红色）或保留（蓝色）。贴图为连接酶作用 DNA 前后的电泳结果。**(c)** 许多 β 二聚体能装载到 DNA 上，在 DNA 线性化后解离。β 二聚体加载到 DNA 模板上的比率随 β 亚基浓度的升高和 DNA 模板浓度的下降而增加。然后，于分析前对 DNA 用 *Sma* Ⅰ 酶切（红色）或不酶切（蓝色）。［*Source*：Stukenberg，P. T.，P. S. Studwell-Vaughan，and M. O'Donnell. Mechanism of the sliding β-clamp of DNA polymerase Ⅲ holoenzyme. *Journal of Biological Chemistry* 266 no. 17（15 June 1991）fig. 3，pp. 11331. American Society for Biochemistry and Moleculaer Biology.］

20 多分子的 β 亚基。这正是我们预测的许多全酶串联协同复制 DNA 的情形。

如果 β 二聚体是从线性 DNA 末端滑脱的话，那么在 DNA 末端结合其他蛋白质就能阻止 β 二聚体的滑脱。O'Donnell 研究小组通过实验将两种不同的蛋白质结合在 DNA 末端后，不再出现 β 亚基二聚体从线性 DNA 上滑脱的情况。实际上，即使没有蛋白质附着，DNA末端的单链尾部也可以充当阻止β亚基二聚体滑脱的障碍物。

Mike O'Donnell 和 John Kuriyan 用 X 射线晶体学方法研究了β钳结构。研究者获得的图像可以对β钳与环形而不是线性 DNA 保持结合的原因进行完美解释。β二聚体形成环绕 DNA 的环形结构，如同套在细绳上的环，若细绳为线形时则易于脱落，但细绳为环形时就不易脱落。图 21.10 是 O'Donnell 和 Kuriyan 构建的模型之一，显示了β二聚体的环形结构，中间为 B 型 DNA 的比例模型。

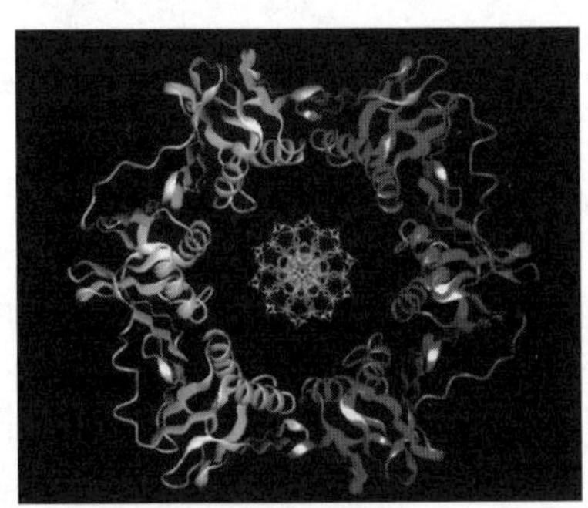

图 21.10 β二聚体/DNA 复合体模型。带状图表示β二聚体，其中α螺旋呈螺旋管状，β折叠呈扁平带状。β单体分别用黄色和红色表示。从横切面看，DNA 模型位于β二聚体形成环中间的假定位置处。[*Source*：Kong，X. P.，R. Onrust， M. O'Donnell， and J. Kuriyan. Three-dimensional structure of the beta subunit of E. coli DNA polymerase III holoenzyme：a sliding DNA clamp. *Cell* 69（1 May 1992）f. 1，p. 426. Reprinted by permission of Elsevier Science.]

2008 年，O'Donnell 及同事获得了β二聚体结合典型 DNA 模板的共结晶体，图 21.11 显示的晶体结构表明，同图 21.10 预测的模型一样，β钳确实环绕着 DNA。然而，最新的结构显示了β钳内 DNA 的真实几何学结构，但有一点有些出人意料，即 DNA 并不像手指穿过圆环那样垂直延伸通过β钳，而是与水平线呈 22°倾斜穿过β钳。此外，DNA 与位于β钳 C 端侧面的 R24 和 Q149 这两个氨基酸的侧链相接触。这种蛋白质-DNA 接触可能促使 DNA 发生相对于β二聚体的倾斜。

在第 20 章我们提到，真核生物具有持续性因子 PCNA，它与细菌β钳的功能相同。两者的一级结构无明显相似性，且真核生物的 PCNA 蛋白质只有原核生物蛋白质的 2/3 大小。然而，Kuriyan 及同事获得 X 射线晶体图像表明，酵母 PCNA 蛋白形成的三聚体在结构上与β钳二聚体十分相似，是一个环绕 DNA 分子的圆环，如图 21.12 所示。

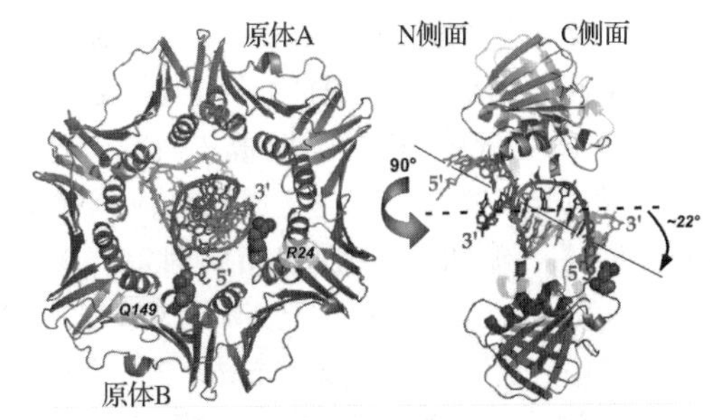

图 21.11 β二聚体与典型 DNA 模板的共结晶体结构。两个β单体（原体 A 和 B）为金色和蓝色，典型 DNA 模板为绿色和红色。紫红色与绿色空间填充模型显示 R24 和 Q149 的侧链。左为结构的正视图，右为结构的侧面图，强调 DNA 倾斜 22°。[*Source*：Georgescu et al.，Structure of a sliding clamp on DNA. *Cell* 132（11 January 2008）f. 3a，p. 48. Reprinted by permission of Elsevier Science.]

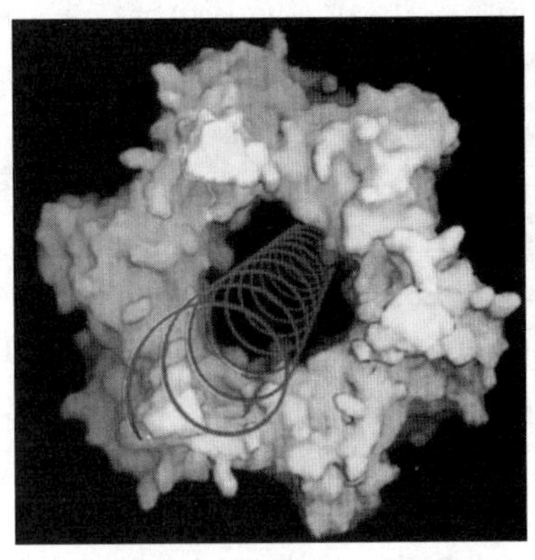

图 21.12 PCNA-DNA 复合体模型。PCNA 三聚体的各单体用不同的色彩表示。三聚体的形状是基于 X 射线晶体衍射分析得出的。红色螺旋代表与 PCNA 三聚体结合的 DNA 糖-磷酸骨架可能的位置。[*Source*：Krishna，T. S. R.，Kong，X. P.，S. Gary，P. M. Burgers，and J. Kuriyan. Crystal structure of the eukaryotic DNA polymerase processivity factor PCNA. *Cell* 79（30 Dec 1994）f. 3b，p. 1236. Reprinted by permission of Elsevier Science.]

小结 pol Ⅲ核心（αε 或 αεθ）自身没有持续性功能，在脱离模板之前只能复制 DNA 短片段。相比之下，核心酶与β亚基结合后会以 1000nt/s 的合成速率进行 DNA 复制。β亚基二聚体形成环形结构，环绕 DNA 模板，并与α亚基相互作用，从而将模板和聚合酶结合在一起，使聚合酶长时间地停留在模板上而具有很高的持续性。真核生物的持续性因子 PCNA 蛋白形成环形三聚体结构，通过环绕 DNA 分子而将聚合酶结合在模板上。

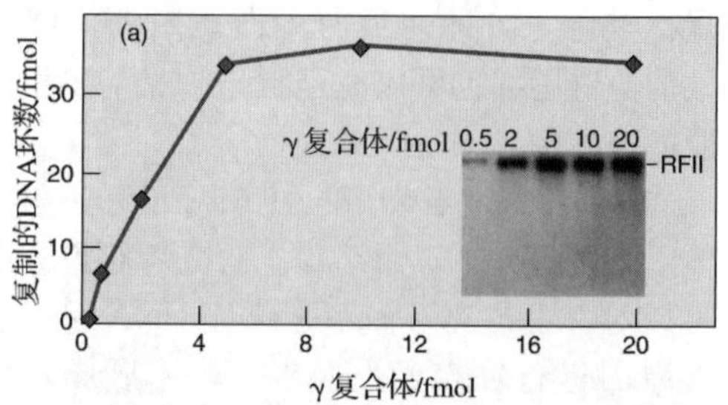

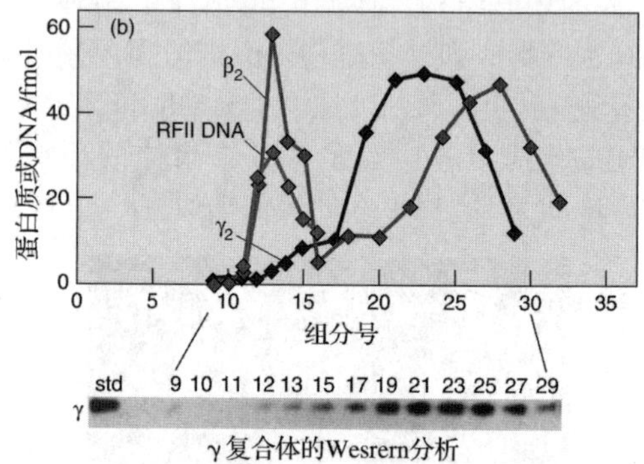

图 21.13 β与γ复合物在持续性中的关联。(a) γ复合体在形成持续性聚合酶过程中发挥催化作用。O'Donnell 及同事向结合有引物、SSB、αε核心酶的 M13 噬菌体模板及 pol Ⅲ全酶的β亚基的体系中逐渐增加γ复合体的量（x 轴表示）。然后，加入［α-^{32}P］ATP，20s 脉冲标记 DNA 产物。各取部分产物检测每个反应的放射性，并将数值转化成已复制的 DNA fmol 量。每个反应的另一部分产物进行凝胶电泳，检测整个环的复制情况。插图电泳结果：每份产物中的大部分成分是全长的环状 DNA（RFⅡ）。**(b)** 是β亚基而不是γ复合体与前起始复合物中的 DNA 连接。O'Donnell 及同事在结合有引物并被 SSB 覆盖的模板中加入^{3}H 标记的β亚基和未经标记的γ复合物，同时加入 ATP，形成前起始复合物。然后，将混合体通过凝胶过滤，使前起始复合物与游离蛋白质分离。通过放射性检测每个组分中的β亚基，以γ抗体为探针进行 Western 斑点杂交，检测γ复合体。图中，β亚基（二聚体）结合到前起始复合物的 DNA 上，但γ复合体不与 DNA 结合。［*Source*：Stukenberg，P. T.，P. S. Studwell-Vaughan，and M. O'Donnell. Mechanism of the sliding β-clamp of DNA polymerase Ⅲ holoenzyme. *Journal of Biological Chemistry* 266 no. 17（15 June 1991）fig. 1a & 3，pp. 11329. American Society for Biochemistry and Moleculaer Biology.］

钳装载器　O'Donnell 及同事在图 21.13 所示的实验中解释了钳装载器的功能。由于θ亚基并不是体外实验的必需因子，所以研究者以α亚基和ε亚基取代核心酶，以与引物退火的单链 M13 噬菌体 DNA 为模板。研究者已知高持续性的全酶可在 15s 内完成该模板 DNA 的复制，但还不确知αε核心在相同时间内复制 DNA 的量。因此，他们周密思考认为在 20s 的脉冲时间内，所有持续性聚合酶分子均有机会完成一轮复制，这样，复制出的 DNA 环的数目应与持续性酶分子数目相同。图 21.13（a）表明，在αε核心及β亚基存在时，每飞摩尔（fmol 或 10^{-15} mol）的γ复合体可完成 10fmol DNA 环的复制，所以，γ复合体具有催化功能：每分子γ复合体可保证多分子持续性聚合酶的形成。插图为复制产物凝胶电泳结果，同预期的持续性复制一致，DNA 产物均为全环。

该实验结果表明γ复合体自身不能提供持续性，但具有催化功能，添加某种其他物质到核心聚合酶上而使之具有持续性。由于β亚基是该实验唯一的另一聚合酶亚基，它很可能是持续性的决定因子。为求证这一点，O'Donnell 及同事将 DNA 模板、^{3}H 标记的β亚基及未标记的γ复合体混合形成前起始复合物，通过凝胶过滤将复合体从游离蛋白质中分离出来，然后向各组分中添加αε，分析标记环形双链 DNA（RFⅡ，绿色）的形成而检测前起始复合物。图 21.13（b）表明，只有痕量的γ复合体（蓝色）保持与 DNA 的结合，而大多数标记β亚基（红色）仍与 DNA 保持结合（用抗γ抗体进行 Western 斑点杂交以检测γ复合体，见图 21.13 底部）。最值得注意的是，即使γ复合体不再维持与 DNA 的结合，它仍然通过将β亚基装载到 DNA 上而在酶的持续性特性上发挥关键作用。

在实验中，O'Donnell 及同事也估算了前起始复合物中β亚基的化学计量。通过对比β亚基与复合体的飞摩尔数发现，二者的比值为 2.8，接近于每个复合体结合一个β二聚体，与其他研究证明β亚基以二聚体形式起作用的结果相一致。

到目前的讨论中暗含这样一个事实，即 ATP 是β钳装载到模板上的必需条件。Peter Burgers 和 Arthur Kornberg 通过分析无需 dATP 的复制实验证明，ATP（或 dATP）确实是β钳装载到模板上的必需因子。分析用的模板为 poly（dA），由 oligo（dT）引发复制，结果表明，ATP 或 dATP 是 oligo（dT）引物利用 dAMP 高活性延伸所必需的。

滑动钳装载器是如何撬开β二聚体使之钳住 DNA 的呢？O'Donnell、Kuriyan 及同事断定以下两个复合体的晶体结构可为钳的装载提供线索，其中之一就是滑动钳装载器（一个γδδ′复合体）活性部分的结构。另一个就是修饰的β-δ复合体结构，该复合体由缺失二聚化功能的突变体β（β_{mt}）单体和能与β发生相互作用的δ片段组成。

修饰的β-δ复合体晶体结构显示，δ与β单体间的相互作用通过两种方式在一个界面削弱两个β单体间的结合。第一，δ发挥分子板手作用，改变β二聚体界面的构象，从而使β亚基失去二聚化功能。第二，δ改变其中一个β亚基的弯曲度，使之不能与另一个β亚基形成正常的环形结构，而是形成类似于锁紧垫圈的结构。图21.14阐述了这些理念，δ亚基只与β钳中的一个单体结合（在pol Ⅲ全酶中，每个β二聚体只结合一个δ亚基），所以只能削弱二聚体中的一个分界面，迫使环形结构打开。如果δ亚基与两个β单体都能结合，可能会导致两个单体的完全解离。

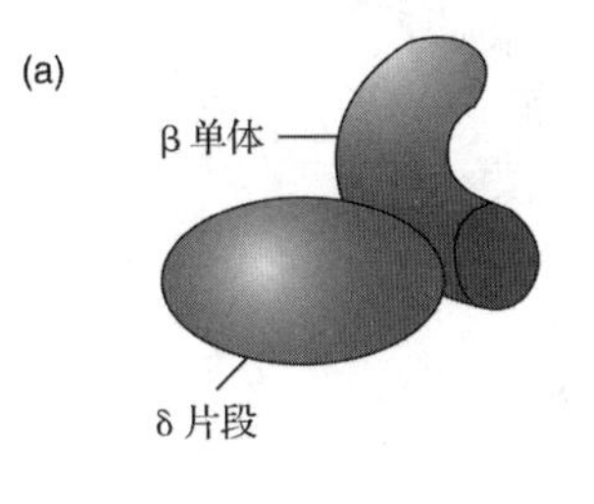

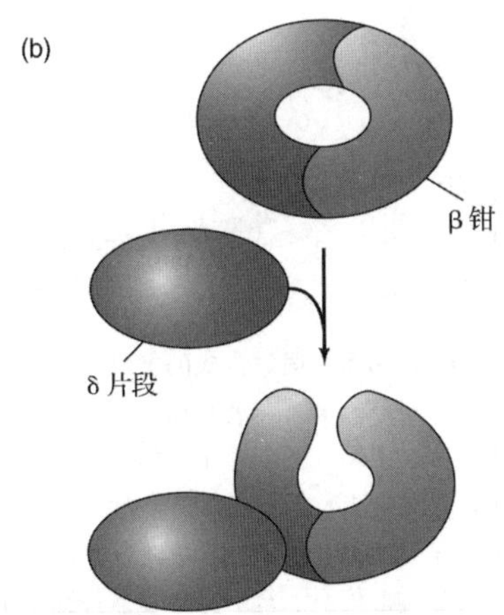

图21.14 δ结合对β二聚体的影响模型。（a） δ片段和β_{mt}单体形成的复合体形状。**（b）** δ结合对β钳的影响。δ亚基（或δ片段）使β二聚体上方交界面之间的结合弱化，并改变了左侧β单体的弯曲度，使之不再与另一个单体形成完整的环形结构，将β钳打开。［*Source*：Adapted from Ellison，V.，and B. Stillman. Opening of the clamp：An Intimate view of an ATP-driven biological machine. *Cell* 106（2001）p. 657，f. 3.］

对复合体结构及本章后半部分讨论的早期生物化学研究表明，游离的δ亚基易与β单体结合，但是，处于钳装载器复合体中的δ亚基只能在ATP存在时才与β结合。这样，ATP的作用显然是改变钳装载器的形状，暴露出δ亚基使之与β亚基结合，从而撬开β钳。

小结 β亚基向DNA模板上装载需要γ复合体（γ、δ、δ′、χ和ψ）的协助，γ复合体在持续性αδβ复合体形成的过程中起催化作用，在持续性的复制过程中，γ复合体并不与αδβ复合体保持结合。β钳的装载是一个依赖ATP的过程。ATP释放出的能量改变了滑动钳装载器的构象，使δ亚基与滑动钳的一个β亚基结合，这种结合导致滑动钳打开从而环绕DNA。

后随链的合成 对pol Ⅲ*(无β钳的全酶)结构的研究发现，该酶有两个核心酶，通过τ二聚体连接到滑动钳装载器上（图21.15）。合理的推论表明：τ亚基充当核心酶二聚化的媒介，α亚基在天然状态下以单体形式存在，τ亚基以二聚体形式存在。而且，τ直接与α亚基结合，所以结合在τ二聚体上的两个α亚基也会发生二聚化。依次通过与两个α亚基的结合，ε亚基形成二聚体，θ又通过与ε亚基结合而二聚化。τ亚基和γ亚基由同一基因编码，然而，γ亚基缺失τ亚基存在于C端的一个24kDa的结构域（τ_c），其原因是在翻译过程中发生了程序性移码。这两个τ_c结构域为核心聚合酶与γ复合体提供了一个弹性连接器。

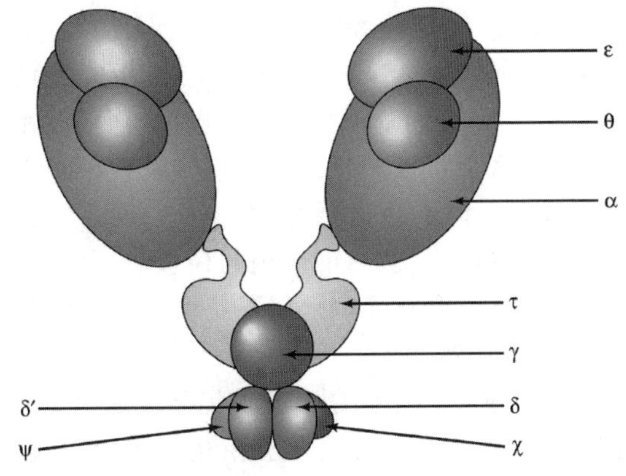

图21.15 pol Ⅲ*亚组合体模型。图中有两个核心和两个τ亚基，但只有一个γ复合体（γ、δ、δ′、χ和ψ）。通过弹性C端结构域，τ亚基被连接在核心酶上。

全酶含有两个核心酶的事实与 DNA 两条链均需要复制的事实完全吻合，这直接引出如下推断：全酶沿复制叉移动时，每个核心酶负责一条链的复制。这对于核心聚合酶复制前导链而言十分方便，只要沿复制叉移动方向进行复制即可。

然而，核心聚合酶复制后随链的情况就比较复杂，因为复制的方向与复制叉移动方向相反。这意味着后随链必须形成如图 21.16 所示的环形结构，因为此环在冈崎片段合成时展开，然后在新冈崎片段合成前又被缩回，类似伸缩长号的滑动，此模型有时称为“长号模型”。

由于后随链的合成是不连续的，这必然涉及核心酶与模板的反复解离与再结合。该模型由此引发两个重要问题：第一，不连续复制的后随链如何与连续复制（可能不连续）的前导链保持同步？如果每完成后随链上一个冈崎片段的合成，pol Ⅲ核心酶就与模板完全解离，则需要再花费很长的时间才能与模板重新结合，这样就会被前导链远远地甩在后面，这可能是真实的，即使前导链进行不连续复制。因为 pol Ⅲ核心酶在合成前导链时没必要解离与再结合。第二，pol Ⅲ核心酶与模板反复不断地进行解离并再结合，又如何与 DNA 复制的高度持续性特征相一致？毕竟 β 钳是复制持续性的必需因子。然而，一旦 β 钳与 DNA 模板结合，核心酶又如何在完成每个1～2kb 的冈崎片段后与 DNA 解离，然后向前跃进开始延伸下一个冈崎片段？

第一个问题的答案似乎是，pol Ⅲ核心酶在合成后随链时，并没有真正与模板完全解离，通过与合成前导链的核心酶结合而仍然系缚在 DNA 上，该核心酶可以松开其在模板链上的手柄，但不会远离 DNA 模板，便于发现下一个引物，并在 1s 时间内与模板重新结合，若与 DNA 完全解离，则需要花费较长的时间才能重新结合。

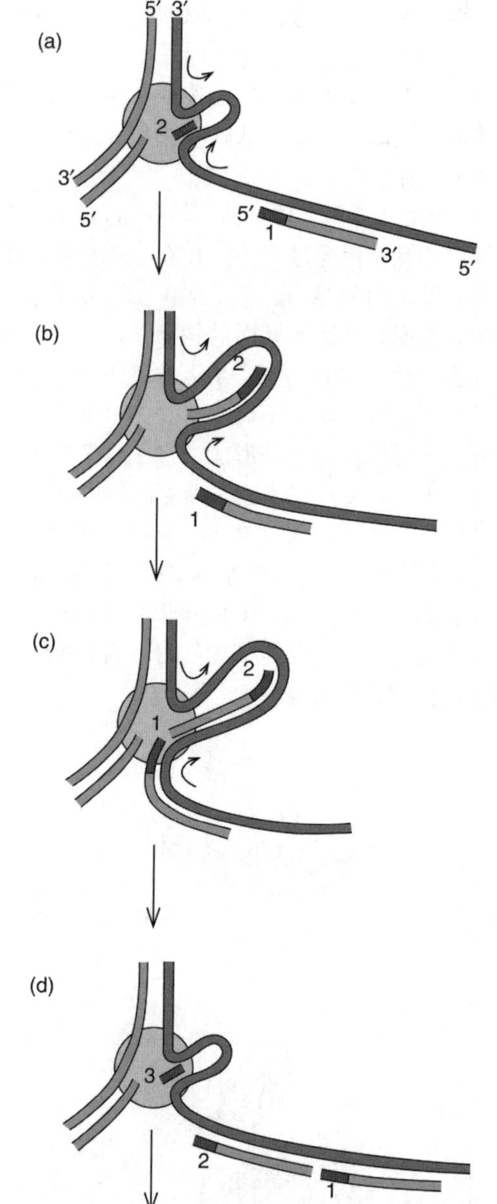

图 21.16 DNA 两条链同时合成的模型。(a) 后随链模板（蓝色）穿过复制体（金色）形成一个环，引发酶合成标记为 2 的新引物（红色）。图中可见已合成的冈崎片段（绿色，其红色引物标记为 1）。左侧为前导链模板及其新合成的子链（灰色），图中并没有考虑前导链的延伸。**(b)** 后随链模板由上至下穿过复制体而形成较大的环，如箭头所示。环底部的移动（下部箭头）使第二个冈崎片段得以延伸。**(c)** 第二个岗崎片段进一步延伸使其末端靠近第一个冈崎片段引物。**(d)** 复制体释放环状结构，引发酶合成新的引物（标记为 3）。至此，上述过程又将重新开始。

要回答第二个问题，我们需要认真考虑 β 钳与钳装载器及核心聚合酶相互作用的方式。我们将了解到这两个蛋白质竞争 β 钳上的同一个结合位点，而 β 钳对钳装载器和核心聚合酶的相对亲和力会发生往复性转换，导致核心聚合酶与 DNA 反复地解离与再结合。我们还将了解到，钳装载器还可充当卸载器，利于核心聚合酶与DNA间解离与再结合的循环过程。

理论推测：合成后随链的 pol Ⅲ* 在完成一个冈崎片段的合成后必须与β钳脱离，然后再与另一个β钳重新结合以便开始下一个冈崎片段的合成。但是，pol Ⅲ* 与β钳间的解离是否真的发生？为查明事实，O'Donnell 及同事将β钳和 pol Ⅲ* 装载到待引发的 M1 噬菌体模板（M13mpl8）上，然后加入两条有多引物的噬菌体模板：一条装载β钳（M13Gori），而另一条无β钳装载（ϕX174）。在适宜的复制条件下进行长时间温育，使原初模板和第二模板均被复制。研究者知道，DNA 模板 M13mp18 肯定会被复制，但令人感兴趣的问题是：第二模板中哪一条会被复制？是装载β钳的第二模板还是无β钳装载的第二模板？图 21.17（泳道 1～4）显示，装载β钳的模板 M13Gori 优先被复制。如果将β钳装载到另一条模板上，情况又将怎样呢？泳道 5～8 显示，如果另一条模板 ϕX174 装载β钳则被优先复制。如果 pol Ⅲ* 与原有的钳保持结合，它应该可以复制任何一条第二模板，而不管第二模板是否装载β钳。所以，该实验结果提示，pol Ⅲ* 确实与模板、β钳发生了解离，如果装载另一个β钳，则 pol Ⅲ* 就会与其他模板（或同一模板的其他部位）结合。

为验证该结论，研究者用［γ-^{32}P］ATP 磷酸化修饰β钳而使之被^{32}P 标记，用^{3}H 标记θ亚基，或τ亚基，或γ复合体，从而标记 pol Ⅲ*。然后开展如下实验：在只存在 dGTP 和 dCTP 的条件下使标记复合体闲置在缺口模板上；或在 4 种 dNTP 都存在的条件下使标记复合体填补模板上的缺口，直至终止。最后凝胶过滤反应混合物，分析两种标记物是否发生了分离。当聚合酶闲置在模板上时，标记的β钳和 pol Ⅲ* 在模板上保持结合状态；相反，当发生复制终止时，pol Ⅲ* 与 DNA 模板上的β钳解离。O'Donnell 及同事观察到，无论标记 pol Ⅲ* 的哪一个亚基，都出现相同的情况。所以在复制终止时，是全酶而不只是核心酶与β钳和 DNA 模板发生解离。

E. coli 基因组长 4.6Mb，后随链以合成 1～2kb冈崎片段的形式复制，这意味着在每个模板上将有 2000 多次引发事件的发生，至少需

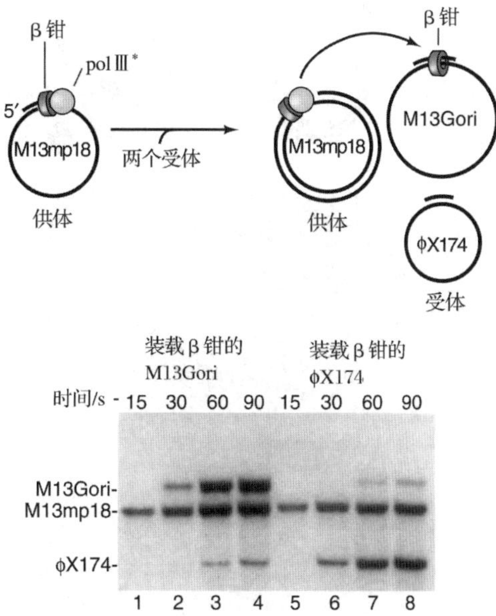

图 21.17 循环模型的检测。如果将 pol Ⅲ* 复合体与β钳组装到待引发的模板（M13mp18，左上）上，然后提供两个待引发的受体模板，其中一个模板装载β钳（M13Gori），另一个模板无β钳装载（ϕX174），在完成原初模板的复制后，pol Ⅲ* 复合体会选择装载β钳的模板（M13Gori）继续进行复制。O'Donnell 及同事开展了这项实验，在足够长的时间内确保供体模板和受体模板均能得到复制。研究者加入标记的核苷酸标记复制产物，凝胶电泳复制的标记 DNA 产物。DNA 复制产物的电泳结果（底部）显示，装载β钳的受体模板被复制。当β钳装载在 M13Gori 受体模板上时，该模板优先被复制。而当β钳装载在 ϕX174 模板上，则此模板优先被复制。复制模板的位置在左侧标注。［*Source*：Stukenberg，P. T.，J. Turner，and M. O'Donnell. An explanation for lagging strand replication：Polymerase hopping among DNA sliding clamps. *Cell* 78（9 Sept 1994）f. 2，p. 878. Reprinted by permission of Elsevier Science.］

要 2000 个β钳参与。由于 *E. coli* 细胞内只有约 300 个β二聚体，如果不能循环利用，β钳将很快被消耗殆尽，因此需要β二聚体能与 DNA 模板解离，但这种解离会发生吗？为查明事实，O'Donnell 及同事将多个β钳组装在缺口模板上，通过凝胶过滤除去所有的其他蛋白质，然后添加 pol Ⅲ* 并再次进行凝胶过滤。图 21.18（a）充分表明，当 pol Ⅲ* 存在时，β钳与模板解离；但当 pol Ⅲ* 不存在时，β钳则不会与模板解离。图 21.18（b）证实，这些被释放的β钳能被再次装载到受体模板上。

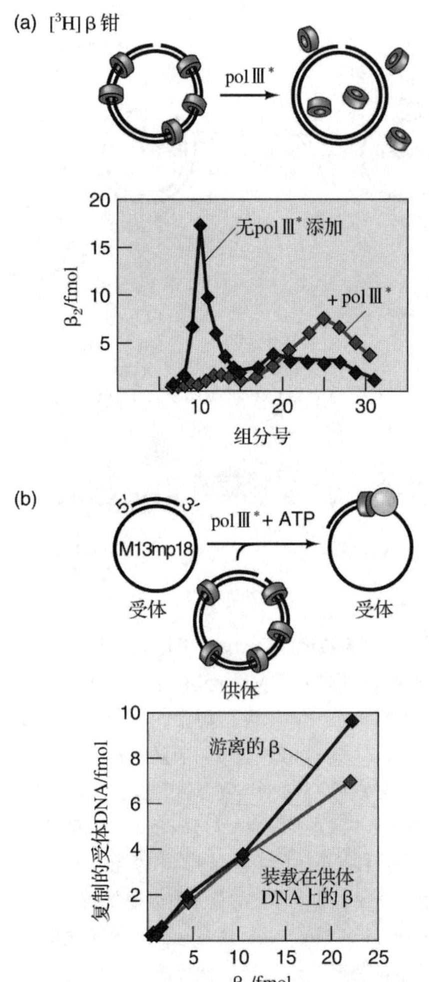

图 21.18 pol Ⅲ* 具有钳卸载器活性。 **(a)** 钳卸载。O'Donnell及同事用γ复合体将β钳（蓝色，上方）装载到有缺口的环形模板上，通过凝胶过滤去除γ复合体。加入pol Ⅲ*后再次进行凝胶过滤。结果的曲线图（下方）显示，用pol Ⅲ*处理后，β钳（红线）将从模板上释放出来，而未经polⅢ*处理，则β钳仍然与模板结合。**(b)** β钳的再循环。经pol Ⅲ*处理后，从β钳-模板复合体中释放出的β钳（红线）与溶液中游离的β钳（蓝线）一样，易与受体模板重新结合。（*Source*：Adapted from Stukenberg，P. T.，J. Turner，and M. O'Donnell. An explanation for lagging strand replication：Polymerase hopping among DNA sliding clamps. *Cell* 78：883，1994.）

通过学习，我们很清楚地了解到，β钳既能与核心聚合酶也能与γ复合体（钳装载器）发生相互作用，在DNA合成过程中，β钳必须与核心酶结合从而保持聚合酶与模板结合，随后，β钳又必须与模板解离并移动到新的模板位点，与另一个核心聚合酶结合，起始新冈崎片段的合成。当然，向新DNA位点移动需要β钳与钳装载器再次发生相互作用。但仍然存在一个关键问题：细胞是如何协调β钳与核心聚合酶及钳装载器之间发生的结合转换？

要回答这个问题，首先应了解核心聚合酶、钳装载器在何时、以怎样的方式与β钳发生相互作用。O'Donnell及同事首先回答了作用方式的问题，研究表明，核心聚合酶的α亚基、钳装载器的δ亚基均与β亚基发生相互作用。研究者采用的分析方法是**蛋白质足迹法**（protein foot-printing），其原理与DNA足迹法相同，只是研究的样品是标记蛋白质而不是DNA而已，使用蛋白质切割试剂而不是DNase。实验中，O'Donnell及同事通过基因操作，在β亚基C端引入一段六氨基酸蛋白激酶识别序列，改造后的产物命名为β^{PK}。在体外，研究者用蛋白激酶和标记ATP（γ磷酸基团中的氧被^{35}S取代）对β^{PK}进行磷酸化修饰，使β^{PK}的C端被标记（与DNA足迹法中末端标记DNA类似）。研究者首先发现，钳装载器的δ亚基和核心聚合酶的α亚基均能保护β^{PK}，使之免于磷酸化修饰，说明这两种蛋白质均能与β^{PK}发生直接相互作用。

蛋白质足迹分析巩固了这些结论。O'Donnell及同事将标记β^{PK}与不同蛋白质混合，用两种蛋白水解酶即链酶蛋白酶E和蛋白酶V8切割蛋白质混合物，图21.19描述了实验结果。每图下方中的前4个泳道是用4种切割位点已知的不同试剂切割β亚基而产生的标记（marker），每一图中的泳道5是无其他蛋白质存在时切割β亚基产生的末端标记肽，呈梯度分布；图21.19（a）的泳道6是δ亚基存在时的结果，与泳道5一样，也表现为梯度分布，只是缺失了最小的片段（箭头所示），可能是丢失了或丰度大幅度降低。这表明δ亚基在C端附近与β亚基结合，阻止蛋白酶在此位点切割。如果δ与β间的相互作用是特异的，则可以通过加入大量未标记β亚基使之与δ亚基结合，从而阻断δ亚基与β^{PK}的结合，泳道7表明结果确实如此。图21.19（a）中的泳道8和9与泳道6和7类似，只是用γ复合体取代了纯化的δ亚基。同样，γ复合体保护的位点也位于β^{PK}的C端附近，未标记的β亚基能阻止这种保护作用。

图 21.9（b）与图 21.9（a）十分相近，只是研究者在对标记 β^{PK}足迹分析时，添加的蛋白质是 α 亚基和整个核心酶，而不是 δ 亚基和整个 γ 复合体。研究者观察到了几乎一样的结果：α 亚基和整个核心酶及 δ 亚基和整个 γ 复合体保护同一位点，表明核心酶和钳装载器能与 β 亚基的同一位点结合，而 α 和 δ 亚基则分别介导了蛋白质间的结合。在更为深入的实验研究中，因为 pol Ⅲ* 包含核心酶和钳装载器，所以研究者用 pol Ⅲ* 对 β^{PK}作蛋白质足迹分析，预计可能会比分离的亚组产生更多的足迹，然而事实并不是这样，这与 pol Ⅲ* 或通过核心酶或通过钳装载器而与 β 发生相互作用、并不需要核心酶和钳装载器同时参与的假设相一致。

如果 β 钳既与核心酶结合又与钳装载器结合，但不能与两者同时结合，那么，β 钳将会优先与谁结合？O'Donnell 及同事用凝胶过滤的方法分析表明，当蛋白质在溶液中处于游离状态时，β 优先与钳装载器结合，这是因为，在与核心聚合酶结合前，β 钳需要通过与钳装

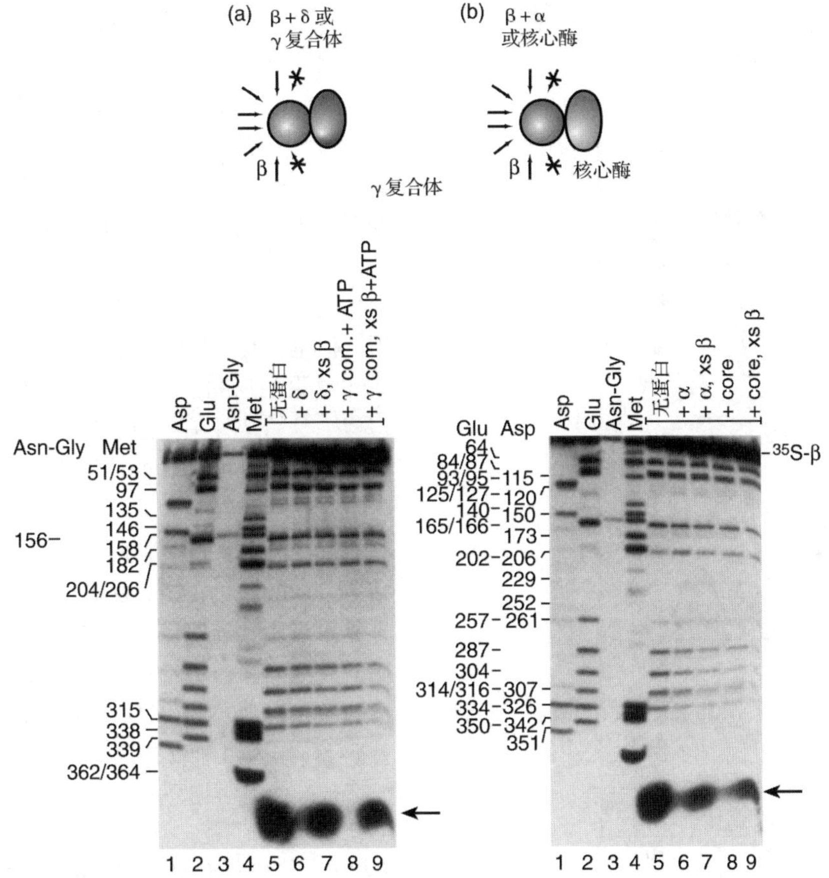

图 21.19 β 与 γ 复合体及核心聚合酶的蛋白质足迹分析。O'Donnell 及同事用蛋白激酶和［^{35}S］ATP 对 β^{PK}进行磷酸化修饰，标记 β^{PK}的 C 端，将末端标记的 β 与 δ 亚基或整个 γ 复合体混合（a）或与 α 或整个核心酶混合（b）。然后用链霉蛋白酶 E 和蛋白酶 V8 的混合物对蛋白质复合物进行中度切割，产生系列具末端标记的消化产物。最后，电泳并放射自显影检测。每幅图的前 4 个泳道以消化产物作为分子标记，每一处理的特异性氨基酸标注在上方。泳道 1：蛋白质经专一在天冬氨酸（Asp）残基后面切割的蛋白酶处理。泳道 5：无其他蛋白质存在时，对 β^{PK}进行消化处理。泳道 6～9：在每个泳道上所列蛋白质存在时，切割 β^{PK}的情况。结果显示，δ 和 α 亚基及 γ 和核心酶复合物均能保护相同的酶切位点。因而，凝胶底部箭头所示片段的量有所减少。上图展示了 β 钳与 γ 复合体（**a**）或核心酶（**b**）之间的结合，强调两者都结合在 β 钳中 β 单体近 C 端的同一区域，防止在此处切割（带“X”箭头所示）。［*Source*：Naktinis，V.，J. Turner，and M. O'Donnell. A molecular switch in a replication machine defined by an internal competition for protein rings. *Cell* 84（12 June 1996）f. 3ab bottoms，p. 138. Reprinted by permission of Elsevier Science.］

载器结合装载到 DNA 模板上。然而，一旦 β 钳被装载，情况将发生改变。当 β 钳被装载到 DNA 模板上后，β 需要与核心酶结合，起始 DNA 的合成。为验证这一假设，O'Donnell 及同事将 ^{35}S 标记的 β 钳装载到待引发的 M13 噬菌体 DNA 上，然后添加标记的钳装载器（γ 复合体）和未被标记的核心酶，或 ^{3}H 标记的核心酶和未被标记的 γ 复合体，将混合物进行凝胶过滤处理，从游离的蛋白质中分离 DNA-蛋白质复合体。在这些条件下，装载在 DNA 模板上的 β 钳显然优先与核心聚合酶结合，在 β 钳-DNA 复合体上几乎没有 γ 复合体的结合。

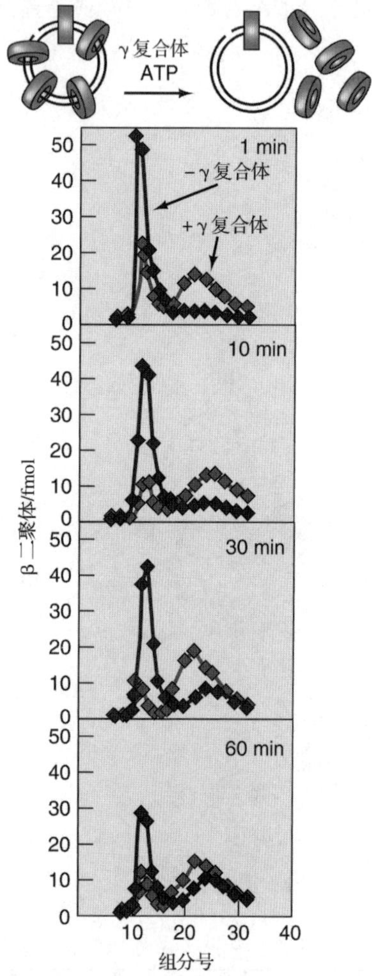

图 21.20　γ 复合体的钳卸载器活性。 O'Donnell 及同事将 β 钳装载到有切口的环状 DNA 模板上，如图上方所示。然后在有（红色）或无（蓝色）γ 复合体和 ATP 的情况下，按图中所示的时间温育复合物。最后将混合物进行凝胶过滤处理，以检测还有多少 β 钳仍与 DNA 结合，有多少已经解离。图上方以卡通形式阐释了实验的结果：γ 复合体和 ATP 加速了 β 钳从切口 DNA 上的卸载。（*Source*：Naktinis，V.，J. Turner，and M. O'Donnell. A molecular switch in a replication machine defined by an internal competition for protein rings. *Cell* 84：141，1996.）

一旦完成一个冈崎片段的合成，全酶必须与 β 钳解离，然后移向新的 β 钳，而原来的 β 钳必须从模板上释放下来，以便参与另一个冈崎片段的合成。我们虽然已知 pol Ⅲ* 具有钳卸载器活性，但并不了解 pol Ⅲ* 的哪一部分具有卸载器活性。O'Donnell 及同事通过凝胶过滤实验分析表明，γ 复合体具有钳卸载器活性，图 21.20 描述了该项实验。研究者将 β 钳装载到有缺口的 DNA 模板上，去除其他所有蛋白质，然后在 γ 复合体有或无的情况下温育 DNA-蛋白质复合体。研究发现，在 γ 复合体和 ATP 存在时，β 钳很快从切口 DNA 模板上卸载下来，而 γ 复合体和 ATP 不存在时，卸载速度则较慢。

这样，γ 复合体既是钳装载器又是钳卸载器。但是，有怎样的机制决定着 γ 复合体装载或卸载钳的时机？如图 21.21 所示，DNA 状态似乎是一个开关。当 β 钳以游离形式存在于溶液中且存在可利用的待引发模板时，β 钳优先与 γ 复合体结合，此时，γ 复合体作为钳装载器将 β 钳装载到 DNA 模板上，一旦与 DNA 结合，β 钳将优先与核心聚合酶结合，使之在合成冈崎片段时具有很高的持续性。当片段合成、只留下一个切口后，核心聚合酶失去对 β 钳的亲和力，于是，β 钳重新与 γ 复合体结合，γ 复合体作为钳卸载器将 β 钳从 DNA 模板上释放下来，使之再循环到下一个引物处，起始新一轮的复制。

小结　polⅢ全酶为双头酶，其两个核心聚合酶通过两个 τ 二聚体和一个 γ 复合体连接在一起。其中一个核心聚合酶负责前导链的（可能）连续合成，另一个核心聚合酶负责后随链的不连续合成。γ 复合体作为钳装载器将 β 钳装载到待引发的 DNA 模板上。一旦完成装载，β 钳失去与 γ 复合体的亲和力，转而与核心聚合酶结合，帮助核心聚合酶高度持续性地合成冈崎片段。一旦完成冈崎片段的合成，β 钳便失去与核心聚合酶的亲和力，进而再与γ复合体结合，γ复合体作为钳卸载器将β钳从DNA模板上释放下来，使之再循环到下一个引物处，起始新一轮的复制，实现此过程的重复。

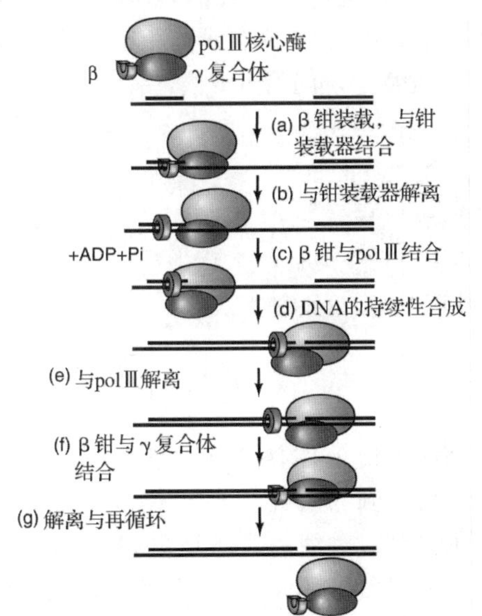

图 21.21　后随链复制概述。从β钳与 pol Ⅲ*的γ复合体（红色）结合开始。(a) γ复合体将β钳（蓝色）装载到待引发的模板上。(b) γ复合体或钳卸载器与β钳解聚。(c) 核心酶（绿色）与β钳结合。(d) 核心酶与β钳协同持续性地合成冈崎片段，仅在两个冈崎片段之间留有缺口。(e) 聚合酶核心与β钳解离。(f) γ复合体与β钳重新结合。(g) γ复合体作为钳卸载器，使β钳脱离模板。此时，游离的β钳可以进入新一轮循环，再循环到模板的另一个引物处。(*Source*: Adapted from Herendeen, D. R., and T. J. Kelly. DNA Polymerase Ⅲ: Running Rings around the Fork. *Cell* 84: 7, 1996.)

21.3　复制的终止

对于通过复制产生长线性连环体的λ噬菌体及其他一些噬菌体而言，复制的终止相对简单。持续复制的连环体按基因组大小切割，然后被包装到噬菌体的头部。但是对细菌和真核生物而言，其DNA复制有明确的起点和终点，复制终止的机制更为复杂，也更值得我们去探究。细菌DNA在复制过程中，两个复制叉在终止区彼此靠近，终止区含有能与特异蛋白质结合的22bp终止子位点，*TerA-TerF* 是E. *coli* 的终止子（*Ter*）位点，其排列次序如图21.22所示。Ter位点结合Tus蛋白质（可被终点利用的物质），复制叉进入到终止区后，在彻底完成复制过程前会发生暂停，导致两个子代双螺旋缠绕在一起，且必须在细胞分裂前解除缠绕，否则就不能被分配到两个子代细胞中。如果不能解除缠绕，子代双螺旋就会停留在细胞的中间位置，细胞分裂失败并可能会导致细胞死亡。如此我们会提出这样的问题：子代双螺旋如何解除缠绕？对真核生物而言，我们希望了解细胞如何填补因引物清除而在线性染色体5′端留下的缺口。下面将对这些问题逐一进行分析。

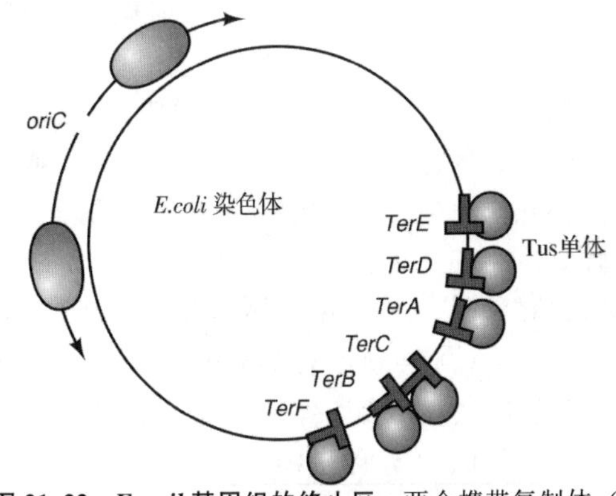

图 21.22　*E. coil* 基因组的终止区。两个携带复制体（绿色）的复制叉从 *oriC* 起始呈相反方向向环状 *E. coil* 染色体的终止区移动。三个终止子位点调控一个复制叉：*TerE*、*TerD* 和 *TerA* 终止逆时针方向移动的复制叉；*TerF*、*TerB* 和 *TerC* 终止顺时针方向移动的复制叉。Tus蛋白质结合在终止子位点上，帮助终止子位点阻止移动的复制叉。(*Source*: Adapted from Baker, T. A., Replication arrest. *Cell* 80: 521, 1995.)

解连环：解开子代DNA

当DNA复制邻近结束时细菌面临着一个问题。由于环形特性，两个子代双螺旋如两个相扣的环一样缠绕在一起，形成**连环体**（catenane），为使这些相扣的DNA分子分配到子代细胞中，必须解相扣或解连环。如果解连环发生在修复合成之前，那么，单个切口就足以使DNA解连环，拓扑异构酶Ⅰ可以解连环。然而，如果修复合成先行发生，则需要拓扑异构酶Ⅱ完成解连环，该酶使DNA双螺旋穿过双链断口。鼠伤寒沙门氏菌（*Salmonella typhimurium*）和 *E. coli* 有4种拓扑异构酶：拓扑异构酶Ⅰ～Ⅳ（topo～Ⅳ）。Topo Ⅰ和Topo Ⅲ

属于Ⅰ型拓扑异构酶，Topo Ⅱ和Topo Ⅳ属于Ⅱ型拓扑异构酶。问题是，哪种拓扑异构酶参与子代DNA分子的解连环？

由于DNA旋转酶（topo Ⅱ）在DNA复制过程中发挥旋转体的功能，因此许多分子生物学家猜测DNA旋转酶也能使子代双螺旋解连环。但是，Nicholas Cozzarelli及同事证实拓扑异构酶Ⅳ才是真正的解连环酶。在体外许可和非许可温度条件下，研究者测试了*E. coli*的近缘菌*S. typhimurium*的不同温度敏感突变菌株解开质粒pBR322二聚体的能力。研究发现，编码topoⅣ的基因突变的*E. coli*在非许可温度（44℃）与无诺氟沙星条件下不能解开质粒，这表明topo Ⅳ在解连环过程中十分重要。诺氟沙星通过阻断DNA旋转酶活性而使DNA复制发生暂停，并且很可能允许少量的topo Ⅳ或其他拓扑异构酶进行后续的解连环。相反，DNA旋转酶发生突变的菌株在非许可温度条件下，不管诺氟沙星是否存在，都不会积聚环连体，这提示DNA旋转酶没有参与解连环。在检测*E. coli*温度敏感型突变体时，Cozzarelli及同事观察到了类似的现象，说明在*E. coli*中，topo Ⅳ也参与了解连环。

真核生物染色体不是环形，但有多个复制子，因此，来自相邻复制子的复制叉彼此靠近时，与细菌染色体的两个复制叉在终止位点彼此靠近的情形十分相近。显然，这会阻止DNA复制的最终完成，所以，真核生物的染色体也会形成必须解连环的环连体。真核生物的topoⅡ与细菌DNA旋转酶相比更类似于topo Ⅳ，是解连环酶的重要候选者。

小结 在复制的末期，环形细菌染色体形成了需通过两步过程才能解离的环连体。在*E. coli*和其他相关细菌中，topo Ⅳ执行解连环作用。线性真核生物染色体在DNA复制过程中也需要解连环。

真核生物DNA复制的终止

真核生物在DNA复制结束时面临着原核生物不曾遇到的困难：填补RNA引物去除后留下的空隙。对细菌的环形DNA而言，填补所有的空隙无任何问题，因为空隙的上游总有其他DNA片段的3′端起到引物的作用［图21.23（a）］。但是，细想具有线性染色体的真核生物所面临的这个问题：一旦每条链上的第一个引物被去除［图21.23（b）］，由于DNA分子不能按3′→5′方向延伸，也不像环形DNA分

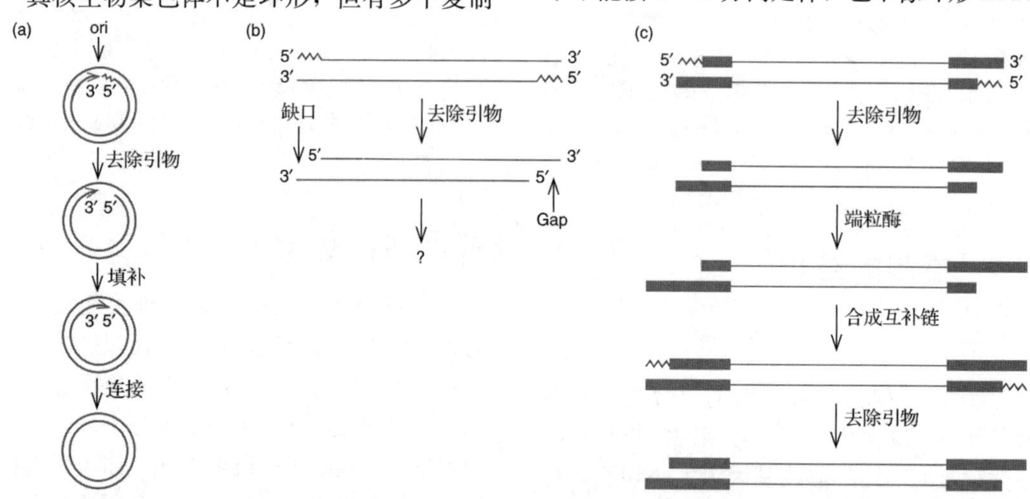

图21.23 引物去除后缺口的处理。（**a**）在细菌中，环状DNA链的3′端作为引物而引发DNA的合成，填补第一条引物（红色）切除后残留的缺口。为简便起见，图中只显示了一条复制的链。（**b**）假设模型。如果线性DNA链5′端只是简单地将引物去除，而没有端粒酶发挥作用，那么，染色体末端的缺口在每一次DNA复制后都会增长。（**c**）端粒酶解决末端短缩的方式。第一步，子链5′端的引物（红色）被去除，留下缺口。第二步，端粒酶在另一条子链的3′端加上额外的端粒DNA（绿色框）。第三步，以新加入的端粒DNA作为模板进行DNA合成。第四步，第三步使用的引物被去除。留下缺口，但是端粒酶活性确保不会发生DNA缺失。图中所示的端粒与引物的长度并不成比例。事实上，人的端粒可长达几千个核苷酸。［*Source*：（c）Adapted from Greider，C. W.，and E. H. Blackburn. Identification of a specific telomere terminal transferase activity in tetrahymena extracts. *Cell* 43（Dec Pt1 1985）f. 1A，p. 406.］

子那样拥有上游 3′端，所以，留下的空隙是无法填补的。如果情况确实如此，这样，DNA 每复制一次染色体就会缩短一段 RNA 引物的长度。这是一个终止问题，需要处理 DNA 链末端的形成，那么细胞将如何解决这个问题呢？

端粒维持 Elizabeth Blackburn 及同事提供了问题的答案，总结如图 21.23c。真核生物染色体末端的**端粒**（telomere）由短的富含 GC 的重复序列组成。端粒中富含 G 的链在**端粒酶**（telomerase）作用下以非半保留方式被添加在 DNA 链的 3′端。端粒中重复的准确序列具有种属特异性，在四膜虫（*Tetrahymena*）中，该序列为 TTGGGG /AACCCC；在包括人在内的脊椎动物中，端粒序列为 TTAGGG/AATC-CC。Blackburn 指出，这种特异性取决于端粒酶自身，因为端粒的合成需要以端粒酶的小 RNA 为模板。这样就解决了末端短缩的问题：端粒酶在染色体的 3′端添加具有自身序列特征的许多重复序列，然后在端粒内引发富含 C 链的合成。即使引物被去除且无 DNA 序列填补也无关紧要，因为只是端粒序列发生了丢失，而且丢失的序列总能被端粒酶和新一轮的端粒合成所恢复。

Blackburn 机智地以纤毛类原生动物——四膜虫（*Tetrahymena*）为对象研究端粒酶活性。四膜虫有两类细胞核：①小核，含有 5 对染色体的全部基因组，负责由亲代向子代传递基因；②大核，5 对染色体断裂成 200 多条小片段，用于基因的表达。这些微染色体的末端均有端粒，所以四膜虫细胞的端粒多于人类细胞，这些端粒均在端粒酶作用下添加到微染色体末端，特别是在大核发育阶段，新形成的微染色体必须在端粒酶的作用下添加端粒，因此，从四膜虫细胞中分离端粒酶比较容易。

1985 年，Carpl Greider 和 Blackburn 通过对处于大核发育阶段的同步化四膜虫细胞提取物的研究，成功鉴定了端粒酶活性。研究者利用人工合成引物于体外分析端粒酶活性，该引物含 4 个重复的 TTGGGG 端粒序列，用放射性核苷酸标记延伸的端粒样 DNA 产物。图 21.24 为实验结果，泳道 1～4 添加不同的标记核苷酸（分别为 dATP、dCTP、dGTP 和 dT-TP）、同时添加其他三种未标记核苷酸的实验结果，泳道 1 为添加标记 dATP 的结果，只出现弥散条带；泳道 2 和泳道 4 显示人工合成的端粒没有获得延伸；泳道 3 为添加标记 dGTP 的实验结果，显示人工合成的端粒被周期性延伸，每一簇条带代表新添加了一至多个 TT-GGGG 序列（由于完成程度的不同），所以呈现条带簇，而不是单条带。当然，同使用 dGTP 一样，使用 dTTP 也应该会使端粒延伸。

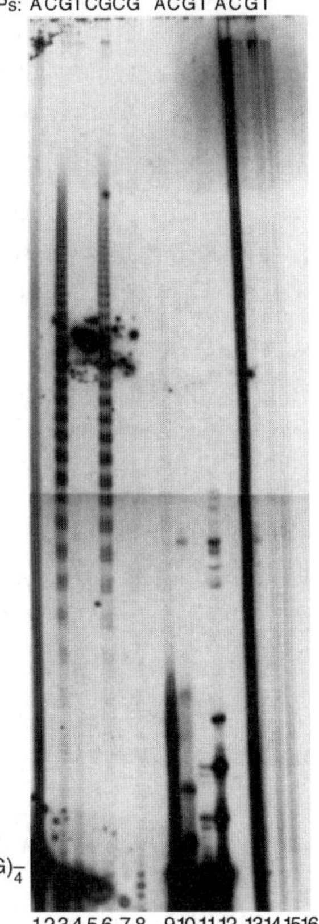

图 21.24 端粒酶活性鉴定。Carpl Greider 和 Blackburn 使四膜虫细胞同步交配，并使子代生长到大核发育阶段。研究者制备无细胞提取物，在加入标记和未标记核苷酸的情况下（图上方所示），与人工合成的有 4 个 TTGGGG 端粒重复序列的寡聚体共同温育 90min，产物经电泳后进行放射自显影检测。泳道 9～12 为 *E. coil* DNA 聚合酶 Ⅰ 的 Klenow 片段替换了四膜虫细胞提取物。泳道 13～16 为细胞提取物，但没有引物。端粒酶显然只有在 dGTP 和 dT-TP 都存在的情况下才有活性。[*Source*：Greider，C. W.，and E. H. Blackburn. Identification of a specific telomere terminal transferase activity in tetrahymena extracts. *Cell* 43 (Dec Pt1 1985) f. 1A，p. 406. Reprinted by permission of Elsevier Science.]

进一步研究表明，实验中使用的 dTTP 浓度太低，若在高浓度条件下，dTTP 能够掺入到端粒中。泳道 5～8 为添加一种标记核苷酸且只添加一种非标记核苷酸的实验结果。正如所料，该实验证实只有在未标记 dTTP 存在的条件下，dGTP 才能掺入到端粒中，因为此端粒链只由 G 和 T 组成。泳道 9～12 为对照，表明常规的 DNA 聚合酶、Klenow 片段不能延伸端粒；泳道 13～16 表明端粒酶活性依赖于端粒样的引物。

在没有互补 DNA 链可阅读的情况下，端粒酶如何在端粒末端添加正确的碱基序列？端粒酶在合成端粒时，以自身的 RNA 组分为模板（注意：RNA 作为模板而不是引物）。1987 年，Greider 和 Blackburn 证实，端粒酶是由基本 RNA 和蛋白质亚基组成的核糖核蛋白，1989 年，他们克隆并测序了编码四膜虫端粒酶 159nt RNA 亚基的基因，含有 CAACCCCAA 序列，从原理上讲，该序列可以作为模板，在四膜虫端粒末端添加额外的重复序列 TTGGGG，如图 21.25 所示。

Blackburn 及同事用遗传学方法证明端粒酶 RNA 确实是端粒合成的模板。研究表明，端粒酶 RNA 发生突变，会引起端粒序列发生相应的改变。特别是，研究者对已克隆的编码四膜虫端粒酶 RNA 的基因序列 5′-CAACCCCAA-3′进行如下改变。

野生型：5′-CAACCCCAA-3′

1：5′-CAA$\underline{C}$CCCCAA-3′

2：5′-CAACC$\underline{T}$CAA-3′

3：5′-C$\underline{G}$ACCCCAA-3′

在这三种突变体（1、2 和 3）中，带下划线的碱基表示该碱基发生了改变（或添加，如突变体 1）。研究者通过质粒将野生型或突变型基因导入四膜虫细胞，确保基因超表达。即使在每一实例中都保留内源野生型基因，但由于外源基因的超表达，内源野生型基因的效应将被掩盖。从每一类转化细胞中提取端粒 DNA，Southern 斑点杂交结果显示，预期与突变体 1（TTGGGGG）和 3（GGGGTC）的端粒序列杂交的探针，确实与来自转化突变基因细胞的端粒 DNA 发生了杂交。然而，这对突变体 2 不起作用，因为不存在与探针杂交的端粒 DNA，而该探针能与 GAGGTT 序列杂交。

这些研究结果表明，突变的端粒酶 RNA1 和 RNA3 可以作为端粒延伸的模板，而突变的端粒酶 RNA2 则不能作为端粒延伸的模板。为确证这一推断，Blackburn 及同事从转化端粒酶 RNA3 突变基因的细胞中提取端粒片段并测序，其序列如下：

5′-CTTTTACTCAATGTCAAAGAAATTATTAAATT-$(GGGGTT)_{30}(GGGGTC)_{2}$GGGGTT$(GGGGTC)_{8}$GGGGT-TGGGGT$\underline{C}$$(GGGGTT)_{N}$-3′

带下划线的碱基一定是由突变的端粒酶 RNA 所编码的。这个非均质序列与该物种正常的均质端粒序列存在很大差异。最初的 30 个重复序列似乎是在转化前已由野生型端粒酶 RNA 编码合成，其后是 11 个突变重复序列，其间包含两个野生型重复序列，最后的序列均为野生型序列。末端的野生型序列可能是与野生型端粒重组的结果，或是在细胞丢失突变的端粒酶 RNA 后端粒才开始合成的结果。然而，如果端粒序列是以突变端粒酶 RNA 为模板合成的，那么就应该存在大量重复序列，同我们预期的序列一致。事实也是如此。所以我们可以得出结论：端粒酶 RNA 是端粒合成的模板，如图 21.25 所示。

端粒酶利用 RNA 为模板合成 DNA 链的事实提示端粒酶作为反转录酶而起作用。所以，Blackburn 及其他研究者开始着手纯化端粒酶，证实端粒酶的确是以反转录酶的形式发挥功能。在研究纯化端粒酶 10 年后的 1996 年，Joacim Lingner 和 Thomas Cech 最终成功地从另一种纤毛类原生动物游仆虫（*Euplotes*）中获得了纯化的端粒酶。该酶含有 p43 和 p123 蛋白质及作为模板延伸端粒的 RNA 亚基。p123 蛋白质具有反转录酶的特征序列，说明该蛋白质为端粒酶提供了催化活性，所以称之为**端粒酶反转录酶**（telomerase reverse transcriptase，TERT）。由于端粒酶反转录酶发现之时，恰是人类基因组计划正在顺利进行之时，没多久就在人类基因组中发现了互补序列，并于 1997 年克隆了人类的端粒酶反转录酶基因 *hTERT*。

结构分析显示，TERT 蛋白质的 C 端部分

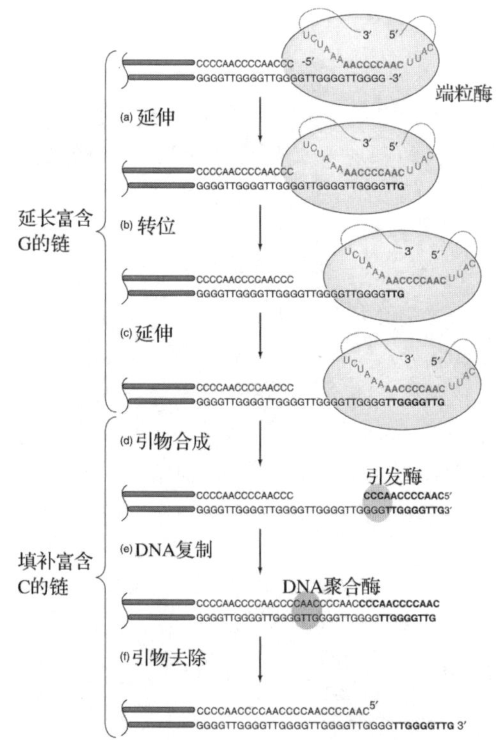

图 21.25 四膜虫的端粒形成。(a) 端粒酶（黄色）促使富 G 的端粒链 3′端与端粒酶模板 RNA（红色）杂交。端粒酶以自身 RNA 的三个碱基（AAC）为模板，在端粒 3′端添加三个碱基（TTG，黑体）。**(b)** 端粒酶移位到端粒新的 3′端，使其模板 RNA 左侧的 AAC 序列与端粒中新加入的 TTG 配对。**(c)** 端粒酶利用模板 RNA 在端粒 3′端再加上 6 个核苷酸（GGGTTG，黑体）。从（a）至（c）的步骤被无限重复，从而使富含 G 的端粒链延长。**(d)** 当富含 G 链延伸至足够长时（可能比图示的要长），引发酶（橙色）合成能与富含 G 端粒链的 3′端互补的 RNA 引物（黑体）。**(e)** DNA 聚合酶（绿色）利用新合成的引物引发 DNA 合成，填补存留在富含 C 端粒链上的缺口。**(f)** 引物被切除，在富含 G 端粒链的 3′端形成长为 12～16nt 的突出端。

具有反转录酶活性，N 端部分负责与 RNA 的结合。事实上，长度为几百个核苷酸的 RNA 与蛋白质结合会增加其灵活性，伴随酶活性位点的移动而移动，从而履行其模板功能，在酶活性位点处将核苷酸添加到正在生长的端粒上。

直到 2003 年才了解到，包括人类在内的高等真核生物的体细胞内无端粒酶活性，而生殖细胞则保留端粒酶活性。William Hahn 及同事的研究表明，培养的正常人类细胞也只是在 DNA 复制的 S 期内以较低水平短时表达端粒酶。但癌细胞却具有很高的端粒酶活性且呈组成型表达。这些发现对于了解癌细胞特性，甚至控制癌细胞都具有深远的意义（知识窗 21.1）。

小结 真核生物染色体末端具有特殊的端粒结构，端粒的一条链是由许多短串联重复且富含 G 的序列组成的，该重复序列具有种属特异性。富含 G 的端粒链由端粒酶合成，端粒酶的短 RNA 分子是端粒合成的模板。富含 C 的端粒链通过常规的 RNA 引发 DNA 复制的方式进行合成，类似于常规后随链的合成。该机制能确保染色体末端被重建，避免因每轮复制而导致末端短缩。

端粒结构 除保护染色体末端、防止其降解外，端粒还有另外一个重要的功能：防止 DNA 修复系统错误地将染色体末端识别为染色体断口而将染色体粘接起来。这种不适当的染色体连接可能是细胞的潜在致死因子，而且，细胞的 DNA 损伤检测系统能够检出损伤，使细胞停止分裂直至损伤被修复。由于末端没有端粒的染色体看起来更像是断裂的染色体，导致 DNA 损伤检测系统启动，细胞停止分裂，最终死亡。如果端粒结构确实如图 21.23 和图 21.25 所示的那样，那么，很难将端粒与真正的染色体断口区分开来。事实上，人类的临界端粒长度为 6bp 核心序列的 12.8 次重复，低于这个阈值，人类染色体就开始融合，那么端粒如何使细胞识别真正染色体末端与断裂染色体的差异？

多年来，分子生物学家一直在思索这个问题，当端粒结合蛋白质被发现后，他们推论，正是这些结合在染色体末端的蛋白质赋予末端特有的特征。确实，真核生物从酵母到哺乳动物都有一套端粒结合蛋白质，以保护端粒、防止降解。同时隐藏端粒末端，防止 DNA 损伤因子将其识别为染色体断裂。我们将讨论来自三组真核生物的端粒结合蛋白质，并了解这些蛋白质如何解决端粒保护问题。

哺乳动物的端粒结合蛋白质：庇护蛋白 在哺乳动物中，端粒结合蛋白质被恰如其分地称为**庇护蛋白**（shelterin），因为其对端粒起到“庇护”作用。已知哺乳动物有 6 个庇护蛋白：**TRF1**、**TRF2**、**TIN2**、**POT1**、**TPP1** 和 **RAP1**。TRF1 是第一个被发现的端粒结合蛋白质，因

知识窗 21.1

端粒、Hayflick 极限与癌症

每个人都知道，生物体包括人类在内都会死亡，但生物学家过去曾认为来源于人体的培养细胞是永生的。当然，培养的单细胞最终会死亡，但培养的细胞系则能无限分裂。20 世纪 60 年代，Leonard hayflick 发现，体外培养的正常人类体细胞并非永生，在培养基上只能有限传代，大约为 50 代，然后进入衰老期，最终全部死亡。体外培养的正常细胞最大增殖次数称为 Hayflick 极限，但癌细胞属于永生细胞，并不遵从这个极限，可以无限传代。

研究发现，正常细胞与癌细胞存在很大的区别，而这种差异也许能够阐释癌细胞永生化但正常细胞不能永生化的原因：人类癌细胞内存在大量组成型表达的端粒酶，而体细胞内一般只有微弱的端粒酶产物且为瞬时表达（生殖细胞内必须存在端粒酶，以保护传给下一代的染色体末端）。因此，癌细胞能修复因复制而短缩的端粒，但绝大多数正常细胞不能修复短缩的染色体末端。所以，癌细胞能持续分裂且不会引起染色体的降解，但正常细胞的染色体会随着细胞的每次分裂而逐渐变短，迟早会导致端粒的丢失，缺失端粒的染色体末端如同断裂染色体的末端，大多数细胞通过停止复制、最终是通过死亡来防止这种伤害，这种情况不会在癌细胞中发生，因为端粒酶能使癌细胞免于死亡。

癌变细胞的本质变化之一就是端粒酶基因的再激活，这是癌细胞永生化特征的前提条件，同时这也提示了对癌症潜在的治疗方法：关闭端粒酶基因的表达，更为简便的方法是用药物抑制端粒酶活性，这种药物对大多数正常细胞是无害的，因为正常细胞一开始就无端粒酶活性。癌症研究者正致力于这一策略的研究。但是，2003 年研究发现，在培养条件下人的纤维原细胞能低水平表达 *hTERT* 基因，纤维原细胞获得了少量的端粒酶活性，从而使这种治疗癌症的策略受到了怀疑。而且，无活性形式的 *hTERT* 基因表达或通过 RNAi 抑制正常 *hTERT* 基因表达会引起人纤维原细胞提前衰老。所以，治疗癌症的策略是既要能杀死癌细胞，又不会使患者的正常细胞提早死亡。

一些迹象表明，简单地抑制端粒酶活性可能不会导致癌细胞的死亡。首先，缺失端粒酶活性的敲除小鼠可以正常存活，尽管最终会由于端粒的缺失而导致不育，但至少能繁殖 6 代。然而，来源于端粒酶敲除小鼠的细胞能够获得永生化特征，这些细胞可被致肿瘤病毒转染，转化细胞移植到免疫缺陷小鼠体内后会引发肿瘤。因此，端粒酶的存在并不是癌细胞发生的绝对必要条件，或许小鼠细胞有不需要端粒酶而保存端粒的方式。我们必须要了解人类细胞是否采取不同的方式。

最后，在培养条件下人类细胞的永生化使人们开始思索长生不老的问题。重新激活人体细胞端粒酶活性能否延长寿命？或者使我们更容易患癌症疾病？为回答这个问题，Serge Lichtsteiner、Woodring Wright 及同事将 *hTERT* 基因导入培养的人类体细胞中，使这些细胞获得端粒酶活性，实验结果令人惊奇：这些细胞的端粒被延长了，细胞在超过其正常寿命期限后仍然能够分裂，其外观及染色体含量依然如同分裂旺盛时期的细胞。而且，这些细胞并没有表现出癌变的迹象。这些发现确实令人振奋，但并不是永葆青春的源泉。到目前为止，这还只是个科学幻想。

为它结合的双链端粒 DNA 含有 TTAGCG 重复序列，因此命名为 **TTAGCG 重复结合因子 1**（TTAGGG repeat-binding factor-1，TRF1）。TRF2 是 TRF1 的旁系同源基因（旁系同源基因是指同一生物体内的同源基因）的产物，也与端粒的双链部分结合。**端粒保护蛋白 1**（protection of telomeres-1，**POT1**）结合在端粒单链的 3′端尾部，最初结合在距离另一条链 5′端 2nt 的位点处。通过这种结合方式，使 POT1 处于保护端粒单链 DNA 的位置处，防止内切核酸酶对端粒 DNA 的降解，同时保护位于双链端粒内的另一条链的 5′端不被 5′-外切核酸酶降解。TPP1 是一个 POT1 结合蛋白质，TPP1 与 POT1 结合形成异源二聚体。**TRF1 相互作用因子 2**（TRF1-interacting factor-2，**TIN2**）是庇护蛋白的组织者，将 TRF1 和 TRF2 连接在一起，同时将 TPP1/ POT1 二聚体连接到 TRF1-TRF2 蛋白质上。最后，RAP1（抑制激活蛋白 1，repressor activator protein-1）通过与 TRF2 相互作用而结合到端粒上。

除了庇护蛋白，其他蛋白质也可以与端粒结合，但是，通过三种方式可以将庇护蛋白与其他蛋白质区分开来：只存在于端粒上；在整个细胞周期中始终与端粒结合；在细胞中无任何其他的功能。其他蛋白质可能符合其中的一种标准，但不会符合其中的两种或三种标准。

庇护蛋白以三种方式影响端粒的结构。首先，庇护蛋白将端粒重建为环形结构，即 **T 环**（telomere loop）。1999 年，Jack Griffith、Titia de Lange 及同事发现哺乳动物的端粒并不是

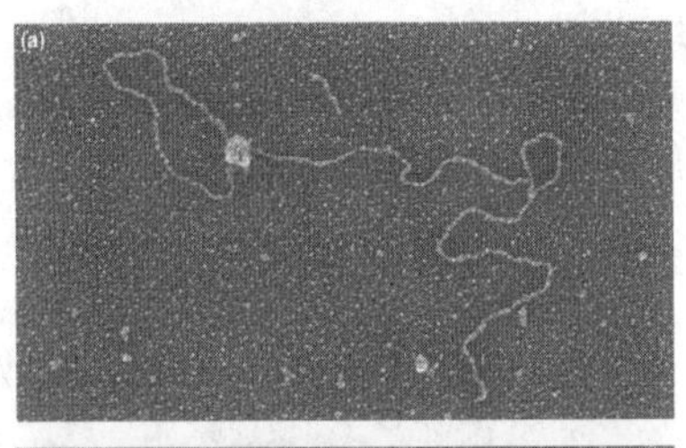

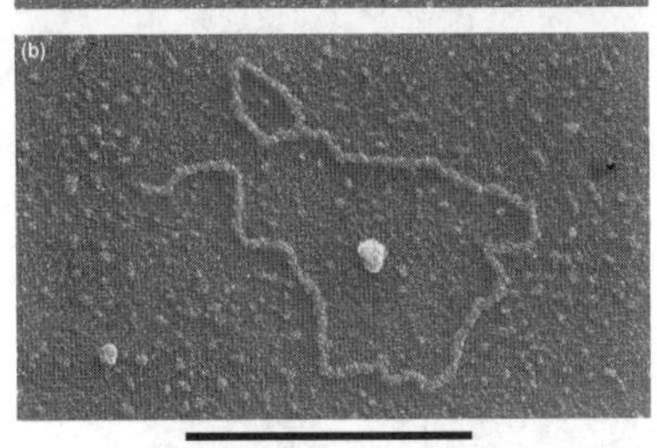

图 21.26　T 环的体外形成。(a) 环的直接检测。Griffith 及同事将具有端粒样结构的模式 DNA 与 TRF2 混合，将混合物涂展在 EM 载片上，用钨喷镀 DNA 和蛋白质使其形成阴影，电镜观察形成阴影的分子。图中出现一个明显的环，TRF2 蛋白位于环和尾的连接处。**(b)** 通过交联而稳定环形结构。Griffith 及同事制备了图（a）中的 T 环，经补骨脂素和 UV 照射使双链 DNA 交联，去除蛋白质后，将交联的 DNA 涂展在 EM 载片上，用铂和钯喷镀使之形成阴影，进行电镜观察发现，存在一个明显的环。标尺为 1kb。［*Source*：Griffith, J. D., L. Comeau, S. Rosenfield, R. M. Stansel, A. Bianchi, H. Moss, and T. de Lange, Mammalian telomeres end in a large duplex loop. *Cell* 97（14 May 1999）f. 1, p. 504. Reprinted by permission of Elsevier Science.］

以前所认为的线性结构，而是形成 DNA 环（即 T 环）。这些环形结构在染色体上是唯一的，很容易将端粒末端与因染色体中部断裂形成的染色体片段的线性末端区分开来。

T 环的存在的证据什么呢？Griffith、de Lange 及同事首先合成了 TTAGGG 重复序列达 2kb 的典型哺乳动物端粒 DNA，其 3′端为 150～200nt 的单链突出，加入端粒结合蛋白 TRF2，对形成的复合物进行电子显微镜观察。图 21.26（a）显示确实形成了 DNA 环，球形蛋白质 TRF2 恰好位于环-尾结点处，此结构出现的概率约为 20%，相反，当研究者切除单链的 3′突出端或不加入 TRF2 蛋白，环形成的可能性急剧下降。

端粒形成这种环形结构的途径之一可能是，单链 3′突出端侵入了双链端粒 DNA 的上游区域，如图 21.27 所示。如果这个假设是正确的，则可用补骨脂素和 UV 照射处理，使双链 DNA 链上的胸腺嘧啶发生交联而稳定环形结构。因为侵入链能与被侵入双链中的一条链进行碱基配对，形成交联的双链 DNA，从而稳定形成的环形结构。图 21.26（b）显示了 Griffith、de Lange 及同事的实验结果。研究者用补骨脂素和 UV 照射处理，使模式 DNA 发生交联，然后将复合体进行脱蛋白处理，于电子显微镜下观察分子结构。结果发现，环形结构依然清晰可见，即使无 TRF2 蛋白。说明 DNA 分子通过自身的交联而实现环形结构的稳定。

接下来，研究者从几株人类细胞系和小鼠细胞中纯化出天然状态的端粒，用补骨脂素和 UV 照射处理后，于电子显微镜下观察到了同图 21.26（b）一样的结果，表明生物体内的端粒形成了 T 环。而且，这些假定 T 环的大小与已知人类细胞及小鼠细胞的端粒长度完全一致，进一步证实了这些环形结构确实代表了端粒的假设。

为进一步证实观察到的环形结构含有端粒 DNA 的观点，Griffith、de Lange 及同事向环形 DNA 中加入能与端粒双链 DNA 特异结合的 TRF1 蛋白，如图 21.28（a）所示，研究者观察到 TRF1 蛋白覆盖在环形 DNA 上。

如果图 21.27 所示的链侵入假说正确，那么被侵入 DNA（置换环或 D 环）所置换出的

单链 DNA 在达到足够长度后，就应该能与*E. coli* 的单链结合蛋白（SSB，第 20 章）结合。图 21.28（b）表明，SSB 确实存在于尾-环交接处。这正是我们预测置换 DNA 的位置。

庇护蛋白是形成 T 环所必需的，特别是 TRF2 能使模式 DNA 底物形成 T 环，但是，其他庇护蛋白亚基缺乏时这种重建反应十分微弱。另一种端粒重复结合蛋白 TRF1 是一种尤其有用的蛋白质，可引起端粒重复序列的弯曲、成环和配对。引人注目的是，甚至在缺乏 ATP 时这种重建反应也可以在体外发生。基于对庇护蛋白的认识，de Lange 提出了图 21.29 所描述的 T 环形成模型。图 21.29（a）显示了结合在未环化端粒上的庇护蛋白数目，图 21.29（b）为庇护蛋白与 T 环的相互作用模型。

图 21.29（b）也提示了对一个矛盾现象的解释，即 POT1 是一个单链端粒结合蛋白，而单链端粒 DNA 隐藏在 T 环中，但是图中显示端粒既形成 T 环又产生 D 环，被置换出的单链区是 POT1 的潜在结合位点，也有可能并不是所有哺乳动物的端粒都形成 T 环。任何保持线性结构的端粒都将会为 POT1 提供明显的结合位点。

庇护蛋白影响端粒结构的第二种方式是决定端粒的末端结构。庇护蛋白通过两种方法实现其影响：促进 3′端延伸；保护 5′端和 3′端，以防止其降解。最后，庇护蛋白对端粒结构的第三种影响是维持端粒长度在可忍受的范围内。当端粒延伸过长时，庇护蛋白抑制端粒酶的进一步作用，限制端粒过度生长。POT1 在此过程中发挥了关键作用，当 POT1 丧失活性后，哺乳动物的端粒将会延伸过长。

小结 哺乳动物的端粒受到 6 个庇护蛋白的共同保护。TRF1 和 TRF2 这两个庇护蛋白与双链端粒重复序列结合，第三个蛋白质 POT1 与端粒单链 3′尾部结合，第四个蛋白质 TIN2 是一种组织功能的庇护蛋白，可以促进 TRF1 和 TRF2 的相互作用，并通过配组的 TPP1 将 POT1 结合在 TRF2 上。庇护蛋白以三种方式影响端粒结构：首先，将端粒重建为 T 环，在 T 环内，3′尾部侵入双链端粒 DNA 内产生 D 环，在此过程中 3′尾部突出出来；其次，庇护蛋白通过促进 3′端延伸或保护 5′端和 3′端防止降解而决定端粒结构；最后，维持端粒长度在可忍受的范围内。

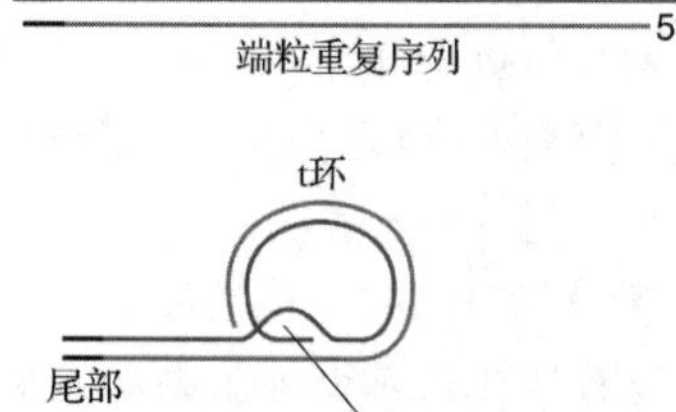

图 21.27 哺乳动物的 T 环模型。富含 G 链（红色）的单链 3′端侵入双链端粒 DNA 的上游区域，形成一个长的 T 环和位于环尾连接处、大小为 75～200nt 的置换环。图中显示邻近端粒（蓝色和红色）的短亚端粒区（黑色）。（*Source*：Adapted from Griffith，J. D.，L. Comeau，S. Rosenfield，R. M. Stansel，A. Bianchi，H. Moss，and T. de Lange，Mammalian telomeres end in a large duplex loop. *Cell* 97：511，1999.）

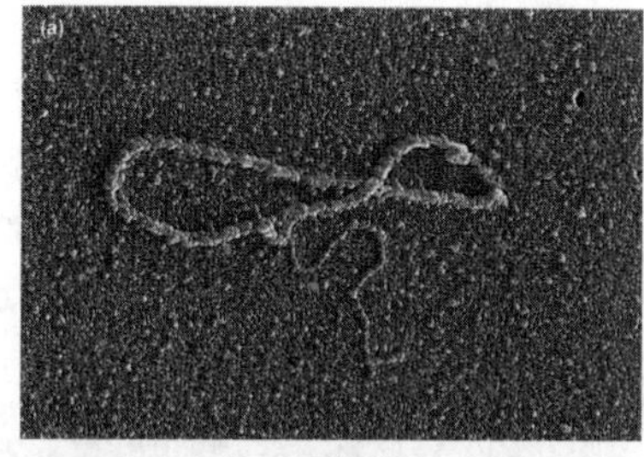

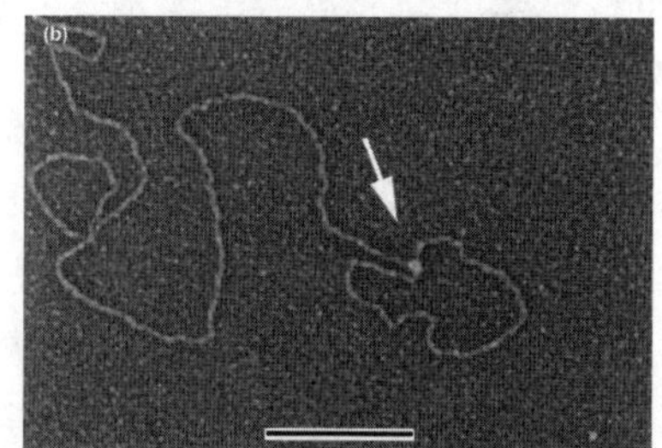

图 21.28 TRFl 和 SSB 与 T 环的结合。（a）TRFl。Griffith、de Lange 及同事纯化出天然的 HeLa 细胞 T 环，用补骨脂素和 UV 照射处理使之交联，加入与端粒双链 DNA 特异结合的 TRF1 蛋白。用铂和钯喷镀使环形成阴影后于电子显微镜下观察。T 环（而不是尾部）由 TRFl 均一地覆盖。**（b）**SSB。用 *E. coli* 的 SSB 代替 TRFl，进行上述实验，SSB 应该与单链 DNA 结合，观察到该蛋白质结合在尾-环结合处（箭头所示），此处正是预计的单链取代环的位置。标尺为 1kb。［*Source*：Griffith，J. D.，L. Comeau，S. Rosenfield，R. M. Stansel，A. Bianchi，H. Moss，and T. de Lange，Mammalian telomeres end in a large duplex loop. *Cell* 97（14 May 1999）f. 5，p. 510. Reprinted by permission of Elsevier Science.］

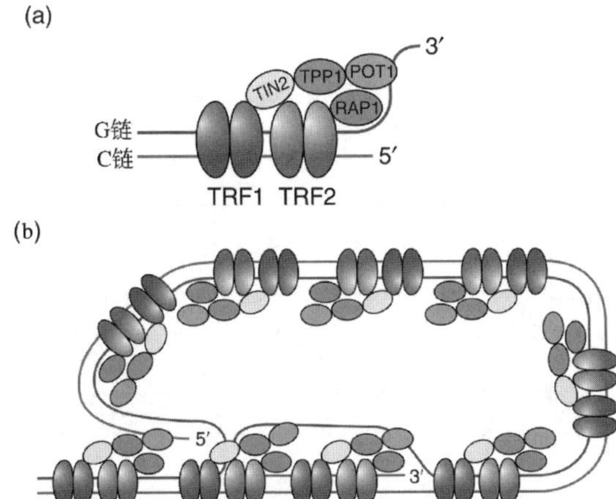

图 21.29　庇护蛋白-端粒复合体。(**a**) 庇护蛋白与线性端粒的相互作用。TRF1 和 TRF2 以二聚体形式与端粒的双链部分相互作用，POT1 与端粒的单链部分相互作用，图中显示了庇护蛋白间已知的相互作用。(**b**) 庇护蛋白复合体与 T 环相互作用模型。颜色标识同图 (a)，注意：在 D 环中 POT1（橙色）与单链端粒 DNA 结合，在 T 环中 TRF1 和 TRF2 与双链端粒 DNA 结合。

低等真核生物的端粒结构及端粒结合蛋白

酵母也有端粒结合蛋白，但是它们显然不会形成 T 环。如此，在不能将单链末端隐藏于 D 环的协助下，这些蛋白质必须依靠自身保护端粒末端。裂殖酵母（*Schizosaccharomyces pombe*）有一组类似于哺乳动物庇护蛋白的端粒结合蛋白，其中，Taz1 蛋白质发挥了哺乳动物 TRF 的双链结合作用，通过 Rap1 和 Poz1 而与 Tpz1/Pot1 二聚体结合，这类似于哺乳动物的 TPP1-POT1 二聚体，不仅在结构上相似，而且在单链端粒 DNA 结合能力方面也相似。这些蛋白质可以与线性端粒结合，通过结合在双链端粒上的蛋白质与结合在单链尾部上的蛋白质之间的相互作用而使端粒发生 180°的弯曲。然而，这种弯曲似乎并不能形成 T 环。

芽殖酵母（*Saccharomyces cerevisiae*）也有端粒结合蛋白，但它们与哺乳动物庇护蛋白的进化关系仅局限于一种蛋白质——Rap1。然而，与哺乳动物的 RAP1 不同，Rap1 直接与双链 DNA 结合，类似于哺乳动物蛋白质 TRF 的行为。RAP1 有两个伴侣蛋白 Rif1 和 Rif2，此外，由 Cdc13、Stn1 和 Ten1 组成的第二个复合体直接与单链端粒尾部结合。

端粒结合蛋白首次在纤毛原生动物尖毛虫（*Oxytricha*）中发现。该生物体仅有 TEBPa 和 TEBPb 两种蛋白质与端粒结合，分别与哺乳动物的 POT1 和 TPP1 有进化渊源。这两种蛋白质结合在端粒单链的 3′端，防止单链被降解。通过结合在端粒末端，使端粒末端与断裂染色体的末端区别开来，并防止所有可能的副作用。

小结　酵母和纤毛原生动物的端粒并不形成 T 环，但是它们的端粒与具有保护作用的蛋白质相联系。裂殖酵母具有类似于庇护蛋白的端粒结合蛋白，而芽殖酵母只有一种庇护蛋白相关蛋白 Rap1，Rap1 与端粒的双链部分结合，与两种 Rap1 结合蛋白及保护端粒单链 3′端的三种蛋白质共同保护端粒。纤毛原生动物 *Oxytricha* 只有两个端粒结合蛋白质，与端粒单链 3′端结合。

Pot1 在端粒保护中的作用　同哺乳动物的 POT1 一样，*S. pombe* 的 Pot1 在维持端粒的完整性方面发挥着关键作用，而不是限制端粒的生长。确实，Pot1 的缺失会引起 *S. pombe* 端粒的丢失。

2001 年，Peter Baumann 和 Thomas Cech 报道在 *S. pombe* 中发现了结合在端粒单链尾部的蛋白质。研究者将 *S. pombe* 的基因命名为 *pot1*（protection of telomere 1），其编码的产物为 Pot1。

为验证 *pot1* 编码端粒保护蛋白的假设，Baumann 和 Cech 生成 $pot1^+/pot1^-$ 二倍体菌株并使之萌发孢子，与 $pot1^+$ 型孢子相比，$pot1^-$ 型孢子形成的克隆很小，$pot1^-$ 细胞呈长形，染色体分离存在缺陷而导致细胞停止分裂。所有这些效应均与端粒功能丧失相一致。

为测试 *pot1* 对端粒的直接效应，Baumann 和 Cech 用端粒特异性探针对来自 $pot1^-$ 菌株的 DNA 进行 Southern 斑点杂交，筛选具有端粒结构的细胞。图 21.30 为实验结果。来自 $pot1^+$ 菌株的 DNA 及来自至少含有一个 $pot1^-$ 等位基因的二倍体菌株 DNA 均能与端粒探针发生强烈反应，说明这些菌株含有端粒。但是，来自 $pot1^-$ 菌株的 DNA 不能与端粒探针发生反应，表明这些菌株的端粒已经丢失。

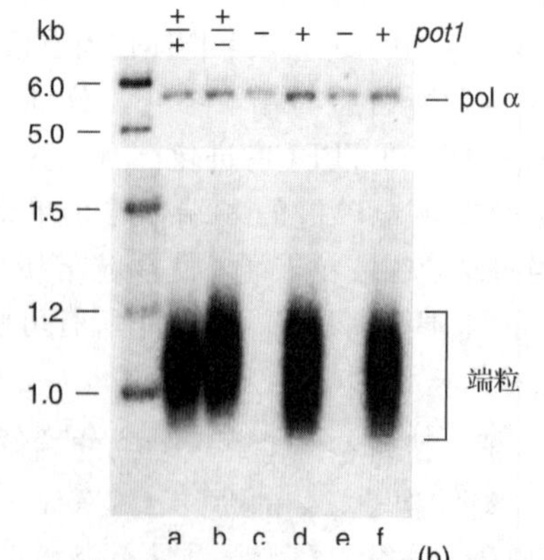

图 21.30 *pot1* 基因缺陷的 *S. pombe* 菌株丢失端粒。aumann 和 Cech 生成了 *S. pombe* 的纯化与杂合双倍体，以及 *pot1*$^{-}$与 *pot1*$^{+}$单倍体菌株，如图上方所示。分离这些菌株的 DNA，用 *EcoR* Ⅰ酶切，电泳后，用端粒特异性探针进行 Southern 斑点杂交。作为均匀加载斑点的对照，对 DNA 聚合酶 α 也进行检测，如图右上方所示。（*Source*：Baumann and Cech，*Science* 292：1172. © 2001 by the AAAS.）

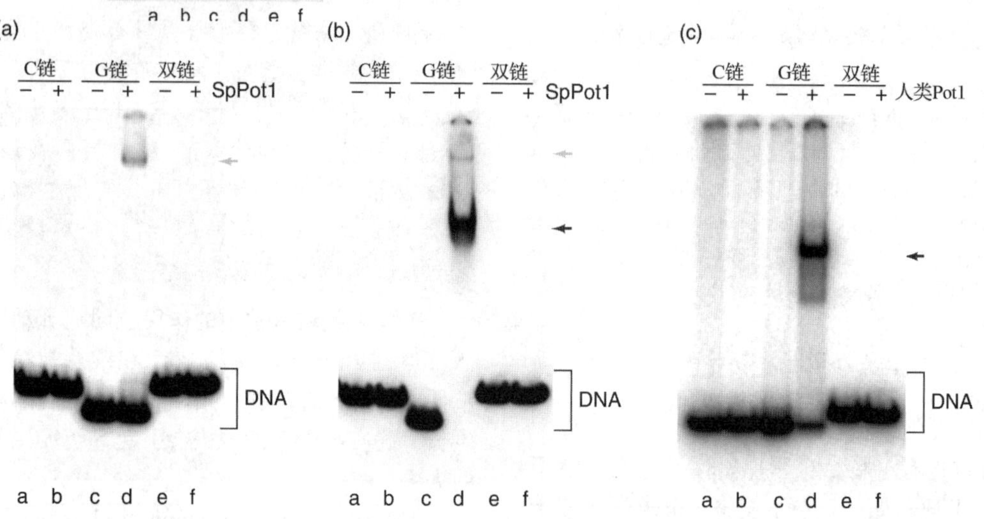

图 21.31 Pot1p 与端粒 DNA 的结合。Baumann 和 Cech 对 *S. pombe* Pot1p 蛋白和标记的 *S. pombe* 端粒 DNA（**a 和 b**）及人 hPot1 蛋白和标记的人端粒 DNA（**c**）进行凝胶迁移率变动分析。端粒 DNA 的富 C 链、富 G 链或双链 DNA 在图上方标注。图（a）含有全长 Pot1p；图（b）含有 Pot1p N 端的大部分片段，并有少量全长 Pot1p 蛋白污染；图（c）含有 hPot1p N 端片段。箭头指向含有全长 Pot1p（黄色）或含有 Pot1p N 端的部分片段及 Pot1p 或 hPot1p N 端（蓝色）变动后条带的位置。[*Source*：Baumann and Cech，*Science* 292：1172. © 2001 by the AAAS.]

所以，*pot1* 基因的产物 Pot1p（或 Pot1）似乎确实具有保护端粒的作用。

如果该蛋白质确实能保护端粒，那么我们会认为该蛋白质会结合在端粒上。为查验推测，Baumann 和 Cech 将 *pot1* 基因克隆到 *E. coli* 载体，表达产生具有 6 个组氨酸标签（第 4 章）的融合蛋白。对纯化的融合蛋白进行凝胶迁移率变动分析（第 5 章），鉴定该蛋白质是与富 C 的端粒链还是与富 G 的端粒链，或者是与端粒双链 DNA 结合。如图 21.31（a）所示，Pot1p 蛋白与富 G 的端粒链结合，而不与富 C 的端粒链及端粒双链 DNA 结合，而且，Pot1p 蛋白的 N 端片段更能高效地与富 G 端粒链结合［图 21.31（b）］。

pot1^{-}菌株有一个非常有趣的表型，尽管最初是十分异常的，但在繁殖大约 75 代后即可转化正常菌株，这种效应也曾在端粒酶缺失的菌株中观察到。这种行为可以解释为：如果酵母染色体端粒缺失，染色体可通过环化来保护其末端。为验证这个假设，Baumann 和 Cech 用稀有切点（rare cutter）的限制性内切核酸酶 *Not* Ⅰ（第 4 章）切割存活 *pot1*$^{-}$菌株的 DNA，对产生的 DNA 片段进行利用脉冲电场的凝胶电泳分析，如果染色体确实环化，染色体末端的 *Not* Ⅰ片段就会消失，取而代之的是末端融合后形成的新片段。如图 21.32 所示，被检测的染色体Ⅰ和Ⅱ完全发生了上述情况。染色体Ⅰ末端正常的 2 个 *Not* Ⅰ片段（I 和 L）

消失，产生了新片段（I+L），*pot1*$^+$菌株无此现象的出现。同样，染色体Ⅱ末端正常的2个*Not*Ⅰ片段（C和M）消失，产生了新片段（C+M）。所以，pot1$^-$菌株的染色体确实因端粒的丢失而发生了环化。

哺乳动物庇护蛋白在抑制不恰当修复和细胞周期阻滞中的作用 我们已经了解到，端粒可以防止细胞将染色体末端识别为断裂染色体末端，否则将会激活威胁细胞乃至生物体寿命的两个过程，**即同源介导的修复**（homology-directed repair，**HDR**）和非同源末端连接（NHEJ，第20章）。HDR可促使不同染色体的端粒间或端粒与染色体其他区域发生同源重组，可能导致端粒极端缩短或加长。端粒缩短是非常危险的事情，因为其可能导致整个端粒的丢失。NHEJ将会导致染色体融合，通常对细胞产生致死效应，因为在细胞分裂过程中染色体不能正确地分离，即使细胞不死亡，对生物体而言这种结果可能更为糟糕，因为染色体的不正确分离会诱发癌症。

除了HR和NHEJ，断裂的染色体可以激活细胞周期检查点，此时细胞周期被阻滞直至损伤修复。如果断裂的染色体不被修复，细胞不可逆转地进入衰老期直至死亡，或者经历**凋亡**（apoptosis）过程或细胞程序性死亡，导致细胞快速可控性死亡。如果正常染色体末端激活细胞周期检查点，细胞将不再生长，生命停止。这是端粒防止细胞将染色体末端识别为断裂染色体末端的另一个原因。

染色体断裂自身并不能触发细胞周期阻滞，取而代之的是，断裂的染色体可以被两种自磷酸化（自我磷酸化修饰）蛋白激酶所识别，激活导致细胞周期阻滞的信号转导通路。其中一种激酶是**毛细血管扩张性共济失调症突变蛋白激酶**（ataxia telangiectasia mutated kinase，**ATM激酶**），直接响应未受保护的DNA末端。共济失调毛细血管扩张症是一种遗传性疾病，由ATM激酶基因突变引起，其特征是协调性差（共济失调）、巩膜血管扩张（微血管扩张）、易发癌症、伴随并发症。

识别断裂染色体的第二种激酶是**失调毛细血管扩张症Rad3相关蛋白激酶**（ataxia telangiectasia Rad3-related，**ATR激酶**），该激酶响应单链DNA末端，此单链DNA末端是在染色体断裂处，一条DNA链被核酸酶缓慢消化而形成的。正如所了解到的，哺乳动物的端粒拥有能激活ATM激酶的DNA末端，以及能激活ATR激酶的单链DNA末端，因此，这两种激酶均被用于端粒检查，但这个过程是如何完成的呢？

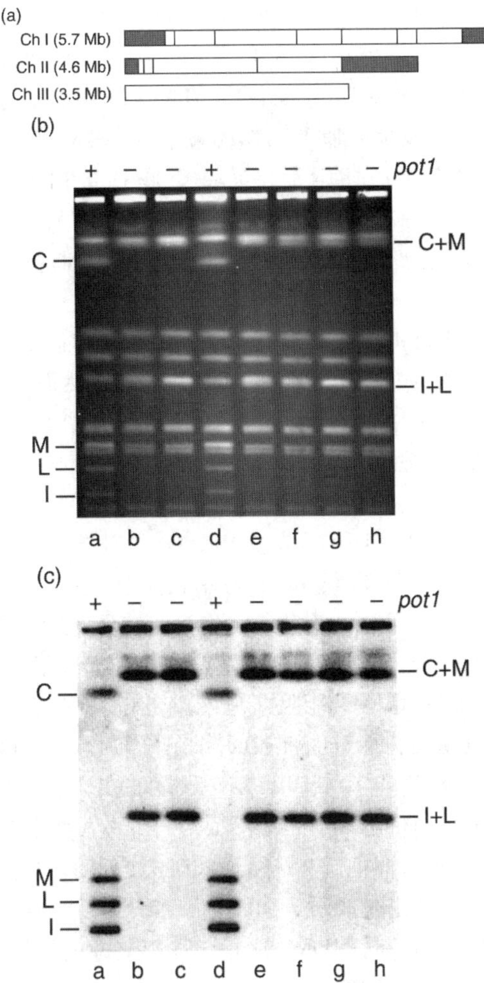

图21.32 存活*Pot1*$^-$菌株含有环化的染色体。 (a) *S. pombe*三条染色体的*Not*Ⅰ酶切位点图谱，竖线表示酶切位点。染色体Ⅰ和Ⅱ的*Not*Ⅰ末端片段用红色表示。染色体Ⅲ无酶切位点，所以不能被*Not*Ⅰ切割。**(b)** 对来自*pot1*$^-$和*pot1*$^+$细胞（标注于图上方）的*Not*Ⅰ DNA片段进行脉冲电场凝胶电泳、凝胶染色。染色体Ⅰ和Ⅱ末端片段（C、M、L和I）的位置在左边标出，融合片段C+M和I+L的位置在右边标出。**(c)** Baumann和Cech以分别代表染色体Ⅰ和Ⅱ末端片段的标记DNA片段C、M、L和Ⅰ为探针，对图（b）的凝胶进行Southern斑点杂交检测，显示染色体Ⅰ和Ⅱ的末端。（*Source*：Baumann and Cech，*Science* 292：1172. © 2001 by the AAAS.）

在正常染色体末端，庇护蛋白的作用是抑制 ATM 激酶和 ATR 激酶，其中，TRF2 抑制 ATM 激酶通路。事实上，TRF2 丧失活性会不恰当地激活哺乳动物端粒上的 ATM 激酶，引起细胞周期阻滞。另一个庇护蛋白亚基 POT1 抑制 ATR 激酶通路，当 POT1 失活后，ATM 通路保持抑制状态，但 ATR 通路被激活。

T 环的形成可以解释 ATM 通路抑制的原因，因为 T 环可以隐藏 DNA 末端。然而，T 环并不能阐释 ATR 通路抑制的原因，ATR 通路由复制蛋白 A（RPA）起始，RPA 直接与单链 DNA 包括 T 环中 D 环的单链 DNA 结合。很可能 POT1 简便地使 RPA 失去对结合位点的竞争力而阻断 RPA 与单链 DNA 的结合，POT1 比 RPA 占有优势，作为庇护蛋白复合体的一部分，POT1 可以自主地在端粒上聚集。

庇护蛋白也能阻断危及端粒的两条 DNA 修复途径：NHEJ 和 HDR。在端粒处，TRF2 于细胞周期中 DNA 复制前的 G_1 期抑制 NHEJ，同时，POT1 和 TRF2 于 DNA 复制后的 G_2 期共同抑制 NHEJ。POT1 和 TRF2 也能在端粒处协同抑制 HDR。Ku（第 20 章）在端粒处阻断抑制 HDR，这是令人感兴趣的问题，因为当染色体断裂时，Ku 的其他作用是促进 NHEJ，这样，端粒必须利用 Ku 抑制 HDR 的能力，同时又要保持促进 NHEJ 的能力。

小结 未受保护的染色体末端看起来像是断裂的染色体，这会引起两种具有潜在危险的 DNA 修复活性：HDR 和 NHEJ。断裂的染色体也能激活两条导致细胞周期阻滞的危险通路——ATM 激酶通路和 ATR 激酶通路。庇护蛋白的两个亚基 TRF2 和 POT1 阻断 HDR 和 NHEJ，这两个亚基也能阻断两条细胞周期阻滞通路，其中，TRF2 阻断 ATM 激酶通路，POT1 阻断 ATR 激酶通路。

总结

在 *E. coli* 中，引物合成需要 DNA 解旋酶、DnaB 和引发酶 DnaG 在复制起点 *oriC* 处组装形成引发体。具体组装过程如下：DnaA 与 *oriC* 内的 *dnaA* 框结合，DnaA 与 RNA 聚合酶、HU 蛋白协同作用使邻近 *dnaA* 框最左侧的 DNA 区熔解；随后，DnaB 与开放复合体结合，并协助引发酶结合，从而完成引发体的组装。伴随着复制体，引发体重复引发后随链冈崎片段的合成。在复制进程中，DnaB 发挥解旋酶活性使双链 DNA 解旋。

SV40 复制起点邻近病毒的转录控制区。复制的引发依赖于病毒大 T 抗原，大 T 抗原与 64bp 的 *ori* 核心及相邻的两个位点结合并行使解旋酶活性，在 *ori* 核心内产生复制泡。由与寄主 DNA 聚合酶 α 结合的引发酶实施引发。

酵母复制起点的自主复制序列（ARS）有 A、B1、B2 和 B3 等 4 个重要区域。A 区长 15bp，其中 11bp 共有序列在 ARS 内是高度保守的。B3 区在 ARS 内形成重要的 DNA 弯曲。

在体外，pol Ⅲ 全酶能以 730nt/s 的速度合成 DNA，稍慢于体内 1000nt/s 的合成速度，无论在体内或体外，pol Ⅲ 全酶均具有很高的持续性。

pol Ⅲ 核心（αε 或 αεθ）自身没有持续性功能，在脱离模板之前只能复制 DNA 短片段。相比之下，核心酶与 β 亚基结合后会以 1000nt/s 的合成速率进行 DNA 复制。β 亚基二聚体形成环形结构，环绕 DNA 模板，并与 α 亚基相互作用，将模板和聚合酶结合在一起，使聚合酶长时间地停留在模板上而具有很高的持续性。真核生物的持续性因子 PCNA 蛋白质形成环形三聚体结构，通过环绕 DNA 分子而将聚合酶结合在模板上。

β 亚基向 DNA 模板上装载需要 γ 复合体（γ、δ、δ'、χ 和 φ）的协助，γ 复合体在持续性 αδβ 复合体的形成过程中起催化作用，在持续性的复制过程中，γ 复合体并不与 αδβ 复合体保持结合。β 钳的装载是一个依赖 ATP 的过程。

pol Ⅲ 全酶为双头酶，其两个核心聚合酶通过两个 τ 二聚体和一个 γ 复合体连接在一起。其中一个核心聚合酶负责前导链的（可能）连续合成，另一个核心聚合酶负责后随链的不连续合成。γ 复合体作为钳装载器将 β 钳装载到待引发的 DNA 模板上。一旦完成装载，β 钳失去与 γ 复合体的亲和力，转而与核心聚合酶结合，帮助核心聚合酶高度持续性地合成冈崎片段。一旦完成冈崎片段的合成，β钳便失去与核心聚合酶的亲和力，进而再与γ复合体结合，γ复合体作为钳卸载器将β钳从DNA模板上释放下来，使之再循环到下一个引物处，起始新一轮的复制，实现此过程的重复。

在复制的末期，环形细菌染色体形成了需通过两步过程才能解离的环连体。在*E. coli*和其他相关细菌中，topo Ⅳ执行解连环作用。线性真核生物染色体在DNA复制过程中也需要解连环。

真核生物染色体末端具有特殊的端粒结构，端粒的一条链由许多串联重复且富含G的短序列组成，该重复序列具有种属特异性。富含G的端粒链由端粒酶合成，端粒酶的短RNA分子是端粒合成的模板。富含C的端粒链通过常规的RNA引发DAN复制的方式进行合成，类似于常规后随链的合成。该机制能确保染色体末端被重建，避免因每轮复制而导致的末端短缩。

哺乳动物的端粒受到6个庇护蛋白的共同保护。TRF1和TRF2这两个庇护蛋白与双链端粒重复序列结合，第三个蛋白质POT1与端粒单链3′尾部结合，第四个蛋白质TIN2是一种组织功能的庇护蛋白，可以促进TRF1和TRF2的相互作用，并通过配组的TPP1将POT1结合在TRF2上。庇护蛋白以三种方式影响端粒结构：首先，将端粒重建为T环，在T环内，3′尾部侵入双链端粒DNA内产生D环，在此过程中3′尾部突出出来；其次，庇护蛋白通过促进3′端延伸或保护5′端和3′端防止降解而决定端粒结构；最后，维持端粒长度在可忍受的范围内。

酵母和纤毛原生动物的端粒并不形成T环，但是它们的端粒与具有保护作用的蛋白质相联系。裂殖酵母具有类似于庇护蛋白的端粒结合蛋白，而芽殖酵母只有一种庇护蛋白相关蛋白质Rap1，Rap1与端粒的双链部分结合，与两种Rap1结合蛋白及保护端粒单链3′端的三种蛋白质共同保护端粒。纤毛原生动物尖毛虫（*Oxytricha*）只有两个端粒结合蛋白质，与端粒单链3′端结合。

未受保护的染色体末端看起来像是断裂的染色体，这会引起两种具有潜在危险的DNA修复活性：HDR和NHEJ。断裂的染色体也能激活两条导致细胞周期阻滞的危险通路，即ATM激酶通路和ATR激酶通路。庇护蛋白的两个亚基TRF2和POT1阻断HDR和NHEJ，这两个亚基也能阻断两条细胞周期阻滞通路，其中，TRF2阻断ATM激酶通路，POT1阻断ATR激酶通路。

复习题

1. 描述一个实验，定位并确定最短复制起点。

2. 列举*E. coli*引发体的组分及其在引物合成中的作用。

3. 简要描述定位SV40 DNA复制起点的策略。

4. 简要描述鉴定酵母自主复制序列（ARS1）的策略。

5. 简要描述证明酵母DNA复制始于ARS1的策略。

6. 描述实验并给出结果，显示DNA链的体外延伸速率。

7. 描述检测DNA体外合成持续性的实验程序。

8. pol Ⅲ全酶中的哪一个亚基提供持续性？哪个亚基负责将持续性亚基（钳）装载到DNA上？钳与哪个核心亚基结合？

9. 描述实验并给出结果，说明β钳在环状DNA和线性DNA上具有的不同行为。这种不同行为暗示β钳与DNA之间相互作用的模型是什么？

10. X射线晶体衍射图像的研究暗示了β钳与DNA之间怎样的相互作用模型？

11. X射线晶体衍射图像的研究暗示了PCNA与DNA之间怎样的相互作用模型？

12. 描述实验并给出结果，证明钳装载器具有催化功能。钳装载器的成分是什么？

13. 简要概述钳装载器如何利用ATP将β钳打开并让DNA进入的假说。

14. 不连续合成的后随链如何与连续合成的前导链保持同步？

15. 描述实验并给出结果，证明pol Ⅲ* 可与β钳解聚。

16. 描述蛋白质足迹技术的实验程序。说明利用该技术证明 pol Ⅲ核心酶及钳装载器均与β钳同一位点发生相互作用的实验步骤。

17. 描述实验并给出结果，说明γ复合体具有钳卸载器的功能。

18. 描述在 DNA 的不连续复制过程中，β钳是如何通过与 pol Ⅲ核心酶及钳卸载器之间的结合而实现循环的？

19. 环形 DNA 复制结束后，为什么需要解环？

20. 描述实验并给出结果，证明拓扑异构酶Ⅳ是 *Salmonella typhimurium* 和 *E. coli* 质粒 DNA 解连环所必需的酶。

21. 为什么真核生物需要端粒结构，而原核生物不需要？

22. 图示说明端粒合成过程。

23. 为什么说四膜虫是研究端粒的最好的模式生物？

24. 描述实验并给出结果，分析端粒酶活性。

25. 描述实验并给出结果，证明端粒酶 RNA 是端粒合成的模板。

26. 图示说明端粒的 T 环结构。

27. 支持 T 环存在的实验证据是什么？

28. t环形成过程中，支持链入侵的实验证据是什么？

29. 提出哺乳动物庇护蛋白的结构模型，展示每一个亚基，并说明它们如何参与 T 环的形成。

30. 哺乳动物庇护蛋白如何通过阻断 HDR 和 NHEJ 而保护染色体末端，同时阻断导致细胞周期阻滞的两条通路？如果对这些通路阻断失败会出现什么后果？

分析题

1. 已知人类 *hpot1* 基因的核苷酸序列（或 hPot1 蛋白的氨基酸序列），如何在另一基因组测序的生物（如线虫 *Caenorhabditis elegans*）中寻找同源基因（或蛋白质）？如何获得该蛋白质并验证其 Pot1 蛋白活性？

2. 你正在研究一新发现的原生动物的 *pot1* 基因，发现 *pot1* 基因缺陷的细胞在繁殖 50 代后回复到正常细胞状态，野生型细胞只有两条染色体，其限制性内切核酸酶 *Zap* Ⅰ的酶切图谱如下：

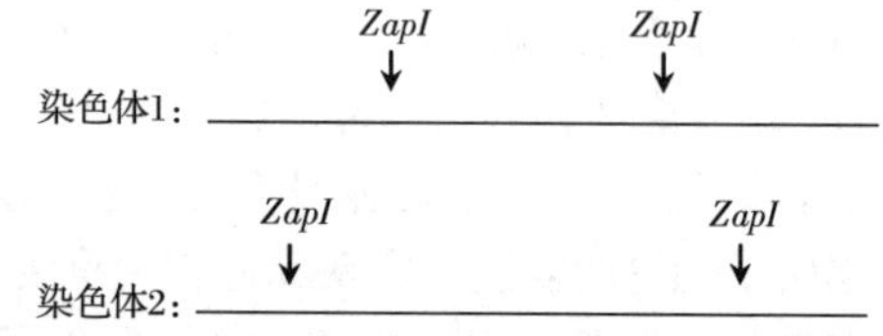

提出突变细胞回复到正常细胞的假设，描述证明该假设的实验方案，如果你的假设正确，请阐释你获得的结果。

3. 你正在研究一真核生物病毒的双链 DNA 基因组，其长度为 130kb。推测在基因组上可能有多个复制起点，设计实验验证你的推测，并找出所有的复制起点。

4. 你正在研究一个新种细菌的 DNA 复制，发现该生物体具有与 *E. coli* 相类似的β钳和pol Ⅲ*，你想知道在模式 DNA 模板非复制期间及复制终止后β钳与 pol Ⅲ* 是否分离。叙述实验方案并给出预期结果，包括分离分析。

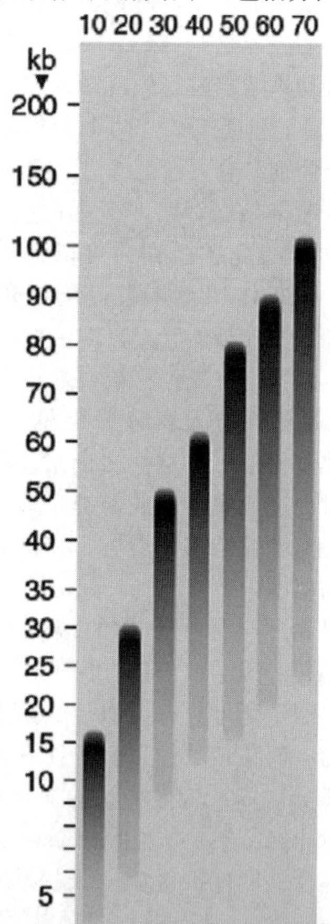

5. 你正在研究一新发现的极端嗜热细菌 *Rapidus royi* DNA 复制的延伸速率。将不同反

应时间内获得的 DNA 延伸产物进行电泳，结果如图所示，该菌 DNA 复制的延伸速率如何？是否为生物界中最高的延伸速率？

6. 假定 DNA 引物可以在真核生物体内合成，那么利用 DNA 引物而不是 RNA 引物有什么优缺点？DNA 引物是否可以消除生物体对端粒的需要？

翻译 徐启江

校对 李玉花 周 波 岳 兵

推荐阅读文献

一般的引用和评论文献

Baker, T. A. 1995. Replication arrest. *Cell* 80: 521 - 524.

Blackburn, E. H. 1990. Telomeres: Structure and synthesis. *Journal of Biological Chemistry* 265:5919 - 5921.

Blackburn, E. H. 1994. Telomeres: No end in sight. *Cell* 77:621 - 623.

Cech, T. R. 2004. Beginning to understand the end of thechromosome. *Cell* 116:273 - 279.

de Lange, T. 2001. Telomere capping-one strand fits all. *Science* 292:1075 - 1076.

de Lange, T. 2005. Shelterin, the protein complex that shapes and safeguards human telomeres. *Genes and Development* 19:2100 - 2110.

de Lange, T. 2009. How telomeres solve the end-protection problem. *Science* 326:948 - 952.

Ellison, V. and B. Stillman. 2001. Opening of the clamp: An intimate view of an ATP-driven biological machine. *Cell* 106:655 - 660.

Greider, C. W 1999. Telomeres do D-loop-T-loop. *Cell* 97:419 - 422.

Herendeen, D. R. and T. J. Kelly. 1996. DNA polymerase Ⅲ: Running rings around the fork. *Cell* 84:5 - 8.

Kornberg, A. and T. A. Baker. 1992. *DNA Replication*, 2nd ed. New York: WH. Freeman.

Marx, J. 1994. DNA repair comes into its own. *Science* 266:728 - 730.

Marx, J. 1995. How DNA replication originates. *Science* 270:1585 - 1586.

Marx, J. 2002. Chromosome end game draws a crowd. *Science* 295:2348 - 2351.

Newlon, C. S. 1993. Two jobs for the origin replication complex. *Science* 262:1830 - 1831.

Stillman, B. 1994. Smart machines at the DNA replication fork. *Cell* 78:725 - 728.

Wang, J. C. 1991. DNA topoisomerases: Why so many? *Journal of Biological Chemistry* 266: 6659 - 6662.

West, S. C. 1996. DNA helicases: New breeds of translocating motors and molecular pumps. *Cell* 86:177 - 180.

Zakian, V. A. 1995. Telomeres: Beginning to understand the end. *Science* 270:1601 - 1606.

研究论文

Arai, K. and A. Kornberg. 1979. A general priming system employing only *dnaB* protein and primase for DNA replication. *Proceedings of the National Academy of Sciences USA* 76: 4309 - 4313.

Arai, K., R. Low, J. Kobori, J. Shlomai, and A. Kornberg. 1981 Mechanism of *dnaB* protein action V. Association of *dnaB* protein, protein n′, and other prepriming proteins in the primosome of DNA replication. *Journal of Biological Chemistry* 256:5273 - 5280.

Baumann, P. and T. Cech. 2001. Pot 1, the putative telomere end-binding protein in fission yeast and humans. *Science* 292:1171 - 1175.

Blackburn, E. H. 1990. Functional evidence for an RNA template in telomerase. *Science* 247: 546 - 552.

Blackburn, E. H. 2001. Switching and signaling at the telomere. *Cell* 106:661 - 673.

Bouché, J. -P., L. Rowen, and A. Kornberg. 1978. The RNA primer synthesized by primase to initiate phage G4 DNA replication. *Journal of Biological Chemistry* 253:765 - 769.

Brewer, B. J. and W. L. Fangman. 1987. The localization of replication origins on ARS plasmids in S. *cerevisiae*. *Cell* 51:463 - 471.

Georgescu, R. E., S. -S. Kim, O. Yuryieva, J. Kuriyan, X. -P. Kong, and M. O′ Donnell.

2008. Structure of a sliding clamp on DNA. *Cell* 132:43 - 54.

Greider, C. W. and E. H. Blackburn. 1985. Identification of a specific telomere terminal transferase activity in *Tetrahymena* extracts. *Cell* 43:405 - 413.

Greider, C. W and E. H. Blackburn. 1989. A telomeric sequence in the RNA of *Tetrahymena* telomerase required for telomere repeat synthesis. *Nature* 337:331 - 337.

Griffith, J. D., L. Comeau, S. Rosenfield, R. M. Stansel, A. Bianchi, H. Moss, and T. de Lange. 1999. Mammalian telomeres end in a large duplex loop. *Cell* 97:503 - 519.

Jeruzalmi, D., M. O'Donnell, and J. Kuriyan. 2001. Crystal structure of the processivity clamp loader gamma (γ) complex of *E. coli* DNA polymerase Ⅲ. *Cell* 106:429 - 441.

Jeruzalmi, D., O. Yurieva, Y. Zhao, M. Young, J. Stewart, M. Hingorani, M. O'Donnell, and J. Kuriyan. 2001. Mechanism of processivity clamp opening by the delta subunit wrench of the clamp loader complex of *E. coli* DNA polymerase Ⅲ. *Cell* 106:417 - 428.

Kong, X. -P., R. Onrust, M. O'Donnell, and J. Kuriyan. 1992. Three-dimensional structure of the β subunit of *E. coli* DNA polymerase Ⅲ holoenzyme: A sliding DNA clamp. *Cell* 69: 425 - 437.

Krishna, T. S. R., X. -P. Kong, S. Gary, P. M. Burgers, and J. Kuriyan. 1994. Crystal structure of the eukaryotic DNA polymerase processivity factor PCNA. *Cell* 79:1233 - 1243.

Marahrens, Y and B. Stillman. 1992. A yeast chromosomal origin of DNA replication defined by multiple functional elements. *Science* 255:817 - 823

Mok, M. and K. J. Marians. 1987. The *Escherichia coli* preprimosome and DNA B helicase can form replication forks that move at the same rate. *Journal of Biological Chemistry* 262:16644 - 16654.

Naktinis, V., J. Turner, and M. O' Donnell. 1996. A molecular switch in a replication machine defined by an internal competition for protein rings. *Cell* 84:137 - 145.

Stukenberg, P. T., P. S. Studwell-Vaughan, and M. O'Donnell. 1991. Mechanism of the slidingclamp of DNA polymerase Ⅲ holoenzyme. *Journal of Biological Chemistry* 266:11328 - 11334.

第22章 同源重组

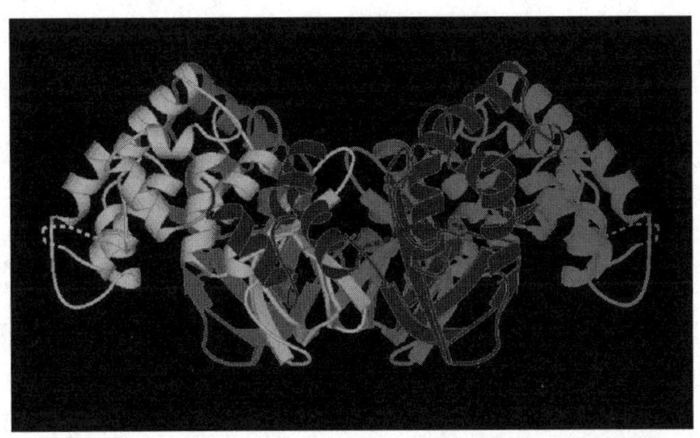

RuvA 四聚体的晶体结构，每个单体以不同颜色表示。在*E. coli*的重组过程中，RuvA 可与 Holliday 结构结合，并促进 Holliday 结构的分支迁移。*Rafferty，J. B.，S. E. Sedelnikova，D. Hargreaves，P. J. Artymink，P. J. Baker，G. J. Sharples，A. A. Mahdi，R. G. Lloyd，and D. W. Rice，Crystal structure of DNA recombination protein RuvA and a model for its binding to the Holliday junction. Science 274（18 Oct 1996）f. 2e，p. 417. Copyright © AAAS.*

遗传学家早已知道，通过有性生殖繁衍的后代往往具有与父母双亲不同的遗传组成。这种变异除了源自减数分裂过程中双亲染色体的自由组合外，绝大部分来源于同源染色体之间的同源重组。这个过程改变了父源与母源染色体上基因的组成，使后代个体中出现非亲本型的重组染色体。这种重组是有意义的，有时它可以使后代个体获得比亲本更具优势的存活机会。另外，在减数分裂过程中，同源染色体间的重组所形成的物理连接保证了前期同源染色体间的正确配对和中期的完全分离。这种连接非常重要：据估计10%～30%的人类受精卵是致死的非整倍体，即它们含有非正常数目的染色体。造成这种现象的主要原因之一在于减数分裂染色体重组过程中染色体位置异常、数目下降。正如在第 20 章中所述，同源重组在细胞 DNA 修复过程中也起到了非常重要的作用，这一过程被称作重组修复。

图 22.1 描述了同源重组过程中的几种不同事件，每一事件都是将事先分开的 DNA 片段连接进而实施交换。但这并不表明交换仅起始于两个彼此独立的 DNA 分子之间。交换也可发生在 DNA 分子内，这种分子内的交换发生在同一染色体的两个不同位点之间，它将导致这两个位点之间的序列丢失或倒位。同时，两分子间的重组涉及两个独立 DNA 分子之间的交换。重组通常是相互的，即参与重组的两个 DNA 片段是双向互换的。DNA 分子可以发生一次、二次或多次交换事件，交换的次数明显地影响着最终产物的特性。

22.1 同源重组的 RecBCD 途径

为了阐明同源重组的原理，我们将讨论已在 *E. coli* 中被研究得很透彻的 RecBCD 途径。

该重组过程（图 22.2）起始于对重组 DNA 分子中的一条 DNA 进行双链切割的诱导。RecBCD 蛋白（*recB*、*recC* 和 *recD* 基因的产物）结合到 DNA 双链断裂区，并利用其 DNA 解旋酶活性朝向具有 5′-GCTGGGTGG-3′序列的 *Chi* 位点进行 DNA 解旋。在 *E. coli*

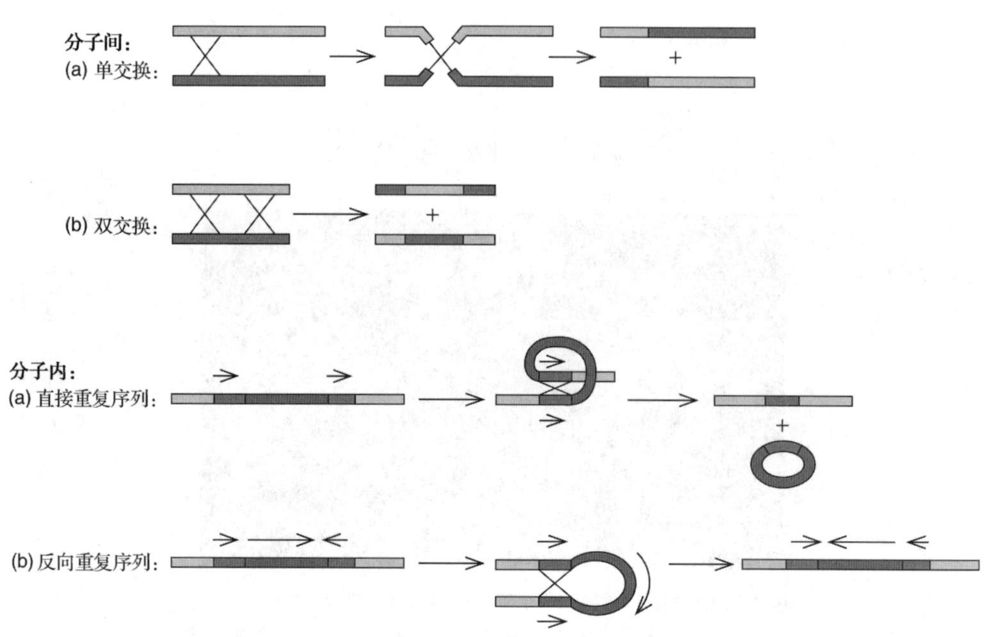

图 22.1　重组实例。图中“×”代表两条染色体或者同一染色体不同部分之间发生的交换事件。从图顶行所示的相互重组中间体的形成可以了解重组的过程。可以想象该 DNA 链断裂后形成新的 DNA 链，会在链间形成如“×”所代表的新键。这种描述也适用于图中所示重组的所有实例。

基因组中平均每 5000bp 就有一个 *Chi* 位点。RecBCD 蛋白具有外切双链和单链的活性，也具有单链内切核酸酶活性。这就使得 RecBCD 蛋白可以产生单链末端，然后该单链末端可以被 RecA 蛋白（*recA* 基因的产物）和单链 DNA 结合蛋白（SSB）包裹。RecBCD 蛋白也协助 RecA 装载到 3′-DNA 末端。

RecA 蛋白使该单链末端侵入其他双链 DNA 寻找同源区域。这种侵入将产生一个置换环（D 环）——因 DNA 链的置换（Displaced）而得名。一旦该 DNA 末端发现同源区域，DNA 的 D 环区域会在 RceBCD 蛋白的帮助下形成一个缺口。在该缺口处，RecA 蛋白和 SSB 能产生一个与另一条 DNA 的间隙区域互补配对的新末端。DNA 连接酶催化封闭缺口，并产生一个 **Holliday 连接体**（Holliday junction），以 1964 年第一个提出这个假设的学者 Robin Holliday 的名字命名。Holliday 连接体也称为半交叉结（half Chiasmas）和 Chi 结构。在 Holliday 连接体中的分支行为可以将已经断裂的碱基对形成新的碱基对并向任一方向移动，这一过程也被称为分支迁移（branch migration）。

自主产生分支迁移的频率很低。就像在 DNA 复制过程中需要解旋酶和来自 ATP 的能量一样。分支迁移过程中，RuvA 和 RuvB 两个蛋白质合作来行使这些功能。它们都具有 DNA 解旋酶活性，而且 RuvB 是一种 ATP 酶，能将储存在 ATP 中的能量用于分支迁移过程。最后，两条 DNA 链必须形成缺口以拆分 Holliday 连接体，进而形成异源双链或重组产物，RuvC 蛋白行使将 Holliday 连接体拆分的功能。RuvC 切割不同的 DNA 链可形成不同的产物。如果 Holliday 中间体内部的 DNA 链被切割［图 22.3（a）］，该结构就会被拆分成两个带有异源双链 DNA 补丁的非交换的重组 DNA。如果 Holliday 中间体外部的 DNA 链被切割［图 22.3（b）］，就会被拆分成两条发生交换的重组体（或拼接重组），其 DNA 双链分子从一端开始被另一亲本的染色体替代。

小结　由 E. coli RecBCD 引发的 DNA 同源重组过程起始于一个被 RecA 包裹的单链 DNA 对双链 DNA 的侵入，而这个单链 DNA 由另一个双链 DNA 切割后产生。这条侵入链形成一个 D 环。接下来 D 环的降解形成一个分支中间体。这个中间体中的分支迁移产生一个两条链在同源染色体之间发生交换的 Holiday 连接体。最后，Holliday 连接

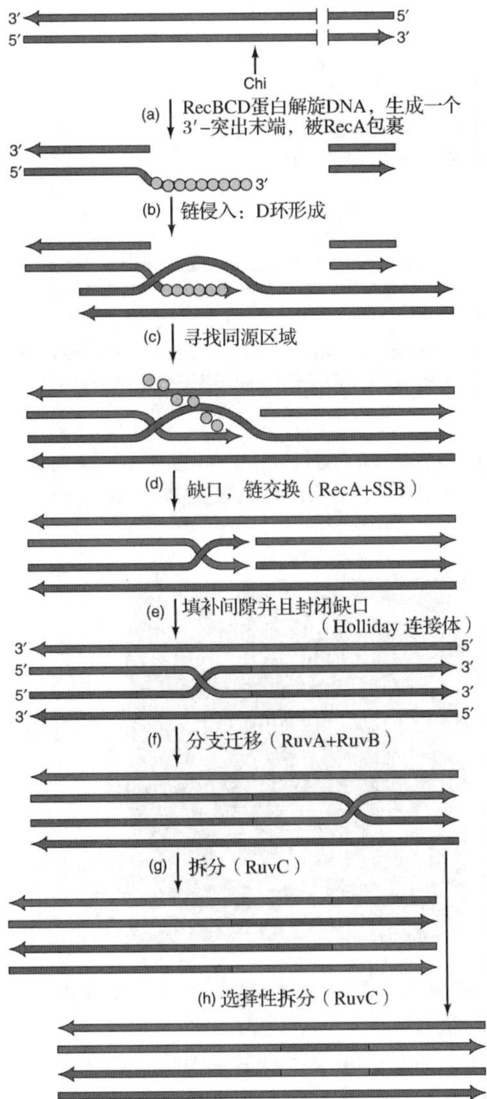

图 22.2　同源重组的 RecBCD 途径。（**a**）RecBCD 蛋白（为了简洁而省略）结合双链 DNA 断裂处，RecBCD 的 DNA 解旋酶活性向着 *Chi* 位点的方向解旋 DNA，最后生成一个 3′端，单链 DNA 被 RecA 和 SSB 蛋白（图中用黄色园球表示）包裹。（**b**）RecA 侵入另一条 DNA 双螺旋，形成一个 D 环。（**c**）RecA 帮助侵入链在重组体 DNA 双螺旋中寻找同源区域，侵入链与双螺旋的同源区域配对，释放 RecA 和 SSB。（**d**）一旦找到同源区域，可能由 RecBCD 导致的缺口在环突的 DNA 中出现。可能在 SSB 和 RecA 帮助下，新形成缺口的 DNA 末端与另一 DNA 的单链区发生碱基互补配对。（**e**）间隙被填补，缺口被 DNA 连接酶封闭，生成一个具有 Holliday 连接的四条链复合体。（**f**）RuvA 和 RuvB 引发分支迁移，分支向右发生迁移，（**g**）和（**h**）通过 RuvC 形成缺口从而将此四链复合体结构解开，形成两种分子，分别是交换重组体和异源双链体。

体可以从两切口处拆分。产生两条带有异源补丁的非交换重组 DNA 或侧翼 DNA 区域发生交换的重组 DNA。

22.2　RecBCD 途径的实验证据

我们已经简要地回顾了 RecBCD 途径，下面介绍支持这种重要的原核生物重组机制的一些实验证据。

RecA

在第 8 章讨论 λ 噬菌体的转导作用时已经介绍了 RecA。该蛋白质具有多种功能，但由于它最早是在研究重组时被发现的，因此而得名。早在 1965 年，Alvin Clark 和 Ann Dee Margulies 就分离到两种 *E. coli* 突变体，它们能接受 F 质粒，但是不能通过重组永久性地将 F 质粒整合到宿主 DNA 中。这两种突变体对紫外线高度敏感，推测它们可能在采用重组机制修复紫外损伤方面有缺陷（第 20 章）。对于这两个突变体的深入研究最终发现了两种 RecBCD 途径中的关键蛋白：RecA 和 RecB-CD。

对 *recA* 基因的克隆和超量表达，使对 RecA 蛋白的研究变得方便可行。RecA 是一个 38kDa 的蛋白质，在体外可以促进多种链交换的反应。通过体外实验，Charles Radding 等明确了 RecA 参与链交换的三个阶段。

1. 联会前，RecA 和 SSB 一起包裹参与重组的单链 DNA。

2. 联会，参与链交换的单链 DNA 或者双链 DNA 的互补序列的配对。

3. 联会后或链交换阶段，单链 DNA 替换双链中的正链 DNA，形成新的双螺旋。形成中间体，即联合分子（joint molecule）使得两条 DNA 链相互缠绕，开始链交换。

联会前（presynapsis） 最好的证据是直接观察到 RecA 能和单链 DNA 结合。Radding 等构建了一个带单链末端的线型双链噬菌体 DNA，将 RecA 与该 DNA 共同培养，通过电子显微镜观察这种复合体并照相。图 22.4（a）

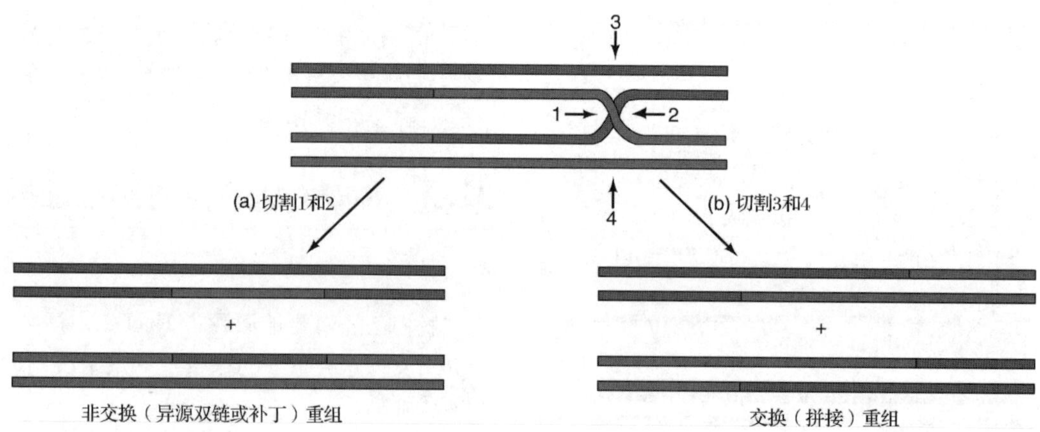

图 22.3 Holliday 连接体拆分。Holliday 连接体可以向如上图所示的两个方向进行拆分：(**a**) 箭头 1、2 方向切割可以产生带有异源补丁的两个双链 DNA 分子，异源补丁的长度取决于拆分前分支迁移的距离。(**b**) 箭头 3、4 处切割产生含错位拼接片段的交换重组 DNA 分子。

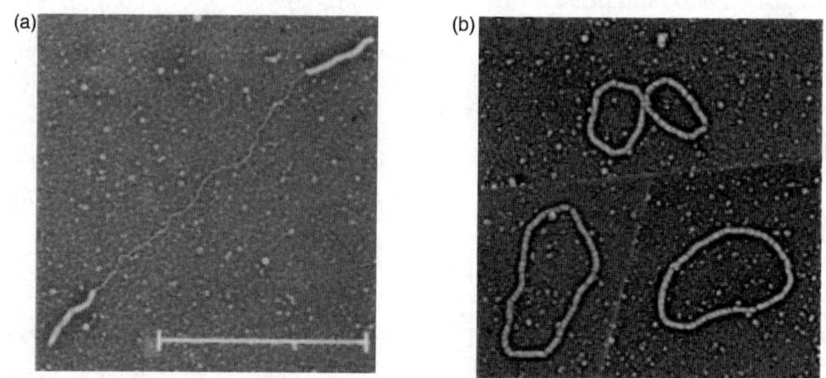

图 22.4 RecA 蛋白结合到单链 DNA 上。Radding 等制备了具有单链末端的线型双链噬菌体 DNA (**a**) 和环状单链噬菌体 DNA (**b**)。接着添加 RecA，经过一定时间，形成复合体后，在包埋的电子显微镜栅格上展开复合体，然后拍照。(a) 中的标尺去度为 500nm。[*Source*：Radding，C. M.，J. Flory，A. Wu，R. Kahn，C. DasGupta，D. Gonda，M. Bianchi，and S. S. Tsang，Three phases in homologous pairing：Polymerization of recA protein on single-stranded DNA，synapsis，and polar strand exchange. *Cold Spring Harbor Symposia of Quantitative Biology* 47 (1982) f. 3 f & j，p. 823.]

显示了 RecA 特异结合单链末端，形成蛋白质包裹的 DNA 纤维，中间的双链 DNA 没有被包裹。同时培养 RecA 与单链环状 M13 噬菌体 DNA。图 22.4 (b) 显示延展的 DNA 环均匀地被 RecA 包裹。(a) 与 (b) 两图的放大倍数一致，比较图 (a) 中裸露 DNA 与 RecA-DNA 复合体的厚度就可以清楚地表明图 (b) 中环形 DNA 上确实包裹有 RecA。

有实验清楚地表明在联会前期形成被包裹 DNA 纤维的过程中，SSB 发挥着重要的作用。Radding 等研究表明单链 M13 噬菌体 DNA 单独和 SSB 混合，与 M13DNA＋SSB＋RecA 一起混合所形成的 DNA 蛋白质复合体是显著不同的。图 22.4 表明 M13 噬菌体 DNA 与 SSB 和 RecA 形成的 DNA 蛋白质复合体比单独与 RecA 生成的复合体稳定。此外，Radding 等研究表明 SSB 能加速 DNA 的包裹。在 SSB 和 RecA 同时存在时，这些被包裹的 DNA 在 10min 内就形成。相反，如果在没有 SSB 时，该种 DNA 纤维在 10min 后才会开始形成。

既然 RecA 可以单独包裹单链 DNA，SSB 的作用是什么呢？SSB 可能在解开 DNA 二级结构，如发夹结构等方面发挥作用。有多个实验证实了这一观点。Radding 等在高浓度和低

浓度 $MgCl_2$ 条件下，将 RecA 与单链共温育时，测定链交换。发现低浓度的 $MgCl_2$ 降低了 DNA 二级结构的稳定性，而高浓度的 $MgCl_2$ 则会增加 DNA 二级结构的稳定性。该实验中，在高 $MgCl_2$ 浓度下 SSB 是必需的，而在低 $MgCl_2$ 浓度下 SSB 不是必需的。这与我们所设想的 SSB 在松弛 DNA 二级结构中是必需的结果一致。

在本节的后面部分，我们将看到在链交换中 ATP 的水解作用也是非常必要的。但 LR. Lehman 等的结果表明在 SSB 存在的条件下，一种不具有水解作用的 ATP 类似物——ATPγS，在一定程度上也能维持链交换。基于 ATPγS 能导致 RecA 不可逆地与单链或者双链 DNA 紧密结合的事实，Radding 研究小组提出一个假设，认为 ATPγS 能够限制 DNA 二级结构的形成，从而使链交换得以进行。如果假设是正确的，那么在 RecA 与单链 DNA 结合之前，SSB 先与 DNA 结合，便可以去除单链 DNA 中的二级结构，从而有利于链的交换。正如预期的一样，SSB 优先于 RecA 与 DNA 结合，并确实加速了链的交换。这些都证明 SSB 通过打开二级结构而促使单链 DNA 参与重组过程。

小结 在重组的联会前阶段中，RecA 包被参与重组的单链 DNA。单链 DNA 结合蛋白（SSB）通过解除 DNA 二级结构，避免了因 RecA 蛋白与任一 DNA 二级结构结合对后续链交换所产生的抑制作用，从而加速了重组过程。

联会（synapsis）：互补序列的结合 我们接下来将介绍 RecA 促进 DNA 双链中的一条链侵入到另一双链 DNA 中的交换过程。在这一过程中，侵入链与另一个双链 DNA 的其中一条链形成一个新的双链结构。这一步骤虽先于链交换，联会，但它发生了互补序列的简单配对而没有形成相互缠绕的双螺旋。由于在联会过程中形成的产物不稳定，所以相对于链的交换，联会过程是一个难以检测到的阶段。然而，Radding 等早在 1980 年就提供了很好的联会阶段的实验证据。

就像在研究联会前阶段的实验一样，在观察联会过程的实验中，电子显微镜是应用得最多的关键技术。Radding 等利用最熟悉的实验材料：单链环状噬菌体 DNA 和双链线性 DNA 进行联会研究。然而，在该实验中所应用的单链环状 DNA 是 G4 噬菌体 DNA，双链线性 DNA 是接近中间部位插入了一个 274bp G4 DNA 的 M13 噬菌体 DNA。由于该单链 G4 DNA 的靶位点序列有几千个碱基，并且缺口很少，所以发生链交换的可能性极小，相反，互补序列的简单联会却会发生，如图 22.5 所示。

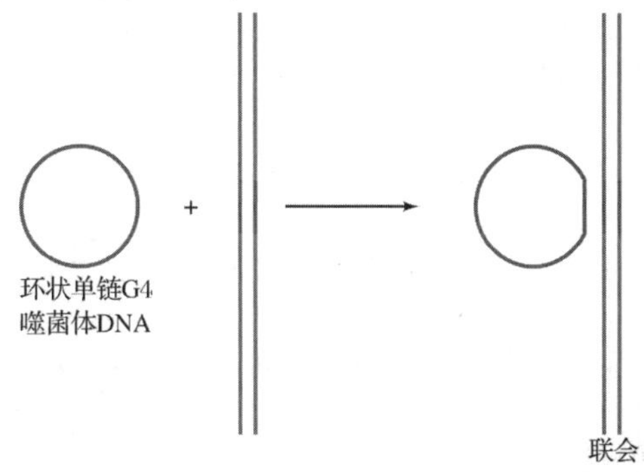

图 22.5 联会。图中显示了在环状单链 G4 噬菌体 DNA（红色）和线状双链 M13（G4）DNA（蓝色）（带有的一段 274bp 的 G4 噬菌体 DNA（红色））之间存在的联会现象。联会不包括任何线状和环状 DNA 的相互缠绕。

为了检测两个 DNA 分子间的联会，Radding 等分别在加入 RecA 和不加入 RecA 的情况下混合这两种 DNA 分子，并在电镜下观察。结果如图 22.6 所示，大部分的 DNA 分子已经发生联会。在大部分的联会分子中，配对区域的长度是适当的，配对区域的位置在线状 DNA 中是准确的。此外，在两分子间的非同源区域联会减少了 20～40 倍。另外在不存在 RecA 的条件下联会也无法进行。

尽管在这个实验中有缺口的双链 DNA 的比例很低，但是这些缺口在线状 DNA 中可以产生游离的末端，从而导致相互缠绕的具绞旋线双螺旋（plectonemic double helix）结构的形成。如果上述情况发生，那么两条 DNA 之间的连接即使是在接近 DNA 变性温度的条件下仍然是很稳定的。然而，如图 22.6 所示，在低于复性温度 20℃时加热 5min，配对结构就被破坏了。因此，这里所观察到的联会就不包括通过碱基配对形成的 Watson-Crick 双螺旋结构。相反，它可能包含一种由两个配对的 DNA

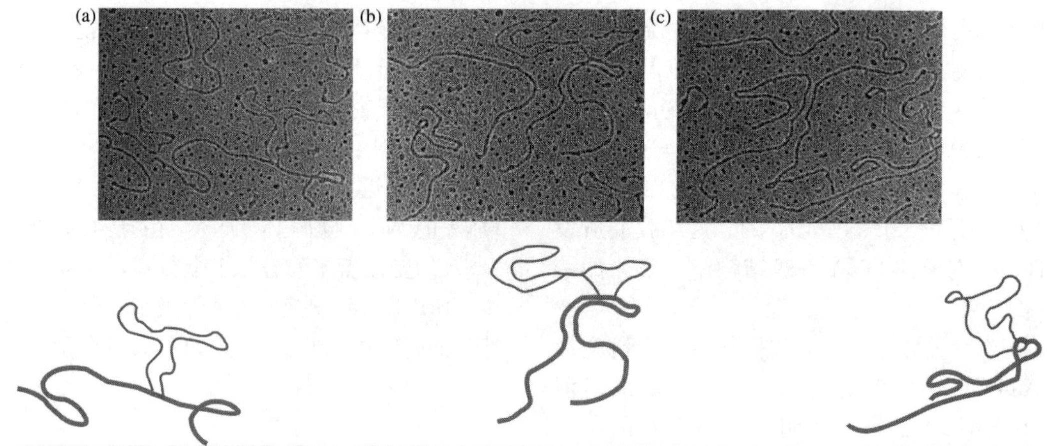

图 22.6　体外依赖于 RecA 的联会。Radding 等采用如图 22.5 所示的方法混合环状单链 DNA 和线状双链 DNA 以及 RecA，电镜下检测联会产物。(a)、(b)、(c) 显示了 DNA 分子配对的三个实例。每个电镜图的下面是其示意图，蓝色代表线状双链 DNA，红色代表环状单链 DNA。粗红线指示每种情况下两 DNA 的联会区域。［*Source*：DasGupta C.，T. Shibata，R. P. Cunningham，and C. M. Radding，The topology of homologous pairing promoted by recA protein. *Cell* 22（Nov 1980 Pt2） f. 9 d-f，p. 443. Reprinted by permission of Elsevier Science.］

链并排而并非相互缠绕形成的具平行线的双螺旋（paranemic double helix）结构。这个结果进一步支持缺口在联会中不是必要的，在实验中，双螺旋 DNA 可以像线性双链 DNA 一样起作用。

发生联会需要多大程度的同源性呢？David Gonda 和 Charles Radding 估算 151bp 的同源区域与 274bp 的同源区域可以发生相同效率的联会。但是具有 30bp 的同源区域的两条 DNA 链，则只会出现基本水平的 DNA 分子的配对。因此，有效联会的最小同源度介于 30～151bp。

小结　单链 DNA 在双链 DNA 上发现其同源区域并与其配对时发生联会，在这种情况下两 DNA 分子不发生缠绕。

联会后（postsynapsis）：链交换　在链交换的前两个阶段：联会前和联会阶段中，RecA 蛋白是必需的，在链交换阶段同样也需要 RecA。Lehman 等利用过滤结合实验分析 D 环的形成，测定双链和单链噬菌体 DNA 之间的链交换。实验方法如下：在存在或不存在 RecA 的条件下，培养经 ^3H 标记的 P22 噬菌体双链 DNA 和未标记的 P22 的单链 DNA。利用限制分支迁移的高盐浓度和低温条件以完全消化单链 DNA，消除 D 环。接着利用去垢剂（十二烷基肌氨酸钠或十二烷基硫酸钠）从 DNA 上洗去蛋白质。最后，通过硝酸纤维素滤膜过滤。如果在双螺旋 DNA 中形成了 D 环，该单链 D 环将导致一种复合体结合在滤膜上，被标记的 DNA 将被保留下来。如果没有 D 环形成，那么未标记的单链 DNA 将结合到滤膜上，而标记的双螺旋 DNA 将会通过滤膜。去垢剂通过与 RecA 的结合而阻止 DNA 结合到滤膜上。Lehman 等同时也用双螺旋 M13 噬菌体 DNA 和线状 M13 噬菌体 DNA 进行上述实验。结果发现，在存在 RecA 的条件下大约 50％的 DNA 双螺旋形成 D 环。而不存在 RecA 时，小于 1％的 DNA 形成 D 环。同样，如果使用的是非同源的单链 DNA，也仅有 2％的 DNA 形成 D 环。

为了证实 D 环确实已经形成，该研究小组利用 S1 核酸酶消化这些复合体，去掉其中的单链 DNA，随后过滤产物。通过这种处理大大降低了标记 DNA 在滤膜上的滞留率，结果证实确实有 D 环的形成。实际上，在线型和超螺旋 DNA 中通过电镜可以直接观察到清晰可见的 D 环。这个实验表明，超螺旋 DNA 对于链交换不是必需的。

表 22.1 总结了通过检测在硝酸纤维素滤膜中的滞留情况，揭示不同的核苷酸对于 D 环形成的影响。其中，ATP 对于 D 环的形成是

必需的，它的作用不能被 GTP、UTP 或 ATPγS 所替代。ATPγS 不能代替 ATP 的事实表明在 D 环形成中，ATP 的水解作用是必需的。事实上，ATP 的水解作用使得 RecA 与 DNA 分离，进而促成在链交换过程中必须发生的新的碱基配对。

表 22.1 D 环形成所需要的因子

双链 DNA	互作组分	D 环形成比率/%
P22 噬菌体	完整的	100
	-RecA	<1
	-ATP	<1
	-ATP +GTP	<1
	-ATP +UTP	<1
	-ATP +ATPγS	<1
M13 噬菌体	完整的	100
	-RecA	1
	-ATP	1
	-ATP +GTP	2

据此，这个实验证明了 ATP 的水解作用对于 D 环的形成是非常重要的。RecA 这个难以置信的多功能蛋白质具有 ATP 酶活性，当它从 DNA 上分离时水解 ATP，促进 D 环的形成。

小结 RecA 和 ATP 共同启动单链与双链 DNA 间的链交换。为了使 RecA 从联会的 DNA 上分离，并促使一条单链和来自一双链 DNA 中的另一单链结合形成新的双链 DNA，ATP 是必需的。

RecBCD

我们在讨论 RecA 的过程中，已经涉及单链和双链 DNA 反应模型。这是因为 RecA 需要一单链 DNA 来起始链交换。但是在自然情况下发生的重组常常涉及的是双链 DNA。RecA 怎样得到它所需要的单链 DNA 呢？答案是，它是由 RecBCD 蛋白提供的。这个过程涉及两个因子，分别是 DNA 上的 Chi 位点和 RecBCD 的解旋酶活性。下面列举有关这两个因子的实验证据。

Chi 位点是在细菌 λ 噬菌体的遗传研究中发现的。λ *red gam* 噬菌体缺少 Chi 位点，但是它们的有效复制又依赖于 RecBCD 途径的重组。由于 RecBCD 途径依赖于 Chi 位点，因此这些突变体只能形成很小的噬菌斑。Franklin Stahl 等发现某些 λ *red gam* 噬菌体的突变体却可以产生大的菌斑，结果表明这些突变体存在很活跃的 RecBCD 重组。Stahl 等又发现在突变点附近重组又被加强了，将这些突变产生的 Chi 位点称为"交换热点激活子"。在突变位点附近出现促进重组的事实提示：这些突变并不像一般发生在编码区的突变那样改变了基因产物的结构，相反，这些突变能产生新的 Chi 位点从而促进了附近的重组。

我们知道，Chi 位点促进 RecBCD 途径，但不会促进 λ Red 途径（同源重组）、λ Int 途径（位点特异性重组）或 *E. coli* 的 RecE、RecF 途径（均为同源重组）。这一点明显表明 Chi 位点参与 RecBCD 途径，因为该位点是在 RecBCD 途径中唯一未在其他途径中被发现的组分。事实上，由于 RecBCD 具有内切核酸酶活性，因此由它切割 Chi 位点附近的 DNA 形成裂口来起始重组已成为一个很值得关注的假设。

Gerald Smith 等发现了支持这个假设的实验证据。他们制备了一个 3′端被标记的双链 DNA 质粒 pBR322，该质粒的末端附近有一个 Chi 位点。如图 22.7（a）所示，3′端的标记离 Chi 位点仅 80bp。接着加入纯化的 RecBCD 蛋白。DNA 分子经过热变性后，其产物经电泳就可能发现由于 Chi 位点切割而产生的 80nt 的片段（必须很快地进行反应以避免 RecBCD 的非特异性核酸酶活性降解 DNA）。图 22.7（b）表明确实有 80nt 的产物出现，并且它的出现与否依赖于 RecBCD 蛋白的有无。DNA 的热变性对产生 80nt 单链 DNA 是必需的，这也表明 RecBCD 蛋白不仅切割 DNA，而且还会越过缺口打开 DNA 分子。Smith 研究组利用 Maxam-Gilbert 测序法对同样的标记底物进行化学切割后得到的序列与标记的 80 个核苷酸片段一起电泳从而确定了精确的切割位点。他们观察到相差一个核苷酸的两条带，这提示 RecBCD 蛋白在底物的两个位点（即下列序列中用箭头所标识的位点）实施了切割。

5′-GCTGGTGGGTT * G * CCT-3′

因此，对于上述底物，RecBCD 切割部位是距离其 Chi 位点 GCTGGTGG（加下划线部分）3′-端的第 4 个或 5 个核苷酸处。对于其他的底

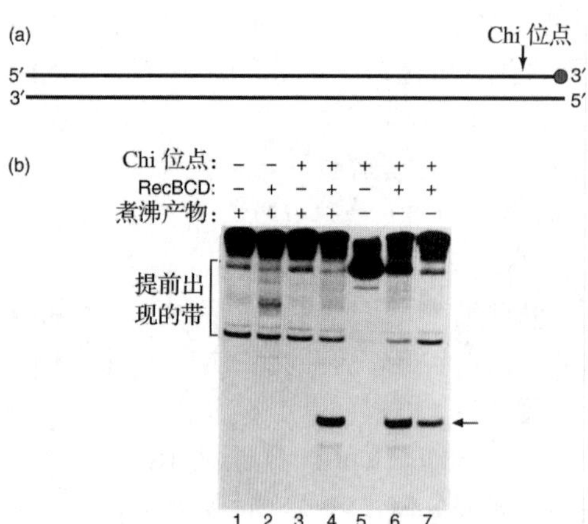

图 22.7 RecBCD 产生 DNA Chi 位点特异性的缺口。 **(a)** 底物缺口实验。Smith 等制备了一段 1.58kb *Eco*R Ⅰ-*Dde* Ⅰ限制片段，这个片段具有距离 *Dde* Ⅰ末端大约 80bp 的 Chi 位点。其 3′端为^{32}P 标记的 *Dde* Ⅰ端（红色）。**(b)** 缺口实验。Smith 等培养图（a）中的末端标记的 DNA 片段，在顶行中记做＋，而一个缺失 Chi 位点的相似片段，在顶行记做-。中间一行中，添加 RecBCD 或没有 RecBCD，分别记做＋或者-，反应 30s 后结束，产物进行电泳。产物如第三行所示，有些煮沸 3min（＋），有些没有（－）。右边的箭头指示着 Chi 位点形成缺口释放出来的 80nt 的标记片段。这个标记片段产物的出现依赖于 RecBCD 和一个 Chi 位点，与是否煮沸产物无关。［*Source*：（*b*）Ponticelli，A. S.，D. W. Schultz，A. F. Taylor，and G. R. Smith，Chi-dependent DNA strand cleavage by recBC enzyme. *Cell* 41（May 1985）f. 2，p. 146. Reprinted by permission of Elsevier Science.］

物，切割部位可能是距离其 Chi 位点 3′端第 4、第 5 或第 6 个核苷酸处。由此可见，具体的切割位点因底物的不同而异。

这些结果支持 RecBCD 切割 Chi 位点附近的 DNA，也表明 RecBCD 能从缺口处解旋 DNA。Stephen Kowalczykowski 等的实验进一步支持 RecBCD 可以解旋 DNA。图 22.8 展示了其中一个实验的结果，表明：①单独的 RecA，或者 RecA 加 SSB，不能引起两同源双链 DNA 间的配对；②有 RecBCD、RecA 和 SSB 时，只要两条 DNA 分子是同源的，依赖于 DNA 解旋的链交换就迅速发生；③如果其中一个 DNA 是经过热变性的，那么 RecBCD 就不再重要了。这最后一个发现提示 RecBCD 的一个功能是松弛 DNA 以提供游离 DNA 末端；RecA 和 SSB 能包裹此单链 DNA 并且利用其

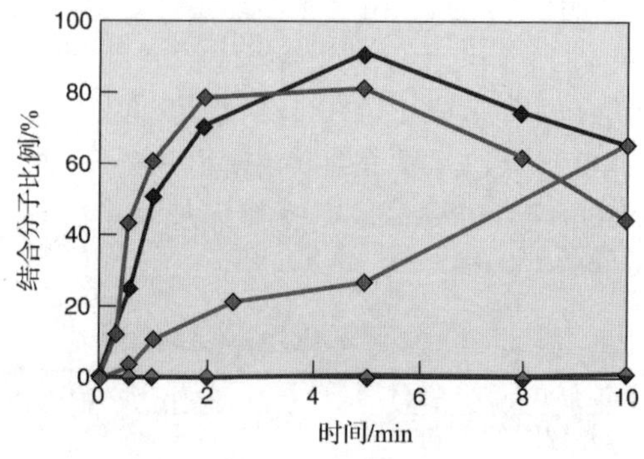

图 22.8 在两条双链 DNA 之间依赖 RecBCD 的链交换。 Kowalczykowski 等将双螺旋 DNA 与 RecA、RecBCD、SSB（红色所示）共培养，通过过滤结合或凝胶电泳分析结合分子（链交换）（结合分子比没有重新组合的 DNA 具有更低的电泳迁移率）。还在缺乏 RecA 或缺乏 RecBCD（橙色或者紫色标记）的条件下分析了结合分子。蓝线表示其中一个 DNA 分子被热变性后，去除 RecBCD 的结果，其中一条 DNA 是热变性的。绿线表示除了 RecA 之外的所有组分预培养后，再添加 RecA 来启动反应的结果。其他所有的反应均是最后添加 RecBCD。（*Source*：Adapted from Roman，L. J.，D. A. Dixon，and S. C. Kowalczykowski，"RecBCD-dependent joint molecule formation promoted by the Escherichia coli RecA and SSB proteins，" *Proceedings of the National Academy of Sciences USA* 88：3367-3371，April 1991.）

DNA 末端发动链的入侵。

Stuart Linn 等利用电镜检测松散的 T7 噬菌体 DNA 产物，为证明 RecBCD 具有 DNA 解旋酶活性提供了直接的证据。在实验中，当同时加入 SSB 和 RecBCD 时，他们观察到在毗邻的两个单链的双链 DNA 处具有分叉的结构，这暗示着 RecBCD 开始在双螺旋的末端解旋，SSB 包裹了两条已经形成的单链 DNA。而且正如预期的一样，随着时间的推移，分叉结构也随之拓展。

小结 RecBCD 的 DNA 内切核酸酶活性能在 Chi 位点附近切割 DNA 形成缺口，RecBCD 的 ATP 酶驱动的 DNA 解旋酶活性，能够从缺口部位解开双链 DNA，释放游离的单链 DNA 末端。随后 RecA 蛋白和 SSB 与之结合，启动单链 DNA 的侵入和链的交换。

RuvA 和 RuvB

RuvA 和 RuvB 结合形成一个 DNA 解旋酶，催化 Holliday 连接体发生分支迁移。我们

已经知道，Holliday 连接体可以在体外生成。事实上，它们是验证 RecA 在链交换过程中的作用时的副产物。最初人们认为，RuvA 和 RuvB 在 Holliday 连接体中是与 RecA 相互作用的。后来，Stephen West 等设计了一种可对 4 种合成的寡核苷酸链进行分析的方法。如图 22.9 所示，这些寡核苷酸的序列能通过碱基配对形成 Holliday 连接体。

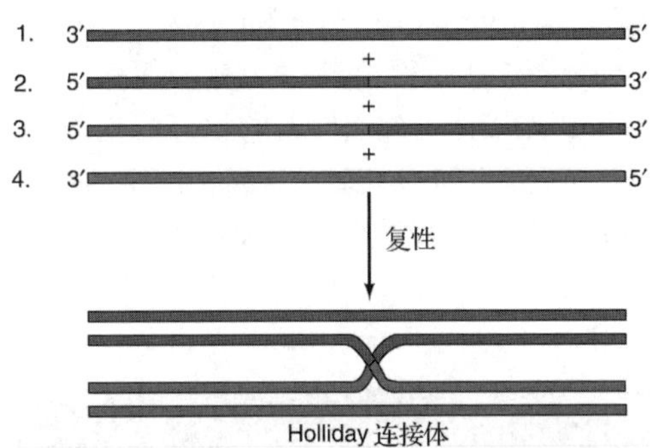

图 22.9 合成 Holliday 连接体的形成。寡核苷酸 1～4 混合变性，互补碱基互补配对。寡核苷酸 2 的 5′端（红色）与寡核苷酸 1（红色）的 3′端互补。这样，两个分子的一半可以碱基互补配对，但寡核苷酸 2（红色）的 3′端与寡核苷酸 4 的 5′端互补（蓝色），以产生碱基配对。寡核苷酸 3 的两末端与寡核苷酸 1 和 4 的另外一端互补，导致寡核苷酸 3 在与寡核苷酸 2 互补碱基配对时形成交叉。最后形成合成的 Holliday 连接体。

Carol Parsons 和 West 末端标记这个合成的 Holliday 连接体，并且利用凝胶阻滞实验来测定 RuvA 和 RuvB 与 Holliday 连接体的结合。由于交叉端化需要 ATP 提供能量，所以他们就使用了无水解能力的 ATP 类似物 ATPγS。理论上，RuvA 和 RuvB 将在 DNA 上结合，阻止分支迁移，造成 Holliday 连接体拆分。该实验成功地证实了 RuvA 和 Holliday 连接体的存在，但是没有观察到与 RuvB 之间的移位，这表明已经形成了一个 RuvA-RuvB-Holliday 连接体复合体。表明这个三重复合体在这些实验条件下很不稳定。为了稳定假定的复合体，在实验中加入可以与复合体中的蛋白质交联的戊二醛，以此来阻止复合体在凝胶电泳中分离。图 22.10 展示了 RuvA 和 RuvB 间的结合情况。在低浓度 RuvA 的条件下（泳道 b），只有很少的 RuvA 结合到 Holliday 连接体 DNA 上。在高浓度 RuvA 的条件下，有大量的 RuvA/DNA

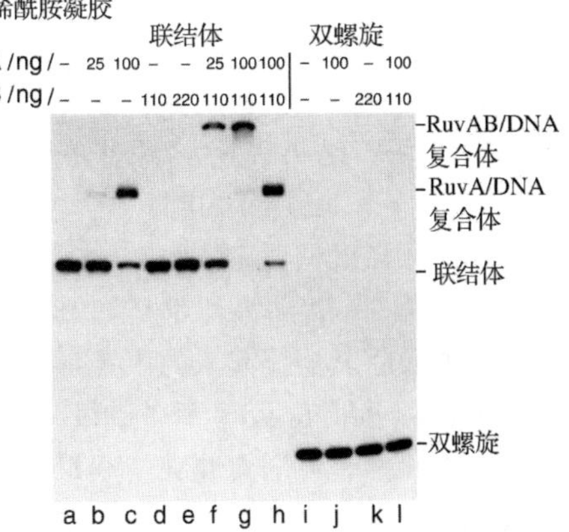

图 22.10 检测 RuvA-RuvB-Holliday 联结复合体。Parsons 和 West 将末端标记的合成的 Holliday 连接体与不同数量的 RuvA 和 RuvB 混合，如上图所示，除了泳道 h 外，所有混合物中都包含 ATPγS（可提供能量，但无水解能力）。接着 Parsons 和 West 利用戊二醛使相同的复合体中的蛋白质交联，防止这些蛋白质从复合体中解离。最后，将复合体进行聚丙烯酰胺凝胶电泳和放射自显影来检测标记的复合体。[*Source*：Parsons，C. A. and S. C. West，Formation of a RuvAB-Holliday junction complex in vitro. *Journal of Molecular Biology* 232（1993）f. 2，p. 400，by permission of Elsevier.]

复合体产生。此外，仅 RuvB 本身，即使是在高浓度下，也不能与 Holliday 连接体 DNA 结合（泳道 e）。但是同时有两个蛋白质时，结合就可以发生，即使是在仅单独有 RuvA 又不能很好发生结合的低浓度下也能与 DNA 发生结合（泳道 f 和 g）。在缺乏 ATPγS 的情况下，单独 RuvA 可以结合 Holliday 连接体，但不能形成三重复合体 RuvA-RuvB-Holliday 连接体（泳道 h）。最后，RuvA、RuvB 或者两者都不能结合到与 Holliday 连接体相同长度的其他 DNA 双螺旋上（泳道 j～l）。因此，这些蛋白质与 Holliday 的联结是特异性结合的。

在高浓度情况下，RuvB 自身能驱动分支迁移。这说明它具有 DNA 解旋酶活性和伴随的 ATP 酶活性。那么，RuvA 的作用是什么呢？RuvA 能结合到 Holliday 连接体的中心部位，促进 Holliday 连接体与 RuvB 的结合。因此，在很低的 RuvB 浓度下，分支迁移也可以发生。此外，RuvA 还能促使 Holliday 连接体形成二维的正方形构象，该构象可使分支迁移快速进行。

RuvA和Holliday连接体间结合的特点是什么？David rice等对RuvA四聚体进行X射线晶体学分析，结果表明它具有平面四方结构，从而支持了RuvA-Holliday连接体复合体是平面四方构象的假说。从图22.11（a）中可以看出，每个RuvA单聚体都是L形状，包含一个腿和脚及将其连接起来的不定形状的可变环（以短的彩色线表示）。每一个L形单体的脚与另一个相邻单体的腿缠在一起形成一个凸角，在图22.11（a）中，4个凸角的一个被红线框起来了。这些凸角排列以四聚物对称方式排列，每一对凸角之间有一个小沟结构。白色部分存在于两沟之间，图22.11（b）显示了四聚体的侧面，揭示了顶部凹陷的表面和底部的凸表面。

(a)

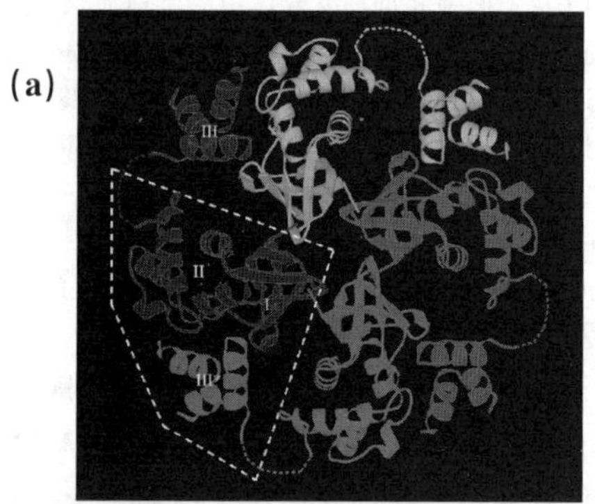

(b)

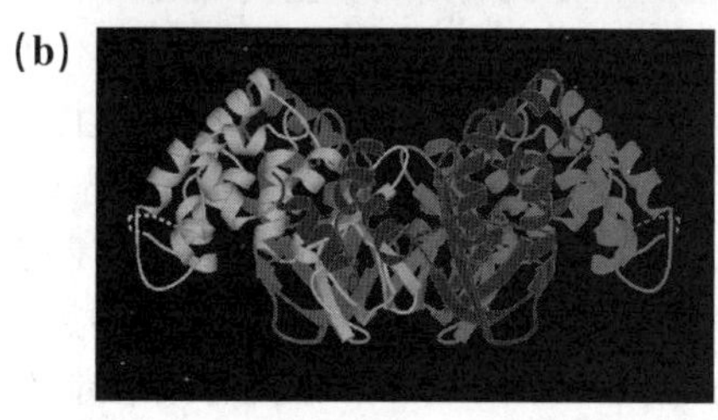

图22.11 X射线晶体衍射揭示的RuvA四聚体的结构。 **(a)** 顶面观，4个单体分别由不同颜色显示。并且在这种二维立方结构的四个角中的一个用一个红色虚线框标记。蓝色单体的三个结构域、绿色单体的第三个结构域（L的脚部）均以数字标出。**(b)** 以相同的结构相同的颜色标记四聚体的侧面观，可以明显看出其顶部的凹面和底部的凸面。［*Source*：Rafferty J. B.，S. E. Sedelnikova，D. Hargreaves，P. J. Artymiuk，P. J. Baker，G. J. Sharples，A. A. Mahdi，R. G. Lloyd，and D. W. Rice，Crystal structure of DNA recombination protein RuvA and a model for its binding to the Holliday junction. *Science* 274（18 Oct 1996）f. 2 d-e，p. 417. Copyright © AAAS.］

分子模型表明，RuvA四聚体能在一致的平面四方构象里与Holliday连接体自然配对（图22.12）。DNA和凹表面蛋白质之间的结合是很紧密的。Holliday连接体的4个分支分布于蛋白质表面的4个小沟中。4个β转角分别位于4个单体上，构成了一个中空的发夹结构，从Holliday中间体的中间耸出。这个平面四方构象允许分支迁移快速地进行。这个构象的任何偏离将减慢分支迁移，这也强调了RuvA的平面四方构象的重要性。这种平面四方结构Holliday连接体与先前知道的相似的支链Holliday连接体之间的关系是什么呢？仅仅是同一结构的两种不同形式吗？下面的内容将告诉我们答案。

Stephen West和Edward Egelman与Xiong

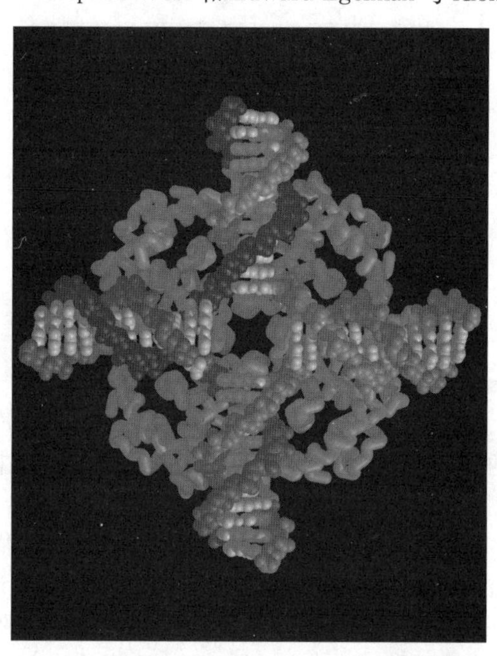

图22.12 RuvA和Holliday连接体之间的互作模型。 RuvA单体以绿色显示多肽链α-碳骨架的管状结构，Holliday连接体中的DNA由包含深红和浅红及蓝色骨架和银色配对碱基的空间模型表示。黄色球显示能被RuvC切割，进而解开Holliday连接的两个配对位点中的一个的磷酸基团。（*Source*：Rafferty，J. B.，S. E. Sedelnikova，D. Hargreaves，P. J. Artymiuk，P. J. Baker，G. J. Sharples，A. A. Mahdi，R. G. Lloyd，and D. W. Rice，Crystal structure of DNA recombination protein RuvA and a model for its binding to the Holliday junction. *Science* 274（18 Oct 1996）f. 3d，p. 418. Copyright © AAAS.）

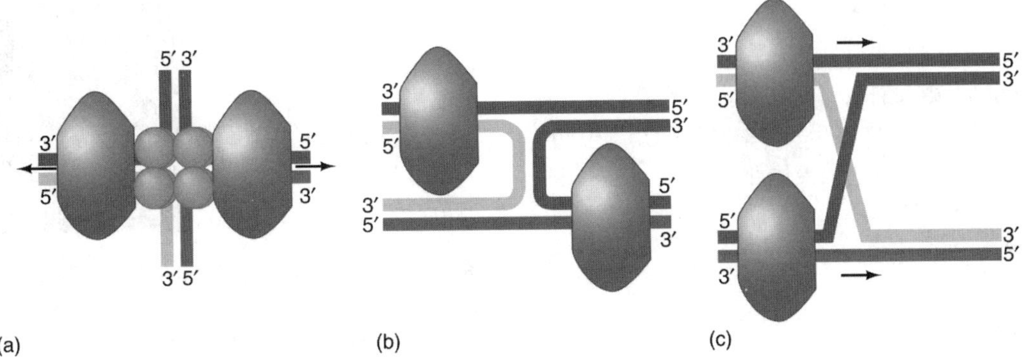

图 22.13 基于电子显微镜图像的 RuvAB-Holliday 连接体复合体模型。(a) 复合体与 DNA 链之间正交垂直。DNA 链穿过复合体在箭头所指的方向移动。**(b)** 图（a）中的蓝黄和红绿支链，向内旋转 90°。RuvA 四聚体去掉以便看到连接体的中心。**(c)** 图（b）中的蓝绿和蓝黄链再向外旋转 180°。产生具有 RuvB 六聚体环的 Holliday 连接体，通过 RuvB 六聚体沿着箭头方向移动催化分支迁移。(*Source*：Adapted from Yu，X.，S. C. West，and E. H. Egelman，Structure and subunit composition of the RuvAB-Holliday junction complex. *Journal of Molecular Biology* 266：217-222，1997.)

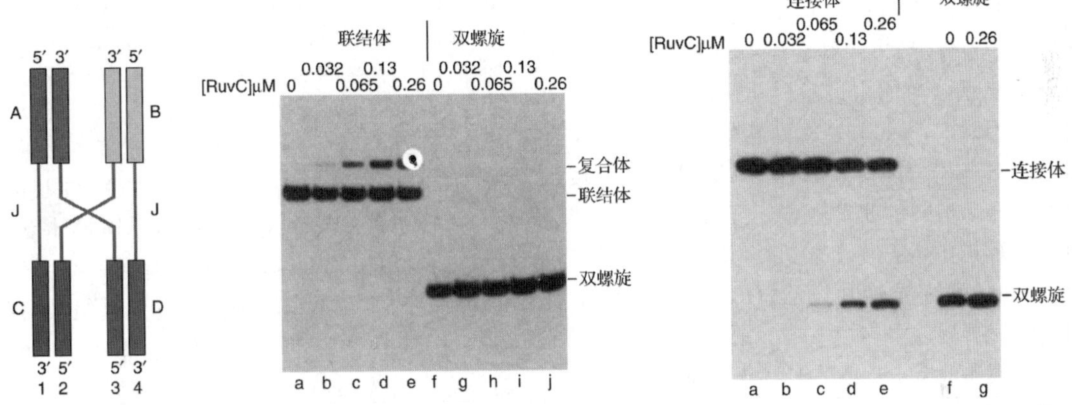

图 22.14 RuvC 拆分合成的 Holliday 连接体。(a) 合成的 Holliday 连接体结构。连接处具有一个 12bp 的短同源区（J 线段，红色），其他部分（A、B、C、D）是不同源的，以不同颜色表示。**(b)** RuvC 结合到合成的 Holliday 连接体上。West 等末端标记合成的 Holliday 连接体（和一线型双螺旋 DNA），在非切割条件下（低温并缺乏 $MgCl_2$），与不等量的纯 RuvC 结合，电泳检测产物。结果表明，RuvC 结合到合成的 Holliday 连接体上，而不是普通的线型双螺旋 DNA 上。**(c)** RuvC 对 Holliday 连接体的拆分。West 等将标记的 Holliday 连接体（或线型双螺旋 DNA），在切割条件下（37℃，5 mol/L $MgCl_2$）与浓度不断升高的 RuvC 结合，电泳检测产物。结果表明，RuvC 将一些 Holliday 连接体拆分成线型双螺旋形式。[*Source*：Dunderdale，H. J.，F. E. Benson，C. A. Parsons，G. J. Sharples，R. G. Lloyd，and S. C. West，Formation resolution of recombination intermediates by *E. coli* recA and RuvC proteins. *Nature* 354 (19-26 Dec 1991) f. 5b-c. p. 509. Copyright © Macmillan Magazines Ltd.]

Yu 一起对 RuvAB-Holliday 连接体复合体进行了进一步的电镜分析。他们将复合体的 100 个显微镜图进行扫描，结合产生一个标准图像。图 22.13（a）展示了基于该标准图像的叠加有彩色 DNA 链的一个模型。结果与所期望的相似，RuvA 四聚体位于连接体的中间，两侧是两个 RuvB 的六聚体环。图 22.13（b）显示将复合体的两臂弯曲的图像（为展示清楚而不显示 RuvA 四聚体）。图 22.13（c）显示底部绕平面纸旋转 180°DNA 双螺旋的图像（RuvA 同样被移掉，以便于观察）。RuvB 环绕在这个相似的 Holliday 连接体上，通过箭头方向的移动来促进分支迁移。尽管很难观察到，但 RuvB 也可以存在如图 22.13（a）所示的形式。

小结 由 RuvA 和 RuvB 构成的 DNA 解旋酶，驱动 Holliday 中间体的分支迁移。其中，RuvA 四聚体具有平面的对称四方形结构，能够识别并结合于 Holliday 中间体。Holliday 中间体也具有了这种平面四方构象，从而促进在 Holliday 中间体两个对立分支上结合 RuvB 的六聚体环。随后，RuvB 利用其 ATP 酶的活性驱动 DNA 螺旋解旋并重新形成新的螺旋。

RuvC

是哪一种酶通过酶切产生缺口来拆分 Holliday 连接体的呢？1991 年，West 等证明是 RuvC 行使了这一功能。如图 22.14（a）所示，他们构建了 ^{32}P 标记的 Holliday 连接体，在其联结点含有一个短的 12bp 的同源区域（J），这个结构的其他部分均由非同源区域构成。随后用凝胶阻滞实验检测 RuvC 与 Holliday 连接体或线型双螺旋 DNA 结合能力。图 22.14（b）的结果显示：当加入过量的 RuvC 到 Holliday 连接体中时，West 等观察到越来越多的 DNA-蛋白质复合体，证实了 RuvC 与 Holliday 连接体的结合。相同的实验也显示了 RuvC 不能与由链 1 及其互补链形成的线状双链 DNA 结合。

RuvC 可特异性地结合 Holliday 连接体，但是它能拆分这个连接体吗？图 22.14（c）显示的答案是肯定的。West 等分别加入逐渐增加浓度的 RuvC 到被标记的 Holliday 连接体和线状双螺旋 DNA 的反应体系中。得到了预期的结果，即 RuvC 拆分 Holliday 连接体产生带有标记的片段，该片段与线状双螺旋 DNA 长度相同，这也证实了 RuvC 导致 Holliday 连接体的拆分。通过更加复杂的实验可以区分带有补丁的产物与发生剪接的产物，结果表明在体外条件下，得到剪接产物的拆分方式为主要类型。

Kosuke Morikawa 等基于 X 射线晶体学研究，揭示了 RuvC 的三维结构：RuvC 是一个二聚体，两个活性位点相距 30Å。如图 22.15（a）所示，这种结构保证了在两个位点切割平面四方 Holliday 连接体。图 22.15b 对 RuvC-Holliday 连接体复合体进行了更细致的描述。

RuvC 是像这个模型所描述的单独行使作用的，还是在 Holliday 连接体上与 RuvB 或 RuvB

(a)

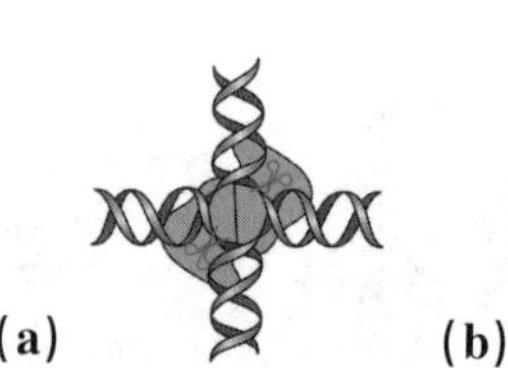

(b)

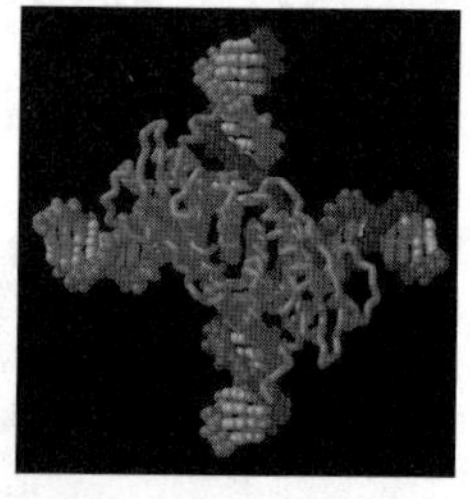

图 22.15 RuvC 和 Holliday 连接体的互作模型。(a) RuvC 二聚体（灰色）与二维四方形 Holliday 连接体结合的模型。“剪刀”（绿色）指示出两个 RuvC 单体上的活性位点（相距 30Å）。注意在拆分复合体中，RuvC 活性位点的位置与被切割的 DNA 的位置之间是如何契合的。**(b)** 详细模型。灰色管代表 RuvC 二聚体碳骨架。Holliday 连接体中，蓝色和粉红色表示磷酸骨架，银灰色表示碱基对。[*Source*: From Rafferty, J. B., S. E. Sedelnikova, D. Hargreaves, P. J. Artymiuk, P. J. Baker, G. J. Sharples, A. A. Mahdi, R. G. Lloyd, and D. W. Rice, Crystal structure of DNA recombination protein RuvA and a model for its binding to the Holliday junction. *Science* 274 (18 Oct 1996) f. 3e, p. 418. Copyright © AAAS. Reprinted with permission from AAAS.]

加 RuvA 结合后作用于 Holliday 连接体？所获得的证据强有力地证明，RuvC 通过与 RuvA 及 RuvB 结合一起作用于 Holliday 连接体复合体来行使功能。West 等重新构建了一个系统，在体外完成了从重组的中间产物到重组最后阶段的过程，结果表明，RuvC 与 RuvA、RuvB 的单克隆抗体阻断了 Holliday 联结的拆分。对于这个结果，可能的解释是 RuvA、RuvB 和 RuvC 三者相互作用。如果推论是正确的，这些蛋白质可以自然地结合在一起，并且其中的一个应该与其他的发生交联。West 等准备了两种不同蛋白质的混合物，加入戊二醛以实现交联，采用电泳方法检测交联效果。结果与预期的一样，RuvA 和 RuvB 可以交联，RuvB 和 RuvC 也可以交联，但是 RuvA 和 RuvC 之间不能交联。可见，RuvB 能与 RuvA 和 RuvC 交联，表明三种蛋白质可以结合到一起与 Holliday 连接体结合。

RuvA、RuvB 和 RuvC 共同作用的假说与分支迁移在拆分 Holliday 连接体中帮助 RuvC 发现合适切割位点的理论是一致的。这也和 X 射线晶体学研究显示的 RuvA 以四聚体或八聚体结合 Holliday 连接体相一致。West 假设包含 RuvA 八聚体的复合体对有效的分支迁移是特异的（图 22.16a）。RuvC 可以取代 RuvA 四聚体中的一个，从而形成 RuvABC 连结复合体，即“拆分体”［图 22.16（b）］，它对 Holliday 连接体的拆分是特异的。

(a) 交替的RuvAB连接复合体

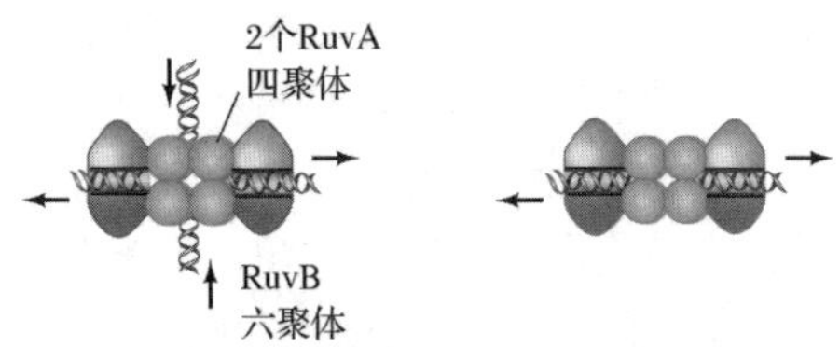

(b) 假定的RuvABC连接复合体

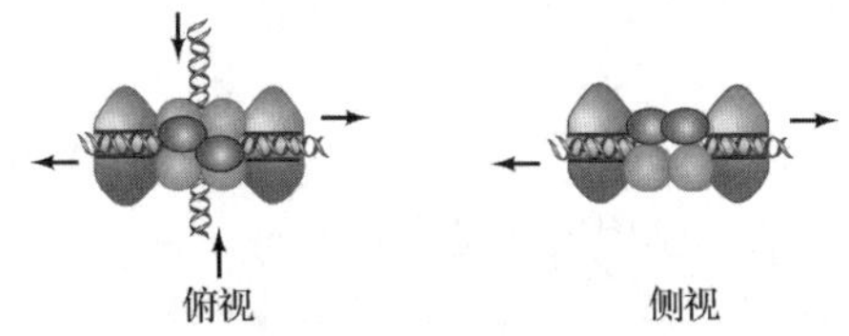

图 22.16 Ruv 蛋白-连接体复合体模型。(a) Pearl 等发现了 RuvAB-连接体复合体。与其他研究者提出的 RuvA 四聚体复合体相比，该模型的 Holliday 连接体中包含一个 RuvA 八聚体。这个 RuvA 八聚体复合体可能是有效迁移时的一种形式。**(b)** West 的 RuvABC-连接体复合体模型。这个模型是 Holliday 连接体拆分过程中的一个复合体形式。（*Source*：Adapted from West，S. C.，RuvA gets x-rayed on Holliday. *Cell* 94：700，1998.）

ruvA、*ruvB* 和 *ruvC* 突变体均能形成相似的表型：由于缺失重组修复而对紫外光、离子辐射、抗生素丝裂霉素 C 高度敏感。但 RuvA 和 RuvB 具有促进分支迁移的功能，而 RuvC 能催化 Holliday 连接体的拆分。为什么这三种蛋白质的缺失具有相同表型呢？答案可能是拆分过程依赖于分支迁移。RuvA 或 RuvB 突变后阻断分支迁移，进而间接阻断 Holliday 连接体的拆分。

虽然 West 等并没有揭示确切的机制，但却阐明了拆分过程中 RuvC 酶作用的热区，而 RuvC 酶接近这些热区又需要相应的分支迁移过程发生。为了确定 RuvC 切割位点的序列，West 又采用相同引物对相同的 DNA，对 RuvC 切割产物进行了引物延伸分析。结果，他们共检测到 19 个切割位点，找到一个明显的保守序列：5′-（A/T）TT↓（G/C）-3′。据此推测，在活体内必须由 RuvA 和 RuvB 催化分支迁移到达这样一个保守区域。这个假设也意味着无论拆分成”异源补丁”还是”拼接产物”，都依赖于两 DNA 链中 RuvC 识别的拆分保守序列的频率。总之，这应该是一个各占一半概率的拆分过程。

小结 Holliday 连接体的拆分是由 RuvC 酶催化的，这种蛋白质以二聚体的形式，从原始的交叉点处将两条链切开或形成两条非交叉的、但带有“补丁”片段的异源重组双链 DNA，切割另外两条链则会形成“拼接”的重组 DNA。这种蛋白质以二聚体形式将 DNA 夹住，优先在序列 5′-（A/T）TT↓（G/C）-3′处产生剪切作用。“分支迁移”到达优先的切割位点对于 Holliday 连接体的有效拆分是必需的。RuvA、RuvB 和 RuvC 酶在复合体中相互协调也直接参与“定位”与“切割”过程。

22.3 减数分裂重组

本章前面部分已经提到：大多数真核生物的减数分裂都伴随着重组，这个过程与细菌中的同源重组有很多相似的特征。本节中，我们将介绍酵母减数分裂重组的机制。

减数分裂重组的机制：综述

图 22.17 展现了已经研究得很透彻的酿酒酵母减数分裂重组的一个假设。该过程起始于染色体的损伤，即双链断裂。接着，一个内切核酸酶识别这个断裂并且消化这两条链的 5′端，产生 3′-单链凸出端。然后，这些单链末端侵入到 DNA 双螺旋形成与细菌同源重组中相似的 D 环结构。接着，DNA 修复合成填平了双螺旋的间隙，延伸 D 环来填充顶部双链。接着，在两个方向发生分支迁移形成两个 Holliday 连接体。最后，Holliday 连接体被拆分产生一个包含两节异源链的非交换的重组体或产生一个交换了 DNA 侧翼区的交换重组体。

这个假设的大多数步骤已经得到了很好的实验证实，但也有一些实验与该假说的部分观点相矛盾。一般而言，该模型预测杂合 DNA 会从双链 DNA 断裂处的两侧产生。然而，遗

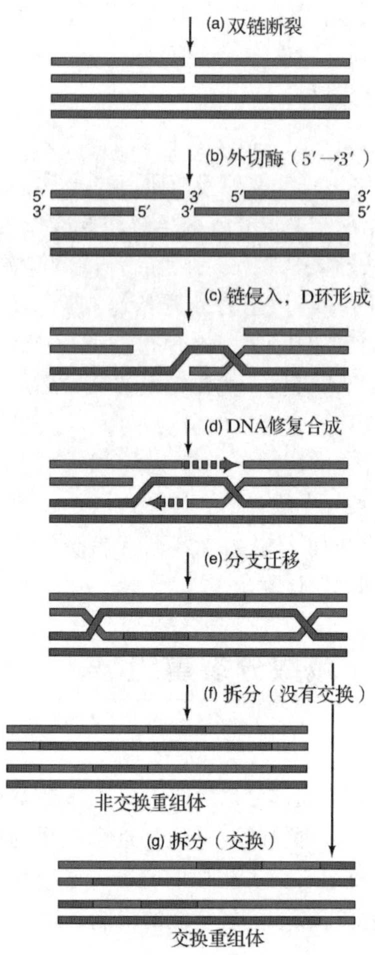

图 22.17 酵母减数分裂中的 DNA 重组模型。（**a**）在一条 DNA 双链（蓝色）中发生双链断裂，此链与另一条双链 DNA（红色）是配对的。（**b**）外切核酸酶在断裂处消化 DNA 的 5′端，产生新的断裂。（**c**）顶部双螺旋 DNA 游离出的 3′端单链侵入底部双螺旋 DNA 分子内，形成一个 D 环。（**d**）DNA 修复合成延伸的 3′游离末端，增大 D 环。（**e**）分支向两个方向移动，产生两个 Holliday 连接体。（**f**）Holliday 连接体内部链被切割而拆分，产生带有异源双链"补丁"的非交换重组体 DNA，但在 Holliday 连接体外的 DNA 臂上无交换。（**g**）切割左边的 Holliday 连接体的内部链和右边 Holliday 连接体的外部链，产生发生了交叉的重组 DNA 分子，该 DNA 具有右侧 Holliday 连接体右边的 DNA 交换区段。

传学鉴定发现杂合 DNA 仅出现在缺口的一侧。只有少数情况能在断裂的双侧发现杂合 DNA。而且杂合 DNA 存在于相同染色单体上，而不是如模型预测的在两条染色单体上。因此，需要更多的实验结果来解决这种偏差或修正这一假说。

双链 DNA 断裂

如何知道酵母中的重组是起始于双链 DNA 的断裂（**DSB**）呢？1989 年，Jack Szostak 等通过定位酿酒酵母（*Saccharomyces cerevisia*）中 *ARG4* 基因的重组起始位点的研究回答了这个问题。他们在重组事件本身的过程中没有发现这一现象，但在减数分裂过程中的基因转换现象中发现了这一现象，而酵母的基因转换就依赖于减数分裂重组。由于基因转换和重组均起始于相同的位点，为此他们就通过研究基因转换机理来揭示重组的机制。我们将在下一节讨论基因转换的机制。

Szostak 等早期的工作表明，*ARG4* 位点减数分裂的基因转换是有极性的，普遍发生在基因的 5′端（占整个减数分裂中的 9%），3′端的转换相对少见（占整个减数分裂的 0.4%）。这种特征表明重组的起始位点靠近基因的 5′端。因此，Szostak 等去掉这个区域，试图移除起始位点从而阻断基因转换。他们发现，去除 *ARG4* 基因的-361～+1 区显著降低了基因转换的频率，这也表明重组的起始位点存在于 *ARG4* 基因的启动子区。

这一信息帮助研究人员从酵母基因组的一些限制性区域寻找单链或双链 DNA 的断裂。因此，将克隆的一个长 15kb 包含 *ARG4* 基因的 DNA 片段构建成质粒，并转化到一个酵母菌株中，该菌株一旦被转移到孢子生成培养基中就能同步完成减数分裂。在孢子形成过程的不同时间提取质粒 DNA，电泳。

图 22.18 描述了电泳结果。在最初的时间，他们看到的多数是超螺旋单体、超螺旋的二聚体和松弛的环状单体，低迁移率的带型可能是一些二聚体。在孢子生成诱导的整个时间里都出现了这些相同的带。孢子形成过程中有一条不明显的弱带，可能是线性单体，第一次在 3h 出现，4h 出现高峰，经过这些时间点后就逐渐消失。这些线状 DNA 应该是质粒的双链 DNA 发生断裂后产生的。DSB 发生的时间与在这些细胞中进行减数分裂重组的时间一致（2.5～5h），与重组产物出现的时间也一致（4h）。这些结果都与减数分裂重组的假说中关于重组的第一步是 DSB 形成的观点相一致。

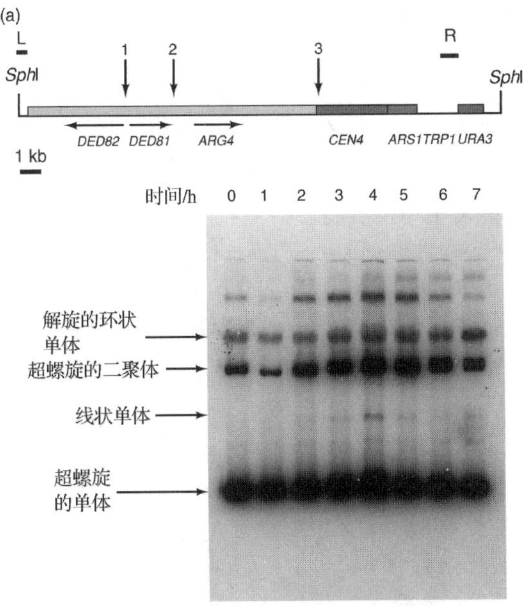

图 22.18 在具有重组起始位点的质粒上检测双链 DNA 断裂。(a) 用来检测双链 DNA 断裂 (DSB) 的质粒图。黄色横条代表酵母基因组中包含重组起始位点的 15kb 的插入。其他颜色的横条分别代表载体内包括着丝粒 (*CEN4*) 在内的其他位点。基因的位置在横条下标出，L 和 R 是用来进行斑点杂交的探针的位置。箭头 1、2、3 所示的是质粒发生双链 DNA 断裂的三个不同位置。 (b) 电泳结果。Szostak 等将图 (a) 中描述的质粒转化到酵母中，诱导孢子形成，在诱导后的不同时间提取质粒 DNA 进行电泳，用^{32}P标记的质粒探针进行 Southern 杂交，检测 DNA。各种条带在左边注释。值得注意的是，诱导后 3h 和 4h 出现一条新的相对较弱的线状单体 DNA，这一线状单体是双链 DNA 发生断裂产生的。[*Source*: Sun, H., D. Treco, N. P. Schultes, and J. W. Szostak, Double-strand breaks at an initiation site for meiotic gene conversion. *Nature* 338 (2 Mar 1989) f. 1, p. 88. Copyright © Macmillan Magazines Ltd.]

Szostak 研究组利用限制酶作图证明 DSB 发生于质粒的三个不同位置，在图 22.18a 中用箭头加以标识。这些断裂位点中的一个（位点 2）只存在 *ARG4* 基因 5′端调控区的一个 216bp 限制酶片段内。Szostak 等的前期工作表明在同一区域有 142bp 的缺失会降低 *ARG4* 基因的减数分裂期的基因转换。因此，他们在这一研究中测试了相同的缺失对 DSB 的影响。结果发现这个缺失的确能在位点 2 消除 DSB，但不影响位点 1 和位点 3 的 DSB。因此，位点 2 形成 DSB 的能力与 *ARG4* 基因下游的减数分裂基因转换的效率有关。

如果 DSB 的形成是减数分裂重组的起始条件，那么在酵母染色体中也会发生，而不会仅仅发生在质粒中。Szostak 研究组利用限制图在缺乏质粒的细胞中寻找相同的 DSB。他们在酵母染色体 DNA 中也发现一个 DSB 存在于位点 2（和位点 1），并且这些 DSB 出现的时间也与质粒中相同。

Nancy Kleckner 等研究表明，当在 *HIS4* 基因附近插入一个 *LEU2* 基因形成一个减数分裂重组热点时，相似的双链断裂也发生在酵母中。实际上是两个相距很近的 DSB 一起发生在这个重组热点区。*RAD50* 基因（*rad50S*）发生一个非无义突变（一个不完全阻滞基因活动的突变），也会导致由 DSB 引起的 DNA 片段积累。这个突变很明显阻断了 DSB 下一步的形成，导致 DSB 的积聚。

1995 年，Scott Keeney 和 Kleckner 发现在 rad 50S 突变体内由 DSB 而产生的 5′端共价结合了一种蛋白质。根据这一行为提出的一个有吸引力的假说认为，产生的 DSB 将使具催化功能的蛋白质很快与 DNA 分离，但是在该突变体内催化蛋白仍然结合在它所催化产生的 DNA 末端中。如果这是正确的，那么鉴定蛋白质是否结合在双链 DNA 断裂末端就可以鉴别出催化产生双链 DNA 断裂的内切核酸酶的种类。

为此，Kleckner 等开展了鉴定共价结合 DSB 的蛋白质的实验。他们从 *rad50S* 细胞中分离细胞核。由于这些细胞有蛋白质-DSB 复合体的积累，因此成为提供足量 DSB 结合蛋白质的来源。为纯化结合蛋白，Kleckner 等用了一个两步的鉴定程序。第一，提取核并用胍和去垢剂变性蛋白质，接着用 CsCl2 梯度超速离心纯化 DNA 和 DNA-蛋白质复合体。在这种变性条件下，结合 DNA 的任何蛋白质都应该发生共价结合。第二，通过玻璃纤维膜过滤混合物，它只允许纯 DNA 通过，DNA-蛋白质复合体结合到膜上。这样，在滤膜上就会富集共价结合的 DNA-蛋白质复合体。Kleckner 等用核酸酶消化复合体中的 DNA，对释放的蛋白质进行 SDS-PAGE 电泳。他们观察到许多带，其中两条带在 *rad50* 细胞中出现，但并不在阻断 DSB 形成的 *SPO11*△中出现。这两条相同的带也出现在制备性阶段及中间实验准备阶段中，它们是否出现依赖于DNA蛋白质复合体的核酸酶处理。

接着，Kleckner等从制备性凝胶上切下两条带（分子质量分别为34kDa和45kDa）并用胰酶消化，测序其中的一些胰酶肽。从这些肽链产生的短的蛋白质序列中得出了相应的DNA序列。由于酵母染色体基因组的序列已知，很容易对这些短的序列与相关的基因进行比对。结果表明，45kDa的蛋白质是*spo11*基因相应的产物Spo11，而这些34kDa的蛋白质对应于5种不同蛋白质的混合物，其中包括两种核糖体蛋白质。

由于Spo11是减数分裂所必需的，因此它是DSB结合蛋白的一个值得关注的候选基因。为了增加这种假设的说服力，Kleckner等证实Spo11特异性的与DSB结合，而不是结合大多数的DNA。为证明这一点，他们用表位附加的方法构建了红细胞凝集素蛋白的一个抗原决定域基因编码区与*Spo11*基因的融合基因。该基因的蛋白质产物（Spo11-HA）与任意DNA连接后，都可以与抗红细胞凝集素的抗体发生免疫沉淀反应。

在预实验中，研究人员从包含*HIS4LEU2*重组热点的*rad50S*减数分裂细胞中分离DNA（及与其共价结合的蛋白质）。利用*Pst* Ⅰ酶切DNA，电泳分离，用从重组热点中制备的探针进行点杂交。图22.19（a）描绘了热点区域，显示减数分裂中DSB发生的两个位点，在DSB位点的两侧有两个*Pst* Ⅰ位点，以及*HIS4LEU2*下游探针杂交的位置。如果没有DSB发生，仅仅可以观察到亲本的*Pst* Ⅰ片段。此外，如果DSB的确发生了，对应于DSB位点1和位点2的两个额外的附加小片段就会出现。图22.19（b）表明无论是在野生型细胞（SPO11$^+$）还是在SPO11-HD细胞内，两个小片段都出现了。

接下来，Kleckner等检测到Spo11-HA特异地结合到DSB产生的片段上。他们重复了上述实验，不过，这次他们在用*Pst* Ⅰ酶切DNA后，免疫沉淀Spo11-HA-DNA复合体。图22.19（c）描述了该实验的结果。图中可以很明显地看出有两条较亲本片段小得多的双链DNA断裂片段，伴随着Spo11-HA发生了免疫沉淀。在缺乏抗-HA抗体时，不能发生免疫沉淀。在含有野生型*SPO11*基因而没有HA标签连接的酵母菌株中也没有发生沉淀。进一步分析表明，在没有DSB积累的野生型*RAD50*株系，或者在不形成DSB的突变体株系中，都不能发生免疫沉淀。

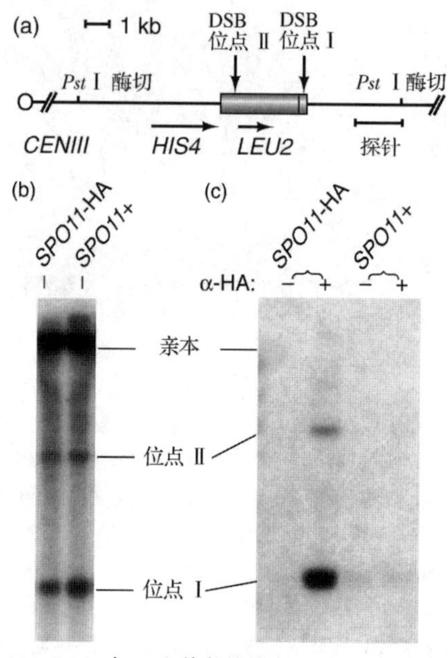

图22.19 Spo11与DSB片段的结合。（a）重组热区图谱。将带有*LEU2*基因（红）的片段（红和蓝），插入到酵母染色体Ⅲ近HIS4基因位点。着丝粒（*CEN*Ⅲ）DSB位点Ⅰ和Ⅱ的位置、Southern印迹探针杂交的位点，以及在DSB两侧两*Pst* Ⅰ位点均分别在图中标示。（b）总DNA的Southern印迹，*Pst* Ⅰ酶切，电泳，转膜，杂交。亲本的DNA片段，以及DSB产生的亚片段均显示出来。（c）DNA的Southern印迹。*Pst* Ⅰ酶切，与抗HA抗体免疫沉淀Spo11-HA-DNA复合体，与（b）图相同的转膜，杂交。DSB产生的亚片段比亲本的片段更好地富集了。［*Source*：Keeney，S.，C. Giroux，and N. Kleckner，Meiosis-specific DNA double-strand breaks are catalyzed by Spo11，a member of a widely conserved protein family. *Cell* 88（Feb 1997）f. 3，p. 378. Reprinted by permission of Elsevier Science.］

如果Spo11-HA仅仅结合到DNA上，那么它与亲本DNA片段的连接就应该同由双链DNA断裂产生的两个小片段的连接是一样的。但是在免疫沉淀中富集的小片段大约是亲本DNA的600倍。Spo11表现为特异地结合DSB，并且可能是催化产生DSB的酶的一部分。此外，Spo11与其他生物体中已知的一些蛋白质是同源的，包括始祖鸟、分裂酵母和蛔虫。这4种蛋白质仅有一个保守的酪氨酸，该酪氨酸很有可能是共价结合DSB的催化氨基

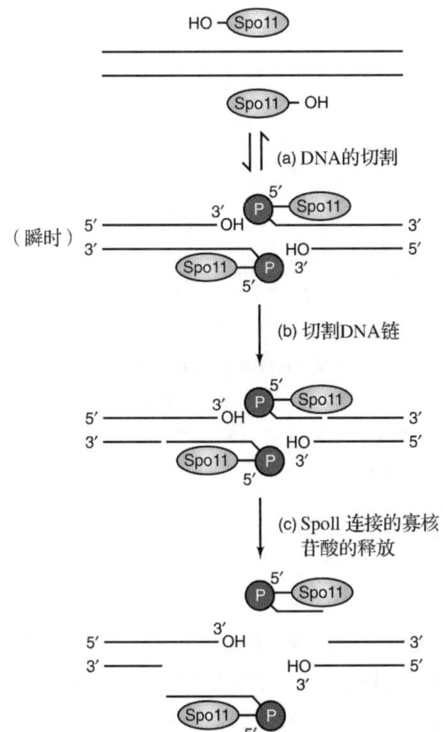

图 22.20　Spo11 参与 DSB 形成的模型。(a) DNA 的切割。两个具有活性酪氨酸(以羟基表示)的 Spo11 分子在位置稍有偏移的切点上攻击 DNA 的两条单链,转酯反应使 DNA 链的磷酸二酯键断裂。Spo11 的酪氨酸与被切割的 DNA 5′端上的磷酸发生共价连接。**(b)** 切割 DNA 链。不对称的切割产生两种不同大小的与 Spo11 连接的寡核苷酸。**(c)** Spo11 连接的寡核苷酸的释放。如图所示,释放发生在 DNA 末端被切割之前,但有证据表明随后发生释放。

酸。按照这种情况,该氨基酸应该类似于拓扑异构酶的酪氨酸活性位点(见第 23 章)。在 Spo11 中保守的酪氨酸是具有活性的 Tyr-135。因此,可以提出一种如图 22.20 所示的模型,该模型需要两分子 Spo11 的参与,每一分子 Spo11 在稍微错开的位置上分别作用 DNA 一条链,产生 DSB,并且留下一个瞬时的中间体,这个中间体带有一个 Spo11 分子,其通过活性酪氨酸共价连接到每条链新产生的一个 5′-磷酸末端上。因此,DSB 的形成显然不是一个简单的水解作用产生的,而是要通过一个转酯反应(transesterification),在该反应中,作用基团是酶的酪氨酸残基,而不是水分子。

Spo11 与 DSB 之间的共价连接仅仅是短暂的过渡现象。因此,两分子的 Spo11 必须通过一定的方式被除去。这个过程可能通过蛋白质-DNA 结合键的直接水解,或者通过内切核酸酶的作用从每一个末端将蛋白质及一个短的延伸 DNA 除去。

2005 年,Scott keeney 等证实后一种机制是正确的,如图 22.20 所示。他们构建了一个酵母菌株来表达带有 HA 抗原决定簇标签的 Spo11。接着,利用一个抗-HA 抗体从减数分裂细胞中免疫沉淀 Spo11。为了检测与 Spo11 结合的核苷酸,利用 TdT 和 ^{32}P 标记的 3′-脱氧腺苷磷酸盐进行免疫沉淀。TdT 加寡核苷能非

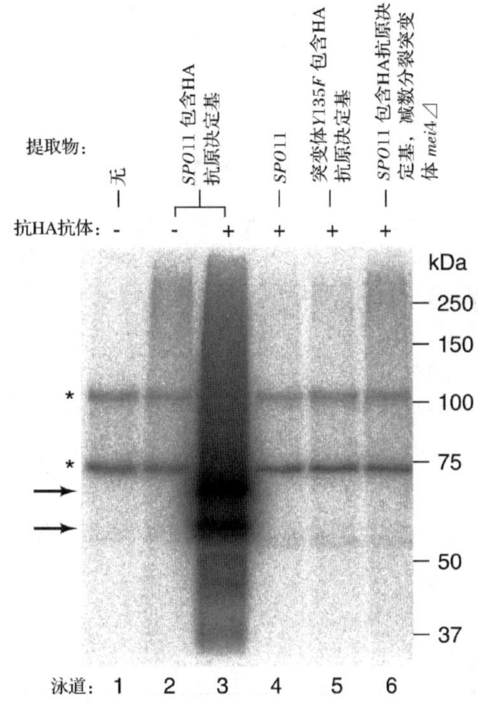

图 22.21　Spo11 与寡核苷酸结合的证据。 Keeney 等利用无抗体(泳道 1 和泳道 2)或抗-HA 抗体来免疫沉淀酵母细胞提取物中的蛋白质,如上面所示。用于制备酵母提取物的细胞的基因型也标注在顶部:泳道 2 和泳道 3,*SPO11* 结合到 HA 抗原决定基的编码区域;泳道 4,野生型 *SPO11* 不包括抗原决定基;泳道 5,*SPO11* 突变体 *Y135F*(其中活性酪氨酸位点 Y 转变为苯丙氨酸 F);泳道 6,减数分裂突变体 *mei4* △,没有形成 DSB。Keeney 等末端标记寡核苷酸,结合上附带 TdT 和 2-^{32}P 免疫沉淀的三磷酸盐。最后,对蛋白质 SDS-PAGE 电泳,放射自显影技术检测标记的蛋白质,星号表明标记的非特异性带,该带甚至在没有酵母提取物或抗体的情况下也会出现。箭头表明 Spo11 特异蛋白仅在 DSB 形成时被标记。(*Source*: Reprinted by permission from Macmillan Publisher Ltd: *Nature* 436, 1053-1057, Thomas Schalch, Sylwia Duda, David F. Sargent and Timothy J. Richmond, "Endonucleolytic processing of covalent protein-linked DNA double-strand breaks," fi g. 16, p. 1054 copyright 2005.)

特异地结合 DNA 的 3′端，而 3′-脱氧腺苷磷酸盐（3′-deoxy adenosine triphosphate）因不提供结合到下一个核苷的 3′-OH 而终止反应。

图 22.21 显示实验结果。由于在没有添加细胞提取物和抗体的第一泳道中也可以看到带，为此可推测带星号标记的两条带与 DSB 或 Spo11 无关。箭头所指两条带（泳道 3）是 Spo11 特异性带。这些特异性的带是真实的，在用无 HA 抗体的免疫沉淀反应时泳道 2 或 Spo11 没有标记 HA 抗原域时（泳道 4），条带不出现。这些条带的出现与否也依赖于 DSB 的形成，当 Spo11 的催化酪氨酸变成苯丙氨酸（泳道 5）或者 DSB 被 *mei4* 阻断时（泳道 6），条带不出现。

事实上，寡核苷酸标记的 Spo11-HA 出现在两条带中，这表明 Spo11 与寡核苷酸结合产生两种大小不同的带。因此，Keeney 等用蛋白酶从每一条带中消化蛋白质并电泳剩余的寡核苷酸来确定其大小。上面的带为 24～40 个碱基的弥散寡核苷酸带，小的带为 10～15 个碱基的弥散寡核苷酸带。结果证实两种大小的寡核苷酸结合到 Spo11 上，弥散带暗示着寡核苷酸具有不同的长度或蛋白酶在切断 Spo11 时是不均匀的，并且允许平均三个氨基酸残留仍然结合在寡核苷酸上。通过凝胶分离证明小于 10 个碱基的寡核苷酸不能很好地被阻滞。Keeney 等估计两个寡核苷酸的长度分别是 21～37nt 和小于或等于 12nt。对老鼠 DNA 中 DSB 的形成过程进行研究得到了相似的结果，但与老鼠 Spo11 同源部分链接的两组寡核苷酸的大小与酵母中发现的寡核苷酸的大小不同。图 22.22 表明 Spo11-寡核苷酸复合体出现的时间与 Spo11 切割的 DSB 出现的时间是完全一致的，预测 Spo11-寡核苷酸是 DSB 产生过程的自然产物。此外，大的条带和小的条带的比率也完全符合 1∶1，表明两者是同时产生于同一个过程。这些发现得出一些有趣的尝试性的结论。

首先，Spo11-寡核苷酸的积累与消失基本反映了 Spo11 切割 DSB 的积累与消失。相应物种的 Spo11-寡核苷酸的积累与 Spo11 切割 DSB 的积累是一致的。但没有人能断言，Spo11-寡核苷酸的消失将与 Spo11 切割的 DSB 的消失一致。然而，最简单的模型是 Spo11（结合或不结合寡核苷酸）在切除前从 DSB 上释放［见图 22.20（c）］，而这将发生于 DSB 消失前，由于 DSB 参与 Holliday 连接体形成。这个模型预测 Spo11-寡核苷酸的消失发生在 Spo11 切割的 DSB 消失之前。这两个现象同时发生的事实可以通过两种途径来解释。第一，Spo11-寡核苷酸的缓慢破坏足以使得同时发生 DSB 的切除而形成 Holliday 连接体。但更有趣的是可能 Spo11-寡核苷酸直到 DSB 切除后才开始降解，因为 Spo11-寡核苷酸直到那时才被释放。图 22.23 阐明了这一点。

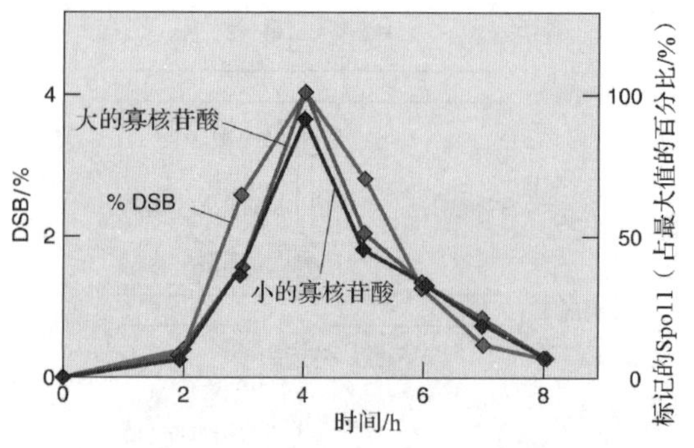

图 22.22 DSB 和 Spo11-寡核苷酸复合体形成及消失的时间过程。 在酵母 *HIS4LEU2* 重组热点测定的 DSB 占总 DNA 的百分比（绿色）。大的（红色）和小的（蓝色）寡核苷酸连接的 Spo11 的种类依照大种类的最大的百分比进行划分。（*Source*：Adapted from Neale, M. J., et al., Endonucleolytic processing of covalent protein-linked DNA double strand breaks. *Nature* 436：1054，fi g. 1f，2005.）

其次，实验产生了两种数量相同、大小不等的 Spo11-寡核苷酸连接体。这暗示着大的寡核苷酸来源于 DSB 的一个末端，而小的寡核苷酸来源于 DSB 的另一端。这意味着 DSB 在选择 3′-游离末端侵入另一个 DNA 双螺旋来起始 Holliday 连接体的形成之前具有固有的不对称性。Keeney 等设想了一个与图 22.23 相似的模型。两条链切割的不对称性导致了切除后同 Spo11 连接的寡核苷酸碱基互补配对的 3′游离末端长度的不对称性。这个插图右边的链碱基配对不紧密，该链将结合两个重组酶（Rad51 或者 Dmc1）中的一个，而另一个链将结合另一个重组酶。这种不对称性将支配着 3′游离末端侵入同源双链来起始 Holliday 连接体的形成。这种情况，正如图 22.23 右边所示。

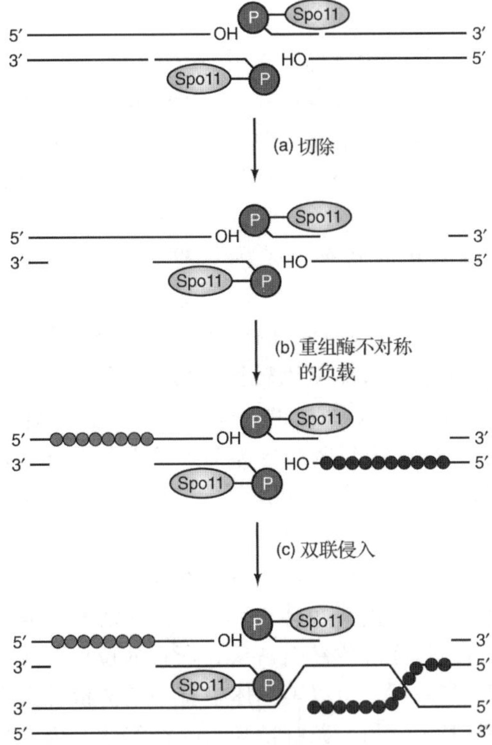

图 22.23 Spo11-寡核苷酸释放前 DSB 末端切除的模型。(a) 利用前一步（图 22.21）产生的缺口对两条链进行切除。**(b)** 两个重组酶（Rad51 和 Dmc1）不对称地负载到新产生的单链区域，一个蛋白质（蓝色）包裹一条链，另一个蛋白质（橘色）包裹另一条链。从这里不知道那一个蛋白质启动链拆分，颜色是随意的。**(c)** 其中一个蛋白质（蓝色）标注被紧密包裹的 3′游离末端，入侵一个同源双螺旋，起始 Holliday 复合体的形成。

下一节将在切除 DSB 末端的过程中看到一个包含 *Rad50* 和 *Mre11* 的复合体，下列证据表明复合体也包含内切核酸酶，以切割靠近 DSB 的 DNA，从而导致 Spo11-寡核苷酸的释放。首先，Mre11 具有必需的内切核酸酶活性；其次，*RAD50* 和 *MRE11* 的突变基因阻断了 Spo11 从 DSB 末端的移除；最后，结合于 Spo11 上的寡核苷酸具有 3′-OH 基团，与 Mre11 内切核酸酶作用的机制一致。

Spo11 基因在包括酵母、植物、动物的真核生物中是高度保守的。双链断裂模型起始重组似乎也是保守的。Kim McKim 和 Aki Hayashi-Hagihara 等进行了与 Kleckner 等相似的实验，研究结果也支持这个结论。他们在果蝇中寻找阻断基因转换的突变体，并在 1998 年，报道了 *mei-W68* 突变基因具有这样的表型，而 *mei-W68* 是果蝇中与酵母 Spo*11* 基因同源的基因。有趣的是，*mei-W68* 突变影响体细胞和减数分裂细胞的基因转换。因此，与酵母中仅在减数分裂重组时需要 *Spo11* 的情况不同，在果蝇中 *mei-W68* 对减数分裂和体细胞重组都是需要的。可见，在果蝇中由 *mei-W68* 诱导的 DSB 对减数分裂和体细胞的重组都是必需的。

小结 酵母减数分裂重组模型起始于一个双链 DNA 的断裂。DSB 可以直接在质粒 DNA 或染色体 DNA 中被观察到。DSB 在 *rad50S* 突变体中积累，其中 Spo11 可以与 DSB 末端共价结合。两个 Spo11 分子共同作用在非常邻近的两个位点切割 DNA 双链产生 DSB。这种切割涉及在两 Spo11 分子上的酪氨酸活性位点发生的交换反应，从而导致两 Spo11 分子和新形成 DSB 之间共价连接。接着，Spo11 与寡核苷酸（大约 12～37nt 的寡核苷酸）的复合体从 DSB 处释放，Spo11-寡核苷酸复合体甚至可以在 DSB 切除后释放。Spo11 的这种切割是不对称的，在 DSB 的一边产生比另一边长的游离的 3′端。这样可以形成一个游离的末端侵入同源 DNA 双链，起始 Holliday 连接体的形成。

DSB 处单链末端的生成

一旦 Spo11 产生一个 DSB，新的 5′端将被消化，产生可以侵入另一个 DNA 双螺旋的游离的 3′端。1989 年，Szostak 等研究 DSB 产生的 DNA 末端结构时首次发现单链末端。他们用可以完整保留双链 DNA 但特异降解单链末端 DNA 的 S1 酶消化 DNA。S1 酶不影响带的强弱，但会缩短三种 DNA 链的长度。这一结果与图 22.17 中的模型所预测的一致。DSB 发生后，一外切核酸酶在切点处降解两个 5′端，形成了对 S1 核酸酶敏感的单链 DNA，S1 消化后将会减少 DNA 片段的长度。

Kleckner 等也发现了 DSB 处一条链降解或切除的证据。他们发现野生型细胞积累的片段用凝胶电泳分析产生弥散带型，这是切割末端后形成不同大小的片段的结果。而在突变体 *Rad50S* 中，因为 DSB 末端的切割被阻断从而得到离散带型。

RAD50、*MRE11* 和 *COM1/SAE2* 的突变阻断了 DSB 的切割。实际上，*RAD50* 和 *MRE11* 的无效等位基因一起阻断了 DSB 的形成。所以只有这些基因的几个有效等位基因允许 DSB 形成，但阻止 DSB 的切除。可见这两种基因的产物对 DSB 的形成和切割都是必需的。这些基因产物功能的证据来源于与 *E. coli* 的比较。*E. coli* 蛋白质 SbcC 和 SbcD 分别与酵母 Rad50 和 Mre11 是同源蛋白。此外，两种细菌蛋白质发挥作用时形成 SbcC/SbcD 二聚体，它具有双链 DNA 的外切核酸酶活性。这些发现表明 Rad50 和 Mre11 在酵母中一起切割酵母 DSB 中的 5′端。

小结 减数分裂重组过程中，在 DSB 形成后，断口处的 5′端被 5′→3′外切核酸酶切割降解，产生能侵入 DNA 双螺旋的 3′突出末端。Rad50 和 Mre11 可能相互协作来完成这一过程。

22.4 基因转换

当真菌（如红色面包霉菌）形成孢子时，两个单倍体核融合，产生一个二倍体核。经过减数分裂形成 4 个单倍体核。这些核经有丝分裂产生 8 个单倍体核，每个均形成一个独立的孢子。总而言之，如果在某一个原始核的假定位点上含有一个等位基因 *A*，而另一个核在同一个位点含有等位基因 *a*，那么在孢子中这些等位基因的数量应该是相当的，即 4 个 *A* 基因和 4 个 *a* 基因。很难想象其他类型的结果存在，如 5 个 *A* 和 3 个 *a*，因为这需要将一个 *a* 转换为 *A*。事实上，这种变异率大约为 0.1%，不同的真菌会有不同的变异率。这种现象被称为**基因转换**（gene conversion）。我们在重组这一章讨论基因转换，是因为这两个过程是相关的。

图 22.17 所展示的减数分裂重组的机制揭示了减数分裂中基因转换的机制。图 22.24 描述了基于 *N. crassa* 的一个假设。一个细胞核发生 DNA 复制后，会含有 4 条染色单体。理论上，两条染色单体具有 *A* 等位基因，两条染色单体具有 *a* 等位基因。但是，如果链交换和分支迁移已经发生，随后的拆分将产生两条带有异源补丁的染色体，如图 22.24 所示。异源双链区域在等位基因 *A* 和 *a* 所在的位置仅有单个碱基不同，所以染色体中有一条链携带这个等位基因，另一条链携带另一个等位基因。如果立即发生 DNA 复制，将会产生两个 *A* 链和两个 *a* 链。然而，如果在复制前，一个或者两个异源双链在酶的作用下进行碱基错配修复，正如图 22.24 中所示，仅有上面的异源双链被修复，有一个 *a* 被转换成 *A*。结果就是三条链带有 *A* 等位基因，仅有一条链带有 *a* 等位基因。DNA 复制后，将产生 3 个 *A* 双螺旋和一个 *a* 双螺旋。加上未形成异源双链染色体的两个 *A* 和 *a* 双螺旋，最后的结果是 5 个 *A* 双螺旋和 3 个 *a* 双螺旋。

图 22.25 描述了另一种基因转换发生的途

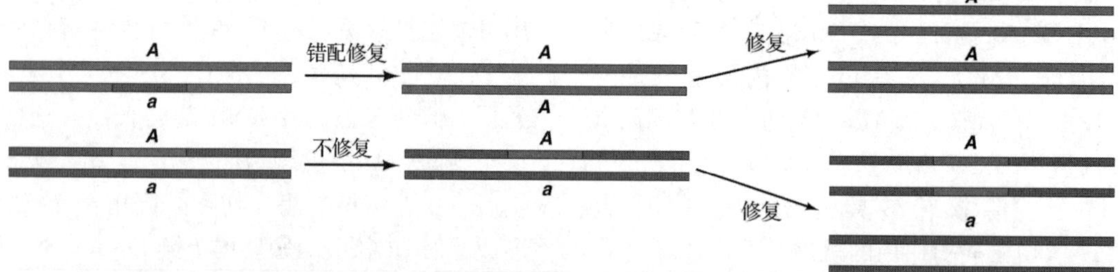

图 22.24 脉孢菌属孢子形成过程中的基因转换模型。在孢子形成中，伴有分支迁移过程的重组交换事件会产生两条带“补丁”的异源双链 DNA。异源双链 DNA 等位区域 *A*（蓝色）/*a*（红色）之间仅相差一个碱基。另外产生具有纯合 *A* 和纯合 *a* 基因的两条子代 DNA（图中未显示）。中间图所示，上面一条异源双链经错配修复，*a* 被转换为 *A*，底部的异源双链没有经过修复。修复的 DNA 复制产生两个含 *A* 基因的双链 DNA 分子。未修复的 DNA 复制产生含有一个 *A* 基因和一个 *a* 基因的双链 DNA。右侧图中子代双链 DNA 含有三个 *A* 基因和一个 *a* 基因，加上未显示的两条 DNA 复制产生两个 *a* 和两个 *A* 的双链 DNA。最后在子代的双螺旋中是有 5 个 *A* 和 3 个 *a*，而不是分别有 4 个 *A* 和 *a*。

径，这次没有错配修复。从图22.17步骤c开始，即从链侵入和D环形成开始，等位基因A和a的差异区在顶图中显示出来，蓝色代表A，红色代表a。图22.25与图22.17不同之处在于在修复合成之前，侵入链受部分切除的影响，D环带有部分塌陷。这种切割使得修复合成能获得更长的伸展，从而侵入链中更多的A将转换成a。转换准确发生在等位基因A和a差异的区域。分支迁移和拆分后（交换或者没有交换的拆分），我们得到的4条DNA链都具有a等位基因，而最初只有两条链是这种情况。基因转换已经发生。

基因转换并不仅仅局限于减数分裂事件。它也是面包酵母交配类型转换的机制。该基因

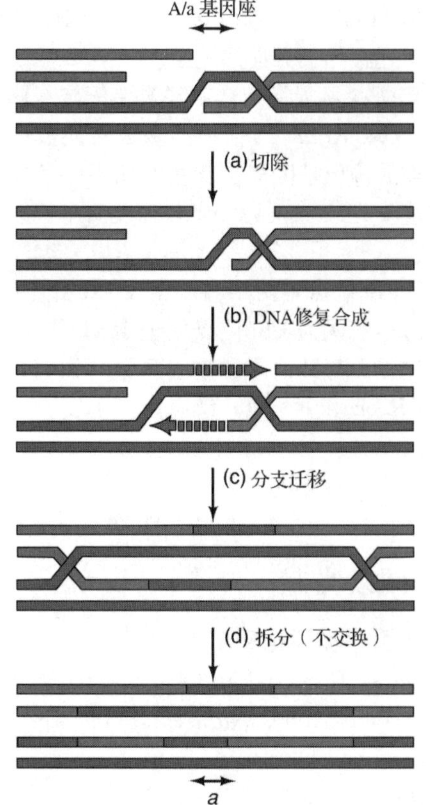

图22.25 无错配修复的基因转换模型。 该图是从图22.18所示的DSB重组图解的中间部分，即从链侵入之后开始的。(**a**) 此时，侵入链被部分切断，导致D环部分塌陷。(**b**) 由于链的切割，DNA修复合成更加广泛。将生成一个4条DNA链均为等位基因a的区域（在顶部和底部显示）。(**c**) 和 (**d**) 分支迁移和拆分均没有改变4条DNA链上等位基因的A和a种类，所有的DNA链均含有等位基因a。该过程将一个等位基因A转变为等位基因a。

转换事件包含*MAT*位点的两种基因型的瞬时互作，以及随后的一个基因的序列转换为另一个基因的序列。

小结 当两条相似但不一致的DNA序列互作时，就可能存在基因转换——一个DNA序列转换成另一个。参与基因转换的序列可能是等位基因（如在减数分裂中），也可以是非等位基因（如决定酵母交配类型的*MAT*基因）。

总结

对于生命体而言，同源重组是非常重要的。在真核生物减数分裂中，同源重组保证了同源染色体的正确分离，可以使子代获得重组的亲本基因。在所有的生物体中，同源重组还可以进行DNA修复。

在*E. coli*中，同源重组RecBCD途径起始于双链断裂产生的一个单链末端侵入另一双链DNA。通过优先切割一个特异Chi序列，由RecBCD的核酸酶和解旋酶活性产生一个游离末端。侵入链由RecA和SSB包裹。RecA帮助侵入链与同源DNA在同源区域配对，并形成D环。SSB很明显地通过解开二级结构，以及阻止RecA被任何二级结构所捕获从而抑制重组过程后续的链交换，而得以加速重组过程。接下来可能是在RecBCD的帮助下D环链产生缺口，导致Holliday连接体中间体的形成。RecA-SSB解旋酶催化分支迁移，将Holliday连接体的交叉带到要拆分的位点。最后，RuvC可以通过切割两条链来拆分Holliday连接体，产生两条带有异源补丁的DNA或双交换重组体DNA。

酵母减数分裂重组起始于一个双链断裂。两个分子的Spo11相互作用通过在距离很近的位点切割双链产生DSB。切割过程中包括两分子Spo11的酪氨酸活性位点的酯交换反应，导致两分子Spo11的共价连接和新DSB的形成。随后在DSB处，从Spo11与12～37nt寡核苷酸的复合体中释放Spo11。Spo11-寡核苷酸的释放也可能是在DSB切除之后。减数分裂重组中DSB形成后，在断裂处的5′端，按5′→3′方向降解DNA。*Rad50*和*Mre11*可能一起作用

来完成切除。接着，新产生的3′突出末端侵入其他的DNA双螺旋，产生D环。DNA修复合成和分支迁移产生可以被拆分成交换或非交换重组体的两Holliday连接体。

当两个相似但不一致的DNA序列进行互作时，就可能发生基因转换——一个序列转换成另外的序列。参与基因转换的序列可以是减数分裂中的等位基因，也可以是非等位基因，如决定酵母交配型的*MAT*基因。

复习题

1. 列出并解释RecA参与的同源重组的三个步骤。

2. 证实RecA包裹单链DNA的证据是什么？RecA与单链DNA互作中SSB起什么作用？

3. 描述证实在重组开始阶段的联会中需要RecA的实验并给出该实验的结果。

4. 怎样证实你通过电镜观察所看到的联会是真实的联会，而不是真实的碱基配对？

5. 描述RecBCD在Chi位点附近切割DNA的实验及结果。怎样证明缺口是RecBCD引起的，而不是污染物造成的？

6. 说明如何利用凝胶阻滞实验来证实RecA在高浓度下可以与Holliday连接体结合，而RecB自身不能结合，以及RecA和RecB在很低浓度条件下的协作可以结合到Holliday连接体上。实验中戊二醛的作用是什么？

7. 绘制一张RuvAB-Holliday连接体复合体图，包括将要发生分支迁移的Holliday连接体的交叉结构和RuvB环，但不包括RuvA四聚体。

8. 描述RuvC可以拆分Holliday连接体的实验及结果。

9. RuvA、RuvB、RuvC结合到一起后与Holliday连接体结合成复合体的证据是什么？

10. 列举酵母减数分裂重组的一个模型。

11. 描述证明酵母减数分裂重组中存在DSB的实验及结果。

12. 描述证明酵母减数分裂重组中Spo11共价结合到DSB的实验及结果。

13. 描述说明Spo11与两组大小不同的寡核苷酸结合的实验及结果。

14. 由Spo11结合两组不同大小的寡核苷酸，以及消失和出现的时间所阐明的酵母减数分裂重组的机制是什么，利用图示说明答案。

15. 列举减数分裂基因转换的一个模型。

分析题

1. 画出Holliday连接体的图表，根据图表举例说明：

a. 向右分支迁移，接着拆分产生一个短的异源双链，或者交换的重组体DNA；

b. 向左分支迁移，接着拆分产生一个短的异源双链，或者交换的重组体DNA。

2. 绘制一张*E. coli*细胞具有下列突变体基因时RecBCD途径的重组产物图：

a. *rec*A b. *rec*B c. *ruv*A d. *ruv*B e. *ruv*C

3. 说明如何用DNase足迹法来证实RuvA结合到Holliday连接体的中心，而RuvB结合到分支迁移相关方向的上游。

4. 如果两异源双链都经过错配修复修改为A/A，那么图22.24描述的基因转换最终会有什么样的等位基因混合比例？如果一条异源双链被修改为A/A，另一条修改为a/a，情况又如何？

5. Chi位点是两个参与链交换的重要元件之一。一般认为Chi位点促进RecBCD的同源重组过程而与其他同源重组无关（如λRed、*E. coli* RecE和RecF）。请设计一个实验来验证这一假设。

翻译　岳　兵　校对　罗　杰　李玉花

推荐阅读文献

一般的引用和评论文献

Fincham, J. R. S. and P. Oliver. 1989. Initiation of recombination. *Nature* 338:14-15.

McEntee, K. 1992. RecA: From locus to lattice. *Nature* 355:302-303.

Meselson, M. and C. M. Radding. 1975. A general model for genetic recombination. *Proceedings of the National Academy of Sciences USA* 72:358-361.

Roeder, G. S. 1997. Meiotic chromosomes: It takes two to tango. *Genes and Development* 11:2600-2621.

Smith, G. R. 1991. Conjugational recombination in *E.*

coli: Myths and mechanisms. *Cell* 64:19 - 27.

West, S. C. 1998. RuvA gets x-rayed on Holliday. *Cell* 94:699 - 701.

研究论文

Cao, L., E. Alani, and N. Kleckner. 1990. A pathway for generation and processing of double-strand breaks during meiotic recombination in *S. cerevisiae*. *Cell* 61:1089 - 1101.

DasGupta, C., T. Shibata, R. P. Cunningham, and C. M. Radding. 1980. The topology of homologous pairing promoted by RecA protein. *Cell* 22:437 - 446.

Dunderdale, H. J., F. E. Benson, C. A. Parsons, G. J. Sharples, R. G. Lloyd, and S. C. West. 1991. Formation and resolution of recombination intermediates by *E. coli* RecA and RuvC proteins. *Nature* 354:506 - 510.

Eggleston, A. K., A. H. Mitchell, and S. C. West. 1997. In vitro reconstitution of the late steps of genetic recombination in *E. coli*. *Cell* 89:607 - 617.

Honigberg, S. M., D. K. Gonda, J. Flory, and C. M. Radding. 1985. The pairing activity of stable nucleoprotein filaments made from RecA protein, single-stranded DNA, and adenosine 5′-(γ-thio) triphosphate. *Journal of Biological Chemistry* 260:11845 - 11851.

Keeney, S, C. N. Giroux, and N. Kleckner. 1997. Meiosis-specific DNA double-strand breaks are catalyzed by Spo11, a member of a widely conserved protein family. *Cell* 88:375 - 384.

Neale, M. J., J. Pan, and S. Keeney. 2005. Endonucleolytic processing of covalent protein-linked DNA double-strand breaks. *Nature* 436:1053 - 1057.

Parsons, C. A. and S. C. West. 1993. Formation of a RuvAB-Holliday junction complex in vitro. *Journal of Molecular Biology* 232:397 - 405.

Ponticelli, A. S., D. W. Schultz, A. F. Taylor, and G. R. Smith. 1985. Chi-dependent DNA strand cleavage by RecBC enzyme. *Cell* 41:145 - 151.

Radding, C. M. 1991. Helical interactions in homologous pairing and strand exchange driven by RecA protein. *Journal of Biological Chemistry* 266:5355 - 5358.

Radding, C. M., J. Flory, A. Wu, R. Kahn, C. DasGupta, D. Gonda, M. Bianchi, and S. S. Tsang. 1982. Three phases in homologous pairing: Polymerization of *recA* protein on single-stranded DNA, synapsis, and polar strand exchange. *Cold Spring Harbor Symposia on Quantitative Biology* 47:821 - 828.

Rafferty, J. B., S. E. Sedelnikova, D. Hargreaves, P. J. Artymiuk, P. J. Baker, G. J. Sharples, A. A. Mahdi, R. G. Lloyd, and D. W Rice. 1996. Crystal structure of DNA recombination protein RuvA and a model for its binding to the Holliday junction. *Science* 274:415 - 421.

Roman, L. J., D. A. Dixon, and S. C. Kowalczykowski. 1991. RecBCD-dependent joint molecule formation promoted by the *Escherichia coli* RecA and SSB proteins. *Proceedings of the National Academy of Sciences USA* 88:3367 - 3371.

Shah, R., R. J. Bennett, and S. C. West. 1994. Genetic recombination in *E. coli*: RuvC protein cleaves Holliday junctions at resolution hotspots in vitro. *Cell* 79:853 - 864.

Sun, H., D. Treco, N. P. Schultes, and J. W. Szostak. 1989. Double-strand breaks at an initiation site for meiotic gene conversion *Nature* 338:87 - 90.

Yu, X., S. C. West, and E. H. Egelman. 1997. Structure and subunit composition of the RuvAB-Holliday junction complex. *Journal of Molecular Biology* 266:217 - 222.

第23章 转　　座

三个彩色玉米穗。© *Creatas/PunchStock*.

我们已经了解到有机体的 DNA 从生命的开始到结束并非保持绝对不变。第 20 章中讲到 DNA 会受到损伤并得以修复，也能发生修复后突变。在第 22 章中已了解 DNA 可以通过同源重组将基因以新的组合方式连接在一起。DNA 还能发生位点特异性重组，它比同源重组所要求的同源序列要短。这种类型的重组常发生在特定的 DNA 序列之间，因此被命名为“位点特异性重组”。一个经典的例子是 λ 噬菌体 DNA 插入到宿主 *E. coli* 的 DNA 中，然后又从 *E. coli* DNA 上切离下来。相比而言，转座几乎不需要重组的 DNA 序列之间有同源性，因而不是位点特异性的。转座将是本章的主题。

23.1　细菌转座子

在转座过程中，一个**转座元件**（transposable element）或**转座子**（transposon）从 DNA 的一个位置移到另一个位置。20 世纪 40 年代，Barbara McClintock 在研究玉米遗传学时发现了转座子。从那以后，在从细菌到人的各种有机体内均发现了转座子的存在。本章首先介绍细菌转座子。

细菌转座子的发现

20 世纪 60 年代晚期，James Shapiro 等对异常突变的噬菌体的研究，为细菌转座子的发现奠定了基础。例如，这些突变不像点突变那样容易发生回复突变，而且突变基因含有一长串额外的 DNA 序列。Shapiro 证明 λ 噬菌体裂解 *E. coli* 时偶尔会携带宿主的一段 DNA，并将这段“外源”DNA 整合到自身基因组中。他让 λ 噬菌体携带一段野生型的 *E. coli* 半乳糖苷酶基因（gal^+）或与之对应的突变型基因（gal^-），然后测定含有宿主 DNA 片段的重组 λ DNA 分子的大小（第 20 章）。用氯化铯密度梯度离心法测定两种类型噬菌体的密度，从而间接测定重组 DNA 分子的大小。噬菌体的外壳是由同体积的蛋白质组成的，由于 DNA 的密度比蛋白质的密度大，所以如果噬菌体的 DNA 含量越高，其密度也就越大。结果显示，携带 gal^- 基因的密度比携带野生型 gal^+ 基因的密度大，说明前者含有更多的 DNA。最简单的解释是外源 DNA 插入到 gal^+ 基因中以使其失活。后来的实验的确揭示出在 *gal* 的突变基因 gal^- 中插入了一段在野生型基因中检测不到的 800～1400bp 的 DNA 片段。在极少数情况下，当这些突变体以极低的频率发生回复突变时，它们也丢失额外的 DNA。这些插入到一个基因中而使其失活的额外 DNA 是首先在细菌中发现的转座子，被称为**插入序列**（insertion sequence，**IS**）。

插入序列：最简单的细菌转座子

细菌插入序列中仅含转座所必需的元件。第一个元件是转座子两端的一种特异的序列，即末端反向重复序列；第二个元件是一套催化转座的转座酶编码基因。

由于插入序列的末端是反向重复序列，如果一端是5′-ACCGTAG，那么另一端则是与之反向互补的CTACGGT-3′。这里给出的是假设的反向重复序列，用来说明何为末端反向重复。典型的插入序列含有15～25bp的反向重复序列。例如，IS1的反向重复序列长23bp，更大的转座子的反向重复序列可以长达上百个碱基对。

Stanley Cohen用一个巧妙的实验证实了转座子末端具有反向重复序列。他将起始质粒与具有反向重复序列的转座子连接，得到如图23.1所示的一个含有转座子的结构，即图23.1（a）左侧所示的质粒。Cohen等最初的推论是若转座子末端确实有反向重复序列，那么如果将重组质粒的双链分开，则每一条链上的反向重复可以相互配对形成如图23.1（a）右侧所示的茎环结构。茎部是反向重复序列组成的双链DNA，环是反向重复序列之外其他的单链DNA。图23.1（b）的电镜图像证实了这种预期的茎环结构。

插入序列的主体部分至少编码两个催化转座的蛋白质，这些蛋白质统称为**转座酶**（transposase）。在本章后面部分将介绍其作用机制。若插入序列的转座酶编码区域发生突变将导致其不能转座，所以转座酶是转座必需的。

与其他复杂转座子一样，插入序列的另一个特征是，在转座子两外侧紧邻转座子插入位点两侧的靶DNA中会出现一小段正向重复序列。这段正向重复序列在转座子插入之前是没有的，它产生于转座子插入的过程中，这就告诉我们转座酶剪切靶DNA时采用的是错位剪切方式，即不是正好在两条链的对等位点处切割。图23.2显示了靶DNA插入位点两条链上

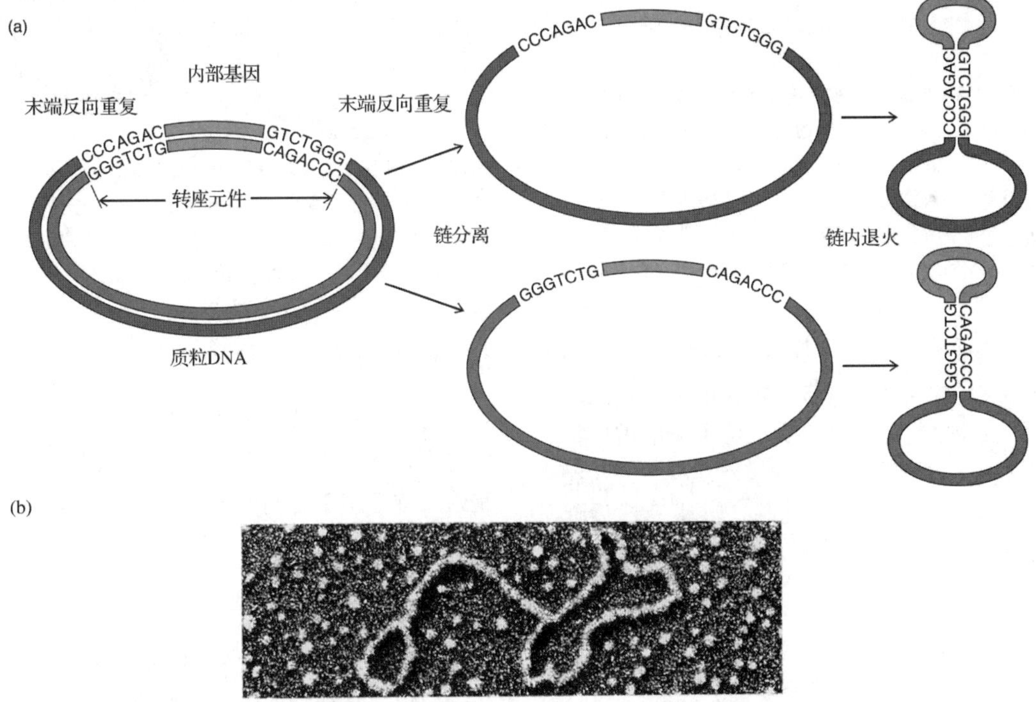

图23.1 转座子含有末端反向重复序列。(a) 实验图解：含有转座子的质粒的两条链分离并分别发生链内复性。末端反向重复序列将在两个单链环之间形成一个碱基配对的茎，对应于转座子（小环，绿色）的内部基因和宿主质粒（大环，紫色和粉色）。**(b)** 实验结果：DNA用重金属处理成像后在电子显微镜下检测，显示出环-茎-环结构。茎部有上百个碱基对，证明这个转座子中的反向重复序列比在（a）图显示的7bp要长得多。［*Source*：(*b*) Courtesy Stanley N. Cohen，Stanford University.］

的错位剪切如何导致正向重复（DR）的形成。形成的正向重复的长度取决于在靶DNA链上错位剪切时两个切点的间距。这个间距反过来又取决于插入序列本身的特性。IS1的转座酶形成9bp的错位剪切位点，因此产生的正向重复长9bp。

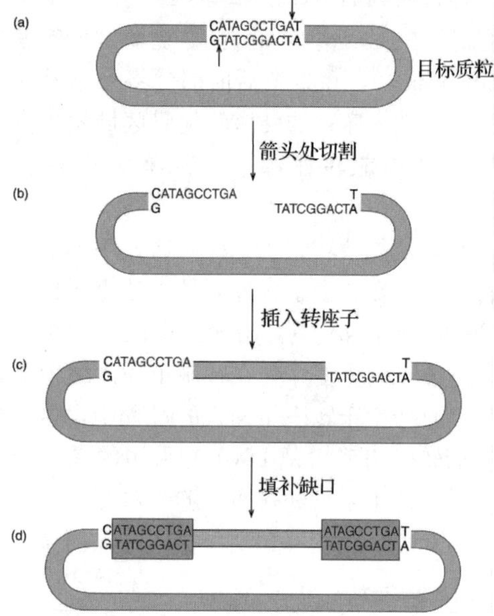

图 23.2　转座子两侧的寄主 DNA 正向重复序列的形成。（**a**）箭头显示的是寄主DNA双链错位切割切口的位置，每边9bp。（**b**）切开后。（**c**）转座子（黄色）连接到寄主DNA的每条链的末端，留下两个9bp的缺口。（**d**）缺口补齐后，在转座子的两个末端形成了寄主DNA的9bp重复（粉色框）。

小结　插入序列是最简单的细菌转座子，仅包含满足自身转座需要的元件：末端短的反向重复序列和至少由两个基因编码的执行转座功能的转座酶。转座过程包含靶DNA中一小段序列的复制，转座完成后复制序列的两个拷贝分别在插入序列的两端。

更复杂的转座子

插入序列和其他转座子有时候也被称为"自私DNA"，即它们利用寄主进行复制却没有给寄主提供任何有用的东西。但有些转座子的确也会给寄主带来有价值的基因，最常见的是抗生素抗性基因。这不仅对细菌寄主有利，对分子生物学家同样有用，因为有了这些基因，可以更容易地跟踪转座子。

如图23.3所示，首先有一个供体质粒，携带有卡那霉素抗性基因（Kan^r）和含有氨苄青霉素抗性基因（Amp^r）的转座子（Tn3）；另外，我们有一个携带有四环素抗性基因（Tet^r）的靶质粒。转座后，Tn3通过复制将一个拷贝移动到靶质粒上。现在靶质粒同时具有四环素抗性和氨苄青霉素，由于这个特性，我们可以通过将靶质粒转化到抗生素敏感性的细菌中，并将这些细菌置于含有这两种抗生素的环境中生长来检测转座子。如果细菌能存活，它们就一定含有两种抗生素抗性基因，由此可证明Tn3必然已转座到靶质粒中。

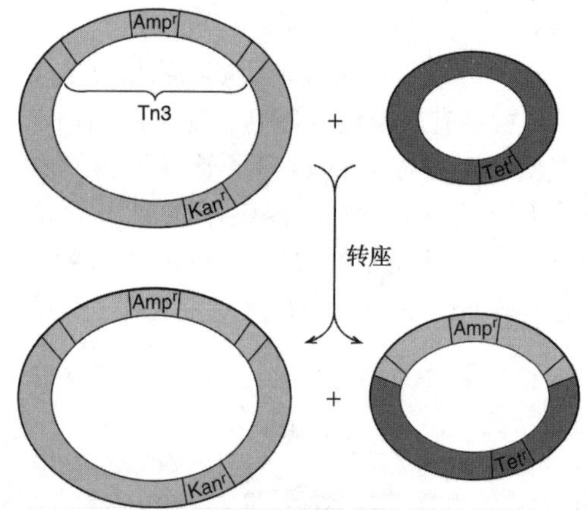

图 23.3　利用抗生素抗性基因追踪转座。开始有两个质粒：大的（蓝色）编码卡那霉素抗性（Kan^r）并带有编码氨苄青霉素抗性基因（Amp^r）的转座子Tn3（黄色）；小的（绿色）编码四环素抗性基因（Tet^r）。转座后，小段质粒同时携带有Tet^r和Amp^r基因。

转座的机制

转座子具有从一个地方移动到另一个地方的能力，所以有时候被称作"跳跃基因"。但是这个称呼似乎有些误导性地暗示了"跳跃基因"即DNA经常离开一个位点然后跳跃到另一个位点。以这种方式发生的转座，被称为**非复制式转座**（nonreplicative transposition）（或"剪切-粘贴"），因为初始DNA的两条链一起从一个位点移动到另一个位点而没有复制。然而，转座经常包括DNA的复制，所以转座子的一个拷贝会保留在原位而另一个拷贝插入到新的位点。这种方式被称为**复制式转座**（replicative transposition）（或"复制与粘贴"），因为转座子以这种方式移动时也复制了自身。下面我们讨论这两种转座是如何发生的。

Tn3的复制式转座 Tn3的结构如图23.4所示，这是一种转座机制研究得比较清楚的转座子。除了编码钝化氨苄青霉素的β-内酰胺酶的*bla*基因以外，Tn3含有两个对转座起作用的基因。Tn3的转座分两步进行，每个步骤都需要Tn3的一种基因产物。图23.5简要说明了该转座过程。我们以两个质粒开始，即一个含有Tn3的供体，另一个含有Tn3的受体。第一步，伴随着Tn3的复制过程，两个质粒融合，通过两个Tn3拷贝的连接形成一个**共联体**(cointegrate)。这一步需要由Tn3转座酶基因*tnpA*的产物催化两个质粒间的重组。图23.6显示了所有4条DNA链如何相互作用实现转座形成共联体的详细过程。图23.5和图23.6说明在两个质粒间发生转座，供体和受体DNA可以是其他种类的DNA，包括噬菌体DNA或者细菌自身的染色体。

Tn3转座的第二步是共联体的拆分，它将一个共联体分解为两个独立的质粒，各自携带一个Tn3的拷贝。这一步是发生在Tn3自身的同源位点*res*间的重组事件，由分解酶基因*tnpR*的产物催化。许多证据都证明了Tn3转座是由这两个步骤构成的。例如，*tnpR*基因

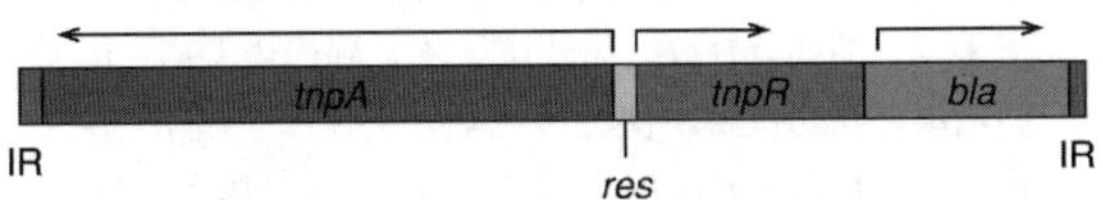

图23.4 Tn3的结构。转座必须要有*tnpA*和*tnpR*基因；*res*是在转座的拆分步骤中发生重组的位点；*bla*基因编码β-内酰胺酶，可以让细菌产生氨苄青霉素抗性，这个基因也被称为Amp^r。在每个末端都有反向重复序列（IR)。箭头所指的是每个基因的转录方向。

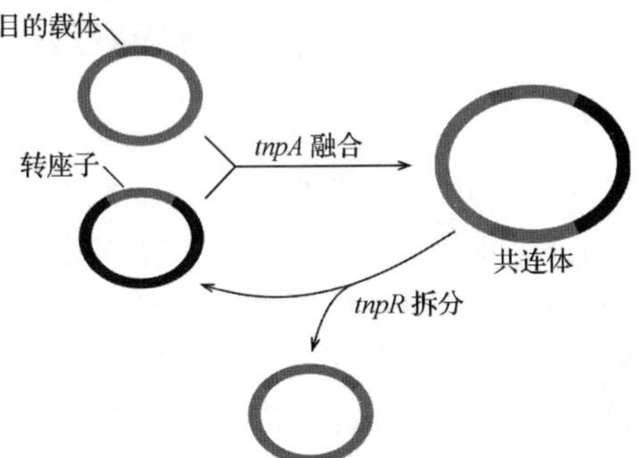

图23.5 Tn3两步转座简化图解。第一步，被*tnpA*基因产物催化，质粒（黑色）含有转座子（蓝色）与受体质粒（绿色，靶位点红色）融合形成共联体。在共联体形成时，转座子复制。第二步，被*tnpR*基因产物催化，使共联体分解为插入了转座子的受体质粒及原先含有转座子的供体质粒。

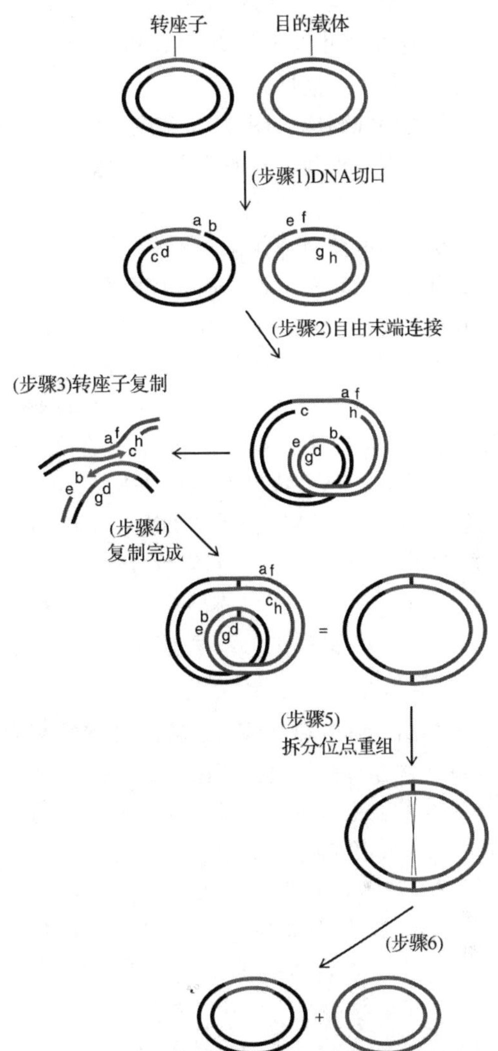

图23.6 Tn3转座的具体过程。步骤1：两个质粒产生缺口形成自由末端（nicking DNA)，分别标记为a～h。步骤2：末端a和f相连接，g和d相连接。b、c、e和h仍是自由末端。步骤3：保留的自由末端中的两个（b和c）作为DNA复制的引物，在复制区域的放大图中有显示。步骤4：继续复制使末端b到达e，而末端c到达h。这些末端连接形成共合体。注意整个转座子（蓝色）被复制。这里第一次标识了成对的*res*位点（紫色)，即使在前面的步骤中一个*res*位点已经存在。共合体中画了一个环，所以它的形成在先前的图中更清楚；但是，如果环是打开的，共合体将看上去如图23.5所示的样子。步骤5和步骤6：两个转座子拷贝的两个*res*位点间形成一个交叉，使得两个独立的质粒各自包含一个转座子的拷贝。以上过程显示了左右两个相同形式的共合体形成。

的突变体不能拆分共联体，因此导致转座的最终产物是共联体形式，这就证实了共联体通常是反应的中间产物。再如，即使 *tnpR* 基因有缺陷，如果有另一个 DNA 分子，如寄主染色体或其他质粒可以提供有功能的 *tnpR* 基因，共联体仍然可以被拆分。

非复制式转座 图 23.5 和图 23.6 说明了复制式转座的机制，但是转座并不总是以这样的方式发生。有些转座子（如 Tn10）采取非复制方式离开供体 DNA，转移到靶 DNA 上。这是如何发生的呢？非复制式转座在起始阶段可能和复制式转座一样，切开缺口，连接供体与受体的靶 DNA，但随后的过程就不一样了（图 23.7）。在转座子的另一边，供体 DNA 形成新的切口，而不是在转座过程中进行复制，这样就释放出产生缺口的供体 DNA，转座子却连接在受体 DNA 上。受体 DNA 的剩余切口可以封闭，从而产生一个将转座子整合到受体中的重组 DNA 分子。供体 DNA 有一个双链缺口，所以它可能丢失，或者如图 23.7 所示，缺口被修复。

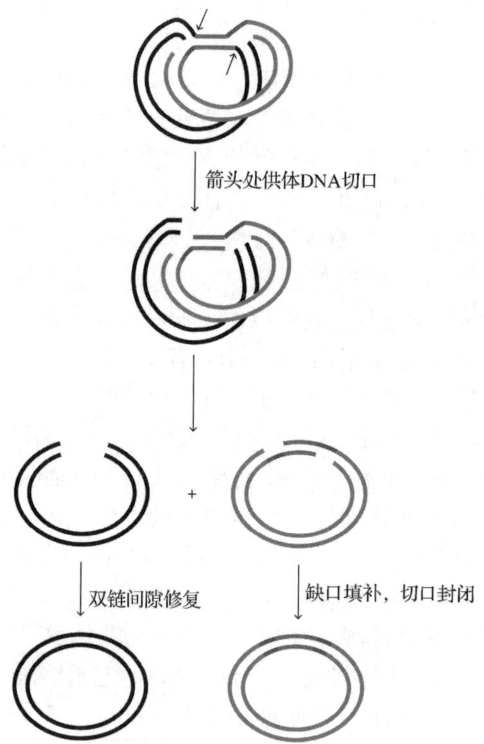

图 23.7 非复制式转座。开始的两步与复制式转座相同，顶部的结构与图 23.6 的步骤 2、步骤 3 相同。接下来，在箭头处形成新的切口。这将供体质粒除了转座子以外的部分释放，而转座子整合到受体 DNA 上。间隙填补和切口封闭使靶质粒整合上新的转座子。供体质粒的自由末端可以或不可以连接。无论哪种情况，供体质粒都失去了转座子。

小结 许多转座子除含转座必需的基因外，还含有一些其他的基因，这些基因常常是抗生素抗性基因。如 Tn3 含有氨苄青霉素抗性基因。Tn3 及其相关的转座子的转座（复制式转座）有两个步骤。转座子首先复制，供体 DNA 整合到受体 DNA，形成共联体。然后，共联体被拆分成两个 DNA 环，每一个环各含一个拷贝的转座子。另一种不同于 Tn3 的途径是保守式转座（conservative transposition），转座子在转座过程中不发生复制。

23.2 真核生物的转座子

如果细菌是唯一含有转座因子的有机体，那将是不可思议的，因为这些转座因子会赋予其寄主强大的选择压力。首先，许多转座子携带对寄主有利的基因。因此，寄主能以消灭其竞争者为代价繁衍自身，并与寄主 DNA 的其他部分一起繁殖转座子。其次，即使转座子对其寄主不利，它们也可以在宿主中“自私”地复制。真核生物中确实存在转座因子。事实上，转座因子首先是在真核生物中被发现的。

第一例转座因子：玉米的 *Ds*/*Ac* 系统

20 世纪 40 年代后期，Barbara McClintock 在研究玉米时发现了第一个可以转座的因子。较长时间以来，人们就知道印地安玉米中色斑籽粒的产生是由一种不稳定突变所导致的，如图 23.8（a）所示。这种颜色是由玉米 *C* 位点编码的因子决定的。图 23.8（b）显示了当 *C* 基因发生突变时籽粒为白色而非紫色。图 23.8（c）所示的斑点籽粒是有些籽粒细胞发生了回复突变后的结果。无论何时发生回复突变，回复突变的细胞及其后代都能产生颜色，从而导致深色斑点籽粒的产生。很显然，籽粒中产生的许多斑点意味着突变是很不稳定的：回复突变的频率远远高于我们对一般突变所预期的频率。

对这一现象的研究，McClintock 发现了一个称为 **Ds**（解离因子）的转座因子插入到 *C* 基因中产生起始突变［图 23.9（a）和（b）］。另一个转座因子 **Ac**（激活因子）可以诱导 *Ds* 以非复制方式再次从 *C* 基因中转座出去，产生回复突变［图 23.9（c）］。换言之，*Ds* 只有在 *Ac* 的帮助下才能发生转座。而 *Ac* 是自主型转座因子，可以独自发生转座，不需要其他因子的帮助就能使靶基因失活。

在 McClintock 发现转座子数十年之后，我们可以利用分子生物学工具来分离和鉴定这些遗传因子。Nina Fedoroff 及同事获得了 *Ac* 和三种不同形式 *Ds* 的结构。*Ac* 类似于前文所介绍的细菌转座子（图 23.10）。*Ac* 长约 4500bp，含有一个转座酶基因和一段与转座酶的近末端重复区域邻接的、短的不完整的反向重复序列。*Ac* 缺失后形成不同形式的 *Ds*。*Ds-a* 和 *Ac* 十分相似，只是缺失了部分转座酶的基因，这一点可以解释 *Ds* 自身不能发生转座。*Ds-b* 的缺失片段更大，仅保留了转座酶基因的一个小片段，长度更短一些。*Ds-c* 则仅剩有 *Ac* 因子中反向重复序列和与转座酶结合的近末端重复区域。这些区域和片段都是 *Ds-c* 在 *Ac* 指导下转座所必需的靶位点。

有趣的是，孟德尔本人描述的第一个控制豌豆种子饱满和皱瘪的基因 *R* 或 *r* 似乎也含有转座因子。现在我们知道 *R* 基因编码一个参与淀粉代谢的酶（支链淀粉酶）。皱瘪表型是这个基因功能异常引起的，这种突变是由于在 *R* 基因中插入了一段类似于 *Ac*/*Ds* 家族成员的 800bp DNA 片段引起的。

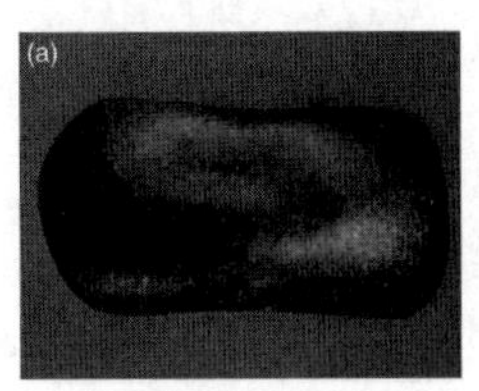

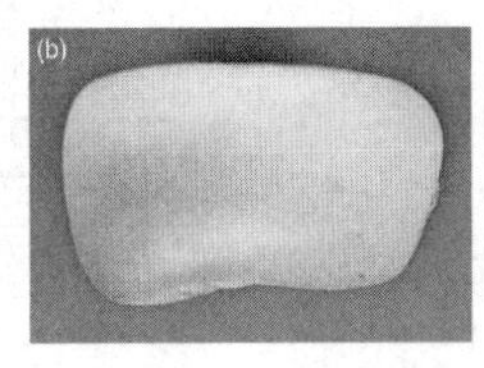

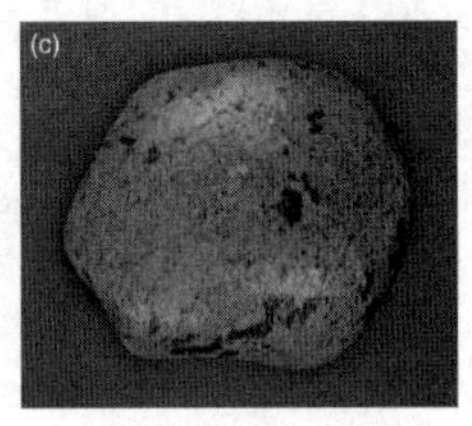

图 23.8　突变和回复突变对玉米籽粒颜色的影响。（a）野生型籽粒中有活性的 *C* 基因合成紫色素。**（b）** *C* 基因发生突变，阻碍色素的合成，产生无色籽粒。**（c）**部分细胞的 *C* 基因发生回复突变，重新激活色素合成，从而产生斑点籽粒。［*Source*：F. W. Goro，from Fedoroff，N.，Transposable genetic elements in maize. *Scientific American* 86（June 1984）.］

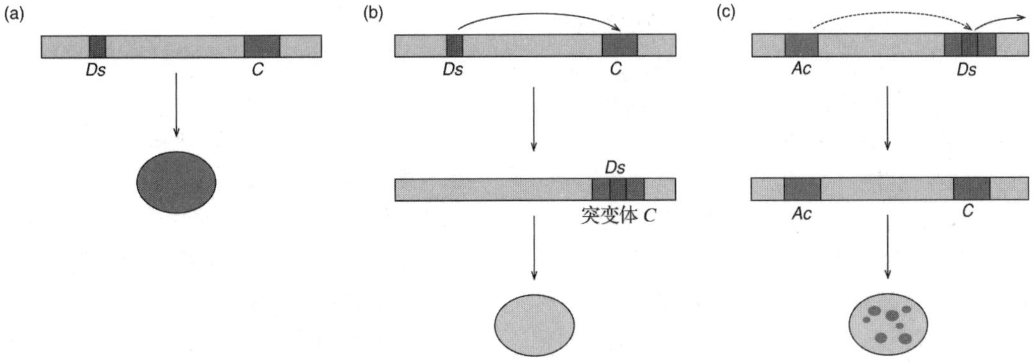

图 23.9　玉米中转座因子产生突变及回复突变。（a）野生型玉米籽粒包含有完整的活性 *C* 位点（蓝色），可以合成紫色素。**（b）** *Ds* 因子（红色）插入 *C*，使 *C* 失活，阻碍色素合成，因此籽粒呈无色。**（c）** *Ac*（绿色）和 *Ds* 因子同时存在使得 *Ds* 因子在许多细胞中可以跳出 *C* 位点，产生一些可以合成色素的细胞，这些细胞引起籽粒上出现紫色斑点。当然，*Ds* 必须在其缺损之前转座到 *C* 中，否则将需要 *Ac* 因子帮助。

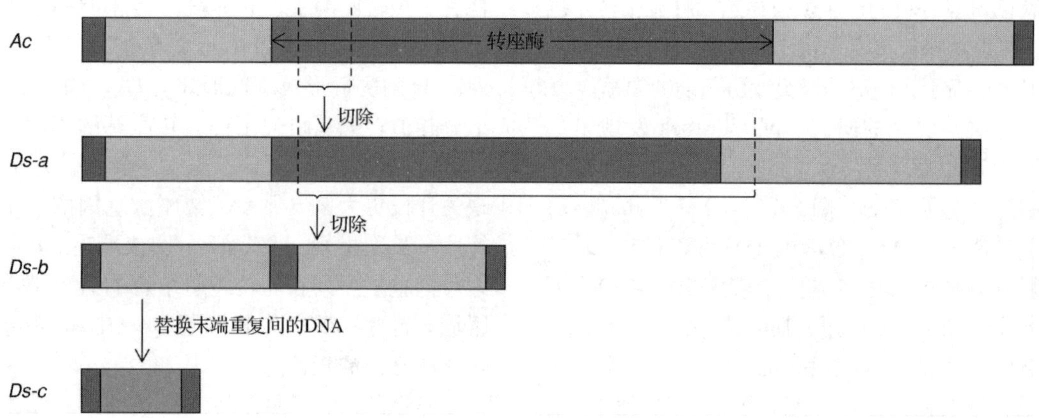

图 23.10 *Ac* 和 *Ds* 的结构。 *Ac* 含有转座酶基因（紫色）和两个不完整的末端反向重复序列（蓝色），以及近末端重复区域。*Ds-a* 中缺失了转座酶基因中一段 194bp 的区域（虚线），其余部分与 *Ac* 相同；*Ds-b* 缺失了 *Ac* 中更大的片段；*Ds-c* 仅有末端反向重复序列和近末端重复区域与 *Ac* 相同。

小结 玉米籽粒色斑是由 *C* 位点的非稳定突变的多次回复突变引起的，*C* 位点控制籽粒的颜色。*Ds* 因子转座到 *C* 基因中，使其突变，而后再从 *C* 基因中转座出去，以使 *C* 基因回复成野生型，从而导致了突变及回复突变的产生。*Ds* 自身不能发生转座，必须由自主因子 *Ac* 提供转座酶才能转座。*Ds* 因子或多或少地缺失 *Ac* 因子中的一部分片段。所有的 *Ds* 要实现转座均需要一对末端反向重复序列和与其毗邻的一段短得可以被 *Ac* 转座酶所识别的序列。

P 元件

杂种败育（hybrid dysgenesis）现象说明了另外一种明显由真核生物转座子转座产生的突变。杂种败育是指在一个品系的果蝇与另一个品系的果蝇杂交产生的杂种后代中，染色体遭受多种损伤而使得杂种后代败育或不育。杂种败育是亲本双方共同作用的结果，例如，在 *P-M* 系统中，父本必须是 P 品系（父本贡献），母本必须是 M 品系（母本贡献），M 父本与 P 母本的反交及品系内的杂交（P×P 或 M×M）产生的子代都正常可育。

我们为什么怀疑此现象中涉及了转座子的作用呢？首先，任何 P 系雄性染色体都能导致与 M 系雌性杂交后代的败育。其次，来自部分 P 系雄性和部分 M 系雌性染色体的重组雄性染色体也常常引起后代的败育，表明这些染色体上的多个位点上都带有 P 性状。

对这种现象的一种可能的解释是 P 性状受到转座因子的控制，所以我们才会在许多不同的位点上都发现有 P 性状。事实上，这种解释是正确的。负责 P 性状的转座子称为 **P 元件**（P element），发现其仅存在于野生型果蝇中，在实验室培养的品系中除了生物学家专门导入的以外，均没有发现该因子。Margaret Kidwell 及同事研究发现，P 因子插入到了败育果蝇的 **white** 位点中。他们发现这些因子的碱基序列高度相似但大小上区别很大（500～2900bp）。此外，P 因子具有末端反向重复，两侧有短的寄主 DNA 的正向重复，这些都是转座子的特征。最后，**white** 突变体在丢掉完整的 P 因子后表现出很高的回复突变频率，这是转座子的又一特性。

如果 P 元件与转座子相类似，那为什么它们仅在杂种中才转座并引起败育呢？答案就是 P 元件还编码一个转座抑制物，在发育的生殖细胞的细胞质中累积。因此，P 或 M 的雄性与 P 的雌性杂交，雌性细胞质中含有抑制物，能与 P 元件结合并阻碍其发生转座。但是在 P 的雄性与 M 的雌性的杂交中，早期胚胎中不含该抑制物，而由于 P 元件仅在发育中的生殖细胞中有活性，所以初始阶段也并不形成抑制物。最后当 P 元件被激活时，转座酶和抑制物同时产生，但是仅有转座酶进入细胞核，在细胞核中它可以激发转座的发生。

2009 年，Gregory Hannon 及同事鉴定了一个该抑制子的候选基因：一组抗 P 元件（anti-P element 的 piRNA）。在第 16 章中曾讲过 piRNA 在生殖细胞中以转座子为靶标，抑制其转座。Gregory Hannon 及同事发现在 P 雌性生殖细胞中含有大量 P 元件特异的 piRNA，而 M 雌性中则没有。这个规律对于与 P 元件类似的 I 元件也适用。携带 I 元件的“诱导子（inducer)”（I）雄性与缺乏 I 的“反应子（reactive)”（R）雌性交配导致后代不育。而如果是 I 雌性进行交配则后代育性正常。与这种假设相吻合，Gregory Hannon 及同事们证明 I 雌性中含有以 I 元件为靶标的 piRNA 而 R 雌性中则没有此类 piRNA。

杂种败育在物种形成中有着重要作用——产生一些不能相互杂交的新物种。同一物种的两个品系（如 P 和 M）经常产生不育的后代倾向于形成生殖隔离——与通常的情况不同，它们的基因之间不再混合，最终由于它们在遗传上的差异导致完全不能进行杂交繁育，进而成为两个分离的物种。

目前，P 元件通常被用作果蝇遗传实验中的诱变剂。这种方法的一个优点是突变容易被定位，只要寻找到 P 元件也就找到了被阻断的基因。分子生物学家也将 P 因子用于果蝇的转化，即通过 P 因子将改造过的基因转化到果蝇中。

小结 果蝇杂种败育的 P-M 系统是由两个相连的因子引起的：①父本提供的转座因子（P）；②母本提供的 M 细胞质，这种细胞质能使 P 元件发生转座。P 系雄性和 M 系雌性的杂交后代中 P 因子多次发生转座。转座引起染色体的损伤、突变，导致杂种后代的不育。P 元件作为诱变剂和转化因子在果蝇的遗传实验中有一定的实用价值。

23.3 免疫珠蛋白基因的重排

哺乳动物 B 细胞的基因重排产生抗体（antibody）及免疫珠蛋白（immunoglobulin）的过程和 T 细胞的基因重排产生 T 细胞受体（T-cell receptor）的过程均与转座过程类似，甚至两个过程中所涉及的重组酶与转座酶也很相似。因为有这么多相似点，我们将重排也纳入本章的内容。

在第 3 章中曾提到抗体由 4 个多肽链组成：两条重链和两条轻链（T 细胞受体含两条重 β 链和两条轻 α 链）。图 23.11 中示意了抗体的结构，并标明了与入侵抗原的结合位点。这些位点我们称之为**可变区**（variable region），每个抗体的可变区都不一样，构成了抗体的特异性；蛋白质的其余部分（**保守区**，constant region）尽管在少数不同种类的抗体间有所不同，但在同类抗体中该区是不变的。每个免疫细胞都只能产生一种特定的抗体。更为引人注目的是，人类免疫细胞能产生不同的抗体以抵御任何外来物质的入侵，意味着可产生成百上千万种不同的抗体。

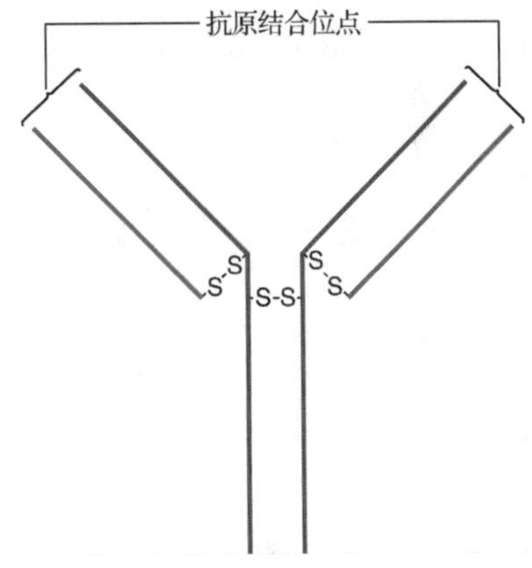

图 23.11 抗体的结构。抗体由两条轻链（蓝色）通过二硫键连接两条重链（红色）组成，两条重链之间也是由二硫键连接。抗原结合位点位于蛋白质链可变区的末端氨基酸处。

那么，这是否意味着有数百万种不同的抗体基因呢？这种假设是站不住脚的：它将造成我们的基因组为了携带所有这些必需基因而不堪重负。那么如何解决抗体多样性的问题呢？成熟的 B 细胞作为专门产生抗体的细胞，可以通过基因组重排将分散的抗体基因连接起来。将异源区段随机选择的基因连接起来的方法就像是从午宴菜单上点菜一样（从 A 栏选择一项，再从 B 栏选择一项）。重排大大增加了基因的可变性。例如，如果 A 栏有 41 个选项，B 栏有 5 个选项，A+B 栏的组合总数为 41×5，即 205。因此，46 个基因片段可以组合成 205 个基因，这仅仅是对一条抗体多肽链而言。如果其他链也用同样的方法，抗体的总数将是两种多肽链数的乘积数。以上说法尽管在理论上是成立的，但其实将抗体基因的实际情况大大简化了；正如我们即将看到的，关于抗体多样性产生，有更复杂的机制可以在更大程度上增加抗体可能的数量。

对哺乳动物抗体的研究表明，抗体轻链有 kappa（κ）和 lambda（λ）两个家族。图 23.12 显示了人类部分 κ 轻链的基因重排。“菜单栏”的“A 栏”包含 41 个可变区部分（V）；“菜单栏”的“B 栏”包含 5 个连接区部分（J）。J 片段实际上编码可变区的最后 12 个氨基酸，但是它们距离 V 区段的其余部分较远，而离一个保守区较近。在抗体形成细胞进行分化之前，以及将不相连的区域连在一起的重排行为发生之前，生殖细胞中的 J 片段一直维持着上述状态。图 23.12 描绘了重排和表达事件。

首先，一段 V 区和一段 J 区发生重组。在图 23.12 列举的事例中，V_3 和 J_2 相连，但其实 V_1 和 J_4 一样可以相连。在这个过程中，选择是随机的。基因的两个部分组装后，从 V_3 的起点开始转录到 C 的末端。接着，通过剪接将 J_2 区和 C 转录物连接，移除 J 区的额外部分和位于 J 区和 C 之间的间隔序列。重排发生在 DNA 水平，而发生在 RNA 水平上的剪切机制已在第 14 章介绍过。组装好的 mRNA 转移到细胞质中，翻译成抗体的轻链，轻链上有可变区（由 V 和 J 共同编码）和保守区（由 C 编码）。

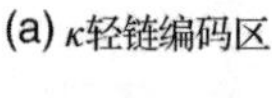

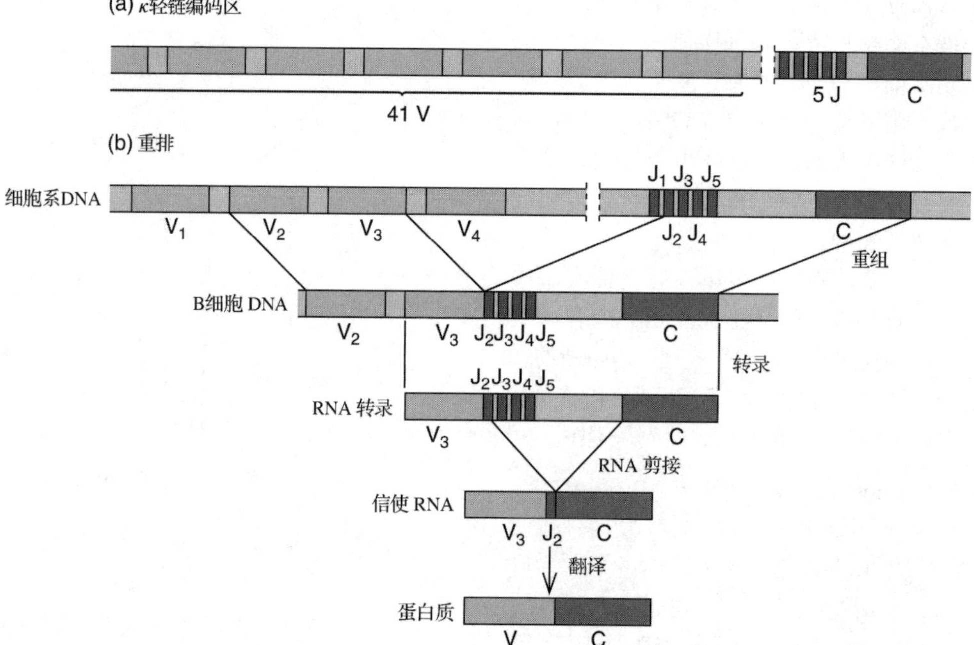

图 23.12 一个抗体轻链基因的重排。(a) 人类 κ 抗体轻链编码 41 个不同的基因片段（V：浅绿色），5 个连接片段（J：红色）和一个保守片段（C：蓝色）。**(b)** 在抗体形成细胞的成熟过程中，一段 DNA 缺失，将 V 片段（此例中的 V_3）与 J 片段（此例中的 J_2）相连接。这个基因可以转录为这里显示的包括 J 片段和插入序列的前体 mRNA。将 J_2 与 C 之间的片段剪切后成为成熟的 mRNA，翻译成如底部所示的抗体蛋白。mRNA 中的 J 片段翻译成抗体可变区的一部分。

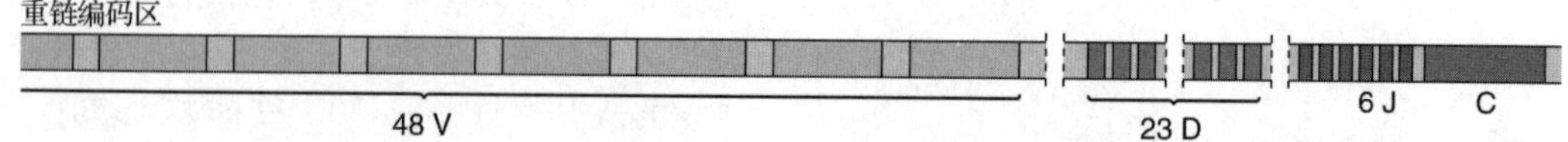

图 23.13 抗体重链编码区的结构。 人类重链编码 48 个可变区（V：浅绿色）、23 个多样区（D：紫色）、6 个连接区（J：红色）和 1 个保守区（C：蓝色）。

为什么转录从 V_3 区段起点开始而不是从更远的上游处呢？答案似乎是位于 J、C 区之间的内含子中的一个增强子激活了与其最邻近的一个启动子，此例中为 V_3 启动子。这也便于激活重排之后的基因，只要增强子与启动子的距离近到足以开启启动子即可。

重链上基因的重排更加复杂，因为在 V 区和 J 区之间还有一套额外的基因。这些基因片段被称为 D 区，即多样性（diversity），在我们的“菜单栏”上表示为第三栏。图 23.13 显示了重链 48 个 V 区、23 个 D 区和 6 个 J 区的组装。以此为基础，一个细胞可以组成 48×23×6，即 6624 个不同的种类基因。进而 6624 个不同的重链与 205 个 κ 轻链或 170 个 λ 轻链相结合，可以形成 2.5×10^6 种抗体或可变区的结合体。

抗体多样性的形成还有其他的来源。一个来源是 **V（D）J 连接**［V（D）J joining］的各区段连接机制并不十分精确，可导致在连接位点的两侧增加或减少若干碱基，从而产生抗体氨基酸序列的差异。

抗体多样性的另一个来源是体细胞超突变或体细胞（非性细胞）的快速突变。在此情形下，抗体基因突变发生在产生抗体的 B 细胞进行繁殖之时，以应对入侵者的挑战。

遗传学和生物化学分析表明，体细胞超突变的发生分两步进行。第一步，DNA 复制时，B 细胞活化、诱导产生的胞苷脱氨酶使胞嘧啶脱氨基生成尿嘧啶。第二步，尿嘧啶进入错配修复过程引起突变或者经由尿嘧啶-*N*-糖苷酶切除尿嘧啶，留下无碱基位点。无论上述哪种情况，都会产生单链断裂，细胞将会利用与跨越损伤支路（第 20 章）中相同的辅助 DNA 聚合酶（ζ、η、θ，可能还有 ι）进行修复，这些聚合酶易于产生倾向错误的修复，因此能产生很多突变。

总之，基因片段的不精确连接和体细胞超突变极大地扩大了抗体的数量。实际上，生物体一生的抗体总数估计高达 1000 亿，这应该足以对付各种进攻者。

小结 脊椎动物的免疫系统能产生数十亿种不同的抗体与理论上所有的外来物质发生作用。这些免疫系统通过三个基本机制产生了巨大的多样性：①两个或三个组成部分被用来组装抗体基因的轻链和重链，每个部分都分别从自身的异质源库中选择；②通过减少甚至增加额外碱基对的非精确连接机制来重组基因的各个部分从而改变基因；③可能在免疫细胞的增殖过程中引起体细胞的高频突变，产生差异轻微的基因。

重组信号

重组体系是怎样决定在什么位置对免疫珠蛋白基因的不同部分进行剪接的呢？Susumn Tonegawa 测定了许多鼠免疫珠蛋白基因（编码 κ、λ 轻链和重链）的序列后发现了一种共有的模式［图 23.14（a)］：相邻的两个编码区之间有一个保守的七聚体回文序列 5′-CACAGTG-3′。这个七聚体还伴随着一个 5′-ACAAAAACC-3′的九聚体保守序列。七聚体和九聚体间由一个 12 个碱基（**12 信号**，12 signal）或 23（±1）碱基（**23 信号**，23 signal）的非保守区所分隔开。这些**重组信号序列**［recombination signal sequences，**RSS**，图 23.14（b)］的重排常常是将一个 12 信号连接

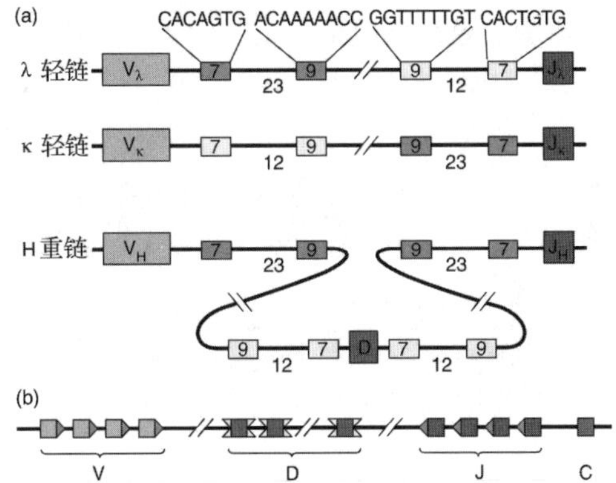

图 23.14 V（D）J 连接信号。(a) 免疫珠蛋白的 κ、λ 轻链基因和重链基因的编码区周围的信号重排。标记“7”和“9”的框分别是保守的七聚体和九聚体。方框上面给出了它们各自的保守序列。12 个碱基对和 23 个碱基对间隔区已被标记。注意 12 信号和 23 信号两两相连发生重排后自然组装成一个完整的基因。**(b)** 免疫珠蛋白重链基因的 12 信号重排和 23 信号重排示意图。黄色符号代表 12 信号，橙色三角形代表 23 信号。再次注意 12/23 法则是如何确保在重排的基因中只包有每个编码区（V、D、J）中的一个。［*Surce*：（*a*）Adapted from Tonegawa，S.，Somatic generation of antibody diversity. *Nature* 302：577，1983.］

到一个 23 信号上。这种 **12/23 法则**（12/23 rule）保证了 12 信号和 23 信号自身不会连接在一起，以确保只有一个编码区可以被整合到成熟的免疫珠蛋白基因中。

除了 RSS 保守序列的存在外，是否还有其他证据表明它的重要性呢？Martin Gellert 等采用碱基替代法系统地造成七聚体和九聚体发生突变，增加或减少间隔区的碱基，然后观察这些改变对重组的影响。用如下方法测定重组的有效性，即构建一个如图 23.15 所示的重组质粒。第一个元件是 *lac* 启动子，后面依次接一个 12 信号、原核生物转录终止子（transcription terminator）、一个 23 信号，最后连接一个 *cat* 报告基因。制备覆盖整个 RSS 的突变体库，然后将改造后的质粒引入 pre-B 细胞系。最后，将从 pre-B 细胞中分离纯化的质粒导入氯霉素敏感性*E. coli* 细胞中，检测氯霉素抗性。如果没有发生重组，转录终止子将阻碍 *cat* 基因的表达，几乎没有氯霉素的抗性。若重组发生在 12 信号与 23 信号之间，终止子将会因被倒位或缺失而失活，在此情况下，*lac* 启动子将启动 *cat* 基因的表达，形成许多抗氯霉素的克隆。该实验表明七聚体或九聚体的大量碱基突变将使重组的有效性降低到很底的水平。在间隔区插入或缺失碱基的结果与之相同。所以，RSS 的每个元件对 V（D）J 的重组都很重要。

小结　V（D）J 重组体的重组信号序列（RSS）由 12bp 或 23bp 隔开的一个七聚体和一个九聚体组成。重组只能发生在 12 信号和 23 信号之间以确保重组基因中仅整合每个编码区中的一个。

重组酶

David Baltimore 及同事研究编码 V（D）J 重组酶的基因时所用质粒类似于以上已介绍的重组报告质粒，但通过让其获得霉酚酸药物抗性使其在真核细胞中便于操作。将这种质粒连同鼠基因组 DNA 片段转入 NIH 3T3 细胞，这种细胞缺失 V（D）J 重组活性，通过分析 3T3 细胞的药物抗性来检测重组。他们通过这种方法鉴定出了在体内激发 V（D）J 连接活性的重组活性基因（*RAG-1*）。

但是，用包含几乎全部 *RAG-1* 的基因组克隆的重组激发水平为中等，与全基因组 DNA 的重组激发水平几乎一致。而且，用包含全部 *RAG-1* 序列的 cDNA 克隆效果也不好，所以可能漏掉了一些元件。Baltimore 研究小组对包含几乎全部 *RAG-1* 基因的基因组片段测序，发现了一个与之紧密连锁的基因。为了回答这个基因是否与 V（D）J 连接有关，他们在相同的转染实验检测中加入 *RAG-1* cDNA 的基因组片段。当两个 DNA 同时导入一个细胞时，得到了更多的药物抗性细胞。由此，他们发现了两个与 V（D）J 重组相关的基因，并把第二个命名为 *RAG-2*。

RAG-1 和 *RAG-2* 仅在 *pre-B* 和 *pre-T* 细胞中表达，这两种细胞分别是 V（D）J 连接成免疫珠蛋白和生成 T 细胞受体基因的场所。T 细胞受体与免疫珠蛋白结构相似，是与膜结合的抗原结合蛋白。编码 T 细胞受体的基因和免疫珠蛋白的基因遵照相同的重排法则，即由包含 12 信号和 23 信号的 RSS 完成。因此，*RAG-1* 和 *RAG-2* 显然与免疫珠蛋白和 T 淋巴细胞受体的 V（D）J 连接有关。

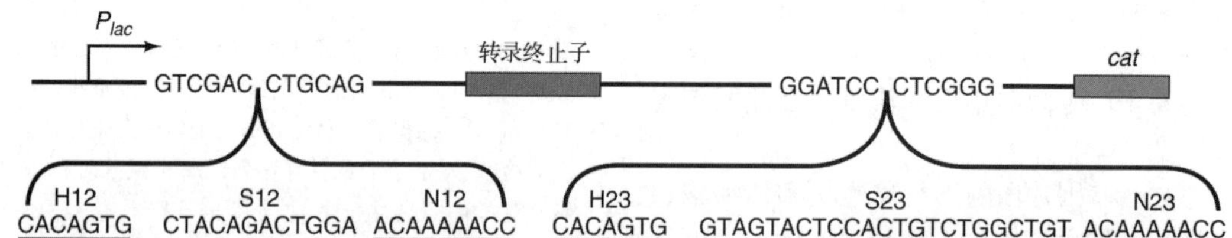

图 23.15　测定 RSS 突变体对重组有效性影响的报告基因载体的结构。Gellert 等构建的重组报告质粒包含一个 *lac* 启动子和 *cat* 基因，两者之间插入一个两侧有一个 12 信号和一个 23 信号的转录终止子。两个 RSS 之间发生重组后将会引起终止子倒位或缺失，由此启动 *cat* 基因的表达。重组质粒转化细菌细胞后产生大量的 CAT 产物克隆，这些克隆表现出抗氯霉素。此外，若是非重组质粒转化的细菌将不产生抗氯霉素的克隆。[*Source*：Adapted from Hesse，J.，M. R. Lieber，K. Mizuuchi，and M. Gellert，V（D）J recombination：a functional definition of the joining signals. *Genes and Development* 3：1053-61，1989.]

V（D）J 重组机制

V（D）J 的非准确连接导致连接过程中产物的多样性。在连接处常常发生碱基的缺失和额外碱基的增加，这一点对免疫珠蛋白和 T 细胞受体的形成是有利的，因为这样可以用有限的基因组合获得类型更多的蛋白质。

如何解释这种连接的非准确性呢？图 23.16 显示了在两个编码片段间的 RSS 两侧插入片段被切除的机制。*RAG-1*、*RAG-2* 的基因产物分别是 **Rag-1** 和 **Rag-2**，在 DNA 连接处先切出一个切口。然后新的 3′-OH 进攻互补链上的磷酸二酯键，释放出插入片段并在编码片段末端形成发夹结构。这些发夹结构是非精确连接的关键，可以开启发夹结构任意一边的顶端，从而增、减碱基，使 DNA 形成连接平末端。Rag-1 和 Rag-2 蛋白把两个发夹结合成为一个复合体，相互间进行共价连接。

如何确知形成了发夹结构呢？首先在活体内发现了浓度极低的发夹结构。随后，Gellert 小组开发出一种便于观察的体外系统。图 23.17（a）为该研究小组制备的一个标记底物，长 50nt，^{32}P 标记 5′端，包含一个 12 信号（黄色标记），左侧有一段 16bp 的片段，右侧末端为一段包含 12 信号的 34bp 的片段。制备的另一个相似的底物包含同样的侧翼序列，但含有 23 信号而不是 12 信号，所以它的长度为 61bp。

研究小组将这些底物分别与 RAG1 和 RAG2 及与人类同源的鼠 RAG1 和 RAG2 一起温育，然后在非变性条件下电泳检测产物是否发生了 DNA 剪切［图 23.17（b）］。结果发现一个 16 聚体的片段，表明双链发生了剪切。但是非变性凝胶电泳无法区分一段 16 聚体的双链和一个带有发夹末端的 16 聚体片段，所以研究者在较高温度下于尿素变性聚丙烯酰胺凝胶中电泳检测产物［图 23.17（c）］。在此条件下，16 聚体的双链 DNA 将成为两条 16 聚体的单链 DNA，若是带有发夹结构末端的 16 聚体片段则会成为一条 32 聚体的单链 DNA。在 RAG1 和 RAG2 蛋白都存在的情况下不论 DNA 含有的是 12 信号还是 23 信号，研究小组观察到的都是一条 32 聚体的单链 DNA。若 DNA 中没有 12 信号或 23 信号则没有产物和发夹结构，或者反应体系中缺少 RAG1 或 RAG2 蛋白也没有产物［图 23.17（d）］。因此，RAG1 和 RAG2 对 12 信号和 23 信号均能识别，在毗邻信号处剪切 DNA，在编码片段末端形成发夹结构。

而且，在非变性凝胶上 16 聚体产物在变性凝胶上仅是发夹结构产物，说明没有 16 聚体的双链形式。但在非变性凝胶上和底物一起移动的标记的 DNA 在变性凝胶上会产生双链 16 聚体，这不可能由双链断裂而来，否则不会在非变性凝胶上与底物一起保留下来。因此，它一定是来源于标记链上的切口。由切口产生的 16 聚体在非变性凝胶电泳过程中保留与其互补链碱基配对，但在变性凝胶电泳中将和 16 聚体一样独立泳动。因此，单链切口显然也是 RAG1 和 RAG2 蛋白作用的一部分。

为了深入研究切口和发夹结构形成之间的关系，Gellert 等进行了时序动态研究，设置底物与 RAG1 和 RAG2 蛋白的不同温育时间，然后变性凝胶电泳检测产物。他们发现首先出现的是切口型，接着是发夹型。这表明切口型是发夹型的一个前体。为了验证这种假设，他们构建了一个切口中间体并与 RAG1 和 RAG2 一起温育。有足够的证据表明，RAG1 和 RAG2 将切口 DNA 转化成发夹结构。Gellert 研究小

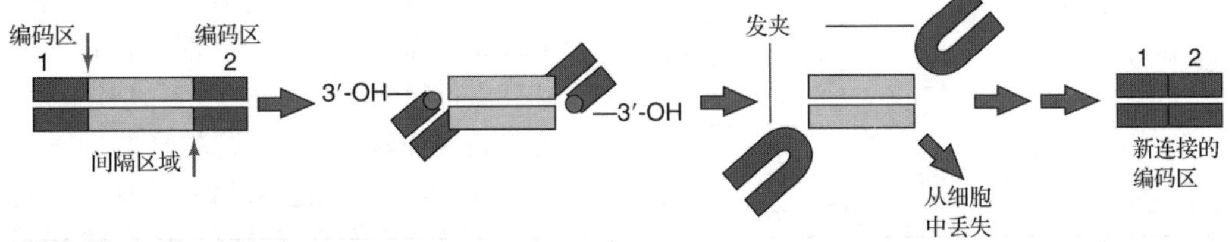

图 23.16　RSS 的剪切机制。在连接编码区（红色）和插入片段（黄色）的 RSS 的两条链的对应位置产生切口（垂直箭头）。新的 3′-OH（蓝色）攻击并打断互补链形成发夹结构并释放出插入片段，插入片段丢失。最后，发夹结构被打开，两个编码区用非精确机制连接起来。［*Source*：Adapted from Craig，N. L.，V（D）J recombination and transposition：closer than expected. *Science* 271：1512，1996.］

组随后的工作表明事件发生的顺序可能是这样的：RAG1 和 RAG2 在一条 DNA 链毗邻 12 信号或 23 信号的地方切出一个切口，然后新形成的羟基末端在转酯反应中攻击另一条链，形成如图 23.16 所示的发夹结构。

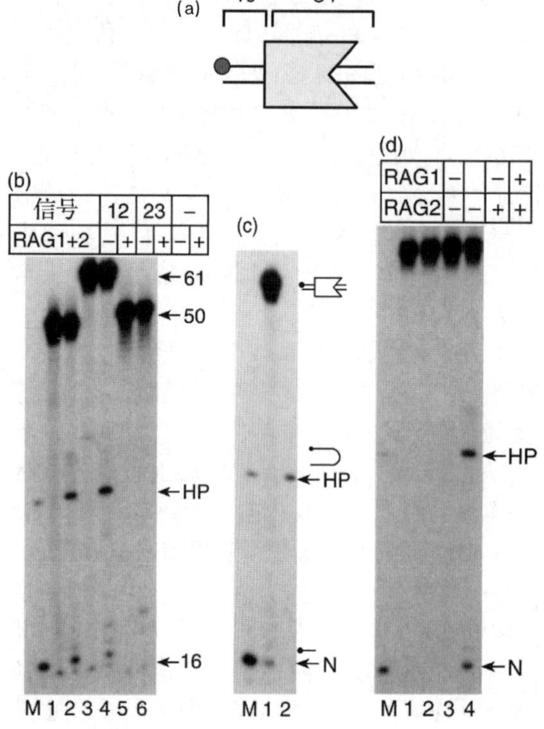

图 23.17 剪切产物的鉴定。(a) 剪切底物。Gellert 及同事构建了这个 50 聚体的标记物，包括左侧一段 16bp DNA、一个 12 信号（黄色）和右侧一段包含 12 信号的 34bp 片段。单链 5′端标记用红点表示。研究者还构建了一个类似的含有一个 23 信号的长为 61 聚体的底物。**(b)** 鉴定发夹结构产物。如上部方格所示，将 RAG1 和 RAG2 蛋白与标记 12 信号或 23 信号的底物温育。温育后产物用非变性凝胶电泳并以放射自显影检测标记产物。右侧标出了 61 聚体、50 聚体底物、发夹结构（HP）和 16 聚体的显影位置。**(c)** 非变性凝胶上的产物检测。Gellert 研究小组从非变性凝胶板上回收标记产物（显然没有切割的 50 聚体和 16 聚体片段）。回收产物分别点在变性凝胶泳道 1 和泳道 2 以进行电泳，另一个泳道点与非剪切底物、16bp 发夹结构（HP）和从变性的底物缺口释放出的单链 16 聚体对应的标记（marker）。**(d)** 对 RAG1 和 RAG2 的需求。这个实验与（b）相似，唯一的区别是只有 RAG1 和 RAG2 蛋白这两个变量（如上部方格所示）。“N”表示从缺口型释放出的 16 聚体的位置。[*Source*：McBlane，J. F.，D. C. Van Gent，D. A. Ramsden，C. Romeo，C. A. Cuomo，M. Gellert，and M. A. Oettinger，Cleavage at a V（D）J recombination signal requires only RAG1 and RAG2 proteins and occurs in two steps. *Cell* 83（3 Nov 1995）f. 4 a-c，p. 390. Reprinted by permission of Elsevier Science.]

是什么酶打开了由 RAG1 和 RAG2 产生的发夹结构的呢？Michael 等 2002 年证实是一种称为 Artemis 的酶在起作用。Artemis 自身有外切核酸酶活性。但是与 DNA-PKCS 结合后，Artemis 将获得内切核酸酶活性从而切开发夹结构。在第 20 章中我们讨论修复双链 DNA 断裂过程中非同源 DNA 末端连接（NHEJ）时就介绍过 DNA-PK_{CS}。实际上，打开的发夹结构的连接与 NHEJ 很相似，均依靠 NHEJ 机制。

与免疫珠蛋白基因重排类似，T 细胞受体重排过程中产生的发夹结构也要用 Artemis 切开。没有抗体，B 细胞就没有作用，同样的，没有 T 细胞受体，T 细胞也是无用的。因此，缺失 Artemis 的功能就意味着同时丧失了 B 细胞和 T 细胞的功能。事实上，*Artemis* 基因缺陷的人具有严重的联合免疫缺陷（SCID，“气泡孩子”综合征），并且对任何病原物都不会产生免疫反应，他们必须与世隔绝才能存活下来。

小结 RAG1 和 RAG2 在邻近 12 信号或 23 信号的 DNA 单链上切开一个切口，导致转酯反应发生，产生的 3′-OH 攻击互补链并使其断裂，在编码片段的末端形成一个发夹结构。然后发夹结构以非精确方式断裂，通过碱基的增、减连接编码区。

23.4 反转录转座子

McClintock 发现的玉米转座子类似于本章前面介绍的细菌转座子，是剪贴式或复制-粘贴式转座子中的一种。如果 DNA 复制也包括在内，那么它是直接复制的。人类也带有这类转座子，约占人类基因组的 1.6%。最常见的是 **mariner**，但是至今研究过的所有 mariner 因子在转座过程中都是有缺陷的。真核生物还携带有另外一种转座子——**反转录转座子**（retrotransposon），它通过 RNA 中间体进行复制。因此，反转录转座子类似于**反转录病毒**（retvovirus），有些反转录病毒引发脊椎动物产生肿瘤，有些反转录病毒（人类免疫缺乏病毒或 HIV）引发 AIDS。在介绍反转录转座子的复制机制之前，我们先了解一下反转录病毒的复制。

反转录病毒

反转录病毒最显著的特点是能以其 RNA 基因组复制 DNA，并由此而得名。从 RNA 到 DNA 的反应是转录过程的一个逆反应，通常称为**反转录**（reverse transcription），Howard Temin 和 David Baltimore 同时在 1970 年向持有疑问的科学界证明确实可以发生这种逆反应。他们通过在病毒颗粒中找到了能催化反转录反应的酶证明了这一点。因此，这种酶就被命名为**反转录酶**（reverse transcriptase）。更准确的名称应为**依赖 RNA 的 DNA 聚合酶**（RNA-dependent DNA polymerase）。

图 23.18 阐述了反转录病毒的复制周期。以一个病毒感染细胞为开始，病毒含有 RNA 基因组的两个拷贝，在其 5′端通过碱基互补配对连接（为了简便，此处只显示了一个拷贝）。当病毒进入细胞时通过反转录酶的作用将末端带有**长末端重复序列**（long terminal repeat，LTR）的病毒 RNA 反转录成双链 DNA。这段 DNA 与寄主基因组融合，形成病毒基因组的整合形式，称为**原病毒**（provirus）。寄主 RNA 聚合酶Ⅱ 转录原病毒产生病毒 mRNA 进而翻译成病毒蛋白。在完整的复制周期中，聚合酶Ⅱ 也产生原病毒的 RNA 拷贝形成新的病毒基因组。基因组 RNA 包装成病毒颗粒（图 23.19）后出芽脱离被感染的细胞，之后再去感染其他细胞。

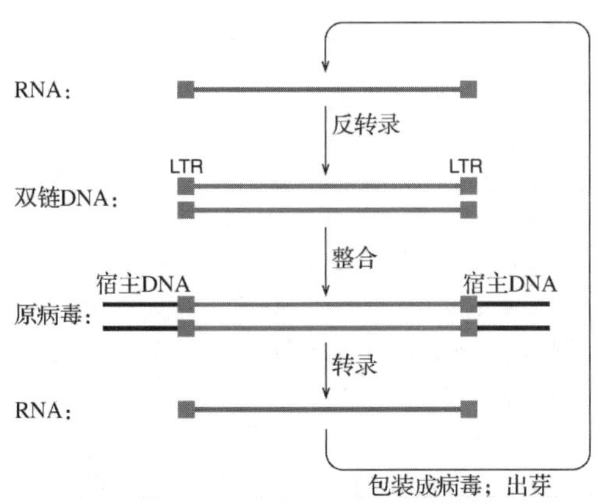

图 23.18 反转录病毒的复制周期。反转录病毒的基因组是 RNA，在末端携带有一段长的末端重复序列（long terminal repeat，LTR，绿色）。反转录酶催化 RNA 复制出线状双链 DNA 拷贝，双链 DNA 将整合到寄主 DNA（黑色）上，成为原病毒（provirus）形式。寄主的 RNA 聚合酶Ⅱ 转录原病毒形成基因组 RNA。病毒 RNA 包装成病毒颗粒（packaging into virus），从细胞中出芽脱离（budding），然后感染另一个细胞，开始新一轮周期。

图 23.19 AIDS 病毒的内部结构，为部分切除的艺术图片。AIDS（获得性免疫缺陷综合征）由人类免疫缺陷病毒（HIV）引起。HIV 病毒粒子的中心是荚膜（紫色）包裹着 RNA 链（核糖核酸，黄色），核心的周围是由弹状病毒基质蛋白（蓝色）构成的二十面体外壳。外周由膜（黄色双分子层）包裹，该膜在病毒粒子形成时来源于宿主细胞。锚定在外壳上的是病毒的节（黄色），可使病毒附着在细胞上。AIDS 病毒损害免疫系统并通常会引起致命的二次感染。（*Source*：© Russell Kightley/Photo Researchers，Inc.）

反转录酶的证据 对于反转录现象的质疑源于从未被人观察到的这种反应，这也违背了 Watson 和 Crick 提出的分子生物学的“中心法则”，中心法则提出遗传信息是从 DNA 流到 RNA 再到蛋白质，不能逆向流动。后来 Crick 说明 DNA→RNA 的箭头应该是双向的，但在当时显然并不能被学术界理解和接受。Baltimore 和 Temin 掌握了什么证据足以消除这些疑虑呢？

图 23.20 显示了 Baltimore 的实验结果。将纯化的反转录病毒颗粒（Raucher 鼠白血病病毒，R-MLV）与 4 种 dNTP（包括 [^{3}H] dTTP）一起温育，然后通过酸沉淀法测定结合到多聚物（DNA）中的 [^{3}H] dTTP 标记。他观察到与对照（红色曲线）相比，反应体系

中加入 RNase 可以明显抑制［^{3}H］dTTP 的结合（蓝色曲线），和 RNase 进行预温育会产生更明显的抑制（绿色曲线）。对 RNase 的敏感性与 RNA 是反转录反应模板的假设相一致。

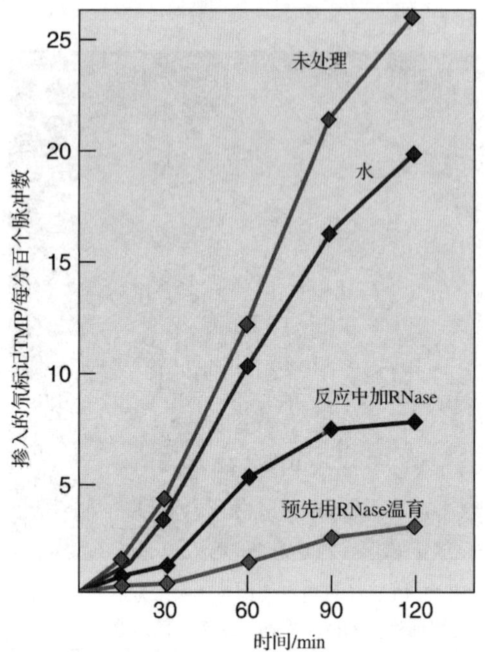

图 23.20　RNase 对反转录酶活的影响。Baltimore 将 R-MLV 颗粒在不同条件下与 4 种 dNTP，包括［^{3}H］dTTP 一起温育，然后用酸沉淀出产物，用液闪计数器测量产物的放射活性。红色：无处理；紫色：与水进行 20min 预温育；蓝色：反应体系中加入 RNase；绿色：与 RNase 预温育。（*Source*：Adapted from Baltimore，D.，Viral RNA-dependent DNA polymerase. *Nature* 226：1210，1970）

Baltimore 检测反应产物的结果表明产物对 RNase 和碱基水解酶不敏感，但对 DNase 敏感。另外，病毒体只能渗入 dNTP，而不能渗入包括 ATP 在内的核糖核酸。因此，产物的行为与 DNA 的相似，酶的行为类似于依赖 RNA 的 DNA 聚合酶——反转录酶。Baltimore 和 Temin 用 Rous 肉瘤病毒颗粒做了类似实验，得出了相似的结果。看起来所有的 RNA 肿瘤病毒都可能包含反转录酶，并按如图 23.18 所示的原病毒假说的形式反应。这些已被证明是正确的。

tRNA 引物的证据　在分子生物学家开始研究反转录酶的分子生物学机制时，发现病毒的反转录酶和其他已知的 DNA 聚合酶一样需要引物。1971 年，Baltimore 及同事用下述方法发现 RNA 引物接在初始形成的转录物的 5′末端：用将病毒颗粒与标记 dNTP 一起温育（同 Baltimore 和 Temin 标记法）的方法标记禽成髓细胞瘤病毒（AMV）的初始反转录物。然后用 Cs_2SO_4 梯度超速离心，通过碱基密度的差异将 RNA 和 DNA 分离（RNA 比 DNA 密度大）。

在最初的实验中，Baltimore 研究组从病毒颗粒上分离出核酸后迅速进行超速离心。结果如图 23.21（a）所示，标记 DNA 的峰值出现在 RNA 聚集区。这个结果与初始形成的 DNA 与比其大很多的 RNA 模板之间仍然通过碱基互补配对结合的假设一致，所以复合体表现得像 RNA。如果这个假设成立，那么加热 RNA-DNA 杂合链将使其变性而释放出 DNA 产物成为自由分子。当 Baltimore 和同事做这项实验时，观察到如图 23.21（b）所示的现象：初始 DNA 产物的密度与纯 DNA 的密度接近但大一些，像仍然与一些 RNA 结合在一起一样。

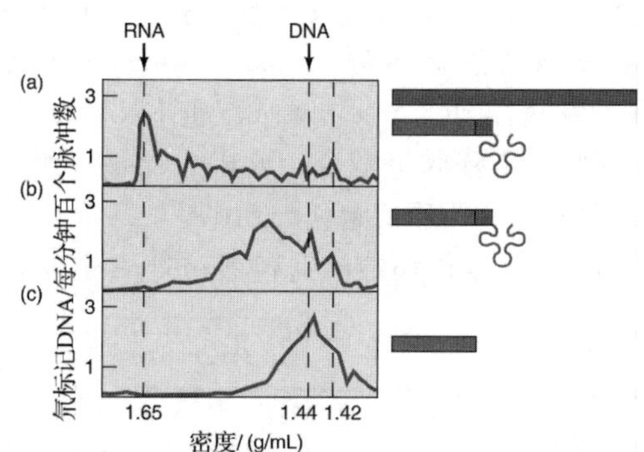

图 23.21　反转录物中含有 RNA 引物。Baltimore 及同事用［^{3}H］dTTP 标记 AMV 颗粒中的反转录物，然后再作如下处理后进行 Cs_2SO_4 梯度超速离心：未处理（**a**）；加热变性双链多核苷酸（**b**）；通过加热和 RNase 处理消除所有与反转录物结合的引物（**c**）。右侧图示解释了结果产生的原因。（a）未处理的材料有与 RNA 相近的高密度，因为反转录物很短而与其碱基互补配对结合的病毒 RNA 模板却长得多。（b）加热后的反应体系的密度与纯 DNA 很接近，这是因为 RNA 模板解离，但是仍比纯 DNA 密度大则是因为其还与 RNA 引物共价结合。（c）经过加热和 RNase 处理后密度与纯 DNA 一致，因为 RNase 降解了 RNA 引物。上部给出了纯 RNA 和 DNA 的近似密度。（*Source*：Adapted from Verma，I. M.，N. L. Menth，E. Bromfeld，K. F. Manly，and D. Baltimore，Covalently linked RNA-DNA molecules as initial product of RNA tumor virus DNA polymerase. *Nature New Biology* 233：133，1971.）

这种现象可以解释为初始形成的DNA仍然与RNA引物共价结合。为了验证这种可能性，Baltimore及同事用RNase处理初始形成的DNA然后进行超速离心。这次实验结果显示出产物的密度与纯DNA分子的密度完全一致［图23.21（c）］。因此，新生反转录产物是由RNA引物所引发的，但具体是哪种RNA呢？

在研究反转录病毒颗粒所有相关分子的过程中，分子生物学家发现了一些tRNA，其中之一是与病毒RNA部分碱基互补配对的寄主$tRNA^{Trp}$。这会是引物吗？如果是，它就会与反转录酶结合。为了验证事实是否如此，Baltimore、James Dahlberg及同事用^{32}P标记寄主$tRNA^{Trp}$和病毒颗粒中的$tRNA^{Trp}$，将标记的tRNA与AMV反转录酶混合。混合物用Sephadex G-100凝胶过滤（第5章）。$tRNA^{Trp}$自身进入凝胶，在#25组分有洗脱峰。然而，当寄主和病毒体tRNA与反转录酶混合后，与酶一起的洗脱峰在#20组分。因此，反转录酶结合在$tRNA^{Trp}$上。综合以上数据表明$tRNA^{Trp}$是反转录酶的引物。病毒并不编码tRNA，所以引物来自于寄主细胞。

反转录病毒的复制机制　体外反转录的起始产物是一段短的DNA片段，称为**强终止DNA**（strong-stop DNA）。当我们考虑到病毒RNA上与tRNA引物结合的位点（**引物结合位点**，primer-binding site，**PBS**）时，称之为强终止的原因就显而易见了。距离病毒RNA 5′端仅为150nt（依据反转录病毒），这就意味着反转录酶在到达RNA模板末端并终止之前将合成大约150nt的DNA。这就引起了一个让我们感兴趣的问题：接下来会发生什么？

这个问题与反转录病毒复制中的另一个悖论相关，如图23.22所示。原病毒比病毒RNA长，但是病毒RNA又是合成原病毒的模板。特别是病毒RNA的LTR是不完整的，左侧LTR包含一个冗余区（R）和一个5′非翻译区（U5），右侧LTR包含一个R区和一个3′非翻译区（U3）。在其模板缺失左侧U3区和右侧U5区时，原病毒如何在其两个末端具有完整的LTR？Harold Varmus基于反转录酶还具有RNase活性的特性，提出了一种解释：反转录酶固有的RNase是**RNase H**，它能特异地降解RNA-DNA杂合链中的RNA。

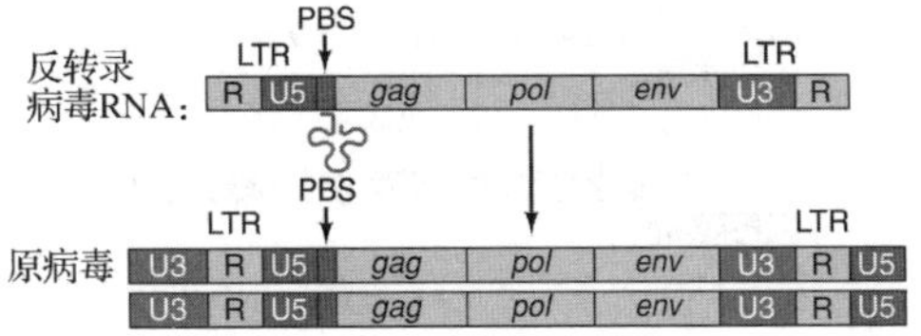

图23.22　反转录病毒RNA和原病毒DNA的结构。 这是一个非缺陷型反转录病毒RNA（vrial RNA），包含所有复制所需的基因：外壳蛋白基因（*gag*）、转录酶基因（*pol*）和一个包被蛋白基因（*env*）。另外，它还包含两端的长末端重复序列（LTR），但是重复序列长度不等。左侧LTR包括一个R区、一个U5区和这里显示与tRNA引物结合的位点（PBS）。右侧LTR包括一个U3区和一个R区。同时，以病毒RNA为模板合成的原病毒DNA的两端均含有完整的LTR（U3、R和U5）。

Varmus的假说如图23.23所示。首先，反转录酶利用tRNA为引物合成强终止DNA［图23.23（a）］，这一步似乎要到链的终点，但是接下来RNase H识别强终止DNA和RNA模板的杂合链中的RNA链，并降解RNA中的R区和U5区［图23.23（b）］。降解的RNA保留一条DNA尾巴（蓝色）通过R区与该RNA模板的另一末端或其他RNA杂交［图23.23（c）］。这种与其他R区的杂交称为“第一次跳跃（first jump）”。我们假设DNA跳到同一RNA的另一端，可通过使RNA成环完成，而不需要强终止DNA从RNA左侧末端跳转到右侧末端进行配对。但是，DNA也可以跳到另一个RNA上，而且可能性更大，因为每个病毒颗粒都有两个拷贝的RNA基因组。

第一次跳跃以后，强终止DNA在模板右末端可以作为反转录酶的引物引导复制余下的病毒RNA［图23.23（d）］。注意，第一次跳跃使得右侧LTR补全。从病毒RNA的左侧LTR复制了U5和R区，从右侧LTR复制了U3区。［图23.23（e）］，RNase H释放大部分病毒RNA，但保留RNA的一段小片段与右侧LTR连接，作为合成第二链的引物［图23.23（f）］。当反转录酶延伸引物到末端，包括PBS区，RNase H释放剩余的RNA［图23.23（g）］作为第二链的引物，它和tRNA都与DNA配对。这就产生第二次跳跃［图23.23

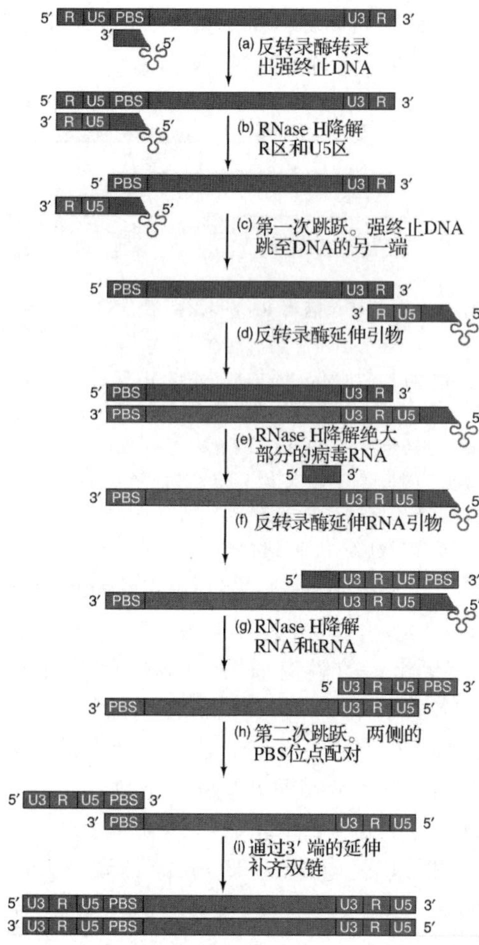

图 23.23 以反转录病毒 RNA 为模板合成原病毒 DNA 的模式图。所有 RNA 用红色表示，DNA 用蓝色表示。带有 3′端能与病毒 RNA 引物结合位点（PBS）杂交的 tRNA 引物用三叶草形状表示。详细步骤介绍见正文。

(h)]，在第二次跳跃中右侧的 PBS 区域与左侧的 PBS 区配对。与第一次跳跃一样，第二次跳跃可以想象成跳到另一个分子上，或者跳到同一分子的另一端。如果跳到同一分子上，周围 DNA 可以环化使得两个 PBS 区碱基配对。第二次跳跃后，后面的工作就是反转录酶的了，以 DNA 作模板或以末端长的单链突出端作引物，另一个 DNA 聚合酶合成两条链［图 23.23 (i)］。

一旦原病毒合成，就可以在**整合酶**（integrase）的催化下插入到宿主基因组。这种酶原本是 *pol* 基因编码的**多聚蛋白**（polyprotein）的一部分，*pol* 基因还编码反转录酶和 RNase H。整合酶由多聚蛋白经蛋白酶水解而成，蛋白酶也是同一多聚蛋白的一部分。蛋白酶可以从多聚蛋白上水解出自身（值得注意的是，多数有希望抵抗 AIDS 的药物都是 HIV 蛋白酶的蛋白酶抑制基因）。一旦原病毒整合到宿主基因组，它将由寄主 RNA 聚合酶Ⅱ转录产生病毒 RNA。

小结 反转录病毒通过一个 RNA 中间体进行复制。当反转录病毒感染细胞后，利用病毒编码的反转录酶产生一个自身的 DNA 拷贝，完成 RNA→DNA 的反应，RNase H 降解复制过程中产生的 RNA-DNA 杂合链中的 RNA。寄主 tRNA 作为反转录酶的引物。最终合成的病毒 RNA 的双链 DNA 拷贝随后插入寄主基因组，可以被寄主聚合酶Ⅱ转录。

反转录转座子

所有的真核生物都能从一个 RNA 中间体复制转座子，因此有赖于反转录酶。这些反转录转座子根据复制模式的不同分为两类。第一类是带有 LTR 的反转录转座子，复制模式与反转录病毒很相似，但是它们不会在细胞间传递病毒颗粒。毫无疑问，这些转座子被称为**含有 LTR 的反转录转座子**（LTR-containing retrotransposon）。第二类是**非 LTR 的反转录转座子**（the non-LTR retransposon）。

含有 LTR 的反转录转座子 首次在果蝇（*Drosophila melanogaster*）和酵母（*Saccharomyces cerevisiae*）中发现了反转录转座子。果蝇转座子的原型称为 *copia*，因为它在基因组中有极大的数量（copious quantity）而得名。事实上，*copia* 及其称为 ***copia*** 类似因子的相关转座子占果蝇全基因组的 1%。酵母中与 *copia* 类似的转座因子称为 **Ty**，是酵母转座子（transposon yeast）的简称。这些转座子中的 LTR 与反转录病毒中的 LTR 相似，表明它们的转座类似于反转录病毒的复制。实际上，许多证据表明事实果真如此。以下总结出从 RNA 中间体复制 Ty1 因子与反转录病毒的复制相似的证据。

1. Ty1编码一个反转录酶。Ty 中的 *tyb* 基因编码一个蛋白质的氨基酸序列与反转录病毒中 *pol* 基因编码的反转录酶相似。如果 Ty1 因子确实编码一个反转录酶，那么在 Ty1 诱导转座时便会出现这个酶；而且，*tyb* 突变将阻断反转录酶的出现。Gerald Fink 及同事设计了相关实验并得到了预想的结果。

2. 全长 Ty1 RNA 和反转录酶活性均和与反转录病毒颗粒相似的颗粒连接在一起。这些颗粒只在诱导 Ty1 转座的酵母细胞中存在。

3. Fink及同事在一个巧妙的实验中将一个内含子插入到 Ty1 因子中，在转座之后再次分析这个因子。内含子不见了！这个发现与细菌转座类型相悖，细菌中转座的 DNA 与其亲本相似。但是却与以下的机制相同（图 23.24）：首先转录 Ty 因子，随后内含子被剪切掉，外显子被拼接在一起；最后，剪切后的 RNA 在一个类病毒颗粒中反转录，在酵母基因组的一个新位点重新插入。

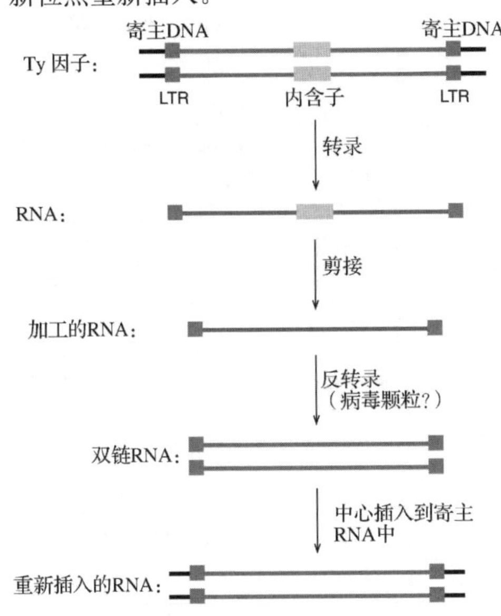

图 23.24 Ty 的转座模式。用实验手段在 Ty 因子中插入一个内含子（黄色）。Ty 因子转录产生一个有内含子的 RNA 拷贝。这个转录物发生剪切后，RNA 可能在一个类病毒颗粒中被反转录。形成的双链 DNA 再次插入酵母基因组。

4. Jef Boeke 及其研究小组证实寄主 $tRNA_i^{Met}$ 作为 Ty1 反转录的引物。首先，他们在与寄主 $tRNA_i^{Met}$ 互补的 Ty1 因子的 PBS 的 10 个核苷酸中突变 5 个。突变体阻断转座的发生，可能是由于这些改变让 tRNA 引物无法结合到 PBS 上。然后，Boeke 及同事对一个拷贝的寄主 $tRNA_i^{Met}$ 基因进行了相应的突变，并使 $tRNA_i^{Met}$ 能重新与突变的 PBS 结合。这些突变体使突变的 Ty1 因子的转座活性得以恢复。正如在本书中经常提到的那样，这种突变抑制现象是两个分子相互作用重要性的强有力证据：在此例中，两个分子就是 tRNA 引物和 Ty1 因子上的结合位点。

Copia 及其类似因子分别具有这些 Ty 的特征，也和 Ty 的转座方式相同。人类也含有 LTR 的反转录转座子，但是缺少功能基因 *env*。最显著的例子是**人类内源性反转录病毒**（human endogenous retroviruse，**HERV**），它占人类基因组的 1%～2%。迄今为止，还没发现能完成转座的 HERV，所以 HERV 可能是原病毒反转录转座的残留物。

小结 一些真核生物转座子，包括酵母中的 Ty 和果蝇中的 *copia* 转座的方式是相似的。它们以寄主基因组 DNA 为起始，产生一个 RNA 拷贝，然后可能在一个类病毒颗粒中反转录，最后插入基因组的新位点。HERV 可能以相同的方式转座，但绝大多数丧失了转座能力。

非 LTR 的反转录转座子 至少在哺乳动物中，缺失 LTR 的反转录转座子比含有 LTR 的反转录转座子要多得多。丰度最高的是**长散布因子**（long interspersed element，**LINE**），其中，L1 至少存在 100 000 拷贝，占人类基因组的 17%，尽管 97%的 L1 拷贝缺失 5′端且绝大多数（除了 60～100 拷贝）都有阻止转座的突变。L1 因子的普遍存在意味着这种被传统分类归于“垃圾 DNA”的反转录转座子在基因组中的比重是人类所有外显子的 5 倍。图 23.25 是 L1 因子的完整示意图，注明了它的两个 ORF。ORF1 编码一个 RNA 结合蛋白（p40），ORF2 编码一个具有两种活性的蛋白质，分别是内切核酸酶活性和反转录酶活性。和这类反转录转座子一样，L1 也是多腺苷酸化的。

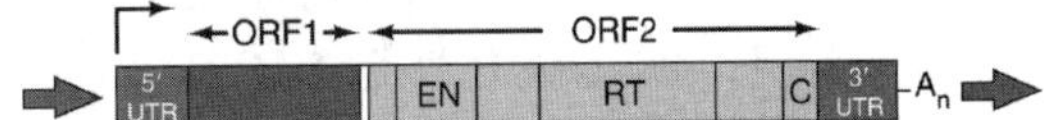

图 23.25 L1 因子示意图。ORF2（黄色）的亚区有 EN（内切核酸酶）、RT（反转录酶）和 C（半胱氨酸富集区）。两端的紫色箭头表示寄主 DNA 的正向重复序列，右端的 An 表示多聚 A [poly (A)]。

正如我们所了解的，LTR对含有LTR的反转录转座子的复制是至关重要的，那么非LTR反转录转座子是如何复制的呢？它们的引物又是什么呢？答案是：它们的内切核酸酶在靶DNA上产生一个单链断裂，反转录酶便利用这个新形成的DNA 3′端作为引物进行反转录。Thomas Eickbush及同事对**R2Bm**的研究为这一机制提供了最好的证据，R2Bm是线虫(*Bombyx mori*)中一种LINE类似因子。这个因子和哺乳动物的LINE一样编码反转录酶，但是与LINE不同的是它有特定的靶位点——寄主的28S rRNA基因。这种机制使我们易于研究插入机制。

Eickbush研究小组首先揭示了单一ORF的*R2Bm*编码内切核酸酶，它能特异地切割28S rRNA靶位点。随后，他们纯化了这个内切核酸酶（和一个活性必需的RNA辅助因子），将它加入含有靶位点的超螺旋质粒中。如果质粒的一条链被切开，超螺旋质粒将转变成松弛的环状。如果两条链都被切开，将形成一个线型DNA。图23.26（a）和（b）的结果显示，实验中很快就出现了开环，接着开环慢慢转变为线状DNA。因此，R2Bm内切核酸酶能快速地在靶位点切开DNA的一条链，然后用较慢的速度切开另一条链。切割是特异的，当质粒缺少靶位点时，内切核酸酶不能切割其中的任意一条链。

接着，研究者们除去RNA辅助因子，结果发现蛋白质仍可依靠自身快速切割靶位点的单链，但是检测不到另一条链被切开［图23.26（c）］。他们还观察到线型DNA通过T4 DNA连接酶发生自身环化，这个反应需要5′-磷酸基团。因此，R2Bm内切核酸酶剪切会产生5′-磷酸和3′-羟基。然后，利用内切核酸酶形成单链切口并通过引物延伸分析发现转录链有切口（转录链的切口阻断了DNA聚合酶在引物上的延伸，但是另一条链的引物延伸没有受到切口的阻碍）。通过对两条链DNA切口上更精确的引物延伸实验，他们准确地定位了切口位点并发现两条链被切掉两个碱基对。

为了确定切口靶DNA是否真的作为引物分子，Eickbush及同事设计了一个体外反应体系，以一段短的预先切口的靶DNA为引物，

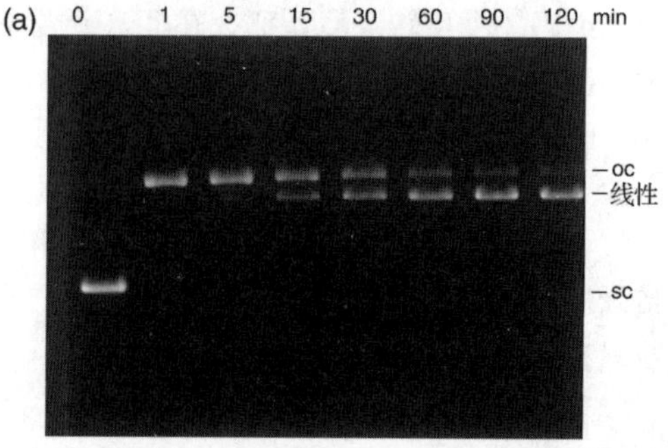

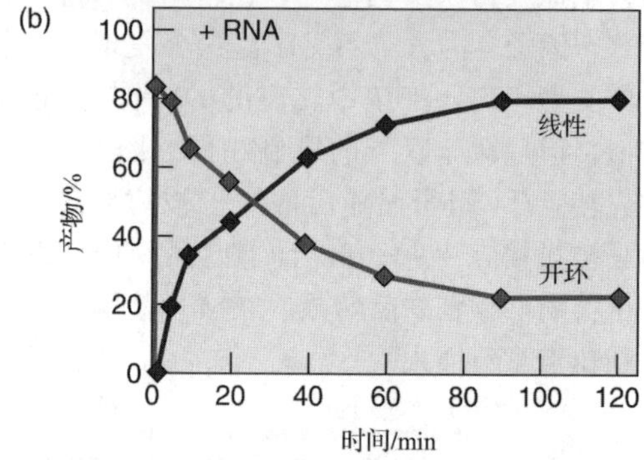

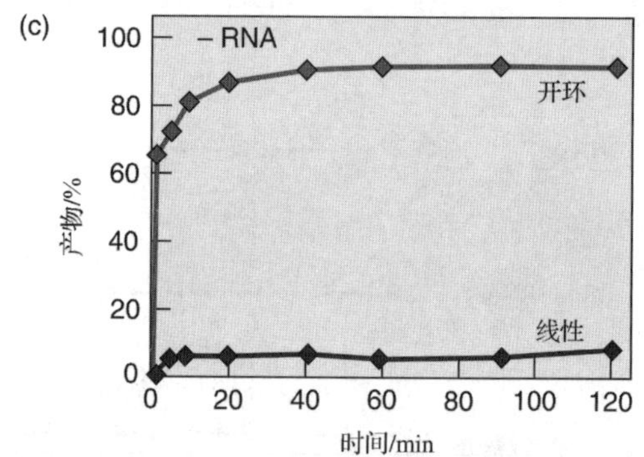

图23.26 DNA切口和R2Bm的核酸内切酶活性。Eickbush研究小组将有R2Bm反转录转座子靶位点的超螺旋质粒和纯化的R2Bm内切核酸酶混合，加入或不加入RNA辅助因子，然后对质粒进行电泳看其是否产生切口（松弛形成开环形式）或切开两条链产生线型DNA。**(a)** 电泳凝胶用溴化乙锭染色。右侧标明了超螺旋质粒（sc）、开环质粒（oc）和线状质粒（linear）的位置。**(b)** 图表示图（a）的结果。**(c)** 相同的实验但是不加入RNA共因子的实验结果。［*Source*: Adapted from Luan, D. D., M. H. Korman, J. L. Jakubczak, and T. H. Eickbush, Reverse transcription of R2Bm RNA is primed by a nick at the chromosomal target sige: a mechanism for non-LTR retrotransposition. *Cell* 72 (Feb 1993) f. 2, p. 597. Reprinted by permission of Elsevier.］

R2Bm RNA为模板，加入R2Bm反转录酶和4种dNTP，包括［^{32}P］dATP。产物电泳后放射自显影，检测产物是否为预期的大小。图

23.27（a）说明了在分子水平上发生的变化，结果如图23.27（b）。当模板是非特异性RNA时，反应没有产物（泳道1），若加入R2Bm RNA将产生一条1.9kb的亮带。这是预期的结果吗？我们很难得知，因为我们不知道反转录酶确切地移动了多远，而且得到的还是有些小支链的多核苷酸，但是可以推测已经很接近了，因为引物长1kb，模板长为802nt。为了进一步研究产物的特性，Eickbush及同事在反应体系中加入双脱氧CTP（泳道3）。正如预期的一样，它引起了反转录在多个位点的提前终止，形成一条模糊带。在另一个反应体系中，于电泳之前用RNase A处理产物降解模板上没有与反转录物碱基互补配对的部分。泳道4显示的就是长度缩短为1.8kb的产物带，表明RNA模板5′端的约100nt降解，所以反转录酶在多数情况下都没有完成它的任务。研究者们还在电泳前用RNase H处理产物，得到了一条约1.5kb的弥散带。RNA模板在这个过程中被降解了，因为它和产物杂交在一起。仍有比1kb长的泳带表明DNA的一条链延伸了。泳道6是另一个阴性对照，用非特异DNA代替靶DNA。

对更倾向朝左侧延伸的靶DNA（靶位点在中间）进行了类似的实验，出现了一个明显的大写"Y"字形产物（如图23.27预期），表明反转录在第二链剪切之前发生。如果第二链的剪切先发生，产物会更小且呈线型。为了证明靶DNA是引物，Eickbush小组设计了一个PCR反应，所用引物可与靶DNA及反转录物杂交，得到了预期大小和序列的产物。

综合以上和其他数据，H. H. Kazazian和John Moran提出了L1转座模型（图23.28）。首先转录出转座子，转录物加工，mRNA离开细胞核到细胞质中翻译。它联合自身的两个产物——p40和ORF2产物重新进入细胞核。在细胞核中，ORF2产物的内切核酸酶活性将靶DNA切开一个切口。对于L1来说，DNA的任意区域都可以作为靶位点。然后，ORF2产物的反转录酶活性利用靶DNA上由内切核酸酶产生的3′端为引物拷贝L1 RNA。这种机制因此被称为**靶引发的反转录转座**（target-primed retrotransposition）。最后，经过一些我们

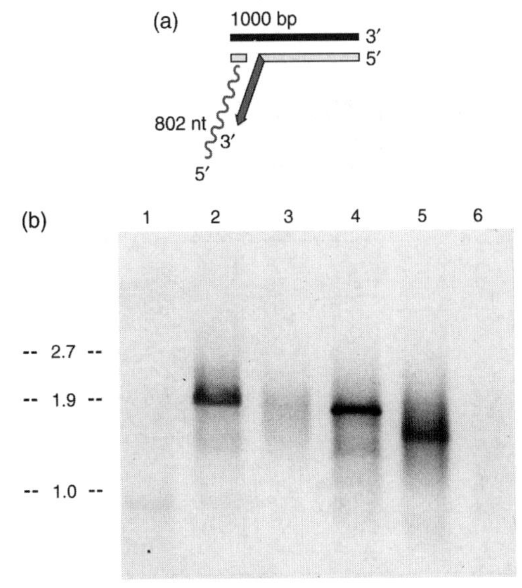

图23.27 R2Bm反转录中靶-引物的证据。（a）R2Bm内切核酸酶在长为1kb的靶DNA靠近左侧末端形成切口并利用新的3′端启动802nt转座子RNA的反转录的预期产物模型。反转录物（蓝色）与引物（黄色）共价结合。底部DNA链的左侧也着上黄色。相对的DNA链用黑色表示。（b）实验结果。Eickbush和同事们首先制备了靠近左侧末端具有靶位点的长1kb靶DNA。加入R2Bm RNA、ORF2产物和dNTP，包括用于标记反转录物的[^{32}P] dATP。然后将产物电泳并放射自显影。泳道1为用非特异RNA替代R2Bm RNA。泳道2～6为用R2Bm RNA，其中，泳道3为在反转录反应体系中加入双脱氧-CTP；泳道4为电泳前用RNase A处理产物；泳道5为电泳前用RNase H处理产物；泳道6为用非特异靶DNA。[*Source*：Luan, D. D., M. H. Korman, J. L. Jakubczak, and T. H. Eickbush, Reverse transcription of R2Bm RNA is primed by a nick at the chromosomal target site: a mechanism for non-LTR retrotransposition *Cell* 72 (Feb 1993) f. 4, p. 599. Reprinted by permission of Elsevier Science.]

尚不清楚的步骤，形成L1的第二链，靶位点的第二链发生剪切，L1因子连接到一个新的位点中。

在本节开头我们了解到L1因子占人类基因组的17%。随后我们将看到，这些因子在转座时可以携带基因组DNA片段。所以，估计L1因子直接和间接地构成人类基因组的30%。而且，在植物和动物中都发现了类L1因子。因此，这些因子很古老，至少有6亿年。由于在经过2亿年的进化后，相同的DNA序列互相之间丢失的片段也相同，人类基因组中L1因子所占比例实际上大约是50%。

你会怀疑像L1这样在人类基因组中广泛

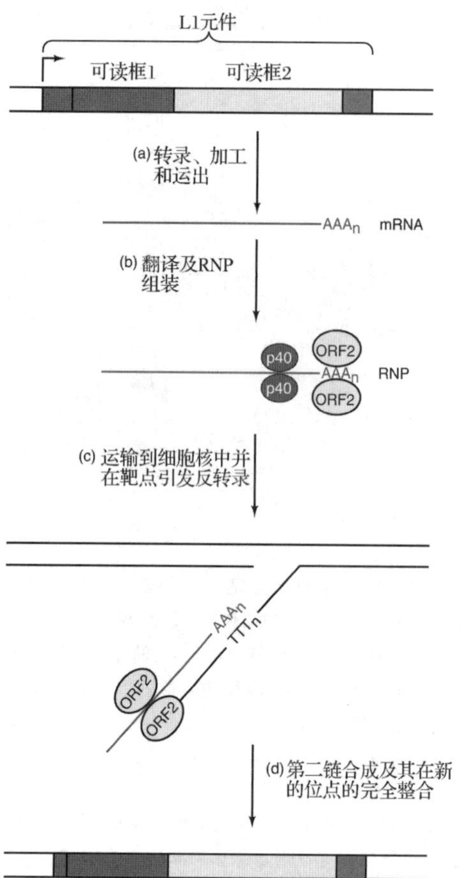

图 23.28 L1 转座模型。(a) L1 因子被转录，加工，从细胞核中移出。**(b)** mRNA 翻译产生 ORF1 产物（p40）和 ORF2 产物，它们具有内切核酸酶活性和反转录酶活性。这些蛋白质与 mRNA 结合形成一个 RNP。**(c)** 核糖核蛋白重新进入细胞核。内切核酸酶切开靶 DNA（基因组的任何位点），反转录酶利用新的 DNA 3′端为引物合成反转录物。**(d)** 经过一系列尚不明了的步骤，L1 第二链形成，组成因子，通常截去 5′端连接到靶 DNA。

存在的因子一定有副作用，事实上也发现了一些 L1 介导的突变能引起人类疾病。例如，L1 引起血友病的凝血因子Ⅷ基因的突变、引起杜兴氏肌营养不良的 *DMD* 基因突变和辅助产生一种结肠癌——大肠息肉瘤的 *APC* 基因的突变。在最后一种情况中，患者癌细胞的 *APC* 基因中含有 L1 因子，但是正常细胞中没有。因此，这种转座是患者的一种体细胞突变。

更让人吃惊的是 L1 因子同样也有有利的一面。比如，L1 的反转录酶与人类端粒酶同源，表明 L1 可能是端粒酶的来源，端粒酶可以维持染色体的末端。L1 最可信的正向作用是 L1 可能有利于外显子重组，使基因间的外显子发生交换。之所以发生这种情况是因为 L1 的聚腺苷酸化信号很微弱，所以聚腺苷酸化机制常常避开自身的多腺苷酸化位点，而更倾向于下游寄主转录物中的多腺苷酸化位点。这种途径的 RNA 聚腺苷酰化包含一段与 L1 RNA 连接的人类 RNA，这段人类 RNA 将以反转录物的形式整合到 L1 所插入的位点中。这种结合有时是有害的，但有时能在原有的基因中产生新的基因，能使蛋白质产生新的、有用的性状。

为什么 L1 因子的聚腺苷酰化信号微弱呢？Moran 提出了如下解释：如果聚腺苷酰化信号很强，人类基因中插入这些因子将引起聚腺苷酰化转录物的提前形成，那么下游所有的外显子都将丢失。这可能钝化基因甚至引起寄主死亡。与反转录病毒不同，L1 因子不能从一个个体转移到另一个个体，而是在寄主中生存直到死亡。此外，微弱的聚腺苷酰化信号使得这些因子插入到人类基因的内含子中而不会打断这些基因的多数转录物。因此，由于内含子 DNA 的量远远多于外显子的，L1 因子可以在人类基因组的很大区域相对安全地拓殖。

小结 LINE 和类 LINE 因子是缺乏 LTR 的反转录转座子。这些因子编码内切核酸酶，能够切开 DNA 发子产生切口，再利用新形成 3′端为引物进行反转录。第二链合成后，因子在其靶位点复制。当 LINE 转录时开始新一轮转座。因为 LINE 聚腺苷酰化信号微弱，所以 LINE 的转录经常包括一个或者更多宿主 DNA 的下游外显子。

非自主反转录转座子 另一类非 LTR 反转录转座子**非自主反转录转座子**（nonautonomous retrotransposon）成员不编码蛋白质，所以它们和 LINE 这样能胜任转录的自主转座子不同。相反，它们依赖其他因子——可能是广泛存在的 LINE——提供给它们需要的包括反转录酶在内的蛋白质来实现转座。研究最深入的非自主反转录转座子是 **Alu 因子**，之所以称为 Alu 因子是因为含有能被限制酶 *Alu* Ⅰ 识别的 AGCT 序列。Alu 家族的反转录转座子长约 300bp，在人类基因组中有上百万个拷贝，因此它们比 LINE 更为成功。成功的一个原因可能是 Alu 因子的转录物含有类似 7SL RNA 的结构域，这种结构域通常是帮助特定核糖体结合到粗糙内质网的信号识别颗粒的一部分。两个信号识别颗粒蛋白与 Alu 因子 RNA 紧密结合，携带它到核糖体，在核糖体翻译 L1 RNA。这就将 Alu 因子 RNA 放在合适位置上，以至于使其能和所需要的蛋白质结合，从而被反转录并插入到新的位点。由于该因子很小，所以 Alu 因子及其类似因子都被称为**短散布因子**（short interspersed element，**SINE**）。

LINE 还可能在人类基因组结构中起作用，便于产生**被加工的假基因**（processed pseudogene）。通常，**假基因**（pseudogene）是与正常基因序列相似的 DNA，但由于这样或那样的原因而没有功能。有时它们内部有翻译终止信号；有时它们的剪切信号钝化或丢失；有时它们的启动子钝化，这些问题结合起来就阻止了基因的表达。它们显然来自基因复制及其随后突变的累积。这种过程对寄主是无害的，因为原有的基因保留了功能。

被加工的假基因也来自基因复制，但是显然是通过反转录途径。我们非常倾向于认为 RNA 是加工型假基因形成的中间体，因为：①这些假基因通常有一段短的 poly（A）尾巴，可能来自 mRNA 的 poly（A）尾巴；②被加工假基因缺乏内含子，但它们的原始基因通常都有。和 Alu 因子并不是来自 mRNA 一样，LINE 为 mRNA 反转录并插入寄主基因组的过程提供了分子机制。

小结 非自主反转录转座子包括人类中丰富的 Alu 因子和脊椎动物中的类似因子。因为它们不编码任何蛋白质所以其自身不能发生转座。相反，它们可以利用其他因子（如 LINE）的反转录转座机制。被加工假基因可能来自相同的途径：通过 LINE 机制反转录 mRNA 后插入基因组。

Ⅱ型内含子 第 14 章中我们了解了Ⅱ型内含子存在于细菌线粒体和叶绿体基因组，是自我剪切内含子，能形成套索中间体。1998 年，Mariene Belfort 研究小组发现一个特定基因中的Ⅱ 型内含子可以插入到基因组其他地方的无内含子型的相同基因上。这个过程称为**反转录归巢**（retrohoming），其机制如图 23.29 所示。基因携带的内含子首先被转录，然后内含子突出形成套索后被剪切。这个内含子可以识别无内含子形成的同一基因，而后通过逆剪接的方式整合进去。反转录形成内含子的一个 cDNA 拷贝，合成的第二链的 DNA 取代 RNA 内含子。

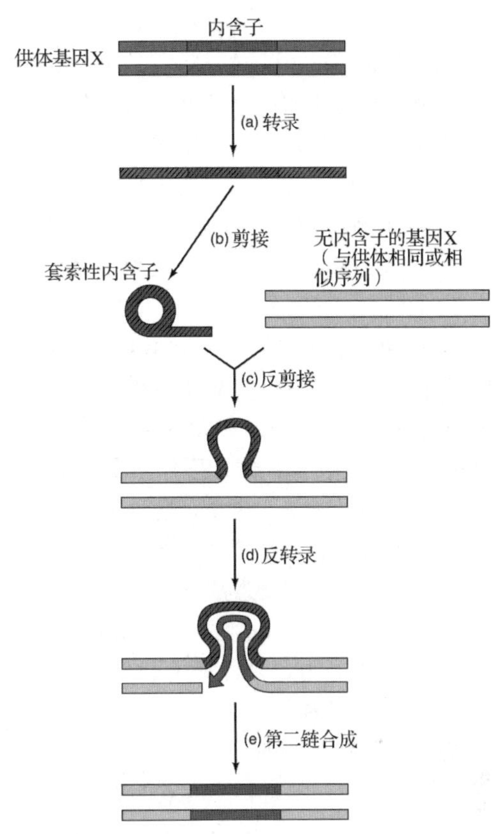

图 23.29 反转录归巢。（**a**）携带有Ⅱ型内含子（红色）的供体基因 X（蓝色）转录产生 RNA（RNA 用阴影表示）。（**b**）转录物剪接产生套索型内含子（lariat intron）。（**c**）内含子自身逆剪接为 X 基因的另一拷贝，两者有相同或相似的序列，只是剪接后代片段不含内含子。（**d**）编码反转录酶的内含子以底部 DNA 链的切口为引物合成内含子的一个 DNA 拷贝。箭头所指反转录物的 3′端。（**e**）顶部链的 RNA 内含子移位合成内含子的第二链（DNA 形式）。完成了反转座至原位的过程。

1991 年，Phillip Sharp 提出Ⅱ 型内含子可能是现代剪接体内含子的前身，部分原因是两者的剪接机制很相似。2002 年，Belfort 及同事揭示了剪接是如何发生的。他们发现了一个细菌Ⅱ 型内含子的真正的反转录转座而不仅是反转录归巢。这个内含子转移到一系列新的位点，而不仅是插入到无内含子形式的同一个基因中。

为了发现反转录转座，Belfort和同事们构建了一个含有修饰过的 **Lactococcus lactis** L1. LtrB的Ⅱ型内含子的质粒，在其反方向上含有一个卡那霉素抗性基因，并被可自我剪接的Ⅰ型内含子中断。为了能表达卡那霉素抗性，Ⅱ型内含子最先被转录，因此清除中断的Ⅰ型内含子。然后，转录物被反转录成DNA，该DNA能插入宿主DNA，随后被正向转录而非反方向。只要Ⅱ型内含子以RNA形式存在，它就不能编码卡那霉素抗性基因，因为该抗性基因是在反方向上被转录成反义RNA了。

在Belfort小组选择卡那霉素抗性细胞的时候，他们发现转座发生相对较少，但是确实有一定的频率。这种转座的一个有趣的特点是多数都发生在DNA复制的后随链上。这一发现说明转座现象在复制过程中发生，并以一段后随链生成的短的DNA片段（第20章）作为引物引导完成诸如L1转座程序（图23.28）中的一类靶引导反转录。注意，这种机制要求转座子和靶DNA之间没有同源性，这样复制后随链才能在基因组的任意位点产生切口。

一旦Ⅱ型内含子发生了反转录转座，将保留自我剪接的能力，因此靶基因也能保留功能。这样，Ⅱ型内含子在现代真核细胞的前体中能更容易更安全地进行增殖。最后，真核细胞中出现了能使剪接过程更有效的剪接体。

小结　Ⅱ型内含子通过RNA内含子插入到基因内反转录归巢到同基因的无内含子拷贝中，接着进行反转录并合成第二链。Ⅱ型内含子也可以DNA后随链片段为引物，通过一个不相关基因中插入的RNA内含子发生反转录转座。Ⅱ型内含子的这种反转录转座可能是现代真核细胞剪接体内含子的祖先，这或许能解释其在高等真核细胞中广泛出现的原因。

总结

转座因子或转座子是可以在不同位置间移动的一段DNA。一些转座因子复制后在原先位置保留一个拷贝后在新位置加入一个拷贝；另一些转座子不复制直接从原位置移动新位置。细菌的转座子类型包括：①插入序列（如IS1），仅保留了转座必须的一个基因，两侧翼有反向末端重复序列；②转座子（如Tn3），与插入序列类似但是至少含有一个额外基因，这个基因通常具有抗生素抗性。

真核生物的转座子采用更多的复制策略。例如，玉米中的Ds/Ac和果蝇中的P因子等DNA转座子的转座与细菌中的DNA转座子如Tn3的转座相似。

哺乳动物的免疫珠蛋白基因甚至利用类似转座的机制进行重排。脊椎动物免疫系统在它们生成的免疫珠蛋白中产生巨大的多样性。多样性的主要来源是异质池选择的2～3个基因部分的组装。这种基因片段的组装称为V（D）J重组。V（D）J重组的重组信号序列（RSS）由被一段12bp或23bp片段隔开的一个七聚体和一个九聚体组成。重组仅发生在12信号和23信号之间以确保重组基因中仅有一个编码区。在人类V（D）J重组中RAG1和RAG2起关键作用，它们在毗连12信号或23信号的DNA中引入一个单链切口。在新形成的3′-OH处发生酯基转移反应攻击相反的链，使其在编码片段末端断裂形成发夹结构。随后发夹结构断裂，以非精确方式相互链接，通过增、减碱基连接编码区。

反转录转座子有两种不同的类型。含有LTR的反转录转座子的复制与反转录病毒的相似性表现在反转录病毒通过RNA中间体复制。当一个反转录病毒感染细胞，利用病毒编码的反转录酶完成RNA→DNA的反应，产生一个自身DNA拷贝，RNase H降解在复制过程中产生的RNA-DNA杂合链中的RNA。寄主tRNA作为反转录酶的引物，形成病毒RNA的双链DNA拷贝插入寄主基因组，利用寄主聚合酶Ⅱ转录。酵母中反转录转座子Ty和果蝇中*copia*的复制过程相同。寄主基因组DNA首先形成RNA拷贝，然后可能在一个类病毒颗粒中反转录产生DNA，它们可以插入到新的位置。

非LTR反转录转座子为另一类真核细胞反转录转座子，以不同的方式引发反转录。例如，LINE及LINE类似因子编码切割靶DNA的内切核酸酶。然后该因子利用新的DNA 3′

端引发因子 RNA 的反转录。第二链合成后，这个因子在其靶位点复制。当 LINE 转录时新一轮的转座开始。因为 LINE 的聚腺苷酰化信号微弱，LINE 的转录通常包括了寄主 DNA 下游的一个或两个外显子，这有助于将寄主外显子转运到基因组的新位置。

非自主性的非 LTR 反转录转座子包括广泛存在于人类的 Alu 因子和其他脊椎动物的类似因子。由于它们不编码任何蛋白质，自身不能发生转座，但它们可以利用如 LINE 等其他因子的反转录转座机制。加工型假基因可能源于相同的途径：mRNA 可能以 LINE 机制反转录后插入到基因组。

Ⅱ 型内含子代表存在于细菌和真核细胞中的另一类非 LTR 反转录转座子。它们可以在反转录和第二链合成后，在一个基因中插入一段 RNA 内含子，反转录归巢到同一基因的无内含子拷贝中。Ⅱ型内含子还能以 DNA 后随链的片段为引物，在靶位点引发反转录的方式是在一个非相关基因中插入一个 RNA 内含子引发反转录转座。Ⅱ型内含子的反转录转座可能为现代真核细胞剪接体内含子提供了祖先，并可解释其在高等真核细胞中大量出现的原因。

复习题

1. 描述证明细菌转座子中包含末端反向重复序列的实验及其结果。

2. 比较细菌的转座子 IS1、Tn3 和真核生物 *Ac* 转座子的遗传图。

3. 先简单后具体地描绘 Tn3 的转座机制。

4. 描绘保留式转座机制。

5. 解释转座导致玉米产生斑点籽粒的原因。

6. 描绘抗体蛋白的草图，显示轻链和重链。

7. 解释成千免疫珠蛋白基因产生上百万种抗体蛋白质的原因。

8. 图解在 B 淋巴细胞成熟过程中产生的免疫珠蛋白轻链和重链基因间的重排。

9. 说明 V（D）J 连接信号怎样确保在一个成熟重排基因中仅含免疫珠蛋白基因中的一个。

10. 绘制检测七聚体、九聚体和重组信号序列上间隔区重要性的报告质粒图，并说明如何用该质粒检测重组。

11. 提出免疫珠蛋白基因重组信号序列处 DNA 链的剪切和重接模式。这种机制对抗体多样性有何贡献?

12. 描述体外实验并给出结果，证明免疫珠蛋白重组信号序列的剪切导致发夹结构形成。

13. 提出反转录病毒颗粒中反转录酶活性及 RNase 影响该酶活性的证据。

14. 叙述实验并给出结果，证明反转录病毒中强终止反转录物与 RNA 基因组碱基互补配对并与 RNA 引物共价附着。

15. 阐明反转录病毒基因组 RNA 中 LTR 与反转录病毒原病毒中 LTR 的结构差异。

16. 图示反转录病毒 RNA 到原病毒的转变过程。说明这将如何解释问题 15 中提及的差异。

17. 比较反转录病毒的复制与反转录转座子的转座。

18. 小结反转录转座子通过 RNA 中间体转座的证据。

19. 叙述实验并给出结果，证明 LINE 类似因子的内切核酸酶特异切割该因子靶 DNA 的一条链。

20. 叙述实验并给出结果，证明 LINE 类似因子利用靶 DNA 的切割链作为该因子的反转录引物。

21. 提出一个 LINE 类似因子反转录转座的模式。

分析题

1. 某种转座子的转座酶在宿主 DNA 上 5bp 间距处错位切割，这会对在转座子插入周围的宿主 DNA 产生什么结果? 图解错位切割对宿主 DNA 的影响。

2. 设计一个实验检测一个假设的携带有两个抗生素抗性基因 *Stealtb* 转座子从一个质粒转移到另一个携带有氯霉素抗性基因的质粒的转移速率（*Stealtb* 携带氨苄青霉素抗性）。

3. 鉴定 Tn3 转座子在下列基因中发生突变后进行流产转座的末端产物：

a. 转座酶；

b. 解旋酶。

4. A 质粒中的 TnT 转座子转座到 B 质粒。在共联体中 TnT 的拷贝数有多少？相对两个质粒而言，TnT 在共联体的什么位置？

5. 如果玉米 *Ds* 转座因子采用 Tn3 的转座方式进行转座，看到斑点籽粒的频率还有那么高吗？为什么？

6. 假定有两个无细胞转座系统，各自含有 Tn3 和 Ty 转座所必需的全部酶类。下列不同的抑制剂对这两个系统会有什么影响？为什么？

a. 双链 DNA 复制抑制剂；

b. 转录抑制剂；

c. 反转录抑制剂；

d. 翻译抑制剂。

7. 已鉴定出一种叫做 Rover 的新型转座子，设计一个确定 Rover 是以反转录转座子机制转座还是以 Tn3 所用的复制式转座机制转座的实验，并给出两种情形下分别可能出现的结果。

翻译　罗　杰　校对　岳　兵　李玉花

推荐阅读文献

一般的引用和评论文献

Baltimore, D. 1985. Retroviruses and retrotransposons: The role of reverse transcription in shaping the eukaryotic genome. *Cell* 40:481－482

Cohen, S. N. and J. A. Shapiro. 1980. Transposable genetic elements. *Scientific American* 242 (February):40－49.

Craig, N. L. 1996 V(D)J recombination and transposition: Closer than expected. *Science* 271:1512

Doerling, H. -P. and P. Starlinger. 1984. Barbara McClintock's controlling elements: Now at the DNA level. *Cell* 39:253－259.

Eickbush, T. H. 2000. Introns gain ground. *Nature* 404:940－941.

Engels, W. R. 1983. The P family of transposable elements in *Drosopbila*. *Annual Review of Genetics* 17:315－344.

Federoff, N. V. 1984. Transposable genetic elements in maize. *Scientific American* 250 (June):84－99.

Grindley, N. G. F. and A. E. Leschziner. 1995. DNA transposition: From a black box to a color monitor. *Cell* 83:1063－1066.

Kazazian, H. H., Jr. and J. V. Moran. 1998. The impact of L1 retrotransposons on the human genome. *Nature Genetics* 19:19－24.

Lambowitz, A. M. and S. Zimmerly. 2004. Mobile group Ⅱ introns. *Annual Review of Genetics* 38:1－35.,

Levin, K. L. 1997. It's prime time for reverse transcriptase. *Cell* 88:5－8.

Lewis, S. M. 1994. The mechanism of V(D)J joining: Lessons from molecular, immunological, and comparative analyses. *Advances in Immunology* 56:27－50.

Tonegawa, S. 1983. Somatic generation of antibody diversity. *Nature* 302:575－581.

Voytas, D. E. 1996. Retroelements in genome organization. *Science* 274:737－738.

研究论文

Baltimore, D. 1970. Viral RNA-dependent DNA polymerase. *Nature* 226:1209－1211.

Boland, S. and N. Kleckner, 1996. The three chemical steps of Tn10/IS10 transposition involve repeated utilization of a single active site, *Cell* 84:223－233.

Chapman, K. B., A. S. Byström, and J. D. Boeke. 1992. Initiator methionine tRNA is essential for Ty1 transcription. *Proceedings of the National Academy of Sciences USA* 89:3236－3240.

Cousineau, B., S. Lawrence, D. Smith, and M. Belfort. 2002. Retrotransposition of a bacterial group Ⅱ intron. *Nature* 404:1018－1021.

Davies, D. R., I. Y. Goryshin, WS. Reznikoff, and I. Rayment 2000. Three-dimensional structure of the Tn5 synaptic complex transposition intermediate. *Science* 289:77－85.

Difilippantonio, M. J., C. J. McMahan, Q. M. Eastman, E. Spanopoulou, and D. G. Schatz. 1996. RAG1 mediates signal sequence recognition and recruitment of RAG2 in V(D)J recombination. *Cell* 87:253 – 262.

Garfinkel, D. J., J. F. Boeke, and G. R. Fink. 1985. Ty element transposition: Reverse transcription and virus-like particles. *Cell* 42:507 – 517.

Hesse, J. E., M. R. Lieber, K. Mizuuchi, and M. Gellert, 1989. V(D)J recombination: A functional definition of the joining signals. *Genes and Development* 3:1053 – 1061.

Luan, D. D, M. H. Korman, J. L. Jakubczak, and T. H. Eickbush. 1993. Reverse transcription of R2Bm RNA is primed by a nick at the chromosomal target site: A mechanism for non-LTR retrotransposition. *Cell* 72:595 – 605.

Oettinger, M. A., D. G. Schatz, C. Gorka, and D. Baltimore. 1990. RAG-1 and RAG-2, adjacent genes that synergistically activate V(D)J recombination. *Science* 248:1517 – 1522.

Panet, A., W. A. Haseltine, D. Baltimore, G. Peters, F. Harada, and J. E. Dahlberg. 1975. Specific binding of tryptophan transfer RNA to avian myeloblastosis virus RNA-dependent DNA polymerase (reverse transcriptase). *Proceedings of the National Academy of Sciences USA* 72:2535 – 2539.

Temin, H. M. and Mizutani, S. 1970. RNA-dependent DNA polymerase in virions of Rous sarcoma virus. *Nature* 226:1211 – 1213.

Wessler, S. R. 1988. Phenotypic diversity mediated by the maize transposable elements *Ac* and *Spm*. *Science* 242:399 – 405.

第 24 章　基因组学Ⅰ：全基因组测序

源自下一代 DNA 测序的人类 DNA 簇的复合影像图。这张人工合成影像是通过加入 4 个影像而组成的，其中每个影像检测不同的碱基，以特定的颜色显示每个碱基：蓝色为 G、绿色为 T、红色为 C、黄色为 A。

在本书的大部分内容里，我们一直在探讨基因的功能，一次以一个基因为例。然而，随着更为高效且相对并不昂贵测序方法的出现，分子生物学家已经能够获得整个基因组的碱基序列了，并由此产生了一个新的分支学科——基因组学，即研究整个基因组的结构和功能的学科。

本章将从讨论鉴定特定遗传性状相关基因的图位克隆技术开始，并理解当一种生物的基因组序列已知时，这一过程有多么容易。然后我们将学习科学家用于大规模 DNA 测序的技术。我们还将学习从基因组测序所获得的知识，尤其是基于不同物种基因组序列比较所获知的生物进化的内涵。

24.1　图位克隆：基因组学介绍

在探讨基因组学研究技术之前，我们先了解一下基因组信息的一个重要应用：**图位克隆技术**（positional cloning）。图位克隆是一种发现遗传性状相关基因的方法，常用于鉴定人类遗传疾病相关的基因。先来回顾一个在基因组时代之前所完成的图位克隆实例——对引起人类亨廷顿病（Huntington disease，HD）异常基因的发现。我们看到，大部分研究是在缩小查找突变基因的范围，目的是避免不必要的大规模 DNA 测序。现在这已不再是问题了，因为全基因组测序已经完成。然而，本例仍可作为基因组学的引言，以阐明图位克隆的原理，该方法仍然是基因组信息的主要方法，同时，也说明在缺乏基因组学知识的前提下开展图位克隆是多么困难，当然，这也是一个值得传颂的伟大事迹。

图位克隆的传统手段

遗传学家在寻找控制人类遗传疾病的基因时，常常面临这样一个问题：在不知道缺陷蛋白质的特性的情况下寻找未知功能的基因。他们必须在人类遗传图上确定该基因的位置，所以称这一过程为图位克隆。

图位克隆策略源于研究家庭或家族性疾病，目的是需要寻找一个或多个与“疾病基因”（该基因发生突变可导致特定疾病的发生）紧密连锁的标记。通常这些标记并不是基因而是 DNA 片段，其限制酶酶切图谱或其他物理特性在不同个体间存在差异。

由于标记的位置是已知的，因此疾病基因可锁定在基因组中一个相对较小的区域。然而，这个“相对较小”的区域常包含约一百万个碱基对，工作并没有结束。下一步就是在这百万个碱基中发现最可能是罪魁祸首的致病基因。传统上，有几种方法可用于这种研究，这里介绍两种：一种是外显子捕获法（exon trap）寻找外显子；另一种是对与基因关联的 CpG 岛进行定位。对于这些方法的应用将在下一节讨论。

限制性片段长度多态性　在 20 世纪后期，仅有少数人类基因被定位。因此，发现一个与我们正在探寻的新基因邻近的基因很难。另一种方法则并不着眼于发现与已知基因连锁的基因，而是将新基因与可能不含任何基因的一段“无名”DNA 片段建立连锁，通过限制酶酶切图谱识别这些 DNA 片段。

由于每个人在遗传上都不同于其他人，他们的 DNA 序列也会有所不同，因而这些 DNA 的限制酶酶切图谱也会有所不同。以识别 AAGCTT 的 *Hin*dⅢ 为例，假设在某一染色体的某一区域（图 24.1），一个个体有三个 *Hin*dⅢ 识别位点，分别相距 4kb 和 2kb。另一个个体可能缺少中间的一个位点而保留了另外两个位点。用 *Hin*dⅢ 酶切前者的 DNA 将产生 4kb 和 2kb 两个 DNA 片段，酶切后者的 DNA 仅产生一个 6kb 的 DNA 片段，这就是**限制性片段长度多态性**（restriction fragment length polymorphism，**RFLP**）。多态性是指一个遗传位点存在不同的组成形式，或不同等位基因（第 1 章）。因此，RFLP 这一术语的简单含义是指任何两个个体的 DNA 用同一种限制酶切割后可能产生不同长度的片段。缩略语 RFLP 的发音通常为“rifflip”。

如何着手寻找一个 RFLP 片段呢？显然我们不能一次对整个人类基因组进行分析。一个典型的限制酶在人类基因组中有几十万个酶切位点，因此一次用一种限制酶对整个基因组切割时，会产生几十万个 DNA 片段。没有人能对如此庞大复杂的 DNA 片段进行整理归类以区分不同个体间的细微差异。

所幸的是有一种简便方法。用不同探针进行 Southern 印迹（第 5 章）可将总基因组中的一小部分凸显出来，从而易于发现个体间的差

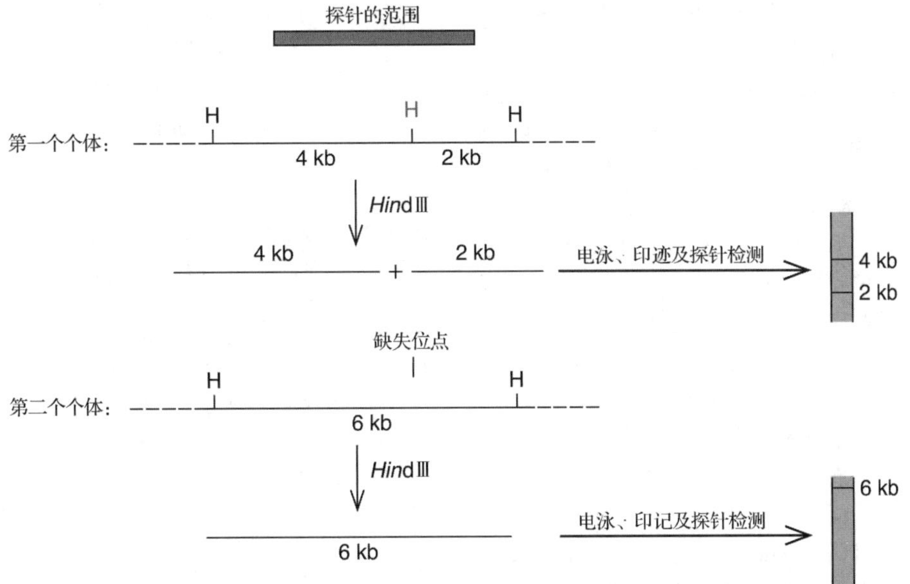

图 24.1　检测 RFLP。两个个体 DNA 在 *Hin*dⅢ 限制酶酶切位点（红色）上的多态性。第一个个体含有该位点，用 *Hin*dⅢ 酶切后产生两个分别为 2kb 和 4kb 的片段，能与探针杂交，探针的长度显示在图的上部。第二个个体缺乏该位点，用 *Hin*dⅢ 酶切后只产生一个 6kb 片段，也能与探针杂交。对这些片段进行电泳、转膜后与探针杂交、自显影。结果显示在右边，片段两端的虚线部分因不能与探针杂交，在图中看不到。

异。但还存在一个难题，因为每种探针只能与人类基因组的一小部分杂交，所以通过一种探针发现与目的基因连锁的RFLP片段的可能性很小。可能得从几千种探针中筛选并最终发现一个适合的探针。这项工作极为艰辛，但至少是个起点，而且这种方法在寻找几种遗传病基因的过程中已发挥了关键作用。

外显子捕获 一旦某个基因被锁定在一段几十万碱基的区域内，如何将其从这段DNA中挑选出来呢？如果这段DNA尚未被测序，则可以对其测序并寻找可读框（ORF）。可读框被翻译时，在相对较长的区域内不会遇到终止密码子。但寻找可读框是件很费力的事，有几种更为高效的方法，其中包括Alan Buckler发明的称为外显子扩增（exon amplification）或**外显子捕获**（exon trapping）的方法。图24.2说明了如何利用外显子捕获法筛选目的基因。首先，我们需要了解Buckler为此方法所设计的质粒载体pSPL1，该载体包含一个由SV40早期启动子控制的嵌合基因，此基因源于兔β-珠蛋白基因，并以含自身5′-和3′-剪接位点在内的人免疫缺陷病毒（HIV）的一个内含子替换β-珠蛋白基因的第二个内含子。将人类基因组DNA片段插入该质粒内含子的一个限制酶位点，并将重组载体转入猴COS-7细胞，该细胞能在SV40启动子作用下转录插入的基因。如果插进内含子的基因组DNA片段是个完整的外显子并带有自身的5′-和3′-剪接位点，这个外显子就将成为COS细胞中加工转录物的一部分。继而从这些COS中纯化RNA，并将其反转录为cDNA，以该cDNA为模板用插入位点两侧区域特异性引物进行PCR扩增。这样在引物结合位点之间插入的任何外显子都会得到扩增。最后，克隆获得PCR产物，这就是外显子本身。而外显子之外的任何其他DNA片段插入该质粒内含子时，由于没有剪接信号，插入片段转录后将与两侧的内含子一道被剪除而丢失。

CpG岛（CpG island） 另一个发现基因的技术是基于人类活跃基因区倾向于伴有未甲基化的CpG序列，而无活性区的CpG序列则几乎总是甲基化的这一特点。此外，许多甲基化CpG位点由于**CpG抑制**（CpG suppression）现象而在进化过程中丢失了。CpG抑制是指甲基化CpG位点中的甲基化脱氧胞嘧啶（methylC）能自发地脱氨基转为甲基化尿嘧啶（methylU），而U与T是对等的，因此，一旦methylC脱氨基，它就变为T。如果这种转变不能被立即识别和修复，那么在下一轮的DNA复制中T将与A配对，而且这一突变将长期保留。相比之下，未甲基化的CpG序列脱氨基产生的U通常立即被识别并被尿嘧啶-*N*-糖苷酶（见第20章）切除，然后由正常C替代，所以基因组中未甲基化的CpG序列被保留下来。

另外，限制性内切核酸酶*Hpa*Ⅱ仅在第二个C未甲基化时才切割CCGG位点。换句话说，它切割含未甲基化CpG的活跃基因的CCGG位点，保留含甲基化CCGG的无活性序列。这样，遗传学家就能从不被*Hpa*Ⅱ切割的DNA序列“大海”中扫描大段DNA区域，寻

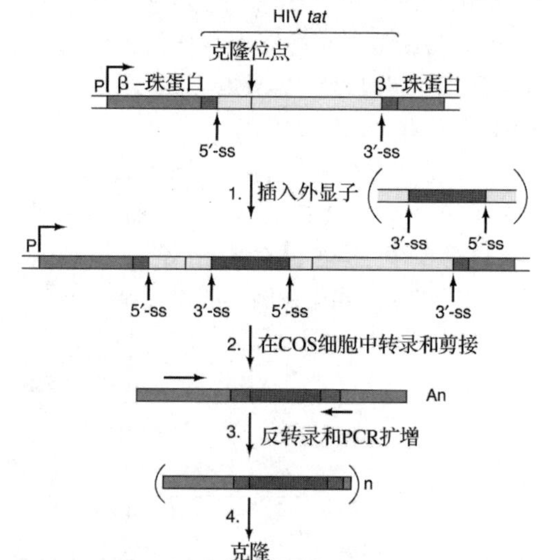

图24.2 外显子捕获法。以克隆载体（如pSPL1）为例，这里显示其简化形式。此载体有一个SV40启动子（P），其下游是一个兔β-珠蛋白基因（橘黄色），其中插入了含有两个外显子（蓝色）和一个内含子（黄色）（位于两个外显子中间）的HIV *tat*基因。内含子-外显子间包含5′-和3′-剪接位点（ss）。*tat*基因的内含子包含一个克隆位点，任何DNA片段都可以插入。步骤1：外显子（红色）已插入，两侧是自身部分内含子和自身5′-和3′-剪接位点。步骤2：将构建的载体转染COS细胞，COS细胞能转录插入片段，并对转录物进行剪接。注意插入的外源外显子（红色）由于带有自身5′-和3′-剪接位点而在剪接过的转录物中保留下来。最后（步骤3和步骤4），将转录物进行反转录和PCR扩增，引物如箭头所示。获得含有外来外显子的很多拷贝，可用于克隆和测序。注意，非外显子没有剪接位点，与内含子一起剪除，不会留到步骤3中，因此无需浪费时间研究。

找 *Hpa*Ⅱ切割位点的"岛屿"。这样的位点被称为 **CpG 岛**或 **HTF 岛**（HTF island），因其产生 *Hpa*Ⅱ小片段（*Hpa*Ⅱ tiny fragment）。

小结 图位克隆从基因定位（第 1 章）开始，将目的基因锁定到一个相当小的 DNA 区域，定位依赖于一套与目的基因所在位置连锁的基因组路标（landmarker）。基因组路标有时是基因，但更多的时候是 RFLP 位点，即导致个体间特定限制酶片段长度差异的位点。有多种方法可用于从一大段未测序 DNA 中鉴定基因。一个是借助特定载体克隆外显子的外显子捕获法，另一个是借助甲基化敏感的限制酶寻找 CpG 岛，即含有未甲基化 CpG 序列的 DNA 区域。

鉴定与人类疾病相关的突变基因

我们以精确定位亨廷顿病基因这一经典图位克隆实例来阐明本节内容。

亨廷顿病是一种渐进性神经紊乱症。此病刚开始表现为无法察觉的轻微痉挛和行动笨拙。多年后，症状加重，并伴随感情上的错乱。HD 研究者 Nancy Wexler 这样描述这种恶性疾病的晚期症状：整个身体随发性抖动，躯体扭动，面部扭曲，发展到晚期的患者看起来具有戏剧般的表情。经过 10～20 年后，患者最终死亡。

亨廷顿病由一个显性基因控制。因此，HD 患者的孩子患这种疾病的概率为 50%。HD 患者通过不生孩子来避免该病的遗传，只是 HD 患者通常直到出生数年后才出现 HD 的最初症状。

因为人们不知道 HD 基因（*HD*）产物的特性，所以遗传学家不能直接找到这个基因。能想到的最好方法是寻找一个与 *HD* 紧密连锁的基因或标记。Michael Conneally 及同事花了十多年的时间试图找到这样一个连锁基因，但是没有成功。

随后，Wexler、Conneally 和 James Gusell 尝试通过 RFLP 发现与 *HD* 连锁的遗传标记。幸运的是，他们找到了一个非常大的 HD 家族作为研究对象。生活在委内瑞拉 Maracaibo 湖边的这个大家族的成员从 19 世纪早期就开始罹患 HD。其中，第一位患者是一位女性，她父亲（可能是个欧洲人）携带有缺陷基因。这个家族的家谱能追溯七代以上，而且每一代的人数不同寻常的多：一个家庭有 15～18 个孩子并不少见。

Gusella 及同事知道寻找与 *HD* 连锁的 RFLP 位点可能需测试几百个探针，但是他们真的很幸运，在第一次测试的 12 个探针中，有一个称为 G8 的探针在 Venezuelan 家族中就检测到一个与 *HD* 紧密连锁的 RFLP 位点。图 24.3 显示了与该探针杂交的 DNA 片段中 *Hpa*Ⅲ识别位点所在的位置。我们看到总共有 7 个位

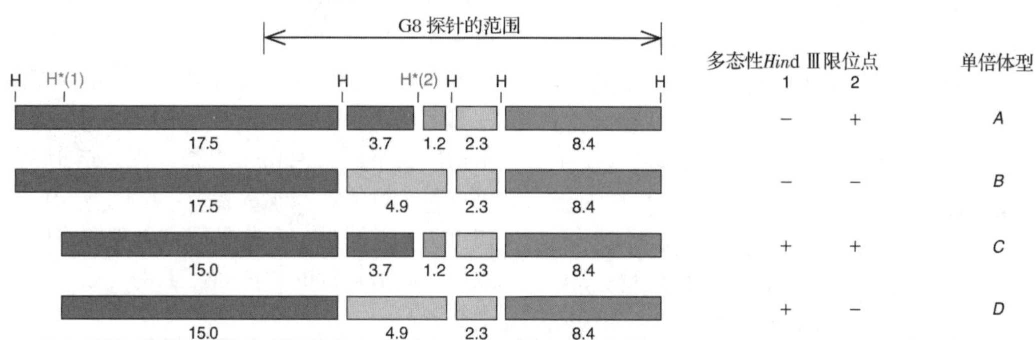

图 24.3 与亨廷顿病基因相关的 RFLP。图中显示了 G8 探针杂交的 DNA 区域内的 *Hind*Ⅲ限制酶酶切位点。对该家族的研究显示有两个多态性位点，分别用星号数字 1（蓝）和 2（红）标记。位点 1 的存在会产生 15kb 和 2.5kb 片段，但是由于 2.5kb 片段不能与 G8 探针杂交，因此无法检测到。缺失位点 1 仅产生 17.5kb 片段。存在位点 2 会产生 3.7kb 和 1.2kb 片段，而其不存在则只产生 4.9kb 片段。这两个位点的存在与缺失的 4 种组合产生 4 种单倍体型（A～D），在图的右边列出，旁边是多态性 *Hind*Ⅲ位点和 G8 探针在每种单倍体型中检测到的 *Hind*Ⅲ片段。例如，单倍体型 A 有位点 2，缺失位点 1，*Hind*Ⅲ酶切后产生 17.5kb、3.7kb、1.2kb 片段。2.4kb 和 8.4kb 片段也能被 G8 探针检测到，但是由于它们在 4 种单倍体型中都存在，因此不做考虑。

点，但在这个家族中只发现其中的5个。另外2个用星号标记、编号为1和2的位点可能存在，也可能不存在。因此后两个位点具有多态性，或称变异性。

让我们看看这两个限制酶切位点存在与否是如何产生RFLP的。位点1缺失，产生一个17.5kb的片段。而位点1存在时，17.5kb的片段将被切割成15kb和2.5kb两个片段。由于2.5kb片段在G8探针杂交区之外，因此放射自显影仅显示出15kb片段。位点2缺失，产生4.9kb片段，而位点2存在时，4.9kb片段将被再分为3.7kb和1.2kb两个片段。

这两个多态性*Hind*Ⅲ位点有4种可能的**单倍体型**（haplotype）（在单个染色体上的等位基因组合），分别标记为A～D。

单倍体型	位点1	位点2	观察到的片段
A	缺失	存在	17.5kb、3.7kb、1.2kb
B	缺失	缺失	17.5kb、4.9kb
C	存在	存在	15.0kb、3.7kb、1.2kb
D	存在	缺失	15.0kb、4.9kb

术语单倍体型是单倍体基因型（haploid genotype）的缩写，强调每个家族成员经遗传而得到两个单倍体型，一个来自父亲，一个来自母亲。例如，一个人从父亲遗传获得A单倍体型，从母亲获得D单倍体型，因此这个人的基因型（一对单倍体型）为AD。有时不同的基因型无法区分，如一个AD基因型的人和一个BC基因型的人有同样的RFLP模式，因为所有的5个片段在两种情况下均出现。通过检测双亲的基因型可以推测其真实基因型。图24.4显示了以放射性G8探针对两个家族进行Southern印迹分析的放射自显影结果。对AC基因型而言，17.5kb和15kb片段迁移后非常相近，因此当两者都存在时很难被区分开。然而，仅含17.5kb片段的AA基因型很容易与仅含15kb片段的CC基因型区分。基于4.9kb片段的存在，可以判断在第一个家族中存在B单倍体型。

到底哪个单倍体型与Venezuelan家族的HD相关呢？图24.5能够证明是C。几乎所有携带这种单倍体型的个体都患有这种疾病，即使还没有发病，也几乎可以肯定他以后会患这种病。根据图24.5也能断定缺乏C单倍体型

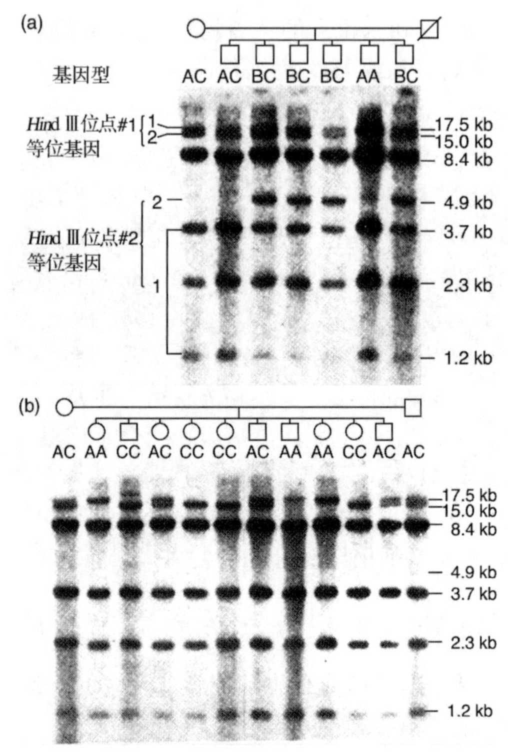

图24.4 Southern印迹检测两个家族成员的*Hind* Ⅲ限制酶酶切片段（与G8探针杂交）。右边列出放射自显影条带的大小。顶端列出4个亲代中的3个及其所有孩子的基因型。由于其中一对父母之一死亡，故其基因型无法确定。[*Source*：Gusella，J. F.，N. S. Wexler，P. M. Conneally，S. L. Naylor，M. A. Anderson，R. E. Tauzi，et al.，A polymorphic DNA marker genetically linked to Huntington's disease. *Nature* 306：236. Copyright © 1983 Macmillan Magazines Limited.]

的个体不会患病。这一方法能非常准确地预测该家族成员是否携带HD相关基因。对一个美国家族进行的类似研究表明，A单倍体型与家族的HD连锁。因此，每一家族与HD关联的单倍体型不同，但在一个家族内，这个RFLP位点与HD的连锁非常紧密，所以这些位点间的重组非常罕见。至此我们可以理解RFLP位点作为图谱定位的遗传标记了，就好像它是一个基因。

*HD*与特定DNA区（该区能与G8探针杂交）连锁的发现也为Gusella及同事将*HD*定位到人4号染色体上提供了可能。为实现这一目的他们建立了人鼠杂交细胞系，且每个系只含少量的人染色体，将这些细胞系的DNA与放射性G8探针杂交，发现只有含4号染色体的细胞系能与之杂交，与其他染色体存在与

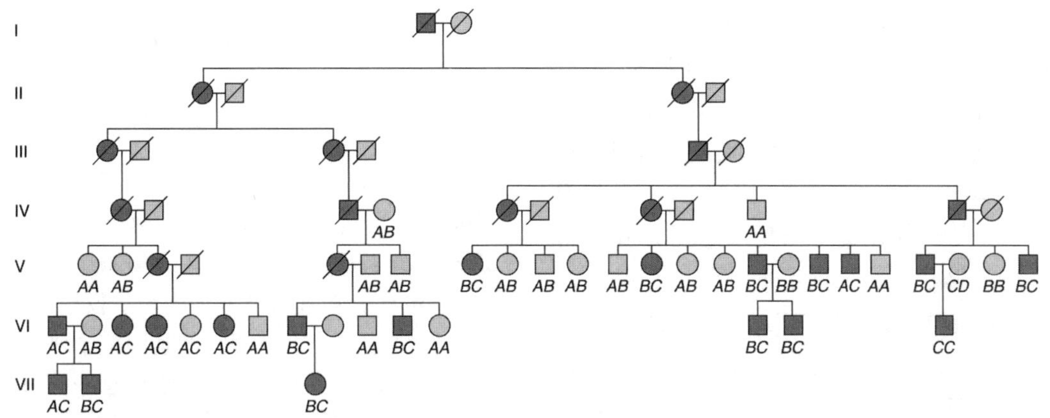

图 24.5 Venezuelan 大家族 HD 病的家系图谱分析。家庭成员中被确定患有此病的用紫色标记。应该注意的是，很多带有 C 单倍体型的成员已经患上此病，未患病的则缺乏 C 单倍体型。这样，C 单倍体型与 HD 有很高的相关性，相应的 RFLP 与 *HD* 基因紧密连锁。

否无关。因此可以确认人类 4 号染色体携带 *HD* 基因。

到此为止，*HD* 图谱定位研究组的工作一直都很顺利。而随后将 *HD* 定位到 4 号染色体的远末端却费了很大的周折。由于该染色体的末端是遗传信息贫乏的重复序列，这给研究带来了很多困难。最后，在徘徊于被他称之为遗传“废品站-重复序列”数年之后，Gusella 及研究组把注意力转向更有希望的区域。图谱定位工作提示 *HD* 并不存在于 4 号染色体的最末端，而是在距末端数百万碱基的一个 2.2Mb 的区域内。就筛查基因而言，除非你已经知道这段 DNA 的序列，否则超过 2Mb 碱基是一个极为庞大的 DNA，因此 Gusella 决定将研究集中于一个在约 1/3 HD 患者（这些患者似乎有共同的祖先）中均很保守的 500kb 区域。

一个 500kb 的人类基因组区段平均包含约 5 个基因，为了找到这些基因，Gusella 及同事用外显子捕获法确定了少数几个外显子克隆。继而以这些外显子为探针检测 cDNA 文库，以确定靶 DNA 区转录物（即 mRNA）反转录的 DNA 拷贝。其中的一个称为 IT15（interesting transcript number 15）的克隆与 cDNA 杂交，并确定该 cDNA 为一较大（包含 10 366 个核苷酸）的转录物，编码一个较大（3144 个氨基酸）的蛋白质。根据此 cDNA 序列推测的蛋白质与任何已知蛋白质无相似性，因此没有任何证据说明它就是 *HD* 基因。然而，这个基因中重复的 23 个 CAG 三联体拷贝（其中一个是 CAA），即编码一段 23 个谷氨酰胺的肽链，确实很令人好奇。

这真的就是 *HD* 吗？Gusella 小组比较了 75 个 HD 家族中患 HD 和不患 HD 个体间该基因的差异，结果显示此基因正是 *HD*。在所有未患病个体中，CAG 重复数为 11～34，且 98%的未患病者有 24 或更少的重复数。在所有患病个体中，CAG 重复数至少 42 个，甚至高至 100。因此，通过查看该基因中 CAG 的重复数就可预测一个人将来是否会患 HD。

而且，HD 的严重性或发病年龄与 CAG 的拷贝数具有一定程度的相关性。患者群中重复数低（现在知道是 36～40）的人通常在症状出现前都能很好地生存到成年，而重复数高的人倾向于在儿童期即出现症状。极端的例子是 CAG 重复数最高（约 100）的个体竟然早在两岁时即开始出现症状。

最终，有两个患者出现症状时其父母还没有出现症状。在这两个病例中，患者的 CAG 重复数增加了，而其父母的 CAG 重复数并没有增加。新的突变（增加 CAG 重复数）虽然在 *HD* 中很少发生，但还是引发了上述两个病例，这是显而易见的。

另一种证明该基因确实是 *HD* 的方法是对其进行人为突变，并证明这些突变有神经病学效应。很显然，如果这个基因就是 *HD*，不可能在人身上做实验，但对小鼠是可行的。所幸的是 *HD* 在包括小鼠在内的很多物种中是保守的，在小鼠中该基因是 *Hdb*。1995 年，Michael Hayden 小组通过靶向破坏 *Hdb* 的外显子 5 构建了基因敲除鼠（第 5 章）。结果纯合子的基因敲除鼠死在子宫中，杂合子的基因敲除鼠能够存活，却显示出与神经细胞功能降低相应的智力降低。这一结果强调了 *Hdb*（并推及 *HD*）在大脑中起重要作用，这正是我们对 *HD* 所预测的。

怎样将这一新发现应用在实际工作呢？一个显而易见的方法是通过精确的遗传学筛查检测将患此病的人。实际上，通过计算 CAG 重复数，甚至能预测出发病年龄。然而，这种信息有利也有弊，因为可能造成患者心理上摧毁性的打击。我们真正需要的当然是使患者恢复健康，但那可能是一个漫长的过程。

基因组数据的优点　在数年的图位克隆研究中，主要的时间都耗费在对可疑 DNA 区段的测序，并力图鉴定出此序列中哪个基因是可能的"肇事者"。随着人类基因组计划的完成，图位克隆已变得比较容易。正如多年来一直从事小鼠基因图位克隆研究的遗传学家 Neal Copeland 所说，"有基因组序列前，我们经历 15 年获得了 10 个可能的癌症相关基因，而一旦有了全基因组序列，只需数月就可以一次性得到 130 个基因。"当然他说的是小鼠基因组，但同样的原理也适用于人类，且小鼠图位克隆研究鉴定出的基因常常也能在人类中引起类似的症状。因此，基因组研究最大的好处是加速了发现人类疾病基因的进程。但不能因此认为图位克隆已经过时，只要我们仍然有兴趣寻找生物体的性状相关基因，图位克隆就将继续发挥重要作用。基因组全序列的获得只是使图位克隆更容易。

小结　利用 RFLP 技术，遗传学家将亨廷顿病相关基因（*HD*）定位到邻近 4 号染色体末端的一个区域。继而用外显子捕获法确定了该基因。引起这种疾病的突变是基因中 CAG 重复序列从正常的 11～34 个拷贝增加到至少 38 个拷贝。这些额外的 CAG 重复序列导致了额外的谷氨酰胺插入亨廷顿蛋白。

24.2　基因组测序技术

正如所预期，第一个完成全基因组测序的基因组一定是非常简单的。大肠杆菌噬菌体 ϕX 174 的基因组就非常简单，Frederick Sanger（DNA 测序的双脱氧链末端终止法发明人）于 1977 年获得了这个 5375nt 的基因组序列。

从该序列中可以获得哪些信息呢？首先，可以精确地对所有基因的编码区进行定位，精确地判断基因间的空间关系及基因间的距离。如何识别编码区呢？编码区包含一段长度足以编码一个噬菌体蛋白质的 ORF。而且 ORF 总是起始于三联密码 ATG（偶尔是 GTG），对应于翻译起始密码子 AUG（或 GUG），并于终止密码子（UAG、UAA、UGA）处结束，即细菌或噬菌体的 ORF 与基因的编码区是一致的。

还可以从该噬菌体的碱基序列推断其所有蛋白质的氨基酸序列，只需要依据遗传密码子表将每个 ORF 的 DNA 碱基序列翻译成对应的氨基酸序列即可。这项工作似乎很费力，但个人电脑瞬间即可完成。

Sanger 对 ϕX174 噬菌体可读框进行分析的结果有些出乎预料且令人迷惑：有些噬菌体基因是重叠的。如图 24.6（a）所示，基因 *B* 的编码区在基因 *A* 中，基因 E 的编码区在基因 *D* 中。而基因 *D* 和基因 *J* 的编码区有一个碱基的重叠。两个基因如何占据相同的位置却能编码不同的蛋白质呢？这是因为两个基因以不同的 ORF 进行翻译［图 24.6（b）］。在这两个 ORF 内会遇到完全不同的密码子串，这样两个蛋白质产物也就完全不同了。

这的确是一个有趣的发现，随之而来的问题是，这种现象普遍吗？迄今为止，基因重叠现象几乎为病毒所特有。这并不奇怪，因为对于这些拥有小基因组的简单感染原而言，提高遗传物质的有效使用极为重要。加之病毒有很惊人的复制能力，在无数次的传代过程中，进化使其基因组更加完美。

随着自动测序技术的出现，遗传学家在测得全序列基因组的清单中增加了一些更大的基

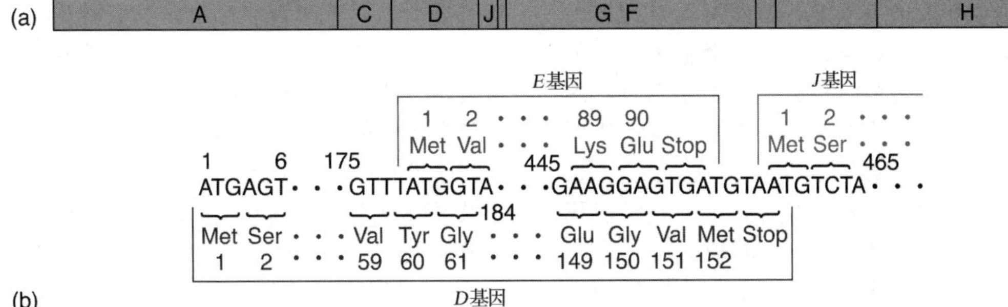

图 24.6 噬菌体 ϕX174 的遗传图。(a) 每个字母代表一个噬菌体基因。**(b)** ϕX174 的重叠可读框。基因 *D*（红色）从图中所标的 1 号碱基开始一直到 459 号碱基结束，对应于氨基酸 1～152 位，外加一个终止密码子 TAA。图中的点表示未标出的碱基或氨基酸。图中只显示了非模板链。基因 *E*（蓝色）从 179 位碱基开始到 454 位结束，对应于氨基酸 1～90 位，另加一个终止密码子 TGA。该基因的可读框比基因 *D* 向后移动了一个碱基。基因 *J*（灰色）从 459 号碱基开始，其可读框只在左边与基因 *D* 有一个碱基的重叠。

因组。1988 年，D. J. McGeoch 及同事公布了一个重要的人类病毒（单纯疱疹病毒 I）的序列，该病毒的基因组相对较大，为 152 260bp。1995 年，Craig Venter、Hamilton Smith 及同事测定了流感嗜血杆菌（*Haemopbilus influenzae*）和生殖道支原体（*Mycoplasma genitalium*）两种细菌基因组的全部碱基序列。流感嗜血杆菌（Rd 株）基因组全长 1 830 137bp，是第一个被测定的非寄生（free-living）生物基因组全长序列。生殖道支原体基因组仅 580 000bp，是所有已知非寄生生物中最小的基因组，仅含大约 470 个基因。

1996 年 4 月，国际实验室联盟（International Consortium of Laboratory）宣布了另一个基因组测序史上的里程碑：长达 120 000 000bp 的酿酒酵母（*Saccbaromyces cerevisiae*）全长基因组测序完成。这是第一个被测定的真核生物全长基因组。1996 下半年，生命的第三种形式古菌（archaea）的首个生物体［詹氏甲烷球菌（*Methanococcus jannaschii*）］的基因组全长被测定。

接着，1997 年，期待已久的大肠杆菌基因组全长 46 000 000bp 序列被报道。虽然其长度仅是酵母基因组的大约 1/3，但是大肠杆菌作为遗传学研究工具的重要性使得这项工作同样具有里程碑意义。

1998 年，第一个动物基因组，秀丽隐杆线虫（*Caenorbabditis elegans*）基因组被报道。2000 年，第一个植物基因组，十字花科（Mustard family）植物拟南芥（*Arabidopsis thaliana*）的基因组测序完成。由于秀丽隐杆线虫和拟南芥的基因组小、生活周期短、遗传实验易于操作而被选为**模式生物**（model organism）用于科学研究。秀丽隐杆线虫的另一个有利条件是它只有不到 1000 个细胞，而且是透明的，因此它的每一个细胞的发育都能被可视化跟踪。另外两个模式生物是果蝇（*Drosopbila melanogaster*）和小家鼠（*Mus musculus*），这两种生物的基因组分别于 2000 年和 2002 年报道。也是在 2000 年，热切期盼的人类基因组序列草图公布。2001 年，人类基因组“工作草图”出版。

2002 年，一些重要的基因组（至少是以基因组草图的形式）陆续被报道。其中包括引起疟疾的单细胞寄生虫恶性疟原虫（*Plasmodium falciparum*）及其主要携带者疟蚊（*Anopbeles gambiae*）的基因组均见报道。这些基因组的揭晓无疑对我们设计更好的方法来控制疟疾有很大帮助。两种常见水稻品种（*Oryza sativa*）的基因组草图也是在 2002 年发布的，这是第一个完成测序的谷类植物基因组，此项工作在人类营养方面具有深远而巨大的意义，因为谷类尤其是稻米是世界大部分人口的主食。

2002 年，另外两种脊椎动物，东方红鳍鲀（*Fugu rubripes*）和小家鼠的基因组序列发表。将这些序列与人类基因组序列比较，可进一步认识脊椎动物的进化历程。另外，玻璃海鞘（*Ciona intestinalis*）基因组序列的揭示也有助于进化研究。玻璃海鞘的成体为固着生物，常吸附于岩石和港口桩基上，虽然海鞘与脊椎动物类似的方面很少，但是其幼虫形似蝌蚪，由软骨组织构成的脊柱结构有些类似于脊骨。因此，海鞘是脊索动物，在分类上与脊椎动物同属一个门。将海鞘基因组与脊椎动物及线虫、果蝇等非脊椎动物的基因组进行比较，将使我们对脊椎动物的进化有更深刻的理解。

大部分分子进化研究是基于对不同生物基因组部分序列的比对。指导原则是任何两种生物基因组序列间的差异与这两个生物体间的进化距离存在相关性。生物体基因组分支相对较近的（如人和鼠）比分支较远的（如海鞘和人）亲缘关系近。一般而言，这是对的，但各种生物体基因组学的研究发现了一些预料之外的特性。例如，人类基因组的进化速率在不同区域并非一致，改变速率相对较快的区域点缀着一些变化速率始终相对较慢的区域，找出这种差别的真实原因引起了人们的强烈兴趣。

到目前为止，通过基因组研究，发现基因组的大小与生物的复杂性相关（此外，在第2章讨论C值悖论时，也发现有很多例外现象）。根据这个原则，原核生物基因组比真核生物基因组要小得多。有趣的是，基因组大小与生物复杂度之间的相关性存在相反的情况。例如，目前已经测序的最小真核生物基因组是兔脑炎原虫（*Encephalitozoon cuniculi*），一种人类及其他哺乳动物的胞内寄生虫，其基因组仅含2.9Mb，只有1 997个可能编码蛋白质的ORF（寄生生活方式使生物体利用很少的基因就能生存，因为可依靠宿主提供所需）。与之相比，在60种（至2002年中期）已测序的细菌基因组中，最大的是固氮菌的百脉根瘤菌（*Mesorbizobium loti*）基因组，全长为7.6Mb，约含8000个基因，甚至比芽殖酵母（budding yeast）细胞的基因组还大。

2003年4月14号，国际人类基因组测序联盟（International Human Genome Sequencing Consortium）宣布人类基因组测序比预定计划提前两年完成。更确切地说是完成了测序任务

表 24.1　基因组测序的大事记

基因组（重要性）	大小/bp	年份
ϕX174 噬菌体（第一例基因组）	5 375	1977
λ 噬菌体（大的 DNA 噬菌体）	48 513	1983
单纯疱疹病毒 I 型（大的 DNA 真核病毒）	152 260	1988
流感嗜血杆菌（细菌，第一例生物体）	1 830 000	1995
生殖道支原体（细菌，最小的细菌基因组）	580 000	1995
啤酒酵母（酵母，第一例真核生物）	12 068 000	1996
詹氏甲烷球菌（第一个古菌）	1 660 000	1996
大肠杆菌（研究得最清楚的细菌）	4 639 221	1997
秀丽隐杆线虫（第一个动物，圆形蠕虫）	97 000 000	1998
人类 22 号染色体（第一个人染色体）	53 000 000	1999
拟南芥（第一个植物，十字花科）	120 000 000	2000
果蝇（理想的遗传模型）	180 000 000	2000
人类［基因组学“圣杯”（holy grail）工作草图］	3 200 000 000	2001
恶性疟原虫（疟疾寄生虫）	23 000 000	2002
疟蚊（疟疾的主要携带者）	278 000 000	2002
东方红鳍鲀	365 000 000	2002
小家鼠	2 500 000 000	2002
玻璃海鞘（海鞘，原始脊索动物）	117 000 000	2002
家犬（狗，工作图）	约 2 400 000 000	2003
鸡（鸡，第一个农场动物）	1 050 000 000	2004
人类（测序完成）	3 200 000 000	2004
水稻（第一个谷物）	489 000 000	2005
黑猩猩（与人类最亲缘的物种）	约 3 000 000 000	2005
三种椎体虫（美洲锥虫、布氏锥虫、利什曼原虫，可引起严重的人类疾病）	25～55 000 000	2005
毛果杨（黑三叶杨，第一个树木］	约 485 000 000	2006
首次个人（两名白种人、一名非洲人和一名中国汉族人）	3 200 000 000	2007～2008
尼安德特人（与现代人进化关系最近，工作草图）	约 3 000 000 000	2010

的 99%，这是 2003 年科技界的重要成果，测序错误率仅为 1/100 000，所有的序列都按正确的顺序排列出来。尽管仍留有极为复杂的几百个集中在重复区和着丝粒区的缺口需要补齐，但这已经比两年前公布的草图有了很大的改进。

根据 NCBI 网站（www. ncbi. nlm. nih. gov/genome）的数据，截止 2010 年 12 月 6 日，已完成 1440 个基因组全序列的测定，其中 1372 个是微生物的基因组。表 24.1 按时间顺序呈现了基因组测序史上的重要成就，在接下来的几节，我们将讨论从这些序列中获得的知识。

小结 病毒及从噬菌体到微生物、动物和植物的不同生物的碱基序列已经获得。人类基因组草图和完成版的人类基因组也已获得。相近物种和差异较大物种基因组间的比较使物种进化关系清晰地显现出来。

人类基因组计划

1990 年，美国遗传学家决定着手一项艰巨的探索，对整个人类基因组进行作图并最终测序，既人类基因组计划（Human Genome Project）。该计划很快成为一个国际性工程，同时也引起一些争议，因为该计划的最终目标是测得人类每条染色体的碱基序列，而这一目标的实现要耗费大量的人力和巨额成本。高成本是由于人类基因组多达 30 亿个碱基对。为使大家对这项工作的艰巨性有所了解，我们不妨假设将 30 亿碱基对写下来，这将写满自然杂志 50 万页。如果不嫌烦，按平均每秒阅读 5 个碱基，每天读 8h，需要花费 60 年时间才能将它读完。在 1990 年，按照测定一个碱基序列花费一美元计，整个测序工程需要花费 30 亿美元，远远超过人们之前在一个生物学研究项目上的投入。最终，更有效的测序方法的出现大大加快了基因组计划的完成，成本也较原先的估计低得多。

最初的人类基因组计划是系统而保守的。首先，遗传学家需要绘制基因组的遗传图和物理图，这些图谱包含一些标记（或称为路标），以便随后测出的序列能按正确顺序拼接。大规模测序只能在遗传图与物理图已经完成，且图谱中所有位点对应的克隆已经获得的情况下才能进行。最初预期整个测序计划全部完成的时间为 2005 年。

1998 年 5 月，由 Craig Venter 创立的以营利为目的私人公司（Celera 公司）着手对人类基因组和其他生物基因组进行测序，令基因组学界震惊的是该公司宣布将在 2000 年之前完成人类基因组草图。这一时间表已经非常惊人了，而更引人注目的是 Venter 提出的新测序方法。与依赖图谱来整理拼接克隆序列的方法不同，Venter 提出了**鸟枪法**（shotgun sequencing）测定基因组序列，即将整个人类基因组随机打断并克隆，继而对这些克隆进行随机测序，最后利用强有力的计算机程序发现重叠序列并将这些序列拼凑起来。此后不久，人类基因组计划的公共财务主管 Collins 接受 Venter 的挑战并宣布也将在 2000 年之前公布人类基因组草图，并在 2003 年之前完成基于先作图再测序策略的完善的基因组序列图。

这场竞争以各方合作而告终。2000 年 6 月 26 日，Venter、Collins 与 Clinton 总统及其他政要共同出席了在白宫的东宫举行的仪式，宣布人类基因组草图的完成。对大基因组进行测序有两种方法，一种是先作图再测序（逐步克隆法，clone by clone），另一种是鸟枪法。在介绍这类方法之前，先得了解用于诸如人类基因组计划这样庞大工程的克隆载体。

用于大规模基因组计划的载体

无论用哪种测序策略，首先得把目的片段克隆到合适的载体上，大片段克隆尤其可贵。这里介绍两种常用载体：酵母人工染色体和细菌人工染色体。由于早期的绘图工作是依靠酵母人工染色体进行的，所以我们先介绍这个载体。

酵母人工染色体 第 4 章曾提到克隆工具的主要问题是不能携带足够大的 DNA 片段，无法用于人类基因组物理图的绘制。Cosmid 克隆载体仅容纳约 50kb 的 DNA 片段，这对跨越百万碱基的区域作图是远远不够的。

酵母人工染色体（yeast artificial chromosome，**YAC**）能够容纳上百万个碱基，在人类

基因组作图方面非常有用。含有多于兆碱基(megabase)的YAC叫做“兆YAC”(mega YAC)。YAC含有对染色体末端起保护作用的酵母染色体的左右两个端粒(第21章)及着丝粒。着丝粒是分裂中的酵母细胞姐妹染色体分离至两极所必需的。着丝粒邻接左侧端粒，在着丝粒和右侧端粒间可插入一大段人的DNA(或其他任何DNA)，如图24.7所示。大DNA插入片段可通过限制性内切核酸酶轻微消化很长的人DNA而制备。随后，插入了巨大的外源DNA片段的YAC被导入酵母细胞，并如同正常的酵母染色体一样复制。

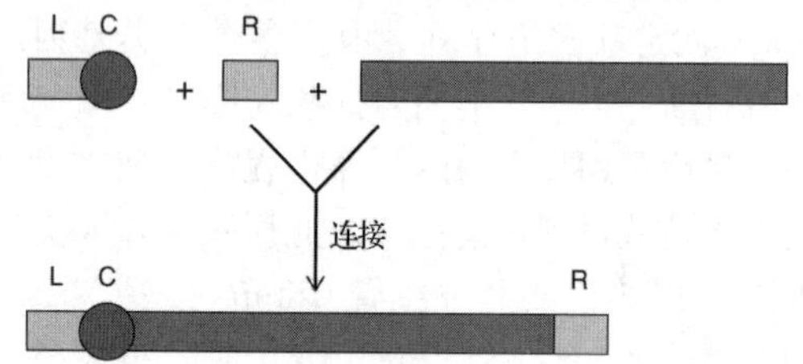

图24.7 酵母人工染色体的克隆。左臂含左侧的端粒序列(标为L的黄色部分)和着丝粒序列(标为C的红色部分)；右臂含右侧的端粒序列(标为R的黄色部分)；两臂之间为大的DNA片段(蓝色部分)，如几百万碱基的人类DNA。这样形成的YAC在酵母细胞中能像正常染色体那样复制。

利用YAC载体，遗传学家在人类基因组计划的作图阶段取得了长足的进步。他们绘制出分辨率为0.7cM的全基因组遗传图。每**厘摩**(centimorgan)表示在两个遗传标记之间产生1%重组率的距离，对人类基因组而言，每厘摩平均约为1Mb的DNA长度。研究者还绘制了两个最小染色体(21号染色体与Y染色体)的较高分辨率的物理图。这些图谱非常重要，描绘了YAC中克隆的DNA重叠片段。在人类基因组被测序前，如果对染色体图谱上某一致病基因感兴趣，我们的任务相对就简单多了，只需找到致病基因两侧的遗传标记，接着找到含有这些遗传标记的一个YAC或多个YAC，最后再寻找该基因。

细菌人工染色体 尽管YAC在人类基因组图谱绘制中取得了成功，但它也有很多严重缺陷，如效率低(每微克DNA获得的克隆不多)、从酵母中分离YAC较难、稳定性差、存在不同位点DNA片段组成的拼接插入片段。**细菌人工染色体**(bacterial artificial chromosome，**BAC**)克服了上述缺点，被应用于人类基因组计划的测序阶段。

BAC是以大肠杆菌的天然质粒——**F质粒**(F plasmid)为基础构建的大容量载体系统。该质粒允许细菌细胞间的结合(conjugation)。在有些结合事件中，F质粒自身从供体**F^+细胞**转入受体**F^-细胞**，使后者转变为F^+细胞，而有时F质粒与插入其中的一小段宿主细胞DNA(插入外源基因的F质粒称为**F′质粒**)共同转进受体细胞，甚至有时F′质粒插入到宿主染色体中，然后将整条染色体从供体细胞转入受体细胞。由于大肠杆菌染色体大于4Mb，故F质粒能容纳大片段DNA的插入。实际上，BAC载体插入片段的长度通常不超过300 000bp(平均为150 000bp)，而且无论在体内还是体外都很稳定。不像线性YAC易被剪切力切断，环形超螺旋的BAC不易被破坏。

图24.8显示第一个BAC载体图谱，由Melvin Simon及同事于1992年构建。它有一个复制起点，一个含两个限制酶位点(*Hin*dⅢ和*Bam*HⅠ)的克隆位点，允许较大DNA片段插入，还带有一些基因(*Par*基因)，负责把质粒分配给子细胞，并使每个细胞中质粒的拷贝数维持在两个左右，以利于质粒的稳定。此载体还含有氯霉素抗性基因，用以筛选含质粒的细胞。

小结 两个大容量载体已在人类基因组计划中得到广泛应用。YAC载体能接受100万碱基或更大的DNA片段插入，大部分绘图工作是利用该载体完成的。BAC载体能接受约300 000碱基以内的DNA片段插入，大部分测序工作是利用BAC实施的。相对YAC而言，BAC更稳定且更易操作。

逐步克隆策略

逐步克隆策略因系统性强而极具吸引力。首先，通过寻找沿每条染色体均匀分布的标记来绘制全基因组图谱。作图的同时收集各标记相应的克隆群。由于已知各克隆的次序，对每一克隆测序并可将测得的序列置于基因组合适的位置，这种方法被称为**逐步克隆测序法**(the clone-by-clone strategy)。除用于克隆外，

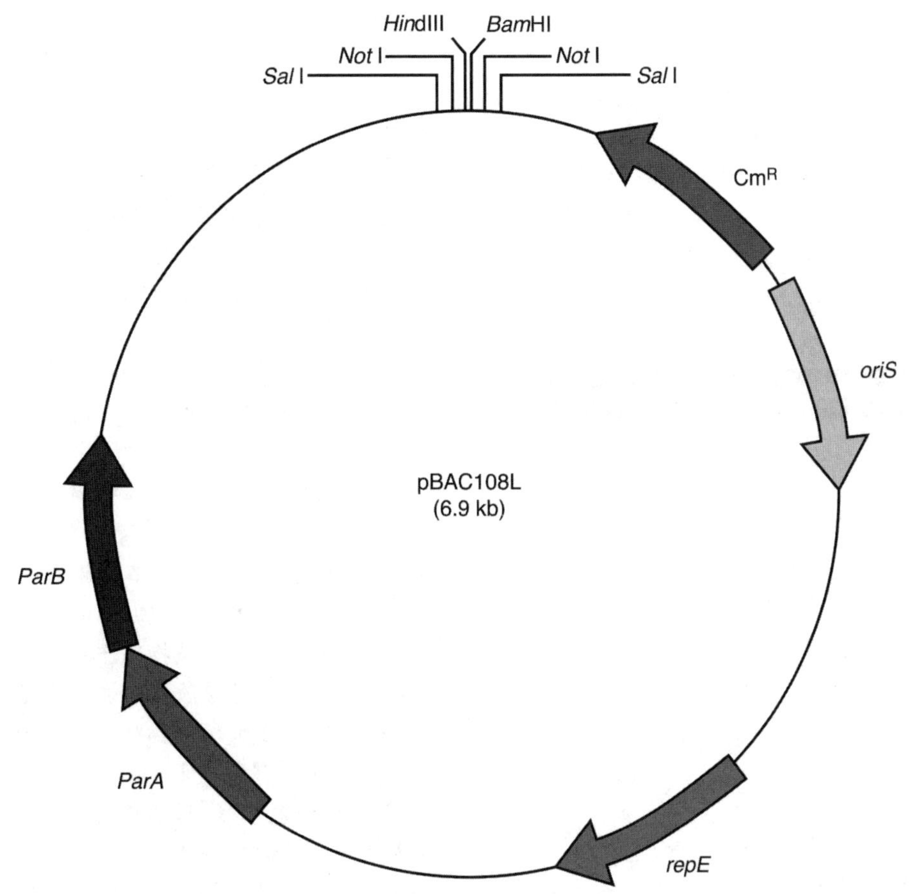

图 24.8 BAC 载体图谱。主要特点是：顶部有两个克隆位点 *Hind*Ⅲ和 *Bam*HⅠ；用作筛选工具的氯霉素抗性基因（Cm^R）；复制起点序列（oriS）；调控质粒分配到子代细胞的基因（*ParA* and *ParB*）。

遗传图和物理图还有另一个重要用途，即为寻找致病基因提供路标。学习本节时，切记这些技术原本是用来定位标记的，这些标记并不是基因，而是一段个体间有差异的 DNA。我们已经提到过一个这样的标记，即限制性片段长度多态性（RFLP）。

可变数串联重复序列 RFLP 的多态性程度越高，其用途越大。例如，在 100 个人中，若只有一人是一种 RFLP 形式（如图 24.1 中的 6kb 片段），其余 99 人是别的形式（4kb 和 2kb 片段），那么要找到这个稀有变体需做许多筛选，使作图工作非常烦琐。而有些被称为**可变数串联重复序列**（variable number of tandem repeat，**VNTR**）的 RFLP 就显得更有用了。它们源于微卫星系列，即一段 DNA 所含的核心序列一前一后地（首尾相连）重复很多次。不同个体某一 VNTR 内核心序列重复的次数可能不同，因此 VNTR 具有很高的多态性，作图也比较容易。然而，VNTR 作为遗传标记也有缺点，它们倾向于在染色体末端串联，而在染色体内部区域相对缺乏这种标记。

序列标签位点 另一种对基因组作图非常有用的标记技术是**序列标签位点**（sequence-tagged site，**STS**）。STS 是一类长 60～1000bp 的短序列，可用 PCR 进行检测。图 24.9 说明怎样用 PCR 检测 STS。首先应非常清楚作图区的 DNA 序列并设计引物，上下游引物结合位点相距几百个碱基对，这样在两个引物间可以扩增出预计大小的 DNA 片段。用这对引物 PCR 扩增未知 DNA，如果出现预计大小的扩增片段，则未知的 DNA 含有该 STS 位点。需要注意的是，仅引物与未知 DNA 结合还不够，引物结合位点一定要相距特定数目的碱基对并扩增出正确大小的片段。这就提供了一个特异性的结合位点可供检查。STS作为制图工具的一个显著优势是不需要克隆、检测或冷藏基因。任何人只需根据发表的STS的引物序列合成同一引物并进行PCR，就可以在短短的几小时里找出相同的STS。STS的另一优势是相对Southern印迹而言的，PCR反应所需DNA的量要少得多。

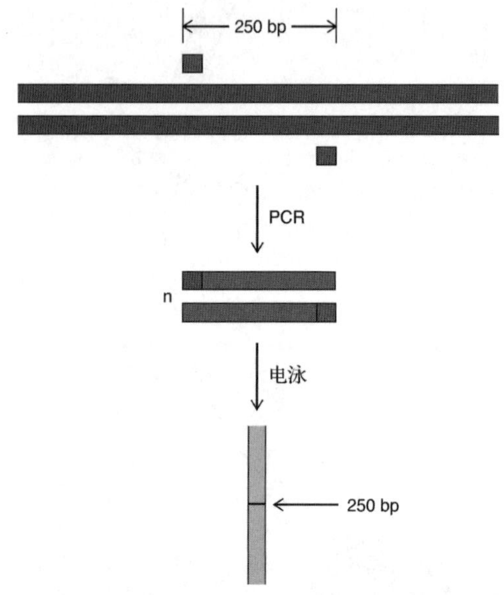

图24.9　序列标签位点。以一个两端无限延长的DNA大片段为基础，我们知道其中一小段的序列，就可以设计引物，用PCR方法扩增出预计的片段。此例中，两引物（红色）间的序列长度为250bp，多个循环后产生许多250bp的拷贝，可用电泳方法进行鉴定。

微卫星序列　STS在物理作图和定位特定基因方面非常有用，但对传统遗传作图中的标记却毫无用武之地，除非具有多态性。只有具有多态性的STS才能用于遗传连锁分析。幸运的是，遗传学家发现了一种被称为微卫星序列的STS，它具有很高的多态性。微卫星序列（microsatellite）与小卫星序列（minisatellite）的相似之处在于它们均含有连续的核心重复序列。但典型小卫星的核心序列为12bp或更长些，而微卫星的核心序列比较短，通常为2～4bp。1992年，Jean Weis senbach及同事基于含有C-A二核苷酸重复的814个微卫星序列绘制了整个人类基因组的连锁图谱。他们分离了含有这些微卫星序列的DNA，并根据DNA序列设计每个重复区两侧的引物。特定引物产生的PCR产物的大小取决于特定个体在该位点的C-A重复次数。幸好个体间微卫星序列的重复数差异很大，在人类基因组中，微卫星除具有多态性外，还具有广泛存在及分布均一的特点，因此微卫星标记法是连锁作图与物理作图的理想选择。

利用微卫星绘制遗传图或连锁图与第1章提到的传统的果蝇基因组标记其实是同一技术。只是遗传学家是确定两个微卫星序列间的重组率而不是翅形和眼色间的重组率。例如，假设一男士在一个位点产生78bp的微卫星，并在附近一个位点产生42bp的微卫星，他的妻子在上述两个位点产生的微卫星分别是102bp和36bp。在一定范围内，子女配子中这两个标记越是表现为非亲本（例如，孙子在上述两个位点产生的微卫星序列分别是78bp和36bp)，两标记间的重组率就越高，且这两个标记在染色体上的距离也就越远。

对基因组给定区域物理作图和测序感兴趣的遗传学家的目标是收集叫做**重叠群**（contig）的一组克隆，重叠群包含跨越很长距离的相邻DNA（实际上是重叠DNA)。这很像智力拼图玩具，模块越大，拼起来越简单，因此拥有高容量BAC和YAC载体就很有必要。假设已获得人基因组的BAC库，我们还需要一些方法来鉴定出作图区所包含的克隆。有几种不同的方法可以达到此目的，其一是用靶区特异标记探针与BAC库杂交筛选，但这一方法的可靠性受非特异性杂交的影响。更可靠的方法是在BAC库中搜寻STS标记。最好用至少两个相距几百或几千个碱基的STS筛选BAC库，这样较大跨度的BAC才能被筛到。

获得一定数量的阳性BAC后，通过筛选另外一些STS就可以开始作图了。如图24.10那样以重叠的方式将筛出的BAC排列起来，该组重叠BAC就是新的重叠群，这时可以开始对重叠群进行精细的作图甚至测序了。

辐射杂交定位　用BAC库作图听起来似乎很简单，其实还有很多困难。最困难是相对于人的整条染色体来说，BAC的容量太小。构建整条染色体的BAC重叠群耗时费力，难以实施。所以我们需要一种新方法来发现间距超过单个BAC的STS间的连锁。**辐射杂交定位**（radiation hybrid mapping）就是这样一种方法。首先用致死剂量的电离辐射（如X射线和

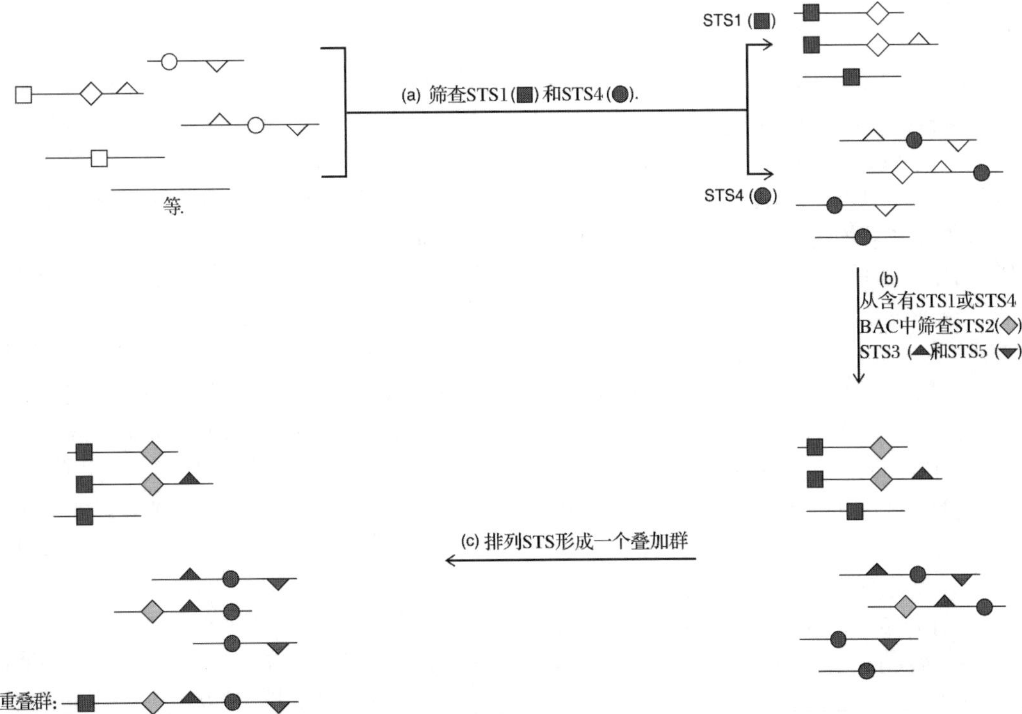

图 24.10 利用 STS 制图。左上侧是几个带有特定间隔的不同 STS（用不同的符号代表）的 BAC。第一步：筛选两个或多个相距较远的 STS，本例中为 STS1 和 STS4，带有 STS1 和 STS4 的 BAC 在右上侧标出，已确定的 STS 标出不同颜色。第二步：经过第一步筛选出的 BAC，继续用 STS2、STS3 和 STS5 筛选。BAC 所标颜色为检测到的 STS。第三步：把 BAC 上的 STS 排列起来形成重叠群，用脉冲场凝胶电泳测量 BAC 的长度以帮助确定各 BAC 之间的相互联系。

γ 射线）照射人细胞，将人染色体打成碎片；将照射后的人细胞与仓鼠细胞融合，产生只含部分人染色体片段的杂交细胞；随后获得同一杂交细胞的克隆，即培育筛选一些细胞群，每一细胞群来源于单个祖先细胞；最后检测杂交细胞克隆中哪些 STS 倾向于在一起。越是常常在一起的 STS，相距越近，也越有可能位于同一染色体上。

1996 年，包括 G. D Schuler 在内的国际遗传学家联盟发表了基于该技术获得的 STS 绘制的人类基因组图谱。该图谱含有 16 000 多个 STS 标记，加上由传统的连锁分析法（家系研究）获得的约 1000 多个遗传标记，构建了基因组图谱的整体框架。这项研究中所用到的 STS 是一类被称为**表达序列标签**（expressed sequence tag，**EST**）的特殊标记，这些 STS 是从 mRNA 在反转录酶作用下合成的 cDNA 中获得的。上述 cDNA 可由 PCR 扩增和克隆获得，最后 cDNA 两端均被测序，产生两个小于 500bp 的序列标签。因此，EST 代表分离 mRNA 的细胞中所表达的基因。由于这种 STS（或 EST）分析获得的序列仅是一个基因的很小一部分，在 EST 数据库中一个给定的基因可能有许多不同的 EST。为减少 EST 的数量，作图联盟（the mapping consortium）规定仅能用代表基因 3′非翻译区的 EST（3′-UTR）作图。这种方法的优势在于避免了大部分内含子区，而 3′非翻译区通常不含内含子区。1998 年，国际联盟（P. Deloukas 等）进一步细化和扩大了人类基因组图谱，其包括的基因数量已超过 30 000 个。

小结 人类基因组作图需要一系列路标，并建立基因位置与这些路标之间的联系。其中一些标记是基因，但更多的标记仅仅是 DNA 片段，如 RFLP、VNTR 和 STS（包括 EST 与微卫星序列）。其中，EST 和微卫星序列是能够以 PCR 扩增特定大小的 DNA 片段来鉴定的 DNA 区域。

鸟枪法测序

鸟枪法测序（shotgun sequencing）策略由 Craig Venter、Hamilton Smith 和 Leroy Hood 于 1996 年首次提出。该方法绕过绘制基因组图谱，直接进行测序。首先对获得的已插入较大 DNA 片段（平均为 150kb）的一组 BAC 克隆进行测序，利用自动测序仪从每个 BAC 插入片段的两端进行测序，一次测序反应通常可以获得约 500bp 的序列，因此可以测得克隆（即插入片段）两端 500bp 的序列。假设用这种方法对人类 DNA 的 300 000 个克隆进行测序，将测得 3×10^8 个碱基的序列，约为人类全基因组的 10%，在基因组中平均每 5kb 出现一个 500bp 的已测序区。对每个 BAC 克隆而言，这 500bp 序列作为一种识别标签（identity tag），称为**序列标签接头**（sequence-tagged connector，**STC**）。如果每个 BAC 克隆片段长度平均为 150kb，每 5kb 中有一个 STC，那么在 30 个 BAC 克隆（150kb/5kb＝30）中就有可能共享一个已知 STC，这是“接头”（connector）最初的含义，即每个克隆将通过其 STC 与其他 30 个克隆相连。

紧接着是用限制酶消化每个克隆，作出其**指纹图谱**（fingerprint），主要有两个目的，一是鉴定插入片段的大小（限制酶消化产生的所有片段大小的总和）；二是排除异常克隆，即这些克隆的片段模式与通常意义上的重叠克隆不相符合。注意：该克隆的指纹图谱与基因组图谱不同，仅是测序之前的一个简单检测。

下一步是获得目的 BAC——**种子 BAC**（seed BAC）克隆的全序列。此过程是将一个 BAC 克隆细分为一组小片段的克隆，常常是在 pUC 载体中插入平均仅为 2kb 左右的片段。利用此 BAC 克隆的全序列能够鉴定出约 30 个与种子 BAC 重叠的 BAC 克隆，它们具有种子 BAC 所含的 STC。

接下来，在以上 30 个克隆中选择与第一个种子 BAC 重叠最少的进行测序，然后针对第二套 BAC 克隆重复上述过程，选择与第二个测序的 BAC 重叠最少的克隆进行测序，并不断重复以上程序。这一策略被称作 **BAC 步移**（BAC walking），如果有充足的时间，原则上一个实验室可以利用此项技术对人类全基因组进行测序。

但谁也没有那么多时间，于是 Venter 及同事改进了这一程序，他们随机测定 BAC 序列直至获得大约 350 亿个碱基。原则上这一序列比人类基因组大 10 倍以上，应该具有高度的覆盖率和准确率。接着将这些碱基序列输入计算机中，其强有力的运算可发现两个克隆间的重叠并将这些序列拼接起来，形成全基因组序列。

如前所述，大批量测序用的是 pUC 载体，其插入片段相对较小（仅约 2kb）。这些小插入片段不能提供足够的重叠来拼凑全基因组。这一缺点在具有重复序列的 DNA 区尤为明显。从一个具有串联重复（tandem repeat）的 10kb DNA 区域获得一个 2kb 序列，并不能确定它到底位于大重复片段的哪个位点，因为大片段的局部序列可能是相同的。而这正是 BAC 克隆能派上用场的地方，它们足以覆盖几乎任何重复区域，也提供跨越较大 DNA 区域的重叠序列，因此，有助于将较小的克隆片段组织到一起。物理图，尤其是 STS 图谱也促进了这项工作，这些图谱早已获得。所以，鸟枪法测定人类基因组序列在实践中是由纯粹鸟枪法与图谱-测序结合的一种策略。

对超过 30 亿个碱基对进行测序的任何策略都必须依赖于高容量、低成本的测序方法。我们现在所用的测序装置是在毛细管中进行 DNA 片段电泳，而不是传统的薄凝胶板电泳。这些仪器是完全自动化的，每台每天能处理 1000 个样品，只需 15min 的人工耗时。Venter 的另一个公司基因组研究所（The Institute for Genome Research，TIGR）拥有 230 台这样的仪器，如果这些仪器同时运行，每天他们能够以较低的劳动成本测出 100Mb 的 DNA 序列。

小结 大规模的测序计划可采取两种形式。①先作图再测序策略（map-then-sequence strategy），先构建一个包括 STS 的基因组物理图，然后对制图过程中用到的克隆（主要为 BAC）进行测序，这样就可以按正确顺序将这些序列拼凑在一起。②鸟枪法测序，先构建一个含有不同大小插入片段的克隆文库，然后随机测定这些插入片段的序列，这种方法必须依赖于计算机程序发现序列之间的重叠区，然后把它们拼接在一起。在实践中，这些方法被组合在一起用来测定人类基因组序列。

测序的标准

基因组“草图”（rough draft）、“工作草图”（work draft）和“最终草图”（final draft）的含义是什么？这要看你问谁了。多数研究者认为工作草图仅能完成 90%，而且可能还有约 1%的出错率。尽管对完成草图还没有一个统一的量化标准，但大家一致认为它的出错率应小于 0.01%，而且间隙应尽可能少。一些分子生物学家坚持认为，人类基因组不可能被完全测序，除非每个间隙的序列都被填满，但这很困难。我们将在下一节提到，由于许多未知的原因，DNA 中的一些区域很难被克隆。克服困难去克隆那些区域的花费十分高昂，所以人类基因组的最后几百万碱基的填充任务是无法完成的。在下一节将提及人类基因组 22 号染色体测定组织认为他们所测定的序列只是“功能性地完成”，利用目前所有的克隆和测序工具他们已经获得了所有可能获得的序列，但仍然存在着明显的间隙。

24.3 基因组测序的研究和比较

一旦获得基因组序列，科学家就能够从中提取所包含的有价值信息。他们也可以将其与其他物种的基因组序列比较以阐明他们之间的进化关系。我们将从讨论人类基因组及其与相近和相差较大物种基因组间的比较开始这一节的学习。

人类基因组测序

1999 年底，我们收获了人类基因组计划的第一个果实：人类 22 号染色体的最终草图。2001 年 2 月，Venter 小组和国际联盟组织各自公布了他们的人类基因组工作草图。2004 年，国际联盟宣布完成了人类基因组常染色体部分的测序。

本节将介绍从 22 号染色体测序（第一个完成测序的人类染色体），以及全基因组草图和测序工作中所获得的知识。在开始之前需要注意，已完成的染色体测序都是基于更为有序的逐步克隆法。采用这一策略，一旦各小组完成对染色体的测序，就可获得全部染色体的最终草图序列。而利用鸟枪法测得的原始序列必须由计算机发现建立重叠群所需的重叠序列后才能最终拼接在一起。因此该方法在整个基因组测序完成前，得不到染色体的完成草图序列。

22 号染色体 实际上只测定了染色体长臂（22q）的序列，短臂（22p）由纯的异染色质组成，被认为是基因空白区。而且，在序列中还存在 11 个间隙，其中有 10 个是重叠群间的间隙，这些间隙无法填充——推测是无法克隆的 DNA。还有约 1.5kb 的已克隆 DNA 区域测不出序列，一些 DNA [有时被称为“有毒区域”（poison region）] 不能被克隆的原因还不完全清楚。但有一点很清楚，具有异常二级结构和重复序列的 DNA 常从细菌细胞中丢失，这就是异染色质（第 13 章）区难以呈现的原因之一，即使在人类基因组最终草图中也未能描绘该区。异染色质主要存在于染色体的着丝粒和端粒附近，并且富含重复序列。虽然未能获得基因组异染色质的序列，但科学家们并没有丢失太多基因，因为一般认为此处不存在基因。但是可能会错过这些异染色质区的一些令人感兴趣的信息。

22 号染色体序列提供了什么信息呢？有几个令人兴奋的发现。第一个发现是，我们学会了接受人类基因组序列中存在间隙的事实，虽然可能并不像第一次在该染色体中出现的那么多。截至 2000 年夏季，一个间隙已被填充，截止 2010 年 12 月，如果不计该染色体的短臂，仅剩下 4 个间隙。其他研究人员在测定其他染色体序列的过程中，也遇到了类似的间隙问题。表 24.2 列出了截至 1999 年 22 号染色体中已测序列的重叠群和其间的间隙。重叠群全长 33 464kb，占染色体的 97%，且已测出的序列有较高的准确率——估计每 50 000 个碱基中不到一个错误。有趣的是所有间隙都出现在染色体的着丝粒和端粒附近。间隙 4 和间隙 5 之间是一个巨大的重叠群，由 23 006kb 个碱基组成，覆盖了 22q 染色体的 2/3 以上。截至 2010 年 12 月，测得的 22q 染色体序列已达 34 894 566 个碱基。

表 24.2　22 号染色体上的重叠群和间隙

重叠群	间隙	片段大小/kb
1		234
	1	1.9
2		406
	2	约 150
3		1 394
	3	约 150
4		1 790
	4	约 100
5		23 006
	5	约 50
6		767
	6	约 50～100
7		1 528
	7	约 150
8		2 485
	8	约 50
9		190
	9	约 100
10		993
	10	约 100
11		291
	11	约 100
12		380
总的序列长度	33 464	
22q 的总长度	34 491	

第二个主要发现是 22 号染色体上包含 679 个**注释基因**（annotated gene）（至少部分被鉴定的基因或类基因序列）。这些基因可分为以下几类：**已知基因**（known gene），其序列与已知的人类基因相同或与已知的人类蛋白质推测出来的序列相同；**相关基因**（related gene），其序列与已知的人类基因或其他物种同源，或与已知基因有相似的区域；**预测基因**（predicted gene），含有与 EST 序列同源的序列（所以确信它们是被表达的基因）；**假基因**（pseudogene），其序列与已知基因同源，但含有阻碍正确表达的缺陷。在染色体 22q 中有 247 个已知基因，150 个相关基因，148 个预测基因和 134 个假基因。因此，不计假基因，仍有 545 个注释基因。计算机序列分析还预测了另外 325 个基因，但这些预测很不精确，因为运算法则依赖于发现外显子，而人类基因组的许多长内含子使得外显子很难被辨认。截至 2010 年 12 月，22 号染色体上共发现了包括假基因在内的 855 个基因。

第三个重大发现是基因的编码区仅占染色体长度的很微小部分，即使算上内含子，注释基因仅占 22q 全长的 39%，外显子仅占 3%。通过对比，22q 中的 41%是重复序列，尤其是 Alu 序列和 LINE（第 23 章）。表 24.3 列出了 22 号染色体上的分散重复序列。

表 24.3　人类 22 号染色体重复序列的含量

类型	总数/个	总的碱基对数/bp	在染色体中所占比率/%
Alu	20 188	5 621 998	16.8
HERV	255	160 697	0.48
Line1	8 043	3 256 913	9.73
Line2	6 381	1 273 571	3.81
LTR	848	256 412	0.77
MER	3 757	763 390	2.28
MIR	8 426	1 063 419	3.18
MLT	2 483	605 813	1.81
THE	304	93 159	0.28
其他类型	2 313	625 562	1.87
二核苷酸	1 775	133 765	0.4
三核苷酸	166	18 410	0.06
四核苷酸	404	47 691	0.14
五核苷酸	16	1 612	0.0048
其他串联形式	305	102 245	0.31
总计	55 664	14 024 657	41.91

Source: Adapted from Dunham, I., N. Shimizu, B. A. Roe, S. Chissoe, A. R. Hunt, J. E. Collins, et al., The DNA sequence of human chromosome 22. *Nature* 402: 491, 1999.

第四个发现是染色体上不同区域重组率变化很大。重组率相对较低的长区域散布于重组率相对较高的短区域（图 24.11）之间。如本章前面部分所述，遗传学家基于微卫星序列分析已经绘制了包括 22 号染色体在内的人类基因组遗传图，该图谱是基于微卫星序列间的重组频率及标定的厘摩值绘制而成的。22 号染色体测序团队在序列中发现了这些微卫星序列，并测定了它们之间真实的物理距离。图 24.11 显示标记间的遗传距离与相同标记间的物理距离不是线性关系。图中用数字标出了重组率高的几个区，对应的遗传距离清晰可见，这些区被重组率相对较低的较长区分隔开。就该染色体而言，遗传距离与物理距离的比率是 1.87cM/Mb。当然，应记住 y 轴表示累加的遗传距离，是相距很近的标记之间距离的总和。相距较远的标记间的实际距离并不是其内部标记间距的总和，因为多次重组事件很有可能发生在距离较远的标记之间，因而使这些较远的标记显得比其真实距离要近一些（第 1 章）。

第五个重大发现是 22q 染色体上有几个局部的、长距离重复。最明显的是免疫珠蛋白 λ 的基因座。这个基因座上有 36 个基因片段成簇聚集在一起，这些基因片段至少具有潜在编码 λ 可变区（V-λ 基因片段）的能力，还有 57 个 V-λ 假基因和被称作“遗迹”的 27 个部分 V-λ 假基因。其他的重复被很长的片段分开。一个极端的例子是，60kb 区域在 12Mb 以外出现保真度大于 90%的重复区。与分散的重复序列（如 Alu 序列和 LINES）相比，此类重复的拷贝数较低，被称为**低拷贝重复**（low-copy repeat，**LCR**）。前面所描述的 22q 着丝粒末端的 8 个 LCR22 中的 7 个已被测序，第 8 个（LCR22-1）可能位于最接近于着丝粒的间隙中。

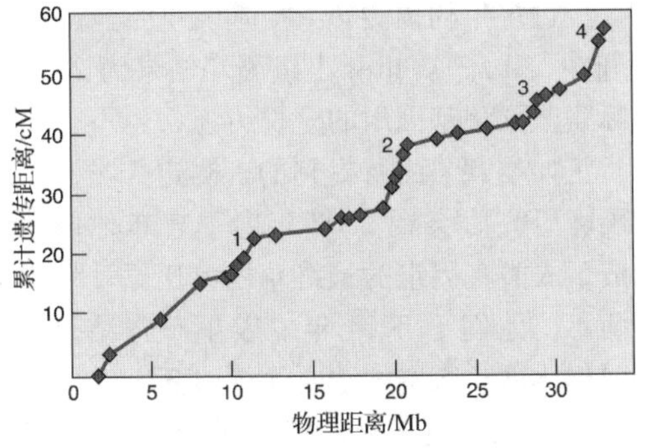

图 24.11　22 号染色体长臂上的遗传距离对物理距离的作图。标记之间累计遗传距离（cM）对物理距离（Mb）作图。数字标明了 4 个重组率相对较高的区域（由曲线的陡峭部分所反映）。[*Source*：Adapted from Dunham，I.，N. Shimizu，B. A. Roe，S. Chissoe，A. R. Hunt，J. E. Collins，et al.（The Chromosome 22 Sequencing Consortium），The DNA sequence of human chromosome 22. *Nature* 402：492，1999.]

第六个重大发现是，人类 22q 染色体的几个大区段在小鼠的几个不同染色体上存在同源区域。测序组发现了 113 个人类基因的小鼠**直系同源基因**（ortholog）并在小鼠染色体上定位［直系同源基因是不同物种间的同源基因，来自于共同的祖先基因；**旁系同源基因**（paralog）是一个物种内由基因复制进化产生的同源基因；**同源基因**（homolog）是任何类型的同源基因，包括直系同源基因和旁系同源基因］。小鼠的直系同源基因分别成簇聚集在 7 个不同染色体的 8 个区域，如图 24.12 所示。呈现人 22 号染色体长臂上同源区段的小鼠染色体有：5、6、8、10、11、15 和 16。小鼠 10 号染色体在两个区域呈现人类 22q 的同源基因。在两个物种进化过程中发生分叉，染色体已经被重排了，但是许多标记间的连锁被保留在**同线群**（syntentic block）中。很明显，对于人类基因组序列的了解极大地促进了小鼠基因组的测序。

小结　人类 22 号染色体的长臂已被精确测序，但仍有 10 个间隙不能用目前的方法填充。有 679 个注释基因，但染色体主要由非编码 DNA 组成，40% 以上的非编码 DNA 散布在 Alu 序列和 LINE 等重复序列中。染色体上不同区域重组率变化很大，低重组率的长区域被高重组率的短区域所打断。染色体包含一些局部的长距离间隔重复序列。人染色体一些较大区域中的基因与小鼠 7 个不同染色体中的基因存在保守的联系。

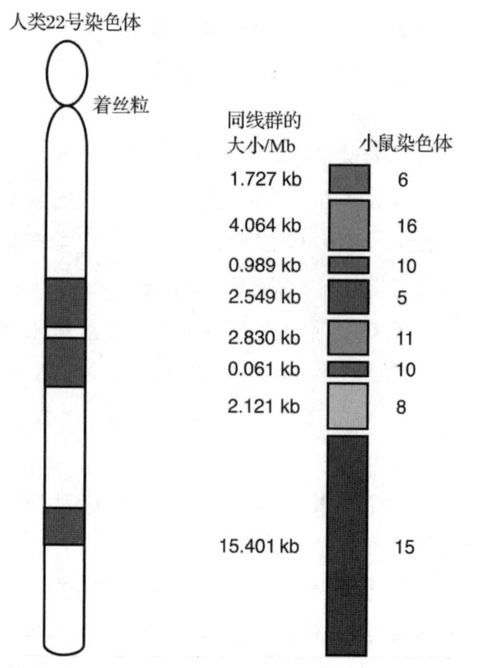

图 24.12　人和小鼠染色体上的保守区。人类 22 号染色体如左图所示，着丝端靠近顶端，主要区带以白色和棕色表示。含有同线群的 7 个不同小鼠染色体如右侧所示。与小鼠染色体对应的颜色在最右边列出。[*Source*：Adapted from Dunham，I.，N. Shimizu，B. A. Roe，S. Chissoe，A. R. Hunt，J. E. Collins，et al.（The Chromosome 22 Consortium），The DNA sequence of human chromosome 22. *Nature* 402：494，1999.]

人类基因组工作草图和最终版本　2001 年 2 月，Venter 小组和国际联盟分别公布了他们各自的人类全基因组工作草图的版本。当然，这两个版本并不完善，存在许多缺陷和错误，但是它们包含了大量有用的信息，科学家们要花很长时间对其进行分析和补充。此外，随着各独立测序小组完成其艰难的最后阶段，即填补缺口、更正错误，这一公布的草图还将继续完善。

这两个组最惊人的发现是基因组的基因数很低。Venter 小组发现 26588 个基因（至少有两方面的证据支持）及 12 000 多个潜在基因。这些潜在的基因只是根据计算机的数据确定的，还没有其他的数据支持这一猜测，他们推测这些潜在的基因序列大部分为假阳性。而国际联盟预计人类基因组包含有 30 000～40 000 个基因。我们随后将看到，根据已测定的人类基因组序列估计还要再少一些，应该少于 23 000。

因此，与早期估计相反，人类基因的数目似乎只有低等蛔虫或果蝇基因数目的两倍。显然，一种生物体的复杂性与它所含基因的数量不成正比。那么怎么解释人类的复杂性呢？一个现成的解释是人类基因的表达比简单生物体要复杂。例如，估计至少有 40%的人类基因组转录物经历了选择性剪接（第 14 章）。因此，较少数量的编码蛋白质结构域和基序的基因序列可以不同方式组合产生具有不同功能的丰富多样的蛋白质。另外，人类蛋白质的翻译后修饰似乎比简单生物更为复杂，这也是产生人类蛋白质功能多样性的原因。

另一个重要发现是约有一半的人类基因组源于转座元件，这些元件在基因组中自主复制并携带人类 DNA 从一个位置转移到另外一个位置（第 23 章）。虽然转座子对基因组有巨大的贡献，但很大一部分转座子仍处于非活性状态。事实上，所有的非反转录转座子（non-retrotransposon）都没有活性，而且所有包含 LTR 序列的反转录转座子也没有活性。此外，如第 23 章所介绍的，人类基因组有少数 L1 转座子仍有活性，并可引发一些人类疾病。

许多人类基因可能源于细菌，其他的则来自进入人类细胞的新转座子。因此，人类基因组的形成不全是由于体内基因的突变和重排，还包括外界基因的引入。

经过多年的预测，人类基因组的全长约 30 亿 bp（3Gb）。Venter 小组测序结果为 2.9Gb，国际联盟预测基因组的全长约为 3.2Gb。

正如本章前面所提到的，测定人类基因组的国际研究协会在 2003 年春季宣布他们已经完成了人类基因组的最终草图，比原计划提前了两年。他们于 2004 年发表了工作结果，与草图相比这一版本的主要优点如下。

1. 该版本更完全。99%的可获得序列已经获得，测序结果为 2 851 330 913bp，约为 2.85Gb。

2. 该版本更准确。错误率仅 0.001%，并且所有序列都已被正确拼接。

然而，仍然有 341 个缺口，尽管其中的 33 个是在人类基因组计划靶区之外的异染色质区。当然，生物学家一般都承认我们得容忍存在缺口。再者，尽管对已完成的草案进行了修饰，但注释仍然很困难，我们仍不知道人类基因组中真正的基因数。国际联盟发现了 22 287 个编码蛋白质的基因，包括 19 438 个已知基因和 2188 个预测基因，比基于两张人类基因组草图作出的估计要少得多。出现这一差异主要是由于早期（基因组作图阶段）对同一个基因多次出现的重复计数。

随着时间的推移，人类基因数目的估计值极大地减少了，至少蛋白质编码基因是这种情况。2007 年，Michele Clamp 公布的人类基因数的估计值仅为 20 488，另有约 100 个未发现的基因。她仅仅是利用计算工具，从生物信息学的角度分析这一问题。例如，她访问了称为“Ensembl”的人类基因数据库，并将人类基因与狗和小鼠基因组中的对应序列进行比较，对假定基因进行核查的结果表明，有 19 209 个基因确实能编码蛋白质，同时有 3009 个假定基因被列为错误，另有 1177 个假定基因仍不能确定。Clamp 将这些假定基因的序列与随机的 DNA 序列进行了比较，当然，这些随机序列具有基因的特性，如类似基因的 GC 含量等。结果表明，在这些假定基因中，除了 10 个之外其余的测试都失败了，由此推测只有 19 219 个基因。再加上利用另外两个数据库进行类似分析推测的基因数，最终估计人类基因的数目为 20 488。

我们还能从完成的基因组图谱中了解什么呢？以下是几个例子。22 289 个基因出现 34 214 个转录物，大约每个基因出现 1.5 个转录物。这些基因表现为 231 667 个外显子，即每个基因有 10.4 个外显子，包括所有这些外显子的 DNA 数量仅仅是 34Mb，这只是人类基因组常染色质的 1.2%。这些信息证实了我们已经知道的一些知识，即人类基因组的大部分不包含蛋白质编码基因，而是编码 rRNA、tRNA、snRNA 和 miRNA，当然，这些 RNA 不被翻译。其中的一部分甚至根本不被转录，它们的功能（如果有的话）仍然是个谜。

完成的基因组图谱也有助于人类进化的研究。首先，它重新揭示了基因成对出现的机制，即在原始基因的基础上产生具有新功能的新基因，一对基因中的一个保持它的原始功能，而另一个可以不断地突变并演化出新的活性，这样不会危及其原始功能，对生存而言也是必需的。

其次，完成的基因组图谱揭示了新近失活的基因或假基因。假基因的研究始于大鼠、小鼠和人类基因组的比较，结果发现在三种生物中有成串的基因，接着研究者从这些成串基因中寻找只存在于啮齿动物而不存在于人的基因。最后，他们在人类基因组检测预计含有这些丢失基因的区域，结果发现了 37 个候选假基因。这些基因虽然都已失活但仍可清晰地识别。每个假基因平均有 0.8 个非成熟终止密码子，1.6 个移码（frameshift）。这些突变形式的任何一个都可导致基因的失活。显然，这些基因不是人类生存所必需的，虽然它们可能属于人类、大鼠和小鼠（或者可能还是啮齿动物）共同的祖先。

为了证实这些假基因确实是失活的，研究者重新对其中的 34 个进行测序，其中 33 个确实是失活基因，另一个是由测序出错造成的。随后他们将这 33 个序列与黑猩猩基因组中的相应序列进行比对，发现这些假基因中的 19 个有 2 个以上的失活突变，且在黑猩猩中也都是假基因。另外 14 个只有 1 个失活突变，有趣的是其中 8 个在黑猩猩中也是假基因，但另外有 5 个是有功能的基因，还有一个表现为多态型（即在一些个体中为假基因，而在另一些个体中为功能基因）。因此，我们可以通过进化的时代看到基因失活的痕迹——从啮齿动物与人类的分化及黑猩猩与人类的分化。

小结 人类基因组草图已由两个独立的研究组报道，结果显示人类基因组所含基因可能比预计的更少。基因组的一半源于转座子作用，转座子为基因组贡献了许多基因。此外，细菌似乎也贡献了不少基因。已完成的人类基因组草图比工作草图更加完全和准确，但仍有一些缺口。基于最终草图，遗传学家估计基因组包含 20 000～25 000 个基因。最终草图也在人类进化过程中基因的产生与消失方面提供了有价值的信息。

个体基因组学（personal genomics）

截止 2007 年，两个研究团队用传统的测序方法对人类基因组计划的两位主要参与者 James Watson 和 Craig Venter 的基因组进行了测序。截止 2008 年，另外两个研究团队用高通量测序技术对两位非白人（一位为尼日利亚人，一位为中国汉族人）的基因组进行了测序。这两个个体基因组加上前期测得的白人基因组，极大地丰富了持续扩增的人类基因组数据库的多样性。上述 4 个个体的基因组中可检测到数百万个 SNP、几十万个插入和删除突变及数千个结构突变体。2010 年，对更多的个体进行了基因组测序，包括一位欧洲人（法国人）、一位南非人（桑河流域）和一位新几内亚巴布亚人。

由于测序速度和费用方面已有改善，可以预见，对任何人的基因组进行测序是可能的，只要他有这样的要求并愿意为此付费。对一个完整人类基因组测序费用的目标（一个有意义的现金价格）是 1000 美元。目前没有人宣称可以给出这个价格，但随着高通量测序技术（第 5 章）的发展，对个体基因组进行测序变得可能，相信有一天，成千上万的人会把自己的全长基因组序列储存在闪盘或任何流行的数据存储器中。这些丰富的信息肯定是有很大价值的。当然，这也将引起一些伦理问题。

其他脊椎动物基因组

小鼠和东方红鳍鲀（*Fugu rubripes*）的基因组全序列已经公布。从这些基因组中可获得什么信息呢？有以下几点比较重要。

对东方红鳍鲀基因组测序是因为它是脊椎动物，其基因组比人类的小得多，仅为人类序列的 1/9。但是，除了大小上有差异外，两个基因组所含基因数大致相同（东方红鳍鲀的预测基因数为 31 059）。两者的不同之处不在于基因含量，而在于内含子的大小和 DNA 重复数的不同。东方红鳍鲀基因组的内含子比人的要少得多，DNA 的重复序列也少得多。通过比较东方红鳍鲀和人基因组，基因组学研究者已经鉴定了 1000 个人类基因。

因为导致人类疾病的基因突变很可能发生在基因的重要位点，并且这些重要位点非常保守，所以可通过比较亲缘关系较远的两种脊椎动物的基因组，如人和东方红鳍鲀，来识别这些重要位点。小鼠基因组在这方面用途不大，因为小鼠的基因组与人的很接近，尚没有足够的时间使小鼠和人的基因组分化得更远。因此，不只是重要位点，许多其他位点也很保守。

小鼠的基因组比人类的稍小一点，与 3Gb 的人类基因组相比约为 2.5Gb，但二者有基本相同的基因数，而且绝大部分是相同的，99% 的小鼠基因可以在人类基因中找到其相应部分。剩下的 1%很难解释人类和小鼠之间明显的生物学差异，因此 DNA 序列之外的其他事件一定起了作用。初步研究表明，区分人与小鼠最关键的因素不是基因本身而是基因的调控。基于小鼠和人在基因组结构上的很大相似性，科学家可利用小鼠代替人做一些不能在人体进行的实验。例如，可以敲除小鼠的基因，并观察其效果，实验结果可以为我们提供人类相应同源基因功能的线索。分子生物学家还可以研究小鼠基因的表达方式，以便了解在发育过程中及成体过程中这些基因表达的时间及部位。同样，这些结果能给人类相应同源基因的表达方式提供信息。

2003 年年初，最出色的人与小鼠基因组比较研究主要是针对已经完成测序的染色体，包括人类 21 号染色体和小鼠 16 号染色体。下面分别介绍这些研究结果。

比较人类 21 号染色体和对等的小鼠 DNA，发现有 3000 个保守序列。更为惊讶的是仅有一半的保守序列含有基因。而这种高度保守性表明保守序列很重要。为什么会如此保守呢？也许它们在基因表达中起作用。人类有 234 个基因匮乏的所谓“基因沙漠”（gene desert），而其中 178 个在小鼠中非常保守，这种看起来无用的 DNA 如此保守尚待解释遗传学家正试着敲除小鼠的一些基因沙漠区，看看这些区域的丢失会造成什么影响。

2002 年，Venter 及同事报道了人类基因组序列和小鼠 16 号染色体序列的比较。他们发现了很多同线区域，即这些区域的基因顺序很保守，很明显是起源于同一原始哺乳动物染色体。图 24.13 从蛋白质水平分析了这些同线区。小鼠 16 号染色体与人类 6 对染色体（以不同颜色标出）有同源性；在两个同线群中发

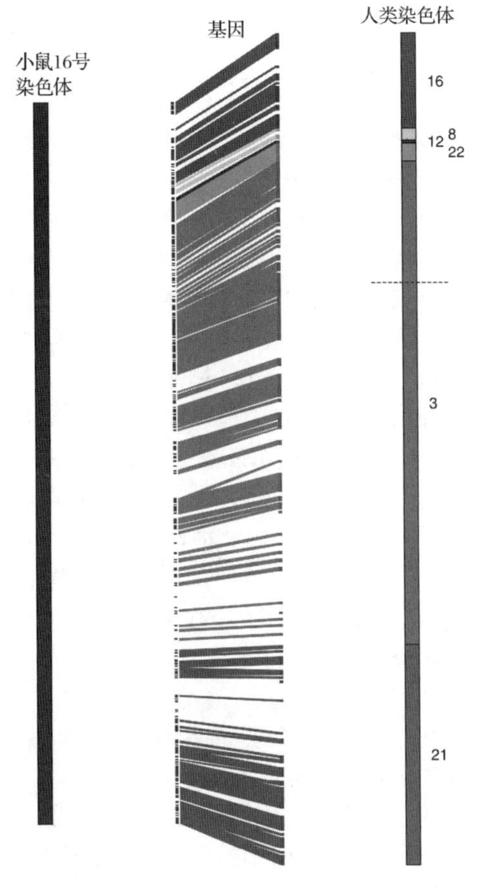

图 24.13 小鼠 16 号染色体与人类基因组的共线保守区域。通过蛋白质水平的分析检测同源基因。小鼠 16 号染色体在左边标出，人类 6 个不同染色体的同线区在右边标出（不同颜色表示人类不同的染色体）。小鼠和人的直系同源基因用彩色的线连接起来（如中间图所示），以细水平线指示（紫色，小鼠；其他颜色，人类）。人类 3 号染色体上与小鼠 16 号染色体上的同源基因可在两个明显不同的同线群中找到，以虚线分开。线上面的是人类 3q27～29 染色体区域；线下面的是 3q11.1～13.3 区域。[*Source*：Adapted from Mural et al.，*Science* 296（2002）Fig. 3，p. 1666.]

现了人类 3 号染色体的同源基因，以虚线分开。因此，小鼠 16 号染色体的基因在人类基因组的 7 个同线群中呈现。

这两个物种的同线区的同源程度非常显著。小鼠染色体的 731 个高信度预测基因中，717 个（98%）在人类基因组中有同源基因。这一高度同源性在很大程度上遮掩了这样一个事实：小鼠的这条染色体是呈现在 6 个不同的人类染色体及 7 个同线群中的。染色体在进化中不断变化，但在基因表达方面变化不大，并且在大区段及大同线群内的基因顺序没有改变。这种变化在染色体断裂和移位时才会发生。例如，麂科的两个亲缘关系很近的种，它们的染色体经多次断裂（或连接，或者二者都有），使这两个物种发生了分化，以至于一个种只有 3 对染色体，另一个却有 23 对！然而，这两个物种经过杂交后，可以产生健康但不育的杂交种。

小鼠和人在基因组学上的相似程度，明显地与这两个物种的外表和行为不成比例。如何解释这种矛盾呢？如果不能从基因本身找到答案，那就应该从基因的表达方式上进行研究。有些答案已被证实。我们知道人类基因常常需要经历大量的选择性剪接，据估计，大约 75% 的人类基因在体内有至少两种不同的剪接方式（第 14 章）。这使得人类的蛋白质组（全部人类蛋白质）比基因组更为复杂。有证据表明，人类基因与其近亲黑猩猩的同一组基因在表达模式上有非常大的差异，与小鼠的差异甚至会更大。这可能源于 microRNA 的调控。相对于蛋白质编码基因，microRNA在小鼠和人类之间的差别似乎更大些。

造成相近物种基因表达差异的另一个可能原因是转录因子与其在 DNA 中相应结合位点间的相互作用。我们已经学过，真核基因有启动子和增强子等顺式调控元件，这些元件也是许多转录因子的结合靶点。我们也许会推测具有高度保守基因组合的近源种应该也有高度保守的顺式调控元件，但并非都是如此。例如，2007 年，Michael Snyder 及同事报道了 ChIP 分析联合 DNA 芯片分析三个相近酵母种的两个转录因子的 DNA 靶点，结果表明，三种酵母的转录因子结合到所调控基因相同位置的概率只有 20%。这种实验称为 ChIP-chip 分析，第 25 章将详细介绍该实验。

三种酵母转录因子结合发生显著变化部分是由其中一个（或两个）基因组中的顺式元件丢失造成的，即使是这些元件没有丢失，转录因子不能与相应元件结合也会造成这种变化。对人和小鼠基因组中转录因子结合能力的比较分析也发现了类似现象。

如何才能将顺式元件的迅速演变和物种间

表型的改变联系起来呢？这的确非常困难，因为每个元件对特定基因表达的影响程度很难确定。也许 Michael Snyder 及同事所发现的转录因子在结合方面的大多数差异在这三种酵母表型差异方面并没有发挥作用，尤其是在许多顺式调控元件中的冗余性。此外，转录因子结合方面的一些差异对表型的影响的确很重要。

2005 年，科学家报道了黑猩猩基因组的工作草图。由于黑猩猩是与我们最近的物种，其基因组序列对进化研究极为重要。每个人都想知道是什么使我们区别于黑猩猩？哪些基因赋予了我们建设城市或写作交响乐的智慧？或者，因此而好奇什么基因使我们成为了人类？然而，对黑猩猩和人类基因组的比较分析显示，黑猩猩几乎拥有人类所有的蛋白质编码基因，在核苷酸水平基因组间的差异仅为 1.23%。科学家们提出了三种假说解释这些数据：①重要的差异在于蛋白质编码基因的变化；②“少即是多”（less is more）假说，认为人类基因组中某些基因的失活可以解释这种差异；③这些差异存在于基因控制区的改变。

每一种假说都有一些数据支持。尽管黑猩猩和人类在蛋白质编码基因方面差异很少，但遗传学家还是注意到一些可引起巨大变化的差异。例如，FOXP2 基因是高度保守的，在人类和小鼠及人类和黑猩猩分化开的 13 亿年中，仅有一个氨基酸编码发生了改变。而在人类和黑猩猩分化开的 500 万年间，有两个氨基酸发生了突变。为什么 *FOXP2* 基因可能很重要呢？原来该基因编码一种叉头类转录因子（forkhead class transcription factor），其突变可损害人的语言功能。当然，语言功能是人区别于黑猩猩的主要特征之一。

“少即是多”假说也有一些证据。例如，很容易想到人类相对缺乏毛发是由于负责多毛性状的基因丢失或失活所致。对人类和黑猩猩基因组的比较分析发现，有 53 个人类基因由于插入或删除（indel）而受干扰。这些基因在黑猩猩中是有功能的，但在人类中是失活的。

很少有实验直接支持第三种假说——基因控制区的差异，因为证实遗传调控元件是物种间差异的起因比较困难。但是，两个物种的蛋白质编码区显著相似，这就提示我们应该查查编码区之外的区域，调控区是一个值得研究的区域。的确，区分人类和黑猩猩基因组 DNA 序列的大多数变异位于 DNA 非编码区。人们可以简单地理解为这些 DNA 区域参与调控蛋白质编码基因的表达。

David Haussler 及同事利用以下方法来寻找人类和黑猩猩基因组编码区和非编码区中的重要差异。他们利用计算机技术来鉴别在脊椎动物基因组中的高度保守区。随后在这些区域中寻找自人类与黑猩猩分化开以来经历了高频率变化的 DNA 区域。他们发现了 49 个这样的区域，并将其命名为 HAR1-HAR49［HAR 意为加速人类进程的区域（human accelerated region）］。在所有的 HAR 中，HAR1（188bp 的 DNA 区）最引人注目。在鸡和黑猩猩分化开的 31 亿年中，HAR1 中仅发生了两个变化。而在人类和黑猩猩分化开的 500 万年间，发生了 18 个变化。

随后，Haussler 及同事用原位杂交技术在脑切片中发现了人类和其他灵长类大脑皮层发育过程中表达的包含 HAR1 区的两个 RNA 之一——HAR1F。大脑皮层是高层次认知功能（该功能是人类和黑猩猩最显著的差异）的中心。

HAR1 产生两种 RNA，但这些 RNA 似乎并不编码蛋白质。然而，根据 HAR1F 的碱基序列，预测其能够形成稳定的二级结构（分子内碱基配对）。计算机预测分析表明，人类和黑猩猩 HAR1F 碱基组成的改变可引起二级结构的显著差异，其中包括碱基配对的强度。我们仍然不知道 HAR1F 和 HAR1R 的功能是什么，一种合理的假设是其中一种或两种 RNA 影响了大脑发育过程中赋予人类认知能力的蛋白质编码基因的表达。

Haussler 及同事及这一领域其他学者的研究中最引人注目的发现是，人类和黑猩猩基因组中最快速的变化不是位于蛋白质编码基因中，而是位于基因组的非编码区。

黑猩猩是我们最近的活近亲，而我们进化上最近的亲戚是穴居人尼安德特人（*Homo neanderthalensis*），他们大约在 30 000 年前就灭绝了。2010 年，Svante Pääbo 领导的团队成功地完成了一项许多人认为是不可能的工作——他们报道了穴居人基因组的序列草图。对化石生物的基因组进行测序的问题是DNA已严重降解，因此通常认为不适合测序。然而，Pääbo及同事利用下一代测序技术解决了这一难题，该技术首先就是使DNA片段化，因此已经降解为片段的DNA就不再是问题了。另一个困难是提取穴居人基因组DNA的骨样品已被大量细菌DNA污染，但是Pääbo及同事利用识别CG位点的限制性内切核酸酶酶切上述DNA样品，从而使污染问题降到最低程度。这种含CG序列的识别位点在哺乳动物基因组中很少见，而在微生物中却非常普遍，这种酶切可使大部分微生物的DNA片段都降解成不再干扰测序的小片段。

下一代测序技术的局限性在于DNA片段常常由于太小而不能展示明显的重叠，因此各片段的序列不能拼接到一起形成完整的基因组。但对于近亲物种的基因组已经完成测序来讲，这就不成问题了。所以这些片段与近亲物种的基因组序列比对后即可按正确的顺序进行排列。由于人的基因组序列已经确定，所以Pääbo及同事以此作为他们的穴居人序列的框架，该序列是从保存完好的化石遗体中提取的DNA中获得的。

获得穴居人基因组序列令人神往的原因很多。例如，它显然能回答“现代人和穴居人是否能够杂交繁殖（interbreed)?”。到穴居人消失为止，现代人和穴居人在欧洲和亚洲共存了至少10 000年，因此，杂交繁殖肯定是可能的。如果发生杂交繁殖，而且后代也能生育，那么，在现代人的基因组中就有可能发现穴居人基因组的痕迹。的确，Pääbo及同事发现穴居人基因组和现代欧洲人（法国人）、现代东亚人（中国汉族人）、现代新几内亚巴布亚岛人的基因组均有相似性，但这种相似性并没有扩展到穴居人与撒哈拉沙漠以南的两个非洲人（南非亚桑河人和西非亚约鲁巴人）之间。因此，穴居人显然是与现代欧亚人的祖先存在杂交繁殖，而且是发生在欧洲人和非洲人迁演分离之后。同样，由于穴居人基因组与新几内亚巴布亚岛人、中国人和欧洲人基因组相似程度均等，所以杂交繁殖显然是发生在这些人种迁演分离之前。

2008年，Pääbo及同事还报道了穴居人线粒体DNA的全长序列。他们的测序工作非常认真，每个碱基都是在至少35个独立测序反应中读到而最终确定的，这样就消除了可能的错误，并使污染降低到最低程度。再以传统测序方法解决存在的间隙和模糊之处。结果表明，现代人和穴居人线粒体序列碱基差异平均数为206个。这与不同现代人之间线粒体序列变异的碱基数在2～118之间形成鲜明的对比。基于以上数据，Pääbo及同事估计现代人和穴居人大约在660 000年前就形成了两个互相独立的分支。

小结 比较人类和其他脊椎动物基因组，发现了很多相似和不同之处。这些比较还有助于鉴定一些人类基因。这种比较也将有助于发现人类遗传病中缺陷的基因。我们还可以利用亲缘关系相近的物种，如通过研究小鼠基因表达的时空规律，预测人类相应基因表达的时空规律。小鼠和人类染色体的详细比较表明，这两个物种之间有很高的同线性。通过比较分析人类基因组与现存的人类相近种黑猩猩的基因组，已鉴定出一些由于两者迁演分离而急剧变异的DNA区域，这也是人类区别于黑猩猩DNA序列的候选区域。然而，变异区很少位于蛋白质编码基因中。因此，区别人和黑猩猩的真实原因可能是基因的调控，而非基因本身。对酵母的研究表明，即使是相近物种，参与基因调控的顺式元件也存在显著的变异，而基因自身保持高度保守。因此，顺式调控元件相对较快地发生演变，这有助于解释基因调控的差异及由此所导致的表型差异。穴居人基因组将为深刻理解到底是什么使我们成为人类提供线索，穴居人的基因组工作草图和完整版的线粒体DNA序列已经公布。

最小的基因组

到2002年年初，已有50余种细菌基因组被测序。其中最小的应属于胞内寄生菌，如支原体、发疹伤寒等的病原体（一种能够引起高山眩晕发热的病原体家族成员之一），以及寄生螺旋菌，如引起莱姆关节炎的包柔氏螺旋体菌（*Borrelia burgdorferi*）。最小细菌基因组的记录一直由生殖道支原体（*Mycoplasma genitalium*）保持，仅有530kb。这种分析使遗传学家不禁要问，“能够维持生命的最小基因组是什么？”

解答该问题的一种方法是比较各细菌基因组，发现其最小共有部分，即它们共同拥有的基因。但是这样仅产生了一组含有约 80 个基因的基因组，这样的基因组明显太少而不能维持生命。因此，不同的细菌以不同途径简化它们的基因组并使其效率更高，但仅简单地找出这些不同途径相叠的终点是没有用的。

1999 年，Craig Venter 及同事报道了用另一种方法发现最小基因组的结果。他们利用转座子干扰基因，系统地对生殖道支原体及相关的肺炎支原体（*Mycoplasma pneumoniae*）基因进行突变，然后观察哪些基因是必需的，哪些是非必需的。他们发现在这些生物中，480 个蛋白质编码基因中的 265～350 个是必需的。令人吃惊的是其中 111 个基因的功能尚属未知，提示我们关于是什么在维持生命仍待探索。

该实验鉴定了**必需基因组合**（essential gene set），即该组基因的缺失是致死性的。必需基因组合不同于**最小基因组**（minimal genome），后者表示真实生物维持生命的基因集合。这种区别源于一个事实：有机体自身可以承受缺失某些基因，但是两个或更多这些基因的同时缺失是致死的。因此，这些基因不是基本基因组簇，而是最小基因组的一部分。

接下来的任务是找出哪些基因需要添加到必需基因组合以产生最小基因组。Venter 及同事雄心勃勃地提出，构建携带若干基因的 DNA 框（DNA cassette），然后将该框转入支原体（*Mycoplasma*）细胞中，该细胞的自身基因已失去活力，所以不会混淆结果。他们用不同组合的基因进行实验，直到发现一个含有最少数量但又能维持生命的基因组合。

这一计划必须处理的难题是如何使这些基因能够在新的、不含有自身任何基因的细胞中正常行使功能，而且 Venter 及同事也承认该难题可能难以克服。的确，我们可以将一个或几个外源基因转到正常细菌细胞中，并且顺利表达。但全部都是外源基因的情况下又会怎样呢？很可能基因不表达，而仅仅是存在于细胞中。Bernhard Palsson 对这一问题是这样表述的：“怎样去启动一个新的基因组呢？”

然而，2007 年 Venter 及同事报道的研究进展显示，启动的基因组的确开始工作了。他们将丝状支原体（*Mycoplasma mycoides*）的基因组移植到另一细菌——山羊支原体（*Mycoplasma capricolum*）中，结果携带新基因组的细菌细胞可以茁壮生长。然而，他们必须用一些富于创造力的操作来完成移植工作。首先，给供体菌丝状支原体（*M. mycoides*）增加抗生素抗性基因，并将细菌细胞植入琼脂糖凝胶。随后用蛋白水解酶打开细胞并消化细菌蛋白质。由于支原体缺少细胞壁，所以打开细胞更为容易。随着环形基因组的释放（琼脂糖可保护基因组免受物理损伤），受体细菌山羊支原体（*M. capricolum*）与膜融合剂聚乙二醇一道加入。显然，一些受体细菌的细胞膜张开并随后在裸露的供体基因组周围融合。

Venter 及同事并没有破坏受体细胞的基因组，而是用了一个巧妙的手段，即将抗生素抗性基因插入供体细胞基因组。融合后，受体细胞具有两个基因组：一个是一直存在的自身基因组，另一个来自供体。具有两个基因组的细胞准备好进行分裂，并随即转入分裂阶段。一个子细胞得到供体菌基因组，另一个子细胞得到受体菌基因组。但是只有携带供体菌基因组的子细胞带有抗生素抗性基因。所以在存在抗生素的条件下培养细胞时，具有受体菌基因组的细胞由于无法生长而自动移除。结果在该实验早期长出的所有细胞都是携载丝状支原体基因组的山羊支原体。

2010 年，Venter 及同事采用类似技术将一个完全是人工合成的丝状支原体的基因组导入山羊支原体细胞。该实验的成功将我们引入了崭新的“合成生物学”（synthetic biology）时代。当然，设计的生物并非真的是合成的，而只是合成了基因组。但他们（指合成生物）象征着一个重要的转折点。虽然该项研究意义重大，但潜在的伦理问题仍然存在：以无生命元件去创造生命道德吗？认识到这些问题，Venter 及同事向伦理学委员会递交了他们的计划。1999 年，伦理学委员会作出决定认为这一计划不存在严重的伦理问题。但他们确实也看到了安全性问题，并建议公众官员检验 Venter 及同事将要创造的人造生命体对环境可能造成的危险性，或其被改造用于生物恐怖或生物战争的可能性。

为了在一定程度上应对安全性问题，Venter 及同事使他们合成的基因组具有一个特定的“水印”——自然界中不存在的一段 DNA 序列，从而使得设计的生物体易于被鉴定。恐怖分子使用这些生物的可能性也非常小，因为创建它们需要大量复杂的技巧，而且也没有迹象表明它们比自然界存在的毒性生物更危险。但伦理问题仍然存在。2010 年年底，奥巴马总统已召集伦理委员会研究该问题并发布了一份报告。

为什么要构建一个含有最小基因组的生物体呢？从纯科学角度来讲，存在这么一种含有最小基因组的生物很重要，它可以研究为什么需要这些特殊基因，而且还可能有独特的应用价值。事实上，Venter 及同事计划给最小基因组补充不同的基因，以使细菌能够产生燃料（如氢），或者清除包括发电站排放的 CO_2 在内的工业废弃物。

作为未来微生物的主力军，传统生物并不逊色于合成的具有微型基因组的生物。Frederick Blattne 及同事删减了大肠杆菌基因组以创建一个具有精炼基因组的生物，期望其能接纳新基因。他们的策略是通过比较两个菌株间的不同，鉴定基因是否为非必需。他们发现这些非必需基因倾向于成簇聚集于特定“岛区”，删除这些“岛区”非常方便。截至 2005 年末，他们已经进行了 43 次删除改造，减少了 10% 以上的基因组。这一改造菌株接受新基因的性能较实验室的代表性菌株强 10 倍。2007 年末，Blattne 研究组消减了大肠杆菌 14%的基因组，而细菌生长和表达外源基因的能力并未受损，进一步的消减仍在进行。

最后，值得注意的是生殖支原体及其细胞内寄生菌，由于它们的寄生生活，可以侥幸摆脱小基因组的困扰。它们从寄主中汲取了所需的大部分营养，所以去除产生这些营养物质所需的基因它们仍能生存。事实上，生殖支原体早已将基因组磨练成维持其在人宿主细胞中生存的最低需求，但是科学家们仍然需要将其变得更小，即在严格控制的实验条件下勉强维持生命的最低需求。

小结 有可能通过每次突变一个基因来鉴定简单生物的基本基因组合，从而看出哪些基因是生命所必需的。也有可能以此鉴定最小基因组——生命所需要的最小基因组合。最小基因组可能比必需基因组合要小。原则上，还有可能将最小基因组转入缺失自身基因的细胞中以创造出能在实验室条件下存活和繁殖的新生命体。通过添加选定基因，这种生命形式可以做很多有益的工作。

生命条形码

分类学家主要从事生物体分类并理解它们的差异和关系。传统的分类学仅仅以生物体的外观和形态特征为基础区分不同的物种。现在已经进入 DNA 测序时代，他们获得了另一个工具，因为不同的物种有不同的 DNA 序列及不同的外观。如果保持恒定的突变率，还可以根据两个生物体的 DNA 序列间差异的程度准确估算它们之间的遗传距离或两个物种分化的时间。

然而，我们要对数百万物种进行测序，不可能用现在的技术对所有物种的基因组或仅仅一个较大的基因片段进行测序。但是分类学家可以将研究集中在一个物种间有显著差异的特定区域，**生命条形码联盟**（Consortium for the Barcode of Life，**CBOL**）的科学家提议，要从地球上每种生物体中获得其基因组的一段相对较短的 DNA 序列或**条形码**（barcode）。理论上，这使我们能够快速地鉴定任何已知的物种，包括生物恐怖主义的“武器”，并将有助于把新物种放入生命树合适的分支上。这项工作可以从已知的 170 万种动物和植物开始并延伸到其余的 1000 万甚至更多的未知物种（不包括微生物）。

CBOL 的科学家选择了线粒体细胞色素 C 氧化酶亚单位 Ⅰ（cytochromec oxidases ubunit Ⅰ，COI）基因中一个 648bp 的特定区段作为条形码，该条形码至少对动物来说是合适的。所有物种都有这个基因，该区域在相近物种间表现出一定的差异，但在同一物种的个体间差异很小。例如，这个 648bp 的条形码在不同人之间的差异仅有 1 个或 2 个碱基，而人和在生命树中与我们近邻的黑猩猩之间则相差为 60 个碱基。而且 648bp 的序列很容易由自动测序仪获得。由于每个细胞含有 100～10 000 个线粒体 DNA 拷贝，故相对于只有两个拷贝的核 DNA 而言，线粒体 DNA 更容易纯化。

COI 条形码的一个缺点是植物线粒体 DNA 序列的变异较动物小的多，因此，COI 条形码对植物而言不是很有效。于是，一个植物系统学家联盟——CBOL 植物工作组（the Plant Working Group of COBOL）提出采用两个叶绿体序列（*matK* 和 *rbcL*）作为植物的条形码。这并不是一个完善的解决方案，因为该条形码对有些植物有效，而对另一些植物则不是很有效。但是它已经正确鉴定出所有植物种类的 72%，并在植物的归属问题上效果很好。

在 Richard Preston 所著的小说《眼镜蛇事件》（*The Cobra Event*）中，一个神经错乱的男子构建了一个非常危险的病毒并将其释放在纽约市，但书中的科学家有一种珍贵的工具可以检测这种病毒，即一种能够即刻对微生物进行鉴定的便携式装置。我们显然还没有达到那个程度。然而，有可能在某一天，DNA 测序仪小型化并成为现场快速鉴定的装置，到那时，通过 DNA 条形码就可以快速地鉴定未知生物了。

小结 通过建立条形码来识别地球上所有生物的行动已经开始。第一个“生命条形码”将由每个生物都存在的线粒体 COI 基因中一段 648bp 的序列组成，此序列足以特异性地鉴定出几乎所有的动物。用于植物鉴定的其他序列或条形码正在开发。

总结

有几种方法可以从尚未测序的大段 DNA 区域中鉴定基因。其中之一是外显子捕获法，该方法采用一种特殊的载体将外显子单独克隆出来。另一种是利用甲基化敏感的限制性内切核酸酶寻找 CpG 岛，即 DNA 中包含非甲基化 GpC 序列的区域。在基因组时代之前，遗传学家利用图位法将亨廷顿症基因（*HD*）定位在 4 号染色体末端附近的区域，然后他们又用外显子捕获法鉴定了该基因。

快速自动化的 DNA 测序法使分子生物学家能够得到病毒和生物有机体的碱基序列，包括从简单的噬菌体到细菌、真菌、简单的动物、植物、小鼠和人类。在人类基因组计划中的很多绘图工作是靠酵母人工染色体（YAC）完成的。这类载体包含酵母的复制起点、着丝粒及两个端粒。长达 1 000 000bp 的外源 DNA 片段能够插入着丝粒和一个端粒之间，并随着 YAC 一起复制。另外，由于细菌人工染色体（BAC）极高的稳定性和易操作性，人类基因组计划的大部分测序工作是由 BAC 完成的。BAC 是一种基于大肠杆菌 F 质粒构建的载体，最大可插入约 300kb 的片段，但平均为 150kb。

对人类基因组或任何大基因组作图，需要一套路标（标记）以确定基因的位置。基因本身可以作为标记，但是常用的标记是一些未知的非基因 DNA 片段，如 RFLP、VNTR、STS（包括 ETS）和微卫星。RFLP（限制性片段长度多态性）指的是用一种限制性内切核酸酶对两个或多个个体的 DNA 进行完全酶切后产生的限制酶片段长度的不同。RFLP 由限制酶酶切位点在某处的有无，或两酶切位点之间碱基的插入或缺失决定。RFLP 也可由两酶切位点之间的串联重复序列的重复次数不同（VNTR）而决定。STS（序列标签位点）是指通过一对引物进行 PCR 扩增获得预计大小 DNA 片段来鉴定的 DNA 区域。EST（表达序列标签）是 STS 的一种，由 cDNA 产生，因此它们代表表达的基因。微卫星是由 PCR 产生的一种 STS，PCR 引物对位于 2～4nt 串联重复序列的两侧。

当 STS 和其他标记相隔甚远以至于不在同一个 BAC 上时可用辐射杂种作图。在辐射杂种作图法中，人类细胞接受辐射而导致染色体断裂，可将这些逐渐死亡的人类细胞与仓鼠细胞融合。每一个融合细胞含有一组不同的人类染色体片段。两个标记挨得越近，它们越容易在同一杂种细胞中被发现。

大规模的测序计划可采取两种形式。①先作图再测序策略，先构建一个包括 STS 的基因组物理图，然后对制图过程中用到的克隆（主要为BAC）进行测序，这样就可以按正确顺序将这些序列拼凑在一起。②鸟枪法，先构建一个含有不同大小插入片段的克隆文库，然后随机测定这些插入片段的序列，这种方法必须依赖于计算机程序发现序列之间的重叠区，然后把它们拼接在一起。在实践中，这些方法被组合在一起用来测定人类基因组序列。

对人类22号染色体长臂的序列测定揭示了以下内容。①间隙尚不能用目前的方法填充；②有855个注释基因；③染色体的大部分（约97%）由非编码DNA组成；④染色体40%是零散分布的重复序列，如Alu序列和LINE；⑤染色体上不同区域重组率变化很大，低重组率的长区域被高重组率的短区域所打断；⑥包含一些局部和长距离间隔重复序列；⑦较大区域中基因间连锁的区段是保守的，在小鼠的7个不同染色体中都有相应的同源区。

人类基因组草图已由两个独立的研究组报道，结果显示人类基因组所含基因可能比预计的更少。基因组的一半源于转座子作用，转座子为基因组贡献了许多基因。此外，细菌似乎也贡献了不少基因。已完成的人类基因组草图比工作草图更加完全和准确，但仍有一些缺口。基于最终草图，遗传学家估计基因组包含20 000～25 000个基因。最终草图也在人类进化过程中基因的产生与消失方面提供了有价值的信息。

比较人类和其他脊椎动物的基因组，发现了很多相似和不同之处。这些比较还有助于鉴定一些人类基因。这种比较也将有助于发现人类遗传病中缺陷的基因。我们还可以利用亲缘关系相近的物种，如通过研究小鼠基因表达的时空规律，预测人类相应基因表达的时空规律。小鼠和人类染色体的详细比较表明，这两个物种之间有很高的同线性。

有可能通过每次突变一个基因来鉴定简单生物的基本基因组合，从而看出哪些基因是生命所必需的。也有可能以此鉴定最小基因组——生命所需要的最小基因组合。最小基因组可能比必需基因组合要小。原则上，也有可能将最小基因组转入缺失自身基因的细胞中以创造出能在实验室条件下存活和繁殖的新生命体。通过添加选定基因，这种生命形式可以做很多有益的工作。

通过建立条形码来识别地球上所有生物的行动已经开始。第一个“生命条形码”将由每个生物都存在的线粒体COI基因中一段648bp的序列组成，此序列足以特异性地鉴定出几乎所有的动物。用于植物鉴定的其他序列或条形码正在开发。

复习题

1. 何谓CpG岛？为什么人类基因组的CpG序列趋于消失？

2. 哪类基因突变会引起亨廷顿症（HD）？鉴定*HD*基因确实为引起亨廷顿症基因的证据是什么？

3. 何谓可读框（ORF）？写出一段含有短的ORF的DNA序列。

4. YAC载体中的必要元件有哪些？

5. BAC载体以哪种质粒为基础？它们的必要元件有哪些？

6. 说明在基因组中寻找STS的步骤。

7. 阐述微卫星和小卫星。在绘制连锁图中，为何微卫星法优于小卫星法？

8. 怎样用一套BAC中的STS来构建一个重叠群（contig）？请绘制与书中例题不同的图示加以说明。

9. 阐述辐射杂种法在STS定位中的应用。

10. 表达序列标签（EST）与普通的STS有何不同？

11. 比较逐步克隆法与鸟枪法对大基因组测序的异同。

12. 从人类22号染色体的序列中我们可以得出哪些主要结论？

13. 何谓假基因？

14. 直系同源基因（ortholog）和旁系同源基因（paralog）的区别是什么？

15. 科学家如何估计诸如人这样的复杂真核生物的基因数目？

16. 红鳍东方鲀的基因组是人类基因组大小的1/9，但包括的基因数量却差不多，怎么解释这种现象？

17. 在人类基因组和小鼠基因组中的“同线性区”是指什么？

18. 人和蛔虫的蛋白质编码基因几乎一样

多。两种生物呈现出的基因数目和复杂程度很不相称，如何解释这一现象？

19. 生物的“必需基因组合”与“最小基因组”有何不同？

分析题

1. 下列DNA片段能否用外显子捕获法检测？请给出原因。

a. 内含子；

b. 外显子的一部分；

c. 两端都有一部分内含子的一个外显子；

d. 仅在一端有一部分内含子的一个外显子。

2. 下图是一张通过RFLP分析而绘出的一段序列的物理图。

探针范围

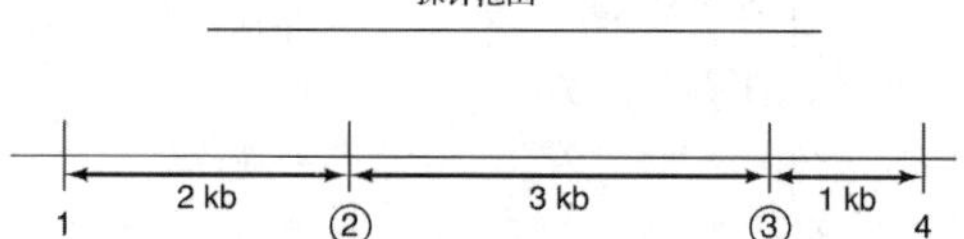

有标号的竖线代表*Sma* Ⅰ限制酶识别位点。带圈的位点（2和3）具有多态性，其他位点不具有多态性。酶切位点的间距已给出。用*Sma* Ⅰ对DNA片段进行酶切、电泳、转膜后再与标记的探针（图的顶部示意了探针的范围）杂交。如果以下列单倍体型所形成的纯合子为例，请给出针对位点2和3所能检测到的条带的大小。

单倍体型	位点2	位点3
A	存在	存在
B	存在	不存在
C	不存在	存在
D	不存在	不存在

3. 你正对一个引起人遗传病的基因作图。你发现该基因与一个用X-21探针检测到的RFLP连锁。将标记的X-21序列与一系列鼠-人杂交细胞的DNA杂交。下表所示的是存在于每个杂交细胞系的人类染色体组，以及该探针与其杂交的情况。请问人的哪个染色体携带致病基因？

细胞系	包含的人类染色体	探针杂交
A	1，5，21	−
B	6，7	+
C	1，22，Y	−
D	4，5，18，21	+
E	8，21，Y	−
F	2，5，6	+

4. 你刚获得一个已经深入研究了的生物体的基因组序列，描述如何鉴定基因组中发生高度重组的区域，并在你的方法后解释原因。

翻译　马正海　校对　马　纪　罗　杰

推荐阅读文献

一般的引用和评论文献

Ball, P. 2007. Designs for life. *Nature* 448:32 - 33.

Collins, F. S., M. S. Guyer, and A. Chakravarti. 1997. Variations on a theme: Cataloging human DNA sequence variation. *Science* 278: 1580 - 1581.

Fields, S. 2007. Site-seeing by sequencing. *Science* 316:1441 - 1442.

Goffeau, A. 1995. Life with 482 genes. *Science* 270:445 - 446.

Goffeau, A., B. G. Barrell, H. Bussey, R. W Davis, B. Dujon, H. Feldmann, et al. 1996. Life with 6000 genes. *Science* 274:546 - 567.

Levy, S., and R. L. Strausberg. 2008. Individual genomes diversify. *Nature* 456:49 - 51.

Morell, V. 1996. Life's last domain. *Science* 273: 1043 - 1045.

Murray, T. H. 1991. Ethical issues in human genome research. *FASEB Journal* 5:55 - 60.

Pouting, C. P. and G. Lunter. 2006. Human brain gene wins genome race. *Nature* 443:149 - 150.

Reeves, R. H. 2000. Recounting a genetic story. *Nature* 405:283 - 234.

Venter, J. C., H. O. Smith, and L. Hood. 1996. A new strategy for genome sequencing. *Nature* 381:364 - 366.

Zimmer, C. 2003. Tinker, tailor: Can Venter stitch together a genome from scratch? *Science* 299:1006 - 1007.

研究论文

Bentley, D. R. et al. 2008. Accurate whole human genome sequencing using reversible terminator chemistry. *Nature* 456:53 - 59

Blattner, F. R. , G. Plunkett 3rd, C. A. Bloch, N. T. Perna, V Burland, M. Riley, et al. 1997. The complete genomic sequence of *Escherichia coli* K12. *Science* 277:1453 - 1462.

Bult, C. J. , O. whire, G. J. Olsen, L. Zhou, R. D. Fleischmann, G. G. Sutton, et al. 1996. Complete genome sequence of the methanogenic archaeon, *Methanococcus jannaschii*. *Science* 273:1058 - 1073.

C. *elegans* Sequencing Consortium. 1998. Genome sequence of the nematode *C. elegans*: A platform for investigating biology. *Science* 282:2013 - 2018.

Deloukas, P. , G. D. Schuler, G. Gyapay, E. M. Beasley, C. Soderlund, P. Rodriguez-Tome, et al. 1998. A physical map of 30,000 human genes. *Science* 282:744 - 746.

Dunham, I. , N. Shimizu, B. A. Roe, S. Chissoe, A. R. Hunt, J. E. Collins, (The Chromosome 22 Sequencing Consortium). 1999. The DNA sequence of human chromosome 22. *Nature* 402:489 - 495.

Grimson, A. , M. Srivastava, B. Fahey, B. J. Woodcroft, H. R. Chiang, N. King, B. M. Degnan, D. S. Rokhsar, and D. P. Bartel. 2008. Early origins and evolution of microRNAs and Piwi-interacting RNAs in animals. *Nature* 455:1193 - 1197.

Gusella, J. E, N. S. Wexler, P. M. Conneally, S. L. Naylor, M. A. Anderson, R. E. Tauzi, et al. 1983. A polymorphic DNA marker genetically linked to Huntington's disease. *Nature* 306: 234 - 238.

Hudson, T. J. , L. D. Stein, S. S. Gerety, J. Ma, A. B. Castle, J. Silva, et al. 1995. An STS-based map of the human genome. *Science* 270: 1945 - 1954.

Hutchinson, C. A. Ⅲ, S. N. Peterson, S. R. Gill, R. T. Cline, O. White, C. M. Fraser, H. O. Smith, and J. C. Venter. 1999. Global transposon mutagenesis and a minimal mycoplasma genome. *Science* 286:2165 - 2169.

International HapMap Consortium. 2005. A haplotype map of the human genome. *Nature* 437:1299 - 1320.

International Human Genome Sequencing Consortium. 2001. Initial sequencing and analysis of the human genome. *Nature* 409:860 - 921.

Mural, R. J. , M. D. Adams, E. W Myers, H. O. Smith, G. L. Miklos, R. Wides, et al. 2002. A comparison of whole-genome shotgun-derived mouse chromosome 16 and the human genome. *Science* 296:1661 - 1671.

Pääbo, S. and many other authors. 2008. A complete Neandertal mitochondrial genome sequence determined by highthroughput sequencing. *Cell* 134:416 - 426.

Pääbo, S. and many other authors. 2010. A draft sequence of the Neandertal genome. *Science* 328:710 - 722.

Schuler, G. D. , M. S. Boguski, E. A. Stewart, L. D. Stein, G. Gyapay, K. Rice, et al. 1996. A gene map of the human genome. *Science* 274: 540 - 546.

Shizuya, H. , B. Bitten, U. -J. Kim, V. Mancino, T. Slepak, Y. Tachiiri, and M. Simon. 1992. Cloning and stable maintenance of 300-kilobase-pair fragments of human DNA in *Escherichia coli* using an F-factor-based vector. *Proceedings of the National Academy of Sciences USA* 89:8794 - 8797.

Venter, J. C. , M. D. Adams, E. W Myers, P. W Li, R. J. Mural, G. G. Sutton, et al. 2001. The sequence of the human genome. *Science* 291: 1304 - 1351.

第 25 章　基因组学 II：功能基因组学、蛋白质组学和生物信息学

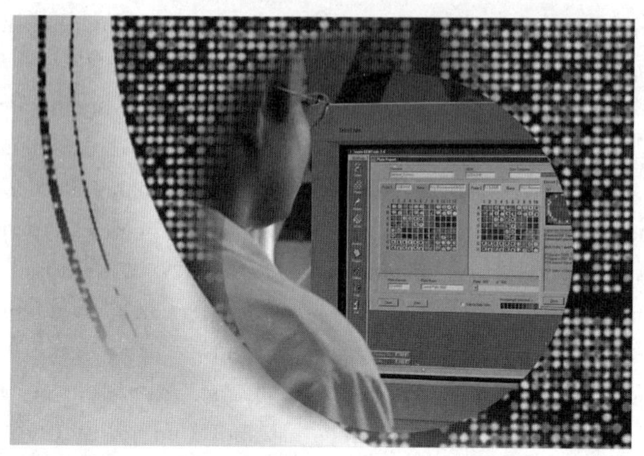

DNA 微阵列可同时检测成千上万个基因的表达。图为技术人员正在分析特定基因的表达。(*Copyright © IncyteGenomics*)

第 24 章主要论述了发现基因组序列的过程，以及通过观察这些序列和将它们与其他基因组序列比较所获得的信息。基因组信息还有很多其他用途，所有这些用途可以称之为“后基因组的”(postgenomic)，因为它们依赖于已经存在的基因组信息。其中一个主要用途被称为功能基因组学 (functional genomics)，即研究基因组的功能和表达。

本章从功能基因组学开始，随后介绍比基因组学更为复杂的蛋白质组学(proteomics)，即研究生物的蛋白质组(proteome) ——生物体一生所表达的所有蛋白质的特性和活性。最后，介绍生物信息学 (bioinformatics)，它是一门管理和应用来自基因组学、蛋白质组学和其他大规模生物学研究所获得的海量数据的学科。

25.1　功能基因组学：基因组的基因表达

首先来关注基因组在 RNA 水平上的表达。如果我们考虑一个生物体在任何给定时间所产生的所有转录物，就称其为**转录组** (transcriptome)，与术语“基因组”(genome) 类似。基因组是指一个生物体的所有基因。功能基因组学研究是**转录组学** (transcriptomics) 的一部分，检测在某一时间许多基因所产生的 RNA 的水平。

其次，可以尝试利用基因组学研究资料确定生物体生命周期各阶段所有基因的表达模式，这类分析被称为**基因组功能图谱** (genomic functional profiling)。

再次，可以对多个个体的基因组进行比对，以发现它们之间的显著差异。例如，单个核苷酸的差异叫做**单核苷酸多态性** (single-nucleotide polymorphisms，**SNP**)。有时这些 SNP 与遗传紊乱或其他没有明显特征的疾病（如药物的敏感性）密切相关。但 SNP 并不是人类基因组之间唯一的常见差异。遗传学家看得越多，发现染色体结构的变异也越多，如倒位、重复和缺失。而且，至少其中的一些变异引起显著的表型差异。例如，在欧洲人中常被发现的一个倒位片段，在非洲人和亚洲人中却没有，并且带有这种倒位片段的妇女比不带有的妇女有更多的孩子，这个倒位似乎提供了某种进化优势。

最后，可以研究基因组的蛋白质产物的结构和功能，在一定程度上着重于对蛋白质结构

的研究，叫做**结构基因组学**（structural genomics），但整体被称为**蛋白质组学**（proteomics）。本章后面部分再讨论这门学科。本节主要讨论转录组学、功能基因组学、基因组功能图谱和 SNP。

转录组学

要揭示特异组织中某个基因的实时表达模式，可以进行**斑点印迹分析**（dot blot analysis），该方法在第 5 章中已讨论过。在标准的点杂交中，将含有目的基因的单链 DNA 点在膜上形成直径为几毫米的斑点，然后用标记的 RNA（从所研究的组织中分不同时间提取获得）与膜上的点进行杂交。但是，如果想同时研究特定组织中所有基因随时间的表达模式，情形会怎样呢？原则上讲，可以将同一个细胞中所有 mRNA 所对应的成千上万个单链 DNA 全部点在一张膜上，然后用标记的细胞 RNA 与此膜进行杂交。但如果是这样，超大的膜会产生严重问题。幸运的是，分子生物学家设计了一些新方法来最大限度地缩小膜，而且开发了一些新的技术来分析整个基因组的表达情况。我们先来了解一下 DNA 微阵列和基因微芯片，然后再深入到一些更加奇妙的技术领域。

DNA 微阵列和微芯片　为了解决膜的大小问题，分子生物学家利用喷墨打印机技术将极少量的 DNA 点在一个很小面积的芯片上，使每一个点都非常小。这就允许很多不同的 DNA 点在同一张芯片上，此为 **DNA 微阵列**（DNA microarray）。由 Vivian Cheung 及同事研制的一种机器人系统，可以同时用 12 个平行的微针管操作，每一针管可喷出非常微量的 DNA 溶液（0.25～1.0nL）。这些点小到直径仅 100～150μm，而点与点的间距只有 200～250μm。微阵列的结果如图 25.1 所示，图中显示的是在一张普通的显微镜载玻片上只有 7500 个 DNA 点的微阵列。如果点的密度提高，结果会更好。点样后，风干玻片上的 DNA，同时在紫外光下使 DNA 与玻片上的硅烷化表层共价交联。

另一个缩小尺寸的策略是直接在芯片的表面合成许多寡核苷酸。Steven Fodor 及同事在

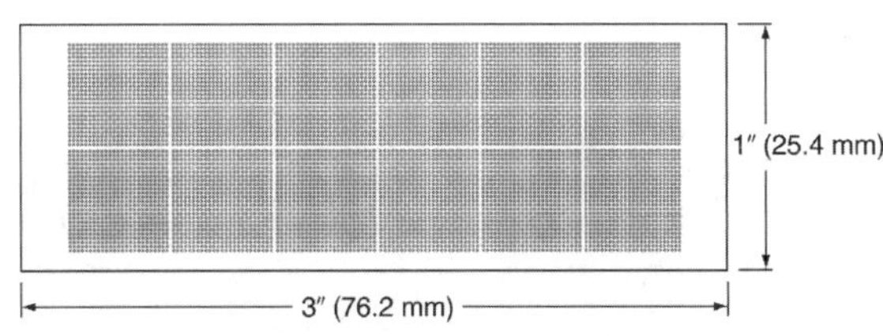

图 25.1　DNA 微阵列示意图。图示标准的 1″×3″的显微镜载玻片上的一个 7500 个 DNA 点的微阵列。每个点的直径为 200μm，点间距为 400μm。这并不意味已达到了最高密度。实际上在这样一张玻片上可以放置 50 000 多个点。［*Source*：Adapted from Cheung，V. G.，M. Morley，F. Aguilar，A. Massimi，R. Kucherlapati，and G. Childs，Making and reading microarrays. *Nature Genetics Supplement* Vol. 21（1999）f. 2，p. 17.］

1991 年首创了这种方法。他们采用计算机芯片制作中所使用的照相平板印刷技术（photolithographic technique），在极小面积和空间里合成短链 DNA（寡核苷酸）。这一技术发展到 1999 年（图 25.2），研究人员开始使用附加有人工合成接头的小玻片进行寡核苷酸合成工作，这些接头起初都被光敏基团（能够与光产生反应从而被去除）所封闭。将玻片的某些区域遮起来然后对玻片进行光照处理，使未遮光区域的光敏基团被成功去除，随之利用化学合成法将同一个核苷酸加在所有的去除了光敏基团的接头上。接着，又将另一组点进行遮盖，光照去除其他点阵上的光敏基团，加入另一种核苷酸。在两步合成中都没有被覆盖的点上，形成二核苷酸。通过重复以上的过程，人们可以在这些点上建立起不同寡核苷酸的微阵列。

由此产生的芯片被称为 **DNA 微芯片**（DNA microchip）或**寡核苷酸阵列**（oligonucleotide array）。这些术语与“DNA 微阵列”在使用时可互相替代。事实上，通用术语“微阵列”可以用于定义任何 DNA 和寡核苷酸的微阵列。这一技术能将大约 300 000 个寡聚合苷酸点微缩在仅 1.28cm×1.28cm（约 $0.5in^2$）的面积上。而且这一过程非常高效，能使 4^n 个不同的寡核苷酸在 $4\times n$ 个循环中完成合成。因此，如果目标是产生由 4 个核苷酸产生的所有九聚寡核苷酸的组合（4^9，或者 250 000 个不同的寡核苷酸），只需要 4×9＝36 个循环就可以完成。那么，将一个人类基因从基因组中

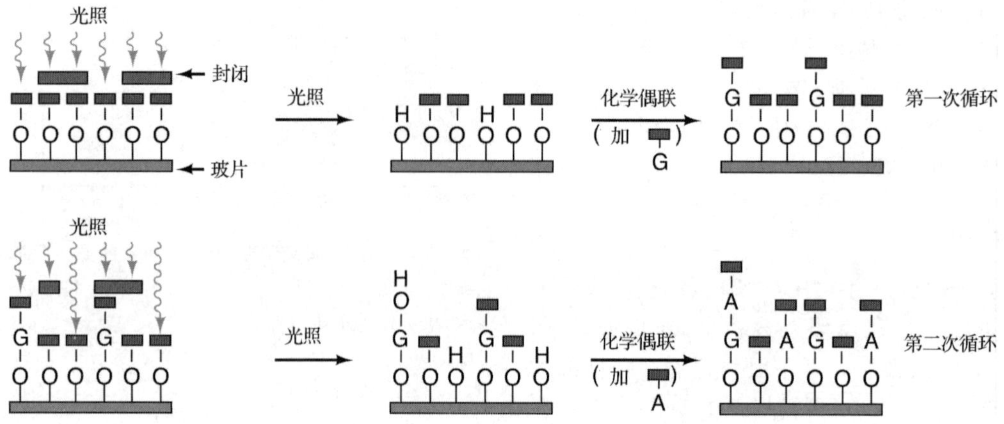

图 25.2 在玻璃基质上延伸寡核苷酸链。玻片上包被着反应底物而这些底物被光敏基团所封闭（红色）。这些封闭剂可以被光照所消除，而其中被遮盖的部分，（蓝色）光不能穿透。在第一轮反应中，6 个点中的 4 个被遮蔽起来，只有两个可被光照去除封闭剂，一个自带封闭剂的鸟苷被加到一个去除封闭的底物上。在第二轮中，3 个点被遮蔽起来，剩余的 3 个暴露在光照下，这包括之前已加了 G 的点。这样，当一个自带封闭剂的腺苷被加到 3 个去封闭的点上后，第一个点变成了 G-A 2 核苷酸，第 3 个和第 6 个点分别含有一个腺苷，第 4 个是 G，第 2 和第 5 个点在第一轮和第二轮中均被遮蔽，因此没有核苷酸掺入。这样循环下去，每一次遮蔽的位置不同，且加入的核苷酸也不同，最后在每个点上都会形成各不相同的寡聚合苷酸链。

准确无误地鉴别出来，所用的寡核苷酸链需要多长？如果掌握了人类基因组的序列将有利于我们精确地回答这一问题。但是，即使我们没有这些信息，仍然可以做一个最小估算。一个有 n 个核苷酸的 DNA 序列在每 $4n$ 个碱基中出现一次，换句话说，一个 DNA 序列要在长度为 $4n$ 个碱基的 DNA 中出现一次，此序列的长度必须是 n 个核苷酸。这样我们需要解下列方程以求出 n，找出在整个人类基因组 3.5×10^9 bp 的序列中仅出现一次的寡核苷酸长度的最小值为

$$4^n=3.5\times10^9$$

答案是：如果 $n=16$，$4^n>3.5\times10^9$。因此，寡核苷酸至少需要 16 个碱基，需要 $4\times16=64$ 个循环来建立一个寡核苷酸阵列。然而，我们已经谈到这是一个最小估计，最好是比以上所计算的长度长一些，以确保其在人类基因组中只重复一次。

早在人类第一条染色体的序列发表以前，Affymetrix 公司的科学家们就已经设计了识别单个基因的 25 聚寡核苷酸芯片。他们的设计基于当时的已知序列，包括很多数据库中的表达序列标签（EST）。为了增加所制作芯片的可信度，他们将每个寡核苷酸在一张芯片上进行了多次重复，以使得到的结果可以进行相互对比。

芯片上的寡核苷酸或微阵列上的 cDNA 都可以与标记的细胞 RNA 或相应的 cDNA 进行杂交，以检验细胞中哪些基因正在转录。例如，Patrick Brown 及同事利用 DNA 微阵列技术来检测血清对人类细胞 RNA 合成的影响。他们分别从含有或不含血清的细胞中分离 RNA，进行反转录，并在此过程中将带有荧光染料的核苷酸掺入 cDNA 进行标记。绿色荧光代表不含血清的人类细胞样品，红色代表含血清的细胞样品。然后将两种标记的 cDNA 混合，与含有 8613 个不同人类基因的 cDNA 微阵列杂交，最后检测荧光信号。图 25.3 显示了来自三次杂交片的同一个区域的 DNA 微阵列杂交荧光信号。红点表示被血清诱导所转录的基因，绿色表示缺乏血清的细胞中转录的基因，黄点则表示两种探针同时杂交到同一个点上，因此，黄点表示无论有无血清均能够活跃转录的基因。

微阵列能够在比上述系统更为复杂的体系中检测到基因表达的变化。例如，酵母基因组全序列的获得使分子生物学家能够利用 DNA 芯片在不同条件下对酵母的每一个基因同时进行分析。

在另一个例子中，Kevin White 及同事在

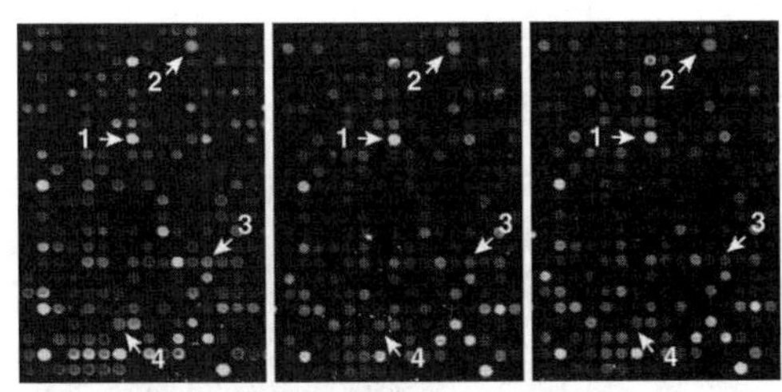

图 25.3 DNA 芯片的应用。Brown 及同事分别从血清刺激和缺乏血清的人类细胞的 **RNA** 反转录获得 **cDNA**。将缺乏血清的样品标记为绿色荧光；血清诱导的样品标记为红色荧光。然后同时用两种标记的探针与包含有 8600 个人类基因的 DNA 芯片进行杂交。图中显示的是来自于同一种芯片三次不同杂交的结果，展示的区域属于芯片同一个部位。红点（即点 2 和 4）对应的是在血清存在条件下活跃的基因，绿点（点 3）表示缺乏血清时活跃的基因，黄点（点 1）表示在以上两种情况下活性基本相同的基因。[*Source*：Lyer，V. R.，M. B. Eisen，D. T. Ross，G. Schuler，T. Moore，J. C. Lee，et al.，The transcriptional program in the response of human fibroblasts to serum. *Science* 283（1 Jan 1999）f. 1，p. 83. Copyright © AAAS.]

2002 年利用 DNA 芯片对果蝇整个生活史中的 66 个不同时段的 4028 个基因的表达情况进行了跟踪调查。图 25.4（a）显示的是用于收集 RNA 进行基因表达分析的 66 个不同的发育时段。我们注意到几乎有一半的时间点（30 个）落在胚胎发育时期，这期间也是基因表达变化最快的时期。实际上，在胚胎发育的早期阶段基因表达十分活跃，每隔 0.5h 就取一次样。以上分析得到了下面几个结论。

· 大量基因（3219 个）在果蝇的整个生活周期中的表达都经历了较大变化（4 倍或更多）。

图 25.4（b）显示了所有受发育调节的基因按第一次表达显著提高所出现的时间进行的排序。排在表最上面的基因是最早被诱导的，而下部的基因则是后期诱导的。

· 超过 88%的发育调控基因在胚胎阶段的末期前 20h 之内表现非常活跃［图 25.4（c）］。

· 大约有 33%的发育调控基因在很早阶段已经出现［图 25.4（c）］。这些基因代表**母体基因**（maternal gene），是在母体的卵子发生过程中表达的基因。因此，成熟的卵母细胞已开始转录这些基因，对应的 mRNA 早就存在，并且在受精开始的第一时间里就可以翻译成蛋白质。

· 正如图 25.4（d）所示，某些基因在整个生活史中均维持一定的表达水平，不受其他基因表达增加或减弱的影响。这一点在图 25.4（e）中做了进一步的阐述，在胚胎早期达到表达高峰的基因也倾向于在蛹发育早期再次达到表达高峰；而在胚胎晚期达到表达峰值的基因也会在蛹发育晚期达到表达高峰。另外一个与此类似的现象在这里没有做详细阐述，即在幼虫发育时期高表达的基因在成虫期也倾向于高表达。

· 编码特定超级大分子复合体组分的基因倾向于协同表达。因此，编码核糖体蛋白的基因倾向于被协同调控，编码线粒体蛋白的基因也同样如此。

· 编码具有相关功能蛋白的基因即使它们不形成复合体也倾向于共表达，因此编码转录因子或细胞周期调控因子的基因倾向于共表达。

· 某些基因的共表达是组织特异的。例如，一个由 23 个基因组成的共同调控基因簇，其中有 8 个已知基因是在肌肉细胞中表达的。进一步检测发现，该基因簇中有 15 个基因的调控区域含有成对的转录因子 dMEF2 的结合位点，dMEF2 能激活与肌肉细胞分化相关的基因表达。基因簇中另外 7 个功能未知，但其中的 6 个具有 dMEF2 的结合位点并在分化中的肌肉细胞中表达。White 及同事由此推测 6 个基因在肌肉的分化过程中发挥作用。这一点很重要，因为仅仅根据基因的序列来确定其功能通常是很难的，而基因定时和定位表达研究所获得的相关线索将有助于确定基因的功能。的确，这些线索使 White 及同事确定了他们所分析的 53%基因的功能。

小结 功能基因组学是对大批量基因表达的研究。该领域的一个分支是转录组学，即转录组的研究。转录组是一个生物体在任一给定时间所产生的所有转录物。转录组学研究的方法之一是制备 DNA 微阵列或芯片，其上分别载有成千上万的 cDNA 或寡核苷酸，然后与标记的 RNA 或相应的 cDNA 杂交。每一个点杂交后的荧光信号强度揭示出

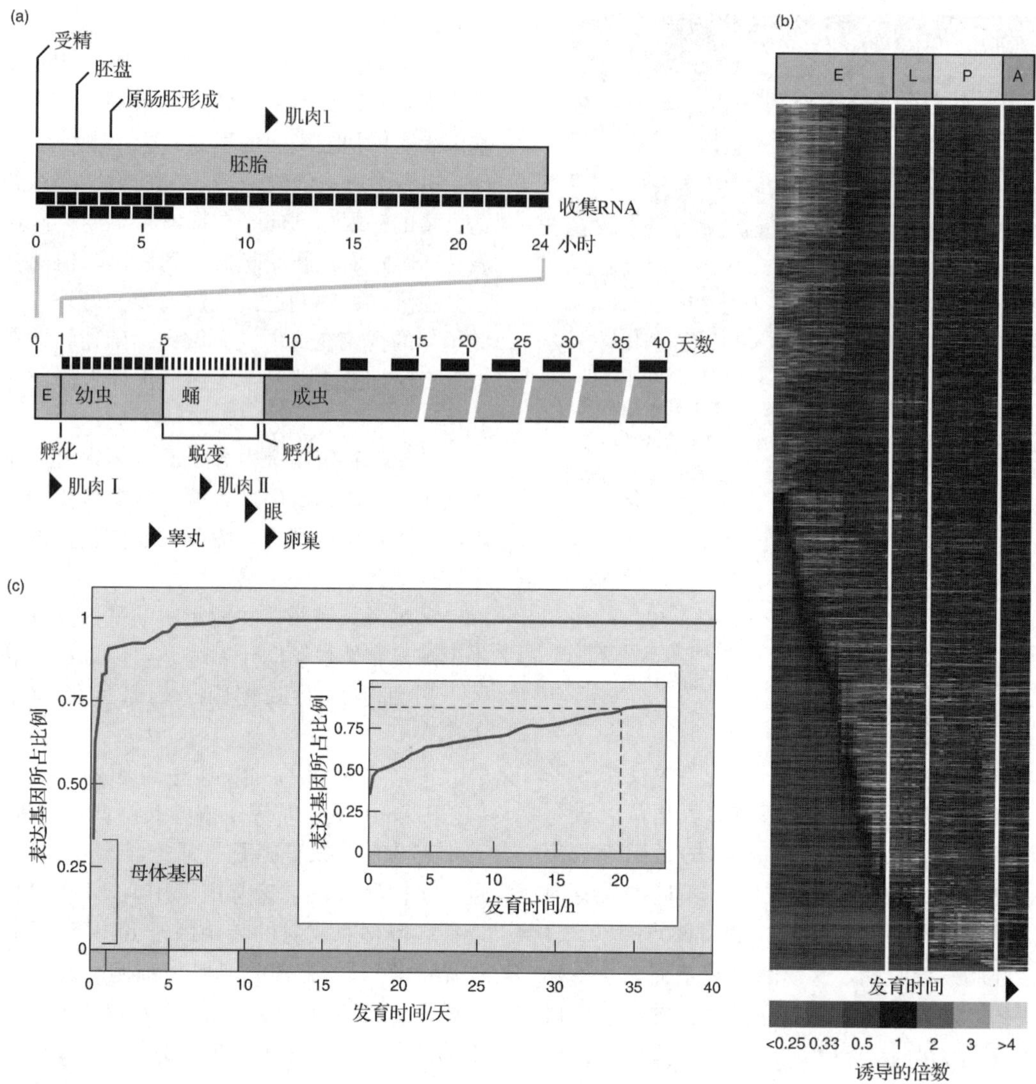

图 25.4　果蝇发育过程中基因的表达模式。(a) 收集 RNA 样品的时间分布图。White 及同事按指定的时间在发育过程中以整个虫体为样品收集 RNA。将胚胎时期放大以示所有重叠的取样点。他们用 oligo（dT）-纤维素层析法纯化了 poly（A）$^{+}$RNA，并在反转录过程中用荧光素标记 cDNA，然后将特定时间标记的 cDNA 探针与微阵列杂交并检测荧光信号。将杂交值以对照标准 cDNA 的杂交程度为准进行标准化。标准 cDNA 以各个发育阶段（E：胚胎；L：幼虫；P：蛹；A：成虫期的前 40 天）RNA 的混合物来制备。**(b)** 基因表达谱。3219 个基因（在果蝇的整个生活周期中表达量的变化达到或超过四倍）的表达谱按照第一次转录物有显著增加所出现的时间进行排序。发育时期标在上端，所用字母及颜色代表的含义同（a）。图的底端不同颜色代表表达水平的高低，蓝色为低，黄色为高。**(c)** 表达显著增强的基因累计所占比例。值得注意的是，在最早的时间点已有很大比例（约 33%）的基因转录产生了大量的 RNA。这些基因标记为母体基因。插图部分是胚胎阶段前 20h 情况的放大，说明在发育的前 1h 大部分转录产物已经出现。**(d)** 4 个基因的表达谱。左上角，*CG5958* 基因在胚胎早期就被诱导高表达，并在整个生活周期一直维持高水平。右上角，*Amalgam* 基因表现为胚胎早期诱导，幼虫期降低，在幼虫与蛹期之间又被诱导表达。左下角，*CG1733* 基因显示在幼虫和蛹期之间的交界处有一个独特的表达高峰。右下角，*CG17814* 基因在胚胎晚期表达突然增强，一直持续到幼虫期结束，然后在蛹晚期再次被诱导。**(e)** 再诱导模式。在胚胎发育早期（蓝色）或晚期（紫色）表达均显著增强，基因所占百分比说明一些基因在发育后期再次被诱导。值得注意的是，在胚胎早期被诱导表达的基因在蛹发育早期也倾向于再次达到高表达（P1，在蓝柱上加有括弧）；而在胚胎晚期被诱导的基因在蛹发育晚期也高表达（P3，在红柱上加有括弧）。(*Source*：Adapted from Arbeitman et al.，*Science* 297，2002. Fig. 1，p. 2271. © 2002 by the AAAs.)

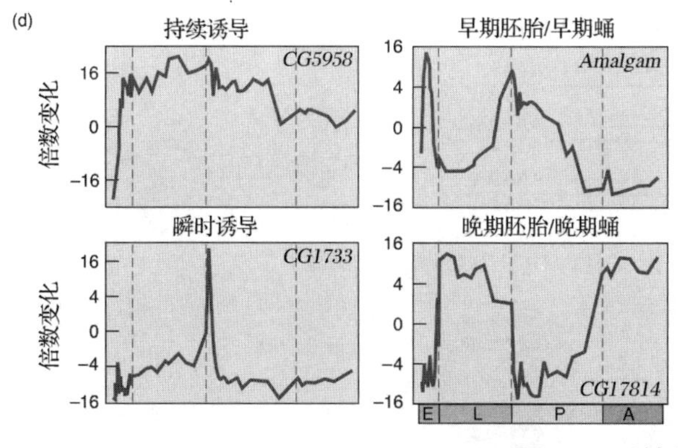

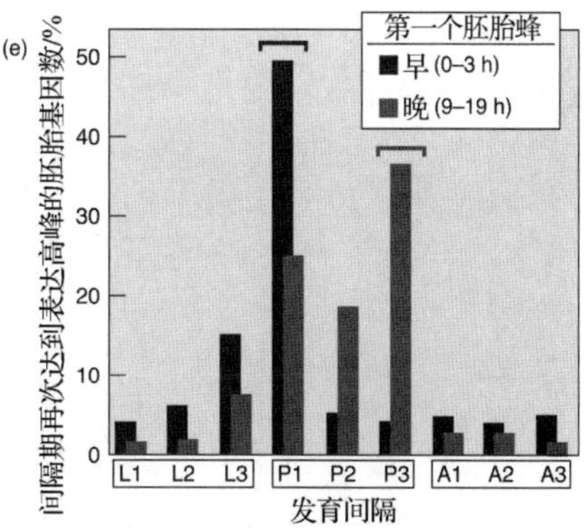

图 25.4 **(续)**

对应基因的表达水平。根据微阵列获得的信息，我们可以同时详查许多基因的表达模式（时间上的和空间上的）。基因在时间和空间上成簇表达的模式揭示了这些基因产物在某些过程中的协同作用。如果一个未知基因与一个或多个已研究清楚的基因同时表达，则将为我们推测未知基因的功能提供有关线索。

基因表达的系列分析　1995 年，Victor Velculescu 和 Kenneth Kinzler 及同事建立了一种分析细胞中基因表达的数量或程度的新方法，并称之为**基因表达的系列分析**（serial analysis of gene expression，**SAGE**）。SAGE 的基本策略是合成对应于某个细胞中所有 mRNA 的短 cDNA 或标签（tag），然后将这些标签连接在一起克隆并测序，以了解标签的特性、细胞中表达基因的特性及每个基因表达的程度。

图 25.5 显示 Velculescu 及同事开展此项研究的过程。首先，他们用带有生物素的 oligo (dT) 引物对人胰腺组织中的 mRNA 进行反转录，以获得双链 cDNA。由于短标签（图 25.5 中以 9bp 为例）能局限在一个小的区域，特异性地识别 cDNA（这对此项研究非常重要），为了实现缩短 cDNA 的长度以获得短标签并继而将标签连接起来进行测序的目的，Velculescu 及同事利用**锚定酶**（anchoring enzyme，**AE**）对生物素化的 cDNA 进行切割，从 3′端切下一个片段。他们以 *Nla* Ⅲ 为锚定酶，它可识别 4 个碱基的限制酶位点，从而产生平均 250bp 的片段，将这些生物素化的 3′片段连接到结合生物素的链霉亲和素珠子上。

接着，他们将附着在珠子上的 cDNA 片段分成两部分，将其中一部分连接到接头 Y 上，另一部分连接到接头 Z 上。两种接头上都含有 IIS 型限制性内切核酸酶［**标签酶**（*tagging enzyme*，TE)］的识别位点，该酶能识别此位点下游 20bp 处并进行切割。利用标签酶 *Fok* Ⅰ 切割 cDNA 片段，得到一组短片段，每一个片段分别含有接头 Y 或 Z，接着是 4bp 的锚定酶识别位点，然后是从 cDNA 来的 9bp 序列。这个来自 cDNA 的 9bp 的片段即是标签。如果标签酶切割后留下突出端，可将它补平后备用。

Velculescu 及同事接下来的任务是沿着既定的 DNA 顺序将标签连接起来，这样就可以辨认一个标签序列结束和下一个标签序列开始的位点。为了实现这一目的，他们通过平末端将标记的片段连接在一起形成中间为两个毗邻的标签（形成双标签）而两端为接头的结构。在接头中含有与一对引物互补的序列，故 PCR 能够扩增出整个片段。Velculescu 及同事用锚定酶切割 PCR 产物后，将这些限制酶片段连接起来，并进行克隆。由于在每个标签序列的一端都带有一个锚定酶识别位点，因此二联体很容易识别。一个克隆中至少含有 10 个标签（有些超过 50 个），一次 PCR 扩增即可以对它们进行分析并测序。如果分析的克隆足够多，我们就能够判断基因表达的程度，反复出现的标签就说明对应的基因表达非常活跃。

Velculescu 及同事利用 SAGE 分析了人类胰脏中基因的表达，结果与预测相符。其中两种最常见的标签（GAGCACACC 和 TTCTGTGTG）所对应的基因分别是羧肽酶原 A1 和胰蛋白酶原 2，这两种在胰脏中大量表达的酶原经过成熟加工可以对小肠中的蛋白质进行消

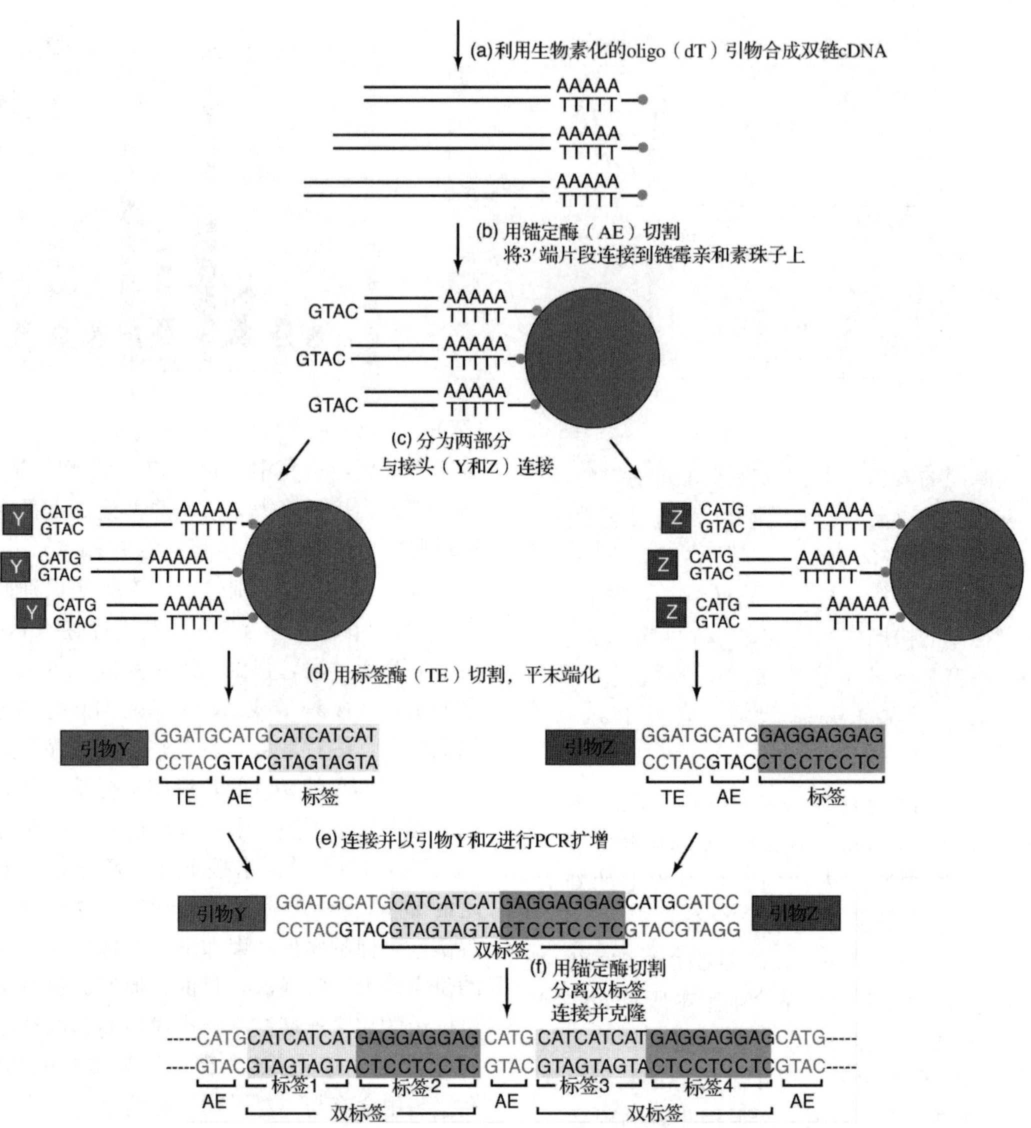

图 25.5 基因表达的系列分析（SAGE）。(a) 双链 cDNA 由细胞 mRNA 反转录形成，用生物素化的 oligo（dT）引发第一条 cDNA 合成，橘红色球代表生物素。**(b)** 生物素化的 cDNA 用锚定酶（这里是 *Nla*Ⅲ）切割，生物素化的 3′端片段被连接到链霉亲和素珠子上（蓝色）。**(c)** 将连接到珠子上的片段分成两部分：一部分与接头 Y（蓝色）连接，另一部分与接头 Z（红色）连接。**(d)** 与接头连接的片段被标签酶（TE）切割。如果需要，将末端补平以产生平末端。这里用的标签酶是 *Fok*Ⅰ，酶切后剩下 9bp 的标签连到接头上。Y 接头上的标签（由任意序列 CATCATCAT 表示）与其互补序列用黄色加亮；Z 接头上的标签（由任意序列 GAGGAGGAG 表示）与其互补序列用紫色加亮。**(e)** 含有标签的片段通过平末端连在一起，并由能与接头中的引物 Y 和引物 Z 区杂交的引物进行 PCR 扩增。只有两个标签以尾尾相连形成的片段才能够被 PCR 扩增。**(f)** 扩增出包含双标签的片段在锚定酶的作用下产生带黏性末端的双标签序列。这一序列首尾相连形成的串联体被克隆到载体中。图中显示双标签串联体的一部分。带 4 个碱基识别位点的锚定酶用绿色表示，这 4 个碱基的位点将每个双标签序列分开，因此很容易辨认。然后测定克隆的序列，由此检测标签代表的序列及其数量。以检测哪些基因表达了，以及它们的活跃程度。（*Source*：Adapted from Velculescu，V. E.，L. Zhang，B. Vogelstein，and K. W. Kinsler，Serial analysis of gene expression. *Science* 270：484，1995.）

化。在大量的标签中还鉴定出许多其他熟悉的胰脏基因；然而还有大量的标签序列找不到基因与其匹配，其身份无法鉴定。当数据库扩大到包含全部人类基因时，即使某些基因的功能还不清楚，但所有的标签序列都应该有对应的基因。

小结 SAGE 能够测定组织中哪些基因得以表达及这些基因的表达程度。特定基因的短标签产生于 cDNA 并通过接头连接在一起。对连接的标签进行测序即可确定哪些基因表达及其表达量如何。

基因表达的帽分析 SAGE 是全面分析基因表达时非常有用的一种方法，但其关注的是转录物的 3′端。而有时必须鉴定转录物的 5′端，如当研究者感兴趣的是从基因组水平鉴定启动子时。在这种情况下，可以使用一种被称为**基因表达帽分析**（cap analysis of gene expression，**CAGE**）（图 25.6）的方法。

和 SAGE 相同，CAGE 的实验步骤也是从反转录（RT）开始，但有两处明显的不同以确保一直到 mRNA 5′端的全长 cDNA 能够产生。第一个不同之处是 RT 反应中包含了一种叫做海藻糖的二糖，其作用是在高温下稳定反转录酶，以使 RT 反应在 60℃条件下进行。提高温度的目的是弱化二级结构，以避免 RT 反应还没有到达 mRNA 的 5′端就终止了。第二个不同之处是使用了帽捕获器（cap trapper），即在 mRNA 和 cDNA 杂交分子中用生物素标记 mRNA 的帽。正如随后所述，这些含全长 cDNA 的杂交分子可以从含非全长 cDNA 的混合分子中纯化获得。

图 25.6 显示如何进行标记。首先，RT 的引发不是由 oligo（dT），而是由 oligo（dT）及其前面添加了一段随机的不与 poly（A）尾杂交的核酸。这一特征的重要性随后就会看到。第一条 cDNA 合成后，使 RNA-DNA 杂交分子与含有生物素的试剂（可将生物素连接到二醇上）发生反应，从而将 mRNA 两端都标记上生物素。加帽的 mRNA 只有两个二醇（毗邻羟基），一个是帽中游离的 2′- OH 和 3′- OH，另一个位于 3′端核苷酸上。

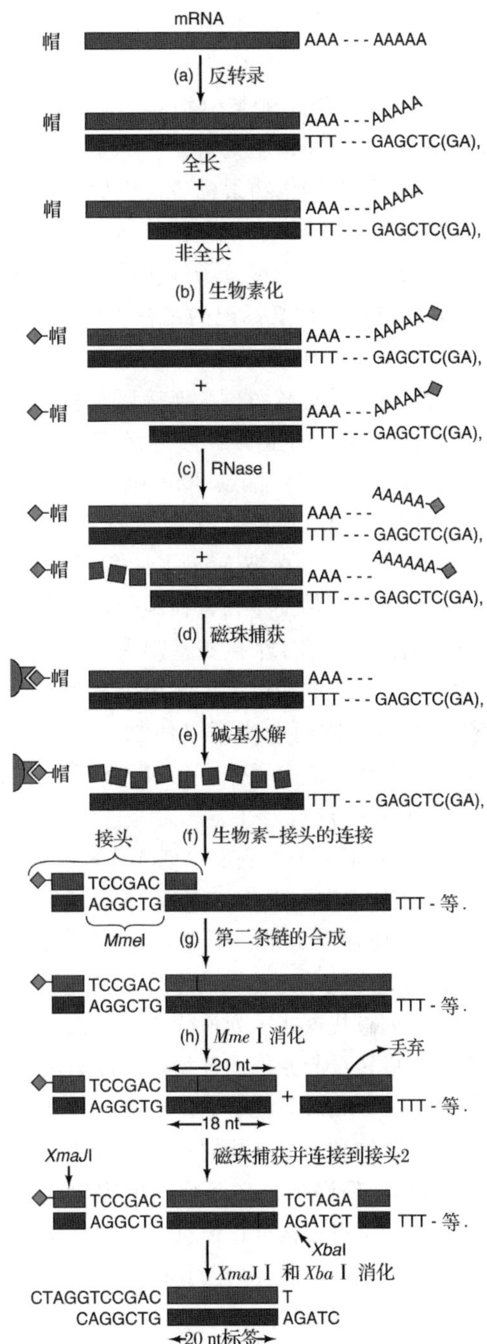

图 25.6 用 CAGE 制备 mRNA 5′端 20nt 标签。文中描述了实验步骤。标签按此步骤制备完毕后，通过相同的黏性末端将它们连接在一起形成串联体，最后对其进行克隆和测序分析。

虽然只需标记帽，但 3′端核苷酸在这一步也不可避免地被标记。这个问题在下一步用 RNaseI处理杂交分子可解决。由于 RNaseI可以降解没有与 cDNA 杂交的单链 RNA，故该酶不仅清除了所有含不完整 cDNA 杂交分子中的生物素标签，而且所有 mRNA poly（A）尾末端 3′-OH 上的生物素也被清除了，因为 mRNA poly（A）尾末端不能与引物起始端的随机核苷酸尾杂交。RNase Ⅰ处理后。只有全长 cDNA 杂交分子上的生物素标签得以保留。用生物素结合蛋白链霉亲和素包被的磁珠回收这些标记的杂交分子。杂交分子纯化后，用碱基水解酶降解包括生物素标记的帽在内的 mRNA，只留下单链 cDNA。

随后将全长单链 cDNA 连接至含有标签酶 *Mme* Ⅰ识别位点的生物素标记接头上（接头 1），*Mme* Ⅰ在离识别位点 20nt 和 18nt 处特异性地切割两条链。所以，当第二条 cDNA 链合成后，标记的 cDNA 被 *Mme* Ⅰ切割成 20nt 的标签，该标签可借助生物素而纯化，并由 2 nt 的突出端再接至第二个接头（接头 2）。接头 1 还含有 *XmaJ* Ⅰ识别位点，而接头 2 含有 *Xba* Ⅰ识别位点，这两个酶可以切割这些标签分子，随后连接形成串联体，并如 SAGE 一样进行克隆和测序分析。

20nt 的标签预计会在 4^{20} 或 1.1×10^{12} 个碱基对中出现一次。由于人的基因组只有 3×10^{9} bp，即使在巨大的人类基因组中，大多数 20nt 的标签也能鉴定特定的序列，并参照人类基因组序列查找这些序列所代表的基因。由于这些序列以转录起始位点开始，所以紧邻启动子。Piero Carninci 及同事利用 CAGE 分析了小鼠整个大脑的和完全分开的三个大脑区的 mRNA。他们发现许多 CAGE 标签的定位与之前定位的起始位点很接近，但也有很多并不在其附近。这项研究可能会帮助我们发现一些新的启动子和可变起始位点。

小结 基因表达的帽分析（CAGE）和 SAGE 一样可提供给定组织哪些基因表达及其表达强度的信息。因为 CAGE 关注于 mRNA 的 5′端，所以可以借助该技术鉴定转录起始位点，并有助于定位启动子。

全染色体转录作图 转录组学研究已经很成熟，对转录物制图足以精确地确定其在染色体中的位置，这类研究被称为**转录作图**（transcriptional mapping），目前正用于阐明前面提到一个令人费解的问题，即编码蛋白质的基因在人类中的数目并不比进化地位很低的蛔虫多，如何才能将这一现实与人类的极度复杂性联系在一起呢？逐渐浮现的答案是编码蛋白质基因的转录物仅仅为人类转录组的一部分。而随着对此问题的深入探究，发现人类转录组比我们预想的更为复杂。

如果我们仅仅考虑蛋白质编码基因的外显子，可以推测整个人类基因组只有 1%～2%表达为细胞质 RNA。然而，早在 2002 年，Thomas Gingeras 及同事就用微阵列分析研究了人类 21 号和 22 号染色体的表达，发现在人类细胞的细胞质中多腺苷酸化［poly（A）$^+$］RNA 的数量比根据这两条染色体编码蛋白质外显子推算的转录物的数量增加了一个数量级。这些意外增多的转录物被称为**未知功能转录物**（tanscripts unknown function，**TUF**）。在此类分析中被检测到的所有转录区（包括外显子区和 TUF 类似区）被称为**转录片段**（transcribed fragment）。

另外，据报道人类细胞和仓鼠细胞中约 2/3 的转录物是非多腺苷酸化的［poly（A）$^-$］，这些 poly（A）$^-$转录物对应于基因组另一个相当大的部分，该区域的大小还不知道，但很明显会非常大。综上所述，这些发现提示，编码蛋白质的外显子仅占全基因组序列所产生的细胞质 RNA 的一小部分。

为进一步探索这一奇妙的推断，Gingeras 及同事采用了高密度寡核苷酸分析（寡核苷酸为 25mer，平均间隔仅 5bp，因此平均有 20bp 的重叠）。为什么用如此高的密度呢？因为一方面可以检测短的外显子；另一方面用相互重叠的寡核苷酸进行杂交，可以更有把握地确信检测到的转录区域确实发生了转录。用于分析的核苷酸来自 10 个人类染色体（6、7、13、14、19、20、21、22、X 和 Y），占人类基因组全长的 30%。Gingeras 及同事检测了代表 8 种不同人类细胞系细胞质 poly（A）$^+$ RNA 的 cDNA，以及代表单个细胞系（HepG2）细胞质和细胞核 poly（A）$^+$ RNA 和 poly（A）$^-$ RNA 的 cDNA。在以上所有分析中，与假基因或 DNA 重复序列重叠的转录片段不在考虑之列。

对每一个细胞系而言，在多于 7400 百万的探针对（双链）中约有 9%可与 poly（A）$^+$ RNA 的 cDNA 杂交，应用 1/8 原则（“1of 8” rule），即一个探针对必须与 8 个细胞系中的一个细胞系的 cDNA 发生杂交，阳性探针的百分比才可升至 16.5%，这就是“1/8 图谱”。在每一个细胞系的 10 条染色体中平均 4.9%的核苷酸表达为细胞质 RNA。而在 1/8 图谱中此百分比提高到 10.1%。这些发现提示在一个细胞系中这 10 条人类染色体的所有序列至少 10.1%表达为细胞质的 poly（A）$^+$ RNA。而 4.9%和 10.1%的差异表明存在相当多的细胞系特异性转录。

图 25.7 显示了 10 条染色体的每一条所合成的细胞质 poly（A）$^+$转录物的比例。根据定义，源于基因间隔区和内含子的转录物是未注释的，这些区域组成了 10 条染色体作为整体（中间的饼图）的转录物的大多数（57%）。注释的转录物与下述三种注释方式之一重叠：已知基因，两个外显子数据库的组合；mRNA，含有来自第三个数据库的 mRNA，与已知外显子不重叠；EST，包含所有公布的 EST，而且与已知基因及 mRNA 数据库都不重叠。

poly（A）$^-$转录物的情况如何呢？对此进行分析时，Gingeras 及同事将研究集中在单个细胞系 HepG2。他们在这些细胞的细胞核和细胞质中寻找稳定的 poly（A）$^+$、poly（A）$^-$ 及双型转录物（bimorphic transcript）［双型转录物起初为 poly（A）$^+$转录物，随后 poly（A）

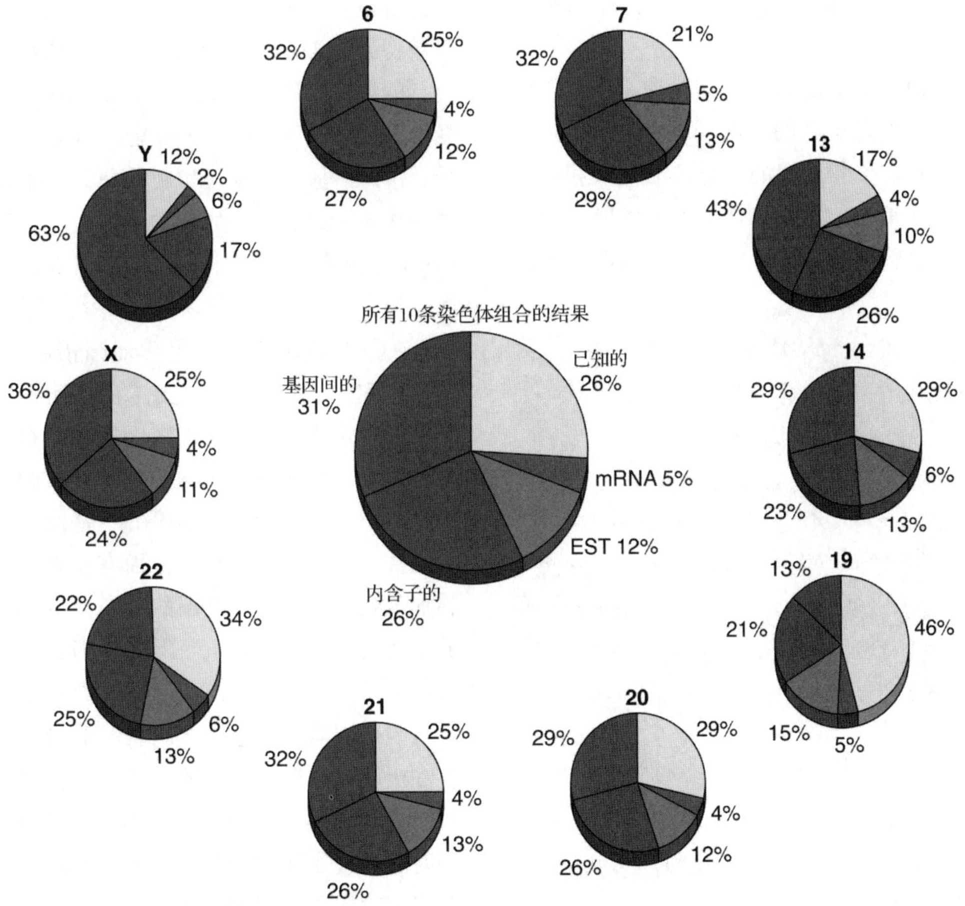

图 25.7 10 条人类染色体的转录图表。每个饼图中的楔块代表在细胞质 poly（A）$^+$转录物的“1/8 图谱”中不同序列类型所占的百分比。每个小饼图代表一条染色体（由黑体字表示），中间的大饼图代表 10 条染色体汇总在一起的情况。序列的类型在集合饼图中标出，且同一种颜色适用于各图。未注释序列包括基因间序列和内含子。注释序列是指外显子、mRNA 和 EST。（*Source*：Cheng，J.，T. R. Gingeras，et al. 2005. Transcriptional maps of 10 human chromosomes at 5-nucleotide resolution. *Science* 308：1149-54.）

尾丢失]。他们发现在这 10 条染色体中有 15.4%的核苷酸出现在其中一类转录物中 [其中近一半是 poly (A)$^-$ 转录物]。因此，稳定转录物对应的基因组约 10 倍于仅由外显子对应的基因组。当然，多数人类基因的主要部分是内含子，所以这一结果初听起来并不令人吃惊。但是如果剪出的内含子没有功能，估计将被迅速降解，不会对稳定核 RNA 所产生的 cDNA 有这么大的贡献。

该研究的另一个结论是人类转录物近一半是重叠的。有两种重叠方式：在同侧链的重叠和对侧链的重叠。当然，在对侧链上的重叠呈现为正义链/负义链配对，这将引起 RNAi 反应。实际上这可能代表一种基因表达调控的机制。

该类研究所显示的大量细胞质 poly (A)$^+$ 转录物和非外显子区的 poly (A)$^-$ 转录物，也许有助于理解生物之间的差异。虽然人和黑猩猩外显子非常相似，但非外显子区已经分化开很远了，这些区域的转录可能会导致两个物种的差异。

小结 高密度全染色体转录制图研究证明，细胞质 poly (A)$^+$ RNA 的大部分序列源于 10 条人类染色体非外显子区。而且这 10 条染色体的近一半转录物是 poly (A)$^-$ 转录物。总的来说，这些结果表明 10 条染色体在细胞质和细胞核内的大部分稳定的转录物源于外显子以外的区域。这有助于解释物种间的巨大差异，如人类和黑猩猩，尽管他们的外显子几乎是相同的。

基因组功能图谱

基因组功能分析的最终目的是确定生物体在生命周期的各个阶段所有基因的表达模式。即使在简单的原核生物，这也是一项令人望而却步的任务。迄今为止，对于每一种生物而言，这一难题也只是逐渐将各个研究小组的结果组合在一起以求破解。我们先来了解攻克这一难题的常规技术。

缺失分析 (deletion analysis) 一旦基因组中所有基因都被确定，我们就可以去除其中的一个基因来研究生物体发生的变化。当然，对人类而言这种实验从伦理上是不可行的，但至少原则上可以在其他脊椎动物进行实践，只要这一物种的基因组序列已经测得。对脊椎动物如此之大的基因组进行这种分析必然会推迟，但酵母基因组功能图谱已经以这种方式获得了。

2002 年，Ronald Davis 率领的一个庞大的研究小组报道，他们研制出了一套酵母突变体，在每个突变体中一个基因被一个抗生素抗性基因所置换，抗生素抗性基因侧面为 20mer 的因置换基因不同而不同的序列，由此而使每个置换基因获得一个“分子条形码”，从而可以被特异地识别。他们总共置换了酿酒酵母中 96%的注释 ORF。紧接着，他们检测了这些突变体在 6 种不同条件（高盐、山梨醇、半乳糖、pH8、基本培养基和制霉菌素）下混合培养的生长能力。同时将每种条件下获得的 RNA 与寡核苷酸微阵列进行杂交以检测基因表达情况。

为了绘制酵母基因组功能图谱，Davis 及同事将 5916 个不同的突变体在上述不同培养基上混合培养，并在不同时间段收集细胞，通过与包含条形码互补序列的寡核苷酸微阵列杂交来检测每个条形码。如果一个基因在克服给定条件（如存在半乳糖）方面有重要作用，则施加该条件时缺乏该基因的突变体将从混合培养中迅速消失。实际上，突变体消失的速率与所缺失基因在克服给定条件中的重要性相关。

当研究者应用这一方法研究酵母突变体对存在半乳糖的反应时，发现了几个已经经过多年研究获知的与酵母半乳糖代谢相关的基因。同时还发现了 10 个新基因是尚未提及与半乳糖代谢相关的。对野生型酵母和 11 个突变体（已鉴定在半乳糖代谢中起重要作用）的生长特性进行了单独测定，结果见图 25.8。正如预测的那样，所有的 11 个突变体在半乳糖培养基上的生长速度都慢于野生型，它们的生长速率为野生型生长速率的 44%～91%。

小结 有多种方法可用于基因组功能分析，在一种称为缺失分析的突变分析中，突变体创建是利用一个抗生素基因一次替换一个基因，并在一侧连接一段寡核苷酸作为分子条形码以识别突变体。然后将这些突变体混合培养在各种不同的条件下以观察各种突变体消失的速度，从而获得基因组功能图谱。

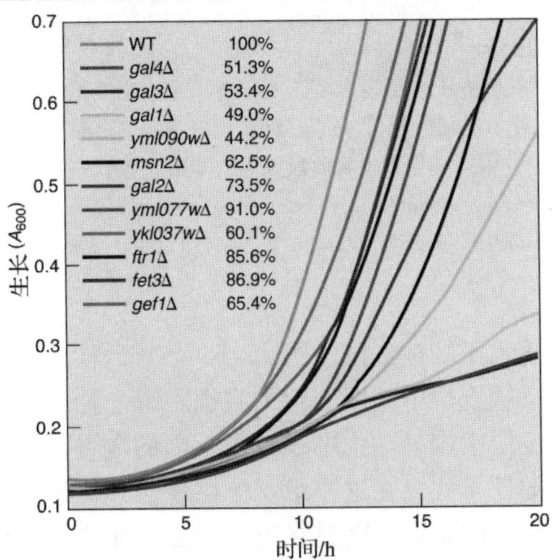

图 25.8 通过基因组功能图谱分析检测出的各种半乳糖缺陷突变体的生长曲线。 Davis 及同事在以半乳糖为碳源的培养基上对野生型和 11 个突变体酵母细胞的生长分别进行测试。11 个突变体菌株被混合后观察它们的生长速度。A600 指混浊度，指示酵母的生长量和生长速率。(*Source*: Adapted from Giaever, G., A. M. Chu, L. Ni, C. Connelly, L. Riles, S. Veronneau, et al., Functional profiling of the Saccharomyces cerevisiae genome. *Nature* 418, 2002, p. 388, f. 2.)

RNAi 分析(RNAi analysis) 通过基因突变“敲除”基因非常费力，迄今也只在酵母中从全基因组水平完成了此项研究，一些更为复杂的生物体应该选择更为简单的方法，如采用 RNA 干扰（RNAi，第 16 章）“敲低”（knocking down）基因。秀丽隐杆线虫尤为适合开展此项工作，RNAi 甚至可以影响其后代；它能够进行单性繁殖，这意味着其繁殖只需要父母中的一方；它的细胞数不到 1000 个，并且其全基因组已完成测序。显而易见，该生物是用 RNAi 开展基因组功能图谱分析的理想靶生物。

Birte Sönnichsen 及同事用该技术失活了秀丽隐杆线虫 19 075 个基因，占其全部基因的 98%，并观察这些突变对早期胚胎发生（受精后最初两个细胞的分裂）的影响。他们将 25bp 的双链 RNA 注入虫体并通过定时微阵列分析追踪其后代最初两个细胞的分裂，他们还检查了两细胞阶段之后胚胎的生存能力，以及在幼虫和成虫阶段整个虫体表型的改变。

研究者利用 RNAi 共失活了 1668 个基因，并获得可检测的表型缺陷，其中，661 个基因的失活在两细胞分裂阶段造成繁殖能力的缺陷；其余在发育后期阶段造成缺陷（图 25.9）这样看来，引起早期胚胎发育缺陷的 661 个基因的有效失活均导致了胚胎性死之就不是为奇了。

RNAi 存在的问题是有时不能失活基因（假阴性），所以很难解释这些阴性结果。作为对实验过程的检查，Birte Sönnichsen 及同事对以前报道的突变会导致第一个细胞分裂缺陷的 65 个基因进行了评价，RNAi 分析检测到其中的 62 个（95%）。对第一次分析中未检测到的三个基因再次进行 RNAi 分析，其中两个在第二次分析中检测到了，成功率增至 98%。

确实，只有突变产生明显的表型才能被检测到，所以突变策略同样也产生假阴性。因此，作为对研究过程的另一次检查，研究者将他们的数据与其他针对早期胚胎发生的 RNAi 分析的数据进行比较。结果发现他们已检测到了其他研究者所发现基因的 75%。因此，Birte Sönnichsen 及同事谨慎地提出他们的 RNAi 分析检测到 75%～90%的在胚胎发生早期发挥作用的基因。

随后，他们根据这 661 个基因的特异性表型对它们进行归类，发现这些基因近半数（326）是从本质上造成胚胎发生的缺陷，而其他基因（335）只是影响了细胞保持胚胎存活足够长时间以便发生两次分裂所需要的一般代谢。通过对这些特异性缺陷的仔细注解，研究者将前 326 个基因归为胚胎发生中 23 个方面的缺陷，如纺锤体的组装（9 个基因）和姊妹染色单体的分离（64 个基因）。

小结 利用 RNAi 失活基因可对复杂的生物进行基因组功能分析。该方法的一个应用实例是针对参与秀丽隐杆线虫早期胚胎发生基因的 RNAi 分析，结果鉴定出 661 个重要基因，其中 326 个直接参与胚胎发生。

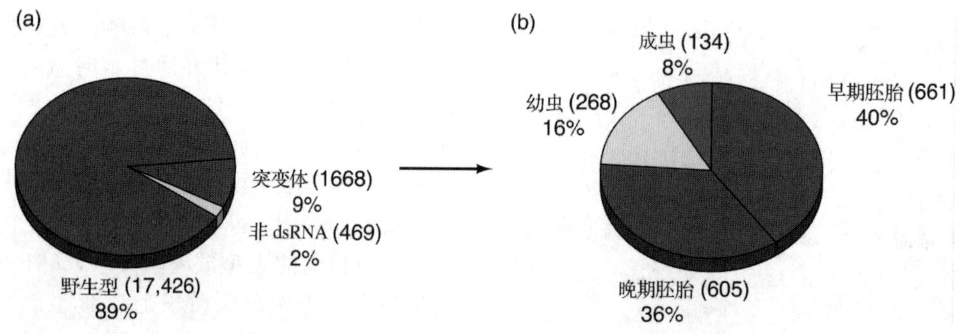

图 25.9 利用 RNAi 所得秀丽隐杆线虫基因组功能谱的表型分配。（**a**）初筛，Birte Sönnichsen 及同事用 dsRNA 靶向 19075 个基因。其中 17426 个（野生型，蓝色）在筛查中未呈现表型改变，1668 个（突变型，红色）导致表型改变。实验中有 469 个（非 dsDNA，黄色）并不能靶向任何基因。（**b**）突变表型的分布，Birte Sönnichsen 及同事继而从失活的 1668 个基因（突变表型）中筛选导致发育阶段缺陷的基因。其中 661 个基因（红色）导致早期胚胎（两细胞分裂阶段）缺陷。[*Source*：Adapted from Sönnichsen，et al.，Full-genome RNAi profi ling of early embryogenesis in *Caenorhabditis elegans*. *Nature*. Vol. 434（2005）f. 2，p. 465.]

组织特异性功能谱 基因组功能分析的另一个策略是通过突变或其他手段使基因失活，并观察该基因的组织特异性。Lee Lim 及同事用两种 miRNA 敲低（knock down）体外培养的人类细胞（HeLa）中基因的表达，继而分析表达明显减少的基因的特性。miR-124 是一个在脑组织中显著表达的 miRNA，能敲低一些基因的表达，并导致这些基因在脑组织中低表达；miR-1 是一个在肌肉组织中显著表达的 miRNA，能敲低一些基因的表达，并导致这些基因在肌肉组织中低表达。换句话说，这两种 miRNA 使 HeLa 细胞中一些基因的表达发生了改变，这正是在分别富含两种 miRNA 的组织中所看到的情形。如果在体内两种 mRNA 下调了相同的一些基因，则上述结果正是我们希望看到的。

此研究的另一个显著特点是 miRNA 降低目标 mRNA 的浓度，虽然我们在第 16 章中了解到动物 miRNA 通常影响 mRNA 的翻译而不是它的浓度。因此，Lim 及同事向 HeLa 细胞中导入双链 miRNA，并用微阵列分析处理细胞中纯化的 mRNA 的水平，结果表明每种 miRNA 都导致了 100 或更多种 mRNA 浓度的明显降低。

以下为 Lim 及同事的分析方法。先看 miR-124，他们首先利用全基因组研究所获得的数据，绘制了 46 种组织 10 000 个人类基因表达水平的柱形图。图 25.10（a）的柱形图包含大脑皮层中基因表达的数据，每个柱代表大脑皮层中以某一水平表达的基因的数量，最左边的柱子代表在这一组织比在任何其他组织表达都高的基因，而最右边的代表比在任何其他组织表达都低的基因，其他的柱子代表中等水平表达的基因，即在大脑皮层中从高表达到低表达。图 25.10（a）代表了全部的 10 000 基因，而随机的一组基因可产生类似的柱形图，并作为分析的背景。

图 25.10（b）的柱形图包含在 miR-124 处理的 HeLa 细胞中表达量明显减少的一组基因。这并非图 25.10（a）的背景图，我们看到柱形图明显地偏向在大脑皮层中低表达的基因，请注意右边的柱具有显著的优势，$P<0.001$，实际上 P 的数量级为 10^{-12}。

接下来，Lim 及同事将 miR-124 影响作用的分析扩大到所有 46 种组织，并对 P 值的对数作图 [图 25.10（c）]。将 P 值小于 0.001 作为显著性差异的阈值，分析的结果表明只有脑组织的 P 值与背景有显著性差异。在 miR-1 影响作用的分析中，Lim 及同事发现只有肌肉组织的 P 值与背景有显著的差异。因此，由 miR-124 诱导的 HeLa 细胞基因表达抑制模式与仅在脑细胞中呈现的基因低表达模式一致。同样，miR-1 诱导的 HeLa 细胞基因表达抑制模式与仅在肌肉细胞中呈现的基因低表达模式

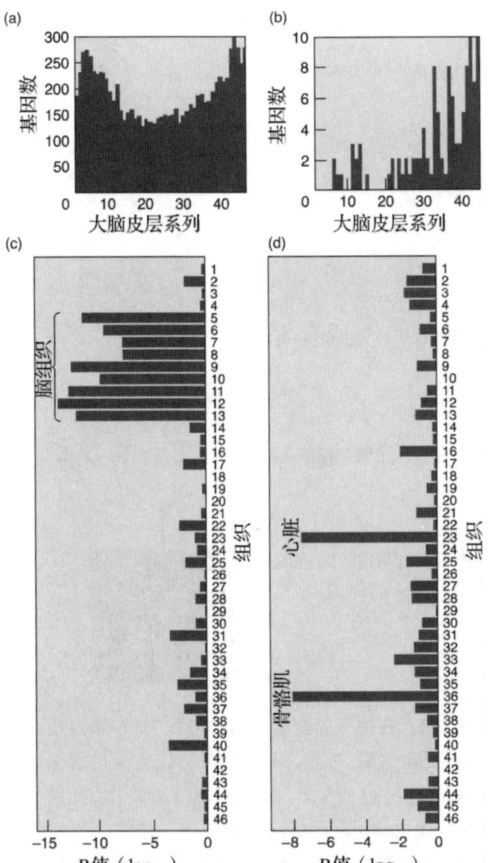

图 25.10 RNAi 所致组织特化基因表达下调。 **(a)** 大脑皮层中表达基因的排列。46 种组织 10 000 个人类基因在图中排列如下：最左边的柱代表在大脑皮层比在任何其他组织表达都高的基因，下一个（左边第二个）柱代表除上一个之外在大脑皮层比在其他任何组织表达都高的基因，而最后一个（最右边的）柱代表在大脑皮层比在任何其他组织表达都低的基因。**(b)** miR-124 处理后 mRNA 水平明显减少的基因。请注意，与（a）为背景的显著性 P 值约为 10^{-12}，柱形图明显地偏向在大脑皮层中低表达的基因。5，全脑；6，扁桃体；7，尾状核；8，小脑；9，大脑皮质；10，胎儿脑；11，海马状突起；12，中枢后脑回；13，丘脑。**(c)** 将（b）图的分析扩大到所有 46 种组织，计算对 P 的对数作图。只有脑组织的 P 值（<0.001）呈显著性差异。**(d)** 类似于（c），只是分析的是经 miR-1（而不是 miR-124）处理的细胞。[*Source*：Adapted from Lim et al.，Microarray analysis shows that some microRNAs downregulate large numbers of target mRNAs. *Nature*. Vol. 433（2005）f. 1，p. 770.]

一致。

再次强调，这些研究是用微阵列检测 mRNA 的水平，因此 miRNA 可能是影响特定 mRNA 的稳态水平，有可能破坏 mRNA 的稳定性。如果真是这样，我们期望能看到 miRNA 和去稳定的 mRNA 之间互补的证据，互补区可能位于 mRNA 的 3′-UTR，该区曾发现这类典型的互补。

因此，Lim 及同事将这两个 miRNA 的序列与表达水平明显降低的 mRNA 的 3′-UTR 序列进行比对，他们采用叫做 MEME 的"基序发现工具"（motif discovery tool）进行匹配分析，获得了令人瞩目的结果。所有被 miR-1 下调的 mRNA 中，88%含有一串至少 6 个碱基的保守序列 CAUUCC，此序列与 miR-1 的一串碱基互补。且所有被 miR-124 下调的 mRNA 中，76%含有一串至少 6 个碱基的保守序列 GUGCCU，此序列与 miR-124 的一串碱基互补。这就是 miRNA 确实与其目标 mRNA 的 3′-UTR 相互作用并可能破坏 mRNA 稳定性的强有力证据。

该研究引出一个引人注目的假说，即 miRNA 通过抑制**基因群**（gene battery）或一簇功能相关的效应基因的表达而在细胞分化中发挥重要作用。例如，miR-124 抑制了一连串数百个非神经元基因的表达，这些基因使人类细胞保持在未分化状态。对这些非神经元基因的抑制可能是神经细胞分化的关键。

Gail Mandel 及同事的研究支持了这一假说，他们鉴定出一种蛋白因子，叫做 RE1 沉默转录因子（RE1 silencing transcription factor，REST)。REST 抑制包括 miR-124 和其他的一些 miRNA 在内的一连串神经特化基因的表达。REST 在非神经细胞和前神经细胞中抑制 *miR-124* 的表达。然而，在神经细胞分化过程中，REST 从 *miR-124* 基因上解离下来使其得以表达。新合成的 *miR-124* 继而抑制非神经元基因表达，并有助于细胞发育成神经细胞。确实，*miR-124* 所靶向的其中一个 mRNA 编码 REST 的一个亚基。因此，miR-124 和 REST 相互抑制对方的表达，正如预期的那样，两个因子相互作用导致细胞不同的发展命运。

小结 通过检测外源miRNA所引起的mRNA水平降低的表达谱，并将其与不同组织mRNA水平的基因表达谱进行比较；可以开展组织特异性表达分析的研究。如果所研究miRNA引起了一些mRNA水平的降低，而这些mRNA在该miRNA表达的细胞中天然就是低水平的，则提示该miRNA至少是引起这些mRNA天然低水平的部分原因。这类分析表明miR-124使脑组织中的一些mRNA不稳定，而miR-1使肌肉组织中的一些mRNA不稳定。通过抑制成串基因群的表达，miRNA可诱导细胞的分化。例如，miR-124抑制非神经元基因的表达。因此，miR-124在前神经细胞中的表达促进了细胞向神经细胞的分化。

转录因子靶位点的定位 正如我们在第12章所了解到的，基因由结合在增强子上的激活因子所激活。在一个基因组中很多激活因子具有多个增强子标靶，因此能激活很多基因。有时将一组可受到同时调节的基因称为**调节子**(regulon)。为了完全搞清一个给定激活因子的效应，有必要对某个激活因子的所有响应基因进行鉴定。目前，可以通过若干种方法开展此项工作。

最为直接的方法是以微阵列杂交来比较分析激活因子导致生物体不表达、低表达和高表达的RNA。这种分析可以揭示由激活因子高表达所激活的基因，此方法对实现这一目的有重要作用。但还是有两个问题限制了它的应用。其一，被激活的基因也许并不是第一个激活因子的直接标靶，而是第一个激活因子激活的另一个激活因子的标靶。其二，被激活因子过量表达所激活的基因不一定能够被体内生理浓度的激活因子所激活。尽管如此，还是有一些方法通过直接检测激活因子与特定基因调控区的相互作用来解决这些问题。

其中一种策略是Richard Young及同事使用过的，融合了染色质免疫沉淀（ChIP，第13章）和DNA微阵列杂交分析（或芯片）两种不同技术，所以该技术被称为**ChIP-芯片**(ChIP-chip)，有时也被称为**芯片上的ChIP**(ChIP on chip)。图25.11显示该方法的总体方案，这是Young及同事在酵母全基因组范围内鉴定激活因子GAL4的结合位点时所采用的。首先，利用化学方法将蛋白质与染色质DNA交联以避免二者分离；然后破碎细胞并把染色质剪切成小片段；接着用抗GAL4的抗体免疫沉淀剪碎了的酵母染色质以沉淀结合有GAL4

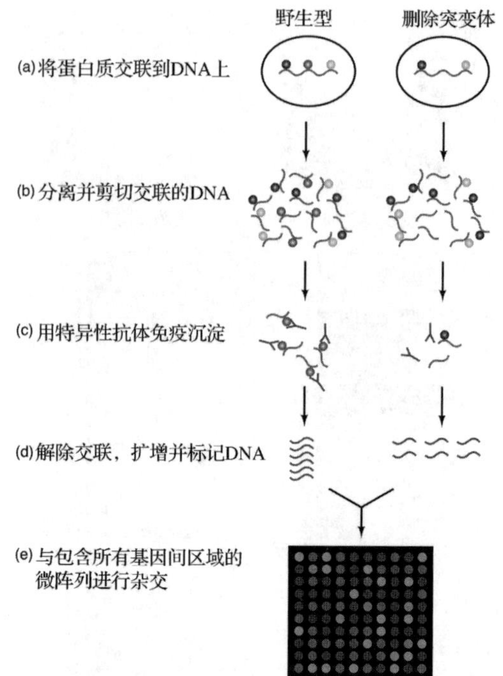

图25.11 在酵母的全基因组中寻找DNA-蛋白质间的互作。(**a**) 首先，利用化学方法将蛋白质交联到酵母细胞DNA上，酵母细胞包括野生型和缺失了靶蛋白编码基因的参考细胞株（红色）。(**b**) 通过破碎细胞，将蛋白质-DNA复合物（与染色质交联）从细胞中分离出来，并进行超声波剪切。(**c**) 用靶蛋白的抗体免疫沉淀剪切的DNA。(**d**) 沉淀后，解除交联，PCR扩增并标记沉淀的DNA。(**e**) 两种类型细胞中标记的DNA与包含酵母基因组中所有基因间DNA的微阵列进行杂交，野生型细胞中沉淀的DNA用红色的荧光染料标记，突变型细胞中沉淀的DNA用绿色的荧光染料标记，因此，如果微阵列上的一个DNA位点与靶蛋白结合的DNA杂交强于与其他蛋白结合的DNA，则此位点呈现红色荧光。如果优先与其他蛋白结合的DNA杂交，位点则呈现绿色荧光。如果与上述两种DNA都结合，将呈现黄色荧光。对两种DNA探针相对荧光强度进行仔细校准，使我们能够确定每一个位点红色荧光和绿色荧光的比率，因而靶蛋白结合的DNA区域被优先选择出来。(*Source*: Adapted from *Nature* 409: from Lyer et al., 2001, Fig. 1, p. 534)

的DNA；之后将交联的DNA与蛋白质解离，并通过PCR以红色荧光染料（Cy5）标记这一DNA。同样的方法以绿色荧光染料（Cy3）标记未被免疫沉淀的DNA。再用这两种标记的DNA做探针，与含有酵母基因组全部基因间区的DNA微阵列杂交。图25.12显示的是此阵列分析的一小部分。箭头指示的点清楚地显示出红色荧光信号占优势，提示此斑点为优先与GAL4结合的DNA杂交。通过这一技术，Young及同事鉴定了10个基因序列，它们都是被GAL4所激活的基因。因此，该方法在这一实验中非常有效。

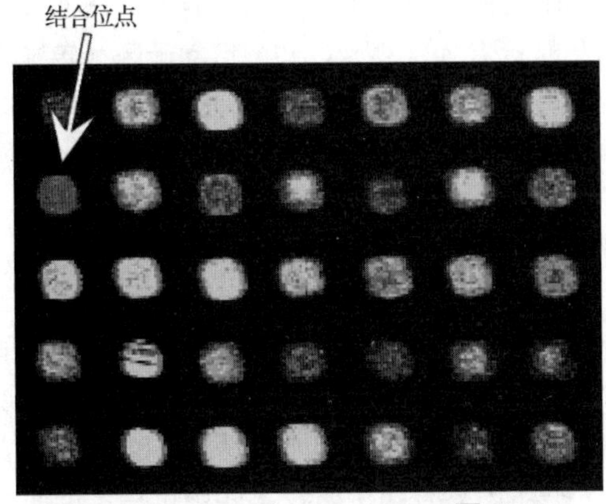

图25.12 鉴定与GAL4结合的一段DNA序列。 Young及同事用PCR扩增抗GAL4抗体免疫沉淀的染色质上的DNA，从而制备了一个红色荧光DNA探针。同时用PCR扩增非抗体免疫沉淀获得的DNA，制备了一个类似的绿色荧光DNA探针。然后将两种探针与包含酵母基因组所有基因间DNA的微阵列进行杂交。该图是阵列的一小部分，红色位点（箭头指示）显示一个推定的与GAL4结合的DNA，绿色位点显示与GAL4不结合的DNA，黄色位点（与红色和绿色探针都结合）显示与GAL4结合但并不优先结合的DNA。［*Source*：Adapted from Ren et al.，*Science* 290 (2000) Fig. 1A. p. 2306.］

这一方法之所以在酵母中非常有效，是因为酵母的基因组较小且已完成全序列测定。但类似的方法能应用于人类基因组吗？问题很多，因为人类基因组的基因间的部分几乎与基因组本身大小相同，对人类基因组所有基因间序列的微阵列进行分析会非常复杂也很难实施。但还是有办法缩小DNA序列分析的范围以使实验便于操作，其中的两个均为2002年有关人类E2F4激活因子的报道。

Peggy Farnham及同事缩小分析范围的方法是进行仅含CpG岛（7776个）的微阵列分析。正如我们在第24章所了解的，CpG岛与基因调控区相关，因此也富含该技术寻找的激活因子结合序列。利用这一策略，Farnham及同事鉴定出激活因子的68个靶标位点。David Dynlacht及同事选择已知在细胞进入细胞周期（即E2F4活跃期）时被激活的约1200个基因的调控区作为研究对象。通过对这一组DNA的微阵列分析，在人纤维原细胞中发现了127个与E2F4结合的序列。因此，提前了解激活因子的时间性或选择性表达方面的知识将有助于设计筛选靶基因的微阵列。

利用ChIP-芯片寻找转录因子结合位点的一个问题是范围仅局限于芯片上的序列，为了涵盖人类基因组常染色体所有可能的序列，一张芯片（或数张芯片）必须有序地排列10亿个点，这超出了目前技术所能达到的程度。即使芯片采用分辨率仅几个核苷酸的**瓦片阵列**（tiling array）（DNA之间有重叠序列），估计也会非常昂贵，至少首次使用该技术时是这样。另一个问题是不同的DNA在芯片点上的杂交效率不同，由于杂交条件不吻合会导致一些结合位点未能检出。此外，杂交的特异性不高，有时一个DNA可以与一个以上的点杂交，或由于DNA二级结构而未能杂交。能够很好地覆盖人类基因组的ChIP-芯片及高分辨率的瓦片阵列会在不远的将来研制成功，但这些都只能用于人类基因组，而研究其他基因组则没有这个优势。

另一个解决问题的办法是利用**标签测序**（tag sequencing）技术，参与ChIP实验的DNA片段不与芯片杂交，而是反复测序，可采用第5章介绍的新的高通量测序技术或下一代测序技术。就2007年的技术而言，一台仪器一次能测大约400 000个200nt的读序（read）或4000万个25nt的读序。Barbara Wold及同事在2007年使用了这种称之为**ChIP测序**（ChIPseq，通常称为**ChIP-seq**）的方法，他们用抗转录因子**神经元限制性沉默因子**（neuron-restrictive silencer factor，NRSF）的抗体进行ChIP以分离DNA，并测序获得了数百万个该DNA的读序（该转录因子在非神经细胞和神经元前体细胞中抑制神经元基因的表达）。随后，他们用计算机程序显示这些25nt读序在人类基因组中的位置，当一个位点集中了13个或更多个读序，或一个位点集中的读序数比ChIP实验中无抗体对照组多5倍以上时，就认为该位点能够被该蛋白质显著结合。图25.13显示一束读序对一个假定蛋白质结合位点的确定。

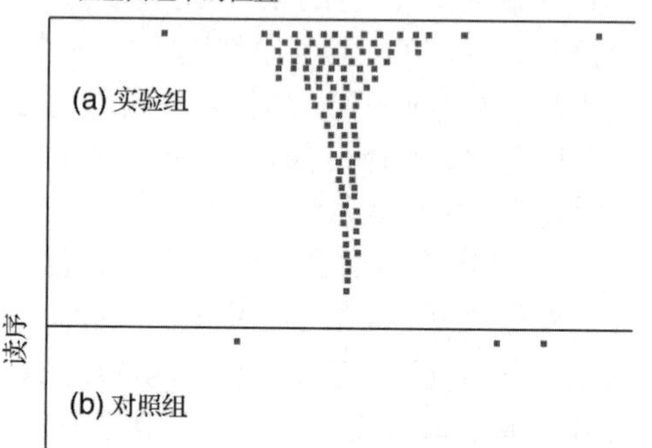

图25.13 ChIP测序定位转录因子结合位点。(a) 用转录因子特异性抗体进行ChIP以分离DNA，从而测序获得短的（25nt）读序对基因组特定区段的位置作图。每个小红块代表一个读序，出峰处界定为转录因子结合位点。**(b)** 进行ChIP时不加抗体的对照，只有一些背景结合。

NRSF结合位点是个引人瞩目的课题，已有研究者用其他技术开展了深入研究，鉴定了一个经典结合位点的序列。ChIP测序几乎鉴定了所有的经典结合位点并发现了一些新的结合位点。其中一些经典的半位点（half-site）被非经典的间隔区所分开。而另一些则只有一个半位点。显而易见，该技术鉴定结合位点的能力是非常全面的。

Mathieu Blanchette、François Robert及同事采用了另一种方法鉴定人类基因组中转录因子的结合位点。他们不是寻找单一蛋白质的结合位点，而是寻找这类结合位点群［**顺式调控模块**（*cis* regulatory modules，**CRM**），第12章］。该法可轻易地查找到这类位点群，但要特别注意，因为每个转录因子结合位点的序列会有变异。

Blanchette、Robert及同事利用的是Transfac数据库，其中包含229个不同转录因子的结合位点序列。他们知道CRM相对于其周围的序列而言很保守，因此将分析集中于在人、小鼠和大鼠中都非常保守的非重复、非编码区，并在Transfac数据库中寻找这些区域中转录因子的结合位点。

筛查发现，人类基因组的34%与小鼠和大鼠基因组进行比对分析，获得了118 402个预测的CRM（predicted CRM，pCRM）。这其中肯定有一些假阳性，该预测值只是对约1/3的人类基因组做的。但这是基因组中最可能富含CRM的部分，因此我们仍能断定至少有20万个CRM。这个数字似乎大的有些惊人，但作者已用几种方法证实了他们的数据。例如，他们发现pCRM富集于已知的启动子区（转录起始位点上游1kb范围内），特别是CpG岛内的启动子区。他们还发现pCRM和DNase高敏感区非常一致，我们在第13章中已经知道DNase高敏感区倾向于含有基因调控元件。

这项研究发现许多pCRM位于被认为缺乏基因的区域，这多少有些令人吃惊。对此可能的解释有以下几种。①这可能反映了我们还没能鉴定人类基因组里的所有基因。②这可能表明一些基因具有隐秘的转录起始位点，可能位于常规起始位点的远上游。③pCRM可能调控非编码RNA的产生。④pCRM可能调控很远的基因转录。

图25.14显示pCRM在已知基因内部和周围出现的频率。正如所预期，pCRM倾向集中于基因5′-侧翼区，该区也是发现增强子的经典区域。但是，在预计不出现pCRM的区域也发现了大量pCRM，如紧邻转录起始位点的下游。这可能反映了可变转录和下游转录起始位点，或者这可能首次表明调控元件广泛存在于基因内部。图25.14中第二个意外现象是转录终止位点周围区域有大量pCRM。同样，至少有两种可能的解释。这可能表明大量增强子恰好位于它们所调控基因的下游，也可能表明反义转录物在基因表达中起着负调控的作用。在基因上游10～50kb、下游10～30kb及内含子（除第一个和最后一个之外）两边很少有pCRM，但这其中有些可能只是表面现象。例如，在这些区域寻找转录因子结合位点很少，在选择区域筛查pCRM时可能忽略了这些区域。

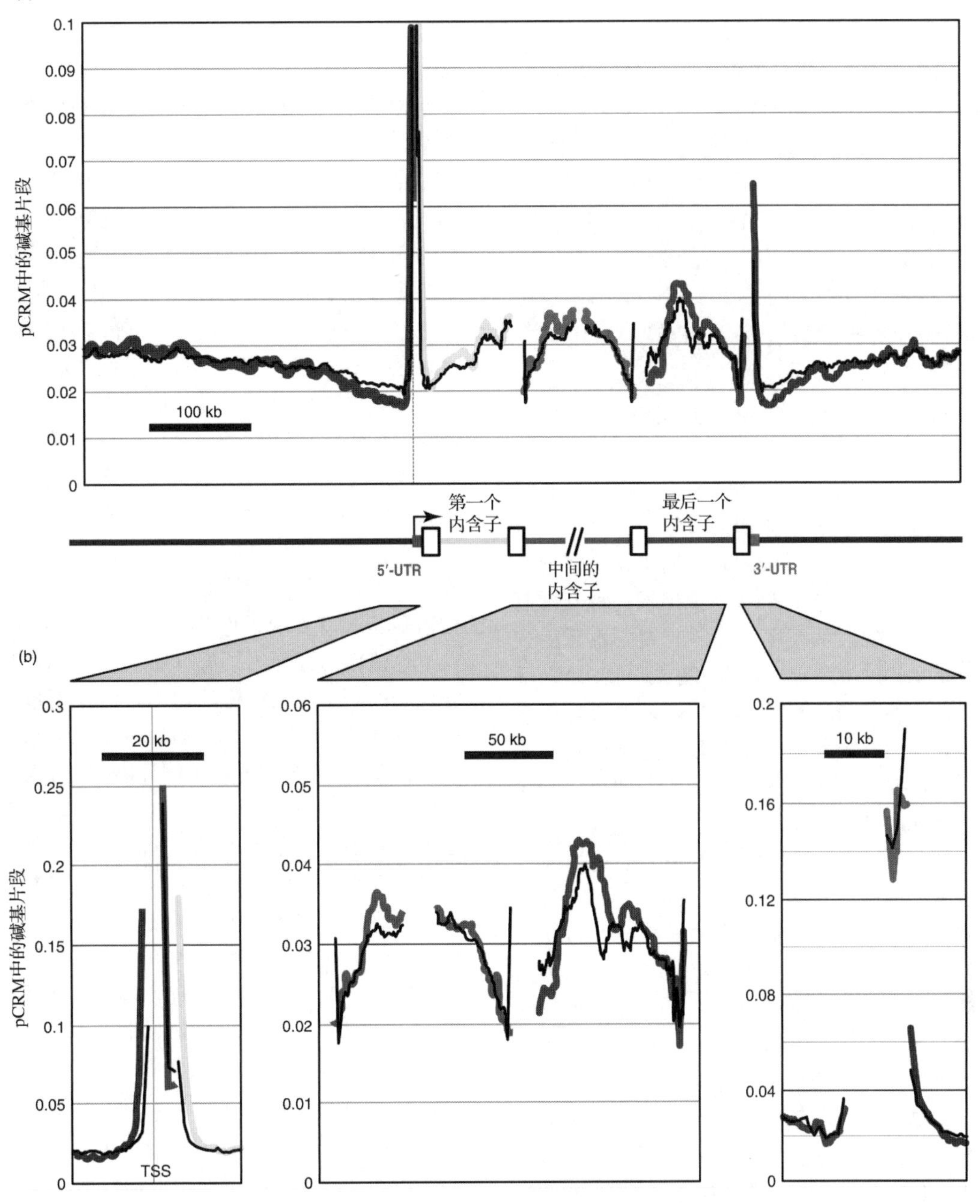

图 25.14　pCRM 在基因内部及周围的分布。(a) 将 pCRM 中的碱基片段与基因内部及周围的位置作图。图中及下面的基因示意图中各颜色代表的区域为：深蓝，上游和下游侧翼区；红色，5′- UTR；黄色，第一个内含子；浅蓝色，中间的内含子；褐色，最后一个内含子；浅绿色，3′-UTR（pCRM 内的片段掩盖了 3′-UTR，所以看不到浅绿色的线）。**(b)** 同（a），但水平方向尺度加大，以便清楚显示单个区域。

小结　ChIP-芯片分析能够鉴定激活因子和其他蛋白质的 DNA 结合位点。对基因组较小的生物体（如酵母）而言，微阵列包括了所有基因间区。但对大基因组（如人类基因组）而言这是不切实际的。CpG 岛可用于缩小微阵列分析的范围，因为其与基因调控区相关。如果一个激活因子的活性作用时间和条件已经知道，则可知特定时间或条件下基因调控区处于激活状态，这也有利于缩小微阵列分析的范围。

Tag测序（或ChIP-测序）是对ChIP沉淀获得的染色质片段进行反复测序，也可用于鉴定转录因子结合位点。多个哺乳动物的基因组序列的信息使得我们能够将搜寻人类转录因子结合位点的范围缩小，即从基因组的保守区开始。另外，包括多个转录因子结合位点的CRM更易于搜寻。在人类基因组中有100 000多个CRM，它们倾向于集中在转录起始位点和终止位点的周围，然而，在远离已知基因的基因沙漠区也发现了相当数量的CRM。

与未知蛋白结合的增强子的定位 我们刚才讨论的“以基因为中心”的方法只适用于鉴定与已知蛋白质结合的增强子。然而，还有很多与未知蛋白质相互作用的增强子。为了鉴定这类增强子，Len Pennacchio及同事认为需要基因组学的方法，并在2006年推出了一种非常有效的方法。他们从高度保守的非编码区开始搜索脊椎动物的增强子。有两种方式可使DNA区满足他们界定的高度保守，即这些DNA区要么在相距很远的物种间（如人和东方红鳍鲀）是保守的，要么在相近物种间（如人和小鼠）至少有200bp以上的区域是100%保守的。

Pennacchio及同事发现了167个这类候选增强子。为检测这些DNA序列的增强子活性，将它们连接到由小鼠最小启动子控制下的*lacZ*报告基因的上游，然后将重组分子注入到小鼠的受精卵，产生转基因小鼠。让转基因小鼠的胚胎长到11.5天，随后用X-gal对封固的整个胚胎进行染色以检测β-半乳糖苷酶表达。X-gal深度蓝染表明β-半乳糖苷酶大量表达，并由此推断蛋白质通过结合增强子激活了很强的转录发生。Len Pennacchio及同事选择11.5天的胚胎有几个方面的原因：首先，他们能够对封固的胚胎进行染色和观察；其次，该阶段的胚胎主要器官都可观察到；最后，胚胎生长过程中高度保守的增强子成簇位于表达的基因附近。

在167个经这一方式检查的候选增强子中，Pennacchio及同事发现75个（45%）在转基因小鼠增强子活性分析中呈阳性。图25.15显示了手术摘取的几种不同组织中呈阳性的增强子的数量，以及各自组织特异性的染色模式。呈阳性的增强子总计达75个，有很多增强子在多种组织中都有活性。实验中最引人注目的是神经组织是增强子活性最常在的位置，这并不奇怪，因为在脊椎动物神经组织中表达的基因数量占了很大比例，神经系统发育非常复杂，需要很多基因发挥功能。

由此看来，该策略的成功率非常高，达到45%，仅在胚胎发育的一个阶段取样即可获得。预计，如果在其他阶段也取样分析的话，实验中呈阴性的很多序列会呈现阳性。另外，呈阴性的一些序列实际上已被确定为沉默子，这也是一种有趣的基因调控元件。据Pennacchio及同事的报道，人类基因组中有5500多个非编码序列与东方红鳍鲀是保守的，这些都是很好的候选增强子。因此，该策略用于人类和其他生物基因组中定位增强子有很好的前景。

该方法在定位基因控制区方面有可能同样成功，但缺点是只能检测高度保守区。有理由相信并非所有重要的基因调控区都是保守的。在本章前面已经介绍了酵母不同种在调控区保守性差的例子。在脊椎动物中也已经发现了同样的现象。2008年，Duncan Odom及同事报道了对携载人21号染色体的小鼠细胞的基因表达研究。他们发现，人类21号染色体基因在小鼠细胞中的转录水平很接近21号染色体基因在人类细胞中的表达水平，比小鼠同源基因在小鼠细胞中的表达水平更接近。这提示小鼠转录因子对人类基因控制区和同源小鼠基因控制区的识别是不同的。的确，Odom及同事通过ChIP分析显示，小鼠转录因子以更类似于人而非小鼠的方式结合人的21号染色体，造成这种差异最可能的原因是人和小鼠基因控制区序列的差异。因此，即使在相近的物种中，如果只关注高保守的序列，也很可能会遗失一些重要的基因控制区。

小结 为了发现与未知蛋白质相互作用的增强子，可以在相关物种的高度保守非编码区和相近物种的绝对保守非编码区寻找。将假定的增强子与*lacZ*等报告基因连接，在很多基因都有活性的胚胎中观测报告基因的活性。利用*lacZ*报告基因时，在X-gal存在条件下查看蓝染的组织。这种研究有其局限性，即使在相近的物种中，有些重要的基因调控区也并不是非常保守。

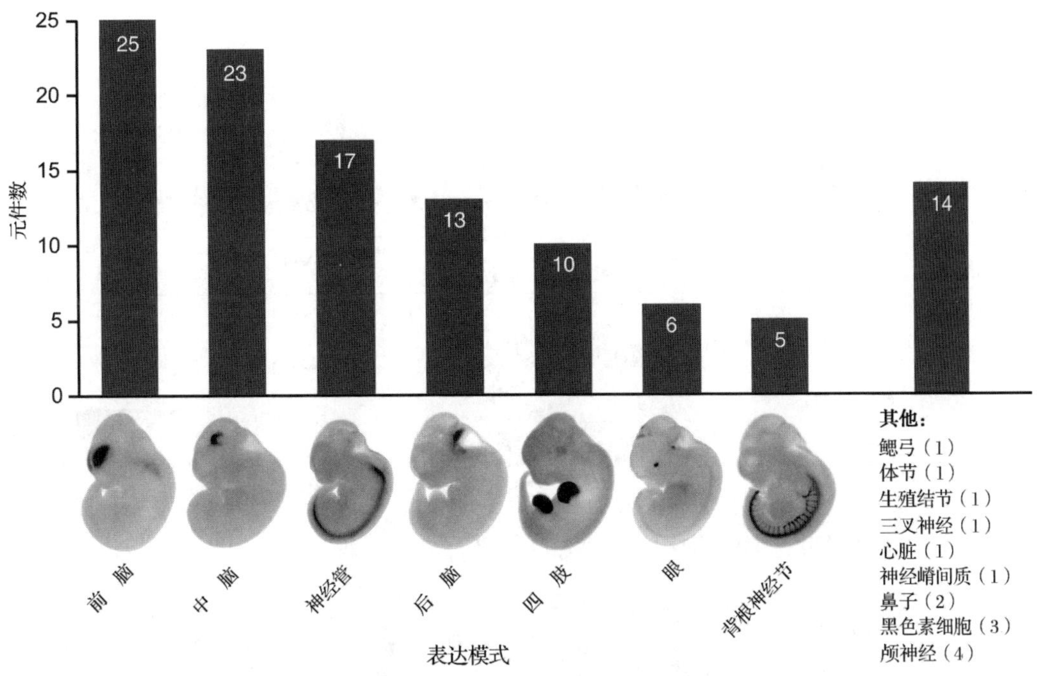

图 25.15 以转基因小鼠增强子分析实验所发现的增强子驱动基因表达的模式。基因表达模式以封固的发育 11.5 天的小鼠胚胎经典 X-gal 染色展示（柱状图下方）。给出了产生每种表达模式的 DNA 元件数。有些增强子可以产生多种模式，所以 DNA 元件的数目多于测试增强子的总数（75 个）。（*Source*：Reprinted by permission from Macmilllan Publishers Ltd：*Nature*，444，499-502，23 November 2006. Pennacchio et al，*In vivo* enhancer anylysis of human conserved non-coding sequences. © 2006.）

启动子定位 理论上讲，Ⅱ类启动子应该比增强子更容易定位，因为它们位于（或非常接近）已知基因转录起始位点。然而，当 Bing Ren 及同事从全基因组水平筛查人的启动子时，惊奇地发现很多启动子都有替代启动子，且常位于距离主要启动子数百个碱基对之外的区域。

Ren 及同事利用 ChIP-芯片策略在人的成纤维细胞中寻找启动子。如前面所述，ChIP-芯片是在基因组中寻找与特定蛋白质结合的区域。Ren 及同事用 TFIID 的 TAF1 亚基的单克隆抗体进行 ChIP，推测在启动子处形成的前起始复合物应该包含这一关键通用转录因子。随后扩增由 ChIP 所沉淀下来的 DNA，并以此为探针探测 DNA 微阵列，该阵列含有人类基因组所有非重复 DNA 的约 1.45 千万个 50mer 片段。图 25.16 概括了这一方法，并介绍了他们的一些发现。

他们发现了 12 150 个 TFIID 的结合位点，其中 10 553 个（87%）定位于已知的转录起始位点的 2.5kb 范围内。他们得用 2.5kb 这么大的窗口，以便容纳转录物 5′端定位的不确定性及在 ChIP-芯片定位 TFIID 结合位点时由于微阵列数据噪声而产生的不确定位点。有些 TFIID 结合位点定位到相同转录物的 5′端，排除这些重复出现的位点，Ren 及同事选定了 9328 个定位于特定转录物的结合位点。

随后他们用 4 个实验测试了这 9328 个结合位点的启动子样特性。第一，用 RNA 聚合酶Ⅱ的抗体进行 ChIP 芯片分析，发现 97%的 TFIID 结合位点也能与 RNA 聚合酶Ⅱ结合。第二，随机选择了 28 个位点，以 RNA 聚合酶的抗体进行标准的 ChIP 分析以证实其与 RNA 聚合酶Ⅱ结合。结果表明除了一个之外的所有位点都通过了测试。第三，在 9328 个 TFIID 结合位点中搜索 CpG 岛及核心启动子元件 Inr、DPE 和 TATA 框，结果发现富含前三个元件，但 TATA 框很少［图 25.16（c）］。第四，用 ChIP 芯片分析查找与基因活性相关的组蛋白修饰（包括乙酰化的组蛋白 H3 和组蛋白 H3

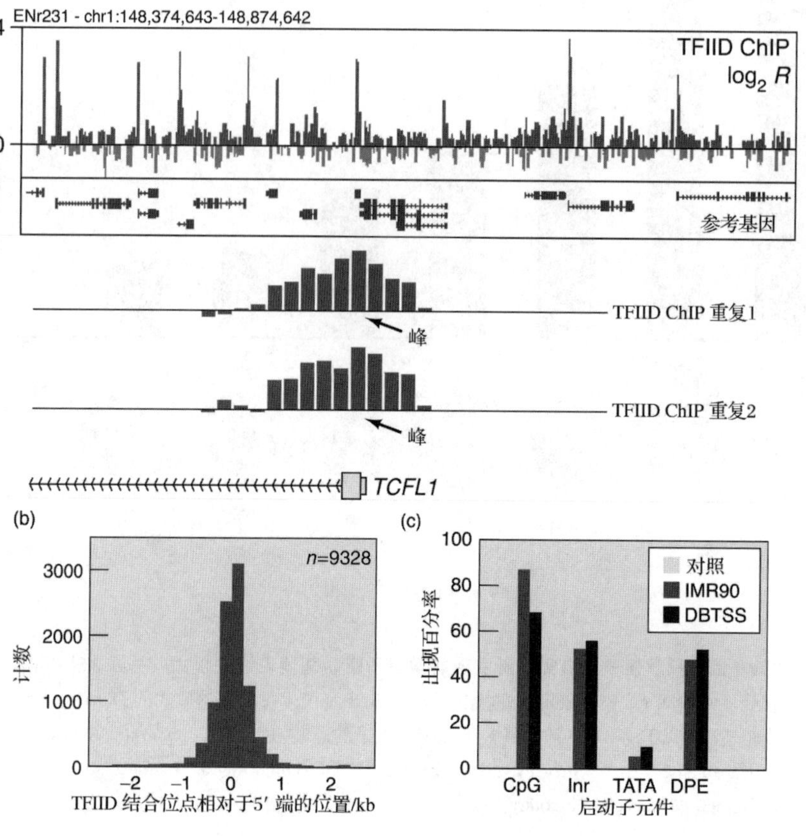

图 25.16 发现启动子。 Ren 及同事用 TAF1 的抗体进行 ChIP-芯片分析，鉴定人成纤维细胞中 TFIID 的结合位点。**(a)** 人类 1 号染色体相对较小区域的代表性结果。顶图显示 TAF1-ChIP 所沉淀 DNA 的杂交数与对照 DNA 杂交数的对数比（log_2R），各个峰显示推测的 TFIID 结合位点。中间图显示从 RefSeq 数据库获得的对应序列的基因注释。注意，顶图中的峰与注释基因的 5′端对应。底图显示 *TCFL1* 基因的两次重复 ChIP 分析的放大结果。箭头指示经找峰算法（peak-finding algorithm）确定的杂交峰，基因的位置在下方标出。5′端在右侧。**(b)** 基因 5′端与 TFIID 结合位点的定位排列。大多数（83%）结合位点落在基因 5′端 500bp 范围之内。**(c)** 启动子的三个核心元件和 CpG 岛间的关联分析。红色为研究中鉴定的 TFIID 结合位点；蓝色为 DBTSS 数据库中的启动子；黄色为对照 DNA。

中双甲基化的 Lys4)，结果再次证明 97%的 TFIID 结合位点都与这些修饰有关。总之，ChIP 芯片显然能精确地筛选启动子，但这些启动子多数缺乏 TATA 框，这与其他数据显示在酵母和果蝇中也缺乏 TATA 框一致。

Ren 及同事发现他们所鉴定的基因中有 1600 多个具有多重启动子。在多数情况下，这些启动子仅导致转录物 5′-UTR 长度的不同或第一个外显子的不同，但并不影响基因的蛋白质产物。另外，转录物以不同的方式剪接、多腺苷酸化或翻译。如果细胞能够选择在特定时间使用哪个启动子的话，后一种情况可能提供了另一种层面的基因表达调控。

小结 Ⅱ类启动子可用抗 TAF1 抗体的 ChIP 芯片来鉴定。在已研究的人成纤维细胞中，鉴定出 9000 多个启动子，其中 1600 多个基因有多重启动子。

原位表达分析 考虑到已经知道人类 21 号染色体与唐氏综合征有关，我们就有机会在该染色体中发现导致此疾病的基因，从而有助于了解该染色体上所有基因在胚胎期的表达模式。

对于较低等的生物体而言，这类研究可按常规实施，经典的是用 cDNA 探针对胚胎切片进行原位杂交（第5章）。但存在一个严重问题，如果使用人的胚胎开展这类研究将涉及伦理问题。所幸的是我们已经获得了小鼠基因组的全序列，可绕过这一问题。人类21号染色体上已确定的基因有178个，其中161个在小鼠基因组中存在直系同源物。所以我们可以全程、全方位追踪小鼠胚胎发育过程中这些基因的表达，推测人类胚胎中的同源基因采用相似的基因表达模式。

两个研究小组将这一策略应用于人类21号染色体所含基因在小鼠中的同源基因上。其中之一是Gregor Eichele、Stylianos Antonarakis和Andrea Ballabio及同事，通过原位杂交的方法对158个小鼠同源基因在孕期的三个不同时期的表达情况进行了调查。他们还利用RT-PCR（第5章）检测了161个同源基因在成体中的表达模式。他们发现了几个基因的特异表达模式（局限于特定时间和特定位点的表达）。而且，其中一些模式表达的部位（中枢神经系统、心脏、胃肠道、肢体）与唐氏综合征的病理学相一致。

例如，图25.17显示了*Pcp4*基因在小鼠胚胎第10.5天（全封固切片的原位杂交）和第14.5天（胚胎切片的原位杂交）时的表达。在10.5天，基因在眼睛（黑色箭头）、大脑和背根神经中枢（白色箭头）中表达。在第14.5天，基因在许多组织中均表达，包括大脑皮层组织（红色箭头）、中脑、小脑、脊髓、肠、

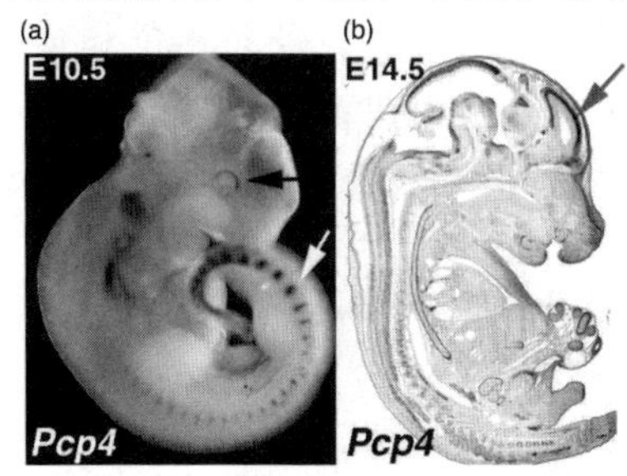

图25.17 两个基因在小鼠胚胎中的表达。使用全封固胚胎（a）或胚胎切片（b）的原位杂交（第5章）检测基因的表达。**(a)** *Pcp4*在第10.5天的封固全胚胎中的表达。黑色箭头指出了眼睛，白色箭头指出了背根神经中枢。**(b)** Pcp4基因在第14.5天的胚胎切片中的表达，红色箭头指示大脑皮层板，深色区显示基因的表达。（*Source*：Adapted from *Nature* 420：from Reymond et al.，ig. 2，p. 583，2002.）

心脏和背根神经中枢，所有这些部位都是唐氏综合征所影响的区域。所以，*Pcp4*基因是与该疾病有关的候选基因之一。

另一个例子是整合了Eichele及同事，以及由Ariel Ruizi Altaba、Bernhard Herrmann和Marie-Laure Yaspo率领的研究组的工作，他们的工作是关于小鼠*SH3BGR*基因在妊娠第9.5天、第10.5天和第14.5天的表达。研究结果显示三个发育阶段此基因在心脏中都有显著的表达，因为心脏是唐氏综合征影响的器官之一，所以，*SH3BGR*基因是与此疾病有关的另一个候选基因。

小结 大规模基因表达研究无法在人体实施，小鼠可以作为人类的替代品。例如，科学家已经研究了小鼠几乎所有和人21号染色体上同源的基因的表达，并且追踪了这些基因在胚胎发育不同阶段的表达，列出了表达这些基因的胚胎组织名录。

单核苷酸多态性：药物基因组学

既然我们已经获得了人类基因组序列的草图，就能够寻找个体间的差异了。迄今为止，大部分的差异在于单核苷酸，称之为**单核苷酸多态性**（single-nucleotide polymorphism，**SNP**）（SNP发音为“snip”）。如果这种小的变异在人群中至少为1%，则人类基因组中至少有1 000万个SNP。平均来讲，在百万个SNP中就有两个不相关的人有区别。如果能将这些SNP与单个基因缺陷而造成的人类疾病联系起来，就能够发现那些有可能患这些疾病的个体，也可能会发现一套多基因性状的SNP，如对心血管疾病和癌症敏感的SNP，从而阻止这些基因的作用。

我们还可以鉴定一些对某些药物起反应或不反应的相关SNP。利用这些信息，医生可以筛选出患者中的关键SNP，并根据患者SNP对药物的反应，为患者制订一个药物治疗方案，这一领域的研究称为**药物基因组学**（pharmacogenomics）。

但是，要实现这些目标并不容易。研究表明，大部分SNP根本不在基因内，而是位于基因间隔区，大部分SNP都不影响基因的功

能，但是一些位于基因控制区的 SNP 会影响基因的功能。即使位于基因内，SNP 也倾向于沉默突变，不改变蛋白质产物的结构。因此，SNP 不会引起任何导致疾病的功能障碍（第 18 章有一个例外）。沉默 SNP 占优势的原因已经清楚：改变基因产物的突变所引起的多态性通常是有害的，因此不会被选择。即带有危害性突变的个体，在能够繁殖前通常就死亡了，所以那些突变也就丢失了。当然，即使知道与疾病相关的 SNP，对我们而言也未必有直接的益处，如何利用这些信息尚需时日。

通过各种基因分型技术可以发现与特定个体疾病或其他特性相关的 SNP。一种方法是将引物与 SNP 相邻的一段序列杂交。然后用荧光标记的核苷酸进行引物的延伸，观察哪个核苷酸掺入 SNP 位点。另一种方法是将某个人的 DNA 与一个包含野生型和突变型寡核苷酸序列的 DNA 微阵列杂交。还有一种方法是通过 PCR 扩增一段围绕 SNP 的序列，然后进行测序。这些信息将有益于预防和治疗疾病。

SNP 和 RFLP 之间有什么不同？如果两个体之间单核苷酸的不同在于一个限制酶位点上，那么，两者是一致的。如本章前面提到的，在亨廷顿病患者中，RFLP 与 *Hind*Ⅲ酶切位点有关。此例中，一个单核苷酸的不同，使得限制酶片段的模式发生了改变。然而，RFLP 也可以由一个个体的两个限制酶位点之间插入一段 DNA 而形成，但不是 VNTR，因为它所涉及的不仅仅是单核苷酸的不同。

对于热衷于 SNP 鉴定普通疾病原因的人，2005 年是个里程碑年。国际单倍体型图谱联盟（*International HapMap Consortium*）公布了一张包含 100 多万个人类 SNP 的单倍体型图谱，该图谱是通过对源于 4 个截然不同的人群（尼日利亚、美国犹他州、中国、日本）的 269 个 DNA 样品进行基因分型后发现的。**单倍体型图谱**（haplotype map）显示了单倍体型的位置及倾向于完整遗传的 DNA 片段（其内部重组率很低）。在有关人类基因组的讨论中，我们了解到不同位点的重组率变化很大，且高重组率区域与低重组率区域交替出现。低重组率区域很可能包含一些一起遗传并组成单倍体型的遗传标记。

通过集中一些精心选定的 SNP［标签 SNP（tag SNP）］，国际单倍体型图谱联盟能够在同一区域鉴定出另一些 SNP，因此，就基因分型的总数而言减少了工作量。可以通过将标记的人类 DNA 片段与专门检测标签 SNP 的 DNA 微阵列杂交进行大规模的基因分型。此方法已高度自动化，一个人仅用两天即可完成对全基因组上 500 000 个 SNP 的筛选。

这一计划的直接成果是鉴定了几百万个新 SNP（在该计划开始之前我们知道的 SNP 只有 1 700 000 个）。另一个直接的成果是我们对人类进化过程中的重组和自然选择有了新的认识。

而潜在的，也是最吸引人的成果是鉴定人类疾病相关基因。这种鉴定对 HD 和其他由单基因突变引起的疾病而言比较直接，因为有特定突变的人几乎一定会患相应的疾病。但是如果多个基因在疾病发生中都起作用（如每个基因的突变只发挥一点作用），那么对每个基因的发现都很困难。就目前所知，多数人类致死或致残疾病（如癌症、心脏病和痴呆）都属于后者。理论上，HapMap 能使这项工作更容易。

2005 年，Josephine Hoh、Margaret Pericak-Vance、Albert Edwards 及同事报道了年龄相关性黄斑变性（age-related macular degeneration，AMD）的研究，AMD 是老年失明的常见原因。他们从 116204 个 SNP 中筛选与 AMD 相关的位点，并发现了一个高度相关的 SNP 位点，其等位基因在 AMD 患者中出现的频率显著高于正常对照组。随后发现，该 SNP 位于 *CFH* 基因中，*CHF* 编码补体因子 *H*（*complement factor H*），可调控对炎症反应起控制作用的补体级联反应。2005 年末，Gregory Hageman、Rando Alikmets、Bert God、Michael Dean 及同事证实 *CFH* 和 AMD 相关，发现了 *CFH* 的一个高危突变和其他几个似乎具有保护作用的突变。

上述结果促使他们寻找补体级联反应的其他组分。果然，他们发现 AMD 和 B 因子基因之间高度相关，并与高危突变和几个保护性突变相关。这些发现证实了 Hageman 早期的假设，即炎症在 AMD 发病过程中起重要作用，并提示控制炎症可能有助于预防和控制这一疾病。但补体级联反应基因并不是唯一与 AMD 相关的基因。另一组研究发现另一个相关基因（*LOC387715*）编码一个功能未知的产物，并且肯定还有其他基因。

另一些研究者在 SNP 之外比较不同人的基因组，并且得到了令人意外的结果。看起来正常的人，他们基因组中不仅有 SNP，还经常含有缺失、插入、倒位和其他完整大段 DNA 的重排。遗传学家把基因组中的这种差异称为**结构变异**（structural variation）。例如，Michael Wigler 及同事检测了 20 个健康个体的基因组，并在 221 处发现特定 DNA 片段有不同的拷贝数，而这些拷贝数的变化并没有明显影响他们的健康。然而，这些变异联合一些环境因素可能会导致其他人患病。

另一方面，有些结构变异可能是有益的。Sunil Ahuja 及同事证明免疫系统特定基因的额外拷贝有助于抵抗 AIDS。冰岛科学家发现 20%的欧洲人携带一个大的倒位。令人惊奇的是，携带这一倒位的妇女都有更多的孩子，暗示这一倒位赋予了某种生殖方面的优势，这些变异可能会更广泛地传播。

简单生物的完整基因组序列对于理解和治疗人类的疾病也很重要，例如，酵母基因组序列测定后，分子生物学家开始系统地突变 6000 个酵母基因的每一个基因，并研究这些突变会导致什么结果。他们还通过酵母双杂交筛选（第 5 章及本章后面部分），系统地筛查所有 1.8×10^7 个可能的蛋白质-蛋白质相互作用。这类实验的结果能使我们对未知基因产物的活性有更多的了解。了解一个生物的所有蛋白质及与它们相互作用的其他蛋白的性质，可以深入理解生化途径，如药物代谢途径、控制基因表达的信号转导途径。这种认识反过来又为我们理解人类的类似途径提供重要线索。此外，酵母细胞可以用作人类的替代物，以检测敲除人类疾病相关的酵母同源基因所造成的影响。

小结 单核苷酸多态性能够解释许多由单基因甚至多基因控制的遗传疾病。它们也许能够预测人对药物的反应。含有 100 多万个 SNP 的单倍体型图谱使我们从没有作用的 SNP 中挑选重要 SNP 更容易。结构变异（缺失、插入、倒位和完整的大段 DNA 重排）也是人类基因组变异的重要来源。理论上一些结构变异可能会使某些人更易患病，有些则与健康关系不大，而有些则是有益的。

25.2 蛋白质组学

在本章前面部分，我们已经知道**蛋白质组学**（proteomics）是对某个生物一生中所有蛋白质性质和活性的研究。分析生物的基因组，甚至转录基因组的工作是相对直接的，而分析蛋白质组就不那么简单了，很大程度上是因为蛋白质比核酸复杂。依据目前的技术，复杂生物蛋白质组学仅能检测蛋白质组的一部分。

既然难度如此之大，为什么科学家在已获得了转录组学信息，而且可以根据转录水平同时检测大量基因表达的情况下，仍然对蛋白质组学如此感兴趣呢？部分原因是我们现在知道在人类细胞中很大比例（50%或者更多）的有多腺苷酸尾的 RNA 并不编码蛋白质，这部分 RNA 被称为**非编码 RNA**（noncoding RNA，**ncRNA**）。它们也被称为未知功能转录物（TUF）。虽然 TUF 令人感兴趣，但它们的转录表达水平并不能告诉我们蛋白质的表达水平。另一个原因是蛋白质编码基因的序列及其表达水平并不能说明蛋白质产物的活性。

另外，基因的转录水平只能给出该基因表达水平的大致情况。一方面，某种 mRNA 可能大量合成，但可能立刻被降解或低效翻译，结果蛋白质产量很少。另一方面有很多蛋白质要经历翻译后修饰，这对它们的活性有很大的影响，如有些蛋白质直到磷酸化后才有活性。如果细胞没有将该蛋白质在适宜的时候磷酸化，再多的 mRNA 也不会显示出该蛋白质的真正表达水平。不仅如此，很多的转录物会通过选择性剪切及有选择地翻译后修饰产生不止一种蛋白质。因此，仅看基因的转录并不知道它会产生什么蛋白质。最后，很多来自大复合物的多肽的真正功能是以整体活性为基础的。

因此，要检测真实的基因表达，必须看蛋

白质水平。要分析某种生物体的所有蛋白质，必须做两件事：第一，把所有的蛋白质分离出来；第二，鉴定所有蛋白质并检测其活性。以下两节我们将了解分子生物学家是怎样做这两件事的。

小结 一个生物的所有蛋白质产物的总和叫做蛋白质组，对这些蛋白质，或者即使是其中很小一部分的研究就是蛋白质组学。这类研究对基因表达的描述比转录组学的研究更为精确。

蛋白质分离

最好的蛋白质分离工具是发明于20世纪70年代的双向电泳（第5章）。这种技术的功能还不能达到分离人类所有蛋白质组的水平。普通的2-D胶仅能分离大约2000种蛋白质，即使采用最好的胶和最好的技术也只能分离大约11 000种蛋白质。事实上，双向电泳的结果是不可预测的，仿佛是一种艺术而不是科学，这又增加了其难度。还有一个问题是很多人们感兴趣的膜蛋白由于疏水性太强而不能溶于电泳缓冲液中，因此在电泳中是看不到的。最后，很多蛋白质在细胞中的量很少以至于双向电泳检测不到它们的存在。

现存的很多问题相当棘手，但是科学家们通过分别分析细胞的不同组分来解决这些问题。例如，他们先从细胞核甚至是其亚结构核仁或者核孔复合体蛋白着手。需要分离的蛋白质数目大量减少，分辨率就不是大问题了。

蛋白质分析

一旦蛋白质被分离并定量了，那么该如何分析呢？首先，需要进行鉴定。开展这项工作最好的方法是将分离出的各个斑点切出，用蛋白水解酶裂解成肽段，这些肽段可用**质谱**（mass spectrometry）鉴定。图25.18展示了目前通用，名称复杂的技术——基质辅助激光解吸电离飞行时间（matrix-assisted laser desorption-ionization time-of-flight，MALDI-TOF）质谱分析系统。在该程序中，肽段被固定于基质上形成晶体。接着，肽段被激光束离子化（基质帮助肽段离子化），基质电压的升高导致离子射向一个检测器。假设所有离子只带一个电荷（通常如此），那么离子到达检测器的时间就取决于离子的质量。质量越大，离子飞行的时间越长。在MALDI-TOF质谱分析仪中，离子被一个能产生离子束的静电反应器偏转。所以，我们可以精确地确定离子到达第二个检测器的质谱，这些质谱也能够揭示肽段真正的化学组成。

然后，这些离子在**碰撞诱导解离**（collision-induced dissociation，**CID**）的过程中在肽键处断裂。实验人员通过加速离子并使其与惰性气体碰撞而断裂，且大多在肽键处断裂。断裂所产生的新离子再送给另一个分析者，确定其分子组成，因为这涉及成组的两个质谱分析步骤，故称为**MS/MS**。通过分析比较仅差一个氨基酸的离子质谱，失去氨基酸的性质可以一个一个地确定，最终得到图25.19所示的

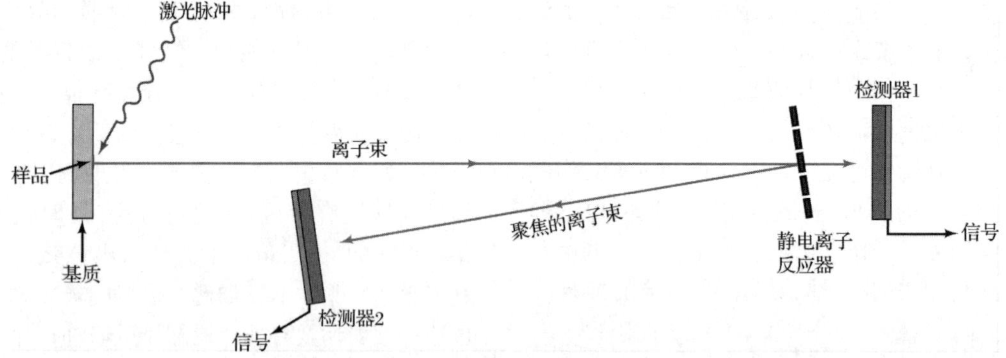

图25.18 MALDI-TOF质谱原理。将样品（本例为肽段）置于左边的基质上并用激光脉冲使其离子化。基质和样品间的电势差使离子化的样品向检测器1加速。离子到达检测器1的时间取决于离子质量。可以根据飞行时间来分析样品分子的质量。还可以选择性地打开检测器1前面的静电离子反应器，使离子集中并反射到检测器2。该检测器根据飞行时间计算出更精确的离子质量。

序列。

如果已经知道整个基因组的序列，我们可预测其编码的蛋白质。计算机运用来自质谱分析的信息将2-D胶上每一个蛋白质斑点和基因组中的一个基因对应，以预测蛋白质的全序列。图25.19中确定的序列信息足以鉴定出该肽段属于甘油醛-3-磷酸脱氢酶。然而，知道蛋白质序列并不一定知道其功能，还有必要进一步研究蛋白质的功能。

你可能会想到能用微芯片一次鉴定数千个蛋白质——就像功能基因组学研究中用DNA芯片一次检测数千个RNA一样。这样就不用分离蛋白质了，而只需将许多蛋白质的混合物与芯片孵育就可观测是什么结合了。其中一个策略是生产能够特异性并定量识别蛋白质的抗体，将它们固定于微芯片上。但是要实现这一梦想还有许多障碍。首先，抗体非常昂贵，制备起来也比寡核苷酸耗时得多。事实上，制备人每种蛋白质抗体的工作量之大是无法想象的。而且，检测低丰度蛋白质（对于许多蛋白质来说利用2-D胶已是不可能的）的任务对于微芯片技术更是加剧了难度。另外，当人类基因组计划在80年代中期首次提出时，根据完成该计划的技术，当时也无法预测完成的时间，但是基因组计划促进了该技术的发展。或许，如果发起人类蛋白质组计划，也可能会经历与全基因组计划相似的历程。

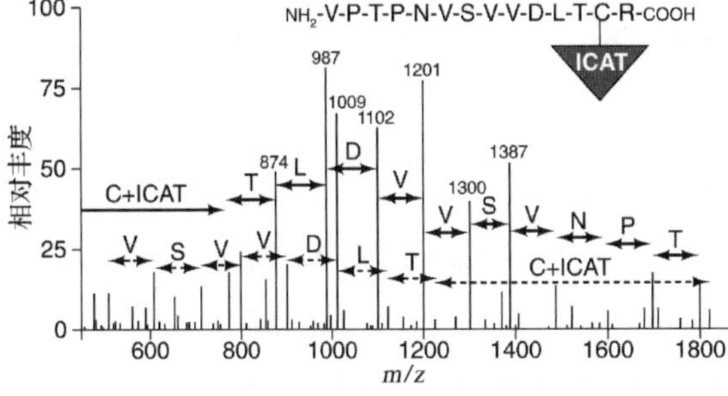

图25.19 通过质谱技术（MS/MS）对肽段进行测序。分子态的离子是顶端离子化的肽段，通过半胱氨酸残基（C）连接到ICAT加合物上。下一节将讨论ICAT，在该实验中ICAT的性质并不重要。通过CID处理使分子态的离子片段化，并对片段态的离子进行第二轮MS分析。序列下方显示MS分析所得波谱。以每个离子的相对丰度与该离子的质荷比（mass/charge ratio，m/z）作图。实验中每个离子的电荷数假定为+1。从右边开始，精确测量最突出的离子间的分子质量差异，可以推测所缺失的氨基酸，产生向左的下一个氨基酸。例如，右侧最后两个离子的质谱差异显示苏氨酸（T）缺失了。继续按这种方法，照顶部实线箭头所指，可以读出该序列是TPNVSV-VDLTC-ICAT。还可以从另一端使离子片段化，产生的序列在底部，两个主要离子间用虚线表示。

小结 蛋白质组学研究首先要求分离蛋白质，有时是大规模的分离。对大量蛋白质进行同时分离的最好工具是2D凝胶电泳。蛋白质被分离之后必须鉴定，最好的方法是用蛋白酶逐一消化肽段的每一个氨基酸，再用质谱分析鉴定消化所产生的肽段。希望有一天，带有抗体的微芯片能使蛋白质分析直接在复杂的蛋白质混合物中进行而无需分离蛋白质。

定量蛋白质组学

当蛋白质从高性能的分离程序如毛细管层析仪中分离出来后（有时甚至是没有分离的混合物），就能够用质谱仪鉴定蛋白质了。但质谱不是定量方法，用其分析蛋白质表达水平比较困难。20世纪90年代末，分析化学家建立了能够测定细胞在一系列条件下特定蛋白质表达量的方法，并且可以比较细胞在一系列不同条件下同一蛋白质的浓度。例如，在诱导剂开启某蛋白质编码基因时，可以检测到该蛋白质浓度的增加。

这里介绍这类方法的工作原理，以下以**同位素编码的亲和标签**（isotope-coded affinity tag，ICAT）为例介绍这类方法的工作原理。实验者通过蛋白质半胱氨酸侧链上的巯基将亲和标签连接到蛋白质上，这些亲和标签通常包括三个特定部分，图25.20显示该标签的一般结构。一端为巯基反应基团，可将标签连接到蛋白质半胱氨酸的侧链上；中间为接头，包含几个轻同位素（如氢）或重同位素（如氘）的原子；另一端为亲和试剂，如生物素，使带有该标签的蛋白质或肽段易于纯化。在图25.20的例子中，由于有8个氘重标签是8Da，比轻标签重，这就使标记的肽段和未标记的对应肽段很容易通过质谱鉴定，因为它们以一对相距正好8Da的峰出现。

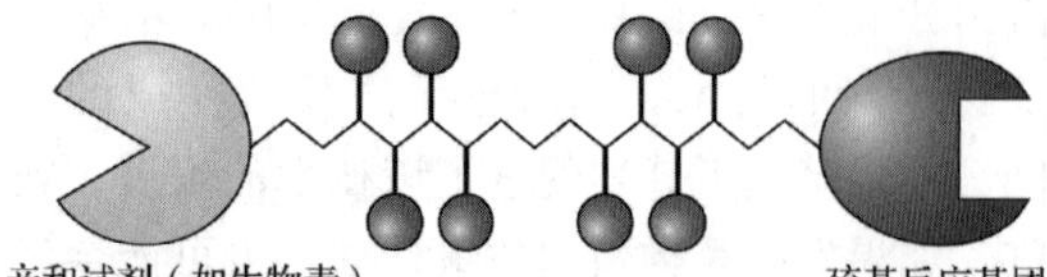

图 25.20 普通 ICAT 标签示意图。一端（蓝色）含有巯基反应基团，该基团可与半胱氨酸侧链连接。中间部分含有几个位点（红色）可以全部是轻同位素（如氢）或全部是重同位素（如氘）。左端（黄色）含亲和试剂（如生物素），以使标记的蛋白质或肽段易于纯化。

该技术如何定量呢？以下以有无血清两种条件下培养细胞为例。需要解决的问题是：当生长细胞的培养基中加入血清时，检测蛋白质浓度有多大变化？图 25.21 显示解决该问题的方法。研究者将轻 ICAT 加入无血清（条件 1）培养细胞的蛋白质中，而将重 ICAT 加入有血清（条件 2）培养细胞的蛋白质中，将这些蛋白质混合并用胰蛋白酶水解。利用亲和试剂纯化，获得的蛋白质进行**液相色谱-质谱联用分析**（liquid chromatography-mass spectrometry，**LC-MS**），使各肽段在毛细管中被液相色谱分离。然后送进质谱分析仪，每个肽段会呈现一对峰，并根据使用的 ICAT 赋予的分子质量进行分离。

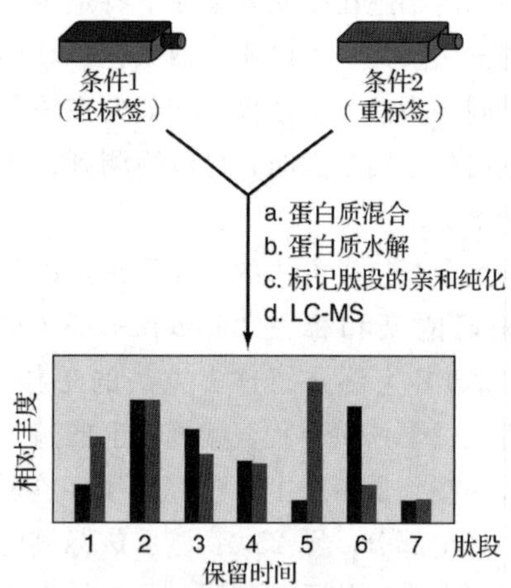

图 25.21 利用 ICAT 技术测定细胞培养条件改变时蛋白质浓度的变化。细胞分别在两种不同条件［例如，无血清（条件 1）和有血清（条件 2）］培养。从两种条件培养的细胞中提取蛋白质并用轻 ICAT（条件 1）或重 ICAT（条件 2）标记这些蛋白质。标记的蛋白质混合后经蛋白水解酶处理，产生的肽段进行 LC-MS 分析。由于来自条件 1 和条件 2 的肽段的分子质量有微小差异（图 25.20 中的例子为 8Da），MS 可以将它们分开，这样每个肽段以成对峰出现。峰的相对面积对应于肽段所属蛋白质的浓度变化。该蛋白质通常用 MS/MS 测序肽段的结果进行鉴定。

每对峰中重的来自有血清的培养细胞，轻的来自无血清的培养细胞。根据它们的相对面积（展开波谱范围显示真正的峰而不是线条），可以分辨当培养基中加入血清时每个肽段含量的变化。即使没有扩展波谱范围，也能估计加入血清时各肽段浓度的变化，如 1＃肽段浓度加倍了，2＃肽段保持不变，3＃肽段下降了 25%。当然，这些肽段代表着各自所属的蛋白质，这些蛋白质可以通过 MS/MS 测序进行鉴定。这种方法能够快捷地对大量蛋白质浓度变化进行相对定量。

自从引入 ICAT 标记方法之后，其他方法也应运而生。例如，在细胞培养液中加入重同位素标记的氨基酸对蛋白质进行体内标记，即**细胞培养物中氨基酸的稳定同位素标记**（stable isotope labeling by amino acids in cell culture，**SILAC**）。这种方法的优势是可以广泛标记肽段，而不只限于含有半胱氨酸的肽段。该方法还可消除样品制备过程中的所有误差，因为在制备蛋白质之前两种细胞培养物就混合了。

基于这些技术的优势，Jürgen Cox 和 Matthias Mann 提出："蛋白质组学是新的基因组学吗?"，换句话说，我们能期望像 DNA 微阵列检测大批量 RNA 一样，也能同时检测大批量蛋白质吗？很明显，蛋白质组学方法比基因组方法更耗时，由于 MS/MS 技术在时间上的限制，一次只能鉴定一组蛋白质。但是，随着一些令人鼓舞的进步，蛋白质组技术将变得更有力。

注意，上述的方法只能定量蛋白质浓度的变化，而不是蛋白质的绝对浓度，幸运的是前者往往是更为有用的信息。如果想知道细胞中特定蛋白质的绝对浓度，可以用轻标签标记蛋白质混合物，然后加入用重标签标记的已知量的该种蛋白质。对这些标记蛋白质的质谱分析可以揭示已知量蛋白质（重标签标记的）与未知量蛋白质（轻标签标记）的比值，从而得到蛋白质的浓度。

小结 为了确定培养细胞受干扰后蛋白质表达水平的变化，可以用轻标签标记第一种条件下培养的细胞，用重标签标记第二种条件下培养的细胞。如果是标记活体细胞，则可将不同条件下培养的细胞混合在一起，提取细胞的蛋白质并用蛋白水解酶处理使其片段化。随后用质谱分离肽段，肽段以成对峰出现，并按两种标签的分子质量差异分开。根据重标记峰和轻标记峰峰面积的比值可以推断培养条件的改变所引起的蛋白质浓度变化。

比较蛋白质组学 什么使虫成为虫、使苍蝇成为苍蝇？按第 3 章所述，是这些生物体所产生的蛋白质发挥了作用。而且不仅仅是蛋白质产物的总和，还包括这些蛋白质“何时何地”表达。前一节介绍的定量蛋白质组学技术能够在一定程度阐明这些问题。

2009 年，Michael Hengartner 及同事用以上述技术检测了秀丽隐杆线虫（蛔虫）的蛋白质组，并且将其与 2007 年报道的黑腹果蝇的蛋白质组进行了比较。他们分析了秀丽隐杆线虫卵和蠕虫各种不同发育阶段的蛋白质，并鉴定出 10 977 种不同的蛋白质，代表 10 631 个不同的基因，是秀丽隐杆线虫基因组预测基因数（19 735 个）的 54%。将鉴定出的蛋白质与根据基因组预测的蛋白质做比较，发现某些类型的蛋白质未展现。这些遗失的蛋白质多为小蛋白质（少于 400 个氨基酸）和高度疏水的蛋白质（可能是富含脂质穿膜区的膜蛋白）。

Hengartner 及同事根据 ICAT 标记的质谱数据估算了秀丽隐杆线虫蛋白质的浓度，并与之前黑腹果蝇研究所提供的类似蛋白质浓度进行了比较。分析集中在两种生物共有的 2695 对直系同源蛋白，而且相应转录物浓度的数据也已由微阵列和 SAGE 实验确定。前期的转录物浓度的数据显示蠕虫 mRNA 的浓度和果蝇中同源 mRNA 的浓度相关性不太大。但是同源蛋白质的浓度在蠕虫和果蝇间的相关性较高。实际上，同源蛋白质的浓度在两个物种间的相关性比两个物种各自的 mRNA 和对应的蛋白质之间的相关性还要好。很明显，在两个物种中同源蛋白质所需的浓度是相似的。两个物种间 mRNA 浓度的差异由调节蛋白质丰度的机制所补偿。为了进行比较，Hengartner 及同事使用了史匹曼秩相关性分析（Spearman's rank correlation）。在这个统计方法中，两组数据按秩序排列。本例中，2695 个蠕虫蛋白质按浓度从高到低的顺序排列，同源的果蝇蛋白质也按这种方式排列。随后两个数列的相关性用史匹曼秩相关性（R_S）表示。相关性非常好时 R_S 为 1.0，而两组完全不相关的数据 R_S 为 0.0。当然，大样本情况下即使没有相关性，这个值也会大于 0。

图 25.22 显示了统计的数据，图 25.22（a）是蛋白质数据的图表，每个点代表两个物种中某一同源蛋白质的丰度比较，如果两个数据完全相关，所有点应该落在斜率为 1 的直线上。在本例中，有相当多散在分布的数据点，但它们集中分布于斜率为 1 的直线周围。实际上，如图 25.22（b）所示，蛋白质数据的 R_S 高达 0.79，说明两个物种同源蛋白质的浓度是相关的。就微阵列分析的数据而言，两个物种同源 RNA 浓度的 R_S 仅为 0.47，就 SAGE 获得的数据而言仅为 0.22。因此，蛋白质浓度比相应的 mRNA 的浓度更为恒定。实际上，两个物种中同源蛋白浓度的相关性甚至比同一生物中蛋白质和 mRNA 浓度间的相关性还要高。分别用微阵列和 SAGE 提供的数据分析同一物种中蛋白质和 mRNA 浓度的相关性，对秀丽隐杆线虫而言 R_S 分别为 0.59 和 0.44，对黑腹果蝇而言 R_S 分别为 0.66 和 0.36。

小结 质谱分析数据可以用来比较两种生物的蛋白质浓度。用秀丽隐杆线虫和黑腹果蝇进行的这类研究表明，两种生物直系同源蛋白浓度间的相关性比两种生物直系同源 mRNA 间的相关性好得多，甚至比同种生物蛋白质和相应 mRNA 间的相关性也要好。

蛋白质的相互作用

很多蛋白质单独没有功能，但可与其他蛋白质合作参与生化或发育途径。信号转导途径（第 12 章）是很好的例子。多种蛋白质一起形成多蛋白复合体执行一个特殊的任务，如核糖体（蛋白质合成）或者蛋白酶体（蛋白质降解）。所以蛋白质组学的目标之一是鉴定相互作用的蛋白质。这常常为推测新蛋白质的功能提供重要线索。

探究蛋白质之间相互作用的传统方法是应用酵母双杂交分析（第 5 章），一些蛋白质组

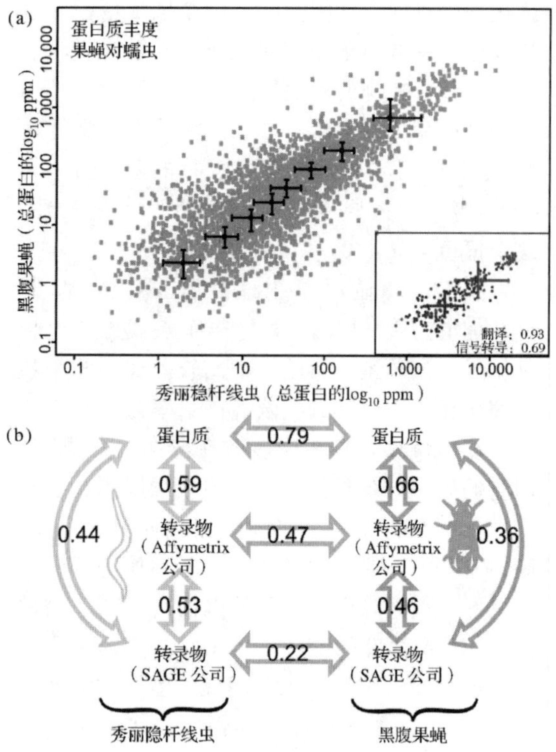

图 25.22　秀丽隐杆线虫和黑腹果蝇中同源直系蛋白与同源直系转录物丰度间的相关性。(a) 用质谱仪测得的两种生物中直系同源蛋白的丰度［百万分之几（ppm）］间作图，每个点代表一对同源蛋白。十字交叉代表相同大小样本的中位数。十字叉的宽窄高低代表 25%～75%的数据（此处中位数自然是 50%）。内贴图是信号转导（蓝色）和翻译相关（红色）蛋白的类似分析。**(b)** 两个物种中蛋白质和转录物［由微阵列（Affymetrix），或 SAGE 测定］之间的相关系数以及两个种内蛋白质与转录物之间的相关系数（R_S）［*Source*：Figure 5 from，Schrimpf SP，Weiss M，Reiter L，Ahrens CH，Jovanovic M，et al.（2009）. Comparative Functional Analysis of the *Caenorhabditis elegans* and *Drosophila melanogaster* Proteomes. PLoS Biol 7（3）：e1000048. doi：10.1371/journal. pbio. 100048. © 2009 Schrimpf et al.］

水平蛋白质-蛋白质相互作用的研究也是以此技术为基础的。但是双杂交分析是间接的，它是利用报告基因的激活，来观察嵌合的转录激活因子的相互作用，而且受假阳性和假阴性的影响。然而，如能与一个依赖其他技术的验证实验相结合，酵母双杂交筛选体系还是非常高效的。2005 年，Frich Wanker 及同事用酵母双杂交体系（一部分有独立证实）检测到 3000 多种人类蛋白质之间的相互作用——这是通向阐明人类**互作组**（interactome）艰辛路途的起

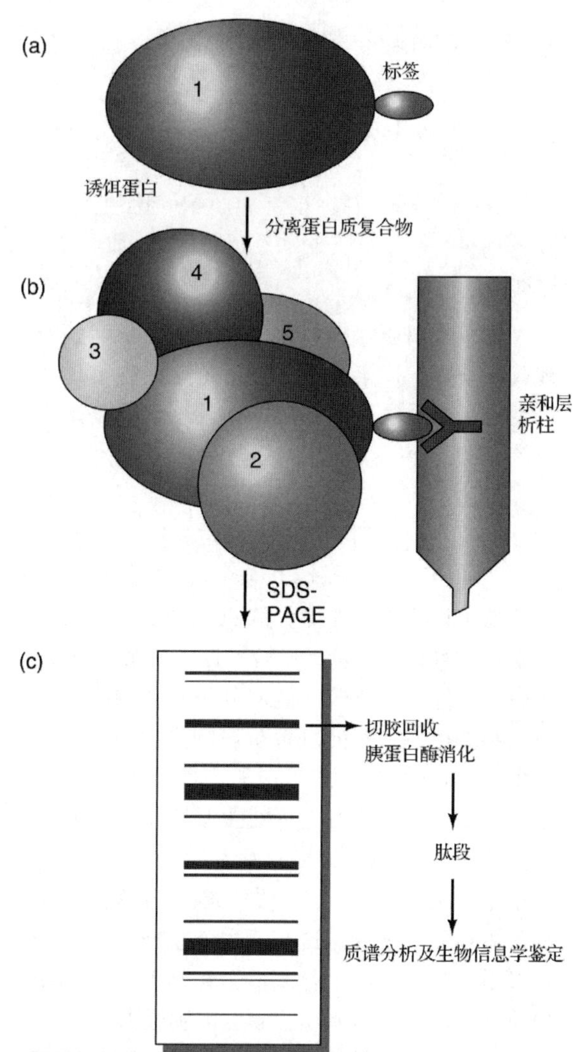

图 25.23　用质谱检测蛋白质-蛋白质相互作用。(a) 制备带标签的诱饵蛋白。一个编码诱饵蛋白的酵母基因经基因工程改造后加入标签（如 Flag 表位）编码序列，然后导入酵母细胞表达带标签的诱饵蛋白。**(b)** 应用免疫亲和层析（所用的树脂带有抗标签抗体）分离带有诱饵蛋白的复合物。这样不仅能“钓出”诱饵蛋白，而且能“钓出”所有与诱饵蛋白作用的蛋白质。此例中有 4 种蛋白：2～5 号。**(c)** 纯化并鉴定蛋白质。应用 SDS-PAGE 分离纯化复合物中的蛋白质。切取凝胶上的蛋白质，用胰蛋白酶消化，生成的肽段再用质谱分析。将胰蛋白酶消化生成肽段的质量与根据酵母基因组编码蛋白质预测多肽的质量进行比较，以鉴定蛋白质。（*Source*：Adapted from Kumar，A. and M. Snyder，Protein complexes take the bait. *Nature* 415，2002，p. 123，f. 1.）

点，互作组是指所有人类蛋白质间的相互作用。

近来有些研究者开始用超灵敏的蛋白质谱分析，更有效地检测蛋白质-蛋白质间的相互

作用。如 2002 年 Daniel 及同事采用以下程序（图 25.23）来检测酵母中蛋白质-蛋白质的互作。他们先筛选出一套（725 种）“诱饵蛋白”（bait protein），它们很容易与“钓鱼蛋白”（fish protein）作用。这些“诱饵蛋白”代表不同的类群，包括蛋白激酶、磷酸化酶和一些参与损伤 DNA 修复的酶。研究者把以上每类蛋白质中的编码基因进行改造，使它们包含 Flag 抗原决定簇的编码区域，然后将这个嵌合基因导入酵母细胞并使其表达（“Flag”一词是指该抗原表位作为“标记”使蛋白质易于被单个抗体识别）。

然后，研究者用带有抗 Flag 抗体的免疫亲和层析从细胞提取物中分离纯化出含有诱饵蛋白的蛋白质复合物。用 SDS-PAGE 将复合物中的各个蛋白质分开，切下凝胶的各条带，裂解每个条带的蛋白质，然后用质谱分析裂解后的肽段。因为我们已经知道酵母的整个基因组，所以计算机可以预测基因组中编码的任何蛋白质，以及来自各预测蛋白质的胰蛋白酶肽段的分子质量。这种生物信息学分析方法（见下一节）可以利用质谱分析仪的数据鉴别胰蛋白酶肽段，进而鉴别蛋白质。

用 10%已预测的酵母蛋白质作“诱饵”，Figeys 及同事“钓”出并鉴定了 3617 种相关蛋白，大约包括酵母蛋白质组的 25%。这种方法的成功率比双杂交体系高了约 3 倍。图 25.24 显示用两种蛋白激酶 Kss1 和 Cdc26 作诱饵的实验结果。有些已知互作（红色箭头）被重新发现，很多未知互作（绿色箭头）也被发现。

在类似研究中，Anne-Claude Gavin 及同事在酵母 232 个多蛋白复合物中发现了 589 种蛋白质。更有趣的是，这些结合可以预测 344 种蛋白质的新功能，其中有 231 种功能在之前是未知的。这种“连带”（guilt by association）技术是发现未知蛋白质功能的有力工具。

Michael Snyder 及同事从另一角度来解决这个问题。他们用代表大多数酵母蛋白质组的微阵列检测哪些蛋白质（或脂质）能与微阵列中的蛋白质结合。微阵列上的每个小点都含有一个酵母蛋白，其上耦合了 GST 和寡聚组氨酸标签。事实上，蛋白质是通过组氨酸标签与

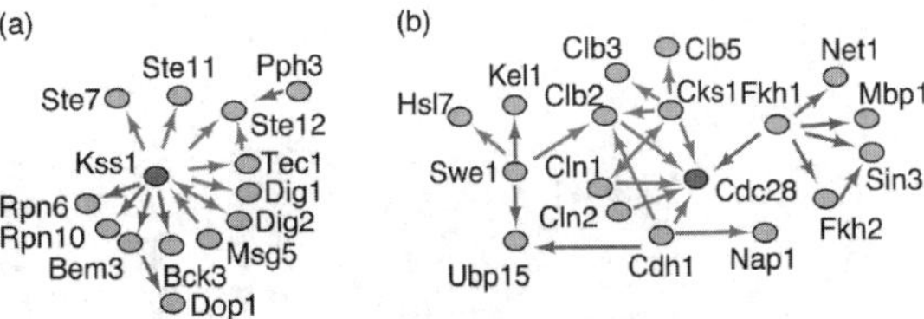

图 25.24　Figeys 及同事发现蛋白质-蛋白质相互作用的实例。(a) 发现的以 Kss1 为诱饵的蛋白质互作。**(b)** 发现的以 Cdc28 为诱饵的蛋白质互作。图中，红色箭头指示已知的蛋白质互作，绿色箭头指示该研究所发现的蛋白质互作。（*Source*：Adapted from Ho，Y.，A. Grahler，A. Heilbut，G. D. Bader，L. Moore，S. L. Adams，et al.，Systematic identifi cation of protein complexes in Saccharomyces carevisiae by mass spectrometry. *Nature* 415，2002，p. 180，f. 1.）

镍包裹的芯片结合的。图 25.25 所示的方法中 Snyder 及同事用偶联了生物素的蛋白质或脂质做探针检测微芯片，再用带荧光标签的链霉亲和素检测。链霉亲和素（streptavidin）与生物素紧密结合，其标签发出绿色荧光表明此处为阳性互作。微阵列中的蛋白质点有一个重复，所以真正的阳性应呈现为成对的绿点。图 25.25 显示在每个视野至少有一个阳性反应。钙调蛋白是一种钙结合蛋白，能与很多需要钙的蛋白质相互作用。其他 5 种探针是带有生物素的脂质体，它们大都具有细胞内信号传递活性。微阵列同时也用抗-GST 的抗体和发红色荧光的二抗检测。作为蛋白质加样量控制的对照，所有蛋白质都有 GST 标签，所以都能被 α-GST 抗体“点亮”。

有些蛋白质对另外一些蛋白质中的某些特殊多肽有特定的结合模块。例如，SH3 和 WW 域结合富脯氨酸肽段，SH2 域结合含磷酸酪胺的肽段。基于这一点，Stanley Fields、Charles Boone、Gianni Cesareni 及同事建立了一种实验方案——结合实验和计算机手段鉴定能与这些蛋白质互作的元件，当然，这些蛋白质得有上述或其他的肽结合区域。

该方案分为以下 4 个步骤。第一，研究者应用**噬菌体展示**（phage display）技术发现了与一定的肽结合域识别的共同序列。在噬菌体展示技术中，编码蛋白质或肽段的基因或基因片段被克隆到一个噬菌体载体上并与噬菌体衣壳蛋白基因融合，使该蛋白质或肽段展示于重

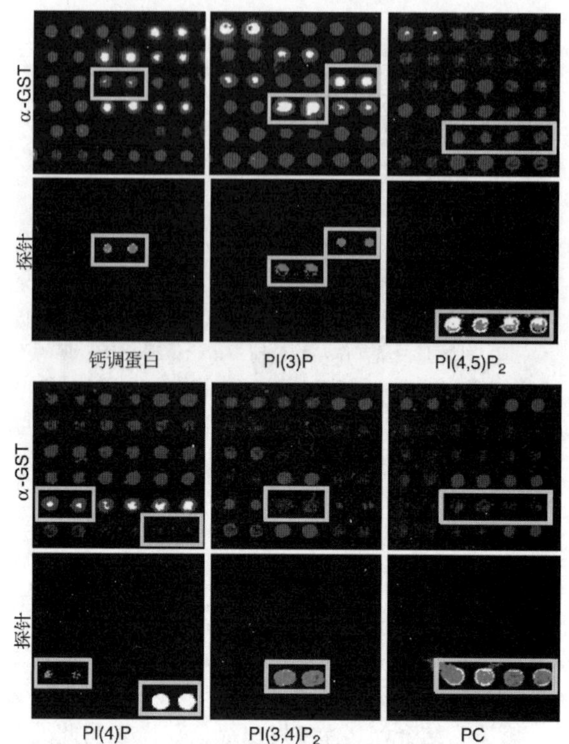

图 25.25 用蛋白质微芯片检测蛋白质-蛋白质相互作用和蛋白质-脂质相互作用。Snyder 及同事用并排重复的方式构建了蛋白质微阵列。先用 α-GST 抗体（第一排和第三排）或不同探针（下方的第二排和第四排）进行检测。然后再用荧光探针检测 α-GST 抗体从而产生红点。红色荧光的强度反映了每个点中蛋白质的量。第二排和第四排的探针偶联了生物素，可用偶联了绿色荧光标签的链霉亲和素进行检测。探针是钙调蛋白（钙调蛋白是一种在很多需要钙的代谢途径中起作用的蛋白质）和带有以下信号的脂质体：磷脂酰纤维糖（3）磷酸［PI（3）P］、磷脂酰纤维糖（4，5）焦磷酸［PI（4，5）P_2］、磷脂酰纤维糖（4）磷酸［PI（4）P］、磷脂酰纤维糖（3，4）焦磷酸［PI（3，4）P_2］和磷脂酰纤维糖［PC］。每一对绿点对应于微阵列上结合于探针的一个蛋白质，每处的点是成双的（结合到蛋白质或脂质体探针上）。对应于第二排和第四排阳性点（绿点）的红点被框出。［*Source*：Adapted from Zhu et al.，*Science* 293（2001）Fig. 2A，p. 2102.］

组噬菌体的表面。噬菌体展示的蛋白质或肽段能与连接在树脂

珠上的第二个蛋白质相互作用而被“钓”出。然后对这些阳性噬菌体克隆进行分析，以鉴定展示的蛋白质或肽段。它们应该是第二个蛋白质的推测靶标。在这个研究中，Tong 及同事以原癌蛋白 Src 为查询序列，用 ψ-BLAST 分析（见下一节）鉴定出酵母中 24 种不同的 SH3 域。其中有 20 种 SH3 可以在 *E. coli* 中表达出 GST-融合蛋白。Tong 及同事从展示在噬菌体表面的随机九肽文库筛到了 SH3。每个 SH3 都优先结合一组九肽，由此鉴定出每个 SH3 结构域靶肽的共同序列。

第二，Tong 及同事用计算机在酵母蛋白质组中搜寻同源肽段靶序列。这一步产生了如图 25.26（a）所示的蛋白质网络关系。之所以

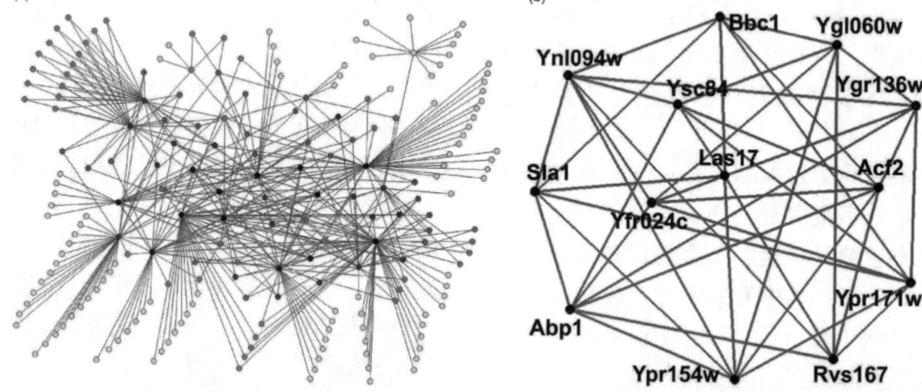

图 25.26 预测的与酵母 SH3 域及其靶标有关的蛋白质-蛋白质互作网络。(a) 由噬菌体展示和酵母蛋白质组搜索所预测的所有蛋白质及相互作用。蛋白质以 *k*-核归类，其中每个蛋白质有 *k* 个相互作用。例如，3-核包含具有 3 个相互作用的蛋白质。每个蛋白质根据其 *k* 值不同标以如下不同颜色：6-核，黑色；5-核，蓝绿色；4-核，蓝色；3-核，红色；2-核，绿色；1-核，黄色。6-核网络的互作用红线表示。**(b)** 6-核网络的放大，显示与具体蛋白质的相互作用。［*Source*：Adapted from Tong et al.，*Science* 295（2002）Fig. 2，p. 322.］

是个网络关系，是因为很多靶蛋白有自己的SH3域反过来又与其他靶蛋白结合。被归于“*k*-核心”（*k*-core）的蛋白质，每一种都与其他蛋白产生 *k* 个互作。例如，6-核是一组蛋白质，其中每种蛋白质至少能和其他 6 种蛋白质反应。图 25.26（a）的黑色区域为 6-核，图 25.26（b）是其放大图。

第三，Tong 及同事用酵母双杂交分析检测了 SH3 域与靶蛋白的互作。

第四，对两种方法的结果进行比较，以便发现两种方法都有的相互作用，所有互作中有 59 个能被两种方法同时检出。由于它们是独立地由两种方法鉴定出的，所以绝大多数是可信的。作为测试，Tong 及同事选了一个带有 5 个不同富脯氨酸域的蛋白质（Las17），预计该蛋白质将与 9 个不同的 SH3 蛋白质相互作用。然后用体外直接分析验证这些蛋白质的相互作用，噬菌体展示实验预测了 Las17 上的这 5 个富脯氨酸域分别是这 9 个蛋白质中哪一个偏爱的靶位。结果表明，除有一个例外，体外实验证明这些预测都是正确的。

每一种检测蛋白质-蛋白质互作的技术都很有价值，但是它们都有各自的问题。所有的技术都会产生假阴性（相互作用真实存在但未能检测到）和假阳性（体外检测到一种相互作用，在体内并没有发生）。将不同技术相结合可能会获得最好的结果。

小结 很多蛋白通过与其他蛋白的相互作用而发挥功能。检测蛋白质-蛋白质互作的技术有多种。传统的方法是酵母双杂交分析法，目前其他方法也已应用，包括蛋白质微阵列分析、免疫亲和层析-质谱联用法，以及噬菌体展示与计算机结合的方法。这些分析获得的最有用的成果之一是发现新的蛋白质功能。

25.3 生物信息学

由于数据库塞满了数以十亿计的人和其他生物的基因组碱基序列和不计其数的蛋白质结构及其互作的信息，所以操作和使用这些数据就显得尤为重要。由此产生了一门新的学科——**生物信息学**（bioinformatics）。生物信息学的实践者必须兼通生物学和计算机数据处理，以便管理从基因组和蛋白质组研究中所得到的数据，然后编写程序供科学家使用。例如，BLAST 是一个用于在数据库中搜寻与你感兴趣的序列相似的 DNA 或蛋白质序列并告知它们的同源性的程序；GRAIL 则是一个从已知数据库中鉴定基因的程序。

人们已建立了两类数据库。第一类是包括所有生物的 DNA 和蛋白质序列的数据库。两个已普及的 DNA 序列数据库是 **GenBank**（*http*：*//www. ncbi. nlm. nih. gov*）和 **EMBL**（*http*：*//www. ebi. ac. uk/embl/*）。**Swissprot**（*http*：*//www. ebi. ac. uk/Swissprot/*）是一个普及的蛋白质序列数据库。第二类是为某些特殊生物建立的专门数据库。例如，FlyBase 是果蝇基因组数据库，可以访问 *http*：*//www. flybase. bio. indiana. ede. 82* 进入该数据库，查询果蝇遗传图、基因、DNA 序列和一些其他信息。WormBase 是另一个类似网站，提供秀丽隐杆线虫的同类数据。

正如 Willian Gelbart 指出的，问题在于我们对基因组序列的功能还不了解。他打了一个比方：我们知道了很多“名词”，即知道了基因组的多肽编码区，但我们还不知道“动词”、“形容词”、“副词”，即不知道基因何时表达及其表达量如何。我们也不知道支配多肽组装和工作的“语法”，不知道它们是怎样催化生化途径的。生物信息学会提供数据库及全面理解基因组学“语法”所需的注解。

小结 生物信息学的任务是建立和使用生物学数据库，其中一些包含基因组的 DNA 序列。生物信息学对于从庞大的生物学数据中挖掘有关基因结构和表达的有用知识而言是必需的。

从哺乳动物基因组中发现调控基序

以下是科学家以计算机为工具从哺乳动物基因组中发现调控基序的例子。在研究过程中，科学家既没有用试管［体外研究（*in*

vitro)]也没有用细胞或动物[体内研究(*in vivo*)]。因此，他们的工作可以描述为**芯片模拟**(*in silico*)，与计算机中以硅为基础的芯片有关。

在本章前面，我们曾看到一个通过实验鉴定已知转录因子靶位点的例子，但是如何处理尚未鉴定出作用分子的调控位点呢？2005 年，*Eric Lander*、*Manolis Kellis* 及同事报道了他们用生物信息学方法解决这一问题的结果。推测调控基序（6～10bp）最可能在基因的上游调控区（转录因子可能结合的位点）和 3′-UTR（miRNA 和其他调控分子结合的位点，调控 mRNA 的稳定性和可译性）中发现。他们推测有亲缘关系生物体的调控基序可能是保守的，因此比较了人类、小鼠、大鼠和狗的基因组以发现在 5′-侧翼区和 3′-UTR 中的保守序列。

他们将研究集中于在这 4 个物种中被详细注释的 17 000 个基因，将每个基因的启动子区限定在以转录起始位点为中心的 4kb 区域内，并将3′-UTR 限定在每个 mRNA 所注释的翻译终止密码子和 poly（A）信号之间的区域。作为对照，他们参照许多基因最后两个内含子的约 123Mb 的序列，通常认为末端的内含子缺乏调控基序，因此可作为很好的阴性对照。

他们将“保守事件”定义为：在所有 4 个物种中绝对保守的基序。“保守率”（conserved rate）是一个基序的保守事件与其在所研究的人类基因组区域（如启动子区）出现的总次数的比。最后，**“基序保守值”**（motif conserved score，**MCS**）是当一个基序的保守率超过相同大小的随机基序的保守率时，标准差的数目。

为阐明保守情况，作者选择了 8 碱基基序（TGACCTTG）（为转录因子 Err-α 的结合位点）。该基序在人类基因组中出现 434 次，其中 162 处为保守的。因此，保守率是 162/434（37%），而启动子区的随机 8 碱基序列的保守率仅为 6.8%。而且，这个 8 碱基基序的保守性是启动子区特异性的。在内含子区，其保守率仅为 6.2%。根据以上数据和其他数据的统计分析可以计算保守值。Err-α 基序的保守值是 25.2 个标准差，反映了以 6.8%的背景比率发现 37%的保守率的可能性非常小。

为了获得对调控基序保守性的一般认识，他们计算了 TRENSFAC 数据库中已知转录因子结合位点的 MCS。发现 63%基序的 MCS>3，50%基序的 MCS<6。因此，划定“高度保守基序”的 MCS>6。作者给出了三个原因解释为什么许多已知的调控基序的 MCS 小于 3：基序的鉴定有误；基序在所研究的 4 个物种中不保守；这些基序还不够普遍。

作者在启动子区鉴定出 174 个高度保守的基序，其中 59 个与 TRENSFAC 中已鉴定的调控基序严格匹配，10 个弱匹配。另外 105 个基序可能代表了新的调控基序。如果这些新的基序真的是调控元件，它们相关的基因很可能在某种程度上呈现组织特异性表达。因为同一转录因子控制的基因倾向于在同一组织中呈激活状态。作者参考数据库中列出的 75 个组织中表达基因清单，结果发现已知基序的 86%和新基序的 50%与在一种或多种组织中活性明显增强的基因相关。

检查真实性的另一种方法是观察元件的位置是否偏向转录起始位点。实际上，高度保守的元件明显趋向于集中在起始位点 100bp 的范围内，而任意元件则随机分布于分析所涉及的 4kb 的整个区域。总之，这些数据说明鉴定的多数基序很可能属于真正的调控元件。

作者在基因的 3′-UTR 发现了 106 个高度保守的基序，由于没有类似于 TRENSFAC 的 3′-UTR 元件数据库，所以必须用其他方法检测其真实性。幸运的是有两个很突出的特征可以被我们利用。首先，不像启动子区的元件，3′-UTR 内的基序呈明显的方向偏爱，即偏爱一条链而非另一条链。这与 3′-UTR 基序对 mRNA 发挥作用的假说一致，miRNA 或其他分子在此处结合并调控 mRNA 的稳定性和可译性。因为这些基序必须在正确的链上才能被转录为 mRNA。其次，启动子区的基序在 DNA 水平发挥作用，它们与激活因子结合，而激活因子可以在两个方向发挥作用，因此不存在链的偏爱性。

基因 3′-UTR 基序的第二个特征是明显偏爱 8 个碱基的长度，并且 A 在最后一位，但启动子区的基序没有这种偏好。这一特征与以下假说一致，即此 8 碱基序列是 miRNA 的杂交位点，miRNA 倾向于以 T 起始，并跟随与受调控 mRNA 相应位点互补的 7 个碱基。

作者对高度保守的 8 碱基序列与 miRNA 之间的显著关系很感兴趣。所以他们搜索了 miRNA 数据库（包含 207 个不同的人类 miRNA），并将这些 8 碱基序列与之比对，发现已知的人类 miRNA 的 43%与这些 8 碱基序列中的一个完全匹配，而只有 2%的 miRNA 与对照组的随机 8 碱基序列匹配。与已知 miRNA 不匹配的 8 碱基序列比匹配者进化的更快，提示匹配的 8 碱基序列与 miRNA 的杂交不减弱，就不会改变它们的序列，而这种杂交对基因的调控很重要。

最后，作者用保守的 8 碱基基序来发现新的 miRNA 基因。从 4 个基因组中寻找与高度保守的 8 碱基基序互补的保守序列。然后检测保守序列周围的序列形成稳定茎环结构（miRNA 的特征）的能力，发现了 242 个稳定的茎环结构，它们可能编码 miRNA。其中 113 个编码已知的 miRNA，其余 129 个的编码产物预计也是 miRNA。随机选择了其中的 12 个，并检测它们在成人的混合组织中的表达（即他们此项工作中唯一的体外实验），发现有 6 个基因表达。因此，129 个预测 miRNA 基因中的许多基因可能的确编码了 miRNA。这意味着尚有许多 miRNA 基因有待发现，且 miRNA 对基因表达的调控可能比我们预期的更为广泛。

小结 利用计算机生物学技术，Lander 和 Kellis 在包括人类在内的 4 种哺乳动物的启动子区和 3′-UTR 中发现了高度保守基序。在启动子区的基序可能代表转录因子的结合位点。许多 3′-UTR 内的基序可能代表 miRNA 结合位点。

学会使用数据库

一些非常有用的数据库存储在国家生物信息学中心（National Center for Biological Information，NCBI），在这一节我们将举一些例子说明如何获得并利用这些数据。为了搞清楚怎样进行搜索，可先假设你是一个内科医生，正在给一个长疣的患者看病。你怀疑某种病毒是病因，甚至你的大脑中已经想到了一个病毒（乳头状瘤病毒），你会将疣切下放在含有去污剂的缓冲液中均质化，以使之释放病毒颗粒，纯化 DNA，再用设计的该病毒的特异性引物进行 PCR。如果得到一条特异性条带，则说明疣中存在该病毒的 DNA。为了进一步研究该病毒的确切株系，可以对扩增产物进行测序，得到如图 5.19 所示的测序胶。

如果需要练习解读测序胶，那就不要看下面所示的序列，以胶最上面的 C 打头直接写出前 21 个碱基。如果想跳过这一步，可直接看它的序列：caaaaaacggaccgggtgtac。小写的目的是防止混淆，小写的 c 和 g 比大写的 C 和 G 容易分辨。

进入 NCBI 主页点击 BLAST 开始搜索，或者直接从 NCBI BLAST 的主页（http：//www. ncbi. nlm. nib. gov/BLAST/）开始。如果要在核酸数据库中搜索，向下寻找标题"Nucleotide"并点击"Nucleotide-nucleotide BLAST"[blastn]。靠近顶端的大框要求提交查询序列（要在数据库中比对的序列）。可以从键盘输入序列，但是直接从其他文件拷贝和粘贴更方便些。

序列输入后，可以用"Query subrange"框查找部分序列。例如，如果想搜索序列的第 10～第 21 个残基，在"From"窗口中输入 10，在"To"窗口中输入 21（但我们将用全部 21 个碱基来搜索）。也可用顶部的"Choose Search Set"选择数据库。由于这是一个病毒序列，不用考虑人和小鼠的数据库而选择"others"。"others"下默认的数据库是"Nucleotide collection（nr/nt）"，nr 代表"无冗余"（nonredundant）。这个数据库包括几个不同数据库的所有核苷酸序列，是所有数据库中最全的。点击接近网页底端的"BLAST"按钮，开始搜索。之后会看到搜索状态信息，包括查询 ID（request ID，RID）。

如果立刻得到了结果，就可以进行分析。也许需要等待，在这种情况下，要记住 RID 号，可以再过一段时间登陆 NCBI 获取这个 RID 号的搜索结果。

所得结果有几种形式。首先看到的是一张彩条图，说明查询序列和数据库中不同序列的粗略匹配程度。红色代表最好的匹配，可以将鼠标指在任意条上读出两者的一致性（identity）。条形图的下面是与查询序列在一定范围匹配的序列，这个问题后面还会讨论。对每一匹配序列已进行了一致性分析，匹配程度最高的放在第一，接着按匹配的紧密程度按递减顺序排列。

NCBI会给每一对序列打两个分数。第一个是**"比特值"**（bit score，**S**），它与查询序列和数据库序列间匹配程度有关。分值越大，匹配越好。我们正在进行的这个实例中，最好匹配的S值是42.1分。第二个是**"期望值"**（expect value，**E value**），这个数值表示预期随机看到产生相应比特值的匹配数。所以，E值越小，匹配越好，匹配很好时期望值远远小于1.0。在这个实例中，最佳匹配的期望值是0.011。

那么，数据库中与查询序列最匹配的序列是什么？将鼠标置于顶部的条上，可显示它属于人乳头状瘤病毒（HPV）31型。表明患者的疣由这种病毒引起。可以从所有彩条下面所罗列的配对序列得到相同的信息。两个黑条对应的是小鼠（*Mus musculus*）的基因，匹配得也很好。

当从上往下看搜索结果时，可以看到查询序列和数据库序列比对的结果。查询序列与HPV31匹配得最完全，而与小鼠的21个位点有19处是匹配的。虽然表面上看起来差异很小，但是E值差异却很大。比对中小鼠基因的E值为0.17，比0.011大得多。

输入的搜索序列仅有21个碱基，非常短。增加序列的长度有什么影响呢？可再读一段测序胶（至42个碱基），或者输入以下序列重新查询：caaaaaacggaccgggtgtacaacttttactatggcgtgagc。这次的E值是50^{-14}，非常小的一个数，说明42个位点的完全匹配有更高的生物学意义。

如果没有需要研究的DNA序列是否也能从NCBI中得到什么信息呢？例如，你可能有兴趣找一些与人类疾病相关的基因，如结肠癌。要进行这种搜索，可以访问NCBI网站，点击左侧菜单中的"Genes and Expression"。随后在网页顶部的框内输入"colon cancer"（结肠癌），数据库选项保留默认选项"All Databases"，并点击"Search"。下一页会要求你限制搜寻范围，因此点击"Gene：gene-centered information"，下一页就将显示一系列与结肠癌相关的基因。其中第5条是*MHL1*（至少在2010年12月时是这样，但随时间迁移各条目的顺序会改变）。

点击*MLH1*基因，链接到这个基因的数据。摘要会显示*MLH1*基因是大肠杆菌*mutL*基因在人类的同源基因，编码一个参与错配修复的蛋白质（第20章）。人的*MLH1*基因也参与错配修复，其突变会造成错配和突变积累，这可能是人患癌症的前奏，结肠癌尤其如此，因为在正常情况下阻止癌症发生的基因［**抑癌基因**（tumor suppressor gene）］会由于突变而失活，并且使细胞生长失控的基因［**原癌基因**（oncogene）］由于突变而被激活。

也可以用NCBI了解蛋白质结构的信息。例如，想了解p53蛋白（一种抑癌基因产物），它的失活是很多癌症的特征。进入NCBI网站后，在顶端的框里输入"p53 complexed with DNA"（译者注：原文将"p53"误写为"p5"）并点击"Go"。回到网站的"Entrez"浏览页，当你查询结肠癌信息时选择的是"gene"。现在选择"Structure"，会看到一系列条目，向下移动到结构名为"1TUP"条目。在2010年12月它为18号条目，随着时间迁移其排列会改变。点击该条目即可进入关于该结构信息的网页。为了能看三维结构，我们需要适合的软件。假如你的计算机中已经有"Cn3D"软件，只要点击"Structure view in Cn3D."即可，假如没有，点击"Download Cn3D."下载。

一旦安装了CN3D浏览器，再回到上一步点击"Structure view in Cn3D."，将会看到p53与DNA形成的复合物的X射线晶体衍射结构图。有了CN3D软件，你还可以用鼠标根据你的意愿旋转这个结构图。用鼠标按住结构图的左边，再将鼠标拖至右边，结构图就会从左至右旋转。也可以从上向下旋转，在水平和垂直方向之间以任意角度旋转，直到看清DNA大沟和锌指结构的相互作用为止。

你可以查阅以前章节的部分蛋白质的3D结构。例如，查阅GAL4的结构和糖皮质激素受体。这两种结构图你都可以旋转，比本书中清楚得多。

小结 NCBI网站有一个巨大的生物信息数据库，包括基因组和蛋白质组数据。可以以某段序列为出发点，发现该序列所属的基因，并将其与相似的基因比较；也可以以某个想研究的话题为出发点搜索数据库得到关于此话题的信息；还可以查阅一个蛋白质，通过在屏幕上旋转观察其三维结构。

总结

功能基因组学是对大批量基因表达的研究。该领域的一个分支是转录组学，即转录组的研究。转录组是一个生物体在任一给定时间所产生的所有转录物。转录组学研究的方法之一是制备DNA微阵列或芯片，其上分别载有成千上万的cDNA或寡核苷酸，然后与标记的RNA或相应的cDNA杂交。每一个点杂交后的荧光信号强度揭示出对应基因的表达水平。这种分析可用于同时分析很多基因表达的时序性及部位。

SAGE能够测定组织中哪些基因得以表达及这些基因的表达程度。特定基因的短标签产生于cDNA并通过接头连接在一起。对连接的标签进行测序即可确定哪些基因表达及其表达量如何。基因表达的帽分析（CAGE）和SAGE一样可提供给定组织哪些基因表达及其表达强度的信息。因为CAGE关注于mRNA的5′端，所以可以借助该技术鉴定转录起始位点，并有助于定位启动子。

高密度全染色体转录制图研究证明，细胞质poly（A）$^+$RNA的大部分序列源于10条人类染色体非外显子区。而且这10条染色体的近一半转录物是poly（A）$^-$转录物。总的来说，这些结果表明10条染色体在细胞质和细胞核内的大部分稳定的转录物源于外显子以外的区域。这有助于解释物种间的巨大差异，如人类和黑猩猩，尽管他们的外显子几乎是相同的。

通过创建突变体可进行基因组功能图谱分析，即利用一个抗生素基因一次替换一个基因，并在一侧连接一段寡核苷酸作为分子条形码以识别突变体。然后将这些突变体混合培养在各种不同的条件下以观察各种突变体消失的速度，从而获得基因组功能图谱。利用RNAi失活基因也可进行基因组功能分析。

组织特异性表达图谱分析可以通过检测外源miRNA所引起的mRNA水平降低的表达谱，并将其与不同组织mRNA水平的基因表达谱比较。如果所研究miRNA引起了一些mRNA水平的降低，而这些mRNA在该miRNA表达的细胞中天然就是低水平的，则提示该miRNA至少是引起这些mRNA天然低水平的部分原因。这类分析表明miR-124使脑组织中的一些mRNA不稳定，而miR-1使肌肉组织中的一些mRNA不稳定。通过抑制成串基因群的表达，miRNA可诱导细胞的分化。例如，miR-124抑制非神经元基因的表达。因此，miR-124在前神经细胞中的表达促进了细胞向神经细胞的分化。

ChIP-芯片分析能够鉴定激活因子和其他蛋白质的DNA结合位点。对基因组较小的生物体（如酵母）而言，微阵列包括了所有基因间区。但对大基因组（如人类基因组）而言这是不切实际的。CpG岛可用于缩小微阵列分析的范围，因为其与基因调控区相关。如果一个激活因子的活性作用时间和条件已经知道，则可知特定时间或条件下基因调控区处于激活状态，这也有利于缩小微阵列分析的范围。

大规模基因表达研究无法在人体实施，小鼠可以作为人类的替代品。例如，科学家已经研究了小鼠几乎所有和人21号染色体上同源的基因的表达，并且追踪了这些基因在胚胎发育不同阶段的表达，列出了表达这些基因的胚胎组织名录。

单核苷酸多态性能够解释许多由单基因甚至多基因控制的遗传疾病。它们也许能够预测人对药物的反应。含有100多万个SNP的单倍体型图谱使我们从没有作用的SNP中挑选重要SNP更容易。结构变异（缺失、插入、倒位和完整的大段DNA重排）也是人类基因组变异的重要来源。理论上一些结构变异可能会使某些人更易患病，有些则与健康关系不大，而有些则是有益的。

一个生物的所有蛋白质产物的总和叫做蛋

白质组，对这些蛋白质甚或其中很小一部分进行的研究就是蛋白质组学。这类研究对基因表达的描述比转录组学研究更为精确。蛋白质组学研究首先要求分离蛋白质，有时是大规模的分离。对大量蛋白质进行同时分离的最好工具是2D凝胶电泳。蛋白质被分离之后必须鉴定，最好的方法是用蛋白酶逐一消化肽段的每一个氨基酸，再用质谱分析鉴定消化所产生的肽段。希望有一天，带有抗体的微芯片能使蛋白质分析直接在复杂的蛋白质混合物中进行而无需分离蛋白质。

很多蛋白质通过与其他蛋白质的相互作用而发挥功能。检测蛋白质-蛋白质互作的技术有多种。传统的方法是酵母双杂交分析法，目前其他方法也已应用，包括蛋白质微阵列分析、免疫亲和层析-质谱联用法，以及噬菌体展示与计算机结合的方法。这些分析获得的最有用的成果之一是发现新的蛋白质功能。

生物信息学的任务是建立和使用生物学数据库，其中一些包含基因组的DNA序列。生物信息学对于从庞大的生物学数据中挖掘有关基因结构和表达的有用知识而言是必需的。

利用计算机生物学技术，Lander和Kellis在包括人类在内的4种哺乳动物的启动子区和3′-UTR中发现了高度保守基序。在启动子区的基序可能代表转录因子的结合位点。许多3′-UTR内的基序可能代表miRNA结合位点。

NCBI网站有一个巨大的生物信息数据库，包括基因组和蛋白质组数据。可以以某段序列为出发点，发现该序列所属的基因，并将其与相似的基因比较；也可以以某个想研究的话题为出发点搜索数据库得到关于此话题的信息；还可以查阅一个蛋白质，通过在屏幕上旋转观察其三维结构。

复习题

1. 说明制备DNA微芯片（寡核苷酸阵列）的过程。

2. 说明如何用SAGE实验检测某种癌细胞的转录情况。解释双标签如何形成，并以获得的实际序列来说明。

3. 解释在CAGE实验中帽捕获器如何确保只捕获全长cDNA。

4. 解释在CAGE实验步骤中*Mme* Ⅰ、*Xma*J Ⅰ和*Xba* Ⅰ限制酶酶切位点的作用。

5. 说明在酵母中如何通过基因敲除进行基因组功能图谱分析。

6. 说明在高等真核生物中如何通过RNAi进行基因组功能图谱分析。

7. 说明能够展示miRNA对基因表达影响的组织特异性功能图谱分析（假定实验为阳性结果）。

8. 解释如何进行ChIP-芯片分析。说明如何用该技术查找能结合特定激活因子的DNA区（增强子）。

9. 解释如何进行ChIP-测序。ChIP-芯片分析方法存在的什么问题可用ChIP-测序解决。

10. 何谓顺式调控模块（CRM）？为什么CRM比单个增强子更易于发现？

11. 概述发现结合未知蛋白质的增强子的基因组学研究策略。并描述该策略的不足（至少一个）。

12. Ren及同事用TAF1的抗体进行ChIP芯片分析定位人类细胞中的启动子，他们发现这些启动子中TATA框并不多。TAF1是结合到TATA框的TFIID的亚基，解释为什么许多启动子缺少TATA框？可以用第11章的知识解答该问题。

13. 描述如何进行原位表达分析（假定实验为阳性结果）。

14. 何谓SNP？为何大部分SNP不重要？如何利用一些SNP？它们可能怎样被滥用？

15. 对比转录基因组学和蛋白质组学在所使用的技术和获得信息方面的异同。

16. 说明利用生物信息学方法鉴定人类调控基序的过程。

17. 解释MS/MS分析如何获得蛋白质的序列。提供一个假定的结果。

18. 解释同位素编码的亲和标记（ICAT）技术能对两种不同条件培养的细胞的蛋白质浓度变化进行定量分析。

19. 图25.21中，当细胞从条件1（无血清）转到条件2（有血清）培养时，肽段4～7的浓度有何变化。

20. 解释如何用细胞培养中氨基酸的稳定同位素标记（SILAC）技术分析两种不同生长

条件下细胞中蛋白质浓度的变化。并展显样品分析结果。

21. 如何测定细胞中特定蛋白质的绝对浓度?

22. 图 25.22 针对“从 mRNA 浓度估计蛋白质浓度的精确性”提供了什么信息?

23. 如果两种生物中同源蛋白质的丰度相关性非常低，图 25.22 中灰色的数据点会怎样分布?如果相关性很高又会怎样分布?

24. 说明如何用亲和标签技术和质谱分析技术研究某一生物的互作组。

25. 解释如何用蛋白质芯片技术研究某一生物的互作组。

26. 说明用噬菌体展示技术研究某一生物互作组的实验。

分析题

1. 请按顺序给出制备含有二核苷酸 AT 和 AC 的寡核苷酸阵列的步骤。可忽略除这两个点之外的所有点。

2. 描述一个实验，用 DNA 微阵列技术测量一种病毒感染细胞后两个不同阶段时病毒基因的转录情况。并介绍实验结果。

3. 请用 BLAST 搜索以下序列（此序列以 10 个核苷酸为一组分开）的前 20 个核苷酸：ttaagtgaaa taaagaagtga atgaaaaaat aatatcctta。你鉴定出是什么基因?最优 E 值是多少?然后再用所有 40 个核苷酸试试。这次你仍然得到同样的基因吗?这次最优 E 值是多少?为何这次 E 值会不同?这个基因定位在哪个染色体?此基因与男性前列腺癌有没有关系?如果有，是什么关系?

4. 你是一位在医学博士或博士阶段从事实验性研究的生物学家，在分子生物学方面受到了很好的训练，目前正在研究 I 型胰岛素依赖性糖尿病（type I insulin-dependent diabetes mellitus，IDDM）的发病机制。而且你也招募到几位易患糖尿的患者（糖尿病组）及无家族史也没有患糖尿倾向（对照组）的志愿者，并计划从两组志愿者移取少量胰腺 β 细胞开展临床研究。你想要了解来源于两组的细胞在基因表达方面有何差异。请描述你将使用的实验方法及你希望获得的信息。

翻译　马正海　校对　马　纪　罗　杰

推荐阅读文献

一般的引用和评论文献

Abbott. A. 1999. A post-genomic challenge: Learning to read patterns of protein syntnesis. *Nature* 402:715 - 720.

Cheuna. V. G. , M. Morley, F. Aeuilar, A. Massimi, R, Kucherlapati, and G. Childs. 1999. Making and reading microarrays. *Nature Genetics Supplement* 21:15 - 19.

Cox, L. and M. Mann. 2007. Is proteomics the new genomics? *Cell* 130:395 - 398.

Hieter, P. and Boguski, M. 1997. Functional genomics: It's all how you read it. *Science* 278: 601 - 602.

Kruglyak, L. and D. L. Stern. 2007. An embarrassment of switches. *Science* 317:758 - 759.

Kumar, A. and M. Snyder. 2002. Protein complexes take the bait. *Nature* 415:123 - 124.

Lipshutz, R. J. , S. P. A. Fodor, T. R. Gingeras, and D. J. Lockhart. 1999. High density synthetic oligonucleotide arrays. *Nature Genetics Supplement* 21:20 - 24.

Marx, J. 2006. A clearer view of macular degeneration. *Science* 311:1704 - 1705.

Service, R. F. 1998. Microchip arrays put DNA on the spot. *Science* 282:396 - 399.

Young, R. A. 2000. Biomedical discovery with DNA arrays. *Cell* 102:9 - 15.

研究论文

Arbeitman, M. N. , E. E. M. Furlong, F. Imam, E. Johnson, B. H. Null, B. S. Baker, M. A. Krasnow, M. P. Scott, R. W. Davis, and K. P. White. 2002. Gene expression during the life cycle of *Drosopbila melanogaster*. *Science* 297:2270 - 2275.

Blanchette, M. , A. R. Bataille, X. Chen, C. Poitras, J. LaganiPre, G. Debois, V. GiguPre, V. Ferretti, D. Bergeron, B. Coulombe, and F. Robert. 2006. Genome-wide computational prediction of transcriptional regulatory modules reveals new insights into human gene expression. *Genome Research* 16:656 – 668.

Cheng, J. , T. R. Gingeras, et al. 2005. Transcriptional maps of 10 human chromosomes at 5-nucleotide resolution. *Science* 308:1149 – 1154.

Gavin, A. -C. , M. Bosche, R. Krause, P. Grandi, M. Marzioch, A. Bauer, et al. 2002. Functional organization of the yeast proteome by systematic analysis of protein complexes. *Nature* 415:141 – 147.

Glaever, G. , A. M. Chu, L. Ni, C. Connelly, L. Riles, S. Veronneau, et al. 2002. Functional profiling of the *Saccharomyces cerevisiae* genome. *Nature* 418:387 – 391.

Gygi, S. P. , B. Rist, S. A. Gerber, F. Turecek, M. H. Gelb, and R. Aebersoldgene. 1999. Quantitative analysis of complex protein mixtures using isotope-coded affinity tags. *Nature Biotechnology* 17:994 – 999.

Ho, Y. , A. Gruhler, A. Heilbut, G. D. Bader, L. Moore, S. L. Adams, D. Figeys, and many other authors. 2002. Systematic-identification of protein complexes in *Saccharomyces cerevisiae* by mass spectrometry. *Nature* 415: 180 – 183.

Iyer, V . R. , M. B. Eisen, D. T. Ross, G. Schuler, T. Moore, J. Lee, et al. 1999. The transcriptional program in the response to human fibroblasts to serum. *Science* 283:83 – 87.

Lim, L. P. , N. C. Lau, P. Garrett-Engele, A. Grimson, J. M. Schelter, J. Castle, D. P Bartel, P. S. Linsley, and J. M. Johnson. 2005. Microarray analysis shows that some micreRNAs downregulate large numbers of target mRNAs. *Nature* 433:769 – 773.

Pennacchio, L. A. , et al. 2006. *In vivo* enhancer analysis of human conserved non-coding sequences. *Nature* 444:499 – 502.

Ren, B. , F. Robert, J. J. Wyrick, O. Aparicio, E. G. Jennings, I. Simon, et al. 2000. Genome-wide location and function of DNA binding proteins. *Science* 290:2306 – 2309.

Sönnichsen, B. , et al. 2005. Full-genome RNAi profiling of early embryogenesis in *Caenorbabditis elegans*. *Nature* 434:462 – 469.

Stelzl, U. , et al. 2005. A human protein-protein interaction network: A resource for annotating the proteome. *Cell* 122:957 – 968.

Tong, A. H. , B. Drees, G. Nardelli, G. D. Bader, B. Brannetti, L. Castagnoli, et al. 2002. A combined experimental and computational strategy to define protein interaction networks for peptide recognition modules. *Science* 295:321 – 324.

Velculescu, V. E. , L. Zhang, B. Vogelstein, and K. W. Kinsler. 1995. Serial analysis of gene expression. *Science* 270:484 – 487

Wang, D. G. , J. B. Fan, C. J. Sino, A. Berno, P. Young, R. Sapolsky, et al. 1998. Large-scale identification, mapping, and genotyping of single-nucleotide polymorphisms in the human genome. *Science* 280:1077 – 1082.

Xie, X. , J. Lu, E. J. Kulbokas, T. R. Golub, V. Mootha, K. Lindblad-Toh, E. S. Lander, and M. Kellis. 2005. Systematic discovery of regulatory motifs in human promoters and 3′ UTRs by comparison of several mammals. *Nature* 434:338 – 345.

Zhu, H. , M. Bilgin, R. Bangham, D. Hall, A. Casamayor, P. Bertone, et al. 2001. Global analysis of protein activities using proteome chips. *Science* 293:2101 – 2105.

分子生物学专业词汇表

A

AAUAAA：动物多腺苷酸化信号的重要部分，指示在其下游约 20nt 处发生剪切和多腺苷酸化。

A site（ribosomal）：核糖体的 A 位点。核糖体上新的氨酰 tRNA 的结合位点（起始氨酰 tRNA 除外）。

A site（RNA polymerase）：RNA 聚合酶的 A 位点。在磷酸二酯键形成过程中新加入核苷酸所占据的位点。

abortive transcripts：中断转录物。在启动子清离之前，原核生物启动子中合成的很短（约 6nt）的转录产物。

Ac：一种玉米转座子（"激活子"），提供必需的转座酶来激活非自主性转座子 *Ds* 发生转座。

acceptor stem：受体臂。tRNA 分子的 5′端与 3′端碱基配对所形成的二级结构的一部分。其中 3′端通过负载可"接受"一个氨基酸。

accommodation：自动调整。在 A/T 状态时氨酰 tRNA 呈非弯曲状态使其充分结合到 A 位点。

acidic domain：酸性域。富含酸性氨基酸的转录激活域。

aconitase：顺乌头酸酶。一种酶，其脱辅基蛋白（无铁离子）与 mRNA 上的铁响应元件结合，调控 mRNA 的翻译或降解。

activation region Ⅰ（ARⅠ）：激活区Ⅰ（简称 ARⅠ）。CAP 的一个区域，与大肠杆菌 RNA 聚合酶的 α 亚基的羧基末端结构域（CTD）相结合。

activation region Ⅱ（ARⅡ）：激活区Ⅱ（简称 ARⅡ）。CAP 的一个区域，与大肠杆菌 RNA 聚合酶的 α 亚基的氮末端结构域（NTD）相结合。

activation site：活化位点。氨酰 tRNA 合成酶上的一个位点，可使氨基酸活化形成氨酰腺苷酸。

activator：激活因子。与增强子（或激活因子结合区）结合并激活附近启动子转录的蛋白质。在真核生物中激发转录前起始复合物的形成。

activator interference：激活因子干扰。见 squelching。

activator-binding site：激活因子结合位点。原核生物转录激活因子结合的 DNA 位点（如在代谢物抑制的操纵子中的 **CAP-cAMP 结合位点**）。

ADAR：见 adenosine deaminase acting on RNA。

adenine DNA glycosylase：腺嘌呤 DNA 糖基化酶。细菌中称为 MutY，人类中为 hMYH，它能移除与 oxoG 错配的 A。

adenosine deaminase acting on RNA（ADAR）：作用于 RNA 的腺苷脱氨酶。一种 RNA 编辑酶，可使 RNA 中的某些腺苷脱氨基后转变成次黄嘌呤核苷。

A-DNA：在相对湿度较低时 DNA 的一种形式，每圈螺旋含有 11 个碱基对。**RNA-DNA 杂合链在溶液中呈现该形式。**

affinity chromatography：亲和层析。基于待纯化分子与固定在树脂上的诱饵分子间的亲和性进行纯化的层析方法。诱饵分子可以是抗体、酶底物或任何与待纯化分子有已知特定亲和性的分子。

affinity labeling：亲和标记。通过与底物具有特定亲和性的反应活性物共价结合到底物上来标记底物（如标记酶的活性位点时，可将带标记的底物类似物共价连接到酶上）。

A1492 and A1493：A1492 和 A1493。16S rRNA 中的两个高度保守的碱基，在密码子-反密码子相互识别中起关键作用，通过插入密码子与反密码子间的小沟而稳定两者间的相互作用。

Ago1：见 Argonaute 1。

Ago2：见 Argonaute 2。

alarmone：预警素。有机体在逆境响应过程中所产生的物质，启动逆境应答反应。

α-amanitin：α-鹅膏（蕈）毒环肽。鹅膏菌属的多种有毒蘑菇所产生的一种毒素。在很低浓度时抑制 RNA 聚合酶Ⅱ的活性，在高浓度时抑制 RNA 聚合酶Ⅲ的活性，通常不抑制 RNA 聚合酶Ⅰ的活性。

alkylation：烷基化。给其他分子添加含碳基团的过程。DNA 碱基的烷基化可造成 DNA 损伤，进而可以导致突变。

allele-specific RNAi：等位基因专一性 RNA 干扰。导入一个修改了的基因拷贝，其 mRNA 不会被该基因内源拷贝的 RNAi 所干扰，从而可以对该修改基因进行遗传操作，检测在内源基因不表达背景下的遗传效应。

α-complementation：α-互补。β-半乳糖苷酶的 ω-肽与其 α-肽在体内的互补作用可产生有活性的半乳糖苷酶。克隆载体通常利用 α-互补作用，让载体编码 α-肽，宿主细胞编码 ω-肽。因此，载体自身具有 α-互补活性，而带有插入片段的载体则无 α-互补活性。

allolactose：异乳糖。一种重排的以 β-1，6-糖苷键连接的乳糖形式；乳糖操纵子的诱导物。

allosteric protein：变构蛋白。一种蛋白质，其一个位点结合某个分子后改变了远处一个位点的构象，从而改变该蛋白质与第二个分子间的相互作用。

alternative splicing：选择性剪接。以两种或多种方式剪接相同的前体 RNA，产生两种或多种不同的 mRNA，进而产生两种或多种不同的蛋白质产物的剪接。

Alu element：Alu 元件。人类的一种非自主性反转录转座子，其中含有限制性内切核酸酶 *Alu*Ⅰ的识别序列 AGCT，在人类基因组中约有一百多万个拷贝。

amber codon：琥珀密码子。UAG，编码终止信号。

amber mutation：琥珀突变。见 nonsense mutation。

amber suppressor：琥珀抑制子。携带可识别琥珀密码子（UAG）的反密码子的 tRNA，能抑制琥珀突变。

amino acid：氨基酸。蛋白质的组成单元。

aminoacyl-AMP：氨酰-AMP。通过高能酸酐键与 AMP 的磷酸基团相连接的一种活化氨基酸，在 tRNA 负载的第一步由氨酰 tRNA 合成酶催化生成。

aminoacyl-tRNA：氨酰 tRNA。3′端羟基通过酯化作用连接了同工氨基酸的 tRNA。

aminoacyl-tRNA synthetase：氨酰 tRNA 合成酶。连接 tRNA 与其同工氨基酸的酶。

a. class Ⅰ：Ⅰ类。在 tRNA 的 2′-OH 负载氨基酸的氨酰 tRNA 合成酶。

b. class Ⅱ：Ⅱ类。在 tRNA 的 3′-OH 负载氨基酸的氨酰 tRNA 合成酶。

amino tautomer：氨基互变异构体。在核酸中发现的腺嘌呤或胞嘧啶的正常互变异构体。

amino terminus：氨基末端。一条多肽链中含有游离氨基基团的一端，是蛋白质合成的起始端。

amplification：扩增。基因的选择性复制，可产生比单倍体基因组中正常单拷贝更多的拷贝数。**anabolic metabolism：合成代谢。由相对简单的前体物生成某种物质的过程。如色氨酸操纵子所编码的合成代谢酶可合成色氨酸。**

annealing of DNA：DNA 复性。将变性分离的两条 DNA 单链重新结合在一起形成双链螺旋的过程。

annotated gene：注释基因。源于基因组测序计划且至少部分已被鉴定的基因或基因类似序列。

antibody：抗体。能够特异性识别和结合一种物质（通常为另一种蛋白质）的蛋白质，帮助机体免疫系统识别外来入侵物并激发免疫系统产生对入侵物进行攻击的能力。

anticodon：反密码子。tRNA 上与某个特定密码子互补配对的三碱基序列。

anticodon loop：反密码子环。通常位于 tRNA 分子底部含有反密码子的一个环状结构。

antigen：抗原。能被抗体所识别和结合的物质。

antiparallel：反向平行。DNA 双螺旋中两条单链的相对极性；如果从顶部到底部，一条链的方向是5′→3′，那么另一条链的方向则是3′→5′。这种反向平行关系适用于任何双链多核苷酸或寡核苷酸，也适用于RNA中的密码子-反密码子对。

antirepression：抗阻遏。通过组蛋白或其他转录抑制因子对阻遏的阻止作用。抗阻遏是典型激活因子功能的一部分。

antisense RNA：反义RNA。与mRNA互补的RNA。

antiserum：抗血清。含有一种抗体或针对一类特定物质产生抗体的血清。

anti-σ-factor：抗σ因子。与σ因子结合并抑制其功能的蛋白质。

anti-anti-σ-factor：抗-抗-σ因子。与抗σ因子-σ因子复合物结合，释放σ因子的蛋白质。

anti-anti-anti-σ-factor：抗-抗-抗-σ因子。使抗-抗-σ-因子磷酸化并失活的蛋白质。

antiterminator：抗终止因子。能使转录通读终止子而继续进行的蛋白质，如λ的N蛋白和Q蛋白。

AP-1：由一分子的Fos和一分子的Jun组成的一种转录激活因子（Jun-Jun的同源二聚体也有AP1活性），介导对促进有丝分裂的佛波酯的响应。

AP endonuclease：AP内切核酸酶。在AP位点的5′端切割DNA的一条链的酶。

APE1（AP endonuclease1）：APE1（AP内切核酸酶1）。一种哺乳动物酶，能利用其3′→5′内切核酸酶活性，校正由DNA聚合酶β在碱基切除修复中所出现的错误。

AP site：AP位点。DNA链中所发生的脱嘌呤或脱嘧啶位点。

aporepressor：脱辅基阻遏蛋白。无辅阻遏物的无活性阻遏蛋白。

aptamer：适配子。具有某种功能的核酸或核酸区段（通常为RNA），这类功能包括：对另一个分子的特异性结合、核酶催化作用或其他活性。

apurinic site（AP site）：无嘌呤位点（AP位点）。DNA链中失去嘌呤碱基的脱氧核糖。

apyrimidinic site（AP site）：无嘧啶位点（AP位点）。DNA链中失去嘧啶碱基的脱氧核糖。

AraC：阿拉伯糖操纵子的负调节物。

archaea：古菌。在生物化学和分子生物学特征上与真核生物和细菌都相似的一类原核生物。典型的古菌生活在极端的热或高盐环境中，某些古菌是能产生甲烷的严格厌氧生物。

architectural transcription factor：构架转录因子。自身不能激活转录但能帮助DNA弯曲以便其他激活因子促进转录的蛋白质。

ARE：见AU-rich elements。

Argonaute1（Ago1）：RITS复合体中与siRNA结合的一种Argonaute蛋白。

Argonaute2（Ago2）：哺乳动物的Argonaute蛋白，具有RISC（切割酶）活性。

Armitage：RLC的可能组分，在RLC向RISC转换过程中是必需的。

arrest（of transcription）：转录停滞。RNA聚合酶在转录物末端伸出酶外而发生的永久性停滞状态，当伸出的RNA末端被移除后才能重新恢复转录。

Artemis：一种能够解开在V（D）J重组过程中由Rag-1和Rag-2所产生的DNA发卡结构的酶。

assembly factor：组装因子。在转录前起始复合物形成初期与DNA结合的一种转录因子，帮助其他转录因子组装到复合体上。

assembly map：组装图。核糖体颗粒在体外自组装过程中，显示核糖体蛋白添加次序的一种示意图。

asymmetrical transcription：非对称转录。只转录多核苷酸双链分子指定区域中的一条链。

A/T state：A/T状态。氨酰tRNA首次结合细菌核糖体的状态，其反密码子与A位点的密码子配对，但tRNA弯曲以便氨基酸和受体臂保持与A位点右侧的EF-Tu与核糖体元件的结合，如传统上对50S颗粒所展示的那样。

ATPase：ATP酶。一种水解ATP且释放能量用于其他细胞活动的酶。

attachment site：附着位点。见*att* sites。

***att*B：**大肠杆菌基因组上的*att*位点。

attenuation：衰减作用。一种涉及转录提前终止的调控机制。

attenuator：衰减子。位于一个或多个结构基因上游的 DNA 区域，此处可发生未成熟的转录终止（衰减作用）。

***att*P**：λ 噬菌体基因组上的 *att* 位点。

att* site**：att* 位点**。噬菌体和宿主 DNA 上的位点，此处可发生重组，使噬菌体 DNA 作为原噬菌体整合到宿主基因组中。

AU-rich element（ARE）：**富 AU 元件**。位于 mRNA 3′-非翻译区的序列，是 miRNA 的靶位，后者可降低 mRNA 的稳定性。

Aubergine A：与 piRNA 相关的 Piwi 蛋白。

autonomously replicating sequence1（ARS1）：**自主复制序列 1**。酵母的复制起始位点。

autoradiography：**放射自显影**。具有放射性的样品使照相感光乳剂曝光而"自我照相"的技术。

autoregulation：**自我调节**。通过自身产物所进行的基因调控。

B

BAC：**细菌人工染色体**。见 bacterial artifical chromosome。

BAC walking：**细菌人工染色体步查**。先对与种子 BAC 重叠最少的 BAC 测序，然后对与第二个 BAC 重叠最少的 BAC 测序，如此重复，直到重迭群中的所有 BAC 都进行了测序。

back mutation：**回复突变**。见 reversion。

bacterial artifical chromosome（BAC）：**细菌人工染色体（BAC）**。基于大肠杆菌 F 质粒构建的一种载体，能容纳长达 300 000bp 的插入片段（平均插入片段为 150 000bp）。

bacteriophage：**噬菌体**。见 phage。

baculovirus：**杆状病毒**。一类含有大的环状 DNA 基因组的杆状病毒。这类病毒大部分都可感染毛虫，已被用作有效的真核基因表达载体。

barcode：**生物条形码**。地球上各种生物基因组中的一段相对较短的 DNA 序列。理论上，阅读此条形码可以快速鉴别任何已知的物种。

barrier：**屏蔽作用**。绝缘子对沉默子所施加的负效应，通过阻断浓缩染色质对染色体活性区域的侵蚀而维持该区域内基因的活性。

basal level transcription：**本底水平转录**。Ⅱ类基因在仅有通用转录因子与聚合酶Ⅱ时所进行的极低水平的转录。

base：**碱基**。环状含氮化合物，在 DNA 中与脱氧核糖连接，在 RNA 中与核糖连接。

base excision repair：**碱基切除修复**。一种切除修复途径，先通过 DNA 糖基化酶移除受损碱基，接着用 AP 内切核酸酶切开所生成 AP 位点的 5′端，然后去除 AP 位点的糖磷脂并包括下游碱基，最后经 DNA 聚合酶和 DNA 连接酶填补缺口完成修复。

base pair（bp）：**碱基对**。在双链 DNA 中每个链的一个碱基，互为配对形成一对碱基（A-T 或 G-C）。

β clamp：**β 钳**。DNA 聚合酶Ⅲ全酶中 β 亚基的二聚体，能夹住 DNA，将全酶栓在 DNA 上而赋予其持续性。

B-DNA：标准的沃森-克里克 DNA 型，常出现在较高的相对湿度及溶液中。

BER：见 base excision repair。

β-galactosidase：**β-半乳糖苷酶**。分解乳糖中两个糖间的糖苷键的酶。

β-galactoside：**β-半乳糖苷**。一种复合糖，由半乳糖上的碳 1 原子通过 β-键与另一种复合物（通常为糖）连接而成。

β-galactosidic bond：**β-半乳糖苷键**。将半乳糖的碳 1 原子与 β-半乳糖苷中的其他复合物相连接的键。

bHLH domain：**碱性螺旋-环-螺旋域**。与碱性模体耦联的 HLH 模体。当两个 bHLH 蛋白通过其 HLH 模体二聚化时，碱性模体处在与 DNA 特定区域相互作用的位置。bHLH 蛋白像一对钳子一样紧紧抓住 DNA 的大沟。

bHLH-ZIP domain：**碱性螺旋-环-螺旋-拉链域**。一种二聚化及 DNA 结合域。一个碱性区域分别与螺旋-环-螺旋域和亮氨酸拉链（ZIP）域相偶联。

bidirectional DNA replication：**DNA 双向复制**。从一个共同起始点或复制起点开始，同时向两个不同方向进行的复制，需要两个活性复制叉。

bioinformatics：**生物信息学**。建立并运行生物数据库的领域。在基因组学层面意味着管理海量的序列数据并提供有用的数据存取和解释。

biolistic transformation（or transfection）：微弹轰击转化（或转染）。一种用金属微粒包裹DNA并将其射入细胞的方法。

bit score（S）：比特值。BLAST搜索时，查询序列与数据库序列之间匹配数目的度量值。

β-lactamase：β-内酰胺酶。分解氨苄青霉素及相关抗生素的酶，可赋予细菌抗生素抗性。

BLAST：一种搜索DNA序列或蛋白质序列数据库，并显示查询序列与数据库序列之间匹配情况的程序。

branch migration：分支迁移。重组过程中Holliday连接体的分支的侧向移动。

branchpoint-bridging protein（BBP）：分支点桥联蛋白。剪接过程所必需的一种蛋白质，在内含子5′端结合U1 snRNP，在3′端结合Mud2p。

bridge helix：桥螺旋。靠近细菌RNA聚合酶活性中心的α-螺旋，其弯曲可促进转录过程的转位。

BRG1：具有ATP酶及染色质重建活性的SWI/SNF蛋白的催化亚基。

BRG1-associated factors（BAFs）：BRG1相关因子。与BRG1共同形成SWI/SNF的9～12条多肽。

bromodomain：溴域。与其他蛋白质（如组蛋白）的乙酰化赖氨酸残基特异性结合的蛋白质结构域。

bZIP domain：bZIP域。与碱性模体偶联的亮氨酸拉链模体。当两个bZIP蛋白通过其亮氨酸拉链二聚化时，碱性模体处在与DNA特定区域相互作用的位置。bZIP蛋白像一对钳子一样紧紧地抓住DNA的大沟。

C

C value：C值。一个物种单倍体基因组中的DNA含量，以皮克（百亿分之一克）为计量单位。

C value paradox：C值悖论。某一物种的C值与其遗传复杂程度不一致的现象。

cAMP response element（CRE）：cAMP响应元件。对cAMP发生响应的增强子。

cap：帽。通过5′-5′三磷酸连接到mRNA、hnRNA或snRNA 5′端的甲基化的鸟嘌呤核苷。

cap 0：帽0。缺乏2′-O-甲基化的帽，只在某些病毒mRNA中有发现。

cap 1：帽1。典型帽，倒数第二个核苷酸的2’-OH上有一个甲基。

cap 2：帽2。在前两个核苷酸的2’-OH上都有甲基的帽，只在少数mRNA中发现。

CAP（catabolite activator protein）：代谢物激活因子蛋白。一种与cAMP一起激活受代谢物阻遏的操纵子的蛋白质，也叫做CRP。

cap analysis of gene expression（CAGE）：基因表达的cap分析。一种基因表达的检测技术，类似于SAGE但侧重检测mRNA的5′端。

cap-binding complex（CBC）：帽结合复合物。转录时与mRNA帽结合的蛋白质复合物，与mRNP一起进入细胞质，在翻译起始中取代eIF4F。

cap-binding protein（CBP）：见eIF4F。

cap-trapper：帽诱捕。一种确保cDNA-mRNA杂交体中含有带帽mRNA的技术。用二醇反应性生物素给帽添加标签，然后用抗生物素蛋白亲和层析纯化杂交体。

carboxyl-terminal domain（CTD，of Rpb1）：羧基末端结构域（Rpb1的CTD）。RNA聚合酶Ⅱ最大亚基的羧基末端区域，由数十个富含丝氨酸和苏氨酸的七聚体重复组成。

carboxyl terminus：羧基末端。具有自由羧基的多肽链的末端。

CARM1：见coactivator-associated arginine methyltransferase。

catabolic metabolism：分解代谢。将物质分解为简单成分的过程。如乳糖操纵子编码的分解代谢酶可将乳糖分解成半乳糖和葡萄糖。

catabolite activator protein：代谢物激活因子蛋白。见CAP。

catabolite repression：代谢物阻遏作用。葡萄糖（更多情况下是代谢物）或葡萄糖的降解产物对基因或操纵子的阻遏作用。

catalytic center：催化中心。酶的活性位点

即催化反应发生之处。

catenane：环连体。由两个或多个环连接而成的链状结构。

CBP：见 CREB-binding protein。

CCAAT-binding transcription factor (CTF)：CCAAT 结合转录因子。结合 CCAAT 框的一种转录激活因子。

CCAAT box：CCAAT 框。具有 CCAAT 序列的上游基序，存在于许多 RNA 聚合酶Ⅱ所识别的真核生物启动子中。

Cdc13p：一种酵母蛋白，结合在单链端粒末端并召集 Stn1p 因子，后者又召集 Ten1p 结合到端粒末端。三种蛋白质共同保护端粒末端免遭降解或 DNA 修复酶的作用。

CDK1/CDK9 kinase：CDK1/CDK9 激酶。使酵母和原生动物 Rpb1CTD 的 2 位丝氨酸磷酸化的激酶。

cDNA：互补 DNA（complementary DNA）。经反转录合成的 RNA 的 DNA 拷贝。

cDNA library：cDNA 文库。包含特定时间、特定细胞中尽可能多的 mRNA 的一组克隆。

centimorgan（cM）：厘摩（cM）。在两个标记之间发生 1%重组频率的遗传距离。

centromere：着丝粒。染色体上的固缩区域，在细胞分裂时纺锤丝的附着处。

CFⅠ and CFⅡ：见 cleavage factor Ⅰ and Ⅱ。

chaperone proteins：分子伴侣蛋白。见 chaperones。

chaperone：分子伴侣。与未折叠的蛋白质结合并帮助其进行正确折叠的蛋白质。

charging：负载。tRNA 与其关联氨基酸的偶联。

Charon phage：卡隆噬菌体。基于 λ 噬菌体构建的一套克隆载体。

Chi site：Chi 位点。具有 5′-GCTGGTGG-3′保守序列的大肠杆菌 DNA 的位点，在同源重组过程中 RecBCD 切割 Chi 位点的 3′端。

Chi structure：见 Holliday junction。

ChIP：见 chromatin immunoprecipitation。

ChIP-chip：ChIP-芯片。染色质免疫沉淀，随后将沉淀物与 DNA 微阵列（微芯片）杂交而进行沉淀物鉴定。

ChIP-seq：ChIP-测序。染色质免疫沉淀之后，通过反复测序鉴定沉淀物。

chloramphenicol：氯霉素。通过抑制 50S 核糖体催化的肽基转移酶反应而杀死细菌的一种抗生素。

chloramphenicol acetyl transferase（CAT）：氯霉素乙酰转移酶（CAT）。将乙酰基转移到氯霉素上的一种酶，其对应的细菌基因常被用作真核生物转录和翻译实验中的报告基因。

chromatid：染色单体。在细胞分裂中由染色体复制所产生的一个拷贝。

chromatin：染色质。由 DNA 和染色体蛋白组成的染色体物质。

chromatin immunopitation（ChIP）：染色质免疫沉淀。一种通过免疫沉淀来纯化含有目的蛋白的染色质的方法。可利用目的蛋白抗体，或与目的蛋白结合的抗原决定簇标签的抗体进行免疫沉淀。

chromatin remodeling：染色质重构。ATP 依赖性的核小体结构改变，可以是核小体移动或使核小体能被其他蛋白质所移动。

chromatography：层析。基于流动相与固定相的相对亲和力来分离不同分子的一套技术。在离子交换层析中，带电的树脂是固定相，提高了离子强度的缓冲液是流动相。

chromodomain：染色质结构域。在参与异染色质形成的蛋白质上所发现的保守区域，可能与甲基化的组蛋白相结合。

chromogenic substrate：生色底物。被酶作用后可生成有色产物的一种底物。

chromosome：染色体。主要由 DNA 和蛋白质所构成的物理结构，包含有机体的全部基因。

chromosome conformation capture（3C）：染色体构象捕获（3C）。一种确定两个远距离染色体位点在体内是否通过成环作用而靠拢的方法。

chromosome puff：染色体疏松。在多线染色体上物理性扩大的活性转录位点。

chromosome theory of inheritance：遗传的染色体理论。基因存在于染色体上的学说。

***cI*：**编码 λ 阻遏物的基因。

CI：*cI* 基因的产物。见 λ repressor。

***cis*-acting：顺式作用。**描述增强子、启动子、操纵子等遗传元件的术语，这些元件必须位于相同的染色体上才能影响基因的活性。

***cis*-dominant：顺式显性。**仅对位于相同 DNA 片段上的基因的显性效应。例如，在含有 *lac* 操纵子部分二倍体的大肠杆菌中，一个拷贝中操纵基因的组成型突变只对操纵子的该拷贝显性，对另一个拷贝则无影响，因为该操纵基因只控制直接与其邻接的操纵子，而不能控制与之不相连的操纵子。

***cis*-splicing：顺式剪接。**常规剪接方式，外显子位于同一个前体 RNA 分子中。

cistron：顺反子。通过顺式-反式实验所定义的遗传单位，与基因是同义词。

clamp loader：钳状装载器。DNA 聚合酶Ⅲ全酶的 γ 复合体部分，帮助 β-钳结合到 DNA 上。

clamp module：钳状组件。RNA 聚合酶的一部分，其张开可使 RNA 聚合酶进入 DNA 模板，其关闭则使聚合酶夹在模板上。

class Ⅰ，Ⅱ，and Ⅲ promoters：Ⅰ、Ⅱ、Ⅲ类启动子。分别由聚合酶Ⅰ、Ⅱ、Ⅲ所识别的启动子。

clastogen：断裂剂。可引起 DNA 链断裂的因素。

cleavage factor Ⅰ and Ⅱ（CF Ⅰ and CF Ⅱ）：剪切因子Ⅰ和Ⅱ。一类 RNA 结合蛋白，对前体 mRNA 在多腺苷酸化位点处的剪切很重要。

cleavage and poly（A）specificity factor（CPSF）：剪切及 poly（A）特异性因子。识别前体 mRNA 中多腺苷酸化信号的 AAUAAA 部分并激活剪切和多腺苷酸化的蛋白质。

cleavage stimulation factor（CstF）：剪切刺激因子。识别前体 mRNA 多腺苷酸化信号的富含 GU 的部分并促进剪切的蛋白质。

CLIM（cofactor of LIM）：CLIM（LIM 的辅因子）。LIM-HD 的辅激活因子，由 RLIM 泛素化之后被蛋白酶降解。

clone-by-clone sequencing：克隆步移测序。对大基因组测序的一种系统方法，先对整个基因组作图，然后对基因组已知区域的克隆进行测序。

clones：克隆。通过无性繁殖所形成的个体，因此它们与初始个体（祖先）在遗传上是相同的。遗传上相同的病毒组群的细胞群落也是克隆。

closed promoter complex：闭合启动子复合体。由 RNA 聚合酶与原核启动子之间相对松散结合所形成的复合物。"闭合"意指 DNA 双链仍保持完整，碱基对没有"打开"或熔解。

coactivator-associated arginine methyltransferase（CARM1）：辅激活因子关联的精氨酸甲基转移酶。在启动子附近使蛋白质甲基化从而激活转录的真核生物蛋白。

coactivator：辅激活因子。本身没有转录激活能力但能帮助其他蛋白质激活转录的蛋白质因子。

codon：密码子。mRNA 中连续排列的三碱基序列，可引起特定氨基酸插入蛋白质或引起翻译终止。

codon bias：密码子偏爱。不同生物对同类密码子利用的差异。

coiled coil：卷曲螺旋。两个 α 螺旋相互缠绕所形成的一种蛋白质模体，当两个 α 螺旋位于不同蛋白质时，卷曲螺旋的形成会引起二聚化。

cointegrate：共联体。转座子转座过程的中间体，如 T_n3 转座子从一个复制子转座到另一个复制子时的 T_n3 转座子。转座子复制时，共联体包含了通过两个转座子拷贝连接在一起的两个复制子。

colE1：在大肠杆菌的某些菌株中发现的一种质粒，编码一种细菌毒素大肠杆菌素。colE1 的 DNA 复制是单向的。

collision-induced dissociation（CID）：碰撞诱导解离。一种质谱（MS）分析技术，其中多肽离子被加速并与中子气体碰撞，使多肽在某些肽键处片段化。然后，新生成的肽离子接受第二轮质谱分析鉴定。

colony hybridization：菌落杂交。一种筛选含有目的基因的细菌克隆的方法，利用能与目的基因杂交的标记探针同步检测大量克隆的 DNA。

combinatorial code：组合密码。描述多个

增强子及其激活因子在相关启动子上的作用的一种比喻。激活因子的不同组合将对启动子活性产生不同影响，因为一组增强子就能感受各激活因子的浓度并整合来自所有激活因子的信号。

commitment complex（CC）：定向复合体（CC）。一种至少含有细胞核前体 mRNA 和 U1 snRNP 的复合物，负责把 U1 snRNP 结合的内含子剪切掉。

complementary polynucleotide strands：互补多核苷酸链。具有互补序列的两条 DNA 或 RNA 链，即一条链含有一个腺嘌呤则另一条链就含有一个胸腺嘧啶，一条链含有一个鸟嘌呤另一条链就含有一个胞嘧啶。

complex B：复合体 B。RLC 的前体，仅含有 Dicer、R2D2 及双链 siRNA。

composite transposon：复合转座子。由两个不同部分组成的细菌转座子：含有 IS 或类 IS 元件的两臂，以及由转位基因与一个或多个抗生素抗性基因组成的中心区域。

concatemers：多联体。具有多个基因组长度的 DNA。

conditional lethal：条件性致死。在某一条件下致死、在其他条件下却不致死的突变（如温度敏感型突变）。

consensus sequence：共有序列。几个相似序列的一般序列。如大肠杆菌启动子-10 框的共有序列是 TATAAT，意思是如果检测若干个这类序列，T 最有可能出现在第一位、A 在第二位等，如此类推。

conservative replication：全保留式复制。两条亲链保留在一起的 DNA（或 RNA）复制，所产生的子代链的双链都是新合成的。

conservative transposition：保守型转座。即“剪-贴”型转座，当转座子离开原来的位置并移动到新位点时，转座子 DNA 的两条链保留完整。

constant region：恒定区。抗体上的一段区域，在不同抗体间呈现或多或少的相似。

constitutive：组成型。总是处于开启状态。

constitutive mutant：组成型突变体。含有组成型突变的有机体，突变基因在任何时间都进行表达，不受正常调控。

contig：重叠群。含有毗邻或重叠序列的一组克隆的 DNA。

copia：在果蝇细胞中发现的一种能转座的元件。

core element：核心元件。被 RNA 聚合酶Ⅰ所识别的一种真核启动子元件，包括转录起始位点两侧的碱基。

core histones：核心组蛋白。除 H1 之外的所有核小体组蛋白；即被 DNA 缠绕的核小体内部的组蛋白。

core polymerase：核心聚合酶。见 RNA polymerase core。

corepressor：辅阻遏物。与阻遏物蛋白结合形成有活性阻遏物的物质（如色氨酸是色氨酸操纵子的辅阻遏物）。与其他蛋白质结合对基因转录起抑制作用的蛋白质，如组氨酸去乙酰基酶可作为辅阻遏物。

core promoter（class Ⅱ）：（Ⅱ类）核心启动子。转录起始位点附近（约 37bp 之内）的任何启动子元件。

core promoter element（bacterial）：（细菌）核心启动子元件。一个启动子所包含的最少元件（如细菌启动子的-10 框和-35 框）。

core promoter element（eukaryotic class Ⅱ）：（真核生物Ⅱ类）核心启动子元件。包括 TBE、TATA 框、DPE、Inr、DPE、DCE、MTE。

core TAF：核心 TAF。在大多数真核生物中都保守的一组 13 个 TAF。

cos：线性 λ 噬菌体 DNA 的黏性末端。

cosmid：cos 质粒。用于克隆 DNA 大片段所设计的载体。cos 质粒含有 λ 噬菌体的 *cos* 位点，可包装进入 λ 的头部，还含有质粒的复制起点，能像质粒那样复制。

CoTC element cotranscriptional cleavage（CoTC）：CoTC 元件共转录剪切。对多腺苷酸化位点下游合成中的转录物的剪切，是转录终止过程的一部分。

counts per minute（cpm）：每分钟记数。液体闪烁计数仪在每分钟内检测到的光闪烁的平均值。

CPD（cyclobutane pyromidin dimer）：见 pyromidin dimer。

CPEB：胞质多腺苷酸化元件（CPE）结合蛋白。

CpG island：CpG 岛。含有许多非甲基化CpG序列的DNA区域，通常与活性基因相关。

CpG sequence：CpG 序列。哺乳动物DNA中甲基化的标靶基序（在C的5位）。

CpG suppression：CpG 抑制。由于C的甲基化及随后T的去氨基化，经过漫长的演化历程所导致的CpG序列从基因组的丢失。

CPSF：见 cleavage and poly（A）specificity factor。

CPSF73：CPSF的亚基，具有内切核酸酶活性，在多腺苷酸化之前切开前体mRNA。

CRE：见 cAMP response element。

CREB：见 CRE-binding protein。

CREB-binding protein（CBP）：CREB 结合蛋白。一种辅激活因子，在CRE上与磷酸化的CREB结合，然后再与一个或多个通用转录因子结合，由此激发前起始复合物的装配。

CRE-binding protein（CREB）：CRE 结合蛋白。一种激活因子，被cAMP激发的蛋白激酶A所磷酸化并激活。可结合到CRE上并与CBP共同激活相关基因的转录。

Cro：λ噬菌体*cro*基因的产物，是一种阻遏物，优先与O_R3结合并关闭λ阻遏物基因（*cI*）。

cross-linking：交联。探查两种物质（如蛋白质与DNA）相互作用的一种技术，当两种物质形成复合体时就会产生化学交联，然后对产物的交联特性进行检测。

crossing over：交换。在重组过程中DNA之间产生的物理交换。

cross talk：交互作用。不同信号转导途径的成员之间的相互作用。

crown gall：冠瘿瘤。在植物中由细菌感染所引起的肿瘤性的增生。

CRP：cAMP受体蛋白。见CAP。

CRSP：与Sp1协同激活转录的辅激活因子。

cryptogene：隐秘基因。一种基因，其编码的RNA需进行转录后编辑。

CstF：见 cleavage stimulation factor。

CTCF：CCCTC 结合因子。一种常见的脊椎动物绝缘子结合蛋白。

CTD：见 carboxyl-terminal domain。

α-CTD：细菌RNA聚合酶α-亚基的羧基末端结构域。

cyanobacteria（blue-green algae）：蓝细菌（蓝绿藻）。光合细菌，现代蓝绿藻的祖先，被认为能侵入真核细胞并演化成叶绿体。

cyclic-AMP（cAMP）：环化一磷酸腺苷酸。通过环磷酸二酯键连接3′端和5′端碳原子的腺嘌呤核苷酸，与众多原核及真核生物的调控机制有关。

cytidine：胞嘧啶核苷酸。含有胞嘧啶碱基的一种核苷酸。

cytidine deaminase acting on RNA（CDAR）：作用于 RNA 的胞嘧啶核苷酸脱氨酶。一种将RNA中的某些胞嘧啶核苷去氨基并转化为尿嘧啶核苷的RNA编辑酶。

cytoplasmic polyadenylation element（CPE）：细胞质多腺苷酸化元件。mRNA 3′-UTR中的一段序列（共有序列为UUUUU-AU），在细胞质多腺苷酸化中很重要。

cytosine（C）：胞嘧啶。DNA中与鸟嘌呤核苷配对的嘧啶碱基。

cytotoxic：细胞毒性。具有杀死细胞的能力。

D

DAI：见 double-stranded RNA-activated inhibitor of protein synthesis。

***dam* methylase：*dam* 甲基化酶。**脱氧腺嘌呤核苷甲基化酶，在大肠杆菌细胞中能将甲基转移到GATC序列的A上。错配修复系统扫描甲基化的GATC序列，可确定哪条链是新合成且未甲基化的。

daughter strand gap：子链缺口。DNA复制装置跳过非编码碱基或嘧啶二聚体所留下的缺口。

deadenylation：去腺苷酸化。对细胞质poly（A）的AMP残基的移除。

DEAD protein：DEAD 蛋白。含有Asp-Glu-Ala-Asp序列的蛋白质家族成员，具有RNA解旋酶活性。

deamination of DNA：DNA 脱氨基化。

DNA 的胞嘧啶或腺嘌呤中氨基（NH_2）被去除且被羰基（C—O）所代替的过程，可使胞嘧啶转化为尿嘧啶，腺嘌呤转化为次黄嘌呤。

decatenation：去连环。解除连环体中各环之间连接的过程。

decoding：解码。在核糖体上使正确氨酰 tRNA 得以结合的密码子与反密码子的相互作用。

defective virus：缺陷型病毒。没有辅助病毒就不能复制的一种病毒。

degenerate code：简并密码。一种遗传密码，其中多个密码子能对应同一种氨基酸，如地球上所有生物广泛使用的密码。

deletion：缺失。一个或多个碱基对丢失的突变。

denaturation（DNA）：（DNA）变性。DNA 双链的分离。

denaturation（protein）：（蛋白质）变性。不打断任何共价键的情况下蛋白质三维结构的破坏。

densitometer：显像密度计。一种测量透明薄膜上斑点黑度的仪器（如放射自显影）。

deoxyribose：脱氧核糖。DNA 中的糖。

DGCR8：见 Pasha/DGCR8。

Dicer：RNase III 家族的成员，在 RNAi 过程中将引发 RNA 切成约 21bp 的片段，也是降解靶标 mRNA 的 RISC 复合体的一部分。

dideoxyribonucleotide：双脱氧核糖核苷酸。一种核苷酸，在其 2′位和 3′位都脱去了氧。在 DNA 测序中用于终止 DNA 链的延伸。

dihydrouracil loop：二氢尿嘧啶环。见 D loop。

dimer（protein）：二聚体（蛋白质）。两条多肽链的复合物。两条多肽链可以相同（同源二聚体），也可以不同（异源二聚体）。

dimerization domain：二聚化结构域。一个蛋白质与另一个蛋白质相互作用形成二聚体（或多聚物）的部位。

dimethyl sulfate（DMS）：硫酸二甲酯。使 DNA 甲基化的试剂。甲基化的 DNA 可在其甲基化位点上被化学剪切。

diploid：二倍体。人类合子及其他细胞（配子除外）的染色体数目，记作 2n。

directional cloning：定向克隆。外源 DNA 在载体的两个不同限制酶酶切位点间的插入，插入的方向可预先确定。

disintegrations per minutes（dpm）：每分钟衰变数。一个样品平均每分钟所产生的放射性发射数。

dispersive replication：散布式复制。一种假设的 DNA 复制机制，认为 DNA 变成片段状，以便复制后新旧 DNA 共存于同一条链中。

distal sequence element：远侧序列元件。Ⅱ类 snRNA 启动子的非关键部分，可增强启动子效率。

distributive：分配性的。与“持续性的”相反，若不与底物或模板反复地分离与再结合就不能完成某项任务。

D loop：D 环。当自由 DNA 或 RNA 链末端“侵入”双螺旋中并与其中一条链碱基配对从而迫使另一条链凸出时所形成的环。

DMS footprinting：DMS 足迹法。一种与 DNase 足迹法相似的技术，利用 DMS 使 DNA 甲基化后再进行化学剪切，而不是 DNase 剪切。

DNA（deoxyribonucleic acid）：脱氧核糖核酸。通过磷酸二酯键将脱氧核糖核苷酸连接在一起所形成的聚合物，是构成大多数基因的物质。

DnaA：大肠杆菌引发体形成时，与 *oriC* 结合的第一个蛋白质。

dnaA* box：*dnaA* 框。oriC* 内的一段 9 聚体重复区，DnaA 与之结合形成大肠杆菌引发体。

DnaB：大肠杆菌引发体的一个关键成分。通过促进引发酶的结合而帮助引发体组装。也具有 DNA 解旋酶活性，在引物合成之前解开 DNA 母链。

DNA-binding domain：DNA 结合域。DNA 结合蛋白的一部分，可与 DNA 的靶位特异性结合。

DNA fingerprint：DNA 指纹。利用 DNA 的高变区鉴定特定的个体。

DnaG：大肠杆菌的引发酶。

DNA glycosylase：DNA 糖基化酶。一种能打断受损碱基与其糖之间的糖苷键的酶。

DNA gyrase：DNA 促旋酶。将负超螺旋导

入（泵进）DNA 的一种拓扑异构酶。在复制过程中通过对大肠杆菌 DNA 的解链引起正超螺旋的松弛。

DNA ligase：DNA 连接酶。连接两条双链 DNA 末端的酶。

DNA melting：见 denaturation（DNA）。

DNA microarray：DNA 微阵列。含有众多 DNA 或寡核苷酸微小点阵的一种芯片。用于斑点印迹，可同时检测许多基因的表达。

DNA microchip：DNA 微芯片。见 DNA microarray。

DNA photolyase：DNA 光复活酶。通过打断嘧啶二聚体而催化光复活作用的酶。

DNA-PK（DNA protein kinase）：DNA-PK（DNA 蛋白激酶）。真核生物修复双链断裂的关键酶。

$DNA\text{-}PK_{CS}$：DNA-PK 的催化亚基。

DNA polymerase：DNA 聚合酶。合成 DNA 的酶。通过与模板 DNA 链核苷酸序列的互补来指导单磷酸脱氧核糖核苷（dNMP）的有序连接。

DNA polymerase η：DNA 聚合酶 η。一种特异性的真核聚合酶，可在嘧啶二聚体对面插入两个 dAMP 而实施跨损伤修复。

DNA polymerase θ：DNA 聚合酶 θ。一种特异性的真核 DNA 聚合酶，参与跨损伤修复。

DNA polymerase Ⅰ（pol Ⅰ）：DNA 聚合酶Ⅰ。大肠杆菌三种 DNA 合成酶中的一种；主要用于 DNA 修复。

DNA polymerase Ⅱ（pol Ⅱ）：DNA 聚合酶Ⅱ。大肠杆菌的另一种 DNA 聚合酶。

DNA polymerase Ⅲ holoenzyme：DNA 聚合酶Ⅲ全酶。大肠杆菌复制体中的酶，在复制过程中真正负责合成 DNA。

DNA polymerase ζ：DNA 聚合酶 ζ。真核细胞中一种特异性的 DNA 聚合酶，参与跨损伤修复后新生 DNA 链的延伸。

DNA polymerase Ⅴ：DNA 聚合酶Ⅴ。见 $UmuD'_2C$。

DNA protein kinase：DNA 蛋白激酶。见 DNA-PK。

DNase：脱氧核糖核酸酶，一种降解 DNA 的酶。

DNase footprinting：DNase 足迹法。一种检测蛋白质在 DNA 上的结合位点的方法。可通过观察受蛋白质保护而不被 DNase 降解的 DNA 区域而确定。

DNase-hypersensitive site：DNase 超敏感位点。染色质上对 DNaseⅠ攻击的敏感性百倍于染色质整体的区域。这些位点通常位于活性或具有潜在活性基因的 5′-侧翼区。

DNase-sensitive site：DNase 敏感位点。染色质上对 DNaseⅠ攻击的敏感性十倍于染色质整体的区域。所有活跃基因都趋于 DNase 敏感。

DNA typing：DNA 分型。运用分子技术特别是 Southern 印迹进行的个体鉴定。

domain（protein）：结构域（蛋白质）。蛋白质的独立折叠部分。

domains of life：生命体的分类域。生命的三种显著形态：细菌、古菌、真核生物，最初是通过 rRNA 序列鉴定的。

dominant：显性。与隐性等位基因杂合时能表现其表型特征的等位基因或性状；例如，A 相对于 a 是显性，因为 AA 和 Aa 的表型是一样的。

dominant-negative mutation：显性负突变。一种基因突变方式，所产生的蛋白质不仅无活性，而且通过形成混合多聚物而破坏同一细胞中野生型蛋白质的活性。

double helix：双螺旋。染色体中两条互补 DNA 链所呈现的形状。

double-stranded RNA-activated inhibitor of protein synthesis（DAI）：双链 RNA 激活的蛋白质合成抑制因子（DAI）。对干扰素和双链 RNA 作出应答的一种蛋白激酶。通过使 eIF-2α 磷酸化并增强其对 eIF-2B 的结合而阻断翻译的起始，可阻止感染细胞中病毒蛋白的合成。

down mutation：下降突变。一种通常发生在启动子中的突变，可导致基因的表达下降。

Downstream core element（DCE）：下游核心元件。由三个亚元件组成的Ⅱ类核心启动子元件，位于＋6 和＋33 之间。

downstream destabilizing element：下游去稳定元件。在 mRNA 成熟过程中，结合到外

显子-外显子连接处的一组蛋白。细胞利用这些蛋白质作为参照来确定一个无义密码子是真正的终止密码子还是提前终止密码子。

downstream promoter element (DPE)：下游启动子元件。Ⅱ类核心启动子元件，位于+30位附近。

Drosha：将初级miRNA（pri-miRNA）转换成前体miRNA（pre-miRNA）的RNaseⅢ。

***Drosophila melanogaser*：黑腹果蝇。**被遗传学家广泛利用的一种果蝇。

***Ds*：**在玉米中发现的一种缺陷型转座元件，依赖于*Ac*元件进行转座。

DSB：DNA的双链断裂，是减数分裂重组起始所必需的。

DskA：一种细菌蛋白，在饥饿响应中与预警素ppGpp合作减缓rRNA的合成。

dsRNA：双链RNA。

dUTPase：dUTP水解酶。降解dUTP从而阻止其掺入DNA的酶。

E

editing：编辑。发生在氨酰tRNA合成酶编辑位点上的一个事件，用以终止被合成酶错误激活的非关联氨酰-AMP（或氨酰tRNA）的掺入，也被称为校正。

editing site：编辑位点。氨酰tRNA合成酶中的一个位点，用以查验氨酰腺苷酸（有时是氨酰tRNA），水解那些带有太小氨基酸的氨酰腺苷酸。

EF-2：延伸因子2。延伸因子G的真核生物同源物。

EF-G：延伸因子G。细菌的翻译延伸因子，与GTP一起负责移位。

EF-Ts：延伸因子Ts。将延伸因子Tu上的GDP交换为GTP的交换因子。

EF-Tu：延伸因子Tu。细菌的翻译延伸因子，与GTP一起携带氨酰tRNA（除fMet-tR-NA_f^{Met}外）进入核糖体的A位点。

EGF：见epidermal growth factor。

eIF1：真核生物起始因子1，通过激发扫描过程而定位正确的启始密码子。

eIF1A：与eIF1协同作用使40S核糖体亚基扫描起始密码子。

eIF2：一种真核生物起始因子，负责将Met-$tRNA_i^{Met}$结合到核糖体40S亚基上。

eIF2α：eIF2的亚基之一，磷酸化后可抑制翻译起始。

eIF2B：真核生物的交换因子2B，将eIF2上的GTP转换成GDP。

eIF3：一种真核生物起始因子，结合40S核糖体亚基，阻止它们与60S核糖体亚基过早地再结合。

eIF4A：eIF4F的亚基之一，DEAD家族的RNA结合蛋白，具有RNA解旋酶活性。eIF4F与eIF4B结合后，可结合到mRNA的前导区，并在扫描核糖体亚基之前除去发夹结构。

eIF4B：一种RNA结合蛋白，在翻译起始中帮助eIF4A结合到mRNA上。

eIF4E：eIF4F中的帽结合组分。

eIF4F：真核生物中参与翻译起始的帽结合复合体（译者注：原文为转录起始）。

eIF4G：eIF4F的亚基之一，作为连接两个不同蛋白质的连接因子而发挥作用：与已结合在帽上的eIF4E结合，同时也与已结合在40S核糖体颗粒上的eIF3结合，由此使40S小亚基与mRNA的5′端结合并开始扫描。它还可以与已结合在poly（A）上的PAB I结合。

eIF5：一种真核生物起始因子，促使40S起始复合体与60S核糖体亚基结合。

eIF5B：与原核生物IF2同源的真核因子。帮助eIF5召集60S核糖体亚基到起始复合体上，需要GTP水解才能从核糖体上释放。

eIF6：与eIF3活性相似的真核生物起始因子。

8-oxoguanine (8-hydroxyguanine; oxoG)：8-羟基鸟嘌呤（oxoG）。DNA分子的鸟嘌呤8位上含有一个羟基的氧化产物。

EJC：见exon junction complex。

ELAC2：人类3′-tRNA加工的内切核酸酶的候选酶。

electron-density map：电子密度图。对单个分子或复合分子中电子密度的三维表示法。

electrophile：亲电子试剂。在其他分子中寻找负电荷中心并对其发起攻击的一种分子。

eletrophoresis：电泳。将电压施加到带电分子上并引导其移动的过程。利用该技术可分离 DNA、RNA 或蛋白质片段。

electrophoretic mobility shift assay（EMSA）：电泳迁移率变动分析。见 gel mobility shift assay。

electroporation：电穿孔。用一股强电流将 DNA 导入细胞的方法。

Elk-1：一种激活因子，也是丝氨酸/苏氨酸激酶信号转导的靶标分子。

elongation factor：延伸因子。在翻译延伸阶段的氨酰 tRNA 结合及转位两个步骤中都是必需的。

embryonic stem（ES）cell：胚胎干细胞。在机体内可以分化成任何细胞类型的细胞。

encode：编码。含有合成 RNA 或多肽的信息，一个基因可以编码一个 RNA 或一条多肽。

end-filling：末端填充。利用三磷酸脱氧核苷和 DNA 聚合酶填补双链 DNA 凹陷的 3′端。该技术常用于标记 DNA 链的 3′端。

endonuclease：内切核酸酶。在多核苷酸链内部进行切割的酶。

endoplasmic reticulum（ER）：内质网。字面意思为“细胞内的网状结构”；在细胞内合成并输出蛋白质的膜网状结构。

endo-siRNA：内源性 siRNA。至少在果蝇中存在的由细胞编码的 siRNA。

endospore：内生孢子。在细胞内形成的休眠孢子，如枯草杆菌。

enhanceosome：增强体。由增强子与激活因子偶联所形成的复合体。

enhancer：增强子。与一个或多个激活因子结合而促进一个或多个基因转录的 DNA 元件。增强子一般存在于其调控基因的上游，但也可以颠倒或在间距数百甚至数千碱基对之外对基因起调控作用。

enhancer-binding protein：增强子结合蛋白。见 activator。

enhancer-blocking：增强子屏障。绝缘子对增强子所施加的负作用。

enzyme：酶。一种分子，通常是蛋白质但有时是 RNA，可以催化或加速和指导一个生化反应。

E1，E2 and E3 snoRNA：E1、E2、E3 小核仁 RNA。见 small nucleolar RNA。

epidermal growth factor（EGF）：表皮生长因子。与跨膜受体结合，给细胞传递分裂信号的一类蛋白质。

epigenetic：表观遗传。对 DNA 的碱基序列无影响。

epitope tagging：表位附加。利用遗传学方法将一小段氨基酸残基（附加表位）融合到目的蛋白上。由此可使目的蛋白通过附加表位的识别抗体而进行免疫沉淀，得以纯化。

ERCC1：人类切除修复交叉互补基因 1。与 DNA 修复基因 XPF 一起，在单核苷酸切除修复中切除损伤 DNA 的 5′端。

eRF1：真核生物释放因子，能识别三种终止密码子并从核糖体中释放出合成完毕的多肽。

eRF3：真核生物释放因子，具有依赖于核糖体的 GTP 酶活性，与 eRF1 协同从核糖体中释放合成完毕的多肽。

ERK（extracellular signal-regulated kinase）：胞外信号调节激酶。一种信号转导丝氨酸/苏氨酸蛋白激酶，被 MEK 激活后在细胞核中激活 Elk-1 等激活因子。

error-prone bypass：易错旁路。细胞利用嘧啶二聚体或非编码碱基复制 DNA 的一种机制。易错 DNA 聚合酶被召集并在损伤的对面插入核苷酸。

***Escherichia coli*（*E. coli*）：大肠杆菌。**一种肠内细菌，是研究细菌分子生物学的最佳材料。

E site（ribosomal）：（核糖体的）E 位点。脱酰基 tRNA 在离开核糖体时所结合的出口位点。

E site（RNA polymerase）：（RNA 聚合酶的）E 位点。后续进入的核苷酸在转入（包括旋转）A 位点之前所占据的位点。

essential gene set：必需基因族。机体生命活动所需要的最基本的基因。

EST：序列表达标签。见 expressed sequence tag。

euchromatin：常染色质。处于伸展状态的染色质。RNA 聚合酶容易进入，至少具有潜在的活性，染色浅或正常，被认为含有大多数基因。

eukaryote：真核生物。细胞中含有细胞核的一类有机体。

evolutionarily conserved region（ECR）：进化保守区。在大多数生物的DNA中所具有的序列；可能位于外显子上。

excinuclease：切除核酸酶。在人类核苷酸切除修复中参与切除受损寡核苷酸的内切核酸酶。

excision repair：切除修复。对损伤DNA的修复，包括去除受损DNA并以正常DNA替代之。

exon：外显子。基因的一个区域，最终呈现于该基因的成熟转录物中。该名词可同时用于DNA及其RNA产物。

exon definition：外显子界定。剪接因子识别外显子末端的一种剪接方案。

exon junction complex：外显子连接复合物。剪接时结合到紧邻外显子-外显子连接点上侧的蛋白质与mRNA的复合体，这些蛋白质可促进mRNP转运出细胞核。

exonic splicing enhancer（ESE）：外显子剪接增强子。外显子中能促进剪接的一段区域。

exonic splicing silencer（ESS）：外显子剪接沉默子。外显子中抑制剪接的一段区域。

exon trapping：外显子捕获。克隆外显子的一种方法，将任意DNA片段插入载体进行表达，只有完整的外显子才能表达。

exonulease：外切核酸酶。从末端向内降解多核苷酸的酶。

exosome：外切酶体。降解RNA的一种蛋白质复合体，在细胞核和细胞质中发现了不同的外切酶体。

expect value（E value）：期望值（E值）。预期由随机匹配数所产生的相应比特值。E值越低，匹配越好。

expressed sequence tag（EST）：表达序列标签。通过RT-PCR扩增细胞内的mRNA而产生的一种STS（序列标签位点）。

expression vector：表达载体。使克隆基因表达的一种克隆载体。

F

F plasmid：F质粒。使细菌细胞间产生接合的一类大肠杆菌质粒。

F′ plasmid：F′质粒。含有一段宿主DNA的F质粒。

F_1：一个或多个不同基因型的亲本间杂交的后代。子一代。

F_2：两个F_1个体杂交或一个F_1个体自交的后代。子二代。

FACT（facilitates chromatin transcription）：促染色质转录因子。在体外通过核小体促进转录的一种蛋白质。能与组蛋白H2A和H2B强烈作用，去除这两个核心组蛋白可能使核小体不稳定。

Far Western blot：与Western印迹相似的印迹，但以标记的蛋白质（而不是抗体）作探针，此蛋白质可能结合到印迹的某个蛋白质上。

50S ribosomal subunit：50S核糖体亚基。细菌的核糖体大亚基，与肽键的合成有关。

ferritin：铁蛋白。细胞内的铁存储蛋白。

fingerprint（protein）：指纹（蛋白质）。当一个蛋白质被一个酶（如胰蛋白酶）切成片段（肽段）并通过层析分离后所形成的特定肽斑形式。

FISH（fluorescence *in situ* hybridaztion）：荧光原位杂交。通过荧光探针与整条染色体杂交而确定某个基因或其他DNA序列在染色体上的位置的方法。

5′-end：5′端。具有一个游离（或磷酸化的或帽化的）5′-OH的多核苷酸的末端。

flap-tip helix：瓣顶螺旋。大肠杆菌RNA聚合酶β亚基侧瓣顶端的一个α螺旋区。与转录终止子的转录物中暂停的螺旋环相互作用。

fluor：荧石。被放射性发射源激活而发射光子的物质。

fluorescence resonance energy transfer（FRET）：荧光共振能量转移。一种用于测量两个分子或同一大分子两个组分之间距离的分析技术。其原理是两个彼此靠近的荧光分子之间有共振能量的转移，但转移效率随两个分子间距的增加而减弱。

fluorescent probe：荧光探针。在荧光共振能量传递实验中的一个荧光分子。

fluorography：荧光显影。在介质中显现微弱放射性的方法。比如，以凝胶做介质，将其浸泡于荧石中，后者可将放射性发射转换成光。

fMet：*N*-甲酰甲硫氨酸。见 *N*-formyl methionine。

Fos：AP-1激活因子的两个亚基之一（另一个是Jun）。

14-3-3 protein：信号转导途径的一个成员，可与其他信号蛋白上的磷酸化丝氨酸结合。

fragment reaction：片段反应。用简单底物对肽基转移酶反应的替代。用6nt的fMet-tRNA$_f^{Met}$片段替代肽酰tRNA，用嘌呤霉素替代氨酰tRNA，产物是从核糖体释放的fMet-嘌呤霉素。

frameshift mutation：移码突变。在基因的编码区由于一个或两个碱基的插入或缺失而改变了相应mRNA的可读框。

free radical：游离自由基。无配对电子的非常活跃的化学物质，可以攻击和损伤DNA。

FRET：见 fluorescence resonance energy transfer。

FRET-ALEX（FRET with alternating pulsed excitation）：FRET-ALEX（荧光共振能量转移-脉冲交替激发）。FRET的改进方法。可以修正由于变化的蛋白质环境所引起的供体荧光基团的光谱改变。

functional genomics：功能基因组学。研究不同时间和不同条件下基因组水平的基因表达模式。

functional SELEX：功能性的SELEX。一种基于核酸的功能（如被剪接能力）而富集核酸的SELEX方法。

fusidic acid：梭链孢酸。一种抗生素，在GTP水解后可阻止EF-G从核糖体释放，因而阻断转位后的翻译过程。

fusion protein：融合蛋白。由含有两个融合在一起的可读框（其中一个或两个可能是不完整的）的重组DNA所表达的蛋白质。

G

G protein：G蛋白。一类蛋白质。可被GTP结合而激活、被自身的GTP酶活性水解所结合的GTP为GDP而失活。

G-segment：G片段。一段可断开形成门的DNA片段，在拓扑异构酶Ⅱ作用期间T片段可穿过此门。

galactoside permease：半乳糖苷透性酶。由大肠杆菌乳糖操纵子编码的、将乳糖输入细胞内的酶。

galactoside transacetylase：半乳糖苷转乙酰酶。乳糖操纵子编码的三种酶之一，可使乳糖中的半乳糖苷乙酰化，但它在乳糖操纵子中的重要性还不明了。

GAGA box：GAGA框。某些果蝇绝缘子的元件。

GAL4：通过与上游调控元件（UASG）结合来激活酵母的半乳糖利用（GAL）基因的一种转录因子。

gamete：配子。单倍体性细胞。

γ complex：γ复合物。由聚合酶Ⅲ全酶的γ、δ、δ′、χ和ψ亚基组成的复合物，具有钳子装载活性。

gamma ray：γ射线。能使细胞组分离子化的极高能量的射线，所产生的离子可造成染色体断裂。

GAP：见 GTPase activator protein。

GC box：GC框。一条链上的GGGCGG序列的六聚体，存在于许多哺乳动物结构基因的启动子中，为转录因子SP1的结合位点。

GDPCP：一种不能水解的GTP类似物，在β磷酸基团和γ磷酸基团之间以亚甲基连接。

gel electrophoresis：凝胶电泳。一种在琼脂糖或聚丙烯酰胺凝胶上分离某种物质（一般为核酸或蛋白质）的电泳方法。

gel filtration：凝胶过滤。根据分子大小进行物质分离的柱状层析方法。由于小分子能进入凝胶珠孔而大分子不能进入，所以小分子比大分子需要更长的时间通过柱子。

gel mobility shift assay：凝胶迁移率变动分析。一种分析DNA与蛋白质之间相互结合的方法。将一段短的被标记DNA与某种蛋白质混合后电泳，如果DNA结合到蛋白质上，其电泳迁移率将会大大降低。

gene：基因。遗传的基本单元，含有合成一个RNA，或大多数情况下合成一个多肽的信息。

gene battery：基因群。一群功能上相关的效应基因，由一个共同因子（如一个 miRNA）所调控。

gene cloning：基因克隆。将一个基因导入如细菌等生物中，通过与宿主一起复制而产生该基因的大量拷贝。

gene cluster：基因簇。真核染色体上聚在一起的一组相关基因。

gene conversion：基因转换。一个基因的一种序列转变为该基因的另一种序列的转换。

gene expression：基因表达。合成基因产物的过程。

general transcription factor：通用转录因子。与 RNA 聚合酶一起参与形成转录前起始复合物的真核生物蛋白。

genetic code：遗传密码。一套由密码子及其代表的氨基酸（或终止）组成的 64 个密码子。

genetic linkage：遗传连锁。同一染色体上基因间的物理关联。

genetic mapping：遗传定位。确定基因间的线性排列顺序和间距。

genetic marker：遗传标记。基因组中的一个突变基因或其他特性，可用于“标记”基因组中的特定位点以便基因组作图。

genome：基因组。一个遗传体系中完整的遗传信息，如细菌基因组就是其单个环形染色体。

genomic functional profiling：基因组功能图谱。确定一个有机体生命所有阶段中所有基因的表达模式。

genomic library：基因组文库。一套直接来源于基因组而非 mRNA 的 DNA 片段的克隆。

genomics：基因组学。研究全基因组的结构和功能的学科。

genotype：基因型。给定个体的等位基因的组成。在一个二倍体个体中位点 *A* 的基因型可能是 *AA*、*Aa* 或 *aa*。

GG-NER：全基因组核苷酸切除修复。见 globe genome NER。

gigabase pairs (Gb)：十亿碱基对。

G-less cassette：无 G 框。一段双链 DNA 片段，其非模板链上缺乏 G。在体外，可将无 G 框置于启动子控制下来检测 GTP 缺失时的转录。由于无需 GTP，所以无 G 框可产生转录物，但由于缺少 GTP，其他非特异性的转录只能合成很短的转录物。

globe genome NER (GG-NER)：全基因组核苷酸切除修复。可以在全基因组内移除损伤核苷酸的切除修复。

glucose：葡萄糖。被许多生命形式作为能源的一种简单的六碳糖。

glutamine-rich domain：富谷氨酰胺域。一个富含谷氨酰胺的转录激活域。

glycosidic bond (in a nucleoside)：糖苷键（在一个核苷中）。在 RNA 或 DNA 中连接碱基和糖（核糖或脱氧核糖）的键。

Golgi apparatus：高尔基体。一种能包装新合成的蛋白质以便向细胞外输出的膜细胞器。

gp5：噬菌体 M13 基因 5 的产物。噬菌体单链 DNA 结合蛋白。

gp28：噬菌体 SPO1 基因 28 的产物。噬菌体中期基因特异性 σ 因子。

gp32：噬菌体 T 基因 32 的产物。噬菌体单链 DNA 结合蛋白。

gp33 and gp34：噬菌体 SPO1 基因 33 和基因 34 的产物。它们一起构成晚期基因特异性 σ 因子。

gpA：ΦX174 噬菌体基因 A 的产物。在噬菌体 DNA 复制中起重要作用，作为核酸酶使 RF 的一条链产生缺刻，再行使解旋酶功能打开亲本双链 DNA。

GRAIL：在数据库中鉴别基因的程序。

GRB2：一种接头蛋白，含有能识别信号转导蛋白上的磷酸酪氨酸的 SH2 域，以及能识别其他信号转导蛋白上的富含脯氨酸螺旋的 SH3 域，从而传递信号。

GreA and GreB：细菌的辅助蛋白，与 RNA 聚合酶结合激活其内在的 RNA 酶活性以便切掉含有错误核苷酸的新生 RNA 的末端。

g-RNA：向导 RNA。见 guide RNA (editing)。

group Ⅰ intron：Ⅰ型内含子。由一个游离的鸟嘌呤核苷或鸟嘌呤核苷酸启动的自剪接型内含子。

group Ⅱ intron：Ⅱ型内含子。由形成套索状中间体所启动的自剪接型内含子。

GTPase activator protein（GAP）：GTP 酶激活因子蛋白。可激活 G 蛋白的内源 GTP 酶活性从而导致 G 蛋白失活的蛋白质。

GTPase-associated site：GTP 酶相关位点。核糖体上与 G 蛋白起始、延伸和终止因子相互作用并激活其 GTP 酶活性的位点。

guanine（G）：鸟嘌呤。DNA 中与胞嘧啶核苷配对的嘌呤碱基。

guanine nucleoside exchange protein：鸟嘌呤核苷交换蛋白。用 GTP 替代 G 蛋白上的 GDP 而激活 G 蛋白的一类蛋白质。

guanosine：鸟嘌呤核苷。一种含有鸟嘌呤碱基的核苷。

guide RNA（editing）：向导 RNA（编辑）。结合在前体 mRNA 不同区域上的小 mRNA，作为编辑某个区域上游的模板。

guide sequence（splicing）：向导序列（剪接）。一段 RNA 区域，与另一目标 RNA 的其他区域结合以帮助剪接过程的正确定位。

guide strand（of siRNA）：（siRNA 的）向导链。与 RISC 结合的链，可以降解同源 mRNA。

GW182：至少在高等真核生物中，保证 P-体完整性及 P-体中 mRNA 沉默所需要的蛋白质。

H

hairpin：发夹。由一条单链 DNA 或 RNA 内的反向重复序列在分子内碱基配对所形成的发夹样结构。

half-life：半衰期。分子群体中一半分子消失所需要的时间。

hammerhead ribozyme：锤头状核酶。一种二级结构象锤头的 RNA，具有 RNA 酶活性，可以自剪切。

haploid：单倍体。配子中的染色体数目（n）。

haplotype：单倍体型。单条染色体上的等位基因簇。

haplotype map：单倍体型图。显示单倍体型位置的基因组图谱。

HAT：组氨酸乙酰转移酶。见 histone acetyl transferase。

HAT-A：组氨酸乙酰转移酶 A。使核心组蛋白乙酰化并在基因调控中起作用的组氨酸乙酰转移酶。

HAT-B：组氨酸乙酰转移酶 B。使组蛋白 H3 和 H4 在组装成核小体之前乙酰化的组氨酸乙酰转移酶。

HCR：见 heme-controlled repressor。

HDAC1 and HDAC2：两种组蛋白去乙酰基酶。

heat shock gene：热激基因。响应环境刺激（包括热）时所开启的基因。

heat shock response：热激响应。细胞对热或其他环境刺激的响应。细胞启动编码分子伴侣的热激基因帮助变性蛋白质重新折叠，并启动蛋白酶来降解完全失活的蛋白质。

helicase：解旋酶。解开多核苷酸双螺旋的一种酶。

helix-loop-helix domain（HLH domain）：螺旋-环-螺旋域（HLH 域）。蛋白质的一种结构域，能够与另一个螺旋-环-螺旋域通过形成卷曲螺旋而构成二聚体。

helix-turn-helix：螺旋-转角-螺旋。某些 DNA 结合蛋白（特别是来自原核生物）的结构模体，能嵌于 DNA 的大沟内，并赋予蛋白质与 DNA 结合的能力和特异性。

helper virus（or phage）：辅助病毒（或噬菌体）。为有缺陷的病毒提供相应功能补偿的另一种病毒，可使缺陷病毒得以复制。

heme-controlled repressor（HCR）：血红素调控阻遏物。使 eIF-2α 磷酸化的一种蛋白激酶，能增强前者与 eIF-2B 的结合，从而阻断翻译起始。

hemoglobin：血红蛋白。红细胞中的红色携氧蛋白质。

hereditary nonpolyposis colon cancer（HNPCC）：遗传性非息肉结肠癌。由于错配修复失败而导致的一种常见的人类遗传性结肠癌。

heterochromatin：异染色质。浓缩且无活性的染色质。

heteroduplex：异源双链核酸分子。两条链不完全互补的双链多核苷酸。

heterogeneous nuclear RNA（hnRNA）：不均一核 RNA。在细胞核内发现的一类大小不均一的 RNA，包括未剪接的前体 mRNA。

heteroschizomer：同位酶。识别相同限制酶位点但切割位置不同的限制性内切核酸酶。

heterozygote：杂合子。在一个特定基因位点上具有两个不同形式等位基因的二倍体基因型，如 A_1A_2。

high-throughput DNA sequencing：高通量 DNA 测序。见 sequencing（high throughput, or next generation）。

histone acetyl transferase（HAT）：组蛋白乙酰转移酶。将乙酰 CoA 的乙酰基转移给组蛋白的酶。

histone chaperone：组蛋白伴侣。将组蛋白负载到裸露 DNA 上形成核小体的蛋白质。

histone code：组蛋白密码。邻近某个基因调控区的核小体上的一套组蛋白修饰方式，对该基因的转录有特定效应。

histone fold：组蛋白折叠。由两个环连接三个螺旋所组成的一种组蛋白的结构模体。

histone methyl transferase（HMTase）：组蛋白甲基转移酶。一种含有染色质结构域的酶，能将甲基转移至核心组蛋白上。

Histone：组蛋白。存在于大多数真核染色体上能与 DNA 密切结合的 5 种小分子碱性蛋白。

HLH domain：螺旋-环-螺旋域。见 helix-loop-helix domain。

HMG domain：HMG 域。在一些结构转录因子上发现的一种类似于 HMG 域的区域。

HMG protein：高迁移率蛋白。具有高电泳迁移率（高迁移率基团）的核蛋白。某些 HMG 蛋白已显示有转录调控作用。

HMGA1a：一种结构转录因子，调节 DNA 富 AT 区的弯曲，对β干扰素基因的激活至关重要。

HNPCC：遗传性非息肉大肠癌。见 hereditary nonpolyposis colon cancer。

hnRNA：不均一核 RNA。见 RNA heterogeneous nuclear RNA。

hnRNP A1：异质核糖核蛋白 A1。与 ESS 结合并协助其抑制剪接的一种异质核糖核蛋白。

hnRNP protein：hnRNP 蛋白。与 hnRNA 结合的蛋白质。

Holliday junction：Holliday 连接体。在重组过程中由第一链交换所形成的分支状 DNA 结构。

homeobox（HOX）：同源异型框。在同源异型基因和真核细胞的发育调控基因中所发现的一段 180bp 的序列，编码一个同源异型域。

Homeodomain（HD）：同源异型域。包含 60 个氨基酸、能与 DNA 结合的蛋白质结构域，可使蛋白质紧密结合于特定的 DNA 区域。其结构及与 DNA 相互作用的模式类似于螺旋-转角-螺旋域。

homeotic gene：同源异型基因。其突变能导致身体的某一部分转变为另一部分。

homologous chromosome：同源染色体。除了等位基因差异外，大小、形状和遗传组成都相同的染色体。

homologous（genes or protein）：同源（基因或蛋白质）。源于进化相关性所产生的相似性。

homologous recombination：同源重组。要求重组 DNA 分子间有广泛的序列相似性的重组。

homolog：同源体。由一个共同祖先基因进化而来的基因。包括直系同源和旁系同源。

homology-directed repair（HDR）：同源介导的修复。见 recombination repair。

homozygote：纯合子。给定基因的两个等位基因都相同的二倍体基因型，如 A_1A_1 或 aa。

hormone response element：激素应答元件。对结合了配体的核受体产生响应的增强子。

housekeeping gene：持家基因。编码各类细胞的基本生命过程都需要的蛋白质的基因。

HP1：含有染色质结构域的蛋白质，与组蛋白甲基转移酶相关。

HTF island：HTF 岛。见 CpG island。

human endogenous retrovirus：人内源性反转录病毒。人细胞中的一种转座缺陷且含有

LTR 的反转录转座子。

human immunodeficiency virus (HIV)：人免疫缺陷病毒。导致获得性免疫缺陷综合征（AIDS）的反转录病毒。

HU protein：HU 蛋白。一类诱导 oriC 弯曲从而促使开放复合体形成的小分子 DNA 结合蛋白。

hybrid dysgenesis：杂种不育。在果蝇中观察到的一种现象，两个特定亲本的杂种后代因染色体损伤过多而不育。

hybridization (of polynucleotides)：(多核苷酸的) 杂交。两条来源不同的多核苷酸链形成的双链结构。

hybrid polynucleotide：杂合多核苷酸。多核苷酸杂交的产物。

hydrogen bond network：氢键网络。两个或多个分子间的氢键网络。

hydroxyl radical：羟基自由基。含有未配对电子的羟基基团。它们高度活跃，可攻击和打断 DNA，因此成为足迹法的有效试剂。

hydroxyl radical probing：羟基自由基探测。一种检测蛋白质在 RNA 上的结合位置的技术。将含铁离子（Fe^{3+}）的化合物连接到蛋白质的半胱氨酸上，然后使该蛋白再结合一个 RNA 或含 RNA 的复合体。由铁离子产生的羟基自由基可以打断邻近位点的 RNA，这种断裂可通过引物延伸实验进行检测。

hyperchromic shift：增色转变。DNA **溶液变性时，**260nm **吸光值增加的现象。**

I

identity element：认同元件。被 DNA 结合域所识别的碱基或其他 DNA 元件。

IF1：原核生物翻译起始因子 1。经过一轮翻译后能促使核糖体解离，也能增加其他两个翻译起始因子的活性。

IF2：原核生物翻译起始因子 2。负责将 $fMet\text{-}tRNA_f^{Met}$ 结合到核糖体上。

IF3：原核生物翻译起始因子 3。负责将 mRNA 结合到核糖体上，并在完成一轮翻译后保持核糖体亚基处于分离状态。

immune (λ phage)：免疫 (λ 噬菌体)。一个 λ 噬菌体的溶源性细菌如果不能被第二种噬菌体感染，那么它对另一种 λ 噬菌体的超感染是免疫的。

immunity region：免疫区。λ 或类 λ 噬菌体的调控区，包含阻遏物基因和被该阻遏物识别的操纵基因。

immunoblot：免疫印迹。见 Western blotting。

immunoglobulin (antibody)：免疫珠蛋白 (抗体)。一种能够非常特异性地与入侵物结合并警示机体的免疫防御系统摧毁侵入者的蛋白质 。

immunoprecipitation：免疫沉淀反应。标记蛋白质与一个特异性抗体或抗血清作用然后交联并离心沉淀的技术。一般用电泳和放射自显影检测被沉淀的蛋白质。

imprinting：印记。在配子发生期通过表观遗传学方法（甲基化）所实现的基因的性别专一性沉默。

imprinting control region (ICR)：印记控制区。在哺乳动物中控制 *Igf2*/*H19* 基因座印记的基因座。

***in cis*：顺式。**两个基因位于同一条染色体上的状态。

in silico：电子模拟。仅通过计算机（其中的硅芯）运行。

***in trans*：反式。**两个显性基因位于不同染色体上的状态。

incision：切割。用内切核酸酶切割 DNA 链。

inclusion body：包涵体。大肠杆菌中由于外源基因高水平表达所形成的不溶性蛋白质集合体，这些蛋白质通常无活性，但可通过有条件的变性和复性处理而恢复活性。

indel：插入/缺失。在一个个体或物种（相对于另一个）基因组序列中的插入或缺失。

independent assortment：独立分配。由孟德尔所发现的一个法则，认为在不同染色体上的基因是独立遗传的。

inducer：诱导物。一种能解除操纵子负调控的物质。

initiation factor：起始因子。帮助催化翻译起始的一种蛋白质。

Initiator (Inr)：起始子。转录起始位点附

近的一个位点，对某些Ⅱ类启动子的转录效率十分重要，尤其是无TATA框的启动子。

in-line probing：在线探测。一种检测RNA二级结构的方法，测量RNA被剪切的难易程度，无结构的RNA容易呈现反应物的“在线”排列，更易被剪切。

INO80：一种与SW12/SNF2同源的酵母核小体重构因子。

inosine（I）：次黄嘌呤核苷。含有与胞嘧啶碱基配对的次黄嘌呤的核苷。

insertion sequence（IS）：插入序列。细菌中发现的一种仅包含末端反向重复序列和转座所需基因的简单转座子。

insertion state：插入状态。前起始状态之后，在转录延伸中的一种理论上的第二状态，其中新加入的核苷酸可被再次验证与模板的匹配性。

***in situ* hybridization：原位杂交。**将标记的探针直接与生物样本，如胚胎切片甚至是伸展状态的染色体杂交，以寻找基因或基因的转录物。

insulator：绝缘子。屏蔽一个基因的增强子正效应或沉默子负效应的DNA元件。

insulator body：绝缘体。两个或多个绝缘子与其结合蛋白的复合体。

integrase：整合酶。能将一段核酸整合到另一段核酸中的酶。例如，将一个反转录病毒的原病毒整合到宿主基因组中。

integrator complex：整合因子复合物。Ⅱ类snRNA转录物的3′端加工所需要的一组12个多肽。

intensifying screen：增感屏。一种增强由放射性物质所产生的放射自显影信号的屏板。该屏包含能被放射性的发射源激活发射光子的氟类物质。

interactome：互作组。有机体中所有蛋白质之间相互作用的总和。

intercalate：插入。在两个DNA碱基对之间的插入。

interferon：干扰素。一种由双链RNA激活的、在细胞中具有多种作用的抗病毒蛋白。

interferon-like growth factor 2（IGF2）：类干扰素生长因子2。一种哺乳动物蛋白，其基因（*Igf2*）受印记影响。

intergenic suppression：基因间抑制。由一个基因的突变抑制另一个基因的突变。

Intermediate：中间物。生化途径中的一种底物-产物形式。

internal guide sequence：内部引导序列。核酶内的一个区域，能将RNA的其他部分置于被催化的位置，如自剪接内含子。

internal ribosome entry sequence（IRES）：内部核糖体进入序列。能被核糖体结合并从转录物的中间开始翻译的一段序列，不必从5′端扫描。

intervening sequence（IVS）：间隔序列。见intron。

intracistronic complementation：顺反子内互补。同一基因内两个突变的互补，可以通过不同缺陷单体合作形成一个有活性的寡聚蛋白而实现。

intrinsic terminator：内在终止子。不需要终止因子（如ρ因子）帮助的细菌终止子。

intron：内含子。打断一个基因转录部分的一段区域。内含子是被转录的，但在转录产物成熟过程中被剪接掉。也指DNA及其RNA产物的间隔序列。

intron definition：内含子界定。由剪接因子识别内含子末端而进行的剪接模式。

intronic silencing element：内含子沉默元件。内含子中抑制剪接的区域。

inverted repeat：反向重复。对称的DNA序列，指DNA双链中一条链的正向阅读序列和另一条链的反向阅读序列是相同的。如：

GGATCC　　　CCTAGG

IRE：见iron response element。

iron response element（IRE）：铁响应元件。mRNA非翻译区的一个茎-环结构，与铁调节蛋白结合后反过来影响mRNA的寿命或翻译能力。

iron regulatory protein（IRP）：铁调节蛋白。与IRE结合的蛋白质。又见aconitase。

IRP：见iron regulatory protein。

isoaccepting species（of tRNA）：（tRNA的）同工种类。可以负载同样氨基酸的两个或多个tRNA。

isoelectric focusing：等电聚焦。对蛋白质混合物进行 pH 梯度电泳，直到每种蛋白质都停滞在与自己的等电点相同的 pH 处。因为蛋白质在其等电点处无净电荷，因此它们不再向阳极或阴极移动。

isoelectric point：等电点。蛋白质无净电荷时的 pH。

isoschizomer：同裂酶。识别、切割相同限制酶位点中相同位置的两种或多种限制性内切核酸酶。

isotope-coded affinity tag：同位素编码的亲和标签。一种可以附加到蛋白质上使其分子质量增大的标签，由于已知标签中氘的数目，所增加的分子质量大于含氢的同种标签。

ISWI：一类帮助染色质重构的辅激活因子家族。

J

joining region（J）：连接区。编码可变区最后 13 个氨基酸的一段免疫珠蛋白基因。多个连接区的其中一个经染色体重排与可变区的其余部分连接，使该基因产生更多的变异性。

joint molecule：接合分子。大肠杆菌同源重组过程中联会后期的中间产物，此时已开始链的交换，两条 DNA 链互相缠绕在一起。

Jun：AP-1 激活因子的两个亚基之一（另一个是 Fos）。

K

keto tautomer：酮基互变异构体。在核酸中发现的尿嘧啶、胸腺嘧啶和鸟嘌呤的正常互变体。

kilobase pair（kb）：千碱基对。

kinetic experiment：动力学实验。测量反应动力学（速度）的实验。由于化学反应在很短的时间内发生，因而要求快速测量。

kinetoplast：动基体。锥虫的线粒体，其基因组由许多微环和大环组成。

Klenow fragment：Klenow 片段。DNA 聚合酶Ⅰ通过蛋白酶水解得到的一个片段，缺少母体酶的 5′→3′外切核酸酶活性。

Knockout：敲除体。带有一个失活基因的有机体，特别是小鼠。基因的失活由工程细胞导入胚胎所致。

known gene：已知基因。从基因组测序计划得到的与前期已鉴定过的基因一致的基因。

Kozak's rule：Kozak 规则。真核翻译起始信号最佳序列环境的一组条件。Kozak 规则最重要的是相对于 AUG 起始密码子的-3 位碱基应该是嘌呤，最好是腺嘌呤，＋4 位碱基应该是 G。

Ku：DNA-PK 中含 ATP 酶的调节亚基。与由染色体断裂所形成的双链 DNA 末端结合，在末端连接发生之前起保护作用。

K

L1：一种丰富的人 LINE 因子，至少有 100 000 拷贝，约占人类基因组的 15%。

***lac*A：**编码半乳糖乙酰转移酶的大肠杆菌基因。

***lac*Ⅰ：**编码乳糖操纵子阻遏物的大肠杆菌基因。

***lac* operon：乳糖操纵子。**编码细胞乳糖代谢酶的操纵子。

***lac* repressor：乳糖阻遏物。**大肠杆菌 *lacI* 基因产物，该蛋白质形成一个四聚体结合到乳糖操纵子上，从而阻遏乳糖操纵子。

lactose：乳糖。由半乳糖和葡萄糖两个单糖组成的双糖。

***lac*Y：**编码半乳糖透过酶的大肠杆菌基因。

***lac*Z：**编码 β-半乳糖苷酶的大肠杆菌基因。

lagging strand：后随链。DNA 半保留复制模型中分段式合成的那条链。

λ gt11：一种插入克隆载体，能接受外源 DNA 插入经工程改造而进入 λ 噬菌体的 *LacZ* 基因中。

λ phage（lambda phage）：λ 噬菌体。大肠杆菌的一种温和噬菌体，可进行裂解性或溶源性复制。

λ repressor：λ 阻遏物。以二聚体结合到 λ 噬菌体操纵子 O_R 和 O_L 上的蛋白质，抑制除阻遏物基因自身之外的噬菌体其他所有基因的表达。

large T antigen：大 T 抗原。SV40 病毒早期区的主要产物。一种与病毒 *ori* 位点结合并溶解DNA链以便引物合成的DNA解旋酶，也可导致哺乳动物细胞的恶性转化。

lariat：套索。对某些剪接反应的套索状中间产物的命名。

LC-MS：见 liquid chromatography-mass spectronomy。

leader：前导区。mRNA 5′端的一段不翻译的碱基序列（5′-非翻译区）。

leading strand：前导链。DNA半保留复制中连续性合成的那条链。

LEF-1：淋巴样增强子结合因子，一种结构性转录因子。

leucine zipper：亮氨酸拉链。一种DNA结合蛋白的结构域，其中几个亮氨酸按一定的间隔规律排列。这种结构有利于与另一个亮氨酸拉链形成二聚体，进而与DNA特异性结合。

LexA：大肠杆菌 *lexA* 的基因产物。除了其他功能之外，还抑制 *umuDC* 操纵子。

light repair：光修复。见 photoreactivation。

LIM homeodomain（LIM-HD）activator：LIM同源域激活因子。与CLIM辅激活因子和RLIM辅阻遏物相关的激活因子。

limited proteolysis：有限蛋白酶解。用蛋白水解酶进行的温和处理，可使蛋白质分解为其各个结构域组分。

LINE：见 long interspersed elements。

linker scanning mutagenesis：接头分区诱变。利用合成的双链寡核苷酸（接头）替换天然DNA中的小片段（约10bp）而产生的成簇突变。

liposome：脂质体。一种被脂类物质所包裹的小泡，可用于将DNA导入细胞。

liquid chromatography-mass spectronomy（LC-MS）：液相层析质谱。物质在毛细管中液相层析分离之后，接下来当每种物质从LC中出现时再用质谱仪进行分析。

liquid scintillation counting：液体闪烁计数。将待测物包裹到闪烁液中测定其放射性强度的技术。这种闪烁液含有氟类物质可被放射性发射源激活而发射光子。

locus（loci，pl.）：基因座（复数loci）。基因在染色体上的位置，通常与基因同义。

locus control region（LCR）：基因座调控区。一段染色质区域，如珠蛋白基因相关的区域。它可确保相关基因的活性，而与染色质的位置无关。

long interspersed element（LINE）：长散在元件。哺乳动物中最丰富的非LTR反转录转座子。

long terminal repeat（LTR）：长末端重复序列。在反转录病毒的原病毒或含LTR反转录转座子的两端发现的长几百个DNA碱基对的区域。

looping out：环凸。DNA结合蛋白结合在一个DNA的相距较远的不同位点上时，可以同时相互作用的过程，需要引起两个位点间的DNA形成环状凸出。

LTR：长末端重复序列。见 long terminal repeat。

L7/L12 stalk（L10/L12 stalk）：L7/L12茎（L10/L12茎）。按照惯例在50S核糖体颗粒右侧所显示的茎。包含L12蛋白及其乙酰化的对等物L7（在大多数细菌中），通过L10蛋白与核糖体的其他部分结合。在某些嗜热菌中，L7缺无，该茎叫做L10/L12。

LTR-containing retrotransposon：含LTR的反转录转座子。两端带有LTR的反转录转座子。除了无传染性病毒参与外，其复制方式与反转录病毒相同。

luciferase：萤光素酶。将萤光素转化为可发光并容易检测的化学发光物的酶。萤火虫的萤光素酶基因常在真核细胞转录和翻译实验中用作报告基因。

luxury genes：奢侈基因。编码特殊细胞产物的基因。

lysis：裂解。使细胞膜破裂，如烈性噬菌体所引起的情况。

lysogen：溶源体。带有原噬菌体的细菌。

M

Mad-Max：一种哺乳动物阻遏物。

MAPK：分裂素激活的蛋白激酶。见 mitogen activated protein kinase。

mariner：人的一种缺陷型转座子。依据以前的推测，它可直接通过DNA复制进行转座。

marker：标记。基因组中已知位点上作为标识的基因或突变。

Maskin：一种非洲爪蟾蛋白。通过与CPEB和eIF4E的结合而抑制细胞周期蛋白B的mRNA翻译，并阻止eIF4E与eIF4G结合。当CPEB被磷酸化而离开复合体时，Maskin就释放出eIF4E，启动翻译。

mass spectrometry：质谱分析。使分子发生离子化并将其发射至靶标上的一种高分辨率分析技术。假定分子均为单电荷的，则它们飞行至标靶所需时间与其质量相关。质量提供了有关分子性质的重要信息。

maternal gene：母本基因。母体内卵子发生过程中所表达的基因。

maternal message：母本信息。受精前卵母细胞所产生的mRNA。许多母本信息在受精前保持不翻译状态。

maternal mRNA：见maternal message。

maxicircles：大环。动基体中发现的20～40kb的环状DNA。含有基因（隐秘基因）和编码某些动基体的gRNA。

Mediator：中介因子。与激活因子结合并帮助激活因子促进前起始复合物组装的酵母辅激活因子。

megabase pair（Mb）：兆碱基对。百万碱基对。

meiosis：减数分裂。产生只含亲本细胞一半染色体数目的配子（或孢子）的细胞分裂。

MEK（MAPK/ERK kinase）：MAPK/ERK激酶。一种由Raf激活信号转导丝氨酸/苏氨酸蛋白激酶，并通过磷酸化激活ERK的酶。

Mendelian genetics：孟德尔遗传学。见tran-smission genetics。

merodiploid：部分二倍体。只在某些基因上呈二倍化的细菌。

message：信息。见mRNA。

messager RNA：信使RNA。见mRNA。

methylation interference assay：甲基化干扰分析。一种检测DNA上的位点的方法。这些位点在与特殊蛋白质相互作用中很重要，它们的甲基化会干扰对蛋白质的结合。

7-methyl guanosine（m^7G）：7-甲基鸟嘌呤。在真核生物mRNA起始端的帽核苷。

micrococcal nuclease：微球菌核酸酶。一种能降解核小体之间的DNA，而留下核小体DNA的核酸酶。

microprocessor：微小加工体。Drosha和Pasha（或其同源物）的复合体。

microRNA（miRNA）：微小RNA（miRNA）。一种在细胞中自然产生的18～25nt的小RNA，可通过使特定mRNA降解或阻止其翻译来控制细胞中靶基因的表达。

microsatelite：微卫星。一种短的串联重复多次的DNA序列（通常2～4bp）。特定的微卫星以不同的长度散布在真核生物基因组中。

minicircle：微环。在动基体中发现的1～3kb的环状DNA，编码动基体中的一些gRNA。

minimal genome：最小基因组。维持有机体生命的最少的基因集合。

minisatellite：小卫星。一种通常12bp或更长且串联重复多次的短序列。

minus ten box（－10 box）：－10框。一种大肠杆菌启动子元件，在转录起始位点上游约10bp附近。

minus thirty-five box（－35 box）：－35框。一种大肠杆菌启动子元件，在转录起始位点上游约35bp附近。

miRISC：果蝇中的RIS，与miRNA一起参与基因表达调控。

miRNA：见microRNA。

mirtron：内含子miRNA。由内含子编码的miRNA。剪接过程将其以套索形式从前体mRNA中剪出，去分支之后该内含子折叠成茎环结构，由Dicer将其加工成miRNA。

mismatch repair：错配修复。对新合成DNA中偶尔错误掺入碱基（尽管有编辑系统）的改正。

missense mutation：错义突变。密码子中的一个改变所导致的相应蛋白质氨基酸的改变。

mitogen：分裂素。一种刺激细胞分裂的物质，如激素或生长因子。

mitogen-activated protein kinase（MAPK）：分裂素激活的蛋白激酶。由磷酸化激活的一种蛋白激酶，而磷酸化又由分裂素（如生长因子等）所启动的信号转导途径所致。

mitosis：有丝分裂。产生与亲代细胞有相同核物质的两个子代细胞的细胞分裂。

model organism：模式生物。一种用来替代人类进行研究的生物。选择条件：基因组较小、生长周期短、容易进行基因操作。

molecular chaperone：见 chaperone。

M1 RNA：RNase P 的催化性的 RNA 亚基。

mRNA（messenger RNA）：信使 RNA。携带合成一种或多种蛋白质信息的转录物。

mRNP（messenger RNP）：信使 RNP。mRNA 与所有与其结合的蛋白质的复合体。

MS/MS：一种两步质谱分析技术。经第一步质谱所产生的离子以某种方式处理后再进行第二步质谱分析。

Mud2p：酵母的剪接因子，与 3′-剪接点和分支点桥接蛋白（BBP）结合，从而界定外显子-内含子边界处的 3′-剪接位点。

multiple cloning site（MCS）：多克隆位点。克隆载体中包含若干成串排列的限制酶酶切位点的区域，其中任一位点都可插入外源 DNA。

mutagen：诱变剂。引起突变的物质。

mutant：突变体。至少有一处发生突变的生物体或遗传体系。

mutation：突变。由 DNA 碱基改变或染色体变化所造成的遗传变异的最初来源。自发突变往往无法解释，而诱发性突变则是由于特殊的诱变剂所引起的。

mutator mutant：增变突变体。突变累积速度快于野生型的突变体。

N

***N*：**编码抗终止蛋白 N 的 λ 噬菌体基因。

N：*N* 基因的产物，一种抗终止蛋白，抑制 λ 噬菌体立即早期基因之后的转录终止。

N utilization site（*nut site*）：N 利用位点。λ 噬菌体立即早期基因上的一个位点，可使 N 发挥其抗终止作用。*nut* 位点的转录在相应转录物中产生 N 的结合位点，然后 N 与结合在 RNA 聚合酶上的若干蛋白质相互作用，将聚合酶转变成大力神，即可无视立即早期基因末端的终止信号了。

NAS：见 nonsense-mediated altered splicing。

NC2：见 negative cofactor 2。

N-CoR/SMRT：哺乳动物中与核受体协同作用的辅阻遏物。

ncRNA：见 noncoding RNA。

negative cofactor 2（NC2）：负辅因子 2。一种刺激含 DPE 启动子的转录、抑制含 TATA 框启动子的转录的蛋白质。

negative control：负调控。一种当调控蛋白（如阻遏物）被去除后基因的表达才能开启的调控系统。

neoschizomer：见 heteroschizomer。

NER：见 nucleotide excision repair。

***Neurospora crassa*：粉色链孢霉。**一种常见的面包霉，是由 Beadle 和 Tatum 所培育的遗传学研究材料。

next-generation sequencing：下一代测序技术。见 sequencing（high throughput，or next generation）.

NF-κB：见 nuclear factor kappa B。

***N*-formyl methionine（fMet）：*N*-甲酰甲硫氨酸。**细菌翻译的起始氨基酸。

nick：切口。单链 DNA 上的一个断裂。

nick translation：切口平移。DNA 聚合酶同步地对切口前的 DNA 进行降解，对切口后的 DNA 进行延伸的过程，使切口向 DNA 链的 3′方向移动。

19S particle：19S 颗粒。蛋白酶体的调节部分，也能促进某些基因的转录延伸。

nitrocellulose：硝酸纤维素。一种经化学处理发生改变从而可吸附单链 DNA 和蛋白质的纸。用于与标记探针杂交前的 DNA 转膜印迹及与抗体反应前的蛋白质转膜印迹。

NMD：见 nonsense-mediated mRNA decay。

no-go decay（NGD）：停行降解。核糖体由于某种原因停在 mRNA 上所引起的 mRNA 降解。

node：结点。环连体中两个环的相互交叉点。

nonautonomous retrotransposon：非自主型反转录转座子。一种无长末端重复序列的转座子，不能编码蛋白质，需依赖其他反转录转座子进行转座。

noncoding base：非编码碱基。一种不能与任何天然碱基正确配对的 DNA 碱基（如 3-甲基鸟嘌呤）。

noncoding RNA（ncRNA）：非编码 RNA。不编码蛋白质的转录物。又见 transcripts of unknown function（未知功能转录物）。

nonhomologous end-joining：非同源端接。真核生物中一种修复双链 DNA 断裂（染色体断裂）的机制。

non-LTR retrotransposon：非-LTR 反转录转座子。一种无长末端重复序列的反转录转座子，其复制机制不同于有 LTR 的反转录转座子。

nonpermissive condition：非许可条件。使条件性突变基因的产物不能发挥作用的那些条件。

nonreplicative transposition：非复制型转座。一种转座模式（即"剪-贴型"）。转座子在从 DNA 的一个位置转座到另一位置时不复制，因此，转座后在原来的位置未留下拷贝。也见 conservative transposition。

nonsense codons UAG，UAA，and UGA：无义密码子 UAG、UAA 和 UGA。这些密码子告诉核糖体停止合成蛋白质。

nonsense-associated altered splicing（NAS）：无义关联的选择性剪接。处理提前终止密码子的真核生物系统。当与起始密码位于同一可读框的提前终止密码子被检测出时，NAS 系统采取一种选择性剪接，除去前体 mRNA 中包含提前终止密码子的那一部分。

nonsense-mediated mRNA decay（NMD）：无义介导的 mRNA 降解。降解提前终止密码子的真核生物系统。当 mRNA 中出现了下游去稳定元件与无义密码子之间的距离过长的情况时，细胞就会把无义密码子识别为提前终止密码子而将该 mRNA 降解。

nonsense mutation：无义突变。引起在基因编码区出现提前终止密码子的突变。包括琥珀突变（UAG）、赭石突变（UAA）和卵白石突变（UGA）。

non-stop mRNA：非终止 mRNA。没有终止密码子的 mRNA。

nontemplate DNA strand：非模板 DNA 链。与模板链互补的链，有时称做编码链或有义链。

nontranscribed spacer（NTS）：非转录间隔。位于两个前体 rRNA 基因之间的 DNA 区域。

Northern blotting：Northern 印迹。将 RNA 片段转移到支持介质上的过程（见 Southern 印迹）。

nr：BLAST 搜索获得的默认（非冗余）的数据库。

nt：见 nucleotide。

nTAF（neural TAF）：nTAF（神经系统的 TAF）。与 TRF1 关联的 TAF。

α-NTD：细菌 RNA 聚合酶 α 亚基的氮末端结构域。

nuclear factor kappa B（NF-κB）：核因子 κB（NF-κB）。哺乳动物的激活因子。与其他因子，如 HMG（Y）协同作用，激活免疫系统中的 β-干扰素和其他基因。

nuclear receptor：核受体。与激素（如性激素、糖皮质激素、甲状腺激素）或其他物质（如维生素 D 或视黄酸）相互作用并结合增强子促进转录的蛋白质。有些核受体存在于细胞核内，有些则在细胞质中与配体结合形成复合物，然后转移到核内进而促进转录。

nucleic acid：核酸。由核苷酸相互连接而组成的链状分子（DNA 或 RNA）。

nucleocapsid：核壳。一种由病毒基因组（DNA 或 RNA）及其外壳蛋白所组成的结构。

nucleolus：核仁。在细胞核中所发现的细胞器。在细胞分裂的某些过程中消失，含有 rRNA 基因。

nucleoside：核苷。与糖结合的碱基，包括核糖和脱氧核糖。

nucleosome：核小体。真核生物染色质中重复结构的基本单元，由 8 个组蛋白形成核心，外围缠绕 200bp 的 DNA 片段及结合在组蛋白八聚体外的一分子组蛋白 H1。

nucleosome core particle：核小体核心颗粒。核酸酶消化后所剩余的 145bp 的核小体 DNA，包括中心的组蛋白八聚体，但不含组蛋白 H1。

nucleosome positioning：核小体定位。针对

基因的启动子对核小体特定位置的建立。

nucleotide（nt）：核苷酸。 DNA或RNA链中的基本单元，由糖、碱基及至少一个磷酸基团所组成。

nucleotide excision repair（NER）：核苷酸切除修复。 一种切除修复途径。酶从损伤碱基的任一端切开DNA链，去除包含损伤的一段寡核苷酸，所形成的缺口由DNA聚合酶和DNA连接酶填补。

NuRD： 具有核心组蛋白去乙酰酶活性的核小体重构因子。

NusA： 一种细菌蛋白质。通过促进在终止子处转录物上发卡结构的形成而引发转录终止。

O

O6-methylguanine methyltransferase：O6-甲基鸟嘌呤甲基转移酶。 从烷基化DNA上接受甲基或乙基从而逆转DNA损伤的自杀性酶。

obligate release：强制释放。 一种σ因子循环的方式，要求σ因子在启动子清理时就被释放。

ochre codon：赭石密码。 一种终止密码子，UAA。

ochre mutation：赭石突变。 见nonsense mutation。

ochre suppressor：赭石突变抑制子。 一种tRNA，带有能识别赭石密码子（UAA）的反密码子从而可抑制赭石突变。

Okazaki fragment：冈崎片段。 后随链不连续合成所形成的1000～2000碱基的小DNA片段。

oligo（dT）cellulose affinity chromatography：oligo（dT）纤维素亲和层析。 一种通过相对高离子强度缓冲液的作用使poly（A）$^+$RNA结合到oligo（dT）纤维素上，然后用水洗脱来纯化poly（A）$^+$RNA的方法。

oligomeric protein：寡聚蛋白质。 包含一个以上多肽亚基的蛋白质。

oligonucleotide：寡核苷酸。 短RNA或DNA片段。

oligonucleotide array：寡核苷酸阵列。 见DNA microchip。

oncogene：原癌基因。 一种表达后会导致细胞产生癌变的基因。

one gene-one polypeptide hypothesis：一个基因一个多肽假说。 已被普遍接受的一种假说，即一个基因编码一种多肽。

oocyte 5S rRNA gene：卵母细胞5S rRNA基因。 仅在卵母细胞中表达的5S rRNA基因（在非洲爪蟾单倍体中的数量约为19 500个）。

opal codon：卵白石密码子。 一种终止密码子，UGA。

opal mutation：卵白石突变。 见nonsense mutation。

opal suppressor：卵白石突变抑制子。 一种tRNA，带有能识别卵白石密码子（UGA）的反密码子从而可抑制卵白石突变。

open complex：开放复合体。 由dnaA蛋白和*ori*C组成的复合体，其中位于*ori*C中的三个13聚体已经解链。

open promoter complex：开放启动子复合体。 由RNA聚合酶和原核生物启动子间紧密结合所形成的复合体。“开放”的意思是约有10bp的DNA双链打开或分开。

open reading frame（ORF）：可读框。 不受翻译终止密码子打断的读码框。

operator：操纵基因。 原核生物中与特异性阻遏物紧密结合从而调节相邻基因表达的DNA元件。

operator constitutive mutation：操纵基因组成型突变。 操纵基因中的一种突变，使操纵基因不能与阻遏物有效结合，因而操纵子是组成型的（或以某种方式一直保持）活性状态。

operon：操纵子。 受一个操纵基因协同控制的一组基因。

O region：O区。 *attP*和*attB*间的一小段同源区域。

ORF： 见open reading frame。

***oriC*：** 大肠杆菌的复制起始位点。

origin of replication：复制起始位点。 在复制子中复制起始的唯一位点。

orthologs：直系同源。 由共同的祖先基因进化而来的不同生物的同源基因。

oxoG： 见8-oxoguanine。

oxoG repair enzyme：8-羟基鸟嘌呤修复

酶。切割连接 8-羟基鸟嘌呤与脱氧核糖上的糖苷键的酶。

P

***P_{RE}*：λ启动子。**在溶源态建立的过程中，可发生从此处开始的阻遏物基因转录。

***P_{RM}*：λ启动子。**在溶源态维持的过程中，可发生从此处开始的阻遏物基因转录。

P site（ribosomal）：（核糖体的）P 位点。当新的氨酰 tRNA 进入核糖体时，肽酰 tRNA 结合的位点。

PAB Ⅰ：见 poly（A）-binding protein Ⅰ。

PAB Ⅱ：见 poly（A）-binding protein Ⅱ。

palindrome：回文序列。见 inverted repeat。

panediting：泛编辑。前体 mRNA 的广泛编辑。

paper chromatography：纸层析。一种基于不同分子与纸基及流动相溶剂的相对亲和力进行分离的色谱方法。

PAR：见 poly（ADP-ribose）。

PARG：见 poly（ADP-ribose）glycohydrolase。

PARP：见 poly（ADP-ribose）polymerase。

PARP1：一种 PARP，其与核心核小体的结合十分类似于接头组蛋白的结合方式。激活之际，PARP1 使自身多聚二腺苷核糖化从而与核小体解离，激活基因。

paralog：旁系同源基因。一个物种中通过基因复制而演化形成的同源基因。

paromomycin：巴龙霉素。一种能结合到核糖体 A 位点并降低翻译准确性的抗生素。

paranemic double helix：平行双螺旋。两条链不缠绕只是并行排列的双螺旋，无需解旋就可以分开。

Pasha/DGCR8：与 Drosha 搭档结合初级 miRNA 的 RNA 结合蛋白。在果蝇和线虫中叫做 Pasha，在人类中叫做 DGCR8。

passenger strand：随从链。从 RISC 中弃置的那条 siRNA 链，留下引导链与 RISC 结合。

pathway（biochemical）：途径（生化）。一系列生物化学反应，其中一个反应的产物（中间产物）成为下一个反应的底物。

pause sites：暂停位点。RNA 聚合酶在继续延伸之前所暂停的 DNA 位点。

PAZ：Argonaute 蛋白上与单链 siRNA 结合的功能域。

P-body：P-体。分散的细胞质结构，实施 mRNA 的降解和翻译的抑制。

PBS：见 primer-binding site。

PCNA：增殖细胞核抗原。在前导链合成过程中赋予 DNA 聚合酶 δ 持续性的真核生物蛋白。

PCR：见 polymerase chain reaction。

P element：P 元件。果蝇中控制杂交不育的转座元件，可用于诱导果蝇突变。

peptide bond：肽键。蛋白质中连接氨基酸的键。

peptidyl transferase：肽基转移酶。蛋白质合成中催化肽键形成的酶，是核糖体大亚基的内在组成部分。

permissive conditions：许可条件。允许条件突变基因的产物发挥功能的那些条件。

phage：噬菌体。一种细菌病毒。

phage 434：噬菌体 434。具有自身独特免疫区的类 λ 噬菌体。

phage display：噬菌体展示。当外源基因和噬菌体的衣壳基因以融合蛋白形式表达后，这一外源蛋白会展现在噬菌体的表面。

phagemid：噬菌粒。一种带有单链噬菌体复制起点的质粒克隆载体，在噬菌体感染时能产生单链 DNA 克隆。

phage P1：噬菌体 P1。用于克隆大片段 DNA 的裂解性大肠杆菌噬菌体。

phage P22：噬菌体 P22。具有独特免疫区的类 λ 噬菌体。

phage T7：噬菌体 T7。一种相对简单的大肠杆菌 DNA 噬菌体，与 T3 噬菌体属同一组。该组噬菌体能编码其自身的单亚基 RNA 聚合酶。

pharmacogenomics：药物基因组学。利用患者的 SNP 预测其对各种药物的反应，使治疗能够个性化设计。

phenotype：表型。有机体在形态、生物化学、行为或其他方面所表现的特征。通常只考虑某个目的性状，如体重。

phorbol ester：弗波酯。一种可以通过级联反应（包括激活 AP1）而促进细胞分裂的化学物质。

phosphodiester bond：磷酸二酯键。核酸中连接核苷酸的糖-磷酸键。

phosphorimager：磷屏成像仪。实现磷屏成像的装置。

phosphorimaging：磷屏成像。一种无需胶卷而电子化地测量底物（如在印迹上的）放射性强度的技术。

photoreactivating enzyme：光复活酶。见 DNA photolyase。

photoreactivation：光复活。通过 DNA 光解酶对嘧啶二聚体进行的直接修复。

physical map：物理图。基于 DNA 的物理特征，如限制酶位点而非基因位置，所制作的遗传图。

pioneer round（of translation）：首轮（翻译）。第一个核糖体与 mRNA 结合并对其进行翻译的步骤。

piRNA：见 Piwi-interacting RNA。

PIWI：Argonaute 蛋白上具有切割靶标 mRNA 活性的一个功能域。

Piwi-interacting RNA（piRNA）：Piwi-相互作用 RNA。与一个转座子 RNA 互补的 RNA。可与 Piwi 蛋白结合，通过乒乓机制降解该转座子 RNA。

P/I state：P/I 状态。起始氨酰 tRNA 初始结合时的杂交体状态。其反密码子在 P 位点，其氨基酸和受体臂在“起始”位点（P 位点的 E 位点侧）。

plaque：噬菌斑。病毒侵染宿主细胞后，由于杀死细胞或减缓其生长而在培养皿细胞层上所形成的洞。

plaque assay：噬菌斑分析。通过测定经过一定稀释后的病毒所产生的噬菌斑数量来确定病毒（或噬菌体）浓度的一种分析方法。

plaque-forming unit（pfu）：噬菌斑形成单位。在噬菌斑分析中，病毒形成一个噬菌斑的能力。

plaque hybridization：噬菌斑杂交。挑选含有目标基因的噬菌体克隆的方法。即用标记的探针与取自大量噬菌斑的 DNA 进行同步检测，探针可与目标基因杂交。

plasmid：质粒。一种不依赖细胞染色体而独立复制的环状 DNA 分子。

plectonemic double helix：缠绕双螺旋。两条链相互缠绕并且只有通过解旋才能分开的一种双螺旋，如沃森-克里克双螺旋。

point mutation：点突变。一个或几个相连碱基的改变。

poly（A）：多腺苷酸。典型真核 mRNA 末端约 200 个串连的腺苷酸。

poly（A）-binding protein Ⅰ（PABⅠ，Pab1p）：poly（A）结合蛋白Ⅰ。结合在 mRNA 的 poly（A）尾巴上并显著赋予 mRNA 可译性的蛋白质。

poly（A）-binding protein Ⅱ（PABⅡ）：poly（A）结合蛋白Ⅱ。结合在前体 mRNA 末端新合成的 poly（A）上并促使其延长的蛋白质。

polyadenylation：多腺苷酸化。对 RNA 3′端所进行的 poly（A）的添加。

polyadenylation signal：多腺苷酸化信号。负责对转录物进行切割和多腺苷酸化的一组 RNA 序列。一段 AAUAAA 序列接着在 20～30nt 之后是富 GU 区，然后是富 U 区。富 U 区是典型的切割信号。切割之后 AAUAAA 序列就是多腺苷酸化信号。

poly（A）polymerase（PAP）：poly（A）聚合酶。一种将 poly（A）添加到 mRNA 末端或其前体上的酶。

poly（A）$^+$RNA：在 3′端含 poly（A）的 RNA。

poly（A）$^-$ RNA：在 3′端不含 poly（A）的 RNA。

poly（ADP-ribose）（PAR）：多聚（ADP-核糖）。一种 ADP-核糖的多聚物，由多聚（ADP-核糖）聚合酶将其添加到核蛋白上。该多聚物通常每 40～50 个 ADP-核糖单位就进行一次分支。

poly（ADP-ribose）glycohydrolase（PARG）：多聚（ADP-核糖）糖水解酶。打断多聚（ADP-核糖）中核糖之间糖苷键的酶，由此降解该多聚物。

poly（ADP-ribose）polymerase（PARP）：多聚（ADP-核糖）聚合酶。一种细胞核酶，一

次一个将（ADP-核糖）单位从烟碱腺嘌呤二核苷酸转移到靶蛋白上，从而将多聚（ADP-核糖）附加到蛋白质上。

polycistronic message：多顺反子信使。一个携带有多个基因信息的 mRNA。

polymerase chain reaction（PCR）：聚合酶链反应。利用 DNA 区域的两端引物和 DNA 聚合酶的重复反应，实现对 DNA 片段扩增的过程。

polynucleotide：多核苷酸。以核苷酸为组成单元的多聚物，如 DNA 或 RNA。

polypeptide：多肽。一条蛋白质链。

polyprotein：多聚蛋白质。能被加工成两个或多个小的、有功能多肽的一条长多肽，如反转录病毒中的 pol 多聚蛋白。

polyribosome：多核糖体。见 polysome。

polysome：多核糖体。一条信使 RNA 结合多个核糖体（应该是被多个核糖体翻译）的现象。

pore 1：孔 1。RNA 聚合酶Ⅱ上的一个孔，可使核苷酸进入活性位点。

positional cloning：图位克隆。对参与特定遗传性状的基因进行定位。

positive control：正调控。依赖于正向效应物如 CAP（和 cAMP）的基因表达调控系统。

positive strand：正链。病毒基因组 DNA 中与其 mRNA 有相同遗传信息的链。

positive strand phage（or virus）：正链噬菌体（或病毒）。全基因组只有一条 mRNA 的 RNA 噬菌体（或病毒）。

postsynapsis：联会后期。大肠杆菌中同源重组的一个时期。单链 DNA 取代双链 DNA 中的一条链形成一条新的双螺旋。

postreplication repair：复制后修复。见 recombination repair。

posttranscriptional control：转录后调控。在转录后阶段所发生的对基因表达的调控。此时对转录物进行剪接、切割及修饰等加工。

posttranscriptional gene silencing（PTGS）：转录后基因沉默。见 RNA interference。

posttranslational modification：翻译后修饰。蛋白质合成后所发生的一系列改变。

POT1（Protection of telomeres-1）：见 shelterin。

Pot1p：哺乳动物 POT1 的酵母同源物。结合于端粒末端，保护其免受降解和 DNA 修复酶作用。

ppGpp：预警素 3′-二磷酸和 5′-二磷酸鸟嘌呤核苷（四磷酸鸟苷酸）。当细菌受到饥饿胁迫时可使翻译速度降低。

predicted gene：预测的基因。通过基因组序列计划所获得的基因，含有与 EST 同源的序列。

preinitiation complex：前起始复合物。转录开始前由 RNA 聚合酶和通用转录因子在启动子上组装所形成的复合体。

preinsertion state：前插入状态。转录延伸中的一种假定状态，此时查验添加的核苷酸与模板碱基的匹配性以及正确核糖的有无。

pre-miRNA：前体 miRNA。miRNA 的茎环前体，由 Drosha 切割初级 miRNA（pri-miRNA）而形成。

presynapsis：前联会。大肠杆菌的同源重组期。在 DNA 双链侵入前由 RecA（和 SSB）覆盖在单链 DNA 上。

Pribnow box：Pribnow 框。见 minus ten box（−10 box）。

primary miRNA（pri-miRNA）：初级 miRNA。miRNA 基因的原始转录物，所含茎环的两侧带有多余的部分。

primary structure：一级结构。多肽中的氨基酸序列或 DNA/RNA 中的核苷酸序列。

primary transcript：初级转录物。一个基因初始的、未加工的 RNA 产物。

primase：引发酶。引发体中用以合成引物的酶。

primer：引物。一小段 RNA，可为 DNA 复制起始提供所需要的自由末端。

primer-binding site（PBS）：引物结合位点。反转录病毒 RNA 上的位点，tRNA 引物对其结合可引发反转录。

primer extension：引物延伸。对样品中转录物进行定量，同时也可定位转录物 5′端的方法。将一段标记的 DNA 引物与混合物中特定的 mRNA 杂交，用反转录酶将转录物延伸至 5′端，然后对 DNA 产物电泳，确定其大小和丰度。

primosome：引发体。大肠杆菌中由约 20 个多肽所形成的复合体，可产生 DNA 复制所需的引物。

probe（nucleic acid）：探针（核酸）。一段被示踪物（通常为放射性的）标记的核酸，以使研究者能够追踪探针与未知 DNA 之间的杂交。例如，放射性探针可用于鉴定电泳后的未知 DNA 条带。

processed pseudogene：加工的假基因。一种由类反转座子活性所产生的假基因：经历了正常基因的转录、转录物的加工、反转录及重新插入基因组的过程。

processing（of RNA）：RNA 加工。发生在前体 RNA 成熟过程中包括剪接、5′端或 3′端的修剪或从大的前体上剪切出 rRNA 的系列事件。

processing body：见 P-body。

processivity：进行性。酶能够持续结合在一种或多种底物上进行重复催化过程的态势。因此，DNA 或 RNA 聚合酶不与模板解离而持续合成产物的时间越长，其进行性就越强。

prokaryotes：原核生物。无细胞核的微生物。由细菌包括蓝细菌（蓝-绿藻）和古菌组成。

proliferating cell nuclear antigen（PCNA）：增殖细胞核抗原。一种与真核生物 DNA 聚合酶 δ 相关的蛋白质，可增加后者的持续性。

proline-rich domain：脯氨酸富集域。富含脯氨酸的转录激活域。

promoter：启动子。在转录起始前 RNA 聚合酶所结合的一段 DNA 序列，通常直接位于基因的转录起始位点的上游。

promoter clearance：启动子清理。转录起始后 RNA 聚合酶离开启动子的过程。

proofreading（aminoacyl-tRNA synthetase）：校正（氨酰 tRNA 合成酶）。如果所携带的氨基酸对合成酶来说太小的话，氨酰腺苷酸（偶尔是氨酰 tRNA）就会被水解的过程。

proofreading（DNA）：校正（DNA）。细胞用于检验 DNA 复制发生时的准确性并用正确碱基替换错配碱基的过程。

proofreading（protein synthesis）：校正（蛋白质合成）。在氨基酸掺入合成中的蛋白质链之前，氨酰 tRNA 的正确性在核糖体上经历双重检验的过程。

prophage：原噬菌体。整合到宿主染色体上的噬菌体基因组。

protease：蛋白酶。分解蛋白质的酶。例如，将反转录病毒的多聚蛋白分解为其各个功能单元的蛋白酶。

proteasome：蛋白酶体。能够水解泛素化蛋白质的一组蛋白质组合（沉降系数为 26S）。

protein：蛋白质。由氨基酸亚单位组成的一种多聚物或多肽，有时蛋白质一词指一条以上功能性多肽链的组合，如血红蛋白由 4 条多肽链组成。

protein footprinting：蛋白质足迹。一种类似于 DNase 足迹的方法，用于检测两个蛋白质之间的结合位点。将一个蛋白质的末端标记后与另一个蛋白质结合，然后用蛋白酶温和消化。如果被结合的蛋白质保护了标记蛋白的一部分不被消化，那么电泳后就会少一个条带。

protein kinase A（PKA）：蛋白激酶 A（PKA）。受 cAMP 激活的丝氨酸-苏氨酸特异性蛋白激酶。

protein sequencing：蛋白质测序。确定蛋白质中的氨基酸序列。

proteolytic processing：蛋白水解过程。将蛋白质片段化的切割。

proteome：蛋白质组。有机体一生中所能合成的所有蛋白质的结构和活性。

proteomics：蛋白质组学。对蛋白质组的研究。

provirus：原病毒。反转录病毒 RNA 的双链 DNA 拷贝，可插入宿主的基因组。

proximal promoter：近侧启动子。大约位于-37～－250 的Ⅱ类启动子元件。

proximal sequence element：近侧序列元件。Ⅱ类 snRNA 启动子的基本元件。

Prp28：一种 U5 snRNP 的蛋白质组分；是在 5′-剪接位点上 U6 替换 U1 snRNP 时所必需的。

pseudogene：假基因。一个已发生突变且无功能的正常基因的非等位拷贝。

pseudouridine：假尿苷。在 tRNA 中发现

的一种核苷，其核糖被连接在尿嘧啶碱基的 5-C 而不是 1-N 上。

p300：CBP 的同源物。

pUC vector：**pUC 载体**。基于 pBR322 质粒改造的载体。包括一个氨苄青霉素抗性基因和一个位于 *lacZ'* 基因中间的多克隆位点，可以对插入片段进行蓝/白斑筛选。

pulse-chase：**脉冲追踪**。先将放射性前体短暂地或"脉冲"式地施予一个物质（如 RNA)，使其带有放射性，然后加入过量的未标记前体来追踪该物质中的放射性的过程。

pulsed-field gel electrophoresis（PFGE)：**脉冲场凝胶电泳**。一种反复颠倒电场的电泳技术，可分离大至几个 Mb 的 DNA 片段。

pulse labeling：**脉冲标记**。放射性前体的短时间供给。如将细胞置于放射性胸苷中短时间温育细胞就能脉冲标记 DNA。

purine：**嘌呤**。鸟嘌呤和腺嘌呤碱基的统称。

puromycin：**嘌呤霉素**。一种模拟氨酰 tRNA 的抗生素，通过与正在延伸的多肽形成肽键，然后从核糖体上释放出未完成的多肽而杀死细菌。

pyrimidine：**嘧啶**。胞嘧啶、胸腺嘧啶和尿嘧啶碱基的统称。

pyrimidine dimmer：**嘧啶二聚体**。一条 DNA 链中两个相邻的嘧啶通过烷丁环而共价连接，从而干扰它们与互补链嘌呤的碱基配对。这是由紫外线引起的主要 DNA 损伤。

pyrogram：**热解图**。摄像机所记录的一次焦磷酸测序结果，由对应于掺入碱基的一系列峰形所组成。

pyrosequencing：**焦磷酸测序**。一种高通量 DNA 测序方法，可将每个新掺入核苷酸所释放的无机磷酸转换成可定量化的光。

pyrrolysine：**吡咯赖氨酸**。"第 22 种氨基酸"。在某些古菌中通过一种特殊的 tRNA 将其加入正在延伸的多肽上。

Q

Q：编码抗终止蛋白 Q 的 λ 噬菌体基因。

Q：*Q* 基因的产物。在 λ 噬菌体晚期启动子 $P_{R'}$ 下游附近的一个抑制转录终止的抗终止蛋白。

Q utilization site（*qut site*)：**Q 利用位点**。与 λ 噬菌体晚期基因启动子重叠的 Q 结合位点。当 Q 与 *qut* 结合时，可使 RNA 聚合酶忽视附近的终止子，继续转录至晚期基因。

quaternary structure：**四级结构**。在复杂蛋白质中两个或多个多肽相互作用的方式。

quenching：**淬灭**。快速冷却加热变性的 DNA 使其保持变性状态。

R

R：反转录病毒中位于 U3 和 U5 区之间的 LTR 上"冗长的"区域。

R2Bm：家蚕（*Bombyx mori*）中的 LINE 类似元件。

RACE：见 rapid amplification of cDNA end。

Rad6：使 H2B 组氨酸泛素化的泛素连接酶。

RAD25：具有 DNA 解旋酶活性的酵母转录因子 TFIIH 的亚基。

radiation hybrid mapping：**辐射杂交作图**。电离辐射处理人细胞使其染色体片段化，然后将这些细胞和仓鼠细胞融合形成含有不同大小人染色体片段的杂合体的一种定位技术。一条染色体上紧密连锁的遗传标记易出现在相同的杂种细胞中。

Raf：一种丝氨酸/苏氨酸蛋白激酶。信号转导蛋白 Ras 将其定位于细胞膜的内表面上，Raf 一旦位于细胞膜上就通过磷酸化而被激活。

Rag-1：人类 *RAG-1* 基因的产物。与 Rag-2 协同作用在 RSS 处切割不成熟免疫珠蛋白基因和 T 细胞受体基因，以使不同基因片段能相互重组。

Rag-2：人类 *RAG-2* 基因的产物。与 Rag-1 协同作用在 RSS 处切割不成熟免疫珠蛋白和 T 细胞受体基因，以使不同基因片段能相互重组。

ram* state**：ram* 状态**。大肠杆菌核糖体 16S rRNA 的 H27 螺旋的模糊状态。在此状态中，H27 螺旋的碱基对可稳定密码子和反密码子之间的配对（甚至是非同工反密码子)，从而降低解码的准确性。

RAP1：一种酵母端粒结合蛋白。与端粒DNA的特定序列结合并召集其他端粒蛋白，包括SIR蛋白。见shelterin。

rapid amplification of cDNA end（RACE）：cDNA末端快速扩增。一种扩增cDNA的5′端或3′端的方法。

rapid turnover determinant：快速周转决定子。TfR mRNA的3′-非翻译区上的一组结构域，可确保mRNA较短的半衰期，但在铁离子缺乏的情况下则可提高mRNA的稳定性。

rare cutter：稀有切割酶。一种因其识别序列罕见而很少切割的限制性内切核酸酶。

Ras：*ras*原癌基因的产物。当其处在结合CTP的激活状态时可激活Raf，由Raf传递该信号开启刺激细胞分裂的基因。

Ras exchanger：Ras交换因子。用GTP取代Ras上的GDP而激活Ras的蛋白质。

RdRP：见RNA-directed RNA polymerase。

reading frame：可读框。mRNA中三联体密码的三种翻译方式之一。例如，CAGUGCUCGAC有三种可能的可读框，取决于从何处开始读码：(1) CAG UGC UCG；(2) AGU GCU CGA；(3) GUG CUC GAC。天然mRNA通常只有一种正确的可读框。

real-time PCR：实时定量PCR。利用荧光标签测定一段DNA在PCR中扩增量的方法。

RecA：大肠杆菌*RecA*基因的产物。与SSB一起覆盖在单链DNA末端，使其在同源重组中可侵入DNA双链寻找同源区段，也可在SOS应答中作为协同蛋白酶。

recA：大肠杆菌中编码RecA蛋白的基因。

RecBCD pathway：RecBCD途径。大肠杆菌的主要同源重组途径，由RecBCD蛋白起始。

RecBCD protein：RecBCD蛋白。在大肠杆菌同源重组过程中，在DNA一条链的chi位点附近造成缺刻从而产生一个3′单链末端的蛋白质。

recessive：隐性的。与显性等位基因形成杂合体时不呈现表型的等位基因或性状。例如，由于*Aa*的表型像*AA*而不是aa，因此*a*对*A*是隐性的。

recognition helix：识别螺旋。DNA结合蛋白的DNA结合基序上的α螺旋，伸入靶DNA的大沟并与之发生序列特异性结合，决定了该蛋白的特异性。实际上，识别螺旋是识别其靶DNA的特定序列。

recombinant DNA：重组DNA。两个或多个DNA片段间的重组产物，可在细胞中自然发生或由生物学家在体外完成。

recombination：重组。等位基因在新重组中的重新排列，通过DNA之间或内部的交叉而产生。

recombination-activating gene：重组激活的基因。编码Rag-1或Rag-2的基因。

recombination repair：重组修复。细胞用于复制含有嘧啶二聚体DNA的一种机制。首先，两条链被复制，在损伤处留下一个空缺。随后子代双链间发生重组，将空缺置于正常双链DNA链的互补链上，从而通过复制而填补。

recombination signal sequence（RSS）：重组信号序列。在免疫珠蛋白和T细胞受体基因成熟的过程中，被重组装置识别的、位于重组交叉点上的特异序列。

recruitment：募集。促进底物聚集的过程。通常指募集RNA聚合酶或转录因子结合到启动子上的事件。

regulon：调节子。被共同调控的一组基因。

related gene：相关基因。源于基因组测序计划的基因，其序列与同种或其他物种的已知基因或基因的一部分同源。

release factor（RF）：释放因子。引起翻译在终止密码子处终止的蛋白质。

renaturatin of DNA：DNA复性。见annealing of DNA。

repetitive DNA：重复DNA。在单倍体基因组中重复多次的DNA序列。

replacement vector：置换载体。源于λ噬菌体的克隆载体。其中很大一部分噬菌体DNA被去除了，会被相似大小的外源DNA所取代。

replicating fork：复制叉。两条亲本DNA链解链以进行复制的位点。

replicative form：复制形式。单链RNA或DNA噬菌体或病毒的双链形式，存在于基因组复制过程中。

replicative transposition：复制性转座。“复制-粘贴”式转座，在这一过程中转座子 DNA 被复制，一个拷贝留在原位而另一拷贝移至新位点。

replicon：复制子。从一个复制起点开始复制的所有 DNA。

replisome：复制体。多肽的庞大复合体，包含引发体。复制体在大肠杆菌中复制 DNA。

reporter gene：报告基因。连接在启动子或翻译起始位点之后，用于检测转录或翻译活性的基因。报告基因作为其取代基因的替代物更易于检测。

repressed：阻遏。关闭。操纵子被阻遏时处于关闭或失活状态。

resolution：拆分。以共联体中间体进行转座的第二步；包括共联体分离为两个复制子成分，每个均包含自己的转座子拷贝。也是重组的最后一步，其中，链的第二个配对被打断。

resolvase：解离酶。催化共联体解离的酶；当分支迁移后，在两条 DNA 链上打开切口而使 Holliday 结构解离的内切核酸酶。

***res* sites：*res* 位点。**共联体中转座子的两个拷贝的上位点，它们之间发生交换从而完成拆分。

restriction endonuclease：限制性内切核酸酶。一种识别 DNA 特异碱基序列并在这些位点或附近进行切割的酶。

restriction fragment：限制酶片段。由限制性内切核酸酶切割长 DNA 片段所形成的 DNA 片段。

restriction fragment length polymorphism（RFLP）：限制性片段长度多态性。由给定的限制性内切核酸酶在给定的遗传座位切割所产生的个体间在切割数量上的变异。

restriction map：限制图。显示一段 DNA 区域内限制酶位点分布的图谱。

restriction-modification system（R-M system）：限制-修饰系统。识别相同 DNA 位点的限制性内切核酸酶和 DNA 甲基化酶的组合。

restriction site：限制酶位点。被限制性内切核酸酶识别和切割的核酸序列。

restrictive conditions：见 nonpermissive conditions。

restrictive state：严谨状态。大肠杆菌核糖体 16S rRNA 的 H27 螺旋 *ram* 状态的对应形式，该状态为校正所需要。其中，H27 螺旋要求密码子和反密码子碱基的精确配对，因而增加了解码的准确性。

retained intron：保留内含子。通过选择性剪接使成熟 mRNA 被保留的内含子。

retrohoming：反转录归巢。一个基因的Ⅱ类内含子通过转座进入该基因组中某个无内含子的相同基因的过程。

retrotransposon：反转座子。一种以类似于反转录病毒的机制进行转座的转座元件，如 *copia* 或 *Ty*。

retrovirus：反转录病毒。一种依赖反转录形成原病毒进行复制的 RNA 病毒。

reverse transcriptase：反转录酶。依赖于 RNA 的 DNA 聚合酶；通常存在于反转录病毒中，可催化反转录。

reverse transcriptase PCR（RT-PCR）：反转录 PCR。以 mRNA 为模板通过反转录酶合成 cDNA，又以产生的 cDNA 为模板进行 PCR 的过程。

reverse transcription：反转录。以 RNA 为模板合成 DNA 的过程。

reversion：回复。在同一个基因中再次发生的突变，可消除前期突变的效应。

RF（replicative form）：复制型。单链 DNA 噬菌体（如 ϕX174）基因组的环状双链形式，该形式为滚环复制做好准备。

RF1：原核生物中识别 UAA 和 UAG 终止密码子的释放因子。

RF2：原核生物中识别 UAA 和 UGA 终止密码子的释放因子。

RF3：原核生物中具有 GTP 酶活性的依赖于核糖体的释放因子。在 GTP 存在时可帮助 RF1 和 RF2 结合到核糖体上。

RF-A：SV40 病毒 DNA 复制所必需的人类单链 DNA 结合蛋白。

***RFN* element：**位于 *rib*D 操纵子 5′非翻译区的核糖开关。当 FMN 结合后，开关中的碱基配对发生改变，产生一个终止子使转录衰减。

RFLP：见 restriction fragment length polymorphism。

rho（ρ）：在大肠杆菌及其噬菌体的某些终止子中用以终止转录的蛋白质。

rho-dependent terminator：rho 依赖型终止子。依赖于 rho 发挥作用的终止子。

rho-independent terminator：rho 非依赖型终止子。不依赖于 rho 发挥作用的终止子。

rho loading site：rho 装载位点。在延伸的 mRNA 链上，rho 可以结合并召集 RNA 聚合酶的位点。

ribonuclease（RNase）：核糖核酸酶。一种降解 RNA 的酶。

ribonuclease H：核糖核酸酶 H。见 RNase H。

ribonucleoside triphosphates：三磷酸核苷。RNA 的组成成分，包括 ATP、CTP、GTP 和 UTP。

ribose：核糖。RNA 中的糖。

riboprobe：核糖核酸探针。标记的 RNA 探针，通常用于 RNase 保护实验。

ribosomal RNA：核糖体 RNA。见 rRNA。

ribosome：核糖体。翻译 mRNA 产生蛋白质的复合体，由 RNA 和蛋白质组成。

ribosome drop-off：核糖体脱落。核糖体从 mRNA 上的提前释放。

ribosome recycling factor（RRF）：核糖体循环因子。一种与 tRNA 十分相似的蛋白质。在翻译终止后结合到核糖体的 A 位点，并与 EF-G 一起将核糖体从 mRNA 上释放出来。

riboswitch：核糖开关。RNA 上的一段区域，能够与小分子结合，通过影响转录或翻译而改变基因表达。

ribozyme：核酶。具有催化功能的 RNA（RNA 酶）。

rifampicin：利福平。能抑制大肠杆菌 RNA 聚合酶起始转录的一种抗生素。

RISC loading complex（RLC）：RISC 装载复合体。分离两条 siRNA 链并将引导链送至 RISC 的蛋白质复合体。

RITS（RNA-induced initiator of transcriptional gene silencing）：RNA 诱导的转录基因沉默起始子。吸引 RdRP 并扩增 siRNA 的蛋白质复合体。

RLC：见 RISC loading complex。

RLIM（RING finger LIM domain-binding protein）：环指 LIM 域结合蛋白。LIM-HD 激活因子的辅阻遏物。通过使 CLIM 辅激活因子泛素化导致其被标记和酶解而发挥阻遏作用。

R-looping：R 环。一种利用电镜观察 DNA 与 RNA 杂交的技术。当 RNA 取代 DNA 中的一条链而与另一条链杂交时，可形成典型的 R 环。R 环也可以在单链 DNA 和 RNA 间形成，但此过程不形成典型的 R 环，如果 DNA 上含有 RNA 中没有的信息，环状结构仍可观察到。

RNA（ribonucleic acid）：核糖核酸。通过磷酸二酯键连接而成的核（糖核）苷酸多聚物。

RNA-dependent DNA polymerase：依赖于 RNA 的 DNA 聚合酶。见 reverse transcriptase。

RNA-directed RNA polymerase（RdRP）：RNA 指导的 RNA 聚合酶（RdRP）。一种以目标 mRNA 为模板延伸 siRNA 引物，为 Dicer 酶和 siRNA 扩增提供更多底物的酶。

RNA helicase：RNA 解旋酶。一种能解开双链 RNA 或一段双链 RNA 区域的酶。

RNA-induced silencing complex（RISC）：RNA 诱导的沉默复合体。在 RNA 干扰过程中降解目标 mRNA 的 RNA 酶复合体。包括 Dicer、Argonaute 和一种能够切割目标 mRNA 的未知 RNA 酶。

RNA interference（RNAi）：RNA 干扰。一种基因表达调控方式。通过向细胞内插入一段双链 RNA 而使特定 mRNA 降解。

RNA ligase：RNA 连接酶。能连接两段 RNA 的酶。如切除了内含子的前体 tRNA 中的两个片段。

RNA polymerase：RNA 聚合酶。指导转录或 RNA 合成的酶。

RNA polymerase Ⅰ：RNA 聚合酶Ⅰ。真核生物中合成大的前体 rRNA 的 RNA 聚合酶。

RNA polymerase Ⅱ：RNA 聚合酶Ⅱ。真核生物中合成前体 mRNA 和大多数 snRNA 的酶。

RNA polymerase Ⅲ：RNA 聚合酶Ⅲ。真核生物中合成 5S rRNA 和前体 tRNA 及几种其他

前体小 RNA（包括 U6 snRNA）的酶。

RNA polymerase Ⅳ：RNA 聚合酶Ⅳ。类似聚合酶Ⅱ的酶，在植物体内合成 24nt 的异源染色质的 siRNA。

RNA polymerase Ⅴ：RNA 聚合酶Ⅴ。类似聚合酶Ⅱ的酶，在植物体内合成长 RNA，该 RNA 与异源染色质的 siRNA 及 Ago4 合作使异源染色质沉默。

RNA polymerase core：RNA 聚合酶核心。具有基本延伸功能但不能起始特异性转录的原核生物 RNA 聚合酶的亚基集合体；包括除 σ 因子以外的 RNA 聚合酶的所有亚基。

RNA polymerase Ⅱ A：RNA 聚合酶Ⅱ A。带有非磷酸化或低水平磷酸化 CTD 的 RNA 聚合酶Ⅱ的一种形式。

RNA polymerase Ⅱ holoenzyme：RNA 聚合酶Ⅱ全酶。用温和技术可以纯化为一个整体单位的 RNA 聚合酶Ⅱ、转录因子及其他一些蛋白质的组合。

RNA polymerase holoenzyme（bacterial）：RNA 聚合酶全酶（细菌的）。细菌中组成全酶的多肽的组合，通常包括 β、β′、α_2、ω 和 σ 亚基。

RNA polymerase IIO：RNA 聚合酶 IIO。CTD 高度磷酸化的 RNA 聚合酶 II 的一种形式。

RNA processing：RNA 加工。通过切割、剪接、加帽、多腺苷酸化等过程将初始转录物变为其成熟形式的修饰过程。

RNA pull-down：RNA 捕获。一种实验方法，让特定 RNA 与生物素标记的互补 RNA 发生反应而沉淀下来，然后将沉淀复合物与固定到磁珠上的抗生物素蛋白进行反应。通过用磁铁沉淀这些珠子，其上所附着的 RNA 同时也被沉淀下来。一种类似的实验方法是采用非磁性珠子，通过离心而方便地沉淀下来。

RNase E：将大肠杆菌 5S rRNA 从其前体 RNA 中释放出来的 RNase。

RNase H：对 RNA-DNA 杂交体的 RNA 部分具有特异性降解作用的 RNase，是反转录病毒的反转录酶的活性之一。

RNase mapping：RNase 作图。以 RNA 为探针的 S1 定位法的一种变种，其中以 RNase 替代 S1 核酸酶消化单链 RNA。

RNase P：RNase P。从前体 tRNA 的 5′端切除多余核苷酸的酶。大多数 RNase P 都含有催化性的 RNA 亚基。

RNase protection assay：RNase 保护分析。见 RNase mapping。

RNase R：RNase R。与 tmRNA 结合并可能降解由 tmRNA 释放的非终止 mRNA 的一种核糖核酸酶。

RNase Ⅲ：RNase Ⅲ。在大肠杆菌前体 rRNA 加工过程中首先进行切割的酶。

RNA splicing：RNA 剪接。从初级转录物中切除内含子并将外显子一一连接起来的过程。

RNA triphosphatase：RNA 三磷酸酶。在加帽之前除去前体 mRNA 的 5′端 γ 磷酸基团的酶。

rolling circle replication：滚环复制。一种 DNA 复制机制，其中双链环状 DNA 中的一条链保持完整并为另一条链在缺口处的延伸做模板。

RRF：见 ribosome recycling factor。

rRNA（ribosomal RNA）：核糖体 RNA。包含在核糖体中的 RNA 分子。

rRNA precursor（45S）：rRNA 前体（45S）。哺乳动物的大前体 rRNA，包含 28S、18S 和 5.8S 序列。

rRNA（5.8S）：哺乳动物 45S rRNA 前体的最小 rRNA，存在于核糖体大亚基（60S）中，与 28S rRNA 碱基配对。

rRNA（18S）：哺乳动物的核糖体小亚基（40S）中的 rRNA。

rRNA（28S）：哺乳动物的最大 rRNA，存在于核糖体大亚基（60S）中，与 5.8S rRNA 碱基配对。

***rrn* gene：*rrn* 基因。**编码 rRNA 的细菌基因。

Rsd：抗 σ 因子。抑制大肠杆菌中主生长型 σ 因子 σ^{70}（σ^{D}）。

***rsd* gene：*rsd* 基因。**编码 Rsd 的基因。

RSS：见 recombination signal sequence。

R2D2：一种 Dicer 相关蛋白，推测是 RLC 的一部分。

run-off transcription assay：截断转录分析。 一种在体外定量测定特定基因转录程度的方法。一条双链 DNA 含有基因的调控区，在体外转录其 5′区，同时以标记的三磷酸核苷对产物进行标记。RNA 聚合酶从该截断的基因上跑脱，产生预计长度的短 RNA 产物，其丰度即可衡量该基因在体外转录的程度。

run-on transcription assay：连缀转录分析。 一种在体内测定特定基因转录程度的方法。先将细胞核分离出来，其中含有正在进行不同长度 RNA 链延伸的 RNA 聚合酶，然后在体外继续延伸这些 RNA 链，所用核苷酸带有标记以便标记 RNA 产物。然后将这些标记的 RNA 与含有代表被测基因的未标记样品 DNA 进行 Southern 印迹或点杂交，与印迹上每一条带或点的杂交程度是衡量相应基因所延伸 RNA 链的数量，由此测定这些基因转录的程度。

Ruv A：与 Ruv B 共同构成 DNA 解旋酶，在大肠杆菌同源重组过程中促使分支的迁移。

Ruv B：和 Ruv A 共同构成 DNA 解旋酶，在大肠杆菌同源重组过程中促使分支的迁移。还含有为解旋酶提供能量的 ATP 酶。

Ruv C：同源重组的 RecBCD 途径中的拆分酶。

S

***Saccharomyces cerevisiae*：酿酒酵母。**

SAGA：具有乙酰转移酶活性的转录接头复合物。介导某些激活因子的作用。

SAGE：见 serial analysis of gene expression。

scanning：扫描。真核生物的翻译起始模型。其中，40S 核糖体亚基结合到 mRNA 的 5′端并沿 mRNA 扫描或滑动，直到在合适的上下游碱基环境中发现第一个起始密码子。

scintillation：闪烁。由放射性物质发射的光脉冲在液闪计数器上所激发的荧光。

scintillation fluid：见 liquid-scintillation counting。

screen：筛选。从不需要的众多个体中挑选出目的个体的一种遗传分类实验方法，但不能自动去除那些不需要的个体。

scrunching：蜷缩。一种假说，用于解释中断转录中的 RNA 聚合酶在原地将更多的 DNA 挤入，自身却没有相对于 DNA 移动的现象。

SC35：一种哺乳动物的 SR 型 RNA 结合蛋白。可单独引起在某些前体 mRNA 特定位点上执行剪接。

SDS PAGE：见 sodium dodecyl sulfate。

secondary siRNA：次级 siRNA。位于初始引发 RNA 片段界限以外的短双链 RNA，并且总是位于引发 RNA 的有义链的上游。

secondary structure：二级结构。多肽或 RNA 的局部折叠。对于 RNA 而言，二级结构可由分子内碱基配对形成。

sedimentation coefficient：沉降系数。衡量一种分子或颗粒在离心力作用下向离心管底部运动速度的参数。

seed BAC：种子 BAC。在大基因组鸟枪法测序时，为对一个区段完全测序所选择的初始 BAC。

selection：选择。采用阻止生长或致死的方法淘汰非目标个体的遗传分类方法。

selenocysteine：硒代半胱胺酸。“第 21 种氨基酸”。一种稀有氨基酸，由硒取代了半胱氨酸的硫。

SELEX（systematic evolution of ligands by exponential enrichment）：指数级富集的配体系统进化技术。一种富集含功能区核酸（通常为 RNA）或适配子的方法。通过亲和层析等方法将功能性分子筛选出来，随后进行 PCR 扩增，接着再反复筛选及扩增，直至达到指数级富集的效果。

semiconservative replication：半保留复制。在 DNA 复制中，两条亲本链完全分离后分别与一条新的子链配对，由此形成的后代双链中均保留一条亲本链的复制方式。

semidescontiuous replication：半不连续复制。DNA 双链分子的一条链按连续方式复制，另一条链按不连续方式复制的模式。

sequenator：序列分析仪。DNA 自动测序仪。

sequence-tagged connector（STC）：序列标签连接子。在大规模基因组测序中，一个大克隆（如 BAC）末端约 500bp 的序列。

sequence-tagged site（STS）：序列标签位

点。可利用特定引物 PCR 扩增而进行鉴别的短 DNA 片段。

sequencing：测序。确定一个蛋白质的氨基酸顺序或 DNA/RNA 的碱基顺序的过程。

sequencing（high throughput，or next generation）：测序（高通量或下一代）。利用非常快的自动方法（如焦磷酸测序）所进行的测序。以海量平行方式产生相对短的 DNA 读序，从而在短时间内产生大量的序列数据。

serial analysis of gene expression（SAGE）：基因表达系列分析。一种可同时测定多个基因表达水平的方法。采用来自许多相关联 mRNA 所对应的短 cDNA 或标签，并对其进行克隆和测序，出现频率最高的标签即为表达最活跃的。

7SL RNA：识别分泌蛋白信号肽的小 RNA。

70S initiation complex：70S 起始复合体。由 70S 核糖体、mRNA 及准备起始翻译的 $fMet\text{-}tRNA_f^{Met}$ 所组成的翻译起始复合体。

severe combined immunodeficiency（SCID）：重症联合免疫缺陷。患者缺乏免疫系统的一种疾病。病因之一是 *Artemis* 基因缺陷，又称“泡泡男孩”综合征。

SH2 domain：SH2 域。在许多信号转导蛋白中所发现的磷酸酪氨酸结合域。

SH3 domain：SH3 域。引起蛋白质间互作的富脯氨酸双螺旋结合域。

Shelterin：庇护蛋白。结合到端粒上，“庇护”端粒使其免于降解或不恰当的染色体末端连接。在哺乳动物中有 6 种庇护蛋白：TRF1、TRF2、TIN2、POT1、TPP1 和 RAP1。

Shine-Dalgarno（SD）sequence：SD 序列。一段富 G 序列（共有序列为 AGGAGGU）。与大肠杆菌 16S rRNA 3′端序列互补。这两段序列间的碱基配对有助于核糖体与 mRNA 结合。

short hairpin RNA（shRNA）：短发夹 RNA。人工构建的具有反向重复的 RNA，可在体内形成发卡结构并启动 RNA 干扰。

short interfering RNA：见 siRNA。

shotgun sequencing：鸟枪测序法。一种基因组测序方法。把基因组切成小片段，克隆后进行随机测序，然后将这些小片段连接起来以获得整个基因组的序列。

shuttle vector：穿梭载体。一种能够在两个或多个不同宿主中复制的克隆载体，允许重组 DNA 在不同宿主间穿梭。

sickle cell disease：镰状细胞病。一种产生异常 β-珠蛋白的遗传疾病。由于一个氨基酸的改变而使血红蛋白在低氧情况下产生聚集，从而使红细胞扭曲为镰刀形。

sigma（σ）：原核生物 RNA 聚合酶中赋予转录特异性的亚基，具有识别特异性启动子的能力。

σ-cycle：σ 循环。在 RNA 聚合酶全酶的转录起始模式中，σ 因子在转录的某一时刻丢失，然后又与核心，聚合酶结合形成一个新的能够起始转录的全酶。

σ^{43}：枯草芽孢杆菌的主要 σ 因子。

σ^{70}：大肠杆菌的主要 σ 因子。

signal peptide：信号肽。一段约 20 个氨基酸且通常位于多肽的氨基端的序列，可帮助新合成的多肽及其核糖体锚定于内质网。带有信号肽的多肽将定向转运到高尔基体中包装并运出细胞。

signal transduction pathway：信号转导途径。将信号（如结合到细胞表面的生长因子）与一个细胞内效应（通常是基因激活或抑制）联系起来的生化途径。

silencer：沉默子。可在远距离降低真核基因转录的 DNA 元件。

silencing：沉默。对真核基因活性的抑制。可通过在基因区形成异染色质或更小范围内的某种机制包括特定核小体与 DNA 间更紧密的结合来实现。

silent mutation：沉默突变。在有机体中产生的一种即使单倍体或纯合子的情况下也不可察觉的突变。

SIN3：一种酵母的辅抑制因子。

SIN3A and SIN3B：哺乳动物中与酵母 SIN3 对应的辅抑制因子。

single-nucleotide polymorphism（SNP）：单核苷酸多态性。两个或多个个体间在特定基因位点的单个核苷酸差异。

single-strand DNA-binding protein：见 SSB。

siRISC：果蝇 RNA 干扰中有 siRNA 参与

的 RISC。

SIR2，SIR3，and SIR4：酵母异染色质（包括端粒异染色质）形成所需要的相关蛋白。

siRNA（short interfering RNA）：短干扰 RNA。在 RNA 干扰过程中由 Dicer 酶产生的短小（21～28nt）双链引发 RNA 片段。

site-directed mutagenesis：定点诱变。将预期的特定改变引入克隆基因的方法。

site-specific recombination：位点特异性重组。依赖于有限的序列相似性、常发生在相同位置的重组。

SKAR（S6K1 Aly/REF-like substrate）：SKAR（S6K1 Aly/类 REF 底物）。一种蛋白质，在细胞核中被召集到 EJC 上，然后在细胞质中它又召集 S6K1 到 mRNP 上。

［6-4］photoproducts：［6-4］光产物。由紫外线照射所引起的 DNA 损伤，其中一个嘧啶的 6 位碳原子与相邻嘧啶 4 位上的碳原子间形成共价连接。

Ski complex：Ski 复合物。包括 Ski7p 和外切酶体在内的复合体的一部分，可降解真核生物非终止 mRNA。

Ski7p：识别真核生物核糖体 A 位点上非终止 mRNA 的蛋白质，特异性识别这种 mRNA 末端具有 0～3 个 A 的 poly（A），召集 RNase 复合体来降解这一非终止 mRNA。

SL1：含有 TBP 和三种 TAFI 的 I 型转录因子。与 UBF 协同激活聚合酶 I 与 DNA 的结合及转录。

slicer：RNA 切割酶。在 RISC 中切割靶 mRNA 的具有 Argonaute2 活性的酶。

sliding clamp：滑动钳。RNA 聚合酶 Ⅱ 中位于臂末端和底架之间的钳状结构，保证酶与 DNA 模板的分离，因而增强酶的进行性。

Slu7：在内含子 3′-剪切末端选择合适的 AG 进行剪接所必需的因子。

small nuclear RNA（snRNA）：核内小 RNA。在细胞核中发现的一系列小 RNA，与蛋白质结合形成核内小核糖核蛋白体，参与前体 mRNA 的剪接。

small nucleolar RNAs（snoRNAs）：核仁小 RNA。在核仁中发现的数百个小 RNA。其中，核仁小 RNA 的一小部分（E1、E2 和 E3）与蛋白质结合形成核仁小核糖核蛋白体（snoRNP），可参与前体 rRNA 的加工。

small RNA（sRNA）：小 RNA。通过结合到 mRNA 上而控制翻译的一类细菌小 RNA。

SMCC/TRAP：人类的类中介物蛋白。

Sm protein：Sm 蛋白。在所有 snRNP（包括稀有 snRNP）中发现的一组七聚蛋白体。

Sm site：Sm 位点。在 snRNA 上与 SM 蛋白相互作用的一段序列（AAUUUGUGG）。

SmpB：与 tmRNA 结合并帮助其结合到核糖体上的蛋白，可能在某种程度上弥补了 tmRNA 上 D 环的缺失。

snoRNA：见 small nucleolar RNA。

snoRNP：见 small nucleolar RNA。

SNP：见 single-nucleotide polymorphism。

snRNA：见 small nuclear RNA。

snRNP：见 small nuclear RNA。

sodium dodecyl sulfate（SDS）：十二烷基磺酸钠。一种带强负电荷的洗涤剂，用于 SDS 聚丙烯酰胺凝胶电泳（SDS-PAGE）中蛋白质的变性。

somatic cell：体细胞。

somatic 5S rRNA gene：体细胞 5S rRNA 基因。在体细胞和卵母细胞中均表达的 5S rRNA 基因（在非洲爪蟾单倍体中的数目约为 400 个）。

somatic mutation：体细胞突变。一种只影响体细胞的突变，因此不会传给下一代。

S1 mapping：S1 核酸酶作图。特定转录物（或对转录物定量）末端定位的一种方法。将带标记的 DNA 探针与体内或体外合成的转录物杂交，然后用 S1 核酸酶除去杂交体中未杂交的部分，最后，被探针保护的部分与标准分子一起电泳。

S1 nuclease：S1 核酸酶。专一性针对单链 RNA 和 DNA 的一种核酸酶。用于 S1 核酸酶定位。

Sos：一种 Ras 交换因子。

SOS response：SOS 响应。包括 recA 在内的一组基因的激活，以帮助大肠杆菌产生对化学突变剂或辐射等环境攻击的应答。

Southern blotting：Southern 印迹。将凝胶电泳分离的 DNA 片段转移至合适的支持介质，如硝酸纤维素滤膜上，以备与标记探针杂交。

spacer DNA：间隔 DNA。在重复基因（如 rRNA 基因）之间（有时在内部）存在的 DNA 序列。

Spearman's rank correlation：斯皮尔曼等级相关。一种统计方法，其中两组数据按秩序排列，两组数据的秩序间的相关性表示为 R_S，完全相关的 R_S 为 1.0，完全不相关的 R_S 为 0。

specialized gene：特化基因。仅在某一（或极少）类细胞中具有活性的基因，如胰腺 β 胰岛细胞中的胰岛素基因、红细胞的珠蛋白基因，又称为奢侈基因。

spliced leader（SL）：剪接前导序列。锥虫中独立合成的 35nt 前导序列，可被反式剪接至表面抗原基因 mRNA 的编码区内。

spliceosome：剪接体。大的 RNA-蛋白复合体，是核内前体 mRNA 剪接的场所。

spliceosome cycle：剪接体循环。剪接体形成、剪接及解离的过程。

splicing：剪接。去除 RNA 的内含子并将两段外显子连接起来的过程。

splicing factor：剪接因子。包括 snRNP 在内的、对核前体 mRNA 剪接所必需的蛋白质。

Spo11：酵母中能够产生 DSB 并启动减数分裂重组的内切核酸酶。

spore：孢子。①植物或真菌经有性形成或真菌无性形成的特殊单倍体细胞。后者既可作为配子，也可萌发产生新的单倍体细胞。②某些细菌在逆境下无性产生的特殊细胞。这种孢子相对惰性，对逆境具有抗性。

sporulation：孢子发生。

squelching：压制。通过增加一个激活因子的浓度而对另一个激活因子的抑制。可能是由对稀缺通用因子的竞争而引起的。

SRB and MED-containing cofactor（SMCC）：见 SMCC/TRAP。

SRC：见 steroid receptor coactivator。

SRC-1，SRC-2，and SRC-3：见 steroid receptor coactivator（SRC）。

sRNA：见 small RNA。

SR protein：SR 蛋白。一组富含丝氨酸和精氨酸的 RNA 结合蛋白。

SSB：单链 DNA 结合蛋白。用于 DNA 复制和重组过程，与单链 DNA 结合以阻止其与互补链的碱基配对。

S6K1：见 S6 kinase-1。

S6 kinase-1（S6K1）：S6 激酶 1。使核糖体蛋白 S6 磷酸化的蛋白激酶。该酶也受 mTOR 磷酸化，使其与 eIF3 解离并磷酸化 eIF4B，后者增强 eIF4B 和 eIF4A 的结合。被激活的 S6K1 还使 eIF4A 的抑制剂磷酸化（并被抑制）。

stable isotope labeling by amino acid in cell culture（SILAC）：细胞培养中氨基酸的稳定同位素标记。在生长培养基中加入重同位素标记的氨基酸而进行的重同位素对蛋白质的标记。

STC：见 sequence-tagged connector。

steroid receptor coactivator（SRC）：类固醇受体辅激活因子。与带有配体的类固醇受体结合的蛋白质家族的成员，能帮助这些激活因子富集 CBP。

sticky end：黏性末端。能通过互补和碱基配对而连接的双链 DNA 的单链末端。

Stn1p：见 Cdc13p。

stochastic release：随机释放。σ 循环的一个版本，σ 因子在转录延伸期的随机释放。

stop codon：终止密码子。编码翻译终止的三种密码子（UAG、UAA、UGA）。

stopped-flow apparatus：停流装置。一种进行动力学实验的装置，反应试剂在其中被快速聚集，并能检测其反应过程。

strand exchange：见 postsynapsis。

streptavidin：链亲和素。一种由链霉菌产生的易与生物素结合的蛋白质。

streptomycin：链霉素。一种使核糖体误读 mRNA 而杀死细菌的抗生素。

stringency（of hybridization）：（杂交的）严谨度。影响两条多核苷酸链杂交能力的所有因素（温度、盐离子、有机溶剂的浓度等）的组合。在高度严谨的条件下，只有完全互补的链才会杂交，在低严谨条件下，可以产生一些错配。

strong-stop DNA：强终止 DNA。反转录病毒 RNA 的一种反转录初始产物，起始于引物结合位点，终止在病毒 RNA 的 5′端下游 150nt 处。

structural genomics：结构基因组学。对基因组序列的研究。

structural variation（genomic）：结构变异（基因组）。大片段 DNA 发生的变异，与 SNP 相反。

STS：见 sequence-tagged site。

SUMO（small ubiquitin-related modifier）：小泛素相关修饰因子。能够附加在其他蛋白质（如激活因子）上的小肽。可以将蛋白质靶定到细胞核的一个区隔内，使激活因子不能激活基因表达。

sumoylation：SUMO 化。SUMO 蛋白对其他蛋白的附加。

supercoil：见 superhelix。

superhelix：超螺旋。环状双链 DNA 的一种形式，其中双螺旋像自我缠绕的橡皮筋一样。

superinfection（λ phage）：重复感染。一个λ噬菌体的溶源细菌又被另一个λ噬菌体所感染。

supershift：超阻滞。当一个新的蛋白质结合到蛋白质-DNA 复合体时所观察到的凝胶电泳迁移率的额外变化。

superwobble hypothesis：超级摇摆假说。认为反密码子第一位是 U 的 tRNA，至少在一定条件下，可以识别以任意 4 个碱基结尾的密码子。

suppression：抑制。一个突变对另一个突变效应的补偿。

suppressor mutation：抑制子突变。能够逆转相同或不同基因上突变效应的突变。

SV40：猿猴病毒 40。具有小环状基因组的 DNA 瘤病毒，能对某些啮齿动物致瘤。

SWI/SNF：一种辅激活因子家族，通过破坏核小体核心来帮助染色质重构。

synapsis：联会。参与交换的单链和双链 DNA 中互补序列的并行排列，如在大肠杆菌同源重组过程中所发生的情况。

syntenic blocks：同线群。在不同生物间具有保守基因顺序的 DNA 群。

synteny：同线性。不同生物间基因顺序的保守性。也即在给定生物中相同染色体上基因的排列方式。

synthetic lethal screen：合成致死筛选。对相互作用基因的一种筛选过程。利用带有一个非致死突变（如条件致死突变）基因的细胞去搜寻另一些本应在通常条件下非致死的但却是致死的基因突变。这可能意味着这两个基因的产物以某种方式相互作用。其中任一种缺陷都是非致死的，但两种缺陷同时存在则是致死的。

T

TAF：见 TBP-associated factor。

tag sequencing：见 ChIP-seq。

tags（in SAGE）：标签（在 SAGE 中）。细胞中对应于 mRNA 的短 cDNA 片段。

tag SNP：标签 SNP。揭示同一区段上其他 SNP 特点的诊断性 SNP。

T antigen：T 抗原。DNA 瘤病毒 SV40 的早期基因区的主要产物，是具有 DNA 解旋酶活性的 DNA 结合蛋白，能够转化细胞从而致瘤。

***Taq* polymerase：*Taq* 聚合酶。**从栖热水生菌中分离出来的耐高温的 DNA 聚合酶。

target mRNA：靶 mRNA。在 RNA 干扰中被靶向降解的 mRNA。

TATA box：TATA 框。具有 TATAAAA 保守序列的元件，在大多数 RNA 聚合酶Ⅱ所识别的真核生物启动子中位于转录起始位点上游 25～30bp 处。

TATA-box-binding protein（TBP）：TATA 框结合蛋白。分别存在于Ⅰ、Ⅱ、Ⅲ类前起始复合物的 SL1、TFⅡD 及 TFⅢB 因子中的一个亚基。与含有 TATA 框的Ⅱ类启动子的 TATA 框结合。

t loop：T 环。真核生物染色体端粒中所形成的环。

T loop：T 环。tRNA 分子中具有几乎不变的 TψC 序列（ψ指假尿苷）的环，通常在结构图的右侧。

TBP：见 TATA-box-binding protein。

TBP associated factor：TBP 相关因子。在 SL1、TFⅡD 和 TFⅢB 因子中与 TBP 结合的蛋白质。

TBP-free TAFII-containing complex（TFTC）：

含 TBP 无 TAF_{II} 的复合物。

TBP-like factor (TLF)：类 TBP 因子 (TLF)。 TBP 的同源物，缺少能插入苯丙氨酸以帮助 TATA 框弯曲的功能。作为 TBP 的替代物至少可与无 TATA 框的Ⅱ型启动子结合。

TBP-related factor 1 (TRF1)：TBP-相关因子 1。 在果蝇中发现的另一种 TBP，在神经发育中具有活性。

TC-NER： 见 transcription-coupled NER。

T-cell receptor (TCR)：T 细胞受体。 T 细胞表面的抗原结合蛋白，由两条重链（β）和两条轻链（α）组成。

T-DNA： Ti 质粒上诱导肿瘤发生的一段 DNA。

TEBP： 见 telomere end-binding protein。

telomerase：端粒酶。 一种能够在 DNA 复制之后延伸端粒末端的酶。

telomere：端粒。 真核生物中含有短 DNA 序列串联重复结构的染色体末端。

telomere end-binding protein (TEBP)：端粒末端结合蛋白。 存在于纤毛原生动物中的一种二聚体蛋白，与端粒末端结合使其不被降解且不被 DNA 修复酶作用。

telomerase reverse transcriptase (TERT)：端粒酶反转录酶。 端粒酶的亚基，具有反转录酶活性位点。

telomere position effect (TPE)：端粒位置效应。 对靠近端粒的基因的沉默效应。

temperate phage：温和噬菌体。 一种能够进入溶源期并形成原噬菌体的噬菌体。

temperature-sensitive mutation：温度敏感型突变。 一种在高温（非许可温度）下产生有缺陷产物而低温（许可温度）下产生有功能产物的突变。

template：模板。 指导合成互补多核苷酸的一条多核苷酸链（RNA 或 DNA）。例如，一条 DNA 链可作为转录的模板。

template DNA strand：模板 DNA 链。 基因中与 RNA 产物互补的 DNA 链，也即合成 RNA 的模板链，有时又称为反编码链或反义链。

Ten1p： 见 Cdc13p。

teratogen：致畸剂。 导致生物异常发育的物质。

terminal transferase：末端转移酶。 将脱氧核糖核酸一次一个加至 DNA 3′端的酶。

terminal uridylyl transferase (TUTase)：末端尿苷酰转移酶。 在 RNA 编辑过程中把 UMP 残基加至前体 mRNA 上的酶。

terminator：终止子。 见 transcription terminator。

***Ter* site：*Ter* 位点。** 位于大肠杆菌 DNA 复制的终止区的 DNA 位点。共有 6 个 *Ter* 位点，分别为 *TerA*、*TerB*、*TerC*、*TerD*、*TerE* 和 *TerF*。

TERT： 见 telomerase reverse transcriptase。

tertiary structure：三级结构。 多肽或 RNA 的总的三维形状。

tetramer (protein)：四聚体。 4 个多肽形成的复合体。

TFIIA： 能够使 TFIID 与 TATA 框稳定结合的Ⅱ类通用转录因子。

TFIIB： 在体外，于 TFIID 因子之后结合到启动子上的Ⅱ类通用转录因子，帮助 TFIIF 和 RNA 聚合酶Ⅱ结合到启动子上。

TFIIBC： TFIIB 因子的 C 端功能域，与 TBP 致弯曲后的 TATA 框结合。

TFIIBN： TFIIB 因子的 N 端功能域，结合于 RNA 聚合酶Ⅱ活性位点附近，使 RNA 聚合酶Ⅱ定位于距 TATA 框正确的位置上以便起始转录。

TFIID： 在体外首先结合到含 TATA 框的启动子上的Ⅱ类通用转录因子，作为前起始复合物组装的集结位点。包含 TATA 框结合蛋白（TBP）和 TBP 相关因子（TAFII）。

TFIIE： 在体外于 TFIIF 和 RNA 聚合酶之后，但在 TFⅡH 之前结合到前起始复合物上的Ⅱ类通用转录因子。

TFIIF： 在体外于 TFIIB 结合之后与 RNA 聚合酶Ⅱ协同结合到前起始复合物上的Ⅱ类通用转录因子。

TFIIH： 在体外最后结合到前起始复合物上的Ⅱ类通用转录因子。具有蛋白激酶和 DNA 解旋酶活性。

TFIIS： 通过限制 RNA 聚合酶Ⅱ在暂停位

点的停留而促进转录延伸的蛋白质。

TFIIIA：一种通用转录因子，通过促进TFIIIB的结合，与TFIIIC一起帮助激活真核生物5S rRNA基因的转录。

TFIIIB：一种通用转录因子，通过与基因的紧邻上游区结合而激活由RNA聚合酶Ⅲ转录的基因。

TFIIIC：一种通用转录因子，激发TFⅢB与典型Ⅲ类基因的结合。

TfR：见transferrin receptor。

TFTC：见TBP-free TAFII-containing complex。

thermal cycler：热循环仪。通过在引物复性、DNA延伸和DNA变性三种温度之间不断循环而自动进行PCR反应的仪器。

4-thioU（sU）：一种光敏核苷，能被（以4-thioUMP形式）引入RNA，然后与任何结合于4-thioUMP位点的RNA结合蛋白发生紫外交联。

30S initiation complex：30S起始复合物。由30S核糖体亚基、mRNA、fMet-$tRNA_f^{Met}$、起始因子及GTP组成的复合物。该复合物随后与50S核糖体亚基结合。

30S ribosomal subunit：30S核糖体亚基。细菌核糖体小亚基，参与mRNA的解码。

3′-box：3′-框：靠近Ⅱ类snRNA基因末端、确保其初级转录物进行正确加工的DNA元件。

3′-end：3′端：带有游离（或磷酸化）3′-OH的多核苷酸链的末端。

3′tRNase：3′tRNA酶。见tRNA 3′-processing endoribonuclease。

thymidine：胸腺嘧啶脱氧核苷。含有胸腺嘧啶的核苷。

thymine（T）：胸腺嘧啶。在DNA中与腺嘌呤配对的嘧啶碱基。

thymine dimmer：胸腺嘧啶二聚体。在同一条DNA链中两个相邻的胸腺嘧啶共价连接在一起，可干扰与其互补链上对应腺嘌呤的配对。

thyroid hormone receptor（TR）：甲状腺激素受体。一种细胞核受体。无甲状腺素时起阻遏物作用，有甲状腺素时则成为激活因子。

thyroid-hormone-receptor-associated protein（TRAP）：甲状腺激素受体相关蛋白。见SMCC/TRAP。

thyroid hormone response element（TRE）：甲状腺激素响应元件。对甲状腺素受体与甲状腺素复合物响应的增强子。

TIF-1B：人的SL1同源物，存在于某些低等真核生物中。

Ti plasmid：Ti质粒。根瘤农杆菌中的致瘤质粒，用作载体携带外源基因进入植物细胞。

TLF：见TBP-like factor。

tmRNA：见transfer-messenger RNA。

tmRNA-mediated ribosome rescue：tmRNA介导的核糖体拯救。用tmRNA在缺乏终止密码子的mRNA上拯救停运的核糖体。tmRNA负载丙氨酸后进入停止核糖体的A位点，并将丙氨酸供给停止合成的多肽。在转位过程中，这个具有短可读框的tmRNA转至P位点，取代非终止的mRNA。

Tn3：大肠杆菌中编码氨苄抗性基因的转座子。

toeprint assay：趾纹分析。测定与DNA或RNA结合蛋白的边界所用的引物延伸分析方法。

topo Ⅳ：拓扑异构酶Ⅳ。在大肠杆菌DNA复制结束时使子代双螺旋解连环的酶。

topoisomerase：拓扑异构酶。改变DNA超螺旋或拓扑结构的酶。

1. type Ⅰ topoisomerase：Ⅰ型拓扑异构酶。将瞬时单链切口引入DNA底物的酶。

2. type Ⅱ topoisomerase：Ⅱ型拓扑异构酶。将瞬时双链切口引入DNA底物的酶。

torus：一种圆环结构。

TPE：见telomere position effect。

trailer：尾随序列。mRNA 3′端的终止密码子与polyA序列之间的非翻译碱基区域。也称3′-UTR。

***trans*-acting：反式作用。**描述一个遗传元件对位于不同染色体上的另一个基因的表达产生影响的名词，如阻遏物基因或转录因子基因。这些反式作用基因通过产生能在远距离作用的可扩散物质而发挥功能。

transcribed fragments (transfrags)：转录片段。在微阵列检测中，由转录物所代表的基因组的一小段区域。

transcribed spacer：转录后间隔区。编码部分前体 rRNA 的区域，在加工产生成熟 rRNA 的过程中被去除。

transcript：转录物。一个基因的 RNA 拷贝。

transcription：转录。从基因到其 RNA 拷贝的合成过程。

transcription-activating domain：转录激活域。转录激活因子中激活转录的部分。

transcription arrest：转录停滞。转录中或多或少的永久停顿，需借助外力重新开始。

transcription bubble：转录泡。在合成 RNA 过程中紧随 RNA 聚合酶之后的局部解链的 DNA 区域。

transcription-coupled NER (TC-NER)：转录偶联的核苷酸切除修复。只能去除转录链损伤的核苷酸切除修复，需要 RNA 聚合酶检测损伤并召集 NER 装置。

transcription factor：转录因子。通过结合启动子或增强子元件而激发（或有时抑制）真核基因转录的蛋白质。

transcription factor B (TFB)：转录因子 B。与真核 TFIIB 同源的古菌因子。

transcription factories：转录工厂。可发生多基因转录的不连续细胞核位点。

transcription pause：转录暂停。转录的临时中断，通常能被聚合酶所逆转。

transcription terminator：转录终止子。引发转录终止的一段特异性 DNA 序列。

transcription unit：转录单位。启动子和终止子界定的一段 DNA 区域，作为单一单位进行转录。可能含有多个编码区，如腺病毒的主要晚期转录单位。

transcriptional mapping：转录定位。转录物（并非只是基因）对基因组特定位点的定位。

transcriptome：转录组。有机体一生所产生的所有不同转录物的总和。

transcriptomics：转录组学。对一个有机体的转录物的全方位研究。

transcripts of unknown function (TUF)：未知功能的转录物。功能未知的非编码蛋白质的转录物。

transesterification：转酯作用。打开一个酯键并同时生成另一个酯键的反应。例如，核前体 mRNA 剪接的套索中间体的形成就是一种转酯反应。

transfection：转染。外源 DNA 对真核生物细胞的转化。

transferrin：转铁蛋白。通过与转铁蛋白受体结合而将铁离子输入细胞的一种含铁蛋白。

transferrin receptor (TfR)：转铁蛋白受体。结合转铁蛋白且允许与其有效负载的铁离子进入细胞的一种膜蛋白。

transfer-messenger RNA (tmRNA)：转移信使 RNA。一段 300nt 的 RNA，能模仿 tRNA 进而拯救非终止 mRNA 上停止的核糖体。

transfer RNA：见 tRNA。

transformation (genetic)：（遗传）转化。由外源 DNA 导入而引起的细胞遗传组成的改变。

transgene：转基因。将外源基因移植到某个生物体内使其成为转基因生物的过程。

transgenic organism：转基因生物。转入一个或一组新基因的生物。

transition：（碱基）转换。由嘧啶取代嘧啶或嘌呤取代嘌呤所导致的突变。

translation：翻译。核糖体利用 mRNA 携带的信息合成蛋白质的过程。

translesion synthesis (TLS)：跨损伤合成。一种通过复制而绕过 DNA 损伤区域的机制。

translocation：转位。翻译延伸阶段中，紧接肽酰转移酶反应之后的步骤，此过程中 mRNA 在核糖体上移动一个密码子长度并让一个新的密码子进入核糖体 A 位点。

transmission genetics：传递遗传学。研究基因从一代向下一代传递的学科。

transpeptidation：转肽作用。由肽基转移酶催化的（形成肽键的）反应。

transposable element：转座因子。可以从基因组的一个位点移动至另一个位点的 DNA 元件。

transposase：转座酶。由转座子编码并催化转座的一类蛋白质的总称。

transposition：转座。DNA 元件（转座子）从一个位点到另一个位点移动的过程。

transposon：见 transposable element。

***trans*-splicing：反式剪接。**将两个不同转录单位所合成的 RNA 片段剪接在一起的过程。

***trans*-translation：反式翻译。**从阅读非终止 mRNA 到阅读 tmRNA 可读框之间的转换。发生于 tmRNA 介导的核糖体拯救过程。

transversion：颠换。由嘧啶替换嘌呤或嘌呤替换嘧啶所导致的突变。

***trc* promoter：*trc* 启动子。**用于许多表达载体的杂合启动子，包含色氨酸启动子的-35 框（提供表达强度）和乳糖操纵子的-10 框及操纵基因（提供诱导性）。

TRE：见 thyroid hormone response element。

TRF1 and TRF2（TTAGGG repeat-binding factor）：TTAGGG 重复序列结合因子。特异性地与端粒中的双链 DNA 结合的端粒结合蛋白。

TRF1：见 TBP-related factor1。

trigger dsRNA：触发双链 RNA。引发 RNA 干扰的双链 RNA。

Trl：一种 GAGA 框结合蛋白。

tRNA（transfer RNA）：转运 RNA。能够一端结合氨基酸、另一端识别 mRNA 密码子的小分子 RNA，在 mRNA 密码翻译成氨基酸序列的过程中发挥适配器作用。

tRNA charging：tRNA 负载。由氨酰 tRNA 合成酶催化、将 tRNA 与其同工氨基酸相偶联的过程。

$tRNA_f^{Met}$：细菌中负责起始蛋白质合成的 tRNA。

$tRNA_i^{Met}$：真核生物中负责起始蛋白质合成的 tRNA，其类似物有 $tRNA_f^{Met}$。

$tRNA_m^{Met}$：将甲硫氨酸插入肽链内部的 tRNA。

tRNA A-like domain：类 tRNA A 域。tmRNA 的碱基配对的 5′端和 3′端，这种配对形成了类似于 tRNA 的受体臂。

tRNA 3′processing endoribonuclease（3′tRNase）：tRNA 3′加工内切核酸酶。真核生物中从 tRNA 前体的 3′端除去多余核苷酸的酶。

***trp* operon：色氨酸操纵子。**编码合成色氨酸所需一系列酶的操纵子。

***trp* repressor：*trp* 阻遏物。**色氨酸操纵子的阻遏物，由色氨酸阻遏物蛋白和辅阻遏物色氨酸共同组成。

trypanosomes：锥体虫。寄生于哺乳动物和采采蝇的原生动物，后者通过叮咬哺乳动物而传播疾病。

T segment：T 节。在拓扑异构酶Ⅱ作用过程中穿过 G 门的 DNA 片段。

tumor suppressor gene：肿瘤抑制基因。其产物可控制细胞分化从而抑制恶性肿瘤发展的基因。

Tus：*Ter* 基因利用物。结合 Ter 位点且参与复制终止的一种大肠杆菌蛋白。

TUTase：见 terminal uridylyl transferase。

12 signal：12 信号。免疫珠蛋白基因形成机制中，将保守的七聚体和九聚体隔开的一段非保守的 12bp 的重组信号序列（RSS）。

12/23 rule：12/23 规则。在免疫珠蛋白和 T 细胞受体基因成熟过程中的重组规则，其中 12 信号总是与 23 信号结合，但同类信号不能结合。

23 signal：23 信号。在免疫珠蛋白基因形成机制中，将保守的七聚体和九聚体间隔开的一段非保守的 23bp 序列的重组信号序列（RSS）。

two-dimensional gel electrophoresis：双向凝胶电泳。一种高分辨率分离蛋白质的方法。首先通过等电聚焦进行蛋白质的一维分离，然后经 SDS-PAGE 进行二维分离。

2μm plasmid：2μm 质粒。用于酵母克隆的基本质粒。

Ty：通过类似于反转录病毒机制进行转座的酵母转座子。

U

U1 snRNP：第一个 snRNA，识别细胞核前体 mRNA 5′端剪接位点。

$U2AF^{35}$ and $U2AF^{65}$：U2AF 的两个亚基。

U2-associated factor（U2AF）：U2 相关因子。通过结合 3′-剪接位点的多聚嘧啶区和 AG

序列，帮助识别3′-剪接位点上正确AG的剪接因子。

U2 snRNP：识别细胞核前体mRNA分支点的snRNA。

U3：反转录病毒中的长末端重复序列（LTR）上的3′端非翻译区。

U4 snRNP：一种snRNP，其RNA与U6 snRNP的RNA碱基配对，直到需要U6 snRNA剪接核前体mRNA。

U4atac：具有与U4 snRNA同样功能的一种低丰度snRNA，参与对变异内含子的剪接。

U5：反转录病毒的LTR上的5′端非翻译区。

U5 snRNP：一种snRNP，与5′端和3′端的外显子-内含子接合区都能结合，帮助拉近两个外显子以便剪接。

U6 snRNP：一种snRNP，在剪接体中其RNA与前体mRNA的5′端剪接位点及U2 snRNP的RNA碱基配对。

U6atac：具有与U6 snRNA同样功能的一种低丰度snRNA，参与对变异内含子的剪接。

U11 snRNP：具有与U1 snRNA同样功能的一种低丰度snRNA，参与对变异内含子的剪接。

U12 snRNP：具有与U2 snRNA同样功能的一种低丰度snRNA，参与对变异内含子的剪接。

UAF：见upstream activating factor。

ubiquitin：**泛素。**一种能单个或成串地附加在蛋白质（包括激活因子）上的小肽。单一泛素化通常对激活因子具有激活效应，而多重泛素化则将其标记为蛋白酶体降解的目标。

ubiquitinated protein：**泛素化蛋白。**至少附加了一个泛素分子的蛋白质。

UASG：见upstream activating sequence。

UBF：见upstream-binding factor。

Ultraviolet（UV）radiation：**紫外辐射。**日光中的一种射线，可导致DNA产生嘧啶二聚体。

UmuC：$UmuD'_2C$复合体的一个组分。

***umu*C**：*umuDC*操纵子的一个基因，由DNA损伤的SOS响应所诱导。

UmuD：$UmuD'_2C$复合物的一个组分，由蛋白酶修剪形成UmuD′。

umuD：*umuDC*操纵子的一个基因，由DNA损伤的SOS响应所诱导。

***umu*DC**：含有*umuD*和*umuC*基因的操纵子。

$UmuD'_2C$：也叫做DNA聚合酶V，可引起DNA损伤的易错旁路。

undermethylated region：**低甲基化区。**基因内或其侧翼具有相对较少或无甲基的一段区域。

unidirectional DNA replication：**单向DNA复制。**只有一个活跃复制叉沿着一个方向进行的复制。

unit cell：**晶胞。**晶体中的小重复单元。

untranslated region（UTR）：**非翻译区。**位于mRNA编码区外的5′端或3′端不被翻译的区域。

UP element：**上游元件。**在某些细菌强启动子的-35框上游的额外启动子元件，能额外增强聚合酶与启动子间的相互作用。

Upf1 and Upf2：哺乳动物T细胞下游不稳定元件的一部分。

up mutation：**上升突变。**通常发生在启动子中并导致基因表达增强的一种突变。

UPE：见upstream promoter element。

upstream activating sequence（UAS_G）：**上游激活序列。**酵母半乳糖利用基因的一个增强子，激活因子GAL4与之结合。

upstream activating factor（UAF）：**上游激活因子。**UBF的酵母同源物。

upstream-binding factor（UBF）：**上游结合因子。**结合在上游启动子元件（UPE）上的Ⅰ型转录因子，与SL1协同促进聚合酶Ⅰ的结合和转录。

upstream-binding site（UBS）：**上游结合位点。**细菌核心RNA聚合酶上的一个位点，与终止子处的RNA发夹结构的上半部分结合，由此延缓发卡结构形成，抑制转录终止。

upstream promoter element（UPE；class Ⅰ）：**上游启动子元件（Ⅰ型）。**在真核生物Ⅰ型启动子中发现的位于核心启动子上游的启动子元件。

upstream promoter element（class Ⅱ）：**上**

游启动子元件（Ⅱ型）。近端启动子元件，位于核心启动子的上游。

uracil（U）：尿嘧啶。在 RNA 中与胸腺嘧啶类似的一种嘧啶碱基。

uracil *N*-glycosylase：尿嘧啶 *N*-糖基化酶。从 DNA 链中除去尿嘧啶的酶，可留下一个无碱基（无碱基的糖）位点。

uridine：尿苷。含尿嘧啶的核苷。

UTR：非翻译区。在 mRNA 的 3′端或 5′端不被翻译的区域。

V

variable loop：可变环。tRNA 分子中反密码子和 T 环之间的环或茎。

variable number tandem repeat（VNTR）：可变数串联重复。RFLP 的一种类型，在限制酶酶切位点间含有串联重复的小卫星序列。

variable region：可变区。抗体上特异性结合外源物质或抗原的区域。顾名思义，此区域在不同抗体间有很大变化。

V（D）J joining：V（D）J 连接。通过重组形成有活性免疫珠蛋白或 T 细胞受体基因的组装过程，该重组涉及胚胎基因中 V 和 J 或 V、D 和 J 片段的分离。

vector：载体。在基因克隆实验中作为携带者的 DNA（质粒或噬菌体 DNA）。

vegetative cell：营养细胞。通过分裂而不是形成孢子或有性繁殖而进行繁殖的一种细胞。

virulent phage：烈性噬菌体。裂解其宿主的噬菌体。

VNTR：见 variable number tandem repeats。

void volume：外水体积。凝胶过滤实验中，包含大分子不能进入凝胶孔的部分。

VP16：带有酸性转录激活域（但无 DNA 结合域）的疱疹病毒转录因子。

W

Western blotting：Western 印迹法。蛋白质经电泳并转膜，然后与特异抗体或抗血清反应，最后抗体由标记的二抗或蛋白 A 进行检测。

wobble：摇摆。密码子的第三个碱基有可能与反密码子的第一个碱基形成非沃森-克里克的碱基配对方式，允许 tRNA 解读更多密码子。

wobble base pair：摇摆碱基配对。通过摇摆原理（如 G-U 或 A-I 配对）所形成的碱基配对。

wobble hypothsis：摇摆假说。克里克的假说，用摇摆碱基配对来解释为什么一个反密码子可解读多个密码子。

wobble position：摇摆位点。密码子的第三个碱基，此处允许摇摆碱基配对。

wyosine：Y 核苷。tRNA 中高度修饰的一种鸟嘌呤核苷。

X

xeroderma pigmentosum（XP）：着色性干皮病。一种对阳光极度敏感的疾病，甚至暴露于温和的阳光下也会导致多种皮肤癌变，由核苷酸切除修复的某个缺陷所导致。

Xis：λ 的 *xis* 基因的产物，负责从宿主 DNA 中切除 λ DNA。

XPA：一种蛋白质，可确认损伤的 DNA 是否已经与 XPC 结合，并帮助人类 NER 复合物的其他成分进行组装。

***XPA-XPG*：**与核苷酸切除修复（NER）相关的一组人类基因。其中任何一个基因的突变都会导致着色性干皮病（XP）。

***XPB*：**人类 TFIIH DNA 解旋酶的两个亚基之一，在 NER 过程中为 DNA 解链所必需。

***XPC*：**与另一种蛋白质一起识别 DNA 损伤并起始人类 GG-NER。

***XPD*：**人类 TFIIH DNA 解旋酶的两个亚基之一，在 NER 过程中为 DNA 解链所必需。

***XPF*：**和 ERCC1 一起在人类 NER 过程中对 DNA 损伤区的 5′端进行切割。

***XPG*：**一种在人类 NER 过程中对 DNA 损伤区的 3′端进行切割的内切核酸酶。

XP-V：DNA 聚合酶 η 基因突变所导致的一种着色性干皮病（XP）的变异形式。

X-ray crystallography：X 射线晶体学。见 X-ray diffraction analysis。

X-ray diffraction analysis：X 射线衍射分

析。一种通过晶体分子的 X 射线衍射来确定该分子三维结构的方法。

X-rays：X 射线。晶体衍射产生的高能辐射。X 射线衍射谱可用于确定晶体分子的形状，还可使细胞成分离子化，从而造成染色体断裂。

Xrn2：一种人类 5′→3′外切核酸酶，降解共转录剪切后的下游 RNA 产物，并造成转录终止。

Y

YAC：见 yeast artificial chromosome。

yeast artificial chromosome：酵母人工染色体。一种高容量的克隆载体，由酵母左右两个端粒和着丝粒组成。在着丝粒和一个端粒之间所插入的 DNA 成为 YAC 的一部分，可在酵母细胞中复制。

yeast two-hybrid assay：酵母双杂交检测技术。分析两个蛋白质相互作用的技术。其中一个蛋白质（“诱饵”）是与其他蛋白质的 DNA 结合域形成的融合蛋白。另一个蛋白质（“靶标”或“鱼钩”）是与转录激活域形成的融合蛋白。如果这两个融合蛋白在细胞中相互作用，它们就形成激活因子，激活一个或多个报告基因。

Z

Z-DNA：双链 DNA 的左手螺旋形式，其骨架呈现“之”字形。这种结构往往通过嘌呤和嘧啶间的交互伸展作用而稳定。

zinc finger：锌指结构。一种与 DNA 结合的模体，由一个锌离子和四个氨基酸组成，通常是两个半胱氨酸和两个组氨酸。此模体呈手指形状，与 DNA 的大沟特异性结合。

翻译 马 纪 校对 张富春 郑用琏

索　引

（按汉语拼音排序）

－10 框　121

－35 框　121

12/23 法则　772

18S rRNA　488

28S rRNA　488

30S 起始复合物　546

3′-非翻译区　42，501

3′-剪接位点的选择　429

3′端　16

45S 前体 rRNA　488

4-硫尿嘧啶　205

5′-非翻译区　41，501

5′端　16

5. 8S rRNA　488

70S 起始复合物　552

7SL RNA　242

7-甲基化鸟苷　449

8-羟基鸟嘌呤　685

8-氧代鸟嘌呤　685

Ⅰ型内含子　438

Ⅰ型受体　321

Ⅰ型拓扑异构酶　680

Ⅱ型内含子　256，438

Ⅱ型受体　321

Ⅱ型拓扑异构酶　681

Ⅲ型受体　322

α-鹅膏（蕈）毒环肽　242

α-互补　50

β-半乳糖苷酶　164

β钳　713

λ阻遏物　201

σ循环　124

A

A/T 态　641

AP 内切核酸酶　687

ATM 激酶　733

ATR 激酶　733

A 位点　40，253，592

氨基端　29

氨基酸　5，29

氨酰 AMP　543

氨酰 tRNA　543

氨酰 tRNA 合成酶　39，544

B

BAC 步移　802

bHLH-ZIP 域　323

bZIP 和 bHLH 模体　317

巴龙霉素　635

靶 mRNA　505

斑点膜　100

斑点印迹分析　819

斑点杂交　99

半保留复制　7，42，662

半乳糖苷透性酶　164

半乳糖苷转乙酰酶　164

半衰期　500

伴侣蛋白　350

包涵体　62

胞嘧啶　14

胞外细胞信号调控激酶　352

保护 mRNA　455

保留内含子　435

保留性复制　42

保守的　42

保守区　769

报告探针　61

被加工的假基因　783

比特值　852

吡咯赖氨酸　616

必需基因组合　812

闭合启动子复合体　120

庇护蛋白　727

编辑　656

编辑位点　656

变构蛋白　165
变性　74
标签测序　833
标签酶　823
标准型　3
表达序列标签　801
表达载体　62
表观修饰　515
表观遗传　383
表皮生长因子　352
表位附加法　245
表型　1
不对称的　36
不均一核 RNA　241
部分二倍体　166

C

cAMP 受体蛋白　173
cAMP 应答元件结合蛋白　347
CAP-cAMP　857
CAP 激活区 I　175
CCAAT 结合转录因子　260
cDNA　56
cDNA 末端快速扩增　58
cDNA 文库　56
Chargaff 规则　17
Charon 噬菌体　51
ChIP-芯片　832
ChIP 测序　833
cos 位点　53，201
CPD 光裂合酶　686
CpG 岛　791
CpG 序列　515
CpG 抑制　790
CREB 结合蛋白　348
CRM　834
C 端　29
C 值　25
C 值悖论　25
操纵基因　165，166
操纵子　163
插入序列　762
插入状态　148
长末端重复序列　775
长散布因子　779
常染色体　3
常染色质　387
超感染　213
超级摇摆　589
超螺旋　24，149
超螺旋化　149
超阻滞　104
沉降系数　37
沉默　377
沉默突变　42
沉默子　265
持家基因　257
初级 miRNA　527
初级结构　30
触发 dsRNA　505
触发环　253
触发因子　618
穿梭载体　66
串联探测　186
锤头状核酶　187
纯合子　2
次黄嘌呤核苷　588
次级 siRNA　512
促进染色质转录　392
淬灭　505
错配修复　694

D

DEAD 蛋白　561
dnaA 产物　707
dnaA 框　707
DnaB　706
DnaG　706
DNase 超敏感性　372
DNase 超敏感区　372
DNase 敏感区　372
DNase 足迹法　104
DNA　788，818
DNA-PKcs　692
DNA-PK　692
DNA 变性　22
DNA 促旋酶　680
DNA 蛋白激酶　692
DNA 分型　81，83
DNA 结合模体　317，320
DNA 结合域　316
DNA 聚合酶　665

DNA 聚合酶Ⅲ全酶　674
DNA 连接酶　49，665
DNA 熔解　22
DNA 双链断裂　691
DNA 糖基化酶　687
DNA 微卫星　695
DNA 微芯片　819
DNA 微阵列　819
DNA 指纹　81
DRB 敏感型诱导因子　297
dsRNA　505
大环　494
大结构域　694
代谢物激活蛋白　173
代谢阻遏　173
单倍体　2
单倍体型　792
单倍体型图谱　840
单分子力谱　366
单核苷酸多态性　818，839
单链 DNA 结合蛋白　678
蛋白激酶 A　347
蛋白酶体　350
蛋白质测序　43
蛋白质足迹法　720
蛋白质组　818
蛋白质组学　819
等电点　75
等电聚焦　75
等位基因　2
等位基因特异性 RNAi　615
低丰度剪接体　424
低拷贝重复　805
电泳阻滞分析　104
电转化　49
凋亡　733
调节子　832
定点诱变　92
定向复合体　422
定向克隆　50
动基体　494
毒性　5
端粒　725
端粒保护蛋白　728
端粒酶　725
端粒酶反转录酶　726
端粒位置效应　387
短发夹 RNA　511
短干扰 RNA　505
短散布因子　783
断裂剂　685
多核糖体　647
多聚（ADP-核糖）　694
多聚（ADP-核糖）聚合酶　694
多聚蛋白　778
多克隆位点　50
多联体　672
多顺反子信使　164
多肽　5，29
多腺苷酸酸化信号　458
多腺苷酸化　448，454
多腺苷酸化反应的起始　462

E

EF-2　596，604
EF-G　596
EF-Ts　596
EF-Tu　592，596
eIF1　559
eIF2B　558
eIF3　559，560
eIF4B　561
eIF4E　560
eIF4E 结合蛋白　571
eIF4F　559，560
eIF4G　560
eIF5A　592
eIF5B　565
eIF5　559
eIF6　559
eRF1　612
eRF3　612
E 位点　41，253，592
二倍体　2
二级结构　30
二聚化模体　320
二氢尿嘧啶环　649

F

F^+ 细胞　798
F^- 细胞　798
Far Western 筛选　571

Far Western 印迹　471
flap-tip 螺旋　207
F′质粒　798
F 质粒　798
翻译　7，28
反密码子　39
反密码子环　649
反式翻译　613
反式剪接　492
反式配对　651
反式作用　168
反向平行　18
反转录　775
反转录病毒　774
反转录归巢　783
反转录酶 PCR　60
反转录酶　56，775
反转录转座子　774
泛素化蛋白　350
泛素相关修饰因子 SUMO　350
放射自显影　78
非 LTR 的反转录转座子　778
非编码 RNA　841
非编码碱基　683
非对称　118
非复制式转座　764
非进行性降解　616
非模板链　29
非同源末端连接　692
非终止 mRNA　612
非转录间隔区　486
非自主反转录转座子　782
分解代谢　182
分裂素激活蛋白激酶　349
分散性复制　42
分支点桥联蛋白　428
分子伴侣　198
氟石　79
辐射　684
辐射杂交定位　800
辅操纵基因　171
辅激活因子　282，347
辅激活因子相关的精氨酸甲基转移酶　348
辅阻遏物　182
负调控　164
负辅因子　286
负延伸因子　297
复制叉　668
复制后修复　695
复制起点　49
复制式转座　764
复制体　708
复制原点　669
复制子　671
富 AU 元件　524

G

GAGA 框　342
GAGA 因子　369
GC 框　260
gRNA　496，497
GTPase 相关位点　607
GTPase 中心　607
GTP 酶活化蛋白　606
GTP 酶激活物蛋白　352
G 蛋白　606
G 片段　683
干扰素　570
杆状病毒　66
冈崎片段　665
高通量 DNA 测序　88
功能 SELEX　109
共联体　765
共抑制　505
共有序列　121
共有亚基　247
共转录剪切元件　478
构架转录因子　300，340
古菌　9，279
寡核苷酸　55
寡核苷酸阵列　819
冠瘿碱　69
冠瘿瘤　69
光产物　684，696
光裂合酶　685，686
光复活　685
光复活酶　685
光密度计　78
光修复　685
滚环复制　671

H

H1　359

H2A　359
H2B　359
H3　359
H4　359
HMG 蛋白　340
HMG 域　340
hnRNP 蛋白　437
Holliday 连接体　740
HTF 岛　791
HU 蛋白　708
含 SRB 和 MED 的辅因子　347
含锌组件　317
含有 LTR 的反转录转座子　778
合成代谢　182
合成致死筛选法　427
核苷　15
核苷酸　15
核苷酸切除修复　689
核酶　442
核内小 RNA　241，410
核内小核糖核蛋白体　410
核仁　240
核仁小 RNA　489
核仁小核蛋白　489
核糖　14
核糖核苷三磷酸　36
核糖核酸　5
核糖核酸酶　56
核糖开关　186，567
核糖体 RNA　7，37
核糖体　7
核糖体含糊　634
核糖体脱落　522
核糖体循环因子　619
核小体　361
核小体定位　370
核小体重复的长度　365
核心 TAF　279
核心核小体　362
核心聚合酶　117
核心启动子　256
核心启动子元件　121
核心组蛋白　362，367
核因子 kappa B　340
核质　240
轰击法　67
后随链　665
琥珀密码子　608，609
琥珀突变　608
琥珀抑制子　609
滑动钳　713
环丁烷嘧啶二聚体　684
环化一磷酸腺苷酸　173
环凸　151，233
回文结构　48
活化位点　656

I

IF1　546
IF2　546
IF3　546

J

基因　1
基因沉默　515
基因克隆　8
基因群　831
基因特异性转录因子　273
基因位点调控区　374
基因型　3
基因转换　758
基因组功能图谱　818
基因座　3
激活因子　164，265，273，316
激活因子干扰　346
激活因子结合位点　174
激活因子压制　346
激素响应元件　320
加帽　448
加帽酶　470
甲基化干扰分析　181
甲烷细菌　9
甲状腺激素受体　378
甲状腺激素应答元件　378
甲状腺素受体相关蛋白　347
假基因　494，783，804
假尿嘧啶核苷　649
间隔序列　401
剪接前导区　493
剪接体　409
剪接体循环　420
剪接因子　429

剪切和多腺苷酸化特异性因子　461
剪切激活因子　461
碱基　14
碱基颠换　591
碱基对　18
碱基切除修复　686
碱基转换　591
交换　4
交配系统　267
焦磷酸测序　88
酵母人工染色体　55，797
酵母双杂交实验　428
接头扫描突变　258
结构变异　841
结构基因组学　819
结构域　31
截断转录　98
截留装置　605
解码　634
解旋酶　677
近侧启动子　256
近侧启动子元件　260
近侧序列元件　264
具有Ⅱ类样启动子的Ⅲ类基因　263
具有内部启动子的Ⅲ类基因　261
聚丙烯酰胺凝胶电泳　74
聚合酶链反应　58
绝缘体　344
绝缘子　341
菌落杂交　57

K

Kozak 规则　555
开放复合体　707
开放启动子复合体　120
抗-抗 σ 因子　199
抗-抗-抗 σ 因子　199
抗终止　201
抗终止因子　202
抗阻遏作用　369
可变环　649
可变区　769
可变数串联重复序列　799
可读框　41，556，585
克隆　46
跨损伤合成　696
快速反转决定子　502

L

L10-L12 茎　607
L7/L12 茎　607
lac 操纵子　163
lac 阻遏物　164，165
LIM 同源异型域　349
类 tRNA 结构域　612
类干扰素生长因子　334
厘摩　4，798
离子交换层析　76
利用位点　207
连环体　331，723
连接子组蛋白　361
连缀转录　99
镰状细胞贫血病　42
链霉素　600，634
亮氨酸拉链　323
裂解模式　200
磷酸　14
磷酸二酯键　16
硫酸二甲酯　104
六聚体　393
绿色荧光蛋白　437
氯霉素　601
氯霉素乙酰转移酶　101
卵白石密码子　609
卵白石抑制子　609
螺线管　363
螺旋-环-螺旋　323

M

Mad-Max　377
MAPK/ERK 激酶　352
microRNA　520
miRISC　523
miRNA　492，493，505，522，583
miRNA 的生物起源　527
mRNP　563
MS/MS　842
Mud2p　427
脉冲场凝胶电泳　74
脉冲示踪技术　488
毛细血管扩张性共济失调症突变蛋白激酶　733
帽　40，448

帽结合复合物　563
酶　5
每分钟蜕变量　79
孟德尔遗传　2
密码子　7，29，39，584
密码子偏爱性　618
嘧啶　14
嘧啶二聚体　684
免疫沉淀法　101
免疫力　213
免疫区　213
免疫印迹　84
免疫印迹法　101
模板　36
模板链　29
模式生物　795
模体　31
末端补平法　96
末端尿苷酰转移酶　497
末端脱氧核苷酰转移酶　57
末端转移酶　57
母体基因　821
母系 mRNA　469
母系信息　469
募集作用　175

N

ncRNA　841
Northern 印迹　94
N-甲酰甲硫氨酸　547
N 蛋白　202
N 蛋白利用位点 *nut site*　203
N 端　29
内部核糖体进入序列　557
内部引导序列　417
内含子 miRNA　528
内含子　401
内含子沉默元件　437
内含子界定　425
内源 siRNA　536
内源性终止子　150
黏粒　53
黏性末端　48
鸟嘌呤　14
鸟嘌呤核苷酸交换蛋白　606
鸟枪法　797
尿嘧啶 *N*-糖基化酶　666
尿嘧啶　14
凝胶过滤层析　76
凝胶迁移率变动分析　426
凝胶阻滞分析　104

O

O6-甲基鸟嘌呤甲基转移酶　686
oxoG 修复酶　688

P

PCR　495
PIWI　508，518
poly（A）　454
Poly（A）的延伸　465
poly（A）结合蛋白Ⅰ　455
poly（A）结合蛋白Ⅱ　466
P-体　529
P 位点　40，592
P 元件　768
旁系同源基因　805
配子　2
碰撞诱导解离　842
片段反应　602

Q

嘌呤　14
嘌呤霉素　593
葡萄糖　163
启动子　36，119
启动子近侧暂停　296
启动子清除　123
起始 NTP　122
起始因子　546
起始转录复合体　123
起始子　256，259
千碱基　47
前插入状态　148
前导链　665
前导区　41
前起始复合物　273
前体 miRNA　527
前体 mRNA 的剪切　461
前转录起始复合体　258
钳　250
钳装载器　713

强制释放　125
强终止 DNA　777
羟基自由基　105
羟基自由基探针　620
羟基自由基足迹法　104
桥联蛋白与定向　427
桥梁螺旋　250
切除核酸酶　689
切除修复　686
切口平移　56
亲电子试剂　683
亲和标记　141
亲和层析　77
亲和柱层析法　64
全保留复制　662
全基因组核苷酸切除修复　689

R

Ras　352
Ras 交换因子　352
RDRC 复合体　513
RF1　611
RF2　611
RF3　611
RFN 元件　186
RISC 装载复合体　510
RITS 复合体　513
RNA 聚合酶ⅡB　248
RNAi　505，506
RNAi 分析　829
RNAi 与异染色质形成　512
RNase H　777
RNase P　490
RNase R　613
RNaseⅢ　489
RNA　494，527
RNA-DNA　857
RNA 捕获　517
RNA 干扰　505
RNA 剪接　403
RNA 解旋酶活性　561
RNA 聚合酶　36，240
RNA 聚合酶Ⅱ全酶　296，326
RNA 聚合酶Ⅱ在延伸复合体中的三维结构　249
RNA 聚合酶Ⅲ　240
RNA 聚合酶Ⅳ　243
RNA 聚合酶Ⅴ　243
RNA 聚合酶全酶　117
RNA 连接酶　497
RNA 酶保护分析　96
RNA 酶作图　96
RNA 三磷酸酶　450
RNA 引导 mRNA　508
RNA 诱导的沉默复合体　508
RNA 指导的 RNA 聚合酶　512
Rpbl 亚基的异质性　247
R-M 系统　48
R 环　402
染色体构型捕获　333
染色体理论　2
染色质　11
染色质结构域　388
染色质免疫沉淀　382
染色质免疫共沉淀　693
染色质重建　380
染色质重建复合体　380
热激反应　198
热激基因　198
热循环仪　59
人 TfR mRNA 3′-UTR　502
人类内源性反转录病毒　779
溶源菌　201
溶源模式　201
熔解温度　22
融合蛋白　62
乳糖　163

S

S1 核酸酶　94
S1 核酸酶作图　94
SD 序列　549
Sec 插入序列　617
SF1　428
SH2 域　352
SH3　352
ShineDalgarno 序列　40，549
shRNA　511
SILAC　844
SIN3A　377
SIN3B　377
SIN3　377
siRISC　523

siRNA　505
Ski 复合物　614
Sm 位点　424
snoRNA　489
snRNP 参与 mRNA 的剪接　417
snRNP 结构　423
SOS 响应　214
Southern 印迹　81
SUMO 修饰　350
三核苷酸　16
三级结构　30
色氨酸阻遏物　182
闪烁液　79
上升突变　121
上游激活序列　319
上游激活因子　300
上游结合位点　205
上游结合因子　300
上游启动子元件　256，260
生物信息学　849
失调毛细血管扩张症 Rad3 相关蛋白激酶　733
十二烷基磺酸钠　74
十基序元件　257
实时定量 PCR　61
实时反转录 PCR　61
视黄酸受体　321
适配体　186
适配子　108，567
适应性调节　641
释放因子　41，611
嗜热生物　9
噬菌斑　50，213
噬菌斑杂交　53
噬菌粒　54
噬菌体展示　847
受体臂　649
衰减作用　182，183
双链 RNA 激活的蛋白合成抑制剂　570
双螺旋　6，18
双筛　656
双向凝胶电泳　75
顺反子　164
顺式调控模块　834
顺式剪接　492
顺式显性　168
顺式作用　168，265
四级结构　31
随机散布式复制　662
随机释放模型　125
梭链孢酸　605
羧基端　29
羧基末端结构域　247

T

Taq 聚合酶　59
TATA 框　256，257
TATA 框结合蛋白　276，277
TBP 的多能性　278
TBP 类似因子　286
TBP 相关因子　276，279
TC-NER　689
TFIIB 识别元件　256
TFIIIA　304
TFIIIB　304
TFIIIC　304
TFIIIC　304
TFIIS 促进转录物的校正　299
TFIIS 对转录停滞的逆转　297
TfR 3′-UTR 的 IRE　503
TfR　500
tmRNA　612
tmRNA 介导的核糖体恢复　612
trc 启动子　62
TRF1 相互作用因子 2　729
tRNA 3′-加工内切核酸酶　491
$tRNA_i$　554
$tRNA_f^{Met}$　547
$tRNA_i^{Met}$　554
$tRNA_m^{Met}$　547
tRNA 负载　543
trp 前导区　183
trp 衰减子　183
TTAGCG 重复结合因子　728
T-DNA　68
T 环　649，729
T 片段　683
肽基转移酶　40，592，601
肽键　5，29
糖苷键　687
糖皮质激素受体　321
糖皮质激素应答元件　321
套索　406

特化基因　257
铁蛋白　500，573
铁应答元件　501
通用转录因子　265，273
同工 tRNA　588
同工种类　652
同裂酶　47
同位素编码的亲和标签　843
同线群　805
同源基因　805
同源介导的修复　733
同源染色体　4
同源异型框　322，523
同源异型域　322
同源域　317
图位克隆技术　788
脱辅基阻遏蛋白　182
脱氧核糖　14
脱氧核糖核酸　5
拓扑异构酶　149，680

U

U2 相关因子　428
U6 snRNA　242
UmuC　696
UP 元件　121

V

V（D）J 连接　771

W

瓦片阵列　833
外来体　614
外显子　401
外显子捕获　790
外显子和内含子的界定　425
外显子剪接沉默子　405，436
外显子剪接增强子　405，436
外显子交界复合物　614
外显子节点复合物　572
外显子界定　425
外显子连接复合体　406，438
烷基化　683
晚期　201
晚早期　201
微小加工体　528
未知功能转录物　826
尾随序列　42
温和噬菌体　200
无 G 盒转录　99
无核小体区　370
无甲状腺激素　378
无嘧啶　687
无嘌呤　687
无效等位基因　697
无义介导的 mRNA 衰变　614
无义相关的修饰剪接　614
物理图　90

X

X 射线晶体学　220
X 射线衍射分析　220
硒代半胱氨酸　616
稀切酶　47
洗脱　76
细胞毒性　684
细胞核受体　320
细胞培养物中氨基酸的稳定同位素标记　844
细胞质多腺苷酸化元件　469
细胞质内的多腺苷酸化　469
细菌　9
细菌人工染色体　55，798
细菌噬菌体　13
下降突变　121
下一代测序　88
下游核心元件　257
下游启动子元件　256
显性　2
显性负效应　168
限制-修饰系统　48
限制图　90
限制位点　49
限制性内切核酸酶　47
限制性片段长度多态性　83，789
腺嘌呤 DNA 糖基化酶　688
腺嘌呤　14
腺嘌呤聚合酶　454
腺嘌呤磷酸核糖转移酶　692
向导 RNA　496
硝化纤维　53
硝化纤维素　102
小 RNA　567

小环　494
小卫星　81
校正　599，656，672
芯片模拟　850
芯片上的 ChIP　832
锌指　317
新裂酶　47
信号转导途径　347
信使 RNA　28，35
信使核糖核蛋白　406
性连锁　3
性染色体　3
胸腺嘧啶　14
溴域　376
序列标签接头　802
序列标签位点　799
选择性剪接　432
血红蛋白　43
血红素调控阻遏物　570

Y

Y 核苷　649
亚细胞核区室　241
延伸复合体　205
延伸循环　591
延伸因子　40，592
严谨性　55，634
摇摆假说　588
摇摆碱基配对　588
药物基因组学　839
野生型　3
液体闪烁计数　79
液相色谱-质谱联用分析　844
一致性　852
依赖 RNA 的 DNA 聚合酶　775
依赖 RNA 的胞嘧啶脱氨酶　499
依赖 RNA 的腺嘌呤脱氨酶　498
移码突变　585
移位　41，592
遗传毒性　683
遗传连锁　4
遗传密码　7，39，584
遗传性非息肉结肠癌　695
遗传作图　4
异裂酶　47
异染色质　387
抑癌基因　852
抑制子　608
易错旁路　696
引发酶　706
引发体　706
引物　667
引物结合位点　777
引物延伸　97
隐秘性基因　495
隐性　2
印记调控区　334，345
荧光共振能量转移　125
荧光素酶　101
荧光原位杂交　84
游离自由基　685
有限蛋白酶解分析　139
诱变剂　6
诱导物　165
与 DNA 的相互作用　319
与其他 DNA 结合蛋白的比较　319
预测基因　804
预警素　122
原癌基因　352，511，852
原病毒　775
原核生物　4，9
原噬菌体　201
原位杂交　84
远侧序列元件　264

Z

杂合链　23
杂合子　2
杂交　23
杂种败育　768
载体　49
在酵母 HO 基因激活中的重建　382
在线探测　568
暂停位点　296
增变突变体　675
增强 mRNA　455
增强体　341
增强子　122，265
增强子结合蛋白　265
增强子屏蔽性绝缘子　341
增色转换（效应）　22
增殖细胞核抗原　676

赭石密码子　609
赭石抑制子　609
真核生物　4，9
整合酶　778
整合因子复合体　475
正调控　164
正链噬菌体　548
正转录延伸因子 b　297
脂质体　67
直系同源基因　805
植物转录水平的基因沉默　518
纸层析　76
指纹　44
指纹图谱　802
指形结构　318
趾迹分析　563
质粒　48
质谱　842
致癌物质　684
中断转录物　123
中介物　5，347
终止密码子　41
终止子　36，150
种子 BAC　802
种子区域　524
重叠群　800
重组　4
重组体　4
重组信号序列　771
重组修复　695
逐步克隆测序法　798
主操纵基因　171
注释基因　804
转化　11，12，67
转基因植株　69
转录　7，28
转录单位　457，458
转录工厂　336
转录后基因沉默　505
转录激活域　316
转录间隔区　486
转录偶联的核苷酸切除修复　689
转录泡　130
转录泡的形成　292
转录片段　826
转录水平基因沉默　512
转录停滞　296
转录因子　265
转录暂停　296
转录组　818
转录组学　818
转录作图　826
转染　67
转铁蛋白受体　500
转移信使 RNA　612
转运 RNA　38
转座酶　763
转座元件　762
转座子　762
壮观霉素　634
锥虫　492
着色性干皮病　689
子链缺口　696
紫外线　684
自动测序仪　88
自剪接　417
自主调节　181
自主复制序列 1　709
阻碍物绝缘子　341
阻遏环　179
组成型操纵基因　168
组成型突变体　166
组蛋白　359
组蛋白的甲基化　388
组蛋白分子伴侣　392
组蛋白甲基转移酶　388
组蛋白密码　382
组蛋白乙酰转移酶　375
组蛋白折叠　362
组合代码　339
组装因子　300
最小基因组　812

教师反馈表

美国麦格劳-希尔教育出版公司（McGraw-Hill Education）是全球领先的教育资源与数字化解决方案提供商。为了更好地提供教学服务，提升教学质量，麦格劳-希尔教师服务中心于 2003 年在京成立。在您确认将本书作为指定教材后，请填好以下表格并经系主任签字盖章后返回我们（或联系我们索要电子版），我们将免费向您提供相应的教学辅助资源。如果您需要订购或参阅本书的英文原版，我们也将竭诚为您服务。

★基本信息					
姓		名		性别	
学校			院系		
职称			职务		
办公电话			家庭电话		
手机			电子邮箱		
通信地址及邮编					
★课程信息					
主讲课程－1		课程性质		学生年级	
学生人数		授课语言		学时数	
开课日期		学期数		教材决策者	
教材名称、作者、出版社					
★教师需求及建议					
提供配套教学课件（请注明作者/书名/版次）					
推荐教材（请注明感兴趣领域或相关信息）					
其他需求					
意见和建议（图书和服务）					
是否需要最新图书信息	是、否	班主任签字/盖章			
是否有翻译意愿	是、否				

教师服务热线：800－810－1936

教师服务信箱：instructorchina@mcgraw－hill. com

网址：http：//www. mcgraw－hill. com. cn

麦格劳－希尔教育出版公司教师服务中心

北京－清华科技园科技大厦 A 座 906 室

北京 100084

电话：010－62790299－108

传真：010 62790292